ELEMENTOS DE MÁQUINAS DE
SHIGLEY

B927e Budynas, Richard G.
       Elementos de máquinas de Shigley / Richard G. Budynas, J. Keith Nisbett ; tradução: João Batista de Aguiar, José Manoel de Aguiar, José Benaque Rubert. – 10. ed. – Porto Alegre : AMGH, 2016.
       xxi, 1073 p. : il. color. ; 28 cm.

       ISBN 978-85-8055-554-7

       1. Engenharia mecânica. 2. Máquinas de Shigley. I. Nisbett, J. Keith. II. Título.

       CDU 621

Catalogação na publicação: Poliana Sanchez de Araujo – CRB-10/2094

ELEMENTOS DE MÁQUINAS DE SHIGLEY

10ª EDIÇÃO

RICHARD G. BUDYNAS
Professor Emérito
Kate Gleason College of Engineering Rochester Institute of Technology

J. KEITH NISBETT
Professor Associado de Engenharia Mecânica
University of Missouri-Rolla

Tradução e revisão técnica
João Batista de Aguiar
Ph. D. em Engenharia Mecânica pelo Massachusetts Institute of Technology
Professor de Engenharia Aeroespacial da UFABC

José Manoel de Aguiar
Ph. D. em Engenharia Mecânica pela Stanford University
Professor de Engenharia Mecânica na Fatec-SP

Tradução
José Benaque Rubert
Doutor em Engenharia Civil pela USP
Professor do Departamento de Engenharia Mecânica da UFSCAR

AMGH Editora Ltda.
2016

Obra originalmente publicada sob o título
Shigley´s Mechanical Engineering Design, 10th edition
ISBN 9780073398204/0073398209

Original edition copyright (c) 2015, McGraw-Hill Global Education Holdings, LLC, New York, New York 10121. All rights reserved.

Gerente editorial: *Arysinha Jacques Affonso*

Colaboraram nesta edição:

Capa: *Maurício Pamplona*

Imagem de capa: *Close-up blue. Tatjana Strelkova/Hemera/Thinkstock*

Diagramação: *Triall Editorial Ltda*

Reservados todos os direitos de publicação, em língua portuguesa, à
AMGH EDITORA LTDA., uma parceria entre GRUPO A EDUCAÇÃO S.A.
e McGRAW-HILL EDUCATION
Av. Jerônimo de Ornelas, 670 – Santana
90040-340 Porto Alegre RS
Fone (51) 3027-7000 Fax (51) 3027-7070

Unidade São Paulo
Av. Embaixador Macedo Soares, 10.735 – Pavilhão 5 – Cond. Espace Center
Vila Anastácio 05095-035 São Paulo SP
Fone (11) 3665-1100 Fax (11) 3667-1333

SAC 0800 703-3444 – www.grupoa.com.br

É proibida a duplicação ou reprodução deste volume, no todo ou em parte, sob quaisquer formas ou por quaisquer meios (eletrônico, mecânico, gravação, fotocópia, distribuição na Web e outros), sem permissão expressa da Editora.

IMPRESSO NO BRASIL
PRINTED IN BRAZIL

Dedicatória

Para minha esposa, Joanne, minha família e meu falecido irmão, Bill, que me orientou a entrar no campo da engenharia mecânica. Em muitos aspectos, Bill tinha boas ideias e habilidades e era criativo.

Richard G. Budynas

Para minha esposa, Kim, por seu apoio incondicional.

J. Keith Nisbett

Dedicatória a Joseph Edward Shigley

Joseph Edward Shigley (1909-1994) é indubitavelmente um dos mais reconhecidos e respeitados colaboradores no ensino de projeto de máquinas. Foi autor ou coautor de oito livros, entre os quais *Theory of Machines and Mechanisms* (com John J. Uicker Jr.) e *Applied Mechanics of Materials*. Foi coeditor responsável do famoso *Standard Handbook of Machine Design*. Shigley foi o único autor de *Machine Design* (1956), livro que deu início à série *Mechanical Engineering Design*, estabelecendo o modelo para os livros-texto. Contribuiu para as cinco primeiras edições deste livro, juntamente com os coautores Larry Mitchell e Charles Mischke. Um número considerável de estudantes ao redor do mundo teve seu primeiro contato com a área de projeto de máquinas com o livro-texto de Shigley, o qual tornou-se um clássico. Praticamente todo engenheiro mecânico durante o último meio século consultou sua terminologia, as equações ou os procedimentos que ficaram conhecidos como "do Shigley". A McGraw-Hill se sente honrada em ter trabalhado com o professor Shigley por mais de 40 anos e, como um tributo à sua última contribuição para este livro-texto, seu título refletirá oficialmente aquilo que muitos já chamavam de *Shigley's Mechanical Engineering Design*.

O professor Shigley graduou-se em Engenharia Elétrica e Mecânica pela Purdue University e obteve o título de mestre em Engenharia Mecânica da Universidade de Michigan. Fez carreira acadêmica no Clemson College de 1936 a 1954, o que o conduziu ao cargo de professor e chefe do Departamento de Engenharia Mecânica da instituição. Ingressou no corpo docente do Departamento de Engenharia Mecânica da Universidade de Michigan em 1956, no qual permaneceu por 22 anos até sua aposentadoria em 1978.

O professor Shigley recebeu o título "Fellow" da American Society of Mechanical Engineers em 1968. Foi premiado com o ASME Mechanisms Committee Award em 1974, com a Worcester Reed Warner Medal por sua destacada contribuição à literatura permanente da engenharia em 1977, e com o ASME Machine Design Award em 1985.

Joseph Edward Shigley teve de fato um papel fundamental, e seu legado permanecerá.

Os autores

Richard G. Budynas é professor emérito do Kate Gleason College of Engineering do Rochester Institute of Technology. Possui mais de 40 anos de experiência no ensino e na prática de projeto de engenharia mecânica. É autor do livro-texto da McGraw-Hill *Advanced Strength and Applied Stress Analysis*, em 2ª edição, e coautor de um livro de referência recentemente revisado, o *Roark's Formulas for Stress and Strain*, na 7ª edição. Formou-se em Engenharia Mecânica pelo Union College e obteve os títulos de mestre em Engenharia Mecânica da University of Rochester e de Ph.D. da University of Massachusetts. É engenheiro registrado em Nova York.

J. Keith Nisbett é professor-adjunto e chefe-adjunto do Departamento de Engenharia Mecânica da Universidade de Missouri-Rolla. Possui mais de 20 anos de experiência no uso e ensino deste clássico livro-texto. Como está demonstrado por uma série constante de premiações no setor de ensino, entre os quais o Governor's Award for Teaching Excellence, Nisbett se dedica a encontrar maneiras de transmitir os conceitos aos alunos. Formado pela Universidade do Texas de Arlington, obteve os títulos de mestre e Ph.D. na mesma instituição.

Prefácio

Objetivos

Esse livro é planejado para iniciantes no estudo de projetos da engenharia mecânica. O foco está na combinação dos conceitos fundamentais de desenvolvimento com a especificação prática de componentes. Os estudantes desenvolverão a familiaridade tanto com a base para a tomada de decisões, quanto com as normas de componentes industriais. Por essa razão, à medida em que forem exercendo a engenharia, concluirão que esse livro é indispensável para sua vida profissional. Os objetivos deste texto são:

- Apresentar as bases do projeto de máquinas, incluindo o desenvolvimento do projeto, a engenharia mecânica e de materiais, a prevenção de falhas sob carregamento estático e dinâmico e as características dos principais tipos de elementos mecânicos.
- Oferecer uma abordagem prática do assunto, por meio de uma ampla variedade de exemplos e aplicações do mundo real.
- Encorajar os leitores a interligar análise e projeto.
- Estimular os leitores a conectar conceitos fundamentais com a prática da especificação de componentes.

Novidades desta edição

As melhorias e mudanças desta nova edição estão descritas a seguir:

- Um novo capítulo, 20, sobre *Dimensionamento e toleranciamento geométrico* (GD&T), foi acrescentado para tratar de um importante tema na área de projeto de máquinas. A maioria dos fabricantes utiliza dimensionamento e toleranciamento geométrico como padrão para representar com precisão a montagem, as peças e os componentes para projeto, manufatura e controle de qualidade. Infelizmente, muitos engenheiros mecânicos não conhecem o suficiente de GD&T para interpretar os desenhos.
- No período em que o sistema GD&T começou a ganhar força entre os fabricantes, muitas escolas de engenharia estavam abandonando disciplinas de desenho em favor de aulas que utilizam CAD. A isso se seguiu uma outra transição, para modelagem sólida 3D, em que a peça era desenhada com dimensões ideais. Infelizmente, essa habilidade de desenhar uma peça perfeita em três dimensões é com frequência acompanhada por uma falta de foco em representar de maneira precisa a peça para fabricação e controle.
- Um completo entendimento de GD&T é normalmente alcançado com um curso intensivo ou um treinamento. Alguns engenheiros mecânicos muito se beneficiariam de tal treinamento. Mas todos os engenheiros mecânicos deveriam conhecer conceitos básicos e notação de GD&T. O objetivo desse novo capítulo é oferecer esse conteúdo para todos os projetistas de máquinas.
- É sempre difícil encontrar tempo para incluir mais conteúdo em uma disciplina. Para facilitar, o capítulo foi concebido e é apresentado em um nível adequado para estudantes que desejam aprender sozinhos. Os problemas de fim de capítulo são em forma de *quizzes*, focados na compreensão dos conceitos fundamentais. Os professores podem utilizar esse ca-

pítulo como material de leitura, junto com alguma discussão em sala de aula ou mesmo *online*. Há material suficiente para muitas discussões.

- Capítulo 1, *Introdução ao projeto de engenharia mecânica*, foi ampliado para incluir *insights* à prática de projetos. Há mais discussões sobre o desenvolvimento do *fator de projeto*, bem como sobre o relacionamento estatístico entre *confiabilidade* e *probabilidade de falha* e *confiabilidade* e o *fator de projeto*. As considerações estatísticas são feitas aqui e não em um capítulo no final do livro, como em edições anteriores. A seção sobre dimensões e tolerâncias foi ampliada para destacar a importância do papel do projetista na especificação dessas medidas.

- O capítulo *Considerações estatísticas*, da edição anterior, foi eliminado. Seu material, quando relevante para esta edição, foi incluído na seções que usam estatística. A seção sobre métodos estocásticos, que fazia parte do Capítulo 6 da edição anterior, *Falhas de fadiga resultante de carregamento variável*, também foi eliminada. A decisão foi uma resposta aos comentários dos leitores e à convicção dos autores de que a grande quantidade de dados e de desenvolvimento envolvidos na seção era demais para a pequena quantidade de problemas que permitia resolver.

- No Capítulo 11, *Mancais de rolamento*, a distribuição de Weibull é definida e relacionada à vida dos mancais.

Material de apoio para o professor

Os professores que adotarem este livro e desejarem acesso ao material a seguir descrito devem cadastrar-se no site do Grupo A, procurar pela página do livro e lá buscar pelo ícone Material para o professor.

Solutions manual (em inglês): contém a maioria das respostas dos problemas que não são de projeto.

PowerPoint Slides: Apresentações de figuras e tabelas relevantes para o texto estão em formato PowerPoint para uso em aula.

Agradecimentos

Os autores agradecem a todos os que colaboraram com este livro ao longo de 50 anos e nove edições. Somos especialmente gratos aos que fizeram sugestões para esta 10ª. Edição.

Peter J. Schuster, *California Polytechnic State University*, pelo desenvolvimento para plataforma do Connect.

Glenn Traner, *Tech Manufaturing, LLC*, pelos desenhos para o capítulo de GD&T.

Revisores

Kenneth Huebner, *Arizona State*

Gloria Starns, *Iowa State*

Tim Lee, *McGill University*

Robert Rizza, *MSOE*

Richard Patton, *Mississippi State University*

Stephen Boedo, *Rochester Institute of Technology*

Om Agrawal, *Southern Illinois University*

Arun Srinivasa, *Texas A&M*

Jason Carey, *University of Alberta*

Patrick Smolinski, *University of Pittsburgh*

Dennis Hong, *Virginia Tech*

Sumário resumido

Parte 1 Fundamentos 2

    1 Introdução ao projeto de engenharia mecânica 3

    2 Materiais 40

    3 Análise de cargas e tensões 82

    4 Deflexão e rigidez 160

Parte 2 Prevenção de Falhas 224

    5 Falhas resultantes de carregamento estático 225

    6 Falha por fadiga resultante de carregamento variável 268

Parte 3 Projeto de elementos mecânicos 344

    7 Eixos e componentes de eixo 345

    8 Parafusos, elementos de fixação e o projeto de juntas não permanentes 394

    9 Soldagem, colagem e o projeto de juntas permanentes 459

    10 Molas 501

    11 Mancais de rolamento 552

    12 Lubrificação e mancais de deslizamento 599

    13 Uma visão geral sobre engrenagens 655

    14 Engrenagens cilíndricas de dentes retos e engrenagens cilíndricas helicoidais 716

    15 Engrenagens cônicas e sem-fim 769

    16 Embreagens, freios, acoplamentos e volantes 808

    17 Elementos mecânicos flexíveis 862

    18 Estudo de caso de transmissão de potência 918

Parte 4 Tópicos especiais 938

    19 Análise por elementos finitos 939

    20 Dimensionamento e toleranciamento geométricos 961

Apêndice A Tabelas úteis 1003

Apêndice B Respostas aos problemas selecionados 1057

Sumário

Parte 1 Fundamentos 2

1 Introdução ao projeto de engenharia mecânica 3
- **1.1** Projeto 4
- **1.2** Projeto de engenharia mecânica 5
- **1.3** Fases e interações do processo de projeto 5
- **1.4** Recursos e ferramentas para projeto 8
- **1.5** Responsabilidades profissionais do engenheiro de projeto 10
- **1.6** Padrões e códigos 12
- **1.7** Economia 13
- **1.8** Segurança e responsabilidade pelo produto 15
- **1.9** Tensão e resistência 16
- **1.10** Incerteza 17
- **1.11** Fator de projeto e fator de segurança 18
- **1.12** Confiabilidade e probabilidade de falha 20
- **1.13** Relacionando o fator de projeto à confiabilidade 25
- **1.14** Dimensões e tolerâncias 27
- **1.15** Unidades 31
- **1.16** Cálculos e algarismos significativos 32
- **1.17** Interdependência de tópicos de projetos 33
- **1.18** Especificações para o estudo de caso de transmissão de potência 34
- Problemas 35

2 Materiais 40
- **2.1** Resistência e rigidez dos materiais 41
- **2.2** A significância estatística das propriedades dos materiais 45
- **2.3** Resistência e trabalho a frio 48
- **2.4** Dureza 50
- **2.5** Propriedades de impacto 52
- **2.6** Efeitos da temperatura 53
- **2.7** Sistemas de numeração 54
- **2.8** Fundição em areia 56
- **2.9** Moldagem em casca 56
- **2.10** Fundição de revestimento 57
- **2.11** O processo de metalurgia do pó 57
- **2.12** Processos de trabalho a quente 57
- **2.13** Processos de trabalho a frio 58
- **2.14** Tratamento térmico do aço 59
- **2.15** Aços-liga 62
- **2.16** Aços resistentes à corrosão 63
- **2.17** Materiais para fundição 64
- **2.18** Metais não ferrosos 66
- **2.19** Plásticos 69
- **2.20** Materiais compósitos 70
- **2.21** Seleção de materiais 71
- Problemas 78

3 Análise de cargas e tensões 82
- **3.1** Equilíbrio e diagramas de corpo livre 83
- **3.2** Força de cisalhamento e momentos fletores em vigas 86
- **3.3** Funções de singularidade 88
- **3.4** Tensão 90
- **3.5** Componentes cartesianas de tensão 90
- **3.6** Círculo de Mohr para tensões planas 92
- **3.7** Tensão tridimensional geral 98
- **3.8** Deformação elástica 99

3.9 Tensões uniformemente distribuídas 100
3.10 Tensões normais para vigas em flexão 101
3.11 Tensões de cisalhamento para vigas em flexão 106
3.12 Torção 113
3.13 Concentração de tensão 122
3.14 Tensões em cilindros pressurizados 125
3.15 Tensões em anéis rotativos 128
3.16 Ajuste por interferência 128
3.17 Efeitos da temperatura 129
3.18 Vigas curvas em flexão 130
3.19 Tensões de contato 135
3.20 Resumo 139
Problemas 140

4 Deflexão e rigidez 160
4.1 Razões de mola 161
4.2 Tração, compressão e torção 162
4.3 Deflexão por flexão 163
4.4 Métodos de deflexão de viga 166
4.5 Deflexões de vigas por superposição 167
4.6 Deflexões de vigas por funções de singularidade 170
4.7 Energia de deformação 175
4.8 Teorema de Castigliano 178
4.9 Deflexão de elementos curvos 184
4.10 Problemas estaticamente indeterminados 189
4.11 Elementos em compressão — Generalidades 195
4.12 Colunas longas com carregamento central 195
4.13 Colunas de comprimento intermediário com carregamento central 198
4.14 Colunas com carregamento excêntrico 199
4.15 Pilaretes ou elementos curtos sob compressão 200
4.16 Estabilidade elástica 205
4.17 Choque e impacto 206
Problemas 208

Parte 2 Prevenção de Falhas 224

5 Falhas resultantes de carregamento estático 225
5.1 Resistência estática 228
5.2 Concentração de tensão 229
5.3 Teorias de falha 231
5.4 Teoria da tensão de cisalhamento máxima para materiais dúcteis 231
5.5 Teoria da energia de distorção para materiais dúcteis 233
5.6 Teoria de Coulomb-Mohr para materiais dúcteis 239
5.7 Resumo das teorias de falha de materiais dúcteis 242
5.8 Teoria da tensão normal máxima para materiais frágeis 246
5.9 Teoria de Mohr modificada para materiais frágeis 247
5.10 Resumo de falha de materiais frágeis 249
5.11 Seleção de critérios de falha 250
5.12 Introdução à mecânica da fratura 251
5.13 Equações de projeto importantes 260
Problemas 262

6 Falha por fadiga resultante de carregamento variável 268
6.1 Introdução à fadiga em metais 269
6.2 Abordagem da falha por fadiga em análise e projeto 275
6.3 Métodos fadiga-vida 276
6.4 O método tensão-vida 276
6.5 O método deformação-vida 279
6.6 O método da mecânica de fratura linear elástica 281
6.7 O limite de resistência à fadiga 285
6.8 Resistência à fadiga 286

6.9	Fatores modificadores do limite de resistência à fadiga 289		**8.5**	Juntas – Rigidez de elementos de ligação 413
6.10	Concentração de tensão e sensitividade de entalhe 298		**8.6**	Resistência do parafuso 418
6.11	Caracterização de tensões flutuantes 304		**8.7**	Juntas tracionadas — Carga externa 421
6.12	Critério de falha por fadiga para tensão flutuante 306		**8.8**	Relacionando o torque no parafuso à tração no parafuso 422
6.13	Resistência à fadiga torcional sob tensões flutuantes 320		**8-9**	Junta estaticamente carregada à tração com pré-carga 425
6.14	Combinação de modos de carregamento 321		**8.10**	Juntas de vedação 429
6.15	Tensões flutuantes variáveis; dano cumulativo por fadiga 324		**8.11**	Carregamento de fadiga em juntas tracionadas 430
6.16	Resistência à fadiga de superfície 330		**8.12**	Carregamento de cisalhamento em juntas parafusadas e rebitadas 437
6.17	Guia de procedimentos e equações de projeto importantes para o método tensão-vida 333			Problemas 445
	Problemas 337		**9**	**Soldagem, colagem e o projeto de juntas permanentes 459**
Parte 3	**Projeto de elementos mecânicos 344**		**9.1**	Símbolos de soldagem 460
			9.2	Soldas de topo e filete 462
7	**Eixos e componentes de eixo 345**		**9.3**	Tensões em junções soldadas em torção 466
7.1	Introdução 346		**9.4**	Tensões em junções soldadas em flexão 471
7.2	Materiais de eixo 346		**9.5**	A resistência de junções soldadas 472
7.3	Disposição do eixo 347		**9.6**	Carregamento estático 476
7.4	Projeto do eixo por tensão 353		**9.7**	Carregamento de fadiga 480
7.5	Considerações da deflexão 365		**9.8**	Soldagem por resistência 482
7.6	Velocidades críticas de eixos 369		**9.9**	Colagem por adesivo 483
7.7	Componentes diversos de eixo 375			Problemas 491
7.8	Limites e ajustes 381			
	Problemas 387		**10**	**Molas 501**
8	**Parafusos, elementos de fixação e o projeto de juntas não permanentes 394**		**10.1**	Tensões em molas helicoidais 502
			10.2	O efeito da curvatura 503
			10.3	Deflexão de molas helicoidais 504
8.1	Padrões de rosca e definições 395		**10.4**	Molas de compressão 504
8.2	Mecânica dos parafusos de potência 399		**10.5**	Estabilidade 506
			10.6	Materiais para molas 507
8.3	Conectores rosqueados 407		**10.7**	Projeto de molas helicoidais para compressão estática em serviço 512
8.4	Juntas – Rigidez de conectores 410			

10.8 Frequência crítica de molas helicoidais 518

10.9 Carregamento de fadiga em molas helicoidais de compressão 520

10.10 Projeto de molas helicoidais para fadiga em compressão 523

10.11 Molas de extensão 526

10.12 Molas helicoidais de torção 534

10.13 Molas Belleville 542

10.14 Molas diversas 543

10.15 Resumo 545

Problemas 545

11 Mancais de rolamento 552

11.1 Tipos de mancais 553

11.2 Vida do mancal 556

11.3 Vida do mancal sob carga na confiabilidade indicada 557

11.4 Confiabilidade *versus* vida – A distribuição de Weibull 559

11.5 Relacionando carga, vida e confiabilidade 560

11.6 Carregamento combinado: radial e axial 562

11.7 Carregamento variável 568

11.8 Seleção de mancais de esferas e de rolos cilíndricos 571

11.9 Seleção de mancais de rolos cônicos 573

11.10 Avaliação de projeto para mancais de rolamento selecionados 582

11.11 Lubrificação 587

11.12 Montagem e caixa de mancal 587

Problemas 591

12 Lubrificação e mancais de deslizamento 599

12.1 Tipos de lubrificação 600

12.2 Viscosidade 601

12.3 Equação de Petroff 604

12.4 Lubrificação estável 605

12.5 Lubrificação de película espessa 606

12.6 Teoria hidrodinâmica 607

12.7 Considerações de projeto 612

12.8 As relações entre as variáveis 614

12.9 Condições de estado estável em mancais autocontidos 627

12.10 Folga 631

12.11 Mancais com lubrificação forçada 633

12.12 Cargas e materiais 639

12.13 Tipos de mancais 641

12.14 Mancais de escora 642

12.15 Mancais de contorno lubrificado 643

Problemas 651

13 Uma visão geral sobre engrenagens 655

13.1 Tipos de engrenagens 656

13.2 Nomenclatura 658

13.3 Ação conjugada 659

13.4 Propriedades da involuta 660

13.5 Fundamentos 661

13.6 Razão de contato 666

13.7 Interferência 667

13.8 Conformação de dentes de engrenagens 670

13.9 Engrenagens cônicas de dentes retos 673

13.10 Engrenagens helicoidais de eixos paralelos 674

13.11 Engrenagens sem-fim 677

13.12 Sistemas de dentes 679

13.13 Trens de engrenagens 681

13.14 Análise de força – Engrenamento cilíndrico de dentes retos 689

13.15 Análise de força – Engrenamento cônico 692

13.16 Análise de força – Engrenamento helicoidal 695

13.17 Análise de força – Engrenamento sem-fim 698

Problemas 704

14 Engrenagens cilíndricas de dentes retos e engrenagens cilíndricas helicoidais 716

14.1 Equação de flexão de Lewis 717
14.2 Durabilidade superficial 726
14.3 Equações de tensão AGMA 729
14.4 Equações de resistência AGMA 730
14.5 Fatores geométricos I e J (Z_I e Y_J) 735
14.6 Coeficiente elástico $C_p(Z_E)$ 739
14.7 Fator dinâmico K_v 739
14.8 Fator de sobrecarga K_o 740
14.9 Fator de condição de superfície $C_f(Z_R)$ 742
14.10 Fator de tamanho K_s 742
14.11 Fator de distribuição de carga K_m (K_H) 743
14.12 Fator de razão de dureza C_H (Z_W) 744
14.13 Fatores de ciclagem de tensão Y_N e Z_N 746
14.14 Fator de confiabilidade K_R (Y_Z) 746
14.15 Fator de temperatura $K_T(Y_\theta)$ 748
14.16 Fator de espessura de aro (borda) K_B 748
14.17 Fatores de segurança S_F e S_H 749
14.18 Análise 749
14.19 Projeto de um par de engrenagens 760
Problemas 765

15 Engrenagens cônicas e sem-fim 769

15.1 Engrenamento cônico – Geral 770
15.2 Tensões e resistências de engrenagens cônicas 772
15.3 Fatores para equação AGMA 775
15.4 Análise de engrenagens cônicas de dentes retos 786
15.5 Projeto de um engrazamento de engrenagem cônica de dentes retos 790
15.6 Engrenamento de sem-fim – Equação AGMA 793
15.7 Análise de engrenagem sem-fim 797
15.8 Projetando uma transmissão de engrenagem sem-fim 801
15.9 Carga de desgaste de Buckingham 804
Problemas 805

16 Embreagens, freios, acoplamentos e volantes 808

16.1 Análise estática de embreagens e freios 810
16.2 Embreagens e freios tipo tambor com sapatas internas 815
16.3 Embreagens e freios tipo tambor com sapatas externas 823
16.4 Embreagens e freios de cinta 827
16.5 Embreagens de contato axial 829
16.6 Freios de disco 832
16.7 Embreagens e freios cônicos 838
16.8 Considerações energéticas 840
16.9 Elevação de temperatura 841
16.10 Materiais de atrito 845
16.11 Embreagens variadas e acoplamentos 846
16.12 Volantes 850
Problemas 855

17 Elementos mecânicos flexíveis 862

17.1 Correias 863
17.2 Transmissões por correias planas e redondas 867
17.3 Correias em V 883
17.4 Correias de sincronização 891
17.5 Corrente de roletes 892
17.6 Cabos de aço 901
17.7 Eixos flexíveis 911
Problemas 912

18 Estudo de caso de transmissão de potência 918

18.1 Sequência de projeto para transmissão de potência 920

18.2	Requisitos de torque e potência 921		**19.10**	Análise de vibração 956
18.3	Especificação das engrenagens 921		**19.11**	Resumo 958
18.4	Disposição de eixo 928			Problemas 958
18.5	Análise de forças 930			
18.6	Seleção do material de eixo 930		**20**	Dimensionamento e toleranciamento geométricos 961
18.7	Dimensionamento do eixo por tensão 931		**20.1**	Sistemas de dimensionamento e toleranciamento 962
18.8	Dimensionamento do eixo por deflexão 931		**20.2**	Definição de dimensionamento e toleranciamento geométricos 963
18.9	Seleção de mancais 931		**20.3**	Referenciais 968
18.10	Seleção de chaveta e anel de retenção 933		**20.4**	Controlando tolerâncias geométricas 974
18.11	Análise final 934		**20.5**	Definições de características geométricas 977
	Problemas 936		**20.6**	Modificadores de condição de material 987

Parte 4 Tópicos especiais   938

19	Análise por elementos finitos 939		**20.7**	Implementação prática 989
19.1	O método dos elemento finitos 941		**20.8**	GD&T em modelos de CAD 994
19.2	Geometrias dos elementos 943		**20.9**	Glossário de termos do sistema de GD&T 995
19.3	O processo de resolução por elementos finitos 943			Problemas 998
19.4	Geração de malha 948			
19.5	Aplicação de carga 950		**Apêndice A**	Tabelas úteis 1003
19.6	Condições de contorno 951		**Apêndice B**	Respostas aos problemas selecionados 1057
19.7	Técnicas de modelagem 951		**Índice remissivo**	1063
19.8	Tensões térmicas 954			
19.9	Carga crítica de flambagem 954			

Lista de símbolos

Esta é uma lista de símbolos normalmente utilizados em projeto de máquinas e também neste livro. Sua aplicação em áreas específicas prevê o uso de subscritos e sobrescritos, antes e depois do símbolo, porém, para tornar a tabela concisa e prática, apresentamos apenas as partes essenciais dos símbolos. Veja a Tabela 14–1, p. 718–719, para símbolos de engrenagens cilíndricas e helicoidais, e a Tabela 15–1, p. 773–774, para símbolos de engrenagens cônicas.

A	Área, coeficiente
a	Distância
B	Coeficiente
Bhn	Dureza Brinell
b	Distância, parâmetro de forma de Weibull, número de intervalo, largura
C	Classificação de cargas básicas, constante de juntas parafusadas com porcas, distância do centro, coeficiente de variação, condição das extremidades das colunas, fator de correção, capacidade térmica específica, índice de mola
c	Distância, amortecimento viscoso, coeficiente de velocidade
COV	Coeficiente de variação
D	Diâmetro, diâmetro da hélice
d	Diâmetro, distância
E	Módulo da elasticidade, energia, erro
e	Distância, excentricidade, eficiência, base logarítmica neperiana
F	Força, força de dimensão fundamental
f	Coeficiente de atrito, frequência, função
fom	Figura de mérito
G	Módulo de elasticidade por torção
g	Aceleração devido à gravidade, função
H	Calor, potência
H_B	Dureza Brinell
HRC	Escala C de Dureza Rockwell
h	Distância, espessura da película
$\hbar_{CR}$	Coeficiente global e combinado de transferência de calor por radiação e convecção
I	Integral, impulso linear, momento de inércia de massa, segundo momento da área
i	Índice
i	Valor unitário na direção x
J	Equivalente mecânico de calor, segundo momento polar de área, fator de geometria

j	Vetor unitário na direção y
K	Fator de serviço, fator de concentração de tensão, fator de aumento de tensão, coeficiente de torque
k	Fator modificador do limite de resistência Marin, razão de mola
k	Vetor unitário na direção z
L	Comprimento, vida, comprimento de dimensão fundamental
+	Vida em horas
l	Comprimento
M	Massa de dimensão fundamental, momento
M	Vetor de momento
m	Massa, inclinação, expoente de encruamento por deformação
N	Força normal, número, velocidade rotacional, número de ciclos
n	Fator de carga, velocidade rotacional, fator de segurança
n_d	Fator de projeto
P	Força, pressão, passo diametral
PDF	Função densidade de probabilidade
p	Passo, pressão, probabilidade
Q	Primeiro momento de área, força imaginária, volume
q	Carga distribuída, sensibilidade de entalhe
R	Raio, força de reação, confiabilidade, dureza de Rockwell, raio da tensão, redução na área
R	Vetor da força de reação
r	Raio
r	Vetor da distância
S	Número de Sommerfeld, resistência
s	Distância, desvio padrão da amostra, tensão
T	Temperatura, tolerância, torque, tempo de dimensão fundamental
T	Vetor de torque
t	Distância, tempo, tolerância
U	Energia de resistência
u	Energia de resistência por unidade de volume
V	Velocidade linear, força de cisalhamento
v	Velocidade linear
W	Força de trabalho a frio, carga, peso
w	Distância, afastamento, intensidade da carga
X	Coordenada, número truncado
x	Coordenada, valor verdadeiro de um número, parâmetro de Weibull
Y	Coordenada
y	Coordenada, deflexão
Z	Coordenada, modulo da seção, viscosidade

z	Coordenada, variável adimensional de transformação para distribuições normais
α	Coeficiente, coeficiente de expansão térmica linear, condição de extremidade para molas, ângulo da rosca
β	Ângulo de suporte, coeficiente
Δ	Variação, deflexão
δ	Desvio, alongamento
ϵ	Taxa de excentricidade, resistência (normal) de engenharia
ε	Deformação logarítmica normal ou verdadeira
Γ	Função gama, ângulo de passo
γ	Ângulo de passo, deformação por cisalhamento, peso específico
λ	Coeficiente de esbelteza para molas
μ	Viscosidade absoluta, média da população
ν	Coeficiente de Poisson
ω	Velocidade angular, frequência circular
ϕ	Ângulo, comprimento de onda
ψ	Integral da inclinação
ρ	Raio de curvatura, densidade de massa
σ	Tensão normal
σ'	Tensão de Von Mises
$\hat{\sigma}$	Desvio padrão
τ	Tensão de cisalhamento
θ	Ângulo, parâmetro característico de Weibull
¢	Custo por unidade de peso
\$	Custo

ELEMENTOS DE MÁQUINAS DE
SHIGLEY

10ª EDIÇÃO

PARTE **1**

Fundamentos

1 Introdução ao projeto de engenharia mecânica

- **1–1** Projeto 4
- **1–2** Projeto de engenharia mecânica 5
- **1–3** Fases e interações do processo de projeto 5
- **1–4** Recursos e ferramentas para projeto 8
- **1–5** Responsabilidades profissionais do engenheiro de projeto 10
- **1–6** Padrões e códigos 12
- **1–7** Economia 13
- **1–8** Segurança e responsabilidade pelo produto 15
- **1–9** Tensão e resistência 16
- **1–10** Incerteza 17
- **1–11** Fator de projeto e fator de segurança 18
- **1–12** Confiabilidade e probabilidade de falha 20
- **1–13** Relacionando o fator de projeto à confiabilidade 25
- **1–14** Dimensões e tolerâncias 27
- **1–15** Unidades 31
- **1–16** Cálculos e algarismos significativos 32
- **1–17** Interdependência de tópicos de projetos 33
- **1–18** Especificações para o estudo de caso de transmissão de potência 34

O projeto mecânico é um empreendimento complexo que exige várias habilidades. Relações abrangentes precisam ser subdivididas em uma série de tarefas mais simples. A complexidade do assunto requer uma sequência em que os conceitos são introduzidos e reiterados.

Primeiro tratamos da natureza do projeto em geral e, depois, do projeto de engenharia mecânica em particular. Projeto é um processo repetitivo com muitas fases interativas. Existem muitos recursos para auxiliar o projetista, entre os quais várias fontes de informação e diversas ferramentas computacionais de projeto. O engenheiro de projetos precisa não apenas desenvolver competência em seu campo, mas também cultivar um forte senso de responsabilidade e ética no desempenho da profissão.

Há papéis a serem cumpridos por códigos e padrões, os sempre presentes aspectos econômicos, a segurança e as considerações de responsabilidade pelo produto. A subsistência de um componente mecânico muitas vezes está relacionada à tensão e à resistência. Incertezas estão sempre presentes em projetos de engenharia e são resolvidas por meio do fator de projeto e do fator de segurança, seja em termos determinísticos ou estatísticos. A abordagem estatística trata da *confiabilidade* do projeto e requer dados estatísticos adequados.

Em projeto mecânico, outras considerações incluem: dimensões e tolerâncias, unidades e cálculos.

O livro consiste em quatro partes. A Parte 1, *Fundamentos,* começa com a explicação das diferenças entre projeto e análise, bem como com a introdução de algumas noções e abordagens fundamentais de projeto. Em seguida, três capítulos que revisam as propriedades dos materiais, análise de tensão, análise de rigidez e deflexão, que são os princípios fundamentais necessários para o restante do livro.

A Parte 2, *Prevenção de falhas,* consiste em dois capítulos sobre a prevenção de falhas em peças mecânicas. Por que as peças de máquinas apresentam falhas e como podem ser projetadas para evitá-las são questões difíceis e, portanto, abordadas em dois capítulos, um sobre prevenção de falhas em razão de cargas estáticas e o outro sobre prevenção de falhas por fadiga resultantes de carregamentos, variáveis no tempo, cíclicos.

Na Parte 3, *Projeto de elementos mecânicos,* o material das Partes 1 e 2 é aplicado na análise, seleção e projeto de elementos mecânicos específicos como eixos, dispositivos de fixação, conjuntos soldados, molas, mancais de contato por rolamento, mancais com película lubrificante, engrenagens, correias, correntes e cabos de fios trançados.

A Parte 4, *Tópicos especiais,* introduz dois importantes métodos utilizados no projeto mecânico: análise por elementos finitos e dimensionamento e toleranciamento geométricos. Este é um material de estudo opcional, mas algumas seções e exemplos nas Partes 1 a 3 demonstram o uso dessas ferramentas.

Há dois apêndices no final do livro. O Apêndice A contém várias tabelas úteis às quais se faz referência ao longo do livro. O Apêndice B contém respostas para os problemas selecionados no final de cada capítulo.

1-1 Projeto

Projetar é formular um plano para atender a uma necessidade específica ou resolver um problema. Se o plano resultar na criação de algo concreto, então o produto deverá ser funcional, seguro, confiável, competitivo, e próprio para ser usado, fabricado e comercializado.

Projeto é um processo inovador e altamente repetitivo, é também de tomada de decisão. Certas vezes é preciso tomar decisões com pouquíssimas informações, ocasionalmente com a quantidade exata de informação ou com um excesso de informações parcialmente contraditórias. Outras vezes as decisões são tomadas provisoriamente, reservando-se o direito de fazer ajustes à medida que forem obtidas mais informações. Em todos os casos, o projetista de engenharia tem de se sentir confortável com a função de tomar decisões e resolver os problemas.

Projeto é uma atividade de intensa comunicação em que são usadas tanto palavras como imagens e empregadas as formas escrita e oral. Os engenheiros têm de se comunicar de forma eficaz e dialogar com pessoas de várias disciplinas. Elas se referem a habilidades importantes e delas depende o sucesso de um engenheiro.

Os recursos pessoais de criatividade, habilidade comunicativa e de solução de problemas de um projetista são entremeados com conhecimentos tecnológicos e princípios básicos. Ferramentas de engenharia (como matemática, estatística, computadores, desenho e linguagens) são combinadas para produzir um plano que, quando levado a cabo, resulta num produto que é *funcional, seguro, confiável, competitivo, bem como próprio para ser usado, fabricado e comercializado*, independentemente de quem o cria ou o utiliza.

1–2 Projeto de engenharia mecânica

Os engenheiros mecânicos estão associados à produção e ao processamento de energia e ao fornecimento dos meios de produção, às ferramentas de transporte e às técnicas de automação. A base de conhecimentos e habilidades é vasta. Entre suas bases disciplinares constam a mecânica dos sólidos e dos fluidos, transporte de massa e momentum, processos de fabricação, bem como as teorias da informação e eletricidade. O projeto de engenharia mecânica envolve todas as disciplinas da engenharia mecânica.

Os problemas reais resistem à compartimentalização. Um simples mancal de deslizamento envolve fluxo de fluido, transferência de calor, atrito, transporte de energia, seleção de materiais, tratamentos termomecânicos, descrições estatísticas e assim por diante. Um edifício é controlado ambientalmente. Considerações relativas a aquecimento, ventilação e ar-condicionado são suficientemente especializadas a ponto de alguns falarem em projeto de aquecimento, ventilação e ar-condicionado como se isso fosse separado e distinto do projeto de engenharia mecânica. De modo similar, os projetos de motores de combustão interna, de turbomáquinas e de motores a jato por vezes são considerados entidades discretas. Nesses casos, os termos que sucedem a palavra projeto são meramente um descritor do produto. Existem, ainda, termos como projeto de máquinas, projeto de elementos de máquinas, projeto de componentes de máquinas, projeto de sistemas e projeto de sistemas de potência com uso de fluidos. Todos esses conjuntos de termos são, de certa forma, *exemplos* mais específicos do projeto de engenharia mecânica; fazem uso dos mesmos ramos de conhecimento, são organizados de modo similar e requerem habilidades semelhantes.

1–3 Fases e interações do processo de projeto

O que é o processo de projeto? Como ele se inicia? O engenheiro simplesmente se senta a uma mesa com uma folha de papel em branco e anota rapidamente algumas ideias? O que acontece a seguir? Que fatores influenciam ou controlam as decisões que devem ser tomadas? Finalmente, como termina o processo de projeto?

O processo de projeto completo, do início ao fim, muitas vezes é descrito como na Figura 1–1. Ele começa com a identificação de uma necessidade e a decisão de fazer algo a respeito. Após muitas repetições, o processo termina com a apresentação dos planos para atender à necessidade. Dependendo da natureza da tarefa de projeto, várias de suas fases talvez tenham de ser repetidas ao longo da vida do produto, desde seu princípio até seu término. Nas próximas subseções, examinaremos detalhadamente essas etapas do processo de projeto.

A *identificação da necessidade* geralmente dá início ao processo de projeto. O reconhecimento e a expressão dessa necessidade em palavras normalmente constituem um ato extremamente criativo, pois a necessidade pode ser apenas um vago descontentamento, um sentimento de inquietação ou a sensação de que algo não está correto. Muitas vezes a necessidade não é evidente; seu reconhecimento normalmente é acionado por uma determinada circunstância adversa ou por um conjunto de circunstâncias aleatórias que surgem quase que

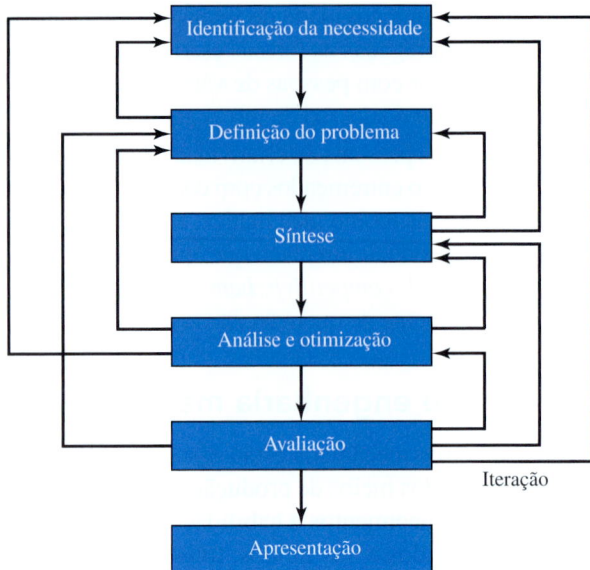

Figura 1–1 As fases de projeto, identificando as diversas realimentações e iterações.

simultaneamente. Por exemplo, a necessidade de fazer algo a respeito de uma máquina de embalagem de alimentos poderia ser indicada pelo nível de ruído, por uma variação no peso da embalagem e por meio de ligeiras, porém perceptíveis, variações na qualidade da embalagem ou acondicionamento.

Há uma diferença distinta entre a declaração de uma necessidade e a definição do problema. A *definição do problema* é mais específica e deve incluir todas as especificações para o objeto a ser projetado. As especificações são as quantidades de entrada e de saída, as características e as dimensões do espaço que o objeto deve ocupar e todas as limitações de tais quantidades. Podemos considerar o objeto a ser projetado como alguma coisa dentro de uma caixa-preta. Nesse caso, temos de especificar as entradas e saídas da caixa-preta, juntamente com suas características e limitações. As especificações definem o custo, a quantidade a ser fabricada, a vida útil esperada, o intervalo, a temperatura de operação e a confiabilidade. Entre as características especificadas temos velocidades, avanços, limitações de temperatura, intervalo máximo, variações esperadas das variáveis, limitações dimensionais e de peso etc.

Existem várias especificações implícitas resultantes do ambiente particular do projetista ou da natureza do problema. Os processos de fabricação disponíveis, juntamente com as instalações de uma determinada fábrica, constituem restrições à liberdade do projetista e, portanto, são uma parte das especificações implícitas. Pode ser que uma fábrica pequena, por exemplo, não possua máquinas de trabalho a frio. Ciente desse fato, o projetista poderia escolher outros métodos de processamento de metais que seriam realizados na própria fábrica. As habilidades dos funcionários e a situação da concorrência também são restrições implícitas. Qualquer coisa que limite a liberdade de escolha do projetista é uma restrição. Por exemplo, diversos materiais e tamanhos são listados em catálogos de fornecedores, porém nem sempre são encontrados com facilidade e, frequentemente, faltam esses produtos. Além disso, aspectos econômicos de estoque exigem que um fabricante reserve uma quantidade mínima de materiais e tamanhos. Na Seção 1–16 é dado um exemplo de uma especificação. Esse exemplo se destina a um estudo de caso de transmissão de potência que é apresentado ao longo deste texto.

A síntese de um esquema interligando possíveis elementos do sistema algumas vezes é denominada *invenção do conceito* ou *projeto conceitual*. Essa é a primeira e a mais importante etapa na tarefa de síntese. Vários esquemas têm de ser propostos, investigados e quantificados em termos da métrica estabelecida.[1] À medida que o esquema vai ganhando corpo, devem ser realizadas análises para avaliar se o desempenho do sistema é satisfatório ou melhor que o obtido anteriormente e, no caso de ser satisfatório, qual seu nível de desempenho. Os esquemas de sistemas que não passam pela análise são revisados, aperfeiçoados ou descartados. Aqueles com algum potencial são otimizados para determinar o melhor desempenho capaz de ser atingido pelo esquema. Esquemas em avaliação são comparados de modo que o caminho que leve ao produto mais competitivo possa ser escolhido. A Figura 1–1 mostra que as etapas de *síntese*, bem como de *análise e otimização*, estão íntima e repetidamente ligadas.

Percebemos, e enfatizamos, que projeto é um processo repetitivo no qual passamos por várias etapas, avaliamos os resultados e, então, retornamos a uma fase anterior do procedimento. Portanto, poderíamos sintetizar vários componentes de um sistema, analisá-los e otimizá-los e retornar à síntese para ver qual o efeito disso para as demais partes do sistema. Por exemplo, o projeto de um sistema para transmitir potência requer atenção ao projeto e seleção de seus diversos componentes (por exemplo, engrenagens, mancais, eixo). Entretanto, como frequentemente ocorre nos projetos, esses componentes não são independentes. Assim, ao projetarmos um eixo para suportar tensão e deflexão, é necessário sabermos as forças aplicadas. Se as forças forem transmitidas por meio de engrenagens, é necessário conhecermos as especificações das engrenagens para que possamos determinar as forças que serão transmitidas ao eixo. Porém, as engrenagens comerciais vêm com determinados diâmetros de cubo, exigindo o conhecimento do diâmetro do eixo necessário. Fica claro que será preciso fazer estimativas grosseiras para poder prosseguir com o processo, refinando e iterando até que se alcance um projeto final que seja satisfatório para cada um dos componentes, bem como para as especificações do projeto como um todo. Ao longo do livro explicaremos com mais detalhes esse processo, aplicando-o ao estudo de caso de um projeto de transmissão de potência.

Tanto a análise quanto a otimização exigem que construamos ou criemos modelos abstratos do sistema que possibilitarão o emprego de alguma forma de análise matemática. Tais modelos são denominados modelos matemáticos. Criamos esses modelos na expectativa de podermos encontrar um que simulará adequadamente o sistema físico real. Conforme indicado na Figura 1–1, a *avaliação* é uma fase importante do processo de projeto global. A avaliação é a prova final de um projeto bem-sucedido e, normalmente, envolve testes de um protótipo em laboratório. Aqui queremos descobrir se o projeto realmente atende às necessidades. Ele é confiável? Será ele bem-sucedido na concorrência com produtos similares? Ele é economicamente viável em termos de fabricação e uso? Sua manutenção e possíveis ajustes são fáceis? Pode-se obter lucro em sua venda ou utilização? Qual a probabilidade de ele vir a resultar em ações judiciais decorrentes da responsabilidade pelo produto? Será fácil e barato obter seguro para ele? Há grandes chances de ocorrerem retiradas do mercado para substituir peças ou sistemas defeituosos? O projetista ou a equipe de projeto precisará conduzir uma miríade de questões de engenharia ou não.

A apresentação é a etapa final e vital do processo de projeto em que se transmite o projeto a terceiros. Indubitavelmente, um grande número de excelentes projetos, invenções e trabalhos criativos deixou de passar para a posteridade simplesmente porque seus criadores foram incapazes ou não estavam dispostos a explicar seus feitos a outras pessoas. A apresentação é um trabalho de venda. O engenheiro, ao apresentar uma solução nova para o pessoal administrativo, de gerência ou supervisão, está tentando vender ou provar a eles que tal solução é a melhor. A menos que isso possa ser feito com êxito, o tempo e o esforço gastos na obtenção da solução foram, em grande medida, desperdiçados. Quando os projetistas ven-

---

[1] Uma excelente referência para esse tópico é apresentada por PUGH, Stuart, *Total Design — Integrated Methods for Successful Product Engineering*. Addison-Wesley, 1991. Uma descrição do *método de Pugh* também é fornecida no Capítulo 8 de David G. Ullman, *The Mechanical Design Process*; 3ª ed. Nova York: McGraw-Hill, 2003.

dem uma nova ideia, eles também estão vendendo a si mesmos. Se forem repetidamente bem-sucedidos na venda de ideias, projetos e novas soluções para a gerência, eles começarão a receber aumentos de salário e promoções; de fato, é assim que qualquer um se torna bem-sucedido em sua profissão.

Considerações de projeto

Algumas vezes a resistência exigida de um elemento em um sistema é um fator importante na determinação da geometria e das dimensões desse elemento. Em tal situação, dizemos que a resistência é uma consideração de projeto importante. Ao usarmos a expressão consideração de projeto, estamos nos referindo a alguma característica que influi no projeto do elemento ou, talvez, todo o sistema. Normalmente, um bom número de tais características deve ser considerado e priorizado em uma dada situação de projeto. Muitas das características importantes compreendem (não necessariamente em ordem de importância):

1 Funcionalidade
2 Resistência/tensão
3 Distorção/deflexão/rigidez
4 Desgaste
5 Corrosão
6 Segurança
7 Confiabilidade
8 Fabricabilidade
9 Utilidade
10 Custo
11 Atrito
12 Peso
13 Vida
14 Ruído
15 Estilo
16 Forma
17 Tamanho
18 Controle
19 Propriedades térmicas
20 Superfície
21 Lubrificação
22 Mercantilidade
23 Manutenção
24 Volume
25 Responsabilidade pelo produto
26 Refabricação/recuperação de recursos

Algumas dessas características estão diretamente relacionadas com as dimensões, o material, o processamento e a junção dos elementos do sistema. Várias características podem estar inter-relacionadas, afetando a configuração do sistema como um todo.

1-4 Recursos e ferramentas de projeto

Hoje em dia, o engenheiro tem uma grande variedade de ferramentas e recursos disponíveis para auxiliar na solução de problemas de projeto. Microcomputadores baratos e pacotes de programas computacionais robustos fornecem ferramentas de imensa capacidade para o projeto, a análise e a simulação de componentes mecânicos. Além dessas ferramentas, o engenheiro sempre precisa de informações técnicas, seja na forma de comportamento em termos de engenharia/fundamentos científicos, seja quanto às características de componentes específicos de catálogo. Nesse caso, os recursos podem variar desde livros-texto de ciências/engenharia até brochuras ou catálogos de fabricantes. Aqui também o computador pode desempenhar um importante papel na coleta de informações.[2]

Ferramentas computacionais

Programas de desenho com o auxílio de computador (CAD) permitem o desenvolvimento de projetos tridimensionais (3-D) dos quais podem ser geradas vistas ortogonais bidimensionais convencionais com dimensionamento automático. Podem ser gerados também cami-

---
[2] Uma excelente e abrangente discussão do processo de "coleta de informações" encontra-se no Capítulo 4 de DIETER, George E. *Engineering Design – A Materials and Processing Approach*; 3ª ed. Nova York: McGraw-Hill, 2000.

nhos de ferramenta para o processo de manufatura por meio de modelos 3-D e, em alguns casos, ser criadas peças diretamente de um banco de dados 3-D usando um método de manufatura e prototipagem rápida (estereolitografia) — *manufatura sem a geração de papel*! Outra vantagem de um banco de dados 3-D é o fato de ele possibilitar a realização de cálculos rápidos e precisos de propriedades de massa, localização do centro de gravidade e momentos de inércia das massas. Outras propriedades geométricas como áreas e distâncias entre pontos são igualmente obtidas facilmente. Há uma grande oferta de pacotes de programas de CAD como Aries, AutoCAD, CadKey, I-Deas, Unigraphics, Solid Works e ProEngineer, apenas para citar alguns.

O termo *engenharia com o auxílio de computador* (CAE) geralmente se aplica a todas as interfaces da engenharia relacionadas com computadores. Com essa definição, o CAD pode ser considerado um subconjunto da CAE. Alguns pacotes de programas realizam tarefas de análise de engenharia e/ou simulação específicas que ajudam o projetista, porém eles não são considerados uma ferramenta para a criação do projeto, assim como o CAD. Esse tipo de aplicativo se encaixa em duas categorias: a dos fundamentados na engenharia e a dos não específicos para engenharia. Entre alguns exemplos de programas fundamentados na engenharia para aplicações de engenharia mecânica — programas que também poderiam ser integrados a um sistema CAD —, temos programas para análise de elementos finitos (FEA) capazes de realizar a análise de tensão e deflexão (ver Capítulo 19), vibração e transferência de calor (por exemplo, Algor, ANSYS e MSC/NASTRAN); programas de dinâmica dos fluidos computacional (CFD); voltados para a análise e simulação do fluxo de fluidos (por exemplo, CFD++, FIDAP e Fluent); e programas para simulação de forças dinâmicas e movimento em mecanismos (por exemplo, ADAMS, DADS e Working Model).

Entre os exemplos de aplicações com o auxílio de computador não específicas para engenharia, temos aplicativos para processamento de texto, planilhas (por exemplo, Excel, Lotus e Quattro-Pro) e programas para solução de problemas matemáticos (por exemplo, Maple, MathCad, Matlab*, Mathematica e TKsolver).

Seu professor é a melhor fonte de informações sobre programas que podem estar à sua disposição e ele poderá recomendar-lhe aqueles que são úteis para tarefas específicas. Uma advertência, contudo: os programas de computador não são de forma alguma um substituto do processo do raciocínio humano. *Você* é o condutor aqui; o computador é o veículo para ajudá-lo em sua jornada rumo a uma solução. Números gerados por um computador podem estar muito longe da verdade se você introduzir dados incorretos, interpretar de forma equivocada a aplicação ou a saída gerada pelo programa, se o programa tiver erros etc. Compete-lhe assegurar a validade dos resultados; portanto, procure verificar cuidadosamente a aplicação e os resultados, realizar testes de verificação padronizados usando problemas com soluções conhecidas e acompanhar a empresa produtora de software e boletins de grupos de usuários.

Aquisição de informações técnicas

Vivemos atualmente na chamada *era da informação,* em que as informações são geradas em um ritmo alucinante. É difícil, porém extremamente importante, estar a par dos avanços do presente e do passado em seu ramo de conhecimento e ocupação. A referência indicada na nota de rodapé 3 fornece uma excelente descrição dos recursos informativos disponíveis e é altamente recomendada a leitura para o engenheiro de projeto dedicado. Algumas fontes de informação são:

- *Bibliotecas (públicas, privadas e das universidades).* Dicionários de engenharia e enciclopédias, livros-texto, monografias, manuais, serviços de indexação e resumos, periódicos, traduções, relatórios técnicos, patentes e fontes/brochuras/catálogos comerciais.

---
*MATLAB é uma marca registrada da The MathWorks, Inc.

- *Fontes governamentais (Estados Unidos).*[3] Departments of Defense, Commerce, Energy e Transportation; Nasa; Government Printing Office; U.S. Patent and Trademark Office; National Technical Information Service e National Institute for Standards and Technology.
- *Associações de profissionais (Estados Unidos).*[4] American Society of Mechanical Engineers, Society of Manufacturing Engineers, Society of Automotive Engineers, American Society for Testing and Materials e American Welding Society.
- *Vendedores comerciais.* Catálogos, literatura técnica, dados de ensaios, amostras e informações sobre custo.
- *Internet.* A porta de entrada, na rede mundial de computadores, para *sites* associados à maioria das categorias antes apresentadas.[5]

Essa lista não está completa. Recomenda-se ao leitor explorar as várias fontes de informação regularmente e manter um registro do conhecimento adquirido.

1-5 Responsabilidades profissionais do engenheiro de projeto

Em geral, exige-se que o engenheiro de projeto satisfaça às necessidades de seus clientes (sua gerência, clientes, consumidores etc.) e espera-se que ele o faça de maneira competente, responsável, ética e profissional. Grande parte do curso de engenharia e da experiência prática concentra-se na competência, mas quando se deve começar a criar responsabilidade e profissionalismo no campo da engenharia? Para obter sucesso, deve-se começar a desenvolver essas características logo cedo, já em sua fase acadêmica. É preciso cultivar a ética no desempenho da profissão e habilidades para lidar com processos antes de concluir o curso, de modo que, ao iniciar uma carreira formal no campo da engenharia, deve-se estar preparado para superar os desafios.

Embora não seja óbvio para alguns estudantes, as habilidades comunicativas desempenham um papel muito importante nesse caso, e é sensato aquele estudante que trabalha continuamente para aperfeiçoar tais habilidades — *mesmo que não seja um requisito direto do curso!* O sucesso no campo da engenharia (realizações, promoções, aumentos salariais etc.) em grande parte, pode dar-se pela competência profissional; porém, se você não for capaz de transmitir suas ideias de modo claro e conciso, sua competência técnica pode ser comprometida.

Você pode começar a desenvolver habilidades comunicativas mantendo um diário/registro organizado e claro de suas atividades, fazendo registros datados frequentemente. (Muitas empresas exigem que seus engenheiros mantenham um diário por questões de patentes e responsabilidade pelo produto.) Devem-se usar diários distintos para cada projeto (ou matéria do curso). Ao iniciar um projeto ou problema, no estágio de definição, faça registros em diário com bastante frequência. Outros, ou mesmo você, poderiam questionar mais tarde por que certas decisões foram tomadas. Registros cronológicos adequados tornarão mais fácil explicar, no futuro, o motivo de suas decisões.

Muitos estudantes de engenharia se veem, depois de formados, atuando como engenheiros de projeto, projetando, desenvolvendo e analisando produtos e processos, e consideram a necessidade de boas habilidades comunicativas, sejam elas orais ou escritas, como secundárias. Isso está longe de ser verdade. A maioria dos engenheiros de projeto despende boa parcela de tempo comunicando-se com terceiros, redigindo propostas e relatórios técnicos, bem como fazendo apresentações e interagindo com pessoal de apoio, das áreas de engenharia ou não. Você tem tempo agora para aguçar suas habilidades comunicativas. Ao lhe ser atribuída uma

---

[3] N. de T.: Identifique e consulte as fontes análogas de nosso país.

[4] N. de T.: Associações profissionais com atributos semelhantes existem no Brasil.

[5] Alguns *sites* úteis são: www.globalspec.com, www.engnetglobal.com, www.efunda.com, www.thomasnet.com e www.uspto.gov.

tarefa para redigir ou fazer qualquer apresentação, técnica *ou* não, aceite-a com entusiasmo e trabalhe para melhorar sua capacidade de comunicação. Será um bom investimento desenvolver essas capacidades agora em vez de fazê-lo quando já estiver trabalhando.

Quando estiver trabalhando em um problema de projeto, é importante que você desenvolva uma abordagem sistemática. Uma atenção especial às etapas a seguir o ajudará a organizar sua técnica de processamento de soluções.

- *Entenda o problema.* A definição do problema talvez seja a etapa mais importante no processo de projeto de engenharia. Leia, entenda e aprimore cuidadosamente o enunciado do problema.
- *Identifique o conhecido.* Com base no enunciado aprimorado do problema, descreva de forma concisa que informações são conhecidas e relevantes.
- *Identifique o desconhecido e formule a estratégia de solução.* Declare o que tem de ser determinado e em que ordem, para poder chegar a uma solução para o problema. Esboce o componente ou sistema que está sendo investigado, identificando parâmetros conhecidos e desconhecidos. Crie um fluxograma das etapas necessárias para se chegar à solução. As etapas poderão, eventualmente, exigir o uso de diagramas de corpos livres; propriedades de material obtidas em tabelas; equações dos princípios fundamentais, livros-texto ou manuais relacionando os parâmetros conhecidos e desconhecidos; diagramas obtidos experimental ou numericamente; ferramentas computacionais específicas conforme discutido na Seção 1–4 etc.
- *Enuncie todas as hipóteses e decisões.* Problemas de projeto na vida real geralmente não possuem soluções únicas, ideais e analíticas. Seleções como a de materiais e tratamentos térmicos exigem decisões. As análises requerem suposições relacionadas com a modelagem dos componentes reais ou do sistema. Todas as hipóteses e decisões devem ser identificadas e registradas.
- *Analise o problema.* Usando sua estratégia de solução em conjunto com suas decisões e hipóteses, execute a análise do problema. Consulte as fontes de todas as equações, tabelas, diagramas, resultados de programas etc. Ateste a credibilidade de seus resultados. Verifique a ordem de grandeza, dimensionalidade, tendências, sinais etc.
- *Avalie sua solução.* Avalie cada etapa da solução, observando como mudanças na estratégia, nas decisões, nas hipóteses e na execução poderiam afetar os resultados de modo positivo ou negativo. Se possível, incorpore as mudanças positivas em sua solução final.
- *Apresente sua solução.* Aqui suas habilidades comunicativas terão um importante papel. Nesse ponto, você está vendendo sua imagem e suas habilidades técnicas. Se não for capaz de explicar habilmente o que fez, todo o seu trabalho ou parte dele poderá ser mal interpretado e não ser aceito. Conheça seu público.

Conforme dito anteriormente, todos os processos de projeto são interativos e iterativos. Portanto, talvez seja necessário repetir parte ou todas as etapas citadas mais de uma vez, caso sejam obtidos resultados insatisfatórios.

Para ser eficaz, todo profissional deve manter-se atualizado em seus campos de atuação. O engenheiro de projeto pode satisfazer a essa necessidade de diversas maneiras: ser um membro atuante de uma associação de profissionais, como a American Society of Mechanical Engineers (ASME), a Society of Automotive Engineers (SAE) e a Society of Manufacturing Engineers (SME); participar de encontros, conferências e seminários promovidos por associações, fabricantes, universidades etc.; fazer cursos de pós-graduação ou participar de programas específicos em universidades; ler regularmente periódicos técnicos e profissionais etc. A formação de um engenheiro não termina na graduação.

As obrigações profissionais de um engenheiro de projeto incluem, entre outras, conduzir as atividades de uma maneira ética. Reproduzimos aqui a *Doutrina dos Engenheiros*, extraída da National Society of Professional Engineers (NSPE)[6]:

Como engenheiro profissional I, dedico meu conhecimento e habilidade profissional para o avanço e melhoria do bem-estar humano.

Eu prometo:

Oferecer o máximo de desempenho;

Não participar de iniciativas que não sejam honestas;

Viver e trabalhar de acordo com as leis do homem e os mais elevados padrões de conduta profissional;

Por o servir antes do lucro, a honra e a reputação da profissão antes das vantagens pessoais e o bem público acima de todas as outras considerações.

Humildemente e com a ajuda divina, faço esta promessa.

1-6 Padrões e códigos

Um *padrão* é um conjunto de especificações para peças, materiais ou processos destinados a atingir uniformidade, eficiência e determinada qualidade. Um dos principais objetivos de um padrão é colocar um limite no número de itens em especificações de modo que ofereça um inventário razoável de ferramentas, tamanhos, formas e variedades.

Um *código* é um conjunto de especificações para análise, projeto, manufatura e construção de algo. O propósito de um código é atingir um determinado grau de segurança, eficiência e desempenho ou qualidade. É importante observar que os códigos de segurança *não* implicam *segurança absoluta*. Na realidade, a segurança absoluta é impossível de ser obtida. Por vezes um fato inesperado ocorre. Projetar um edifício para resistir a ventos de 190 km/h não significa que os projetistas acreditem que a ocorrência de ventos de 220 km/h seja impossível; significa que isso seja altamente improvável.

Todas as organizações e associações apresentadas a seguir estabeleceram especificações para padrões e códigos de projeto ou segurança. O nome da organização apresenta uma pista sobre a natureza do padrão ou do código. Alguns dos padrões e códigos, bem como seus endereços, podem ser obtidos na maior parte das bibliotecas com acervo técnico. As organizações de interesse para os engenheiros mecânicos são:

Aluminum Association (AA)
American Gear Manufacturers Association (AGMA)
American Institute of Steel Construction (AISC)
American Iron and Steel Institute (AISI)
American National Standards Institute (ANSI)[7]
ASM International[8]
American Society of Mechanical Engineers (ASME)
American Society of Testing and Materials (ASTM)
American Welding Society (AWS)

---

[6] Adotado pela National Society of Professional Engineers em junho de 1954. *The Engineer's Creed*. Reeimpresso sob permissão da National Society of Professional Engineers. Extraído e revisado pela NSPE. Para a revisão corrente, janeiro 2006, consulte o *site* www.nspe.org/Ethics/CodeofEthics/index.html

[7] Em 1966, a American Standards Association (ASA) mudou o seu nome para United States of America Standards Institute (USAS). Depois, em 1969, o nome foi alterado novamente, desta vez para American National Standards Institute, conforme indicado aqui e como permanece até hoje. Isso significa que talvez você encontre ocasionalmente padrões ANSI denominados ASA ou USAS.

[8] Formalmente, American Society for Metals (ASM). Hoje em dia o acrônimo ASM é indefinido.

American Bearing Manufacturers Association (ABMA)[9]
British Standards Institution (BSI)
Industrial Fasteners Institute (IFI)
Institution of Mechanical Engineers (I. Mech. E.)
International Bureau of Weights and Measures (BIPM)
International Standards Organization (ISO)
National Institute for Standards and Technology (NIST)[10]
Society of Automotive Engineers (SAE)

1-7 Economia

A consideração do custo tem um papel de tal importância no processo de decisão de um projeto que poderíamos facilmente despender tanto tempo no estudo do fator custo quanto aquele dedicado ao estudo de toda a matéria projeto. Introduziremos aqui apenas alguns conceitos gerais e regras simples.

Primeiro, note que nada pode ser dito em sentido absoluto em relação a custos. Os materiais e a mão de obra têm apresentado um custo crescente ano após ano. Porém, há uma expectativa de tendência de queda no que se refere ao processamento de materiais em razão do emprego de robôs e máquinas-ferramenta automáticas. O custo de fabricação de um único produto irá variar de cidade para cidade e de fábrica para fábrica em razão das diferenças de custos indiretos, mão de obra, impostos e frete, bem como das pequenas, porém inevitáveis, variações de fabricação.

Tamanhos padrão

O emprego de tamanhos padronizados ou de estoque é um princípio básico na redução dos custos. Um engenheiro que especifica uma barra de aço AISI 1020 laminada a quente, de seção transversal quadrada, com 53 mm de lado, terá adicionado custo ao produto, visto que uma barra de 50 mm ou 60 mm, sendo ambas de tamanho preferencial, solucionariam o problema com igual eficiência. O tamanho de 53 mm pode ser obtido por uma encomenda especial ou pela laminação ou usinagem de um quadrado de 60 mm de lado; porém, esses métodos adicionariam custo ao produto. Para garantir que sejam especificados tamanhos padrão ou preferenciais, os projetistas devem ter acesso aos inventários dos materiais por eles empregados.

É preciso fazer mais uma advertência em relação à escolha de tamanhos preferenciais. Embora normalmente seja apresentado um grande número de tamanhos em catálogos, nem todos podem ser encontrados de imediato. Certos tamanhos são tão pouco usados que nem são mantidos em estoque. Um pedido urgente deles poderia significar mais despesas e atraso. Portanto, você também deveria ter acesso a uma lista como aquelas apresentadas na Tabela A–15 para tamanhos preferenciais em milímetros.

Existem muitas partes compradas, como motores, bombas, mancais e dispositivos de fixação, que são especificadas pelos projetistas. Nesses casos, também deve-se fazer um esforço especial para especificar aquelas que possam ser encontradas imediatamente. Peças que são fabricadas e vendidas em grandes quantidades normalmente custam menos que aquelas de tamanho não usual. O custo de mancais de rolamento, por exemplo, depende mais da quantidade produzida pelo fabricante de rolamentos que do tamanho do rolamento.

---

[9] Em 1993, a Anti-Friction Bearing Manufacturers Association (AFBMA) mudou seu nome para American Bearing Manufacturers Association (ABMA).

[10] Antiga National Bureau of Standards (NBS).

Tolerâncias grandes

Entre os efeitos das especificações de projeto sobre os custos, as tolerâncias são talvez as mais significativas. Tolerâncias, processos de fabricação e acabamento superficial estão inter-relacionados e influenciam a produtibilidade do produto final de várias maneiras. Tolerâncias apertadas podem precisar de etapas adicionais no processamento e na inspeção ou até mesmo tornar a produção de uma peça completamente inviável em termos econômicos. As tolerâncias levam em conta a variação dimensional e intervalo de rugosidade superficial, bem como a variação de propriedades mecânicas resultantes de tratamento térmico e outras operações de processamento.

Na medida em que peças com grandes tolerâncias podem frequentemente ser produzidas por máquinas com taxas de produção mais elevadas, os custos serão significativamente menores. Da mesma forma, menos peças desse tipo serão rejeitadas no processo de inspeção e, normalmente, elas são mais fáceis de ser montadas no conjunto. Um gráfico custo *versus* tolerância/processo de usinagem é mostrado na Figura 1–2 ilustrando o drástico aumento no custo de fabricação à medida que a tolerância diminui mediante processos de usinagem mais precisos.

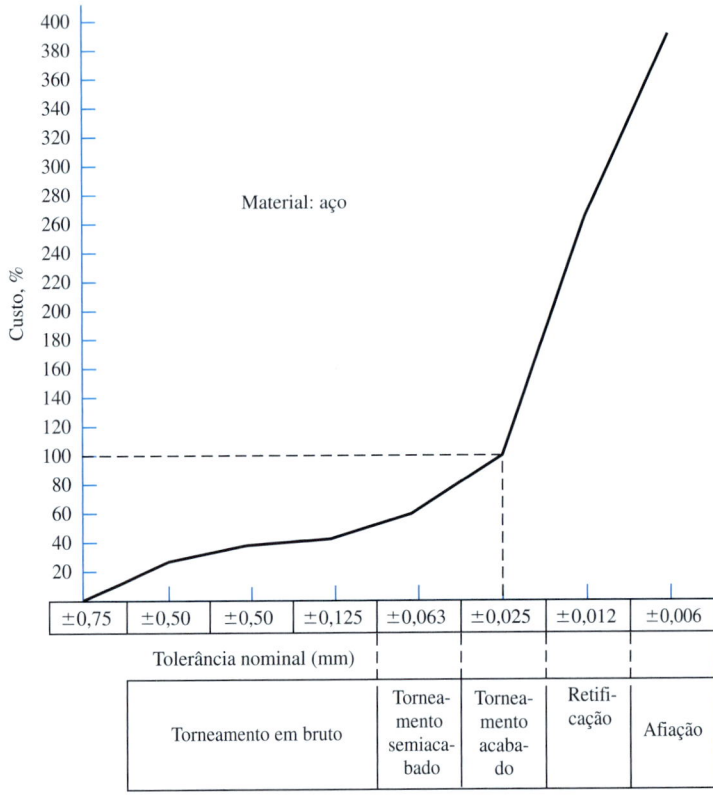

Figura 1–2 Custo *versus* tolerância/processo de usinagem.
(*Extraído de David G. Ullman*, The Mechanical Desing Process, *3. ed., Nova York: McGraw-Hill, 2003.*)

Ponto de equilíbrio

Algumas vezes, quando duas ou mais abordagens de projeto são comparadas em termos de custo, a escolha depende de um conjunto de condições como o volume de produção, a velocidade das linhas de montagem ou alguma outra condição. Existe então um ponto correspondente a custos iguais, o chamado *ponto de equilíbrio*.

Como exemplo, consideremos uma situação em que uma certa peça possa ser fabricada a uma taxa de 25 peças por hora, em uma máquina de fazer parafusos automática, ou então de 10 peças por hora, em uma máquina de fazer parafusos manual. Suponhamos também que o tempo de preparação para a máquina automática seja de 3 horas e que o custo de mão de obra para ambas as máquinas seja de 20 dólares a hora, incluindo custos indiretos. A Figura 1–3 é um gráfico do custo *versus* produção por meio dos dois métodos. O ponto de equilíbrio para esse exemplo corresponde a 50 peças. Se a produção desejada for maior que 50 peças, deverá ser usada a máquina automática.

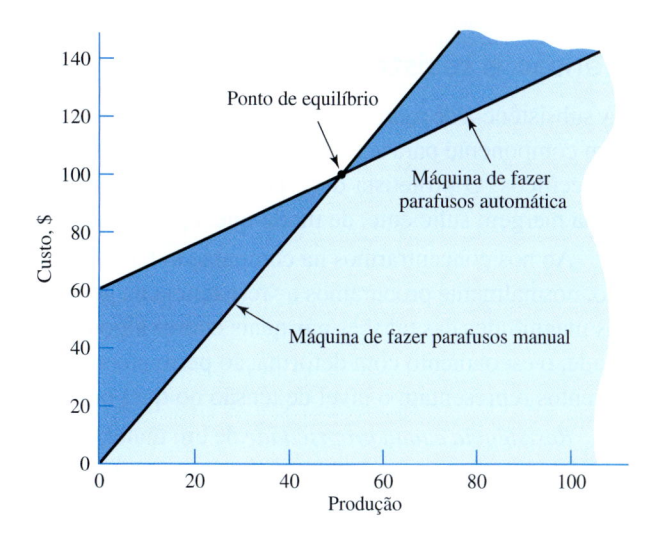

Figura 1–3 Um ponto de equilíbrio.

Estimativas de custo

Existem várias maneiras de obter estimativas de custo relativas de modo que dois ou mais projetos possam ser grosseiramente comparados. Talvez seja preciso uma certa dose de discernimento em alguns casos. Por exemplo, podemos comparar o valor relativo de dois automóveis confrontando o custo monetário por libra de peso. Outra maneira de comparar o custo de um projeto com outro é simplesmente contar o número de peças. O projeto que tiver o menor número de peças provavelmente será o de menor custo. Podem ser usadas várias outras estimativas de custo, dependendo da aplicação, como área, volume, potência em cavalos, torque, capacidade, velocidade e várias relações de desempenho.[11]

1–8 Segurança e responsabilidade pelo produto

Nos Estados Unidos prevalece, geralmente, o conceito de *responsabilidade estrita* dentro da responsabilidade pelo produto. Esse conceito afirma que o fabricante de um artigo é responsável por qualquer dano ou lesão resultante de um defeito do produto. E não importa se o fabricante tinha conhecimento ou não do defeito. Suponha, por exemplo, um artigo que tenha sido fabricado, digamos, há dez anos. Suponha também que esse artigo não pudesse ter sido considerado defeituoso tomando como base todo o conhecimento tecnológico então disponível. Dez anos mais tarde, de acordo com o conceito de responsabilidade estritamente, o fabricante ainda é responsável pelo defeito. Portanto, segundo esse conceito, o demandante precisa ape-

---

[11] Para uma visão geral de estimativas de custos de fabricação, ver o Capítulo 11, Karl T. Ulrich; Steven D. Eppinger. *Product Design and Development*; 3ª ed. Nova York: McGraw-Hill, 2004.

nas provar que o artigo era defeituoso e que o defeito provocou algum dano ou lesão. A negligência do fabricante não precisa ser provada.

Os melhores métodos para evitar ações decorrentes da responsabilidade pelo produto são engenharia adequada na análise e projeto, controle de qualidade e procedimentos de testes abrangentes. Gerentes de publicidade normalmente fazem promessas entusiásticas nas garantias e na literatura de vendas de um produto. Essas afirmações devem ser revistas com cuidado pelo pessoal de engenharia para eliminar promessas excessivas e para inserir alertas e instruções de uso adequadas.

1–9 Tensão e resistência

A subsistência de muitos produtos depende de como o projetista ajusta as tensões máximas em um componente para serem menores que a resistência do componente em pontos de interesse específicos. O projetista deve permitir que a tensão máxima seja inferior à resistência com uma margem suficiente, de modo que, apesar das incertezas, as falhas sejam raras.

Ao nos concentrarmos na comparação tensão-resistência em um ponto (de controle) crítico, normalmente procuramos a "resistência na geometria e condição de uso". Resistências são as magnitudes das tensões nas quais ocorre algo de interesse, como o limite de proporcionalidade, o escoamento com deformação permanente de 0,2% ou a fratura. Em muitos casos, tais eventos representam o nível de tensão no qual ocorre perda de função.

Resistência é uma propriedade de um material ou de um elemento mecânico. A resistência de um elemento depende da escolha, do tratamento e do processamento do material. Consideremos, por exemplo, uma remessa de molas. Podemos associar a resistência com uma determinada mola. Quando essa mola é incorporada em uma máquina, são aplicadas forças externas que resultam em tensões induzidas pelas cargas na mola, cujas magnitudes dependem de sua geometria e são independentes do material e seu processamento. Se a mola for retirada intacta da máquina, a tensão em razão das forças externas retornará a zero. Porém, a resistência permanece como uma das propriedades da mola. Lembre-se de que a *resistência é uma propriedade inerente a uma peça,* uma propriedade incorporada à peça em razão do emprego de um determinado material e processo.

Vários processos de conformação mecânica e tratamento térmico, como forjamento, laminação e conformação a frio, provocam variações na resistência de ponto a ponto ao longo de uma peça. É bem provável que a mola citada antes tenha uma resistência no lado externo das espiras diferente de sua resistência interna, pois a mola foi conformada por um processo de enrolamento a frio e os dois lados talvez não tenham sido deformados igualmente. Portanto, lembre-se também de que um valor de resistência atribuído a uma peça poderia aplicar-se apenas a um dado ponto ou conjunto de pontos da peça.

Neste livro usaremos a letra maiúscula S para denotar *resistência*, com os subscritos apropriados para indicar o tipo de resistência. Consequentemente, S_s é uma resistência ao cisalhamento, S_y uma resistência ao escoamento e S_u uma resistência última.

De acordo com as práticas de engenharia aceitas, empregaremos as letras do alfabeto grego σ (sigma) e τ (tau) para designar, respectivamente, *tensões* normais e de cisalhamento. Mais uma vez, diversos subscritos indicam alguma característica especial. Assim, por exemplo, σ_1 é uma tensão principal, σ_y uma componente de tensão na direção y, e σ_r uma componente de tensão na direção radial.

Tensão é uma propriedade de estado em um ponto *específico* de um corpo, que é uma função da carga, da geometria, da temperatura e do processo de fabricação. Em um curso básico de mecânica dos materiais, é enfatizada a tensão relacionada à carga e à geometria com alguma discussão sobre tensões térmicas. Entretanto, as tensões por tratamentos térmicos, moldagem, montagem etc. também são importantes e, certas vezes, negligenciadas. No Capítulo 3 é apresentada uma revisão sobre a análise de tensão para estados de carga e geometria básicos.

1-10 Incerteza

São muitas as incertezas no projeto de máquinas. Seguem alguns exemplos de incertezas concernentes à tensão e à resistência:

- Composição do material e efeito da variação em propriedades.
- Variações nas propriedades de ponto a ponto no interior de uma barra de metal em estoque.
- Efeitos sobre as propriedades de processar o material no local ou nas proximidades.
- Efeitos de montagens próximas como soldagens e ajustes por contratação sobre as condições de tensão.
- Efeito de tratamento termomecânico sobre as propriedades.
- Intensidade e distribuição do carregamento.
- Validade dos modelos matemáticos usados para representar a realidade.
- Intensidade de concentrações de tensão.
- Influência do tempo sobre a resistência e a geometria.
- Efeito da corrosão.
- Efeito do desgaste.
- Incerteza quanto ao número de fatores que causam incertezas.

Os engenheiros devem conviver com a incerteza. As mudanças sempre vêm acompanhadas de incerteza. As propriedades dos materiais, a variabilidade das cargas, a fidelidade na fabricação e a validade de modelos matemáticos estão entre as preocupações dos projetistas.

Existem métodos matemáticos para lidar com as incertezas. As técnicas primárias são os métodos determinísticos e estocásticos. O método determinístico estabelece um *fator de projeto* baseado nas incertezas absolutas de um parâmetro de perda de função e um parâmetro máximo admissível. Nesse caso, o parâmetro poderia ser a carga, a tensão, a deflexão etc. Portanto, o fator de projeto n_d é definido como se segue

$$n_d = \frac{\text{parâmetro de perda de função}}{\text{parâmetro máximo admissível}} \qquad (1\text{-}1)$$

Se o parâmetro for a carga, então a carga máxima admissível pode ser encontrada por meio de

$$\text{Carga máxima admissível} = \frac{\text{carga de perda de função}}{n_d} \qquad (1\text{-}2)$$

EXEMPLO 1-1

Considere que a carga máxima em uma estrutura seja conhecida com uma incerteza de ±20% e que a carga que provoca falha seja conhecida com uma incerteza de ±15%. Se a carga causadora da falha for *nominalmente* igual a 10 kN, determine o fator de projeto e a carga máxima admissível que compensará as incertezas absolutas.

Solução

Para levar em conta sua incerteza, a carga de perda de função tem de aumentar para 1/0,85, ao passo que a carga máxima admissível tem de diminuir para 1/1,2. Portanto, para compensar as incertezas absolutas, o fator de projeto deve ser

Resposta

$$n_d = \frac{1/0,85}{1/1,2} = 1,4$$

> Da Equação (1–2), determina-se a carga máxima admissível como
>
> **Resposta**
> $$\text{Carga máxima admissível} = \frac{10}{1,4} = 7,1 \text{ kN}$$

Métodos estocásticos são baseados na natureza estatística dos parâmetros de projeto e focam na probabilidade de manutenção da função do projeto (isto é, na confiabilidade). Isso é discutido nas Seções 1–12 e 1–13.

1-11 Fator de projeto e fator de segurança

Uma abordagem geral para o problema da carga admissível *versus* carga de perda de função é o método de fator de projeto determinístico, algumas vezes chamado de método clássico de projeto. A equação fundamental é a Equação (1–1) em que n_d é denominado *fator de projeto*. Todos os modos de perda de função devem ser analisados e o modo que conduz ao menor fator de projeto impera. Depois de projeto ter sido terminado, o fator de projeto *real* pode mudar em razão de mudanças como arredondamento para um tamanho padrão de uma seção transversal ou o emprego de componentes saídos de prateleiras com valores maiores em vez de empregar o que é calculado usando-se o fator de projeto. O fator é então conhecido como *fator de segurança, n*. O fator de segurança tem a mesma definição do fator de projeto, porém, geralmente, ele difere em termos numéricos.

Como a tensão pode variar de forma não linear com a carga (ver Seção 3–19), usar a carga como parâmetro de perda de função talvez não seja aceitável. É mais comum expressar o fator de projeto em termos de uma tensão e uma resistência relevante. Portanto, a Equação (1–1) pode ser reescrita como

$$n_d = \frac{\text{resistência de perda de função}}{\text{tensão admissível}} = \frac{S}{\sigma(\text{ou }\tau)} \quad (1-3)$$

Os termos de tensão e resistência na Equação (1–3) devem ser do mesmo tipo e ter as mesmas unidades. Da mesma forma, a tensão e a resistência devem se referir ao mesmo ponto crítico da peça.

EXEMPLO 1-2 Uma haste maciça de seção circular com diâmetro d é submetida ao momento de flexão $M = 100$ N · m, induzindo uma tensão de $\sigma = 16M/(\pi d^3)$. Utilizando uma resistência de material igual a 170 MPa e um *fator de projeto* de 2,5, determine o diâmetro mínimo da haste. Utilizando a Tabela A–17, selecione um diâmetro fracionário de preferência e determine o *fator de segurança* resultante.

Solução Da Equação (1–3), $\sigma = S/n_d$, então

$$\sigma = \frac{16M}{\pi d^3} = \frac{S}{n_d}$$

Resolvendo para d, chega-se a

Resposta
$$d = \left(\frac{16Mn_d}{S\pi}\right)^{1/3} = \left(\frac{16(100)2,5}{170(10)^6 2,5}\right)^{1/3} = 0,02111 \text{ m} = 21,11 \text{ mm}$$

Resposta

Da Tabela A–17, a próxima dimensão de diâmetro preferencial é 22 mm. Portanto, quando n_d é substituído por n na equação desenvolvida antes, o fator de segurança n é

$$n = \frac{\pi S d^3}{16M} = \frac{\pi(170)(10^6)\,0{,}022^3}{16(100)} = 3{,}55$$

É tentador oferecer recomendações relativas à atribuição de fatores de projeto para uma determinada aplicação.[13] O problema ao fazer isso é com a avaliação das diversas incertezas associadas aos modos de perda de função. O fato é que o projetista deve considerar a variância de todos os fatores que afetarão os resultados. O projetista deve, então, confiar na experiência, na política da empresa e nos muitos códigos relacionados à aplicação (por exemplo, o código ASME para Caldeiras e Vasos de Pressão) para chegar a um fator de projeto adequado. Um exemplo pode diminuir a dificuldade para atribuir um fator de projeto.

EXEMPLO 1–3

Uma haste vertical de seção circular é usada para suportar um peso pendurado. Uma pessoa colocará o peso na extremidade sem deixá-lo cair. O diâmetro da haste pode ser fabricado dentro de um intervalo de $\pm 1\%$ da dimensão do diâmetro nominal. As extremidades do suporte podem estar centradas em um intervalo de $\pm 1{,}5\%$ da dimensão do diâmetro nominal. O peso é conhecido dentro de um intervalo de $\pm 2\%$ do peso nominal. A resistência do material é conhecida dentro de um intervalo de $\pm 3{,}5\%$ do valor de resistência nominal. Se o projetista usa os valores nominais e a equação da tensão nominal, $\sigma_{nom} = P/A$ (como no primeiro exemplo), determine qual deverá ser o fator de projeto utilizado para que a tensão não exceda a resistência.

Solução

Existem dois fatores ocultos a considerar aqui. O primeiro, devido à possibilidade de carga excêntrica, é que a tensão máxima não é $\sigma = P/A$ (ver Capítulo 3). O segundo é que a pessoa pode não colocar o peso *de forma gradual* no suporte da haste, e a aplicação da carga deveria então ser considerada dinâmica.

Considere primeiro a excentricidade. Com excentricidade, um momento de flexão surge, adicionando uma tensão de flexão de $\sigma = 32M/(\pi d^3)$ (ver Seção 3–10). O momento de flexão é dado por $M = Pe$, onde e é a excentricidade. Assim, a tensão máxima na haste é dada por

$$\sigma = \frac{P}{A} + \frac{32Pe}{\pi d^3} = \frac{P}{\pi d^2/4} + \frac{32Pe}{\pi d^3} \tag{1}$$

Uma vez que a tolerância é expressa como função do diâmetro, escreveremos a excentricidade como uma porcentagem de d. Faça $e = k_e d$, onde k_e é uma constante. Assim, a Equação (1) é reescrita como

$$\sigma = \frac{4P}{\pi d^2} + \frac{32Pk_e d}{\pi d^3} = \frac{4P}{\pi d^2}(1 + 8k_e) \tag{2}$$

Aplicando as tolerâncias para determinar o máximo que a tensão pode valer, vem

$$\sigma_{max} = \frac{4P(1 + 0{,}02)}{\pi[d(1 - 0{,}01)]^2}[1 + 8(0{,}015)] = 1{,}166\left(\frac{4P}{\pi d^2}\right) \tag{3}$$

$$= 1{,}166\,\sigma_{nom}$$

---

[12] Para exemplos de atribuição de valores para fatores de projeto, ver David G. Ullman, *The Mechanical Design Process*, 4th ed., McGraw-Hill, New York, 2010, App. C.

A aplicação de carregamento impulsivo é abordada na Seção 4–17. Se um peso é deixado cair de uma altura, h, medido da extremidade do suporte, a carga máxima na haste é dada pela Equação (4–59), que é

$$F = W + W\left(1 + \frac{hk}{W}\right)^{1/2}$$

onde F é a força na haste, W é o peso e k é a constante de mola da haste. Uma vez que a pessoa não solta o peso, $h = 0$, e com $W = P$, então $F = 2P$. Isto pressupõe que a pessoa *não* coloca gradualmente a carga e que não há amortecimento na haste. Logo, a Equação (3) é modificada substituindo $2P$ por P e a tensão máxima é

$$\sigma_{max} = 2(1{,}166)\,\sigma_{nom} = 2{,}332\,\sigma_{nom}$$

A resistência mínima é

$$S_{min} = (1 - 0{,}035)\,S_{nom} = 0{,}965\,S_{nom}$$

Igualando a tensão máxima a resistência mínima vem

$$2{,}332\,\sigma_{nom} = 0{,}965\,S_{nom}$$

Da Equação (1–3), o fator de projeto usando valores nominais deve ser

Resposta

$$n_d = \frac{S_{nom}}{\sigma_{nom}} = \frac{2{,}332}{0{,}965} = 2{,}42$$

Obviamente, se o projetista leva em consideração todas as incertezas deste exemplo e considera todas as tolerâncias nas tensões e resistências nos cálculos, um fator de projeto igual a um seria suficiente. No entanto, na prática, o projetista provavelmente usará os valores nominais de geometria e resistência no cálculo simples $\sigma = P/A$. O projetista provavelmente não seguirá os cálculos dados no exemplo e atribuirá um fator de projeto. É aí que o fator experiência sobrevém. O projetista deve listar os modos de perda de função e estimar um fator, n_i, para cada um. Para este exemplo, a lista seria

Perda de função	Acurácia estimada	n_i
Dimensões geométricas	Boa tolerância	1,05
Tensão calculada		
Carga dinâmica	Carga não gradual	2,0*
Flexão	Pequena possiblidade	1,1
Dados de resistência	Bem conhecida	1,05

*Mínimo

Cada termo afeta diretamente o resultado. Portanto, para uma estimativa, avaliamos o produto entre cada termo.

$$n_d = \Pi n_i = 1{,}05(2{,}0)(1{,}1)(1{,}05) = 2{,}43$$

1–12 Confiabilidade e probabilidade de falha

Nos dias de hoje, em que há um número cada vez maior de ações judiciais decorrentes da responsabilidade pelo produto e a necessidade de se adequar às regulamentações expedidas por órgãos governamentais como a EPA e a OSHA, é extremamente importante para o projetista, bem como para o fabricante, conhecer a confiabilidade de seus produtos. Pelo método de confiabilidade do projeto obtemos a distribuição de tensões e de resistências, e depois as relacionamos de modo que se alcance uma taxa de sucesso aceitável. A medida estatística de uma probabilidade de que um elemento mecânico não falhe em uso é chamada de *confiabilidade* do elemento e, como veremos, está relacionada à *probabilidade de falha*, p_f.

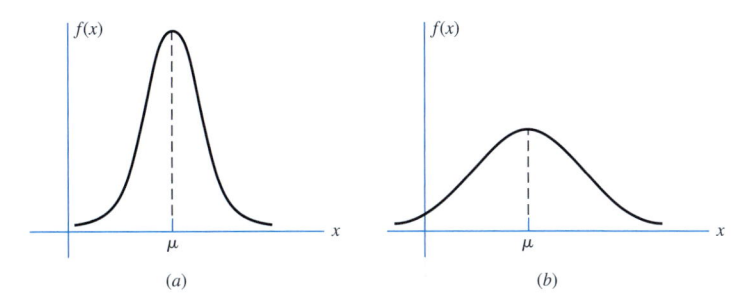

Figura 1–4 Forma da curva de distribuição normal: (*a*) pequeno $\hat{\sigma}$; (*b*) grande $\hat{\sigma}$.

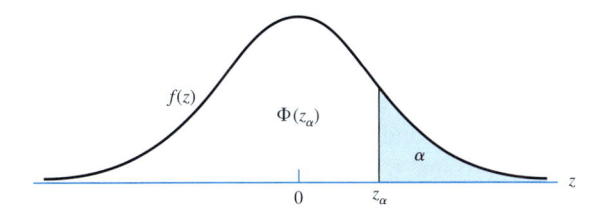

Figura 1–5 Função da distribuição normal transformada a partir da Tabela A-10.

Probabilidade de falha

A probabilidade de falha, p_f, é obtida a partir da *função densidade de probabilidade* (PDF), a qual representa a distribuição de eventos dentro de um intervalo de valores dados. Um número padronizado de distribuições de probabilidade discretas e contínuas é comumente aplicável a problemas de engenharia. As duas mais importantes distribuições de probabilidade contínuas para nosso uso neste texto são a *distribuição Gaussiana (normal)* e a *distribuição de Weibull*. Descreveremos a distribuição normal nesta seção e na Seção 2–2. A distribuição de Weibull é largamente utilizada no projeto de mancais de contato por rolamento e será descrita no Capítulo 11.

A distribuição Gaussiana contínua (normal) é uma das importantes e na qual a *função densidade de probabilidade* (PDF) está expressa em termos de sua média, μ_x, e seu desvio padrão[13] como

$$f(x) = \frac{1}{\hat{\sigma}_x \sqrt{2\pi}} \exp\left[-\frac{1}{2}\left(\frac{x - \mu_x}{\hat{\sigma}_x}\right)^2\right] \quad (1\text{--}4)$$

Gráficos da Equação (1–4) são mostrados na Figura 1–4 para pequenas e grandes desvios padrão. A curva em forma de sino é mais alta e estreita para valores pequenos de $\hat{\sigma}$ e mais baixa e larga para valores maiores de $\hat{\sigma}$. Note que a área sob cada curva é unitária. Isto é, a probabilidade de que todos os eventos ocorram é um (100%).

Para obter valores de p_f, é necessário integrar a Equação (1–4). Isso pode ser obtido facilmente por uma tabela se a variável *x* é colocada em forma adimensional. Isso é feito utilizando a transformação

$$z = \frac{x - \mu_x}{\hat{\sigma}_x} \quad (1\text{--}5)$$

---

[13] O símbolo σ normalmente é utilizado para o desvio padrão. Contudo, neste livro, σ é usado para tensão. Consequentemente, usaremos $\hat{\sigma}$ para o desvio padrão.

A integral da distribuição normal transformada é tabulada na Tabela A–10, onde α é definido, e está mostrada na Figura 1–5. O valor da função densidade normal é usado com frequência e é empregado em tantas equações que tem um símbolo particular próprio, $\Phi(z)$. A variável de transformação z tem um valor médio nulo e um desvio padrão igual a unidade. Na Tabela A–10, a probabilidade de uma observação menor que z é $\Phi(z)$ para valores negativos de z e $1 - \Phi(z)$ para valores positivos de z.

EXEMPLO 1–4

Em um carregamento de 250 bielas, a resistência à tração média é de 350 Mpa, e o desvio padrão é de 35 MPa.

(a) Admitindo a distribuição normal, quantas bielas espera-se que tenha uma resistência inferior a 276,5 MPa?

(b) Quantos espera-se que tenha uma resistência entre 276,5 e 416,5 MPa?

Solução

(a) A substituição na Equação (2-6) resulta na variável z padronizada como

$$z_{276,5} = \frac{x - \mu_x}{\sigma_x} = \frac{S - \bar{S}}{\sigma_S} = \frac{276,5 - 315}{35} = -1,10$$

A probabilidade que a resistência seja menor que 276,5 MPa pode ser dada como $F(z) = \Phi(-1,10)$. Usando a Tabela A–10 e referenciando a Figura 20–7, encontramos $\Phi(z_{276,5}) = 0,1357$. Assim, o número de bielas com resistência menor que 276,5 MPa é

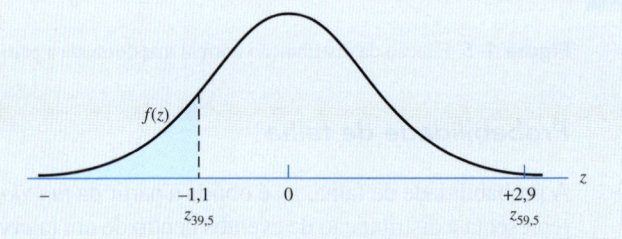

Figura 1–6

Resposta

$$N\Phi(z_{276,5}) = 250(0,1357) = 33,9 \approx 34$$

porque $\Phi(z_{276,5})$ representa a proporção da população N que tem uma resistência menor que 276,5 MPa.

(b) Correspondendo a $S = 416,5$ MPa, temos

$$z_{416,5} = \frac{416,5 - 315}{35} = 2,90$$

Referenciando novamente a Figura 20–7, vemos que a probabilidade de que a resistência seja menor que 416,5 MPa é $F(z) = \Phi(z_{416,5})$. Uma vez que a variável z é positiva, precisamos encontrar o valor complementar à unidade. Portanto, pela Tabela A–10,

$$\Phi(2,90) = 1 - \Phi(-2,90) = 1 - 0,001\,87 = 0,998\,13$$

A probabilidade de que a resistência se situe entre 276,5 e 416,5 MPa é a área entre as ordenadas em $z_{276,5}$ e $z_{416,5}$ na Figura 20–7. Encontra-se que essa probabilidade é

$$p = \Phi(z_{416,5}) - \Phi(z_{276,5}) = \Phi(2,90) - \Phi(-1,10)$$
$$= 0,998\,13 - 0,1357 = 0,862\,43$$

Portanto, o número de bielas que se espera que tenha resistência entre 276,5 e 416,5 MPa é

Resposta

$$Np = 250(0,862) = 215,5 \approx 216$$

Eventos tipicamente se manifestam como *distribuições discretas*, que podem ser aproximados por distribuições contínuas. Considere N amostras de eventos. Seja x_i o valor de um evento $(i = 1, 2, \ldots k)$ e f_i a classe de frequência ou número de vezes que o evento x_i ocorre dentro do intervalo da classe de frequência. A média *discreta*, $\bar{x}$, e o desvio padrão, definido como s_x, são dados por

$$\bar{x} = \frac{1}{N} \sum_{i=1}^{k} f_i x_i \tag{1-6}$$

$$s_x = \sqrt{\frac{\sum_{i=1}^{k} f_i x_i^2 - N\bar{x}^2}{N-1}} \tag{1-7}$$

EXEMPLO 1–5

Cinco toneladas de hastes de seção circular de 51 mm de aço 1030 laminado a quente foram recebidas no estoque de peças. Nove corpos de prova extraídos aleatoriamente das hastes foram usinados com a geometria padrão para ensaios de tração. No relatório de ensaios, a resistência última à tração foi dada em MPa. Os dados nos intervalos 427-448, 448-469, 469-490 e 490-510 MPa foram dados na forma de histograma conforme segue:

S_{ut} (MPa)	438	459	479	500
f	2	2	3	2

onde os valores de S_{ut} são os pontos médios de cada intervalo. Determine a média e o desvio padrão dos dados.

Solução

A Tabela 1–1 fornece a tabulação dos cálculos para a solução.

Tabela 1–1

Ponto médio da classe x, MPa	Frequência da classe f	Extensão fx	fx^2
438	2	876	383.688
459	2	918	421.362
479	3	1437	688.323
500	2	1000	500.000
Σ	9	4231	1.993.373

Da Equação (1–6)

Resposta

$$\bar{x} = \frac{1}{N} \sum_{i=1}^{k} f_i x_i = \frac{1}{9}(4231) = 470,1111 = 470,1 \text{ MPa}$$

Da Equação (1-7)

Resposta
$$s_x = \sqrt{\frac{\sum_{i=1}^{k} f_i x_i^2 - N\bar{x}^2}{N-1}} = \sqrt{\frac{1.993.373 - 9(470,1111^2)}{9-1}}$$
$$= 23,27 \text{ MPa}$$

Confiabilidade

A confiabilidade R pode ser expressa por

$$R = 1 - p_f \quad (1\text{-}8)$$

onde p_f é a *probabilidade de falha*, dada pelo número de eventos de falhas pelo número total de eventos possíveis. O valor de R cai no intervalo $0 \leq R \leq 1$. Uma confiabilidade de $R = 90$ significa que há 90% de chances de que o componente cumprirá adequadamente sua função sem falha. A falha de 6 componentes a cada 1.000 manufaturados, $p_f = 6/1000$, pode ser considerada uma taxa de falhas aceitável para certas classes de produtos. Isso representa uma confiabilidade de $R = 1 - 6/1000 = 0,994$ ou 99,4%.

No *método de confiabilidade de projeto*, a tarefa do projetista é fazer uma seleção criteriosa dos materiais, processos e geometria (tamanho) para atingir uma determinada meta de confiabilidade. Portanto, se o objetivo é de 99,4% de confiabilidade, como sugerido anteriormente, qual combinação de materiais, processos e dimensões é necessária para atingir essa meta?

Se um sistema mecânico falha quando algum componente falha, é dito que é um *sistema em série*. Se a confiabilidade do componente i é R_i no sistema em série de n componentes, então a confiabilidade do sistema é dada por

$$R = \sum_{i=1}^{n} R_i \quad (1\text{-}9)$$

Por exemplo, considere um eixo com dois rolamentos com 95% e 98% de confiabilidade. Pela Equação (1-9), a confiabilidade global do sistema de eixo é então

$$R = R_1 R_2 = 0,95(0,98) = 0,93$$

ou 93%.

Análises que levam a uma avaliação da confiabilidade consideram as incertezas, ou suas estimativas, em parâmetros que descrevem a situação. Variáveis estocásticas, como tensão, resistência, carga ou tamanho são descritas em termos de suas médias, desvios padrão e distribuições. Se as esferas de rolamento forem produzidas por processo de manufatura que conta com uma distribuição de diâmetros, podemos dizer que, uma vez escolhida uma esfera, há uma incerteza em relação ao seu tamanho. Se quiséssemos considerar o peso ou o momento de inércia de rolamento, podemos considerar que a incerteza do tamanho pode se *propagar* para o nosso conhecimento sobre o peso ou a inércia. Existem meios para estimar estatisticamente parâmetros que descrevem peso e inércia partindo daqueles que descrevem o tamanho e a densidade. Esses métodos são conhecidos como *propagação de erros*, *propagação de incertezas* ou *propagação da dispersão*. Eles integram as tarefas de análise ou síntese necessárias quando a probabilidade de falhas está envolvida.

É importante destacar que bons dados estatísticos e boas estimativas são essenciais para realizar uma análise de confiabilidade aceitável. Ela requer boa dose de ensaios e validação dos dados. Em muitos casos, isso não é prático, e o projeto deverá ser conduzido com base em uma abordagem determinística.

1–13 Relacionando o fator de projeto à confiabilidade

Confiabilidade é a probabilidade estatística de que os sistemas e componentes de uma máquina executarão suas funções de forma satisfatória, sem que ocorram falhas. Tensão e resistência são grandezas estatísticas na sua natureza e estão ligadas à confiabilidade do componente tensionado. Considere a função densidade de probabilidade para a tensão e a resistência, σ e S, mostradas na Figura 1–7a. Os valores médios da tensão e resistência são $\bar{\sigma} = \mu_\sigma$ e $\bar{S} = \mu_S$, respectivamente. Aqui, a "média" dos fatores de projeto é

$$\bar{n}_d = \frac{\mu_S}{\mu_\sigma} \qquad \text{(a)}$$

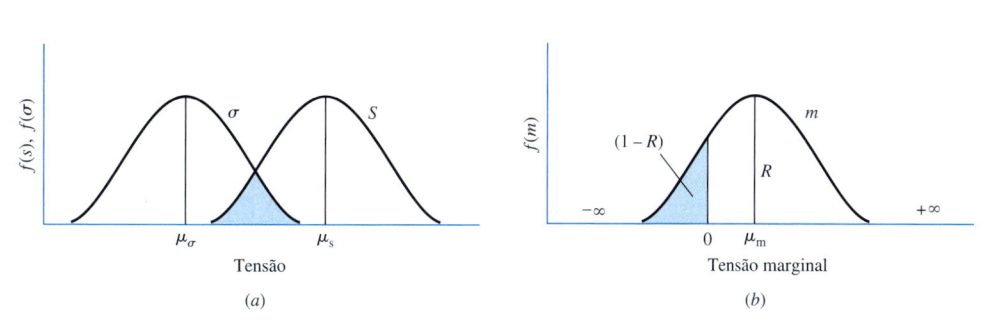

Figura 1-7 Gráficos das funções densidade mostrando como a interferência entre S e σ é usada para explicar a tensão marginal m. (a) Distribuições de tensão e resistência. (b) Distribuição de interferência; a confiabilidade R é a área da função densidade para $m > 0$; a interferência é a área $(1 - R)$.

A *margem de segurança* para qualquer valor da tensão σ e da resistência S é definida por

$$m = S - \sigma \qquad \text{(b)}$$

A média da margem de segurança é $\bar{m} = \mu_S - \mu_\sigma$. No entanto, para a superposição das distribuições mostrada pela área sombreada na Figura 1–7a, a tensão excede a resistência. Aqui, a margem de segurança é negativa, e espera-se que esses componentes falhem. Essa área sombreada é chamada de *interferência* de σ e S.

A Figura 1–7b mostra a distribuição de m, a qual obviamente depende das distribuições de tensão e resistência. A confiabilidade que o componente exibirá sem falhar, R, é a área da distribuição da margem de segurança para $m > 0$. A interferência é a área, $1 - R$, onde se espera que componentes falhem. Admitindo que σ e S têm cada um uma distribuição normal, a tensão marginal m terá sempre uma distribuição normal. Confiabilidade é a probabilidade p tal que $m > 0$. Isto é,

$$R = p(S > \sigma) = p(S - \sigma > 0) = p(m > 0) \qquad \text{(c)}$$

Para encontrar a probabilidade com $m > 0$, expressamos a variável z de m e substituímos $m = 0$. Notando que $\mu_m = \mu_S - \mu_\sigma$,[14] e $\hat{\sigma}_m = (\hat{\sigma}_S^2 + \hat{\sigma}_\sigma^2)^{1/2}$, utilize a Equação (1–5) para escrever

---

[14] Nota: Se a e b são distribuições normais, e $c = a \pm b$, então c é a distribuição normal com média de $\mu_c = \mu_a \pm \mu_b$, e um desvio padrão de $\hat{\sigma}_c = (\hat{\sigma}_a^2 + \hat{\sigma}_b^2)^{1/2}$. Tabelas de resultados de operações algébricas simples para médias e desvios padrão de a e b podem ser encontrados em R.G. Budynas e J. K. Nisbett, *Shigley's Mechanical Engineering Design*, 9th ed., McGraw-Hill, New York, 2011, Tabela 20-6, p. 993.

$$z = \frac{m - \mu_m}{\hat{\sigma}_m} = \frac{0 - \mu_m}{\hat{\sigma}_m} = -\frac{\mu_m}{\hat{\sigma}_m} = -\frac{\mu_S - \mu_\sigma}{(\hat{\sigma}_S^2 + \hat{\sigma}_\sigma^2)^{1/2}} \qquad (1\text{–}10)$$

Comparando a Figura 1–7b com a Tabela A–10, vemos que

$$\begin{aligned} R &= 1 - \Phi(z) & z \le 0 \\ &= \Phi(z) & z > 0 \end{aligned} \qquad \text{(d)}$$

Para relacionar o fator de projeto, $\bar{n}_d = \mu_S/\mu_\sigma$, divida cada termo do lado direito da Equação (1–10) por μ_σ e rearranje conforme mostrado:

$$z = -\frac{\dfrac{\mu_S}{\mu_\sigma} - 1}{\left[\dfrac{\hat{\sigma}_S^2}{\mu_\sigma^2} + \dfrac{\hat{\sigma}_\sigma^2}{\mu_\sigma^2}\right]^{1/2}} = -\frac{\bar{n}_d - 1}{\left[\dfrac{\hat{\sigma}_S^2}{\mu_\sigma^2}\dfrac{\mu_S^2}{\mu_S^2} + \dfrac{\hat{\sigma}_\sigma^2}{\mu_\sigma^2}\right]^{1/2}}$$

$$= -\frac{\bar{n}_d - 1}{\left[\dfrac{\mu_S^2}{\mu_\sigma^2}\dfrac{\hat{\sigma}_S^2}{\mu_S^2} + \dfrac{\hat{\sigma}_\sigma^2}{\mu_\sigma^2}\right]^{1/2}} = -\frac{\bar{n}_d - 1}{\left[\bar{n}_d^2\dfrac{\hat{\sigma}_S^2}{\mu_S^2} + \dfrac{\hat{\sigma}_\sigma^2}{\mu_\sigma^2}\right]^{1/2}} \qquad \text{(e)}$$

Introduza os termos $C_S = \hat{\sigma}_S/\mu_S$ e $C_\sigma = \hat{\sigma}_\sigma/\mu_\sigma$, chamados de *coeficientes de variância* para a resistência e a tensão, respectivamente. A Equação (e) é então reescrita como

$$z = -\frac{\bar{n}_d - 1}{\sqrt{\bar{n}_d^2 C_S^2 + C_\sigma^2}} \qquad (1\text{–}11)$$

Elevando ao quadrado os dois lados da Equação (1–11) e resolvendo para $\bar{n}_d$, temos

$$\bar{n}_d = \frac{1 \pm \sqrt{1 - (1 - z^2 C_S^2)(1 - z^2 C_\sigma^2)}}{1 - z^2 C_S^2} \qquad (1\text{–}12)$$

O sinal de adição está associado a $R > 0{,}5$, e o sinal de subtração a $R \le 0{,}5$.

A Equação (1–12) se destaca por relacionar o fator de projeto $\bar{n}_d$ à meta de confiabilidade R (através de z) e os coeficientes de variação da resistência e da tensão.

EXEMPLO 1-6

A haste de aço 1018 de seção circular conformada a frio tem resistência ao escoamento $\bar{S}_y = 540$ MPa com 0,2% de deformação e desvio padrão de 40 MPa. A haste será submetida a uma carga axial estática média de $\bar{P} = 222$ kN com um desvio padrão de 18 kN. Assumindo que a resistência e a carga seguem uma distribuição normal, que valor do fator de projeto $\bar{n}_d$ corresponde a uma confiabilidade de 0,999 em relação ao escoamento? Determine o diâmetro de haste correspondente.

Solução

Para a resistência, $C_S = \hat{\sigma}_S/\mu_S = 40/540 = 0{,}074$. Para a tensão,

$$\sigma = \frac{P}{A} = \frac{4P}{\pi d^2}$$

Uma vez que a tolerância no diâmetro será de uma ordem de magnitude menor que aquela da carga e da resistência, o diâmetro será tratado deterministicamente. Assim, estatisticamente, a tensão é linearmente proporcional à ação, e $C_\sigma = C_P = \hat{\sigma}_P/\mu_P = 18/222 = 0{,}081$. Partindo da Tabela A–10, para $R = 0{,}999$, $z = -3{,}09$. Então, a Equação (1–12) fornece

Resposta

$$\bar{n}_d = \frac{1 + \sqrt{1 - [1 - (-3{,}09)^2(0{,}074)^2][1 - (-3{,}09)^2(0{,}081)^2]}}{1 - (-3{,}09)^2(0{,}074)^2} = 1{,}408$$

O diâmetro é encontrado deterministicamente por

$$\bar{\sigma} = \frac{4\bar{P}}{\pi d^2} = \frac{\bar{S}_y}{\bar{n}_d}$$

Resolvendo para d, vem

Resposta

$$d = \sqrt{\frac{4\bar{P}\bar{n}_d}{\pi \bar{S}_y}} = \sqrt{\frac{4(222 \times 10^3)(1.408)}{\pi(540 \times 10^6)}} = 27{.}14 \text{ mm}$$

1–14 Dimensões e tolerâncias

Parte das tarefas dos projetistas de máquinas é especificar peças e componentes necessários para que a máquina execute sua função. No início do processo de projeto, costuma ser suficiente trabalhar com as dimensões nominais para determinar finalidades, tensões, deflexões e similares. Contudo, chegará o momento em que os componentes terão de ser comprados e as peças, fabricadas. Para uma peça ser fabricada, suas formas, dimensões e tolerâncias essenciais devem ser comunicadas ao fabricante. Isso é normalmente feito por meio de desenhos de máquinas, que podem ser desenhos de múltiplas vistas feitos no papel ou dados digitais vindos de uma arquivo CAD. De qualquer forma, o desenho usualmente representa um documento legal entre as partes envolvidas no projeto e na fabricação de uma peça. É essencial que a peça seja definida com precisão e de forma completa de modo que só possa ser interpretada de uma única maneira. A orientação do projetista deve ser tal que qualquer fabricante seja capaz de produzir a peça e/ou componente que satisfaça qualquer tipo de inspeção.

Terminologia comum em dimensionamento

Antes de seguir adiante, definiremos alguns termos comumente utilizados em dimensionamento.

- *Dimensão nominal*. A dimensão que usamos ao falar de um elemento. Por exemplo, precisamos especificar um tubo de 40 mm ou um parafuso de 12 mm. Tanto a dimensão teórica quanto a medida da dimensão efetiva podem ser um pouco diferentes. A dimensão teórica de um tubo de 40 mm é de 47,5 mm para o diâmetro externo. E o diâmetro do parafuso de 12 mm, por exemplo, pode ser de efetivamente 11,8 mm.
- *Limites*. As dimensões declaradas como máxima e mínima.
- *Tolerância*. A diferença entre os dois limites.
- *Tolerância bilateral*. A variação em ambas as direções a partir da dimensão básica. Isto é, a dimensão básica está entre dois limites, por exemplo, 25 ± 0,05 mm. As duas partes da tolerância não precisam ser iguais.
- *Tolerância unilateral*. A dimensão básica é tomada como um dos limites, e variações são permitidas em apenas uma direção, por exemplo,

$$25 \,^{+0{,}05}_{-0{,}000} \text{ mm}$$

- *Folgas*. Termo genérico que se aplica ao pareamento de peças cilíndricas como um parafuso e um orifício. A palavra folga é usada apenas quando o elemento interno é menor que o elemento externo. A *folga diametral* é a diferença medida entre os dois diâmetros. A *folga radial* é a diferença dos dois raios.

- *Interferência.* O oposto da folga, para acoplamento de partes cilíndricas em que o elemento interno é maior que o elemento externo (p.ex., press-fits).
- *Admissibilidade.* O menor valor determinado para a folga e o maior valor determinado para a interferência no acoplamento entre partes.
- *Ajuste.* O total de folga ou interferência entre as peças pareadas. Ver Seção 7–8 para um método padronizado de especificação de ajustes para peças cilíndricas, tais como engrenagens e rolamentos em um eixo.
- *GD&T.* Dimensionamento Geométrico e Toleranciamento (GD&T) é um abrangente sistema de símbolos, regras e definições para determinar a geometria nominal (teoricamente perfeita) de peças e montagens, juntamente com a variação admissível em tamanho, localização, orientação e forma das características de uma peça. Ver Capítulo 20 para uma visão global do GD&T.

Escolha das tolerâncias

A escolha das tolerâncias é de responsabilidade do projetista e não deve ser feita de forma arbitrária. Tolerâncias devem ser escolhidas com base em uma combinação de considerações, que incluem funcionalidade, ajustes, montagem, adequação do processo de fabricação, controle de qualidade e custos. Embora haja necessidade de balancear essas considerações, a funcionalidade não deve ser comprometida. Se a funcionalidade de uma peça ou montagem não puder ser alcançada junto com um equilíbrio razoável das demais considerações, todo o projeto deverá ser reavaliado. A relação das tolerâncias com a funcionalidade está frequentemente associada à necessidade de montar múltiplas peças. Por exemplo, o diâmetro de um eixo geralmente não precisa de tolerância apertada, exceto nas partes que devem ser ajustadas a componentes como rolamentos ou engrenagens. Os rolamentos precisam de um ajuste à pressão para que funcionem adequadamente. A Seção 7–8 aborda esta questão em detalhes.

Os métodos de manufatura evoluem com o tempo. O fabricante é livre para usar qualquer processo de manufatura, desde que ao final a peça alcance as especificações. Isto permite que o fabricante obtenha ganhos com os materiais e as ferramentas disponíveis e na especificação de métodos de manufatura mais econômicos. Precisão excessiva por parte do projetista pode parecer uma forma fácil de obter funcionalidade, mas na realidade consiste em uma decisão ruim de projeto, já que limita as opções de fabricação e, com isso, eleva os custos. Em um ambiente de manufatura competitiva, o projetista deve abraçar a ideia de que um método de fabricação mais econômico *deve* ser escolhido, mesmo que as peças possam ser menos perfeitas. Uma vez que tolerâncias apertadas geralmente estão associadas a altos custos de fabricação, conforme mostra a Figura 1–2, o projetista deve em geral pensar em termos de afrouxamento das tolerâncias tanto quanto possível, enquanto continua atingindo a funcionalidade desejada.

Escolha das dimensões

O dimensionamento de uma peça é de responsabilidade do projetista, uma vez que essa escolha sobre o dimensionamento pode fazer diferença na funcionalidade dessa peça. Uma peça apropriadamente dimensionada incluirá informações suficientes, sem qualquer informação estranha que gere confusão ou múltiplas interpretações. Por exemplo, a peça mostrada na Figura 1–8a está superdimensionada no seu comprimento. Observe que, nos desenhos de máquinas, as unidades das dimensões são tipicamente especificadas nas notas gerais do desenho e não são mostradas junto com a dimensão. Se todas as dimensões fossem teoricamente perfeitas, não haveria inconsistências nas medidas superdimensionadas. Mas, na realidade, nenhuma medida pode ser fabricada com uma precisão um pouco menos que perfeita. Suponha que todas as medidas na Figura 1–8a estivessem especificadas com uma tolerância de $+/-$ 1. Seria possível fabricar a peça de tal forma que algumas medidas estivessem dentro da tolerância especificada, enquanto as medidas redundantes relacionadas seriam forçadas a ficar fora da tolerância.

Por exemplo, na Figura 1–8b, três das dimensões estão dentro da tolerância de $+/-1$, mas elas forçam as outras duas dimensões a ficar fora da tolerância. Neste exemplo, apenas três comprimentos precisam ser especificados. O projetista deve determinar quais são as três mais importantes para o funcionamento e montagem da peça.

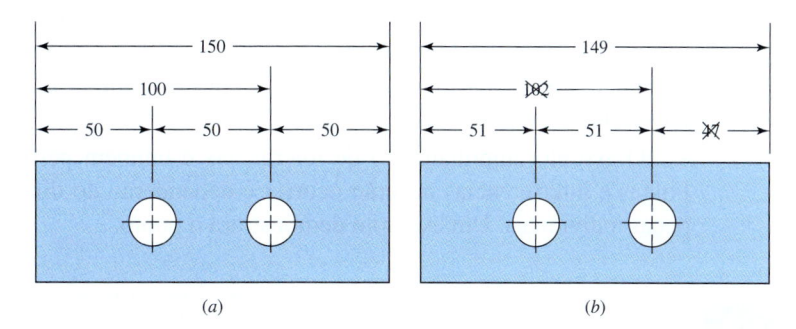

Figura 1–8 Exemplo de dimensões superdimensionadas. (*a*) Cinco dimensões nominais especificadas. (*b*) Com tolerâncias de $+/-1$, duas dimensões são incompatíveis.

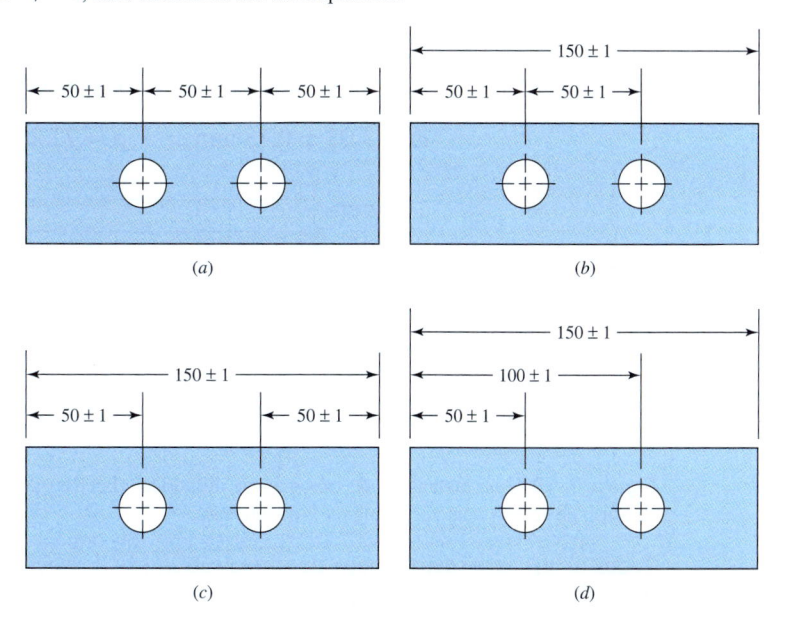

Figura 1–9 Exemplos de escolha de dimensões.

A Figura 1–9 mostra quatro diferentes escolhas de como as medidas de comprimento podem ser especificadas para a mesma peça. Nenhuma delas é incorreta, mas elas não são equivalentes em termos de satisfazer uma função particular. Por exemplo, se os dois furos devem coincidir com a característica correspondente de outra peça, a distância entre os furos é crítica. A escolha das medidas na Figura 1–9c não será uma boa escolha neste caso. Mesmo que a peça seja fabricada dentro das tolerâncias de $+/-1$, a distância entre os furos poderá estar em qualquer posição entre 47 e 53, uma tolerância efetiva de $+/-3$. Escolher dimensões como mostrado na Figura 1–9a ou 1–9b servirá melhor ao propósito de limitar a medida entre os furos a uma tolerância de $+/-1$. Para uma aplicação diferente, a distância entre os furos e uma ou ambas bordas pode ser importante, enquanto o comprimento total pode ser crítico para outra aplicação. O ponto é: é o projetista quem deve determinar isso, e não o fabricante.

Empilhamento de tolerâncias

Note que, embora existam sempre escolhas sobre quais medidas especificar, o efeito cumulativo das tolerâncias individuais deverá, de alguma forma, ser acumulado em *algum ponto*.

Isso é conhecido como *empilhamento de tolerâncias*. A Figura 1–9a mostra um exemplo de *cadeia de dimensionamento*, na qual várias dimensões são especificadas em série de forma que o empilhamento de tolerâncias se torna grande. Nesse exemplo, enquanto as tolerâncias individuais são de $+/-1$, o comprimento total da peça tem uma tolerância implícita de $+/-3$ devido ao empilhamento de tolerâncias. Um método comum para minimizar o elevado empilhamento de tolerâncias é dimensionar considerando uma *linha de base* comum, conforme mostrado na Figura 1–9d.

O assunto empilhamento de tolerâncias é também pertinente ao montar muitas peças. Folgas e interferências deverão ocorrer e dependerão do dimensionamento e tolerâncias das peças individuais. Um exemplo demonstrará o ponto.

EXEMPLO 1–7

Um parafuso de gola contém três peças cilíndricas circulares retas vazadas, antes que uma porca seja apertada contra o ressalto. Para manter a função, a folga w tem de ser igual a ou maior que 0,08 mm. As peças na montagem representada na Figura 1–4 têm as seguintes dimensões e tolerâncias:

$$a = 44{,}50 \pm 0{,}08 \text{ mm} \qquad b = 19{,}05 \pm 0{,}02 \text{ mm}$$
$$c = 3{,}05 \pm 0{,}13 \text{ mm} \qquad d = 22{,}23 \pm 0{,}02 \text{ mm}$$

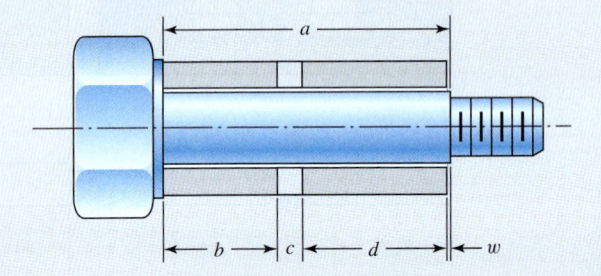

Figura 1–10 Uma montagem de três mangas cilíndricas (buchas) de comprimentos a, b e c na haste do parafuso de comprimento a. A folga w é de interesse.

Todas as peças, exceto a peça de dimensão d, são fornecidas por vendedores. A peça de dimensão d é feita na própria fábrica.

(a) Calcule a média e a tolerância da abertura w.
(b) Que valor básico de d garantirá que $w \geq 0{,}08$ mm?

Solução

(a) O valor médio de w é dado por

Resposta
$$\overline{w} = \overline{a} - \overline{b} - \overline{c} - \overline{d} = 44{,}50 - 19{,}05 - 3{,}05 - 22{,}23 = 0{,}17 \text{ mm}$$

Para tolerâncias bilaterais iguais, a tolerância da abertura é

Resposta
$$t_w = \sum_{\text{adm}} t = 0{,}08 + 0{,}02 + 0{,}13 + 0{,}02 = 0{,}25 \text{ mm}$$

Então, $w = 0{,}17 \pm 0{,}25$, e

$$w_{\max} = \overline{w} + t_w = 0{,}17 + 0{,}25 = 0{,}42 \text{ mm}$$
$$w_{\min} = \overline{w} - t_w = 0{,}17 - 0{,}25 = -0{,}08 \text{ mm}$$

Assim, ambos folga e interferência são possíveis.

(b) Se $w_{\min}$ tem de ser 0,08 mm, então, $\overline{w} = w_{\min} + t_w = 0,08 + 0,25 = 0,33$ mm. Portanto,

Resposta

$$\overline{d} = \overline{a} - \overline{b} - \overline{c} - \overline{w} = 44,50 - 19,05 - 3,05 - 0,33 = 22,07 \text{ mm}$$

O exemplo anterior representou um *sistema de tolerâncias absolutas*. Estatisticamente, dimensões de abertura próximas dos limites de abertura são eventos raros. Usando-se um *sistema de tolerâncias estatístico*, pode-se determinar a probabilidade de a abertura cair dentro de um determinado limite.[15] Essa probabilidade lida com as distribuições estatísticas das dimensões individuais. Por exemplo, se as distribuições das dimensões no exemplo anterior forem normais e as tolerâncias, t, fossem dadas em termos dos desvios padrão da distribuição de dimensões, o desvio padrão da abertura $\overline{w}$ seria $t_w = \sqrt{\sum_{adm} t^2}$. Entretanto, isso parte do pressuposto de uma distribuição normal para as dimensões individuais, uma ocorrência rara. Determinar a distribuição de w e/ou a probabilidade de observar valores de w dentro de certos limites requer, na maioria dos casos, uma simulação no computador. As simulações de *Monte Carlo* com o emprego de computador são usadas para determinar a distribuição de w por meio do seguinte método:

1. Gerar um exemplo para cada uma das dimensões do problema selecionando o valor de cada dimensão, tomando como base sua distribuição de probabilidades.
2. Calcular w usando os valores das dimensões obtidas na etapa 1.
3. Repetir os passos 1 e 2 N vezes para gerar a distribuição de w. À medida que o número de tentativas for aumentando, a confiabilidade da distribuição aumenta.

1-15 Unidades

Na equação de unidades simbólicas para a segunda lei de Newton, $F = ma$,

$$F = MLT^{-2} \tag{1-13}$$

em que F representa a força, M a massa, L o comprimento e T o tempo. Unidades escolhidas para *qualquer* uma dessas três quantidades são chamadas de unidades *de base*. Tendo sido escolhidas as três primeiras, a quarta unidade é denominada unidade *derivada*. Quando força, comprimento e tempo forem escolhidos como unidades de base, a massa será a unidade derivada e o sistema resultante é denominado *sistema gravitacional de unidades*. Quando massa, comprimento e tempo forem escolhidos como unidades de base, a força será a unidade derivada e o sistema resultante é chamado de *sistema absoluto de unidades*.

O *Sistema Internacional de Unidades* (SI) é um sistema absoluto. As unidades de base são o metro, o quilograma (para massa) e o segundo. A unidade de força é obtida usando-se a segunda lei de Newton e é chamada *newton*. As unidades que constituem o newton (N) são

$$F = \frac{ML}{T^2} = \frac{(\text{quilograma})(\text{metros})}{(\text{segundo})^2} = \text{kg} \cdot \text{m/s}^2 = \text{N} \tag{1-14}$$

O peso de um objeto é a força exercida sobre ele pela gravidade. Chamando o peso de W e a aceleração em razão da gravidade de g, temos

$$W = mg \tag{1-15}$$

---

[15] Ver Capítulo 20 para uma descrição da terminologia estatística.

Com as unidades SI, a gravidade padrão é 9,806 ou cerca de 9,81 m/s. Portanto, o peso de uma massa de 1 kg é

$$W = (1 \text{ kg})(9{,}81 \text{ m/s}^2) = 9{,}81 \text{ N}$$

Estabeleceu-se uma série de nomes e símbolos para formarem múltiplos e submúltiplos das unidades SI, oferecendo assim uma alternativa em relação ao uso de potências de 10. A Tabela A–1 inclui esses prefixos e símbolos.

Números com quatro ou mais dígitos são colocados em grupos de três e separados por um espaço em vez de vírgula. Entretanto, o espaço pode ser omitido para o caso especial de números com quatro dígitos. É usado um ponto como ponto decimal[16]. Essas recomendações evitam a confusão causada por certos países europeus onde é usada uma vírgula como ponto decimal, e pelo uso dos países anglo-saxões de um ponto centralizado. A seguir são apresentados exemplos de uso correto e incorreto:

1924 ou 1 924, mas não 1,924

0,1924 ou 0,192 4, mas não 0,192,4

192 423,618 50, mas não 192,423,61850

O ponto decimal sempre deve ser precedido de um zero para números menores que a unidade.

1-16 Cálculos e algarismos significativos

A discussão nesta seção aplica-se aos números reais e não aos inteiros. A precisão de um número real depende de quantos algarismos significativos o descrevem. Normalmente, mas não sempre, são necessários três ou quatro algarismos significativos para ter precisão em engenharia. Exceto se afirmado ao contrário, *não menos* que três algarismos significativos devem ser usados em seus cálculos. A quantidade de algarismos significativos normalmente é inferida pelo número de algarismos dado (exceto pelos zeros à esquerda). Por exemplo, pressupõe-se que 706, 3,14 e 0,002 19 sejam números com três algarismos significativos. Para zeros após o ponto decimal (ou vírgula), é preciso esclarecer um pouco mais. Para exibir 706 com quatro algarismos significativos, insira um zero após o ponto decimal e exiba 706,0, $7{,}060 \times 10^2$ ou $0{,}7060 \times 10^3$. Da mesma forma, considere um número como 91 600. Deve-se usar notação científica para esclarecer a precisão. Para três algarismos significativos, expresse o número como $91{,}6 \times 10^3$. Para quatro algarismos significativos, expresse-o na forma $91{,}60 \times 10^3$.

Os computadores e as calculadoras exibem resultados de cálculos com vários algarismos significativos. Entretanto, você jamais deve informar um número de algarismos significativos de um cálculo maior que o menor número de algarismos significativos dos números usados para o cálculo. Obviamente, você deve usar a maior precisão possível ao realizar um cálculo. Por exemplo, determine a circunferência de um eixo maciço de diâmetro $d = 11$ mm. A circunferência é dada por $C = \pi d$. Como d é fornecido com dois algarismos significativos, C deve ser informado com apenas dois algarismos significativos. Agora, se usássemos apenas dois algarismos significativos para π, nossa calculadora daria $C = 3{,}1\,(11) = 34{,}1$ mm. Esse valor é arredondado para dois algarismos significativos, $C = 34$ mm. Entretanto, usando $\pi = 3{,}141\,592\,654$ conforme programado na calculadora, $C = 3{,}141\,592\,654\,(11) = 34{,}557\,519\,190$ mm. Esse valor é arredondado para $C = 35$ mm, que é 2,9% maior que o primeiro cálculo. Note, entretanto, que como d é fornecido com dois algarismos significativos, fica implícito que o intervalo de d é $11 \pm 0{,}12$. Isso significa que o cálculo de C é preciso apenas dentro do intervalo $\pm 0{,}12/11 = \pm 0{,}0109 = \pm 1{,}09\%$. O cálculo também poderia ser um em uma série de cálculos e o arredondamento de cada cálculo separadamen-

---

[16] N. de T.: Nesta tradução, adotamos a vírgula como indicador de posição da unidade na representação decimal de um número, pois no Brasil este é o padrão adotado.

te pode levar a um acúmulo maior de imprecisão. Portanto, é considerada uma boa prática de engenharia fazer todos os cálculos com a maior precisão possível e apresentar os resultados dentro da precisão dos dados iniciais.

1-17 Interdependência de tópicos de projetos

Uma das características do problema de projeto de máquinas é a interdependência entre os vários elementos de um dado sistema mecânico. Por exemplo, a troca de uma engrenagem de dentes retos para uma engrenagem helicoidal em um eixo de transmissão ocorre com a adição de uma componente axiais de força, que teriam implicações no layout e nas medidas do eixo e no tipo e dimensões dos rolamentos. Além disso, mesmo que se trate de um componente único, é necessário considerar outras diferentes facetas da mecânica e dos modos de falha, tais como deflexões excessivas, escoamento estático, falha por fadiga, tensões de contato e características do material. No entanto, com o propósito de dar atenção significativa a detalhes de cada tópico, a maior parte dos livros-texto sobre projeto de máquinas concentram-se em cada tópico separadamente e fornecem ao final dos capítulos problemas que se relacionam apenas àquele tópico específico.

Para ajudar o leitor a ver a interdependência entre os vários tópicos de projeto, este livro-texto apresenta nas seções de problemas ao final dos capítulos muitos problemas correntes e interdependentes. Cada linha da Tabela 1–2 mostra o número dos problemas que se referem ao mesmo sistema mecânico que está sendo analisado de acordo com o tópico que se apresen-

Tabela 1–2 Número de problemas de final de capítulo vinculados*

3–1	4–50	4–74										
3–40	5–65	5–66										
3–68	4–23	4–29	4–35	5–39	6–37	7–7	11–14					
3–69	4–24	4–30	4–36	5–40	6–38	7–8	11–15					
3–70	4–25	4–31	4–37	5–41	6–39	7–9	11–16					
3–71	4–26	4–32	4–38	5–42	6–40	7–10	11–17					
3–72	4–27	4–33	4–39	5–43	6–41	7–11	7–19	7–20	7–34	11–27	11–28	13–38	14–36
3–73	4–28	4–34	4–40	5–44	6–42	7–12	7–21	7–22	7–35	11–29	11–30	13–39	14–37
3–74	5–45	6–43	7–13	11–41	13–42	7–11	7–19	7–20	7–34	11–27	11–28	13–38	14–36
3–76	5–46	6–44	7–14	11–42	13–42	7–12	7–21	7–22	7–35	11–29	11–30	13–39	14–37
3–77	5–47	6–45	7–15	11–18	13–40	14–38						
3–79	5–48	6–46	7–16	11–19	13–41	14–39						
3–80	4–41	4–71	5–49	6–47								
3–81	5–50	6–48										
3–82	5–51	6–49										
3–83	5–52	6–50										
3–84	4–43	4–73	5–53	5–56	6–51							
3–85	5–54	6–52										
3–86	5–55	6–53										
3–87	5–56											

*Cada linha corresponde à repetição do mesmo componente mecânico sob diferentes conceitos de projeto.

ta no capítulo específico. Por exemplo, na segunda linha, os Problemas 3–40, 5–65 e 5–66 correspondem a um pino em uma junção articulada que será analisada para as tensões no Capítulo 3 e então para a falha estática no Capítulo 5. Esse é um exemplo simples de interdependência, mas como se pode ver na tabela, outros sistemas são analisados em até mais de dez problemas separados. Pode ser benéfico trabalhar essas sequências contínuas à medida que os tópicos são cobertos para aumentar a sua consciência quanto às interdependências.

Além dos problemas apresentados na Tabela 1–2, a Seção 1–18 descreve um estudo de caso desenvolvido ao longo do livro-texto sobre uma transmissão de potência para a qual são feitas várias análises interdependentes, quando adequadas à apresentação dos tópicos. Os resultados finais do estudo de caso são então apresentados no Capítulo 18.

1–18 Especificações para o estudo de caso de transmissão de potência

Um estudo de caso que incorpora as várias facetas do processo de projeto para um redutor de velocidade de uma transmissão de potência será considerado ao longo de todo o livro. O problema será introduzido aqui com a definição e a especificação para o produto a ser projetado. Maiores detalhes e a análise dos componentes serão apresentados em capítulos posteriores. O Capítulo 18 oferece uma visão geral de todo o processo, focalizando a sequência de projeto, na interação entre os projetos dos componentes e outros detalhes pertinentes à transmissão de potência. Ele também apresenta um estudo de caso completo do redutor de velocidade para transmissão de potência aqui introduzido.

Várias aplicações industriais exigem maquinaria a ser acionada por motores convencionais ou motores elétricos. A fonte de potência normalmente funciona de forma mais eficiente em um intervalo de velocidade rotacional pequeno. Quando a aplicação requer que seja fornecida potência a uma velocidade menor que aquela fornecida pelo motor, é introduzido um redutor de velocidade. O redutor de velocidade deve transmitir a potência do motor à aplicação com a menor perda de energia possível, ao mesmo tempo em que reduz a velocidade e, consequentemente, aumenta o torque. Suponhamos, por exemplo, que uma empresa queira fornecer redutores de velocidade de catálogo com diversas capacidades e relações de velocidade para vender a uma ampla gama de aplicações desejadas. A equipe de marketing determinou a necessidade de que um desses redutores de velocidade atendesse às seguintes exigências do cliente.

Requisitos de projeto

Potência a ser fornecida: 15 kW.
Velocidade de entrada: 30 rev/s.
Velocidade de saída: 2 rev/s.
Destinado a aplicações com carga uniforme, como correias transportadoras, sopradores e geradores.
Eixo de saída e eixo de entrada alinhados.
Base montada com quatro parafusos.
Operação contínua.
Vida de seis anos, operando oito horas/dia, cinco dias/semana.
Baixa manutenção.
Custo competitivo.
Condições operacionais nominais de ambientes industriais.
Eixos de entrada e saída com tamanho padrão para acoplamentos típicos.

Na realidade, a empresa projetaria considerando um grande número de relações de velocidade para cada capacidade de força, alcançáveis com a troca dos tamanhos das engrenagens. Para fins de simplicidade, no presente estudo de caso será considerada apenas uma relação de velocidade.

Note que a lista das exigências do cliente inclui alguns valores específicos, mas também algumas necessidades gerais, como baixa manutenção e custo competitivo. Esses requisitos gerais dão alguma indicação de quais necessidades devem ser consideradas no processo de projeto, mas são difíceis de alcançar com qualquer grau de certeza. Para precisar essas necessidades nebulosas, é melhor definir as necessidades do cliente em um conjunto de especificações de produto que sejam mensuráveis. Essa tarefa é normalmente atingida por meio do trabalho de uma equipe incluindo engenharia, marketing, gerência e clientes. Podem ser usadas várias ferramentas (ver nota de rodapé 2) para priorizar os requisitos, determinar métricas adequadas a ser atingidas e estabelecer valores-alvo para cada métrica. A meta desse processo é obter uma especificação que identifique precisamente o que o produto deve atender. As especificações de produto a seguir fornecem uma estrutura apropriada para essa tarefa de projeto.

Especificações de projeto

Potência a ser fornecida: 15 kW.

Eficiência na transmissão de potência: > 95%.

Velocidade de entrada em regime constante: 30 rev/s.

Velocidade de entrada máxima: 40 rev/s.

Velocidade de saída em regime constante: 1,5–2 rev/s.

Normalmente, níveis de choque baixos, ocasionalmente, choques moderados.

Tolerância do diâmetro dos eixos de entrada e de saída: ±0,025 mm.

Eixo de saída e eixo de entrada alinhados: concentricidade ±0,125 mm, alinhamento ±0,001 rad.

Cargas máximas admissíveis no eixo de entrada: axial, 220 N; transversal, 440 N.

Cargas máximas admissíveis no eixo de saída: axial, 220 N; transversal, 2 220 N.

Tamanho máximo da caixa de engrenagens: 350 mm × 350 mm base, 550 mm altura.

Base montada com quatro parafusos.

Orientação da montagem apenas com a base na parte inferior.

Ciclo de trabalho 100%.

Cronograma de manutenção: verificar lubrificação a cada 2 000 horas; trocar lubrificante a cada 8 000 horas de operação; vida das engrenagens e mancais >12 000 horas; vida do eixo infinita; engrenagens, mancais e eixos substituíveis.

Acesso para inspeção, dreno e reenchimento de lubrificante sem necessidade de desmontagem ou abertura das juntas com gaxetas.

Custo de manutenção por unidade: < 300 dólares.

Produção: 10 000 unidades por ano.

Intervalo de temperatura de operação: −23°C a 65°C.

Selado contra água e poeira decorrentes de clima normal.

Ruído: <85 dB a uma distância de 1 metro.

PROBLEMAS

1–1   Selecione um componente mecânico da Parte 3 deste livro (mancais de rolamento, molas etc.), vá até a biblioteca de sua universidade ou a um *site* apropriado e, usando o *Thomas Register of American Manufacturers*, faça um relatório sobre as informações obtidas de cinco fabricantes ou fornecedores.

1-2 Selecione um componente mecânico da Parte 3 deste livro (mancais de rolamento, molas etc.), vá à Internet e, usando um mecanismo de busca, faça um relatório sobre as informações obtidas de cinco fabricantes ou fornecedores.

1-3 Escolha uma das organizações listadas na Seção 1-6, entre na Internet e relate as informações disponíveis sobre essa mesma organização.

1-4 Visite o *site* do NSPE (www.nspe.org/ethics), leia o *Code of Ethics* e discuta resumidamente sua leitura.

1-5 Visite o *site* do NSPE (www.nspe.org/ethics), vá para *Ethics Resources* e comente um ou mais dos tópicos apresentados. Um exemplo de alguns desses tópicos pode ser:

(*a*) Publicações educativas

(*b*) Busca de casos sobre ética

(*c*) Exames sobre ética

(*d*) FAQ

(*e*) Concurso Milton Lunch (concurso sobre ética em práticas de engenharia)

(*f*) Outros conteúdos

(*g*) Seja o juiz

Discuta resumidamente suas leituras.

1-6 Estime quantas vezes mais caro é retificar uma peça de aço até uma tolerância de $\pm 0{,}0125$ mm em lugar de torneá-la para a tolerância para $\pm 0{,}075$ mm.

1-7 O custo para fabricar uma peça pelos métodos A e B é estimado respectivamente por $C_A = 10 + 0{,}8\,P$ e $C_B = 60 + 0{,}8\,P - 0{,}005\,P^2$, onde o custo C é em dólares e P é o número de peças. Estime o ponto de equilíbrio.

1-8 Uma peça cilíndrica de diâmetro d é carregada por uma força axial P. Isso causa uma tensão P/A, onde $A = \pi d^2/4$. Se a carga é conhecida com uma incerteza de $\pm 10\%$, o diâmetro é conhecido com $\pm 5\%$ (tolerâncias) e a tensão que causa a falha (resistência) é conhecida com $\pm 15\%$, determine o fator de projeto mínimo que garante que a peça não vai falhar.

1-9 Quando se conhecem os valores verdadeiros x_1 e x_2 e se têm as aproximações X_1 e X_2, é possível detectar em que pontos pode haver a ocorrência de erros. Ao encarar o erro como algo a ser acrescentado a uma aproximação para alcançar um valor verdadeiro, deduz-se que o erro e_i está relacionado a X_i e x_i na forma $x_i = X_i + e_i$.

(*a*) Demonstre que o erro em uma soma $X_1 + X_2$ é

$$(x_1 + x_2) - (X_1 + X_2) = e_1 + e_2$$

(*b*) Demonstre que o erro em uma subtração $X_1 - X_2$ é

$$(x_1 - x_2) - (X_1 - X_2) = e_1 - e_2$$

(*c*) Demonstre que o erro em um produto $X_1 X_2$ é

$$x_1 x_2 - X_1 X_2 = X_1 X_2 \left(\frac{e_1}{X_1} + \frac{e_2}{X_2} \right)$$

(*d*) Demonstre que em um quociente X_1/X_2 o erro é

$$\frac{x_1}{x_2} - \frac{X_1}{X_2} = \frac{X_1}{X_2} \left(\frac{e_1}{X_1} - \frac{e_2}{X_2} \right)$$

1-10 Use os valores verdadeiros $x_1 = \sqrt{7}$ e $x_2 = \sqrt{8}$.

(*a*) Demonstre a correção da equação de erro do Problema 1-10 para o caso da adição, se forem usados três dígitos corretos para X_1 e X_2.

(*b*) Demonstre a correção da equação de erro para o caso da adição usando números com três dígitos significativos para X_1 e X_2.

1-11 Uma haste circular sólida de diâmetro d sofre a ação de um momento de flexão $M = 113$ N · m que induz uma tensão $\sigma = 32M/(\pi d^3)$. Utilizando um material com resistência de 172,4 MPa e um *fator de projeto* de 2,5, determine o diâmetro mínimo da haste. Utilizando a Tabela A–17, selecione o diâmetro fracionado preferencial e determine o *fator de segurança* resultante.

1-12 Um ensaio de fadiga é feito com amostras de viga em rotação, onde, para cada ciclo de rotação, a amostra experimenta tensões de tração e compressão de igual intensidade. O número de ciclos até a falha verificados em 69 amostras de um lote de barras hexagonais de aço 5160H de 31,75 mm foi o seguinte

L	60	70	80	90	100	110	120	130	140	150	160	170	180	190	200	210
f	2	1	3	5	8	12	6	10	8	5	2	3	2	1	0	1

onde L é a vida em milhares de ciclos, e f é a classe de frequência das falhas.

(*a*) Estime a média e o desvio padrão da vida para a população da qual a amostra foi extraída.

(*b*) Presumindo uma distribuição normal, para quantas amostras se prevê uma falha com menos de 115 kciclos?

1-13 Determinação da resistência última à tração S_{ut} de lâminas de aço inoxidável (17-7PH, condição TH 1050), com dimensões de 0,41 mm até 1,57 mm, em 197 ensaios agrupados em sete classes foram

S_{ut} GPa	1,2	1,25	1,31	1,37	1,42	1,48	1,53
f	6	9	44	67	53	12	6

onde S_{ut} é a classe do ponto médio, e f é a classe de frequências. Estime a média e o desvio padrão.

1-14 A vida de peças é frequentemente expressa pelo número de ciclos de operação que uma porcentagem específica da população excederá antes de experimentar a falha. O símbolo L é usado para designar essa definição de vida. Assim, podemos considerar o valor de vida L_{10} como o número de ciclos até a falha excedidos por 90% da população de peças. Dada uma distribuição normal, com média de $\overline{L} = 122,9$ kilociclos e desvio padrão de $s_L = 30,3$ kilociclos, estime a vida L_{10} correspondente.

1-15 O desvio de 0,2% na tensão de resistência ao escoamento de barras com diâmetro de 25,4 mm de aço AISI 1137 trefiladas a frio e reduzidas em 25 passes de 0,05 mm é mostrado conforme segue:

S_y	0,64	0,66	0,64	0,67	0,70	0,71	0,72	0,74	0,75	0,77
f	19	25	38	17	12	10	5	4	4	2

onde S_y é o ponto médio da classe em MPa e f é o número em cada classe. Presumindo uma distribuição normal, qual é a resistência ao escoamento excedida por 99% da população?

1-16 Um sistema mecânico compreende três subsistemas em séries com confiabilidade de 98%, 96% e 94%. Qual é a confiabilidade global do sistema?

1-17 Conforme a Seção 3–12, a máxima tensão de cisalhamento em uma barra sólida redonda de diâmetro, d, devida a um torque, T, é dada por $\tau_{max} = 16\,T/(\pi d^3)$. Uma haste redonda de aço 1018 conformada a frio está sujeita a uma ação torcional média de $\overline{T} = 1,5$ kN · m com um desvio padrão de 145 N · m. O material da haste tem uma tensão de cisalhamento média de $S_{xy} = 312$ MPa com desvio padrão de 23,5 MPa. Assumindo que a resistência e a carga seguem a distribuição normal, qual valor do fator de projeto n_d corresponde a uma confiabilidade de 0,99 contra o escoamento? Determine o diâmetro correspondente da haste.

1-18 Uma haste redonda de aço 1045 conformada a frio tem uma resistência média de $\overline{S}_y = 658,45$ MPa com um desvio padrão de $\hat{\sigma}_{S_y} = 45,44$ MPa. A haste deverá ser submetida a uma ação axial estática média de $\overline{P} = 289,13$ kN com um desvio padrão de $\hat{\sigma}_P = 22,24$ MPa. Assumindo que a resistência e a carga seguem a distribuição normal, determine as confiabilidades correspondentes aos fatores de projeto de (*a*) 1,2, (*b*) 1,5. Determine também o diâmetro correspondente a cada caso.

1-19 Uma viga submetida a um carregamento axial experimentará uma tensão, σ_a. Se, além disso, a viga for submetida a um carregamento fletor, uma tensão de flexão, σ_b, também ocorrerá nas fibras mais extremas da viga. A tensão máxima nas fibras mais extremas da viga será de $\sigma_{max} = \sigma_a + \sigma_b$. Admita que σ_a e σ_b sejam independentes e que $\overline{\sigma}_a = 90$ MPa, $\hat{\sigma}_{\sigma_a} = 8,4$ MPa, $\overline{\sigma}_b = 383$ MPa, $\hat{\sigma}_{\sigma_b} = 22,3$ MPa. A haste é feita de aço com $\overline{S}_y = 553$ MPa e $\hat{\sigma}_{S_y} = 42,7$ MPa. Assumindo que a resistência e a carga seguem a distribuição normal, determine o fator de projeto e a confiabilidade guardada contra o escoamento.

1–20 Três blocos A, B, C e um bloco com rebaixo D têm dimensões a, b, c e d, conforme mostrado a seguir:

$$a = 37{,}5 \pm 0{,}025 \text{ mm} \quad\quad b = 50 \pm 0{,}075 \text{ mm}$$
$$c = 75 \pm 0{,}1 \text{ mm} \quad\quad d = 163 \pm 0{,}25 \text{ mm}$$

Problema 1-20

(*a*) Determine a folga $\overline{w}$ e sua tolerância.
(*b*) Determine a dimensão média de d que assegurará que $w \geq 0{,}010$ in.

1–21 O volume de um paralelepípedo retangular é dado por $V = xyz$. Se $x = a \pm \Delta a$, $y = b \pm \Delta b$, $z = c \pm \Delta c$, mostre que

$$\frac{\Delta V}{\overline{V}} \approx \frac{\Delta a}{\overline{a}} + \frac{\Delta b}{\overline{b}} + \frac{\Delta c}{\overline{c}}$$

Use esse resultado para determinar a tolerância bilateral no volume de um paralelepípedo retangular com dimensões

$$a = 37{,}5 \pm 0{,}05 \text{ mm} \quad\quad b = 47 \pm 0{,}075 \text{ mm} \quad\quad c = 75 \pm 0{,}1 \text{ mm}$$

1–22 Um pivô em uma articulação tem o pino da figura cuja dimensão $a \pm t_a$ deverá ser estabelecida. A espessura do olhal da articulação é de $37{,}5 \pm 0{,}125$ mm. O projetista concluiu que uma folga entre 0,1 e 1,25 mm suporta de modo satisfatório as funções do pivô na articulação. Determine a dimensão a e sua tolerância.

Problema 1-22
Dimensões em milímetros.

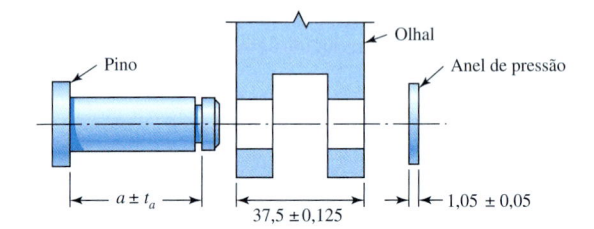

1–23 A seção circular de um anel tem as dimensões mostradas na figura. Em particular, um anel padronizado AS 568A No. 240 tem um diâmetro interno D_i e uma seção transversal de diâmetro d de

$$D_i = 84{,}4 \pm 0{,}7 \text{ mm} \quad d_i = 3{,}5 \pm 0{,}1 \text{ mm}$$

Estime o diâmetro externo $\overline{D}_o$ e sua tolerância bilateral.

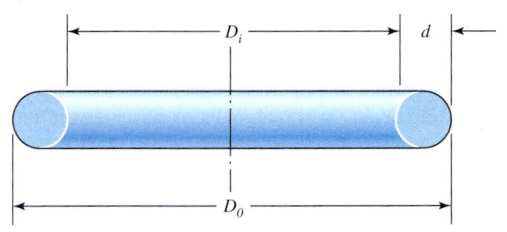

Problema 1-23

1–24 a Para a tabela dada, repita o Problema 1–24 para os anéis seguintes, dado o número padrão AS 568A. Nota: As
1-27   soluções requerem pesquisa.

Número do problema	1–25	1–26	1–27	1–28
AS 568A No.	110	220	160	320

1-28 Converta o seguinte para as unidades ips apropriadas:

(a) A tensão, $\sigma = 150$ MPa.

(b) A força, $F = 2$ kN.

(c) O momento, $M = 150$ N · m.

(d) Uma área, $A = 1500$ mm^2.

(e) O segundo momento de uma área, $I = 750$ cm^4.

(f) O módulo de elasticidade, $E = 145$ GPa.

(g) Uma velocidade, $v = 75$ km/h.

(h) O volume, $V = 1$ litro.

1-29 Converta o seguinte para as unidades SI apropriadas:

(a) O comprimento, $l = 5$ ft.

(b) A tensão, $\sigma = 90$ kpsi.

(c) A pressão, $p = 25$ psi.

(d) O módulo seccional, $Z = 12$ in^3.

(e) O peso unitário, $w = 0{,}208$ lbf/in.

(f) A deflexão, $\delta = 0{,}00189$ in.

(g) A velocidade, $v = 1200$ ft/min.

(h) A deformação unitária, $\epsilon = 0{,}00215$ in/in.

(i) O volume, $V = 1830$ in^3.

1-30 Geralmente, os resultados ao final do projeto são arredondados para ou limitados a três dígitos, porque os dados fornecidos não justificam exibir os demais. Além disso, devem ser utilizados prefixos para limitar o número de dígitos das cadeias a não mais que quatro dígitos à esquerda do ponto decimal. Usando essas regras, assim como aquelas para a escolha dos prefixos, resolva as seguintes relações:

(a) $\sigma = M/Z$, onde $M = 200$ N · m e $Z = 15{,}3 \times 10^3$ mm^3.

(b) $\sigma = F/A$, onde $F = 42$ kN e $A = 600$ mm^2.

(c) $y = Fl^3/3EI$, onde $F = 1200$ N, $l = 800$ mm, $E = 207$ GPa, e $I = 64 \times 10^3$ mm^4.

(d) $\theta = Tl/GJ$, onde $T = 1100$ N · m, $l = 250$ mm, $G = 79{,}3$ GPa, e $d = 25$ mm.

1-31 Repita o Problema 1-30 para o seguinte:

(a) $\sigma = F/wt$, onde $F = 1$ kN, $w = 25$ mm, e $t = 5$ mm.

(b) $I = bh^3/12$, onde $b = 10$ mm e $h = 25$ mm.

(c) $I = \pi d^4/64$, onde $d = 25{,}4$ mm.

(d) $\tau = 16\,T/\pi d^3$, onde $T = 25$ N · m, e $d = 12{,}7$ mm.

1-32 Repita o Problema 1-31 para o seguinte:

(a) $\tau = F/A$, onde $A = \pi d^2/4$, $F = 120$ kN, e $d = 20$ mm.

(b) $\sigma = 32\,Fa/\pi d^3$, onde $F = 800$ N, $a = 800$ mm, e $d = 32$ mm.

(c) $Z = \pi(d_o^4 - d_i^4)/(32\,d_o)$ para $d_o = 36$ mm e $d_i = 26$ mm.

(d) $k = (d^4\,G)/(8\,D^3\,N)$, onde $d = 1{,}6$ mm, $G = 79{.}3$ GPa, $D = 19{,}2$ mm, e $N = 32$ (um número adimensional).

2 Materiais

2-1 Resistência e rigidez dos materiais 41
2-2 A significância estatística das propriedades dos materiais 45
2-3 Resistência e trabalho a frio 48
2-4 Dureza 50
2-5 Propriedades de impacto 52
2-6 Efeitos da temperatura 53
2-7 Sistemas de numeração 54
2-8 Fundição em areia 56
2-9 Moldagem em casca 56
2-10 Fundição de revestimento 57
2-11 O processo de metalurgia do pó 57
2-12 Processos de trabalho a quente 57
2-13 Processos de trabalho a frio 58
2-14 Tratamento térmico do aço 59
2-15 Aços-liga 62
2-16 Aços resistentes à corrosão 63
2-17 Materiais para fundição 64
2-18 Metais não ferrosos 66
2-19 Plásticos 69
2-20 Materiais compósitos 70
2-21 Seleção de materiais 71

A seleção de um material para uma peça de máquina ou elemento da estrutura é uma das decisões mais importantes que o projetista deve tomar. Normalmente, essa decisão precede o dimensionamento das peças. Após escolher o processo de criação da geometria desejada, bem como o material a ser empregado (os dois não podem estar divorciados), o projetista pode dar proporções ao componente de modo que impeça perda de função ou que a chance de perda de função possa ser mantida em um nível de risco aceitável.

Nos Capítulos 3 e 4 são apresentados métodos para estimar tensões e deflexões de elementos de máquina. Essas estimativas se baseiam nas propriedades do material escolhido. Por exemplo, para avaliações de deflexões e de estabilidade, são necessárias as propriedades elásticas (rigidez) do material e para cálculo da tensão em um ponto crítico em um elemento de máquina é necessária uma comparação com a resistência do material nesse ponto em dada geometria e condição de uso. Essa resistência é uma propriedade do material encontrada por meio de testes e, quando necessário, é ajustada à geometria e à condição de uso.

Tão importante quanto a tensão e a deflexão no projeto de peças mecânicas, a seleção de um material nem sempre se baseia nesses fatores. Muitas peças não têm absolutamente carga alguma atuando sobre elas. Elas podem ser projetadas meramente para preencher espaço ou por questões estéticas. Muitas vezes os componentes têm de ser projetados para também resistir à corrosão. Por vezes os efeitos da temperatura são mais importantes em termos de projeto do que a tensão e a deformação. Portanto, vários outros fatores, além da tensão e da deformação, podem influenciar o projeto de peças e o projetista deve conhecer profundamente materiais e processos a fim de encontrar as soluções necessárias.

2-1 Resistência e rigidez dos materiais

O teste de tração padrão é usado para obter uma grande variedade de características do material e as resistências que são usadas em projeto. A Figura 2–1 ilustra um típico corpo de prova para teste de tração e suas dimensões características.[1] O diâmetro original (d_0) e o comprimento de referência (l_0), usados para medir as deflexões, são registrados antes de o teste ser iniciado. O corpo de prova é então montado na máquina de teste e lentamente carregado em tração, enquanto a carga P e a deflexão são observadas. A carga é convertida em tensão mediante o cálculo

$$\sigma = \frac{P}{A_0} \quad (2\text{--}1)$$

em que $A_0 = \frac{1}{4}\pi d_0^2$ é a área original do corpo de prova.

A deflexão, ou extensão do comprimento de referência, é dada por $l - l_0$, em que l é o comprimento de referência correspondente à carga P. A deformação normal é calculada por meio de

$$\epsilon = \frac{l - l_0}{l_0} \quad (2\text{--}2)$$

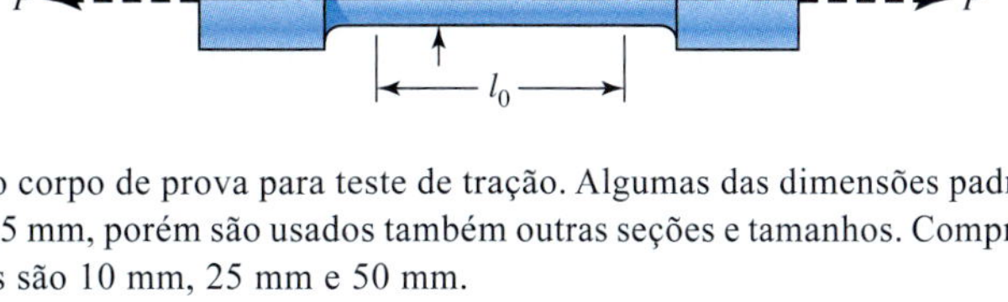

Figura 2–1 Um típico corpo de prova para teste de tração. Algumas das dimensões padrão usadas para d_0 são 2,5 mm, 6,25 mm e 12,5 mm, porém são usados também outras seções e tamanhos. Comprimentos de referência (l_0) comumente usados são 10 mm, 25 mm e 50 mm.

---
[1] Ver padrões E8 e E-8 m da ASTM para dimensões padrão.

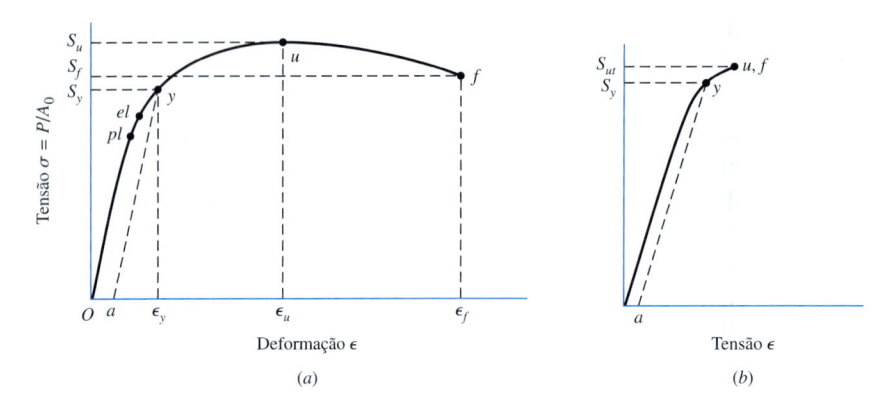

Figura 2–2 Diagrama tensão-deformação obtido por meio do teste de tração padrão (*a*) Material dúctil; (*b*) material frágil. *pl* indica o limite de proporcionalidade; *el*, o limite de elasticidade; *y*, a resistência ao escoamento pelo método do desvio, conforme definido pela deformação pelo método do desvio *a*; *u*, o limite de resistência à ruptura ou resistência máxima; e *f*, a resistência à fratura.

Ao término ou durante o teste, os resultados são apresentados na forma de um *diagrama tensão-deformação*. A Figura 2–2 representa diagramas tensão-deformação típicos para materiais dúcteis e frágeis. Materiais dúcteis deformam muito mais que os materiais frágeis.

O ponto *pl* na Figura 2–2*a* é denominado *limite de proporcionalidade*. Esse é o ponto em que a curva começa, pela primeira vez, a desviar e deixar de ser uma linha reta. Nenhuma deformação permanente será observável no corpo de prova se a carga for retirada nesse ponto. No trecho linear, a relação tensão-deformação uniaxial é dada pela *lei de Hooke* na forma

$$\sigma = E\epsilon \tag{2-3}$$

em que a constante de proporcionalidade *E*, a inclinação do trecho linear da curva tensão-deformação, é denominada *módulo de Young* ou *módulo de elasticidade*. *E* é uma medida da rigidez de um material e, como a deformação é adimensional, as unidades de *E* são as mesmas da tensão. O aço, por exemplo, tem um módulo de elasticidade de cerca de 207 GPa (30 Mpsi) *independentemente do tratamento térmico, do teor de carbono ou dos elementos de liga*. O aço inoxidável está na faixa dos 190 GPa (27,5 Mpsi).

O ponto *el* na Figura 2–2 é chamado de *limite de elasticidade*. Se o corpo de prova for carregado além desse ponto, diz-se que a deformação é plástica e o material apresentará deformação permanente quando a carga for eliminada. Entre *pl* e *el* o diagrama não é uma linha reta perfeita, muito embora o corpo de prova seja elástico.

Durante o teste de tração, diversos materiais atingem um ponto no qual a deformação começa a aumentar muito rapidamente sem um aumento correspondente na tensão. Esse ponto é chamado de *ponto de escoamento*. Nem todos os materiais possuem um ponto de escoamento óbvio, especialmente no caso de materiais frágeis. Por esse motivo, muitas vezes a *resistência ao escoamento S_y é definida por meio de um método de desvio,* conforme mostra a Figura 2–2, em que a reta *ay* é desenhada com uma inclinação *E*. O ponto *a* corresponde a um nível definido ou declarado de deformação permanente, normalmente 0,2% do comprimento de referência original ($\epsilon = 0{,}002$), embora 0,01%, 0,1% e 0,5% sejam usados algumas vezes.

A resistência máxima, ou limite de resistência à tração, S_u ou S_{ut}, corresponde ao ponto *u* na Figura 2–2 e é a tensão máxima atingida no diagrama tensão-deformação.[2] Conforme ilustrado na Figura 2–2*a*, alguns materiais apresentam uma inclinação para baixo após a tensão máxima ser atingida e fraturam no ponto *f* do diagrama. Outros, porém, como alguns dos fer-

---

[2] O uso desses termos varia. Por um longo período os engenheiros usaram o termo *resistência última*, daí os subscritos *u* em S_u ou S_{ut}. Entretanto, em metalurgia e nas ciências dos materiais, é usado o termo *resistência à tração*.

ros fundidos e aços de alta resistência, fraturam enquanto a curva tensão-deformação ainda está subindo, como ilustra a Figura 2–2b, em que os pontos u e f são idênticos.

Conforme observado na Seção 1–9, *resistência,* no sentido usado neste livro, é uma propriedade intrínseca de um material, ou de um elemento mecânico, em razão da seleção de um determinado material ou processo, ou ambos. Por exemplo, a resistência de uma biela no ponto crítico numa dada geometria e condição de uso é a mesma independentemente de ela já ser um elemento em uma máquina operatriz ou de estar sobre uma bancada aguardando ser montada juntamente com outras peças. Por sua vez, *tensão* é algo que ocorre em uma peça, geralmente como resultado de ser montada em uma máquina e submetida a uma carga. Entretanto, podem ser introduzidas tensões em uma peça por meio de processamento ou manipulação. Por exemplo, o condicionamento superficial por bombardeio com partículas duríssimas produz uma *tensão de compressão* na superfície externa de uma peça e também melhora a resistência à fadiga da peça. Consequentemente, seremos extremamente cuidadosos neste livro na distinção entre *resistência,* designada pela letra S, e *tensão,* designada por σ ou τ.

Os diagramas da Figura 2–2 são chamados diagramas tensão-deformação de *engenharia,* pois as tensões e deformações calculadas nas Equações (2–1) e (2–2) não são valores *verdadeiros.* A tensão calculada na Equação (2–1) baseia-se na área original, *antes* de a carga ser aplicada. Na realidade, à medida que a carga é aplicada, a área reduz-se de modo que a *tensão real* ou *verdadeira* é maior que a *tensão de engenharia.* Para obter a tensão verdadeira para o diagrama, a carga e a área da seção transversal devem ser medidas simultaneamente durante o teste. A Figura 2–2a representa um material dúctil cuja tensão parece diminuir dos pontos u a f. Tipicamente, além do ponto u o corpo de prova começa a "apresentar pescoço" em um local fraco em que a área se reduz drasticamente, conforme indica a Figura 2–3. Por essa razão, a tensão verdadeira é muito maior que a tensão de engenharia na seção de pescoço.

A deformação de engenharia dada pela Equação (2–2) baseia-se em uma variação líquida no comprimento em relação ao comprimento *original*. Ao traçar o *diagrama tensão-deformação real,* é costumeiro usar um termo chamado *deformação verdadeira,* ou certas vezes *deformação logarítmica.* Deformação verdadeira é a soma dos alongamentos incrementais dividida pelo *comprimento de referência* corrente na carga P, ou

$$\varepsilon = \int_{l_0}^{l} \frac{dl}{l} = \ln \frac{l}{l_0} \qquad (2\text{--}4)$$

em que o símbolo ε é usado para representar a deformação verdadeira. A característica mais importante de um diagrama tensão-deformação real (Figura 2–4) é que a tensão verdadeira aumenta continuamente até a fratura. Portanto, conforme indicado na Figura 2–4, a tensão verdadeira de fratura σ_f é maior que a tensão verdadeira última σ_u. Compare essa com a Figura 2–2a, em que a resistência à fratura de engenharia S_f é menor que a resistência de engenharia última S_u.

Os testes de compressão são mais difíceis de realizar e a geometria dos corpos de prova difere da geometria daqueles usados em testes de tração. A razão para tal é que o corpo de prova pode flambar durante o teste ou talvez seja difícil distribuir as tensões uniformemente. Ocorrem outras dificuldades, pois os materiais dúcteis sofrerão abaulamento após o escoamento. Entretanto, os resultados também podem ser representados em um diagrama tensão-deformação, bem como podem ser aplicadas as mesmas definições de resistência como aquelas usadas em testes de tração. Para a maioria dos materiais dúcteis, as resistências à compressão são praticamente iguais às resistências à tração. Porém, quando existem diferenças substanciais entre as resistências à tração e à compressão, como é o caso dos ferros fundidos, elas devem ser declaradas separadamente, S_{ut}, S_{uc}, em que S_{uc} é informada como uma quantidade *positiva*.

Figura 2–3 Corpo de prova de tração após forte estricção.

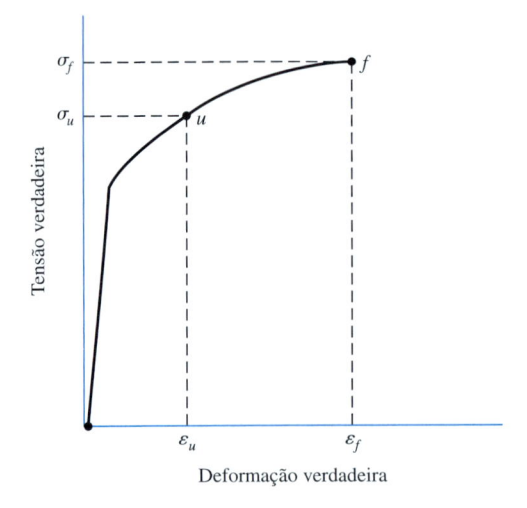

Figura 2–4 Diagrama tensão-deformação real representado em coordenadas cartesianas.

São encontradas resistências à torção ao torcer barras maciças de seção circular e registrar o torque e o ângulo torcional. Os resultados são apresentados na forma de um *diagrama torque-torção*. As tensões de cisalhamento no corpo de prova são lineares em relação à direção radial, sendo zero no centro do corpo de prova e máxima no raio externo r (ver Capítulo 3). A tensão de cisalhamento máxima, τ_{max}, está relacionada com o ângulo de torção θ como se segue

$$\tau_{max} = \frac{Gr}{l_0}\theta \qquad (2\text{–}5)$$

em que θ está em radianos, r é o raio do corpo de prova, l_0 o comprimento de referência e G é a propriedade de rigidez do material denominada *módulo de cisalhamento* ou *módulo de rigidez*. A tensão de cisalhamento máxima também apresenta uma relação com o torque T aplicado na forma

$$\tau_{max} = \frac{Tr}{J} \qquad (2\text{–}6)$$

em que $J = \frac{1}{2}\pi r^4$ é o segundo momento polar da área da seção transversal.

O diagrama torque-torção será similar ao da Figura 2–2 e, usando-se as Equações (2–5) e (2–6), pode-se encontrar o módulo de rigidez, bem como o limite de elasticidade e a *resistência ao escoamento por torção* S_{sy}. O ponto máximo em um diagrama torque-torção, correspondente ao ponto u na Figura 2–2, é T_u. A equação

$$S_{su} = \frac{T_u r}{J} \qquad (2\text{–}7)$$

define a *tensão limite de cisalhamento* para o teste de torção. Note que é incorreto chamar S_{su} de limite de resistência à torção, uma vez que a região mais externa da barra se encontra em um estado plástico no torque T_u e a distribuição de tensões não é mais linear.

Todas as tensões e resistências definidas pelo diagrama tensão-deformação da Figura 2–2, bem como por diagramas similares, são conhecidas mais especificamente como *tensões e resistências de engenharia* ou *tensões e resistências nominais*. Esses são os valores normalmente usados em todos os cálculos de projeto de engenharia. Os adjetivos de engenharia e nominal são usados aqui para enfatizar que as tensões são calculadas usando-se a *área da seção transversal original ou não solicitada do corpo de prova*. Neste livro usaremos esses modificadores apenas quando especificamente quisermos chamar a atenção para essa distinção.

Além de prover valores de resistência para um material, o diagrama de tensão-deformação fornece compreensão sobre características de absorção de energia dos materiais. Isso porque o diagrama tensão-deformação relaciona ambos (cargas e deslocamentos), que estão diretamente relacionados à energia. A capacidade de absorver energia de um material dentro do seu limite elástico é denominada *resiliência*. O *módulo de resiliência* u_R de um material é definido pela energia absorvida por unidade de volume, sem que haja deformação permanente, e é igual à área sob a curva de tensão-deformação até o limite elástico. O limite elástico é frequentemente aproximado pelo ponto de escoamento, uma vez que ele é mais prontamente determinado, fornecendo

$$u_R \approx \int_0^{\epsilon_y} \sigma d\epsilon \qquad (2\text{–}8)$$

onde ϵ_y é a deformação no ponto de escoamento. Se a relação tensão-deformação é linear até o ponto de escoamento, então a área sob a curva é simplesmente uma área triangular; assim,

$$u_R \approx \frac{1}{2} S_y \epsilon_y = \frac{1}{2}(S_y)(S_y/E) = \frac{S_y^2}{2E} \qquad (2\text{–}9)$$

Essa relação indica que, para dois materiais com a mesma resistência ao escoamento, o material menos rígido (menor E) terá uma maior resiliência, isto é, uma habilidade maior para absorver energia sem escoar.

A capacidade de um material absorver energia sem fraturar é chamada *tenacidade*. O *módulo de tenacidade* u_T de um material é definido pela energia absorvida por unidade de volume sem que haja fratura, que é igual à área sob a curva tensão-deformação até o ponto de fratura, ou

$$u_T = \int_0^{\epsilon_f} \sigma d\epsilon \qquad (2\text{–}10)$$

onde ϵ_f é a deformação no ponto de fratura. Com frequência, essa integração é realizada graficamente a partir dos dados de tensão-deformação ou por uma aproximação grosseira para o cálculo da área dada pelo cálculo da média entre as resistências de escoamento e última e a deformação na fratura; desse modo,

$$u_T \approx \left(\frac{S_y + S_{ut}}{2}\right) \epsilon_f \qquad (2\text{–}11)$$

As unidades de tenacidade e resiliência são de energia por unidade de volume (lbf · in/in^3 ou J/m^3), que são numericamente equivalentes a psi ou Pa. Essas definições de tenacidade e resiliência assumem baixas taxas de deformação, o que é adequado para obter diagramas tensão-deformação. Para taxas de deformação maiores, ver Seção 2–5 sobre propriedades de impacto.

2–2 A significância estatística das propriedades dos materiais

Há certas sutilezas nas ideias apresentadas na seção anterior que devem ser ponderadas antes de prosseguirmos. A Figura 2–2 representa o resultado de um *único* teste de tração (*um* corpo de prova, agora fraturado). É comum os engenheiros considerarem esses importantes valores de *tensão* (nos pontos pl, el, y, u e f) como propriedades e denotá-las como resistências por meio de uma notação especial, a letra maiúscula S, em vez da letra sigma minúscula σ, complementada com subscritos: S_{pl} para limite de proporcionalidade, S_y para resistência ao escoamento, S_u para limite de resistência à tração (S_{ut} ou S_{uc}, se os termos à tração ou à compressão forem importantes).

Se existissem mil corpos de prova nominalmente idênticos, os valores de resistência obtidos estariam distribuídos entre alguns valores máximos e mínimos. Segue que a descrição de resistência, uma propriedade do material, é distribucional e, portanto, é estatística por natureza.

EXEMPLO 2–1

Foram feitos ensaios de ruptura com mil amostras de aço 1020, e limites de resistência à tração foram relacionados conforme segue:

Ponto médio do Intervalo S_{ut} (kpsi)	56,5	57,5	58,5	59,5	60,5	61,5	62,5	63,5	64,5	65,5	66,5	67,5	68,5	69,5	70,5	71,5
Frequência, f_i	2	18	23	31	83	109	138	151	139	130	82	49	28	11	4	2

onde o *intervalo* de tensões para cada entrada de ponto médio é $w = 1$ kpsi.

Desenhe o histograma dos dados (um gráfico de barras *f* versus S_{ut}). Assumindo que a distribuição é normal, faça o gráfico da Equação (1–4). Compare os gráficos.

Solução   A planilha dos dados é

Ponto médio de intervalo x_i (kpsi)	Frequência f_i	$x_i f_i$	$x_i^2 f_i$	FDP* observada $f_i/(Nw)$†	FDP* normal $f(x)$
56,5	2	113,0	6 384,50	0,002	0,0035
57,5	18	1 035,0	59 512,50	0,018	0,0095
58,5	23	1 345,5	78 711,75	0,023	0,0218
59,5	31	1 844,5	109 747,75	0,031	0,0434
60,5	83	5 021,5	303 800,75	0,083	0,0744
61,5	109	6 703,5	412 265,25	0,109	0,1100
62,5	138	8 625,0	539 062,50	0,138	0,1400
63,5	151	9 588,5	608 869,75	0,151	0,1536
64,5	139	8 965,5	578 274,75	0,139	0,1453
65,5	130	8 515,0	577 732,50	0,130	0,1184
66,5	82	5 453,0	362 624,50	0,082	0,0832
67,5	49	3 307,5	223 256,25	0,049	0,0504
68,5	28	1 918,0	131 382,00	0,028	0,0260
69,5	11	764,5	53 132,75	0,011	0,0118
70,5	4	282,0	19 881,00	0,004	0,0046
71,5	2	143,0	10 224,50	0,002	0,0015
∑	1000	63 625	4 054 864	1,000	

*FDP se refere à *função densidade de probabilidade* (ver Seção 1–12).
†Para comparar dados de frequências discretas com funções de densidade contínuas, f_i deve ser dividida por Nw. Aqui, N = tamanho da amostra = 1000, e w = largura do intervalo de valores = 1 kpsi.

Da Equação (1–6)

$$\bar{x} = \frac{1}{N}\sum_{i=1}^{k} f_i x_i = \frac{1}{1000}(63\,625) = 63,625 \text{ kpsi}$$

Da Equação (1–7)

$$s_x = \sqrt{\frac{\sum_{i=1}^{k} f_i x_i^2 - N\bar{x}^2}{N-1}} = \sqrt{\frac{4\,054\,864 - 1000(63,625^2)}{1000 - 1}}$$

$$= 2,594\,245 = 2,594 \text{ kpsi}$$

Da Equação (1–4), com $\mu_x = \bar{x}$ e $\hat{\sigma}_x = s_x$, a FDP para a função densidade normal é

$$f(x) = \frac{1}{\hat{\sigma}_x \sqrt{2\pi}} \exp\left[-\frac{1}{2}\left(\frac{x - \mu_x}{\hat{\sigma}_x}\right)\right]$$

$$= \frac{1}{2{,}594\,245\sqrt{2\pi}} \exp\left[-\frac{1}{2}\left(\frac{x - 63{,}625}{2{,}594\,245}\right)^2\right]$$

Por exemplo, $f(63{,}5) = 0{,}1536$.

O gráfico de barras mostrado na Figura 2–5 revela o histograma da FDP correspondente aos dados discretos. O gráfico da FDP normal contínua, $f(x)$, também é incluído.

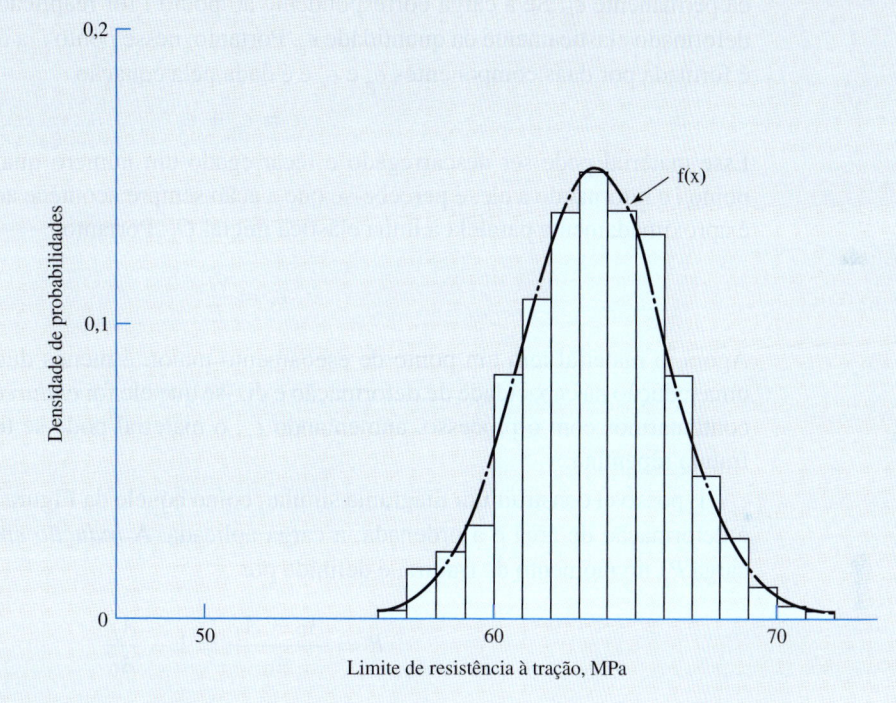

Figura 2–5 Histograma para mil testes de tração de um aço 1020 obtido de uma única fornada.

Observe que o programa de teste descreveu a propriedade S_{ut} de um aço 1020 somente para uma única fornada de um fornecedor. A realização de testes é um processo complexo e caro. Normalmente, são preparadas tabelas de propriedades com o intuito de facilitar a vida de outras pessoas. Uma quantidade estatística é descrita por sua média, desvio padrão e tipo de distribuição. Muitas tabelas mostram um único número que, geralmente, é a média, o mínimo ou algum percentil, como o 99° percentil. Sempre leia as notas de uma tabela. Se não for feita nenhuma ressalva em uma tabela com uma única entrada, deve-se colocar essa tabela em dúvida.

Como não há dúvida de que descrições úteis de uma propriedade são de natureza estatística, os engenheiros, ao solicitarem testes de propriedades, devem formular suas instruções de modo que os dados gerados lhes sejam suficientes para observar os parâmetros estatísticos e identificar a característica distribucional. O programa de teste de tração em mil corpos de prova de um aço 1020 é grande. Caso você se deparasse com uma situação de inserir dados em uma tabela de resistência última de tração e estivesse restrito a um único número, qual seria esse número e exatamente quais seriam seus comentários na nota de rodapé de sua tabela?

2–3 Resistência e trabalho a frio

Trabalho a frio é o processo de deformação plástica abaixo da temperatura de recristalização na região plástica do diagrama tensão-deformação. Os materiais podem ser deformados plasticamente pela aplicação de calor, como ocorre na ferraria ou na laminação a quente, porém as propriedades mecânicas resultantes são bem diferentes daquelas obtidas pelo processo de trabalho a frio. O propósito desta seção é explicar o que ocorre com as propriedades mecânicas significativas de um material quando é trabalhado a frio.

Considere o diagrama tensão-deformação da Figura 2–6a. Aqui um material foi submetido a uma solicitação além da resistência ao escoamento em y até algum ponto i, na região plástica, depois a carga foi retirada. Nesse ponto o material apresenta uma deformação plástica permanente ϵ_p. Se a carga correspondente ao ponto i for reaplicada agora, o material será deformado elasticamente da quantidade ϵ_e. Portanto, nesse ponto i, a deformação unitária total é formada por duas componentes ϵ_p e ϵ_e e é dada pela equação

$$\epsilon = \epsilon_p + \epsilon_e \tag{a}$$

Esse material pode ser descarregado e recarregado um número qualquer de vezes, desde o ponto i e retornando a ele, e percebe-se que a ação sempre acontece ao longo da linha reta que é aproximadamente paralela à linha elástica inicial O_y. Portanto

$$\epsilon_e = \frac{\sigma_i}{E} \tag{b}$$

Agora, o material tem um ponto de escoamento maior, é menos dúctil em consequência de uma redução na capacidade de deformação e diz-se que ele foi *endurecido por deformação*. Se continuarmos com o processo, aumentando ϵ_p, o material pode-se tornar frágil e apresentar fratura repentina.

É possível construir um diagrama similar, como aquele da Figura 2–6b, em que a abscissa é deformação de área e a ordenada, a carga aplicada. A *redução em área* correspondente à carga P_f, no momento da fratura, é definida por

$$R = \frac{A_0 - A_f}{A_0} = 1 - \frac{A_f}{A_0} \tag{2-12}$$

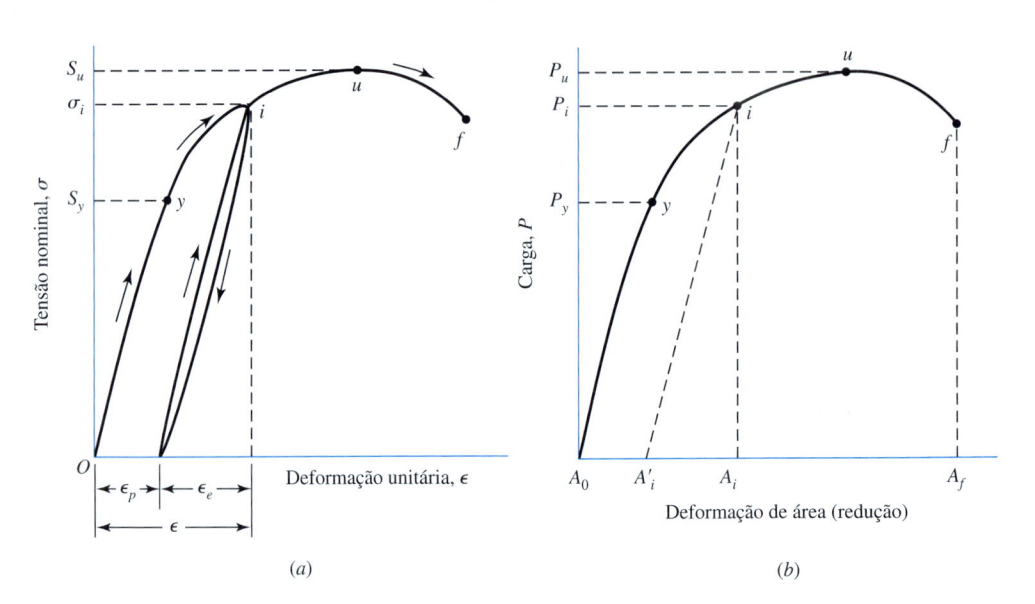

Figura 2–6 (*a*) Diagrama tensão-deformação mostrando o descarregamento e o recarregamento no ponto i na região plástica; (*b*) diagrama carga-deformação análogo.

em que A_0 é a área original. A quantidade R na Equação (2–12) é normalmente expressa na forma porcentual e tabulada em listas de propriedades mecânicas como uma medida de *ductilidade*. Veja a Tabela A–18, no Apêndice, como exemplo. A ductilidade é uma importante propriedade, pois ela mede a capacidade de um material absorver sobrecargas e de ser trabalhado a frio. Portanto, operações como dobramento, estiramento, formação de cabeças por recalque axial e conformação de chapas estiradas são operações de processamento de metais que requerem materiais dúcteis.

A Figura 2–6b também pode ser usada para definir a quantidade de trabalho a frio. O *fator de trabalho a frio W* é definido como

$$W = \frac{A_0 - A_i'}{A_0} \approx \frac{A_0 - A_i}{A_0} \quad (2\text{–}13)$$

em que A_i' corresponde à área após a carga P_i ter sido retirada. A aproximação na Equação (2–13) é resultante da dificuldade em medir as pequenas variações de diâmetro na região elástica. Se a quantidade de trabalho a frio for conhecida, então a Equação (2–13) pode ser solucionada em termos da área A_i'. O resultado é

$$A_i' = A_0(1 - W) \quad (2\text{–}14)$$

Trabalhar a frio um material produz um novo conjunto de valores para as resistências, como pode ser constatado nos diagramas tensão-deformação. Datsko[3] descreve a região plástica do diagrama tensão-deformação real por meio da equação

$$\sigma = \sigma_0 \varepsilon^m \quad (2\text{–}15)$$

em que σ = tensão verdadeira
σ_0 = um coeficiente de resistência ou coeficiente de encruamento por deformação
ε = deformação plástica verdadeira
m = expoente de encruamento por deformação

Pode ser provado[4] que

$$m = \varepsilon_u \quad (2\text{–}16)$$

desde que a curva de carga-deformação apresente um ponto estacionário (um local de inclinação zero).

Surgem dificuldades ao usar o comprimento de referência para avaliar a deformação verdadeira no intervalo plástico, pois a estrição torna a deformação não uniforme. Pode-se obter uma relação mais satisfatória usando-se a área do pescoço. Supondo-se que a variação no volume do material seja pequena, $Al = A_0 l_0$. Portanto, $l/l_0 = A_0/A$, e a deformação verdadeira é dada por

$$\varepsilon = \ln \frac{l}{l_0} = \ln \frac{A_0}{A} \quad (2\text{–}17)$$

Voltando à Figura 2–6b, se o ponto i se encontrar à esquerda do ponto u, isto é, $P_i < P_u$, a nova resistência ao escoamento será

$$S_y' = \frac{P_i}{A_i'} = \sigma_0 \varepsilon_i^m \qquad P_i \leq P_u \quad (2\text{–}18)$$

---

[3] Joseph Datsko, Solid Materials, Capítulo 32 em J. E. Shigley; C. R. Mischke e T. H. Brown Jr. (eds.), *Standard Handbook of Machine Design*, 3ª ed. Nova York: McGraw-Hill, 2004. Ver também Joseph Datsko, New Look at Material Strength. *Machine Design,* vol. 58, n. 3, 6 fev. 1986, p. 81–85.

[4] Ver Seção 5–2, J. E. Shigley; C. R. Mischke. *Mechanical Engineering Design*; 6ª ed. Nova York: McGraw-Hill, 2001.

Por causa da redução da área, isto é, pelo fato de $A'_i < A_0$, a resistência máxima também muda e passa a ser

$$S'_u = \frac{P_u}{A'_i} \qquad (c)$$

Como $P_u = S_u A_0$, descobrimos, por meio da Equação (2–10), que

$$S'_u = \frac{S_u A_0}{A_0(1-W)} = \frac{S_u}{1-W} \qquad \varepsilon_i \leq \varepsilon_u \qquad (2\text{–}19)$$

que é válida apenas quando o ponto i se encontrar à esquerda do ponto u.

Para pontos à direita de u, a resistência ao escoamento se aproxima do limite de resistência à tração e, com pequena perda de precisão;

$$S'_u \approx S'_y \approx \sigma_0 \varepsilon_i^m \qquad \varepsilon_i > \varepsilon_u \qquad (2\text{–}20)$$

Um pouco de reflexão revelará que uma barra terá o mesmo limite de carga sob tração depois de ter sofrido um processo de encruamento por deformação em tração como aquela que tinha anteriormente. A nova resistência é de nosso interesse não apenas porque a carga estática máxima aumenta, como também — já que as resistências à fadiga estão correlacionadas com os limites de resistência locais — pelo fato de a resistência à fadiga melhorar. Da mesma maneira, a resistência ao escoamento aumenta, oferecendo um maior intervalo de carga elástica sustentável.

EXEMPLO 2–2

Um aço AISI 1018 temperado (ver Tabela A–22) tem $S_y = 220$ MPa, $S_u = 341$ MPa, $\sigma_f = 628$ MPa, $\sigma_0 = 620$ MPa, $m = 0{,}25$ e $\varepsilon_f = 1{,}05$ mm/mm. Determine os novos valores das resistências se o material for submetido a 15% de trabalho a frio.

Solução

Da Equação (2–16), descobrimos que a deformação verdadeira correspondente ao limite de resistência

$$\varepsilon_u = m = 0{,}25$$

A razão A_0/A_i é, por meio da Equação (2–13),

$$\frac{A_0}{A_i} = \frac{1}{1-W} = \frac{1}{1-0{,}15} = 1{,}176$$

A deformação verdadeira correspondente a 15% de trabalho a frio é obtida por meio da Equação (2–17). Portanto

$$\varepsilon_i = \ln \frac{A_0}{A_i} = \ln 1{,}176 = 0{,}1625$$

Como $\varepsilon_i < \varepsilon_u$, as Equações (2–18) e (2–19) são aplicáveis. Portanto,

Resposta

$$S'_y = \sigma_0 \varepsilon_i^m = 620(0{,}1625)^{0{,}25} = 393{,}6 \text{ MPa}$$

Resposta

$$S'_u = \frac{S_u}{1-W} = \frac{341}{1-0{,}15} = 401{,}2 \text{ MPa}$$

2–4 Dureza

A resistência de um material à penetração de uma ferramenta pontiaguda é denominada *dureza*. Embora existam muitos sistemas de medição de dureza, consideraremos aqui apenas os dois mais usados.

Os testes de *dureza Rockwell* são descritos pelo método (de medição) de dureza E-18 do padrão ASTM, e as medições são feitas de modo rápido e fácil, são simples de reproduzir e a máquina de teste para eles é fácil de usar. Na realidade, o número de dureza é lido diretamente de um mostrador. As escalas de dureza Rockwell são designadas pelas letras *A*, *B*, *C*... etc. Os indentadores são descritos como um diamante, uma esfera de diâmetro 1,6 mm e um diamante para, respectivamente, as escalas *A*, *B* e *C*, em que a carga aplicada pode ser 60 kg, 100 kg ou 150 kg. Portanto, a escala B de dureza Rockwell, designada por R_B, usa uma carga de 100 kg e um indentador nº 2, que é uma esfera de diâmetro 1,6 mm. A escala *C* de dureza Rockwell, R_C, usa um cone de diamante, que é o indentado nº 1 e uma carga de 150 kg. Índices de dureza assim obtidos são quantidades relativas. Consequentemente, uma dureza $R_C = 50$ tem significado apenas em relação a outro índice de dureza que use a mesma escala.

A *dureza Brinell* é outro teste muito usado. Nos testes, a ferramenta indentante por meio da qual se aplica a força é uma esfera, e o número de dureza H_B é determinado como um número igual à carga aplicada dividida pela área da superfície esférica da indentação. Portanto, as unidades de H_B são as mesmas da tensão, embora elas raramente sejam usadas. Os testes de dureza Brinell levam mais tempo, pois H_B deve ser calculado por meio de dados do teste. A principal vantagem de ambos os métodos é que eles são, na maioria dos casos, não destrutivos. Ambos estão empírica e diretamente relacionados com a resistência última do material testado. Isso significa que a resistência poderia, se desejado, ser testada peça por peça durante a fabricação.

Ensaios de dureza provêm um meio não destrutivo e conveniente para estimar as propriedades de resistência do material. O ensaio de dureza de Brinell é particularmente bem conhecido para essas estimativas, uma vez que para muitos materiais a relação entre a resistência última mínima e o número de dureza de Brinell é grosseiramente linear. A constante de proporcionalidade varia entre as classes de materiais e é também dependente da carga utilizada para determinar a dureza. Existe uma grande dispersão nos dados, mas para uma aproximação grosseira para os *aços* a relação geralmente aceita é

$$S_u = \begin{cases} 0{,}5\, H_B & \text{kpsi} \\ 3{,}4\, H_B & \text{MPa} \end{cases} \quad (2\text{–}21)$$

Relação similar para *ferro fundido* pode ser derivada pelos dados fornecidos por Krause.[5] A resistência mínima, conforme definido pela ASTM, é encontrada a partir desses dados como sendo

$$S_u = \begin{cases} 0{,}23\, H_B - 12{,}5\ \text{kpsi} \\ 1{,}58\, H_B - 86\ \text{MPa} \end{cases} \quad (2\text{–}22)$$

Walton[6] mostra um gráfico a partir do qual a resistência mínima da SAE pode ser obtida, a qual é mais conservadora que os valores obtidos pela Equação (2–22).

EXEMPLO 2–3

É preciso assegurar que certa peça fornecida por uma fundição sempre atenda ou exceda às especificações nº 20 da ASTM para ferro fundido (ver Tabela A–22). Que dureza deve ser especificada?

Solução Da Equação (2–22), com $(S_u)_{\min} = 138$ MPa, temos

Resposta
$$H_B = \frac{S_u + 86}{1{,}58} = \frac{138 + 86}{1{,}58} = 142$$

Se a fundição conseguir controlar, rotineiramente, a dureza num intervalo de 20 pontos, então podemos especificar $145 < H_B < 165$. Isso não impõe grandes dificuldades à fundição e garante ao projetista que o grau 20 da ASTM será sempre fornecido a um custo previsível.

---

[5] D. E. Krause, "Gray Iron — A Unique Engineering Material," ASTM Special Publication 455, 1969, pp. 3–29, como relatado em Charles F. Walton (ed.), *Iron Castings Handbook*, Iron Founders Society, Inc., Cleveland, 1971, pp. 204, 205.

[6] Ibid.

2–5 Propriedades de impacto

Uma força externa aplicada a uma estrutura ou peça é chamada de *carga de impacto* se o tempo em que ela é aplicada for inferior a um terço do menor período de vibração natural dessa peça ou estrutura, caso contrário, ela é denominada simplesmente *carga estática*.

Os *testes em barras com entalhe de Charpy* (comumente usados) e *de Izod* (raramente usados) utilizam barras com geometrias especificadas para determinar a fragilidade e a resistência ao impacto. Esses testes são úteis na comparação entre vários materiais e na determinação da fragilidade a baixas temperaturas. Em ambos os testes o corpo de prova é atingido por um pêndulo solto de uma altura fixa e a energia por ele absorvida, chamada *valor de impacto*, pode ser calculada a partir da altura da oscilação após a ocorrência da fratura, porém é lida em um mostrador que basicamente "calcula" o resultado.

O efeito da temperatura sobre os valores de impacto é mostrado na Figura 2–7 para um material que apresenta uma transição dúctil-frágil. Nem todos os materiais apresentam essa transição. Observe a região estreita de temperaturas críticas em que o valor de impacto aumenta muito rapidamente. Na região de baixas temperaturas a fratura aparece como fratura frágil do tipo estilhaçado, ao passo que sua aparência é bruta do tipo rasgada acima da região de temperatura crítica. A temperatura crítica parece ser dependente tanto do material quanto da geometria do entalhe. Por isso, os projetistas não devem confiar muito nos resultados de *testes de impacto em barras com entalhe*.

A taxa de deformação média usada na obtenção do diagrama tensão-deformação está por volta de 0,25 mm/(mm · s) ou menos. Quando a taxa de deformação é aumentada, tal como ocorre em condições de impacto, as resistências aumentam, como mostra a Figura 2–8. De fato, em taxas de deformação muito elevadas parece que a resistência ao escoamento se aproxima da resistência máxima. Observe, porém, que as curvas revelam pouca variação no alongamento. Isso significa que a ductilidade permanece praticamente a mesma. Da mesma forma, em vista do súbito aumento na resistência ao escoamento, seria de esperar que um aço doce tivesse um comportamento elástico ao longo de praticamente todo o seu intervalo de resistência sob condições de impacto.

Os testes de Charpy e de Izod, na realidade, fornecem dados de tenacidade sob condições dinâmicas, e não estáticas. Há grande possibilidade de os dados de impacto obtidos nesses testes serem tão dependentes da geometria do entalhe como o são da taxa de deformação. Por essas razões, talvez seja melhor usar os conceitos de sensibilidade ao entalhe, tenacidade à fratura e mecânica da fratura, discutidos nos Capítulos 5 e 6, para averiguar a possibilidade de trinca ou fratura.

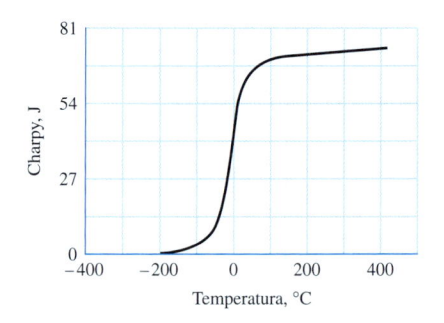

Figura 2–7 Uma curva média mostra o efeito da temperatura sobre os valores de impacto. O resultado de interesse é a temperatura da transição dúctil-frágil, muitas vezes definida como a temperatura na qual a curva média passa pelo nível 20 J. A temperatura crítica é dependente da geometria do entalhe, razão pela qual o entalhe em V de Charpy é rigorosamente definida.

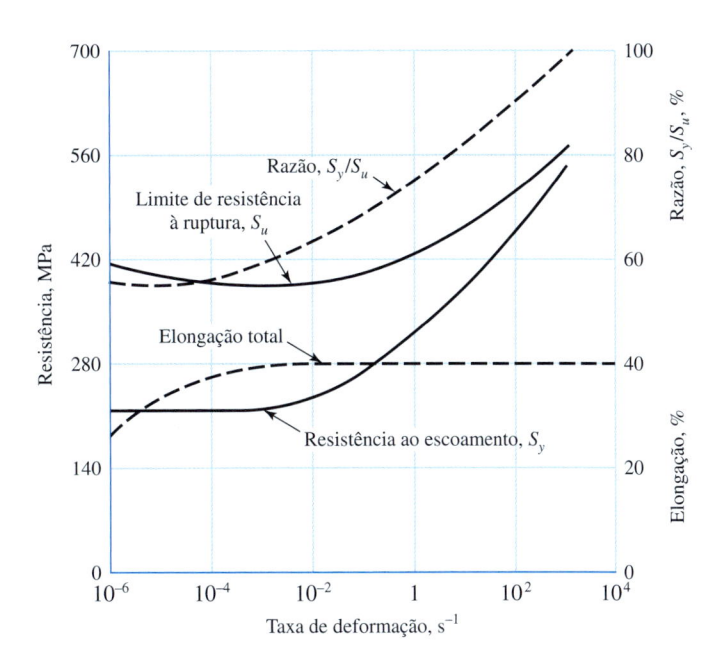

Figura 2–8 Influência da taxa de deformação sobre as propriedades de tração.

2–6 Efeitos da temperatura

Resistência e ductilidade ou fragilidade são propriedades afetadas pela temperatura do ambiente de operação.

O efeito da temperatura sobre as propriedades estáticas de aços é tipificado pelo diagrama resistência *versus* temperatura da Figura 2–9. Note que a resistência à tração varia muito pouco até que determinada temperatura seja atingida. Nesse ponto ela cai rapidamente. A resistência ao escoamento, porém, diminui continuamente à medida que a temperatura ambiente é aumentada. Há um aumento substancial na ductilidade, como seria de esperar em temperaturas mais elevadas.

Foram feitos vários testes com metais ferrosos sujeitos a cargas constantes por longos períodos de tempo em temperaturas elevadas. Durante esses testes constatou-se que os corpos de prova apresentam deformação permanente, mesmo em oportunidades em que as tensões reais eram menores que a resistência ao escoamento do material obtida de testes de curta duração realizados na mesma temperatura. Essa deformação contínua sob carga é denominada *fluência*.

Um dos ensaios mais úteis já concebidos é o de fluência de período longo sob carga constante. A Figura 2–10 ilustra uma curva típica desse tipo de teste. Essa curva é obtida a uma temperatura constante. Normalmente, são realizados vários testes simultâneos com intensidades de tensão diferentes. A curva mostra três regiões distintas. No primeiro estágio são incluídas tanto a deformação plástica quanto a elástica. Esse estágio mostra uma taxa de fluência decrescente, em razão de um *endurecimento por deformação*. O segundo estágio mostra uma taxa de fluência mínima constante causada pelo efeito de recozimento. No terceiro estágio o corpo de prova apresenta uma redução considerável em sua área, a tensão verdadeira aumenta e uma fluência mais elevada finalmente pode levar à fratura.

Quando as temperaturas de operação forem mais baixas que a temperatura de transição (Figura 2–7), surge a possibilidade de falha em alguma peça provocada por uma fratura frágil. Esse tema será discutido no Capítulo 5.

Obviamente, o tratamento térmico, como será mostrado, é empregado para produzir profundas mudanças nas propriedades mecânicas de um material.

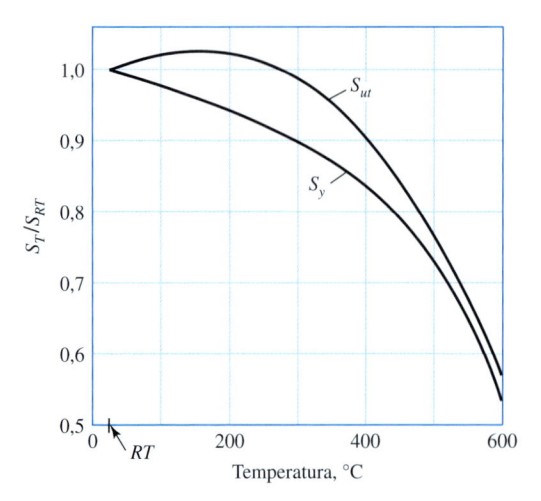

Figura 2–9 Um gráfico dos resultados de 145 testes de 21 aços-carbono e aços-liga mostrando o efeito da temperatura de operação sobre a resistência ao escoamento S_y e limite de resistência S_u. A ordenada é a razão entre a resistência à temperatura de operação e a resistência à temperatura ambiente. Os desvios padrão foram $0{,}0442 \leq \hat{\sigma}_{S_y} \leq 0{,}152$ para S_y e $0{,}099 \leq \hat{\sigma}_{S_{ut}} \leq 0{,}11$ para S_{ut}. *Fonte:* E. A. Brandes (ed.), *Smithells Metal Reference Book*, 6ª ed., Butterworth, Londres, 1983, p. 22–128 a 22–131.

O aquecimento em razão da soldagem elétrica ou a gás também provoca mudanças nas propriedades mecânicas. Tais mudanças podem se dar pela fixação durante o processo de soldagem, bem como pelo aquecimento; as tensões resultantes permanecem quando as peças se resfriam e os dispositivos de fixação são retirados. Podem ser usados testes de dureza para descobrir se a resistência foi alterada por soldagem ou não, porém tais testes não revelarão a presença de tensões residuais.

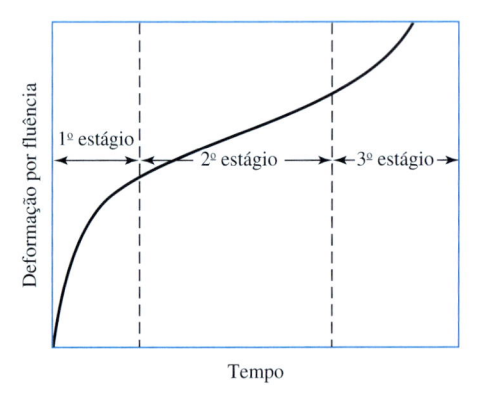

Figura 2–10 Curva fluência *versus* tempo.

2–7 Sistemas de numeração

A SAE (Society of Automotive Engineers) foi a primeira a reconhecer a necessidade e adotar um sistema para numerar os aços. Posteriormente, o AISI (American Iron and Steel Institute) adotou um sistema similar. Em 1975, a SAE publicou o UNS (Unified Numbering System for Metals and Alloys, sistema unificado para numeração de metais e ligas), o qual também possui números que remetem a outras especificações de materiais.[7] O UNS usa uma letra de prefixo para designar o material, como G para os aços-carbono e aços-liga, A para as ligas de alumínio,

---

[7] Muitos dos materiais discutidos ao longo deste capítulo são listados nas tabelas do Apêndice. Lembre-se de consultá-las.

C para as ligas à base de cobre e S para os aços inoxidáveis ou resistentes à corrosão. Para alguns materiais ainda não se chegou a um acordo dentro da indústria que garanta o estabelecimento de uma designação.

Para os aços, os dois primeiros números após a letra de prefixo indicam a composição, exceto o teor de carbono. As diversas composições usadas são as seguintes:

G10	Carbono simples	G46	Níquel-molibdênio
G11	Aço-carbono de usinagem fácil com mais enxofre ou fósforo	G48	Níquel-molibdênio
		G50	Cromo
G13	Manganês	G51	Cromo
G23	Níquel	G52	Cromo
G25	Níquel	G61	Cromo-vanádio
G31	Níquel-cromo	G86	Cromo-níquel-molibdênio
G33	Níquel-cromo	G87	Cromo-níquel-molibdênio
G40	Molibdênio	G92	Manganês-silício
G41	Cromo-molibdênio	G94	Níquel-cromo-molibdênio
G43	Níquel-cromo-molibdênio		

O segundo par de números refere-se ao teor aproximado de carbono. Portanto, G10400 é um aço-carbono simples com um teor de carbono nominal de 0,40% (0,37% a 0,44%). O quinto número após o prefixo é usado para situações especiais. Por exemplo, a antiga designação AISI 52100 representa uma liga de cromo com cerca de 100 pontos de carbono. A designação UNS é G52986.

As designações UNS para aços inoxidáveis, prefixo S, utilizam as designações AISI mais antigas para os três primeiros números após o prefixo. Os dois números seguintes são reservados para fins específicos. O primeiro número do grupo indica a composição aproximada. Portanto, 2 é um aço cromo-níquel-manganês, 3 um aço cromo-níquel e 4 um aço-liga de cromo. Algumas vezes os aços inoxidáveis são referidos pelo conteúdo de sua liga. Assim, S30200 é normalmente chamado de aço inoxidável 18-8, significando 18% de cromo e 8% de níquel.

O prefixo para o grupo do alumínio é a letra A. O primeiro número após o prefixo indica o tipo de processo. Por exemplo, A9 é um alumínio forjado, ao passo que A0 é uma liga para fundição. O segundo número designa o grupo da liga principal conforme está indicado na Tabela 2–1. O terceiro número no grupo é usado para modificar a liga original ou para designar os limites de impureza. Os dois últimos números referem-se às demais ligas usadas com o grupo principal.

Tabela 2–1 Designações de ligas de alumínio.

Alumínio com 99,00% ou mais de pureza	Ax1xxx
Ligas de cobre	Ax2xxx
Ligas de manganês	Ax3xxx
Ligas de silício	Ax4xxx
Ligas de magnésio	Ax5xxx
Ligas de magnésio-silício	Ax6xxx
Ligas de zinco	Ax7xxx

O sistema de numeração da ASTM (American Society for Testing and Materials) para ferro fundido é amplamente utilizado. Esse sistema se baseia na resistência à tração. Portanto, a ASTM A18 trata de classes; por exemplo, o ferro fundido 30 possui uma resistência à tração mínima de 207 MPa. Observe, porém, no Apêndice A-24, que a resistência à tração *típica* é 214 MPa. Deve-se tomar o cuidado de especificar qual dos dois valores está sendo usado em projeto e resolução de problemas pela importância do fator de segurança.

2-8 Fundição em areia

A fundição em areia é um processo básico de baixo custo que se presta à produção econômica em grandes quantidades com praticamente nenhum limite de tamanho, forma ou complexidade da peça produzida.

A fundição em areia é obtida vazando metal fundido em moldes de areia. Usa-se um padrão, feito de metal ou madeira, para formar a cavidade na qual o metal fundido é vazado. São produzidas reentrâncias ou cavidades no fundido pela introdução de machos de areia no molde. O projetista deve fazer um esforço para visualizar o padrão e a peça fundida no molde. Dessa maneira, problemas de colocação do macho, remoção do ângulo (inclinação) de extração e solidificação podem ser estudados. Peças a serem usadas como barretas de teste de ferro fundido são fundidas separadamente e as propriedades podem variar.

As peças fundidas de aço são as mais difíceis de ser produzidas, pois o aço possui a temperatura de fusão mais elevada de todos aqueles materiais normalmente usados para fundição. Essa alta temperatura agrava todos os problemas inerentes ao processo de fundição.

As regras a seguir se mostram bastante úteis no projeto de qualquer fundição em areia:

1. Todas as seções devem ser projetadas com uma espessura uniforme.
2. A fundição deve ser projetada de modo que produza uma mudança gradual de seção a seção em que isso for necessário.
3. Seções adjacentes devem ser projetadas com adoçamentos ou raios generosos.
4. Uma peça complicada deve ser projetada em duas ou mais peças fundidas simples para ser montadas com o uso de fechos ou por soldagem.

Aço, ferro cinzento, latão, bronze e alumínio são os materiais mais usados em peças fundidas. A espessura mínima de parede para qualquer um desses materiais é cerca de 5 mm, embora com cuidados especiais possam ser obtidas seções mais finas com certos materiais.

2-9 Moldagem em casca

O processo de moldagem em casca emprega um modelo de metal aquecido, normalmente feito de ferro fundido, alumínio ou latão, que é colocado em uma máquina de moldar cascas contendo uma mistura de areia seca e resina de cura a quente (termorrígida). O padrão quente funde o plástico que, juntamente com a areia, forma uma casca com cerca de 5 mm a 10 mm de espessura em volta do modelo. A casca é então cozida de 205°C a 370°C por um curto período enquanto ainda se encontra dentro do modelo de fundição. Depois ela é extraída do modelo e armazenada para emprego em fundição.

Na etapa seguinte as cascas são montadas por fechamento (com grampos), travamento com parafusos ou colagem; são colocadas em um material de suporte, como granalha de aço, e o metal fundido é vazado na cavidade. A fina casca permite que o calor seja conduzido para fora de modo que a solidificação ocorra rapidamente. À medida que acontece a solidificação, a união plástica é queimada e o molde desmorona. A permeabilidade do material de suporte possibilita que os gases escapem e que a peça fundida resfrie ao ar. Tudo isso ajuda na obtenção de uma peça fundida de granulação fina e livre de tensões.

As peças fundidas pelo processo de moldagem em casca caracterizam-se por uma superfície lisa, um ângulo de saída bem pequeno e tolerâncias apertadas. Em geral, as regras que regem a fundição em areia também se aplicam à fundição em moldes de areia.

2–10 Fundição de revestimento

A fundição de revestimento usa um padrão que pode ser feito de cera, plástico ou outro material. Depois de o molde ser construído, o padrão é derretido. Portanto, é necessário um método mecanizado para fundir uma grande quantidade de padrões de fundição. O material do molde depende do ponto de fusão do metal fundido. Assim, pode-se usar argamassa para alguns materiais, ao passo que outros requerem um molde cerâmico. Depois que o padrão é derretido, o molde é cozido ou queimado; quando a queima estiver completa, o metal fundido pode ser vazado no molde quente e depois deixado para resfriar.

Se for preciso produzir várias peças fundidas, moldes de metal ou permanentes podem ser convenientes. Tais moldes apresentam a vantagem de as superfícies serem lisas, brilhantes e precisas, de modo que será necessária pouca usinagem, caso isso seja realmente preciso. A *fundição em molde metálico* é também conhecida como *fundição em matriz* e *fundição centrífuga*.

2–11 O processo de metalurgia do pó

O processo de metalurgia do pó implica a produção em larga escala que utiliza pós de um único metal, de vários metais ou uma mistura de metais e não metais. Ele consiste, basicamente, em misturar mecanicamente os pós, compactá-los em matrizes sob alta pressão, e aquecer a peça compactada a uma temperatura inferior ao ponto de fusão do ingrediente principal. As partículas são unidas em uma única peça reforçada similar à que seria obtida fundindo-se os mesmos ingredientes juntos. As vantagens desse processo são: (1) eliminação de sucata ou refugo, (2) eliminação de operações de usinagem, (3) baixo custo unitário quando produzido em massa e (4) controle exato da composição. Algumas das desvantagens são: (1) alto custo das matrizes, (2) propriedades físicas inferiores, (3) alto custo dos materiais, (4) limitações de projeto e (5) gama limitada de materiais que podem ser usados. Peças comumente produzidas com esse processo são mancais impregnados de óleo, filamentos de lâmpadas incandescentes, ponta de carboneto cementado para ferramentas e ímãs permanentes. Alguns produtos só podem ser feitos pelo processo de metalurgia do pó, como os implantes cirúrgicos. A estrutura é diferente daquela que seria obtida pela fusão dos mesmos ingredientes.

2–12 Processos de trabalho a quente

Por *trabalho a quente* entendem-se processos como laminação, forjamento, extrusão a quente e prensagem a quente, em que o metal é aquecido acima de sua temperatura de recristalização.

A laminação a quente normalmente é usada para criar uma barra de material numa forma e dimensão particulares. A Figura 2–11 mostra algumas das várias formas que são comumente produzidas pelo processo de laminação a quente. Todas elas podem ser encontradas em vários tamanhos e em materiais diversos. Os materiais mais encontrados nos tamanhos para barras laminadas a quente são aço, alumínio, magnésio e ligas de cobre.

Tubos podem ser fabricados por laminação a quente de tiras ou chapas. As bordas das tiras são laminadas juntas, criando costuras que são soldadas topo a topo ou então soldadas com sobreposição. Tubos sem costura são fabricados laminando-se (perfurando) uma barra maciça aquecida com um mandril puncionador.

Extrusão é o processo pelo qual se aplica uma grande pressão sobre uma barra grossa ou peça de metal em bruto aquecidas, forçando seu escoamento por um orifício estreito. Esse processo é mais comum com materiais com baixo ponto de fusão, como alumínio, cobre, magnésio, chumbo, estanho e zinco. Extrusões de aços inoxidáveis são viáveis, porém de uso limitado.

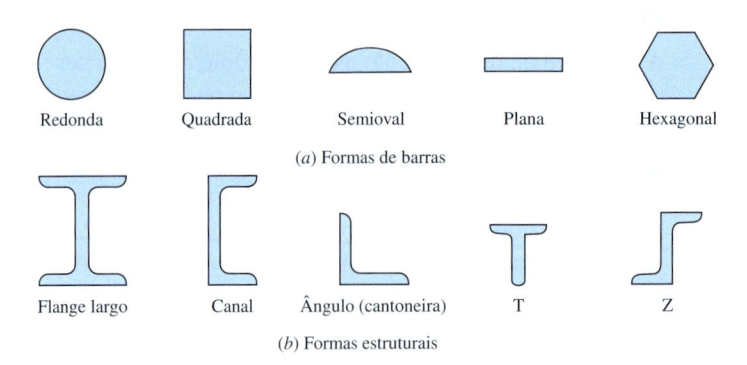

Figura 2–11 Formas comuns que podem ser obtidas por meio da laminação a quente.

(a) Formas de barras: Redonda, Quadrada, Semioval, Plana, Hexagonal

(b) Formas estruturais: Flange largo, Canal, Ângulo (cantoneira), T, Z

Forjamento é o trabalho a quente de metal com o emprego de martelos, prensas ou máquinas de forjar. Em comum com outros processos de trabalho a quente, o forjamento produz uma estrutura granular refinada resultando no aumento da resistência e ductilidade. Comparado com os fundidos, os forjados possuem maior resistência quando considerado o mesmo peso. Além disso, no forjamento de queda livre podem-se obter peças mais lisas e precisas quando comparadas com as peças fundidas em areia e, consequentemente, com menos usinagem. Entretanto, o custo inicial das matrizes de forjar normalmente é maior que o custo dos modelos para fundição, embora a resistência unitária maior, e não o custo, seja, geralmente, o fator decisivo entre os dois processos.

2–13 Processos de trabalho a frio

Por *trabalho a frio* entende-se a conformação do metal enquanto ele ainda se encontra a uma baixa temperatura (de modo geral, ambiente). Em contraste com peças produzidas pelo processo de trabalho a quente, as peças trabalhadas a frio apresentam um acabamento bem brilhante, são mais precisas e requerem menos usinagem.

Barras e eixos acabados a frio são produzidos pelos processos de laminação, estiramento, torneamento (repuxamento), retífica e polimento. Desses métodos, a maior parte dos produtos emprega os processos de laminação e estiramento a frio para sua fabricação. A laminação a frio é usada hoje especialmente para a produção de chapas e barras chatas. Praticamente todas as barras acabadas a frio são produzidas pelo processo de estiramento a frio, mas, mesmo assim, algumas vezes são erroneamente chamadas de "barras laminadas a frio". No processo de estiramento, as barras laminadas a quente primeiro têm as cascas de óxido removidas para depois serem repuxadas em uma matriz que reduz o tamanho de cerca de 0,03 mm para 0,06 mm. Esse processo não remove material da barra, porém reduz, ou "puxa para baixo", seu tamanho. Podem ser usados vários formatos diferentes de barras laminadas a quente para estiramento a frio.

A laminação e o estiramento a frio têm o mesmo efeito sobre as propriedades mecânicas. O processo de trabalho a frio não altera o tamanho dos grãos, mas simplesmente o distorce. O trabalho a frio resulta em um grande aumento na resistência ao escoamento, um aumento no limite de resistência e dureza e uma diminuição da ductilidade. Na Figura 2–12 as propriedades de uma barra laminada a frio são comparadas com as de uma barra laminada a quente, ambas feitas do mesmo material.

Formação de cabeças por recalque axial é um processo de trabalho a frio em que o metal é aglomerado ou recalcado. Essa operação é comumente usada para fabricar cabeças de parafuso e rebites e é capaz de produzir uma ampla gama de formas. Rosqueamento por rolos é o processo de laminar roscas por compressão e rolagem de uma peça de metal em bruto entre duas matrizes serrilhadas. Rotação é a operação de conformação de chapas metálicas ao redor de uma forma rotativa, para gerar uma forma circular. Estampagem é o termo usado para descrever operações de prensa de punção como corte de peças de metal em folha, cunhagem, conformação e estiramento raso.

2-14 Tratamento térmico do aço

Tratamento térmico do aço refere-se a processos controlados por tempo e temperatura que aliviam tensões residuais e/ou modificam propriedades dos materiais como dureza (resistência), ductilidade e tenacidade. Outras operações mecânicas ou químicas algumas vezes são agrupadas sob o rótulo de tratamento térmico. As operações mais comuns de tratamento térmico são: recozimento, têmpera, revenido e cementação em caixa.

Recozimento

Quando um material é trabalhado a quente ou a frio, formam-se tensões residuais e, além disso, ele normalmente passa a ter uma dureza maior como resultado dessas operações. Essas operações alteram a estrutura do material de modo que ele não é mais representado pelo diagrama de equilíbrio. Recozimento total e normalização são operações de aquecimento que possibilitam ao material se transformar de acordo com o diagrama de equilíbrio. O material a ser recozido é aquecido a uma temperatura de aproximadamente 38 °C acima de sua temperatura crítica. Ele é mantido a essa temperatura por um tempo suficiente para que o carbono se dissolva e se difunda pelo material. O objeto que está passando pelo tratamento térmico é deixado para resfriar lentamente, de modo geral no forno onde foi tratado. Se a transformação for completa, então se diz que houve um recozimento total. O recozimento é usado para amolecer um material e torná-lo mais dúctil, para aliviar tensões residuais e refinar sua estrutura granular.

O termo *recozimento* inclui o processo denominado *normalização*. Peças a serem normalizadas podem ser aquecidas a uma temperatura ligeiramente maior que aquela usada no recozimento total. Isso produz uma estrutura granular mais grossa, que é mais facilmente usinada se o material for um aço de baixo teor de carbono. No processo de normalização a peça é resfriada em ar parado à temperatura ambiente. Como esse resfriamento é mais rápido que o resfriamento lento usado no recozimento total, há menos tempo disponível para atingir o equilíbrio e o material fica mais duro que o aço que passou por um recozimento total. A normalização frequentemente é usada como uma operação de tratamento final para o aço. O resfriamento em ar parado equivale a uma têmpera lenta.

Têmpera

O aço eutectoide, que é totalmente recozido, consiste inteiramente em perlita, obtida da austenita em condições de equilíbrio. Um aço hipoeutectoide totalmente recozido consistiria em perlita mais ferrita, ao passo que um aço hipereutectoide na condição de totalmente recozido seria formado por perlita mais cementita. A dureza de um aço de um dado teor de carbono depende da estrutura que substitui a perlita quando o recozimento total não é realizado.

A falta de recozimento total indica uma velocidade de resfriamento mais rápida. A velocidade de resfriamento é o fator que determina a dureza. Uma velocidade de resfriamento controlada é denominada têmpera. Uma têmpera branda é obtida por resfriamento em ar parado que, como visto anteriormente, é obtido pelo processo de normalização. Os dois meios mais amplamente usados para têmpera são a água e o óleo. A têmpera em óleo é bastante lenta, porém evita trincas de têmpera causadas pela rápida expansão do objeto que está sendo tratado termicamente. A têmpera em água é usada para aços-carbono e, com médio teor de carbono aços de baixa liga.

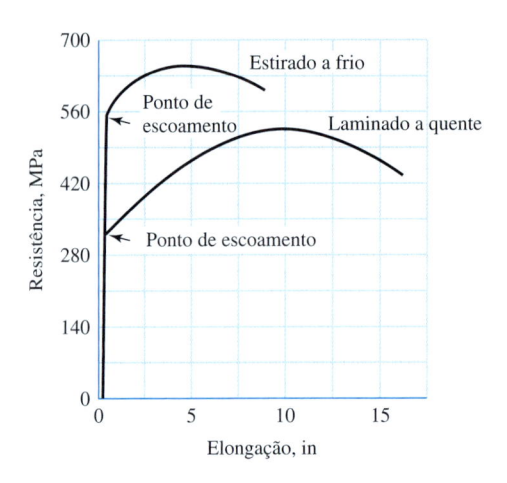

Figura 2–12 Diagrama tensão-deformação para aço UNS G10350 laminado a quente e estirado a frio.

A eficácia da têmpera depende do fato de que a austenita, quando resfriada, não se transforma instantaneamente em perlita, mas requer tempo para iniciar e completar o processo. Como a transformação cessa por volta de 425°C, ela pode ser evitada esfriando-se rapidamente o material para uma temperatura mais baixa. Quando o material é resfriado rapidamente para 205°C ou menos, a austenita é transformada em uma estrutura chamada *martensita*. A martensita é uma solução sólida supersaturada de carbono em ferrita e a forma mais dura e resistente de aço.

Se o aço for esfriado rapidamente a uma temperatura entre 205°C e 425°C e mantido nessa faixa por um período de tempo suficiente, a austenita é transformada em um material que geralmente é denominado *bainita*. Trata-se de uma estrutura intermediária entre a perlita e a martensita. Embora existam várias estruturas que possam ser identificadas entre as temperaturas dadas, dependendo da temperatura usada, elas são coletivamente conhecidas como bainita. Pela escolha dessa temperatura de transformação pode-se obter praticamente qualquer variação de estrutura. Essas variam desde perlita áspera até martensita fina.

Revenimento

Quando um corpo de prova de aço é completamente endurecido, ele se torna muito duro e frágil e apresenta elevadas tensões residuais. O aço é instável e tende a se contrair com o envelhecimento. Essa tendência aumenta quando o corpo de prova está sujeito a cargas aplicadas externamente, pois as tensões resultantes contribuem ainda mais para a instabilidade. Essas tensões internas podem ser aliviadas mediante um processo de aquecimento modesto chamado *alívio de tensões,* ou uma combinação de amolecimento e alívio de tensões chamado *revenido* ou *revenimento*. Após o corpo de prova ter sido completamente endurecido por meio da têmpera abaixo da temperatura crítica, ele é reaquecido a uma temperatura abaixo da crítica por um certo período de tempo e então deixado para resfriar em ar parado. A temperatura em que ele é reaquecido depende da composição e do grau de dureza ou tenacidade desejado.[8] Essa operação de reaquecimento libera o carbono contido na martensita, formando cristais de carboneto. A estrutura obtida é chamada de *martensita revenida*. Agora ela é basicamente uma dispersão de carboneto(s) de ferro extrafino(s) na ferrita de grãos finos.

O efeito das operações de tratamento térmico sobre as diversas propriedades mecânicas de um aço de baixa liga é mostrado graficamente na Figura 2–13.

---

[8] Para aspectos quantitativos do revenido em aços-carbono simples e de baixa liga, consulte C. R. Mischke. The Strength of Cold-Worked and Heat-Treated Steels, Capítulo 33 em J. E Shigley; C. R. Mischke e T. H. Brown, Jr. (eds.). *Standard Handbook of Machine Design*; 3ª ed. Nova York: McGraw-Hill, 2004.

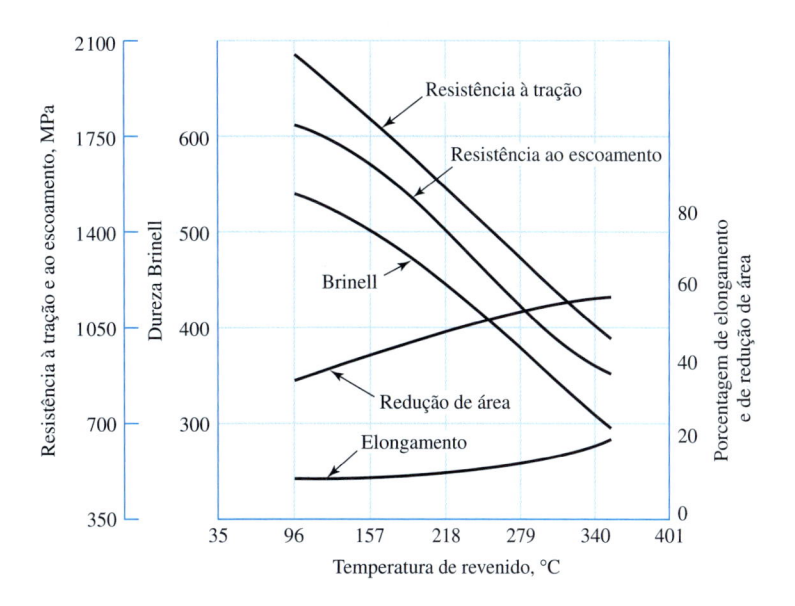

Condição	Resistência à tração, MPa	Resistência ao escoamento, MPa	Redução da área, %	Elongamento em 50 mm, %	Dureza Brinell, Bhn
Normalizado	1400	1029	20	10	410
Como laminado	1330	1008	18	9	380
Recozido	840	693	43	18	228

Figura 2–13 O efeito do histórico termomecânico sobre as propriedades mecânicas do aço AISI 4340. (*Preparado pela International Nickel Company.*)

Endurecimento de camada[9]

O propósito do endurecimento de camada, cemetenção, é produzir uma superfície externa dura em um corpo de prova de aço com baixo teor de carbono, conservando, ao mesmo tempo, a ductilidade e a tenacidade do núcleo. Isso é feito aumentando-se o teor de carbono na superfície. Podem ser usados materiais carbonantes sólidos, líquidos ou gasosos. O processo consiste na introdução da peça a ser carbonatada no material carbonante por um tempo determinado e a uma determinada temperatura, dependendo da profundidade da camada superficial desejada e da composição da peça. Essa pode ser temperada diretamente por meio da temperatura de carbonatação e revenida ou, em alguns casos, ela teria de passar por um tratamento térmico duplo para assegurar que tanto o núcleo quanto a camada superficial se encontram em condições apropriadas. Entre os processos de endurecimento superficial mais úteis temos: cementação em caixa, cementação a gás, nitretação, cianetação, endurecimento por indução e endurecimento por chama. Nos dois últimos casos, o carbono não é acrescentado ao aço em questão, geralmente um aço com médio teor de carbono, como, por exemplo, o SAE/AISI 1144.

---

[9] N. de T.: Em geral, o tratamento termoquímico – em meio sólido, líquido ou gasoso – de aumento do teor de um elemento na superfície de um metal, visando ao endurecimento da camada superficial, é conhecido como *cementação*. Tradicionalmente, o carvão puro socado, chamado cemento, é posto no fundo de uma caixa metálica. Sobre essa camada são colocadas as peças a serem cementadas. A seguir as peças são cobertas com o cemento. Por fim, a caixa tampada é posta no forno, no qual a difusão dos elementos cementantes para a superfície das peças metálicas ocorre pelo efeito do calor.

Estimativa quantitativa das propriedades de aços tratados termicamente

Os cursos de metalurgia (ou ciência dos materiais) para engenheiros mecânicos normalmente apresentam o método da adição de Crafts e Lamont para previsão das propriedades de tratamento térmico com base no ensaio de Jominy para aços-carbono simples.[10] Caso ainda não tenha tido contato com esse método, consulte o *Standard Handbook of Machine Design,* no qual o método da adição é visto por meio de exemplos.[11] Se este for um livro-texto para um curso de elementos de máquinas, seria um bom trabalho de classe para ser realizado em grupo (várias mãos tornam o trabalho mais leve) o estudo do método e a preparação de um relatório para a classe.

Para aços de baixa liga, o método da multiplicação de Grossman[12] e Field[13] é explicado em *Standard Handbook of Machine Design* (Seções 29.6 e 33.6).

Modern Steels and Their Properties Handbook explica como prever a curva de Jominy pelo método de Grossman e Field por meio de uma análise de cadinho e tamanho de grão.[14] A Bethlehem Steel desenvolveu uma régua de cálculo plástica circular conveniente para esse fim.

2-15 Aços-liga

Embora um aço-carbono simples seja uma liga de ferro e carbono com pequenas quantidades de manganês, silício, enxofre e fósforo, o termo *aço-liga* aplica-se quando um ou mais elementos além do carbono são introduzidos em quantidades suficientes para modificar substancialmente suas propriedades. Os aços-liga não possuem apenas propriedades físicas mais desejáveis, mas também dão maior latitude no processo de tratamento térmico.

Cromo

A adição de cromo resulta na formação de vários carbonetos de cromo que são muito duros, embora o aço resultante seja mais dúctil que um aço da mesma dureza produzido por um simples aumento no teor de carbono. O cromo também refina a estrutura granular de modo que a combinação desses dois efeitos resulta tanto no aumento da tenacidade como no da dureza. A adição de cromo aumenta o intervalo crítico das temperaturas e desloca o ponto eutectoide para a esquerda. Portanto, o cromo é um elemento muito importante para ligas.

Níquel

A adição de níquel ao aço também faz com que o ponto eutectoide se desloque para a esquerda, bem como aumenta o intervalo crítico de temperaturas. O níquel é solúvel em ferrita e não forma carbonetos ou óxidos. Isso aumenta a resistência sem diminuir a ductilidade. A cementação de aços-níquel resulta em um núcleo melhor do que aquele obtido com aços-carbono simples. O cromo é frequentemente usado em combinação com o níquel para obter a tenacidade e a ductilidade oferecidas pelo níquel e a resistência ao desgaste e dureza provenientes do cromo.

Manganês

O manganês é adicionado a todos os aços como agente desoxidante e de dessulfuração, porém, se o teor de enxofre for baixo e o de manganês for superior a 1%, o aço é classificado como

---

[10] W. Crafts; J. L. Lamont. *Hardenability and Steel Selection*, Londres: Pitman and Sons, 1949.

[11] C. R. Mischke. Capítulo 33 em J. E. Shigley; C. R. Mischke; T. H. Brown, Jr. (eds.). *Standard Handbook of Machine Design*; 3ª ed. Nova York: McGraw-Hill, 2004, p. 33.9.

[12] M. A. Grossman, *AIME*, fev. 1942.

[13] J. Field. *Metals Progress,* mar. 1943.

[14] *Modern Steels and Their Properties,* 7ª ed., Handbook 2757, Bethlehem Steel, 1972, p. 46–50.

uma liga de manganês. O manganês se dissolve na ferrita e também forma carbonetos. Ele faz que o ponto eutectoide se desloque para a esquerda e abaixa o intervalo crítico de temperaturas. Ele aumenta o tempo necessário para transformação viabilizando a têmpera em óleo.

Silício

O silício é adicionado a todos os aços como um agente desoxidante. Em aços com teor de carbono muito baixo, ele produz um material frágil de baixa perda por histerese e elevada permeabilidade magnética. O principal emprego do silício, juntamente com outros elementos de liga como manganês, cromo e vanádio, é para estabilizar os carbonetos.

Molibdênio

Embora o molibdênio seja usado sozinho em alguns aços, seu grande emprego se dá combinado com outros elementos de liga como níquel, cromo ou ambos. O molibdênio forma carbonetos e também se dissolve, até certo ponto, em ferrita, de modo que ele acrescenta dureza e tenacidade. Este elemento aumenta o intervalo crítico de temperaturas e diminui substancialmente o ponto de transformação. Em razão dessa diminuição do ponto de transformação, o molibdênio é mais eficaz na produção das propriedades de endurecimento em óleo e ao ar. Exceto pelo carbono, ele possui o maior efeito de endurecimento e, pelo fato de ele também contribuir para um tamanho de grão mais fino, isso resulta na manutenção de um alto grau de tenacidade.

Vanádio

O vanádio possui uma tendência muito forte para formar carbonetos; assim, ele é usado apenas em pequenas proporções. Trata-se de um agente altamente desoxidante e promotor de um tamanho de grão fino. Como alguma quantidade de vanádio é dissolvida na ferrita, ele também torna o aço tenaz. O vanádio confere ao aço um amplo intervalo de endurecimento e a liga pode ser endurecida a uma temperatura mais elevada. É muito difícil amolecer o aço-vanádio por revenido; portanto, ele é largamente usado em aços para ferramentas.

Tungstênio

O tungstênio é bastante utilizado em aços para ferramentas, pois elas manterão sua dureza mesmo se aquecidas ao rubro. O tungstênio produz uma estrutura densa e fina e confere tenacidade e dureza. Seu efeito é similar ao do molibdênio, exceto pelo fato de ter de ser adicionado em quantidades maiores.

2–16 Aços resistentes à corrosão

Ligas à base de ferro contendo pelo menos 12% de cromo são denominadas *aços inoxidáveis (stainless steels)*.[15] A característica mais importante desses aços é sua resistência a várias, porém nem todas, condições de corrosão. Os quatro tipos disponíveis são: aços-cromo ferríticos, aços cromo-níquel austeníticos, aços inoxidáveis martensíticos e aços inoxidáveis endurecíveis por precipitação.

Os aços-cromo ferríticos possuem um teor de cromo que varia de 12% a 27%. Sua resistência à corrosão ocorre em função do teor de cromo, de modo que ligas contendo menos de 12% ainda apresentam certa resistência à corrosão, embora possam enferrujar. A capacidade de endurecimento por têmpera desses aços dá-se de acordo com o teor de carbono e o teor de cromo. Os aços com teor de carbono muito elevado apresentam uma boa capacidade de endurecimento por têmpera até o nível de 18% de cromo, ao passo que nas faixas de carbono mais

---

[15] N. de T.: Ao pé da letra, *stainless*, identifica o fato de o aço não apresentar manchas.

baixas essa capacidade cessa em cerca de 13%. Se for acrescentado um pouco de níquel, esses aços mantêm certo grau de endurecibilidade com até 20% de cromo. Se o teor de cromo ultrapassar os 18%, torna-se difícil sua soldagem e, com níveis de cromo extremamente elevados, a dureza torna-se tão grande que se deve dar especial atenção às condições de trabalho. Como o cromo é caro, o projetista optará pelo menor teor de cromo consistente com as condições de corrosão.

Os aços inoxidáveis cromo-níquel preservam a estrutura austenítica à temperatura ambiente e, portanto, não são suscetíveis de tratamento térmico. A resistência desses aços pode ser aumentada muito por meio de trabalho a frio. Eles não são magnéticos a menos que sejam trabalhados a frio. Suas propriedades de endurecimento por trabalho a frio também os tornam difíceis de ser usinados. Todos os aços cromo-níquel podem ser soldados. Eles possuem propriedades de resistência à corrosão superiores às dos aços-cromo comuns. Quando se adiciona mais cromo para obter uma maior resistência à corrosão, também é necessário adicionar mais níquel caso se queira manter suas propriedades austeníticas.

2–17 Materiais para fundição

Ferro fundido cinzento

De todos os materiais para fundição, o ferro fundido cinzento é o mais largamente usado. Isso se deve ao baixíssimo custo, à facilidade de fundi-lo em grandes quantidades, bem como à facilidade de usiná-lo. As principais objeções ao emprego do ferro fundido cinzento são a fragilidade e a debilidade sob esforços de tração. Além de um elevado teor de carbono (superior a 1,7% e, normalmente, maior que 2%), o ferro fundido também possui um elevado teor de silício, com baixas porcentagens de enxofre, manganês e fósforo. A liga resultante é composta de perlita, ferrita e grafita e, em certas condições, a perlita pode-se decompor em grafita e ferrita. O produto resultante é composto então de ferrita e grafita. A grafita, na forma de delgados flocos uniformemente distribuídos por toda a estrutura, escurece; daí o nome *ferro fundido cinzento*.

O ferro fundido cinzento não é facilmente soldado pois pode vir a trincar, porém essa tendência pode ser minimizada se a peça for preaquecida com cuidado. Embora as peças fundidas sejam geralmente usadas na sua forma bruta após a fundição, um recozimento moderado reduz as tensões internas de resfriamento e aumenta sua capacidade de ser usinada. A resistência à tração do ferro fundido cinzento varia de 100 MPa a 400 MPa e as resistências à compressão são três a quatro vezes as resistências à tração. O módulo de elasticidade varia muito, com valores que vão desde 75 GPa a 150 GPa.

Ferro fundido nodular e dúctil

Em razão do longo processo de tratamento térmico necessário para produzir ferro fundido maleável, os engenheiros aguardam há muito tempo um ferro fundido que combine as propriedades dúcteis do ferro maleável com a facilidade de fundição e usinagem do ferro fundido cinzento e que, ao mesmo tempo, tenha tais propriedades logo após a fundição. Um processo para produzir um material com essas características usando material contendo magnésio parece atender a tais exigências.

O *ferro fundido dúctil,* ou *ferro fundido nodular,* como às vezes é chamado, é basicamente o mesmo que o ferro fundido maleável, pois ambos contêm grafita na forma de esferoides. Entretanto, o ferro fundido dúctil na condição de pós-fundição apresenta propriedades muito próximas àquelas do ferro maleável, e caso lhe seja aplicado um simples recozimento de uma hora seguido por um resfriamento lento, ele apresentará uma ductilidade superior à do produto maleável. O ferro dúctil é formado adicionando-se MgFeSi ao fundido; como o magnésio ferve nessa temperatura, é preciso ligá-lo com outros elementos antes de ele ser introduzido.

O ferro dúctil possui um módulo de elasticidade elevado (172 GPa) quando comparado com o ferro fundido cinzento, e é elástico no sentido de que uma parte da curva tensão-deformação é uma linha reta. Por sua vez, o ferro fundido cinzento não obedece à lei de Hooke, pois o módulo de elasticidade diminui de maneira estável com o aumento da tensão. Entretanto, assim como o ferro fundido cinzento, o ferro nodular tem uma resistência à compressão maior que a resistência à tração, embora a diferença não seja grande. Em 40 anos ele passou a ser largamente usado.

Ferro fundido branco

Se todo o carbono no ferro fundido estiver na forma de cementita e perlita, sem nenhuma grafita presente, a estrutura resultante é branca e é conhecida como *ferro fundido branco*. Esse pode ser produzido de duas maneiras. A composição pode ser ajustada mantendo-se baixo o teor de carbono e silício, ou a composição de ferro fundido cinzento pode ser fundida em coquilha para promover um rápido resfriamento. Por ambos os métodos é feita uma peça fundida com grandes quantidades de cementita e, como consequência, o produto é muito frágil e difícil de ser usinado, embora também seja muito resistente ao desgaste. Na produção de peças fundidas de ferro cinzento geralmente se usa uma coquilha para criar uma superfície muito dura no interior de uma determinada área do fundido, preservando, ao mesmo tempo, a estrutura granular mais desejável dentro da parte remanescente. Isso produz uma peça fundida relativamente tenaz com uma área resistente ao desgaste.

Ferro fundido maleável

Se o ferro fundido branco, em um certo intervalo de composição, for recozido, forma-se um produto denominado *ferro fundido maleável*. O processo de recozimento libera carbono, de modo que ele está presente na forma de grafita, como acontece com o ferro fundido cinzento, porém, em uma forma diversa. No ferro fundido cinzento a grafita está presente na forma de flocos delgados, enquanto no ferro fundido maleável ela possui uma forma nodular e é conhecida como *grafita de revenido*. Um ferro fundido maleável de boa qualidade deve apresentar uma resistência à tração acima de 350 MPa, com uma elongação de até 18%. Contudo, o elongamento porcentual de um ferro fundido cinzento raramente é superior a 1%. Em razão do tempo necessário para recozimento (até seis dias para peças fundidas grandes e pesadas), o ferro maleável é, necessariamente, um pouco mais caro que o ferro fundido cinzento.

Ferros-liga fundidos

Níquel, cromo e molibdênio são os elementos de liga mais comumente usados em ferro fundido. O níquel é um elemento de liga de propósito genérico, normalmente acrescentado em quantidades de até 5%. O níquel aumenta a resistência e a densidade melhora as propriedades contra o desgaste e aumenta a usinagem. Se o teor de níquel for elevado de 10% para 18%, obtém-se uma estrutura austenítica com propriedades muito valiosas de resistência à corrosão e ao calor. O cromo aumenta a dureza e a resistência ao desgaste e, quando usado com uma coquilha, aumenta a tendência de formação de ferro branco. Quando são adicionados tanto cromo como níquel, a dureza e a resistência são aumentadas sem uma redução no fator de usinabilidade. O molibdênio acrescentado em quantidades de até 1,25% aumenta a rigidez, a dureza, a resistência à tração e ao impacto. Trata-se de um elemento de liga amplamente usado.

Ligas para fundição

A vantagem do processo de fundição é que peças de formas complexas podem ser fabricadas com custos inferiores a outros meios, como a soldagem. Portanto, a escolha de fundidos de aço é lógica quando a peça é complexa e deve também ter alta resistência. As temperaturas de fusão mais altas para os aços realmente agravam os problemas de fundição e exigem atenção redobrada a detalhes como projeto de machos, espessura das seções, adoçamentos e o andamento do resfriamento. Os mesmos elementos de liga usados para os aços forjados podem ser empregados nas ligas para fundição para aumentar a resistência e outras propriedades mecânicas. Peças de aço fundido também podem ser tratadas termicamente para alterar as propriedades mecânicas e, diferentemente dos ferros fundidos, elas podem ser soldadas.

2-18 Metais não ferrosos

Alumínio

As características do alumínio e suas ligas que mais se destacam são a relação resistência-peso, resistência à corrosão e elevada condutividade térmica e elétrica. A densidade do alumínio é cerca de 2770 kg/m^3, comparada aos 7750 kg/m^3 do aço. O alumínio puro possui uma resistência à tração aproximada de 90 MPa, mas pode ser elevada consideravelmente por trabalho a frio e também por meio de ligas com outros materiais. O módulo de elasticidade do alumínio, bem como de suas ligas, é de 71,7 GPa, significando que ele possui cerca de um terço da rigidez do aço.

Considerando o custo e a resistência do alumínio e suas ligas, eles se encontram entre os materiais mais versáteis do ponto de vista de fabricação. O alumínio pode ser processado por fundição em areia, fundição em matriz, trabalho a frio ou a quente ou extrusão. Suas ligas podem ser usinadas, trabalhadas por prensa ou soldadas (soldagem de estanho, brasagem ou caldeamento). O alumínio puro funde a 660°C, o que o torna muito interessante para a produção de peças fundidas em moldes de areia e em moldes permanentes. Ele pode ser encontrado no mercado na forma de chapas, barras, lâminas, folhas, bastões e tubos, bem como em formas extrudadas e estruturais. Devem-se tomar certas precauções em junções de alumínio por meio de soldagem de estanho, brasagem ou soldagem; esses métodos de junção não são recomendados para todas as ligas.

A resistência à corrosão das ligas de alumínio depende da formação de uma fina camada de óxido. Essa película forma-se espontaneamente, pois o alumínio é, por natureza, muito reativo. A erosão ou abrasão constante remove essa película e possibilita a ocorrência de corrosão. Pode ser produzida uma película de óxido muito espessa pelo processo chamado *anodização*. Nesse processo o corpo de prova se torna um anodo em uma eletrólise que pode ser ácido crômico, ácido oxálico ou ácido sulfúrico, e é possível controlar a cor da película resultante de modo muito preciso.

Os elementos de liga mais úteis para o alumínio são cobre, silício, manganês, magnésio e zinco. As ligas de alumínio são classificadas como *ligas para fundição* ou *ligas de forjamento*. As ligas para fundição possuem maiores porcentagens de elementos de liga para facilitar a fundição, porém isso dificulta o trabalho a frio. Várias das ligas para fundição, e algumas ligas forjadas, não podem ser endurecidas por tratamento térmico. As ligas que podem ser tratadas termicamente usam um elemento de liga que se dissolve no alumínio. O tratamento térmico consiste no aquecimento do corpo de prova a uma temperatura que permita ele se dissolver na solução, depois temperar tão rapidamente para que não se precipite. O processo de envelhecimento pode ser acelerado por leve aquecimento, o que resulta em dureza e resistência maiores. Uma das ligas mais conhecidas adequadas para tratamento térmico é o duralumínio ou 2017 (4% Cu, 0,5% Mg, 0,5% Mn). Essa liga endurece em quatro dias à temperatura ambiente. Em razão desse rápido envelhecimento, a liga deve ser armazenada sob refrigeração após a têmpera e antes da conformação, ou então tem de ser conformada imediatamente após a têmpera. Outras ligas (como a 5053) foram desenvolvidas para endurecerem por envelhecimento muito mais lentamente, sendo preciso apenas uma refrigeração moderada antes da conformação. Após a conformação, elas são envelhecidas artificialmente em um forno e apresentam praticamente a mesma resistência e dureza das ligas 2024. Aquelas ligas de alumínio que não puderem ser tratadas termicamente podem ser endurecidas apenas com trabalho a frio. Tanto o endurecimento por trabalho como o endurecimento produzido por tratamento térmico podem ser eliminados por um processo de recozimento.

Magnésio

A densidade do magnésio é de cerca de 1800 kg/m^3, ou seja, dois terços da do alumínio e um quarto da do aço. Por ser o mais leve de todos os metais comerciais, seu maior emprego está nas indústrias aeronáutica e automotiva, porém estão sendo encontradas outras aplicações para ele. Embora as ligas de magnésio não apresentem grande resistência, pelo seu pouco peso, a razão resistência-peso compara-se favoravelmente com a das ligas mais resistentes de aço e de alumínio. Mesmo assim, as ligas de magnésio encontram seu maior emprego em aplicações em que a resistência não é um fator importante. O magnésio não suporta temperaturas elevadas; o ponto de escoamento é definitivamente reduzido quando a temperatura é elevada ao ponto de ebulição da água.

O magnésio e suas ligas possuem um módulo de elasticidade igual a 45 GPa em tração e em compressão, embora algumas ligas não sejam tão fortes em compressão quanto em tração. Curiosamente, o trabalho a frio reduz o módulo de elasticidade. Também existe uma grande variedade de ligas fundidas de magnésio.

Titânio

O titânio e suas ligas têm resistência similar ao aço de resistência moderada, porém têm metade de seu peso. O material apresenta resistência muito boa à corrosão, baixa condutividade térmica, não é magnético e resiste a temperaturas elevadas. Seu módulo de elasticidade se encontra entre os do aço e do alumínio, a 114 GPa. Em razão de suas várias vantagens em relação ao aço e ao alumínio, entre suas aplicações temos: estruturas e componentes para as indústrias aeroespacial e militar, equipamentos marinhos, tanques químicos e equipamentos de processamento, sistemas de manipulação de fluidos e dispositivos para substituição de órgãos/funções do corpo humano. As desvantagens do titânio são seu alto custo, quando comparado ao custo do aço e do alumínio, bem como a dificuldade para usiná-lo.

Ligas à base de cobre

Quando o cobre é ligado com o zinco, normalmente é chamado de *latão*. Se ligado com outro elemento, normalmente é denominado *bronze*. Algumas vezes também se especifica o outro elemento, por exemplo, *bronze estanho* ou *bronze fosforoso*. Existem centenas de variações em cada categoria.

Latão com 5% a 15% de zinco

Os latões com baixo teor de zinco são fáceis de ser trabalhados a frio, especialmente aqueles com maior quantidade de zinco. Eles são dúcteis, porém geralmente difíceis de serem usinados. A resistência à corrosão é boa. Entre as ligas incluídas nesse grupo temos o *latão dourado* (5% Zn), *bronze comercial* (10% Zn) e *latão vermelho* (15% Zn). O latão dourado é usado principalmente em joalheria e artigos a serem folheados a ouro; ele tem a mesma ductilidade do cobre, porém maior resistência, aliada às fracas características de usinagem. O bronze comercial é usado em joalheria, bem como em forjados e estampados, pela sua ductilidade. Suas propriedades de usinagem são pobres, porém ele possui excelentes propriedades para trabalho a frio. O latão vermelho apresenta boa resistência à corrosão e assim como resistência a temperaturas elevadas. Em razão disso, ele é muito usado na forma de tubos ou canos para transporte de água quente em aplicações como radiadores ou condensadores.

Latão com 20% a 36% de zinco

Incluídos no grupo de zincos intermediários estão o *latão comum* (20% Zn), o *latão para cartuchos* (30% Zn) e o *latão amarelo* (35% Zn). Como o zinco é mais barato que o cobre, essas ligas custam menos que aquelas contendo mais cobre e menos zinco. Elas também são mais fáceis de ser usinadas e apresentam resistência ligeiramente maior; em contrapartida, apresentam baixa resistência à corrosão e estão sujeitas ao aparecimento de trincas em pontos com tensões residuais. O latão comum (baixo) é muito similar ao latão vermelho e é usado para artigos que exigem operações de estampagem profunda. Das ligas cobre-zinco, o latão de cartucho apresenta a melhor combinação de ductilidade e resistência. Os estojos de cartucho eram originalmente manufaturados inteiramente por trabalho a frio; o processo consistia em uma série de estampagens profundas, e cada estampagem era seguida por recozimento para colocar o material em condições para a estampagem seguinte, daí o nome latão de cartucho. Apesar de o latão amarelo ter uma capacidade inadequada para trabalho a quente, ele pode ser usado em praticamente qualquer outro processo de fabricação e, portanto, é empregado em uma grande variedade de produtos.

Quando são adicionadas pequenas quantidades de chumbo aos latões, sua usinabilidade aumenta muito e há certa melhoria em sua capacidade de serem trabalhados a quente. A adição de chumbo prejudica tanto as propriedades de trabalho a frio como as de soldagem. Nesse grupo se encontram o *latão baixo em chumbo* (32,5% Zn, 0,5% Pb), *latão de alto chumbo* (34% Zn, 2% Pb) e o *latão livre de afiação* (35,5% Zn, 3% Pb). O latão baixo em chumbo não é apenas fácil de ser usinado, como também possui excelentes propriedades de trabalho a frio. Ele é utilizado para várias peças de máquina de torneados. O latão de alto chumbo, certas vezes denominado *latão de gravador*, é usado em peças de instrumentos, de travas e de relógio de pulso. O latão de corte fácil também é usado em peças de máquina com roscas e apresenta boa resistência à corrosão juntamente com excelentes propriedades mecânicas.

O *metal almirantado* (28% Zn) contém 1% de estanho, o que lhe confere excelente resistência à corrosão, especialmente à água salgada. Ele apresenta boa resistência e ductilidade, mas características apenas razoáveis em termos de usinagem e trabalhabilidade. Em razão da sua resistência à corrosão, ele é usado em equipamentos para a indústria química e centrais elétricas. O *latão de alumínio* (22% Zn) contém 2% de alumínio e é utilizado para os mesmos fins que o metal almirantado, pois possui praticamente as mesmas propriedades e características. Na forma de tubos ou canos, ele é melhor que o metal almirantado, pois possui melhor resistência à erosão provocada pela passagem de água em alta velocidade.

Latão com 36% a 40% de zinco

Latões com mais de 38% de zinco são menos dúcteis que o latão para cartucho e não podem ser trabalhados a frio tão intensamente. Frequentemente eles são trabalhados a quente e extrudados. O *metal Muntz* (40% Zn) tem baixo custo e é moderadamente resistente à corrosão. O *latão naval* tem a mesma composição do metal Muntz exceto pela adição de 0,75% de estanho, o que contribui para a resistência à corrosão.

Bronze

O *bronze-silício*, contendo 3% de silício e 1% de manganês, além de cobre, possui propriedades mecânicas iguais àquelas do aço brando (doce), bem como boa resistência à corrosão. Ele pode ser trabalhado a frio ou a quente, usinado ou soldado. Ele é útil em situações em que seja necessária a combinação de resistência à corrosão e resistência mecânica.

O *bronze fosforoso*, composto de até 11% de estanho e contendo pequenas quantidades de fósforo, é especialmente resistente à fadiga e à corrosão. Possui resistência à tração elevada e uma alta capacidade de absorver energia, sendo também resistente ao desgaste. Tais propriedades o tornam muito útil como um material para fabricação de molas.

O *bronze-alumínio* é uma liga tratável termicamente contendo até 12% de alumínio. Essa liga possui propriedades de resistência mecânica e à corrosão melhores que a do latão e, além disso, suas propriedades podem ser variadas em um intervalo amplo por trabalho a frio, tratamento térmico ou alteração da composição. Quando se adiciona ferro em porcentagens de até 4%, a liga apresenta um limite de resistência à fadiga elevado, alta resistência a choques e excelente resistência ao desgaste.

O *bronze-berílio* é outra liga que pode ser tratada termicamente, contendo cerca de 2% de berílio. Essa liga é altamente resistente à corrosão e possui elevadas resistência mecânica, dureza e resistência ao desgaste. Embora seja caro, é usado em molas e outras peças sujeitas à carga de fadiga em que a resistência à corrosão se faz necessária.

Com ligeiras modificações, a maioria das ligas à base de cobre pode ser encontrada na forma fundida.

2–19 Plásticos

O termo *termoplástico* é usado para indicar qualquer plástico que flua ou seja moldável quando se aplica calor a ele; por vezes o termo se aplica também a plásticos moldáveis sob pressão. Tais plásticos podem ser remoldados quando aquecidos.

Termorrígido é um plástico para o qual o processo de polimerização é completado em uma prensa de moldagem a quente em que o plástico é liquefeito sob pressão. Os plásticos termorrígidos não podem ser remoldados.

A Tabela 2–2 lista alguns dos termoplásticos mais largamente usados juntamente com algumas de suas características e o intervalo de suas propriedades. A Tabela 2–3, que lista alguns termorrígidos, é similar. Essas tabelas são apresentadas apenas a título de informação e não devem ser empregadas para uma decisão de final de projeto. O intervalo das propriedades e características que pode ser obtido com plásticos é muito grande. A influência de vários fatores, como custo, moldabilidade, coeficiente de atrito, ação do tempo, resistência ao impacto e o efeito de materiais de enchimento e reforços, deve ser considerada. Catálogos de fabricantes serão úteis para fazer possíveis escolhas.

Tabela 2–2 Os termoplásticos. *Fonte*: Esses dados foram obtidos da *Machine Design Materials Reference Issue*, publicada pela Penton/IPC, Cleveland. Essas edições de referência são publicadas aproximadamente a cada dois anos e constituem uma excelente fonte de dados sobre uma grande variedade de materiais.

Nome	S_u, MPa	E, GPa	Dureza Rockwell	% Elongação	Estabilidade dimensional	Estabilidade térmica	Resistência química	Processamento
Grupo ABS	14–55	0,69–2,55	60–110R	3–50	Boa	*	Satisfatória	EMST
Grupo Acetal	55–69	2,83–3,59	80–94M	40–60	Excelente	Boa	Elevada	M
Acrílico	34–69	1,38–3,24	92–110M	3–75	Elevada	*	Satisfatória	EMS
Grupo fluoroplástico	3,4–48	...	50–80D	100–300	Elevada	Excelente	Excelente	MPR[†]
Náilon	55–97	1,24–3,10	112–120R	10–200	Pobre	Pobre	Boa	CEM
Óxido de fenileno	48–124	2,41–6,34	115R, 106L	5–60	Excelente	Boa	Satisfatória	EFM
Policarbonato	55–110	2,34–5,93	62–91M	10–125	Excelente	Excelente	Satisfatória	EMS
Poliéster	55–124	1,93–11,03	65–90M	1–300	Excelente	Pobre	Excelente	CLMR
Poliimida	41–345	...	88–120M	Muito baixa	Excelente	Excelente	Excelente[†]	CLMP
Sulfeto de polifenileno	97–131	0,76	122R	1,0	Boa	Excelente	Excelente	M
Grupo poliestireno	10,3–83	0,97–4,14	10–90M	0,5–60	...	Pobre	Pobre	EM
Polissulfona	69	2.48	120R	50–100	Excelente	Excelente	Excelente[†]	EFM
Cloreto de polivinil	10,3–52	2,41–4,14	65–85D	40–450	...	Pobre	Pobre	EFM

*Estão disponíveis os graus de termorresistência.
[†]Com exceções.
C: revestimentos; L: laminados; R: resinas; E: extrusões; M: moldes; S: lâminas; F: espumas; P: prensa e métodos de sinterização; T: tubos

Tabela 2–3 Os termorrígidos. *Fonte:* Esses dados foram obtidos da *Machine Design Materials Reference Issue*, publicada pela Penton/IPC, Cleveland. Essas edições de referência são publicadas aproximadamente a cada dois anos e constituem uma excelente fonte de dados sobre uma grande variedade de materiais.

Nome	S_u, MPa	E, GPa	Dureza Rockwell	% Elongação	Estabilidade dimensional	Resistência térmica	Resistência química	Processamento
Alquídico	20–62	0,34–2,07	99M*	...	Excelente	Boa	Satisfatória	M
Grupo alilo	28–69	...	105–120M	...	Excelente	Excelente	Excelente	CM
Grupo amino	34–55	0,90–1,65	110–120M	0,30–0,90	Boa	Excelente*	Excelente*	LR
Epóxi	34–138	0,21–2,07*	80–120M	1–10	Excelente	Excelente	Excelente	CMR
Fenólicos	34–62	0,69–1,72	70–95E	...	Excelente	Excelente	Boa	EMR
Silicones	34–41	...	80–90M	...	...	Excelente	Excelente	CLMR

*Com exceções.
C: revestimentos; L: laminados; R: resinas; E: extrusões; M: moldes; S: lâminas; F: espumas; P: prensa; e métodos de sinterização; T: tubos

2–20 Materiais compósitos[16]

Os materiais compósitos são formados por meio de dois ou mais materiais distintos, cada um dos quais contribui para as propriedades finais. Diferentemente das ligas metálicas, os materiais em um compósito permanecem separados um do outro no nível macroscópico.

A maioria dos compósitos de engenharia consiste em dois materiais: um reforço denominado *enchimento* e uma *matriz*. O enchimento confere rigidez e resistência; a matriz mantém o material coeso e serve para transferir carga entre os reforços descontínuos. Os reforços mais comuns, ilustrados na Figura 2–14, são fibras contínuas, sejam elas retas ou entrelaçadas, fibras cortadas miúdas e particuladas. As matrizes mais comuns são diversas resinas plásticas, embora possam ser usados outros materiais, incluindo metais.

Os metais e outros materiais de engenharia tradicionais são de natureza uniforme ou isotrópicos. Isso significa que as propriedades dos materiais, como resistência, rigidez e condutividade térmica, são independentes tanto da posição dentro do material como da escolha do sistema de coordenadas. A natureza descontínua dos reforços compósitos significa, porém, que as propriedades dos materiais podem variar tanto em termos de posição como de direção. Por exemplo, uma resina epóxi reforçada com fibras de grafita contínuas apresentará altíssima resistência e rigidez no sentido das fibras, porém propriedades muito fracas no sentido normal ou transversal às fibras. Por isso, estruturas de materiais compósitos são normalmente formadas por várias camadas (laminados) em que cada uma delas é direcionada para atingir um desempenho ótimo em termos de resistência e rigidez estrutural.

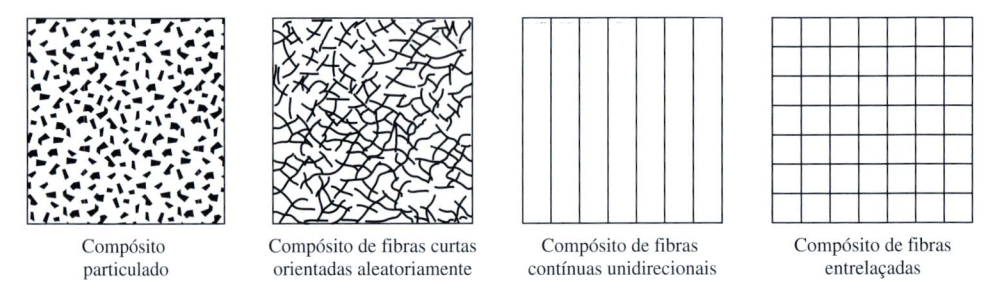

Compósito particulado — Compósito de fibras curtas orientadas aleatoriamente — Compósito de fibras contínuas unidirecionais — Compósito de fibras entrelaçadas

Figura 2–14 Compósitos categorizados pelo tipo de reforço.

---

[16] Para referências, ver I. M. Daniel; O. Ishai. *Engineering Mechanics of Composite Materials*. Oxford University Press, 1994; e *ASM Engineered Materials Handbook: Composites*. Materials Park: ASM International, OH, 1988.

Podem-se obter razões resistência-peso elevadas, até cinco vezes maior que aquelas relativas a aços de alta resistência. Também se podem obter elevadas relações rigidez-peso, até oito vezes maior que aquelas dos metais estruturais. Por essa razão, os materiais compósitos estão se tornando muito populares em aplicações nas indústrias automotiva, aeronáutica e espacial nas quais o peso é um fator de extrema importância.

A direcionalidade das propriedades dos materiais compósitos aumenta a complexidade das análises estruturais. Os materiais isotrópicos são completamente definidos por duas constantes de engenharia: o módulo de Young E e a razão de Poisson v. Entretanto, uma única lâmina de um material compósito requer quatro constantes, definidas em relação ao sistema de coordenadas das lâminas. As constantes são dois módulos de Young (o módulo longitudinal na direção das fibras, E_1, e o módulo transversal, normal à direção das fibras, E_2), uma razão de Poisson (v_{12}, denominada razão de Poisson principal) e um módulo de cisalhamento (G_{12}). Uma quinta constante, a razão de Poisson secundário, v_{21}, é determinada por meio da relação de reciprocidade, $v_{21}/E_2 = v_{12}/E_1$. Combinando isso com as várias lâminas orientadas segundo ângulos diferentes, torna-se inviável a análise estrutural de estruturas complexas mediante técnicas manuais. Por esse motivo, existem programas de computador para cálculo das propriedades de uma construção de compósitos laminados.[17]

2–21 Seleção de materiais

Conforme afirmado anteriormente, a seleção de um material para uma peça de máquina ou componente estrutural é uma das decisões mais importantes que o projetista deve tomar. Neste capítulo, discutimos diversas propriedades físicas importantes dos materiais, várias características de materiais típicos para engenharia, bem como diversos processos de produção de materiais. A seleção efetiva de um material para determinada aplicação de projeto pode ser muito fácil, tomando-se como base, digamos, aplicações prévias (um aço 1020 sempre é um bom candidato em razão dos seus diversos atributos positivos) ou, pelo contrário, pode ser um processo complicado e de proporções enormes como acontece com qualquer problema de projeto envolvendo a avaliação de muitos parâmetros físicos, de natureza econômica e de processamento dos materiais. Existem abordagens sistemáticas e otimizadoras para a seleção de materiais. Aqui, para fins de ilustração, veremos apenas como abordar certas propriedades dos materiais. Uma técnica básica é listar todas as propriedades importantes de materiais associadas ao projeto, como resistência, rigidez e custo. Isso pode ser priorizado usando-se um peso dependendo de quais propriedades são mais importantes em relação a outras. Em seguida, para cada uma das propriedades, faça uma lista de todos os materiais disponíveis e os classifique em ordem começando pelo melhor material; por exemplo, para resistência, aços de alta resistência como o aço 4340 devem estar próximos do topo da lista. Para que essa lista de materiais disponíveis seja completa, é preciso uma grande fonte de dados de materiais. Assim que as listas forem preparadas, selecione uma quantidade controlável de materiais do topo de cada lista. De cada lista reduzida, selecione os materiais que se encontram em todas as listas para análise adicional. Os materiais presentes nas listas reduzidas podem ser classificados dentro da lista e, então, ponderados de acordo com a importância de cada propriedade.

M. F. Ashby desenvolveu um poderoso método sistemático usando *cartas para seleção de materiais*.[18] Esse método também foi implementado em um pacote de programas chamado CES Edupack.[19] As *cartas* mostram dados de várias propriedades para as famílias e classes de materiais listadas na Tabela 2–4. Por exemplo, considerando-se propriedades de rigidez dos materiais, um gráfico de barras simples mostrando o módulo de Young E no eixo

---

[17] Para uma lista de softwares para materiais compósitos, acesse: http://composite.about.com/cs/software/index.htm.

[18] M. F. Ashby. *Materials Selection in Mechanical Design*; 3ª ed. Oxford: Elsevier Butterworth-Heinemann, 2005.

[19] Produzido por Granta Design Limited. Acesse www.grantadesign.com.

y é apresentado na Figura 2–15. Cada linha vertical representa o intervalo de valores de E para um determinado material. Apenas alguns dos materiais são identificados. Agora, podem-se apresentar mais informações de materiais se o eixo x representar outra propriedade, digamos, densidade.

A Figura 2–16, o chamado gráfico de "bolhas", representa o módulo de Young E em relação à densidade ρ. Os trechos de reta para cada propriedade dos materiais representada em um gráfico bidimensional agora formam elipses ou bolhas. Esse gráfico é mais útil que os dois gráficos de barra separados de cada propriedade. Agora, podemos ver como se relacionam rigidez/peso para vários materiais. A Figura 2–16 também mostra grupos de bolhas traçados de acordo com as famílias de materiais da Tabela 2–4. Além disso, as linhas tracejadas no canto inferior direito do gráfico indicam relações E^β/ρ, que ajudam na escolha do material em termos de projeto com a menor massa possível. As retas paralelas a estas últimas representam diferentes valores para E^β/ρ. Por exemplo, várias retas tracejadas paralelas são mostradas na Figura 2–16 que representam diferentes valores de $E/\rho(\beta = 1)$. Como $(E/\rho)^{1/2}$ representa a velocidade do som em um material, cada uma das linhas tracejadas, E/ρ, representa uma velocidade diferente conforme indicado.

Tabela 2–4 Famílias e classes de materiais.

Família	Classes	Nomes abreviados
Metais	Ligas de alumínio	Ligas Al
(os metais e ligas de engenharia)	Ligas de cobre	Ligas Cu
	Ligas de chumbo	Ligas Pb
	Ligas de magnésio	Ligas Mg
	Ligas de níquel	Ligas Ni
	Aços-carbono	Aços
	Aços inoxidáveis	Aços inoxidáveis
	Ligas de estanho	Ligas de estanho
	Ligas de titânio	Ligas Ti
	Ligas de tungstênio	Ligas W
	Ligas de chumbo	Ligas Pb
	Ligas de zinco	Ligas Zn
Cerâmicas	Alumina	Al_2O_3
Cerâmicas técnicas	Nitreto de alumínio	AlN
(cerâmicas finas capazes de	Carboneto de boro	B_4C
suportar a aplicação de cargas)	Carboneto de silício	SiC
	Nitreto de silício	Si_3N_4
	Carboneto de tungstênio	WC
Cerâmicas não técnicas	Tijolo	Tijolo
(cerâmicas porosas de construção)	Concreto	Concreto
	Pedra	Pedra
Vidros	Vidro à base de soda	Vidro à base de soda
	Vidro borossilicato	Vidro borossilicato
	Vidro de sílica	Vidro de sílica
	Vidro cerâmico	Vidro cerâmico

(Continua)

(Continuação) **Tabela 2–4** Famílias e classes de materiais.

Família	Classes	Nomes abreviados
Polímeros (os termoplásticos e termorrígidos de engenharia)	Estireno butadiênico acrilonitrílico	ABS
	Polímeros de celulose	CA
	Ionômeros	Ionômeros
	Epóxis	Epóxi
	Fenólicos	Fenólicos
	Poliamidas (náilons)	PA
	Policarbonato	PC
	Poliésteres	Poliéster
	Poli-éter-éter-cetona	PEEK
	Polietileno	PE
	Polietileno tereftálico	PET ou PETE
	Polimetilo metacrilato	PMMA
	Polioximetilenos (acetal)	POM
	Polipropileno	PP
	Poliestireno	PS
	Politetrafluoretileno	PTFE
	Polivinilclorido	PVC
Elastômeros (borrachas de engenharia, naturais e sintéticas)	Borracha butílica	Borracha butílica
	EVA	EVA
	Isopreno	Isopreno
	Borracha natural	Borracha natural
	Policloropreno (neoprene)	Neoprene
	Poliuretano	PU
	Elastômeros de silício	Silicones
Híbridos Materiais compósitos	Polímeros reforçados de fibra de carbono	CFRP
	Polímeros reforçados de fibra de vidro	GFRP
	Alumínio reforçado SiC	Al-SiC
Espumas	Espumas de polímeros flexíveis	Espumas flexíveis
	Espumas de polímeros rígidos	Espumas rígidas
Materiais naturais	Cortiça	Cortiça
	Bambu	Bambu
	Madeira	Madeira

Extraído de M. F. Ashby, *Materials Selection in Mechanical Design*, 3. ed., Oxford: Elsevier Butterworth-Heinemann, 2005. Tabela 4–1, p. 49–50.

Para vermos como β se encaixa nesse mix, consideremos o que se segue. A métrica de desempenho P de um elemento estrutural depende de: (1) exigências de funcionalidade, (2) geometria e (3) propriedades dos materiais da estrutura. Ou seja,

$$P = \left[\begin{pmatrix} \text{exigências} \\ \text{funcionais } F \end{pmatrix}, \begin{pmatrix} \text{parâmetros} \\ \text{geométricos } G \end{pmatrix}, \begin{pmatrix} \text{propriedades} \\ \text{dos materiais } M \end{pmatrix} \right]$$

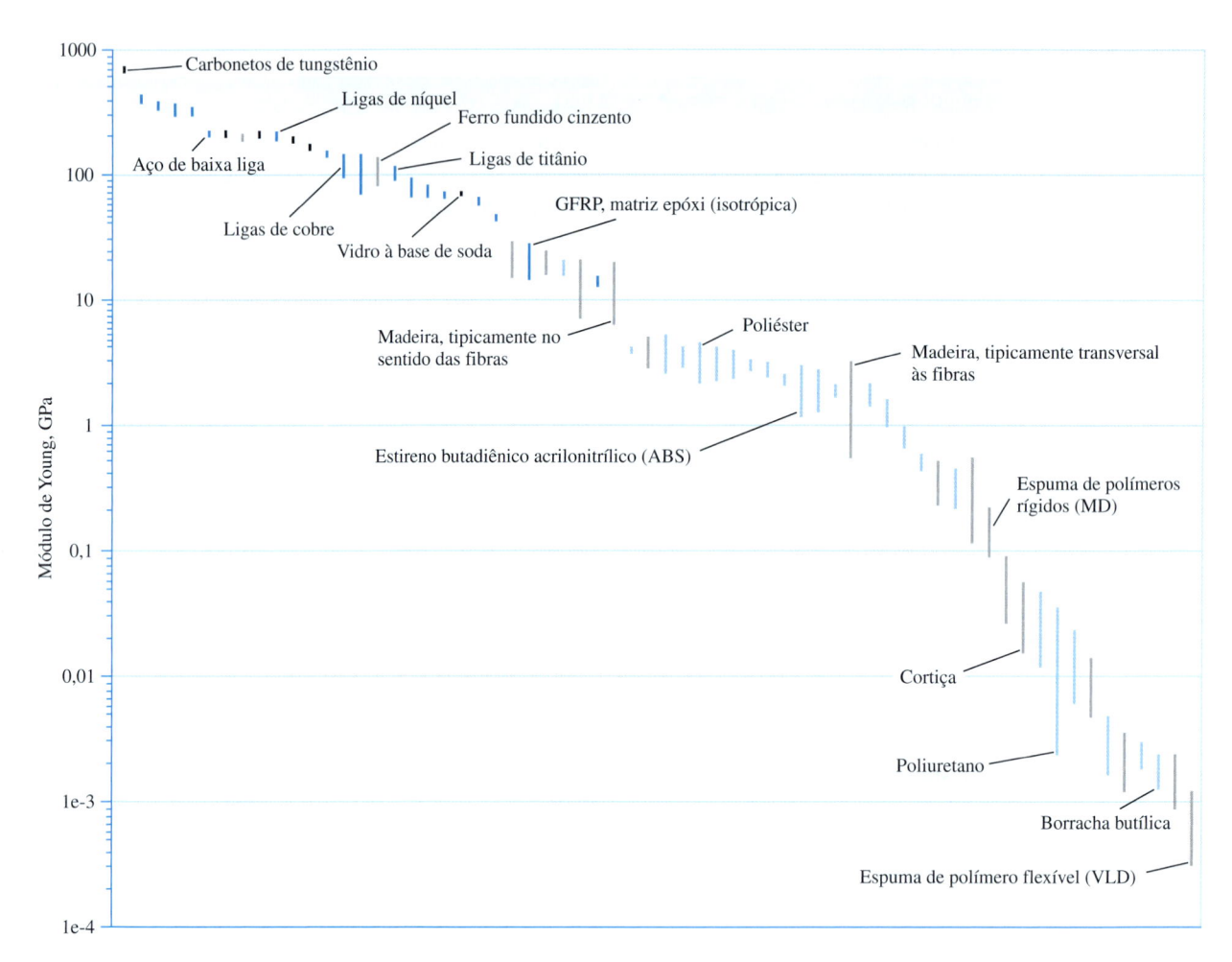

Figura 2–15 Módulo de Young E para vários materiais. (*Cortesia do prof. Mike Ashby, Cambridge, UK, Granta Design.*)

ou, simbolicamente,

$$P = f(F, G, M) \tag{2-23}$$

Se a função for *separável*, o que normalmente acontece, podemos escrever a Equação (2–23) na seguinte forma

$$P = f_1(F) \cdot f_2(G) \cdot f_3(M) \tag{2-24}$$

Para obtermos um projeto otimizado, queremos maximizar ou minimizar P. Em relação às propriedades dos materiais isoladamente, isso é feito maximizando-se ou minimizando-se $f_3(M)$, o chamado *coeficiente de eficiência do material*.

Para fins ilustrativos, digamos que queiramos projetar uma viga em balanço leve e rígida, carregada na ponta e de seção transversal circular. Para tal, usaremos a massa m da viga como métrica de desempenho a ser minimizada. A rigidez da viga está relacionada com seu material e geometria. A rigidez de uma viga é dada por $k = F/\delta$, em que F e δ são, respectivamente, carga na extremidade e deflexão (ver Capítulo 4). A deflexão na extremidade de uma viga em balanço carregada na ponta é dada na Tabela A–9, viga 1, pela fórmula $\delta = y_{max} = (Fl^3)/(3EI)$, em que E é o módulo de Young, I o segundo momento da área e l o comprimento da viga. Portanto, a rigidez é dada por

$$k = \frac{F}{\delta} = \frac{3EI}{l^3} \tag{2-25}$$

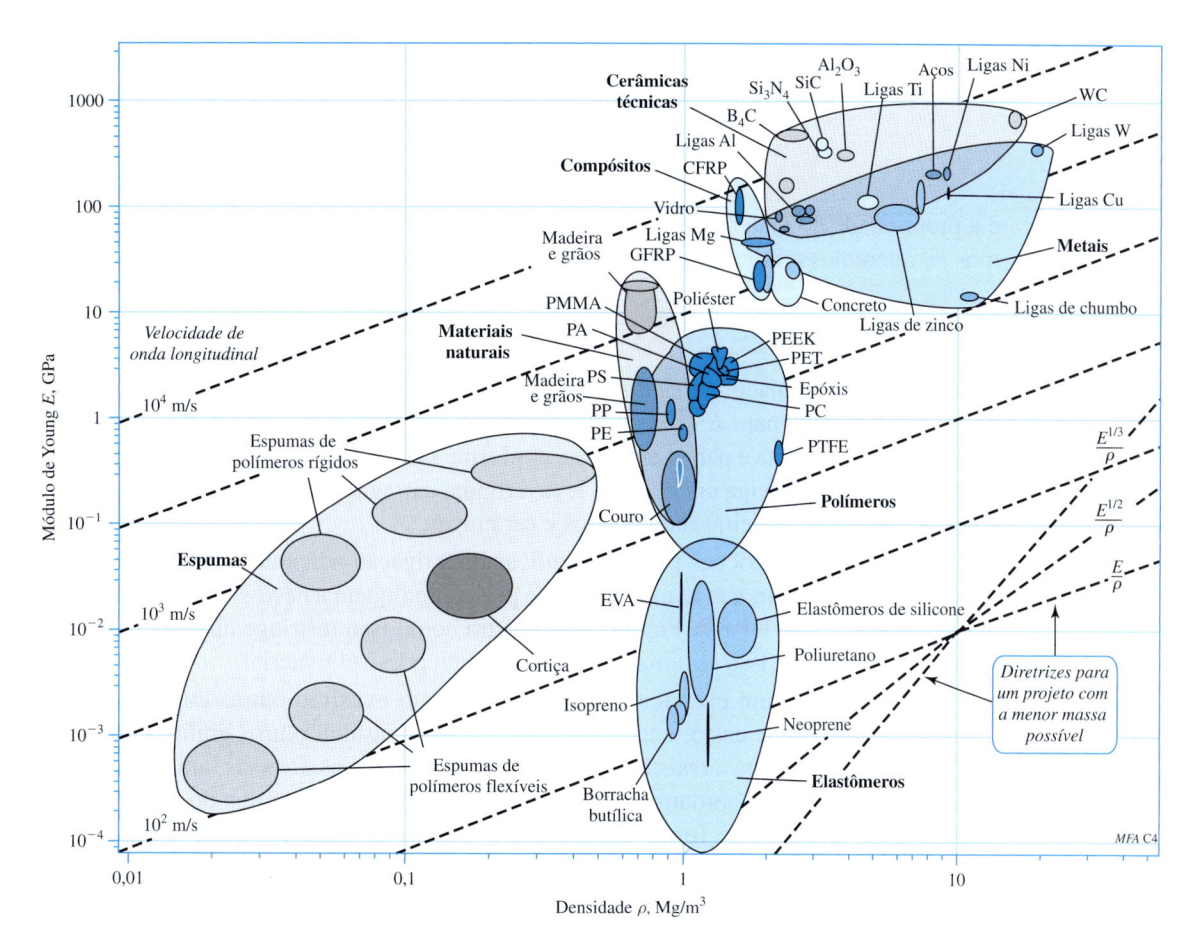

Figura 2–16 Módulo de Young E versus densidade ρ para vários materiais. *(Cortesia do prof. Mike Ashby, Cambridge, UK: Granta Design.)*

Da Tabela A–18, o segundo momento da área de uma seção transversal é

$$I = \frac{\pi D^4}{64} = \frac{A^2}{4\pi} \qquad (2\text{--}26)$$

em que D e A são, respectivamente, o diâmetro e a área da seção transversal. Substituindo-se a Equação (2–26) na Equação (2–25) e resolvendo em A, obtemos

$$A = \left(\frac{4\pi k l^3}{3E}\right)^{1/2} \qquad (2\text{--}27)$$

A massa da viga é dada por

$$m = Al\rho \qquad (2\text{--}28)$$

Substituindo-se a Equação (2–27) na Equação (2–28) e rearranjando os termos nos leva a

$$m = 2\sqrt{\frac{\pi}{3}}(k^{1/2})(l^{5/2})\left(\frac{\rho}{E^{1/2}}\right) \qquad (2\text{--}29)$$

A Equação (2–29) é da forma da Equação (2–24). O termo $2\sqrt{\pi/3}$ é simplesmente uma constante e pode ser associado com qualquer função, digamos, $f_1(F)$. Portanto,

$f_1(F) = 2\sqrt{\pi/3}\ (k^{1/2})$ é a exigência funcional, a rigidez; $f_2(G) = (l^{5/2})$, o parâmetro geométrico, comprimento e o coeficiente de eficiência do material

$$f_3(M) = \frac{\rho}{E^{1/2}} \tag{2-30}$$

é a propriedade do material em termos da densidade e do módulo de Young. Para minimizarmos m, queremos minimizar $f_3(M)$ ou maximizar

$$M = \frac{E^{1/2}}{\rho} \tag{2-31}$$

em que M é denominado *índice do material*, e $\beta = \frac{1}{2}$. Voltando à Figura 2–16, desenhe retas de diversos valores para $E^{1/2}/\rho$ como ilustrado na Figura 2–17. As retas com M crescente deslocam-se para cima e para a esquerda, conforme mostrado. Portanto, observamos que bons candidatos para uma viga em balanço leve e rígida, carregada na ponta e de seção transversal circular são certas madeiras, compósitos e cerâmicas.

Outros limites/restrições podem significar investigação adicional. Digamos, para fins de ilustração suplementar, que as exigências de projeto indiquem a necessidade de um módulo de Young superior a 50 GPa. A Figura 2–18 mostra como isso restringe ainda mais a região de seleção de materiais. Isso elimina as madeiras como possível material.

Certamente, em um exercício de um dado projeto existirão outras considerações como resistência, ambiente e custo, e talvez seja necessário consultar outros gráficos. Por exemplo, a Figura 2–19 representa a resistência *versus* densidade para as diversas famílias de materiais. Do mesmo modo, não abordamos a parte da figura que trata da escolha do processamento de materiais. Se realizada de forma apropriada, a seleção de materiais pode resultar em muita procura e manutenção de gráficos, tabelas e dados. É aí que os pacotes de software como CES Edupack passam a ser uma ferramenta muito eficaz.

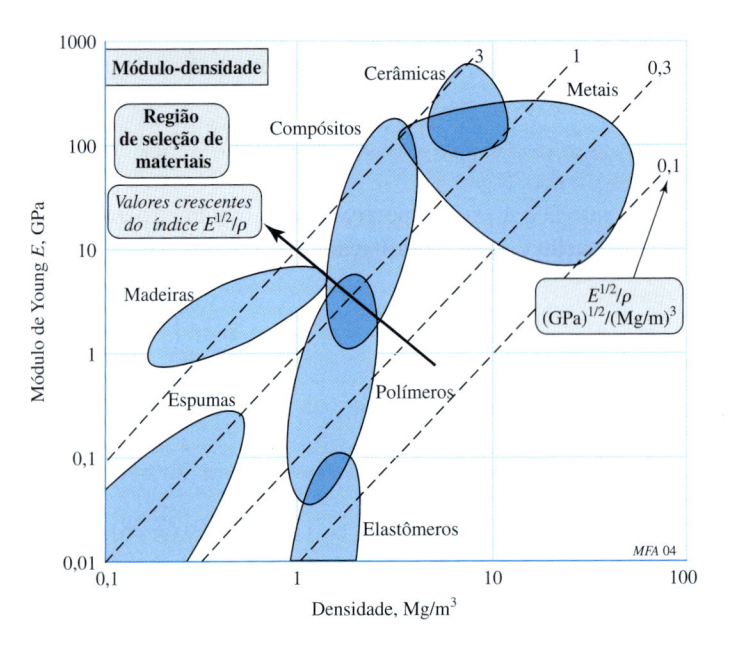

Figura 2–17 Um diagrama esquemático E versus ρ mostrando uma grade de linhas para diversos valores que pode ter o índice de material M = $E^{1/2}/\rho$. *(Extraído de M. F. Ashby,* MaterialsSelection in Mechanical Design. *3. ed., Oxford: Elsevier Butterworth-Heinemann, 2005.)*

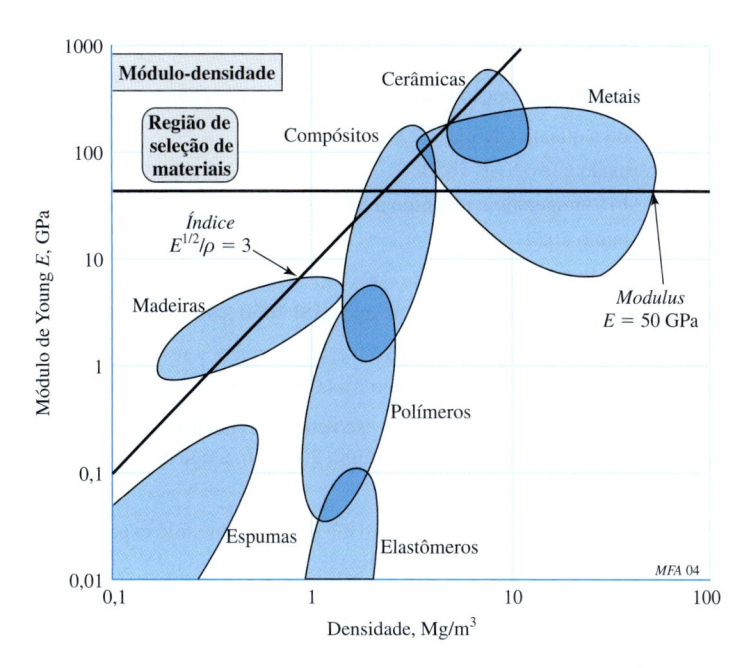

Figura 2–18 A região de seleção de materiais da Figura 2–16 ficou ainda mais reduzida pela restrição E ≥ 50 GPa. *(Extraído de M. F. Ashby, Materials Selection in Mechanical Design, 3. ed., Oxford: Elsevier Butterworth-Heinemann, 2005.)*

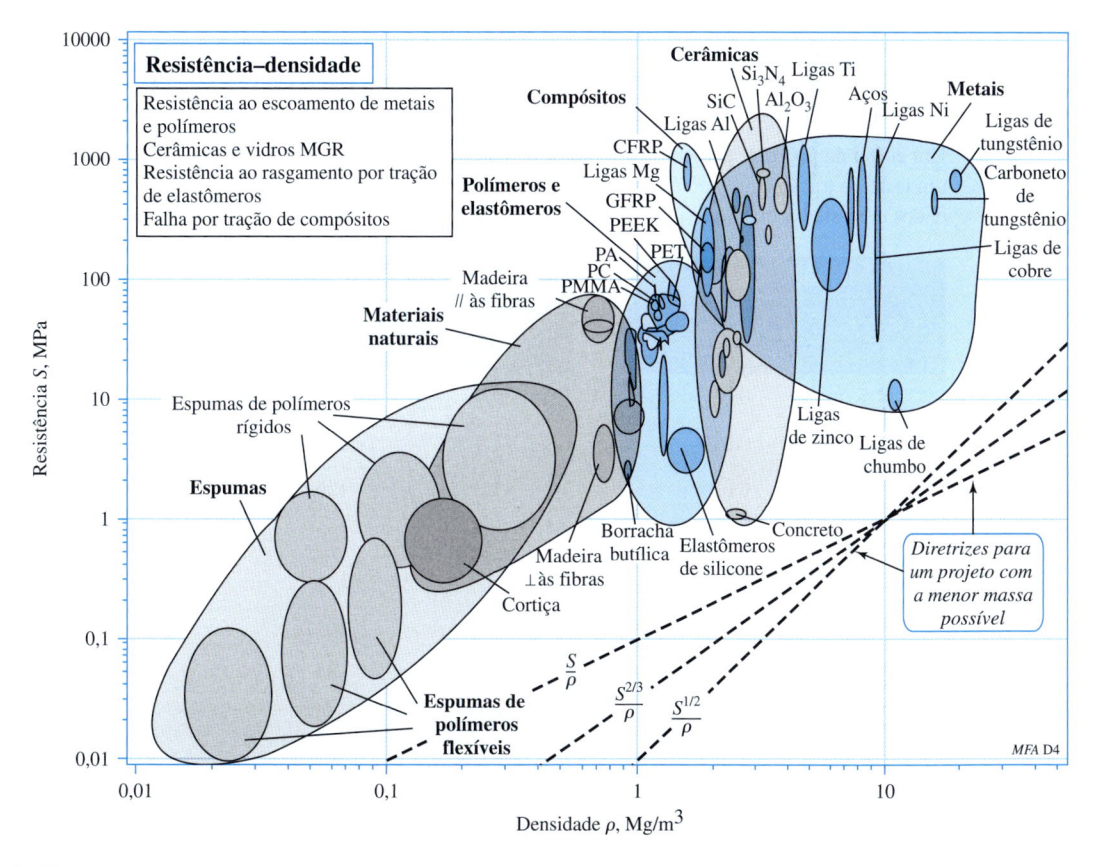

Figura 2–19 Resistência S versus densidade ρ para diversos materiais. Para os *metais*, S é a resistência ao escoamento com deformação permanente de 0,2%. Para os *polímeros*, S é a resistência ao escoamento com deformação permanente de 1%. Para *cerâmicas* e *vidros*, S é a resistência ao esmagamento por compressão. Para os *compósitos*, S é a resistência à tração. Para os *elastômeros*, S é a resistência ao rasgamento. *(Essa figura é uma cortesia do prof. Mike Ashby, Cambridge, UK, Granta Design.)*

PROBLEMAS

2–1 Determine as resistências à tração e ao escoamento para os seguintes materiais:

(a) Aço laminado a quente UNS G10200.

(b) Aço conformado a frio SAE 1050.

(c) Aço AISI 1141 temperado e revenido a 540 °C.

(d) Liga de alumínio 2024-T4.

(e) Liga de titânio recozida Ti-6A1-4V.

2–2 Considere que você está especificando um aço AISI 1060 para uma certa aplicação. Usando a Tabela A-21,

(a) como você o especificaria se o objetivo fosse maximizar a resistência ao escoamento?

(b) como você o especificaria se o objetivo fosse maximizar a ductilidade??

2–3 Determine as razões entre a resistência ao escoamento e a densidade (resistência específica) em unidades de kN · m/kg para o aço AISI 1018 CD, o alumínio 2011-T6, a liga de titânio Ti-6A1-4V e o ferro fundido cinza ASTM Nº 40.

2–4 Determine as razões entre rigidez e a densidade em peso (módulo específico) em unidades de metros para o aço AISI 1018 CD, o alumínio 2011-T6, a liga de titânio Ti-6A1-4V e o ferro fundido cinza ASTM Nº 40.

2–5 O coeficiente de *Poisson* ν é uma propriedade dos materiais e é a razão entre a deformação lateral e a deformação longitudinal para um componente submetido à tração. Para um material isotrópico homogêneo, o módulo de rigidez G está relacionado com o módulo de Young da seguinte forma

$$G = \frac{E}{2(1+\nu)}$$

Usando os valores tabulados de G e E, determine o coeficiente de Poisson para o aço, o alumínio, a liga de cobre-berílio e o ferro fundido cinza. Determine a diferença percentual entre os valores calculados e os valores tabulados na Tabela A–5.

2–6 Um corpo de prova de aço com médio teor de carbono de diâmetro inicial igual a 12,8 mm foi submetido a um teste de tração com o emprego de um comprimento de referência de 50 mm. Foram obtidos os seguintes dados nos estados elástico e plástico:

Estado elástico		Estado plástico	
Carga P, kN	Elongação mm	Carga P, kN	Área A_i, mm²
4,5	0,01	39,6	128
9,0	0,015	41,4	127
13,5	0,025	41,0	126
18,0	0,0325	59,4	124
31,5	0,0575	68,4	121
37,8	0,07	76,5	101
39,6	0,09	73,8	84
41,4	0,2225	66,6	70

Note que existe certa sobreposição nos dados.

(a) Trace um diagrama tensão-deformação nominal ou de engenharia usando duas escalas para a deformação unitária ϵ, uma que vai de zero até cerca de 0,02 mm/mm e a outra que vai de zero até a deformação máxima.

(b) Com base nesse diagrama determine o módulo de elasticidade, a resistência ao escoamento com deformação permanente de 0,2%, o limite de resistência e a redução porcentual da área.

(c) Caracterize o material como dúctil ou frágil. Explique seu raciocínio..

(d) Identifique as especificações de um material da Tabela A–20 que coincida de forma razoável com os dados.

2–7 Calcule a tensão verdadeira e a deformação logarítmica usando os dados do Problema 2–6 e coloque os resultados em um papel bilog. Em seguida, determine o coeficiente de resistência plástica σ_0 e o expoente de deformação-resistência m. Encontre também a resistência ao escoamento e a resistência à tração (última) depois do corpo de prova ter sido submetido a 20% de trabalho a frio.

2–8 Os dados de tensão-deformação de um ensaio de tração em um corpo de prova de ferro fundido são

Tensão de engenharia, MPa	35	70	112	133	182	224	280	332	343	378
Deformação de engenharia, $\epsilon \cdot 10^{-3}$ mm/mm	0,20	0,44	0,80	1,0	1,5	2,0	2,8	3,4	4,0	5,0

Trace o lugar geométrico tensão-deformação e determine a resistência ao escoamento com deformação permanente de 0,1% e o módulo de elasticidade tangente nas tensões 0 e 140 MPa.

2–9 Uma peça fabricada com aço AISI 1018 recozido é submetida a 20% de trabalho a frio. Determine os novos valores da resistência ao escoamento e da resistência à tração (última).

(a) Obtenha a resistência ao escoamento e o limite de resistência antes e depois da operação de trabalho a frio. Determine o aumento percentual em cada uma das resistências.

(b) Determine as razões entre o limite de resistência e a resistência ao escoamento antes e depois da operação de trabalho a frio. O que o resultado indica sobre a mudança de ductilidade do componente?

2–10 Repita o Problema 2–9 para uma peça feita com aço laminado a quente AISI 1212.

2–11 Repita o Problema 2–9 para uma peça feita com uma liga de titânio 2024-T4.

2–12 Um componente de aço possui dureza Brinell $H_B = 275$. Calcule o limite de resistência à ruptura do aço em MPa.

2–13 Uma peça de ferro fundido tem número de dureza Brinell $H_B = 200$. Estime o limite de resistência à ruptura da peça em MPa. Faça uma avaliação razoável do provável grau do ferro fundido comparando a dureza e a resistência entre as opções de material da Tabela A–24.

2–14 Uma peça feita de aço 1040 laminado a quente deve receber tratamento térmico para aumentar sua resistência para aproximadamente 700 MPa. Qual deverá ser o resultado esperado para o número de dureza Brinell da peça tratada?

2–15 Testes de dureza Brinell foram feitos em uma amostra randômica de 10 peças de aço durante sua fabricação. Os resultados foram os valores de H_B de 230, 232(2), 234, 235(3), 236(2) e 239. Estime a média e o desvio padrão do limite da resistência em MPa.

2–16 Repita o Problema 2–15, assumindo que o material é o ferro fundido.

2–17 Para o material do Problema 2–6: (a) Determine o módulo de resiliência e (b) estime o módulo de tenacidade, assumindo que o último dado corresponde a fratura.

2–18 Alguns aços carbono frequentemente utilizados são os AISI 1010, 1018 e 1040. Investigue esses aços e elabore um sumário comparativo de suas características, focando nos aspectos que fazem com que cada um deles seja único para certos tipos de aplicação. Manuais de aplicação dos produtos fornecidos pelos fabricantes e distribuidores de aço na Internet são uma fonte de informações.

2–19 Repita o Problema 2–18 para as frequentemente utilizadas ligas de aço, AISI 4130 e 4340.

2–20 Uma aplicação requer suporte de uma carga axial de 400 kN por uma haste de seção circular sem que a resistência do material seja excedida. Admita que o preço aproximado por libra de perfis redondos de estoque seja dado na tabela abaixo. Propriedades dos materiais são dadas nas Tabelas A–5, A–20, A–21 e A–24. Selecione um dos materiais para cada uma das seguintes metas de projeto.

(a) Minimizar o diâmetro.

(b) Minimizar o peso.

(c) Minimizar o custo.

(d) Minimizar a deflexão axial.

Material	Custo/N
1020 HR	$0,06
1020 CD	$0,07
1040 Q&T @800°F	$0,08
4140 Q&T @800°F	$0,18
Alumínio forjado 2024 T3	$0,24
Liga de titânio (Ti-6Al-4V)	$1,56

2–21 a 2-23 Uma haste de 25 mm de diâmetro, de um metro de comprimento e de um material desconhecido é encontrada em uma oficina mecânica. Uma variedade de ensaios mecânicos não destrutivos está prontamente disponível para ajudar na determinação do material, conforme o descrito abaixo:

(a) Inspeção visual.

(b) Ensaio de raspagem: Raspar a superfície com uma lima; observar a cor do material abaixo e a profundidade dos sulcos.

(c) Verificar se ele é atraído por um imã.

(d) Medição do peso ($\pm 0{,}25$ N).

(e) Ensaio de flexão de baixo custo: Fixe uma extremidade em uma morsa, deixando em balanço 0,6 m. Aplique uma força de 450 N ($\pm 4{,}5$ N). Meça a deflexão da extremidade livre (entre $\pm 0{,}8$ mm).

(f) Ensaio de dureza de Brinell.

Escolha quais desses ensaios você executaria, e em qual sequência, para minimizar tempo e custo, mas para determinar qual é o material com um razoável nível de confiança. A tabela abaixo apresenta resultados disponíveis para execução de um determinado ensaio escolhido. Explique seu processo e inclua eventuais cálculos. Você pode assumir que o material é um dos listados na Tabela A–5. Se ele é de aço carbono, tente determinar uma especificação aproximada a partir da Tabela A–20.

Ensaio	Resultados para o ensaio realizado		
	Problema 2–21	Problema 2–22	Problema 2–23
(a)	Cinza escuro, acabamento superficial rugoso, moderado.	Cinza prateado, acabamento superficial liso, ligeiramente manchado.	Castanho avermelhado, manchado, acabamento superficial liso.
(b)	Cinza metálico, riscos moderados.	Cinza prateado, riscos fundos.	Cor de latão brilhante, riscos fundos.
(c)	Magnético	Não magnético	Não magnético
(d)	$W = 36$ N	$W = 14$ N	$W = 40$ N
(e)	$\delta = 8$ mm	$\delta = 22$ mm	$\delta = 14$ mm
(f)	$H_B = 200$	$H_B = 95$	$H_B = 70$

2-24 Visite o *site* mencionado na Seção 2–20 (http://composite.about.com/cs/software/) e relate seus achados. Seu professor pode discorrer sobre o nível do seu relato. O *site* contém uma grande variedade de recursos. A atividade deste problema pode ser dividida na sala.

2–25 Pesquise o material Inconel, brevemente descrito na Tabela A–5. Compare-o com vários aços-carbono e aços-liga em relação à rigidez, resistência, ductilidade e tenacidade. O que torna esse material tão especial?

2–26 Considere uma haste transmitindo uma força de tração. Os seguintes materiais são considerados: carboneto de tungstênio, liga de zinco, polímero policarbonato e liga de alumínio. Utilizando os ábacos de Ashby, recomende o melhor material numa situação de projeto em que a falha pode ocorrer por exceder a resistência do material e que for desejável a minimização do peso.

2–27 Repita o Problema 2–26, mas considere que a falha se dá por deflexão excessiva e que é desejável a minimização do peso.

2-28 Considere a viga em balanço carregada com uma força transversal na sua ponta. Os seguintes materiais são considerados: carboneto de tungstênio, aço alto carbono tratado a quente, polímero policarbonato e liga de alumínio. Utilizando os ábacos de Ashby, recomende o melhor material para a situação de projeto na qual a falha se dá por exceder a resistência do material e na qual se deseja minimizar o peso.

2-29 Repita o Problema 2–28, mas considere que a falha ocorre por deflexão excessiva e que se deseja minimizar o peso.

2-30 Para uma haste axialmente carregada, prove que $\beta = 1$ para as diretrizes de E^β/ρ na Figura 2–16.

2-31 Para uma haste axialmente carregada, prove que $\beta = 1$ para as diretrizes de $S^\beta\rho$ na Figura 2–19.

2-32 Para uma viga engastada em flexão, prove que $\beta = 1/2$ para as diretrizes de E^β/ρ na Figura 2–16.

2-33 Para uma viga engastada em flexão, prove que $\beta = 2/3$ para as diretrizes de S^β/ρ na Figura 2–19.

2-34 Considere uma biela que transmite uma força de tração F. A tensão de tração correspondente é dada por $\sigma = F/A$, em que A é a área da seção transversal. A deflexão da biela é dada pela Equação (4–3), que é $\delta = (Fl)/(AE)$, em que l é o comprimento da biela. Usando os gráficos de Ashby das Figuras 2–16 e 2–19, explore que materiais dúcteis se adaptariam melhor para obtermos uma biela leve, rígida *e* resistente. *Dicas*: considere a rigidez e a resistência separadamente.

2-35 Repita o Problema 1–13. Os dados refletem o número encontrado na parte (*b*)? Se não, por quê? Grafique o histograma dos dados. Presumindo a distribuição normal, grafique a Equação (1–4) e a compare com o histograma.

3 Análise de cargas e tensões

- **3-1** Equilíbrio e diagramas de corpo livre **83**
- **3-2** Força de cisalhamento e momentos fletores em vigas **86**
- **3-3** Funções de singularidade **88**
- **3-4** Tensão **90**
- **3-5** Componentes cartesianas de tensão **90**
- **3-6** Círculo de Mohr para tensões planas **92**
- **3-7** Tensão tridimensional geral **98**
- **3-8** Deformação elástica **99**
- **3-9** Tensões uniformemente distribuídas **100**
- **3-10** Tensões normais para vigas em flexão **101**
- **3-11** Tensões de cisalhamento para vigas em flexão **106**
- **3-12** Torção **113**
- **3-13** Concentração de tensão **122**
- **3-14** Tensões em cilindros pressurizados **125**
- **3-15** Tensões em anéis rotativos **128**
- **3-16** Ajuste por interferência **128**
- **3-17** Efeitos da temperatura **129**
- **3-18** Vigas curvas em flexão **130**
- **3-19** Tensões de contato **135**
- **3-20** Resumo **139**

Um dos principais objetivos deste livro é descrever como os componentes de máquina específicos funcionam, assim como projetá-los e especificá-los de modo que funcionem de maneira segura e sem falhas estruturais. Embora a discussão anterior tenha descrito resistência estrutural em termos de carga ou tensão *versus* resistência, falha de função por razões estruturais pode surgir de outros fatores tais como deformações ou deflexões excessivas.

Aqui, pressupõe-se que o leitor tenha completado cursos básicos em estática de corpos rígidos e mecânica dos materiais e esteja bem familiarizado com a análise de cargas e tensões e deformações associadas aos estados de carga básica de elementos prismáticos simples. Neste capítulo, bem como no Capítulo 4, revisaremos e ampliaremos esses tópicos brevemente. Derivações complestas não serão apresentadas e pede-se ao leitor que reveja livros-texto básicos e notas sobre este assunto.

Este capítulo começa como uma revisão sobre equilíbrio e diagramas de corpo livre associados a componentes transmissores de carga. Deve-se compreender a natureza das forças antes de tentar realizar uma análise ampla das tensões ou deflexões de um componente mecânico. Uma ferramenta extremamente útil para lidar com carregamento descontínuo de estruturas emprega *funções de singularidade* ou de *Macaulay*. Funções de singularidade são descritas na Seção 3-3 conforme aplicadas a forças de cisalhamento e momentos fletores. No Capítulo 4, o uso de funções de singularidade será expandido para mostrar o real poder delas no tratamento de deflexões de geometria complexa e problemas estaticamente indeterminados.

Componentes de máquina transmitem forças e movimento de um ponto a outro. A transmissão de força pode ser imaginada como um fluxo ou distribuição de forças que é mais bem visualizada isolando-se superfícies internas dentro do componente. Força distribuída sobre uma superfície leva ao conceito de tensão, componentes de tensão e transformações de tensão (círculo de Mohr) para todas as superfícies possíveis em um dado ponto.

O restante do capítulo é dedicado às tensões associadas ao carregamento básico de elementos prismáticos, tais como carregamento uniforme, flexão e torção e a tópicos com importantes implicações de projeto como concentrações de tensões, cilindros pressurizados de paredes finas e grossas, anéis rotativos, ajustes por interferência, tensões térmicas, vigas curvas e tensões de contato.

3-1 Equilíbrio e diagramas de corpo livre

Equilíbrio

A palavra *sistema* será usada para denotar qualquer parte *isolada* ou porção de uma máquina ou estrutura — incluindo toda ela, se assim desejado — que queremos estudar. Um sistema, segundo essa definição, pode consistir em uma partícula, várias partículas, uma parte de um corpo rígido, um corpo rígido inteiro ou até vários corpos rígidos.

Se supusermos que o sistema a ser estudado está imóvel ou, no máximo, tem velocidade constante, então o sistema tem aceleração zero. Sob essa condição, diz-se que ele está em *equilíbrio*. O termo *equilíbrio estático* também é usado para indicar que ele está *em repouso*. Para atingir o equilíbrio, as forças e momentos que atuam no sistema se equilibram tal que

$$\sum \mathbf{F} = 0 \qquad (3\text{-}1)$$

$$\sum \mathbf{M} = 0 \qquad (3\text{-}2)$$

o que significa que *a soma de todos os vetores de força* e *a soma de todos os vetores de momento* que atuam sobre um sistema em equilíbrio é zero.

Diagramas de corpo livre

Podemos simplificar bastante a análise de uma máquina ou estrutura muito complexa isolando sucessivamente cada elemento para depois estudá-lo e analisá-lo com o emprego de *diagramas de corpo livre*. Quando todos os elementos tiverem sido tratados dessa maneira, o conhecimento pode ser organizado para produzir informações concernentes ao comportamento total do sistema. Portanto, um diagrama de corpo livre é, essencialmente, um meio de subdividir um problema complicado em segmentos mais fáceis de serem trabalhados, analisar esses problemas simples para depois, normalmente, reunir novamente todas essas informações.

O uso de diagramas de corpo livre para análise de força atende aos importantes propósitos descritos a seguir:

- O diagrama estabelece as direções dos eixos de referência, provê um local para registrar as dimensões do subsistema e das magnitudes e direções das forças conhecidas e ajuda a supor as direções das forças desconhecidas.
- O diagrama simplifica o raciocínio, pois fornece um local para armazenar um pensamento enquanto se prossegue para o próximo.
- O diagrama provê um meio de comunicar suas ideias claramente, sem ambiguidade, a outras pessoas.
- A construção cuidadosa e completa do diagrama esclarece ideias mal definidas trazendo à tona vários pontos nem sempre evidentes no enunciado ou na geometria do problema completo. Portanto, ele ajuda a compreender todas as facetas do problema.
- O diagrama auxilia no planejamento de uma abordagem lógica do problema e no estabelecimento das relações matemáticas.
- O diagrama ajuda a registrar o progresso na solução e a ilustrar os métodos usados.
- O diagrama possibilita que outras pessoas acompanhem seu raciocínio, mostrando *todas* as forças.

EXEMPLO 3-1

A Figura 3–1*a* apresenta uma representação simplificada de um redutor de engrenagens em que os eixos de entrada e saída *AB* e *CD* estão girando a velocidades constantes ω_i e ω_o, respectivamente. Os torques de entrada e saída (momentos de torção) são, respectivamente, $T_i = 28$ N·m e T_o. No alojamento os eixos se apoiam em mancais em *A*, *B*, *C* e *D*. Os raios primitivos das engrenagens G_1 e G_2 são, respectivamente, $r_1 = 20$ mm e $r_2 = 40$ mm. Desenhe os diagramas de corpo livre de cada membro e determine as forças de reação e momentos resultantes em todos os pontos.

Solução

Primeiro, listaremos todas as hipóteses simplificadoras.

1. G_1 e G_2 são engrenagens cilíndricas simples, de dentes retos, com ângulo de pressão padrão $\phi = 20°$ (ver Seção 13–5).
2. Os mancais são de autoalinhamento e podem ser considerados como se estivessem apoiados.
3. O peso de cada elemento é desprezível.
4. O atrito é desprezível.
5. Os parafusos de montagem em *E*, *F*, *H* e *I* são todos do mesmo tamanho.

Os diagramas de corpo livre do membros são mostrados separadamente nas Figuras 3–1*b*–*d*. Observe que a terceira lei de Newton, chamada *lei da ação e reação*, é usada extensivamente onde cada elemento se encaixa. A força transmitida entre as engrenagens cilíndricas de dentes retos não é tangencial, exceto no ângulo de pressão ϕ. Portanto, $N = F \tan \phi$.

(a) Redutor de engrenagens

(b) Caixa de engrenagens

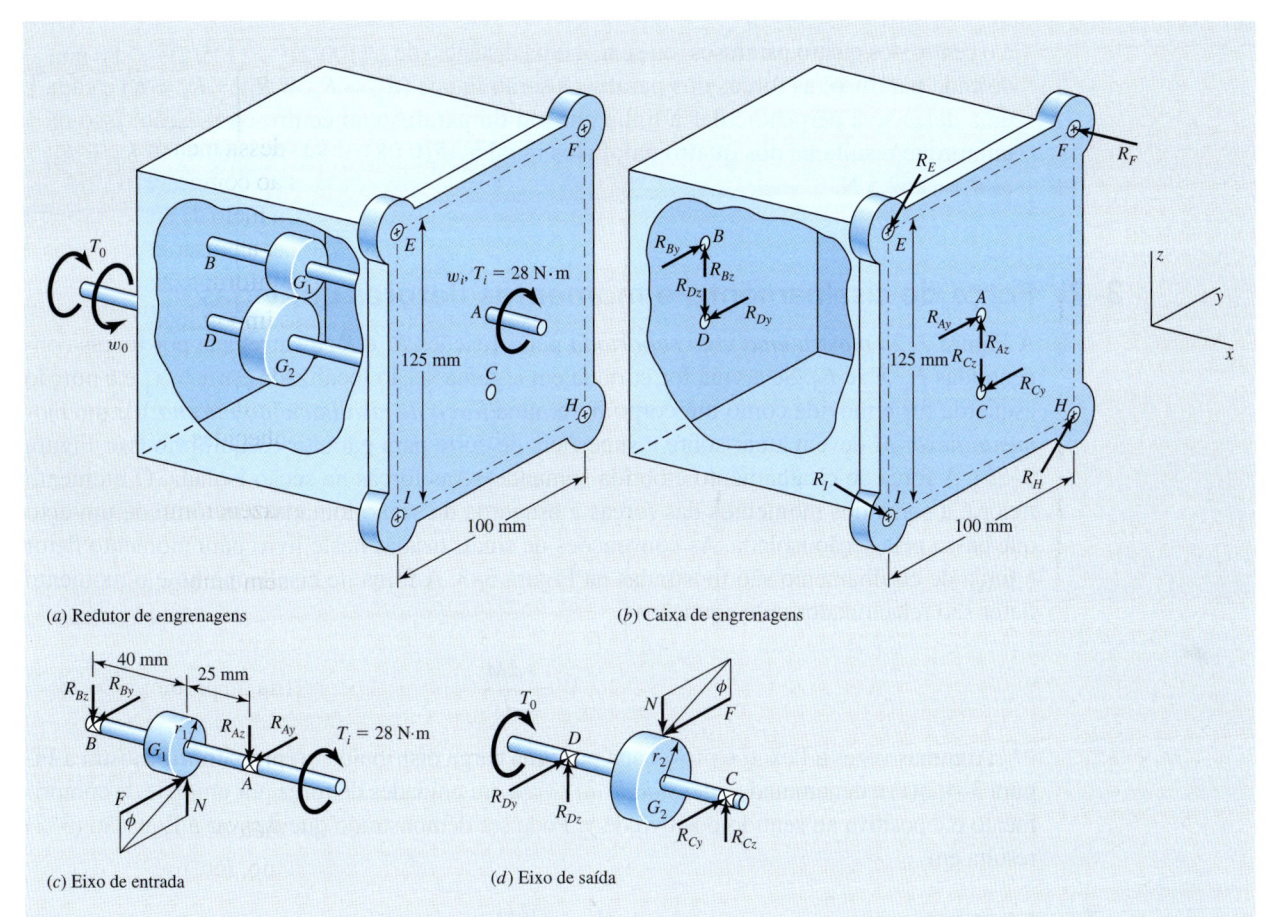

(c) Eixo de entrada

(d) Eixo de saída

Figura 3–1 (a) Redutor de engrenagens; (b–d) diagramas de corpo livre. Os diagramas não estão em escala.

Somando os momentos em torno do eixo x do eixo AB na Figura 3–1d, obtemos

$$\sum M_x = F(0{,}02) - 28 = 0$$

$$F = 1400 \text{ N}$$

A força normal é $N = 320 \tan 20° = 509{,}6$ N.

Usando as equações de equilíbrio para as Figuras 3–1c e d, o leitor poderá constatar que: $R_{Ay} = 861{,}5$ N, $R_{Az} = 313{,}6$ N, $R_{By} = 538{,}5$ N, $R_{Bz} = 196$ N, $R_{Cy} = 861{,}5$ N, $R_{Cz} = 313{,}6$ N, $R_{Dy} = 538{,}5$ N, $R_{Dz} = 196$ N e $T_o = 56$ N·m. O sentido do torque de saída T_o é contrário ao de ω_o por se tratar da carga resistiva no sistema opondo-se ao movimento ω_o.

Note na Figura 3–1b que a força resultante das reações dos mancais é zero, ao passo que o momento resultante em torno do eixo x é 0,06 (861,5) + 0,06 (538,5) = 84 N·m. Esse valor é o mesmo que $T_i + T_o = 28 + 56 = 84$ N·m, conforme mostra a Figura 3–1a. As forças de reação R_E, R_F, R_H e R_I, provenientes dos parafusos de montagem, não podem ser determinadas pelas equações de equilíbrio visto que existem muitas incógnitas. Somente três equações estão disponíveis, $\sum F_y = \sum F_z = \sum M_x = 0$. Caso esteja se perguntando a respeito da hipótese 5, é aqui onde nós a usaremos (ver Seção 8–12). A caixa de engrenagens tende a girar em torno do eixo x devido a um momento de torção puro de 84 N·m. As forças dos parafusos devem gerar um momento de torção igual, porém, no sentido oposto. O centro de rotação relativo aos parafusos situa-se no centroide das áreas de seção transversal dos parafusos de porca. Portanto, se as áreas dos parafusos forem iguais, o centro de rotação

> é o centro dos quatro parafusos, ou seja, a uma distância de $\sqrt{(100/2)^2 + (125/2)^2} = 80$ mm de cada parafuso; as forças dos parafusos serão iguais ($R_E = R_F = R_H = R_I = R$) e cada uma delas será perpendicular à linha que vai do parafuso ao centro de rotação. Isso dá um torque resultante dos quatro parafusos igual a $4R(0,08) = 84$. Assim, $R_E = R_F = R_H = R_I = 262,5$ N.

3–2 Força de cisalhamento e momentos fletores em vigas

A Figura 3–2a *mostra uma viga suportada* pelas reações R_1 e R_2 e carregada por forças concentradas F_1, F_2 e F_3. Se a viga for cortada em alguma seção localizada em $x = x_1$ e a porção esquerda for removida como um corpo livre, uma *força de cisalhamento interna* V e um *momento flexor* M devem atuar sobre a superfície de corte para garantir o equilíbrio (ver Figura 3–2b). A força de cisalhamento é obtida somando-se as forças na seção isolada. O momento fletor é a soma dos momentos das forças à esquerda da seção tomadas em torno de um eixo que passa pela seção isolada. As convenções de sinais usadas neste livro para momento fletor e força de cisalhamento são mostradas na Figura 3–3. A força de cisalhamento e o momento fletor são relacionados pela equação

$$V = \frac{dM}{dx} \tag{3-3}$$

Algumas vezes a flexão é provocada por uma carga distribuída $q(x)$, conforme mostra a Figura 3–4; $q(x)$ é denominada *intensidade da carga* em unidades de força por unidade de comprimento e é positiva no sentido positivo de y. Pode ser demonstrado que derivar a Equação (3–3) resulta em

$$\frac{dV}{dx} = \frac{d^2M}{dx^2} = q \tag{3-4}$$

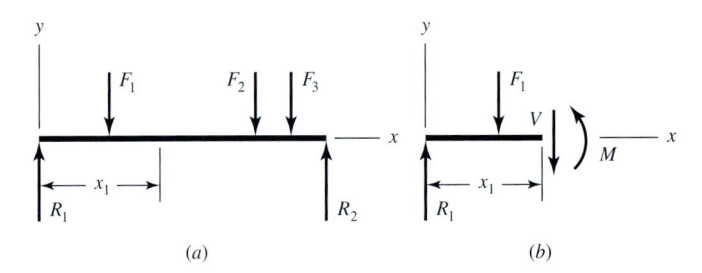

Figura 3–2 Diagrama de corpo livre de uma viga simplesmente apoiada com V e M mostrados nas direções positivas.

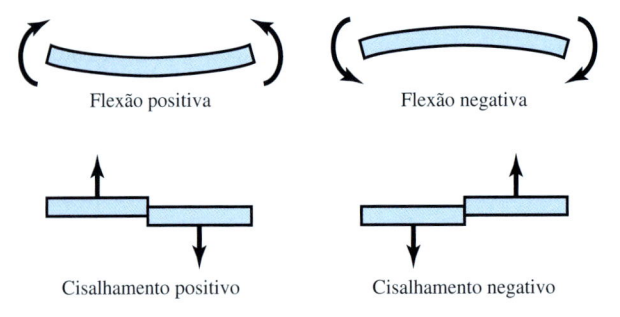

Figura 3–3 Convenções de sinais para flexão e cisalhamento.

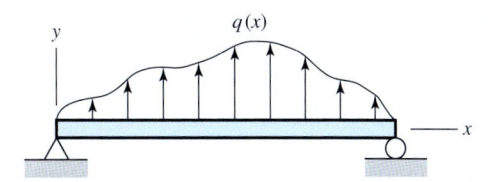

Figura 3–4 Carga distribuída na viga.

Normalmente, a carga distribuída aplicada é dirigida para baixo e é rotulada por w (ver, por exemplo, a Figura 3–6). Nesse caso, $w = -q$.

As Equações (3–3) e (3–4) revelam relações adicionais caso sejam integradas. Consequentemente, se integrarmos, digamos, x_A e x_B, obteremos

$$\int_{V_A}^{V_B} dV = V_B - V_A = \int_{x_A}^{x_B} q\, dx \tag{3-5}$$

que afirma que *a mudança na força de cisalhamento de A para B é igual à área do diagrama do carregamento entre x_A e x_B*.

De modo similar,

$$\int_{M_A}^{M_B} dM = M_B - M_A = \int_{x_A}^{x_B} V\, dx \tag{3-6}$$

que afirma que *a mudança no momento de A até B é igual à área do diagrama de força de cisalhamento entre x_A e x_B*.

Tabela 3–1 Funções de Singularidade (*Macaulay*[†])

Função	Gráfico de $f_n(x)$	Significado
Momento concentrado (conjugado unitário)	$\langle x-a \rangle^{-2}$	$\langle x-a \rangle^{-2} = 0 \quad x \neq a$ $\langle x-a \rangle^{-2} = \pm\infty \quad x = a$ $\int \langle x-a \rangle^{-2} dx = \langle x-a \rangle^{-1}$
Força concentrada (impulso unitário)	$\langle x-a \rangle^{-1}$	$\langle x-a \rangle^{-1} = 0 \quad x \neq a$ $\langle x-a \rangle^{-1} = +\infty \quad x = a$ $\int \langle x-a \rangle^{-1} dx = \langle x-a \rangle^{0}$
Degrau unitário	$\langle x-a \rangle^{0}$	$\langle x-a \rangle^{0} = \begin{cases} 0 & x < a \\ 1 & x \geq a \end{cases}$ $\int \langle x-a \rangle^{0} dx = \langle x-a \rangle^{1}$
Rampa	$\langle x-a \rangle^{1}$	$\langle x-a \rangle^{1} = \begin{cases} 0 & x < a \\ x-a & x \geq a \end{cases}$ $\int \langle x-a \rangle^{1} dx = \dfrac{\langle x-a \rangle^{2}}{2}$

[†] W. H. Macaulay. "Note on the deflection of beams." *Messenger of Mathematics*, vol. 48, p. 129–130, 1919.

3–3 Funções de singularidade

As quatro funções de singularidade definidas na Tabela 3–1 constituem um modo útil e fácil de integrar por meio de descontinuidades. Pelo seu emprego, expressões gerais para força de cisalhamento e momento fletor em vigas podem ser escritas quando a viga é carregada por forças ou momentos concentrados. Conforme está na tabela, as funções de força e momento concentrados são zero para qualquer valor de x diferente de a. As funções são indefinidas para valores de $x = a$. Note que as funções rampa e degrau unitário são zero apenas para valores de x menores que a. As propriedades de integração mostradas na tabela também constiuem uma parte da definição matemática. As duas primeiras integrações de $q(x)$ para $V(x)$ e $M(x)$ não requerem constantes de integração desde que *todas* as cargas na viga sejam levadas em conta em $q(x)$. Os exemplos a seguir mostram como essas funções são usadas.

EXEMPLO 3–2 Derive expressões para os diagramas de cargas, forças de cisalhamento e momentos flexores para a viga da Figura 3–5a.

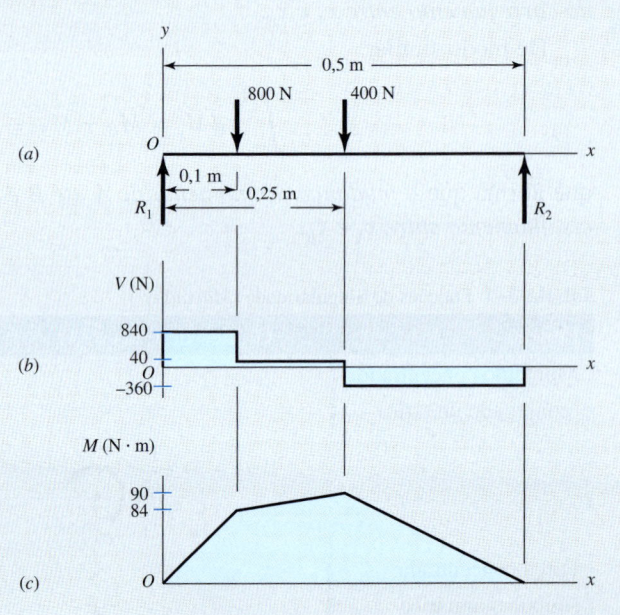

Figura 3–5 (a) Diagrama de corpo livre para uma viga simplesmente apoiada. (b) Diagrama de forças cortantes. (c) Diagrama de momentos fletores.

Solução Usando a Tabela 3–1 e $q(x)$ para a função de carga, encontramos

Resposta
$$q = R_1 \langle x \rangle^{-1} - 800\langle x - 0,1 \rangle^{-1} - 400\langle x - 0,25 \rangle^{-1} + R_2\langle x - 0,5 \rangle \quad (1)$$

Integrações sucessivas dão

Resposta
$$V = \int q\, dx = R_1\langle x \rangle^0 - 800\langle x - 0,1 \rangle^0 - 400\langle x - 0,25 \rangle^0 + R_2\langle x - 0,5 \rangle^0 \quad (2)$$

Resposta
$$M = \int V\, dx = R_1\langle x \rangle^1 - 800\langle x - 0,1 \rangle^1 - 400\langle x - 0,25 \rangle^1 + R_2\langle x - 0,5 \rangle^1 \quad (3)$$

Note que $V = M = 0$ em $x = 0$.

As reações R_1 e R_2 podem ser encontradas fazendo-se o somatório dos momentos e forças como de praxe, *ou* notando que a força de cisalhamento e o momento fletor devem ser nulos em qualquer ponto exceto na região $0 \leq x \leq 0{,}5$ m. Isso significa que a Equação (2) deve nos dar $V = 0$ em x ligeiramente maior que 0,5 m. Portanto

$$R_1 - 800 - 400 + R_2 = 0 \tag{4}$$

Como o momento fletor também deve ser zero na mesma região, temos, da Equação (3),

$$R_1(0{,}5) - 800(0{,}5 - 0{,}1) - 400(0{,}5 - 0{,}25) = 0 \tag{5}$$

Equações (4) e (5) levam às reações $R_1 = 840$ N e $R_2 = 360$ N.

O leitor deve verificar que a substituição dos valores de R_1 e R_2 nas Equações (2) e (3) leva às Figuras 3–5b e c.

EXEMPLO 3–3 A Figura 3–6a mostra o diagrama do carregamento para uma viga em balanço em A com uma carga uniforme de 3,5 kN/m atuando no trecho 75 mm $\leq x \leq$ 175 mm e um momento concentrado no sentido anti-horário igual a 1 kN·m em $x = 250$ mm. Derive as relações para força de cisalhamento e momento flexor e as reações de apoio M_1 e R_1.

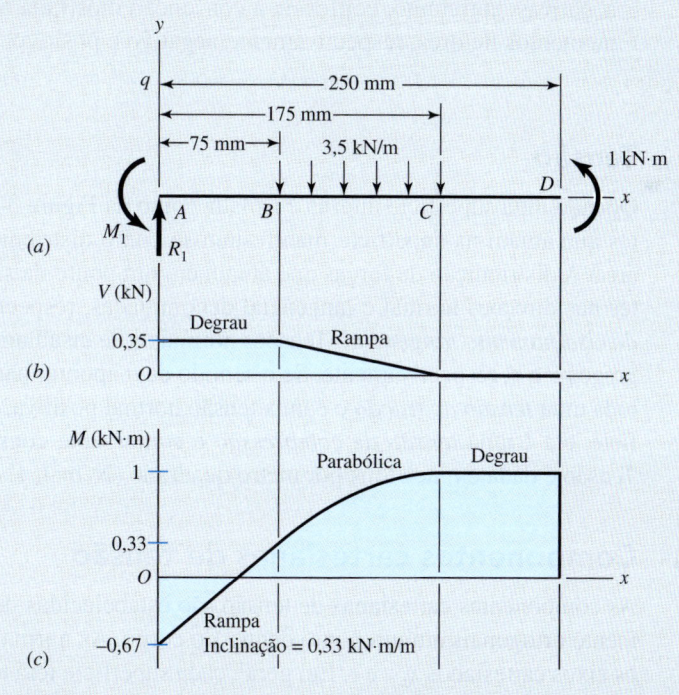

Figura 3–6 (a) Diagrama do carregamento para uma viga em balanço em A. (b) Diagrama de força de cisalhamento. (c) Diagrama de momento fletor.

Solução Seguindo o procedimento do Exemplo 3–2, determinamos que a função intensidade de carga é

$$q = -M_1 \langle x \rangle^{-2} + R_1 \langle x \rangle^{-1} - 3{,}5 \langle x - 0{,}075 \rangle^0 + 3{,}5 \langle x - 0{,}175 \rangle^0 - 1 \langle x - 0{,}25 \rangle^{-2} \tag{1}$$

Note que o termo $3,5(x - 0,175)^0$ foi necessário para "desativar" a carga uniforme em C. Integrando sucessivamente, obtemos

Respostas

$$V = -M_1\langle x \rangle^{-1} + R_1\langle x \rangle^0 - 3,5\langle x - 0,075\rangle^1 + 3,5\langle x - 0,175\rangle^1 - 1\langle x - 0,25\rangle^{-1} \quad (2)$$

$$M = -M_1\langle x \rangle^0 + R_1\langle x \rangle^1 - 1,75\langle x - 0,075\rangle^2 + 1,75\langle x - 0,175\rangle^2 - 1\langle x - 0,25\rangle^0 \quad (3)$$

As reações são encontradas fazendo x ligeiramente maior que 250 mm, em que tanto V e M são zero nessa região. A Equação (2) nos dará então

$$-M_1\langle 0,25\rangle^{-1} + R_1\langle 1\rangle - 3,5\langle 0,25 - 0,075\rangle + 3,5\langle 0,25 - 0,175\rangle - 1\langle 0\rangle = 0$$

Resposta que resulta em $R_1 = 350$ N.

Da Equação (3), obtemos

$$-M_1(1) + 0,35(0,25) - 1,75(0,25 - 0,075)^2 + 1,75(0,25 - 0,175)^2 - 1(0) = 0$$

Resposta que resulta em $M_1 = 0,0438$ kN · m.

As Figuras 3–6b e c mostram os diagramas de forças de cisalhamento e momentos fletores. Note que os termos de impulso na Equação (2), $-M_1\langle x \rangle^{-1}$ e $-1\langle x - 0,25\rangle^{-1}$, são fisicamente não forças e, portanto, não são mostrados no diagrama V. Note também que tanto o momento M_1 quanto o de 1 kN·m são anti-horários e funções de singularidade negativas; entretanto, conforme a convenção mostrada na Figura 3–2, M_1 e 1 kN·m são momentos fletores, respectivamente negativo e positivo, que se reflete na Figura 3–6c.

3–4 Tensão

Quando uma superfície interna é isolada como na Figura 3–2b, a força e o momento resultantes que atuam na superfície manifestam-se como distribuições de forças ao longo de toda a área. A distribuição de forças que atuam em um ponto da superfície é única e terá componentes nas direções normal e tangencial denominadas, respectivamente, *tensão normal* e *tensão de cisalhamento tangencial*. Tensões normais e de cisalhamento são indicadas pelos símbolos gregos σ e τ, respectivamente. Se o sentido de σ apontar para fora da superfície, ela é considerada uma *tensão de tração* e é uma tensão normal positiva. Se σ apontar para dentro da superfície, ela é uma *tensão de compressão* e comumente considerada uma quantidade negativa. Tensão é dada em newtons por metro quadrado (N/m^2); 1N/m^2 = 1 pascal (Pa).

3–5 Componentes cartesianas de tensão

As componentes cartesianas de tensão são estabelecidas definindo-se três superfícies mutuamente ortogonais em um ponto dentro do corpo. As normais de cada superfície estabelecerão os eixos cartesianos x, y e z. Em geral, cada superfície terá uma tensão normal e uma tensão de cisalhamento. A tensão de cisalhamento pode ter componentes ao longo de dois eixos cartesianos. Por exemplo, a Figura 3–7 mostra uma área de superfície infinitesimal isolada em um ponto Q, no interior de um corpo em que a superfície normal é a direção x. A tensão normal é indicada por σ_x. O símbolo σ indica uma tensão normal e o subscrito x indica a direção da superfície normal. A tensão de cisalhamento resultante que atua na superfície é $(\tau_x)_{\text{resultante}}$, e pode ser decomposta nas componentes nas direções y e z, rotuladas, respectivamente, por τ_{xy} e τ_{xz} (ver Figura 3–7). Note que são necessários subscritos duplos para o cisalhamento. O primeiro subscrito indica a direção da superfície normal ao passo que o segundo subscrito é a direção da tensão de cisalhamento.

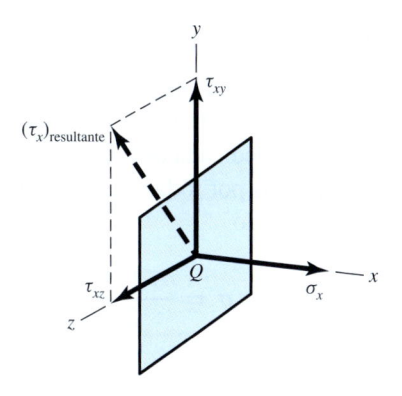

Figura 3–7 Componentes de tensão na superfície normal à direção x.

O estado de tensão em um dado ponto descrito por três superfícies mutuamente perpendiculares é mostrado na Figura 3–8a. Pode ser demonstrado por meio de transformação de coordenadas que isso é suficiente para determinar o estado de tensão em *qualquer* superfície interseptando o ponto. À medida que as dimensões do cubo da Figura 3–8a se aproximam de zero, as tensões nas faces ocultas se tornam iguais e opostas àquelas sobre as faces visíveis opostas. Portanto, em geral, um estado de tensão completo é definido por nove componentes de tensão, σ_x, σ_y, σ_z, τ_{xy}, τ_{xz}, τ_{yx}, τ_{yz}, τ_{zx} e τ_{zy}.

Para o equilíbrio, na maioria dos casos, tensões de cisalhamento transversais são iguais, portanto

$$\tau_{yx} = \tau_{xy} \qquad \tau_{zy} = \tau_{yz} \qquad \tau_{xz} = \tau_{zx} \tag{3-7}$$

Isso reduz o número de componentes de tensão para a maioria dos estados de tensão tridimensionais de nove para seis quantidades, σ_x, σ_y, σ_z, τ_{xy}, τ_{yz} e τ_{zx}.

Um estado de tensão muito comum ocorre quando as tensões em uma superfície são iguais a zero. Quando isso acontece, o estado de tensão é denominado *tensão plana*. A Figura 3–8b mostra um estado de tensão plana, supondo arbitrariamente que a normal à superfície livre de tensões é a direção z tal que $\sigma_z = \tau_{zx} = \tau_{zy} = 0$. É importante notar que o elemento na Figura 3–8b ainda é um cubo tridimensional. Também, aqui foi suposto que as componentes de cisalhamento transversais são iguais, de modo que $\tau_{yx} = \tau_{xy}$ e $\tau_{yz} = \tau_{zy} = \tau_{xz} = \tau_{zx} = 0$.

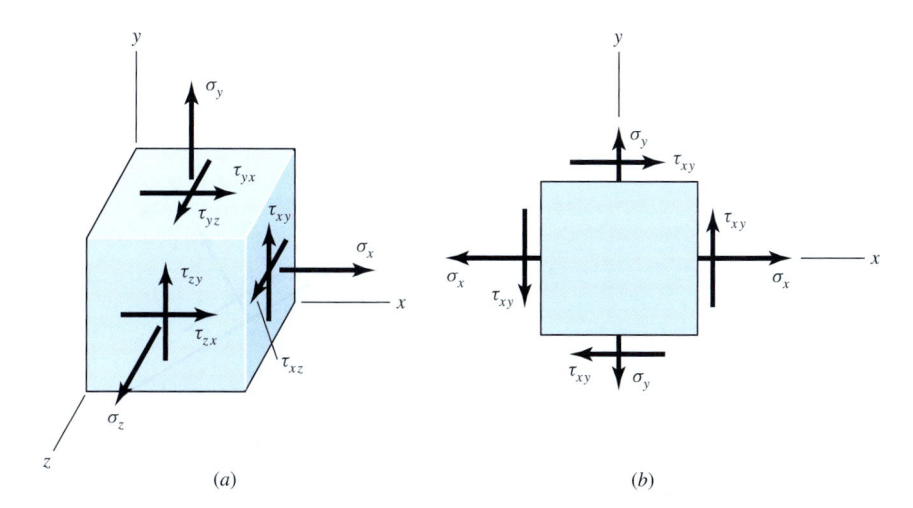

Figura 3–8 (a) Tensão tridimensional geral. (b) Tensão plana com componentes de cisalhamento transversal de igual magnitude.

3-6 Círculo de Mohr para tensões planas

Suponha que o elemento $dx\, dy\, dz$ da Figura 3–8b seja cortado por um plano oblíquo com uma normal n a um ângulo arbitrário ϕ, no sentido anti-horário a partir do eixo x, conforme a Figura 3–9. Esta seção é dedicada às tensões σ e τ que atuam sobre esse plano oblíquo. Somando-se as forças causadas por todas as componentes de tensão e igualando-se a zero, constata-se que as tensões σ e τ são

$$\sigma = \frac{\sigma_x + \sigma_y}{2} + \frac{\sigma_x - \sigma_y}{2}\cos 2\phi + \tau_{xy}\,\text{sen}\, 2\phi \tag{3-8}$$

$$\tau = -\frac{\sigma_x - \sigma_y}{2}\text{sen}\, 2\phi + \tau_{xy}\cos 2\phi \tag{3-9}$$

As Equações (3–8) e (3–9) são chamadas de *equações de transformação de tensão plana*.

Derivando-se a Equação (3–8) em relação a ϕ e fazendo que o resultado seja igual a zero, obtemos

$$\tan 2\phi_p = \frac{2\tau_{xy}}{\sigma_x - \sigma_y} \tag{3-10}$$

A Equação (3–10) define dois valores particulares para o ângulo $2\phi_p$, um dos quais define a tensão normal máxima σ_1 e o outro, a tensão normal mínima σ_2. Essas duas tensões são denominadas as *tensões principais,* e suas direções correspondentes, as *direções principais.* O ângulo entre as direções principais é 90°. É importante notar que a Equação (3–10) pode ser escrita da seguinte forma

$$\frac{\sigma_x - \sigma_y}{2}\text{sen}\, 2\phi_p - \tau_{xy}\cos 2\phi_p = 0 \tag{a}$$

Comparando a última equação com a Equação (3–9), vemos que $\tau = 0$, significando que as superfícies que *contêm as tensões principais possuem tensões de cisalhamento iguais a zero*.

De modo similar, derivamos a Equação (3–9), fazemos o resultado ser igual a zero e obtemos

$$\tan 2\phi_s = -\frac{\sigma_x - \sigma_y}{2\tau_{xy}} \tag{3-11}$$

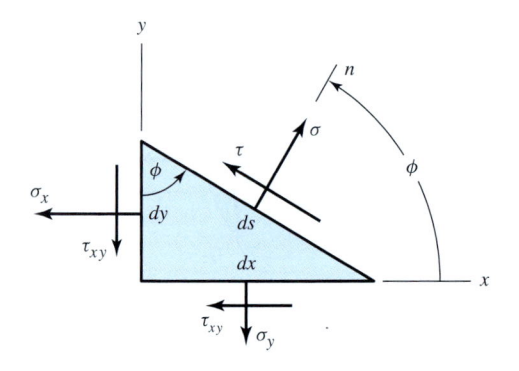

Figura 3–9

A Equação (3–11) define os dois valores de $2\phi_s$ em que a tensão de cisalhamento τ atinge um valor extremo. O ângulo entre as superfícies contendo as tensões de cisalhamento máximas é 90°. A Equação (3–11) também pode ser escrita como

$$\frac{\sigma_x - \sigma_y}{2} \cos 2\phi_p + \tau_{xy} \operatorname{sen} 2\phi_p = 0 \qquad \text{(b)}$$

Substituindo esta última na Equação (3–8) nos conduz a

$$\sigma = \frac{\sigma_x + \sigma_y}{2} \qquad (3\text{–}12)$$

A Equação (3–12) diz-nos que as duas superfícies contendo as tensões de cisalhamento máximas também contêm tensões normais iguais a $(\sigma_x + \sigma_y)/2$.

Comparando-se as Equações (3–10) e (3–11), percebemos que $\tan 2\phi_s$ é o recíproco negativo de $\tan 2\phi_p$. Isso significa que $2\phi_s$ e $2\phi_p$ são ângulos apartados de 90° e, portanto, os ângulos entre as superfícies contendo as tensões de cisalhamento máximas e as superfícies contendo as tensões principais são $\pm 45°$.

Fórmulas para as duas tensões principais podem ser obtidas, substituindo-se o ângulo $2\phi_p$ da Equação (3–10) na Equação (3–8). O resultado é

$$\sigma_1, \sigma_2 = \frac{\sigma_x + \sigma_y}{2} \pm \sqrt{\left(\frac{\sigma_x - \sigma_y}{2}\right)^2 + \tau_{xy}^2} \qquad (3\text{–}13)$$

De modo similar, os dois valores extremos das tensões de cisalhamento são

$$\tau_1, \tau_2 = \pm \sqrt{\left(\frac{\sigma_x - \sigma_y}{2}\right)^2 + \tau_{xy}^2} \qquad (3\text{–}14)$$

Deve-se ter especial atenção para o fato de que um valor extremo da tensão de cisalhamento *pode não ser o mesmo que o valor máximo real*. Ver Seção 3–7.

É importante notar que as equações dadas até este momento são suficientes para calcular qualquer transformação de tensão plana. Entretanto, deve-se tomar extremo cuidado ao aplicá-las. Por exemplo, digamos que você esteja tentando determinar o estado principal de tensão para um problema em que $\sigma_x = 14$ MPa, $\sigma_y = -10$ MPa e $\tau_{xy} = -16$ MPa. A Equação (3–10) produz $\phi_p = -26{,}57°$ e $63{,}43°$ para localizar as superfícies de tensão principal, ao passo que a Equação (3–13) fornece $\sigma_1 = 22$ MPa e $\sigma_2 = -18$ MPa para as tensões principais. Se tudo que precisávamos eram as tensões principais, então teríamos terminado. Entretanto, e se quisermos desenhar o elemento que contém as tensões principais apropriadamente orientado em relação aos eixos x, y? Nesse caso, temos dois valores de ϕ_p e dois valores para as tensões principais. Como saber qual valor de ϕ_p corresponde a qual valor da tensão principal? Para esclarecermos essa questão precisaríamos substituir um dos valores de ϕ_p na Equação (3–8) para determinar a tensão normal correspondente a esse ângulo.

Um método gráfico para expressar as relações desenvolvidas nesta seção, denominado *diagrama de círculo de Mohr*, é um meio bem eficaz de visualizar o estado de tensão em um ponto e observar o curso das direções dos vários componentes associados com tensão plana. Pode-se demonstrar que as Equações (3–8) e (3–9) são um conjunto de equações paramétricas para σ e τ, em que o parâmetro é 2ϕ. A relação entre σ e τ é aquela de um círculo desenhado no plano σ, τ, em que o centro do círculo está situado em $C = (\sigma, \tau) = [(\sigma_x + \sigma_y)/2, 0]$ e tem um raio de $R = \sqrt{[(\sigma_x - \sigma_y)/2]^2 + \tau_{xy}^2}$. Surge um problema no sinal da tensão de cisalhamento. As equações de transformação baseiam-se em um ϕ positivo no sentido anti-horário, conforme mostra a Figura 3–9. Se um τ positivo fosse representado graficamente acima do eixo de σ, os pontos girariam no sentido horário no círculo 2ϕ em sentido oposto de rotação no elemento. Seria conveniente se as rotações estivessem no mesmo sentido. Poderíamos resolver facilmente o problema representando graficamente τ positivo abaixo do eixo. Porém, a abordagem clássica do círculo de Mohr usa uma convenção diferente para a tensão de cisalhamento.

Convenção para o cisalhamento no círculo de Mohr

Esta convenção é seguida ao desenhar-se o círculo de Mohr:

- Tensões de cisalhamento tendendo a girar o elemento no sentido horário são traçadas *acima* do eixo σ.
- Tensões de cisalhamento tendendo a girar o elemento no sentido anti-horário são traçadas *abaixo* do eixo σ.

Consideremos, por exemplo, a face direita do elemento da Figura 3–8b. Pela convenção do círculo de Mohr, a tensão de cisalhamento mostrada é traçada *abaixo* do eixo σ, pois ela tende a girar o elemento no sentido anti-horário. A tensão de cisalhamento na face superior do elemento é traçada *acima* do eixo σ, pois ela tende a girar o elemento no sentido horário.

Na Figura 3–10, criamos um sistema de coordenadas com tensões normais traçadas ao longo da abscissa e tensões de cisalhamento traçadas como ordenadas. Na abscissa, tensões normais de tração (positivas) são traçadas para a direita da origem O e as tensões normais de compressão (negativas), à esquerda da origem. Na ordenada, tensões de cisalhamento no sentido horário são traçadas para cima; tensões de cisalhamento no sentido anti-horário são traçadas para baixo.

Usando o estado de tensão da Figura 3–8b, traçamos o círculo de Mohr, Figura 3–10, examinando primeiramente a superfície direita do elemento que contém σ_x para estabelecer o sinal de σ_x e o sentido horário ou anti-horário da tensão de cisalhamento. A face direita é denominada *face x*, em que $\phi = 0°$. Se σ_x for positivo e a tensão de cisalhamento τ_{xy} for anti-horária, como indica a

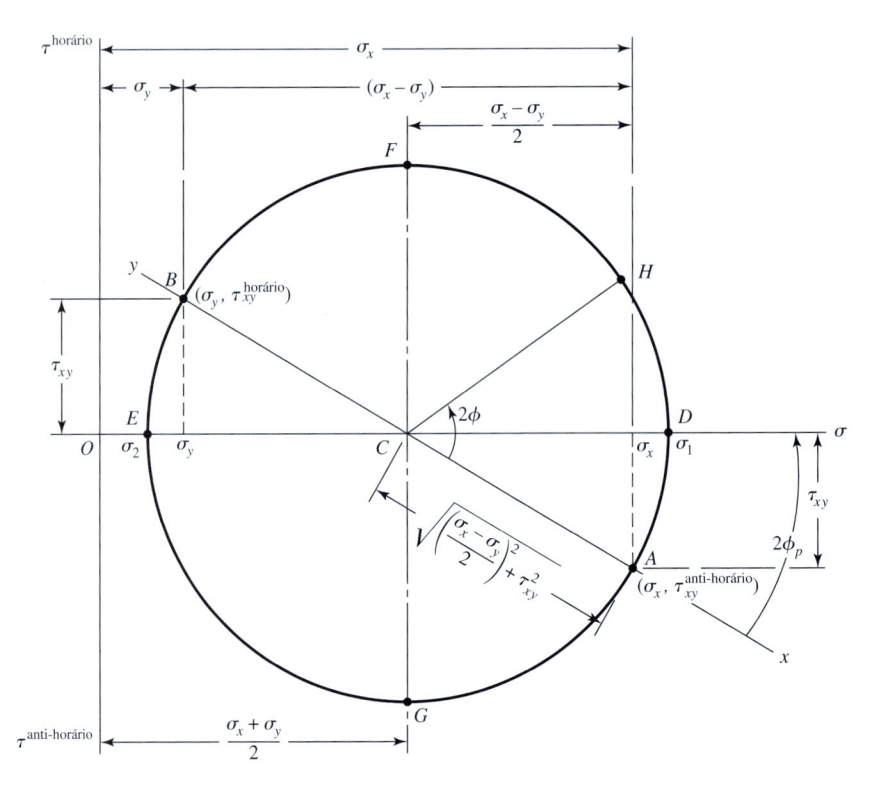

Figura 3–10 Diagrama do círculo de Mohr.

Figura 3–8b, podemos estabelecer o ponto A com coordenadas ($\sigma_x, \tau_{xy}^{\text{anti-horário}}$) na Figura 3–10. Em seguida, observamos a *face superior y*, em que $\phi = 90°$, que contém σ_y, e repetimos o processo para obter o ponto B com coordenadas ($\sigma_y, \tau_{xy}^{\text{horário}}$), conforme mostra a Figura 3–10. Os dois estados de tensão para o elemento estão a $\Delta\phi = 90°$ um do outro no elemento, de modo que eles estarão a $2\Delta\phi = 180°$ entre si no círculo de Mohr. Os pontos A e B encontram-se à mesma distância vertical do eixo σ. Portanto, AB tem de estar no diâmetro do círculo, e o centro do círculo C é onde AB intercepta o eixo σ. Com os pontos A e B no círculo, e o centro C, o círculo completo pode então ser desenhado. Note-se que as extremidades estendidas da reta AB são rotuladas x e y como referências às normais das superfícies para os quais os pontos A e B representam as tensões.

O círculo de Mohr completo representa o estado de tensão em um *único* ponto de uma estrutura. Cada ponto no círculo representa o estado de tensão para uma superfície *específica* que intercepta o ponto na estrutura. Cada par de pontos no círculo apartados entre si 180° representa o estado de tensão em um elemento cujas superfícies se encontram apartados 90° entre si. Uma vez que o círculo é desenhado, os estados de tensão podem ser visualizados para várias superfícies interceptando o ponto em análise. Por exemplo, as tensões principais σ_1 e σ_2 são, respectivamente, os pontos D e E, e seus valores obviamente estão de acordo com a Equação (3–13). Também observamos que as tensões de cisalhamento são nulas nas superfícies que contêm σ_1 e σ_2. Os dois valores extremos de tensão de cisalhamento, um no sentido horário, o outro no anti-horário, ocorrem em F e G, com magnitudes iguais ao raio do círculo. As superfícies em F e G também contêm tensões normais de $(\sigma_x + \sigma_y)/2$, conforme foi observado anteriormente na Equação (3–12). Finalmente, o estado de tensão em uma superfície arbitrária localizada a um ângulo ϕ anti-horário a partir da face x é o ponto H.

Outrora, o círculo de Mohr era usado graficamente e era desenhado em escala, de forma muito precisa, e os valores eram medidos com uma régua graduada e um transferidor. Aqui, estamos usando o círculo de Mohr estritamente como uma ferramenta de auxílio de visualização e utilizaremos uma abordagem semigráfica, calculando valores com base nas propriedades do círculo. Isso é ilustrado no exemplo a seguir.

EXEMPLO 3–4

Um elemento de tensão possui $\sigma_x = 80$ MPa, $\sigma_y = 0$ MPa, e $\tau_{xy} = 50$ MPa sentido horário, conforme mostra a Figura 3–11a.

(a) Usando o círculo de Mohr, determine as direções e tensões principais e as exiba em um elemento de tensão corretamente alinhado em relação às coordenadas xy. Desenhe um outro elemento de tensão para mostrar τ_1 e τ_2, encontre as tensões normais correspondentes e rotule o desenho completamente.

(b) Repita o item a usando apenas as equações de transformação.

Solução

(a) Na abordagem semigráfica usada aqui, primeiramente fazemos um esboço aproximado à mão livre do círculo de Mohr e depois usamos a geometria da figura para obter as informações desejadas.

Desenhe primeiro os eixos σ e τ (Figura 3–11b) e, a partir da face x, localize $\sigma_x = 80$ MPa ao longo do eixo σ. Na face x do elemento, vemos que a tensão de cisalhamento é 50 MPa no sentido horário. Consequentemente, para a face x, isso estabelece o ponto A (80, $50^{\text{horário}}$) MPa. Correspondente à face y, a tensão é $\sigma = 0$ e $\tau = 50$ MPa no sentido anti-horário. Isso localiza o ponto B (0, $50^{\text{anti-horário}}$) MPa. A linha AB forma o diâmetro do círculo necessário, que agora pode ser traçado. A intersecção do círculo com o eixo σ define σ_1 e σ_2 conforme mostrado. Agora, notando o triângulo ACD, indique no esboço o comprimento dos segmentos AD e CD como 50 MPa e 40 MPa, respectivamente. O comprimento da hipotenusa AC é

Resposta

$$\tau_1 = \sqrt{(50)^2 + (40)^2} = 64{,}0 \text{ MPa}$$

e também deve ser rotulada no esboço. Como a intersecção C está a 40 MPa da origem, as tensões principais podem agora ser encontradas

Resposta
$$\sigma_1 = 40 + 64 = 104 \text{ MPa} \quad \text{e} \quad \sigma_2 = 40 - 64 = -24 \text{ MPa}$$

O ângulo 2ϕ a partir do eixo x, no sentido horário, até σ_1 é

Resposta
$$2\phi_p = \tan^{-1} \frac{50}{40} = 51{,}3°$$

Para desenhar o elemento de tensão principal (Figura 3–11c), esboce os eixos x e y paralelos aos eixos originais. O ângulo ϕ_p no elemento de tensão deve ser medido no *mesmo* sentido que está o ângulo $2\phi_p$ no círculo de Mohr. Portanto, a partir de x meça 25,7° (metade de 51,3°) no sentido horário para localizar o eixo σ_1. O eixo σ_2 encontra-se a 90° do eixo σ_1 e o elemento de tensão agora pode ser completado e rotulado como mostrado. Note-se que não existe *nenhuma* tensão de cisalhamento nesse elemento.

As duas tensões de cisalhamento máximas ocorrem nos pontos E e F na Figura 3–11b. As duas tensões normais correspondentes a essas tensões de cisalhamento são 40 MPa cada, conforme indicado. O ponto E encontra-se a 38,7°, no sentido anti-horário, a partir do ponto A no círculo de Mohr. Consequentemente, na Figura 3–11d, desenhe um elemento de tensão orientado 19,3° (metade de 38,7°), no sentido anti-horário, a partir de x. O elemento deveria ser então rotulado com magnitudes e direções, conforme mostrado.

Ao construir esses elementos de tensão, é importante indicar as direções x e y do sistema de referência original. Isso completa a ligação entre o elemento de máquina original e a orientação de suas tensões principais.

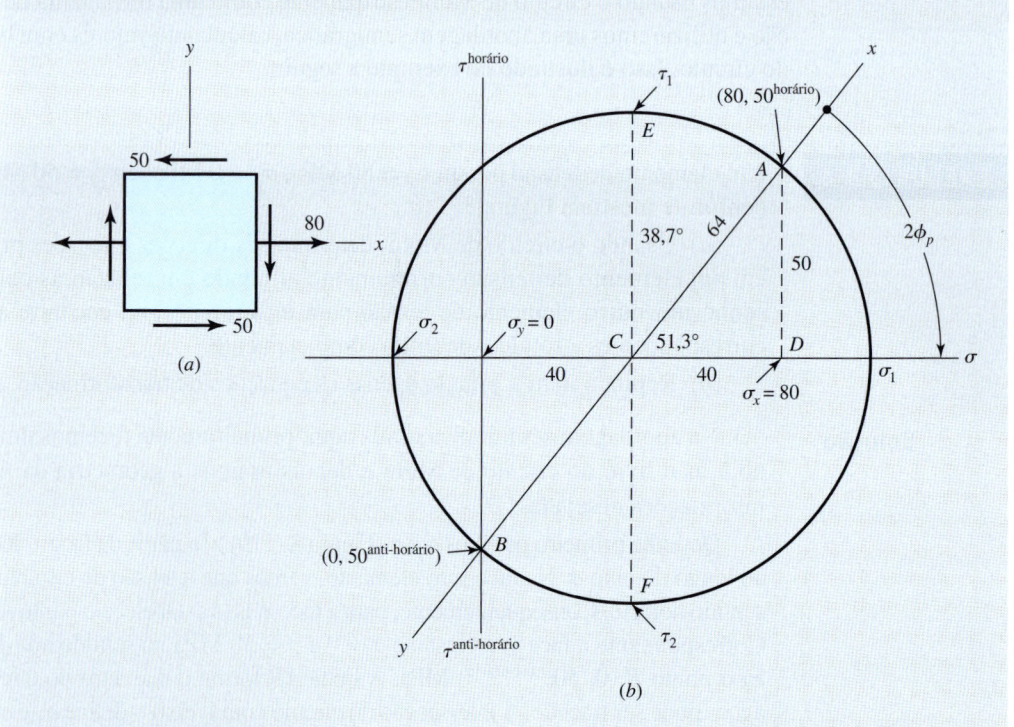

Figura 3–11 Todas as tensões em MPa.

(c)   (d)

(b) As equações de transformação são programáveis. Da Equação (3–10),

$$\phi_p = \frac{1}{2}\tan^{-1}\left(\frac{2\tau_{xy}}{\sigma_x - \sigma_y}\right) = \frac{1}{2}\tan^{-1}\left(\frac{2(-50)}{80}\right) = -25{,}7°, 64{,}3°$$

Da Equação (3–8), para o primeiro ângulo $\phi_p = -25{,}7°$,

$$\sigma = \frac{80+0}{2} + \frac{80-0}{2}\cos[2(-25{,}7)] + (-50)\text{sen}[2(-25{,}7)] = 104{,}03 \text{ MPa}$$

O cisalhamento nessa superfície é obtido por meio da Equação (3–9)

$$\tau = -\frac{80-0}{2}\text{sen}[2(-25{,}7)] + (-50)\cos[2(-25{,}7)] = 0 \text{ MPa}$$

o que confirma que 104,03 MPa é uma tensão principal. Da Equação (3–8), para $\phi_p = 64{,}3°$,

$$\sigma = \frac{80+0}{2} + \frac{80-0}{2}\cos[2(64{,}3)] + (-50)\text{sen}[2(64{,}3)] = -24{,}03 \text{ MPa}$$

Resposta Substituindo $\phi_p = 64{,}3°$ na Equação (3–9), novamente temos $\tau = 0$, indicando que $-24{,}03$ MPa também é uma tensão principal. Assim que as tensões principais forem calculadas, elas podem ser ordenadas de modo que $\sigma_1 \geq \sigma_2$. Portanto, $\sigma_1 = 104{,}03$ MPa e $\sigma_2 = -24{,}03$ MPa.

Como para $\sigma_1 = 104{,}03$ MPa, $\phi_p = -25{,}7°$ e ϕ é definido como positivo no sentido anti-horário nas equações de transformação, giramos 25,7° no sentido horário para a superfície contendo σ_1. Observamos na Figura 3–11c que isso está totalmente de acordo com o método semigráfico.

Para determinarmos τ_1 e τ_2, usamos primeiramente a Equação (3–11) para calcular ϕ_s:

$$\phi_s = \frac{1}{2}\tan^{-1}\left(-\frac{\sigma_x - \sigma_y}{2\tau_{xy}}\right) = \frac{1}{2}\tan^{-1}\left(-\frac{80}{2(-50)}\right) = 19{,}3°, 109{,}3°$$

Para $\phi_s = 19{,}3°$, as Equações (3–8) e (3–9) levam a

Resposta
$$\sigma = \frac{80+0}{2} + \frac{80-0}{2}\cos[2(19{,}3)] + (-50)\text{sen}[2(19{,}3)] = 40{,}0 \text{ MPa}$$

$$\tau = -\frac{80-0}{2}\operatorname{sen}[2(19,3)] + (-50)\cos[2(19,3)] = -64,0 \text{ MPa}$$

Lembre-se de que as Equações (3–8) e (3–9) são transformação de *coordenadas*. Imagine que estejamos girando os eixos x, y no sentido anti-horário, de 19,3°, e y agora apontará para cima e para a esquerda. Portanto, uma tensão de cisalhamento negativa na face x girada apontará para baixo e para a direita conforme mostrado na Figura 3–11*d*. Portanto, mais uma vez, os resultados concordam com o método semigráfico.

Para $\phi_s = 109,3°$, as Equações (3–8) e (3–9) fornecem $\sigma = 40,0$ MPa e $\tau = +64,0$ MPa. Usando a mesma lógica para a transformação de coordenadas, descobrimos que os resultados conferem mais uma vez com aqueles da Figura 3–11*d*.

3–7 Tensão tridimensional geral

Assim como no caso da tensão plana, existe uma orientação específica de um elemento de tensão no espaço para a qual todas as componentes de tensão de cisalhamento são zero. Quando um elemento tem essa orientação particular, as normais às faces são mutuamente ortogonais e correspondem às direções principais, e as tensões normais associadas com essas faces são as tensões principais. Como existem três faces, existem três direções principais e três tensões principais σ_1, σ_2 e σ_3. Para a tensão plana, a superfície livre de tensões contém a terceira tensão principal que é zero.

Em nossos estudos de tensão plana, fomos capazes de especificar qualquer estado de tensão σ_x, σ_y e τ_{xy} e determinar as tensões principais e direções principais. Porém, são necessárias seis componentes de tensão para especificar um estado geral de tensão em três dimensões, e o problema de determinar as tensões e direções principais é mais difícil. Em projeto, raramente são realizadas transformações tridimensionais, pois a maioria dos estados de tensão máxima ocorre sob condições de tensão plana. Uma exceção notável é a da tensão de contato, que não é um caso de tensão plana, em que as três tensões principais são dadas na Seção 3–19. Na realidade, *todos* os estados de tensão são realmente tridimensionais e podem ser descritos de forma uni- ou bidimensional com relação a eixos de coordenadas *específicos*. Aqui é mais importante entender a relação entre as *três* tensões principais. O processo de descobrir as três tensões principais com base nas seis componentes de tensão σ_x, σ_y, σ_z, τ_{xy}, τ_{yz} e τ_{zx} envolve encontrar as raízes da equação cúbica[1]

$$\sigma^3 - (\sigma_x + \sigma_y + \sigma_z)\sigma^2 + (\sigma_x\sigma_y + \sigma_x\sigma_z + \sigma_y\sigma_z - \tau_{xy}^2 - \tau_{yx}^2 - \tau_{zx}^2)\sigma$$
$$-(\sigma_x\sigma_y\sigma_x + 2\tau_{xy}\tau_{yz}\tau_{zx} - \sigma_x\tau_{yz}^2 - \sigma_y\tau_{zx}^2 - \sigma_z\tau_{xy}^2) = 0 \quad \text{(3–15)}$$

Ao traçar círculos de Mohr para tensões tridimensionais, as tensões normais principais são ordenadas de modo que $\sigma_1 \geq \sigma_2 \geq \sigma_3$. Então, o resultado aparece como na Figura 3–12*a*. As coordenadas de tensão σ, τ para qualquer plano localizado arbitrariamente sempre se situarão nas bordas ou dentro da área sombreada.

---

[1] Para desenvolvimento dessa equação e maior detalhamento das transformações da tensão tridimensional, consulte: Richard G. Budynas, *Advanced Strength and Applied Stress Analysis;* 2ª ed. Nova York: McGraw-Hill, 1999, p. 46-78.

A Figura 3–12a também mostra as três *tensões principais de cisalhamento* $\tau_{1/2}$, $\tau_{2/3}$ e $\tau_{1/3}$.[2] Cada uma delas ocorre nos dois planos, uma das quais é mostrada na Figura 3–12b, e são dadas pelas equações

$$\tau_{1/2} = \frac{\sigma_1 - \sigma_2}{2} \qquad \tau_{2/3} = \frac{\sigma_2 - \sigma_3}{2} \qquad \tau_{1/3} = \frac{\sigma_1 - \sigma_3}{2} \qquad (3\text{-}16)$$

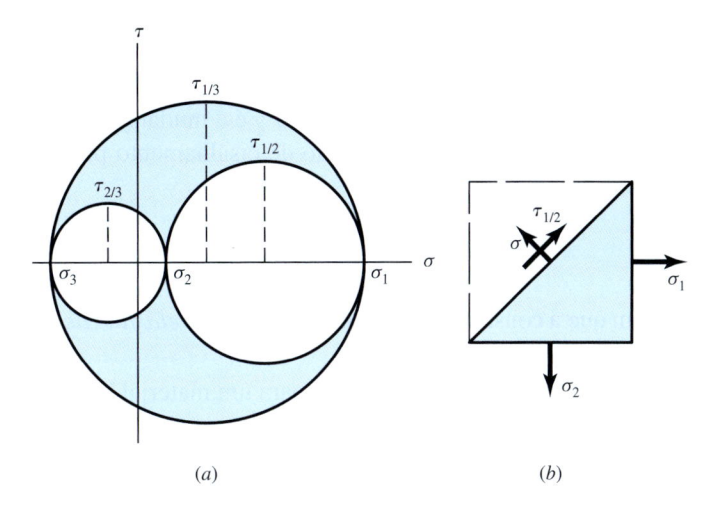

Figura 3–12 Círculos de Mohr para a tensão tridimensional.

Obviamente, $\tau_{max} = \tau_{1/3}$ quando as tensões principais normais estão ordenadas ($\sigma_1 > \sigma_2 > \sigma_3$); portanto, sempre ordene suas tensões principais. Se você fizer isso em qualquer programa de computador que criar, sempre gerará τ_{max}.

3-8 Deformação elástica

A deformação normal ϵ é definida e discutida na Seção 2–1 para o corpo de prova de tração e é dada pela Equação (2–2), como $\epsilon = \delta/l$, em que δ é a elongação total da barra dentro do comprimento l. A lei de Hooke para o corpo de prova de tração é dada pela Equação (2–3), como

$$\sigma = E\epsilon \qquad (3\text{-}17)$$

em que a constante E é chamada *módulo de Young* ou *módulo de elasticidade*.

Quando um material é submetido à tração, não existe apenas uma deformação axial, mas também deformação negativa (contração) perpendicular à deformação axial. Supondo-se um material isotrópico, homogêneo e linear, essa deformação lateral é proporcional à deformação axial. Se a direção axial for x, então as deformações laterais são $\epsilon_y = \epsilon_z = -\nu\epsilon_x$. A constante de proporcionalidade ν é denominado *coeficiente de Poisson*, que é de aproximadamente 0,3 para a maioria dos metais estruturais. Ver Tabela A–5, para valores de ν para materiais comuns.

Se a tensão axial for na direção x, então, com base na Equação (3–17)

$$\epsilon_x = \frac{\sigma_x}{E} \qquad \epsilon_y = \epsilon_z = -\nu\frac{\sigma_x}{E} \qquad (3\text{-}18)$$

---

[2] Note a diferença entre essa notação e aquela para uma tensão de cisalhamento, digamos, τ_{xy}. O uso da barra inclinada não é uma prática aceitável, mas é usado aqui para enfatizar essa distinção.

Para um elemento de tensão submetido simultaneamente a σ_x, σ_y e σ_z, as deformações normais são dadas por

$$\epsilon_x = \frac{1}{E}\left[\sigma_x - \nu(\sigma_y + \sigma_z)\right]$$
$$\epsilon_y = \frac{1}{E}\left[\sigma_y - \nu(\sigma_x + \sigma_z)\right] \quad (3\text{–}19)$$
$$\epsilon_z = \frac{1}{E}\left[\sigma_z - \nu(\sigma_x + \sigma_y)\right]$$

Deformação por cisalhamento γ é a mudança em um ângulo reto de um elemento de tensão quando submetido à tensão de cisalhamento pura, e a lei de Hooke para cisalhamento é dada por

$$\tau = G\gamma \quad (3\text{–}20)$$

em que a constante G é o chamado *módulo elástico de cisalhamento* ou, simplesmente, *módulo de rigidez*.

Pode ser demonstrado que, para um material homogêneo, isotrópico e linear, as três constantes elásticas estão relacionadas entre si pela equação

$$E = 2G(1 + \nu) \quad (3\text{–}21)$$

3–9 Tensões uniformemente distribuídas

A hipótese de uma distribuição uniforme de tensão é feita frequentemente em projeto. O resultado é normalmente denominado *tração pura, compressão pura ou cisalhamento puro*, dependendo de como a carga externa é aplicada ao corpo em estudo. Algumas vezes se usa a palavra *simples* em vez de *puro*, para indicar que não há nenhum outro efeito complicador. A haste de tração é um caso típico. Nela, a carga de tração F é aplicada por meio de pinos nas extremidades da barra. A hipótese de tensão uniforme significa que se cortarmos a barra em uma seção bem distante das extremidades e eliminarmos um pedaço, podemos substituir seu efeito pela aplicação de uma força uniformemente distribuída de magnitude σA à extremidade cortada. Diz-se, então, que a tensão σ é uniformemente distribuída. Ela é calculada pela equação

$$\sigma = \frac{F}{A} \quad (3\text{–}22)$$

Essa hipótese de distribuição de tensões uniformes requer que:

- A barra seja reta e feita de um material homogêneo.
- A linha de ação da força contenha o centroide da seção.
- A seção seja escolhida em um ponto bem distante das extremidades e de qualquer descontinuidade ou mudança abrupta na seção transversal.

Para compressão simples, a Equação (3–22) é aplicável com F normalmente sendo considerada uma quantidade negativa. Da mesma forma, uma barra delgada sob compressão poderia falhar por flambagem, e essa possibilidade deve ser eliminada antes de a Equação (3–22) ser usada.[3]

---

[3] Ver Seção 4–11.

Outro tipo de carregamento que admite por hipótese tensões uniformemente distribuídas é conhecido como *cisalhamento direto*. Isso ocorre quando há uma ação cisalhante sem que haja flexão. Um exemplo é a ação de corte de uma lâmina sobre uma placa de aço. Parafusos e pinos que são solicitados por força de corte frequentemente sofrem cisalhamento direto. Pense em uma viga em balanço sob a ação de uma força vertical para baixo. Ao mover a força ao longo da viga até alcançar a parede não haverá momento fletor, apenas uma força tentando cortar a viga junto à parede. Isso é o cisalhamento direto. Cisalhamento direto usualmente é considerado distribuído ao longo da seção transversal; este é dado por

$$\tau = \frac{V}{A} \quad (3\text{-}23)$$

onde V é a força de cisalhamento, e A é a área da seção transversal que está sendo cisalhada. A hipótese de tensão uniforme não é exata, especialmente na vizinhança onde a força é aplicada, mas essa consideração geralmente fornece um resultado aceitável.

3–10 Tensões normais para vigas em flexão

As equações para tensões normais de flexão normais em vigas retas baseiam-se nas seguintes hipóteses:

- A viga está submetida à flexão pura. Isso significa que a força de cisalhamento é zero e que não existem cargas axiais ou de torção.
- O material é isotrópico e homogêneo.
- O material obedece à lei de Hooke.
- Inicialmente, a viga é reta, com seção transversal constante ao longo de seu comprimento.
- A viga possui um eixo de simetria no plano de flexão.
- As proporções da viga são tais que ela falharia por flexão e não por esmagamento, enrugamento ou flambagem.
- Seções transversais planas da viga permanecem planas durante a flexão.

Na Figura 3–13 visualizamos parte de uma viga reta sob ação de um momento fletor positivo M, representado pela seta encurvada, mostrando a ação física do momento juntamente com uma seta reta que indica o vetor do momento. O eixo x é coincidente com o *eixo neutro* da seção e o plano xz, que contém o eixo neutro de todas as seções transversais, e é chamado de *plano neutro*. Elementos da viga coincidentes com esse plano apresentam tensão nula. A localização do eixo neutro em relação à seção transversal é coincidente com o *eixo baricêntrico* da seção transversal.

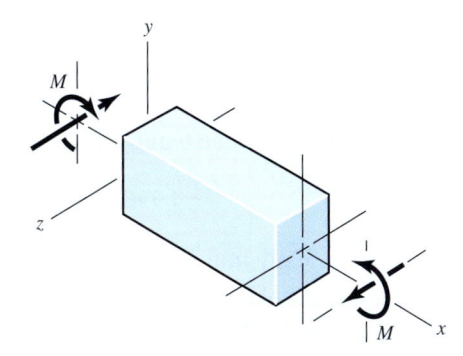

Figura 3–13 Viga reta em flexão positiva.

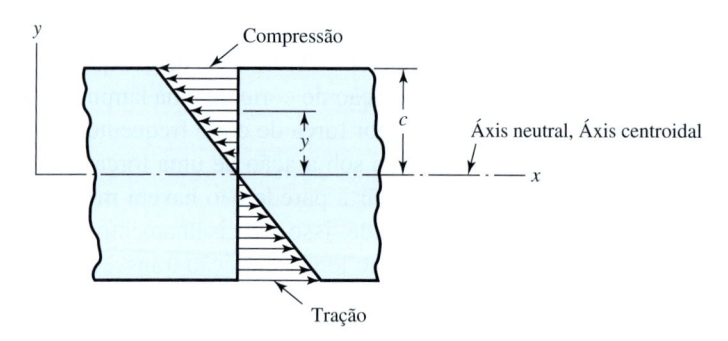

Figura 3–14 Tensões de flexão de acordo com a Equação (3–24).

A tensão de flexão varia linearmente com a distância a partir do eixo neutro, y, e é dada por

$$\sigma_x = -\frac{My}{I} \qquad (3\text{–}24)$$

em que I é o *momento de segunda ordem* ou *momento de inércia de área* em torno do eixo z. Isto é

$$I = \int y^2 dA \qquad (3\text{–}25)$$

A distribuição de tensão dada pela Equação (3–24) é mostrada na Figura 3–14. A magnitude máxima da tensão de flexão ocorrerá onde y tiver a maior magnitude. Chamando σ_{max} de *magnitude máxima* da tensão de flexão e c de *magnitude máxima de y*

$$\sigma_{max} = \frac{Mc}{I} \qquad (3\text{–}26a)$$

A Equação (3–24) ainda pode ser usada para determinar se σ_{max} é de tração ou compressão.

A Equação (3–26a) é normalmente escrita como

$$\sigma_{max} = \frac{M}{Z} \qquad (3\text{–}26b)$$

em que $Z = I/c$ é chamado de *módulo de rigidez da seção*.

EXEMPLO 3–5 Uma viga com perfil em T e com as dimensões mostradas na Figura 3–15 está sujeita a um momento fletor de 1600 N·m que provoca tração na superfície superior. Localize o eixo neutro e determine as tensões de flexão máximas de tração e de compressão.

Solução Dividindo a área da seção em retângulos 1 e 2 temos uma área total $A = 12(75) + 12(88) = 1956$ mm². Somando os momentos dessas áreas em relação à borda superior, em que o momento dos braços 1 e 2 é 6 mm e $(12 + 88/2) = 56$ mm, respectivamente, temos que

$$1956 c_1 = 12(75)(6) + 12(88)(56)$$

e, portanto, $c_1 = 32{,}99$ mm. Consequentemente, $c_2 = 100 - 32{,}99 = 67{,}01$ mm.

Em seguida, calculamos o segundo momento de área de cada retângulo em relação a seu próprio áxis centroidal. Usando a Tabela A-18, encontramos para o retângulo superior

$$I_1 = \frac{1}{12}bh^3 = \frac{1}{12}(75)12^3 = 1{,}080 \times 10^4 \text{ mm}^4$$

Para o retângulo inferior, temos

$$I_2 = \frac{1}{12}(12)88^3 = 6{,}815 \times 10^5 \text{ mm}^4$$

Agora empregamos o *teorema dos eixos paralelos* para obter o segundo momento de inércia de área da figura composta em relação a seu próprio áxis centroidal. Esse teorema afirma que

$$I_z = I_{cg} + Ad_2$$

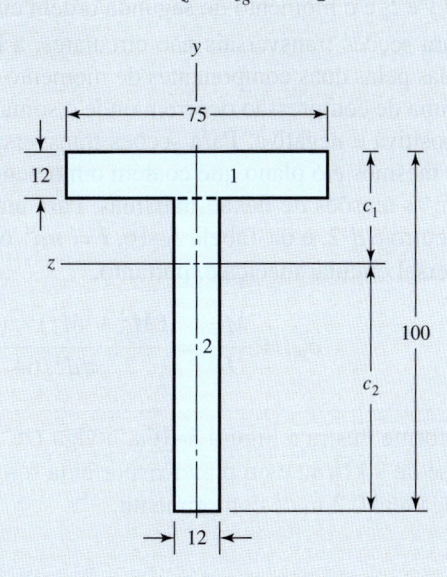

Figura 3–15 Dimensões em milímetros.

em que I_{cg} é o segundo momento de área em relação a seu próprio áxis centroidal, e I_z é o segundo momento de área em relação a qualquer eixo paralelo a uma distância d. Para o retângulo superior, a distância é

$$d_1 = 32{,}99 - 6 = 26{,}99 \text{ mm}$$

e para o retângulo inferior,

$$d_2 = 67{,}01 - \frac{88}{2} = 23{,}01 \text{ mm}$$

Usando o *teorema dos eixos paralelos* para ambos os retângulos, encontramos agora que

$$I = [1{,}080 \times 10^4 + 12(75)26{,}99^2] + [6{,}815 \times 10^5 + 12(88)23{,}01^2]$$
$$= 1{,}907 \times 10^6 \text{ mm}^4$$

Finalmente, a tensão de tração máxima, que ocorre na superfície superior, é encontrada como se segue

Resposta
$$\sigma = \frac{Mc_1}{I} = \frac{1\,600(32{,}99)10^{-3}}{1{,}907(10^{-6})} = 27{,}68(10^6) \text{ Pa} = 27{,}68 \text{ MPa}$$

Similarmente, a tensão máxima por compressão na superfície inferior é encontrada como se segue

Resposta
$$\sigma = -\frac{Mc_2}{I} = -\frac{1\,600(67{,}01)10^{-3}}{1{,}907(10^{-6})} = -56{,}22(10^6) \text{ Pa} = -56{,}22 \text{ MPa}$$

Flexão em dois planos

Frequentemente, em projeto mecânico, flexão ocorre tanto no plano xy quanto no plano xz. Considerando-se seções transversais com um ou dois planos de simetria apenas, as tensões de flexão são dadas por

$$\sigma_x = -\frac{M_z y}{I_z} + \frac{M_y z}{I_y} \qquad (3\text{--}27)$$

em que o primeiro termo do lado direito da equação é idêntico à Equação (3–24), M_y é o momento fletor no plano xz (vetor de momento na direção y), z é a distância a partir do eixo neutro y e I_y é o momento de segunda ordem em torno do eixo y.

Para seções transversais não circulares, a Equação (3–27) é a superposição das tensões causadas pelas duas componentes de momento fletor. As tensões de flexão, máxima de tração e máxima de compressão ocorrem onde o somatório produz, respectivamente, as maiores tensões positiva e negativa. Para seções transversais circulares maciças, todos os eixos laterais são os mesmos e o plano que contém o momento correspondente à soma dos vetores M_z e M_y contém as tensões de flexão máximas. Para uma viga de diâmetro d, a distância máxima do eixo neutro é $d/2$, e da Tabela A–16, $I = \pi d^4/64$. A tensão máxima de flexão para uma seção transversal circular maciça é, portanto,

$$\sigma_m = \frac{Mc}{I} = \frac{(M_y^2 + M_z^2)^{1/2}(d/2)}{\pi d^4/64} = \frac{32}{\pi d^3}(M_y^2 + M_z^2)^{1/2} \qquad (3\text{--}28)$$

EXEMPLO 3–6

Conforme ilustra a Figura 3–16a, a viga OC é carregada no plano xy por uma carga uniforme de 9 kN/m, e no plano xz por uma força concentrada de 0,4 kN na extremidade C. A viga tem 0,2 m de comprimento.

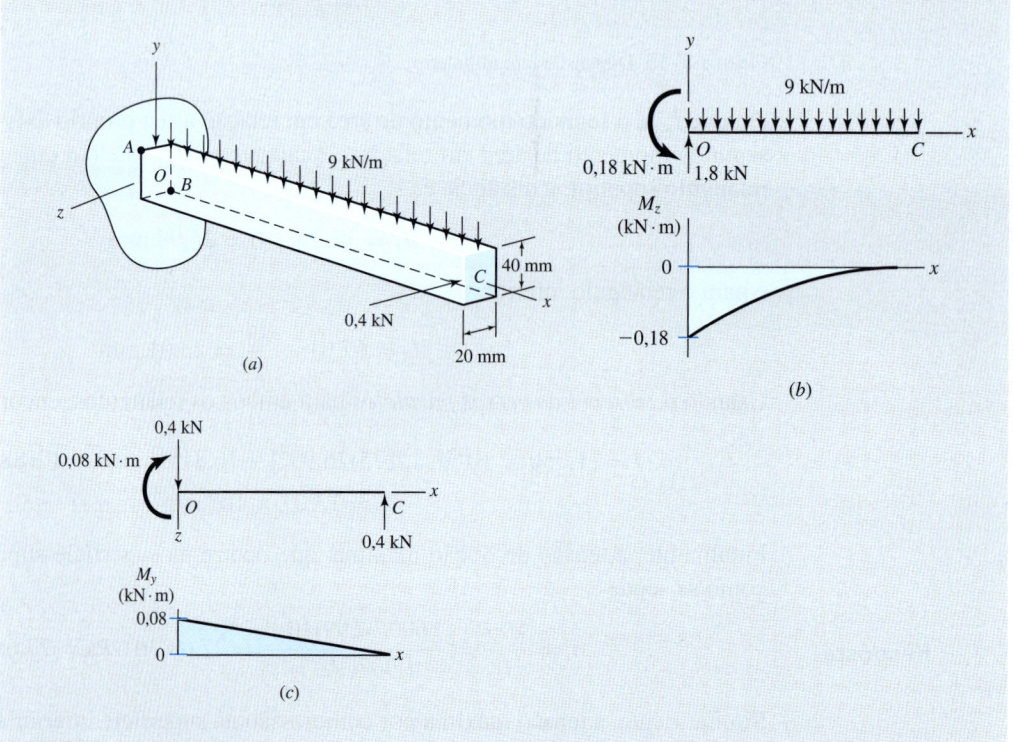

Figura 3–16 (a) Viga carregada em dois planos; (b) diagramas de carregamentos e de momentos fletores no plano xy; (c) diagramas de carregamentos e de momentos fletores no plano xz.

(a) Para a seção transversal mostrada, determine as tensões de flexão máximas de tração e de compressão e onde elas atuam.

(b) Se a seção transversal for uma haste circular maciça de diâmetro $d = 30$ mm, determine a magnitude da tensão de flexão máxima.

Solução (a) As reações em O e os diagramas de momentos flexores nos planos xy e xz são mostrados, respectivamente, nas Figuras 3–16b e c. Os momentos máximos em ambos os planos ocorrem em O, em que

$$(M_z)_O = -\frac{1}{2}(9)0,2^2 = -0,18 \text{kN} \cdot \text{m} \qquad (M_y)_O = 0,4(0,2) = 0,08 \text{kN} \cdot \text{m}$$

Os segundos momentos de área em ambos os planos são

$$I_z = \frac{1}{12}(0,02)0,04^3 = 106,7 \times 10^{-9} \text{m}^4 \qquad I_y = \frac{1}{12}(0,04)0,02^3 = 26,7 \times 10^{-9} \text{m}^4$$

A tensão máxima de tração ocorre no ponto A, mostrado na Figura 3–16a e se deve aos dois momentos. Em A, $y_A = 0,02$ m e $z_A = 0,01$ m. Portanto, da Equação (3–27)

Resposta
$$(\sigma_x)_A = -\frac{-0,18(0,02)}{106,7 \times 10^{-9}} + \frac{0,08(0,01)}{26,7 \times 10^{-9}} = 63\,702 \text{ kPa} = 63,7 \text{ MPa}$$

A tensão máxima de compressão de flexão ocorre no ponto B, em que $y_B = -0,02$ m e $z_B = -0,01$ m. Logo,

Resposta
$$(\sigma_x)_B = -\frac{-0,18(-0,02)}{106,7 \times 10^{-9}} + \frac{0,08(-0,01)}{26,7 \times 10^{-9}} = -63\,702 \text{ kPa} = -63,7 \text{ MPa}$$

(b) Para uma seção transversal circular maciça de diâmetro $d = 30$ mm, a tensão máxima de flexão na extremidade O é dada pela Equação (3–28)

Resposta
$$\sigma_m = \frac{32}{\pi(0,03)^3}\left[0,08^2 + (-0,18)^2\right]^{1/2} = 74\,310,8 \text{ kPa} = 74,31 \text{ MPa}$$

Vigas com seções assimétricas[4]

A equação da tensão na flexão, dada pelas Equações (3–24) e (3–27), pode ser aplicada a vigas com seção transversal assimétrica, desde que os planos de flexão coincidam com *os eixos principais de área* da seção. O método para determinar a orientação dos eixos principais de área e os valores dos correspondentes *segundos momentos de área* pode ser encontrado em qualquer livro de estática. Se uma seção tem um eixo de simetria, esse eixo e o eixo perpendicular a ele serão os eixos principais de área.

Por exemplo, considere uma viga em flexão que consiste em uma cantoneira de abas iguais, conforme mostrado na Tabela A–6. A Equação (3–27) não pode ser usada se os momentos de flexão são resolvidos para os eixos 1–1 e/ou 2–2. No entanto, a Equação (3–27) pode ser usada se os momentos são resolvidos em relação ao eixo 3–3 e ao eixo perpendicular a este (vamos chamá-lo de eixo 4–4). Observe que, para essa seção transversal, o eixo 4–4 é um eixo de simetria. A Tabela A–6 é uma tabela padrão, que, por ser sucinta, não fornece diretamente todas as informações necessárias ao seu uso. A orientação dos eixos de área principais e os valores de I_{2-2}, I_{3-3} e I_{4-4} não são fornecidos, porque eles podem ser determinados conforme segue: uma vez que as abas são iguais, os eixos principais são orientados a 45° a partir do eixo 1–1 e $I_{2-2} = I_{1-1}$. O segundo momento de área I_{3-3} é dado por

$$I_{3-3} = A(k_{3-3})^2 \qquad \text{(a)}$$

---

[4] Para discussões mais aprofundadas veja Sec. 5.3, Richard G. Budynas, *Advanced Strength and Applied Stress Analysis*, 2nd ed., McGraw-Hill, New York, 1999.

onde k_{3-3} é chamado *raio de giração*. A soma dos segundos momentos de área para uma seção transversal é invariante, assim $I_{1-1} + I_{2-2} = I_{3-3} + I_{4-4}$. Portanto, I_{4-4} é dado por

$$I_{4-4} = 2\,I_{1-1} - I_{3-3} \tag{b}$$

onde $I_{2-2} = I_{1-1}$. Por exemplo, considere uma cantoneira 80 × 80 × 6. Utilizando a Tabela A–6 e as Equações (*a*) e (*b*), $I_{3-3} = 9{,}35(1{,}57)^2 = 23.047$ mm^2 e $I_{4-4} = 2(55{,}8) - 23.047 = 88.553$ mm^4.

3–11 Tensões de cisalhamento para vigas em flexão

A maioria das vigas tem tanto forças de cisalhamento como momentos fletores. Apenas ocasionalmente é que encontramos vigas sujeitas à flexão pura, isto é, vigas com força de cisalhamento nula. Apesar disso, a fórmula de flexão foi desenvolvida sob a hipótese de flexão pura. Porém, isso é feito para eliminar os efeitos complicadores da força de cisalhamento no desenvolvimento. Para fins de engenharia, a fórmula de flexão é válida independentemente de uma força de cisalhamento estar presente ou não. Por essa razão, utilizaremos a mesma distribuição de tensões normais de flexão [Equações (3–24) e (3–26)] quando forças de cisalhamento também estiverem presentes.

Na Figura 3–17*a*, mostramos um segmento de viga de seção transversal constante submetido a uma força de cisalhamento *V* e a um momento fletor *M* em *x*. Devido ao carregamento externo e de *V*, a força de cisalhamento e o momento fletor mudam em relação a *x*. Em $x + dx$, a força de cisalhamento e o momento fletor são, respectivamente, $V + dV$ e $M + dM$. Considerando as forças apenas na direção *x*, a Figura 3–17*b* mostra a distribuição de tensões σ_x por causa dos momentos fletores. Se *dM* for positivo, com o momento fletor aumentado, as tensões na face direita, para um dado valor de *y*, são maiores em magnitude que as tensões na face esquerda. Se isolarmos ainda mais o elemento, fazendo uma fatia em $y = y_1$ (ver Figura 3–17*b*), a *força resultante* na direção *x* será direcionada para a esquerda com um valor igual a

$$\int_{y_1}^{c} \frac{(dM)y}{I} dA$$

conforme está indicado na vista que sofreu uma rotação da Figura 3–17*c*. Para atingir o equilíbrio, é necessária uma força de cisalhamento na face inferior, direcionada para a direita. Essa força de cisalhamento dá origem a uma tensão de cisalhamento τ, em que, se suposta uniforme, a força será $\tau b\, dx$. Portanto,

$$\tau b\, dx = \int_{y_1}^{c} \frac{(dM)y}{I} dA \tag{a}$$

O termo dM/I pode ser retirado do interior da integral e $b\, dx$ passado para o lado direito da equação; assim, da Equação (3–3) com $V = dM = dx$, a Equação (*a*) torna-se

$$\tau = \frac{V}{Ib} \int_{y_1}^{c} y\, dA \tag{3–29}$$

Nessa equação, a integral é o primeiro momento da área A' em relação ao eixo neutro (ver Figura 3–17*c*). Normalmente, essa integral é designada como *Q*. Portanto,

$$Q = \int_{y_1}^{c} y\, dA = \bar{y}' A' \tag{3–30}$$

em que, para a área isolada de y_1 até *c*, $\bar{y}'$ é a distância na direção *y* a partir do plano neutro ao centroide da área A'. Com isso, a Equação (3–29) pode ser escrita como

$$\tau = \frac{VQ}{Ib} \tag{3–31}$$

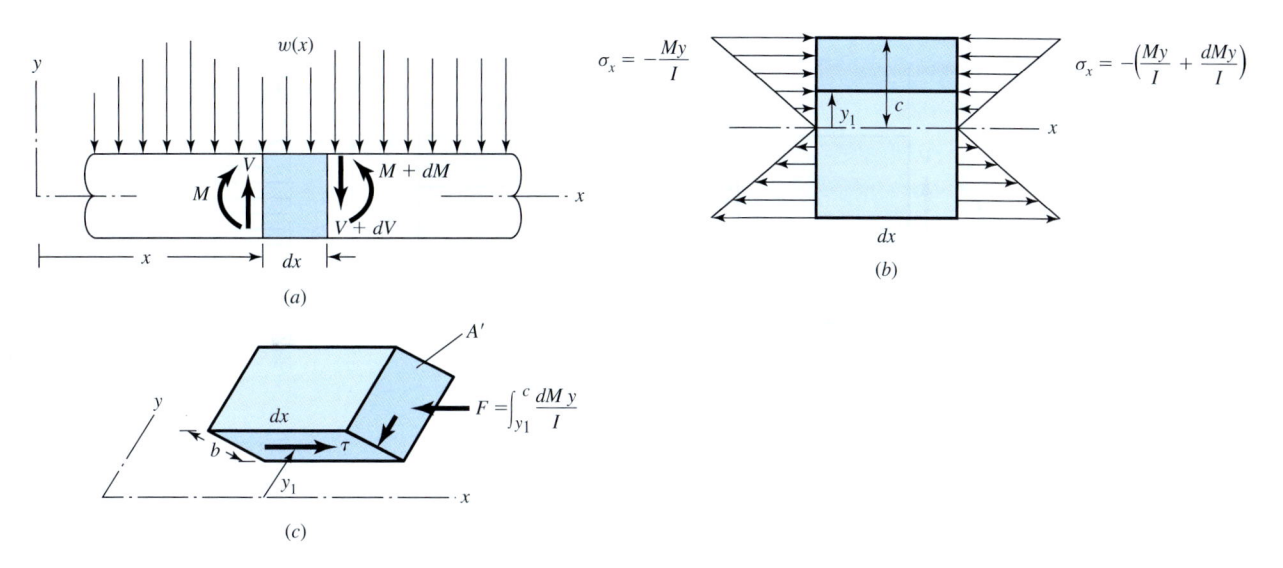

Figura 3–17 Seção da viga isolada. Nota: no item (b), no elemento dx são mostradas apenas forças na direção x.

Essa tensão é conhecida como *tensão de cisalhamento transversal*. Ela está sempre acompanhada da tensão de flexão.

Ao usar essa equação, note que b é a largura da seção em $y = y_1$. Da mesma forma, I é o momento de inércia de área de toda a seção em torno do eixo neutro.

Pelo fato de as componentes de cisalhamento transversal serem iguais e a área A' ser *finita*, a tensão de cisalhamento τ dada pela Equação (3–31) e mostrada na área A' na Figura 3–18c ocorre apenas em $y = y_1$. A tensão de cisalhamento na área lateral varia com y (normalmente atingindo seu máximo no eixo neutro, em que $y = 0$, e zero nas lâminas externas da viga, em que $Q = A' = 0$).

A distribuição da tensão de cisalhamento em uma viga depende de como Q/b varia em função de y_1. Aqui vamos mostrar como determinar a distribuição de tensões para uma viga de seção transversal retangular, e prover os resultados de valores máximos de tensões de cisalhamento para outras seções padronizadas. A Figura 3–18 mostra a porção de uma viga com seção transversal retangular, submetida a uma força cortante V e a um momento fletor M. Como resultado do momento fletor, uma tensão normal σ se desenvolve em uma seção transversal como a A–A, que está em compressão acima do eixo neutro e em tração sob ele. Para investigar a tensão de cisalhamento a uma distância y_1 acima do eixo neutro, selecionamos um elemento de área dA a uma distância y acima do eixo neutro. Assim, $dA = b\, dy$, e então a Equação (3–30) se transforma em

$$Q = \int_{y_1}^{c} y\, dA = b\int_{y_1}^{c} y\, dy = \left.\frac{by^2}{2}\right|_{y_1}^{c} = \frac{b}{2}(c^2 - y_1^2) \qquad \text{(b)}$$

Substituindo esse valor de Q na Equação (3–31), temos

$$\tau = \frac{V}{2I}(c^2 - y_1^2) \qquad (3\text{–}32)$$

Essa é a forma geral da equação para a tensão de cisalhamento em uma viga de seção retangular. Para aprender algo sobre isso, vamos realizar algumas substituições. Da Tabela A–18, o segundo momento de área para uma seção retangular é $I = bh^3/12$; substituindo $h = 2c$ e $A = bh = 2bc$ fornece

$$I = \frac{Ac^2}{3} \qquad \text{(c)}$$

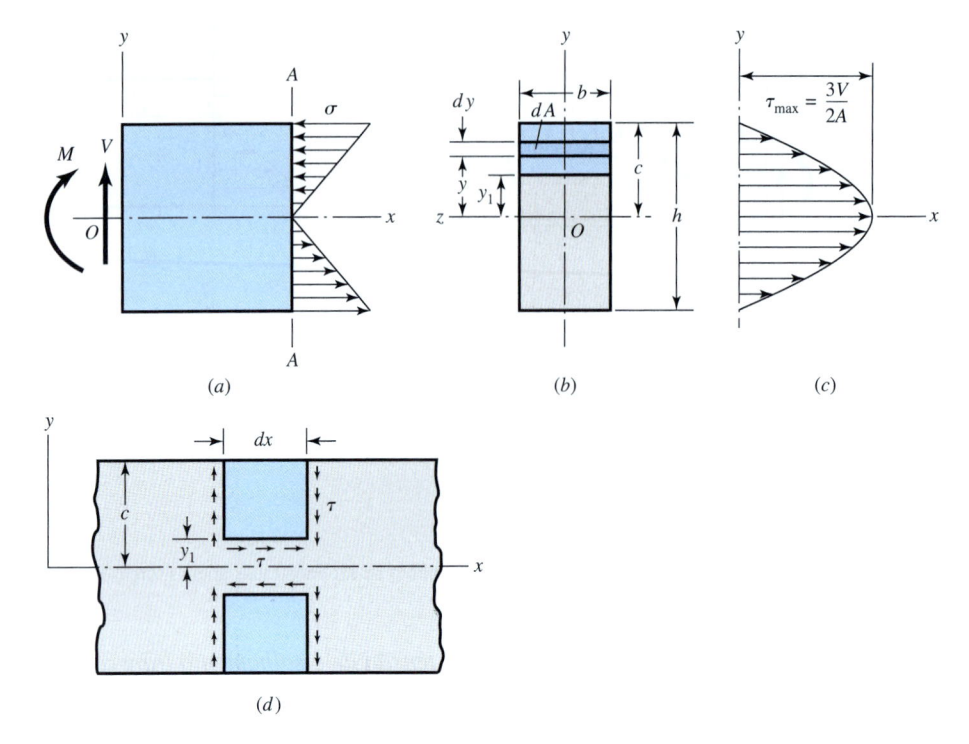

Figura 3–18 Tensões de cisalhamento transversais em uma viga retangular.

Se nós agora usarmos esse valor de I na Equação (3–32) e rearranjarmos, obtemos

$$\tau = \frac{3V}{2A}\left(1 - \frac{y_1^2}{c^2}\right) \tag{3–33}$$

Notamos que a máxima tensão de cisalhamento ocorre quando $y_1 = 0$, que se situa no eixo neutro de flexão. Então

$$\tau_{max} = \frac{3V}{2A} \tag{3–34}$$

para a seção retangular. Na medida em que nos afastamos do eixo neutro, a tensão de cisalhamento decresce parabolicamente até zero nas faces mais externas onde $y_1 = \pm c$, conforme mostrado na Figura 3–18c. A tensão de cisalhamento vertical está sempre acompanhada pela tensão de cisalhamento horizontal de mesma intensidade, e a sua distribuição pode ser representada graficamente conforme mostrado na Figura 3–18d. A Figura 3–18c mostra que o cisalhamento τ na superfície vertical varia com y. Estamos quase sempre interessados no cisalhamento horizontal, τ na Figura 3–18d, quase uniforme em dx com $y = y_1$ constante. O cisalhamento horizontal máximo ocorre quando o cisalhamento vertical é o maior. Isso frequentemente ocorre no eixo neutro mas pode não ser se a largura b for menor em outra posição. Além disso, se a seção é tal que b pode ser reduzido em um plano não horizontal, então a tensão de cisalhamento horizontal ocorrerá em um plano inclinado. Por exemplo, em tubulações, a tensão de cisalhamento horizontal ocorre em um plano radial, e o correspondente "cisalhamento vertical" não é vertical, mas tangencial.

As distribuições de tensões de cisalhamento transversal para diversas seções transversais comumentemente usadas são mostradas na Tabela 3–2. Os perfis representam a relação VQ/Ib, que é função da distância y do eixo neutro. Para cada perfil, é dada a fórmula do valor máximo no eixo neutro. Observe que a expressão dada para a viga I é uma aproximação comumente usada, que resulta razoável para uma viga I padronizada de alma fina. O perfil da viga I também é idealizado. Na realidade, a transição da alma para o flange é localmente bem complexa e não é uma mudança de apenas um passo.

Tabela 3–2 Fórmulas para a tensão máxima de cisalhamento transversal de VQ/Ib

Perfil da viga	Fórmula	Perfil da viga	Fórmula
Retangular ($\tau_{avc} = \dfrac{V}{A}$)	$\tau_{max} = \dfrac{3V}{2A}$	Redondo, vasado de parede fina ($\tau_{avc} = \dfrac{V}{A}$)	$\tau_{max} = \dfrac{2V}{A}$
Circular ($\tau_{avc} = \dfrac{V}{A}$)	$\tau_{max} = \dfrac{4V}{3A}$	Viga I estrutural (parede fina) (A_{web})	$\tau_{max} \approx \dfrac{V}{A_{web}}$

É significativo observar que a tensão de cisalhamento transversal é máxima no eixo neutro em cada uma dessas seções transversais comuns e zero nas superfícies externas. Uma vez que isso é exatamente o oposto dos pontos em que a flexão e a torção produzem seus valores máximos e mínimos, a tensão de cisalhamento frequentemente não é crítica do ponto de vista do projeto.

Vamos examinar o significado da tensão de cisalhamento transversal, usando como exemplo uma viga em balanço de comprimento L, com seção retangular $b \times h$, carregada na extremidade livre com uma força transversal F. No engaste, onde o momento de flexão é máximo, a uma distância y do eixo neutro, a tensão elementar incluirá as tensões de flexão e de cisalhamento transversal. Na Seção 5–4 será mostrado que uma boa medida dos efeitos combinados das múltiplas tensões elementares é a máxima tensão de cisalhamento. Introduzindo as tensões de flexão (My/I) e a tensão de cisalhamento transversal (VQ/Ib) na Equação (3–14) de tensão de cisalhamento máximo, obtemos uma equação geral para a máxima tensão de cisalhamento em uma viga em balanço de seção transversal retangular. Essa equação pode ser normalizada em relação a L/h e y/c, onde c é a distância do eixo neutro até a face externa ($h/2$), para fornecer

$$\tau_{max} = \sqrt{\left(\dfrac{\sigma}{2}\right)^2 + \tau^2} = \dfrac{3F}{2bh}\sqrt{4(L/h)^2(y/c)^2 + [1 - (y/c)^2]^2} \qquad \text{(d)}$$

Para quantificar o peso da tensão de cisalhamento transversal, desenhamos o gráfico de τ_{max} em função de L/h para diversos valores de y/c, conforme mostrado na Figura 3–19. Uma vez que F e b são multiplicadores lineares fora da raiz, eles servem apenas para escalar o desenho na direção vertical sem que nenhuma das relações se altere. Note que no eixo neutro onde $y/c = 0$, τ_{max} é constante para qualquer comprimento de viga, uma vez que a tensão de flexão é zero no eixo neutro e a tensão de cisalhamento transversal é independente de L. Por outro lado, na face externa onde $y/c = 1$, τ_{max} se incrementa linearmente com L/h em razão do momento de flexão. Para y/c entre zero e um, τ_{max} é não linear para valores pequenos de L/h, mas comporta-se linearmente na medida em que L/h aumenta, evidenciando o maior peso da tensão de flexão à medida que o braço do momento aumenta. Podemos ver no gráfico que a tensão elementar crítica (o maior valor de τ_{max}) será sempre ou na face externa ($y/c = 1$) ou no eixo neutro ($y/c = 0$), nunca entre esses valores. Portanto, para a seção transversal retangular, a transição entre essas duas posições ocorre quando $L/h = 0{,}5$, onde a linha para $y/c = 1$ cruza a linha horizontal onde $y/c = 0$. O elemento onde a tensão é crítica está ou na face externa onde o cisalhamento transversal é zero, ou quando L/h é pequeno o suficiente, que é no eixo neutro onde a tensão de flexão é zero.

110 Elementos de máquinas de Shigley

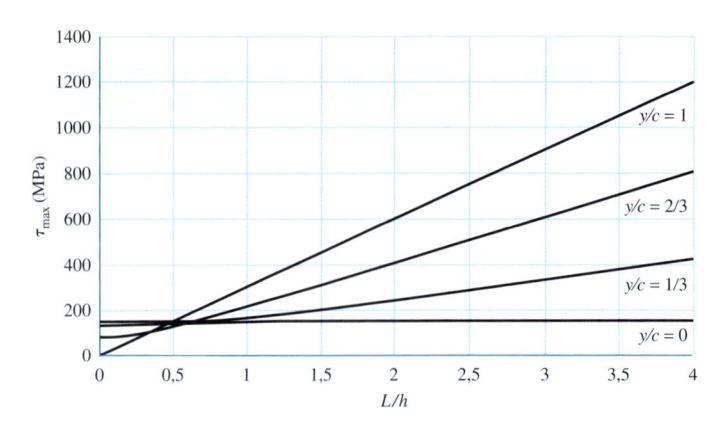

Figura 3–19 Gráfico da máxima tensão de cisalhamento para uma viga em balanço, combinando os efeitos das tensões de flexão e de cisalhamento transversal.

As conclusões tiradas da Figura 3–19 são em geral semelhantes para qualquer seção transversal que não tem a largura aumentada quando se afasta do eixo neutro. Isso notadamente inclui seções sólidas fechadas, mas não seções I ou em forma de canal. Cuidados devem ser tomados com vigas em perfil I ou canal com almas finas que se estendem muito além do eixo neutro de tal forma que flexão e cisalhamento sejam ambos significativos no mesmo elemento de tensão (ver Exemplo 3–7). Para qualquer seção comum de viga, se a razão entre o comprimento da viga e sua altura for maior que 10, a tensão de cisalhamento transversal geralmente é considerada desprezível quando comparada à tensão de flexão em qualquer ponto da seção transversal.

EXEMPLO 3–7 Uma viga com 0,3 m de comprimento deve suportar uma carga de 2 kN atuando a 80 mm do suporte à esquerda, conforme mostrado na Figura 3–20a. A viga é de perfil I com as dimensões de seção transversal mostradas. Para simplificar os cálculos, assuma que a seção transversal tem cantos em ângulos retos, conforme mostrado na Figura 3–20c. Os pontos de interesse são identificados (a, b, c e d) nas distâncias y medidas a partir do eixo neutro em 0 mm, 32^- mm, 32^+ mm e 38 mm (Figura 3–20c). Na seção crítica ao longo do eixo da viga, encontre as seguintes informações.

(a) Determine o perfil da distribuição das tensões de cisalhamento transversais, obtendo seus valores em cada ponto de interesse.

(b) Determine as tensões de flexão nos pontos de interesse.

(c) Determine as máximas tensões de cisalhamento nos pontos de interesse e compare-as.

Solução Primeiro, notamos que a tensão de cisalhamento transversal não é desprezível neste caso uma vez que a relação entre o comprimento da viga e sua altura é bem menor que 10, e uma vez que a alma é fina e os flanges largos farão com que o cisalhamento transversal seja elevado. Os diagramas de força cortante e o momento fletor do carregamento são mostrados na Figura 3–20b. A localização da seção crítica ao longo do eixo é em $x = 0,08$ m, onde a força cortante e o momento fletor são ambos máximos.

(a) Obtemos o momento de inércia de área I avaliando I para uma área retangular sólida de 76 mm × 58 mm e então subtraindo duas áreas retangulares que não são parte da seção.

$$I = \frac{(58)(76)^3}{12} - 2\left[\frac{(27)(64)^3}{12}\right] = 942\,069 \text{ mm}^4$$

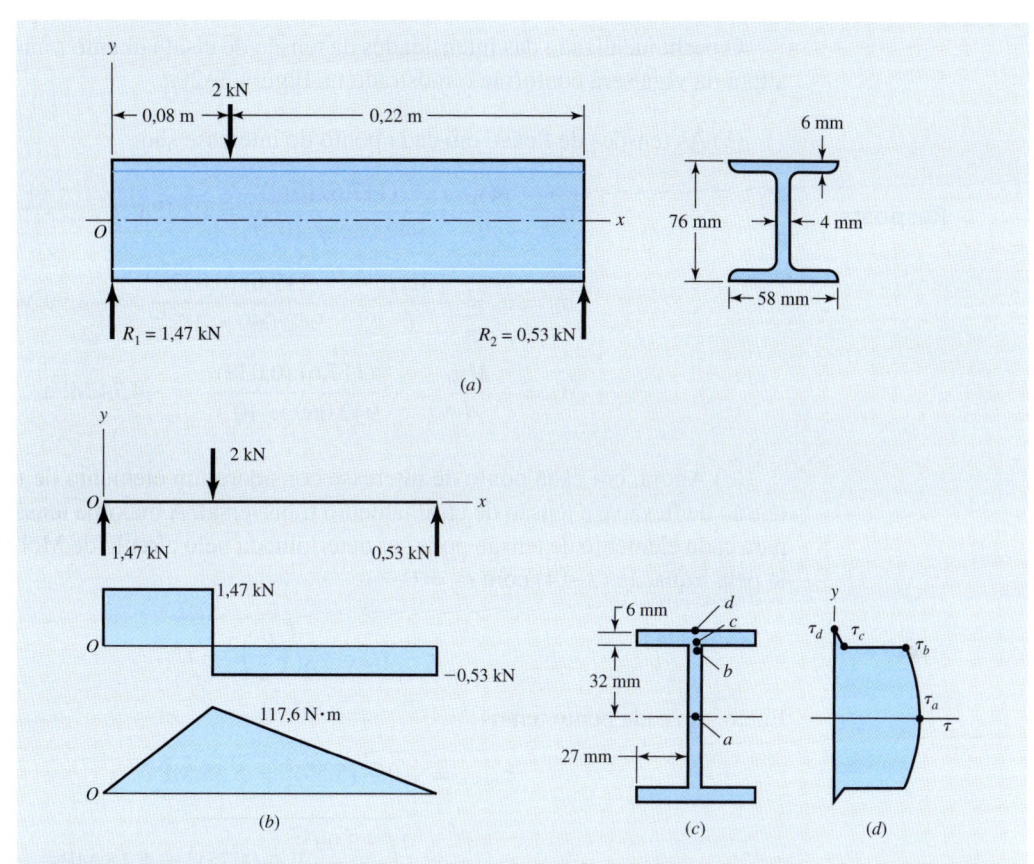

Figura 3–20

Determinando Q em cada ponto de interesse, a Equação (3–30) fornece

$$Q_a = \left(32 + \frac{6}{2}\right)[(58)(6)] + \left(\frac{32}{2}\right)[(32)(4)] = 14\,228 \text{ mm}^3$$

$$Q_b = Q_c = \left(32 + \frac{6}{2}\right)[(58)(6)] = 12\,180 \text{ mm}^3$$

$$Q_d = (38)(0) = 0 \text{ mm}^3$$

Aplicando a Equação (3–31) em cada ponto de interesse, com V e I constantes para cada ponto e b igual à largura da seção transversal em cada ponto, mostra-se que as intensidades das tensões de cisalhamento transversais são

Resposta

$$\tau_a = \frac{VQ_a}{Ib_a} = \frac{(1470)(14\,228 \times 10^{-9})}{(942\,069 \times 10^{-12})(0{,}004)} = 5{,}55 \text{ MPa}$$

$$\tau_b = \frac{VQ_b}{Ib_b} = \frac{(1470)(12\,180 \times 10^{-9})}{(942\,069 \times 10^{-12})(0{,}004)} = 4{,}75 \text{ MPa}$$

$$\tau_c = \frac{VQ_c}{Ib_c} = \frac{(1470)(12\,180 \times 10^{-9})}{(942\,069 \times 10^{-12})(0{,}058)} = 0{,}33 \text{ MPa}$$

$$\tau_d = \frac{VQ_d}{Ib_d} = \frac{(1470)(0)}{(942\,069 \times 10^{-12})(0{,}058)} = 0 \text{ MPa}$$

O perfil idealizado das intensidades da tensão de cisalhamento transversal ao longo da altura da viga será conforme o mostrado na Figura 3–20d.

(b) As tensões de flexão em cada ponto de interesse são

Resposta
$$\sigma_a = \frac{My_a}{I} = \frac{(117,6)(0)}{942\,069 \times 10^{-12}} = 0 \text{ MPa}$$

$$\sigma_b = \sigma_c = -\frac{My_b}{I} = -\frac{(117,6)(0,032)}{942\,069 \times 10^{-12}} = -3,99 \text{ MPa}$$

$$\sigma_d = -\frac{My_d}{I} = -\frac{(117,6)(0,038)}{942\,069 \times 10^{-12}} = -4,74 \text{ MPa}$$

(c) Agora, em cada ponto de interesse considere um elemento de tensão que inclui a tensão de flexão e a tensão de cisalhamento transversal. A máxima tensão de cisalhamento para cada elemento de tensão pode ser determinada pelo círculo de Mohr ou analiticamente pela Equação (3–14) com $\sigma_y = 0$,

$$\tau_{max} = \sqrt{\left(\frac{\sigma}{2}\right)^2 + \tau^2}$$

Então, em cada ponto temos

$$\tau_{max.a} = \sqrt{0 + (5,55)^2} = 5,55 \text{ MPa}$$

$$\tau_{max.b} = \sqrt{\left(\frac{-3,99}{2}\right)^2 + (4,75)^2} = 5,15 \text{ MPa}$$

$$\tau_{max.c} = \sqrt{\left(\frac{-3,99}{2}\right)^2 + (0,33)^2} = 2,02 \text{ MPa}$$

$$\tau_{max.d} = \sqrt{\left(\frac{-4,74}{2}\right)^2 + 0} = 2,37 \text{ MPa}$$

Resposta Curiosamente, a localização crítica é a do ponto *a* onde a tensão de cisalhamento é maior, ainda que o momento de flexão seja zero. O ponto crítico seguinte é o *b* localizado na alma, onde a pequena espessura dessa alma incrementa dramaticamente a tensão de cisalhamento transversal quando comparado aos pontos *c* ou *d*. Esses resultados não são intuitivos, uma vez que ambos os pontos *a* e *b* vêm a ser mais críticos que o ponto *d*, apesar de a tensão de flexão ser máxima nesse ponto *d*. A alma fina e os flanges largos incrementam o impacto da tensão de cisalhamento transversal. Se a razão entre o comprimento da viga e a sua altura fosse incrementada, o ponto crítico se moveria do ponto *a* para o ponto *b*, uma vez que a tensão de cisalhamento transversal no ponto *a* permaneceria constante, mas a tensão de flexão no ponto *b* aumentaria. O projetista deve estar particularmente alerta para a possibilidade de o elemento de tensão crítico não estar na superfície externa nas seções transversais que se tornam mais largas na medida em que se afastam do eixo neutro, particularmente nos casos de seções de almas finas e flanges largos. Para seções transversais retangulares e circulares, no entanto, as máximas tensões de flexão nas superfícies mais externas serão as dominantes, conforme mostrado na Figura 3–19.

3–12 Torção

Qualquer vetor de momento que seja colinear com um eixo de um elemento mecânico é chamado *vetor de torque,* pois o momento faz que o elemento seja torcido em torno desse eixo. Uma barra submetida a um tal momento também é dita estar em *torção*.

Conforme ilustra a Figura 3–21, o torque T aplicado a uma barra pode ser indicado desenhando-se setas sobre a superfície da barra para indicar direção ou desenhando-se setas de vetor de torque ao longo dos eixos de torção da barra. Os vetores de torque são as setas vazadas mostradas no eixo x da Figura 3–21. Note que elas obedecem à regra da mão direita para vetores.

O *ângulo de torção*, em radianos, para uma barra redonda maciça é

$$\theta = \frac{Tl}{GJ} \qquad (3\text{--}35)$$

em que T = torque
l = comprimento
G = módulo de rigidez
J = segundo momento polar de área

Tensões de cisalhamento desenvolvem-se ao longo da seção transversal. Para uma barra redonda sob torção, essas tensões são proporcionais ao raio ρ e dadas por

$$\tau = \frac{T\rho}{J} \qquad (3\text{--}36)$$

Denominando r como raio da superfície externa, temos

$$\tau_{\max} = \frac{Tr}{J} \qquad (3\text{--}37)$$

As hipóteses usadas na análise são:

- A barra está sob ação de um torque puro e as seções consideradas estão bem distantes do ponto de aplicação da carga e de uma mudança no diâmetro.
- Seções transversais adjacentes originalmente planas e paralelas permanecem planas e paralelas depois da torção e qualquer linha radial permanece reta.
- O material obedece à lei de Hooke.

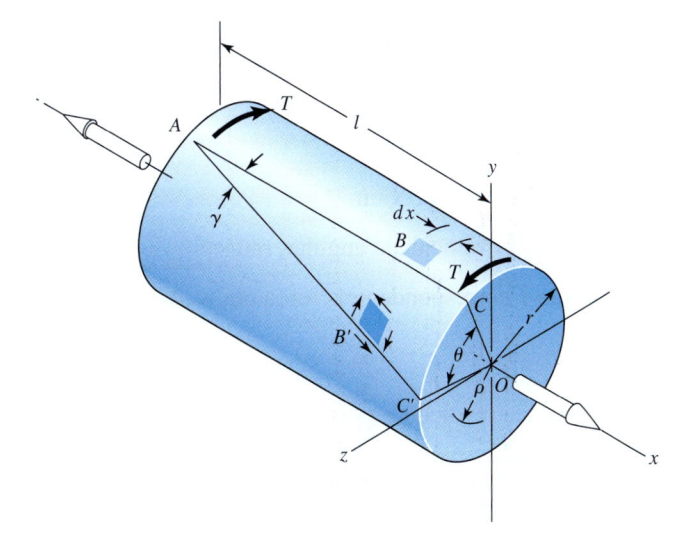

Figura 3–21

A última hipótese depende da axisimetria do elemento, assim isso não é verdadeiro para seções não circulares. Consequentemente, as Equações (3–35) a (3–37) se aplicam apenas a seções circulares. Para uma seção circular sólida,

$$J = \frac{\pi d^4}{32} \qquad (3\text{–}38)$$

em que d é o diâmetro da barra. Para uma seção redonda vasada

$$J = \frac{\pi}{32}\left(d_o^4 - d_i^4\right) \qquad (3\text{–}39)$$

em que os subscritos o e i se referem, respectivamente, aos diâmetros externo e interno.

Existem certas aplicações em maquinaria para membros de seção transversal não circular e eixos em que uma seção transversal poligonal regular é útil ao transmitir torque para uma engrenagem ou polia que pode apresentar uma mudança axial de posição. Como não há necessidade de chavetas ou rasgos de chaveta, a possibilidade de uma chaveta perdida é evitada. Saint Venant demonstrou em 1855 que a tensão máxima de cisalhamento em uma barra de seção transversal retangular $b \times c$ ocorre no meio do lado mais longo b cuja magnitude é

$$\tau_{max} = \frac{T}{\alpha bc^2} \approx \frac{T}{bc^2}\left(3 + \frac{1{,}8}{b/c}\right) \qquad (3\text{–}40)$$

em que b é o lado mais longo, c o lado mais curto e α um fator que é função da razão b/c, conforme mostrado na tabela a seguir.[5] O ângulo de torção é dado por

$$\theta = \frac{Tl}{\beta bc^3 G} \qquad (3\text{–}41)$$

em que β é uma função de b/c, como mostra a tabela.

b/c	1,00	1,50	1,75	2,00	2,50	3,00	4,00	6,00	8,00	10	∞
α	0,208	0,231	0,239	0,246	0,258	0,267	0,282	0,299	0,307	0,313	0,333
β	0,141	0,196	0,214	0,228	0,249	0,263	0,281	0,299	0,307	0,313	0,333

A Equação (3–40) também é aproximadamente válida para cantoneiras de lados iguais; estas podem ser consideradas como dois retângulos, cada um dos quais é capaz de transmitir metade do torque.[6]

Com frequência é necessário obter o torque T de uma combinação entre força e velocidade de um eixo rotatório. No sistema internacional de medidas a equação é

$$H = T\omega \qquad (3\text{–}42)$$

em que H = força

T = torque, N · m

ω = velocidade angular, rad/s

O torque T correspondente à força em watts é dado aproximadamente por

$$T = 9{,}55\frac{H}{n} \qquad (3\text{–}43)$$

onde n é em revoluções por minuto.

---
[5] S. Timoshenko, *Strength of Materials*, Parte I, 3ª ed. Nova York: D. Van Nostrand Company, 1955, p. 290.

[6] Para outras seções, consulte W. C. Young; R. G. Budynas. *Roark's Formulas for Stress and Strain*, 7ª ed. Nova York: McGraw-Hill, 2002.

EXEMPLO 3-8

A Figura 3–22 mostra uma manivela carregada por uma força $F = 1,3$ kN que provoca torção e flexão de um eixo de 20 mm de diâmetro fixado a um suporte na origem do sistema de referência. Na realidade, o suporte poderia apresentar uma inércia que gostaríamos de girar, porém, para os propósitos de análise de tensões, podemos considerar este um problema de estática.

(a) Trace diagramas de corpo livre separados do eixo AB e do braço BC e calcule os valores de todas as forças, momentos e torques atuantes. Rotule as direções dos eixos de coordenadas nesses diagramas.

(b) Calcule os máximos da tensão de torção e da tensão de flexão no braço BC e indique onde eles atuam.

(c) Localize um elemento de tensão na superfície superior do eixo em A e calcule todas as componentes de tensão que atuam nesse elemento.

(d) Determine as tensões de cisalhamento e normais máximas em A.

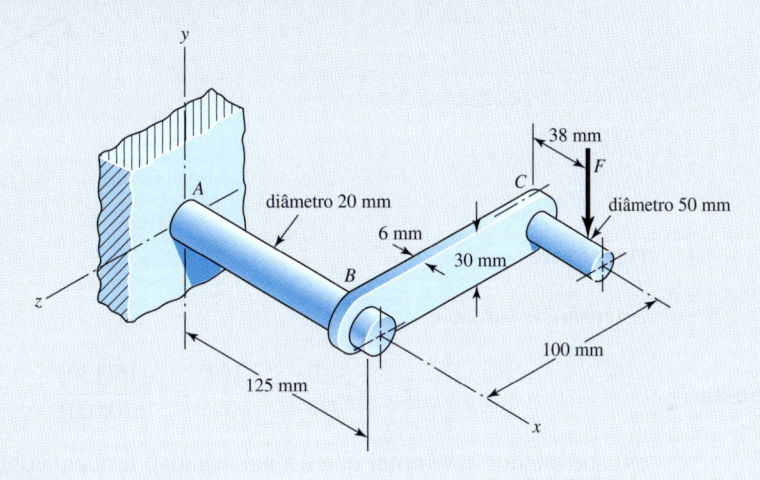

Figura 3–22

Solução

(a) Os dois diagramas de corpo livre são mostrados na Figura 3–23. Os resultados são:

Na extremidade C do braço BC: $\mathbf{F} = -1,3\mathbf{j}$ kN, $\mathbf{T}_C = -0,05\mathbf{k}$ kN·m

Na extremidade B do braço BC: $\mathbf{F} = 1,3\mathbf{j}$ kN, $\mathbf{M}_1 = 0,13\mathbf{i}$ kN·m, $\mathbf{T}_1 = 0,05\mathbf{k}$ kN·m

Na extremidade B do eixo AB: $\mathbf{F} = -1,3\mathbf{j}$ kN, $\mathbf{T}_2 = -0,13\mathbf{i}$ kN·m, $\mathbf{M}_2 = -0,05\mathbf{k}$ kN·m

Na extremidade A do eixo AB: $\mathbf{F} = 1,3\mathbf{j}$ kN, $\mathbf{M}_A = 0,66\mathbf{k}$ kN·m, $\mathbf{T}_A = 0,13\mathbf{i}$ kN·m

(b) Para o braço BC, o momento flexor atingirá um máximo próximo ao eixo em B. Se supusermos que esse é 0,13 kN·m, a tensão de flexão para uma seção retangular será

Resposta

$$\sigma = \frac{M}{I/c} = \frac{6M}{bh^2} = \frac{6(130)}{0,006(0,03)^2} = 144,4 \text{ MPa}$$

Obviamente, isso não está totalmente correto, pois em B o momento está, na verdade, sendo transferido para o eixo, provavelmente por meio de soldagem.

Para a tensão de tração, use a Equação (3–42). Portanto,

Resposta

$$\tau_{\max} = \frac{T}{bc^2}\left(3 + \frac{1,8}{b/c}\right) = \frac{50}{0,03(0,006)^2}\left(3 + \frac{1,8}{0,03/0,006}\right) = 155,6 \text{ MPa}$$

Essa tensão ocorre na metade do lado de 30 mm.

(c) Para um elemento de tensão em A, a tensão de flexão é de tração e igual a

$$\sigma_x = \frac{M}{I/c} = \frac{32M}{\pi d^3} = \frac{32(660)}{\pi (0{,}02)^3} = 840{,}3 \text{ MPa}$$

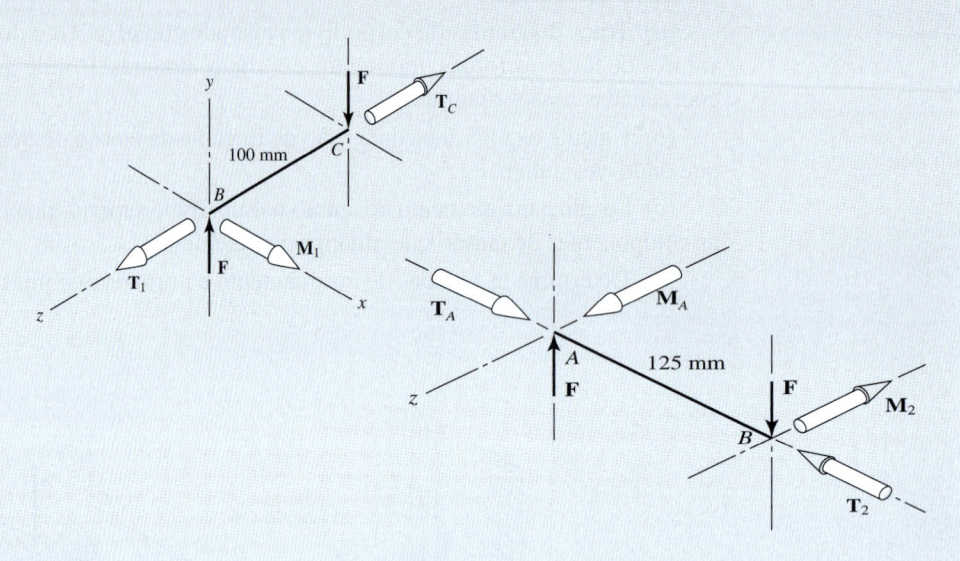

Figura 3–23

A tensão de torção é

$$\tau_{xz} = \frac{-T}{J/c} = \frac{-16T}{\pi d^3} = \frac{-16(130)}{\pi (0{,}02)^3} = -82{,}8 \text{ MPa}$$

em que o leitor deve notar que o sinal negativo leva em conta a direção de τ_{xz}.

(d) O ponto A se encontra em um estado de tensão plana em que as tensões estão no plano xz. Portanto, as tensões principais são dadas pela Equação (3–13) com subscritos correspondentes aos eixos x, z.

A tensão normal máxima é dada então por

$$\sigma_1 = \frac{\sigma_x + \sigma_z}{2} + \sqrt{\left(\frac{\sigma_x - \sigma_z}{2}\right)^2 + \tau_{xz}^2}$$

$$= \frac{840{,}3 + 0}{2} + \sqrt{\left(\frac{840{,}3 - 0}{2}\right)^2 + (-82{,}8)^2} = 848{,}4 \text{ MPa}$$

A tensão máxima de cisalhamento em A ocorre em superfícies diferentes daquelas que contêm as tensões principais ou superfícies contendo tensões de cisalhamento torcional e de flexão. A tensão máxima de cisalhamento é dada pela Equação (3–14), mais uma vez com subscritos modificados

$$\tau_1 = \sqrt{\left(\frac{\sigma_x - \sigma_z}{2}\right)^2 + \tau_{xz}^2} = \sqrt{\left(\frac{840{,}3 - 0}{2}\right)^2 + (-82{,}8)^2} = 428{,}2 \text{ MPa}$$

EXEMPLO 3-9

O eixo maciço de aço de 40 mm de diâmetro mostrado na Figura 3–24a está simplesmente apoiado nas extremidades. Duas polias são chavetadas ao eixo, a polia B tem 10 mm de diâmetro e a polia C tem 200 mm de diâmetro. Considerando apenas as tensões de flexão e de torção, determine a localização e magnitudes das maiores tensões de cisalhamento, de tração e de compressão no eixo.

Solução

A Figura 3–24b mostra as forças, as reações e os momentos de torção resultantes no eixo. Embora este seja um problema tridimensional e o uso de vetores possa parecer apropriado, examinaremos as componentes do vetor de momento por meio de uma análise em dois planos. A Figura 3–24c mostra o carregamento no plano xy, como visto abaixo do eixo z, onde os momentos flexores são, na verdade, vetores na direção z. Portanto, rotularemos o diagrama de momento como M_z. Para o plano xz, observamos abaixo do eixo y e o diagrama de momentos é M_y versus x, conforme mostrado na Figura 3–24d.

O momento resultante em uma seção é a soma vetorial das componentes. Ou seja,

$$M = \sqrt{M_y^2 + M_z^2} \qquad (1)$$

No ponto B,

$$M_B = \sqrt{225^2 + 900^2} = 928 \text{ N·m}$$

No ponto C,

$$M_C = \sqrt{450^2 + 450^2} = 636 \text{ N·m}$$

Portanto, o momento flexor máximo é igual a 928 N·m e a tensão de flexão máxima na polia B é

$$\sigma = \frac{Md/2}{\pi d^4/64} = \frac{32M}{\pi d^3} = \frac{32(928)}{\pi(0{,}04^3)} = 147{,}7 \text{ MPa}$$

A tensão de cisalhamento torcional máxima ocorre entre B e C e é igual a

$$\tau = \frac{Td/2}{\pi d^4/32} = \frac{16T}{\pi d^3} = \frac{16(180)}{\pi(0{,}04^3)} = 14{,}3 \text{ MPa}$$

As tensões máximas de cisalhamento devido à flexão e à torção ocorrem justo à direita da polia B, nos pontos E e F, como indica a Figura 3–24e. No ponto E, a tensão máxima de tração será σ_1, dada pela expressão

Resposta

$$\sigma_1 = \frac{\sigma}{2} + \sqrt{\left(\frac{\sigma}{2}\right)^2 + \tau^2} = \frac{147{,}7}{2} + \sqrt{\left(\frac{147{,}7}{2}\right)^2 + 14{,}3^2} = 149{,}1 \text{ MPa}$$

No ponto F, a tensão máxima de compressão será σ_2, dada por

Resposta

$$\sigma_2 = \frac{-\sigma}{2} - \sqrt{\left(\frac{-\sigma}{2}\right)^2 + \tau^2} = \frac{-147{,}7}{2} - \sqrt{\left(\frac{-147{,}7}{2}\right)^2 + 14{,}3^2} = -1{,}4 \text{ MPa}$$

A tensão extrema de cisalhamento também ocorre em E e F, sendo igual a

Resposta

$$\tau_1 = \sqrt{\left(\frac{\pm\sigma}{2}\right)^2 + \tau^2} = \sqrt{\left(\frac{\pm 147{,}7}{2}\right)^2 + 14{,}3^2} = 75{,}2 \text{ MPa}$$

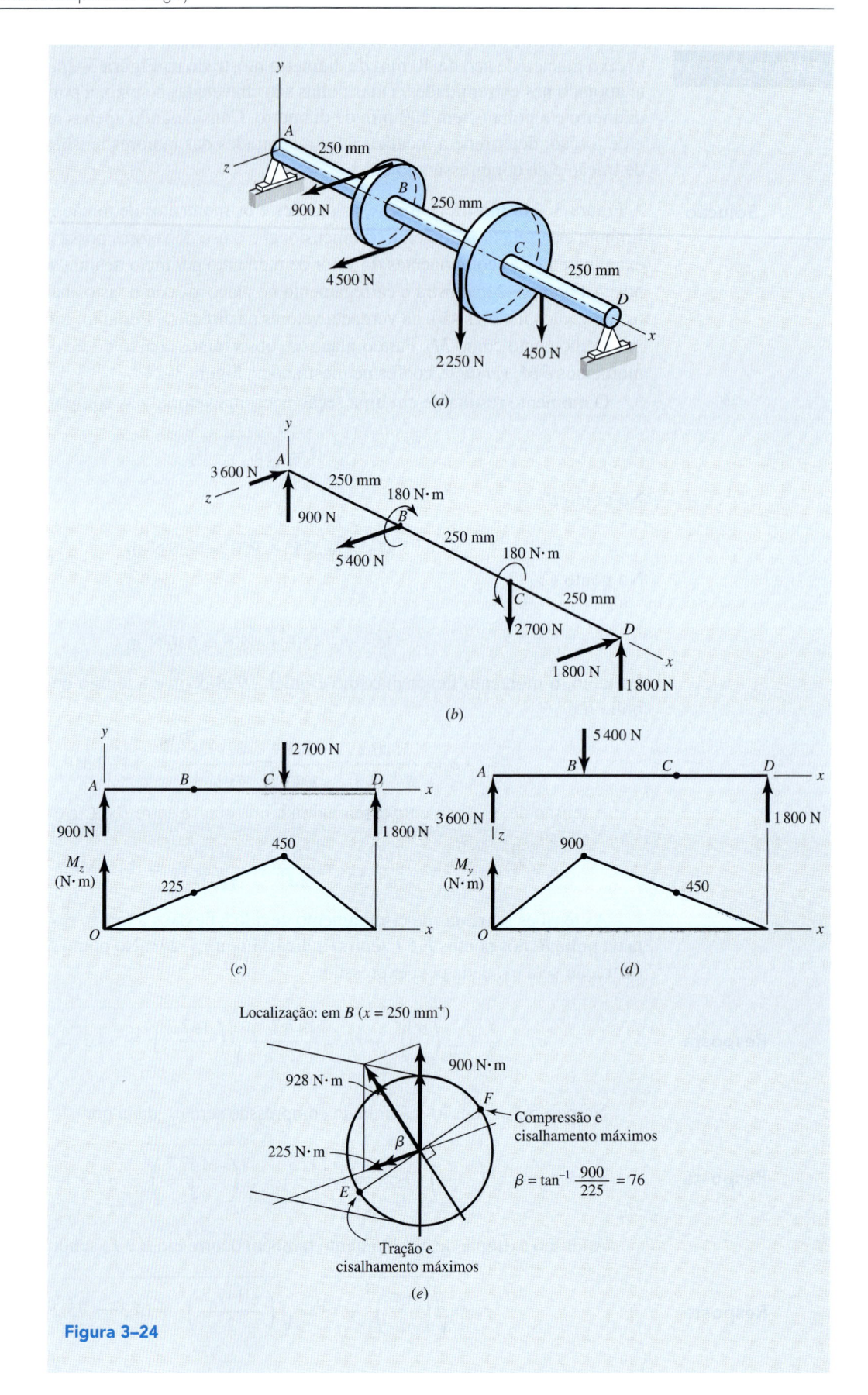

Figura 3–24

Tubos fechados de parede fina (t ≪ r)[7]

Em tubos fechados de parede fina, pode ser mostrado que o produto tensão de cisalhamento vezes espessura da parede τt é constante, significando que a tensão de cisalhamento τ é inversamente proporcional à espessura de parede t. O torque total T em um tubo, tal como o representado na Figura 3–25, é dado por

$$T = \int \tau t r \, ds = (\tau t) \int r \, ds = \tau t (2 A_m) = 2 A_m t \tau$$

em que A_m é a *área encerrada pela linha média da seção*. Resolvendo em τ, obtemos

$$\tau = \frac{T}{2 A_m t} \tag{3-44}$$

Para uma espessura constante de parede t, o ângulo de torção (em radianos) por unidade de comprimento do tubo, θ_1, é dado pela seguinte expressão

$$\theta_1 = \frac{T L_m}{4 G A_m^2 t} \tag{3-45}$$

em que L_m é o *perímetro da linha média da seção*. Essas equações partem do pressuposto de que a flambagem do tubo é evitada por meio de nervuras, reforços, anteparos e assim por diante, e que as tensões se encontram abaixo de proporcionalidade.

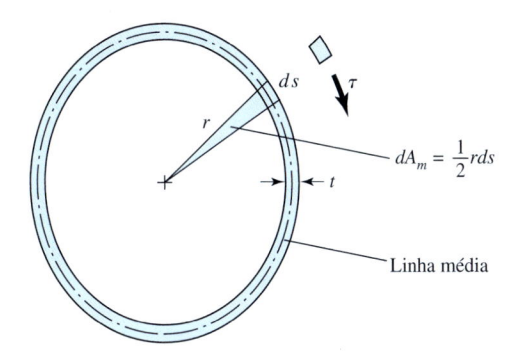

Figura 3–25 A seção transversal representada é elíptica, porém ela não precisa ser simétrica nem de espessura constante.

EXEMPLO 3–10

Um tubo de aço soldado tem 1 m de comprimento, tem espessura de parede igual a 5 mm e uma seção transversal retangular de 45 mm por 70 mm, conforme mostra a Figura 3–26. Suponha uma tensão de cisalhamento admissível de 90 MPa e um módulo de cisalhamento de 100 GPa.

(a) Calcule o torque admissível T.

(b) Calcule o ângulo de torção por causa do torque.

Solução

(a) Dentro da linha média da seção a área encerrada é

$$A_m = (45 - 5)(70 - 5) = 2600 \text{ mm}^2$$

e o comprimento do perímetro médio é

$$L_m = 2[(45 - 5) + (70 - 5)] = 210 \text{ mm}$$

---

[7] Ver Seção 3–13, F. P. Beer; E. R. Johnston; J. T. DeWolf. *Mechanics of Materials*, 4ª ed. Nova York: McGraw-Hill, 2006.

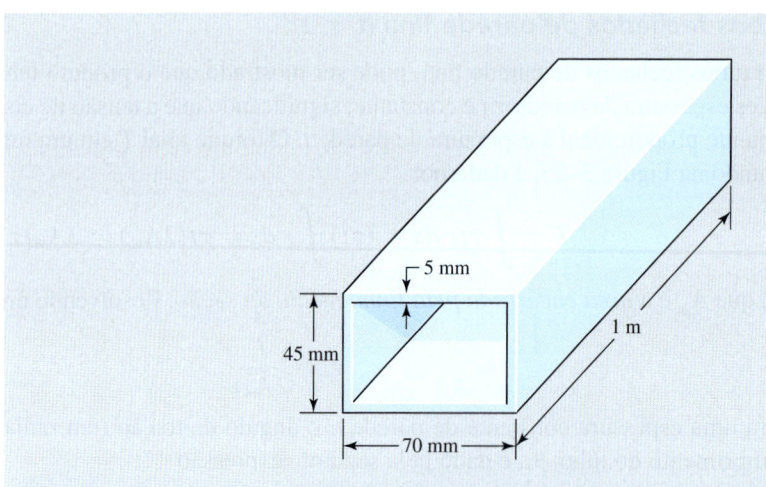

Figura 3-26 Um tubo de aço retangular produzido por soldagem.

Resposta   Da Equação (3–44), o torque T é

$$T = 2A_m t\tau = 2(2600 \times 10^{-6})(0{,}005)(90 \times 10^6) = 2340 \text{ N} \cdot \text{m}$$

Resposta   (b) O ângulo de torção θ obtido da Equação (3–45) é

$$\theta = \theta_1 l = \frac{TL_m}{4GA_m^2 t} l = \frac{2340(0{,}210)}{4(90 \times 10^9)(2600 \times 10^{-6})^2(0{,}005)} (1) = 0{,}036 \text{ rad} = 2{,}08°$$

EXEMPLO 3–11   Compare a tensão de cisalhamento em um tubo cilíndrico, com um diâmetro externo de 37 mm e um diâmetro interno de 32 mm, previsto pela Equação (3–37), com aquela estimada pela Equação (3–44).

Solução   Da Equação (3–37),

$$\tau_{max} = \frac{Tr}{J} = \frac{Tr}{(\pi/32)(d_o^4 - d_i^4)} = \frac{T(0{,}0185)}{(\pi/32)(0{,}037^4 - 0{,}032^4)} = 228249{,}6\,T$$

Da Equação (3–45),

$$\tau = \frac{T}{2A_m t} = \frac{T}{2(\pi 0{,}0345^2/4)0{,}0025} = 213944{,}89\,T$$

Admitindo a Equação (3–37) como correta, o erro na estimativa de parede fina é de −6,27%.

Seções abertas de parede fina

Quando a linha média da parede não é fechada, diz-se que ela é *aberta*. A Figura 3–27 apresenta alguns exemplos. Seções abertas em torção, em que a parede é fina, têm relações derivadas da teoria da analogia de membranas,[8] resultando em:

---

[8] Ver S. P. Timoshenko; J. N. Goodier. *Theory of Elasticity*, 3ª ed. Nova York: McGraw-Hill, 1970, Seção 109.

$$\tau = G\theta_1 c = \frac{3T}{Lc^2} \tag{3-46}$$

em que τ é a tensão de cisalhamento, G o módulo de cisalhamento, θ_1 o ângulo de torção por unidade de comprimento, T o torque e L é o comprimento da linha média. A espessura da parede é representada pela letra c (e não t), para lembrá-lo que estamos tratando de seções abertas. Estudando a tabela após a Equação (3–41), você descobrirá que a teoria de membranas pressupõe $b/c \to \infty$. Note que as seções abertas de parede fina em torção devem ser evitadas em projeto. Conforme indica a Equação (3–46), a tensão de cisalhamento e o ângulo de torção são inversamente proporcionais a c^2 e c^3, respectivamente. Logo, para pequenas espessuras de parede, tensão e torção podem se tornar muito grandes. Considere, por exemplo, o tubo fino redondo com uma divisão mostrada na Figura 3–27. Para uma razão entre espessura de parede e o diâmetro externo $c/d_o = 0{,}1$, a seção aberta tem magnitudes de tensão e ângulo de torção aumentadas, por fatores de 12,3 e 61,5, respectivamente, comparadas com uma seção fechada de mesmas dimensões.

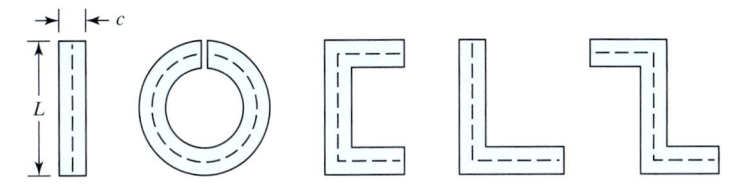

Figura 3–27 Algumas seções abertas de parede fina.

EXEMPLO 3–12 Uma tira de aço de 0,3 mm de comprimento tem 3 mm de espessura e 25 mm de largura, como mostra a Figura 3–28. Se a tensão de cisalhamento admissível for de 80 MPa e o módulo de cisalhamento for de 80 GPa, determine o torque correspondente à tensão de cisalhamento admissível e o ângulo de torção, em graus, (*a*) usando a Equação (3–46) e (*b*) usando as Equações (3–40) e (3–41).

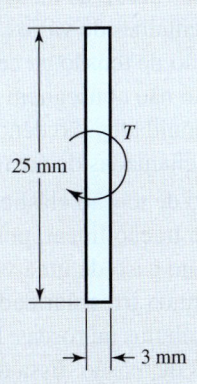

Figura 3–28 A seção transversal de uma fina tira de aço submetida a um momento de torção T.

Solução (*a*) O comprimento da linha média é de 25 mm. Da Equação (3–46),

$$T = \frac{Lc^2\tau}{3} = \frac{(0{,}025)(0{,}003)^2\, 80 \times 10^6}{3} = 6\ \text{N·m}$$

$$\theta = \theta_1 l = \frac{\tau l}{Gc} = \frac{80 \times 10^6\,(0{,}3)}{80 \times 10^9\,(0{,}003)} = 0{,}1\ \text{rad} = 5{,}7°$$

Uma razão torcional de mola k_t pode ser expressa como T/θ:

$$k_t = 6/0,1 = 60 \text{ N} \cdot \text{m/rad}$$

(b) Da Equação (3–40),

$$T = \frac{\tau_{\max} bc^2}{3 + 1,8/(b/c)} = \frac{80 \times 10^6 (0,025)(0,003)^2}{3 + 1,8/(25/3)} = 5,6 \text{ N} \cdot \text{m}$$

Da Equação (3–41), com $b/c = 25/3 = 8,3$,

$$\theta = \frac{Tl}{\beta bc^3 G} = \frac{5,6(0,3)}{0,3076(0,025)(0,003)^3 \, 80 \times 10^9} = 0,1011 \text{ rad} = 5,8°$$

$$k_t = 5,6/0,1011 = 55,4 \text{ N} \cdot \text{m/rad}$$

A seção transversal não é fina; para isso, b deveria ser maior que c no mínimo por um fator de 10. Ao estimar o torque, a Equação (3–46) provê um valor 7,1% maior que a Equação (3–40) e 8,0% maior que o obtido quando se usa a tabela da página 100.

3–13 Concentração de tensão

No desenvolvimento das equações fundamentais de tensão por tração, compressão, flexão e torção, supôs-se que não ocorriam quaisquer irregularidades geométricas no elemento considerado. Porém, é muito difícil projetar uma máquina sem permitir algumas mudanças nas seções transversais dos elementos. Eixos rotativos devem ter ressaltos desenhados de modo que os mancais possam ser assentados apropriadamente e de forma que suportem cargas axiais; e os eixos devem ter rasgos de chaveta usinadas a fim de travar polias e engrenagens. Um parafuso tem uma cabeça em uma extremidade e roscas na outra extremidade, as quais explicam mudanças abruptas na seção transversal. Outras peças precisam de furos, ranhuras de lubrificação e entalhes de vários tipos. Qualquer descontinuidade em uma peça de máquina altera a distribuição de tensão na cercania da descontinuidade, de modo que as equações elementares de tensão não conseguem mais descrever o estado de tensão na peça nessas localidades. Tais descontinuidades são denominadas *concentradores de tensão*, e as regiões nas quais elas ocorrem são chamadas de áreas de *concentração de tensão*.

A distribuição de tensão elástica em uma seção de um membro pode ser uniforme, como em uma barra sob tração linear, por exemplo de uma viga em flexão, ou até mesmo rápida e curvilínea, como no caso de uma viga acentuadamente curva. As concentrações de tensão podem surgir de alguma irregularidade não inerente ao membro, como marcas de ferramentas, furos, entalhes, ranhuras ou roscas. Diz-se que existe *tensão nominal* se o membro estiver livre de concentradores de tensão. Essa definição nem sempre é seguida; portanto, verifique a definição na carta ou tabela de concentração de tensão que estiver usando.

Usa-se um *fator de concentração de tensão teórico* ou *geométrico*, K_t ou K_{ts}, para relacionar a tensão máxima verdadeira na descontinuidade à tensão nominal. Os fatores são definidos por meio das seguintes equações

$$K_t = \frac{\sigma_{\max}}{\sigma_0} \qquad K_{ts} = \frac{\tau_{\max}}{\tau_0} \qquad (3\text{–}47)$$

em que K_t é usado para tensões normais e K_{ts}, para tensões de cisalhamento. A tensão nominal σ_0 ou τ_0 é mais difícil de definir. Geralmente, a tensão é calculada usando-se as equações elementares de tensão e a área líquida, ou a seção transversal líquida. Porém, certas vezes usa-se em seu lugar a seção transversal total e, portanto, é sempre bom checar novamente sua fonte de K_t ou K_{ts} antes de calcular a tensão máxima.

O subscrito t em K_t significa que esse fator de concentração de tensão depende, para seu valor, apenas da *geometria* da peça, isto é, o material especificamente usado não tem efeito algum sobre o valor de K_t. É por esse motivo que ele é chamado de fator de concentração de tensão *teórico*.

A análise de formas geométricas para determinar fatores de concentração de tensão é um problema difícil de modo que não muitas soluções podem ser encontradas. A maioria dos fatores de concentração de tensão é determinada por meio de técnicas experimentais.[9] Embora o método dos elementos finitos tenha sido usado, o fato de os elementos serem, na realidade, finitos impede a descoberta da tensão máxima verdadeira. As abordagens experimentais usadas geralmente incluem a fotoelasticidade, os métodos de malha, os métodos de película frágil e os métodos de medida elétrica de deformação. Obviamente, os métodos de medida de deformação e os métodos de malha sofrem do mesmo inconveniente que o método dos elementos finitos.

Fatores de concentração de tensão para uma grande variedade de geometrias podem ser encontrados nas Tabelas A–15 e A–16.

É apresentado um exemplo na Figura 3–29, uma fina placa carregada em tração que contém um furo centralizado.

Em *carregamento estático,* são aplicados fatores de concentração de tensão como a seguir. Em materiais dúcteis ($\epsilon_f \geq 0{,}05$), o fator de concentração de tensão normalmente *não é* aplicado para prever a tensão crítica, pois a deformação plástica na região da tensão é localizada e possui um efeito de enrijecimento. Em *materiais frágeis* ($\epsilon_f < 0{,}05$), o fator de concentração de tensões geométrico K_t é aplicado à tensão nominal antes de compará-la com a resistência. O ferro fundido cinzento possui tantos concentradores de tensão inerentes que os concentradores de tensão introduzidos pelo projetista têm apenas um efeito modesto (porém aditivo).

Considere uma peça feita de um material dúctil carregada gradualmente por uma carga estática de modo que a tensão em uma área de concentração de tensões cresça acima da tensão de escoamento. O escoamento se restringirá a uma região muito pequena, e a deformação permanente, assim como as tensões residuais depois que cessa o carregamento, serão insignificantes e normalmente poderão ser toleradas. Se o escoamento de fato ocorre, a distribuição de tensões muda e tende a uma distribuição mais uniforme. Na região onde ocorre o escoamento, existe um pequeno risco de fratura em um material dúctil; mas se a possibilidade de uma fratura frágil existe, a concentração de tensões deve ser seriamente considerada. Fratura frágil não se limita a materiais frágeis. Materiais muitas vezes considerados dúcteis podem falhar de maneira frágil sob certas condições, por exemplo, uma aplicação simples ou uma combinação de cargas cíclicas, uma aplicação rápida de cargas estáticas, carregamentos a baixas temperaturas e peças que possuem defeitos na estrutura de seu material (ver Seção 5–12). Os efeitos dos processos em um material dúctil, tais como o endurecimento, a fragilização a hidrogênio e a soldagem, podem acelerar a falha. Portanto, cuidados sempre devem ser tomados ao se lidar com a concentração de tensões.

Para *carregamento dinâmico*, o efeito da concentração de tensões é significativo *tanto* para materiais dúcteis *quanto* para materiais frágeis e deve sempre ser levado em conta (ver Seção 6–10).

---

[9] O melhor livro de referência é W. D. Pilkey. *Peterson's Stress Concentration Factors*; 3ª ed. Nova York: John Wiley & Sons, 2008.

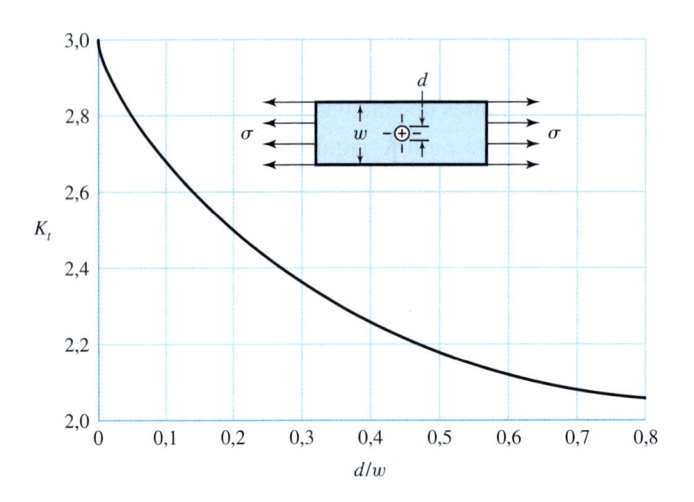

Figura 3–29 Uma fina placa sob tração ou compressão simples com um furo transversal central. A força de tração é $F = \sigma wt$, em que t é a espessura da chapa. A tensão nominal é dada pela equação $\sigma_0 = \dfrac{F}{(w-d)t} = \dfrac{w}{(w-d)}\sigma$.

EXEMPLO 3–13

A barra de espessura igual a 2 mm na Figura 3–30 é carregada axialmente com uma força constante de 10 kN. O material da barra foi tratado a quente e temperado para elevar sua resistência, mas como consequência ele perdeu a maior parte de sua ductilidade. Deseja-se executar um orifício no centro da face da parte da placa de 40 mm para permitir a passagem de um cabo. Um orifício de 4 mm é suficiente para a passagem do cabo, mas está disponível uma broca de 8 mm. Uma fissura é mais provável de se iniciar em um orifício maior, menor ou no adoçamento?

Solução

Uma vez que o material é frágil, o efeito da concentração de tensões próxima a descontinuidades deve ser considerado. Lidando primeiro com o orifício, para um orifício de 4 mm, a tensão nominal é

$$\sigma_0 = \frac{F}{A} = \frac{F}{(w-d)t} = \frac{10\,000}{(40-4)2} = 139 \text{ MPa}$$

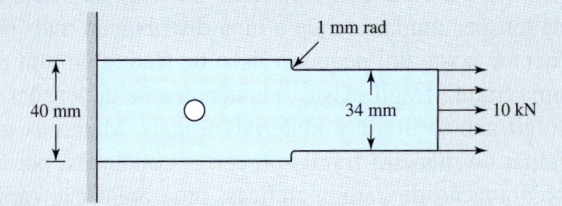

Figura 3–30

O fator de concentração de tensões teórico, da Figura A–15–1, com $d/w = 4/40 = 0{,}1$, é $K_t = 2{,}7$. A tensão máxima é

Resposta

$$\sigma_{\max} = K_t \sigma_0 = 2{,}7(139) = 375 \text{ MPa}$$

Analogamente, para um orifício de 8 mm,

$$\sigma_0 = \frac{F}{A} = \frac{F}{(w-d)t} = \frac{10\,000}{(40-8)2} = 156 \text{ MPa}$$

Com $d/w = 8/40 = 0{,}2$, então $K_t = 2{,}5$, e a tensão máxima é

$$\sigma_{max} = K_t \sigma_0 = 2{,}5(156) = 390 \text{ MPa}$$

Embora a concentração de tensões seja maior no orifício de 4 mm, neste caso a tensão nominal cresce quando o orifício é de 8 mm e produz efeito maior na tensão máxima.

Para o adoçamento,

Resposta
$$\sigma_0 = \frac{F}{A} = \frac{10\,000}{(34)2} = 147 \text{ MPa}$$

Da Tabela A–15–5, $D/d = 40/3 = 1{,}18$ e $r/d = 1/34 = 0{,}026$. Então, $K_t = 2{,}5$.

Resposta
$$\sigma_{max} = K_t \sigma_0 = 2{,}5(147) = 368 \text{ MPa}$$

Resposta A fratura ocorrerá mais provavelmente no orifício de 8 mm, em seguida mais provavelmente no orifício de 4 mm, e com menor possibilidade no adoçamento.

3–14 Tensões em cilindros pressurizados

Vasos de pressão cilíndricos, cilindros hidráulicos, canos de armas de fogo e tubos que transportam fluidos a alta pressão desenvolvem tanto tensões radiais como tangenciais cujos valores dependem do raio do elemento considerado. Ao determinarmos a tensão radial σ_r e a tensão tangencial σ_t, usamos a hipótese de que a elongação longitudinal é constante em torno da circunferência do cilindro. Ou seja, uma seção reta do cilindro permanece plana após tensionamento.

Referindo-nos à Figura 3–31, denominamos o raio interno do cilindro r_i, o raio externo r_o, a pressão interna p_i e a pressão externa p_o. Em seguida, pode ser demonstrado que existem tensões tangenciais e radiais cujas magnitudes são[10]

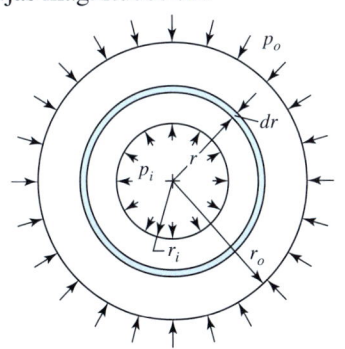

Figura 3–31 Um cilindro submetido a pressão tanto interna quanto externa.

$$\sigma_t = \frac{p_i r_i^2 - p_o r_o^2 - r_i^2 r_o^2 (p_o - p_i)/r^2}{r_o^2 - r_i^2}$$

$$\sigma_r = \frac{p_i r_i^2 - p_o r_o^2 + r_i^2 r_o^2 (p_o - p_i)/r^2}{r_o^2 - r_i^2}$$

(3–48)

---

[10] Consulte Richard G. Budynas. *Advanced Strength and Applied Stress Analysis*; 2ª ed. Nova York: McGraw-Hill, 1999, p. 348-352.

Como de praxe, valores positivos indicam tração e valores negativos, compressão.

O caso especial em que $p_o = 0$ produz

$$\sigma_t = \frac{r_i^2 p_i}{r_o^2 - r_i^2}\left(1 + \frac{r_o^2}{r^2}\right)$$

$$\sigma_r = \frac{r_i^2 p_i}{r_o^2 - r_i^2}\left(1 - \frac{r_o^2}{r^2}\right)$$

(3–49)

As equações do conjunto (3–49) são representadas graficamente na Figura 3–32 para mostrar a distribuição de tensões através da espessura da parede. Note que existem tensões longitudinais quando as reações de extremidade à pressão interna são absorvidas pelo próprio vaso de pressão. Essa tensão é

$$\sigma_l = \frac{p_i r_i^2}{r_o^2 - r_i^2}$$

(3–50)

(a) Distribuição de tensão tangencial

(b) Distribuição de tensão radial

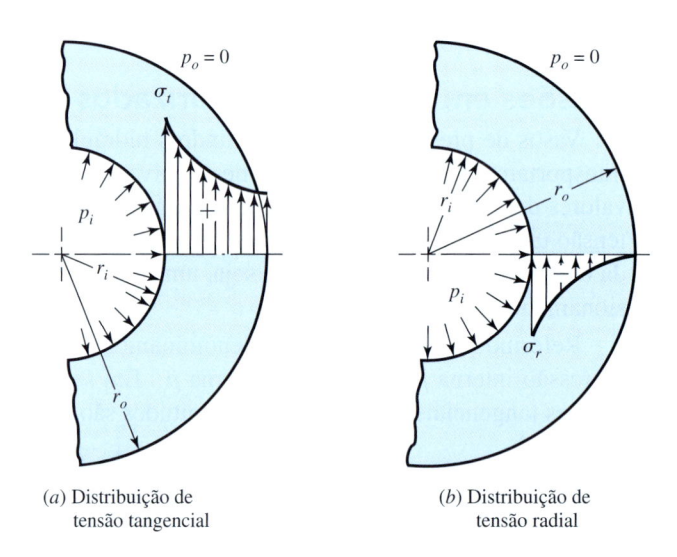

Figura 3–32 Distribuição de tensões em um cilindro de parede grossa submetido à pressão interna.

Note também que as Equações (3–48), (3–49) e (3–50) se aplicam apenas a seções a uma distância significativa das extremidades e longe de quaisquer áreas de concentração de tensão.

Vasos de parede fina

Quando a espessura da parede de um vaso de pressão cilíndrico é da ordem de um décimo, ou menos, de seu raio, a tensão radial que resulta da pressurização desse vaso é bem menor quando comparada à tensão tangencial. Sob essas condições, a tensão tangencial, chamada de tensão circunferencial, pode ser obtida conforme segue: da Equação (3–49), a tensão tangencial média é dada por

$$(\sigma_t)_{av} = \frac{\int_{r_i}^{r_o} \sigma_t \, dr}{r_o - r_i} = \frac{\int_{r_i}^{r_o} \frac{r_i^2 p_i}{r_o^2 - r_i^2}\left(1 + \frac{r_o^2}{r_i^2}\right) dr}{r_o - r_i} = \frac{p_i r_i}{r_o - r_i} = \frac{p_i d_i}{2t}$$

(3–51)

em que d_i é o diâmetro médio.

Essa equação fornece a tensão tangencial média e é válida independentemente da espessura da parede. Para um vaso de parede fina, uma aproximação para a tensão tangencial máxima é

$$(\sigma_t)_{max} = \frac{p(d_i + t)}{2t} \tag{3-52}$$

Em um cilindro fechado, a tensão longitudinal σ_l existe por causa da pressão sobre as extremidades do vaso. Se supusermos que essa tensão também está distribuída uniformemente sobre a espessura da parede, facilmente podemos determiná-la como igual a

$$\sigma_l = \frac{pd_i}{4t} \tag{3-53}$$

EXEMPLO 3-14 Um vaso de pressão de liga de alumínio é feito de tubo tendo um diâmetro externo de 200 mm e uma espessura da parede de 6 mm.

(a) A que pressão o cilindro pode receber se a tensão tangencial admissível for de 82 MPa e a teoria dos vasos de parede fina for admitida como aplicável?

(b) Tomando como base a pressão encontrada no item (a), calcule todas as componentes de tensão usando a teoria para cilindros de parede grossa.

Solução (a) Aqui, $d_i = 200 - 2(6) = 188$ mm, $r_i = 188/2 = 94$ mm e $r_o = 200/2 = 100$ mm. Então $t/r_i = 6/94 = 0{,}064$. Como essa relação é maior que $\frac{1}{20}$, a teoria dos vasos de parede fina talvez não conduza a resultados seguros.

Primeiro, resolvemos a Equação (3-52) para obter a pressão admissível. Isso produz

Resposta
$$p = \frac{2t(\sigma_t)_{max}}{d_i + t} = \frac{2(0{,}006)(82)}{0{,}188 + 0{,}006} = 5{,}07 \text{ MPa}$$

Assim, da Equação (3-53), descobrimos que a tensão média longitudinal é

$$\sigma_l = \frac{pd_i}{4t} = \frac{2{,}54(0{,}188)}{4(0{,}006)} = 19{,}9 \text{ MPa}$$

(b) A tensão tangencial máxima ocorrerá no raio interno e, portanto, usamos $r = r_i$ na primeira equação da Equação (3-48). Isso fornece

Resposta
$$(\sigma_t)_{max} = \frac{r_i^2 p_i}{r_o^2 - r_i^2}\left(1 + \frac{r_o^2}{r_i^2}\right) = p_i\frac{r_o^2 + r_i^2}{r_o^2 - r_i^2} = 2{,}54\frac{0{,}1^2 + 0{,}094^2}{0{,}1^2 - 0{,}094^2} = 41{,}1 \text{ MPa}$$

De modo similar, é encontrada a tensão radial máxima na segunda equação da Equação (3-49)

Resposta
$$\sigma_r = -p_i = -2{,}54 \text{ MPa}$$

A Equação (3-50) fornece a tensão longitudinal como a seguir

Resposta
$$\sigma_l = \frac{p_i r_i^2}{r_o^2 - r_i^2} = \frac{2{,}54(0{,}094)^2}{0{,}1^2 - 0{,}094^2} = 19{,}28 \text{ MPa}$$

Essas três tensões, σ_t, σ_r e σ_l, são tensões principais, pois não há cisalhamento nas superfícies. Note que não há uma diferença significativa nas tensões tangenciais nos itens (a) e (b) e, portanto, a teoria das paredes finas pode ser considerada satisfatória.

3–15 Tensões em anéis rotativos

Diversos elementos rotativos, como volantes e ventiladores, podem ser simplificados a um anel rotativo com o intuito de determinar as tensões. Quando isso é feito, percebe-se que as mesmas tensões radiais e tangenciais existem como na teoria para cilindros de parede grossa, exceto pelo fato de elas serem provocadas por forças inerciais atuando em todas as partículas do anel. As tensões tangencial e radial assim encontradas estão sujeitas às seguintes restrições:

- O raio externo do anel, ou disco, é grande comparado à espessura $r_o \geq 10t$.
- A espessura do anel ou disco é constante.
- As tensões são constantes ao longo da espessura.

As tensões são[11]

$$\sigma_t = \rho\omega^2 \left(\frac{3+\nu}{8}\right)\left(r_i^2 + r_o^2 + \frac{r_i^2 r_o^2}{r^2} - \frac{1+3\nu}{3+\nu}r^2\right)$$

$$\sigma_r = \rho\omega^2 \left(\frac{3+\nu}{8}\right)\left(r_i^2 + r_o^2 - \frac{r_i^2 r_o^2}{r^2} - r^2\right)$$

(3–54)

em que r é o raio até o elemento de tensão considerado, ρ, a densidade de massa e ω é a velocidade angular do anel em radianos por segundo. Para um disco rotativo, use $r_i = 0$ nessas equações.

3–16 Ajuste por interferência

Quando duas peças cilíndricas são montadas por meio de ajuste de contração ou de pressão uma sobre a outra, é criada uma pressão de contato entre as duas peças. As tensões resultantes dessa pressão podem ser determinadas facilmente por meio das equações das seções anteriores.

A Figura 3–33 mostra dois membros cilíndricos que foram montados com um ajuste de contração. Antes da montagem, o raio externo do membro interno era maior que o raio interno do membro externo, cuja diferença equivale a uma *interferência radial* δ. Após a montagem, uma pressão de contato por interferência p desenvolve-se entre os membros no raio nominal R, causando tensões radiais $\sigma_r = -p$ em cada um dos membros nas superfícies de contato. Essa pressão é dada por[12]

$$p = \frac{\delta}{R\left[\dfrac{1}{E_o}\left(\dfrac{r_o^2 + R^2}{r_o^2 - R^2} + \nu_o\right) + \dfrac{1}{E_i}\left(\dfrac{R^2 + r_i^2}{R^2 - r_i^2} - \nu_i\right)\right]}$$

(3–55)

em que os subscritos o e i nas propriedades do material correspondem, respectivamente, aos membros externo e interno. Se os dois membros forem do mesmo material com $E_o = E_i = E$, $\nu_o = \nu_i$, a relação se simplifica a

$$p = \frac{E\delta}{2R^3}\left[\frac{(r_o^2 - R^2)(R^2 - r_i^2)}{r_o^2 - r_i^2}\right]$$

(3–56)

Para as Equações (3–55) ou (3–56), podem ser usados diâmetros em vez de R, r_i e r_o, desde que δ seja a interferência diametral (duas vezes a interferência radial).

---

[11] Ibid, p. 348-357.

[12] Ibid, p. 348-354.

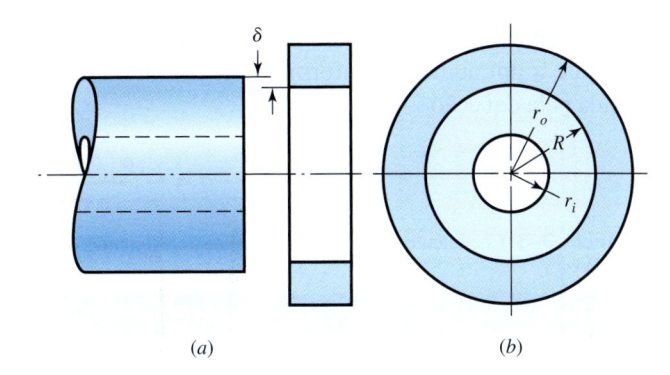

Figura 3–33 Notação para ajustes por pressão e contração. (*a*) Peças desmontadas; (*b*) após montagem.

Com p, a Equação (3–48) pode ser usada para determinar as tensões tangencial e radial em cada membro. Para o membro interno, $p_o = p$ e $p_i = 0$. Para o membro externo, $p_o = 0$ e $p_i = p$. Por exemplo, as magnitudes das tensões tangenciais no raio de transição R são máximas para ambos os membros. Para o membro interno

$$(\sigma_t)_i \bigg|_{r=R} = -p\frac{R^2 + r_i^2}{R^2 - r_i^2} \quad (3\text{--}57)$$

e, para o membro externo

$$(\sigma_t)_o \bigg|_{r=R} = p\frac{r_o^2 + R^2}{r_o^2 - R^2} \quad (3\text{--}58)$$

Hipóteses

É suposto que os dois membros têm o mesmo comprimento. No caso de um cubo que tenha sido ajustado por pressão a um eixo, essa hipótese não seria verdadeira e poderia existir uma pressão acrescida em cada extremidade do cubo. É costumeiro permitir para essa condição empregar-se um fator de concentração de tensão. O valor desse fator depende da pressão de contato e do desenho (projeto) do elemento-fêmea, porém seu valor teórico raramente é maior que 2.

3-17 Efeitos da temperatura

Quando a temperatura de um corpo sem restrições é aumentada uniformemente, o corpo expande e a deformação normal é dada por

$$\epsilon_x = \epsilon_y = \epsilon_z = \alpha(\Delta T) \quad (3\text{--}59)$$

em que α é o coeficiente de expansão térmica e ΔT é a variação de temperatura, em graus. Nessa ação o corpo passa por um aumento de volume simples, com todas as componentes de deformação de cisalhamento iguais a zero.

Se uma barra reta for restringida em suas extremidades de modo que evite expansão longitudinal e em seguida for submetida a um aumento uniforme de temperatura, será criada uma tensão de compressão por causa da restrição axial. A tensão será

$$\sigma = -\epsilon E = -\alpha(\Delta T)E \quad (3\text{--}60)$$

De modo similar, se uma placa plana uniforme for restringida nas bordas e também submetida a um aumento uniforme de temperatura, a tensão de compressão desenvolvida será dada pela equação

$$\sigma = -\frac{\alpha(\Delta T)E}{1-\nu} \quad (3\text{--}61)$$

Tabela 3–3 Coeficientes de expansão térmica (coeficientes lineares médios para uma variação de temperatura 0–100°C).

Material	Escala Celsius (°C^{-1})
Alumínio	23,9(10)$^{-6}$
Latão, fundido	18,7(10)$^{-6}$
Aço-carbono	10,8(10)$^{-6}$
Ferro fundido	10,6(10)$^{-6}$
Magnésio	25,2(10)$^{-6}$
Aço-níquel	13,1(10)$^{-6}$
Aço inoxidável	17,3(10)$^{-6}$
Tungstênio	4,3(10)$^{-6}$

As tensões expressas pelas Equações (3–60 e 3–61) são denominadas *tensões térmicas*. Elas surgem por causa da variação de temperatura em um membro preso ou restringido. Tais tensões ocorrem, por exemplo, durante a soldagem, uma vez que as peças a serem soldadas têm de ser presas antes do processo. A Tabela 3–3 apresenta valores aproximados dos coeficientes de expansão térmica.

3–18 Vigas curvas em flexão[13]

A distribuição de tensão em um membro curvo sob flexão é determinada adotando-se as seguintes hipóteses:

- A seção transversal possui um eixo de simetria em um plano ao longo do comprimento da viga.
- Seções transversais planas permanecem planas depois da flexão.
- O módulo de elasticidade é o mesmo em tração e compressão.

Veremos que o eixo neutro e o eixo baricêntrico de uma viga curva, diferentemente dos eixos de uma viga reta, não são coincidentes e a tensão não varia linearmente a partir do eixo neutro. A notação indicada na Figura 3–34 é definida como se segue:

r_o = raio da fibra externa
r_i = raio da fibra interna
h = altura da seção
c_o = distância do áxis neutral à fibra externa
c_i = distância do áxis neutral à fibra interna
r_n = raio do áxis neutral
r_c = raio do áxis centroidal
e = $r_c - r_n$ distância do áxis centroidal ao áxis neutral
M = momento flexor; M positivo diminui a curvatura

---

[13]Para um desenvolvimento completo das relações apresentadas nesta seção, ver Richard G. Budynas. *Advanced Strength and Applied Stress Analysis*; 2ª ed. Nova York: McGraw-Hill, 1999, p. 309–317.

A Figura 3–34 mostra que os eixos neutro e baricêntrico não são coincidentes.[14] Sucede que a localização do eixo neutro em relação ao centro de curvatura O é dada pela equação

$$r_n = \frac{A}{\int \frac{dA}{r}} \qquad (3\text{–}62)$$

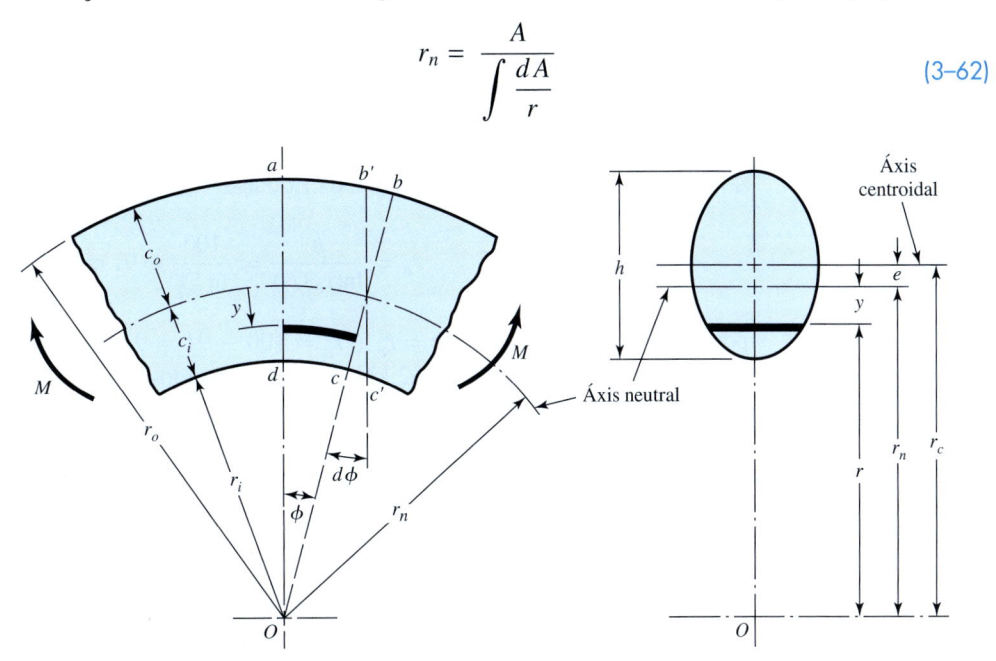

Figura 3–34 Note que y é positivo em direção ao centro da curvatura, ponto O.

A distribuição de tensão pode ser encontrada equilibrando-se o momento externo aplicado e o momento resistente interno. O resultado será então

$$\sigma = \frac{My}{Ae(r_n - y)} \qquad (3\text{–}63)$$

em que M é positivo na direção mostrada na Figura 3–34. A Equação (3–63) mostra que a distribuição de tensão é *hiperbólica*. As tensões críticas ocorrem nas superfícies interna e externa, $y = c_i$ e $y = -c_o$, respectivamente, e são

$$\sigma_i = \frac{Mc_i}{Aer_i} \qquad \sigma_o = -\frac{Mc_o}{Aer_o} \qquad (3\text{–}64)$$

Essas equações são válidas para flexão pura. No caso comum é mais geral, como o de um gancho de guindaste, a estrutura em U de uma prensa ou a estrutura de um grampo, o momento fletor ocorre por forças que atuam em um lado da seção transversal considerada. Nesse caso, o momento fletor é calculado em torno do *eixo baricêntrico,* e não em torno do eixo neutro. Deve-se também acrescentar uma outra tensão axial por tração ou compressão às tensões de flexão dadas pelas Equações (3–63) e (3–64) para obter as tensões resultantes que atuam na seção.

EXEMPLO 3–15 Represente em um gráfico a distribuição de tensões ao longo da seção A-A do gancho de guindaste mostrado na Figura 3–35a. A seção transversal é retangular, com $b = 18$ mm e $h = 100$ mm e a carga é $F = 22$ kN.

---

[14] Para um desenvolvimento completo das relações apresentadas nesta seção, ver Richard G. Budynas. *Advanced Strength and Applied Stress Analysis*; 2ª ed. Nova York: McGraw-Hill, 1999, p. 309–317.

Solução Como $A = bh$, temos $dA = b\,dr$ e, da Equação (3–62),

$$r_n = \frac{A}{\int \frac{dA}{r}} = \frac{bh}{\int_{r_i}^{r_o} \frac{b}{r}dr} = \frac{h}{\ln\frac{r_o}{r_i}} \quad (1)$$

Da Figura 3–35b, constatamos que $r_i = 50$ mm, $r_o = 150$ mm, $r_c = 100$ mm e $A = 1\,800$ mm². Consequentemente, da Equação (1),

$$r_n = \frac{h}{\ln(r_o/r_i)} = \frac{100}{\ln\frac{150}{50}} = 91 \text{ mm}$$

portanto, a excentricidade é $e = r_c - r_n = 100 - 91 = 9$ mm. O momento M é positivo e igual a $M = Fr_c = 22(0,1) = 2,2$ kN · m. Adicionando-se a componente axial da tensão à Equação (3–63), obtemos

$$\sigma = \frac{F}{A} + \frac{My}{Ae(r_n - y)} = \frac{22 \times 10^3}{1800 \times 10^{-6}} + \frac{(2,2 \times 10^3)(0,091 - r)}{1800 \times 10^{-6}\,(0,009)r} \quad (2)$$

Substituindo os valores de r de 50 mm a 150 mm, o resultado é a distribuição de tensão mostrada na Figura 3–35c. As tensões nos raios interno e externo são, respectivamente, 123,6 MPa e –41,2 MPa, conforme indicado.

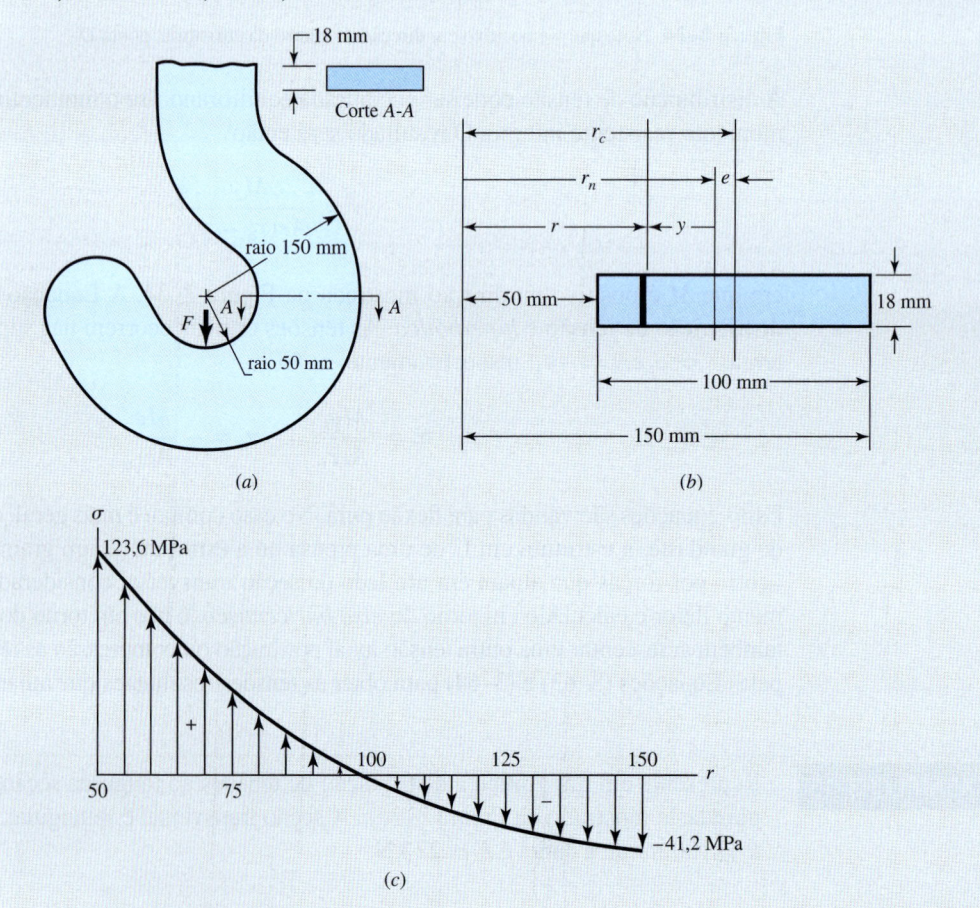

Figura 3–35 (a) Vista de topo do gancho de guindaste; (b) seção transversal e notação; (c) distribuição da tensão resultante. Não existe concentração de tensão.

Observe-se, no exemplo do gancho, que a seção transversal retangular simétrica faz com que a tensão de tração máxima seja três vezes maior que a tensão de compressão máxima. Se quisermos projetar o gancho para utilizar material de modo mais eficaz, usaríamos mais material no raio interno e menos material no raio externo. Por essa razão, seções transversais trapezoidais, T ou I assimétrica, são comumente usadas. As seções mais encontradas na análise de tensão de vigas curvas estão na Tabela 3–4.

Cálculos alternativos para e

Calcular matematicamente r_n e r_c e subtrair a diferença pode levar a erros grandes caso não seja feita com cuidado, pois r_n e r_c são valores tipicamente grandes quando comparados a e. Como e se encontra no denominador das Equações (3–63) e (3–64), um erro grande em e pode levar a um cálculo de tensão impreciso. Além disso, se tivermos uma seção transversal complexa que as tabelas não tratem, são necessários métodos alternativos para determinar o de e. Para uma aproximação rápida e simples de e, pode ser demonstrado que[15]

$$e \approx \frac{I}{r_c A} \qquad (3\text{–}65)$$

Essa aproximação é adequada a uma curvatura grande, em que e é pequeno com $r_n \doteq r_c$. Substituindo a Equação (3–65) na Equação (3–63), com $r_n - y = r$, temos

$$\sigma \approx \frac{M y}{I} \frac{r_c}{r} \qquad (3\text{–}66)$$

Se $r_n \approx r_c$, o que deve acontecer para usar a Equação (3–66), então é necessário apenas calcular r_c e medir y a partir desse eixo. Determinar r_c para uma seção transversal complexa pode ser feito facilmente pela maioria dos programas CAD ou numericamente, conforme indicado na referência mencionada anteriormente. Observe-se que à medida que a curvatura aumenta, $r \rightarrow r_c$, a Equação (3–66) se transforma na formulação de vigas retas, ou seja, a Equação (3–24). Note que o sinal negativo está faltando, pois y na Figura 3–34 é verticalmente para baixo, oposto à direção para a equação de vigas retas.

EXEMPLO 3–16 O implemento em forma de gancho mostrado na figura foi formado a partir de uma haste circular de diâmetro $d = 25$ mm. Quais são as tensões nas superfícies interna e externa na seção A–A, se $F = 4$ kN, $L = 25$ mm e $D_i = 80$ mm?

Solução $d = 25$ mm, $r_i = 40$ mm, $r_o = 65$ mm.
Da Tabela 3–4, para $R = 12{,}5$ mm,

$$r_c = 40 + 12{,}5 = 52{,}5 \text{ mm}$$

$$r_n = \frac{12{,}5^2}{2(52{,}5 - \sqrt{52{,}5^2 - 12{,}5^2})} = 51{,}7 \text{ mm}$$

$$e = r_c - r_n = 52{,}5 - 51{,}7 = 0{,}8 \text{ mm}$$

$$c_i = r_n - r_i = 51{,}7 - 40 = 11{,}7 \text{ mm}$$

$$c_o = r_o - r_n = 65 - 51{,}7 = 13{,}3 \text{ mm}$$

$$A = \pi d^2/4 = \pi (25)^2/4 = 491 \text{ mm}^2$$

$$M = F r_c = 4000(52{,}5) = 210\,000 \text{ N} \cdot \text{mm}$$

(Continua na página 135)

---

[15] Ibid., p. 317-321. Aqui também é apresentado um método numérico.

Tabela 3–4 Fórmulas para seções de vigas curvas.

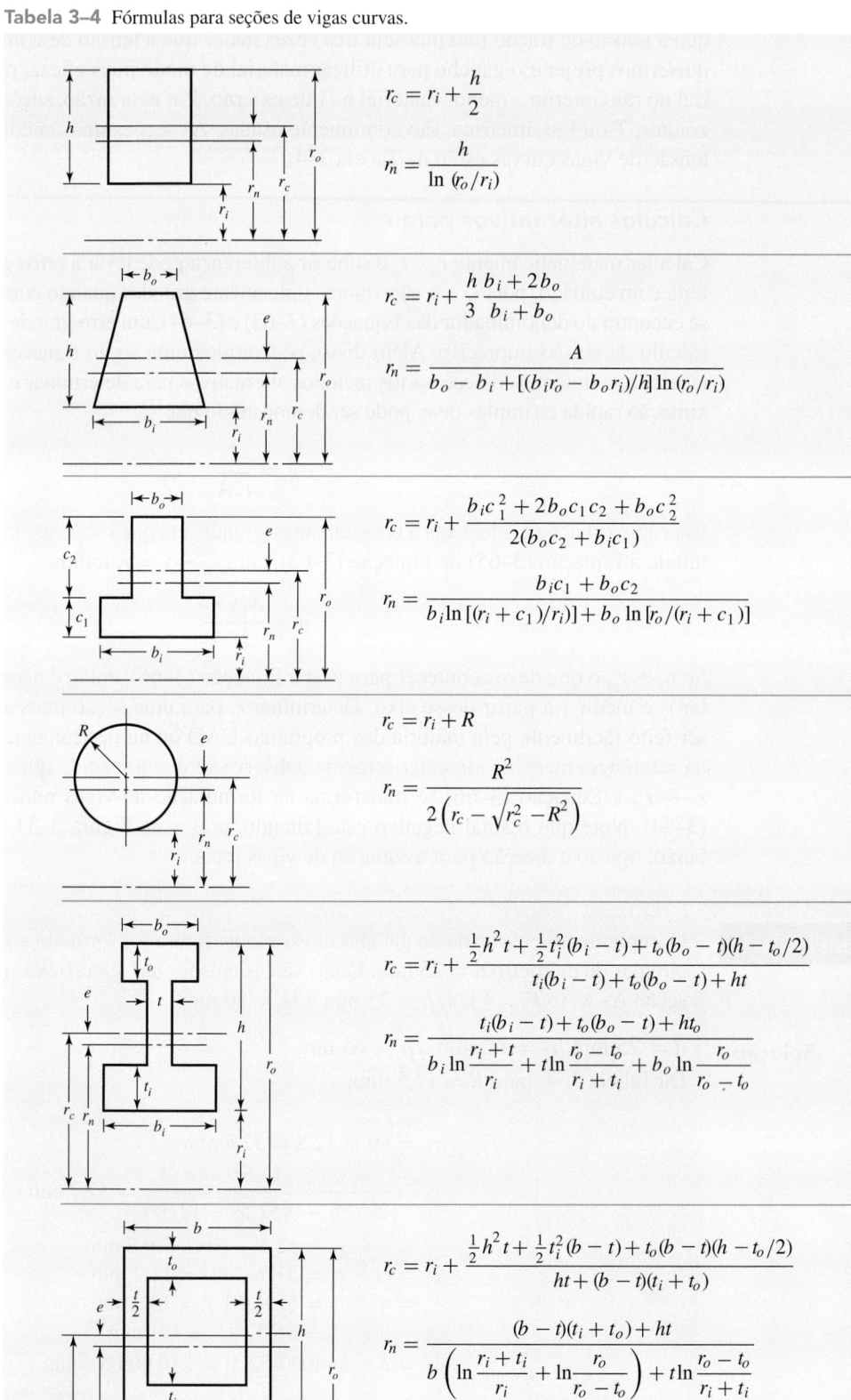

$$r_c = r_i + \frac{h}{2}$$

$$r_n = \frac{h}{\ln(r_o/r_i)}$$

$$r_c = r_i + \frac{h}{3}\frac{b_i + 2b_o}{b_i + b_o}$$

$$r_n = \frac{A}{b_o - b_i + [(b_i r_o - b_o r_i)/h]\ln(r_o/r_i)}$$

$$r_c = r_i + \frac{b_i c_1^2 + 2b_o c_1 c_2 + b_o c_2^2}{2(b_o c_2 + b_i c_1)}$$

$$r_n = \frac{b_i c_1 + b_o c_2}{b_i \ln[(r_i + c_1)/r_i] + b_o \ln[r_o/(r_i + c_1)]}$$

$$r_c = r_i + R$$

$$r_n = \frac{R^2}{2\left(r_c - \sqrt{r_c^2 - R^2}\right)}$$

$$r_c = r_i + \frac{\frac{1}{2}h^2 t + \frac{1}{2}t_i^2(b_i - t) + t_o(b_o - t)(h - t_o/2)}{t_i(b_i - t) + t_o(b_o - t) + ht}$$

$$r_n = \frac{t_i(b_i - t) + t_o(b_o - t) + ht_o}{b_i \ln\dfrac{r_i + t}{r_i} + t\ln\dfrac{r_o - t_o}{r_i + t_i} + b_o \ln\dfrac{r_o}{r_o - t_o}}$$

$$r_c = r_i + \frac{\frac{1}{2}h^2 t + \frac{1}{2}t_i^2(b - t) + t_o(b - t)(h - t_o/2)}{ht + (b - t)(t_i + t_o)}$$

$$r_n = \frac{(b - t)(t_i + t_o) + ht}{b\left(\ln\dfrac{r_i + t_i}{r_i} + \ln\dfrac{r_o}{r_o - t_o}\right) + t\ln\dfrac{r_o - t_o}{r_i + t_i}}$$

Utilizando a Equação (3–63)

Resposta
$$\sigma_i = \frac{F}{A} + \frac{Mc_i}{Aer_i} = \frac{4000}{491} + \frac{210\,000(11,7)}{491(0,8)(40)} = 164,5 \text{ MPa}$$

Resposta
$$\sigma_o = \frac{F}{A} - \frac{Mc_o}{Aer_o} = \frac{4000}{491} - \frac{210\,000(13,3)}{491(0,8)(65)} = -117,5 \text{ MPa}$$

Figura 3–36

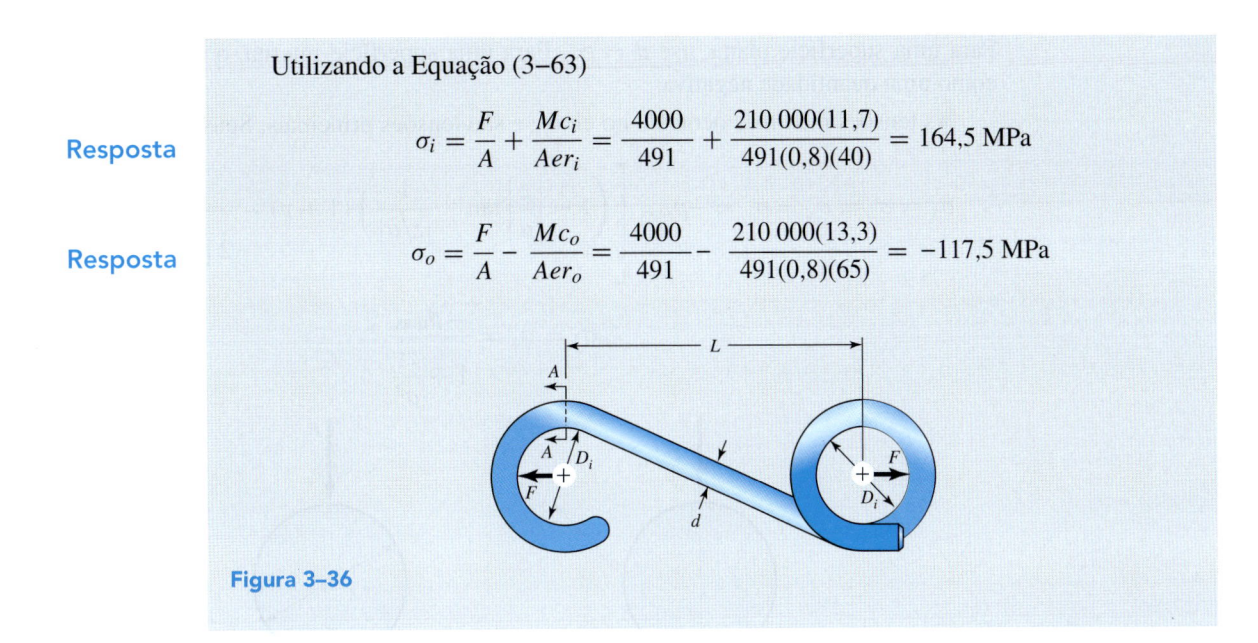

3–19 Tensões de contato

Quando dois corpos de superfícies curvas são pressionados um contra o outro, o contato pontual ou linear muda para contato de área, e as tensões desenvolvidas nos dois corpos são tridimensionais. Problemas de tensão surgem no contato de uma roda e um trilho, em tuchos e cames de válvulas automotivas, em dentes de engrenagem engranzados e na atuação de rolamentos. Falhas típicas são vistas como fissuras, cavidades ou escamação na superfície do material.

O caso mais geral de tensão de contato ocorre quando cada corpo contactante possui um raio de curvatura duplo; isto é, quando o raio no plano de rolamento é diferente do raio em um plano perpendicular, ambos os planos são tomados por meio do eixo da força de contato. Aqui, consideraremos apenas os dois casos especiais de esferas contactantes e cilindros em contato.[16] Os resultados apresentados aqui se devem a Hertz; daí serem frequentemente conhecidos como *tensões hertzianas*.

Contato esférico

Quando duas esferas sólidas de diâmetros d_1 e d_2 são pressionadas uma contra a outra com uma força F, uma área circular de contato do raio a é obtida. Especificando-se E_1, v_1 e E_2, v_2 como as respectivas constantes elásticas das duas esferas, o raio a será dado pela equação

$$a = \sqrt[3]{\frac{3F}{8} \frac{(1 - v_1^2)/E_1 + (1 - v_2^2)/E_2}{1/d_1 + 1/d_2}} \qquad (3\text{–}67)$$

A distribuição de pressão dentro da área de contato de cada esfera é semiesférica, conforme mostrado na Figura 3–36b. A pressão máxima ocorre no centro da área de contato e é igual a

$$p_{\max} = \frac{3F}{2\pi a^2} \qquad (3\text{–}68)$$

As Equações (3–67) e (3–68) são absolutamente gerais e também se aplicam ao contato entre uma esfera e uma superfície plana ou de uma esfera e uma superfície esférica interna.

---

[16] Uma apresentação mais abrangente sobre tensões de contato pode ser encontrada em Arthur P. Boresi e Richard J. Schmidt. *Advanced Mechanics of Materials*, 6ª ed. Nova York: Wiley, 2003, p. 589-623.

Para uma superfície plana, use $d = \infty$. Para uma superfície interna, o diâmetro é expresso como uma quantidade negativa.

As tensões máximas ocorrem no eixo z e são tensões principais. Seus valores são

$$\sigma_1 = \sigma_2 = \sigma_x = \sigma_y = -p_{max}\left[\left(1 - \left|\frac{z}{a}\right|\tan^{-1}\frac{1}{|z/a|}\right)(1+\nu) - \frac{1}{2\left(1+\frac{z^2}{a^2}\right)}\right] \quad (3\text{-}69)$$

$$\sigma_3 = \sigma_z = \frac{-p_{max}}{1+\frac{z^2}{a^2}} \quad (3\text{-}70)$$

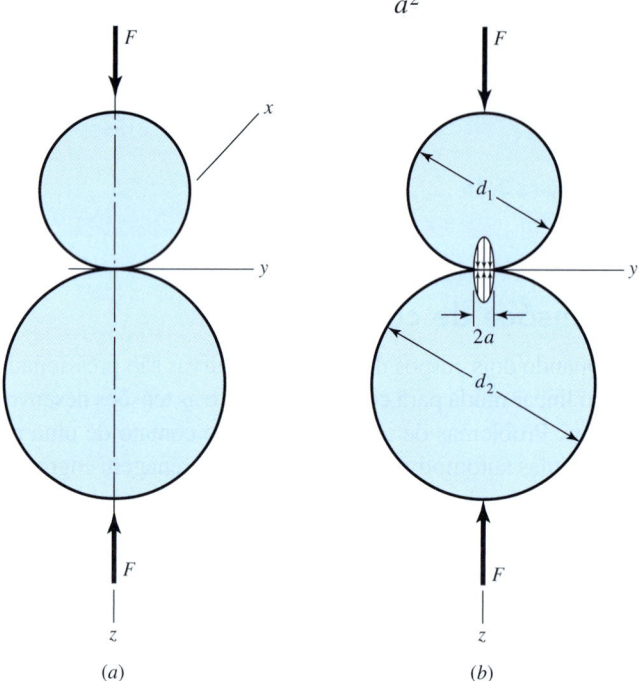

Figura 3–36 (a) Duas esferas mantidas em contato pela força F; (b) a tensão de contato tem uma distribuição hemisférica ao longo do diâmetro $2a$ da zona de contato.

Essas equações são válidas para ambas as esferas, porém o valor usado para o coeficiente de Poisson deve corresponder àquele da esfera considerada. As equações são ainda mais complicadas quando os estados de tensão fora do eixo z devem ser determinados, pois, nesse caso as coordenadas x e y também precisam ser incluídas. Porém, isso não é necessário para fins de projeto, pois os máximos ocorrem no eixo z.

Os círculos de Mohr para o estado de tensão descrito pelas Equações (3–69) e (3–70) são um ponto e dois círculos coincidentes. Como $\sigma_1 = \sigma_2$, temos $\tau_{1/2} = 0$ e

$$\tau_{max} = \tau_{1/3} = \tau_{2/3} = \frac{\sigma_1 - \sigma_3}{2} = \frac{\sigma_2 - \sigma_3}{2} \quad (3\text{-}71)$$

A Figura 3–37 é um gráfico das Equações (3–69), (3–70) e (3–71) para uma distância $3a$ abaixo da superfície. Note que a tensão de cisalhamento atinge um valor máximo um pouco abaixo da superfície. É a opinião de muitas autoridades de que essa tensão de cisalhamento máxima é responsável pela falha por fadiga de superfície dos elementos contactantes. A explicação é que uma trinca se origina no ponto de tensão de cisalhamento máxima abaixo da superfície que avança até a superfície e que a pressão do lubrificante acunha a lasca solta.

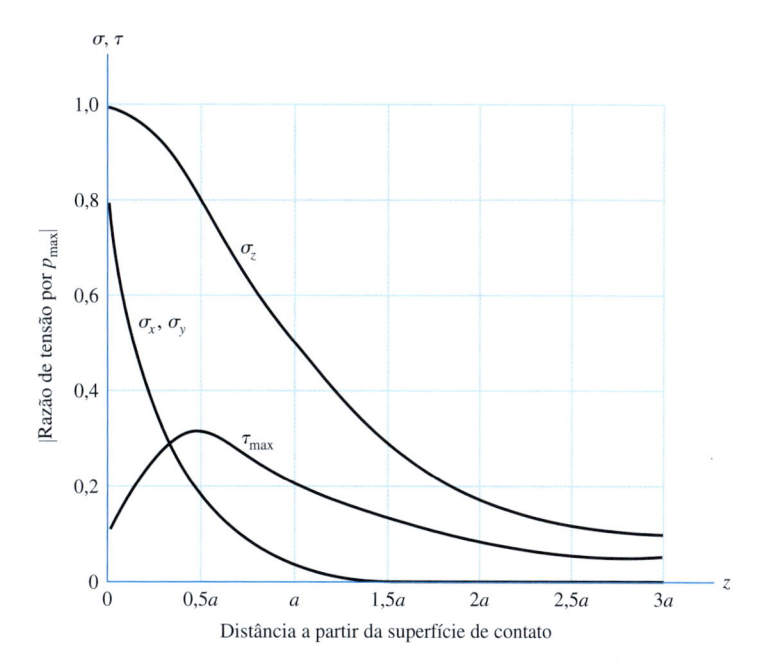

Figura 3–37 Magnitude das componentes de tensão abaixo da superfície como função da pressão máxima das esferas contactantes. Note que a tensão de cisalhamento máxima está ligeiramente abaixo da superfície em $z = 0{,}48a$ e é aproximadamente $0{,}3p_{max}$. O gráfico se baseia em uma razão de Poisson de 0,30. Veja que todas as tensões normais são de compressão.

Contato cilíndrico

A Figura 3–38 ilustra uma situação similar em que os elementos contactantes são dois cilindros de comprimento l e diâmetros d_1 e d_2. Conforme mostra a Figura 3–38b, a área de contato é um retângulo estreito de largura $2b$ e comprimento l, e a distribuição de pressão é elíptica. A meia-largura b é dada pela seguinte equação

$$b = \sqrt{\frac{2F}{\pi l} \frac{\left(1 - v_1^2\right)/E_1 + \left(1 - v_2^2\right)/E_2}{1/d_1 + 1/d_2}} \quad (3\text{–}72)$$

A pressão máxima é

$$p_{max} = \frac{2F}{\pi b l} \quad (3\text{–}73)$$

As Equações (3–72) e (3–73) se aplicam a um cilindro e uma superfície plana, como um trilho, adotando $d = \infty$ para a superfície plana. As equações também se aplicam ao contato de um cilindro e uma superfície cilíndrica interna; nesse caso, adota-se d negativo para a superfície interna.

O estado de tensão ao longo do eixo z é dado pelas equações

$$\sigma_x = -2 v p_{max} \left(\sqrt{1 + \frac{z^2}{b^2}} - \left| \frac{z}{b} \right| \right) \quad (3\text{–}74)$$

$$\sigma_y = -p_{max} \left(\frac{1 + 2\frac{z^2}{b^2}}{\sqrt{1 + \frac{z^2}{b^2}}} - 2\left| \frac{z}{b} \right| \right) \quad (3\text{–}75)$$

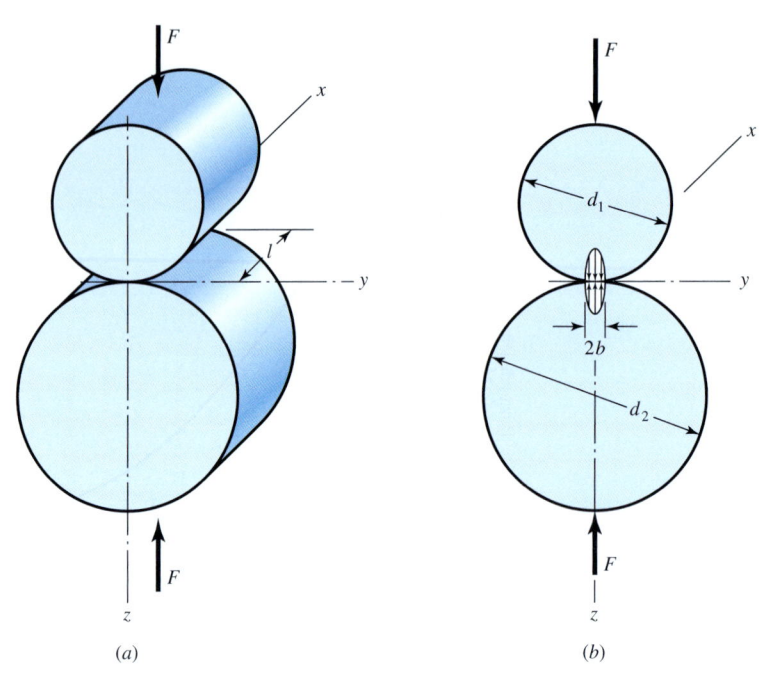

Figura 3–38 (*a*) Dois cilindros circulares retos mantidos em contato por forças *F* uniformemente distribuídas ao longo do comprimento do cilindro *l*. (*b*) A tensão de contato tem uma distribuição elíptica ao longo da largura 2*b* da zona de contato.

$$\sigma_3 = \sigma_z = \frac{-p_{max}}{\sqrt{1+z^2)/b^2}} \qquad (3\text{–}76)$$

Essas três equações estão representadas graficamente na Figura 3–39 até uma distância de 3*b* abaixo da superfície. Para $0 \leq z \leq 0{,}436b$, $\sigma_1 = \sigma_x$ e $\tau_{max} = (\sigma_1 - \sigma_3)/2 = (\sigma_x - \sigma_z)/2$. Para $z \geq 0{,}436b$, $\sigma_1 = \sigma_y$ e $\tau_{max} = (\sigma_y - \sigma_z)/2$. A figura também mostra um gráfico de τ_{max} em que o maior valor ocorre em $z/b = 0{,}786$ com um valor de $0{,}300\,p_{max}$.

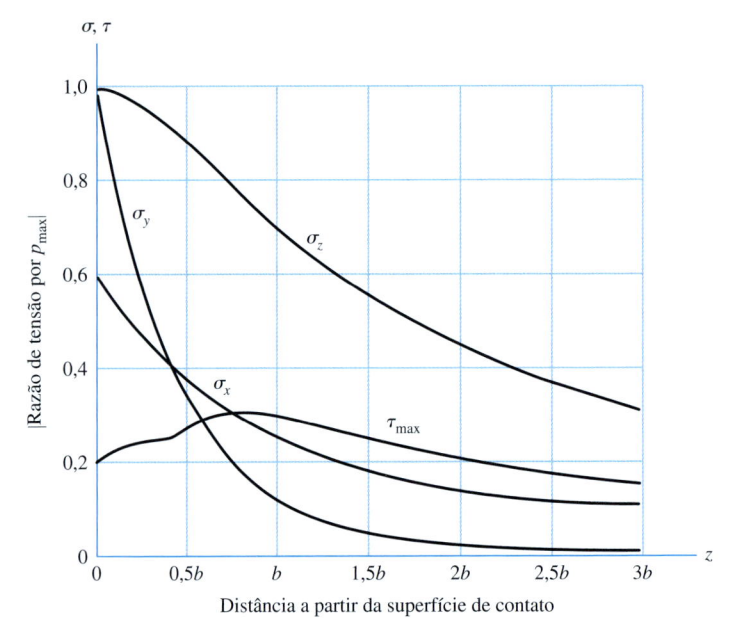

Figura 3–39 Magnitude das componentes de tensão abaixo da superfície como função da pressão máxima para cilindros em contato. O maior valor de τ_{max} ocorre em $z/b = 0{,}786$. Seu valor máximo é $0{,}30 p_{max}$. O gráfico se baseia em um coeficiente de Poisson de 0,30. Note que todas as tensões normais são tensões de compressão.

Hertz, em 1881, forneceu os modelos matemáticos acima do campo de tensão quando a zona de contato está livre da tensão de cisalhamento. Outra tensão de contato importante é a *linha de contato* com fricção fornecendo a tensão de cisalhamento na zona de contato. Tais tensões de cisalhamento são pequenas em cames e roletes, porém em cames com seguidores de face plana, contatos roda-trilho, e dentes de engrenagens, as tensões são elevadas acima do campo hertziano. Investigações do efeito sobre o campo de tensão por causa de tensões de cisalhamento e normal na zona de contato foram iniciadas no campo teórico por Lundberg (1939) e continuadas por Mindlin (1949), Smith-Liu (1949) e Poritsky (1949) independentemente. Para maiores detalhes, veja a referência citada na nota de rodapé 15, p. 135.

3-20 Resumo

A capacidade de quantificar a condição de tensão em um ponto crítico de um elemento de máquina é uma habilidade importante do engenheiro. Por quê? Se o membro falha ou não, é estimada por comparação a tensão (dano) em um ponto crítico com a resistência do material correspondente nesse ponto. Este capítulo tratou da descrição da tensão.

Podem-se calcular tensões com grande precisão nos casos em que a geometria é suficientemente simples em que a teoria facilmente fornece as relações quantitativas necessárias. Em outros casos, são usadas aproximações. Existem aproximações numéricas como análise por elementos finitos (AEF, ver Capítulo 19), cujos resultados tendem a convergir para os valores verdadeiros. Existem medições experimentais, como medições de deformação, que possibilitam a *inferência* de tensões a partir das condições de deformação medidas. Seja lá qual(quais) for(em) o(s) método(s) utilizado(s), o objetivo é uma descrição robusta da condição de tensão em um ponto crítico.

A natureza dos resultados de pesquisa e de compreensão em qualquer campo está em que, quanto mais trabalhamos nele, as coisas parecem ficar mais intrincadas, buscando-se então novas abordagens para ajudar nessas complicações. À medida que são introduzidos novos esquemas, os engenheiros, ávidos pelas melhorias que a nova abordagem promete, começam a usá-la. Normalmente, o otimismo inicial diminui à medida que experiências sucessivas vão acrescentando preocupações. Tarefas que prometiam ampliar as habilidades do não especialista eventualmente mostram que a especialização não é algo opcional.

Na análise de tensões, o computador pode ser útil, caso as equações necessárias estejam disponíveis. A análise em planilhas eletrônicas pode reduzir rapidamente cálculos complexos para estudos paramétricos, lidando facilmente com perguntas do tipo "o que aconteceria se" relacionadas com trocas (por exemplo, usar uma quantidade menor de um material mais caro ou maior quantidade de um material mais barato). Ela pode, aliás, ajudar a vislumbrar oportunidades de otimização.

Quando as equações necessárias não estão disponíveis, métodos como AEF são interessantes, porém, deve-se tomar muito cuidado. Mesmo que você tenha acesso a um poderoso programa AEF, é preciso estar acompanhado de um especialista no momento da aprendizagem. Há questões irritantes de convergência em descontinuidades. A análise elástica é muito mais fácil que a análise elasto-plástica. Os resultados não são melhores que a modelagem da realidade que foi usada para formular o desenho. O Capítulo 19 apresenta uma ideia do que é a análise por elementos finitos e como ela pode ser utilizada em projeto. O capítulo não é, de forma alguma, completo em termos da teoria dos elementos finitos e de sua aplicação na prática. Ambos os grupos de habilidades requerem muita exposição e experiência para poderem ser adotados.

PROBLEMAS

Problemas assinalados com um asterisco (*) são associados a problemas de outros capítulos, conforme resumido na Tabela 1–2 da Seção 1–17, p. 33.

3–1* a 3–4 Esquematize o diagrama de corpo livre de cada elemento da figura. Compute a intensidade e a direção de cada força usando um método algébrico ou vetorial, conforme especificado.

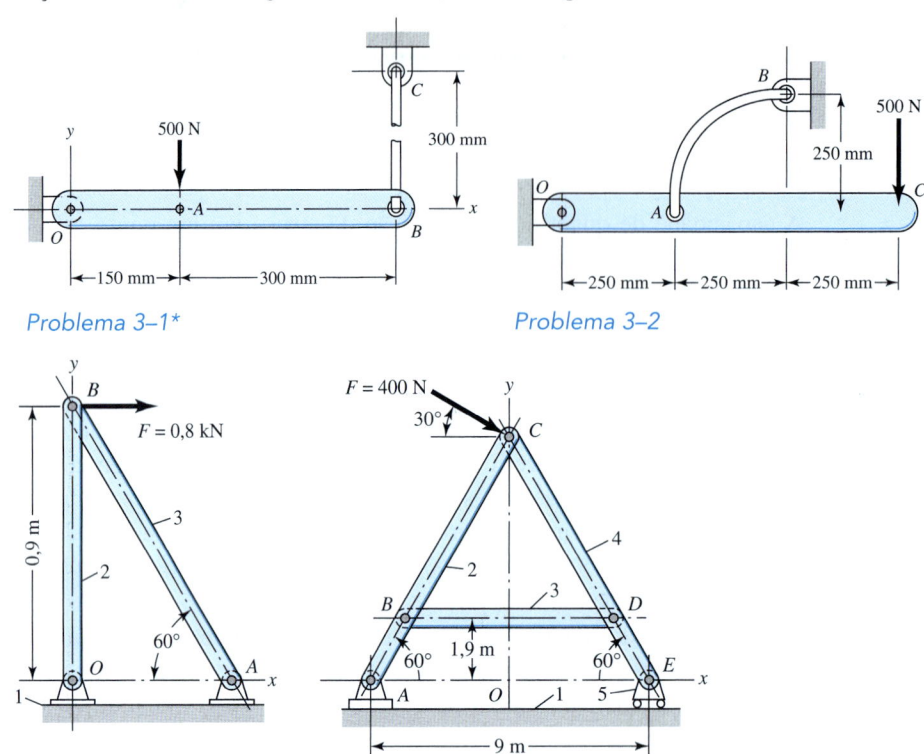

Problema 3–1*

Problema 3–2

Problema 3–3

Problema 3–4

3–5 a 3–8 Para a viga mostrada, encontre as reações nos apoios e desenhe os diagramas de força cortante e momento fletor. Identifique propriamente os diagramas e forneça os valores em todos os pontos-chave.

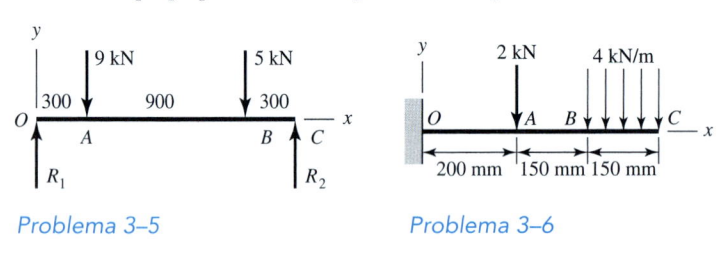

Problema 3–5

Problema 3–6

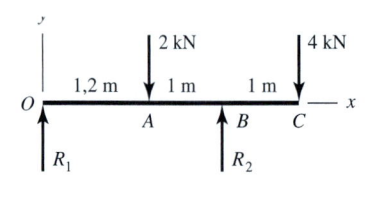

Problema 3–7

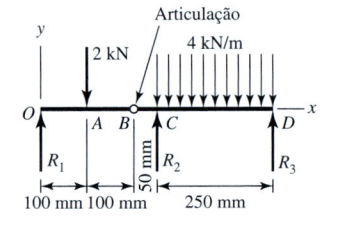

Problema 3–8

3–9 Repita o Problema 3–5 usando, exclusivamente, funções de singularidade (para as reações também).

3–10 Repita o Problema 3–6 usando, exclusivamente, funções de singularidade (para as reações também).

3-11 Repita o Problema 3-7 usando, exclusivamente, funções de singularidade (para as reações também).

3-12 Repita o Problema 3-8 usando, exclusivamente, funções de singularidade (para as reações também).

3-13 Selecione uma viga da Tabela A-9 e encontre expressões gerais para o carregamento, forças de cisalhamento, momento fletor e reações de apoio. Use o método especificado pelo seu professor.

3-14 Uma viga sustentando uma carga uniforme está simplesmente apoiada, com os suportes recuados a uma distância a das extremidades, conforme mostra a figura. O momento fletor em x pode ser encontrado igualando-se a soma dos momentos a zero na seção x:

$$\sum M = M + \frac{1}{2}w(a+x)^2 - \frac{1}{2}wlx = 0$$

ou

$$M = \frac{w}{2}[lx - (a+x)^2]$$

em que w é a intensidade do carregamento em lbf/in. O projetista deseja minimizar o peso necessário da viga de suporte, escolhendo um recuo que resulte na menor tensão de flexão máxima possível.

(a) Se a viga for configurada com $a = 0{,}06$ m, $l = 0{,}25$ m e $w = 18$ kN/m, determine a magnitude do momento fletor mais intenso na viga.

(b) Como a configuração do item (a) não é ótima, encontre o recuo ótimo a que resultará na viga mais leve.

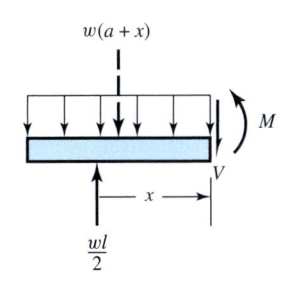

Problema 3-14

3-15 Para cada um dos estados de tensão plana listados a seguir, desenhe um diagrama do círculo de Mohr rotulado apropriadamente, encontre as tensões de cisalhamento e normais principais e determine o ângulo do eixo x até σ_1. Desenhe os elementos de tensão conforme indicado nas Figuras 3-11c e d, e legende todos os detalhes.

(a) $\sigma_x = 20$ MPa, $\sigma_y = -10$ MPa, $\tau_{xy} = 8$ MPa horário
(b) $\sigma_x = 16$ MPa, $\sigma_y = 9$ MPa, $\tau_{xy} = 5$ MPa anti-horário
(c) $\sigma_x = 10$ MPa, $\sigma_y = 24$ MPa, $\tau_{xy} = 6$ MPa anti-horário
(d) $\sigma_x = -12$ MPa, $\sigma_y = 22$ MPa, $\tau_{xy} = 12$ MPa horário

3-16 Repita o Problema 3-15 para:

(a) $\sigma_x = -8$ MPa, $\sigma_y = 7$ MPa, $\tau_{xy} = 6$ MPa horário
(b) $\sigma_x = 9$ MPa, $\sigma_y = -6$ MPa, $\tau_{xy} = 3$ MPa horário
(c) $\sigma_x = -4$ MPa, $\sigma_y = 12$ MPa, $\tau_{xy} = 7$ MPa anti-horário
(d) $\sigma_x = 6$ MPa, $\sigma_y = -5$ MPa, $\tau_{xy} = 8$ MPa anti-horário

3-17 Repita o Problema 3-15 para:

(a) $\sigma_x = 12$ MPa, $\sigma_y = 6$ MPa, $\tau_{xy} = 4$ MPa horário
(b) $\sigma_x = 30$ MPa, $\sigma_y = -10$ MPa, $\tau_{xy} = 10$ MPa anti-horário
(c) $\sigma_x = -10$ MPa, $\sigma_y = 18$ MPa, $\tau_{xy} = 9$ MPa horário
(d) $\sigma_x = 9$ MPa, $\sigma_y = 19$ MPa, $\tau_{xy} = 8$ MPa horário

3-18 Para cada um dos estados de tensão listados a seguir, determine todas as três tensões normais principais e de cisalhamento. Desenhe um diagrama completo de Mohr de três círculos e rotule todos os pontos de interesse.

(a) $\sigma_x = -80$ MPa, $\sigma_y = -30$ MPa, $\tau_{xy} = 20$ MPa horário
(b) $\sigma_x = 30$ MPa, $\sigma_y = -60$ MPa, $\tau_{xy} = 30$ MPa horário

(c) $\sigma_x = 40$ MPa, $\sigma_z = -30$ MPa, $\tau_{xy} = 20$ MPa anti-horário

(d) $\sigma_x = 50$ MPa, $\sigma_z = -20$ MPa, $\tau_{xy} = 30$ MPa horário

3–19 Repita o Problema 3–18 para:

(a) $\sigma_x = 10$ MPa, $\sigma_y = -4$ MPa

(b) $\sigma_x = 10$ MPa, $\tau_{xy} = 4$ MPa anti-horário

(c) $\sigma_x = -2$ MPa, $\sigma_y = -8$ MPa, $\tau_{xy} = 4$ MPa horário

(d) $\sigma_x = 10$ MPa, $\sigma_y = -30$ MPa, $\tau_{xy} = 10$ MPa anti-horário

3–20 O estado de tensões em um ponto é $\sigma_x = -6$, $\sigma_y = 18$, $\sigma_z = -12$, $\tau_{xy} = 9$, $\tau_{yz} = 6$ e $\tau_{zx} = -15$ MPa. Determine as tensões principais, desenhe e complete o diagrama dos três círculos de Mohr, identificando todos os pontos de interesse, e relate a tensão de cisalhamento máxima para esse caso.

3–21 Repita o Problema 3–20 com $\sigma_x = 20$, $\sigma_y = 0$, $\sigma_z = 20$, $\tau_{xy} = 40$, $\tau_{yz} = -20\sqrt{2}$ e $\tau_{zx} = 0$ MPa.

3–22 Repita o Problema 3–20 com $\sigma_x = 10$, $\sigma_y = 40$, $\sigma_z = 40$, $\tau_{xy} = 20$, $\tau_{yz} = -40$ e $\tau_{zx} = -20$ MPa.

3–23 Um tirante de aço com 12 mm de diâmetro e 1,8 m de comprimento suporta uma carga de 9 kN. Encontre a tensão de tração, a deflexão total, as deformações unitárias e a mudança do diâmetro do tirante.

3–24 Repita o Problema 3–23, mudando o tirante para alumínio e a carga para 1,8 kN.

3–25 Considere um tirante de cobre com 30 mm de diâmetro, 1 m de comprimento e tensão de escoamento de 70 MPa. Determine a força axial necessária para que o diâmetro do tirante seja reduzido de 0,01%, assumindo deformação elástica. Verifique se a hipótese de deformação elástica é válida pela comparação da tensão axial com a tensão de escoamento.

3–26 O tirante diagonal de liga de alumínio com diâmetro d e comprimento inicial l é utilizado em um pórtico retangular para prevenção do colapso. O tirante pode suportar de forma segura uma tensão de tração σ_{adm}. Se $d = 15$ mm, $l = 3$ m e $\sigma_{adm} = 135$ MPa, determine o quanto a haste pode ser estirada para que se desenvolva essa tensão admissível.

3–27 Repita o Problema 3–26 com $d = 16$ mm, $l = 3$ m e $\sigma_{adm} = 140$ MPa.

3–28 Repita o Problema 3–26 com $d = 15$ mm, $l = 3$ m e $\sigma_{adm} = 105$ MPa.

3–29 Extensômetros elétricos foram aplicados a uma amostra com um entalhe para determinar as tensões no entalhe. Os resultados foram $\epsilon_x = 0{,}0019$ e $\epsilon_y = -0{,}00072$. Encontre σ_x e σ_y se o material é o aço carbono.

3–30 Repita o Problema 3–29 para o material alumínio.

3–31 O método romano para lidar com a incerteza em desenhos era construir uma réplica de um desenho que fosse satisfatória e tivesse provado ser durável. Embora os antigos romanos não tivessem o conhecimento necessário para lidar com escalas (de ampliação e de redução), você o tem. Considere uma viga de seção retangular simplesmente apoiada e com uma carga concentrada F, conforme está ilustrado na figura.

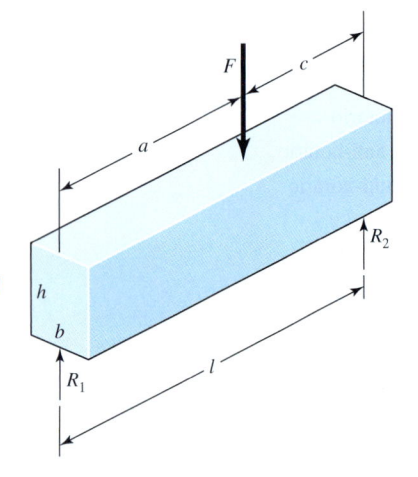

Problema 3-31

(*a*) Demonstre que a equação tensão/carga é

$$F = \frac{\sigma b h^2 l}{6ac}$$

(*b*) Introduza subscritos *m* (de modelo) em todos os parâmetros e distribua-os na equação acima. Introduza um fator de escala, $s = a_m/a = b_m/b = c_m/c$ etc. Como o método romano era não "apoiar-se" no material além do projeto comprovado, faça $\sigma_m/\sigma = 1$. Expresse F_m em termos dos fatores de escala e *F*, e comente sobre o que você aprendeu.

3–32 Usando sua experiência com carregamento concentrado em uma viga simplesmente apoiada (Problema 3–20), considere uma viga uniformemente carregada, simplesmente apoiada (Tabela A–9–7).

(*a*) Demonstre que a equação tensão por carga para uma viga de seção retangular é dada por

$$W = \frac{4}{3} \frac{\sigma b h^2}{l}$$

em que $W = wl$.

(*b*) Introduza o subscrito *m* (de modelo) em todos os parâmetros e distribua a equação do modelo na equação do protótipo. Introduza o fator de escala *s* como no Problema 3–20, fazendo $\sigma_m/\sigma = 1$. Expresse W_m e w_m em termos do fator de escala e comente o que você aprendeu.

3–33 A linha de trem Chicago North Shore & Milwaukee era uma ferrovia eletrificada que ligava Chicago e Milwaukee. Ela tinha vagões de passageiros conforme ilustrados na figura, pesando 460 kN, tinham uma distância entre os centros de roda de vagão de 10 m, bases de rodas de vagão de 2 m e comprimento total de 17 m. Considere o caso de um único carro (vagão) sobre uma ponte de longarina de placa de estrado, simplesmente apoiada, de comprimento de 30 m.

(*a*) Qual era o maior momento fletor na ponte?
(*b*) Onde, na ponte, estava localizado o momento?
(*c*) Qual era a posição do vagão na ponte?
(*d*) Sob qual eixo se encontra o momento fletor?

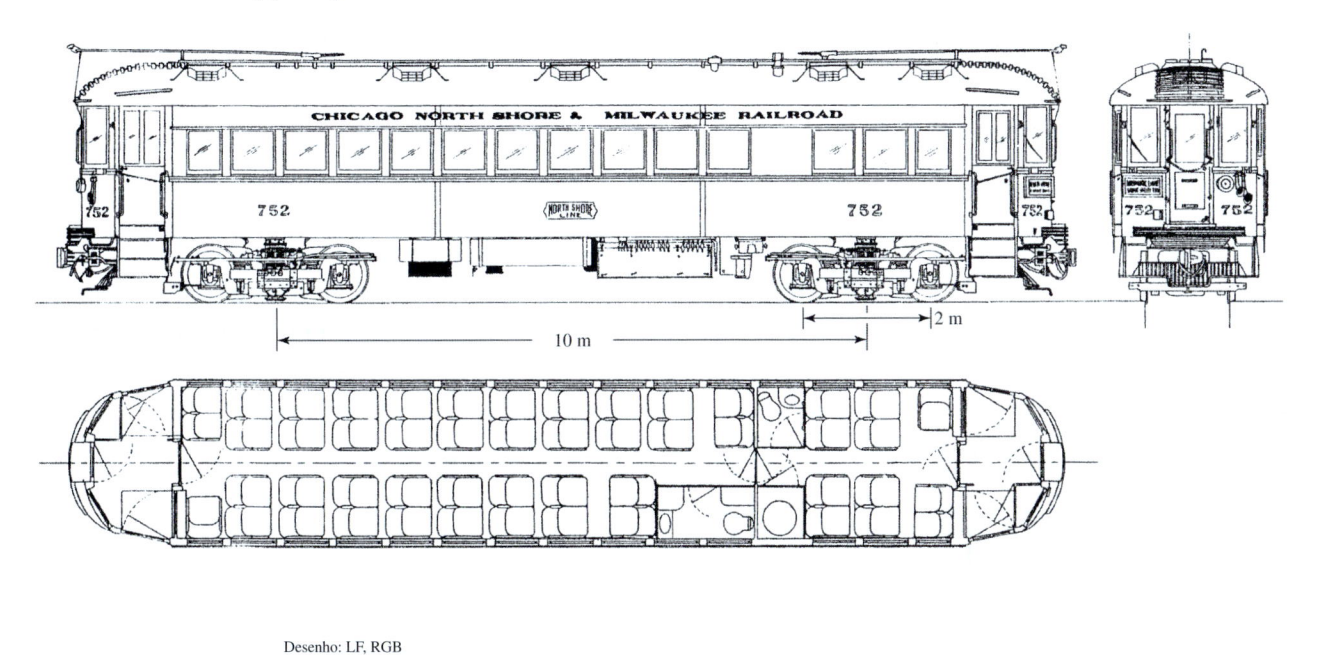

Problema 3–33

Copyright 1963 da Central Electric Railfans Association, Bull. 107, p. 145; reproduzido com permissão.

3-34 Para cada seção ilustrada, determine o segundo momento de área, a localização do áxis neutral e as distâncias do áxis neutral até as superfícies superior e inferior. Suponha que a seção está aplicando um momento fletor positivo sobre o eixo z, M_z, em que $M = 1{,}13$ kN · m. Encontre as tensões resultantes nas superfícies inferior e superior e em cada mudança abrupta na seção transversal.

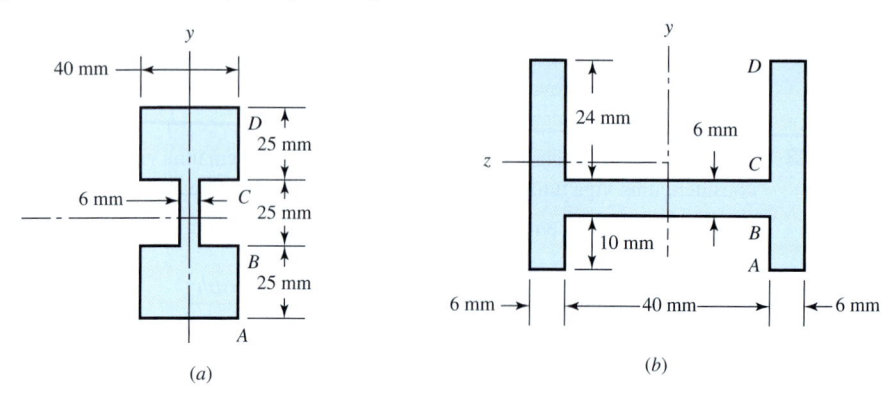

Problema 3-34

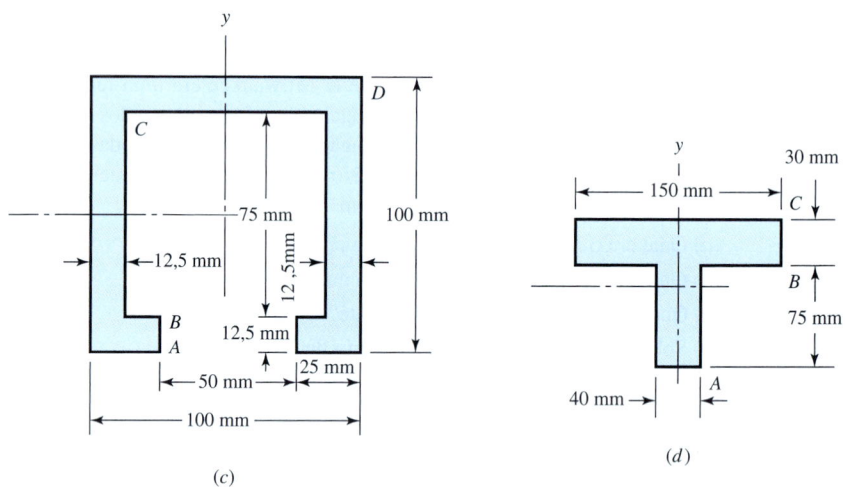

3-35 a 3-38 Para cada uma das vigas ilustradas na figura, encontre as posições e magnitudes da tensão de flexão máxima de tração por causa de M e da tensão de cisalhamento máxima por causa de V.

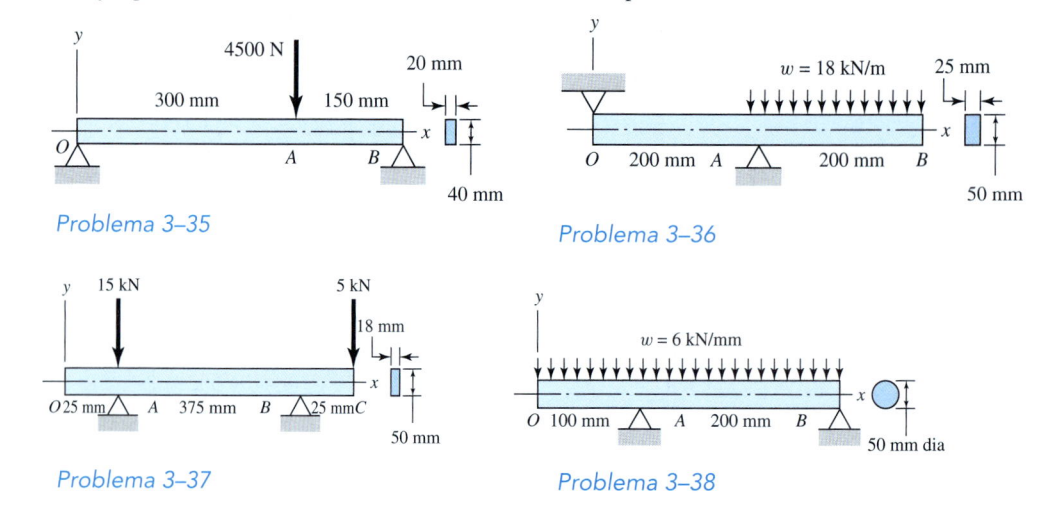

Problema 3-35

Problema 3-36

Problema 3-37

Problema 3-38

3–39 A figura ilustra uma série de seções de vigas. Adote uma tensão de flexão admissível de 8 MPa para madeira e 80 MPa para o aço, e encontre a carga segura máxima uniformemente distribuída que cada viga é capaz de suportar se os comprimentos dados forem entre apoios simples.

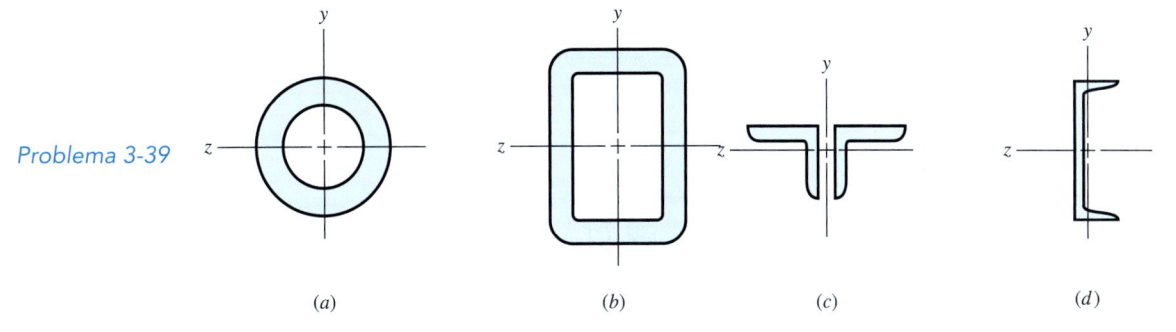

Problema 3-39

(a)   (b)   (c)   (d)

(a) Tubo padronizado de 50 mm × 5 mm, com 3,6 m.

(b) Tubo de aço vazado com dimensões externas de 75 por 50 mm, formado por material com 5 mm de espessura e 1,2 m de comprimento.

(c) Cantoneira de 80 × 80 × 6 mm e 1,8 m de comprimento.

(d) Um perfil U de 102 × 51 mm e 1,8 m de comprimento.

3–40* Um pino em uma junção articulados suportando uma carga de tração F deflete um pouco por causa deste carregamento, produzindo a distribuição de carga e reação mostrada no item b da figura. A hipótese usual dos projetistas acerca do carregamento é apresentada no item c; outros, algumas vezes, adotam o carregamento mostrado no item d. Se $a = 12$ mm, $b = 18$ mm, $d = 12$ mm e $F = 4$ kN, estime a máxima tensão de flexão e a máxima tensão de cisalhamento devido a V para os três modelos simplificados. Compare os três modelos da perspectiva do projetista em termos de precisão, segurança e tempo de modelagem.

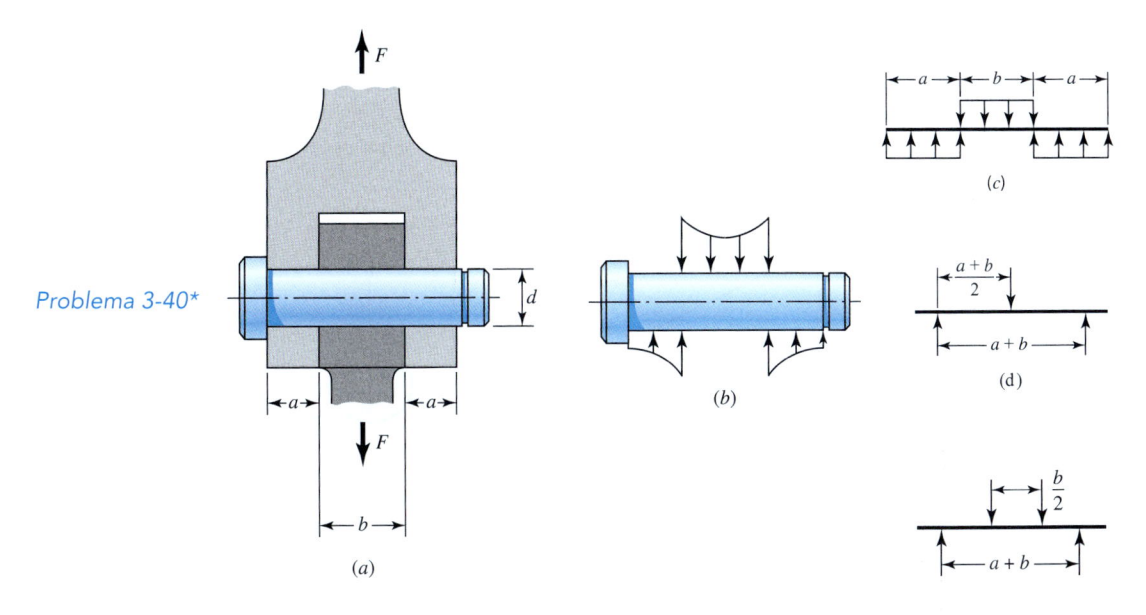

*Problema 3-40**

3–41 Repita o Problema 3–40 para $a = 6$ mm, $b = 18$ mm, $d = 12$ mm e $F = 4$ kN.

3–42 Para a união articulada mostrada no Problema 3–40, assuma que a tensão de tração máxima admissível no pino é de 200 MPa e que a máxima tensão de cisalhamento admissível no pino é de 100 MPa. Utilize o modelo mostrado no item c da figura para determinar o diâmetro mínimo do pino para cada um dos potenciais modos de falha.

(a) Considere a falha baseada na flexão no ponto de tensão de flexão máxima do pino.

(b) Considere a falha baseada na tensão de cisalhamento média na seção transversal do pino no plano de interface na junta da articulação.

(c) Considere a falha baseada no cisalhamento no ponto da máxima tensão cortante transversal no pino.

3–43 A figura ilustra um pino ajustado de maneira apertada no furo de um componente maciço. Uma análise usual é aquela que supõe reações concentradas R e M a uma distância l de F. Suponha que a reação esteja linearmente distribuída ao longo da distância a. A reação resultante do momento é maior ou menor que a reação concentrada? Qual a intensidade do carregamento q? Qual sua opinião a respeito do emprego da hipótese usual?

Problema 3-43

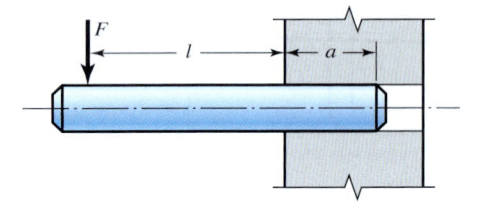

3–44 Para a viga ilustrada, determine (a) as tensões de flexão máximas de tração e de compressão, (b) a tensão de cisalhamento máxima por causa de V e (c) a tensão de cisalhamento máxima na viga.

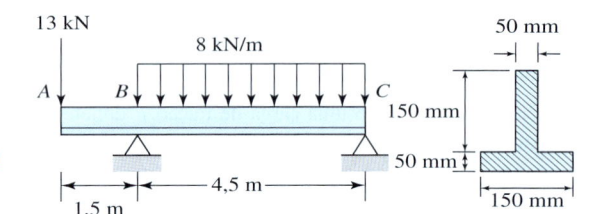

Problema 3-44

Seção transversal (ampliada)

3–45 Uma viga em balanço de seção transversal circular com 25 mm de diâmetro é carregada no topo da extremidade com uma força transversal de 5 kN, conforme mostrado na figura. A seção transversal na parede também é mostrada, com pontos identificados por A no topo, B no centro e C no ponto médio entre A e B. Estude a relevância da tensão de cisalhamento transversal combinada com a flexão executando os seguintes passos.

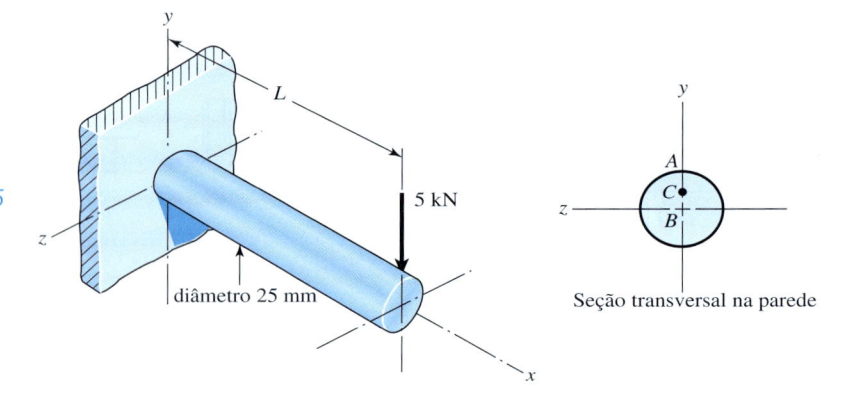

Problema 3-45

Seção transversal na parede

(a) Considere $L = 250$ mm. Para os pontos A, B e C, desenhe os elementos de tensão tridimensionais, identificando as direções das coordenadas e mostrando todas as tensões. Calcule a tensão de cisalhamento máxima para cada elemento de tensão. Não desconsidere a tensão de cisalhamento transversal. Calcule a máxima tensão de cisalhamento para cada elemento de tensão.

(b) Para cada elemento de tensão da parte (a), calcule a máxima tensão de cisalhamento se desprezamos a tensão de cisalhamento transversal. Determine a porcentagem de erro para cada elemento de tensão se as tensões de cisalhamento são desconsideradas.

(c) Repita o problema para $L = 100$, 25 e 2,5 mm. Compare os resultados e liste qualquer conclusão relativa à relevância da tensão de cisalhamento transversal na combinação com a flexão.

3–46 Considere uma viga simplesmente apoiada de seção retangular com largura b constante e altura h variável, de tal forma construída que a tensão máxima σ_x, devida à flexão, seja constante na sua face mais externa quando carregada por uma força F aplicada a uma distância a do apoio da esquerda e a uma distância c do apoio da direita. Mostre que a altura h na posição x é dada por

$$h = \sqrt{\frac{6Fcx}{lb\sigma_{max}}} \qquad 0 \leq x \leq a$$

3–47 No Problema 3–46, $h \to 0$, enquanto $x \to 0$, o que não pode ocorrer. Se a máxima tensão de cisalhamento τ_{max} devida ao corte direto é para ser constante nessa região, mostre que a altura h na posição x é dada por

$$h = \frac{3}{2}\frac{Fc}{lb\tau_{max}} \qquad 0 \leq x \leq \frac{3}{8}\frac{Fc\sigma_{max}}{lb\tau_{max}^2}$$

3–48 e 3–49 A viga mostrada é carregada nos planos xy e xz.

(a) Encontre as componentes yz das reações nos apoios.

(b) Desenhe os diagramas de força cortante e momento fletor para os planos xy e xz. Identifique adequadamente os diagramas e indique os valores nos pontos-chave.

(c) Determine a força cortante e o momento fletor líquidos nos pontos-chave da parte (b).

(d) Determine a tensão de flexão máxima de tração. Para o Problema 3–48, use a seção transversal (a) do Problema 3–34. Para o Problema 3–49, use a seção transversal (b) do Problema 3–39.

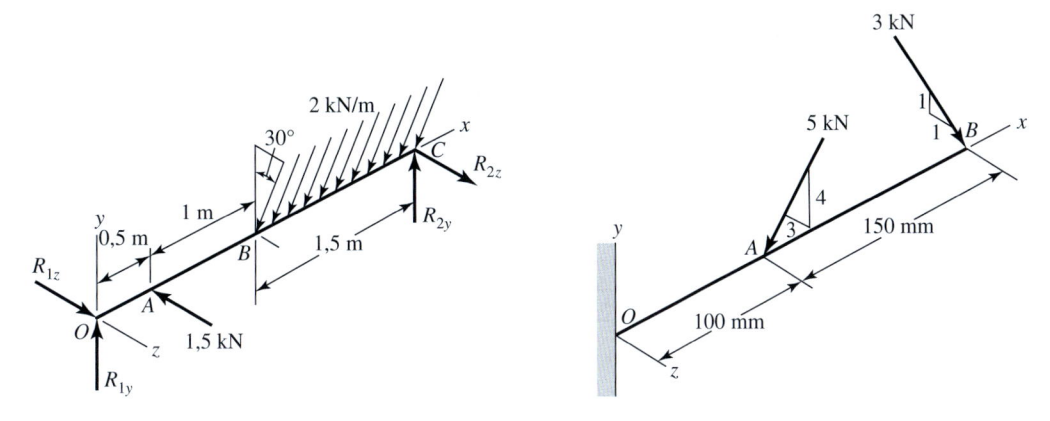

Problema 3–48

Problema 3–49

3–50 Dois tubos de aço de paredes finas, em torção, de mesmo comprimento devem ser comparados. O primeiro tem uma seção transversal quadrada, comprimento dos lados b e espessura da parede t. O segundo é redondo de diâmetro b e espessura da parede t. A maior tensão de cisalhamento admissível é τ_{adm} e essa deve ser a mesma em ambos os casos.

(a) Determine a razão entre o máximo torque para o tubo quadrado e o perímetro do tubo.

(b) Determine a razão entre o ângulo de giro por unidade de comprimento para o tubo quadrado e o perímetro do tubo.

3–51 Considere um tubo de aço quadrado de 25 mm de lado com paredes finas sob torção. O tubo tem uma espessura de parede de 2 mm, possui 1 m de comprimento e tem uma tensão de cisalhamento permissível de 80 MPa. Determine o máximo torque que pode ser aplicado ao tubo, e o correspondente ângulo de torção do tubo.

(a) Assuma que o raio interno nos cantos é $r_i = 0$.

(b) Assuma, de forma mais realista, que o raio interno nos cantos é 3 mm.

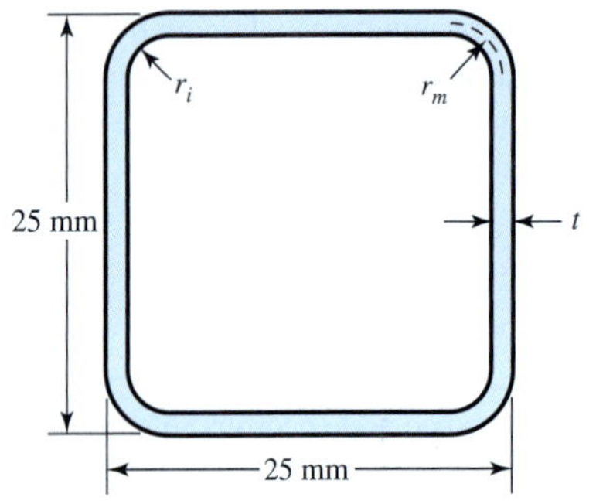

Problema 3-51

3–52 A seção transversal aberta de paredes finas mostrada está transmitindo o torque T. O ângulo de giro por unidade de comprimento de cada aba pode ser determinado separadamente utilizando a Equação (3–47) e é dado por

$$\theta_1 = \frac{3T_i}{GL_i c_i^3}$$

onde, para este caso, $i = 1, 2, 3$, e T_i representa o torque na aba i. Assumindo que o ângulo de giro por unidade de comprimento para cada aba é o mesmo, mostre que

$$T = \frac{G\theta_1}{3} \sum_{i=1}^{3} L_i c_i^3 \quad \text{e} \quad \tau_{max} = G\theta_1 c_{max}$$

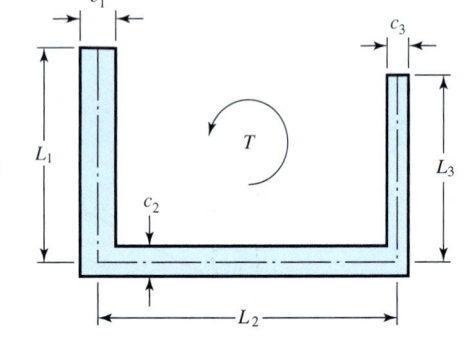

Problema 3-52

3–53 a 3-55 A partir dos resultados do Problema 3–52, considere uma seção de aço com $\tau_{adm} = 80$ MPa.

(a) Determine o torque transmitido por cada aba e o torque transmitido por toda a seção.

(b) Determine o ângulo de giro por unidade de comprimento.

Número do problema	c_1	L_1	c_2	L_2	c_3	L_3
3–53	2 mm	20 mm	3 mm	30 mm	0	0
3–54	1,5 mm	18 mm	3 mm	25 mm	1,5 mm	15 mm
3–55	2 mm	20 mm	3 mm	30 mm	2 mm	25 mm

3–56 Duas tiras de aço retangulares de 300 mm são colocadas lado a lado, como mostra a figura. Usando uma tensão de cisalhamento admissível de 80 MPa, determine o torque e o ângulo de giro máximos, e a razão torsional de mola. Compare-as então a uma única tira de seção transversal de 300 mm por 4 mm. Resolva o problema de duas maneiras: (a) usando as Equações (3–40) e (3–41), e (b) usando a Equação (3–47). Compare e discuta seus resultados.

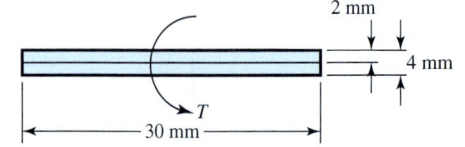

Problema 3-56

3-57 Utilizando uma tensão de cisalhamento admissível máxima de 70 MPa, encontre o diâmetro de eixo necessário para transmitir 40 kW quando

(a) A velocidade do eixo é 2.500 rev/min.

(b) A velocidade do eixo é 250 rev/min.

3-58 Repita o Problema 3–57 para uma tensão de cisalhamento admissível de 140 MPa e uma potência de 37 kW.

3-59 Utilizando uma tensão de cisalhamento admissível de 50 MPa, determine a potência que pode ser transmitida a 2000 rpm através do eixo com 30 mm de diâmetro.

3-60 Uma barra de aço de 20 mm de diâmetro deve ser usada como mola de torção. Se a tensão torcional na barra não deve ultrapassar 110 MPa quando uma extremidade é torcida de um ângulo de 15°, qual deve ser o comprimento da barra?

3-61 Uma barra longa de aço com 0,6 m e 20 mm de diâmetro será usada como mola de torção. Se a tensão de torção na barra não excede 210 MPa, qual é o máximo ângulo de giro da barra?

3-62 Um eixo de aço maciço de 40 mm de diâmetro, usado como transmissor de torque, é substituído por um eixo vazado com 40 mm de diâmetro externo e 36 mm de diâmetro interno. Se ambos os materiais tiverem a mesma resistência, qual será a redução porcentual na transmissão de torque? Qual a redução porcentual no peso do eixo?

3-63 Generalize o Problema 3–62 quando o eixo sólido de diâmetro d é substituído por um eixo vazado de mesmo material com diâmetro externo d e diâmetro interno que é uma fração do diâmetro externo, $x \times d$, onde x é qualquer valor entre zero e um. Obtenha expressões para reduções percentuais de transmissão de torque e reduções percentuais de peso em função apenas de x. Note que o comprimento e o diâmetro do eixo e o material não são necessários a essa comparação. Desenhe ambos os resultados no mesmo eixo para o intervalo $0 < x < 1$. A partir do desenho, qual é o valor aproximado de x para o qual se obtém a maior diferença entre a diminuição percentual do peso e a diminuição percentual do torque?

3-64 Um eixo de aço vazado deve transmitir 4200 N·m de torque e deve ser dimensionado de modo que a tensão de torção não ultrapasse 120 MPa.

(a) Se o diâmetro interno for três quartos do diâmetro externo, que tamanho de eixo deve ser usado? Use tamanhos preferenciais.

(b) Qual a tensão no interior do eixo quando for aplicado torque pleno?

3-65 A figura mostra um rolo motor de transportador de correia sem fim. O rolo tem diâmetro de 120 mm e é acionado a 10 rev/min por uma fonte motor-redutor classificada em 1,5 kW. Encontre um diâmetro de eixo d_C adequado para uma tensão de torção admissível de 80 MPa.

(a) Qual seria a tensão no eixo se o motor tivesse sido dimensionado com um torque de arranque duas vezes maior que o torque de funcionamento?

(b) É provável que a tensão de flexão seja um possível problema? Qual é o efeito de diferentes comprimentos B de rolo sobre a flexão?

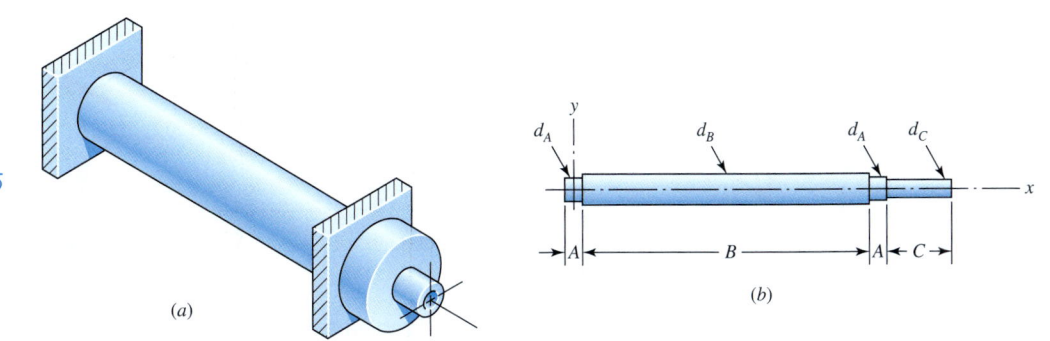

Problema 3-65

3–66 O rolo motor do transportador ilustrado na figura do Problema 3–42 tem 150 mm de diâmetro e é acionado a 8 rev/min por uma fonte motor-redutor classificada em 1 kW. Encontre um diâmetro de eixo d_C, selecionado em valores decimais de dimensão da Tabela A–17 com base em uma tensão torcional admissível de 75 MPa.

3–67 Considere dois eixos em torção, cada um deles de mesmo material, comprimento e área de seção transversal. Um eixo tem seção transversal quadrada sólida, e o outro eixo tem seção transversal circular sólida.

(a) Qual eixo sofre a maior tensão de cisalhamento e por qual porcentagem?

(b) Qual eixo sofre o maior ângulo de giro θ e por qual porcentagem?

3–68* a 3-71* Um contraeixo com duas polias para correias em V é ilustrado na figura. A polia A é acionada por um motor por meio de uma correia com as tensões de correia mostradas. A potência é transmitida através do eixo e é aplicada à correia na polia B. Considere que a tensão na correia do lado frouxo em B é igual a 15% da tensão do lado apertado.

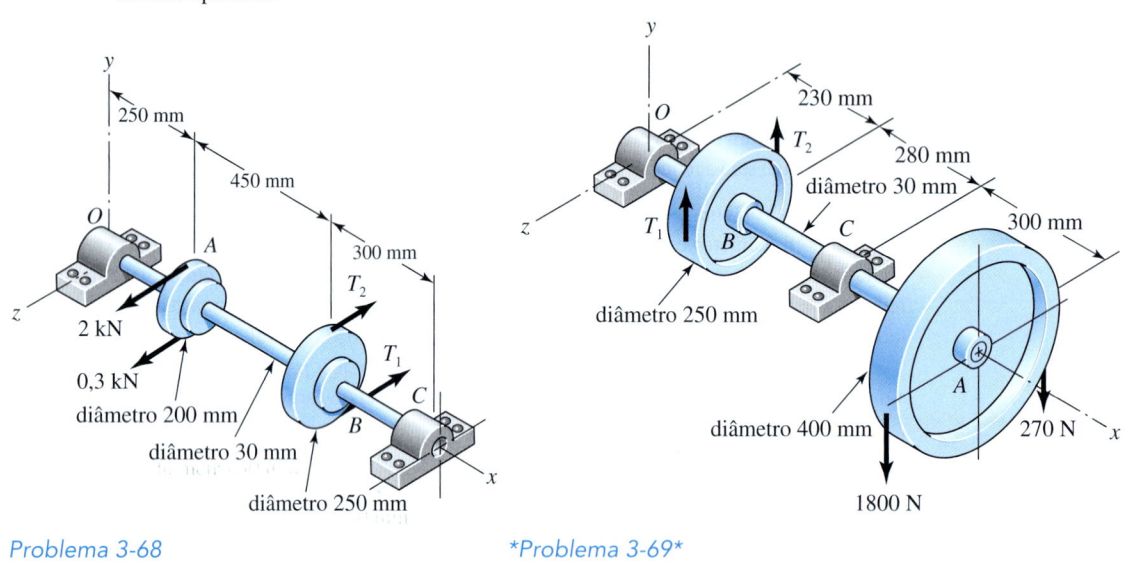

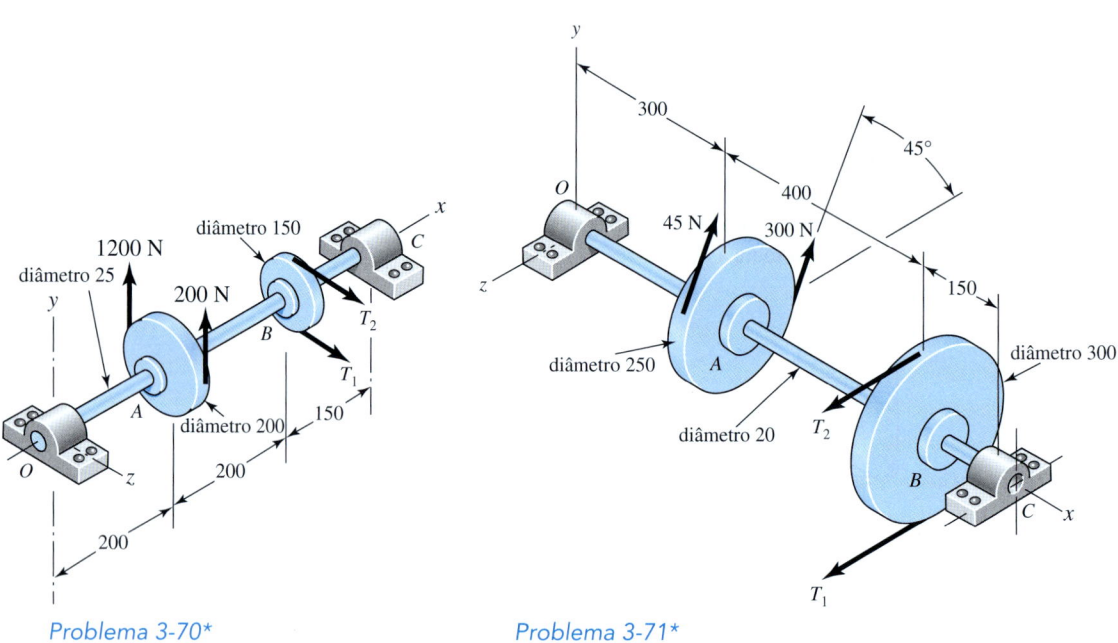

Problema 3-68

Problema 3-69

Problema 3-70*
Dimensões em milímetros.

Problema 3-71*
Dimensões em milímetros.

(a) Determine as tensões na correia na polia B, assumindo que o eixo rotaciona a velocidade constante.

(b) Encontre as intensidades das forças de reação nos mancais, assumindo que os mancais funcionam como apoios simples.

(c) Desenhe os diagramas de força cortante e de momento fletor para o eixo. Se necessário, faça um esquema para o plano horizontal e outro para o plano vertical.

(d) No ponto de máximo momento fletor, determine a tensão de flexão e a tensão de cisalhamento na torção.

(e) No ponto de máximo momento fletor, determine as tensões principais e a máxima tensão de cisalhamento.

3–72* a 3-73* Um redutor de engrenagens usa o contraeixo mostrado na figura. A engrenagem A é acionada por outra engrenagem com a força transmitida F_A aplicada com um ângulo de pressão de 20°, conforme mostrado. A potência é transmitida através do eixo e é aplicada através da engrenagem B pela força transmitida F_B, com o ângulo de pressão mostrado.

(a) Determine a força F_B, assumindo que o eixo rotaciona a velocidade constante.

(b) Encontre as forças de reação nos mancais, assumindo que esses mancais agem como apoios simples.

(c) Desenhe os diagramas de força cortante e momento fletor para o eixo. Se necessário, faça um esquema para o plano horizontal e outro para o plano vertical.

(d) No ponto de máximo momento fletor, determine a tensão de flexão e a tensão de cisalhamento na torção.

(e) No ponto de máximo momento fletor, determine as tensões principais e a máxima tensão de cisalhamento.

3–74 Na figura a seguir, o eixo AB transmite potência ao eixo CD por meio de um conjunto de engrenagens cônicas com ponto de contato E. A força de contato em E na engrenagem do eixo CD é determinada sendo $(\mathbf{F}_E)_{CD} = -400\mathbf{i} - 1\,600\mathbf{j} + 3\,600\mathbf{k}$ N. Para o eixo CD: (a) desenhe um diagrama de corpo livre e determi-

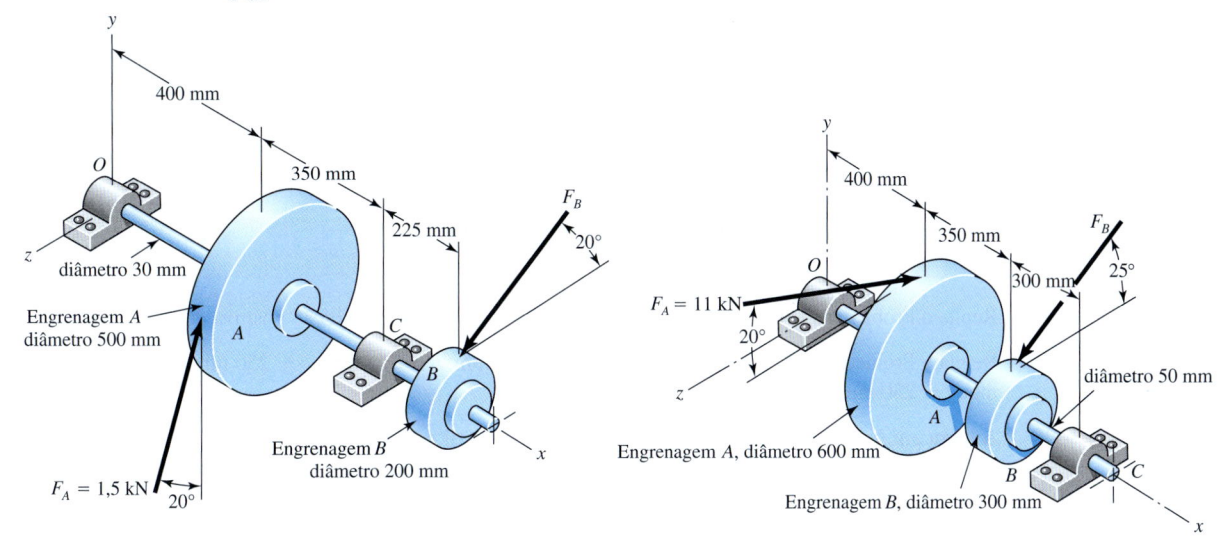

*Problema 3-72**

*Problema 3-73**

ne as reações em C e D, supondo apoios simples (presssuponha também que o mancal C carregue a força axial), (b) desenhe os diagramas de momentos fletores e de forças de cisalhamento e (c) para o elemento de tensão crítico, determine a tensão de cisalhamento por torção, a tensão de flexão e a tensão axial, e (d) para o elemento de tensão crítico, determine as tensões principais e a máxima tensão de cisalhamento.

*Problema 3-74**

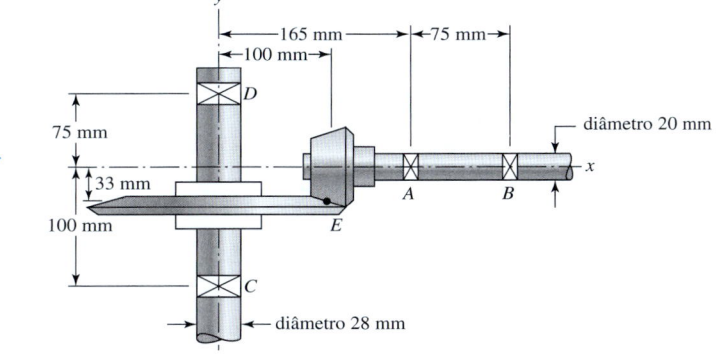

3–75 Repita o Problema 3–74, considerando a força de contato em E de $(\mathbf{F}_E)_{CD} - 200\mathbf{i} - 600\mathbf{j} + 1800\mathbf{k}$ N e um diâmetro do eixo de 25 mm.

3–76* Repita a análise do Problema 3–74 para o eixo AB. Assuma que o mancal em A suporta a carga de empuxo no eixo.

3–77* Um torque $T = 100$ N·m é aplicado ao eixo EFG, que está girando a uma velocidade constante e contém a engrenagem F. Essa engrenagem transmite torque ao eixo $ABCD$ por meio da engrenagem C, que impulsiona a roda dentada de corrente em B, transmitindo uma força P conforme mostrado. A roda dentada B, a engrenagem C e a engrenagem F possuem, respectivamente, diâmetros primitivos de $a = 150$ mm, $b = 250$ mm e $c = 125$ mm. A força de contato entre as engrenagens é transmitida por um ângulo de pressão $\phi = 20°$. Supondo que não haja perdas friccionais e considerando os mancais em A, D, E e G como apoios simples, localize o ponto no eixo $ABCD$ que contém as tensões de tração máximas de flexão e de cisalhamento máximas de torção. A partir disso, determine as tensões máximas de tração e de cisalhamento no eixo.

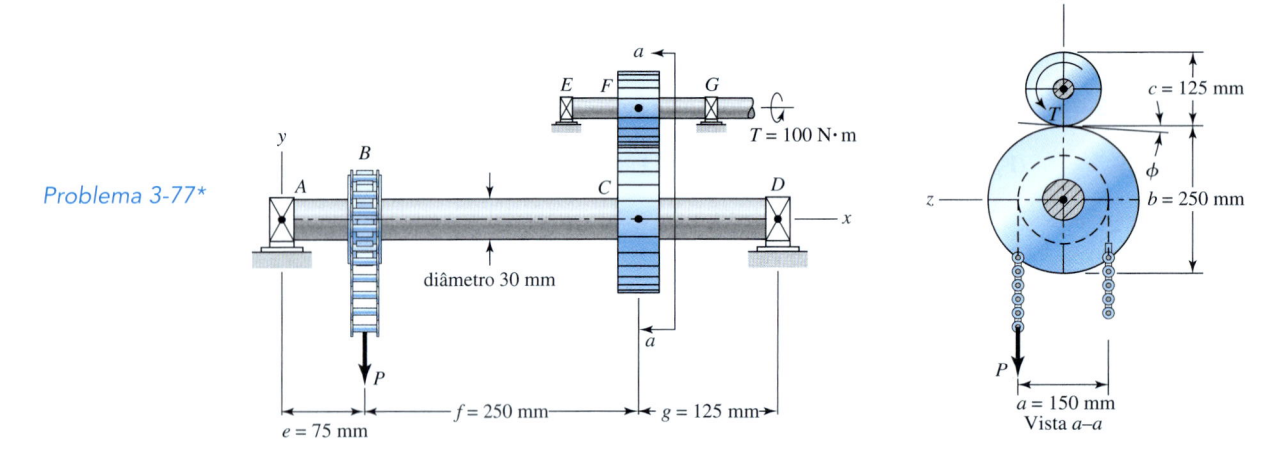

Problema 3-77*

3–78 Repita o Problema 3–77 com a corrente paralela ao eixo z com P na direção positiva de z.

3–79 Repita o Problema 3–77 com $T = 100$ N · m, $a = 150$ mm, $b = 125$ mm, $c = 250$ mm, $d = 35$ mm, $e = 100$ mm, $f = 250$ mm e $g = 150$ mm.

3–80 A barra em balanço na figura é feita de um material dúctil e é carregada estaticamente com $F_y = 800$ N e $F_x = F_z = 0$. Analise a situação de tensões na barra AB através da obtenção das seguintes informações.

(*a*) Determine a localização precisa do elemento de tensão crítico.

(*b*) Esquematize o elemento de tensão crítica e determine as intensidades e direções para todas as tensões que agem nele. (Cisalhamento transversal pode ser desprezado apenas se for possível justificar esta decisão.)

(*c*) Para o elemento de tensão crítica, determine as tensões principais e a máxima tensão de cisalhamento.

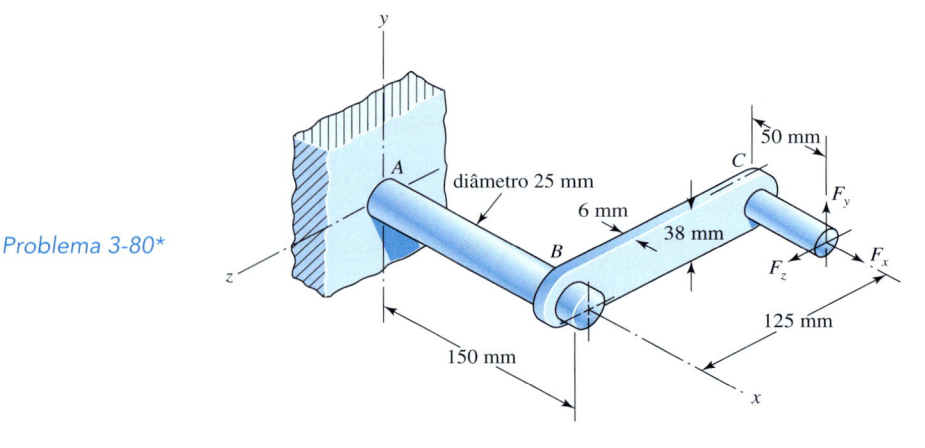

Problema 3-80*

3–81* Repita o Problema 3–80 com $F_x = 0$, $F_y = 700$ N e $F_z = 400$ N.

3–82* Repita o Problema 3–80 com $F_x = 300$ N, $F_y = -800$ N e $F_z = 400$ N.

3–83* Para o acionamento do Problema 3–80, um potencial modo de falha é a torção da chapa plana *BC*. Determine o valor máximo da tensão de cisalhamento devida à torção na seção principal da chapa, ignorando a complexidade das interfaces em *B* e *C*.

3–84* A barra em balanço da figura é feita de um material dúctil e é estaticamente carregada com $F_y = 1$ kN e $F_x = F_z = 0$. Analise a situação das tensões no menor diâmetro do ressalto em *A* através da obtenção das seguintes informações:

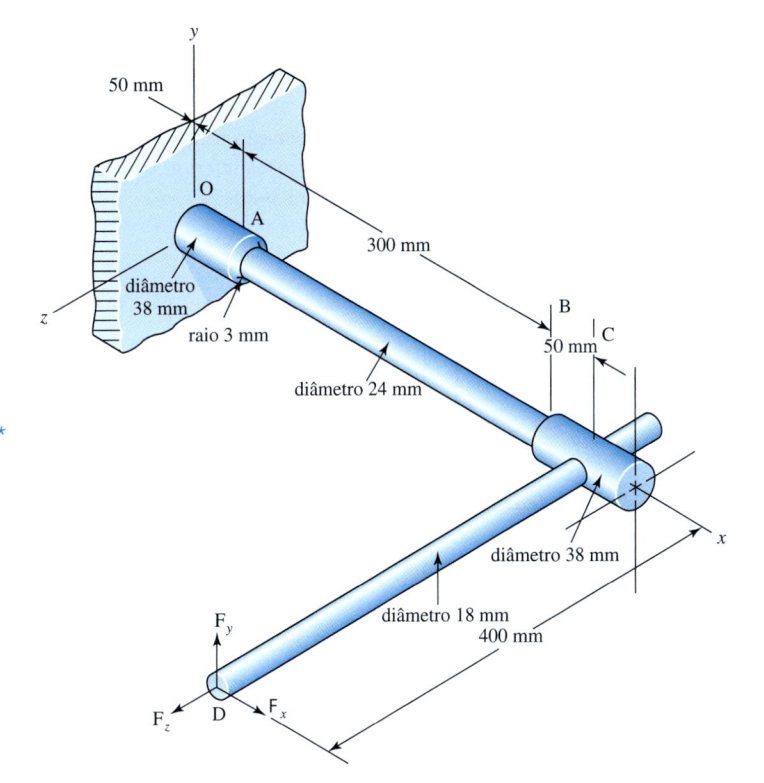

Problema 3-84*

(*a*) Determine a localização exata do elemento de tensão crítico na seção transversal em *A*.

(*b*) Esquematize o elemento de tensão crítico e determine as intensidades e direções para todas as tensões que agem nele. (Cisalhamento transversal pode ser desprezado apenas se for possível justificar esta decisão.)

(*c*) Para o elemento de tensão crítica, determine as tensões principais e a máxima tensão de cisalhamento.

3–85* Repita o Problema 3–84 com $F_x = 1{,}2$ kN, $F_y = 1$ kN e $F_z = 0$.

3–86* Repita o Problema 3–84 com $F_x = 1{,}2$ kN, $F_y = 1$ kN e $F_z = -0{,}4$ kN.

3–87* Repita o Problema 3–84 para um material frágil, requerendo a inclusão da concentração de tensões no raio do adoçamento.

3–88 Repita o Problema 3–84 com $F_x = 1{,}2$ kN, $F_y = 1$ kN e $F_z = 0$, e para um material frágil, requerendo a inclusão da concentração de tensões no raio do adoçamento.

3–89 Repita o Problema 3–84 com $F_x = 1{,}2$ kN, $F_y = 1$ kN e $F_z = -0{,}4$ kN, e para um material frágil, requerendo a inclusão da concentração de tensões no raio do adoçamento.

3–90 A figura mostra um modelo simples de carregamento em uma rosca quadrada de um parafuso de potência que transmite uma força axial *F* pela aplicação de um torque *T*. O torque é compensado por uma força de atrito F_f atuando ao longo da superfície superior da rosca. As forças na rosca são consideradas distribuídas ao longo da circunferência do *diâmetro médio* d_m e sobre o número de fios encaixados, n_t. Da figura, $d_m = d_r + p/2$, onde d_r é a *raiz do diâmetro* da rosca e p é o *passo* da rosca.

(a) Considerando o fio da rosca como uma viga em balanço, conforme mostrado na vista em corte, mostre que a tensão de flexão nominal na raiz da rosca pode ser aproximada por

$$\sigma_b = \pm \frac{6F}{\pi d_r n_t p}$$

(b) Mostre que as tensões axial e de cisalhamento devido a torção máximas no corpo do eixo podem ser aproximadas por

$$\sigma_a = -\frac{4F}{\pi d_r^2} \quad \text{e} \quad \tau_t = \frac{16T}{\pi d_r^3}$$

(c) Para as tensões nas partes (a) e (b) mostre a representação tridimensional do estado de tensões em um elemento localizado na interseção da base da raiz da rosca inferior. Utilizando o sistema de coordenadas dado, identifique as tensões na notação dada na Figura 3–8a.

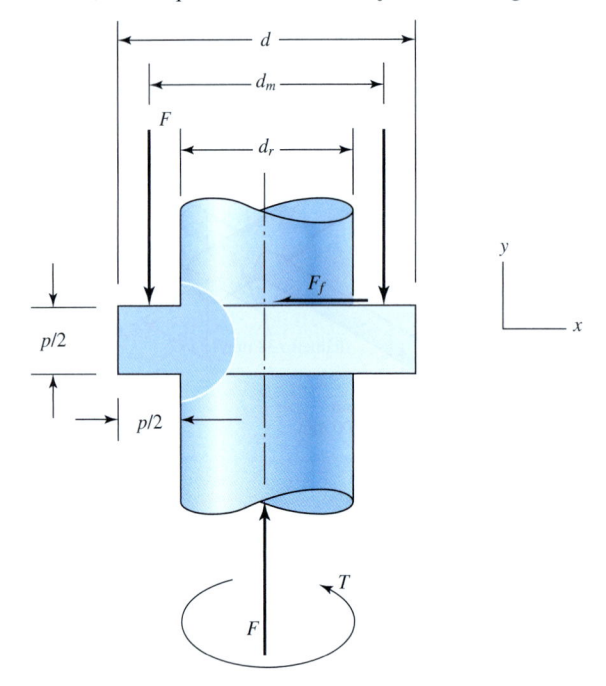

Problema 3-90

(d) Um parafuso de potência de rosca quadrada tem um diâmetro externo $d = 38$ mm, passo $p = 6$ mm e transmite uma força $F = 6$ kN pela aplicação de um torque $T = 26$ N · m. Se $n_f = 2$, determine as tensões-chave e as correspondentes tensões principais (normal e de cisalhamento).

3-91 Desenvolva as fórmulas para as tensões radial e tangencial máximas em um cilindro de paredes espessas devido apenas à pressão interna.

3-92 Repita o Problema 3-91, considerando que o cilindro é submetido a uma pressão externa. Com qual raio ocorrem as máximas tensões?

3-93 Desenvolva as equações para as tensões principais em um vaso de pressão esférico com diâmetro interno d_i, espessura t e que é submetido a uma pressão interna p_i. Você pode seguir um processo semelhante àquele usado para um vaso de pressão cilíndrico de parede fina da p. 126.

3-94 a 3-96 Um cilindro de pressão tem um diâmetro externo d_0, espessura de parede t, pressão interna p_i, e tensão de cisalhamento máxima admissível τ_{max}. Na tabela dada, determine o valor apropriado de x.

Número do problema	d_o	t	p_i	τ_{max}
3–94	150 mm	6 mm	x_{max}	70 MPa
3–95	200 mm	x_{min}	4 MPa	25 MPa
3–96	200 mm	6 mm	3 MPa	x

3–97 a 3–99 Um cilindro de pressão tem um diâmetro externo d_o, espessura de parede t, pressão externa p_o e tensão de cisalhamento máxima admissível τ_{max}. Na tabela dada, determine o valor apropriado de x.

Número do problema	d_o	t	p_i	τ_{max}
3–97	150 mm	6 mm	x_{max}	70 MPa
3–98	200 mm	x_{min}	4 MPa	25 MPa
3–99	200 mm	6 mm	3 MPa	x

3–100 Um tubo de aço formado a frio AISI 1040 tem um DE = 50 mm e espessura de parede de 6 mm. Qual é a máxima pressão externa que esse tubo pode suportar se a maior tensão normal principal não pode exceder 80% da resistência ao escoamento mínima do material?

3–101 Repita o Problema 3–100 com DE de 48 mm e espessura de parede de 6 mm.

3–102 Repita o Problema 3–100 com pressão interna.

3–103 Repita o Problema 3–101 com pressão interna.

3–104 Um tanque de aço cilíndrico com paredes finas para armazenamento de água tem diâmetro de 9 m e comprimento de 18 m orientado segundo seu eixo vertical longitudinal. O tanque é fechado por um domo hemisférico de aço. A espessura da parede do tanque e do domo é de 18 mm. Se o tanque não está pressurizado e contém água até 16 m da base, e considerando o peso do tanque, determine o estado de tensões máximas no tanque e as correspondentes tensões principais (normal e de cisalhamento). O peso específico da água é 9810 N/m³.

3–105 Repita o Problema 3–104 com o tanque pressurizado a 350 kPa.

3–106 Encontre a tensão de cisalhamento máxima em uma serra circular de 132 mm de diâmetro se ela gira em vazio a 5000 rev/min. A serra de aço bitola 14 (1,9 mm) é usada em uma árvore de 15 mm de diâmetro. A espessura é uniforme. Qual é a componente radial máxima de tensão?

3–107 A velocidade máxima recomendada para uma roda de esmerilhar abrasiva de 250 mm de diâmetro é 2000 rev/min. Suponha que o material seja isotrópico; use um furo broqueado de 20 mm, $v = 0{,}24$ e uma densidade de massa de 3320 kg/m³. Encontre a tensão máxima de tração nesta velocidade.

3–108 Um disco abrasivo de corte tem um diâmetro de 120 mm, espessura de 1,5 mm e um furo de 18 mm. Ele pesa 140 g e é projetado para rodar a 12 000 rev/min. Se o material for isotrópico e $v = 0{,}20$, encontre a tensão de cisalhamento máxima na velocidade de desenho (projeto).

3–109 A lâmina rotatória de um cortador de grama gira a 3500 rev/min. A lâmina de aço tem uma seção transversal uniforme de 3 mm de espessura por 30 mm de largura, e com um furo com diâmetro de 12 mm no centro, conforme mostra a figura. Calcule a tensão de tração nominal na seção central por causa da rotação.

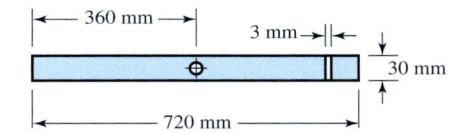

Problema 3–109

3–110 a 3–115 A tabela lista as dimensões máximas e mínimas de furo e eixo para uma série de ajustes de pressão e de contração padronizados. Todos os materiais são aço laminado a quente. Determine os valores máximo e mínimo da interferência radial e a pressão de interface correspondente. Use respectivamente um colar de 100 mm e um de 80 mm para problemas pares e ímpares.

Número do problema	Designação do ajuste*	Tamanho básico	Furo D_{max}	D_{min}	Eixo d_{max}	d_{min}
3–110	50H7/p6	50 mm	50,025	50,000	50,042	50,026
3–111	40H7/p6	40 mm	40,025	40	40,042	40,026
3–112	50H7/s6	50 mm	50,025	50,000	50,059	50,043
3-113	40H7/s6	40 mm	40,025	40	40,059	40,043
3-114	50H7/u6	50 mm	50,025	50,000	50,086	50,070
3-115	40H7/u6	40 mm	40,025	40	40,076	40,060

*Nota: Ver Tabela 7–9 para descrição de ajustes.

3–116 a 3–119 A tabela fornece dados referentes ao ajuste de contração de dois cilindros de materiais diferentes e especificações dimensionais em polegadas. Constantes elásticas para diferentes materiais podem ser encontradas na Tabela A–5. Identifique a interferência radial δ e, em seguida, encontre a pressão de interferência p e a tensão normal tangencial em ambos os lados da superfície de ajuste. Se as tolerâncias dimensionais forem dadas nas superfícies de ajuste, repita o problema para o maior e o menor níveis de tensão.

Problema número	Cilindro interno Material	d_i	d_0	Cilindro externo Material	D_i	D_0
3-116	Aço	0	50,05	Aço	50	75
3-117	Aço	0	50,05	Ferro fundido	50	75
3-118	Aço	0	25,48	Aço	25,4/25,43	50
3-119	Alumínio	0	50,88/50,93	Aço	50,8/50,85	75

3–120 Um gancho para vários fins foi feito de uma haste redonda de $d = 20$ mm de diâmetro no formato mostrado na figura. Quais serão as tensões nas superfícies interna e externa da seção A-A se a carga F for de 4 kN, $L = 250$ mm e $D_i = 75$ mm?

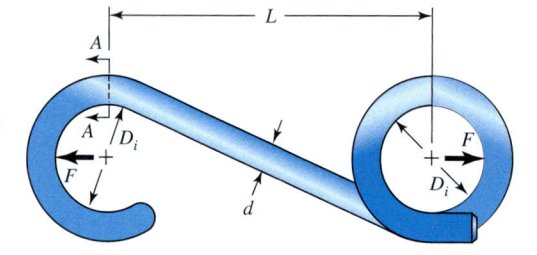

Problema 3–120

3–121 Repita o Problema 3–120 com $d = 18$ mm, $F = 3$ kN, $L = 240$ mm e $D_i = 60$ mm.

3–122 O parafuso de olhal de aço mostrado na figura é carregado com uma força $F = 300$ N. O parafuso é feito de um arame de diâmetro $d = 6$ mm até um raio de $R_i = 10$ mm no olhal e na haste. Calcule as tensões nas superfícies interna e externa das seções A-A.

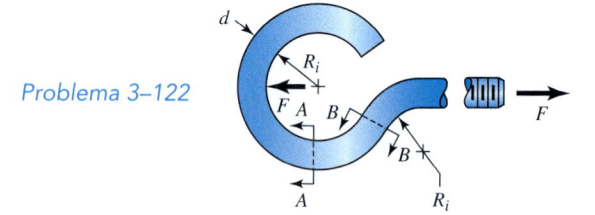

Problema 3–122

3–123 Para o Problema 3–122, estime as tensões nas superfícies interna e externa na seção $B-B$, localizada ao longo da linha entre os centros dos raios.

3–124 Repita o Problema 3–122 com $d = 6$ mm, $R_i = 12$ mm e $F = 300$ N.

3–125 Repita o Problema 3–123 com $d = 6$ mm, $R_i = 12$ mm e $F = 300$ N.

3–126 Na figura temos uma mola de fecho de 2,8 mm por 20 mm que suporta uma carga $F = 100$ N. O raio interno da curva é de 3 mm. Calcule as tensões nas superfícies interna e externa da seção crítica.

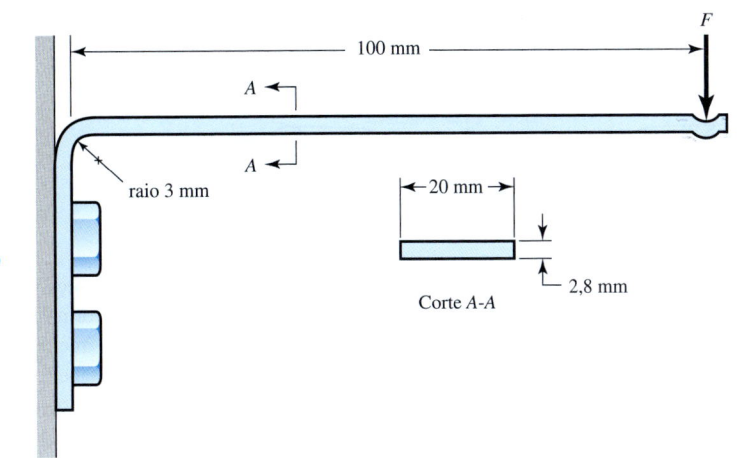

Problema 3–126

(a) Usando a teoria das vigas retas, determine as tensões nas superfícies superior e inferior imediatamente à direita da curvatura.

(b) Utilizando a teoria das vigas curvas, determine as tensões nas superfícies interna e externa da curvatura.

(c) Pela comparação das tensões na curvatura com as tensões nominais antes da curvatura, estime a concentração de tensões efetivas para as superfícies interna e externa.

3–127 Repita o Problema 3–126 com um material de espessura igual a 3,6 mm.

3–128 Repita o Problema 3–126 com um raio de curvatura de 6 mm.

3–129 A alavanca pivotada de ferro fundido de dois braços representada na figura está sob a ação das forças F_1 de 2,4 kN e F_2 de 3,2 kN. A seção A-A no pivô central tem uma superfície interna curvada com um raio $r_i = 25$ mm. Calcule as tensões nas superfícies interna e externa do trecho curvo da alavanca.

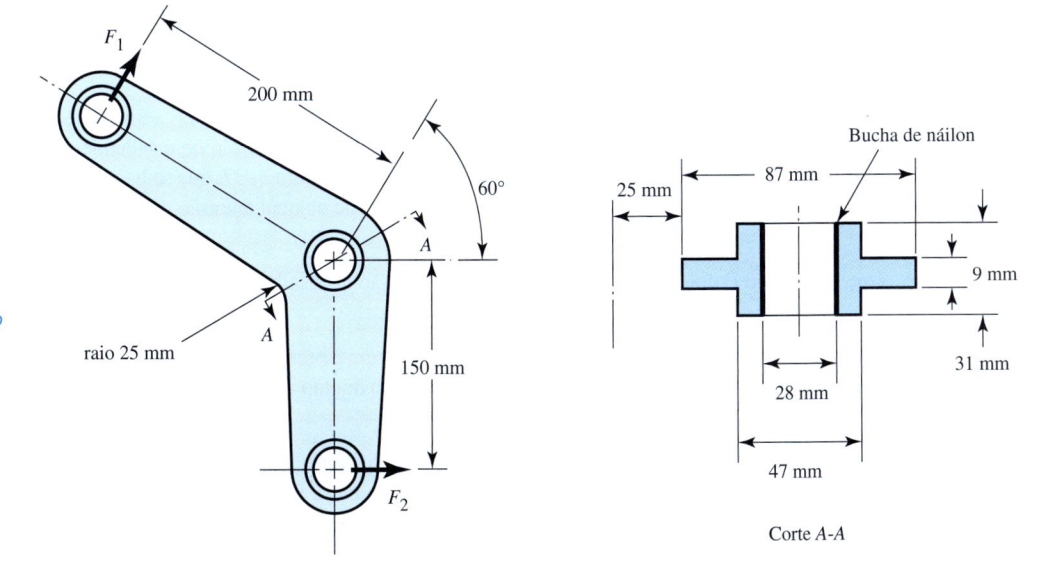

Problema 3–129

3–130 O gancho de guindaste representado na Figura 3–35 tem um furo de 18 mm de diâmetro no centro da seção crítica. Para uma carga de 30 kN, calcule as tensões de flexão nas superfícies interna e externa da seção crítica.

3-131 Um elo de tração excêntrico é moldado para limpar uma obstrução com uma geometria como a mostrada na figura. A seção transversal na localização crítica é elíptica, com eixo maior de 100 mm e eixo menor de 50 mm. Para uma carga de 90 kN, calcule as tensões nas superfícies interna e externa da seção crítica.

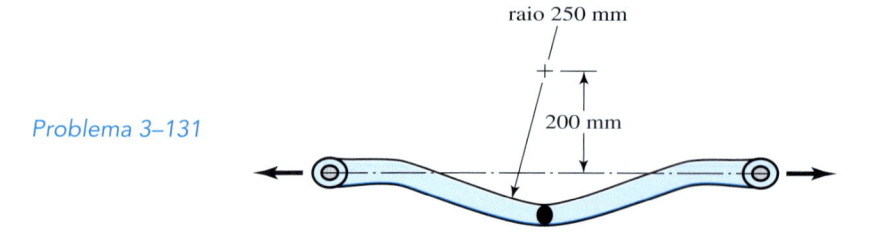

Problema 3-131

3-132 Uma estrutura em C de ferro fundido, conforme está mostrada na figura, tem uma seção retangular de 25 mm por 40 mm, com um entalhe semicircular de raio de 10 mm em ambos os lados que forma estrias de meia-cana. Calcule A, r_c, r_n e e, e para uma carga de 13 kN, e calcule as tensões nas superfícies interna e externa na garganta C. *Nota:* A Tabela 3–4 pode ser usada para determinar r_n nesta seção. Com base na tabela, a integral $\int dA/r$ pode ser calculada para um retângulo e um círculo, calculando-se A/r_n para cada forma [ver Equação (3–63)]. Subtrair a A/r_n do círculo daquela do retângulo produz $\int dA/r$ para a estrutura em C e, então, r_n pode ser calculada.

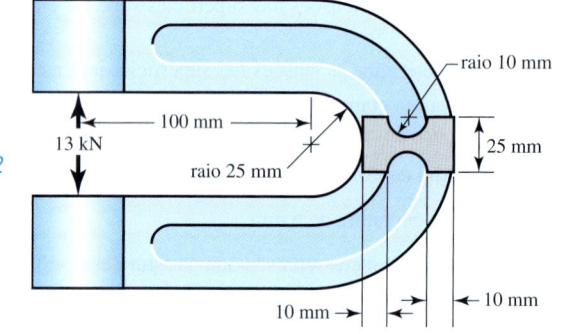

Problema 3-132

3-133 Duas esferas de aço-carbono, cada uma com 30 mm de diâmetro, são pressionadas juntas por uma força F. Em termos da força F, determine os valores máximos da tensão principal, bem como a tensão de cisalhamento máxima, em MPa.

3-134 Uma esfera de aço carbono com 25 mm de diâmetro é prensada junto a uma esfera de alumínio com 40 mm de diâmetro por uma força de 10 N. Determine a máxima tensão de cisalhamento e a profundidade na qual isso ocorrerá na esfera de alumínio. Considere que a Figura 3–37, que se baseia em um coeficiente de Poisson de 0,3, é aplicável para a estimativa da profundidade na qual a tensão de cisalhamento máxima ocorrerá para esses materiais.

3-135 Repita o Problema 3–134, mas determine a tensão de cisalhamento máxima e a profundidade para a esfera de aço.

3-136 Uma esfera de aço carbono com diâmetro de 30 mm é pressionada contra uma placa plana de aço carbono com uma força de 20 N. Determine a tensão de cisalhamento máxima e a profundidade da placa em que ela ocorrerá.

3-137 Uma esfera de aço AISI 1080 com 25 mm de diâmetro é usada como rolete entre uma placa plana feita de alumínio 2024 T3 e uma superfície plana de uma mesa feita de ferro fundido cinza ASTM Nº 30. Determine o peso máximo que pode ser empilhado na placa de alumínio sem que se exceda a tensão de cisalhamento máxima de 140 MPa em qualquer das três partes. Considere que a Figura 3–37, que se baseia em um coeficiente de Poisson típico de 0,3, é aplicável para a estimativa da profundidade na qual a tensão de cisalhamento máxima ocorrerá para esses materiais.

3–138 Um rolo de liga de alumínio com 25 mm de diâmetro e 50 mm de comprimento rola no interior de um anel de ferro fundido de raio interno de 100 mm com espessura de 50 mm. Determine a força de contato máxima F que pode ser aplicada se a tensão de cisalhamento não puder ultrapassar 28 MPa.

3–139 Um par de engrenagens de dentes retos com faces de 18 mm de largura transmite uma carga de 200 N. Para estimar as tensões de contato, assuma, de modo simplificador, que os perfis dos dentes são cilindros com raios instantâneos no ponto de contato de interesse igual a 11 mm e 15 mm, respectivamente. Estime a máxima pressão de contato e a máxima tensão de cisalhamento experimentada por cada engrenagem.

3–140 a 3–142 Um volante de diâmetro d e largura w suporta uma força F e rola por um trilho plano.

Admita que a Figura 3–39, que se baseia em um coeficiente de Poisson de 0,3, é aplicável para a estimativa da profundidade na qual a tensão de cisalhamento máximo ocorrerá para esses materiais. Nessa profundidade crítica, calcule as tensões Hertzianas σ_x, σ_y, σ_z e τ_{max} para o volante.

Número do problema	d	w	F	Material do volante	Material do trilho
3-140	125 mm	50 mm	3 kN	Aço	Aço
3-141	150 mm	40 mm	2 kN	Aço	Ferro fundido
3-142	72 mm	30 mm	1 kN	Ferro fundido	Ferro fundido

4 Deflexão e rigidez

- **4-1** Razões de mola 161
- **4-2** Tração, compressão e torção 162
- **4-3** Deflexão por flexão 163
- **4-4** Métodos de deflexão de viga 166
- **4-5** Deflexões de vigas por superposição 167
- **4-6** Deflexões de vigas por funções de singularidade 170
- **4-7** Energia de deformação 175
- **4-8** Teorema de Castigliano 178
- **4-9** Deflexão de elementos curvos 184
- **4-10** Problemas estaticamente indeterminados 189
- **4-11** Elementos em compressão — Generalidades 195
- **4-12** Colunas longas com carregamento central 195
- **4-13** Colunas de comprimento intermediário com carregamento central 198
- **4-14** Colunas com carregamento excêntrico 199
- **4-15** Pilaretes ou elementos curtos sob compressão 200
- **4-16** Estabilidade elástica 205
- **4-17** Choque e impacto 206

Todos os corpos reais deformam sob carga, elástica ou plasticamente. Um corpo pode ser suficientemente insensível à deformação que a presunção de rigidez não afeta a análise o suficiente para justificar um tratamento de corpo não rígido. Se provar-se posteriormente que a deformação do corpo não é desprezível, então declarar rigidez foi uma decisão inadequada, e não uma hipótese inadequada. Uma corda de fio trançado é flexível, porém, sob tração ela pode ser robustamente rígida e distorcer enormemente sob tentativas de carregamento de compressão. O mesmo corpo pode ser tanto rígido como não rígido.

A análise de deflexões aparece em situações de projeto de muitas maneiras. Um anel de pressão ou de retenção deve ser suficientemente flexível para ser flexionado sem experimentar deformação permanente e poder ser montado com outras peças; posteriormente, ele deve ser rígido o suficiente para manter as peças montadas juntas. Em uma transmissão, as engrenagens devem ser sustentadas por um eixo rígido. Se o eixo fletir em demasia, isto é, se ele for muito flexível, os dentes das engrenagens não irão engrazar de forma apropriada e o resultado será impacto excessivo, ruído, desgaste excessivo e falha precoce. Ao laminar aço em chapas ou aço em tiras até uma espessura prescrita, os rolos devem ser coroados, isto é, devem possuir ressaltos nas extremidades, de modo que o produto acabado será de espessura uniforme. Portanto, para projetar os rolos é necessário saber exatamente quanto flexionarão quando uma chapa de aço for laminada entre eles. Às vezes elementos mecânicos devem ser projetados para ter uma determinada característica de força-deflexão. O sistema de suspensão de um automóvel, por exemplo, deve ser projetado dentro de um intervalo muito estreito para alcançar uma frequência de vibração ótima para todas as condições de carregamento do veículo, pois o corpo humano se sente confortável apenas em um intervalo limitado de frequências.

O tamanho de um componente de sustentação de carga é frequentemente determinado com base nas deflexões, em vez de limites na tensão.

Este capítulo analisará a distorção de corpos individuais pela geometria (forma) e carregamento e, depois, de modo breve, o comportamento de grupos de corpos.

4–1 Razões de mola

Elasticidade é a propriedade de um material que lhe possibilita retomar sua configuração original depois de ter sido deformado. Uma *mola* é um elemento mecânico que exerce uma força ao ser deformada. A Figura 4–1a mostra uma viga reta de comprimento l simplesmente apoiada nas extremidades e carregada pela força transversal F. A deflexão y está relacionada linearmente à força, desde que o limite elástico do material não seja excedido, como indica o gráfico. Essa viga pode ser descrita como uma *mola linear*.

Na Figura 4–1b, uma viga reta está apoiada sobre dois cilindros tal que o comprimento entre os apoios diminui à medida que a viga é fletida pela força F. Uma força maior é requerida para fletir uma viga curta do que uma longa e, portanto, quanto mais essa viga for fletida, mais rígida ela se tornará. Da mesma forma, a força não está linearmente relacionada à deflexão e, portanto, essa viga pode ser descrita como uma *mola de enrijecimento não linear*.

A Figura 4–1c é uma vista lateral de um disco de forma convexa. A força necessária para torná-lo plano aumenta no início e depois diminui à medida que o disco se aproxima da configuração plana, conforme mostra o gráfico. Qualquer elemento mecânico tendo tal característica é denominado *mola de amolecimento não linear*.

Se designarmos a relação geral entre força e deflexão pela equação

$$F = F(y) \tag{a}$$

a *razão de mola* é definida como

$$k(y) = \lim_{\Delta y \to 0} \frac{\Delta F}{\Delta y} = \frac{dF}{dy} \tag{4–1}$$

em que y deve ser medido na direção de F e no ponto de aplicação de F. A maioria dos problemas de força-deflexão encontrados neste livro é linear, como indica a Figura 4–1a. Para esses, k é uma constante, também chamada de *razão de mola;* consequentemente, a Equação (4–1) é escrita da seguinte forma

$$k = \frac{F}{y} \qquad (4-2)$$

Podemos notar que as Equações (4–1) e (4–2) são bastante genéricas e se aplicam igualmente bem para torques e momentos, contanto que medidas angulares sejam usadas para y. Para deslocamentos lineares, as unidades de k são, normalmente, libras por polegada ou newtons por metro e, para deslocamentos angulares, libra-polegadas por radiano ou newtô-metros por radiano.

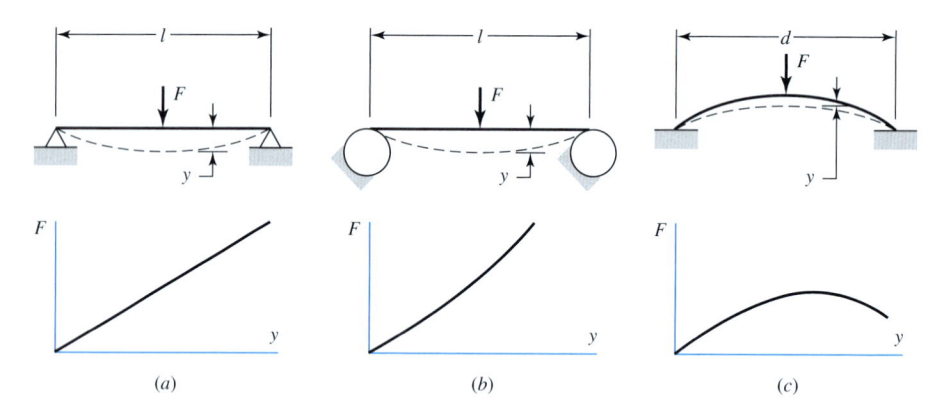

Figura 4–1 (a) Uma mola linear; (b) uma mola de enrijecimento; (c) uma mola de amolecimento.

4–2 Tração, compressão e torção

A extensão ou contração total de uma barra uniforme em tração pura ou compressão pura, é, respectivamente, dada por

$$\delta = \frac{Fl}{AE} \qquad (4-3)$$

Essa equação não se aplica a uma barra *longa* carregada em compressão caso exista alguma possibilidade de flambagem (ver Seções 4–11 a 4–15). Usando as Equações (4–2) e (4–3) com $\delta = y$, vemos que a constante de mola de uma barra carregada axialmente é

$$k = \frac{AE}{l} \qquad (4-4)$$

A deflexão angular de uma barra redonda uniforme de seção cheia ou vazada submetida a um momento torçor T foi dada na Equação (3–35) e é

$$\theta = \frac{Tl}{GJ} \qquad (4-5)$$

em que θ está em radianos. Se multiplicarmos a Equação (4–5) por $180/\pi$ e substituirmos $J = \pi d^4/32$ para uma barra redonda maciça, obtemos

$$\theta = \frac{583{,}6Tl}{Gd^4} \qquad (4-6)$$

em que θ está em graus.

A Equação (4–5) pode ser rearranjada para dar o coeficiente torcional de mola na forma

$$k = \frac{T}{\theta} = \frac{GJ}{l} \qquad (4\text{--}7)$$

As Equações (4–5), (4–6) e (4–7) se aplicam *apenas* a seções transversais circulares. O carregamento de torção para barras de seção transversal não circular é discutido na Seção 3–12 (p. 113). Para ângulo de giro de seção transversal retangular, de tubos fechados de parede fina e de seções abertas de paredes finas, consulte as Equações (3–41), (3–45) e (3–46), respectivamente.

4–3 Deflexão por flexão

O problema de flexão de vigas provavelmente ocorre com mais frequência que qualquer outro problema de carregamento em projeto mecânico. Eixos fixos ou rotativos, virabrequins, alavancas, molas, cantoneiras e rodas, bem como muitos outros elementos, muitas vezes devem ser tratados como se fossem vigas no projeto e na análise de estruturas de sistemas mecânicos. A flexão é, contudo, um dos temas que você deve ter estudado como preparação para leitura deste livro. É por isso que incluímos aqui uma breve revisão para estabelecer a nomenclatura e as convenções a serem usadas ao longo deste livro.

A curvatura de uma viga sujeita a um momento fletor M é dada por

$$\frac{1}{\rho} = \frac{M}{EI} \qquad (4\text{--}8)$$

em que ρ é o raio de curvatura. De nossos estudos em matemática também aprendemos que a curvatura de uma curva plana é dada pela equação

$$\frac{1}{\rho} = \frac{d^2y/dx^2}{[1+(dy/dx)^2]^{3/2}} \qquad (4\text{--}9)$$

em que a interpretação aqui é que y é a deflexão lateral do eixo centroidal em qualquer ponto x ao longo de seu comprimento. A declividade (inclinação) da viga em qualquer ponto x é

$$\theta = \frac{dy}{dx} \qquad (a)$$

Em muitos problemas que envolvem flexão, a declividade é muito pequena, e nesses casos o denominador da Equação (4–9) pode ser considerado unitário. A Equação (4–8) pode então ser escrita como

$$\frac{M}{EI} = \frac{d^2y}{dx^2} \qquad (b)$$

Observando as Equações (3–3) e (3–4) e derivando sucessivamente a Equação (b), chegamos a

$$\frac{V}{EI} = \frac{d^3y}{dx^3} \qquad (c)$$

$$\frac{q}{EI} = \frac{d^4y}{dx^4} \qquad (d)$$

É conveniente apresentar essas relações em um grupo, como a seguir:

$$\frac{q}{EI} = \frac{d^4 y}{dx^4} \qquad (4-10)$$

$$\frac{V}{EI} = \frac{d^3 y}{dx^3} \qquad (4-11)$$

$$\frac{M}{EI} = \frac{d^2 y}{dx^2} \qquad (4-12)$$

$$\theta = \frac{dy}{dx} \qquad (4-13)$$

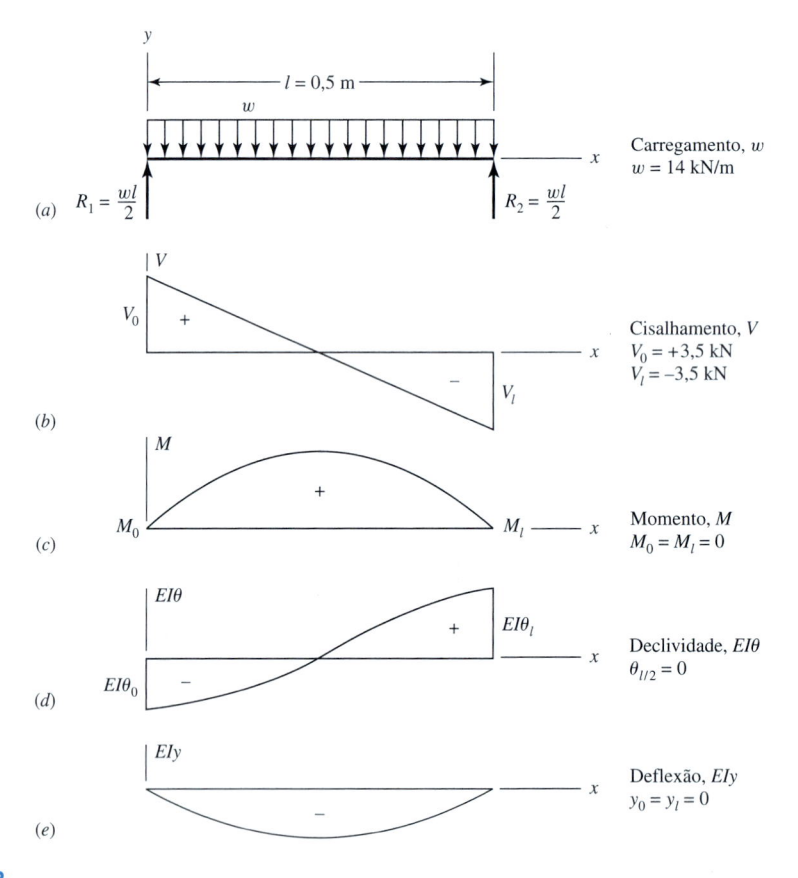

$$y = f(x) \qquad (4-14)$$

Figura 4–2

A nomenclatura e as convenções são ilustradas por meio da viga da Figura 4–2. Aqui, uma viga de comprimento $l = 0,5$ m é carregada pela carga uniforme $w = 14$ kN por polegada de comprimento de viga. O eixo x é positivo para a direita e o eixo y positivo para cima. Todas as quantidades — carregamento, cisalhamento, momento, declividade e deflexão — têm o mesmo sentido de y; são positivas se forem para cima, negativas se forem para baixo.

As reações $R_1 = R_2 = +3{,}5$ kN e as forças de cisalhamento $V_0 = +3{,}5$ kN e $V_l = -3{,}5$ kN são facilmente calculadas usando-se os métodos do Capítulo 3. O momento fletor é zero em cada extremidade, pois a viga está simplesmente apoiada. Para uma viga simplesmente apoiada, as deflexões também são nulas em cada extremidade.

EXEMPLO 4–1

Para a viga da Figura 4–2, a equação do momento fletor, para $0 \leq x \leq l$, é

$$M = \frac{wl}{2}x - \frac{w}{2}x^2$$

Usando a Equação (4–12), determine as equações para a declividade e deflexão da viga, as declividades nas extremidades e a deflexão máxima.

Solução

Integrando a Equação (4–12) como uma integral indefinida, temos

$$EI\frac{dy}{dx} = \int M\, dx = \frac{wl}{4}x^2 - \frac{w}{6}x^3 + C_1 \quad (1)$$

em que C_1 é uma constante de integração avaliada com base nas condições geométricas de contorno. Poderíamos impor que a declividade fosse zero no meio da viga, pois a viga e o carregamento são simétricos em relação à parte central. Entretanto, usaremos as condições de contorno dadas pelo problema e verificaremos que a declividade é zero no meio do vão. Integrando a Equação (1), temos

$$EIy = \iint M\, dx = \frac{wl}{12}x^3 - \frac{w}{24}x^4 + C_1 x + C_2 \quad (2)$$

As condições de contorno da viga simplesmente apoiada são $y = 0$ em $x = 0$ e l. Aplicando a primeira condição, $y = 0$ em $x = 0$, à Equação (2), resulta em $C_2 = 0$. Aplicando a segunda condição à Equação (2) com $C_2 = 0$,

$$EIy(l) = \frac{wl}{12}l^3 - \frac{w}{24}l^4 + C_1 l = 0$$

Resolvendo em C_1, obtemos $C_1 = -wl^3/24$. Substituindo as constantes novamente nas Equações (1) e (2) e resolvendo em termos de deflexão e declividade, obtemos

$$y = \frac{wx}{24EI}(2lx^2 - x^3 - l^3) \quad (3)$$

$$\theta = \frac{dy}{dx} = \frac{w}{24EI}(6lx^2 - 4x^3 - l^3) \quad (4)$$

Comparando a Equação (3) com aquela dada na Tabela A–9, viga 7, observamos completa concordância.

Para a declividade na extremidade esquerda, substituindo $x = 0$ na Equação (4), produz

$$\theta|_{x=0} = -\frac{wl^3}{24EI}$$

e em $x = l$,

$$\theta|_{x=l} = \frac{wl^3}{24EI}$$

> No meio do vão, substituindo $x = l/2$, resulta $dy/dx = 0$, como suspeitou-se anteriormente.
>
> A deflexão máxima ocorre quando $dy/dx = 0$. Substituindo $x = l/2$ na Equação (3), resulta
>
> $$y_{max} = \frac{5wl^4}{384EI}$$
>
> que, mais uma vez, concorda com a Tabela A–9–7.

A abordagem usada no exemplo é adequada a vigas simples com carregamento contínuo. Entretanto, para vigas com carregamento descontínuo e/ou geometria tal qual como um eixo escalonado com várias engrenagens, volantes, polias etc., a abordagem torna-se inviável. A próxima seção discutirá deflexões de flexão em geral e as técnicas fornecidas neste capítulo.

4–4 Métodos de deflexão de viga

As Equações (4–10) a (4–14) são a base para relacionar a intensidade do carregamento q, o cisalhamento vertical V, o momento fletor M, a declividade da superfície neutra θ e a deflexão transversal y. As vigas possuem intensidades de carregamento que vão de $q =$ constante (carregamento uniforme), intensidade variável $q(x)$, a funções delta Dirac (cargas concentradas).

Normalmente, a intensidade do carregamento consiste em zonas contíguas por partes, cujas expressões pelas quais elas são integradas por meio das Equações (4–10) a (4–14) com graus de dificuldade variados. Outra abordagem é representar a deflexão $y(x)$ como uma série de Fourier, que é capaz de representar funções de valor único com um número finito de descontinuidades finitas; em seguida, diferenciar por meio das Equações (4–14) a (4–10) e parar em algum nível em que os coeficientes de Fourier possam ser avaliados. Um fator complicador é a natureza contínua por partes de algumas vigas (eixos) que são corpos de diâmetro escalonado.

Tudo o que foi exposto aqui constitui, de uma forma ou de outra, métodos de integração formais que, com problemas apropriadamente selecionados, resultam em soluções para q, V, M, θ e y. Tais soluções podem ser:

1. Soluções fechadas (analíticas).
2. Representadas por séries infinitas, que equivalem à solução fechada se as séries forem rapidamente convergentes.
3. Aproximações obtidas calculando o primeiro, ou o primeiro e o segundo termos.

As soluções de séries podem ser escritas na forma equivalente à solução fechada com o uso de computador. As fórmulas de Roark[1] são recomendadas para programas comerciais e podem ser usadas em um computador pessoal.

Existem várias técnicas empregadas para resolver o problema de integração para deflexão de viga. Alguns dos métodos populares são:

- Superposição (ver Seção 4–5).
- O método momento-área.[2]

---

[1] Warren C. Young, Richard G. Budynas, and Ali M. Sadegh, Roark's *Fórmulas para Tensão e Deformação*, 8th ed., McGraw-Hill, New York, 2012.

[2] Ver o Capítulo 9 de F. P. Beer; E. R. Johnston Jr.; J. T. Dewolf. *Mechanics of Materials*; 5ª ed. Nova York: McGraw-Hill, 2009.

- Funções de singularidade (ver Seção 4–6).
- Integração numérica.[3]

Os dois métodos descritos neste capítulo são fáceis de implementar e podem dar conta de uma grande variedade de problemas.

Existem métodos que não lidam diretamente com as Equações (4–10) a (4–14). Um método de energia, baseado no teorema de Castigliano, é bastante poderoso para problemas não apropriados aos métodos citados anteriormente, e é discutido nas Seções 4–7 a 4–10. Os programas para análise por elementos finitos são também muito úteis para determinar deflexões de vigas.

4–5 Deflexões de vigas por superposição

Os resultados de muitos casos simples de carga e condições de contorno simples foram resolvidos e estão disponíveis. A Tabela A–9 apresenta um número limitado de casos. As fórmulas de Roark[4] fornecem uma lista muito mais abrangente. A *sobreposição* resolve o efeito de carregamentos combinados em uma estrutura determinando os efeitos de cada carga separadamente e somando os resultados algebricamente. A sobreposição pode ser aplicada desde que: (1) cada efeito esteja relacionado linearmente com a carga que o produz, (2) a carga não crie uma condição que afete o resultado de uma outra carga e (3) as deformações resultantes de qualquer carga específica não sejam grandes o suficiente para alterar apreciavelmente as relações geométricas das partes do sistema estrutural.

Os exemplos a seguir são ilustrações do uso de sobreposição.

EXEMPLO 4–2 Considere a viga carregada uniformemente com uma força concentrada conforme está ilustrada na Figura 4–3. Usando sobreposição, determine as reações e a deflexão em função de x.

Solução Considerando cada estado de carga separadamente, podemos sobrepor as vigas 6 e 7 da Tabela A–9.

Para as reações, encontramos

Resposta
$$R_1 = \frac{Fb}{l} + \frac{wl}{2}$$

Resposta
$$R_2 = \frac{Fa}{l} + \frac{wl}{2}$$

O carregamento da viga 6 é descontínuo e são fornecidas equações de deflexão distintas para as regiões AB e BC. O carregamento da viga 7 não é descontínuo e, portanto, há apenas uma equação. A sobreposição produz

Resposta
$$y_{AB} = \frac{Fbx}{6EIl}(x^2 + b^2 - l^2) + \frac{wx}{24EI}(2lx^2 - x^3 - l^3)$$

---

[3] Ver a Seção 4–4 de J. E. Shigley; C. R. Mischke. *Mechanical Engineering Design*; 6ª ed. Nova York: McGraw-Hill, 2001.

[4] Warren C. Young, Richard G. Budynas, and Ali M. Sadegh, Roark's *Fórmulas para Tensão e Deformação*, 8th ed., McGraw-Hill, New York, 2012.

Resposta

$$y_{BC} = \frac{Fa(l-x)}{6EIl}(x^2 + a^2 - 2lx) + \frac{wx}{24EI}(2lx^2 - x^3 - l^3)$$

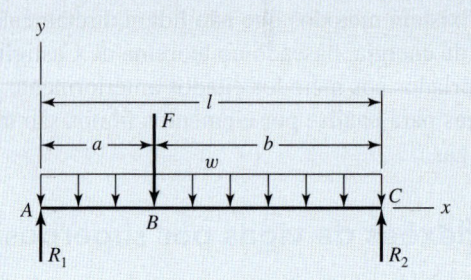

Figura 4–3

Se é desejada a deflexão máxima de uma viga, isso ocorrerá tanto onde a tangente se anula como na extremidade em balanço, se a viga tiver a extremidade livre. No exemplo anterior não há uma parte em balanço, então fazer $dy/dx = 0$ levará à equação para o valor de x onde se localiza a deflexão máxima. No exemplo há duas equações para y, mas apenas uma levará à solução. Se $a = l/2$, obviamente a deflexão máxima ocorrerá em $x = l/2$ em razão da simetria. No entanto, se $a < l/2$, onde ocorrerá a deflexão máxima? Pode ser mostrado que se F se move na direção do apoio esquerdo, a máxima deflexão também se moverá, mas não tanto quanto a própria F (ver Problema 4–55). Portanto, devemos fazer $dy_{BC}/dx = 0$ e resolver para x. Se $a > l/2$, então devemos fazer $dy_{AB}/dx = 0$. Para problemas mais complicados, desenhar gráficos usando dados numéricos é a abordagem mais simples para determinar máximas deflexões.

Algumas vezes pode não ser óbvio que podemos usar sobreposição com as tabelas que temos em mãos, conforme demonstrado no exemplo a seguir.

EXEMPLO 4–3 Considere a viga da Figura 4–4a e determine as equações de deflexão usando sobreposição.

Solução Para a região AB podemos sobrepor as vigas 7 e 10 da Tabela A–9 para obter

Resposta
$$y_{AB} = \frac{wx}{24EI}(2lx^2 - x^3 - l^3) + \frac{Fax}{6EIl}(l^2 - x^2)$$

Para a região BC, como representamos a carga uniforme? Considerando-se *apenas* a carga uniforme, a viga deflete conforme mostra a Figura 4–4b. A região BC é reta, pois não há um momento fletor devido a w. A declividade da viga em B é θ_B e é obtida extraindo-se a derivada de y dada na tabela em relação a x e fazendo-se $x = l$. Portanto,

$$\frac{dy}{dx} = \frac{d}{dx}\left[\frac{wx}{24EI}(2lx^2 - x^3 - l^3)\right] = \frac{w}{24EI}(6lx^2 - 4x^3 - l^3)$$

Substituindo $x = l$, obtemos

$$\theta_B = \frac{w}{24EI}(6ll^2 - 4l^3 - l^3) = \frac{wl^3}{24EI}$$

A deflexão na região BC por causa de w é $\theta_B(x - l)$, adicionando-se isso à deflexão devida a F, em BC, chegamos a

Resposta
$$y_{BC} = \frac{wl^3}{24EI}(x - l) + \frac{F(x - l)}{6EI}[(x - l)^2 - a(3x - l)]$$

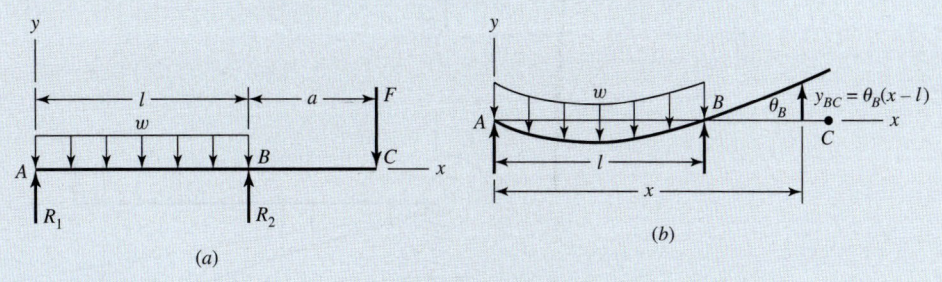

Figura 4–4 (a) Viga com carga uniformemente distribuída e força em balanço; (b) deflexões devidas apenas à carga uniforme.

EXEMPLO 4–4

A Figura 4–5a mostra uma viga em balanço com uma carga de extremidades. Normalmente, modelamos este problema considerando o apoio esquerdo como rígido. Após testarmos a rigidez da parede, constatamos que a rigidez translacional da parede era k_t força por unidade de deflexão vertical, e a rigidez rotacional era k_r momento por unidade de deflexão angular (em radianos) (ver Figura 4–5b). Determine a equação de deflexão da viga sob a carga F.

Solução

Aqui sobreporemos os *modos* de deflexão. Eles são: (1) translação causada pela compressão de mola k_t, (2) rotação de mola k_r e (3) a deformação elástica da viga dada pela Tabela A–9–1. A força na mola k_t é $R_1 = F$, dando-nos uma deflexão pela Equação (4–2) de

$$y_1 = -\frac{F}{k_t} \quad (1)$$

O momento na mola k_r é $M_1 = Fl$. Isso nos dá uma rotação horária de $\theta = Fl/k_r$. Considerando apenas esse modo de deflexão, a viga gira rigidamente no sentido horário, levando a uma equação de deflexão de

$$y_2 = -\frac{Fl}{k_r}x \quad (2)$$

Finalmente, a deformação elástica da viga com base na Tabela A–9–1 é

$$y_3 = \frac{Fx^2}{6EI}(x - 3l) \quad (3)$$

Somando as deflexões de cada modo, chegamos a

Resposta
$$y = \frac{Fx^2}{6EI}(x - 3l) - \frac{F}{k_t} - \frac{Fl}{k_r}x$$

Figura 4–5

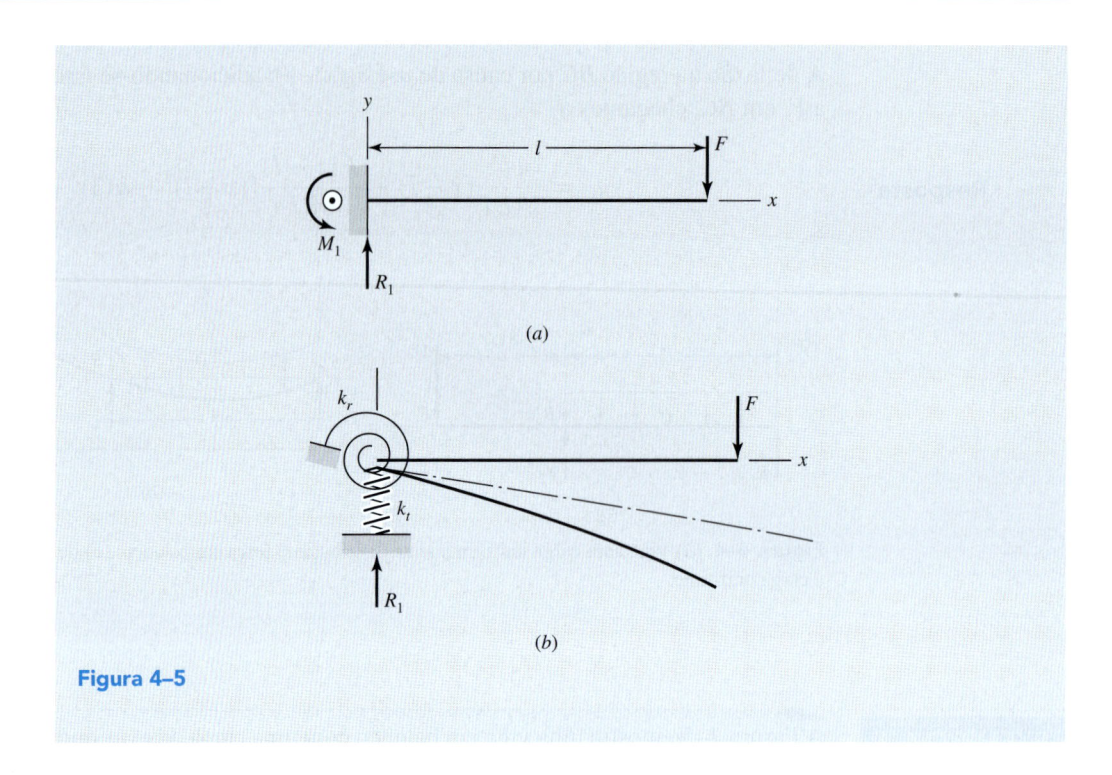

4–6 Deflexões de vigas por funções de singularidade

Introduzidas na Seção 3–3, as funções de singularidade são excelentes para lidar com descontinuidades, e a aplicação delas à deflexão de viga é uma simples extensão do que já foi apresentado na seção anterior. Elas são fáceis de programar e, como será visto mais adiante, podem simplificar muito a solução de problemas estaticamente indeterminados. Os exemplos a seguir ilustram o uso de funções de singularidade para avaliar deflexões de problemas de viga estaticamente determinada.

EXEMPLO 4–5 Considere a viga 6 da Tabela A–9, que está simplesmente apoiada tendo uma força concentrada F que não se encontra no centro. Desenvolva as equações de deflexão usando funções de singularidade.

Solução Primeiro, escreva a equação de intensidade de carga com base no diagrama de corpo livre

$$q = R_1\langle x\rangle^{-1} - F\langle x - a\rangle^{-1} + R_2\langle x - l\rangle^{-1} \quad (1)$$

Integrando a Equação (1) duas vezes, temos

$$V = R_1\langle x\rangle^0 - F\langle x - a\rangle^0 + R_2\langle x - l\rangle^0 \quad (2)$$

$$M = R_1\langle x\rangle^1 - F\langle x - a\rangle^1 + R_2\langle x - l\rangle^1 \quad (3)$$

Lembre-se de que se a equação q estiver completa, as constantes de integração são desnecessárias para V e M; consequentemente, elas não foram incluídas até esse ponto. Da estática, fazendo-se $V = M = 0$ para x ligeiramente maior que l, produz $R_1 = Fb/l$ e $R_2 = Fa/l$. Portanto, a Equação (3) torna-se

$$M = \frac{Fb}{l}\langle x\rangle^1 - F\langle x-a\rangle^1 + \frac{Fa}{l}\langle x-l\rangle^1$$

Integrando as Equações (4–12) e (4–13) como integrais indefinidas, temos

$$EI\frac{dy}{dx} = \frac{Fb}{2l}\langle x\rangle^2 - \frac{F}{2}\langle x-a\rangle^2 + \frac{Fa}{2l}\langle x-l\rangle^2 + C_1$$

$$EIy = \frac{Fb}{6l}\langle x\rangle^3 - \frac{F}{6}\langle x-a\rangle^3 + \frac{Fa}{6l}\langle x-l\rangle^3 + C_1 x + C_2$$

Note que sempre existe o primeiro termo de singularidade em ambas as equações, portanto $\langle x\rangle^2 = x^2$ e $\langle x\rangle^3 = x^3$. Da mesma forma, não existe o último termo de singularidade em ambas as equações até que $x = l$, que é igual a zero, e como não existe nenhuma viga para $x > l$, podemos eliminar o último termo.

Portanto,

$$EI\frac{dy}{dx} = \frac{Fb}{2l}x^2 - \frac{F}{2}\langle x-a\rangle^2 + C_1 \tag{4}$$

$$EIy = \frac{Fb}{6l}x^3 - \frac{F}{6}\langle x-a\rangle^3 + C_1 x + C_2 \tag{5}$$

As constantes de integração C_1 e C_2 são avaliadas usando-se as duas condições de contorno $y = 0$ em $x = 0$ e $y = 0$ em $x = l$. A primeira condição, substituída na Equação (5), fornece $C_2 = 0$ (lembre-se de que $\langle 0-a\rangle^3 = 0$). A segunda condição, substituída na Equação (5), fornece

$$0 = \frac{Fb}{6l}l^3 - \frac{F}{6}(l-a)^3 + C_1 l = \frac{Fbl^2}{6} - \frac{Fb^3}{6} + C_1 l$$

Resolvendo em termos de C_1,

$$C_1 = -\frac{Fb}{6l}(l^2 - b^2)$$

Finalmente, substituindo C_1 e C_2 na Equação (5) e simplificando, encontramos

$$y = \frac{F}{6EIl}[bx(x^2 + b^2 - l^2) - l\langle x-a\rangle^3] \tag{6}$$

Comparando a Equação (6) com as duas equações de deflexão para a viga 6 na Tabela A–9, notamos que o uso de funções de singularidade nos permite expressar a equação de deflexão por meio de uma única equação descontínua.

EXEMPLO 4–6

Determine a equação de deflexão para a viga simplesmente apoiada com distribuição de carga mostrada na Figura 4–6.

Solução Essa é uma viga interessante para acrescentarmos à nossa tabela para uso futuro com superposição. A equação de intensidade de carga para a viga é

$$q = R_1\langle x\rangle^{-1} - w\langle x\rangle^0 + w\langle x-a\rangle^0 + R_2\langle x-l\rangle^{-1} \tag{1}$$

em que o termo $w\langle x - a\rangle^0$ é necessário para "desligar" a carga uniforme em $x = a$.

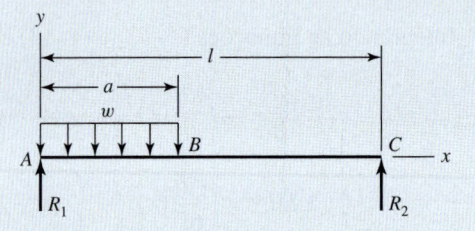

Figura 4–6

Da estática, as reações são

$$R_1 = \frac{wa}{2l}(2l - a) \qquad R_2 = \frac{wa^2}{2l} \qquad (2)$$

Para simplificarmos, manteremos a forma da Equação (1) para integração e depois substituiremos os valores das reações.

Duas integrações da Equação (1) revelam

$$V = R_1\langle x\rangle^0 - w\langle x\rangle^1 + w\langle x - a\rangle^1 + R_2\langle x - l\rangle^0 \qquad (3)$$

$$M = R_1\langle x\rangle^1 - \frac{w}{2}\langle x\rangle^2 + \frac{w}{2}\langle x - a\rangle^2 + R_2\langle x - l\rangle^1 \qquad (4)$$

Como no exemplo anterior, as funções de singularidade de ordem zero ou maior iniciando em $x = 0$ podem ser substituídas por funções polinomiais comuns. Da mesma forma, uma vez que as reações estejam determinadas, funções de singularidade iniciando na extremidade direita da viga podem ser omitidas. Portanto, a Equação (4) pode ser reescrita como

$$M = R_1 x - \frac{w}{2}x^2 + \frac{w}{2}\langle x - a\rangle^2 \qquad (5)$$

Integrar duas vezes mais para a declividade e deflexão fornece

$$EI\frac{dy}{dx} = \frac{R_1}{2}x^2 - \frac{w}{6}x^3 + \frac{w}{6}\langle x - a\rangle^3 + C_1 \qquad (6)$$

$$EIy = \frac{R_1}{6}x^3 - \frac{w}{24}x^4 + \frac{w}{24}\langle x - a\rangle^4 + C_1 x + C_2 \qquad (7)$$

As condições de contorno são $y = 0$ em $x = 0$ e $y = 0$ em $x = l$. Substituindo a primeira condição na Equação (7), encontramos $C_2 = 0$. Para a segunda condição

$$0 = \frac{R_1}{6}l^3 - \frac{w}{24}l^4 + \frac{w}{24}(l - a)^4 + C_1 l$$

Resolvendo em termos de C_1 e substituindo na Equação (7), chegamos a

$$EIy = \frac{R_1}{6}x(x^2 - l^2) - \frac{w}{24}x(x^3 - l^3) - \frac{w}{24l}x(l - a)^4 + \frac{w}{24}\langle x - a\rangle^4$$

Resposta

Finalmente, a substituição de R_1 da Equação (2) e a simplificação dos resultados fornecem

$$y = \frac{w}{24EIl}[2ax(2l-a)(x^2-l^2) - xl(x^3-l^3) - x(l-a)^4 + l\langle x-a\rangle^4]$$

Como afirmado anteriormente, funções de singularidade são relativamente simples de programar, visto que elas são omitidas quando seus argumentos forem negativos e os $\langle\ \rangle$ são substituídos por ( ) quando os argumentos forem positivos.

EXEMPLO 4–7

O eixo escalonado feito de aço e mostrado na Figura 4–7a é montado em mancais em A e F. A polia é centrada em C onde uma força radial total de 2,6 kN é aplicada. Usando funções de singularidade, calcule os deslocamentos do eixo em incrementos de 12 mm. Suponha que o eixo esteja simplesmente apoiado.

Solução

As reações são $R_1 = 1,56$ kN e $R_2 = 1,04$ kN. Ignorando R_2, usando funções de singularidade, a equação de momento é

$$M = 1560x - 2600\langle x - 0,2\rangle \quad (1)$$

Isso é representado no gráfico da Figura 4–7b.

Para simplificarmos, consideraremos apenas o degrau em D, isto é, suporemos que a seção AB tem o mesmo diâmetro que BC e a seção EF tem o mesmo diâmetro que DE. Como essas seções são curtas e nos apoios, a redução do tamanho não acrescentará muito à deformação. Examinaremos essa simplificação posteriormente. Os segundos momentos de área para BC e DE são

$$I_{BC} = \frac{\pi}{64}0,038^4 = 102,35 - 10^{-9}\,\text{m}^4 \quad I_{DE} = \frac{\pi}{64}0,045^4 = 2\,147 \times 10^{-9}\,\text{m}^4$$

Um gráfico de M/I é mostrado na Figura 4–7c. Os valores nos pontos b e c e a variação de degrau são

$$\left(\frac{M}{I}\right)_b = \frac{302}{102,35 \times 10^{-9}} = 2,95 \times 10^9\,\text{N/m}^3$$

$$\left(\frac{M}{I}\right)_c = \frac{302}{2\,147 \times 10^{-9}} = 0,141 \times 10^9\,\text{N/m}^3$$

$$\Delta\left(\frac{M}{I}\right) = \langle 0,141 - 2,95\rangle 10^9 = -2,81 \times 10^9\,\text{N/m}^3$$

As declividades para ab e cd e a variação são

$$m_{ab} = \frac{1560 - 2600}{102,39 \times 10^{-9}} = -10,16 \times 10^9\,\text{N/m}^4$$

$$m_{cd} = \frac{-0,141 \times 10^9}{0,29} = -0,49 \times 10^9\,\text{N/m}^4$$

$$\Delta m = -0,49 \times 10^9 - \langle -10,16 \times 10^9\rangle = 9,67 \times 10^9\,\text{N/m}^4$$

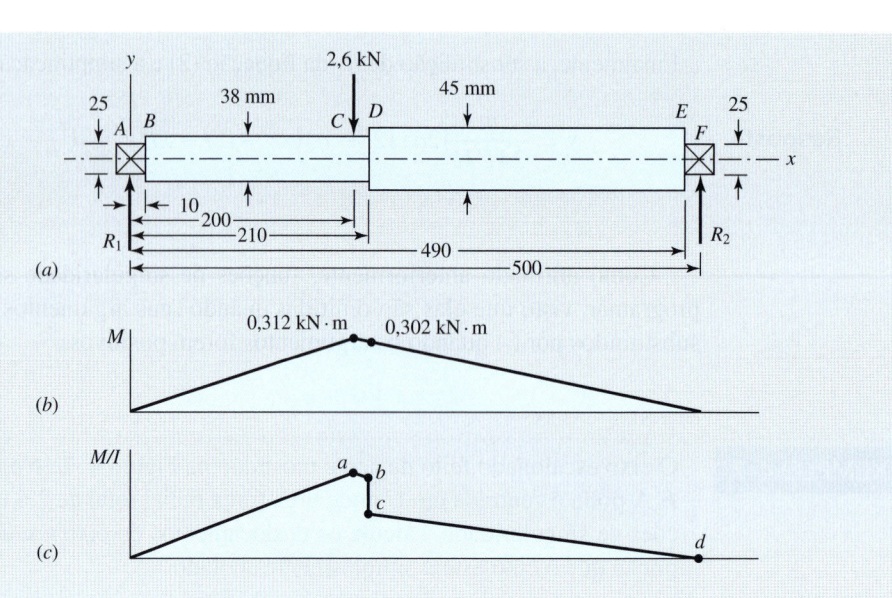

Figura 4–7 Dimensões em mm.

Dividindo a Equação (1) por I_{BC} e, em $x = 0{,}21$ m, adicionando um degrau de $-2{,}81 \times 10^9$ N/m^3 e uma rampa de declividade $9{,}67 \times 10^9$ N/m^4, temos

$$\frac{M}{I} = 15{,}24 \times 10^9 x - 25{,}4 \times 10^9 \langle x - 0{,}2 \rangle^1 - 2{,}81 \times 10^9 \langle x - 0{,}21 \rangle^0 \quad (2)$$
$$+ 9{,}67 \times 10^9 \langle x - 0{,}21 \rangle^1$$

Integrando-se duas vezes, obtemos

$$E\frac{dy}{dx} = 10^9 [7{,}62 x^2 - 12{,}7 \langle x - 0{,}2 \rangle^2 - 2{,}81 \langle x - 0{,}21 \rangle^1 \quad (3)$$
$$+ 4{,}84 \langle x - 0{,}21 \rangle^2] + C_1$$

e

$$Ey = 10^9 [2{,}54 x^3 - 4{,}23 \langle x - 0{,}2 \rangle^3 - 1{,}41 \langle x - 0{,}21 \rangle^2 + 1{,}61 \langle x - 0{,}21 \rangle^5] + C_1 x + C_2$$

(4)

Em $x = 0$, $y = 0$. Isso implica $C_2 = 0$ (lembre-se, funções de singularidade não existem até que o argumento seja positivo). Em $x = 0{,}5$ m, $y = 0$, e

$$0 = 10^9 [2{,}54 \langle 0{,}5 \rangle^3 - 4{,}23 \langle 0{,}5 - 0{,}2 \rangle^3 - 1{,}41 \langle 0{,}5 - 0{,}21 \rangle^2 + 1{,}61 \langle 0{,}5 - 0{,}21 \rangle^3] + 0{,}5 C_1$$

Resolvendo, obtemos $C_1 = -0{,}248 \times 10^9$ N/m^2. Portanto, a Equação (4) torna-se, com $E = 200$ GPa,

$$y = \frac{1}{200} [2{,}54 x^3 - 4{,}23 \langle x - 0{,}2 \rangle^3 - 1{,}41 \langle x - 0{,}21 \rangle^2$$
$$+ 1{,}61 \langle x - 0{,}21 \rangle^3 - 0{,}248 x]$$

(5)

Ao usar uma planilha, programe as seguintes equações:

$$y = \frac{1}{200}(2{,}54x^3 - 0{,}248x) \qquad 0 \leq x \leq 0{,}2 \text{ m}$$

$$y = \frac{1}{200}[2{,}54x^3 - 4{,}23(x-0{,}2)^3 - 0{,}248x] \qquad 0{,}2 \leq x \leq 0{,}21 \text{ m}$$

$$y = \frac{1}{200}[2{,}54x^3 - 4{,}23(x-0{,}2)^3 - 1{,}41(x-0{,}21)^2$$
$$+ 1{,}61(x-0{,}21)^3 - 0{,}248x] \qquad 0{,}21 \leq x \leq 0{,}5 \text{ m}$$

Obtém-se, então, a seguinte tabela:

x (m)	y (mm)
0	0,0000
0,1	−0,1113
0,2	−0,0292
0,21	−0,0311
0,4	−0,0203
0,5	0,0000

em que x está em metros e y está em milímetros. Observamos que a maior deflexão se dá em $x = 0{,}21$ m, em que $y = -0{,}0311$ mm.

Substituindo C_1 na Equação (3), as declividades nos apoios são então $\theta_A = 1{,}686(10^{-3})$ rad $= 0{,}09657$ graus e $\theta_F = 1{,}198(10^{-3})$ rad $= 0{,}06864$ graus. Poder-se-ia pensar que tais deflexões fossem insignificantes, mas, como será visto no Capítulo 7, sobre eixos, elas não são.

Uma análise por elementos finitos foi realizada para o mesmo modelo e resultou em

$$y|_{x=0{,}21 \text{ m}} = -0{,}0307 \text{ mm} \qquad \theta_A = -0{,}09653° \qquad \theta_F = 0{,}06868°$$

Praticamente a mesma resposta evita certos erros de arredondamento nas equações.

Se os degraus dos mancais forem incorporados no modelo, teremos mais equações, porém o processo é o mesmo. A solução para esse modelo é

$$y|_{x=0{,}21 \text{ m}} = -0{,}0315 \text{ mm} \qquad \theta_A = -0{,}09763° \qquad \theta_F = 0{,}06973°$$

A maior diferença entre os modelos está por volta de 1,3%. Portanto, a simplificação foi justificada.

Na Seção 4–9, demonstraremos a utilidade das funções de singularidade na resolução de problemas estaticamente indeterminados.

4–7 Energia de deformação

O trabalho externo realizado em um elemento elástico para deformá-lo é transformado em *deformação* ou *energia potencial*. Se o elemento for deformado de uma distância y, e se a relação força--deflexão for linear, essa energia será igual ao produto da força média e será deflexão ou

$$U = \frac{F}{2}y = \frac{F^2}{2k} \qquad (4\text{--}15)$$

Essa equação é genérica na medida em que a força F pode também significar torque, ou momento, desde que, obviamente, unidades consistentes sejam usadas para k. Substituindo as expressões apropriadas para k, fórmulas de energia-deformação para vários carregamentos simples podem ser obtidas. Para a tração e a compressão, por exemplo, empregamos a Equação (4–4) e obtemos

ou

$$U = \frac{F^2 l}{2AE} \quad \text{tensão e compressão} \quad (4\text{–}16)$$

$$U = \int \frac{F^2}{2AE} dx \quad (4\text{–}17)$$

onde a primeira equação se aplica quando todos os termos são constantes ao longo do comprimento, e a equação integral mais geral permite que qualquer termo varie ao longo do comprimento.

Do mesmo modo, da Equação (4–7), a energia de deformação na torção é dada por

ou

$$U = \frac{T^2 l}{2GJ} \quad \text{torção} \quad (4\text{–}18)$$

$$U = \int \frac{T^2}{2GJ} dx \quad (4\text{–}19)$$

Para obter uma expressão para a energia de deformação causada por cisalhamento direto, considere o elemento com um lado fixo na Figura 4–8a. A força F coloca o elemento em cisalhamento puro e o trabalho realizado é $U = F\delta/2$. Como a deformação de cisalhamento é $\gamma = \delta/l = \tau/G = F/AG$, temos

ou

$$U = \frac{F^2 l}{2AG} \quad \text{cisalhamento direto} \quad (4\text{–}20)$$

$$U = \int \frac{F^2}{2AG} dx \quad (4\text{–}21)$$

(a) Elemento de cisalhamento puro   (b) Elemento de flexão de viga

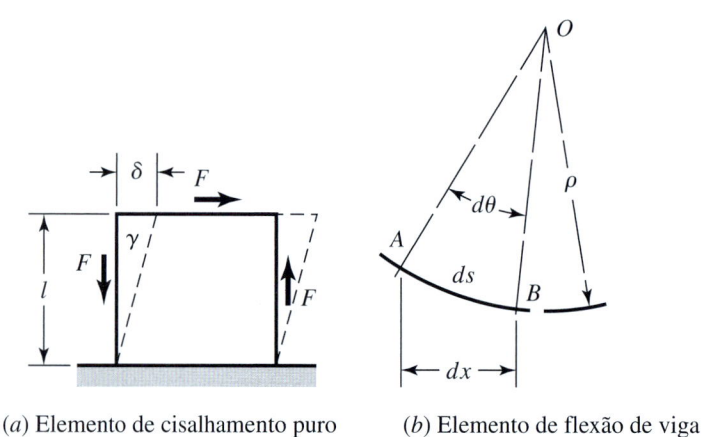

Figura 4–8

A energia de deformação armazenada em uma viga ou alavanca por flexão pode ser obtida referindo-se à Figura 4–8b. Aqui AB é uma seção da curva elástica de comprimento ds tendo um raio de curvatura ρ. A energia de deformação armazenada nesse elemento da viga é $dU = (M/2)d\theta$. Como $\rho\, d\theta = ds$, temos

$$dU = \frac{M\,ds}{2\rho} \qquad (a)$$

Podemos eliminar ρ usando a Equação (4–8), $\rho = EI/M$. Portanto

$$dU = \frac{M^2\,ds}{2EI} \qquad (b)$$

Para deflexões pequenas, $ds \approx dx$. Então, para a viga toda

$$U = \int dU = \int \frac{M^2}{2EI}\,dx \qquad (c)$$

A equação integral é necessária geralmente na flexão, onde o momento é tipicamente uma função de x. Resumindo, para incluir tanto a forma integral quanto a não integral, a energia de deformação na flexão é

ou

$$U = \frac{M^2 l}{2EI} \qquad (4\text{--}22)$$

$$U = \int \frac{M^2}{2EI}\,dx \qquad (4\text{--}23)$$

flexão

As Equações (4–22) e (4–23) são exatas exata apenas quando uma viga está sujeita à flexão pura. Mesmo quando estiver presente o cisalhamento transversal, essas equações continuam a dar bons resultados, exceto para vigas muito curtas. A energia de deformação causada por carregamento de cisalhamento de uma viga é um problema complicado. Uma solução aproximada pode ser obtida usando-se a Equação (4–20) com um fator de correção cujo valor depende da forma da seção transversal. Se usarmos C para o fator de correção e V para a força de cisalhamento, a energia de deformação causada por cisalhamento em flexão será

ou

$$U = \frac{CV^2 l}{2AG} \qquad (4\text{--}24)$$

$$U = \int \frac{CV^2}{2AG}\,dx \qquad (4\text{--}25)$$

cisalhamento de flexão

Valores do fator C estão listados na Tabela 4–1.

Tabela 4–1 Fatores de correção da energia de deformação para cisalhamento transversal. *Fonte*: Richard G. Budynas, *Advanced Strength and Applied Stress Analysis*, 2a ed., Nova York: McGraw-Hill, 1999. Copyright © 1999 The McGraw-Hill Companies.

Forma da seção transversal da viga	Fator
Retangular	1,2
Circular	1,11
Tubular de parede fina, redonda	2,00
Seções em forma de caixa[†]	1,00
Seções estruturais[†]	1,00

[†] Use apenas a área da alma.

EXEMPLO 4-8

Uma viga em balanço com seção transversal circular tem uma força concentrada F na extremidade, conforme mostrado na Figura 4-9a. Determine a energia de deformação na viga.

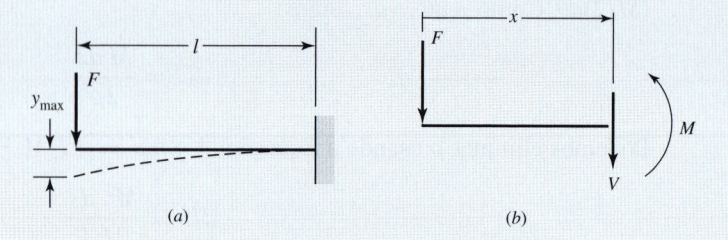

Figura 4-9

Solução   Para determinar quais formas de energia de deformação estão envolvidas na deflexão da viga, isolamos a viga e desenhamos o diagrama de corpo livre para identificar as forças e momentos que a solicitam. A Figura 4-9b mostra tal diagrama onde a força cortante é $V = -F$, e o momento fletor é $M = -Fx$. A variável x é simplesmente a variável de integração e pode ser medida em relação a qualquer ponto conveniente. O mesmo resultado será obtido partindo de um diagrama de corpo livre considerando a porção direita da viga e com x medido a partir do engastamento. Utilizar a extremidade livre da viga resulta frequentemente em menor esforço, uma vez que as reações da viga não precisam ser determinadas.

Para o cisalhamento transversal, utilizando a Equação (4-24) com o fator de correção $C = 1,11$ da Tabela 4-2 e notando que V é constante ao longo do comprimento da viga, vem

$$U_{\text{cisalhamento}} = \frac{CV^2 l}{2AG} = \frac{1{,}11 F^2 l}{2AG}$$

Para a flexão, uma vez que M é função de x, a Equação (4-23) fornece

$$U_{\text{flexão}} = \int \frac{M^2 dx}{2EI} = \frac{1}{2EI} \int_0^l (-Fx)^2 dx = \frac{F^2 l^3}{6EI}$$

A energia de deformação total é

Resposta
$$= U_{\text{flexão}} + U_{\text{cisalhamento}} = \frac{F^2 l^3}{6EI} + \frac{1{.}11 F^2 l}{2AG}$$

Observe que, exceto para vigas muito curtas, o termo de cisalhamento (de ordem l) é geralmente pequeno se comparado ao termo de flexão (de ordem de l^3). Isso será demonstrado no próximo exemplo.

4-8 Teorema de Castigliano

Uma abordagem muito incomum, poderosa e muitas vezes surpreendentemente simples para análise de deflexão é propiciada por um método de energia chamado *teorema de Castigliano*. É uma maneira única de analisar deflexões e é até útil para encontrar as reações de estruturas indeterminadas. O teorema de Castigliano afirma que *quando há forças atuando em sistemas elásticos sujeitos a pequenos deslocamentos, o deslocamento correspondente a qualquer força, na direção da força, é igual à derivada parcial da energia de deformação total em relação àquela força.* Os termos *força* e *deslocamento* nesse enunciado são interpretados de modo abrangente, podendo ser aplicados a momentos e deslocamentos angulares. Matematicamente, o teorema de Castigliano é

$$\delta_i = \frac{\partial U}{\partial F_i} \tag{4-26}$$

em que δ_i é o deslocamento do ponto de aplicação da força F_i na direção de F_i. Para deslocamento rotacional, a Equação (4–26) pode ser escrita como

$$\theta_i = \frac{\partial U}{\partial M_i} \tag{4-27}$$

em que θ_i é o deslocamento rotacional, em radianos, da viga em que o momento M_i existe e na direção de M_i.

Como exemplo, apliquemos o teorema de Castigliano usando as Equações (4–16) e (4–18) para obter as deflexões axiais e torcionais. Os resultados são

$$\delta = \frac{\partial}{\partial F}\left(\frac{F^2 l}{2AE}\right) = \frac{Fl}{AE} \tag{a}$$

$$\theta = \frac{\partial}{\partial T}\left(\frac{T^2 l}{2GJ}\right) = \frac{Tl}{GJ} \tag{b}$$

Compare as Equações (a) e (b) com as Equações (4–3) e (4–5).

EXEMPLO 4–9

A viga em balanço do Exemplo 4–8 é uma barra de aço-carbono de 440 mm de comprimento com um diâmetro de 34 mm e é carregada por uma força $F = 580$ N.

(a) Encontre a deflexão máxima usando o teorema de Castigliano, incluindo aquela causada por cisalhamento.

(b) Que erro é introduzido se o cisalhamento for desprezado?

Solução

(a) Da Equação (4–8) a energia de deformação total da viga é

$$U = \frac{F^2 l^3}{6EI} + \frac{1{,}11 F^2 l}{2AG} \tag{1}$$

Então, de acordo com o teorema de Castigliano, a deflexão da extremidade é

$$y_{\max} = \frac{\partial U}{\partial F} = \frac{Fl^3}{3EI} + \frac{1{,}11 Fl}{AG} \tag{2}$$

Também encontramos que

$$I = \frac{\pi d^4}{64} = \frac{\pi (34)^4}{64} = 65597{,}24 \text{ mm}^4$$

$$A = \frac{\pi d^2}{4} = \frac{\pi (34)^2}{4} = 907{,}92 \text{ mm}^2$$

A substituição desses valores, junto com $F = 580$ N, $l = 0{,}44$ m, $E = 209$ GPa e $G = 79$ GPa, na Equação (2), dá

Resposta

$$y_{\max} = 1{,}20 + 0{,}004 = 1{,}205 \text{ mm}$$

Resposta

Note que o resultado é positivo, pois ele está no *mesmo* sentido que a força F.

(b) O erro em desprezar o cisalhamento neste problema é $(1{,}205 - 1{,}201)/1{,}205 = 0{,}0033 = 0{,}33\%$.

A contribuição relativa da tensão de cisalhamento à deflexão de vigas decresce à medida que se incrementa sua relação entre comprimento e altura, sendo geralmente considerada desprezível para $l/d > 10$. Note que as equações de deflexão em vigas na Tabela A–9 não incluem os efeitos do cisalhamento transversal.

O teorema de Castigliano pode ser usado para encontrar a deflexão mesmo em pontos em que não atuam forças ou momentos. O procedimento é:

1. Escreva a equação para a energia de deformação total U incluindo a energia decorrente de uma força fictícia Q que atua no ponto em que a deflexão deve ser determinada.
2. Encontre uma expressão para a deflexão δ desejada, na direção de Q, calculando a derivada da energia de deformação total em relação a Q.
3. Uma vez que Q é uma força fictícia, resolva a expressão do passo 2 fazendo Q igual a zero. Assim, o deslocamento no ponto de aplicação da força fictícia Q é

$$\delta = \left.\frac{\partial U}{\partial Q}\right|_{Q=0} \tag{4-28}$$

Em casos em que é necessário integrar para obter a energia, é mais eficiente obter a deflexão diretamente sem determinar explicitamente a energia de deformação movendo a derivada parcial para dentro da integral. Como exemplo no caso de flexão,

$$\delta_i = \frac{\partial U}{\partial F_i} = \frac{\partial}{\partial F_i}\left(\int \frac{M^2}{2EI}dx\right) = \int \frac{\partial}{\partial F_i}\left(\frac{M^2}{2EI}\right)dx = \int \frac{2M\frac{\partial M}{\partial F_i}}{2EI}dx = \int \frac{1}{EI}\left(M\frac{\partial M}{\partial F_i}\right)dx$$

Isso permite que as derivadas sejam feitas antes da integração, simplificando a matemática. Esse método é especialmente útil se a força Q é fictícia, uma vez que ela pode ser feita igual a zero assim que se executa a derivada. As expressões para os casos comuns nas Equações (4–17), (4–19) e (4–23) são reescritas como

$$\delta_i = \frac{\partial U}{\partial F_i} = \int \frac{1}{AE}\left(F\frac{\partial F}{\partial F_i}\right)dx \qquad \text{tração e compressão} \tag{4-29}$$

$$\theta_i = \frac{\partial U}{\partial M_i} = \int \frac{1}{GJ}\left(T\frac{\partial T}{\partial M_i}\right)dx \qquad \text{torção} \tag{4-30}$$

$$\delta_i = \frac{\partial U}{\partial F_i} = \int \frac{1}{EI}\left(M\frac{\partial M}{\partial F_i}\right)dx \qquad \text{flexão} \tag{4-31}$$

EXEMPLO 4–10 Usando o método de Castigliano, determine as deflexões dos pontos A e B causadas pela força F aplicada à extremidade do eixo escalonado ilustrado na Figura 4–10. Os segundos momentos de área para as seções AB e BC são I_1 e $2I_1$, respectivamente.

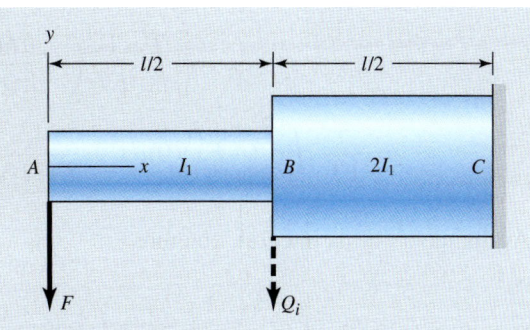

Figura 4–10

Solução Para dispensar a necessidade de determinar as reações de apoio, defina a origem do x na extremidade esquerda da viga conforme mostrado. Para $0 \leq x \leq l$, o momento de flexão é

$$M = -Fx \tag{1}$$

Como F se encontra em A e no sentido da deflexão desejada, a deflexão em A com base na Equação (4–31) é

$$\delta_A = \frac{\partial U}{\partial F} = \int_0^l \frac{1}{EI}\left(M\frac{\partial M}{\partial F}\right) dx \tag{2}$$

Substituindo a Equação (1) na Equação (2) e observando que $I = I_1$ para $0 \leq x \leq l/2$ e $I = 2I_1$ para $l/2 \leq x \leq l$, obtemos

$$\delta_A = \frac{1}{E}\left[\int_0^{l/2} \frac{1}{I_1}(-Fx)(-x)\,dx + \int_{l/2}^l \frac{1}{2I_1}(-Fx)(-x)\,dx\right]$$

Resposta
$$= \frac{1}{E}\left[\frac{Fl^3}{24I_1} + \frac{7Fl^3}{48I_1}\right] = \frac{3}{16}\frac{Fl^3}{EI_1}$$

que é positiva, pois é no sentido de F.

Para B, uma força fictícia Q_i é necessária neste ponto. Supondo que Q_i atue para baixo em B e x seja como antes, a equação de momentos é

$$\begin{aligned} M &= -Fx & 0 \leq x \leq l/2 \\ M &= -Fx - Q_i\left(x - \frac{l}{2}\right) & l/2 \leq x \leq l \end{aligned} \tag{3}$$

Para a Equação (4–31), precisamos de $\partial M/\partial Q$. Da Equação (3),

$$\begin{aligned} \frac{\partial M}{\partial Q} &= 0 & 0 \leq x \leq l/2 \\ \frac{\partial M}{\partial Q} &= -\left(x - \frac{l}{2}\right) & l/2 \leq x \leq l \end{aligned} \tag{4}$$

Uma vez que a derivada for obtida, Q pode ser igualada a zero; portanto Equação (4–31) torna-se

$$\delta_B = \left[\int_0^l \frac{1}{EI} \left(M \frac{\partial M}{\partial Q} \right) dx \right]_{Q=0}$$

$$= \frac{1}{EI_1} \int_0^{l/2} (-Fx)(0) dx + \frac{1}{E(2I_1)} \int_{l/2}^l (-Fx) \left[-\left(x - \frac{l}{2} \right) \right] dx$$

Avaliando a última integral, obtemos

Resposta

$$\delta_B = \frac{F}{2EI_1} \left(\frac{x^3}{3} - \frac{lx^2}{4} \right) \bigg|_{l/2}^l = \frac{5}{96} \frac{Fl^3}{EI_1}$$

que mais uma vez é positiva, no sentido de Q.

EXEMPLO 4–11 Para o artefato de arame de diâmetro d mostrado na Figura 4–11a, determine a deflexão do ponto B na direção da força aplicada F (despreze o efeito de cisalhamento de flexão).

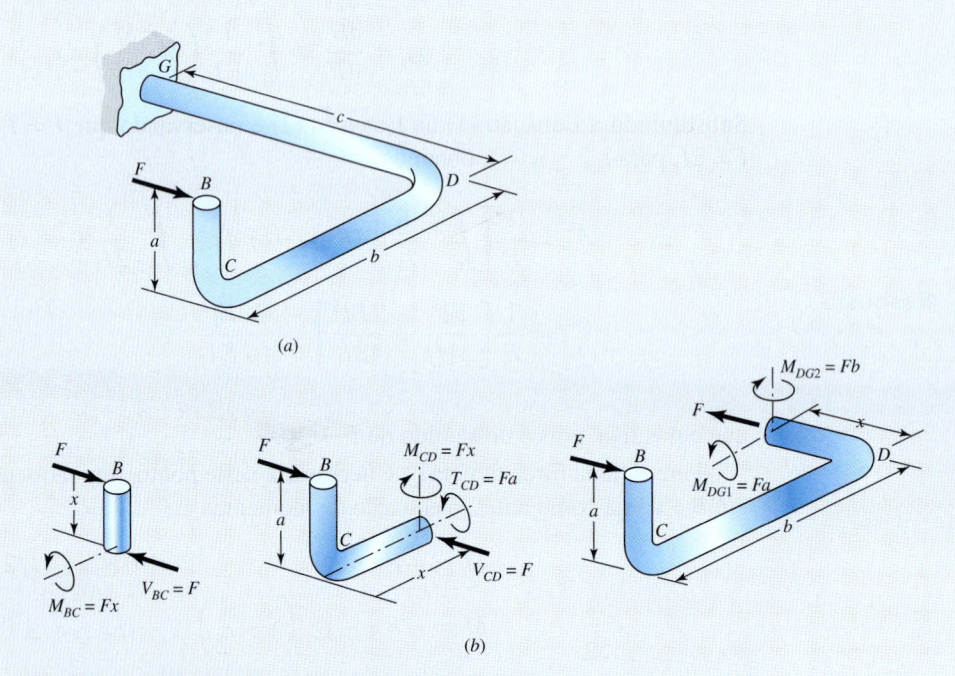

Figura 4–11 Círculos de Mohr para a tensão tridimensional.

Solução A Figura 4–11b mostra o diagrama de corpo livre onde o corpo foi separado em segmentos. Também são mostrados esforços e momentos de equilíbrio internos. A convenção de sinais para as variáveis de força e momento é positiva nas direções mostradas. Nos métodos de energia, as convenções de sinais são arbitrárias, então use a mais conveniente. Em cada segmento a variável x é definida em relação à sua origem mostrada. A variável x é usada como variável de integração para cada segmento independente, então é aceitável reutilizar a mesma variável para cada segmento. Para completude, as forças cortantes transversais são incluídas, mas o efeito do cisalhamento transversal na energia de deformação (e deflexão) será desprezado.

O elemento BC está apenas em flexão, então da Equação (4–31),[5]

$$\frac{\partial U_{BC}}{\partial F} = \frac{1}{EI} \int_0^a (Fx)(x)\, dx = \frac{Fa^3}{3EI} \tag{1}$$

O elemento CD está em flexão e em torção. A torção é constante de modo que a Equação (4–30) pode ser escrita como se segue

$$\frac{\partial U}{\partial F_i} = \left(T \frac{\partial T}{\partial F_i}\right) \frac{l}{GJ}$$

em que l é o comprimento do membro. Portanto, para a torção no membro CD, $F_i = F$, $T = Fa$ e $l = b$. Consequentemente,

$$\left(\frac{\partial U_{CD}}{\partial F}\right)_{\text{torção}} = (Fa)(a)\frac{b}{GJ} = \frac{Fa^2 b}{GJ} \tag{2}$$

Para a flexão em CD,

$$\left(\frac{\partial U_{CD}}{\partial F}\right)_{\text{flexão}} = \frac{1}{EI} \int_0^b (Fx)(x)\, dx = \frac{Fb^3}{3EI} \tag{3}$$

O membro DG está carregado axialmente e está flexionado em dois planos. O carregamento axial é constante, assim a Equação (4–29) pode ser escrita como

$$\frac{\partial U}{\partial F_i} = \left(F \frac{\partial F}{\partial F_i}\right) \frac{l}{AE}$$

em que l é o comprimento do membro. Portanto, para o carregamento axial de DG, $F_i = F$, $l = c$ e

$$\left(\frac{\partial U_{DG}}{\partial F}\right)_{\text{axial}} = \frac{Fc}{AE} \tag{4}$$

Os momentos flexores em cada plano de DG são constantes ao longo do comprimento com $M_{DG2} = Fb$ e $M_{DG1} = Fa$. Considerando cada um deles separadamente na forma da Equação (4–31), obtemos

$$\left(\frac{\partial U_{DG}}{\partial F}\right)_{\text{flexão}} = \frac{1}{EI} \int_0^c (Fb)(b)\, dx + \frac{1}{EI} \int_0^c (Fa)(a)\, dx$$

$$= \frac{Fc(a^2 + b^2)}{EI} \tag{5}$$

Somando-se as Equações (1) a (5), observando que $I = \pi d^4/64$, $J = 2I$, $A = \pi d^2/4$ e $G = E/[2(1 + \nu)]$, descobrimos que a deflexão de B no sentido de F é

Resposta

$$(\delta_B)_F = \frac{4F}{3\pi E d^4}[16(a^3 + b^3) + 48c(a^2 + b^2) + 48(1 + \nu)a^2 b + 3cd^2]$$

Agora que completamos a solução, veja se você consegue explicar fisicamente cada termo no resultado utilizando um método independente tal como o da superposição.

---

[5] É muito tentador misturar técnicas e também tentar sobreposição, por exemplo. Entretanto, podem ocorrer fatos sutis que talvez não sejam perceptíveis visualmente. Caso esteja usando o teorema de Castigliano em um problema, é altamente recomendável que você o use em todas as partes do problema.

4–9 Deflexão de elementos curvos

Estruturas de máquina, molas, prendedores, conectores e similares frequentemente ocorrem como formas curvas. A determinação de tensões em elementos curvos já foi descrita na Seção 3–18. O teorema de Castigliano é particularmente útil na análise de deflexões em peças curvas também.[6] Considere, por exemplo, a estrutura curva da Figura 4–12a. Estamos interessados em descobrir a deflexão da estrutura causada por F e no sentido de F. Ao contrário das vigas retas, nas vigas curvas o momento de flexão e a força axial são acoplados, criando um termo adicional de energia.[7] A energia decorrente apenas do momento é

$$U_1 = \int \frac{M^2 \, d\theta}{2AeE} \quad (4\text{-}32)$$

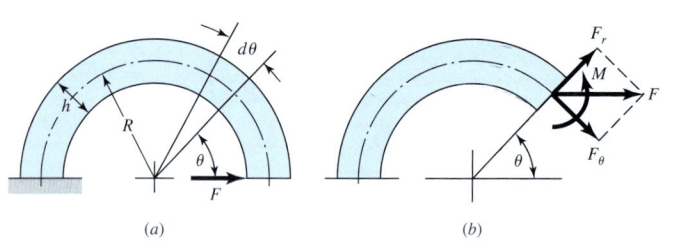

Figura–4–12 (a) Barra curva carregada pela força F. R = raio até o eixo centroidal da seção; h = espessura da seção. (b) Diagrama mostrando as forças atuantes na seção tomadas em um ângulo θ. $F_r = V$ = componente de cisalhamento de F; F_θ é a componente de F normal à seção; M é o momento causado pela força F.

Nessa equação, a excentricidade e é

$$e = R - r_n \quad (4\text{-}33)$$

em que r_n é o raio do eixo neutro conforme definido na Seção 3–18 e ilustrado na Figura 3–34.

Analogamente à Equação (4–17), a componente de energia de deformação decorrente da força axial F_θ

$$U_2 = \int \frac{F_\theta^2 R \, d\theta}{2AE} \quad (4\text{-}34)$$

O termo adicional de acoplamento entre M e F_θ é

$$U_3 = -\int \frac{MF_\theta \, d\theta}{AE} \quad (4\text{-}35)$$

O sinal negativo da Equação (4–35) pode ser entendido referindo-se a ambas as partes da Figura 4–12. Note que o momento M tende a diminuir o ângulo $d\theta$. Por sua vez, o momento causado por F_θ tende a aumentar $d\theta$. Consequentemente, U_3 é negativa. Se F_θ estivesse atuando no sentido oposto, tanto M quanto F_θ tenderiam a diminuir o ângulo $d\theta$.

O quarto e último termo é a energia de cisalhamento causada por F_r. Adaptando-se a Equação (4–25), temos

$$U_4 = \int \frac{CF_r^2 R \, d\theta}{2AG} \quad (4\text{-}36)$$

em que C é o fator de correção da Tabela 4–1.

---

[6] Para mais soluções além das apresentadas, ver Joseph E. Shigley, "Vigas curvas e anéis", Cap. 38 em Joseph E. Shigley, Charles R. Mischke e Thomas H. Brown, Jr. (eds), *Standard Handbook of Machine Design*, 3rd ed., McGraw-Hill, New York, 2004.

[7] Ver Richard G. Budynas, *Advanced Strength and Applied Stress Analysis*, 2nd ed., Sec. 6.7, McGraw-Hill, New York, 1999.

Combinando os quatro termos, temos a energia total de deformação

$$U = \int \frac{M^2 \, d\theta}{2AeE} + \int \frac{F_\theta^2 R \, d\theta}{2AE} - \int \frac{MF_\theta \, d\theta}{AE} + \int \frac{CF_r^2 R \, d\theta}{2AG} \qquad (4\text{--}37)$$

A deflexão produzida pela força F pode agora ser encontrada. Ela é

$$\delta = \frac{\partial U}{\partial F} = \int \frac{M}{AeE}\left(\frac{\partial M}{\partial F}\right) d\theta + \int \frac{F_\theta R}{AE}\left(\frac{\partial F_\theta}{\partial F}\right) d\theta$$

$$- \int \frac{1}{AE} \frac{\partial(MF_\theta)}{\partial F} d\theta + \int \frac{CF_r R}{AG}\left(\frac{\partial F_r}{\partial F}\right) d\theta \qquad (4\text{--}38)$$

Essa equação é geral e pode ser aplicada a qualquer seção de uma viga curva circular de paredes espessas considerados os limites de integração apropriados.

Para a viga curva específica da Figura 4–12b, as integrais são avaliadas de 0 a π.
Para este caso obtemos ainda

$$M = FR \operatorname{sen} \theta \qquad \frac{\partial M}{\partial F} = R \operatorname{sen}\theta$$

$$F_\theta = F \operatorname{sen} \theta \qquad \frac{\partial F_\theta}{\partial F} = \operatorname{sen}\theta$$

$$MF_\theta = F^2 R \operatorname{sen}^2\theta \qquad \frac{\partial(MF_\theta)}{\partial F} = 2FR \operatorname{sen}^2\theta$$

$$F_r = F \cos \theta \qquad \frac{\partial F_r}{\partial F} = \cos \theta$$

Substituindo essas equações na Equação (4–38) e fatorando, chegamos a

$$\delta = \frac{FR^2}{AeE}\int_0^\pi \operatorname{sen}^2\theta \, d\theta + \frac{FR}{AE}\int_0^\pi \operatorname{sen}^2\theta \, d\theta - \frac{2FR}{AE}\int_0^\pi \operatorname{sen}^2\theta \, d\theta$$

$$+ \frac{CFR}{AG}\int_0^\pi \cos^2\theta \, d\theta \qquad (4\text{--}39)$$

$$= \frac{\pi FR^2}{2AeE} + \frac{\pi FR}{2AE} - \frac{\pi FR}{AE} + \frac{\pi CFR}{2AG} = \frac{\pi FR^2}{2AeE} - \frac{\pi FR}{2AE} + \frac{\pi CFR}{2AG}$$

Como o primeiro termo contém o quadrado do raio, os dois segundos termos serão pequenos Para segmentos curvos nos quais o raio é significativamente maior que a espessura, algo como $R/h > 10$, o efeito da excentricidade é desprezível, então as energias de deformação podem ser aproximadas diretamente das Equações (4–17), (4–23) e (4–25) com a substituição de $R \, d\theta$ por dx. Posteriormente, se R cresce, a contribuição à deflexão decorrente da força normal e da força tangencial se torna desprezível se comparada à componente de flexão. Portanto, um resultado aproximado pode ser obtido para elemento curvo circular de paredes finas por

$$U \approx \int \frac{M^2}{2EI} R \, d\theta \qquad R/h > 10 \qquad (4\text{--}40)$$

$$\delta = \frac{\partial U}{\partial F} \approx \int \frac{1}{EI}\left(M\frac{\partial M}{\partial F}\right) R\, d\theta \qquad R/h > 10 \tag{4-41}$$

EXEMPLO 4–12

O gancho em balanço mostrado na Figura 4–13a é formado a partir de um arame circular de diâmetro igual a 3,5 mm. As dimensões do gancho são $l = 30$ e $R = 70$ mm. A força P de 2 N é aplicada no ponto C. Utilize o teorema de Castigliano para estimar a deflexão do ponto D na extremidade.

Solução

Uma vez que l/d e R/d são significativamente maiores que 10, apenas as contribuições decorrentes do momento fletor serão consideradas. Para obter a deflexão vertical em D, uma força fictícia Q será aplicada neste ponto. Diagramas de corpo livre são mostrados nas Figuras 4–13b, c e d, com cortes nas seções AB, BC e CD, respectivamente. As forças normal e de cisalhamento, N e V respectivamente, são mostradas, mas são consideradas desprezíveis na análise da deflexão.

Para a seção AB, com a variável de integração x definida como mostrado na Figura 4–13b, a soma dos momentos em relação ao corte fornece uma equação para o momento na seção AB,

$$M_{AB} = P(R + x) = Q(2R + x) \tag{1}$$

$$\partial M_{AB}/\partial Q = 2R + x \tag{2}$$

Uma vez calculada a derivada em relação a Q, podemos fazer Q igual a zero. A partir da Equação (4–31), inserindo as Equações (1) e (2),

$$(\delta_D)_{AB} = \left[\int_0^l \frac{1}{EI}\left(M_{AB}\frac{\partial M_{AB}}{\partial Q}\right) dx\right]_{Q=0} = \frac{1}{EI}\int_0^l P(R+x)(2R+x)\,dx \tag{3}$$

$$= \frac{P}{EI}\int_0^l (2R^2 + 3Rx + x^2)\,dx = \frac{P}{EI}\left(2R^2 l + \frac{3}{2}l^2 R + \frac{1}{3}l^3\right)$$

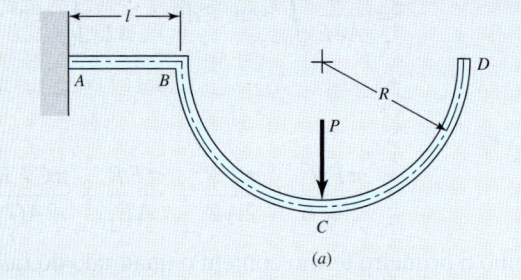

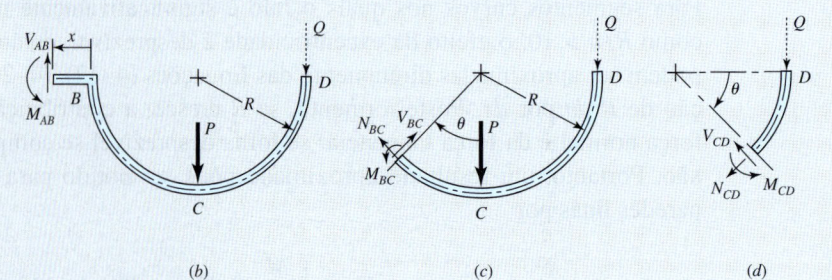

Figura 4–13

Para a seção BC, com a variável de integração θ definida como mostrado na Figura 4–13c, a soma dos momentos em relação ao corte fornece uma equação para o momento na seção BC.

$$M_{BC} = Q(R + R\operatorname{sen}\theta) + PR\operatorname{sen}\theta \qquad (4)$$

$$\partial M_{BC}/\partial Q = R(1 + \operatorname{sen}\theta) \qquad (5)$$

Da Equação (4–41), inserindo as Equações (4) e (5) e fazendo $Q = 0$, obtemos

$$(\delta_D)_{BC} = \left[\int_0^{\pi/2} \frac{1}{EI}\left(M_{BC}\frac{\partial M_{BC}}{\partial Q}\right)R\,d\theta\right]_{Q=0} = \frac{R}{EI}\int_0^{\pi/2}(PR\operatorname{sen}\theta)[R(1+\operatorname{sen}\theta)]\,d\theta$$

$$= \frac{PR^3}{EI}\left(1 + \frac{\pi}{4}\right) \qquad (6)$$

Observando que o corte na seção CD não contém nada além de Q, e depois de fazer $Q = 0$, podemos concluir que esse segmento não contribui na energia de deformação. Combinando os termos das Equações (3) e (6) para obter a deflexão vertical total em D,

$$\delta_D = (\delta_D)_{AB} + (\delta_D)_{BC} = \frac{P}{EI}\left(2R^2 l + \frac{3}{2}l^2 R + \frac{1}{3}l^3\right) + \frac{PR^3}{EI}\left(1 + \frac{\pi}{4}\right)$$

$$= \frac{P}{EI}(1{,}785R^3 + 2R^2 l + 1{,}5\,Rl^2 + 0{,}333l^3) \qquad (7)$$

Substituindo valores e observando que $I = \pi d^4/64$ e $E = 207$ GPa para o aço, obtemos

Resposta

$$\delta_D = \frac{1}{207(10^9)[\pi(0{,}0035^4)/64]}[1{,}785(0{,}07^3) + 2(0{,}07^2)0{,}03$$

$$+ 1{,}5(0{,}07)0{,}03^2 + 0{,}333(0{,}03^3)]$$

$$= 1{,}32(10^{-3})\text{ m} = 1{,}32\text{ mm}$$

EXEMPLO 4–13 *Deflexão em uma estrutura de prensa de punção de seção transversal variável*

O resultado geral expresso na Equação (4–39)

$$\delta = \frac{\pi FR^2}{2AeE} - \frac{\pi FR}{2AE} + \frac{\pi CFR}{2AG}$$

é útil nas seções que são uniformes e nas quais o lugar geométrico do centroide é circular. O momento fletor é maior onde o material é mais afastado do eixo de carga. O reforço requer um segundo momento de área I maior. Uma seção transversal de profundidade variável é interessante, porém ela torna a integração para obtenção de uma solução fechada (analítica) muito difícil. Entretanto, caso você esteja à procura de resultados, a integração numérica com o auxílio de computador é útil.

Considere o perfil de aço em C representado na Figura 4–14a no qual o raio centroidal é 800 mm, a seção transversal nas extremidades é 50 mm × 50 mm e a profundidade varia

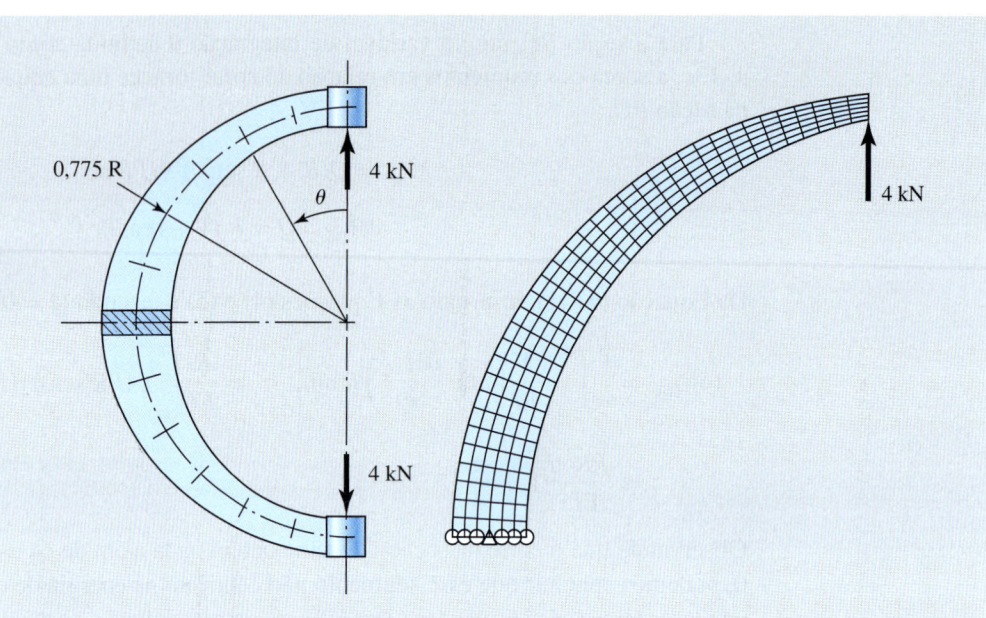

Figura 4–14 (a) Uma prensa de punção de aço possui um perfil em C cuja seção transversal retangular de profundidade variável é representada na figura. A seção transversal varia senoidalmente de 50 mm × 50 mm em $\theta = 0°$ a 50 mm × 150 mm em $\theta = 90°$, e de volta a 50 mm × 50 mm em $\theta = 180°$. De interesse imediato para o projetista0 é a deflexão na direção do eixo de carga sob a carga. (b) Modelo de elementos finitos.

senoidalmente com uma amplitude de 50 mm. A carga é igual a 4 kN. Deduz-se, então, que $C = 1{,}2$, $G = 80$ GPa, $E = 210$ GPa. Os raios externo e interno são

$$R_{\text{ext}} = 0{,}825 + 0{,}05 \operatorname{sen} \theta \qquad R_{\text{int}} = 0{,}775 - 0{,}05 \operatorname{sen} \theta$$

Os termos geométricos remanescentes são

$$h = R_{\text{ext}} - R_{\text{int}} = 0{,}05(1 + 0{,}05 \operatorname{sen}\theta)$$

$$A = bh = 0{,}1(1 + 0{,}05 \operatorname{sen}\theta)$$

$$r_n = \frac{h}{\ln[(R + h/2)/(R - h)2)]} = \frac{0{,}05(1 + 0{,}05 \operatorname{sen}\theta)}{\ln[(0{,}825 + 0{,}05 \operatorname{sen}\theta)/(0{,}775 - 0{,}05 \operatorname{sen}\theta)]}$$

$$e = R - r_n = 0{,}8 - r_n$$

Note que

$$M = FR \operatorname{sen} \theta \qquad \partial M/\partial F = R \operatorname{sen} \theta$$

$$F_\theta = F \operatorname{sen} \theta \qquad \partial F_\theta/\partial F = \operatorname{sen} \theta$$

$$MF_\theta = F^2 R \operatorname{sen}^2 \theta \qquad \partial MF_\theta/\partial F = 2FR \operatorname{sen}^2 \theta$$

$$F_r = F \cos \theta \qquad \partial F_r/\partial F = \cos \theta$$

A substituição dos termos na Equação (4–38) nos leva a três integrais

$$\delta = I_1 + I_2 + I_3 \tag{1}$$

onde as integrais são

$$\prime_1 = 213{,}33\ (10^{-3}) \int_0^\pi \frac{\operatorname{sen}^2 \theta\, d\theta}{(1 + 0{,}05\ \operatorname{sen}\theta)\left[0{,}8 - \dfrac{0{,}05(1 + 0{,}05\ \operatorname{sen}\theta)}{\ln\left(\dfrac{0{,}825 + 0{,}05\ \operatorname{sen}\theta}{0{,}775 - 0{,}05\ \operatorname{sen}\theta}\right)}\right]} \quad (2)$$

$$\prime_2 = -66{,}67\ (10^{-4}) \int_0^\pi \frac{\operatorname{sen}^2 \theta\, d\theta}{1 + 0{,}05\ \operatorname{sen}\theta} \quad (3)$$

$$\prime_3 = 208{,}70\ (10^{-4}) \int_0^\pi \frac{\cos^2 \theta\, d\theta}{1 + 0{,}05\ \operatorname{sen}\theta} \quad (4)$$

As integrais podem ser avaliadas de várias maneiras: por meio de um programa usando integração pela regra de Simpson,[7] de um programa que use planilhas eletrônicas ou de um programa matemático. Usando o MathCad e verificando os resultados com o Excel, obtemos as integrais como $I_1 = 1{,}915\,375$, $I_2 = -0{,}003\,975$ e $I_3 = 0{,}019\,325$. Substituindo essas na Equação (1), obtemos

Resposta

$$\delta = 1{,}93\ \text{mm}$$

Programas para análise por elementos finitos (FE, em inglês) também são facilmente encontrados. A Figura 4–14b mostra um semimodelo simples da prensa, usando simetria consistindo em 216 elementos de tensão plana (2D). Criar o modelo e analisá-lo para obter uma solução demorou minutos. Duplicando os resultados da análise por elementos finitos produziu $\delta = 1{,}95$ mm, cerca de 1% de variação dos resultados da integração numérica.

4–10 Problemas estaticamente indeterminados

Um sistema é *sobredeterminado* quando possui mais esforços reativos e/ou momentos que equações de equilíbrio estático. Tal sistema é dito *estaticamente indeterminado*, e as restrições de apoio adicionais são chamadas *reações redundantes*. Somadas às equações de equilíbrio estático, uma equação de deflexões adicional é necessária a *cada* reação redundante de modo a obter uma solução. Por exemplo, considere a flexão de uma viga com suporte engastado em uma das extremidades e um apoio simples na outra, tal como a viga 12 da Tabela A–9. Nela existem três reações de apoio e apenas duas equações de equilíbrio estático disponíveis. Esta viga tem *uma* reação redundante. Para resolver as três incógnitas de reação, usamos as duas equações de equilíbrio e *uma* equação adicional de deflexões. Para outro exemplo, considere a viga 15 da Tabela A–9. Esta viga tem ambas as extremidades engastadas, causando *duas* reações redundantes e exigindo *duas* equações de deflexões além das equações da estática. O propósito das reações redundantes é prover segurança adicional e reduzir deflexões.

Um exemplo simples de um problema estaticamente indeterminado é fornecido pelas molas helicoidais aninhadas da Figura 4–15a. Quando essa montagem é carregada pela força de compressão F, ela se deforma da distância δ. Qual é a força de compressão em cada mola?

---

[8] Ver o Estudo de Caso 4, p. 203, J. E. Shigley; C. R. Mischke. *Mechanical Engineering Design*; 6ª ed. Nova York: McGraw-Hill, 2001.

Somente uma equação de equilíbrio estático pode ser escrita. É ela

$$\sum F = F - F_1 - F_2 = 0 \qquad \text{(a)}$$

que diz simplesmente que a força total F é resistida por uma força F_1 na mola 1 mais a força F_2 na mola 2. Como há duas incógnitas e apenas uma equação, o sistema é estaticamente indeterminado.

Para escrever outra equação, observe a relação de deformação na Figura 4–15b. As duas molas possuem a mesma deformação. Portanto, obtemos a segunda equação como se segue

$$\delta_1 = \delta_2 = \delta \qquad \text{(b)}$$

(a)

(b)

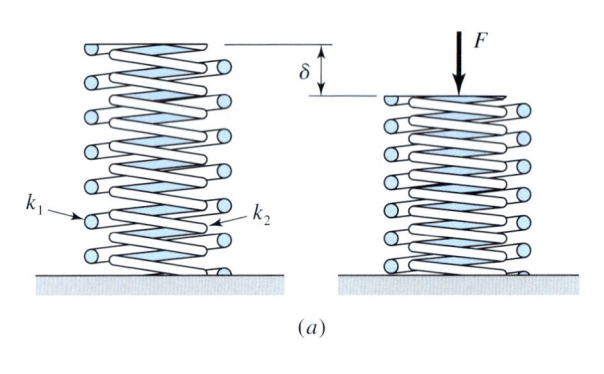

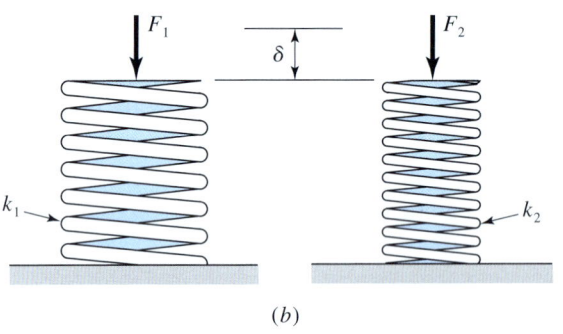

Figura 4–15

Se substituirmos a Equação (4–2) na Equação (b), obtemos

$$\frac{F_1}{k_1} = \frac{F_2}{k_2} \qquad \text{(c)}$$

Agora resolvemos a Equação (c) em termos de F_1 e substituímos o resultado na Equação (a). Isso nos dá

$$F - \frac{k_1}{k_2} F_2 - F_2 = 0 \quad \text{ou} \quad F_2 = \frac{k_2 F}{k_1 + k_2} \qquad \text{(d)}$$

Substituindo F_2 na Equação (c), temos $F_1 = k_1 F/(k_1 + k_2)$ e então $\delta = \delta_1 = \delta_2 = F/(k_1 + k_2)$. Assim, para duas molas em paralelo, a constante de mola global é $k = F/\delta = k_1 + k_2$.

No exemplo da mola, obter a equação de deformação necessária foi muito simples. Entretanto, para outras situações, as relações de deformação podem não ser tão fáceis. Uma abordagem mais estruturada pode ser necessária. Apresentaremos aqui dois procedimentos básicos para problemas gerais estaticamente indeterminados.

Procedimento 1

1. Escolha a(s) reação(ões) redundante(s). Pode existir mais de uma (ver Exemplo 4–14).
2. Escreva as equações de equilíbrio estático para as demais reações em termos das cargas aplicadas e a(s) reação(ões) redundante(s) do passo 1.
3. Escreva a(s) equação(ões) de deflexão para o(s) ponto(s) nos locais da(s) reação(ões) redundante(s) do passo 1 em termos das cargas aplicadas e reação(ões) redundante(s) do passo 1. Normalmente, a(s) deflexão(ões) é (são) nula(s). Se uma reação redundante for um momento, a equação de deflexão correspondente é uma equação de deflexão rotacional.
4. Agora, as equações dos passos 2 e 3 podem ser resolvidas para determinar as reações.

No passo 3 as equações de deflexão podem ser resolvidas de qualquer um dos modos usuais. Demonstraremos o uso da sobreposição e do teorema de Castigliano em um problema de viga.

EXEMPLO 4–14

A viga indeterminada 11 da Tabela A–9–11 do Apêndice é reproduzida na Figura 4–16. Determine as reações usando o procedimento 1.

Solução

As reações são as indicadas na Figura 4–16b. Sem R_2 a viga é uma viga em balanço estaticamente determinada. Sem M_1 a viga é uma viga simplesmente apoiada estaticamente determinada. Em ambos os casos, a viga possui apenas *um* apoio redundante. Resolveremos este problema usando sobreposição, escolhendo R_2 como a reação redundante. Para a segunda solução, usaremos o teorema de Castigliano como M_1 como a reação redundante.

Solução 1

1. Escolha R_2 em B para ser a reação redundante.
2. Usando as equações de equilíbrio estático encontre R_1 e M_1 em termos de F e R_2. Isso resulta em

$$R_1 = F - R_2 \qquad M_1 = \frac{Fl}{2} - R_2 l \qquad (1)$$

3. Escreva a equação de deflexão para o ponto B em termos de F e R_2. Usando a sobreposição da viga 1 da Tabela A–9–1 com $F = -R_2$ e a viga 2 da Tabela A–9–2 com $a = l/2$, a deflexão de B, em $x = l$, é

$$\delta_B = -\frac{R_2 l^2}{6EI}(l - 3l) + \frac{F(l/2)^2}{6EI}\left(\frac{l}{2} - 3l\right) = \frac{R_2 l^3}{3EI} - \frac{5Fl^3}{48EI} = 0 \qquad (2)$$

4. A Equação (2) pode ser resolvida diretamente para R_2. Isso nos leva a

Resposta

$$R_2 = \frac{5F}{16} \qquad (3)$$

Em seguida, substituindo R_2 nas Equações (1), completa a solução, dando-nos

Resposta

$$R_1 = \frac{11F}{16} \qquad (4)$$

Note que essa solução concorda com o que é dado para a viga 11 na Tabela A–9–11.

Solução 2

1. Escolha M_1 no ponto O como reação redundante.

(a)   (b)

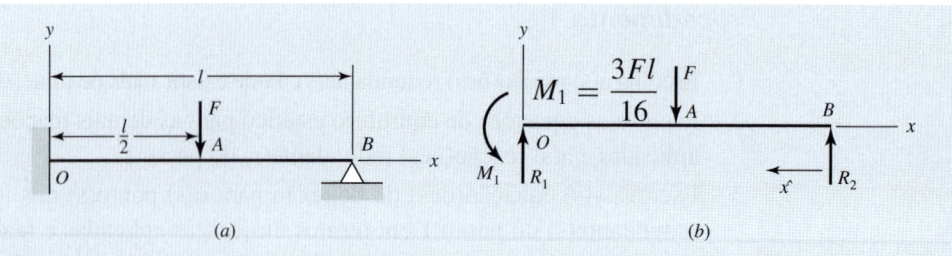

Figura 4–16

2 Usando as equações de equilíbrio estático, encontre R_1 e R_2 em termos de F e M_1. Isso resulta em

$$R_1 = \frac{F}{2} + \frac{M_1}{l} \qquad R_2 = \frac{F}{2} - \frac{M_1}{l} \qquad (5)$$

3 Como M_1 é a reação redundante em O, escreva a equação para a deflexão angular em O. Do teorema de Castigliano esta é

$$\theta_O = \frac{\partial U}{\partial M_1} \qquad (6)$$

Podemos aplicar a Equação (4–31), usando a variável x conforme mostra a Figura 4–16b. Entretanto, termos mais simples podem ser encontrados usando-se a variável $\hat{x}$ que inicia em B e é positiva para a esquerda. Com essa e a expressão para $R2$ da Equação (5), as equações dos momentos são

$$M = \left(\frac{F}{2} - \frac{M_1}{l}\right)\hat{x} \qquad 0 \le \hat{x} \le \frac{l}{2} \qquad (7)$$

$$M = \left(\frac{F}{2} - \frac{M_1}{l}\right)\hat{x} - F\left(\hat{x} - \frac{l}{2}\right) \qquad \frac{l}{2} \le \hat{x} \le l \qquad (8)$$

Para ambas as equações

$$\frac{\partial M}{\partial M_1} = -\frac{\hat{x}}{l} \qquad (9)$$

Substituindo as Equações (7) a (9) na Equação (6), usando a forma da Equação (4–31), em que $F_i = M_1$, obtemos

$$\theta_O = \frac{\partial U}{\partial M_1} = \frac{1}{EI}\left\{\int_0^{l/2}\left(\frac{F}{2} - \frac{M_1}{l}\right)\hat{x}\left(-\frac{\hat{x}}{l}\right)d\hat{x} + \int_{l/2}^{l}\left[\left(\frac{F}{2} - \frac{M_1}{l}\right)\hat{x}\right.\right.$$

$$\left.\left. - F\left(\hat{x} - \frac{l}{2}\right)\right]\left(-\frac{\hat{x}}{l}\right)d\hat{x}\right\} = 0$$

Cancelando $1/EIl$ e combinando as duas primeiras integrais, a expressão simplifica-se prontamente em

$$\left(\frac{F}{2} - \frac{M_1}{l}\right)\int_0^l \hat{x}^2\, d\hat{x} - F\int_{l/2}^l \left(\hat{x} - \frac{l}{2}\right)\hat{x}\, d\hat{x} = 0$$

Integrando, obtemos

$$\left(\frac{F}{2} - \frac{M_1}{l}\right)\frac{l^3}{3} - \frac{F}{3}\left[l^3 - \left(\frac{l}{2}\right)^3\right] + \frac{Fl}{4}\left[l^2 - \left(\frac{l}{2}\right)^2\right] = 0$$

que se reduz a

$$M_1 = \frac{3Fl}{16} \tag{10}$$

4 Substituindo a Equação (10) na (5), resulta em

$$R_1 = \frac{11F}{16} \qquad R_2 = \frac{5F}{16} \tag{11}$$

que mais uma vez concorda com a viga 11 da Tabela A–9–11.

Para certos problemas, até mesmo o procedimento 1 pode ser trabalhoso. O procedimento 2 elimina certos problemas geométricos difíceis que complicariam o 1. Descreveremos o procedimento para um problema de viga.

Procedimento 2

1. Escreva as equações de equilíbrio estático para a viga em termos das cargas aplicadas e reações restritivas desconhecidas.
2. Escreva a equação de deflexão para a viga em termos das cargas aplicadas e reações restritivas desconhecidas.
3. Aplique condições de contorno para a equação de deflexão do passo 2 consistente com as restrições.
4. Resolva as equações seguindo os passos 1 e 3.

EXEMPLO 4–15 A viga de aço *ABCD* mostrada na Figura 4–17 é apoiada em *C*, como mostrado, e apoiada em *B* e *D* por batentes em forma de parafusos de aço, cada um com 8 mm de diâmetro. Os comprimentos de *BE* e *DF* são 50 mm e 62 mm, respectivamente. A viga tem um momento de área de segunda ordem de $20,8(10^3)$ mm^4. Antes do carregamento, os elementos são livres de tensões. Uma força de 2 kN é então aplicada ao ponto *A*. Utilizando o procedimento 2 da Seção 4–10, determine as tensões nos parafusos e as deflexões dos pontos *A*, *B* e *D*. Para o aço, $E = 207$ GPa.

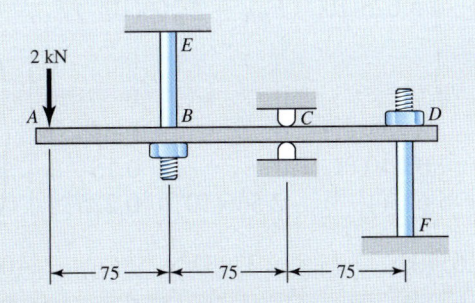

Solução

$$EI = 207(10^9)20,8(10^{-9}) = 4305,6 \text{ N} \cdot \text{m}^2$$

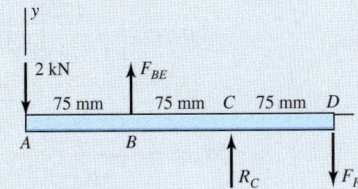

Figura 4–17 Dimensões em milímetros.

$$\mathbf{1} \qquad R_C + F_{BE} - F_{FD} = 2000 \qquad (a)$$

$$0{,}075 R_C + 0{,}15 F_{BE} = 0{,}225(2000) = 450 \qquad (b)$$

$$\mathbf{2} \qquad M = -2000x + F_{BE}\langle x - 0{,}075\rangle^1 + R_C\langle x - 0{,}15\rangle^1$$

$$EI\frac{dy}{dx} = -1000x^2 + \frac{F_{BE}}{2}\langle x - 0{,}075\rangle^2 + \frac{R_C}{2}\langle x - 0{,}15\rangle^2 + C_1$$

$$EIy = -\frac{1000}{3}x^3 + \frac{F_{BE}}{6}\langle x - 0{,}075\rangle^3 + \frac{R_C}{6}\langle x - 0{,}15\rangle^3 + C_1 x + C_2$$

$$y_B = \left(\frac{Fl}{AE}\right)_{BE} = -\frac{F_{BE}(0{,}05)}{(\mu/4)(0{,}008)^2(207)10^9} = -4{,}805(10^{-9})F_{BE}$$

Substituindo e avaliando em $x = 0{,}075$ m

$$EIy_B = 4305{,}6(-4{,}805)10^{-9} F_{BE} = -\frac{1000}{3}(0{,}075^3) + 0{,}075\, C_1 + C_2$$

$$2{,}069(10^{-5})\, F_{BE} + 0{,}075\, C_1 + C_2 = 0{,}1406 \qquad (c)$$

Uma vez que $y = 0$ em $x = 0{,}15$ m

$$EIy|_{=0} = -\frac{1000}{3}(0{,}15^3) + \frac{F_{BE}}{6}(0{,}15 - 0{,}075)^3 + 0{,}15\, C_1 + C_2$$

$$7{,}03(10^{-5})\, F_{BE} + 0{,}15\, C_1 + C_2 = 1{,}125$$

$$y_D = \left(\frac{Fl}{AE}\right)_{DF} = \frac{F_{DF}(0{,}062)}{(\mu/4)(0{,}008)^2 207(10^9)} = 5{,}96(10^{-9})\, F_{DF} \qquad (d)$$

Substituindo e avaliando em $x = 0{,}225$ m

$$EIy_D = 4305{,}6(5{,}96)10^{-9} F_{DF} = -\frac{1000}{3}(0{,}225^3) + \frac{F_{BE}}{6}(0{,}225 - 0{,}075)^3$$

$$+ \frac{R_C}{6}(0{,}225 - 0{,}15)^3 + 0{,}225\, C_1 + C_2$$

$$7{,}03(10^{-5})\, R_C + 5{,}625(10^{-4})\, F_{BE} - 2{,}566(10^{-5})\, F_{DF} + 0{,}225\, C_1 + C_2 = 3{,}8 \qquad (e)$$

$$\begin{bmatrix} 1 & 1 & -1 & 0 & 0 \\ 0{,}075 & 0{,}15 & 0 & 0 & 0 \\ 0 & 2{,}069(10^{-5}) & 0 & 0{,}075 & 1 \\ 0 & 7{,}03(10^{-5}) & 0 & 0{,}15 & 1 \\ 7{,}03(10^{-5}) & 5{,}625(10^{-4}) & -2{,}566(10^{-5}) & 0{,}225 & 1 \end{bmatrix} \begin{Bmatrix} R_C \\ F_{BE} \\ F_{DF} \\ C_1 \\ C_2 \end{Bmatrix} = \begin{Bmatrix} 2000 \\ 450 \\ 0{,}1406 \\ 1{,}125 \\ 3{,}8 \end{Bmatrix}$$

$R_C = -2{,}657$ kN. $\quad F_{BE} = 3783$ kN, $\quad F_{DF} = -0{,}203$ kN

$C_1 = 12$ N · m^2. $\quad C_2 = -0{,}85$ N · m^3

Resposta
$$\sigma_{BE} = \frac{4703}{(\mu/4)(8)^2} = 93{,}6 \text{ MPa}$$

Resposta
$$\sigma_{DF} = -\frac{203}{(\mu/4)(8)^2} = -4{,}04 \text{ MPa}$$

Resposta
$$y_A = \frac{1}{4305,6}(-0,85) = -0,000\ 197\ \text{m} = -0,197\ \text{mm}$$

Resposta
$$y_B = \frac{1}{4305,6}\left[-\frac{1000}{3}(0,075^3) + 12(0,075) - 0,85\right] = -2,1(10^{-5})\ \text{m} = 0,021\ \text{mm}$$

Resposta
$$y_D = \frac{1}{4305,6}\left[-\frac{1000}{3}(0,225^3) + \frac{3783}{6}(0,225 - 0,075)^3 \right.$$
$$\left. + \frac{-2675}{6}(0,225 - 0,15)^3 + 12(0,225) - 0,85\right] = -1,34(10^{-6})\ \text{m}$$

Note que poderíamos ter incorporado facilmente a rigidez de apoio em B se nos fosse fornecida a constante de mola.

4-11 Elementos em compressão — generalidades

A análise e projeto de elementos em compressão podem diferir significativamente da análise de elementos carregados em tração ou em torção. Se pegássemos uma haste longa ou poste longo, como uma vara de medida, e aplicássemos gradualmente forças compressivas crescentes em cada extremidade, em princípio nada aconteceria, porém depois a vara se flexionaria (flambaria) e, por fim, se envergaria tanto até fraturar. Experimente. O outro extremo ocorreria se serrássemos um comprimento de 5 mm a vara de medida e realizássemos o mesmo experimento no espaço encurtado. Observaríamos, então, que a falha se apresentaria como um esmagamento do corpo de prova, ou seja uma simples falha de compressão. Por essas razões é conveniente classificar os elementos sob de compressão de acordo com seus comprimentos e se o carregamento é central ou excêntrico. O termo *coluna* é aplicado a todos os elementos exceto aqueles nos quais a falha ocorreria por compressão pura ou simples. As colunas podem ser categorizadas então, como:

1. Colunas longas com carregamento central.
2. Colunas de comprimento intermediário com carregamento central.
3. Colunas com carregamento excêntrico.
4. Pilaretes (colunetas) ou elementos de compressão curtos.

Classificar as colunas como indicado torna possível desenvolver métodos de análise e de projeto específicos para cada categoria. Além disso, esses métodos também revelarão se você selecionou ou não a categoria apropriada para seu problema em questão. As quatro Seções a seguir correspondem, respectivamente, às quatro categorias de colunas listadas acima.

4-12 Colunas longas com carregamento central

A Figura 4–18 mostra colunas longas com diferentes condições de extremidade de contorno. Se a força axial *P* mostrada atua ao longo do eixo baricêntrico da coluna, a compressão simples do elemento ocorre com valores baixos da força. Entretanto, sob certas condições, quando *P* atinge um valor específico, a coluna se torna *instável* e a flexão, como indica a Figura 4–18, se desenvolve rapidamente. Essa força é determinada escrevendo-se a equação de deflexão por flexão para a coluna, resultando em uma equação diferencial em que, quando as condições de contorno forem aplicadas, se chegará à *carga crítica* para flexão instável.[9] A força crítica para a coluna de extremidade rotulada da Figura 4–18a é dada por

$$P_{cr} = \frac{\pi^2 E I}{l^2} \qquad (4\text{–}42)$$

que é denominada *fórmula de Euler da coluna*. A Equação (4–42) pode ser estendida para levar em conta outras condições de extremidade escrevendo-se

$$P_{cr} = \frac{C \pi^2 E I}{l^2} \qquad (4\text{–}43)$$

em que a constante C depende das condições de extremidade conforme mostra a Figura 4–18.

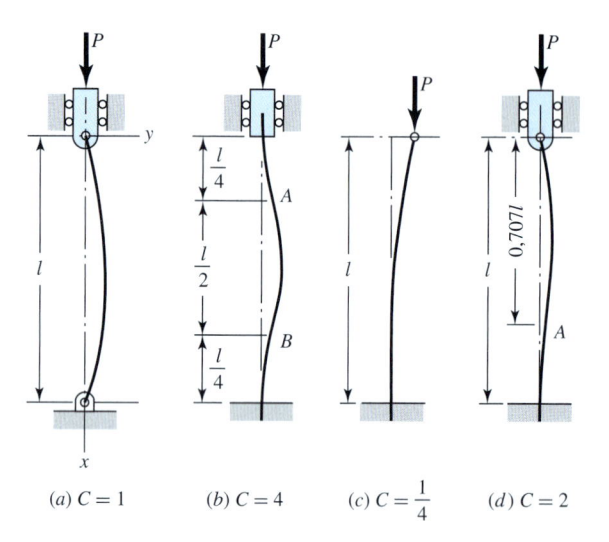

(a) $C = 1$ (b) $C = 4$ (c) $C = \frac{1}{4}$ (d) $C = 2$

Figura 4–18 (*a*) Ambas as extremidades articuladas ou rotulada; (*b*) ambas as extremidades fixas; (*c*) uma extremidade livre e a outra extremidade fixa; (*d*) uma extremidade articulada e rotulada e a outra extremidade fixa.

Usar a relação $I = A k^2$, em que A é a área e k o raio de giração, permite-nos rearranjar a Equação (4–43) na forma mais conveniente

$$\frac{P_{cr}}{A} = \frac{C \pi^2 E}{(l/k)^2} \qquad (4\text{–}44)$$

em que l/k é chamada de *coeficiente de esbeltez*. Esse coeficiente, em vez do comprimento real da coluna, será usado para classificar colunas de acordo com as categorias de comprimento.

A quantidade P_{cr}/A na Equação (4–44) é a *carga crítica unitária*. Ela é a carga por unidade de área necessária para colocar a coluna em uma condição de *equilíbrio instável*. Nesse estado qualquer pequena tortuosidade do elemento, ou ligeiro movimento do apoio ou carga, fará com que a coluna comece a colapsar. A carga unitária possui as mesmas unidades da resistência, porém esta é a resistência de uma coluna específica e não do material da coluna. Por exemplo, dobrar o comprimento de um elemento terá um efeito drástico sobre o valor de P_{cr}/A, mas nenhum efeito em absoluto, digamos, na resistência de escoamento S_y do material da coluna em si.

A Equação (4–44) mostra que a carga crítica unitária depende apenas do módulo de elasticidade e do coeficiente de esbeltez. Portanto, uma coluna obedecendo à fórmula de Euler

---

[9] Ver F. P. Beer; E. R. Johnston, Jr., DeWolf, J. T. *Mechanics of Materials*; 5ª ed. Nova York: McGraw-Hill, 2009, p. 610–613.

feita de aço-liga de alta resistência *não é mais resistente* do que uma feita de aço com baixo teor de carbono, pois E é o mesmo para ambos.

O fator C é denominado *constante* de condição da extremidade e poderia assumir qualquer um dos valores teóricos $\frac{1}{4}$, 1, 2 e 4, dependendo da maneira segundo a qual a carga é aplicada. Na prática é difícil, se não impossível, fixar as extremidades da coluna de modo que o fator $C = 2$ ou $C = 4$ fossem aplicados. Mesmo se as extremidades fossem soldadas, alguma deflexão ocorreria. Em razão disso, alguns projetistas jamais usam um valor para C maior que a unidade. Entretanto, se fatores de segurança livres forem empregados e se a carga de coluna for acuradamente conhecida, então um valor de C não superior a 1,2 para ambas as extremidades fixas, ou para uma extremidade articulada e uma extremidade fixa, não é desarrazoado pois ele supõe fixação parcial apenas. Obviamente, o valor $C = \frac{1}{4}$ deve sempre ser usado para uma coluna tendo uma extremidade fixa e a outra livre. Essas recomendações estão sintetizadas na Tabela 4–2.

Tabela 4–2 Constantes de condição das extremidades para colunas de Euler [para serem usadas com a Equação (4–43)].

Condições de extremidade de coluna	Constante de condição de extremidade C		
	Valor teórico	Valor conservador	Valor recomendado*
Fixa-livre	$\frac{1}{4}$	$\frac{1}{4}$	$\frac{1}{4}$
Articulada-articulada	1	1	1
Fixa-articulada	2	1	1,2
Fixa-fixa	4	1	1,2

* Para ser usada apenas com fatores de segurança livres quando a carga de coluna for conhecida acuradamente.

Quando a Equação (4–44) é resolvida para vários valores da carga unitária P_{cr}/A em termos do coeficiente de esbeltez l/k, obtemos a curva PQR mostrada na Figura 4–19. Como a resistência de escoamento do material tem as mesmas unidades que a carga unitária, a linha horizontal que passa por S_y e Q foi adicionada à figura. Isso aparentemente faria a figura $S_y QR$ cobrir o intervalo completo de problema mais de compressão desde o mais curto ao mais longo elemento em de compressão. Consequentemente, qualquer elemento em compressão com um valor l/k menor que $(l/k)_Q$ deveria ser tratado como um elemento sob compressão pura, ao passo que todos os demais deveriam ser tratados como colunas de Euler. Infelizmente, isso não é verdade.

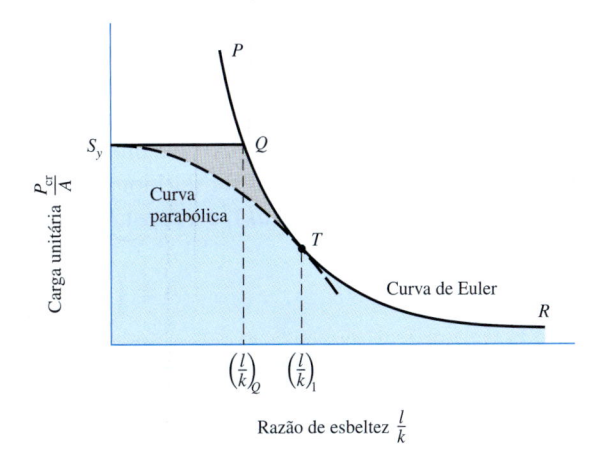

Figura 4–19 Curva de Euler traçada usando-se a Equação (4–43) com $C = 1$.

No projeto real de um elemento que funcione como uma coluna, o projetista estará atento às condições de extremidade indicadas na Figura 4–18 e se empenhará para configurá-las usando parafusos, soldas ou pinos, de modo que consiga as condições de extremidade ideais requeridas. Apesar dessas precauções, o resultado, após a manufatura, provavelmente conterá defeitos como tortuosidade inicial ou excentricidades de carga. A existência de tais defeitos e os métodos para levá-los em conta normalmente envolverão uma abordagem de fator de segurança ou uma análise estocástica. Esses métodos funcionam bem para colunas longas e elementos de compressão simples. Entretanto, testes mostram várias falhas em colunas com coeficientes de esbeltez abaixo e nas vizinhanças do ponto Q, conforme indica a área sombreada na Figura 4–19. Essas foram relatadas como existentes mesmo quando corpos de prova quase-perfeitos foram submetidos ao procedimento de ensaio.

Uma falha de coluna é sempre repentina, total, inesperada e, portanto, perigosa. Não há nenhum aviso prévio. Uma viga flexionará e dará aviso visual de que está sobrecarregada, mas isso não acontece em uma coluna. Por essa razão, nem os métodos de compressão simples nem o da equação de coluna de Euler deveriam ser usados quando o coeficiente de esbeltez estiver próximo de $(l/k)_Q$. Então, o que deveríamos fazer? A abordagem usual é escolher algum ponto T na curva de Euler da Figura 4–19. Se o coeficiente de esbeltez for especificado como $(l/k)_1$ correspondente ao ponto T, use a equação de Euler somente quando o coeficiente de esbeltez real for maior que $(l/k)_1$. Caso contrário, use um dos métodos descritos nas seções a seguir. Veja os Exemplos 4–17 e 4–18.

A maioria dos projetistas seleciona o ponto T tal que $P_{cr}/A = S_y/2$. Usando a Equação (4–43), descobrimos que o valor correspondente de $(l/k)_1$ é

$$\left(\frac{l}{k}\right)_1 = \left(\frac{2\pi^2 C E}{S_y}\right)^{1/2} \qquad (4\text{–}45)$$

4–13 Colunas de comprimento intermediário com carregamento central

Ao longo dos anos, um grande número de fórmulas de coluna foi proposto e usado para o intervalo de valores de l/k aos quais a fórmula de Euler não é adequada. Muitas delas são baseadas no emprego de um único material; outras, em uma carga chamada de unitária segura em vez do valor crítico. A maioria dessas fórmulas é baseada no uso de uma relação linear entre o coeficiente de esbeltez e a carga unitária. A *fórmula parabólica* ou *de J. B. Johnson* parece ser, atualmente, a preferida entre os projetistas nos setores de máquinas, automotivo, aeronáutico e de construção de estruturas de aço.

A forma geral da fórmula parabólica é

$$\frac{P_{cr}}{A} = a - b\left(\frac{l}{k}\right)^2 \qquad (a)$$

em que a e b são constantes que são avaliadas ajustando-se uma parábola à curva de Euler da Figura 4–19, conforme está indicado pela linha tracejada que termina em T. Se a parábola iniciar em S_y, então $a = S_y$. Se o ponto T for selecionado como previamente observado, então a Equação (4–45) (a) fornece o valor de $(l/k)_1$ e a constante b é encontrada, sendo

$$b = \left(\frac{S_y}{2\pi}\right)^2 \frac{1}{CE} \qquad (b)$$

Após substituirmos os valores conhecidos de a e b na Equação (a), obtemos, para a equação parabólica,

$$\frac{P_{cr}}{A} = S_y - \left(\frac{S_y}{2\pi}\frac{l}{k}\right)^2 \frac{1}{CE} \qquad \frac{l}{k} \leq \left(\frac{l}{k}\right)_1 \qquad (4\text{–}46)$$

4-14 Colunas com carregamento excêntrico

Vimos anteriormente que desvios de uma coluna ideal, como tortuosidades ou excentricidades de carga, são prováveis de ocorrer durante a manufatura e montagem. Embora esses desvios sejam frequentemente bem pequenos, ainda assim é conveniente ter um método para lidar com eles. Frequentemente, também ocorrem problemas nos quais as excentricidades de cargas são inevitáveis.

A Figura 4–20a mostra uma coluna em que a linha de ação das forças de coluna está afastada do eixo centroidal da coluna pela excentricidade e. Da Figura 4–20b, $M = -P(e + y)$. Substituindo isto na Equação (4–12), $d^2y/dx^2 = M/EI$, resulta na equação diferencial

$$\frac{d^2 y}{dx^2} + \frac{P}{EI} y = -\frac{Pe}{EI} \tag{a}$$

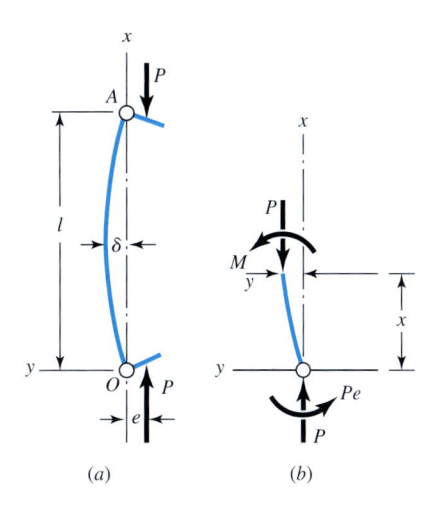

Figura 4–20 Notação para uma coluna carregada excentricamente.

A solução da Equação (a), para as condições de contorno em que $y = 0$ e $x = 0, l$, é

$$y = e\left[\tan\left(\frac{l}{2}\sqrt{\frac{P}{EI}}\right)\text{sen}\left(\sqrt{\frac{P}{EI}}x\right) + \cos\left(\sqrt{\frac{P}{EI}}x\right) - 1\right] \tag{b}$$

Substituindo $x = l/2$ na Equação (b) e usando uma identidade trigonométrica, obtemos

$$\delta = e\left[\sec\left(\sqrt{\frac{P}{EI}}\frac{l}{2}\right) - 1\right] \tag{4-47}$$

A intensidade do momento fletor máximo também ocorre no meio do vão

$$M_{\max} = -P(e + \delta) = -Pe \sec\left(\frac{l}{2}\sqrt{\frac{P}{EI}}\right) \tag{4-48}$$

A magnitude da tensão máxima de *compressão* no meio do vão é encontrada ao sobrepor a componente axial e a componente de flexão. Isso nos dá

$$\sigma_c = \frac{P}{A} - \frac{Mc}{I} = \frac{P}{A} - \frac{Mc}{Ak^2} \tag{c}$$

Substituir $M_{\max}$ proveniente da Equação (4–48) nos leva a

$$\sigma_c = \frac{P}{A}\left[1 + \frac{ec}{k^2}\sec\left(\frac{l}{2k}\sqrt{\frac{P}{EA}}\right)\right] \quad (4\text{-}49)$$

Impondo-se à resistência de escoamento de compressão S_{yc} como o valor máximo de σ_c, podemos reescrever a Equação (4–49) na seguinte forma

$$\frac{P}{A} = \frac{S_{yc}}{1 + (ec/k^2)\sec[(l/2k)\sqrt{P/AE}]} \quad (4\text{-}50)$$

Essa é a chamada *fórmula secante da coluna*. O termo ec/k^2 é denominado *taxa de excentricidade*. A Figura 4–21 é um gráfico da Equação (4–50) para um aço com uma resistência de escoamento de compressão (e por tração) de 280 MPa. Note como as curvas P/A de contorno se aproximam de forma assintótica à curva de Euler à medida que l/k aumenta.

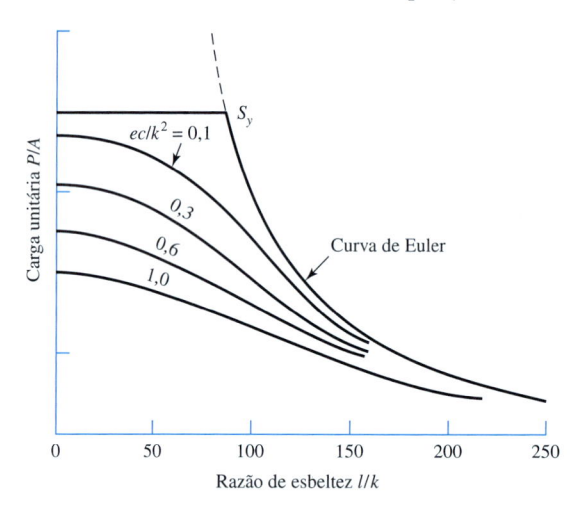

Figura 4–21 Comparação das equações secante e de Euler para aço com $S_y = 280$ MPa.

A Equação (4–50) não pode ser solucionada explicitamente para a carga P. Cartas de projeto, do tipo da Figura 4–21, podem ser preparadas para um único material caso muitos projetos de coluna devam ser feitos. Caso contrário, deve-se empregar uma técnica de busca de raízes usando métodos numéricos.

4–15 Pilaretes ou elementos curtos sob compressão

Uma barra curta, carregada em compressão pura por meio de uma força P que atua ao longo do eixo baricêntrico, encurtará de acordo com a lei de Hooke, até que a tensão atinja o limite elástico do material. Nesse ponto, a deformação permanente é introduzida e a utilidade como um elemento de máquina pode estar no fim. Se a força P for aumentada ainda mais, ou adquire forma "semelhante a um barril", ou fratura. Quando existe excentricidade no carregamento, o limite elástico é atingido em cargas menores.

EXEMPLO 4–16 Desenvolva equações de Euler específicas para os tamanhos de colunas tendo
(a) Seções transversais redondas
(b) Seções transversais retangulares

Solução (a) Usando $A = \pi d^2/4$ e $k = \sqrt{I/A} = [(\pi d^4/64)/(\pi d^2/4)]^{1/2} = d/4$ na Equação (4–44), temos

Resposta

$$d = \left(\frac{64 P_{cr} l^2}{\pi^3 C E}\right)^{1/4} \quad (4\text{--}51)$$

(*b*) Para a coluna retangular, especificamos uma seção transversal $h \times b$ com a restrição que $h \leq b$. Se as condições de extremidade forem as *mesmas* para flambagem em ambas as direções, ocorrerá flambagem na direção de menor espessura. Consequentemente,

$$I = \frac{bh^3}{12} \qquad A = bh \qquad k^2 = I/A = \frac{h^2}{12}$$

Substituindo esses valores na Equação (4–44), obtemos

Resposta

$$b = \frac{12 P_{cr} l^2}{\pi^2 C E h^3} \qquad h \leq b \quad (4\text{--}52)$$

Note, entretanto, que colunas retangulares geralmente não possuem as mesmas condições de extremidade em ambas as direções.

EXEMPLO 4–17

Especifique o diâmetro de uma coluna circular de 1,5 m de comprimento que deve suportar uma carga máxima estimada em 22 kN. Use um fator de projeto $n_d = 4$ e considere as extremidades como pivotadas (articuladas). O material escolhido de coluna tem uma resistência de escoamento mínima de 500 MPa e um módulo de elasticidade de 207 GPa.

Solução

Projetaremos a coluna para uma carga crítica igual a

$$P_{cr} = n_d P = 4(22) = 88 \text{ kN}$$

Em seguida, usando a Equação (4–51) com $C = 1$ (ver Tabela 4–2), obtemos

$$d = \left(\frac{64 P_{cr} l^2}{\pi^3 C E}\right)^{1/4} = \left[\frac{64(88)(1,5)^2}{\pi^3 (1)(207)}\right]^{1/4} \left(\frac{10^3}{10^9}\right)^{1/4} (10^3) = 37,48 \text{ mm}$$

A Tabela A–17 mostra que o tamanho preferencial é 40 mm. O coeficiente de esbeltez para esse tamanho é

$$\frac{l}{k} = \frac{l}{d/4} = \frac{1,5(10^3)}{40/4} = 150$$

Para nos certificarmos de que essa é uma coluna de Euler, usamos a Equação (5–51) e obtemos

$$\left(\frac{l}{k}\right)_1 = \left(\frac{2\pi^2 C E}{S_y}\right)^{1/2} = \left[\frac{2\pi^2 (1)(207)}{500}\right]^{1/2} \left(\frac{10^9}{10^6}\right)^{1/2} = 90,4$$

onde $l/h > (l/k)_1$ indicando que ela é de fato uma coluna de Euler. Portanto, selecionamos

Resposta

$$d = 40 \text{ mm}$$

EXEMPLO 4–18 Repita o Exemplo 4–16 para colunas de J. B. Johnson.

Solução (a) Para colunas circulares, a Equação (4–46) produz

Resposta
$$d = 2\left(\frac{P_{cr}}{\pi S_y} + \frac{S_y l^2}{\pi^2 C E}\right)^{1/2} \quad (4\text{–}53)$$

(b) Para uma seção retangular de dimensões $h \leq b$, encontramos

Resposta
$$b = \frac{P_{cr}}{h S_y \left(1 - \dfrac{3l^2 S_y}{\pi^2 C E h^2}\right)} \quad h \leq b \quad (4\text{–}54)$$

EXEMPLO 4–19 O cilindro hidráulico mostrado na Figura 4–22 tem um calibre de 80 mm e deve operar com uma pressão de 5,6 MPa. Com os olhais de montagem mostrados, a haste do pistão deve ser dimensionada como coluna de extremidades articuladas para todos planos de flambagem. A haste deve ser feita de aço forjado AISI 1030 sem tratamento térmico posterior.
(a) Utilize um fator de projeto de $n_d = 3$ e selecione um diâmetro padronizado para a haste se a coluna tem 1,5 m.
(b) Repita a parte (a) mas com comprimento de coluna de 0,5 m.
(c) Qual é o fator de segurança que efetivamente resulta para cada um dos casos?

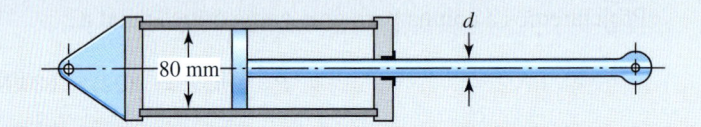

Figura 4–22

Solução
$$F = 5{,}6\left(\frac{\pi}{4}\right)(80^2) = 28\,149 \text{ N}. \quad S_y = 260 \text{ MPa}$$

$$P_{cr} = n_d F = 3(28\,149) = 84\,447 \text{ N}$$

(a) Considere Euler com $C = 1$

$$I = \frac{\pi}{64}d^4 = \frac{P_{cr} l^2}{C\pi^2 E} \Rightarrow d = \left[\frac{64 P_{cr} l^2}{\pi^3 C E}\right]^{1/4} = \left[\frac{64(84\,447)(1{,}5)^2}{\pi^3(1)(207)10^9}\right]^{1/4} = 0{,}0371 \text{ m}$$

Use $d = 40$ mm: $k = d/4 = 10$

$$\frac{l}{k} = \frac{1500}{10} = 150$$

$$\left(\frac{l}{k}\right)_1 = \left(\frac{2\pi^2(1)(207)10^9}{260(10)^6}\right)^{1/2} = 125{,}4 \quad \therefore \text{use Euler}$$

$$P_{cr} = \frac{\pi^2(207)10^9(\pi/64)(0{,}04^4)}{1{,}5^2} = 114{,}1 \text{ kN}$$

Solução $d = 40$ mm   é satisfatório.

(b) $d = \left[\dfrac{64(84\,447)(0{,}5)^2}{\pi^3(1)(207)10^9}\right]^{1/4} = 0{,}0214$ m.   então use 22 mm

$$k = \dfrac{22}{4} = 5{,}5 \text{ mm}$$

$$l/k = \dfrac{500}{5{,}5} = 90{,}9 \quad \text{tente a fórmula de Johnson}$$

$$P_{\text{cr}} = \dfrac{\pi}{4}(0{,}022^2)\left[260(10^6) - \left(\dfrac{260(10^6)}{2\pi}90{,}9\right)^2 \dfrac{1}{1(207)(10^9)}\right] = 98\,831 \text{ N}$$

Resposta   Use $d = 22$ mm

Resposta   (c) $n_{(a)} = \dfrac{114\,100}{28\,149} = 4{,}05$

Resposta $n_{(b)} = \dfrac{98\,831}{28\,149} = 3{,}5$

Um *pilarete (ou coluneta)* é um *elemento curto sob compressão* como aquele mostrado na Figura 4–22. A magnitude da tensão máxima de compressão na direção x no ponto B em uma seção intermediária é a soma de uma componente simples P/A e uma componente de flexão Mc/I; ou seja,

$$\sigma_c = \dfrac{P}{A} + \dfrac{Mc}{I} = \dfrac{P}{A} + \dfrac{PecA}{IA} = \dfrac{P}{A}\left(1 + \dfrac{ec}{k^2}\right) \qquad (4\text{–}55)$$

em que $k = (I/A)^{1/2}$ é o raio de giração, c a coordenada do ponto B e e é a excentricidade de carregamento.

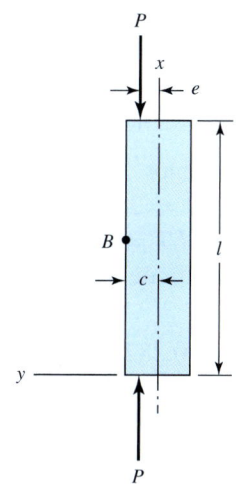

Figura 4–22 Montante com carga excêntrica

Note que o comprimento do montante não aparece na Equação (4–55). Para podermos usar essa equação para fins de projeto ou análise, portanto, deveríamos conhecer o intervalo de comprimentos para o qual a equação é válida. Em outras palavras, qual o comprimento a ser usado para que um elemento possa ser considerado curto?

A diferença entre a fórmula da secante [Equação (4–50)] e a Equação (4–55) é que a equação da secante, diferentemente da Equação (4-55), leva em conta um momento fletor acrescido pela deflexão por flexão. Assim a equação da secante mostra a excentricidade sendo ampliada pela deflexão por flexão. Essa diferença entre as duas fórmulas sugere que uma maneira de diferenciar uma "coluna secante" e uma pilareta, ou elemento curto em compressão, é dizer que, em um pilarete, o efeito da deflexão por flexão deve ser limitado a uma pequena porcentagem reduzida da excentricidade. Se decidirmos esse porcentual limitante em 1% de e, então, da Equação (4–44), o coeficiente de esbeltez limite será

$$\left(\frac{l}{k}\right)_2 = 0{,}282 \left(\frac{AE}{P}\right)^{1/2} \tag{4–56}$$

Essa equação fornece, portanto, o coeficiente limite de esbeltez para usar a Equação (4–55). Se o coeficiente real de esbeltez for maior que $(l/k)_2$, use a fórmula da secante; caso contrário, use a Equação (4–55).

EXEMPLO 4–20

A Figura 4–23a mostra uma peça a ser trabalhada presa a uma mesa de fresadora por um parafuso apertado a uma tração de 8,9 kN. O contato de fixação está deslocado do eixo baricêntrico do pilarete por uma distância $e = 2{,}5$ mm, conforme indica a parte b da figura. O montante, ou bloco, é de aço, de 25 mm por 0,1 m de comprimento. Determine a tensão máxima por compressão no bloco.

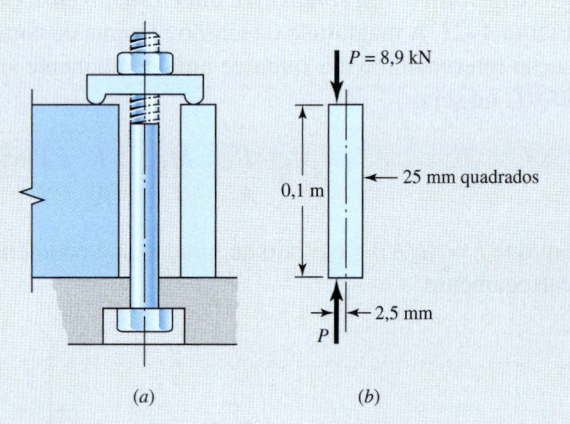

Figura 4–23 Um pilarete que é parte de uma montagem de fixação de uma peça a ser trabalhada.

Solução

Primeiro encontramos $A = bh = 0{,}025(0{,}025) = 625 \times 10^{-6}$ m², $I = bh^3/12 = 0{,}025(0{,}025)^3/12 = 32{,}55 \times 10^{-9}$ m⁴, $k^2 = I/A = 32{,}55 \times 10^{-9}/625 \times 10^{-6} = 52{,}1 \times 10^{-6}$ m² e $l/k = 0{,}1/(52{,}1 \times 10^{-6})^{1/2} = 13{,}9$. A Equação (4–56) fornece o coeficiente de esbeltez limite como

$$\left(\frac{l}{k}\right)_2 = 0{,}282 \left(\frac{AE}{P}\right)^{1/2} = 0{,}282 \left[\frac{625 \times 10^{-6}\,(210 \times 10^9)}{8\,900}\right]^{1/2} = 34{,}2$$

Portanto, o bloco poderia ser tão longo quanto

$$l = 34{,}2k = 34{,}2(52{,}1 \times 10^{-6})^{1/2} = 0{,}24 \text{ m}$$

antes de ele necessitar ser tratado por meio da fórmula da secante. Desse modo, a Equação (4–55) se aplica e a tensão máxima de compressão é

Resposta

$$\sigma_c = \frac{P}{A}\left(1 + \frac{ec}{k^2}\right) = \frac{8\,900}{625 \times 10^{-6}}\left[1 + \frac{0{,}0025(0{,}0125)}{52{,}1 \times 10^{-6}}\right] = 22{,}8 \text{ MPa}$$

4–16 Estabilidade elástica

A Seção 4–12 apresentou as condições para o comportamento instável de colunas esbeltas e longas. *Instabilidade elástica* também pode ocorrer em elementos estruturais que não sejam colunas. *Cargas/tensões de compressão em qualquer estrutura delgada e longa podem causar instabilidades estruturais* (flambagem). A tensão por compressão pode ser elástica ou inelástica e a instabilidade pode ser global ou local. Instabilidades globais podem causar falha *catastrófica*, ao passo que as instabilidades locais podem causar deformação permanente e perda de função, mas não uma falha catastrófica. A flambagem discutida na Seção 4–12 era uma instabilidade global. Entretanto, considere uma viga de aba larga em flexão. Uma aba estará em compressão, e se for suficientemente fina, poderá desenvolver flambagem localizada em uma região onde o momento fletor é um máximo. Flambagem localizada também pode ocorrer na alma da viga, onde estão presentes tensões transversais de cisalhamento no centroide da viga. Lembre-se de que, para o caso de tensão de cisalhamento puro τ, uma transformação de tensões mostrará que a 45° uma *tensão de compressão* $\sigma = -\tau$ existe. Se a alma for suficientemente fina no local onde a força de cisalhamento V é um máximo, uma flambagem localizada da alma pode ocorrer. Por essa razão, suporte adicional na forma de braços de reforço são aplicados tipicamente nos locais de altas forças de cisalhamento.[10]

Vigas de parede fina sem flexão podem flambar em um modo torcional conforme ilustra a Figura 4–24. Nesse caso, uma viga em balanço é carregada com uma força lateral, F. À medida que F é aumentada de zero, a extremidade da viga defletirá na direção y negativa, normalmente de acordo com a equação de flexão, $y = -FL^3/(3EI)$. Entretanto, se a viga for suficientemente longa e o raio b/h for suficientemente pequeno, existe um valor crítico de F para o qual a viga entrará em colapso em um modo torcional como mostrado. Isso se deve à *compressão* nas fibras inferiores da viga que fazem elas flambarem lateralmente (direção z).

Existem muitos outros exemplos de comportamento estrutural instável como vasos de pressão de parede fina em compressão ou sob pressão externa ou vácuo interno, elementos de parede fina abertos ou fechados em torção, arcos finos em compressão, estruturas em compressão e painéis de cisalhamento. Em razão da ampla gama de aplicações e da complexidade de suas análises, maiores detalhes estão fora do escopo deste livro. O intento desta seção é alertar o leitor sobre as possibilidades e o risco de problemas relacionados à segurança. O ponto-chave é que o projetista deve estar ciente de que se qualquer peça *não reforçada* de um elemento estrutural for *fina* e/ou *longa* e estiver em *compressão* (direta ou *indiretamente*), a possibilidade de flambagem deve ser investigada.[11]

Para aplicações únicas, o projetista pode necessitar recorrer a uma solução numérica como o emprego dos elementos finitos. Dependendo da aplicação e do programa disponível, uma análise por elementos finitos pode ser feita para determinar o carregamento crítico (ver Figura 4–25).

---

[10] Ver C. G. Salmon, J. E. Johnson, and F. A. Malhas, *Steel Structures: Design and Behavior*, 5th ed., Prentice Hall, Upper Saddle River, NJ, 2009.

[11] Ver S. P. Timoshenko; J. M. Gere. *Theory of Elastic Stability*; 2ª ed. Nova York: McGraw-Hill, 1961. Ver também, Z. P. Bazant; L. Cedolin. *Stability of Structures*. Nova York: Oxford University Press, 1991.

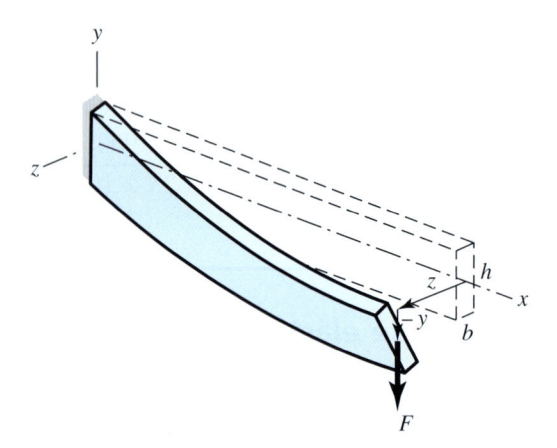

Figura 4–24 Flambagem torcional de uma viga de parede fina em flexão.

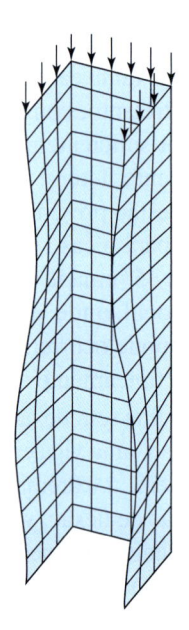

Figura 4–25 Representação de elementos finitos da flambagem de uma aba de um canal em compressão.

4–17 Choque e impacto

Impacto refere-se à colisão de duas massas com velocidade relativa inicial. Em alguns casos é desejável chegar a um impacto conhecido em projeto; este é o caso, por exemplo, no projeto de prensas de cunhagem, estampas e de conformação. Em outros casos, o impacto ocorre em razão de deflexões excessivas ou folgas entre peças e, então, é desejável minimizar os efeitos. A chocalhada dos dentes de engrenagem engrazados em seus respectivos espaços de dente é um problema de impacto causado pela deflexão de eixo e folga entre os dentes. Esse impacto provoca ruído de engrenagem e falha por fadiga das superfícies dos dentes. O espaço de folga entre um came e um seguidor ou entre um munhão (ou ponta de eixo) e seu mancal poderia resultar em impacto cruzado e também provocar ruído excessivo e rápida falha por fadiga.

Choque é um termo mais geral usado para descrever qualquer distúrbio ou força aplicada subitamente. Portanto, o estudo de choque inclui impacto como um caso especial.

A Figura 4–26 representa um modelo matemático bastante simplificado da colisão de um automóvel em um obstáculo rígido. Aqui, m_1 é a massa concentrada do motor. O deslocamento, a velocidade e a aceleração são descritos pela coordenada x_1 e suas derivadas temporais. A massa concentrada do veículo menos o motor é denotada por m_2 e seu movimento pela coordenada x_2 e suas derivadas. As molas k_1, k_2 e k_3 representam as rigidezes lineares e não lineares dos diversos elementos estruturais que compõem o veículo. Fricção e amortecimento podem e devem ser incluídos, mas não são mostrados nesse modelo. A determinação do coeficiente de mola para uma estrutura tão complexa terá de ser realizada experimentalmente. Assim que esses valores — k, m, coeficientes de amortecimento e de atrito — forem obtidos, um conjunto de equações diferenciais não lineares poderá ser escrito e uma solução por computador obtida para qualquer velocidade de impacto. Com finalidade ilustrativa, assumindo que as molas sejam lineares, isole cada massa e escreva suas equações de movimento. Isso resulta em

$$m_1\ddot{x}_1 + k_1(x_1 - x_2) =$$
$$m_2\ddot{x}_2 + k_2 x_2 - k_1(x_1 - x_2) = \qquad (4\text{-}57)$$

A solução analítica do par de Equações (4–57) é harmônica e é estudada em um curso de mecânica de vibrações.[12] Se os valores dos m e k forem conhecidos, a solução pode ser obtida facilmente usando um programa tal como MATLAB.

Carga subitamente aplicada

Um caso simples de impacto é ilustrado na Figura 4–27a. Aqui um peso W cai de uma altura h e impacta uma viga em balanço de rigidez EI e comprimento l. Queremos determinar a deflexão máxima e a força máxima exercida na viga causadas pelo impacto.

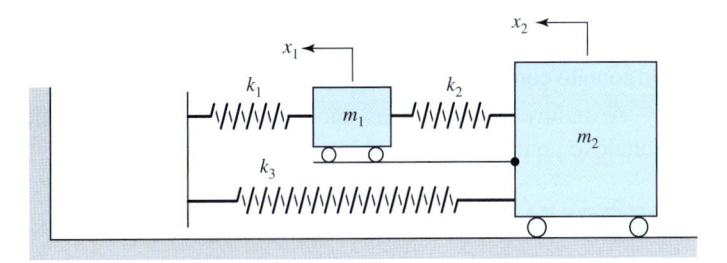

Figura 4–26 Modelo matemático de dois graus de liberdade de um automóvel en colisão com um obstáculo rígido.

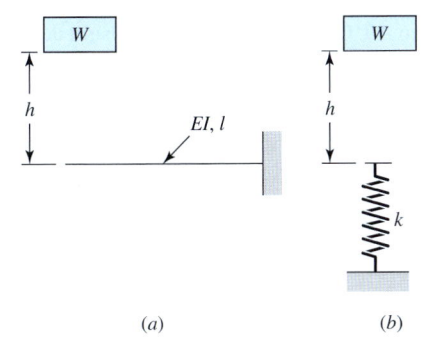

Figura 4–27 (a) Um peso cai livremente de uma altura h até a extremidade livre de uma viga. (b) Modelo de mola equivalente.

A Figura 4–27b mostra um modelo abstrato do sistema. Usando uma viga do tipo 1 da Tabela A–9–1, encontramos a razão de mola sendo $k = F/y = 3EI/l^3$. A massa da viga e o

---

[12] Ver William T. Thomson; Marie Dillon Dahleh. *Theory of Vibrations with Applications*; 5ª ed. Prentice Hall, Upper Saddle River, NJ, 1998.

amortecimento podem ser levados em conta, porém, para este exemplo, serão considerados desprezíveis. Se a viga é considerada sem massa, não há transferência de momentum, apenas de energia. Se a máxima deflexão da mola (viga) é considerada δ, a queda do peso é $h = \delta$, e a perda de energia potencial é $W(h + \delta)$. O incremento resultante na energia potencial (deformação) da mola é $\frac{1}{2} k\delta^2$. Assim, para haver conservação de energia, $\frac{1}{2} k\delta^2 = W(h + \delta)$. Rearranjando temos

$$\delta^2 - 2\frac{W}{k}\delta - 2\frac{W}{k}h = 0 \tag{a}$$

Resolvendo para δ leva a

$$\delta = \frac{W}{k} \pm \frac{W}{k}\left(1 + \frac{2hk}{W}\right)^{1/2} \tag{b}$$

A solução negativa é possível apenas se o peso se conecta à viga e vibra dentro dos limites da Equação (b). Assim, a deflexão máxima é

$$\delta = \frac{W}{k} + \frac{W}{k}\left(1 + \frac{2hk}{W}\right)^{1/2} \tag{4-58}$$

Agora podemos encontrar a força máxima que atua na viga

$$F = k\delta = W + W\left(1 + \frac{2hk}{W}\right)^{1/2} \tag{4-59}$$

Note, nessa equação, que se $h = 0$, então $F = 2W$. Isso diz que quando o peso é solto enquanto em contato com a mola, mas sem exercer qualquer força na mola, a maior força é o dobro do peso.

A maioria dos sistemas não é tão ideal quanto aqueles explorados aqui; portanto, seja cauteloso ao usar essas relações para sistemas não ideais.

PROBLEMAS

Problemas assinalados com um asterisco (*) são associados a problemas de outros capítulos, conforme resumido na Tabela 1–2 da Seção 1–17, p. 33.

4–1 A figura mostra uma barra de torção OA engastada em O, simplesmente apoiada em A e conectada a uma viga em balanço AB. O coeficiente de mola da barra de torção é k_T, em newton-metros por radiano, e o da viga em balanço é k_l, em newtons por metro. Qual o coeficiente de mola global com base na deflexão y no ponto B?

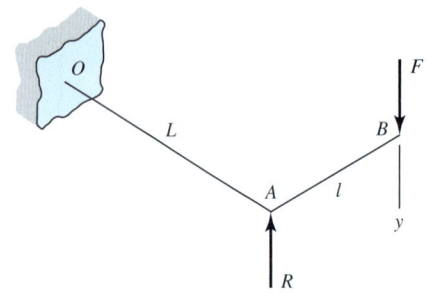

Problema 4–1

4–2 Para o Problema 4–1, se o apoio simples no ponto A fosse eliminado e se a razão de mola para o balanço OA é dada por k_L, determine a razão de mola efetiva da barra com base na deflexão do ponto B.

4–3 Uma mola de barra de torção consiste em uma barra prismática, normalmente de seção transversal circular, que é torcida em uma extremidade e segura firmemente na outra para formar uma mola rígida. Um engenheiro precisa de uma mola mais rígida que a usual e, assim, considera engastar ambas as extremidades da mola e aplicar o torque em algum ponto na parte central do vão, conforme está mostrado na figura. Isso, na verdade, cria duas barras paralelas. Se a barra for uniforme em seu diâmetro, isto é, $d = d_1 = d_2$, (a) determine como o coeficiente de mola e as reações de extremidade dependem da localização de x na qual se aplica o torque, (b) determine o coeficiente de mola, as reações de extremidade e a máxima tensão de cisalhamento, se $d = 12$ mm, $x = 120$ mm, $l = 240$ mm, $T = 150$ N · m e $G = 79$ GPa.

Problema 4–3

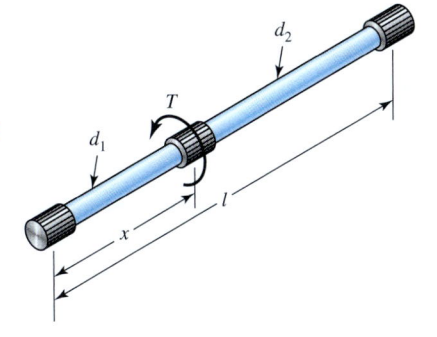

4–4 Um engenheiro é forçado, por considerações geométricas, a aplicar o torque na mola do Problema 4–3 no ponto $x = 0{,}4l$. Para uma mola de diâmetro uniforme, isso faria que o trecho mais longo da peça fosse subutilizado quando ambos os trechos tivessem o mesmo diâmetro. Para o projeto ótimo, o diâmetro de cada perna deve ser projetado de modo que a tensão de cisalhamento máxima em cada perna seja a mesma. Este problema consiste em reprojetar a mola da parte (b) do Problema 4–3. Usando $x = 0{,}4l$, $l = 240$ mm, $T = 150$ N · m e $G = 79$ GPa, projete a mola de modo que as máximas tensões de cisalhamento em cada perna sejam iguais e que as molas tenham o mesmo coeficiente de mola (ângulo de torção) que a parte (b) do Problema 4–3. Especifique d_1, d_2, o coeficiente de mola k, o torque e a máxima tensão de cisalhamento em cada perna.

4–5 Uma barra em tração possui uma seção transversal circular e inclui um segmento em redução cônica (afunilado) de comprimento l, conforme indicado.

(a) Para o trecho da redução segmento afunilado, use a Equação (4–3) na forma de $\delta = \int_0^l [Fy\,(AE)]\,dx$ para mostrar que

$$\delta = \frac{4}{\pi}\frac{Fl}{d_1 d_2 E}$$

(b) Determine o alongamento de cada segmento se $d_1 = 12$ mm, $d_2 = 18$ mm, $l = l_1 = l_2 = 48$ mm, $E = 207$ GPa e $F = 4$ kN.

Problema 4–5

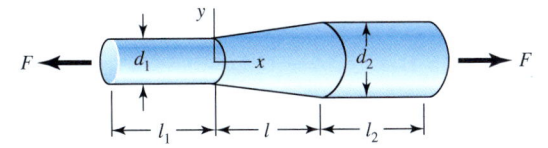

4–6 No lugar da força de tração, considere que a barra do Problema 4–5 é carregada com um torque T.

(a) Use a Equação (4–5) na forma de $\theta = \int_0^l [T/(GJ)]\,dx$ para mostrar que o ângulo de torção no segmento afunilado é

$$\theta = \frac{32}{3\pi}\frac{Tl(d_1^2 + d_1 d_2 + d_2^2)}{G d_1^3 d_2^3}$$

(b) Usando a mesma geometria que no Problema 4–5b, com $T = 150$ N · m e $G = 79$ GPa, determine o ângulo de torção em graus para cada segmento.

4–7 Quando um cabo suspenso para içamento é muito longo, o peso próprio do cabo contribui para o alongamento. Se um cabo de aço de 150 m tem um diâmetro efetivo de 12 mm e suspende uma carga de 20 kN, determine o alongamento total e o percentual deste decorrente do próprio peso do cabo.

4–8 Derive as equações para a viga 2 da Tabela A–9 utilizando a estática e o método da integração dupla.

4–9 Derive as equações para a viga 5 da Tabela A–9 utilizando a estática e o método da integração dupla.

4-10 A figura mostra uma viga em balanço consistindo em cantoneiras de aço de tamanho 100 × 100 × 12 mm montadas costa com costa. Usando sobreposição, encontre a deflexão em B e a tensão máxima na viga.

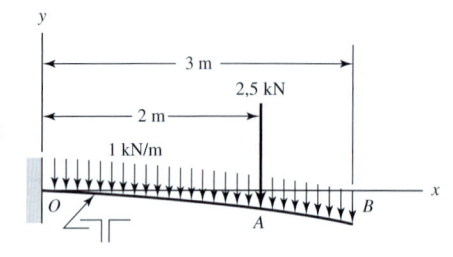

Problema 4-10

4-11 Uma viga simplesmente apoiada carregada por duas forças é mostrada na figura. Selecione um par de canais estruturais de aço montados costa com costa para suportar as cargas de tal maneira que a deflexão no meio do vão não ultrapasse 1,6 mm e a tensão máxima não exceda 40 MPa. Use sobreposição.

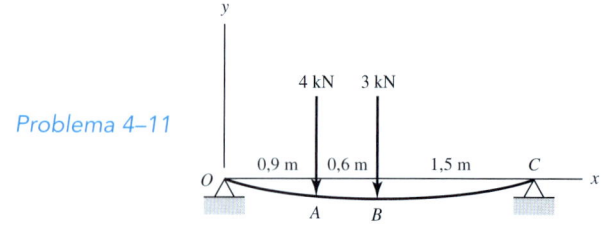

Problema 4-11

4-12 Usando sobreposição, determine a deflexão do eixo de aço no ponto A na figura. Encontre a deflexão no meio do vão. De que porcentagem estes dois valores diferem?

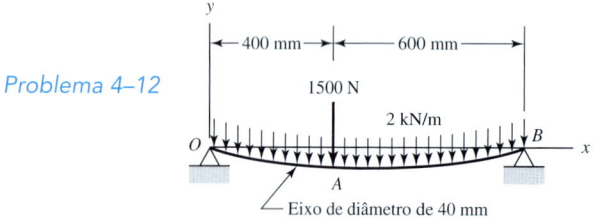

Problema 4-12

4-13 Uma barra de aço retangular sustenta as duas cargas em balanço mostradas na figura. Usando sobreposição, encontre a deflexão nas extremidades e no centro.

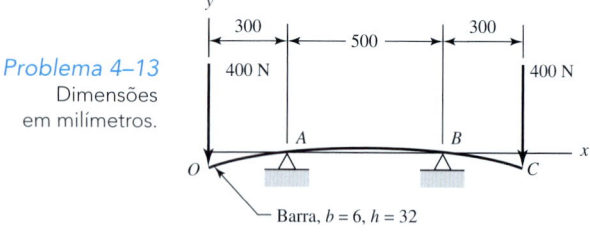

Problema 4-13
Dimensões em milímetros.

4-14 Um tubo de alumínio com diâmetro externo de 50 mm e diâmetro interno de 38 mm é engastado e carregado conforme é mostrado. Usando as fórmulas da Tabela A-9 do Apêndice e sobreposição, encontre a deflexão da viga em B.

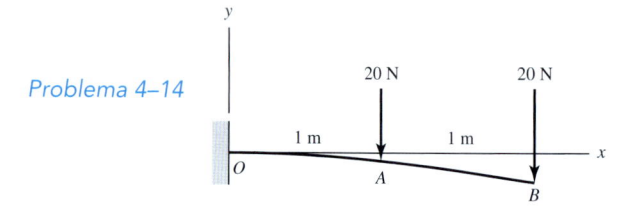

Problema 4-14

4–15 A viga em balanço mostrada na figura consiste em dois canais de aço estrutural de tamanho 76 × 38 mm. Usando sobreposição, encontre a deflexão em A. Inclua o peso dos canais.

Problema 4–15

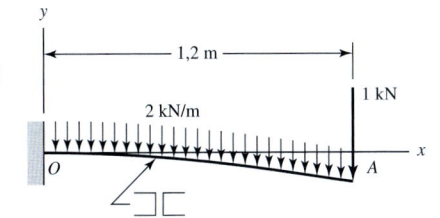

4–16 Utilizando o método da superposição para a barra mostrada, determine o diâmetro mínimo de um eixo de aço para o qual a deflexão máxima seja de 2 mm.

Problema 4–16
Dimensões em milímetros.

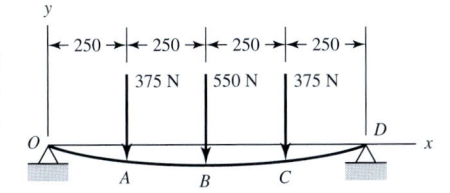

4–17 Uma viga simplesmente apoiada tem um momento concentrado M_A aplicado no apoio esquerdo e uma força concentrada F aplicada na extremidade do balanço à direita. Utilizando o método da superposição, determine as equações das deflexões nas regiões AB e BC.

Problema 4–17

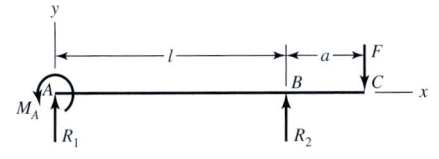

4–18 Calcular deflexões em vigas utilizando o método da superposição é bastante conveniente se dispomos de uma ampla tabela de referências. Dada a limitação de espaço, este livro traz uma tabela que atende a boa parte das aplicações, mas não a todas as possibilidades. Considere, por exemplo, o Problema 4–19, a seguir. O Problema 4–19 não pode ser resolvido apenas com a Tabela A–9, pois leva em conta os resultados deste problema. Para a viga mostrada, utilizando a estática e a dupla integração, mostramos que

$$R_1 = \frac{wa}{2l}(2l - a) \qquad R_2 = \frac{wa^2}{2l} \qquad V_{AB} = \frac{w}{2l}[2l(a - x) - a^2] \qquad V_{BC} = -\frac{wa^2}{2l}$$

$$M_{AB} = \frac{wx}{2l}(2al - a^2 - lx) \qquad M_{BC} = \frac{wa^2}{2l}(l - x)$$

$$y_{AB} = \frac{wx}{24EIl}[2ax^2(2l - a) - lx^3 - a^2(2l - a)^2] \qquad y_{BC} = y_{AB} + \frac{w}{24EI}(x - a)^4$$

Problema 4–18

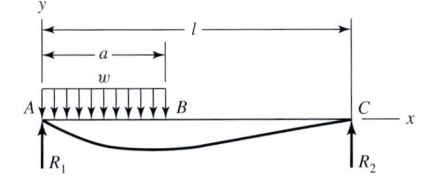

4–19 Partindo dos resultados do Problema 4–18, utilize o método da superposição para determinar as equações das deflexões nas três regiões da viga mostrada.

Problema 4–19

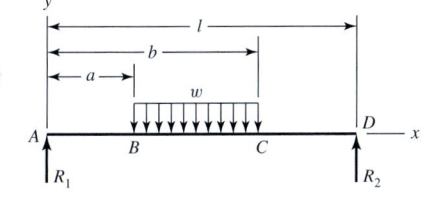

4–20 Como no Problema 4–18, este problema mostra outra viga a ser acrescentada na Tabela A–9. Para a viga simplesmente apoiada mostrada com uma carga uniformemente distribuída no balanço, use a estática e a dupla integração para mostrar que

$$R_1 = \frac{wa^2}{2l} \qquad R_2 = \frac{wa}{2l}(2l + a) \qquad V_{AB} = -\frac{wa^2}{2l} \qquad V_{BC} = w(l + a - x)$$

$$M_{AB} = -\frac{wa^2}{2l}x \qquad M_{BC} = -\frac{w}{2}(l + a - x)^2$$

$$y_{AB} = \frac{wa^2 x}{12EIl}(l^2 - x^2) \qquad y_{BC} = -\frac{w}{24EI}[(l + a - x)^4 - 4a^2(l - x)(l + a) - a^4]$$

Problema 4–20

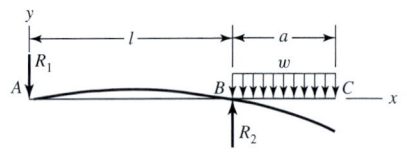

4–21 Considere a viga de aço sobre apoios simples, carregamento uniforme e com um trecho em balanço como mostrado. O segundo momento de área da viga é $I = 19500$ mm^4. Utilize o princípio da superposição (com a Tabela A–9 e os resultados do Problema 4–20) para determinar as reações e as equações de deflexão para a viga. Desenhe as deflexões.

Problema 4–21

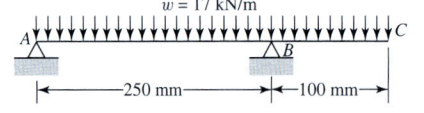

4–22 Temos ilustrada a seguir uma barra de aço retangular com apoios simples nas extremidades e carregada por uma força F no meio; da barra deve atuar como uma mola. A razão entre largura e espessura é de aproximadamente $b = 10h$ e o coeficiente de mola desejada é 300 kN/m.

(a) Encontre um conjunto de dimensões de seções transversais usando tamanhos preferenciais da Tabela A–17.

(b) Que deflexão provocaria uma deformação permanente na mola supondo-se que ocorra sob uma tensão normal de 400 MPa?

Problema 4–22

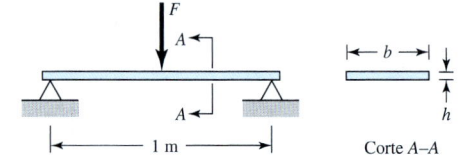

4–23* a 4–28* Para o contraeixo de aço especificado na tabela, encontre a deflexão e a declividade do eixo no ponto A. Usa a sobreposição juntamente com as equações de deflexão na Tabela A–9. Considere os mancais feitos de apoios simples.

Número do problema	Problema, página em que consta o eixo
4–23*	3–68, 149
4–24*	3–69, 149
4–25*	3–70, 150
4–26*	3–71, 150
4–27*	3–72, 150
4–28*	3–73, 150

4–29* a 4–34* Para o contraeixo de aço especificado na tabela, encontre a declividade do eixo em cada mancal. Utilize a superposição com as equações de deflexão na Tabela A–9. Considere que os mancais constituem apoios simples.

Número do problema	Problema, página em que consta o eixo
4–29*	3–68, 149
4–30*	3–69, 149
4–31*	3–70, 150
4–32*	3–71, 150
4–33*	3–72, 150
4–34*	3–73, 150

4–35* a 4–40* Para o contraeixo de aço especificado na tabela, a declividade máxima especificada para a vida útil dos mancais é de 0,06°. Determine o diâmetro mínimo do eixo.

Número do problema	Problema, página em que consta o eixo
4–35*	3–68, 149
4–36*	3–69, 149
4–37*	3–70, 150
4–38*	3–71, 150
4–39*	3–72, 150
4–40*	3–73, 150

4–41* A manivela em balanço na figura é feita de aço brando, que foi soldado nas juntas. Para $F_y = 800$ N, $F_x = F_z = 0$, determine a deflexão vertical (ao longo do eixo y) na extremidade. Utilize o princípio da superposição. Veja a discussão na p. 114 para a torção da seção retangular no segmento b/c.

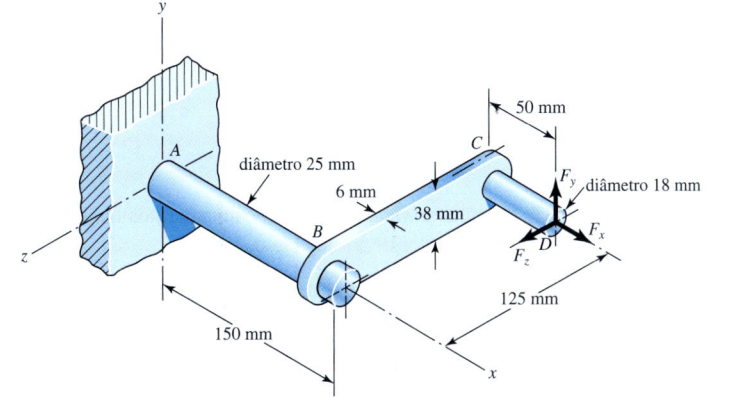

Problema 4–41

4–42 Para a manivela em balanço do Problema 4–41, faça $F_x = -600$N, $F_y = 0$ N, $F_z = -400$N. Determine a deflexão na extremidade ao longo do eixo x.

4–43* A manivela em balanço do Problema 3–84, p. 153, é feita de aço brando. Considere $F_y = 1$ kN, $F_x = F_z = 0$. Determine o ângulo de torção da barra OC, ignorando os adoçamentos, mas incluindo as mudanças de diâmetro ao longo do comprimento efetivo de 400 mm. Compare o ângulo de torção com aquele obtido se a barra OC por simplificação, tiver um diâmetro constante igual a 24 mm. Utilize a superposição para determinar a deflexão vertical (ao longo do eixo y) na extremidade, utilizando a barra OC simplificada.

4–44 Um reboque de cama plana é projetado com uma curvatura tal que, quando carregado até sua capacidade, a cama do reboque fica plana. A capacidade de carga é de 45 kN/m entre eixos, os quais estão afastados de 7 m, e o momento de segunda ordem de área da estrutura de aço da mesa é $I = 190 \times 10^6$ mm^4. Determine a equação para a curvatura da mesa descarregada e a máxima altura da cama em relação aos eixos.

4–45 O projetista de um eixo normalmente tem uma restrição de declividade imposta pelos mancais usados. Esse limite será denotado por ξ. Se o eixo mostrado na figura obrigatoriamente tiver um diâmetro uniforme d exceto no local de montagem do mancal, ele poderá ser aproximado como uma viga uniforme com apoios simples. Mostre que os diâmetros mínimos para atender às restrições de declividade nos mancais esquerdo e direito são, respectivamente,

$$d_L = \left| \frac{32Fb(l^2 - b^2)}{3\pi El\xi} \right|^{1/4} \qquad d_R = \left| \frac{32Fa(l^2 - a^2)}{3\pi El\xi} \right|^{1/4}$$

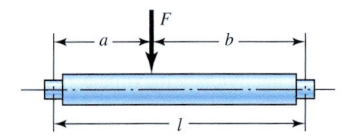

Problema 4–45

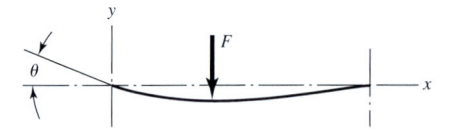

4–46 Um eixo de aço é projetado de modo que possa ser suportado por mancais de rolamento. A geometria básica é mostrada na figura do Problema 4–45, com $l = 300$ mm, $a = 100$ mm e $F = 3$ kN. A declividade admissível nos mancais é de 0,001 mm/mm sem penalização da vida útil dos mancais. Para um fator de projeto de 1,28, qual diâmetro uniforme de eixo suportará a carga sem penalização? Determine a máxima deflexão do eixo.

4–47 Se o diâmetro da viga de aço mostrada é 30 mm, determine a deflexão da viga em $x = 160$ mm.

Problema 4–47
Dimensões em milímetros.

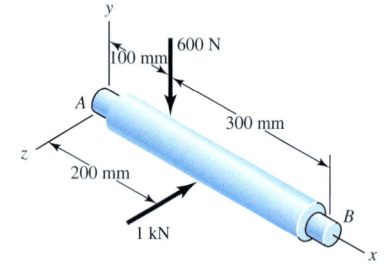

4–48 Para a viga do Problema 4–47, desenhe a *intensidade* dos deslocamentos da viga em incrementos de 2 mm. Aproxime o máximo deslocamento e o valor de x onde ele ocorre.

4–49 Na figura um eixo de diâmetro uniforme com ressaltos de mancal nas extremidades é mostrado; o eixo é submetido a um momento concentrado $M = 130$ N·m. O eixo é de aço-carbono e tem $a = 80$ mm e $l = 200$ mm. A declividade nas extremidades deve ser limitada a 0,002 rad. Encontre um diâmetro d adequado.

Problema 4–49

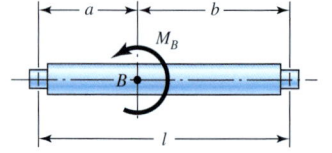

4–50* e 4–51 A figura mostra um elemento retangular OB, feito de uma placa de alumínio com 6 mm de espessura, articulado ao solo em uma extremidade e suspenso por uma haste de aço circular com 12 mm de diâmetro, com ganchos nas extremidades. Uma carga de 400 N é aplicada conforme mostrado. Utilize a superposição para determinar a deflexão vertical no ponto B.

Problema 4–50* *Problema 4–51*

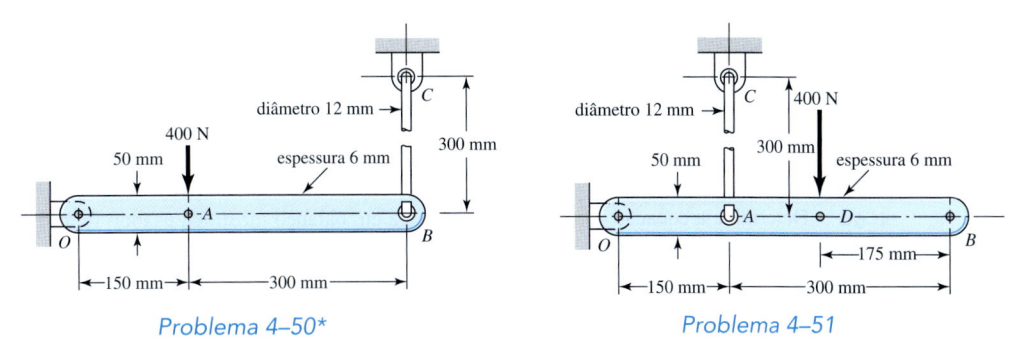

4–52 A figura ilustra uma mola em barra de torção escalonada OA com um atuador em balanço AB. Ambas as peças são de aço carbono. Utilize a superposição e determine a razão de mola k correspondente à força F que atua em B.

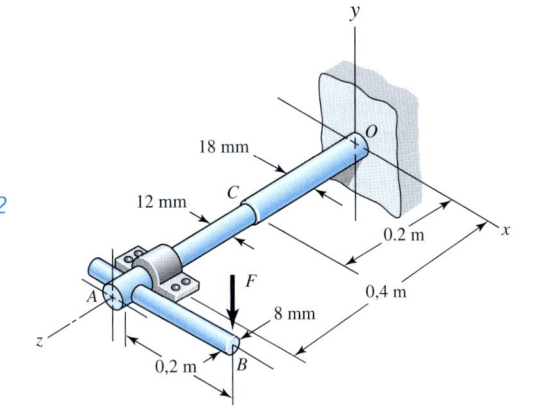

Problema 4–52

4–53 Considere a viga 5 simplesmente apoiada com uma carga central dada no Apêndice A–9. Determine a equação de deflexão se as rigidezes dos apoios esquerdo e direito são k_1 e k_2, respectivamente.

4–54 Considere a viga 10 simplesmente apoiada com uma carga em balanço dada no Apêndice A–9. Determine a equação de deflexão se a rigidez do apoio esquerdo e do apoio direito são k_1 e k_2, respectivamente.

4–55 Prove que, para uma viga de seção transversal uniforme e apoios simples nas extremidades carregada por uma única carga concentrada, a posição da deflexão máxima jamais será fora do intervalo $0{,}423l \leq x \leq 0{,}577l$, independentemente da posição da carga ao longo da viga. A importância disso é que você sempre obtém uma estimativa rápida de y_{max} usando-se $x = l/2$.

4–56 Resolva o Problema 4–10 por meio de funções de singularidade. Use a estática para determinar as reações.

4–57 Resolva o Problema 4–11 por meio de funções de singularidade. Use a estática para determinar as reações.

4–58 Resolva o Problema 4–12 por meio de funções de singularidade. Use a estática para determinar as reações.

4–59 Resolva o Problema 4–21 utilizando as funções de singularidade para determinar a equação de deflexão da viga. Use a estática para determinar as reações.

4–60 Resolva o Problema 4–13 por meio de funções de singularidade. Como a viga é simétrica, escreva somente a equação para metade dela e use a declividade no seu centro como uma condição de contorno. Use a estática para determinar as reações.

4–61 Resolva o Problema 4–17 por meio de funções de singularidade. Use estática para determinar as reações.

4–62 Resolva o Problema 4–19 utilizando as funções de singularidade para determinar a equação de deflexão da viga. Use a estática para determinar as reações.

4–63 Determine a equação de deflexão para a viga de aço mostrada usando funções de singularidade. Como a viga é simétrica, escreva a equação usando somente metade da viga e use a declividade no centro da viga como uma condição de contorno. Desenhe seus resultados e determine as deflexões máximas.

Problema 4–63

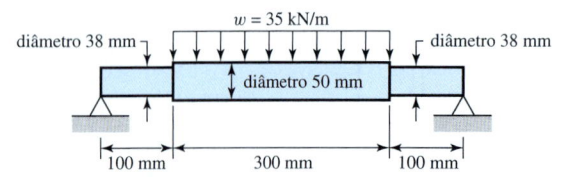

(Figura: viga simplesmente apoiada com $w = 35$ kN/m sobre trecho central de 300 mm com diâmetro 50 mm; extremidades de 100 mm com diâmetro 38 mm.)

4–64 Determine a equação de deflexão para a viga em balanço mostrada usando funções de singularidade. Avalie as deflexões em B e C e compare seus resultados com os do Exemplo 4–10.

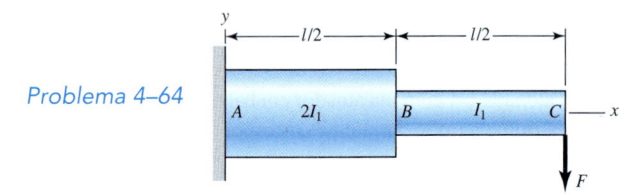

Problema 4–64

(Figura: viga em balanço engastada em A, trecho AB de comprimento $l/2$ com momento de inércia $2I_1$, trecho BC de comprimento $l/2$ com momento de inércia I_1, carga F aplicada em C.)

4–65 Use o teorema de Castigliano para verificar a deflexão máxima da viga 7 carregada uniformemente da Tabela A–9 do Apêndice. Despreze o cisalhamento.

4–66 Utilize o teorema de Castigliano para verificar a deflexão máxima da viga 3, em balanço, carregada uniformemente do Apêndice Tabela A–9. Despreze a cortante.

4–67 Resolva o Problema 4–15 usando o teorema de Castigliano.

4–68 Resolva o Problema 4–52 usando o teorema de Castigliano.

4–69 Determine a deflexão no meio do vão da viga do Problema 4–63 usando o teorema de Castigliano.

4–70 Usando o teorema de Castigliano, determine a deflexão do ponto B na direção da força F para a barra ilustrada.

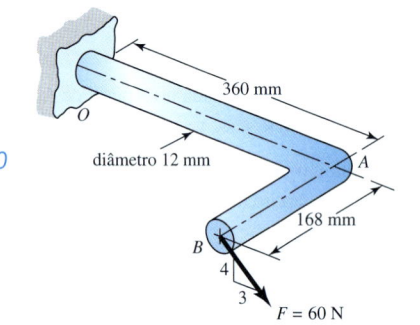

Problema 4–70

(Figura: barra em L engastada em O, diâmetro 12 mm, trecho OA de 360 mm, trecho AB de 168 mm, força $F = 60$ N aplicada em B com inclinação 3:4.)

4–71* Resolva o Problema 4–41 utilizando o teorema de Castigliano. Uma vez que a Equação (4–18) para a energia de deformação torsional foi derivada a partir do deslocamento angular para seções circulares, isso não é aplicável ao segmento BC. Você deverá obter uma nova equação de energia de deformação para seção retangular a partir das Equações (4–18) e (3–41).

4–72 Resolva o Problema 4–42 utilizando o teorema de Castigliano.

4–73* A manivela em balanço no Problema 3–84 é feita de aço doce. Faça $F_y = 1$ kN e $F_x = F_z = 0$. Utilizando o teorema de Castigliano, determine a deflexão vertical (ao longo do eixo y) na extremidade. Repita o problema com o eixo OC simplificado para um diâmetro uniforme de 24 mm para todo seu comprimento. Qual é o erro percentual desta simplificação?

4–74* Resolva o Problema 4–50 utilizando o teorema de Castigliano.

4–75 Resolva o Problema 4–51 utilizando o teorema de Castigliano.

4–76 A barra curva de aço mostrada tem seção transversal retangular na direção radial $h = 6$ mm e espessura $b = 4$ mm. O raio do eixo centroidal é $R = 40$ mm. Uma força $P = 10$ N é aplicada, conforme é mostrado. Encontre a deflexão vertical em B. Utilize o método de Castigliano para flexão de um elemento curvo, e, uma vez que $R/h < 10$, não despreze nenhum termo.

Problema 4–76

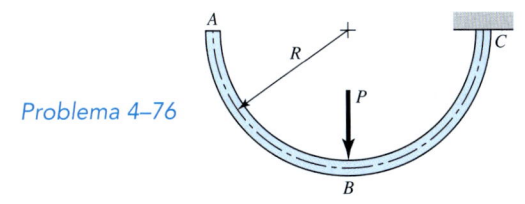

4–77 Repita o Problema 4–76 para encontrar a deflexão vertical em A.

4–78 Para a viga curvada ilustrada, $F = 30$ kN. Determine a deflexão relativa das forças aplicadas.

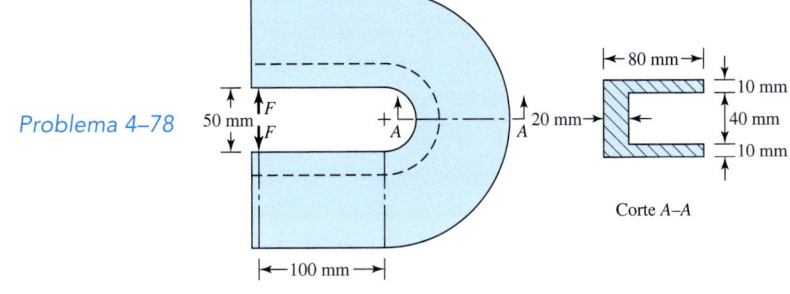

Problema 4–78

(Todas as dimensões em milímetros.)

4–79 O anel de aço de um pistão tem o diâmetro médio de 70 mm, uma altura radial $h = 4{,}5$ mm e uma espessura $b = 3$ mm. O anel é montado usando-se uma ferramenta de expansão que separa as extremidades partidas a uma distância δ, aplicando uma força F, conforme está mostrado. Utilize o teorema de Castigliano para determinar a força F necessária para expandir as extremidades separadas a uma distância $\delta = 1$ mm.

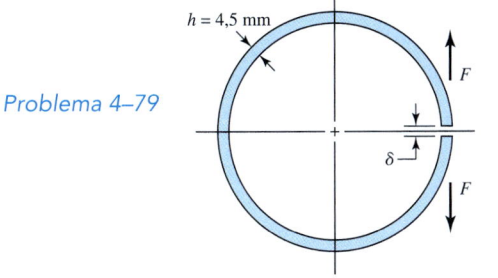

Problema 4–79

4–80 Para a configuração do arame de aço mostrado, use o método de Castigliano para determinar as forças de reação horizontal em A e B e a deflexão em C.

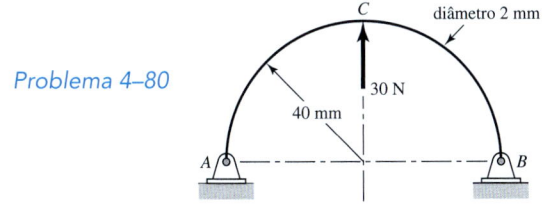

Problema 4–80

4–81 e 4–82 A peça mostrada é formada por arames de aço com 3 mm de diâmetro, com $R = 125$ mm e $l = 100$ mm. Uma força é aplicada com $P = 5$ N. Use o método de Castigliano para estimar a deflexão horizontal no ponto A. Justifique qualquer componente de energia de deformação que você escolher desprezar.

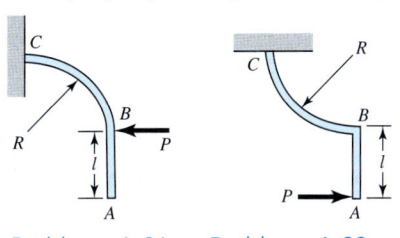

Problema 4–81   Problema 4–82

4–83 Repita o Problema 4–81 para a deflexão vertical no ponto A.

4–84 Repita o Problema 4–82 para a deflexão vertical no ponto A.

4–85 Um gancho formado por um arame de aço com 2 mm de diâmetro é fixado firmemente no teto, conforme mostrado. Uma massa de 1 kg é suspensa pelo gancho no ponto D. Use o teorema de Castigliano para determinar a deflexão vertical do ponto D.

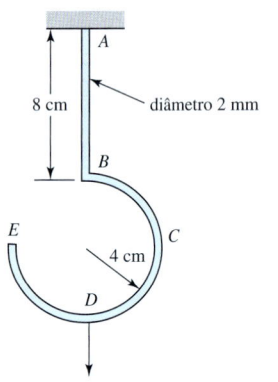

Problema 4–85

4–86 A figura mostra um elemento retangular OB, feito de uma placa de alumínio com 6 mm de espessura, articulada ao solo em uma extremidade e suportada por uma haste circular de aço com 12 mm de diâmetro, conformada em arco e articulada ao solo em C. Uma carga de 500 N é aplicada em B. Utilize o teorema de Castigliano para determinar a deflexão vertical no ponto B. Justifique qualquer escolha se desprezar alguma componente da energia de deformação.

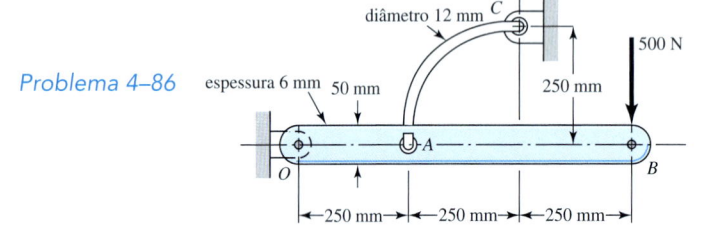

Problema 4–86

4–87 Repita o Problema 4–86 para a deflexão vertical no ponto A.

4–88 Para o artefato de arame ilustrado, determine a deflexão do ponto A na direção y. Suponha R/h > 10 e considere somente os efeitos da flexão e da torção. O arame é de aço com $E = 200$ GPa, $v = 0{,}29$ e com diâmetro de 6 mm. Antes da aplicação da força de 250 N, o artefato de arame está no plano xz em que o raio R é 80 mm.

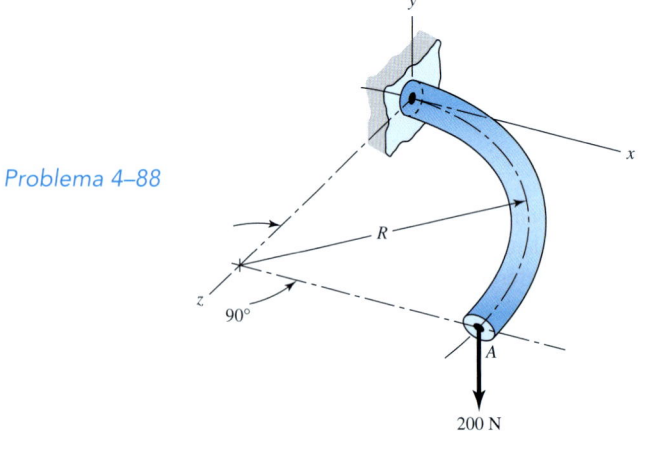

Problema 4–88

4–89 Um cabo de 30 m é fabricado usando-se um fio de aço bitola de 1,6 mm e três cordões de fio de cobre de 2 mm. Encontre a deflexão do cabo e tensão em cada fio se o cabo for submetido a uma tração de 2 kN.

4-90 A figura mostra um cilindro de pressão de aço de diâmetro de 100 mm que usa seis parafusos (de porca) de aço SAE grau 5, tendo um alcance de 300 mm. Esses parafusos possuem uma resistência de prova (ver Capítulo 8) de 580 MPa para este tamanho de parafuso. Suponha que eles sejam apertados a 90% desta resistência.

(*a*) Encontre a tensão de tração nos parafusos e a tensão por compressão nas paredes do cilindro.

(*b*) Repita o item (*a*), suponha, porém, que agora um fluido sob pressão de 4MPa seja introduzido no cilindro.

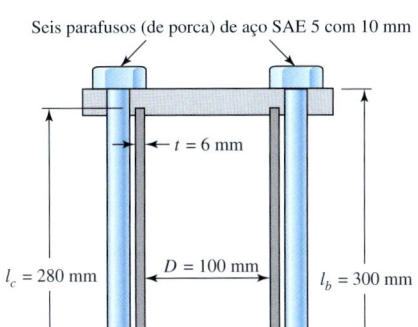

Problema 4–90

4-91 A barra de torção de comprimento L consiste em um núcleo redondo de rigidez $(GJ)_c$ e uma casca de rigidez $(GJ)_s$. Se um torque T for aplicado a essa barra de compósito, qual a porcentagem do torque total que será transmitida pela casca?

4-92 Uma barra retangular de alumínio de 10 mm de espessura e 60 mm de largura é soldada a apoios fixos nas extremidades e a barra suporta uma carga $W = 4$ kN, atuando por meio de um pino, conforme mostrado. Encontre as reações nos apoios e a deflexão do ponto A.

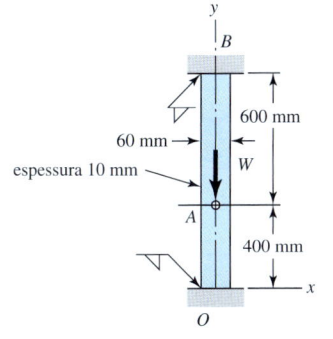

Problema 4–92

4-93 Resolva o Problema 4–92 pelo método de Castigliano e pelo procedimento 1 da Seção 4–10.

4-94 Uma barra escalonada de alumínio é carregada, conforme mostrado. (*a*) Verifique que a extremidade C deflete na direção da parede rígida, (*b*) determine as forças de reação nas paredes, as tensões em cada segmento e a deflexão de B.

4-95 O eixo de aço mostrado na figura é submetido a um torque de 5 N · m aplicado no ponto A. Encontre as reações de torque em O e B; o ângulo de giro em A, em graus; e a tensão de cisalhamento nas seções OA e AB.

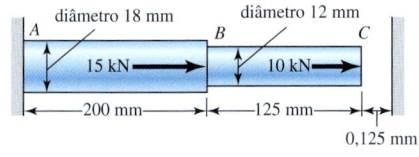

Problema 4–94

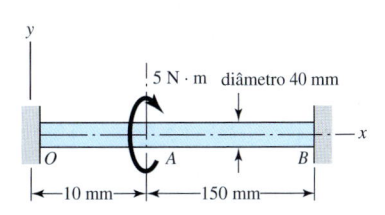

Problema 4–95

4–96 Repita o Problema 4–95 com os diâmetros da seção *OA* sendo 12 mm e da seção *AB* sendo 18 mm.

4–97 A figura mostra uma barra de aço retangular de 10 mm por 40 mm soldada a suportes fixos em cada extremidade. A barra é carregada axialmente pelas forças $F_A = 60$ kN e $F_B = 30$ kN, que atuam nos pinos em *A* e *B*. Supondo que a barra não flambará lateralmente, encontre as reações nos suportes, encontre as reações nos apoios as tensões na seção *AB* e a deflexão do ponto *A*. Use o procedimento 1 da Seção 4–10.

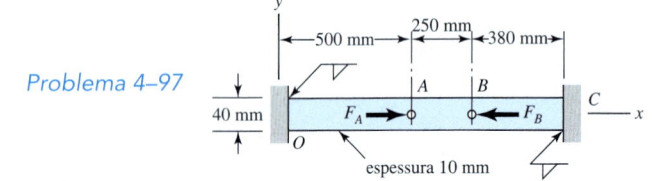

Problema 4–97

4–98 Para a viga mostrada, determine as reações de apoios usando sobreposição e o procedimento 1 da Seção 4–10.

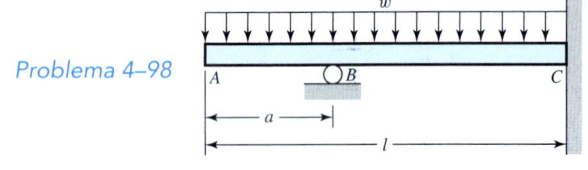

Problema 4–98

4–99 Resolva o Problema 4–98 usando o teorema de Castigliano e o procedimento 1 da Seção 4–10.

4–100 Considere a viga 13 na Tabela A–9, mas com apoios flexíveis. Considere $w = 7$ kN/m, $l = 0{,}6$ m, $E = 207$ GPa e $I = 330 \times 10^3$ mm^4. O apoio na extremidade esquerda possui uma constante de mola translacional $k_1 = 255(10^6)$ N/m e uma constante de mola rotacional de $k_2 = 280$ kN · m. O apoio da direita é uma mola de constante translacional $k_3 = 340(10^6)$ N/m. Utilizando o procedimento 2 da Seção 4–10, determine as reações nos apoios e a deflexão do ponto médio da viga.

4–101 A viga de aço *ABCD* mostrada está simplesmente apoiada em *A* e em *B* e *D* por cabos de aço, cada um deles com diâmetro efetivo de 12 mm. O segundo momento de área da viga é $I = 8(10^5)$ mm^4. A força de 20 kN é aplicada no ponto *C*. Usando o procedimento 2 da Seção 4–10, determine as tensões nos cabos e as deflexões de *B*, *C* e *D*.

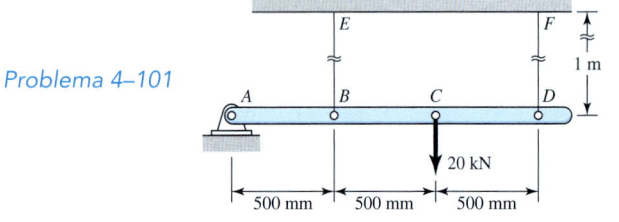

Problema 4–101

4–102 A viga de aço *ABCD* é simplesmente apoiada em *C*, conforme mostrado, e apoiada em *B* e *D* por parafusos de suporte em aço, cada um tendo um diâmetro de 8 mm. Os comprimentos de *BE* e *DF* são, são, respectivamente, 50 mm e 65 mm. A viga possui um segundo momento de área de $21(10^3)$ mm^4. Antes do carregamento, os elementos estão livres de tensões. Uma força de 2 kN é aplicada no ponto *A*. Usando o procedimento 2 da Seção 4–10, determine as tensões nos parafusos e as deflexões dos pontos *A*, *B* e *D*.

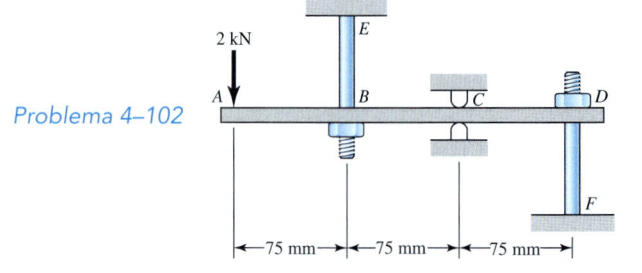

Problema 4–102

4–103 Um anel fino é carregado por duas forças F iguais e opostas no item a da figura. Um diagrama de corpo livre de um quadrante é ilustrado no item b. Este é um problema estaticamente indeterminado, pois o momento M_A não pode ser encontrado por meio da estática. (a) Encontre o máximo momento de flexão no anel devido à força F e (b) encontre o incremento no diâmetro do anel ao longo do eixo y. Suponha que o raio do anel seja grande de modo que a Equação (4–41) possa ser usada.

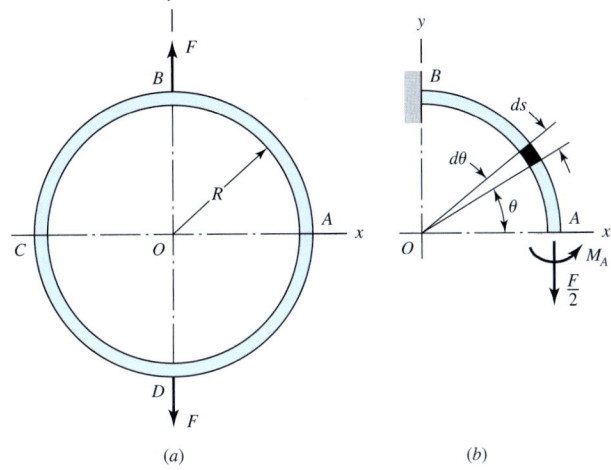

Problema 4–103

4–104 Uma coluna tubular redonda tem os diâmetros externo e interno, D e d, respectivamente, e uma razão diametral $K = d/D$. Mostre que a flambagem ocorrerá quando o diâmetro externo for

$$D = \left[\frac{64 P_{cr} l^2}{\pi^3 CE(1 - K^4)}\right]^{1/4}$$

4–105 Para as condições do Problema 4–104, demonstre que a flambagem de acordo à fórmula parabólica ocorrerá quando o diâmetro externo for

$$D = 2\left[\frac{P_{cr}}{\pi S_y(1 - K^2)} + \frac{S_y l^2}{\pi^2 CE(1 + K^2)}\right]^{1/2}$$

4–106 O conector 2, ilustrado na figura, tem de largura 25 mm, mancais de 12 mm de diâmetro nas extremidades e é cortado de um estoque de barra de aço de pequeno teor de carbono tendo uma resistência mínima de escoamento de 165 MPa. As constantes de condição de extremidade são $C = 1$ e $C = 1,2$ para flambagem, respectivamente, dentro e fora do plano de desenho.

(a) Usando um fator de projeto $n_d = 4$, encontre uma espessura adequada ao conector.
(b) São de alguma importância as tensões nos mancais em O e B?

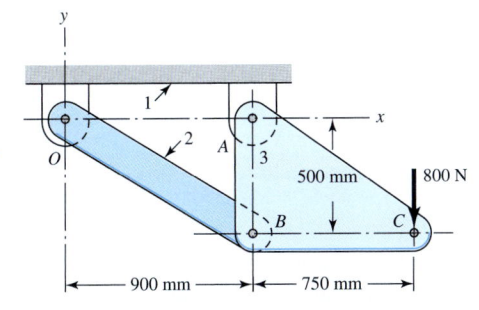

Problema 4–106

4–107 O conector 3, ilustrado esquematicamente na figura, atua como uma alça que suporta a carga de 1,2 kN. Para flambagem no plano da figura, o conector poderia ser considerado como pivotado em ambas as extremidades. Para flambagem fora do plano, as extremidades são fixas. Escolha um material apropriado e um método de fabricação tal qual forjamento, fundição, estampagem ou usinagem, para aplicações casuais da alça em máquinas de campos petrolíferos. Especifique as dimensões da seção transversal e as extremidades de modo que se obtenha um braço de reforço forte, seguro bem-feito e barato.

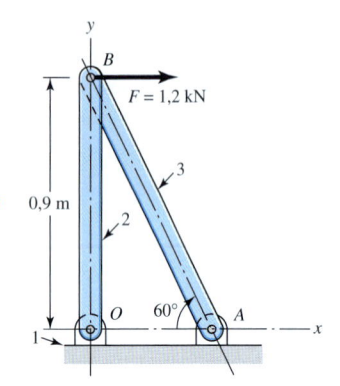

Problema 4–107

4–108 O cilindro hidráulico ilustrado na figura tem um orifício de 50,8 mm e deve operar a uma pressão de 5,6 MPa. Com a montagem da carga mostrada, a haste do êmbolo deve ser dimensionada como uma coluna com ambas as extremidades articuladas para qualquer plano de flambagem. O êmbolo deve ser de aço forjado AISI 1030 sem tratamento térmico posterior.

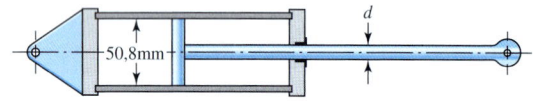

Problema 4–108

(a) Adote um fator de projeto $n_d = 2,5$ e selecione um tamanho preferencial para o diâmetro do êmbolo caso o comprimento de coluna seja 1270 m.

(b) Repita o item (a), mas desta vez com um comprimento de coluna de 406,4 m.

(c) Qual o fator de segurança realmente é obtido de cada um dos casos acima?

4–109 A figura mostra um desenho esquemático de um macaco veicular que deve ser desenhado para suportar uma massa máxima de 300 kg baseada no uso de um fator de projeto $n_d = 3,50$. As roscas de sentidos opostos nas duas extremidades do parafuso são cortadas para permitir que o ângulo de articulação θ varie de 15° a 70°. Os conectores devem ser usinados com barras de aço AISI 1010 laminadas a quente. Cada um dos quatro conectores deve ser formado por duas barras, uma de cada lado dos mancais centrais. As barras têm de ter 350 mm de comprimento e largura de $w = 30$ mm. As extremidades pivotadas precisam ser projetadas para garantir uma constante de condição de extremidade C de pelo menos 1,4 para flambagem fora do plano. Determine uma espessura preferencial adequada e o fator de segurança resultante para essa espessura.

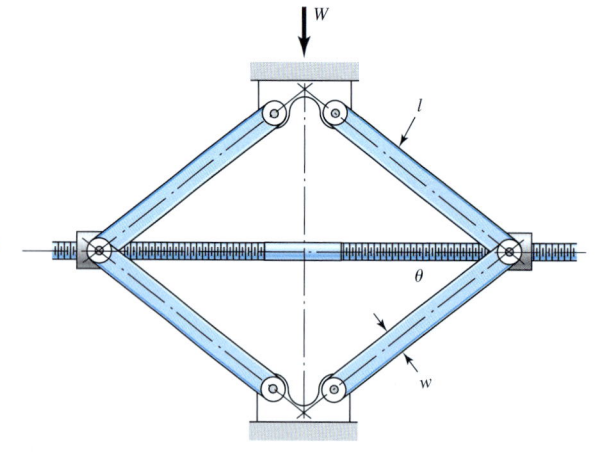

Problema 4–109

4–110 Se projetada, uma figura para este problema lembraria aquela do Problema 4–90. Um pilarete que, é um cilindro circular reto vazado padrão, tem um diâmetro externo de 100 mm e uma espessura da parede de 10 mm, e é comprimido entre duas placas circulares de extremidades fixadas por quatro parafusos igualmente espaçados em um círculo de 140 mm de diâmetro. Todos os quatro parafusos são apertados manualmente; o parafuso A é apertado a uma tração de 10 kN e o parafuso C, diagonalmente oposto, é apertado até uma tração de 50 kN. O eixo de simetria do pilarete coincidente com o centro dos círculos de parafusos. Encontre a carga máxima de compressão, a excentricidade de carregamento e a maior tensão de compressão no pilarete.

4–111 Desenhe o conector CD da prensa articulada, operada manualmente e ilustrada na figura. Especifique as dimensões da seção transversal, o tamanho de mancal e dimensões da haste de extremidade, o material e o método de processamento.

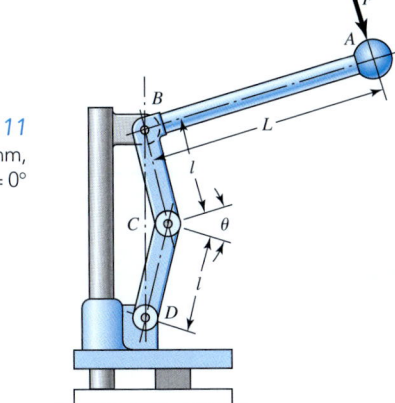

Problema 4–111
$L = 300$ mm, $l = 100$ mm,
$\theta_{min} = 0°$

4–112 Determine os valores máximos da força de mola e da deflexão no sistema de impacto mostrado na figura se $W = 150$ N, $k = 17$ kN/m e $h = 50$ mm. Ignore a massa da mola e resolva utilizando a conservação de energia.

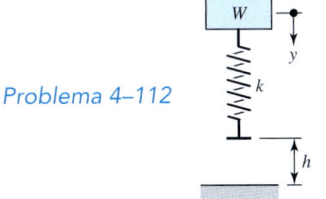

Problema 4–112

4–113 Conforme ilustrado na figura, o peso W_1 atinge W_2 de uma altura h. Se $W_1 = 40$ N, $W_2 = 400$ N, $h = 200$ mm e $k = 32$ kN/m, encontre os valores máximos das forças de mola e a deflexão de W_2. Admita que o impacto entre W_1 e W_2 é inelástico, ignore a massa da mola e resolva usando a conservação da energia.

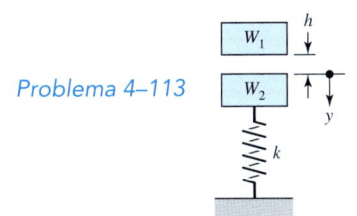

Problema 4–113

4–114 O item a da figura mostra um peso W montado entre duas molas. Se a extremidade livre da mola k_1 for subitamente deslocada pela distância $x = a$, como ilustrado no item b, determine o deslocamento y máximo do peso. Considere $W = 20$ N, $k_1 = 1,7$ kN/m, $k_2 = 3,4$ kN/m e $a = 6$ mm. Ignore a massa de cada mola e resolva utilizando a conservação de energia.

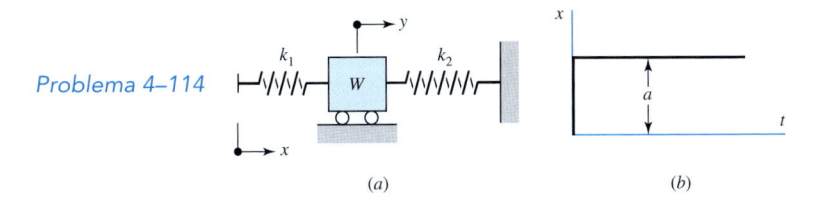

Problema 4–114

(a) (b)

PARTE 2

Prevenção de Falhas

5 Falhas resultantes de carregamento estático

- 5-1 Resistência estática **228**
- 5-2 Concentração de tensão **229**
- 5-3 Teorias de falha **231**
- 5-4 Teoria da tensão de cisalhamento máxima para materiais dúcteis **231**
- 5-5 Teoria da energia de distorção para materiais dúcteis **233**
- 5-6 Teoria de Coulomb-Mohr para materiais dúcteis **239**
- 5-7 Resumo das teorias de falha de materiais dúcteis **242**
- 5-8 Teoria da tensão normal máxima para materiais frágeis **246**
- 5-9 Teoria de Mohr modificada para materiais frágeis **247**
- 5-10 Resumo de falha de materiais frágeis **249**
- 5-11 Seleção de critérios de falha **250**
- 5-12 Introdução à mecânica da fratura **251**
- 5-13 Equações de projeto importantes **260**

No Capítulo 1 aprendemos que *resistência é uma propriedade ou característica de um elemento mecânico*. Essa propriedade resulta da identidade do material, do tratamento e processamento incidental para criar sua geometria e do carregamento, e está na localização de controle ou crítica.

Além de considerarmos a resistência de uma única peça, devemos estar cientes de que as resistências de peças produzidas em massa serão sempre algo diferentes de outras na coleção ou no conjunto por causa das variações em dimensões, usinagem, conformação e composição. Descritores de resistência são necessariamente estatísticos por natureza, envolvendo parâmetros tais como média e desvios padrão e identificação distribucional.

Carga estática é uma força estacionária ou momento aplicado a um membro. Para ser estacionária, a força ou momento deve ser imutável em magnitude, ponto ou pontos de aplicação e direção. Uma carga estática pode produzir tração axial ou compressão, uma carga de cisalhamento, uma carga de flexão, uma carga torcional, ou qualquer combinação dessas. Para ser considerada estática, a carga não pode mudar de maneira alguma.

Neste capítulo consideramos as relações entre resistência e carregamento estático a fim de tomar as decisões concernentes ao material e seu tratamento, fabricação e geometria para satisfazer aos requisitos de funcionalidade, segurança, confiabilidade, competitividade, usabilidade, fabricabilidade e mercantilidade. A possibilidade de avançarmos nessa lista está relacionada ao escopo dos exemplos.

"Falha" é a primeira palavra no título deste capítulo. Falha pode significar que uma peça tenha se separado em dois ou mais pedaços; tenha se tornado permanentemente distorcida, arruinando assim sua geometria; tenha tido sua confiabilidade depreciada ou sua função comprometida, qualquer que seja a razão. Um projetista falando de falha pode referir-se a qualquer ou a todas essas possibilidades. Neste capítulo, nossa atenção está focada na previsibilidade de distorção permanente ou separação. Em situações de sensibilidade à resistência, o projetista deve separar a tensão média e a resistência média no local crítico para atingir seus propósitos.

As Figuras 5–1 a 5–5 são fotografias de várias peças falhadas. Elas exemplificam a necessidade que tem o projetista de ser bem versado em prevenção de falhas. Voltado a esse fim, consideraremos estados de tensão unidimensionais, bidimensionais e tridimensionais, com ou sem concentrações de tensão, para ambos os materiais, dúctil e frágil.

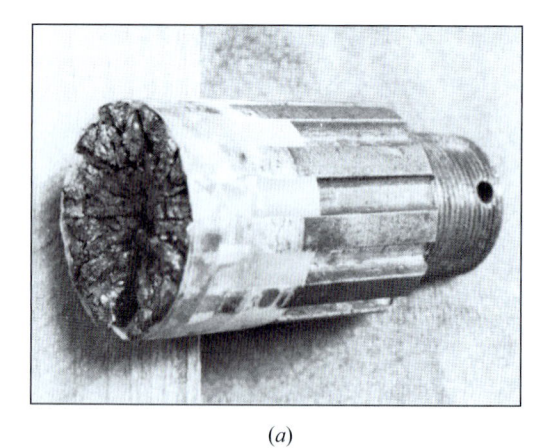

(a)   (b)

Figura 5–1 (*a*) Falha da estria de eixo motor de um caminhão por causa de fadiga associada à corrosão. Note que foi necessário usar fita adesiva clara para manter as partes no lugar. (*b*) Vista direta da extremidade da falha. (*Os autores agradecem a D. Mitchell, coautor de Mechanical Engineering Design, 4th ed., McGraw-Hill, New York, 1983 por ceder as fotografias reproduzidas nas Figuras 5-1 a 5-5.*)

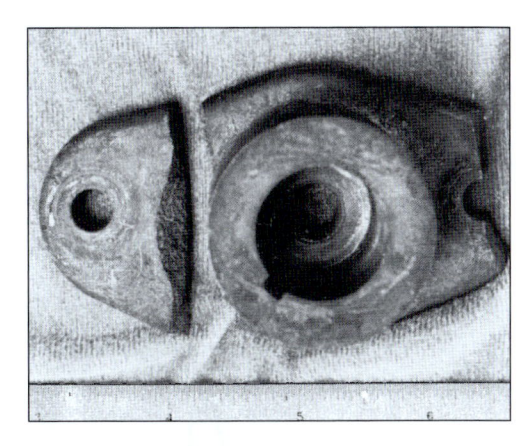

Figura 5–2 Falha de impacto de um cubo guia de pá de um corta-grama. A pá impactou um cano marcador de inspeção.

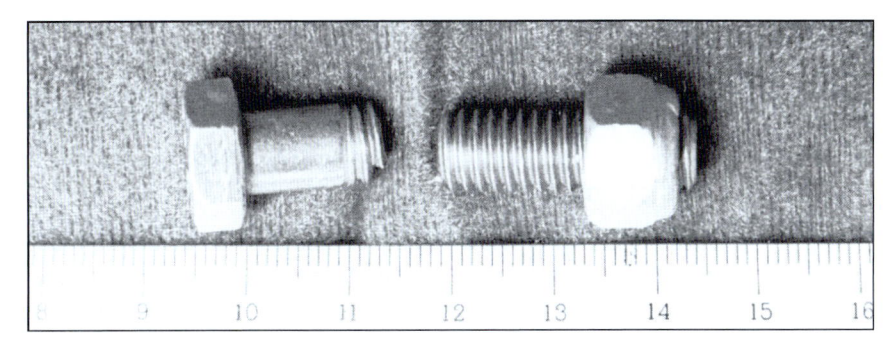

Figura 5–3 Falha de um parafuso retentor da polia superior de uma máquina de levantamento de pesos. Um erro de fabricação causou uma abertura que forçou o parafuso a absorver toda a carga de momento.

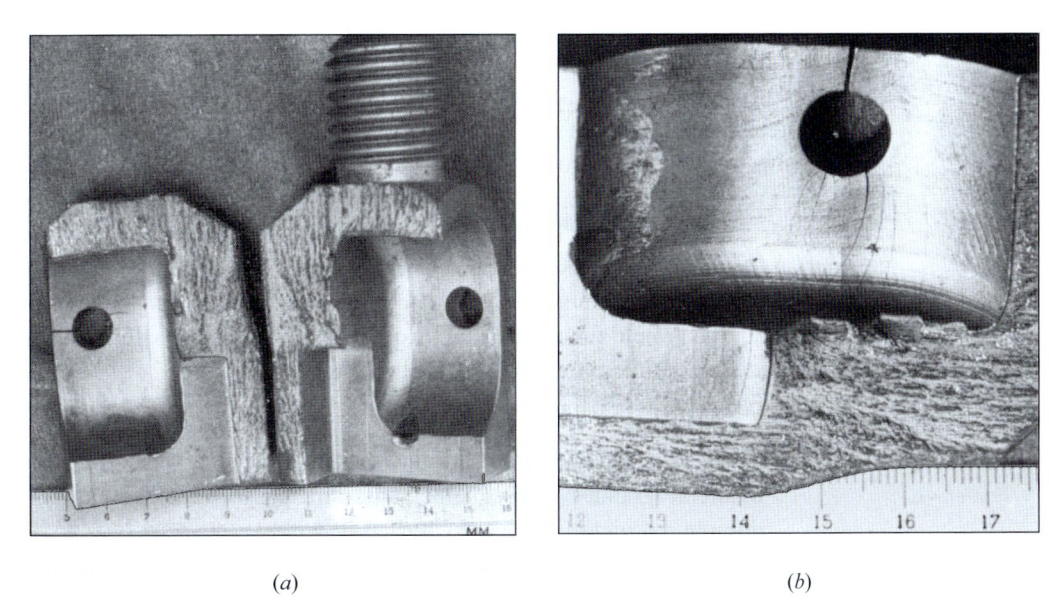

(a)   (b)

Figura 5–4 Dispositivo de ensaio de corrente que falhou em um ciclo. Para diminuir reclamações de desgaste excessivo, o fabricante decidiu por endurecer superficialmente o material. (a) Duas metades mostrando a fratura; este é um excelente exemplo de fratura frágil iniciada por concentração de tensão. (b) Vista aumentada de uma porção para mostrar trincas induzidas por concentração de tensão nos orifícios dos pinos de suporte.

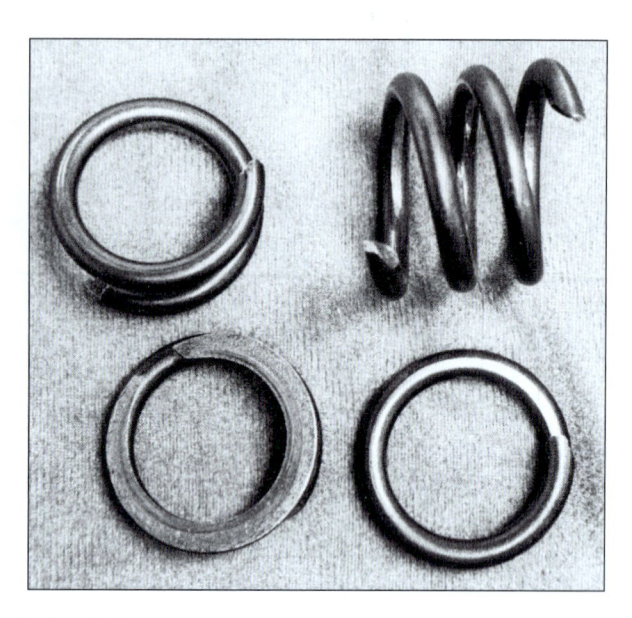

Figura 5-5 Falha de mola de válvula causada por estiramento de mola em um motor superacelerado. As fraturas exibem a falha de cisalhamento clássica de 45°.

5-1 Resistência estática

Idealmente, ao desenhar qualquer elemento de máquina, o engenheiro deve ter a seu dispor resultados de uma grande quantidade de ensaios de resistência do material particular que escolheu. Esses ensaios devem ser feitos em espécimes com o mesmo tratamento térmico, acabamento superficial e tamanho do elemento que o engenheiro se propõe a desenhar; e os ensaios devem ser feitos sob exatamente as mesmas condições de carregamento que a peça experimentará em serviço. Isso significa que se a peça for experimentar uma carga de flexão, ela deve ser ensaiada com uma carga de flexão. Se ela for submetida a flexão e torção combinadas, deve ser testada sob flexão e torção combinadas. Se for feita de aço estirado AISI 1040 termotratado a 500 °C com um polimento em retífica, os espécimes testados devem ser do mesmo material preparado da mesma maneira. Tais ensaios proverão informações muito úteis e precisas. Sempre que tais dados estiverem disponíveis para propósitos de projeto, o engenheiro pode estar seguro de que estará fazendo o melhor trabalho possível de engenharia.

O custo de coleta de tais dados extensivos antes do projeto é justificável se a falha da peça puder pôr em perigo a vida humana ou se a peça for fabricada em quantidades suficientemente grandes. Refrigeradores e outros utensílios, por exemplo, têm muito boa confiabilidade porque as peças são feitas em quantidades tão grandes que elas podem ser testadas inteiramente de antemão pelo fabricante. O custo de feitura desses ensaios fica muito baixo quando é dividido pelo número total de peças fabricadas.

Você pode agora apreciar as quatro categorias de projeto seguintes:

1. A falha da peça comprometeria a vida humana, ou a peça é feita em quantidades extremamente grandes; consequentemente, um programa elaborado de ensaio é justificado durante o projeto.
2. A peça é feita em quantidade grande o suficiente que uma série moderada de ensaios é factível.
3. A peça é feita em tão pequenas quantidades que o ensaio não é justificável de maneira alguma; ou o projeto deve ser completado tão rapidamente que não há tempo suficiente para ensaio.

4. A peça já foi projetada, fabricada, testada e julgada insatisfatória. Análise é requerida para entender por que a peça é insatisfatória e o que fazer para melhorá-la.

Mais frequentemente, é necessário desenhar usando somente valores publicados da resistência de escoamento, resistência última, redução porcentual em área e elongação porcentual, tais como aqueles listados no Apêndice A. Como se podem usar tais valores escassos para desenhar contra ambas as cargas, estáticas e dinâmicas, estados de tensão biaxial e triaxial, altas e baixas temperaturas, peças muito grandes e muito pequenas? Essas e outras questões serão discutidas neste capítulo e nos seguintes; pense, porém, em como seria melhor ter dados disponíveis que duplicassem a situação real de desenho.

5–2 Concentração de tensão

Concentração de tensão (ver Seção 3–13) é um efeito altamente localizado. Em alguns exemplos ela pode ser devida a um risco de superfície. Se o material for dúctil e a carga estática, a carga de projeto pode causar escoamento em uma posição crítica num entalhe. Esse escoamento pode envolver encruamento por deformação do material e um aumento na resistência de escoamento na posição do entalhe crítico. Uma vez que as cargas são estáticas e o material dúctil, a peça pode aguentá-las satisfatoriamente sem escoamento geral. Nesses casos, o projetista considera o fator de concentração de tensão geométrico (teórico) K_t igual à unidade.

O raciocínio pode ser expresso como se segue. O cenário do pior caso é aquele do material idealizado sem encruamento por deformação mostrado na Figura 5–6. A curva tensão-deformação eleva-se linearmente até a resistência de escoamento S_y, depois procede em tensão constante, que é igual a S_y. Considere uma barra retangular entalhada como a representada na Figura A–15–5, na qual a área da seção transversal da extremidade menor é de 645 mm². Se o material for dúctil, com um ponto de escoamento a 280 MPa, e o fator teórico de concentração de tensão (SCF) K_t igual a 2:

- Uma carga de 90 kN induz uma tensão nominal de tração de 140 MPa na extremidade, representada pelo ponto A na Figura 5–6. Na localidade crítica do adoçamento a tensão é 280 MPa, e o SCF é $K = \sigma_{max}/\sigma_{nom} = 40/20 = 2$.
- Uma carga de 135 kN induz uma tensão nominal de tração de 210 MPa na extremidade, no ponto B. A tensão no adoçamento é ainda 280 MPa (ponto D), e o SCF $K = \sigma_{max}/\sigma_{nom} = S_y/\sigma = 280/210 = 1,33$.

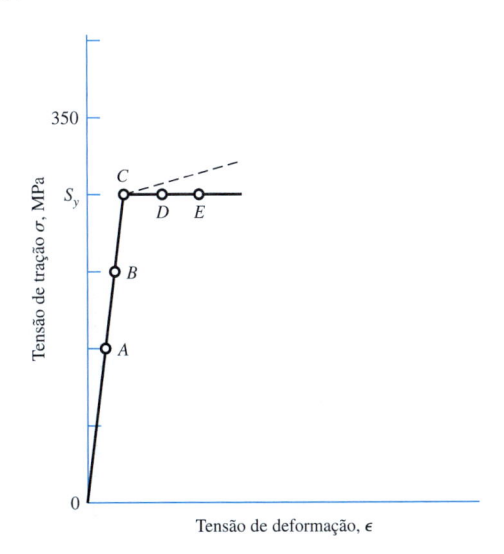

Figura 5–6 Uma curva tensão-deformação idealizada. A linha tracejada mostra um material com encruamento por deformação.

- A uma carga de 180 kN, a tensão induzida de tração (ponto C) é 280 MPa na extremidade. Na posição crítica do adoçamento a tensão (no ponto E) é 280 MPa. O SCF $K = \sigma_{max}/\sigma_{nom} = Sy/\sigma = 280/280 = 1$.

Para materiais que deformam e encruam, a posição crítica no entalhe tem uma S_y mais elevada. A área da extremidade, que está a um nível de tensão um pouco abaixo de 280 MPa, está suportando carga e está muito próxima de sua condição de falha por escoamento generalizado. Essa é a razão pela qual projetistas não aplicam K_t em *carregamento estático* de um *material dúctil* carregado elasticamente, estabelecendo, em vez disso, $K_t = 1$.

Quando usar essa regra para materiais dúcteis com cargas estáticas, tenha o cuidado de assegurar-se de que o material não é suscetível à fratura frágil (ver Seção 5–12) no ambiente de uso. A definição usual do fator geométrico (teórico) de concentração de tensão para tensão normal K_t e tensão de cisalhamento K_{ts} é dado pelo seguinte par de Equações (3–47)

$$\sigma_{max} = K_t \sigma_{nom} \tag{a}$$

$$\tau_{max} = K_{ts} \tau_{nom} \tag{b}$$

Desde que sua atenção esteja no fator de concentração de tensão e a definição de σ_{nom} ou τ_{nom} é dada na legenda do gráfico ou por um programa de computador, assegure-se de que o valor da tensão nominal seja apropriado para a seção que suporta a carga.

Conforme mostrado na Figura 2–2b, p. 42, materiais frágeis não exibem um intervalo plástico. O fator de concentração de tensões dado pela Equação (*a*) ou (*b*) poderia elevar a tensão a um nível capaz de dar início a uma fratura no local de concentração de tensão, levando a uma falha catastrófica do elemento.

Uma exceção a essa regra é um material frágil que inerentemente contém concentração de tensão por microdescontinuidades, pior que a macrodescontinuidade que o projetista tem em mente. Moldagem de areia introduz partículas de areia, ar e bolhas de vapor d'água. A estrutura de grão do ferro fundido contém flocos de grafita (com pouca resistência), que são literalmente trincas introduzidas durante o processo de solidificação. Quando um ensaio de tração em um ferro fundido é executado, a resistência relatada na literatura *inclui* essa concentração de tensão. Em tais casos K_t ou K_{ts} não necessitam ser aplicados.

Uma fonte importante de fatores de concentração de tensão é R. E. Peterson, que os compilou com base em seu próprio trabalho e também de outros.[1] Peterson desenvolveu o estilo de apresentação em que o fator de concentração de tensão K_t é multiplicado pela tensão nominal σ_{nom} para estimar a magnitude da maior tensão no local. As aproximações dele foram baseadas em estudos de fotoelasticidade de tiras bidimensionais (Hartman e Levan, 1951; Wilson e White, 1973), com alguns dados limitados dos ensaios fotoelásticos tridimensionais de Harman e Levan. Um gráfico do contorno foi incluído na apresentação de cada caso. Eixos afiletados sob tração foram baseados em faixas bidimensionais. A Tabela A–15 provê muitas cartas de fatores de concentração de tensão teóricos para várias condições fundamentais de carregamento e geometria. Cartas adicionais também estão disponíveis em Peterson.[2]

Análise por elemento finito (FEA) pode também ser aplicada na obtenção de fatores de concentração de tensão. Melhorias nos valores de K_t e K_{ts} para eixos com adoçamentos foram reportadas por Tipton, Sorem e Rolovic.[3]

---

[1] R. E. Peterson. Design Factors for Stress Concentration. *Machine Design*; vol. 23, n. 2, fev. 1951; n. 3, mar. 1951; n. 5, maio 1951; n. 6, jun. 1951; n. 7, jul. 1951.

[2] Walter D. Pilkey e Deborah Pilkey, *Peterson's Stress-Concentration Factors*, 3rd ed, John Wiley & Sons, New York, 2008.

[3] S. M. Tipton, J. R. Sorem Jr., R. D. Rolovic. Updated Stress-Concentration Factors for Filleted Shafts in Bending and Tension. *Trans. ASME, Journal of Mechanical Design*; vol 118, set. 1996, p. 321–327.

5-3 Teorias de falha

A Seção 5-1 ilustrou algumas maneiras pelas quais a perda de função se manifesta. Eventos como distorção, deformação permanente, fendilhamento e rompimento estão entre as maneiras que um elemento de máquina falha. Máquinas de ensaio apareceram nos anos 1700, e espécimes foram puxados, fletidos e torcidos em processos de carregamento simples.

Se o mecanismo de falha for simples, os ensaios simples podem nos dar pistas. O que significa exatamente simples? O ensaio de tração é uniaxial (isto é, simples) e as elongações são máximas na direção axial, assim, deformações podem ser medidas e tensões inferidas até a "falha". Exatamente, o que é importante: uma tensão crítica, uma deformação crítica, uma energia crítica? Nas diversas seções que se seguem, mostraremos teorias de falha que vão ajudar a responder algumas dessas questões.

Infelizmente, não existe uma teoria universal de falha para o caso geral de propriedades de materiais e estados de tensão. Pelo contrário, várias hipóteses foram formuladas e testadas ao longo dos anos, levando a práticas aceitas hoje em dia. Sendo aceitas, caracterizaremos essas "práticas" como *teorias*, como muitos projetistas o fazem.

O comportamento de metais estruturais é classificado, tipicamente, como dúctil ou frágil, embora, sob situações especiais, um material normalmente considerado dúctil pode falhar de maneira frágil (ver Seção 5-12). Materiais dúcteis são normalmente classificados por ter $\varepsilon_f \geq 0,05$ e uma resistência ao escoamento identificável, que frequentemente é a mesma sob compressão e tração, ($S_{yt} = S_{yc} = S_y$). Materiais frágeis possuem $\varepsilon_f < 0,05$, não exibem uma resistência de escoamento identificável e são tipicamente classificados segundo as resistências últimas de tração e compressão S_{ut} e S_{uc}, respectivamente (em que S_{uc} é apresentada como uma quantidade positiva). As teorias geralmente aceitas são:

Materiais dúcteis (critério de escoamento)

- Tensão de cisalhamento máxima (MSS), Seção 5-4.
- Energia de distorção (DE), Seção 5-5.
- Coulomb-Mohr dúctil (DCM), Seção 5-6.

Materiais frágeis (critério de fratura)

- Tensão normal máxima (MNS), Seção 5-8.
- Coulomb-Mohr frágil (BCM), Seção 5-9.
- Mohr modificada (MM), Seção 5-9.

Seria aconselhável termos uma teoria aceita universalmente para cada tipo de material, porém, por uma razão ou outra, todas as teorias são utilizadas. Mais tarde, apresentaremos a razão para a seleção de uma teoria em particular. Primeiro, descreveremos as bases dessas teorias e as aplicaremos em alguns exemplos.

5-4 Teoria da tensão de cisalhamento máxima para materiais dúcteis

A *teoria da tensão de cisalhamento máxima* (MSS) prediz que *o escoamento começa sempre que a tensão de cisalhamento máxima em qualquer elemento se torna igual ou excede a tensão de cisalhamento máxima em um espécime de ensaio de tração do mesmo material quando aquele espécime começa a escoar*. A teoria MSS também é conhecida como *teoria de Tresca* ou *Guest*.

Muitas teorias são postuladas com base nas consequências vistas em testes de tração. À medida que uma tira de material dúctil é submetida à tração, linhas de deslizamento (chamadas *Linhas de Lüder*) formam-se a um ângulo de aproximadamente 45° com o eixo da tira.

Essas linhas de deslizamento representam o começo do escoamento, e quando carregadas à fratura, linhas de fratura também são observadas em ângulos aproximadamente iguais a 45° com o eixo de tração. Uma vez que a tensão de cisalhamento seja máxima a 45° com o eixo de tração, faz sentido pensar ser esse o mecanismo de falha. Será mostrado na próxima seção que algo mais do que isso pode ocorrer. Não obstante, sucede que a teoria MSS se constitui em um preditor de falha aceitável, embora conservativo; e uma vez que os engenheiros são conservativos por natureza, ela é usada com frequência.

Recorde-se que para tensão de tração simples, $\sigma = P/A$, e assim a máxima tensão de cisalhamento ocorre numa superfície a 45° da superfície de tração, tendo uma magnitude $\tau_{max} = \sigma/2$. Portanto, a máxima tensão de cisalhamento no momento de escoamento é $\tau_{max} = S_y/2$. Para um estado geral de tensão, três tensões principais podem ser determinadas e ordenadas de modo que $\sigma_1 \geq \sigma_2 \geq \sigma_3$. A máxima tensão de cisalhamento é então $\tau_{max} = (\sigma_1 - \sigma_3)/2$ (ver Figura 3–12). Assim, para um estado de tensão geral, a teoria da tensão de cisalhamento máxima prediz escoamento quando

$$\tau_{max} = \frac{\sigma_1 - \sigma_3}{2} \geq \frac{S_y}{2} \quad \text{ou} \quad \sigma_1 - \sigma_3 \geq S_y \tag{5–1}$$

Note que isso implica que a resistência de escoamento em cisalhamento é dada por

$$S_{sy} = 0{,}5\, S_y \tag{5–2}$$

o que, como veremos mais adiante, fica cerca de 15% abaixo (conservativo).

Para os propósitos do projeto, a Equação (5–1) pode ser modificada para incorporar um fator de segurança, n. Assim,

$$\tau_{max} = \frac{S_y}{2n} \quad \text{ou} \quad \sigma_1 - \sigma_3 = \frac{S_y}{n} \tag{5–3}$$

Tensão plana é um estado muito comum de tensão em projeto. No entanto, é extremamente importante compreender que o estado plano de tensões é um estado *tridimensional* de tensões. Transformações de tensões planas na Seção 3–6 se restringem apenas às tensões no plano, que são dadas pela Equação (3–13) e identificadas por σ_1 e σ_2. É verdade que essas são as tensões principais no *plano de análise*, mas fora do plano existe uma terceira tensão principal que é *sempre zero* nos estados planos. Isto significa que, se vamos utilizar a convenção de ordenamento $\sigma_1 \geq \sigma_2 \geq \sigma_3$ para a análise tridimensional, na qual se baseia a Equação (5–1), não podemos chamar arbitrariamente as tensões principais do plano de σ_1 e σ_2 até que as relacionemos com a terceira tensão principal nula. Para ilustrar a teoria MSS graficamente para a tensão plana, vamos primeiro identificar as tensões principais dadas pela Equação (3–13) como σ_A e σ_B e então as ordenaremos junto com a tensão principal nula de acordo com a convenção $\sigma_1 \geq \sigma_2 \geq \sigma_3$. Assumindo que $\sigma_A \geq \sigma_B$, haverá três casos a considerar ao usar a Equação (5–1) para a tensão plana:

Caso 1: $\sigma_A \geq \sigma_B \geq 0$. Para esse caso, $\sigma_1 = \sigma_A$ e $\sigma_3 = 0$. A Equação (5–1) para tensão plana reduz-se a uma condição de escoamento

$$\sigma_A \geq S_y \tag{5–4}$$

Caso 2: $\sigma_A \geq 0 \geq \sigma_B$. Aqui, $\sigma_1 = \sigma_A$ e $\sigma_3 = \sigma_B$, e a Equação (5–1) torna-se

$$\sigma_A - \sigma_B \geq S_y \tag{5–5}$$

Caso 3: $0 \geq \sigma_A \geq \sigma_B$. Para esse caso, $\sigma_1 = 0$ e $\sigma_3 = \sigma_B$, e a Equação (5–1) resulta em

$$\sigma_B \leq -S_y \tag{5–6}$$

As Equações (5–4) a (5–6) estão representadas na Figura 5–7 pelas três linhas indicadas no plano σ_A, σ_B. As linhas remanescentes não marcadas referem-se a casos $\sigma_B \geq \sigma_A$, as quais completam o *envelope de escoamento de tensões* mas que normalmente não são usadas.. A teoria da máxima tensão de cisalhamento prevê escoamento se um estado de tensão se situa fora da região sombreada e limitada pelo envelope de tensões de escoamento. Na Figura 5–7, suponha que o ponto *a* representa o estado de tensão de um elemento de tensões críticas em um membro. Se a carga é incrementada, é usual assumir que as tensões principais se incrementam proporcionalmente ao longo da linha que passa pela origem e pelo ponto *a*. Tal *linha de carga* é mostrada. Se o estado de tensão aumentar ao longo da linha e cruzar o envelope das tensões de falha, tal como no ponto *b*, a teoria MSS prevê que o elemento de tensão irá escoar. O fator de segurança contra o escoamento no ponto *a* é dado pela razão entre a resistência (distância até o ponto de falha *b*) e a tensão (distância até o ponto de tensão *a*), que é $n = Ob/Oa$.

Note que a primeira parte da Equação (5–3), $\tau_{max} = S_y/2n$, é suficiente para os propósitos do projeto desde que o projetista seja cuidadoso na determinação de τ_{max}. Contudo, considere o caso especial quando uma tensão normal é zero no plano, digamos σ_x e τ_{xy} possuem valores enquanto $\sigma_y = 0$. Pode-se mostrar que esse é um problema do Caso 2, e a tensão de cisalhamento determinada pela Equação (3–4) é τ_{max}. Problemas de projeto de eixos caem tipicamente nessa categoria, em que uma tensão normal existe devido à flexão e/ou carregamento axial, e uma tensão de cisalhamento surge da torção.

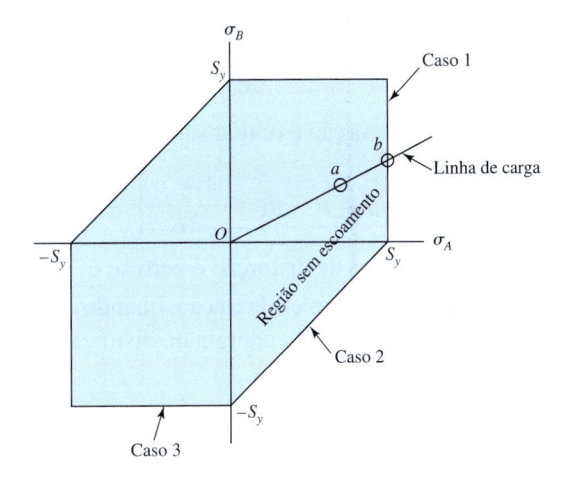

Figura 5–7 Envelope de escoamento na teoria da máxima tensão de cisalhamento (MSS), para o estado plano de tensão sendo σ_A e σ_B as duas tensões principais não nulas.

5–5 Teoria da energia de distorção para materiais dúcteis

A *teoria da energia de distorção* prediz que o *escoamento ocorre quando a energia de deformação por distorção em uma unidade de volume alcança ou excede a energia de deformação por distorção por unidade de volume no escoamento sob tração ou compressão simples do mesmo material.*

A *teoria da energia de distorção* (DE) originou-se da observação de que materiais dúcteis tensionados hidrostaticamente (tensões principais iguais) exibiam resistências de escoamento bem acima dos valores dados pelo ensaio de tração simples. Consequentemente, foi postulado que o escoamento não era um fenômeno simples de tração ou compressão em absoluto, mas, pelo contrário, que estava relacionado de alguma maneira à distorção angular do elemento tensionado. Para desenvolver a teoria, note, na Figura 5–8*a*, a unidade de volume sujeita a um estado de tensão tridimensional qualquer, designado pelas tensões σ_1, σ_2 e σ_3. O estado de tensão mostrado na Figura 5–8*b* é de tensão hidrostática devido a tensões σ_{av} atuando em cada uma das mesmas direções principais que as da Figura 5–8*a*. A fórmula para σ_{av} é

$$\sigma_{av} = \frac{\sigma_1 + \sigma_2 + \sigma_3}{3} \qquad (a)$$

Assim, o elemento na Figura 5–8b passa por mudança pura de volume, isto é, sem distorção angular. Se considerarmos σ_{av} uma componente de σ_1, σ_2, e σ_3, essa componente pode ser delas subtraída, resultando no estado de tensão mostrado na Figura 5–8c. Esse elemento está sujeito à distorção angular pura, isto é, nenhuma mudança de volume.

A energia de deformação por unidade de volume para tração simples é $u = \frac{1}{2}\,\epsilon\sigma$. Para o elemento na Figura 5–8a, a energia de deformação por unidade de um volume é $u = \frac{1}{2}\,[\epsilon_1\sigma_1 + \epsilon_2\sigma_2 + \epsilon_3\sigma_3]$. Substituindo a Equação (3–19) para as deformações principais, temos

$$u = \frac{1}{2E}\left[\sigma_1^2 + \sigma_2^2 + \sigma_3^2 - 2\nu(\sigma_1\sigma_2 + \sigma_2\sigma_3 + \sigma_3\sigma_1)\right] \qquad (b)$$

A energia de deformação necessária à produção de mudança de volume apenas, u_v, pode ser obtida por substituição de σ_{av} em lugar de σ_1, σ_2, e σ_3 na Equação (b). O resultado é

$$u_v = \frac{3\sigma_{av}^2}{2E}(1 - 2\nu) \qquad (c)$$

Se agora substituímos o quadrado da Equação (a) na Equação (c) e simplificamos a expressão, obtemos

$$u_v = \frac{1 - 2\nu}{6E}\left(\sigma_1^2 + \sigma_2^2 + \sigma_3^2 + 2\sigma_1\sigma_2 + 2\sigma_2\sigma_3 + 2\sigma_3\sigma_1\right) \qquad (5\text{–}7)$$

A energia de distorção é obtida subtraindo-se a Equação (5–7) da Equação (b). Isso nos dá

$$u_d = u - u_v = \frac{1 + \nu}{3E}\left[\frac{(\sigma_1 - \sigma_2)^2 + (\sigma_2 - \sigma_3)^2 + (\sigma_3 - \sigma_1)^2}{2}\right] \qquad (5\text{–}8)$$

Note que a energia de distorção é zero se $\sigma_1 = \sigma_2 = \sigma_3$.

Para o ensaio simples de tração, quando do escoamento, $\sigma_1 = S_y$ e $\sigma_2 = \sigma_3 = 0$; assim, com base na Equação (5–8), a energia de distorção resulta em

$$u_d = \frac{1 + \nu}{3E}S_y^2 \qquad (5\text{–}9)$$

Portanto, para o estado geral de tensões dado pela Equação (5–8), o escoamento é predito se a Equação (5–8) iguala ou excede a Equação (5–9). Assim, temos

$$\left[\frac{(\sigma_1 - \sigma_2)^2 + (\sigma_2 - \sigma_3)^2 + (\sigma_3 - \sigma_1)^2}{2}\right]^{1/2} \geq S_y \qquad (5\text{–}10)$$

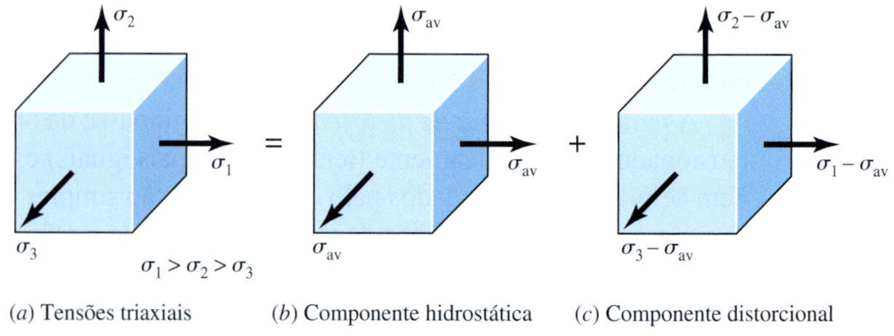

(a) Tensões triaxiais (b) Componente hidrostática (c) Componente distorcional

Figura 5–8 (a) Elemento com tensões triaxiais; esse elemento passa por ambos, mudança de volume e distorção angular. (b) Elemento sob tensões normais hidrostáticas apenas muda de volume. (c) Elemento tem distorção angular sem mudança de volume.

Se tivéssemos um caso simples de tração σ, o escoamento ocorreria quando $\sigma \geq S_y$. Assim, a parte esquerda da Equação (5–10) pode ser pensada como uma tensão *única*, *equivalente* ou *efetiva* para o estado geral de tensão completo dado por meio de σ_1, σ_2 e σ_3. Essa tensão efetiva é usualmente chamada de *tensão de von Mises*, σ', denominada pelo dr. R. von Mises, que contribuiu para a teoria. Assim, a Equação (5–10) para escoamento pode ser escrita como

$$\sigma' \geq S_y \quad (5\text{–}11)$$

em que a tensão de von Mises é

$$\sigma' = \left[\frac{(\sigma_1 - \sigma_2)^2 + (\sigma_2 - \sigma_3)^2 + (\sigma_3 - \sigma_1)^2}{2}\right]^{1/2} \quad (5\text{–}12)$$

Para a tensão plana, a tensão de von Mises pode ser representada pelas tensões principais σ_A, σ_B e zero. Portanto, da Equação (5–12), obtemos

$$\sigma' = \left(\sigma_A^2 - \sigma_A \sigma_B + \sigma_B^2\right)^{1/2} \quad (5\text{–}13)$$

A Equação (5–13) representa uma elipse rotacionada no plano σ_A, σ_B, como mostra a Figura 5–9, com $\sigma' = S_y$. As linhas tracejadas na figura representam a teoria MSS, que pode ser vista como mais restritiva e, assim, mais conservativa.[4]

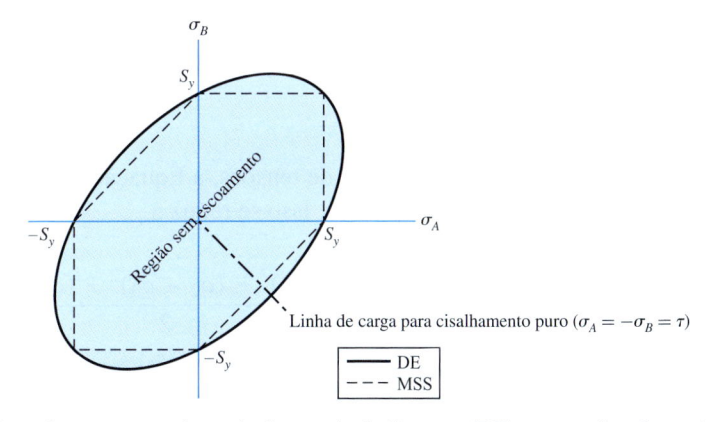

Figura 5–9 Envelope de escoamento da teoria de energia de distorção (DE) para estados planos de tensão. Este é um gráfico de pontos obtidos por meio da Equação (5–13) com $\sigma' = S_y$.

Utilizando as componentes *xyz* do tensor tridimensional de tensões, a tensão de von Mises pode ser escrita como

$$\sigma' = \frac{1}{\sqrt{2}}\left[(\sigma_x - \sigma_y)^2 + (\sigma_y - \sigma_z)^2 + (\sigma_z - \sigma_x)^2 + 6\left(\tau_{xy}^2 + \tau_{yz}^2 + \tau_{zx}^2\right)\right]^{1/2} \quad (5\text{–}14)$$

e para tensões planas

$$\sigma' = \left(\sigma_x^2 - \sigma_x \sigma_y + \sigma_y^2 + 3\tau_{xy}^2\right)^{1/2} \quad (5\text{–}15)$$

A teoria da energia de distorção é também chamada:

---

[4] As equações tridimensionais para DE e MSS podem ser traçadas relativamente a eixos coordenados tridimensionais σ_1, σ_2, e σ_3. A superfície de falha para DE é um cilindro circular com eixo inclinado de 45° em relação a cada um dos eixos principais, enquanto a superfície para a MSS é um hexágono inscrito dentro do cilindro. Ver Arthur P. Boresi; Richard J. Schmidt. *Advanced Mechanics of Materials*; 6ª ed. Nova York: John Wiley & Sons, 2003, Seção 4.4.

- Teoria de von Mises ou teoria de von Mises-Hencky.
- Teoria da energia de cisalhamento.
- Teoria da tensão de cisalhamento octaédrico.

O entendimento das tensões de cisalhamento octaédricas lançará um pouco de luz no por que de a teoria MSS ser conservativa. Considere um elemento isolado no qual as tensões normais em cada uma das faces sejam idênticas à tensão hidrostática σ_{av}. Há oito superfícies simétricas com relação às direções principais que contêm essa tensão. Isso forma um octaedro, como mostra a Figura 5–10. As tensões de cisalhamento nessas superfícies são iguais e são chamadas de *tensões de cisalhamento octaédricas* (A Figura 5–10 possui apenas uma das superfícies octaédricas identificada). Por meio de transformação de coordenadas, a tensão de cisalhamento octaédrica é dada por[5]

$$\tau_{oct} = \frac{1}{3}\left[(\sigma_1 - \sigma_2)^2 + (\sigma_2 - \sigma_3)^2 + (\sigma_3 - \sigma_1)^2\right]^{1/2} \qquad (5\text{–}16)$$

Sob o nome de teoria de tensão de cisalhamento octaédrica, *supõe-se ocorrer falha sempre que a tensão de cisalhamento octaédrica para qualquer estado de tensão iguala-se ou excede a tensão de cisalhamento octaédrica para um espécime de ensaio de tração simples em falha.*

Como antes, com base em resultados de testes de tração, o escoamento ocorre quando $\sigma_1 = S_y$ e $\sigma_2 = \sigma_3 = 0$. Da Equação (5–16) a tensão de cisalhamento octaédrica sob essa condição é

$$\tau_{oct} = \frac{\sqrt{2}}{3} S_y \qquad (5\text{–}17)$$

Quando, para o caso geral de tensões, a Equação (5–16) é igual ou maior que a Equação (5–17), o escoamento é predito. Isso se reduz a

$$\left[\frac{(\sigma_1 - \sigma_2)^2 + (\sigma_2 - \sigma_3)^2 + (\sigma_3 - \sigma_1)^2}{2}\right]^{1/2} \geq S_y \qquad (5\text{–}18)$$

que é idêntica à Equação (5–10), verificando-se, portanto, que a teoria da tensão de cisalhamento máxima octaédrica é equivalente à teoria da energia de distorção.

O modelo para a teoria MSS ignora a contribuição das tensões normais nas superfícies a 45° do espécime sob tração. Contudo, essas tensões valem $P/2A$, que *não* é o valor das tensões hidrostáticas $P/3A$. Aqui aparece a diferença entre as teorias MSS e DE.

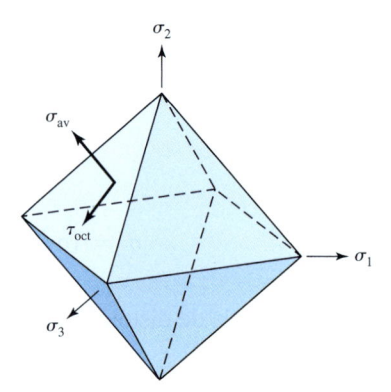

Figura 5–10 Superfícies octaédricas.

---

[5] Para uma derivação, ver A. P. Boresi; op. cit., p. 36-37.

A manipulação matemática envolvida no desenvolvimento da teoria DE pode tender a obscurecer o valor real e a utilidade do resultado. As equações dadas permitem que a situação de tensões mais complexas seja representada por uma única quantidade, a tensão de von Mises, que pode ser comparada à resistência ao escoamento do material por meio da Equação (5–11). Essa equação pode ser representada como uma equação de projeto por meio de

$$\sigma' = \frac{S_y}{n} \quad (5\text{–}19)$$

A teoria da energia de distorção prediz não ocorrência de falha sob tensão hidrostática e concorda bem com todos os dados para materiais dúcteis. Assim, ela é a teoria mais utilizada para materiais dúcteis e é recomendada para problemas de desenho, a menos que haja outra especificação.

Uma nota final se refere à resistência ao escoamento sob cisalhamento. Considere um caso de cisalhamento puro τ_{xy}, em que para tensão plana, $\sigma_x = \sigma_y = 0$, para escoamento a Equação (5–11) com a Equação (5–15) produz

$$(3\tau_{xy}^2)^{1/2} = S_y \quad \text{ou} \quad \tau_{xy} = \frac{S_y}{\sqrt{3}} = 0{,}577 S_y \quad (5\text{–}20)$$

Assim, a resistência ao escoamento sob cisalhamento predita pela teoria da energia de distorção é

$$S_{sy} = 0{,}577\, S_y \quad (5\text{–}21)$$

o que, como afirmamos antes, é cerca de 15% maior que o predito pela teoria MSS. Para cisalhamento puro, τ_{xy}, as tensões principais obtidas da Equação (3–13) são $\sigma_A = -\sigma_B = \tau_{xy}$. A linha de carga para esse caso está no terceiro quadrante a um ângulo de 45° a partir dos eixos σ_A, σ_B mostrados na Figura 5–9.

EXEMPLO 5–1 Um aço laminado a quente tem resistência ao escoamento de $S_{yt} = S_{yc} = 700$ MPa e uma deformação verdadeira na fratura de $\varepsilon_f = 0{,}05$. Calcule o fator de segurança para os seguintes estados de tensão principal:

(a) 490, 490, 0 MPa.
(b) 210, 490, 0 MPa.
(c) 0, 490, –210 MPa.
(d) 0, –210, – 490 MPa.
(e) 210, 210, 210 MPa.

Solução Sendo $\varepsilon_f > 0{,}05$ e S_{yc} e S_{yt} iguais, o material é dúctil e a teoria da energia de distorção (DE) se aplica. A teoria da tensão de cisalhamento máxima (MSS) também será aplicada e comparada aos resultados da DE. Observe que os casos a a d representam estados planos de tensão.

(a) As tensões principais ordenadas são $\sigma_A = \sigma_1 = 490$, $\sigma_B = \sigma_2 = 490$, $\sigma_3 = 0$ MPa.

DE Da Equação (5–13),

$$\sigma' = [490^2 - 490(490) + 490^2]^{1/2} = 490 \text{ MPa}$$

Resposta
$$n = \frac{S_y}{\sigma'} = \frac{700}{490} = 1{,}43$$

MSS Caso 1, usando a Equação (5–4) com um fator de segurança,

Resposta
$$n = \frac{S_y}{\sigma_A} = \frac{700}{490} = 1{,}43$$

(b) As tensões principais ordenadas são $\sigma_A = \sigma_1 = 490$, $\sigma_B = \sigma_2 = 210$, $\sigma_3 = 0$ MPa.

DE $\sigma' = [490^2 - 490(210) + 210^2]^{1/2} = 426$ MPa

Resposta
$$n = \frac{S_y}{\sigma'} = \frac{700}{426} = 1{,}64$$

MSS Caso 1, usando a Equação (5–4),

Resposta
$$n = \frac{S_y}{\sigma_A} = \frac{700}{490} = 1{,}43$$

(c) As tensões principais ordenadas são $\sigma_A = \sigma_1 = 490$, $\sigma_2 = 0$, $\sigma_B = \sigma_3 = -210$ MPa.

DE $\sigma' = [490^2 - 490(-210) + (-210)^2]^{1/2} = 622$ MPa

Resposta
$$n = \frac{S_y}{\sigma'} = \frac{700}{622} = 1{,}13$$

MSS Caso 2, usando a Equação (5–5),

Resposta
$$n = \frac{S_y}{\sigma_A - \sigma_B} = \frac{700}{490 - (-210)} = 1{,}00$$

(d) As tensões principais ordenadas são $\sigma_1 = 0$, $\sigma_A = \sigma_2 = -210$, $\sigma_B = \sigma_3 = -490$ MPa.

DE $\sigma' = [(-490)^2 - (-490)(-210) + (-210)^2]^{1/2} = 426$ MPa

Resposta
$$n = \frac{S_y}{\sigma'} = \frac{700}{426} = 1{,}64$$

MSS Caso 3, usando a Equação (5–6),

Resposta
$$n = -\frac{S_y}{\sigma_B} = -\frac{700}{-490} = 1{,}43$$

(e) As tensões principais ordenadas são $\sigma_1 = 210$, $\sigma_2 = 210$, $\sigma_3 = 210$ MPa.

DE Da Equação (5–12),

$$\sigma' = \left[\frac{(210-210)^2 + (210-210)^2 + (210-210)^2}{2}\right]^{1/2} = 0 \text{ MPa}$$

Resposta
$$n = \frac{S_y}{\sigma'} = \frac{700}{0} \to \infty$$

MSS Da Equação (5–3),

Resposta
$$n = \frac{S_y}{\sigma_1 - \sigma_3} = \frac{700}{210 - 210} \to \infty$$

Uma tabela resumida dos fatores de segurança é incluída aqui para comparações:

	(a)	(b)	(c)	(d)	(e)
DE	1,43	1,64	1,13	1,64	∞
MSS	1,43	1,43	1,00	1,43	∞

Considerando que a teoria MSS está sobre ou é interna à fronteira da teoria DE, ela irá sempre predizer um fator de segurança igual ou menor do que aquele da teoria DE, como pode ser visto na tabela. Para cada caso, exceto no caso (e), as coordenadas e linhas de carregamento no plano σ_A, σ_B são mostradas na Figua 5–11. O caso (e) não é de tensão plana. Observe que a linha de carregamento para o caso (a) se constitui no único caso de tensão plana em que as duas teorias coincidem, dando, portanto, o mesmo fator de segurança.

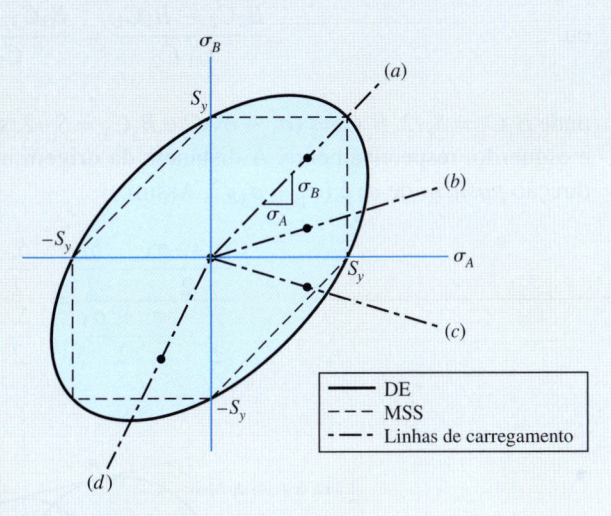

Figura 5–11 Linhas de carregamento para o Exemplo 5–1.

5–6 Teoria de Coulomb-Mohr para materiais dúcteis

Nem todos os materiais têm resistências à compressão iguais às suas correspondentes resistências à tração. Por exemplo, a resistência ao escoamento de ligas de magnésio em compressão pode representar valores tão pequenos quanto 50% das correspondentes resistências à tração. A resistência última de ferros fundidos cinza em compressão é entre três e quatro vezes maior que a resistência última à tração. Portanto, nesta seção, estamos primeiramente interessados naquelas teorias que podem ser aplicadas para predizer a falha de materiais cujas resistências em tração e compressão não sejam iguais.

Historicamente, a teoria de falha de Mohr data de 1900, o que é relevante para sua apresentação. Não havia computadores, apenas réguas de cálculo, compassos e curvas francesas. Procedimentos gráficos, comuns então, são ainda úteis hoje para visualização. A ideia de Mohr baseia-se em três ensaios "simples": tração, compressão e cisalhamento, até o escoamento se o material puder escoar, ou até a ruptura. É mais fácil definir a resistência de escoamento por cisalhamento como S_{sy} do que fazer um ensaio para obtê-la.

À parte as dificuldades práticas, a hipótese de Mohr foi usar os resultados de ensaios de tração, compressão e cisalhamento por torção para construir os três círculos da Figura 5–12 a fim de definir uma envoltória de falha, representada como linha ABCDE na figura, acima do eixo σ. A envoltória de falha não necessita ser reta. O argumento resultou nos três círculos de Mohr, descrevendo o estado de tensão em um corpo (ver Figura 3–12), crescendo durante o carregamento até que um deles fica tangente à envoltória de falha, definindo desse modo a falha. A forma da envoltória de falha era reta, circular ou quadrática? Um compasso ou uma curva francesa definiu o envelope de falha.

Uma variação da teoria de Mohr, conhecida como *teoria de Coulomb-Mohr*, ou *teoria da fricção interna*, assume que a fronteira *BCD* na Figura 5-12 é reta. Com essa hipótese, somente as resistências à compressão e tração são necessárias. Considere o ordenamento convencional das tensões principais na forma $\sigma_1 \geq \sigma_2 \geq \sigma_3$. O círculo maior conecta σ_1 e σ_3, como mostra a Figura 5-13. Os centros dos círculos na Figura 5-13 são C_1, C_2 e C_3. Triângulos OB_iC_i são similares, portanto

$$\frac{B_2C_2 - B_1C_1}{OC_2 - OC_1} = \frac{B_3C_3 - B_1C_1}{OC_3 - OC_1}$$

ou

$$\frac{B_2C_2 - B_1C_1}{C_1C_2} = \frac{B_3C_3 - B_1C_1}{C_1C_3}$$

onde $B_1C_1 = S_t/2$, $B_2C_2 = (\sigma_1 - \sigma_3)/2$ e $B_3C_3 = S_c/2$, são os raios dos círculos, direito, central e esquerdo, respectivamente. A distância da origem até C_1 é $S_t/2$, até C_3 é $S_c/2$ e até C_2 (na direção *positiva* de σ) é $(\sigma_1 + \sigma_3)/2$. Assim,

$$\frac{\dfrac{\sigma_1 - \sigma_3}{2} - \dfrac{S_t}{2}}{\dfrac{S_t}{2} - \dfrac{\sigma_1 + \sigma_3}{2}} = \frac{\dfrac{S_c}{2} - \dfrac{S_t}{2}}{\dfrac{S_c}{2} + \dfrac{S_t}{2}}$$

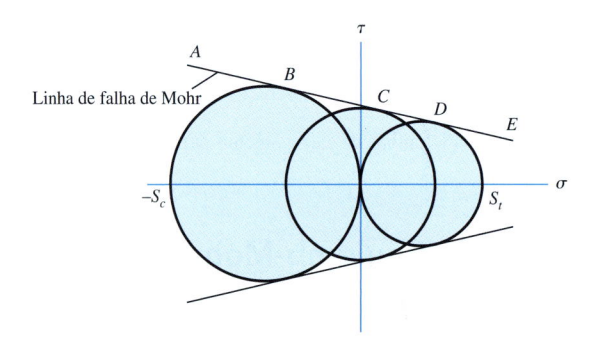

Figura 5-12 Três círculos de Mohr: um para o ensaio de compressão uniaxial, um para o ensaio de cisalhamento puro e um para o ensaio de tração uniaxial; são utilizados para definir falha pela hipótese de Mohr. As resistências S_c e S_t são as resistências de compressão e tração, respectivamente; elas podem ser usadas para a resistência de escoamento ou última.

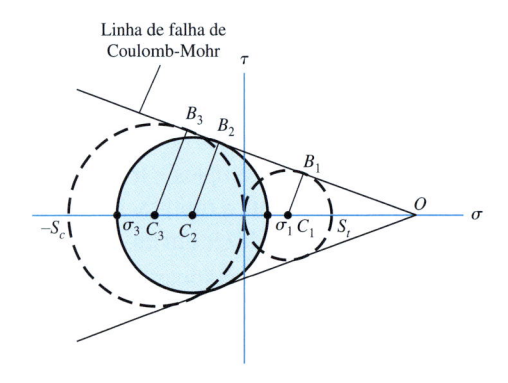

Figura 5-13 Círculo maior de Mohr para um estado geral de tensão.

Cancelando o 2 em cada termo, a multiplicação em cruz seguida de simplificação reduz essa equação a

$$\frac{\sigma_1}{S_t} - \frac{\sigma_3}{S_c} = 1 \qquad (5\text{-}22)$$

em que tanto a resistência ao escoamento quanto a resistência última podem ser usadas.

Para tensão plana, em que as duas tensões principais não nulas são $\sigma_A \geq \sigma_B$, temos uma situação similar aos três casos apresentados para a teoria MSS, Equações (5–4) a (5–6), isto é, as condições de falha são

Caso 1: $\sigma_A \geq \sigma_B \geq 0$. Para esse caso, $\sigma_1 = \sigma_A$ e $\sigma_3 = 0$. A Equação (5–22) se reduz à condição de falha de

$$\sigma_A \geq S_t \qquad (5\text{-}23)$$

Caso 2: $\sigma_A \geq 0 \geq \sigma_B$. Aqui, $\sigma_1 = \sigma_A$ e $\sigma_3 = \sigma_B$, e a Equação (5–22) torna-se

$$\frac{\sigma_A}{S_t} - \frac{\sigma_B}{S_c} \geq 1 \qquad (5\text{-}24)$$

Caso 3: $0 \geq \sigma_A \geq \sigma_B$. Nesse caso, $\sigma_1 = 0$ e $\sigma_3 = \sigma_B$, e a Equação (5–22) nos dá

$$\sigma_B \leq -S_c \qquad (5\text{-}25)$$

Um traçado desses casos, juntamente com os casos normalmente não usados correspondentes a $\sigma_B \geq \sigma_A$, é mostrado na Figura 5–14.

Para equações de desenho, incorporando o fator de segurança n, divida todas as resistências por n. Por exemplo, a Equação (5–22) como equação de desenho pode ser escrita como

$$\frac{\sigma_1}{S_t} - \frac{\sigma_3}{S_c} = \frac{1}{n} \qquad (5\text{-}26)$$

Uma vez que para a teoria de Coulomb-Mohr não necessitamos do círculo de resistência por cisalhamento torcional, podemos deduzi-la da Equação (5–22). Para cisalhamento puro τ, $\sigma_1 = -\sigma_3 = \tau$. A resistência torcional de escoamento ocorre quando $\tau_{max} = S_{sy}$. Substituindo $\sigma_1 = -\sigma_3 = S_{sy}$ na Equação (5–22) e simplificando, temos

$$S_{sy} = \frac{S_{yt} S_{yc}}{S_{yt} + S_{yc}} \qquad (5\text{-}27)$$

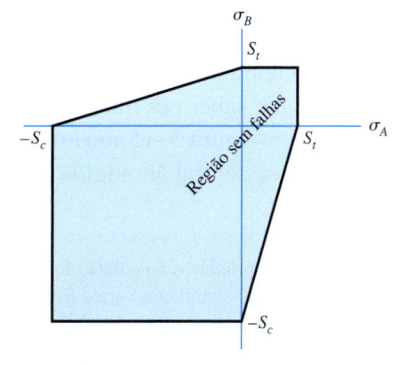

Figura 5–14 Gráfico do envelope de falha da teoria de Coulomb-Mohr para estados de tensão plana.

EXEMPLO 5–2

Um eixo de diâmetro de 52 mm é estaticamente torcido até 935 N·m. Ele é feito de Ferro Fundido Cinza 30 com uma resistência de escoamento em tração de 213,73 MPa e uma resistência de escoamento em compressão de 751,52 MPa. Ele é usinado ao diâmetro final. Calcule o fator de segurança do eixo.

Solução A tensão de cisalhamento máxima é dada por

$$\tau = \frac{16T}{\pi d^3} = \frac{16(935)}{\pi \left[52\left(10^{-3}\right)\right]^3} = 33{,}87\left(10^6\right) \text{N/m}^2 = 33{,}87 \text{ MPa}$$

As duas tensões principais não nulas são 33,87 e –33,87 MPa, fazendo as tensões principais ordenadas $\sigma_1 = 33{,}87$, $\sigma_2 = 0$ e $\sigma_3 = -33{,}87$ MPa. Da Equação (5–26), para escoamento,

Resposta

$$n = \frac{1}{\sigma_1/S_{yt} - \sigma_3/S_{yc}} = \frac{1}{33{,}87/213{,}73 - (-33{,}87)/751{,}52} = 4{,}91$$

Alternativamente, pela Equação (5–27),

$$S_{sy} = \frac{S_{yt} S_{yc}}{S_{yt} + S_{yc}} = \frac{213{,}73(751{,}52)}{213{,}73 + 751{,}52} = 166{,}40 \text{ MPa}$$

e $\tau_{max} = 33{,}87$ MPa. Assim,

Resposta

$$n = \frac{S_{sy}}{\tau_{max}} = \frac{166{,}40}{33{,}87} = 4{,}91$$

5–7 Resumo das teorias de falha de materiais dúcteis

Tendo estudado algumas entre as várias teorias de falha, nós as avaliaremos agora e mostraremos como são aplicadas em análise e projeto. Nesta seção nos limitaremos a materiais e peças que sabidamente falham de maneira dúctil. Materiais que falham de maneira frágil serão considerados separadamente porque requerem teorias de falha diferentes.

Para ajudar a decidir com relação a hipóteses apropriadas e trabalháveis de falha, Marin[6] coletou dados de muitas fontes. Alguns dos pontos de dados usados para selecionar entre teorias de falha para materiais dúcteis são mostrados no gráfico da Figura 5–15.[7] Marin também coletou muitos dados para o cobre e ligas de níquel; se mostrados, os pontos de dados para esses apareceriam mesclados com aqueles já diagramados. A Figura 5–15 mostra que tanto a teoria da tensão de cisalhamento máximo quanto a teoria da energia de distorção são aceitáveis para desenho e análise de materiais que falhariam de uma forma dúctil.

A seleção de uma ou outra dessas duas teorias é algo que o engenheiro deve decidir. Para projeto, a teoria da tensão de cisalhamento máxima é fácil, rápida de usar e conservativa. Se o problema consiste em saber por que uma parte falhou, então a teoria da energia de distorção pode ser a melhor; a Figura 5–15 mostra que o *locus* da teoria da energia de distorção passa mais próximo da área central abrangida pelos pontos de dados, assim é, geralmente, um me-

---

[6] Joseph Marin foi um dos pioneiros na coleta, desenvolvimento e disseminação de material relacionado à falha de elementos de engenharia. Ele publicou vários livros e artigos sobre o assunto. Aqui a referência utilizada é Joseph Marin, *Engineering Materials*. Englewood Cliffs. N.J.: Prentice-Hall, 1952.

[7] Observe que alguns dados na Figura 5–15 estão dispostos ao longo da fronteira horizontal superior em que $\sigma_B \geq \sigma_A$. Isso é frequentemente feito com dados de falha para alargar pontos de dados congestionados, traçando na imagem-espelho da linha $\sigma_B = \sigma_A$.

lhor preditor de falha. No entanto, tenha em mente que, embora seja *usual* para esses dados que a curva de falha passe pelo meio dos pontos de dados experimentais, a *confiabilidade* do ponto de vista estatístico é de em torno de 50%. Para finalidade de projeto, um fator de segurança maior pode ser assegurado quando se usa tal teoria de falha.

Para materiais dúcteis com resistências de escoamento desiguais, S_{yt} em tração e S_{yc} em compressão, a teoria de Mohr é a melhor entre as disponíveis. Contudo, ela requer os resultados de três modos de teste separados, construção gráfica do *locus* de falha e ajuste do maior círculo de Mohr ao *locus* de falha. A alternativa consiste no uso da teoria de Coulomb-Mohr, que requer apenas as resistências ao escoamento sob tração e compressão e é facilmente utilizada em forma de equação.

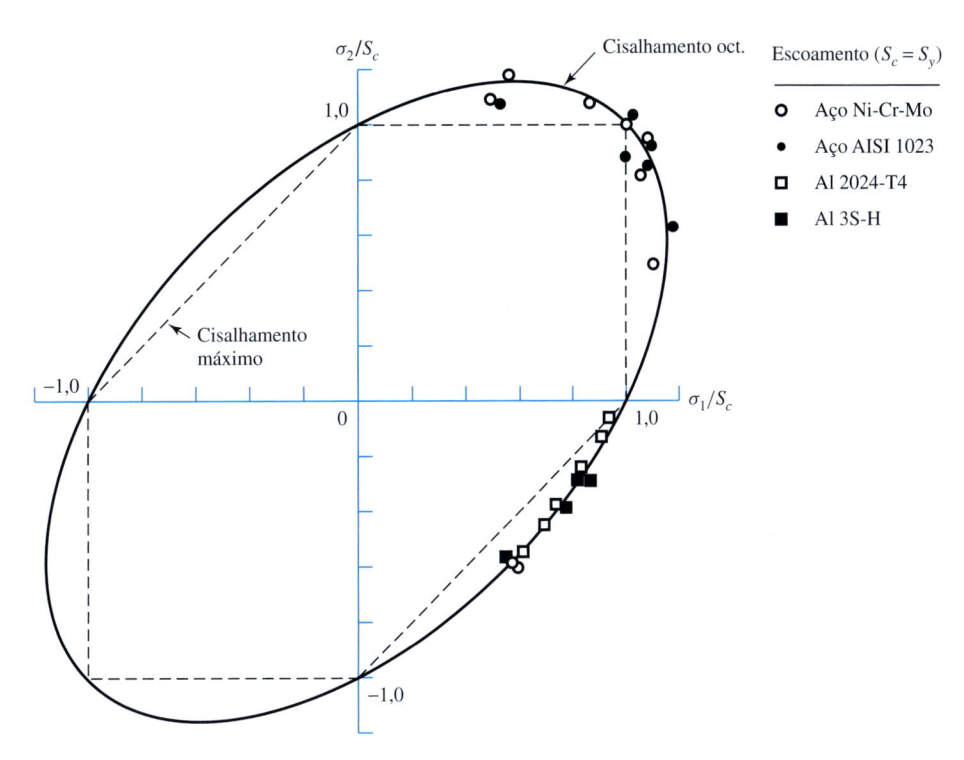

Figura 5–15 Dados experimentais sobrepostos a teorias de falha. (*Estraído da Figura 7.11, p. 257, Mechanical Behavior of Materials, 2. ed., N. E. Dowling Prentice Hall, Englewood Cliffs, N. J., 1999. Modificado para mostrar apenas falhas dúcteis.*)

EXEMPLO 5–3

Este exemplo ilustra o uso de uma teoria de falha para determinar a resistência de um elemento mecânico ou componente. O exemplo pode também esclarecer qualquer confusão existente entre as expressões *resistência de uma peça de máquina, resistência de um material* e *resistência de uma peça em um ponto*.

Certa força F aplicada em D próximo à extremidade da alavanca de 380 mm mostrada na Figura 5–16, que é bastante similar a uma chave de roda, resulta em certas tensões na barra em balanço *OABC*. Essa barra (*OABC*) é feita de aço AISI 1035, forjado e tratado termicamente de modo que possui uma resistência mínima (ASTM) ao escoamento de 560 MPa. Supomos que esse componente não tem valor algum após ter sofrido escoamento. Assim, a força F requerida para iniciar o escoamento pode ser considerada como a resistência da parte do componente. Encontre essa força.

Solução Assumiremos que o braço *DC* é forte o suficiente, e assim não é parte do problema. O aço AISI 1035, tratado termicamente, terá uma redução de área de 50% ou mais e, portanto, é um material dúctil a temperaturas normais. Isso também significa que a concentração de tensão no ressalto A não necessita ser considerada. Um elemento de tensão em *A* na superfície de cima estará sujeito a uma tensão de tração por flexão e a uma tensão de torção. Esse ponto, na seção de 25 mm de diâmetro, é a posição mais fraca, e governa a resistência do conjunto. As duas tensões são

$$\sigma_x = \frac{M}{I/c} = \frac{32M}{\pi d^3} = \frac{32(0{,}355F)}{\pi(0{,}025^3)} = 231\,424\,F$$

$$\tau_{zx} = \frac{Tr}{J} = \frac{16T}{\pi d^3} = \frac{16(0{,}38F)}{\pi(0{,}025^3)} = 123\,860\,F$$

Empregando a teoria da energia de distorção, encontramos, com base na Equação (5–15), que

$$\sigma' = \left(\sigma_x^2 + 3\tau_{zx}^2\right)^{1/2} = [(231\,424\,F)^2 + 3(123\,860F)^2]^{1/2} = 315\,564\,F$$

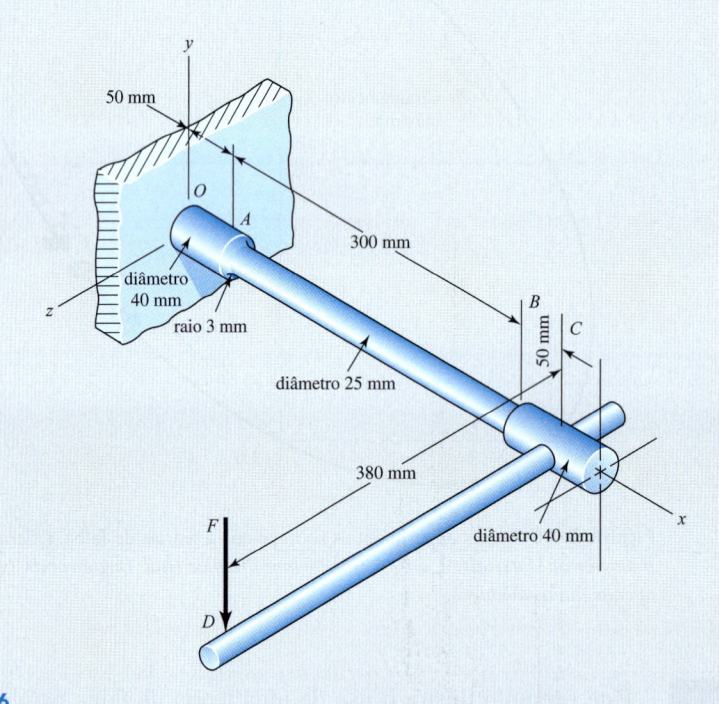

Figura 5–16

Igualando a tensão de von Mises a S_y, resolvemos para a variável *F* para obter

Resposta
$$F = \frac{S_y}{315\,564} = \frac{560 \times 10^6}{315\,564} = 1{,}77\text{ kN}$$

Neste exemplo a resistência do material no ponto *A* é $S_y = 560$ MPa. A resistência da montagem ou componente é $F = 1{,}8$ kN.

Vejamos como aplicar a teoria MSS. Para um ponto sob tensão plana com apenas uma tensão normal não nula e uma tensão de cisalhamento, as duas tensões principais não nulas σ_A e σ_B terão sinais opostos e, portanto, conformam com o Caso 2 da teoria MSS. Da Equação (3–13),

$$\sigma_A - \sigma_B = 2\left[\left(\frac{\sigma_x}{2}\right)^2 + \tau_{zx}^2\right]^{1/2} = \left(\sigma_x^2 + 4\tau_{zx}^2\right)^{1/2}$$

Para o Caso 2 da teoria MSS, a Equação (5–3) é aplicável e, portanto,

$$\left(\sigma_x^2 + 4\tau_{zx}^2\right)^{1/2} = S_y$$

$$[(231\,424\,F)^2 + 4(123\,860\,F)^2]^{1/2} = 339\,002\,F = 560 \times 10^6$$

$$F = 1{,}65 \text{ kN}$$

que é cerca de 7% menor que o encontrado com o uso da teoria DE. Como se afirmou antes, a teoria MSS é mais conservativa que a teoria DE.

EXEMPLO 5–4 O tubo em balanço mostrado na Figura 5–17 deve ser construído de uma liga de alumínio 2014 tratada para obter uma resistência especificada mínima ao escoamento de 276 MPa. Desejamos escolher um tubo de inventário da Tabela A–8 utilizando um fator de projeto $n_d = 4$. A carga de flexão é $F = 1{,}75$ kN, a tração axial é $P = 9{,}0$ kN e a torção é $T = 72$ N·m. Qual é o fator de segurança alcançado?

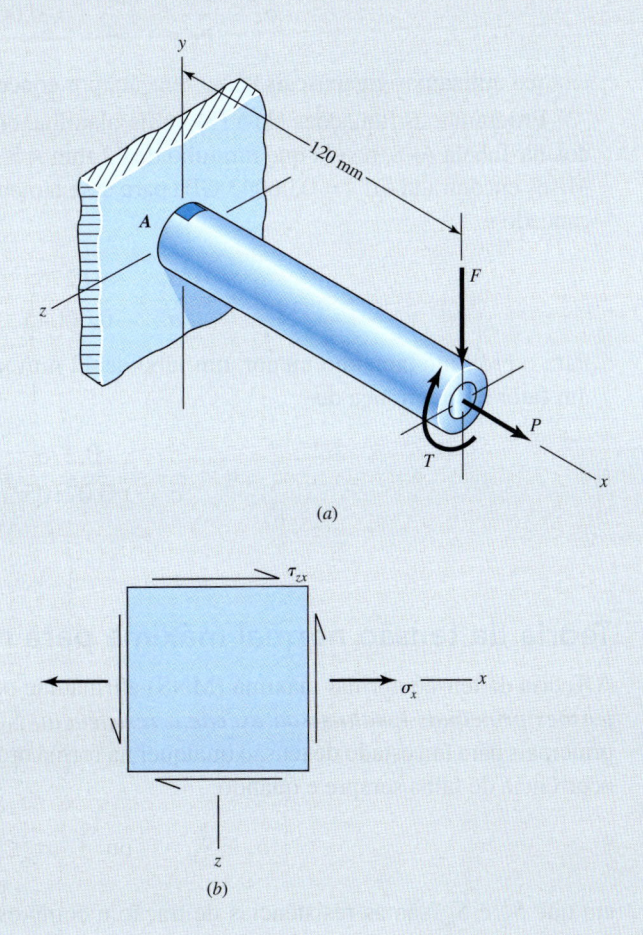

Figura 5–17

Solução O elemento de tensão crítica está no ponto A no alto da parede, onde o momento de flexão é o maior, e as tensões de flexão e torção estão nos seus valores máximos. O elemento de tensão crítica é mostrado na Figura 5–17b. Uma vez que a tensão axial e a tensão de flexão são ambas de tração na direção do eixo x, elas se somam para formar a tensão normal, fornecendo

$$\sigma_x = \frac{P}{A} + \frac{Mc}{I} = \frac{9}{A} + \frac{120(1,75)(d_o/2)}{I} = \frac{9}{A} + \frac{105 d_o}{I} \quad (1)$$

em que, a tensão resulta em gigapascais, se utilizarmos milímetros para as propriedades de área.

A tensão torcional no mesmo ponto é

$$\tau_{zx} = \frac{Tr}{J} = \frac{72(d_o/2)}{J} = \frac{36 d_o}{J} \quad (2)$$

Por acurácia, escolhemos a teoria da energia de distorção como base de desenho. A tensão de von Mises pela Equação (5–15) é

$$\sigma' = \left(\sigma_x^2 + 3\tau_{zx}^2\right)^{1/2} \quad (3)$$

Com base no fator de projeto dado, o objetivo para σ' é

$$\sigma' \leq \frac{S_y}{n_d} = \frac{0,276}{4} = 0,0690 \text{ GPa} \quad (4)$$

em que utilizamos gigapascais nessa relação, por concordância com as Equações (1) e (2).

Programar as Equações (1) a (3) numa planilha, entrando os tamanhos métricos obtidos da Tabela A–8, revela que um tubo de 42 mm × 5 mm é satisfatório. A tensão de von Mises encontrada é $\sigma' = 0,06043$ GPa para esse tamanho. Assim, o fator de segurança alcançado é

Resposta
$$n = \frac{S_y}{\sigma'} = \frac{0,276}{0,06043} = 4,57$$

Para o próximo tamanho menor, um tubo de 42 mm × 4 mm, $\sigma' = 0,07105$ GPa, dando um fator de segurança de

$$n = \frac{S_y}{\sigma'} = \frac{0,276}{0,07105} = 3,88$$

5–8 Teoria da tensão normal máxima para materiais frágeis

A Teoria da tensão normal máxima (MNS) afirma que *ocorre falha sempre que uma das três tensões principais iguala-se ou excede a resistência*. Novamente arranjamos as três tensões principais para um estado de tensão qualquer na forma ordenada $\sigma_1 \geq \sigma_2 \geq \sigma_3$. Essa teoria prediz ocorrência de falha sempre e quando

$$\sigma_1 \geq S_{ut} \quad \text{ou} \quad \sigma_3 \leq -S_{uc} \quad (5\text{–}28)$$

em que S_{ut} e S_{uc} são as resistências de tração e compressão últimas, respectivamente, dadas como quantidades positivas.

Para tensão plana, com as tensões principais dadas pela Equação (3–13), com $\sigma_A \geq \sigma_B$, a Equação (5–28) pode ser escrita como

$$\sigma_A \geq S_{ut} \quad \text{ou} \quad \sigma_B \leq -S_{uc} \quad (5\text{-}29)$$

que é traçada na Figura 5–18a.

Como anteriormente, as equações do critério de falha podem ser convertidas em equações de desenho. Podemos considerar dois conjuntos de equações para linhas de carregamento, em que $\sigma_A \geq \sigma_B$, como

$$\sigma_A = \frac{S_{ut}}{n} \quad \text{ou} \quad \sigma_B = -\frac{S_{uc}}{n} \quad (5\text{-}30)$$

Como será visto mais adiante, a teoria da tensão normal máxima não é muito boa para prever falha no quarto quadrante do plano σ_A, σ_B. Assim, não se recomenda o uso dessa teoria. Ela foi incluída aqui apenas por razões históricas.

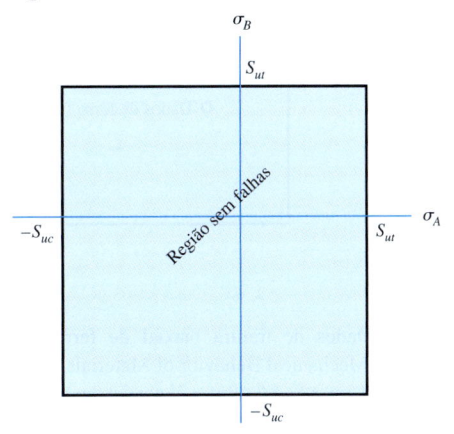

Figura 5–18 Gráfico do envelope de falha da teoria tensão normal máxima (MNS) para estados planos de tensão.

5–9 Teoria de Mohr modificada para materiais frágeis

Vamos discutir duas modificações da teoria de Mohr para materiais frágeis: a teoria de Coulomb-Mohr frágil (BCM) e a teoria de Mohr modificada (MM). As equações apresentadas para as teorias se restringirão a tensões planas e serão de desenho, com a incorporação do fator de segurança.

A teoria de Coulomb-Mohr foi discutida no começo da Seção 5–6 com as Equações (5–23) a (5–25). Escritas como equações de desenho para um material frágil, são:

Coulomb-Mohr frágil

$$\sigma_A = \frac{S_{ut}}{n} \qquad \sigma_A \geq \sigma_B \geq 0 \quad (5\text{-}31a)$$

$$\frac{\sigma_A}{S_{ut}} - \frac{\sigma_B}{S_{uc}} = \frac{1}{n} \qquad \sigma_A \geq 0 \geq \sigma_B \quad (5\text{-}31b)$$

$$\sigma_B = -\frac{S_{uc}}{n} \qquad 0 \geq \sigma_A \geq \sigma_B \quad (5\text{-}31c)$$

Com base em dados observados para o quarto quadrante, a teoria de Mohr modificada expande o quarto quadrante com as linhas sólidas mostradas no segundo e quarto quadrantes da Figura 5–19 (onde o fator de segurança, n, é fixado em um).

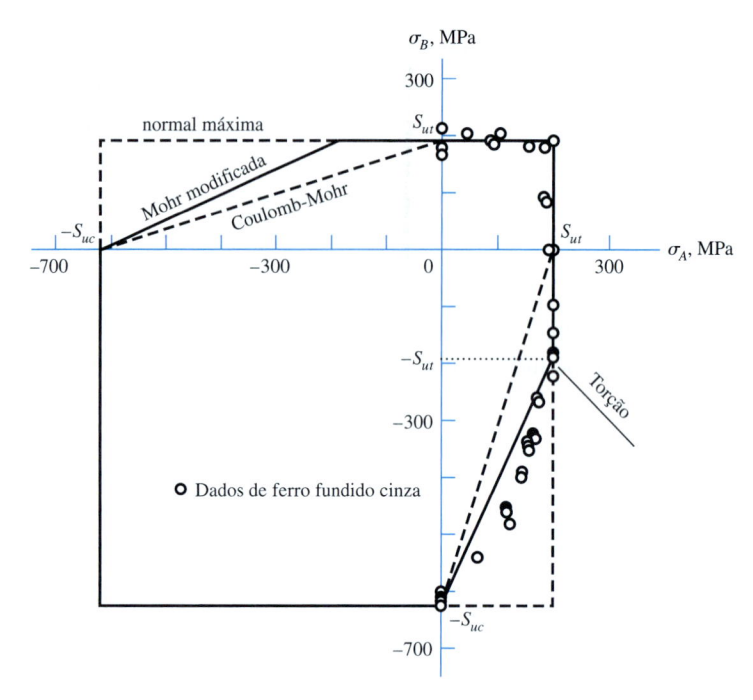

Figura 5–19 Dados de fratura biaxial de ferro fundido cinza comparados com vários critérios de falha. (*Dowling, N. E.* Mechanical Behavior of Materials, 2nd. ed., 1999, p. 261. *Reimpresso com permissão da Pearson Education, Inc., Upper Saddle River, Nova Jersey.*)

Teoria de Mohr modificada

$$\sigma_A = \frac{S_{ut}}{n} \qquad \sigma_A \geq \sigma_B \geq 0$$

$$\sigma_A \geq 0 \geq \sigma_B \quad \text{e} \quad \left|\frac{\sigma_B}{\sigma_A}\right| \leq 1 \tag{5-32a}$$

$$\frac{(S_{uc} - S_{ut})\sigma_A}{S_{uc}S_{ut}} - \frac{\sigma_B}{S_{uc}} = \frac{1}{n} \qquad \sigma_A \geq 0 \geq \sigma_B \quad \text{e} \quad \left|\frac{\sigma_B}{\sigma_A}\right| > 1 \tag{5-32b}$$

$$\sigma_B = -\frac{S_{uc}}{n} \qquad 0 \geq \sigma_A \geq \sigma_B \tag{5-32c}$$

Os dados estão ainda fora dessa área extendida. A linha reta introduzida pela teoria de Mohr modificada, para $\sigma_A \geq 0 \geq \sigma_B$ e $|\sigma_B/\sigma_A| > 1$, pode ser substituída por uma relação parabólica, que pode, de maneira mais aproximada, representar alguns dos dados.[8] Contudo, isso introduz uma equação não linear com o propósito de obter uma correção menor, e não será apresentado aqui.

---

[8] Ver J. E. Shigley, C. R. Mischke, R. G. Budynas. *Mechanical Engineering Design;* 7ª ed. Nova York: McGraw-Hill, 2004, p. 275.

EXEMPLO 5-5 Considere a chave de roda no Exemplo 5–3, Figura 5–16, como feita de ferro fundido, usinado às dimensões. A força F requerida para fraturar essa parte pode ser considerada a resistência do componente da parte. Se o material usado é o ferro fundido ASTM grau 30, encontre a força F com

(a) Modelo de falha de Coulomb-Mohr.
(b) Modelo de falha de Mohr modificado.

Solução Assumimos que a alavanca DC é forte o suficiente, portanto não é parte do problema. Uma vez que ferro fundido grau 30 é um material frágil, e sendo ferro fundido, os fatores de concentração de tensão K_t e K_{ts} são tomados como unitários. Da Tabela A–24, a resistência última à tração é 210 MPa e a resistência última à compressão vale 750 MPa. O elemento de tensão em A, no topo da superfície, estará sujeito à tensão de tração proveniente da flexão e à tensão torcional. Essa localidade, no adoçamento da seção de 25 mm de diâmetro, é a mais fraca e governa a resistência do conjunto. A tensão normal e a tensão de cisalhamento em A são dadas por

$$\sigma_x = K_t \frac{M}{I/c} = K_t \frac{32M}{\pi d^3} = (1)\frac{32(0{,}355)}{\pi(0{,}025)^3} = 231\,424\,F$$

$$\tau_{xy} = K_{ts} \frac{Tr}{J} = K_{ts} \frac{16T}{\pi d^3} = (1)\frac{16(0{,}38)}{\pi(0{,}025)^3} = 123\,860\,F$$

Da Equação (3–13), as tensões principais não nulas σ_A e σ_B são

$$\sigma_A,\sigma_B = \frac{231\,424\,F + 0}{2} \pm \sqrt{\left(\frac{231\,424\,F - 0}{2}\right)^2 + (123\,860\,F)^2} = 285\,213\,F,\ -53\,789\,F$$

Isso nos coloca no quarto quadrante do plano σ_A, σ_B.

(a) Para BCM, a Equação (5–31b) é aplicável com $n = 1$ para a falha.

$$\frac{\sigma_A}{S_{ut}} - \frac{\sigma_B}{S_{uc}} = \frac{285\,213\,F}{210 \times 10^6} - \frac{(-53\,789\,F)}{750 \times 10^6} = 1$$

Resolvendo-se para F, resulta

Resposta
$$F = 699\text{ N}$$

(b) Para MM, a inclinação da linha de carregamento é $|\sigma_B/\sigma_A| = 53\,789/285\,213 = 0{,}189 < 1$. Obviamente, a Equação (5–32a) é aplicável.

$$\frac{\sigma_A}{S_{ut}} = \frac{285\,213\,F}{210 \times 10^6} = 1$$

Resposta
$$F = 736\text{ N}$$

Como se esperaria de uma inspeção da Figura 5–19, a teoria Coulomb-Mohr é mais conservativa.

5-10 Resumo de falha de materiais frágeis

Identificamos a falha ou resistência de materiais frágeis, que se amoldam ao significado usual da palavra *frágil*, relacionando-a àqueles materiais cuja deformação verdadeira na fratura é de 0,05 ou menos. Também temos de estar cientes de materiais normalmente dúcteis que, por alguma razão, podem desenvolver uma fratura frágil ou trinca se usados abaixo da temperatura de transição. A Figura 5–20 mostra dados para um ferro fundido de grau nominal 30 submetido a condições de tensão biaxial, sob várias hipóteses de fratura frágil mostradas de forma superposta. Notamos o seguinte:

- No primeiro quadrante, os dados aparecem em ambos os lados e ao longo do lugar geométrico de falha da tensão normal máxima, das teorias de Coulomb-Mohr e de Mohr modificada. Todas as curvas de falha são idênticas e os dados se ajustam bem.
- No quarto quadrante, a teoria de Mohr modificada representa melhor os dados, ao passo que a teoria da tensão normal máxima não o faz.
- No terceiro quadrante, os pontos A, B, C e D são em número insuficiente para efetuar qualquer sugestão concernente a um lugar geométrico de fratura.

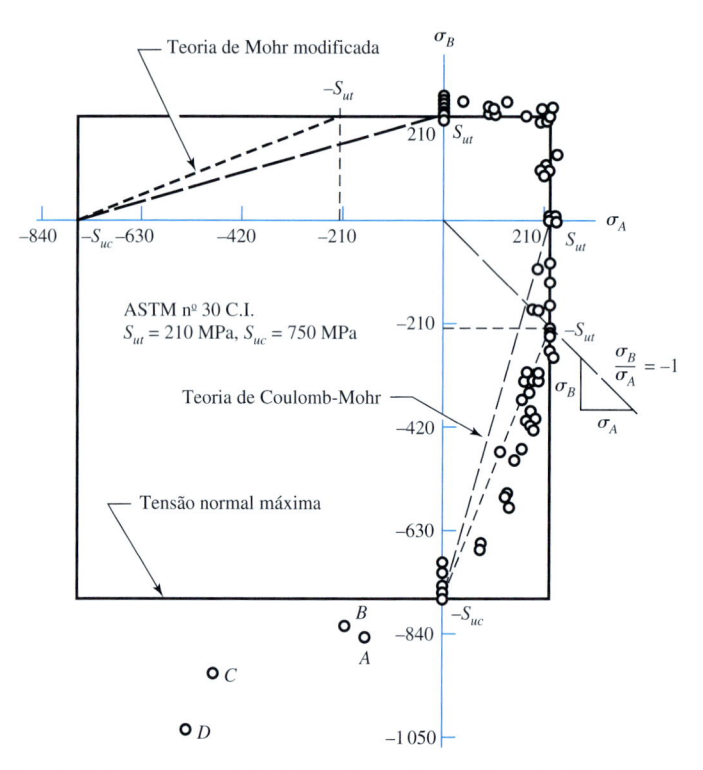

Figura 5–20 Gráfico de dados experimentais obtidos de ensaios em ferro fundido. São mostrados também os gráficos de três teorias de falha de possível utilidade para materiais frágeis. Note os pontos A, B, C, e D. Para evitar congestionamento no primeiro quadrante, pontos foram traçados para $\sigma_A > \sigma_B$, bem como para o sentido oposto. *Fonte*: Charles F. Walton (ed.), Iron Castings Handbook, *Iron Founders' Society, 1971, p. 215, 216, Cleveland, Ohio.*

5–11 Seleção de critérios de falha

Para materiais dúcteis, o critério preferido é o da teoria de energia de distorção, embora alguns projetistas também apliquem a teoria da tensão de cisalhamento máxima por causa de sua simplicidade e natureza conservativa. No caso raro em que $S_{yt} \neq S_{yc}$, o método dúctil de Coulomb-Mohr é utilizado.

Para comportamento frágil, a hipótese original de Mohr, construída com testes de tração, compressão e torção, com um *locus* de falha curvo, é a melhor hipótese que se tem. Contudo, a dificuldade em aplicá-la sem um computador leva os engenheiros a escolherem modificações, nomeadamente as teorias de Coulomb-Mohr ou a de Mohr modificada. A Figura 5–21 apresenta carta de fluxo de resumo para a seleção de um procedimento efetivo para análise ou predição de falhas para carregamento estático no caso de comportamento frágil e dúctil. Note que a teoria da tensão normal máxima foi excluída da Figura 5–21 já que outras teorias representam melhor os dados experimentais.

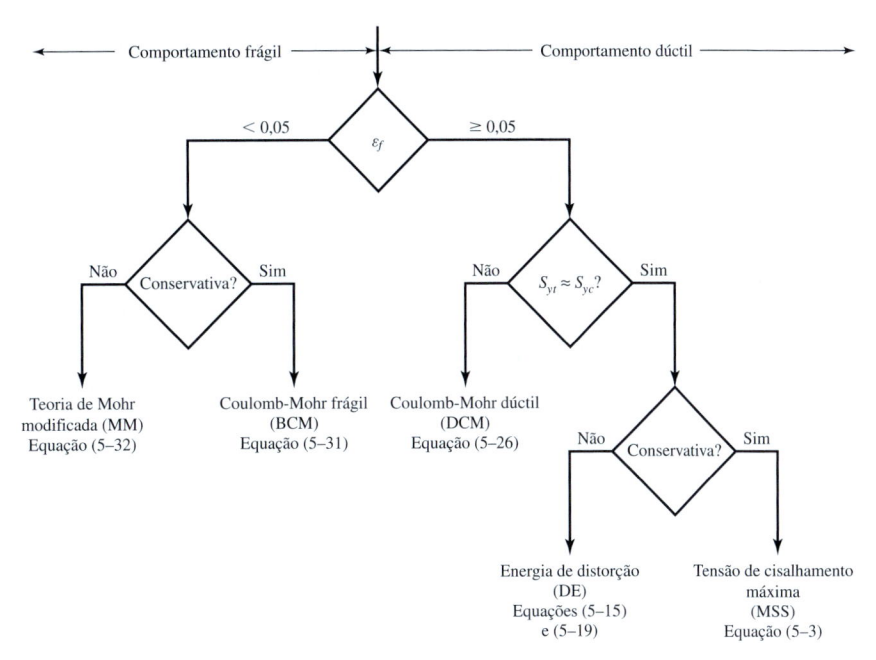

Figura 5–21 Diagrama de fluxo para seleção de teoria de falha.

5–12 Introdução à mecânica da fratura

A ideia de que existem trincas em peças mesmo antes de o serviço começar e de que elas podem crescer durante o serviço levou à criação da expressão "desenho tolerante a dano". O foco dessa filosofia está no crescimento da trinca até ela se tornar crítica e a peça ser retirada de serviço. A ferramenta de análise é a *mecânica de fratura linear elástica* (**LEFM**). A inspeção e a manutenção são essenciais na decisão de retirar peças antes que as trincas atinjam tamanhos comprometedores. Sempre que a segurança humana estiver envolvida, inspeções periódicas de trincas são obrigatórias por códigos de ética e decisões governamentais.

Examinaremos agora, brevemente, algumas das ideias básicas e o vocabulário necessário para que o potencial da abordagem seja apreciado. A intenção aqui é tornar o leitor ciente dos perigos associados com a fratura frágil súbita dos assim chamados materiais dúcteis. O tópico é demasiado extenso para ser aqui tratado em detalhes, então, aconselha-se ao leitor ler mais sobre esse complexo assunto.[9]

O uso de fatores elásticos de concentração de tensão prevê uma indicação da carga média requerida em uma peça para o início da deformação plástica, ou escoamento; esses fatores são também úteis para a análise das cargas em uma peça que causarão fratura por fadiga. Contudo, os fatores de concentração de tensão são limitados a estruturas para as quais todas as dimensões são conhecidas com precisão, particularmente o raio de curvatura nas regiões de alta concentração de tensão. Quando existe trinca, vazio, inclusão ou defeito de pequeno raio desconhecido em uma peça, o fator de concentração de tensão aproxima-se do infinito à medida que o raio de raiz se aproxima de zero, tornando inútil a abordagem do fator de concentração

---

[9] Referências sobre fratura frágil incluem:

H. Tada, P. C. Paris, and G. R. Irwin, *The Stress Analysis of Cracks Handbook,* 3rd ed., ASME Press, New York, 2000.

D. Broek. *Elementary Engineering Fracture Mechanics*; 4ª ed. Londres: Martinus Nijhoff, 1985.

D. Broek. *The Practical Use of Fracture Mechanics.* Londres: Kluwar Academic Pub., 1988.

David K. Felbeck, A. G. Atkins. *Strength and Fracture of Engineering Solids,* Englewood Cliffs. 2nd ed., N.J.: Prentice-Hall, 1995.

K. Hellan. *Introduction to Fracture Mechanics.* Nova York: McGraw-Hill, 1984.

de tensão. Além disso, ainda que o raio de curvatura da ponta da falha seja conhecido, as altas tensões locais levarão a deformações plásticas locais circundadas por uma região de deformação elástica. Fatores de concentração de tensão elástica não são mais válidos nessa situação, de modo que a análise sob o ponto de vista dos fatores de concentração de tensão não leva a critérios úteis para um desenho quando trincas bastante pronunciadas estão presentes.

Ao combinar a análise das mudanças elásticas brutas em uma estrutura ou peça que ocorrem à medida que uma trinca frágil aguçada cresce, com medidas da energia requerida para a produção de novas superfícies de fratura, é possível calcular a tensão média (se nenhuma trinca estivesse presente) que causará crescimento da trinca na peça. Tal cálculo é possível apenas para partes com trincas em que a análise elástica foi completada, e para materiais que trincam de uma maneira relativamente frágil e cuja energia de fratura tenha sido cuidadosamente medida. O termo *relativamente frágil* é rigorosamente definido nos procedimentos de teste,[10] mas ele significa, grosso modo, *fratura sem escoamento que ocorre por toda a seção transversal fraturada.*

Desse modo, vidro, aços duros, ligas fortes de alumínio e até aços de baixo carbono abaixo da temperatura de transição dúctil-frágil podem ser analisados dessa maneira. Felizmente, os materiais dúcteis embotam trincas pronunciadas, como havíamos previamente descoberto, assim, a fratura ocorre a tensões médias da ordem da resistência ao escoamento, e o projetista está preparado para essa condição. Os materiais intermediários que se situam entre "relativamente frágil" e "dúctil" estão, no presente, sendo analisados de maneira ativa, porém, critérios exatos de desenho para esses materiais ainda não estão disponíveis.

Fratura quase estática

Muitos de nós já tivemos a experiência de observar fratura frágil, quer seja a quebra de um espécime de ferro fundido em um ensaio de tração, quer seja fratura por torção de um pedaço de giz de quadro-negro. Ela ocorre tão rapidamente que pensamos nela como instantânea, isto é, a seção transversal simplesmente se partindo. Poucos entre nós patinaram em um lago congelado na primavera, sem ninguém por perto e, ao ouvir um estalido de trincamento, pararam para observar. O barulho deve-se a trincaduras no gelo. As trincas movem-se devagar o suficiente para que possamos vê-las correndo. O fenômeno não é instantâneo, uma vez que se requer algum tempo para fornecer a energia de fratura, a partir do campo de tensão para a trinca, para a propagação. Quantificar essas coisas é importante para entender o fenômeno em pequenas proporções. Em grande escala, uma trinca estática pode ser estável e não se propagar. Certo nível de carga pode tornar a trinca instável e ela se propagará até a fratura.

A fundação da mecânica de fratura foi estabelecida primeiramente por Griffith, em 1921, usando cálculos dos campos de tensão para uma pequena imperfeição elíptica em uma placa, desenvolvidos por Inglis em 1913. Para a placa infinita carregada por uma tensão uniaxial aplicada σ da Figura 5–22, a tensão máxima ocorre em $(\pm a, 0)$ e é dada por

$$(\sigma_y)_{max} = \left(1 + 2\frac{a}{b}\right)\sigma \qquad (5\text{–}33)$$

Note que, quando $a = b$, a elipse torna-se um círculo e a Equação (5–33) nos dá um fator de concentração de tensão 3. Isso está em concordância com o resultado bem conhecido de uma placa infinita com um furo circular (ver Tabela A–15–1). Para uma trinca fina, $b/a \to 0$, e a Equação (5–33) prediz que $(\sigma_y)_{max} \to \infty$. Contudo, num nível microscópico, uma trinca infinitamente pontiaguda é uma abstração hipotética fisicamente impossível, e quando ocorre deformação plástica, a tensão será finita na ponta da trinca.

---

[10] BS 5447:1977 e ASTM E399-78.

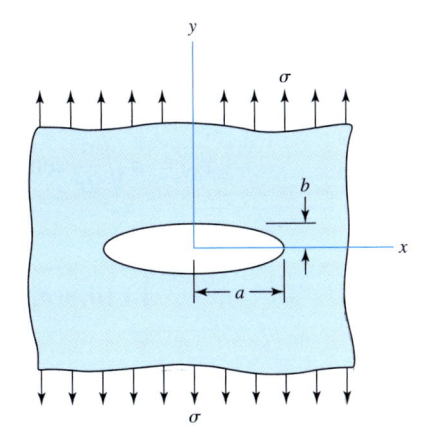

Figura 5–22

Griffith mostrou que o crescimento da trinca ocorre quando a taxa de liberação de energia do carregamento aplicado for maior que a taxa de energia requerida para o crescimento da trinca. Crescimento instável de trinca ocorre quando a *razão* de mudança da taxa de liberação de energia com relação ao tamanho da trinca é igual ou maior que a *razão* de mudança da taxa de energia de crescimento da trinca. O trabalho experimental de Griffith se restringiu a materiais frágeis, nominadamente o vidro, o que confirmou bastante bem sua hipótese de energia de superfície. Contudo, para materiais dúcteis, sabe-se que a energia necessária para realizar trabalho plástico na ponta da trinca é muito mais crucial que a energia de superfície.

Modos de trinca e o fator de intensidade de tensão

Existem três modos distintos de propagação de trinca, como mostra a Figura 5–23. Um campo de tensão de tração dá origem ao modo I, o *modo de propagação de abertura de trinca,* como mostrado na Figura 5–23a. Esse modo é o mais comum na prática. O modo II é o *modo de deslizamento*, que resulta do cisalhamento de plano e pode ser visto na Figura 5–23b. O modo III é o *modo de rasgamento*, que surge do cisalhamento de fora de plano, como mostra a Figura 5–23c. Combinações desses modos também podem ocorrer. Considerando que o modo I é o mais comum e importante, o restante desta seção tratará somente dele.

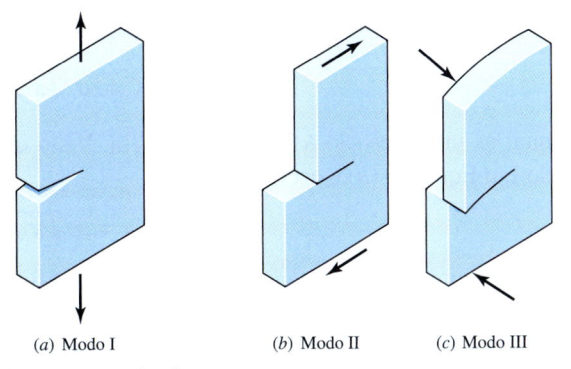

(a) Modo I   (b) Modo II   (c) Modo III

Figura 5–23 Modos de propagação de trinca.

Considere uma trinca de modo I com comprimento 2a na placa infinita da Figura 5–24. Usando funções de tensão complexas, mostrou-se que o campo de tensão em um elemento $dx\,dy$ na vizinhança da ponta da trinca é dado por

$$\sigma_x = \sigma\sqrt{\frac{a}{2r}}\cos\frac{\theta}{2}\left(1 - \text{sen}\frac{\theta}{2}\,\text{sen}\frac{3\theta}{2}\right) \qquad (5\text{–}34a)$$

$$\sigma_y = \sigma\sqrt{\frac{a}{2r}}\cos\frac{\theta}{2}\left(1+\operatorname{sen}\frac{\theta}{2}\operatorname{sen}\frac{3\theta}{2}\right) \qquad (5\text{-}34b)$$

$$\tau_{xy} = \sigma\sqrt{\frac{a}{2r}}\operatorname{sen}\frac{\theta}{2}\cos\frac{\theta}{2}\cos\frac{3\theta}{2} \qquad (5\text{-}34c)$$

$$\sigma_z = \begin{cases} 0 & \text{(para tensão plana)} \\ \nu(\sigma_x+\sigma_y) & \text{(para deformação plana)} \end{cases} \qquad (5\text{-}34d)$$

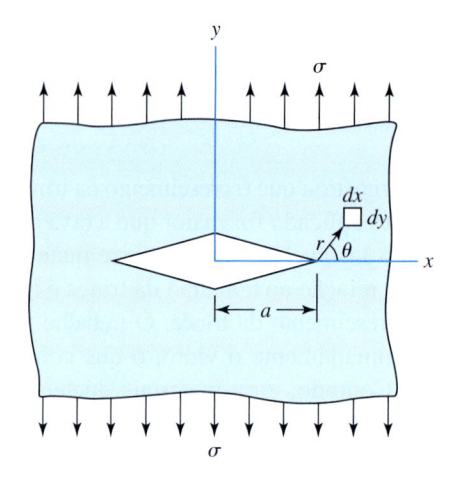

Figura 5–24 Modelo de trinca do modo I.

A tensão σ_y próxima à ponta, com $\theta = 0$, é

$$\sigma_y|_{\theta=0} = \sigma\sqrt{\frac{a}{2r}} \qquad (a)$$

Tal como acontece com a trinca elíptica, vemos que $\sigma_y|_{\theta=0} \to \infty$ à medida que $r \to 0$, e novamente o conceito de uma concentração de tensão infinita na ponta da trinca é inapropriado. A quantidade $\sigma_y|_{\theta=0}\sqrt{2r} = \sigma\sqrt{a}$, contudo, permanece constante à medida que $r \to 0$. É prática comum definir um fator K, chamado de *fator de intensidade de tensão*, dado por

$$K = \sigma\sqrt{\pi a} \qquad (b)$$

no qual as unidades são MPa$\sqrt{\text{m}}$ ou kpsi$\sqrt{\text{in}}$. Visto que estamos considerando uma trinca do modo I, a Equação (*b*) é escrita como

$$K_I = \sigma\sqrt{\pi a} \qquad (5\text{-}35)$$

O fator de intensidade de tensão *não deve* ser confundido com os fatores de concentração de tensão estática K_t e K_{ts} definidos nas Seções 3–13 e 5–2.

Assim, as Equações (5–34) podem ser reescritas como

$$\sigma_x = \frac{K_I}{\sqrt{2\pi r}}\cos\frac{\theta}{2}\left(1-\operatorname{sen}\frac{\theta}{2}\operatorname{sen}\frac{3\theta}{2}\right) \qquad (5\text{-}36a)$$

$$\sigma_y = \frac{K_I}{\sqrt{2\pi r}}\cos\frac{\theta}{2}\left(1+\operatorname{sen}\frac{\theta}{2}\operatorname{sen}\frac{3\theta}{2}\right) \qquad (5\text{-}36b)$$

$$\tau_{xy} = \frac{K_I}{\sqrt{2\pi r}} \operatorname{sen}\frac{\theta}{2} \cos\frac{\theta}{2} \cos\frac{3\theta}{2} \qquad (5\text{-}36c)$$

$$\sigma_z = \begin{cases} 0 & \text{(para tensão plana)} \\ \nu(\sigma_x + \sigma_y) & \text{(para deformação plana)} \end{cases} \qquad (5\text{-}36d)$$

O fator de intensidade de tensão é uma função da geometria, do tamanho e da forma da trinca e do tipo de carregamento. Para várias cargas e configurações geométricas, a Equação (5–35) pode ser escrita como

$$K_I = \beta\sigma\sqrt{\pi a} \qquad (5\text{-}37)$$

em que β é o *fator de modificação da intensidade de tensão*. Tabelas para β estão disponíveis na literatura para configurações básicas.[11] As Figuras 5–25 a 5–30 apresentam alguns exemplos de β para propagação de trinca do modo I.

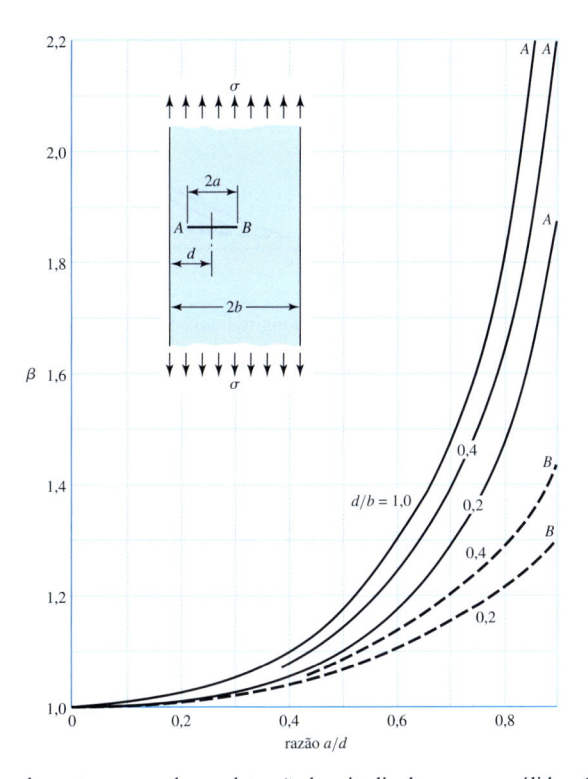

Figura 5–25 Trinca fora de centro numa placa sob tração longitudinal; as curvas sólidas são da ponta da trinca em A; as curvas tracejadas são da ponta em B.

---

[11] Ver, por exemplo:

H. Tada, P. C. Paris, and G. R. Irwin, *The Stress Analysis of Cracks Handbook,* 3rd ed., ASME Press, New York, 2000.

G. C. Sib. *Handbook of Stress Intensity Factors for Researchers and Engineers.* Bethlehem, Pa.: Institute of Fracture and Solid Mechanics, Lehigh University, 1973.

Y. Murakami, (ed.). *Stress Intensity Factors Handbook.* Oxford; Reino Unido: Pergamon Press, 1987.

W. D. Pilkey. *Formulas for Stress, Strain and Structural Matrices;* 2ª ed. Nova York: John Wiley & Sons, 2005.

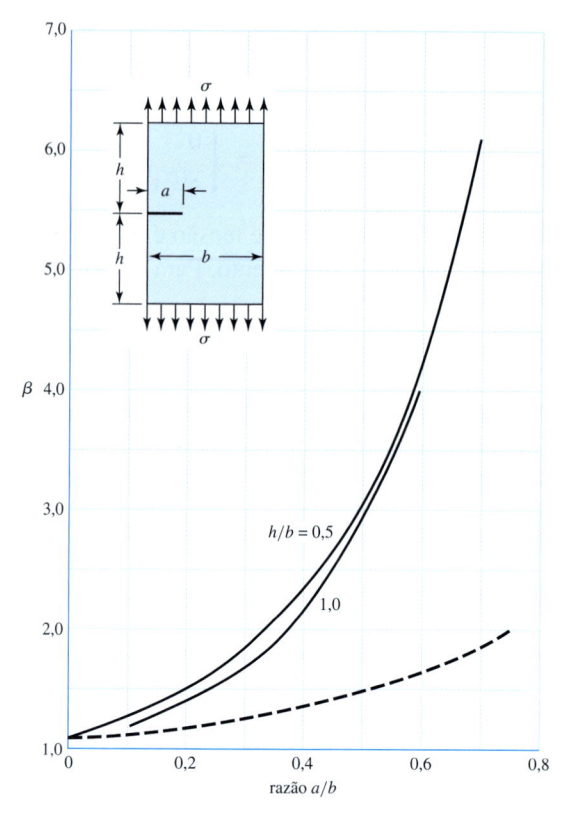

Figura 5–26 Placa sob tração longitudinal com uma trinca na borda; para a curva sólida não há restrições à flexão; a curva tracejada foi obtida com restrições à flexão adicionadas.

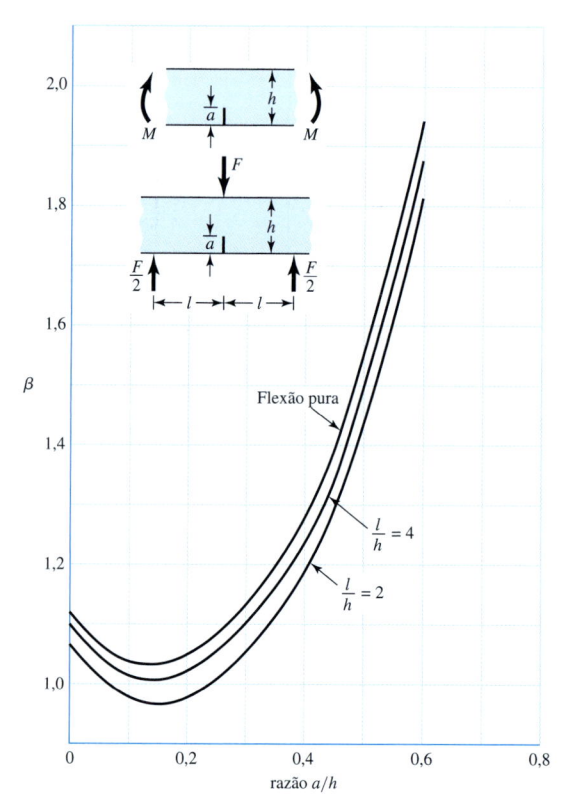

Figura 5–27 Vigas de seção retangular com uma trinca de borda.

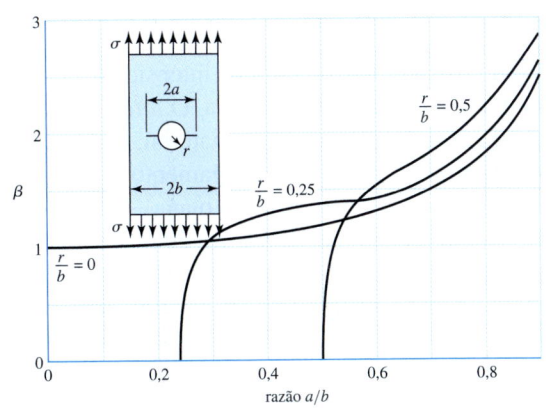

Figura 5–28 Placa contendo um furo circular com duas trincas, sob tração.

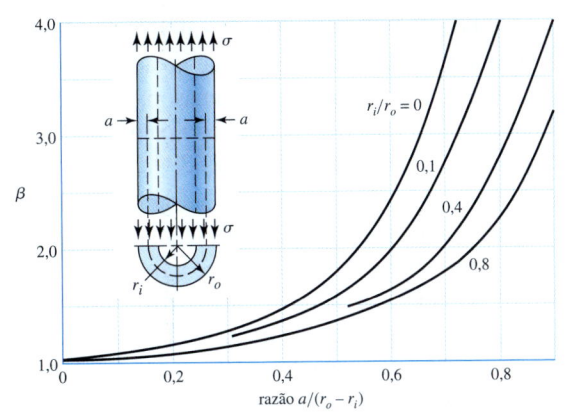

Figura 5–29 Um cilindro carregado em tração axial tendo uma trinca radial de profundidade a que se estende completamente ao redor de sua circunferência.

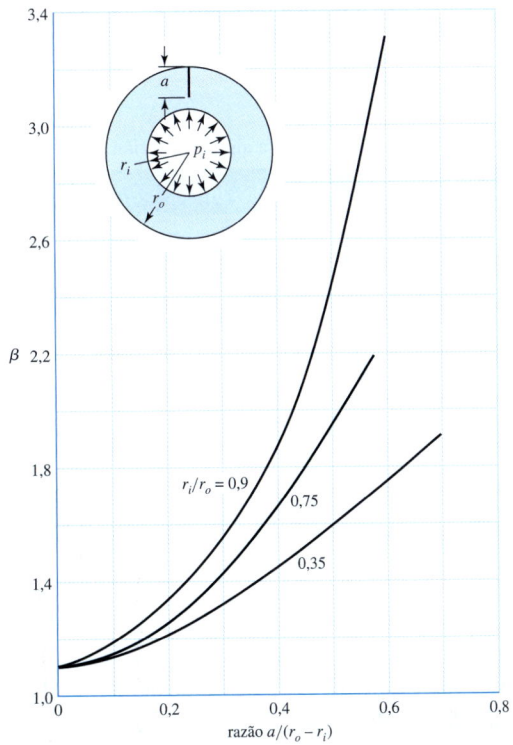

Figura 5–30 Cilindro submetido à pressão interna p_i, possuindo uma trinca radial na direção longitudinal, com profundidade a. Use a Equação (3–49) para a tensão tangencial em $r = r_0$.

Tenacidade de fratura

Quando a magnitude do fator de intensidade de tensão do modo I alcança um valor crítico K_{Ic}, tem início a propagação de trinca. O *fator de intensidade de tensão crítico* K_{Ic} é uma propriedade material que depende do material, do modo de trinca, do processamento do material, da temperatura, da razão de carregamento e do estado de tensão no local da trinca (tal como tensão plana *versus* deformação plana). O fator de intensidade de tensão crítico K_{Ic} é também chamado de *tenacidade de fratura* do material. A tenacidade de fratura para deformação plana é normalmente menor que aquela para tensão plana. Por essa razão, o termo K_{Ic} é tipicamente definido como *tenacidade de fratura de deformação plana, modo I*. A tenacidade de fratura K_{Ic} para materiais de engenharia situa-se no intervalo $20 \leq K_{Ic} \leq 200$ MPa·$\sqrt{m}$; para polímeros de engenharia e materiais cerâmicos, $1 \leq K_{Ic} \leq 5$ MPa·$\sqrt{m}$. Para um aço 4340, no qual a resistência ao escoamento devido a tratamento térmico muda de 800 MPa para 1600 MPa, K_{Ic} decresce de 190 MPa a 40 MPa·$\sqrt{m}$.

A Tabela 5–1 apresenta alguns valores aproximados típicos à temperatura ambiente de K_{Ic} para vários materiais. Como previamente notado, a tenacidade de fratura depende de vários fatores e a tabela visa apenas comunicar algumas magnitudes típicas de K_{Ic}. Para uma aplicação real é recomendado que o material especificado para a aplicação seja certificado, utilizando procedimentos normalizados de ensaio [ver norma E399 da American Society for Testing and Materials (ASTM)].

Um dos primeiros problemas enfrentados pelo projetista é decidir se existem condições, ou não, para uma fratura frágil. Operação à baixa temperatura, isto é, temperatura abaixo da ambiente é um indicador-chave de que a fratura frágil é um modo possível de falha. Não têm sido publicadas tabelas de temperaturas de transição para vários materiais possivelmente em razão das amplas variações em valores, ainda que para um único material. Assim, em várias situações, ensaios de laboratório podem dar a única pista para a possibilidade de uma fratura frágil. Um outro indicador-chave da possibilidade de fratura é a razão entre a resistência ao escoamento e a resistência última. Uma razão alta S_y/S_u indica haver apenas pequena habilidade de absorção de energia na região plástica, e portanto a probabilidade de uma fratura frágil.

A razão resistência pela tensão K_{Ic}/K_I pode ser utilizada como um fator de segurança

$$n = \frac{K_{Ic}}{K_I} \tag{5-38}$$

Tabela 5–1 Valores de K_{Ic} para alguns materiais de engenharia à temperatura ambiente.

Material	K_{Ic}, MPa $\sqrt{m}$	S_y, MPa
Alumínio		
2024	26	455
7075	24	495
7178	33	490
Titânio		
Ti-6AL-4V	115	910
Ti-6AL-4V	55	1035
Aço		
4340	99	860
4340	60	1515
52100	14	2070

EXEMPLO 5-6 Uma placa de convés de navio de aço tem 30 mm de espessura e 12 m de largura. É carregada com uma tensão nominal de tração uniaxial de 50 MPa. É operada abaixo de sua temperatura de transição dúctil a frágil com K_{Ic} igual a 28,3 MPa. Se uma trinca transver-

sal central de 65 mm de comprimento estiver presente, calcule a tensão de tração na qual ocorrerá uma falha catastrófica. Compare essa tensão com a resistência ao escoamento de 240 MPa para esse aço.

Solução Pela Figura 5–25, com $d = b$, $2a = 65$ mm e $2b = 12$ m, assim que $d/b = 1$ e $a/d = 65/12(10^3) = 0{,}00542$. Visto que a/d é bem pequeno, $\beta = 1$, tal que

$$K_I = \sigma\sqrt{\pi a} = 50\sqrt{\pi(32{,}5 \times 10^{-3})} = 16{,}0 \text{ MPa }\sqrt{\text{m}}$$

Da Equação (5–38),

$$n = \frac{K_{Ic}}{K_I} = \frac{28{,}3}{16{,}0} = 1{,}77$$

A tensão na qual ocorre falha catastrófica é:

Resposta
$$\sigma_c = \frac{K_{Ic}}{K_I}\sigma = \frac{28{,}3}{16{,}0}(50) = 88{,}4 \text{ MPa}$$

A resistência ao escoamento é de 240 MPa, e a falha catastrófica ocorrerá a $88{,}4/240 = 0{,}37$, ou a 37% do escoamento. O fator de segurança nessa circunstância é $K_{Ic}/K_I = 28{,}3/16 = 1{,}77$ e *não* $240/50 = 4{,}8$.

EXEMPLO 5–7 Espera-se que uma placa de largura 1,4 m e comprimento 2,8 m suporte uma força de tração de 4,0 MN na direção dos 2,8 m. Procedimentos de inspeção detectarão, através da espessura, apenas trincas de borda maiores que 2,7 mm. As duas ligas Ti-6AL-4V da Tabela 5–1 estão sendo consideradas para essa aplicação, em que um fator de segurança de 1,3 e peso mínimo são importantes. Que liga deve ser utilizada?

Solução (*a*) Decidimos calcular primeiro a espessura requerida para resistir ao escoamento. Uma vez que $\sigma = P/wt$, temos que $t = P/w\sigma$. Para a liga mais fraca, temos, da Tabela 5–1, $S_y = 910$ MPa. Assim, a tensão admissível σ_{adm} é

$$\sigma_{adm} = \frac{S_y}{n} = \frac{910}{1{,}3} = 700 \text{ MPa}$$

Portanto,

$$t = \frac{P}{w\sigma_{adm}} = \frac{4{,}0(10)^3}{1{,}4(700)} = 4{,}08 \text{ mm ou maior}$$

Para a liga mais forte, temos, a partir da Tabela 5–1,

$$\sigma_{adm} = \frac{1035}{1{,}3} = 796 \text{ MPa}$$

assim, a espessura é

Resposta
$$t = \frac{P}{w\sigma_{adm}} = \frac{4{,}0(10)^3}{1{,}4(796)} = 3{,}59 \text{ mm ou maior}$$

(*b*) Agora determinemos a espessura requerida para evitar crescimento da trinca. Usando a Figura 5–26, temos

$$\frac{h}{b} = \frac{2{,}8/2}{1{,}4} = 1 \qquad \frac{a}{b} = \frac{2{,}7}{1{,}4(10^3)} = 0{,}00193$$

Correspondentemente a essas duas razões, encontramos na Figura 5–26 que $\beta \approx 1{,}1$ e $K_I = 1{,}1\sigma\sqrt{\pi a}$.

$$n = \frac{K_{Ic}}{K_I} = \frac{115\sqrt{10^3}}{1{,}1\sigma\sqrt{\pi a}}, \qquad \sigma = \frac{K_{Ic}}{1{,}1n\sqrt{\pi a}}$$

Da Tabela 5–1, $K_{Ic} = 115$ MPa$\sqrt{m}$ para a mais fraca das duas ligas. Resolver para σ com $n = 1$ leva à tensão de fratura

$$\sigma = \frac{115}{1{,}1\sqrt{\pi(2{,}7 \times 10^{-3})}} = 1135 \text{ MPa}$$

que é maior que a resistência ao escoamento de 910 MPa, de modo que a resistência ao escoamento é a base para a decisão geométrica. Para a liga mais forte, $S_y = 1035$ MPa, com $n = 1$, a tensão de fratura fica

$$\sigma = \frac{K_{Ic}}{nK_I} = \frac{55}{1(1{,}1)\sqrt{\pi(2{,}7 \times 10^{-3})}} = 542{,}9 \text{ MPa}$$

que é menor que a resistência ao escoamento de 1035 MPa. A espessura t é

$$t = \frac{P}{w\sigma_{\text{adm}}} = \frac{4{,}0(10^3)}{1{,}4(542{,}9/1{,}3)} = 6{,}84 \text{ mm ou maior}$$

Esse exemplo mostra que a tenacidade de fratura K_{Ic} limita a geometria quando a liga mais forte é utilizada, e uma espessura de 6,84 mm ou mais se faz necessária. Quando a liga mais fraca é usada a geometria é limitada pela resistência ao escoamento, dando-nos uma espessura de apenas 4,08 mm ou maior. Assim, a liga mais fraca leva a uma escolha mais fina e leve, uma vez que os modos de falha diferem.

5–13 Equações de projeto importantes

As equações seguintes e suas localizações são apresentadas na forma de um resumo. *Observação para estado plano:* as tensões principais nas equações seguintes e que estão designadas por σ_A e σ_B são as tensões principais da Equação *bidimensional* (3–13).

Teoria do cisalhamento máximo

p. 232
$$\tau_{\max} = \frac{\sigma_1 - \sigma_3}{2} = \frac{S_y}{2n} \tag{5-3}$$

Teoria da energia de distorção

Tensão de von Mises, p. 237

$$\sigma' = \left[\frac{(\sigma_1 - \sigma_2)^2 + (\sigma_2 - \sigma_3)^2 + (\sigma_3 - \sigma_1)^2}{2}\right]^{1/2} \tag{5-12}$$

p. 235
$$\sigma' = \frac{1}{\sqrt{2}}\left[(\sigma_x - \sigma_y)^2 + (\sigma_y - \sigma_z)^2 + (\sigma_z - \sigma_x)^2 + 6(\tau_{xy}^2 + \tau_{yz}^2 + \tau_{zx}^2)\right]^{1/2} \tag{5-14}$$

Tensão plana, p. 237

$$\sigma' = (\sigma_A^2 - \sigma_A\sigma_B + \sigma_B^2)^{1/2} \tag{5-13}$$

p. 235
$$\sigma' = (\sigma_x^2 - \sigma_x\sigma_y + \sigma_y^2 + 3\tau_{xy}^2)^{1/2} \tag{5-15}$$

Equação de projeto para escoamento, p. 237

$$\sigma' = \frac{S_y}{n} \tag{5-19}$$

Resistência ao escoamento sob cisalhamento, p. 237

$$S_{sy} = 0{,}577\, S_y \tag{5-21}$$

Teoria de Coulomb-Mohr

p. 241
$$\frac{\sigma_1}{S_t} - \frac{\sigma_3}{S_c} = \frac{1}{n} \tag{5-26}$$

em que S_t é a resistência ao escoamento sob tração (dúctil) ou resistência última sob tração (frágil), e S_c é a resistência ao escoamento sob compressão (dúctil) ou resistência última sob compressão (frágil).

Teoria de Mohr modificada (Tensão plana)

Utilize as equações da tensão normal máxima, ou

$$\sigma_A = \frac{S_{ut}}{n} \qquad \sigma_A \geq \sigma_B \geq 0$$

$$\sigma_A \geq 0 \geq \sigma_B \quad \text{e} \quad \left|\frac{\sigma_B}{\sigma_A}\right| \leq 1 \tag{5-32a}$$

p. 248
$$\frac{(S_{uc} - S_{ut})\sigma_A}{S_{uc} S_{ut}} - \frac{\sigma_B}{S_{uc}} = \frac{1}{n} \qquad \sigma_A \geq 0 \geq \sigma_B \quad \text{e} \quad \left|\frac{\sigma_B}{\sigma_A}\right| > 1 \tag{5-32b}$$

$$\sigma_B = -\frac{S_{uc}}{n} \qquad 0 \geq \sigma_A \geq \sigma_B \tag{5-32c}$$

Diagrama de fluxo de teoria de falha

Figura 5–21, p. 251

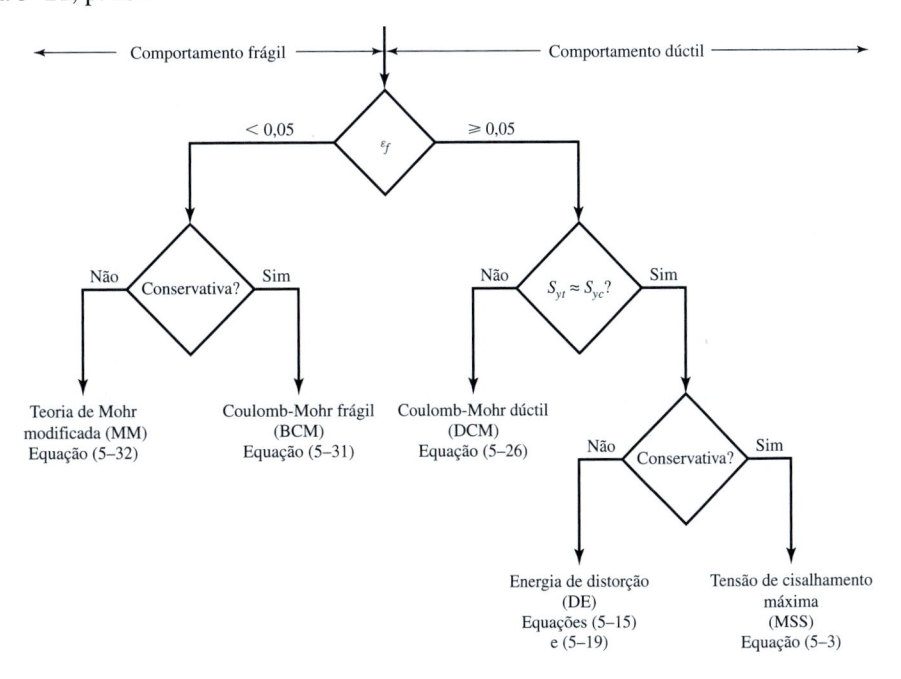

Mecânica de fraturas

p. 255
$$K_I = \beta\sigma\sqrt{\pi a} \tag{5-37}$$

em que β é encontrado nas Figuras 5–25 a 5–30 (pp. 257 a 260)

p. 258
$$n = \frac{K_{Ic}}{K_I} \tag{5-38}$$

em que K_{Ic} é encontrado na Tabela 5–1 (p. 258).

PROBLEMAS

Os problemas assinalados com um asterisco (*) são associados a problemas de outros capítulos, conforme resumido na Tabela 1–2 da Seção 1–17, p. 33.

5–1 Uma barra de aço dúctil laminado a quente possui uma resistência ao escoamento mínima sob tração e compressão igual a 350 MPa. Utilizando as teorias da energia de distorção e tensão de cisalhamento máxima, determine os fatores de segurança para os seguintes estados de tensão plana:

(a) $\sigma_x = 100$ MPa, $\sigma_y = 100$ MPa.
(b) $\sigma_x = 100$ MPa, $\tau_{xy} = 50$ MPa.
(c) $\sigma_x = 100$ MPa, $\sigma_y = -75$ MPa.
(d) $\sigma_x = -50$ MPa, $\sigma_y = -75$ MPa, $\tau_{xy} = -50$ MPa.
(e) $\sigma_x = 100$ MPa, $\sigma_y = 20$ MPa, $\tau_{xy} = -20$ MPa.

5–2 Repita o Problema 5–1 com as seguintes tensões principais obtidas da Eq. (3-13):

(a) $\sigma_A = 100$ MPa, $\sigma_B = 100$ MPa.
(b) $\sigma_A = 100$ MPa, $\sigma_B = -100$ MPa.
(c) $\sigma_A = 100$ MPa, $\sigma_B = -50$ MPa.
(d) $\sigma_A = 100$ MPa, $\sigma_B = -50$ MPa.
(e) $\sigma_A = -50$ MPa, $\sigma_B = -100$ MPa

5–3 Repita o Problema 5–1 para uma barra de aço AISI 1030 laminado a quente e:

(a) $\sigma_x = 175$ MPa, $\sigma_y = 105$ MPa.
(b) $\sigma_x = 105$ MPa, $\tau_{xy} = -105$ MPa.
(c) $\sigma_x = 140$ MPa, $\tau_{xy} = -70$ MPa.
(d) $\tau_{xy} = -84$ MPa, $\sigma_y = 105$ MPa, $\tau_{xy} = -63$ MPa.
(e) $\sigma_x = -168$ MPa, $\sigma_y = -168$ MPa, $\tau_{xy} = -105$ MPa.

5–4 Repita o Problema 5–1 para uma barra de aço AISI 1015 estirada a frio com as seguintes tensões principais obtidas da Eq (3-13):

(a) $\sigma_A = 210$ MPa, $\sigma_B = 210$ MPa.
(b) $\sigma_A = 210$ MPa, $\sigma_B = -210$ MPa.
(c) $\sigma_A = 210$ MPa, $\sigma_B = 105$ MPa.
(d) $\sigma_A = -210$ MPa, $\sigma_B = -105$ MPa.
(e) $\sigma_A = -350$ Mpa, $\sigma_B = 70$ MPa.

5–5 Repita o Problema 5–1, primeiramente, traçando os lugares de falha no plano σ_A, σ_B em escala; depois, para cada estado de tensão, trace a linha de carga e, por medição gráfica, estime os fatores de segurança.

5–6 Repita o Problema 5–3, primeiramente, traçando os lugares de falha no plano σ_A, σ_B em escala; depois, para cada estado de tensão, trace a linha de carga e, por medição gráfica, estime os fatores de segurança.

5–7 a 5–11 Um aço AISI 1018 tem uma tensão de escoamento, $S_y = 295$ MPa. Usando a teoria da energia de distorção para um dado estado plano de tensões, (a) determine o fator de segurança e (b) desenhe a localização da falha e a linha de carga, estimando graficamente o fator de segurança.

Número do problema	σ_x (MPa)	σ_y (MPa)	τ_{xy} (MPa)
5–7	75	−35	0
5–8	−100	30	0
5–9	100	0	−25
5–10	−30	−65	40
5–11	−80	30	−10

5–12 Um material dúctil tem as propriedades $S_{yt} = 420$ MPa e $S_{yc} = 525$ MPa. Utilizando para material dúctil a teoria de Coulomb-Mohr, determine o fator de segurança para os estados planos de tensão dados no Problema 5–3.

5–13 Repita o Problema 5–12 desenhando em escala primeiro os loci no plano σ_A, σ_B; então, para cada estado de tensão, desenhe a linha de carga e estime por medição gráfica o fator de segurança.

5–14 a 5–18 Um aço AISI 4142 Q&T a 427 °C exibe $S_{yt} = 235$ MPa, $S_{yc} = 285$ MPa e $\varepsilon_f = 0{,}07$. Para o estado de tensão plana dado, (*a*) determine o fator de segurança, (*b*) desenhe o locus da falha e a linha de carga e estime o fator de segurança por medição gráfica.

Número do problema	σ_x (MPa)	σ_y (MPa)	τ_{xy} (MPa)
5–14	150	−50	0
5–15	−150	50	0
5–16	125	0	−75
5–17	−80	−125	50
5–18	125	80	−75

5–19 Um material frágil tem as propriedades $S_{ut} = 210$ MPa, $S_{uc} = 630$ MPa. Utilizando para o material frágil as teorias de Coulomb-Mohr e de Mohr modificada, determine o fator de segurança para os seguintes estados de tensão plana.

(*a*) $\sigma_x = 175$ MPa, $\sigma_y = 105$ MPa.
(*b*) $\sigma_x = 105$ MPa, $\sigma_y = -105$ MPa.
(*c*) $\sigma_x = 140$ MPa, $\tau_{xy} = -70$ MPa.
(*d*) $\sigma_x = -105$ MPa, $\sigma_y = -70$ MPa, $\tau_{xy} = -105$ MPa.
(*e*) $\sigma_x = -84$ MPa, $\tau_{xy} = -105$ MPa.

5–20 Repita o Problema 5–19 traçando primeiro em escala os loci de falha no plano σ_A, σ_B; então, para cada estado de tensão, desenhe a linha de carga e por medição gráfica, estime o fator de segurança.

5–21 a 5–25 Para o ferro fundido ASTM 30, (*a*) encontre os fatores de segurança utilizando as teorias para material frágil de Coulomb-Mohr e de Mohr modificada, (*b*) desenhe em escala os diagramas de falha no plano σ_A, σ_B e localize as coordenadas do estado de tensão, e (*c*) estime por medição gráfica fatores de segurança pelas duas teorias ao longo da linha de carga.

Número do problema	σ_x (MPa)	σ_y (MPa)	τ_{xy} (MPa)
5–21	105	70	0
5–22	105	−350	0
5–23	105	0	−70
5–24	−70	−175	−70
5–25	−245	91	−70

5–26 a 5–30 Um alumínio fundido 195-T6 exibe $S_{ut} = 252$ MPa, $S_{uc} = 245$ MPa e $\varepsilon_f = 0{,}045$. Para o estado de tensão plana dado, (*a*) determine o fator de segurança usando a teoria de Coulomb-Mohr, (*b*) trace o locus da falha e a linha de carga, e estime por medição gráfica o fator de segurança.

Número do problema	σ_x (MPa)	σ_y (MPa)	τ_{xy} (MPa)
5–26	105	–70	0
5–27	–105	70	0
5–28	84	0	–56
5–29	–70	–105	70
5–30	105	56	–56

5–31 a 5–35 Repita os Problemas 5–26 a 5–30 utilizando a teoria de Mohr modificada.

Número do problema	5–31	5–32	5–33	5–34	5–35
Repetir problema	5–26	5–27	5–28	5–29	5–30

5–36 Este problema ilustra que o fator de segurança para um elemento de máquina depende do ponto particular escolhido para análise. Aqui você deve computar fatores de segurança, com base na teoria da energia de distorção, para elementos de tensão em A e B do membro mostrado na figura. Esta barra é feita de aço AISI 1006 repuxado a frio e é carregada pelas forças $F = 0{,}55$ kN, $P = 4{,}0$ kN e $T = 25$ N·m.

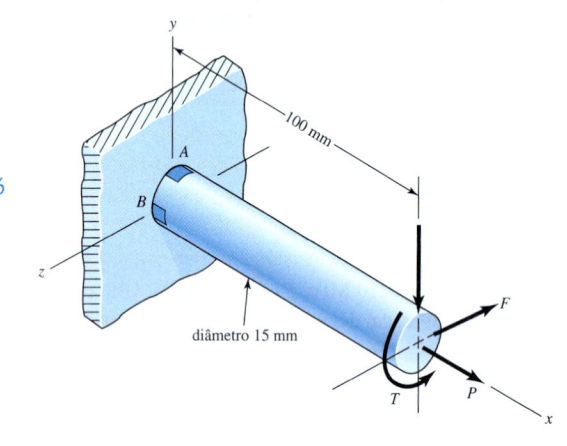

Problema 5–36

5–37 Para a viga do Problema 3–44, p. 146, determine a tensão de escoamento mínima que deve ser considerada para obter o fator de segurança mínimo de 2 baseado na teoria da energia de distorção.

5–38 Um eixo de aço 1020 CD transmite 15kW enquanto rotaciona a 1750 rpm. Determine o diâmetro mínimo para que o eixo tenha um fator de segurança igual a 3 com base na teoria da máxima tensão de cisalhamento.

5–39* a 5–55* Para os problemas especificados na tabela, baseie-se nos resultados do problema original para determinar o fator mínimo de segurança ao escoamento. Utilize tanto a teoria da máxima tensão de cisalhamento quanto a teoria da energia de distorção e compare os resultados. O material é o aço 1018 CD.

Número do problema	Problema original, número da página
5–39*	3–68, 149
5–40*	3–69, 149
5–41*	3–70, 149
5–42*	3–71, 149
5–43*	3–72, 150
5–44*	3–73, 150
5–45*	3–74, 151
5–46*	3–76, 152
5–47*	3–77, 152
5–48*	3–79, 152
5–49*	3–80, 152
5–50*	3–81, 153

Número do problema	Problema original, número da página
5–51*	3–82, 153
5–52*	3–83, 153
5–53*	3–84, 153
5–54*	3–85, 154
5–55*	3–86, 154

5–56* Baseie-se nos resultados dos Problemas 3–84 e 3–87 para comparar o uso de um material dúctil de baixa resistência (1018 CD) no qual o fator de concentração de tensões pode ser ignorado com um material de alta resistência, porém mais frágil (4140 Q&T @ 400°F), para o qual se deve considerar o fator de concentração de tensões. Para cada caso, determine o fator de segurança ao escoamento utilizando a teoria da energia de distorção.

5–57 Utilizando $F = 416$ MPa, projete o braço de alavanca CD da Figura 5–16 especificando as dimensões e material adequados.

5–58 Um vaso de pressão esférico é feito de uma chapa com espessura de 1,25 mm de aço AISI 1020 repuxada a frio. Supondo que o vaso tem um diâmetro de 200 mm, utilize a teoria da energia de distorção para estimar a pressão necessária para iniciar o escoamento. Qual é a pressão estimada de rompimento?

5–59 Este problema ilustra que a resistência de uma peça de máquina pode, às vezes, ser medida em unidades diferentes das de força ou momento. Por exemplo, a velocidade máxima que um volante pode alcançar sem escoamento ou fratura é uma medida de sua resistência. Neste problema você tem um anel rotativo feito de aço AISI 1020 forjado a quente; o anel tem um diâmetro interno de 150 mm e um diâmetro externo de 250 mm e uma espessura de 40 mm. Usando a teoria da energia de distorção, determine a velocidade angular em rotações por minuto que causaria o escoamento do anel. Em qual raio se inicia o escoamento? [*Nota*: A tensão radial máxima ocorre em $r = (r_0 r_i)^{1/2}$; ver Equação (3–54).]

5–60 Um vaso de pressão leve é feito de tubo de liga de alumínio 2024-T3 com fechamento apropriado das extremidades. Esse cilindro tem 100 mm de diâmetro externo (OD), uma espessura de parede de 1,5 mm e $v = 0{,}334$. A ordem de compra especifica resistência ao escoamento mínima de 320 MPa. Usando a teoria de energia de distorção, determine o fator de segurança caso a válvula de alívio de pressão seja configurada a 3.5 MPa.

5–61 Um tubo de aço AISI 1015 conformado a frio tem 300 mm de diâmetro externo (OD) e 200 mm de diâmetro interno (ID) e deve ser submetido a uma pressão externa de ajuste por compressão. Utilizando a teoria de energia de distorção, determine a pressão máxima que causará o escoamento do material do tubo.

5–62 Que velocidade causaria fratura do anel do Problema 5–59 se ele fosse feito de ferro fundido de grau 30?

5–63 A figura mostra um eixo montado em mancais em A e D e tendo polias em B e C. As forças que atuam nas superfícies da polia representam as trações de correia. O eixo será feito de aço AISI 1035 CD. Utilizando uma teoria de falha conservadora com um fator de projeto igual a 2, determine o diâmetro mínimo do eixo para evitar o escoamento.

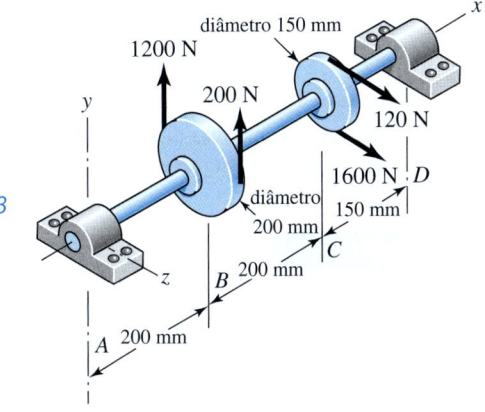

Problema 5–63

5–64 Pelos padrões modernos, o desenho do eixo do Problema 5–63 é pobre porque ele é muito longo. Suponha que ele seja redesenhado para a metade das dimensões de comprimento. Usando o mesmo material e fator de projeto do Problema 5–63, encontre o novo diâmetro do eixo.

5–65* Baseie-se nos resultados do Problema 3–40, p. 145, para determinar o fator de segurança ao escoamento segundo a teoria de energia de distorção para cada modelo simplificado nas partes *c*, *d* e *e* da figura do Problema 3–40. O pino é usinado em aço AISI 1018 laminado a quente. Compare os três modelos do ponto de vista do projetista em termos de precisão, segurança e tempo de modelagem.

5–66* Para o pino de engate do Problema 3–40, p. 145, refaça o desenho do diâmetro do pino para prover um fator de segurança igual a 2,5, com base em um critério conservador de falha por escoamento e no modelo de carregamento mais conservador das partes *c*, *d* e *e* da figura do Problema 3–40. O pino é usinado em aço AISI 1018 laminado a quente.

5–67 Um colar de eixo de anel partido, tipo braçadeira, é mostrado na figura. O colar tem diâmetro externo (OD) de 50 mm por 25 mm de diâmetro interno (ID) por 12 mm de largura. O parafuso é designado como M 6 × 1. A relação entre o torque de aperto do parafuso T, o diâmetro nominal do parafuso d e a tração no parafuso F_i é aproximadamente $T = 0,2\, F_i d$. O eixo é dimensionado para obter um ajuste de deslizamento apertado. Encontre a força axial de sustentação F_x no colar como uma função do coeficiente de atrito e o torque do parafuso.

Problema 5–67

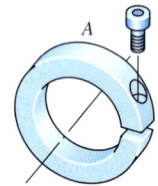

5–68 Suponha que o colar do Problema 5–67 seja apertado usando um torque de rosca de 20 N·m. O material do colar é aço AISI 1035 termotratado a uma resistência de escoamento mínima de 450 MPa.

(*a*) Calcule a tração no parafuso.
(*b*) Relacionando a tensão tangencial à tração circunferencial, encontre a pressão interna do eixo no anel.
(*c*) Encontre as tensões tangencial e radial na superfície interna do anel.
(*d*) Determine a tensão de cisalhamento máxima e a tensão de von Mises.
(*e*) Quais são os fatores de segurança baseados nas teorias da tensão de cisalhamento máxima e de energia de distorção?

5–69 No Problema 5–67, o papel do parafuso era induzir tração circunferencial que produz o aperto. O parafuso deve ser colocado tal que nenhum momento seja induzido no anel. Onde justamente deve o parafuso ser colocado?

5–70 Um tubo tem um outro tubo contraído sobre ele. As especificações são:

	Membro interno	Membro externo
ID	25 ± 0,05 mm	49,98 ± 0,01 mm
OD	50 ± 0,01 mm	75 ± 0,1 mm

ID: diâmetro interno; OD: diâmetro externo

Ambos os tubos são feitos de aço carbono comum.

(*a*) Encontre a pressão nominal de ajuste por contração e as tensões de von Mises na superfície de ajuste.
(*b*) Se o tubo interno for trocado por um eixo sólido com as mesmas dimensões externas, encontre a pressão nominal de ajuste de contração e as tensões de von Mises na superfície de ajuste.

5–71 Dois tubos de aço têm as seguintes especificações:

	Tubo interno	Tubo externo
ID	20 ± 0,050 mm	39,98 ± 0,008 mm
OD	40 ± 0,008 mm	65 ± 0,10 mm

Eles são ajustados um ao outro por contração. Encontre a pressão nominal de ajuste por contração e a tensão de von Mises em cada corpo na superfície de ajuste.

5-72 Repita o Problema 5-71 para condições máximas de ajuste por contração.

5-73 Um eixo sólido de aço de 50 mm de diâmetro tem uma engrenagem com cubo de ferro fundido ASTM grau 20 (E = 100 GPa) ajustado a ele por contração. As especificações para o eixo são

$$50 \begin{array}{c} +0{,}0000 \\ -0{,}01 \end{array} \text{ mm}$$

O orifício no cubo é dimensionado a 49 mm ± 0,01 mm com um diâmetro externo OD de 100 mm ± 0,8 mm. Usando valores de meio de intervalo e a teoria de Mohr modificada estime o fator de segurança resguardando contra fratura no cubo da engrenagem devido ao ajuste de contração.

5-74 Dois tubos de aço são ajustados entre si por contração, sendo os diâmetros nominais 40, 45 e 50 mm. Medições cuidadosas antes do ajuste revelaram que a interferência diametral entre os tubos seria de 0,062 mm. Após ajuste, o conjunto é submetido a um torque de 900 N·m e um momento flexor de 675 N·m. Assumindo que não ocorra deslizamento entre os cilindros, analise o cilindro externo nos seus raios interno e externo. Determine o fator de segurança utilizando a energia de distorção com $S_y = 415$ MPa.

5-75 Repita o Problema 5-74 para o tubo interno.

5-76a
5-81 Para os problemas da tabela, as especificações para a pressão de ajuste de dois cilindros são dadas no problema original no Capítulo 3. Se ambos os cilindros forem de aço AISI 1040 laminado a quente, determine o fator de segurança mínimo para o cilindro exterior com base na teoria da energia de distorção.

Número do problema	Problema original, número da página
5-76	3-110,156
5-77	3-111,156
5-78	3-112,156
5-79	3-113,156
5-80	3-114,156
5-81	3-115,156

5-82 Para as Equações (5-36), mostre que as tensões principais são dadas por

$$\sigma_1 = \frac{K_I}{\sqrt{2\pi r}} \cos\frac{\theta}{2} \left(1 + \operatorname{sen}\frac{\theta}{2}\right)$$

$$\sigma_2 = \frac{K_I}{\sqrt{2\pi r}} \cos\frac{\theta}{2} \left(1 - \operatorname{sen}\frac{\theta}{2}\right)$$

$$\sigma_3 = \begin{cases} 0 & \text{(tensão plana)} \\ \sqrt{\frac{2}{\pi r}}\, \nu K_I \cos\frac{\theta}{2} & \text{(deformação plana)} \end{cases}$$

5-83 Use os resultados do Problema 5-82 para deformação plana próxima à ponta com $\theta = 0$ e $\nu = \frac{1}{3}$. Se a resistência ao escoamento da placa for S_y, qual o valor de σ_1 quando ocorre o escoamento?

(a) Use a teoria da energia de distorção.

(b) Use a teoria da tensão de cisalhamento máxima. Utilizando círculos de Mohr, explique a sua resposta.

5-84 Uma placa com largura de 150 mm, 300 mm de comprimento e 8 mm de espessura é carregada sob tração na direção do comprimento. A placa contém uma fissura, como mostrado na Figura 5-26, com comprimento de 15,65 mm. O material é aço com $K_{Ic} = 490$ MPa · $\sqrt{\text{m}}$ e $S_y = 1{,}1$ GPa. Determine a máxima carga possível que se pode aplicar antes que a placa (a) escoe e (b) apresente um crescimento incontrolável de fissura.

5-85 Um cilindro submetido à pressão interna p_i possui um diâmetro externo de 350 mm e uma espessura de parede de 25 mm. Para o material do cilindro, $K_{Ic} = 80$ MPa · $\sqrt{\text{m}}$, $S_y = 1200$ MPa e $S_{ut} = 1350$ MPa. Se o cilindro tiver uma fissura radial na direção longitudinal, com profundidade de 0,5 mm, determine a pressão que causará crescimento incontrolável da fissura.

6 Falha por fadiga resultante de carregamento variável

6-1 Introdução à fadiga em metais **269**

6-2 Abordagem da falha por fadiga em análise e projeto **275**

6-3 Métodos fadiga-vida **276**

6-4 O método tensão-vida **276**

6-5 O método deformação-vida **279**

6-6 O método da mecânica de fratura linear elástica **281**

6-7 O limite de resistência à fadiga **285**

6-8 Resistência à fadiga **286**

6-9 Fatores modificadores do limite de resistência à fadiga **289**

6-10 Concentração de tensão e sensitividade de entalhe **298**

6-11 Caracterização de tensões flutuantes **304**

6-12 Critério de falha por fadiga para tensão flutuante **306**

6-13 Resistência à fadiga torcional sob tensões flutuantes **320**

6-14 Combinação de modos de carregamento **321**

6-15 Tensões flutuantes variáveis; dano cumulativo por fadiga **324**

6-16 Resistência à fadiga de superfície **330**

6-17 Guia de procedimentos e equações de projeto importantes para o método tensão-vida **333**

No Capítulo 5 consideramos a análise e o projeto de peças sujeitas a carregamento estático. O comportamento de peças de máquina é inteiramente diferente quando estão sujeitas a carregamento variando no tempo. Neste capítulo examinaremos como as peças falham sob carregamento variável e como dimensioná-las para resistir com sucesso a tais condições.

6–1 Introdução à fadiga em metais

Na maioria dos ensaios das propriedades dos materiais que se relacionam ao diagrama tensão-deformação, a carga é aplicada gradualmente, para dar tempo suficiente para a deformação se desenvolver plenamente. Além disso, o espécime é experimentado até a destruição, e assim as tensões são aplicadas somente uma vez. Ensaio desse gênero é aplicável, ao que conhecemos como *condições estáticas;* tais condições aproximam-se estritamente das condições reais às quais muitos membros estruturais e de máquina estão sujeitos.

Frequentemente aparece, contudo, a condição em que as tensões variam com o tempo ou flutuam entre diferentes níveis. Por exemplo, uma fibra particular na superfície de um eixo rodando, sujeita à ação de cargas de flexão, passa por ambos, tração e compressão, em cada revolução do eixo. Se o eixo é parte de um motor elétrico rodando a 1 725 rev/min, a fibra é tensionada em tração e compressão 1 725 vezes a cada minuto. Se, além disso, o eixo é também carregado axialmente (como seria, por exemplo, por uma engrenagem helicoidal ou sem fim), uma componente axial da tensão é superposta à componente de flexão. Nesse caso, alguma tensão sempre está presente em qualquer fibra, mas agora o *nível* de tensão é flutuante. Esses e outros gêneros de carregamento ocorrendo em membros de máquina produzem tensões que são chamadas tensões *variáveis, repetidas, alternantes* ou *flutuantes.*

Frequentemente se descobre que membros de máquina falharam sob a ação de tensões repetidas ou flutuantes, todavia a análise mais cuidadosa revela que as tensões reais máximas estavam bem abaixo da resistência última do material, e muito frequentemente até abaixo da resistência ao escoamento. A característica mais distinguível dessas falhas é que as tensões foram repetidas um número muito grande de vezes. Daí a falha ser chamada de *falha por fadiga.*

Quando peças de máquina falham estaticamente, de modo geral elas desenvolvem uma deflexão muito grande, porque a tensão excedeu a resistência ao escoamento e a peça é trocada antes que a fratura realmente ocorra. Assim, muitas falhas estáticas dão aviso visível antecipadamente. Mas a falha por fadiga não dá aviso! Ela é súbita e total e, portanto, perigosa. É relativamente simples prever uma falha estática, porque nosso conhecimento é amplo. Fadiga é um fenômeno muito mais complicado, apenas parcialmente entendido, e o engenheiro, para estar apto, deve adquirir o máximo possível de conhecimento sobre o assunto.

Uma falha por fadiga tem uma aparência similar a uma fratura frágil, uma vez que as superfícies de fratura são planas e perpendiculares ao eixo de tensão, com a ausência de estricção. As características de fratura de uma falha por fadiga, contudo, são bem diferentes das de uma fratura frágil estática, surgindo de três estágios de desenvolvimento. O *estágio I* é a iniciação de uma ou mais microtrincas, devido à deformação plástica cíclica seguida de propagação cristalográfica que se estende dois a cinco grãos em relação à origem. Trincas do estágio I normalmente não são discerníveis a olho nu. O *estágio II* (a fratura) progride de microtrincas a macrotrincas, formando superfícies de fratura tal qual platôs paralelos, separados por sulcos paralelos. Os platôs geralmente são lisos e normais na direção de máxima tensão de tração. Essas superfícies podem ter bandas onduladas escuras e claras, conhecidas como *marcas de praia* ou *marcas de concha de ostra*, como visto na Figura 6–1. Durante o carregamento cíclico, essas superfícies fissuradas abrem e fecham, roçando umas nas outras, e a aparência das marcas de praia dependem das mudanças no nível e na frequência do carregamento e da natureza corrosiva do meio. O *estágio III* ocorre no ciclo de tensão final quando o material remanescente não consegue suportar as cargas, resultando em uma fratura rápida e repentina. Uma

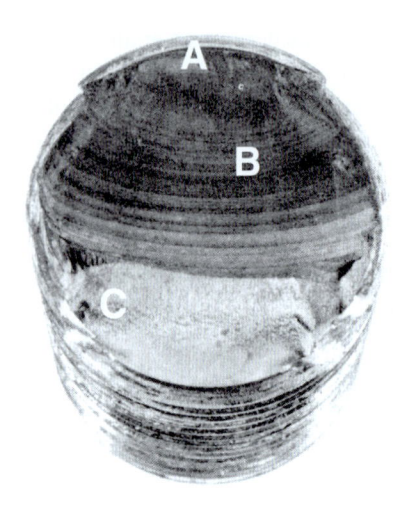

Figura 6–1 Falha por fadiga de um parafuso em razão de flexão unidirecional repetida. A falha começou na raiz da rosca em *A*, propagou-se ao longo da maior parte da seção transversal como evidenciado pelas marcas de praia em *B*, antes da fratura rápida final em *C*. (*Extraído do* ASM Handbook, vol. 12: Fractography, *2nd printing, 1992 ASM International, Materials Park, OH 44073-0002, figura 50, p. 120. Reimpressa com permissão da ASM Internacional* ®, *www.asminternational.org*).

falha de estágio III pode ser frágil, dúctil ou uma combinação de ambas. Com bastante frequência as marcas de praia, acaso existentes, e possíveis padrões na fratura de estágio III, chamadas *linhas de insígnia (em V)*, apontam para as origens das trincas iniciais.

Há uma grande quantidade de coisas a ser aprendidas com base nos padrões de fratura de uma falha por fadiga. A Figura 6–2 mostra representações de superfícies de falha de várias geometrias de peças sob diferentes condições de carga e níveis de concentração de tensão. Observe que, no caso de flexão rotacional, até a direção de rotação influencia o padrão de falha.

A falha por fadiga deve-se à formação de trinca e propagação. Uma trinca por fadiga se iniciará, geralmente, em uma descontinuidade no material em que a tensão cíclica é um máximo. Descontinuidades podem surgir em razão de:

- Projeto de mudanças rápidas na seção transversal, chavetas, furos etc. em que concentrações de tensão ocorrem, como foi discutido nas Seções 3–13 e 5–2.
- Elementos que rolam e/ou deslizam uns contra outros (mancais, engrenagens, camos etc.) sob altas pressões de contato, desenvolvendo tensões concentradas de contato subsuperficiais (Seção 3–19) que podem causar formação de cavidades superficiais ou lascamento depois de vários ciclos de carga.
- Descuido com a localização de marcas de identificação, marcas de ferramentas, riscos e rebarbas; projeto de juntas malfeito; montagem inadequada e outras falhas de fabricação.
- Composição do próprio material, processado por rolamento, forja, fundição, extrusão, estiramento, tratamento térmico etc. Descontinuidades superficiais e subsuperficiais, microscópicas e submicroscópicas aparecem, tais como inclusões de material estranho, segregação de liga, vazios, partículas precipitadas duras e descontinuidades do cristal.

Várias condições que podem acelerar o início de trincas incluem tensões residuais de tração, temperaturas elevadas, ciclagem térmica, meio corrosivo e ciclagem de alta frequência.

A razão e a direção de propagação por trinca de fadiga são controladas, primeiramente, por tensões localizadas e pela estrutura do material na trinca. Contudo, assim como com a formação de trinca, outros fatores podem exercer uma influência significativa, tais como o meio ambiente, a temperatura e a frequência. Como afirmado anteriormente, trincas crescerão

Figura 6–2 Esquema de superfícies de fratura por fadiga produzidas em componentes entalhados e lisos com seções transversais redondas e retangulares sob várias condições de carregamento e níveis de tensão nominal. (*Extraído do* ASM Metals Handbook, vol. 11: Failure Analysis and Prevention, 1986, *Materials Park, ASM International, OH 44073-0002, figura 18, p. 111. Reimpresso com permissão da ASM International®, www.asminternational.org.*)

ao longo de planos normais a máximas tensões de tração. O processo de crescimento de trincas pode ser explicado pela mecânica de fraturas (ver Seção 6–6).

Uma fonte especializada de referência no estudo de falha por fadiga é o *ASM Metals Handbook* de 21 volumes. As Figuras 6–1 a 6–8, reproduzidas com a permissão da ASM International, são apenas uma pequena amostra de exemplos de falhas por fadiga para uma grande variedade de condições incluídas no manual. Comparando a Figura 6–3 com a Figura 6–2, vemos que a falha ocorreu em razão de tensões de flexão rotativa, com a direção de rotação em sentido horário com relação à vista, e com uma concentração de tensão moderada e tensão nominal baixa.

Figura 6–3 Fratura por fadiga de um eixo motor de aço AISI 4320. A falha por fadiga iniciou na extremidade de chaveta nos pontos *B* e progrediu até a ruptura final em *C*. A zona de ruptura final é pequena, indicando que as cargas eram baixas. (*Extraído* do ASM Handbook, vol. 12: Fractography, *2nd printing, 1992*, Failure Analysis and Prevention, *ASM International, Materials Park, OH 44073-0002, figura 51, p. 120. Reimpresso com permissão da ASM International* ®, *www.asminternational.org.*)

Figura 6–4 Superfície de fratura por fadiga de um pino de aço AISI 8640. Cantos vivos de orifícios de graxa desencontrados proporcionaram concentrações de tensão que iniciaram duas trincas de fadiga indicadas pelas setas. (*Extraído do* ASM Handbook, vol. 12: Fractography, *2nd printing, 1992 ASM International, Materials Park, OH 44073-0002, figura 520, p. 331. Reimpresso com permissão da ASM International* ®, *www.asminternational.org.*)

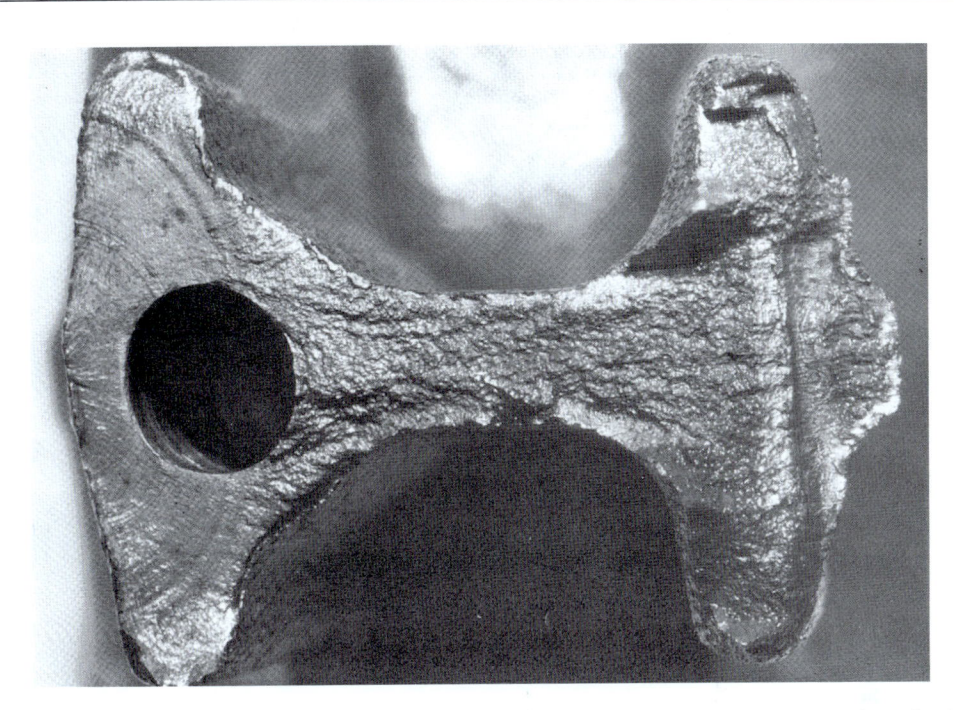

Figura 6–5 Superfície de fratura por fadiga de uma barra conectora forjada de aço AISI 8640. A origem da trinca por fadiga está na borda esquerda, na linha de rebarbas do forjamento, mas nenhuma aspereza incomum de aparas de rebarbas foi indicada. A trinca por fadiga progrediu meio caminho ao redor do furo de óleo à esquerda, indicado pelas marcas de praia, antes que a fratura rápida final ocorresse. Observe o lábio pronunciado de cisalhamento na fratura final na borda direita. (*Extraído do ASM Handbook*, vol. 12: *Fractography, 2nd printing, 1992, ASM International, Materials Park, OH 44073-0002, figura 523, p. 332. Reimpresso com permissão da ASM International®, www.asminternational.org.*)

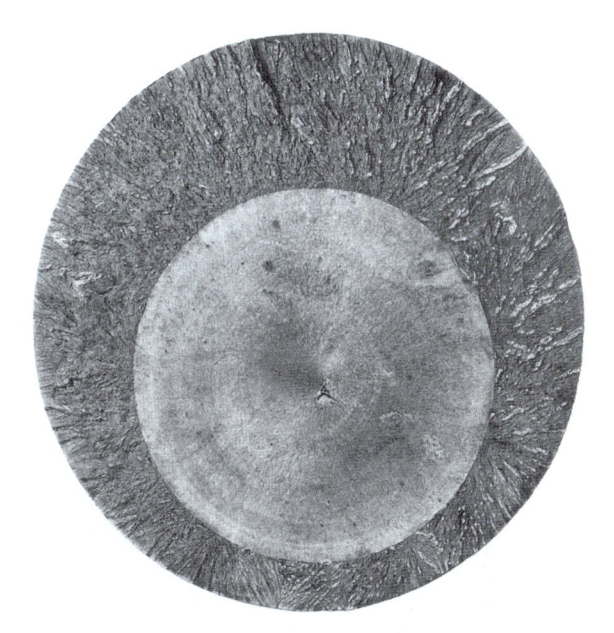

Figura 6–6 Superfície de fratura por fadiga de uma barra de pistão, de diâmetro de 200 mm (8 in) de um martelo de vapor de liga de aço, usada em forja. Este é um exemplo de uma fratura por fadiga causada por tração pura em que concentrações de tensão superficial estão ausentes e uma trinca pode iniciar-se em qualquer lugar na seção transversal. Neste exemplo, a trinca inicial formou-se em um fragmento de forjamento ligeiramente abaixo do centro, cresceu para fora simetricamente e, por fim, produziu uma fratura frágil sem aviso. (*Extraído do ASM Handbook*, vol. 12: Fractography, *2nd printing, 1992, ASM International, Materials Park, OH 44073-0002, figura 570, p. 342. Reimpresso com permissão da ASM International®, www.asminternational.org.*)

Figura 6–7 Falha por fadiga de uma roda de reboque de flange dupla, de aço ASTM A186, causada por marcas de estampo. (*a*) Roda de carro feita em fornalha de coque mostrando a posição de marcas do estampo e fraturas na alma e nervura. (*b*) Marca do estampo mostrando a impressão profunda e a fratura estendendo-se ao longo da base da fila inferior de números. (*c*) Entalhes, indicados por meio de flechas, criados a partir de marcas profundamente endentadas do estampo, das quais as trincas se iniciaram ao longo do topo na superfície de fratura. (*Extraído do* ASM Handbook, vol. 11: Failure Analysis and Prevention, *1986, ASM International, Materials Park, OH 44073-0002, figura 51, p. 130. Reimpresso com permissão da ASM International ®, www.asminternational.org.*)

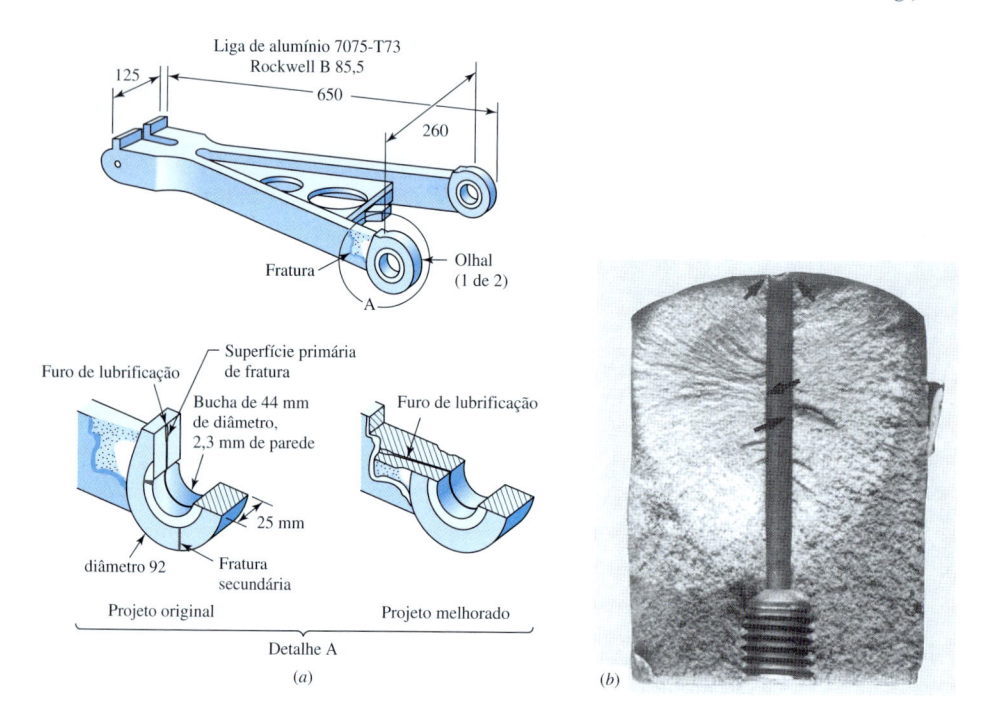

Figura 6–8 Novo projeto do conjunto do braço de torque da engrenagem de pouso de liga de alumínio 7075-T73 a fim de eliminar fratura de fadiga no furo de lubrificação. (*a*) Configuração do braço, projeto original e melhorado (dimensões dadas em polegadas). (*b*) Superfície de fratura na qual as flechas indicam origens de múltiplas trincas. (*Extraído do ASM* Metals Handbook, vol. 11: Failure Analysis and Prevention, *1986, ASM International, Materials Park, OH 44073--0002, figura 23, p. 114. Reimpresso com permissão da ASM International ®, www.asminternational.org.*)

6-2 Abordagem da falha por fadiga em análise e projeto

Como observado na seção anterior, há uma grande quantidade de fatores a ser considerados, mesmo para casos de carga bem simples. Os métodos de análise de falha por fadiga representam uma combinação de engenharia e ciência. Com frequência a ciência falha na tarefa de fornecer as respostas completas necessárias. Contudo, o avião deve ainda assim ser construído para voar — com segurança. E o automóvel deve ser fabricado com uma confiabilidade que assegurará uma vida longa e livre de problemas, e ao mesmo tempo produzir lucros para os acionistas da indústria. Assim, embora a ciência não tenha ainda explicado cabalmente o mecanismo completo de falha por fadiga, o engenheiro deve mesmo assim desenhar coisas que não falharão. Em certo sentido, esse é um exemplo clássico do significado verdadeiro da engenharia em contraste com a ciência. Engenheiros usam a ciência para resolver os seus problemas, quando a ciência está disponível. Porém, disponível ou não, o problema deve ser resolvido, e qualquer que seja a forma que a solução adquira sob essas condições é chamada de *engenharia*.

Neste capítulo, adotaremos uma abordagem estruturada no projeto contra a falha por fadiga. Assim como no caso de falha estática, tentaremos relacionar com os resultados de testes feitos em espécimes carregados de modo simples. Contudo, em razão da natureza complexa da fadiga, há muito mais a levar em consideração. A partir desse ponto procederemos de forma metódica, e em estágios. Numa tentativa de fornecer alguma visão com relação ao que se segue neste capítulo, será dada aqui uma descrição breve das seções restantes.

Métodos fadiga-vida (Seções 6–3 a 6–6)

Três métodos principais — utilizados em análise e projeto para predizer quando, se tal ocorrer, um componente de máquina carregado ciclicamente falhará por fadiga num período de tempo — são apresentados. As premissas de cada procedimento são bastante diferentes, porém cada uma delas adiciona algo ao nosso conhecimento dos mecanismos associados à fadiga. A aplicação, as vantagens e desvantagens de cada método são indicadas. Além da Seção 6–6, apenas um dos métodos, o método tensão-vida, será seguido visando a aplicações adicionais de projeto.

Resistência à fadiga e limite de endurança (Seções 6–7 e 6–8)

O diagrama resistência-vida (S-N) provê a resistência à fadiga S_f contra a vida em ciclos N de um material. Os resultados são gerados por meio de testes que utilizam um carregamento simples de espécimes padronizados controlados em laboratório. O carregamento é frequentemente aquele de flexão pura de reversão senoidal. Os espécimes controlados em laboratório são polidos sem concentração de tensão geométrica na região de área mínima.

Para aço e ferro, o diagrama S-N torna-se horizontal em algum ponto. A resistência nesse ponto é chamada de *limite de endurança* S_e' e ocorre em algum lugar entre 10^6 e 10^7 ciclos. O apóstrofo em S_e' refere-se ao limite de endurança do espécime controlado em laboratório. Para materiais não ferrosos, que não exibem um limite de endurança, uma resistência à fadiga referente a um número específico de ciclos, S_f', pode ser dada, em que novamente o apóstrofo denota resistência à fadiga de um espécime controlado em laboratório.

Os dados de resistência são baseados em várias condições controladas que não serão as mesmas que as de uma peça real de máquina. O que se segue são práticas utilizadas para levar em conta as diferenças reais entre o carregamento e as condições físicas do espécime e o componente real de máquina.

Fatores modificadores do limite de endurança (Seção 6–9)

Fatores modificadores são definidos e utilizados com a finalidade de levar em conta as diferenças entre o espécime e o componente real de máquina com relação às condições de superfície, tamanho, carregamento, temperatura, confiabilidade e fatores diversos. O carregamento é ainda considerado simples e de reversão.

Concentração de tensão e sensitividade a entalhe (Seção 6–10)

A peça verdadeira pode ter uma concentração de tensão geométrica pela qual o comportamento de fadiga depende do fator de concentração de tensão estática e da sensitividade ao dano por fadiga do material do componente.

Tensões flutuantes (Seções 6–11 a 6–13)

Essas seções consideram estados de tensão simples, em razão das condições de carga flutuante que não são puramente tensões de reversão senoidal axial, flexional ou de torção.

Combinação de modos de carregamento (Seção 6–14)

Aqui um procedimento baseado na teoria da energia de distorção é apresentado para analisar estados combinados de tensões flutuantes, tais como torção e flexão combinadas. Supõe-se que os níveis das tensões flutuantes estejam em fase e não variam com o tempo.

Tensões flutuantes, variáveis; dano acumulado por fadiga (Seção 6–15)

Os níveis de tensões flutuantes em um componente de máquina podem ser variáveis com o tempo. Métodos são proporcionados para estimar o dano por fadiga numa base cumulativa.

Seções restantes (Seções 6–16 e 6–17)

As duas seções restantes do capítulo se referem à resistência à fadiga de superfície e ao guia de procedimentos com equações importantes.

6–3 Métodos fadiga-vida

Os três métodos principais de vida sob fadiga utilizados em projeto e análise são os *métodos tensão-vida, deformação-vida* e o da *mecânica de fratura linear elástica*. Esses métodos tentam predizer a vida, em número de ciclos até ocorrência de falha N, para um nível especificado de carregamento. Vida de $1 \leq N \leq 10^3$ ciclos é geralmente classificada como *fadiga de baixo ciclo*, enquanto a *fadiga de alto ciclo* ocorre para $N > 10^3$ ciclos. O método tensão-vida, baseado em níveis de tensão apenas, é o procedimento menos acurado, especialmente para aplicações de baixa ciclagem. Contudo, é o mais tradicional, uma vez que é o mais simples de implementar para uma gama larga de aplicações de projeto, possui bastantes dados de suporte e representa de forma adequada aplicações de alta ciclagem.

O método deformação-vida envolve uma análise mais detalhada da deformação plástica em regiões localizadas em que as tensões e deformações são consideradas para estimativas de vida. Ele é especialmente bom para aplicações que envolvem fadiga de baixo ciclo. Ao aplicar esse método, várias idealizações têm de ser compostas e, portanto, algumas incertezas existirão nos resultados. Por essa razão, será discutido apenas por causa de seu valor em termos do que adiciona ao entendimento da natureza da fadiga.

O método da mecânica da fratura considera que uma trinca já esteja presente e tenha sido detectada. É empregado portanto para predizer o crescimento da trinca em relação à intensidade de tensão. É mais prático quando aplicado a estruturas grandes em conjunção com códigos computacionais e um programa de inspeção periódico.

6–4 O método tensão-vida

Para determinar a resistência de materiais sob a ação de cargas de fadiga, espécimes são sujeitos a forças repetidas ou variáveis de magnitudes especificadas enquanto os ciclos ou reversões de tensão são contados até a destruição. O dispositivo de ensaio de fadiga mais amplamente utilizado é a máquina de viga rotativa de alta velocidade de R. R. Moore. Essa máquina sujeita o espécime à flexão pura (sem cisalhamento transversal) por meio de pesos. O espécime, mostrado na Figura 6–9, é cuidadosamente usinado e polido, com um polimento final em uma direção axial para evitar riscos circunferenciais. Outras máquinas de ensaio de fadiga estão disponíveis para aplicação de tensões axiais flutuantes ou reversas, tensões torcionais ou tensões combinadas aos espécimes de ensaio.

Para estabelecer a resistência à fadiga de um material, um número grande de testes é necessário por causa da natureza estatística da fadiga. Para o ensaio de viga rotativa, uma carga de flexão constante é aplicada, e o número de revoluções (reversões de tensão) da viga requerido até a falha é registrado. O primeiro ensaio é feito com uma tensão algo inferior à resistência última do material. O segundo teste é feito com uma tensão menor que a utilizada no primeiro teste. O processo é continuado, e os resultados são traçados em um diagrama S-N (Figura 6–10). Esse diagrama pode ser traçado em papel semilog ou em papel log-log. No caso de metais ferrosos e ligas, o gráfico torna-se horizontal depois que o material tiver sido tensionado por certo número de ciclos. Traçando em papel log enfatiza-se a flexão na curva, que pode não ser aparente se os resultados forem traçados usando-se coordenadas cartesianas.

A ordenada do diagrama S-N é chamada de *resistência à fadiga* S_f; uma declaração desse valor de resistência deve sempre ser acompanhada por uma declaração do número de ciclos N para o qual ela corresponde.

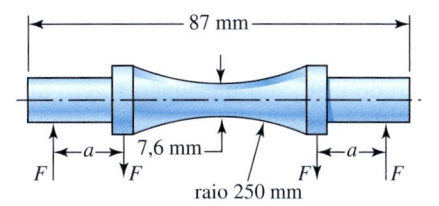

Figura 6–9 Geometria do espécime de ensaio para a máquina de viga rotativa de R. R. Moore. O momento flexor é uniforme, $M = Fa$ sobre o comprimento em curva e na seção mais tensionada do ponto médio da viga.

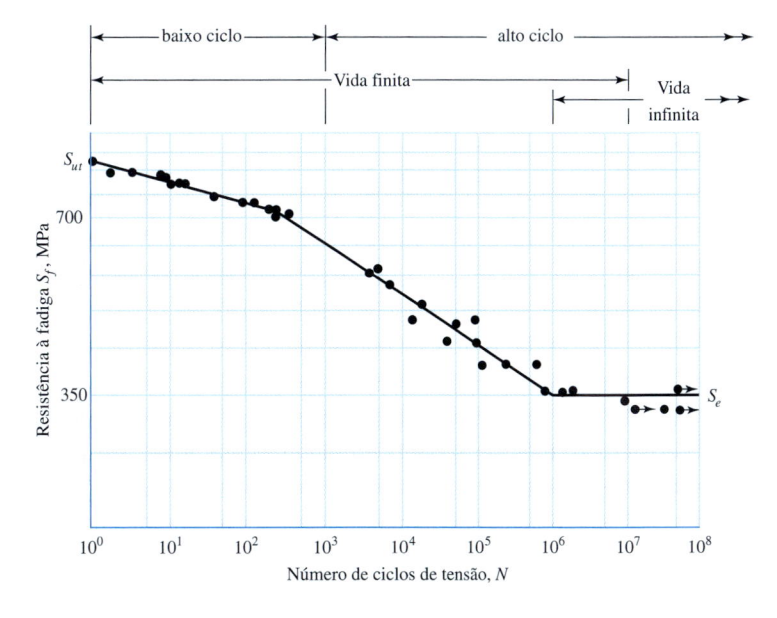

Figura 6–10 Diagrama S-N traçado com base nos resultados de ensaios de fadiga axial completamente reversa. Material: aço UNS G41 300, normalizado; S_{ut} = 810 MPa; máximo S_{ut} = 105 MPa. (*Dados da NACA Tech. Nota 3866, dezembro 1966.*)

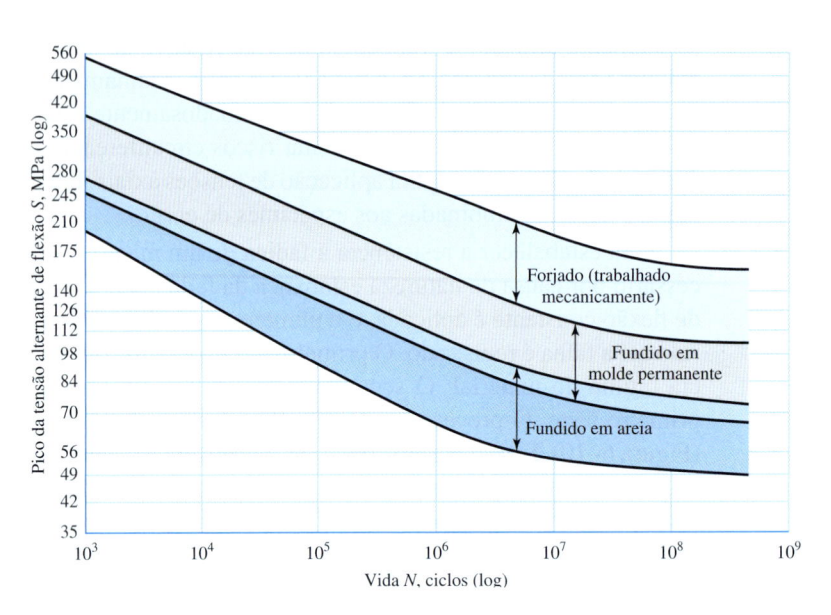

Figura 6–11 Bandas S-N para ligas de alumínio representativas, excluindo ligas forjadas com $S_{ut} = 260$ MPa. *(Extraído de R.C. Juvinall,* Enginering Considerations of Stress, Strain and Strength. *Copyright© 1967 by The McGraw-Hill Companies, Inc. Reimpresso com permissão.)*

Em breve aprenderemos que os diagramas S-N podem ser determinados ou para um espécime de ensaio ou para um elemento mecânico real. Mesmo quando o material do espécime de ensaio e o do elemento mecânico forem idênticos, haverá diferenças significativas entre os diagramas de ambos.

No caso de aços, ocorre um joelho no gráfico, e além desse joelho não ocorrerá falha, não importa quão grande seja o número de ciclos. A resistência correspondente ao joelho é chamada de *limite de endurança* S_e. O gráfico da Figura 6–10 nunca se torna horizontal para metais não ferrosos ou ligas, portanto, esses materiais não têm um limite de endurança. A Figura 6–11 mostra bandas de espalhamento indicando as curvas S–N para as ligas mais comuns de alumínio, excluindo ligas forjadas com resistência abaixo de 260 MPa. Uma vez que o alumínio não possui um limite de endurança, normalmente a resistência à fadiga S_f é reportada a um número específico de ciclos, em geral $N = 5(10^8)$ ciclos de tensão reversa (ver Tabela A–24).

O diagrama S–N é obtido normalmente por meio de ciclos de tensões *alternadas completas*, nos quais o nível de tensão alterna entre intensidades iguais de tração e compressão. Notamos que um ciclo de tensão ($N = 1$) constitui uma única aplicação e remoção de uma carga, e então outra aplicação e remoção da carga na direção oposta. Assim, $N = \frac{1}{2}$ significa que a carga é aplicada uma vez e depois removida, que é o caso com um ensaio de tração simples.

O corpo de conhecimento disponível de falha por fadiga desde $N = 1$ até $N = 1\,000$ ciclos é geralmente classificado como *fadiga de baixo ciclo*, como indica a Figura 6–10. *Fadiga de alto ciclo*, está relacionada com falha correspondente a ciclos de tensão maiores que 10^3 ciclos.

Também distinguimos uma *região de vida finita* e uma *região de vida infinita* na Figura 6–10. A fronteira entre essas regiões não pode ser claramente definida exceto para um material específico; mas ela se situa em algum lugar entre 10^6 e 10^7 ciclos para aços, como mostra a Figura 6–10.

Como notado previamente, é sempre boa prática de engenharia conduzir um programa de ensaio nos materiais a ser empregados no projeto e manufatura. Isso, de fato, é um requisito, não uma opção, para se resguardar contra a possibilidade de uma falha por fadiga. *Por causa dessa necessidade de ensaio, seria realmente desnecessário para nós prosseguirmos um pouco mais no estudo de falha por fadiga, exceto por uma razão importante: o desejo de conhecer por que as falhas por fadiga ocorrem, de modo que o método mais efetivo ou métodos possam ser usados para melhorar a resistência à fadiga.* Assim, nosso propósito primordial ao estudarmos fadiga é entender por que falhas ocorrem, de modo que possamos nos resguardar contra elas da maneira mais vantajosa. Por essa razão, as abordagens analíticas de projeto apresentadas neste livro, ou em qualquer outro livro, nesse aspecto, não exibem resultados absolutamente precisos. Os resultados devem ser tomados como um guia, como alguma coisa que indica o que é e o que não é importante ao projetar a falha por fadiga.

Em conjunto com os ensaios, devem ser empregados métodos de análise estocástica. No entanto, mesmo que superficialmente, na análise de fadiga sempre estará muito envolvida alguma técnica estocástica. Para possuir proficiência em análise estocástica de fadiga, recomenda-se que o projetista adquira muito mais do que apenas uma curta experiência em análise estocástica e os vários aspectos relacionados à fadiga envolvidos em cada parâmetro.[1]

Como afirmamos anteriormente, o método tensão-vida é o procedimento menos acurado, especialmente para aplicações de baixa ciclagem. Contudo, é o mais tradicional, com muitos dados disponíveis publicados. É o de mais fácil implementação para uma gama ampla de aplicações de projeto e representa aplicações de alta ciclagem adequadamente. Por essas razões, o método tensão-vida será enfatizado nas seções que se seguem neste capítulo. Contudo, deve-se tomar cuidado ao utilizá-la em aplicações que envolvam baixa ciclagem, uma vez que esse método não leva em conta o comportamento tensão-deformação verdadeira quando o escoamento localizado ocorre.

6–5 O método deformação-vida

O melhor procedimento já apresentado para explicar a natureza da falha por fadiga é chamado por alguns de *método deformação-vida*. O procedimento pode ser usado para estimar resistências à fadiga, mas quando utilizado dessa forma faz-se necessário compor várias idealizações, assim, algumas incertezas existirão nos resultados. Por essa razão, ele é apresentado aqui somente por causa de seu valor em explicar a natureza da fadiga.

Uma falha por fadiga quase sempre começa em uma descontinuidade local, tal qual um entalhe, uma trinca, ou outra área de concentração de tensão. Quando a tensão na descontinuidade excede o limite elástico, ocorre deformação plástica. Se uma fratura por fadiga está para acontecer, lá devem existir deformações plásticas cíclicas. Logo necessitaremos investigar o comportamento de materiais sujeitos à deformação cíclica.

Em 1910, Bairstow verificou, por experimento, a teoria de Bauschinger que os limites elásticos do ferro e do aço podem ser mudados, quer para cima, quer para baixo, por variações cíclicas de tensão.[2] Em geral, os limites elásticos de aços recozidos devem provavelmente aumentar quando sujeitos aos ciclos de reversão de tensão, enquanto aços repuxados a frio exibem um limite elástico decrescente.

R.W. Landgraf investigou o comportamento da fadiga de baixos ciclos de um grande número de aços de resistência muito alta, e durante sua investigação ele fez muitos gráficos de tensão-deformação cíclicas.[3] A Figura 6–12 foi construída para mostrar a aparência geral desses gráficos para os primeiros poucos ciclos de deformação cíclica controlada. Nesse caso, a resistência decresce com as repetições de tensão, o que foi evidenciado pelo fato de que as reversões ocorrem em níveis de tensão sempre menores. Como previamente notamos, outros materiais podem, pelo contrário, ser enrijecidos por reversões cíclicas de tensão.

---

[1] Uma breve exposição pode ser encontrada em edições prévias deste livro. Ver, por exemplo, R. G. Budynas e J. K. Nisbett, *Shigley's Mechanical Engineering Design*, 9ª ed., Nova York: McGraw-Hill, 2011, Seção 6–17.

[2] L. Bairstow, "The Elastic Limits of Iron and Steel under Cyclic Variations of Stress," Philosophical Transactions, Series A, vol.210, Royal Society of London, 1910, pp. 35-55.

[3] R. W. Landgraf. *Cyclic Deformation and Fatigue Behavior of Hardened Steels*. Report n. 320, Department of Theoretical and Applied Mechanics, University of Illinois, Urbana, 1968, p. 84-90.

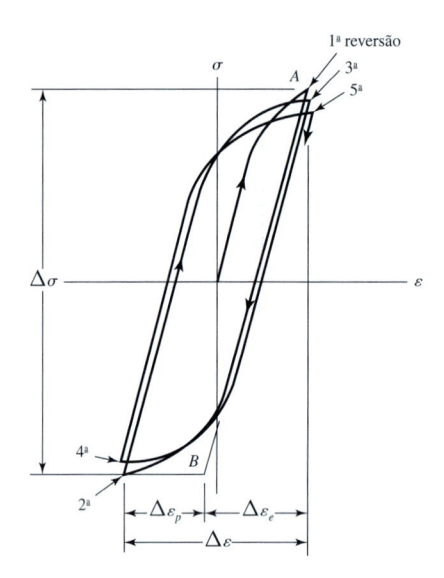

Figura 6–12 Os ciclos de histerese da tensão verdadeira – deformação verdadeira mostrando as primeiras cinco reversões de tensão de um material com amolecimento cíclico. O gráfico está ligeiramente exagerado para dar clareza. Note que a inclinação da linha AB é o módulo de elasticidade E. O intervalo da tensão é $\Delta\sigma$, $\Delta\varepsilon_p$ é o intervalo de deformação plástica e $\Delta\varepsilon_e$ é o intervalo de deformação elástica. O intervalo total de deformação é $\Delta\varepsilon = \Delta\varepsilon_p + \Delta\varepsilon_e$.

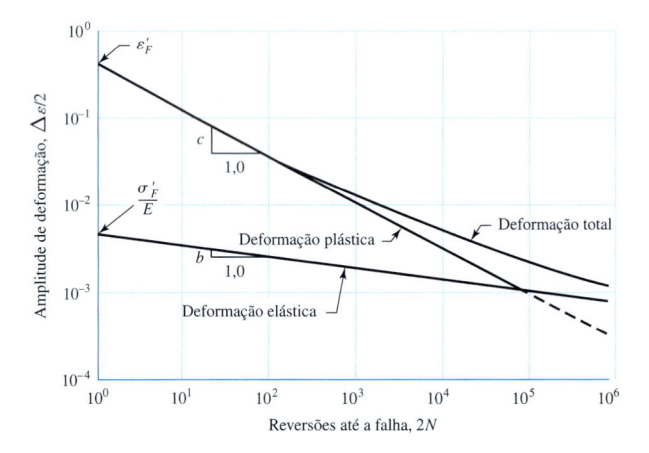

Figura 6–13 Gráfico log-log mostrando como a vida de fadiga se relaciona com a amplitude da deformação verdadeira para aço 1020 laminado a quente. (*Reimpresso com permissão de SAE J1099_200208©2002 SAE International.*)

O SAE Fatigue Design and Evaluation Steering Committee publicou um relatório em 1975 no qual a vida em reversões até a falha está relacionada à amplitude da deformação $\Delta\varepsilon/2$.[4] O relatório contém um gráfico dessa relação para o aço SAE 1020 laminado a quente; o gráfico foi reproduzido na Figura 6–13. Para explicarmos esse gráfico, primeiro definimos os seguintes termos:

- *Coeficiente ε'_F de ductilidade de fadiga* é a deformação verdadeira correspondente à fratura em uma reversão (ponto A na Figura 6–12). A linha de deformação plástica começa nesse ponto na Figura 6–13.

- *Coeficiente σ'_F de resistência à fadiga* é a tensão verdadeira correspondente à fratura em uma reversão (ponto A na Figura 6–12). Note que na Figura 6–13 a linha de deformação elástica começa em σ'_F/E.

---
[4] *Technical Report on Fatigue Properties*, SAE J1099, 1975.

- *Expoente c de ductilidade de fadiga* é a inclinação da linha de deformação plástica na Figura 6–13 e é a potência à qual a vida 2N deve ser elevada para ser proporcional à amplitude da deformação plástica verdadeira. Se o número de reversões de tensão é 2N, então N é o número de ciclos.
- *Expoente b de resistência à fadiga* é a inclinação da linha de deformação elástica, e é a potência à qual a vida 2N deve ser elevada para ser proporcional à amplitude da tensão verdadeira.

Agora, com base na Figura 6–12, vemos que a deformação total é a soma das componentes elástica e plástica. Logo, a amplitude da deformação total é metade do intervalo de deformação total

$$\frac{\Delta \varepsilon}{2} = \frac{\Delta \varepsilon_e}{2} + \frac{\Delta \varepsilon_p}{2} \tag{a}$$

A equação da linha de deformação plástica na Figura 6–13 é

$$\frac{\Delta \varepsilon_p}{2} = \varepsilon'_F (2N)^c \tag{6-1}$$

A equação da linha de deformação elástica é

$$\frac{\Delta \varepsilon_e}{2} = \frac{\sigma'_F}{E}(2N)^b \tag{6-2}$$

Logo, com base na Equação (*a*), temos para a amplitude total de deformação

$$\frac{\Delta \varepsilon}{2} = \frac{\sigma'_F}{E}(2N)^b + \varepsilon'_F (2N)^c \tag{6-3}$$

que é a relação de Manson-Coffin entre a vida de fadiga e a deformação total.[5] Alguns valores dos coeficientes e expoentes estão listados na Tabela A–23. Muitos mais estão incluídos no relatório SAE J1099.[6]

Embora a Equação (6–3) seja perfeitamente legítima para a obtenção da vida de fadiga de uma peça quando a deformação e outras características cíclicas são dadas, ela parece ser de pouca utilidade para o projetista. A questão de como determinar a deformação total no fundo de um entalhe ou descontinuidade não foi respondida. Não há tabelas ou cartas de fatores de concentração de deformação na literatura. É possível que os fatores de concentração de deformação se tornarão disponíveis na literatura de pesquisa em breve por causa do aumento no uso de análise por elemento finito. Além disso, a análise de elemento finito pode aproximar deformações que ocorrerão em todos os pontos na estrutura em estudo.[7]

6–6 O método da mecânica de fratura linear elástica

A primeira fase do trincamento por fadiga é designada como fadiga de estágio I. Presume-se que o deslizamento cristalino, que se estende por diversos grãos contíguos, inclusões e imperfeições superficiais, desempenhe um papel. Uma vez que a maior parte disso é invisível ao observador, dizemos simplesmente que o estágio I envolve diversos grãos. A segunda fase, a de

---

[5] J. F. Tavernelli; L. F. Coffin Jr. "Experimental Support for Generalized Equation Predicting Low Cycle Fatigue" e S. S. Manson. *Trans. ASME, J. Basic Engineering*, vol. 84, n. 4, p. 533-537.

[6] Ver também LANDGRAF, ibid.

[7] Para discussão adicional sobre o método deformação-vida, ver N. E. Dowling, *Mechanical Behavior of Materials*; 3ª ed., Englewood Cliffs, N. J.: Prentice-Hall, Upper Saddle River, 2007, Cap. 14.

extensão da trinca, é chamada de fadiga de estágio II. O avanço da trinca (isto é, nova área de trinca é criada) verdadeiramente produz evidência que pode ser observada em micrografias de um microscópio eletrônico. O crescimento da trinca ocorre de maneira ordenada. A fratura final ocorre durante a fadiga de estágio III, embora a fadiga não esteja envolvida. Quando a trinca é suficientemente longa, de modo que $K_I = K_{Ic}$ para a amplitude de tensão envolvida, onde K_{Ic} é a intensidade crítica de tensão para o metal não danificado, e ocorre falha catastrófica, repentina, da seção transversal restante em sobrecarga de tração (ver Seção 5–12). A fadiga de estágio III está associada com a aceleração rápida do crescimento da trinca, seguido de fratura.

Crescimento de trinca

Trincas por fadiga nucleiam-se e crescem quando as tensões variam, e existe alguma tração em cada ciclo de tensão. Considere que a tensão esteja flutuando entre os limites σ_{min} e σ_{max}, e o intervalo de tensões seja definido como $\Delta\sigma = \sigma_{max} - \sigma_{min}$. Com base na Equação (5–37), a intensidade de tensão é dada por $K_I = \beta\sigma\sqrt{\pi a}$. Assim, para $\Delta\sigma$, o intervalo de intensidade de tensão por ciclo é

$$\Delta K_I = \beta(\sigma_{max} - \sigma_{min})\sqrt{\pi a} = \beta\Delta\sigma\sqrt{\pi a} \tag{6-4}$$

Para desenvolver dados de resistência à fadiga, um número de espécimes do mesmo material é testado em vários níveis de $\Delta\sigma$. Trincas nucleiam-se na ou muito próximo a uma superfície livre ou grande descontinuidade. Supondo um comprimento inicial de trinca de a_i, o crescimento da trinca como uma função do número de ciclos de tensão N dependerá de $\Delta\sigma$, isto é, ΔK_I. Para ΔK_I abaixo de certo valor limiar $(\Delta K_I)_{th}$, uma trinca não crescerá. A Figura 6–14 representa o comprimento de trinca a como uma função de N para três níveis de tensão $(\Delta\sigma)_3 > (\Delta\sigma)_2 > (\Delta\sigma)_1$, em que $(\Delta K_I)_3 > (\Delta K_I)_2 > (\Delta K_I)_1$ para uma dada medida de trinca. Observe na Figura 6–14 o efeito do intervalo de tensão mais elevado na produção de trincas mais longas em um cômputo particular de ciclos.

Quando a razão de crescimento de trinca por ciclo, da/dN na Figura 6–14, é traçada, como mostra a Figura 6–15, os dados provenientes dos três níveis de intervalo de tensão se sobrepõem para produzir uma curva sigmoidal. Os três estágios de desenvolvimento de trinca são observáveis, e os dados do estágio II são lineares em coordenadas log-log, dentro do domínio de validade da mecânica de fratura linear elástica (LEFM). Um grupo de curvas similares pode ser gerado alterando-se a razão de tensão $R = \sigma_{min}/\sigma_{max}$ do experimento.

Aqui apresentamos um procedimento simplificado para estimar a vida remanescente de uma peça ciclicamente tensionada, após a descoberta de uma trinca. Isso requer a suposição

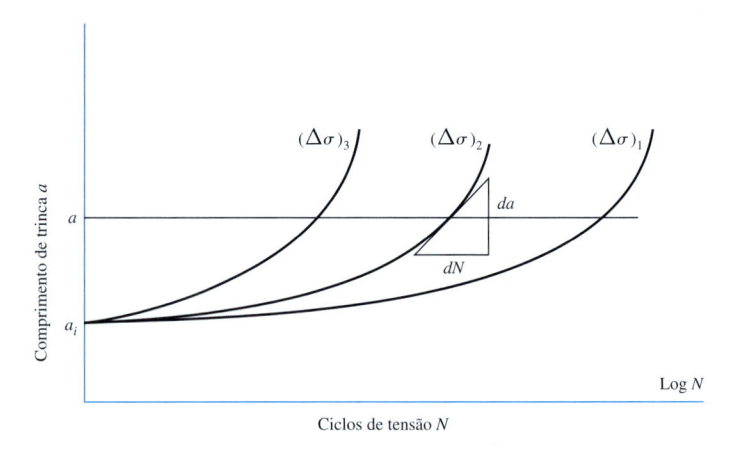

Figura 6–14 Aumento no comprimento de trinca a_i a partir do comprimento inicial como uma função da contagem de ciclos para três intervalos de tensão, $(\Delta\sigma)_3 > (\Delta\sigma)_2 > (\Delta\sigma)_1$.

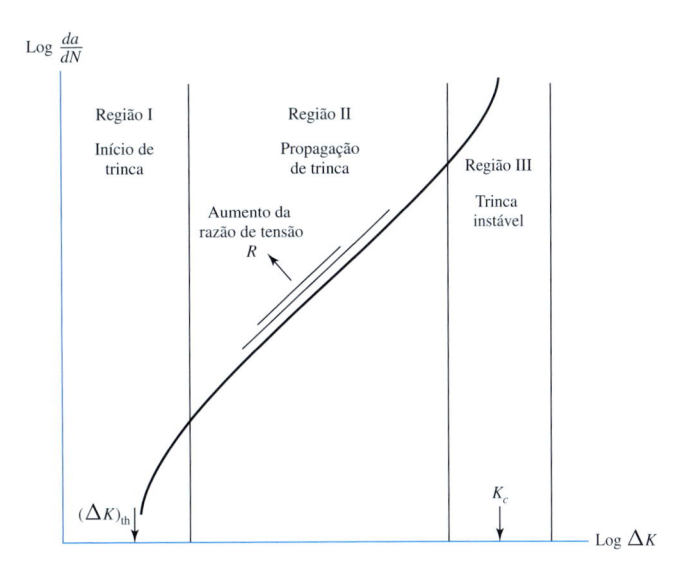

Figura 6–15 Quando *da/dN* é medido na Figura 6–14 e traçado em coordenadas log-log, os dados para intervalos diferentes de tensão se superpõem, dando origem a uma curva sigmoidal, como está mostrado. $(\Delta K_I)_{th}$ é o valor limiar de (ΔK_I), abaixo do qual uma trinca não cresce. Desse limiar até a ruptura, uma liga de alumínio gastará 85%-90% da vida na região I, 5%-8% na região II e 1%-2% na região III.

Tabela 6–1 Valores conservativos do fator C e do expoente m na Equação (6–5), para várias formas de aço ($R = \sigma_{max}/\sigma_{min} \approx 0$)

Material	$C, \dfrac{\text{m/ciclo}}{(\text{MPa}\sqrt{\text{m}})^m}$	$C, \dfrac{\text{in/ciclo}}{(\text{kpsi}\sqrt{\text{in}})^m}$	m
Aços ferríticos-perlíticos	$6,89(10^{-12})$	$3,60(10^{-12})$	3,00
Aços martensíticos	$1,36(10^{-10})$	$6,60(10^{-9})$	2,25
Aços inoxidáveis austeníticos	$5,61(10^{-12})$	$3,00(10^{-10})$	3,25

De J. M. Barsom e S. T. Rolfe, *Fatigue and Fracture Control in Structures*, 2ª ed., Upper Saddle River, NJ, Prentice-Hall, 1987, p. 288-291, copyright ASTM Internacional. Reimpresso com permissão.

de que condições de deformação plana prevaleçam.[8] Supondo que uma trinca seja descoberta no início do estágio II, o crescimento da trinca na região II da Figura 6–15 pode ser aproximado pela *equação de Paris*, da seguinte forma

$$\frac{da}{dN} = C(\Delta K_I)^m \quad (6\text{–}5)$$

em que C e m são constantes empíricas do material e ΔK_I é dado pela Equação (6–4). Valores representativos, porém conservativos, de C e para várias classes de aços são listados na Tabela 6–1. Substituindo a Equação (6–4) e integrando, obtemos

$$\int_0^{N_f} dN = N_f = \frac{1}{C} \int_{a_i}^{a_f} \frac{da}{(\beta \Delta\sigma \sqrt{\pi a})^m} \quad (6\text{–}6)$$

---

[8] Referências recomendadas: Dowling, op. cit.; J. A. Collins. *Failure of Materials in Mechanical Design*, Nova York: John Wiley & Sons, 1981; H. O. Fuchs; R. I. Stephens. *Metal Fatigue in Engineering*. Nova York: John Wiley & Sons, 1980; e H. S. Reemsnyder. Constant Amplitude Fatigue Life Assessment Models. *SAE Trans. 820688*, vol. 91, nov. 1983.

Aqui a_i é o comprimento inicial da trinca, a_f é o comprimento final da trinca, correspondente à falha, e N_f é o número estimado de ciclos para produzir uma falha *após* a trinca inicial ser formada. Note que β pode mudar na variável de integração (ver Figuras 5–25 até 5–30). Caso isso ocorra, Reemsnyder[9] sugere o uso de integração numérica empregando o algoritmo

$$\delta a_j = C(\Delta K_I)_j^m (\delta N)_j$$
$$a_{j+1} = a_j + \delta a_j$$
$$N_{j+1} = N_j + \delta N_j$$
$$N_f = \sum \delta N_j$$

(6–7)

Aqui δa_j e δN_j são incrementos do comprimento de trinca e do número de ciclos. O procedimento é selecionar um valor de δN_j utilizando a_j, determinar β e computar ΔK_I, determinar δa_j e, então, encontrar o próximo valor de a. Repetir o procedimento até que $a = a_f$.

O próximo exemplo é bastante simplificado, com β constante a fim de fornecer algum entendimento do procedimento. Normalmente, utilizam-se programas de computador de crescimento de trinca por fadiga, tais como o NASA/FLAGRO 2.0, com modelos teóricos mais completos para resolver esses problemas.

EXEMPLO 6–1

A barra mostrada na Figura 6–16 está sujeita a um momento repetido $0 \le M \le 135$ N·m. A barra é de aço AISI 4430 com $S_{ut} = 1{,}28$ GPa, $S_y = 1{,}17$ GPa e $K_{Ic} = 81$ MPa $\sqrt{m}$. Ensaios com vários espécimes desse material com tratamento térmico idêntico indicam, no pior caso, constantes de $C = 114 \times 10^{-15}$ (m/ciclo)/(MPa $\sqrt{m}$)^m e $m = 3{,}0$. Como está mostrado, um pequeno entalhe de tamanho 0,1 mm foi descoberto na parte inferior da barra. Calcule o número de ciclos de vida restantes.

Solução

O intervalo de tensão $\Delta \sigma$ é sempre computado usando a área nominal (não trincada). Assim,

$$\frac{I}{c} = \frac{bh^2}{6} = \frac{0{,}006(0{,}012)^2}{6} = 144 \times 10^{-9} \, \text{m}^3$$

Logo, antes que a trinca inicie, o intervalo de tensão é

$$\Delta \sigma = \frac{\Delta M}{I/c} = \frac{135}{144 \times 10^{-9}} = 937{,}5 \text{ MPa}$$

o qual está abaixo da resistência de escoamento. À medida que a trinca cresce, ela eventualmente se tornará comprida o suficiente tal que a barra escoará completamente ou sofrerá uma fratura frágil. Pela razão de S_y/S_{ut} é altamente improvável que a barra alcance o escoamento completo. Para fratura frágil, designe o comprimento de trinca como a_f. Se $\beta = 1$, com base na Equação (5–37) com $K_I = K_{Ic}$, aproximamos a_f por

$$a_f = \frac{1}{\pi}\left(\frac{K_{Ic}}{\beta \sigma_{max}}\right)^2 \doteq \frac{1}{\pi}\left(\frac{81}{937{,}5}\right)^2 = 0{,}0024 \text{ m}$$

Com base na Figura 5–27, computamos a razão a_f/h como

$$\frac{a_f}{h} = \frac{0{,}0024}{0{,}012} = 0{,}2$$

---

[9] Op. cit.

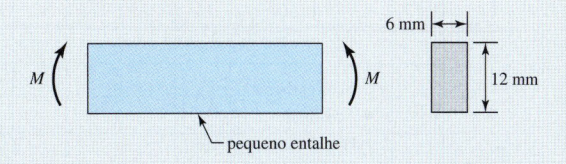

Figura 6–16

Assim a_f/h varia de quase zero até aproximadamente 0,2. Com base na Figura 5–27, para esse intervalo β é quase constante em aproximadamente 1,05. Suponhamos que seja assim e reavaliaremos a_f como

$$a_f = \frac{1}{\pi}\left(\frac{81}{1{,}05(937{,}5)}\right)^2 = 0{,}00216 \text{ m}$$

Assim, na Equação (6–6), a vida estimada restante é

$$N_f = \frac{1}{C}\int_{a_i}^{a_f}\frac{da}{(\beta\Delta\sigma\sqrt{\pi a})^m} = \frac{1}{114\times 10^{-15}}\int_{0{,}0001}^{0{,}00216}\frac{da}{[1{,}05(937{,}5)\sqrt{\pi a}\,]^3}$$

$$= -\frac{825{,}8}{\sqrt{a}}\bigg|_{0{,}0001}^{0{,}00216} = 64{,}8(10^3) \text{ ciclos}$$

6–7 O limite de resistência à fadiga

A determinação dos limites de resistência por ensaios de endurança presentemente é rotina, embora seja um processo longo. Geralmente, o ensaio de tensão é preferido ao ensaio de deformação para limites de endurança.

Para projeto preliminar e de protótipo, bem como para alguma análise de falha, é necessário um método rápido de estimativa dos limites de endurança. Existem grandes quantidades de dados na literatura sobre os resultados de ensaios de vigas rotativas e ensaios de tração simples de espécimes tomados da mesma barra ou lingote. Traçando-se esses dados como na Figura 6–17, é possível ver se existe alguma correlação entre os dois conjuntos de resultados. O gráfico parece sugerir que o limite de endurança varia entre cerca de 40% a 60% da resistência de tração para aços até cerca de 210 kpsi (1450 MPa). Começando em cerca de $S_{ut} = 210$ kpsi (1450 MPa), o espalhamento parece aumentar, mas a tendência parece nivelar-se, como sugere a linha horizontal tracejada em $S'_e = 105$ kpsi (735 MPa).

Desejamos apresentar agora um método para estimar limites de resistência à endurança. Observe que estimativas obtidas a partir de quantidades de dados conseguidos de diversas fontes provavelmente têm um grande espalhamento e podem desviar-se significativamente dos resultados de testes reais de laboratório das propriedades mecânicas de espécimes obtidos por meio de especificações estritas de ordens de compra. Uma vez que a área de incertezas é maior, uma compensação deve ser feita empregando-se fatores de projeto maiores que aqueles que seriam utilizados para o projeto estático.

Para aços, simplificando nossa observação da Figura 6–17, calculamos o limite de endurança em

$$S'_e = \begin{cases} 0{,}5S_{ut} & S_{ut} \leq 200 \text{ kpsi (1400 MPa)} \\ 100 \text{ kpsi} & S_{ut} > 200 \text{ kpsi} \\ 700 \text{ MPa} & S_{ut} > 1400 \text{ MPa} \end{cases} \quad (6\text{–}8)$$

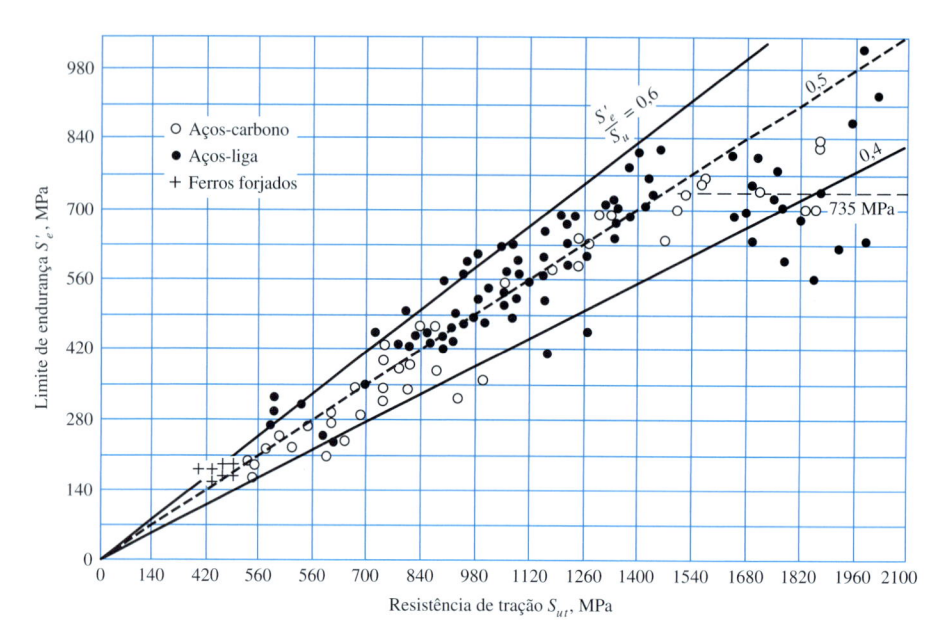

Figura 6–17 Gráfico dos limites de endurança *versus* resistências de tração de resultados de ensaios verdadeiros para um grande número de ferros forjados e aços. Razões de S'_e/S_{ut} de 0,60, 0,50 e 0,40 são mostradas pelas linhas sólidas e tracejadas. Note também a linha horizontal tracejada para $S'_e = 735$ MPa. Pontos mostrados com uma resistência de tração maior que 1470 MPa têm um limite de endurança médio de $S'_e = 735$ MPa e um desvio-padrão de 95 MPa. (*Cotejado com base em dados compilados por Grover, H. J.; Gordon, S. A.; Jackson, L. R. em* Fatigue of Metals and Structures, *Bureau of Naval Weapons Document NAVWEPS 00-25-534, 1960; e de* Fatigue Design Handbook, *SAE, 1968, p. 42.*)

em que S_{ut} é a resistência de tração *mínima*. O símbolo de apóstrofo em S'_e nessa equação refere-se ao *espécime de viga rotativa*. Desejamos reservar o símbolo S_e, sem o apóstrofo, para o limite de endurança de qualquer elemento particular de máquina submetido a qualquer tipo de carregamento. Em breve aprenderemos que ambas as resistências podem ser bastante distintas.

Aços tratados para produzir microestruturas diferentes têm razões S'_e/S_{ut} diferentes. Parece que microestruturas mais dúcteis têm uma razão mais elevada. Martensita tem uma natureza muito frágil e é altamente suscetível a trincamento induzido por endurança; assim a razão é baixa. Quando projetos incluem especificações detalhadas de tratamento térmico para obter microestruturas específicas, é possível usar uma estimativa do limite de endurança baseado em dados de ensaio para a microestrutura particular; tais estimativas são muito mais confiáveis e de fato devem ser usadas.

Os limites de endurança para várias classes de ferros fundidos, polidos ou usinados estão listados na Tabela A–24. Ligas de alumínio não têm um limite de endurança. As resistências à endurança de algumas ligas de alumínio a $5(10^8)$ ciclos de tensão revertida são dadas na Tabela A–24.

6–8 Resistência à fadiga

Como mostra a Figura 6–10, uma região de fadiga de baixa ciclagem estende-se de $N = 1$ até cerca de 10^3 ciclos. Nessa região a resistência à fadiga S_f é apenas ligeiramente menor que a resistência à tração S_{ut}. Um enfoque analítico foi dado por Shigley, Mischke e Brown[10] para ambas as regiões, de baixa e alta ciclagens, requerendo os parâmetros da equa-

---

[10] J. E. Shigley; C. R. Mischke; T. H. Brown Jr.; *Standard Handbook of Machine Design*; 3ª ed. Nova York: Mc-Graw-Hill, 2004, p. 29.25–29.27.

ção de Manson-Coffin mais o expoente m de encruamento por deformação. Engenheiros frequentemente têm de trabalhar com menos informação.

A Figura 6–10 indica que o domínio de fadiga de alta ciclagem estende-se de 10^3 ciclos para aços até o limite de endurança N_e, que é de cerca de 10^6 a 10^7 ciclos. O propósito desta seção é desenvolver métodos de aproximação do diagrama S-N na região de alto ciclo, quando a informação pode ser tão esparsa quanto os resultados de um ensaio de tração simples. A experiência tem mostrado que os dados de fadiga de alto ciclo são retificados por uma transformação logarítmica para ambos, tensão e ciclos, até a falha. A Equação (6–2) pode ser usada para determinar a resistência à fadiga em 10^3 ciclos. Definindo a resistência à fadiga em um número específico de ciclos como $(S'_f)_N = E \, \Delta\varepsilon_e/2$, escrevemos a Equação (6–2) como

$$(S'_f)_N = \sigma'_F \, (2N)^b \qquad (6\text{--}9)$$

Em 10^3 ciclos

$$(S'_f)_{10^3} = \sigma'_F \, (2 \cdot 10^3)^b = f S_{ut}$$

em que f é a fração de S_{ut} representada por $(S'_f)_{10^3}$ ciclos. Solucionando para f temos

$$f = \frac{\sigma'_F}{S_{ut}}(2 \cdot 10^3)^b \qquad (6\text{--}10)$$

Agora, com base na Equação (2–15), $\sigma'_F = \sigma_0 \varepsilon^m$, com $\varepsilon = \varepsilon'_F$. Se essa equação de tensão verdadeira contra deformação verdadeira não for conhecida, a aproximação SAE[11] para aços com $H_B \leq 500$ pode ser usada:

$$\sigma'_F = S_{ut} + 50 \text{ kpsi} \quad \text{ou} \quad \sigma'_F = S_{ut} + 345 \text{ MPa} \qquad (6\text{--}11)$$

Para encontrar b substitua a resistência à fadiga e os correspondentes ciclos, S'_e e N_e, respectivamente, na Equação (6–9), e resolvendo para b

$$b = -\frac{\log\left(\sigma'_F\right)S'_e}{\log(2N_e)} \qquad (6\text{--}12)$$

Assim, a equação $S'_f = \sigma'_F \, (2N)^b$ é conhecida. Por exemplo, se $S_{ut} = 735$ MPa e $S'_e = 366$ MPa com $N_e = 10^6$ ciclos,

Equação (6–11) $\qquad \sigma'_F = 735 + 345 = 1080 \text{ MPa}$

Equação (6–12) $\qquad b = -\dfrac{\log(1080/366)}{\log(2 \cdot 10^6)} = -0{,}0746$

Equação (6–10) $\qquad f = \dfrac{1080}{735}\left(2 \cdot 10^3\right)^{-0,0746} = 0{,}833$

e pela Equação (6–9), com $S'_f = (S'_f)_N$,

$$S'_f = 1080(2N)^{-0,0746} = 1026 \, N^{-0,0746} \qquad (a)$$

---

[11] *Fatigue Design Handbook,* vol. 4, Nova York: Society of Automotive Engineers, 1958, p. 27.

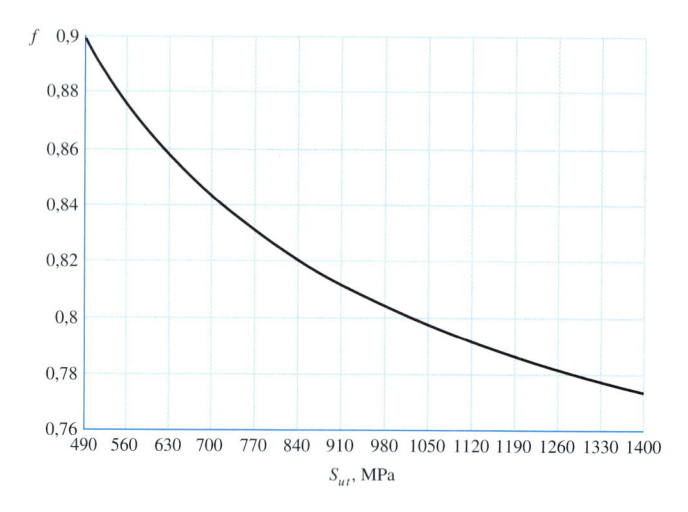

Figura 6–18 Fração da resistência à fadiga, f, de S_{ut} a 10^3 ciclos para $S_e = S'_e = 0{,}5\, S_{ut}$ a 10^6 ciclos.

O processo para encontrar f pode ser repetido para várias resistências últimas. A Figura 6–18 é um gráfico de f para $490 \leq S_{ut} \leq 1400$ MPa. Para ser conservativo, para $S_{ut} < 350$ MPa, faça $f = 0{,}9$.

Para um componente mecânico verdadeiro, S'_e é reduzido a S_e (ver Seção 6–9), o qual é menor que $0{,}5\, S_{ut}$. Contudo, a menos que dados verdadeiros estejam disponíveis, recomendamos usar o valor de f encontrado na Figura 6–18. A equação (a), para o componente mecânico verdadeiro, pode ser escrita na forma

$$S_f = a\, N^b \tag{6-13}$$

em que N é o número de ciclos até falhar e as constantes a e b são definidas pelos pontos 10^3, $(S_f)_{10^3}$ e 10^6, S_e com $(S_f)_{10^3} = f S_{ut}$. Substituindo esses dois pontos na Equação (6–13) temos

$$a = \frac{(f S_{ut})^2}{S_e} \tag{6-14}$$

$$b = -\frac{1}{3} \log\left(\frac{f S_{ut}}{S_e}\right) \tag{6-15}$$

Se uma tensão *completamente reversa* σ_{rev} for dada, colocando-se $S_f = \sigma_{rev}$ na Equação (6–13), o número de ciclos até falhar pode ser expresso como

$$N = \left(\frac{\sigma_{rev}}{a}\right)^{1/b} \tag{6-16}$$

Observe que o diagrama *SN* típico, e portanto a Equação (6–16), é aplicável apenas para carregamento completamente alternado. Para situações gerais de carregamento flutuante, é necessário obter uma tensão completamente alternada equivalente, que será considerada tão nociva quanto a tensão flutuante real (ver Exemplo 6–12, p. 316).

Fadiga de baixo ciclo é frequentemente definida (ver Figura 6–10) como falha que ocorre em um intervalo de $1 \leq N \leq 10^3$ ciclos. Em um gráfico log-log, tal como na Figura 6–10, o lugar geométrico da falha nesse intervalo é quase linear abaixo de 10^3 ciclos. Uma linha reta entre $10^3, f S_{ut}$ e $1, S_{ut}$ (transformada) é conservativa e é dada por

$$S_f \geq S_{ut} N^{(\log f)/3} \qquad 1 \leq N \leq 10^3 \tag{6-17}$$

EXEMPLO 6–2 Dado um aço HR 1050, *calcule*

(a) o limite de endurança de viga rotativa a 10^6 ciclos.

(b) a resistência à fadiga de um espécime polido de viga rotativa correspondente a 10^4 ciclos até a falha.

(c) a vida esperada de um espécime polido de viga rotativa sob uma tensão completamente reversa de 385 MPa.

Solução (a) Com base na Tabela A–20, $S_{ut} = 630$ MPa. Da Equação (6–8),

Resposta
$$S'_e = 0{,}5(630) = 315 \text{ MPa}$$

(b) Com base na Figura 6–18, para $S_{ut} = 630$ MPa, $f \doteq 0{,}86$. Da Equação (6–14),

$$a = \frac{[0{,}86(630)^2]}{315} = 1084 \text{ MPa}$$

Com base na Equação (6–15),

$$b = -\frac{1}{3}\log\left[\frac{0{,}86(630)}{315}\right] = -0{,}0785$$

Assim, a Equação (6–13) é

$$S'_f = 1084\, N^{-0{,}0785}$$

Resposta Para 10^4 ciclos até a falha, $S'_f = 1084(10^4)^{-0{,}0785} = 526$ MPa.

(c) Com base na Equação (6–16), como $\sigma_a = 385$ MPa,

Resposta
$$N = \left(\frac{385}{1084}\right)^{1/-0{,}0785} = 53{,}3(10^4)\text{ciclos}$$

Tenha em mente que essas são somente *estimativas*. Assim, expressar as respostas com três dígitos de acurácia é um tanto enganoso.

6–9 Fatores modificadores do limite de resistência à fadiga

Vimos que o espécime de viga rotativa usado em laboratório para determinar os limites de resistência à fadiga é preparado muito cuidadosamente e ensaiado sob condições controladas atentamente. Não é pertinente esperar que o limite de endurança de um membro mecânico ou estrutural iguale os valores obtidos no laboratório. Algumas diferenças incluem:

- *Material*: composição, base de falha, variabilidade.

- *Manufatura*: método, tratamento térmico, corrosão de piezo-ciclofricção, condição de superfície, concentração de tensão.

- *Ambiente*: corrosão, temperatura, estado de tensão, tempo de relaxação.

- *Projeto*: tamanho, forma, vida, estado de tensão, concentração de tensão, velocidade, piezo--ciclofricção, esfolamento.*

---

*N. de T.: *Fretting* e *Galling*, usados no original inglês, são termos imprecisos sobre formas de desgaste. *Frett* significa *comer, consumir*. *Gall* significa *esfolar*. *Fretting* envolve fricção cíclica sob pressão com desprendimento de partículas abrasivas. Em português, associam-se a *fretting* os termos descritivos: *microabrasão* ou *piezo-ciclofricção*. *Galling* envolve fricção, geração de calor, soldagem e remoção de asperezas com possível aderência a outra superfície.

Marin[12] identificou fatores que quantificaram os efeitos da condição de superfície, do tamanho, do carregamento, da temperatura e de itens variados. A questão de ajustar o limite de endurança por correções subtrativas ou multiplicativas foi resolvida por uma análise estatística extensiva de um aço 4340 (forno elétrico, qualidade aeronáutica), na qual um coeficiente de correlação de 0,85 foi encontrado para a forma multiplicativa e 0,40 para a forma aditiva. Uma equação de Marin é assim escrita

$$S_e = k_a k_b k_c k_d k_e k_f S'_e \qquad (6\text{--}18)$$

em que k_a = fator de modificação de condição de superfície

k_b = fator de modificação de tamanho

k_c = fator de modificação de carga

k_d = fator de modificação de temperatura

k_e = fator de confiabilidade[13]

k_f = fator de modificação por efeitos variados

S'_e = limite de endurança de espécime de teste da viga rotativa

S_e = limite de endurança no local crítico de uma peça de máquina na geometria e condição de uso

Quando ensaios de fadiga de peças não estão disponíveis, são feitas estimativas aplicando-se os fatores de Marin ao limite de endurança.

Fator de superfície k_a

A superfície de um espécime de viga rotativa é altamente polida, com um polimento final na direção axial para alisar completamente quaisquer riscos circunferenciais. O fator de modificação de superfície depende da qualidade do acabamento da superfície da peça verdadeira e da resistência à tração do material da peça. Para encontrar expressões quantitativas para acabamentos comuns de peças de máquina (retificado, usinado ou estirado a frio, laminado a quente e bruto de forjamento), as coordenadas dos pontos de dados foram recapturadas de um gráfico de limite de endurança *versus* resistência última à tração de dados coletados por Lipson e Noll e reproduzidos por Horger.[14] Os dados podem ser representados por

$$k_a = a S_{ut}^b \qquad (6\text{--}19)$$

em que S_{ut} é a resistência de tração mínima e a e b são encontrados na Tabela 6–2.

---

[12] Joseph Marin. *Mechanical Behavior of Engineering Materials*. Englewood Cliffs, N. J.: Prentice-Hall, 1962, p. 224.

[13] O fator de confiabilidade dado aqui leva em conta apenas a dispersão nos dados de fadiga e não é parte de uma completa análise estocástica. A apresentação neste texto é estritamente de natureza determinística. Para uma discussão mais aprofundada em estocástica, ver R. G. Budynas e J. K. Nisbett, op. cit.

[14] C. J. Noll; C. Lipson. "Allowable Working Stresses", in *Society for Experimental Stress Analysis*, vol. 3, n. 2, 1946, p. 29. Reproduzido por O. J. Horger, (ed.). *Metals Engineering Design ASME Handbook*. Nova York: McGraw-Hill, 1953, p. 102.

Tabela 6–2 Parâmetros para o fator de modificação de superfície de Marin, Equação (6–19)

Acabamento superficial	Fator a S_{ut}, kpsi	Fator a S_{ut}, Mpa	Expoente b
Retificado	1,34	1,58	–0,085
Usinado ou laminado a frio	2,70	4,51	–0,265
Laminado a quente	14,4	57,7	–0,718
Forjado	39,9	272,	–0,995

Extraído de C. J. Noll e C. Lipson, "Allowable Working Stresses", *Society for Experimental Stress Analysis*, vol. 3, n. 2, 1946, p. 29. Reproduzido por O. J. Horger (ed.) in *Metals Engineering Design ASME Handbook*, Nova York: McGraw-Hill. Copyright © 1953 by The McGraw-Hill Companies, Inc. Reimpresso com autorização.

EXEMPLO 6–3 Um aço tem uma resistência última mínima de 520 MPa e uma superfície usinada. Calcule k_a.

Solução Da Tabela 6–2, $a = 4,51$ e $b = –0,265$. Assim, da Equação (6–19)

Resposta
$$k_a = 4,51(520)^{-0,265} = 0,860$$

Novamente é importante notar que isso é uma aproximação, visto que os dados são tipicamente espalhados. Além disso, essa correção não deve ser vista com indiferença. Se no exemplo anterior o aço fosse forjado, o fator de correção seria 0,540, uma redução significativa de resistência.

Fator de tamanho k_b

O fator de tamanho foi avaliado usando 133 conjuntos de pontos de dados.[15] Os resultados para flexão e torção podem ser expressos como

$$k_b = \begin{cases} (d/0,3)^{-0,107} = 0,879 d^{-0,107} & 0,11 \le d \le 2 \text{ in} \\ 0,91 d^{-0,157} & 2 < d \le 10 \text{ in} \\ (d/7,62)^{-0,107} = 1,24 d^{-0,107} & 2,79 \le d \le 51 \text{ mm} \\ 1,51 d^{-0,157} & 51 < d \le 254 \text{ mm} \end{cases} \quad (6\text{--}20)$$

Para carregamento axial não há efeito de tamanho, assim

$$k_b = 1 \quad (6\text{--}21)$$

mas veja k_c.

Um dos problemas que surgem ao usar a Equação (6–20) é o que fazer quando uma barra redonda em flexão não está rodando, ou quando uma seção transversal não circular é usada. Por exemplo, qual é o fator de tamanho para uma barra de 6 mm de espessura e 40 mm de largura?

O enfoque a ser usado aqui emprega uma *dimensão efetiva* d_e obtida igualando-se o volume de material tensionado a, e acima de, 95% da tensão máxima ao mesmo volume no espécime de viga rotativa.[16] Porém, quando esses dois volumes são igualados, os comprimentos se

---

[15] Charles R. Mischke. "Prediction of Stochastic Endurance Strength", in *Trans. of ASME, Journal of Vibration, Acoustics, Stress, and Reliability in Design*, vol. 109, n. 1, jan. 1987, Tabela 3.

[16] Ver R. Kuguel. "A Relation between Theoretical Stress Concentration Factor and Fatigue Notch Factor Deduced from the Concept of Highly Stressed Volume", *Proc. ASTM*, vol. 61, 1961, p. 732-748.

cancelam, assim necessitamos somente considerar as áreas. Para uma seção redonda girando, a área de tensão de 95% é a área em um anel com um diâmetro externo d e um diâmetro interno de $0,95d$. Assim, designando a área de tensão de 95% como $A_{0,95\sigma}$, temos

$$A_{0,95\sigma} = \frac{\pi}{4}[d^2 - (0,95d)^2] = 0,0766d^2 \tag{6-22}$$

Essa equação também é válida para um círculo vazado rodando. Para um sólido não rotativo ou elementos circulares vazados, a área de tensão de 95% é duas vezes a área externa a duas cordas paralelas com um espaçamento de $0,95d$, em que d é o diâmetro. Usando uma computação exata, isto é

$$A_{0,95\sigma} = 0,01046d^2 \tag{6-23}$$

com d_e na Equação (6–22), igualando as Equações (6–22) e (6–23) entre si, permite-nos resolver para o diâmetro efetivo. Isso nos dá

$$d_e = 0,370d \tag{6-24}$$

como o tamanho efetivo de um círculo correspondente a um sólido não rodando ou círculo vazado.

Uma seção retangular de dimensões $h \times b$ tem $A_{0,95\sigma} = 0,05hb$. Usando o mesmo enfoque que antes, temos

$$d_e = 0,808\,(hb)^{1/2} \tag{6-25}$$

A Tabela 6–3 apresenta valores de $A_{0,95\sigma}$ de formas estruturais comuns, sob flexão não rotativa.

EXEMPLO 6–4

Um eixo de aço carregado em flexão tem 32 mm de diâmetro, tocando um anteparo filetado de 38 mm de diâmetro. O material do eixo tem uma resistência média última à tração de 690 MPa. Calcule o fator de tamanho de Marin k_b se o eixo for usado em
(a) um modo rotativo.
(b) um modo não rotativo.

Solução (a) Da Equação (6–20)

Resposta
$$k_b = \left(\frac{d}{7,62}\right)^{-0,107} = \left(\frac{32}{7,62}\right)^{-0,107} = 0,858$$

(b) Com base na Tabela 6–3

$$d_e = 0,37d = 0,37(32) = 11,84 \text{ mm}$$

Com base na Equação (6–20)

Resposta
$$k_b = \left(\frac{11,84}{7,62}\right)^{-0,107} = 0,954$$

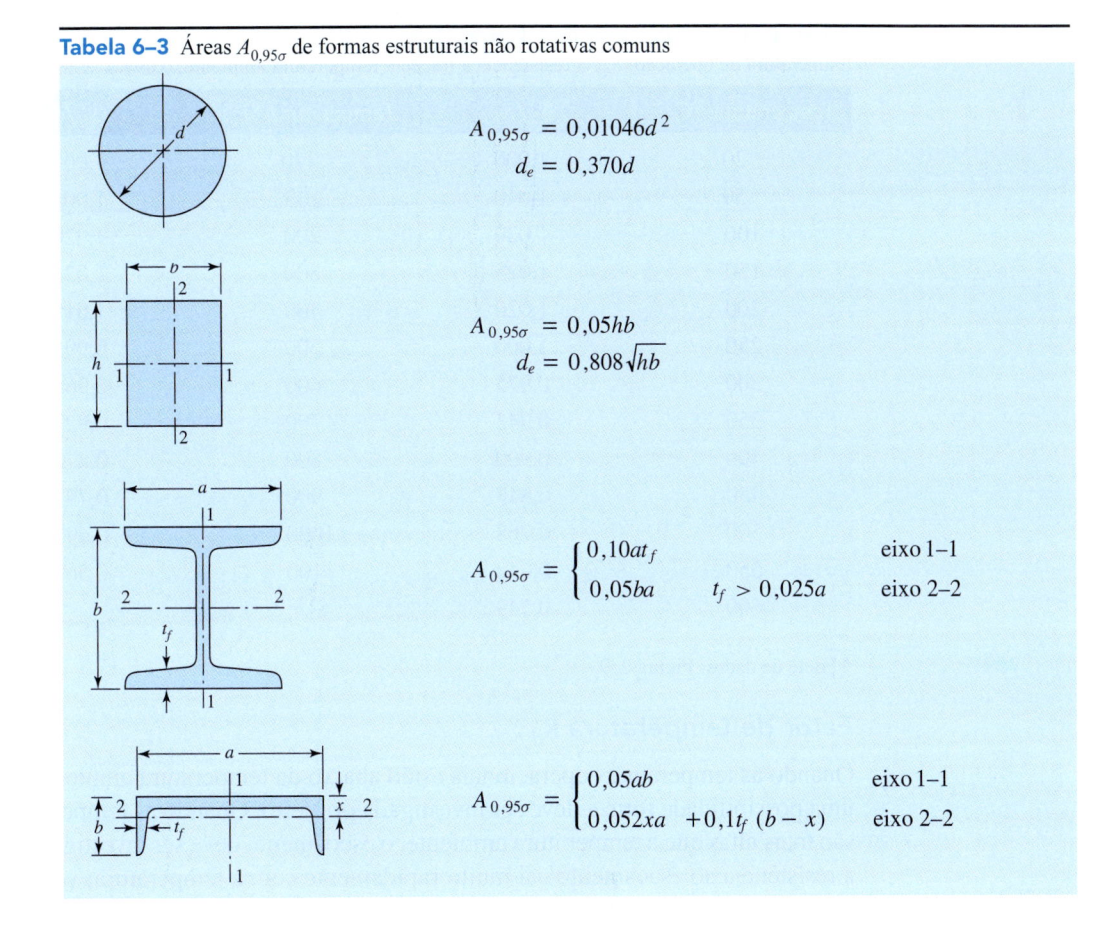

Tabela 6-3 Áreas $A_{0,95\sigma}$ de formas estruturais não rotativas comuns

$$A_{0,95\sigma} = 0,01046d^2$$
$$d_e = 0,370d$$

$$A_{0,95\sigma} = 0,05hb$$
$$d_e = 0,808\sqrt{hb}$$

$$A_{0,95\sigma} = \begin{cases} 0,10at_f & \text{eixo 1-1} \\ 0,05ba \quad t_f > 0,025a & \text{eixo 2-2} \end{cases}$$

$$A_{0,95\sigma} = \begin{cases} 0,05ab & \text{eixo 1-1} \\ 0,052xa + 0,1t_f(b-x) & \text{eixo 2-2} \end{cases}$$

Fator de carregamento k_c

Estimativas do limite de fadiga, tais como as dadas pela Equação (6–8), são tipicamente obtidas em ensaios de flexão alternada completa. Com carregamento axial ou de torção, ensaios de fadiga indicam diferentes relações entre o limite de fadiga e a resistência última para cada tipo de carregamento.[17] Essas diferenças podem ser levadas em conta com um fator de carga para ajustar o limite de fadiga obtido a partir da flexão. Embora o fator de carga seja efetivamente função da resistência última, as diferenças são pequenas, de modo que é mais apropriado especificar valores médios para o fator de carga tais como

$$k_c = \begin{cases} 1 & \text{flexão} \\ 0,85 & \text{axial} \\ 0,59 & \text{torção} \end{cases} \quad (6\text{-}26)$$

Observe que o fator de carga para a torção é muito próximo ao previsto pela teoria da energia de distorção, na Equação (5–12), onde para materiais dúcteis a resistência ao cisalhamento é 0,577 vezes a resistência normal. Isso implica em que o fator de carga para a torção é o principal responsável pela diferença entre a resistência ao cisalhamento e a resistência normal. Portanto, utilize o fator de carga na torção *apenas* para o carregamento de fadiga por torção pura. Quando a torção está combinada com outro carregamento, como a flexão, assuma $k_c = 1$, e o carregamento combinado é tratado utilizando a tensão efetiva de von Mises, conforme descrito na Seção 6–14.

---

[17] H. J. Grover, S. A. Gordon, and L. R. Jackson, *Fatigue of Metals and Structures,* Bureau of Naval Weapons, Document NAVWEPS 00-2500435, 1960; R. G. Budynas and J. K. Nisbett, op. cit., pp. 332–333.

Tabela 6–4 Efeito da temperatura de operação na resistência à tração do aço.* (S_T = resistência à tração na temperatura de operação; S_{RT} = resistência à tração à temperatura ambiente, $0,099 \leq \hat{\sigma} \leq 0,110$.)

Temperatura, °C	S_T/S_{RT}	Temperatura, °F	S_T/S_{RT}
20	1,000	70	1,000
50	1,010	100	1,008
100	1,020	200	1,020
150	1,025	300	1,024
200	1,020	400	1,018
250	1,000	500	0,995
300	0,975	600	0,963
350	0,943	700	0,927
400	0,900	800	0,872
450	0,843	900	0,797
500	0,768	1000	0,698
550	0,672	1100	0,567
600	0,549		

* Fonte de dados: Figura 2–9.

Fator de temperatura k_d

Quando as temperaturas operacionais estão abaixo da temperatura ambiente, a fratura frágil é uma possibilidade forte e deve ser investigada primeiro. Quando as temperaturas operacionais são mais altas que a temperatura ambiente, o escoamento deve ser investigado primeiro porque a resistência ao escoamento cai muito rapidamente com a temperatura; ver Figura 2–9, p. 54. Qualquer tensão induzirá fluência em um material que opere a altas temperaturas; assim, esse fator deve ser considerado também. Finalmente, pode ser verdade que não haja limite de endurança para materiais que operam a altas temperaturas. Por causa da reduzida resistência à fadiga, o processo de falha é, até certo ponto, dependente do tempo.

A quantidade limitada de dados disponíveis mostra que o limite de endurança para aços aumenta ligeiramente à medida que a temperatura sobe e, então, começa a despencar no intervalo de 400 a 700 °F, não distinto do comportamento da resistência à tração mostrada na Figura 2–9. Por essa razão, provavelmente é verdade que o limite de endurança esteja relacionado à resistência à tração a elevadas temperaturas da mesma maneira que em temperatura ambiente.[18] Parece bastante lógico, portanto, empregar, para predizer o limite de endurança a elevadas temperaturas, as mesmas relações usadas à temperatura ambiente, pelo menos até que dados de maior abrangência estejam disponíveis. No mínimo, essa prática proverá um padrão útil contra o qual o desempenho de vários materiais poderá ser comparado.

A Tabela 6–4 foi obtida da Figura 2–9 usando somente os dados de resistência à tração. Note que a tabela representa 145 ensaios de 21 diferentes aços-carbono e liga. Um ajuste por curva polinomial de quarta ordem aos dados que produziram a Figura 2–9 nos dá

$$k_d = 0,975 + 0,432(10^{-3})T_F - 0,115(10^{-5})T_F^2 \\ + 0,104(10^{-8})T_F^3 - 0,595(10^{-12})T_F^4 \tag{6–27}$$

em que $70 \leq T_F \leq 1000°F$.

---

[18] Para mais detalhes, ver Tabela 2 de ANSI/ASME B106. 1M-1985 shaft standard e E. A. Brandes. (ed.). *Smithell's Metals Reference Book*, 6ª ed. Londres: Butterworth, 1983, p. 22–134 a 22–136, em que são apresentados limites de endurança de 100 °C a 650 °C.

Dois tipos de problemas surgem quando a temperatura é considerada. Se o limite de endurança da viga rodando for conhecido à temperatura ambiente, use

$$k_d = \frac{S_T}{S_{RT}} \qquad (6\text{--}28)$$

da Tabela 6–4 ou a Equação (6–27) e proceda como de costume. Se o limite de endurança da viga rotativa não for conhecido, compute-o usando a Equação (6–8) e a resistência à tração, corrigida a temperatura, obtida usando o fator proveniente da Tabela 6–4, depois use $k_d = 1$.

EXEMPLO 6–5

Um aço 1035 tem uma resistência última à tração de 490 MPa e deve ser usado em uma peça exposta a 230° C em serviço. Calcule o fator de modificação de temperatura de Marin e $(S_e)_{230°}$ se

(a) O limite de endurança à temperatura ambiente por ensaio é $(S'_e)_{37°} = 270$ MPa.
(b) Somente a resistência última à tração em temperatura ambiente for conhecida.

Solução

(a) Primeiro, por meio da Equação (6–27),

$$k_d = 0{,}9877 + 0{,}6507(10^{-3})(230) - 0{,}3414(10^{-5})(230)^2$$

$$+ 0{,}5621(10^{-8})(230^3) - 6{,}246(10^{-12})(230^4) = 1{,}00767$$

assim,

Resposta

$$(S_e)_{230°} = k_d (S'_e)_{37°} = 1{,}00767(270) = 272{,}07 \text{ MPa}$$

(b) Interpolação com base na Tabela 6–4 nos dá

$$(S_T/S_{RT})_{230°} = 1{,}02 + (1{,}0 - 1{,}02)\frac{230 - 200}{250 - 200} = 1{,}0197$$

Assim, a resistência à tração a 230° C é calculada como

$$(S_{ut})_{230°} = (S_T/S_{RT})_{230°} (S_{ut})_{37°} = 1{,}0197(490) = 499{,}7 \text{ MPa}$$

Da Equação (6–8), então

Resposta

$$(S_e)_{230°} = 0{,}5(S_{ut})_{230°} = 0{,}5(499{,}7) = 249{,}9 \text{ MPa}$$

A parte *a* oferece uma estimativa melhor em razão do ensaio real do material específico.

Fator de confiabilidade k_e

A discussão apresentada aqui leva em conta o espalhamento de dados como mostrado na Figura 6–17, em que o limite de endurança médio é mostrado como $S'_e/S_{ut} \approx 0{,}5$, ou como dado pela Equação (6–8). A maior parte dos dados de resistência à fadiga é relacionada como valores médios. Os dados apresentados por Haugen e Wirching[19] mostram desvios padrão da resistência à fadiga de menos que 8%. Assim, o fator modificador de confiabilidade para levar em conta esse fato pode ser escrito como

$$k_e = 1 - 0{,}08 z_a \qquad (6\text{--}29)$$

---

[19] E. B. Haugen; P. H. Wirsching. Probabilistic Design. *Machine Design*, vol. 47, n. 12, 1975, p. 10–14.

Tabela 6–5 Fatores de confiabilidade k_e correspondentes a 8% de desvio padrão do limite de endurança

Confiabilidade, %	Variante de transformação z_a	Fator de confiabilidade k_e
50	0	1,000
90	1,288	0,897
95	1,645	0,868
99	2,326	0,814
99,9	3,091	0,753
99,99	3,719	0,702
99,999	4,265	0,659
99,9999	4,753	0,620

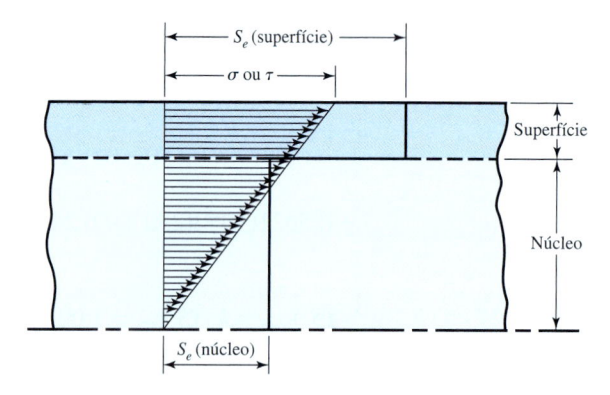

Figura 6–19 Falha de uma peça de superfície endurecida em flexão ou torção. Neste exemplo, a falha ocorre no núcleo.

em que z_a é definido pela Equação (1–5) e valores para qualquer confiabilidade desejada podem ser determinados a partir da Tabela A–10. A Tabela 6–5 apresenta fatores de confiabilidade para algumas confiabilidades-padrão especificadas.

Fator de efeitos diversos k_f

Embora o fator k_f se destine a levar em conta a redução no limite de endurança em razão de todos os outros efeitos, ele é realmente proposto como um lembrete de que eles devem ser levados em conta, porque os valores reais de k_f não estão sempre disponíveis.

Tensões residuais podem ou melhorar o limite de endurança ou afetá-lo adversamente. Geralmente, se a tensão residual na superfície da peça for de compressão, o limite de fadiga será melhorado. Falhas por fadiga parecem ser falhas por tração, ou pelo menos ser causadas por tensão por tração, e assim qualquer coisa que reduza a tensão por tração reduzirá também a possibilidade de falha por fadiga. Operações tais como jateamento de granalha, martelamento e laminação a frio constroem tensões compressivas na superfície da peça e melhoram significativamente o limite de endurança. Evidentemente, o material não deve ser trabalhado à exaustão.

Os limites de endurança de peças que são feitas de chapas laminadas ou repuxadas ou barras, bem como de peças que são forjadas, podem ser afetados pelas assim chamadas *características direcionais* da operação. Peças laminadas ou repuxadas, por exemplo, têm um limite de endurança na direção transversal que pode ser 10% a 20% menor que o limite de endurança na direção longitudinal.

Peças que são endurecidas superficialmente podem falhar na superfície ou no raio máximo do núcleo, dependendo do gradiente de tensão. A Figura 6–19 mostra a distribuição de tensão triangular típica de uma barra sob flexão ou torção. Também traçados, como uma linha grossa nessa figura, estão os limites de endurança S_e para a superfície endurecida e para o núcleo. Para esse exemplo o limite de endurança do núcleo domina o projeto porque a figura mostra que a tensão σ ou τ, qualquer que se aplique, no raio externo do núcleo, é apreciavelmente maior que o limite de endurança do núcleo.

Corrosão

É de esperar que peças que operem em uma atmosfera corrosiva terão uma resistência à fadiga diminuída. Isto é verdade e se deve ao encrespamento ou crateramento da superfície por material corrosivo. Entretanto, o problema não é tão simples quanto o de encontrar o limite de endurança de um espécime que tenha sido corroído. A razão para isso é que a corrosão e o tensionamento ocorrem ao mesmo tempo. Basicamente, isso significa que, com o tempo, qualquer peça falhará quando sujeita ao tensionamento repetido em uma atmosfera corrosiva. Não há limite de endurança. Assim, o problema do projetista é tentar minimizar os fatores que afetam a vida de fadiga; esses são:

- Tensão média ou estática.
- Tensão alternante.
- Concentração de eletrólito.
- Oxigênio dissolvido no eletrólito.
- Propriedades do material e composição.
- Temperatura.
- Frequência cíclica.
- Taxa de fluxo de fluido ao redor do espécime.
- Fendas locais.

Chapeamento eletrolítico

Revestimentos metálicos, tais como chapeamento de cromo, chapeamento de níquel ou chapeamento de cádmio, reduzem o limite de endurança em até 50%. Em alguns casos a redução por revestimentos foi tão severa que se fez necessário eliminar o processo de chapeamento. Chapeamento de zinco não afeta a resistência à fadiga. Oxidação anódica de ligas leves reduz os limites de endurança sob flexão em algo como 39%, mas não tem efeito no limite de endurança torcional.

Pulverização de metal

Pulverização de metal resulta em imperfeições de superfície que podem iniciar trincas. Ensaios limitados mostram redução de 14% na resistência à fadiga.

Frequência cíclica

Se, por qualquer razão, o processo de fadiga se tornar dependente do tempo, então ele também se tornará dependente da frequência. Sob condições normais, a falha por fadiga é independente da frequência. Mas quando corrosão ou altas temperaturas, ou ambas, forem encontradas, a razão de ciclo se torna importante. Quanto menor a frequência e mais alta a temperatura, mais alta a taxa de propagação de trinca e mais curta a vida a um dado nível de tensão.

Corrosão de piezo-ciclofricção

O fenômeno de corrosão de piezo-ciclofricção é o resultado de movimentos microscópicos de peças ou estruturas montadas apertadamente. Juntas parafusadas, ajustes mancal-pista, cubos de roda e qualquer conjunto de peças ajustadas apertadamente são exemplos. O processo envolve descoloração superficial, crateramento e eventual fadiga. O fator de piezo-ciclofricção k_f depende do material das peças unidas e varia entre 0,24 e 0,90.

6–10 Concentração de tensão e sensitividade de entalhe

Na Seção 3–13 foi mencionado que a existência de irregularidades ou descontinuidades, tais como orifícios, sulcos ou entalhes, em uma peça, aumentam as tensões teóricas significativamente nas proximidades imediatas da descontinuidade. A Equação (3–47) definiu um fator de concentração de tensão K_t (ou K_{ts}), que é usado com a tensão nominal para obter a tensão resultante máxima por irregularidade ou defeito. Resulta que alguns materiais não são totalmente sensíveis à presença de entalhes, logo, para esses, um valor reduzido de K_t pode ser usado. Para esses materiais, a tensão máxima efetiva na fadiga é,

$$\sigma_{max} = K_f \sigma_0 \qquad \text{ou} \qquad \tau_{max} = K_{fs} \tau_0 \qquad (6\text{–}30)$$

em que K_f é um valor reduzido de K_t e σ_0 é a tensão nominal. O fator K_f é comumente chamado de *fator de concentração de tensão de fadiga*, e daí o subscrito *f*. Assim, é conveniente pensar em K_f como um fator de concentração de tensão reduzido de K_t por causa da reduzida sensitividade a entalhes. O fator resultante é definido por meio da equação

$$K_f = \frac{\text{tensão máxima no espécime entalhado}}{\text{tensão no espécime sem entalhe}} \qquad (a)$$

Sensitividade de entalhe q é definida pela equação

$$q = \frac{K_f - 1}{K_t - 1} \qquad \text{ou} \qquad q_{\text{cisalhamento}} = \frac{K_{fs} - 1}{K_{ts} - 1} \qquad (6\text{–}31)$$

na qual q está usualmente entre zero e a unidade. A Equação (6–31) mostra que se $q = 0$, então $K_f = 1$, e o material não tem sensitividade a entalhes em absoluto. Por outro lado, se $q = 1$, $K_f = K_t$, e o material tem sensitividade completa a entalhe. Em trabalho de análise ou projeto, encontre K_t primeiro, a partir da geometria da peça. Depois especifique o material, encontre q e resolva para K_f a partir da equação

$$K_f = 1 + q(K_t - 1) \qquad \text{ou} \qquad K_{fs} = 1 + q_{\text{cisalhamento}}(K_{ts} - 1) \qquad (6\text{–}32)$$

A sensibilidade a entalhes em materiais específicos é obtida experimentalmente. Valores experimentais publicados são limitados, mas alguns valores estão disponíveis para aços e alumínio. Orientações para sensibilidade ao entalhe como função do raio do entalhe e da resistência última são mostradas na Figura 6–20 para flexão alternada ou carregamento axial e na Figura 6–21 para torção alternada. Ao usar esses gráficos é bom saber que os resultados reais dos ensaios, a partir dos quais as curvas foram derivadas, exibem um elevado espalhamento. Por causa desse espalhamento é sempre seguro usar $K_f = K_t$ se houver qualquer dúvida acerca do valor verdadeiro de q. Note, também, que q não está longe da unidade para raios grandes de entalhe.

A Figura 6–20 tem como base a *equação de Neuber*, que é dada por

$$K_f = 1 + \frac{K_t - 1}{1 + \sqrt{a/r}} \qquad (6\text{–}33)$$

em que $\sqrt{a}$ é definida como a *constante de Neuber* e é uma constante do material. Igualando a Equação (6–31) à (6–33), produz-se a equação de sensitividade de entalhe

$$q = \frac{1}{1 + \dfrac{\sqrt{a}}{\sqrt{r}}} \qquad (6\text{–}34)$$

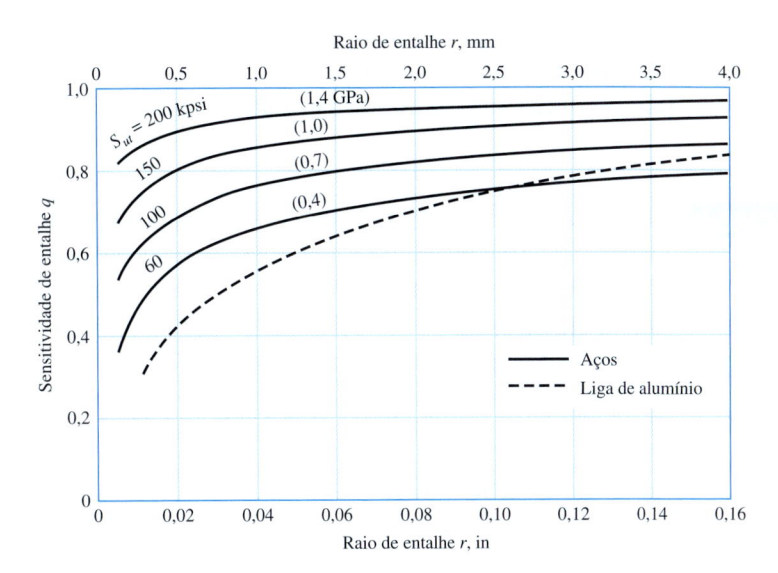

Figura 6–20 Cartas de sensitividade ao entalhe de aços e ligas de alumínio forjado UNS A92024-T submetidas à flexão reversa ou cargas axiais reversas. Para raios de entalhe maiores, utilize os valores de q correspondentes à ordenada $r = 0{,}16$ in (4 mm). (*Extraído de George Sines e J. L. Waisman* (eds.), Metal Fatigue, *McGraw-Hill, New York. Copyright © 1969, The McGraw-Hill Companies, Inc. Reimpresso com permissão.*)

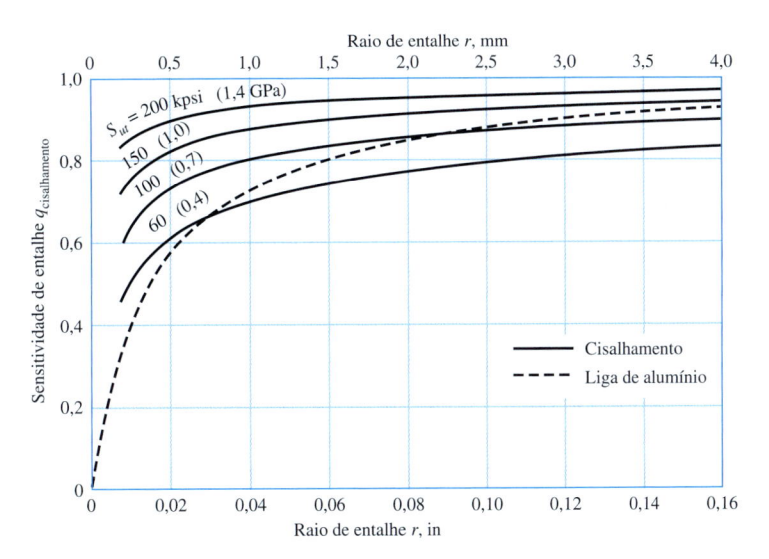

Figura 6–21 Curvas de sensitividade ao entalhe para materiais em torção reversa. Para raios grandes de entalhe, use valores de $q_{\text{cisalhamento}}$ correspondente a $r = 0{,}16$ in (4 mm).

correlacionando com as Figuras 6–20 e 6–21 como para

Flexão ou axial: $\quad \sqrt{a} = 0{,}246 - 3{,}08(10^{-3})S_{ut} + 1{,}51(10^{-5})S_{ut}^2 - 2{,}67(10^{-8})S_{ut}^3$

(6–35a)

Torção: $\quad \sqrt{a} = 0{,}190 - 2{,}51(10^{-3})S_{ut} + 1{,}35(10^{-5})S_{ut}^2 - 2{,}67(10^{-8})S_{ut}^3 \quad$ (6–35b)

onde as equações são aplicadas para o aço e S_{ut} é em kpsi. A Equação (6–34) utilizada em conjunto com as Equações (6–35a) e (6–35b) equivale às Figuras 6–20 e 6–21. Assim como com os gráficos, os resultados provenientes do ajuste da curva da equação fornecem apenas aproximações para os dados experimentais.

A sensibilidade ao entalhe em ferros fundidos é muito baixa, variando de 0 a algo como 0,20, dependendo da resistência à tração. Para ficar no lado conservador, recomenda-se que o valor $q = 0,20$ seja o utilizado para qualquer grau de ferro fundido.

EXEMPLO 6–6

Um eixo de aço em flexão tem uma resistência última de 690 MPa e um ressalto com um raio de arredondamento de 3 mm conectando um diâmetro de 32 mm com um diâmetro de 38 mm. Calcule K_f usando:

(a) a Figura 6–20.

(b) Equações (6–33) e (6–35).

Solução

Da Figura A–15–9, usando $D/d = 38/32 = 1,1875$, $r/d = 3/32 = 0,09375$, lemos o gráfico para encontrar $K_t = 1,65$.

(a) Com base na Figura 6–20, para $S_{ut} = 690$ MPa e $r = 3$ mm, $q = 0,84$. Assim, da Equação (6–32)

Resposta

$$K_f = 1 + q(K_t - 1) = 1 + 0,84(1,65 - 1) = 1,55$$

(b) Da Equação (6–35a) com $S_{ut} = 690$ MPa $= 100$ kpsi, $\sqrt{a} = 0,0622 \sqrt{\text{in}} = 0,313 \sqrt{\text{mm}}$. Substituindo na Equação (6–33) com $r = 3$ mm, temos

Resposta

$$K_f = 1 + \frac{K_t - 1}{1 + \sqrt{a/r}} = 1 + \frac{1,65 - 1}{1 + \frac{0,313}{\sqrt{3}}} = 1,55$$

Alguns projetistas utilizam $1/K_f$ como fator de Marin para reduzir S_e. Para carregamento simples, em problemas de vida infinita, não faz diferença se S_e é reduzido sendo dividido por K_f ou se a tensão nominal é multiplicada por K_f. No entanto, para *vida finita*, uma vez que o diagrama *S-N* é não linear, as duas abordagens levam a resultados diferentes. Não há evidência clara que aponte qual é o melhor método. Além disso, na Seção 6–14, quando consideramos carregamento combinado, geralmente haverá múltiplos fatores de concentração por fadiga ocorrendo em um ponto (p. ex., K_f para flexão e K_{fs} para torção). Aqui, o mais prático é modificar a tensão nominal. Para ser consistente com este texto, utilizaremos exclusivamente o fator de concentração de tensões na fadiga como um multiplicador da tensão nominal.

EXEMPLO 6–7

Para o eixo escalonado do Exemplo 6–6, determina-se que o limite de fadiga plena corrigido é $S_e = 280$ MPa. Considere que o eixo se submete a uma tensão alternada completa no adoçamento de $(\sigma_{rev})_{nom} = 260$ MPa. Estime o número de ciclos até a falha.

Solução

Do Exemplo 6–6, $K_f = 1,55$, e a resistência última é $S_{ut} = 690$ MPa $= 100$ kpsi. A máxima tensão alternada é

$$(\sigma_{rev})_{max} = K_f (\sigma_{rev})_{nom} = 1,55(260) = 403 \text{ MPa}$$

Da Figura 6–18, $f = 0,845$. Das Equações (6–14), (6–15) e (6–16)

$$a = \frac{(fS_{ut})^2}{S_e} = \frac{[0{,}845(690)]^2}{280} = 1214 \text{ MPa}$$

$$b = -\frac{1}{3}\log\frac{fS_{ut}}{S_e} = -\frac{1}{3}\log\left[\frac{0{,}845(690)}{280}\right] = -0{,}1062$$

Resposta
$$N = \left(\frac{\sigma_{rev}}{a}\right)^{1/b} = \left(\frac{403}{1214}\right)^{1/-0{,}1062} = 32{,}3(10^3) \text{ ciclos}$$

Até este ponto, os exemplos ilustraram cada fator na equação de Marin e nas concentrações de tensão isoladas. Vamos considerar um número de fatores ocorrendo simultaneamente.

EXEMPLO 6–8 Uma barra de aço 1015 laminada a quente foi usinada a um diâmetro de 25 mm. É para ser colocada em carregamento axial reverso por 70 000 ciclos até falhar em um ambiente operacional de 300° C. Usando propriedades mínimas ASTM e confiabilidade de 99%, calcule fadiga e resistência à fadiga a 70 000 ciclos.

Solução Da tabela A–20, $S_{ut} = 340$ MPa a 20° C. Visto que o limite de endurança do espécime de viga rotativa não é conhecido à temperatura ambiente, determinamos a resistência última à temperatura elevada usando a Tabela 6–4. Da Tabela 6–4, temos

$$\left(\frac{S_T}{S_{RT}}\right)_{300°} = 0{,}975$$

A resistência última a 300° C é então

$$(S_{ut})_{300°} = (S_T/S_{RT})_{300°}(S_{ut})_{20°} = 0{,}975(340) = 331{,}5 \text{ MPa}$$

O limite de endurança do espécime de viga rotativa a 300° C é calculado com base na Equação (6–8) como

$$S'_e = 0{,}5(331{,}5) = 165{,}8 \text{ MPa}$$

A seguir, determinamos os fatores de Marin. Para a superfície usinada, a Equação (6–19) com a Tabela 6–2, temos

$$k_a = aS_{ut}^b = 4{,}51(331{,}5^{-0{,}265}) = 0{,}969$$

Para carregamento axial, da Equação (6–21), o fator de tamanho $k_b = 1$, e com base na Equação (6–26), o fator de carregamento é $k_c = 0{,}85$. O fator de temperatura $k_d = 1$, visto que levamos em conta a temperatura ao modificar a resistência última e, consequentemente, o limite de endurança. Para confiabilidade de 99%, da Tabela 6–5, $k_e = 0{,}814$. Finalmente, visto que outras condições não foram dadas, o fator de efeitos diversos é $k_f = 1$. O limite de endurança para a peça é calculado pela Equação (6–18) como

Resposta
$$S_e = k_a k_b k_c k_d k_e k_f S'_e$$
$$= 0{,}969(1)(0{,}85)(1)(0{,}814)(1)165{,}8 = 111 \text{ MPa}$$

Para a resistência à fadiga a 70 000 ciclos necessitamos construir a equação S-N. Da p. 280, sendo $S_{ut} = 331,5 < 490$ MPa, então $f = 0,9$. Da Equação (6–14)

$$a = \frac{(f S_{ut})^2}{S_e} = \frac{[0,9(331,5)]^2}{111} = 801,929$$

e a Equação (6–15)

$$b = -\frac{1}{3} \log\left(\frac{f S_{ut}}{S_e}\right) = -\frac{1}{3} \log\left[\frac{0,9(331,5)}{111}\right] = -0,1431$$

Finalmente, para a resistência à fadiga a 70 000 ciclos, a Equação (6–13) nos dá

Resposta

$$S_f = a N^b = 891 (70000)^{-0,1431} = 162,51 \text{ MPa}$$

EXEMPLO 6–9

A Figura 6–22a mostra um eixo rotativo simplesmente apoiado em mancais de esferas em A e D e carregado por uma força não rotativa F de 6,8 kN. Usando resistências "mínimas" da ASTM, calcule a vida da peça.

Solução

Da Figura 6–22b aprendemos que a falha provavelmente ocorrerá em B em vez de C ou no ponto de momento máximo. O ponto B tem uma seção transversal menor, um momento flexor maior e um fator de concentração de tensão maior que C, e o local de momento máximo tem uma dimensão maior e nenhum fator de concentração de tensão.

Primeiro devemos resolver o problema calculando a resistência no ponto B, visto que ela será diferente em qualquer outro lugar, e comparando essa resistência com a tensão no mesmo ponto.

Da Tabela A–20 encontramos $S_{ut} = 690$ MPa e $S_y = 580$ MPa. O limite de endurança S'_e é calculado como

$$S'_e = 0,5 (690) = 345 \text{ MPa}$$

Da Equação (6–19) e Tabela 6–2,

$$k_a = 4,51 (690)^{-0,265} = 0,798$$

Da Equação (6–20),

$$k_b = (32/7,62)^{-0,107} = 0,858$$

Visto que $k_c = k_d = k_e = k_f = 1$,

$$S_e = 0,798(0,858)345 = 236 \text{ MPa}$$

Para encontrarmos o fator geométrico de concentração de tensão K_t, entramos na Figura A–15–9 com $D/d = 38/32 = 1,1875$ e $r/d = 3/32 = 0,09375$ e lemos $K_t = 1,65$. Substituindo $S_{ut} = 690/6,89 = 100$ kpsi na Equação (6–35a), temos $\sqrt{a} = 0,0622 \sqrt{\text{in}} = 0,313 \sqrt{\text{mm}}$. Substituindo isto na Equação (6–33) fornece

$$K_f = 1 + \frac{K_t - 1}{1 + \sqrt{a/r}} = 1 + \frac{1,65 - 1}{1 + 0,313/\sqrt{3}} = 1,55$$

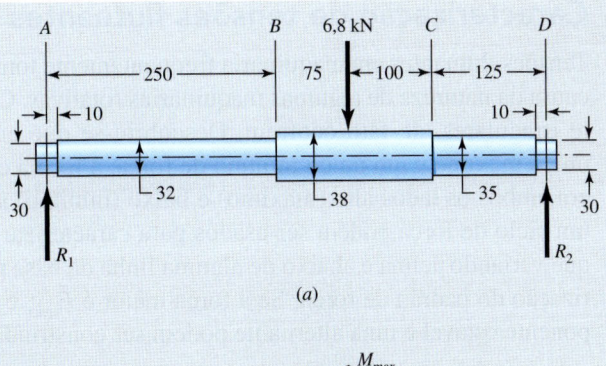

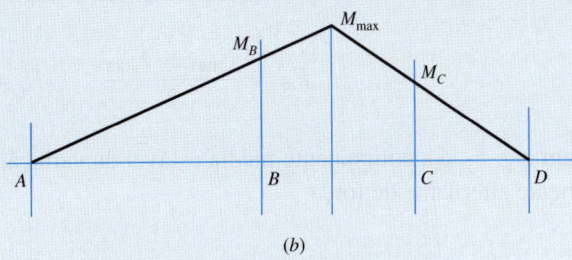

Figura 6–22 (*a*) Eixo desenhado que mostra todas as dimensões em milímetros; todos os raios de adoçamento de 3 mm. O eixo roda, porém a carga é estacionária; o material é usinado de aço AISI 1050 estirado a frio. (*b*) Diagrama de momento flexor.

O próximo passo é calcular a tensão de flexão no ponto B. O momento flexor é

$$M_B = R_1 x = \frac{225F}{550}250 = \frac{225(6,8)}{550}250 = 695,5 \text{ N·m}$$

Exatamente à esquerda de B o módulo da seção é $I/c = \pi d^3/32 = \pi 32^3/32 = 3,217 (10^3)$ mm^3. A tensão de momento reverso é, supondo vida infinita,

$$\sigma_{rev} = K_f \frac{M_B}{I/c} = 1,55 \frac{695,5}{3,217}(10)^6 = 335,1(10^6) \text{ Pa} = 335,1 \text{ MPa}$$

Essa tensão é maior que S_e e menor que S_y. Isso significa que temos vida infinita e nenhum escoamento no primeiro ciclo.

Para vida finita, necessitaremos usar a Equação (6–16). A resistência última, $S_{ut} = 690$ MPa = 100 kpsi. Da Figura 6–18, $f = 0,844$. Da Equação (6–14)

$$a = \frac{(fS_{ut})^2}{S_e} = \frac{[0,844(690)]^2}{236} = 1437 \text{ MPa}$$

e da Equação (6–15)

$$b = -\frac{1}{3}\log\left(\frac{fS_{ut}}{S_e}\right) = -\frac{1}{3}\log\left[\frac{0,844(690)}{236}\right] = -0,1308$$

Da Equação (6–16),

Resposta

$$N = \left(\frac{\sigma_{rev}}{a}\right)^{1/b} = \left(\frac{335,1}{1437}\right)^{-1/0,1308} = 68(10^3) \text{ ciclos}$$

6–11 Caracterização de tensões flutuantes

Tensões flutuantes em maquinaria frequentemente tomam a forma de um padrão senoidal por causa da natureza de algumas maquinarias rotativas. Contudo, outros padrões, alguns bastante irregulares, de fato ocorrem. Descobriu-se que em padrões periódicos que exibem um único máximo e um único mínimo de força, a forma da onda não é importante, mas os picos em ambos os lados alto (máximo) e baixo (mínimo) são importantes. Assim F_{max} e F_{min} em um ciclo de força podem ser usados para caracterizar o padrão de força. É também verdade que variando acima e abaixo de alguma linha de base pode ser igualmente efetivo na caracterização do padrão de força. Se a força maior é F_{max} e a força menor é F_{min}, então uma componente estável e uma alternante podem ser construídas como se segue:

$$F_m = \frac{F_{max} + F_{min}}{2} \qquad F_a = \left| \frac{F_{max} - F_{min}}{2} \right|$$

em que F_m é a componente média estável da variação da força, e F_a é a amplitude da componente alternante de força.

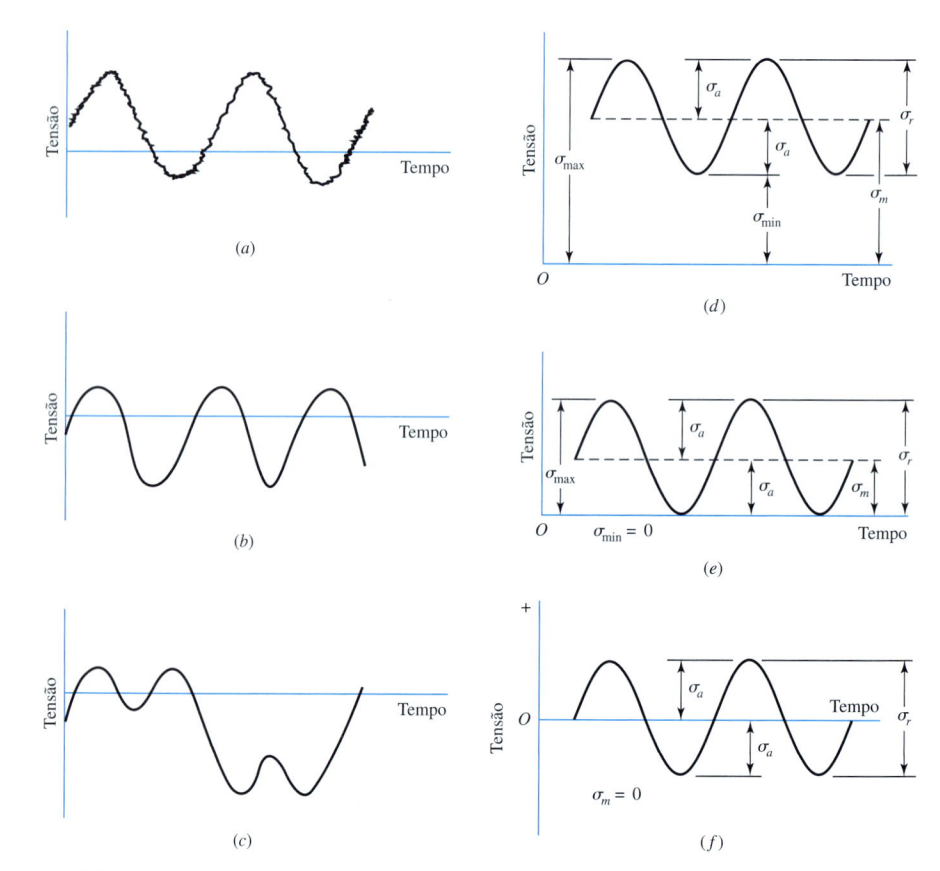

Figura 6–23 Algumas relações tempo-tensão: (*a*) Tensão flutuante com ondulação de alta frequência; (*b* e *c*) Tensão flutuante não senoidal; (*d*) Tensão flutuante senoidal; (*f*) Tensão repetida; (*g*) Tensão senoidal completamente reversa.

A Figura 6–23 ilustra alguns dos vários traçados de tensão-tempo que ocorrem. As componentes de tensão, algumas das quais são mostradas na Figura 6–23*d*, são

σ_{min} = tensão mínima σ_m = tensão média
σ_{max} = tensão máxima σ_r = variação de tensão
σ_a = componente de amplitude σ_s = tensão estática ou estável

A tensão estável, ou estática, *não* é a mesma que a tensão média; de fato, ela pode ter qualquer valor entre σ_{min} e σ_{max}. A tensão estável existe por causa de uma carga fixa ou pré-carga aplicada à peça, ou é usualmente independente da porção variante da carga. Uma mola helicoidal de compressão, por exemplo, está sempre carregada em um espaço menor que o comprimento livre da mola. A tensão criada por essa compressão inicial é chamada de componente estável, ou estática, da tensão. Não é a mesma que a tensão média.

Teremos oportunidade de aplicar os subscritos dessas componentes às tensões de cisalhamento, bem como às tensões normais.

As relações seguintes são evidentes na Figura 6–23:

$$\sigma_m = \frac{\sigma_{max} + \sigma_{min}}{2}$$

$$\sigma_a = \left|\frac{\sigma_{max} - \sigma_{min}}{2}\right| \qquad (6\text{--}36)$$

Adicionalmente à Equação (6–36), a *razão de tensão*

$$R = \frac{\sigma_{min}}{\sigma_{max}} \qquad (6\text{--}37)$$

e a *razão de amplitude*

$$A = \frac{\sigma_a}{\sigma_m} \qquad (6\text{--}38)$$

são também definidas e usadas em conexão com tensões flutuantes.

As Equações (6–36) utilizam os símbolos σ_a e σ_m como as componentes de tensão no local sob escrutínio. Isso significa que, na ausência de um entalhe, σ_a e σ_m são iguais às tensões nominais σ_{ao} e σ_{mo} induzidas pelas cargas F_a e F_m, respectivamente; na presença de um entalhe elas são $K_f \sigma_{ao}$ e $K_f \sigma_{mo}$, respectivamente, contanto que o material permaneça sem deformação plástica. Em outras palavras, o fator de concentração de tensão de fadiga K_f é aplicado a *ambas* as componentes.

Quando a componente estável de tensão é elevada o suficiente para induzir escoamento localizado no entalhe, o projetista tem um problema. O escoamento local de primeiro ciclo produz deformação plástica e deformação enrijecente. Isso está ocorrendo no local onde a nucleação de trinca por fadiga e o crescimento são mais prováveis. As propriedades do material (S_y e S_{ut}) são novas e difíceis de quantificar. O engenheiro prudente controla o conceito, o material e a condição de uso e a geometria de tal modo que nenhuma deformação plástica ocorra. Há discussões concernentes às maneiras possíveis de quantificar o que está ocorrendo durante o escoamento localizado e geral na presença de um entalhe, referidas como método da *tensão média nominal*, método *da tensão residual* e similares.[20] O método da tensão média nominal (coloca $\sigma_a = K_f \sigma_{ao}$ e $\sigma_m = \sigma_{mo}$) apresenta grosseiramente resultados comparáveis ao método da tensão residual, mas ambos são *aproximações*.

Há o método de Dowling[21] para materiais dúcteis, o qual, para materiais com um ponto de escoamento pronunciado e comportamento aproximado pelo modelo elástico-perfeitamente

---

[20] R. C. Juvinall. *Stress, Strain, and Strength*. Nova York: McGraw-Hill, 1967, artigos 14.9-14.12; R.C. Juvinall; K.M Marshek. *Fundamentals of Machine Component Design*.; 4ª ed. Nova York: Wiley, 2006, Seção 8.11; N. E. Dowling. *Mechanical Behavior of Materials*; 3ª ed. Englewood Cliffs, Prentice Hall: Upper Saddle River, N.J., 2007, Secs. 10.2–10.6.

[21] Dowling, op.cit., p. 486–487.

plástico, expressa quantitativamente o fator de concentração de tensão K_{fm} da componente de tensão estável como

$$K_{fm} = K_f \qquad K_f |\sigma_{max,o}| < S_y$$

$$K_{fm} = \frac{S_y - K_f \sigma_{ao}}{|\sigma_{mo}|} \qquad K_f |\sigma_{max,o}| > S_y$$

$$K_{fm} = 0 \qquad K_f |\sigma_{max,o} - \sigma_{min,o}| > 2S_y$$

(6–39)

Para os propósitos deste livro, para materiais dúcteis em fadiga,

- Evite deformação plástica localizada em um entalhe. Faça $\sigma_a = K_f \sigma_{a,o}$ e $\sigma_m = K_f \sigma_{mo}$.
- Quando a deformação plástica em um entalhe não puder ser evitada, use as Equações (6–39); ou, de maneira conservadora, faça $\sigma_a = K_f \sigma_{ao}$ e use $K_{fm} = 1$, que significa, $\sigma_m = \sigma_{mo}$.

6–12 Critério de falha por fadiga para tensão flutuante

Agora que definimos os vários componentes de tensão associados com uma peça sujeita à tensão flutuante, desejamos variar a tensão média e a amplitude de tensão, ou componente alternante, para aprender algo a respeito da resistência à fadiga das peças quando sujeitas a tais situações. Três métodos de representação gráfica dos resultados de tais ensaios estão em uso geral e são mostrados nas Figuras 6–24, 6–25 e 6–26.

O *diagrama de Goodman modificado* da Figura 6–24 tem a tensão média traçada ao longo da abscissa e todas as outras componentes de tensão traçadas na ordenada, com tração na direção positiva. Limite de endurança, resistência à fadiga ou resistência de vida finita, qualquer que se aplique, é traçada na ordenada acima e abaixo da origem. A linha de tensão média é uma linha a 45° da origem até a resistência à tração da peça. O diagrama de Goodman modificado consiste nas linhas construídas para S_e (ou S_f) acima e abaixo da origem. Note que a resistência ao escoamento também é traçada em ambos os eixos, porque o escoamento seria um critério de falha se σ_{max} excedesse S_y.

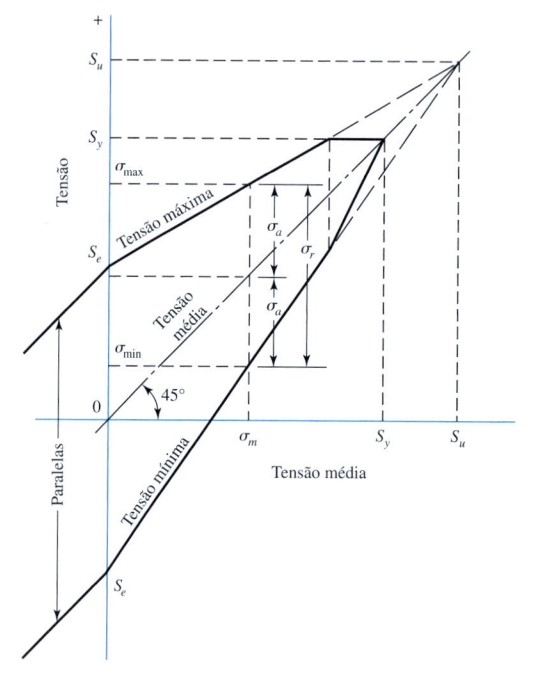

Figura 6–24 Diagrama de Goodman modificado mostrando todas as resistências e os valores limites de todas as componentes de tensão para uma tensão média particular.

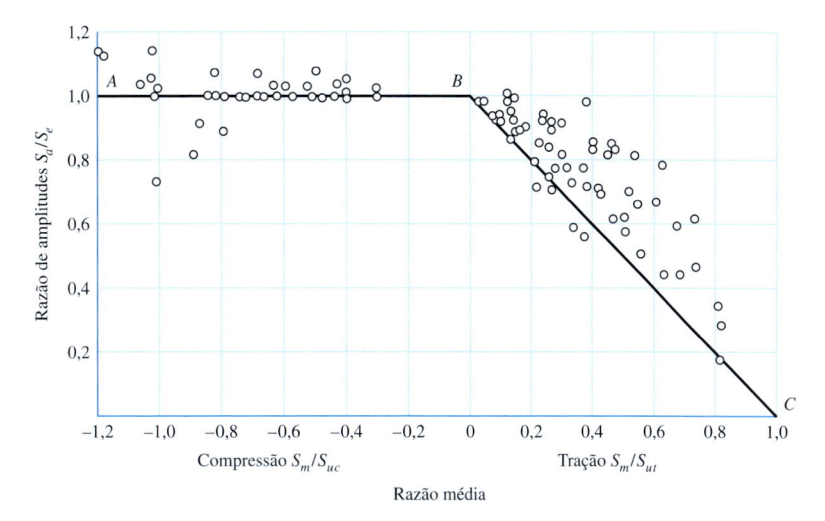

Figura 6–25 Gráfico de falhas por fadiga por tensões médias em ambas as regiões de tração e compressão. Normalizando-se os dados usando a razão da componente de resistência estável pela resistência de tração S_m/S_{ut}, componente de resistência estável pela resistência de compressão S_m/S_{uc} e a componente de amplitude de resistência pelo limite de endurança S_a/S'_e permite um gráfico de resultados experimentais para uma variedade de aços. *Fonte: Thomas J. Dolan, Stress Range, Seção 6.2 em O. J. Horger, (ed.). ASME Handbook – Metals Engineering Design, Nova York: McGraw-Hill, 1953.*

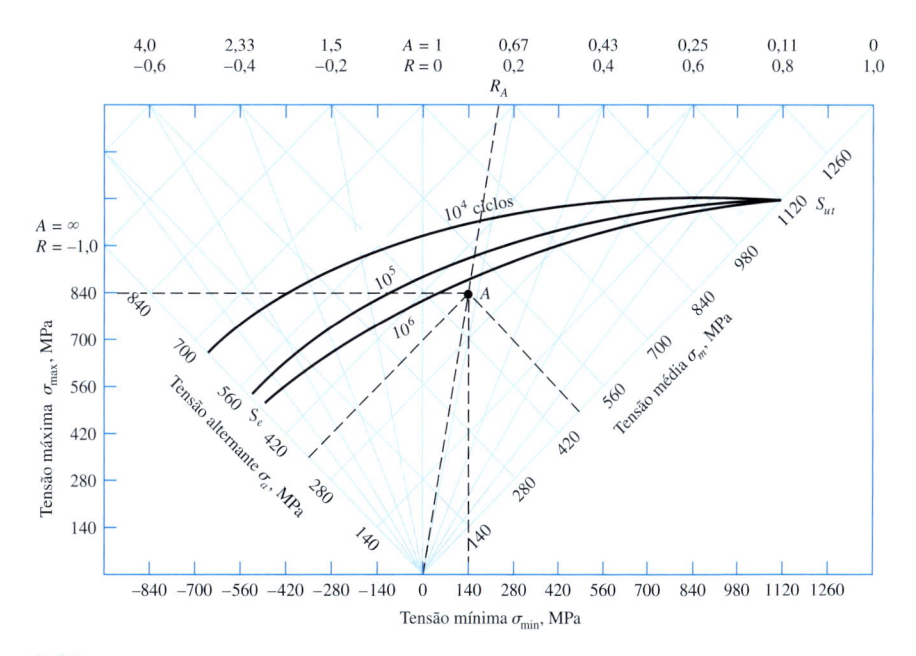

Figura 6–26 Diagrama mestre de fadiga criado para o aço AISI 4340 tendo $S_{ut} = 1100$ e $S_y = 1025$ MPa. As componentes de tensão em A são $\sigma_{min} = 140$, $\sigma_{max} = 840$, $\sigma_m = 490$ e $\sigma_a = 350$, todas em MPa *Fonte: H. J. Grover, Fatigue of Aircraft Structures, U.S. Government Printing Office, Washington, D.C., 1966, p. 317, 322. Ver também J. A. Collins, Failure of Materials in Mechanical Design, Wiley, Nova York, 1981, p. 216.*

Uma outra maneira de mostrar os resultados de ensaio aparece na Figura 6–25. Aqui a abscissa representa a razão da resistência média S_m para a resistência última, com tração desenhada à direita e compressão à esquerda. A ordenada é a razão da resistência alternante pelo limite de endurança. A linha BC então representa o critério de Goodman modificado de falha. Note que a existência de tensão média na região de compressão tem pouco efeito no limite de endurança.

O diagrama muito engenhoso da Figura 6–26 é o único que mostra quatro das componentes de tensão, bem como as duas razões de tensão. A curva que representa o limite de endurança para valores de R, começando em $R = -1$ e terminando com $R = 1$, começa em S_e no eixo σ_a e termina em S_{ut} no eixo σ_m. Curvas de vida constante para $N = 10^5$ e $N = 10^4$ ciclos foram traçadas também. Qualquer estado de tensão, tal como aquele em A, pode ser descrito pelas componentes mínima e máxima, ou pelas componentes média e alternante. E a segurança é indicada sempre que o ponto descrito pelas componentes de tensão se situar abaixo da linha de vida constante.

Quando a tensão média é de compressão, a falha ocorre sempre que $\sigma_a = S_e$ ou sempre que $\sigma_{max} = S_{yc}$, como está indicado pelo lado esquerdo da Figura 6–25. Nenhum diagrama de fadiga nem qualquer outro critério de falha necessita ser desenvolvido.

Na Figura 6–27, o lado tracionado da Figura 6–25 foi redesenhado em termos das resistências em vez de razões de resistências, com o mesmo critério de Goodman modificado junto com quatro critérios adicionais de falha. Tais diagramas são frequentemente construídos com o propósito de análise e projeto; eles são fáceis de usar e os resultados podem ser postos em escala diretamente.

O ponto de vista inicial expresso em um diagrama σ_m, σ_a era que de fato existia um lugar geométrico que dividia as combinações seguras de combinações inseguras de σ_a e σ_m. Propostas subsequentes incluíram a parábola de Gerber (1874), a linha (reta) de Goodman (1890)[22] e a linha (reta) de Soderberg (1930). À medida que mais dados foram gerados ficou claro que um critério de fadiga em lugar de ser uma "cerca" era mais como uma zona ou banda na qual a probabilidade de falha poderia ser estimada. Incluímos o critério de falha de Goodman porque:

- É uma linha reta e a álgebra é linear e fácil.
- É facilmente traçada, em todo instante para todo problema.
- Revela sutilezas de percepção nos problemas de fadiga.
- Respostas podem ser representadas em escala a partir dos diagramas como uma verificação da álgebra.

Também advertimos que ele é determinístico, e o fenômeno não o é. Ele é tendencioso e não podemos quantificar a tendência. Ele não é conservativo. É uma pedra fundamental para o entendimento; é história; e para ler o trabalho de outros engenheiros e trocar ideias significativas com eles, é necessário que se entenda a abordagem de Goodman, caso ela surja.

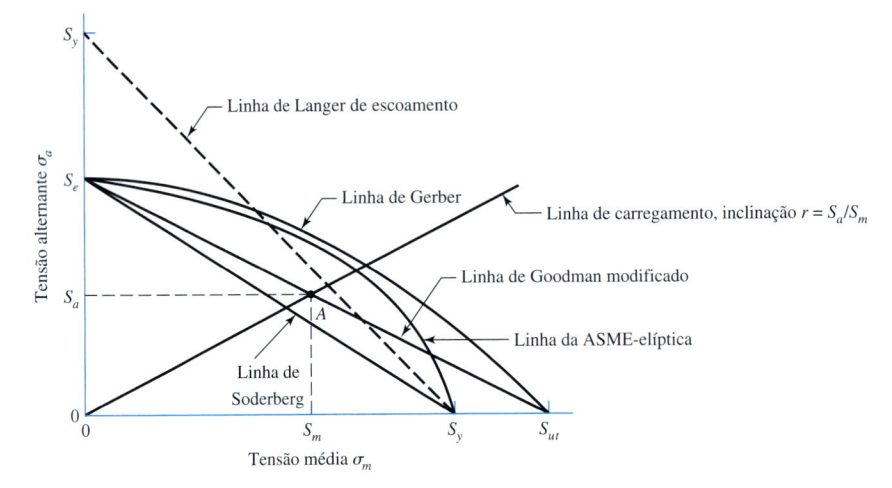

Figura 6–27 Diagrama de fadiga que mostra vários critérios de falha. Para cada critério, pontos na respectiva linha ou "acima" indicam falha. Um ponto A na linha de Goodman, por exemplo, dá a resistência S_m como o valor limite de σ_m correspondente à resistência S_a, que, emparelhada com σ_m, é o valor limite de σ_a.

---

[22] É difícil datar o trabalho de Goodman porque ele passou por várias modificações e nunca foi publicado.

Ou o limite de endurança S_e, ou a resistência de vida finita S_f são marcados na ordenada da Figura 6-27. Esses valores deverão já ter sido corrigidos usando os fatores de Marin da Equação (6-18). Note que a resistência de escoamento S_y é marcada na ordenada também. Ela serve como um lembrete de que o escoamento de primeiro ciclo em vez da fadiga deve ser o critério de falha.

O eixo de tensão média da Figura 6-27 tem a resistência de escoamento S_y e a resistência de tração S_{ut} marcadas ao longo dele.

Cinco critérios de falha estão diagramados na Figura 6-27: o Soderberg, o Goodman modificado, o Gerber, o ASME-elíptico e o escoamento. O diagrama mostra que somente o critério de Soderberg se resguarda contra qualquer escoamento, mas é tendencioso para baixo.

Considerando a linha de Goodman modificado com um critério, o ponto A representa um ponto limitante com uma resistência alternante S_a e resistência média S_m. A inclinação da linha de carga mostrada é definida como $r = S_a/S_m$.

A equação de critério para a linha de Soderberg é

$$\frac{S_a}{S_e} + \frac{S_m}{S_y} = 1 \qquad (6\text{-}40)$$

Similarmente, encontramos a relação de Goodman modificada como

$$\frac{S_a}{S_e} + \frac{S_m}{S_{ut}} = 1 \qquad (6\text{-}41)$$

O exame da Figura 6-25 mostra que uma parábola e uma elipse têm melhor oportunidade de passar entre os dados de tensão média e de permitir qualificações da probabilidade de falha. O critério de falha de Gerber é escrito como

$$\frac{S_a}{S_e} + \left(\frac{S_m}{S_{ut}}\right)^2 = 1 \qquad (6\text{-}42)$$

e o ASME-elíptico é escrito como

$$\left(\frac{S_a}{S_e}\right)^2 + \left(\frac{S_m}{S_y}\right)^2 = 1 \qquad (6\text{-}43)$$

O critério de escoamento de primeiro ciclo de *Langer* é usado em conexão com a curva de fadiga:

$$S_a + S_m = S_y \qquad (6\text{-}44)$$

As tensões $n\sigma_a$ e $n\sigma_m$ podem substituir S_a e S_m, em que n é o fator de projeto ou fator de segurança. Assim, a Equação (6-40), linha de Soderberg, torna-se

$$\textbf{Soderberg} \quad \frac{\sigma_a}{S_e} + \frac{\sigma_m}{S_y} = \frac{1}{n} \qquad (6\text{-}45)$$

A Equação (6-41), linha de Goodman modificada, torna-se

$$\textbf{Goodman modificada} \quad \frac{\sigma_a}{S_e} + \frac{\sigma_m}{S_{ut}} = \frac{1}{n} \qquad (6\text{-}46)$$

A Equação (6-42), linha de Gerber, torna-se

$$\textbf{Gerber} \quad \frac{n\sigma_a}{S_e} + \left(\frac{n\sigma_m}{S_{ut}}\right)^2 = 1 \qquad (6\text{-}47)$$

A Equação (6–43), linha ASME-elíptica, torna-se

$$\textbf{ASME-elíptica} \quad \left(\frac{n\sigma_a}{S_e}\right)^2 + \left(\frac{n\sigma_m}{S_y}\right)^2 = 1 \qquad (6\text{–}48)$$

A equação de projeto para o escoamento no primeiro ciclo de Langer é

$$\textbf{Langer escoamento} \quad \sigma_a + \sigma_m = \frac{S_y}{n} \qquad (6\text{–}49)$$

Os critérios de falha são usados em conjunção com uma linha de carga, $r = S_a/S_m = \sigma_a/\sigma_m$. As intersecções principais estão tabuladas nas Tabelas 6–6 a 6–8. Expressões formais para o fator de segurança de fadiga são dadas no painel inferior das Tabelas 6–6 a 6–8. A primeira linha de cada tabela corresponde ao critério de fadiga, a segunda é o critério estático de Langer e a terceira corresponde à intersecção do critério estático e de fadiga.

Tabela 6–6 Amplitude e coordenadas estáveis de resistência e intersecções importantes no primeiro quadrante para os critérios de falha de Goodman modificado e Langer.

Equações de intersecção	Coordenadas da intersecção
$\dfrac{S_a}{S_e} + \dfrac{S_m}{S_{ut}} = 1$ Linha de carregamento $r = \dfrac{S_a}{S_m}$	$S_a = \dfrac{r\,S_e S_{ut}}{r\,S_{ut} + S_e}$ $S_m = \dfrac{S_a}{r}$
$\dfrac{S_a}{S_y} + \dfrac{S_m}{S_y} = 1$ Linha de carregamento $r = \dfrac{S_a}{S_m}$	$S_a = \dfrac{r\,S_y}{1 + r}$ $S_m = \dfrac{S_y}{1 + r}$
$\dfrac{S_a}{S_e} + \dfrac{S_m}{S_{ut}} = 1$ $\dfrac{S_a}{S_y} + \dfrac{S_m}{S_y} = 1$	$S_m = \dfrac{(S_y - S_e)\,S_{ut}}{S_{ut} - S_e}$ $S_a = S_y - S_m,\ r_{\text{crit}} = S_a/S_m$
Fator de segurança de fadiga $n_f = \dfrac{1}{\dfrac{\sigma_a}{S_e} + \dfrac{\sigma_m}{S_{ut}}}$	

A primeira coluna nos dá as equações de intersecção e a segunda coluna, as coordenadas de intersecção.

Existem duas maneiras de proceder a uma análise típica. Um método é supor que a fadiga ocorre primeiro e usar uma das Equações (6–45) a (6–48) para determinar n ou magnitude, dependendo da tarefa. Mais frequentemente, fadiga é o modo de falha governante. Depois seguimos com uma verificação estática. Se a falha estática governar, então a análise é repetida usando a Equação (6–49).

Alternativamente, podem-se usar as tabelas. Determine a linha de carga e estabeleça o critério que a linha de carga intercepta primeiro, usando as equações correspondentes nas tabelas.

Alguns exemplos ajudarão a solidificar as ideias que acabamos de discutir.

Tabela 6–7 Amplitude e coordenadas estáveis de resistência e intersecções importantes no primeiro quadrante para os critérios de falha de Gerber e de Langer.

Equações de intersecção	Coordenadas da intersecção
$\dfrac{S_a}{S_e} + \left(\dfrac{S_m}{S_{ut}}\right)^2 = 1$	$S_a = \dfrac{r^2 S_{ut}^2}{2 S_e}\left[-1 + \sqrt{1 + \left(\dfrac{2 S_e}{r S_{ut}}\right)^2}\right]$
Linha de carregamento $r = \dfrac{S_a}{S_m}$	$S_m = \dfrac{S_a}{r}$
$\dfrac{S_a}{S_y} + \dfrac{S_m}{S_y} = 1$	$S_a = \dfrac{r S_y}{1 + r}$
Linha de carregamento $r = \dfrac{S_a}{S_m}$	$S_m = \dfrac{S_y}{1 + r}$
$\dfrac{S_a}{S_e} + \left(\dfrac{S_m}{S_{ut}}\right)^2 = 1$	$S_m = \dfrac{S_{ut}^2}{2 S_e}\left[1 - \sqrt{1 + \left(\dfrac{2 S_e}{S_{ut}}\right)^2\left(1 - \dfrac{S_y}{S_e}\right)}\right]$
$\dfrac{S_a}{S_y} + \dfrac{S_m}{S_y} = 1$	$S_a = S_y - S_m,\ r_{\text{crit}} = S_a / S_m$

Fator de segurança de fadiga

$$n_f = \dfrac{1}{2}\left(\dfrac{S_{ut}}{\sigma_m}\right)^2 \dfrac{\sigma_a}{S_e}\left[-1 + \sqrt{1 + \left(\dfrac{2\sigma_m S_e}{S_{ut}\sigma_a}\right)^2}\right] \quad \sigma_m > 0$$

Tabela 6–8 Amplitude e coordenadas estáveis de resistência e intersecções importantes no primeiro quadrante para os critérios de falha ASME-elíptico e de Langer.

Equações de intersecção	Coordenadas da intersecção
$\left(\dfrac{S_a}{S_e}\right)^2 + \left(\dfrac{S_m}{S_y}\right)^2 = 1$	$S_a = \sqrt{\dfrac{r^2 S_e^2 S_y^2}{S_e^2 + r^2 S_y^2}}$
Linha de carregamento $r = S_a/S_m$	$S_m = \dfrac{S_a}{r}$
$\dfrac{S_a}{S_y} + \dfrac{S_m}{S_y} = 1$	$S_a = \dfrac{r S_y}{1 + r}$
Linha de carregamento $r = S_a/S_m$	$S_m = \dfrac{S_y}{1 + r}$
$\left(\dfrac{S_a}{S_e}\right)^2 + \left(\dfrac{S_m}{S_y}\right)^2 = 1$	$S_a = 0,\ \dfrac{2 S_y S_e^2}{S_e^2 + S_y^2}$
$\dfrac{S_a}{S_y} + \dfrac{S_m}{S_y} = 1$	$S_m = S_y - S_a,\ r_{\text{crit}} = S_a/S_m$

Fator de segurança de fadiga

$$n_f = \sqrt{\dfrac{1}{(\sigma_a/S_e)^2 + (\sigma_m/S_y)^2}}$$

EXEMPLO 6–10 Uma barra de diâmetro de 40 mm foi usinada de uma barra de aço AISI 1050, repuxada a frio. Essa peça deve aguentar uma carga de tração flutuante variando de 0 a 70 kN. Por causa das extremidades e do raio de arredondamento, o fator de concentração de tensão de fadiga K_f é 1,85 para vida de 10^6 ou maior. Encontre S_a e S_m e o fator de segurança que resguarde de fadiga e escoamento de primeiro ciclo, usando (a) a linha de fadiga de Gerber e (b) linha de fadiga ASME-elíptica.

Solução Começamos com algumas preliminares. Da Tabela A–20, S_{ut} = 690MPa e S_y = 580MPa. Note que $F_a = F_m$ = 35kN. Os fatores de Marin são, deterministicamente,

$k_a = 4,51(690)^{-0,265} = 0,798$: Equação (6–19), Tabela 6–2, p. 291
$k_b = 1$ (carregamento axial, ver k_c)
$k_c = 0,85$: Equação (6–26), p. 285
$k_d = k_e = k_f = 1$
$S_e = 0,798(1)0,850(1)(1)(1)0,5(690) = 234$ MPa: Equações (6–8), (6–18), p. 285, p. 334

As componentes nominais de tensão normal σ_{ao} e σ_{mo} são

$$\sigma_{ao} = \frac{4F_a}{\pi d^2} = \frac{4(35000)}{\pi\, 0,04^2} = 27,9 \text{ MPa} \qquad \sigma_{mo} = \frac{4F_m}{\pi d^2} = \frac{4(35000)}{\pi\, 0,04^2} = 27,9 \text{ MPa}$$

Aplicar K_f a ambos os componentes σ_{ao} e σ_{mo} constitui uma prescrição de nenhum escoamento de entalhe:

$$\sigma_a = K_f \sigma_{ao} = 1,85(27,9) = 51,6 \text{ MPa} = \sigma_m$$

(a) Vamos primeiro calcular os fatores de segurança. Do painel inferior da Tabela 6–7, o fator de segurança de fadiga é

Resposta
$$n_f = \frac{1}{2}\left(\frac{690}{51,6}\right)^2 \left(\frac{51,6}{234}\right) \left\{-1 + \sqrt{1 + \left[\frac{2(51,6)234}{690(51,6)}\right]^2}\right\} = 4,11$$

Da Equação (6–49) o fator de segurança, resguardando contra o escoamento de primeiro ciclo, é

Resposta
$$n_y = \frac{S_y}{\sigma_a + \sigma_m} = \frac{580}{51,6 + 51,6} = 5,62$$

Assim, vemos que a fadiga ocorrerá primeiro e o fator de segurança é 4,13. Isso pode ser visto na Figura 6–28, na qual a linha de carregamento intercepta primeiro a curva de fadiga de Gerber no ponto B. Se os traçados fossem criados em escala verdadeira, seria visto que $n_f = OB/OA$.

Do primeiro painel da Tabela 6–7, $r = \sigma_a/\sigma_m = 1$,

Resposta
$$S_a = \frac{(1)^2 690^2}{2(234)} \left\{-1 + \sqrt{1 + \left[\frac{2(234)}{(1)690}\right]^2}\right\} = 211,9 \text{ MPa}$$

Resposta
$$S_m = \frac{S_a}{r} = \frac{211,9}{1} = 211,9 \text{ MPa}$$

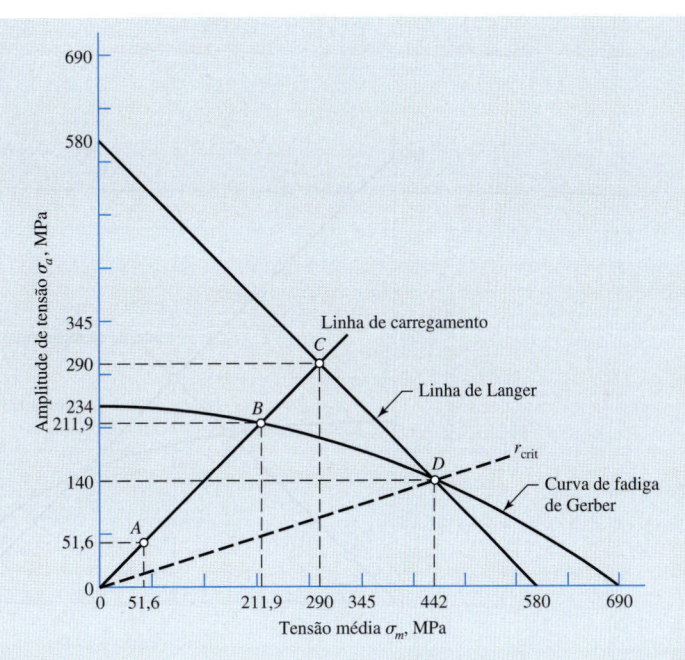

Figura 6–28 Pontos principais A, B, C e D no diagrama desenhado para Gerber, Langer e linha de carga.

Como uma verificação no resultado prévio, $n_f = OB/OA - S_a/\sigma_a = S_m/\sigma_m = 211,9/51,6 = 4,12$ e observamos concordância total.

Poderíamos ter detectado que a falha por fadiga ocorreria primeiro sem desenhar a Figura 6–28 calculando r_{crit}. A partir do terceiro painel-linha, segunda coluna da Tabela 6–7, o ponto de intersecção entre fadiga e escoamento de primeiro ciclo é

$$S_m = \frac{690^2}{2(234)} \left[1 - \sqrt{1 + \left(\frac{2(234)}{690}\right)^2 \left(1 - \frac{580}{234}\right)} \right] = 442 \text{ MPa}$$

$$S_a = S_y - S_m = 580 - 442 = 138 \text{ MPa}$$

A inclinação crítica é, portanto,

$$r_{crit} = \frac{S_a}{S_m} = \frac{138}{442} = 0,312$$

que é menor que a da linha de carregamento real de $r = 1$. Isso indica que a fadiga ocorre antes do escoamento de primeiro ciclo.

(*b*) Repetindo o mesmo procedimento para a linha ASME-elíptica, para fadiga

Resposta
$$n_f = \sqrt{\frac{1}{(51,6/234)^2 + (51,6/580)^2}} = 4,21$$

Uma vez mais, esse é menor que $n_y = 5,62$ e prevê que a fadiga ocorra primeiro. Do primeiro painel-linha, segunda coluna da Tabela 6–8, com $r = 1$, obtemos as coordenadas S_a e S_m do ponto B na Figura 6–29 como

Resposta
$$S_a = \sqrt{\frac{(1)^2 234^2 (580)^2}{234^2 + (1)^2 580^2}} = 217 \text{ MPa}, \quad S_m = \frac{S_a}{r} = \frac{217}{1} = 217 \text{ MPa}$$

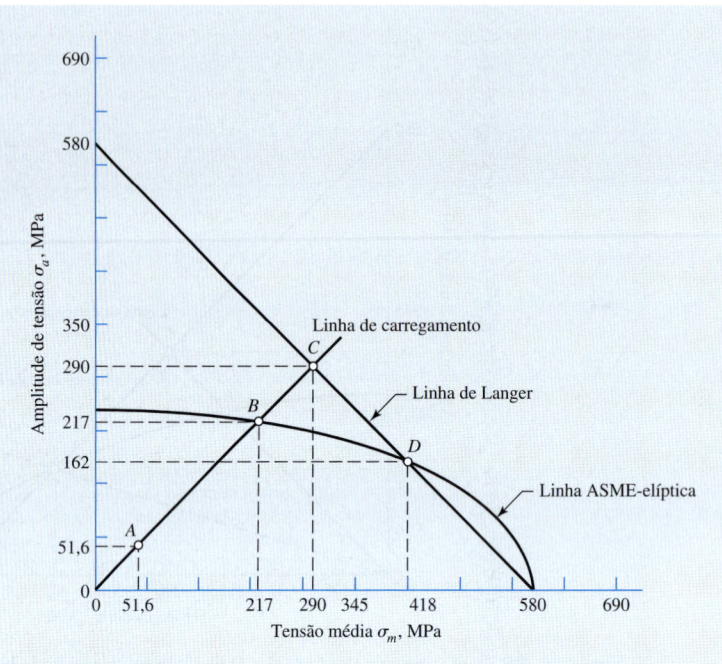

Figura 6–29 Pontos principais A, B, C e D no diagrama desenhado para ASME-elíptico, Langer e linha de carregamento.

Para verificarmos o fator de segurança de fadiga, $n_f = S_a/\sigma_a = 217/51{,}6 = 4{,}21$

Como antes, vamos calcular r_{crit}. Do terceiro painel-linha, segunda coluna da Tabela 6–8

$$S_a = \frac{2(580)234^2}{234^2 + 580^2} = 162 \text{ MPa}, \quad S_m = S_y - S_a = 580 - 162 = 418 \text{ MPa}$$

$$r_{crit} = \frac{S_a}{S_m} = \frac{162}{418} = 0{,}388$$

que novamente é menor que $r = 1$, verificando que a fadiga ocorre primeiro com $n_f = 4{,}21$.

Os critérios de falha por fadiga de Gerber e ASME-elíptico são muito próximos um do outro e são usados de modo intercambiável. A norma ANSI/ASME B106.1M–1985 usa o ASME-elíptico para eixos.

EXEMPLO 6–11

Uma mola de chapa plana é usada para reter um seguidor oscilante de face plana em contato com um came de chapa. O intervalo de movimento do seguidor é de 50 mm e fixo, logo, a componente alternante de força, momento flexor, e tensão estão fixas também. A mola é pré-carregada para se ajustar a várias velocidades do came. A pré-carga deve ser aumentada para prevenir flutuação ou salto do seguidor. Para velocidades baixas a pré-carga deve ser decrescida para obter uma vida mais longa das superfícies do came e do seguidor. A mola é uma viga de aço em balanço com 0,8 m de comprimento, 50 mm de largura e 6 mm de espessura, como vista na Figura 6–30a. As resistências da mola são $S_{ut} = 1000$ MPa, $S_y = 880$ MPa e $S_e = 195$ MPa completamente corrigida. O movimento total do came é 50 mm. O projetista pré-carrega a mola, defletindo-a 50 mm para baixa velocidade e 125 mm para alta velocidade.

(a) Trace as linhas de falha Gerber-Langer com a linha de carga.

(b) Quais são os fatores de segurança da resistência correspondentes à pré-carga de 50 mm e de 125 mm?

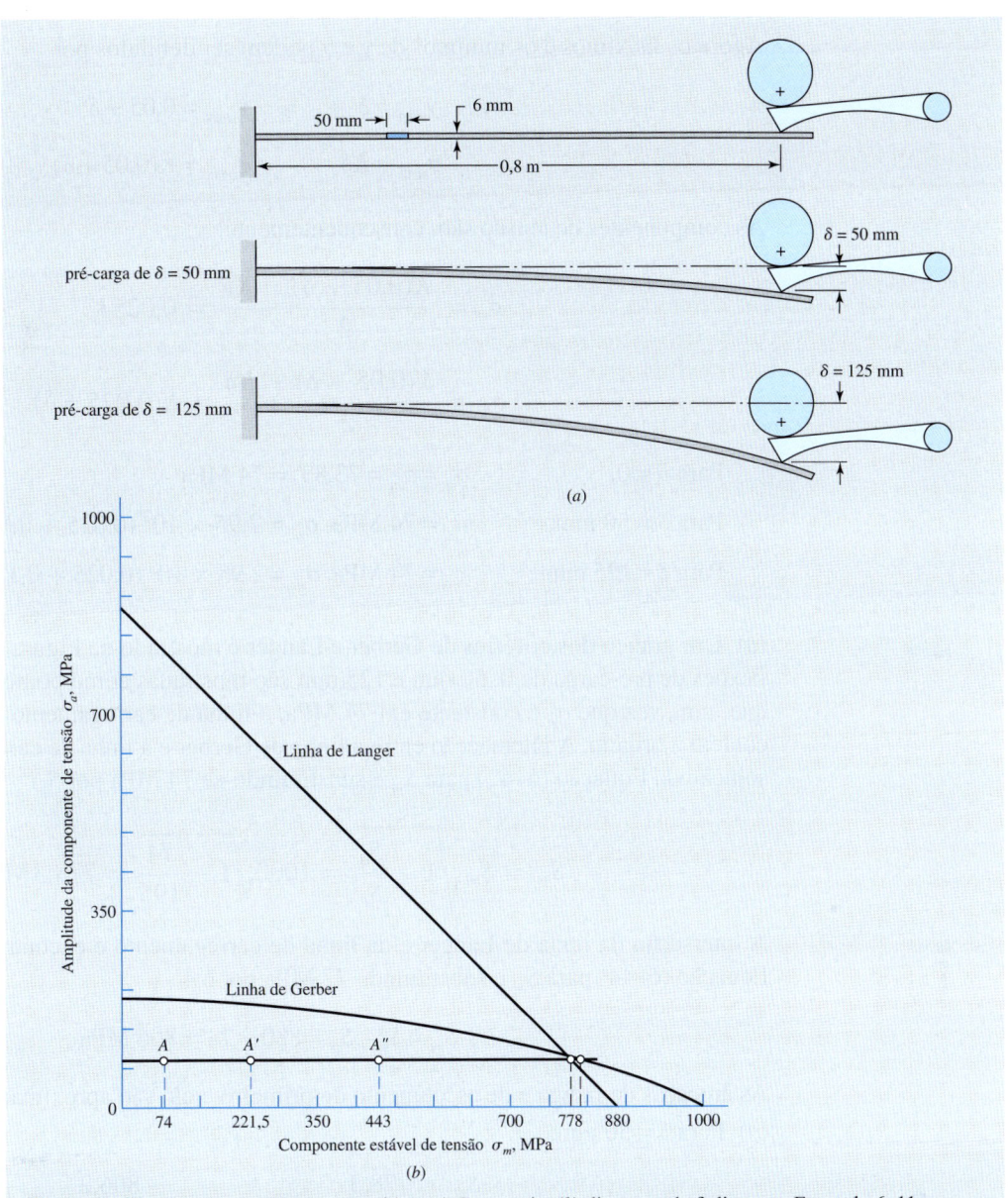

Figura 6–30 Mola retendo came e seguidor. (a) Geometria; (b) diagrama de fadiga para Exemplo 6–11.

Solução Preliminarmente, o segundo momento de área da seção transversal da viga em balanço é

$$I = \frac{bh^3}{12} = \frac{0,05(0,006)^3}{12} = 0,9 + 10^{-9} \text{ m}^4$$

Visto que, na Tabela A–9, a viga 1, a força F e a deflexão y em uma viga em balanço são relacionadas por $F = 3EIy/l^3$, então a tensão σ e a deflexão y estão relacionadas por

$$\sigma = \frac{Mc}{I} = \frac{0,8Fc}{I} = \frac{0,8(3EIy)}{l^3}\frac{c}{I} = \frac{2,4Ecy}{l^3} = Ky$$

em que $K = \dfrac{2,4Ec}{l^3} = \dfrac{2,4(210 \times 10^9)(0,003)}{0,8^3} = 2,95$ GPa/m

Agora os máximos e os mínimos de y e σ podem ser definidos por

$$y_{min} = \delta \qquad y_{max} = 0{,}05 + \delta$$
$$\sigma_{min} = K\delta \qquad \sigma_{max} = K(0{,}05 + \delta)$$

As componentes de tensão são, consequentemente,

$$\sigma_a = \frac{K(0{,}05 + \delta) - K\delta}{2} = 0{,}025K$$

$$\sigma_m = \frac{K(0{,}05 + \delta) + K\delta}{2} = K(0{,}025 + \delta)$$

Para $\delta = 0$, $\qquad \sigma_a = \sigma_m = 73{,}83 = 74$ MPa

Para $\delta = 50$ mm, $\qquad \sigma_a = 74$ MPa, $\sigma_m = 2{,}95 \times 10^3 (0{,}025 + 0{,}05) = 221{,}5$ MPa

Para $\delta = 125$ mm, $\qquad \sigma_a = 74$ MPa, $\sigma_m = 2{,}95 \times 10^3 (0{,}025 + 0{,}125) = 442{,}97$ MPa

(a) Um gráfico dos critérios de Gerber e Langer é mostrado na Figura 6–30b. As três deflexões de pré-carga de 0, 50 mm e 125 mm são mostradas como pontos A, A', e A''. Note que, uma vez que σ_a é constante em 74 MPa, a linha de carregamento é horizontal e não contém a origem. A intersecção entre a linha de Gerber e a linha de carga é encontrada na solução da Equação (6–42) para S_m e substituindo-se 74 MPa por S_a:

$$S_m = S_{ut}\sqrt{1 - \frac{S_a}{S_e}} = 1000\sqrt{1 - \frac{74}{195}} = 778{,}3 \text{ MPa}$$

A interseção da linha de Langer e da linha de carregamento é encontrada na solução da Equação (6–44) para S_m e substituindo 77 MPa por S_a:

$$S_m = S_y - S_a = 880 - 74 = 806 \text{ MPa}$$

As ameaças de fadiga e de escoamento de primeiro ciclo são aproximadamente iguais.
(a) Para $\delta = 50$ mm,

Resposta
$$n_f = \frac{S_m}{\sigma_m} = \frac{778{,}3}{221{,}5} = 3{,}56 \qquad n_y = \frac{806{,}2}{221{,}5} = 3{,}64$$

e para $\delta = 125$ mm,

Resposta
$$n_f = \frac{778{,}3}{443} = 1{,}78 \qquad n_y = \frac{806{,}2}{443} = 1{,}82$$

EXEMPLO 6–12 Uma barra de aço sofre carregamento cíclico tal que $\sigma_{max} = 420$ MPa e $\sigma_{min} = -140$ MPa. Para o material, $S_{ut} = 560$ MPa, $S_y = 455$ MPa, um limite de endurança completamente corrigido de $S_e = 280$ MPa e $f = 0{,}9$. Calcule o número de ciclos para uma falha por fadiga usando:
(a) O critério de Goodman modificado.
(b) O critério de Gerber.

Solução Com base nas tensões dadas

$$\sigma_a = \frac{60 - (-20)}{2} = 40 \text{ kpsi} \qquad \sigma_m = \frac{60 + (-20)}{2} = 20 \text{ kpsi}$$

(a) Para o critério de Goodman modificado, conforme a Equação (6–46), o fator de segurança à fadiga baseado em vida infinita é

$$n_f = \frac{1}{\dfrac{\sigma_a}{S_e} + \dfrac{\sigma_m}{S_{ut}}} = \frac{1}{\dfrac{40}{40} + \dfrac{20}{80}} = 0{,}8$$

Isto indica que uma vida finita é prevista. O diagrama S-N é aplicável apenas para tensões completamente alternadas. Para estimar a vida útil para uma tensão flutuante, obteremos uma tensão equivalente completamente alternada, que se espera que seja tão nociva quanto a tensão flutuante real. Uma abordagem usual é assumir, uma vez que a linha do critério de Goodman modificado representa todas as situações de tensão com vida constante de 10^6 ciclos, que outras linhas de vida constante podem ser geradas, estabelecendo uma linha que passa por (S_{ut}, 0) e pelo ponto (σ_m, σ_a) de tensão flutuante. O ponto onde esta linha intercepta o eixo de σ_a representa uma tensão completamente alternada (uma vez que neste ponto $\sigma_m = 0$), que indica a mesma vida útil que a tensão flutuante. Esta tensão completamente alternada pode ser obtida substituindo S_e por σ_{rev} na Equação (6–46) para a linha do critério de Goodman modificado, resultando em

$$\sigma_{rev} = \frac{\sigma_a}{1 - \dfrac{\sigma_m}{S_{ut}}} = \frac{40}{1 - \dfrac{20}{80}} = 53{,}3 \text{ kpsi}$$

Das propriedades do material, Equações (6–14) a (6–16), p. 335, temos

$$a = \frac{(fS_{ut})^2}{S_e} = \frac{[0{,}9(80)]^2}{40} = 129{,}6 \text{ kpsi}$$

$$b = -\frac{1}{3}\log\left(\frac{fS_{ut}}{S_e}\right) = -\frac{1}{3}\log\left[\frac{0{,}9(80)}{40}\right] = -0{,}0851 \qquad (1)$$

$$N = \left(\frac{\sigma_{rev}}{a}\right)^{1/b} = \left(\frac{\sigma_{rev}}{129{,}6}\right)^{-1/0{,}0851}$$

Substituindo σ_{rev} Equação (1), encontramos

Resposta

$$N = \left(\frac{53{,}3}{129{,}6}\right)^{-1/0{,}0851} = 3{,}4(10^4) \text{ ciclos}$$

(b) Para Gerber, similar à parte (a), da Equação (6–47),

$$\sigma_{rev} = \frac{\sigma_a}{1 - \left(\dfrac{\sigma_m}{S_{ut}}\right)^2} = \frac{40}{1 - \left(\dfrac{20}{80}\right)^2} = 42{,}7 \text{ kpsi}$$

> Novamente, da Equação (1)
>
> $$N = \left(\frac{42,7}{129,6}\right)^{-1/0,0851} = 4,6(10^5) \text{ ciclos}$$
>
> **Resposta**
>
> Comparando as respostas, vemos uma grande diferença nos resultados. Novamente, o critério de Goodman modificado é conservativo quando comparado ao de Gerber, para o qual a diferença moderada em S_f é, magnificada por uma relação logarítmica S, N.

Para muitos materiais *frágeis*, os critérios de falha por fadiga do primeiro quadrante seguem um lugar geométrico (locus) de Smith-Dolan, representado por

$$\frac{S_a}{S_e} = \frac{1 - S_m/S_{ut}}{1 + S_m/S_{ut}} \qquad (6\text{-}50)$$

ou como uma equação de projeto

$$\frac{n\sigma_a}{S_e} = \frac{1 - n\sigma_m/S_{ut}}{1 + n\sigma_m/S_{ut}} \qquad (6\text{-}51)$$

Para uma linha de carga radial de inclinação r, substituímos S_a/r por S_m na Equação (6–50) e resolvemos para S_a, obtendo a intersecção

$$S_a = \frac{rS_{ut} + S_e}{2}\left[-1 + \sqrt{1 + \frac{4rS_{ut}S_e}{(rS_{ut} + S_e)^2}}\right] \qquad (6\text{-}52)$$

O diagrama de fadiga para um material frágil difere marcadamente daquele de um material dúctil porque:

- O escoamento não entra em questão, visto que o material pode não ter uma resistência ao escoamento.
- Como característica, a resistência última à compressão excede a resistência última à tração diversas vezes.
- O lugar geométrico da falha por fadiga do primeiro quadrante é côncavo para cima (Smith-Dolan), por exemplo, e tão plano quanto Goodman. Materiais frágeis são mais sensíveis à tensão média, que é diminuída, mas as tensões médias de compressão são benéficas.
- Não há investigação sobre a fadiga frágil suficiente para descobrir generalidades intrínsecas, assim ficamos no primeiro e em um pouco do segundo quadrante.

O domínio mais provável de uso do projeto está no intervalo de $-S_{ut} \leq \sigma_m \leq S_{ut}$. O lugar geométrico no primeiro quadrante é Goodman, Smith-Dolan, ou algo intermediário. A porção do segundo quadrante usada é representada por uma linha reta entre os pontos $-S_{ut}$, S_{ut} e 0, S_e, que tem a equação

$$S_a = S_e + \left(\frac{S_e}{S_{ut}} - 1\right)S_m \qquad -S_{ut} \leq S_m \leq 0 \qquad \text{(para ferro fundido)} \qquad (6\text{-}53)$$

A Tabela A–24 mostra as propriedades do ferro fundido cinza. O limite de endurança declarado é realmente $k_a k_b S'_e$ e somente as correções k_c, k_d, k_e e k_f necessitam ser feitas. O k_c médio para carregamento axial e torcional é 0,9.

EXEMPLO 6–13 Um ferro fundido cinza de grau 30 é submetido a uma carga F aplicada em um conector de seção transversal de 25 mm por 10 mm, com um orifício de 6 mm de diâmetro furado no centro, como está representado na Figura 6–31a. As superfícies são usinadas. Nas proximidades do orifício, qual é o fator de segurança que resguarda de falha sob as seguintes condições:

(a) A carga $F = 4\,500$ N de tração, estável.

(b) A carga é 4 500 N aplicada, repetidamente.

(c) A carga flutua entre $-4\,500$ N e 1 300 N sem ação de coluna.

Use o lugar geométrico de fadiga de Smith-Dolan.

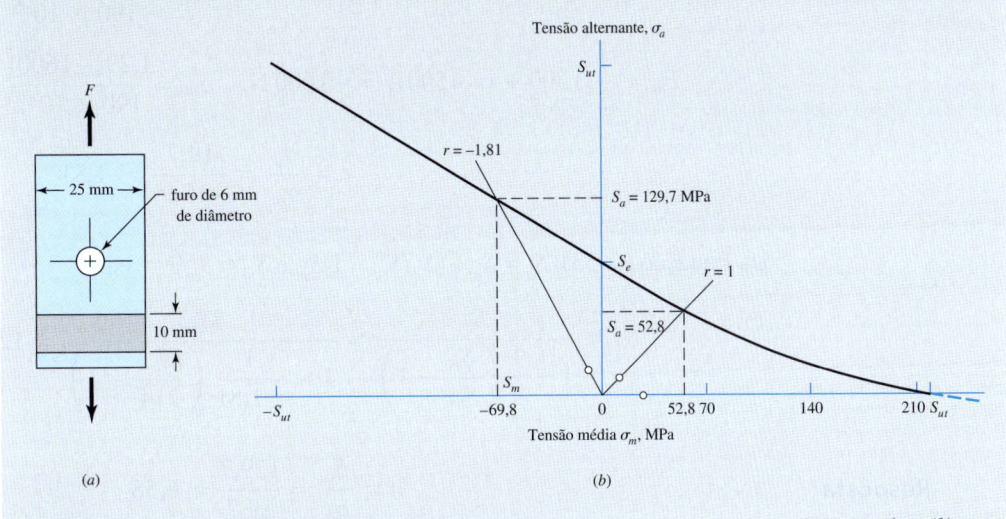

Figura 6–31 A peça de ferro fundido de grau 30 em fadiga axial com (a) sua geometria mostrada e (b) seu diagrama de fadiga do projeto para as circunstâncias do Exemplo 6–13.

Solução Algum trabalho preparatório é necessário. Da Tabela A–24, $S_{ut} = 214$ MPa, $S_{uc} = 752$ MPa, $k_a k_b S'_e = 97$ MPa. Visto que k_c para carregamento axial é 0,9, então $S_e = (k_a k_b S'_e)k_c = 97(0,9) = 87,3$ MPa. Da Tabela A-15-1, $A = t(w - d) = 0,01(0,025 - 0,006) = 190 \times 10^{-6}$ m², $d/w = 6/25 = 0,24$, e $K_t = 2,45$. A sensitividade de entalhe para o ferro fundido é 0,20 (ver p. 300), assim

$$K_f = 1 + q(K_t - 1) = 1 + 0,20(2,45 - 1) = 1,29$$

(a) $\quad \sigma_a = \dfrac{K_f F_a}{A} = \dfrac{1,29(0)}{A} = 0 \qquad \sigma_m = \dfrac{K_f F_m}{A} = \dfrac{1,29(4500)}{190 \times 10^{-6}} = 30,6$ MPa

e

Resposta $$n = \dfrac{S_{ut}}{\sigma_m} = \dfrac{214}{30,6} = 6,99$$

(b) $$F_a = F_m = \dfrac{F}{2} = \dfrac{4500}{2} = 2250 \text{ N}$$

$$\sigma_a = \sigma_m = \dfrac{K_f F_a}{A} = \dfrac{1,29(2250)}{190 \times 10^{-6}} = 15,3 \text{ MPa}$$

$$r = \dfrac{\sigma_a}{\sigma_m} = 1$$

Da Equação (6–52),

$$S_a = \frac{(1)31 + 12{,}6}{2}\left[-1 + \sqrt{1 + \frac{4(1)214(87{,}3)}{[(1)214 + 87{,}3]^2}}\right] = 52{,}8 \text{ MPa}$$

Resposta

$$n = \frac{S_a}{\sigma_a} = \frac{52{,}8}{15{,}3} = 3{,}45$$

(c) $\quad F_a = \frac{1}{2}|1300 - (-4500)| = 2900 \text{ N} \quad \sigma_a = \frac{1{,}29(2900)}{190 \times 10^{-6}} = 19{,}7 \text{ MPa}$

$\quad F_m = \frac{1}{2}[1300 + (-4500)] = -1600 \text{ N} \quad \sigma_m = \frac{1{,}29(-1600)}{190 \times 10^{-6}} = -10{,}9 \text{ MPa}$

$$r = \frac{\sigma_a}{\sigma_m} = \frac{19{,}7}{-10{,}9} = -1{,}81$$

Da Equação (6–53), $S_a = S_e + (S_e/S_{ut} - 1)S_m$ e $S_m = S_a/r$. Assim,

$$S_a = \frac{S_e}{1 - \frac{1}{r}\left(\frac{S_e}{S_{ut}} - 1\right)} = \frac{87{,}3}{1 - \frac{1}{-1{,}81}\left(\frac{87{,}3}{214} - 1\right)} = 129{,}7 \text{ MPa}$$

Resposta

$$n = \frac{S_a}{\sigma_a} = \frac{129{,}7}{19{,}7} = 6{,}58$$

A Figura 6–31b mostra a porção do diagrama de fadiga que foi construída.

6–13 Resistência à fadiga torcional sob tensões flutuantes

Ensaios extensivos realizados por Smith[23] forneceram alguns resultados muito interessantes sobre fadiga torcional pulsante. O primeiro resultado de Smith, baseado em 72 ensaios, mostra que a existência de uma componente de tensão torcional estável, não maior que a resistência ao escoamento torcional, não tem efeito algum no limite de endurança torcional, contanto que o material seja *dúctil, polido, sem entalhe* e *cilíndrico*.

O segundo resultado de Smith aplica-se a materiais com concentração de tensão, entalhes ou imperfeições superficiais. Nesse caso, ele descobre que o limite de endurança torcional decresce sem variação com a tensão torcional estável. Visto que a grande maioria das peças terá superfícies que não são perfeitas, esse resultado indica que Gerber, ASME-elíptico e outras aproximações são úteis. Joerres do Associated Spring-Barnes Group confirma os resultados de Smith e recomenda o uso da relação de Goodman modificado para torção pulsante. Ao construir o diagrama de Goodman, Joerres usa

$$S_{su} = 0{,}67\, S_{ut} \tag{6–54}$$

---

[23] James O. Smith, "The Effect of Range of Stress on the Fatigue Strength of Matels", *Univ. of Ill. Eng. Exp. Sta. Bull*, 334, 1942.

Também, do Capítulo 5, $S_{sy} = 0{,}577 S_{yt}$, com base na teoria de energia de distorção, e o fator de carga médio k_c é dado pela Equação (6–26), ou 0,577. Isso será discutido mais adiante no Capítulo 10.

6–14 Combinação de modos de carregamento

Pode ser útil pensar a respeito dos problemas de fadiga como três categorias:

- Carregamentos simples completamente reversos.
- Carregamentos simples flutuantes.
- *Combinação de modos de carregamento*.

A categoria mais simples é a de uma tensão singela completamente reversa que é manipulada com o diagrama *S-N*, relacionando a tensão alternante a uma vida. Somente um tipo de carregamento é permitido aqui, e a tensão média deve ser zero. A próxima categoria incorpora carregamentos flutuantes gerais, usando um critério para relacionar as tensões média e alternante (Goodman modificado, ASME-elíptico, ou Soderberg). Novamente, somente *um* tipo de carregamento é permitido em um instante. A terceira categoria, que desenvolveremos nesta seção, envolve casos em que existem combinações de diferentes tipos de carregamento, tais como flexional, torcional e axial combinados.

Na Seção 6–9 aprendemos que um fator de carga k_c é usado para obter o limite de fadiga e, daí, o resultado depende se o carregamento é axial, flexional ou torcional. Nesta seção queremos responder à questão "Como procedemos quando o carregamento for uma *mistura* de, digamos, cargas axiais, flexionais e torcionais?". Esse tipo de carregamento introduz algumas complicações em que podem agora existir tensões normais e cisalhantes combinadas, cada uma com valores alternantes e médios, e vários dos fatores usados na determinação do limite de endurança dependem do tipo de carregamento. Também podem existir múltiplos fatores de concentração de tensão, um para cada modo de carregamento. O problema de como tratar tensões combinadas foi encontrado no desenvolvimento de teorias de falha estática. A teoria de falha da energia de distorção provou ser um método satisfatório de combinar as múltiplas tensões sobre um elemento de tensão em uma tensão simples (singela) equivalente de von Mises.

O primeiro passo é gerar *dois* elementos de tensão — um para tensões alternantes e um para tensões médias. Aplicar os fatores de concentração de tensão de fadiga apropriados a cada uma das tensões; isto é, aplicar $(K_f)_{\text{flexão}}$ para tensões de flexão, $(K_{fs})_{\text{torção}}$ para as tensões de torção, e $(K_f)_{\text{axial}}$ para tensões axiais. A seguir, calcular uma tensão equivalente de von Mises para cada um desses dois elementos de tensão, σ'_a e σ'_m. Finalmente, selecionar um critério de falha por fadiga (Goodman modificado, Gerber, ASME-elíptico ou Soderberg) para completar a análise da fadiga. Para o limite de endurança, S_e, use os modificadores do limite de endurança k_a, k_b e k_c, para flexão. O fator de carga torcional, $k_c = 0{,}59$, não deve ser aplicado visto que ele já está considerado no cálculo da tensão de von Mises (ver nota de rodapé 17 na p. 293). O fator de carga para carga axial pode ser considerado ao dividir a tensão axial alternante pelo fator de carga axial de 0,85. Por exemplo, considere o caso comum de um eixo com tensões de flexão, de cisalhamento torcional e axiais. Para esse caso, a tensão de von Mises é da forma $\sigma' = (\sigma_x^2 + 3\tau_{xy}^2)^{1/2}$. Considerando que as tensões flexionais, torcionais e axiais têm componentes alternantes e médias, as tensões de von Mises para os dois elementos de tensão podem ser escritas como

$$\sigma'_a = \left\{ \left[(K_f)_{\text{flexão}} (\sigma_a)_{\text{flexão}} + (K_f)_{\text{axial}} \frac{(\sigma_a)_{\text{axial}}}{0{,}85} \right]^2 + 3 \left[(K_{fs})_{\text{torção}} (\tau_a)_{\text{torção}} \right]^2 \right\}^{1/2} \quad (6\text{–}55)$$

$$\sigma'_m = \left\{ \left[(K_f)_{\text{flexão}} (\sigma_m)_{\text{flexão}} + (K_f)_{\text{axial}} (\sigma_m)_{\text{axial}} \right]^2 + 3 \left[(K_{fs})_{\text{torção}} (\tau_m)_{\text{torção}} \right]^2 \right\}^{1/2} \quad (6\text{–}56)$$

Para o escoamento localizado de primeiro ciclo, a tensão máxima de von Mises é calculada. Isso seria feito primeiro adicionando-se as tensões alternantes e médias, flexionais e axiais para obter σ_{max} e adicionando as tensões alternantes e médias cisalhantes para obter τ_{max}. Depois substitua σ_{max} e τ_{max} na equação para a tensão de von Mises. Um método mais simples e mais conservativo é adicionar a Equação (6–55) e a Equação (6–56), isto é, fazer $\sigma'_{max} \approx \sigma'_a + \sigma'_m$.

Se as componentes de tensão não estão em fase, mas têm a mesma frequência, a componente máxima pode ser encontrada expressando cada componente em termos trigonométricos, utilizando ângulos de fase e depois somando. Se duas ou mais componentes de tensão têm frequência diferentes, o problema fica difícil; uma solução é supor que as componentes normalmente alcançam uma condição em fase, de modo que suas magnitudes possam ser adicionadas.

EXEMPLO 6–14

Um eixo rotativo é feito de tubo de aço AISI 1018 de 42 mm × 4 mm estirado a frio e tem um orifício de 6 mm furado transversalmente em relação a si. Calcule o fator de segurança que resguarde de fadiga e falhas estáticas, usando os critérios de falha de Gerber e Langer para as seguintes condições de carregamento:

(a) O eixo está rotacionando e está sujeito a um torque completamente reverso de 120 N·m em fase com um momento flexor completamente reverso de 150 N·m.

(b) O eixo está sujeito a um torque pulsante que flutua de 20 N·m a 160 N·m e um momento flexor estável de 150 N·m.

Solução

Aqui seguimos o procedimento de estimar as resistências e as tensões, e a relação entre ambas.

Da Tabela A–20 encontramos as resistências mínimas $S_{ut} = 440$ MPa e $S_y = 370$ MPa. O limite de endurança do espécime da viga rotativa é 0,5(440) = 220 MPa. O fator de superfície, obtido da Equação (6–19) e da Tabela 6–2, p. 334, é

$$k_a = 4,51 S_{ut}^{-0,265} = 4,51(440)^{-0,265} = 0,899$$

Da Equação (6–20) o fator de tamanho é

$$k_b = \left(\frac{d}{7,62}\right)^{-0,107} = \left(\frac{42}{7,62}\right)^{-0,107} = 0,833$$

Os demais fatores de Marin são todos unitários, assim a resistência à fadiga modificada S_e é

$$S_e = 0,899(0,833)220 = 165 \text{ MPa}$$

(a) Fatores de concentração de tensão teóricos são encontrados na Tabela A–16. Usando $a/D = 6/42 = 0,143$ e $d/D = 34/42 = 0,810$, e interpolação linear, obtemos $A = 0,798$ e $K_t = 2,366$ para flexão; e $A = 0,89$ e $K_{ts} = 1,75$ para torção. Assim, para flexão,

$$Z_{net} = \frac{\pi A}{32 D}(D^4 - d^4) = \frac{\pi(0,798)}{32(42)}[(42)^4 - (34)^4] = 3,31\,(10^3) \text{mm}^3$$

e para torção

$$J_{net} = \frac{\pi A}{32}(D^4 - d^4) = \frac{\pi(0,89)}{32}[(42)^4 - (34)^4] = 155\,(10^3)\text{mm}^4$$

A seguir, usando as Figuras 6–20 e 6–21, p. 299, com um raio de entalhe de 3 mm, encontramos as sensitividades de entalhe 0,78 para flexão e 0,96 para torção. Os dois fatores de concentração de tensão de fadiga correspondentes são obtidos da Equação (6–32)

$$K_f = 1 + q(K_t - 1) = 1 + 0{,}78(2{,}366 - 1) = 2{,}07$$

$$K_{fs} = 1 + 0{,}96(1{,}75 - 1) = 1{,}72$$

A tensão de flexão alternante encontrada é

$$\sigma_{xa} = K_f \frac{M}{Z_{\text{net}}} = 2{,}07 \frac{150}{3{,}31(10^{-6})} = 93{,}8(10^6)\text{Pa} = 93{,}8 \text{ MPa}$$

e a tensão torcional alternante é

$$\tau_{xya} = K_{fs} \frac{TD}{2J_{\text{net}}} = 1{,}72 \frac{120(42)(10^{-3})}{2(155)(10^{-9})} = 28{,}0(10^6)\text{Pa} = 28{,}0 \text{ MPa}$$

A componente média de von Mises σ'_m é zero. A componente alternante σ'_a é

$$\sigma'_a = \left(\sigma_{xa}^2 + 3\tau_{xya}^2\right)^{1/2} = [93{,}8^2 + 3(28^2)]^{1/2} = 105{,}6 \text{ MPa}$$

Visto que $S_a = S_e$, o fator de segurança de fadiga n_f é

Resposta
$$n_f = \frac{S_a}{\sigma'_a} = \frac{165}{105{,}6} = 1{,}56$$

O fator de segurança de escoamento de primeiro ciclo é

Resposta
$$n_y = \frac{S_y}{\sigma'_a} = \frac{370}{105{,}6} = 3{,}50$$

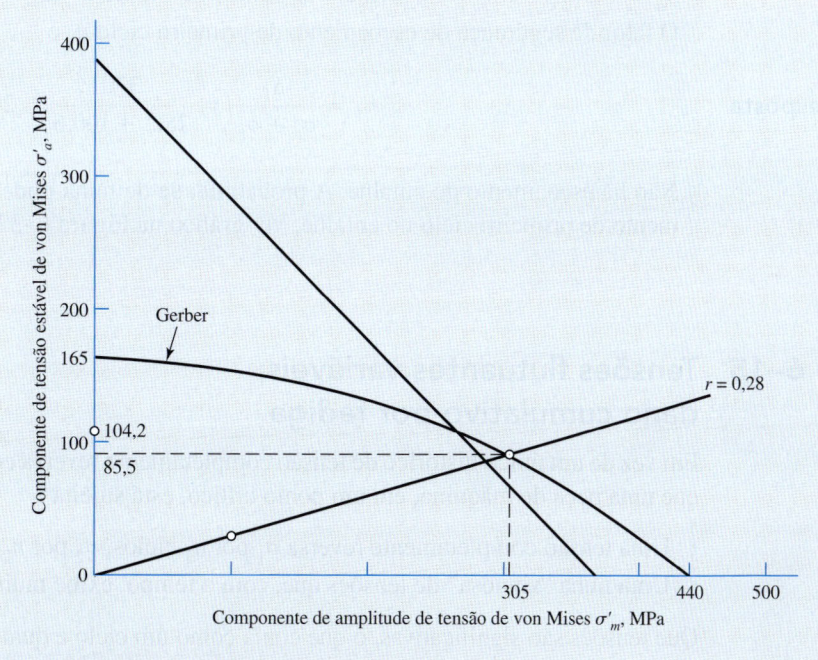

Figura 6–32 Diagrama de fadiga para o Exemplo 6–14.

Não existe escoamento localizado; a ameaça é de fadiga. Ver Figura 6–32.

(b) Nesta parte esperamos encontrar os fatores de segurança quando a componente alternante é devida à torção pulsante, e uma componente estável é devida à torção e à flexão. Temos $T_a = (160 - 20)/2 = 70$ N·m e $T_m = (160 + 20)/2 = 90$ N·m. As correspondentes componentes, estável e de amplitude da tensão, são

$$\tau_{xya} = K_{fs}\frac{T_a D}{2J_{net}} = 1{,}72\frac{70(42)(10^{-3})}{2(155)(10^{-9})} = 16{,}3(10^6)\text{Pa} = 16{,}3 \text{ MPa}$$

$$\tau_{xym} = K_{fs}\frac{T_m D}{2J_{net}} = 1{,}72\frac{90(42)(10^{-3})}{2(155)(10^{-9})} = 21{,}0(10^6)\text{Pa} = 21{,}0 \text{ MPa}$$

A componente estável da tensão de flexão σ_m é

$$\sigma_{xm} = K_f\frac{M_m}{Z_{net}} = 2{,}07\frac{150}{3{,}31(10^{-6})} = 93{,}8(10^6)\text{Pa} = 93{,}8 \text{ MPa}$$

As componentes de von Mises σ_a' e σ_m' são

$$\sigma_a' = [3(16{,}3)^2]^{1/2} = 28{,}2 \text{ MPa}$$

$$\sigma_m' = [93{,}8^2 + 3(21)^2]^{1/2} = 100{,}6 \text{ MPa}$$

Com base na Tabela 6–7, p. 311, o fator de segurança de fadiga é

Resposta
$$n_f = \frac{1}{2}\left(\frac{440}{100{,}6}\right)^2\frac{28{,}2}{165}\left\{-1 + \sqrt{1 + \left[\frac{2(100{,}6)165}{440(28{,}2)}\right]^2}\right\} = 2{,}74$$

Com base na mesma tabela, com $r = \sigma_a'/\sigma_m'$, as resistências podem ser mostradas como $S_a = 85{,}5$ MPa e $S_m = 305$ MPa. Ver gráfico da Figura 6–32.

O fator de segurança de escoamento de primeiro ciclo n_y é

Resposta
$$n_y = \frac{S_y}{\sigma_a' + \sigma_m'} = \frac{370}{28{,}2 + 100{,}6} = 2{,}87$$

Não há escoamento de entalhe. A probabilidade de falha pode inicialmente vir de escoamento de primeiro ciclo no entalhe. Ver gráfico na Figura 6–32.

6–15 Tensões flutuantes variáveis; dano cumulativo por fadiga

Em vez de um único histórico de tensão completamente reversa composta de n ciclos, suponha que uma peça de máquina, em um ponto crítico, está sujeita a

- Uma tensão completamente reversa σ_1 por n_1 ciclos, σ_2 por n_2 ciclos, ..., ou
- Uma linha "sinuosa" de tensões que, com o tempo, exibe muitos e diferentes picos e vales.

Que tensões são significativas, o que conta como um ciclo e qual é a medida do dano verificado? Considere um ciclo completamente reverso com tensões que variam de 420 MPa, 560 MPa, 280 MPa e 420 MPa, e um segundo ciclo completamente reverso de −280 MPa, −420 MPa,

−140 e −280 MPa como está representado na Figura 6–33a. Primeiro, está claro que, para impor o padrão de tensão da Figura 6–33a a uma peça, é necessário que a linha do tempo seja como a linha sólida mais a linha tracejada na Figura 6–33a. A Figura 6–33b começa com 560 MPa e termina com 560 MPa. Reconhecer a existência de um único traço temporal de tensão, é descobrir um ciclo "escondido", representado como a linha tracejada na Figura 6–33b. Se houver 100 aplicações do ciclo da tensão totalmente positiva, e 100 aplicações do ciclo da tensão totalmente negativa, o ciclo escondido é aplicado somente uma vez. Se o ciclo da tensão totalmente positiva é aplicado alternadamente com o ciclo da tensão totalmente negativa, o ciclo escondido é aplicado 100 vezes.

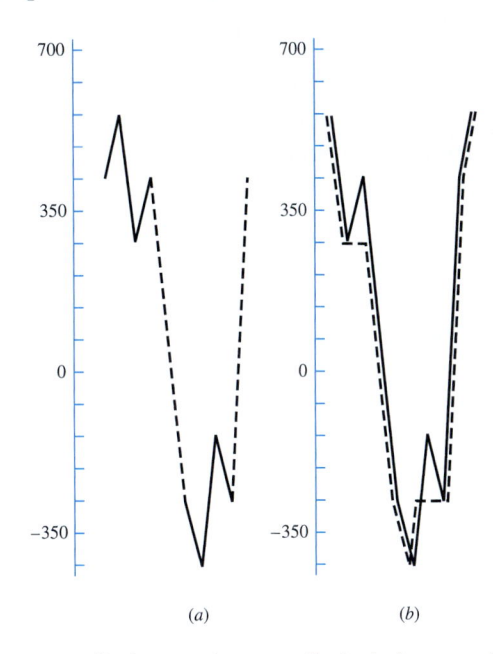

Figura 6–33 Diagrama de tensão variável preparado para avaliação de dano cumulativo.

Para assegurar que o ciclo escondido não seja perdido, inicie com a maior (ou a menor) tensão e adicione o histórico prévio para o lado direito, como foi feito na Figura 6–33b. A caracterização de um ciclo toma uma forma máx-mín-mesmo máximo (ou mín-máx-mesmo mínimo). Identificamos primeiro o ciclo escondido movendo ao longo do traço da linha tracejada na Figura 6–33b, identificando um ciclo com um máximo de 560 MPa, um mínimo de 420 MPa, e retornando a 560 MPa. Mentalmente apagando a parte usada do traço (a linha tracejada), fica um ciclo de 40, 60, 40 e um ciclo de −40, −20, −40. Visto que os lugares geométricos de falha são expressos em termos da componente de amplitude σ_a e da componente estável σ_m da tensão, usamos a Equação (6–36) para construir a tabela a seguir:

Número do ciclo	σ_{max}	σ_{min}	σ_a	σ_m
1	560	−420	490	70
2	420	280	70	350
3	−140	−420	70	−210

O ciclo mais prejudicial é o número 1. Ele poderia ter sido perdido.

Métodos para contar os ciclos incluem:

- Número de picos de tração até a falha.
- Todo σ máximo acima da média da forma de onda, todo σ mínimo abaixo.

- Os máximos globais entre cruzamentos acima da média e os mínimos globais entre cruzamentos abaixo da média.
- Todos os cruzamentos de níveis de inclinação positiva acima da média e todos os cruzamentos de níveis de inclinação negativa abaixo da média.
- Uma modificação do método precedente com uma única contagem feita entre cruzamentos sucessivos de um nível associado com cada nível de contagem.
- Cada excursão do máximo ao mínimo local é contada com meio ciclo, e a amplitude associada é meia variação.
- O método precedente mais a consideração da média local.
- Técnica de contagem de fluxo de chuva.

O método aqui usado equivale a uma variação da *técnica de contagem de fluxo de chuva*.

A regra de somatório de razão de ciclo de Palmgren-Miner,[24] também chamada de *regra de Miner*, é escrita como

$$\sum \frac{n_i}{N_i} = c \qquad (6\text{--}57)$$

em que n_i é o número de ciclos ao nível de tensão σ_i e N_i é o número de ciclos até a falha ao nível de tensão σ_i. O parâmetro c foi determinado por experimento; está usualmente no intervalo $0{,}7 < c < 2{,}2$ com um valor médio próximo à unidade.

Usando a formulação determinística como uma regra de dano linear, escrevemos

$$D = \sum \frac{n_i}{N_i} \qquad (6\text{--}58)$$

em que D é o dano acumulado. Quando $D = c = 1$, acontece a falha.

EXEMPLO 6–15 Dada uma peça com $S_{ut} = 1057$ MPa e no local crítico da peça, $S_e = 472{,}5$ MPa. Para o carregamento da Figura 6–33, calcule o número de repetições do bloco tensão-tempo na Figura 6–33 que pode ser feito antes da falha.

Solução Da Figura 6–18, p. 288, para $S_{ut} = 1057$ MPa, $f = 0{,}795$. Da Equação (6–14),

$$a = \frac{(fS_{ut})^2}{S_e} = \frac{[0{,}795(1057)]^2}{472{,}5} = 1494{,}5 \text{ MPa}$$

Da Equação (6–15),

$$b = -\frac{1}{3}\log\left(\frac{fS_{ut}}{S_e}\right) = -\frac{1}{3}\log\left[\frac{0{,}795(1057)}{472{,}5}\right] = -0{,}0833$$

Assim,

$$S_f = 1494{,}5 N^{-0{,}0833} \quad \text{é} \quad N = \left(\frac{S_f}{1494{,}5}\right)^{-1/0{,}0833} \qquad (1), (2)$$

---

[24] A. Palmgren. Die Lebensdauer von Kugellagern. *ZVDI,*. vol. 68, p. 339-341, 1924; M. A. Miner. Cumulative Damage in Fatigue. *J. Appl. Mech.,* vol. 12; *Trans. ASME,* vol. 67, p. A159–A164, 1945.

Preparamo-nos para adicionar duas colunas à tabela prévia. Usando o critério de fadiga de Gerber, Equação (6–47), p. 309, com $S_e = S_f$, e $n = 1$, podemos escrever

$$S_f = \begin{cases} \dfrac{\sigma_a}{1 - (\sigma_m/S_{ut})^2} & \sigma_m > 0 \\ S_e & \sigma_m \leq 0 \end{cases} \quad (3)$$

onde S_f é a resistência à fadiga associada à tensão alternada completa, σ_{rev}, equivalente às tensões flutuantes [ver Exemplo 6–12, parte (b)].

Ciclo 1: $r = \sigma_a/\sigma_m = 490/70 = 7$, e a amplitude de resistência da Tabela 6–7, p. 311, é

$$S_a = \frac{7^2 1057^2}{2(472,5)} \left\{ -1 + \sqrt{1 + \left[\frac{2(472,5)}{7(1057)}\right]^2} \right\} = 470,4 \text{ MPa}$$

Visto que $\sigma_a > S_a$, isto é, $490 > 472,5$, a vida é reduzida. Da Equação (3)

$$S_f = \frac{490}{1 - (70/1057)^2} = 492,1 \text{ MPa}$$

e da Equação (2)

$$N = \left(\frac{492,1}{1494,5}\right)^{-1/0,0833} = 619(10^3) \text{ ciclos}$$

Ciclo 2: $r = 70/350 = 0,2$, e a amplitude da resistência é

$$S_a = \frac{0,2^2 1057^2}{2(472,5)} \left\{ -1 + \sqrt{1 + \left[\frac{2(472,5)}{0,2(1057)}\right]^2} \right\} = 169,4 \text{ MPa}$$

Visto que $\sigma_a < S_a$, isto é, $70 < 169,4$, então $S_f = S_e$, e resulta vida indefinida. Assim, $N \to \infty$.

Ciclo 3: $r = 70/-210 = 0,333$, e visto que $\sigma_m < 0$, $S_f = S_e$, resulta vida indefinida e $N \to \infty$.

Número do ciclo	S_f, MPa	N, ciclos
1	492,1	$619(10^3)$
2	472,5	∞
3	472,5	∞

Com base na Equação (6–58), o dano por bloco é

$$D = \sum \frac{n_i}{N_i} = N \left[\frac{1}{619(10^3)} + \frac{1}{\infty} + \frac{1}{\infty} \right] = \frac{N}{619(10^3)}$$

Resposta Estabelecendo $D = 1$ produz $N = 619(10^3)$ ciclos.

Para melhor ilustrarmos o uso da regra de Miner, vamos escolher um aço com as propriedades $S_{ut} = 560$ MPa, $S'_{e,0} = 280$ MPa e $f = 0,9$; usamos a designação $S'_{e,0}$ em lugar da mais usual S'_e para indicar o limite de endurança do *material virgem, ou não danificado*. O diagrama log S-log N para esse material é mostrado na Figura 6–34 pela linha sólida grossa. Das Equações

(6–14) e (6–15), p. 288, encontramos $a = 907$ MPa e $b = -0{,}085091$. Agora aplique uma tensão revertida $\sigma_1 = 420$ MPa por $n_1 = 3\,000$ ciclos. Visto que $\sigma_1 > S_{e,0}$, o limite de endurança será prejudicado, e desejamos encontrar o novo limite de endurança $S'_{e,1}$ do material danificado usando a regra de Miner. A equação da linha de falha do material virgem na Figura 6–34 no intervalo de 10^3 a 10^6 ciclos é

$$S_f = a\,N^b = 907{,}2\,N^{-0{,}085\,091}$$

Os ciclos até a falha no nível de tensão $\sigma_1 = 420$ MPa são

$$N_1 = \left(\frac{\sigma_1}{907}\right)^{-1/0{,}085\,091} = \left(\frac{420}{907}\right)^{-1/0{,}085\,091} = 8520\text{ ciclos}$$

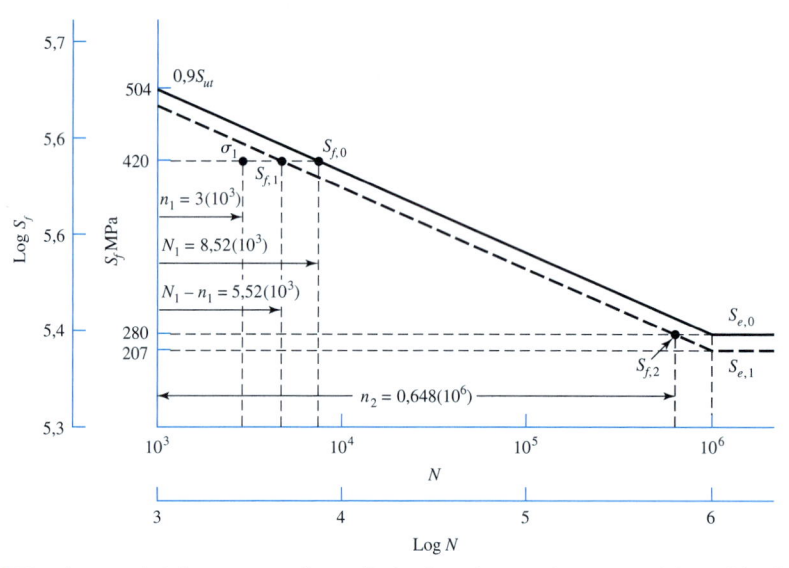

Figura 6–34 Uso da regra de Miner para predizer o limite de endurança de um material que foi sobretensionado para um número finito de ciclos.

A Figura 6–34 mostra que o material tem uma vida $N_1 = 8\,520$ ciclos a 420 MPa, e consequentemente, depois da aplicação de σ_1 por 3 000 ciclos, existem $N_1 - n_1 = 5\,520$ ciclos de vida remanescentes a σ_1. Isso localiza a resistência de vida finita $S_{f,1}$ do material danificado, como mostra a Figura 6–34. Para obtermos um segundo ponto, formulamos a questão: dados n_1 e N_1, quantos ciclos de tensão $\sigma_2 = S'_{e,0}$ podem ser aplicados antes que o material danificado falhe? Isso corresponde a n_2 ciclos de reversões de tensão, assim, da Equação (6–58), temos

$$\frac{n_1}{N_1} + \frac{n_2}{N_2} = 1 \tag{a}$$

Resolvendo para n_2 fornece

$$n_2 = (N_1 - n_1)\frac{N_2}{N_1} \tag{b}$$

Então

$$n_2 = [8{,}52(10^3) - 3(10^3)]\frac{10^6}{8{,}52(10^3)} = 0{,}648(10^6)\text{ ciclos}$$

Isso corresponde à resistência de vida finita $S_{f,2}$ na Figura 6–34. Uma linha por $S_{f,1}$ e $S_{f,2}$ é o diagrama de log S-log do material danificado de acordo com a regra de Miner. Dois pontos, $(N_1 - n_1, \sigma_1)$ e (n_2, σ_2), determinam a nova equação da reta, $S_f = a'N^{b'}$. Assim, $\sigma_1 = a'(N_1 - n_1)^{b'}$ e $\sigma_2 = a'n_2^{b'}$. Dividindo as duas equações, calculando o logaritmo dos resultados e resolvendo para b' temos

$$b' = \frac{\log(\sigma_1/\sigma_2)}{\log\left(\dfrac{N_1 - n_1}{n_2}\right)}$$

Substituindo n_2 da Equação (b) e simplificando vem

$$b' = \frac{\log(\sigma_1/\sigma_2)}{\log(N_1/N_2)}$$

Para o material íntegro, $N_1 = (\sigma_1/a)^{1/b}$ e $N_2 = (\sigma_2/a)^{1/b}$, então

$$b' = \frac{\log(\sigma_1/\sigma_2)}{\log[(\sigma_1/a)^{1/b}/(\sigma_2/a)^{1/b}]} = \frac{\log(\sigma_1/\sigma_2)}{(1/b)\log(\sigma_1/\sigma_2)} = b$$

Isso significa que a linha de dano no material tem a mesma declividade que a linha do material íntegro e que as duas linhas são paralelas. O valor de a' é então determinado a partir de $a' = S_f/N^b$.

Para o caso que ilustramos, $a' = 420/[5{,}52(10)^3]^{-0{,}085\,091} = 874{,}286$ MPa, e assim o novo limite de fadiga é $S'_{e,1} = a'N_e^b = 874{,}286$ MPa $[(10)^6]^{-0{,}085\,091} = 207$ MPa.

Embora a regra de Miner geralmente seja bem usada, ela falha em duas maneiras para concordar com os experimentos. Primeiro, note que essa teoria afirma que a resistência estática S_{ut} é danificada, isto é, diminuída, por causa da aplicação de σ_1; ver Figura 6–34 em $N = 10^3$ ciclos. Experimentos falham em verificar essa previsão.

A regra de Miner, como dada pela Equação (6–58), não leva em conta a ordem segundo a qual as tensões são aplicadas, e daí ignora quaisquer tensões menores que $S'_{e,0}$. Mas pode ser visto na Figura 6–34 que uma tensão σ_3 no intervalo $S'_{e,1} < \sigma_3 < S'_{e,0}$ causaria dano se aplicada depois de o limite de endurança ter sido danificado pela aplicação de σ_1.

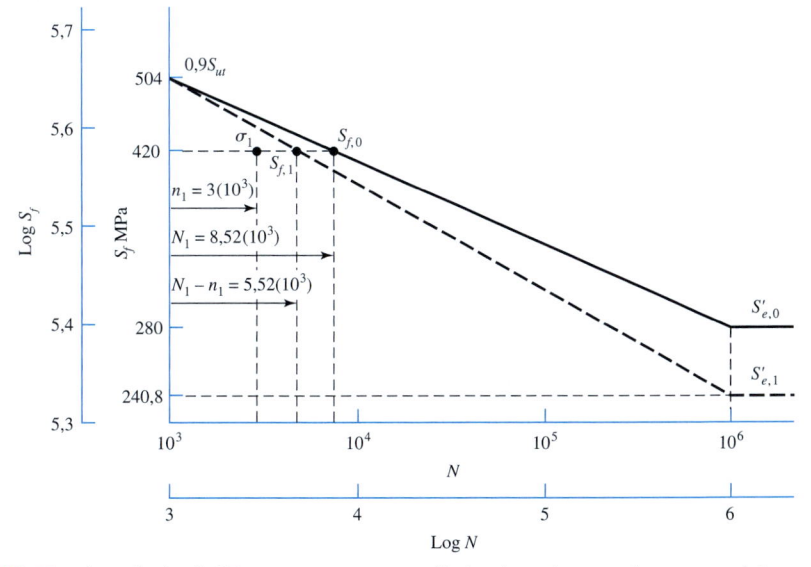

Figura 6–35 Uso do método de Manson para prever o limite de endurança de um material que tenha sido sobretensionado por um número finito de ciclos.

A abordagem de Manson[25] supera ambas as deficiências observadas no método de Palmgren-Miner; historicamente é uma abordagem muito mais recente e é igualmente fácil de usar. Exceto por uma pequena mudança, usaremos e recomendaremos o método de Manson neste livro. Manson traçou o diagrama S–log N em vez de um gráfico log S–log N como é recomendado aqui. Ele também valeu-se do experimento para encontrar o ponto de convergência da intersecção de $N = 10^3$ ciclos com $S = 0,9S_{ut}$ como é feito aqui. Claro, é sempre melhor usar o experimento, mas nosso propósito neste livro foi usar dados de ensaios simples para aprender o máximo possível acerca da falha por fadiga.

O método de Manson, como apresentado aqui, consiste em fazer todas as linhas de log S–log N, isto é, as linhas para os materiais danificado e virgem, convergirem ao mesmo ponto, $0,9S_{ut}$ em 10^3 ciclos. Ademais, as linhas de log S–log N devem ser construídas na mesma ordem histórica segundo a qual as tensões ocorrem.

Os dados do exemplo precedente são usados para fins ilustrativos. Os resultados são mostrados na Figura 6–35. Note que a resistência $S_{f,1}$ correspondendo a $N_1 - n_1 = 5,52(10^3)$ ciclos é encontrada da mesma maneira que antes. Por esse ponto e por $0,9S_{ut}$ em 10^3 ciclos, desenhe a linha tracejada grossa para encontrar $N = 10^6$ ciclos e defina o limite $S'_{e,1}$ do material com dano. Novamente, por dois pontos da reta, $b' = [\log (504/420)]/\log [(10^3)/5,52 (10^3)] = -0,106\ 722$ e $a' = 420/[5,52(10^3)]^{-0,106\ 722} = 1053,4$ MPa. Nesse caso, o novo limite de endurança $S'_{e,1} = a'N_e^{b'} = 1053,4\ (10^6)^{-0,106\ 722} = 240,8$ MPa, algo menor que o encontrado pelo método de Miner.

Agora é fácil ver na Figura 6–35 que uma tensão reversa $\sigma = 252$ MPa, digamos, não prejudicaria o limite de endurança do material virgem, sem importar quantos ciclos ela pudesse ser aplicada. Contudo, se $\sigma = 252$ MPa fosse aplicada *após* o material ser danificado por $\sigma_1 = 420$ MPa, então seria feito dano adicional.

Ambas as regras envolvem um número de cômputos, que são repetidos cada vez que o dano é estimado. Para traços complicados de tensão-tempo, isso pode ser para cada ciclo. Claramente um programa de computador é útil para realizar essas tarefas, incluindo escrutinar o traço e identificar os ciclos.

Collins disse bem: "A despeito de todos os problemas citados, a regra de dano linear de Palmgren é frequentemente usada por causa de sua simplicidade e pelo fato de que outras teorias sobre dano mais complexas nem sempre mostram uma melhoria significativa na confiabilidade de previsão de falha".[26]

6–16 Resistência à fadiga de superfície

O mecanismo de fadiga de superfície não está definitivamente compreendido. A zona de contato afetada, na ausência de tensões de cisalhamento de superfície, considera as tensões principais de compressão. A fadiga rotativa tem suas trincas crescidas na ou próximo à superfície na presença de tensões de tração, que estão associadas com propagação de trinca, até a falha catastrófica. Há tensões de cisalhamento na zona, que são maiores justamente abaixo da superfície. As trincas parecem crescer a partir desse estrato até que pequenos pedaços de material são expelidos, deixando cavidades na superfície. Como os engenheiros tinham de projetar máquinas duráveis antes que o fenômeno de fadiga de superfície fosse entendido em detalhe, eles adotaram a postura de conduzir ensaios, observando cavidades na superfície e declarando falha em uma área projetada arbitrária da cavidade, e relacionaram essa falha à pressão de contato hertziana. Essa tensão compressiva não produziu falha diretamente, mas qualquer que

---

[25] S. S. Manson; A. J. Nachtigall; C. R. Ensign; J. C. Fresche. "Further Investigation of a Relation for Cumulative Fatigue Damage in Bending", em *Trans. ASME, J. Eng. Ind.*, ser. B, vol. 87, n. 1, p. 25-35, fev. 1965.

[26] J. A. Collins. *Failure of Materials in Mechanical Design*. Nova York: John Wiley & Sons, 1981, p. 243.

seja o mecanismo de falha, qualquer que seja o tipo de tensão que foi instrumental na falha, a área de contato foi um *índice* para sua magnitude.

Buckingham[27] conduziu inúmeros ensaios relacionando a fadiga em 10^8 ciclos ao limite de endurança (pressão de contato hertziana). Embora haja evidência de um limite de fadiga em termos de $3(10^7)$ ciclos para materiais fundidos, rolos de aço endurecido não mostraram nenhum limite de endurança até $4(10^8)$ ciclos. Ensaios subsequentes com aços duros não mostraram nenhum limite de endurança. Aço endurecido exibe resistências à fadiga tão altas que seu uso para resistir à fadiga de superfície é muito difundido.

Nossos estudos até aqui trataram da falha de um elemento de máquina por escoamento, por fratura e por fadiga. O limite de endurança obtido pelo ensaio de viga rodando é frequentemente chamado de *limite de endurança de flexão*. Nesta seção estudaremos uma propriedade de *materiais emparelhados* chamada de *resistência ao cisalhamento da superfície*. O engenheiro deve frequentemente resolver problemas nos quais dois elementos de máquina se juntam um ao outro por rolamento, escorregamento ou uma combinação de contato de rolamento e escorregamento. Exemplos óbvios de tais combinações são os dentes emparelhados de um par de engrenagens, um came e seguidor, uma roda e o trilho, e uma corrente e a roda dentada. Um conhecimento da resistência da superfície dos materiais é necessário se o projetista tiver de criar máquinas com uma vida longa e satisfatória.

Quando duas superfícies rolam ou rolam e deslizam uma contra a outra com força suficiente, ocorrerá uma falha por crateramento após certo número de ciclos de operação. Autoridades não estão em completo acordo sobre o mecanismo exato de crateramento: embora o assunto seja bastante complicado, eles de fato concordam que as tensões de Hertz, o número de ciclos, o acabamento de superfície, a dureza, o grau de lubrificação e a temperatura influenciam a resistência. Na Seção 3–19, aprendemos que quando duas superfícies são pressionadas juntas, uma tensão de cisalhamento máxima é desenvolvida ligeiramente abaixo da superfície contatante. Algumas autoridades postulam que uma falha por fadiga de superfície é iniciada por essa tensão de cisalhamento máxima e depois propagada rapidamente à superfície. O lubrificante então entra na trinca que é formada e, sob pressão, eventualmente cunha a lasca solta.

Para determinar a resistência à fadiga de superfície de materiais emparelhados, Buckingham projetou uma máquina simples para ensaiar um par de superfícies contatantes de rolamento, em conexão com sua investigação do desgaste de dentes de engrenagem. Buckingham e, mais tarde, Talbourdet coletaram grande número de dados de muitos ensaios, de modo que agora há considerável informação de projeto. Para tornar os resultados úteis aos projetistas, Buckingham definiu um *fator de carga-tensão,* também chamado de *fator de desgaste,* que é derivado das equações de Hertz. As Equações (3–72) e (3–73) p. 137 para cilindros contatantes, são encontradas assim

$$b = \sqrt{\frac{2F}{\pi l} \frac{\left(1 - \nu_1^2\right)/E_1 + \left(1 - \nu_2^2\right)/E_2}{(1/d_1) + (1/d_2)}} \qquad (6\text{-}59)$$

$$p_{\max} = \frac{2F}{\pi b l} \qquad (6\text{-}60)$$

em que
    b = meia largura da área de contato retangular
    F = força de contato
    l = comprimento dos cilindros
    ν = razão de Poisson
    E = módulo de elasticidade
    d = diâmetro do cilindro

---
[27] Buckingham, Earle *Analytical Mechanics of Gears*. Nova York: McGraw-Hill, 1949.

É mais conveniente usar o raio do cilindro; assim, seja $2r = d$. Se designarmos o comprimento dos cilindros como w (para largura da engrenagem, mancal, came etc.), em vez de l, e removermos o sinal de raiz quadrada, a Equação (6–59) torna-se

$$b^2 = \frac{4F}{\pi w} \frac{\left(1 - \nu_1^2\right)/E_1 + \left(1 - \nu_2^2\right)/E_2}{1/r_1 + 1/r_2} \tag{6-61}$$

Podemos definir uma *resistência à fadiga de superfície* S_C usando

$$p_{\max} = \frac{2F}{\pi b w} \tag{6-62}$$

como

$$S_C = \frac{2F}{\pi b w} \tag{6-63}$$

que pode também ser chamada *resistência ao contato, resistência à fadiga de contato* ou *resistência à fadiga hertziana*. A resistência é a pressão contatante que, após um número de ciclos, causará falha na superfície. Tais falhas são frequentemente chamadas de *desgaste* porque elas ocorrem durante um período muito longo, contudo, não devem ser confundidas com desgaste abrasivo. Elevando ao quadrado a Equação (6–63), substituindo b^2 da Equação (6–61) e rearranjando, obtemos

$$\frac{F}{w}\left(\frac{1}{r_1} + \frac{1}{r_2}\right) = \pi S_C^2 \left[\frac{1 - \nu_1^2}{E_1} + \frac{1 - \nu_2^2}{E_2}\right] = K_1 \tag{6-64}$$

A expressão esquerda consiste em parâmetros que um projetista pode buscar controlar independentemente. A expressão central consiste em propriedades do material e especificação da condição. A terceira expressão é o parâmetro K_1, fator de carga-tensão de Buckingham, determinado por um aparato de ensaio com valores de F, ω, r_1, r_2 e o número de ciclos associados com a primeira evidência tangível de fadiga. Em estudos de engrenagens, um fator K similar é usado:

$$K_g = \frac{K_1}{4} \operatorname{sen} \phi \tag{6-65}$$

em que ϕ é o ângulo de pressão do dente, e o termo $[(1 - \nu_1^2)/E_1 + (1 - \nu_2^2)/E_2]$ é definido como $1/\pi C_p^2$), de modo que

$$S_C = C_P \sqrt{\frac{F}{w}\left(\frac{1}{r_1} + \frac{1}{r_2}\right)} \tag{6-66}$$

Buckingham e outros relataram K_1 para 10^8 ciclos e nada mais. Isso dá somente um ponto na curva $S_C N$. Para metais fundidos pode ser suficiente, mas para aços forjados, termo-tratados, alguma ideia da inclinação é útil para alcançar metas de projeto diferente de 10^8 ciclos.

Experimentos mostram que os dados de K_1 versus N, K_g versus N, S_C versus N são retificados pela transformação log-log. Isso sugere que

$$K_1 = \alpha_1 N^{\beta_1} \qquad K_g = a N^b \qquad S_C = \alpha N^\beta$$

Os três expoentes são dados por

$$\beta_1 = \frac{\log(K_1/K_2)}{\log(N_1/N_2)} \qquad b = \frac{\log(K_{g1}/K_{g2})}{\log(N_1/N_2)} \qquad \beta = \frac{\log(S_{C1}/S_{C2})}{\log(N_1/N_2)} \tag{6-67}$$

Dados referentes a aço inducto-endurecido em (contato com) aço produzem $(S_C)_{10^7} = 1897$ MPa e $(S_C)_{10^8} = 1673$ MPa; assim β, da Equação (6–67), é

$$\beta = \frac{\log(1897/1673)}{\log(10^7/10^8)} = -0{,}055$$

Pode ser de interesse notar que a American Gear Manufacturers Association (AGMA) usa $\beta = -0{,}056$ entre $10^4 < N < 10^{10}$, se o projetista não dispuser de dados contrários além de 10^7 ciclos.

Uma antiga correlação em aços entre S_C e H_B a 10^8 ciclos é:

$$(S_C)_{10^8} = \begin{cases} 0{,}4H_B - 10 \text{ kpsi} \\ 2{,}76H_B - 70 \text{ MPa} \end{cases} \tag{6-68}$$

AGMA usa

$$_{0{,}99}(S_C)_{10^7} = 0{,}327\,H_B + 26 \text{ kpsi} \tag{6-69}$$

A Equação (6–66) pode ser utilizada no projeto para encontrar a tensão permissível de superfície usando-se um fator de projeto. Visto que essa equação é não linear em sua transformação tensão-carga, o projetista deve decidir se a perda de função denota inabilidade de suportar carga. Se sim, para encontrar a tensão permissível, divide-se a carga pelo fator de projeto:

$$\sigma_C = C_P \sqrt{\frac{F}{wn_d}\left(\frac{1}{r_1} + \frac{1}{r_2}\right)} = \frac{C_P}{\sqrt{n_d}}\sqrt{\frac{F}{w}\left(\frac{1}{r_1} + \frac{1}{r_2}\right)} = \frac{S_C}{\sqrt{n_d}}$$

e $n_d = (S_C/\sigma_C)^2$. Se a perda de função estiver focada na tensão, então $n_d = S_C/\sigma_C$. É recomendado que um engenheiro:
- Decida se a perda de função é falha para suportar carga ou tensão.
- Defina o fator de projeto e o fator de segurança concordantemente.
- Declare o que ele ou ela está usando e por quê.
- Esteja preparado para defender sua posição.

Dessa maneira, todo aquele que for parte interessada da comunicação sabe o que um fator de projeto (ou fator de segurança) de 2 significa e ajusta, se necessário, a perspectiva julgadora.

6-17 Guia de procedimentos e equações de projeto importantes para o método tensão-vida

Como afirmando na Seção 6–15, existem três categorias de problemas de fadiga. Os procedimentos importantes e as equações para problemas determinísticos de tensão-vida são apresentados aqui.

Carregamento simples completamente reverso

1. Determine S'_e com base nos dados de ensaios ou

p. 285
$$S'_e = \begin{cases} 0{,}5S_{ut} & S_{ut} \leq 200 \text{ kpsi (1400 MPa)} \\ 100 \text{ kpsi} & S_{ut} > 200 \text{ kpsi} \\ 700 \text{ MPa} & S_{ut} > 1400 \text{ MPa} \end{cases} \tag{6-8}$$

2. Modifique S'_e para determinar S_e.

p. 290
$$S_e = k_a k_b k_c k_d k_e k_f S'_e \qquad (6\text{--}18)$$

$$k_a = a S_{ut}^b \qquad (6\text{--}19)$$

Tabela 6–2 Parâmetros para o fator de modificação de superfície de Marin, Equação (6–19).

Acabamento superficial	Fator a		Expoente b
	S_{ut}, kpsi	S_{ut}, Mpa	
Retificado	1,34	1,58	−0,085
Usinado ou laminado a frio	2,70	4,51	−0,265
Laminado a quente	14,4	57,7	−0,718
Forjado	39,9	272,	−0,995

Extraído de C. J. Noll e C. Lipson, "Allowable Working Stresses", *Society for Experimental Stress Analysis*, vol. 3, n. 2, 1946, p. 29. Reproduzido por O. J. Horger (ed.) in *Metals Engineering Design ASME Handbook*, Nova York: McGraw-Hill. Copyright © 1953 by The McGraw-Hill Companies, Inc. Reimpresso com autorização.

Eixo rotativo. Para flexão ou torção,

p. 291
$$k_b = \begin{cases} (d/0{,}3)^{-0{,}107} = 0{,}879 d^{-0{,}107} & 0{,}11 \leq d \leq 2 \text{ in} \\ 0{,}91 d^{-0{,}157} & 2 < d \leq 10 \text{ in} \\ (d/7{,}62)^{-0{,}107} = 1{,}24 d^{-0{,}107} & 2{,}79 \leq d \leq 51 \text{ mm} \\ 1{,}51 d^{-0{,}157} & 51 < 254 \text{ mm} \end{cases} \qquad (6\text{--}20)$$

Para axial,
$$k_b = 1 \qquad (6\text{--}21)$$

Membro não rotativo. Use a Tabela 6–3, p. 298 para d_e e substitua na Equação (6–20) por d

p. 293
$$k_c = \begin{cases} 1 & \text{flexão} \\ 0{,}85 & \text{axial} \\ 0{,}59 & \text{torção} \end{cases} \qquad (6\text{--}26)$$

p. 294 Use a Tabela 6–4 para k_d, ou

$$k_d = 0{,}975 + 0{,}432(10^{-3})T_F - 0{,}115(10^{-5})T_F^2 \\ + 0{,}104(10^{-8})T_F^3 - 0{,}595(10^{-12})T_F^4 \qquad (6\text{--}27)$$

p. 295–296, k_e

Tabela 6–5 Fatores de confiabilidade k_e correspondentes a 8% de desvio padrão do limite de endurança.

Confiabilidade, %	Variante de transformação z_a	Fator de confiabilidade k_e
50	0	1,000
90	1,288	0,897
95	1,645	0,868
99	2,326	0,814
99,9	3,091	0,753
99,99	3,719	0,702
99,999	4,265	0,659
99,9999	4,753	0,620

p. 295–296, k_f

3. Determine o fator de concentração de tensão de fadiga, K_f ou K_{fs}. Primeiro, encontre K_t ou K_{ts} com base na Tabela A–15.

p. 298
$$K_f = 1 + q(K_t - 1) \quad ou \quad K_{fs} = 1 + q(K_{ts} - 1) \tag{6-32}$$

Obtenha q da Figura 6–20 ou da Figura 6–21, p. 299.

Alternativamente,

p. 298
$$K_f = 1 + \frac{K_t - 1}{1 + \sqrt{a/r}} \tag{6-33}$$

Para $\sqrt{a}$ em unidades de $\sqrt{in}$ e S_{ut} em kpsi

Flexão ou axial: $\sqrt{a} = 0{,}246 - 3{,}08(10^{-3})\, S_{ut} + 1{,}51(10^{-5})\, S_{ut}^2 - 2{,}67(10^{-8})S_{ut}^3$ \quad (6-35a)

Torção: $\sqrt{a} = 0{,}190 - 2{,}51(10^{-3})S_{ut} + 1{,}35(10^{-5})S_{ut}^2 - 2{,}67(10^{-8})S_{ut}^3$ \quad (6-35b)

4. Aplique K_f ou K_{fs} *quer* dividindo S_e por ele, *quer* multiplicando-o pela tensão puramente reserva, *não* ambos.

5. Determine as constantes de vida de fadiga a e b. Se $S_{ut} \geq 490$ MPa, determine f da Figura 6–18, p. 288. Se $S_{ut} < 490$ MPa, faça $f = 0{,}9$.

p. 288
$$a = (f\ S_{ut})^2/S_e \tag{6-14}$$
$$b = -[\log(f\ S_{ut}/S_e)]/3 \tag{6-16}$$

6. Determine a resistência à fadiga S_f em N ciclos, ou N ciclos até falhar sob tensão reversa σ_{rev}. (*Nota*: isso somente se aplica a tensões puramente reversas em que $\sigma_m = 0$).

p. 288
$$S_f = aN^b \tag{6-13}$$
$$N = (\sigma_{rev}/a)^{1/b} \tag{6-16}$$

Carregamento simples flutuante

Para S_e, K_f ou K_{fs}, ver subseção prévia.

1. Calcule σ_m e σ_a. Aplique K_f a ambas as tensões.

p. 305
$$\sigma_m = (\sigma_{max} + \sigma_{min})/2 \qquad \sigma_a = |\sigma_{max} - \sigma_{min}|/2 \tag{6-36}$$

2. Aplique a um critério de falha por fadiga, p. 309–310.

$\sigma_m \geq 0$

Soderburg	$\sigma_a/S_e + \sigma_m/S_y = 1/n$	(6-45)
Goodman modificado	$\sigma_a/S_e + \sigma_m/S_{ut} = 1/n$	(6-46)
Gerber	$n\sigma_a/S_e + (n\sigma_m/S_{ut})^2 = 1$	(6-47)
ASME-elíptica	$(\sigma_a/S_e)^2 + (\sigma_m/S_y)^2 = 1/n^2$	(6-48)

$\sigma_m < 0$

p. 308
$$\sigma_a = S_e/n$$

Torção. Use as mesmas equações aplicadas a $\sigma_m \geq 0$, porém substitua σ_m e σ_a por τ_m e τ_a, use $k_c = 0{,}59$ para S_e, troque S_{ut} por $S_{su} = 0{,}67 \, S_{ut}$ [Equação (6–54), p. 320] e troque S_y por $S_{sy} = 0{,}577 \, S_y$ [Equação (5–21), p. 237].

3. Verifique escoamento localizado.

p. 310
$$\sigma_a + \sigma_m = S_y/n \tag{6-49}$$

ou, por torção,
$$\tau_a + \tau_m = 0{,}577 \, S_y/n$$

4. Para resistência à fadiga de vida finita, tensão alternada completa equivalente (ver Exemplo 6–12, p. 316–317).

$$\text{Goodman modificado} \quad \sigma_{\text{rev}} = \frac{\sigma_a}{1 - (\sigma_m/S_{ut})}$$

$$\text{Gerber} \quad \sigma_{\text{rev}} = \frac{\sigma_a}{1 - (\sigma_m/S_{ut})^2}$$

Se estiver determinando a vida finita N com um fator de segurança n, substitua σ_{rev}/n por σ_{rev} na Equação (6–16). Isto é,

$$N = \left(\frac{\sigma_{\text{rev}}/n}{a}\right)^{1/b}$$

Combinação de modos de carregamento

Ver as subseções prévias para definições anteriores.

1. Calcule as tensões de von Mises para estados de tensão alternante e média, σ_a' e σ_m'. Quando estiver determinando S_e, não use k_c nem divida por K_f ou K_{fs}. Aplique K_f e/ou K_{fs} diretamente a cada tensão específica alternante e média. Se a tensão axial estiver presente, divida a tensão axial alternante por $k_c = 0{,}85$. Para o caso especial de flexão combinada, cisalhamento torcional e tensões axiais

p. 321

$$\sigma_a' = \left\{ \left[(K_f)_{flexão}(\sigma_a)_{flexão} + (K_f)_{axial} \frac{(\sigma_a)_{axial}}{0{,}85} \right]^2 + 3\left[(K_{fs})_{torção}(\tau_a)_{torção} \right]^2 \right\}^{1/2} \tag{6-55}$$

$$\sigma_m' = \left\{ \left[(K_f)_{flexão}(\sigma_m)_{flexão} + (K_f)_{axial}(\sigma_m)_{axial} \right]^2 + 3\left[(K_{fs})_{torção}(\tau_m)_{torção} \right]^2 \right\}^{1/2} \tag{6-56}$$

2. Aplique tensões ao critério de fadiga [ver Equações (6–45) a (6–48), p. 309–310, em subseções prévias].

3. Verificação conservadora para escoamento localizado usando tensões de von Mises.

p. 310
$$\sigma_a' + \sigma_m' = S_y/n \tag{6-49}$$

PROBLEMAS

Problemas assinalados com um asterisco (*) são associados a problemas de outros capítulos, conforme resumido na Tabela 1–2 da Seção 1–17, p. 33.

Problemas determinísticos

6–1 Uma broca de furadeira com 10 mm em aço foi tratada termicamente e retificada. A dureza medida foi de 300 Brinell. Calcule a resistência à fadiga em MPa se a broca for usada em flexão rotativa.

6–2 Para os seguintes materiais, calcule

(*a*) aço AISI 1020 CD.

(*b*) aço AISI 1080 HR.

(*c*) alumínio 2024 T3.

(*d*) aço AISI 4340 termotratado a uma resistência à tração de 1750 MPa.

6–3 Um corpo de prova em viga rotante de aço tem uma resistência última de 840 MPa. Estime a vida útil da amostra se ela é ensaiada com tensões alternadas completas de amplitude igual a 490 MPa.

6–4 Um corpo de prova em viga rotante de aço tem uma resistência última de 1600 MPa. Estime a vida útil da amostra se ela é ensaiada com tensões alternadas completas de amplitude igual a 900 MPa.

6–5 Um corpo de prova em viga rotante de aço tem uma resistência última de 1610 MPa. Estime a resistência à fadiga correspondente a uma vida de 150 kciclos de tensões alternadas.

6–6 Repita o Problema 6–5 com o corpo de prova de resistência última de 1100 MPa.

6–7 Um corpo de prova em viga rotante de aço tem uma resistência última de 1050 MPa e uma resistência de escoamento de 945 MPa. Deseja-se realizar um ensaio de fadiga de baixo ciclo de aproximadamente 500 ciclos. Verifique se isso é possível sem que ocorra escoamento, através da determinação da amplitude das tensões alternadas necessária.

6–8 Derive a Equação (6–17). Rearranje a equação para resolver para N.

6–9 Para o intervalo $10^3 \leq N \leq 10^6$ ciclos, desenvolva uma expressão para a resistência à fadiga axial $(S'_f)_{axial}$ para espécimes polidos de (aço normalizado) 4130 usados para obter o diagrama da Figura 6–10. A resistência última é $S_{ut} = 875$ MPa e o limite de endurança é $(S'_e)_{axial} = 350$ MPa.

6–10 Calcule a resistência à fadiga de um eixo de 32 mm de diâmetro de aço AISI 1040, com um acabamento usinado e termo tratado para uma resistência à tração de 710 MPa, carregado em flexão rotante.

6–11 Dois aços estão sendo considerados para manufatura de eixos conectores brutos de forjamento, submetidos a carregamentos de flexão. Um é o aço AISI 4340 Cr-Mo-Ni, que pode ser termicamente tratado a uma resistência à tração de 1820 MPa. O outro é um aço-carbono AISI 1040 comum com um $S_{ut} = 791$ MPa atingível. Cada eixo deverá ter dimensões dadas equivalentes ao diâmetro d_e de 20 mm. Determine o limite de fadiga para cada material. Há alguma vantagem em utilizar a liga de aço para esta aplicação de fadiga?

6–12 Uma barra sólida redonda, com 25 mm de diâmetro, tem um sulco de profundidade 2,5 mm com um raio de 2,5 mm usinado nela. A barra é feita de aço AISI 1020 CD (estirado a frio) e sujeita a um torque puramente reverso de 200 N·m. Para a curva deste material, considere $f = 0,9$.

(*a*) Calcule o número de ciclos até a falha.

(*b*) Se a barra for também colocada em um ambiente com uma temperatura de 750°F, calcule o número de ciclos até a falha.

6–13 Uma vareta sólida quadrada está em balanço em uma extremidade. A vareta tem 0,6 m de comprimento e suporta uma carga transversal completamente reversiva na outra extremidade de ±2 kN. O material é aço AISI 1080 laminado a quente. Se a vareta tiver de suportar essa carga por 10^4 ciclos com um fator de segurança de 1,5, que dimensões deve ter a seção transversal quadrada? Despreze qualquer concentração de tensões no apoio de extremidade.

6–14 Uma barra retangular é cortada de uma chapa de aço AISI 1018 estirada a frio. A barra tem largura de 60 mm por 10 mm de espessura e tem um orifício perfurado de 12 mm pelo centro, como está representado na Tabela A–15–1. A barra é carregada concentricamente em fadiga de puxa-empurra por forças axiais F_a, uniformemente distribuídas pela largura. Usando um fator de projeto de $n_d = 1,8$, calcule a maior força F_a que pode ser aplicada ignorando a ação de coluna.

6–15 Uma barra sólida circular com 50 mm de diâmetro tem um entalhe com diâmetro de 45 mm e com raio de 2,5 mm. A barra não rotaciona. A barra é carregada com uma carga repetida de flexão que causa a flutuação do momento de flexão no entalhe entre 0 e 2825 N · m. A barra é de AISI 1095 laminada a quente, mas o entalhe foi usinado. Determine o fator de segurança para a fadiga baseado em vida infinita, e usando o critério de Goodman modificado e o fator de segurança ao escoamento.

6–16 O eixo rotante mostrado na figura é usinado a partir do aço AISI 1020 CD. Ele está submetido a uma força de $F = 6$ kN. Determine o fator de segurança mínimo para a fadiga baseado em vida infinita. Se a vida não é infinita, estime o número de ciclos. Assegure-se de verificar para o escoamento.

Problema 6–16
Dimensões em milímetros

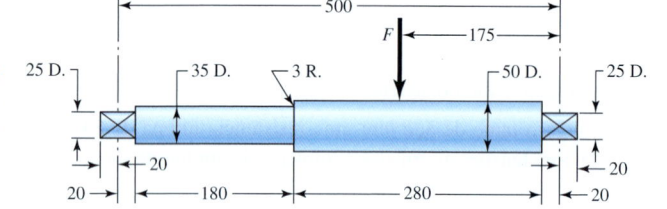

6–17 O eixo mostrado na figura é usinado em aço AISI 1040 CD. O eixo rotaciona a 1600 rpm e é apoiado em rolamentos em A e B. As forças aplicadas são $F_1 = 10$ kN e $F_2 = 4$ kN. Determine o fator de segurança mínima à fadiga baseado em alcançar vida infinita. Se não ocorre vida infinita, estime o número de ciclos até a falha. Verifique também para o escoamento.

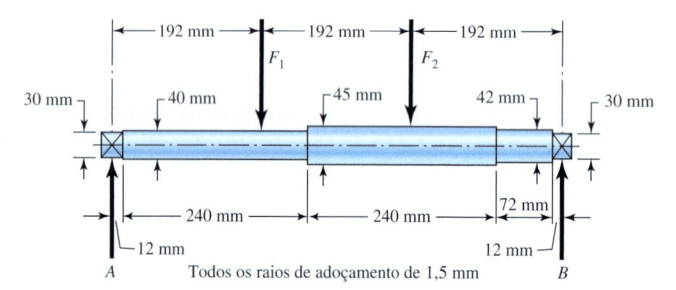

Problema 6–17

6–18 Resolva o Problema 6–17 com as forças $F_1 = 4,8$ kN e $F_2 = 9,6$ kN.

6–19 As reações de mancal R_1 e R_2 são exercidas no eixo mostrado na figura, que roda a 1150 rev/min e suporta uma força de flexão de 45 kN. Use um aço 1095 HR (laminado a quente). Especifique um diâmetro d usando um fator de projeto de $n_d = 1,6$ para uma vida de 10 hr. As superfícies são usinadas.

Problema 6–19

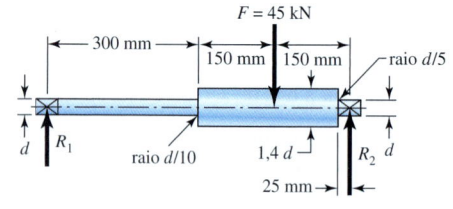

6–20 Uma barra de aço tem propriedades mínimas $S_e = 276$ MPa, $S_y = 413$ MPa e $S_{ut} = 551$ MPa. A barra está sujeita a uma tensão estável torcional de 103 MPa e a uma tensão alternante flexional de 172 MPa. Encontre o fator de segurança resguardando-se de uma falha estática, e/ou o fator de segurança resguardando-se de uma falha por fadiga ou a vida esperada da peça. Para a análise de fadiga use:

(a) O critério de Goodman modificado.

(b) O critério de Gerber.

(c) O critério ASME-elíptico.

6–21 Repita o Problema 6–20, mas com uma tensão estável torcional de 138 MPa e uma tensão alternante flexional de 69 MPa.

6–22 Repita o Problema 6–20, mas com uma tensão estável torcional de 103 MPa, uma tensão alternante torcional de 69 MPa e uma tensão alternante flexional de 83 MPa.

6–23 Repita o Problema 6–20, mas com uma tensão alternante torcional de 207 MPa.

6–24 Repita o Problema 6–20, mas com uma tensão alternante torcional de 103 MPa e uma tensão estável flexional de 103 MPa.

6–25 A barra de aço AISI 1040 estirada a frio mostrada na figura está sujeita a um carregamento axial alternado e flutuante entre 28 kN em compressão e 28 kN em tração. Calcule o fator de segurança à fadiga baseado em alcançar a vida infinita e o fator de segurança ao escoamento. Se a vida infinita não for prevista, estime o número de ciclos até a falha.

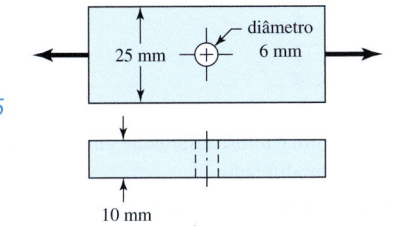

Problema 6–25

6–26 Repita o Problema 6–25 para uma carga que flutua de 12 kN a 28 kN. Utilize os critérios de Goodman modificado, Gerber e elíptico da ASME, comparando as previsões.

6–27 Utilizando o critério de Goodman modificado para vida infinita, repita o Problema 6–25 para as seguintes condições de carregamento:

(a) 0 kN a 28 kN

(b) 12 kN a 28 kN

(c) –28 kN a 12 kN

6–28 A figura mostra uma mola conformada em balanço de fio redondo sujeita a uma força variante. Os ensaios de dureza feitos em 50 molas dão uma dureza mínima de 400 Brinell. Percebe-se nos detalhes de montagem que não existe concentração de tensão. Uma inspeção visual das molas indica que o acabamento superficial corresponde aproximadamente a um acabamento de laminado a quente. Ignore os efeitos da curvatura pelas tensões de flexão. Que número provável de especificações vai certamente causar falha? Resolva usando:

(a) O critério de Goodman modificado.

(b) O critério de Gerber.

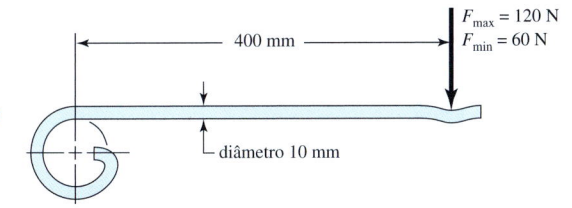

Problema 6–28

6–29 A figura é um desenho de uma mola de tranca de 4 mm por 20 mm. Uma pré-carga é obtida durante a montagem por calço sob os parafusos para obter uma deflexão inicial estimada de 2 mm. A operação da tranca requer uma deflexão adicional de exatamente 4 mm. O material é aço de alto carbono retificado, flexionado depois endurecido e revenido para uma dureza mínima de 490 Bhn. O raio interno de flexão é de 4 mm. Calcule que a resistência de escoamento seja 90% da resistência última.

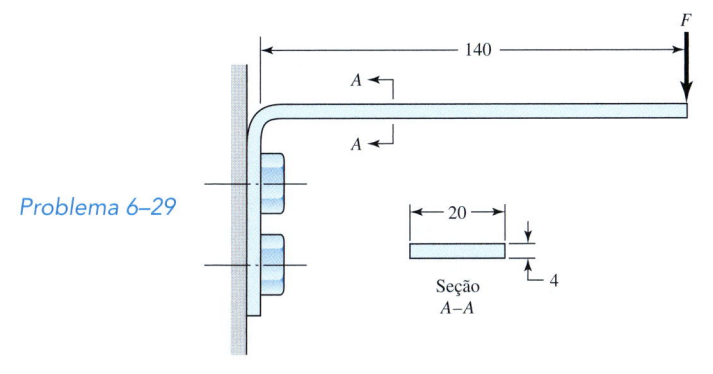

Problema 6–29

(a) Encontre as forças máxima e mínima da tranca.

(b) Determine o fator de segurança à fadiga para vida infinita utilizando o critério de Goodman modificado.

6-30 A figura mostra o diagrama de corpo livre de uma porção do elo conector com concentração de tensão em três seções. As dimensões são: $r = 6$ mm, $d = 20$ mm, $h = 12$ mm, $w_1 = 90$ mm e $w_2 = 60$ mm. As forças F flutuam entre uma tensão de 18 kN e uma compressão de 72 kN. Ignore a ação de coluna e encontre o fator mínimo de segurança se o material for aço AISI 1018 estirado a frio.

Problema 6-30

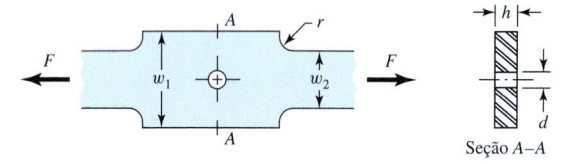

6-31 Resolva o Problema 6-30 com $w_1 = 60$ mm, $w_2 = 36$ mm e a força flutuante entre uma tração de 72 kN e uma compressão de 18 kN. Utilize o critério de Goodman modificado.

6-32 Para a peça do Problema 6-30, recomende um raio de adoçamento r que faça com que os fatores de segurança à fadiga sejam os mesmos tanto no orifício quanto no adoçamento.

6-33 O binário torcional na figura é composto de uma viga curva de seção transversal quadrada que está soldada a um eixo de entrada e uma chapa de saída. Um torque é aplicado ao eixo e varia ciclicamente de zero a T. A seção transversal da viga tem dimensões de 5 mm × 5 mm e o eixo centroidal da viga descreve uma curva da forma $r = 20 + 10\,\theta/\pi$, em que r e θ estão em mm e radianos respectivamente ($0 \leq \theta \leq 4\pi$). A viga curva tem uma superfície usinada com valores de resistência ao escoamento e última de 420 MPa e 770 MPa, respectivamente.

(a) Determine o valor máximo permissível de T de modo que o binário tenha uma vida infinita com um fator de segurança, $n = 3$, usando o critério de Goodman modificado.

(b) Repita a parte (a) usando o critério de Gerber.

(c) Usando T encontrado na parte (b), determine o fator de segurança resguardando-se de escoamento.

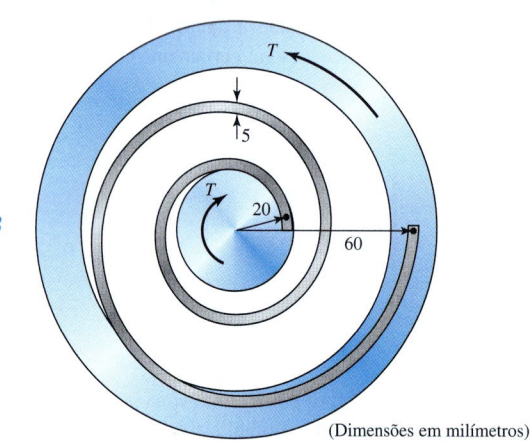

Problema 6-33

(Dimensões em milímetros)

6-34 Repita o Problema 6-33 ignorando os efeitos de curvatura na tensão de flexão.

6-35 Uma peça é carregada com uma combinação de flexão, força axial e torção de tal forma que as tensões seguintes são criadas em posições particulares:

       Flexão: Completamente alternada, com tensão máxima de 60 MPa.

       Axial: Tensão constante de 20 MPa.

       Torção: Carga repetida, variando de 0 MPa a 50 MPa.

Assuma que as tensões variáveis estão em fase umas com as outras. A peça contém um entalhe tal que $K_{f,flexão} = 1,4$, $K_{f,axial} = 1,1$ e $K_{f,torção} = 2,0$. As propriedades do material são $S_y = 300$ MPa e $S_u = 400$ MPa. O limite de fadiga completamente ajustado é dado por $S_e = 200$ MPa. Encontre o fator de segurança à fadiga para vida infinita utilizando o critério de Goodman modificado. Se a vida não é infinita, estime o número de ciclos. Assegure-se de verificar para o escoamento.

6-36 Com os requisitos do Problema 6-35, repita as soluções para as seguintes condições de carregamento:

Flexão: Tensão flutuante de −40 MPa a 150 MPa.

Axial: Nenhuma.

Torção: Tensão média de 90 MPa, com tensão alternada de 10% da tensão média.

6–37* a 6–46* Para os problemas listados na tabela, parta dos resultados do problema original para determinar o fator de segurança mínimo à fadiga baseado em vida infinita utilizando o critério de Goodman modificado. O eixo rotaciona a velocidade constante, tem diâmetro constante e é feito de aço AISI 1018 conformado a frio.

Número do problema	Problema original, número da página
6–37*	3–68, 149
6–38*	3–69, 149
6–39*	3–70, 149
6–40*	3–71, 149
6–41*	3–72, 150
6–42*	3–73, 150
6–43*	3–74, 151
6–44*	3–76, 152
6–45*	3–77, 152
6–46*	3–79, 152

6–47* a 6–50* Para os problemas listados na tabela, parta dos resultados do problema original para determinar o fator de segurança mínimo à fadiga baseado em vida infinita utilizando o critério de Goodman modificado. Se a vida não é infinita, estime o número de ciclos. A força F é aplicada como carga repetida. O material é o aço AISI 1018 CD. O raio do adoçamento na parede é de 2 mm, com concentrações teóricas de tensão de 1,5 para flexão, 1,2 para força axial e 2,1 para a torção.

Número do problema	Problema original, número da página
6–47*	3–80, 152
6–48*	3–81, 153
6–49*	3–82, 153
6–50*	3–83, 153

6–51* a 6–53* Para os problemas listados na tabela, parta dos resultados do problema original para determinar o fator de segurança mínimo à fadiga no ponto A, baseado em vida infinita, utilizando o critério de Goodman modificado. Se a vida não é infinita, estime o número de ciclos. A força F é aplicada como uma carga repetida. O material é o aço AISI 1018 CD.

Número do problema	Problema original, número da página
6–51*	3–84, 153
6–52*	3–85, 154
6–53*	3–86, 154

6–54 Resolva o Problema 6–17 incluindo um torque estacionário de 280 N · m sendo transmitido através do eixo entre os pontos de aplicação das forças.

6–55 Resolva o Problema 6–18 incluindo um torque estacionário de 250 N · m sendo transmitido através do eixo entre os pontos de aplicação das forças.

6–56 Na figura mostrada, o eixo A, feito de aço AISI 1010 laminado a quente, é soldado a um suporte fixo e está sujeito a um carregamento de forças iguais e opostas F via eixo B. Uma concentração teórica de tensão K_{ts} de 1,6 é induzida pelo adoçamento de 3 mm. O comprimento do eixo A desde o apoio fixo até a conexão ao eixo B é 1 m. A carga varia ciclicamente de 0,5 kN a 2 kN.

(a) Para o eixo A, encontre o fator de segurança para vida infinita usando o critério de falha por fadiga de Goodman modificado.

(b) Repita a parte (a) usando o critério de falha de fadiga por Gerber.

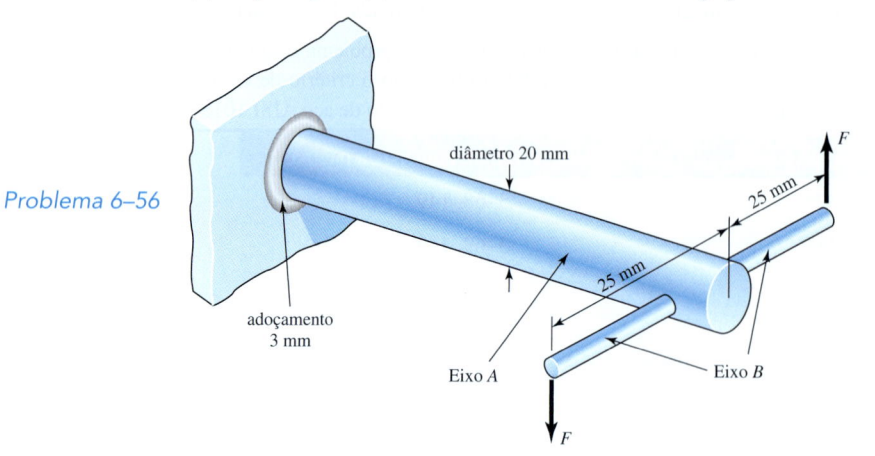

Problema 6–56

6–57 Um esquema de uma máquina de ensaio de embreagem é mostrado. O eixo de aço roda a uma velocidade constante ω. Uma carga axial é aplicada ao eixo e é variada ciclicamente de zero a P. O torque T induzido pela face da embreagem no eixo é dado por

$$T = \frac{fP(D+d)}{4}$$

em que D e d estão definidos na figura e f é o coeficiente de fricção da face da embreagem. O eixo é usinado com $S_y = 800$ MPa e $S_{ut} = 1000$ MPa. Os fatores teóricos de concentração de tensão para o adoçamento são 3,0 e 1,8 para o carregamento axial e torcional, respectivamente.

Considere que a variação P da carga seja sincronizada com a rotação do eixo. Com $f = 0{,}3$, encontre a carga máxima permissível de modo que o eixo sobreviverá a um mínimo de 10^6 ciclos com um fator de segurança de 3. Use o critério de Goodman modificado. Determine o correspondente fator de segurança resguardando-se de escoamento.

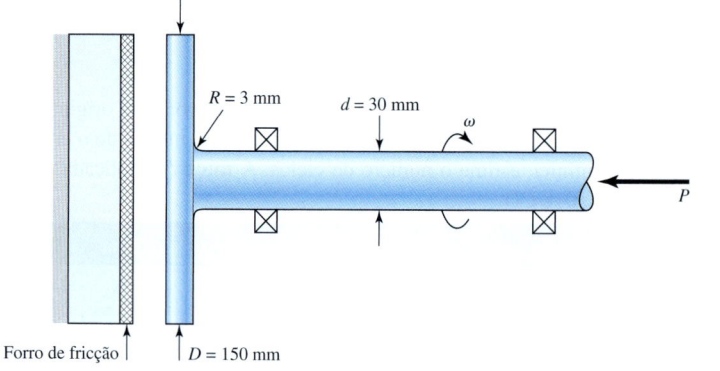

Problema 6–57

6–58 Para a embreagem do Problema 6–57, a carga externa P é variada ciclicamente entre 20 kN e 80 kN. Considerando que o eixo está rodando sincronizado com o ciclo da carga externa, calcule o número de ciclos até a falha. Use os critérios de falha por fadiga de Goodman modificado.

6–59 Uma mola plana de suspensão tem tensão flutuante de $\sigma_{max} = 360$ MPa e $\sigma_{min} = 160$ MPa aplicada por $8(10^4)$ ciclos. Se a carga mudar a $\sigma_{max} = 320$ MPa e $\sigma_{min} = -200$ MPa, quantos ciclos a mola sobreviverá, utilizando o critério de Goodman modificado? O material é aço AISI 1020 CD (estirado a frio) e tem uma resistência à fadiga completamente corrigida de $S_e = 175$ MPa. Suponha que $f = 0{,}9$.

(a) Use o método de Miner.

(b) Use o método de Manson.

6–60 Um espécime de viga rotativa com um limite de endurança de 350 MPa e uma resistência última de 700 MPa é submetido a um ciclo de 20% do tempo a 490 MPa, 50% a 385 MPa e 30% a 280 MPa. Faça $f = 0{,}9$ e calcule o número de ciclos até a falha.

6–61 Uma peça de máquina será submetida à variação de ±350 MPa por $5\,(10^3)$ ciclos. Depois o carregamento será mudado para ±260 MPa por $5(10^4)$ ciclos. Finalmente, a carga será mudada a ±225 MPa. Quantos ciclos de operação podem ser esperados a esse nível de tensão? Para a peça, $S_{ut} = 530$ MPa, $f = 0{,}9$ e há uma resistência à fadiga completamente corrigida de $S_e = 210$ MPa.

(a) Use o método de Miner.

(b) Use o método de Manson.

6–62 As propriedades de uma peça usinada são $S_{ut} = 595$ MPa, $f = 0{,}86$ e um limite de fadiga corrigido de $S_e = 315$ MPa. A peça será solicitada ciclicamente a $\sigma_a = 245$ MPa e $\sigma_m = 21$ MPa para $12(10^3)$ ciclos. Utilizando o critério de Gerber, estime o novo limite de fadiga depois da ciclagem.

(a) Utilizando o método de Miner.

(b) Utilizando o método de Manson.

6–63 Repita o Problema 6–62 utilizando o critério de Goodman.

PARTE 3

Projeto de elementos mecânicos

7 Eixos e componentes de eixo

7–1 Introdução   **346**

7–2 Materiais de eixo   **346**

7–3 Disposição do eixo   **347**

7–4 Projeto do eixo por tensão   **353**

7–5 Considerações da deflexão   **365**

7–6 Velocidades críticas de eixos   **369**

7–7 Componentes diversos de eixo   **375**

7–8 Limites e ajustes   **381**

7-1 Introdução

O *eixo* é um membro rotativo, usualmente de seção transversal circular, usado para transmitir potência ou movimento. Ele provê o eixo de rotação, ou oscilação, de elementos tais como engrenagens, polias, volantes, manivelas, rodas dentadas e similares, e controla a geometria de seus movimentos. O *eixo fixo* é um membro não rotativo que não transmite torque e é usado para suportar rodas girantes, polias e similares. O eixo automotivo não é um eixo fixo verdadeiro; o termo é uma transposição da era da charrete puxada por cavalos, quando as rodas giravam em elementos não rotativos. O eixo não rotativo pode prontamente ser desenhado e analisado como uma viga estática, e não receberá a atenção especial dada neste capítulo a eixos rotativos que estão sujeitos a carregamento de fadiga.

Não há realmente nada único em relação a um eixo que requeira qualquer tratamento especial além dos métodos básicos já desenvolvidos em capítulos anteriores. Contudo, por causa da ubiquidade do eixo em tantas aplicações de projeto de máquinas, existe alguma vantagem em dar ao eixo e seu projeto uma inspeção mais próxima. Um projeto completo de eixo tem muita interdependência como projeto dos componentes. O próprio projeto da máquina ditará que certas engrenagens, polias, mancais e outros elementos terão sido pelo menos parcialmente analisados e seus tamanhos e espaçamentos tentativamente determinados. O Capítulo 18 apresenta um estudo de caso completo de uma transmissão de potência, focando no processo global de projeto. Neste capítulo, detalhes do eixo serão examinados incluindo o seguinte:

- Seleção de material.
- Disposição geométrica.
- Tensão e resistência.
    - Resistência estática.
    - Resistência à fadiga.
- Deflexão e rigidez.
    - Deflexão flexional.
    - Deflexão torcional.
    - Inclinação em mancais e em elementos suportados do eixo.
    - Deflexão de cisalhamento devido a carregamento transversal de eixos curtos.
- Vibração devido à frequência natural.

Ao decidir sobre um procedimento para dimensionar eixo, é necessário compreender que uma análise de tensão em um ponto específico de um eixo pode ser feita utilizando apenas a geometria do eixo ao redor daquele ponto. Assim, a geometria do eixo completo não se faz necessária. No projeto é geralmente possível localizar as áreas críticas, dimensioná-las para atender aos requerimentos de resistência e, depois, dimensionar o restante do eixo para atender aos requerimentos dos elementos suportados pelo eixo.

As análises de deflexão e de inclinação não podem ser feitas até que a geometria do eixo completo tenha sido definida. Assim, deflexão é uma função da geometria *em toda parte*, enquanto a tensão em uma seção de interesse é uma função da *geometria local*. Por essa razão, o desenho de eixo permite primeiro uma consideração da tensão e, depois que valores para as dimensões do eixo foram estabelecidos, a determinação das deflexões e das inclinações pode ser feita.

7-2 Materiais de eixo

A deflexão não é afetada pela resistência, mas, ao contrário, pela rigidez como está representado pelo módulo de elasticidade, que é essencialmente constante para todos os aços. Por essa razão, a rigidez não pode ser controlada por meio de decisões relativas ao material, mas somente por decisões geométricas.

A resistência necessária para resistir às tensões de carregamento afeta a escolha de materiais e seus tratamentos. Muitos eixos são feitos de aço de baixo carbono, estirado a frio ou laminado a quente, tais como os aços AISI 1020-1050.

Enrijecimento significativo por tratamento térmico e conteúdo elevado de liga não é frequentemente garantido. A falha por fadiga é reduzida moderadamente pelo aumento na resistência e, em tal caso, somente até um certo nível antes que efeitos adversos no limite de endurança e na sensibilidade a entalhes comecem a se contrapor aos benefícios da resistência mais elevada. Uma boa prática é começar com um aço barato, baixo ou médio carbono para a primeira etapa por meio dos cálculos de projeto. Se considerações de resistência dominarem sobre as de deflexão, então um material de resistência mais elevada deve ser tentado, permitindo os tamanhos de eixos serem reduzidos até que a deflexão excessiva se torne um problema. O custo do material e seu processamento deve ser pesado contra a necessidade de diâmetros menores de eixo. Quando certificados, os aços-liga típicos para termo-tratamento incluem AISI 1340-50, 3140-50, 4140, 4340, 5140 e 8650.

Eixos usualmente não necessitam ter a superfície endurecida a menos que sirvam como o munhão verdadeiro de uma superfície de mancal. Escolhas típicas de material para endurecimento superficial incluem graus de carbonetação de AISI 1020, 4320, 4820 e 8620.

Aço estirado a frio é normalmente usado para diâmetro abaixo de três polegadas (75 mm). O diâmetro nominal da barra pode ser deixado sem usinar em áreas que não requeiram ajuste de componentes. Aço laminado a quente deve ser usinado por inteiro. Para eixos grandes requerendo muita remoção de material, as tensões residuais podem tender a causar empenamento. Se a concentricidade for importante, pode ser necessário usinagem bruta, seguida de termo-tratamento para remover tensões residuais e aumentar a resistência, depois usinagem de acabamento até as dimensões finais.

Ao abordar a seleção de material, a quantidade a ser produzida é um fator saliente. Para pequena produção, torneamento é o processo usual primário de conformação. Um ponto de vista econômico pode requerer remoção mínima de material. Alta produção pode permitir um método de conformação conservativo de volume (forjamento a quente ou a frio, fundição), e um mínimo de material no eixo pode se tornar uma meta de projeto. Ferro fundido pode ser especificado se a quantidade de produção for elevada e as engrenagens puderem ser integralmente fundidas com o eixo.

Propriedades do eixo localmente dependem de sua história – trabalho a frio, forjamento a frio, laminação de detalhes de adoçamento, tratamento térmico, incluindo meio de têmpera, agitação e regime de revenido.[1]

Aço inoxidável pode ser apropriado para alguns ambientes.

7–3 Disposição do eixo

A disposição geral de um eixo para acomodar os elementos de eixo, por exemplo, engrenagens, mancais e polias, deve ser especificada cedo no projeto a fim de realizar uma análise de forças de corpo livre e obter os diagramas de cisalhamento e momento. A geometria de um eixo é geralmente aquela de um cilindro escalonado. O uso de ressaltos de eixo é um meio excelente de localizar axialmente os elementos de eixo e para transmitir quaisquer cargas de axiais. A Figura 7–1 mostra o exemplo de um eixo escalonado suportando a engrenagem de um redutor de velocidade de engrenagem sem-fim. Cada ressalto no eixo serve a um propósito específico, que você deve tentar determinar por observação.

---

[1] Ver Joseph E. Shigley, Charles R. Mischke. Thomas H. Brown, Jr. (eds.), *Standard Handbook of Machine Design*, 3ª ed., Nova York: McGraw-Hill, 2004. Para predição de propriedade por trabalho a frio ver Capítulo 29, e para predição de propriedades por termo-tratamento ver os Capítulos 29 e 33.

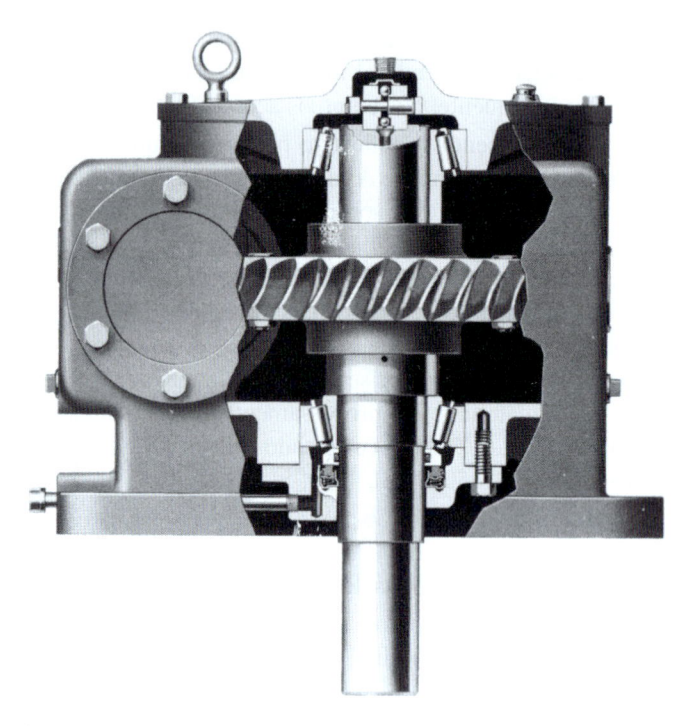

Figura 7–1 Um redutor vertical de velocidade de engrenagem sem-fim. (*Cortesia de Cleveland Gear Company.*)

(a)

(b)

ventilador

(c)

(d)

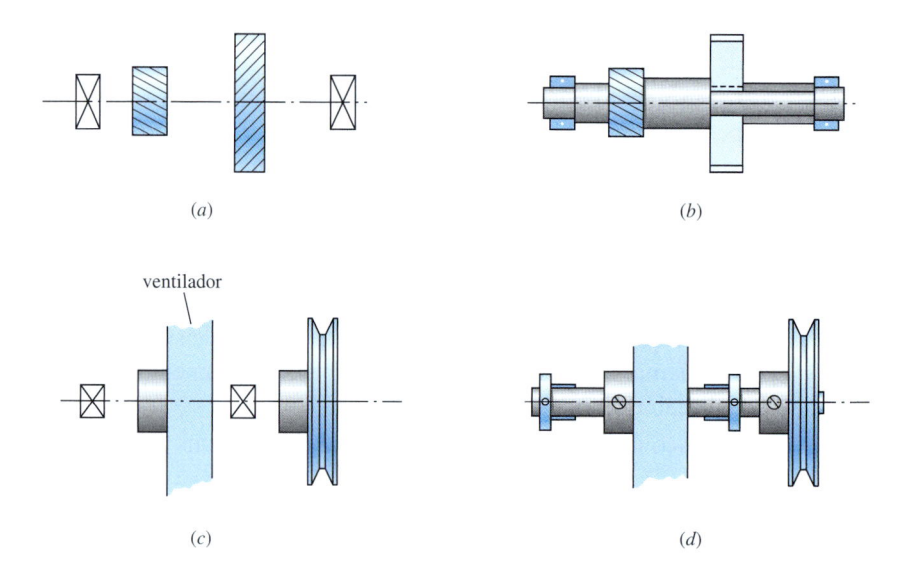

Figura 7–2 (*a*) Escolha uma configuração de eixo para suportar e localizar as duas engrenagens e os dois mancais. (*b*) A solução usa um pinhão integral, três ressaltos de eixo, chaveta e ranhura de chaveta e espaçador (manga). O compartimento localiza os mancais em seus anéis externos e recebe as cargas axiais.(*c*) Escolha a configuração de eixo de ventilador. (*d*) A solução usa mancais deslizantes, um eixo passante, colares de posicionamento, parafusos de fixação para colares, polia de ventilador e ventilador. A caixa do ventilador suporta os mancais deslizantes.

A configuração geométrica de um eixo a ser desenhado é em geral apenas uma revisão de modelos existentes nos quais um número limitado de mudanças deve ser feito. Se não houver projetos feitos para usar como um arranque, a determinação da disposição do eixo poderá ter muitas soluções. Esse problema é ilustrado pelos dois exemplos da Figura 7–2. Na Figura 7–2*a*, um eixo intermediário engrenado deve ser suportado por dois mancais. Na Figura 7–2*c*, um eixo de ventilador deve ser configurado. As soluções mostradas nas Figuras 7–2*b* e 7–2*d* não são necessariamente as melhores, mas ilustram como os dispositivos montados no eixo são fixados e localizados na direção axial, e que provisão é feita para transferir o torque de um elemento a outro. Não há regras absolutas para especificar a disposição geral, mas as recomendações seguintes podem ser úteis.

Disposição axial de componentes

O posicionamento axial de componentes é frequentemente ditado pela disposição do compartimento e por outros componentes engrenantes. Em geral, é melhor suportar componentes condutores de carga entre mancais, tal como na Figura 7–2a, em vez de em balanço fora dos mancais, tal como na Figura 7–2c. Polias e rodas dentadas frequentemente necessitam serem montadas fora por facilidade de instalação de correia ou corrente. O comprimento do balanço deve ser mantido curto para minimizar a deflexão.

Somente dois mancais devem ser usados na maioria dos casos. Para eixos extremamente longos carregando vários componentes de suporte de carga, pode ser necessário prover mais que dois mancais de suporte. Nesse caso, cuidado particular deve ser dado ao alinhamento dos mancais.

Eixos devem ser mantidos curtos para minimizar momentos flexores e deflexões. Algum espaço axial entre componentes é desejável para permitir o fluxo de lubrificante e fornecer espaço de acesso para desmontagem de componentes com um puxador. Componentes de suporte de carga devem ser colocados próximos a mancais, novamente para minimizar o momento flexor nas posições que provavelmente terão concentrações de tensão e para minimizar a deflexão nos componentes condutores de carga.

Os componentes devem ser situados acuradamente no eixo para alinhar totalmente com outros componentes acoplados e uma estipulação deve ser feita para seguramente manter as componentes em posição. O meio primário de situar as componentes é posicioná-las contra um ressalto do eixo. Um ressalto também provê um suporte sólido para minimizar deflexão e vibração da componente. Às vezes, quando as magnitudes das forças são razoavelmente baixas, encostos podem ser construídos com anéis de retenção em sulcos, espaçadores entre componentes ou colares de aperto. Nos casos em que as cargas axiais são muito pequenas, pode ser viável construir sem ressaltos plenamente e depender inteiramente de ajustes de pressão, pinos, ou colares com parafusos de fixação para manter uma localização axial. Veja as Figuras 7–2b e 7–2d para exemplos de alguns desses meios de localização axial.

Cargas axiais de suporte

Nos casos em que cargas axiais não são triviais, é necessário um meio de transferir as cargas axiais ao eixo, depois através de um mancal para o chão. Isso será particularmente necessário com engrenagens helicoidais ou biseladas (cônicas), ou mancais de rolos cônicos, visto que cada destes produz componentes de força axial. Frequentemente, o mesmo meio de fornecer localização axial, por exemplo, ressalto, anéis de retenção e pinos será usado também para transmitir a carga axial ao eixo.

É em geral melhor ter apenas um mancal para suportar a carga axial, a fim de permitir maiores tolerâncias nas dimensões de comprimento do eixo, e para prevenir confinamento no caso de o eixo expandir em razão de mudanças de temperatura. Isso é particularmente importante para eixos longos. As Figuras 7–3 e 7–4 mostram exemplos de eixos com somente um mancal conduzindo a carga axial contra um ressalto, enquanto o outro mancal está ajustado à pressão no eixo sem nenhum ressalto.

Provendo a transmissão de torque

A maioria dos eixos serve para transmitir torque de uma engrenagem de entrada ou polia, através do eixo, para uma engrenagem de saída ou polia; por isso, o eixo deve ser dimensiona-

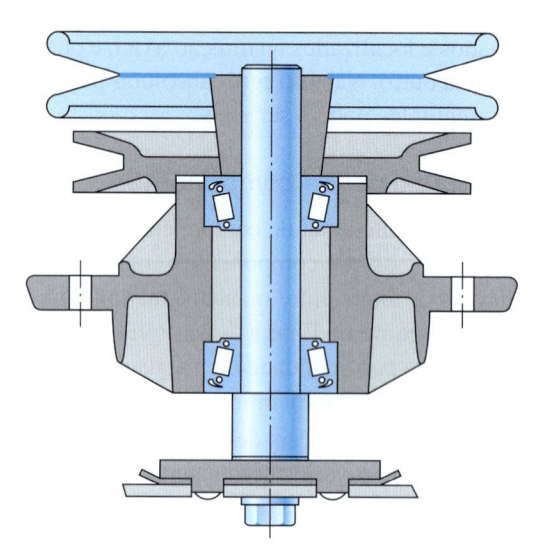

Figura 7–3 Mancais cônicos de rolo usados em um eixo curto de máquina de cortar grama. Este projeto representa uma boa prática para a situação na qual um ou mais elementos de transferência de torque devem ser montados externamente. (*Redesenhado a partir de material fornecido pela The Timken Company.*)

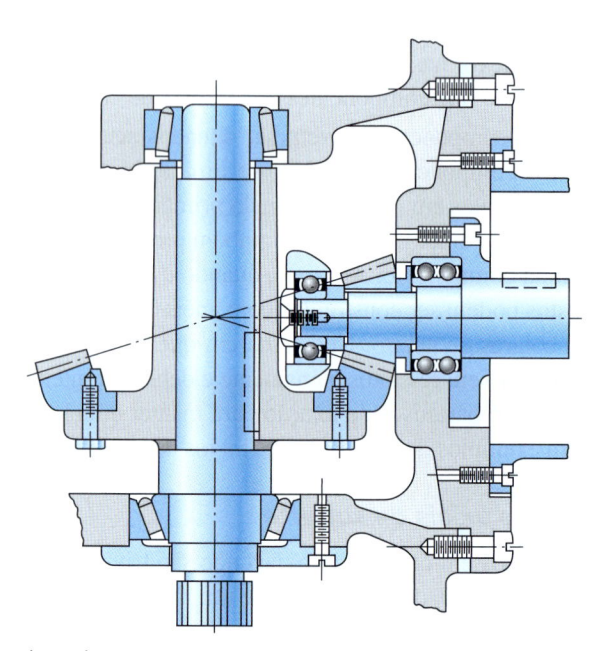

Figura 7–4 Uma transmissão de engrenagens cônicas (reta) na qual ambos, pinhão e engrenagem, são montados internamente. (*Redesenhado a partir de material fornecido pela Gleason Machine Division.*)

do para suportar a tensão torcional e a deflexão torcional. Também é necessário prover um meio de transmitir o torque entre o eixo e as engrenagens. Os elementos comuns de transferência de torque são:

- Chavetas.
- Estrias.
- Parafusos de fixação.
- Pinos.
- Ajustes de pressão e contração.
- Ajustes cônicos.

Além de transmitir torque, muitos desses dispositivos são desenhados para falhar caso o torque exceda limites operacionais aceitáveis, protegendo componentes mais caros.

Detalhes concernentes a componentes de mecânicos tais como *chavetas, pinos e parafusos de fixação* serão tratados em detalhe na Seção 7–7. Um dos meios mais efetivos e econômicos de transmitir níveis moderados a elevados de torque é por meio de uma chaveta que se ajusta em uma ranhura em um eixo e engrenagem. Componentes chavetados geralmente têm um ajuste deslizante no eixo, assim, a montagem e desmontagem tornam-se fáceis. A chaveta estipula a angular positiva de um componente, que é útil nos casos em que o sincronismo de ângulo de fase é importante.

Estrias são essencialmente seções de dentes de engrenagem formados no lado externo do eixo e no lado interno do cubo do componente transmissor de carga. Estrias geralmente são muito mais caras de manufaturar que chavetas, e usualmente não são necessárias para transmissões simples de torque. Elas são usadas tipicamente para transferir torques elevados. Uma característica da estria é que ela pode ser feita com um ajuste deslizante razoavelmente folgado para permitir amplo movimento axial entre o eixo e a componente enquanto ainda está transmitindo torque. Isso é útil ao conectar dois eixos cujo movimento relativo entre eles é comum, tais como ao conectar um eixo de saída de potência (PTO) de um trator a um implemento. SAE e ANSI publicam normas para estrias. Os fatores de concentração de tensão são maiores onde uma estria termina e se combina ao eixo, mas geralmente são bastante moderados.

Para os casos de transmissão de baixo torque, vários meios de transmitir o torque estão disponíveis. Eles incluem pinos, parafusos de fixação em cubos, ajustes cônicos e ajustes de pressão.

Ajustes por pressão e por *contração* para segurar cubos a eixos são usados para transferir torque e para preservar a localização axial. O fator resultante de concentração de tensão é usualmente bem pequeno. Veja a Seção 7–8 para obter recomendações concernentes ao dimensionamento apropriado e tolerância a fim de transmitir torque com ajustes de pressão e contração. Um método similar consiste em usar um cubo partido com parafusos para prender o cubo ao eixo. Esse método permite desmontagem e ajustes laterais. Um outro método similar usa um cubo de duas partes constituído de um membro partido interno que se assenta em um furo cônico. A montagem é então apertada ao eixo com parafusos, a qual força a parte interna à roda e prende a montagem completa contra o eixo.

Ajustes cônicos entre o eixo e o dispositivo montado ao eixo, tal qual um roda, são frequentemente usados na extremidade em balanço de um eixo. Roscas de parafuso na extremidade do eixo permitem o uso de uma porca para travar a roda apertadamente ao eixo. Essa abordagem é útil porque pode ser desmontada, mas não provê uma boa localização axial da roda no eixo.

Em estágios iniciais da disposição do eixo, é importante selecionar meios apropriados de transmitir torque e determinar como isso afeta o arranjo global do eixo. É necessário saber onde descontinuidades do eixo, tais como ranhuras de chavetas, furos e estrias, estarão a fim de determinar locais críticos para análise.

Montagem e desmontagem

Deve-se considerar o método de montar os componentes no eixo e a montagem do eixo na estrutura. Isso geralmente requer o maior diâmetro no centro do eixo, com diâmetros progressivamente menores em direção às extremidades para permitir os componentes deslizarem pelas extremidades. Se um ressalto for necessário em ambos os lados de um componente, um deles deve ser criado por meios tais como um anel de retenção ou por um espaçador entre dois componentes. A caixa de engrenagens necessitará meios para posicionar fisicamente o eixo em seus mancais, e os mancais na estrutura. Isso em geral é alcançado fornecendo acesso através da caixa ao mancal em uma extremidade do eixo. Veja as Figuras 7–5 a 7–8 para exemplos.

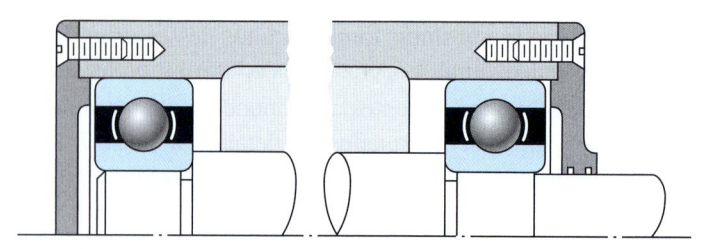

Figura 7–5 Arranjo mostrando anéis internos de mancal ajustados à pressão ao eixo enquanto os anéis externos flutuam na caixa. A folga axial deve ser suficiente apenas para permitir vibrações de maquinário. Note a vedação de labirinto à direita.

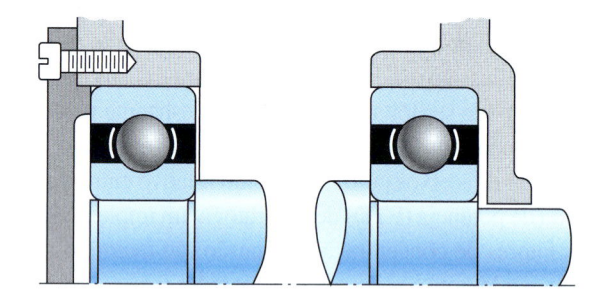

Figura 7–6 Similar ao arranjo da Figura 7–5, exceto que os anéis do mancal externo estão pré-carrregados.

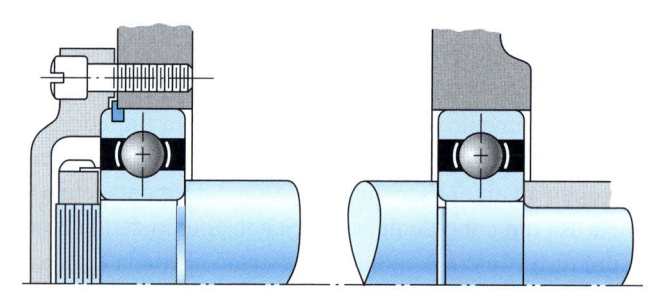

Figura 7–7 Neste arranjo o anel interno do mancal do lado esquerdo está travado no eixo entre uma porca e um ressalto de eixo. A porca de trava e a arruela são padrão AFBMA. O anel de engate na pista externa é usado para localizar positivamente a montagem do eixo na direção axial. Note o mancal do lado direito flutuando e as ranhuras retificadas no eixo.

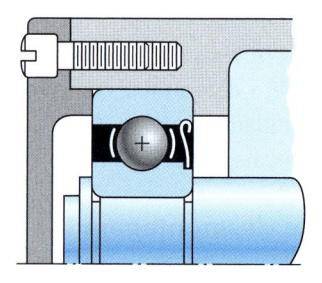

Figura 7–8 Este arranjo é similar ao da Figura 7–7, pelo fato de o mancal esquerdo posicionar a montagem completa do eixo. Neste caso, o anel interno é seguro ao eixo usando um anel de engate. Note o uso de uma blindagem para prevenir sujeira gerada de dentro da máquina entre no mancal.

Quando componentes são ajustadas à pressão ao eixo, o eixo deve ser desenhado tal que não seja necessário pressionar o componente abaixo de um longo comprimento de eixo. Isso pode requerer uma mudança adicional no diâmetro, mas reduzirá o custo de manufatura e montagem por somente requerer a tolerância apertada por um comprimento curto.

Deve-se considerar também a necessidade de desmontar as componentes do eixo. Isso leva em conta assuntos como acessibilidade dos anéis de retenção, espaço para puxadores para acessar mancais, aberturas na caixa para permitir pressionar o eixo ou mancais para sair etc.

7–4 Projeto do eixo por tensão

Locais críticos

Não é necessário avaliar as tensões de um eixo em cada ponto; uns poucos locais potencialmente críticos serão suficientes. Locais críticos estarão usualmente na superfície externa, em locais axiais onde o momento flexor é grande, em que o torque está presente, e onde concentrações de tensão existem. Por comparação direta de vários pontos ao longo do eixo, umas poucas localidades críticas podem ser identificadas sobre as quais basear o desenho. Uma avaliação das situações típicas de tensão ajudará.

A maioria dos eixos transmitirá torque por uma porção do eixo. Em geral o torque chega ao eixo em uma engrenagem e deixa o eixo em outra engrenagem. Um diagrama de corpo livre do eixo permitirá que o torque em qualquer seção seja determinado. O torque, com frequência, é relativamente constante na operação de estado estável. A tensão de cisalhamento devido à torção será máxima nas superfícies externas.

Os momentos flexores em um eixo podem ser determinados pelos diagramas de cisalhamento e momento flexor. Visto que a maioria dos problemas de eixo incorpora engrenagens e polias que introduzem forças em dois planos, os diagramas de cisalhamento e momento flexor geralmente serão necessários em dois planos. Momentos resultantes são obtidos somando momentos como vetores nos pontos de interesse ao longo do eixo. O ângulo de fase dos momentos não é importante pois o eixo roda. Um momento flexor estável produzirá uma tensão completamente reverso em um eixo rodando, visto que um elemento específico de tensão alternará de compressão a tração em cada revolução do eixo. A tensão normal em razão dos momentos flexores será máxima nas superfícies externas. Em situações em que um mancal está localizado na extremidade do eixo, tensões próximas ao mancal são frequentemente não críticas uma vez que o momento flexor é pequeno.

Tensões axiais em eixos em virtude de componentes axiais transmitidas através de engrenagens helicoidais ou mancais de rolos cônicos serão quase sempre desprezivelmente pequenas comparadas às tensões de momento flexor. Elas são em geral também constantes, assim contribuem pouco à fadiga. Consequentemente é aceitável desprezar as tensões axiais induzidas por engrenagens e mancais quando a flexão está presente em um eixo. Se uma carga axial é aplicada ao eixo de alguma outra maneira, não é seguro assumir que seja desprezível sem verificar as magnitudes.

Tensões em eixo

Flexão, torção e tensões axiais podem estar presentes em ambas as componentes média e alternante. Para análise, é simples o suficiente combinar os diferentes tipos de tensões em tensões alternante e média de von Mises, como é mostrado na Seção 6–14, p. 321. Às vezes, é conveniente apropriar as equações especificamente para aplicações de eixo. Cargas axiais são usualmente comparativamente muito pequenas em locais críticos em que flexão e torção dominam, assim serão deixadas fora das equações seguintes. As tensões flutuantes devido à flexão e torção são dadas por

$$\sigma_a = K_f \frac{M_a c}{I} \qquad \sigma_m = K_f \frac{M_m c}{I} \tag{7–1}$$

$$\tau_a = K_{fs}\frac{T_a r}{J} \qquad \tau_m = K_{fs}\frac{T_m r}{J} \qquad (7\text{--}2)$$

em que M_m e M_a são os momentos flexores médio e alternante, T_m e T_a são os torques médio e alternante, e K_f e K_{fs} são os fatores de concentração de tensão de fadiga para flexão e torção, respectivamente.[2]

Assumindo um eixo sólido com seção transversal circular, termos geométricos apropriados podem ser introduzidos para c, I, r e J, resultando em

$$\sigma_a = K_f \frac{32 M_a}{\pi d^3} \qquad \sigma_m = K_f \frac{32 M_m}{\pi d^3} \qquad (7\text{--}3)$$

$$\tau_a = K_{fs}\frac{16 T_a}{\pi d^3} \qquad \tau_m = K_{fs}\frac{16 T_m}{\pi d^3} \qquad (7\text{--}4)$$

Utilizando a teoria de falha da energia de distorção, a tensão de von Mises é dada pela Equação (5–15), p. 235, com $\sigma_x = \sigma$, a tensão de flexão, $\sigma_y = 0$, e $\tau_{xy} = \tau$, a tensão de cisalhamento torcional. Assim, para eixos circulares sólidos em rotação, desprezando forças axiais, as tensões flutuantes de von Mises são dadas por

$$\sigma'_a = (\sigma_a^2 + 3\tau_a^2)^{1/2} = \left[\left(\frac{32 K_f M_a}{\pi d^3}\right)^2 + 3\left(\frac{16 K_{fs} T_a}{\pi d^3}\right)^2 \right]^{1/2} \qquad (7\text{--}5)$$

$$\sigma'_m = (\sigma_m^2 + 3\tau_m^2)^{1/2} = \left[\left(\frac{32 K_f M_m}{\pi d^3}\right)^2 + 3\left(\frac{16 K_{fs} T_m}{\pi d^3}\right)^2 \right]^{1/2} \qquad (7\text{--}6)$$

Note que os fatores de concentração-tensão são, às vezes, considerados opcionais para as componentes médias com materiais dúcteis, por causa da capacidade do material dúctil de escoar localmente nas descontinuidades.

Essas tensões equivalentes, alternante e média, podem ser avaliadas usando uma curva de falha apropriada no diagrama de Goodman modificado (ver Seção 6–12, p. 306, e Figura 6–27). Por exemplo, o critério de falha por fadiga para a linha de Goodman modificado como está expresso previamente na Equação (6–46) é

$$\frac{1}{n} = \frac{\sigma'_a}{S_e} + \frac{\sigma'_m}{S_{ut}}$$

Substituindo σ'_a e σ'_m das Equações (7–5) e (7–6) resulta em

$$\frac{1}{n} = \frac{16}{\pi d^3}\left\{ \frac{1}{S_e}\left[4(K_f M_a)^2 + 3(K_{fs} T_a)^2\right]^{1/2} + \frac{1}{S_{ut}}\left[4(K_f M_m)^2 + 3(K_{fs} T_m)^2\right]^{1/2} \right\}$$

Para propósitos de projeto, é também desejável resolver a equação para o diâmetro. Isso resulta em

$$d = \left(\frac{16 n}{\pi}\left\{ \frac{1}{S_e}\left[4(K_f M_a)^2 + 3(K_{fs} T_a)^2\right]^{1/2} \right.\right.$$
$$\left.\left. + \frac{1}{S_{ut}}\left[4(K_f M_m)^2 + 3(K_{fs} T_m)^2\right]^{1/2} \right\} \right)^{1/3}$$

---

[2] N. de T.: Os subscritos dos esforços internos provêm do caráter das tensões a eles associados e não do caráter temporal desses.

Expressões similares podem ser obtidas para quaisquer dos critérios comuns de falha substituindo as tensões de von Mises das Equações (7–5) e (7–6) em quaisquer dos critérios de falha expressos pelas Equações (6–45) a (6–48), p. 309–310. As equações resultantes para várias das curvas de falhas comumente usadas estão sumarizadas abaixo. O nome dado a cada conjunto de equações identifica a teoria de falha significativa, seguida por um nome do lugar de falha por fadiga. Por exemplo, DE-Gerber indica que as tensões são combinadas usando a energia de distorção (DE), e o critério de Gerber é usado para a falha por fadiga.

DE-Goodman

$$\frac{1}{n} = \frac{16}{\pi d^3} \left\{ \frac{1}{S_e} \left[4(K_f M_a)^2 + 3(K_{fs} T_a)^2 \right]^{1/2} + \frac{1}{S_{ut}} \left[4(K_f M_m)^2 + 3(K_{fs} T_m)^2 \right]^{1/2} \right\} \quad (7\text{--}7)$$

$$d = \left(\frac{16n}{\pi} \left\{ \frac{1}{S_e} \left[4(K_f M_a)^2 + 3(K_{fs} T_a)^2 \right]^{1/2} + \frac{1}{S_{ut}} \left[4(K_f M_m)^2 + 3(K_{fs} T_m)^2 \right]^{1/2} \right\} \right)^{1/3} \quad (7\text{--}8)$$

DE-Gerber

$$\frac{1}{n} = \frac{8A}{\pi d^3 S_e} \left\{ 1 + \left[1 + \left(\frac{2B S_e}{A S_{ut}} \right)^2 \right]^{1/2} \right\} \quad (7\text{--}9)$$

$$d = \left(\frac{8nA}{\mu S_e} \left\{ 1 + \left[1 + \left(\frac{2B S_e}{A S_{ut}} \right)^2 \right]^{1/2} \right\} \right)^{1/3} \quad (7\text{--}10)$$

em que

$$A = \sqrt{4(K_f M_a)^2 + 3(K_{fs} T_a)^2}$$

$$B = \sqrt{4(K_f M_m)^2 + 3(K_{fs} T_m)^2}$$

DE-ASME Elíptico

$$\frac{1}{n} = \frac{16}{\pi d^3} \left[4\left(\frac{K_f M_a}{S_e} \right)^2 + 3\left(\frac{K_{fs} T_a}{S_e} \right)^2 + 4\left(\frac{K_f M_m}{S_y} \right)^2 + 3\left(\frac{K_{fs} T_m}{S_y} \right)^2 \right]^{1/2} \quad (7\text{--}11)$$

$$d = \left\{ \frac{16n}{\pi} \left[4\left(\frac{K_f M_a}{S_e} \right)^2 + 3\left(\frac{K_{fs} T_a}{S_e} \right)^2 + 4\left(\frac{K_f M_m}{S_y} \right)^2 + 3\left(\frac{K_{fs} T_m}{S_y} \right)^2 \right]^{1/2} \right\}^{1/3} \quad (7\text{--}12)$$

DE-Soderberg

$$\frac{1}{n} = \frac{16}{\pi d^3} \left\{ \frac{1}{S_e} \left[4(K_f M_a)^2 + 3(K_{fs} T_a)^2 \right]^{1/2} + \frac{1}{S_y} \left[4(K_f M_m)^2 + 3(K_{fs} T_m)^2 \right]^{1/2} \right\} \quad (7\text{--}13)$$

$$d = \left(\frac{16n}{\pi}\left\{\frac{1}{S_e}\left[4(K_f M_a)^2 + 3(K_{fs} T_a)^2\right]^{1/2}\right.\right.$$
$$\left.\left.+ \frac{1}{S_y}\left[4(K_f M_m)^2 + 3(K_{fs} T_m)^2\right]^{1)2}\right\}\right)^{1/3} \qquad (7\text{--}14)$$

Para um eixo rodando com torção e flexão constantes, a tensão de flexão é completamente reversa e a torção é estável. As Equações (7–7) até (7–14) podem ser simplificadas colocando-se M_m e T_a igual a 0, que elimina alguns dos termos.

Note que em uma situação de análise na qual o diâmetro é conhecido e o fator de segurança é desejado, como alternativa de uso das equações especializadas acima, é sempre ainda válido calcular as tensões alternante e média usando as Equações (7–5) e (7–6) e as substituindo em uma das equações para os critérios de falha, Equações (6–45) a (6–48), e resolvendo diretamente para n. Em uma situação de projeto, contudo, ter as equações pré-resolvidas para o diâmetro resulta bastante útil.

É sempre necessário considerar a possibilidade de falha estática no primeiro ciclo de carga. O critério de Soderberg inerentemente se resguarda contra o escoamento, como pode ser visto na sua curva de falha que está conservativamente dentro da linha (Langer) de escoamento na Figura 6–27, p. 308. A ASME elíptica também leva o escoamento em conta, mas não é inteiramente conservativa por todo seu intervalo. Isso é evidente ao notar que ela cruza a linha de escoamento na Figuras 6–27. Os critérios de Gerber e Goodman modificado não se resguardam contra o escoamento, requerendo uma verificação separada para escoamento. Uma tensão máxima de von Mises é calculada para este propósito

$$\sigma'_{max} = \left[(\sigma_m + \sigma_a)^2 + 3(\tau_m + \tau_a)^2\right]^{1/2}$$
$$= \left[\left(\frac{32 K_f (M_m + M_a)}{\pi d^3}\right)^2 + 3\left(\frac{16 K_{fs}(T_m + T_a)}{\pi d^3}\right)^2\right]^{1/2} \qquad (7\text{--}15)$$

Para verificar o escoamento, esta tensão máxima de von Mises é comparada à resistência de escoamento, como usual.

$$n_y = \frac{S_y}{\sigma'_{max}} \qquad (7\text{--}16)$$

Para uma verificação rápida, conservativa, uma estimativa para σ'_{max} pode ser obtida simplesmente adicionando σ'_a e σ'_m. $(\sigma'_a + \sigma'_m)$ será sempre maior que ou igual a σ'_{max}, e por isso será conservativa.

EXEMPLO 7–1

Em um ressalto usinado de eixo, o diâmetro menor d é 28 mm, o diâmetro maior D é 42 mm, e o raio do adoçamento é 2,8 mm. O momento flexor é 142,4 N·m e o momento estável de torção é 124,3 N·m. O eixo de aço termo-tratado tem uma resistência última S_{ut} = 735 MPa e uma resistência ao escoamento de S_y = 574 MPa. A meta de confiabilidade é de 0,99.

(a) Determine o fator de segurança à fadiga do projeto usando cada um dos critérios de falha por fadiga descritos nesta seção.

(b) Determine o fator de segurança de escoamento.

Solução (a) $D/d = 42/28 = 1{,}50$, $r/d = 2{,}8/28 = 0{,}10$, $K_t = 1{,}68$ (Figura A–13–9), $K_{ts} = 1{,}42$ (Figura A–13–8), $q = 0{,}85$ (Figura 6–20), $q_{\text{cisalhamento}} = 0{,}92$ (Figura 6–21).

Então, da Equação (6–32),

$$K_f = 1 + 0{,}85(1{,}68 - 1) = 1{,}58$$

$$K_{fs} = 1 + 0{,}92(1{,}42 - 1) = 1{,}39$$

Equação (6–8): $\quad S'_e = 0{,}5(735) = 367{,}5 \text{ MPa}$

Equação (6–19): $\quad k_a = 4{,}51(735)^{-0{,}265} = 0{,}787$

Equação (6–20): $\quad k_b = \left(\dfrac{28}{7{,}62}\right)^{-0{,}107} = 0{,}870$

$$k_c = k_d = k_f = 1$$

Tabela 6–6: $\quad k_e = 0{,}814$

$$S_e = 0{,}787(0{,}870)0{,}814(367{,}5) = 205 \text{ MPa}$$

Para um eixo rodando, o momento flexor constante criará uma tensão de flexão completamente reversa.

$$M_a = 142{,}4 \text{ N}\cdot\text{m} \qquad T_m = 124{,}3 \text{ N}\cdot\text{m} \qquad M_m = T_a = 0$$

Aplicando a Equação (7–7) para o critério DE-Goodman dá

$$\dfrac{1}{n} = \dfrac{16}{\pi(0{,}028)^3} \left\{ \dfrac{[4(1{,}58 \cdot 142{,}4)^2]^{1/2}}{205 \times 10^6} + \dfrac{[3(1{,}39 \cdot 124{,}3)^2]^{1/2}}{735 \times 10^6} \right\} = 0{,}615$$

Resposta $\qquad n = 1{,}62 \qquad$ DE-Goodman

Similarmente, aplicando as Equações (7–9), (7–11) e (7–13) para os outros critérios de falha,

Resposta $\qquad n = 1{,}87 \qquad$ DE-Gerber

Resposta $\qquad n = 1{,}88 \qquad$ DE-ASME Elíptico

Resposta $\qquad n = 1{,}56 \qquad$ DE-Soderberg

Para comparação, considere uma abordagem equivalente de cálculo das tensões e aplicação dos critérios de falha por fadiga diretamente. Com base nas Equações (7–5) e (7–6)

$$\sigma'_a = \left[\left(\dfrac{32 \cdot 1{,}58 \cdot 142{,}4}{\pi(0{,}028)^3}\right)^2\right]^{1/2} = 104{,}4 \text{ MPa}$$

$$\sigma'_m = \left[3\left(\dfrac{16 \cdot 1{,}39 \cdot 124{,}3}{\pi(0{,}028)^3}\right)^2\right]^{1/2} = 69{,}4 \text{ MPa}$$

Tomando, por exemplo, o critério de falha de Goodman, a aplicação da Equação (6–46) dá

$$\frac{1}{n} = \frac{\sigma'_a}{S_e} + \frac{\sigma'_m}{S_{ut}} = \frac{104,4}{205} + \frac{69,4}{735} = 0,604$$

$$n = 1,62$$

que é idêntica ao resultado prévio. O mesmo processo pode ser usado para outros critérios de falha.

(b) Para o fator de segurança de escoamento, determine uma tensão máxima equivalente de von Mises usando a Equação (7–15).

$$\sigma'_{max} = \left[\left(\frac{32(1,58)(142,4)}{\pi(0,028)^3}\right)^2 + 3\left(\frac{16(1,39)(124,3)}{\pi(0,028)^3}\right)^2\right]^{1/2} = 125,4 \text{ MPa}$$

Resposta

$$n_y = \frac{S_y}{\sigma'_{max}} = \frac{574}{125,4} = 4,58$$

Por comparação, uma verificação rápida e muito conservativa sobre escoamento pode ser obtida trocando σ'_{max} por $\sigma'_a + \sigma'_m$. Isso apenas economiza o tempo a mais de calcular σ'_{max} se σ'_a e σ'_m já tenham sido determinados. Para este exemplo,

$$n_y = \frac{S_y}{\sigma'_a + \sigma'_m} = \frac{574}{104,4 + 69,4} = 3,3$$

que é bastante conservativo comparado com $n_y = 4,58$.

Estimando concentrações de tensão

O processo de análise de tensão por fadiga é altamente dependente das concentrações de tensão. Concentrações de tensão por ressaltos e ranhuras de chavetas são dependentes das especificações de tamanho que não são conhecidas na primeira etapa pelo processo. Felizmente, visto que esses elementos costumam ser de proporções padronizadas, é possível estimar os fatores de concentração de tensão para o projeto inicial do eixo. Essas concentrações de tensão serão ajustadas em iterações sucessivas, uma vez que os detalhes sejam conhecidos.

Ressaltos para suporte de mancal e engrenagem devem equiparar as recomendações de catálogo para o mancal específico ou engrenagem. Um olhar pelos catálogos de mancal mostra que um mancal típico requer que a razão de D/d esteja entre 1,2 e 1,5. Para uma primeira aproximação, o pior caso de 1,5 pode ser assumido. Similarmente, o raio de adoçamento no ressalto necessita ser dimensionado para evitar interferência com o raio de adoçamento do componente acoplado. Há uma variação significativa em mancais típicos na razão de raio de adoçamento *versus* diâmetro de furo, com r/d tipicamente variando de cerca de 0,02 a 0,06. As cartas de concentração de tensão (Figuras A–15–8 e A–15–9) mostram que as concentrações de tensão para flexão e torção aumentam significativamente neste intervalo. Por exemplo, com $D/d = 1,5$ para flexão, $K_t = 2,7$ em $r/d = 0,02$, e reduz a $K_t = 2,1$ em $r/d = 0,05$ e ainda mais a $K_t = 1,7$ em $r/d = 0,1$. Isso indica que essa é uma área onde alguma atenção ao detalhe poderia fazer diferença significante. Felizmente, na maioria dos casos os diagramas de cisalhamento e momento flexor são bem baixos perto dos mancais, visto que os momentos flexores das forças de reação do apoio são pequenos.

Em casos em que o ressalto no mancal é crítico, o projetista deve planejar a seleção de um mancal com raio de adoçamento generoso, ou considerar um raio de adoçamento maior

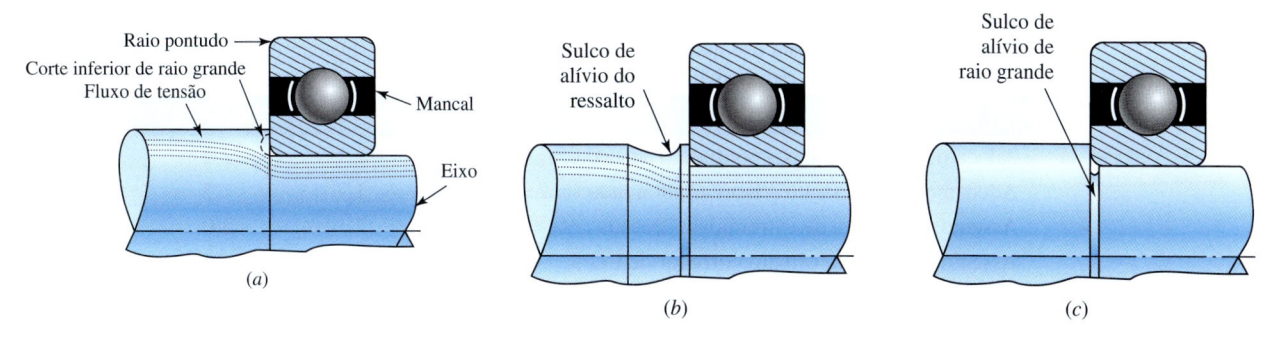

Figura 7–9 Técnicas para reduzir a concentração de tensão em um ressalto suportando um mancal com um raio pontudo: (*a*) corte inferior de raio grande em direção ao ressalto, (*b*) sulco de alívio de raio grande em direção às costas do ressalto, (*c*) sulco de alívio de raio grande em direção ao diâmetro menor.

no eixo reduzindo-o em direção à base do ressalto, como mostra a Figura 7–9*a*. Isso efetivamente cria uma zona morta na área do ressalto, que não conduz tensões de flexão, mostrado pelas linhas de fluxo de tensão. Um sulco de alívio de ressalto indicado na Figura 7–9*b* pode alcançar um propósito similar. Outra opção é cortar um sulco de alívio de raio grande em direção ao diâmetro pequeno do eixo, como mostra a Figura 7–9*c*. Isso tem a desvantagem de reduzir a área da seção transversal, mas é frequentemente usado em casos em que é útil prover um sulco de alívio antes do ressalto para prevenir a operação de retífica ou de torneamento, de precisar seguir todo o caminho até o ressalto.

Para o adoçamento padrão de ressalto, ao estimar valores de K_t para a primeira iteração, uma razão r/d deve ser selecionada de modo que os valores de K_t possam ser obtidos. Para a extremidade pior do espectro, com $r/d = 0,02$ e $D/d = 1,5$, os valores de K_t das cartas de concentração de tensão para ressaltos indicam 2,7 para flexão, 2,2 para torção e 3,0 para axial.

Uma ranhura de chaveta produzirá uma concentração de tensão próxima a um ponto crítico onde o componente transmissor de carga estiver localizado. A concentração de tensão em um assento de chaveta de extremidade fresada é uma função da razão do raio r no fundo do sulco e o diâmetro do eixo d. Para estágios iniciais do processo de projeto, é possível estimar a concentração de tensão para ranhuras de chaveta sem considerar as dimensões reais do eixo assumindo uma razão típica de $r/d = 0,02$. Isso dá $K_t = 2,14$ para flexão e $K_{ts} = 3,0$ para torção, assumindo que a chaveta esteja no lugar.

As Figuras A–15–16 e A–15–17 dão valores para as concentrações de tensão de sulcos de fundo plano tais como usados para anéis de retenção. Ao examinar as especificações típicas de anéis de retenção em catálogos de vendedores, pode ser visto que a largura de sulco é em geral ligeiramente maior que a profundidade de sulco, e o raio no fundo do sulco é ao redor de 1/10 da largura de sulco. As Figuras A–15–16 e A–15–17 mostram que os fatores de concentração de tensão para as dimensões típicas de anéis de retenção estão ao redor de 5 para flexão e axial, e 3 para torção. Felizmente, o raio pequeno levará muitas vezes a uma menor sensibilidade a entalhe, reduzindo K_f.

A Tabela 7–1 resume alguns fatores típicos de concentração de tensão para a primeira iteração no projeto de um eixo. Estimativas similares podem ser feitas para outras características. O detalhe é notar que as concentrações de tensão são essencialmente normalizadas de modo que elas são dependentes das razões das características geométricas, e não das dimensões específicas. Consequentemente, ao estimar as razões apropriadas, os valores de primeira iteração para concentrações de tensão podem ser obtidos. Esses valores podem ser usados para o projeto inicial, depois se inserem os valores reais uma vez os diâmetros tenham sido determinados.

Tabela 7–1 Estimativas da primeira iteração para fatores de concentração de tensão K_t and K_{ts}. *Aviso:* Estes fatores são somente estimativos para uso quando as dimensões reais ainda não estiverem determinadas. *Não os utilize quando as dimensões reais estiverem disponíveis.*

	Flexional	Torcional	Axial
Adoçamento de ressalto – pontudo ($r/d = 0{,}02$)	2,7	2,2	3,0
Adoçamento de ressalto – bem arredondado ($r/d = 0{,}1$)	1,7	1,5	1,9
Assento de chaveta de extremidade fresada ($r/d = 0{,}02$)	2,14	3,0	–
Assento de chaveta formato corredor de trenó	1,7	–	–
Sulco de anel retentor	5,0	3,0	5,0

Valores ausentes na tabela não estão disponíveis facilmente.

EXEMPLO 7-2

Este problema de exemplo é parte de um estudo de caso maior. Veja o Capítulo 18 para o contexto completo.

Um projeto de caixa de engrenagem de redução dupla foi desenvolvido para que tivesse a disposição geral e as dimensões axiais do eixo intermediário carregando as duas engrenagens de corte reto propostas, como mostra a Figura 7–10. As engrenagens e mancais estão localizados e suportados por ressaltos e mantidas no lugar por anéis de retenção. As engrenagens transmitem torque por chavetas. As engrenagens foram especificadas para permitir que as forças tangenciais e radiais transmitidas através delas ao eixo sejam determinadas como se segue

$$W_{23}^t = 540 \text{ lbf} \qquad W_{54}^t = 2431 \text{ lbf}$$

$$W_{23}^r = 197 \text{ lbf} \qquad W_{54}^r = 885 \text{ lbf}$$

em que os sobrescritos *t* e *r* representam as direções tangencial e radial, respectivamente; e os subscritos 23 e 54 representam as forças exercidas pelas engrenagens 2 e 5 (não mostradas) nas engrenagens 3 e 4, respectivamente.

De início à próxima fase do projeto, na qual um material apropriado é selecionado e diâmetros apropriados para cada seção do eixo são estimados a fim de prover suficiente capacidade de fadiga e de tensão estática para vida infinita do eixo, com fatores mínimos de segurança de 1,5.

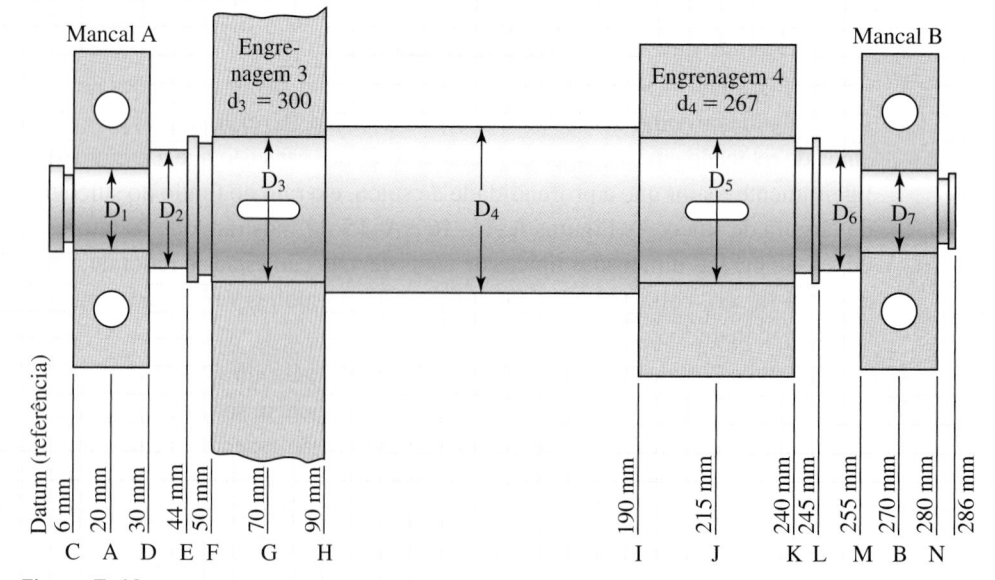

Figura 7–10 Disposição do eixo para o Exemplo 7–2. Dimensões em milímetros.

Solução

Efetue a análise do diagrama de corpo livre para obter as forças de reação nos mancais.

$R_{Az} = 422$ N

$R_{Ay} = 1\,439$ N

$R_{Bz} = 8\,822$ N

$R_{By} = 3\,331$ N

De ΣM_x, encontre o torque no eixo entre as engrenagens $T = W^t_{23}(d_3/2) = 2\,400\,(0{,}3/2) = 360$ N·m.

Gere os diagramas de forças cortantes, momentos para dois planos.

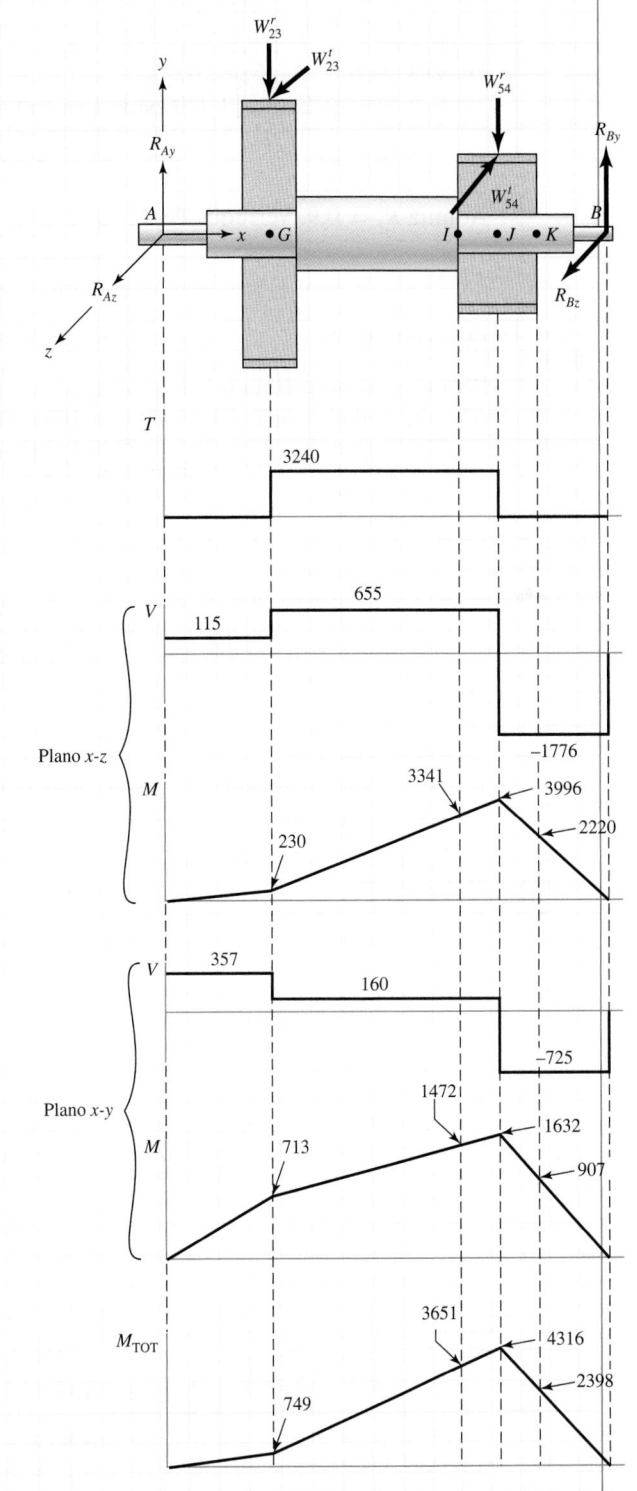

Combine os planos ortogonais como vetores para obter os momentos totais, por exemplo, em J, $\sqrt{485^2 + 183^2} = 518$ N·m

Comece com o ponto I, onde o momento flexor é alto, existe uma concentração de tensão no ressalto e o torque está presente.

Em I, $M_a = 468$ N·m, $T_m = 360$ N·m, $M_m = T_a = 0$

Assuma o raio generoso de adoçamento para a engrenagem em *I*.

Da Tabela 7-1, estime $K_t = 1,7$, $K_{ts} = 1,5$. Para um primeiro passo rápido, conservativo, assuma $K_f = K_t$, $K_{fs} = K_{ts}$.

Escolha aço barato, 1 020 estirado a frio (CD), com $S_{ut} = 469$ MPa. Para S_e,

Equação (6–19) $\qquad k_a = aS_{ut}^b = 4{,}51\,(469)^{-0,265} = 0{,}883$

Admita $K_b = 0,9$. Verifique depois quando *d* for conhecido.

$$k_c = k_d = k_e = 1$$

Equação (6–18) $\qquad S_e = (0{,}883)(0{,}9)(0{,}5)(469) = 186$ MPa

Para a primeira estimativa do diâmetro menor no ressalto no ponto *I*, use o critério DE-Goodman da Equação (7–8). Esse critério é bom para o desenho inicial, visto que é simples e conservativo. Com $M_m = T_a = 0$, a Equação (7–8) se reduz a

$$d = \left\{ \frac{16n}{\pi} \left(\frac{2\left(K_f M_a\right)}{S_e} + \frac{\left[3\left(K_{fs} T_m\right)^2\right]^{1/2}}{S_{ut}} \right) \right\}^{1/3}$$

$$d = \left\{ \frac{16(1{,}5)}{\pi} \left(\frac{2\,(1{,}7)\,(468)}{186 \times 10^6} + \frac{\left\{3\,[(1{,}5)\,(360)]^2\right\}^{1/2}}{469 \times 10^6} \right) \right\}^{1/3}$$

$$d = 0{,}0432 \text{ m} = 43{,}2 \text{ mm}$$

Todas as estimativas provavelmente foram conservativas, assim selecione o seguinte tamanho padronizado abaixo de 43,2 mm e verifique, $d = 42$ mm.

Uma razão típica *D/d* para suporte em um ressalto é $D/d = 1,2$, assim $D = 1{,}2 \times 42 = 50{,}4$ mm. Use $D = 50$. Um diâmetro nominal de eixo estirado a frio de 50 mm pode ser usado. Verifique se as estimativas são aceitáveis.

$$D/d = 50/42 = 1{,}19$$

Assuma o raio de adoçamento $\qquad r = d/10 \cong 4 \text{ mm} \qquad r/d = 0{,}1$

$\qquad K_t = 1{,}6$ (Figura A–15–9), $q = 0{,}82$ (Figura 6–20)

Equação (6–32) $\qquad K_f = 1 + 0{,}82(1{,}6 - 1) = 1{,}49$

$\qquad K_{ts} = 1{,}35 \quad$ (Figura A–15–8), $q_s = 0{,}95$ (Figura 6–21)

$\qquad K_{fs} = 1 + 0{,}95(1{,}35 - 1) = 1{,}33$

$\qquad k_a = 0{,}883$ (sem mudança)

Equação (6–20) $\qquad k_b = \left(\dfrac{42}{7{,}62}\right)^{-0,107} = 0{,}833$

$\qquad S_e = (0{,}883)(0{,}833)(0{,}5)(469) = 172$ MPa

Equação (7–5) $\qquad \sigma_a' = \dfrac{32 K_f M_a}{\pi d^3} = \dfrac{32(1{,}49)(468)}{\pi (0{,}042)^3} = 96$ MPa

Equação (7–6) $\qquad \sigma_m' = \left[3\left(\dfrac{16 K_{fs} T_m}{\pi d^3}\right)^2\right]^{1/2} = \dfrac{\sqrt{3}(16)(1{,}33)(360)}{\pi(0{,}042)^3} = 57$ MPa

Usando o critério de Goodman

$$\frac{1}{n_f} = \frac{\sigma'_a}{S_e} + \frac{\sigma'_m}{S_{ut}} = \frac{96}{172} + \frac{57}{469} = 0{,}68$$

$$n_f = 1{,}47$$

Note que poderíamos ter usado a Equação (7–7) diretamente.

Verifique escoamento.

$$n_y = \frac{S_y}{\sigma'_{\max}} > \frac{S_y}{\sigma'_a + \sigma'_m} = \frac{363}{96 + 57} = 2{,}57$$

Também verifique o diâmetro na extremidade da ranhura de chaveta, à direita do ponto *I* e no sulco no ponto *K*. Do diagrama de momento, estime *M* na extremidade da ranhura de chaveta como $M = 443$ N·m.

Assuma que o raio no fundo da ranhura de chaveta será o padronizado $r/d = 0{,}02$, $r = 0{,}02$, $d = 0{,}02 (42) = 0{,}84$ mm.

$$K_t = 2{,}14 \text{ (Figura A-15-18)}, \quad q = 0{,}65 \text{ (Figura 6–20)}$$

$$K_f = 1 + 0{,}65(2{,}14 - 1) = 1{,}74$$

$$K_{ts} = 3{,}0 \text{ (Figura A-15-19)}, \quad q_s = 0{,}9 \text{ (Figura 6–21)}$$

$$K_{fs} = 1 + 0{,}9(3 - 1) = 2{,}8$$

$$\sigma'_a = \frac{32 K_f M_a}{\pi d^3} = \frac{32(1{,}74)(443)}{\pi(0{,}042)^3} = 106 \text{ MPa}$$

$$\sigma'_m = \sqrt{3}(16)\frac{K_{fs} T_m}{\pi d^3} = \frac{\sqrt{3}(16)(2{,}8)(443)}{\pi(0{,}042)^3} = 148 \text{ MPa}$$

$$\frac{1}{n_f} = \frac{\sigma'_a}{S_e} + \frac{\sigma'_m}{S_{ut}} = \frac{106}{172} + \frac{148}{469} = 0{,}93$$

$$n_f = 1{,}08$$

A ranhura de chaveta resulta ser mais crítica que o ressalto. Podemos ou aumentar o diâmetro, ou usar um material de resistência mais elevada. A menos que a análise de deflexão mostre uma necessidade por diâmetros maiores, vamos escolher aumentar a resistência. Começamos com uma resistência muito baixa e podemos permitir-nos aumentá-la em algo para evitar tamanhos maiores. Tente 1050 estirado a frio (CD), com $S_{ut} = 690$ MPa.

Recalcule os fatores afetados por S_{ut}, isto é, $k_a \rightarrow S_e; q \rightarrow K_f \rightarrow \sigma'_a$

$$k_a = 4{,}51(690)^{-0{,}265} = 0{,}797, \quad S_e = 0{,}797(0{,}833)(0{,}5)(690) = 229 \text{ MPa}$$

$$q = 0{,}72, \quad K_f = 1 + 0{,}72(2{,}14 - 1) = 1{,}82$$

$$\sigma'_a = \frac{32(1{,}82)(443)}{\pi(0{,}042)^3} = 110{,}8 \text{ MPa}$$

$$\frac{1}{n_f} = \frac{110{,}8}{229} + \frac{148}{690} = 0{,}7$$

$$n_f = 1{,}43$$

Visto que o critério de Goodman é conservativo, aceitaremos isto como próximo o suficiente para o requisito 1,5.

Verifique no sulco em *K*, pois K_t para sulcos de fundo plano são frequentemente muito altos. Do diagrama de torque, note que nenhum torque está presente no sulco. Do diagrama de momento, $M_a = 283$ N·m, $M_m = T_a = T_m = 0$. Para verificar rapidamente se essa localidade é potencialmente crítica, use $K_f = K_t = 5{,}0$ como uma estimativa, da Tabela 7-1.

$$\sigma_a = \frac{32 K_f M_a}{\pi d^3} = \frac{32(5)(283)}{\pi (0{,}042)^3} = 194{,}5 \text{ MPa}$$

$$n_f = \frac{S_e}{\sigma_a} = \frac{229}{194{,}5} = 1{,}18$$

Esse é baixo. Buscaremos por dados para um anel retentor específico para obter K_f mais acuradamente. Com uma busca rápida em linha de uma especificação de anel retentor usando a página www.globalspec.com, especificações apropriadas de sulco para um anel retentor para um diâmetro de eixo de 42 mm são obtidas como se segue: largura, $a = 1{,}73$ mm; profundidade, $t = 1{,}22$ mm; e raio de canto no fundo do sulco, $r = 0{,}25$ mm.

Da Figura A–15–16, com $r/t = 0{,}25/1{,}22 = 0{,}205$, e $a/t = 1{,}73/1{,}22 = 1{,}42$

$$K_t = 4{,}3, \ q = 0{,}65 \text{ (Figura 6–20)}$$
$$K_f = 1 + 0{,}65(4{,}3 - 1) = 3{,}15$$
$$\sigma_a = \frac{32 K_f M_a}{\pi d^3} = \frac{32(3{,}15)(283)}{\pi (0{,}042)^3} = 122{,}6 \text{ MPa}$$
$$n_f = \frac{S_e}{\sigma_a} = \frac{229}{122{,}6} = 1{,}87$$

Verifique rapidamente se o ponto *M* pode ser crítico. Somente a flexão está presente, e o momento é pequeno, mas o diâmetro é pequeno e a concentração de tensão é alta para um adoçamento pontudo requerido para um mancal. Do diagrama de momento, $M_a = 113$ N·m e $M_m = T_m = T_a = 0$.

Estime $k_t = 2{,}7$ da Tabela 7–1, $d = 25$ mm, e o raio de adoçamento *r* para caber em um mancal típico.

$$r/d = 0{,}02, \ r = 0{,}02(25) = 0{,}5$$
$$q = 0{,}7 \text{ (Figura 6–20)}$$
$$K_f = 1 + (0{,}7)(2{,}7 - 1) = 2{,}19$$
$$\sigma_a = \frac{32 K_f M_a}{\pi d^3} = \frac{32(2{,}19)(113)}{\pi (0{,}025)^3} = 161 \text{ MPa}$$
$$n_f = \frac{S_e}{\sigma_a} = \frac{229}{161} = 1{,}42$$

O resultado parece bom. É aproximado o suficiente para ser novamente verificado após a seleção do rolamento.

Com os diâmetros especificados para as localidades críticas, preencha os valores de tentativa para o resto dos diâmetros, levando em conta alturas típicas de ressaltos para suporte de mancal e engrenagem.

$$D_1 = D_7 = 25 \text{ mm}$$
$$D_2 = D_6 = 35 \text{ mm}$$
$$D_3 = D_5 = 42 \text{ mm}$$
$$D_4 = 50 \text{ mm}$$

Os momentos flexores são muito menores na extremidade esquerda do eixo, assim D_1, D_2 e D_3 podem ser menores. Contudo, a menos que o peso seja um problema, existe pouca vantagem em requerer mais remoção de material. Também pode ser necessária uma rigidez extra para manter as deflexões mínimas.

Tabela 7–2 Intervalos máximos, típicos para inclinações e deflexões transversais.

Inclinações	
Rolo cônico	0,0005–0,0012 rad
Rolo cilíndrico	0,0008–0,0012 rad
Esfera de sulco profundo	0,001–0,003 rad
Esfera	0,026–0,052 rad
Esfera autoalinhante	0,026–0,052 rad
Engrenagem reta sem coroa	< 0,00050 rad
Deflexões transversais	
Engrenagens retas com $P < 10$ dentes/cm	0,25 mm
Engrenagens retas com $11 < P < 19$	0,125 mm
Engrenagens retas com $20 < P < 50$	0,075 mm

7–5 Considerações da deflexão

A análise da deflexão mesmo em um único ponto de interesse requer informações completas de geometria para o eixo inteiro. Por essa razão, é desejável desenhar as dimensões nos locais críticos para controlar as tensões e introduzir estimativas razoáveis para todas as outras dimensões, antes de realizar uma análise de deflexão. A deflexão do eixo, ambas linear e angular, deve ser verificada nas engrenagens e mancais. Deflexões permissíveis dependerão de muitos fatores, e catálogos de mancais e engrenagens devem ser usados como guia sobre desalinhamentos permissíveis para mancais e engrenagens específicos. Como um esboço, intervalos típicos para inclinaçãos máximas e deflexões transversais da linha de centro de eixo podem ser vistos na Tabela 7–2. As deflexões transversais permissíveis para engrenagens retas são dependentes do tamanho dos dentes, como representado pelo passo diametral P, que é igual ao número de dentes dividido pelo diâmetro primitivo.

Na Seção 4–4 vários métodos de deflexão de viga estão descritos. Para eixos, em que as deflexões podem ser solicitadas em um número de pontos diferentes, a integração usando ou funções de singularidade ou a integração numérica é prática. Em um eixo escalonado, as propriedades da seção transversal mudam ao longo do eixo em cada passo, aumentando a complexidade da integração, visto que ambos M e I variam. Felizmente, apenas as dimensões geométricas brutas necessitam ser incluídas, pois os fatores locais como adoçamentos, sulcos e ranhuras de chaveta não têm muito impacto na deflexão. O Exemplo 4–7 demonstra o uso das funções de singularidade para um eixo escalonado. Muitos eixos incluirão forças em múltiplos planos, requerendo uma análise tridimensional ou o uso de sobreposição para obter deflexões em dois planos, que poderão ser somadas como vetores.

Uma análise de deflexão é direta, mas é longa e tediosa ao se executar manualmente, em particular para múltiplos pontos de interesse. Assim, quase toda a análise de deflexão de eixo será avaliada com o auxílio de um programa computacional. Qualquer programa de propósito geral de elemento finito pode prontamente manipular um problema de eixo (ver Capítulo 19). Isso é prático se o projetista já estiver familiarizado com o programa e modelando apropriadamente o eixo. Soluções computacionais de propósitos especiais para análise 3-D de eixos estão disponíveis, mas elas tornam-se caras quando usadas ocasionalmente. Programas requerendo muito pouco treinamento já estão disponíveis para análise planar de vigas, e podem ser baixados pela Internet. O Exemplo 7–3 demonstra como incorporar um programa semelhante para um eixo com forças em múltiplos planos.

EXEMPLO 7-3

Este problema é parte de um estudo de caso maior. Ver o Capítulo 18 para o contexto completo.

No Exemplo 7-2 uma geometria preliminar de eixo foi obtida na base do projeto por tensão. O eixo resultante está na Figura 7–10, com os diâmetros de

$$D_1 = D_7 = 25 \text{ mm}$$
$$D_2 = D_6 = 35 \text{ mm}$$
$$D_3 = D_5 = 40 \text{ mm}$$
$$D_4 = 50 \text{ mm}$$

Verifique se as deflexões e inclinações nas engrenagens e mancais são aceitáveis. Se necessário, proponha mudanças na geometria para resolver quaisquer problemas.

Solução

Um programa simples de análise planar de vigas será usado. Ao modelar o eixo duas vezes, com cargas em dois planos ortogonais e combinando os resultados, as deflexões de eixo podem prontamente ser obtidas. Para ambos os planos, o material está selecionado (aço com $E = 210$ GPa), os comprimentos e diâmetros de eixo estão incluídos e as localizações de mancal estão especificadas. Detalhes locais como sulcos e ranhuras de chaveta são ignorados, visto que terão efeito insignificante nas deflexões. As forças tangenciais de engrenagem são incluídas no plano horizontal xz do modelo, e as forças radiais de engrenagem são incluídas no plano vertical xy do modelo. O programa pode calcular as forças de reação de mancal e integrar numericamente para gerar gráficos para cisalhamento, momento, inclinação, e deflexão como mostra a Figura 7–11.

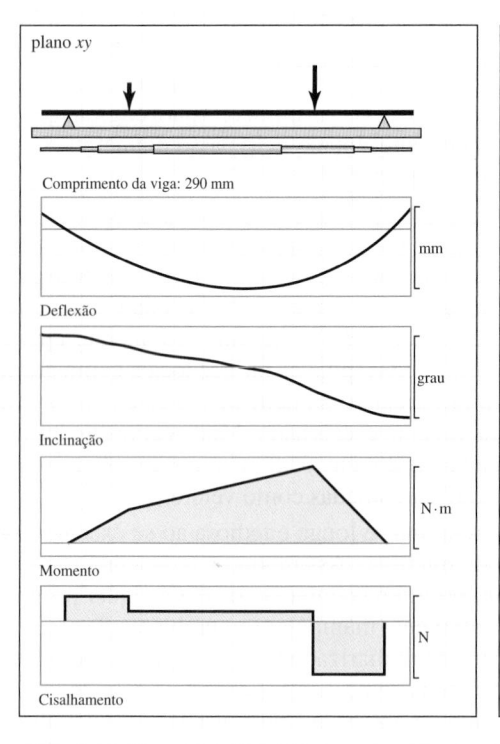

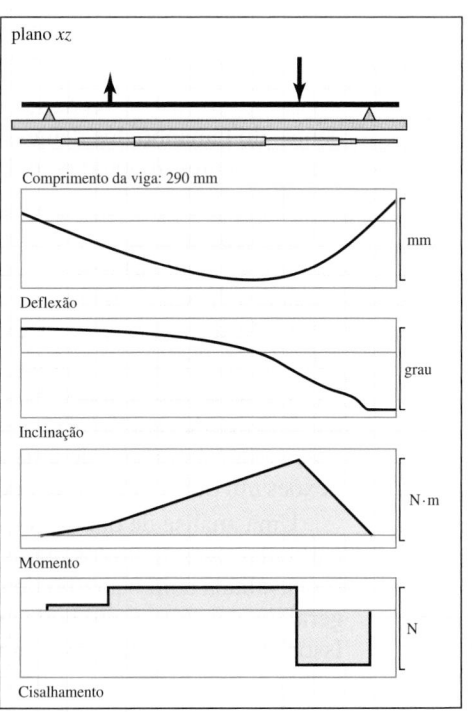

Figura 7–11 Gráficos de cisalhamento, momento, inclinação e deflexão de dois planos. *Fonte: Beam 2D Stress Analysis, Orand System, Inc.*

Tabela 7–3 Valores de inclinação e deflexão nos locais de chaveta.

Ponto de interesse	Plano *xz*	Plano *xy*	Total
Inclinação do mancal esquerdo	0,02263 grau	0,01770 grau	0,02872 grau 0,000501 rad
Inclinação do mancal direito	0,05711 grau	0,02599 grau	0,06274 grau 0,001095 rad
Inclinação da engrenagem esquerda	0,02067 grau	0,01162 grau	0,02371 grau 0,000414 rad
Inclinação da engrenagem direita	0,02155 grau	0,01149 grau	0,02442 grau 0,000426 rad
Deflexão da engrenagem esquerda	0,0189 mm	0,0129 mm	0,0229 mm
Deflexão da engrenagem direita	0,0397 mm	0,0188 mm	0,0439 mm

As deflexões e inclinações nos pontos de interesse são obtidas pelos gráficos e combinadas com adição de vetores ortogonais, que é $\delta = \sqrt{\delta_{xz}^2 + \delta_{xy}^2}$. Os resultados são mostrados na Tabela 7–3.

Se esses resultados são aceitáveis dependerá dos mancais e engrenagens específicos selecionados, bem como do nível de desempenho esperado. De acordo com as recomendações na Tabela 7–2, todas as inclinações de mancal estão bem abaixo de limites típicos para mancais de esferas. A inclinação do mancal direito está dentro do intervalo típico para mancais cilíndricos. Visto que a carga no mancal direito é relativamente elevada, um mancal cilíndrico pode ser usado. Essa restrição deve ser verificada segundo as especificações particulares de mancal uma vez que ele seja selecionado.

As inclinações de engrenagem e as deflexões mais que satisfazem os limites recomendados na Tabela 7–2. É aconselhável proceder com o projeto, considerando que mudanças que reduzam a rigidez devem requerer outra verificação de deflexão.

Uma vez que as deflexões em vários pontos tenham sido determinadas, se qualquer valor é maior do que a deflexão admissível neste ponto, um diâmetro de eixo maior fica garantido. Já que I é proporcional a d^4, um novo diâmetro pode ser determinado por

$$d_{\text{novo}} = d_{\text{velho}} \left| \frac{n_d y_{\text{velho}}}{y_{\text{adm}}} \right|^{1/4} \quad (7\text{--}17)$$

em que y_{adm} é a deflexão admissível naquela estação e n_d é o fator de projeto. Similarmente, se qualquer inclinação for maior que a inclinação admissível θ_{adm}, um novo diâmetro pode ser encontrado por meio de

$$d_{\text{novo}} = d_{\text{velho}} \left| \frac{n_d (dy/dx)_{\text{velho}}}{(\text{inclinação})_{\text{adm}}} \right|^{1/4} \quad (7\text{--}18)$$

em que $(\text{inclinação})_{\text{adm}}$ é a inclinação admissível. Como resultado desses cálculos, determine a maior razão $d_{\text{novo}}/d_{\text{velho}}$ e, depois, multiplique *todos* os diâmetros por essa razão. A pior restrição será perfeitamente apertada, e todas outras serão folgadas. Não fique muito preocupado com os tamanhos dos munhões de extremidade, visto que a influência deles é usualmente desprezível. A beleza do método é que as deflexões precisam ser completadas apenas uma vez, e as restrições podem ser tornadas folgadas exceto uma, com todos os diâmetros identificados sem reelaborar cada deflexão.

EXEMPLO 7–4

Para o eixo no Exemplo 7–3, nota-se que a inclinação no mancal direito está próxima do limite para um mancal de rolos cilíndricos. Determine um aumento apropriado nos diâmetros para reduzir esta inclinação para 0,0005 rad

Solução Aplicando a Equação (7–17) à deflexão no mancal direito resulta em

$$d_{novo} = d_{velho} \left| \frac{n_d \text{inclinação}_{velho}}{\text{inclinação}_{adm}} \right|^{1/4} = 25 \left| \frac{(1)(0,001095)}{(0,0005)} \right|^{1/4} = 30,4 \text{ mm}$$

Multiplicando todos os diâmetros pela razão

$$\frac{d_{novo}}{d_{velho}} = \frac{30,4}{25} = 1,216$$

Obtém-se um novo conjunto de diâmetros,

$D_1 = D_7 = 30,4$ mm

$D_2 = D_6 = 42,6$ mm

$D_3 = D_5 = 49,4$ mm

$D_4 = 60,8$ mm

Repetir a análise de deflexão de viga do Exemplo 7–3 com esses novos diâmetros produz uma inclinação no mancal direito de 0,0125 mm, com todas as outras deflexões menores que seus valores prévios.

O cisalhamento transversal V em uma seção de viga em flexão impõe uma deflexão de cisalhamento que é sobreposta à deflexão de flexão. Usualmente tal deflexão de cisalhamento é menor que 1% da deflexão transversal de flexão, e é raramente avaliada. Contudo, quando a razão comprimento de eixo para o diâmetro é menor que 10, a componente de cisalhamento da deflexão transversal merece atenção. Existem muitos eixos curtos. Um método tabular é explicado em detalhe em outro lugar,[3] incluindo exemplos.

Para eixos cilíndricos circulares retos em torção, a deflexão angular θ é dada na Equação (4–5). Para um eixo escalonado com comprimentos de cilindros individuais l_i e torque T_i, a deflexão angular pode ser estimada por meio de

$$\theta = \sum \theta_i = \sum \frac{T_i l_i}{G_i J_i} \quad (7\text{–}19)$$

ou, para um torque constante por todo material homogêneo, por meio de

$$\theta = \frac{T}{G} \sum \frac{l_i}{J_i} \quad (7\text{–}20)$$

---

[3] C. R. Mischke, "Tabular Method for Transverse Shear Deflections", Seção 17.3 em Joseph E. Shigley, Charles R. Mischke, e Thomas H. Brown, Jr. (eds.), *Standard Handbook of Machine Design*, 3ª ed., Nova York, McGraw-Hill, 2004.

Isso deve ser tratado somente como uma estimativa, visto que a evidência experimental mostra que θ verdadeiro é maior que o dado pelas Equações (7–19) e (7–20).[4]

Se a rigidez torcional for definida como $k_i = T_i/\theta_i$, e visto que $\theta_i = T_i/k_i$ e $\theta = \sum \theta_i = \sum(T_i/k_i)$, para torque constante $\theta = T\sum(1/k_i)$, segue que a rigidez torcional do eixo k em termos das rigidezes dos segmentos é

$$\frac{1}{k} = \sum \frac{1}{k_i} \qquad (7\text{–}21)$$

7–6 Velocidades críticas de eixos

Quando um eixo está girando, a excentricidade causa uma deflexão por força centrífuga, que é resistida pela rigidez flexural do eixo EI. Conquanto as deflexões sejam pequenas, nenhum dano é feito. Um outro problema potencial, contudo, chama-se *velocidades críticas*: em certas velocidades o eixo é instável, com deflexões aumentando sem limite superior. Felizmente, embora a forma de deflexão dinâmica seja desconhecida, usando uma curva de deflexão estática, teremos uma excelente estimativa da velocidade (rapidez) crítica mais baixa. Determinada curva satisfaz à condição de contorno da equação diferencial (zero momento e deflexão em ambos mancais), e a energia de eixo não é particularmente sensível à forma exata da curva de deflexão. Projetistas buscam as primeiras velocidades críticas a pelo menos duas vezes a rapidez operacional.

O eixo tem uma velocidade crítica por causa de sua própria massa. Os acessórios fixados similarmente a um eixo tem uma velocidade crítica muito menor que a velocidade crítica intrínseca do eixo. Estimar essas velocidades críticas (e harmônicos) é uma tarefa do projetista. Quando a geometria é simples, como em um eixo de diâmetro uniforme, apoio simples, a tarefa é fácil. Ela pode ser expressa[5] como

$$\omega_1 = \left(\frac{\pi}{l}\right)^2 \sqrt{\frac{EI}{m}} = \left(\frac{\pi}{l}\right)^2 \sqrt{\frac{gEI}{A\gamma}} \qquad (7\text{–}22)$$

em que m é a massa por unidade de comprimento, A é a área de seção transversal e y é o peso específico. Para um conjunto de acessórios, o método de Rayleigh para massas discretizadas fornece [6]

$$\omega_1 = \sqrt{\frac{g\sum w_i y_i}{\sum w_i y_i^2}} \qquad (7\text{–}23)$$

em que w_i é o peso na i-ésima localidade e y_i é a deflexão na i-ésima localidade do corpo. É possível usar a Equação (7–23) para o caso da Equação (7–22) partilhando o eixo em segmentos e colocando suas forças de peso (gravitacionais) no centroide de segmento, como na Figura 7–12.

A assistência computacional é frequentemente usada para diminuir a dificuldade de encontrar as deflexões transversais de um eixo escalonado. A equação de Rayleigh superestima a velocidade crítica.

Para se opor à complexidade crescente de detalhes, adotamos um ponto de vista útil. Visto que o eixo é um corpo elástico, podemos usar *coeficientes de influência.* Um coeficiente de influência é a deflexão transversal na posição i em um eixo em razão de uma carga unitária na

---

[4] R. Bruce Hopkins, *Design Analysis of Shafts and Beams,* Nova York, McGraw-Hill, 1970, p. 93-99.

[5] William T. Thomson e Marie Dillon Dahleh, *Theory of Vibration with Applications,* Prentice Hall, 5ª ed., 1998, p. 273.

[6] Thomson, op. cit., p. 357.

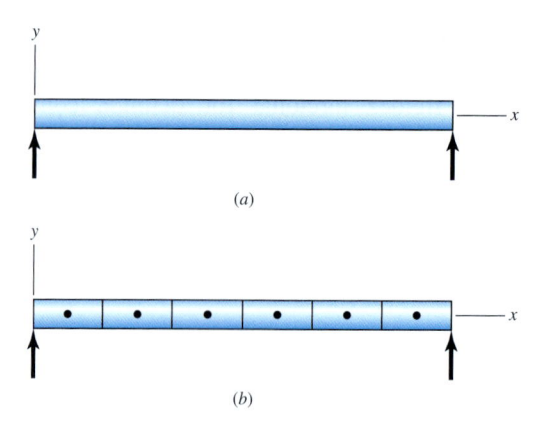

Figura 7–12 (*a*) Um eixo de diâmetro uniforme para a Equação (7–22); (*b*) um eixo segmentado de diâmetro uniforme para a Equação (7–23).

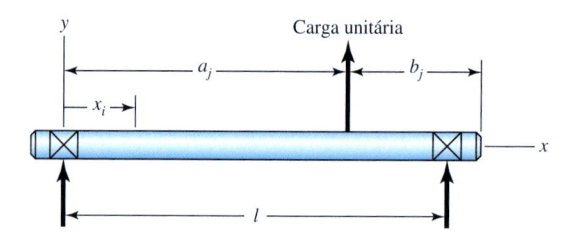

Figura 7–13 O coeficiente de influência δ_{ij} é a deflexão em i devido a uma carga unitária em j.

posição j do eixo. Da Tabela A–9–6 obtemos, para uma viga simplesmente apoiada com uma única carga unitária, como mostra a Figura 7–13,

$$\delta_{ij} = \begin{cases} \dfrac{b_j x_i}{6EIl}\left(l^2 - b_j^2 - x_i^2\right) & x_i \leq a_i \\ \dfrac{a_j(l - x_i)}{6EIl}\left(2lx_i - a_j^2 - x_i^2\right) & x_i > a_i \end{cases} \qquad (7\text{--}24)$$

Para três cargas, os coeficientes de influência podem ser dispostos como

		j	
i	1	2	3
1	δ_{11}	δ_{12}	δ_{13}
2	δ_{21}	δ_{22}	δ_{23}
3	δ_{31}	δ_{32}	δ_{33}

O teorema[7] de reciprocidade de Maxwell afirma que existe uma simetria ao redor da diagonal principal, composta de δ_{11}, δ_{22} e δ_{33} da forma $\delta_{ij} = \delta_{ji}$. Essa relação reduz o trabalho de encontrar os coeficientes de influência. Por meio dos coeficientes de influência acima, pode-se encontrar as deflexões y_1, y_2 e y_3 da Equação (7–23) como segue:

$$\begin{aligned} y_1 &= F_1\delta_{11} + F_2\delta_{12} + F_3\delta_{13} \\ y_2 &= F_1\delta_{21} + F_2\delta_{22} + F_3\delta_{23} \\ y_3 &= F_1\delta_{31} + F_2\delta_{32} + F_3\delta_{33} \end{aligned} \qquad (7\text{--}25)$$

---
[7] Thomson, op. cit., p. 167.

As forças F_i podem surgir a partir dos pesos fixados w_i ou forças centrífugas $m_i\omega^2 y_i$. O conjunto de Equações (7–25) escrito com forças inerciais pode ser apresentado como a seguir

$$y_1 = m_1\omega^2 y_1\delta_{11} + m_2\omega^2 y_2\delta_{12} + m_3\omega^2 y_3\delta_{13}$$
$$y_2 = m_1\omega^2 y_1\delta_{21} + m_2\omega^2 y_2\delta_{22} + m_3\omega^2 y_3\delta_{23}$$
$$y_3 = m_1\omega^2 y_1\delta_{31} + m_2\omega^2 y_2\delta_{32} + m_3\omega^2 y_3\delta_{33}$$

que pode ser escrito como

$$(m_1\delta_{11} - 1/\omega^2)y_1 + (m_2\delta_{12})y_2 + (m_3\delta_{13})y_3 = 0$$
$$(m_1\delta_{21})y_1 + (m_2\delta_{22} - 1/\omega^2)y_2 + (m_3\delta_{23})y_3 = 0 \qquad (a)$$
$$(m_1\delta_{31})y_1 + (m_2\delta_{32})y_2 + (m_3\delta_{33} - 1/\omega^2)y_3 = 0$$

O conjunto (a) contém três equações simultâneas em termos de y_1, y_2 e y_3. Para evitar a solução trivial $y_1 = y_2 = y_3 = 0$, o determinante dos coeficientes de y_1, y_2 e y_3 deve ser zero (problema de autovalor). Assim,

$$\begin{vmatrix} (m_1\delta_{11} - 1/\omega^2) & m_2\delta_{12} & m_3\delta_{13} \\ m_1\delta_{21} & (m_2\delta_{22} - 1/\omega^2) & m_3\delta_{23} \\ m_1\delta_{31} & m_2\delta_{32} & (m_3\delta_{33} - 1/\omega^2) \end{vmatrix} = 0 \qquad (7\text{–}26)$$

que indica que uma deflexão diferente de zero existe somente para três valores distintos de ω, as velocidades críticas. Expandindo o determinante, obtemos

$$\left(\frac{1}{\omega^2}\right)^3 - (m_1\delta_{11} + m_2\delta_{22} + m_3\delta_{33})\left(\frac{1}{\omega^2}\right)^2 + \cdots = 0 \qquad (7\text{–}27)$$

As três raízes da Equação (7–27) podem ser expressas como $1/\omega_1^2$, $1/\omega_2^2$ e $1/\omega_3^2$. Assim a Equação (7–27) pode ser escrita na forma

$$\left(\frac{1}{\omega^2} - \frac{1}{\omega_1^2}\right)\left(\frac{1}{\omega^2} - \frac{1}{\omega_2^2}\right)\left(\frac{1}{\omega^2} - \frac{1}{\omega_3^2}\right) = 0$$

ou

$$\left(\frac{1}{\omega^2}\right)^3 - \left(\frac{1}{\omega_1^2} + \frac{1}{\omega_2^2} + \frac{1}{\omega_3^2}\right)\left(\frac{1}{\omega^2}\right)^2 + \cdots = 0 \qquad (7\text{–}28)$$

Comparando as Equações (7–27) e (7–28), vemos que

$$\frac{1}{\omega_1^2} + \frac{1}{\omega_2^2} + \frac{1}{\omega_3^2} = m_1\delta_{11} + m_2\delta_{22} + m_3\delta_{33} \qquad (7\text{–}29)$$

Se tivéssemos uma única massa m_1 solitária, a velocidade crítica seria dada por $1/\omega^2 = m_1\delta_{11}$. Denote essa velocidade crítica como ω_{11} (que considera somente m_1 agindo sozinha). Igualmente para m_2 ou m_3 agindo sozinhas, similarmente definimos os termos $1/\omega_{22}^2 = m_2\delta_{22}^3$ ou $1/\omega_{33} = m_3\delta_{33}$, respectivamente. Assim, Equação (7–29) pode ser reescrita como

$$\frac{1}{\omega_1^2} + \frac{1}{\omega_2^2} + \frac{1}{\omega_3^2} = \frac{1}{\omega_{11}^2} + \frac{1}{\omega_{22}^2} + \frac{1}{\omega_{33}^2} \qquad (7\text{–}30)$$

Se ordenamos as velocidades críticas tal que $\omega_1 < \omega_2 < \omega_3$, então $1/\omega_1^2$ é muito maior que $1/\omega_2^2$ e que $1/\omega_3^2$. Desse modo, a primeira velocidade crítica, ou velocidade crítica fundamental ω_1, pode ser aproximada por

$$\frac{1}{\omega_1^2} \approx \frac{1}{\omega_{11}^2} + \frac{1}{\omega_{22}^2} + \frac{1}{\omega_{33}^2} \tag{7-31}$$

Essa ideia pode ser estendida a um eixo de n-corpos:

$$\frac{1}{\omega_1^2} \approx \sum_{i=1}^{n} \frac{1}{\omega_{ii}^2} \tag{7-32}$$

Esta é chamada *equação de Dunkerley*. Ignorando os termos dos modos mais elevados, a estimativa de primeira velocidade crítica resulta *menor* do que realmente ocorre.

Visto que a Equação (7–32) não tem cargas aparecendo na equação, segue-se que se cada carga puder ser colocada em alguma posição conveniente transformada em uma carga equivalente, a velocidade crítica da uma série de cargas poderá ser encontrada ao somar as cargas equivalentes, todas colocadas em uma única localização conveniente. Para a carga na estação 1, colocada no centro do tramo, denotada com o subscrito c, a carga equivalente é encontrada por meio de

$$\omega_{11}^2 = \frac{1}{m_1 \delta_{11}} = \frac{g}{w_1 \delta_{11}} = \frac{g}{w_{1c} \delta_{cc}}$$

ou

$$w_{1c} = w_1 \frac{\delta_{11}}{\delta_{cc}} \tag{7-33}$$

EXEMPLO 7–5 Considere um eixo de aço, simplesmente apoiado, como representado na Fig. 7–14, com diâmetro de 1 in e um vão de 31 polegadas entre mancais, carregando duas engrenagens pesando 35 e 55 lbf.

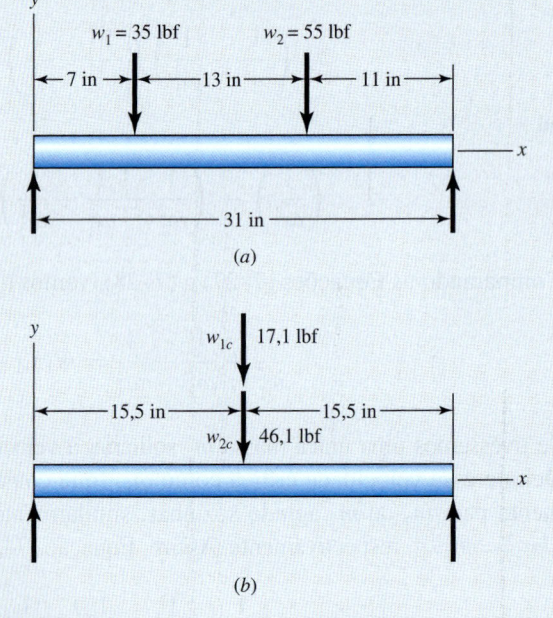

Figura 7–14 (*a*) Um eixo de diâmetro uniforme de 25 mm para o Exemplo 7–5; (*b*) sobreposição das cargas equivalentes no centro do eixo a fim de encontrar a velocidade crítica.

(a) Encontre os coeficientes de influência.

(b) Encontre Σwy e Σwy^2 e a primeira velocidade crítica usando a equação de Rayleigh, Equação (7–23).

(c) Por meio dos coeficientes de influência, encontre ω_{11} e ω_{22}.

(d) Usando a equação de Dunkerley, Equação (7–32), estime a primeira velocidade crítica.

(e) Use superposição para estimar a primeira velocidade crítica.

(f) Estime a velocidade crítica intrínseca do eixo. Sugira uma modificação à equação de Dunkerley para incluir o efeito da massa do eixo na primeira velocidade crítica dos acessórios.

Solução (a)
$$I = \frac{\pi d^4}{64} = \frac{\pi(1)^4}{64} = 0{,}049\,09 \text{ in}^4$$

$$6EIl = 6(30)10^6(0{,}049\,09)31 = 0{,}2739(10^9) \text{ lbf} \cdot \text{in}^3$$

Com base no conjunto de Equações (7–24),

$$\delta_{11} = \frac{600(175)(775^2 - 600^2 - 175^2)}{18{,}5 \times 10^{12}} = 0{,}001\,19 \text{ mm/N}$$

$$\delta_{22} = \frac{275(500)(775^2 - 275^2 - 500^2)}{18{,}5 \times 10^{12}} = 0{,}002\,04 \text{ mm/N}$$

$$\delta_{12} = \delta_{21} = \frac{275(175)(775^2 - 275^2 - 175^2)}{18{,}5 \times 10^{12}} = 0{,}001\,29 \text{ mm/N}$$

Resposta

	i	
I	1	2
1	0,001 19	0,001 29
2	0,001 29	0,002 04

$$y_1 = w_1\delta_{11} + w_2\delta_{12} = 175(0{,}001\,19) + 275(0{,}001\,29) = 0{,}56 \text{ mm}$$

$$y_2 = w_1\delta_{21} + w_2\delta_{22} = 175(0{,}001\,29) + 275(0{,}002\,04) = 0{,}79 \text{ mm}$$

(b)
$$\sum w_i y_i = 175(0{,}56) + 275(0{,}79) = 315{,}3 \text{ N} \cdot \text{m}$$

Resposta
$$\sum w_i y_i^2 = 175(0{,}56)^2 + 275(0{,}79)^2 = 226{,}5 \text{ N} \cdot \text{mm}^2$$

Resposta
$$\omega = \sqrt{\frac{9810(315{,}3)}{226{,}5}} = 117 \text{ rad/s}$$

(c)

Resposta
$$\frac{1}{\omega_{11}^2} = \frac{w_1}{g}\delta_{11}$$

$$\omega_{11} = \sqrt{\frac{g}{w_1 \delta_{11}}} = \sqrt{\frac{9810}{175(0{,}001\,19)}} = 217 \text{ rad/s}$$

Resposta
$$\omega_{22} = \sqrt{\frac{g}{w_2 \delta_{22}}} = \sqrt{\frac{9810}{275\,(0{,}002\,04)}} = 132 \text{ rad/s}$$

(d)
$$\frac{1}{\omega_1^2} \doteq \sum \frac{1}{\omega_{ii}^2} = \frac{1}{217^2} + \frac{1}{132^2} = 7{,}863(10^{-5}) \tag{1}$$

Resposta
$$\omega_1 \doteq \sqrt{\frac{1}{7{,}863(10^{-5})}} = 113 \text{ rad/s}$$

que é menor que a parte b, como esperado.
(e) Pela Equação (7–24),

$$\delta_{cc} = \frac{b_{cc} x_{cc} (l^2 - b_{cc}^2 - x_{cc}^2)}{6EIl} = \frac{387{,}5(387{,}5)(775^2 - 387{,}5^2 - 387{,}5^2)}{18{,}5 \times 10^{12}}$$
$$= 0{,}002\,44 \text{ mm/N}$$

Pela Equação (7–33),

$$w_{1c} = w_1 \frac{\delta_{11}}{\delta_{cc}} = 175\,\frac{0{,}001\,19}{0{,}002\,44} = 85{,}3 \text{ N}$$

$$w_{2c} = w_2 \frac{\delta_{22}}{\delta_{cc}} = 275\,\frac{0{,}002\,04}{0{,}002\,44} = 229{,}9 \text{ N}$$

Resposta
$$\omega = \sqrt{\frac{g}{\delta_{cc} \sum w_{ic}}} = \sqrt{\frac{9810}{0{,}002\,44(85{,}3 + 229{,}9)}} = 112{,}9 \text{ rad/s}$$

que, exceto pelo arredondamento, concorda com a parte d, como esperado.
(f) Para o eixo, $E = 207\,000$ N/mm^2, $y = 76{,}6 \times 10^{-6}$ N/mm^3 e $A = \pi \cdot (25^2)/4 = 491$ mm^2. Considerando apenas o eixo, a velocidade crítica, por meio da Equação (7–22), é

Resposta
$$\omega_s = \left(\frac{\pi}{l}\right)^2 \sqrt{\frac{gEI}{A\gamma}} = \left(\frac{\pi}{775}\right)^2 \sqrt{\frac{9810(207\,000)19\,175}{491(76{,}6 \times 10^{-6})}}$$
$$= 529 \text{ rad/s}$$

Podemos simplesmente adicionar $1/\omega_s^2$ ao lado direito da equação de Dunkerley, Equação (1), para incluir a contribuição do eixo

Resposta
$$\frac{1}{\omega_1^2} \doteq \frac{1}{529^2} + 7{,}863(10^{-5}) = 8{,}22(10^{-5})$$

$$\omega_1 \doteq 110 \text{ rad/s}$$

que é ligeiramente menor que a parte d, como esperado.

A primeira velocidade crítica do eixo ω_s é apenas mais um efeito isolado a adicionar à equação de Dunkerley. Visto que ele não cabe dentro da somatória, é usualmente escrito adiante.

Resposta
$$\frac{1}{\omega_1^2} \doteq \frac{1}{\omega_s^2} + \sum_{i=1}^{n} \frac{1}{\omega_{ii}^2} \qquad (7\text{--}34)$$

Eixos comuns são complicados pela geometria escalonada cilíndrica, que torna a determinação dos coeficientes de influência parte de uma solução numérica.

7-7 Componentes diversos de eixo

Parafusos de fixação

Diferentemente dos parafusos de porca e dos de calota, que dependem da tração para desenvolver uma força de aperto, os parafusos de fixação dependem da compressão para desenvolver uma força de aperto. A resistência ao movimento axial do colar ou do cubo relativa ao eixo é chamada de *capacidade de sustentação*. Esta é realmente uma resistência à força, e é devida à resistência friccional das porções contactantes do colar e eixo, tanto quanto de qualquer leve penetração do parafuso de fixação no eixo.

A Figura 7–15 mostra os tipos de pontas disponíveis com os parafusos de fixação de encaixe (soquete). Estes são manufaturados com fendas de chave de fendas e com cabeças quadradas.

A Tabela 7–4 relaciona valores do torque de assentamento (instalação) e a capacidade de sustentação correspondente para parafusos de fixação de série em polegadas. Os valores listados se aplicam a ambos: capacidade de sustentação axial, para resistência a esforço axial, e capacidade de sustentação tangencial, para resistência de torção. Fatores típicos de segurança são 1,5 a 2,0 para cargas estáticas, e 4 a 8 para várias cargas dinâmicas.

Parafusos de fixação devem ter um comprimento de cerca de metade do diâmetro do eixo. Note que essa prática também estabelece uma regra geral para a espessura radial de um colar ou cubo.

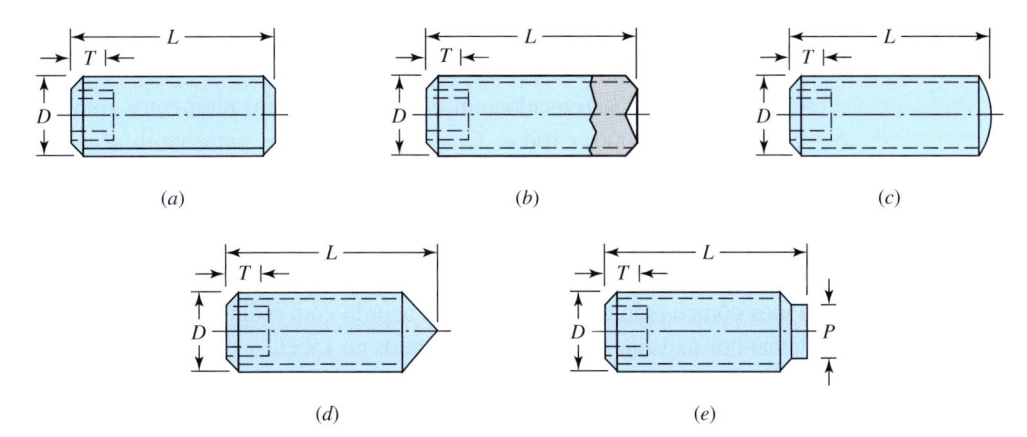

Figura 7-15 Parafusos de fixação de encaixe (soquete): (*a*) ponta plana; (*b*) ponta de taça; (*c*) ponta oval; (*d*) ponta de cone; (*e*) ponta meio-grampo.

Tabela 7–4 Capacidade de sustentação típica (força) para parafusos de fixação de encaixe (soquete).* *Fonte:* Unbrako Division, SPS Technologies, Jenkintown, Pa.

Tamanho, mm	Torque de assentamento, N · m	Capacidade de sustentação, N
#0	0,11	222
#1	0,2	289
#2	0,2	378
#3	0,5	534
#4	0,5	712
#5	1,1	890
#6	1,1	1 112
#8	2,2	1 713
#10	4,0	2 403
6	9,8	4 450
8	18,6	6 675
10	32,8	8 900
11	48,6	11 125
12	70,0	13 350
14	70,0	15 575
16	149,7	17 800
20	271,2	22 250
22	587,6	26 700
25	813,6	31 150

* Baseado em parafuso de aço-liga contra eixo de aço, roscas finas ou brutas da classe 3A, em orifícios da classe 2B, e parafusos de retenção de encaixe de ponta de taça.

Chavetas e pinos

Chavetas e pinos são usados em eixos para segurar elementos rotativos, tais como engrenagens, polias ou outras rodas. Chavetas são usadas para habilitar a transmissão de torque do eixo ao elemento suportado pelo eixo. Pinos são usados para posicionamento axial e para a transferência de torque ou força axial, ou ambos.

A Figura 7–16 mostra uma variedade de chavetas e pinos. Pinos são úteis quando o carregamento principal é cisalhamento e quando torção e empuxo (força axial) estiverem presentes. Pinos cônicos são dimensionados de acordo com o diâmetro na extremidade maior. Alguns dos tamanhos mais úteis destes estão listados na Tabela 7–5. O diâmetro na extremidade menor é

$$d = D - 0{,}0208L \qquad (7\text{–}35)$$

em que d = diâmetro na extremidade menor, mm

D = diâmetro na extremidade maior, mm

L = comprimento, mm

Para aplicações menos importantes, um pino de cavilha ou um pino de guia pode ser usado. Uma grande variedade destes está listada nos catálogos de fabricantes.[8]

---

[8] Veja também Joseph E. Shigley, "Unthreaded Fasteners", Capítulo 24. Em Joseph Shigley, Charles R. Mischke e Thomas H. Brown, Jr. (eds.), *Standard Handbook of Machine Design,* 3ª ed., Nova York, McGraw-Hill, 2004.

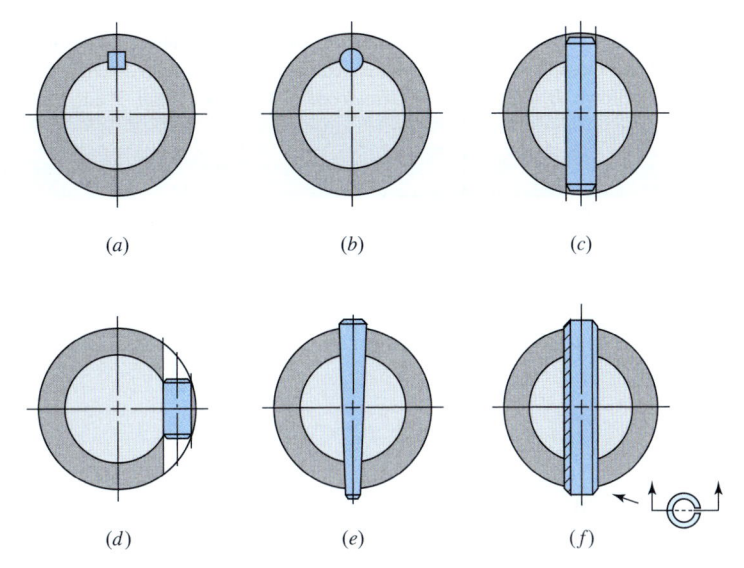

Figura 7-16 (a) Chaveta quadrada; (b) chaveta redonda; (c e d) pinos redondos; (e) pino cônico; (f) pino de mola tubular partido. Os pinos nas partes (e) e (f) são mostrados mais compridos que o necessário, para ilustrar o chanfro nas extremidades, mas seus comprimentos devem ser mantidos menores que os diâmetros de cubo para prevenir ferimentos devido às projeções de partes rotantes.

Tabela 7-5 Dimensões na extremidade maior de alguns pinos cônicos padronizados — série em milímetros.

Tamanho	Comercial		Precisão	
	Máximo	Mínimo	Máximo	Mínimo
4/0	2,802	2,751	2,794	2,769
2/0	3,614	3,564	3,607	3,581
0	3,995	3,945	3,988	3,962
2	4,935	4,884	4,928	4,902
4	6,383	6,332	6,375	6,350
6	8,694	8,644	8,687	8,661
8	12,530	12,479	12,522	12,497

A chaveta quadrada, mostrada na Figura 7-16a, também está disponível em tamanhos retangulares. Tamanhos padronizados destas, junto com o intervalo de diâmetros aplicáveis de eixo, estão listados na Tabela 7-6. O diâmetro do eixo determina os tamanhos padronizados para largura, altura e profundidade da chaveta. O projetista escolhe um comprimento apropriado de chaveta para conduzir a carga torcional. A falha da chaveta pode ser por cisalhamento direto ou por tensão de suporte. O Exemplo 7-6 demonstra o processo para dimensionar o comprimento de uma chaveta. Seu comprimento máximo está limitado pelo comprimento do cubo do elemento anexado e, em geral, não deve exceder cerca de uma vez e meia o diâmetro do eixo para evitar distorção excessiva com a deflexão angular do eixo. Múltiplas chavetas podem ser usadas quando necessário para conduzir cargas maiores, geralmente orientadas a 90° uma da outra. Fatores de segurança excessivos devem ser evitados ao desenhá-las, visto que é desejável em uma situação de sobrecarga que a chaveta falhe, em vez de utilizar componentes mais custosos.

O material da chaveta de prateleira é tipicamente feito de aço de baixo carbono laminado a frio, e é manufaturado tal que suas dimensões nunca excedam a dimensão nominal. Isso permite que tamanhos de cortadores padronizados sejam usados nos assentos de chavetas. Um parafuso de fixação, às vezes, é usado com uma chaveta para segurar o cubo axialmente e para minimizar jogo rotacional quando o eixo roda em ambas as direções.

Tabela 7–6 Dimensões em milímetros para algumas aplicações de chavetas normalizadas quadradas e retangulares. *Fonte:* Joseph E. Shigley, "Unthreaded Fasteners", Capítulo 24 em Joseph E. Shigley, Charles R. Mischke e Thomas H. Brown, Jr. (eds.), *Standard Handbook of Machine Design*, 3ª ed., McGraw-Hill, Nova York, 2004.

Diâmetro de eixo		Tamanho de chaveta		Profundidade de ranhura de chaveta
Acima	Até (inclusive)	w	h	
8	11	2	2	1
11	14	3	2	1
		3	3	1,5
14	22	5	3	1,5
		5	5	2
22	30	6	5	2
		6	6	3
30	36	8	6	3
		8	8	5
36	44	10	6	3
		10	10	5
44	58	12	10	5
		12	12	6
58	70	16	12	5,5
		16	16	8
70	80	20	12	6
		20	20	10

A chaveta cabeça de quilha, na Figura 7–17*a*, é afunilada de modo que, quando firmemente guiada, ela atua para prevenir movimento axial relativo. Isso também oferece a vantagem de a posição do cubo poder ser ajustada para a melhor localização axial. A cabeça possibilita a remoção sem o acesso à outra extremidade, mas a projeção pode ser perigosa.

A chaveta Woodruff, mostrada na Figura 7–17*b*, é de utilidade geral, especialmente quando uma roda deve ser posicionada contra um ressalto de eixo, visto que o compartimento de chaveta não necessita ser usinado adentrando a região de concentração de tensão do ressalto. O uso da

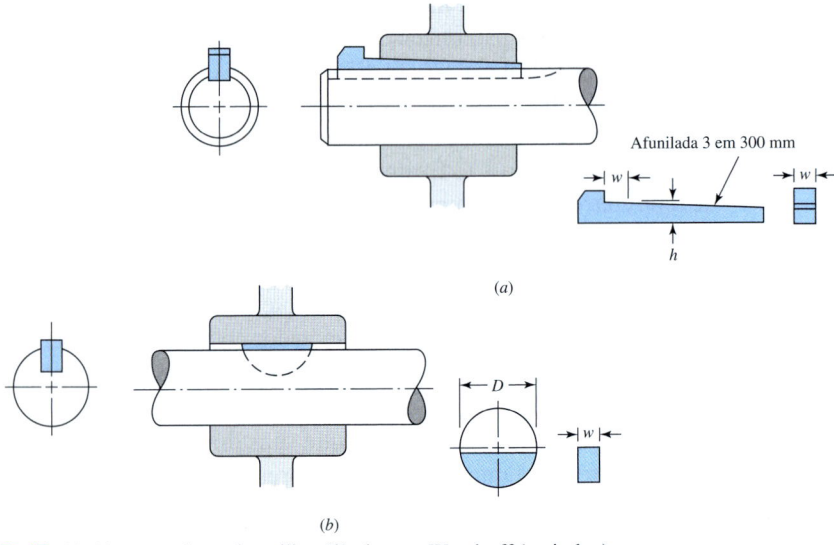

Figura 7–17 (*a*) Chaveta cabeça de quilha; (*b*) chaveta Woodruff (meia-lua).

Tabela 7-7 Dimensões de chavetas Woodruff – Série em milímetros.

Tamanho de chaveta		Altura	Excentricidade	Profundidade de assento de chaveta	
w	D	b	e	Eixo	Cubo
1,5	6	3	0,4	1,8	0,95
1,5	10	4	0,4	3,4	0,95
2	10	4	0,4	3,0	1,3
2	12	5	1	3,8	1,3
2	16	6	1,5	5,0	1,3
3	12	5	1	3,4	1,7
3	16	6	1,5	4,6	1,7
3	20	8	1,5	6,2	1,7
5	16	6	1,5	4,2	2,1
5	20	8	1,5	5,8	2,1
5	22	10	1,5	7,4	2,1
5	20	8	1,5	5,4	2,5
5	22	10	1,5	7,0	2,5
5	25	11	1,5	8,6	2,5
6	22	10	1,5	6,2	3,3
6	25	11	1,5	7,8	3,3
6	30	14	2	10,6	3,3
8	25	11	1,5	7,0	4,1
8	30	14	2	9,8	4,1
8	38	16	3	12,2	4,1
10	30	14	2	9,0	4,9
10	38	16	3	11,4	4,9

chaveta Woodruff também apresenta melhor concentricidade após a montagem da roda e do eixo. Isso é especialmente importante em altas velocidades, por exemplo, com uma roda de turbina e eixo. Chavetas Woodruff são particularmente úteis em eixos menores cujas penetrações mais profundas ajudam a prevenir o rolamento da chaveta. Dimensões para alguns tamanhos de chavetas padronizadas Woodruff podem ser encontradas na Tabela 7-7, e a Tabela 7-8 fornece os diâmetros de eixo para os quais as diferentes larguras de assento de chaveta são adequadas.

Tabela 7-8 Tamanhos de chavetas Woodruff apropriados para vários diâmetros de eixo.

Largura de assento de chaveta, mm	Diâmetro de eixo, mm	
	De	Até (inclusive)
1,5	8	12
2	10	22
3	10	38
5	12	40
5	14	50
6	18	58
8	20	60
10	25	66

Pilkey[9] apresenta valores para concentrações de tensão em um assento de chaveta de extremidade fresada, como uma função da razão do raio r no fundo da ranhura e diâmetro do eixo d. Para adoçamentos cortados por cortadores padronizados de máquinas fresadoras, com a razão de $r/d = 0{,}02$, as cartas de Peterson dão $K_t = 2{,}14$ para flexão e $K_{ts} = 2{,}62$ para torção sem a chaveta no lugar, ou $K_{ts} = 3{,}0$ para torção com a chaveta no lugar. A concentração de tensão na extremidade do assento de chaveta pode ser reduzida um pouco usando um assento de chaveta formato de esqui de trenó, eliminando assim a extremidade abrupta para o assento de chaveta, como mostra a Figura 7–17. Contudo, ele ainda apresenta um raio pontudo no fundo da ranhura nos lados. O assento de chaveta de esqui de trenó pode ser usado somente quando o posicionamento longitudinal definitivo da chaveta não for necessário. Também não é tão apropriado próximo de um ressalto. Manter a extremidade de um assento de chaveta a pelo menos uma distância $d/10$ do começo do adoçamento do ressalto prevenirá as duas concentrações de tensão de se combinarem uma com a outra.[10]

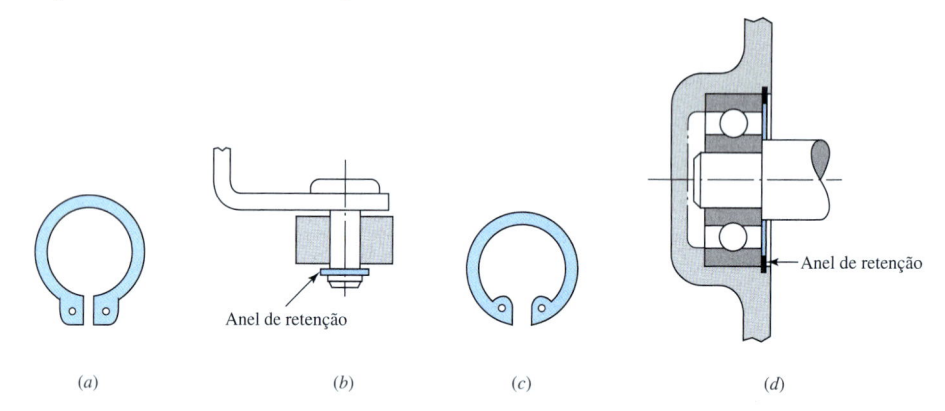

Figura 7–18 Usos típicos de anéis de retenção (*a*) anel externo e (*b*) suas aplicações; (*c*) anel interno e (*d*) suas aplicações.

Anéis de retenção

Um anel de retenção é frequentemente usado no lugar de um ressalto de eixo ou um espaçador (manga) para posicionar axialmente um componente em um eixo ou em um orifício (furo) de alojamento. Como mostra a Figura 7–18, um sulco é cortado no eixo ou orifício para receber o retentor de mola. Para os tamanhos, dimensões e classificação de carga axial, os catálogos dos fabricantes devem ser consultados.

As Tabelas A–13–16 e A–13–17 do Apêndice apresentam valores para os fatores de concentração de tensão para ranhuras de fundo plano em eixos, convenientes para anéis de retenção. Para os anéis assentarem perfeitamente no fundo das ranhuras e suportar cargas axiais contra os lados das ranhuras, o raio no fundo da ranhura deve ser razoavelmente pontudo, em geral cerca de um décimo da largura da ranhura. Isso causa comparativamente valores elevados dos fatores de concentração de tensão, ao redor de cinco para flexão e axiais, e três para torção. Deve-se tomar cuidado ao usar anéis retentores, particularmente em locais com tensões flexoras elevadas.

EXEMPLO 7–6

Um eixo de aço UNS G10350, termo-tratado para uma resistência ao escoamento mínima de 525 MPa, tem um diâmetro de 36 mm. O eixo roda a 600 rev/min e transmite 30 kW através de uma engrenagem. Selecione uma chaveta apropriada para a engrenagem.

Solução

Uma chaveta quadrada de 10 mm é selecionada, com aço UNS G10200 estirado a frio sendo usado. O projeto se baseará na resistência ao escoamento de 455 MPa. Um fator de segurança de 2,80 será empregado na ausência de informação exata acerca da natureza da carga.

---

[9] W. D. Pilkey, *Peterson's Stress Concentration Factors*, 2ª ed., Noa York, John Willey & Sons, 1997. p. 408–409

[10] Ibid, p. 381.

O torque é obtido da equação de potência

$$\text{velocidade angular } w = 600(2)\pi/60 = 62{,}8 \text{ rad/s}$$
$$T = 30\,000/62{,}8 = 478 \text{ N} \cdot \text{m}$$

Da Figura 7–19, a força F na superfície do eixo é

$$F = \frac{T}{r} = \frac{478}{0{,}018} = 26556 \text{ N}$$

Pela teoria da energia de distorção, a resistência ao cisalhamento é

$$S_{sy} = 0{,}577 S_y = (0{,}577)(455) = 262{,}5 \text{ MPa}$$

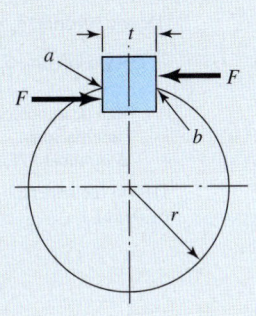

Figura 7–19

A falha por cisalhamento pela área ab criará uma tensão de $\tau = F/tl$. Substituir a resistência dividida pelo fator de segurança por τ resulta

$$\frac{S_{sy}}{n} = \frac{F}{tl} \quad \text{ou} \quad \frac{262{,}5 \times 10^6}{2{,}80} = \frac{26556}{0{,}01l}$$

ou $l = 0{,}0283$ mm. Para resistir ao esmagamento, utiliza-se a área de uma metade da face da chaveta:

$$\frac{S_y}{n} = \frac{F}{tl/2} \quad \text{ou} \quad \frac{455 \times 10^6}{2{,}80} = \frac{26556}{0{,}01l/2}$$

e $l = 0{,}0327$ mm. O comprimento do cubo de uma engrenagem é usualmente maior que o diâmetro do eixo para a estabilidade. Se a chaveta, neste exemplo, fosse feita igual ao comprimento do cubo, consequentemente teria uma ampla resistência, visto que provavelmente seria 36 mm ou mais comprida.

7–8 Limites e ajustes

O projetista é livre para adotar qualquer geometria de ajuste para eixos e furos que assegure a função pretendida. Há suficiente experiência acumulada com situações comumente recorrentes para tornar a padronização útil. Existem dois padrões para limites e ajustes nos Estados Unidos, um com base em unidades inglesas e outro com base em unidades métricas.[11] Eles diferem em nomenclatura, definições e organização. Nenhum benefício seria atingido estudando separadamente cada um dos dois sistemas. A versão métrica é a mais nova das duas e está bem organizada; assim, aqui apresentamos somente a versão métrica, mas incluímos um

---

[11] *Preferred Limits and Fits for Cylindrical Parts*, ANSI B4.1-1967. *Preferred Metric Limits and Fits,* ANSI B4.2-1978.

conjunto de conversões a polegadas para permitir que o mesmo sistema seja utilizado com qualquer sistema de unidade.

Ao utilizar o padrão, *letras maiúsculas sempre se referem ao furo; letras minúsculas são utilizadas para o eixo.*

As definições ilustradas na Figura 7–20 são explicados da seguinte forma:

- *Tamanho básico* é o tamanho ao qual limites ou desvias são designados e é o mesmo para ambos membros do ajuste.
- *Desvio* é a diferença algébrica entre um tamanho e o tamanho básico correspondente.
- *Desvio superior* é a diferença algébrica entre o limite máximo e o tamanho básico correspondente.
- *Desvio inferior* é a diferença algébrica entre o limite mínimo e o tamanho básico correspondente.

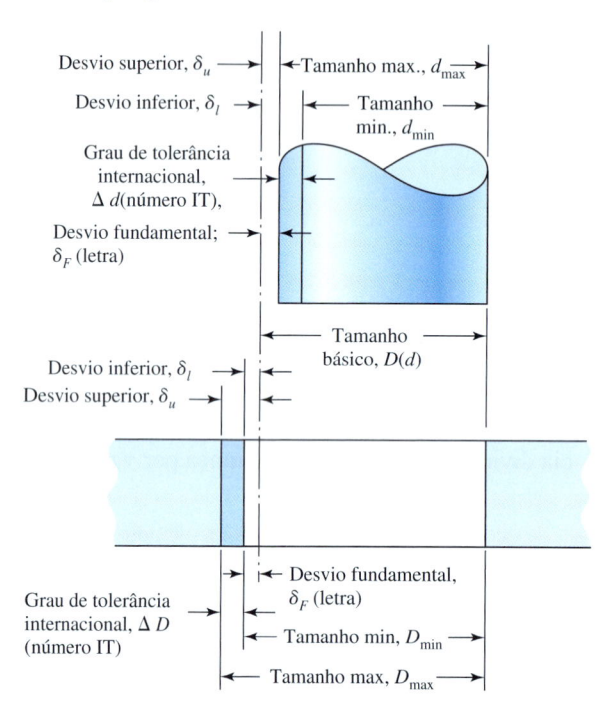

Figura 7–20 Definições aplicáveis a um ajuste cilíndrico.

- *Desvio fundamental* é tanto o desvio superior quanto o inferior, dependendo de qual está mais próximo do tamanho básico.
- *Tolerância* é a diferença entre os limites de tamanhos máximo e mínimo de um componente.
- Números de *grau de tolerância internacional* IT designam grupos de tolerâncias de modo que as tolerâncias, para um número particular IT, têm o mesmo nível relativo de acurácia, porém, variam dependendo do tamanho básico.
- *Base furo* representa um sistema de ajustes correspondendo a um tamanho básico de furo. O desvio fundamental é H.
- *Base Eixo* representa um sistema de ajustes correspondendo a um tamanho básico de eixo. O desvio fundamental é h. O sistema base eixo não está incluído aqui.

A magnitude da zona de tolerância é a variação no tamanho da peça, e é a mesma para as dimensões interna e externa. As zonas de tolerância são especificadas por meio de números de grau de tolerância internacional, chamados de números IT. Os números de grau menores especificam uma zona de tolerância menor. Estes variam de IT0 a IT16, porém somente graus IT6 a IT11 são necessários para os ajustes preferenciais. Estes estão listados nas Tabelas A–11 a A–12 para tamanhos básicos de até 16 polegadas ou 400 mm.

O padrão utiliza *letras de posição de tolerância*, com letras maiúsculas para dimensões internas (furos) e letras minúsculas para dimensões externas (eixos). Como mostra a Figura 7–20, o desvio fundamental localiza a zona de tolerância relativa ao tamanho básico.

A Tabela 7–9 mostra como as letras são combinadas com os graus de tolerância para estabelecer um ajuste preferencial. O símbolo ISO para o furo de um ajuste deslizante com um tamanho básico de 32 mm é 32H7. Polegadas não fazem parte do padrão. No entanto, a especificação ($1\frac{1}{8}$ in) H7 contém a mesma informação e é recomendada para uso aqui. Em ambos os casos, a letra maiúscula H estabelece o desvio fundamental e o número 7 define um grau de tolerância de IT7.

Tabela 7–9 Descrições de ajustes preferenciais utilizando o Sistema de Furo Básico. *Fonte*: *Preferred Metric Limits and Fits*, ANSI B4.2-1978. Ver também BS 4500.

Tipos de ajuste	Descrição	Símbolo
Folga	*Ajuste corrediço folgado:* para amplas tolerâncias comerciais ou margens de membros externos.	H11/c11
	Ajuste corrediço livre: não deve ser utilizado quando a acurácia é essencial, porém o ajuste é bom para grandes variações de temperatura, altas velocidades de movimento ou altas pressões de munhão.	H9/d9
	Ajuste corrediço apertado: para funcionamento em máquinas acuradas e para posicionamento acurado a velocidades moderadas e pressões de munhão.	H8/f7
	Ajuste deslizante: onde as peças não são destinadas a correr livremente, mas devem se mover e girar livremente e se posicionar acuradamente.	H7/g6
	Ajuste locativo com folga: provê ajuste perfeito para localização de peças estacionárias, mas podem ser livremente montadas e desmontadas.	H7/h6
Transição	*Ajuste locativo de transição:* para localização acurada, um compromisso entre folga e interferência.	H7/k6
	Ajuste locativo de transição: para localização mais acurada em que uma maior interferência é permissível.	H7/n6
Interferência	*Ajuste locativo com interferência:* para peças requerendo rigidez e alinhamento com acurácia primordial de localização, mas sem requisitos especiais de pressão de furo.	H7/p6
	Ajuste meio forçado: para peças de aço ordinárias ou ajustes de contração em seções leves, o ajuste mais apertado usável com ferro fundido.	H7/s6
	Ajuste forçado: apropriado para peças que podem ser tensionadas altamente ou por ajustes de contração quando elevadas forças de prensagem requeridas são impraticáveis.	H7/u6

Para um ajuste de deslizamento, as dimensões correspondentes do eixo são definidas pelo símbolo 32g6 [($1\frac{3}{8}$ in)g6].

Os desvios fundamentais para eixos são dados nas Tabelas A–11 e A–12. Para códigos letrados c, d, f, g e h,

Desvio superior = desvio fundamental
Desvio inferior = desvio superior − grau de tolerância

Para códigos letrados k, n, p, s e u, os desvios para eixos são

Desvio inferior = desvio fundamental

Desvio superior = desvio inferior + grau de tolerância

O desvio inferior H (para furos) é zero. Para esses, o desvio superior iguala o grau de tolerância.

Como mostra a Figura 7–20, usamos a seguinte notação:

$$D = \text{tamanho básico do furo}$$
$$d = \text{tamanho básico do eixo}$$
$$\delta_u = \text{desvio superior}$$
$$\delta_l = \text{desvio inferior}$$
$$\delta_F = \text{desvio fundamental}$$
$$\Delta D = \text{grau de tolerância para o furo}$$
$$\Delta d = \text{grau de tolerância para o eixo}$$

Observe que essas quantidades são todas determinísticas. Assim, para o furo,

$$D_{max} = D + \Delta D \qquad D_{min} = D \qquad (7\text{–}36)$$

Para eixos com ajustes de folga c, d, f, g e h,

$$D_{max} = d + \delta_F \qquad d_{min} = d + \delta_F - \Delta d \qquad (7\text{–}37)$$

Para eixos com ajustes de interferência k, n, p, s e u,

$$d_{min} = d + \delta_F \qquad d_{max} = d + \delta_F + \Delta d \qquad (7\text{–}38)$$

EXEMPLO 7–7 Um munhão e bucha precisam ser especificados. A dimensão nominal é de 25 mm. Quais são as dimensões necessárias para essa dimensão básica de 25 mm com um ajuste corrediço apertado se esta montagem de mancal e bucha é levemente carregada?

Solução Escolha a dimensão básica como 25 mm. Da Tabela 7–9, para 25 mm, o ajuste é H8/f7. Da Tabela A–11, os graus de tolerância são $\Delta D = 0{,}033$ mm e $\Delta d = 0{,}021$ mm.

Orifício:

Resposta
$$D_{max} = D + (\Delta D)_{\text{orifício}} = 25 + 0{,}033 = 25{,}033 \text{ mm}$$

Resposta
$$D_{min} = D = 25 \text{ mm}$$

Eixo: Da Tabela A–12: Desvio fundamental = $-0{,}02$ mm

Resposta
$$d_{max} = d + \delta_F = 25{,}0000 + (-0{,}02) = 24{,}98 \text{ mm}$$

Resposta
$$d_{min} = d + \delta_F - \Delta d = 25{,}0000 + (-0{,}02) - 0{,}021 = 24{,}959 \text{ mm}$$

Alternativamente,

Resposta
$$d_{min} = d_{max} - \Delta d = 24{,}98 - 0{,}021 = 24{,}595 \text{ mm}$$

EXEMPLO 7–8 Encontre os limites do furo e do eixo para um ajuste meio forçado utilizando um tamanho básico de furo de 50 mm.

Solução O símbolo para o ajuste, da Tabela 7–9, é H7/s6. Para o furo utilizamos a Tabela A–11 e encontramos o grau IT7 como $\Delta D = 0{,}025$ mm. Assim, da Equação (7–36)

Resposta
$$D_{max} = D + \Delta D = 50 + 0{,}025 = 50{,}025 \text{ mm}$$

Resposta
$$D_{min} = D = 50 \text{ mm}$$

A tolerância IT6 para o eixo é $\Delta d = 0{,}016$ mm. Também, da Tabela A–12, o desvio fundamental é $\delta_F = 0{,}043$ mm. Utilizando a Equação (7–38), obtemos para o eixo que

Resposta
$$d_{min} = d + \delta_F = 50 + 0{,}043 = 50{,}043 \text{ mm}$$

Resposta
$$d_{max} = d + \delta_F = \Delta d = 50 + 0{,}043 + 0{,}016 = 50{,}059 \text{ mm}$$

Tensão e capacidade de torque em ajustes de interferência

Ajustes de interferência entre um eixo e seus componentes às vezes podem ser usados efetivamente para minimizar a necessidade de ressaltos e ranhuras de chavetas. As tensões devido a um ajuste de interferência podem ser obtidas tratando o eixo como um cilindro com pressão externa uniforme, e o cubo como um cilindro vazado com pressão interna uniforme. Equações de tensão para essas situações foram desenvolvidas na Seção 3–16, e serão convertidas aqui em termos de raio a diâmetro para adequar à terminologia desta seção.

A pressão p gerada na interface do ajuste de interferência, da Equação (3–55) convertida em termos de diâmetros, é dada por

$$p = \frac{\delta}{\dfrac{d}{E_o}\left(\dfrac{d_o^2 + d^2}{d_o^2 - d^2} + v_o\right) + \dfrac{d}{E_i}\left(\dfrac{d^2 + d_i^2}{d^2 - d_i^2} - v_i\right)} \tag{7-39}$$

ou, no caso em que ambos os membros são do mesmo material,

$$p = \frac{E\delta}{2d^3}\left[\frac{(d_o^2 - d^2)(d^2 - d_i^2)}{d_o^2 - d_i^2}\right] \tag{7-40}$$

em que d é o diâmetro nominal do eixo, d_i é o diâmetro interno do eixo (se houver), d_o é o diâmetro externo do cubo, E é o módulo de Young e v é a razão de Poisson, com os subscritos o e i para o membro mais externo (cubo) e membro mais interno (eixo), respectivamente. O termo δ é a interferência *diametral* entre o eixo e o cubo, que é a diferença entre o diâmetro externo do eixo e o diâmetro interno do cubo.

$$\delta = d_{eixo} - d_{cubo} \tag{7-41}$$

Visto que haverá tolerâncias em ambos os diâmetros, as pressões máxima e mínima podem ser encontradas aplicando as interferências máxima e mínima. Adotando a notação da Figura 7–20, escrevemos

$$\delta_{min} = d_{min} - D_{max} \tag{7-42}$$

$$\delta_{max} = d_{max} - D_{min} \tag{7-43}$$

em que os termos de diâmetro são definidos nas Equações (7–36) e (7–38). A interferência máxima deve ser usada na Equação (7–39) ou (7–40) para determinar a pressão máxima a fim de verificar a tensão excessiva.

Pelas Equações (3–57) e (3–58), com os raios convertidos a diâmetros, as tensões tangenciais na interface do eixo e cubo são

$$\sigma_{t,\text{eixo}} = -p\frac{d^2 + d_i^2}{d^2 - d_i^2} \tag{7–44}$$

$$\sigma_{t,\text{cubo}} = p\frac{d_o^2 + d^2}{d_o^2 - d^2} \tag{7–45}$$

As tensões radiais na interface são simplesmente

$$\sigma_{r,\text{eixo}} = -p \tag{7–46}$$
$$\sigma_{r,\text{cubo}} = -p \tag{7–47}$$

As tensões tangencial e radial são ortogonais, e devem ser combinadas usando a teoria de falha para comparar com a resistência ao escoamento. Se tanto o eixo quanto o cubo escoarem durante a montagem, a pressão total não será alcançada, diminuindo o torque a ser transmitido. A interação das tensões devido ao ajuste de interferência com outras tensões no eixo por causa do carregamento do eixo não é trivial. A análise de elemento finito da interface seria apropriada quando justificada. Um elemento de tensão na superfície de um eixo em rotação experimentará uma tensão de flexão completamente reversa na direção longitudinal, bem como tensões compressivas estáveis nas direções tangencial e radial. Isso é um elemento tridimensional de tensão. Tensão de cisalhamento devido à torção no eixo também pode estar presente. Uma vez que as tensões em virtude do ajuste de pressão são compressivas, a situação de fadiga é usualmente melhorada. Por essa razão, pode ser aceitável simplificar a análise do eixo ignorando as tensões compressivas estáveis devido ao ajuste de pressão. Há, contudo, um efeito de concentração na tensão de flexão do eixo próximo às extremidades do cubo, em razão da mudança repentina de material comprimido a descomprimido. O desenho da geometria do cubo, e daí sua uniformidade e rigidez, pode ter um efeito significativo no valor específico do fator de concentração de tensão, tornando difícil reportar valores generalizados. Para as primeiras estimativas, os valores são tipicamente não maiores que 2.

A quantidade de torque que pode ser transmitido por meio de um ajuste de interferência pode ser estimada com uma análise simples de fricção na interface. A força de fricção é o produto do coeficiente de fricção f e a força normal atuando na interface. A força normal é representada pelo produto da pressão p e a área da superfície A da interface. Por isso, a força de fricção F_f é

$$F_f = fN = f(pA) = f[p2\pi(d/2)l] = \pi f p l d \tag{7–48}$$

em que l é o comprimento do cubo. Esta força de fricção está atuando com um braço de momento de $d/2$ para prover a capacidade de torque da junção, assim

$$T = F_f d/2 = \pi f p l d (d/2)$$
$$T = (\pi/2) f p l d^2 \tag{7–49}$$

A interferência mínima, da Equação (7–42), deve ser usada para determinar a pressão mínima a fim de verificar a quantidade máxima de torque que a junção deve ser desenhada para transmitir sem escorregamento.

PROBLEMAS

Problemas assinalados com um asterisco (*) são associados a problemas de outros capítulos, conforme resumido na Tabela 1–2 da Seção 1–17, p. 33.

7–1 Um eixo é carregado em flexão e torção tal que $M_a = 70$ N·m, $T_a = 45$ N·m, $M_m = 55$ N·m e $T_m = 35$ N·m. Para o eixo, $S_u = 700$ MPa e $S_y = 560$ MPa, e um limite de endurança completamente corrigido de $S_e = 210$ MPa é assumido. Seja $K_f = 2{,}2$ e $K_{fs} = 1{,}8$. Com um fator de projeto de 2,0, determine o diâmetro mínimo aceitável do eixo usando:

(a) O critério DE-Gerber.
(b) O critério DE-ASME Elíptico.
(c) O critério DE-Soderberg.
(d) O critério DE-Goodman.

Discuta e compare os resultados.

7–2 A seção de eixo mostrada na figura deve ser desenhada para tamanhos relativos aproximados de $d = 0{,}75D$ e $r = D/20$ com o diâmetro d conforme àquele de tamanhos de furo de mancais de rolamento de padrão métrico. O eixo deve ser feito de aço SAE 2340, termo-tratado para obter resistências mínimas na área de ressalto de 1226 MPa resistência última de tração e 1130 MPa resistência ao escoamento com uma dureza Brinell não menor que 370. No ressalto o eixo está sujeito a um momento flexor completamente reverso de 70 N·m, acompanhado por uma torção estável de 45 N·m. Use um fator de projeto de 2,5 e dimensione o eixo para uma vida infinita utilizando o critério Elíptico do DE-ASME.

Problema 7–2
Seção de um eixo contendo um sulco de alívio retificado. A menos que especificado diferentemente, o diâmetro na raiz do sulco $d_r = d - 2r$ e embora a seção de diâmetro d seja retificada, a raiz do sulco é ainda uma superfície usinada.

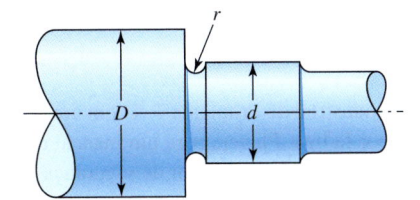

7–3 Um eixo em rotação sólido de aço está simplesmente apoiado por mancais nos pontos B e C e é movido por uma engrenagem (não mostrada) que se encaixa na engrenagem reta em D, cujo diâmetro primitivo (de passo) é de 150 mm. A força F da engrenagem motora atua em um ângulo de pressão de 20°. O eixo transmite um torque no ponto A de $T_A = 340$ N·m. O eixo é usinado de aço com $S_y = 420$ MPa e $S_{ut} = 560$ MPa. Usando um fator de segurança de 2,5, determine o diâmetro mínimo permissível do trecho de 250 mm do eixo com base em (a) uma análise estática de escoamento usando a teoria da energia de distorção e (b) uma análise de falha por fadiga. Assuma os raios de adoçamento pontiagudos nos ressaltos de mancal para estimar os fatores de concentração de tensão.

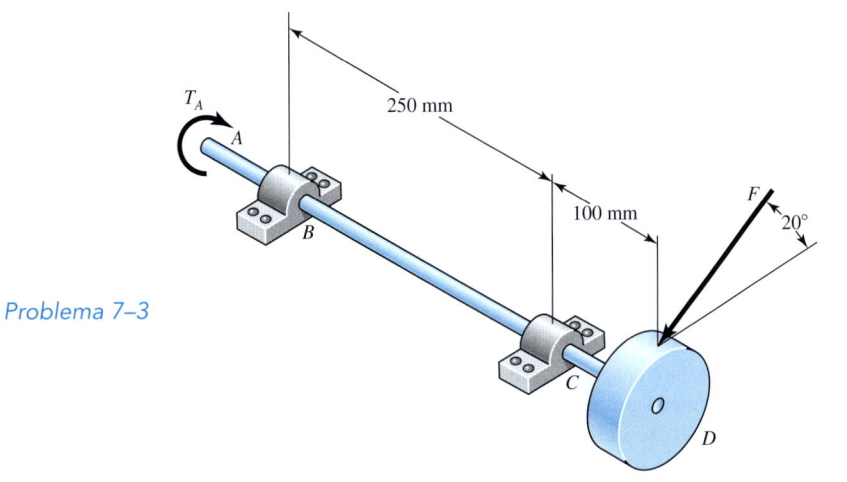

Problema 7–3

7–4 Um laminador industrial de engrenagens, mostrado na figura, é movido a 300 rev/min por uma força F atuando em um círculo de diâmetro primitivo de 75 mm. O rolo exerce uma força normal de 5 200 N/m de comprimento do rolo sobre o material sendo puxado. O material passa sob o rolo. O coeficiente de fricção é de 0,40. Desenvolva os diagramas de momento e de cisalhamento para o eixo modelando a força do rolo como (*a*) uma força concentrada no centro do rolo e (*b*) uma força uniformemente distribuída ao longo do rolo. Esses diagramas apareceram em dois planos ortogonais.

Problema 7–4
O material se move sob o rolo. Dimensões em polegadas.

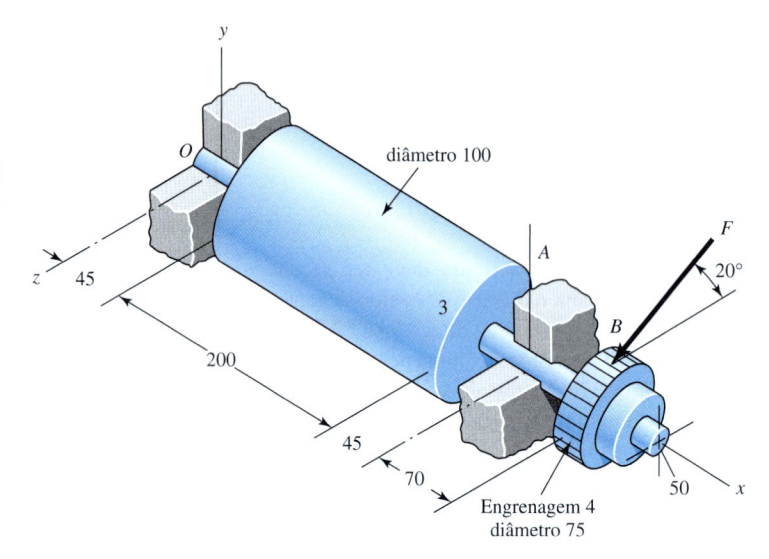

7–5 Desenhe um eixo para a situação do laminador industrial do Problema 7–4 com um fator de projeto de 2 e uma meta de confiabilidade de 0,999 contra falha por fadiga. Planeje para um mancal de esfera à esquerda e um mancal de rolos cilíndricos à direita. Para a deformação, use um fator de segurança 2.

7–6 A figura mostra um projeto proposto para o eixo do rolo industrial do Problema 7–4. Mancais de filme hidrodinâmico devem ser usados. Todas as superfícies são usinadas exceto os munhões, que são retificados e polidos. O material é aço 1035 HR (laminado a quente). Faça uma avaliação do projeto. Ele é satisfatório?

Problema 7–6
Adoçamentos de ressalto de mancal 0,72 mm, outros 1,6 mm. A ranhura de chaveta quilha deslizante tem 90 mm de comprimento. Dimensões em milímetros.

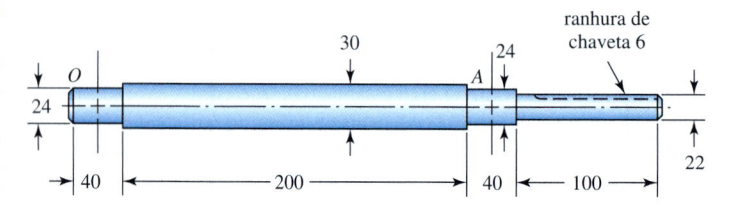

7–7* a 7–16* Para os problemas listados na tabela, desenvolva os resultados do problema original para obter um projeto preliminar do eixo que executa as seguintes funções:

(*a*) Desenhe um esquema geral do eixo, incluindo meios para posicionar os componentes e para transmitir o torque. Neste ponto, estimativas para as dimensões dos componentes são aceitáveis.

(*b*) Especifique um material adequado ao eixo.

(*c*) Determine os diâmetros críticos do eixo com base em vida infinita para a fadiga com um fator de projeto de 1,5. Verifique o escoamento.

(*d*) Faça quaisquer outras decisões dimensionais necessárias para especificar todos os diâmetros e dimensões axiais. Esquematize o eixo em escala, mostrando todas as dimensões propostas.

(*e*) Verifique as deflexões nas engrenagens e as declividades nas engrenagens e nos mancais para que sejam satisfeitos os limites recomendados na Tabela 7–2. Admita que as deflexões para qualquer polia não são críticas. Se alguma deflexão exceder os limites recomendados, faça as alterações necessárias para mantê-las dentro dos limites.

Número do problema	Problema original, número da página
7–7*	3–68, 149
7–8*	3–69, 149
7–9*	3–70, 149
7–10*	3–71, 149
7–11*	3–72, 150
7–12*	3–73, 150
7–13*	3–74, 151
7–14*	3–76, 152
7–15*	3–77, 152
7–16*	3–79, 152

7–17 No trem de engrenagem de redução dupla mostrado, o eixo *a* é movido por um motor vinculado por um acoplamento flexível atado ao balanço. O motor provê um torque de 10 N · m a uma velocidade de 1200 rpm. As engrenagens têm ângulos de pressão de 20°, com diâmetros mostrados na figura. Use um aço AISI 1020 estirado a frio. Desenhe um dos eixos (como especificado pelo instrutor) com um fator de projeto de 1,5 para desempenhar as tarefas seguintes.

(*a*) Esboce o arranjo geral do eixo, incluindo meios de localizar as engrenagens e mancais e para transmitir o torque.

(*b*) Faça uma análise de força para encontrar as forças de reação de mancal e gere os diagramas de cisalhamento e momento flexor.

(*c*) Determine os locais potencialmente críticos para o projeto de tensão.

(*d*) Determine os diâmetros críticos do eixo com base nas tensões de fadiga e estática nos locais críticos.

(*e*) Tome quaisquer outras decisões dimensionais necessárias para especificar todos os diâmetros e dimensões axiais. Esboce o eixo em escala, mostrando todas as dimensões propostas.

(*f*) Verifique a deflexão na engrenagem, e as inclinações na engrenagem e nos mancais para satisfação dos limites recomendados na Tabela 7–2.

(*g*) Se quaisquer das deflexões excederem os limites recomendados, faça mudanças apropriadas para trazê-las todas dentro dos limites.

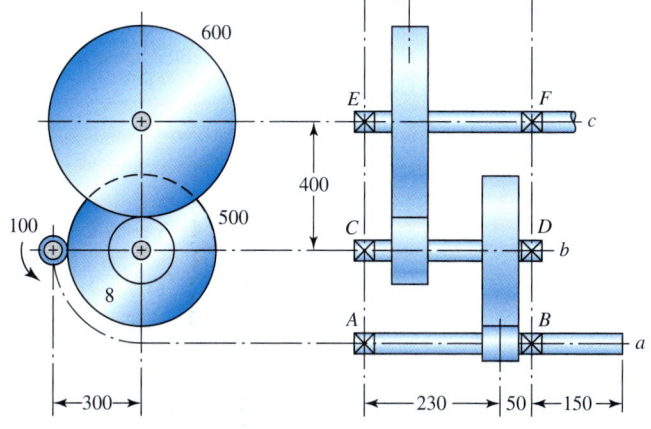

Problema 7–17
Dimensões em milímetros.

7–18 A figura apresenta o projeto para o eixo de entrada *a* no Problema 7–17. Um mancal de esferas é planejado para o mancal esquerdo, e um mancal de rolo cilíndrico para o direito.

(*a*) Determine o fator mínimo de segurança à fadiga avaliando em quaisquer locais críticos. Use o critério de fadiga Elíptico do DE-ASME.

(*b*) Verifique o projeto para adequação com respeito à deformação, de acordo com as recomendações da Tabela 7–2.

Problema 7–18
Adoçamentos de ressalto no assento de mancal de raio 0,75 mm, outros de raio 3 mm, exceto a transição de assento do mancal direito, 6 mm. O material é 1030 HR laminado a quente. Ranhuras de chaveta largura de 10 mm por profundidade de 5 mm. Dimensões em milímetros.

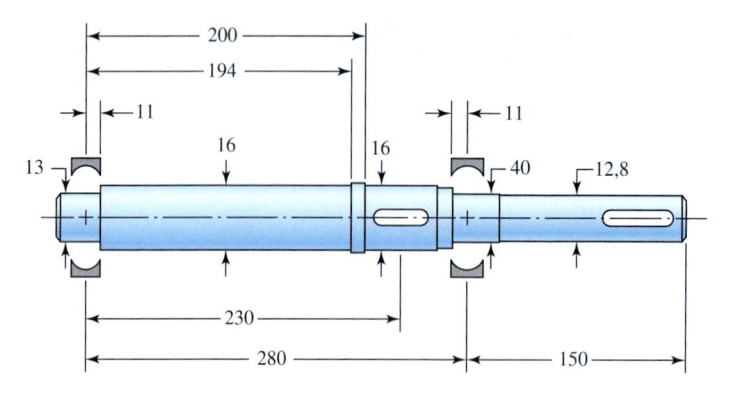

7–19* O eixo mostrado na figura é sugerido para a aplicação definida no Problema 3–72, p. 150. O material é o aço estirado a frio AISI 1018. As engrenagens repousam contra os batentes, e parafusos fixam seus cubos no lugar. Os centros efetivos das engrenagens para a transmissão da força são os mostrados. As ranhuras são cortadas com fresa de topo padrão. Os rolamentos são ajustados contra os batentes. Determine o coeficiente de segurança mínimo à fadiga utilizando o critério DE-Gerber.

*Problema 7–19**
1,6 mm. Dimensões em milímetros.

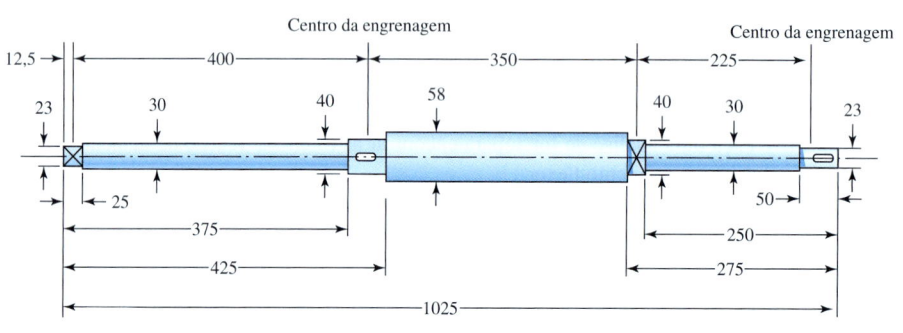

7–20* Continue o Problema 7–19 verificando se as deflexões satisfazem os valores mínimos sugeridos para rolamentos e engrenagens na Tabela 7–2. Se qualquer deflexão exceder os limites recomendados, faça as mudanças apropriadas para mantê-las dentro dos limites.

7–21* O eixo mostrado na figura é proposto para a aplicação do Problema 3–73, p. 150. O material é o aço estirado a frio AISI 1018. As engrenagens repousam contra os batentes, e parafusos fixam seus cubos no lugar. Os centros efetivos das engrenagens para a transmissão da força são os mostrados. As ranhuras são cortadas com fresa de topo padrão. Os rolamentos são ajustados contra os batentes. Determine o coeficiente de segurança mínimo à fadiga utilizando o critério DE-Gerber.

*Problema 7–21**
Todos os adoçamentos de 2 mm. Dimensões em milímetros.

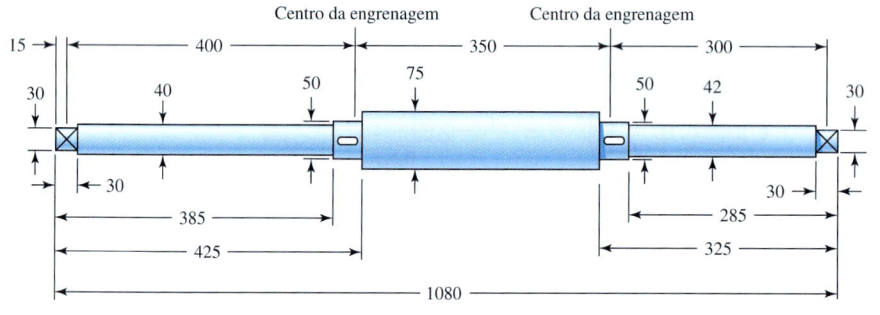

7–22* Continue o Problema 7–21 verificando se as deflexões satisfazem os valores mínimos sugeridos para rolamentos e engrenagens na Tabela 7–2. Se qualquer deflexão exceder os limites recomendados, faça as mudanças apropriadas para mantê-las dentro dos limites.

7–23 O eixo mostrado na figura é movido por uma engrenagem na ranhura de chaveta direita, move um ventilador na ranhura de chaveta esquerda e é apoiado por dois mancais de esfera de sulco profundo. O eixo é feito de aço estirado a frio AISI 1020. Na velocidade de estado estável, a engrenagem transmite uma carga radial de 1,1 kN e uma carga tangencial de 3 kN, em um diâmetro primitivo de 200 mm

(a) Determine os fatores de segurança à fadiga em quaisquer localidades potencialmente críticas utilizando o critério de falha DE-Gerber.

(b) Verifique se as deflexões satisfazem os mínimos sugeridos para mancais e engrenagens.

Problema 7–23
Dimensões em milímetros.

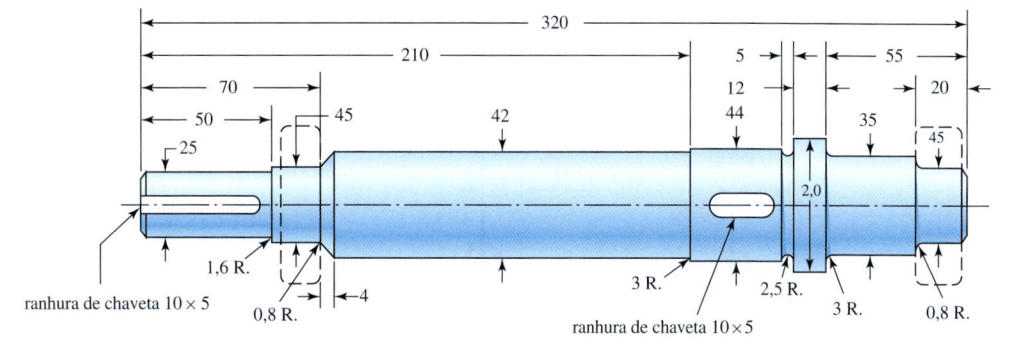

7–24 Um eixo de aço AISI 1020 estirado a frio com a geometria mostrada na figura carrega uma carga transversal de 7 kN a um torque de 107 N·m. Examine o eixo para a resistência e deflexão. Se a maior inclinação admissível nos mancais é de 0,001 rad e no engrazamento de engrenagens de 0,0005 rad, qual é o fator de segurança resguardando contra a distorção de dano? Utilizando o critério Elíptico do DE-ASME, qual é o fator de segurança resguardando contra uma falha por fadiga? Se o eixo vier a ser insatisfatório, o que você recomendaria para corrigir o problema?

Problema 7–24
Dimensões em milímetros.

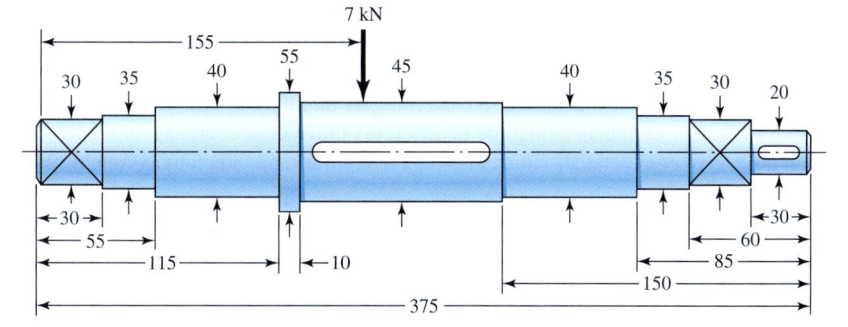

Todos os adoçamentos de 2 mm

7–25 Um eixo deve ser desenhado para suportar o pinhão reto e a engrenagem helicoidal mostrados na figura, em dois mancais espaçados 700 mm de centro a centro. O mancal A é de rolo cilíndrico e deve receber somente carga radial; o mancal B deve receber a carga axial de 900 N produzida pela engrenagem helicoidal e sua porção da carga radial. O mancal em B pode ser de esferas. As cargas radiais de ambas as engrenagens estão no mesmo plano, e são de 2,7 kN para o pinhão e 900 N para a engrenagem. A velocidade do eixo é de 1200 rev/min. Desenhe o eixo. Faça um esboço em escala do eixo mostrando todos os tamanhos de adoçamentos, ranhuras de chaveta, ressaltos e diâmetros. Especifique o material e seu tratamento térmico.

Problema 7–25
Dimensões em milímetros.

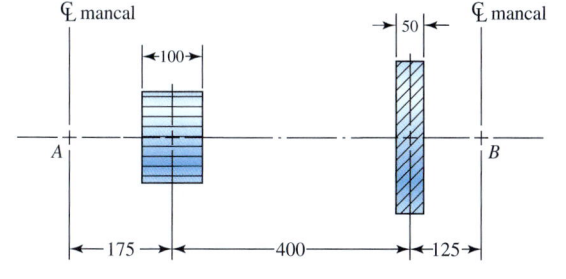

7–26 Um eixo de aço termo-tratado deve ser desenhado para suportar a engrenagem reta e a sem-fim, em balanço, mostradas na figura. Um mancal em A recebe carga radial pura. O mancal em B recebe a carga axial do sem-fim para qualquer direção de rotação. As dimensões e carregamento estão mostrados na figura; note que as cargas radiais estão no mesmo plano. Faça um projeto completo do eixo, incluindo um esboço do eixo e mostrando todas as dimensões. Identifique o material e seu tratamento térmico (se necessário). Faça uma avaliação de seu projeto final. A velocidade de eixo é de 310 rev/min.

Problema 7–26
Dimensões em milímetros.

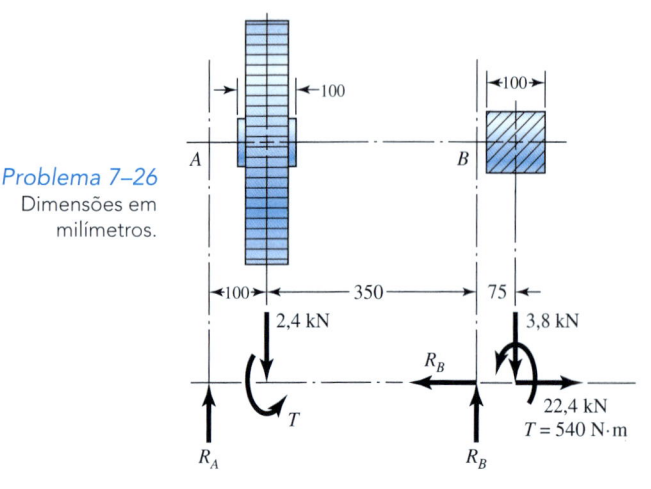

7–27 Um eixo de engrenagem cônica montado em dois mancais de esferas de série 02 de 40 mm é movido a 1 720 rev/min por um motor conectado por meio de um acoplamento flexível. A figura mostra o eixo, a engrenagem e os mancais. O eixo tem dado problemas – de fato, dois deles já falharam – e o tempo parado da máquina é tão caro que você decidiu redesenhar o eixo em vez de ordenar reposições. Um teste de dureza ao redor da fratura dos dois eixos mostrou uma média de 198 Bhn para um e 204 Bhn para o outro. Tão próximo quanto se pode estimar, os dois eixos falharam a uma vida medida entre 600 000 e 1 200 000 ciclos de operação. As superfícies do eixo foram usinadas, mas não retificadas. Os tamanhos de adoçamentos não foram medidos, mas eles correspondem às recomendações para os mancais de esferas usados. Você sabe que é uma carga pulsante ou do tipo choque, mas não tem ideia da magnitude, porque o eixo move um mecanismo indicador e as forças são inerciais. As ranhuras de chaveta têm largura de 10 mm por profundidade de 5 mm. O pinhão cônico de dentes retos move uma engrenagem cônica de 48 dentes. Especifique um novo eixo com detalhes suficientes para assegurar uma vida longa e sem problemas.

Problema 7–27
Dimensões em milímetros.

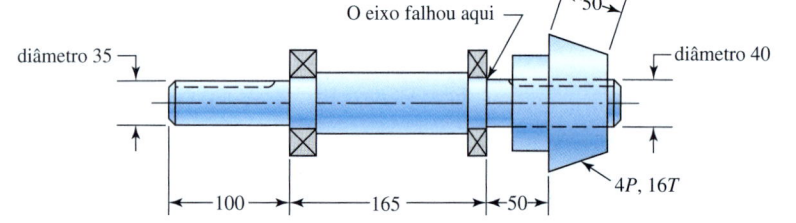

7–28 Um eixo de aço de diâmetro uniforme de 25 mm tem comprimento de 600 mm entre mancais.
(a) Encontre a menor velocidade crítica do eixo.
(b) Se a meta for dobrar a velocidade crítica, encontre o novo diâmetro.
(c) Um modelo de metade do tamanho do eixo original tem qual velocidade crítica?

7–29 Demonstre quão rapidamente o método de Rayleigh converge para o eixo sólido de diâmetro uniforme do Problema 7–28, dividindo o eixo primeiro em um, depois em dois e finalmente em três elementos.

7–30 Compare a Equação (7–27) para a frequência angular de um eixo de dois discos com a Equação (7–28), e note que as constantes nas duas equações são iguais.
(a) Desenvolva uma expressão para a *segunda* velocidade crítica.
(b) Estime a segunda velocidade crítica do eixo tratado no Exemplo 7–5, partes a e b.

7–31 Para um eixo de diâmetro uniforme, furar o eixo aumenta ou diminui a celeridade crítica? Determine a razão entre as velocidades críticas para um eixo sólido de diâmetro d e um eixo vazado de diâmetro interno igual a $d/2$ e de diâmetro externo igual a d.

7–32 O eixo de aço mostrado na figura carrega uma engrenagem de 100 N à esquerda e uma engrenagem de 175 N à direita. Estime a primeira velocidade crítica devido às cargas, a velocidade crítica do eixo sem cargas e a velocidade crítica da combinação.

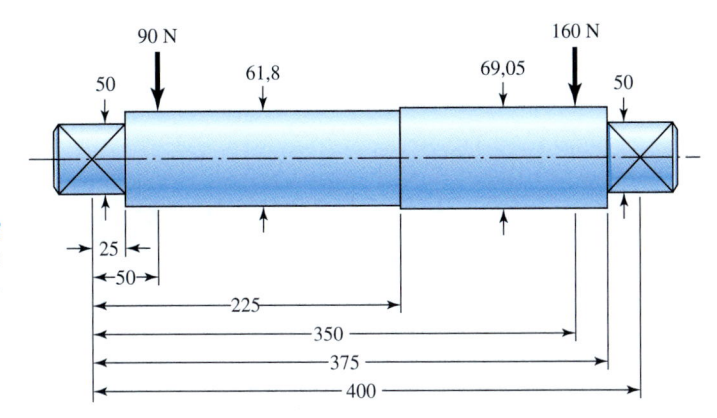

Problema 7–32
Dimensões em milímetros.

7–33 Um orifício furado e escareado pode ser usado em um eixo sólido para segurar um pino que localiza e suporta um elemento mecânico, tal qual o cubo de uma engrenagem, na posição axial, e permite a transmissão de torque. Visto que um furo de pequeno diâmetro introduz alta concentração de tensão e um furo de diâmetro maior desgasta a área resistente à flexão e à torção, investigue a existência de um diâmetro de *pino* com mínimo efeito adverso no eixo. Especificamente, determine o diâmetro do pino como uma porcentagem do diâmetro do eixo que minimiza a tensão de pico no eixo. (*Sugestão:* Use a Tabela A–16.)

7–34* O eixo mostrado no Problema 7–19 é proposto para a aplicação definida no Problema 3–72, p. 150. Especifique uma chaveta quadrada para a engrenagem *B* utilizando um fator de segurança igual a 1,1.

7–35* O eixo mostrado no Problema 7–21 é proposto para a aplicação definida no Problema 3–73, p. 150. Especifique uma chaveta quadrada para a engrenagem *B* utilizando um fator de segurança igual a 1,1.

7–36 Um pino de guia é requerido para alinhar a montagem de um acessório de duas partes. O tamanho nominal do pino é de 15 mm. Tome decisões dimensionais para um ajuste de folga de localização de tamanho básico de 15 mm.

7–37 Um ajuste de interferência de um cubo de ferro fundido de uma engrenagem em um eixo de aço é requerido. Tome decisões dimensionais para um ajuste meio forçado de tamanho básico de 45 mm.

7–38 Um pino é requerido para formar um pivô de ligação. Encontre as dimensões requeridas para um pino de tamanho básico de 45 mm e manilha com um ajuste deslizante.

7–39 Um munhão e bucha necessitam ser descritos. O tamanho nominal é de 32 mm. Que dimensões são necessárias para um tamanho básico de 32 mm com um ajuste corrediço apertado, se esta é uma montagem de bucha e munhão levemente carregados?

7–40 Um rolamento de esferas foi selecionado com dimensões de bitola especificadas em catálogo de 35,000 mm a 35,020 mm. Especifique os diâmetros mínimo e máximo do eixo que proporcionam o posicionamento com ajuste por interferência.

7–41 O diâmetro de um eixo é cuidadosamente medido e vale 36,05 mm. Um rolamento é selecionado pelas especificações de catálogo para a bitola no intervalo de 36 mm a 36,025 mm. Determine se esta é uma escolha aceitável se o posicionamento com ajuste por interferência é desejado.

7–42 Uma engrenagem e eixo com diâmetro nominal de 35 mm devem ser montados com um *ajuste meio forçado*, como especifica a Tabela 7–9. A engrenagem tem um cubo com um diâmetro externo de 60 mm e um comprimento global de 50 mm. O eixo é feito de aço AISI 1020 estirado a frio (CD) e a engrenagem é feita de aço endurecido completamente para prover $S_u = 700$ MPa e $S_y = 600$ MPa.

(*a*) Especifique as dimensões com tolerâncias para o eixo e furo de engrenagem a fim de alcançar o ajuste desejado.

(*b*) Determine as pressões máxima e mínima que podem ser sentidas na interface com as tolerâncias especificadas.

(*c*) Determine os fatores estáticos de pior caso de segurança resguardando contra escoamento na montagem para o eixo e engrenagem com base na teoria de falha da energia de distorção.

(*d*) Determine o torque máximo que a junção deve ser esperada transmitir sem deslizar, isto é, quando a pressão de interferência estiver em um mínimo para as tolerâncias especificadas.

8 Parafusos, elementos de fixação e o projeto de juntas não permanentes

8-1   Padrões de rosca e definições   **395**

8-2   Mecânica dos parafusos de potência   **399**

8-3   Conectores rosqueados   **407**

8-4   Juntas – Rigidez de conectores   **410**

8-5   Juntas – Rigidez de elementos de ligação   **413**

8-6   Resistência do parafuso   **418**

8-7   Juntas tracionadas – Carga externa   **421**

8-8   Relacionando o torque no parafuso à tração no parafuso   **422**

8-9   Junta estaticamente carregada à tração com pré-carga   **425**

8-10 Juntas de vedação   **429**

8-11 Carregamento de fadiga em juntas tracionadas   **430**

8-12 Carregamento de cisalhamento em juntas parafusadas e rebitadas   **437**

O parafuso de rosca helicoidal foi sem dúvida uma invenção mecânica extremamente importante. Ele é a base dos parafusos de potência, que transformam o movimento angular em movimento linear para transmitir potência ou desenvolver grandes forças (prensas, macacos etc.), e os conectores rosqueados, um elemento importante em juntas não permanentes.

Este livro pressupõe um conhecimento dos métodos elementares de fixação. Métodos típicos de fixação ou de união de peças usam dispositivos tais como parafusos, porcas, parafusos não passantes, parafusos sem cabeça, rebites, retentores de mola, dispositivos de travamento, pinos, chavetas, soldas e adesivos. Estudos em projetos de engenharia e em processamento de metais muitas vezes incluem instruções sobre vários métodos de união, e a curiosidade de qualquer pessoa interessada na engenharia mecânica naturalmente resulta na aquisição de uma boa base de conhecimentos sobre métodos de união. Não se deixe levar pela primeira impressão, o assunto é um dos mais interessantes em todo o campo do projeto mecânico.

Um dos objetivos chave no projeto para a manufatura é a redução do número de conectores. Contudo, sempre haverá necessidade de juntas para facilitar a desmontagem para propósitos diversos. Por exemplo, os jatos gigantes como os Boeing 747 carregam 2,5 milhões de conectores, alguns deles com custo de muitos dólares por peça. Para manter baixos os custos, os fabricantes de aviões, e seus subcontratados, constantemente fazem revisões dos projetos de conectores, técnicas de instalação, e ferramental.

O número de inovações no campo dos conectores, qualquer que seja a época considerada, é extraordinário. Uma grande variedade de conectores está disponível para a escolha dos projetistas. Projetistas mais críticos conservam cadernos com anotações específicas sobre determinados tipos de conectores. Os métodos de união de peças são extremamente importantes nos projetos de engenharia com qualidade, e é necessário ter uma compreensão abrangente sobre o desempenho de conectores e juntas sob todas as condições de uso e projeto.

8–1 Padrões de rosca e definições

A terminologia de roscas de parafusos, ilustrada na Figura 8–1, é explicada a seguir:

O *passo* é a distância entre adoçamentos adjacentes de rosca medida paralelamente ao eixo da rosca. O passo em unidades inglesas é o recíproco do número de adoçamentos de rosca por polegada.

O *diâmetro maior* d é o maior diâmetro de uma rosca de parafuso.

O *diâmetro menor* (ou de raiz) d_r é o menor diâmetro de uma rosca de parafuso.

O *diâmetro de passo* d_p é um diâmetro teórico entre os diâmetros maior e menor.

O *avanço* l, não mostrado, é a distância em que a porca se move paralelamente ao eixo do parafuso quando a porca dá uma volta. Para rosca única, como na Figura 8–1, o avanço é o mesmo que o passo.

Um parafuso com *rosca múltipla* contém dois ou mais cortes de rosca, um ao lado do outro (imagine duas ou mais cordas enroladas lado a lado ao redor de um lápis). Produtos padronizados como e porcas têm uma única rosca: parafusos de rosca dupla têm avanço igual a duas vezes o passo, um parafuso de rosca tripla tem avanço igual a três vezes o passo e assim por diante.

Todas as roscas são feitas de acordo com *a regra da mão direita*, a menos que o contrário seja indicado. Dessa forma, se o parafuso é rodado em sentido horário, o parafuso avança contra a porca.

A norma para roscas *American National (Unificada)* foi aprovada nos Estados Unidos e na Grã-Bretanha para uso em produtos rosqueados padronizados. O ângulo de rosca é 60° e as cristas das roscas podem ser planas ou arredondadas.

A Figura 8–2 mostra a geometria de rosca de perfis métricos M e MJ. O perfil M substitui a classe polegada e é o perfil básico da ISO 68 com roscas simétricas de 60°. O perfil MJ tem um adoçamentos arredondado na raiz da rosca externa e um diâmetro menor aumentado das roscas interna e externa. Esse perfil é especialmente útil quando é requerida alta resistência à fadiga.

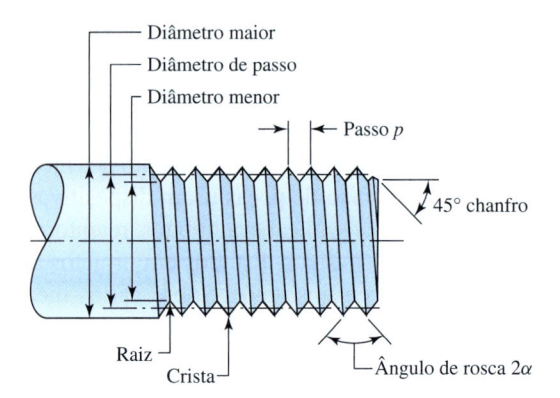

Figura 8–1 Terminologia de roscas de parafusos. Roscas com pontas em "v" mostradas para maior clareza; as cristas e as raízes são realmente aplanadas ou arredondadas durante a operação de conformação.

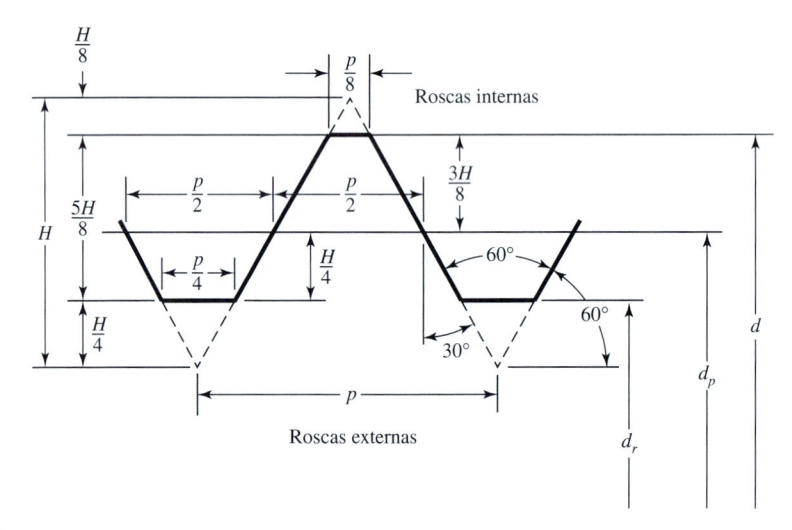

Figura 8–2 Perfil básico para roscas métricas M e MJ. d = diâmetro maior, d_r = diâmetro menor, d_p = diâmetro de passo, p = passo, $H = \frac{\sqrt{3}}{2}p$

As Tabelas 8–1 e 8–2 serão úteis na especificação e projeto de peças rosqueadas. Note que o tamanho de rosca é especificado ao fornecer o passo p para tamanhos métricos e ao fornecer o número de roscas N por polegada para tamanhos unificados. Os tamanhos de parafusos na Tabela 8–2, com diâmetro abaixo de $\frac{1}{4}$ in, são tamanhos numerados ou de bitola. A segunda coluna na Tabela 8–2 mostra que um parafuso nº 8 tem um diâmetro nominal maior que 0,1640 in.

Um grande número de ensaios de tração de barras rosqueadas mostrou que uma barra não rosqueada com diâmetro igual à média entre o diâmetro de passo e o diâmetro menor terá a mesma resistência de tração que uma barra rosqueada. A área dessa barra não rosqueada é chamada de área de tensão de tração A_t da barra rosqueada; valores de A_t estão listados em ambas as tabelas.

Duas séries principais de roscas unificadas estão em uso corrente: UN e UNR. A diferença entre elas é simplesmente que na série UNR deve ser usado o raio de raiz. Por causa dos fatores de concentração de tensão reduzidos em roscas, as roscas da série UNR têm resistências a fadiga melhoradas. Roscas unificadas são especificadas ao se declarar o diâmetro nominal maior, o número de roscas por polegada e as séries de roscas, por exemplo, $\frac{5}{8}$-in-18 UNRF ou 0,625 in-18 UNRF.

As roscas métricas são especificadas escrevendo-se o diâmetro e o passo em milímetros, nessa ordem. Assim, M12 × 1,75 é uma rosca com diâmetro nominal maior de 12 mm e um passo de 1,75 mm. Note que a letra M, que precede o diâmetro, é o indicativo para a designação métrica.

Tabela 8–1 Diâmetros e áreas de roscas métricas de passo grosso e passo fino.*

Diâmetro maior nominal d mm	Série de passo grosso			Série de passo fino		
	Passo p mm	Área de tensão de tração A_t mm²	Área de diâmetro menor A_r mm²	Passo p mm	Área de tensão de tração A_t mm²	Área de diâmetro menor A_r mm²
1,6	0,35	1,27	1,7			
2	0,40	2,07	1,79			
2,5	0,45	3,39	2,98			
3	0,5	5,03	4,47			
3,5	0,6	6,78	6,00			
4	0,7	8,78	7,75			
5	0,8	14,2	12,7			
6	1	20,1	17,9			
8	1,25	36,6	32,8	1	39,2	36,0
10	1,5	58,0	52,3	1,25	61,2	56,3
12	1,75	84,3	76,3	1,25	92,1	86,0
14	2	115	104	1,5	125	116
16	2	157	144	1,5	167	157
20	2,5	245	225	1,5	272	259
24	3	353	324	2	384	365
30	3,5	561	519	2	621	596
36	4	817	759	2	915	884
42	4,5	1 120	1 050	2	1 260	1 230
48	5	1 470	1 380	2	1 670	1 630
56	5,5	2 030	1 910	2	2 300	2 250
64	6	2 680	2 520	2	3 030	2 980
72	6	3 460	3 280	2	3 860	3 800
80	6	4 340	4 140	1,5	4 850	4 800
90	6	5 590	5 360	2	6 100	6 020
100	6	6 990	6 740	2	7 560	7 470
110				2	9 180	9 080

* As equações e os dados usados para desenvolver esta tabela foram obtidos da ANSI B1.1-1974 e B18.3.1-1978. O diâmetro menor foi encontrado por meio da equação $d_r = d - 1{,}226\,869p$, e o diâmetro de passo, por meio de $d_p = d - 0{,}64\,9519p$. A média do diâmetro de passo e do diâmetro menor foi usada para computar a área de tensão de tração.

As roscas quadradas e Acme, mostradas na Figura 8–3a e b, respectivamente, são usadas quando se deve transmitir potência através de parafusos. A Tabela 8–3 lista os passos recomendados para as roscas trapezoidais de série em polegadas. Contudo, outros passos podem ser e frequentemente são usados, visto que a necessidade de um padrão para tais roscas não é tão grande.

Muitas vezes são feitas modificações em ambas as roscas, Acme e quadradas. Por exemplo, a rosca quadrada às vezes é modificada cortando-se o espaço entre os dentes de modo que tenha um ângulo de rosca incluído de 10° a 15°. Isso, de qualquer maneira, não é difícil, visto que as roscas geralmente são cortadas com uma ferramenta de ponto único; a modificação retém a maior parte da alta eficiência inerente às roscas quadradas e torna o corte mais simples.

Tabela 8–2 Diâmetros e área de roscas de parafusos unificados UNC e UNF.*

Designação de tamanho	Série grossa – UNC				Série fina – UNF		
	Diâmetro maior nominal in	Roscas por polegada N	Área de tensão A_t in² de tração	Área de diâmetro menor A_r in²	Roscas por polegada N	Área de tensão de tração A_t in²	Área de diâmetro menor A_r in²
0	0,0600				80	0,001 80	0,001 51
1	0,0730	64	0,002 63	0,002 18	72	0,002 78	0,002 37
2	0,0860	56	0,003 70	0,003 10	64	0,003 94	0,003 39
3	0,0990	48	0,004 87	0,004 06	56	0,005 23	0,004 51
4	0,1120	40	0,006 04	0,004 96	48	0,006 61	0,005 66
5	0,1250	40	0,007 96	0,006 72	44	0,008 80	0,007 16
6	0,1380	32	0,009 09	0,007 45	40	0,010 15	0,008 74
8	0,1640	32	0,014 0	0,011 96	36	0,014 74	0,012 85
10	0,1900	24	0,017 5	0,014 50	32	0,020 0	0,017 5
12	0,2160	24	0,024 2	0,020 6	28	0,025 8	0,022 6
$\frac{1}{4}$	0,2500	20	0,031 8	0,026 9	28	0,036 4	0,032 6
$\frac{5}{16}$	0,3125	18	0,052 4	0,045 4	24	0,058 0	0,052 4
$\frac{3}{8}$	0,3750	16	0,077 5	0,067 8	24	0,087 8	0,080 9
$\frac{7}{16}$	0,4375	14	0,106 3	0,093 3	20	0,118 7	0,109 0
$\frac{1}{2}$	0,5000	13	0,1419	0,125 7	20	0,159 9	0,148 6
$\frac{9}{16}$	0,5625	12	0,182	0,162	18	0,203	0,189
$\frac{5}{8}$	0,6250	11	0,226	0,202	18	0,256	0,240
$\frac{3}{4}$	0,7500	10	0,334	0,302	16	0,373	0,351
$\frac{7}{8}$	0,8750	9	0,462	0,419	14	0,509	0,480
1	1,0000	8	0,606	0,551	12	0,663	0,625
$1\frac{1}{4}$	1,2500	7	0,969	0,890	12	1,073	1,024
$1\frac{1}{2}$	1,5000	6	1,405	1,294	12	1,581	1,521

* Esta tabela foi compilada com base na ANSI B1.1-1974. O diâmetro menor foi encontrado por meio da equação $d_t = d - 1{,}299\,038p$, e o diâmetro de passo por meio da equação $d_p = d - 0{,}649\,519p$. A média entre o diâmetro de passo e o diâmetro menor foi usada para computar a área da tensão de tração.

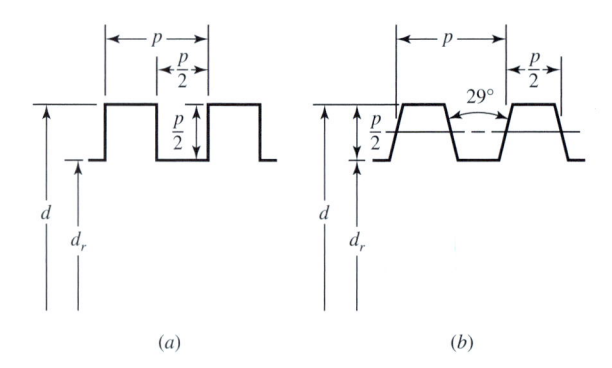

Figura 8–3 (*a*) Rosca quadrada; (*b*) rosca Acme.

Tabela 8–3 Passos preferidos para roscas Acme.

d, in	$\frac{1}{4}$	$\frac{5}{16}$	$\frac{3}{8}$	$\frac{1}{2}$	$\frac{5}{8}$	$\frac{3}{4}$	$\frac{7}{8}$	1	$1\frac{1}{4}$	$1\frac{1}{2}$	$1\frac{3}{4}$	2	$2\frac{1}{2}$	3
p, in	$\frac{1}{16}$	$\frac{1}{14}$	$\frac{1}{12}$	$\frac{1}{10}$	$\frac{1}{8}$	$\frac{1}{6}$	$\frac{1}{6}$	$\frac{1}{5}$	$\frac{1}{5}$	$\frac{1}{4}$	$\frac{1}{4}$	$\frac{1}{4}$	$\frac{1}{3}$	$\frac{1}{2}$

As roscas Acme são às vezes modificadas para uma forma truncada ao fazermos os dentes mais curtos. Isso resulta em um diâmetro menor aumentado e um parafuso um pouco mais forte.

8–2 Mecânica dos parafusos de potência

O parafuso de potência é um dispositivo usado em maquinaria para transformar o movimento angular em movimento linear e, usualmente, para transmitir potência. Aplicações familiares incluem os parafusos de avanço de tornos mecânicos e parafusos para morsas, prensas e macacos.

Uma aplicação de parafusos de potência para um macaco movido a eletricidade é mostrada na Figura 8–4. Você deve ser capaz de identificar o sem-fim, a engrenagem (coroa) do sem-fim, o parafuso e a porca. Está a coroa sem-fim suportada por um ou dois mancais?

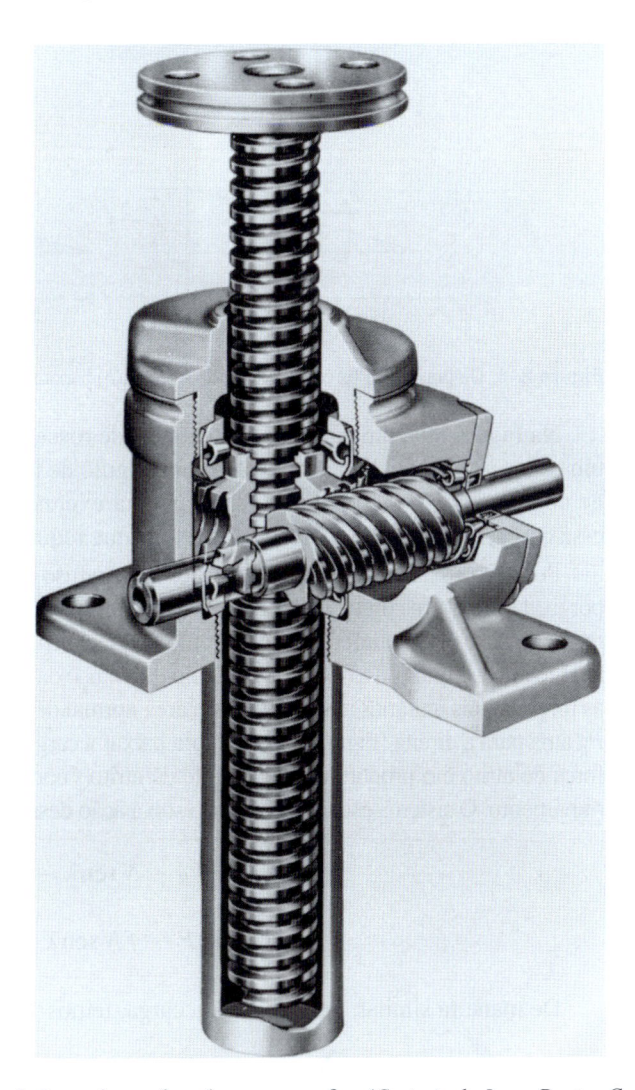

Figura 8–4 Macaco da Joyce de parafuso de coroa sem-fim. (*Cortesia da Joyce-Dayton Corp., Dayton, Ohio.*)

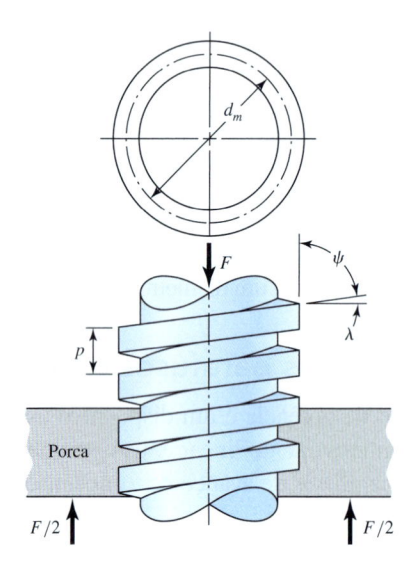

Figura 8–5 Porção do parafuso de potência.

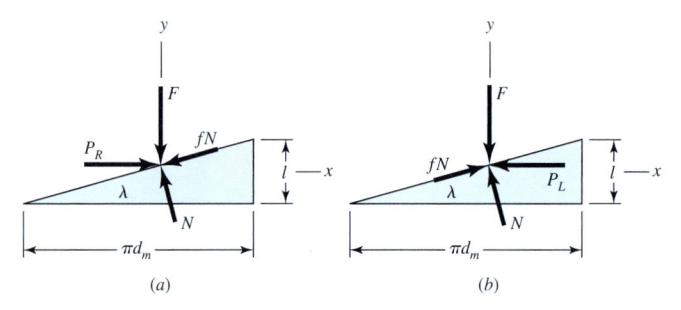

Figura 8–6 Diagramas de força:(*a*) elevando a carga;(*b*) baixando a carga.

Na Figura 8–5, um parafuso de potência de rosca única quadrada com diâmetro médio d_m, um passo p, um ângulo de avanço λ e um ângulo de hélice ψ é carregado por uma força axial de compressão F. Desejamos encontrar uma expressão para o torque requerido para elevar essa carga, e uma outra expressão para o torque requerido para abaixar a carga.

Primeiro, imagine que uma única rosca do parafuso é desenrolada ou desenvolvida (Figura 8–6) por exatamente uma única volta. Depois uma borda da rosca formará a hipotenusa de um triângulo reto cuja base é a circunferência do circulo de diâmetro médio de rosca e cuja altura é o avanço. O ângulo λ, nas Figuras 8–5 e 8–6, é o ângulo de avanço da rosca. Representamos o somatório de todas as forças axiais unitárias atuando sobre a área normal de rosca por F. Para elevar a carga, uma força P_R atua para a direita (Figura 8–6*a*), e para baixar a carga, P_L atua para a esquerda (Figura 8–6*b*). A força de atrito é o produto do coeficiente de atrito f com a força normal N, e atua para se opor ao movimento. O sistema está em equilíbrio sob a ação dessas forças, assim, para elevar a carga, temos

$$\sum F_x = P_R - N \operatorname{sen}\lambda - fN \cos\lambda = 0$$

$$\sum F_y = -F - fN \operatorname{sen}\lambda + N \cos\lambda = 0$$

(*a*)

De maneira similar, para abaixar a carga, temos

$$\sum F_x = -P_L - N \operatorname{sen}\lambda + fN \cos\lambda = 0$$

$$\sum F_y = -F + fN \operatorname{sen}\lambda + N \cos\lambda = 0$$

(*b*)

Visto que não estamos interessados na força normal N, nós a eliminamos de cada um desses conjuntos de equações e solucionamos o resultado para P. Para elevar a carga, isso produz

$$P_R = \frac{F(\sen\lambda + f\cos\lambda)}{\cos\lambda - f\sen\lambda} \qquad (c)$$

e para baixar a carga

$$P_L = \frac{F(f\cos\lambda - \sen\lambda)}{\cos\lambda + f\sen\lambda} \qquad (d)$$

A seguir, divida o numerador e o denominador dessas equações por λ e use a relação $\tan\lambda = l/\pi d_m$ (Figura 8–6). Então, obtemos, respectivamente,

$$P_R = \frac{F[(l/\pi d_m) + f]}{1 - (fl)\pi d_m} \qquad (e)$$

$$P_L = \frac{F[f - (l/\pi d_m)]}{1 + (fl/\pi d_m)} \qquad (f)$$

Finalmente, notando que o torque é o produto da força P pelo raio médio $d_m/2$, para elevar a carga podemos escrever

$$T_R = \frac{F d_m}{2}\left(\frac{l + \pi f d_m}{\pi d_m - fl}\right) \qquad (8\text{–}1)$$

em que T_R é o torque requerido para dois propósitos: superar a fricção de rosca e elevar a carga.

O torque requerido para baixar a carga, por meio da Equação (f), é

$$T_L = \frac{F d_m}{2}\left(\frac{\pi f d_m - l}{\pi d_m + fl}\right) \qquad (8\text{–}2)$$

Esse é o torque requerido para superar uma parte da fricção ao baixar a carga. Pode ocorrer, em casos específicos em que o avanço é grande ou o atrito é pequeno, que a carga baixará a si mesma fazendo o parafuso rodar sem qualquer esforço externo. Em tais casos, o torque T_L da Equação (8–2) será negativo ou zero. Quando um torque positivo é obtido por meio dessa equação, o parafuso é dito ser *autobloqueante*. Assim, a condição para autobloqueio é

$$\pi f d_m > l$$

Agora divida ambos os lados dessa desigualdade por πd_m. Reconhecendo que $l/\pi d_m = \tan\lambda$, obtemos

$$f > \tan\lambda \qquad (8\text{–}3)$$

Essa relação afirma que o autobloqueio é obtido sempre que o coeficiente de fricção de rosca for igual ou maior que a tangente do ângulo de avanço de rosca.

Uma expressão para a eficiência é também útil na avaliação de parafusos de potência. Se fizermos $f = 0$ na Equação (8–1), obtemos

$$T_0 = \frac{Fl}{2\pi} \qquad (g)$$

e, porque a fricção de rosca foi eliminada, o torque é requerido somente para elevar a carga. A eficiência é, portanto,

$$e = \frac{T_0}{T_R} = \frac{Fl}{2\pi T_R} \qquad (8\text{--}4)$$

As equações anteriores foram desenvolvidas para roscas quadradas em que as cargas de rosca normais estão paralelas ao eixo do parafuso. No caso de Acme ou outras roscas, a carga de rosca normal é inclinada em relação ao eixo por causa do ângulo de rosca 2α e do ângulo de avanço λ. Visto que os ângulos de avanço são pequenos, esta inclinação pode ser desprezada e somente o efeito do ângulo de rosca (Figura 8–7a) considerado. O efeito do ângulo α é aumentar a força de atrito friccional pela ação de cunho (de calço) das roscas. Por isso, os termos relacionados ao atrito na Equação (8–1) devem ser divididos por cos α. Para elevar uma carga, ou para apertar um parafuso, isto produz

$$T_R = \frac{Fd_m}{2}\left(\frac{l + \pi f d_m \sec\alpha}{\pi d_m - fl \sec\alpha}\right) \qquad (8\text{--}5)$$

Ao usar a Equação (8–5), lembre que é uma aproximação porque o efeito do ângulo de avanço foi desprezado.

Para parafusos de potência, a rosca Acme não é tão eficiente quanto as roscas quadradas, por causa do atrito adicional devido à ação de cunha, mas elas são frequentemente preferidas, porque é mais fácil de usinar e permite o uso de uma porca partida, que pode ser ajustada para compensar o desgaste.

Geralmente um terceiro componente de torque deve ser utilizado em aplicações de parafuso de potência. Quando o parafuso é carregado axialmente, um mancal axial ou colar tem de ser empregado entre os elementos rotantes e estacionários a fim de carregar a componente axial. A Figura 8–7b mostra um colar axial típico no qual a carga é suposta estar concentrada no diâmetro médio do colar d_c. Se f_c é o coeficiente de atrito do colar, o torque requerido será

$$T_c = \frac{F f_c d_c}{2} \qquad (8\text{--}6)$$

Para colares grandes, o torque provavelmente deve ser computado de uma maneira similar àquela empregada para embreagens de disco (ver Seção 16–5).

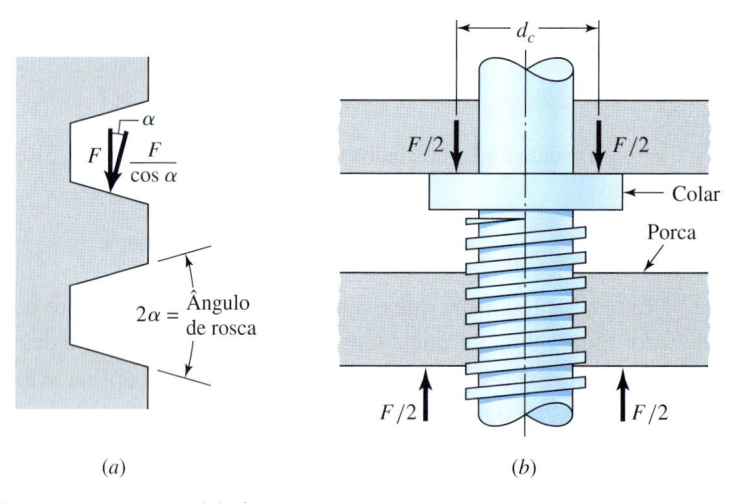

Figura 8–7 (a) A componente normal da força de rosca é aumentada por causa do ângulo α; (b) o colar axial tem diâmetro friccional d_c.

Tensões nominais de corpo em parafusos de potência podem ser relacionadas aos parâmetros de rosca como se segue. A tensão nominal máxima de cisalhamento τ na torção do corpo do parafuso pode ser expressa como

$$\tau = \frac{16T}{\pi d_r^3} \qquad (8\text{-}7)$$

A tensão axial σ no corpo do parafuso devido à carga é

$$\sigma = \frac{F}{A} = \frac{4F}{\pi d_r^2} \qquad (8\text{-}8)$$

na ausência de efeito de coluna. Para uma coluna curta, a fórmula de flambagem de J. B. Johnson é dada pela Equação (4–43), que é

$$\left(\frac{F}{A}\right)_{\text{crit}} = S_y - \left(\frac{S_y}{2\pi}\frac{l}{k}\right)^2 \frac{1}{CE} \qquad (8\text{-}9)$$

As tensões nominais de rosca em parafusos de potência podem ser relacionadas aos parâmetros de rosca como se segue. A tensão de apoio na Figura 8–8, σ_B, é

$$\sigma_B = -\frac{F}{\pi d_m n_t p/2} = -\frac{2F}{\pi d_m n_t p} \qquad (8\text{-}10)$$

em que n_t é o número de roscas engajadas. A tensão de flexão na raiz da rosca σ_b é encontrada por meio de

$$Z = \frac{I}{c} = \frac{(\pi d_r n_t)(p/2)^2}{6} = \frac{\pi}{24} d_r n_t p^2 \qquad M = \frac{Fp}{4}$$

então

$$\sigma_b = \frac{M}{Z} = \frac{Fp}{4}\frac{24}{\pi d_r n_t p^2} = \frac{6F}{\pi d_r n_t p} \qquad (8\text{-}11)$$

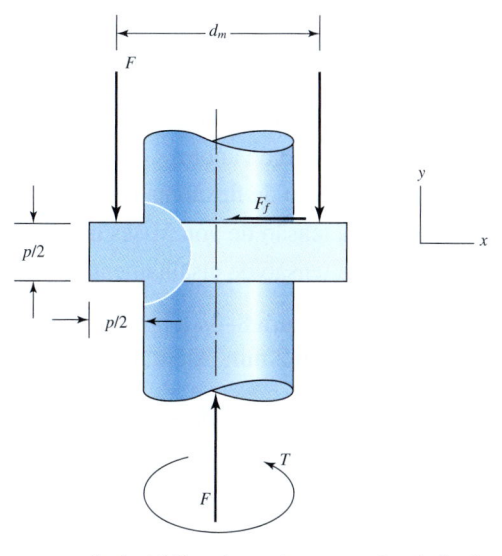

Figura 8–8 A geometria da rosca quadrada é útil ao determinar as tensões de flexão e de cisalhamento transversal na raiz da rosca.

A tensão transversal de cisalhamento τ no centro da raiz da rosca devido à carga F é

$$\tau = \frac{3V}{2A} = \frac{3}{2}\frac{F}{\pi d_r n_t p/2} = \frac{3F}{\pi d_r n_t p} \qquad (8\text{–}12)$$

e no topo da raiz ela é zero. A tensão de von Mises σ' no topo do "plano" da raiz é encontrada primeiro identificando as tensões normais ortogonais e as tensões de cisalhamento.

Por meio do sistema de coordenadas da Figura 8–8, notamos

$$\sigma_x = \frac{6F}{\pi d_r n_t p} \qquad \tau_{xy} = 0$$

$$\sigma_y = -\frac{4F}{\pi d_r^2} \qquad \tau_{yz} = \frac{16T}{\pi d_r^3}$$

$$\sigma_z = 0 \qquad \tau_{zx} = 0$$

depois use a Equação (5–14) da Seção 5–5.

A forma do parafuso rosqueado é um complicador do ponto de vista da análise. Lembre a origem da área de tração A_t, que procede do experimento. Um parafuso de potência levantando uma carga está em compressão e seu passo de rosca é *encurtado* por deformação elástica. Sua porca está em tração e seu passo de rosca é *alongado*. As roscas engajadas não podem compartilhar a carga igualmente. Alguns experimentos mostram que a primeira rosca engajada conduz 0,38 da carga, a segunda 0,25 e a terceira 0,18, e a sétima está livre de carga. Ao estimar as tensões de rosca pelas equações acima, substituindo $0{,}38F$ por F e fazendo n_t igual a 1, teremos o mais alto nível de tensões na combinação rosca-porca.

EXEMPLO 8–1

Um parafuso de potência de rosca quadrada tem um diâmetro maior de 32 mm e um passo de 4 mm com roscas duplas, e deve ser usado em uma aplicação similar àquela na Figura 8–4. Os dados fornecidos incluem $f = f_c = 0{,}08$, $d_c = 40$ mm e $F = 6{,}4$ kN por parafuso.

(a) Encontre a profundidade de rosca, a largura de rosca, o diâmetro de passo, o diâmetro menor e o avanço.
(b) Encontre o torque requerido para elevar e baixar a carga.
(c) Encontre a eficiência durante a elevação da carga.
(d) Encontre as tensões de corpo, torcional e compressiva.
(e) Encontre a tensão de apoio.
(f) Encontre a tensão de flexão na rosca junto a raiz dessa rosca.
(g) Determine a tensão de von Mises na raiz da rosca.
(h) Determine a tensão de cisalhamento máxima na raiz da rosca.

Solução

(a) Com base na Figura 8–3a a profundidade de rosca e largura são as mesmas e iguais à metade do passo, ou 2 mm. Além disso,

Resposta

$$d_m = d - p/2 = 32 - 4/2 = 30 \text{ mm}$$

$$d_r = d - p = 32 - 4 = 28 \text{ mm}$$

$$l = np = 2(4) = 8 \text{ mm}$$

(b) Utilizando as Equações (8–1) e (8–6), o torque requerido para girar o parafuso contra a carga é

$$T_R = \frac{Fd_m}{2}\left(\frac{l + \pi f d_m}{\pi d_m - fl}\right) + \frac{Ff_c d_c}{2}$$

$$= \frac{6{,}4(30)}{2}\left[\frac{8 + \pi(0{,}08)(30)}{\pi(30) - 0{,}08(8)}\right] + \frac{6{,}4(0{,}08)40}{2}$$

Resposta
$$= 15{,}94 + 10{,}24 = 26{,}18 \text{ N·m}$$

Utilizando as Equações (8–2) e (8–6), encontramos que o torque de abaixamento da carga é

$$T_L = \frac{Fd_m}{2}\left(\frac{\pi f d_m - l}{\pi d_m + fl}\right) + \frac{Ff_c d_c}{2}$$

$$= \frac{6{,}4(30)}{2}\left[\frac{\pi(0{,}08)30 - 8}{\pi(30) + 0{,}08(8)}\right] + \frac{6{,}4(0{,}08)(40)}{2}$$

Resposta
$$= -0{,}466 + 10{,}24 = 9{,}77 \text{ N·m}$$

O sinal de menos no primeiro termo indica que o parafuso sozinho não é autobloqueante e giraria sob a ação da carga, exceto pelo fato de que a fricção de colar está presente e deve ser superada também. Assim o torque requerido para girar o parafuso "com" a carga é menor que o necessário para superar a fricção do colar sozinho.

(c) A eficiência global ao elevar a carga é

Resposta
$$e = \frac{Fl}{2\pi T_R} = \frac{6{,}4(8)}{2\pi(26{,}18)} = 0{,}311$$

(d) A tensão de cisalhamento τ de corpo devido ao momento de torção T_R no lado externo do corpo do parafuso é

Resposta
$$\tau = \frac{16T_R}{\pi d_r^3} = \frac{16(26{,}18)(10^3)}{\pi(28^3)} = 6{,}07 \text{ MPa}$$

A tensão nominal normal axial σ é

Resposta
$$\sigma = -\frac{4F}{\pi d_r^2} = -\frac{4(6{,}4)10^3}{\pi(28^2)} = -10{,}39 \text{ MPa}$$

(e) A tensão de sustentação σ_B é, com uma rosca carregando $0{,}38F$,

Resposta
$$\sigma_B = -\frac{2(0{,}38F)}{\pi d_m(1)p} = -\frac{2(0{,}38)(6{,}4)10^3}{\pi(30)(1)(4)} = -12{,}9 \text{ MPa}$$

(*f*) A tensão de flexão de raiz de rosca σ_b com uma rosca carregando $0{,}38F$ é

$$\sigma_b = \frac{6(0{,}38F)}{\pi d_r(1)p} = \frac{6(0{,}38)(6{,}4)10^3}{\pi(28)(1)4} = 41{,}5 \text{ MPa}$$

(*g*) O cisalhamento transverso no extremo da seção transversal da raiz devido à flexão é zero. Contudo, existe uma tensão circunferencial de cisalhamento no extremo da seção transversal da raiz da rosca como mostra a parte (*d*) de 6,07 MPa. As tensões tridimensionais, depois da Figura 8–8, notando que a coordenada aponta para dentro da página, são

$$\sigma_x = 41{,}5 \text{ MPa} \qquad \tau_{xy} = 0$$
$$\sigma_y = -10{,}39 \text{ MPa} \qquad \tau_{yz} = 6{,}07 \text{ MPa}$$
$$\sigma_z = 0 \qquad \tau_{zx} = 0$$

Para a tensão de von Mises, a Equação Equação (5–14) da Seção 5–5 pode ser escrita como

Resposta
$$\sigma' = \frac{1}{\sqrt{2}} \{(41{,}5 - 0)^2 + [0 - (-10{,}39)]^2 + (-10{,}39 - 41{,}5)^2 + 6(6{,}07)^2\}^{1/2}$$

$$= 48{,}7 \text{ MPa}$$

Alternativamente, você pode determinar as tensões principais e depois usar a Equação (5–12) para encontrar a tensão de von Mises; isso é útil quando se avalia $\tau_{\max}$ também. As tensões principais podem ser encontradas por meio da Equação (3–15); contudo, esboce o elemento de tensão e note que não existem tensões de cisalhamento na face *x*. Isso significa que σ_x é uma tensão principal. As tensões remanescentes podem ser transformadas usando-se a equação de tensão plana, Equação (3–13). Assim, as tensões principais remanescentes são

$$\frac{-10{,}39}{2} \pm \sqrt{\left(\frac{-10{,}39}{2}\right)^2 + 6{,}07^2} = 2{,}79,\ -13{,}18 \text{ MPa}$$

Ordenando as tensões principais temos: $\sigma_1, \sigma_2, \sigma_3 = 41{,}5,\ 2{,}79,\ -13{,}18$ MPa. Substituir essas na Equação (5–12) produz

Resposta
$$\sigma' = \left\{\frac{[41{,}5 - 2{,}79]^2 + [2{,}79 - (-13{,}18)]^2 + [-13{,}18 - 41{,}5]^2}{2}\right\}^{1/2}$$

$$= 48{,}7 \text{ MPa}$$

(*h*) A tensão máxima de cisalhamento é dada pela Equação (3–16), em que $\tau_{\max} = \tau_{1/3}$, produzindo

Resposta
$$\tau_{\max} = \frac{\sigma_1 - \sigma_3}{2} = \frac{41{,}5 - (-13{,}18)}{2} = 27{,}3 \text{ MPa}$$

Tabela 8–4 Pressão de suporte de parafuso p_b *Fonte:* H. A. Rothbar and T.H. Brown, Jr., *Mechanical Design and Systems Handbook*, 2ª ed., McGraw-Hill, Nova York, 2006.

Material do parafuso	Material da porca	p_b seguro, MPa	Notas
Aço	Bronze	17,2–24,1	Baixa velocidade
Aço	Bronze	11,0–17,2	≤ 50 mm/s
	Ferro fundido	6,9–17,2	≤ 40 mm/s
Aço	Bronze	5,5–9,7	100–200 mm/s
	Ferro fundido	4,1–6,9	100–200 mm/s
Aço	Bronze	1,0–1,7	≥ 250 mm/s

Ham e Ryan[1] mostraram que o coeficiente de atrito em roscas de parafuso é independente da carga axial, praticamente independente da velocidade, decresce com lubrificantes mais pesados, mostra pouca variação com combinações de materiais e é melhor para aço em bronze. Os coeficientes de atrito em parafusos de potência são cerca de 0,10–0,15.

A Tabela 8–4 mostra pressões seguras de suporte em roscas para proteger as superfícies móveis do desgaste anormal. A Tabela 8–5 mostra os coeficientes de atrito dinâmico para pares comuns de materiais. A Tabela 8–6 exibe coeficientes de atrito de partida (estático) e de funcionamento (dinâmico) para pares comuns de materiais.

Tabela 8–5 Coeficientes de fricção f para pares rosqueados. *Fonte:* H. A. Rothbart, *Mechanical Design* and T. H. Brown, Jr., *Mechanical Design Handbook*, 2ª ed., McGraw-Hill, Nova York, 2006.

Material do parafuso	Material de porca			Ferro fundido
	Aço	Bronze	Latão	
Aço, seco	0,15–0,25	0,15–0,23	0,15–0,19	0,15–0,25
Aço, óleo de máquina	0,11–0,17	0,10–0,16	0,10–0,15	0,11–0,17
Bronze	0,08–0,12	0,04–0,06	—	0,06–0,09

Tabela 8–6 Coeficientes de fricção de colar axial. *Fonte:* H. A. Rothbart and T. H. Brown, Jr., *Mechanical Design and Systems Handbook*, 2ª ed., McGraw-Hill, Nova York, 2006.

Combinação	Funcionamento	Partida
Aço mole em ferro fundido	0,12	0,17
Aço duro em ferro fundifo	0,09	0,15
Aço mole em bronze	0,08	0,10
Aço duro em bronze	0,06	0,08

8–3 Conectores rosqueados

A Figura 8–9 é o desenho de um parafuso com cabeça hexagonal padronizado. Pontos de concentração de tensão estão no adoçamento, no início das roscas (escape), e no adoçamento da rosca de raiz, no plano da porca quando esta está presente. Veja a Tabela A–29 para as dimensões.

---

[1] Ham e Ryan, *An Experimental Investigation of the Fricction of Screw-Threads,* Bulletin 247, Universidade de Illinois Experiment Station, Champaign-Urbana, Ill., 7 jun. de 1932.

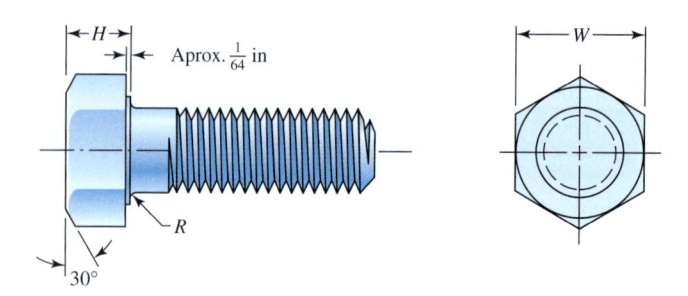

Figura 8–9 Parafuso de cabeça hexagonal; note a face da arruela, o adoçamento abaixo da cabeça, o início das roscas e o chanfro em ambas as extremidades. Os comprimentos de parafusos são sempre medidos da parte de baixo da cabeça.

O diâmetro da face da arruela é o mesmo que a largura entre as faces opostas do hexágono. O comprimento de rosca de parafusos da série em polegadas, em que d é o diâmetro nominal, é

$$L_T = \begin{cases} 2d + \frac{1}{4} \text{ in} & L \leq 6 \text{ in} \\ 2d + \frac{1}{2} \text{ in} & L > 6 \text{ in} \end{cases} \quad (8\text{–}13)$$

e para a série métrica é

$$L_T = \begin{cases} 2d + 6 & L \leq 125 \quad d \leq 48 \\ 2d + 12 & 125 < L \leq 200 \\ 2d + 25 & L > 200 \end{cases} \quad (8\text{–}14)$$

cujas dimensões estão em milímetros. O comprimento ideal de parafusos é aquele no qual somente uma ou duas roscas se projetam da porca depois que ela é apertada. Furos para os parafusos podem ter rebarbas ou arestas afiadas após o processo. Elas podem cortar adoçamentos e aumentar a concentração de tensão. Portanto, para prevenir isso, sempre devem ser usadas arruelas sob a cabeça dos parafusos. Elas devem ser de aço endurecido e colocadas com o parafuso, de modo que a borda arredondada do furo estampado encontre a face da arruela do parafuso. Às vezes, é necessário usar arruelas sob a porca também.

O propósito de um parafuso é travar duas ou mais partes juntas. A carga de travamento estica ou alonga o parafuso; a carga é obtida ao torcer a porca até que o parafuso se alongue quase até o limite elástico.

Se a porca não se afrouxar, a tensão de parafuso permanece como a pré-carga ou força de travamento. Ao apertar, o mecânico deve, se possível, segurar a cabeça do parafuso estacionária e torcer a porca; dessa maneira, a haste do parafuso não sentirá o torque de atrito de rosca.

A cabeça hexagonal de um parafuso com rosca de haste totalmente rosqueada é ligeiramente mais fina que aquela de um parafuso de cabeça hexagonal. Dimensões dos parafusos de cabeça hexagonal de haste totalmente rosqueada estão listadas na Tabela A–30, Parafusos de cabeça hexagonal de haste totalmente rosqueada são usados nas mesmas aplicações que parafusos de haste parcialmente rosqueada e também em aplicações nas quais um dos elementos retidos é rosqueado. Três outros estilos comuns de cabeça de parafusos com rosca até a cabeça são mostrados na Figura 8–10.

Uma variedade de estilos de cabeça de parafusos de máquina é mostrada na Figura 8–11. Parafusos de máquina da série em polegadas são geralmente disponíveis em tamanhos de nº 0 até cerca de $\frac{3}{8}$.

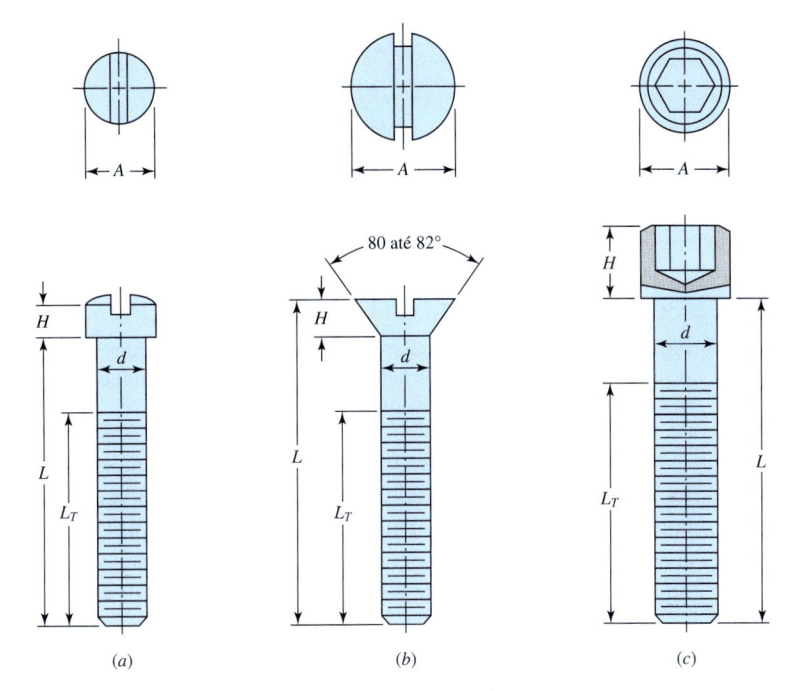

Figura 8–10 Cabeças típicas de parafusos de rosca à cabeça: (*a*) cabeça de fenda (cilíndrica-oval de fenda); (*b*) cabeça plana (cônica-plana de fenda); (*c*) cabeça de encaixe hexagonal. Parafusos de máquina são também manufaturados com cabeças hexagonais similares à mostrada na Figura 8–9, bem como uma variedade de outros estilos de cabeça. Esta ilustração utiliza um dos métodos convencionais de representação de roscas.

(*a*) Cabeça redonda de fenda

(*b*) Cabeça plana

(*c*) Cabeça de fenda

(*d*) Cabeça oval

(*e*) Cabeça-lentilha de fenda

(*f*) Cabeça-aderente de fenda

(*g*) Cabeça hexagonal (aparada)

(*h*) Cabeça hexagonal de fenda (recalcada)

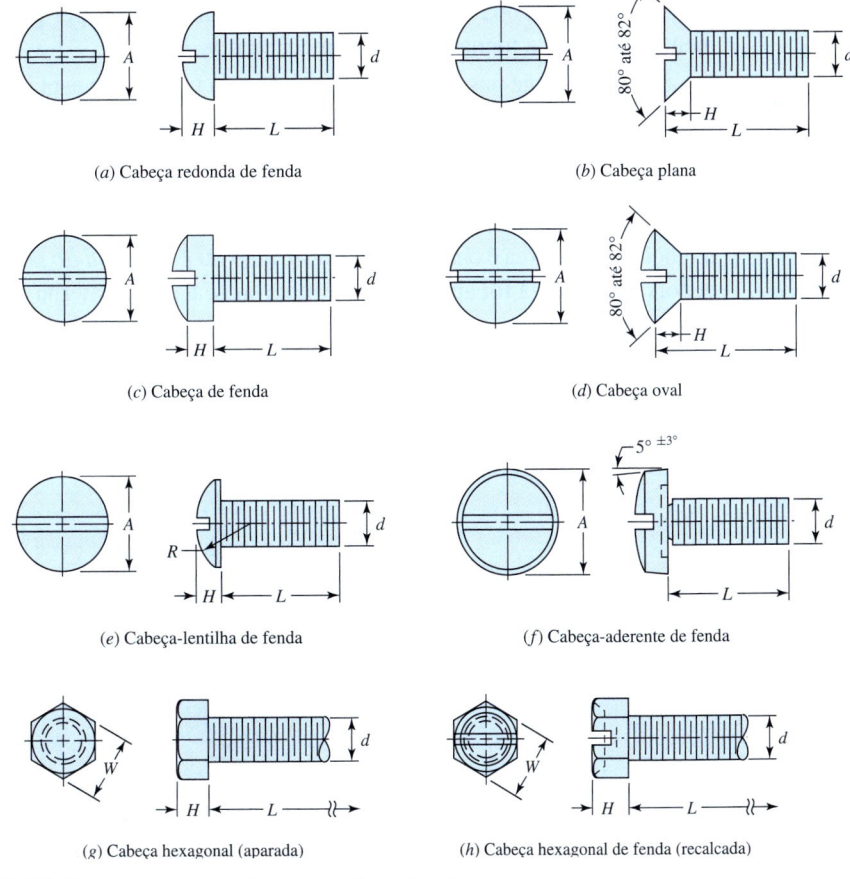

Figura 8–11 Tipos de cabeças usadas em parafusos de máquina.

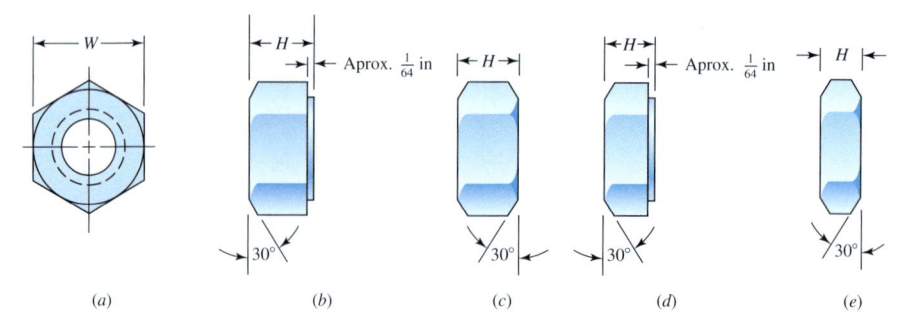

Figura 8–12 Porcas hexagonais: (*a*) vista da extremidade, geral; (*b*) porca regular de face de arruela; (*c*) porca regular chanfrada em ambos os lados; (*d*) porca de travamento (ou contraporca) com face de arruela; (*e*) porca de travamento (ou contraporca) chanfrada em ambos os lados.

Vários tipos de porcas hexagonais estão ilustrados na Figura 8–12: suas dimensões estão na Tabela A–31. O material da porca deve ser selecionado cuidadosamente para ser compatível com aquele do parafuso. Durante o aperto, a primeira rosca da porca tende a carregar toda a carga; mas o escoamento ocorre com algum enrijecimento decorrente do trabalho a frio que tem lugar, e a carga é eventualmente dividida entre cerca de três roscas de porca. Por essa razão, você jamais deve reutilizar porcas; de fato, pode ser perigoso fazê-lo.

8–4 Juntas – Rigidez de conectores

Quando se deseja que uma conexão possa ser desmontada por métodos não destrutivos e que seja forte o suficiente para resistir a cargas externas de tração, cargas de momentos, cargas de cisalhamento ou uma combinação destas, uma junta simples com parafusos e arruelas de aço endurecido é uma boa solução. Tal junta também pode ser perigosa, a menos que seja propriamente projetada e montada por um mecânico *treinado*.

Uma seção que passa pela junta parafusada tracionada está ilustrada na Figura 8–13. Note o espaço de folga provido pelos furos do parafuso. Note, também, como as roscas do parafuso se estendem adentrando o corpo da conexão.

Como se observou anteriormente, o propósito do parafuso é manter duas ou mais partes juntas. Aplicando um torque através da porca, estica-se o parafuso para produzir uma força de retenção. Essa força é chamada de *pré-tração* ou *pré-carga do parafuso*. Ela existe na conexão depois que a porca foi apertada sem importar se a carga externa de tração *P* é exercida ou não.

É claro que, uma vez que os elementos estão presos um ao outro, a força de retenção que produz tração no parafuso induz à compressão nos elementos.

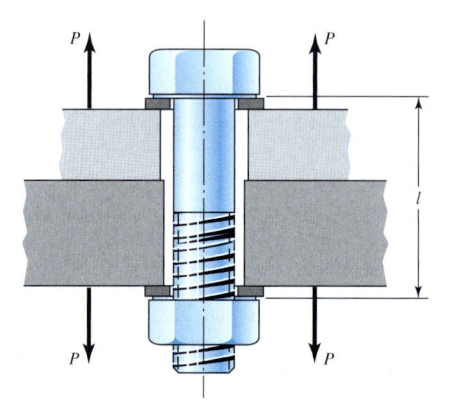

Figura 8–13 Uma conexão de parafuso carregada em tração pelas forças *P*. Observe o uso de duas arruelas e como as roscas se estendem adentrando o corpo de conexão. Isso é comum e é desejável. *l* é a pega (alcance ou abrangência) da conexão.

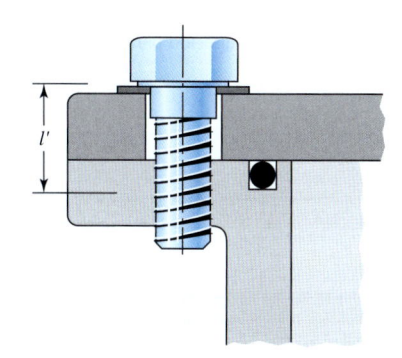

Figura 8–14 Seção do vaso cilíndrico de pressão. Parafusos de cabeça hexagonal de haste totalmente rosqueada são usados para prender a cabeça do cilindro ao corpo. Note o uso de um anel de vedação. *l* é a pega efetivo da conexão (ver Tabela 8–7).

A Figura 8–14 mostra uma outra conexão carregada à tração. A junta usa parafusos de rosca inteira até a cabeça, rosqueados a um dos elementos. Uma abordagem alternativa ao problema (de não usar uma porca) seria usar parafuso prisioneiro. Este é uma barra rosqueada em ambas as extremidades. A haste é rosqueada primeiro no membro inferior; depois o membro superior é posicionado e apertado para baixo com arruelas endurecidas e porcas. Os prisioneiros são considerados permanentes, assim a junta pode ser desmontada meramente removendo a porca e a arruela. Portanto, a parte rosqueada do membro inferior não é danificada pela reutilização das roscas.

O *coeficiente de mola* é um limite, expresso na Equação (4–1). Para um membro elástico tal qual um parafuso, como aprendemos na Equação (4–2), ele é a razão entre a força aplicada ao membro e a deflexão produzida por aquela força. Podemos usar a Equação (4–4) e os resultados do Problema 4–1 para encontrar a constante de rigidez de um fixador em qualquer conexão parafusada.

A *pega l* de uma conexão é a espessura total do material seguro. Na Figura 8–13, a pega é a soma das espessuras de dois elementos e das arruelas. Na Figura 8–14, a pega efetiva é dada na Tabela 8–7.

A rigidez da porção de um parafuso ou parafuso de rosca inteira dentro da zona de aperto geralmente consistirá em duas partes, aquela da porção da haste não rosqueada e aquela da porção rosqueada.

Assim, a constante de rigidez do parafuso é equivalente à rigidez de duas molas em série. Usando os resultados do Problema 4–1, encontramos

$$\frac{1}{k} = \frac{1}{k_1} + \frac{1}{k_2} \quad \text{ou} \quad k = \frac{k_1 k_2}{k_1 + k_2} \tag{8-15}$$

para duas molas em série. Da Equação (4–4), os coeficientes de mola das porções rosqueadas e não rosqueadas do parafuso na zona de aperto são, respectivamente,

$$k_t = \frac{A_t E}{l_t} \qquad k_d = \frac{A_d E}{l_d} \tag{8-16}$$

em que A_t = área de tensão de tração (Tabelas 8–1 e 8–2)

l_t = comprimento da porção rosqueada da pega

A_d = área de diâmetro maior do conector b

l_d = comprimento da porção não rosqueada na pega

Tabela 8–7 Procedimento sugerido para encontrar a rigidez do conector.

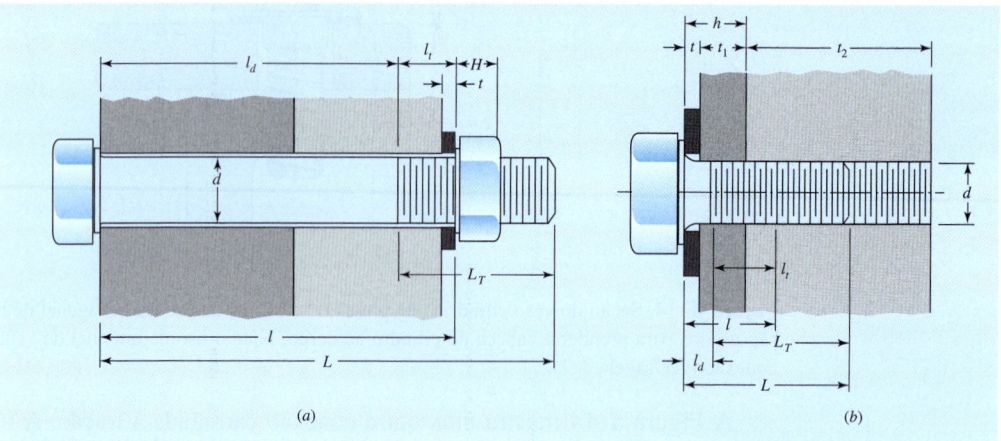

(a)   (b)

Dado o diâmetro do conector d e o passo p em mm ou número de roscas por polegada

Espessura da arruela: t da Tabela A–32 ou A–33

Espessura da porca [Figura (a) apenas]: H da Tabela A–31

Comprimento de pega:
  Para a Figura (a): $l =$ espessura de todo o material comprimido entre a face do parafuso e a face da porca

  Para a Figura (b): $l = \begin{cases} h + t_2/2, & t_2 < d \\ h + d/2, & t_2 \geq d \end{cases}$

Comprimento de fixador (arredondar para cima usando a Tabela A–17*):

  Para a Figura (a): $L > l + H$
  Para a Figura (b): $L > h + 1{,}5d$

Comprimento rosqueado L_T: Série em polegadas:

$$L_T = \begin{cases} 2d + \frac{1}{4} \text{ in,} & L \leq 6 \text{ in} \\ 2d + \frac{1}{2} \text{ in,} & L > 6 \text{ in} \end{cases}$$

Série métrica:

$$L_T = \begin{cases} 2d + 6 \text{ mm,} & L \leq 125 \text{ mm, } d \leq 48 \text{ mm} \\ 2d + 12 \text{ mm,} & 125 < L \leq 200 \text{ mm} \\ 2d + 25 \text{ mm,} & L > 200 \text{ mm} \end{cases}$$

Comprimento de porção útil não rosqueada: $l_d = L - L_T$

Comprimento de porção rosqueada: $l_t = l - l_d$

Área da porção não rosqueada: $A_d = \pi d^2/4$

Área da porção rosqueada: A_t da Tabela 8–1 ou 8–2

Rigidez do conector: $k_b = \dfrac{A_d A_t E}{A_d l_t + A_t l_d}$

*Parafusos de haste parcialmente rosqueada e parafusos de haste totalmente rosqueada até a cabeça podem não estar disponíveis em todos os comprimentos preferenciais listados na Tabela A–17. Conectores grandes podem não estar disponíveis em polegadas fracionadas ou em comprimentos milimétricos terminando em dígitos não nulos. Verifique com seu fornecedor de parafusos quanto à disponibilidade.

Substituir essas rigidezes na Equação (8–15) produz

$$k_b = \frac{A_d A_t E}{A_d l_t + A_t l_d} \qquad (8\text{–}17)$$

em que k_b é a rigidez efetiva estimada do parafuso ou parafuso de rosca até a cabeça na zona de aperto. Para conectores curtos, aquele na Figura 8–14, por exemplo, a área não rosqueada é pequena, assim, a primeira das expressões na Equação (8–16) pode ser usada para encontrar k_b. Para conectores longos, a área rosqueada é relativamente pequena, assim, a segunda expressão na Equação (8–16) pode ser usada. A Tabela 8–7 é útil.

8–5 Juntas – Rigidez de elementos de ligação

Na seção anterior determinamos a rigidez do conector na zona de aperto. Nesta seção, desejamos estudar as rigidezes dos elementos de ligação nessa mesma zona. Ambas rigidezes devem ser conhecidas a fim de entendermos o que ocorre quando a conexão montada está sujeita a um carregamento externo de tração.

Pode haver mais que dois elementos incluídos na região de aperto do conector. Juntos, eles atuam como molas de compressão em série, daí o coeficiente total de mola dos elementos ser

$$\frac{1}{k_m} = \frac{1}{k_1} + \frac{1}{k_2} + \frac{1}{k_3} + \ldots + \frac{1}{k_i} \qquad (8\text{–}18)$$

Se um dos elementos é uma gaxeta flexível, sua rigidez relativa a dos outros elementos é usualmente tão pequena que para todos propósitos práticos as outras rigidezes podem ser desprezadas e somente a rigidez da gaxeta usada.

Se não existir gaxeta, fica um tanto difícil de obter a rigidez dos elementos, exceto por experimentação, porque a compressão se espalha entre a cabeça do parafuso e a porca, de modo que a área não fica uniforme. Existem, contudo, alguns casos em que essa área pode ser determinada.

Ito usou técnicas de ultrassom para determinar a distribuição de pressão na interface de membro.[2] Os resultados mostram que a pressão se mantém alta até cerca de uma vez e meia o raio do parafuso.

A pressão, contudo, diminui mais para longe do parafuso. Por isso, Ito sugere o uso do método do cone de pressão de Rotscher para cálculos de rigidez com um ângulo variável de cone. Esse método é bem complicado, assim, aqui escolhemos empregar uma abordagem mais simples usando um ângulo fixo de cone.

A Figura 8–15 ilustra a geometria geral de cone usando um ângulo de meio ápice α. Um ângulo $\alpha = 45°$ foi usado, mas Little relata que este sobre-estima a rigidez de engaste.[3] Quando o carregamento está restrito a um anel de face de arruela (aço endurecido, ferro fundido ou alumínio), o ângulo próprio de ápice é menor. Osgood relata um intervalo de $25° \leq \alpha \leq 33°$ para a maioria das combinações.[4] Neste livro usaremos $\alpha = 30°$, exceto em casos no qual o material seja insuficiente para permitir a existência de cones.

---

[2] Y. Ito, J. Toyoda e S. Nagata, "Interface Pressure Distribution in a Bolt-Flange Assembly", ASME paper n. 77-WA/DE-11, 1977.

[3] R. E. Little, "Bolted Joints: How Much Give?", *Machine Design*, 9 nov. 1967.

[4] C.C. Osgood, "Saving Weight on Bolted Joints", *Machine Design*, 25 out. 1979.

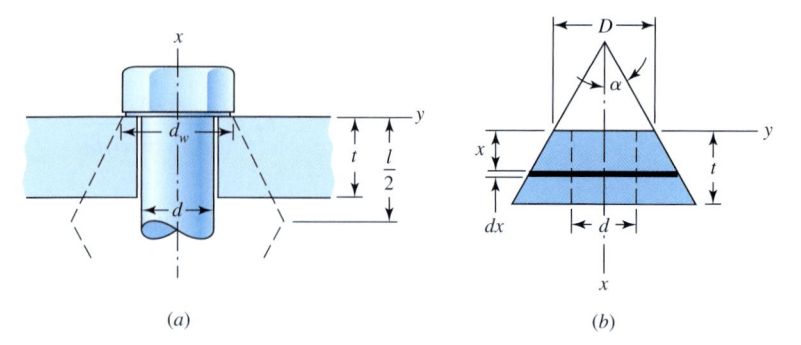

Figura 8–15 Compressão de um membro com propriedades elásticas equivalentes representadas por um cone (tronco) de um cone vazado. Aqui, l representa o comprimento de pega.

Referindo-nos agora à Figura 8–15b, a contração de um elemento do cone de espessura dx sujeito a uma força compressiva P é, a partir da Equação (4–3)

$$d\delta = \frac{P\,dx}{EA} \quad (a)$$

A área do elemento é

$$A = \pi(r_o^2 - r_i^2) = \pi\left[\left(x\tan\alpha + \frac{D}{2}\right)^2 - \left(\frac{d}{2}\right)^2\right]$$

$$= \pi\left(x\tan\alpha + \frac{D+d}{2}\right)\left(x\tan\alpha + \frac{D-d}{2}\right) \quad (b)$$

Substituindo isso na Equação (a) e integrando produz uma contração total de

$$\delta = \frac{P}{\pi E}\int_0^t \frac{dx}{[x\tan\alpha + (D+d)/2][x\tan\alpha + (D-d)/2]} \quad (c)$$

Usando a tabela de integrais, encontramos o resultado como sendo

$$\delta = \frac{P}{\pi E d \tan\alpha}\ln\frac{(2t\tan\alpha + D - d)(D+d)}{(2t\tan\alpha + D + d)(D-d)} \quad (d)$$

Logo, o coeficiente de mola ou rigidez deste cone é

$$k = \frac{P}{\delta} = \frac{\pi E d \tan\alpha}{\ln\dfrac{(2t\tan\alpha + D - d)(D+d)}{(2t\tan\alpha + D + d)(D-d)}} \quad (8\text{–}19)$$

Com $\alpha = 30°$, esta se torna

$$k = \frac{0{,}5774\pi E d}{\ln\dfrac{(1{,}155t + D - d)(D+d)}{(1{,}155t + D + d)(D-d)}} \quad (8\text{–}20)$$

A Equação (8–20) ou a (8–19) devem ser resolvidas separadamente para cada cone na junta. Depois, as rigidezes individuais são montadas para obter k_m, usando a Equação (8–18).

Se os elementos da junta tiverem o mesmo módulo E de Young com cones simétricos dorso a dorso, então eles agirão como duas molas idênticas em série. Da Equação (8–18) aprendemos que $k_m = k/2$. Usando a pega como $l = 2t$ e d_w como o diâmetro da face da arruela, da Eq. (8-19) encontramos o coeficiente de mola dos elementos

$$k_m = \frac{\pi E d \tan \alpha}{2 \ln \dfrac{(l \tan \alpha + d_w - d)(d_w + d)}{(l \tan \alpha + d_w + d)(d_w - d)}} \tag{8-21}$$

O diâmetro da face da arruela é cerca de 50% maior que o diâmetro do fixador para parafusos padronizados de cabeça hexagonal e parafusos de haste totalmente rosqueada. Logo, podemos simplificar a Equação (8–21) fazendo $d_w = 1{,}5d$. Se também usarmos $\alpha = 30°$, então a Equação (8–21) poderá ser escrita como

$$k_m = \frac{0{,}5774 \pi E d}{2 \ln \left(5 \dfrac{0{,}5774 l + 0{,}5d}{0{,}5774 l + 2{,}5d} \right)} \tag{8-22}$$

É necessário programar as equações numeradas nesta seção, e você deve fazê-lo. O tempo gasto em programação economizará muitas horas para escrever a fórmula.

Para ver como é útil a Equação (8–21), resolva-a para k_m/Ed:

$$\frac{k_m}{Ed} = \frac{\pi \tan \alpha}{2 \ln \left[\dfrac{(l \tan \alpha + d_w - d)(d_w + d)}{(l \tan \alpha + d_w + d)(d_w - d)} \right]}$$

Anteriormente nesta seção, o uso de $\alpha = 30°$ foi recomendado para elementos de aço endurecido, ferro fundido ou de alumínio. Wileman, Choudury e Green conduziram um estudo de elemento finito deste problema.[5] Os resultados, que estão representados na Figura 8–16,

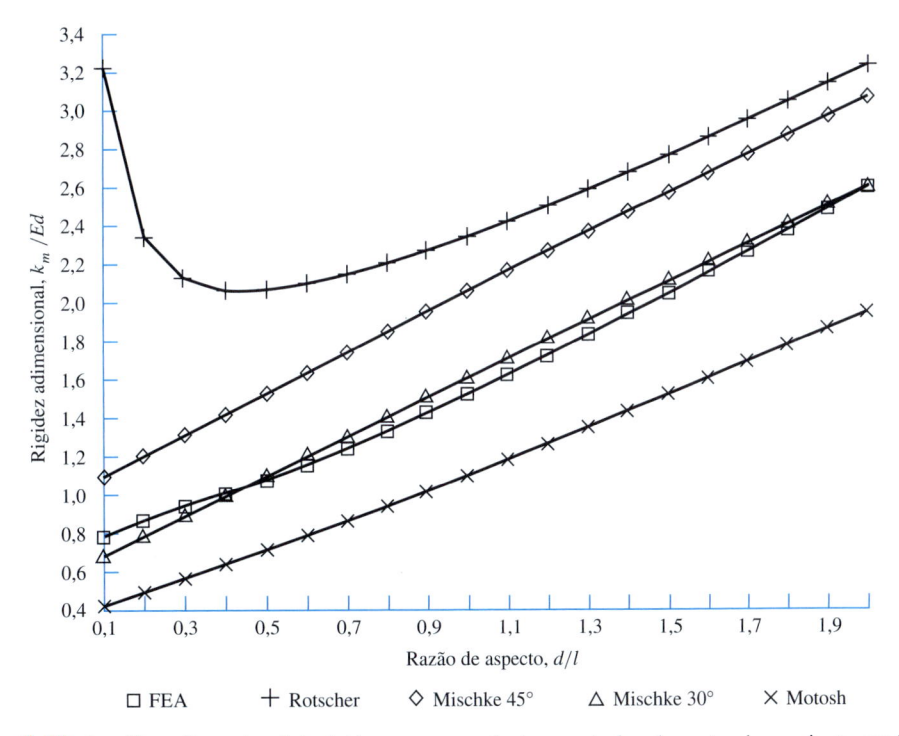

Figura 8–16 O gráfico adimensional da rigidez *versus* a razão de aspecto dos elementos de uma junta parafusada, mostrando a acurácia relativa dos métodos de Rotscher, Mischke e Motosh, comparados à análise por elementos finitos (FEA) conduzida por Wileman, Choudury e Green.

---

[5] J. Wileman, M. Choudury e I. Green, "Computation of Member Stiffness in Bolted Connection", *Trans. ASME, J. Mech. Design*, vol. 113, dez. 1991, p. 432-437.

concordam com a recomendação de $\alpha = 30°$, coincidindo exatamente na razão de aspecto $d/l = 0,4$. Além disso, eles ofereceram um ajuste de curva exponencial da forma

$$\frac{k_m}{Ed} = A \exp(Bd/l) \qquad (8\text{--}23)$$

com constantes A e B definidas na Tabela 8–8. Para faces de arruelas padronizadas e juntas do *mesmo material*, a Equação (8-23) oferece um cálculo simples para a rigidez do elemento k_m. Para casos distantes desta condição, a Equação (8–20) permanece a base para abordar o problema.

Tabela 8–8 Parâmetros de rigidez de vários materiais. *Source: J. Wileman, M. Choudury, and I. Green, "Computation of Member Stiffness in Bolted Connections," Trans. ASME, J. Mech. Design, vol. 113, December 1991, pp. 432–437.*

Material usado	Coeficiente de Poisson	Módulo elástico GPa	Mpsi	A	B
Aço	0,291	207	30,0	0,787 15	0,628 73
Alumínio	0,334	71	10,3	0,796 70	0,638 16
Cobre	0,326	119	17,3	0,795 68	0,635 53
Ferro fundido cinza	0,211	100	14,5	0,788 71	0,616 16
Expressão geral				0,789 52	0,629 14

EXEMPLO 8–2

Conforme mostrado na Fig. 8–17a, duas placas são prensadas com parafusos de cabeça flangeada 20 UNF SAE grau 5 de $\frac{1}{2}$ in cada um com arruela plana padrão de aço $\frac{1}{2}$ N.

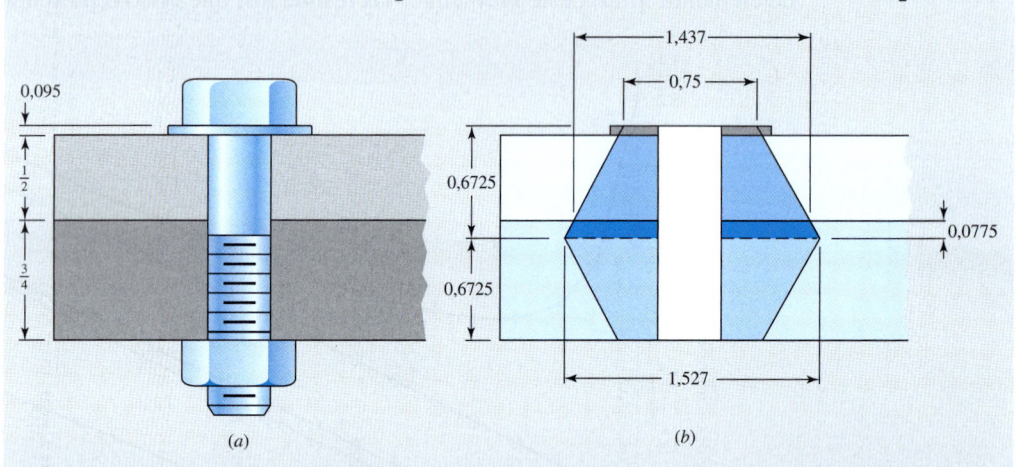

Figura 8–17 Dimensões em polegadas.

(a) Determine o coeficiente de mola k_m do elemento se a placa superior é de aço e a placa inferior é de ferro fundido cinza.

(b) Utilizando o método do fuste cônico, determine o coeficiente de mola k_m se ambas as placas são de aço.

(c) Utilizando a Eq. (8–23), determine o coeficiente de mola k_m se ambas as placas são de aço. Compare os resultados com os da parte (b).

(d) Determine o coeficiente de mola k_b do parafuso.

Solução

Da Tabela A-32, a espessura de uma arruela plana padrão $\frac{1}{2}$ N é 0,095 in.

(a) Conforme mostrado na Fig. 8-17b, a parte cônica se estende até a metade da profundidade interna a conexão.

$$\frac{1}{2}(0,5 + 0,75 + 0,095) = 0,6725 \text{ in}$$

A distância entre o alinhamento da conexão e a linha tracejada da parte cônica é 0,6725 − 0,5 − 0,095 = 0,0775 in. Assim, o topo da parte cônica consiste de uma arruela de aço, placa de aço, e 0,0775 in de ferro fundido. Uma vez que a arruela e a placa de topo são ambas de aço com $E = 30(10^6)$ psi, elas podem ser consideradas como um tronco único de 0,595 de espessura. O diâmetro externo do tronco do elemento de aço na interface da junta é $0,75 + 2(0,595) \tan 30° = 1,527$ in. Utilizando a Eq. (8–20), o coeficiente de mola do aço é

$$k_1 = \frac{0,5774\pi(30)(10^6)0,5}{\ln\left\{\frac{[1,155(0,595) + 0,75 - 0,5](0,75 + 0,5)}{[1,155(0,595) + 0,75 + 0,5](0,75 - 0,5)}\right\}} = 30,80(10^6) \text{ lbf/in}$$

Das Tabelas 8-8 ou A-5, para ferro fundido cinza, $E = 14,5$ Mpsi. Assim para o tronco superior de ferro fundido

$$k_2 = \frac{0,5774\pi(14,5)(10^6)0,5}{\ln\left\{\frac{[1,155(0,0775) + 1,437 - 0,5](1,437 + 0,5)}{[1,155(0,0775) + 1,437 + 0,5](1,437 - 0,5)}\right\}} = 285,5(10^6) \text{ lbf/in}$$

Para o tronco inferior de ferro fundido

$$k_3 = \frac{0,5774\pi(14,5)(10^6)0,5}{\ln\left\{\frac{[1,155(0,6725) + 0,75 - 0,5](0,75 + 0,5)}{[1,155(0,6725) + 0,75 + 0,5](0,75 - 0,5)}\right\}} = 14,15(10^6) \text{ lbf/in}$$

As três partes cônicas estão em série, então da Eq. (8-18)

$$\frac{1}{k_m} = \frac{1}{30,80(10^6)} + \frac{1}{285,5(10^6)} + \frac{1}{14,15(10^6)}$$

Resposta Isso resulta em $k_m = 9,378(10^6)$ lbf/in.

(b) Se a junta é inteira de aço, a Eq. (8-22) com $l = 2(0,6725) = 1,345$ in fornece

Resposta
$$k_m = \frac{0,5774\pi(30,0)(10^6)0,5}{2\ln\left\{5\left[\frac{0,5774(1,345) + 0,5(0,5)}{0,5774(1,345) + 2,5(0,5)}\right]\right\}} = 14,64(10^6) \text{ lbf/in.}$$

(c) Da Tabela 8-8, $A = 0,787\ 15$, $B = 0,628\ 73$. A equação (8–23) fornece

Resposta
$$k_m = 30(10^6)(0,5)(0,787\ 15)\exp[0,628\ 73(0,5)/1,345] = 14,92(10^6) \text{ lbf/in}$$

Para esse caso, a diferença entre os resultados para as Eqs. (8–22) e (8–23) é menor do que 2 por cento.

(d) Seguindo o procedimento da Tabela 8-7, o comprimento roscado de um parafuso de 0,5 in é $L_T = 2(0,5) + 0,25 = 1,25$ in. O comprimento da porção não roscado é $l_d = 1,5 - 1,25 = 0,25$ in. O comprimento da porção não rosqueada na pega é $l_t = 1,345 - 0,25 = 1,095$ in. A área do maior diâmetro é $A_d = (\pi/4)(0,5^2) = 0,1963$ in². Da Tabela 8-2, a área em tensão de tração é $A_t = 0,159\ 9$ in². Pela Eq. (8-17)

Resposta
$$k_b = \frac{0,196\ 3(0,159\ 9)30(10^6)}{0,196\ 3(1,095) + 0,159\ 9(0,25)} = 3,69(10^6) \text{ lbf/in}$$

8–6 Resistência do parafuso

Nas normas para especificação de parafusos, a resistência é especificada pela SAE e pela ASTM estabelecendo valores mínimos, *a resistência de prova mínima ou a carga mínima de prova e a resistência mínima a tração*.

A *carga de prova* é a carga máxima (força) que um parafuso pode suportar sem adquirir uma deformação permanente. A *resistência de prova* é o quociente entre a carga de prova e a área sob tensão de tração. A resistência de prova corresponde, grosseiramente, ao limite de prova equivalente a uma deformação permanente de 0,0001-in no conector (primeiro desvio mensurável do comportamento elástico). As Tabelas 8-9, 8-10, e 8-11 informam as especificações de resistência *mínima* para parafusos de aço. Os valores médios de resistência de prova, a resistência média a tração e os desvios padrão correspondentes não fazem parte dos códigos de especificações.

As especificações da SAE são encontradas na Tabela 8–9. Os graus dos parafusos são numerados de acordo com as resistências de tração, com decimais usados para variações no mesmo nível de resistência. Parafusos parcialmente e totalmente rosqueados estão disponíveis em todos os graus relacionados. Parafusos prisioneiros estão disponíveis em graus 1, 2, 4, 5, 8 e 8,1. Grau 8,1 não está listado.

Tabela 8–9 Especificações da SAE para parafusos de aço.

Grau SAE nº	Intervalo de tamanho inclusivo, in	Resistência mínima de prova,* kpsi	Resistência mínima de tração,* kpsi	Resistência mínima de escoamento,* kpsi	Material	Marcação de cabeça
1	$\frac{1}{4}$–$1\frac{1}{2}$	33	60	36	Baixo ou médio carbono	
2	$\frac{1}{4}$–$\frac{3}{4}$	55	74	57	Baixo ou médio carbono	
	$\frac{7}{8}$–$1\frac{1}{2}$	33	60	36		
4	$\frac{1}{4}$–$1\frac{1}{2}$	65	115	100	Médio carbono, estirado a frio	
5	$\frac{1}{4}$–1	85	120	92	Médio carbono, Q&T (temperado e revenido)	
	$1\frac{1}{8}$–$1\frac{1}{2}$	74	105	81		
5,2	$\frac{1}{4}$–1	85	120	92	Martensita de baixo carbono, Q&T (temperado e revenido)	
7	$\frac{1}{4}$–$1\frac{1}{2}$	105	133	115	Liga de baixo carbono, Q&T (temperado e revenido)	
8	$\frac{1}{4}$–$1\frac{1}{2}$	120	150	130	Liga de médio carbono, Q&T (temperado e revenido)	
8,2	$\frac{1}{4}$–1	120	150	130	Martensita de baixo carbono, Q&T (temperado e revenido)	

*Resistências mínimas são resistências excedidas por 99% dos conectores.

Tabela 8–10 ASTM especificações (parafusos de aço).

Designação ASTM nº	Intervalo de tamanho inclusivo, in	Resistência mínima de prova,* kpsi	Resistência mínima de tração,* kpsi	Resistência mínima de escoamento,* Kpsi	Material	Marcação de cabeça
A307	$\frac{1}{4}$–1$\frac{1}{2}$	33	60	36	Baixo carbono	
A325, tipo 1	$\frac{1}{2}$–1 1$\frac{1}{8}$–1$\frac{1}{2}$	85 74	120 105	92 81	Médio carbono, Q&T (temperado e revenido)	A325
A325, tipo 2	$\frac{1}{2}$–1 1$\frac{1}{8}$–1$\frac{1}{2}$	85 74	120 105	92 81	Baixo carbono, Martensita, Q&T (temperado e revenido)	A325
A325, tipo 3	$\frac{1}{2}$–1 1$\frac{1}{8}$–1$\frac{1}{2}$	85 74	120 105	92 81	Aço envelhecido, Q&T (temperado e revenido)	A325
A354, grau BC	$\frac{1}{4}$–2$\frac{1}{2}$ 2$\frac{3}{4}$–4	105 95	125 115	109 99	Aço-liga Q&T (temperado e revenido)	BC
A354, grau BD	$\frac{1}{4}$–4	120	150	130	Aço-liga Q&T (temperado e revenido)	
A449	$\frac{1}{4}$–1 1$\frac{1}{8}$–1$\frac{1}{2}$ 1$\frac{3}{4}$–3	85 74 55	120 105 90	92 81 58	Médio carbono, Q&T (temperado e revenido)	
A490, tipo 1	$\frac{1}{2}$–1$\frac{1}{2}$	120	150	130	Aço-liga, Q&T (temperado e revenido)	A490
A490, tipo 3	$\frac{1}{2}$–1$\frac{1}{2}$	120	150	130	Aço envelhecido, Q&T (temperado e revenido)	A490

*Resistências mínimas são resistências excedidas por 99% dos conectores.

As especificações da ASTM estão listadas na Tabela 8–10. As roscas da ASTM são mais curtas porque a ASTM lida principalmente com estruturas; conexões estruturais são em geral carregadas em cisalhamento, e o comprimento diminuído de rosca provê maior área de haste. Especificações para conectores métricos estão relacionadas na Tabela 8–11.

Tabela 8–11 Categorias métricas de propriedades mecânicas para parafusos de aço, parafusos e prisioneiros.

Categoria de propriedade	Intervalo de tamanho inclusivo	Resistência mínima de prova,* MPa	Resistência mínima de tração,* MPa	Resistência mínima de escoamento,* MPa	Material	Marcação de cabeça
4,6	M5–M36	225	400	240	Baixo e médio carbono	4,6
4,8	M1,6–M16	310	420	340	Baixo e médio carbono	4,8
5,8	M5–M24	380	520	420	Baixo e médio carbono	5,8
8,8	M16–M36	600	830	660	Médio carbono, Q&T (temperado e revenido)	8,8
9,8	M1,6–M16	650	900	720	Médio carbono, Q&T (temperado e revenido)	9,8
10,9	M5–M36	830	1040	940	Baixo carbono, martensita, Q&T (temperado e revenido)	10,9
12,9	M1,6–M36	970	1220	1100	Liga, Q&T (temperado e revenido)	12,9

*Resistências mínimas são resistências excedidas por 99% dos conectores.

Vale a pena notar que todos os parafusos com especificação de grau feita nos Estados Unidos levam uma marca do fabricante ou emblema, além da marca de grau, na cabeça do parafuso. Tais marcas confirmam que o parafuso satisfaz ou excede especificações. Se tais marcas estiverem ausentes, o parafuso pode ser importado; para parafusos importados não existe obrigação de satisfazer às especificações.

Parafusos em carregamento axial de fadiga falham no adoçamento abaixo da cabeça, na transição de fim de rosca e na primeira rosca rosqueada na porca. Se o parafuso tem um ressalto padronizado sob a cabeça, ele tem um valor de K_f de 2,1 a 2,3, e seu adoçamento de ressalto está protegido de riscamento e sulcagem por uma arruela. Se o fim de rosca tem um semiângulo de cone de 15° ou menos, a tensão é maior na primeira rosca rosqueada da porca. Parafusos são dimensionados examinando-se o carregamento no plano da fase da arruela da porca. Essa é a parte mais fraca do parafuso *se e somente se* essas condições são satisfeitas (proteção de arruela do adoçamento do ressalto e fim de rosca $\leq 15°$). Desatenção a essa exigência tem levado a uma porcentagem recorde de 15% por falha por fadiga de conectores abaixo da cabeça, 20% no fim de rosca e 65% onde o projetista está focalizando sua atenção. É de pouco auxílio concentrar-se no plano de face da arruela de porca se esta não é a localidade mais fraca.

As porcas são classificadas de modo que elas possam ser pareadas com seus correspondentes graus de parafuso. O propósito da porca é ter suas roscas defletidas para distribuir a carga do parafuso mais uniformemente para a porca. As propriedades da porca são controladas a fim de atingir isso. O grau da porca deve ser o mesmo grau do parafuso.

8–7 Juntas tracionadas — Carga externa

Vamos agora considerar o que ocorre quando uma carga externa de tração P, como na Figura 8–13, é aplicada a uma conexão parafusada. Deve ser admitido, naturalmente, que a força de fixação (engaste), a qual chamaremos de *pré-carga* F_i, seja corretamente aplicada apertando a porca *antes que* P seja aplicada. A nomenclatura usada é:

F_i = pré-carga
P_{total} = carga total externa de tração aplicada à junta
P = carga externa de tração por parafuso
P_b = porção de P absorvida pelo parafuso
P_m = porção de P absorvida pelos elementos
$P_b = P_b + F_i$ = carga resultante no parafuso
$F_m = P_m - F_i$ = carga resultante nos elementos
C = fração da carga externa P carregada pelo parafuso
$1 - C$ = fração da carga externa P carregada pelos elementos
N = número de parafusos na junta

Se N parafusos dividem igualmente a carga externa total, então

$$P = P_{\text{total}}/N \tag{a}$$

A carga P é tração, e ela faz a conexão estirar-se, ou elongar-se, por alguma distância δ. Podemos relacionar essa elongação às rigidezes recordando que k é a força dividida pela deflexão. Logo,

$$\delta = \frac{P_b}{k_b} \quad \text{e} \quad \delta = \frac{P_m}{k_m} \tag{b}$$

ou

$$P_m = P_b \frac{k_m}{k_b} \tag{c}$$

Visto que $P = P_b + P_m$, temos

$$P_b = \frac{k_b P}{k_b + k_m} = CP \tag{d}$$

e

$$P_m = P - P_b = (1 - C)P \tag{e}$$

em que

$$C = \frac{k_b}{k_b + k_m} \tag{f}$$

Tabela 8–12 Cômputo da rigidez do parafuso e do elemento. Elementos de aço engastados usando um parafuso de aço de $\frac{1}{2}$ in-13 NC. $C = \dfrac{k_b}{k_b + k_m}$.

Alcance de pega do parafuso, in	Rigidez, M lbf/in		C	$1 - C$
	k_b	k_m		
2	2,57	12,69	0,168	0,832
3	1,79	11,33	0,136	0,864
4	1,37	10,63	0,114	0,886

é chamada de *constante de rigidez da junta*. A carga resultante do parafuso é

$$F_b = P_b + F_i = CP + F_i \qquad F_m < 0 \tag{8-24}$$

e a carga resultante nos elementos conectados é

$$F_m = P_m - F_i = (1 - C)P - F_i \qquad F_m < 0 \tag{8-25}$$

É evidente que esses resultados são válidos apenas se uma parte da carga de fechamento da junta permanece nos elementos de ligação; isso está indicado pelo qualificador nas equações.

A Tabela 8–12 fornece informação quanto aos valores relativos das rigidezes encontradas. A pega contém somente dois elementos, ambos de aço e sem arruelas. As razões C e $1 - C$ são os coeficientes de P nas Equações (8–24) e (8–25), respectivamente. Eles descrevem a proporção da carga externa absorvida pelo parafuso e pelos elementos. Em todos os casos, os elementos absorvem mais de 80% da carga externa. Pense como isso é importante se algum carregamento de fadiga estiver presente. Note também que fazendo a pega mais longa fazemos os elementos absorverem uma porcentagem ainda maior da carga externa.

8–8 Relacionando o torque no parafuso à tração no parafuso

Depois de ter aprendido que uma pré-carga elevada é muito desejável em importantes conexões parafusadas com porca, devemos considerar, a seguir, os meios para assegurar que a pré-carga seja realmente desenvolvida quando as partes forem montadas.

Se o comprimento total do parafuso puder realmente ser medido com um micrômetro quando este é montado, a elongação do parafuso devido à pré-carga F_i pode ser computada usando a fórmula $\delta = F_i l/(AE)$. Depois, a porca é simplesmente apertada até que o parafuso elongue da distância δ. Isso assegura que a pré-carga desejada foi atingida.

A elongação de um parafuso não pode usualmente ser medida, porque a extremidade de rosca está frequentemente em um orifício cego. Também é impraticável em muitos casos medir a elongação do parafuso, de forma que o torque necessário para o parafuso desenvolver a pré-carga especificada seja atingido. Assim, usa-se um torquímetro, uma chave de torque pneumática ou estima-se a quantidade de giros de aperto da porca.

A chave de torque (torquímetro) tem um mostrador incorporado que indica o torque aplicado. Com a chave de torque pneumático, a pressão do ar é ajustada de modo que uma catraca cuida para que o torque escolhido não seja ultrapassado; em algumas chaves, o fluxo de ar comprimido é automaticamente interrompido no torque desejado.

O método de giro da porca exige uma definição prévia do que seria o aperto adequado. A condição de aperto adequado é obtida por poucos cliques de uma chave de torque ou pela capacidade ergonômica de uma pessoa usando uma chave de boca comum. Quando a condição de aperto adequado é atingida, todo giro adicional desenvolve tração útil no parafuso.

O método do giro da porca requer que você compute o número fracionário de voltas necessárias para desenvolver a pré-carga requerida a partir da condição de aperto-adequado. Por exemplo, para parafusos estruturais hexagonais pesados, a especificação do giro de porca afirma que a porca deve ser girada no mínimo de 180° a partir da condição de aperto adequado sob condições ótimas. Note que essa é também quase a rotação correta para as porcas de rodas de um carro de passageiros. Os Problemas 8–15 a 8–17 ilustram o método com mais detalhe.

Embora os coeficientes de atrito possam variar amplamente, podemos obter uma boa estimativa do torque necessário para produzir uma dada pré-carga combinando as Equações (8–5) e (8–6):

$$T = \frac{F_i d_m}{2}\left(\frac{l + \pi f d_m \sec\alpha}{\pi d_m - f l \sec\alpha}\right) + \frac{F_i f_c d_c}{2} \quad (a)$$

em que d_m é a média dos diâmetros maior e menor. Visto que $\lambda = l/\pi d_m$, dividimos o numerador e o denominador do primeiro termo por πd_m e obtemos

$$T = \frac{F_i d_m}{2}\left(\frac{\tan\lambda + f \sec\alpha}{1 - f \tan\lambda \sec\alpha}\right) + \frac{F_i f_c d_c}{2} \quad (b)$$

O diâmetro de face da arruela de uma porca hexagonal é o mesmo que a largura entre faces opostas e igual a $\frac{1}{2}$ vez o tamanho nominal. Portanto, o diâmetro médio do colar é $d_c = (d + 1{,}5d)/2 = 1{,}25d$. A Equação (b) pode agora ser rearranjada para dar

$$T = \left[\left(\frac{d_m}{2d}\right)\left(\frac{\tan\lambda + f \sec\alpha}{1 - f \tan\lambda \sec\alpha}\right) + 0{,}625 f_c\right] F_i d \quad (c)$$

Agora definimos o *coeficiente de torque* K como o termo no colchete, assim

$$K = \left(\frac{d_m}{2d}\right)\left(\frac{\tan\lambda + f \sec\alpha}{1 - f \tan\lambda \sec\alpha}\right) + 0{,}625 f_c \quad (8\text{–}26)$$

A Equação (c) pode agora ser escrita como

$$T = K F_i d \quad (8\text{–}27)$$

O coeficiente de atrito depende da rugosidade da superfície, precisão, e grau de lubrificação. Em média, f e f_c estão perto de 0,15. O fato interessante da Equação (8–26) é que $K \approx 0{,}20$ para $f = f_c = 0{,}15$, sem que importe qual o tamanho do parafuso empregado ou se as roscas são grossas ou finas.

Blake e Kurtz publicaram resultados de numerosos ensaios de torção de parafusos.[6] Submetendo seus dados a uma análise estatística, podemos aprender algo da distribuição dos coeficientes de torque e das pré-cargas resultantes. Blake e Kurtz determinaram a pré-carga em quantidades de parafusos, não lubrificados e lubrificados, de tamanho $\frac{1}{2}$ in-20 UNF quando torcidos a 800 lbf·in. Isso corresponde grosseiramente a um parafuso M12 × 1,25 torcido a 90 N·m. As análises estatísticas desses dois grupos de parafusos, convertidas a unidades SI, são exibidas nas Tabelas 8–13 e 8–14.

---

[6] J. C. Blake e H. J. Kurtz, "The Uncertainties of Measuring Fastener Preload", *Machine Design*, v. 37, 30 set. 1965, p. 128-131.

Primeiro, notamos que os grupos têm aproximadamente a mesma pré-carga média, 34 kN. Os parafusos, não lubrificados, têm um desvio padrão de 4,9 kN. Os parafusos lubrificados têm um desvio-padrão de 3 kN.

As médias obtidas com base nas duas amostras são quase idênticas, aproximadamente 34 kN; usando a Equação (8–27), encontramos, para ambas as amostras, $K = 0{,}208$.

Os distribuidores da Bowman, um grande fabricante de conectores, recomendam os valores mostrados na Tabela 8–15. Neste livro, usaremos esses valores e usamos $K = 0{,}2$ quando a condição do parafuso não é declarada.

Tabela 8–13 Distribuição da pré-carga F_i para 20 ensaios de parafusos, não lubrificados, torcidos a 90 N·m.

23,6	27,6	28,0	29,4	30,3	30,7	32,9	33,8	33,8	33,8
34,7	35,6	35,6	37,4	37,8	37,8	39,2	40,0	40,5	42,7

Valor médio $\bar{F}_i = 34{,}3$ kN. Desvio padrão, $\hat{\sigma} = 4{,}91$ kN.

Tabela 8–14 Distribuição da pré-carga para dez ensaios de parafusos, lubrificados, torcidos a 90 N·m.

30,3	32,5	32,5	32,9	32,9	33,8	34,3	34,7	37,4	40,5

Valor médio, $\bar{F}_i = 34{,}18$ kN. Desvio padrão, $\hat{\sigma} = 2{,}88$ kN.

Tabela 8–15 Fatores de torque K para uso com a Equação (8–27).

Condição do parafuso	K
Não revestido, acabamento negro	0,30
Revestido de zinco, (zincagem)	0,20
Lubrificado	0,18
Revestido de cádmio, (cadmiagem)	0,16
Com antiaderente da Bowman	0,12
Com porcas de pega da Bowman	0,09

EXEMPLO 8–3 Um parafuso $\frac{3}{4}$ in-16 × $2\frac{1}{2}$ de porca de grau 5 é submetido a uma carga P de 6 kip em uma junta de tração. A tração inicial do parafuso é $F_i = 25$ kip. As rigidezes do parafuso e da junta são $k_b = 6{,}50$ e $k_m = 13{,}8$, respectivamente.

(a) Determine as tensões da pré-carga e da carga de serviço no parafuso. Compare essas com as resistências mínimas SAE de prova do parafuso.
(b) Especifique o torque necessário para desenvolver a pré-carga, usando a Equação (8–27).
(c) Especifique o torque necessário para desenvolver a pré-carga, usando a Equação (8–26) com $f = f_c = 0{,}15$.

Solução Com base na Tabela 8–2, $A_t = 0{,}373$ in²

(a) A tensão de pré-carga é

Resposta
$$\sigma_i = \frac{F_i}{A_t} = \frac{25}{0{,}373} = 67{,}02 \text{ kpsi}$$

A constante de rigidez é

$$C = \frac{k_b}{k_b + k_m} = \frac{6{,}5}{6{,}5 + 13{,}8} = 0{,}320$$

Por meio da Equação (8–24), a tensão sob a carga de serviço é

Resposta
$$\sigma_b = \frac{F_b}{A_t} = \frac{CP + F_i}{A_t} = C\frac{P}{A_t} + \sigma_i$$

$$= 0{,}320 \frac{6}{0{,}373} + 67{,}02 = 72{,}17 \text{ kpsi}$$

Com base na Tabela 8–9, a resistência mínima SAE de prova do parafuso é $S_p = 85$ kpsi. As tensões da pré-carga e da carga de serviço são, respectivamente, 21% e 15% menores que a resistência de prova.

(b) Por meio da Equação (8–27), o torque necessário para alcançar a pré-carga é

Resposta
$$T = KF_i d = 0{,}2(25)(10^3)(0{,}75) = 3750 \text{ lbf} \cdot \text{in}$$

(c) O diâmetro menor pode ser determinado com base na área menor da Tabela 8–2. Logo, $d_r = \sqrt{4A_r/\pi} = \sqrt{4(0{,}351)/\pi} = 0{,}6685$ in. Assim, o diâmetro médio é $d_m = (0{,}75 + 0{,}6685)/2 = 0{,}7093$ in. O ângulo de avanço é

$$\lambda = \tan^{-1} \frac{l}{\pi d_m} = \tan^{-1} \frac{1}{\pi d_m N} = \tan^{-1} \frac{1}{\pi(0{,}7093)(16)} = 1{,}6066°$$

Para $\alpha = 30°$, a Equação (8–26) resulta em

$$T = \left\{ \left[\frac{0{,}7093}{2(0{,}75)}\right] \left[\frac{\tan 1{,}6066° + 0{,}15(\sec 30°)}{1 - 0{,}15(\tan 1{,}6066°)(\sec 30°)}\right] + 0{,}625(0{,}15) \right\} 25(10^3)(0{,}75)$$

$$= 3551 \text{ lbf} \cdot \text{in}$$

o qual é 5,3% menor que o valor encontrado na parte (b).

8–9 Junta estaticamente carregada à tração com pré-carga

As Equações (8–24) e (8–25) representam as forças em uma junta parafusada com porca com pré-carga. A tensão de tração no parafuso pode ser encontrada, como no Exemplo 8–3, valendo sendo

$$\sigma_b = \frac{F_b}{A_t} = \frac{CP + F_i}{A_t} \qquad (a)$$

Assim, o fator de segurança ao escoamento considerado contra a tensão estática e que excede a tensão experimental é

$$n_p = \frac{S_p}{\sigma_b} = \frac{S_p}{(CP + F_i)/A_t} \quad (b)$$

ou

$$n_p = \frac{S_p A_t}{CP + F_i} \quad (8\text{--}28)$$

Uma vez que é comum carregar um parafuso próximo à tensão experimental, o fator de segurança ao escoamento é, freqüentemente, não muito maior que a unidade. Outra indicação do escoamento que é utilizada algumas vezes, é o *fator de carga*, que é aplicado apenas a carga P como prevenção à sobrecarga. Aplicando o tal fator de carga, n_L, à carga P na Eq. (a), e equacionando-o na resistência experimental obtemos

$$\frac{Cn_L P + F_i}{A_t} = S_p \quad (c)$$

Resolvendo para o fator de carga vem

$$n_L = \frac{S_p A_t - F_i}{CP} \quad (8\text{--}29)$$

Para garantir a segurança de uma junta é essencial que a carga externa seja menor que aquela necessária para causar a separação da junta. Se a separação realmente ocorrer, a carga externa total será imposta ao parafuso. Seja P_0 o valor da carga externa que causaria a separação da junta. Na separação, $F_m = 0$ na Equação (8–25), assim

$$(1 - C)P_0 - F_i = 0 \quad (d)$$

Seja o fator de segurança contra a separação da junta

$$n_0 = \frac{P_0}{P} \quad (e)$$

Substituindo $P_0 = n_0 P$ na Equação (d), encontramos

$$n_0 = \frac{F_i}{P(1 - C)} \quad (8\text{--}30)$$

como um fator de carga resguardando contra a separação da junta.

A Figura 8-18 é o diagrama tensão-deformação do material de um parafuso de boa qualidade. Observe que não existe um ponto claramente definido para o escoamento e que o diagrama evolui suavemente até a fratura, o que corresponde a tensão de ruptura à tração. Isso significa que não importa a intensidade da pré-carga aplicada ao parafuso, este manterá sua capacidade de carga. Isso é o que mantém o parafuso apertado e determina a resistência da junta. A pré-tensão é o "músculo" da junta, e sua intensidade é determinada pela resistência do parafuso. Se a resistência total do parafuso não é alcançada ao realizar a pré-tensão, então se perde dinheiro e a junta fica menos resistente.

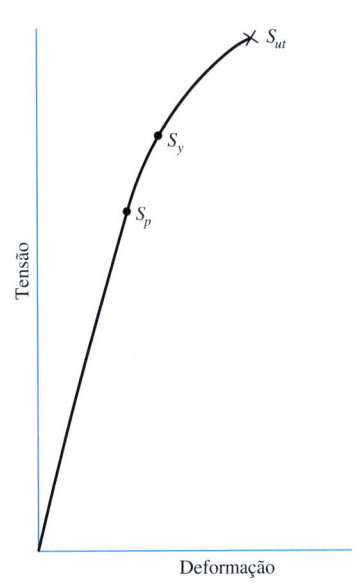

Figura 8–18 Diagrama típico tensão-deformação para materiais de parafuso mostrando a resistência de prova S_p, resistência de escoamento S_y e a resistência máxima de tração S_{ut}.

Parafusos de boa qualidade podem ser pré-carregados até o intervalo plástico para desenvolver mais resistência. Parte do torque do parafuso usado no aperto produz torção, a qual aumenta a tensão principal de tração. Contudo, essa torção é mantida somente pelo atrito da cabeça do parafuso e pela porca; com o tempo ela relaxa e diminui ligeiramente a tração no parafuso. Logo, como regra, um parafuso fraturará ou durante o aperto ou não fraturará em absoluto.

Acima de tudo, não confie muito no torque da chave de boca; ele não é um bom indicador de pré-carga. A elongação real do parafuso deve ser usada sempre que possível – especialmente com carregamento de fadiga. De fato, se o projeto requer alta confiabilidade, então a pré-carga deve ser sempre determinada pela elongação do parafuso.

As recomendações da Russel, Burdsall & Ward Inc. (RB&W) para pré-carga são 60 kpsi para parafusos SAE grau 5, para conexões não permanentes, e que parafusos A325 (equivalentes a SAE grau 5) usados em aplicações estruturais são apertados à carga de prova ou acima (85 kpsi até um diâmetro de 1 in).[7] Bowman recomenda uma pré-carga de 75% do valor da carga de prova[8], que é aproximadamente o mesmo que usa RB&W para parafusos reutilizados. Em vista dessas diretrizes, para os carregamentos estático e de fadiga deve-se usar para pré-carga:

$$F_i = \begin{cases} 0{,}75 F_p & \text{para conexões não permanentes, conectores não reutilizados} \\ 0{,}90 F_p & \text{para conexões permanentes} \end{cases} \quad (8\text{–}31)$$

em que F_p é a carga de prova obtida da equação

$$F_p = A_t S_p \quad (8\text{–}32)$$

Aqui S_p é a resistência de prova obtida das Tabelas 8–9 a 8–11. Para outros materiais, um valor aproximado é $S_p = 0{,}85 S_y$. Seja bem cuidadoso para não usar um material brando em um fixador roscado. Para parafusos, de aço de alta resistência, usados como conectores de aço estrutural, se os métodos avançados de aperto forem usados, aperte até o escoamento.

---

[7] Russel, Burdsall & Ward Inc., *Helpful Hints for Fastener Design and Applicatin,* Mentor, Ohio, 1965, p. 42.

[8] Bowman Distribution – Barnes Group, *Fastener Facts,* Cleveland, 1985, p. 90.

Você pode ver que as recomendações RB&W sobre pré-carga estão em linha com o que encontramos neste capítulo. Os propósitos do desenvolvimento deste capítulo foram dar ao leitor a perspectiva para avaliar com precisão as Equações (8–31) e fornecer uma metodologia com a qual tratar casos mais especificamente do que com as recomendações.

EXEMPLO 8–4

A Figura 8–19 é uma seção transversal de um vaso de pressão de ferro fundido de grau 25. Um total de N parafusos são usados para resistir à força de separação de 36 kip.

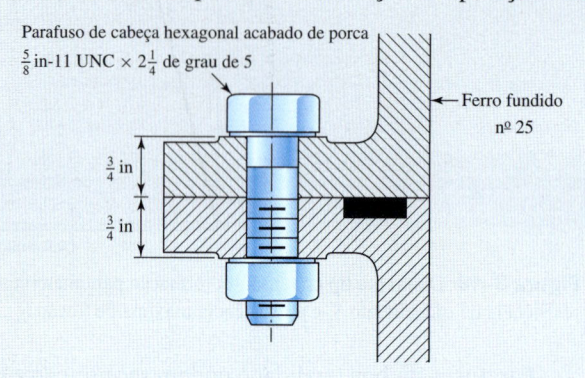

Figura 8–19

(a) Determine k_b, k_m e C.
(b) Encontre o número de parafusos necessários para um fator de carga de 2, em que os parafusos podem ser reutilizados quando a junta for desmontada.
(c) Com o número de parafusos obtido na parte (b), determine o fator de carga obtido para a sobrecarga, o fator de segurança ao escoamento, e o fator de carga para a abertura da junta.

Solução

(a) O alcance de pega é $l = 1,50$. Da Tabela A–31, a espessura da porca é $\frac{35}{64}$. Adicionar duas roscas além da porca de $\frac{2}{11}$ resulta em um comprimento de parafuso de

$$L = \frac{35}{64} + 1,50 + \frac{2}{11} = 2,229 \text{ in}$$

Da Tabela A–17, o parafuso seguinte de tamanho fracionário é $L = 2\frac{1}{4}$ in. Da Equação (8–13), o comprimento de rosca é $L_T = 2(0,65) + 0,25 = 1,50$ in. Logo, o comprimento da porção não rosqueada no alcance de pega é $l_d = 2,25 + 1,50 = 0,75$ in. O comprimento rosqueado na pega é $l_t = l - l_d = 0,75$ in. Da Tabela 8–2, $A_t = 0,226$ in². A área do diâmetro maior é $A_d = \pi(0,625)^2/4 = 0,3068$ in². A rigidez do parafuso é portanto

Resposta

$$k_b = \frac{A_d A_t E}{A_d l_t + A_t l_d} = \frac{0,3068(0,226)(30)}{0,3068(0,75) + 0,226(0,75)}$$

$$= 5,21 \text{ Mlbf/in}$$

Da Tabela A–24, para o ferro fundido nº 25 usaremos $E = 14$ Mpsi. A rigidez dos elementos, por meio da Equação (8–22) é

Resposta

$$k_m = \frac{0,5774\pi E d}{2\ln\left(5\dfrac{0,5774l + 0,5d}{0,5774l + 2,5d}\right)} = \frac{0,5774\pi(14)(0,625)}{2\ln\left[5\dfrac{0,5774(1,5) + 0,5(0,625)}{0,5774(1,5) + 2,5(0,625)}\right]}$$

$$= 8,95 \text{ Mlbf/in}$$

Se você está usando a Equação (8–23), da Tabela 8–8, $A = 0{,}778\,71$ e $B = 0{,}616\,16$ e

$$k_m = EdA \, \exp(Bd/l)$$

$$= 14(0{,}625)(0{,}778\,71) \, \exp[0{,}616\,16(0{,}625)/1{,}5]$$

$$= 8{,}81 \text{ Mlbf/in}$$

a qual é somente 1,6% menor que o resultado anterior.

Com base no primeiro cálculo de k_m, a constante de rigidez C é

Resposta
$$C = \frac{k_b}{k_b + k_m} = \frac{5{,}21}{5{,}21 + 8{,}95} = 0{,}368$$

(b) Da Tabela 8–9, $S_p = 85$ kpsi. Então, usando as Equações (8–31) e (8–32), encontramos a pré-carga recomendada sendo

$$F_i = 0{,}75 A_t S_p = 0{,}75(0{,}226)(85) = 14{,}4 \text{ kip}$$

Para N parafusos, a Equação (8–29) pode ser escrita como

$$n_L = \frac{S_p A_t - F_i}{C(P_{\text{total}}/N)} \qquad (1)$$

ou

$$N = \frac{Cn_L P_{\text{total}}}{S_p A_t - F_i} = \frac{0{,}368(2)(36)}{85(0{,}226) - 14{,}4} = 5{,}52$$

Resposta Seis parafusos devem ser usados para prover o fator de carga especificado.

(c) Com seis parafusos, o fator de carga de fato obtido é

Resposta
$$n_L = \frac{85(0{,}226) - 14{,}4}{0{,}368(36/6)} = 2{,}18$$

Da Eq. (8-28), o fator de segurança ao escoamento é

Resposta
$$n_p = \frac{S_p A_t}{C(P_{\text{total}}/N) + F_i} = \frac{85(0{,}226)}{0{,}368(36/6) + 14{,}4} = 1{,}16$$

Da Eq. (8-30), o fator de carga considerado contra a abertura de junta é

Resposta
$$n_0 = \frac{F_i}{(P_{\text{total}}/N)(1 - C)} = \frac{14{,}4}{(36/6)(1 - 0{,}368)} = 3{,}80$$

8–10 Juntas de vedação

Se uma junta de vedação completa de área A_g estiver presente na conexão, a pressão p na junta de vedação se determina dividindo a força no elemento pela área da junta de vedação por parafuso. Assim, para N parafusos,

$$p = -\frac{F_m}{A_g/N} \qquad (a)$$

Com um fator de carga n, a Equação (8–25) pode ser escrita como

$$F_m = (1 - C)nP - F_i \qquad (b)$$

Substituindo isso na Equação (a), temos a pressão na junta de vedação como

$$p = [F_i - nP(1 - C)]\frac{N}{A_g} \tag{8-33}$$

Em uma junta com vedação completa, a uniformidade de pressão na junta é importante. Para manter adequada a uniformidade da pressão, parafusos adjacentes não devem ser distribuídos com mais que seis diâmetros nominais de afastamento no círculo de parafusos. Para manter a folga para a chave de boca, os parafusos devem ser colocados com ao menos três diâmetros de afastamento. Uma regra grosseira para espaçar os parafusos ao redor de um círculo de parafusos é

$$3 \leq \frac{\pi D_b}{Nd} \leq 6 \tag{8-34}$$

em que D_b é o diâmetro do círculo de parafuso e N é o número de parafusos.

8-11 Carregamento de fadiga em juntas tracionadas

Juntas parafusadas solicitadas a tração e sujeitas à ação de fadiga podem ser analisadas diretamente pelos métodos do Capítulo 6. A Tabela 8–16 lista fatores de concentração de tensão médios para o adoçamento abaixo da cabeça do parafuso e também no início das roscas da haste do parafuso. Esses valores já estão corrigidos pela sensibilidade ao entalhe e ao acabamento superficial. Projetistas devem estar conscientes que situações podem aparecer nas quais seria aconselhável investigar esses fatores com mais rigorosamente, visto que eles são apenas valores médios. De fato, Peterson observa que a distribuição típica de falhas em parafusos é de cerca de 15% abaixo da cabeça, 20% no fim da rosca e 65% na rosca da face da porca.[9]

A laminação é o método predominante na fabricação das roscas nos conectores. Nas roscas laminadas, o total de trabalho a frio e de endurecimento por deformação é desconhecido do projetista; por isso, o valor corrigido do limite de fadiga por força axial (incluindo K_f) está relacionado na Tabela 8–17. Uma vez que K_f está incluído como uma redução do limite de fadiga na Tabela 8–17, ele não deveria ser aplicado para majorar a tensão ao usar valores dessa tabela. Para roscas cortadas, os métodos do Capítulo 6 são úteis. Se antecipa que os limites de fadiga serão consideravelmente menores.

Tabela 8–16 Fatores de concentração de tensão de fadiga K_f para elementos rosqueados.

Grau SAE	Grau métrico	Roscas laminadas	Roscas cortadas	Adoçamento
0 a 2	3,6 a 5,8	2,2	2,8	2,1
4 a 8	6,6 a 10,9	3,0	3,8	2,3

Para um caso geral de pré-carga constante, e um carregamento externo básico por parafuso que flutua entre P_{min} e P_{max}, um parafuso experimentará forças flutuantes tais como

$$F_{bmin} = CP_{min} + Fi \tag{a}$$

$$F_{bmax} = CP_{max} + Fi \tag{b}$$

---

[9] W. D. Pilkey and D. F. Pilkey, *Peterson's Stress Concentration Factors*, 3ª ed., Nova York, John Wiley & Sons, 2008, p. 411.

Tabela 8–17 Resistências à fadiga completamente corrigidas para parafusos com e sem porca, com roscas laminadas.*

Grau ou classe	Intervalo de tamanho	Resistência à fadiga
SAE 5	$\frac{1}{4}$–1 in	18,6 kpsi
	$1\frac{1}{8}$–$1\frac{1}{2}$ in	16,3 kpsi
SAE 7	$\frac{1}{4}$–$1\frac{1}{2}$ in	20,6 kpsi
SAE 8	$\frac{1}{4}$–$1\frac{1}{2}$ in	23,2 kpsi
ISO 8,8	M16–M36	129 MPa
ISO 9,8	M1,6–M16	140 MPa
ISO 10,9	M5–M36	162 MPa
ISO 12,9	M1,6–M36	190 MPa

*Carga aplicada repetidamente, carregamento axial, correção integral, incluindo K_f como fator de redução da resistência.

A tensão alternada experimentada por um parafuso é

$$\sigma_a = \frac{(F_{b\max} - F_{b\min})/2}{A_t} = \frac{(CP_{\max} + F_i) - (CP_{\min} + F_i)}{2A_t} \quad (8\text{--}35)$$

$$\sigma_a = \frac{C(P_{\max} - P_{\min})}{2A_t}$$

A tensão média experimentada por um parafuso é

$$\sigma_m = \frac{(F_{b\max} + F_{b\min})/2}{A_t} = \frac{(CP_{\max} + F_i) + (CP_{\min} + F_i)}{2A_t}$$

$$\sigma_m = \frac{C(P_{\max} + P_{\min})}{2A_t} + \frac{F_i}{A_t} \quad (8\text{--}36)$$

Uma típica linha de carga experimentada por um parafuso é mostrada na Fig. 8–20, onde a tensão se inicia pelas tensões de pré-carga e aumenta com declividade constante de $\sigma_a/(\sigma_m - \sigma_i)$. A linha de falha de Goodman também é mostrada na Fig. 8–20. O fator de segurança a fadiga pode ser encontrado no ponto de intersecção (S_m, S_a), da linha de carga com a linha de Goodman. A linha de carga é dada por

Linha de carga: $$S_a = \frac{\sigma_a}{\sigma_m - \sigma_i}(S_m - \sigma_i) \quad (a)$$

A linha de Goodman, rearranjando a Eq. (6-40), p. 314, é

Linha de Goodman: $$S_a = S_e - \frac{S_e}{S_{ut}}S_m \quad (b)$$

Igualando as Eqs. (a) e (b), e resolvendo para S_m, então substituindo S_m de volta na Eq (b) leva a

$$S_a = \frac{S_e \sigma_a (S_{ut} - \sigma_i)}{S_{ut}\sigma_a + S_e(\sigma_m - \sigma_i)} \quad (c)$$

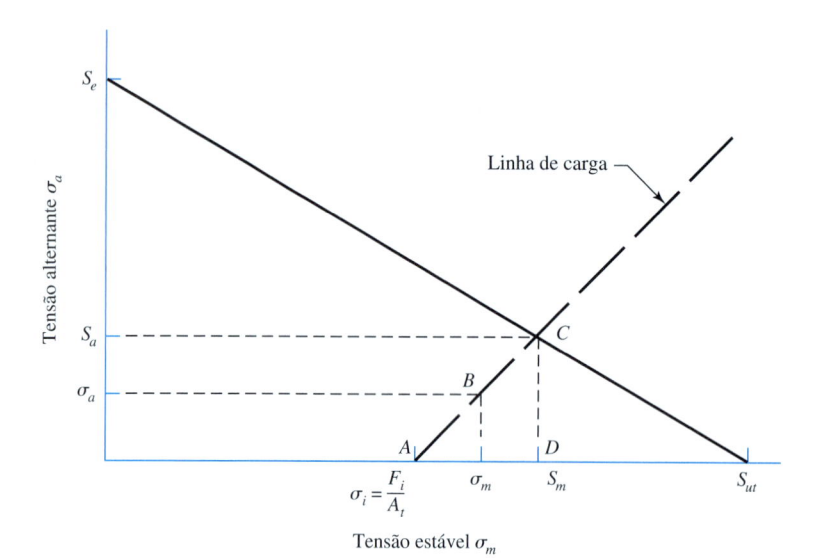

Figura 8–20 Diagrama de fadiga do projetista mostrando a linha de falha de Goodman e uma linha de carga comumente usada para uma pré-carga constante e uma carga flutuante.

O fator de segurança a fadiga é dado por

$$n_f = \frac{S_a}{\sigma_a} \qquad (8\text{–}37)$$

Substituindo a Eq. (c) na Eq. (8–37) vem

$$n_f = \frac{S_e(S_{ut} - \sigma_i)}{S_{ut}\sigma_a + S_e(\sigma_m - \sigma_i)} \qquad (8\text{–}38)$$

A mesma abordagem pode ser usada para outras curvas de falha, embora a álgebra seja um pouco mais entediante para colocar a equação em uma forma como a da Eq. (8–38). Uma abordagem mais fácil seria resolver em etapas numericamente, primeiro S_m, então S_a, e finalmente n_f.

Frequentemente, o tipo de carregamento de fadiga encontrado na análise de juntas parafusadas é aquele em que as forças externas aplicadas flutuam entre zero e alguma força máxima P. Essa seria a situação em um cilindro sob pressão, por exemplo, onde a pressão hora existe hora não. Para tais casos, as Eqs. (8–35) e (8–36) podem ser simplificadas fazendo $P_{max} = P$ e $P_{min} = 0$, resultando em

$$\sigma_a = \frac{CP}{2A_t} \qquad (8\text{–}39)$$

$$\sigma_m = \frac{CP}{2A_t} + \frac{F_i}{A_t} \qquad (8\text{–}40)$$

Observe que a Eq. (8–40) pode ser interpretada como a soma da tensão alternante com a tensão de pré-carga. Se a pré-carga é considerada constante, a relação entre a linha de carga e as tensões médias alternantes podem ser tratadas como

$$\sigma_m = \sigma_a + \sigma_i \qquad (8\text{–}41)$$

Essa linha de cargas tem uma declividade unitária, e é um caso particular da linha de carga mostrada na Fig. 8–20. Com as simplificações algébricas, podemos proceder como antes para obter o fator de segurança a fadiga utilizando cada critério típico de falha, repetido aqui das Eqs. (6–41), (6–42), e (6–43).

Goodman:

$$\frac{S_a}{S_e} + \frac{S_m}{S_{ut}} = 1 \qquad (8\text{–}42)$$

Gerber:

$$\frac{S_a}{S_e} + \left(\frac{S_m}{S_{ut}}\right)^2 = 1 \qquad (8\text{–}43)$$

ASME-elíptico:

$$\left(\frac{S_a}{S_e}\right)^2 + \left(\frac{S_m}{S_p}\right)^2 = 1 \qquad (8\text{–}44)$$

Se agora interceptamos a Eq. (8–41) e cada uma das Eqs. (8–42) a (8–44) para resolver para S_a, e aplicamos a Eq. (8–37), obtemos fatores de fadiga para cada critério de falha em situação de carregamento repetido.

Goodman:

$$n_f = \frac{S_e(S_{ut} - \sigma_i)}{\sigma_a(S_{ut} + S_e)} \qquad (8\text{–}45)$$

Gerber:

$$n_f = \frac{1}{2\sigma_a S_e}\left[S_{ut}\sqrt{S_{ut}^2 + 4S_e(S_e + \sigma_i)} - S_{ut}^2 - 2\sigma_i S_e\right] \qquad (8\text{–}46)$$

ASME-elíptico:

$$n_f = \frac{S_e}{\sigma_a(S_p^2 + S_e^2)}\left(S_p\sqrt{S_p^2 + S_e^2 - \sigma_i^2} - \sigma_i S_e\right) \qquad (8\text{–}47)$$

Observe que as Eqs. (8–45) a (8–47) são aplicáveis apenas para cargas repetidas. Se k_f é aplicado as tensões, em lugar de S_e, assegure-se de aplica-lo a ambas σ_a e σ_m. De outra forma, a declividade da linha de carga não permanecerá em 1 para 1.

Se quisermos, σ_a da Eq. (8-39) e $\sigma_i = F_i/A_t$ podem ser diretamente substituídos em qualquer das Eqs. (8–45) a (8–47). Se fizermos isso para o critério de Goodman na Eq. (8–48), obtemos

$$n_f = \frac{2S_e(S_{ut}A_t - F_i)}{CP(S_{ut} + S_e)} \qquad (8\text{–}48)$$

quando a pré-carga F_i estiver presente. Sem a pré-carga, $C = 1$, $F_i = 0$ e a Equação (8–45) se torna

$$n_{f0} = \frac{2S_e S_{ut} A_t}{P(S_{ut} + S_e)} \qquad (8\text{–}49)$$

A pré-carga é benéfica para resistir à fadiga quando n_f/n_{f0} é maior que a unidade. Para Goodman, as Equações (8–48) e (8–49) com $n_f/n_{f0} \geq 1$ põem um limite superior na pré-carga F_i

$$F_i \leq (1 - C)S_{ut}A_t \qquad (8\text{–}50)$$

Se isso não puder ser atingido e n_f for insatisfatório, use o critério de Gerber ou ASME-elíptico para obter uma avaliação menos conservativa. Se o projeto ainda não for satisfatório, parafusos adicionais e/ou parafusos de diferentes tamanhos podem ser necessários.

Parafusos frouxos, visto que eles são dispositivos de fricção, e carregamento cíclico e vibração, bem como outros efeitos, fazem com que os conectores percam tração com o tempo. Como se combate o afrouxamento? Dentro das limitações de resistência, quanto mais elevada for a pré-carga, melhor. Uma regra prática é que as pré-cargas de 60% da carga de prova raramente afrouxam. Se mais é melhor, quanto a mais? Bem, não o suficiente para criar conectores reutilizáveis como ameaça futura. Podem ser empregados também alternativamente esquemas de travamento de conectores.

Após determinar o fator de segurança a fadiga, você deve também verificar a possibilidade de escoamento, utilizando a resistência de prova

$$n_p = \frac{S_p}{\sigma_m + \sigma_a} \quad (8\text{–}51)$$

que é equivalente a Eq. (8-28).

EXEMPLO 8–5

A Figura 8–21 mostra uma conexão usando parafusos de haste totalmente rosqueada. A junta está sujeita a uma força flutuante cujo valor máximo é 5 kip por parafuso. Os dados requeridos são: parafuso rosqueado totalmente 5/8 in-11 NC, SAE 5; arruela de aço endurecido, com espessura $t_w = \frac{1}{16}$ in; chapa de aço de cobertura com espessura $t_1 = \frac{5}{8}$ in, $E_s = 30$ Mpsi; base de ferro fundido com espessura $t_2 = \frac{5}{8}$ in, $E_{ci} = 16$ Mpsi.

(a) Encontre k_b, k_m e C usando as suposições dadas na legenda da Figura 8–21.
(b) Encontre todos os fatores de segurança e explique o que eles significam.

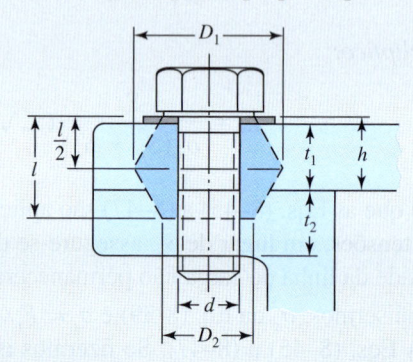

Figura 8–21 Modelo de tronco de cone de pressão do membro para um parafuso totalmente rosqueado. Para este modelo os tamanhos significativos são:

$$l = \begin{cases} h + t_2/2 & t_2 < d \\ h + d/2 & t_2 \geq d \end{cases}$$

$D_1 = d_w + l\tan\alpha = 1{,}5d + 0{,}577l$ $D_2 = d_w = 1{,}5d$ em que l = pega efetiva. As soluções são para $\alpha = 30°$ e $d_w = 1{,}5d$.

Solução

(a) Para os símbolos das Figuras 8–15 e 8–21, $h = t_1 + t_w = 0{,}6875$ in, $l = h + d/2$ e $D_2 = 1{,}5d = 0{,}9375$ in. A junta é composta de três troncos (cones); os dois superiores são de aço e o inferior é de ferro fundido.

Para o cone superior: $t = 1/2 = 0{,}5$ in, $D = 0{,}9375$ in, e $E = 30$ Mpsi. Usar esses valores na Equação (8–20) produz $k_1 = 46{,}46$ Mlbf/in.

Para o tronco médio: $t = h - 1/2 = 0{,}1875$ in e $D = 0{,}9375 + 2(l-h)\tan 30° = 1{,}298$ in. Com estes e $E_s = 30$ Mpsi, a Equação (8–20) dá $k_2 = 197{,}43$ Mlbf/in.

O tronco inferior tem $D = 0{,}9375$ in, $t = l - h = 0{,}3125$ in e $E_{ci} = 16$ Mpsi. A mesma equação produz $k_3 = 32{,}39$ Mlbf/in.

Substituir essas três rigidezes na Equação (8–18) resulta em $k_m = 17,40$ Mlbf/in. O parafuso totalmente rosqueado é pequeno e rosqueado de ponta a ponta. Usando $l = 1$ in para a pega e $A_t = 0,226$ in² da Tabela 8–2, encontramos a rigidez como $k_b = A_t E/l = 6,78$ Mlbf/in. Logo, a constante da junta é

Resposta
$$C = \frac{k_b}{k_b + k_m} = \frac{6,78}{6,78 + 17,40} = 0,280$$

(b) A Equação (8–30) dá a pré-carga como

$$F_i = 0,75 F_p = 0,75 A_t S_p = 0,75(0,226)(85) = 14,4 \text{ kip}$$

e, da Tabela 8–9, $S_p = 85$ kpsi para um parafuso totalmente rosqueado de grau 5 SAE. Utilizando a Eq. (8-28), se obtém o fator de carga assim como o fator de segurança ao escoamento foi obtido

Resposta
$$n_p = \frac{S_p A_t}{CP + F_i} = \frac{85(0,226)}{0,280(5) + 14,4} = 1,22$$

Esse é o fator de segurança tradicional, o qual compara a tensão máxima no parafuso com a tensão de referência.

Utilizando a Eq. (8–29),

Resposta
$$n_L = \frac{S_p A_t - F_i}{CP} = \frac{85(0,226) - 14,4}{0,280(5)} = 3,44$$

Esse fator é uma indicação da sobrecarga P que pode ser aplicada sem que se exceda a resistência de referência.

Em seguida, utilizando a Eq. (8–30), temos

Resposta
$$n_0 = \frac{F_i}{P(1 - C)} = \frac{14,4}{5(1 - 0,280)} = 4,00$$

Se a força P se tornar muito grande, a junta se separará e o parafuso receberá toda a carga. Esse fator protege o parafuso contra tal evento.

Para os fatores remanescentes, consulte a Figura 8–22. Este diagrama contém a linha de Goodman modificada, a linha de Gerber, a linha de resistência de prova e a linha de carga. A intersecção da linha L de carga com as respectivas linha de falha nos pontos C, D e E define um conjunto de resistências S_a e S_m em cada intersecção. O ponto B representa o estado de tensão σ_a, σ_m. O ponto A é a tensão de pré-carga σ_i. Por isso, a linha de carga começa em A e faz um ângulo tendo uma declividade unitária. Esse ângulo é 45° somente quando ambos os eixos de tensão têm a mesma escala.

Os fatores de segurança são encontrados ao dividir as distâncias AC, AD e AE pela distância AB. Note que isso é o mesmo que dividir S_a de cada teoria por σ_a.

As quantidades mostradas na legenda da Figura 8–22 são obtidas como se segue:
Ponto A

$$\sigma_i = \frac{F_i}{A_t} = \frac{14,4}{0,226} = 63,72 \text{ kpsi}$$

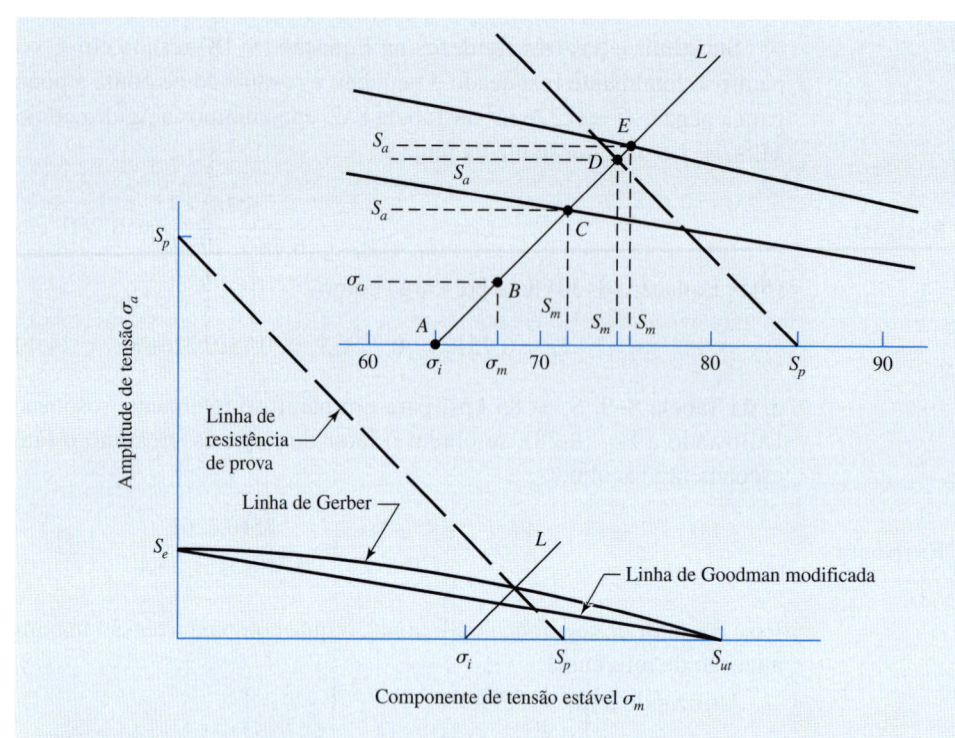

Figura 8–22 Diagrama de fadiga do projetista para parafusos pré-carregados, traçado em escala, mostrando a linha de Goodman modificada, a linha de Gerber e a linha de resistência de prova de Langer, com uma vista expandida da área de interesse. As resistências usadas são $S_p = 85$ kpsi, $S_e = 18,6$ kpsi e $S_{ut} = 120$ kpsi. As coordenadas são A, $\sigma_i = 63,72$ kpsi; B, $\sigma_a = 3,20$ kpsi, $\sigma_m = 66,82$ kpsi; C, $S_a = 7,55$ kpsi, $S_m = 71,29$ kpsi; D, $S_a = 10,64$ kpsi, $S_m = 74,36$ kpsi; E, $S_a = 11,32$ kpsi, $S_m = 75,04$ kpsi.

Ponto B

$$\sigma_a = \frac{CP}{2A_t} = \frac{0,280(5)}{2(0,226)} = 3,10 \text{ kpsi}$$

$$\sigma_m = \sigma_a + \sigma_i = 3,10 + 63,72 = 66,82 \text{ kpsi}$$

Ponto C

Esse é o critério de Goodman modificado. Com base na Tabela 8–17, encontramos $S_e = 18,6$ kpsi. Então, usando a Equação (8–45), tem-se o fator de segurança é encontrado como sendo

Resposta

$$n_f = \frac{S_e(S_{ut} - \sigma_i)}{\sigma_a(S_{ut} + S_e)} = \frac{18,6(120 - 63,72)}{3,10(120 + 18,6)} = 2,44$$

Ponto D

Este ponto está na linha de resistência de prova em que

$$S_m + S_a = S_p \qquad (1)$$

Além disso, a projeção horizontal da linha de carga AD é

$$S_m = \sigma_i + S_a \qquad (2)$$

Resolver as Equações (1) e (2) simultaneamente resulta em

$$S_a = \frac{S_p - \sigma_i}{2} = \frac{85 - 63,72}{2} = 10,64 \text{ kpsi}$$

O fator de segurança resultante é

Resposta
$$n_p = \frac{S_a}{\sigma_a} = \frac{10,64}{3,10} = 3,43$$

que é idêntico ao resultado previamente obtido por meio da Equação (8–29).

Uma análise similar de um diagrama de fadiga poderia ter sido feita usando a resistência de escoamento em lugar da resistência de prova. Embora as duas resistências estejam relacionadas, a resistência de prova é um indicador muito melhor e mais positivo de um parafuso totalmente carregado que a resistência de escoamento. É também válido lembrar que os valores da resistência de prova estão especificados nas normas de projeto; já as resistências de escoamento não.

Encontramos $n_f = 2,44$ com a hipótese de fadiga e o critério da linha de Goodman modificado, e $n_p = 3,43$ com base na resistência de prova. Logo, o perigo de falha ocorre por fadiga, e não por carregamento de sobreprova. Esses dois fatores devem sempre ser comparados para determinar onde reside o maior perigo.

Ponto E
Para o critério de Gerber, por maio da Equação (8–46), o fator de segurança é

Resposta
$$n_f = \frac{1}{2\sigma_a S_e}[S_{ut}\sqrt{S_{ut}^2 + 4S_e(S_e + \sigma_i)} - S_{ut}^2 - 2\sigma_i S_e]$$

$$= \frac{1}{2(3,10)(18,6)}[120\sqrt{120^2 + 4(18,6)(18,6 + 63,72)} - 120^2 - 2(63,72)(18,6)]$$

$$= 3,65$$

o qual é maior que $n_p = 3,43$ e contradiz a conclusão anterior de que o perigo de falha é a fadiga. A Figura 8–22 claramente mostra o conflito onde o ponto *D* se situa, entre os pontos *C* e *E*. Novamente, a natureza conservativa do critério de Goodman explica a discrepância, e o projetista deve formar sua própria conclusão.

8–12 Carregamento de cisalhamento em juntas parafusadas e rebitadas[10]

Juntas parafusadas e rebitadas, carregadas em cisalhamento, são tratadas exatamente do mesmo modo em relação ao projeto e à análise.

A Figura 8–23*a* mostra uma conexão rebitada, carregada em cisalhamento. Vamos estudar agora as diversas maneiras pelas quais esta conexão pode falhar.

A Figura 8–23*b* mostra uma falha por flexão do rebite ou membro rebitado. O momento fletor é de aproximadamente $M = Ft/2$, em que F é a força de cisalhamento e t é a pega do

---

[10] O projeto de conexões parafusadas e rebitadas para caldeiras, pontes, edifícios e outras estruturas nas quais perigos à vida humana estão envolvidos, é estritamente orientado por vários códigos de construção. Ao projetar essas estruturas, o engenheiro deve consultar o *American Institute of Steel Construction Handbook*, quanto às especificações da American Railway Engineering Association ou o Boiler Construction Code da American Society of Mechanical Engineers.

rebite, isto é, a espessura total das partes conectadas. A tensão de flexão nos elementos ou em um rebite é, desprezando concentração de tensão,

$$\sigma = \frac{M}{I/c} \tag{8-52}$$

em que I/c é o módulo da seção para o membro mais fraco ou para o rebite ou rebites, dependendo de qual tensão deva ser encontrada. O cálculo da tensão de flexão dessa maneira é uma suposição, porque não sabemos exatamente como a carga é distribuída para o rebite nem as deformações relativas do rebite e dos elementos. Embora essa equação possa ser usada para determinar a tensão de cisalhamento, ela raramente é usada no projeto; em substituição seu efeito é compensado por um aumento no fator de segurança.

Na Figura 8–23c, é mostrada a falha do rebite por cisalhamento puro; a tensão no rebite é

$$\tau = \frac{F}{A} \tag{8-53}$$

em que A é a área da seção transversal de todos os rebites no grupo. Pode-se notar que é prática corriqueira em projeto estrutural usar o diâmetro nominal do rebite em vez do diâmetro do furo, embora um rebite impelido a quente se expanda e quase preencha completamente o furo.

A ruptura de um dos elementos conectados ou chapas por tração pura está ilustrada na Figura 8–23d. A tensão de tração é

$$\sigma = \frac{F}{A} \tag{8-54}$$

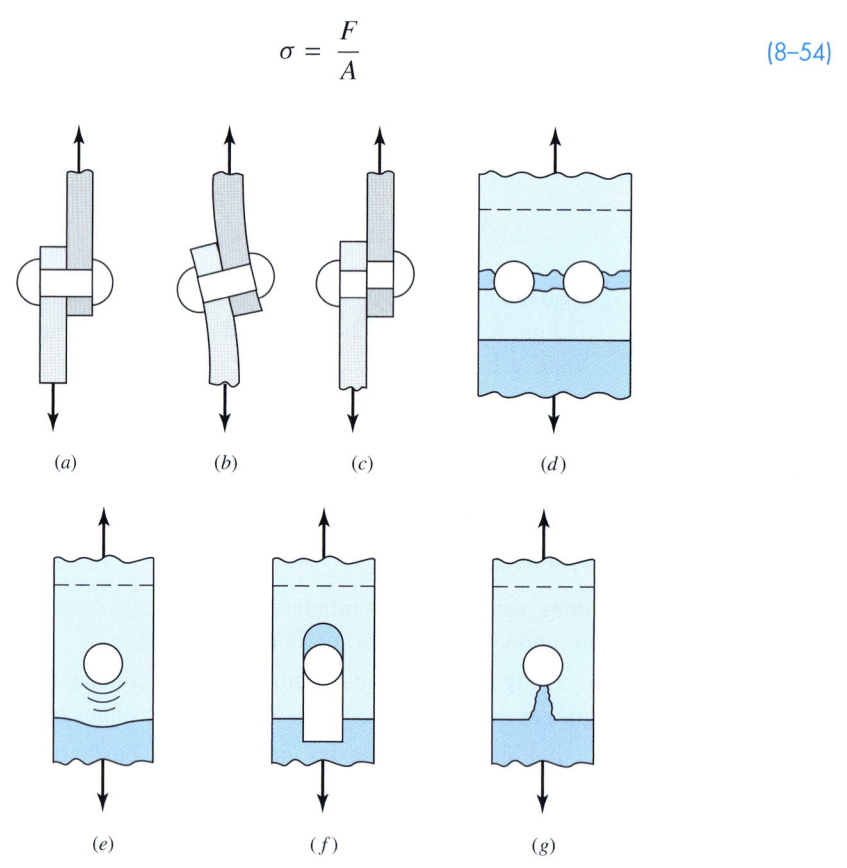

Figura 8–23 Modos de falha em carregamento de cisalhamento de uma conexão parafusada ou rebitada: (a) carregamento de cisalhamento; (b) flexão do rebite; (c) cisalhamento de rebite; (d) falha por tração de elementos; (e) esmagamento do rebite nos elementos ou esmagamento dos elementos no rebite; (f) rasgamento por cisalhamento; (g) rasgamento por tração.

em que A é a área líquida da chapa, isto é, a área reduzida por uma quantidade igual à área de todos os furos de rebite. Para materiais frágeis e cargas estáticas, assim como para materiais dúcteis ou materiais frágeis carregados em fadiga, devem ser incluídos os efeitos de concentração de tensão. É verdade que o uso de um parafuso com uma pré-carga inicial e, às vezes, um rebite colocará a área ao redor do furo em compressão e, consequentemente, tenderá a anular os efeitos de concentração de tensão, mas a menos que passos definitivos sejam tomados para assegurar que a pré-carga não se relaxe, é aconselhável projetar como se o efeito completo de concentração de tensão estivesse presente. Os efeitos de concentração de tensão não são considerados em projeto estrutural, porque as cargas são estáticas e os materiais dúcteis.

Ao calcular a área pela Equações (8–54), o projetista deve usar a combinação de furos de rebite ou furos de parafusos que resultarem na menor área.

A Figura 8–23e ilustra uma falha por esmagamento do rebite ou chapa. O cálculo dessa tensão, que é usualmente chamado de *tensão de esmagamento*, é complicado pela distribuição da carga na superfície cilíndrica do rebite. Os valores exatos das forças atuantes no rebite são desconhecidos, assim é costumeiro assumir que as componentes dessas forças sejam uniformemente distribuídas sobre a área projetada de contato do rebite. Essa hipótese leva à tensão

$$\sigma = -\frac{F}{A} \tag{8-55}$$

em que a área projetada para um único rebite é $A = td$. Aqui, t é a espessura da chapa mais fina e d é o diâmetro do rebite ou parafuso.

O cisalhamento de borda, ou o rasgamento da margem, é mostrado nas Figuras 8–23f e g, respectivamente. Na prática estrutural, essa falha é evitada espaçando os rebites a pelo menos $1\frac{1}{2}$ diâmetro para longe da borda. Conexões parafusadas normalmente são espaçadas a uma distância ainda maior para dar uma aparência mais satisfatória, por isso, este tipo de falha pode ser desprezado.

Em uma junta de rebite, todos os rebites compartilham igualmente a carga em cisalhamento, esmagamento no rebite, esmagamento no membro e cisalhamento no rebite. Outras falhas são compartilhadas somente por parte da junta. Em uma junta parafusada, o cisalhamento é recebido por atrito de engaste, e o esmagamento não existe. Quando a pré-carga do parafuso é perdida, um parafuso começa a carregar o cisalhamento e o esmagamento até que o escoamento lentamente traga outros conectores para compartilhar o cisalhamento e o esmagamento. Finalmente, todos participam, e esta é a base da análise da maioria das juntas parafusadas se a perda de pré-carga do parafuso for completa. A análise usual envolve:

- Esmagamento no parafuso (todos os parafusos participam).
- Esmagamento nos elementos (todos os furos participam).
- Cisalhamento do parafuso (todos os parafusos eventualmente participam).
- Distinção entre cisalhamento de rosca e de haste.
- Cisalhamento de borda e rasgamento do membro (parafusos de borda participam).
- Escoamento de tração do membro ao longo dos furos de parafusos.
- Verificação da capacidade de membro.

EXEMPLO 8-6

A conexão parafusada mostrada na Figura 8–24 usa o parafuso SAE grau 5. Os elementos são de aço laminado a quente AISI 1018. Uma carga cortante $F = 4000$ lbf é aplicada a conexão. Encontre o fator de segurança para todos os possíveis modos de falha.

Solução Elementos: $S_y = 32$ kpsi

Parafusos: $S_y = 92$ kpsi, $S_{sy} = (0{,}577)92 = 53{,}08$ kpsi

Cortante nos parafusos

$$A_s = 2\left[\frac{\pi(0{,}375)^2}{4}\right] = 0{,}221 \text{ in}^2$$

$$\tau = \frac{F_s}{A_s} = \frac{4}{0{,}221} = 18{,}1 \text{ kpsi}$$

Resposta
$$n = \frac{S_{sy}}{\tau} = \frac{53{,}08}{18{,}1} = 2{,}93$$

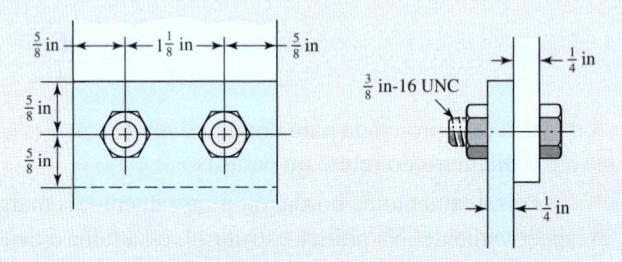

Figura 8–24

Contato nos parafusos

$$A_b = 2(0{,}25)(0{,}375) = 0{,}188 \text{ in}^2$$

$$\sigma_b = \frac{-4}{0{,}188} = -21{,}3 \text{ kpsi}$$

Resposta
$$n = \frac{S_y}{|\sigma_b|} = \frac{92}{|-21{,}3|} = 4{,}32$$

Contato nos elementos

Resposta
$$n = \frac{S_{yc}}{|\sigma_b|} = \frac{32}{|-21{,}3|} = 1{,}50$$

Tensões nos elementos

$$A_t = (2{,}375 - 0{,}75)(1/4) = 0{,}406 \text{ in}^2$$

$$\sigma_t = \frac{4}{0{,}406} = 9{,}85 \text{ kpsi}$$

Resposta
$$n = \frac{S_y}{A_t} = \frac{32}{9{,}85} = 3{,}25$$

Juntas de cisalhamento com carregamento excêntrico

No exemplo prévio, a carga é distribuída igualmente entre os parafusos desde que a carga atue ao longo de uma linha de simetria dos conectores. A análise de uma junta ao cisalhamento solicitada por um carregamento excêntrico requer que o centro de movimento relativo se localize entre os dois elementos. Na Figura 8–25, seja desde A_1 até A_5 as respectivas áreas das seções transversais de um grupo de cinco pinos, ou rebites cravados a quente, ou parafusos de ajuste apertado com haste parcialmente rosqueada. Sob essa hipótese o ponto central de rotação situa-se no centroide de área da seção transversal da distribuição dos pinos, rebites ou parafusos. Usando estática, aprendemos que o centroide G está localizado pelas coordenadas $\bar{x}$ e $\bar{y}$, em que x_i e y_i são as distâncias até o i-ésimo centro de área:

$$\bar{x} = \frac{A_1 x_1 + A_2 x_2 + A_3 x_3 + A_4 x_4 + A_5 x_5}{A_1 + A_2 + A_3 + A_4 + A_5} = \frac{\sum_1^n A_i x_i}{\sum_1^n A_i}$$

$$\bar{y} = \frac{A_1 y_1 + A_2 y_2 + A_3 y_3 + A_4 y_4 + A_5 y_5}{A_1 + A_2 + A_3 + A_4 + A_5} = \frac{\sum_1^n A_i y_i}{\sum_1^n A_i}$$

(8–56)

Em muitos exemplos, o centroide pode ser localizado por simetria.

Um exemplo de carregamento excêntrico de conectores está na Figura 8–26. Essa é a porção de uma estrutura de máquina contendo uma viga sujeita à ação de uma carga de flexão. Nesse caso, a viga é fixada aos elementos verticais nas extremidades com parafusos de compartilhamento de carga, especialmente preparados. Você reconhecerá a representação esquemática na Figura 8–26b como uma viga estaticamente indeterminada com as extremidades engastadas e com reações de momento e de força de cisalhamento em cada extremidade.

Por conveniência, os centros dos parafusos na extremidade esquerda da viga são traçados em uma escala maior na Figura 8–26c. O Ponto O representa o centroide do grupo, e é suposto neste exemplo que todos os parafusos são do mesmo diâmetro. Note que as forças mostradas na Figura 8–26c são forças *resultantes* atuando nos pinos com uma força líquida e um momento igual e oposto às cargas de *reação* V_1 e M_1 atuando em O. A carga total recebida por cada parafuso será calculada em três passos. No primeiro passo a força resultante de cisalhamento V_1 é dividida igualmente entre os parafusos assim que cada parafuso recebe $F' = V_1/n$, em que n se refere ao número de parafusos no grupo e a força F' é chamada de *carga direta* ou de *cisalhamento primário*.

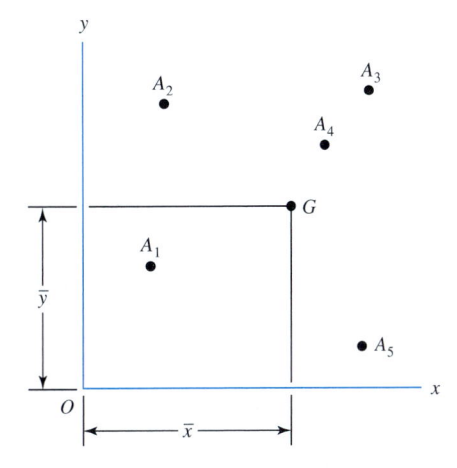

Figura 8–25 Centroide de pinos, rebites ou parafusos.

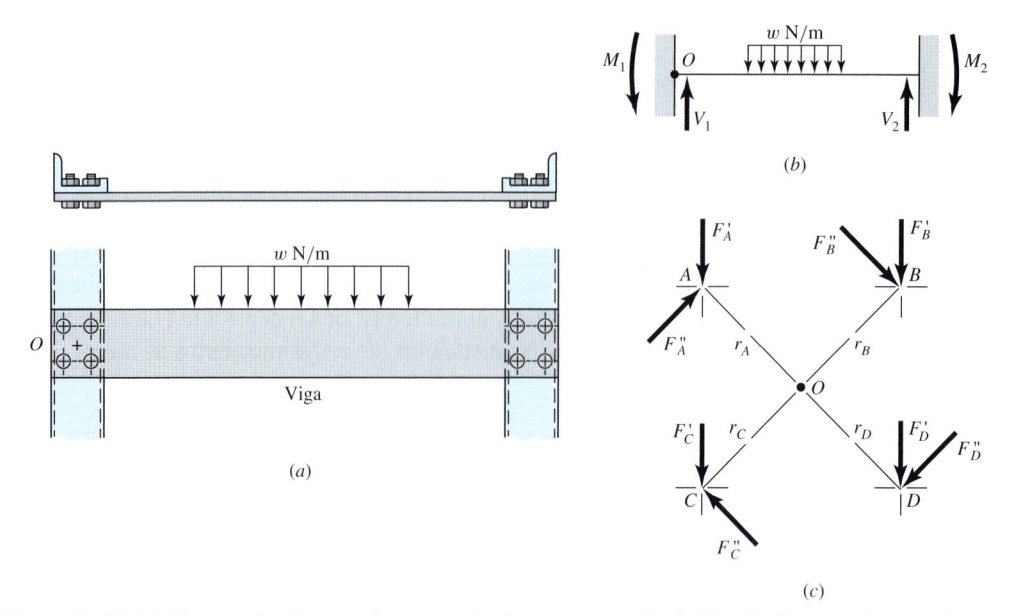

Figura 8–26 (*a*) Viga parafusada em ambas extremidades com carga distribuída; (*b*) diagrama de corpo livre da viga; (*c*) vista ampliada do grupo de parafusos centrados em *O* mostrando as forças resultantes de cisalhamento primário e secundário.

Note que uma distribuição igual da carga direta para os parafusos supõe um membro absolutamente rígido. O arranjo dos parafusos ou a forma e o tamanho dos elementos às vezes justifica o uso de uma outra suposição relativa à divisão da carga. As cargas diretas F'_n são exibidas como vetores no diagrama de carregamento (Figura 8–26*c*).

A *carga de momento*, ou *cisalhamento secundário*, é a carga adicional em cada parafuso devido ao momento M_1. Se r_A, r_B, r_C etc. são as distâncias radiais do centroide até o centro de cada parafuso, o momento e as cargas de momento estão relacionados como se segue:

$$M_1 = F''_A r_A + F''_B r_B + F''_C r_C + \ldots \quad (a)$$

em que F'' são as cargas de momento. A força recebida de cada parafuso depende de sua distância radial a partir do centroide; isto é, o parafuso mais distante do centroide recebe a maior carga, enquanto o parafuso mais próximo recebe a menor carga. Por isso, podemos escrever

$$\frac{F''_A}{r_A} = \frac{F''_B}{r_B} = \frac{F''_C}{r_C} \quad (b)$$

em que, novamente, os diâmetros dos parafusos são supostos iguais. Se não forem, substituiremos F'' na Equação (*b*) pelas tensões de cisalhamento $\tau'' = 4F''/\pi d^2$ para cada parafuso. Resolvendo simultaneamente as Eqs. (*a*) e (*b*), obtemos

$$F''_n = \frac{M_1 r_n}{r_A^2 + r_B^2 + r_C^2 + \ldots} \quad (8\text{–}57)$$

onde o subscrito *n* se refere ao parafuso específico no qual se quer encontrar a carga. Cada momento é resultado de um vetor força perpendicular à linha radial que vai desde o centroide até o centro do parafuso.

No terceiro passo, as cargas diretas e de momento são adicionadas vetorialmente para obter a carga resultante em cada parafuso. Visto que todos os parafusos ou rebites têm usualmente o mesmo tamanho, somente o parafuso com carga máxima necessita ser considerado. Quando a carga máxima é encontrada, a resistência pode ser determinada usando os vários métodos já descritos.

EXEMPLO 8-7

Na Figura 8–27 está uma barra de aço retangular de 15 × 200 mm fixada, em balanço, a um perfil de canal de aço de 250 mm, através de quatro parafusos, bem apertados, localizados em A, B, C e D. Considere que a rosca do parafuso não se prolonga para dentro da junta. Para uma carga F = 16 kN encontre:

(a) A carga resultante em cada parafuso.
(b) A tensão de cisalhamento máxima em cada parafuso.
(c) A tensão de esmagamento máxima.
(d) A tensão crítica de flexão na barra.

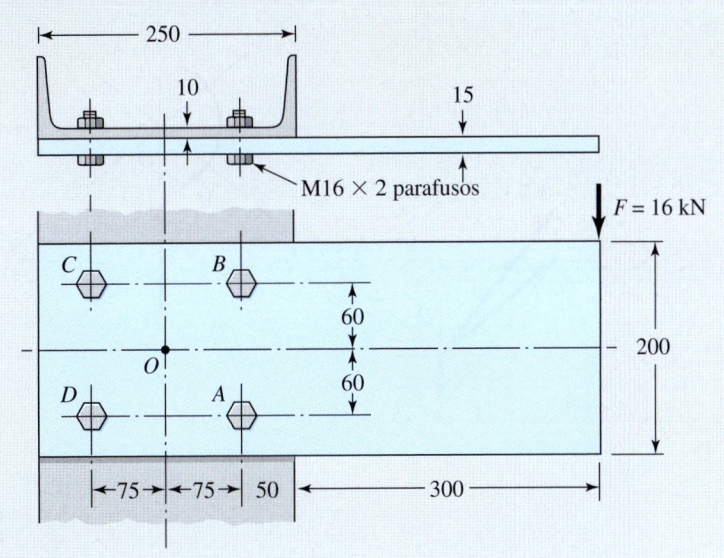

Figura 8–27 Dimensões em milímetros.

Solução

(a) Ponto O, o centroide do grupo de parafusos na Figura 8–27, é encontrado por simetria. Se um diagrama de corpo livre da viga fosse construído, a reação V de cisalhamento passaria por O e as reações do momento M seriam em relação a O. Estas reações são:

$$V = 16 \text{ kN} \qquad M = 16(300 + 50 + 75) = 6800 \text{ N} \cdot \text{m}$$

Na Figura 8–28, o grupo de parafusos foi desenhado em escala maior onde são mostradas as reações e as resultantes. A distância entre o centroide e o centro de cada parafuso é

$$r = \sqrt{(60)^2 + (75)^2} = 96{,}0 \text{ mm}$$

As resultantes são encontradas conforme segue. A carga de cisalhamento primário por parafuso é

$$F' = \frac{V}{n} = \frac{16}{4} = 4 \text{ kN}$$

Uma vez que os r_n são iguais, as forças de corte secundárias são iguais, e a Eq. (8–57) se converte em

$$F'' = \frac{Mr}{4r^2} = \frac{M}{4r} = \frac{6800}{4(96{,}0)} = 17{,}7 \text{ kN}$$

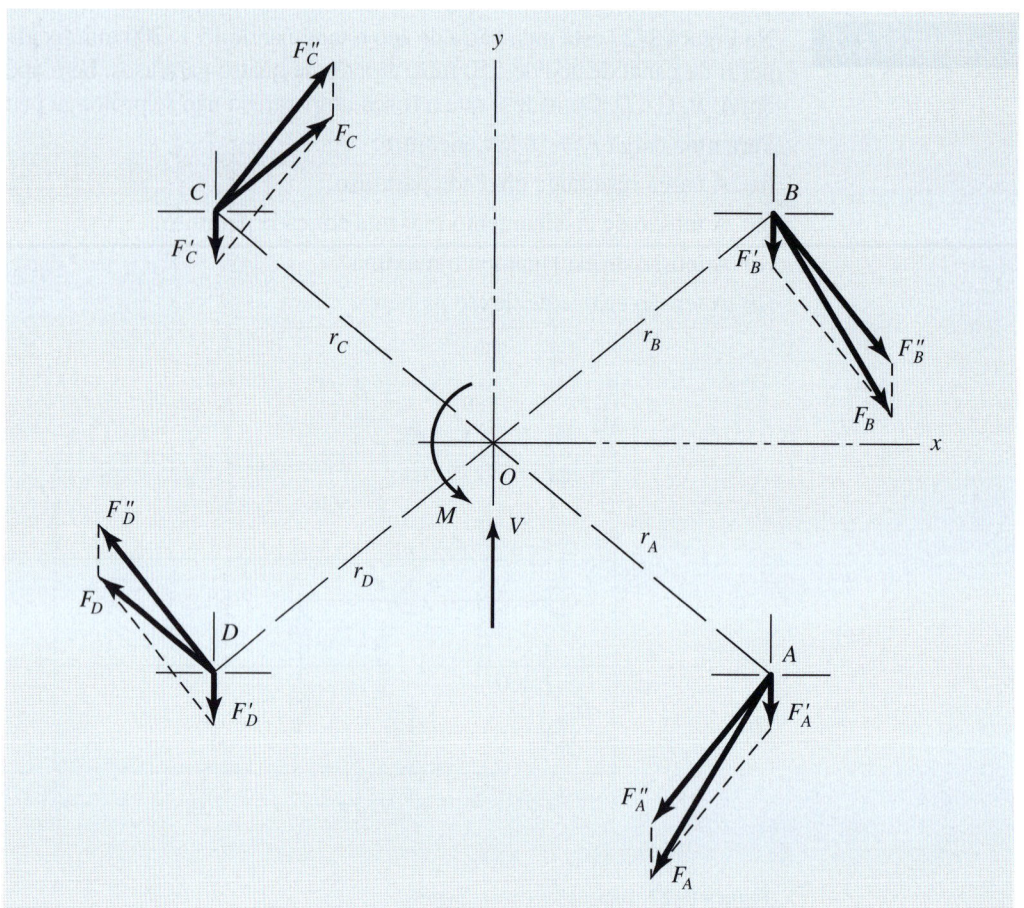

Figura 8–28

As forças de cisalhamento primária e secundária estão traçadas em escala na Figura 8–28 e as resultantes são obtidas usando a regra do paralelogramo. As magnitudes são encontradas por medida (ou análise) sendo

Resposta
$$F_A = F_B = 21{,}0 \text{ kN}$$

Resposta
$$F_C = F_D = 14{,}8 \text{ kN}$$

(b) Os parafusos A e B são cruciais porque recebem a maior carga de cisalhamento. O problema propõe assumir que a rosca dos parafusos não se estende para dentro da junta. Isso requer parafusos especiais. Se forem utilizadas porcas e parafusos padronizados, os parafusos precisariam ter 46 mm de comprimento com comprimento de rosca $L_T = 38$ mm. Assim a porção não rosqueada do parafuso teria 46 − 38 = 8 mm de comprimento. Isso é menos do que os 15 mm da placa da Fig. 8-28, e os parafusos tenderiam ao corte na direção do menor diâmetro a uma tensão de $\tau = F/A_s = 21{,}0(10)^3/144 = 146$ MPa. Parafusos com rosca que não se estende pela junta, ou parafusos de biela, são preferíveis. Para este exemplo, a área do corpo de cada parafuso é $A = \pi (16^2)/4 = 201{,}1$ mm², resultando em uma tensão de corte de

Resposta
$$\tau = \frac{F}{A} = -\frac{21{,}0(10)^3}{201{,}1} = 104 \text{ MPa}$$

(c) O canal é mais fino que a barra, assim a maior tensão de esmagamento é devido ao pressionamento do parafuso contra a aba do canal. A área de esmagamento é $A_b = td = 10(16) = 160$ mm². Logo, a tensão de esmagamento é

Resposta
$$\sigma = -\frac{F}{A_b} = -\frac{21{,}0(10)^3}{160} = -131 \text{ MPa}$$

(d) A tensão crítica de flexão na barra deve ocorrer em uma seção paralela ao eixo y e através dos parafusos A e B. Nesta seção, o momento fletor é

$$M = 16(300 + 50) = 5600 \text{ N} \cdot \text{m}$$

O segundo momento de área por esta seção é obtido conforme segue

$$I = I_{\text{barra}} - 2(I_{\text{orifício}} + \bar{d}^2 A)$$

$$= \frac{15(200)^3}{12} - 2\left[\frac{15(16)^3}{12} + (60)^2(15)(16)\right] = 8{,}26(10)^6 \text{ mm}^4$$

Então

Resposta
$$\sigma = \frac{Mc}{I} = \frac{5600(100)}{8{,}26(10)^6}(10)^3 = 67{,}8 \text{ MPa}$$

PROBLEMAS

8-1 Um parafuso de potência tem 25 mm de diâmetro e um passo de rosca de 5 mm.

(a) Encontre a profundidade e a largura de rosca, os diâmetros médio e de raiz, e o avanço, visto que são usadas roscas quadradas.

(b) Repita a parte (a) para roscas Acme.

8-2 Usando a informação da nota de rodapé da Tabela 8-1, mostre que a área de tensão de tração é

$$A_t = \frac{\pi}{4}(d - 0{,}938\ 194p)^2$$

8-3 Mostre que, para fricção zero de colar, a eficiência de um parafuso de rosca quadrada é dada pela equação

$$e = \tan \lambda \frac{1 - f \tan \lambda}{\tan \lambda + f}$$

Trace uma curva da eficiência para ângulos de avanço até 45°. Use $f = 0{,}08$.

8-4 Um parafuso de potência de 25 mm de uma só rosca tem um diâmetro de 25 mm com um passo de 5 mm. Uma carga vertical no parafuso alcança um máximo de 5 kN. Os coeficientes de fricção são 0,06 para o colar e 0,09 para as roscas. O diâmetro friccional do colar é de 45 mm. Encontre a eficiência global e o torque para "elevar" e "baixar" a carga.

8-5 A máquina mostrada na figura pode ser usada para um ensaio de tração, mas não para um ensaio de compressão. Por quê? Podem ambos os parafusos terem o mesmo braço?

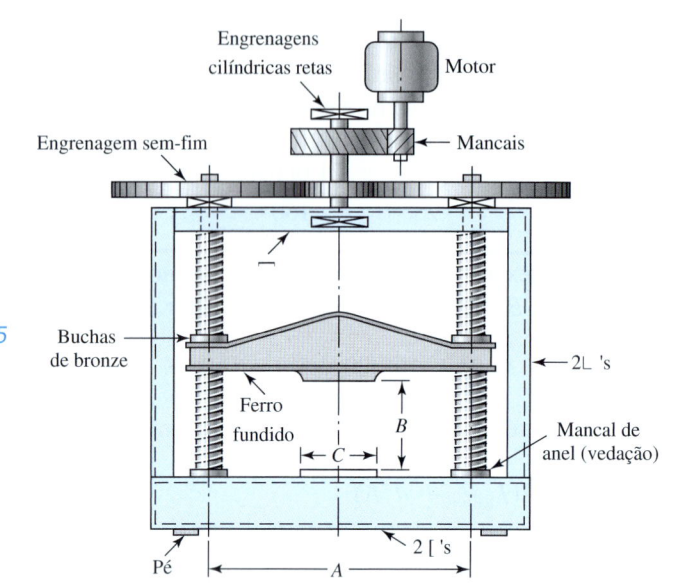

Problema 8–5

8-6 A prensa do Problema 8–5 tem uma capacidade de carga de 5 000 lbf. Os parafusos gêmeos têm roscas Acme, um diâmetro de 2 in e um passo de $\frac{1}{4}$ in. Os coeficientes de fricção são 0,05 para as roscas e 0,08 para os mancais de anel de vedação. Os diâmetros dos anéis são de 3,5 in. As engrenagens têm uma eficiência de 95% e uma razão de velocidade de 60:1. Uma embreagem de escorregamento, no eixo do motor, previne o sobrecarregamento. A velocidade de carga completa do motor é de 1 720 rev/mm.

(*a*) Quando o motor é ligado, quão rapidamente se moverá a cabeça da prensa?

(*b*) Qual deve ser a capacidade, em cavalos de potência, do motor?

8-7 Para o grampo mostrado, a força é aplicada na extremidade da alavanca a $3\frac{1}{2}$ in a partir da linha de centro da rosca. A alavanca com $\frac{3}{8}$ in de diâmetro é feita de aço conformado a frio AISI 1006. A rosca é a $\frac{3}{4}$ in-10 UNC e tem 8 in de comprimento, global. O comprimento máximo possível da rosca na região de pega é de 6 in.

(*a*) Que torque de parafuso fará a manivela flexionar permanentemente?

(*b*) Que força de aperto responderá ao efeito da parte (*a*) se a fricção de colar for desprezada e a fricção de rosca for de 0,15?

(*c*) Que força de aperto fará o parafuso flambar?

(*d*) Existem outras tensões ou possíveis falhas a serem verificadas?

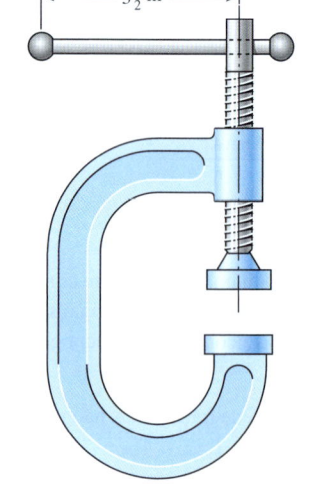

Problema 8–7

8–8 A prensa em C na figura do Problema 8–7 usa uma rosca Acme $\frac{3}{4}$ in-6. Os coeficientes friccionais são 0,15 para as roscas e o colar. O colar, que neste caso é uma junta giratória de batente de bigorna, tem um diâmetro de fricção de 1 in. Os cálculos devem se basear em uma força máxima de 8 lbf aplicada à manivela, a um raio de $3\frac{1}{2}$ in a partir da linha de centro do parafuso. Encontre a força de aperto.

8–9 Encontre a potência requerida para mover um parafuso de potência de 40 mm tendo roscas quadradas duplas, com um passo de 6 mm. A porca deve mover uma carga de $F = 10$ kN a uma velocidade de 48 mm/s. Os coeficientes friccionais são de 0,10 para as roscas e 0,15 para o colar. O diâmetro friccional do colar é de 60 mm.

8–10 Um parafuso de potência de uma só rosca quadrada tem uma potência de entrada de 3 kW, a uma velocidade de 1 rev/s. O parafuso tem um diâmetro de 40 mm e um passo de 8 mm. Os coeficientes friccionais são de 0,14 para as roscas e 0,09 para o colar, com um raio de fricção do colar de 50 mm. Encontre a carga axial resistente e a eficiência combinada do parafuso e colar.

8–11 Um parafuso de cabeça hexagonal M14 × 2 com uma porca é usado para conectar duas placas de aço de 15 mm.
(*a*) Determine o comprimento adequado para os parafusos, com arredondamento em múltiplos de 5 mm.
(*b*) Determine a rigidez dos parafusos.
(*c*) Determine a rigidez dos elementos.

8–12 Repita o Prob. 8-11 adicionando uma arruela plana 14R sob a porca.

8–13 Repita o Prob. 8-11 com uma das placas possuindo um orifício roscado de modo a eliminar a porca.

8–14 Uma placa de aço de 2 in e uma placa de ferro fundido de 1 in são conectadas por um parafuso e porca. O parafuso é o $\frac{1}{2}$ in-13 UNC.
(*a*) Determine o comprimento apropriado para o parafuso, arredondado para múltiplos de $\frac{1}{4}$ in.
(*b*) Determine a rigidez dos parafusos.
(*c*) Determine a rigidez dos elementos.

8–15 Repita o Prob. 8-14 incluindo uma arruela plana Padrão Americano $\frac{1}{2}$N sob a cabeça do parafuso, e outra idêntica sob a porca.

8–16 Repita o Prob. 8-14 com a placa de ferro fundido contendo o orifício roscado afim de eliminar a porca.

8–17 Duas placas idênticas de alumínio tem espessura de 2 in cada, e são conectadas com um parafuso e porca.

São usadas arruelas sob a cabeça do parafuso e da porca.

Propriedades da arruela: aço; ID = 0,531 in; OD = 1,062 in; espessura = 0,095 in

Propriedades da porca: aço; altura = $\frac{7}{16}$ in

Propriedades dos parafusos: $\frac{1}{2}$ in-13 UNC grau 8

Propriedades das placas: alumínio; $E = 10,3$ Mpsi; $S_u = 47$ kpsi; $S_y = 25$ kpsi
(*a*) Determine o comprimento apropriado para o parafuso, arredondado para múltiplos de $\frac{1}{4}$ in.
(*b*) Determine a rigidez dos parafusos.
(*c*) Determine a rigidez dos elementos.

8–18 Repita o Prob. 8-17 sem arruelas sob a cabeça do parafuso, e com duas arruelas empilhadas sob a porca.

8–19 Uma placa de aço AISI 1020 com 30 mm de espessura é encaixada entre duas placas de alumínio 2024-T3 de 10 mm de espessura e comprimidas por um parafuso e rosca sem arruelas. O parafuso é o M10 × 1,5, classe de propriedades 5,8.
(*a*) Determine o comprimento adequado para os parafusos, com arredondamento em múltiplos de 5 mm.
(*b*) Determine a rigidez dos parafusos.
(*c*) Determine a rigidez dos elementos.

8–20 Repita o Prob. 8–19 substituindo a placa inferior por uma com 20 mm de espessura.

8–21 Repita o Prob. 8-19 com a placa inferior possuindo um orifício roscado afim de eliminar a porca.

8–22 Duas placas de aço com 20 mm de espessura são juntadas com um parafuso e porca. Especifique um parafuso métrico de rosca grossa que dote a junta de uma constante C aproximadamente igual a 0,2.

8-23 Uma placa de aço de 2 in e uma placa de ferro fundido de 1 in são conectadas por um parafuso e porca. Especifique o parafuso UNC que prove uma constante de junta C aproximadamente igual a 0,2.

8-24 Um suporte de alumínio com uma flange de $\frac{1}{2}$ in de espessura é engastada a uma coluna de aço com parede de espessura igual a $\frac{3}{4}$ in. Um parafuso de fixação atravessa o orifício no flange do suporte, rosqueado a um orifício roscado através da parede da coluna. Especifique a rosca UNC do parafuso de fixação que provê uma constante de junta C de aproximadamente 0,25.

8-25 Um parafuso de cabeça sextavada M14 × 2 com uma rosca é usado para conectar duas placas de aço de 20 mm. Compare os resultados encontrando a rigidez global dos elementos pelo uso das Eqs. (8-20), (8-22), e (8-23).

8-26 Um parafuso série $\frac{3}{4}$ in-16, SAE grau 5, tem um tubo de diâmetro interno ID de $\frac{3}{4}$ in e comprimento de 10 in, apertado entre as faces arruela do parafuso e arruela da porca ao girar a porca o necessário mais um terço de uma volta. O diâmetro externo OD do tubo é o diâmetro de face da arruela $d_w = 1,5d = 1,5(0,75) = 1,125$ in = OD.

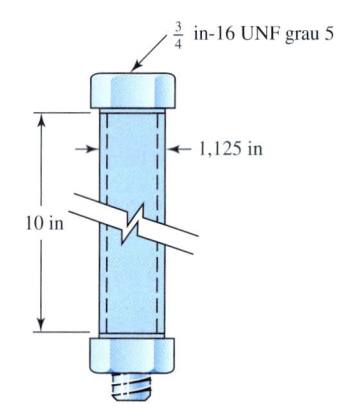

Problema 8-26

(a) Determine a rigidez do parafuso, a rigidez do tubo, e a constante C da junta.

(b) Quando um terço de volta da porca é aplicado, qual é a tração inicial F_i no parafuso?

8-27 Com base nessa experiência com o Problema 8–26, generalize sua solução para desenvolver uma equação de volta de porca

$$N_t = \frac{\theta}{360°} = \left(\frac{k_b + k_m}{k_b k_m}\right) F_i N$$

em que N_t = giro da porca, em rotações, até o aperto firme
θ = giro da porca em graus
N = número de rosca/in ($1/p$ em que p é o passo)
F_i = pré-carga inicial
k_b, k_m = coeficientes de mola do parafuso e elementos, respectivamente

Use essa equação para encontrar a relação entre o aperto T da chave de torque e o giro da porca N_t. ("Aperto adequado" significa que a junta foi apertada a talvez metade da pré-carga pretendida para aplainar as asperezas nas faces de arruela e nos elementos. Assim, a porca é afrouxada e reapertada manualmente, e a porca é girada o número de graus indicado pela equação. Propriamente feito, o resultado é comparável com a chave de torque.)

8-28 RB&W[11] recomenda giro de porca a partir do ajuste suficiente como se segue: 1/3 de volta para pega de parafuso de 1–4 diâmetros, 2/3 de volta para pegas de parafusos de 4–8 diâmetros e 1/2 de volta para pegas de 8–12 diâmetros. Essas recomendações são para fabricação estrutural de aço (juntas permanentes), produzindo pré-cargas de 100% da resistência de prova e até mais. Fabricantes de maquinária com carregamentos de fadiga e possíveis desmontagens de juntas têm giros de porca muito menores. A recomendação da RB&W entra na zona de deformação plástica não linear.

---
[11] Russell, Burdsall & Ward, Inc., Metal Forming Specialists, Mentor, Ohio.

Para o Exemplo 8–4, use a Equação (8–27) com $K = 0{,}2$ para estimar o torque necessário a fim de estabelecer a pré-carga desejada. Depois, usando os resultados do Problema 8–27, determine o giro da porca em graus. Como esse resultado se compara às recomendações da RB&W?

8–29 Para uma montagem parafusada com seis parafusos, a rigidez de cada parafuso é $k_b = 3$ Mlbf/in e a rigidez dos elementos é $k_m = 12$ Mlbf/in por parafuso. Uma carga externa de 80 kips é aplicada para toda a conexão. Admita que a carga é igualmente distribuída para todos os parafusos. Determinou-se usar parafusos $\frac{1}{2}$ in-13 UNC grau 8 com rosca laminada. Admita que os parafusos tem uma pré-carga de 75 por cento da carga de referência.

(a) Determine o fator de segurança ao escoamento.

(b) Determine o fator de segurança a sobrecarga.

(c) Determine o fator de segurança baseado na abertura da junta.

8–30 Para a montagem parafusada do Prob. 8-29, deseja-se encontrar o intervalo de torque que um mecanismo pode aplicar para inicialmente pré-carregar os parafusos sem que se espere falha uma vez que a junta é carregada. Admita um coeficiente de torque de $K = 0{,}2$.

(a) Determine a pré-carga máxima que pode ser aplicada aos parafusos sem que se exceda a resistência de referência dos parafusos.

(b) Determine a pré-carga mínima que pode ser aplicada aos parafusos evitando a abertura da junta.

(c) Determine o valor do torque em unidades de lbf · ft tal que pode ser especificada para pré-carregar os parafusos se desejamos pré-carregar até o valor médio entre os encontrados nas partes (a) e (b).

8–31 Para uma montagem parafusada com oito parafusos, a rigidez de cada parafuso é $k_b = 1{,}0$ MN/mm e a rigidez de cada elemento $k_m = 2{,}6$ MN/mm por parafuso. A junta é desmontada ocasionalmente para manutenção e deve ser pré-carregada convenientemente. Admita que a carga externa é igualmente distribuída para todos os parafusos. Determinou-se utilizar os parafusos com rosca laminada classe 5,8 M6 × 1.

(a) Determine a máxima carga externa P_{max} que pode ser aplicada a toda junta sem que se exceda a resistência de referência dos parafusos.

(b) Determine a máxima carga externa P_{max} que pode ser aplicada a toda junta de modo a que os elementos deixem de ser comprimidos.

8–32 Para uma montagem parafusada, a rigidez de cada parafuso é $k_b = 4{,}0$ Mlbf/in e a rigidez de cada elemento $k_m = 12$ Mlbf/in por parafuso. A junta é desmontada ocasionalmente para manutenção e deve ser pré-carregada convenientemente. Uma carga externa flutuante é aplicada a toda junta com $P_{max} = 80$ kips e $P_{min} = 20$ kips. Admita que a carga é igualmente distribuída para todos os parafusos. Determinou-se utilizar os parafusos com rosca laminada $\frac{1}{2}$ in-13 UNC grau 8.

(a) Determine o número mínimo de parafusos necessário para evitar o escoamento dos parafusos.

(b) Determine o número mínimo de parafusos necessário para que não ocorra a abertura da junta.

8–33 a 8–36 A figura ilustra uma conexão não permanente com N parafusos entre a cabeça de um cilindro de aço e o vaso de pressão de ferro fundido grau 30. Uma junta de vedação confinada tem um diâmetro efetivo de vedação D. O cilindro armazena gás a uma pressão máxima p_g. Para as especificações dadas na tabela para o problema específico destacado, selecione um comprimento de parafuso adequado entre as dimensões usuais da Tabela A-17, então determine o fator de segurança ao escoamento n_p, o fator de carga n_L, e o fator de abertura de junta n_0.

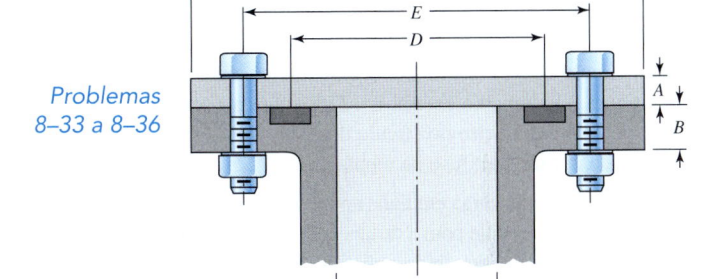

Problemas 8–33 a 8–36

Número do problema	8–33	8–34	8–35	8–36
A	20 mm	$\frac{1}{2}$ in	20 mm	$\frac{3}{8}$ in
B	20 mm	$\frac{5}{8}$ in	25 mm	$\frac{1}{2}$ in
C	100 mm	3,5 in	0,8 mm	3,25 in
D	150 mm	4,25 in	0,9 mm	3,5 in
E	200 mm	6 in	1,0 mm	5,5 in
F	300 mm	8 in	1,1 mm	7 in
N	10	10	36	8
p_g	6 MPa	1500 psi	550 kPa	1200 psi
Grau do parafuso	ISO 9.8	SAE 5	ISO 10,9	SAE 8
Especif. do parafuso	M12 × 1,75	$\frac{1}{2}$ in -13	M10 × 1,5	$\frac{7}{16}$ in -14

8–37 a 8–40 Repita os requisitos do problema especificado na tabela se os parafusos e porcas são substituídos por parafusos de fixação que são rosqueados em orifícios roscados no cilindro de ferro fundido.

Número do problema	Número do problema original
8–37	8–33
8–38	8–34
8–39	8–35
8–40	8–36

8–41 a 8–44 Para o vaso de pressão definido nos problemas especificados na tabela, reprojete as especificações de parafusos para satisfazer todos os novos requisitos.

- Utilize parafusos de rosca grossa selecionando uma classe da Tabela 8–11 para os Probs. 8–41 e 8–43, ou um grau da Tabela 8–9 para os Probs. 8–42 e 8–44.
- Para assegurar adequada vedação de junta no entorno da circunferência desse parafuso, utilize parafusos suficientes para prover uma distância entre centros de parafusos de no máximo quatro diâmetros de parafuso.
- Obtenha uma constante de rigidez de junta C entre 0,2 e 0,3 para assegurar que a maior parte da pressão da carga seja absorvida pelos elementos.
- Os parafusos podem ser reutilizados, de modo que o fator de segurança ao escoamento deve ser de no mínimo 1,1.
- O fator de sobrecarga e o fator de abertura de junta devem permitir que a pressão exceda a pressão esperada em 15 por cento.

Número do problema	Número do problema original
8–41	8–33
8–42	8–34
8–43	8–35
8–44	8–36

8–45 Parafusos distribuídos ao redor de um círculo de parafusos são frequentemente chamados a resistir a um momento fletor externo, como mostra a figura. O momento externo é 12 kip · in e o círculo de parafuso tem um diâmetro de 8 in. O eixo neutro para flexão é o diâmetro do círculo dos parafusos. O que necessita ser determinado é a carga externa mais severa vista por um parafuso na montagem.

(a) Veja o efeito dos parafusos como colocando uma carga em linha ao redor do círculo de parafusos cuja intensidade F'_b, em libras por polegada, varia linearmente com a distância do eixo neutro de acordo a relação $F'_b = F'_{b,\max} R \, \text{sen} \, \theta$. A carga em qualquer parafuso escolhido pode ser vista como o efeito da carga de linha sobre o arco associado com o parafuso. Por exemplo, existem 12 parafusos mostrados na figura. Logo, a carga de cada parafuso deve estar distribuída em um arco de 30° do círculo de parafusos. Sob essas condições, qual é a maior carga de parafuso?

(b) Veja a maior carga como a intensidade $F'_{b,\max}$ multiplicada pelo comprimento de arco associado com cada parafuso e encontre a maior carga de parafuso.

(c) Expresse a carga em qualquer parafuso como $F = F_{\max}\,\text{sen}\,\theta$, some os momentos de todos os parafusos e estime a maior carga de parafuso. Compare os resultados destes três procedimentos para decidir como tratar tais problemas no futuro.

Problema 8–45
Conexão de parafuso sujeita à flexão.

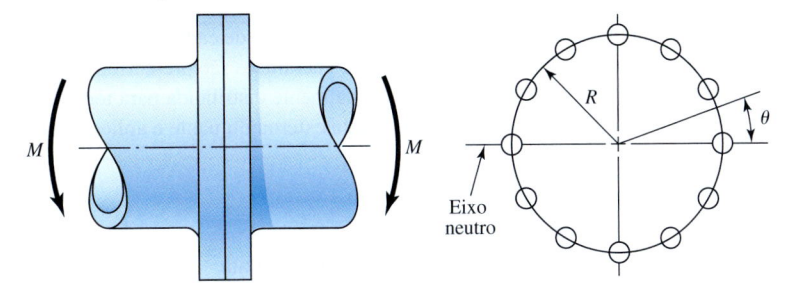

8–46 A figura mostra um bloco de mancal de ferro fundido que será parafusado com porca a uma viga de madeira de teto e deve suportar uma carga gravitacional de 18 kN. Os parafusos usados são M20 ISO 8.8 com roscas grossas e uma arruela de aço de 4,6 mm de espessura sob a cabeça do parafuso e da porca. As abas da viga têm 20 mm de espessura e a dimensão A, mostrada na figura, é de 20 mm. O módulo de elasticidade do bloco de mancal é de 135 GPa.

Problema 8–46

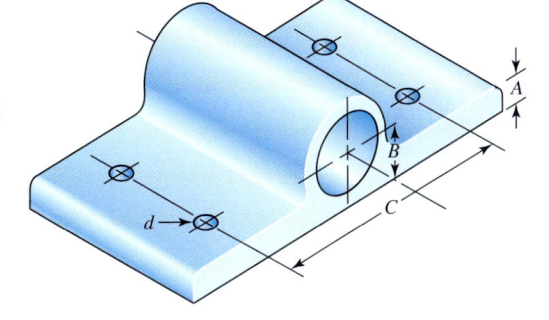

(a) Encontre o torque da chave de aperto requerido se os conectores são lubrificados durante a montagem e a junta deve ser permanente.

(b) Determine os fatores de segurança embutidos contra o escoamento, sobrecarga, e abertura de junta.

8–47 Uma armação de aço A de cabeça para baixo mostrada na figura deve ser parafusada com porca a vigas metálicas no teto de um quarto de máquinas usando parafusos ISO grau 8,8. Esta armação deve suportar uma carga radial de 40 kN, como está ilustrado. A pega total do parafuso é de 48 mm, a qual inclui a espessura da viga de aço, o pé da armação A e as arruelas de aço usadas. Os parafusos têm tamanho M20 × 2,5.

(a) Que torque de pega deve ser usado se a conexão é permanente e os conectores são lubrificados?

(b) Determine os fatores de segurança embutidos contra o escoamento, sobrecarga, e abertura de junta.

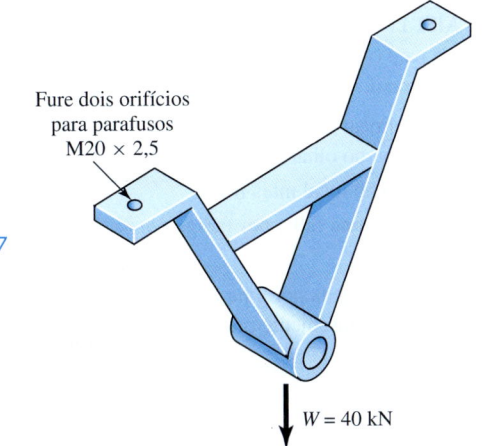

Problema 8–47

8-48 Para a montagem parafusada do Prob. 8–29, admita que a carga externa é uma carga repetida. Determine o fator de segurança a fadiga para os parafusos utilizando os seguintes critérios de falha:

(a) Goodman.

(b) Gerber.

(c) ASME-elíptico.

8-49 Para uma montagem parafusada com oito parafusos, a rigidez de cada parafuso é $k_b = 1{,}0$ MN/mm e a rigidez de cada elemento $k_m = 2{,}6$ MN/mm por parafuso. Os parafusos são pré-carregados a 75 por cento da resistência de referência. Admita que a carga externa é igualmente distribuída para todos os parafusos. Os parafusos são de rosca laminada classe 5,8 M6 × 1. Uma carga externa flutuante é aplicada a toda junta com $P_{máx} = 60$ kN e $P_{min} = 20$ kN.

(a) Determine o fator de segurança ao escoamento.

(b) Determine o fator de segurança a sobrecarga.

(c) Determine o fator de segurança baseado na abertura de junta.

(d) Determine o fator de segurança a fadiga pelo critério de Goodman.

8-50 Para a montagem parafusada do Prob. 8–32, admita que são usados 10 parafusos. Determine o fator de segurança utilizando o critério de Goodman.

8-51 a 8-54 Para o cilindro de pressão definido no problema especificado na tabela, a pressão do gás é alternada entre zero e p_g. Determine o fator de segurança a fadiga para os parafusos utilizando os seguintes critérios de falha:

(a) Goodman.

(b) Gerber.

(c) ASME-elíptico.

Número do problema	Número do problema original
8–51	8–33
8–52	8–34
8–53	8–35
8–54	8–36

8-55 a 8-58 Para o cilindro de pressão definido no problema especificado na tabela, a pressão do gás é alternada entre p_g e $p_g/2$. Determine o fator de segurança a fadiga para os parafusos utilizando o critério de Goodman.

Número do problema	Número do problema original
8–55	8–33
8–56	8–34
8–57	8–35
8–58	8–36

8-59 Uma vareta de 1 in de diâmetro de aço AISI 1144 laminado a quente é conformada a quente em um olhal de parafuso similar àquele mostrado na figura para o Problema 3–122, com um olho de diâmetro interno de 3 in. As roscas são 1 in-12 UNF e cortadas por tarraxa.

(a) Para uma carga aplicada repetidamente, colinear com o eixo de rosca, usando o critério de Gerber, é mais provável ocorrer falha por fadiga na rosca ou no olhal?

(b) Que pode ser feito para enrijecer o parafuso no local mais fraco?

(c) Se o fator de segurança resguardando contra uma falha por fadiga é $n_f = 2$, que carga aplicada repetidamente pode ser exercida no olhal?

8-60 A seção da junta vedada mostrada na figura é carregada por uma força cíclica entre 4 e 6 kips. Os elementos têm $E = 16$ Mpsi. Todos os parafusos foram cuidadosamente pré-carregados a $F_i = 25$ kip cada um.

Problema 8–60

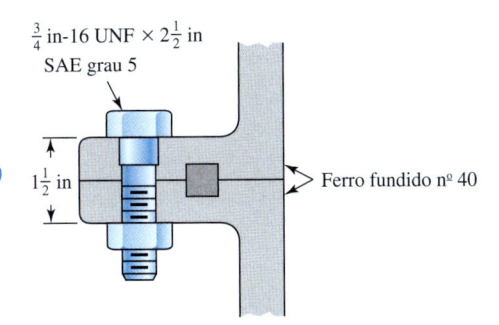

$\frac{3}{4}$ in-16 UNF × $2\frac{1}{2}$ in
SAE grau 5

$1\frac{1}{2}$ in

Ferro fundido nº 40

(a) Determine o fato de segurança yelding.
(b) Determine o fator de segurança contra sobrecarga.
(c) Determine o fator de segurança com base em conexões separadas.
(d) Determine o fator de segurança contra falha por fadiga segundo o critério de Goodman.

8–61 Suponha que o suporte de aço soldado, mostrado na figura, seja parafusado debaixo de uma viga de aço estrutural de teto para suportar uma carga vertical flutuante imposta a ela por um pino e eixo-garfo. Os parafusos são de rosca grossa SAE grau 8, apertados à pré-carga recomendada para montagens não permanentes. As rigidezes já foram computadas e são $k_b = 4$ Mlb/in e $k_m = 16$ Mlb/in.

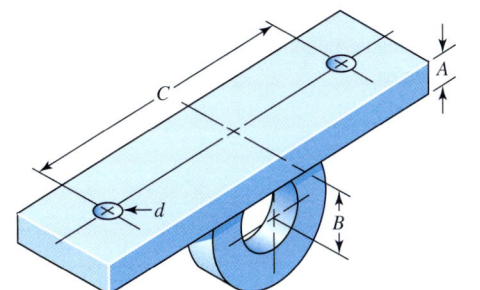

Problema 8–61

(a) Supondo que os parafusos, em vez de soldas, governem a resistência desse projeto, determine a carga repetida segura que pode ser imposta à montagem usando o critério de Goodman e um fator de fadiga de projeto de 2.
(b) Repita a parte (a) usando o critério de Gerber.

8–62 Usando o critério de fadiga de Gerber e um fator de fadiga de projeto de 2, determine a carga externa repetida que um parafuso de $1\frac{1}{4}$-in SAE grau 5 de rosca grossa pode aguentar comparado com aquela para um parafuso de rosca fina. As constantes da junta são $C = 0{,}30$ para parafusos de rosca grossa e 0,32 para parafusos de rosca fina. Admita que os parafusos são pré-carregados a 75 por cento da carga de referência.

8–63 Um parafuso M30 × 3,5 ISO 8,8 é usado em uma junta à pré-carga recomendada, e a junta está sujeita a uma carga repetida de tração de fadiga de $P = 65$ kN por parafuso. A constante da junta é $C = 0{,}28$. Encontre os fatores de carga estáticos e os fatores de segurança observados contra a falha por fadiga baseado no critério de fadiga de Gerber.

8–64 A figura mostra um atuador linear de pressão de fluido (cilindro hidráulico) no qual $D = 4$ in, $t = \frac{3}{8}$ in, $L = 12$ in e $w = \frac{3}{4}$ in. Ambos os suportes bem como o cilindro são de aço. O atuador foi projetado para uma pressão de trabalho de 2 000 psi. Seis parafusos de $\frac{3}{8}$-in SAE grau 5 rosca grossa são usados, apertados a 75% da pré-carga de prova. Admita que os parafusos não tem rosca na região de pega.

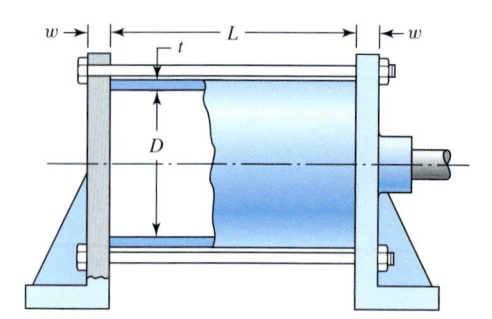

Problema 8-64

(a) Encontre as rigidezes dos parafusos e elementos, considerando que o cilindro inteiro seja comprimido uniformemente e que os suportes de extremidade sejam perfeitamente rígidos.

(b) Utilizando o critério de fadiga de Gerber, encontre o fator de segurança embutido contra a falha por fadiga.

(c) Que pressão seria requerida para causar a total separação da junta?

8-65 Utilizando o critério de fadiga de Goodman, repita o Prob. 8-64 com a pressão de trabalho cíclica entre 1200 psi e 2000 psi.

8-66 A figura mostra uma junta de sobreposição parafusada que usa parafusos SAE grau 5. Os elementos são feitos de aço AISI 1020 estirados a frio. Admita que as roscas dos parafusos não se estendem para o interior da junta. Encontre a carga de corte segura F que pode ser aplicada a essa conexão que provê um fator de segurança mínimo igual a 2 para os seguintes modos de falha: cisalhamento dos parafusos, contato nos parafusos, contato nos elementos, e tensão nos elementos.

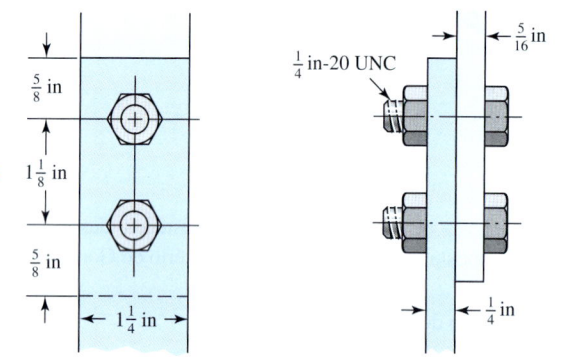

Problema 8-66

8-67 A conexão mostrada na figura usa parafusos SAE grau 8. Os elementos são de aço AISI 1040 laminados a quente. A carga de cisalhamento de tração $F = 5000$ lbf é aplicada à conexão. Assuma que as roscas dos parafusos não se estendem para o interior da junta. Encontre o fator de segurança para todos os modos possíveis de falha.

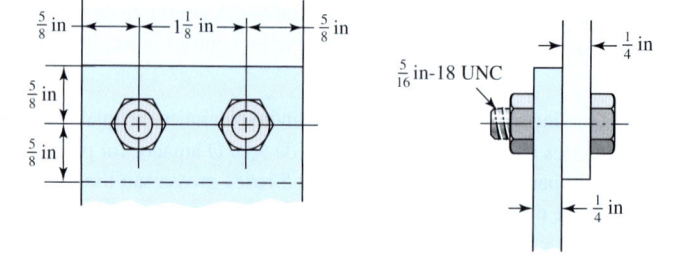

Problema 8-67

8-68 Uma junta feita de elementos de aço conformado a frio SAE 1040 sobrepostos e conectados usando parafusos ISO classe 5.8 é mostrada na figura. Admita que a rosca dos parafusos não se estende para o interior da junta. Encontre a tensão de corte produzida pela força F que pode ser aplicada a essa conexão de modo a prover um fator de segurança mínimo igual a 2,5 para os seguintes modos de falha: cisalhamento dos parafusos, contato nos parafusos, contato nos elementos, e tensão nos elementos.

Problema 8–68
Dimensões em milímetros.

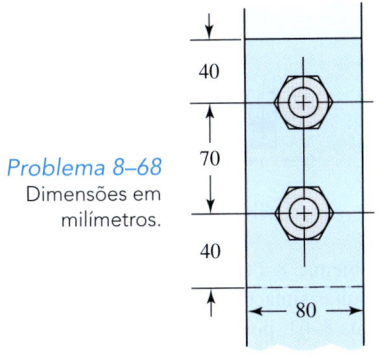

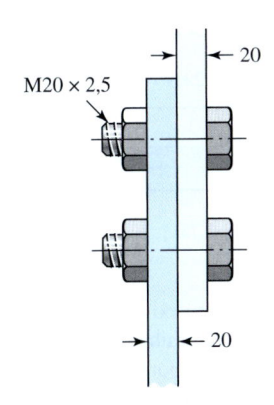

8–69 A conexão parafusada mostrada na figura está sujeita a uma carga de cisalhamento de tração de 90 kN. Os parafusos e as porcas são ISO classe 5.8 e o material é o aço conformado a frio AISI 1015. Admita que a rosca dos parafusos não se estende para o interior da junta. Encontre o fator de segurança da conexão para todos os modos possíveis de falha.

Problema 8–69
Dimensões em milímetros.

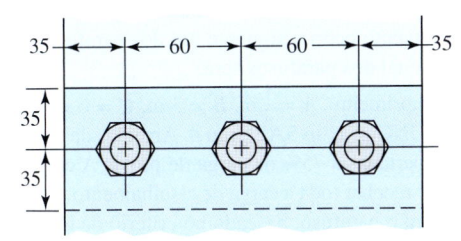

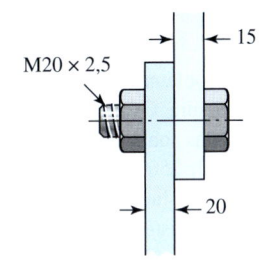

8–70 A figura mostra uma conexão que emprega três parafusos SAE grau 4. A carga de cisalhamento de tração na junta é 5000 lbf. Os elementos são barras de aço AISI 1020 estiradas a frio. Admita que a rosca dos parafusos não se estende para o interior da junta. Encontre o fator de segurança para cada modo possível de falha.

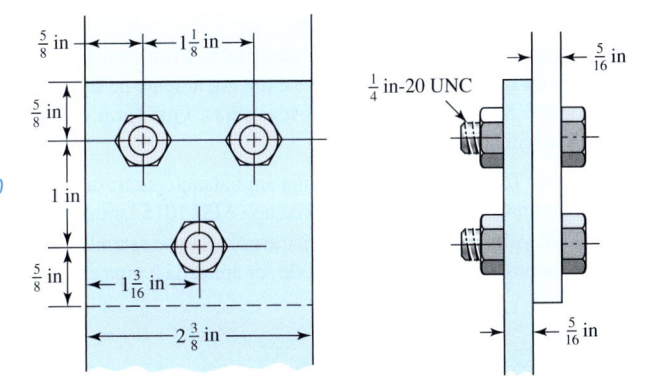

Problema 8–70

8–71 Uma viga é criada parafusando juntas duas barras de aço AISI 1018 estiradas a frio do mesmo modo que uma junta de sobreposição, como mostra a figura. Os parafusos usados são ISO 5,8. Admita que a rosca dos parafusos não se estende para o interior da junta. Ignorando qualquer torção, determine o fator de segurança da conexão.

Problema 8–71
Dimensões em milímetros.

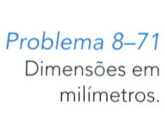

(Figura: viga biapoiada com dimensões 200, 50, 100, 350 mm; carga de 3,2 kN; parafuso M12 × 1,75 em A–A. Seção A–A: 50 mm de altura, abas de 10 mm. Dimensões em milímetros.)

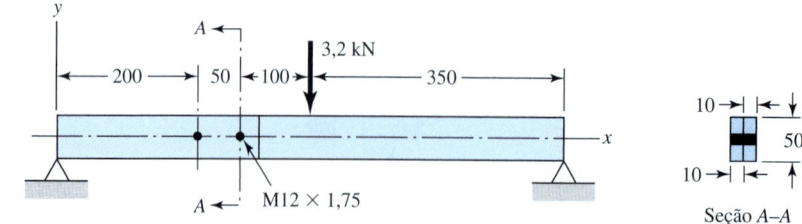

8–72 A prática padrão em projetos, como exibida pelas soluções aos Problemas 8–66 a 8–70, é supor que os parafusos, ou rebites, compartilhem o cisalhamento igualmente. Para muitas situações, tal suposição pode levar a um projeto inseguro. Considere o suporte do eixo-garfo do Problema 8–61, por exemplo. Suponha que o suporte seja parafusado a uma *coluna* de aba larga com a linha de centro passando por dois parafusos na direção vertical. Uma carga vertical passando pelo furo do pino de eixo-garfo à distância B da aba da coluna colocaria uma carga de cisalhamento nos parafusos, bem como uma carga de tração. A carga de tração ocorre porque o suporte tende a abrir-se ao redor do canto inferior, bastante parecido com um martelo de unha, exercendo uma grande carga de tração no parafuso superior. Além disso, é quase certo que o espaçamento dos furos de parafuso e seus diâmetros serão ligeiramente diferentes na aba da coluna comparado àqueles que estão no suporte do eixo-garfo. Logo, a menos que o escoamento ocorra, somente um dos parafusos receberá a carga de cisalhamento. Não há como o projetista saber qual dos parafusos será.

Neste problema, o suporte tem 8 in de comprimento, $A = \frac{1}{2}$ in, $B = 3$ in, $C = 6$ in, e a aba da coluna tem $\frac{1}{2}$ in de espessura. Os parafusos são de $\frac{1}{2}$ in-13 UNC × $1\frac{1}{2}$ in SAE grau 4. Arruelas de aço de 0,095 in de espessura são usadas sob as porcas. As porcas são apertadas a 75% da carga de prova. A carga vertical do pino e eixo-garfo é de 2500 lbf. Se o parafuso superior receber toda a carga de cisalhamento, bem como a carga de tração, determine o fator de segurança estático para o parafuso, baseado no critério de tensões de von Mises que excedem a resistência de referência.

8–73 O mancal do Problema 8–46 é parafusado a uma superfície vertical e suporta um eixo horizontal. Os parafusos usados têm roscas grossas e são M20 ISO 5,8. A constante de junta é $C = 0,25$ e as dimensões são: $A = 20$ mm, $B = 50$ mm e $C = 160$ mm. A base do mancal tem 240 mm de comprimento. A carga de mancal é de 14 kN. Se os parafusos forem apertados a 75% da carga de prova. Determine o fator de segurança estático para o parafuso, baseado no critério de tensões de von Mises que excedem a resistência de referência. Utilize o pior caso de carregamento, conforme discutido no Prob. 8-72.

8–74 Um colar de eixo de anel partido tipo fixo, tal como está descrito no Problema 5–67, deve resistir a uma carga axial de 1 000 lbf. Utilizando um fator de projeto de $n = 3$ e um coeficiente de fricção de 0,12, especifique um parafuso totalmente rosqueado SAE grau 5 usando roscas finas. Que torque de chave deve ser usado se for empregado um parafuso lubrificado?

8–75 Um canal vertical 152 × 76 (ver Tabela A–7) tem uma viga em balanço parafusada a ele como mostra a figura. O canal é de aço AISI 1006 laminado a quente. A barra é de aço AISI 1015 laminado a quente. Os parafusos de ressalto são M10 × 1,5 ISO 5,8. Admita que a rosca dos parafusos não se estende para o interior da junta. Para um fator de projeto de 2,0, encontre a força segura que pode ser aplicada à viga em balanço.

Problema 8–75
Dimensões em milímetros.

(Figura: canal vertical com viga em balanço parafusada; três parafusos A, O, B espaçados 50 e 50 mm; distância 26 mm; força F aplicada a 125 mm; altura 50 mm; espessura 12 mm.)

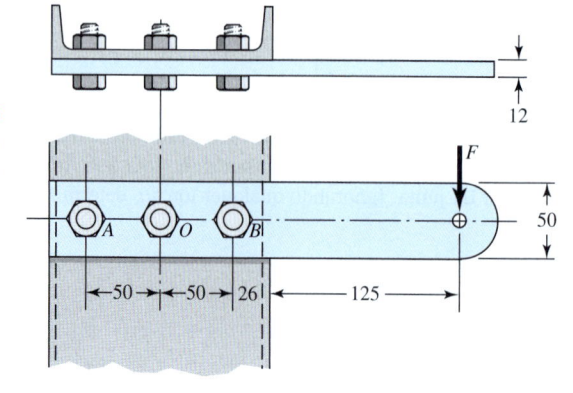

Problema 8–76
Dimensões em milímetros.

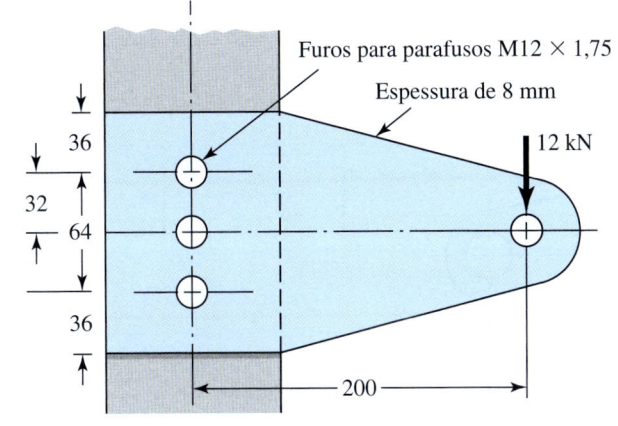

Furos para parafusos M12 × 1,75
Espessura de 8 mm
12 kN
36
32
64
36
200

8–76 O suporte em balanço é parafusado a uma coluna com três parafusos M12 × 1,75 ISO 5.8. O suporte é feito de aço laminado a quente AISI 1020. Admita que a rosca dos parafusos não se estende para o interior da junta. Encontre os fatores de segurança para os seguintes modos de falha: cisalhamento dos parafusos, contato nos parafusos, contato no suporte, e flexão do suporte.

8–77 Uma barra de aço AISI 1018 estirada a frio de $\frac{3}{8}$ × 2-in é montada em balanço para suportar uma carga estática de 250 lbf, como está ilustrado. A barra é segura ao suporte usando dois parafusos $\frac{3}{8}$ in-16 UNC SAE grau 4. Admita que a rosca dos parafusos não se estende para o interior da junta. Encontre o fator de segurança para os seguintes modos de falha: cisalhamento do parafuso, esmagamento no parafuso, esmagamento no membro e resistência do membro.

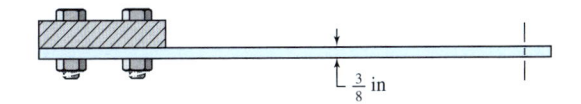

$\frac{3}{8}$ in

Problema 8–77

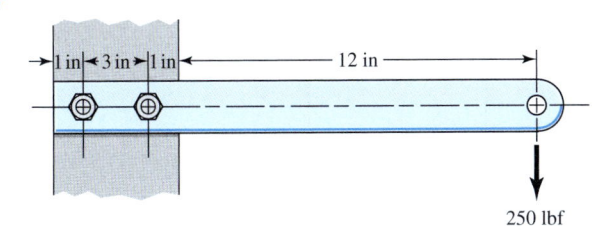

1 in 3 in 1 in   12 in
250 lbf

8–78 A figura mostra um encaixe que foi projetado por tentativas para ser parafusado a um canal de modo a transferir a carga de 2000 lbf ao canal. O canal e as duas chapas acopladas são laminadas a quente e possuem Sy mínimo de 42 kpsi. O acoplamento será parafusado e utilizando seis parafusos biela SAE grau 4. Admita que a rosca dos parafusos não se estende para o interior da junta. Verifique a resistência de projeto computando o fator de segurança para todos os modos possíveis de falha.

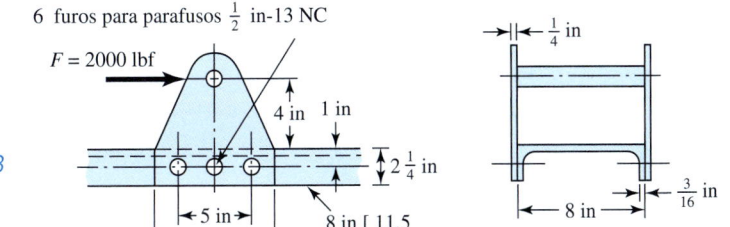

6 furos para parafusos $\frac{1}{2}$ in-13 NC
F = 2000 lbf
4 in 1 in
$\frac{1}{4}$ in
$2\frac{1}{4}$ in
5 in
8 in [11,5
8 in
$\frac{3}{16}$ in
$7\frac{1}{2}$ in

Problema 8–78

8–79 Uma viga em balanço deve ser fixada no lado plano de um canal de 6 in, 13,0-lbf/in usado como uma coluna. A viga deve carregar uma carga tal como mostra a figura. Para um projetista a escolha de um arranjo de parafusos é geralmente uma decisão *a priori*. Tais decisões são feitas com base em conhecimentos acerca da efetividade de vários padrões.

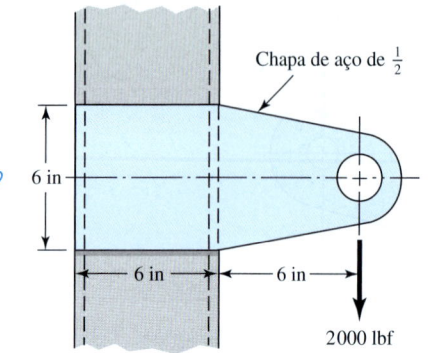

Problema 8–79

(a) Se dois conectores forem usados, o arranjo deve ser organizado verticalmente, horizontalmente ou diagonalmente? Como você decidiria?

(b) Se três conectores forem usados, um arranjo linear ou um triangular poderá ser empregado? Para um arranjo triangular, qual deve ser a orientação dos triângulos? Como você decidiria?

8–80 Baseado em sua experiência com o Prob. 8–79, especifique um padrão ótimo com dois parafusos para o suporte do Prob. 8–79 e dimensione esses parafusos.

8–81 Baseado em sua experiência com o Prob. 8–79, especifique um padrão ótimo com três parafusos para o suporte do Prob. 8–79 e dimensione esses parafusos.

9 Soldagem, colagem e o projeto de juntas permanentes

9–1 Símbolos de soldagem **460**

9–2 Soldas de topo e filete **462**

9–3 Tensões em junções soldadas em torção **466**

9–4 Tensões em junções soldadas em flexão **471**

9–5 A resistência de junções soldadas **472**

9–6 Carregamento estático **476**

9–7 Carregamento de fadiga **480**

9–8 Soldagem por resistência **482**

9–9 Colagem por adesivo **483**

A forma pode mais prontamente desempenhar a função com a ajuda de processos de união, tais como soldagem, brasagem, fusão de liga de baixa fusão, cementação e colagem – processos que são hoje usados extensivamente em manufatura. Sempre que partes tiverem de ser montadas ou fabricadas, existe usualmente um bom motivo para considerar um desses processos em trabalho preliminar de projeto. Particularmente quando as seções a serem unidas são finas, um desses métodos pode levar a uma economia significativa. A eliminação de conectores individuais, com seus orifícios e custos de montagem, é um fator importante. Dessa forma alguns desses métodos permitem também rápida montagem em máquina, promovendo a atratividade deles.

Junções rebitadas permanentes foram comuns como meio de prender perfis laminados de aço, um ao outro, para formar uma junta permanente. A fascinação infantil de ver um rebite quente vermelho-cereja lançado com tenazes através de um esqueleto de edifício para ser infalivelmente agarrado por uma pessoa com uma caçamba cônica, e ser martelado pneumaticamente em sua forma final, é tudo menos esgotada. Dois desenvolvimentos relegaram rebitagem a menor proeminência. O primeiro foi o desenvolvimento de parafusos de aço de alta resistência, cuja pré-carga podia ser controlada. O segundo foi a melhoria de soldagem, competindo ambos em custo e em escopo de formas possíveis.

9-1 Símbolos de soldagem

Uma solda é fabricada ao soldar, junto, uma coleção de formas metálicas cortadas a configurações particulares. Durante a soldagem, as várias partes são mantidas juntas de forma segura, frequentemente por grampo ou fixador. As soldas devem ser precisamente especificadas nos projetos de trabalho, o que é feito usando o símbolo de soldagem mostrado na Figura 9-1, como padronizado pela American Welding Society (AWS). A flecha desse símbolo aponta para a junção a ser soldada. O corpo do símbolo contém tantos elementos quanto se supõe que sejam necessários:

- Linha de referência
- Flecha
- Símbolos básicos de solda como na Figura 9-2
- Dimensões e outros dados
- Símbolos suplementares
- Símbolos de acabamento
- Cauda
- Especificação ou processo

O *lado da flecha* de uma junção é a linha, o lado, a área ou o membro próximo para o qual a flecha aponta. O lado oposto ao da flecha é o *outro lado*.

As Figuras 9-3 a 9-6 ilustram os tipos de soldas mais frequentemente usadas pelos projetistas. Para elementos gerais de máquina a maioria das soldas é de filete, embora soldas de topo sejam bastante usadas em projeto de vasos de pressão. Claro, as partes a serem unidas devem ser arranjadas de forma tal que exista folga suficiente para a operação de soldagem. Se junções incomuns forem requeridas por causa de folga insuficiente ou da forma da seção, o projeto pode ser pobre e o projetista deve começar outra vez e se empenhar para sintetizar uma outra solução.

Visto que o calor é usado na operação de soldagem, há mudanças metalúrgicas no metal original nas cercanias da solda. Além disso, tensões residuais podem ser introduzidas por causa da fixação ou sustentação ou, às vezes, pela ordem de soldagem. Usualmente essas tensões residuais não são severas o bastante para causar preocupação; em alguns casos um tratamento térmico leve depois da soldagem é considerado útil para aliviá-las. Quando as partes a serem

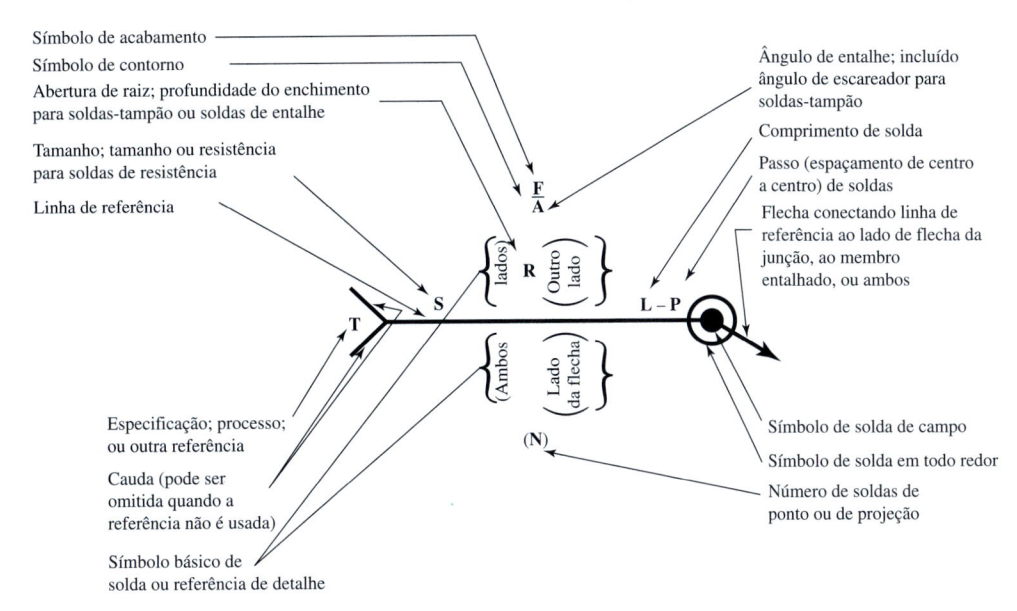

Figura 9–1 Símbolo de soldagem do padrão AWS mostrando a localização dos elementos de símbolo.

Figura 9–2 Símbolos de solda a arco e gás.

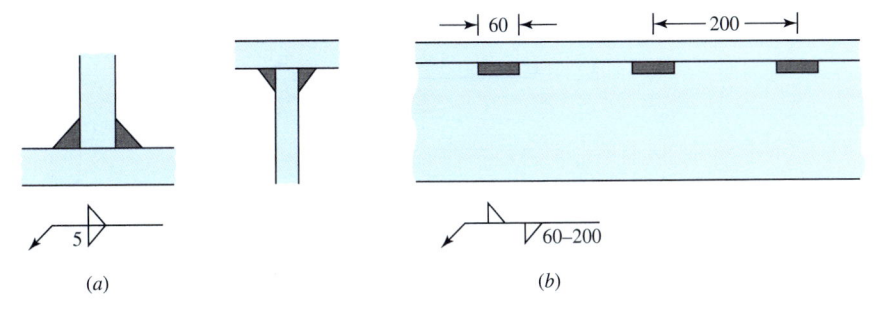

Figura 9–3 Soldas de filete. (*a*) O número indica o tamanho da perna; a flecha deve apontar somente para uma solda quando ambos os lados são o mesmo. (*b*) O símbolo indica que as soldas são intermitentes e alternadas de 60 mm de comprimento e com 200 mm entre centros.

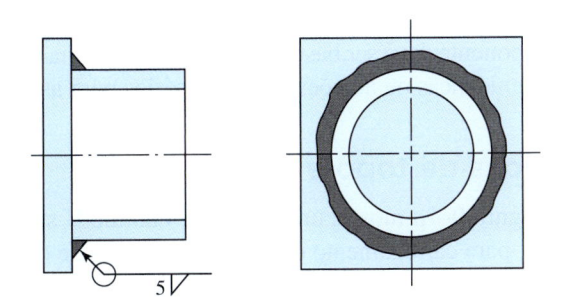

Figura 9–4 O círculo no símbolo de solda indica que a soldagem deve ser em todo redor.

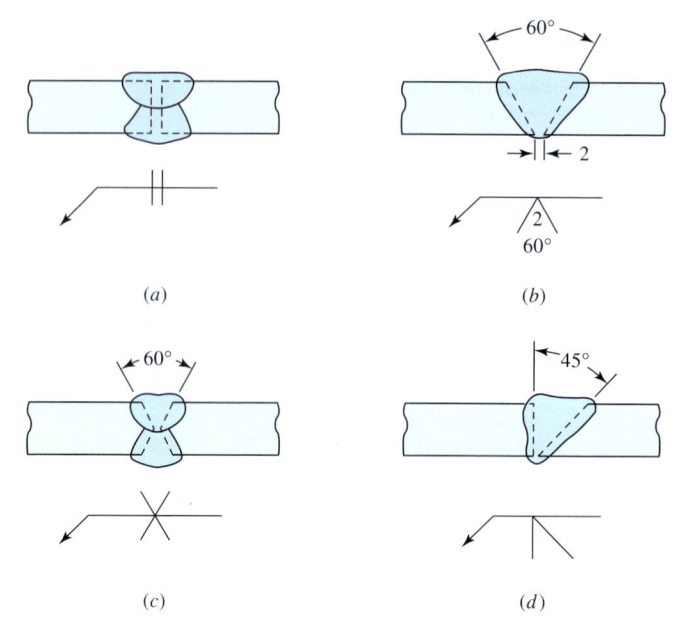

Figura 9-5 Solda de sulco ou topo: (*a*) solda de topo quadrada em ambos os lados; (*b*) V simples com bisel de 60° e abertura de raiz de 2 mm; (*c*) duplo V; (*d*) bisel simples.

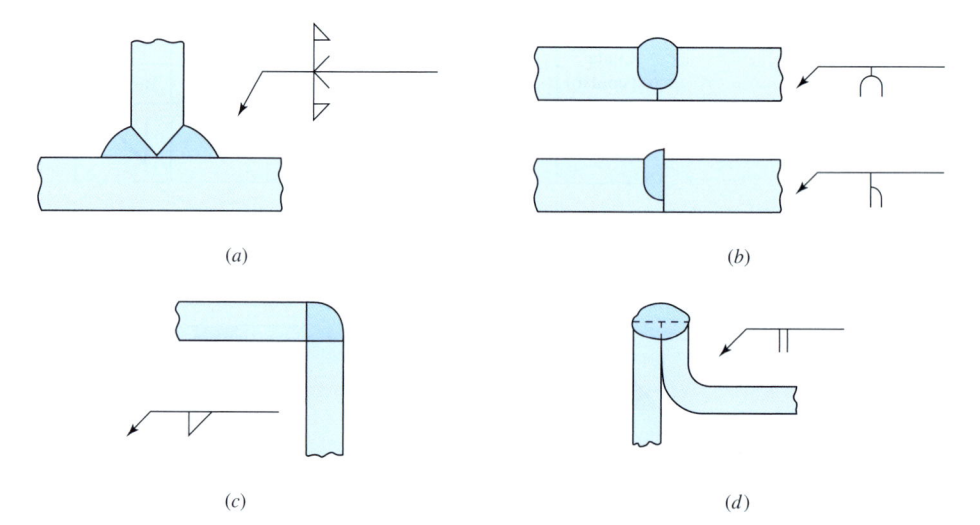

Figura 9-6 Soldas especiais de sulco: (*a*) junção T para placas espessas; (*b*) soldas U e J para placas espessas; (*c*) solda de canto (pode ser também uma solda de cordão no interior para maior resistência, porém não deve ser usada para cargas pesadas); (*d*) solda de borda para chapa de metal e cargas leves.

soldadas são espessas, um pré-aquecimento também será benéfico. Se a confiabilidade do componente deve ser bastante alta, um programa de ensaio deve ser estabelecido para verificar que mudanças ou adições são necessárias para assegurar a melhor qualidade.

9-2 Soldas de topo e filete

A Figura 9–7*a* mostra uma solda de entalhe V simples carregada por uma força de tração *F*. Quer para carregamento de tração, quer para de compressão, a tensão normal média é

$$\sigma = \frac{F}{hl} \tag{9-1}$$

em que *h* é a garganta de solda e *l* é o comprimento de solda, como mostra a figura. Note que o valor de *h* não inclui o reforço. O reforço pode ser desejável, mas ele varia um tanto e produz concentração de tensão no ponto *A* na figura. Se cargas de fadiga existirem, é aconselhável esmerilhar ou retirar o reforço.

A tensão média em uma solda de topo em razão de carregamento de cisalhamento é

$$\tau = \frac{F}{hl} \quad (9\text{--}2)$$

A Figura 9–8 ilustra uma solda de filete transversal típica. Na Figura 9–9 uma porção da junção soldada foi isolada da Figura 9–8 como um corpo livre. No ângulo θ as forças em cada montagem soldada consistem de uma força normal F_n e de uma força de cisalhamento F_s. Somando forças nas direções *x* e *y*, temos

$$F_s = F \operatorname{sen} \theta \quad (a)$$

$$F_n = F \cos \theta \quad (b)$$

o uso da lei dos senos para o triângulo na Figura 9–9 produz

$$\frac{t}{\operatorname{sen} 45°} = \frac{h}{\operatorname{sen}(180° - 45° - \theta)} = \frac{h}{\operatorname{sen}(135° - \theta)} = \frac{\sqrt{2}h}{\cos \theta + \operatorname{sen} \theta}$$

Encontrando o resultado para o comprimento de garganta *t*, temos

$$t = \frac{h}{\cos \theta + \operatorname{sen} \theta} \quad (c)$$

As tensões nominais a um ângulo θ na montagem soldada, τ e σ, são

$$\tau = \frac{F_s}{A} = \frac{F \operatorname{sen} \theta(\cos \theta + \operatorname{sen} \theta)}{hl} = \frac{F}{hl}(\operatorname{sen} \theta \cos \theta + \operatorname{sen}^2 \theta) \quad (d)$$

$$\sigma = \frac{F_n}{A} = \frac{F \cos \theta(\cos \theta + \operatorname{sen} \theta)}{hl} = \frac{F}{hl}(\cos^2 \theta + \operatorname{sen} \theta \cos \theta) \quad (e)$$

(a) Carregamento de tração.

(b) Carregamento de cisalhamento.

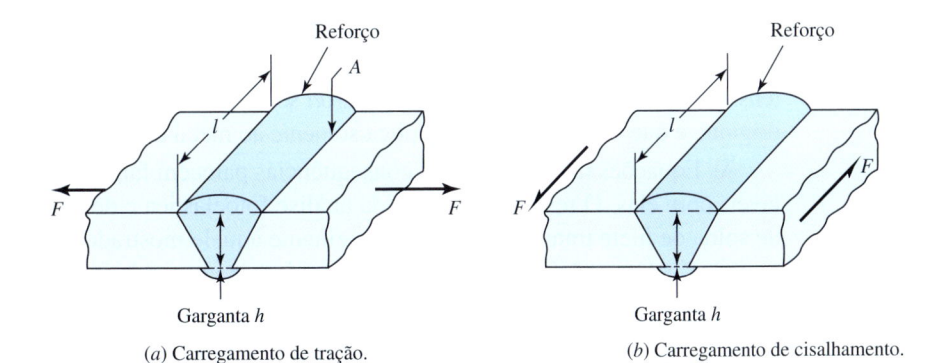

Figura 9–7 Uma junta de topo típica.

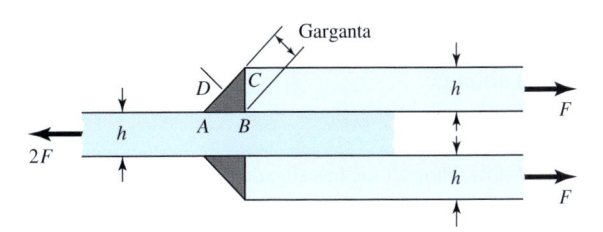

Figura 9–8 Uma solda de filete transversal.

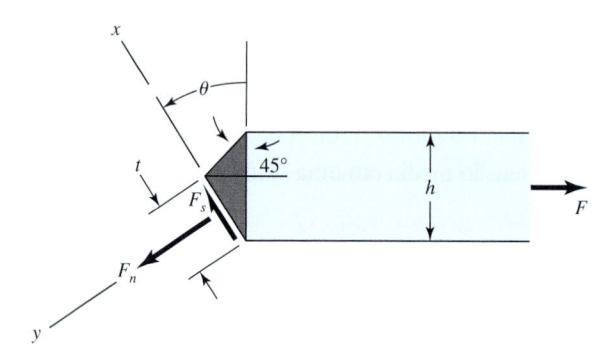

Figura 9–9 Corpo livre da Figura 9–8.

A tensão de von Mises σ' a um ângulo θ é

$$\sigma' = (\sigma^2 + 3\tau^2)^{1/2} = \frac{F}{hl}[(\cos^2\theta + \text{sen}\,\theta\cos\theta)^2 + 3(\text{sen}^2\theta + \text{sen}\,\theta\cos\theta)^2]^{1/2} \quad (f)$$

A tensão maior de von Mises ocorre em $\theta = 62,5°$ com um valor de $\sigma' = 2,16F/(hl)$. Os valores correspondentes de τ e σ são $\tau = 1,196\,F/(hl)$ e $\sigma = 0,623F/(hl)$.

A tensão de cisalhamento máxima pode ser encontrada diferenciando a Equação (d) com respeito a θ e igualando a zero. O ponto estacionário ocorre em $\theta = 67,5°$ com um correspondente $\tau_{max} = 1,207F/(hl)$ e $\sigma = 0,5F/(hl)$

Existem alguns resultados analíticos e experimentais que são úteis ao avaliar as Equações (d) até (f) e consequências. Um modelo da solda de filete transversal da Figura 9–8 é facilmente construído para propósitos fotoelásticos e tem a vantagem de uma condição de carregamento balanceado. Norris construiu tal modelo e reportou a distribuição de tensão ao longo dos lados AB e BC da solda.[1] Um gráfico aproximado dos resultados que ele obteve está na Figura 9–10a. Note que a concentração de tensão existe em A e B na perna horizontal e em B na perna vertical. Norris declara que não pode determinar as tensões em A e B com alguma certeza.

Salakian apresenta dados para a distribuição de tensão através da garganta de uma solda de filete (Figura 9–10b).[2] Esse gráfico é de particular interesse porque acabamos de aprender que as tensões de garganta é que são usadas em projeto. Outra vez, a figura mostra a concentração de tensão no ponto B. Note que a Figura 9–10a se aplica tanto ao metal de solda quanto ao metal original, e que a Figura 9–10b se aplica somente ao metal de solda.

As Equações (a) até (f) e suas consequências parecem familiares, e podemos ficar confortáveis com elas. O resultado líquido da análise fotoelástica e de elemento finito da geometria de solda de filete transversal é mais semelhante àquele mostrado na Figura 9–10 que os apresentados pela mecânica de materiais e métodos de elasticidade. O conceito mais importante aqui é que não temos *nenhuma abordagem analítica que prediga as tensões existentes*. A geometria do filete é crua para padrões de usinagem, e, mesmo se ela fosse ideal, a macrogeometria é muito abrupta e complexa para nossos métodos. Existem também tensões de flexão sutis em razão das excentricidades. Mesmo assim, na ausência de análise robusta, soldagens devem ser especificadas e as junções resultantes devem ser seguras. A abordagem tem sido a de usar um modelo simples *e conservativo*, verificado por ensaio como conservativo. A abordagem abrange:

---

[1] C. H. Norris, Photoelastic Investigation of Stress Distribution in Transverse Fillet Welds. *Welding J.*, v. 24, 1945, p. 557.

[2] A. G. Salakian e G. E. Claussen, "Stress Distribution in Fillet Welds: A Review of the Literature". *Welding J.*, v. 16, maio 1937, p. 1-24.

- Considerar que o carregamento externo seja transferido por forças de cisalhamento na área da garganta da solda. Ao ignorar a tensão normal na garganta, as tensões de cisalhamento são infladas suficientemente para converter o modelo em conservativo.
- Usar a energia de distorção para as tensões significativas.
- Circunscrever casos típicos por código.

Para esse modelo, a base para a análise de solda ou projeto emprega

$$\tau = \frac{F}{0{,}707hl} = \frac{1{,}414F}{hl} \qquad (9\text{--}3)$$

que assume que a força completa F seja levada em conta mediante uma tensão de cisalhamento na área de garganta mínima. Observe que isso infla a máxima tensão de cisalhamento estimada por um fator de $1{,}414/1{,}207 = 1{,}17$. Mais ainda, considere as soldas de filetes paralelos mostradas na Figura 9–11, em que, como na Figura 9–8, cada solda transmite uma força F. Contudo, no caso da Figura 9–11, a tensão de cisalhamento máxima *ocorre* na área de garganta mínima e corresponde à Equação (9–3).

Sob circunstâncias de carregamento combinado,

- Examinamos tensões de cisalhamento primárias em razão de forças externas.
- Examinamos tensões de cisalhamento secundárias em razão de momentos de flexão e de torção.

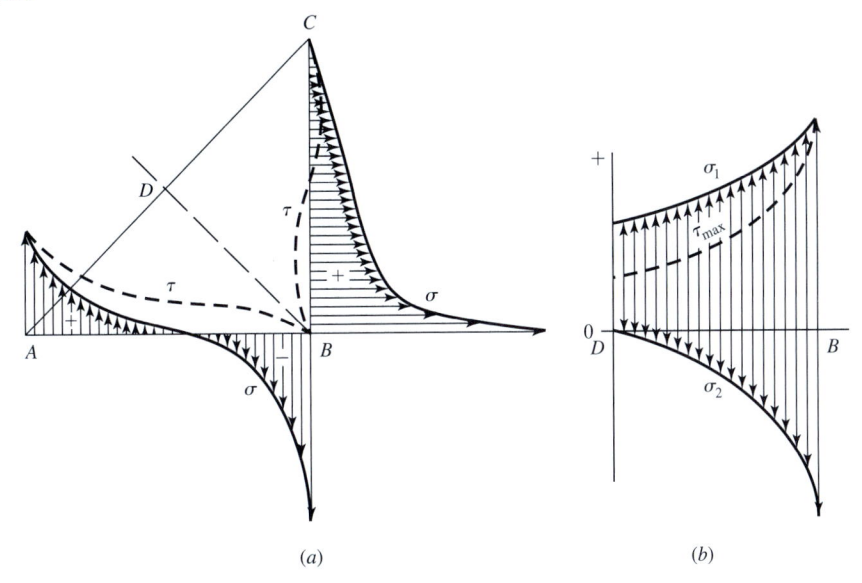

Figura 9–10 Distribuição de tensão em soldas de filete: (*a*) distribuição de tensão nas pernas como reportado por Norris; (*b*) distribuição de tensões principais e tensão de cisalhamento máxima, como reportado por Salakian.

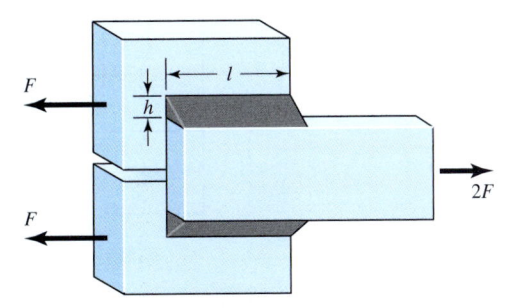

Figura 9–11 Soldas de filete paralelas.

- Estimamos a(s) resistência(s) do(s) metal(is) original(is).
- Estimamos a resistência do metal de solda depositado.
- Estimamos a(s) carga(s) permissível(is) para o(s) metal(is) original(is).
- Estimamos a carga permissível para o metal de solda depositado.

9–3 Tensões em junções soldadas em torção

A Figura 9–12 ilustra uma viga em balanço soldada a uma coluna por meio de duas soldas de filete cada uma de comprimento l. A reação no suporte de uma viga em balanço sempre consiste em uma força de cisalhamento V e um momento M. A força de cisalhamento produz uma *tensão primária de cisalhamento* nas soldas de magnitude

$$\tau' = \frac{V}{A} \tag{9-4}$$

em que A é a área de garganta de toda a solda.

O momento no apoio produz uma *tensão secundária de cisalhamento* ou *torção* das soldas, e essa tensão é dada pela equação

$$\tau'' = \frac{Mr}{J} \tag{9-5}$$

em que r é a distância do centroide do grupo de soldas até o ponto na solda de interesse e J é o segundo momento polar de área do grupo de solda em relação ao centroide do grupo. Quando os tamanhos de soldas são conhecidos, essas equações podem ser solucionadas e os resultados combinados para obter a tensão de cisalhamento máxima. Note que r é usualmente a distância mais longe do centroide do grupo de solda.

A Figura 9–13 mostra duas soldas em um grupo. Os retângulos representam as áreas de garganta das soldas. A solda 1 tem uma largura de garganta $t_1 = 0{,}707h_1$, e a solda 2 tem uma espessura $t_2 = 0{,}707h_2$. Note que h_1 e h_2 são os respectivos tamanhos de solda. A área de garganta de ambas as soldas juntas é

$$A = A_1 + A_2 = t_1 d + t_2 b \tag{a}$$

Essa é a área que deve ser usada na Equação (9–4).

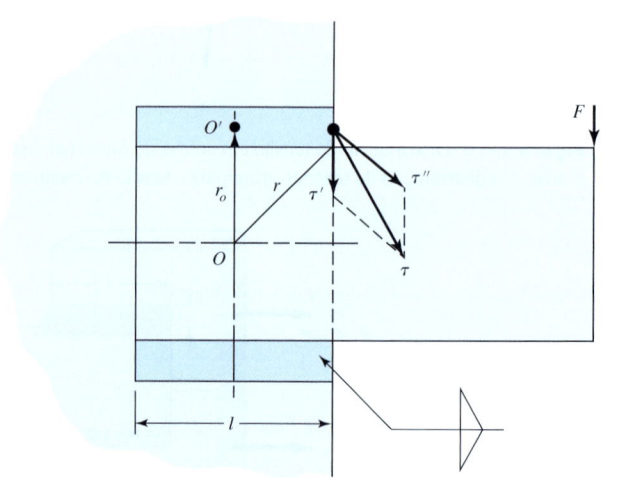

Figura 9–12 Esta é uma *conexão a momento*; tal conexão produz torção nas soldas. As tensões de cisalhamento mostradas são tensões resultantes.

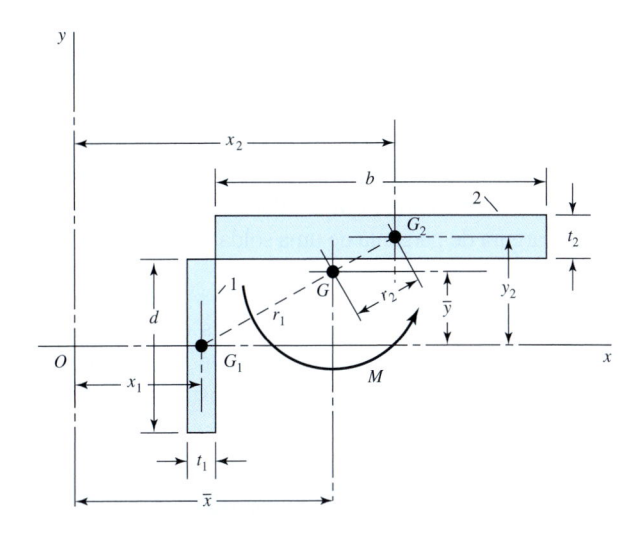

Figura 9–13

O eixo x na Figura 9–13 passa pelo centroide G_1 da solda 1. O segundo momento de área ao redor desse eixo é

$$I_x = \frac{t_1 d^3}{12}$$

Similarmente, o segundo momento de área ao redor de um eixo passando por G_1, paralelo ao eixo y, é

$$I_y = \frac{d t_1^3}{12}$$

Assim, o segundo momento polar de área da solda 1 em relação a seu próprio centroide é

$$J_{G1} = I_x + I_y = \frac{t_1 d^3}{12} + \frac{d t_1^3}{12} \tag{b}$$

De modo similar, o segundo momento polar de área da solda 2 em relação a seu centroide é

$$J_{G2} = \frac{b t_2^3}{12} + \frac{t_2 b^3}{12} \tag{c}$$

O centroide G do grupo de solda está localizado em

$$\bar{x} = \frac{A_1 x_1 + A_2 x_2}{A} \qquad \bar{y} = \frac{A_1 y_1 + A_2 y_2}{A}$$

Usando a Figura 9–13 outra vez, vemos que as distâncias r_1 e r_2 de G_1 e G_2 para G, respectivamente, são

$$r_1 = [(\bar{x} - x_1)^2 + \bar{y}^2]^{1/2} \qquad r_2 = [(y_2 - \bar{y})^2 + (x_2 - \bar{x})^2]^{1/2}$$

Agora, usando o teorema de eixos paralelos, encontramos o segundo momento polar de área do grupo de solda como

$$J = \left(J_{G1} + A_1 r_1^2\right) + \left(J_{G2} + A_2 r_2^2\right) \tag{d}$$

Essa é a quantidade a ser usada na Equação (9–5). A distância r deve ser medida a partir de G e o momento M computado em relação a G.

O procedimento reverso é aquele no qual a tensão de cisalhamento permissível é dada e desejamos encontrar o tamanho de solda. O procedimento usual é estimar um tamanho de solda provável e usar iteração.

Observe nas Equações (b) e (c) as quantidades t_1^3 e t_2^3, respectivamente, que são os cubos das espessuras de solda. Essas quantidades são pequenas e podem ser desconsideradas. Isso deixa os termos $t_1 d^3/12$ e $t_2 b^3/12$, que fazem J_{G1} e J_{G2} lineares na largura de solda. Admitir as espessuras t_1 e t_2 unitárias nos leva à ideia de tratar cada filete de solda como uma linha. O segundo momento de área resultante é então um *segundo momento polar unitário de área*. A vantagem de tratar o tamanho de solda como uma linha é que o valor de J_u é o mesmo independentemente do tamanho de solda. Visto que a largura de garganta de uma solda de filete é 0,707h, a relação entre J e o valor unitário é

$$J = 0{,}707 h J_u \qquad (9\text{-}6)$$

na qual J_u é encontrado por métodos convencionais para uma área com largura unitária. A fórmula de transferência para J_u deve ser empregada quando as soldas ocorrem em grupos, como na Figura 9–12. A Tabela 9–1 lista as áreas de garganta e os segundos momentos polares

Tabela 9–1 Propriedades torcionais de soldas de filete.*

Solda	Área de garganta	Localização de G	Segundo momento polar unitário de área
1.	$A = 0{,}707hd$	$\bar{x} = 0$ $\bar{y} = d/2$	$J_u = d^3/12$
2.	$A = 1{,}414hd$	$\bar{x} = b/2$ $\bar{y} = d/2$	$J_u = \dfrac{d(3b^2 + d^2)}{6}$
3.	$A = 0{,}707h(b + d)$	$\bar{x} = \dfrac{b^2}{2(b+d)}$ $\bar{y} = \dfrac{d^2}{2(b+d)}$	$J_u = \dfrac{(b+d)^4 - 6b^2 d^2}{12(b+d)}$
4.	$A = 0{,}707h(2b + d)$	$\bar{x} = \dfrac{b^2}{2b+d}$ $\bar{y} = d/2$	$J_u = \dfrac{8b^3 + 6bd^2 + d^3}{12} - \dfrac{b^4}{2b+d}$
5.	$A = 1{,}414h(b + d)$	$\bar{x} = b/2$ $\bar{y} = d/2$	$J_u = \dfrac{(b+d)^3}{6}$
6.	$A = 1{,}414\pi hr$		$J_u = 2\pi r^3$

*G é o centroide do grupo de solda; h é o tamanho de solda; plano do binário de torque é o plano do papel; todas as soldas são de largura unitária.

unitários de área para as soldas de filete mais comumente encontradas. O exemplo seguinte é típico dos cálculos normalmente feitos.

EXEMPLO 9–1

Uma carga de 50 kN é transferida de um encaixe soldado a um canal de aço de 200 mm, como ilustrado na Figura 9–14. Calcule a tensão máxima na solda.

Solução[3]

(a) Rotule as extremidades e cantos de cada solda com uma letra. Às vezes é desejável rotular cada solda de um conjunto com número. Ver Figura 9–15.

(b) Calcule a tensão primária de cisalhamento τ'. Conforme a Figura 9–14, cada placa está soldada ao canal por meio de três soldas de filete de 6 mm. A Figura 9–15 mostra que dividimos a carga pela metade e estamos considerando somente uma única placa. Do caso 4 da Tabela 9–1 encontramos a área de garganta como

$$A = 0{,}707(6)[2(56) + 190] = 1280 \text{ mm}^2$$

Então a tensão primária de cisalhamento é

$$\tau' = \frac{V}{A} = \frac{25(10)^3}{1280} = 19{,}5 \text{ MPa}$$

(c) Desenhe a tensão τ', em escala, em cada canto marcado com letra ou extremidade. Ver Figura 9–16.

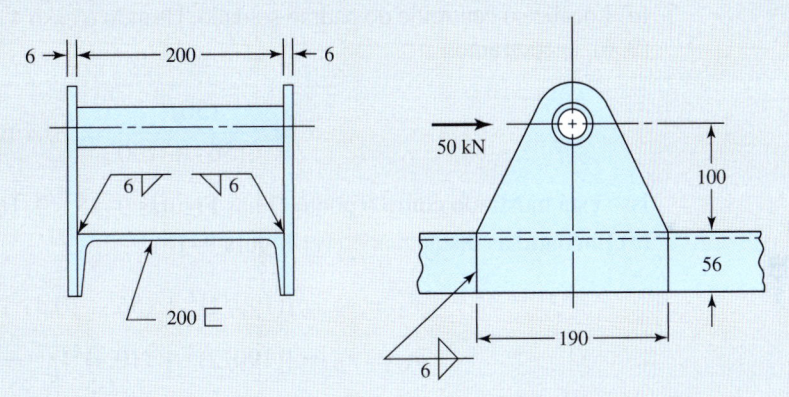

Figura 9–14 Dimensões em milímetros.

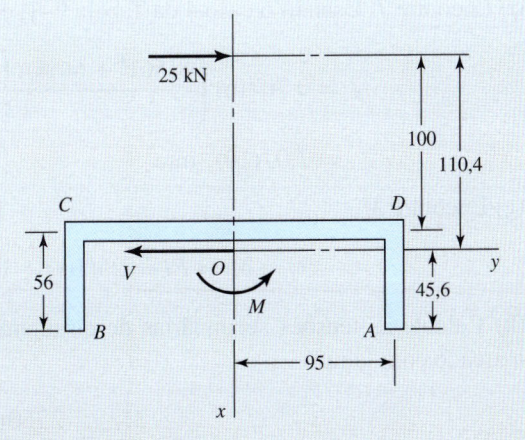

Figura 9–15 Diagrama mostrando a geometria de solda; todas as dimensões em milímetros. Note que V e M representam cargas aplicadas pelas soldas à placa.

---

[3] Estamos em dívida com o professor George Piotrowski da University of Florida pelos passos detalhados, aqui mostrados, de seu método de análise de solda. R. G. B.; J. K. N.

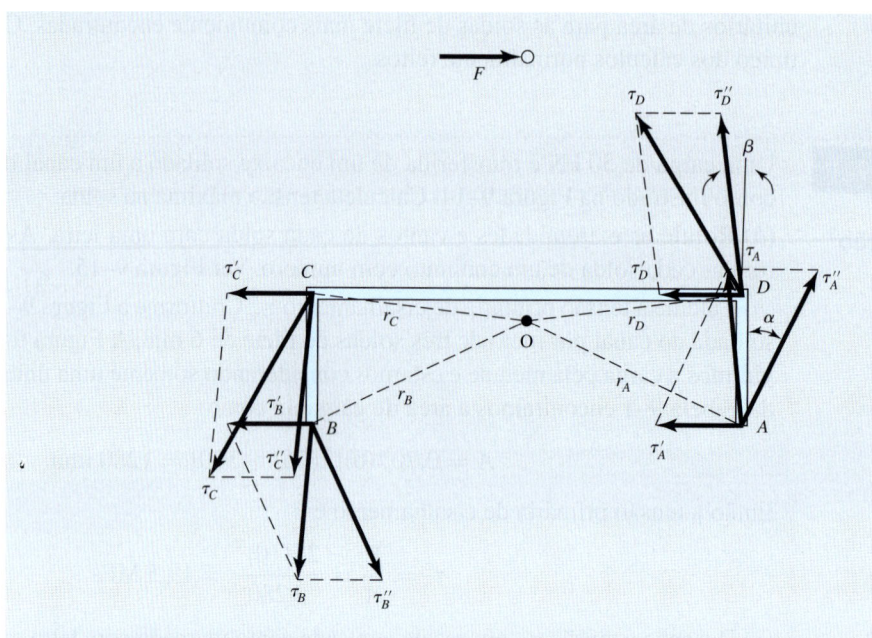

Figura 9–16 Diagrama de corpo livre de uma das placas laterais.

(*d*) Localize o centroide do padrão soldado. Usando o caso 4 da Tabela 9–1, com a Equação (9–6), encontramos

$$\bar{x} = \frac{(56)^2}{2(56) + 190} = 10,4 \text{ mm}$$

Isso está mostrado como o ponto *O* nas Figuras 9–15 e 9–16.

(*e*) Encontre as distâncias r_i (ver Figura 9–16):

$$r_A = r_B = [(190/2)^2 + (56 - 10,4)^2]^{1/2} = 105 \text{ mm}$$

$$r_C = r_D = [(190/2)^2 + (10,4)^2]^{1/2} = 95,6 \text{ mm}$$

Essas distâncias podem também ser obtidas do desenho em escala.

(*f*) Encontre *J*. Usando o caso 4 da Tabela 9–1, com a Equação (9–6), obtemos

$$J = 0,707(6) \left[\frac{8(56)^3 + 6(56)(190)^2 + (190)^3}{12} - \frac{(56)^4}{2(56) + 190} \right]$$

$$= 7,07(10)^6 \text{ mm}^4$$

(*g*) Encontre *M*:

$$M = Fl = 25(100 + 10,4) = 2760 \text{ N} \cdot \text{m}$$

(*h*) Calcule as tensões secundárias de cisalhamento τ'' em cada extremidade ou canto marcado com letra:

$$\tau_A'' = \tau_B'' = \frac{Mr}{J} = \frac{2760(10)^3(105)}{7,07(10)^6} = 41,0 \text{ MPa}$$

$$\tau_C'' = \tau_D'' = \frac{2760(10)^3(95,6)}{7,07(10)^6} = 37,3 \text{ MPa}$$

(i) Desenhe a tensão τ'', em escala, em cada canto ou extremidade. Ver Figura 9–16. Note que esse é um diagrama de corpo livre de uma das placas laterais, e por isso as tensões τ' e τ'' representam o que o canal está fazendo às placas (através das soldas) para aguentar a placa em equilíbrio.

(j) Em cada ponto identificado, organize as duas componentes de tensão como vetores (uma vez que se aplicam à mesma área). No ponto A, o ângulo que τ_A'' forma com a vertical, α, é também o ângulo que r_A forma com a horizontal, que é $\alpha = \tan^{-1}(45{,}6/95) = 25{,}64°$. Esse ângulo também se aplica ao ponto B. Assim

$$\tau_A = \tau_B = \sqrt{(19{,}5 - 41{,}0 \operatorname{sen} 25{,}64°)^2 + (41{,}0 \cos 25{,}64°)^2} = 37{,}0 \text{ MPa}$$

Analogamente, para C e D, $\beta = \tan^{-1}(10{,}4/95) = 6{,}25°$. Assim

$$\tau_C = \tau_D = \sqrt{(19{,}5 + 37{,}3 \operatorname{sen} 6{,}25°)^2 + (37{,}3 \cos 6{,}25°)^2} = 43{,}9 \text{ MPa}$$

(k) Identifique o ponto mais altamente tensionado:

Resposta

$$\tau_{max} = \tau_C = \tau_D = 43{,}9 \text{ MPa}$$

9–4 Tensões em junções soldadas em flexão

A Figura 9–17a mostra uma viga em balanço soldada a um suporte por soldas de filete no topo e fundo. Um diagrama de corpo livre da viga mostraria uma reação de força cortante V e uma reação de momento M. A força de cisalhamento produz um cisalhamento primário nas soldas de magnitude

$$\tau' = \frac{V}{A} \tag{a}$$

em que A é a área total de garganta.

O momento M induz uma componente de tensão de cisalhamento horizontal nas gargantas das soldas. Tratando as duas soldas da Figura 9–17b como linhas, encontramos o segundo momento unitário de área

$$I_u = \frac{bd^2}{2} \tag{b}$$

O segundo momento de área I baseado na área de garganta de solda é

$$I = 0{,}707 h I_u = 0{,}707 h \frac{bd^2}{2} \tag{c}$$

A tensão nominal de cisalhamento da garganta é encontrada agora como

$$\tau'' = \frac{Mc}{I} = \frac{Md/2}{0{,}707 h b d^2/2} = \frac{1{,}414 M}{bdh} \tag{d}$$

O modelo fornece o coeficiente 1,414, em contraste às predições da Seção 9–2, de 1,197 de energia de distorção, ou 1,207 do cisalhamento máximo. O conservantismo do 1,414 do modelo não está no fato de que ele seja simplesmente maior do que 1,196 ou 1,207, mas no fato de que os ensaios realizados para validá-lo mostram que é grande o suficiente.

(a) (b) Padrão de solda

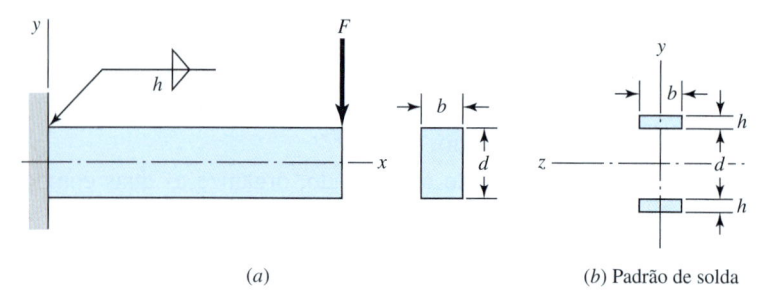

Figura 9–17 Uma viga em balanço de seção transversal retangular soldada a um suporte nas bordas de topo e fundo.

O segundo momento de área na Equação (d) é baseado na distância d entre as duas soldas. Se esse momento for determinado tratando as duas soldas como tendo impressões retangulares, a distância entre os centroides de garganta de solda é aproximadamente (d + h). Isso produziria um segundo momento de área ligeiramente maior e resultaria em um nível menor de tensão. Esse método de tratar soldas como uma linha não interfere com o conservantismo do modelo. Também faz a Tabela 9–2 possível com todas as conveniências que advêm.

O cisalhamento vertical (primário) da Equação (a) e o cisalhamento horizontal (secundário) da Equação (d) são combinadas como vetores para fornecer

$$\tau = (\tau'^2 + \tau''^2)^{1/2} \qquad (e)$$

9–5 A resistência de junções soldadas

A compatibilidade das propriedades do eletrodo com as do metal original em geral não é tão importante quanto velocidade, habilidade do operador e aparência da junção terminada. As propriedades dos eletrodos variam consideravelmente, embora a Tabela 9–3 liste as propriedades mínimas para algumas classes de eletrodos.

É preferível, no projeto de componentes soldados, selecionar um aço que resultará em solda rápida, econômica, mesmo que isso possa requerer um sacrifício de outras qualidades, tais como usinabilidade. Sob condições apropriadas, todos os aços podem ser soldados, mas serão obtidos resultados melhores se forem escolhidos aços com uma especificação UNS entre G10140 e G10230. Todos esses aços têm resistência de tração na condição de laminado a quente no intervalo de 410 a 480 MPa.

O projetista pode escolher fatores de segurança ou tensões permissíveis de trabalho com maior confiança se estiver ciente dos valores usados por outros. Uma das melhores normas a usar é o código para materiais de construção do American Institute of Steel Construction (AISC).[4] As tensões permissíveis agora são baseadas na resistência ao escoamento do material em vez de na resistência última, e o código permite o uso de uma variedade de aços estruturais ASTM com resistências ao escoamento que varia de 230 a 340 MPa. Dado que o carregamento é o mesmo, o código permite a mesma tensão no metal de solda que no metal original. Para esses aços ASTM, $S_y = 0,5 S_u$. A Tabela 9–4 lista as fórmulas especificadas pelo código para cálculos dessas tensões permissíveis para várias condições de carregamento. Os fatores de segurança implícitos por esse código são facilmente calculados. Para tração, $n = 1/0,60 = 1,67$. Para cisalhamento, $n = 0,577/0,40 = 1,44$, usando a teoria da energia de distorção como o critério de falha.

É importante observar que o material do eletrodo é frequentemente o material mais forte presente. Se uma barra de aço AISI 1010 for soldada a uma de aço 1018, o metal de solda será realmente uma mistura do material de eletrodo e dos aços 1010 e 1018. Ademais, uma barra

---

[4] Para uma cópia, escreva para a AISC, 400 N. Michigan Ave., Chicago, IL 60611, ou acesse a página www.aisc.org.

estirada a frio soldada tem suas propriedades de estiramento a frio substituídas pelas propriedades de laminado a quente nas cercanias da solda. Finalmente, relembrando que o metal de solda é usualmente o mais forte, cheque sempre as tensões nos metais originais.

Tabela 9–2 Propriedades de flexão de soldas de filete.*

Solda	Área de garganta	Localização de G	Segundo momento unitário de área
1.	$A = 0{,}707hd$	$\bar{x} = 0$ $\bar{y} = d/2$	$I_u = \dfrac{d^3}{12}$
2.	$A = 1{,}414hd$	$\bar{x} = b/2$ $\bar{y} = d/2$	$I_u = \dfrac{d^3}{6}$
3.	$A = 1{,}414hd$	$\bar{x} = b/2$ $\bar{y} = d/2$	$I_u = \dfrac{bd^2}{2}$
4.	$A = 0{,}707h(2b + d)$	$\bar{x} = \dfrac{b^2}{2b + d}$ $\bar{y} = d/2$	$I_u = \dfrac{d^2}{12}(6b + d)$
5.	$A = 0{,}707h(b + 2d)$	$\bar{x} = b/2$ $\bar{y} = \dfrac{d^2}{b + 2d}$	$I_u = \dfrac{2d^3}{3} - 2d^2\bar{y} + (b + 2d)\bar{y}^2$
6.	$A = 1{,}414h(b + d)$	$\bar{x} = b/2$ $\bar{y} = d/2$	$I_u = \dfrac{d^2}{6}(3b + d)$
7.	$A = 0{,}707h(b + 2d)$	$\bar{x} = b/2$ $\bar{y} = \dfrac{d^2}{b + 2d}$	$I_u = \dfrac{2d^3}{3} - 2d^2\bar{y} + (b + 2d)\bar{y}^2$

Tabela 9–2 Propriedades de flexão de soldas de filete.* (*Continuação*)

Solda	Área de garganta	Localização de G	Segundo momento unitário de área
8.	$A = 1{,}414\ h(b+d)$	$\bar{x} = b/2$ $\bar{y} = d/2$	$I_u = \dfrac{d^2}{6}(3b+d)$
9.	$A = 1{,}414\ \pi h r$		$I_u = \pi r^3$

*I_u, segundo momento unitário de área, é tomado ao redor de um eixo horizontal passando por G, o centroide do grupo de solda, h é o tamanho de solda; o plano do binário de flexão é normal ao plano do papel e paralelo ao eixo y; todas as soldas são do mesmo tamanho.

Tabela 9–3 Propriedades mínimas metal-solda.

Número de eletrodo AWS*	Resistência à tração (MPa)		Resistência ao escoamento (MPa)		Elongação porcentual
E60xx	62	(427)	50	(345)	17–25
E70xx	70	(482)	57	(393)	22
E80xx	80	(551)	67	(462)	19
E90xx	90	(620)	77	(531)	14–17
E100xx	100	(689)	87	(600)	13–16
E120xx	120	(827)	107	(737)	14

* Sistema de numeração de especificação do código da American Welding Society (AWS). Esse sistema utiliza um E prefixado a um sistema de numeração de 4 a 5 dígitos nos quais os dois ou três primeiros dígitos designam a resistência à tração aproximada. O último dígito inclui variáveis na técnica de soldagem, tal como o suprimento de corrente. Os dígitos próximos ao último indicam a posição de soldagem, como, por exemplo, plana, vertical ou suspensa (sobre a cabeça). O conjunto completo de especificações pode ser obtido da AWS por meio de requisição.

Tabela 9–4 Tensões permitidas pela Norma AISC para metal de solda.

Tipo de carregamento	Tipo de solda	Tensão permissível	n*
Tração	Topo	$0{,}60 S_y$	1,67
Suporte	Topo	$0{,}90 S_y$	1,11
Flexão	Topo	$0{,}60$–$0{,}66 S_y$	1,52–1,67
Compressão simples	Topo	$0{,}60 S_y$	1,67
Cisalhamento	Topo ou filete	$0{,}30 S_{ut}^{\dagger}$	

*O fator de segurança n foi computado usando a teoria de energia de distorção.
† A tensão de cisalhamento no metal de base não excederá $0{,}40 S_y$ do metal de base.

Tabela 9–5 Fatores de concentração de tensão de fadiga, K_{fs}.

Tipo de solda	K_{fs}
Solda de topo reforçada	1,2
Ponta de solda de filete transversal	1,5
Extremidade de solda paralela	2,7
Junção em topo-T com cantos aguçados	2,0

Tabela 9-6 Cargas estáveis permitidas e tamanhos mínimos de solda de filete.

Lista A: Carga permitida para vários tamanhos de soldas de filete

	Nível de resistência do metal de solda (EXX)						
	60*	70*	80	90*	100	110*	120
	Tensão de cisalhamento permitida (MPa) na garganta de solda de filete ou solda de entalhe de penetração parcial						
$\tau =$	124	145	165	186	207	228	248
	Força unitária permitida em solda de filete, N/m						
†$f =$	87,67h	102,52h	116,66h	131,5h	146,35h	161,2h	175,34h

Tamanho de perna h, mm	Força unitária permitida para vários tamanhos de soldas de filete N/m						
25	2 192	2 563	2 916	3 288	3 659	4 030	4 383
22	1 929	2 255	2 566	893	3 220	3 546	3 857
20	1 753	2 050	2 333	2 630	2 927	3 224	3 506
16	1 403	1 640	1 866	2 104	2 342	2 579	2 805
12	1 052	1 230	1 400	1 578	1 756	1 934	2 104
11	964	1 127	1 283	1 447	1 610	1 773	1 927
10	877	1 025	1 167	1 315	1 463	1 612	1 753
8	701	820	933	1 052	1 171	1 290	1 403
6	526	615	700	789	878	967	1 052
5	438	513	583	658	732	806	877
3	263	308	350	395	439	484	526
2	175	205	233	263	293	322	351

* Soldas de filete realmente ensaiadas pelo Comitê de Trabalho Conjunto da AISC-AWS.
†$f = 0{,}707h\tau_{adm}$.

Lista B: Tamanho mínimo de solda de filete, h

Espessura do material da parte unida mais espessa, mm		Tamanho de solda, mm
*Até 6 incl.		3
Acima de 6	Até 12	5
Acima de 1	Até 20	6
†Acima de 20	Até 38	8
Acima de 38	Até 58	10
Acima de 58	Até 150	12
Acima de 150		16

Não exceder a espessura da parte mais fina.
*Tamanho mínimo para aplicação em pontes não atinge valor inferior a 5 mm.
†Para tamanho mínimo de solda de filete, a lista não ultrapassa a medida de 8 mm.
de solda de filete para cada 20 mm de material.

Fonte: Extraído de Omer W. Blodgett. (ed.). *Stress Allowables Affect Weldment Design, D412.* The James F. Lincoln Arc Welding Foundation, Cleveland, maio 1991, p.3. Reimpresso com a permissão da Lincoln Electric Company.

A norma AISC, bem como a norma AWS, para pontes, inclui tensões permissíveis quando há carregamento de fadiga. O projetista não terá dificuldade em usar essas normas, porém a natureza empírica deles tende a obscurecer o fato de que foram estabelecidos por meio do mesmo conhecimento de falha por fadiga já discutido no Capítulo 6. Por certo, para estruturas cobertas por esses códigos, as tensões reais *não podem* exceder as tensões permissíveis; do contrário o projetista será legalmente responsável. Mas em geral, códigos tendem a ocultar a margem real de segurança envolvida.

Os fatores de concentração de tensão de fadiga listados na Tabela 9–5 são sugeridos para uso. Esses fatores devem ser utilizados para o metal original, bem como para o metal de solda. A Tabela 9–6 fornece dados sobre a carga estável e os tamanhos mínimos de filete.

9–6 Carregamento estático

Alguns exemplos de junções carregadas estaticamente são úteis na comparação e contrastação de métodos convencionais de análise com a metodologia de códigos de soldagem.

EXEMPLO 9–2

Uma barra de aço 1015 de seção transversal retangular de 12 mm por 50 mm carrega uma carga estática de 68 kN. É soldada a uma chapa de reforço com uma solda de filete de 10 mm com comprimento de 50 mm em ambos os lados, com um eletrodo E70XX, como representado na Figura 9–18. Use o método do código de soldagem.
(a) É satisfatória a resistência do metal de solda?
(b) É satisfatória a resistência da fixação?

Solução

(a) Com base na Tabela 9–6, a força admissível por unidade de comprimento para um eletrodo de metal E70 de 10 mm é $0,98 \times 10^6$ N/m de soldadura; assim

$$F = 980l = 980(100) = 98 \text{ kN}$$

Sendo 98 > 68 kN, a resistência do metal de solda é satisfatória.

(b) Verifique o cisalhamento na fixação adjacente às soldas. De acordo com a Tabela 9–4 e a Tabela A–20, da qual $S_y = 190$ MPa, a tensão de cisalhamento permissível da fixação é

$$\tau_{adm} = 0,4 S_y = 0,4(190) = 76 \text{ MPa}$$

A tensão de cisalhamento τ na base de metal adjacente à solda é

$$\tau = \frac{F}{2hl} = \frac{68\,000}{2(0,01)(0,05)} = 68 \text{ MPa}$$

Sendo $\tau_{adm} \geq \tau$, a fixação é satisfatória próximo às contas de solda. A tensão de tração na perna da fixação σ é

$$\sigma = \frac{F}{tl} = \frac{68\,000}{(0,012)(0,05)} = 113 \text{ MPa}$$

A tensão de tração admissível σ_{adm}, da Tabela 9–4, é $0,6S_y$ e preservando o nível de segurança do código de soldagem,

$$\sigma_{adm} = 0,6S_y = 0,6(190) = 114 \text{ MPa}$$

Sendo $\sigma_{adm} \geq \sigma$, a tensão de tração de perna é satisfatória.

Figura 9–18

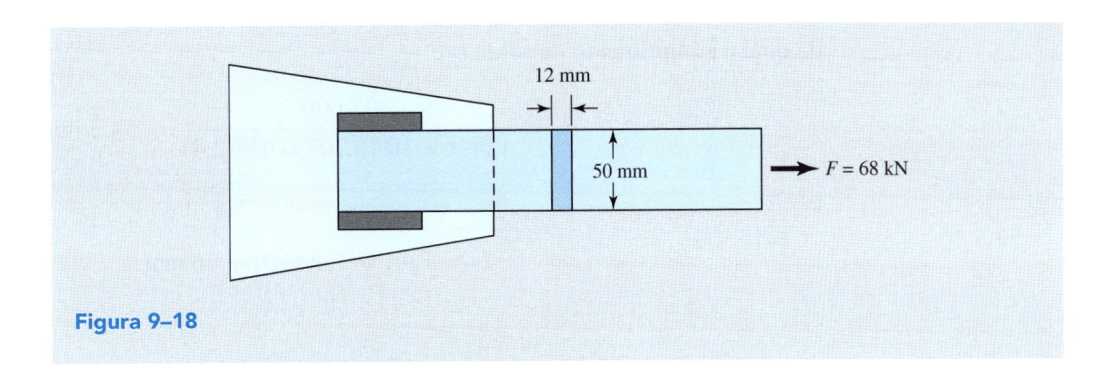

EXEMPLO 9–3

Uma seção de aço estrutural A36 especialmente laminada para fixação tem uma seção transversal como mostrado na figura e resistência ao escoamento e resistência última à tração de 248 e 400 MPa, respectivamente. É estaticamente carregada pelo centroide da fixação com uma carga de $F = 107$ kN. Trilhos de solda não simétricos podem compensar através da excentricidade, tal que não existe momento a ser resistido pelas soldas. Especifique os comprimentos dos trilhos de solda l_1 e l_2 para uma solda de filete de 8 mm usando um eletrodo E70XX. Isso é parte de um problema de projeto no qual as variáveis incluem comprimentos de solda e tamanho de perna de filete.

Solução

A coordenada y do centroide da seção de fixação é

$$\bar{y} = \frac{\sum y_i A_i}{\sum A_i} = \frac{25(20)50 + 75(10)50}{10(50) + 20(50)} = 41{,}7 \text{ mm}$$

Somando momentos ao redor do ponto B e igualando a zero, temos

$$\sum M_B = 0 = -F_1 b + F \bar{y} = -F_1(0{,}1) + 107(0{,}0417)$$

do qual

$$F_1 = 44{,}6 \text{ kN}$$

Segue que

$$F_2 = 107 - 44{,}6 = 62{,}4 \text{ kN}$$

As áreas de garganta de solda têm de estar na razão $62{,}4/44{,}6 = 1{,}4$, isto é, $l_2 = 1{,}4 l_1$. As variáveis de projeto de comprimento de solda estão acopladas por essa relação, assim l_1 é a variável de projeto de comprimento de solda. A outra variável é o tamanho de perna de solda h, que foi decidido pelo enunciado do problema. Da Tabela 9–4 a tensão de cisalhamento admissível na garganta τ_{adm} é

$$\tau_{adm} = 0{,}3(483) = 144{,}9 \text{ MPa}$$

A tensão de cisalhamento τ na garganta de 45° é

$$\tau = \frac{F}{(0{,}707)h(l_1 + l_2)} = \frac{F}{(0{,}707)h(l_1 + 1{,}4 l_1)}$$

$$= \frac{F}{(0{,}707)h(2{,}4 l_1)} = \tau_{adm} = 144{,}9 \text{ MPa}$$

da qual o comprimento de solda l_1 é

$$l_1 = \frac{107\,000}{144{,}9 \times 10^6(0{,}707)0{,}008(2{,}4)} = 54{,}3 \text{ mm}$$

e

$$l_2 = 1{,}4l_1 = 1{,}4(54{,}3) = 76 \text{ mm}$$

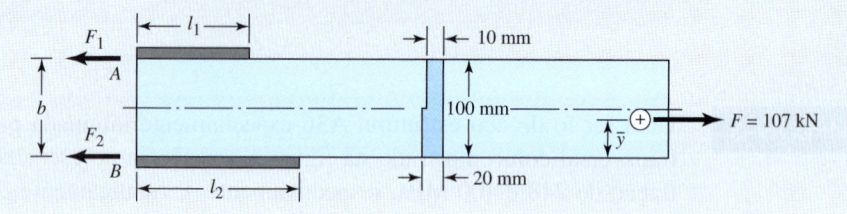

Figura 9–19

Esses são os comprimentos dos cordões de solda requeridos pela resistência do metal de solda. A tensão de cisalhamento permissível da fixação no metal de base, pela Tabela 9–4, é

$$\tau_{\text{adm}} = 0{,}4S_y = 0{,}4(248) = 99{,}2 \text{ MPa}$$

A tensão de cisalhamento τ no metal de base adjacente à solda é

$$\tau = \frac{F}{h(l_1 + l_2)} = \frac{F}{h(l_1 + 1{,}4l_1)} = \frac{F}{h(2{,}4l_1)} = \tau_{\text{adm}} = 99{,}2 \text{ MPa}$$

do qual

$$l_1 = \frac{F}{14{,}4h(2{,}4)} = \frac{107\,000}{99{,}2 \times 10^6(0{,}008)} = 56{,}2 \text{ mm}$$

$$l_2 = 1{,}4l_1 = 1{,}4(56{,}2) = 78{,}7 \text{ mm}$$

Esses são os comprimentos de cordões de solda requeridos pela resistência do metal de base (fixação). O metal de base controla os comprimentos de solda. Para a tensão de tração admissível σ_{adm} na perna da fixação, o valor permissível da AISC para membros de tração é $0{,}6S_y$, logo,

$$\sigma_{\text{adm}} = 0{,}6S_y = 0{,}6(248) = 148{,}8 \text{ MPa}$$

A tensão nominal de tração σ é *uniforme* ao longo da seção transversal da fixação por causa da aplicação da carga no centroide. A tensão σ é

$$\sigma = \frac{F}{A} = \frac{107\,000}{(0{,}02)(0{,}05) + 0{,}05(0{,}01)} = 71{,}3 \text{ MPa}$$

Sendo $\sigma_{\text{adm}} \geq \sigma$, a seção de perna é satisfatória. Com l_1 fixado a um valor nominal de 58 mm, l_2 deve ser $1{,}4(58) = 81{,}2$ mm

Decisão Fixar $l_1 = 58$ mm, $l_2 = 82$ mm. A pequena magnitude de desvio de $l_2/l_1 = 1{,}4$ não é séria. A junção é essencialmente livre de momento.

EXEMPLO 9–4 Realize uma avaliação de adequação da viga em balanço soldada e carregada estaticamente carregando 2,2 kN, representada na Figura 9–20. A viga em balanço é feita de aço AISI 1018 laminado a quente (HR) e soldada com uma solda de filete de 10 mm como mostrado na figura. Um eletrodo E6010 foi usado, e o fator de projeto foi 3,0.

(a) Use o método convencional para o metal de solda.
(b) Use o método convencional para o metal de fixação (viga em balanço).
(c) Use um código de soldagem para o metal de solda.

Solução (a) Da Tabela 9–3, $S_y = 345$ MPa, $S_{ut} = 427$ MPa. Da Tabela 9–2, segunda configuração, $b = 10$ mm, $d = 50$ mm; assim

$$A = 1{,}414hd = 1{,}414(10)50 = 707 \text{ mm}^2$$

$$I_u = d^3/6 = 50^3/6 = 20\,833 \text{ mm}^3$$

$$I = 0{,}707hI_u = 0{,}707(10)20\,833 = 147\,289 \text{ mm}^4$$

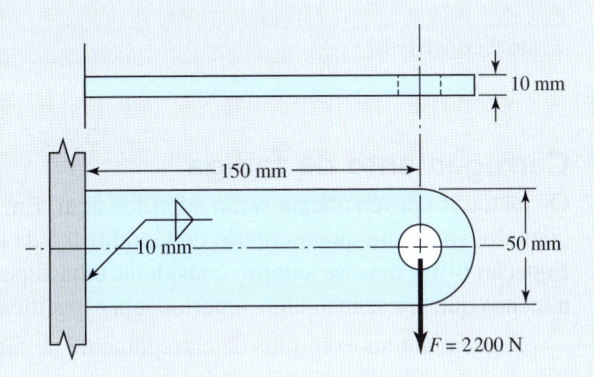

Figura 9–20

Cisalhamento primário:

$$\tau' = \frac{F}{A} = \frac{2200}{707} = 3{,}1 \text{ MPa}$$

Cisalhamento secundário:

$$\tau'' = \frac{Mr}{I} = \frac{2200(150)25}{147\,289} = 56 \text{ MPa}$$

A magnitude do cisalhamento τ é a combinação de Pitágoras

$$\tau = (\tau'^2 + \tau''^2)^{1/2} = (3{,}1^2 + 56^2)^{1/2} = 56{,}1 \text{ MPa}$$

O fator de segurança baseado em uma resistência mínima e o critério da energia de distorção é

Resposta
$$n = \frac{S_{sy}}{\tau} = \frac{0{,}577(345)}{56{,}1} = 3{,}55$$

Visto que $n \geq n_d$, isto é, 3,39 ≥ 3,0, a junção de solda tem resistência satisfatória.

(b) Da Tabela A–20, as resistências mínimas são $S_{ut} = 400$ MPa e $S_y = 220$ MPa. Então,

$$\sigma = \frac{M}{I/c} = \frac{M}{bd^2/6} = \frac{2200(150)}{10(50^2)/6} = 79,2 \text{ MPa}$$

Resposta
$$n = \frac{S_y}{\sigma} = \frac{220}{79,2} = 2,78$$

Uma vez que $n < n_d$, isto é, $2,78 < 3,0$, a junta é insatisfatória com relação à resistência da fixação.

(c) Com base na parte (a), $\tau = 56,1$ MPa. Para um eletrodo E6010, a Tabela 9–6 dá a tensão de cisalhamento admissível τ_{adm} como 124 MPa. Sendo $\tau < \tau_{adm}$, a solda é satisfatória. Visto que o código já tem um fator de projeto de $0,577(345)/124 = 1,6$ incluído na igualdade, o fator de segurança correspondente à parte (a) é

Resposta
$$n = 1,6 \frac{124}{56,1} = 3,54$$

que é consistente.

9-7 Carregamento de fadiga

Os métodos convencionais serão supridos aqui. Em fadiga, o critério de Gerber é o melhor; contudo, você verá que o critério de Goodman é de uso comum. Para o fator de superfície da Equação 6–19, deve-se sempre considerar uma superfície como a forjada para as soldaduras, a menos que um acabamento superior seja especificado e obtido.

Seguem alguns exemplos de carregamento de fadiga de junções soldadas.

EXEMPLO 9-5 A tira de aço 1018 da Figura 9–21 tem uma carga completamente reversa de 4 500-N aplicada. Determine o fator de segurança da soldagem para vida infinita.

Solução Da Tabela A–20 para o metal de fixação 1018, as resistências são $S_{ut} = 400$ MPa e $S_y = 220$ MPa. Para o eletrodo E6010, $S_{ut} = 430$ MPa e $S_y = 340$ MPa. O fator de concentração de tensão de fadiga, da Tabela 9–5, é $K_{fs} = 2,7$. Da Tabela 6–2, $k_a = 272(400)^{-0,995} = 0,70$. A área de cisalhamento é

$$A = 2(0,707)10(50) = 707 \text{ mm}^2$$

Para uma tensão de cisalhamento uniforme na garganta, $k_b = 1$.

Com base na Equação (6–26), p. 293, para torção (cisalhamento),

$$k_c = 0,59 \qquad k_d = k_e = k_f = 1$$

Das Equações (6–8), p. 285, e (6–18), p. 290.

$$S_{se} = 0,70(1)0,59(1)(1)(1)0,5(400) = 82,6 \text{ MPa}$$

$$K_{fs} = 2,7 \qquad F_a = 4500 \text{ N} \qquad F_m = 0$$

Somente cisalhamento primário está presente:

$$\tau'_a = \frac{K_{fs} F_a}{A} = \frac{2,7(4500)}{707} = 17,2 \text{ MPa} \qquad \tau'_m = 0 \text{ MPa}$$

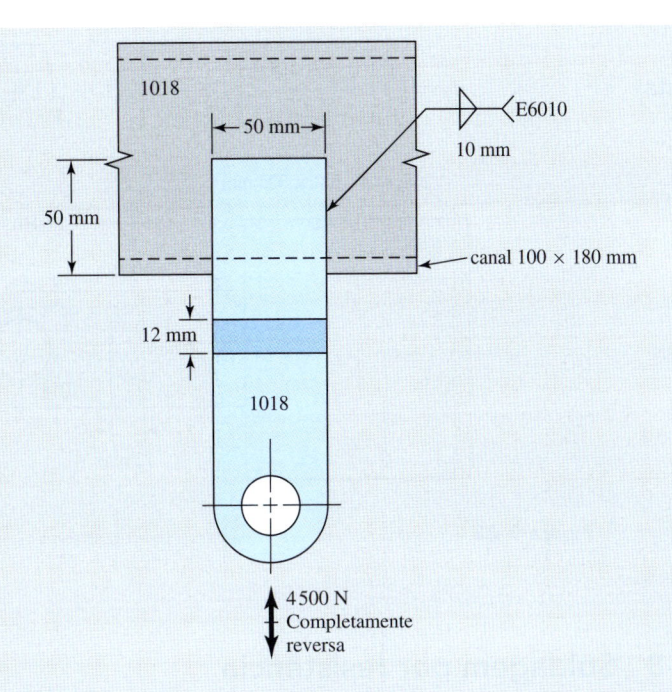

Figura 9–21

Na ausência de uma componente média, o fator de segurança de fadiga n_f é dado por

Resposta
$$n_f = \frac{S_{se}}{\tau_a'} = \frac{82,8}{17,2} = 4,81$$

EXEMPLO 9-6 A tira de aço 1018 da Figura 9–22 tem uma carga aplicada repetidamente de 9 000 N ($F_e = F_m = 4500$ N). Determine o fator de segurança de falha por fadiga de soldagem.

Solução
Da Tabela 6–2, p. 291, $k_a = 272(400)^{-0,995} = 0,7$.

$$A = 2(0,707)10(50) = 707 \text{ mm}^2$$

Para tensão de cisalhamento uniforme na garganta, $k_b = 1$.
Da Equação (6–26), p. 293, $k_c = 0,59$. Das Equações (6–8), p. 285, e (6–18), p. 290,

$$S_{se} = 0,7(1)0,59(1)(1)(1)0,5(400) = 82,6 \text{ MPa}$$

Da Tabela 9–5, $K_{fs} = 2$. Somente cisalhamento primário está presente:

$$\tau_a' = \tau_m' = \frac{K_{fs} F_a}{A} = \frac{2(4500)}{707} = 12,7 \text{ MPa}$$

Com base na Equação (6–53), p. 318, $S_{ut} \doteq 0,67 S_{ut}$. Isso, juntamente com o critério de falha por fadiga de Gerber para tensões de cisalhamento da Tabela 6–7, p. 311, resulta em

$$n_f = \frac{1}{2} \left(\frac{0,67 S_{ut}}{\tau_m}\right)^2 \frac{\tau_a}{S_{se}} \left[-1 + \sqrt{1 + \left(\frac{2\tau_m S_{se}}{0,67 S_{ut} \tau_a}\right)^2}\right]$$

Resposta

$$n_f = \frac{1}{2}\left[\frac{0{,}67(400)}{12{,}7}\right]^2 \frac{12{,}7}{82{,}6}\left\{-1 + \sqrt{1 + \left[\frac{2(12{,}7)82{,}6}{0{,}67(400)12{,}7}\right]^2}\right\} = 5{,}98$$

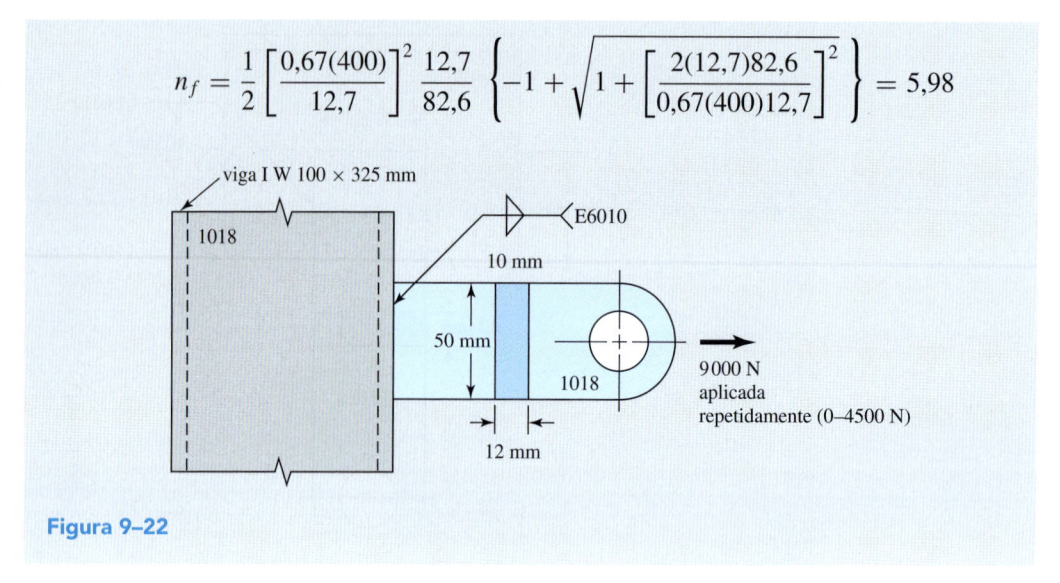

Figura 9–22

9–8 Soldagem por resistência

O aquecimento e a consequente soldagem que ocorre quando uma corrente elétrica passa por várias peças que estão prensadas conjuntamente é chamado de *soldagem por resistência*. *Soldagem de ponto* e *soldagem de costura* são as formas de soldagem por resistência mais frequentemente usadas. As vantagens da soldagem de resistência sobre outras formas são a velocidade, a regulagem acurada de tempo e calor, a uniformidade da solda e as propriedades mecânicas que resultam. Além disso, o processo é fácil de automatizar e não são necessários metal de enchimento e fluxos.

Os processos de soldagem de ponto e de costura estão ilustrados esquematicamente na Figura 9–23. Soldagem de costura é realmente uma série de soldas de ponto sobrepostas, visto que a corrente é aplicada em pulsos à medida que a peça se move entre os eletrodos girantes.

A falha de uma solda por resistência ocorre quer por cisalhamento da solda, quer por rasgamento do metal ao redor da solda. Por causa da possibilidade de rasgamento, é aconselhável evitar o carregamento de uma junção soldada por resistência em tração. Assim, para a maior parte, desenhe de modo que o ponto ou a costura estejam carregados em cisalhamento puro. A

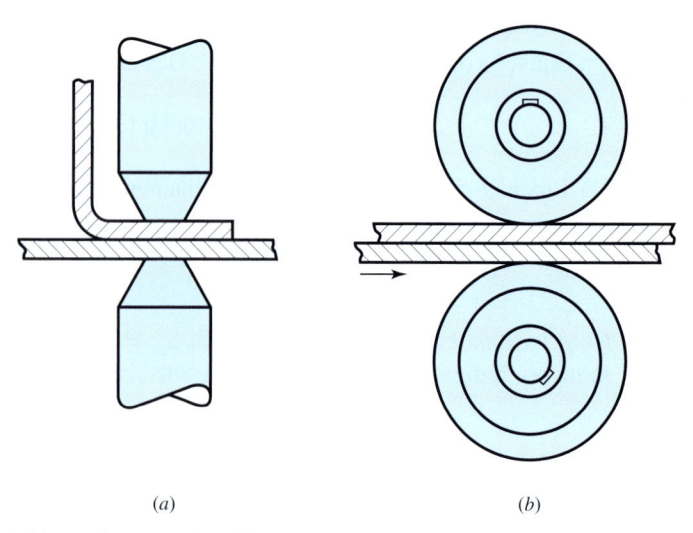

(a)   (b)

Figura 9–23 (*a*) Soldagem de ponto; (*b*) soldagem de costura.

tensão de cisalhamento é apenas a carga dividida pela área do ponto. Como a chapa mais fina do par sendo soldada pode rasgar, a resistência das soldas de ponto é em geral especificada, declarando-se a carga por ponto baseada na espessura da chapa mais fina. Tais resistências são mais bem obtidas por experimento.

Fatores de segurança maiores devem ser observados quando peças são fixadas por soldagem de ponto em vez de usarem-se parafusos ou rebites, considerando-se mudanças metalúrgicas nos materiais por causa da soldagem.

9–9 Colagem por adesivo[5]

O uso de adesivos poliméricos para unir componentes para aplicações estruturais, semiestruturais e não estruturais tem se expandido muito nos últimos anos como resultado das vantagens únicas que podem oferecer para certos processos de montagem e o desenvolvimento de novos adesivos com robustez melhorada e aceitabilidade ambiental. A crescente complexidade das modernas estruturas montadas e os diversos tipos de materiais utilizados levaram a muitas aplicações de união que não seriam possíveis com técnicas de união mais convencionais. Adesivos também estão sendo usados em conjunção com ou para substituir conectores mecânicos e soldas. Peso reduzido, capacidades de vedação, reduzido número de partes e tempo de montagem, bem como resistência a corrosão e fadiga melhoradas, tudo combina para prover o desenhador com oportunidades para montagem personalizada. A dimensão do mercado mundial de adesivos e selantes industriais é de aproximadamente 40 bilhões de euros, e o mercado dos Estados Unidos é de algo como 12 bilhões de dólares americanos.[6] A Figura 9–24 ilustra os inúmeros lugares onde são usados adesivos em um automóvel moderno. De fato, a fabricação de muitos veículos modernos, aparelhos e estruturas é dependente de adesivos.

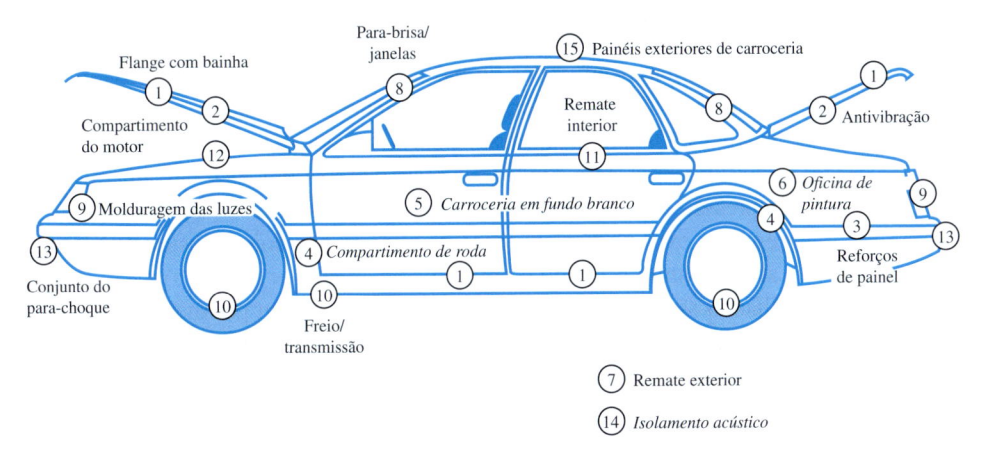

Figura 9–24 Diagrama de uma carroceria de automóvel mostrando pelo menos 15 locais nos quais adesivos e vedantes podem ser usados ou estão sendo usados. Nota particular deve ser feita ao parabrisa (8), que é considerado uma estrutura de suporte de carga em automóveis modernos e unida adesivamente. Deve-se também dar atenção à colagem de flange dobrada (1), na qual adesivos são usados para unir e vedar. Adesivos são usados para unir superfícies de fricção em freios e embreagens (10). A colagem de adesivos de antivibração (2) ajuda a controlar deformação de tampas de capô e de portamalas sob cisalhamento de vento. Adesivos de vedação de rosca são usados em aplicações de motores (12). (Extraído de A. V. Pocius, *Adhesion and Adhesive Technology*, 2. ed. Hanser Publishers, Munique, 2002. Reproduzido com autorização.)

---

[5] Para uma discussão mais extensa sobre este assunto, ver J. E. Shigley e C. R. Mischke, *Mechanical Engineering Design*; 6ª ed. Nova York: McGraw-Hill, 2001, Seção 9–11. Esta seção contou com a assistência do Professor David A. Dillard, professor e diretor do Center for Adhesive and Sealant Science, Virginia Polytechnic Institute and State University, Blacksburg, Virginia, e com o encorajamento e suporte técnico do Bonding Systems Divisions of 3M, Saint Paul, Minnesota.

[6] Informações retiradas de E. M. Petrie, *Handbook of Adhesives and Sealants*; 2ª ed. Nova York: McGraw-Hill, 2007.

Em junções bem projetadas e com procedimentos de processamento apropriados, o uso de adesivos pode resultar em reduções significativas no peso. Eliminando conectores mecânicos, elimina-se o peso dos conectores, e também pode permitir o uso de materiais de bitola mais fina porque são eliminadas as concentrações de tensão associadas com os orifícios. A capacidade de adesivos poliméricos para dissipar energia pode significativamente reduzir barulho, vibração e aspereza (NVH), crucial no desempenho de automóveis modernos. Adesivos podem ser usados para montar materiais termossensíveis ou componentes que podem ser danificados por furação de orifícios para conectores mecânicos. Eles podem ser usados para unir materiais dissimilares ou matéria-prima de bitola fina, que não podem ser juntados por outros meios.

Tipos de adesivos

Existem numerosos tipos de adesivos para diversas aplicações. Eles podem ser classificados de várias maneiras, dependendo de suas composições químicas (por exemplo, epóxidos, poliuretanos, poliamidas), suas formas (por exemplo, pasta, líquido, filme, bolas, fitas), seus tipos (por exemplo, fundido a quente, fundido a quente reativo, termorrígido, termoestável, sensível à pressão, contato) ou suas capacidades de carregamento de carga (estrutural, semiestrutural ou não estrutural).

Adesivos estruturais são relativamente fortes e costumam ser usados bem abaixo de sua temperatura de transição vítrea; exemplos comuns incluem epóxis e certos acrílicos. Podem carregar tensões significativas e se prestam a aplicações estruturais. Para muitas aplicações de engenharia, aplicações semiestruturais (em que a falha seria menos crítica) e aplicações não estruturais (forros de teto etc., para propósitos estéticos) são também de interesse significativo do desenhador, provendo meios de custos menores, exigidos para montagem de produtos acabados. Esses incluem *adesivos de contato*, em que uma solução ou emulsão contendo um adesivo elastomérico é aplicada a ambos os aderentes, o solvente é deixado evaporar e então os dois aderentes são colocados em contato. Exemplos incluem cimento de borracha e adesivos usados para unir laminados em topos de balcão. *Adesivos sensíveis à pressão* são elastômeros de módulo muito baixo que se deformam facilmente sob pequenas pressões, permitindo a eles molhar superfícies. Quando o substrato e adesivos são postos em contato íntimo, forças de van der Waals são suficientes para manter o contato e prover uniões relativamente duráveis. Adesivos sensíveis à pressão normalmente são comprados como fitas ou etiquetas para aplicações não estruturais, embora existam também fitas de espuma nos dois lados que podem ser usadas em aplicações semiestruturais. Como o nome sugere, *derrete a quente* torna-se líquido quando aquecido, molhando as superfícies e então se esfriando em um polímero sólido. Esses materiais estão sendo utilizados cada vez mais em diferentes tipos de aplicações de engenharia com versões mais sofisticadas de injetores (revólveres) de cola de uso popular. *Adesivos anaeróbicos* curam dentro de espaços apertados privados de oxigênio; tais materiais são amplamente usados em aplicações de engenharia mecânica para bloquear parafusos ou mancais no lugar. Cura em outros adesivos pode ser induzida por exposição à luz ultravioleta ou raios de elétrons, ou pode ser catalisada por certos materiais ubíquos a muitas superfícies, tais como água.

A Tabela 9–7 apresenta propriedades importantes de resistência de adesivos usados comumente.

Distribuições de tensão

A boa prática de projeto normalmente requer que junções de adesivo sejam construídas de tal maneira que o adesivo carregue a carga em cisalhamento em vez de tração. Uniões são tipicamente muito mais fortes quando carregadas em cisalhamento que em tração através de placa de união. Junções sobrepostas em cisalhamento representam uma família importante de junções, quer para espécimes de ensaio para avaliar propriedades do adesivo, quer para real incorporação em projetos práticos. Tipos genéricos de junções de sobreposição que comumente aparecem são ilustrados na Figura 9–25.

Tabela 9–7 Desempenho mecânico de vários tipos de adesivos.

Química do adesivo ou tipo	Temperatura ambiente resitência ao cisalhamento sobreposto, MPa (psi)		Resistência de despelamento (descasque) por unidade de largura, kN/m (lbf/in)	
Sensível à pressão	0,01–0,07	(2–10)	0,18–0,88	(1–5)
Base de amido	0,07–0,7	(10–100)	0,18–0,88	(1–5)
Celulósico	0,35–3,5	(50–500)	0,18–1,8	(1–10)
Base de borracha	0,35–3,5	(50–500)	1,8–7	(10–40)
Derretimento a quente formulado	0,35–4,8	(50–700)	0,88–3,5	(5–20)
Derretimento a quente sinteticamente projetado	0,7–6,9	(100–1000)	0,88–3,5	(5–20)
Emulsão de PVAc (cola branca)	1,4–6,9	(200–1000)	0,88–1,8	(5–20)
Cianoacrilato	6,9–13,8	(1000–2000)	0,18–3,5	(1–20)
Base de proteína	6,9–13,8	(1000–2000)	0,18–1,8	(1–10)
Acrílico anaeróbico	6,9–13,8	(1000–2000)	0,18–1,8	(1–10)
Uretano	6,9–17,2	(1000–2500)	1,8–8,8	(10–50)
Acrílico de borracha modificada	13,8–24,1	(2000–3500)	1,8–8,8	(10–50)
Fenólico modificado	13,8–27,6	(2000–4000)	3,6–7	(20–40)
Epóxi não modificado	10,3–27,6	(1500–4000)	0,35–1,8	(2–10)
Bis-maleimida	13,8–27,6	(2000–4000)	0,18–3,5	(1–20)
Poliimida	13,8–27,6	(2000–4000)	0,18–0,88	(1–5)
Epóxi de borracha modificada	20,7–41,4	(3000–6000)	4,4–14	(25–80)

Fonte: A. V. Pocius. *Adhesion and Adhesives Technology.* 2nd ed. Hanser Gardner Publishers, Ohio, 2002. Reimpresso com permissão.

A análise mais simples de junções de sobreposição sugere que a carga aplicada é uniformemente distribuída sobre a área de união. Resultados de teste de junção de sobreposição, tais como aqueles obtidos seguindo a ASTM D1002 para junções de sobreposição simples, reportam a "resistência ao cisalhamento aparente" como a carga de rompimento dividida pela área de união. Embora essa simples análise possa ser adequada a aderentes rígidos unidos com um adesivo flexível sobre um comprimento de união relativamente curto, picos significativos na tensão de cisalhamento ocorrem, exceto para os adesivos mais flexíveis. Em um esforço para apontar os problemas de tal prática, a ASTM D4896 delineia algumas das preocupações associadas a tomar essa concepção simplística das tensões dentro de junções de sobreposição.

Em 1938, O. Volkersen apresentou uma análise da junção de sobreposição, conhecida como o *modelo de cisalhamento de sobreposição*. Ele apresenta introspecções valiosas a respeito das distribuições de tensão de cisalhamento em uma hoste de junções de sobreposição. Flexão induzida em uma junção de sobreposição simples à causa da excentricidade complica significativamente a análise; assim, aqui consideraremos uma junção simétrica de sobreposição dupla para ilustrar princípios. A distribuição de tensão de cisalhamento pela junção de sobreposição dupla da Figura 9–26 é dada por

$$\tau(x) = \frac{P\omega}{4b\,\text{senh}(\omega l/2)}\cosh(\omega x) + \left[\frac{P\omega}{4b\cosh(\omega l/2)}\left(\frac{2E_o t_o - E_i t_i}{2E_o t_o + E_i t_i}\right) \right.$$
$$\left. + \frac{(\alpha_i - \alpha_o)\,\Delta T\,\omega}{(1/E_o t_o + 2/E_i t_i)\cosh(\omega l/2)}\right]\text{senh}(\omega x) \qquad (9\text{–}7)$$

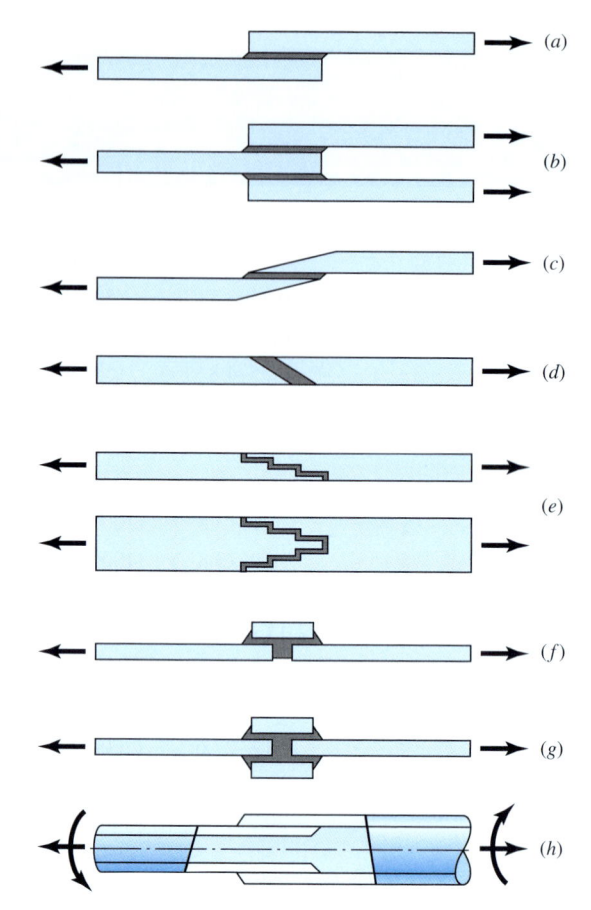

Figura 9–25 Tipos comuns de junções de sobreposição usadas em projeto mecânico: (*a*) sobreposição simples; (*b*) sobreposição dupla; (*c*) oblíqua; (*d*) biselada; (*e*) em degrau (escalonada); (*f*) tira de topo; (*g*) dupla tira de topo; (*h*) Sobreposição tubular. (*Adaptado de R. D. Adams, J. Comyn e W. C. Wake*, Structural Adhesive Joints in Engineering, 2. ed., Chapman and Hall, Nova York, 1997.)

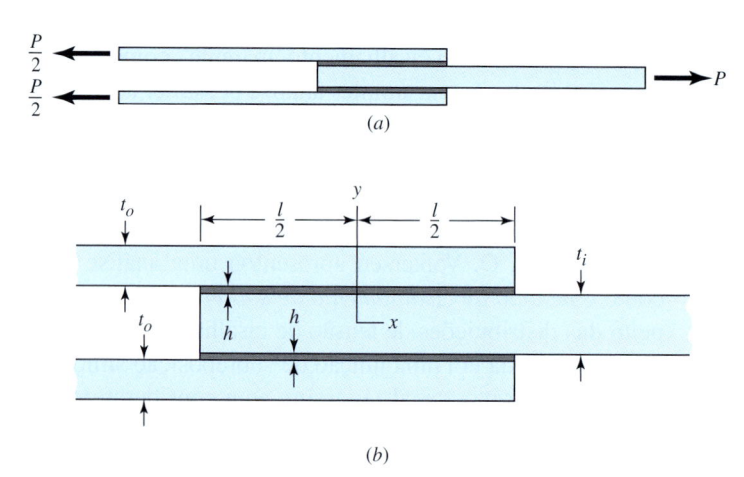

Figura 9–26 Junção de sobreposição dupla.

em que

$$\omega = \sqrt{\frac{G}{h}\left(\frac{1}{E_o t_o} + \frac{2}{E_i t_i}\right)}$$

e E_o, t_o, α_o e E_1, t_i, α_i são os módulos, espessuras, coeficiente de expansão térmica do aderente externo e interno, respectivamente; G, h, b e l são o módulo de cisalhamento, espessura, largura e comprimento do adesivo, respectivamente; e ΔT é uma mudança na temperatura da junção. Se o adesivo for curado a uma temperatura elevada, de tal modo que a temperatura livre de tensão da junção difere da temperatura de serviço, a diferença na expansão térmica dos aderentes interno e externo induz a um cisalhamento térmico através do adesivo.

EXEMPLO 9–7 A junção de sobreposição dupla representada na Figura 9–26 consiste em aderentes externos de alumínio e um aderente interno de aço. A montagem é curada a 250°F e é livre de tensão a 200°F. A união completa está sujeita a uma carga axial de 9 000 N a uma temperatura de serviço de 70°F. A largura b é de 25 mm, o comprimento de união l é de 25 mm. Informação adicional está tabulada abaixo:

	G, GPa	E, GPa	α, mm/(mm · °F)	Espessura, mm
Adesivo	1,4		55 (10^{-6})	0,5
Aderente externo		69	13,3 (10^{-6})	3,8
Aderente interno		207	6,0 (10^{-6})	2,5

Esboce um gráfico da tensão de cisalhamento como uma função do comprimento da união em razão de (*a*) tensão térmica, (*b*) tensão induzida de carga, (*c*) soma das tensões em *a* e *b* e (*d*) encontre onde a tensão de cisalhamento maior é máxima.

Solução Na Equação (9–7) o parâmetro ω é dado por

$$\omega = \sqrt{\frac{G}{h}\left(\frac{1}{E_o t_o} + \frac{2}{E_i t_i}\right)}$$

$$= \sqrt{\frac{1400}{0,5}\left[\frac{1}{69\,000(3,8)} + \frac{2}{207\,000(2,5)}\right]} = 0,147 \text{ mm}^{-1}$$

(*a*) Para a componente térmica $\alpha_i - \alpha_0 = 6(10^{-6}) - 13,3(10^{-6}) = -7,3(10^{-6})$ in/(in · °F), $\Delta T = 70 - 200 = -130°$ F,

$$\tau_{th}(x) = \frac{(\alpha_i - \alpha_o)\Delta T \omega \, \text{senh}(\omega x)}{(1/E_o t_o + 2/E_i t_i)\cosh(\omega l/2)}$$

$$\tau_{th}(x) = \frac{-7,3(10^{-6})(-130)0,147 \, \text{senh}(0,147x)}{\left[\dfrac{1}{69\,000(3,8)} + \dfrac{2}{207\,000(2,5)}\right]\cosh\left[\dfrac{0,147(25)}{2}\right]}$$

$$= 5,642 \, \text{senh}(0,147x)$$

A tensão térmica é representada graficamente na Figura (9–27) e tabulada em $x = -12,7$, 0 e 12,7 na tabela a seguir.

(*b*) A união está "balanceada" ($E_o t_o = E_i t_i/2$), assim a tensão induzida de carga é dada por

$$\tau_P(x) = \frac{P\omega\cosh(\omega x)}{4b\,\text{senh}(\omega l/2)} = \frac{9000(0,147)\cosh(0,147x)}{4(25)\,\text{senh}[0,147(25)/2]} = 4,322\cosh(0,147) \quad (1)$$

A tensão induzida pela carga é representada graficamente na Figura (9–27) e tabulada em $x = -12,7$, 0 e 12,7 na tabela a seguir.

(c) Tabela de tensão total (em MPa):

	$\tau(-12,7)$	$\tau(0)$	$\tau(12,7)$
Térmicas apenas	°17	0	17
Induzida por cargas apenas	13,3	4,2	13,3
Combinada	°3,8	4,2	30,3

(d) A tensão de cisalhamento máxima predita pelo modelo de cisalhamento defasado ocorrerá sempre nas extremidades. Ver gráfico na Figura 9–27. Visto que as tensões residuais estão sempre presentes, tensões significativas de cisalhamento podem já existir antes da aplicação da carga. As tensões maiores presentes para o caso de carga combinada poderiam resultar em escoamento local de um adesivo dúctil ou falha de um mais frágil. A significância das tensões térmicas serve como uma cautela contra junções de aderentes dissimilares quando grandes mudanças de temperatura estão envolvidas. Note também que a tensão de cisalhamento média em razão da carga é $\tau_{med} = P/(2bl) = 7,2$ MPa. A Equação (1) produziu um máximo de 13,2 MPa, quase o dobro da média.

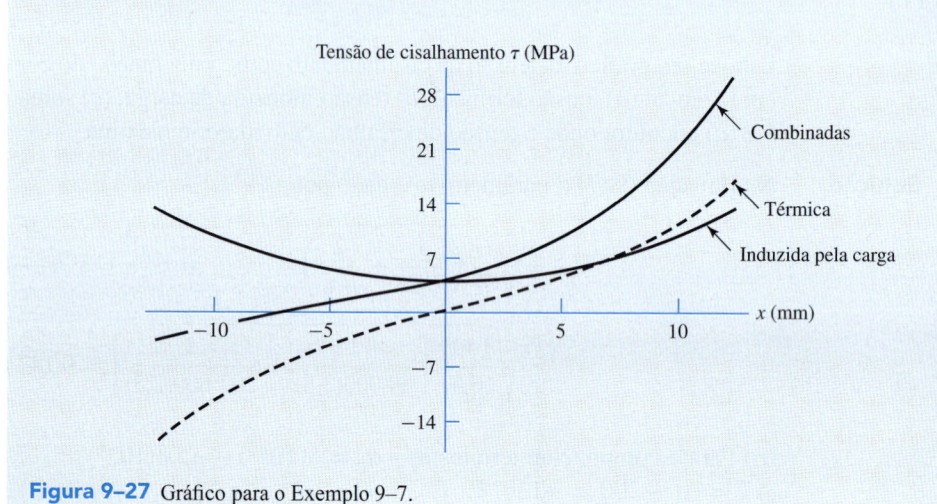

Figura 9–27 Gráfico para o Exemplo 9–7.

Embora considerações de projeto a junções de sobreposição simples estejam além do escopo deste capítulo, deve-se notar que a excentricidade de carga é um aspecto importante no estado de tensão de junções de sobreposição simples. A flexão do aderente pode resultar em tensões de cisalhamento que podem ser tanto quanto o dobro daquelas dadas pela configuração de sobreposição dupla (para uma dada área total de união). Além disso, tensões de descasque (despelamento) podem ser bastante grandes e frequentemente são responsáveis por falha da junção. Finalmente, a flexão plástica dos aderentes pode levar a deformações elevadas, que adesivos menos dúcteis não podem aguentar, levando à falha de união também. Tensões de flexão nos aderentes na extremidade da sobreposição podem ser quatro vezes maiores que a tensão média dentro do aderente; assim, elas devem ser consideradas no projeto. A Figura 9–28 mostra as tensões de cisalhamento e de descasque presentes em uma junção típica de sobreposição simples que corresponde ao espécime de ensaio da ASTM D1002. Note que as tensões de cisalhamento são significativamente maiores que as preditas pela análise de Volkersen, resultado de deformações aumentadas do adesivo, associadas com flexão do aderente.

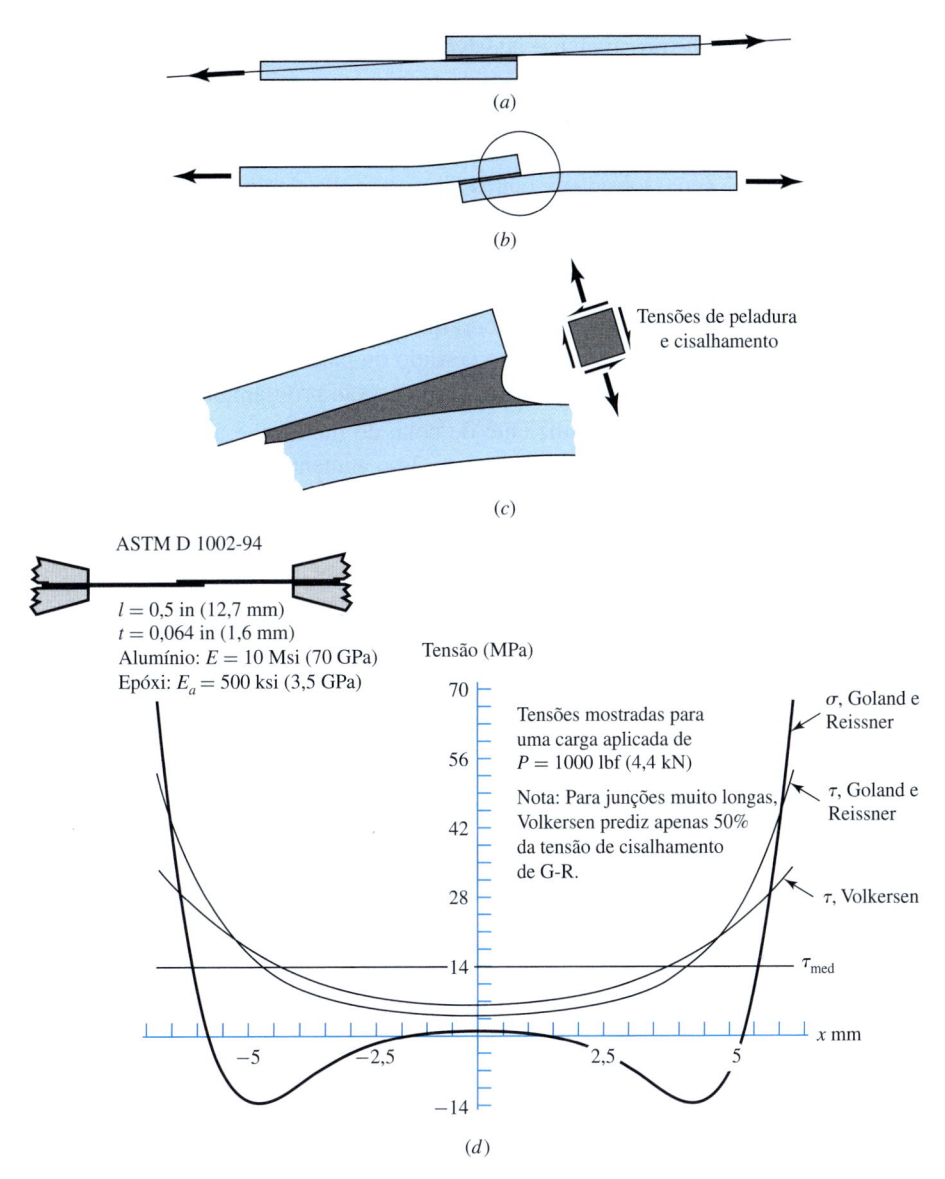

Figura 9–28 Tensões dentro de uma junção de sobreposição simples. (*a*) As forças de tração da junção de sobreposição têm uma linha de ação que não é inicialmente paralela aos lados do aderente. (*b*) À medida que a carga aumenta os aderentes e a união se flexionam. (*c*) Na localidade da extremidade de um aderente, tensões de cisalhamento e descasque aparecem, e as tensões de descasque frequentemente induzem a falha da junção. (*d*) As predições seminais de tensão de Reissner e Goland (*J. Appl. Mech*, v. 77, 1944) são mostradas. (*Note que a máxima tensão de cisalhamento predita é mais elevada que aquela predita pelo modelo de cisalhamento defasado de Volkersen por causa da flexão do aderente.*)

Projeto de junção

Algumas diretrizes básicas que devem ser utilizadas no projeto de junção de adesivos incluem:

- Desenhe para colocar a linha de união em cisalhamento, para não descascar. Acautele-se das tensões de descasque focadas nas terminações de união. Quando necessário, reduza tensões de descasque por meio de afunilamento das extremidades do aderente, aumentando a área de cola onde as tensões de descasque ocorrem, ou utilizando rebites nas terminações de união onde tensões de descasque podem iniciar falhas.

- Onde possível, use adesivos com ductilidade adequada. A habilidade de um adesivo escoar reduz as concentrações de tensão associadas com as extremidades de junções e aumenta a tenacidade para resistir à propagação de descolamento.
- Reconheça limitações ambientais dos adesivos e métodos de preparação de superfície. Exposição à água, solventes e outros diluentes pode significativamente degradar o desempenho do adesivo em algumas situações, por deslocamento do adesivo da superfície ou degradação do polímero. Certos adesivos podem ser suscetíveis a tensão ambiental trincando na presença de certos solventes. Exposição à luz ultravioleta pode também degradar os adesivos.
- Desenhe de uma maneira que permita ou facilite inspeções de uniões onde possível. Frequentemente um rebite perdido ou parafuso é fácil de detectar, mas descolamentos ou uniões insatisfatórias de adesivo não são prontamente aparentes.
- Permita área suficiente de cola, de modo que a junção possa tolerar algum descolamento antes que ele se torne crítico. Isso aumenta a probabilidade de que o descolamento possa ser detectado. Ter algumas regiões da união global com tensão relativamente baixa pode significativamente melhorar a durabilidade e a confiabilidade.
- Onde possível, cole a múltiplas superfícies, para oferecer suporte às cargas em qualquer direção. Colar um acessório a uma única superfície pode colocar tensões de descasque na cola, ao passo que colar a vários planos adjacentes tende a permitir que cargas arbitrárias sejam transmitidas predominantemente em cisalhamento.
- Adesivos podem ser usados em conjunção com soldagem de ponto. O processo é conhecido como *colagem de solda*. A solda de ponto serve para fixar a cola até que ela seja curada.

A Figura 9–29 apresenta exemplos de melhorias na colagem de adesivos.

(a)

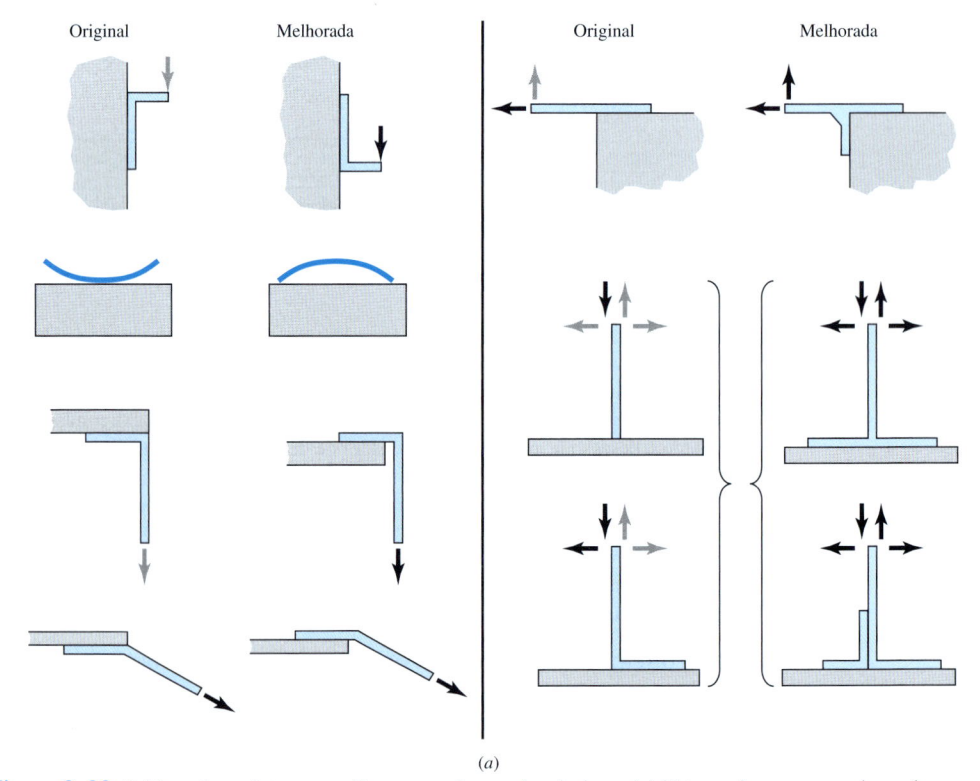

Figura 9–29 Práticas de projeto que melhoram a colagem de adesivos. (*a*) Vetores de carga, em cinza, devem ser evitados porque a resistência resultante é pobre.

(*Continua*)

Tensões de descasque podem ser um problema nas
extremidades de junções de sobreposição de todos os tipos

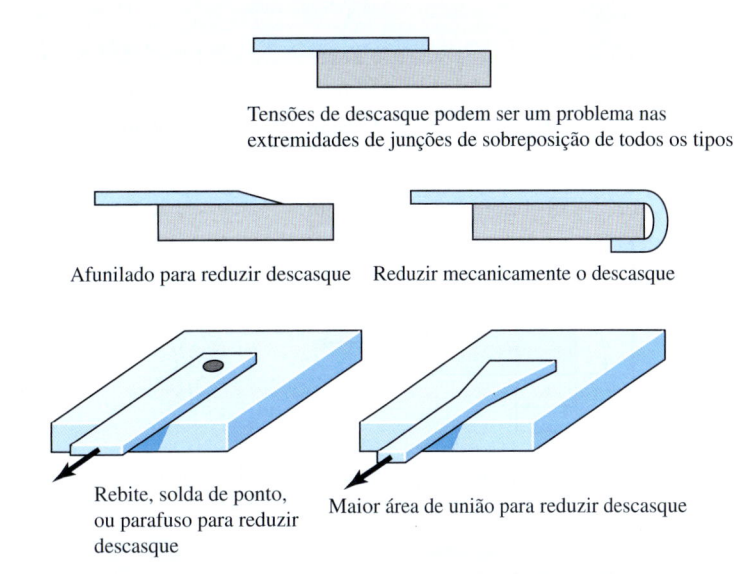

Afunilado para reduzir descasque   Reduzir mecanicamente o descasque

Rebite, solda de ponto, ou parafuso para reduzir descasque   Maior área de união para reduzir descasque

Figura 9–29 (*Continuação*) Práticas de projeto que melhoram a colagem de adesivos. (*b*) Meio de reduzir tensões de descolamento em junções do tipo sobreposto.

Referências

Boas referências estão disponíveis para projeto e análise de juntas coladas, incluindo os seguintes:

G. P. Anderson, S. J. Bennett e. K. L. Devries. *Analysis and Testing of Adhesive Bonds*. Nova York: Academic Press, 1977.

R. D. Adams, J. Comyn e W. C. Wake. *Structural Adhesive Joints in Engineering*. 2. ed., Nova York: Chapman and Hall, 1997.

H. F. Brinson. (ed.). *Engineered Materials Handbook, vol. 3: Adhesives and Sealants*. Metals Park, Ohio: ASM International, 1990.

A. J. Kinloch. *Adhesion and Adhesives: Science and Technology*. Nova York: Chapman and Hall, 1987.

A. J. Kinloch. (ed.). *Durability of Structural Adhesives*. Nova York: Applied Science Publishers, 1983.

R. W. Messler, Jr., *Joining of Materials and Structures*, Elsevier Butterworth- Heinemann, Mass., 2004.

E. M. Petrie, *Handbook of Adhesives and Sealants*, 2nd ed., McGraw-Hill, New York, 2007.

A. V. Pocius. *Adhesion and Adhesives Technology: An Introduction*. 2nd ed., Hanser Gardner, Ohio, 1997.

A Internet é também uma boa fonte de informação. Por exemplo, tente esta página: www.3m.com/adhesives.

PROBLEMAS

9–1 a 9–4 A figura mostra uma barra de aço horizontal de espessura h carregada em tração estacionária e soldada a um suporte vertical. Encontre a carga F que causará uma tensão de cisalhamento admissível, τ_{adm}, nas gargantas das soldas.

Número do problema	b	d	h	τ_{adm}
9–1	50 mm	50 mm	5 mm	140 MPa
9–2	50 mm	50 mm	8 mm	140 MPa
9–3	50 mm	30 mm	5 mm	140 MPa
9–4	100 mm	50 mm	8 mm	140 MPa

Problema 9–1 a 9–4

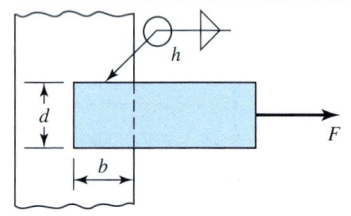

9–5 a 9–8 Para as soldagens dos Problemas 9–1 a 9–4, os eletrodos são especificados na tabela. Para o metal do eletrodo indicado, qual é a carga admissível nas soldagens?

Número do problema	Problema de referência	Eletrodo
9–5	9–1	E7010
9–6	9–2	E6010
9–7	9–3	E7010
9–8	9–4	E6010

9–9 a 9–12 Os materiais para os elementos conectados nos Problemas 9–1 a 9–4 são especificados abaixo. Qual é a carga admissível nas soldas em função do metal do elemento que se incorpora nas soldas?

Número do problema	Problema de referência	Barra	Suporte vertical
9–9	9–1	1018 CD	1018 HR
9–10	9–2	1020 CD	1020 CD
9–11	9–3	1035 HR	1035 CD
9–12	9–4	1025 HR	1020 CD

9–13 a 9–16 Uma barra de aço de espessura h é soldada a um suporte vertical como mostra a figura. Qual é a tensão de cisalhamento na garganta das soldas decorrente da força F?

Número do problema	b	d	h	F
9–13	50 mm	50 mm	5 mm	100 kN
9–14	50 mm	50 mm	8 mm	140 kN
9–15	50 mm	30 mm	5 mm	100 kN
9–16	100 mm	50 mm	8 mm	140 kN

Problema 9–13 a 9–16

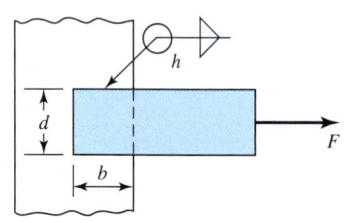

9–17 a 9–20 Uma barra de aço de espessura h, para ser usada como viga, é soldada a um suporte vertical por dois filetes de solda conforme mostrado na figura.

(*a*) Encontre a força F de flexão segura se a tensão de cisalhamento admissível nas soldas é τ_{adm}.

(*b*) Na parte *a*, você encontra uma expressão simples para F em termos da tensão de cisalhamento admissível. Encontre a carga admissível se o eletrodo é o E7010, a barra é de aço 1020 laminado a quente, e o suporte é de aço 1015 laminado a quente.

Número do problema	b	c	d	h	τ_{adm}
9–17	50 mm	150 mm	50 mm	5 mm	140 MPa
9–18	50 mm	150 mm	50 mm	8 mm	140 MPa
9–19	50 mm	150 mm	30 mm	5 mm	140 MPa
9–20	100 mm	150 mm	50 mm	8 mm	140 MPa

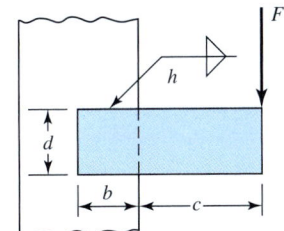

Problema 9–17 a 9–20

9–21 a 9-24 A figura mostra uma solda semelhante à dos Problemas 9–17 a 9–20, exceto que, neste caso, em vez de duas, temos quatro soldas. Encontre a força de flexão F segura se a tensão de cisalhamento admissível nas soldas são as seguintes.

Número Problema	b	c	d	h	τ_{adm}
9–21	50 mm	150 mm	50 mm	5 mm	140 MPa
9–22	50 mm	150 mm	50 mm	8 mm	140 MPa
9–23	50 mm	150 mm	30 mm	5 mm	140 MPa
9–24	100 mm	150 mm	50 mm	8 mm	140 MPa

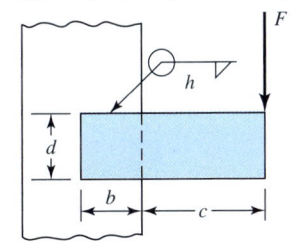

Problema 9–21 a 9-24

9–25 a 9–28 A soldagem mostrada na figura está submetida a uma força alternada F. A barra de aço laminada a quente tem uma espessura h e é de aço AISI 1010. O suporte vertical é equivalente ao aço AISI 1010 HR. O eletrodo é dado na tabela abaixo. Estime a carga F de fadiga que a barra suportará se forem usados três filetes de solda.

Número do problema	b	d	h	Eletrodo
9–25	50 mm	50 mm	5 mm	E6010
9–26	50 mm	50 mm	8 mm	E6010
9–27	50 mm	30 mm	5 mm	E7010
9–28	100 mm	50 mm	8 mm	E7010

Problema 9–25 a 9-28

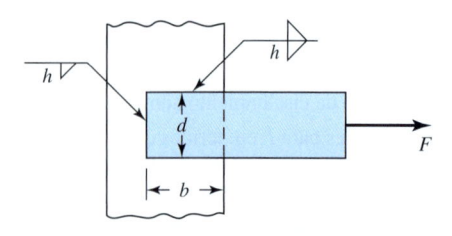

9–29 A tensão permissível de cisalhamento para a soldagem ilustrada é de 140 MPa. Calcule a carga, F, que causará esta tensão na garganta de soldagem.

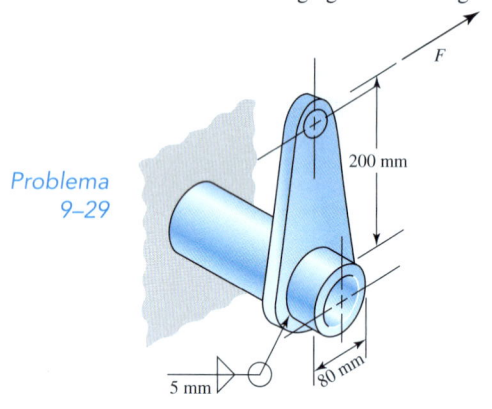

Problema 9–29

9–30 a 9–31 Uma barra de aço de espessura h está submetida a uma força de flexão F. O suporte vertical é escalonado de modo que as soldas horizontais tenham comprimento b_1 e b_2. Determine F se a tensão de cisalhamento máxima é τ_{adm}.

Número do problema	b_1	b_2	c	d	h	τ_{adm}
9–30	50 mm	100 mm	150 mm	100 mm	8 mm	140 MPa
9–31	30 mm	50 mm	150 mm	50 mm	5 mm	140 MPa

Problemas 9–30 a 9–31

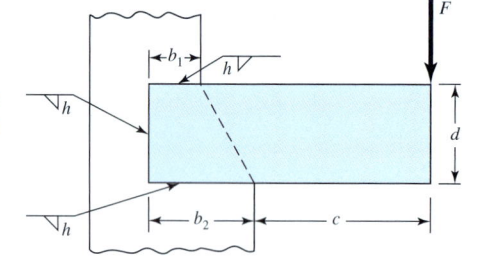

9–32 No projeto de soldagem em torção é útil ter uma percepção hierárquica da eficiência relativa dos padrões comuns. Por exemplo, os padrões de cordão de solda mostrados na Tabela 9–1 podem ser classificados por desejabilidade. Suponha que o espaço disponível seja um quadrado $a \times a$. Use uma figura formal de mérito que seja diretamente proporcional a J e inversamente proporcional ao volume de metal soldado depositado:

$$\text{fom} = \frac{J}{\text{vol}} = \frac{0{,}707 h J_u}{(h^2/2)l} = 1{,}414 \frac{J_u}{hl}$$

Uma figura tática de mérito poderia omitir a constante, que é fom$' = J_u/(hl)$. Ordene os seis padrões da Tabela 9–1 do mais ao menos eficiente.

9–33 O espaço disponível para um padrão de cordão de solda sujeito a flexão é $a \times a$. Posicione os padrões da Tabela 9–2 em ordem hierárquica de eficiência de colocação de metal de solda para resistir à flexão. Uma figura formal de mérito pode ser diretamente proporcional a I e inversamente proporcional ao volume de metal de solda depositado:

$$\text{fom} = \frac{I}{\text{vol}} = \frac{0{,}707hI_u}{(h^2/2)l} = 1{,}414\frac{I_u}{hl}$$

9–34 A conexão mostrada na figura é feita de aço 1018 laminado a quente (HR) de 12 mm de espessura. A força estática é de 100 kN. O membro tem 75 mm de largura. Especifique a soldagem (dê o padrão, o número do eletrodo, o tipo de solda, o comprimento de solda e o tamanho de perna).

Problema 9–34
Dimensões em milímetros.

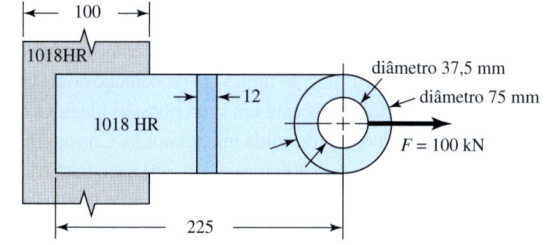

9–35 A conexão mostrada suporta uma carga estática de flexão de 12 kN. O comprimento do acessório, l_1, é de 225 mm. Especifique a soldagem (dê o padrão, o número de eletrodo, o tipo de solda, o comprimento de solda e o tamanho de perna).

Problema 9–35
Dimensões em milímetros.

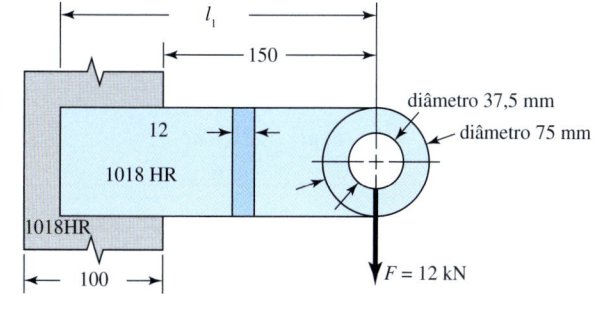

9–36 A conexão no Problema 9–35 não teve seu comprimento determinado. A força estática é de 12 kN. Especifique a soldagem (dê o padrão, o número de eletrodo, o tipo de solda, o comprimento de conta e o tamanho de perna). Especifique o comprimento da conexão.

9–37 Uma coluna vertical de aço estrutural A36 tem 250 mm de largura. Uma conexão foi projetada para o ponto mostrado na figura. A carga estática de 80 kN é aplicada, e o espaço livre a de 156 mm tem de ser igualado ou excedido. A conexão é de aço 1018 laminado a quente, a ser feita de placa de 12 mm com protuberâncias soldadas quando todas as dimensões forem conhecidas. Especifique a soldagem (dê o padrão, o número de eletrodo, o tipo de solda, o comprimento de cordão de solda e o tamanho de perna). Especifique também o comprimento l_1 para a conexão.

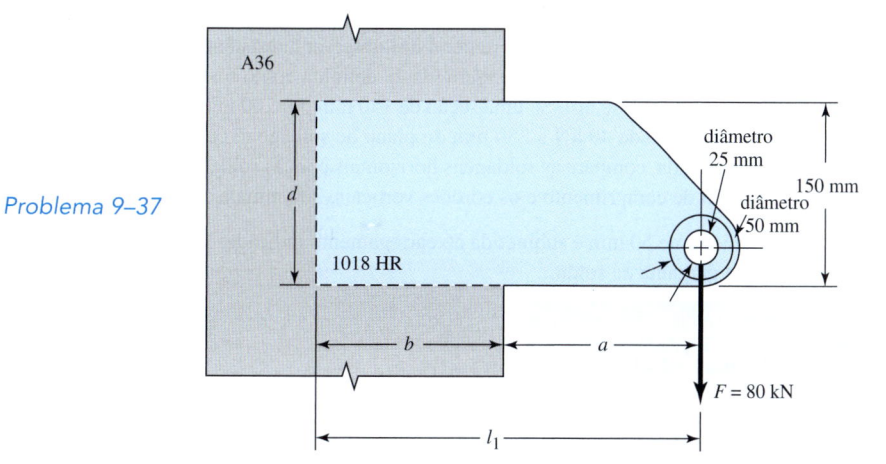

Problema 9–37

9–38 Escreva um programa de computador para ajudá-lo com uma tarefa semelhante à do Problema 9–37 com um padrão retangular de cordão de solda para uma junção torcional de cisalhamento. Ao fazê-lo, solicite a força F, o espaço livre a e a maior tensão admissível de cisalhamento. Então, como parte de um ciclo iterativo, solicite as dimensões b e d do retângulo. Essas podem ser suas variáveis de projeto. Apresente todos os parâmetros após o tamanho de perna ter sido determinado por cômputo. Com efeito, essa será sua avaliação de adequação quando você parar a iteração. Inclua a figura de mérito $J_u/(hl)$ na saída. A fom e o tamanho de perna h com a largura disponível dará a você uma introspecção útil na natureza dessa classe de soldas. Use o programa para verificar suas soluções ao Problema 9–37.

9–39 Soldas de filete na junção que resistem a uma flexão são interessantes uma vez que elas podem ser mais simples que aquelas que resistem à torção. Do Problema 9–33 você aprendeu que seu objetivo é colocar metal de solda tão longe do centroide do cordão de solda quanto possível, mas distribuído em uma orientação paralela ao eixo x. Além disso, a colocação no topo e no fundo da extremidade incrustada de uma viga de balanço com seção transversal retangular resulta em cordões de solda paralelos, cada um dos quais está em uma posição ideal. O objetivo deste problema é estudar o cordão de solda completo e o padrão de cordão de solda interrompido. Considere o caso da Figura 9–17, p. 472, com $F = 40$ kN, comprimento da viga 250 mm, $b = 200$ mm e $d = 200$ mm. Para o segundo caso, para a solda interrompida considere uma brecha central de $b_1 = 50$ mm existente em soldas de topo e fundo. Estude os dois casos com $\tau_{adm} = 88$ MPa. O que você nota com relação a τ, σ e τ_{max}? Compare a fom′.

9–40 Para uma trilha retangular de cordão de solda que resiste à flexão, desenvolva equações para tratar casos de soldas verticais, soldas horizontais e padrões de solda ao redor de contornos com profundidade d e largura b e permitindo brechas centrais nos cordões paralelos de comprimento b_1 e d_1. Faça isso por superposição de trilhas paralelas, trilhas verticais subtraindo as brechas. Então ponha as duas juntas para um cordão de solda retangular com brechas centrais de comprimento b_1 e d_1. Mostre que os resultados são

$$A = 1{,}414(b - b_1 + d - d_1)h$$

$$I_u = \frac{(b - b_1)d^2}{2} + \frac{d^3 - d_1^3}{6}$$

$$I = 0{,}707 h I_u$$

$$l = 2(b - b_1) + 2(d - d_1)$$

$$\text{fom} = \frac{I_u}{hl}$$

9–41 Produza um programa de computador baseado no protocolo do Problema 9–40. Solicite a maior tensão admissível de cisalhamento, a força F e o espaço livre a, bem como as dimensões b e d. Comece um ciclo iterativo solicitando b_1 e d_1. Cada ou ambos podem ser suas variáveis de projeto. Programe para encontrar o tamanho de perna que corresponde a um nível de tensão de cisalhamento no nível máximo admissível em um canto. Apresente todos os parâmetros incluindo a figura de mérito. Use o programa para verificar quaisquer problemas anteriores para os quais ele seja aplicável. Treine com o programa em um modo "o que ocorre se..." e aprenda a cerca das tendências de seus parâmetros.

9–42 Quando comparamos dois padrões de soldagem diferentes é útil observar a resistência à flexão, ou torção, e o volume de metal de solda depositado. A *medida de efetividade*, definida como o segundo momento de área dividido pelo volume de metal de solda, é útil. Se uma seção de 150 mm por 200 mm de uma viga em balanço carrega uma carga estática de flexão de 40 kN a 250 mm do plano de soldagem, com uma tensão admissível de cisalhamento de 88 MPa medida, compare as soldagens horizontais com as soldagens verticais. Os cordões horizontais devem ter 150 mm de comprimento e os cordões verticais, 200 mm de comprimento.

9–43 a 9–45 Uma barra de aço com diâmetro de 50 mm é submetida ao carregamento indicado. Localize e estime a tensão de cisalhamento máxima na garganta da solda.

Número do problema	F	T
9–43	0	2 kN · m
9–44	8 kN	0
9–45	8 kN	2 kN · m

Problemas 9–43 a 9–45

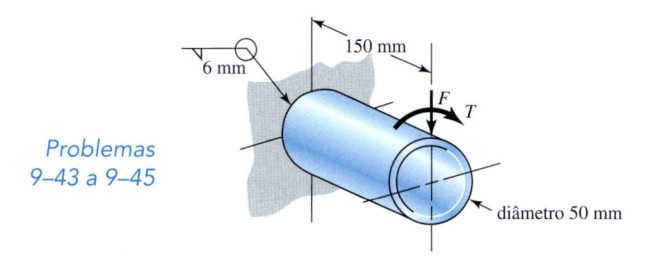

9–46 Para o Problema 9–45, determine o tamanho da solda se a tensão de cisalhamento máxima é de 120 MPa.

9–47 Encontre a tensão máxima de cisalhamento na garganta do metal de solda na figura.

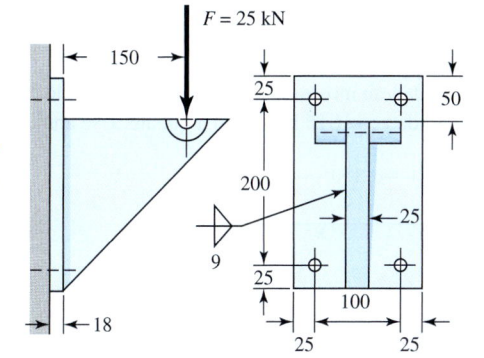

Problema 9–47
Dimensões em milímetros.

9–48 A figura mostra um pedestal de aço soldado carregado por uma força estática F. Calcule o fator de segurança se a tensão admissível de cisalhamento na garganta de solda é 120 MPa.

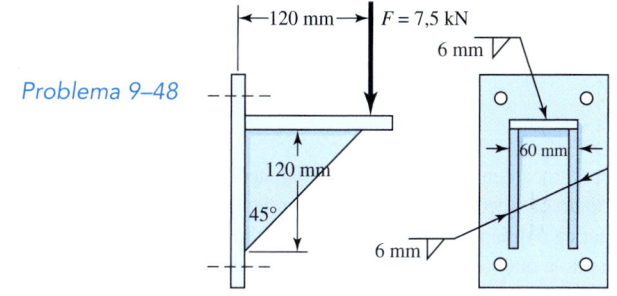

Problema 9–48

9–49 A figura mostra uma cantoneira formada de chapa de aço. Em vez de fixá-la ao suporte com parafusos de máquina, a soldagem ao redor do flange de suporte da cantoneira foi proposto. Se a tensão combinada no metal de solda está limitada a 6 MPa, calcule a carga total W que a cantoneira aguentará. As dimensões da flange de topo são as mesmas da flange de montagem.

Problema 9–49
O suporte estrutural é de aço estrutural A26, o suporte é de aço 1020 conformado a frio. O eletrodo de solda é de aço E6010.

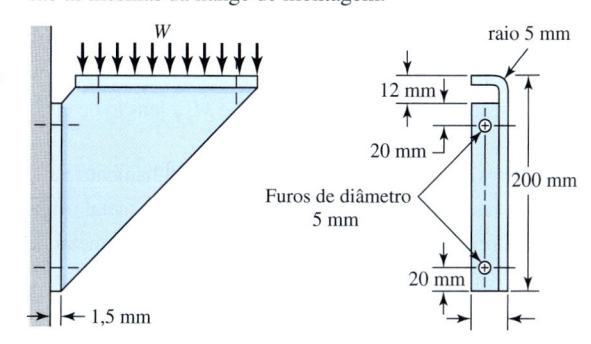

9–50 Sem suporte, um maquinista pode exercer somente cerca de 400 N em uma chave de encaixe ou cabo de ferramenta. A alavanca mostrada na figura tem $t = 12$ mm e $w = 50$ mm. Desejamos especificar o tamanho do filete de solda para segurar a alavanca à parte tubular em A. Ambas as partes são de aço, e a tensão de cisalhamento na garganta de solda não deve exceder 20 MPa. Encontre o tamanho seguro de solda.

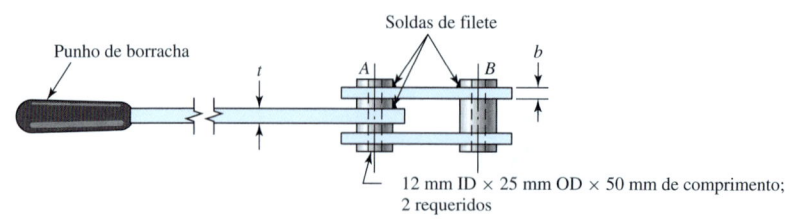

Problema 9–50

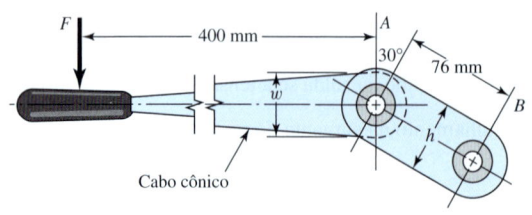

9–51 Calcule a carga segura estática F para a soldagem mostrada na figura se um eletrodo E6010 for usado e o fator de projeto tiver de ser 2. Os elementos são de aço 1015 laminado a quente. Use análise convencional.

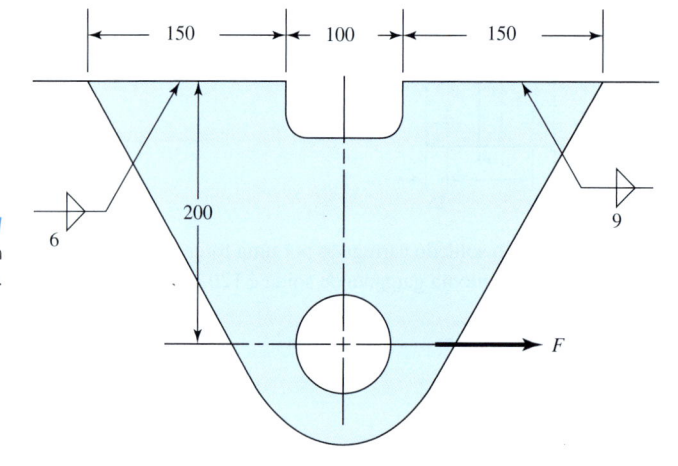

Problema 9–51
Dimensões em milímetros.

9–52 Um suporte, tal qual o mostrado, é usado em atracamento de pequenas embarcações. A falha de tais suportes geralmente é causada por pressão de suporte do prendedor de amarre contra o lado do orifício. Nosso propósito aqui é obter uma ideia das margens estática e dinâmica de segurança envolvidas. Usamos um suporte de 6 mm de espessura feito de aço 1018 laminado a quente. Consideramos então que a ação de onda na embarcação criará a força F não maior que 5 kN.

(a) Identifique o momento M que produz uma tensão de cisalhamento na garganta resistindo à ação de flexão com uma "tração" em A e "compressão" em C.

(b) Encontre a componente de força F_y que produz uma tensão de cisalhamento na garganta resistindo a uma "tração" por meio da solda.

(c) Encontra a componente de força F_x que produz um cisalhamento em linha por toda a solda.

(d) Encontre A, I_u e I usando a Tabela 9–2 na peça.

(e) Encontre a tensão de cisalhamento τ_1 em A causada por F_y e M, a tensão de cisalhamento τ_2 causada por F_x e combine para encontrar τ.

(f) Encontre o fator de segurança resguardando de escoamento de cisalhamento na soldagem.

(g) Encontre o fator de segurança resguardando de uma falha estática no metal original na solda.

(h) Encontre o fator de segurança resguardando de uma falha por fadiga no metal de solda usando o critério de falha de Gerber.

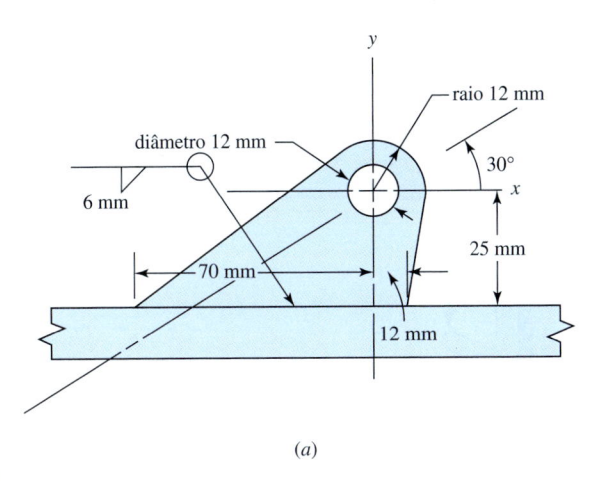

Problema 9–52
Olhal de amarração para pequenos barcos

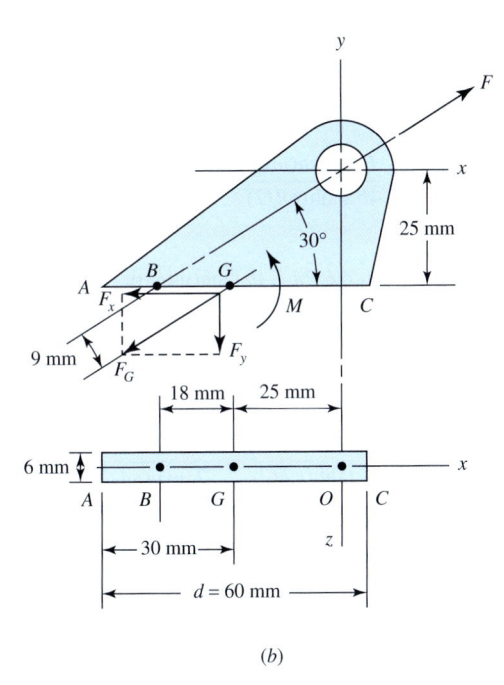

(a)

(b)

9–53 Por questão de perspectiva é sempre útil pensar em termos de escala. Duplique todas as dimensões no Problema 9–18 e encontre a carga admissível. Por qual fator ela foi aumentada? Primeiro faça uma suposição, depois realize o cálculo. Você esperaria a mesma razão se a carga tivesse sido a variável?

9–54 Lojas de material de construção frequentemente vendem ganchos plásticos que podem ser montados em paredes com fita de espuma de adesivo sensível à pressão. Dois projetos são mostrados em (a) e (b) da figura. Indique qual você compraria e por quê.

Problema 9–54

(a)

(b)

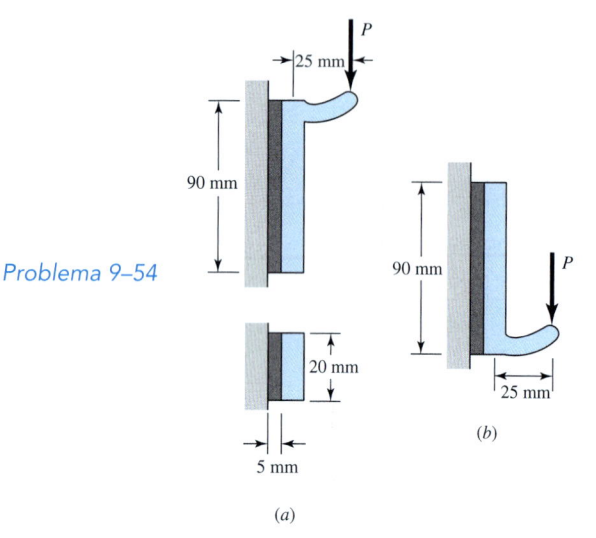

9-55 Para uma junção balanceada de sobreposição dupla, curada a temperatura ambiente, a equação de Volkersen se simplifica a

$$\tau(x) = \frac{P\omega\cosh(\omega x)}{4b\,\text{senh}(\omega l/2)} = A_1 \cosh(\omega x)$$

(a) Mostre que a tensão média $\bar{\tau}$ é $P/(2bl)$.
(b) Mostre que a maior tensão de cisalhamento é $Pw/[4b\tanh(wl/2)]$.
(c) Defina o fator de aumento de tensão K tal que

$$\tau(l/2) = K\bar{\tau}$$

seguindo-se

$$K = \frac{P\omega}{4b\tanh(\omega l/2)}\frac{2bl}{P} = \frac{\omega l/2}{\tanh(\omega l/2)} = \frac{\omega l}{2}\frac{\exp(\omega l/2) + \exp(-\omega l/2)}{\exp(\omega l/2) - \exp(-\omega l/2)}$$

9-56 Programe a solução de atraso do cisalhamento para o estado de tensão de cisalhamento em seu computador usando a Equação (9–7). Determine a tensão máxima de cisalhamento para cada um dos seguintes cenários:

Parte	E_a, GPa	t_o, mm	t_i, mm	E_o, GPa	E_i, GPa	h, mm
a	1,4	3	6	207	207	0,13
b	1,4	3	6	207	207	0,4
c	1,4	3	3	207	207	0,13
d	1,4	3	6	207	69	0,13

Providencie gráficos das distribuições verdadeiras de tensão preditas por essa análise. Você pode omitir as tensões térmicas dos cálculos, considerando que a temperatura de serviço é similar à temperatura isenta de tensão. Se a tensão admissível de cisalhamento for de 550 MPa e a carga a ser carregada for de 1,2 N, calcule os fatores respectivos de segurança para cada geometria. Faça $l = 30$ mm e $b = 25$ mm.

10 Molas

- **10-1** Tensões em molas helicoidais **502**
- **10-2** O efeito da curvatura **503**
- **10-3** Deflexão de molas helicoidais **504**
- **10-4** Molas de compressão **504**
- **10-5** Estabilidade **506**
- **10-6** Materiais para molas **507**
- **10-7** Projeto de molas helicoidais para compressão estática em serviço **512**
- **10-8** Frequência crítica de molas helicoidais **518**
- **10-9** Carregamento de fadiga em molas helicoidais de compressão **520**
- **10-10** Projeto de molas helicoidais para fadiga em compressão **523**
- **10-11** Molas de extensão **526**
- **10-12** Molas helicoidais de torção **534**
- **10-13** Molas Belleville **542**
- **10-14** Molas diversas **543**
- **10-15** Resumo **545**

Quando um projetista deseja rigidez, deflexão desprezível é uma aproximação aceitável, contanto que não comprometa a função. A flexibilidade é algumas vezes necessária e é com frequência fornecida por corpos metálicos com a geometria controlada engenhosamente. Esses corpos podem exibir flexibilidade no grau que o projetista busca. Tal flexibilidade pode ser linear ou não linear ao relacionar deflexão e carga. Esses dispositivos permitem a aplicação controlada da força ou do torque; o armazenamento e a liberação da energia pode ser um outro objetivo. A flexibilidade permite distorção temporária para acesso e restauração imediata da função. Por causa do valor da maquinária para os projetistas, as molas têm sido intensamente estudadas; além disso, são produzidas em grandes quantidades (por isso, custam pouco) e configurações engenhosas foram encontradas para uma variedade de aplicações desejadas. Neste capítulo, discutiremos os tipos de molas mais usados, suas relações paramétricas necessárias e seus projetos.

Em geral, as molas são classificadas como molas de fio de arame, molas planas ou molas de formato especial, e há variações dentro dessas divisões. Molas de fio incluem molas helicoidais de fio redondo e de fio quadrado, feitas para resistir e defletir sob cargas de tração, compressão ou torção. Molas planas incluem tipos em balanço e elípticas, molas de potência enroladas como em motores ou tipo relógio e arruelas planas de mola, usualmente chamadas de molas Belleville.

10–1 Tensões em molas helicoidais

A Figura 10–1a mostra uma mola de compressão helicoidal de fio redondo carregada pela força axial F. Designamos D como o *diâmetro médio de espiral* e d como o *diâmetro de fio*. Isole um segmento da mola, conforme mostrado na Figura 10–1b. Por equilíbrio, a seção isolada contém uma força de cisalhamento direta F e um momento de torção $T = FD/2$.

A tensão de cisalhamento máxima no fio pode ser computada pela superposição da tensão de cisalhamento direta dada pela Equação (3–23), p. 101, onde se faz $V = F$, com a tensão de cisalhamento por torção dada pela Equação (3–37), p. 113. O resultado é

$$\tau_{max} = \frac{Tr}{J} + \frac{F}{A} \qquad (a)$$

na fibra *interna* da mola. A substituição de $\tau_{max} = \tau$, $T = FD/2$, $r = d/2$, $J = \pi d^4/32$ e $A = \pi d^2/4$ dá

$$\tau = \frac{8FD}{\pi d^3} + \frac{4F}{\pi d^2} \qquad (b)$$

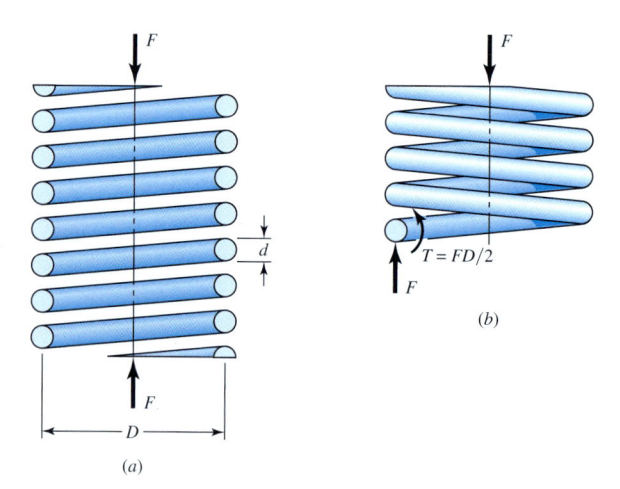

Figura 10–1 (a) Mola helicoidal carregada axialmente; (b) diagrama de corpo livre mostrando que o fio está sujeito a cisalhamento direto e cisalhamento torcional.

Agora definimos o *índice de mola*

$$C = \frac{D}{d} \tag{10-1}$$

que é uma medida de curvatura da espiral. O valor de C recomendado varia de 4 a 12.[1] Com essa relação, a Equação (*b*) pode ser rearranjada para dar

$$\tau = K_s \frac{8FD}{\pi d^3} \tag{10-2}$$

em que K_s é um *fator de correção da tensão de cisalhamento* e é definido pela equação

$$K_s = \frac{2C + 1}{2C} \tag{10-3}$$

O uso de fio quadrado ou retangular não é recomendado para molas, a menos que limitações de espaço o façam necessário. Molas de formatos especiais de fio não são feitas em grandes quantidades, ao contrário daquelas de fio redondo; elas não tiveram o benefício de desenvolvimento refinado e, portanto, podem não ser tão fortes quanto as molas feitas de fio redondo. Quando o espaço é muito limitado, o uso de molas de fio redondo aninhado deve sempre ser considerado. Elas podem ter uma vantagem econômica sobre as molas de seção especial, bem como uma vantagem de resistência.

10-2 O efeito da curvatura

A Equação (10-2) baseia-se no fio reto. Contudo, a curvatura do fio causa um aumento localizado de tensão na superfície interna da hélice que pode ser levada em conta através do fator de curvatura. Esse fator pode ser aplicado de maneira análoga ao que é feito com o fator de concentração de tensões. Para carregamento estático, o fator de curvatura é normalmente desconsiderado porque qualquer escoamento localizado leva ao endurecimento por deformação localizada. Para aplicações em fadiga, o fator de curvatura deve ser incluído.

Infelizmente, é necessário encontrar o fator de curvatura de uma maneira circunloquial. A razão é que as equações publicadas também incluem o efeito da tensão de cisalhamento direto. Suponha que K_s, na Equação (10–2), seja trocado por um outro fator K, que corrija para ambos a curvatura e o cisalhamento direto. O fator é dado por qualquer das equações

$$K_W = \frac{4C - 1}{4C - 4} + \frac{0{,}615}{C} \tag{10-4}$$

$$K_B = \frac{4C + 2}{4C - 3} \tag{10-5}$$

A primeira é chamada de *fator Wahl*, e a segunda, de *fator Bergsträsser*.[2] Visto que os resultados dessas duas equações diferem por menos de 1%, a Equação (10–5) é preferida. O fator de correção da curvatura pode agora ser obtido cancelando completamente o efeito do cisalhamento direto. Logo, usando a Equação (10–5) com a Equação (10–3), o fator de correção de curvatura é encontrado como sendo

$$K_c = \frac{K_B}{K_s} = \frac{2C(4C + 2)}{(4C - 3)(2C + 1)} \tag{10-6}$$

---

[1] *Design Handbook: Engineering Guide to Spring Design*, Associated Spring-Barnes Group Inc., Bristol, CT, 1987.

[2] Cyril Samónov, "Some Aspects of Design of Helical Compression Springs", *Int. Symp. Design and Synthesis*, Tokyo, 1984.

Agora, K_s, K_B ou K_W e K_c são simplesmente fatores de correção de tensão aplicados multiplicativamente a Tr/J no local crítico para estimar uma tensão particular. *Não* existe fator de concentração de tensão. Neste livro, usaremos

$$\tau = K_B \frac{8FD}{\pi d^3} \quad (10\text{--}7)$$

para prever a maior tensão de cisalhamento.

10–3 Deflexão de molas helicoidais

Pode-se obter as relações deflexão-força facilmente usando o teorema de Castigliano. A energia total de deformação para uma mola helicoidal é composta de uma componente torcional e uma componente de cisalhamento. Das Equações (4–18) e (4–20), p. 176, temos que a energia de deformação é

$$U = \frac{T^2 l}{2GJ} + \frac{F^2 l}{2AG} \quad (a)$$

Substituindo $T = FD/2$, $l = \pi DN$, $J = \pi d^4/32$ e $A = \pi d^2/4$ resulta em

$$U = \frac{4F^2 D^3 N}{d^4 G} + \frac{2F^2 DN}{d^2 G} \quad (b)$$

em que $N = N_a = $ número de espiras ativas. Então, usando o teorema de Castigliano, Equação (4–26), p. 179, para encontrar a deflexão y total, temos

$$y = \frac{\partial U}{\partial F} = \frac{8FD^3 N}{d^4 G} + \frac{4FDN}{d^2 G} \quad (c)$$

Visto que $C = D/d$, a Equação (c) pode ser rearranjada para produzir

$$y = \frac{8FD^3 N}{d^4 G}\left(1 + \frac{1}{2C^2}\right) \approx \frac{8FD^3 N}{d^4 G} \quad (10\text{--}8)$$

A razão de mola, também chamada de *constante* (*ou escala ou graduação*) da mola, é $k = F/y$, então

$$k \approx \frac{d^4 G}{8D^3 N} \quad (10\text{--}9)$$

10–4 Molas de compressão

Os quatro tipos de extremidades geralmente usados para molas de compressão estão na Figura 10–2. O tipo de cada mola é mostrado na respectiva extremidade direita. Uma mola com *extremidades simples* tem um helicoide ininterrupto; as extremidades são equivalentes às de uma mola comprida cortada em seções. Uma mola com extremidades simples *em esquadro* ou *fechadas* é obtida deformando-se as extremidades a um ângulo de hélice de zero grau. As molas sempre devem ser em esquadro e retificadas para aplicações importantes, porque é obtida uma melhor transferência de carga.

A Tabela 10–1 mostra como o tipo de extremidade usado afeta o número de espirais e o comprimento da mola.[3] Note que os dígitos 0, 1, 2 e 3 que aparecem na Tabela 10–1 são usados frequentemente sem questionamento.

---

[3] Para uma discussão completa e desenvolvimento dessas relações, veja Cyril Samónov, "Computer-Aided Design of Helical Compression Springs", artigo da ASME n. 80-DET-69, 1980.

(a) Extremidade simples, mão direita

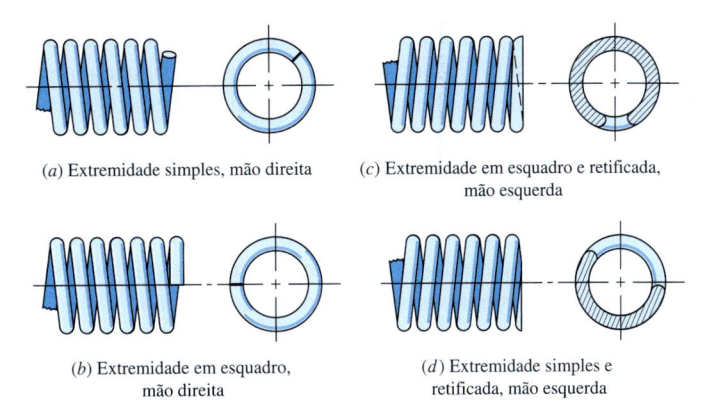

(c) Extremidade em esquadro e retificada, mão esquerda

(b) Extremidade em esquadro, mão direita

(d) Extremidade simples e retificada, mão esquerda

Figura 10–2 Tipos de extremidades para molas de compressão. (a) ambas as extremidades simples; (b) ambas as extremidades em esquadro; (c) ambas as extremidades em esquadro e retificadas; (d) ambas as extremidades simples e retificadas.

Tabela 10–1 Fórmulas para as características dimensionais das molas de compressão. (N_a = Número de espirais ativas.)

	Tipo de extremidades de mola			
Termo	Simples	Simples e retificada	Em esquadro ou fechada	Em esquadro e retificada
Espirais de extremidade, N_e	0	1	2	2
Total de espirais, N_t	N_a	$N_a + 1$	$N_a + 2$	$N_a + 2$
Comprimento livre, L_0	$pN_a + d$	$p(N_a + 1)$	$pN_a + 3d$	$pN_a + 2d$
Comprimento sólido, L_s	$d(N_t + 1)$	dN_t	$d(N_t + 1)$	dN_t
Passo, p	$(L_0 - d)/N_a$	$L_0/(N_a + 1)$	$(L_0 - 3d)/N_a$	$(L_0 - 2d)/N_a$

Fonte: Extraído de *Design Handbook,* 1987, p. 32, Cortesia da Associated Spring.

Alguns desses necessitam de um exame mais profundo, pois podem não ser inteiros. Isso depende de como o fabricante de mola forma as extremidades. Forys[4] aponta que extremidades em esquadro e retificadas oferecem um comprimento sólido L_s de

$$L_s = (N_t - a)d$$

em que a varia com uma média de 0,75, assim a entrada dN_t na Tabela 10–1 pode ser exagerada. O jeito de verificar essas variações é optar por molas de um fabricante em particular, comprimi-las até ficarem sólidas e medir a altura sólida. Um outro modo é contar, na mola, os diâmetros de fio no empilhamento sólido.

Remoção de assentamento ou *pré-ajuste* é um processo usado na manufatura de molas de compressão para induzir tensões residuais. É feito fabricando-se a mola mais comprida que o necessário e depois a comprimindo até sua altura sólida. Essa operação *ajusta* a mola ao comprimento livre final requerido e, visto que a resistência de escoamento torcional foi excedida, induz tensões residuais opostas em direção àquelas induzidas em serviço. Molas que serão pré-ajustadas devem ser desenhadas para que de 10% a 30% de seu comprimento livre inicial sejam removidos durante a operação. Se a tensão na altura sólida for maior que 1,3 vez a resistência de escoamento torcional, a distorção poderá ocorrer. Se a tensão for muito menor que 1,1 vez, será difícil controlar o comprimento livre resultante.

---

[4]Edward L. Forys, "Accurate Spring Heights", *Machine Design*, v. 56, n. 2, 26, jan. 1984.

A remoção de assentamento aumenta a resistência da mola, assim é especialmente útil quando a mola é usada para propósitos de armazenamento de energia. A remoção de assentamento não deve ser usada quando molas forem sujeitas à fadiga.

10–5 Estabilidade

No Capítulo 4, aprendemos que uma coluna flambará quando a carga se tornar muito grande. Similarmente, molas de espirais em compressão podem flambar quando a deflexão fica muito grande. A deflexão crítica é dada pela equação

$$y_{cr} = L_0 C_1' \left[1 - \left(1 - \frac{C_2'}{\lambda_{eff}^2} \right)^{1/2} \right] \quad (10\text{–}10)$$

em que y_{cr} é a deflexão correspondente ao início da instabilidade. Samónov[5] afirma que esta equação é citada por Wahl[6] e verificada experimentalmente por Haringx.[7] A quantidade na Equação (10–10) é a *razão efetiva de esbeltez* e é dada pela equação

$$\lambda_{eff} = \frac{\alpha L_0}{D} \quad (10\text{–}11)$$

C_1' e C_2' são constantes elásticas definidas pelas equações

$$C_1' = \frac{E}{2(E - G)}$$

$$C_2' = \frac{2\pi^2(E - G)}{2G + E}$$

A Equação (10–11) contém a *constante de condição de extremidade*. Esta depende de como as extremidades das molas são apoiadas. A Tabela 10–2 fornece valores de α para condições usuais de extremidades. Note quão proximamente estas se assemelham às condições de extremidade para colunas.

Tabela 10–2 Constantes α de condição de extremidade para molas helicoidais de compressão.*

Condição de extremidade	Constante α
Mola suportada entre superfícies planas paralelas (extremidades fixas)	0,5
Uma extremidade apoiada por superfície plana perpendicular ao eixo de mola (fixo); outra extremidade pivotada (articulada)	0,707
Ambas as extremidades pivotadas (articuladas)	1
Uma extremidade engastada; outra extremidade livre	2

*Extremidades apoiadas por superfícies planas devem ser em esquadro e retificadas.

---

[5] Cyril Samónov, "Computer-Aided Design", op. cit.

[6] A. M. Wahl, *Mechanical Springs*, 2. ed. Nova York, McGraw-Hill, 1963.

[7] J. A. Haringx, "On Highly Compressible Helical Springs and Rubber Rods and Their Application for Vibration-Free Mountings", I e II, *Phillips Res. Rep.*, v. 3, dez. 1948, p. 401-449, v. 4, fev. 1949, p. 49-80.

A estabilidade absoluta ocorre quando, na Equação (10–10), o termo C'_2/λ_{ff}^2 é maior que a unidade. Isso significa que a condição para a estabilidade absoluta é

$$L_0 < \frac{\pi D}{\alpha}\left[\frac{2(E-G)}{2G+E}\right]^{1/2} \qquad (10\text{–}12)$$

Para aços, esta vem a ser

$$L_0 < 2{,}63\frac{D}{\alpha} \qquad (10\text{–}13)$$

Para extremidades em esquadro e retificadas suportadas entre superfícies planas paralelas, $\alpha = 0{,}5$ e $L_0 < 5{,}26 D$.

10–6 Materiais para molas

Molas são manufaturadas por processos de trabalho a quente ou a frio, dependendo do tamanho do material, do índice de mola e das propriedades desejadas. Em geral, não deve ser utilizado fio pré-endurecido se $D/d < 4$ ou $d > 6$ mm. O enrolamento da mola induz tensões residuais por flexão, mas estas são normais à direção das tensões torcionais de trabalho em uma mola de espirais. Muito frequentemente na manufatura de molas, elas são aliviadas, após enrolamento, por um tratamento térmico ameno.

Uma grande variedade de materiais de mola está disponível para o projetista, incluindo aços comuns de carbono, aços-liga e aços resistentes à corrosão, bem como materiais não ferrosos como bronze-fósforo, latão de mola, cobre berílio e várias ligas de níquel. Descrições dos aços mais comumente usados serão encontradas na Tabela 10–3. Os aços UNS listados no Apêndice A devem ser usados ao desenhar molas de espirais pesadas laminadas a quente, bem como molas planas, molas de feixe (de lâmina) e barras de torção.

Os materiais de mola podem ser comparados por um exame de suas resistências de tração; estas variam tanto com o tamanho do fio: elas não podem ser especificadas até que o tamanho do fio seja conhecido. O material e seu processamento também têm um efeito na resistência de tração. Resulta que o gráfico da resistência de tração *versus* o diâmetro de fio é quase uma linha reta para alguns materiais quando traçado em papel log-log. Escrever a equação desta linha como

$$S_{ut} = \frac{A}{d^m} \qquad (10\text{–}14)$$

fornece um bom meio de estimar as resistências mínimas de tração quando a intersecção A e a declividade m da linha são conhecidas. Valores dessas constantes foram trabalhados com base em dados recentes em unidades de kpsi e MPa na Tabela 10–4. Na Equação (10–14) quando d é medido em milímetros, A está em MPa·mm^m e quando d é medido em polegadas, A está em kpsi·in^m.

Embora a resistência de escoamento torcional seja necessária para desenhar a mola e para analisar o desempenho, materiais de mola costumeiramente são testados somente para resistência de tração – talvez porque ele seja um ensaio tão fácil e barato de fazer. Uma estimativa grosseira da resistência de escoamento torcional pode ser obtida admitindo que a resistência de escoamento de tração esteja entre 60% e 90% da resistência de tração. Portanto, a teoria da energia de distorção pode ser empregada para obter a resistência de escoamento torcional ($S_{sy} = 0{,}577\, S_y$). Essa abordagem resulta no intervalo para aços

$$0{,}35 S_{ut} \leq S_{sy} \leq 0{,}52 S_{ut} \qquad (10\text{–}15)$$

Tabela 10–3 Aços de mola de liga e alto carbono

Nome do material	Especificação similar	Descrição
Fio musical (ou polido), 0,80–0,95*C*	UNS G10850 AISI 1085 ASTM A228-51	Este é o melhor, mais tenaz e mais amplamente usado de todos os materiais de mola para pequenas molas. Ele tem a mais elevada resistência de tração e pode aguentar tensões mais elevadas sob carregamento repetido que qualquer outro material de mola. Disponível em diâmetros de 0,12 mm a 3 mm (0,005 a 0,125 in). Não use acima de 120°C (250°F) ou em temperaturas abaixo de zero.
Fio revenido em óleo, 0,60–0,70*C*	UNS G10650 AISI 1065 ASTM 229-41	Este aço de mola de propósito geral é usado para muitos tipos de molas de espirais, em que o custo do fio musical é proibitivo e em tamanhos maiores que os disponíveis em fio musical. Não recomendável para carregamento de choque ou impacto. Disponível em diâmetros de 3 mm a 12 mm (0,125 a 0,5000 in), mas diâmetros maiores e menores podem ser obtidos. Não recomendado para uso acima de 180°C (350°F) ou em temperaturas abaixo de zero.
Mola de fio duro estirado 0,60–0,70*C*	UNS G10660 AISI 1066 ASTM A227-47	Este é o aço de mola mais barato de propósito geral, e deve ser usado somente quando a vida, acurácia e deflexão não são tão importantes. Disponível em diâmetros de 0,8 mm a 12 mm (0,031 a 0,500 in). Não recomendado para uso acima de 120°C (250°F) ou em temperaturas abaixo de zero.
Cromo-vanádio	UNS G61500 AISI 6150 ASTM 231-41	Este é o mais popular aço-liga de mola para condições envolvendo tensões mais elevadas que pode ser usado com aços de alto-carbono, e para uso em que resistência à fadiga e longa endurança são necessárias. Também bom para cargas de choque e impacto. Amplamente usado para mola de válvulas de motor de aeronaves e em temperaturas até 220°C (425°F). Disponível recozido ou pré-revenido, em tamanhos de 0,8 mm a 12 mm (0,031 a 0,500 in) de diâmetro.
Cromo-silício	UNS G92540 AISI 9254	Esta liga é um material excelente para molas altamente tensionadas que requerem viga longa e estão sujeitas a carregamento de choque. Durezas Rockwell de C50 a C53 são muito comuns, e o material pode ser usado até 250°C (475°F). Disponível de 0,8 mm a 12 mm (0,031 a 0,500 in) de diâmetro.

Fonte: Extraído de Harold C. R. Carlson, "Selection and Application of Spring Materials", *Mechanical Engineering*, v. 78, 1956, p. 331-334.

Tabela 10–4 Constantes A e m de $S_{ut} = A/d^m$ para estimar a resistência mínima de tração de fios comuns de mola.

Material	ASTM nº	Expoente m	Diâmetro, in	A, kpsi · in^m	Diâmetro, mm	A, MPa · mm^m	Custo relativo do fio
Fio musical*	A228	0,145	0,004–0,256	201	0,10–6,5	2211	2,6
Fio temperado e revenido em óleo†	A229	0,187	0,020–0,500	147	0,5–12,7	1855	1,3
Mola de fio duro estirado‡	A227	0,190	0,028–0,500	140	0,7–12,7	1783	1,0
Fio de cromo-vanádio §	A232	0,168	0,032–0,437	169	0,8–11,1	2005	3,1
Fio cromo-silício‖	A401	0,108	0,063–0,375	202	1,6–9,5	1974	4,0
Fio inoxidável#	A313	0,146	0,013–0,10	169	0,3–2,5	1867	7,6–11
		0,263	0,10–0,20	128	2,5–5	2065	
		0,478	0,20–0,40	90	5–10	2911	
Fio fósforo-bronze**	B159	0	0,004–0,022	145	0,1–0,6	1000	8,0
		0,028	0,022–0,075	121	0,6–2	913	
		0,064	0,075–0,30	110	2–7,5	932	

*Superfície é lisa, livre de defeitos e tem um acabamento brilhante e lustroso.
†Tem uma crosta de termo-tratamento branda, que pode ser removida antes de revestimento.
‡Superfície é lisa e brilhante, sem marcas visíveis.
§Fio revenido de qualidade aeronáutica, pode também ser obtido recozido.
‖ Revenido à dureza Rockwell C49, mas pode ser obtido sem revenido.
Aço Inoxidável tipo 302.
** Revenido CA510.

Fonte: Extraído do *Design Handbook*, 1987, p.19. Cortesia da Associated Spring.

Para os fios listados na Tabela 10–5, a tensão máxima de cisalhamento admissível em uma mola pode ser vista na coluna 3. O fio de música (fio polido) e o fio de mola de aço estirado a frio têm uma extremidade inferior de intervalo $S_{sy} = 0,45S_{ut}$. Fio de mola de válvula, Cr-Va, Cr-Si e outros (não mostrados) fios de carbono endurecido e revenido e fios de aço de baixa liga como grupo têm $S_{sy} \geq 0,50S_{ut}$. Muitos materiais não ferrosos (não mostrados) como grupo têm $S_{sy} \geq 0,35S_{ut}$. Em vissa disso, Joerres[8] usa a tensão máxima admissível de torção para aplicação estática exibida na Tabela 10–6. Para materiais específicos para os quais você tem informação do escoamento de torção, use essa tabela como um guia. Joerres fornece informação de remoção de assentamento na Tabela 10–6, que $S_{sy} \geq 0,65S_{ut}$ aumenta a resistência por trabalho a frio, mas a custo de uma operação adicional do fabricante de mola. Às vezes, a operação adicional pode ser feita pelo fabricante durante a montagem. Algumas correlações com molas de aço-carbono mostram que a resistência de escoamento de tração de fio de mola em torção pode ser estimada a partir de $0,75S_{ut}$. A estimativa correspondente à resistência de escoamento em cisalhamento com base na teoria da energia de distorção é $S_{sy} = 0,577(0,75)S_{ut} = 0,433S_{ut} \approx 0,45S_{ut}$. Samónov discute o problema da tensão admissível e mostra que

$$S_{sy} = \tau_{adm} = 0,56 S_{ut} \tag{10–16}$$

para aços de mola de alta tração, o que é próximo ao valor dado por Joerres para aços-liga endurecidos. Ele salienta que o valor da tensão admissível é especificado por Draft Standard 2089, da Alemanha, quando a Equação (10–2) é usada sem fator de correção de tensão.

---
[8] Robert E. Joerres, "Springs", Capítulo 6 em Joseph E. Shigley, Charles R. Mischke e Thomas H. Brown, Jr. (eds.), *Standard Handbook of Machine Design*, 3. ed., Nova York, McGraw-Hill, 2004.

Tabela 10–5 Propriedades mecânicas de alguns fios de mola.

Material	Limite elástico, porcentagem de S_{ut} tração	torção	Diâmetro d in	mm	E Mpsi	Gpa	G Mpsi	GPa
Fio musical A228	65–75	45–60	<0,032	<8	29,5	203,4	12,0	82,7
			0,033–0,063	0,8–1,61	29,0	200	11,85	81,7
			0,064–0,125	1,61–3	28,5	196,5	11,75	81,0
			>0,125	>3	28,0	193	11,6	80,0
Mola de fio duro estirado A227	60–70	45–55	<0,032	<8	28,8	198,6	11,7	80,7
			0,033–0,063	0,8–1,6	28,7	197,9	11,6	80,0
			0,064–0,125	1–3	28,6	197,2	11,5	79,3
			>0,125	>3	28,5	196,5	11,4	78,6
Revenido em óleo A239	85–90	45–50			29,5	196,5	11,2	77,2
Mola de válvula A230	85–90	50–60			29,5	203,4	11,2	77,2
Cromo-vanádio A231	88–93	65–75			29,5	203,4	11,2	77,2
A232	88–93				29,5	203,4	11,2	77,2
Cromo-silício A401	85–93	65–75			29,5	203,4	11,2	77,2
Aço inoxidável								
A313*	65–75	45–55			28	193	10	69,0
17-7PH	75–80	55–60			29,5	208,4	11	75,8
414	65–70	42–55			29	200	11,2	77,2
420	65–75	45–55			29	200	11,2	77,2
431	75–76	50–55			30	206	11,5	79,3
Fósforo-bronze B159	75–80	45–50			15	103,4	6	41,4
Berílio-cobre B197	70	50			17	117,2	6,5	44,8
	75	50–55			19	131	7,3	50,3
Liga inconel X-750	65–70	40–45			31	213,7	11,2	77,2

*Também inclui 302, 304 e 316.
Nota: Ver a Tabela 10–6 para valores de projeto de tensão torcional admissível.

Tabela 10–6 Tensões torcionais admissíveis máximas para molas helicoidais de compressão em aplicações estáticas.

Material	*Porcentagem máxima de resistência de tração* Antes da remoção de assentamento (inclui K_W ou K_B)	Após a remoção de assentamento (inclui K_S)
Fio musical e aço carbono estirado a frio	45	60–70
Aço carbono endurecido e revenido e aço de baixa liga	50	65–75
Aços austeníticos inoxidáveis	35	55–65
Ligas não ferrosas	35	55–65

Fonte: Robert E. Joerres, "Springs", Capítulo 6 em Joseph E. Shigley, Charles R. Mischke e Thomas H. Brown, Jr. (eds.), *Standard Handbook of Machine Design*, 3. ed., Nova York, McGrawHill, 2004.

EXEMPLO 10–1 Uma mola helicoidal de compressão é feita de fio de música nº 16. O diâmetro externo da mola é de 11 mm. As extremidades são esquadradas e existe um total de $12\frac{1}{2}$ voltas.

(a) Estime a resistência de escoamento torcional do fio.

(b) Estime a carga estática correspondente à resistência de escoamento.

(c) Estime a constante da mola.

(d) Estime a deflexão que seria causada pela carga na parte (b).

(e) Estime o comprimento sólido da mola.

(f) Que comprimento a mola deveria ter para assegurar que, quando fosse comprimida a sólido e depois solta, não haveria mudança permanente no comprimento livre?

(g) Dado o comprimento encontrado na parte (f), a flambagem é uma possibilidade?

(h) Qual é o passo da espiral de corpo?

Solução Da Tabela A–28, o diâmetro de fio é $d = 0{,}94$ mm. Da Tabela 10–4, encontramos $A = 2211$ MPa·mm^m e $m = 0{,}145$. Assim, da Equação (10–14)

$$S_{ut} = \frac{A}{d^m} = \frac{2211}{0{,}94^{0{,}145}} = 2231 \text{ MPa}$$

Então, da Tabela 10–6

Resposta $$S_{sy} = 0{,}45 S_{ut} = 0{,}45(2231) = 1004 \text{ MPa}$$

(b) O diâmetro médio da espiral de mola é $D = 11 - 0{,}94 = 10{,}6$ mm, e o índice de mola é $C = 10{,}06/0{,}94$. Da Equação (10–6),

$$K_B = \frac{4C + 2}{4C - 3} = \frac{4(10{,}7) + 2}{4(10{,}7) - 3} = 1{,}126$$

Agora rearranje a Equação (10–7) substituindo K_s e τ por K_B e S_{ys}, respectivamente, e resolva para F:

Resposta $$F = \frac{\pi d^3 S_{sy}}{8 K_B D} = \frac{\pi(0{,}94^3)1004}{8(1{,}126)10{,}06} = 31 \text{ N}$$

(c) Com base na Tabela 10–1, $N_a = 12{,}5 - 2 = 10{,}5$ voltas. Na Tabela 10–5, $G = 81\,700$ MPa e a constante de mola é encontrada por meio da Equação (10–9)

Resposta $$k = \frac{d^4 G}{8 D^3 N_a} = \frac{0{,}94^4(81\,700)}{8(10{,}06^3)10{,}5} = 0{,}9 \text{ N/mm}$$

Resposta (d) $$y = \frac{F}{k} = \frac{31}{0{,}9} = 34{,}4 \text{ mm}$$

(e) Da Tabela 10–1,

Resposta $$L_s = (N_t + 1)d = (12{,}5 + 1)0{,}94 = 12{,}7 \text{ mm}$$

Resposta (f) $$L_0 = y + L_s = 34{,}4 + 12{,}7 = 47{,}1 \text{ mm}$$

(g) Para evitar flambagem, a Equação (10–13) e a Tabela 10–2 nos dão

$$L_0 < 2{,}63\frac{D}{\alpha} = 2{,}63\frac{10{,}06}{0{,}5} = 52{,}9 \text{ mm}$$

> Matematicamente, o comprimento livre de 47,1 mm é menor que 52,9 mm, e a flambagem é improvável. Contudo, a conformação das extremidades controlará quão próximo α é de 0,5. Isso tem de ser investigado, e podem ser necessários uma barra interna ou tubo externo ou furo.
>
> **Resposta**
> $$p = \frac{L_0 - 3d}{N_a} = \frac{47,1 - 3(0,94)}{10,5} = 4,4 \text{ mm}$$

10–7 Projeto de molas helicoidais para compressão estática em serviço

O intervalo preferido do índice de mola é $4 \leq C \leq 12$, com os índices inferiores sendo mais difíceis a conformar (por causa do perigo de trinca de superfície) e molas com índices mais elevados frequentemente tendendo a enroscar o bastante para requerem empacotamento individual. Este pode ser o primeiro item de avaliação do projeto. O intervalo recomendado de voltas ativas é $3 \leq N_a \leq 15$. Para manter linearidade quando uma mola está quase a se fechar, é necessário evitar o encosto gradual das espirais (devido a passo imperfeito). Uma curva característica força-deflexão de mola helicoidal de espirais é idealmente linear. Praticamente, ela é aproximadamente assim, mas não em cada extremidade da curva força-deflexão. A força de mola não é reproduzível para deflexões muito pequenas e próximas ao fechamento, o comportamento não linear iniciais assim que o número de voltas ativas diminui à medida que as espirais começam a se encostar. O projetista confina o ponto de operação da mola aos 75% centrais da curva entre nenhuma carga, $F = 0$, e o fechamento, $F = F_s$. A força operacional máxima deve ser limitada a $F_{max} \leq \frac{7}{8} F_s$. Definindo o percurso fracionário até o fechamento como ξ, em que

$$F_s = (1 + \xi) F_{max} \tag{10-17}$$

segue-se que

$$F_s = (1 + \xi) F_{max} = (1 + \xi)\left(\frac{7}{8}\right) F_s$$

Da igualdade mais externa $\xi = 1/7 = 0,143 \approx 0,15$. Recomenda-se que $\xi = 0,15$.

Além das relações e propriedades do material para molas, temos algumas condições recomendadas de projeto para seguir:

$$4 \leq C \leq 12 \tag{10-18}$$

$$3 \leq N_a \leq 15 \tag{10-19}$$

$$\xi \geq 0,15 \tag{10-20}$$

$$n_s \geq 1,2 \tag{10-21}$$

em que n_s é o fator de segurança no fechamento (altura sólida).

Quando consideramos projetar uma mola para alto volume de produção, a figura de mérito (fom) pode ser o custo do fio com o qual a mola é enrolada. A fom seria proporcional ao custo relativo do material, densidade em peso (peso específico) e volume:

$$\text{fom} = - \text{(custo relativo do material)} \frac{\gamma \pi^2 d^2 N_t D}{4} \tag{10-22}$$

Para comparações entre aços, o peso específico γ pode ser omitido.

O projeto de mola é um processo de extremidades abertas. Existem muitas decisões a serem tomadas e muitos passos possíveis de solução, bem como soluções. No passado, cartas, nomogramas e "regras de cálculo para projeto de molas" foram usados por muitos para simplificar o problema do projeto de mola. Hoje, o computador habilita o projetista a criar programas em muitos formatos diferentes – programação direta, planilha de cálculo, MATLAB etc. Programas comerciais também estão disponíveis.[9] Existem quase tantas formas de criar um programa de desenho de mola quanto existem programadores. Aqui, sugeriremos uma possível abordagem de projeto.

Estratégia de projeto

Faça as decisões *a priori,* com fio de aço duro estirado como a primeira opção (custo relativo do material é 1,0). Escolha o tamanho do fio d. Como todas as decisões feitas, gere uma coluna de parâmetros: d, D, C, OD ou ID, N_a, L_s, L_0, $(L_0)_{cr}$, n_s e fom. Incrementando os tamanhos de fio disponíveis, podemos varrer a tabela de parâmetros e aplicar as recomendações de projeto por inspeção. Após os tamanhos de fios serem eliminados, escolha o projeto de mola com a mais alta figura de mérito. Isso produzirá o projeto ótimo apesar da presença da variável discreta de projeto d e a agregação das restrições de igualdade e desigualdade. O vetor coluna de informação pode ser gerado usando o diagrama de fluxo mostrado na Figura 10–3. Ele é

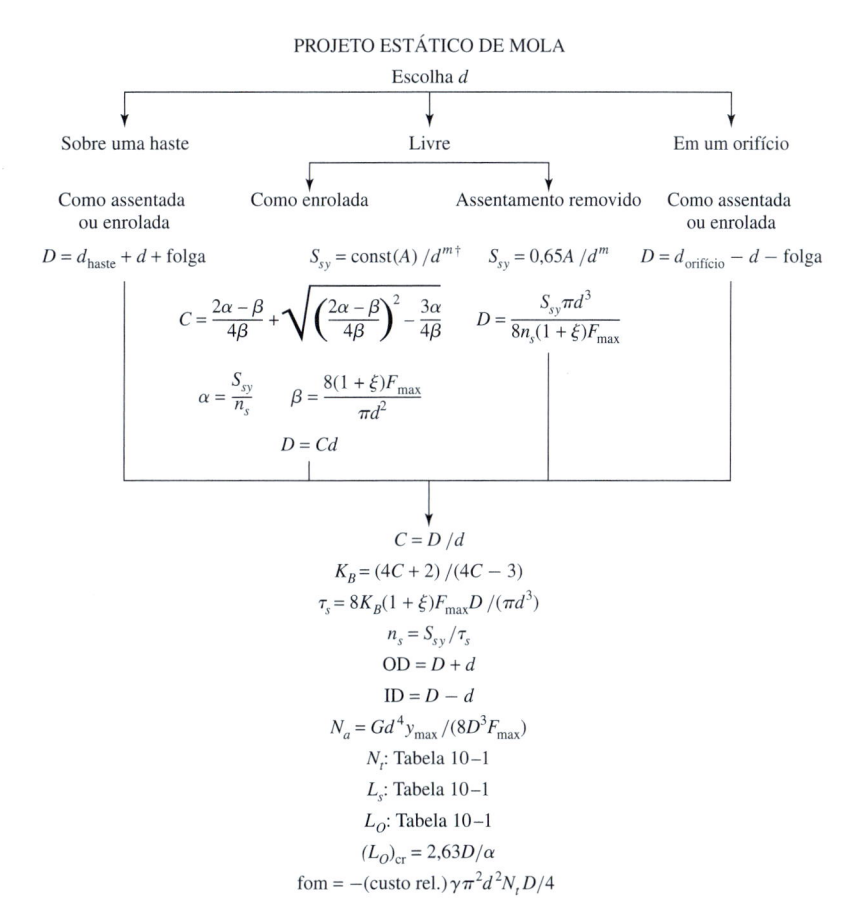

PROJETO ESTÁTICO DE MOLA

Escolha d

Sobre uma haste
Como assentada ou enrolada
$D = d_{haste} + d + \text{folga}$

Livre
Como enrolada
$S_{sy} = \text{const}(A)/d^{m\dagger}$

$$C = \frac{2\alpha - \beta}{4\beta} + \sqrt{\left(\frac{2\alpha - \beta}{4\beta}\right)^2 - \frac{3\alpha}{4\beta}}$$

$$\alpha = \frac{S_{sy}}{n_s} \qquad \beta = \frac{8(1+\xi)F_{max}}{\pi d^2}$$

$D = Cd$

Assentamento removido
$S_{sy} = 0{,}65A/d^m$

$$D = \frac{S_{sy}\pi d^3}{8n_s(1+\xi)F_{max}}$$

Em um orifício
Como assentada ou enrolada
$D = d_{orifício} - d - \text{folga}$

$C = D/d$
$K_B = (4C + 2)/(4C - 3)$
$\tau_s = 8K_B(1+\xi)F_{max}D/(\pi d^3)$
$n_s = S_{sy}/\tau_s$
OD $= D + d$
ID $= D - d$
$N_a = Gd^4 y_{max}/(8D^3 F_{max})$
N_t: Tabela 10–1
L_s: Tabela 10–1
L_O: Tabela 10–1
$(L_O)_{cr} = 2{,}63D/\alpha$
fom $= -(\text{custo rel.})\gamma\pi^2 d^2 N_t D/4$

Imprima ou mostre: d, D, C, OD, ID, N_a, N_t, L_s, L_O, $(L_O)_{cr}$, n_s, fom.
Construa uma tabela, conduza a avaliação de projeto por inspeção.
Elimine desenhos inexequíveis mostrando restrições ativas.
Escolha entre os desenhos satisfatórios usando a figura de mérito.

† A constante é encontrada por meio da Tabela 10–6.

Figura 10–3 Diagrama de fluxo de projeto de mola de compressão helicoidal para carregamento estático.

---

[9] Por exemplo, veja *Advanced Spring Design,* um programa desenvolvido conjuntamente entre o Spring Manufacturers Institute (SMI), www.smihq.org, e a Universal Technical Systems, Inc. (UTS), www.uts.com.

geral o suficiente para acomodar as situações de molas do tipo *qual enrolada* e de *assentamento removido*, operando sobre uma haste ou em um furo livre de haste ou furo. Em molas do tipo enrolada, a equação de controle deve ser resolvida para o índice de mola como se segue. Da Equação (10–3) $\tau = S_{sy}/n_s$, $C = D/d$, K_B da Equação (10–6) e Equação (10–17)

$$\frac{S_{sy}}{n_s} = K_B \frac{8F_s D}{\pi d^3} = \frac{4C+2}{4C-3}\left[\frac{8(1+\xi)F_{max}C}{\pi d^2}\right] \quad (a)$$

Seja

$$\alpha = \frac{S_{sy}}{n_s} \quad (b)$$

$$\beta = \frac{8(1+\xi)F_{max}}{\pi d^2} \quad (c)$$

Substituir as Equações (b) e (c) em (a) e simplificar produz uma equação quadrática em C. A maior das duas soluções gerará o índice de mola

$$C = \frac{2\alpha - \beta}{4\beta} + \sqrt{\left(\frac{2\alpha - \beta}{4\beta}\right)^2 - \frac{3\alpha}{4\beta}} \quad (10\text{–}23)$$

EXEMPLO 10–2

Uma mola de compressão helicoidal de fio musical necessita suportar uma carga de 89 N após ser comprimida de 50,8 mm. Por causa de considerações de montagem a altura sólida não pode exceder 25,4 mm e o comprimento livre não pode ser mais que 101,6 mm. Projete a mola.

Solução

As decisões *a priori* são:

- Fio musical, A 228; da Tabela 10–4, $A = 2\,211$ MPa·mm^m; $m = 0{,}145$; da Tabela 10–5, $E = 196{,}5$ GPa, $G = 81$ GPa (esperando $d > 1{,}61$ mm).
- Extremidades esquadradas e esmerilhadas.
- Função: $F_{max} = 89\,N$, $y_{max} = 50{,}8$ mm.
- Segurança: use o fator de projeto de altura sólida de $(n_s)_d = 1{,}2$.
- Linearidade robusta: $\xi = 0{,}15$.
- Use mola do tipo enrolada (mais barata), $S_{sy} = 0{,}45 S_{ut}$ da Tabela 10–6.
- Variável de decisão: $d = 2{,}03$ mm, bitola de fio musical #30, Tabela A–26. Com base na Figura 10–3 e na Tabela 10–6,

$$S_{sy} = 0{,}45\frac{2\,211}{2{,}03^{0{,}145}} = 897{,}9 \text{ MPa}$$

Da Figura 10–3 ou da Equação (10–23)

$$\alpha = \frac{S_{sy}}{n_s} = \frac{897{,}9}{1{,}2} = 748{,}3 \text{ MPa}$$

$$\beta = \frac{8(1+\xi)F_{max}}{\pi d^2} = \frac{8(1+0{,}15)89}{\pi(2{,}03^2)} = 63{,}2 \text{ MPa}$$

$$C = \frac{2(748{,}3) - 63{,}2}{4(63{,}2)} + \sqrt{\left[\frac{2(748{,}3) - 63{,}2}{4(63{,}2)}\right]^2 - \frac{3(748{,}3)}{4(63{,}2)}} = 10{,}5$$

Continuando com a Figura 10–3:

$$D = Cd = 10,5(2,03) = 21,3 \text{ mm}$$

$$K_B = \frac{4(10,5) + 2}{4(10,5) - 3} = 1,128$$

$$\tau_s = 1,128 \frac{8(1 + 0,15)89(21,3)}{\pi (2,03)^3} = 748 \text{ MPa}$$

$$n_s = \frac{897,9}{748} = 1,2$$

$$\text{OD} = 21,3 + 2,03 = 23,3 \text{ mm}$$

$$N_a = \frac{2,03^4(81000)50,8}{8(21,3)^3 89} = 10,16 \text{ voltas}$$

$$N_t = 10,16 + 2 = 12,16 \text{ total de voltas}$$

$$L_s = 2,03(12,16) = 24,3 \text{ mm}$$

$$L_0 = 24,3 + (1 + 0,15)50,8 = 82,7 \text{ mm}$$

$$(L)_{cr} = 2,63(21,3/0,5) = 112 \text{ mm}$$

$$\text{fom} = 2,6 \frac{\pi^2(2,03)^2 12,16(21,3)}{4(25,4)^3} = 0,417$$

Repita o procedimento acima para outros diâmetros de fio e forme uma tabela (facilmente efetuada com um programa de planilha):

d:	1,6	1,7	1,8	1,9	2,03	2,1	2,3	2,4
D	9,9	12,2	14,6	17,5	21,3	25,2	31,1	36,0
C	6,2	7,2	8,1	9,2	10,5	12,0	13,5	15,0
OD	11,5	13,8	16,4	19,3	23,3	27,8	32,8	38,4
N_a	39,1	26,9	19,3	14,2	10,2	7,3	5,4	4,1
L_s	65,2	48,8	38,1	30,7	24,3	19,9	16,8	14,6
L_0	123,8	107,3	96,6	89,1	82,7	78,3	75,2	73
$(L_0)_{cr}$	52,1	63,7	76,9	91,5	112	160,5	161,0	189,9
n_s	1,2	1,2	1,2	1,2	1,2	1,2	1,2	1,2
fom	–0,41	–0,40	–0,40	–0,404	–0,42	–0,44	–0,47	–0,51

Agora examine a tabela e realize uma avaliação de adequação. A restrição $3 \leq N_a \leq 15$ exclui diâmetros menores que 1,9 mm. A restrição do índice de mola $4 \leq C \leq 12$ exclui diâmetros maiores que 2,1 mm. A restrição $L_s \leq 1$ exclui diâmetros menores que 0,203 mm. A restrição $L_0 \leq 4$ exclui diâmetros menos que 1,8 mm. O critério de flambagem exclui comprimentos livres maiores que $(L_0)_{cr}$, o que exclui diâmetros menores que 1,9 mm. O fator de segurança n_s é exatamente 1,20, porque a matemática o obriga. Houvesse a mola estado em um furo ou sobre uma haste, o diâmetro de hélice seria escolhido sem referência a $(n_s)_d$. O resultado é que existem somente duas molas no domínio exequível, uma com um diâmetro de 0,203 mm e a outra com um diâmetro de fio de 2,1 mm. A figura de mérito decide e a decisão é o projeto com diâmetro de fio de 2,03 mm.

Tendo desenhado uma mola, será que a fizemos segundo as nossas especificações? Não necessariamente. Existem vendedores que estocam literalmente milhares de molas de compressão de fio musical. Folheando seus catálogos, usualmente encontraremos várias molas que são próximas. Deflexão mínima e carga máxima estão listadas no material de programa das peças. Verifique se esta permite fechamento sólido sem dano. Frequentemente isso não acontece. Índices de mola podem ser apenas aproximados. No mínimo, essa situação permite que um número pequeno de molas seja encomendado "diretamente de prateleira" para ensaio. A decisão muitas vezes depende da economia da encomenda especial *versus* a aceitabilidade de uma equiparação aproximada.

O projeto de molas não tem uma abordagem fechada e requer iterações. O Exemplo 10–2 provê uma abordagem iterativa para o projeto estático de molas em serviço através da seleção do diâmetro do fio. A seleção do diâmetro, no entanto, pode ser arbitrária. No próximo exemplo, selecionaremos primeiro o valor do índice C de mola, que está no intervalo recomendado.

EXEMPLO 10–3 Projete uma mola de compressão com extremidades simples utilizando fios endurecidos por estiramento. A deflexão é de 56 mm quando a força aplicada é de 90 N e próximo a um sólido quando a força é de 24 lbf. Uma vez confinada, utilize o fator de projeto 1,2 contra o escoamento. Selecione a menor bitola de fio W&M (Washburn & Moen).

A mola de tração mostrada na Figura 10.4 tem extremidades com uma espiral completamente torcida. O material é o fio AISI 1065 OQ&T. A mola tem 84 espiras que ficam confinadas entre si com uma pré-carga de 85 N.

(*a*) Encontre o comprimento fechado da mola.
(*b*) Encontre a tensão de torção na mola correspondente à pré-carga.
(*c*) Estime a razão de mola.
(*d*) Qual carga causa deformação permanente?
(*e*) Qual deflexão de mola correspondente à carga determinada na parte *d*?

Solução Dados: $N_b = 84$ espiras, $F_i = 85$ N, aço OQ&T, OD = 38 mm, $d = 4$ mm, $D = 38 - 4 = 34$ mm

(*a*) Equação (10–39):

Resposta
$$L_0 = 2(D - d) + (N_b + 1)d$$
$$= 2(34 - 4) + (84 + 1)(4) = 400 \text{ mm}$$
$$2d + L_0 = 2(4) + 400 = 408 \text{ mm no total.}$$

ou

(*b*)
$$C = \frac{D}{d} = \frac{34}{4} = 8,5$$

$$K_B = \frac{4(8,5) + 2}{4(8,5) - 3} = 1,161$$

Resposta
$$\tau_i = K_B \left[\frac{8 F_i D}{\pi d^3}\right] = 1,161 \left[\frac{8(85)(34)}{\pi (4)^3}\right] = 133,5 \text{ MPa}$$

(*c*) Da Tabela 10–5 utilize: $G = 79,3$ GPa e $E = 196,5$ GPa

$$N_a = N_b + \frac{G}{E} = 84 + \frac{79,3}{196,5} = 84,4 \text{ voltas}$$

Resposta
$$k = \frac{d^4 G}{8 D^3 N_a} = \frac{(4)^4 (79\,300)}{8(34)^3 (84,4)} = 0,765 \text{ N/mm}$$

(*d*) Tabela 10–4:

$$A = 1855 \text{ MPa} \cdot \text{mm}^m, \quad m = 0{,}187$$

$$S_{ut} = \frac{1855}{(4)^{0{,}187}} = 1431{,}4 \text{ MPa}$$

$$S_y = 0{,}75(1431{,}4) = 1073{,}6 \text{ MPa}$$

$$S_{sy} = 0{,}75(1431{,}4) = 715{,}7 \text{ MPa}$$

Corpo

$$F = \frac{\pi d^3 S_{sy}}{\pi K_B D}$$

$$= \frac{\pi(4)^3(715{,}7)}{8(1{,}161)(34)} = 455{,}7 \text{ N}$$

Tensão de torção no ponto B do gancho

$$C_2 = \frac{2r_2}{d} = \frac{2(6 + 4/2)}{4} = 4$$

$$(K)_B = \frac{4C_2 - 1}{4C_2 - 4} = \frac{4(4) - 1}{4(4) - 4} = 1{,}25$$

$$F = \frac{\pi(4)^3(715{,}7)}{8(1{,}25)(34)} = 423{,}2 \text{ N}$$

Tensão normal no ponto A do gancho

$$C_1 = \frac{2r_1}{d} = \frac{34}{4} = 8{,}5$$

$$(K)_A = \frac{4C_1^2 - C_1 - 1}{4C_1(C_1 - 1)} = \frac{4(8{,}5)^2 - 8{,}5 - 1}{4(8{,}5)(8{,}5 - 1)} = 1{,}096$$

$$S_{yt} = \sigma = F\left[\frac{16(K)_A D}{\pi d^3} + \frac{4}{\pi d^2}\right]$$

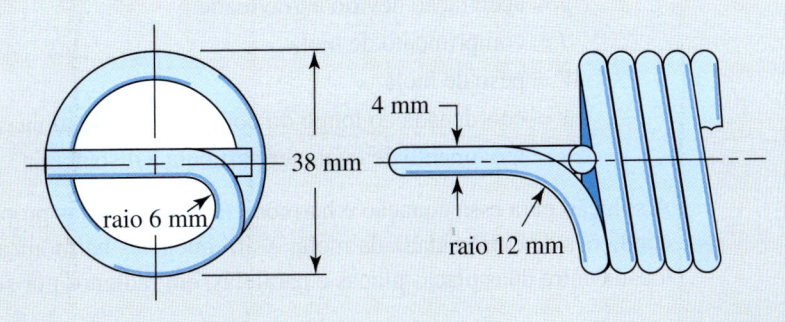

Figura 10–4

$$F = \frac{1073,6}{[16(1,096)(34)])[\pi(4)^3] + \{4/[\pi(4)^2]\}} = 352,6 \text{ N}$$

Resposta

$$= \min(455,7, 423,2, 352,6) = 352,6 \text{ N}$$

(e) Equação (10–48):

Resposta

$$y = \frac{F - F_i}{k} = \frac{352,6 - 85}{0,765} = 349,8 \text{ mm}$$

10–8 Frequência crítica de molas helicoidais

Se uma onda é criada por um distúrbio na extremidade de uma piscina, esta onda viajará o comprimento total da piscina, será refletida de regresso na extremidade longínqua e continuará nesse movimento para a frente e para trás, até que seja finalmente amortecida. O mesmo efeito ocorre em molas helicoidais, e ele é chamado de *vaga (ou surgimento) de mola*. Se uma das extremidades da mola de compressão estiver fixada a uma superfície plana e a outra extremidade for perturbada, uma onda de compressão será criada e viajará para a frente e para trás, de uma extremidade a outra, exatamente como a onda de piscina.

Os fabricantes de mola têm feito filmes de movimento lento sobre o surgimento da mola de válvula automotiva. Essas imagens mostram um surgimento (sobressalto) muito violento, com a mola verdadeiramente pulando fora do contato com as placas de extremidade. A Figura 10–5 exibe a fotografia de uma falha causada por tal surgimento.

Quando molas helicoidais são usadas em aplicações requerendo um movimento alternante rápido, o projetista precise estar certo de que as dimensões físicas da mola não são as utilizadas para criar uma frequência natural vibratória próxima à frequência da força aplicada; caso contrário, a ressonância poderá ocorrer resultando em tensões prejudiciais, visto que o amortecimento interno dos materiais para mola é muito baixo.

A equação para a vibração translacional de uma mola colocada entre duas placas planas e paralelas é a de onda

$$\frac{\partial^2 u}{\partial x^2} = \frac{W}{kgl^2} \frac{\partial^2 u}{\partial t^2} \qquad (10\text{–}24)$$

em que k = razão de mola

g = aceleração devido à gravidade

l = comprimento de mola

W = peso de mola

x = coordenada ao longo do comprimento de mola

u = movimento de qualquer partícula à distância x

A solução para essa equação é harmônica e depende das propriedades físicas, bem como das condições de extremidade da mola. As frequências harmônicas, *naturais*, para uma mola colocada entre duas placas planas e paralelas, em radianos por segundo, são

$$\omega = m\pi \sqrt{\frac{kg}{W}} \qquad m = 1, 2, 3\ldots$$

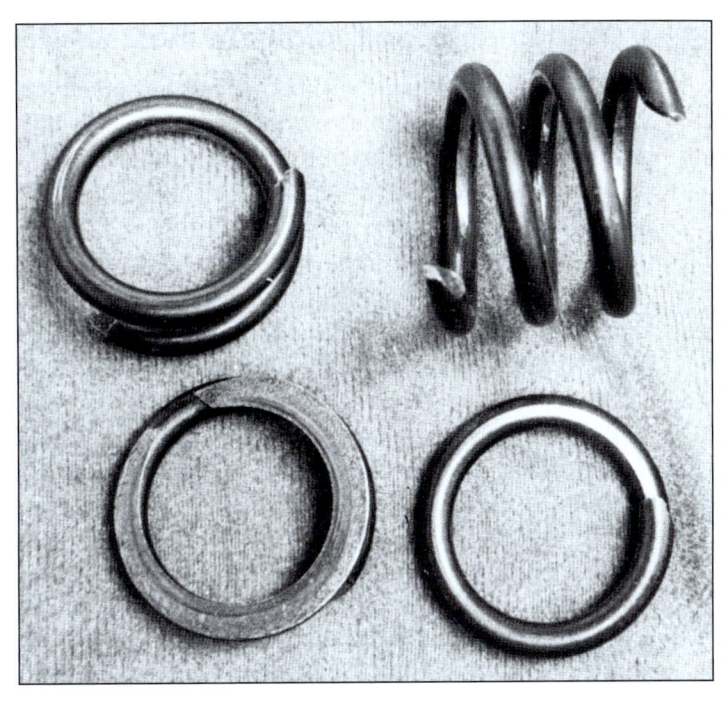

Figura 10–5 Falha de mola de válvula em um motor sobreacelerado. A fratura ocorre ao longo de linha de 45° a partir da tensão principal máxima associada com carregamento torcional puro. (*Personal photograph of Larry D. Mitchell, coauthor of Mechanical* Engineering Design, 4th ed., McGraw-Hill, New York, 1983.)

em que a frequência fundamental é encontrada para $m = 1$, o segundo harmônico para $m = 2$ e assim por diante. Geralmente estamos interessados na frequência em ciclos por segundo; como $\omega = 2\pi f$, temos, para a frequência fundamental em hertz,

$$f = \frac{1}{2}\sqrt{\frac{kg}{W}} \qquad (10\text{--}25)$$

supondo que as extremidades da mola estejam sempre em contato com as placas.

Wolford e Smith mostram que a frequência é

$$f = \frac{1}{4}\sqrt{\frac{kg}{W}} \qquad (10\text{--}26)$$

cuja mola tem uma extremidade contra uma placa plana e a outra extremidade livre.[10] Eles também salientam que a Equação (10–25) se aplica quando uma extremidade está contra uma placa plana e a outra extremidade é guiada com um movimento de onda senoidal.

O peso da parte ativa de uma mola helicoidal é

$$W = AL\gamma = \frac{\pi d^2}{4}(\pi D N_a)(\gamma) = \frac{\pi^2 d^2 D N_a \gamma}{4} \qquad (10\text{--}27)$$

em que γ é o peso específico.

A frequência crítica fundamental deve ser maior que 15 a 20 vezes a frequência da força ou movimento da mola, a fim de evitar ressonância com os harmônicos. Se a frequência não for alta o suficiente, a mola deve ser redesenhada para aumentar k ou decrescer W.

---

[10] J. C. Wolford e G. M. Smith, "Surge of Helical Springs", *Mech. Eng. News*, v. 13, n. 1, fev. 1976, p. 4-9.

10-9 Carregamento de fadiga em molas helicoidais de compressão

Molas estão quase sempre sujeitas a carregamento de fadiga. Em muitos casos o número de ciclos de vida requerida pode ser pequeno, digamos, vários milhares para uma mola de cadeado ou uma mola de comutador (interruptor liga-desliga). Mas a mola de válvula de um motor de automóvel deve suportar milhões de ciclos de operação sem falha; assim ela deve ser desenhada para vida infinita.

Para melhorar a resistência à fadiga em molas carregadas dinamicamente, pode ser usado o jateamento de granalha. Ele pode aumentar a resistência à fadiga torcional em 20% ou mais. O tamanho da granalha (fragmento) é cerca de 0,4 mm, assim o diâmetro do fio da espiral de mola e o passo devem permitir a cobertura completa da superfície de mola.

Os melhores dados sobre limites de resistência torcional de aços de mola são os de Zimmerli.[11] Ele descobriu o surpreendente fato que tamanho, material e resistência de tração não têm efeito algum sobre os limites de endurança (vida infinita somente) de aços de mola em tamanhos abaixo de 10 mm. Já observamos que os limites de endurança tendem a se nivelar a altas resistências de tração (Figura 6–17), mas a razão para tanto não está clara. Zimmerli sugere que isso pode ser porque as superfícies originais são idênticas ou porque o fluxo plástico durante ensaio as torna iguais. Molas sem jateamento de granalha foram testadas a partir de uma tensão mínima de torção de 138 MPa a uma máxima de 620 MPa, e jateadas de granalha no intervalo de 138 MPa a 930 MPa. As correspondentes componentes de resistência de endurança para vida infinita foram encontradas valendo:

sem jateamento de granalha

$$S_{sa} = 241 \text{ MPa} \qquad S_{sm} = 379 \text{ MPa} \qquad (10\text{-}28)$$

com jateamento de granalha

$$S_{sa} = 398 \text{ MPa} \qquad S_{sm} = 534 \text{ MPa} \qquad (10\text{-}29)$$

Por exemplo, dada uma mola sem jateamento de granalha com $S_{su} = 1480$ MPa, a ordenada de intersecção Gerber para cisalhamento, por meio da Equação (6–42), p. 309, é

$$S_{se} = \frac{S_{sa}}{1 - \left(\frac{S_{sm}}{S_{su}}\right)^2} = \frac{241}{1 - \left(\frac{379}{1480}\right)^2} = 257,9 \text{ MPa}$$

Para o critério de falha de Goodman, a intersecção seria de 331,1 MPa. Cada tamanho possível de fio mudaria esses números, visto que S_{su} mudaria.

Um estudo extenso[12] da literatura referente à fadiga torcional encontrou que, para espécimes cilíndricos, polidos, sem entalhe, sujeitos à tensão de cisalhamento torcional, a tensão alternante máxima que pode ser imposta sem causar falha é *constante* e independente da tensão média no ciclo, o qual o intervalo de tensão máxima não iguale ou exceda a resistência de escoamento torcional do metal. Com entalhes e mudanças abruptas de seção essa consistência não é encontrada. Molas são livres de entalhes e as superfícies frequentemente bem lisas. Esse critério é conhecido como *critério de falha de Sines* em fadiga torcional.

---

[11] F. P. Zimmerli, "Human Failures in Spring Applications", *The Mainspring,* n. 17, Associated Spring Corporation, Bristos, Conn., ago.-set. 1957.

[12] Oscar J. Horger (ed.), *Metals Engineering: Design Handbook,* Nova York, McGraw-Hill, 1953, p. 84.

Ao construir um critério de falha no diagrama de fadiga torcional do projetista, o módulo torcional de ruptura S_{su} é requerido. Continuaremos a empregar a Equação (6–54), p. 321, que é

$$S_{su} = 0{,}67 S_{ut} \qquad (10\text{--}30)$$

No caso de eixos e muitos outros membros de máquina, o carregamento de fadiga na forma de tensões completamente reversas é bastante ordinário. Molas helicoidais, por outro lado, nunca são usadas, assim como molas de compressão e de tração. De fato, elas são usualmente montadas com uma pré-carga tal que a carga de trabalho é adicional. Logo, o diagrama tensão-tempo da Figura 6–23d, p. 304, expressa a condição usual para molas helicoidais. A pior condição ocorreria quando não existisse pré-carga, isto é, quando $\tau_{\min} = 0$.

Agora, definimos

$$F_a = \frac{F_{\max} - F_{\min}}{2} \qquad (10\text{--}31a)$$

$$F_m = \frac{F_{\max} + F_{\min}}{2} \qquad (10\text{--}31b)$$

em que os subscritos têm o mesmo significado que os da Figura 6–23d quando aplicados à força axial de mola F. Portanto, a amplitude da tensão de cisalhamento é

$$\tau_a = K_B \frac{8 F_a D}{\pi d^3} \qquad (10\text{--}32)$$

em que K_B é o fator de Bergsträsser obtido por meio da Equação (10–5), e corrigido para o cisalhamento direto e efeito de curvatura. Como observado na Seção 10–2, o fator de Wahl K_W pode ser usado em seu lugar, se for desejado.

A tensão de cisalhamento medial é dada pela equação

$$\tau_m = K_B \frac{8 F_m D}{\pi d^3} \qquad (10\text{--}33)$$

EXEMPLO 10–4 Uma mola helicoidal de compressão, feita de fio de música tem um tamanho de fio de 2,3 mm, um diâmetro externo de espiral de 14 mm, um comprimento livre de 98 mm, 21 espirais ativas e ambas as extremidades esquadradas e esmerilhadas. A mola não é jateada com granalha. Ela deve ser montada com uma pré-carga de 25 N e operará com uma carga máxima de 156 N durante uso.

(a) Calcule o fator de segurança que resguarda contra falha por fadiga usando um critério de falha por fadiga torcional de Gerber com dados de Zimmerli.

(b) Repita a parte (a) usando o critério de fadiga torcional de Sines (a componente de tensão estável não tem qualquer efeito), com dados de Zimmerli.

(c) Repita usando um critério de falha torcional de Goodman com dados de Zimmerli.

(d) Estime a frequência crítica da mola.

Solução O diâmetro médio de espiral é $D = 14 - 2{,}3 = 11{,}7$ mm. O índice de mola é $C = D/d = 11{,}7/2{,}3 = 5{,}09$. Então

$$K_B = \frac{4C + 2}{4C - 3} = \frac{4(5{,}09) + 2}{4(5{,}09) - 3} = 1{,}288$$

Por meio das Equações (10–31),

$$F_a = \frac{156 - 25}{2} = 65{,}5 \text{ N} \qquad F_m = \frac{156 + 25}{2} = 90{,}5 \text{ N}$$

A componente alternante de tensão de cisalhamento é encontrada por meio da Equação (10–32) como

$$\tau_a = K_B \frac{8 F_a D}{\pi d^3} = (1{,}288) \frac{8(65{,}5)11{,}7}{\pi (2{,}3)^3} = 206{,}6 \text{ MPa}$$

A Equação (10–33) fornece a componente medial de tensão de cisalhamento

$$\tau_m = K_B \frac{8 F_m D}{\pi d^3} = (1{,}288) \frac{8(90{,}5)11{,}7}{\pi (2{,}3)^3} = 285{,}4 \text{ MPa}$$

Com base na Tabela 10–4, encontramos $A = 2211$ MPa·mm^m e $m = 0{,}145$. A resistência última de tração é estimada por meio da Equação (10–44) como

$$S_{ut} = \frac{A}{d^m} = \frac{2211}{2{,}3^{0{,}145}} = 1959 \text{ MPa}$$

Também a resistência última cisalhante é estimada como

$$S_{su} = 0{,}67 S_{ut} = 0{,}67(1959) = 1312 \text{ MPa}$$

A declividade da linha de carga $r = \tau_a/\tau_m = 206{,}6/285{,}4 = 0{,}72$.

(a) A ordenada de intersecção de Gerber para os dados de Zimmerli, Equação (10–28), é

$$S_{se} = \frac{S_{sa}}{1 - (S_{sm}/S_{su})^2} = \frac{241}{1 - (379/1312)^2} = 263 \text{ MPa}$$

A componente de amplitude de resistência, S_{sa}, da Tabela 6–7, p. 311, é

$$S_{sa} = \frac{r^2 S_{su}^2}{2 S_{se}} \left[-1 + \sqrt{1 + \left(\frac{2 S_{se}}{r S_{su}} \right)^2} \right]$$

$$= \frac{0{,}72^2 \, 1312^2}{2(263)} \left\{ -1 + \sqrt{1 + \left[\frac{2(263)}{0{,}72(1312)} \right]^2} \right\} = 245{,}3 \text{ MPa}$$

e o fator de segurança de fadiga n_f é dado por

Resposta

$$n_f = \frac{S_{sa}}{\tau_a} = \frac{245{,}3}{206{,}6} = 1{,}19$$

(b) O critério de falha de Sines ignora S_{sm}, assim, para os dados de Zimmerli com $S_{sa} = 241$ MPa,

Resposta

$$n_f = \frac{S_{sa}}{\tau_a} = \frac{241}{206{,}6} = 1{,}17$$

(c) A ordenada da intersecção S_{se} para o critério de falha de Goodman com os dados de Zimmerli é

$$S_{se} = \frac{S_{sa}}{1 - (S_{sm}/S_{su})} = \frac{241}{1 - (379/1312)} = 338,9 \text{ MPa}$$

A componente de amplitude da resistência S_{sa} para o critério de Goodman, com base na Tabela 6–6, p. 310, é

$$S_{sa} = \frac{r S_{se} S_{su}}{r S_{su} + S_{se}} = \frac{0,72(338,9)1312}{0,72(1312) + 338,9} = 249,4 \text{ MPa}$$

O fator de segurança de fadiga é dado por

Resposta
$$n_f = \frac{S_{sa}}{\tau_a} = \frac{249,4}{206,6} = 1,21$$

(d) Usando a Equação (10–9) e a Tabela 10–5, estimamos a razão de mola como

$$k = \frac{d^4 G}{8 D^3 N_a} = \frac{2,3^4(81\,000)}{8(11,7)^3 21} = 8,4 \text{ N/mm}$$

Por meio Equação (10–27), calculamos o peso de mola

$$W = \frac{\pi^2 (2,3^2) 11,7 (21) 82 \times 10^{-6}}{4} = 0,26 \text{ N}$$

e da Equação (10–25), a frequência da onda fundamental é

Resposta
$$f_n = \frac{1}{2} \left[\frac{8400(9,81)}{0,26} \right]^{1/2} = 281 \text{ Hz}$$

Se a frequência de operação ou excitação for maior que $281/20 = 14,1$ Hz, a mola talvez tenha ter de ser redesenhada.

Usamos três abordagens para estimar o fator de segurança de fadiga no Exemplo 10–4. Os resultados, em ordem do menor ao maior, foram 1,18 (Sines), 1,21 (Gerber) e 1,23 (Goodman). Embora os resultados estejam muito próximos um do outro, usando os dados de Zimmerli, o critério de Sines sempre será o mais conservativo e o de Goodman o menos. Se realizássemos uma análise de fadiga usando propriedades de resistência como foi feito no Capítulo 6, diferentes resultados seriam obtidos, mas aqui o critério de Goodman seria mais conservativo que o de Gerber. Esteja preparado para ver projetistas ou software de projeto usando qualquer uma dessas técnicas. Esse é o porquê de cobri-las. Qual critério está correto? Lembre-se, estamos realizando *estimativas* e somente o ensaio revelará a verdade – *estatisticamente*.

10–10 Projeto de molas helicoidais para fadiga em compressão

Comecemos com o enunciado de um problema. A fim de compararmos uma mola estática a uma mola dinâmica, desenharemos a mola do Exemplo 10–2 para serviço dinâmico.

EXEMPLO 10-5

Uma mola de compressão helicoidal de fio musical com vida infinita é necessária para resistir a uma carga dinâmica que varia de 20 N a 80 N a 5 Hz, enquanto a deflexão da extremidade varia de 12 mm a 50 mm. Por causa de considerações de montagem, a altura sólida não pode exceder 25 mm e o comprimento livre não pode ser maior que 100 mm. O fabricante de mola tem os seguintes tamanhos de fio em estoque: 1,7, 1,8, 2,0, 2,15, 2,3, 2,4, 2,6 e 2,8 mm.

Solução As decisões *a priori* são:

- Material e condições: para fio de música, $A = 2211$ MPa·mm^m, $m = 0,145$, $G = 81$ GPa; o custo relativo é 2,6.
- Tratamento superficial: sem jateamento.
- Tratamento de extremidade: esquadrado e esmerilhado.
- Linearidade robusta: $\xi = 0,15$.
- Fixação: use a condição enrolada.
- Segurança-fadiga: $n_f = 1,5$ usando o critério de falha por fadiga de Sines-Zimmerli.
- Função: $F_{min} = 20$ N, $F_{max} = 80$ N, $y_{min} = 12$ mm, $y_{max} = 50$ mm; mola opera livre (sem haste ou furo).
- Variável de decisão: tamanho de fio d.

A figura de mérito será o volume de fio para enrolar a mola, Equação (10–22). A estratégia de projeto será fixar o tamanho de fio d, contruir uma tabela, inspecioná-la e escolher a mola satisfatória com a mais alta figura de mérito.

Solução Fixe $d = 2,8$ mm. Então,

$$F_a = \frac{80 - 20}{2} = 30 \text{ N} \qquad F_m = \frac{80 + 20}{2} = 50 \text{ N}$$

$$k = \frac{F_{max}}{y_{max}} = \frac{80}{50} = 1,6 \text{ N/mm}$$

$$S_{ut} = \frac{2211}{2,8^{0,145}} = 1904 \text{ MPa}$$

$$S_{su} = 0,67(1904) = 1276 \text{ MPa}$$

$$S_{sy} = 0,45(1904) = 857 \text{ MPa}$$

Por meio da Equação (10–28), com o critério de Sines, $S_{se} = S_{sa} = 241$ MPa. A Equação (10–23) pode ser usada para determinar C com S_{se}, n_f e F_a em lugar de S_{sy}, n_s e $(1 + \xi)F_{max}$, respectivamente. Logo,

$$\alpha = \frac{S_{se}}{n_f} = \frac{241}{1,5} = 161 \text{ MPa}$$

$$\beta = \frac{8F_a}{\pi d^2} = \frac{8(30)}{\pi(2,8^2)} = 9,7 \text{ MPa}$$

$$C = \frac{2(161) - 9,7}{4(9,7)} + \sqrt{\left[\frac{2(161) - 9,7}{4(9,7)}\right]^2 - \frac{3(161)}{4(9,7)}} = 15,3$$

$$D = Cd = 15,3(2,8) = 42,8 \text{ mm}$$

$$F_s = (1 + \xi)F_{max} = (1 + 0,15)80 = 92 \text{ N}$$

$$N_a = \frac{d^4 G}{8D^3 k} = \frac{2,8^4(8\,1000)}{8(42,8)^3 1,6} = 4,96 \text{ voltas}$$

$$N_t = N_a + 2 = 4,96 + 2 = 6,96 \text{ voltas}$$

$$L_s = dN_t = 2,8\,(6,96) = 19,5 \text{ mm}$$

$$L_0 = L_s + \frac{F_s}{k} = 19,5 + 92/1,6 = 77 \text{ mm}$$

$$\text{ID} = 42,8 - 2,8 = 40 \text{ mm}$$

$$\text{OD} = 42,8 + 2,8 = 45,6 \text{ mm}$$

$$y_s = L_0 - L_s = 77 - 19,5 = 57,5 \text{ mm}$$

$$(L_0)_{cr} < \frac{2,63 D}{\alpha} = 2,63 \frac{(42,8)}{0,5} = 225 \text{ mm}$$

$$K_B = \frac{4(15,3) + 2}{4(15,3) - 3} = 1,09$$

$$W = \frac{\pi^2 d^2 D N_a \gamma}{4} = \frac{\pi^2 2,8^2 (42,8) 4,96 (82 \times 10^{-6})}{4} = 0,34 \text{ N}$$

$$f_n = 0,5 \sqrt{\frac{9,81 k}{W}} = 0,5 \sqrt{\frac{9,81(1600)}{0,34}} = 107 \text{ Hz}$$

$$\tau_a = K_B \frac{8 F_a D}{\pi d^3} = 1,09 \frac{8(30) 42,8}{\pi\,2,8^3} = 162 \text{ MPa}$$

$$\tau_m = \tau_a \frac{F_m}{F_a} = 162(50)/30 = 270 \text{ MPa}$$

$$\tau_s = \tau_a \frac{F_s}{F_a} = 162(92)/30 = 497 \text{ MPa}$$

$$n_f = \frac{S_{sa}}{\tau_a} = 241/162 = 1,5$$

$$n_s = \frac{S_{sy}}{\tau_s} = 857/497 = 1,7$$

$$\text{fom} = -\,(\text{custo relativo do material})\,\pi^2 d^2 N_t D/4\pi$$

$$= -\,2,6\pi^2 (2,8)^2 6,96(42,8)/[4(25)^3] = -1,01$$

A análise dos resultados mostra que todas as condições estão satisfeitas exceto para $4 \leq C \leq 12$. Repita o processo usando os outros tamanhos de fio disponíveis e desenvolva a seguinte tabela:

d:	1,7	1,8	2,0	2,15	2,3	2,4	2,6	2,8
D	9,5	10,6	15,4	18,7	22,5	26,4	34,8	42,8
ID	6,3	7,2	11,9	15,0	18,6	22,6	32,1	40
OD	9,9	10,9	16,1	19,4	23,2	27,5	37,4	45,6
C	5,6	5,9	7,7	8,7	9.8	11,0	13,4	15,3
N_a	105,2	84,7	37,0	25,21	17,61	12.73	7,13	4,96
L_s	194,3	161,5	81,5	59,9	45,8	36,1	24,3	19,5
L_0	270,3	234,1	145,6	121,7	106,0	95.3	82,3	77
$(L_0)_{cr}$	42,6	47,6	80,8	90,7	110,1	131,8	182,8	225
n_f	1,5	1,5	1,5	1,5	1,5	1,5	1,5	1,5
n_s	1,82	1,81	1,78	1,77	1,75	1,74	1,71	1,7
f_n	86,7	88,9	96,0	98,8	101,0	102,8	105,6	107
fom	−1,17	−1,12	−0,98	−0,95	−0,93	−0,93	−0,96	−1,01

As restrições específicas do problema são:

$$L_s \leq 25 \text{ mm}$$

$$L_0 \leq 100 \text{ mm}$$

$$f_n \geq 5(20) = 100 \text{ Hz}$$

As restrições gerais são:

$$3 \leq N_a \leq 15$$

$$4 \leq C \leq 12$$

$$(L_0)_{cr} > L_0$$

Vemos que nenhum dos diâmetros satisfaz as restrições dadas. O fio de diâmetro é 2,6 mm o mais próximo em satisfazer todos os requisitos. O valor de $C = 13,4$ não é um desvio sério e pode ser tolerado. Contudo, a restrição apertada em L_s necessita ser tratada. Se as condições de montagem puderem ser relaxadas para aceitar uma altura sólida de 24,3 mm, temos uma solução. Caso contrário, a única possibilidade é usar o diâmetro de 2,8 mm e aceitar um valor $C = 15,3$, empacotar as molas individualmente e reconsiderar suportar a mola em serviço.

10–11 Molas de extensão

As molas de extensão diferem das de compressão, pois levam carregamento de tração e requerem algum meio para transferir a carga do suporte ao corpo da mola; o corpo da mola é enrolado com uma tração inicial. A transferência de carga pode ser feita com um tampão rosqueado ou um gancho giratório; ambos elevam o custo do produto acabado, assim, um dos métodos mostrados na Figura 10–6 é usualmente empregado.

(a) Meio laço de máquina – aberto

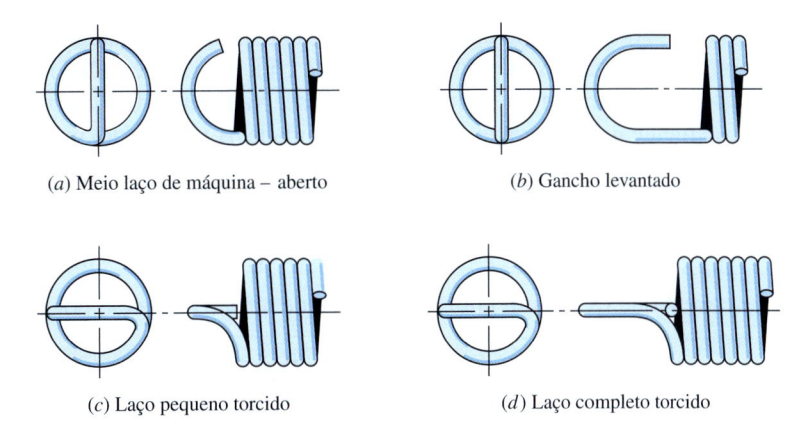

(b) Gancho levantado

(c) Laço pequeno torcido

(d) Laço completo torcido

Figura 10–6 Tipos de extremidades usadas em molas de extensão. (Cortesia da Associated Spring.)

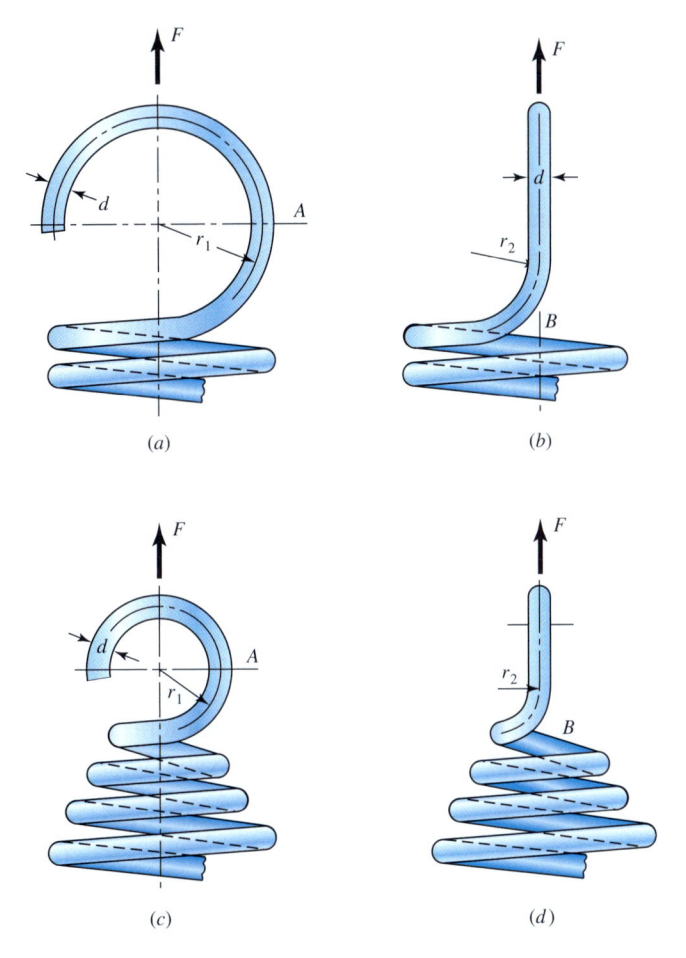

(a)

(b)

(c)

(d)

Nota: Raio r_1 está no plano da espiral de extremidade para tensão de flexão de viga curvada. Raio r_2 está a um ângulo reto com a espiral de extremidade para tensão de cisalhamento torcional.

Figura 10–7 Extremidades para molas de extensão: (a) projeto usual; tensão em A é devida à força axial combinada e o momento fletor; (b) vista lateral da parte a; tensão é decorrente, principalmente, de torção em B; (c) projeto melhorado; tensão em A é devida à força axial combinada e ao momento fletor; (d) vista lateral da parte c; tensão em B é decorrente, principalmente, de torção.

As tensões no corpo da mola de extensão são tratadas da mesma maneira que as molas de compressão. Ao desenhar uma mola com uma extremidade de gancho, a flexão e a torção no gancho devem ser incluídas na análise. Na Figura 10–7a e b, é apresentado um método comumente usado para desenhar a extremidade. A tensão máxima de tração em A, devido à flexão e carregamento axial, é dada por

$$\sigma_A = F\left[(K)_A \frac{16D}{\pi d^3} + \frac{4}{\pi d^2}\right] \quad (10\text{-}34)$$

em que $(K)_A$ é um fator de correção de tensão da flexão por curvatura, dado por

$$(K)_A = \frac{4C_1^2 - C_1 - 1}{4C_1(C_1 - 1)} \qquad C_1 = \frac{2r_1}{d} \quad (10\text{-}35)$$

A tensão máxima torcional no ponto B é dada por

$$\tau_B = (K)_B \frac{8FD}{\pi d^3} \quad (10\text{-}36)$$

em que o fator de correção de tensão por curvatura, $(K)_B$, é

$$(K)_B = \frac{4C_2 - 1}{4C_2 - 4} \qquad C_2 = \frac{2r_2}{d} \quad (10\text{-}37)$$

As Figuras 10–7c e d mostram um projeto melhorado devido a um diâmetro reduzido de espiral.

Quando molas de extensão são feitas com espirais em contato, uma com a outra, elas são denominadas *enrolamento fechado*. Fabricantes de mola preferem alguma tração inicial em molas de enrolamento fechado a fim de manter o comprimento livre mais acuradamente. A correspondente curva carga-deflexão é mostrada na Figuras 10–8a, em que y é a extensão além do comprimento livre L_0 e F_i é a tração inicial na mola que deve ser excedida antes que a mola deflita. A relação carga-deflexão é portanto

$$F = F_i + ky \quad (10\text{-}38)$$

em que k é a razão de mola. O comprimento livre L_0 de uma mola medido internamente nos laços de extremidade ou ganchos, como mostra a Figura 10–7b, pode ser expresso como

$$L_0 = 2(D - d) + (N_b + 1)d = (2C - 1 + N_b)d \quad (10\text{-}39)$$

em que D é o diâmetro médio de espiral, N_b é o número de espirais de corpo e C é o índice de mola. Com laços ordinários de extremidade torcidos, mostrado na Figura 10–8b, para considerar a deflexão dos laços ao determinar a razão de mola k, o número equivalente de voltas helicoidais ativas N_a para uso na Equação (10–9) é

$$N_a = N_b + \frac{G}{E} \quad (10\text{-}40)$$

em que G e E são os módulos de elasticidade de cisalhamento e de tração, respectivamente (ver Problema 10–38).

A tração inicial em uma mola desse tipo é criada no processo de enrolamento ao torcer o fio, como se fosse enrolado em um mandril. Quando a mola está completa e é removida do mandril, a tração inicial é bloqueada porque a mola não pode ficar mais curta. A quantidade de tração inicial que o fabricante de mola pode rotineiramente incorporar está na Figura 10–8c. O intervalo preferido pode ser expresso em termos da *tensão torcional não corrigida* τ_i como

$$\tau_i = \frac{231}{\exp(0{,}105C)} \pm 6{,}9\left(4 - \frac{C - 3}{6{,}5}\right) \text{ MPa} \quad (10\text{-}41)$$

em que C é o índice de mola.

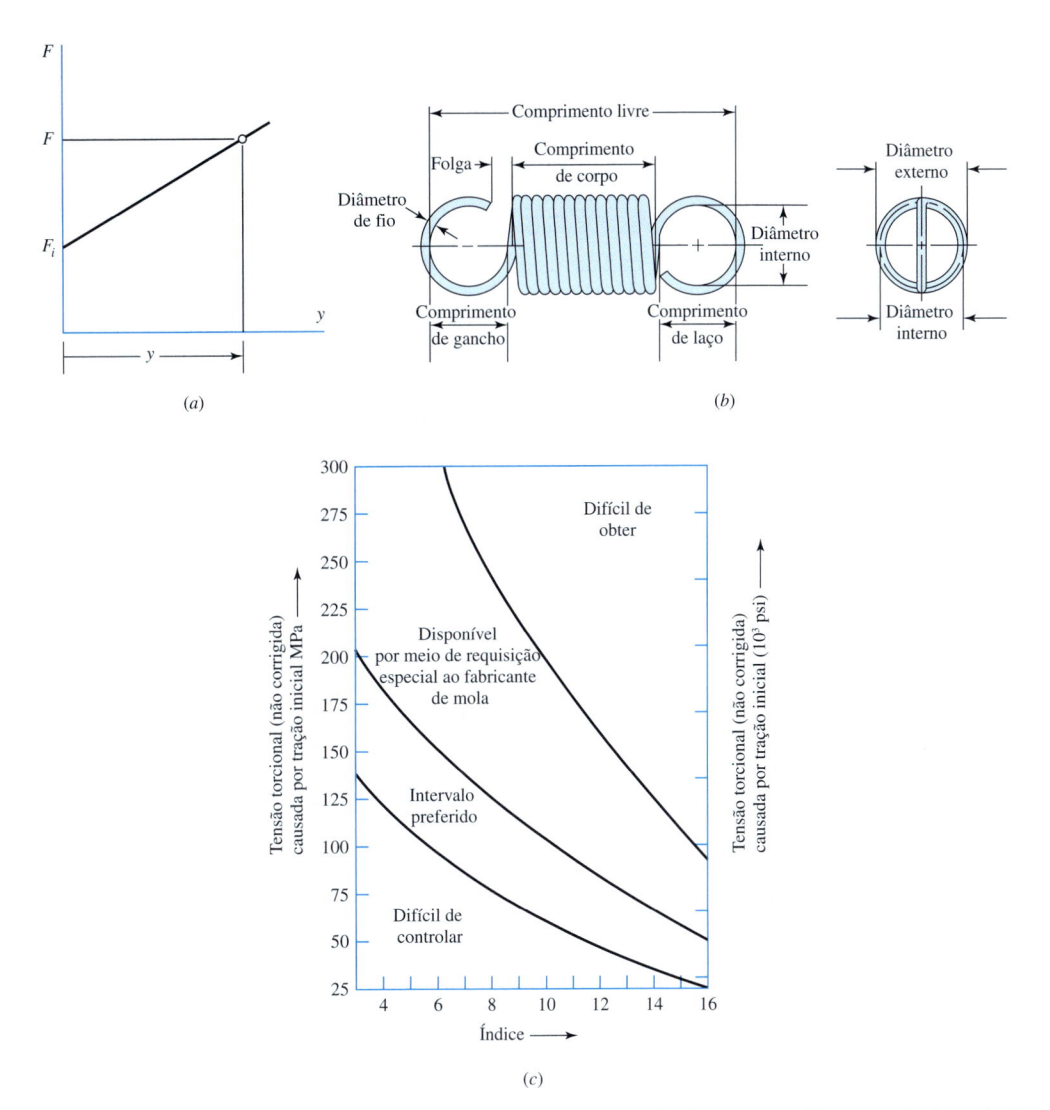

Figura 10–8 (*a*) Geometria da curva de força e tração *y* de uma mola de extensão; (*b*) geometria da mola de extensão; e (*c*) tensões torcionais devido à tração inicial como uma função do índice de mola *C* em molas de tração helicoidais.

Diretrizes para as tensões corrigidas máximas admissíveis para aplicações estáticas de molas de extensão são dadas na Tabela 10–7.

Tabela 10–7 Tensões máximas admissíveis (K_W ou K_B corrigido) para molas helicoidais de tração em aplicações estáticas.

	Porcentagem de resistência de tração		
	Em torção		Em flexão
Material	Corpo	Extremidade	Extremidade
Patenteado, estirado a frio ou aço-carbono endurecido e revenido e aços baixa-liga	45–50	40	75
Aços austeníticos inoxidáveis e ligas não ferrosas	35	30	55

Esta informação baseia-se nas seguintes condições: assentamento não removido e tratamento térmico aplicado de baixa temperatura. Para molas que requerem tração inicial, use a mesma porcentagem de resistência de tração que para extremidades.

Fonte: Extraído do *Design Handbook*, 1987, p. 52. Cortesia da Associated Spring.

EXEMPLO 10-6 Uma mola de extensão de fio de aço estirado a frio tem um diâmetro de 0,9 mm, um diâmetro externo de espiral de 6,3 mm, raios de gancho $r_1 = 2,7$ mm e $r_2 = 2,3$ mm, e uma tração inicial de 5 N. O número de voltas de corpo é 12,17. A partir dessas informações:

(a) Determine os parâmetros físicos da mola.
(b) Verifique as condições iniciais de tensão de pré-carga.
(c) Encontre os fatores de segurança sob uma carga estática de 23 N.

Solução (a)
$$D = OD - d = 6,3 - 0,9 = 5,4 \text{ mm}$$

$$C = \frac{D}{d} = \frac{5,4}{0,9} = 6,0$$

$$K_B = \frac{4C + 2}{4C - 3} = 1,24$$

Equação (10–40) e Tabela 10–5:

$$N_a = N_b + G/E = 12,17 + 79/198 = 12,57 \text{ voltas}$$

Equação (10–9): $\quad k = \dfrac{d^4 G}{8D^3 N_a} = \dfrac{0,9^4 (79\,000)}{8(5,4^3)12,57} = 3,27 \text{ N/mm}$

Equação (10–39): $\quad L_0 = (2C - 1 + N_b)d = [2(6,0) - 1 + 12,17]\,0,9 = 20,9 \text{ mm}$

A deflexão sob a carga de serviço é

$$y_{max} = \frac{F_{max} - F_i}{k} = \frac{23 - 5}{3,27} = 5,5 \text{ mm}$$

em que o comprimento da mola se torna $L = L_0 + y = 20,9 + 5,5 = 26,4$ mm.

(b) A tensão inicial não corrigida é dada pela Equação (10–2) sem o fator de correção, isto é,

$$(\tau_i)_{\text{não corrigida}} = \frac{8 F_i D}{\pi d^3} = \frac{8(5)(5,4)}{\pi (0,9^3)} = 94,3 \text{ MPa}$$

O intervalo preferido é dado pela Equação (10–41), e para este caso é

$$(\tau_i)_{\text{pref}} = \frac{231}{\exp(0,105 C)} \pm 6,9 \left(4 - \frac{C - 3}{6,5} \right)$$

$$= \frac{231}{\exp[0,105(6,0)]} \pm 6,9 \left(4 - \frac{6,0 - 3}{6,5} \right)$$

$$= 123 \pm 24,4 = 147,4, \ 98,6 \text{ MPa}$$

Resposta Assim, a tração inicial de 94,3 MPa está no intervalo preferido.

(c) Para mola de fio duro estirado, segundo a Tabela 10–4, $m = 0,190$ e $A = 1\,738$ MPa·mm^m. Da Equação (10–14)

$$S_{ut} = \frac{A}{d^m} = \frac{1783}{0,9^{0,190}} = 1819 \text{ MPa}$$

Para cisalhamento torcional no corpo principal da mola, com base na Tabela 10–7,

$$S_{sy} = 0{,}45 S_{ut} = 0{,}45(1819) = 818{,}6 \text{ MPa}$$

A tensão de cisalhamento sob carga de serviço é

$$\tau_{max} = \frac{8 K_B F_{max} D}{\pi d^3} = \frac{8(1{,}24) 23 (5{,}4)}{\pi (0{,}9^3)} = 538 \text{ MPa}$$

Logo, o fator de segurança é

Resposta

$$n = \frac{S_{sy}}{\tau_{max}} = \frac{818{,}6}{538} = 1{,}52$$

Para a flexão do gancho de extremidade em A,

$$C_1 = 2 r_1 / d = 2(2{,}7)/0{,}9 = 6$$

Da Equação (10–35)

$$(K)_A = \frac{4 C_1^2 - C_1 - 1}{4 C_1 (C_1 - 1)} = \frac{4(6^2) - 6 - 1}{4(6)(6 - 1)} = 1{,}14$$

Da Equação (10–34)

$$\sigma_A = F_{max} \left[(K)_A \frac{16 D}{\pi d^3} + \frac{4}{\pi d^2} \right]$$

$$= 23 \left[1{,}14 \frac{16(5{,}4)}{\pi (0{,}9^3)} + \frac{4}{\pi (0{,}9^2)} \right] = 1025{,}3 \text{ MPa}$$

A resistência de escoamento, com base na Tabela 10–7, é dada por

$$S_y = 0{,}75 S_{ut} = 0{,}75(1819) = 1364{,}3 \text{ MPa}$$

O fator de segurança para flexão do gancho de extremidade em A é então

Resposta

$$n_A = \frac{S_y}{\sigma_A} = \frac{1364{,}3}{1025{,}8} = 1{,}33$$

Para o gancho de extremidade em torção em B, por meio da Equação (10–37)

$$C_2 = 2 r_2 / d = 2(2{,}3)/0{,}9 = 5{,}1$$

$$(K)_B = \frac{4 C_2 - 1}{4 C_2 - 4} = \frac{4(5{,}1) - 1}{4(5{,}1) - 4} = 1{,}18$$

e a tensão correspondente, dada pela Equação (10–36), é

$$\tau_B = (K)_B \frac{8 F_{max} D}{\pi d^3} = 1{,}18 \frac{8(23) 5{,}4}{\pi (0{,}9^3)} = 511{,}9 \text{ MPa}$$

Usando a Tabela 10–7 para resistência de escoamento, o fator de segurança para torção do gancho de extremidade em B é

Resposta
$$n_B = \frac{(S_{sy})_B}{\tau_B} = \frac{0{,}4(1819)}{511{,}9} = 1{,}42$$

O escoamento devido à flexão do gancho de extremidade ocorrerá primeiro.

A seguir, vamos considerar o problema de fadiga.

EXEMPLO 10–7 A mola de tração de espiral helicoidal do Exemplo 10–6 está sujeita a um carregamento dinâmico de 6,5 a 20 N. Estime os fatores de segurança usando o critério de falha de Gerber para (a) fadiga de espiral, (b) escoamento de espiral, (c) fadiga flexional do gancho de extremidade no ponto A da Figura 10–7a e (d) fadiga torcional do gancho de extremidade no ponto B da Figura 10–7b.

Solução Um número de quantidades são as mesmas que no Exemplo 10–6: $d = 0{,}9$ mm, $S_{ut} = 1819$ MPa, $D = 5{,}4$ mm, $r_1 = 2{,}7$ mm, $C = 6$, $K_B = 1{,}24$, $(K)_A = 1{,}14$, $(K)_B = 1{,}18$, $N_b = 12{,}17$ voltas, $L_0 = 20{,}9$ mm, $k = 3{,}27$ N/mm, $F_i = 5$ N e $(\tau_i)_{\text{não corrigida}} = 94{,}3$ MPa.
Então

$$F_a = (F_{\max} - F_{\min})/2 = (20 - 6{,}5)/2 = 6{,}75 \text{ N}$$

$$F_m = (F_{\max} + F_{\min})/2 = (20 + 6{,}5)/2 = 13{,}25 \text{ N}$$

As resistências do Exemplo 10–6 incluem $S_{ut} = 1819$ MPa, $S_y = 1364{,}3$ MPa e $S_{sy} = 818{,}6$ MPa. A resistência última de cisalhamento é estimada por meio da Equação (10–30) como

$$S_{su} = 0{,}67 S_{ut} = 0{,}67(1819) = 1218{,}7 \text{ MPa}$$

(a) Fadiga de espiral de corpo:

$$\tau_a = \frac{8 K_B F_a D}{\pi d^3} = \frac{8(1{,}24)6{,}75(5{,}4)}{\pi(0{,}9^3)} = 157{,}9 \text{ MPa}$$

$$\tau_m = \frac{F_m}{F_a}\tau_a = \frac{13{,}25}{6{,}75} 157{,}9 = 310 \text{ MPa}$$

Usar os dados de Zimmerli da Equação (10–28) resulta em

$$S_{se} = \frac{S_{sa}}{1 - \left(\dfrac{S_{sm}}{S_{su}}\right)^2} = \frac{241}{1 - \left(\dfrac{379}{1218{,}7}\right)^2} = 266{,}8 \text{ MPa}$$

Conforme a Tabela 6–7, p. 311, o critério de fadiga de Gerber para cisalhamento é

Resposta
$$(n_f)_{\text{corpo}} = \frac{1}{2}\left(\frac{S_{su}}{\tau_m}\right)^2 \frac{\tau_a}{S_{se}} \left[-1 + \sqrt{1 + \left(2\frac{\tau_m}{S_{su}}\frac{S_{se}}{\tau_a}\right)^2}\right]$$

$$= \frac{1}{2}\left(\frac{1218{,}7}{310}\right)^2 \frac{157{,}9}{266{,}8}\left[-1 + \sqrt{1 + \left(2\frac{310}{1218{,}7}\frac{266{,}8}{157{,}9}\right)^2}\right] = 1{,}46$$

(b) A linha de carga para o corpo de espiral começa em $S_{sm} = \tau_i$ e tem uma declividade $r = \tau_a/(\tau_m - \tau_i)$. Pode ser mostrado que a intersecção com a linha de escoamento é dada por $(S_{sa})y = [r/(r + 1)][S_{sy} - \tau_i]$. Consequentemente, $\tau_i = (F_i/F_a)\tau_a = (5/6,75)157,9 = 117$ MPa, $r = 157,9/(310 - 117) = 0,82$, e

$$(S_{sa})_y = \frac{0,82}{0,82 + 1}(818,6 - 117) = 316 \text{ MPa}$$

Assim,

Resposta
$$(n_y)_{\text{corpo}} = \frac{(S_{sa})_y}{\tau_a} = \frac{316}{157,9} = 2,0$$

(c) Fadiga de gancho de extremidade: usar as Equações (10–34) e (10–35) resulta em

$$\sigma_a = F_a\left[(K)_A \frac{16D}{\pi d^3} + \frac{4}{\pi d^2}\right]$$

$$= 6,75\left[1,14 \frac{16(5,4)}{\pi(0,9^3)} + \frac{4}{\pi(0,9^2)}\right] = 301 \text{ MPa}$$

$$\sigma_m = \frac{F_m}{F_a}\sigma_a = \frac{13,25}{6,75}301 = 590,9 \text{ MPa}$$

Para estimar o limite de resistência à fadiga de tração usando a teoria da energia de deformação

$$S_e = S_{se}/0,577 = 266,8/0,577 = 462,4 \text{ MPa}$$

Usando o critério de Gerber para tração resulta

Resposta
$$(n_f)_A = \frac{1}{2}\left(\frac{S_{ut}}{\sigma_m}\right)^2 \frac{\sigma_a}{S_e}\left[-1 + \sqrt{1 + \left(2\frac{\sigma_m}{S_{ut}}\frac{S_e}{\sigma_a}\right)^2}\right]$$

$$= \frac{1}{2}\left(\frac{1819}{590,9}\right)^2 \frac{301}{462,4}\left[-1 + \sqrt{1 + \left(2\frac{590,9}{1819}\frac{462,4}{301}\right)^2}\right] = 1,27$$

(d) Fadiga torcional de gancho de extremidade: por meio da Equação (10–36)

$$(\tau_a)_B = (K)_B \frac{8F_a D}{\pi d^3} = 1,18\frac{8(6,75)(5,4)}{\pi(0,9^3)} = 150,2 \text{ MPa}$$

$$(\tau_m)_B = \frac{F_m}{F_a}(\tau_a)_B = \frac{13,25}{6,75}150,2 = 294,8 \text{ MPa}$$

Então, novamente usando o critério de Gerber, obtemos

Resposta
$$(n_f)_B = \frac{1}{2}\left(\frac{S_{su}}{\tau_m}\right)^2 \frac{\tau_a}{S_{se}}\left[-1 + \sqrt{1 + \left(2\frac{\tau_m}{S_{su}}\frac{S_{se}}{\tau_a}\right)^2}\right]$$

$$= \frac{1}{2}\left(\frac{1218,7}{294,8}\right)^2 \frac{150,2}{266,8}\left[-1 + \sqrt{1 + \left(2\frac{294,8}{1218,7}\frac{266,8}{150,2}\right)^2}\right] = 1,53$$

As análises nos Exemplos 10–6 e 10–7 mostram como as molas de extensão diferem das de compressão. Os ganchos de extremidade são usualmente a parte fraca, com a flexão geralmente dominando. Devemos também apreciar que uma falha por fadiga separa a mola de tração sob carga. Fragmentos voando, carga perdida e interrupção de máquina são ameaças à segurança pessoal, bem como ao funcionamento das máquinas. Por essas razões, fatores de projeto mais elevados são usados mais no projeto de mola de tração que no de molas de compressão.

No Exemplo 10–7, estimamos o limite de endurança para o gancho em flexão usando dados de Zimmerli, que se baseiam em torção de molas de compressão e na teoria de distorção. Um método alternativo é usar a Tabela 10–8, que é baseada na razão de tensão $R = \tau_{min}/\tau_{max} = 0$. Para este caso, $\tau_a = \tau_m = \tau_{max}/2$. Rotule os valores de resistência da Tabela 10–8 como S_r para flexão e S_{sr} para torção. Assim, para torção, por exemplo, $S_{sa} = S_{sm} = S_{sr}/2$, e a ordenada de interseção de Gerber, dada pela Equação (6–42) para cisalhamento, é

$$S_{se} = \frac{S_{sa}}{1 - (S_{sm}/S_{su})^2} = \frac{S_{sr}/2}{1 - \left(\dfrac{S_{sr}/2}{S_{su}}\right)^2} \quad (10\text{--}42)$$

Assim, no Exemplo 10–7, uma estimativa para o limite de resistência à fadiga por flexão com base na Tabela 10–8 seria

$$S_r = 0{,}45 S_{ut} = 0{,}45(1819) = 818{,}6 \text{ MPa}$$

e a partir da Equação (10–42)

$$S_e = \frac{S_r/2}{1 - [S_r/(2S_{ut})]^2} = \frac{818{,}6/2}{1 - \left(\dfrac{818{,}6/2}{1819}\right)^2} = 431 \text{ MPa}$$

Usar esta no lugar de 462,4 MPa, no Exemplo 10–7, resulta em $(n_f)_A = 1{,}03$, uma redução de 5%.

Tabela 10–8 Tensões máximas admissíveis para molas de tração helicoidais de aço inoxidável ASTM A228 e tipo 302 em aplicações cíclicas.

Número de ciclos	Porcentagem de resistência de tração		
	Em torção		Em flexão
	Corpo	Extremidade	Extremidade
10^5	36	34	51
10^6	33	30	47
10^7	30	28	45

Esta informação baseia-se nas seguintes condições: sem jateamento de granalha, sem surgimento e meio ambiente com tratamento térmico de baixa temperatura aplicado. Razão de tensão = 0.

Fonte: Extraído de *Design Handbook*, 1987, p. 52. Cortesia da Associated Spring.

10–12 Molas helicoidais de torção

Quando uma mola de bobinas helicoidais é sujeita à torção de extremidade, é chamada de *mola de torção*. Usualmente ela é de enrolamento fechado, como uma mola de tração de bobinas helicoidais, mas com tensionamento inicial desprezível. Existem os tipos de corpo simples e de corpo duplo, representados na Figura 10–9. Como mostra a figura, molas de torção têm extremidades configuradas para aplicar torção ao corpo da bobina de uma maneira conveniente, com gancho curto, saliência articulada reta, torção direta e extremidades especiais. As extremidades

Extremidades especiais

Extremidades de gancho curto

Extremidades articuladas

Saliência direta

Torção dupla

Torção direta

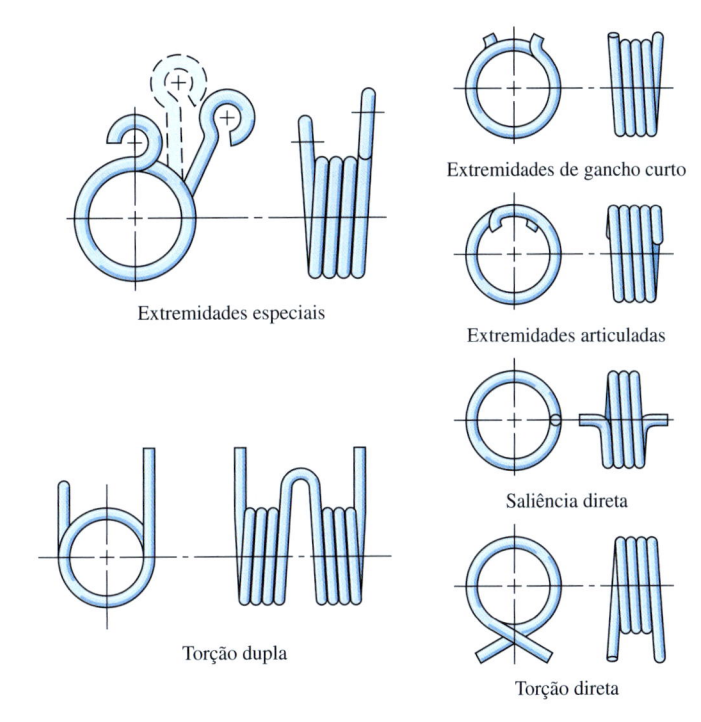

Figura 10–9 Molas de torção. (Cortesia da Associated Spring.)

Tabela 10–9 Tolerâncias de posicionamento de extremidade para molas helicoidais de torção (para razões D/d até e incluindo 16).

Espirais totais	Tolerância: ± Graus*
Até 3	8
De 3 a 10	10
De 10 a 20	15
De 20 a 30	20
De 30	25

* Tolerâncias mais apertadas disponíveis por meio de solicitação.

Fonte: Extraído do *Design Handbook*, 1987, p. 52. Cortesia da Associated Spring.

fundamentalmente conectam uma força a uma distância do eixo de bobinamento, para aplicar um torque. A extremidade mais frequentemente encontrada (e mais barata) é a de torção direta. Se o atrito entre helicoides tem de ser evitado completamente, a mola pode ser enrolada com um passo que separe somente os helicoides de corpo. Molas helicoidais de torção são em geral usadas com uma haste ou eixo para suporte de reações quando as extremidades não puderem ser embutidas, para manter alinhamento e para prover resistência de flambagem se necessário.

O fio em uma mola de torção está em flexão, em contraste à torção encontrada em molas de compressão de bobinas helicoidais e molas de extensão. As molas são projetadas para enrolar firmemente em serviço. À medida que o torque aplicado aumenta, o diâmetro interno da espiral decresce. Deve ser tomado cuidado de tal maneira que os helicoides não interfiram com o pino, haste ou eixo. O modo de flexão no helicoide poderia parecer requerer fios de seção transversa quadrada ou retangular, mas o custo, a variedade de materiais e a disponibilidade desencorajam seu uso.

Molas de torção são familiares em prendedores de roupa, cortinas de janelas e armadilha de animais, onde elas podem ser vistas ao redor da casa; e fora da vista em mecanismos de contrabalanceamento, catracas e uma variedade de outros componentes de máquina. Existem muitas molas que podem ser compradas direto da prateleira de um vendedor. Essa seleção pode adicionar economia de escala a pequenos projetos, evitando o custo do projeto encomendado e manufatura de baixa produção.

Descrevendo a localização da extremidade

Ao especificar uma mola de torção, as extremidades devem ser localizadas uma em relação à outra. Tolerâncias comerciais sobre as posições relativas estão na Tabela 10–9. O esquema mais simples para expressar a localização inicial descarregada de uma extremidade em relação à outra é em termos de um ângulo τ definindo a fração de volta presente no corpo de espiral, $N_p = \tau/360°$, como mostra a Figura 10–10. Para propósitos de análise, a nomenclatura da Figura 10–10 pode ser usada. A comunicação com o fabricante de mola é frequentemente em termos do ângulo de costado α.

O número de voltas do corpo N_b é o número de voltas no corpo livre da mola por soma. A contagem de voltas do corpo está relacionada ao ângulo de posição inicial τ por

$$N_b = \text{inteiro} + \frac{\beta}{360°} = \text{inteiro} + N_p$$

em que N_p é o número de voltas parciais. A equação significa que N_b assume valores discretos não inteiros, como 5,3, 6,3, 7,3, ..., com diferenças sucessivas de 1, como possibilidades ao desenhar uma mola específica. Esta consideração será discutida mais tarde.

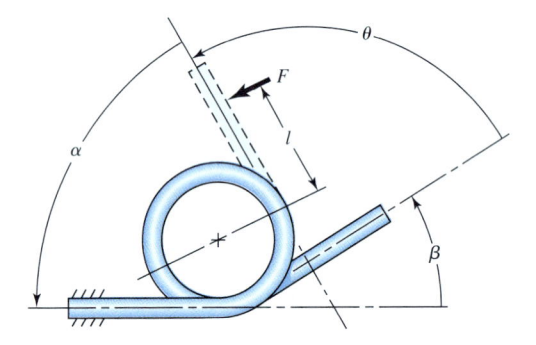

Figura 10–10 O ângulo de posicionamento da extremidade livre é τ. A coordenada rotacional θ é proporcional ao produto Fl. O contra-ângulo é α. Para todas as posições da extremidade móvel $\theta + \alpha = \sum = $ constante.

Tensão de flexão

Uma mola de torção tem flexão induzida em espirais, em lugar de torção. Isso significa que tensões residuais criadas durante o enrolamento são de mesma direção, mas com sinais opostos às tensões de trabalho que ocorrem durante o uso. O enrijecimento por deformação bloqueia as tensões residuais opostas às tensões de trabalho e *provê* que a carga esteja sempre aplicada no sentido do enrolamento. Molas de torção podem operar em tensões de flexão excedendo a resistência de escoamento do fio no qual foi enrolada.

A tensão de flexão pode ser obtida com base na teoria de vigas curvas expressa na forma

$$\sigma = K\frac{Mc}{I}$$

em que K é o fator de correção de tensão. O valor de K depende da forma da seção transversal do fio e se a tensão buscada está na fibra mais interna ou mais externa. Wahl analiticamente determinou os valores de K para fio redondo, como

$$K_i = \frac{4C^2 - C - 1}{4C(C - 1)} \qquad K_o = \frac{4C^2 + C - 1}{4C(C + 1)} \tag{10-43}$$

em que C é o índice de mola e os subscritos i e o se referem às fibras mais internas e mais externas, respectivamente. Uma vez que K_o é sempre menor que a unidade, usaremos K_i para estimar as tensões. Quando o momento flexor é $M = Fr$ e o módulo da seção é $I/c = d^3/32$, expressamos a equação de flexão como

$$\sigma = K_i \frac{32Fr}{\pi d^3} \tag{10-44}$$

a qual dá a tensão de flexão para uma mola de torção de fio redondo.

Deflexão e razão de mola

Para molas de torção, a deflexão angular pode ser expressa em radianos ou revoluções (voltas). Se um termo contém unidades de revoluções, o termo será expresso com um sinal linha. A razão de mola k' é expressa em unidades de torque/revolução (lbf·in/rev ou N·mm/rev) e o momento é proporcional ao ângulo θ', expresso em voltas em vez de radianos. A razão de mola, quando linear, pode ser expressa como

$$k' = \frac{M_1}{\theta_1'} = \frac{M_2}{\theta_2'} = \frac{M_2 - M_1}{\theta_2' - \theta_1'} \tag{10-45}$$

em que o momento M pode ser expresso como Fl ou Fr.

O ângulo subtendido pela deflexão da extremidade de uma viga em balanço, quando visto da extremidade engastada, é y/l. Com base na Tabela A–9–1,

$$\theta_e = \frac{y}{l} = \frac{Fl^2}{3EI} = \frac{Fl^2}{3E(\pi d^4/64)} = \frac{64Ml}{3\pi d^4 E} \tag{10-46}$$

Para uma mola de extremidade reta de torção, correções de extremidade tais como a Equação (10–46) devem ser adicionadas à deflexão de espiral de corpo. A energia de deformação em flexão é, por meio da Equação (4–23),

$$U = \int \frac{M^2 \, dx}{2EI}$$

Para uma mola de torção, $M = Fl = Fr$, e a integração deve ser feita sobre o comprimento do fio de espiral de corpo. A força F defletirá por uma distância $r\theta$, em que θ é a deflexão angular do corpo de espiral, em radianos. Aplicar o teorema de Castigliano resulta

$$r\theta = \frac{\partial U}{\partial F} = \int_0^{\pi D N_b} \frac{\partial}{\partial F}\left(\frac{F^2 r^2 \, dx}{2EI}\right) = \int_0^{\pi D N_b} \frac{F r^2 \, dx}{EI}$$

Substituir $I = \pi d^4/64$ para fio redondo e resolver para θ resulta

$$\theta = \frac{64 F r D N_b}{d^4 E} = \frac{64 M D N_b}{d^4 E}$$

A deflexão angular total em radianos é obtida adicionando a Equação (10–46) a cada extremidade de comprimentos l_1, l_2:

$$\theta_t = \frac{64MDN_b}{d^4E} + \frac{64Ml_1}{3\pi d^4E} + \frac{64Ml_2}{3\pi d^4E} = \frac{64MD}{d^4E}\left(N_b + \frac{l_1 + l_2}{3\pi D}\right) \quad (10\text{-}47)$$

O número equivalente de voltas ativas N_a é expresso como

$$N_a = N_b + \frac{l_1 + l_2}{3\pi D} \quad (10\text{-}48)$$

A constante de mola k em torque por radianos é

$$k = \frac{Fr}{\theta_t} = \frac{M}{\theta_t} = \frac{d^4E}{64DN_a} \quad (10\text{-}49)$$

A constante de mola também pode ser expressa como torque por volta. A expressão para isso é obtida multiplicando-se a Equação (10–49) por 2π rad/volta. Assim, a razão de mola k' (unidades torque/volta) é

$$k' = \frac{2\pi d^4 E}{64DN_a} = \frac{d^4E}{10,2DN_a} \quad (10\text{-}50)$$

Ensaios mostram que o efeito do atrito entre as espirais e o eixo é tal que a constante 10,2 deve ser aumentada para 10,8. A equação acima se torna

$$k' = \frac{d^4E}{10,8DN_a} \quad (10\text{-}51)$$

(unidades torque por volta). A Equação (10–51) dá melhores resultados. Também a Equação (10–47) se torna

$$\theta_t' = \frac{10,8MD}{d^4E}\left(N_b + \frac{l_1 + l_2}{3\pi D}\right) \quad (10\text{-}52)$$

Molas de torção são frequentemente usadas sobre uma barra redonda ou pino. Quando a carga é aplicada a uma mola de torção, a mola enrola causando uma diminuição no diâmetro interno do corpo de espiral. É necessário assegurar que o diâmetro interno da espiral nunca se torne igual ou menor que o diâmetro do pino, no qual a perda da função de mola ocorreria imediatamente. O diâmetro de hélice do helicoide D' se torna

$$D' = \frac{N_b D}{N_b + \theta_c'} \quad (10\text{-}53)$$

em que θ_c' é a deflexão angular do corpo da espiral em número de voltas, dada por

$$\theta_c' = \frac{10,8MDN_b}{d^4E} \quad (10\text{-}54)$$

O novo diâmetro interno $D_i' = D' - d$ contribui para que a folga diametral Δ entre o corpo de espiral e o pino de diâmetro D_p seja igual a

$$\Delta = D' - d - D_p = \frac{N_b D}{N_b + \theta_c'} - d - D_p \quad (10\text{-}55)$$

A Equação (10–55) resolvida para N_b é

$$N_b = \frac{\theta'_c(\Delta + d + D_p)}{D - \Delta - d - D_p} \qquad (10\text{–}56)$$

a qual fornece o número de voltas de corpo correspondendo a uma folga diametral especificada do eixo. Este ângulo pode não estar em acordo com a necessária volta parcial restante. Assim, a folga diametral pode ser excedida, mas não igualada.

Resistência estática

A primeira coluna de entrada na Tabela 10–6 pode ser dividida por 0,577 (vindo da teoria da energia de distorção) para dar

$$S_y = \begin{cases} 0{,}78 S_{ut} & \text{Fio musical de aços-carbono estirados a frio} \\ 0{,}87 S_{ut} & \text{Aços baixa-liga e aços-carbono temperado e revenido em óleo} \\ 0{,}61 S_{ut} & \text{Aço inoxidável austenítico e ligas não ferrosas} \end{cases} \qquad (10\text{–}57)$$

Resistência à fadiga

Visto que o fio de mola está em flexão, a equação de Sines não é aplicável, pois este se dá na presença de torção pura. Uma vez que os resultados de Zimmerli foram para molas de compressão (fio em torção pura), usaremos os valores de tensão de flexão repetida ($R = 0$) fornecidos pela Associated Spring na Tabela 10-10. Como na Equação (10–40), usaremos o critério de falha por fadiga de Gerber incorporando da Associated Spring $R = 0$, a resistência de fadiga S_r:

$$S_e = \frac{S_r/2}{1 - \left(\dfrac{S_r/2}{S_{ut}}\right)^2} \qquad (10\text{–}58)$$

Tabela 10–10 Tensões de flexão máximas recomendadas (K_B corrigido) para molas de torção helicoidais em aplicações cíclicas como porcentagem de S_{ut}. (Cortesia da Associated Spring.)

Vida de fadiga, ciclos	ASTM A228 e tipo 302 aço inoxidável		ASTM A230 e A232	
	Não jateado de granalha	Jateado de granalha*	Não jateado de granalha	Jateado de granalha*
10^5	53	62	55	64
10^6	50	60	53	62

Esta informação baseia-se nas seguintes condições: nenhum surgimento e molas estão na condição de "semelhante a tensões aliviadas".
*Nem sempre possível.

O valor de S_r (e S_e) foi corrigido para o tamanho, condição de superfície e tipo de carregamento, mas não para temperatura ou efeitos diversos. O critério da fadiga de Gerber agora está definido. A componente de amplitude de resistência é dada pela Tabela 6–7, p. 311, como

$$S_a = \frac{r^2 S_{ut}^2}{2 S_e}\left[-1 + \sqrt{1 + \left(\frac{2 S_e}{r S_{ut}}\right)^2}\,\right] \qquad (10\text{–}59)$$

em que a declividade da linha de carga é $r = M_a/M_m$. A linha de carga é radial passando pela origem do diagrama de fadiga do projetista. O fator de segurança resguardando contra falha por fadiga é

$$n_f = \frac{S_a}{\sigma_a} \qquad (10\text{-}60)$$

De outro modo, podemos encontrar n_f diretamente usando a Tabela 6–7, p. 311:

$$n_f = \frac{1}{2}\frac{\sigma_a}{S_e}\left(\frac{S_{ut}}{\sigma_m}\right)^2\left[-1 + \sqrt{1+\left(2\frac{\sigma_m}{S_{ut}}\frac{S_e}{\sigma_a}\right)^2}\right] \qquad (10\text{-}61)$$

EXEMPLO 10-8

Uma mola de estoque é mostrada na Figura 10–11. Ela é feita de fio musical de 1,8 mm de diâmetro e tem $4\frac{1}{4}$ voltas de corpo com extremidades retas de torção. Ela trabalha sobre um pino de 10 mm de diâmetro. O diâmetro externo da espiral é de 15 mm.

(a) Encontre o torque operacional máximo e a correspondente rotação para carregamento estático.

(b) Estime o diâmetro interno da espiral e a folga diametral do pino quando a mola está sujeita ao torque da parte (a).

(c) Calcule o fator de segurança de fadiga, n_f caso o momento aplicado varie entre $M_{min} = 0,1$ a $M_{max} = 0,5$ N·m.

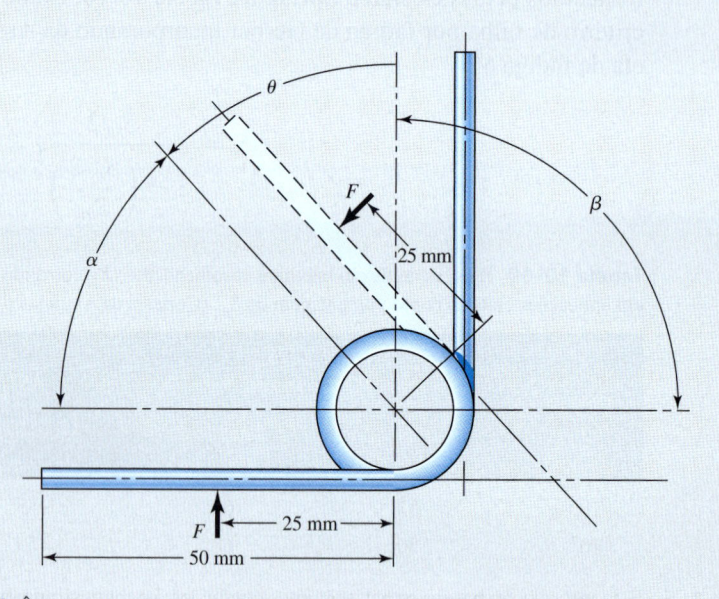

Figura 10–11 Ângulos α, τ e θ são medidos entre a linha de centro da extremidade reta transladados para o eixo da espiral. O diâmetro externo OD mede 15 mm.

Solução

(a) Para o fio musical, com base na Tabela 10–4, encontramos $A = 2211$ MPa·mm^m e $m = 0,145$. Consequentemente,

$$S_{ut} = \frac{A}{d^m} = \frac{2210}{(1,8)^{0,145}} = 2029 \text{ MPa}$$

A Equação (10–57) resulta em

$$S_y = 0{,}78 S_{ut} = 0{,}78(2029) = 1582 \text{ MPa}$$

O diâmetro médio de espiral é $D = 15 - 1{,}8 = 13{,}2$ mm. O índice de mola $C = D/d = 13{,}2/1{,}8 = 7{,}33$. O fator de correção de tensão de flexão K_i da Equação (10–43) é

$$K_i = \frac{4(7{,}33)^2 - 7{,}33 - 1}{4(7{,}33)(7{,}33 - 1)} = 1{,}113$$

Agora rearranje a Equação (10–44), substitua S_y por σ e resolva para o torque máximo Fr para obter

$$M_{\max} = (Fr)_{\max} = \frac{\pi d^3 S_y}{32 K_i} = \frac{\pi (1{,}8)^3 1583}{32(1{,}113)} = 814 \text{ N·mm}$$

Note que nenhum fator de segurança foi usado. A seguir, da Equação (10–54) e da Tabela 10–5, o número de voltas do corpo de espiral θ_c' é

$$\theta_c' = \frac{10{,}8 M D N_b}{d^4 E} = \frac{10{,}8(814)13{,}2(4{,}25)}{1{,}8^4(196\,000)} = 0{,}24 \text{ volta}$$

Resposta

$$(\theta_c')_{\text{graus}} = 0{,}24(360°) = 86{,}4°$$

O número de voltas ativas N_a, da Equação (10–48), é

$$N_a = N_b + \frac{l_1 + l_2}{3 \pi D} = 4{,}25 + \frac{25 + 25}{3\pi(13{,}2)} = 4{,}65 \text{ voltas}$$

A razão de mola da mola completa, pela Equação (10–51), é

$$k' = \frac{1{,}8^4(196\,000)}{10{,}8(13{,}2)4{,}65} = 3104 \text{ N·mm}$$

O número de voltas da mola completa θ' é

$$\theta' = \frac{M}{k'} = \frac{814}{3104} = 0{,}26 \text{ volta}$$

Resposta

$$(\theta_s')_{\text{graus}} = 0{,}26(360°) = 93{,}6°$$

(b) Sem qualquer carga, o diâmetro médio da espiral da mola é 13,2 mm. Da Equação (10–53),

$$D' = \frac{N_b D}{N_b + \theta_c'} = \frac{4{,}25(13{,}2)}{4{,}25 + 0{,}24} = 12{,}5 \text{ mm}$$

A folga diametral entre a parte interna da espiral de mola e o pino em carga é

Resposta

$$\Delta = D' - d - D_p = 12{,}5 - 1{,}8 - 10 = 0{,}7 \text{ mm}$$

Fadiga:

$$M_a = (M_{max} - M_{min})/2 = (500 - 100)/2 = 200 \text{ N} \cdot \text{mm}$$

$$M_m = (M_{max} + M_{min})/2 = (500 + 100)/2 = 300 \text{ N} \cdot \text{mm}$$

$$r = \frac{M_a}{M_m} = \frac{2}{3}$$

$$\sigma_a = K_i \frac{32 M_a}{\pi d^3} = 1{,}113 \frac{32(200)}{\pi 1{,}8^3} = 388{,}8 \text{ MPa}$$

$$\sigma_m = \frac{M_m}{M_a} \sigma_a = \frac{3}{2}(388{,}8) = 583{,}2 \text{ MPa}$$

Com base na Tabela 10–10, $S_r = 0{,}50 S_{ut} = 0{,}50(2\,029) = 1014{,}5$. Então,

$$S_e = \frac{1014{,}5/2}{1 - \left(\frac{1014{,}5/2}{2029}\right)^2} = 541 \text{ MPa}$$

A componente de amplitude da resistência S_a, pela Equação (10–59), é

$$S_a = \frac{(2/3)^2 2029^2}{2(541)}\left[-1 + \sqrt{1 + \left(\frac{2}{2/3}\frac{541}{2029}\right)^2}\right] = 474{,}4 \text{ MPa}$$

O fator de segurança de fadiga é

Resposta

$$n_f = \frac{S_a}{\sigma_a} = \frac{474{,}4}{388{,}8} = 1{,}22$$

10–13 Molas Belleville

O inserto da Figura 10–12 mostra a seção transversal de uma mola de disco cônico, comumente chamada de *mola Belleville*. Embora o tratamento matemático esteja além do escopo deste livro, você deve pelo menos se familiarizar com as características notáveis dessas molas.

Além da vantagem óbvia de uma mola Belleville ocupar somente um pequeno espaço, a variação na razão h/t produzirá uma ampla variedade de formas da curva carga-deflexão, como ilustrado na Figura 10–12. Por exemplo, usar uma razão h/t de 2,83 ou maior resulta em uma curva S que pode ser útil para o mecanismo de ação de fechamento. Uma redução da razão a um valor entre 1,41 e 2,1 faz a porção central da curva se tornar horizontal, o que significa que a carga é constante sobre um considerável trecho de deflexão.

Uma carga mais elevada para uma deflexão dada pode ser obtida por aninhamento, isto é, por empilhamento de molas em paralelo. Por outro lado, o empilhamento em série produz uma deflexão maior para a mesma carga, mas neste caso existe perigo de instabilidade.

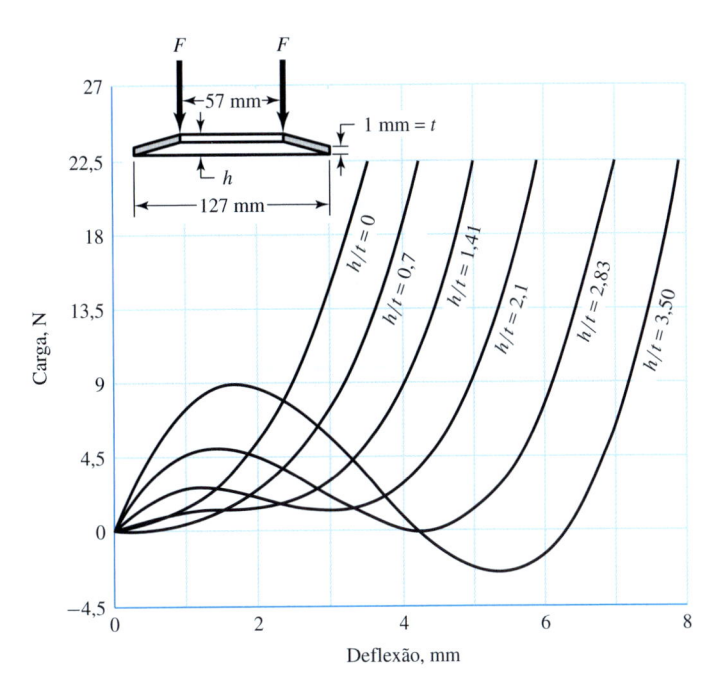

Figura 10–12 Curva carga-deflexão para molas Belleville. (*Cortesia da Associated Spring.*)

10–14 Molas diversas

A mola de extensão da Figura 10–13 é feita de tira de aço ligeiramente curva, não plana, de modo que a força requerida para desenrolá-la permanece constante; assim, ela é chamada de *mola de força constante*. Isso é equivalente a uma razão de mola zero; elas também podem ser manufaturadas tendo a razão de mola ou positiva, ou negativa.

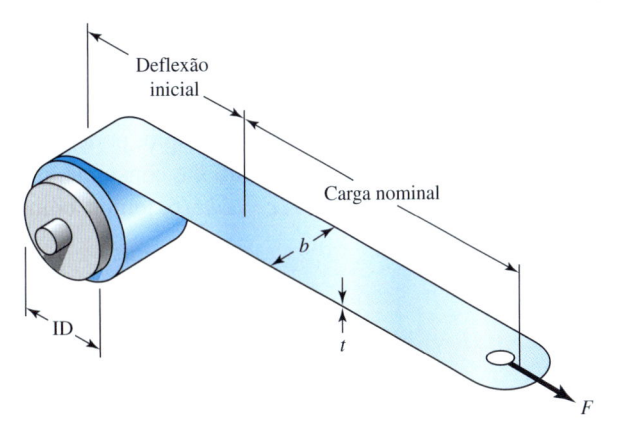

Figura 10–13 Mola de força constante. (*Cortesia da Vulcan Spring & Mfg. Co. Telford, PA, www.vulcanspring.com.*)

Uma *mola de voluta* mostrada na Figura 10–14a é uma tira larga, fina ou "plana", de material enrolado no plano de forma que as espirais caibam uma dentro da outra. Visto que as espirais não se amontoam, a altura sólida da mola é a largura da tira. Uma fita de mola variável em uma mola de voluta de compressão é obtida ao permitirem-se as espirais contatar o apoio. Logo, à medida que a deflexão aumenta, o número de espirais ativas decresce. A mola de voluta tem uma outra importante vantagem que não pode ser obtida com molas de fio redondo: se as espirais forem enroladas de modo que contatem ou deslizem umas sobre as outras durante a ação, o atrito dinâmico servirá para amortecer vibrações ou outras perturbações transientes não desejadas.

(a) (b)

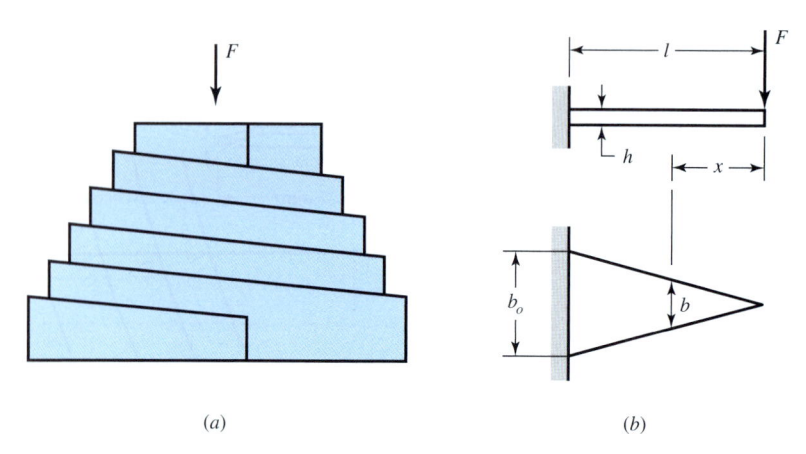

Figura 10–14 (a) Uma mola de voluta; (b) uma mola triangular plana.

Uma *mola cônica*, como o nome implica, é uma mola de espiral enrolada na forma de um cone (ver Problema 10–28). A maioria das molas cônicas são molas de compressão enroladas com fio redondo. Porém, uma mola de voluta é uma mola cônica também. Provavelmente a sua principal vantagem é que ela pode ser enrolada a fim de que seu comprimento sólido seja somente um único diâmetro de fio.

Usa-se matéria-prima comum para uma grande variedade de molas, tais como molas de relógio, de potência, de torção, molas em balanço e molas de cabelo; frequentemente ela tem forma especial para criar certas ações de mola para prendedores fusíveis, molas de relé, arruelas de mola, anéis de engate e retentores.

Ao projetar muitas molas de matéria-prima plana ou material de tira, é geralmente econômico e de valor proporcionar o material, de modo que se obtenha uma tensão constante por todo o material de mola. Uma mola em balanço de seção uniforme tem uma tensão

$$\sigma = \frac{M}{I/c} = \frac{Fx}{I/c} \qquad (a)$$

que é proporcional à distância x se I/c for uma constante. Mas não existe razão pela qual I/c necessite ser uma constante. Por exemplo, podemos desenhar uma mola tal qual mostrada na Figura 10–14b, na qual a espessura h é constante, mas a largura é permitida variar. Visto que, para uma seção retangular, $I/c = bh^2/6$, temos, com a Equação (a),

$$\frac{bh^2}{6} = \frac{Fx}{\sigma}$$

ou

$$b = \frac{6Fx}{h^2\sigma} \qquad (b)$$

Como b é linearmente relacionado a x, a largura b_o na base da mola é

$$b_o = \frac{6Fl}{h^2\sigma} \qquad (10\text{–}62)$$

Boas aproximações para deflexões podem ser encontradas facilmente usando o teorema de Castigliano. Para demonstrar isso, suponha que a deflexão da mola plana triangular seja primariamente devido à flexão e despreze a força de cisalhamento transversal.[13]

---

[13] Note que, devido ao cisalhamento, a largura da viga não pode ser zero em $x = 0$. Assim, existe sempre alguma simplificação no modelo de projeto. Tudo isso pode ser levado em conta em um modelo mais sofisticado.

O momento fletor como uma função de x é $M = -Fx$ e a largura da viga em x pode ser expressa como $b = b_o x/l$. Logo, a deflexão de F é dada pela Equação (4–31), p. 180, como

$$y = \int_0^l \frac{M(\partial M/\partial F)}{EI} dx = \frac{1}{E} \int_0^l \frac{-Fx(-x)}{\frac{1}{12}(b_o x/l)h^3} dx$$

$$= \frac{12Fl}{b_o h^3 E} \int_0^l x\, dx = \frac{6Fl^3}{b_o h^3 E}$$

(10–63)

Assim, a constante de mola, $k = F/y$, é estimada como

$$k = \frac{b_o h^3 E}{6l^3}$$

(10–64)

Os métodos de análise de tensão e deflexão, ilustrados nas seções deste capítulo, mostram que as molas podem ser analisadas e desenhadas usando os fundamentos discutidos nos capítulos anteriores deste livro. Isso também é verdade para a maioria das diversas molas mencionadas nesta seção, e você agora não deve encontrar dificuldades em ler e entender a literatura de tais molas.

10–15 Resumo

Neste capítulo consideramos molas helicoidais com muitos detalhes a fim de mostrar a importância de pontos de vista ao abordar problemas de engenharia, suas análises e projeto. Para molas de compressão suportando cargas estáticas e de fadiga, o processo completo de projeto foi apresentado. Isso não foi feito para molas de tração e torção, pois o processo é o mesmo, embora as condições regentes não sejam. As condições regentes, contudo, foram fornecidas e a extensão ao processo de projeto a partir do que foi fornecido para molas de compressão deve ser direta. São fornecidos problemas no fim do capítulo, e é esperado que o leitor desenvolva problemas adicionais, similares, para tentar resolver.

À medida que os problemas de molas tornam-se mais envolventes computacionalmente, as calculadoras programáveis e computadores devem ser usados. O uso de planilhas de cálculo é bastante popular para cálculos repetitivos. Como mencionado anteriormente, estão disponíveis programas comerciais. Com esses, soluções inversas podem ser realizadas; isto é, quando os critérios finais de objetivo são dados, o programa determina os valores iniciais.

PROBLEMAS

10–1 Dentro do intervalo de valores recomendado para o índice de mola, C, determine a máxima e a mínima diferença percentual entre o fator de Bergsträsser, K_B, e o fator de Wahl, K_W.

10–2 É instrutivo examinar a questão das unidades do parâmetro A da Equação (10–14). Mostre que para as unidades habituais nos Estados Unidos as unidades para A_{uscu} são kpsi · in^m e para o SI as unidades para o A_{SI} são o MPa · mm^m, o que faz com que as dimensões de A_{uscu} e de A_{SI} sejam diferentes para qualquer material para o qual se aplique a Equação (10–14). Mostre também que a conversão de A_{uscu} para A_{SI} é dada por

$$A_{SI} = 6{,}895(25{,}40)^m A_{uscu}$$

10–3 Uma mola de compressão helicoidal é enrolada usando um fio musical de diâmetro de 2,5 mm. A mola tem um diâmetro externo de 31 mm com extremidades planas esmerilhadas e um total de 14 espirais.

(a) Estime a razão de mola.
(b) Que força é necessária para comprimir esta mola ao fechamento?
(c) Qual deve ser o comprimento livre para assegurar que quando a mola for comprimida à forma sólida, a tensão torcional não exceda a resistência de escoamento?
(d) Existe alguma possibilidade de a mola flambar em serviço?

10-4 A mola do Problema 10-3 deve ser usada com uma carga estática de 130 N. Faça uma avaliação de projeto representada pelas Equações (10-13) e (10-18) até (10-21) se a mola for fechada à altura sólida.

10-5 Uma mola helicoidal de compressão é feita com um fio revenido em óleo com diâmetro de 5 mm, diâmetro de espiral média de 50 mm, um total de 12 espiras, um comprimento livre de 125 mm, com extremidades em esquadro.

(a) Encontre o comprimento sólido.

(b) Encontre a força necessária para defletir a mola até seu comprimento sólido.

(c) Encontre o fator de segurança contra o escoamento quando a mola é comprimida até seu comprimento sólido.

10-6 Uma mola helicoidal de compressão é feita com um fio revenido em óleo com diâmetro de 4 mm e com um índice de mola $C = 10$. A mola operará dentro de um orifício, de modo que a flambagem não será problema e de modo que suas extremidades sejam simples. O comprimento livre da mola deve ser de 80 mm. Uma força de 50 N deve defletir a mola em 15 mm.

(a) Determine a razão de mola.

(b) Determine o diâmetro mínimo do orifício dentro do qual a mola pode operar.

(c) Determine o número total de espiras necessário.

(d) Determine o comprimento sólido.

(e) Determine o fator de segurança estático com base no escoamento da mola se ela está comprimida ao comprimento sólido.

10-7 Uma mola de compressão helicoidal é feita de fio de aço de mola, estirado a frio, de 2 mm de diâmetro e com um diâmetro externo de 22 mm. As extremidades são planas e esmerilhadas e existe um total de $8\frac{1}{2}$ espirais.

(a) A mola é enrolada a um comprimento livre, que é o maior possível com uma propriedade de segurança sólida. Encontre este comprimento livre.

(b) Qual é o passo desta mola?

(c) Que força é necessária para comprimir a mola a seu comprimento sólido?

(d) Estime a razão de mola.

(e) A mola flambará em serviço?

10-8 A mola do Problema 10-7 deve ser usada com uma carga estática de 75 N. Faça uma avaliação de projeto representada pelas Equações (10-13) e (10-18) até (10-21) se a mola for fechada à altura sólida.

10-9 a 10-19 Seis molas estão listadas nas tabelas. Investigue essas molas de compressão helicoidal de extremidades esquadradas e esmerilhadas para verificar se elas são seguras sólidas. Do contrário, qual é o maior comprimento livre para o qual podem ser enroladas usando $n_s = 1,2$?

Problema número	d, mm	OD, mm	L_0, mm	N_t	Material
10-9	0,15	0,9	16	40	A228, fio musical
10-10	0,3	3,0	20,6	15,1	B159, fósforo-bronze
10-11	1,0	6,0	19,1	10,4	A313, aço inoxidável
10-12	3,5	50	74,6	5,25	A227, aço estirado a frio
10-13	3,7	25	95,3	13,0	A229, aço OQ&T
10-14	4,9	76	228,6	8,0	A232, cromo-vanádio

	d, mm	OD, mm	L_0, mm	N_t	Material
10-15	0,25	0,95	12,1	38	A313, aço inoxidável
10-16	1,2	6,5	15,7	10,2	A228, fio musical
10-17	3,5	50,6	75,5	5,5	A229, aço de mola OQ&T
10-18	3,8	31,4	71,4	12,8	B159, fósforo-bronze
10-19	4,5	69,2	215,6	8,2	A232, cromo-vanádio

10-20 Considere a mola de aço especial na ilustração.

(a) Encontre o passo, a altura sólida e o número de voltas ativas.

(b) Encontre a razão de mola. Suponha que o material seja aço A227 HD (estirado a frio).

(c) Encontre a força F_s requerida para fechar a mola a sólido.

(d) Encontre a tensão de cisalhamento na mola devido à força F_s.

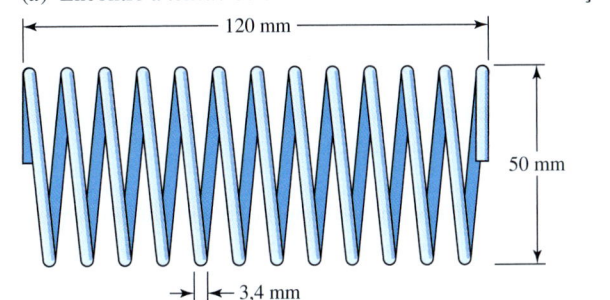

Problema 10–20

[120 mm × 50 mm, fio de 3,4 mm]

10–21 Uma mola de compressão feita de fio musical para serviço estático deve suportar uma carga de 90 N depois de ser comprimida de 50 mm. A altura sólida da mola não pode exceder 38 mm. O comprimento livre não deve exceder 100 mm. O fator de segurança estático deve igualar ou exceder 1,2. Para linearidade robusta use uma sobrevolta fracional até o fechamento ξ de 0,15. Existem duas molas a serem desenhadas. Comece com um fio de diâmetro igual a 1,9 mm.

(a) A mola deve operar sobre uma haste de 20 mm. Uma tolerância de folga diametral de 1,2 mm deve ser adequada para evitar interferência entre a haste e a mola devido a espirais fora de circularidade. Desenhe a mola.

(b) A mola deve operar em um furo de 25 mm de diâmetro. Uma tolerância de folga diametral de 1,2 mm deve ser adequada para evitar interferência entre a mola e o furo devido à dilatação do diâmetro da mola à medida que ela é comprimida e devido a espirais fora de circularidade. Desenhe a mola.

10–22 Resolva o Problema 10–21 iterando com valor inicial de $C = 10$. Se já resolveu o Problema 10–21, compare os passos e os resultados.

10–23 Um dispositivo de fixação com pega para peças com espessura de 37,5 mm nas posições de sujeição dos grampos está sendo projetado. O detalhe de um dos grampos está mostrado na figura. Uma mola com força inicial de 45 N é necessária para mover o grampo para cima ao retirar a peça. O parafuso do grampo tem uma rosca M10 × 1,25. Admita uma folga diametral de 1,25 mm entre ele e a mola não comprimida. É especificado ainda que o comprimento livre da mola deve ser $L_0 \leq 48$ mm, a altura sólida deve ser $L_S \leq 31,5$ mm, e o fator de segurança quando compactada deve ser de $n_S \geq 1,2$. Começando com $d = 2$ mm, projete uma mola de compressão com espiras helicoidais adequada a este dispositivo. Para o aço A227 HD, estão disponíveis diâmetros de fio entre 0,2 e 3,2 mm em incrementos de 0,2 mm.

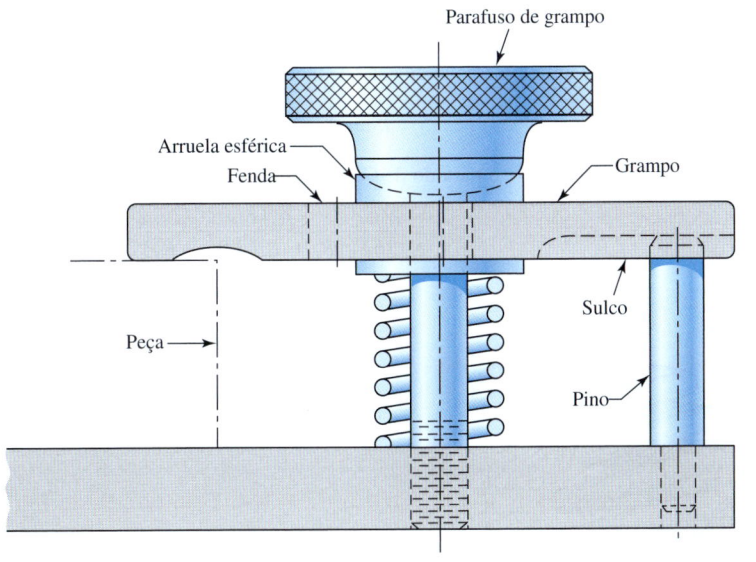

Problema 10–23
Dispositivo de fixação

10–24 Resolva o Problema 10–23 iterando com valor inicial de $C = 8$. Se já resolveu o Problema 10–23, compare os passos e os resultados.

10–25 Seu instrutor lhe proverá com um catálogo de fornecedores de molas pré-fabricadas ou páginas reproduzidas dele. Conclua a tarefa do Problema 10–23 selecionando uma mola disponível de estoque. (Isto é, desenhe *por seleção*.)

10–26 Uma mola de compressão é necessária para ajustar uma haste de 12 mm de diâmetro. Para permitir alguma folga, o diâmetro interno da mola é de 15 mm. Para ter espiras razoáveis, use um índice de mola igual a 10. A mola será usada em uma máquina que a comprime partindo de um comprimento livre de 125 mm em curso de 75 mm até seu comprimento sólido. A mola deve ter extremidades em esquadro e retificadas, sem jateamento e deve ser feita de um fio de aço estirado a frio.

(a) Determine o diâmetro de fio adequado.
(b) Determine o número total de espiras adequado.
(c) Determine a constante de mola.
(d) Determine o fator de segurança estático quando a mola é comprimida ao comprimento sólido.
(e) Determine o fator de segurança à fadiga quando a mola é comprimida de forma cíclica do comprimento livre ao comprimento sólido. Utilize o critério de falha-fadiga de Gerber-Zimmerli.

10–27 Necessita-se de uma mola de compressão que possa ser encaixada em um orifício de 25 mm de diâmetro. Para permitir alguma folga, o diâmetro externo não deve ser maior que 22 mm. Para assegurar espiras razoáveis, utilize um índice de mola igual a 8. A mola será usada comprimida em uma máquina partindo de um comprimento livre de 75 mm em curso de 25 mm até seu comprimento sólido. A mola deve ter extremidades em esquadro e retificadas, sem jateamento, e deve ser feita de um aço "fio de música".

(a) Determine o diâmetro de fio adequado.
(b) Determine o número total de espiras adequado.
(c) Determine a constante de mola.
(d) Determine o fator de segurança estático quando a mola é comprimida ao comprimento sólido.
(e) Determine o fator de segurança à fadiga quando a mola é movida repetidamente do seu comprimento livre ao comprimento sólido. Utilize o critério de falha-fadiga de Gerber-Zimmerli.

10–28 Uma mola de compressão será solicitada por ciclos entre 600 N e 1,2 kN com curso de 25 mm. O número de ciclos é baixo, de modo que a fadiga não é uma preocupação. As espiras devem se encaixar em um orifício de 52 mm de diâmetro com folga de 2 mm ao longo de toda a mola. Utilize um fio revenido em óleo, não jateado, com extremidades em esquadro e retificadas.

(a) Determine o diâmetro do fio adequado utilizando um índice de mola de $C = 7$.
(b) Determine o diâmetro médio de espira adequado.
(c) Determine a constante de mola necessária.
(d) Determine o número adequado de espiras.
(e) Determine o comprimento livre necessário de modo que se a mola fosse comprimida até seu comprimento sólido não houvesse escoamento nela.

10–29 A figura mostra uma mola cônica de compressão de espirais helicoidais, em que R_1 e R_2 são os raios inicial e final da espiral, respectivamente, d é o diâmetro do fio e N_a é o número total de espirais ativas. A seção transversal do fio transmite primeiramente um momento torcional, que muda com o raio da espiral. Seja o raio da espiral dado por

$$R = R_1 + \frac{R_2 - R_1}{2\pi N_a}\theta$$

em que θ está em radianos. Use o método de Castigliano para estimar a razão de mola como

$$k = \frac{d^4 G}{16 N_a (R_2 + R_1)\left(R_2^2 + R_1^2\right)}$$

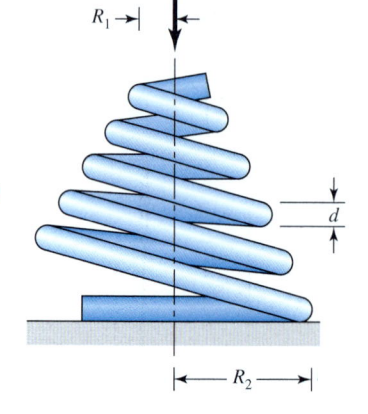

Problema 10–29

10-30 Uma mola de compressão helicoidal é necessária para maquinária do serviço de alimento. A carga varia de um mínimo de 20 N para um máximo de 90 N. A razão de mola k deve ser de 1 660 N/m. O diâmetro externo da mola não pode exceder 62 mm. O fabricante de mola tem matrizes disponíveis apropriadas para estiramento de fio de 2, 2,3, 2,6 e 3 mm de diâmetro. Usando um fator de projeto de fadiga n_f de 1,5, e o critério de falha por fadiga de Gerber-Zimmerli, desenhe uma mola apropriada.

10-31 Resolva o Problema 10–30 usando o critério de falha por fadiga de Goodman-Zimmerli.

10-32 Resolva o Problema 10–30 usando o critério de falha por fadiga de Sines-Zimmerli.

10-33 Desenhe a mola do Exemplo 10–5 usando o critério de Gerber-Zimmerli de falha por fadiga.

10-34 Resolva o Problema 10–33 usando o critério de falha por fadiga de Goodman-Zimmerli.

10-35 Uma mola de tração de aço de mola estirado a frio deve ser desenhada para carregar uma carga estática de 90 N com uma extensão de 12 mm, usando um fator de projeto de $n_y = 1,5$ em flexão. Use ganchos de extremidade de espiral completa com o raio de flexão mais amplo de $r = D/2$ e $r_2 = 2d$. O comprimento livre deve ser menor que 75 mm e as voltas de corpo devem ser inferior a 30. (Note: Voltas inteiras de corpo e meias-voltas de corpo permitem que ganchos de extremidade sejam colocados no mesmo plano. No entanto, isso adiciona custos e é feito somente quando necessário.)

10-36 Projete uma mola de compressão com extremidades simples utilizando um fio endurecido por estiramento. A deflexão deve ser de 56 mm quando é aplicada uma força de 90 N e deve fechar-se em sólido quando a força for de 100 N. Uma vez fechada, utilize um fator de projeto de 1,2 contra um escoamento. Selecione a menor bitola de fio W&M (Washburn & Moen).

10-37 Projete uma mola de tração helicoidal de vida infinita com extremidades de laço completo e generosos raios de laço de flexão para uma carga mínima de 40 N e uma carga máxima de 80 N, com um estiramento acompanhante de 6 mm. A mola é para equipamento de serviço de alimento e deve ser de aço inoxidável. O diâmetro externo da espiral não pode exceder 25 mm e o comprimento livre não pode exceder 62 mm. Usando um fator de fadiga de $n_f = 2$, complete o projeto. Use o critério de Gerber com a Tabela 10–8.

10-38 Prove a Equação (10–40). *Sugestão:* Usando o teorema de Castigliano, determine a deflexão devido à flexão de um só gancho de extremidade, como se o gancho fosse fixado à extremidade conectando-o ao corpo da mola. Considere o diâmetro de fio d pequeno quando comparado ao raio médio do gancho, $R = D/2$. Adicione as deflexões dos ganchos de extremidade à deflexão do corpo principal para determinar a constante final de mola e, depois, a iguale à Equação (10–9).

10-39 A figura mostra um exercitador de dedo usado por policiais e atletas para aumentar a força das mãos. Ele é formado enrolando fio de aço A227 estirado a frio ao redor de um mandril, para obter $2\frac{1}{2}$ voltas quando o cabo estiver na posição fechada. Após o enrolamento, o fio é cortado para deixar as duas pernas como cabos. Os punhos plásticos são moldados, a alça é exprimida junta e o prendedor de fio é colocado ao redor das pernas para obter a "tração" inicial e espaçar as alças para uma melhor posição inicial de agarramento. O prendedor é formado como um 8 para preveni-lo de sair fora. Quando o agarre está na posição fechada, a tensão na mola não deve exceder a tensão permissível.

(*a*) Determine a configuração da mola antes de o cabo (punho) ser montado.

(*b*) Encontre a força necessária para fechar o punho.

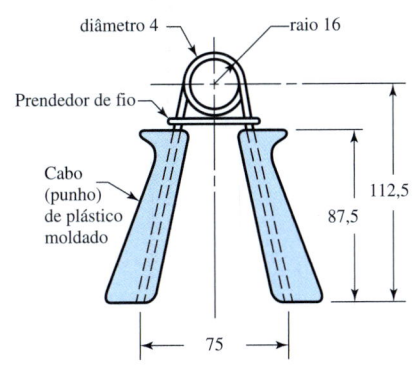

Problema 10–39
Dimensões em milímetros.

10-40 A ratoeira da figura usa duas molas de torção de imagens opostas. O fio tem um diâmetro de 2 mm, e o diâmetro externo da mola na posição mostrada é de 12 mm. Cada mola tem 11 voltas. Uma balança de peixe revelou que uma força de aproximadamente 36 N é necessária para armar a ratoeira.

(a) Encontre a configuração provável da mola antes de montar.

(b) Encontre a tensão máxima na mola quando a ratoeira estiver armada.

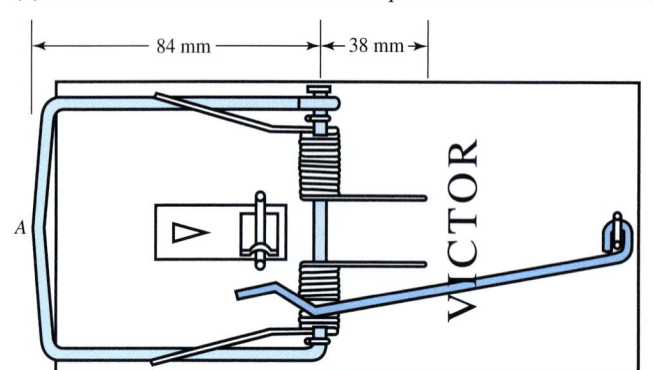

Problema 10–40

10-41 Molas de fio podem ser feitas em vários formatos. O prendedor mostrado opera aplicando-se uma força F. O diâmetro do fio é d, o comprimento da seção reta é l e o módulo de Young é E. Considere os efeitos de flexão somente com $d \ll R$.

(a) Use o teorema de Castigliano para determinar o índice de mola k.

(b) Determine o índice de mola se o prendedor é feito de um arame de aço A227 endurecido com 2 mm de diâmetro, com $R = 6$ mm e $l = 25$ mm.

(c) Para a parte (b), estime o valor da carga F, que pode produzir o escoamento do arame.

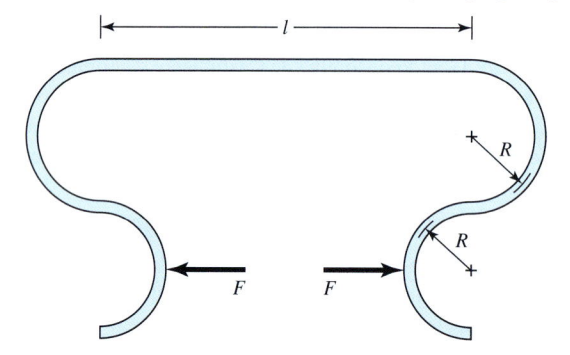

Problema 10–41

10-42 Para o arame mostrado, o diâmetro é d, o comprimento do segmento reto é l e o módulo de Young é E. Considere os efeitos apenas da flexão, com $d \ll R$.

(a) Utilize o método de Castigliano para determinar a razão de mola k.

(b) Determine o índice de mola se o perfil é produzido com um arame de aço inoxidável A313 de 0,7 mm de diâmetro e com 15 mm e 12 mm.

(c) Para a parte (b), estime o valor da carga F que pode produzir o escoamento do fio.

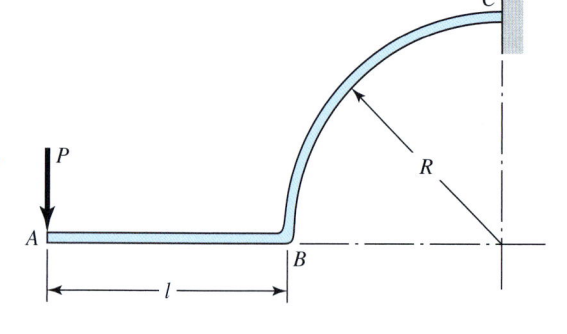

Problema 10–42

10–43 A Figura 10-14b mostra uma mola de espessura e tensão constantes. Uma mola de tensão constante pode ser projetada para que a largura b seja constante como mostrado.

(a) Determine como h varia em função de x.

(b) Dado o módulo de Young E, determine o índice de mola k em termos de E, l, b e h_o. Verifique as unidades de k.

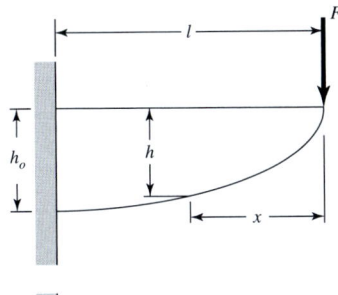

Problema 10–43

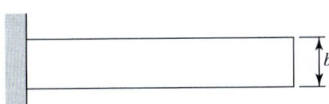

10–44 Usando a experiência do Problema 10–30, escreva um programa de computador que ajudaria no projeto de molas helicoidais de compressão.

10–45 Usando a experiência do Problema 10–37, escreva um programa de computador que ajudaria no projeto de uma mola de tração helicoidal.

11 Mancais de rolamento

- **11-1** Tipos de mancais 553
- **11-2** Vida do mancal 556
- **11-3** Vida do mancal sob carga na confiabilidade indicada 557
- **11-4** Confiabilidade *versus* vida – A distribuição de Weibull 559
- **11-5** Relacionando carga, vida e confiabilidade 560
- **11-6** Carregamento combinado: radial e axial 562
- **11-7** Carregamento variável 568
- **11-8** Seleção de mancais de esferas e de rolos cilíndricos 571
- **11-9** Seleção de mancais de rolos cônicos 573
- **11-10** Avaliação de projeto para mancais de rolamento selecionados 582
- **11-11** Lubrificação 587
- **11-12** Montagem e caixa de mancal 587

Os termos *mancal de contato com rolamento*, *mancais antiatrito* e *mancais de rolamento* são utilizados para descrever aquela classe de mancal na qual a carga principal é transferida por elementos em contato rolante em lugar de contato de deslizamento. Em um mancal de rolamento, o atrito de partida é cerca de duas vezes o de funcionamento, porém ainda assim insignificante em comparação com o atrito de partida de um mancal de deslizamento. Carga, velocidade e a viscosidade de operação do lubrificante afetam as características friccionais de um mancal de rolamento. É, provavelmente, um erro descrever um mancal de rolamento como de "antiatrito", porém o termo é utilizado de forma generalizada na indústria.

Do ponto de vista do projetista mecânico, o estudo de mancais antiatrito difere em vários aspectos se comparado ao estudo dos outros tópicos, uma vez que os mancais especificados já foram projetados anteriormente. O especialista em projeto de mancais antiatrito confronta-se com o problema de projetar um grupo de elementos que compõe um mancal de rolamento: estes elementos devem ser dimensionados para caber em um espaço cujas dimensões são especificadas; eles devem ser projetados para receber uma carga que possui certas características e, finalmente, devem ser concebidos para ter uma vida satisfatória quando operados sob condições especificadas. Especialistas em mancais devem, portanto, considerar matérias como carregamento de fadiga, atrito, calor, resistência à corrosão, problemas cinemáticos, propriedades do material, lubrificação, tolerâncias de usinagem, montagem, uso e custo. A partir da consideração de todos esses fatores, especialistas em mancais chegam a um compromisso que, em seus julgamentos, representa uma boa solução para o problema, como enunciado.

Começamos com uma visão geral dos tipos de mancais, depois observamos que a vida de um mancal não pode ser descrita de forma determinística. Introduzimos a invariante, a distribuição estatística de vida, que é descrita pela distribuição de Weibull. Há algumas equações determinísticas úteis para relacionar carga *versus* vida sob confiabilidade constante; também introduziremos a classificação de catálogo para a vida nominal. As relações de confiabilidade carga-vida combinam relações probabilísticas e determinísticas, as quais fornecem ao projetista um caminho para seguir desde o carregamento e a vida desejados até as classificações catalogadas em *uma só* equação.

Mancais de esferas também resistem ao empuxo, e uma unidade de empuxo produz um dano diferente por revolução que aquele causado por uma unidade de carga radial, de modo que devemos encontrar a carga radial pura equivalente, aquela que produz dano igual ao proporcionado pelas cargas radiais e de empuxo combinadas. A seguir, carregamento variável, em degrau ou de forma contínua, será considerado, e a carga essencialmente radial equivalente, aquela que produz o mesmo dano, quantificada. Carregamento oscilatório será mencionado.

Com essa preparação temos as ferramentas para considerar a seleção de mancais de esferas e de rolos cilíndricos. A questão do desalinhamento será abordada de forma quantitativa.

Mancais de rolos cônicos apresentam algumas complicações, e a experiência por nós adquirida até o momento contribui para o seu entendimento.

Tendo as ferramentas para encontrar as classificações de catálogo apropriadas, tomamos decisões (seleções), desenvolvemos uma avaliação do projeto, e a confiabilidade do mancal será quantificada. Lubrificação e montagem concluem a nossa introdução. Manuais de vendedores devem ser consultados para detalhes específicos relacionados a mancais e suas manufaturas.

11-1 Tipos de mancais

Mancais são fabricados para receber cargas radiais puras, cargas de empuxo somente ou uma combinação dos dois tipos de cargas. A nomenclatura de um mancal de esferas é ilustrada na Figura 11-1, que também mostra suas quatro partes essenciais, a saber, o anel externo, o anel interno, as esferas ou elementos rolantes e o separador. Em mancais de baixo preço, o separador é algumas vezes omitido, porém tem a importante função de separar os elementos de maneira que o contato por roçamento não ocorra.

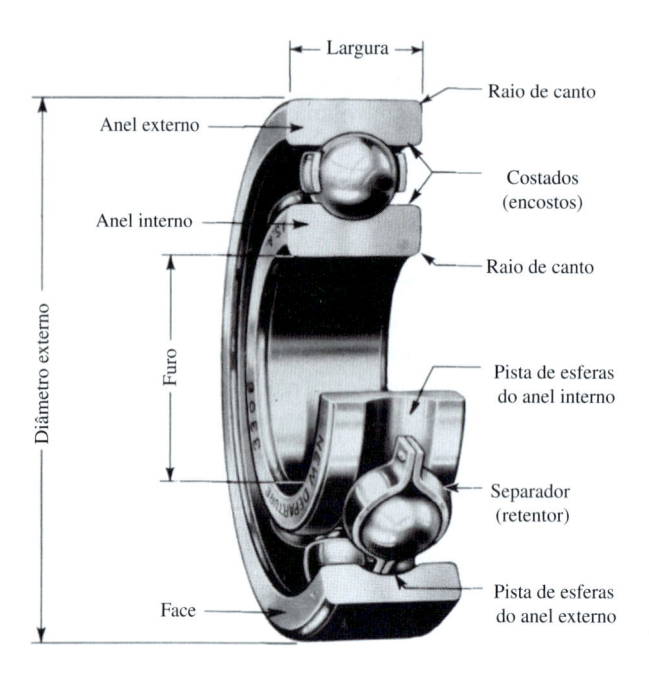

Figura 11–1 Nomenclatura de um mancal de esferas. (*General Motors Corp. Reproduzida com autorização, GM Media Archives.*)

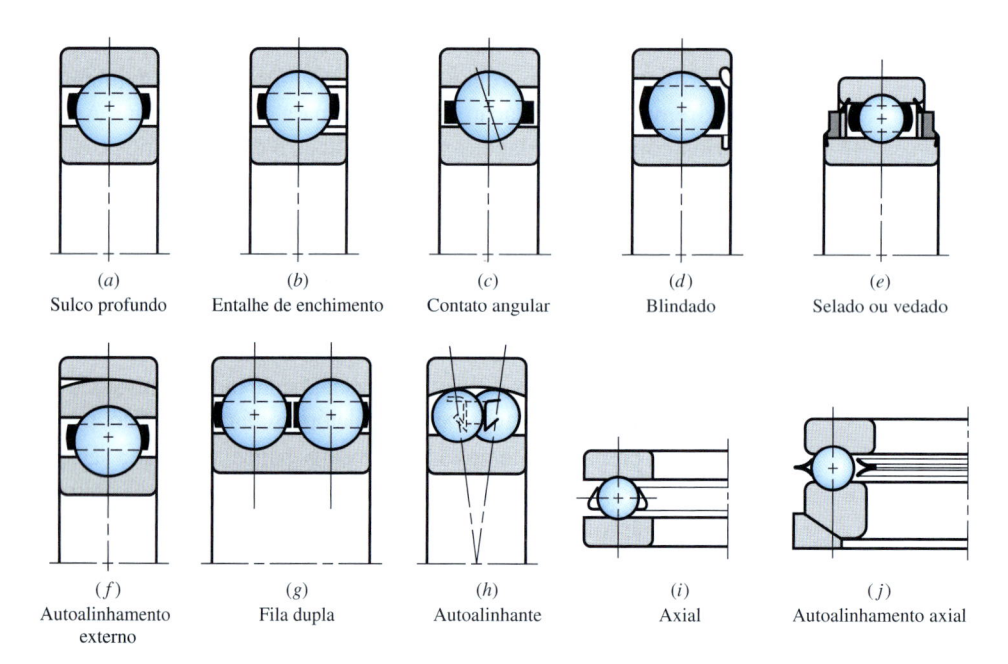

(a) Sulco profundo
(b) Entalhe de enchimento
(c) Contato angular
(d) Blindado
(e) Selado ou vedado
(f) Autoalinhamento externo
(g) Fila dupla
(h) Autoalinhante
(i) Axial
(j) Autoalinhamento axial

Figura 11–2 Vários tipos de mancais de esferas.

Nesta seção, incluímos uma seleção dos muitos tipos de mancais padronizados que se fabricam. A maior parte dos fabricantes fornece manuais de engenharia e brochuras que contêm descrições dos vários tipos disponíveis. No pequeno espaço que se tem aqui, apenas um fraco resumo de alguns dos tipos mais comuns pode ser dado. Dessa maneira, você deve incluir uma pesquisa da literatura fornecida pelos fabricantes de mancais em seus estudos desta seção.

Alguns dos vários tipos de mancais padronizados em fabricação estão na Figura 11–2. O mancal de sulco profundo com uma fileira receberá carga radial, assim como algo de carga axial. As esferas são inseridas nos sulcos ao mover o anel interno para uma posição excêntrica.

As esferas são separadas após carregamento, e o separador é inserido. O uso de um entalhe de enchimento (Figura 11–2b) nos anéis interno e externo permite que um número grande de esferas seja inserido, aumentando assim a capacidade de carga. A capacidade de empuxo é diminuída, contudo, por causa do colidir das esferas contra a borda do entalhe quando cargas de empuxo estão presentes. O mancal de contato angular (Figura 11–2c) proporciona uma capacidade axial maior.

Todos esses mancais podem ser obtidos com blindagem em um ou ambos os lados. As blindagens não proporcionam um fechamento completo, mas oferecem proteção contra a sujeira. Uma variedade de mancais é fabricada com vedação em um ou ambos os lados. Quando a vedação está presente em ambos os lados, os mancais são lubrificados na fábrica. Embora um mancal vedado se suponha lubrificado para toda a vida, algumas vezes é fornecida uma forma de relubrificação.

Mancais de fileira única aguentam uma pequena quantidade de desalinhamento de eixo causado por deflexão, porém quando esta é severa, mancais autoalinhantes podem ser utilizados. Mancais de fileira dupla são feitos em uma variedade de tipos e tamanhos, para carregar cargas radiais e axiais mais pesadas. Algumas vezes mancais de duas fileiras individuais são usados de forma conjunta pela mesma razão, embora um mancal de fileira dupla, geralmente, requeira menos partes e ocupe menos espaço. Os mancais axiais de esferas de uma pista (Figura 11–2i) são construídos em diversos tipos e tamanhos.

Parte da grande variedade de mancais padronizados de rolos disponíveis é ilustrada na Figura 11–3. Mancais de rolos retos (Figura 11–3a) carregam uma carga radial maior que mancais de esferas do mesmo tamanho por causa da maior área de contato. Contudo, eles apresentam a desvantagem de requerer uma geometria quase perfeita das pistas e rolos. Um pequeno desalinhamento fará os rolos entortarem, ficando assim fora de linha. Por essa razão, o retentor deve ser pesado. Mancais de roletes retos não irão, é claro, aceitar cargas axiais.

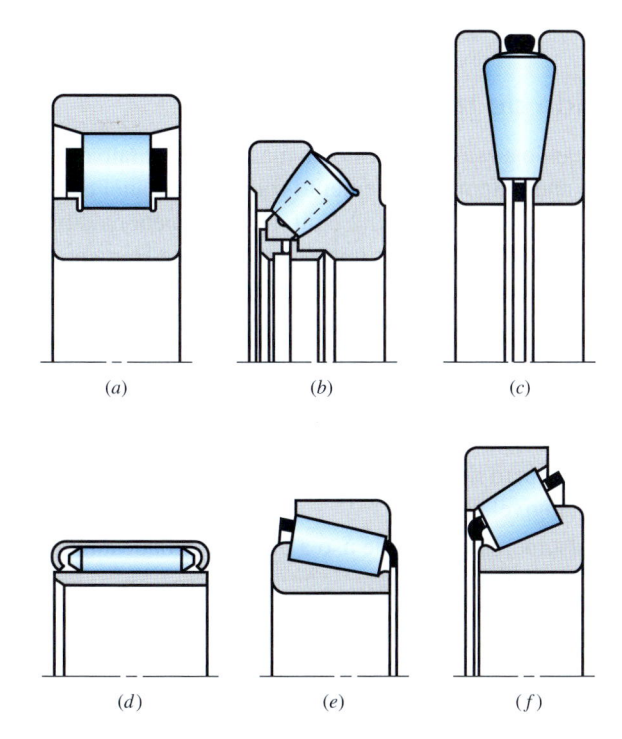

Figura 11–3 Tipos de mancais de rolos: (a) rolos retos; (b) rolo esférico, axial; (c) rolo cônico, axial; (d) agulha; (e) rolo cônico; (f) rolo cônico de ângulo íngreme. (*Cortesia da The Timken Company.*)

Rolos helicoidais são feitos pelo enrolar de material retangular, após o que estes são endurecidos e retificados. Em virtude da flexibilidade inerente, eles aceitam quantidade considerável de desalinhamento. Se necessário, o eixo e carcaça podem ser utilizados como pistas, em lugar de pistas separadas, interna e externa. Isso é especialmente importante se o espaço radial for limitado.

O mancal axial de rolo esférico (Figura 11–3b) é útil onde cargas pesadas e desalinhamento ocorrem. Os elementos esféricos possuem a vantagem de aumentar suas áreas de contato à medida que a carga é intensificada.

Mancais de agulha (Figura 11–3d) são muito úteis quando o espaço radial é limitado. Possuem uma capacidade de carga alta quando separadores são utilizados, porém podem ser encontrados sem separadores. Eles são oferecidos com e sem pistas.

Os mancais de rolos cônicos (Figura 11–3e, f) combinam as vantagens de mancais de esfera e de rolos retos, uma vez que podem aceitar tanto cargas radiais ou axiais ou qualquer combinação das duas e, além disso, possuem a alta capacidade de carregar cargas dos mancais de rolos retos. O mancal de rolos truncado é projetado de modo que todos os elementos na superfície do rolo e pistas se interceptam em um ponto comum no eixo do mancal.

Os mancais descritos aqui representam apenas uma pequena porção dos muitos tipos disponíveis para seleção. Muitos mancais com finalidades específicas são manufaturados, e também fabricados para classes específicas de maquinarias. Exemplos típicos destes são:

- Mancais de instrumentos, que são de alta precisão; disponíveis em aço inox e materiais de alta temperatura.
- Mancais sem precisão, geralmente feitos sem separador e algumas vezes tendo pistas divididas ou pistas estampadas de chapa de metal.
- Mancais de buchas de esferas, que permitem tanto movimento de rotação quanto de deslizamento ou ambos.
- Mancais com rolos flexíveis.

11–2 Vida do mancal

Quando a esfera ou o rolo do mancal de contato de rolamento rola, tensões de contato ocorrem no anel interno, no elemento rolante e no anel externo. Porque a curvatura dos elementos de contato na direção axial é diferente daquela na direção radial, as equações para essas tensões são mais complicadas que as equações de Hertz apresentadas no Capítulo 3. Se o mancal estiver limpo e for lubrificado apropriadamente, for montado e vedado de maneira que evite a entrada de poeira e sujeira, for mantido nesta condição e operado a temperaturas razoáveis, a fadiga do metal será a única causa de falha. Visto que fadiga metálica implica muitos milhões de aplicações de tensão suportada de forma efetiva, necessitamos uma medida quantitativa de vida. Medidas comuns de vida são:

- Número de revoluções do anel interno (anel externo estacionário) até a primeira evidência tangível de fadiga.
- Número de horas de uso a uma velocidade angular padrão até a primeira evidência tangível de fadiga.

O termo comumente utilizado é *vida do mancal*, que é aplicado a ambas as medidas mencionadas. É importante compreender, como em toda fadiga, que a vida definida acima é uma variável estocástica e, como tal, possui tanto uma distribuição quanto parâmetros estatísticos associados. A medida de vida de um mancal individual é definida como o número total de revoluções (ou horas a uma velocidade constante) de operação do mancal até que o critério de falha seja desenvolvido. Sob essas condições, a falha por fadiga consiste em lascagem das superfícies que suportam a carga. O padrão da American Bearing Manufacturers Association

(ABMA) estabelece que o critério de falha é a primeira evidência de fadiga. O critério de fadiga utilizado pelos laboratórios da Timken Company é o lascamento ou formação de cavidades (crateramento) de uma área de 0,01 in². A Timken também observa que a vida útil do mancal pode ser estendida de forma considerável além desse ponto. Essa é uma definição operacional de falha por fadiga em mancais de rolamento.

A *vida nominal* (ou classificatória) é um termo sancionado pela ABMA e utilizado pela maioria dos fabricantes. A vida nominal de um grupo de mancais de esferas ou rolos nominalmente idênticos é definida como o número de revoluções (ou horas a uma velocidade constante) que 90% de um grupo de mancais irá atingir ou exceder antes que o critério de falha se desenvolva. O termo *vida mínima*, vida L_{10} e vida B_{10} são também utilizados como sinônimos para vida nominal. Essa última é a localização do 10º percentil da distribuição de revoluções até ocorrência de falha do grupo de mancais.

Vida mediana é a vida do 50º percentil de um grupo de mancais. O termo *vida média* tem sido utilizado como um sinônimo para vida mediana, contribuindo para a confusão. Quando vários grupos de mancais são testados, a vida mediana está entre 4 e 5 vezes a vida L_{10}.

Cada fabricante de rolamentos escolherá uma vida nominal específica para a qual as razões de carga de seus rolamentos se reportam. A vida nominal mais comum em uso é a de 10^6 revoluções. A Timken Company é uma exceção conhecida, classificando seus rolamentos em 3000 horas a 500 rev/min, o que equivale a $90(10^6)$ revoluções. Esses níveis de vida nominal são realmente muito baixos para os rolamentos atuais, mas, uma vez que a vida nominal é um ponto de referência arbitrário, os valores tradicionais têm sido geralmente mantidos.

11-3 Vida do mancal sob carga na confiabilidade indicada

Quando grupos nominalmente idênticos são testados pelo critério vida-falha a diferentes cargas, os dados são postos em um gráfico, como mostra a Figura 11-4, utilizando uma transformação log-log. Para estabelecer um só ponto, carga F_1 e vida nominal do grupo um, $(L_{10})_1$ são as coordenadas transformadas logaritmicamente. A confiabilidade associada com esse ponto, e todos os outros pontos, é de 0,90. Assim, ganhamos uma noção da função carga-vida a 0,90 de confiabilidade. Utilizando uma equação de regressão da forma

$$FL^{1/a} = \text{constante} \tag{11-1}$$

o resultado de vários testes, para várias espécies de mancais, resulta em:

- $a = 3$ para mancais de esferas.
- $a = 10/3$ para mancais de rolos (rolo cilíndrico e truncado).

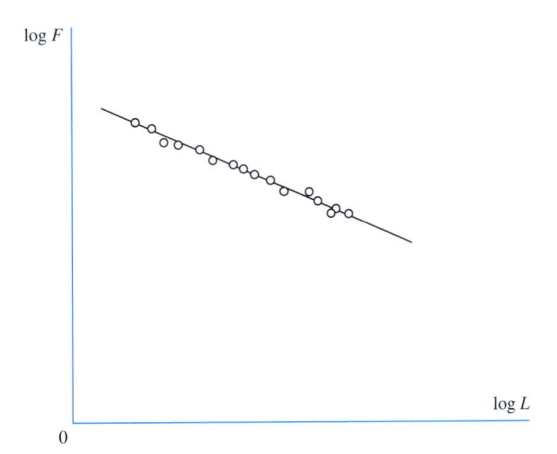

Figura 11-4 Curva log-log típica carga-vida de um mancal.

Uma *capacidade de carga de catálogo* é definida pela carga radial que causa a falha de 10% do conjunto de rolamentos de um certo fabricante durante a vida nominal. Denotamos a capacidade de carga catalogada como C_{10}. A capacidade de carga catalogada é frequentemente referida como a *Capacidade Básica de Carga Dinâmica*, ou algumas vezes apenas como Capacidade Básica de Carga, se a vida nominal dada pelo fabricante é de 10^6 revoluções. A carga radial necessária para causar a falha a tal pouca vida útil seria não realisticamente alta. Consequentemente, a Capacidade Básica de Carga deve ser encarada como um valor de referência, e não como uma carga real a ser alcançada em um rolamento.

Ao selecionar um rolamento para uma dada aplicação, é necessário relacionar a carga desejada e as exigências de vida útil às capacidades de carga catalogadas publicadas e às correspondentes vidas nominais catalogadas. Da Equação (11–1) podemos escrever

$$F_1 L_1^{1/a} = F_2 L_2^{1/a} \tag{11-2}$$

onde os subíndices 1 e 2 podem se referir a qualquer conjunto de condições de carga e vida. Correlacionando F_1 e L_1 com a capacidade de carga catalogada e vida nominal e correlacionando F_2 e L_2 com a carga e vida para a aplicação, podemos expressar a Equação (11–2) por

$$F_R L_R^{1/a} = F_D L_D^{1/a} \tag{a}$$

onde as unidades de L_R e L_D são revoluções, e os subíndices R e D se referem a "nominal" (*rated*, em inglês) e a "desejado".

Algumas vezes é conveniente expressar a vida em horas a uma dada velocidade. Consequentemente, qualquer vida L em revoluções pode ser expressa como

$$L = 60 \mathscr{L} n \tag{b}$$

onde $\mathscr{L}$ é em horas, n é em rev/min, e 60 min/h é o fator de conversão adequado.

Substituindo a Equação (*b*) na Equação (*a*),

$$F_R (\mathscr{L}_R n_R 60)^{1/a} = F_D (\mathscr{L}_D n_D 60)^{1/a} \tag{c}$$

classificação de catálogo, lbf ou kN
vida nominal em horas
velocidade de classificação, rev/min
velocidade desejada, rev/min
vida desejada, horas
carga radial desejada, lbf ou kN

Resolvendo a Eq. (*c*) para F_R, e observando que isso é meramente uma notação alternativa para o valor da carga de catálogo C_{10}, obtemos uma expressão para o valor de carga catalogado como função da carga desejada, da vida desejada e do valor de vida catalogado.

$$C_{10} = F_R = F_D \left(\frac{L_D}{L_R} \right)^{1/a} = F_D \left(\frac{\mathscr{L}_D n_D 60}{\mathscr{L}_R n_R 60} \right)^{1/a} \tag{11-3}$$

Às vezes convém definir $x_D = L_D/L_R$ como um *multiplicador da vida nominal* adimensional.

EXEMPLO 11-1 Considere a SKF que classifica seus mancais a 1 milhão de revoluções. Se você desejar uma vida de 5 000 h a 1 725 rev/min com uma carga de 2 kN com confiabilidade de 90%, qual classificação procuraria no catálogo da SKF?

Solução A vida nominal é $L_{10} = L_R = \mathscr{L}_R n_R 60 = 10^6$ revoluções. Da Equação (11–3),

Resposta

$$C_{10} = F_D \left(\frac{\mathscr{L}_D n_D 60}{\mathscr{L}_R n_R 60}\right)^{1/a} = 400 \left[\frac{5\,000(1\,725)60}{10^6}\right]^{1/3} = 16{,}1 \text{ kN}$$

11-4 Confiabilidade *versus* vida – A distribuição de Weibull

Mantida a carga constante, a distribuição de medidas de vida dos mancais de rolamento por contato é assimétrica à direita. Em razão de sua robusta capacidade de se ajustar a diversos valores de assimetria, a distribuição de *três parâmetros de Weibull* é usada exclusivamente para expressar a confiabilidade dos mancais de rolamento por contato. Diferentemente da distribuição normal desenvolvida na Seção 1–12, começaremos com a definição de confiabilidade, R, para a distribuição de Weibull da medida de vida, x, como

$$R = \exp\left[-\left(\frac{x - x_0}{\theta - x_0}\right)^b\right] \quad (11\text{-}4)$$

onde os três parâmetros são[1]

x_0 = valor garantido, ou "mínimo", da variante x

θ = parâmetro característico. Para mancais de rolamento por contato, isso corresponde ao valor de x para o percentil 63,2121

b = parâmetro de forma que controla o enviesamento. Para mancais de contato rolante, $b \approx 1{,}5$

A vida medida é expressa de forma adimensional como $x = L/L_{10}$.

Da Equação (1–8), $R = 1 - p$, onde p é a probabilidade de que o valor de x ocorra entre $-\vartheta$ e x, e é a integral da distribuição de probabilidade, $f(x)$, entre esses limites. Consequentemente, $f(x) = -dR/dx$. Assim, da derivada da Equação (11-4), a função densidade de probabilidade, $f(x)$, é dada por

$$f(x) = \begin{cases} \dfrac{b}{\theta - x_0}\left(\dfrac{x - x_0}{\theta - x_0}\right)^{b-1} \exp\left[-\left(\dfrac{x - x_0}{\theta - x_0}\right)^b\right] & x \geq x_0 \geq 0 \\ 0 & x < x_0 \end{cases} \quad (11\text{-}5)$$

A média e o desvio padrão de $f(x)$ são

$$\mu_x = x_0 + (\theta - x_0)\Gamma(1 + 1/b) \quad (11\text{-}6)$$

$$\hat{\sigma}_x = (\theta - x_0)\sqrt{\Gamma(1 + 2/b) - \Gamma^2(1 + 1/b)} \quad (11\text{-}7)$$

onde Γ é a *função de gama* e se encontra na Tabela A–34.

Para uma confiabilidade específica exigida, resolvendo a Equação (11-4), temos

$$x = x_0 + (\theta - x_0)\left(\ln\frac{1}{R}\right)^{1/b} \quad (11\text{-}8)$$

---

[1] Para estimar os parâmetros de Weibull a partir de dados, veja J. E. Shigley and C. R. Mischke, *Mechanical Engineering Design*, 5th ed., McGraw-Hill, New York, 1989, Sec. 4-12, Ex. 4-10.

560 Elementos de máquinas de Shigley

EXEMPLO 11–2 Construa as propriedades de distribuição um mancal de esferas de sulco profundo 02-30 mm se os parâmetros de Weibull forem $x_0 = 0{,}020$, $\theta = 4{,}459$, e $b = 1{,}483$. Encontre a média, a mediana, a vida do décimo percentil, o desvio padrão e o coeficiente de variação.

Solução Da Equação (11-6) e interpolando a Tabela A–34, a vida adimensional média μ_x é

Resposta
$$\mu_x = x_0 + (\theta - x_0)\Gamma(1 + 1/b)$$
$$= 0{,}020 + (4{,}459 - 0{,}020)\Gamma(1 + 1/1{,}483)$$
$$= 0{,}020 + 4{,}439\,\Gamma(1{,}67431) = 0{,}020 + 4{,}439(0{,}9040) = 4{,}033$$

Isso quer dizer que a vida média do mancal é $4{,}033\, L_{10}$.

A vida adimensional mediana corresponde a $R = 0{,}50$, ou L_{50}, e da Equação (11–8) é

Resposta
$$x_{0{,}50} = x_0 + (\theta - x_0)\left(\ln\frac{1}{0{,}50}\right)^{1/b}$$

$$= 0{,}020 + (4{,}459 - 0{,}020)\left(\ln\frac{1}{0{,}50}\right)^{1/1{,}483} = 3{,}487$$

ou $L = 3{,}487\, L_{10}$

O valor do décimo percentil de vida adimensional x é

Resposta
$$x_{0{,}10} = 0{,}020 + (4{,}459 - 0{,}020)\left(\ln\frac{1}{0{,}90}\right)^{1/1{,}483} \approx 1 \quad \text{(como deveria ser)}$$

O desvio padrão da vida adimensional é dado pela Equação (11–7)

Resposta
$$\hat{\sigma}_x = (\theta - x_0)\sqrt{\Gamma(1 + 2/b) - \Gamma^2(1 + 1/b)}$$
$$= (4{,}459 - 0{,}020)\sqrt{\Gamma(1 + 2/1{,}483) - \Gamma^2(1 + 1/1{,}483)}$$
$$= 4{,}439\sqrt{\Gamma(2{,}349) - \Gamma^2(1{,}674)} = 4{,}439\sqrt{1{,}2023 - 0{,}9040^2}$$
$$= 2{,}755$$

O coeficiente de variação da vida adimensional é

Resposta
$$C_x = \frac{\hat{\sigma}_x}{\theta_x} = \frac{2{,}755}{4{,}033} = 0{,}683$$

11–5 Relacionando carga, vida e confiabilidade

Este é o problema do projetista. A carga desejada não é a carga de teste do fabricante ou entrada de catálogo. A velocidade desejada é diferente da velocidade de teste do vendedor, e a expectativa de confiabilidade é, geralmente, muito maior que o 0,90 acompanhando a entrada de catálogo. A Figura 11–5 mostra a situação. A informação de catálogo é traçada como ponto A, cujas coordenadas são (os *logs* de) C_{10} e $x_{10} = L_{10}/L_{10} = 1$, um ponto no contorno de confiabilidade 0,90. O ponto de projeto está em D, com coordenadas (os *logs* de) F_D e x_D, um ponto que está no contorno de confiabilidade $R = R_D$. O projetista deve mover-se do ponto D para o ponto A, via ponto B, como se segue. Ao longo de um contorno de confiabilidade constante (BD), Equação (11–2), aplica-se:

$$F_B x_B^{1/a} = F_D x_D^{1/a}$$

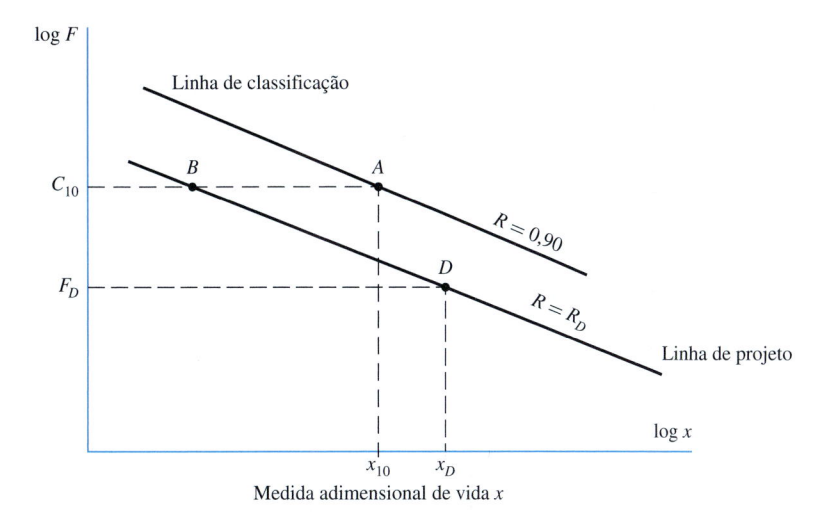

Figura 11–5 Contornos de confiabilidade constante. Ponto A representa a classificação de catálogo C_{10} em $x = L/L_{10} = 1$. Ponto B está sobre a linha de confiabilidade de projeto procurada R_D, com carga C_{10}. Ponto D é um ponto no contorno de confiabilidade desejada, exibindo a vida de projeto $x_D = L_D/L_{10}$, na carga de projeto F_D.

de onde

$$F_B = F_D \left(\frac{x_D}{x_B}\right)^{1/a} \quad (a)$$

Ao longo de uma linha de carga constante (AB), Equação (11–4), aplica-se:

$$R_D = \exp\left[-\left(\frac{x_B - x_0}{\theta - x_0}\right)^b\right]$$

Resolvendo para x_B

$$x_B = x_0 + (\theta - x_0)\left(\ln\frac{1}{R_D}\right)^{1/b}$$

Agora substituímos esse resultado na Equação (a) para obter

$$F_B = F_D\left(\frac{x_D}{x_B}\right)^{1/a} = F_D\left[\frac{x_D}{x_0 + (\theta - x_0)[\ln(1/R_D)]^{1/b}}\right]^{1/a}$$

Notando que $F_B = C_{10}$ e incluindo um fator operacional a_f junto com a carga de projeto,

$$C_{10} = a_f F_D \left[\frac{x_D}{x_0 + (\theta - x_0)(\ln 1/R_D)^{1/b}}\right]^{1/a} \quad (11\text{–}9)$$

O fator operacional faz o papel de um fator de segurança para incrementar a carga de projeto e levar em conta a sobrecarga, a ação dinâmica e as incertezas. Fatores operacionais de carga típicos para certos tipos de aplicações serão discutidos resumidamente.

A Equação (11–9) pode ser ligeiramente modificada para entradas na calculadora se notarmos que

$$\ln\frac{1}{R_D} = \ln\frac{1}{1 - p_f} = \ln(1 + p_f + \ldots) \approx p_f = 1 - R_D$$

em que p_f é a probabilidade de falha. A Equação (11–9) pode ser escrita como

$$C_{10} \approx a_f F_D \left[\frac{x_D}{x_0 + (\theta - x_0)(1 - R_D)^{1)b}} \right]^{1/a} \qquad R \geq 0{,}90 \qquad (11\text{--}10)$$

Tanto a Equação (11–9) como a Equação (11–10) podem ser usadas para converter uma situação de projeto com carga, vida e confiabilidade desejadas em uma carga listada em catálogo baseada em uma vida nominal com 90% de confiabilidade. Note que, quando $R_D = 0{,}90$, o denominador é igual a um, e a equação se reduz à Equação (11–3). Os parâmetros de Weibull são usualmente fornecidos no catálogo do fabricante. Valores típicos são fornecidos na p. 591 no início dos problemas de fim de capítulo.

EXEMPLO 11–3

A carga de projeto em um mancal de esferas é 1 840 N e um fator de aplicação de 1,2 é apropriado. A velocidade do eixo deve ser de 400 rev/min e a vida deve ser de 30 kh com uma confiabilidade de 0,99. Qual é a entrada de catálogo a ser alcançada (ou excedida) quando se busca por um mancal de sulco profundo em catálogo de fabricante com base em 10^6 revoluções para a vida nominal? Os parâmetros de Weibull são $x_0 = 0{,}02$, $(\theta - x_0) = 4{,}439$, e $b = 1{,}483$.

$$x_D = \frac{L_D}{L_R} = \frac{60 \mathscr{L}_D n_D}{L_{10}} = \frac{60(30\,000)400}{10^6} = 720$$

Assim, a vida de projeto é 720 vezes a vida L_{10}. Para um mancal de esferas, $a = 3$. Por meio da Equação (11–10),

Resposta

$$C_{10} = (1{,}2)(1{,}84) \left[\frac{720}{0{,}02 + 4{,}439(1 - 0{,}99)^{1/1{,}483}} \right]^{1/3} = 32{,}8 \text{ kN}$$

Eixos possuem, em geral, dois mancais. Com frequência esses mancais são diferentes. Se a confiabilidade de mancal do eixo com seu par de mancais deve ser R, então R é relacionado às confiabilidades individuais dos mancais R_A e R_B usando a Eq. (1-9), como

$$R = R_A R_B$$

Primeiro, observamos que se o produto $R_A R_B$ iguala R, em geral, R_A e R_B são ambos maiores que R. Uma vez que a falha de apenas um ou de ambos os mancais resulta em uma parada do eixo, A e B, ou ambos, podem criar a falha. Segundo, ao dimensionar mancais pode-se começar por fazer R_A e R_B igual à raiz quadrada da meta de confiabilidade, $\sqrt{R}$. No Exemplo 11–3, se o mancal fosse um de um par, a meta de confiabilidade seria $\sqrt{0{,}99}$ ou 0,995. Os mancais selecionados são discretos com relação à sua propriedade de confiabilidade no seu problema, de modo que o procedimento de seleção "arredonda para cima" e a confiabilidade global excede a meta R. Terceiro, se $R_A > \sqrt{R}$, pode-se arredondar para baixo em B e, ainda assim, ter o produto $R_A R_B$ excedendo a meta R.

11–6 Carregamento combinado: radial e axial

Um mancal de esferas é capaz de resistir a carregamento radial e carregamento de empuxo; além disso, esses podem ser combinados. Considere F_a e F_r as cargas de empuxo axial e radial, respectivamente, e F_e a *carga radial equivalente*, a qual produz o mesmo dano que a carga radial e a carga de empuxo, combinadas. O fator de rotação V é definido de modo que $V = 1$ quando o anel interno roda e quando o anel externo gira $V = 1{,}2$. Dois grupos adimensionais podem agora ser formados: $F_e/(VF_r)$ e $F_a/(VF_r)$. Quando estes dois grupos de adimensionais são traçados como na Figura 11–6, os dados caem sobre uma curva gentil que é bem aproxi-

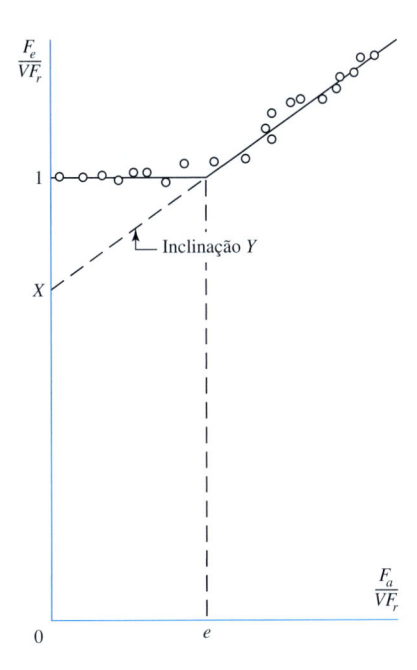

Figura 11–6 Relação dos grupos adimensionais $F_e/(VF_r)$ e $F_a/(VF_r)$ e os segmentos de linha reta representando os dados.

mada por dois segmentos de linha reta. A abscissa e é definida pela intersecção das duas linhas. As equações para as outras duas linhas na Figura 11–6 são

$$\frac{F_e}{VF_r} = 1 \quad \text{quando} \quad \frac{F_a}{VF_r} \leq e \tag{11-11a}$$

$$\frac{F_e}{VF_r} = X + Y\frac{F_a}{VF_r} \quad \text{quando} \quad \frac{F_a}{VF_r} > e \tag{11-11b}$$

em que, como mostrado, X é a intersecção no eixo das ordenadas e Y é a inclinação da linha para $F_a/(VF_r) > e$. É comum expressar as Equações (11–11a) e (11–11b) como uma única equação,

$$F_e = X_i VF_r + Y_i F_a \tag{11-12}$$

em que $i = 1$, quando $F_a/(VF_r) \leq e$ e $i = 2$ quando $F_a/(VF_r) > e$. Os fatores X e Y dependem da geometria ou da construção de um rolamento específico. A Tabela 11–1 lista valores representativos de X_1, Y_1, X_2 e Y_2 como função de e, que por sua vez é uma função de F_a/C_0, em que C_0 é a carga estática nominal básica. A *carga estática nominal básica* é a carga que produz a deformação permanente igual a 0,0001 vezes o diâmetro do elemento rolante em qualquer ponto de contato na calha e no elemento rolante. A carga nominal básica é usualmente tabulada juntamente com a carga nominal dinâmica básica C_{10}, nas publicações dos fabricantes de rolamentos. Veja, por exemplo, a Tabela 11–2.

Nessas equações, o fator de rotação V pretende corrigir as condições de rotação. O fator de 1,2 para a rotação do anel externo é simplesmente um reconhecimento de que a vida à fadiga é reduzida sob essas condições. Mancais autoalinhantes são uma exceção: eles possuem $V = 1$ para a rotação de quaisquer dos anéis.

Visto que mancais de rolos cilíndricos ou retos não sustentarão carga axial alguma, ou muito pouca, o fator Y é sempre zero.

Tabela 11–1 Fatores de carga equivalente radial para mancais de esferas.

F_a/C_0	e	$F_a/(VF_r) \leq e$		$F_a/(VF_r) > e$	
		X_1	Y_1	X_2	Y_2
0,014*	0,19	1,00	0	0,56	2,30
0,021	0,21	1,00	0	0,56	2,15
0,028	0,22	1,00	0	0,56	1,99
0,042	0,24	1,00	0	0,56	1,85
0,056	0,26	1,00	0	0,56	1,71
0,070	0,27	1,00	0	0,56	1,63
0,084	0,28	1,00	0	0,56	1,55
0,110	0,30	1,00	0	0,56	1,45
0,17	0,34	1,00	0	0,56	1,31
0,28	0,38	1,00	0	0,56	1,15
0,42	0,42	1,00	0	0,56	1,04
0,56	0,44	1,00	0	0,56	1,00

* Use 0,014 se $F_a/C_0 < 0,014$.

Tabela 11–2 Dimensões e cargas nominais de mancais de esferas de sulco profundo da série 02 com carreira única e mancais de contato angular.

Orifício, mm	Diâmetro externo, mm	Largura, mm	Raio de adoçamento, mm	Diâmetro de encosto, mm		Capacidade de carga, kN			
						Sulco profundo		Contato angular	
				d_S	d_H	C_{10}	C_0	C_{10}	C_0
10	30	9	0,6	12,5	27	5,07	2,24	4,94	2,12
12	32	10	0,6	14,5	28	6,89	3,10	7,02	3,05
15	35	11	0,6	17,5	31	7,80	3,55	8,06	3,65
17	40	12	0,6	19,5	34	9,56	4,50	9,95	4,75
20	47	14	1,0	25	41	12,7	6,20	13,3	6,55
25	52	15	1,0	30	47	14,0	6,95	14,8	7,65
30	62	16	1,0	35	55	19,5	10,0	20,3	11,0
35	72	17	1,0	41	65	25,5	13,7	27,0	15,0
40	80	18	1,0	46	72	30,7	16,6	31,9	18,6
45	85	19	1,0	52	77	33,2	18,6	35,8	21,2
50	90	20	1,0	56	82	35,1	19,6	37,7	22,8
55	100	21	1,5	63	90	43,6	25,0	46,2	28,5
60	110	22	1,5	70	99	47,5	28,0	55,9	35,5
65	120	23	1,5	74	109	55,9	34,0	63,7	41,5
70	125	24	1,5	79	114	61,8	37,5	68,9	45,5
75	130	25	1,5	86	119	66,3	40,5	71,5	49,0
80	140	26	2,0	93	127	70,2	45,0	80,6	55,0
85	150	28	2,0	99	136	83,2	53,0	90,4	63,0
90	160	30	2,0	104	146	95,6	62,0	106	73,5
95	170	32	2,0	110	156	108	69,5	121	85,0

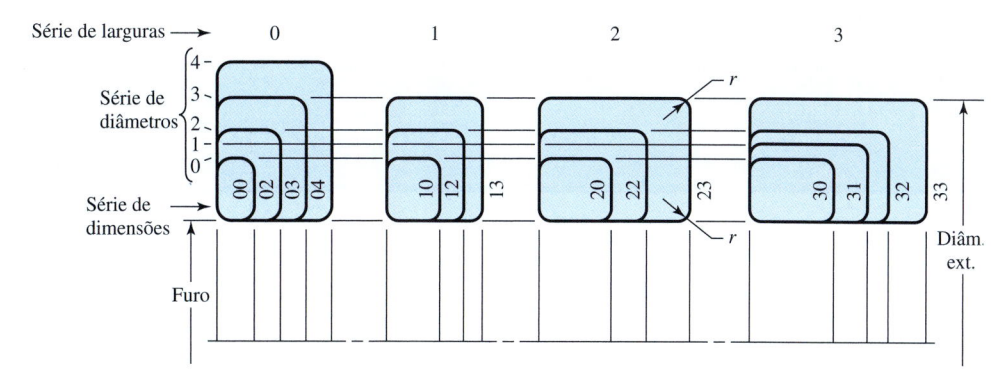

Figura 11–7 O plano básico ABMA para dimensões de contorno. Estas se aplicam a mancais de esferas, mancais de rolos retos e de rolos esféricos, mas não a mancais de esferas de série em polegadas ou de rolos cônicos. O contorno do canto não é especificado. Pode ser arredondado ou chanfrado, porém deve ser pequeno o suficiente para deixar passar o raio de adoçamento especificado nos padrões.

A ABMA estabeleceu dimensões de contorno padronizadas para mancais, que são definidas pelo furo do mancal, o diâmetro externo, a largura, os tamanhos de adoçamento no eixo e os encostos de compartimento. O plano básico cobre todos os mancais de rolos retos e de esferas nos tamanhos métricos. O plano é bastante flexível no fato de que, para um dado furo, existe um conjunto de larguras e diâmetros externos. Além disso, os diâmetros externos selecionados são tais que, para um diâmetro externo particular, pode-se geralmente encontrar uma variedade de mancais com diferentes furos e larguras.

O plano básico da ABMA é ilustrado na Figura 11–7. Os mancais são identificados por um número de dois dígitos chamado de *código dimensão-série*. O primeiro número no código provém da *série de larguras*: 0, 1, 2, 3, 4, 5 e 6. O segundo número provém da *série de diâmetros* (externos): 8, 9, 0, 1, 2, 3 e 4. A Figura 11–7 mostra a variedade de mancais que pode ser obtida com um furo particular. Uma vez que o código dimensão-série não revela as dimensões diretamente, é necessário recorrer a tabulações. A série 02 é utilizada aqui como um exemplo do que está disponível. Ver Tabela 11–2.

Os diâmetros de encosto do compartimento e eixo listados nas tabelas devem ser usados sempre que possível para assegurar suporte adequado para o mancal e para resistir a cargas de empuxo máximas (Figura 11–8). A Tabela 11–3 relaciona as dimensões e cargas de classificação de alguns mancais de rolo retos.

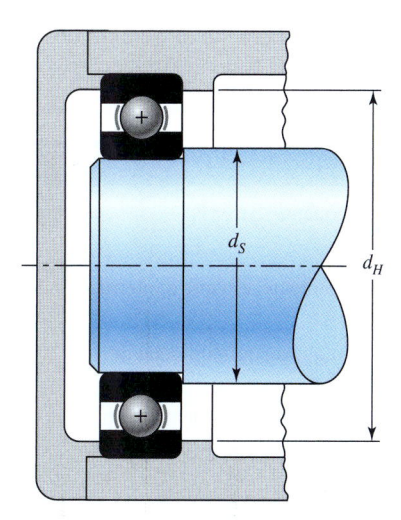

Figura 11–8 Os diâmetros do ressalto de eixo d_S e do compartimento d_H devem ser adequados para assegurar bom suporte para o mancal.

Tabela 11–3 Dimensões e capacidade básica de carga para mancais de rolos cilíndricos.

	Série 02				Série 03			
Orifício, mm	Diâmetro externo, mm	Largura, mm	Capacidade de carga, kN C_{10}	C_0	Diâmetro externo, mm	Largura, mm	Capacidade de carga, kN C_{10}	C_0
25	52	15	16,8	8,8	62	17	28,6	15,0
30	62	16	22,4	12,0	72	19	36,9	20,0
35	72	17	31,9	17,6	80	21	44,6	27,1
40	80	18	41,8	24,0	90	23	56,1	32,5
45	85	19	44,0	25,5	100	25	72,1	45,4
50	90	20	45,7	27,5	110	27	88,0	52,0
55	100	21	56,1	34,0	120	29	102	67,2
60	110	22	64,4	43,1	130	31	123	76,5
65	120	23	76,5	51,2	140	33	138	85,0
70	125	24	79,2	51,2	150	35	151	102
75	130	25	93,1	63,2	160	37	183	125
80	140	26	106	69,4	170	39	190	125
85	150	28	119	78,3	180	41	212	149
90	160	30	142	100	190	43	242	160
95	170	32	165	112	200	45	264	189
100	180	34	183	125	215	47	303	220
110	200	38	229	167	240	50	391	304
120	215	40	260	183	260	55	457	340
130	230	40	270	193	280	58	539	408
140	250	42	319	240	300	62	682	454
150	270	45	446	260	320	65	781	502

Para auxiliar o projetista na seleção de mancais, a maior parte dos manuais dos fabricantes contém dados sobre a vida de mancais para muitas classes de maquinarias, bem como informação sobre fatores de aplicação de carga. Tais informações têm sido acumuladas da maneira difícil, isto é, por experiência, mas o projetista principiante deve utilizá-la até que ganhe suficiente experiência para saber quando desvios são possíveis. A Tabela 11–4 contém recomen-

Tabela 11–4 Recomendações acerca da vida de mancais para várias classes de maquinaria.

Tipo de aplicação	Vida, kh
Instrumentos e aparatos de uso não frequente	Até 0,5
Motores de aeronaves	0,5–2
Máquinas para operação curta, ou intermitente, em que a interrupção do serviço é de importância menor	4–8
Máquinas para serviço intermitente em que a confiabilidade de operação é de grande importância	8–14
Máquinas para serviço de 8 h que não são utilizadas de maneira plena	14–20
Máquinas para serviço de 8 h que são utilizadas de maneira plena	20–30
Máquinas para serviço contínuo de 24 h	50–60
Máquinas para serviço de 24 h em que a confiabilidade é de importância extrema	100–200

dações sobre a vida de mancais de algumas classes de maquinarias. Os fatores de aplicação de carga na Tabela 11–5 servem ao mesmo propósito que fatores de segurança; use-os para aumentar a carga equivalente antes de selecionar o mancal.

Tabela 11–5 Fatores de aplicação de carga.

Tipo de aplicação	Fator de carga
Engrenagens de precisão	1,0–1,1
Engrenagens comerciais	1,1–1,3
Aplicações com vedação de mancais pobre	1,2
Maquinaria sem impacto	1,0–1,2
Maquinaria com impacto leve	1,2–1,5
Maquinaria com impacto moderado	1,5–3,0

EXEMPLO 11–4 Um mancal de esferas de contato angular SKF 6210 possui uma carga axial F_a de 1 780 N e uma carga radial F_r de 2 225 N, aplicada com o anel externo parado. A carga básica estática de classificação C_0 é de 19 800 N e a carga básica de carga C_{10} vale 35 150 N. Estime a vida L_{10} a uma velocidade de 720 rev/min.

Solução $V = 1$ e $F_a/C_0 = 1\,780/19\,800 = 0{,}090$. Interpole para e na Tabela 11–1:

F_a/C_0	e		
0,084	0,28		
0,090	e	em que	$e = 0{,}285$
0,110	0,30		

$F_a/(VF_r) = 1\,780/[(1)2\,225] = 0{,}8 > 0{,}285$. Assim, interpole para Y_2:

F_a/C_0	Y_2		
0,084	1,55		
0,090	Y_2	em que	$Y_2 = 1{,}527$
0,110	1,45		

Da Equação (11–9),

$$F_e = X_2 V F_r + Y_2 F_a = 0{,}56(1)2\,225 + 1{,}527(1780) = 3\,964 \text{ N}$$

Com $L_D = L_{10}$ e $F_D = F_e$, resolvendo a Equação (11–3) para L_{10} resulta

Resposta
$$\mathscr{L}_{10} = \frac{60 \mathscr{L}_R n_R}{60 n_D}\left(\frac{C_{10}}{F_e}\right)^a = \frac{10^6}{60(720)}\left(\frac{35\,150}{3\,964}\right)^3 = 161\,395 \text{ h}$$

Agora sabemos combinar uma carga radial permanente com uma carga de empuxo permanente em uma carga radial F_e permanente, equivalente, que produz o mesmo dano por revolução que a combinação radial-axial.

11-7 Carregamento variável

Cargas em mancais são, frequentemente, variáveis e ocorrem em alguns padrões identificáveis:
- Carregamento constante por partes em um padrão cíclico.
- Carregamento variável de forma contínua em um padrão cíclico repetível.
- Variação aleatória.

A Equação (11-1) pode ser escrita como

$$F^a L = \text{constante} = K \quad \text{(a)}$$

Note que F pode já ser uma carga radial equivalente permanente para uma combinação de carga radial-empuxo. A Figura 11-9 é um gráfico de F^a como ordenada e L como abscissa para a Equação (a). Se um nível de carga F_1 é selecionado e aplicado até produzir falha segundo o critério, então a área sob a curva F_1–L_1 é numericamente igual a K. O mesmo é verdade para um nível de carga F_2; isto é, a área sob o traço F_2–L_2 é numericamente igual a K. A teoria de dano linear diz que em caso de um nível de carga F_1, a área de $L = 0$ a $L = L_A$ produz um dano medido por $F_1^a L_A = D$.

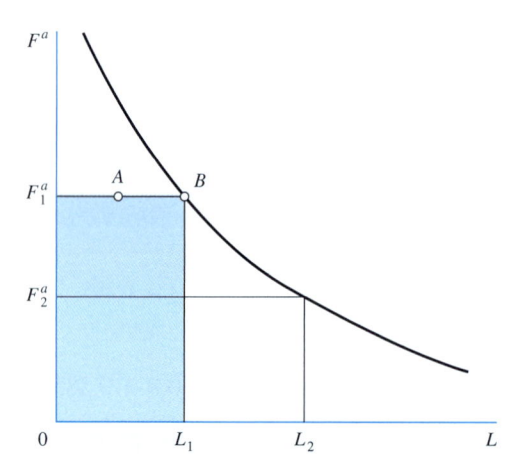

Figura 11-9 Gráfico de F^a como ordenada e L como abscissa para $F^a L =$ constante. A hipótese de dano linear diz que no caso da carga F_1, a área sob a curva de $L = 0$ a $L = L_A$ é uma medida do dano $D = F_1^a L_A$. O dano completo até a falha é medido por $C_{10}^a L_B$.

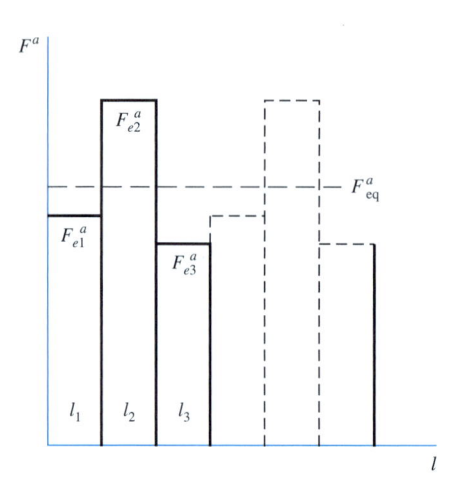

Figura 11-10 Um ciclo de carregamento periódico contínuo por pedaços com três partes envolvendo as cargas F_{e1}, F_{e2} e F_{e3}. F_{eq} é a carga equivalente constante que inflige o mesmo dano quando aplicada por $l_1 + l_2 + l_3$ revoluções, produzindo o mesmo dano D por período.

Considere o ciclo contínuo por partes da Figura 11–10. As cargas F_{ei} são cargas radiais equivalentes permanentes para cargas combinadas radial-axial. O dano feito pelas cargas F_{e1}, F_{e2} e F_{e3} é

$$D = F_{e1}^a l_1 + F_{e2}^a l_2 + F_{e3}^a l_3 \qquad (b)$$

em que l_i é o número de revoluções na vida L_i. A carga estável (constante) equivalente F_{eq} quando aplicada por $l_1 + l_2 + l_3$ revoluções produz o mesmo dano D. Assim

$$D = F_{eq}^a (l_1 + l_2 + l_3) \qquad (c)$$

Igualando as Equações (b) e (c), e resolvendo para F_{eq}, obtemos

$$F_{eq} = \left[\frac{F_{e1}^a l_1 + F_{e2}^a l_2 + F_{e3}^a l_3}{l_1 + l_2 + l_3} \right]^{1/a} = \left[\sum f_i F_{ei}^a \right]^{1/a} \qquad (11\text{-}13)$$

em que f_i é a fração de revolução sustentada sob a carga F_{ei}. Uma vez que l_i pode ser expresso como $n_i t_i$, em que n_i é a velocidade de rotação na carga F_{ei} e t_i é a duração dessa velocidade, segue-se que

$$F_{eq} = \left[\frac{\sum n_i t_i F_{ei}^a}{\sum n_i t_i} \right]^{1/a} \qquad (11\text{-}14)$$

O caráter das cargas individuais pode mudar, de maneira que um fator de aplicação (a_f) pode ser prefixado a cada F_{ei}, na forma $(a_{fi} F_{ei})^a$; assim a Equação (11–13) pode ser escrita como

$$F_{eq} = \left[\sum f_i (a_{fi} F_{ei})^a \right]^{1/a} \qquad L_{eq} = \frac{K}{F_{eq}^a} \qquad (11\text{-}15)$$

EXEMPLO 11–5

Um mancal de esferas é submetido a quatro cargas fixas contínuas por partes, como mostra a tabela. São dadas as colunas (1), (2) e (5) a (8).

(1)	(2)	(3)	(4)	(5)	(6)	(7)	(8)	(9)
Fração de tempo	Velocidade, rev/min	Produto coluna (1)×(2)	Frações de volta (3)/∑(3)	F_{ri}, N	F_{ai}, N	F_{ei}, N	a_{fi}	$a_{fi}F_{ei}$, N
0,1	2000	200	0,077	2700	1350	3573	1,10	3930
0,1	3000	300	0,115	1350	1350	2817	1,25	3521
0,3	3000	900	0,346	3375	1350	3951	1,10	4346
0,5	2400	1200	0,462	1688	1350	3006	1,25	3758
		2600	1,000					

As colunas (1) e (2) são multiplicadas para obter a coluna (3). A entrada da coluna (3) é dividida pela soma da coluna (3), 2 600, para dar a coluna 4. As colunas 5, 6 e 7 são as cargas radial, axial e equivalente, respectivamente. A coluna 8 é o fator de aplicação apropriado. A coluna 9 é o produto das colunas 7 e 8.

Solução Da Equação (11–13), com $a = 3$, a carga equivalente radial F_e é

Resposta $F_e = \left[0{,}077(3\,930)^3 + 0{,}115(3\,521)^3 + 0{,}346(4\,346)^3 + 0{,}462(3\,758)^3 \right]^{1/3} = 3\,971$ N

Algumas vezes a questão após vários níveis de carga é: Quanto de vida restará se o próximo nível de tensão for mantido até a falha? A falha ocorre sob a hipótese de dano linear quando o dano D iguala a constante $K = F^a L$. Tomando a primeira forma da Equação (11–13), escrevemos

$$F_{eq}^a L_{eq} = F_{e1}^a l_1 + F_{e2}^a l_2 + F_{e3}^a l_3$$

e observamos que

$$K = F_{e1}^a L_1 = F_{e2}^a L_2 = F_{e3}^a L_3$$

porém, K também iguala a

$$K = F_{e1}^a l_1 + F_{e2}^a l_2 + F_{e3}^a l_3 = \frac{K}{L_1} l_1 + \frac{K}{L_2} l_2 + \frac{K}{L_3} l_3 = K \sum \frac{l_i}{L_i}$$

Com base nas partes externas da equação anterior, obtemos

$$\sum \frac{l_i}{L_i} = 1 \qquad (11\text{–}16)$$

Essa equação foi proposta por Palmgren em 1924, e novamente por Miner em 1945. Ver a Equação (6–58), p. 326.

O segundo tipo de variação de carga mencionado é contínuo, de variação periódica, mostrado na Figura 11–11. O dano diferencial feito por F^a durante rotação ao longo do ângulo $d\theta$ é

$$dD = F^a d\theta$$

Um exemplo disso seria o caso de um camo cujos mancais rodassem com ele ao longo do ângulo $d\theta$. O dano total durante a rotação do camo é dado por

$$D = \int dD = \int_0^\phi F^a d\theta = F_{eq}^a \phi$$

em que, resolvendo para a carga equivalente, obtemos

$$F_{eq} = \left[\frac{1}{\phi} \int_0^\phi F^a d\theta \right]^{1/a} \qquad L_{eq} = \frac{K}{F_{eq}^a} \qquad (11\text{–}17)$$

O valor de ϕ é, em geral, 2π, embora outros valores ocorram. Integração numérica é, com frequência, útil para levar a cabo a integração indicada, particularmente quando a não é um inteiro e funções trigonométricas estão envolvidas. Aprendemos, agora, como encontrar a carga equivalente permanente que produz o mesmo dano que uma carga cíclica de variação contínua.

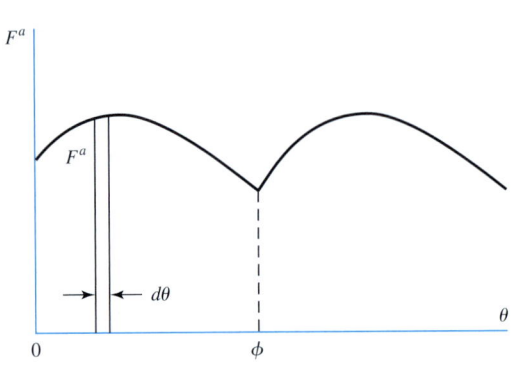

Figura 11–11 Uma variação contínua de carga de natureza cíclica cujo período é ϕ.

EXEMPLO 11-6

A operação de uma bomba rotativa particular envolve uma demanda de potência $P = \bar{P} + A' \operatorname{sen}\theta$, em que $\bar{P}$ é a potência média. O mancal percebe a mesma variação como $F = \bar{F} + A \operatorname{sen}\theta$. Desenvolva um fator a_f de aplicação para esta aplicação de mancal de esferas.

Solução

Da Equação (11-17), com $a = 3$,

$$F_{eq} = \left(\frac{1}{2\pi}\int_0^{2\pi} F^a d\theta\right)^{1/a} = \left(\frac{1}{2\pi}\int_0^{2\pi} (\bar{F} + A \operatorname{sen}\theta)^3 d\theta\right)^{1/3}$$

$$= \left[\frac{1}{2\pi}\left(\int_0^{2\pi}\bar{F}^3 d\theta + 3\bar{F}^2 A\int_0^{2\pi} \operatorname{sen}\theta\, d\theta + 3\bar{F}A^2\int_0^{2\pi}\operatorname{sen}^2\theta\, d\theta \right.\right.$$

$$\left.\left. + A^3\int_0^{2\pi}\operatorname{sen}^3\theta\, d\theta\right)\right]^{1/3}$$

$$F_{eq} = \left[\frac{1}{2\pi}(2\pi\bar{F}^3 + 0 + 3\pi\bar{F}A^2 + 0)\right]^{1/3} = \bar{F}\left[1 + \frac{3}{2}\left(\frac{A}{\bar{F}}\right)^2\right]^{1/3}$$

Em termos de $\bar{F}$, o fator de aplicação é

Resposta

$$a_f = \left[1 + \frac{3}{2}\left(\frac{A}{\bar{F}}\right)^2\right]^{1/3}$$

Podemos apresentar o resultado em forma tabular:

$A/\bar{F}$	a_f
0	1
0,2	1,02
0,4	1,07
0,6	1,15
0,8	1,25
1,0	1,36

11-8 Seleção de mancais de esferas e de rolos cilíndricos

Temos informação suficiente relativa ao carregamento de mancais de esferas de contato de rolamento e mancais de rolos para desenvolver a carga radial equivalente permanente que produzirá tanto dano ao mancal quanto à carga presente. Agora vamos à prática.

EXEMPLO 11-7

Na Figura 11-12 é mostrada uma prensa de rolo que é conjugada a um rolo livre. O rolo é projetado para exercer uma força normal de 5,25 N/mm pelo comprimento do rolo e um estiramento de 4,2 N/mm no material em processamento. A velocidade do rolo é de 300 rev/min, e a vida útil desejada é de 30 kh. Use um fator operacional de 1,2 e selecione um par de rolamentos de esferas da série 2 de contato angular listadas na Tabela 11-2 a serem montadas em *0* e em *A*. Utilize a mesma bitola de rolamento em ambas as posições e uma confiabilidade combinada de no mínimo 0,92.

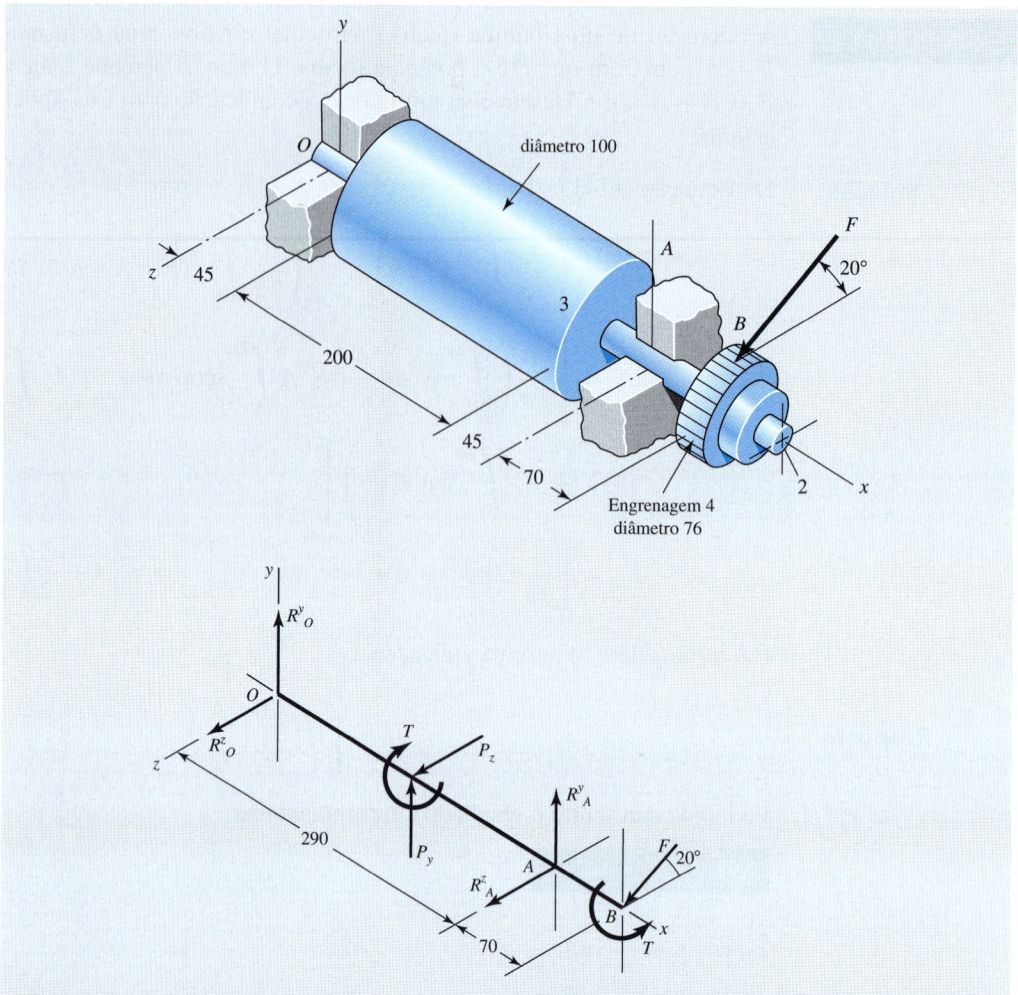

Figura 11-12 Forças em libras aplicadas ao segundo eixo do redutor de velocidade de engrenagem helicoidal do Exemplo 11-7.

Solução Assuma as forças concentradas conforme mostrado.

$$P_z = 200(4,2) = 840 \text{ N}$$
$$P_y = 200(5,25) = 1050 \text{ N}$$
$$T = 840(50) = 42\,000 \text{ N} \cdot \text{mm}$$
$$\sum T^x = -42\,000 + 38F \cos 20° = 0$$
$$F = \frac{42\,000}{38(0,940)} = 1176,2 \text{ N}$$
$$\sum M_O^z = 145P_y + 290R_A^y - 360F \operatorname{sen} 20° = 0;$$

assim

$$145(1050) + 290R_A^y - 360(1176,2)(0,342) = 0$$
$$R_A^y = -25,6 \text{ N}$$
$$\sum M_O^y = -145P_z - 290R_A^z - 360F \cos 20° = 0;$$

assim

$$-145(840) - 290 R_A^z - 360(1176{,}2)(0{,}940) = 0$$

$$R_A^z = -1792 \text{ N};$$

$$R_A = [(-1792)^2 + (-25{,}6)^2]^{1/2} = 1792 \text{ N}$$

$$\sum F^z = R_O^z + P_z + R_A^z + F\cos 20° = 0$$

$$R_O^z + 840 - 1792 + 1176{,}2(0{,}940) = 0$$

$$R_O^z = -153{,}3 \text{ N}$$

$$\sum F^y = R_O^y + P_y + R_A^y - F\operatorname{sen} 20° = 0$$

$$R_O^y + 1050 - 25{,}6 - 1176{,}2(0{,}342) = 0$$

$$R_O^y = -622 \text{ N}$$

$$R_O = [(-153{,}3)^2 + (-622)^2]^{1/2} = 640{,}6 \text{ N}$$

De modo que a reação em A governa.
Confiabilidade-alvo: $\sqrt{0{,}92} = 0{,}96$

$$F_D = 1{,}2(1792) = 2150{,}4 \text{ N}$$

$$x_D = 30\,000(300)(60/10^6) = 540$$

$$C_{10} = 2150{,}4 \left\{ \frac{540}{0{,}02 + 4{,}439[\ln(1/0{,}96)]^{1/1{,}483}} \right\}^{1/3}$$

$$= 21{,}59 \text{ kN}$$

O rolamento 02-35 alcançará o objetivo.

Resposta *Decisão*: Especifique um rolamento b11 02-35 mm de contato angular para as posições em A e em 0. Verifique a confiabilidade combinada.

11–9 Seleção de mancais de rolos cônicos

Mancais de rolos truncados possuem um número de características que os tornam complicados. À medida que tratamos das diferenças entre mancais de rolos cônicos, mancais de esferas e mancais cilíndricos de rolos, observamos que os fundamentos básicos são os mesmos, embora haja diferenças nos detalhes. Além disso, combinações de mancal e capa de rolamento não têm necessariamente preços atribuídos em proporção à capacidade. Qualquer catálogo mostra uma mistura de projetos de alta produção, de baixa produção e de projetos de encomenda bem-sucedidos. Fornecedores de mancais possuem programas de computador que vão tomar as descrições do seu problema, dar informação intermediária de avaliação do projeto e listar um número de combinações satisfatórias de capa e cone em ordem de custos decrescentes. Escritórios de vendas das companhias proporcionam acesso a serviços completos de engenharia que ajudam os projetistas a selecionar e aplicar seus mancais. Em uma grande fábrica matriz de um fabricante de equipamentos, pode haver, um representante residente de uma companhia de mancais.

Fornecedores de rolamentos disponibilizam muitas informações, em formato impresso ou virtual, em seus catálogos e guias de engenharia. É fortemente recomendado que o projetista esteja familiarizado com as especificidades de cada fornecedor. Frequentemente serão utilizadas abordagens semelhantes às apresentadas aqui, embora estas possam incluir vários fatores de modificação para itens como temperatura e lubrificação. Muitos fornecedores disponibilizam programas na Internet para auxiliar na seleção de rolamentos. O engenheiro sempre se beneficiará da compreensão geral a respeito da teoria utilizada nesse tipo de ferramenta computacional. Nosso objetivo aqui é introduzir o vocabulário, mostrar a coerência com os fundamentos aprendidos anteriormente, fornecer exemplos e formar convicções. Por fim, propomos problemas para reforçar a experiência de aprendizagem.

Os quatro elementos de uma montagem de mancal de rolo cônico são:
- Cone (anel interno).
- Capa de rolamento (anel externo).
- Rolos cônicos.
- Gaiola (espaçador-retentor).

O mancal montado consiste em duas partes separáveis: (1) a montagem de cone: o cone, os rolos e a gaiola; e (2) a capa de rolamento. Mancais podem ser construídos em uma fila única, fila dupla, fila quádrupla e montagens de mancais axiais. Além disso, componentes auxiliares como espaçadores e elementos de vedação podem ser utilizados. A Figura 11–13 mostra a nomenclatura para rolamentos de rolos cônicos e o ponto G, através do qual atuam as componentes radial e axial da força.

Um mancal de rolo cônico pode suportar ambas as cargas, radial e de empuxo (axial), ou qualquer combinação das duas. Contudo, ainda quando uma carga externa de empuxo não estiver presente, a carga radial induzirá uma reação de empuxo dentro do mancal por causa do cone. A fim de evitar a separação das pistas e dos rolos, esse empuxo deve ser resistido por uma força igual e oposta. Uma forma de gerar força consiste em utilizar, sempre, no mínimo dois mancais de rolos cônicos num eixo. Dois mancais podem ser montados com as costas de cone colocadas frente a frente, numa configuração chamada de *montagem direta*, ou com as frentes dos cones frente a frente, numa montagem conhecida como *montagem indireta*.

A Figura 11–14 mostra um par de rolamentos de rolos cônicos montados diretamente (b) e indiretamente (a) com as posições de reação dos rolamentos localizadas em A_0 e B_0 e mostradas no eixo. Para o eixo como viga, o vão é a_e, valor efetivo. Entre os pontos A_0 e B_0, as cargas radiais atuam perpendicularmente à linha de centro do eixo, e as cargas impulsivas agem ao longo dessa linha de eixo. A distância geométrica efetiva a_g para a montagem direta é maior que aquela da montagem indireta. Com a montagem indireta, os rolamentos ficam mais próximos do que na montagem direta; no entanto, a estabilidade do sistema é a mesma (a_e é o mesmo em ambos os casos). Assim, as montagens direta ou indireta envolvem o espaço e a compacidade necessários ou desejados, mas com a mesma estabilidade para o sistema.

Somados à classificação e às informações geométricas, dados de catálogo para rolamentos de rolos cônicos incluirão a localização do centro de força efetivo. Duas páginas de exemplos de um catálogo da Timken são mostradas na Figura 11–15.

Uma carga radial em um rolamento de rolos cônicos induzirá uma reação axial. A *zona de carga* inclui cerca de metade dos rolos e subentende um ângulo de, aproximadamente, 180°. Usando o símbolo F_i para a carga axial induzida por uma carga radial com zona morta de 180°, a Timken fornece a equação

$$F_i = \frac{0{,}47 F_r}{K} \tag{11–18}$$

onde o fator K é específico da geometria e é a razão entre a classe de carga radial e a classe de carga impulsiva. No processo de seleção preliminar, o fator K pode ser inicialmente aproximado por 1,5 para a radial com 0,75 para rolamento de ângulo acentuado. Após a identificação de um possível rolamento, o valor exato de K para cada rolamento pode ser encontrado no catálogo de rolamentos.

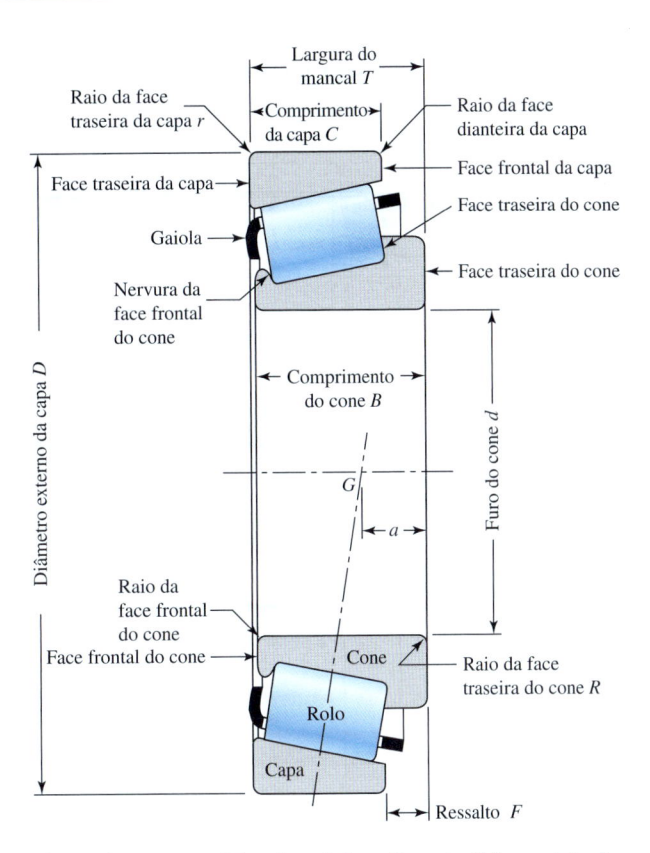

Figura 11-13 Nomenclatura de um mancal de rolos cônicos. O ponto G é a posição do centro efetivo de carga; use este ponto para estimar a carga radial do mancal. (*Cortesia de The Timken Company.*)

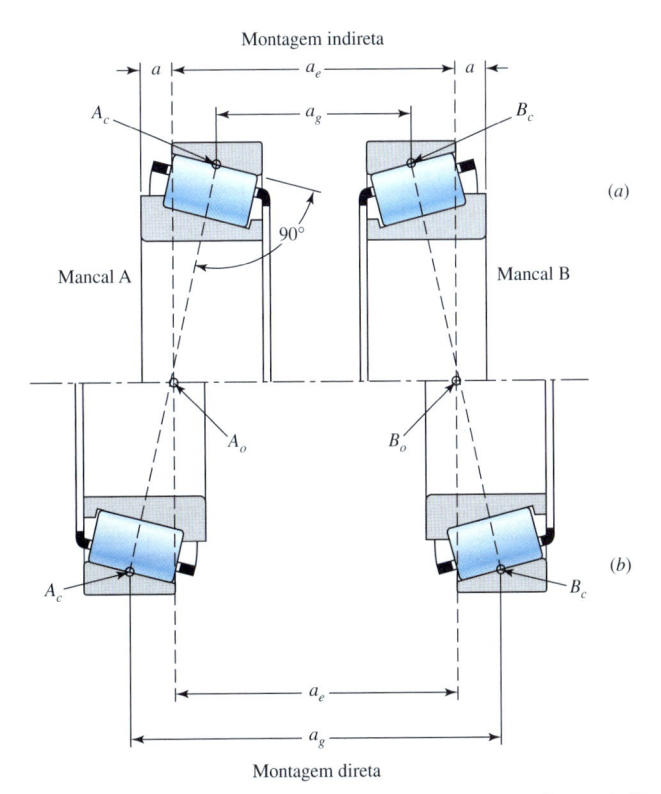

Figura 11-14 Comparação de estabilidade de montagem entre as montagens direta e indireta. (*Cortesia de The Timken Company.*)

FURO RETO E FILA ÚNICA

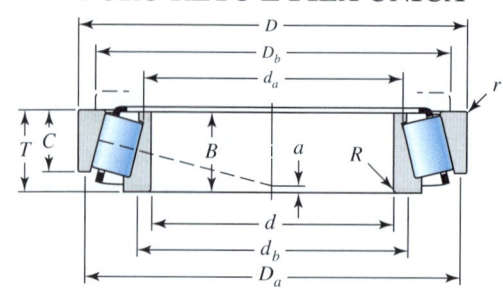

			Capacidade a 500 rpm para 3 000 horas L_{10}				Número da peça		Cone				Capa de rolamento			
Furo	Diâmetro externo	Largura	Uma fila, radial	Axial	Fator	Centro efetivo de carga			Raio máximo do adoçamento no eixo	Largura	Diâmetros de encostos traseiros		Raio máximo do adoçamento na caixa de rolamento	Largura	Diâmetros de encostos traseiros	
d	D	T	N lbf	N lbf	K	a②	Cone	Capa de rolamento	R①	B	d_b	d_a	r①	C	D_b	D_a
25,000 0,9843	52,000 2,0472	16,250 0,6398	8190 1840	5260 1180	1,56	−3,6 −0,14	◆30205	◆30205	1,0 0,04	15,000 0,5906	30,5 1,20	29,0 1,14	1,0 0,04	13,000 0,5118	46,0 1,81	48,5 1,91
25,000 0,9843	52,000 2,0472	19,250 0,7579	9520 2140	9510 2140	1,00	−3,0 −0,12	◆32205-B	◆32205-B	1,0 0,04	18,000 0,7087	34,0 1,34	31,0 1,22	1,0 0,04	15,000 0,5906	43,5 1,71	49,5 1,95
25,000 0,9843	52,000 2,0472	22,000 0,8661	13200 2980	7960 1790	1,66	−7,6 −0,30	◆33205	◆33205	1,0 0,04	22,000 0,8661	34,0 1,34	30,5 1,20	1,0 0,04	18,000 0,7087	44,5 1,75	49,0 1,93
25,000 0,9843	62,000 2,4409	18,250 0,7185	13000 2930	6680 1500	1,95	−5,1 −0,20	◆30305	◆30305	1,5 0,06	17,000 0,6693	32,5 1,28	30,0 1,18	1,5 0,06	15,000 0,5906	55,0 2,17	57,0 2,24
25,000 0,9843	62,000 2,4409	25,250 0,9941	17400 3910	8930 2010	1,95	−9,7 −0,38	◆32305	◆32305	1,5 0,06	24,000 0,9449	35,0 1,38	31,5 1,24	1,5 0,06	20,000 0,7874	54,0 2,13	57,0 2,24
25,159 0,9905	50,005 1,9687	13,495 0,5313	6990 1570	4810 1080	1,45	−2,8 −0,11	07096	07196	1,5 0,06	14,260 0,5614	31,5 1,24	29,5 1,16	1,0 0,04	9,525 0,3750	44,5 1,75	47,0 1,85
25,400 1,0000	50,005 1,9687	13,495 0,5313	6990 1570	4810 1080	1,45	−2,8 −0,11	07100	07196	1,0 0,04	14,260 0,5614	30,5 1,20	29,5 1,16	1,0 0,04	9,525 0,3750	44,5 1,75	47,0 1,85
25,400 1,0000	50,005 1,9687	13,495 0,5313	6990 1570	4810 1080	1,45	−2,8 −0,11	07100-S	07196	1,5 0,06	14,260 0,5614	31,5 1,24	29,5 1,16	1,0 0,04	9,525 0,3750	44,5 1,75	47,0 1,85
25,400 1,0000	50,292 1,9800	14,224 0,5600	7210 1620	4620 1040	1,56	−3,3 −0,13	L44642	L44610	3,5 0,14	14,732 0,5800	36,0 1,42	29,5 1,16	1,3 0,05	10,668 0,4200	44,5 1,75	47,0 1,85
25,400 1,0000	50,292 1,9800	14,224 0,5600	7210 1620	4620 1040	1,56	−3,3 −0,13	L44643	L44610	1,3 0,05	14,732 0,5800	31,5 1,24	29,5 1,16	1,3 0,05	10,668 0,4200	44,5 1,75	47,0 1,85
25,400 1,0000	51,994 2,0470	15,011 0,5910	6990 1570	4810 1080	1,45	−2,8 −0,11	07100	07204	1,0 0,04	14,260 0,5614	30,5 1,20	29,5 1,16	1,3 0,05	12,700 0,5000	45,0 1,77	48,0 1,89
25,400 1,0000	56,896 2,2400	19,368 0,7625	10900 2450	5740 1290	1,90	−6,9 −0,27	1780	1729	0,8 0,03	19,837 0,7810	30,5 1,20	30,0 1,18	1,3 0,05	15,875 0,6250	49,0 1,93	51,0 2,01
25,400 1,0000	57,150 2,2500	19,431 0,7650	11700 2620	10900 2450	1,07	−3,0 −0,12	M84548	M84510	1,5 0,06	19,431 0,7650	36,0 1,42	33,0 1,30	1,5 0,06	14,732 0,5800	48,5 1,91	54,0 2,13
25,400 1,0000	58,738 2,3125	19,050 0,7500	11600 2610	6560 1470	1,77	−5,8 −0,23	1986	1932	1,3 0,05	19,355 0,7620	32,5 1,28	30,5 1,20	1,3 0,05	15,080 0,5937	52,0 2,05	54,0 2,13
25,400 1,0000	59,530 2,3437	23,368 0,9200	13900 3140	13000 2930	1,07	−5,1 −0,20	M84249	M84210	0,8 0,03	23,114 0,9100	36,0 1,42	32,5 1,27	1,5 0,06	18,288 0,7200	49,5 1,95	56,0 2,20
25,400 1,0000	60,325 2,3750	19,842 0,7812	11000 2480	6550 1470	1,69	−5,1 −0,20	15578	15523	1,3 0,05	17,462 0,6875	32,5 1,28	30,5 1,20	1,5 0,06	15,875 0,6250	51,0 2,01	54,0 2,13
25,400 1,0000	61,912 2,4375	19,050 0,7500	12100 2730	7280 1640	1,67	−5,8 −0,23	15101	15243	0,8 0,03	20,638 0,8125	32,5 1,28	31,5 1,24	2,0 0,08	14,288 0,5625	54,0 2,13	58,0 2,28
25,400 1,0000	62,000 2,4409	19,050 0,7500	12100 2730	7280 1640	1,67	−5,8 −0,23	15100	15245	3,5 0,14	20,638 0,8125	38,0 1,50	31,5 1,24	1,3 0,05	14,288 0,5625	55,0 2,17	58,0 2,28

Figura 11–15 (*Continua na próxima página*)

			Capacidade a 500 rpm para 3 000 horas L₁₀		Fator	Centro efetivo de carga	Número da peça		Cone				Capa de rolamento			
Furo	Diâmetro externo	Largura	Uma fila, radial, axial	Axial					Raio máximo do adoçamento no eixo	Largura	Diâmetros de encostos traseiros		Raio máximo do adoçamento na caixa de rolamento	Largura	Diâmetros de encostos traseiros	
							Cone	Capa de rolamento								
d	D	T	N lbf	N lbf	K	a②			R①	B	d_b	d_a	r①	C	D_b	D_a
25,400 1,0000	62,000 2,4409	19,050 0,7500	12100 2730	7280 1640	1,67	−5,8 −0,23	15102	15245	1,5 0,06	20,638 0,8125	34,0 1,34	31,5 1,24	1,3 0,05	14,288 0,5625	55,0 2,17	58,0 2,28
25,400 1,0000	62,000 2,4409	20,638 0,8125	12100 2730	7280 1640	1,67	−5,8 −0,23	15101	15244	0,8 0,03	20,638 0,8125	32,5 1,28	31,5 1,24	1,3 0,05	15,875 0,6250	55,0 2,17	58,0 2,28
25,400 1,0000	63,500 2,5000	20,638 0,8125	12100 2730	7280 1640	1,67	−5,8 −0,23	15101	15250	0,8 0,03	20,638 0,8125	32,5 1,28	31,5 1,24	1,3 0,05	15,875 0,6250	56,0 2,20	59,0 2,32
25,400 1,0000	63,500 2,5000	20,638 0,8125	12100 2730	7280 1640	1,67	−5,8 −0,23	15101	15250X	0,8 0,03	20,638 0,8125	32,5 1,28	31,5 1,24	1,3 0,06	15,875 0,6250	55,0 2,17	59,0 2,32
25,400 1,0000	64,292 2,5312	21,433 0,8438	14500 3250	13500 3040	1,07	−3,3 −0,13	M86643	M86610	1,5 0,06	21,433 0,8438	38,0 1,50	36,5 1,44	1,5 0,06	16,670 0,6563	54,0 2,13	61,0 2,40
25,400 1,0000	65,088 2,5625	22,225 0,8750	13100 2950	16400 3690	0,80	−2,3 −0,09	23100	23256	1,5 0,06	21,463 0,8450	39,0 1,54	34,5 1,36	1,5 0,06	15,875 0,6250	53,0 2,09	63,0 2,48
25,400 1,0000	66,421 2,6150	23,812 0,9375	18400 4140	8000 1800	2,30	−9,4 −0,37	2687	2631	1,3 0,05	25,433 1,0013	33,5 1,32	31,5 1,24	1,3 0,05	19,050 0,7500	58,0 2,28	60,0 2,36
25,400 1,0000	68,262 2,6875	22,225 0,8750	15300 3440	10900 2450	1,40	−5,1 −0,20	02473	02420	0,8 0,03	22,225 0,8750	34,5 1,36	33,5 1,32	1,5 0,06	17,462 0,6875	59,0 2,32	63,0 2,48
25,400 1,0000	72,233 2,8438	25,400 1,0000	18400 4140	17200 3870	1,07	−4,6 −0,18	HM88630	HM88610	0,8 0,03	25,400 1,0000	39,5 1,56	39,5 1,56	2,3 0,09	19,842 0,7812	60,0 2,36	69,0 2,72
25,400 1,0000	72,626 2,8593	30,162 1,1875	22700 5110	13000 2910	1,76	−10,2 −0,40	3189	3120	0,8 0,03	29,997 1,1810	35,5 1,40	35,0 1,38	3,3 0,13	23,812 0,9375	61,0 2,40	67,0 2,64
26,157 1,0298	62,000 2,4409	19,050 0,7500	12100 2730	7280 1640	1,67	−5,8 −0,23	15103	15245	0,8 0,03	20,638 0,8125	33,0 1,30	32,5 1,28	1,3 0,05	14,288 0,5625	55,0 2,17	58,0 2,28
26,162 1,0300	63,100 2,4843	23,812 0,9375	18400 4140	8000 1800	2,30	−9,4 −0,37	2682	2630	1,5 0,06	25,433 1,0013	34,5 1,36	32,0 1,26	0,8 0,03	19,050 0,7500	57,0 2,24	59,0 2,32
26,162 1,0300	66,421 2,6150	23,812 0,9375	18400 4140	8000 1800	2,30	−9,4 −0,37	2682	2631	1,5 0,06	25,433 1,0013	34,5 1,36	32,0 1,26	1,3 0,05	19,050 0,7500	58,0 2,28	60,0 2,36
26,975 1,0620	58,738 2,3125	19,050 0,7500	11600 2610	6560 1470	1,77	−5,8 −0,23	1987	1932	0,8 0,03	19,355 0,7620	32,5 1,28	31,5 1,24	1,3 0,05	15,080 0,5937	52,0 2,05	54,0 2,13
†26,988 †1,0625	50,292 1,9800	14,224 0,5600	7210 1620	4620 1040	1,56	−3,3 −0,13	L44649	L44610	3,5 0,14	14,732 0,5800	37,5 1,48	31,0 1,22	1,3 0,05	10,668 0,4200	44,5 1,75	47,0 1,85
†26,988 †1,0625	60,325 2,3750	19,842 0,7812	11000 2480	6550 1470	1,69	−5,1 −0,20	15580	15523	3,5 0,14	17,462 0,6875	38,5 1,52	32,0 1,26	1,5 0,06	15,875 0,6250	51,0 2,01	54,0 2,13
†26,988 †1,0625	62,000 2,4409	19,050 0,7500	12100 2730	7280 1640	1,67	−5,8 −0,23	15106	15245	0,8 0,03	20,638 0,8125	33,5 1,32	33,0 1,30	1,3 0,05	14,288 0,5625	55,0 2,17	58,0 2,28
†26,988 †1,0625	66,421 2,6150	23,812 0,9375	18400 4140	8000 1800	2,30	−9,4 −0,37	2688	2631	1,5 0,06	25,433 1,0013	35,0 1,38	33,0 1,30	1,3 0,05	19,050 0,7500	58,0 2,28	60,0 2,36
28,575 1,1250	56,896 2,2400	19,845 0,7813	11600 2610	6560 1470	1,77	−5,8 −0,23	1985	1930	0,8 0,03	19,355 0,7620	34,0 1,34	33,5 1,32	0,8 0,03	15,875 0,6250	51,0 2,01	54,0 2,11
28,575 1,1250	57,150 2,2500	17,462 0,6875	11000 2480	6550 1470	1,69	−5,1 −0,20	15590	15520	3,5 0,14	17,462 0,6875	39,5 1,56	33,5 1,32	1,5 0,06	13,495 0,5313	51,0 2,01	53,0 2,09
28,575 1,1250	58,738 2,3125	19,050 0,7500	11600 2610	6560 1470	1,77	−5,8 −0,23	1985	1932	0,8 0,03	19,355 0,7620	34,0 1,34	33,5 1,32	1,3 0,05	15,080 0,5937	52,0 2,05	54,0 2,13
28,575 1,1250	58,738 2,3125	19,050 0,7500	11600 2610	6560 1470	1,77	−5,8 −0,23	1988	1932	3,5 0,14	19,355 0,7620	39,5 1,56	33,5 1,32	1,3 0,05	15,080 0,5937	52,0 2,05	54,0 2,13
28,575 1,1250	60,325 2,3750	19,842 0,7812	11000 2480	6550 1470	1,69	−5,1 −0,20	15590	15523	3,5 0,14	17,462 0,6875	39,5 1,56	33,5 1,32	1,5 0,06	15,875 0,6250	51,0 2,01	54,0 2,13
28,575 1,1250	60,325 2,3750	19,845 0,7813	11600 2610	6560 1470	1,77	−5,8 −0,23	1985	1931	0,5 0,03	19,355 0,7620	34,0 1,34	33,5 1,32	1,3 0,05	15,875 0,6250	52,0 2,05	55,0 2,17

① Estes raios de adoçamento máximos serão definidos pelos cantos do rolamento.
② O valor menor indica que o centro se localiza dentro da face traseira do cone.
† Para classe padronizada **APENAS**, o tamanho métrico máximo é o de um mm completo.
* Para tolerância de peças "J", ver tolerâncias métricas, página 73, e prática de ajuste, página 65.
◆ Combinações ISO de cone e capa de rolamento são designadas com um número de parte comum e devem ser compradas como um conjunto.
Para tolerâncias ISO de mancais – ver tolerâncias métricas, página 73, e práticas de ajuste, página 65.

Figura 11–15

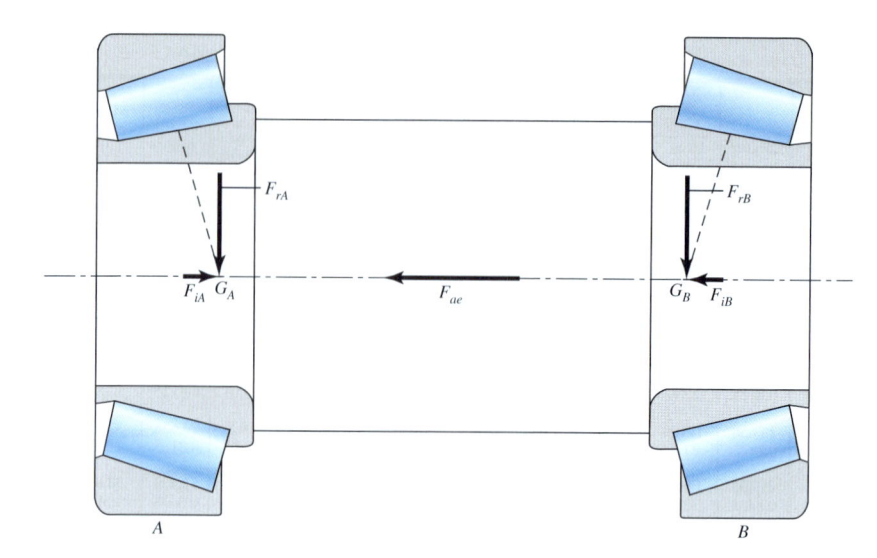

Figura 11–16 Rolamentos com rolos cônicos com montagem direta, mostrando o impulso radial induzido e as cargas impulsivas externas.

Um eixo suportado por um par de rolamentos de rolos cônicos, montados de forma direta, é mostrado na Figura 11–16. Os vetores força são mostrados como aplicados ao eixo. F_{rA} e F_{rB} são as cargas radiais suportadas pelos rolamentos, aplicadas aos centros efetivos de força G_A e G_B. As forças F_{iA} e F_{iB} induzidas decorrentes do efeito das forças radiais nos rolamentos cônicos também são mostradas. Além disso, pode haver forças impulsivas aplicadas externamente ao eixo, F_{ae}, provindas de alguma outra fonte, como a força axial em uma engrenagem helicoidal. Uma vez que os rolamentos experimentam as forças radiais e impulsivas, é necessário determinar as forças radiais equivalentes. Seguindo a forma da Equação (11–12), onde $F_e = XVF_r + YF_a$, a Timken recomenda usar $X = 0,4$ e $V = 1$ para todos os casos e o fator K para o rolamento específico para Y. Isso fornece uma equação da forma

$$F_e = 0{,}4F_r + KF_a \qquad (a)$$

A força axial F_a é a força axial líquida suportada pelo rolamento devido à combinação da força axial induzida pelo outro rolamento e pela carga axial externa. Entretanto, apenas um dos rolamentos suportará a carga axial líquida, o que dependerá da direção em que os rolamentos são montados, da intensidade relativa das cargas induzidas, da direção da carga externa e de a parte móvel ser o eixo ou a caixa de rolamento. A Timken trata isso em uma tabela que contém cada uma das configurações e uma convenção de sinais para as ações externas. Além disso, exige-se que a aplicação seja orientada na horizontal com rolamentos à esquerda e à direita coincidentes com a convenção de sinais à esquerda e à direita. Apresentaremos aqui um método que fornece resultados equivalentes, mas que talvez seja mais fácil de visualizar e entender a lógica que há por trás dele.

Primeiro, determine visualmente qual é o rolamento prensado pela carga externa impulsiva e identifique-o como rolamento A. Identifique o outro rolamento como rolamento B. Por exemplo, na Figura 11–16, o impulso externo F_{ae} faz com que o eixo seja empurrado para a esquerda contra o cone do rolamento esquerdo, prensando-o contra os rolos e a capa de rolamento. Por outro lado, ele tende a afastar a capa de rolamento do rolamento da direita. O rolamento da esquerda é, portanto, identificado como rolamento A. Se a direção de F_{ae} for revertida, então o rolamento da direita é o que seria identificado como rolamento A. Essa proposta de identificar o rolamento que é prensado pelo impulso externo é aplicada da mesma forma independentemente dos rolamentos serem montados de forma direta ou indireta, independentemente de ser o eixo ou a caixa de rolamento a receber o impulso externo e independentemente da orientação da montagem. Para esclarecer a questão através de um exemplo, considere o eixo vertical e o cilindro na

Figura 11–17 com a montagem direta dos rolamentos. Na Figura 11–17a, uma carga externa é aplicada para cima no eixo em rotação, comprimindo o rolamento superior, que deverá ser identificado como rolamento A. Por outro lado, na Figura 11–17b, a força externa para cima é aplicada ao cilindro externo em rotação e com o eixo estacionário. Neste caso, o rolamento inferior é o que está sendo prensado e que deve ser identificado como rolamento A. Se não há impulso externo, qualquer um dos rolamentos pode ser arbitrariamente identificado como rolamento A.

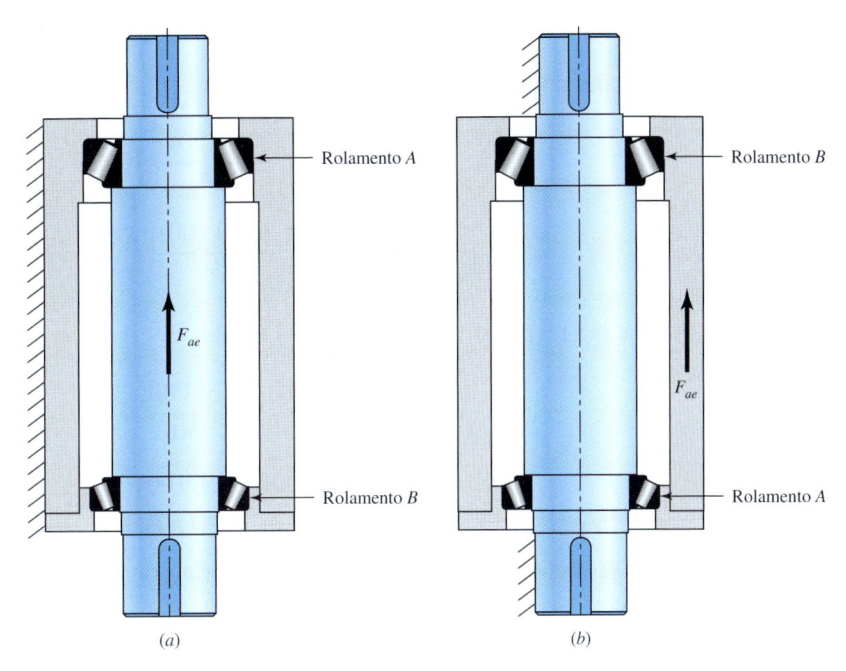

Figura 11–17 Exemplos de determinação sobre qual rolamento suporta a carga impulsiva externa. Em cada caso, o rolamento comprimido é identificado como rolamento A. (a) Impulso externo aplicado ao eixo em rotação. (b) Impulso externo aplicado ao cilindro em rotação.

Em um segundo momento, determine qual rolamento de fato suportará a carga líquida. Geralmente espera-se que o rolamento A receba a carga axial, uma vez que o impulso externo F_{ae} é direcionado para A, juntamente com o impulso induzido pelo rolamento B, F_{iB}. No entanto, se o impulso F_{iA} do rolamento A for maior que a combinação do impulso externo com o impulso induzido pelo rolamento B, então o rolamento B suportará a carga impulsiva líquida. Usaremos a Equação (a) para o rolamento que suporta a carga impulsiva. A Timken recomenda que se deixe o outro rolamento com sua própria carga radial original, no lugar de reduzi-la devido à carga impulsiva líquida negativa. Os resultados são apresentados na forma das equações abaixo, onde os impulsos induzidos são definidos pela Equação (11–18).

$$\text{Se} \quad F_{iA} \leq (F_{iB} + F_{ae}) \quad \begin{cases} F_{eA} = 0{,}4F_{rA} + K_A(F_{iB} + F_{ae}) & (11\text{–}19a) \\ F_{eB} = F_{rB} & (11\text{–}19b) \end{cases}$$

$$\text{Se} \quad F_{iA} > (F_{iB} + F_{ae}) \quad \begin{cases} F_{eB} = 0{,}4F_{rB} + K_B(F_{iA} - F_{ae}) & (11\text{–}20a) \\ F_{eA} = F_{rA} & (11\text{–}20b) \end{cases}$$

Em todo caso, se a carga radial equivalente for sempre inferior à carga radial original, então a carga radial original deverá ser a carga utilizada.

Uma vez que as cargas radiais equivalentes forem determinadas, elas devem ser usadas para encontrar a carga nominal utilizando qualquer uma das Equações (11–3), (11–9) ou (11–10), como foi feito anteriormente. A Timken utiliza o modelo de Weibell com $x_0 = 0$, $\theta = 4{,}48$, e $b = 3/2$. Observe que, se K_A e K_B dependerem da escolha de um rolamento específico, poderá ser necessário realizar um processo iterativo.

EXEMPLO 11-8

O eixo representado na Figura 11-18a carrega uma engrenagem helicoidal com uma força tangencial de 3 980 N, uma força radial de 1 770 N e uma força de empuxo de 1 690 N no cilindro primitivo, com as direções mostradas. O diâmetro primitivo da engrenagem é de 200 mm. O eixo roda a uma velocidade de 800 rev/min e o vão (espaçamento efetivo) entre os mancais de montagem direta é de 150 mm. A vida de projeto deve ser de 5 000 h e um fator de aplicação igual a 1 é apropriado. Se a confiabilidade do conjunto de mancais deve ser de 0,99, selecione mancais apropriados Timken de rolos cônicos de fila única.

Solução As reações no plano xz da Figura 11-18b são

$$R_{zA} = \frac{3980(50)}{150} = 1327 \text{ N}$$

$$R_{zB} = \frac{3980(100)}{150} = 2653 \text{ N}$$

As reações no plano xy da Figura 11-18c são:

$$R_{yA} = \frac{1770(50)}{150} + \frac{169\,000}{150} = 1716{,}7 = 1717 \text{ N}$$

$$R_{yB} = \frac{1770(100)}{150} - \frac{169\,000}{150} = 53{,}3 \text{ N}$$

As cargas radiais F_{rA} e F_{rB} são as somas vetoriais de R_{yA} e R_{zA}, e de R_{yB} com R_{zB}, respectivamente:

$$F_{rA} = \left(R_{zA}^2 + R_{yA}^2\right)^{1/2} = (1327^2 + 1717^2)^{1/2} = 2170 \text{ N}$$

$$F_{rB} = \left(R_{zB}^2 + R_{yB}^2\right)^{1/2} = (2653^2 + 53{,}3^2)^{1/2} = 2654 \text{ N}$$

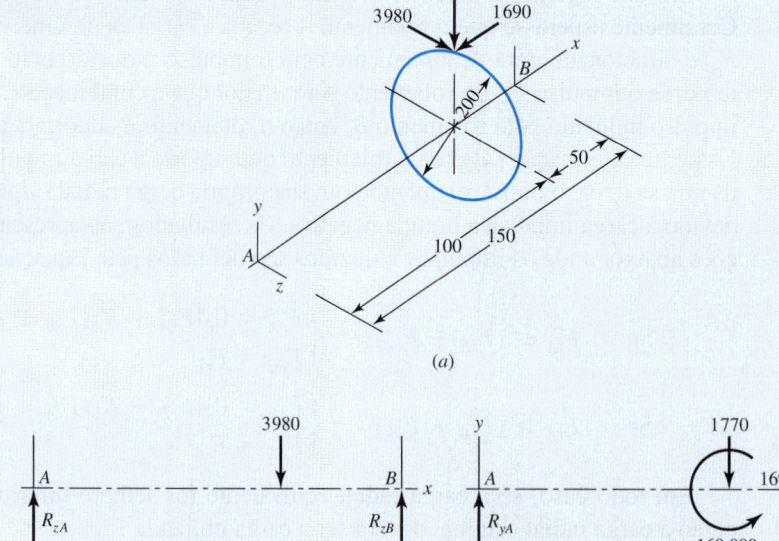

Figura 11-18 Geometria essencial de engrenagem helicoidal e eixo. Dimensões de comprimento em mm, cargas em N, binários em N·mm. (a) Esboço (fora de escala), mostrando as forças tangencial, radial e axial. (b) forças no plano xz. (c) forças no plano xy.

Tentativa 1: Na montagem direta dos rolamentos e com a aplicação do impulso externamente ao eixo, o rolamento prensado é o rolamento identificado como A na Figura 11–18a. Utilizando K igual a 1,5 como escolha inicial para cada rolamento, as cargas induzidas pelos rolamentos são

$$F_{iA} = \frac{0{,}47 F_{rA}}{K_A} = \frac{0{,}47(2170)}{1{,}5} = 680 \text{ N}$$

$$F_{iB} = \frac{0{,}47 F_{rB}}{K_B} = \frac{0{,}47(2654)}{1{,}5} = 832 \text{ N}$$

Uma vez que F_{iA} é visivelmente menor que $F_{iB} + F_{ae}$, o rolamento A suporta a carga impulsiva líquida e a Equação (11–19) é aplicável. Portanto, as cargas dinâmicas equivalentes são

$$F_{eA} = 0{,}4 F_{rA} + K_A(F_{iB} + F_{ae}) = 0{,}4(2170) + 1{,}5(832 + 1690) = 4651 \text{ N}$$

$$F_{eB} = F_{rB} = 2654 \text{ N}$$

O multiplicador da vida nominal é

$$x_D = \frac{L_D}{L_R} = \frac{\mathscr{L}_D n_D 60}{L_R} = \frac{(5000)(800)(60)}{90(10^6)} = 2{,}67$$

Estime R_D como $\sqrt{0{,}99} = 0{,}995$ para cada mancal. Para o mancal A, da Equação (11–10), a entrada de catálogo C_{10} deve ser igual ou exceder a

$$C_{10} = (1)(4651)\left[\frac{2{,}67}{(4{,}48)(1 - 0{,}995)^{2/3}}\right]^{3/10} = 11\,486 \text{ N}$$

Da Figura 11–15, tente selecionar o cone tipo TS 15 100 e capa de rolamento 15 245, o qual deve funcionar: $K_A = 1{,}67$, $C_{10} = 12\,100$ N.

Para o mancal B, da Equação (11–10), a entrada de catálogo C_{10} deve igualar ou exceder

$$C_{10} = (1)2654\left[\frac{2{,}67}{(4{,}48)(1 - 0{,}995)^{2/3}}\right]^{3/10} = 6554 \text{ N}$$

Como tentativa, selecione um mancal idêntico ao mancal A, que deve funcionar: $K_B = 1{,}67$, $C_{10} = 12\,100$ N.

Tentativa 2: Repita o processo com $K_A = K_B = 1{,}67$ da tentativa de seleção de rolamento.

$$F_{iA} = \frac{0{,}47 F_{rA}}{K_A} = \frac{0{,}47(2170)}{1{,}67} = 611 \text{ N}$$

$$F_{iB} = \frac{0{,}47 F_{rB}}{K_B} = \frac{0{,}47(2654)}{1{,}67} = 747 \text{ N}$$

Uma vez que F_{iA} segue menor que $F_{iB} + F_{ae}$, a Equação (11–19) permanece aplicável.

$$F_{eA} = 0{,}4\,F_{rA} + K_A(F_{iB} + F_{ae}) = 0{,}4(2170) + 1{,}67(747 + 1690) = 4938 \text{ N}$$

$$F_{eB} = F_{rB} = 2654 \text{ N}$$

Para o mancal A, da Equação (11–10), a entrada de catálogo corrigida C_{10} deve ser igual a ou exceder a

$$C_{10} = (1)(4938)\left[\frac{2{,}67}{(4{,}48)(1 - 0{,}995)^{2/3}}\right]^{3/10} = 12\,195\text{ N}$$

Embora esta entrada de catálogo supere ligeiramente a seleção tentativa para o mancal A, iremos mantê-la uma vez que a confiabilidade do mancal B excede a 0,995. Na próxima seção mostraremos quantitativamente que a confiabilidade combinada dos mancais A e B excederá a meta de confiabilidade de 0,99.

Para o mancal B, $F_{eB} = F_{rB} = 2\,654$ N. Da Equação (11–10),

$$C_{10} = (1)2654\left[\frac{2{,}67}{(4{,}48)(1 - 0{,}995)^{2/3}}\right]^{3/10} = 6554\text{ N}$$

Selecione cone e capa de rolamento 15 100 e 15 245, respectivamente, para ambos os mancais, A e B. Observe, na Figura 11–14, que o centro efetivo de carga está localizado em $a = -5{,}8$ mm, isto é, 5,8 mm para dentro da capa de rolamento, pela parte traseira. Assim a dimensão encosto a encosto deve ser de $150 - 2(5{,}8) = 138{,}4$ mm. Observe que para cada iteração da Equação (11–10) realizada na busca da capacidade de carga catalogada, a parcela entre colchetes na equação permanece a mesma, não sendo necessário inseri-la na calculadora a cada iteração.

11–10 Avaliação de projeto para mancais de rolamento selecionados

Nos livros-texto, elementos de máquinas são, em geral, tratados individualmente. Isso pode levar o leitor a presumir que uma avaliação de projeto envolva apenas aquele elemento, neste caso um mancal por rolamento. Os elementos imediatamente adjacentes (o munhão de eixo e a caixa de mancal) possuem influência imediata no desempenho. Outros elementos mais afastados (engrenagens causadoras da carga do mancal) também têm influência. É como alguns dizem, "Se você retirar algo do meio ambiente, descobrirá que está ligado a todo o restante". Isso deveria ser intuitivamente óbvio para aqueles envolvidos com maquinaria. Como, então, pode alguém verificar atributos de eixos que não são mencionados no enunciado do problema? Possivelmente, porque talvez o mancal não tenha sido projetado ainda (em detalhes minuciosos). Tudo isso aponta para a necessária natureza iterativa de projetar um redutor de velocidade. Se a potência, velocidade e redução são estipuladas, conjuntos de engrenagens podem ser esboçados; seus tamanhos, geometria e localizações estimadas; forças de eixo e momentos identificados; mancais tentativamente selecionados; vedação identificada; o todo começa a fazer-se evidente; compartimento e esquema de lubrificação, assim como as considerações de resfriamento, tornam-se mais claros; as saliências de eixo e considerações de acoplamento aparecem. É tempo de iterar, desta vez considerando cada elemento novamente, conhecendo muito mais a respeito de todos os outros. Quando você completou as iterações necessárias, terá o que necessita para a avaliação do projeto em relação aos mancais. Nesse meio-tempo você desenvolve tanto da avaliação de projeto quanto puder, evitando selecionar mal, ainda que por tentativa. Sempre tenha em mente que eventualmente terá de fazer tudo isso para declarar todo o seu projeto como satisfatório.

O resumo de uma avaliação de projeto com relação a mancais de contato por rolamento inclui, no mínimo:

- Confiabilidade do mancal para a carga imposta e vida esperada.

- Encosto (ressalto) em eixo e compartimento satisfatórios.
- Acabamento de munhão, diâmetro e tolerância compatível.
- Acabamento de compartimento, diâmetro e tolerância compatível.
- Tipo de lubrificante de acordo com as especificações do fabricante; caminhos e volume de lubrificante supridos para manter a temperatura de operação satisfatória.
- Pré-cargas, se requeridas, são fornecidas.

Uma vez que estamos enfocando mancais de contato rolante, podemos considerar a confiabilidade de mancais de forma quantitativa, bem como o encosto. O tratamento quantitativo adicional terá de esperar até que materiais para o eixo e compartimento, qualidade superficial e diâmetros e tolerâncias sejam conhecidos.

Confiabilidade do mancal

A Equação (11–9) pode ser resolvida para a confiabilidade R_D em termos de C_{10}, a capacidade básica de carga do mancal selecionado:

$$R = \exp\left(-\left\{\frac{x_D \left(\frac{a_f F_D}{C_{10}}\right)^a - x_0}{\theta - x_0}\right\}^b\right) \quad (11\text{–}21)$$

A Equação (11–10) pode, da mesma forma, ser resolvida para

$$R \approx 1 - \left\{\frac{x_D \left(\frac{a_f F_D}{C_{10}}\right)^a - x_0}{\theta - x_0}\right\}^b \quad R \geq 0{,}90 \quad (11\text{–}22)$$

EXEMPLO 11–9

No Exemplo 11–3, a carga nominal mínima requerida para 99% de confiabilidade, a $x_D = L/L_{10} = 540$, é $C_{10} = 29{,}7$ kN. Da Tabela 11–2, um mancal de esferas com sulco profundo 02-40 mm satisfaria o requisito. Se o furo na aplicação precisasse ser de 70 mm ou maior (selecionando um mancal de esferas com sulco profundo 02-70 mm), qual seria a confiabilidade resultante?

Solução

Da Tabela 11–2, para um mancal de esferas com sulco profundo 02-70 mm, $C_{10} = 61{,}8$ kN. Utilizando a Equação (11–19), relembrando do Exemplo 11–3 que $a_f = 1{,}2$, $F_D = 1\,840$ N, $x_0 = 0{,}02$, $(\theta - x_0) = 4{,}439$ e $b = 1{,}483$, podemos escrever

Resposta

$$R \approx 1 - \left\{\frac{540\left[\frac{1{,}2(1\,840)}{61\,800}\right]^3 - 0{,}02}{4{,}439}\right\}^{1{,}483} = 0{,}999\,962$$

a qual, como esperado, é muito maior que os 0,99 do Exemplo 11–3.

Em mancais de rolamento cônicos, ou outros mancais para uma distribuição de Weibull com dois parâmetros, a Equação (11–21) se torna, para $x_0 = 0$, $\theta = 4{,}48$, $b = \frac{3}{2}$,

$$R = \exp\left\{-\left[\frac{x_D}{\theta(C_{10}/[a_f F_D])^a}\right]^b\right\}$$

$$= \exp\left\{-\left[\frac{x_D}{4{,}48[C_{10}/(a_f F_D)]^{10/3}}\right]^{3/2}\right\} \quad (11\text{–}23)$$

e a Equação (11–22) se torna

$$R \approx 1 - \left\{\frac{x_D}{\theta[C_{10}/(a_f F_D)]^a}\right\}^b = 1 - \left\{\frac{x_D}{4{,}48[C_{10}/(a_f F_D)]^{10/3}}\right\}^{3/2} \quad (11\text{–}24)$$

EXEMPLO 11–10

No Exemplo 11–8, os mancais A e B (cone 15 100 e capa de rolamento 15 245) possuem $C_{10} = 12\,100$ N. Qual é a confiabilidade do par de mancais A e B?

Solução

A vida desejada x_D era $5\,000(800)60/[90(10^6)] = 2{,}67$ de vidas nominais. Usando a Equação (11–24) para o mancal A, em que do Exemplo 11–8, $F_D = F_{eA} = 4\,938$ N, e $a_f = 1$, resulta

$$R_A \approx 1 - \left\{\frac{2{,}67}{4{,}48[12\,100/(1 \times 4938)]^{10/3}}\right\}^{3/2} = 0{,}994\,791$$

que é menos que 0,995, como esperado. Usando a Equação (11–24) para o mancal B com $F_D = P_{eB} = 2\,654$ N dá

$$R_B \approx 1 - \left\{\frac{2{,}67}{4{,}48[12\,100/(1 \times 2654)]^{10/3}}\right\}^{3/2} = 0{,}999\,766$$

Resposta

A confiabilidade do par de mancais é

$$R = R_A R_B = 0{,}994791(0{,}999766) = 0{,}994558$$

a qual é maior que a meta global de confiabilidade de 0,99. Quando dois mancais são feitos idênticos por simplicidade, ou por redução do número de peças de reposição, ou outra imposição, e o carregamento não é o mesmo, ambos podem ser menores e, ainda assim, atender à meta de confiabilidade. Se o carregamento é díspar, então o mancal mais pesadamente carregado pode ser escolhido para ter uma meta de confiabilidade ligeiramente maior que a meta global.

Um exemplo adicional é útil para mostrar o que acontece em casos de carregamento axial puro.

| EXEMPLO 11-11 | Considere um compartimento restrito, como o representado na Figura 11-19, com dois mancais de rolos cônicos em montagem direta resistindo a um empuxo externo F_{ae} de 8000 N. A velocidade do eixo é de 950 rev/min, a vida desejada é de 10000 h, o diâmetro esperado para o eixo é aproximadamente de 25,4 mm (1 in). A meta de confiabilidade é de 0,95. O fator de aplicação é de aproximadamente $a_f = 1$.
(a) Escolha um mancal de rolos cônicos adequado para A.
(b) Escolha um mancal de rolos cônicos adequado para B.
(c) Encontre as confiabilidades R_A, R_B e R. |

Solução (a) Por inspeção, observe que o rolamento da esquerda suporta a carga axial e é propriamente identificado como rolamento A. As reações no rolamento A são

$$F_{rA} = F_{rB} = 0$$

$$F_{aA} = F_{ae} = 8000 \text{ N}$$

Uma vez que o mancal B está descarregado, iremos começar com $R = R_A = 0,95$.

Sem cargas radiais, não há impulsos induzidos. A Equação (11-19) é aplicável.

$$F_{eA} = 0,4 F_{rA} + K_A(F_{iB} + F_{ae}) = K_A F_{ae}$$

Se adotamos $K_A = 1$, podemos encontrar C_{10} na coluna do impulso e dispensar as iterações:

$$F_{eA} = (1)8000 = 8000 \text{ N}$$

$$F_{eB} = F_{rB} = 0$$

O multiplicador da vida nominal é

$$x_D = \frac{L_D}{L_R} = \frac{\mathscr{L}_D n_D 60}{L_R} = \frac{(10\,000)(950)(60)}{90(10^6)} = 6,333$$

Então, da Equação (11-10), para o rolamento A

$$C_{10} = a_f F_{eA} \left[\frac{x_D}{4,48(1 - R_D)^{2/3}} \right]^{3/10}$$

$$= (1)8000 \left[\frac{6,33}{4,48(1 - 0,95)^{2/3}} \right]^{3/10} = 16\,159 \text{ N}$$

Resposta A Figura 11-15 apresenta uma possibilidade para o furo de tamanho 1 in (25,4 mm): cone HM88630, capa de rolamento HM88610 com classificação axial $(C_{10})_a = 17\,200$ N.

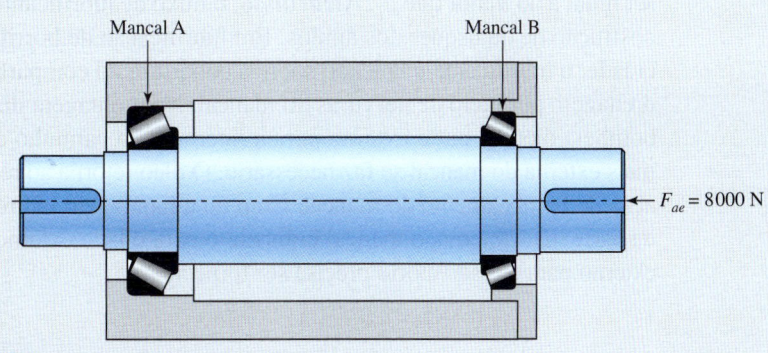

Figura 11-19 O abrigo restringido do Exemplo 11-11.

Resposta (b) O mancal B não experimenta carga, e o mancal mais barato para este tamanho de furo servirá, incluindo aí mancais de rolos ou esferas.

(c) A confiabilidade real do mancal A, por meio da Eq. (11–24) é

Resposta
$$R_A \approx 1 - \left\{\frac{x_D}{4{,}48[C_{10}/(a_f F_D)]^{10/3}}\right\}^{3/2}$$

$$\approx 1 - \left\{\frac{6{,}333}{4{,}48[17\,200/(1 \times 8000)]^{10/3}}\right\}^{3/2} = 0{,}963$$

a qual é maior que 0,95, como se pode suspeitar. Para o mancal B,

Resposta
$$F_D = F_{eB} = 0$$

$$R_B \approx 1 - \left[\frac{6{,}333}{0{,}85(17\,200/0)^{10/3}}\right]^{3/2} = 1 - 0 = 1$$

como seria de esperar. A confiabilidade combinada dos mancais A e B, como um par, é

Resposta
$$R = R_A R_B = 0{,}963(1) = 0{,}963$$

a qual é maior que a meta de confiabilidade de 0,95, como se poderia prever.

Questões de ajuste

A Tabela 11–2 (e a Figura 11–8), que mostra a capacidade nominal de mancais de esferas de contato angular, sulco profundo, série 02, fila única, inclui diâmetros de encosto recomendados para o assento de eixo do anel interno e diâmetro de encosto do anel externo, denotados por d_S e d_H, respectivamente. O ressalto (encosto) de eixo pode ser maior que d_S, porém não tanto quanto para obstruir o ânulo. É importante manter concentricidade e perpendicularidade com a linha de centro do eixo e, para tal, o diâmetro do encosto deve igualar ou exceder d_S. O diâmetro do compartimento de ressalto d_H deve ser igual a ou menor que d_H para manter concentricidade e perpendicularidade à linha de eixo do furo do compartimento. Nem o encosto do eixo nem o encosto do compartimento devem permitir interferência com o livre movimentar do lubrificante através do ânulo do mancal.

Em um mancal de rolos cônico (Figura 11–15), o diâmetro do encosto do compartimento de capa de rolamento tem de ser igual a ou menor que D_b. O encosto de eixo para o cone deve ser igual a ou maior que d_b. Além disso, o fluxo de lubrificante livre não deve ser impedido por obstrução de quaisquer dos ânulos. Em lubrificação de borrifo, comum em redutores de velocidade, o lubrificante é lançado sobre a cobertura do compartimento (teto) e é dirigido em sua drenagem por meio de nervuras do mancal. Na montagem direta, um mancal de rolos cônicos bombeia óleo da parte externa para a interna. Um caminho de passagem do óleo para a parte mais externa do mancal se faz necessário. O óleo retorna ao reservatório como consequência da ação de bombeamento do mancal. Com uma montagem indireta, o óleo é dirigido para o ânulo da parte mais interna, o mancal bombeia-o para o lado externo. Uma passagem de óleo do lado externo para o reservatório precisa ser fornecida.

11-11 Lubrificação

As superfícies em contato nos mancais de rolamento possuem um movimento relativo que é ao mesmo tempo de rolamento e de deslizamento, portanto é difícil entender exatamente o que acontece. Se a velocidade relativa das superfícies em deslizamento é alta o suficiente, a ação lubrificante é hidrodinâmica (ver Capítulo 12). Lubrificação elasto-hidrodinâmica (EHD) é o fenômeno que ocorre quando um lubrificante é introduzido entre superfícies que estão sob contato de rolamento puro. O contato de dentes de engrenagem e aquele encontrado em mancais de rolamento e em superfícies de camo-e-seguidor são exemplos típicos. Quando um lubrificante é aprisionado entre duas superfícies em contato rolante, um tremendo aumento na pressão dentro do filme de lubrificante ocorre. Porém a viscosidade está relacionada de forma exponencial à pressão, portanto um aumento muito grande de viscosidade ocorre no lubrificante que está aprisionado entre as superfícies. Leibensperger[2] observa que a mudança de viscosidade dentro e fora da pressão de contato é equivalente à diferença existente entre as viscosidades do asfalto frio e aquela do óleo leve de lubrificação de uma máquina de costura.

Os propósitos de um lubrificante de mancal antiatrito podem ser resumidos da seguinte maneira:

1 Prover um filme de lubrificante entre as superfícies deslizantes e rolantes.
2 Ajudar a distribuir e dissipar calor.
3 Evitar corrosão das superfícies do mancal.
4 Proteger as partes da entrada de material estranho.

Tanto óleo quanto graxa podem ser utilizados como lubrificante. As seguintes regras podem ajudar a decidir entre eles.

Use graxa quando	Use óleo quando
1. A temperatura não superar os 200°F.	1. As velocidades forem altas.
2. A velocidade for baixa.	2. As temperaturas forem altas.
3. Proteção incomum for requerida contra a entrada de material estranho.	3. As vedações herméticas puderem ser prontamente empregadas.
4. Recintos simples de mancal forem desejados.	4. O tipo de mancal não se prestar à lubrificação por graxa.
5. Operação por longos períodos, sem atenção, for desejável.	5. O mancal for lubrificado por fornecedor central compartilhado com outros componentes de máquina.

11-12 Montagem e caixa de mancal

Há tantos métodos de montar mancais antiatrito, que cada novo projeto constitui um desafio real para a engenhosidade do projetista. A caixa de mancal e o diâmetro externo do eixo devem ser mantidos dentro de limites muito próximos, o que é claramente caro. Há, usualmente, uma ou mais operações de escareação, várias operações de faceamento e furação, atarraxamento e rosqueamento, todas devendo ser realizadas no eixo, compartimento e placa de cobertura. Cada uma dessas operações contribui para o custo de produção, de maneira que o engenheiro, ao deslindar uma montagem livre de problemas e com baixo custo de montagem, defronta-se com um problema difícil e importante. Os vários manuais de fabricantes de mancais dão detalhes de montagem em quase todas as áreas de projeto. Em um texto dessa natureza, contudo, é apenas possível fornecer os detalhes mais simples.

---
[2] R. L. Leibensperger, "When selecting a bearing", *Machine Design*, v. 47, n. 8, abril, 1975, p. 142-147.

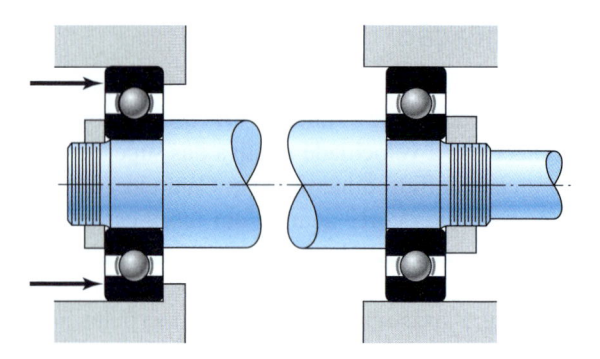

Figura 11–20 Uma montagem comum de mancal.

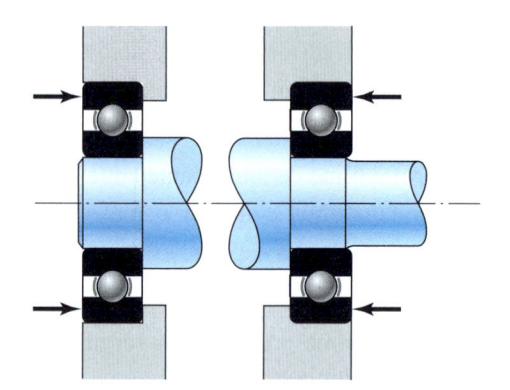

Figura 11–21 Uma montagem de mancal alternativa àquela da Figura 11–20.

O problema de montagem encontrado com mais frequência é aquele que requer um mancal em cada uma das extremidades do eixo. Tal projeto pode utilizar um mancal de esferas ou de rolos cônicos em cada extremidade, ou um mancal de esferas em uma extremidade e um mancal de rolos retos na outra. Um dos mancais, geralmente, tem a função adicional de posicionar ou axialmente localizar o eixo. A Figura 11–20 mostra uma solução muito comum para este problema. Os anéis internos são recostados contra os encostos de eixo, e mantidos em posição por meio de porcas redondas rosqueadas ao eixo. O anel externo do mancal do lado esquerdo é recostado contra um encosto do compartimento e mantido em posição por um dispositivo não mostrado. O anel externo do mancal do lado direito flutua no compartimento de abrigo.

Há muitas variações possíveis no método mostrado na Figura 11–20. Por exemplo, a função do encosto de eixo pode ser desenvolvida por anéis de retenção, pelo cubo de uma engrenagem ou polia, ou por tubos de espaçamento ou anéis. As porcas redondas podem ser substituídas por anéis retentores ou por arruelas fixadas em posição por meio de parafusos, grampos ou pinos cônicos. O encosto do compartimento de abrigo pode ser substituído por um anel de retenção; o anel externo do mancal pode ser sulcado para a introdução de um anel de retenção ou pode-se utilizar um anel externo de flange. A força contra o anel externo do mancal do lado esquerdo é, usualmente, aplicada pela placa de cobertura, porém, se nenhum empuxo estiver presente, o anel pode ser mantido em posição por anéis de retenção.

A Figura 11–21 mostra um método alternativo de montagem em que as pistas internas são recostadas contra os encostos de eixo como antes, porém dispositivos de retenção não se fazem necessários. Com esse método as pistas externas são retidas de maneira completa, o que elimina os sulcos ou roscas, que causam concentração de tensão na extremidade em balanço, porém isso requer dimensões acuradas na direção axial ou o uso de meios de ajuste. Esse método tem a desvantagem de que se a distância entre mancais for grande, o aumento de temperatura durante a operação pode expandir o eixo o suficiente para destruir os mancais.

(a) (b)

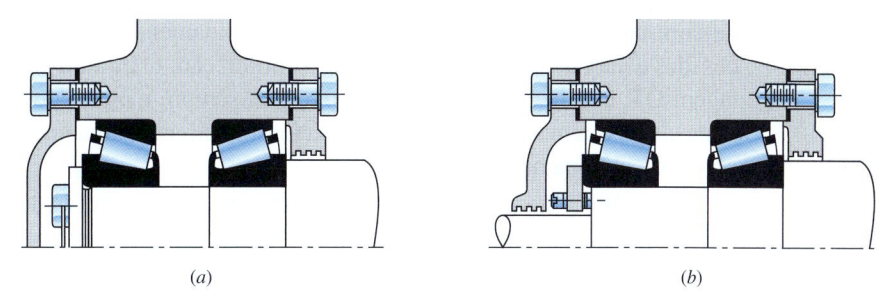

Figura 11-22 Montagem de dois mancais. (*Cortesia da The Timken Company.*)

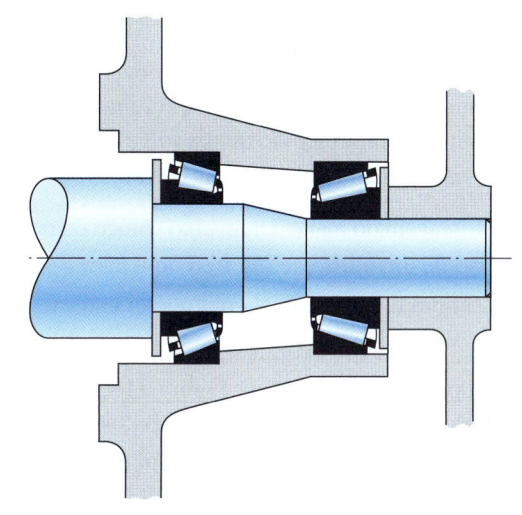

Figura 11-23 Montagem para um rotor de máquina de lavar. (*Cortesia da The Timken Company.*)

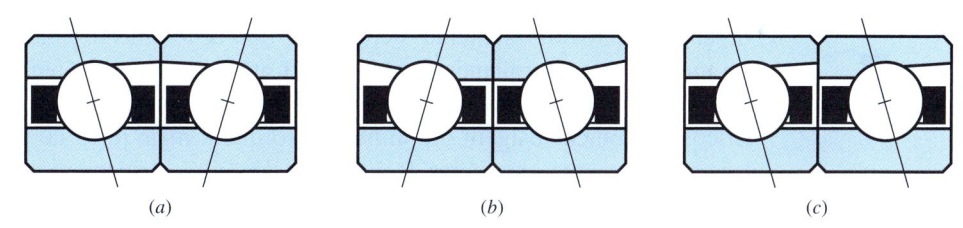

(a) (b) (c)

Figura 11-24 Arranjos de mancais de esferas de contato angular. (*a*) Montagem DF; (*b*) montagem DB; (*c*) montagem DT. (*Cortesia da The Timken Company.*)

É frequente ter de utilizar dois ou mais mancais na extremidade de um eixo. Por exemplo, dois mancais poderiam ser utilizados na obtenção de rigidez adicional ou aumento da capacidade de carga ou para pôr em balanço um eixo. Várias montagens de dois mancais são apresentadas na Figura 11-22. Elas podem ser utilizadas com mancais de rolos cônicos, como mostrado ou com mancais de esferas. Em um caso ou noutro deve ser notado que o efeito da montagem é o de pré-carregar o mancal na direção axial.

A Figura 11-23 mostra uma outra montagem de dois mancais. Observe o uso de arruelas contra as costas dos cones.

Quando máxima rigidez e resistência contra desalinhamento do eixo é desejada, pares de mancais de esferas com contato angular (Figura 11-2) são, com frequência, utilizados num arranjo chamado duplicante. Mancais fabricados para montagem em duplex possuem seus anéis retificados com uma compensação de modo que quando um par de mancais é posto junto de forma apertada, uma pré-carga é automaticamente estabelecida. Como mostra a Figura 11-24, três arranjos de montagem são utilizados. A montagem face-a-face, chamada de DF, aceitará cargas radiais pesadas e cargas axiais de ambas as direções. A montagem DB (costado-com-costado) possui a maior rigidez de alinhamento e é também boa para cargas radiais pesadas e cargas de empuxo de uma e outra direção. O arranjo enfileirado, chamado de montagem DT, é utilizado quando o empuxo tem sempre a mesma direção; uma vez que os dois mancais possuem suas funções axiais na mesma direção, uma pré-carga, se requerida, deve ser obtida de alguma outra maneira.

Mancais são geralmente montados com um ajuste por pressão do anel rotativo, quer seja ele o anel interno quer o externo. O anel estacionário é então montado com um ajuste de empurro. Isso permite que o anel estacionário deslize lenta e levemente em sua montagem, trazendo novas porções do anel para a zona de suporte de carga para igualar o desgaste.

Pré-carregamento

O objetivo do pré-carregamento é remover a folga interna, em geral encontrada em mancais, a fim de aumentar a vida de fadiga e diminuir a inclinação do eixo no mancal. A Figura 11–25 mostra um mancal típico no qual a folga foi exagerada por motivo de clareza.

Pré-carregamento de mancais de rolos retos pode ser obtido por:

1. Montagem do mancal num eixo cônico ou por uso de uma luva para expandir o anel interno.
2. Uso de um ajuste de interferência para o anel externo.
3. Compra de um mancal com o anel externo pré-encolhido sobre os rolos.

Mancais de esferas são geralmente pré-carregados pela carga axial gerada durante a montagem. Porém, os mancais da Figura 11–24a e b são pré-carregados na montagem por causa das diferenças de largura entre os anéis interno e externo.

É aconselhável seguir as recomendações do fabricante ao determinar a pré-carga, uma vez que o excesso levará a uma falha prematura.

Alinhamento

O desalinhamento dos rolamentos depende do tipo de rolamento e das propriedades geométricas e materiais de um rolamento específico. Catálogos de fabricantes devem ser consultados para especificações detalhadas sobre um dado rolamento. Em geral, rolamentos com rolos cilíndricos ou cônicos exigem um alinhamento que é mais justo do que a profundidade dos sulcos nos rolamentos de esferas. Rolamentos de esferas e rolamentos autocompensadores são os mais tolerantes. A Tabela 7–2, p. 365, fornece intervalos máximos típicos para cada tipo de rolamento. A vida dos rolamentos decresce significativamente quando o desalinhamento excede os limites admissíveis.

Uma proteção adicional contra o desalinhamento é obtida provendo-se de encostos completos (ver Figura 11–8) recomendados pelo fabricante. Ademais, se houver algum desalinhamento, é bom prover um fator de segurança ao redor de 2 para levar em conta possíveis aumentos durante a montagem.

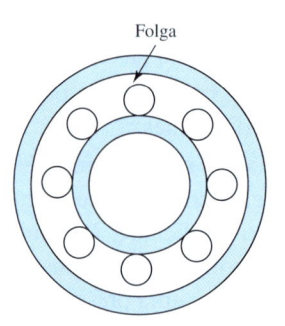

Figura 11–25 Folga de um mancal saído da prateleira; imagem ampliada em favor da clareza.

Caixa de mancais

A fim de excluírem sujeira e partículas estranhas e reter o lubrificante, as montagens de mancais devem incluir uma vedação. Os três métodos principais de vedação são a vedação (selo) de feltro, a vedação comercial e a vedação de labirinto (Figura 11–26).

A *vedação de feltro* pode ser utilizada com lubrificação por graxa quando a velocidade é baixa. As superfícies em roçamento devem ter um alto polimento. Os selos de feltro precisam ser protegidos da sujeira colocando-os em sulcos usinados ou utilizando-se estampos metálicos como blindagem.

A *vedação comercial* é uma montagem que consiste em um elemento de roçamento e, geralmente, uma mola por trás, os quais são retidos em um envoltório de chapa metálica. Essas vedações são feitas ajustando com pressão as vedações contra um furo escareado na tampa do mancal. Uma vez que a sua ação de vedação é obtida pela ação de roçamento, não devem ser utilizados para altas velocidades.

A *vedação de labirinto* é especialmente efetiva para instalações de alta velocidade e pode ser utilizada tanto com óleo quanto com graxa. É algumas vezes usada com arremessadores. Pelo menos três sulcos devem ser utilizados, e estes podem ser cortados tanto no orifício quanto no diâmetro externo. A folga pode variar entre 0,25 e 1,0 mm, dependendo da velocidade e temperatura.

(a) Vedação de feltro   (b) Vedação comercial   (c) Vedação de labirinto

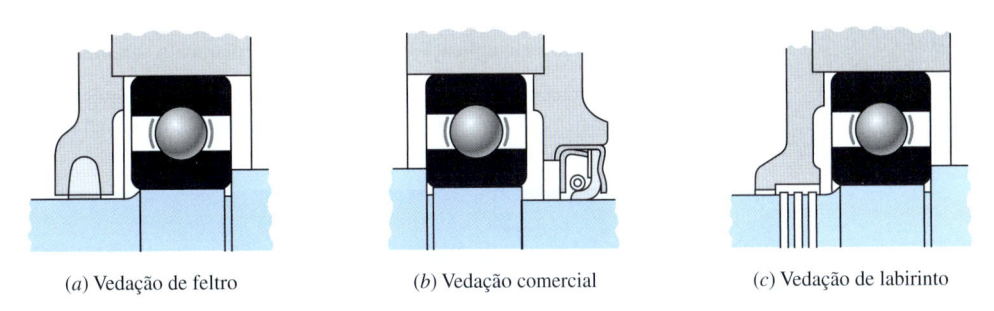

Figura 11–26 Métodos de vedação típicos. (*General Motors Corp. Reproduzida com permissão, GM Media Archives.*)

PROBLEMAS

Problemas marcados com asterisco (*) são ligados a problemas de outros capítulos, conforme resumido na Tabela 1-2 da Sec. 1-17, p. 33.

Uma vez que os fabricantes de mancais tomam decisões individuais com respeito a materiais, tratamentos e processos de manufatura, as experiências de fabricantes com a distribuição de vida de mancais diferem. Ao resolvermos estes problemas, utilizaremos a experiência de dois fabricantes, apresentadas na Tabela 11–6.

Tabela 11–6 Parâmetros de Weibull típicos para dois fabricantes.

Fabricante	Vida nominal, revoluções	Parâmetros de Weibull Vidas nominais		
		x_0	θ	b
1	$90(10^6)$	0	4,48	1,5
2	$1(10^6)$	0,02	4,459	1,483

Tabelas 11–2 e 11–3 que se baseiam no fabricante 2.

11–1 Uma certa aplicação requer um mancal de esferas de anel interno rotativo, com vida de projeto de 25 kh a uma velocidade de 350 rev/min. A carga radial é de 2,5 kN e é apropriado um fator de aplicação de 1,2. A meta de confiabilidade é de 0,90. Encontre o múltiplo da vida nominal requerido, x_D, e a capacidade de catálogo C_{10} para entrar em uma tabela de mancal. Escolha um mancal de esferas com sulco profundo da série 02 na Tabela 11–2, e estime a confiabilidade em uso.

11-2 Um mancal de esferas de contato angular, com rotação do anel interno, série 02 se faz necessário em uma aplicação na qual o requerimento de vida é de 50 kh a 480 rev/min. A carga radial de projeto é de 2745 N. O fator de aplicação é de 1,4. A meta de confiabilidade é de 0,90. Encontre o múltiplo da vida nominal x_D requerido, a capacidade de catálogo C_{10} com a qual se entra na Tabela 11–2. Escolha um mancal e estime a confiabilidade existente em serviço.

11-3 O outro mancal no eixo do Problema 11–2 deve ser um mancal cilíndrico de rolos da série 03, com anel interno rotativo. Para uma carga radial de 7342 N, encontre a capacidade de catálogo C_{10} com a qual se entra na Tabela 11–3. A meta de confiabilidade é de 0,90. Escolha um mancal e estime a sua confiabilidade em uso.

11-4 Os Problemas 11–2 e 11–3 levantam a questão da confiabilidade de um par de mancais em um eixo. Uma vez que a confiabilidade combinada R é $R_1 R_2$, qual é a confiabilidade dos dois mancais (probabilidade de que qualquer um ou ambos não falharem) como resultado de suas decisões nos Problemas 11–2 e 11–3? O que isso significa em termos de estabelecer metas de confiabilidade para cada um dos mancais do par montado no eixo?

11-5 Combine os Problemas 11–2 e 11–3 para uma confiabilidade global de $R = 0,90$. Reconsidere suas seleções e atenda esta meta de confiabilidade global.

11-6 Uma mancal de rolos reto (cilíndrico) é submetido a uma carga radial de 20 kN. A vida deve ser de 8 000 h a uma velocidade de 950 rev/min e exibir uma confiabilidade de 0,95. Que capacidade básica de carga deve ser utilizada na seleção do mancal com base em um catálogo de fabricante 2 na Tabela 11–6.?

11-7 Dois rolamentos de esferas de diferentes fabricantes estão sendo considerados para uma certa aplicação. O rolamento A tem um valor de catálogo de 2,0 kN com base em um catálogo no sistema de valores para 3000 horas a 500 rev/min. O rolamento B tem um valor de catálogo de 7,0 kN com base em um catálogo de valores para 10^6 ciclos. Para uma dada aplicação, determine qual rolamento suportará a maior carga.

11-8 a 11-13 Para as especificações dadas na tabela em relação à aplicação de rolamentos para o problema indicado, determine a capacidade básica de carga para um rolamento de esferas com o qual se entra no catálogo de rolamentos do fabricante 2 na Tabela 11–6. Admita um fator de aplicação igual a 1.

Número do problema	Carga radial	Vida de projeto	Confiabilidade desejável
11-8	2kN	10^9 rev	90%
11-9	8kN	5 kh, 900 rev/min	90%
11-10	4kN	8 kh, 500 rev/min	90%
11-11	3kN	5 anos, 40 h/semana, 400 rev/min	95%
11-12	9kN	10^8 rev	99%
11-13	8kN	5 kh, 900 rev/min	96%

11-14* a 11-17* Para o problema indicado na tabela, desenvolva os resultados do problema original para obter a capacidade básica de carga para um rolamento de esferas em C com 95% de confiabilidade, assumindo a distribuição de dados do fabricante 2 na Tabela 11–6. O eixo rotacionará a 1200 rev/min, e deseja-se uma vida útil de 15 kh. Utilize um fator de aplicação igual a 1,2.

Número do problema	Problema original, número da página
11-14*	3-68, 149
11-15*	3-69, 149
11-16*	3-70, 149
11-17*	3-71, 149

11-18* Para a aplicação de eixo definida no Problema 3–77, p. 152, o eixo de acionamento EG é levado a uma velocidade constante de 191 rev/min. Obtenha a capacidade básica de carga para um rolamento de esferas em A para uma vida de 12 kh com 95% de confiabilidade, assumindo a distribuição de dados do fabricante 2 na Tabela 11–6.

11-19* Para a aplicação de eixo definida no Problema 3–79, p. 152, o eixo de acionamento *EG* é levado a uma velocidade constante de 280 rev/min. Obtenha a capacidade básica de carga para um rolamento de rolos cilíndricos em *A* para uma vida de 14 kh com 98% de confiabilidade, assumindo a distribuição de dados do fabricante 2 na Tabela 11–6.

11-20 Um rolamento de esferas de fila única e sulco profundo da série 02 com bitola de 65 mm (veja as Tabelas 11–1 e 11–2 para especificações) é carregado com uma carga axial de 3 kN e uma carga radial de 7 kN. O anel externo rotaciona a 500 rev/min.

(*a*) Determine a carga radial equivalente que será experimentada por este rolamento em particular.

(*b*) Determine se esse rolamento será capaz de suportar essa carga com 95% de confiabilidade por 10 kh.

11-21 Um rolamento de esferas de fila única e sulco profundo da série 02 com bitola de 30 mm (veja a Tabela 11–1 e 11–2 para especificações) é carregado com uma carga axial de 2 kN e uma carga radial de 5 kN. O anel interno rotaciona a 400 rev/min.

(*a*) Determine a carga radial equivalente que será experimentada por este rolamento em particular.

(*b*) Determine a vida estimada (em revoluções) que esse rolamento será capaz de proporcionar a esta aplicação com 99% de confiabilidade.

11-22 a 11-26 Um rolamento de esferas de fila única e sulco profundo será selecionado na Tabela 11–2 para as condições especificadas na tabela. Considere que a Tabela 11–1 é aplicável se necessário. Especifique a menor dimensão de bitola da Tabela 11–2 que pode satisfazer estas condições.

Número do problema	Carga radial	Carga axial	Vida de projeto	Anel rotativo	Confiabilidade desejável
11-22	8kN	0kN	10^9 rev	Interno	90%
11-23	8kN	2kN	10 kh, 400 rev/min	Interno	99%
11-24	8kN	3kN	10^8 rev	Externo	90%
11-25	10kN	5kN	12 kh, 300 rev/min	Interno	95%
11-26	9kN	3kN	10^8 rev	Externo	99%

11-27* O eixo mostrado na figura é proposto como projeto preliminar para a aplicação definida no Problema 3–72, p. 150. Os centros efetivos das engrenagens para transmissão de forças são mostrados. Foram estimadas as dimensões das superfícies dos rolamentos (indicados por marcas em cruz). O eixo rotaciona a 1200 rev/min, e a vida desejada para o rolamento é de 15 kh com 95% de confiabilidade em cada rolamento. Assuma a distribuição de dados do fabricante 2 na Tabela 11–6 e utilize um fator de aplicação de 1,2.

(*a*) Obtenha a capacidade básica de carga para o rolamento de esferas na extremidade direita.

(*b*) Utilize um catálogo de rolamentos *online* para encontrar um rolamento específico que satisfaça a capacidade básica de carga necessária e os requisitos geométricos. Se necessário, indique ajustes apropriados às dimensões da superfície do rolamento.

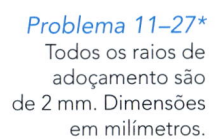

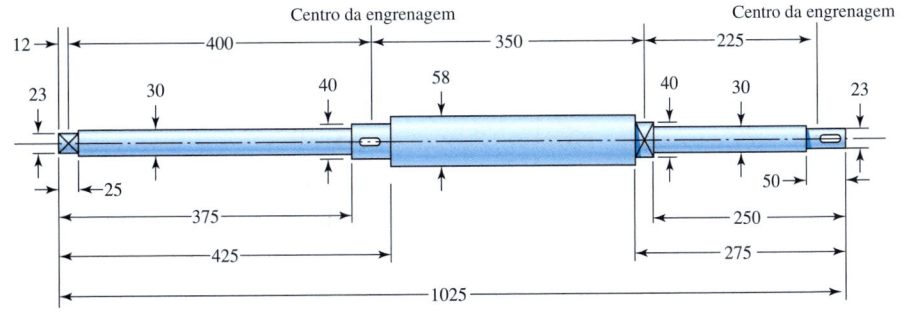

*Problema 11–27**
Todos os raios de adoçamento são de 2 mm. Dimensões em milímetros.

11-28* Repita os requisitos do Problema 11–27 para o rolamento da extremidade esquerda do eixo.

11–29* O eixo mostrado na figura é proposto como projeto preliminar para a aplicação do Problema 3–73, p. 150. Os centros efetivos das engrenagens para a transmissão de força são mostrados. São estimadas as dimensões para as superfícies dos rolamentos (indicados com marcas em cruz). O eixo rotaciona a 900 rev/min, e a vida desejada para o rolamento é de 12 kh com 98% de confiabilidade em cada rolamento. Assuma a distribuição de dados do fabricante 2 na Tabela 11–6 e utilize um fator de aplicação de 1,2.

(a) Obtenha a capacidade básica de carga para o rolamento de esferas na extremidade direita.

(b) Utilize um catálogo de rolamentos *online* para encontrar um rolamento específico que satisfaça a capacidade básica de carga necessária e os requisitos geométricos. Se necessário, indique ajustes apropriados às dimensões da superfície do rolamento.

Problema 11–29*
Todos os raios de adoçamento são de 2 mm. Dimensões em milímetros.

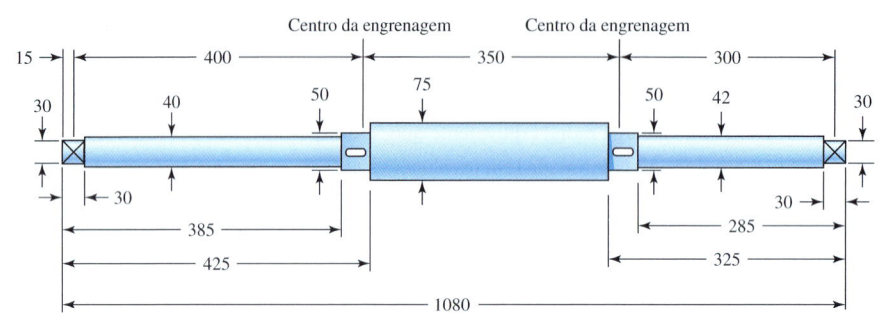

11–30* Repita os requisitos do Problema 11–29 para o rolamento da extremidade esquerda do eixo.

11–31 O segundo eixo de um redutor de velocidade de eixos paralelos fundido e 18,7 kW de um guindaste contém uma engrenagem helicoidal com diâmetro primitivo de 205 mm. Engrenagens helicoidais transmitem componentes de força nas direções tangencial, radial e axial (ver Capítulo 13). As componentes das forças transmitidas pela engrenagem para o segundo eixo são mostradas na Figura 11–12, no ponto A. As reações nos mancais em C e D, considerados como apoios simples, também são mostradas. Um rolamento de esferas será colocado em C para receber o impulso, e um rolamento de rolos cilíndricos será colocado em D. A vida esperada do redutor de velocidade é de 10 kh, com um fator de confiabilidade da montagem com os quatro rolamentos (ambos os eixos) igual ou superior a 0,96 para os parâmetros de Weibull do Exemplo 11–3. O fator de aplicação deve ser 1,2.

(a) Selecione o mancal de rolos para a posição D.

(b) Selecione o mancal de esferas (contato angular) para a posição C, assumindo rotação do anel interno.

Problema 11-31
Dimensões em milímetros.

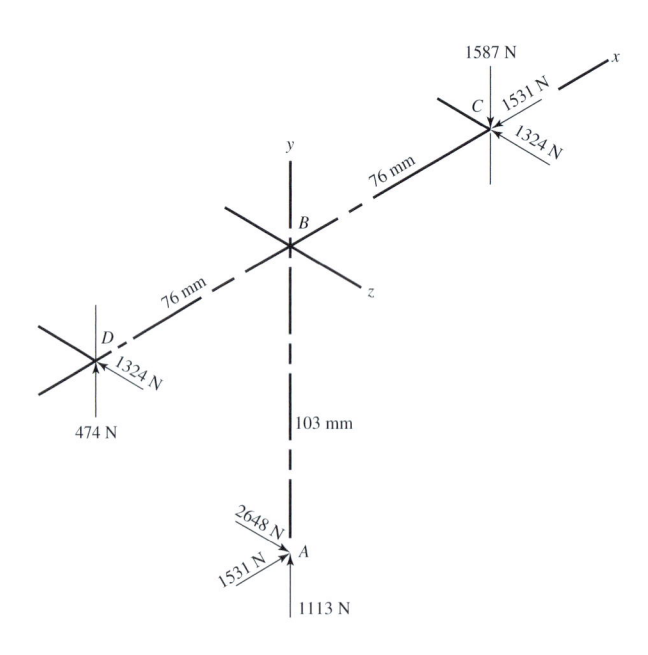

11–32 A figura mostrada é a de um contraeixo de engrenagem com um pinhão em balanço em C. Selecione um mancal de esferas de contato angular da Tabela 11–2 para montagem em O e um rolamento de rolos retos da Tabela 11–3 para montagem em B. A força na engrenagem A é $F_A = 2670$ N, e o eixo deve rodar a uma velocidade de 480 rev/min. A solução do problema estático dá a força do mancal contra o eixo em O como sendo $\mathbf{R}_O = -1722\mathbf{j} + 2078$ kN e em B igual a $\mathbf{R}_B = 1406\mathbf{j} - 7187$ kN. Especifique os mancais necessários, use um fator de aplicação de 1,4, uma vida desejada de 50 000 h e uma meta de confiabilidade combinada de 0,90, assumindo a distribuição de dados do fabricante 2 na Tabela 11–6.

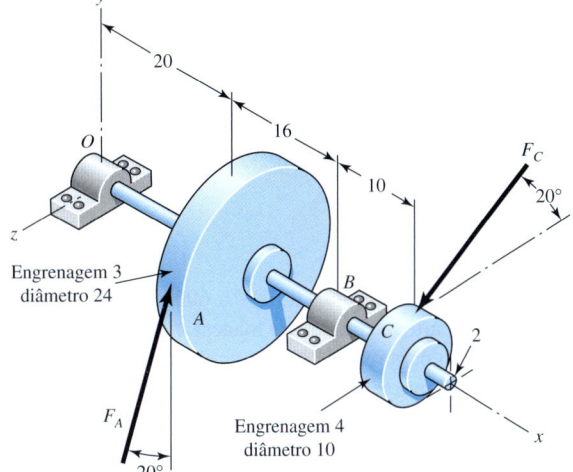

Problema 11–32
Dimensões em milímetros.

11–33 A figura é um desenho esquemático de um contraeixo que suporta duas polias em V. O contraeixo roda a 1 500 rev/min e os mancais devem ter uma vida de 60 kh a uma confiabilidade combinada de 0,98, assumindo a distribuição de dados do fabricante 2 na Tabela 11–6. A tração na correia no lado bambo da polia A é 15% da tração no lado tencionado. Selecione mancais de sulco profundo na Tabela 11–2 para uso em O e E, utilizando um fator de aplicação unitário.

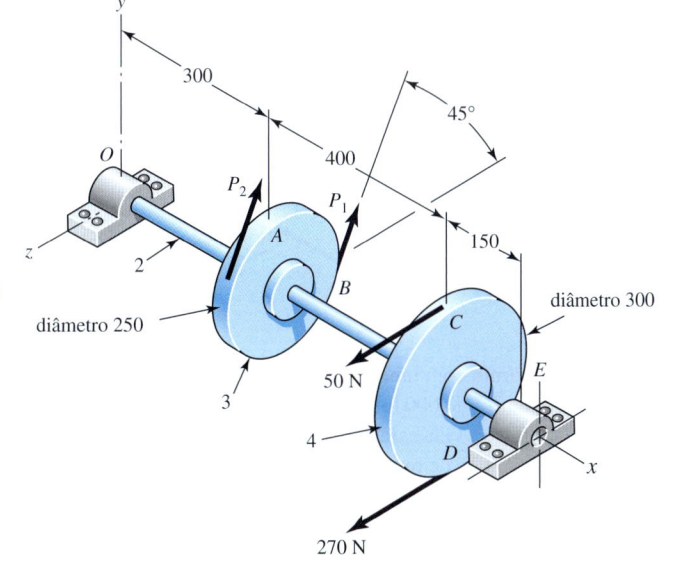

Problema 11–33
Dimensões em milímetros.

11–34 Uma unidade de redução por engrenagens utiliza o contraeixo mostrado na figura. Encontre as duas reações de mancal. Os mancais devem ser de esferas com contato angular, tendo uma vida desejada de 50 kh quando utilizados a 300 rev/min. Use 1,2 como fator de aplicação e uma meta de confiabilidade para o par de mancais de 0,96, assumindo a distribuição de dados do fabricante 2 na Tabela 11–6. Selecione os mancais na Tabela 11–2.

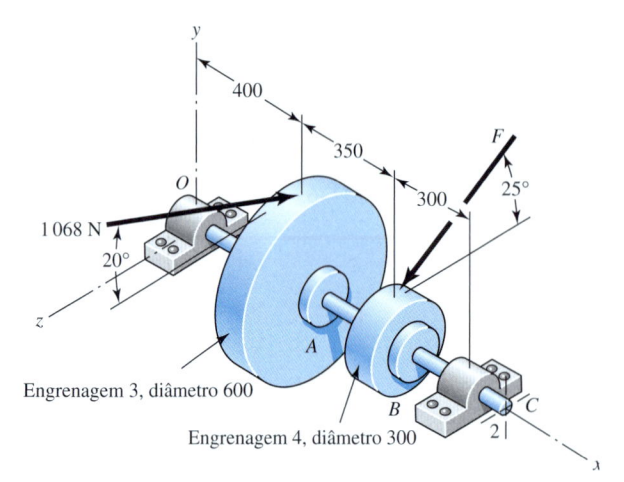

Problema 11–34
Dimensões em milímetros.

Engrenagem 3, diâmetro 600
Engrenagem 4, diâmetro 300

11–35 O eixo de sem-fim da parte *a* da figura transmite 1 007 W a 600 rev/min. Uma análise estática de força produziu os resultados mostrados na parte *b* da figura. O mancal A deve ser de esferas com contato angular selecionados da Tabela 11–2, montado para resistir a uma carga de empuxo de 2 470 N. O mancal B deve receber apenas a carga radial, de modo que será empregado um rolamento de rolos cilíndricos da série 02 da Tabela 11–3. Utilize um fator de aplicação de 1,2, uma vida desejada de 30 kh e uma meta de confiabilidade, combinada, de 0,99, assumindo a distribuição de dados do fabricante 2 na Tabela 11–6. Especifique cada mancal.

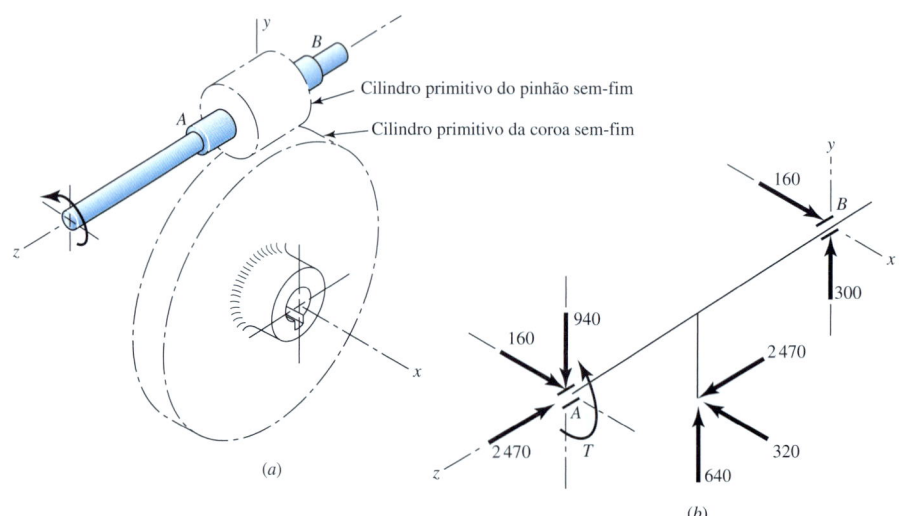

Problema 11–35
(a) Par pinhão-coroa sem-fim; (b) análise de força do eixo do pinhão, forças em newtons.

11–36 Em mancais testados a 2 000 rev/min com uma carga radial fixa de 18 kN, um conjunto de mancais mostrou uma vida L_{10} de 115 h e uma vida L_{80} de 600 h. A capacidade básica de carga do mancal é de 39,6 kN. Estime o parâmetro da forma de Weibull *b* e a vida característica θ para um modelo de dois parâmetros. Este fabricante avalia mancais de esferas a 1 milhão de revoluções.

11–37 Um pinhão de 16 dentes aciona o trem de redução dupla por engrenagens de dentes retos da figura. Todas as engrenagens têm ângulos de pressão de 25°. O pinhão roda a 1 200 rev/min no sentido anti-horário e transmite potência ao trem de engrenagens. O eixo ainda não foi projetado, porém os corpos livres foram gerados. As velocidades dos eixos são de 1 200 rev/min, 240 rev/min e 80 rev/min. Um estudo de mancais está se iniciando com uma vida de 10 kh e uma confiabilidade do conjunto de mancais da caixa de engrenagens de 0,99, assumindo a distribuição de dados do fabricante 2 da Tabela 11–6. Um fator de aplicação de 1,2 é apropriado. Para cada eixo, especifique um par de rolamento de rolos cilíndricos da série 02 da Tabela 11–3.

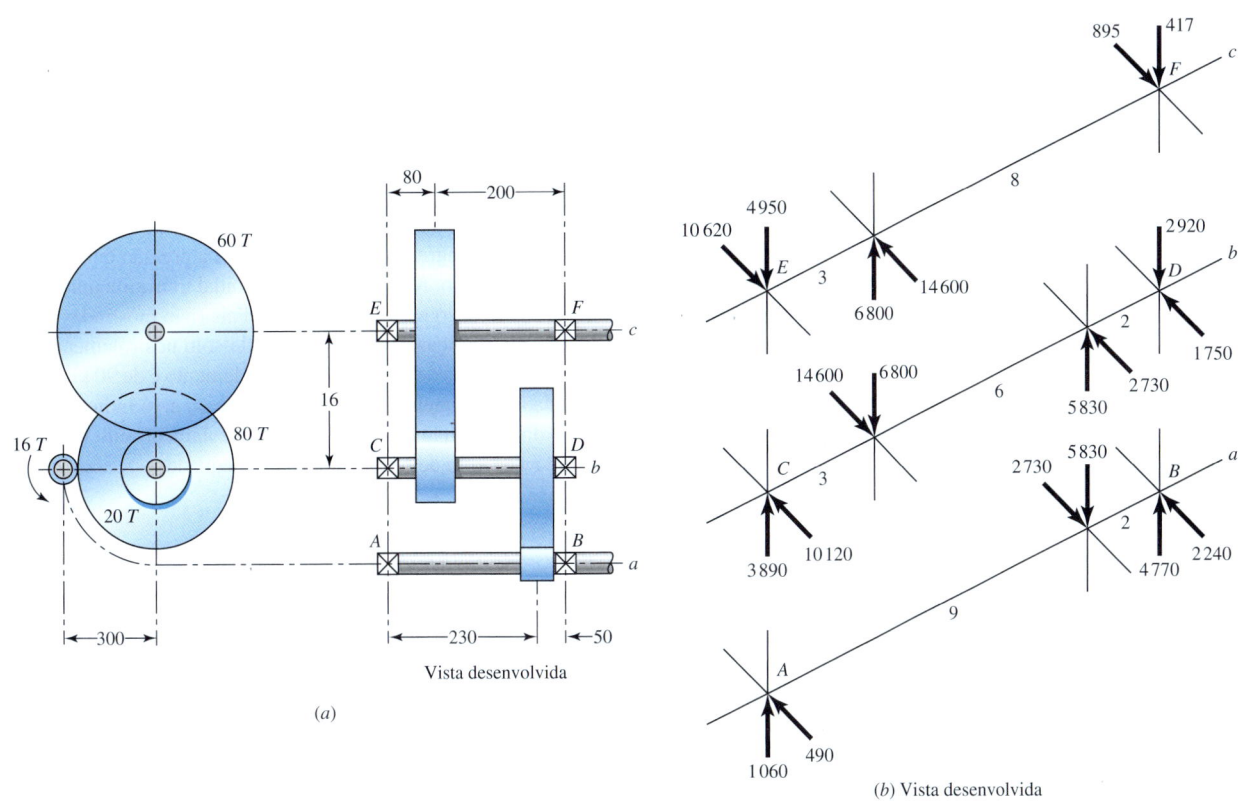

Problema 11–37
(a) Detalhe da transmissão; (b) análise de forças no eixo. Forças em libras; dimensões lineares em milímetros.

11–38 Estime a vida remanescente em revoluções de um mancal de esferas de contato angular 02-30 mm que já foi submetido a 200 000 revoluções com uma carga radial de 18 kN, se agora este deve ser submetido a uma mudança de carga para 30 kN.

11–19 O mesmo mancal de esferas com contato angular 02-30 do Problema 11–18 deve ser submetido a um ciclo de carga de dois passos de 4 min com uma carga de 18 kN, e um de 6 min com uma carga de 30 kN. Esse ciclo deve ser repetido até a falha do mancal. Estime a vida total em revoluções, horas e ciclos de carga.

11–40 O ponto de operação do lubrificante de mancal (cSc a 40°C) é 57°C. Um contraeixo é suportado por dois mancais de rolos cônicos utilizando uma montagem indireta. As cargas radiais de mancal são de 2 240 N para o mancal do lado esquerdo e de 4 380 N para o mancal do lado direito. Uma carga axial de 800 N é suportada pelo rolamento esquerdo. O eixo rotaciona a 400 rev/min e é para ter uma vida desejada de 40 kh. Utilize um fator de aplicação de 1,4 e uma meta de confiabilidade combinada de 0,90 assumindo a distribuição de dados do fabricante 1 na Tabela 11–6. Usando um valor inicial $k = 1,5$, encontre a carga nominal radial requerida de cada mancal. Selecione os mancais da Figura 11–15.

11–41* Para a aplicação de eixo definida no Problema 3–74, p. 151, realize uma especificação preliminar para um rolamento de rolos cônicos em C e D. É desejada uma vida combinada de 10^8 revoluções para o conjunto de rolamentos com 90% de confiabilidade, assumindo a distribuição de dados do fabricante 1 na Tabela 11–6. Os rolamentos devem ser orientados segundo a montagem direta ou indireta do ponto de vista do impulso suportado pelo rolamento em C? Admitindo que estejam disponíveis rolamentos com $K = 1,5$, encontre a carga nominal radial exigida para cada rolamento. Para este projeto preliminar, assuma um fator de aplicação igual a um.

11–42* Para a aplicação de eixo definida no Problema 3–76, p. 152, realize uma especificação preliminar para um rolamento de rolos cônicos em A e B. Deseja-se uma vida de 500 milhões de revoluções para o conjunto de rolamentos com 90% de confiabilidade, assumindo a distribuição de dados do fabricante 1 na Tabela 11–6. Os rolamentos devem ser orientados segundo a montagem direta ou indireta do ponto de vista do impulso suportado pelo rolamento em A? Admitindo que estejam disponíveis rolamentos com $K = 1,5$, encontre a carga nominal radial exigida para cada rolamento. Para este projeto preliminar, assuma um fator de aplicação igual a um.

11-43 Um cubo externo rotaciona em torno de um eixo estacionário, suportado por dois rolamentos de rolos cônicos conforme mostrado na Figura 11-23. O dispositivo deve para operar a 250 rev/min, 8 horas por dia, 5 dias por semana, por 5 anos, antes que seja necessária a substituição dos rolamentos. É aceitável uma confiabilidade de 90% para cada rolamento. Uma análise de corpo livre determina que a força radial suportada pelo rolamento superior é de 12 kN e a força radial no rolamento inferior é de 25 kN. Além disso, o cubo externo aplica uma força para baixo de 5 kN. Admitindo que estejam disponíveis rolamentos do fabricante 1 na Tabela 11-6 com $K = 1,5$, encontre o valor radial para cada rolamento. Admita um fator de aplicação de 1,2.

11-44 A unidade de redução por engrenagens mostrada tem uma engrenagem que é ajustada a pressão em uma camisa cilíndrica que rotaciona em torno de um eixo estacionário. A engrenagem helicoidal transmite uma carga de impulso axial T de 1 kN conforme mostrado na figura. Cargas tangenciais e radiais (não mostradas) também são transmitidas através da engrenagem, produzindo forças de reação radial do solo nos rolamentos de 3,5 kN para o rolamento A e 2,5 kN para o rolamento B. A vida desejada para cada rolamento é de 90 kh a uma velocidade de 150 rev/min com 90% de confiabilidade. A primeira iteração no projeto do eixo indica diâmetros aproximados de 28 mm em A e 25 mm em B. Admitindo que estejam disponíveis rolamentos do fabricante 1 na Tabela 11-6, selecione na Figura 11-15 um rolamento de rolos cilíndricos adequado.

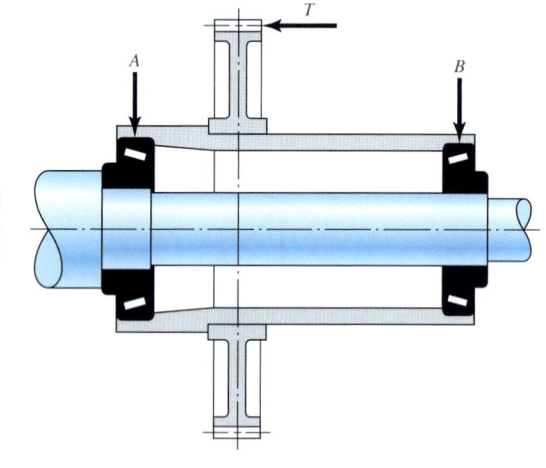

Problema 11-44
(Cortesia da The Timken Company)

12 Lubrificação e mancais de deslizamento

12-1   Tipos de lubrificação   **600**

12-2   Viscosidade   **601**

12-3   Equação de Petroff   **604**

12-4   Lubrificação estável   **605**

12-5   Lubrificação de película espessa   **606**

12-6   Teoria hidrodinâmica   **607**

12-7   Considerações de projeto   **612**

12-8   As relações entre as variáveis   **614**

12-9   Condições de estado estável em mancais autocontidos   **627**

12-10   Folga   **631**

12-11   Mancais com lubrificação forçada   **633**

12-12   Cargas e materiais   **639**

12-13   Tipos de mancais   **641**

12-14   Mancais de escora   **642**

12-15   Mancais de contorno lubrificado   **643**

O objetivo da lubrificação é reduzir o atrito, o desgaste e aquecimento de partes de máquinas que se movem em relação umas às outras. Um lubrificante é qualquer substância que, quando inserida entre superfícies que se movem, alcança esses propósitos. Em um mancal de deslizamento, um eixo, ou *munhão*, roda ou oscila dentro da manga, ou *bucha,* e o movimento relativo é de deslizamento. Em um mancal antiatrito, o movimento relativo principal é o rolamento. Um seguidor pode rolar ou deslizar no came. Os dentes de engrenagem unem-se entre si por uma combinação de rolamento e deslizamento. Pistões deslizam dentro de seus cilindros. Todas essas aplicações requerem lubrificação para reduzir o atrito, o desgaste e aquecimento.

O campo de aplicação dos mancais é imenso. O eixo de manivela (virabrequim) e os mancais das bielas de um motor de automóvel devem operar por milhares de quilômetros, a temperaturas elevadas e sob condições de carga variante. Os mancais de deslizamento usados em turbinas de vapor de estações de geração de potência têm confiabilidade próximas de 100%. No outro extremo, existem milhares de aplicações nas quais as cargas são leves e o serviço relativamente sem importância: é requerido um mancal simples, facilmente instalável, usando pouca ou nenhuma lubrificação. Em tais casos, um mancal antiatrito pode ser uma má resposta por causa do custo, dos recintos elaborados, das tolerâncias apertadas, do espaço radial requerido, das velocidades elevadas ou dos efeitos inerciais aumentados. Em vez disso, um mancal de náilon não requerendo lubrificação, um mancal de metalurgia do pó com lubrificação incorporada, ou ainda um mancal de bronze com oleação de anel, alimentação de pavio ou filme lubrificante sólido, ou lubrificação de graxa, podem ser uma solução muito satisfatória. Desenvolvimentos recentes de metalurgia em materiais de mancal, combinados com o conhecimento ampliado do processo de lubrificação, tornam possível hoje projetar mancais de deslizamento com vidas satisfatórias e muito boa confiabilidade.

Muito do material que temos examinado até aqui se baseia em estudos fundamentais de engenharia, como estática, dinâmica, mecânica dos sólidos, processamento de metais, matemática e metalurgia. No estudo de lubrificação e mancais de deslizamento, estudos fundamentais adicionais, como química, mecânica dos fluidos, termodinâmica e transferência de calor, devem ser utilizados para desenvolver o material. Embora possamos não usar todos eles no conteúdo a ser incluído aqui, você pode, por ora, ver melhor como o estudo de projeto de engenharia mecânica realmente se constitui em uma integração da maioria de seus estudos prévios e em um direcionamento desse conhecimento total à resolução de um único objetivo.

12-1 Tipos de lubrificação

Cinco formas distintas de lubrificação podem ser identificadas:

1 Hidrodinâmica.
2 Hidrostática.
3 Elasto-hidrodinâmica.
4 Contorno.
5 Película sólida.

Lubrificação hidrodinâmica significa que as superfícies de carregamento de carga do mancal se encontram separadas por uma película relativamente espessa de lubrificante, a fim de prevenir o contato metal-metal, e que a estabilidade assim obtida possa ser explicada pelas leis da mecânica dos fluidos. A lubrificação hidrodinâmica não depende da introdução de lubrificante sob pressão, embora isso possa ocorrer, mas requer, sim, a existência de um suprimento adequado em todos os momentos. A pressão de película é criada pela superfície móvel puxando o lubrificante para a zona em forma de cunha, a uma velocidade suficientemente alta a fim de criar a pressão necessária para separar as superfícies contra a carga no mancal. A lubrificação hidrodinâmica é também denominada *lubrificação de película completa* ou *fluida.*

Lubrificação hidrostática é obtida pela introdução do lubrificante – às vezes, ar ou água – na área de suporte de carga, a uma pressão alta o suficiente para separar as superfícies com uma película relativamente espesso de lubrificante. Assim, ao contrário da lubrificação hidrodinâmica, esse tipo de lubrificação não requer o movimento de uma superfície em relação à outra. Não abordaremos a lubrificação hidrostática neste livro, mas o assunto deve ser considerado ao se projetar mancais cujas velocidades são pequenas ou zero e a resistência de atrito deva ser um mínimo absoluto.

Lubrificação elasto-hidrodinâmica é o fenômeno que ocorre quando um lubrificante é introduzido entre superfícies que estão em contato de rolamento, como engrenagens engranzadas ou mancais de rolamento. A explicação matemática requer a teoria de Hertz de tensão de contato e mecânica de fluidos.

Área superficial insuficiente, uma queda na velocidade das superfícies móveis, uma diminuição na quantidade de lubrificante enviado a um mancal, um aumento na carga de mancal ou um aumento na temperatura do lubrificante resultando em um decréscimo na viscosidade – qualquer um desses fatores pode prevenir o crescimento de um filme espesso o suficiente para lubrificação de filme completo. Quando isso ocorre, as asperezas mais elevadas podem estar separadas por películas de lubrificante de somente algumas dimensões moleculares em espessura. Isso é denominado *lubrificação de contorno*. A mudança da lubrificação hidrodinâmica para a de contorno não é, em absoluto, uma mudança repentina ou abrupta. É provável que uma lubrificação mista, entre hidrodinâmica e de contorno, ocorra primeiro e que, à medida que as superfícies se movem mais próximas uma da outra, a lubrificação de contorno se torne predominante. A viscosidade do lubrificante não é tão importante, no que se refere à lubrificação de contorno, quanto o é a composição química.

Quando mancais devem ser operados a temperaturas extremas, um *lubrificante de película sólida*, como o grafite ou o dissulfeto de molibdênio, deve ser utilizado, pois os óleos minerais ordinários não são satisfatórios. Muita pesquisa vem sendo realizada atualmente, em um esforço também para encontrar materiais compósitos para mancais com baixas taxas de desgaste, bem como pequenos coeficientes de atrito.

12–2 Viscosidade

Na Figura 12–1, seja A uma placa que se move com velocidade U, em uma película de lubrificante de espessura h. Imaginemos o filme composto de uma série de camadas horizontais e a força F que faz essas camadas se deformarem ou deslizarem umas sobre as outras, da mesma forma que num baralho de cartas. As camadas em contato com a placa em movimento se supõe terem uma velocidade U, e aquelas em contato com a placa parada têm uma velocidade nula. Camadas intermediárias

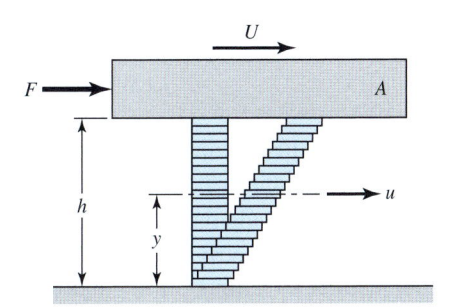

Figura 12–1

possuem velocidades que dependem de suas distâncias y em relação à superfície estacionária. O efeito de viscosidade de Newton estabelece que a tensão de cisalhamento no fluído é proporcional à razão de mudança da velocidade com relação a y. Assim,

$$\tau = \frac{F}{A} = \mu \frac{du}{dy} \qquad (12\text{--}1)$$

em que μ é a constante de proporcionalidade que define a *viscosidade absoluta,* também conhecida como *viscosidade dinâmica.* A derivada du/dy é a razão de mudança da velocidade com a distância e pode ser chamada de razão de cisalhamento ou gradiente de velocidade. A viscosidade μ é uma medida da resistência de atrito interna do fluido. Para a maior parte dos lubrificantes fluidos, a razão de cisalhamento é constante, e $du/dy = U/h$. Portanto, da Equação (12–1),

$$\tau = \frac{F}{A} = \mu \frac{U}{h} \qquad (12\text{--}2)$$

Fluidos que exibem essa característica são ditos *fluidos newtonianos*. A unidade de viscosidade no sistema ips resulta libra-força-segundo por polegada quadrada; isso é o mesmo que tensão ou pressão multiplicada pelo tempo. A unidade ips é chamada *reyn*, em homenagem a *sir* Osborne Reynolds.

A viscosidade absoluta é medida em pascal-segundo (Pa · s) no sistema SI; isso é o mesmo que um Newton-segundo por metro quadrado. A conversão de unidades ips para o SI é a mesma que para tensão. Por exemplo, multiplique a viscosidade absoluta em reyns por 6 890 para converter em unidades Pa · s.

A Associação Americana de Engenheiros Mecânicos (ASME) publicou uma lista de unidades cgs que não são utilizadas na documentação da ASME.[1] Esta lista é resultado de uma recomendação do Comitê Internacional de Pesos e Medidas (CIPM) de desencorajar o uso de unidades cgs com nomes especiais. Nesta lista está a unidade de força chamada *dina* (din), a unidade de viscosidade dinâmica chamada *poise* (P) e a unidade de viscosidade cinemática chamada *stoke* (St). Todas estas unidades foram, e continuam sendo, usadas extensivamente nos estudos de lubrificação.

O poise é a unidade cgs de viscosidade dinâmica ou absoluta, e sua unidade é o dina-segundo por centímetro quadrado (din · s/cm^2). Nas análises tem-se utilizado bastante o centipoise (cP) por seus valores serem mais convenientes. Quando a viscosidade é expressa em centipoises, ela é designada por Z. A conversão das unidades cgs para o SI e para unidades ips é como segue:

$$\mu(\text{Pa} \cdot \text{s}) = (10)^{-3} Z\,(\text{cP})$$

$$\mu(\text{reyn}) = \frac{Z\,(\text{cP})}{6{,}89(10)^6}$$

$$\mu(\text{mPa} \cdot \text{s}) = 6.89\,\mu'\,(\mu\text{reyn})$$

Dentre as unidades ips, o microreyn (μreyn) costuma ser a mais conveniente. O símbolo μ' será usado para designar viscosidade em μreyn tal que $\mu = \mu'/(10^6)$.

O método padronizado da ASTM para determinação da viscosidade utiliza um instrumento chamado de viscosímetro universal Saybolt (Saybolt universal viscosimeter). O método consiste na medida do tempo, em segundos, para que 60 mL de lubrificante a uma temperatura especificada escorra por um tubo de 17,6 mm de diâmetro com 12,25 mm de comprimento. O resultado é conhecido como *viscosidade cinemática*, e no passado a unidade de centímetro

---

[1] *ASME Orientation and Guide for Use of Metric Units*, 2. ed., American Society of Mechanical Engineers, 1972, p.13.

quadrado por segundo foi utilizada para ela. Um centímetro quadrado por segundo é definido como um *stoke*. Utilizando a lei de *Hagen-Poiseuille*, a viscosidade cinemática baseada em segundos Saybolt, também conhecida como *viscosidade universal Saybolt* (SUV) em segundos, é

$$Z_k = \left(0{,}22t - \frac{180}{t}\right) \qquad (12-3)$$

em que Z_k é em centistokes (cSt) e t é o número de segundos Saybolt.

No SI, a viscosidade cinemática ν possui a unidade de metro quadrado por segundo (m²/s), e a conversão é

$$\nu(\text{m}^2/\text{s}) = 10^{-6} Z_k \text{ (cSt)}$$

Assim, a Equação (12–3) se torna

$$\nu = \left(0{,}22t - \frac{180}{t}\right)(10^{-6}) \qquad (12-4)$$

Para converter a viscosidade dinâmica, multiplicamos ν pela densidade em unidades SI. Designando a densidade por ρ, com unidade de quilograma por metro cúbico, temos

$$\mu = \rho \left(0{,}22t - \frac{180}{t}\right)(10^{-6}) \qquad (12-5)$$

em que μ é em Pascal-segundos.

A Figura 12–2 mostra a viscosidade absoluta no sistema ips de fluidos frequentemente utilizados com o propósito de lubrificar e suas variações com a temperatura.

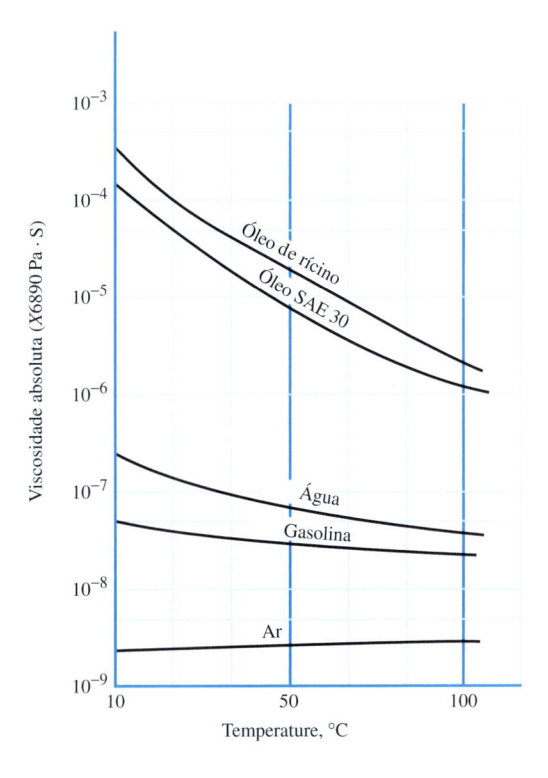

Figura 12–2 Uma comparação da viscosidade de vários fluidos.

12–3 Equação de Petroff

O fenômeno de atrito em mancais foi explicado pela primeira vez por Petroff com base na hipótese de que o eixo seja concêntrico. Embora raramente façamos uso do método de análise de Petroff no material que se segue, este é importante porque define grupos de parâmetros adimensionais e porque o coeficiente de atrito previsto por esta lei é bastante bom ainda quando o eixo não é concêntrico.

Consideremos agora um eixo vertical rodando em um mancal-guia. Presume-se que o mancal carregue uma carga bastante pequena, que o espaço de folga seja completamente preenchido com óleo e que o vazamento seja desprezível (Figura 12–3). Denotamos o raio do eixo por r, a folga radial por c e o comprimento do mancal por l, todas as dimensões em polegadas. Se o eixo roda a N rev/s, então sua velocidade superficial é $U = 2\pi rN$ in/s. Uma vez que a tensão de cisalhamento no lubrificante é igual ao gradiente de velocidade multiplicado pela viscosidade, da Equação (12–2), temos

$$\tau = \mu \frac{U}{h} = \frac{2\pi r \mu N}{c} \qquad (a)$$

em que a folga radial c foi substituída pela distância h. A força requerida para cisalhar a película é o produto da tensão pela área. O torque é a força multiplicada pelo braço de alavanca r. Portanto

$$T = (\tau A)(r) = \left(\frac{2\pi r \mu N}{c}\right)(2\pi rl)(r) = \frac{4\pi^2 r^3 l \mu N}{c} \qquad (b)$$

Se, agora, designamos a pequena força no mancal por W, em libras-força, a pressão P, em Newtons N por metro quadrado da área projetada, resulta $P = W/2rl$. A força de atrito é fW, em que f é o coeficiente de atrito, assim o torque de atrito é

$$T = fWr = (f)(2rlP)(r) = 2r^2 flP \qquad (c)$$

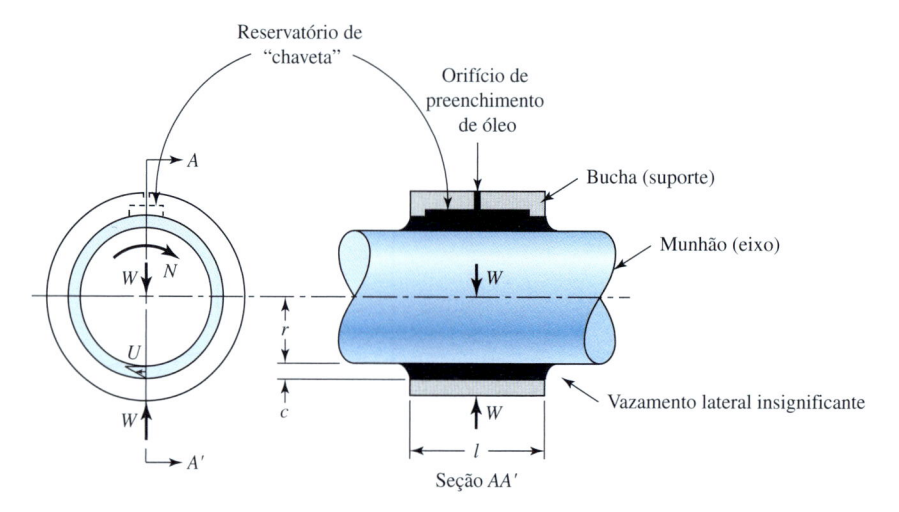

Figura 12–3 Modelo de mancal de Petroff, ligeiramente carregado, consistindo em um munhão de eixo e uma bucha com um reservatório de lubrificante interno de sulco axial. O gradiente de velocidade linear é mostrado na vista de extremidade. A folga c é de vários milésimos de polegada e está exagerada de forma grosseira por razões de apresentação.

Substituindo o valor do torque da Equação (c) na Equação (b) e resolvendo para o coeficiente de atrito, encontramos

$$f = 2\pi^2 \frac{\mu N}{P} \frac{r}{c} \quad (12\text{--}6)$$

A Equação (12–6) é conhecida como *equação de Petroff* e foi publicada pela primeira vez em 1883. As duas quantidades $\mu N/P$ e r/c são parâmetros muito importantes em lubrificação. Substituindo as dimensões apropriadas em cada um desses parâmetros mostrará que esses são adimensionais.

O *número característico de mancal*, ou o número de Sommerfeld, é definido pela equação

$$S = \left(\frac{r}{c}\right)^2 \frac{\mu N}{P} \quad (12\text{--}7)$$

O número de Sommerfeld é muito importante em análise de lubrificação porque contém vários dos parâmetros especificados pelo projetista. Observe também que ele é adimensional. A quantidade r/c é chamada de *razão de folga radial*. Se multiplicarmos ambos os lados da Equação (12–6) por essa razão, obteremos a interessante relação

$$f \frac{r}{c} = 2\pi^2 \frac{\mu N}{P} \left(\frac{r}{c}\right)^2 = 2\pi^2 S \quad (12\text{--}8)$$

12–4 Lubrificação estável

A diferença entre lubrificação de contorno (interface) e lubrificação hidrodinâmica pode ser explicada pela Figura 12–4. Este gráfico da mudança do coeficiente de atrito *versus* a característica de mancal $\mu N/P$ foi obtido pelos irmãos McKee em um teste real de atrito.[2] O gráfico é importante porque define estabilidade de lubrificação e nos ajuda a entender lubrificação hidrodinâmica e de contorno, ou de filme fino.

Lembre-se de que o modelo de mancal de Petroff na forma da Equação (12–6) prediz que f é proporcional a $\mu N/P$, isto é, uma linha reta desde a origem no primeiro quadrante. Nas coordenadas da Figura 12–4, o lugar geométrico à direita do ponto *C* é um exemplo. O modelo de Petroff presume lubrificação de filme espesso, sem contato metal com metal, com as superfícies separadas completamente por um filme lubrificante.

A abscissa de McKee era ZN/P (centipoise × rev/min/psi) e o valor da abscissa *B* na Figura 12–4 era 30. O valor correspondente de $\mu N/P$ (reyn × rev/s/psi) é $0{,}33(10^{-6})$. Projetistas mantêm $\mu N/P \geq 1{,}7(10^{-6})$, que corresponde a $ZN/P \geq 150$. Uma restrição de projeto para manter lubrificação de filme espesso é assegurar-se de que

$$\frac{\mu N}{P} \geq 1{,}7(10^{-6}) \quad (a)$$

Suponha que estejamos operando à direita da linha *BA* e algo ocorre, digamos, um aumento na temperatura do lubrificante. Isso resulta numa viscosidade menor e, portanto, um valor menor de $\mu N/P$. O coeficiente de atrito decai, não muito calor é gerado em cisalhamento do lubrificante e, consequentemente, a temperatura do lubrificante cai. Assim, a região para a direita da linha *BA* define *a lubrificação estável*, pois as variações são autocorretivas.

---

[2] S. A. McKee e T. R. McKee, "Journal Bearing Friction in the region of Thin Film Lubrication", S. A. E. J., v. 31, 1932, p. (T) 371-377.

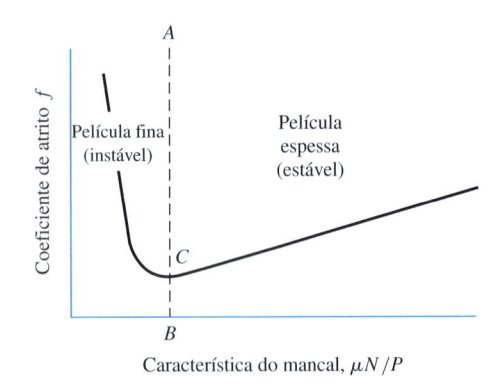

Figura 12–4 Variação do coeficiente de atrito com $\mu N/P$.

Para a esquerda da linha *BA*, um diminuir de viscosidade aumentaria o atrito. Um aumento de temperatura se seguiria, e a viscosidade seria reduzida ainda mais. O resultado seria composto. Assim, a região à esquerda da linha *BA* representa a *lubrificação instável*.

Também deve-se observar que uma pequena viscosidade, e portanto um pequeno $\mu N/P$, significa que a película lubrificante é muito fina e, dessa forma, haverá uma maior possibilidade de algum contato metal com metal, e, consequentemente, de maior atrito. O ponto *C* representa o que é provavelmente o começo do contato metal com metal a medida que $\mu N/P$ torna-se menor.

12–5 Lubrificação de película espessa

Examinemos agora a formação de uma película lubrificante em um mancal de deslizamento. A Figura 12–5a mostra um eixo que está apenas começando a rodar na direção dos ponteiros de relógio. Sob condições iniciais o mancal estará seco, ou pelo menos parcialmente seco, assim o eixo vai subir ou rolar para cima no lado direito do mancal, como mostra a Figura 12–5a.

Agora suponha que um lubrificante seja introduzido no topo do mancal como mostra a Figura 12–5b. A ação do eixo rodando é bombear lubrificante ao redor do mancal na direção horária. O lubrificante é bombeado em um espaço com forma de cunha e força o eixo a ir para o outro lado. Uma *espessura mínima de película* ocorre não no fundo do mancal, mas deslocada no sentido horário deste fundo, como na Figura 12–5b. Isso é explicado pelo fato de que uma pressão de película na metade convergente da película alcança um máximo em algum lugar à esquerda do centro do mancal.

A Figura 12–5 mostra como decidir se o eixo, sob lubrificação hidrodinâmica, está localizado excentricamente para o lado esquerdo ou direito do mancal. Visualize o eixo começando a rodar. Encontre o lado do mancal sob o qual o eixo tende a rolar. Então, se a lubrificação for hidrodinâmica, mentalmente posicione o eixo no lado oposto.

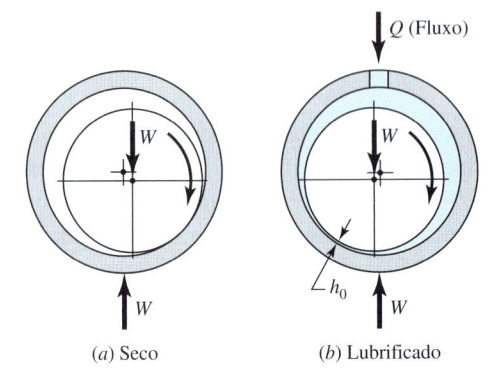

Figura 12–5 Formação de uma película.

A nomenclatura de um mancal de deslizamento é mostrada na Figura 12–6. A dimensão c é a *folga radial* e é a diferença entre raios da parede do mancal (bucha) e do eixo. Na Figura 12–6, o centro do munhão está localizado em O e o centro do mancal está em O'. A distância entre estes centros é a *excentricidade* e é denotada por e. A espessura mínima de película é designada por h_0, e ocorre na linha de centros. A espessura da película em qualquer outro ponto é designada por h. Também definimos a *taxa de excentricidade* como

$$\epsilon = \frac{e}{c}$$

O mancal da figura é conhecido como *mancal parcial*. Se o raio da parede do mancal (bucha) é o mesmo que o do eixo, este é conhecido como *mancal ajustado*. Se a parede do mancal abraça o eixo, como indicado pelas linhas pontilhadas, este se torna um *mancal completo*. O ângulo β descreve o comprimento angular de um mancal parcial. Por exemplo, um mancal parcial de 120° possui um ângulo β igual a 120°.

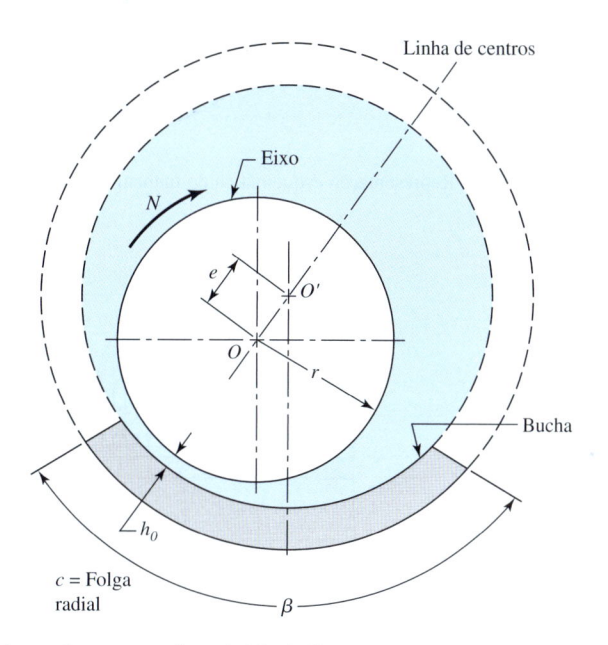

Figura 12–6 Nomenclatura de um mancal parcial de deslizamento.

12–6 Teoria hidrodinâmica

A teoria presente de lubrificação hidrodinâmica originou-se no laboratório de Beauchamp Tower nos primórdios de 1880 na Inglaterra. Tower havia sido contratado para estudar o atrito em mancais de deslizamento de estradas de ferro e aprender os melhores métodos de lubrificá--los. Foi um acidente ou erro, durante o curso dessas investigações, que o levou a examinar esse problema com mais detalhe e resultou numa descoberta que eventualmente levou ao desenvolvimento da teoria.

A Figura 12–7 é um desenho esquemático do mancal de deslizamento que Tower investigou. É um mancal parcial, possuindo um diâmetro de 101,6 mm, um comprimento de 152,4 mm, um arco de mancal de 157° e tendo uma lubrificação do tipo banho, como está mostrado. Os coeficientes de atrito obtidos por ele nas suas investigações foram bem pequenos, o que agora não constitui surpresa. Após testar o mancal, Tower mais tarde usinou um furo de lubrificação de 12,7 mm de diâmetro pelo topo. Porém, quando o aparato foi posto em movimento, o óleo fluiu através do orifício para fora. Num esforço para evitar isso, um tampão de cortiça foi utilizado, porém este foi lançado para fora, assim foi necessário inserir um tampão de madeira no orifício. Quando o tampão de madeira foi expelido também, Tower, sem dúvida, deve ter percebido que estava à beira da descoberta. Um medidor de pressão conectado ao furo indicava uma pressão que era mais que o dobro da carga unitária do mancal. Finalmente ele investigou as pressões de película do mancal em detalhe ao longo da largura e comprimento do mancal e reportou uma distribuição similar àquela da Figura 12–8.[3]

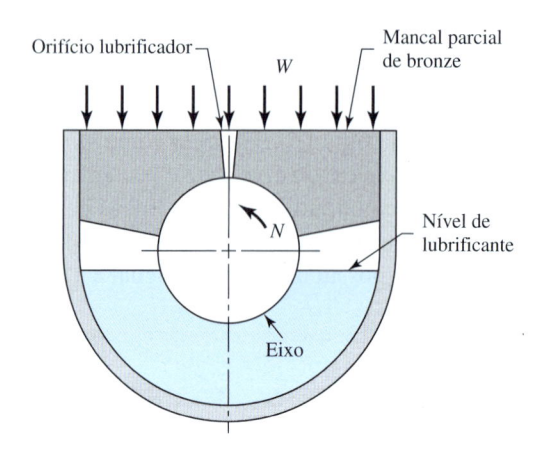

Figura 12–7 Representação esquemática do mancal parcial usado por Tower.

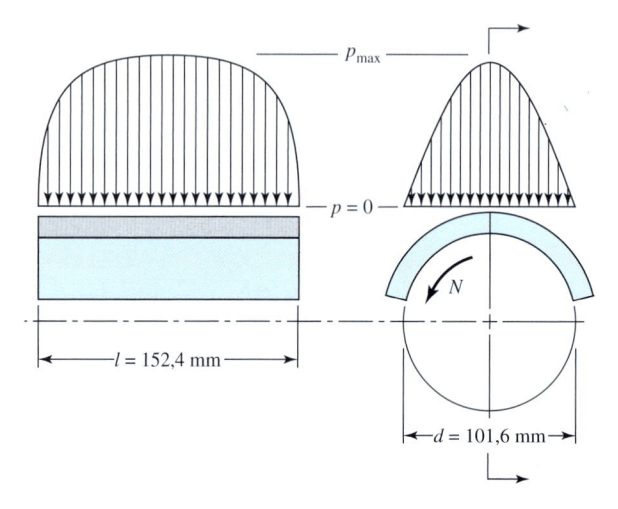

Figura 12–8 Curvas aproximadas de distribuição de pressão obtidas por Tower.

Os resultados obtidos por Tower tinham tal regularidade que Osborne Reynolds concluiu que deveria haver em definitivo uma equação relacionando o atrito, a pressão e a velocidade.

A atual teoria matemática de lubrificação baseia-se no trabalho de Reynolds que se seguiu ao experimento de Tower.[4] A equação original desenvolvida por Reynolds foi usada por ele para explicar os resultados de Tower. A solução é um problema desafiador que tem interessado muitos investigadores desde então, e é ainda o ponto de partida para os estudos de lubrificação.

Reynolds retratou o lubrificante como aderindo a ambas as superfícies e sendo puxado pela superfície móvel em um espaço que se estreitava, com forma de cunha, para criar uma pressão de fluido ou película de intensidade suficiente para suportar a carga do mancal. Uma das impor-

---

[3] Beauchamp Tower, "First Report on Friction Experiments", Proc. Inst. Mech. Eng., nov. 1883, p. 632-666; "Second Report", ibid., 1885, p. 58-70; "Third Report", ibid., 1888, p. 173-205; "Fourth Report", ibid., p. 111-140.

[4] Osborne Reynolds, "Theory of Lubrication, Part I", *Phil. Trans. Roy. Soc. London*, 1886.

tantes hipóteses simplificadoras resultou da compreensão de Reynolds de que películas de fluido eram tão finos em comparação com o raio do mancal que a curvatura poderia ser desprezada. Isso lhe propiciou substituir o mancal parcial curvado por um mancal plano, chamado de *mancal plano deslizante*. Outras hipóteses foram feitas:

1. O lubrificante obedece ao efeito de viscosidade de Newton, Equação (12–1).
2. As forças devidas à inércia do lubrificante são desconsideradas.
3. O lubrificante é tido como incomprimível.
4. A viscosidade é considerada constante por toda a película.
5. A pressão não varia na direção axial.

A Figura 12–9a mostra um eixo girando na direção horária enquanto suportado por uma película de lubrificante de espessura variável h num mancal parcial, o qual é fixo. Especificamos que o eixo possui uma velocidade de superfície U constante. Utilizando a hipótese de Reynolds de que a curvatura pode ser desprezada, fixamos um sistema de referência xyz de mão direita ao mancal estacionário. Fazemos então as seguintes hipóteses adicionais:

6. A bucha e o eixo estendem-se de forma infinita na direção z; isso significa que não pode haver fluxo de lubrificante na direção z.
7. A pressão da película é constante na direção y. Assim, a pressão depende apenas da coordenada x.
8. A velocidade de qualquer partícula de lubrificante na película depende apenas das coordenadas x e y.

Selecionamos agora um elemento de lubrificante na película (Figura 12–9a) de dimensões dx, dy e dz e calculamos as forças que atuam nos lados deste elemento. Como mostra a Figura 12–9b, forças normais, causadas pela pressão, atuam sobre os lados direito e esquerdo do elemento, e forças de cisalhamento, causadas pela viscosidade e velocidade, atuam sobre os lados de topo e fundo. Somando as forças na direção x, temos

$$\sum F_x = p\,dy\,dz - \left(p + \frac{dp}{dx}dx\right)dy\,dz - \tau\,dx\,dz + \left(\tau + \frac{\partial \tau}{\partial y}dy\right)dx\,dz = 0 \quad (a)$$

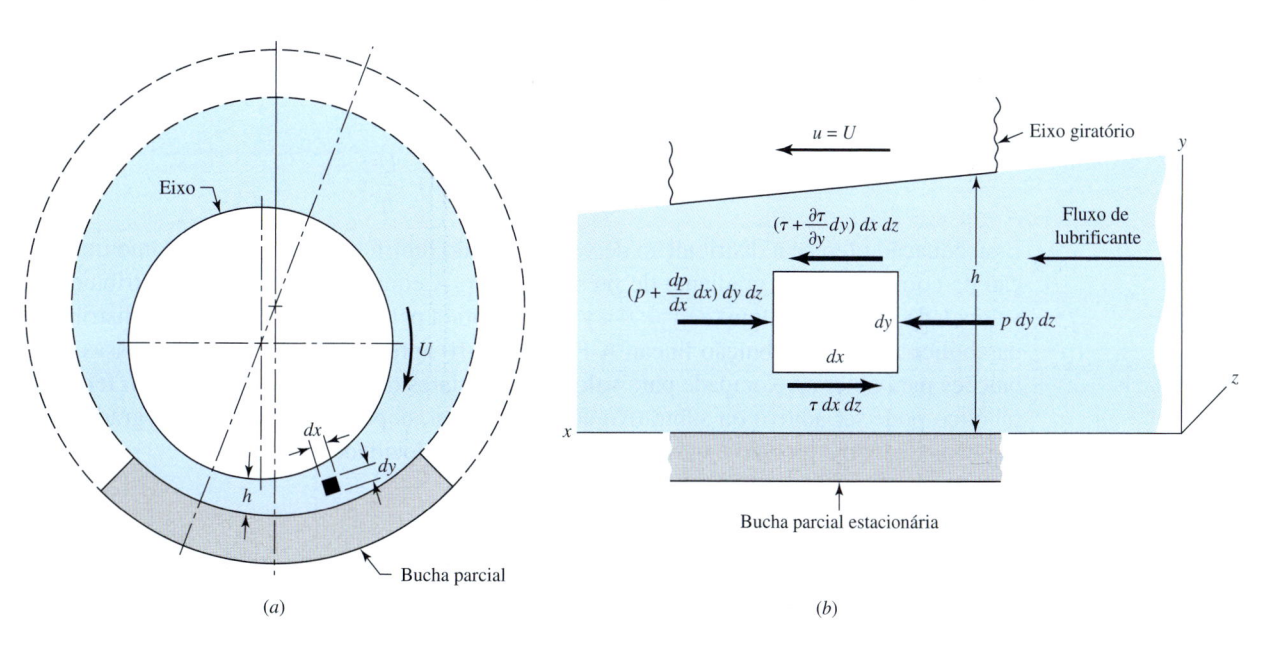

Figura 12–9

Isso se reduz a

$$\frac{dp}{dx} = \frac{\partial \tau}{\partial y} \qquad (b)$$

Da Equação (12–1), temos

$$\tau = \mu \frac{\partial u}{\partial y} \qquad (c)$$

em que a derivada parcial é usada porque a velocidade u depende de ambos, x e y. Substituindo a Equação (c) na Equação (b), obtemos

$$\frac{dp}{dx} = \mu \frac{\partial^2 u}{\partial y^2} \qquad (d)$$

Mantendo x constante, integramos essa expressão agora duas vezes com relação a y. Isso nos dá

$$\frac{\partial u}{\partial y} = \frac{1}{\mu}\frac{dp}{dx} y + C_1$$

$$u = \frac{1}{2\mu}\frac{dp}{dx} y^2 + C_1 y + C_2 \qquad (e)$$

Observe que o fato de manter x constante significa que C_1 e C_2 podem ser funções de x. Assumimos agora que não existe escorregamento entre o lubrificante e as superfícies de contorno. Isso nos dá dois conjuntos de condições de extremidade para avaliar C_1 e C_2:

$$\text{At} \quad y = 0, \ u = 0$$
$$\text{At} \quad y = h, \ u = U \qquad (f)$$

Note, na segunda condição, que h é uma função de x. Substituindo essas condições na Equação (e), e resolvendo para C_1 e C_2, produz

$$C_1 = \frac{U}{h} - \frac{h}{2\mu}\frac{dp}{dx} \qquad C_2 = 0$$

ou

$$u = \frac{1}{2\mu}\frac{dp}{dx}(y^2 - hy) + \frac{U}{h} y \qquad (12\text{–}9)$$

Essa equação oferece a distribuição de velocidade do lubrificante na película como uma função da coordenada e o gradiente de pressão dp/dx. A equação mostra que a distribuição de velocidade através do filme (de $y = 0$ a $y = h$) é obtida pela superposição de uma distribuição parabólica a uma distribuição linear. A Figura 12–10 apresenta a superposição dessas distribuições para obter a velocidade para valores particulares de x e dp/dx. Em geral, o termo parabólico pode ser aditivo ou subtrativo ao termo linear, dependendo do sinal do gradiente de pressão. Quando a pressão é máxima, $dp/dx = 0$ e a velocidade é

$$u = \frac{U}{h} y \qquad (g)$$

que é uma relação linear.

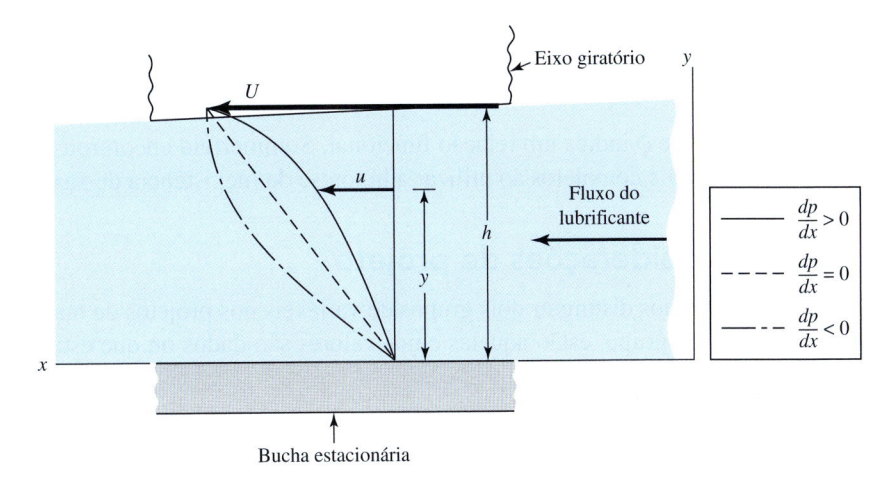

Figura 12–10 Velocidade do lubrificante.

Definimos a seguir Q como o volume de lubrificante fluindo na direção x por unidade de tempo. Ao utilizar uma largura unitária na direção z, o volume pode ser obtido por meio da expressão

$$Q = \int_0^h u \, dy \tag{h}$$

Substituindo o valor de u da Equação (12–9) e integrando, obtemos

$$Q = \frac{Uh}{2} - \frac{h^3}{12\mu}\frac{dp}{dx} \tag{i}$$

O próximo passo usa a hipótese da incompressibilidade do lubrificante e estabelece que o fluxo é o mesmo para qualquer seção transversal. Assim,

$$\frac{dQ}{dx} = 0$$

Da Equação (i),

$$\frac{dQ}{dx} = \frac{U}{2}\frac{dh}{dx} - \frac{d}{dx}\left(\frac{h^3}{12\mu}\frac{dp}{dx}\right) = 0$$

ou

$$\frac{d}{dx}\left(\frac{h^3}{\mu}\frac{dp}{dx}\right) = 6U\frac{dh}{dx} \tag{12–10}$$

que é a equação clássica de Reynolds para fluxo unidimensional. Ela ignora o vazamento lateral, isto é, o fluxo na direção z. Desenvolvimento similar é utilizado quando o vazamento lateral não é desconsiderado. A equação resultante é

$$\frac{\partial}{\partial x}\left(\frac{h^3}{\mu}\frac{\partial p}{\partial x}\right) + \frac{\partial}{\partial z}\left(\frac{h^3}{\mu}\frac{\partial p}{\partial z}\right) = 6U\frac{\partial h}{\partial x} \tag{12–11}$$

Não há solução analítica geral para a Equação (12–11); soluções aproximadas foram obtidas utilizando analogias elétricas, somatórias matemáticas, métodos de relaxação e métodos numéricos e gráficos. Uma das soluções importantes se deve a Sommerfeld[5] e pode ser expressa na forma

---

[5] A. Sommerfeld, "Zur Hydrodynamischen Theorie der Schmiermittel-Reibung"("On the Hydrodynamic Theory of Lubrication"), *Z. Math.Physik*, v. 50, 1994, p. 97-155.

$$\frac{r}{c}f = \phi\left[\left(\frac{r}{c}\right)^2 \frac{\mu N}{P}\right] \qquad (12\text{--}12)$$

em que ϕ indica um relação funcional. Sommerfeld encontrou as funções para meio mancal e mancais completos ao utilizar a hipótese da inexistência de vazamento lateral.

12–7 Considerações de projeto

Podemos distinguir dois grupos de variáveis nos projetos de mancais de deslizamento. No primeiro grupo, estão aquelas cujos valores são dados ou que estão sob o controle do projetista. São elas:

1. Viscosidade μ.
2. Carga por unidade de área projetada de mancal, P.
3. Velocidade N.
4. Dimensões do mancal r, c, β e l.

Dessas quatro variáveis, o projetista geralmente não possui controle sobre a velocidade, porque ela é especificada pelo projeto global da máquina. Algumas vezes a viscosidade é especificada antecipadamente, por exemplo, quando o óleo é armazenado em um reservatório e é utilizado para lubrificação e resfriamento de uma variedade de mancais. As variáveis restantes, e algumas vezes a viscosidade, podem ser controladas pelo projetista e fazem parte das *decisões* que ele toma. Em outras palavras, quando essas quatro decisões são tomadas, o projeto está completo.

No segundo grupo, estão as variáveis dependentes. O projetista não pode controlá-las exceto indiretamente por mudança de uma ou mais das variáveis do primeiro grupo. Elas são:

1. Coeficiente de atrito f.
2. Aumento de temperatura ΔT.
3. Razão de fluxo em volume de óleo Q.
4. Espessura mínima da película h_0.

Este grupo de variáveis diz-nos quão bem o mancal está funcionando, assim podemos considerá-las como *fatores de desempenho*. Certas limitações em seus valores devem ser impostas pelo projetista para assegurar desempenho satisfatório. Essas limitações são especificadas pelas características dos materiais de mancal e do lubrificante. O problema fundamental no dimensionamento do mancal é, portanto, definir satisfatoriamente limites para o segundo grupo de variáveis e depois decidir a respeito dos valores para o primeiro grupo de tal modo que essas limitações não sejam excedidas.

Velocidade angular significante

Na próxima seção examinaremos várias cartas importantes relacionando variáveis-chave com o número de Sommerfeld. Até este ponto assumimos que apenas o eixo gira e que é a velocidade angular do eixo utilizada no número de Sommerfeld. Foi descoberto que a velocidade angular N, que é significante para o desempenho de mancais com filme hidrodinâmico, é[6]

$$N = |N_j + N_b - 2N_f| \qquad (12\text{--}13)$$

---

[6] Paul Robert Trumpler, *Design of Film Bearings*, Nova York. Macmillan, 1966, p. 103-119.

em que N_j = velocidade angular do munhão, rev/s
N_b = velocidade angular do mancal, rev/s
N_f = velocidade angular do vetor de carga, rev/s

Ao determinar o número de Sommerfeld para um mancal geral, utilize a Equação (12–13) ao entrar N. Figura 12–11 mostra várias situações para a determinação de N.

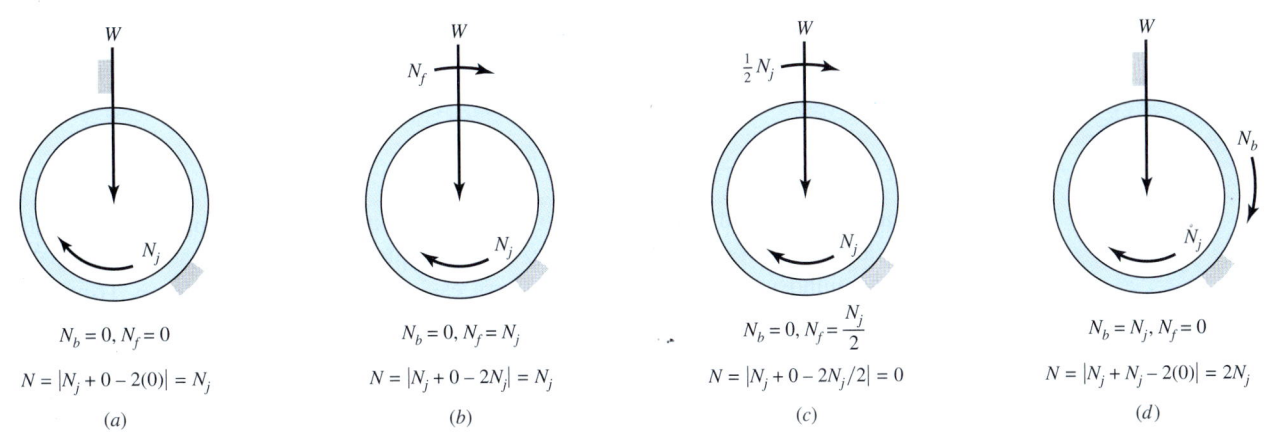

$N_b = 0, N_f = 0$	$N_b = 0, N_f = N_j$	$N_b = 0, N_f = \dfrac{N_j}{2}$	$N_b = N_j, N_f = 0$
$N = \|N_j + 0 - 2(0)\| = N_j$	$N = \|N_j + 0 - 2N_j\| = N_j$	$N = \|N_j + 0 - 2N_j/2\| = 0$	$N = \|N_j + N_j - 2(0)\| = 2N_j$
(a)	(b)	(c)	(d)

Figura 12–11 Como varia a velocidade significativa. (*a*) Caso comum de mancal. (*b*) Vetor de carga move-se à mesma velocidade que o eixo. (*c*) Vetor de carga move-se à metade da velocidade do eixo, nenhuma carga pode ser sustentada. (*d*) Eixo e bucha movem-se à mesma velocidade, vetor de carga estacionário, capacidade reduzida à metade.

Critério de projeto de Trumpler para mancais de deslizamento

Uma vez que a montagem do mancal cria a pressão de lubrificante para sustentar uma carga, este reage ao carregamento por meio da mudança de excentricidade, que reduz a espessura de filme mínima h_0 até que a carga seja suportada. Qual é o limite mínimo de h_0? Um exame mais detalhado revela que as superfícies adjacentes em movimento do eixo e da bucha não são lisas, ao contrário, consistem em uma série de asperezas que passam umas pelas outras, separadas por uma película lubrificante. Ao arrancar, a partir do repouso, um mancal sob carga, ocorre contato de metal com metal e asperezas superficiais são liberadas, ficando livres para mover-se e circular com o óleo. A menos que se tenha um filtro, essas aparas se acumulam. As partículas têm de estar livres para tombar na seção que contém a espessura mínima de filme sem se prender em uma configuração comutável criando dano adicional e aparas. Trumpler, um projetista de mancais bem-sucedido, provê uma garganta de pelo menos 0,00508 mm para a passagem de partículas a partir de superfícies paradas.[7] Ele também leva em conta a influência de tamanho (tolerâncias tendem a aumentar com o tamanho) ao estipular

$$h_0 \geq 0,00508 + 1,01603\,d \text{ mm} \quad (a)$$

em que d é o diâmetro do eixo em milímetros.

O lubrificante é uma mistura de hidrocarbonetos que reagem ao aumento de temperatura por evaporação de componentes mais leves, deixando para trás os mais pesados. Esse processo (mancais possuem bastante tempo) aumenta vagarosamente a viscosidade do lubrificante remanescente, o que aumenta a razão de geração de calor e eleva as temperaturas do lubrificante. Isto estabelece o cenário para falha futura. Para óleos leves, Trumpler limita a máxima temperatura da película a

---
[7] Op. cit., p. 192-194.

$$T_{max} \leq 121°C \qquad (b)$$

Alguns óleos podem operar a temperaturas ligeiramente maiores. Verifique sempre com o fabricante do lubrificante.

Um mancal de deslizamento frequentemente consiste em um eixo de aço retificado trabalhando contra uma bucha mais macia, geralmente de material não ferroso. Ao partir, sob carga, há contato metal com metal, abrasão e geração de partículas por desgaste, as quais, ao longo do tempo, podem mudar a geometria da bucha. A carga de partida dividida pela área projetada é limitada a

$$\frac{W_{st}}{lD} \leq 2068 \text{ kPa} \qquad (c)$$

Se a carga em um mancal de deslizamento é subitamente aumentada, a temperatura da película na região anular é elevada imediatamente. Uma vez que a vibração de chão causada pela passagem de caminhões, trens e tremores de terra está com frequência presente, Trumpler utilizou um fator de projeto de 2 ou mais para a carga de funcionamento, mas não para a carga de partida da Equação (c):

$$n_d \geq 2 \qquad (d)$$

Muitos dos projetos de Trumpler estão em operação hoje em dia, bem depois do término de sua carreira de consultor; claramente eles constituem boas dicas para o projetista em início de carreira.

12–8 As relações entre as variáveis

Antes de proceder com o problema de projeto, é necessário estabelecer as relações entre as variáveis. Albert A. Raimondi e John Boyd, da Westinghouse Research Laboratories, utilizaram uma técnica de iteração para resolver a equação de Reynolds em um computador digital.[8] Essa é a primeira vez em que dados tão extensos foram disponibilizados para uso de projetistas e, por isso, iremos empregá-los neste livro.[9]

Os artigos de Raimondi e Boyd foram publicados em três partes e contêm 45 cartas detalhadas e seis tabelas de informação numérica. Em todas as três partes, as cartas são utilizadas para definir as variáveis para razões comprimento-diâmetro (l/d) de 1:4, 1:2 e 1, e para ângulos beta de 60° a 360°. Sob certas condições a solução para a equação de Reynolds resulta em pressões negativas na porção divergente do filme de óleo. Uma vez que um lubrificante não pode, em geral, suportar uma tensão de tração, a Parte III dos artigos de Raimondi-Boyd assume que o filme de óleo se rompe quando a pressão do filme se torna nula. A Parte III também contém dados para o mancal infinitamente longo; como não possui extremidades, não existe vazamento lateral. As cartas que aparecem neste livro provêm da Parte III dos artigos e se referem apenas a mancais de deslizamento completos ($\beta = 360°$). O espaço aqui não permite a inclusão das cartas referentes a mancais parciais; assim você deve buscar as cartas nos artigos originais quando desejar ângulos beta menores que 360°. A notação é aproximadamente a mesma deste livro, portanto não devem surgir problemas.

---

[8] A. A. Raimondi e John Boyd, "A Solution for the Finite Journal Bearing and its Application to Analysis and Design, Parts I,II and III", *Trans. ASLE*, v. 1, n. 1, *Lubrication Science and Technology*, Nova York, Pergamon, 1958, p. 159-209.

[9] Veja também o artigo anterior, de John Boyd e Albert A. Raimondi, "Applying Bearing Theory to the Analysis and Design of Journal Bearings, Part I and II", *J. Appl. Mechanics*, v. 73, 1951, p. 298-316.

Gráficos de viscosidade (Figuras 12–12 a 12–14)

Uma das hipóteses mais importantes feita na análise de Raimondi-Boyd é que a *viscosidade do lubrificante é constante à medida que este passa pelo mancal*. Porém, como o trabalho é efetuado sobre o lubrificante durante o fluxo, a temperatura do óleo, quando deixa a zona de carregamento, é maior que a temperatura que ele tinha quando entrou. E as cartas de viscosidade indicam claramente que a viscosidade cai significativamente com o aumento de temperatura. Uma vez que a análise baseia-se na viscosidade constante, nosso problema agora é determinar o valor da viscosidade a ser utilizado na análise.

Parte do lubrificante que entra no mancal emerge como um fluxo lateral, que carrega consigo parte do calor. O saldo desse lubrificante flui pela zona que suporta a carga e carrega consigo o saldo de calor gerado. Ao determinarmos a viscosidade a ser utilizada, empregaremos uma temperatura que é a média entre as temperaturas de entrada e saída, ou

$$T_{av} = T_1 + \frac{\Delta T}{2} \qquad (12\text{--}14)$$

em que T_1 é a temperatura de entrada e ΔT é o aumento de temperatura do lubrificante entre a entrada e a saída. Claramente, a viscosidade utilizada na análise deve corresponder a T_{av}.

A viscosidade varia consideravelmente com a temperatura de modo não linear. As ordenadas nas Figuras 12–12 a 12–14 não são logarítmicas, pois as décadas são de comprimento vertical distinto. Esses gráficos representam as funções temperatura *versus* viscosidade para óleos lubrificantes de grau comum em ambas as unidades, usuais na engenharia e no SI. Temos a função temperatura *versus* viscosidade apenas em forma gráfica, a menos que ajustes de curva sejam desenvolvidos. Ver Tabela 12–1.

Um dos objetivos da análise de lubrificação é determinar a temperatura de saída do óleo quando o óleo e sua temperatura de entrada são especificados. Esse é um problema do tipo tentativa e erro. Em uma análise, o aumento de temperatura será primeiro estimado. Isso permite que a viscosidade seja determinada a partir da carta. Com o valor da viscosidade, a análise é desenvolvida, e o aumento de temperatura é computado. Com isso, pode-se estabelecer uma nova estimativa do aumento de temperatura. O processo continua até que temperaturas estimada e computada concordem.

Para ilustrar, suponha que se tenha decidido utilizar óleo SAE 30 em uma aplicação na qual a temperatura de entrada do óleo é $T_1 = 180°F$. Começamos por estimar que o aumento de temperatura será de $\Delta T = 30°F$. Então, da Equação (12–14),

$$T_{av} = T_1 + \frac{\Delta T}{2} = 180 + \frac{30}{2} = 195°F$$

Da Figura 12–12 seguimos a linha SAE 30 e encontramos que $\mu = 1{,}40$ reyn a 195°F. Assim, utilizamos essa viscosidade (em uma análise a ser explicada em detalhes mais tarde) e descobrimos que o aumento de temperatura é de fato $\Delta T = 54°F$. A Equação (12–14) nos dá

$$T_{av} = 180 + \frac{54}{2} = 207°F$$

Isso corresponde ao ponto A na Figura 12–12, o qual está acima da linha SAE 30 e indica que a viscosidade utilizada na análise era demasiado alta.

Para uma segunda tentativa, use $\mu = 1{,}00$. μreyn. Novamente corremos à análise e, desta vez, encontramos $\Delta T = 30°F$. Isso nos dá uma temperatura média de

$$T_{av} = 180 + \frac{30}{2} = 195°F$$

e localiza o ponto B na Figura 12–12.

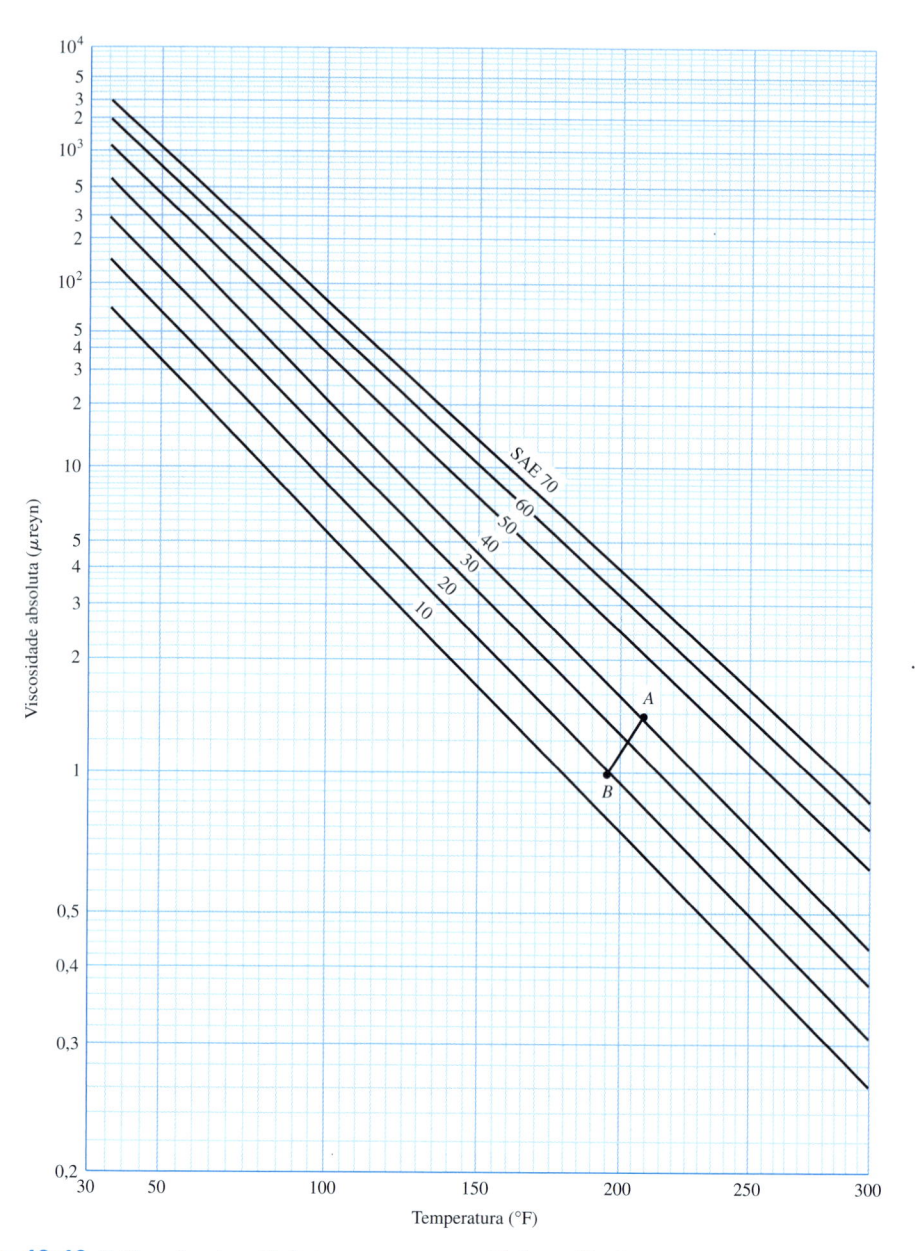

Figura 12–12 Gráfico da viscosidade-temperatura em unidades utilizadas comumente nos Estados Unidos. (*Raimondi e Boyd.*)

Se os pontos A e B estiverem bastante próximos um do outro e em lados opostos da linha SAE 30, uma linha reta pode ser traçada entre eles com a intersecção localizando os valores corretos de viscosidade e temperatura média a ser utilizados na análise. Para esta ilustração, vemos a partir da carta de viscosidade que esses são $T_{av} = 203°F$ e $\mu = 1{,}20$ μreyn.

Os gráficos restantes de Raimondi e Boyd relacionam diversas variáveis para o número de Sommerfeld. Essas variáveis são:

Espessura mínima de película (Figuras 12–16 e 12–17).
Coeficiente de atrito (Figura 12–18).
Fluxo de lubrificante (Figuras 12–19 e 12–20).
Pressão na película (Figuras 12–21 e 12–22).

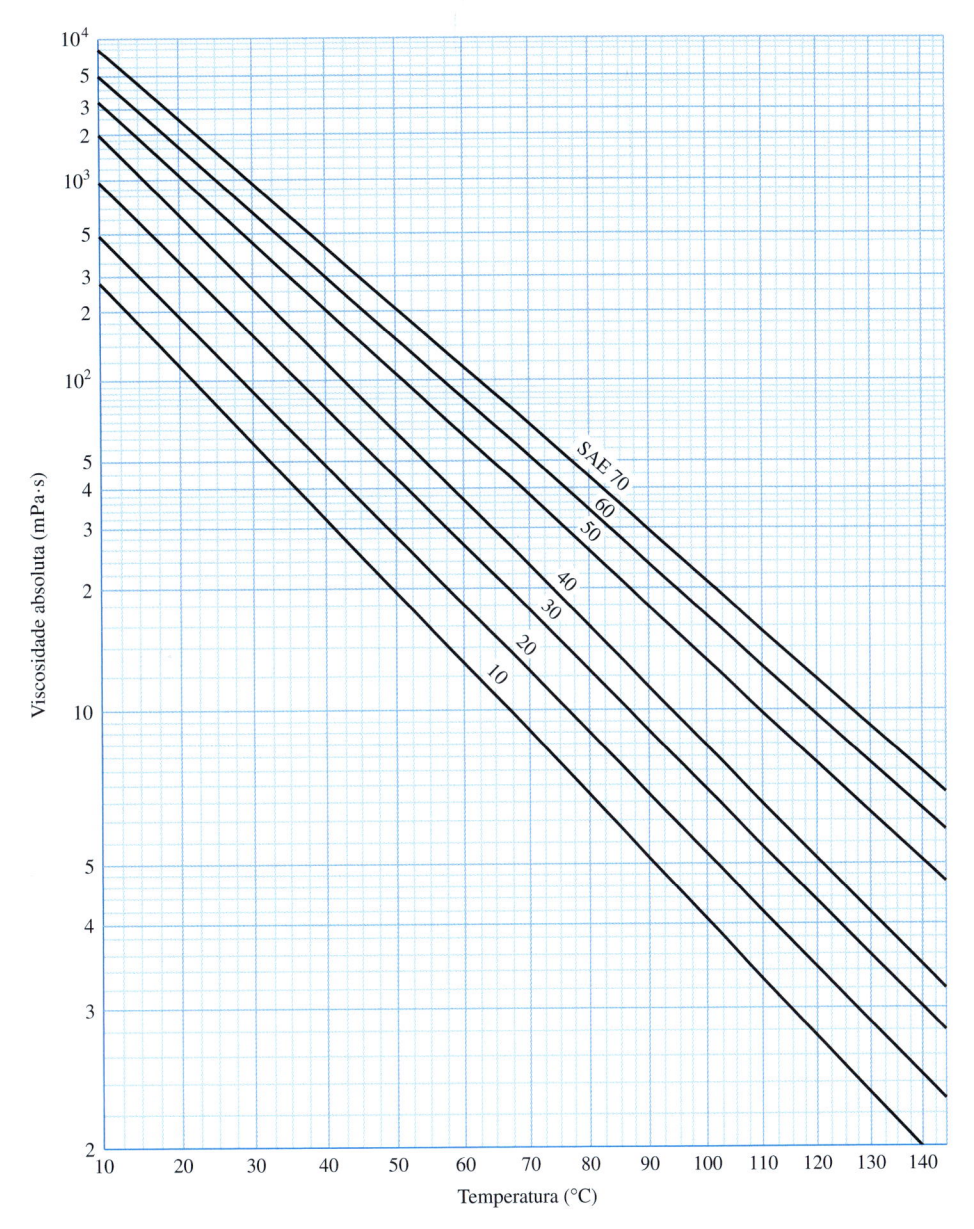

Figura 12-13 Gráfico viscosidade-temperatura em unidades do SI. (*Adaptado da Figura 12–12.*)

Tabela 12-1 Ajustes de curva* para aproximar as funções Viscosidade *versus* Temperatura para graus SAE 10 a 60. *Fonte:* A. S. Seireg e Dandage, "Empirical Design Procedure for the Thermodynamic Behavior of Journal Bearings", *J. Lubrication Technology*, v. 104, abril 1982, p. 135-148.

Grau do óleo, SAE	Viscosidade μ_0, reyn	Constante b, °F
10	$0{,}0158(10^{-6})$	1157,5
20	$0{,}0136(10^{-6})$	1271,6
30	$0{,}0141(10^{-6})$	1360,0
40	$0{,}0121(10^{-6})$	1474,4
50	$0{,}0170(10^{-6})$	1509,6
60	$0{,}0187(10^{-6})$	1564,0

*$\mu = \mu_0 \exp[b/(T+95)], T$ em °F.

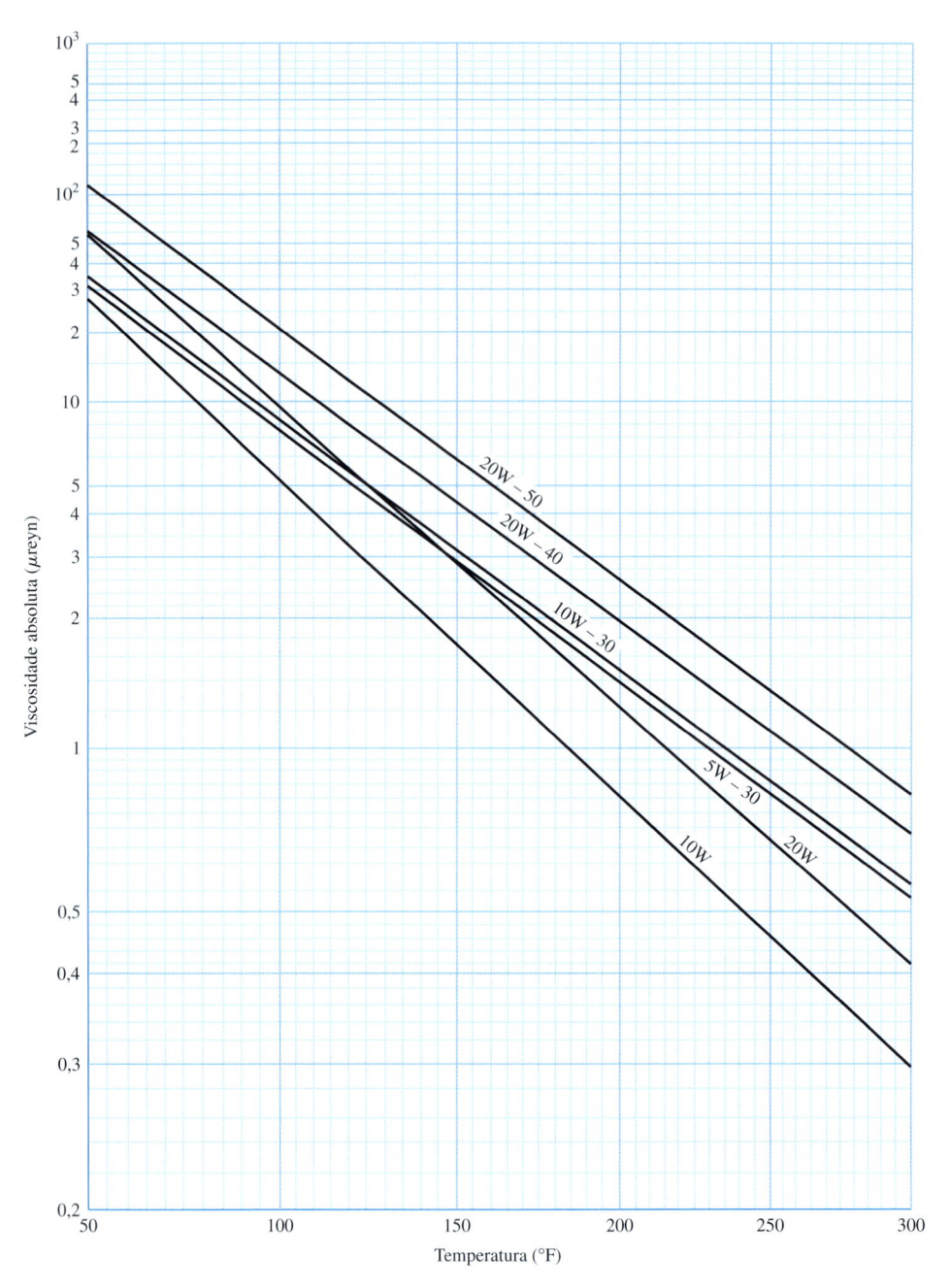

Figura 12–14 Gráfico para lubrificantes multiviscosos. Este gráfico derivou de viscosidades conhecidas em dois pontos: 100°F e 210°F, e acredita-se que os resultados estejam corretos para outras temperaturas.

A Figura 12–15 mostra a notação utilizada para as variáveis. Descreveremos o uso dessas curvas em uma série de quatro exemplos utilizando o mesmo conjunto de parâmetros dados.

Espessura mínima de película

Na Figura 12–16, a variável *espessura mínima de película* h_0/c e a *taxa de excentricidade* $\epsilon = e/c$ são representadas graficamente contra o número de Sommerfeld com contornos para diversos valores de l/d. A posição angular correspondente da espessura mínima de película é encontrada na Figura 12–17.

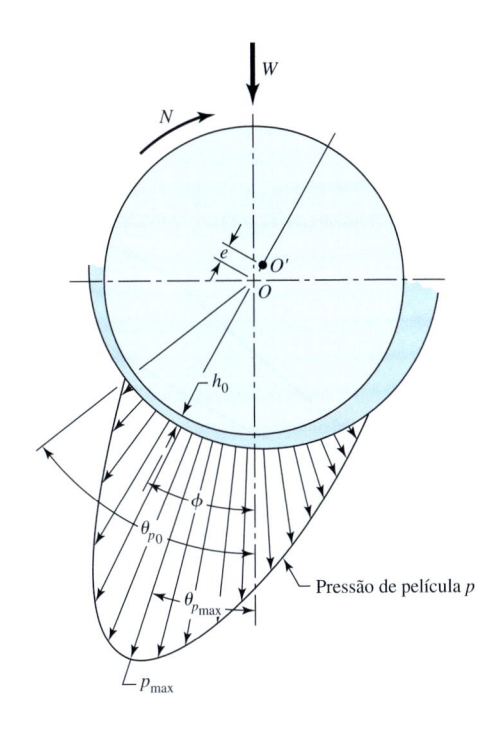

Figura 12–15 Diagrama polar da distribuição de pressão na película mostrando a notação utilizada. (*Raimondi e Boyd.*)

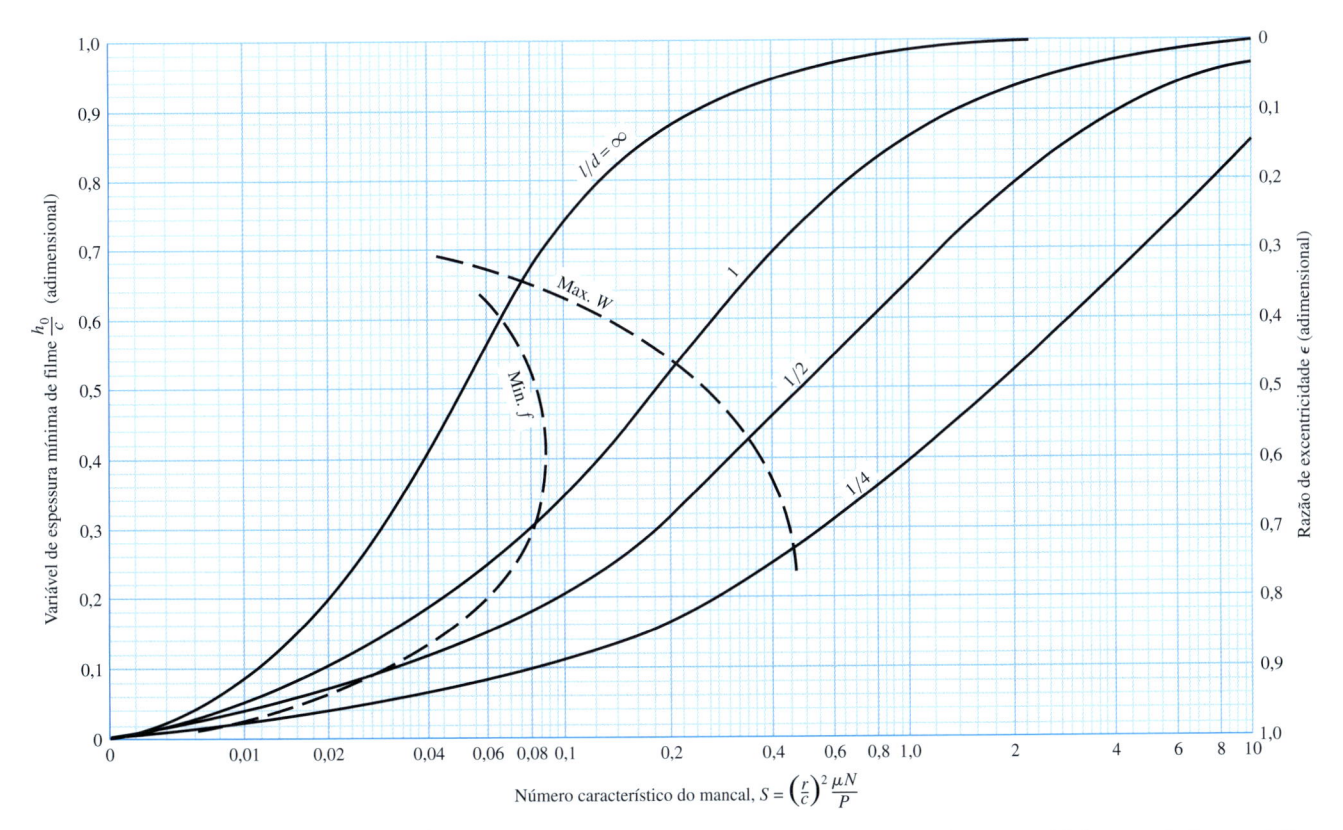

Figura 12–16 Gráfico para a variável de espessura mínima de película e a taxa de excentricidade. A extremidade esquerda da zona define o h_0 ótimo para atrito mínimo; a extremidade direita é o ótimo h_0 para a carga. (*Raimondi e Boyd.*)

Eixo horizontal: Número característico do mancal, $S = \left(\dfrac{r}{c}\right)^2 \dfrac{\mu N}{P}$

Eixo vertical esquerdo: Variável de espessura mínima de filme $\dfrac{h_0}{c}$ (adimensional)

Eixo vertical direito: Razão de excentricidade ϵ (adimensional)

Curvas: $l/d = \infty$, 1, $1/2$, $1/4$

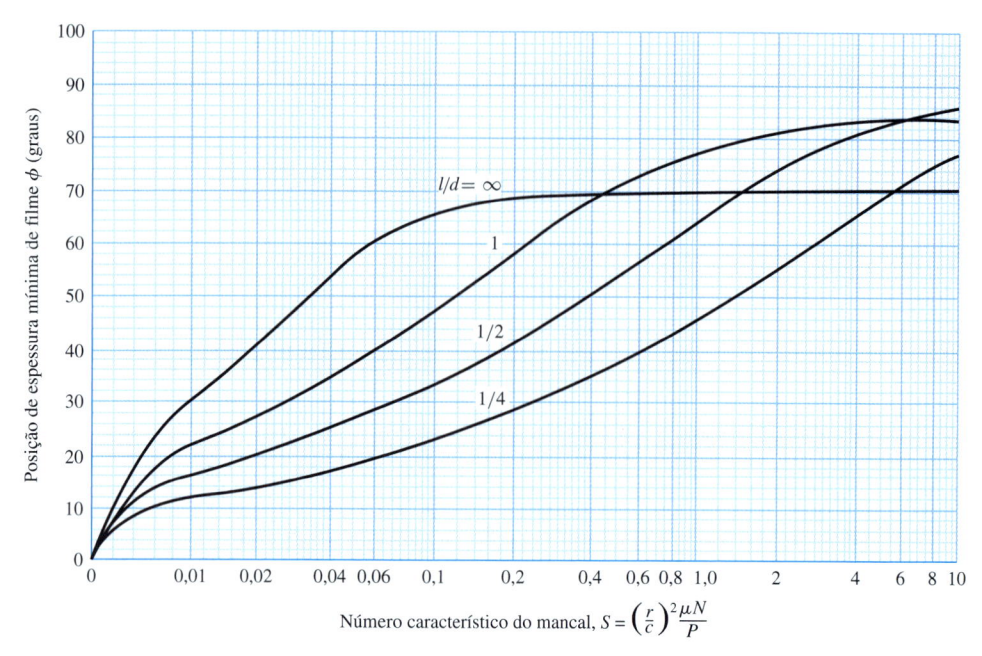

Figura 12–17 Gráfico para a determinação da posição de espessura mínima da película h_0. (*Raimondi e Boyd.*)

Eixo y: Posição de espessura mínima de filme ϕ (graus)
Eixo x: Número característico do mancal, $S = \left(\dfrac{r}{c}\right)^2 \dfrac{\mu N}{P}$

EXEMPLO 12–1

Determine h_0 e e utilizando os seguintes parâmetros: $\mu = 0{,}027\ 56$ Pa · s, $N = 30$ rev/s, $W = 2\,210$ N (carga no mancal), $r = 19$ mm, $c = 0{,}038$ mm e $l = 38$ mm.

Solução

A pressão nominal no mancal (em termos de área projetada do eixo) é

$$P = \frac{W}{2rl} = \frac{2210}{2(0{,}019)0{,}038} = 1{,}531 \text{ MPa}$$

O número de Sommerfeld é, da Equação (12–7), em que $N = N_j = 30$ rev/s,

$$S = \left(\frac{r}{c}\right)^2 \left(\frac{\mu N}{P}\right) = \left(\frac{19}{0{,}038}\right)^2 \left[\frac{0{,}027\ 56(30)}{1{,}531(10^6)}\right] = 0{,}135$$

Também, $l/d = 38/[2(19)] = 1$. Entrando na Figura 12–16 com $S = 0{,}135$ e $l/d = 1$ dá $h_0/c = 0{,}42$ e $\epsilon = 0{,}58$. A quantidade h_0/c é chamada de *variável de espessura mínima de película*. Visto que $c = 0{,}038$ mm, a espessura mínima de película h_0 é

$$h_0 = 0{,}42(0{,}038) = 0{,}016 \text{ mm}$$

Podemos encontrar a posição angular ϕ de espessura mínima de película, por meio da carta da Figura 12–7. Entrando com $S = 0{,}135$ e $l/d = 1$ resulta $\phi = 53°$.

A taxa de excentricidade é $\epsilon = e/c = 0{,}58$. Isso significa que a excentricidade e é

$$e = 0{,}58(0{,}038) = 0{,}022 \text{ mm}$$

Observe que se o eixo está centrado na bucha, $e = 0$ e $h_0 = c$, correspondendo a uma carga bem leve (zero). Uma vez que $e = 0$, $\epsilon = 0$. À medida que a carga é aumentada, o eixo se desloca para baixo; a posição-limite é alcançada quando $h_0 = 0$ e $e = c$, isto é, quando o eixo toca a bucha. Para essa condição a razão de excentricidade é unitária. Uma vez que $h_0 = c - e$, dividindo ambos os lados por c, nos dá

$$\frac{h_0}{c} = 1 - \epsilon$$

Um projeto ótimo representa algumas vezes *carga máxima*, que é uma característica de carregamento de carga do mancal, e outras vezes é *perda de potência parasítica mínima* ou *coeficiente de atrito mínimo*. Linhas tracejadas aparecem na Figura 12–16 para a carga máxima e o coeficiente de atrito mínimo; assim, você pode dar preferência por uma carga máxima ou coeficiente de atrito mínimo, mas não ambos. A zona entre os contornos de linha tracejada pode ser considerada uma localização desejável sob o ponto de vista de projeto.

Coeficiente de atrito

O gráfico de atrito, Figura 12–18, possui a *variável de atrito* $(r/c)f$ em forma de gráfico contra o número de Sommerfeld S, com contornos para vários valores da razão l/d.

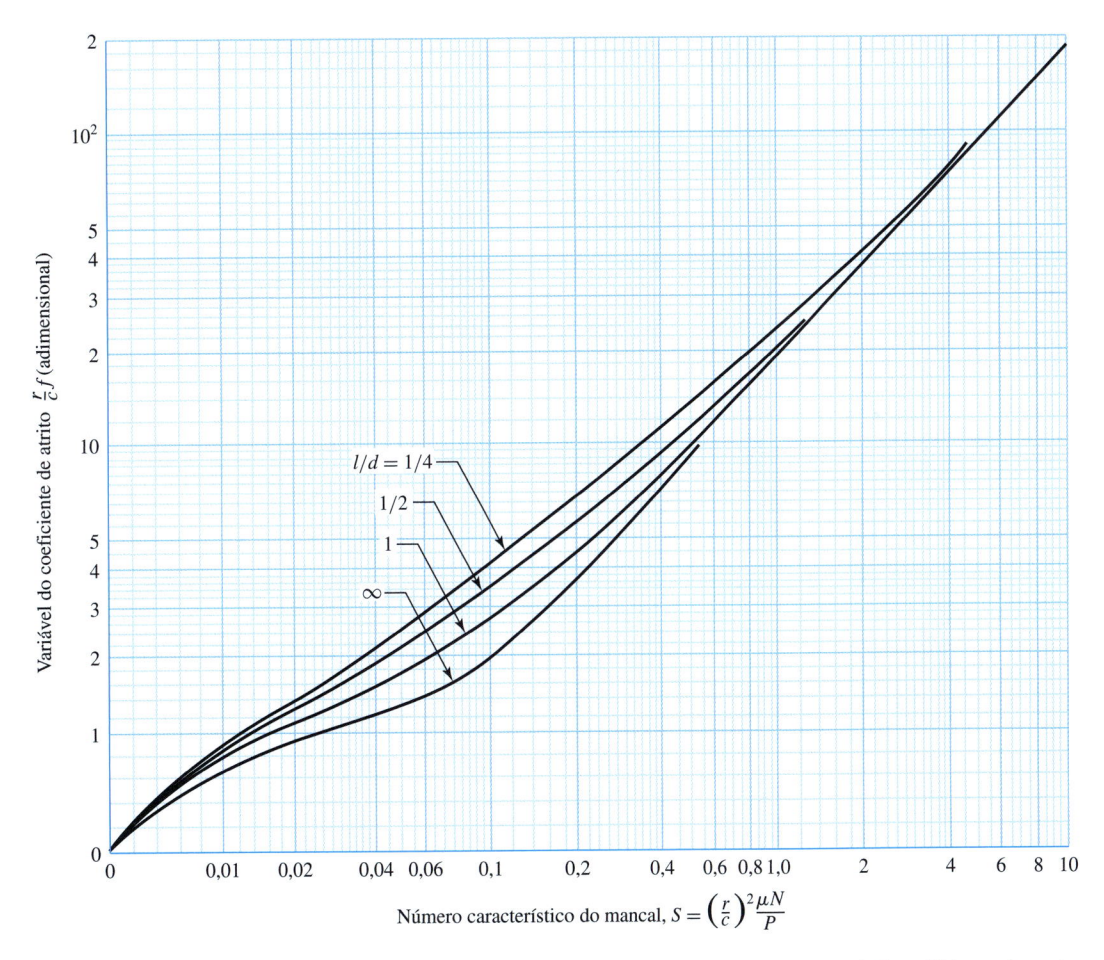

Figura 12–18 Gráfico para a variável do coeficiente de atrito; observe que a equação de Petroff é a assímptota. (*Raimondi e Boyd.*)

EXEMPLO 12–2 Usando os parâmetros do Exemplo 12–1, determine o coeficiente de atrito, o torque para vencer o atrito e a perda de potência por atrito.

Solução Entramos na Figura 12–18 com $S = 0{,}135$ e $l/d = 1$ e encontramos $(r/c)f = 3{,}50$. O coeficiente de atrito f é

$$f = 3{,}50\ c/r = 3{,}50(0{,}038/19) = 0{,}0070$$

O torque de atrito no eixo é

$$T = fWr = 0{,}007(2\,210)0{,}019 = 0{,}2939\ \text{N}\cdot\text{m}$$

A perda de potência é

$$(hp)_{\text{perda}} = \frac{TN}{1050} = \frac{2{,}62(30)}{1050} = 0{,}075\ \text{hp}$$

$$TN\,(2\pi) = 0{,}2939(30)(2\pi) = 55{,}4\ \text{W}$$

Fluxo de lubrificante

Figuras 12–19 e 12–20 são utilizadas para determinar o fluxo de lubrificante e fluxo lateral.

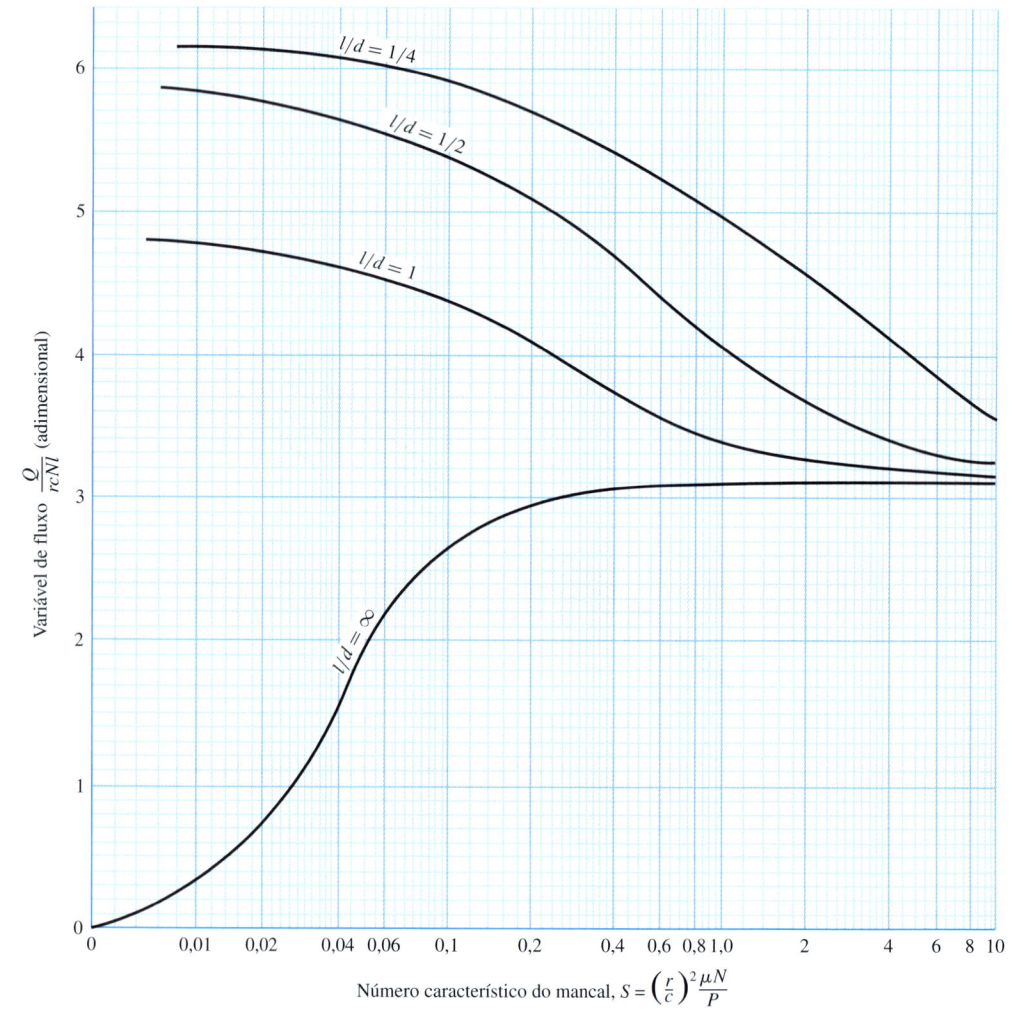

Figura 12–19 Gráfico para variável de fluxo. *Nota*: não se aplica a mancais de alimentação por pressão. (*Raimondi e Boyd.*)

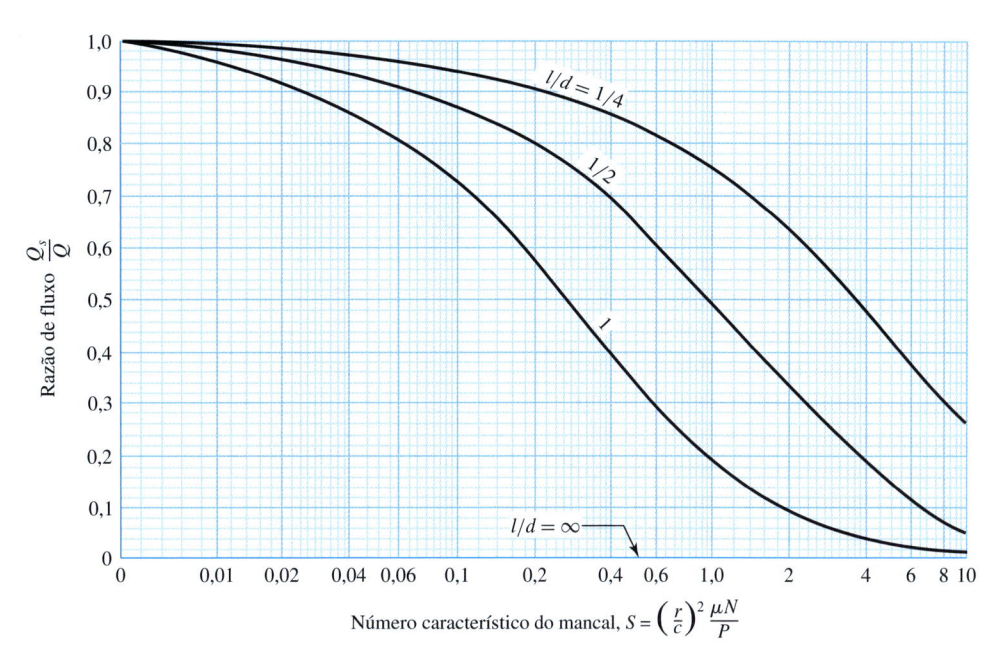

Figura 12–20 Gráfico para determinação da razão do fluxo lateral para o fluxo total. (*Raimondi e Boyd.*)

Eixo y: Razão de fluxo $\frac{Q_s}{Q}$

Eixo x: Número característico do mancal, $S = \left(\frac{r}{c}\right)^2 \frac{\mu N}{P}$

Curvas: $l/d = 1/4$, $1/2$, 1, $l/d = \infty$

EXEMPLO 12–3

Seguindo com os parâmetros do Exemplo 12–1, determine a taxa de fluxo volumétrico total Q e a taxa de fluxo lateral Q_s.

Solução

Para estimar o fluxo de lubrificante, coloque na Figura 12–19 $S = 0,135$ e $l/d = 1$, para obter $Q/(rcNl) = 4,28$. A taxa total de fluxo volumétrico é

$$Q = 4,8rcNl = 4,28(19)0,038(30)38 = 3\,523 \text{ mm}^3/\text{s}$$

Com base na Figura 12–20, encontramos a razão de fluxo $Q_s/Q = 0,655$, e Q_s é

$$Q_s = 0,655\, Q = 0,655(3\,523) = 2\,308 \text{ mm}^3/\text{s}$$

O vazamento lateral é proveniente da parte inferior do mancal, em que a pressão interna está acima da pressão atmosférica. O vazamento forma um filete na junção externa eixo-bucha, e é carregado pelo movimento do eixo para o topo da bucha, em que a pressão interna está abaixo da pressão atmosférica e a abertura é muito maior, para ser "sugado para dentro" e retornado para o reservatório de lubrificante. Aquela porção do vazamento lateral que escapa do mancal tem de ser reposta por adição de óleo ao reservatório de óleo, periodicamente, pelo pessoal da manutenção.

Pressão de película

A pressão máxima desenvolvida na película pode ser estimada pela determinação da taxa de pressão $P/p_{\max}$ com base na carta na Figura 12–21. As localidades em que as pressões máximas e de término ocorrem, como definido na Figura 12–15, são determinadas por meio da Figura 12–22.

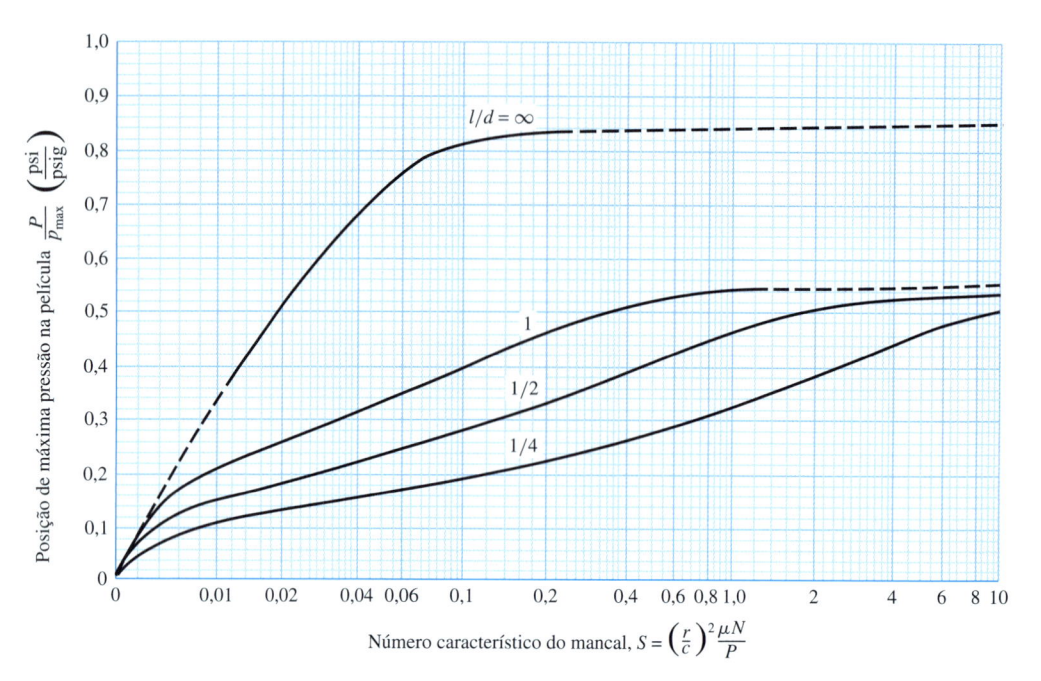

Figura 12–21 Diagrama para determinação da pressão máxima de película. *Nota*: Não se aplica a mancais de alimentação por pressão (*Raimondi e Boyd*.)

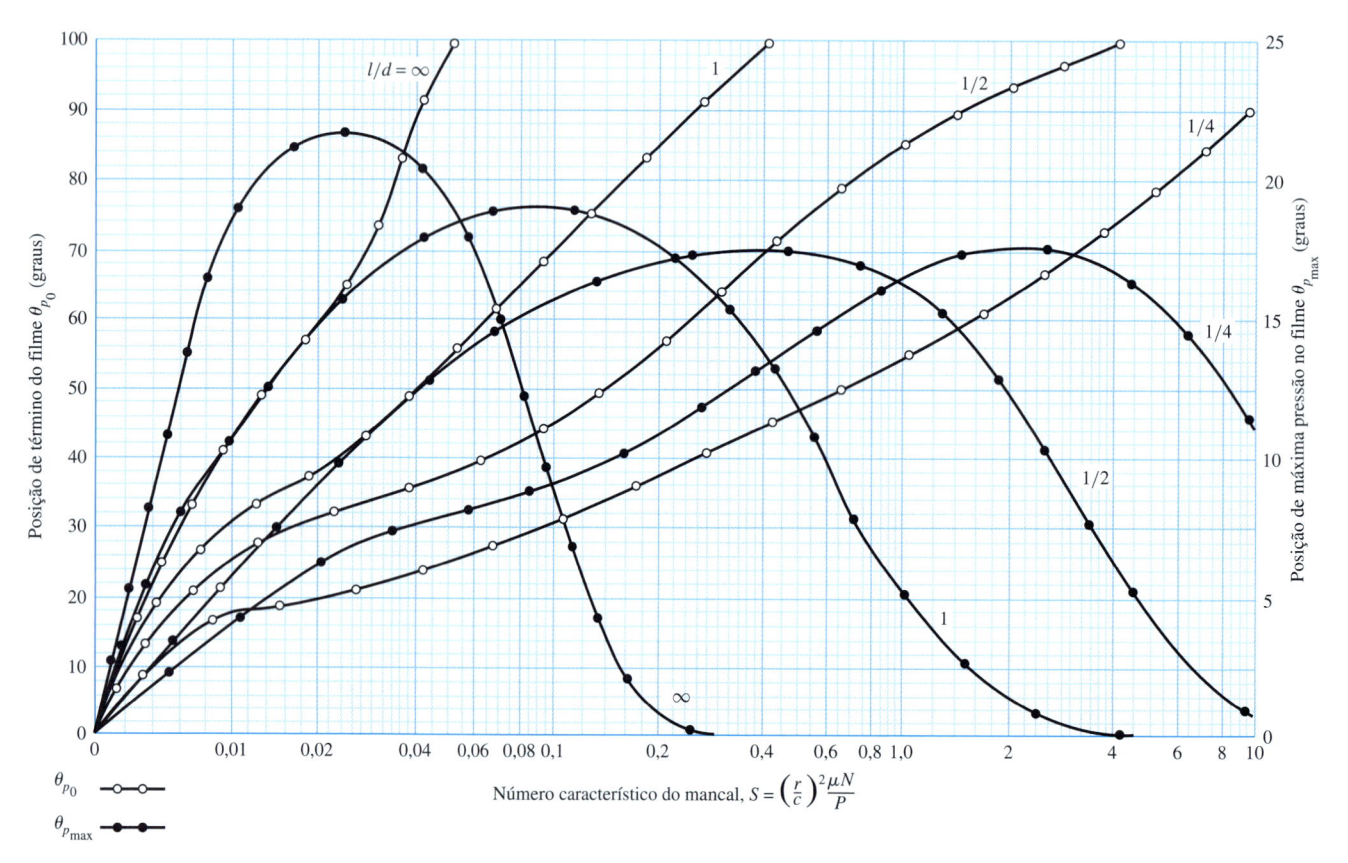

θ_{p_0} —○—○—
$\theta_{p_{max}}$ —●—●—

Figura 12–22 Gráfico para a determinação da posição de término da película lubrificante e a posição de máxima pressão na película. (*Raimondi e Boyd*.)

EXEMPLO 12–4

Usando os parâmetros dados no Exemplo 12–1, determine a pressão máxima na película e as localizações das pressões máxima e de término.

Solução Entrando na Figura 12–21 com $S = 0,135$ e $l/d = 1$, encontramos $P/p_{max} = 0,42$. A pressão máxima p_{max} é portanto

$$p_{max} = \frac{P}{0,42} = \frac{1,531}{0,42} = 3,645 \text{ MPa}$$

Com $S = 0,135$ e l/d, da Figura 12–22, $\theta_{p_{max}} = 18,5°$ e a posição de término θ_{p_0} é 75°.

Os Exemplos 12–1 a 12–4 demonstram como as cartas de Raimondi e Boyd são utilizadas. Deve ficar claro que não dispomos de relações paramétricas para mancais de deslizamento na forma de equações, mas de gráficos. Além disso, os exemplos tornaram-se simples porque a viscosidade equivalente de estado permanente foi dada. Mostraremos agora como a temperatura de película média (e a viscosidade correspondente) é encontrada com base em considerações energéticas.

Aumento da temperatura do lubrificante

A temperatura do lubrificante aumenta até que a taxa na qual o trabalho é feito pelo eixo sobre a película, por meio de cisalhamento do fluido, seja a mesma que a taxa na qual o calor é transferido para as vizinhanças maiores. O arranjo específico dos dutos de lubrificação de mancal afeta as relações quantitativas. Ver Figura 12–23. Um reservatório de lubrificante (interno ou externo à carcaça do mancal) fornece lubrificante na temperatura de sucção T_s para o ânulo de mancal à temperatura $T_s = T_1$. O lubrificante passa uma vez ao redor da bucha e é liberado a uma temperatura maior, $T_1 + \Delta T$, para o reservatório. Parte do lubrificante vasa do reservatório a uma temperatura de mistura de copo $T_1 + \Delta T/2$ e retorna ao reservatório, que pode ter a forma de um sulco do tipo de chaveta na tampa do mancal, ou ser uma câmara maior que chega até meia circunferência do mancal. Pode ocupar "toda" a tampa de mancal de um mancal bipartido. Em tal mancal o vazamento lateral ocorre a partir da porção inferior e é sugado de volta para dentro, no arco de filme rompido. O reservatório poderia estar bem distante da interface munhão-bucha.

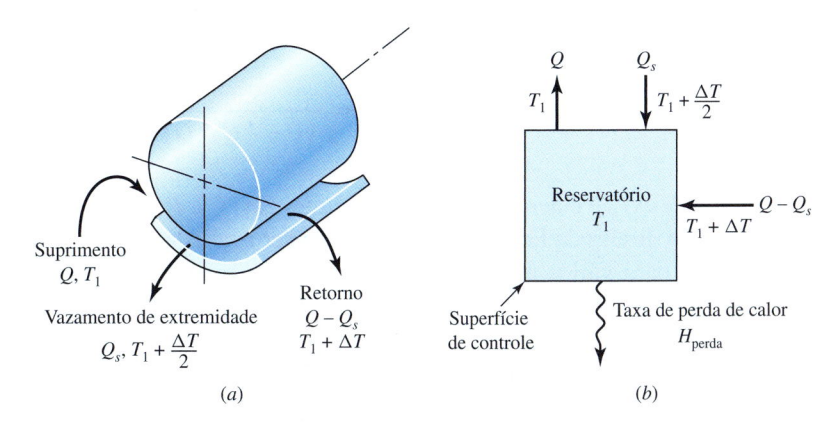

Figura 12–23 Esquema de um mancal de deslizamento com uma câmara (cárter) externa com resfriamento; o lubrificante realiza uma passagem antes de retornar à câmara.

Seja

Q = razão volumétrica de fluxo de óleo para dentro do mancal, m³/s
Q_s = razão volumétrica de vazamento por fluxo lateral para fora do mancal para o reservatório, m³/s
$Q - Q_s$ = descarga volumétrica de fluxo de óleo do ânulo para o reservatório, m³/s
T_1 = temperatura de entrada de óleo (igual à temperatura do reservatório T_s), °C
ΔT = aumento de temperatura no óleo entre a entrada e saída, °C
ρ = densidade do lubrificante, kg/m³
C_p = capacidade de calor específico do lubrificante, kJ/(kg·°C)
J = equivalente de calor de Joule, N·m/J
H = razão de calor, J/s ou W

Empregando o reservatório (câmara) como uma região de controle, podemos escrever o balanço de entalpia. Utilizarmos T_1 como a temperatura de referência nos dá

$$H_{\text{perda}} = \rho C_p Q_s \Delta T / 2 + \rho C_p (Q - Q_s)\Delta T = \rho C_p Q \Delta T \left(1 - 0{,}5 \frac{Q_s}{Q}\right) \qquad (a)$$

A perda de energia térmica em regime permanente H_{perda} iguala a razão com que o eixo faz trabalho sobre a película, $H_{\text{perda}} = \dot{W} = 2\pi TN/J$. O torque $T = fWr$, a carga em termos de pressão é $W = 2Prl$, e multiplicando numerador e denominador pela folga c tem-se

$$H_{\text{perda}} = \frac{4\pi PrlNc}{J}\frac{rf}{c} \qquad (b)$$

Igualando as Equações (a) e (b) e rearranjando, resulta em

$$\frac{J\rho C_p \,\Delta T}{4\pi P} = \frac{rf/c}{(1 - 0{,}5 Q_s/Q)\,[Q/(rcNl)]} \qquad (c)$$

Para lubrificantes de petróleo comuns $\rho = 862$ kg/m³, $C_p = 0{,}42\ 1{,}758$ kJ/(kg·°C), e $J = 995(10)^6$ m·N/J; portanto, o termo do lado esquerdo da Equação (c) é

$$\frac{J\rho C_p \,\Delta T}{4\pi P} = \frac{995(10)^6\, 862(1{,}758)\,\Delta T_C}{4\pi P_{\text{MPa}}} = 0{,}12\,\Delta T_C/P_{\text{MPa}}$$

assim

$$\frac{0{,}12\,\Delta T_F}{P_{\text{MPa}}} = \frac{rf/c}{\left(1 - \frac{1}{2} Q_s/Q\right)[Q/(rcN_j l)]} \qquad (12\text{–}15)$$

onde ΔT_F é o acréscimo de temperatura em °C e P_{MPa} é a pressão nos rolamentos em MPa. O lado direito da Equação (12–15) pode ser avaliada, partindo das Figuras 12–18, 12–19 e 12–20, para vários números de Sommerfeld e razões l/d para fornecer a Figura 12–24. É fácil mostrar que o lado esquerdo da Equação (12–15) pode ser expresso por $0{,}120\,\Delta T_C/P_{\text{MPa}}$ onde ΔT_C é expresso em °C e a pressão em P_{MPa} é expressa em MPa. A ordenada na Figura 12–24 é tanto $9{,}70\,\Delta T_F/P_{\text{psi}}$ como $0{,}120\,\Delta T_C/P_{\text{MPa}}$, o que não é surpresa, já que nas unidades adequadas ambos são adimensionais e *de magnitude idêntica*. Uma vez que a solução para problemas de mancais envolve iterações e que a leitura de vários gráficos pode introduzir erros, a Figura 12–24 reduz três gráficos a apenas um – um passo na direção adequada.

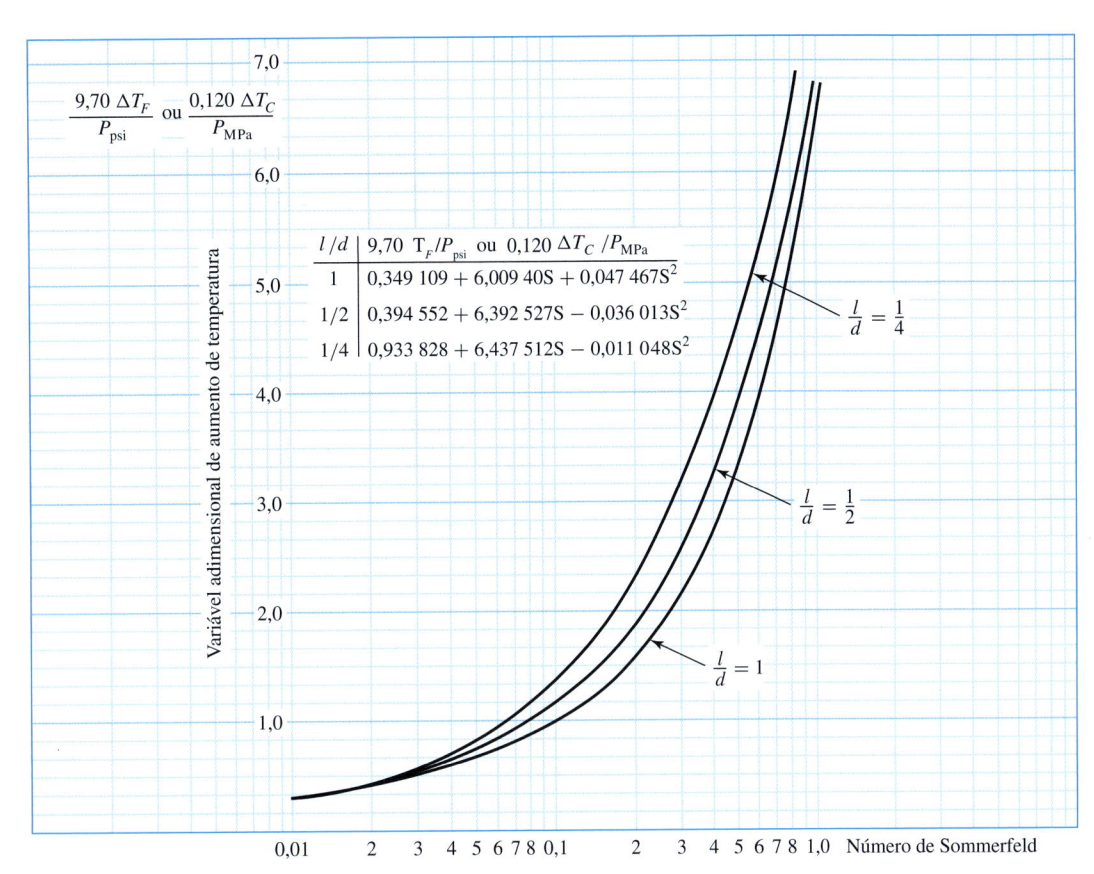

l/d	$9{,}70\ T_F/P_{psi}$ ou $0{,}120\ \Delta T_C/P_{MPa}$
1	$0{,}349\,109 + 6{,}009\,40S + 0{,}047\,467S^2$
1/2	$0{,}394\,552 + 6{,}392\,527S - 0{,}036\,013S^2$
1/4	$0{,}933\,828 + 6{,}437\,512S - 0{,}011\,048S^2$

Figura 12–24 Figuras 12–18, 12–19 e 12–20 combinadas a fim de reduzir o tempo de busca iterativa na tabela. Fonte: Gráfico baseado na condição de extremidade (2) do trabalho de Raimondi e Boyd, isto é, sem desenvolvimento de pressão negativa no lubrificante. O gráfico se destina a mancais completos de deslizamento que utilizam uma única passagem do lubrificante, com fluxo lateral emergindo com um aumento de temperatura de $\Delta T/2$, fluxo direto emergindo com um aumento de temperatura ΔT, sendo que o fluxo inteiro é fornecido à temperatura de referência do reservatório.

Interpolação

De acordo com Raimondi e Boyd, a interpolação de dados do gráfico para outras razões pode ser feita por uso da equação

$$y = \frac{1}{(l/d)^3}\left[-\frac{1}{8}\left(1-\frac{l}{d}\right)\left(1-2\frac{l}{d}\right)\left(1-4\frac{l}{d}\right)y_\infty + \frac{1}{3}\left(1-2\frac{l}{d}\right)\left(1-4\frac{l}{d}\right)y_1\right.$$

$$\left. -\frac{1}{4}\left(1-\frac{l}{d}\right)\left(1-4\frac{l}{d}\right)y_{1/2} + \frac{1}{24}\left(1-\frac{l}{d}\right)\left(1-2\frac{l}{d}\right)y_{1/4}\right] \quad (12\text{–}16)$$

em que y é a variável desejada dentro do intervalo $\infty > l/d > \frac{1}{4}$ e y_∞, y_1, $y_{1/2}$ e $y_{1/4}$ são as variáveis correspondendo à razão l/d de ∞, 1, $\frac{1}{2}$ e $\frac{1}{4}$, respectivamente.

12–9 Condições de estado estável em mancais autocontidos

O caso no qual o lubrificante leva embora todo o aumento de entalpia do par eixo-bucha já foi discutido. Mancais em que o lubrificante aquecido se mantém dentro do compartimento serão discutidos agora. Esses são chamados de *mancais autocontidos* uma vez que o reservatório de lubrificante fica dentro da carcaça de mancal e o lubrificante é resfriado dentro dessa. Esses mancais são descritos como *bloco de almofada* ou *mancais de pedestal*. Eles são utilizados em ventiladores, sopradores, bombas e motores, por exemplo. Essencial às considerações de projeto para esses mancais é dissipar calor do compartimento de mancal para as redondezas na mesma razão com que entalpia está sendo gerada dentro da película de fluido.

Em um mancal autocontido o reservatório pode ser posicionado como uma cavidade semelhante à de uma chaveta na bucha, com as extremidades da cavidade não penetrando os planos de extremidade da bucha. O filme de óleo sai do ânulo a cerca de metade das velocidades periféricas relativas do eixo e bucha e, vagarosamente, tomba o lubrificante do reservatório, misturando-se com o conteúdo do reservatório. Uma vez que a película na metade superior da tampa foi cavitado, ele não contribui com nada para o suporte da carga, mas sim com o atrito. Usam-se tampas de mancal em que o reservatório "de ranhura de chaveta" expande-se perifericamente para incluir a metade superior do mancal. Isso reduz o atrito para a mesma carga, porém reduzindo o ângulo β incluído do mancal a 180°. Gráficos para esse caso foram incluídas no artigo de Raimondi e Boyd.

O calor cedido pela caixa de mancal pode ser estimado pela equação

$$H_{\text{perda}} = \hbar_{\text{CR}} A (T_b - T_\infty) \tag{12-17}$$

onde H_{perda} = calor dissipado, J/s ou W $\hbar_{\text{CR}}$

$\hbar_{\text{CR}}$ = coeficiente global combinado de transferência de calor por convecção e radiação, W/(m² °C)

A = área superficial do compartimento de mancal, m²

T_b = temperatura superficial do compartimento, °C

T_∞ = temperatura ambiente, °C

O coeficiente global $\hbar_{\text{CR}}$ depende do material, revestimento de superfície, geometria, até da rugosidade, diferença de temperatura entre o compartimento e objetos nas redondezas e velocidade do ar. Depois de Karelitz,[10] e outros, em meios industriais ordinários, o coeficiente pode ser tratado como uma constante. Alguns valores representativos são

$$\hbar_{\text{CR}} = \begin{cases} 11{,}4 \text{ W/(m}^2 \cdot \text{°C)} & \text{para ar parado} \\ 15{,}3 \text{ W/(m}^2 \cdot \text{°C)} & \text{para ar revolvido pelo eixo} \\ 33{,}5 \text{ W/(m}^2 \cdot \text{°C)} & \text{para ar em movimento a 25,4 m/s} \end{cases} \tag{12-18}$$

Uma expressão similar à Equação (12–17) pode ser escrita para a diferença de temperaturas $T_f - T_b$ entre a película lubrificante e a superfície da caixa de mancal. Isso é possível porque a bucha e a caixa de mancal são de metal e quase isotérmicos. Se definimos $\overline{T}_f$ como a temperatura de película média (a meio caminho entre a temperatura de entrada do lubrificante T_s e a temperatura de saída $T_s + \Delta T$), então a seguinte proporcionalidade pode ser observada entre $\overline{T}_f - T_b$ e a diferença entre a temperatura de superfície da carcaça e a temperatura ambiente, $T_b - T_\infty$

$$\overline{T}_f - T_b = \alpha (T_b - T_\infty) \tag{a}$$

em que $\overline{T}_f$ é a temperatura de filme média e α é uma constante dependente do esquema de lubrificação e a geometria da caixa de mancal. A Equação (*a*) pode ser utilizada para estimar a temperatura da caixa do mancal. A Tabela 12–2 proporciona um guia para valores adequados

---

[10] G. B. Karelitz, "Heat Dissipation in Self-Contained Bearings", Trans. ASME, v. 64, 1942, p. 463; D. C. Lemmon and E. R. Booser, "Bearing Oil-Ring Performance", Trans. ASME, J. Bas. Engin., v. 88, 1960, p. 327.

de α. O trabalho de Karelitz amplia as cartas de Raimondi e Boyd, e é aplicado a uma variedade de mancais além do mancal de bloco de almofada de circulação natural.

Tabela 12–2

Sistema de lubrificação	Condições	Intervalo de α
Anel de óleo	Ar em movimento	1–2
	Ar parado	$\frac{1}{2}$–1
Banho de óleo	Ar em movimento	$\frac{1}{2}$–1
	Ar parado	$\frac{1}{5}$–$\frac{2}{5}$

Resolvendo a Equação (a) para T_b e substituindo na Equação (12–17), obtemos a razão da perda de calor do mancal para as redondezas na forma

$$H_{\text{perda}} = \frac{\hbar_{\text{CR}} A}{1 + \alpha}(\bar{T}_f - T_\infty) \qquad (12\text{–}19a)$$

e reescrever a Equação (a) resulta

$$T_b = \frac{\bar{T}_f + \alpha T_\infty}{1 + \alpha} \qquad (12\text{–}19b)$$

Ao iniciar-se uma análise de estado permanente, a temperatura média da película é desconhecida, portanto, a viscosidade do lubrificante de um mancal autocontido também é desconhecida. Encontrar as temperaturas de equilíbrio é um processo iterativo em que uma temperatura média de película de teste (e a viscosidade correspondente) é utilizada para comparar a taxa de geração de calor e a taxa de perda de calor. Um ajuste é feito para trazer essas duas taxas de calor à convergência. Isso pode ser feito no papel com um arranjo tabular para ajudar a ajustar $\bar{T}_f$ a fim de que se alcance igualdade entre as taxas de geração e de perda de calor. Pode ser utilizado um algoritmo de encontro de raízes; um algoritmo bem simples pode ser programado em computador.

Em virtude da ação de cisalhamento há uma liberação de energia distribuída uniformemente em um lubrificante, que aquece o lubrificante à medida que ele executa o seu caminho ao redor do mancal. A temperatura é uniforme na direção radial, porém aumenta a partir da temperatura de reservatório T_s de uma quantidade ΔT, durante a passagem do lubrificante. O lubrificante que sai mistura-se ao conteúdo do reservatório, sendo resfriado à temperatura deste. O lubrificante no reservatório é resfriado, porque a bucha e o metal da caixa encontram-se a uma temperatura menor, quase uniforme, em decorrência das perdas de calor por convecção e radiação para os arredores à temperatura ambiente T_∞. Nas configurações usuais desses mancais, as temperaturas da bucha e do metal da caixa estão aproximadamente entre a metade da temperatura média da película $\bar{T}_f = T_s + \Delta T/2$ e a temperatura ambiente T_∞. A razão de geração de calor H_{ger}, em regime permanente, é igual à taxa de trabalho do torque de atrito T. Então, da Equação (b), Seção 12–3, o torque é $T = 4\pi^2 r^3 l \mu / c$, resultando em

$$H_{\text{ger}} = \frac{4\pi^2 r^3 l \mu N}{c}(2\pi N) = \frac{248 \mu N^2 l r^3}{c} \qquad (b)$$

Igualando à Equação (12–19a) e resolvendo para $\bar{T}_f$, nos dá

$$T_f = T_\infty + 248(1 + \alpha)\frac{\mu N^2 l r^3}{\hbar_{\text{CR}} A c} \qquad (12\text{–}20)$$

EXEMPLO 12-5 Considere um mancal de bloco de almofadas com um reservatório de chaveta, cujo eixo roda a 900 rev/min em ar agitado por eixo a 21°C com $\alpha = 1$. A área lateral do mancal é de 25 800 mm². O lubrificante é óleo SAE grau 20. A carga radial gravitacional é 450 N e a l/d razão é unitária. O mancal possui um eixo de diâmetro de 50 mm $+0,000/-0,00225$ mm, um furo de bucha de $50,05 + 0,008/-0,000$ mm. Para uma montagem de folga mínima estime as temperaturas de regime permanente, assim como a espessura mínima de película e o coeficiente de atrito.

Solução A folga radial mínima, c_{min}, é

$$c_{min} = \frac{50,05 - 50}{2} = 0,25 \text{ mm}$$

$$P = \frac{W}{ld} = \frac{450}{(50)50} = 0,18 \text{ MPa}$$

$$S = \left(\frac{r}{c}\right)^2 \frac{\mu N}{P} = \left(\frac{25}{0,025}\right)^2 \frac{\mu 15}{0,18(10^6)} = 83,3\mu$$

A perda por atrito, F_f, é encontrada como se segue:

$$F_f = fWr2\pi N = WNc2\pi\left(\frac{fr}{c}\right) = 450(15)2\pi\left(\frac{fr}{c}\right) = 42\,411\left(\frac{fr}{c}\right) \text{ J/s}$$

A taxa de geração de calor, H_{ger}, é

$$H_{ger} = F_f = 42\,411(fr/c) \text{ J/s ou W}$$

Da Equação (12–19a) com $\hbar_{CR} = 15,3 \text{ W/(m}^2 \text{ °C)}$, a taxa de perda de calor para o meio ambiente, H_{perda} é

$$H_{perda} = \frac{\hbar_{CR}A}{\alpha + 1}(\bar{T}_f - 21) = \frac{15,3(0,0258)}{(1+1)}(\bar{T}_f - 21) = 1974\,(\bar{T}_f - 21) \text{ J/s ou W}$$

Construa uma tabela como se segue, para valores $\bar{T}_f$ de tentativa de 87,8°C a 90,5°C.

Tentativa $\bar{T}_f$	μ	S	fr/c	H_{ger}	H_{perda}
87,8	0,008 73	0,73	3,4	145 049	131 863
90,5	0,007 82	0,65	3,06	129 880	137 193

A temperatura em que $H_{ger} = H_{perda} = 135,4$ kJ/s é 89,7°C. Arredondando $\bar{T}_f$ para 90°C, encontramos $\mu = 0,0081$ Pa · s e $S = 83,3(0,0081) = 0,67$. Da Figura 12–24, $\frac{0,12\,\Delta Tc}{PMPa} = 4,25$, portanto

$$\Delta T_F = 4,25P/0,12 = 4,25(0,18)/0,12 = 6,4°\text{C}$$

$$T_1 = T_s = \bar{T}_f - \Delta T/2 = 90 - 6,4/2 = 86,8°\text{C}$$

$$T_{max} = T_1 + \Delta T_F = 86,8 + 6,4 = 93,2°\text{C}$$

Da Equação (12–19b)

$$T_b = \frac{T_f + \alpha T_\infty}{1 + \alpha} = \frac{90 + (1)21}{1 + 1} = 55,5°\text{C}$$

com $S = 0{,}67$, a espessura mínima de filme, da Figura 12–16, é

$$h_0 = \frac{h_0}{c}c = 0{,}79(0{,}025) = 0{,}0198 \text{ mm}$$

O coeficiente de atrito, da Figura 12–18, é

$$f = \frac{fr}{c}\frac{c}{r} = 12{,}8\frac{0{,}025}{25} = 0{,}012\,8$$

O torque parasítico de atrito T é

$$T = fWr = 0{,}012\,8(450)(0{,}025) = 0{,}144 \text{ N} \cdot \text{m}$$

12–10 Folga

Ao projetar um mancal de deslizamento para lubrificação com película espessa, o engenheiro deve selecionar o grau do óleo a ser utilizado, juntamente com valores adequados para P, N, r, c e l. Uma seleção pobre destas quantidades ou um controle inadequado delas durante a manufatura ou uso pode resultar em uma película que seja muito fino, tão fino que o fluxo de óleo seja insuficiente, causando o sobreaquecimento do mancal e, eventualmente, a sua falha. Além disso, é difícil manter precisa a folga radial c durante a manufatura, e a folga radial pode aumentar a causa do desgaste. Qual é o efeito de um intervalo completo de folgas radiais esperadas na manufatura, o que acontecerá com o desempenho do mancal se c aumentar por causa do desgaste? A maior parte dessas questões pode ser respondida e o projeto otimizado ao se traçar curvas de desempenho como função das quantidades sobre as quais o projetista tem controle.

A Figura 12–25 mostra os resultados obtidos quando o desempenho de um mancal em particular é calculado para um intervalo completo de folgas radiais, e estes são traçados tendo a folga com variável independente. O mancal utilizado para este gráfico é aquele dos Exemplos 12–1 a 12–4 com óleo SAE 20 a uma temperatura de entrada de 100°F. O gráfico mostra que se a folga é demasiado apertada, a temperatura será muito alta e a espessura mínima de película muito baixa. Altas temperaturas podem fazer que o mancal falhe por fadiga. Se a película de óleo é muito fino, as partículas de sujeira podem ser incapazes de passar sem escoriar ou podem encravar-se no mancal. Em um ou outro caso, haverá desgaste excessivo e atrito, resultando em altas temperaturas e possivelmente emperramento.

A fim de investigarmos o problema com mais detalhes, a Tabela 12–3 foi preparada utilizando os dois tipos preferidos de ajustes deslizantes, que parecem ser os mais úteis para projetos de mancais de deslizamento (ver Tabela 7–9), p. 383. Os resultados mostrados na Tabela 12–3 foram obtidos usando-se as Equações (7–36) e (7–37), da Seção 7–8. Observe que existe uma ligeira sobreposição, porém o intervalo de folgas para o ajuste livre-deslizante é cerca de duas vezes àquele do ajuste apertado-deslizante.

As seis folgas da Tabela 12–3 foram utilizadas em um programa de computador para obter os resultados numéricos mostrados na Tabela 12–4. Eles correspondem aos resultados da Figura 12–25 também. Ambos, tabela e figura, mostram que uma folga apertada resulta em uma temperatura alta. A Figura 12–26 pode se utilizada para estimar o limite de temperatura superior quando as características da aplicação são conhecidas.

Poderia parecer que uma folga grande permitirá que partículas de sujeira passem e também um fluxo de óleo grande, como indicado na a Tabela 12–4. Isso diminui a temperatura e aumenta a vida do mancal. Contudo, se a folga se torna muito grande, o mancal fica barulhento e a espessura mínima de filme começa a aumentar novamente.

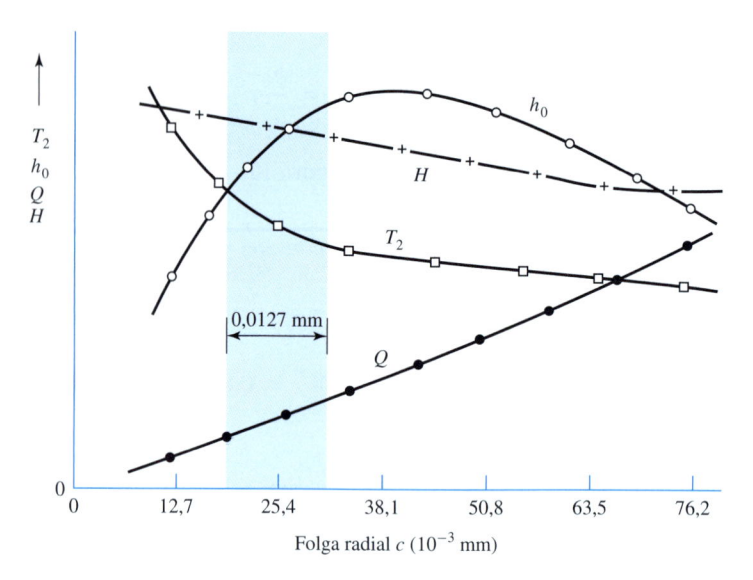

Figura 12–25 Gráfico de algumas características de desempenho do mancal dos Exemplos 12–1 a 12–4 para folgas radiais de 0,0127 a 0,0762 mm. A temperatura de saída no mancal é designada por T_2. Mancais novos devem ser projetados para a zona sombreada, uma vez que o desgaste irá mover o ponto de operação para a direita.

Tabela 12–3 Folgas máximas, mínimas e médias de um mancal de deslizamento de 38 mm de diâmetro, com base no tipo de ajuste.

Tipo de ajuste	Símbolo	Folga c, mm		
		Máxima	Média	Mínima
Apertado-deslizante	H8/f7	0,044 45	0,028 58	0,012 70
Livre-deslizante	H9/d9	0,100 33	0,069 85	0,039 37

Tabela 12–4 Desempenho de um mancal de delizamento de 38 mm de diâmetro com diversas folgas. (Lubrificante SAE 20, $T_1 = 100$ °F, N = 30 r/s, W = 500 lbf, L = 1,5 in.)

c, mm	T_2, °C	h_0, mm	f	Q, mm³/s	H, J/s
0,012 70	108	0,009 65	0,011 3	999	0,090 3
0,028 58	61	0,016 51	0,009 0	2507	0,071 4
0,039 37	56	0,019 56	0,008 7	3571	0,069 3
0,044 45	53	0,019 30	0,008 4	4129	0,067 2
0,069 85	48	0,018 54	0,007 9	6864	0,063
0,100 33	45	0,017 53	0,007 7	10108	0,062

Entre essas duas limitações existe um intervalo bastante grande de folgas que resultarão em um desempenho satisfatório do mancal.

Quando ambos, a tolerância de fabricação e o desgaste futuro do mancal, são considerados, é observado, da Figura 12–25, que o melhor compromisso ocorre para um intervalo de folga ligeiramente para a esquerda do topo da curva de espessura mínima de filme. Dessa forma, o desgaste futuro irá mover o ponto de operação para a direita e aumentar a espessura do filme, diminuindo a temperatura de operação.

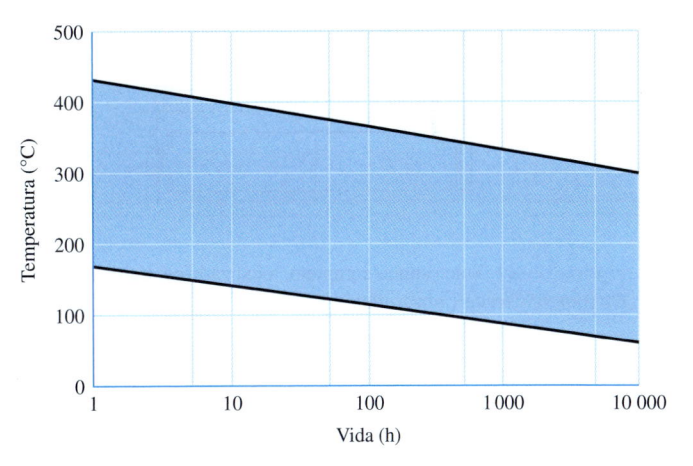

Figura 12–26 Limites de temperatura para óleos minerais. O limite inferior é para óleos contendo antioxidantes, e se aplica quando o suprimento de oxigênio é ilimitado. O limite superior aplica-se quando oxigênio está presente em quantidade insuficiente. A vida na zona sombreada depende da quantidade de oxigênio e dos catalisadores presentes. *Fonte: M. J. Neale (ed.), Tribology Handbook, Section B1, Newnes-Butterworth, Londres,1975.*

12–11 Mancais com lubrificação forçada

A capacidade de sustentar carga de mancais deslizamento autocontidos com circulação natural é bastante restrita. O limitador de desempenho é a capacidade de dissipação de calor do mancal. Uma primeira ideia para aumentar a dissipação de calor é resfriar o reservatório de óleo com um fluido externo, como a água. O problema de alta temperatura está na película no qual o calor é gerado, porém o seu resfriamento só é possível um pouco mais adiante. Isso não protege contra o exceder da máxima temperatura permissível do lubrificante. Uma segunda alternativa é a de reduzir o *aumento de temperatura* na película ao aumentar de forma dramática a taxa de fluxo de lubrificante. O lubrificante em si está reduzindo o aumento de temperatura. Um reservatório resfriado à água pode ainda ser objeto de cogitação. Para aumentar o fluxo de lubrificante, uma bomba externa deve ser utilizada com o lubrificante fornecido a pressões de dezenas de libras por polegada quadrada. Como o lubrificante é fornecido ao mancal sob pressão, tais mancais são chamados de *mancais com lubrificação forçada*.

Para forçar um fluxo maior através do mancal e assim obter um efeito de resfriamento maior, uma prática comum consiste em utilizar um sulco circunferencial no centro do mancal, com um furo de entrada de óleo localizado em lado oposto à zona de suporte da carga. Tal mancal é mostrado na Figura 12–27. O efeito do sulco é criar dois semimancais, cada um tendo uma razão l/d menor que o original. O sulco divide a curva de distribuição de pressão em dois lóbulos e reduz a espessura mínima de filme; não obstante eles possuem grande aceitação entre os engenheiros de lubrificação porque carregam mais carga sem superaquecer.

A fim de estabelecermos um método de solução para o fluxo de óleo, iremos assumir um sulco grande o suficiente para que a queda de pressão seja pequena. Inicialmente, iremos desconsiderar a excentricidade, e então aplicar um fator de correção para esta condição. O fluxo de óleo, é a quantidade que flui para fora das duas metades do mancal na direção do eixo concêntrico. Se desconsiderarmos a rotação do eixo, o fluxo do lubrificante é causado pela pressão de suprimento p_s mostrada na Figura 12–28. O fluxo se supõe laminar, com a pressão variando linearmente de $p = p_s$ em $x = 0$ até $p = 0$, em que $x = l'$. Considere o equilíbrio estático de um elemento de espessura dx, altura $2y$ e profundidade unitária. Observe, em particular, que a origem do sistema de referência foi escolhida no ponto médio do espaço de folga e que a simetria com relação ao eixo x está implícita, com as tensões de cisalhamento τ sendo iguais nas superfícies de topo e de fundo. A equação de equilíbrio na direção x é

$$-2y(p + dp) + 2yp + 2\tau\, dx = 0 \qquad (a)$$

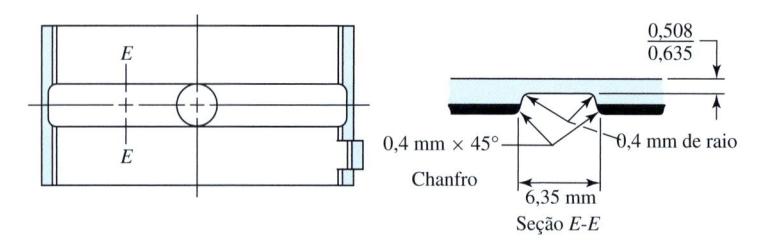

Figura 12–27 Sulco anular completo, localizado centralmente. *(Cortesia de Cleveland Graphite Bronze Company, Division of Clevite Corporation.)*

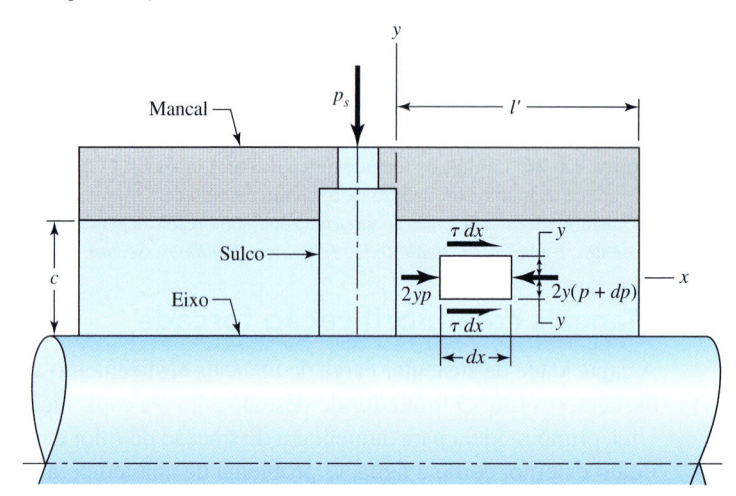

Figura 12–28 Fluxo de lubrificante de um mancal com lubrificação forçada que possui um sulco central anular.

Expandindo e cancelando termos, encontramos

$$\tau = y\frac{dp}{dx} \quad (b)$$

A equação de Newton para fluxo viscoso [Equação (12–1)] é

$$\tau = \mu\frac{du}{dy} \quad (c)$$

Eliminar agora τ das Equações (*b*) e (*c*) produz

$$\frac{du}{dy} = \frac{1}{\mu}\frac{dp}{dx}y \quad (d)$$

Tratar dp/dx como uma constante e integrando com relação a y resulta em

$$u = \frac{1}{2\mu}\frac{dp}{dx}y^2 + C_1 \quad (e)$$

Nas extremidades, em que $y = \pm c/2$, a velocidade u é zero. Utilizar uma dessas condições na Equação (*e*) nos dá

$$0 = \frac{1}{2\mu}\frac{dp}{dx}\left(\frac{c}{2}\right)^2 + C_1$$

ou

$$C_1 = -\frac{c^2}{8\mu}\frac{dp}{dx}$$

Substituir C_1 na Equação (e) produz

$$u = \frac{1}{8\mu} \frac{dp}{dx}(4y^2 - c^2) \qquad (f)$$

Assumindo que a pressão varie de forma linear de p_s a 0, entre $x = 0$ e l', respectivamente, a pressão pode ser escrita como

$$p = p_s - \frac{p_s}{l'}x \qquad (g)$$

portanto, o gradiente de pressão é dado por

$$\frac{dp}{dx} = -\frac{p_s}{l'} \qquad (h)$$

Podemos agora substituir a Equação (h) na Equação (f) para obter a relação entre a velocidade de óleo e a coordenada y:

$$u = \frac{p_s}{8\mu l'}(c^2 - 4y^2) \qquad (12\text{--}21)$$

A Figura 12–29 mostra um gráfico dessa relação ajustada ao espaço de folga c, para que você possa ver como a velocidade do lubrificante varia desde a superfície do eixo até a superfície do mancal. A distribuição é parabólica, com a máxima velocidade ocorrendo no centro, em que $y = 0$. A magnitude é, da Equação (12–21),

$$u_{\max} = \frac{p_s c^2}{8\mu l'} \qquad (i)$$

Para considerar a excentricidade, como mostra a Figura 12–30, a espessura do filme é $h = c - e\cos\theta$. Substituindo h por c na Equação (i), com a ordenada média de uma parábola correspondendo a dois terços da magnitude, a velocidade média em qualquer posição angular θ é

$$u_{\text{av}} = \frac{2}{3}\frac{p_s h^2}{8\mu l'} = \frac{p_s}{12\mu l'}(c - e\cos\theta)^2 \qquad (j)$$

Ainda temos de seguir um pouco mais adiante nesta análise; portanto, seja paciente. Agora que temos uma expressão para a velocidade do lubrificante, podemos computar a quantidade de lubrificante que escapa em ambas as extremidades; o fluxo lateral elementar em qualquer posição θ (Figura 12–30) é

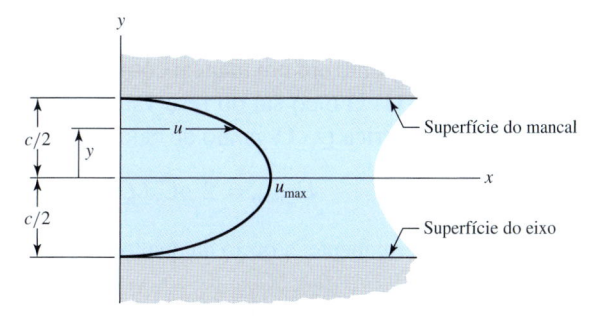

$$dQ_s = 2u_{\text{av}}\,dA = 2u_{\text{av}}(rh\,d\theta) \qquad (k)$$

Figura 12–29 Distribuição parabólica da velocidade do lubrificante.

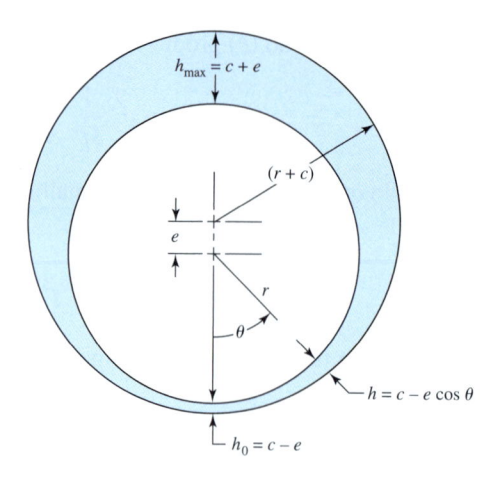

Figura 12-30

em que dA é a área elementar. Substituindo u_{av} das Equações (j) e (h) da Figura 12-30, obtemos

$$dQ_s = \frac{p_s r}{6\mu l'}(c - e\cos\theta)^3 \, d\theta \tag{l}$$

A integração ao redor do mancal dá o fluxo lateral total como

$$Q_s = \int dQ_s = \frac{p_s r}{6\mu l'} \int_0^{2\pi} (c - e\cos\theta)^3 \, d\theta = \frac{p_s r}{6\mu l'}(2\pi c^3 + 3\pi c e^2)$$

Rearranjando, com $\epsilon = e/c$, resulta

$$Q_s = \frac{\pi p_s r c^3}{3\mu l'}(1 + 1{,}5\epsilon^2) \tag{12-22}$$

Ao analisar o desempenho de mancais com lubrificação forçada, o comprimento do mancal deve ser tomado como l', assim definido na Figura 12-28. A pressão característica em cada um dos dois mancais, que constituem um conjunto mancal com baixa lubrificação P, é dada por

$$P = \frac{W/2}{2rl'} = \frac{W}{4rl'} \tag{12-23}$$

As cartas da variável de fluxo e razão de fluxo (Figuras 12-19 e 12-20) não se aplicam a mancais com lubrificação forçada. Mais ainda, a pressão máxima de filme da Figura 12-21 deve ser aumentada da pressão de suprimento de óleo p_s para obter a pressão total da película.

Uma vez que o fluxo de óleo foi elevado pela alimentação forçada, a Equação (12-14) indicará um aumento de temperatura muito alto, porque o fluxo lateral carrega todo o calor gerado. O encanamento em um mancal com lubrificação forçada é mostrado esquematicamente na Figura 12-31. O óleo sai do reservatório na temperatura mantida externamente T_s, em uma razão volumétrica Q_s. O ganho de calor do fluido passando através do mancal é

$$H_{\text{ganho}} = 2\,\rho C_p (Q_s/2)\Delta T = \rho C_p Q_s \Delta T \tag{m}$$

Em um regime permanente, a razão na qual o mancal faz trabalho de atrito na película fluida é

$$H_f = \frac{2\pi TN}{J} = \frac{2\pi f WrN}{J} = \frac{2\pi \, WNc}{J}\frac{fr}{c} \tag{n}$$

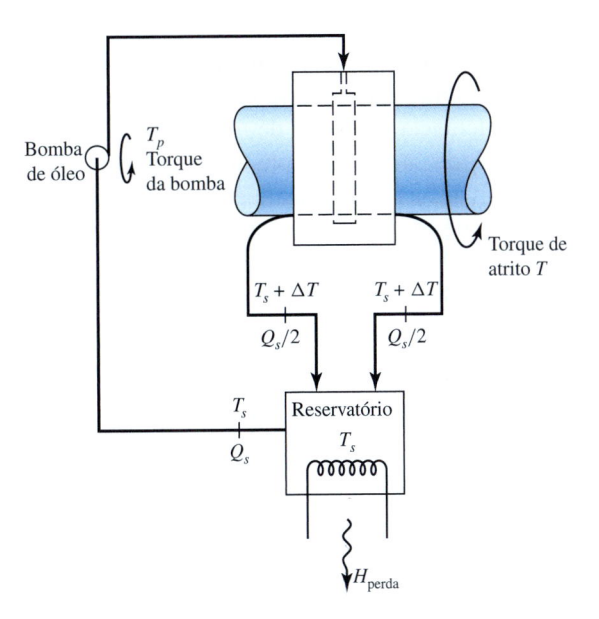

Figura 12–31 Mancal de deslizamento completo, alimentado por pressão, com sulco central anular, com reservatório de lubrificante externo com serpentina.

Igualar o ganho de calor ao trabalho de atrito e resolver para ΔT resulta

$$\Delta T = \frac{2\pi W N c}{J \rho C_p Q_s} \frac{fr}{c} \tag{o}$$

Substituir a Equação (12–22) por Q_s na equação para ΔT resulta

$$\Delta T = \frac{2\pi}{J \rho C_p} W N c \frac{fr}{c} \frac{3\mu l'}{(1 + 1{,}5\epsilon^2)\pi p_s r c^3}$$

O número de Sommerfeld pode ser expresso como

$$S = \left(\frac{r}{c}\right)^2 \frac{\mu N}{P} = \left(\frac{r}{c}\right)^2 \frac{4 r l' \mu N}{W}$$

Resolvendo para $\mu N l'$ na expressão de Sommerfeld, substituindo na expressão para ΔT e utilizando $J = 9\,336$ lbf · in/Btu, $\rho = 0{,}0311$ lbm/in^3 e $C_p = 0{,}42$ Btu/(lbm · °F), encontramos

$$\Delta T_F = \frac{3(fr/c)SW^2}{2J\rho C_p p_s r^4} \frac{1}{(1 + 1{,}5\epsilon^2)} = \frac{0{,}0123(fr/c)SW^2}{(1 + 1{,}5\epsilon^2) p_s r^4} \tag{12-24}$$

em que ΔT_F é ΔT em °F. A equação correspondente em unidades SI usa a carga do mancal W em kN, pressão de suprimento do lubrificante p_s em kPa e o raio do eixo r em mm:

$$\Delta T_C = \frac{978(10^6)}{1 + 1{,}5\epsilon^2} \frac{(fr/c)SW^2}{p_s r^4} \tag{12-25}$$

Um exemplo de análise de um mancal alimentado à pressão será bastante útil.

EXEMPLO 12-6 Um mancal de sulco circunferencial, de lubrificação forçada, é lubrificado com óleo SAE grau 20, fornecido à pressão no medidor de 207 kPa. O diâmetro do eixo d_j é 44,45 mm, com tolerância unilateral de $-0,005$ mm. A bucha circunferencial central possui um diâmetro d_b de 44,53 mm, com uma tolerância unilateral de $+0,1$ mm. A razão l'/d dos dois "meio-mancais" que constituem o mancal completo, de lubrificação forçada, é de $1/2$. A velocidade angular do eixo é de 3 000 rev/min, ou 50 rev/s, e a carga radial permanente é de 4 kN. O reservatório externo é mantido a 49°C, desde que a transferência de calor necessária não exceda 800 Btu/h.

(a) Encontre a temperatura média de regime permanente da película.
(b) Compare h_0, T_{max}, e P_{st} com o critério de Trumpler.
(c) Estime o fluxo lateral volumétrico Q_s, a razão de perda de calor H_{perda} e o torque parasítico de atrito.

Solução (a)

$$r = \frac{d_j}{2} = \frac{44,45}{2} = 22,23 \text{ mm}$$

$$c_{min} = \frac{(d_b)_{min} - (d_j)_{max}}{2} = \frac{44,53 - 44,45}{2} = 0,04 \text{ mm}$$

Uma vez que $l'/d = 1/2$, $l' = d/2 = r = 22,23$ mm, a pressão causada pela carga será

$$P = \frac{W}{4rl'} = \frac{4}{4(0,022\ 23)^2} = 2\ 024 \text{ kPa}$$

O número de Sommerfeld S pode ser expresso como

$$S = \left(\frac{r}{c}\right)^2 \frac{\mu N}{P} = \left(\frac{22,23}{0,04}\right)^2 \frac{\mu}{2,024} \frac{50}{(10^6)} = 7,63\mu \quad (1)$$

Vamos utilizar um método tabular para encontrar a temperatura média da película. A temperatura média $\overline{T}_f$ da película na primeira tentativa será de 77°C. Utilizando o ajuste de curva de Seireg da Tabela 12-1, obtemos

Da Equação (1)

$$\mu' = 6,89(10^{-3})0,013\exp[1271,6/(1,8(77) + 127)] = 0,011\ 24 \text{ Pa} \cdot \text{s}$$

$$7,63\mu = 7,63(0,011\ 24) = 0,0858$$

Da Figura (12-18), $fr/c = 3,3$, e da Figura (12-16), $\epsilon = 0,80$. Da Equação (12-25),

$$\Delta T_F = \frac{978(10^6)3,3(0,0858)4^2}{[1 + 1,5(0,8)^2]207(22,23^4)} = 44,7°C$$

$$T_{av} = T_s + \frac{\Delta T}{2} = 49 + \frac{44,7}{2} = 71,4°C$$

Formamos uma tabela, adicionando uma segunda linha $\overline{T}_f = 71,4°C$.

Tentativa $\overline{T}_f$	μ	S	fr/c	ϵ	ΔT_F	T_{av}
77	0,011 24	0,0858	3,3	0,8	44,7	71,4
75,8	0,011 53	0,088	3,39	0,792	53,6	75,8

Se a interação não tivesse encerrado, poder-se-ia traçar $\overline{T}_f$ contra T_{av} resultante e desenhar uma linha reta entre ambas, a intersecção com uma linha $\overline{T}_f = T_{av}$ definindo um novo valor de tentativa para $\overline{T}_f$.

Resposta O resultado dessa tabulação é $\overline{T}_f = 75{,}8$, $\Delta T_F = 53{,}6°C$ e $T_{max} = 49 + 53{,}6 = 102{,}6°C$.

(b) Uma vez que $h_0 = (1 - \epsilon)c$,

$$h_0 = (1 - 0{,}792)0{,}04 = 0{,}0083 \text{ mm}$$

Os quatro critérios de Trumpler requeridos, da "Velocidade Angular Significativa" na Seção 12–7 são

$$h_0 \geq 0{,}005\,08 + 0{,}000\,04(44{,}45) = 0{,}006\,86 \text{ mm} \quad \text{(correto)}$$

Resposta
$$T_{max} = T_s + \Delta T = 49 + 53{,}6 = 102{,}6°C \quad \text{(correto)}$$

$$P_{st} = \frac{W_{st}}{4rl'} = \frac{4}{4(0{,}022\,23)^2} = 2\,024 \text{ kPa} \quad \text{(correto)}$$

O fator de segurança para a carga é aproximadamente unitário. (incorreto)

(c) Da Equação (12–22),

Resposta
$$Q_s = \frac{\pi(207\,000)\,22{,}23(0{,}04)^3}{3(0{,}011\,53)22{,}23}[1 + 1{,}5(0{,}792)^2] = 2\,335 \text{ mm}^3/s$$

$$H_{\text{perda}} = \rho C_p Q_s \Delta T = 861(1\,758)(2\,335 \times 10^{-6})53{,}6 = 189 \text{ J/s}$$

O torque parasítico T de atrito é

Resposta
$$T = fWr = \frac{fr}{c}Wc = 3{,}39(4)(0{,}04/02) = 0{,}27 \text{ N} \cdot \text{m}$$

12–12 Cargas e materiais

Um auxílio na escolha de cargas unitárias e materiais de mancais é proporcionado pelas Tabelas 12–5 e 12–6. Uma vez que o diâmetro e comprimento do mancal dependem da carga unitária, essas tabelas vão ajudar o projetista a estabelecer o ponto de partida do projeto.

A razão comprimento-diâmetro l/d de um mancal depende da expectativa que se tem de operar sob condições de lubrificação de película fina ou não. Um mancal longo (razão l/d grande) reduz o coeficiente de atrito e o fluxo lateral de óleo e, portanto, é desejável onde a lubrificação de película fina ou de valor de extremidade estiver presente. Por outro lado, quando a lubrificação de alimentação forçada ou positiva está presente, a razão deve ser relativamente pequena. O comprimento curto do mancal resulta em um fluxo maior de óleo nas extremidades, mantendo assim o mancal mais fresco. Uma prática corrente é usar uma razão l/d próxima de 1 e, depois, aumentar esta razão se a lubrificação de película fina for de ocorrência provável, ou diminuí-la para lubrificação de película espessa ou altas temperaturas. Se, provavelmente, a deflexão do eixo for severa, um mancal curto deve ser utilizado para evitar o contato metal com metal nas extremidades dos mancais.

Você deve sempre considerar o uso de mancais parciais se altas temperaturas forem um problema, pois, ao aliviar a área que não suporta carga num mancal, pode reduzir o calor gerado de maneira substancial.

Tabela 12–5 Intervalo de cargas unitárias de uso corrente para mancais de deslizamento (manga).

Aplicação	Carga unitária psi	MPa
Motores Diesel:		
Mancais principais	900–1700	6–12
Pino de manivela	1150–2300	8–15
Pino de biela	2000–2300	14–15
Motores elétricos	120–250	0,8–1,5
Turbinas a vapor	120–250	0,8–1,5
Redutores de engrenagem	120–250	0,8–1,5
Motores automotivos:		
Mancais principais	600–750	4–5
Pino de manivela	1700–2300	10–15
Compressores de ar:		
Mancais principais	140–280	1–2
Pino de manivela	280–500	2–4
Bombas centrífugas	100–180	0,6–1,2

Tabela 12–6 Algumas características de ligas de mancal.

Nome da liga	Espessura, mm	Número SAE	Razão de folga r/c	Capacidade de carga	Resistência à corrosão
Babbitt à base de estanho	0,56	12	600–1000	1,0	Excelente
Babbitt à base de chumbo	0,56	15	600–1000	1,2	Muito bom
Babbitt à base de estanho	0,1	12	600–1000	1,5	Excelente
Babbitt à base de chumbo	0,1	15	600–1000	1,5	Muito bom
Bronze-chumbo	Sólido	792	500–1000	3,3	Muito bom
Cobre-chumbo	0,56	480	500–1000	1,9	Bom
Liga de alumínio	Sólido		400–500	3,0	Excelente
Prata mais sobre camada	0,33	17P	600–1000	4,1	Excelente
Cádmio (1,5% Ni)	0,56	18	400–500	1,3	Bom
Trimetal 88*				4,1	Excelente
Trimetal 77†				4,1	Muito bom

*Trata-se de uma camada de 0,203 mm de cobre-chumbo em substrato de aço, mais 0,025 mm em babbitt à base de estanho.

†Trata-se de uma camada de 0,33 mm de cobre-chumbo em substrato de aço, mais 0,025 mm em babbitt à base de estanho.

    Os dois requisitos conflitantes de um bom material de mancal são que ele deve ter resistência à compressão e à fadiga satisfatórias, para resistir às cargas aplicadas externamente, e ele deve ser macio e ter um baixo ponto de fusão e um baixo módulo de elasticidade. O segundo conjunto de requisitos é necessário para permitir ao material desgastar-se ou romper-se, uma vez que ele pode então se conformar às irregularidades, absorver e liberar partículas estranhas. A resistência ao desgaste e o coeficiente de atrito também são importantes pois todos os mancais devem operar, no mínimo parte do tempo, com lubrificação de película fina ou de extremidade.

    Considerações adicionais na seleção de um bom material de mancal são a sua capacidade de resistir à corrosão e, claro, o custo de sua produção. Alguns dos materiais usados estão na Tabela 12–6, juntamente com suas composições e características.

A vida de um mancal pode ser aumentada substancialmente pela deposição de uma camada de *babbitt*, ou outro metal branco, em espessuras desde 0,025 mm a 0,35 mm sobre o material de suporte em aço. De fato, uma camada de cobre-chumbo sobre aço com a finalidade de proporcionar resistência, combinada com uma camada de babbitt para aumentar a conformabilidade superficial e resistência à corrosão, resulta em um excelente mancal.

Pequenas buchas e colares de escora são, com frequência, esperados operar em lubrificação com película fina ou de extremidade. Quando esse é o caso, melhorias no material de mancal sólido podem ser feitas para aumentar de forma significativa a vida do mancal. Uma bucha de metalurgia de pó é porosa e permite que o óleo penetre no seu material. Algumas vezes tal bucha pode ser circundada por um material impregnado de óleo de modo a proporcionar espaço adicional de armazenamento. Mancais têm frequentemente deformações esféricas a fim de prover pequenas bacias para o armazenamento do lubrificante enquanto o mancal está parado. Isso proporciona alguma lubrificação durante a partida. Um outro método de redução do atrito é deformar a parede do mancal e preencher tais deformações com grafite.

Com todas essas decisões provisórias tomadas, um lubrificante pode ser selecionado e a análise hidrodinâmica poderá ser feita. Os valores dos diversos parâmetros de desempenho, representados graficamente como na Figura 12–25, poderão indicar se um projeto satisfatório foi obtido ou não e se iterações adicionais são necessárias.

12–13 Tipos de mancais

Um mancal pode ser tão simples quanto um furo usinado em um componente de máquina fundido. Embora simples, pode requerer procedimentos de projeto detalhados, por exemplo, o mancal de duas peças, sulcado, com lubrificação forçada na biela em um motor automobilístico. Ou pode ser tão elaborado quanto os grandes mancais resfriados à água, de anéis oleados, com reservatórios incorporados, utilizados em máquinas pesadas.

A Figura 12–32 mostra dois tipos de buchas. A bucha sólida é fabricada por fundição, por estiramento e usinagem, ou por uso de um processo de metalurgia do pó. A bucha forrada é geralmente do tipo partida. Em um método de manufatura, o material derretido de forração é fundido continuamente sobre uma tira de aço fina. A tira de *babbitt* é então processada por meio de prensas, rebarbadores e brochadores, resultando em uma bucha revestida. Qualquer tipo de sulco pode ser cortado nas buchas, que são montadas em um ajuste por pressão e terminadas por furação, escareação ou brunimento.

Mancais de duas peças com flange reto são mostrados na Figura 12–33. Eles são encontrados em muitos tamanhos, em ambos os tipos, de paredes grossa e fina, com e sem material de revestimento. Uma alça de travamento posiciona o mancal e efetivamente evita o movimento axial e rotacional do mancal dentro da caixa.

Alguns padrões típicos de sulcos estão na Figura 12–34. No geral, o lubrificante pode ser trazido para dentro a partir da extremidade da bucha, por meio do eixo, ou da bucha. A prática preferida é introduzir o óleo no centro da bucha de maneira que este fluirá para fora em ambas as extremidades, aumentando o fluxo e a ação refrigerante.

(*a*) Bucha sólida   (*b*) Bucha revestida

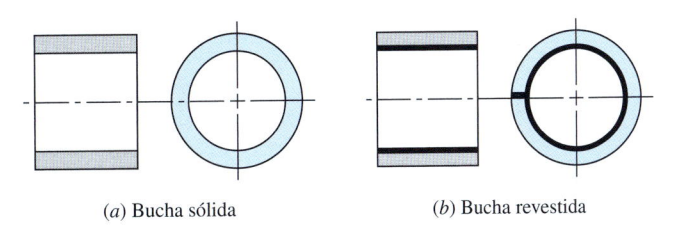

Figura 12–32 Buchas de deslizamento.

(a) Com flange (b) Reta

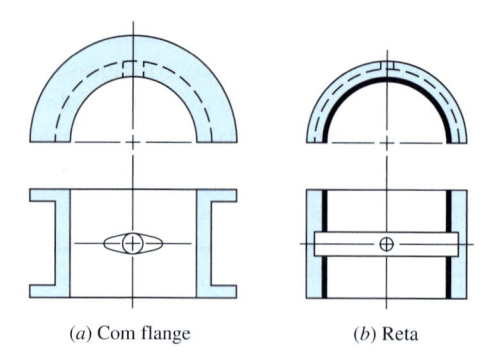

Figura 12–33 Buchas de duas peças.

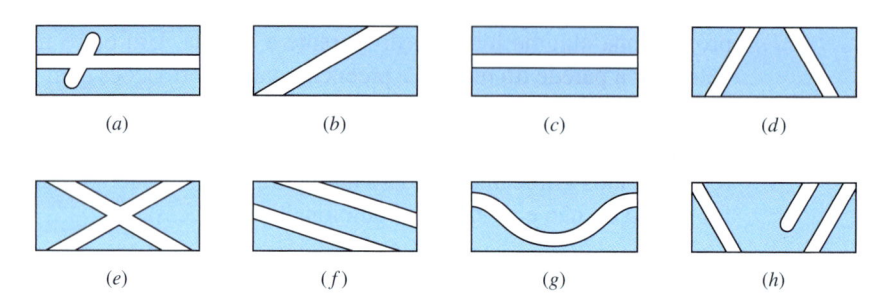

(a) (b) (c) (d)

(e) (f) (g) (h)

Figura 12–34 Vistas desenvolvidas de padrões típicos de sulcos. (*Cortesia da Cleveland Graphite Bronze Company, Division of Clevite Corporation.*)

12–14 Mancais de escora

Este capítulo é dedicado ao estudo da mecânica de lubrificação e sua aplicação ao dimensionamento e análise de mancais de escora (ou mancais axiais). O dimensionamento e análise de mancais de escora é uma importante aplicação da teoria de lubrificação. Um estudo detalhado de mancais de escora não é incluído aqui, porque não contribuiria de maneira significativa e por limitações de espaço. Tendo estudado este capítulo, você não encontrará dificuldades na literatura referente a mancais axiais e aplicar esse conhecimento a situações reais de projeto.[11]

A Figura 12–35 mostra um mancal de escora de pastilha fixa consistindo essencialmente em um rotor (disco) deslizando sobre uma pastilha fixa. O lubrificante é trazido aos sulcos radiais e bombeado no espaço em forma de cunha pelo movimento do rotor. A lubrificação de película completa, ou hidrodinâmica, é obtida se a velocidade do rotor for contínua e suficientemente alta, se o lubrificante possuir a viscosidade correta, e se for fornecido em quantidade suficiente. A Figura 12–36 exibe uma foto da distribuição de pressão sob condições de lubrificação de película completa.

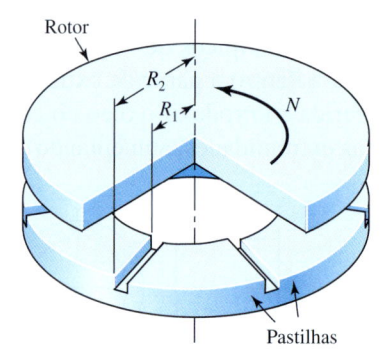

Figura 12–35 Mancal de escora com pastilha fixa. (*Cortesia da Westinghouse Eletric Corporation.*)

---

[11]Harry C. Rippel, *Cast Bronze Thrust Bearing Design Manual*, International Cooper Research Association, Inc., 825 Third Ave., New York, NY 10022, 1967. CBBI, 14600 Detroit Ave., Cleveland, OH, 44107, 1967.

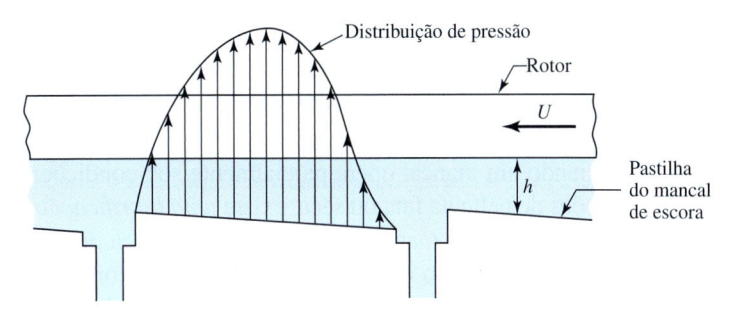

Figura 12–36 Distribuição de pressão no lubrificante num mancal de escora. *(Cortesia da Copper Research Corporation.)*

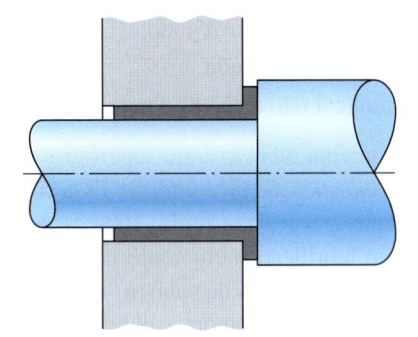

Figura 12–37 Mancal de deslizamento (manga) com flange que suporta ambas as cargas, radial e de escora.

Devemos observar que os mancais são frequentemente construídos com um flange, como mostra a Figura 12–37. O flange posiciona o mancal na caixa e também absorve carga axial. Não obstante, ainda que seja sulcado e possuindo uma lubrificação adequada, tal arranjo não constitui teoricamente um mancal de escora lubrificado hidrodinamicamente. A razão para isso reside no fato de o espaço de folga não ter formato de cunha, mas ter uma espessura uniforme. Raciocínio similar se aplicaria a vários projetos de arruelas de escora.

12–15 Mancais de contorno lubrificado

Quando duas superfícies deslizam uma em relação à outra com apenas um filme parcial de lubrificante entre elas, existe *lubrificação de contorno*, ou de película fina. Esta ocorre em mancais lubrificados hidrodinamicamente quando da partida ou parada, quando a carga aumenta, quando o suprimento de lubrificante diminui, ou sempre que outras modificações de operação acontecem. Há um número muito grande de casos em projeto nos quais mancais de lubrificação de contorno devem ser utilizados por causa do tipo de aplicação ou situação competitiva.

O coeficiente de atrito para superfícies lubrificadas no contorno pode ser diminuído grandemente pelo uso de óleos vegetais ou animais misturados com óleo mineral ou graxa. Ácidos graxos, tais como ácido esteárico, ácido palmítico, ácido oleico, ou vários desses, os quais ocorrem em gorduras animais e vegetais, são chamados de *agentes oleaginosos*. Esses ácidos parecem reduzir o atrito, quer seja por causa das suas fortes afinidades por certas superfícies metálicas, quer seja porque eles formam um filme de sabão que adere às superfícies metálicas por reação química. Assim, as moléculas de ácidos gordurosos juntam-se às superfícies do eixo e do mancal com tal resistência que as asperezas metálicas dos metais roçantes não se soldam ou cisalham.

Ácidos gordurosos degradam-se a temperaturas de 121°C ou mais, causando um aumento de atrito e desgaste nos mancais lubrificados por película fina. Em tais casos os lubrificantes de *pressão extrema,* ou EP, podem ser misturados com lubrificante de ácido gorduroso. Esses são compostos de químicos tais como ésteres clorados, tricresílico fosfato, que forma um filme orgânico entre as superfícies roçantes. Embora os lubrificantes EP tornem possível a operação a temperaturas mais altas, há a possibilidade adicional de corrosão química excessiva das superfícies deslizantes.

Quando um mancal opera parcialmente sob condições hidrodinâmicas, e parcialmente sob condições de película fina ou seca, existe *uma lubrificação de película mista*. Se o lubrificante é suprido por oleação manual, alimentação mecânica ou por gotejamento, ou por alimentação de pavio, por exemplo, o mancal está operando sob condições de película mista. Além de ocorrer sob escassez de lubrificante, as condições de película mista podem estar presentes quando:

- a viscosidade é muito baixa.
- a velocidade do mancal é muito baixa.
- o mancal está sobrecarregado.
- a folga é muito apertada.
- eixo e mancal não estão alinhados corretamente.

O movimento relativo entre superfícies em contato, na presença de um lubrificante, é conhecido como *lubrificação de contorno*. Essa condição está presente em mancais de filme hidrodinâmico durante a partida, parada, sobrecarga ou quando da deficiência de lubrificante. Alguns mancais são lubrificados em contorno (ou secos) em todos os momentos. Para indicar isso um adjetivo é colocado antes da palavra "mancal". Adjetivos aplicados comumente (alguns deles) são película fina, atrito de contorno, oleificante, autolubrificantes (Oiles) e de bucha-pino. As aplicações incluem situações em que o filme espesso não se desenvolverá a baixa velocidade de eixo, eixo oscilante, deslizamentos amortecidos, cargas leves e lubrificação vitalícia. As características incluem atrito considerável, habilidade de tolerar o desgaste esperado sem perder a função e carregamento leve. Tais mancais são limitados pela temperatura do lubrificante, velocidade, pressão, esfoliação e desgaste cumulativo. A Tabela 12–7 apresenta algumas propriedades de um grupo de materiais de bucha.

Tabela 12–7 Alguns materiais para mancais com lubrificação de contorno e seus limites de operação.

Material	Carga máxima, MPa	Temperatura máxima, °C	Velocidade máxima, m/s	Valor máximo de PV*
Bronze fundido	31,0	163	7,6	1,76
Bronze poroso	31,0	66	7,6	1,76
Ferro poroso	55,2	66	4,1	1,76
Fenólicos	41,4	93	12,7	0,53
Náilon	7,0	93	5,1	0,11
Teflon	3,5	260	0,5	0,035
Teflon reforçado	17,2	260	5,1	0,35
Teflon tecido	413,7	260	0,25	0,88
Delrin[†]	7,0	82	5,1	0,105
Carbono-grafite	4,1	399	12,7	0,53
Borracha	0,3	66	20,3	
Madeira	13,8	66	10,2	0,53

*P = carga, MPa; V = velocidade, m/s.
[†]N. de T.: Delrin poliacetal usado em buchas, anéis mancais etc. Marca registrada Dupont.

Desgaste linear de deslizamento

Considere o bloco deslizante da Figura 12–38, movendo-se sobre uma placa com pressão de contato P', atuante sobre a área A, na presença de um coeficiente de atrito dinâmico f_s. A medida linear de desgaste w é expressa em polegadas ou em milímetros. O trabalho feito pela força $f_s PA$, durante o deslocamento S, é $f_s PAS$ ou $f_s PAVt$, em que V é a velocidade de deslizamento e t é o tempo. O volume de material removido como resultado do desgaste é wA, e é proporcional ao trabalho feito, isto é, $wA \propto f_s PAVt$, ou

$$wA = KPAVt$$

em que K é o fator de proporcionalidade, o qual inclui f_s, e é determinado por meio de testes de laboratório. O desgaste linear é expresso como

$$w = KPVt \qquad (12\text{–}26)$$

Em unidades americanas usuais, P é expresso em psi, V em fpm (i.e., ft/min), e t em horas. Isso faz com que as unidades de K sejam in$^3 \cdot$ min/(lbf $\cdot$ ft $\cdot$ h). As unidades do SI comumente utilizadas para o K são cm$^3 \cdot$ min/(kgf $\cdot$ m $\cdot$ h), onde 1 kgf = 9,806 N. As Tabelas 12–8 e 12–9 dão alguns fatores de desgaste e coeficientes de atrito fornecidos por um fabricante.

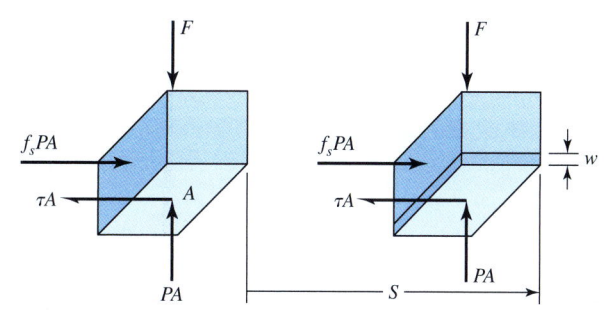

Figura 12–38 Bloco deslizante sujeito a desgaste.

Tabela 12–8 Fatores de desgaste.* *Fonte*: Oiles America Corp., Plymouth, MI 48170.

Material de bucha	Fator de desgaste K	Limite PV
Oleosos 800	$6\,037(10^{-20})$	0,63
Oleosos 500	$1\,207(10^{-20})$	1,64
Copolímero poliacetal	$100\,615(10^{-20})$	0,18
Homopolímero poliacetal	$127\,730(10^{-20})$	0,11
Náilon 66	$402\,460(10^{-20})$	0,07
Náilon 66 + 15% PTFE	$26\,160(10^{-20})$	0,25
Náilon 66 + 15% PTFE + 30% Vidro	$32\,200(10^{-20})$	0,35
Náilon 66 + 2,5% MoS$_2$	$402\,460(10^{-20})$	0,07
Náilon 6	$402\,460(10^{-20})$	0,07
Policarbonato + 15% PTFE	$150\,920(10^{-20})$	0,25
Bronze sinterizado	$205\,250(10^{-20})$	0,3
Fenol + 25% de fibra de vidro	$16\,100(10^{-20})$	0,4

*dim[K] = m$^3 \cdot$ s/(N $\cdot$ m $\cdot$ s), dim [PV] = MPa $\cdot$ m/s.

Tabela 12–9 Coeficientes de atrito. *Fonte*: Oiles America Corp., Plymouth, MI 48170.

Tipo	Mancal	f_s
Placetic	Oleosos 86	0,05
Compósito	Metal seco ST	0,03
	Metal duro	0,05
Metal	Cerâmico-metálico	0,05
	Oleosos 2000	0,03
	Oleosos 300	0,03
	Oleosos 500SP	0,03

É útil incluir um fator modificador f_1 dependendo do tipo de movimento, carga e velocidade e um fator de meio ambiente f_2 levando em conta a temperatura e condições de limpeza (ver Tabelas 12–10 e 12–11). Esses fatores consideram as diferenças em relação às condições de laboratório, sob as quais K foi medido. A Equação (12–26) pode ser escrita como

$$w = f_1 f_2 \, K \, P \, V \, t \qquad (12\text{–}27)$$

O desgaste, portanto, é proporcional a PV, à propriedade material K, às condições de operação f_1 e f_2, e ao tempo t.

Tabela 12–10 Fator relativo ao movimento f_1.

Modo de movimento	Pressão característica P, MPa		Velocidade V, mm/s	f_1*
Rotatório	5 ou menos		16,8 ou menos	1,0
			16,8–168,8	1,0–1,3
			168,8–508	1,3–1,8
	5–25		16,8 ou menos	1,5
			16,8–168,8	1,5–2,0
			168,8–508	2,0–2,7
Oscilatório	5 ou menos	>30°	16,8 ou menos	1,3
			16,8–508	1,3–2,4
		<30°	16,8 ou menos	2,0
			16,8–508	2,0–3,6
	5–25	>30°	16,8 ou menos	2,0
			16,8–508	2,0–3,2
		<30°	16,8 ou menos	3,0
			16,8–508	3,0–4,8
Alternante	5 ou menos		16,8 ou menos	1,5
			168,8–508	1,5–3,8
	5–25		16,8 ou menos	2,0
			168,8–508	2,0–7,5

*Valores de f_1 com base em resultados obtidos por longo período de tempo em maquinaria de manufatura automobilística.

Tabela 12–11 Fator ambiental f_2. *Fonte*: Oiles America Corp., Plymouth, MI 48170.

Temperatura ambiente, °C	Material estranho	f_2
60 ou menos	Não	1,0
60 ou menos	Sim	3,0–6,0
60–99	Não	3,0–6,0
60–99	Sim	6,0–12,0

Desgaste da bucha

Considere um pino de diâmetro D rodando a uma velocidade N, sobre uma bucha de comprimento L, ao mesmo tempo em que suporta uma carga radial estacionária F. A pressão nominal P é dada por

$$P = \frac{F}{DL} \qquad (12\text{–}28)$$

e se N está em rev/min e D está em polegadas, a velocidade em ft/min é dada por

$$V = \frac{\pi DN}{12} \qquad (12\text{–}29)$$

Assim, PV em psi · ft/min é

$$PV = \frac{F}{DL}\frac{\pi DN}{12} = \frac{\pi}{12}\frac{FN}{L} \qquad (12\text{–}30)$$

Observe a independência de PV com relação ao diâmetro do eixo D.

Uma equação tempo-desgaste similar à Equação (12–27) pode ser escrita. Contudo, antes de fazê-lo, é importante notar que a Equação (12–28) fornece o valor nominal de P. A Figura 12–39 mostra uma representação mais acurada da distribuição de pressão, que pode ser escrita como

$$p = P_{\max}\cos\theta \qquad -\frac{\pi}{2} \le \theta \le \frac{\pi}{2}$$

A componente vertical de $p\,dA$ é $p\,dA\cos\theta = [pL(D/2)d\theta]\cos\theta = P_{\max}(DL/2)\cos^2\theta\,d\theta$. Integrando esta expressão de $\theta = -\pi/2$ a $\pi/2$ resulta F. Assim,

$$\int_{-\pi/2}^{\pi/2} P_{\max}\left(\frac{DL}{2}\right)\cos^2\theta\,d\theta = \frac{\pi}{4}P_{\max}DL = F$$

ou

$$P_{\max} = \frac{4}{\pi}\frac{F}{DL} \qquad (12\text{–}31)$$

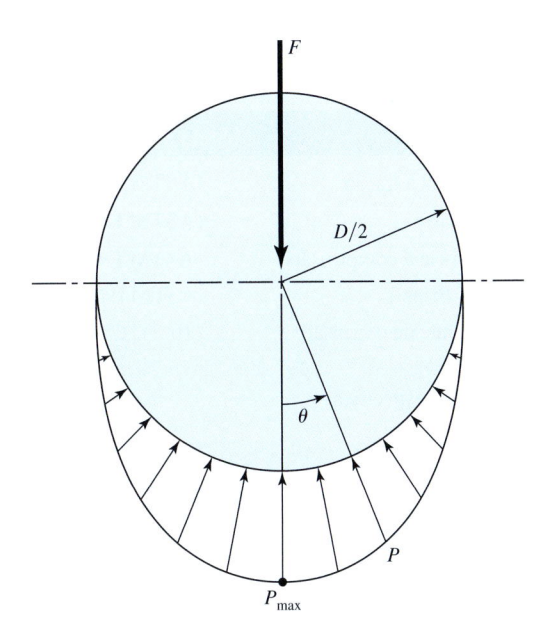

Figura 12–39 Distribuição da pressão em uma bucha de contorno lubrificado.

Substituindo V proveniente da Equação (12–29) e P_{max} em lugar de P da Equação (12–31) na Equação (12–27), produz

$$w = f_1 f_2 K \frac{4}{\pi} \frac{F}{DL} \frac{\pi DNt}{12} = \frac{f_1 f_2 KFNt}{3L} \quad (12\text{–}32)$$

Ao projetar-se uma bucha, tendo em vista os vários pros e contras, é recomendado que a razão comprimento/diâmetro esteja no intervalo

$$0{,}5 \leq L/D \leq 2 \quad (12\text{–}33)$$

EXEMPLO 12–7

Uma bucha autolubrificante (Oiles) SP 500 de liga de latão possui 25 mm de comprimento com orifício de 25 mm e opera num meio limpo a 21°C. O desgaste admissível sem perda de função é de 0,125 mm. A carga radial é de 2250 N. A velocidade do eixo é de 200 rev/min. Estime o número de revoluções para que o desgaste radial seja de 0,125 mm. Veja a Figura 12–40 e Tabela 12–12.

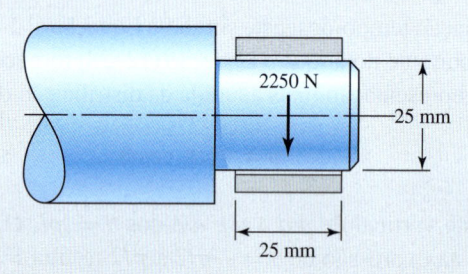

Figura 12–40 Eixo/Bucha do Exemplo 12–7.

Tabela 12–12 Intervalo de serviço e propriedades de Oiles 500 SP (SPBN. SPWN). *Fonte*: Oiles America Corp., Plymouth, MI 48170.

Intervalo de serviço	Unidades	Admissível
Pressão característica P_{max}	MPa	<24,5
Velocidade V_{max}	m/s	<0,51
Produto PV	MPa·m/s	<1,64
Temperatura T	°C	<149
Propriedades	**Método de teste, Unidades**	**Valor**
Resistência à tração	(ASTM E8) psi	>758
Elongação	(ASTM E8) %	>12
Resistência à compressão	(ASTM E9) psi	67,4
Dureza Brinell	(ASTM E10) HB	>210
Coeficiente de expansão térmica	(10^{-5}) °C	>1,6
Gravidade específica		8,2

Solução

Da Tabela 12–8, $K = 1\,207\,(10^{-20})\,\text{m}^3 \cdot \text{s}/(\text{N}\cdot\text{m}\cdot\text{s})$; $P = 2250/[(25)(25)] = 3{,}6$ MPa, $V = \pi DN = \pi(25)(200)/60 = 262$ mm/s
Tabelas 12–10 e 12–11:

$$f_1 = 1{,}8 \qquad f_2 = 1$$

Tabela 12–12:

$$PV_{max} = 1640 \text{ MPA} \cdot \text{mm/s}. \quad P_{max} = 24{,}5 \text{ MPa}. \quad V_{max} = 510 \text{ mm/s}$$

$$P_{max} = \frac{4}{\pi}\frac{F}{DL} = \cdot \frac{4(2250)}{\pi(25)(25)} = 4{,}58 \text{ MPa} < 24{,}5 \text{ MPa} \quad \text{(correto)}$$

$$P = \frac{F}{DL} = 3{,}6 \text{ MPa} \quad V = 262 \text{ mm/s}$$

$$PV = 3{,}6(262) = 943{,}2 \text{ MPa} \cdot \text{mm/s} < 1640 \text{ MPa} \cdot \text{mm/s} \quad \text{(correto)}$$

Resolvendo Eq. (12–32) para t resulta

$$\frac{\pi DLw}{4 f_1 f_2 K V F} = \frac{\pi(0{,}025)(0{,}025)0{,}125}{4(1{,}8)(1)(1207)(10^{-14})(262)(2250)} = 4\,790\,891 \text{ s} = 1331 \text{ h}$$

Resposta

$$\text{Ciclos} = Nt = 200(79\,848) = 16(10^6) \text{ rev}$$

Aumento de temperatura

Em estado permanente, a razão na qual o trabalho é feito contra o atrito de mancal iguala a razão na qual o calor é transferido da carcaça do mancal às vizinhanças por convecção e radiação. A razão de geração de calor em J/s é dada por $f_s F V / J$ ou

$$H_{ger} = \frac{f_s F (\pi D)(60 N)}{12 J} = \frac{5\pi f_s F D N}{J} \quad (12\text{--}34)$$

em que N é a velocidade do eixo em rev/min e $J = 1$ m·N/J. A razão na qual o calor é transferido para os arredores, em J/s, é

$$H_{perda} = \hbar_{CR} A \Delta T = \hbar_{CR} A (T_b - T_\infty) = \frac{\hbar_{CR} A}{2}(T_f - T_\infty) \quad (12\text{--}35)$$

em que A = área superficial da carcaça, m^2
$\hbar_{CR}$ = coeficiente combinado global de transferência de calor, W/(m$^2 \cdot$ °C)
T_b = temperatura do metal da carcaça, °C
T_f = temperatura do lubrificante, °C

A observação empírica de que T_b fica a meio caminho entre T_f e T_∞ foi incorporada à Equação (12–35). Igualando as Equações (12–34) e (12–35),

$$T_f = T_\infty + \frac{10\pi f_s F D N}{J \hbar_{CR} A} \quad (12\text{--}36)$$

Embora essa equação pareça indicar que o aumento de temperatura $T_f - T_\infty$ é independente do comprimento L, a área da superfície da carcaça geralmente é uma função de L. A área da superfície da carcaça pode ser estimada e, à medida que os ajustes do projeto prosseguirem, resultados melhores convergirão. Se a bucha deve ser abrigada em um bloco de almofada, a área superficial pode ser estimada de forma grosseira por meio de

$$A \approx \frac{2\pi DL}{144} \quad (12\text{--}37)$$

Substituindo a Equação (12–37) na Equação (12–36),

$$T_f \doteq T_\infty + \frac{10\pi f F_s D N}{J \hbar_{CR}(2\pi DL/144)} = T_\infty + \frac{720 f_s F N}{J \hbar_{CR} L} \quad (12\text{--}38)$$

EXEMPLO 12–8

Escolha uma bucha autolubrificante (Oiles 500) para produzir um desgaste máximo de 0,025 mm em 800 h de uso com um eixo a 5 rev/s e 220 N de carga radial. Use $\hbar_{CR} = 13,3$ W/(m² · °C), $T_{max} = 149°C, f_s = 0,03$ e um fator $n_d = 2$ de projeto. A Tabela 12–13 lista os tamanhos disponíveis de bucha de um fabricante.

Solução

Com um fator de projeto n_d, substitua $n_d F$ por F. Primeiro estime o comprimento da bucha utilizando a Equação (12–32), com $f_1 = f_2 = 1$ e $K = 1207(10^{-20})$ da Tabela 12–8:

$$L = \frac{4f_1 f_2 K n_d F N t}{w} = \frac{4(1)1(1207)10^{-20}(2)220(5)800(3600)}{0,025(10^{-3})} = 0,0122 \text{ m} = 12,2 \text{ mm} \quad (1)$$

Da Equação (12–38), com $f_s = 0,03$ da Tabela 12–9, $\hbar_{CR} = 13,3$ W/(m² · °C) e $n_d F$ em lugar de F,

$$L \doteq \frac{f_s n_d F N}{J \hbar_{CR}(T_f - T_\infty)} = \frac{0,03(2)\,220(5)}{13,3(149 - 21)} = 0,0388 \text{ m} = 38,8 \text{ mm}$$

Tabela 12–13 Tamanhos de bucha disponíveis (em milímetros) de um fabricante.*

ID	OD	12	16	20	22	25	30	38	44	50	62	75	90	100	125
12	20	•	•	•	•	•									
16	22	•	•		•	•									
20	28	•	•		•	•									
22	30		•		•	•	•								
25	35		•		•	•	•	•	•						
25	38		•		•	•	•	•							
30	40				•	•	•	•	•						
38	50						•	•	•						
44	58							•	•	•	•	•	•	•	•
50	60								•		•	•	•		
58	70								•		•	•	•		
62	75									•	•	•	•		
70	84									•		•	•		
75	90										•	•	•	•	
90	103											•	•	•	
100	120											•	•	•	
115	135												•	•	•
125	150												•	•	•

*Em um display como este, o fabricante mostraria números de catálogo em que um • aparece.
ID: diâmetro interno; OD: diâmetro externo.

Os dois resultados restringem L de modo que $12{,}2$ mm $\leq L \leq 38{,}8$ mm. Para começar, seja $L = 25$ mm. Da Tabela 12–13, selecionamos $D = 25$ mm, do intervalo médio de buchas disponíveis.

Tentativa 1: $D = L = 25$ mm.

Equação (12–31): $P_{max} = \dfrac{4}{\pi}\dfrac{n_d F}{DL} = \dfrac{4}{\pi}\dfrac{2(220)}{(0{,}025)(0{,}025)} = 0{,}9$ MPa $< 24{,}5$ MPa (correto)

$$P = \dfrac{n_d F}{DL} = \dfrac{2(220)}{25(25)} = 0{,}7 \text{ MPa}$$

Equação (12–29): $V = \pi DN = \pi(0{,}025)5 = 0{,}39$ m/s $< 0{,}51$ m/s (correto)

$$PV = 0{,}70(0{,}39) = 0{,}27 \text{ MPa}\cdot\text{m/s} < 1{,}64 \text{ MPa}\cdot\text{m/s} \quad \text{(correto)}$$

V	f_1	
0,17	1,3	
0,39	f_1	$\Rightarrow f_1 = 1{,}64$
0,51	1,8	

Nossa segunda estimativa é $L \geq 12{,}2(1{,}64) = 20$ mm. Da Tabela 12–13, há várias buchas de 20 mm selecionáveis. O menor diâmetro na Tabela 12–13 é $D = 12$ mm, fornecendo uma razão L/D de 1,5, que é aceitável de acordo com a Equação (12–33).

Tentativa 2: $D = 12{,}5$ mm, $L = 20$ mm.

$$V = \pi DN = \pi 0{,}0125(5) = 0{,}2 \text{ m/s} < 0{,}51 \text{ m/s} \quad \text{(correto)}$$

$$P_{max} = \dfrac{4}{\pi}\dfrac{n_d F}{DL} = \dfrac{4}{\pi}\dfrac{2(220)}{12{,}5(20)} = 2{,}2 \text{ MPa} < 24{,}5 \text{ MPa} \quad \text{(correto)}$$

$$P = \dfrac{n_d F}{DL} = \dfrac{2(220)}{12{,}5(20)} = 1{,}76 \text{ MPa}$$

$$PV = 1{,}7(0{,}2) = 0{,}34 \text{ MPa}\cdot\text{m/s} < 1{,}64 \text{ MPa}\cdot\text{m/s} \quad \text{(correto)}$$

Resposta Selecione qualquer das buchas das tentativas, cujo ótimo da tentativa 2 seja $D = 12$ mm e $L = 20$ mm. Outros fatores podem entrar no dimensionamento, e tornar outras buchas mais apropriadas.

PROBLEMAS

12–1 Um mancal de deslizamento completo possui um diâmetro de eixo de 25 mm, com uma tolerância unilateral de $-0{,}03$ mm. O orifício da bucha possui um diâmetro de 25,03 mm e uma tolerância unilateral de 0,04 mm. A razão l/d é 1/2. A carga é de 1,2 kN e o eixo roda a 1100 rev/min. Se a viscosidade média é de 55 mPa · s, encontre a espessura mínima de película, a perda de potência e o fluxo lateral para a montagem de folga mínima.

12–2 Um mancal completo de deslizamento possui um eixo de 32 mm de diâmetro, com uma tolerância unilateral de $-0{,}012$ mm. O orifício da bucha possui um diâmetro de 32,05 mm e uma tolerância unilateral de 0,032 mm. O comprimento do mancal é de 64 mm. A carga no eixo é de 1,75 N e este roda a uma velocidade de 900 rev/min. Utilizando uma viscosidade média de 55 mPa · s, encontre a espessura mínima de película, a pressão máxima de película e a razão total de fluxo de óleo para a montagem de mínima folga.

12–3 Um mancal de deslizamento possui um diâmetro de eixo de 75 mm, com uma tolerância unilateral de −0,025 mm. O orifício da bucha possui um diâmetro de 75,125 mm e uma tolerância unilateral de 0,1 mm. O comprimento da bucha é de 37,5 mm. A velocidade do eixo é de 600 rev/s e a carga é de 3 450 N. Para lubrificantes SAE 10 e SAE 40, encontre a espessura mínima de película e a pressão máxima na película para a temperatura de operação de 62°C para uma montagem de folga mínima.

12–4 Um mancal de deslizamento possui um diâmetro de eixo de 75 mm, com uma tolerância unilateral de −0,075 mm. O orifício da bucha possui um diâmetro de 75,15 mm e uma tolerância unilateral de 0,1 mm. O comprimento da bucha é de 75 mm e suporta uma carga de 2 585 N. A velocidade do eixo é de 750 rev/min. Encontre a espessura mínima de película de óleo e a pressão máxima na película para ambos lubrificantes, SAE 10 e SAE 20W-40, e a montagem mais justa possível, se a temperatura operacional de filme for de 150°F.

12–5 Um mancal de deslizamento completo possui um eixo de 50 mm de diâmetro e uma tolerância unilateral de −0,03 mm. A bucha possui um orifício cujo diâmetro é de 50,06 mm e uma tolerância unilateral de 0,05 mm. A bucha possui um comprimento de 25 mm e suporta uma carga de 2 590 N a uma velocidade de 800 rev/min. Encontre a espessura mínima de película, a perda de potência e o fluxo total de lubrificante se a temperatura média da película é de 54°C e o lubrificante SAE 20 é utilizado. Deve ser analisada a montagem mais apertada.

12–6 Um mancal de deslizamento completo possui um diâmetro de eixo de 25 mm, com uma tolerância unilateral de −0,01 mm. O orifício da bucha possui um diâmetro de 25,04 mm com uma tolerância unilateral de 0,03 mm. A razão l/d é unitária. A carga na bucha é de 1,25 kN e o eixo roda a 1200 rev/min. Analise a montagem de folga mínima se a viscosidade média é de 50 mPa.s, para encontrar a espessura mínima da película de óleo, a perda de potência e a porcentagem de fluxo lateral.

12–7 Um mancal de deslizamento completo possui um eixo de 30,00 mm de diâmetro e uma tolerância unilateral de −0,015 mm. O orifício da bucha possui um diâmetro de 30,05 mm com uma tolerância unilateral de 0,035 mm. O comprimento do orifício de bucha é de 50 mm. A carga de mancal é de 2,75 kN, e o eixo roda a 1120 rev/min. Analise a montagem de folga mínima e encontre a espessura mínima de película de óleo, o coeficiente de atrito e o fluxo total de óleo se a viscosidade média é de 60 mPa.s.

12–8 Um mancal de deslizamento possui um diâmetro de eixo de 75,00 mm com uma tolerância unilateral de −0,02 mm. O orifício da bucha possui um diâmetro de 75,10 mm com uma tolerância unilateral de 0,06 mm. O comprimento da bucha é de 36 mm e suporta uma carga de 2 kN. A velocidade do eixo é de 720 rev/min. Para a montagem de folga mínima encontre a espessura mínima de película, a taxa de perda de calor e a pressão máxima no lubrificante para lubrificantes SAE 20 e SAE 40, operando a uma temperatura média de filme de 60°C.

12–9 Um mancal de deslizamento completo possui um comprimento de 28 mm. O eixo possui um diâmetro de 56 mm com uma tolerância unilateral de −0,012 mm. O orifício da bucha possui um diâmetro de 56,05 mm com uma tolerância unilateral de 0,012 mm. A carga é de 2,4 kN, e a velocidade do eixo é de 900 rev/min. Para uma montagem de folga mínima, encontre a espessura mínima de película de óleo, a perda de potência e o fluxo lateral se a temperatura de operação for de 65°C e for utilizado óleo lubrificante SAE 40.

12–10 Um mancal de manga de 32 × 32 mm suporta uma carga de 3 160 N e possui uma velocidade de eixo de 3600 rev/min. Um óleo SAE 10, com uma temperatura média de 71 °C é usado. Usando a Figura 12-16, estime a folga radial para um coeficiente de atrito mínimo f e máxima capacidade de carga W. A diferença entre as duas folgas é conhecida como intervalo de folgas. É possível obter esse intervalo em fabricação?

12–11 Um mancal de deslizamento completo possui um diâmetro de eixo de 80,00 mm com uma tolerância unilateral de −0,01 mm. A razão l/d é unitária. O orifício de bucha possui um diâmetro de 80,08 mm com uma tolerância unilateral de 0,03 mm. O suprimento de óleo SAE 40 dá-se pelo reservatório de sulco axial com uma temperatura de regime permanente de 60°C. A carga radial é de 3 kN. Calcule a temperatura média de película e sua espessura mínima, a taxa de perda de calor e a razão de fluxo lateral de lubrificante para uma montagem de folga mínima, se a velocidade de rotação do eixo for de 8 rev/s.

12–12 Um mancal de manga de 64 × 64 mm utiliza lubrificante de grau 20. O reservatório de sulco axial possui uma temperatura de estado permanente de 43°C. O eixo possui um diâmetro de 63,5 mm com uma tolerância unilateral de −0,025 mm. O orifício de bucha possui um diâmetro de 63,6 mm com uma tolerância unilateral de 0,025 mm. A velocidade do eixo é de 1120 rev/min e a carga radial é de 5,34 kN. Estime:

(a) A magnitude e localização da espessura mínima da película de óleo.

(b) A excentricidade.

(c) O coeficiente de atrito.

(d) A razão de perda de potência.

(e) Ambas as razões de fluxo de óleo, total e lateral.

(f) A pressão máxima na película de óleo e sua localização angular.

(g) A posição de término da película de óleo.

(h) A temperatura média do fluxo lateral.

(i) A temperatura de óleo na posição de término da película de óleo.

12–13 Um conjunto de mancais de manga possui uma especificação de diâmetro de eixo de 31,25 mm com uma tolerância unilateral de $-0,025$ mm. O orifício de bucha possui um diâmetro de 31,3 mm com uma tolerância unilateral de 0,075 mm. O comprimento da bucha é de 31,25 mm. A carga radial é de 1 113 N e a velocidade angular do eixo é de 1 750 rev/min. O lubrificante é óleo SAE 10 e a temperatura, em estado permanente, do reservatório de sulco axial T_s é de 49°C. Para montagens de c_{min}, $c_{mediano}$ e c_{max} analise os mancais e observe as mudanças em S, ϵ, f, Q, Q_s, ΔT, T_{max}, $\overline{T}_f$ e hp.

12–14 Uma equação de interpolação foi dada por Raimondi e Boyd e é apresentada como a Equação (12–16). Esta é boa candidata a um programa de computador. Escreva tal programa para uso iterativo. Uma vez pronto, você poderá economizar tempo e reduzir erros. Em outra versão, ele pode ser utilizado como subprograma de programa maior contendo ajustes de curva para cartas de Raimondi e Boyd para uso computacional.

12–15 Um mancal de bloco de almofada com circulação natural possui um diâmetro de eixo d igual a 62,5 mm, com tolerância unilateral de $-0,025$ mm. O diâmetro do orifício de bucha B vale 62,6 mm com tolerância unilateral de 0,1 mm. O eixo roda a uma velocidade angular de 1120 rev/min; o mancal utiliza óleo grau SAE 20 e carrega uma carga permanente de 1 350 N em ar agitado pelo eixo a 21°C. A área lateral do abrigo do bloco de almofada é de 38 700 mm². Desenvolva uma avaliação de projeto utilizando uma folga radial mínima para cargas de 2 700 N e 1 350 N. Use o critério de Trumpler e assuma que ambos, l/d e α, são iguais a um.

12–16 Um motor a diesel de oito cilindros possui um mancal principal frontal com um eixo de diâmetro de 87,5 mm e uma tolerância unilateral de $-0,025$ mm. O diâmetro do orifício de bucha é de 87,625 mm com uma tolerância unilateral de $+0,125$ mm. O comprimento da bucha é de 50 mm. O mancal, com lubrificação forçada, possui um sulco anular central de 6,25 mm de largura. O óleo SAE 30 provém de um reservatório a 49°C, por meio de uma pressão de fornecimento igual a 345 kPa. A capacidade de dissipação de calor do reservatório é de 1,46 kW por mancal. Para uma folga radial mínima, uma velocidade de 2 000 rev/min e uma carga radial de 20,7 kN, encontre a temperatura média da película. Aplique os critérios de Trumpler na sua avaliação do projeto.

12–17 Um mancal de lubrificação forçada possui um diâmetro de eixo de 50,00 mm com uma tolerância unilateral de $-0,05$ mm. O diâmetro do orifício de bucha é de 50,084 mm com uma tolerância unilateral de 0,10 mm. O comprimento da bucha é de 55 mm. A largura do seu sulco anular central é de 5 mm sendo alimentado por óleo SAE 30 a 55°C de temperatura e 200 kPa de pressão de suprimento. A velocidade do eixo é de 2 880 rev/min enquanto carrega uma carga de 10 kN. O reservatório pode dissipar 300 watt por mancal, se necessário. Para folgas radiais mínimas, desenvolva uma avaliação de projeto utilizando os critérios de Trumpler.

12–18 Projete um mancal de lubrificação forçada, de sulco anular central, com razão l'/d igual a 0,5, utilizando óleo grau SAE 20, sendo o lubrificante fornecido a 207 kPa. O resfriador exterior de óleo pode manter uma temperatura no reservatório igual a 49°C, para razões de dissipação de calor de até 438 W. A carga a ser suportada é de 3 860 N a 3 000 rev/min. A largura de sulco é de 6,25 mm. Utilize o diâmetro nominal do eixo d como uma das variáveis de projeto e c como a outra. Utilize os critérios de Trumpler para determinação de adequação.

12–19 Repita o Problema 12–18 de dimensionamento usando o diâmetro nominal de orifício de bucha B como uma das variáveis de decisão e a folga radial c como sendo a outra. Novamente, os critérios de Trumpler devem ser usados.

12–20 A Tabela 12–1 dá os ajustes de curva de Seireg e Dandage para a viscosidade absoluta em unidades de sistema de engenharia dos Estados Unidos. Mostre que, em unidades SI de mPa·s e temperatura em graus Celsius C, a viscosidade pode ser expressa como:

$$\mu = 6{,}89(10^6)\mu_0 \exp[b/(1{,}8C + 127))]$$

em que μ_0 e b provêm da Tabela 12–1. Se a viscosidade μ'_0 for expressa em μreyn, então

$$\mu = 6{,}89\,\mu'_0 \exp[b/(1{,}8C + 127))]$$

Qual é a viscosidade de um óleo grau 50 a 70°C? Compare seus resultados com a Figura 12–13.

12–21 Para o Problema 12–18 um dimensionamento satisfatório consiste em

$$d = 50^{+0}_{-0,025} \text{ mm} \qquad b = 50,125^{+0,075}_{-0} \text{ mm}$$

Dobre o tamanho das dimensões de mancal e quadruplique a carga para 16 kN.

(a) Analise o mancal aumentado para uma montagem mediana.

(b) Compare os resultados de uma análise similar para um mancal de 50 mm, montagem mediana.

12–22 Uma bucha de liga de latão Oiles Sp 500 possui um comprimento de 25 mm com um orifício de 25 mm, operando em um meio ambiente limpo a 21°C. O desgaste admissível, sem perda de função, é de 0,125 mm. A carga radial é de 3 150 N. A velocidade tangencial é de 0,17 m/s. Estime o número de revoluções para que o desgaste radial seja de 0,125 mm. Veja a figura e a Tabela 12–12 fornecida pelo fabricante.

12–23 Escolha uma bucha de liga de latão Oiles SP 500 para produzir um desgaste máximo de 0,05 mm a 1 000 h de uso, com 400 rev/min do eixo e 450 N de carga radial. Utilize $\hbar_{CR} = 15,3$ W/(m² · °C), °C, $T_{max} = 149$°C, $f_s = 0,03$, e um fator de projeto $n_d = 2$. A Tabela 12–13 lista os tamanhos disponíveis de bucha de um fabricante.

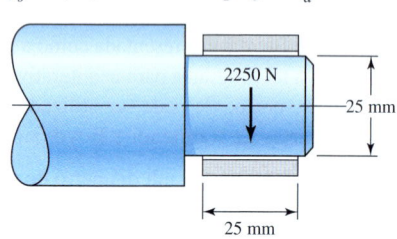

Problema 12-22

13 Uma visão geral sobre engrenagens

13-1   Tipos de engrenagens   **656**

13-2   Nomenclatura   **658**

13-3   Ação conjugada   **659**

13-4   Propriedades da involuta   **660**

13-5   Fundamentos   **661**

13-6   Razão de contato   **666**

13-7   Interferência   **667**

13-8   Conformação de dentes de engrenagens   **670**

13-9   Engrenagens cônicas de dentes retos   **673**

13-10   Engrenagens helicoidais de eixos paralelos   **674**

13-11   Engrenagens sem-fim   **677**

13-12   Sistemas de dentes   **679**

13-13   Trens de engrenagens   **681**

13-14   Análise de força – Engrenamento cilíndrico de dentes retos   **689**

13-15   Análise de força – Engrenamento cônico   **692**

13-16   Análise de força – Engrenamento helicoidal   **695**

13-17   Análise de força – Engrenamento sem-fim   **698**

Este capítulo trata a geometria das engrenagens, as relações cinemáticas e as forças transmitidas pelos quatro tipos principais de engrenagens: retas, helicoidais, cônicas e sem-fim. As forças transmitidas entre engrenagens engrazadas suprem momentos torcionais a eixos para gerar movimento e transmissão de potência, e criam forças e momentos que afetam o eixo e seus mancais. Os dois próximos capítulos considerarão tensão, resistência, segurança e confiabilidade dos quatro tipos de engrenagens.

13–1 Tipos de engrenagens

Engrenagens cilíndricas de dentes retos, ilustradas na Figura 13–1, possuem dentes paralelos ao eixo de rotação e são utilizadas para transmitir movimento de um eixo a outro eixo, paralelo ao primeiro. De todos os tipos, a engrenagem cilíndrica de dentes retos é a mais simples e, por essa razão, utilizada para desenvolver as relações cinemáticas primárias na forma de dente.

Engrenagens helicoidais, mostradas na Figura 13–2, possuem dentes inclinados com relação ao eixo de rotação. Elas podem ser usadas nas mesmas aplicações que as engrenagens de dentes retos e, quando assim utilizadas, não são tão barulhentas, devido ao engajamento mais gradual dos dentes durante o engrazamento. O dente inclinado também cria forças axiais e conjugados de flexão, que não estão presentes no caso de dentes retos. Algumas vezes engrenagens helicoidais são utilizadas para transmitir movimento entre eixos não paralelos.

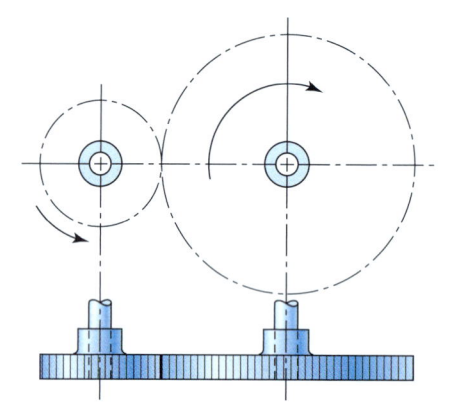

Figura 13–1 Engrenagens cilíndricas de dentes retos são usadas para transmitir movimento rotativo entre eixos paralelos.

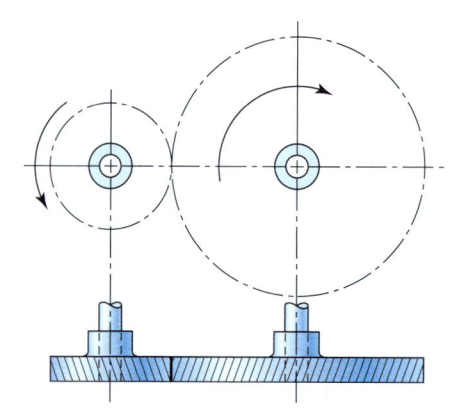

Figura 13–2 Engrenagens helicoidais são usadas para transmitir movimento entre eixos paralelos e não paralelos.

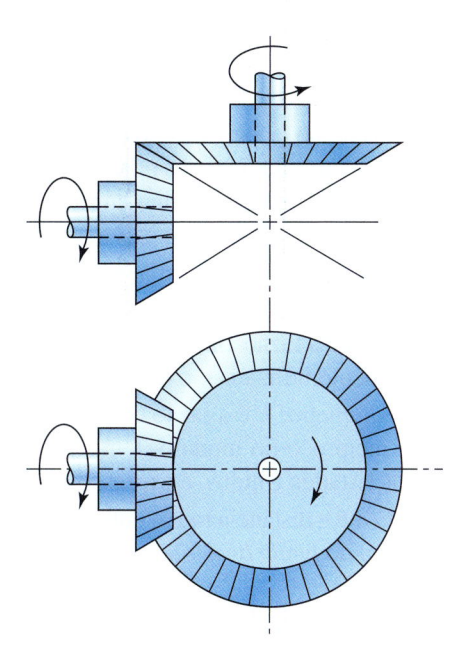

Figura 13–3 Engrenagens cônicas de dentes retos são usadas para transmitir movimento entre eixos que se intersectam.

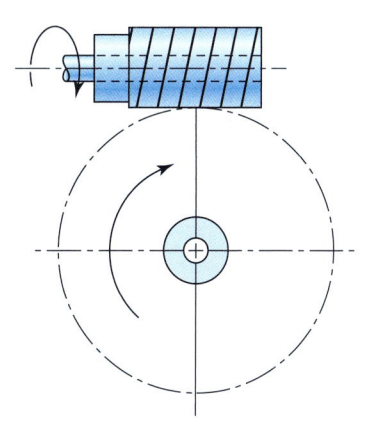

Figura 13–4 Engrenagens sem-fim são utilizadas para transmitir movimento rotativo entre eixos não paralelos e eixos não intersectantes.

Engrenagens cônicas, exibidas na Figura 13–3, possuem dentes formados em superfícies cônicas e são utilizadas, principalmente, para transmitir movimento entre eixos que se interceptam. A figura ilustra engrenagens cônicas de dentes retos. Engrenagens cônicas espirais são cortadas para que o dente deixe de ser reto, formando um arco circular. Engrenagens hipoides são bastante parecidas com as engrenagens cônicas em espiral, exceto pelo fato de os eixos serem deslocados e não interceptantes.

O par pinhão-coroa sem-fim, mostrado na Figura 13–4, representa o quarto tipo básico de engrenagem. Como notamos, o pinhão sem-fim se parece com um parafuso. A direção de rotação da coroa sem-fim, também chamada de roda sem-fim, depende da direção de rotação do parafuso e se seus dentes são cortados à mão direita ou esquerda. Conjuntos de engrenagens sem-fim também são construídos de modo que os dentes de um deles, ou de ambos, cubram-se parcialmente um ao outro. Tais conjuntos são chamados de conjuntos de sem-fim de *envelope único* e de *envelope duplo*. Conjuntos de sem-fim são mais utilizados quando as razões de velocidade dos dois eixos forem bastante altas, digamos, três ou mais.

13-2 Nomenclatura

A terminologia de dentes de engrenagens retas é ilustrada na Figura 13-5. O *círculo primitivo* ou *de passo* é um círculo teórico sobre o qual todos os cálculos geralmente se baseiam; seu diâmetro é o *diâmetro primitivo*. Os círculos primitivos de um par de engrenagens engrazadas são tangentes entre si. O *pinhão* é a menor das duas engrenagens. A maior é frequentemente chamada de *coroa*.

O *passo circular p* é a distância, medida no círculo primitivo, do ponto de um dente ao correspondente ponto no dente adjacente. Assim, o passo circular é igual à soma da *espessura de dente* com a *largura de espaçamento*.

O *módulo m* é a razão entre o passo diametral e o número de dentes. A unidade costumeira de comprimento utilizada é o milímetro. O módulo é o índice de tamanho de dente no SI.

O *passo diametral P* é a razão entre o número de dentes da engrenagem e o diâmetro primitivo. É o recíproco do módulo. Uma vez que o passo diametral é utilizado somente com unidades dos Estados Unidos, é expresso como dentes por polegada.

O *adendo a* é a distância radial entre o *topo do dente* e o círculo primitivo. O *dedendo b* é a distância radial do *fundo de dente* ao círculo primitivo. A *altura completa* h_t é a soma do adendo e dedendo.

O *círculo de folga* é um círculo que é tangente ao círculo de adendo da engrenagem par. A *folga c* é a quantidade pela qual o dedendo em dada engrenagem excede o adendo da sua engrenagem par. O *recuo* é a quantia pela qual a largura do espaço entre dentes excede a espessura do dente a este engrazado, medida sobre os círculos primitivos.

Você deve provar a validade das seguintes relações úteis:

$$P = \frac{N}{d} \tag{13-1}$$

$$m = \frac{d}{N} \tag{13-2}$$

$$p = \frac{\pi d}{N} = \pi m \tag{13-3}$$

$$pP = \pi \tag{13-4}$$

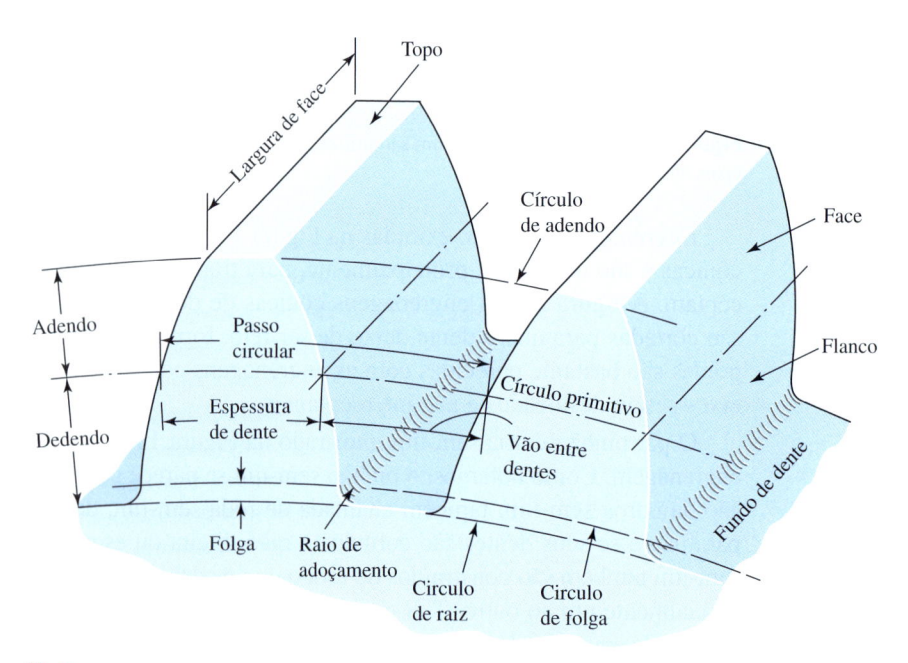

Figura 13-5 Nomenclatura para dentes de engrenagens cilíndricas de dentes retos.

em que P = passo diametral, dentes por polegada

N = número de dentes

d = diâmetro primitivo, in ou mm

m = módulo, mm

p = passo circular

13-3 Ação conjugada

A discussão que se segue supõe que os dentes sejam perfeitamente formados, suaves e absolutamente rígidos. Tal hipótese é, claro, não realística, uma vez que a aplicação de forças causará deflexões.

Dentes de engrenagens agindo uns sobre os outros para produzir movimento rotatório são similares a camos. Quando os perfis de dente, ou camos, são projetados para produzir uma razão de velocidade angular constante durante o engrazamento, diz-se que eles possuem *ação conjugada*. Em teoria, pelo menos, é possível selecionar, arbitrariamente, qualquer perfil para um dente e depois encontrar um perfil para o dente encaixante que cause ação conjugada. Uma dessas soluções é o *perfil de involuta*, o qual, com umas poucas exceções, é de uso universal para dentes de engrenagens e é o único com o qual nos preocuparemos.

Quando uma superfície curva empurra outra superfície (Figura 13–6), o ponto de contato ocorre onde as duas superfícies são tangentes entre si (ponto c), e as forças em qualquer instante têm a direção da normal comum às duas curvas. A linha ab, representando a direção da ação das forças, é chamada de *linha de ação*. A linha de ação interceptará a linha de centros O-O em um ponto P. A razão de velocidade angular entre os dois braços é inversamente proporcional aos seus raios ao ponto P. Círculos traçados pelo ponto P a partir de cada centro são chamados de *círculos primitivos,* e o raio de cada círculo é chamado de *raio primitivo*. O ponto é chamado de *ponto primitivo.*

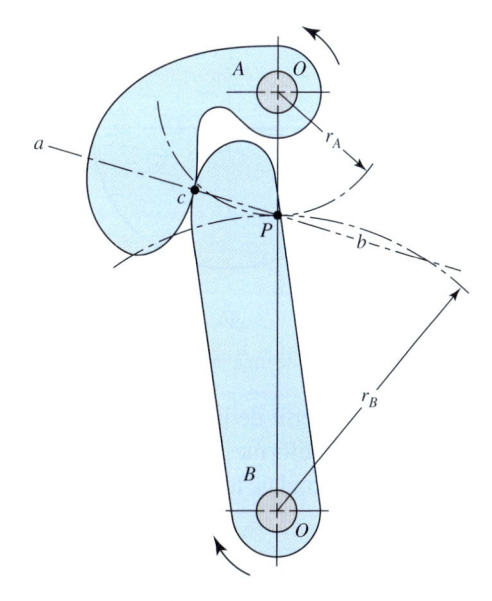

Figura 13–6 Camo A e seguidor B em contato. Quando as superfícies em contato possuem perfis de involuta, a ação conjugada resultante produz uma razão de velocidade angular constante.

A Figura 13–6 é útil para outra observação. Um par de engrenagens é de fato um par de camos que agem em um pequeno arco e que, antes do término do contorno de involuta, são substituídos por um outro par idêntico de camos. Os camos podem rodar em uma ou outra direção e são configurados para transmitir uma razão de velocidade angular constante. Se curvas de involuta são utilizadas, as engrenagens toleram mudanças na distância centro-a--centro *sem qualquer* variação na razão, constante, de velocidade angular. Mais, os perfis de cremalheira possuem flancos retos, tornando o ferramental primário mais simples.

Para transmitir movimento numa razão de velocidade angular constante, o ponto primitivo deve permanecer fixo; isto é, todas as linhas de ação, para cada ponto instantâneo de contato, devem passar pelo mesmo ponto P. No caso do perfil de involuta, será mostrado que todos os pontos de contato ocorrem na mesma linha reta ab, assim esses perfis transmitem movimento rotativo uniforme.

13–4 Propriedades da involuta[1]

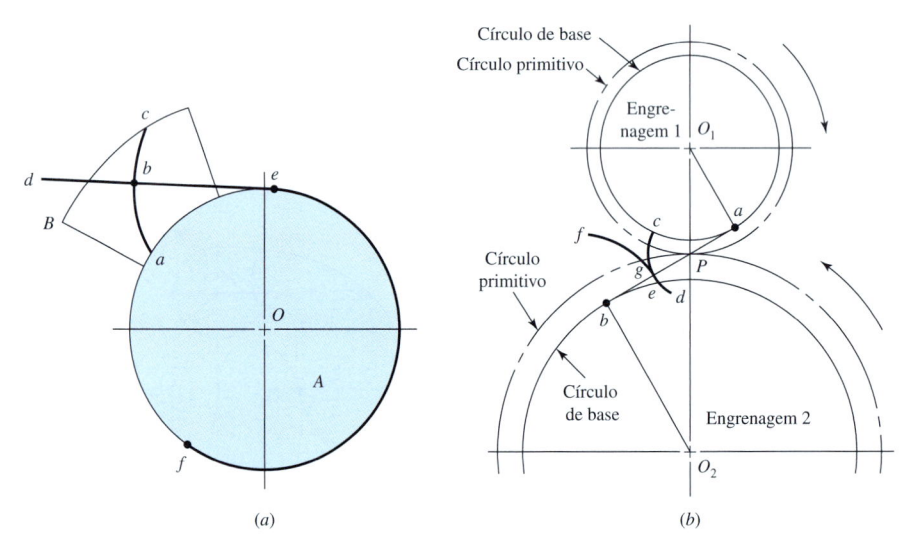

Uma curva involuta pode ser gerada como está na Figura 13–7a. Um flange parcial B é atado ao cilindro A, ao redor do qual é enrolada uma corda def, que é mantida esticada. O ponto b na corda representa o ponto traçador e, à medida que a corda é enrolada e desenrolada ao redor do cilindro, o ponto b irá traçar a curva involuta ac. O raio de curvatura da involuta varia continuamente, sendo zero no ponto a e um máximo no ponto c. No ponto b, o raio é igual à distância be, uma vez que o ponto b está, instantaneamente, rodando com relação ao ponto e. Assim, a linha geradora de é normal à involuta em todos os pontos da intersecção e, ao mesmo tempo, é sempre tangente ao cilindro A. O cilindro sobre o qual a involuta é gerada é chamado de *círculo de base*.

Figura 13–7 (*a*) Geração de uma involuta; (*b*) ação de involuta.

Examinemos o perfil de involuta para ver como satisfaz aos requerimentos para transmissão de movimento uniforme. Na Figura 13–7b, duas rodas de engrenagens com centros fixos em O_1 e O_2 são mostradas, tendo círculos de base cujos raios respectivos são O_1a e O_2b. Ima-

---

[1] N. de T.: Os termos *evoluta* e *involuta* estão relacionados. *Evoluta*, do latim *evolutus*, é a curva que corresponde ao lugar geométrico de outra curva, o envelope das perpendiculares da involuta. *Involuta* ou evolvente, do latim *involutus*, é uma curva que corta todas tangentes de outra curva em ângulos retos; é o lugar geométrico dos centros de curvatura de uma curva plana cujas tangentes são normais a uma outra; curva que se faz sobre a superfície tangente de uma outra curva e que intercepta, ortogonalmente, as retas geradoras.

ginemos agora que uma corda seja enrolada ao redor do círculo de base da engrenagem 1, esticada entre os pontos *a* e *b* e enrolada em sentido anti-horário ao redor do círculo de base da engrenagem 2. Se os círculos de base forem rotacionados em direções diferentes de para a corda esticada, um ponto *g* na corda descreverá as involutas *cd* na engrenagem 1 e *ef* na engrenagem 2. As involutas são, dessa forma, geradas simultaneamente pelo ponto traçador. O ponto traçador, portanto, representa o ponto de contato, enquanto a porção da corda é a linha geradora. O ponto de contato se move ao longo da linha geradora; a linha geradora não muda de posição, porque é sempre tangente aos círculos de base; e uma vez que a linha geradora é sempre normal à involuta no ponto de contato, o requerimento de movimento uniforme é satisfeito.

13-5 Fundamentos

Entre outras coisas, é necessário que você realmente seja capaz de desenhar os dentes de um par de engrenagens engrazadas. Você deve entender, contudo, que não está fazendo isso com o propósito de oficina ou fabricação de engrenagens. Ao contrário, fazemos os desenhos de dentes de engrenagens para obter um entendimento dos problemas envolvidos no engrazamento de dentes engajados.

Primeiro é necessário aprender a construir uma curva involuta. Como mostra a Figura 13–8, divida o círculo de base em um número de partes iguais e construa linhas radiais OA_0, OA_1, OA_2 etc. Começando em A_1, construa as perpendiculares A_1B_1, A_2B_2, A_3B_3 etc. A seguir, ao longo de A_1B_1 marque a distância A_1A_0, ao longo de A_2B_2 marque duas vezes a distância A_1A_0 etc., produzindo os pontos segundo os quais a curva involuta pode ser construída.

A fim de investigar os fundamentos da ação de dentes, prossigamos passo a passo no processo de construção de dentes de um par de engrenagens.

Quando duas engrenagens estão engrazadas, seus círculos primitivos rolam um sobre o outro, sem escorregamento. Designe os raios primitivos por r_1 e r_2 e as velocidades angulares por ω_1 e ω_2, respectivamente. Portanto, a velocidade no círculo primitivo vale

$$V = |r_1\omega_1| = |r_2\omega_2|$$

Assim, a relação entre raios e velocidades angulares é

$$\left|\frac{\omega_1}{\omega_2}\right| = \frac{r_2}{r_1} \qquad (13\text{--}5)$$

Suponha que desejemos projetar um redutor de velocidade tal que a celeridade de entrada seja de 1 800 rev/min e a celeridade de saída de 1 200 rev/min. Isso representa uma razão de 3:2, os diâmetros dos círculos primitivos estariam, portanto, na mesma razão; por exemplo, um pinhão de 4 in (cerca de 100 mm) acionando uma coroa de 6 in (cerca de 150 mm). As várias dimensões encontradas em engrenagens são sempre baseadas nos círculos primitivos.

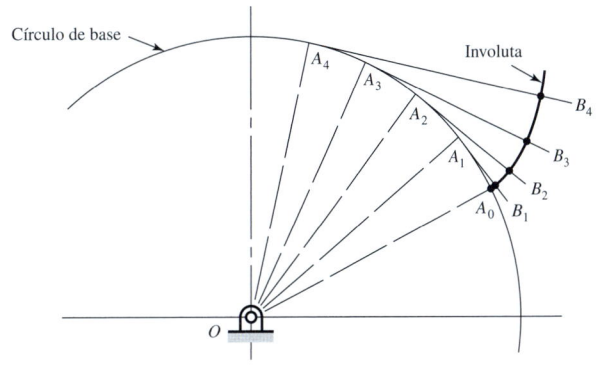

Figura 13–8 Construção de uma curva involuta de círculo.

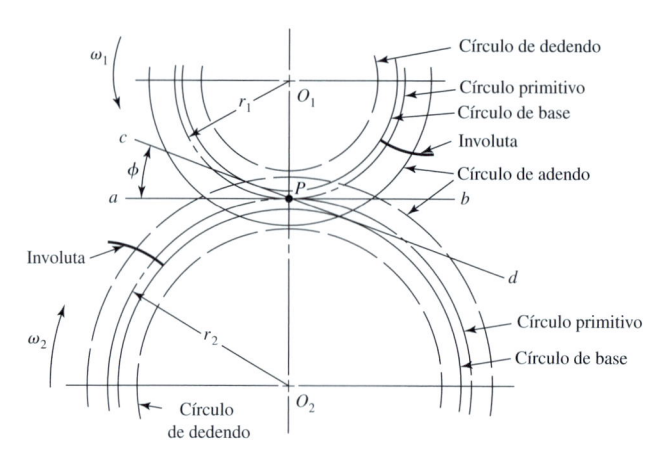

Figura 13–9 Círculos de um arranjo de engrenagens.

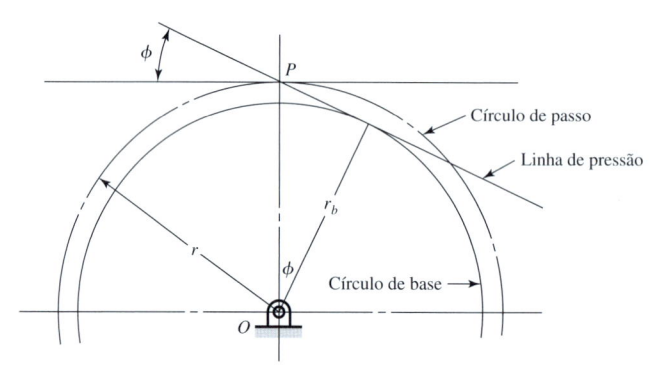

Figura 13–10 Raios de círculos de base podem ser relacionados ao ângulo de pressão ϕ e o raio do círculo primitivo através de $r_b = r \cos \phi$.

Suponha que um pinhão de 18 dentes deva engrazar com uma engrenagem de 30 dentes e que o passo diametral do conjunto de engrenagens deva ser de dois dentes por polegada. Por meio da Equação (13–1), os diâmetros primitivos do pinhão e da coroa são, respectivamente,

$$d_1 = \frac{N_1}{P} = \frac{18}{2} = 9 \text{ in (225 mm)} \quad d_2 = \frac{N_2}{P} = \frac{30}{2} = 5 \text{ in (375 mm)}$$

O primeiro passo ao desenhar dentes em um par de rodas é mostrado na Figura 13–9. A distância entre centros é a soma dos raios primitivos, neste caso 12 in (cerca de 300 mm). Assim, posicione os centros O_1 e O_2 das engrenagens 12 polegadas à parte (300 mm). Construa então os círculos primitivos de raios r_1 e r_2; estes são tangentes entre si no ponto P, o *ponto primitivo*. A seguir, construa a linha *ab*, a tangente comum, passando pelo ponto primitivo. Designamos a engrenagem 1 como engrenagem motora e, uma vez que esta se move na direção anti-horária, desenhamos uma linha *cd* passando pelo ponto P, formando um ângulo ϕ com a tangente comum *ab*. A linha *cd* possui três nomes, todos eles de uso geral. É chamada de *linha de pressão*, de *linha de geração* e de *linha de ação*. Ela representa a direção na qual a força resultante atua entre as engrenagens. O ângulo ϕ é chamado de *ângulo de pressão*, e geralmente tem os valores 20° e 25°, apesar de $14\frac{1}{2}°$ ter sido utilizado no passado.

A seguir, em cada engrenagem desenhe um círculo tangente à linha de pressão. Esses círculos são os *círculos de base*. Uma vez que eles são tangentes à linha de pressão, o ângulo de pressão determina seus tamanhos. Como mostra a Figura 13–10, o raio do círculo de base é

$$r_b = r \cos \phi \tag{13-6}$$

em que r é o raio primitivo.

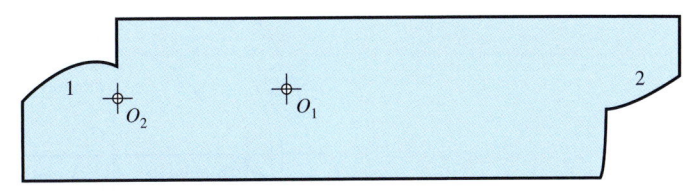

Figura 13–11 Um gabarito para o projeto de dentes.

Agora gere uma involuta sobre cada círculo de base como foi discutido previamente e é ilustrado na Figura 13–9. Essa involuta deve ser utilizada para um lado de dente de engrenagem. Não é necessário desenhar uma outra curva na direção reversa para criar o outro lado do dente, porque utilizaremos um gabarito que pode ser girado para obter o outro lado do dente.

As distâncias referentes ao adendo e dedendo para dentes padronizados intercambiáveis são, como aprenderemos mais adiante, $1/P$ e $1,25/P$, respectivamente. Portanto, para o par de engrenagens que estamos construindo

$$a = \frac{1}{P} = \frac{1}{2} = 0,500 \text{ in (12,5 mm)} \quad b = \frac{1,25}{P} = \frac{1,25}{2} = 0,625 \text{ in (15,625 mm)}$$

Utilizando essas distâncias, desenhe os círculos de adendo e dedendo do pinhão e coroa, como mostra a Figura 13–9.

A seguir, utilizando papel de desenho espesso ou, preferivelmente, uma folha de plástico claro de 0,015 a 0,020 in (0,375 mm a 0,50 mm), corte um gabarito para cada involuta e seja cuidadoso ao localizar os centros das engrenagens de modo apropriado com relação a cada evolvente. A Figura 13–11 é uma reprodução do gabarito utilizado para criar algumas das ilustrações deste livro. Observe que apenas um lado do perfil de dente é construído no gabarito. Para obter o outro lado, vire o gabarito. Em alguns problemas talvez você queira construir um gabarito para o dente inteiro.

Para desenharmos um dente, precisamos saber sua espessura. Por meio da Equação (13–4), o passo circular é

$$p = \frac{\pi}{P} = \frac{\pi}{2} = 1,57 \text{ in}$$

Portanto, a espessura do dente vale

$$t = \frac{p}{2} = \frac{1,57}{2} = 0,785 \text{ in}$$

medida no círculo primitivo. Utilizando essa distância para a espessura de dente assim como para o espaço entre dentes, desenhe tantos dentes quantos desejados utilizando o gabarito, depois de ter os pontos marcados sobre o círculo primitivo. Na Figura 13–12 somente um dente foi desenhado em cada engrenagem. Você pode encontrar problemas ao desenhar esses dentes se um dos círculos de base for maior que o círculo de dedendo. A razão para isso reside no fato de a evolvente começar no círculo de base, sendo indefinida abaixo desse círculo. Assim, ao desenharmos dentes de engrenagens, usualmente desenhamos uma linha radial para o perfil abaixo do círculo de base. A forma real, contudo, dependerá do tipo de ferramenta de máquina utilizada para formar os dentes durante a manufatura, isto é, da forma como o perfil é gerado.

A porção do dente entre o círculo de folga e o círculo de dedendo inclui o adoçamento. Nesse caso, a folga é

$$c = b - a = 0,625 - 0,500 = 0,125 \text{ in}$$

A construção termina quando os adoçamentos forem desenhados.

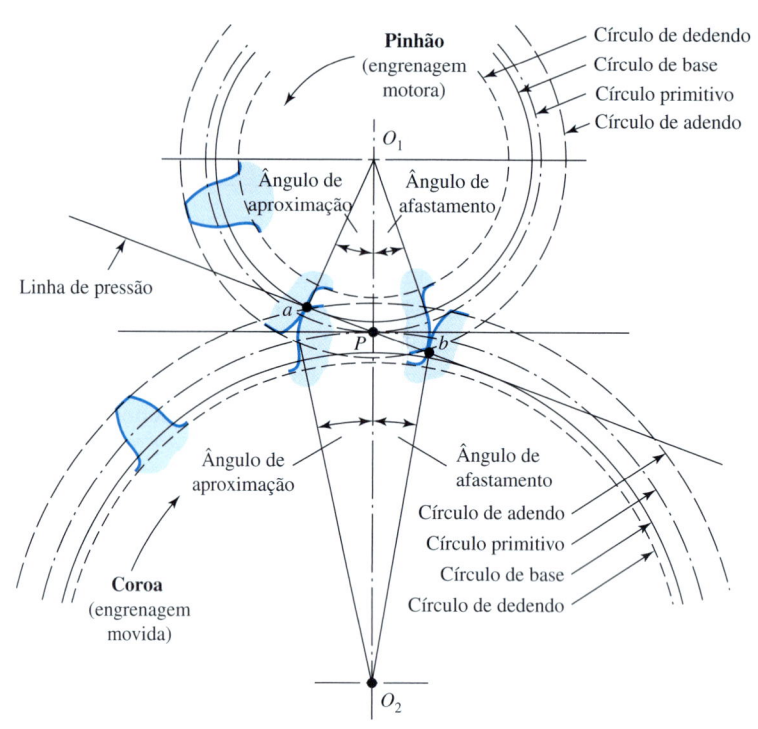

Figura 13–12 Interação entre dentes.

Referindo-nos novamente à Figura 13–12, o pinhão com centro em O_1 é a engrenagem motora e roda no sentido anti-horário. A linha de pressão, ou geração, é a mesma corda utilizada na Figura 13–7a para gerar a involuta, e o contato ocorre ao longo desta linha. O contato inicial dá-se quando o flanco da engrenagem motora entra em contato com a ponta do dente da engrenagem movida. Isso ocorre no ponto *a* da Figura 13–12, em que o círculo de adendo da engrenagem acionada cruza a linha de pressão. Se construirmos agora perfis de dente pelo ponto e traçarmos linhas radiais desde a intersecção desses perfis com os círculos primitivos até os centros das engrenagens, obteremos o *ângulo de aproximação* de cada engrenagem.

À medida que os dentes engrazam, o ponto de contato deslizará sobre o lado do dente motor de maneira que a ponta do dente motor estará em contato justamente antes que o contato termine. O ponto final de contato será, portanto, onde o círculo de adendo da engrenagem motora cruza a linha de pressão. Esse é o ponto *b* na Figura 13–12. Desenhando um outro par de perfis de dentes em *b*, obtemos o *ângulo de recesso* de cada engrenagem de uma maneira similar àquela utilizada para encontrar os ângulos de aproximação. A soma do ângulo de aproximação e de recesso para cada engrenagem é chamada de *ângulo de ação*. A linha *ab* é chamada de *linha de ação*.

Podemos imaginar uma *cremalheira* como uma engrenagem cilíndrica de dentes retos que possui um diâmetro primitivo infinitamente grande. Portanto, a cremalheira possui um número infinito de dentes e um círculo de base que está a uma distância infinita do ponto primitivo. Os lados dos dentes da involuta em uma cremalheira são linhas retas formando um ângulo com a linha de centros igual ao ângulo de pressão. A Figura 13–13 mostra uma cremalheira com perfil de involuta engrazada com um pinhão. Os lados correspondentes em dentes da involuta são curvas paralelas; o *círculo de base* é a distância constante e fundamental entre eles ao longo da normal comum, como mostra a Figura 13–13. O passo de base relaciona-se com o passo circular pela equação

$$p_b = p_c \cos \phi \tag{13-7}$$

sendo p_b o passo de base.

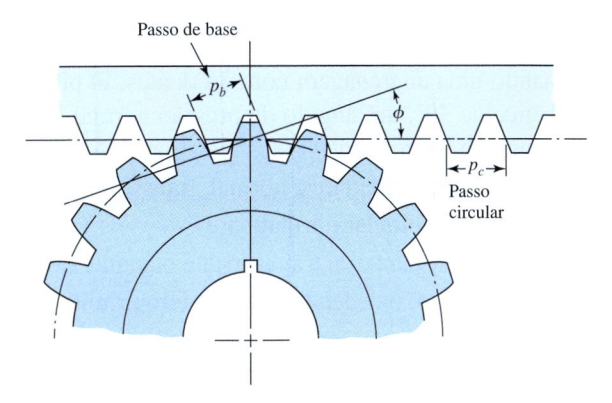

Figura 13–13 Pinhão e cremalheira de dentes de perfil involuta.

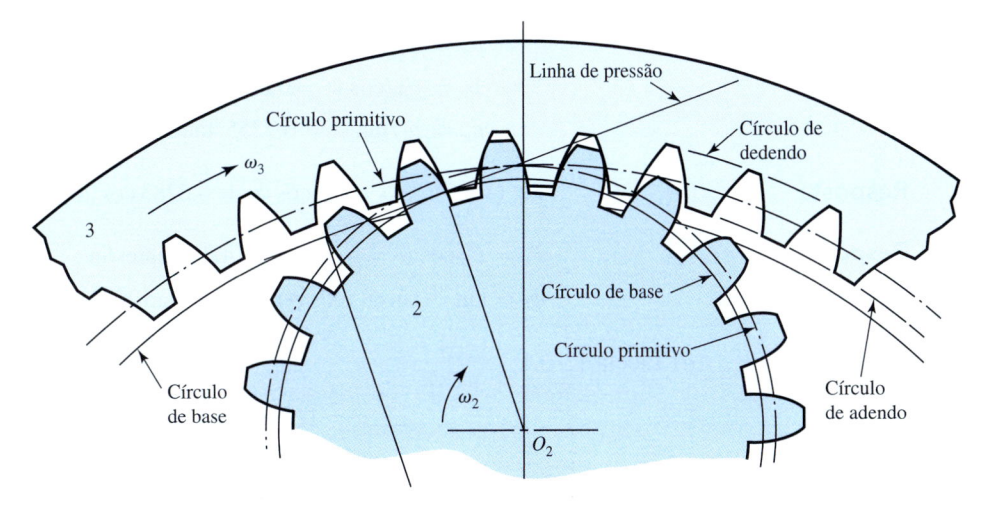

Figura 13–14 Engrenagem interna e pinhão.

A Figura 13–14 mostra um pinhão engranzado com uma engrenagem interna ou anelar. Observe que agora ambas as engrenagens possuem seus centros de rotação do mesmo lado que o ponto primitivo. Dessa forma, as posições dos círculos de adendo e dedendo, com relação ao círculo primitivo, são invertidas; o círculo de adendo da engrenagem de dentes internos situa-se dentro do círculo primitivo. Note, também, com a Figura 13–14, que o círculo de base da engrenagem interna situa-se dentro do círculo primitivo, próximo do círculo de adendo.

Uma outra observação interessante se refere ao fato de que os diâmetros operativos dos círculos primitivos de um par de engrenagens endentadas não necessitam ser os mesmos que os respectivos diâmetros primitivos de projeto das engrenagens, embora seja esta a forma como foram construídos na Figura 13–12. Se aumentarmos a distância entre centros, criamos dois novos círculos primitivos de operação, possuindo diâmetros maiores pois eles devem ser tangentes entre si no ponto primitivo.

Dessa forma, os círculos primitivos não começam a existir senão quando um par de engrenagens é posto em contato.

Se alterarmos a distância entre centros não terá efeito sobre os círculos de base, porque esses foram utilizados para gerar os perfis de dentes. Portanto, o círculo de base é fundamenta para uma engrenagem. Aumentar a distância entre centros aumenta o ângulo de pressão e diminui o comprimento da linha de ação, apesar de os dentes ainda continuarem conjugados, sendo o requerimento de transmissão uniforme de movimento ainda satisfeito, e a razão de velocidade angular mantendo-se sem modificação.

EXEMPLO 13–1 Um conjunto de engrenagens helicoidais paralelas utiliza um pinhão com 17 dentes acionando uma engrenagem com 34 dentes. O pinhão tem uma rosca direita com ângulo de hélice de 30°, um ângulo de pressão normal de 20° e um passo diametral normal com 5 dentes/in. Encontre:

(a) Os passos circulares, normal, transversal e axial.
(b) O passo circular normal base.
(c) O passo diametral transversal e o ângulo de pressão transversal.
(d) O adendo, o dedendo e o diâmetro primitivo de cada engrenagem.

Solução

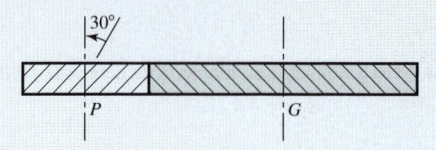

(a)
$$p_n = \pi/5 = 0{,}6283 \text{ in}$$
$$p_t = p_n/\cos\psi = 0{,}6283/\cos 30° = 0{,}7255 \text{ in}$$
$$p_x = p_t/\tan\psi = 0{,}7255/\tan 30° = 1{,}25 \text{ in}$$

Resposta (b) Eq. (13–7): $p_{nb} = p_n \cos\phi_n = 0{,}6283 \cos 20° = 0{,}590$ in

Resposta (c)
$$P_t = P_n \cos\psi = 5\cos 30° = 4{,}33 \text{ dentes/in}$$
$$\phi_t = \tan^{-1}(\tan\phi_n)\cos\psi) = \tan^{-1}(\tan 20°/\cos 30°) = 22{,}8°$$

Resposta (d) Tabela 13–14:
$$a = 1/5 = 0{,}200 \text{ in}$$
$$b = 1{,}25/5 = 0{,}250 \text{ in}$$
$$d_P = \frac{17}{5\cos 30°} = 3{,}926 \text{ in}$$
$$d_G = \frac{34}{5\cos 30°} = 7{,}852 \text{ in}$$

13–6 Razão de contato

A zona de ação de dentes de engrenagens é mostrada na Figura 13–15. Recordemo-nos que o contato entre dentes começa e termina na intersecção dos dois círculos de adendo com a linha de pressão. Na Figura 13–15, o contato inicial ocorre em *a* e o contato final, em *b*. Perfis de dente traçados a partir desses pontos interceptam o círculo primitivo em *A* e *B*, respectivamente. Como observado, a distância *AP* é chamada de *arco de aproximação* q_a, e a distância *PB* de *arco de recesso* q_r. A soma dessas quantidades é o *arco de ação* q_t.

Agora considere uma situação na qual o arco de ação é exatamente igual ao passo circular, $q_t = p$. Isso significa que um dente e seu espaço ocuparão o arco completo *AB*. Em outras palavras, quando um dente está justamente começando contato em *a*, o dente anterior está, ao mesmo tempo, terminando o seu contato em *b*. Portanto, durante a ação de dente entre *a* e *b*, existirá exatamente um par de dentes em contato.

A seguir, considere a situação na qual o arco de ação é maior que o passo circular, mas não muito maior, digamos, $q_t \approx 1{,}2p$. Isso indica que quando um par de dentes está acabando de entrar em contato em *a*, um outro par, ainda em contato, não terá ainda alcançado *b*.

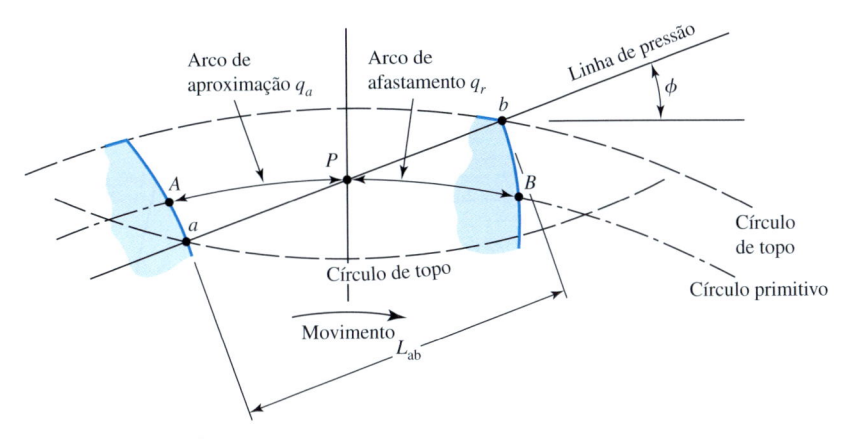

Figura 13–15 Definição da razão de contato.

Portanto, por um curto período de tempo, haverá dois dentes em contato, um na vizinhança de A e outro na de B. À medida que a endentação prossegue, o par próximo a B deve abandonar o contato, deixando apenas um par de dentes em contato, até que o procedimento se repita.

Devido à natureza dessa ação entre dentes, em que um ou dois pares de dentes está em contato, é conveniente definir o termo *razão de contato* m_c como

$$m_c = \frac{q_t}{p} \tag{13-8}$$

o qual indica o número médio de pares de dentes em contato. Note que essa razão é também igual ao comprimento da trajetória de contato dividido pelo passo de base. Engrenagens não devem, em geral, ser projetadas com razões de contato menores que cerca de 1,20, porque imprecisões de montagem podem reduzir a razão de contato ainda mais, aumentando a possibilidade do impacto entre dentes, assim como um aumento do nível de barulho.

Uma maneira mais fácil de obter a razão de contato é medir a linha de ação em lugar do comprimento de arco AB. Uma vez que ab na Figura 13–15 é tangente ao círculo de base quando estendido, o passo de base p_b deve ser utilizado para calcular m_c em lugar do passo circular, como na Equação (13–8). Se o comprimento da linha de ação é L_{ab}, a razão de contato é

$$m_c = \frac{L_{ab}}{p \cos \phi} \tag{13-9}$$

cuja Equação (13–7) foi utilizada para o passo de base.

13–7 Interferência

O contato entre porções de perfis de dente que não são conjugados é conhecido como *interferência*. Considere a Figura 13–16. Ela ilustra duas engrenagens de 16 dentes que foram cortadas com o ângulo de pressão, agora obsoleto, de $14\frac{1}{2}°$. A engrenagem motora, engrenagem 2, roda no sentido horário. Os pontos inicial e final de contato são designados como A e B, respectivamente, e estão localizados na linha de pressão. Observe agora que os pontos de tangência da linha de pressão com os círculos de base C e D estão localizados dentro do intervalo determinado por A e B. A interferência está presente.

Interferência é explicada como se segue. O contato começa quando o topo do dente movido contata o flanco do dente motor. Nesse caso o flanco do dente motor faz contato primeiro com o dente movido no ponto A, e este ocorre antes que a porção de involuta do perfil do dente motor se inicie. Em outras palavras, o contato ocorre abaixo do círculo de base da en-

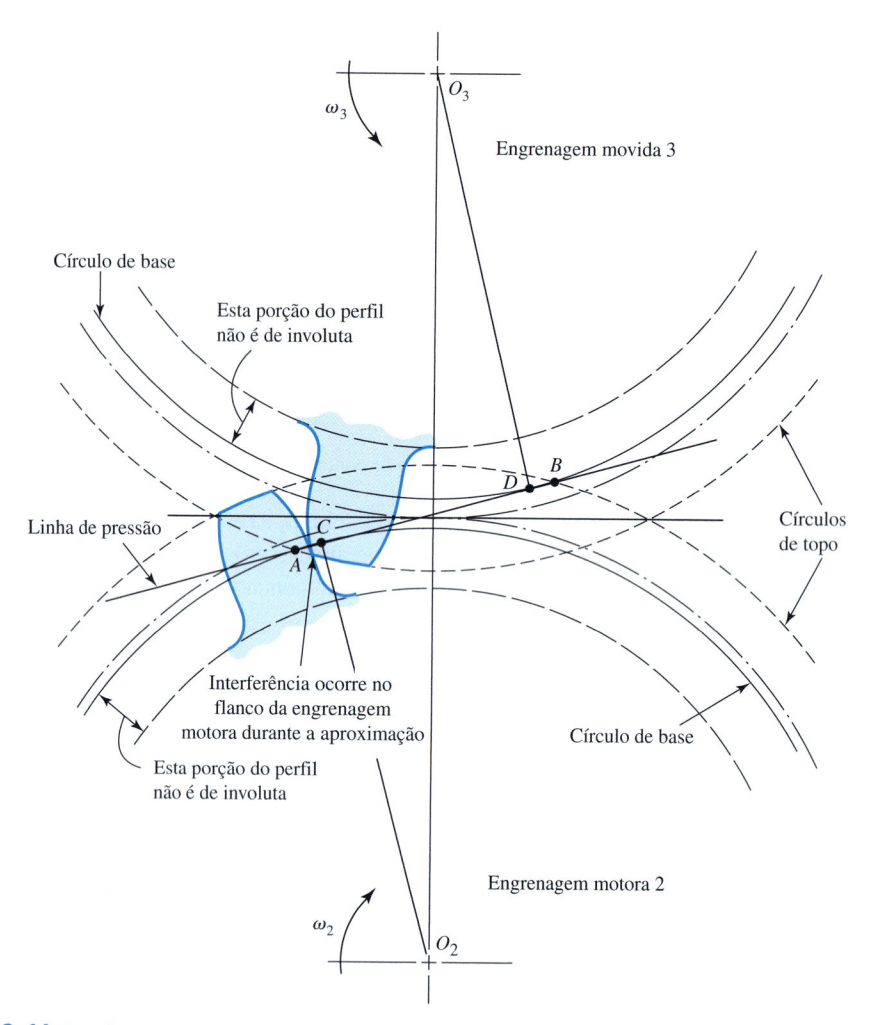

Figura 13–16 Interferência na ação de dentes de engrenagens.

grenagem 2, na porção de perfil do flanco que não é de involuta. O efeito real é que a ponta em involuta ou face da engrenagem movida tende a cavar para fora o flanco, cujo perfil não é de involuta, da engrenagem motora.

Neste exemplo o mesmo efeito ocorre novamente quando os dentes abandonam o contato. O contato deve terminar no ponto D, ou antes. Uma vez que o contato não termina até o ponto B, o efeito é o de o topo do dente motor cavar, ou interferir com, o flanco do dente movido.

Quando dentes de engrenagens são produzidos por um processo de geração, interferência é automaticamente eliminada porque a ferramenta de corte remove a porção interferente do flanco. Esse efeito é chamado de adelgaçamento; se o adelgaçamento é pronunciado, o dente adelgaçado é enfraquecido de forma considerável. Portanto o efeito da eliminação da interferência por um processo de geração consiste em por no lugar do problema original um outro problema.

O menor número de dentes num pinhão e coroa cilíndricos de dentes retos,[2] com razão de engrenamento de 1:1, possível sem que exista interferência é N_P. Esse número de dentes para engrenagens cilíndricas de dentes retos é dado por

$$N_P = \frac{2k}{3\,\text{sen}^2\phi}\left(1 + \sqrt{1 + 3\,\text{sen}^2\phi}\right) \quad (13\text{--}10)$$

---

[2] Robert Lipp, "Avoiding Tooth Interference in Gears", em *Machine Design*, v. 54, n. 1, 1982, p. 122, 124.

em que $k = 1$ para dentes de altura completa, 0,8 para dentes diminuídos e $\phi = $ ângulo de pressão.

Para um ângulo de pressão de 20°, com $k = 1$

$$N_P = \frac{2(1)}{3\,\text{sen}^2\,20°}\left(1 + \sqrt{1 + 3\,\text{sen}^2\,20°}\right) = 12,3 = 13 \text{ dentes}$$

Assim, 13 dentes no pinhão e coroa não causam interferência. Observe que 12,3 dentes é um resultado possível para arcos engrazados, porém, para engrenagens rodando, 13 dentes representam o menor número. Para um ângulo de pressão $14\frac{1°}{2}$ de $N_P = 23$ dentes; de maneira que se pode entender por que poucos sistemas com dentes de ângulo de pressão $14\frac{1°}{2}$ são usados, visto que ângulos de pressão maiores podem produzir um pinhão menor com uma distância correspondente entre centros menor.

Se a engrenagem par possui um número de dentes maior que o pinhão, isto é, se $m_G = N_G/N_P = m$ é maior que 1, o menor número de dentes no pinhão sem que ocorra interferência é dado por

$$N_P = \frac{2k}{(1 + 2m)\,\text{sen}^2\,\phi}\left(m + \sqrt{m^2 + (1 + 2m)\,\text{sen}^2\,\phi}\right) \qquad (13\text{-}11)$$

Por exemplo, se $m = 4$, $\phi = 20°$,

$$N_P = \frac{2(1)}{[1 + 2(4)]\,\text{sen}^2\,20°}\left[4 + \sqrt{4^2 + [1 + 2(4)]\,\text{sen}^2\,20°}\right] = 15,4 = 16 \text{ dentes}$$

Assim, um pinhão de 16 dentes irá engrazar com uma coroa de 64 dentes sem interferência.

A maior coroa que operará com um pinhão especificado sem interferência é

$$N_G = \frac{N_P^2\,\text{sen}^2\,\phi - 4k^2}{4k - 2N_P\,\text{sen}^2\,\phi} \qquad (13\text{-}12)$$

Por exemplo, para um pinhão com 13 dentes e um ângulo de pressão ϕ de 20°

$$N_G = \frac{13^2\,\text{sen}^2\,20° - 4(1)^2}{4(1) - 2(13)\,\text{sen}^2\,20} = 16,45 = 16 \text{ dentes}$$

Para um pinhão cilíndrico de dentes retos com 13 dentes, o número máximo de dentes numa coroa, sem que haja interferência é 16.

O menor pinhão cilíndrico de dentes retos que operará com uma cremalheira sem interferência é

$$N_P = \frac{2(k)}{\text{sen}^2\,\phi} \qquad (13\text{-}13)$$

Para um ângulo de pressão de 20°, com dentes de profundidade completa, o menor número mínimo de dentes num pinhão para engrazar com uma cremalheira é

$$N_P = \frac{2(1)}{\text{sen}^2\,20°} = 17,1 = 18 \text{ dentes}$$

Uma vez que ferramentas que dão forma às engrenagens equivalem ao contato com uma cremalheira e o processo de fresagem-caracol de engrenagem é similar, o número mínimo de dentes para evitar a interferência a fim de que não ocorra adelgaçamento no processo de fresagem-caracol iguala o valor de N_P quando N_G é infinito.

A importância do problema de dentes que foram enfraquecidos por adelgaçamento não pode ser enfatizada o suficiente. Claro, a interferência pode ser eliminada utilizando-se mais dentes no pinhão. Contudo, se o pinhão tem de transmitir uma dada quantidade de potência, mais dentes serão usados somente com aumento do diâmetro primitivo.

A interferência também pode ser reduzida utilizando-se um ângulo de pressão maior. Isto resulta em círculo de base menor, de maneira que uma parte maior do perfil de dente se torna involuta. A demanda por pinhões menores com menos dentes, portanto, favorece o uso de um ângulo de pressão de 25°, ainda que as forças de atrito e cargas nos mancais aumentem e a razão de contato decresça.

13–8 Conformação de dentes de engrenagens

Há um número grande de maneiras de formar os dentes de engrenagens, tais como *fundição em areia, moldagem em casca, fundição de investimento, fundição em molde permanente, fundição em matriz* e *fundição centrífuga*. Dentes também podem ser produzidos pelo processo de metalurgia do pó ou a extrusão, uma única barra de alumínio pode ser formada e então fatiada em engrenagens. Engrenagens que carregam altas cargas em comparação aos seus tamanhos são geralmente feitas de aço e são cortadas com *cortadores de forma* ou *cortadores de geração*. No corte de forma, o espaçamento de dente toma a forma exata do cortador. Na geração, uma ferramenta tendo uma forma diferente do perfil de dente se move relativamente à peça que dará origem à engrenagem, para gerar a forma apropriada de dente. Um dos métodos de formação de dentes mais novos e que mais promete é conhecido como *conformação a frio,* ou *laminação a frio*, no qual matrizes são roladas sobre peças de aço para formar os dentes. As propriedades mecânicas do metal são melhoradas de maneira notável pelo processo de rolamento, e um perfil gerado de alta qualidade é obtido ao mesmo tempo.

Dentes de engrenagens podem ser usinados por fresagem, geração ou fresagem-caracol. Eles podem ser concluídos por rebarbação, brunimento, retífica ou lapidação.

Engrenagens de termoplásticos como náilon, policarbonatos e acetal são bastante populares e facilmente manufaturadas por *moldagem* de *injeção*. Essas engrenagens são de precisão variando entre baixa e moderada, de baixo custo para produção em altas quantidades e capazes de transmitir cargas leves, podendo funcionar sem lubrificação.

Fresagem

Dentes de engrenagens podem ser cortados com uma fresa de forma, feita para conformar ao espaço de dente. Com esse método é necessário utilizar um cortador diferente para cada engrenagem, uma vez que uma engrenagem tendo 25 dentes, por exemplo, terá um espaço de dente formado diferente daquele de uma com 24 dentes. De fato, a diferença em espaço não é muito grande, e verificou-se que oito cortadores podem ser utilizados para cortar com acurácia razoável qualquer engrenagem no intervalo de 12 dentes até uma cremalheira. Um conjunto separado de cortadores é requerido para cada passo.

Geração

Dentes podem ser gerados tanto por um pinhão cortador quanto por um cortador de cremalheira. O pinhão cortador (Figura 13–17) descreve um movimento alternativo ao longo do eixo vertical e avança vagarosamente sobre a peça sendo cortada até a profundidade requerida. Quando os círculos primitivos são tangentes, o cortador e a peça rodam ligeiramente após cada movimento de corte. Uma vez que cada dente do cortador é uma ferramenta de corte, todos os dentes aparecerão cortados quando a peça completar uma rotação. Os lados de um dente de cremalheira de involuta são retos. Por essa razão, uma ferramenta de geração tipo cremalheira proporciona um método preciso de corte dos dentes de engrenagens. Essa também é uma operação de forma e ilustrada pela Figura 13–18. Em operação, o cortador reciproca e inicialmente avança sobre a peça em corte até que os círculos primitivos sejam tangentes. Então, após cada ciclo de corte, a peça e o cortador rolam ligeiramente sobre seus círculos primitivos. Quando o cortador e a peça já rolaram de uma distância igual ao passo circular, o cortador retorna ao ponto de partida e o processo continua até que todos os dentes tenham sido cortados.

Figura 13–17 Geração de uma engrenagem cilíndrica de dentes retos com um pinhão cortador. (*Cortesia da Boston Gear Works, Inc.*)

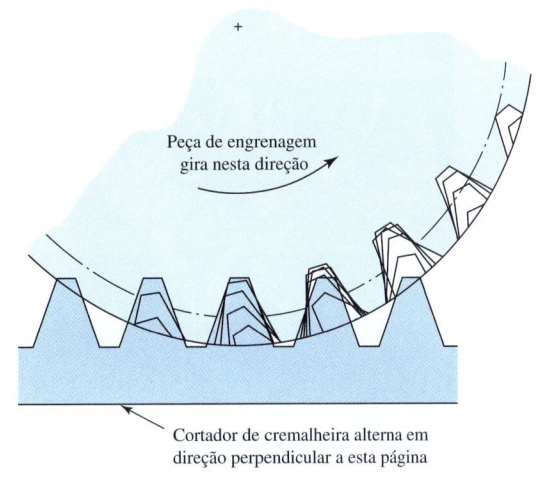

Figura 13–18 Usinagem de dentes por meio de uma cremalheira. (Esta é uma figura de quadro-negro que J. E. Shigley executou em resposta a uma pergunta de um estudante há quase 35 anos na Universidade de Michigan.)

Caracol de corte

O processo de fresagem-caracol, corte por ferramenta em caracol, é ilustrado na Figura 13-19. O caracol de corte é uma ferramenta com forma idêntica a de um pinhão sem-fim. Os dentes possuem lados retos, como em uma cremalheira, porém o eixo do caracol deve ser girado do ângulo de hélice para que possa cortar os dentes de uma engrenagem cilíndrica de dentes retos. Por essa razão, os dentes gerados por um caracol de corte possuem uma forma ligeiramente diferente daqueles gerados por uma cremalheira de corte. O caracol e a peça devem ser girados à razão de velocidade angular apropriada. Avança-se vagarosamente o caracol ao longo da face da peça até que todos os dentes tenham sido cortados.

Acabamento

Engrenagens que rodam a altas velocidades e transmitem grandes forças podem ser submetidas a forças dinâmicas adicionais se houver erros nos perfis de dente. Os erros podem ser de alguma forma diminuídos quando for feito o acabamento dos perfis de dente, após o corte, por rebarbação ou brunimento. Existem várias máquinas de rebarbação que cortam uma quantidade diminuta de metal, trazendo a acurácia do perfil de dente dentro dos limites de 250 μin (cerca de 6,25 mm).

Brunimento, assim como a rebarbação, é usado com engrenagens que foram cortadas, porém não tratadas termicamente. No brunimento, engrenagens endurecidas com dentes ligeiramente maiores que o necessário são engrazadas com a engrenagem até que as superfícies se tornem suaves.

Retífica e lapidação são usadas para dentes de engrenagens endurecidas após tratamento térmico. A operação de retífica emprega o princípio da geração e produz dentes bastante precisos. Na lapidação, os dentes da engrenagem em trabalho e da lapidadora deslizam axialmente de maneira que a superfície completa dos dentes seja desgastada por igual.

Figura 13-19 Fresagem de uma engrenagem. (*Cortesia da Boston Gear Works, Inc.*)

13-9 Engrenagens cônicas de dentes retos

Quando engrenagens são utilizadas para transmitir movimento entre eixos interceptantes, utiliza-se algum tipo de engrenagem cônica. Um par de engrenagens cônicas é mostrado na Figura 13-20. Embora engrenagens cônicas sejam geralmente construídas para um ângulo entre eixos de 90°, elas podem ser produzidas para quase qualquer ângulo. Os dentes podem ser fundidos, fresados ou gerados. Apenas os dentes gerados podem ser classificados como precisos.

A terminologia de engrenagens cônicas é ilustrada na Figura 13-20. O passo de engrenagens cônicas é medido na extremidade maior do dente, e ambos, o passo circular e o passo diametral, são calculados da mesma maneira que para engrenagens cilíndricas de dentes retos. Deve ser observado que a folga é uniforme. Os ângulos primitivos são definidos pelos cones primitivos que se encontram no ápice, como mostra a figura. Eles são relacionados ao número de dentes por meio de:

$$\tan\gamma = \frac{N_P}{N_G} \qquad \tan\Gamma = \frac{N_G}{N_P} \qquad (13\text{-}14)$$

em que os subscritos P e G referem-se ao pinhão e coroa, respectivamente, e γ e Γ são, respectivamente, os ângulos primitivos do pinhão e da coroa.

A Figura 13-20 mostra que a forma dos dentes, quando projetados no cone de fundo, é a mesma que numa engrenagem cilíndrica de dentes retos, tendo um raio igual à distância de cone de fundo r_b. Esta é conhecida como a aproximação de Tredgold. O número de dentes nessa engrenagem imaginária é

$$N' = \frac{2\pi r_b}{p} \qquad (13\text{-}15)$$

em que N' é o *número virtual de dentes* e p é o passo circular medido na extremidade maior dos dentes. Engrenagens cônicas padronizadas de dentes retos são cortadas utilizando-se um ângulo de pressão de 20°, adendo e dedendo distintos, e dentes de altura completa. Isso aumenta a razão de contato, evita adelgaçar e aumenta a resistência do pinhão.

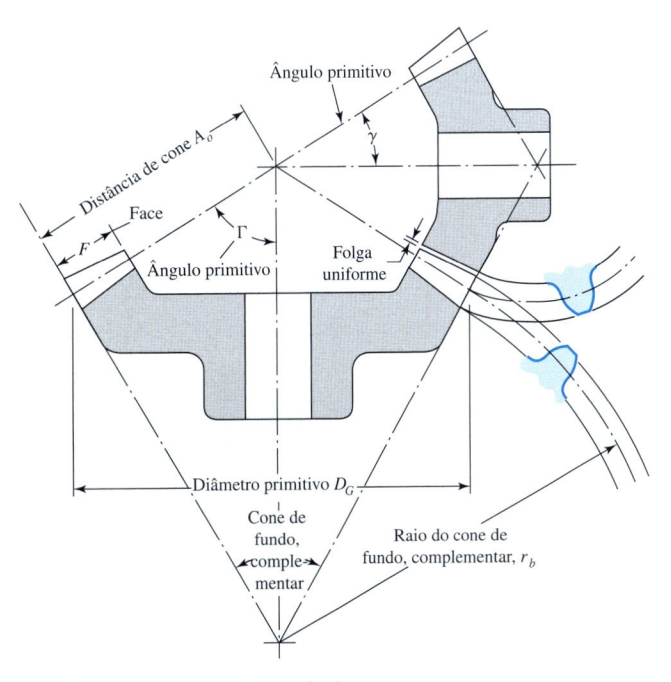

Figura 13-20 Terminologia de engrenagens cônicas de dentes retos.

13-10 Engrenagens helicoidais de eixos paralelos

Engrenagens helicoidais, utilizadas para transmitir movimento entre eixos paralelos, são mostradas na Figura 13–2. O ângulo de hélice é o mesmo em cada engrenagem, porém uma engrenagem deve ter uma hélice de mão direita enquanto a outra deve ter uma de mão esquerda. A forma de dente é o de uma helicoidal de involuta e está ilustrada na Figura 13–21. Se um pedaço de papel, cortado na forma de um paralelogramo, é enrolado ao redor de um cilindro, a extremidade angular do papel torna-se uma hélice. Se desenrolarmos esse papel, cada ponto na extremidade angular gerará uma curva involuta. Essa superfície, obtida quando cada ponto da extremidade gera uma involuta, é chamada de *involuta* (ou *evolvente*) *helicoidal*.

O contato inicial dos dentes de engrenagens cilíndricas de dentes retos é uma linha que se estende ao longo da face completa do dente; é um ponto que se estende até formar uma reta à medida que os dentes aumentam o grau de engrazamento. Em engrenagens cilíndricas de dentes retos, a linha de contato é paralela ao eixo de rotação; em engrenagens helicoidais, a linha é uma diagonal cruzando a face do dente. É precisamente esse engrazamento gradual dos dentes e a transferência macia de carga de um dente ao outro o que confere às engrenagens helicoidais a habilidade de transmitir grandes cargas a altas velocidades. Devido à natureza do contato entre engrenagens helicoidais, a razão de contato é de importância menor, e é a área de contato, que é proporcional à largura de face da engrenagem, o fator relevante.

Engrenagens helicoidais submetem os mancais de eixo a ambas as cargas, radial e axial. Quando a carga axial se torna alta, ou de outra forma se torna motivo de objeção, é desejável utilizar engrenagens helicoidais duplas. Uma engrenagem helicoidal dupla (*herringbone*) é equivalente a duas engrenagens helicoidais de mãos opostas, montadas lado a lado no mesmo eixo. Elas desenvolvem reações axiais opostas e assim cancelam a carga axial.

Quando duas ou mais engrenagens helicoidais simples são montadas no mesmo eixo, a mão das engrenagens deve ser selecionada para produzir uma carga axial mínima.

A Figura 13–22 representa uma porção da vista de topo de uma cremalheira helicoidal. As linhas *ab* e *cd* são as linhas de centro de dois dentes helicoidais adjacentes tomados sobre o mesmo plano primitivo. O ângulo ψ é o *ângulo de hélice*. A distância *ac* é o *passo circular transversal* P_t no plano de rotação (geralmente chamado de *passo circular*). A distância *ae* é o *passo circular normal* p_n e está relacionada com o passo circular transversal por meio de:

$$p_n = p_t \cos \psi \qquad (13\text{-}16)$$

A distância *ad* é chamada de *passo axial* p_x e é definida pela expressão

$$p_x = \frac{p_t}{\tan \psi} \qquad (13\text{-}17)$$

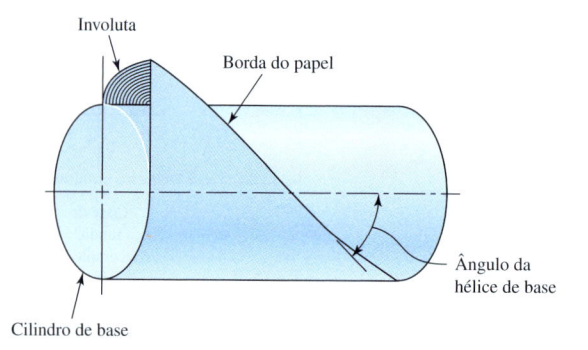

Figura 13–21 Uma helicoide de involuta.

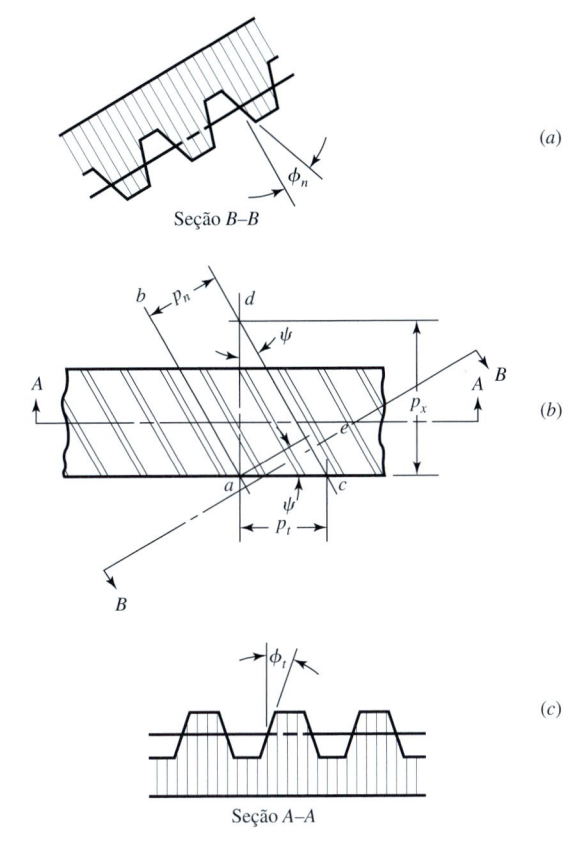

Figura 13–22 Nomenclatura de engrenagens helicoidais.

Uma vez que $p_n P_n = \pi$, o passo *diametral normal* vale

$$P_n = \frac{P_t}{\cos \psi} \qquad (13\text{–}18)$$

O ângulo de pressão ϕ_n na direção normal é diferente do ângulo de pressão ϕ_t na direção de rotação, resultado da angularidade dos dentes. Esses ângulos se relacionam por meio da expressão

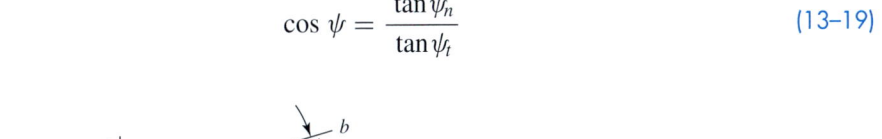

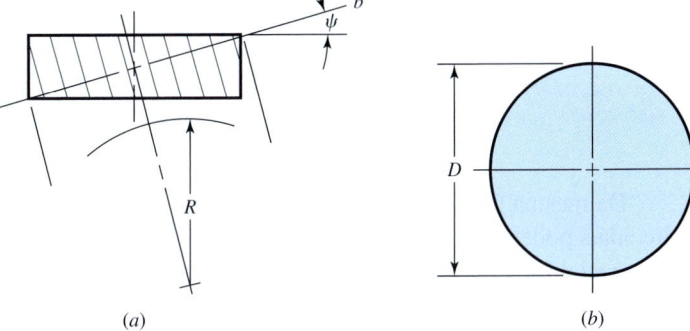

$$\cos \psi = \frac{\tan \psi_n}{\tan \psi_t} \qquad (13\text{–}19)$$

Figura 13–23 Cilindro cortado por plano oblíquo.

A Figura 13–23 ilustra um cilindro cortado por um plano oblíquo *ab* num ângulo ψ relativo a uma seção reta. O plano oblíquo corta um arco que possui um raio de curvatura R. Para a condição $\psi = 0$, o raio de curvatura é $R = D/2$. Se imaginarmos o ângulo ψ sendo pouco a pouco aumentado de zero a 90°, vemos que R começa num valor $D/2$ e aumenta até quando $\psi = 90°$, $R = \infty$. O raio R é o raio primitivo aparente de um dente de engrenagem helicoidal quando visto na direção dos elementos de dentes. Uma engrenagem do mesmo passo e com o raio R terá um número de dentes maior, por causa do aumento do raio. Na terminologia de engrenagens helicoidais, este é conhecido como o *número virtual de dentes*. Pode ser mostrado, utilizando-se geometria analítica, que o número virtual de dentes está relacionado com o número real por meio da equação

$$N' = \frac{N}{\cos^3 \psi} \qquad (13\text{–}20)$$

sendo N' o número virtual de dentes e N o número real de dentes. É necessário saber o número virtual de dentes no projeto para a resistência e, também, algumas vezes, no corte de dentes helicoidais. Esse número aparentemente maior de raio de curvatura significa que menos dentes necessitam ser utilizados em engrenagens helicoidais, uma vez que eles terão menos adelgaçamento.

EXEMPLO 13–2 Uma engrenagem helicoidal de estoque possui um ângulo de pressão normal de 22°, um ângulo de hélice de 32° e um módulo de passo diametral transversal de 3,0 mm tendo 24 dentes. Encontre:

(*a*) O diâmetro primitivo.
(*b*) Os passos axial, normal e transversal.
(*c*) O passo diametral normal.
(*d*) O ângulo de pressão transversal.

Solução

Resposta (*a*)
$$d = Nm_t = 24(3) = 72 \text{ mm}$$

Resposta (*b*)
$$p_t = \pi m_t = \pi(3) = 9{,}42478 \text{ mm}$$

Resposta
$$p_n = p_t \cos \psi = 9{,}42478 = 9{,}42478 \, cos \, (32) = 7{,}99267 \text{ mm}$$

Resposta
$$p_x = \frac{p_t}{\tan \psi} = \frac{9{,}42478}{\tan 32°} = 15{,}08280 \text{ mm}$$

Resposta (*c*)
$$m_n = m_i \cos \psi = 3 \cos 32° = 2{,}54414 \text{ mm}$$

Resposta (*d*)
$$\phi_t = \tan^{-1}\left(\frac{\tan \phi_n}{\cos \psi}\right) = \tan^{-1}\left(\frac{\tan 22°}{\cos 32°}\right) = 25{,}47402°$$

Da mesma forma que no caso de engrenagens de dentes retos, dentes de engrenagens helicoidais podem apresentar interferência. Na Equação (13–19) o ângulo de pressão na direção tangencial (de rotação) ϕ_t pode ser posto em evidência para dar

$$\phi_t = \tan^{-1}\left(\frac{\tan \phi_n}{\cos \psi}\right)$$

O menor número de dentes N_P de um pinhão helicoidal que rodará sem interferência[3] com uma coroa com o mesmo número de dentes é

$$N_P = \frac{2k \cos \psi}{3 \sen^2 \phi_t} \left(1 + \sqrt{1 + 3 \sen^2 \phi_t}\right) \quad (13\text{–}21)$$

Por exemplo, se o ângulo de pressão normal ϕ_n vale 20° e o ângulo de hélice ψ é 30°, então ϕ é

$$\phi_t = \tan^{-1}\left(\frac{\tan 20}{\cos 30}\right) = 22{,}80°$$

$$N_P = \frac{2(1)\cos 30}{3 \sen^2 22{,}80}\left(1 + \sqrt{1 + 3 \sen^2 22{,}80°}\right) = 8{,}48 = 9 \text{ dentes}$$

Para uma razão de engrenamento $m_G = N_G/N_P = m$, o menor número de dentes no pinhão resulta

$$N_P = \frac{2k \cos \psi}{(1 + 2m) \sen^2 \phi_t}\left[m + \sqrt{m^2 + (1 + 2m) \sen^2 \phi_t}\right] \quad (13\text{–}22)$$

A maior coroa com um pinhão especificado é dada por

$$N_G = \frac{N_P^2 \sen^2 \phi_t - 4k^2 \cos^2 \psi}{4k \cos \psi - 2N_P \sen^2 \phi_t} \quad (13\text{–}23)$$

Por exemplo, para um pinhão de nove dentes com um ângulo de pressão ϕ_n de 20°, um ângulo de hélice ψ de 30°, e relembrando que o ângulo de pressão tangencial ϕ_t é 22,80°,

$$N_G = \frac{9^2 \sen^2 22{,}80° - 4(1)^2 \cos^2 30°}{4(1)\cos 30° - 2(9)\sen^2 22{,}80°} = 12{,}02 = 12$$

O menor pinhão que pode correr com uma cremalheira é

$$N_P = \frac{2k \cos \psi}{\sen^2 \phi_t} \quad (13\text{–}24)$$

Para um ângulo de pressão normal de 20°, um ângulo de hélice de 30° e $\phi_t = 22{,}80°$,

$$N_P = \frac{2(1)\cos 30°}{\sen^2 22{,}80°} = 11{,}5 = 12 \text{ dentes}$$

Para dentes de engrenagens helicoidais, o número de dentes engrazado ao longo da largura de uma engrenagem será maior que a unidade, e um termo chamado *razão de contato de face* é utilizado para descrevê-lo. Esse aumento da razão de contato e o deslizamento gradual de cada dente resultam em engrenagens mais silenciosas.

13–11 Engrenagens sem-fim

A nomenclatura de um par sem-fim é mostrada na Figura 13–24. O parafuso e a coroa de um conjunto possuem a mesma mão de hélice, como no caso de engrenagens helicoidais cruzadas, porém os ângulos de hélice são geralmente bem diferentes. O ângulo de hélice no parafuso é

---
[3] Op. cit, Robert Lipp, *Machine Design*, p. 122-124.

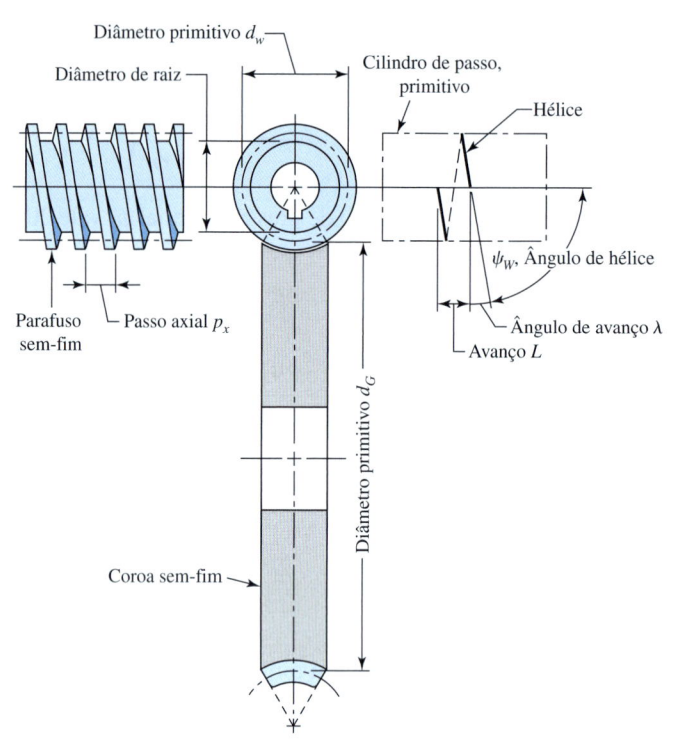

Figura 13–24 Nomenclatura de um par sem-fim de envelope único.

normalmente bem grande, e aquele na coroa bastante pequeno. Por causa disso, é usual especificar o ângulo de avanço λ no parafuso e o ângulo de hélice ψ_G na coroa; os dois ângulos são iguais para um ângulo entre eixos de 90°. O ângulo de avanço do parafuso é o complemento do ângulo de hélice da coroa, como mostra a Figura 13–24.

Ao se especificar o passo de pares sem-fim, é costumeiro declarar o *passo axial* p_x do parafuso e o *passo circular transversal* P_t, com frequência simplesmente chamado de passo circular, da engrenagem par. Esses passos são idênticos se o ângulo entre eixos for de 90°. O passo diametral da engrenagem é o diâmetro medido num plano contendo o eixo do sem-fim, como mostra a Figura 13–24; é o mesmo que o de engrenagens de dentes retos, e é

$$d_G = \frac{N_G p_t}{\pi} \tag{13–25}$$

Uma vez que não está relacionado ao número de dentes, o sem-fim pode ter qualquer diâmetro de passo ou primitivo; esse diâmetro, contudo, deve ser o mesmo que o diâmetro de passo da fresa utilizada para cortar os dentes da coroa sem-fim. Geralmente, o diâmetro de passo do parafuso sem-fim deve ser selecionado para cair no intervalo

$$\frac{C^{0,875}}{3,0} \leq d_W \leq \frac{C^{0,875}}{1,7} \tag{13–26}$$

em que C representa a distância entre centros. Essas proporções parecem resultar em capacidade de potência ótima do par.

O *avanço L* e o *ângulo de avanço* λ do parafuso sem-fim obedecem às seguintes relações:

$$L = p_x N_W \tag{13–27}$$

$$\tan \gamma = \frac{L}{\pi d_W} \tag{13–28}$$

13-12 Sistemas de dentes[4]

O *sistema de dentes* é um padrão que especifica as relações envolvendo adendo, dedendo, profundidade de trabalho, espessura de dente e ângulo de pressão. Os padrões foram originalmente pensados para levar à intercambiabilidade de engrenagens de quaisquer números de dentes, porém com o mesmo ângulo de pressão e passo.

A Tabela 13–1 contém os padrões mais utilizados para engrenagens cilíndricas de dentes retos. O ângulo de pressão de $14\frac{1}{2}°$ foi utilizado nesses padrões, porém hoje já está obsoleto; as engrenagens nesse caso tinham de ser comparativamente maiores para evitar problemas de interferência.

A Tabela 13–2 é particularmente útil na seleção do passo ou módulo de uma engrenagem. Em geral cortadores com os tamanhos mostrados nesta tabela são disponíveis.

A Tabela 13–3 lista as proporções padrão de dente para engrenagens cônicas de dentes retos. Esses tamanhos se referem à extremidade maior dos dentes. A nomenclatura é definida na Figura 13–20.

Proporções padronizadas de dente para engrenagens helicoidais estão listadas na Tabela 13–4. Elas baseiam-se no ângulo de pressão normal; esses ângulos são padronizados de modo igual às engrenagens de dentes retos. Embora ocorram exceções, a largura de face das engrenagens helicoidais deve ser pelo menos duas vezes o passo axial para que se obtenha uma boa ação de hélice no engrenamento.

Tabela 13–1 Sistemas de dentes padronizados e usados comumente para engrenagens cilíndricas de dentes retos.

Sistema de dente	Ângulo de pressão ϕ, graus	Adendo a	Dedendo b
Profundidade completa	20	$1/P$ ou $1m$	$1,25/P$ ou $1,25\,m$
			$1,35/P$ ou $1,35\,m$
	$22\frac{1}{2}$	$1/P$ ou $1m$	$1,25/P$ ou $1,25\,m$
			$1,35/P$ ou $1,35\,m$
	25	$1/P$ ou $1m$	$1,25/P$ ou $1,25\,m$
			$1,35/P$ ou $1,35\,m$
Curto	20	$0,8/P$ ou $0,8\,m$	$1/P$ ou m

Tabela 13–2 Tamanho de dentes em usos gerais.

Passo diametral P(dentes/in)	
Grosso	2, $2\frac{1}{4}$, $2\frac{1}{2}$, 3, 4, 6, 8, 10, 12, 16
Fino	20, 24, 32, 40, 48, 64, 80, 96, 120, 150, 200

Módulos m(mm/dente)	
Preferidos	1, 1,25, 1,5, 2, 2,5, 3, 4, 5, 6, 8, 10, 12, 16, 20, 25, 32, 40, 50
Próxima escolha	1,125, 1,375, 1,75, 2,25, 2,75, 3,5, 4,5, 5,5, 7, 9, 11, 14, 18, 22, 28, 36, 45

---

[4] Padronizado pela American Gear Manufacturers Association (AGMA). Escreva à AGMA para uma lista completa de normas, uma vez que mudanças são feitas de tempos em tempos. O endereço é: 1001 N. Fairfax Street, Suite 500, Alexandria, VA 22314-1587; ou www.agma.org.

Tabela 13–3 Proporções no denteado de engrenagens cônicas de dentes retos de 20°.

Item	Fórmula
Profundidade de trabalho	$h_k = 2{,}0/P \; [= 2{,}0 \, m]$
Folga	$c = (0{,}188 \;/P) + 0{,}002 \, \text{in} \; [= 0{,}188 \, m + 0{,}05 \, mm]$
Adendo da engrenagem	$a_G = \dfrac{0{,}54}{P} + \dfrac{0{,}460}{P(m_{90})^2} \left[= 0{,}54 \, m + \dfrac{0{,}46 \, m}{(m_{90})^2} \right]$
Razão de engrenamento	$m_G = N_G)N_P$
Razão equivalente de 90°	$m_{90} = m_G$ quando $\Gamma = 90$
	$m_{90} = \sqrt{m_G \dfrac{\cos \gamma}{\cos \Gamma}}$ quando $\Gamma \neq 90$
Largura de face	$F = 0{,}3 A_0$ ou $F = \dfrac{10}{P}$, o que for menor $\left[F = \dfrac{A_0}{3} \text{ ou } F = 10 \, m \right]$
Número mínimo de dentes	Pinhão 16 15 14 13
	Coroa 16 17 20 30

Tabela 13–4 Proporções em dentes padronizados de engrenagens helicoidais.

Quantidade*	Fórmula	Quantidade*	Fórmula
Adendo	$\dfrac{1{,}00}{P_n}$	Engrenagens externas:	
Dedendo	$\dfrac{1{,}25}{P_n}$	Distância padrão entre centros	$\dfrac{D+d}{2}$
Diâmetro primitivo do pinhão	$\dfrac{N_P}{P_n \cos \psi}$	Diâmetro externo da coroa	$D + 2a$
Diâmetro primitivo da coroa	$\dfrac{N_G}{P_n \cos \psi}$	Diâmetro externo do pinhão	$d + 2a$
Espessura de dente no arco normal[†]	$\dfrac{\pi}{P_n} - \dfrac{B_n}{2}$	Diâmetro de raiz da coroa	$D - 2b$
Diâmetro da base do pinhão	$d \cos \phi_t$	Diâmetro de raiz do pinhão	$d - 2b$
		Engrenagens internas:	
Diâmetro da base do pinhão	$D \cos \phi_t$	Distância entre centros	$\dfrac{D-d}{2}$
Ângulo da hélice de base	$\tan^{-1}(\tan \psi \cos \phi_t)$	Diâmetro interno	$D - 2a$
		Diâmetro de raiz	$D + 2b$

*Todas as dimensões estão em polegadas e os ângulos, em graus.
[†]B_n é a folga normal.

Não existe um padrão para formas de dentes de engrenagens sem-fim, talvez por falta de necessidade. Os ângulos de pressão dependem dos ângulos de avanço e devem ser grandes o suficiente para evitar subcorte dos dentes do sem-fim no lado onde o contato termina. Uma profundidade de dente satisfatória, que permanece próxima da proporção correta com o ângulo de avanço, pode ser obtida tornando-se a profundidade uma proporção do passo circular axial. A Tabela 13–5 resume o que pode ser considerado como boa prática no que concerne a ângulo de pressão e profundidade de dente.

A *largura de face* F_G de um parafuso sem-fim deve ser feita igual ao comprimento de uma tangente ao círculo primitivo entre seus pontos de intersecção com o círculo de adendo, como mostra a Figura 13–25.

Tabela 13–5 Ângulos de pressão recomendados e profundidades de dentes para engrenagens sem-fim.

Ângulo de avanço λ, grau	Ângulo de pressão ϕ_n, grau	Adendo a	Dedendo b_G
0–15	$14\frac{1}{2}$	$0{,}3683 p_x$	$0{,}3683 p_x$
15–30	20	$0{,}3683 p_x$	$0{,}3683 p_x$
30–35	25	$0{,}2865 p_x$	$0{,}3314 p_x$
35–40	25	$0{,}2546 p_x$	$0{,}2947 p_x$
40–45	30	$0{,}2228 p_x$	$0{,}2578 p_x$

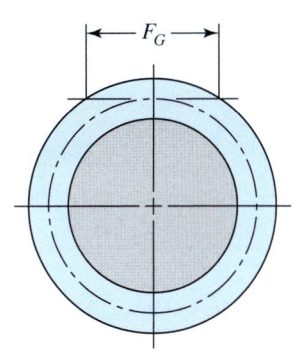

Figura 13–25 Representação gráfica da largura de face do parafuso de um par sem-fim.

13–13 Trens de engrenagens

Considere um pinhão 2 movendo uma coroa 3. A velocidade da engrenagem acionada é

$$n_3 = \left| \frac{N_2}{N_3} n_2 \right| = \left| \frac{d_2}{d_3} n_2 \right| \tag{13-29}$$

em que n = revoluções ou rev/min
$\quad\quad\quad N$ = número de dentes
$\quad\quad\quad d$ = diâmetro primitivo

A Equação (13–29) aplica-se a qualquer par de engrenagens não obstante essas serem cilíndricas de dentes retos, helicoidais, cônicas ou par sem-fim. Os sinais de valor absoluto são utilizados para permitir liberdade absoluta na escolha das direções positivas e negativas. No caso de engrenagens cilíndricas de dentes retos e engrenagens helicoidais paralelas, as direções no plano de visualização ordinário correspondem à regra da mão direita – positiva para rotação anti-horária e negativa para rotação horária.

Direções de rotação são mais difíceis de deduzir quando se trata de pares sem-fim, ou mesmo de engrenagens helicoidais cruzadas. A Figura 13–26 ajudará nessas situações.

O trem de engrenagens mostrado na Figura 13–27 é constituído de cinco engrenagens. Considerando a engrenagem 2 como engrenagem de atuação primária, a velocidade da sexta engrenagem será

$$n_6 = -\frac{N_2}{N_3}\frac{N_3}{N_4}\frac{N_5}{N_6} n_2 \tag{a}$$

Assim, vemos que a engrenagem 3 é intermediária, isto é, seu número de dentes se cancela na Equação (*a*), portanto, ela somente afeta a direção de rotação da engrenagem 6.

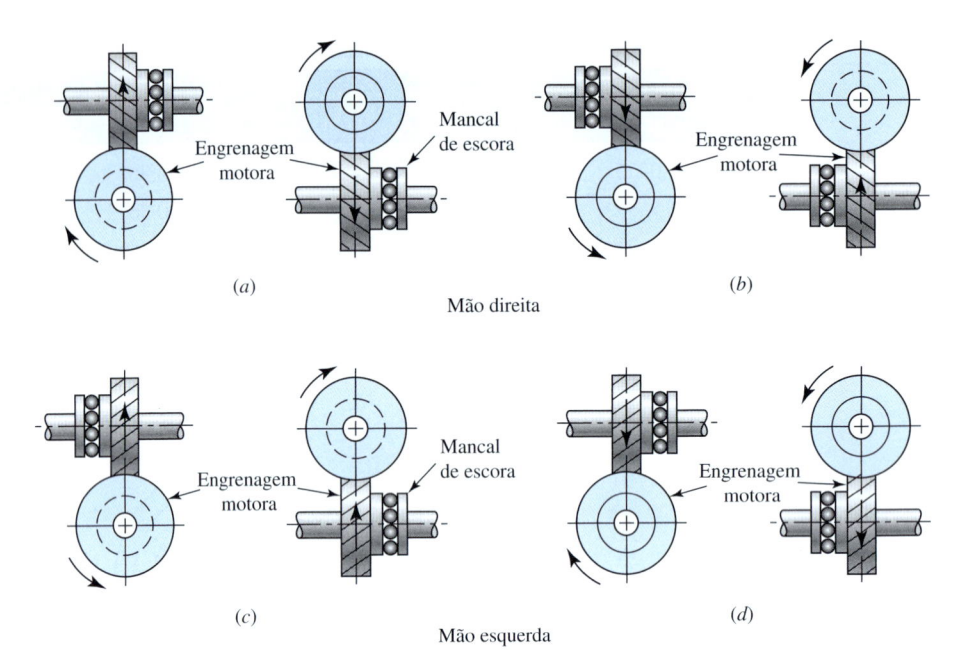

Figura 13–26 Relações de força axial, rotação e de mão para engrenagens helicoidais cruzadas. Observe que cada par de desenhos se refere a um único conjunto de engrenagens. Estas relações também se aplicam a pares sem-fim. (*Reproduzido mediante permissão, Boston Gear Division, Colfax Corp.*)

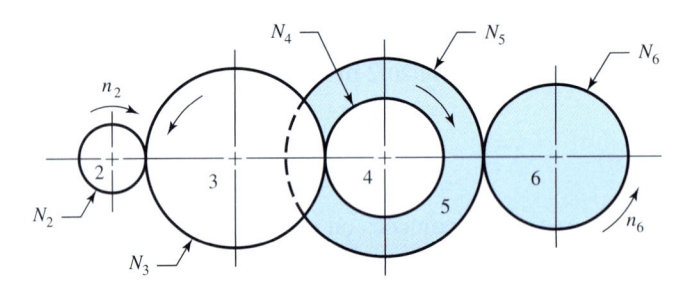

Figura 13–27 Trem de engrenagens.

Observamos, além disso, que as engrenagens 2, 3 e 5 são motoras, enquanto as engrenagens 3, 4 e 6 são movidas. Definimos o *valor de trem* como

$$e = \frac{\text{produto de número de dentes motores}}{\text{produto de número de dentes movidos}} \quad (13\text{--}30)$$

Note que diâmetros primitivos podem ser usados na Equação (13–30) também. Quando a Equação (13–30) é utilizada para engrenagens cilíndricas de dentes retos, e é positivo se a última engrenagem rodar no mesmo sentido que a primeira, e negativo se a última engrenagem rodar no sentido oposto.

Agora podemos escrever

$$n_L = e n_F \quad (13\text{--}31)$$

em que n_L é a celeridade da última engrenagem do trem e n_F é a celeridade da primeira.

Como diretriz aproximada, um valor de trem de transmissão até 10 para 1 pode ser obtido com um par de engrenagens. Razões maiores podem ser obtidas em menos espaço, com um número menor de problemas dinâmicos, por composição de pares adicionais de engrenagens.

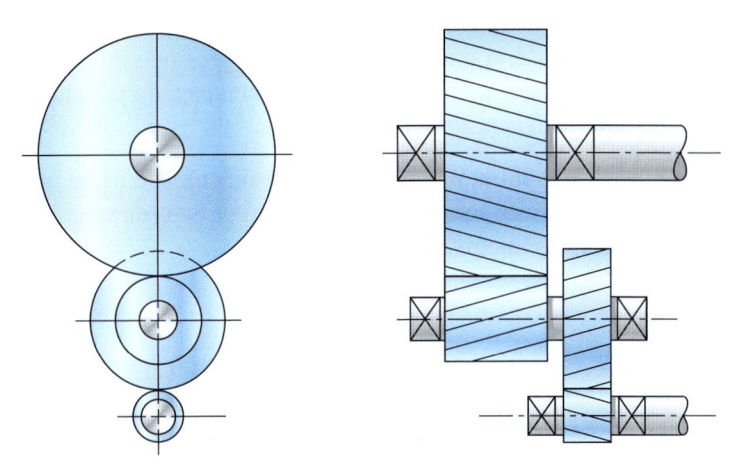

Figura 13–28 Trem de engrenagens composto de dois estágios.

Um trem de engrenagens composto de dois estágios, como aquele mostrado na Figura 13–28, pode produzir um valor de trem de até 100 para 1.

O projeto de trens de engrenagens para alcançar um valor específico de trem é direto. Uma vez que os números de dentes nas engrenagens devem ser inteiros, é melhor determiná-los primeiro e, depois, obter os diâmetros primitivos. Determine o número de estágios necessário para obter a razão geral e, depois, divida-a em porções a ser alcançadas em cada estágio. Para minimizar o tamanho do pacote, mantenha as proporções divididas tão próximas entre estágios quanto possível. Quando necessitar apenas aproximar o valor completo de trem, cada estágio poderá ser idêntico. Por exemplo, em um trem de engrenagens composto de dois estágios, designe a raiz quadrada do valor completo de trem para cada estágio. Se um valor exato de trem se faz necessário, tente dividir o valor geral do trem em componentes inteiros para cada estágio. Designe então a menor engrenagem para o número mínimo de dentes permitido para a razão específica de cada estágio, a fim de evitar interferência (ver Seção 13–7). Finalmente, aplicando a razão para cada estágio, determine o número de dentes para as engrenagens par. Arredonde para o inteiro mais próximo e verifique se a razão geral resultante está dentro da tolerância aceitável.

EXEMPLO 13–3

É necessária uma caixa de engrenagens que proporcione um aumento de velocidade de 30:1 ($\pm 1\%$), com minimização simultânea de tamanho geral de caixa. Especifique números de dentes apropriados.

Solução

Uma vez que a razão é maior que 10:1, porém menor que 100:1, um trem de engrenagens composto de dois estágios, como aquele da Figura 13-28, é necessário. A porção a ser alcançada em cada estágio é $\sqrt{30} = 5{,}4772$. Para essa razão, assumindo um ângulo de pressão típico de 20°, o número mínimo de dentes para evitar interferência é 16, de acordo com a Equação (13–11). O número de dentes necessário para as engrenagens par é:

Resposta

$$16\sqrt{30} = 87{,}64 \approx 88$$

Da Equação (13–30), o valor completo de trem é

$$e = (88/16)(88/16) = 30{,}25$$

Esse valor está dentro da tolerância de 1%. Se desejar uma tolerância menor, aumente o tamanho do pinhão para o próximo valor inteiro e tente novamente.

EXEMPLO 13-4

É necessária uma caixa de engrenagens que proporcione um aumento exato de 30:1 em velocidade, com minimização simultânea do tamanho geral de caixa. Especifique números de dentes apropriados.

Solução

O exemplo prévio demonstrou a dificuldade de se encontrar números inteiros de dentes para prover uma razão exata. A fim de determinar inteiros, fatorize a razão global em dois estágios inteiros:

$$e = 30 = (6)(5)$$

$$N_2/N_3 = 6 \quad \text{e} \quad N_4/N_5 = 5$$

Com duas equações e quatro números de dentes desconhecidos, duas escolhas livres são disponíveis. Escolha N_3 e N_5 tão pequenos quanto possível, sem interferência. Assumindo um ângulo de pressão de 20°, a Equação (13–11) nos dá o mínimo de 16.

Assim,

$$N_2 = 6\,N_3 = 6(16) = 96$$

$$N_4 = 5\,N_5 = 5(16) = 80$$

O valor global de trem é, portanto, exato.

$$e = (96/16)(80/16) = (6)(5) = 30$$

Algumas vezes, é desejável que o eixo de entrada e o eixo de saída de um trem de engrenagens composto de dois estágios estejam em linha, como mostra a Figura 13–29. Esta configuração é chamada de *trem de engrenagens composto reverso*. Isso requer que as distâncias entre eixos sejam as mesmas para ambos os estágios do trem, o que aumenta a complexidade do projeto. A restrição de distância é

$$d_2/2 + d_3/2 = d_4/2 + d_5/2$$

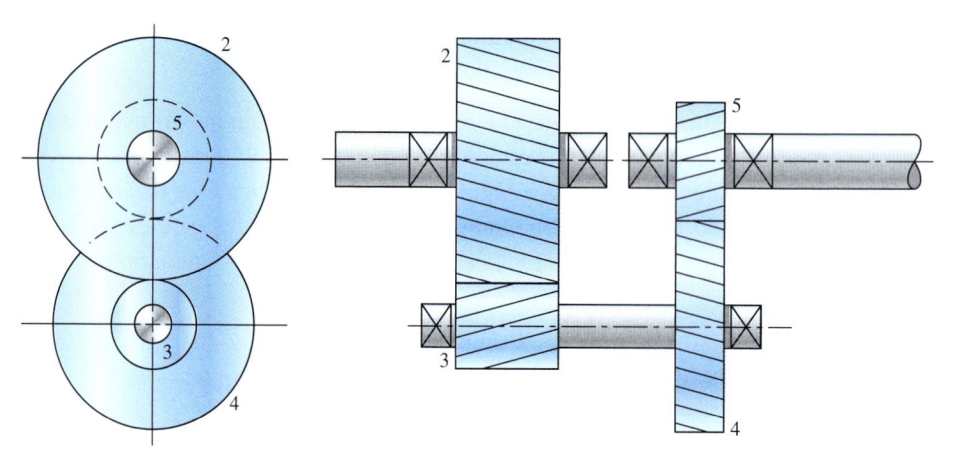

Figura 13–29 Trem de engrenagens composto reverso.

O passo diametral relaciona os diâmetros e os números de dentes, $P = N/d$. Substituindo todos os diâmetros resulta

$$N_2/(2P) + N_3/(2P) = N_4/(2P) + N_5/(2P)$$

Supondo um passo diametral constante em ambos os estágios, temos a condição geométrica expressa em termos do número de dentes:

$$N_2 + N_3 = N_4 + N_5$$

Esta condição deve ser satisfeita exatamente, ademais às equações de razão prévias, para garantir a condição de alinhamento entre os eixos de entrada e saída.

EXEMPLO 13–5

Uma caixa de engrenagens capaz de prover um aumento exato de velocidade de 30:1 se faz necessária. Os eixos de entrada e saída devem estar em linha. Especifique números apropriados de dentes.

Solução

As equações governantes são

$$N_2/N_3 = 6$$
$$N_4/N_5 = 5$$
$$N_2 + N_3 = N_4 + N_5$$

Com três equações e quatro números de dentes desconhecidos, apenas uma escolha livre é possível. Das duas engrenagens menores, N_3 e N_5, a escolha livre deve ser usada para minimizar N_3 uma vez que uma razão de engrenamento maior deve ser alcançada neste estágio. A fim de evitar interferência, o mínimo para N_3 é 16.

Aplicando as equações governantes resulta

$$N_2 = 6N_3 = 6(16) = 96$$
$$N_2 + N_3 = 96 + 16 = 112 = N_4 + N_5$$

Substituindo $N_4 = 5N_5$, temos

$$112 = 5N_5 + N_5 = 6N_5$$
$$N_5 = 112/6 = 18{,}67$$

Se o valor de trem precisa apenas ser aproximado, então esse valor pode ser aproximado do valor inteiro mais próximo. Porém, para uma solução exata, é necessário tomar a escolha livre inicial para N_3 de modo que a solução para o restante do número de dentes resulte exatamente em inteiros. Isso pode ser feito por tentativa e erro, tomando $N_3 = 17$, depois 18 etc., até que funcione. Ou o problema pode ser normalizado para rapidamente determinar a escolha mínima livre. Começando novamente, assuma a escolha livre $N_3 = 1$. Aplicando as equações governantes dá

$$N_2 = 6N_3 = 6(1) = 6$$
$$N_2 + N_3 = 6 + 1 = 7 = N_4 + N_5$$

Substituindo $N_4 = 5N_5$, encontramos

$$7 = 5N_5 + N_5 = 6N_5$$

$$N_5 = 7/6$$

Essa fração poderia ser eliminada se fosse multiplicada por um múltiplo de 6. A escolha livre para a menor engrenagem N_3 deve ser selecionada como um múltiplo de 6, que seja maior que o mínimo permitido para evitar interferência. Isso deve indicar que $N_3 = 18$. Repetindo a aplicação das equações governantes para o tempo final, resulta

$$N_2 = 6N_3 = 6(18) = 108$$

$$N_2 + N_3 = 108 + 18 = 126 = N_4 + N_5$$

$$126 = 5N_5 + N_5 = 6N_5$$

$$N_5 = 126,6 = 21$$

$$N_4 = 5N_5 = 5(21) = 105$$

Assim,

Resposta

$$N_2 = 108$$

$$N_3 = 18$$

$$N_4 = 105$$

$$N_5 = 21$$

Para verificação, calculemos $e = (108/18)(105/21) = (6)(5) = 30$.

E, verificando a restrição geométrica para o requerimento de em-linha, calculamos

$$N_2 + N_3 = N_4 + N_5$$

$$108 + 18 = 105 + 21$$

$$126 = 126$$

Efeitos pouco comuns podem ser obtidos em um trem de engrenagens ao permitir-se que alguns eixos de engrenagens rodem com relação aos outros. Tais trens são chamados de *trens de engrenagens planetários*, ou *epicíclicos*. Trens planetários sempre incluem uma *engrenagem sol*, um *transportador de planeta* ou *braço* e uma ou mais *engrenagens planetas*, como mostra a Figura 13–30. Trens de engrenagens planetários são mecanismos incomuns uma vez que eles têm dois graus de liberdade; isto é, para movimento restringido, um trem planetário deve ter duas entradas. Por exemplo, na Figura 13–30, essas duas entradas poderiam ser o movimento de qualquer par de elementos do trem. Poderíamos especificar que a engrenagem sol rode a 100 rev/min no sentido horário e que a engrenagem do anel rode a 50 rev/min, no sentido anti-horário; estas são as entradas. A saída seria o movimento do braço. Na maior parte dos trens planetários, um dos elementos é ligado à estrutura e não possui movimento.

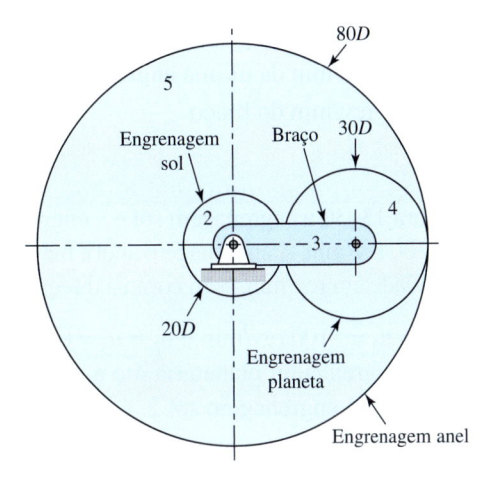

Figura 13–30 Um trem de engrenagens planetárias.

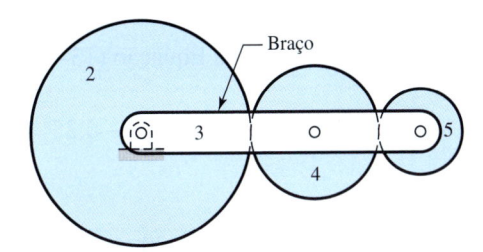

Figura 13–31 Trem de engrenagens no braço de um trem de engrenagens planetárias.

A Figura 13–31 mostra um trem planetário composto de uma engrenagem sol 2, um braço ou transportador 3, e engrenagens planeta 4 e 5. A velocidade angular da engrenagem 2 relativa ao braço em rev/min é

$$n_{23} = n_2 - n_3 \tag{b}$$

Também, a velocidade da engrenagem 5 relativa ao braço é

$$n_{53} = n_5 - n_3 \tag{c}$$

Dividindo a Equação (c) pela Equação (b) dá

$$\frac{n_{53}}{n_{23}} = \frac{n_5 - n_3}{n_2 - n_3} \tag{d}$$

A Equação (d) expressa a razão da engrenagem 5 com relação à engrenagem 2, e ambas as velocidades são tomadas relativamente ao braço. Agora, este número é o mesmo e é proporcional ao número de dentes, quer esteja o braço rodando ou não. É o valor do trem. Portanto, podemos escrever

$$e = \frac{n_5 - n_3}{n_2 - n_3} \tag{e}$$

Essa equação pode ser utilizada para resolução em termos do movimento de saída de qualquer trem planetário. É mais convenientemente escrita como

$$e = \frac{n_L - n_A}{n_F - n_A} \tag{13-32}$$

em que n_F = rev/min da primeira engrenagem no trem planetário
n_L = rev/min da última engrenagem no trem planetário
n_A = rev/min do braço

EXEMPLO 13–6

Na Figura 13–30 a engrenagem sol é a engrenagem de entrada, sendo movida no sentido horário a 100 rev/min. A engrenagem anel é mantida estacionária fixando-se à estrutura. Encontre a velocidade em rev/min, bem como a direção de rotação do braço e da engrenagem 4.

Solução

Seja $n_F = n_2 = -100$ rev/min e $n_L = n_5 = 0$. Para e, destrave a engrenagem 5 e fixe o braço. Então, a engrenagem planetária 4 e a engrenagem anel 5 rotacionam na mesma direção, em oposição à engrenagem sol 2. Assim, e é negativo e

$$e = -\left(\frac{N_2}{N_4}\right)\left(\frac{N_4}{N_5}\right) = -\left(\frac{20}{30}\right)\left(\frac{30}{80}\right) = -0{,}25$$

Substituindo esse valor na Equação (13–32) nos dá

$$-0{,}25 = \frac{0 - n_A}{(-100) - n_A}$$

ou

Resposta

$$n_A = -20 \text{ rev/min} = 20 \text{ rev/min no sentido horário}$$

Para obtermos a velocidade da engrenagem 4, seguimos o procedimento estabelecido com as Equações (b), (c) e (d). Assim

$$n_{43} = n_4 - n_3 \qquad n_{23} = n_2 - n_3$$

de modo que

$$\frac{n_{43}}{n_{23}} = \frac{n_4 - n_3}{n_2 - n_3} \tag{1}$$

porém

$$\frac{n_{43}}{n_{23}} = -\frac{20}{30} = -\frac{2}{3} \tag{2}$$

Ao substituirmos os valores conhecidos na Equação (1), obtemos

$$-\frac{2}{3} = \frac{n_4 - (-20)}{(-100) - (-20)}$$

cuja solução produz

Resposta

$$n_4 = 33\tfrac{1}{3} \text{ rev/min} = 33\tfrac{1}{3} \text{ rev/min no sentido anti-horário}$$

13-14 Análise de força – Engrenamento cilíndrico de dentes retos

Antes de começarmos a análise de força em trens de engrenagens, vamos estabelecer a notação a ser utilizada. Começando com o assinalar do numeral 1 para a estrutura de máquina, designaremos a engrenagem de entrada como engrenagem 2 e, a partir daí, numeraremos as engrenagens sucessivamente como 3, 4 etc. até chegarmos à última engrenagem do trem. A seguir, pode haver vários eixos envolvidos e, usualmente, uma ou duas engrenagens são montadas em cada eixo, assim como outros elementos. Designaremos os eixos utilizando as letras minúsculas do alfabeto a, b, c etc.

Com essa notação podemos agora falar da força exercida pela engrenagem 2 sobre a engrenagem 3 como F_{23}. A força exercida pela engrenagem 2 contra o eixo a é F_{2a}. Podemos também escrever F_{a2} no intuito de indicar a força exercida pelo eixo a sobre a engrenagem 2. Infelizmente também se faz necessário utilizar superscritos para indicar direções. As coordenadas de direção serão geralmente indicadas a partir das coordenadas x, y e z, e as direções radial e tangencial pelos sobrescritos r e t. Com essa notação, F_{43}^t é a componente tangencial da força que faz a engrenagem 4 contra a engrenagem 3.

A Figura 13–32a mostra um pinhão montado sobre o eixo a, rodando no sentido horário a n_2 rev/min enquanto aciona uma engrenagem sobre o eixo b a n_3 rev/min. As reações entre dentes engrazados ocorre segundo a linha de pressão. Na Figura 13–32b o pinhão foi separado da coroa e eixo, e o efeito dessas interações substituído por forças. F_{a2} e T_{a2} representam a força e torque, respectivamente, exercidos pelo eixo a contra o pinhão 2. F_{32} é a força exercida pela engrenagem 3 contra o pinhão. Utilizando um procedimento similar, obtemos o diagrama de corpo livre mostrado na Figura 13–32c.

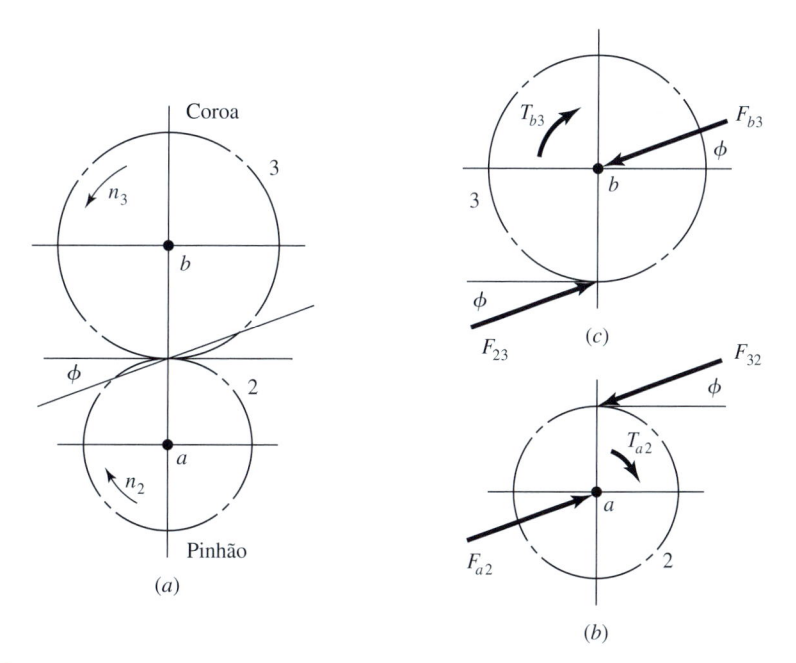

Figura 13–32 Diagramas de corpo livre de forças e momentos atuando sobre duas engrenagens de um trem de engrenagens simples.

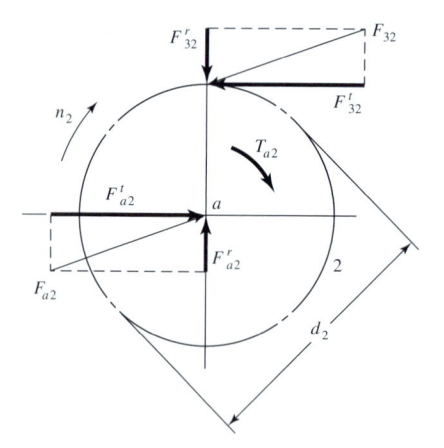

Figura 13–33 Resolução das forças de engrenamento.

Na Figura 13–33, o diagrama de corpo livre do pinhão foi redesenhado e as forças foram resolvidas em termos das componentes radial e tangencial. Definimos agora

$$W_t = F_{32}^t \qquad (a)$$

como a *carga transmitida*. Esta carga tangencial é realmente a componente útil, porque a componente radial F_{32}^r não serve a propósito algum. Não transmite potência. O torque aplicado e a carga transmitida estão relacionados pela equação

$$T = \frac{d}{2} W_t \qquad (b)$$

e usamos $T = T_{a2}$ e $d = d_2$ para obter uma relação geral.

A potência H transmitida através de uma engrenagem em rotação pode ser obtida pela relação padrão de produto do torque T pela velocidade angular ω.

$$H = T\omega = (W_t d)2)\,\omega \qquad (13\text{–}33)$$

Embora quaisquer unidades possam ser utilizadas nessa equação, as unidades resultantes de potência serão obviamente dependentes das unidades dos outros parâmetros. Geralmente, é desejável trabalhar com a potência tanto em cavalos, hp, quanto em kilowatts, kW; assim, devem ser usados fatores apropriados de conversão.

Uma vez que engrenagens engrazadas são razoavelmente eficientes, com perdas de menos de 2%, a potência é geralmente tratada como constante ao longo do engrenamento. Consequentemente, com um par de engrenagens engrazadas, a Equação (13–33) dará a mesma potência seja qual for a engrenagem utilizada para d e ω.

Dados de engrenagens são, com frequência, tabulados utilizando a *velocidade na linha primitiva*, que é a velocidade linear de um ponto da engrenagem situado no raio do circulo primitivo; assim $V = (d/2)\omega$. Convertendo em unidades costumeiras, temos

$$V = \pi d n / 12 \qquad (13\text{–}34)$$

em que V = velocidade na linha primitiva, ft/min

d = diâmetro da engrenagem, in

n = celeridade da engrenagem, rev/min

Muitos problemas de projeto de engrenagens especificarão a potência e a celeridade, de maneira que é conveniente resolver a Equação (13–33) para W_t. Com a velocidade na linha primitiva e fatores apropriados de conversão incorporados, a Equação (13–33) pode ser rearranjada e expressa em unidades americanas usuais como

$$W_t = 33\,000 \frac{H}{V} \qquad (13\text{–}35)$$

em que W_t = carga transmitida, lbf
H = potência, hp
V = velocidade na linha primitiva, ft/min

A equação correspondente em unidades do SI é

$$W_t = \frac{60\,000\,H}{\pi d n} \qquad (13\text{–}36)$$

em que: W_t = carga transmitida, kN
H = potência, kW
d = diâmetro da engrenagem, mm
n = celeridade, rev/min

EXEMPLO 13–7 O pinhão 2 na Figura 13–34a roda a 1 750 rev/min e transmite 2,5 kW à engrenagem intermediária sem torque. Os dentes são cortados segundo o sistema de 20° de profundidade completa, e possuem um módulo $m = 2,5$ mm. Desenhe um diagrama de corpo livre da engrenagem 3 e mostre todas as forças que atuam sobre ela.

Solução Os diâmetros primitivos das engrenagens 2 e 3 são

$$d_2 = N_2 m = 20(2,5) = 50 \text{ mm}$$
$$d_3 = N_3 m = 50(2,5) = 125 \text{ mm}$$

Da Equação (13–36), descobrimos que a carga transmitida é

$$W_t = \frac{60\,000\,H}{\pi d_2 n} = \frac{60\,000(2,5)}{\pi(50)(1\,750)} = 0,546 \text{ kN}$$

Assim, a força tangencial da engrenagem 2 sobre a engrenagem 3 é $F_{23}^t = 0,546$ kN, como mostra a Figura 13–34b. Portanto

$$F_{23}^r = F_{23}^t \tan 20° = (0,546) \tan 20° = 0,199 \text{ kN}$$

então

$$F_{23} = \frac{F_{23}^t}{\cos 20°} = \frac{0,546}{\cos 20°} = 0,581 \text{ kN}$$

Uma vez que a engrenagem 3 é livre, ela não transmite qualquer potência (torque) ao seu eixo, assim a reação tangencial da engrenagem 4 sobre a engrenagem 3 é, também, igual a W_t. Portanto

$$F_{43}^t = 0,546 \text{ kN} \qquad F_{43}^r = 0,199 \text{ kN} \qquad F_{43} = 0,581 \text{ kN}$$

sendo as direções mostradas na Figura 13–34b.

As reações no eixo nas direções x e y são

$$F_{b3}^x = -(F_{23}^t + F_{43}^r) = -(-0{,}546 + 0{,}199) = 0{,}347 \text{ kN}$$

$$F_{b3}^y = -(F_{23}^r + F_{43}^t) = -(0{,}199 - 0{,}546) = 0{,}347 \text{ kN}$$

A reação resultante sobre o eixo é

$$F_{b3} = \sqrt{(0{,}347)^2 + (0{,}347)^2} = 0{,}491 \text{ kN}$$

Esses esforços são mostrados na figura.

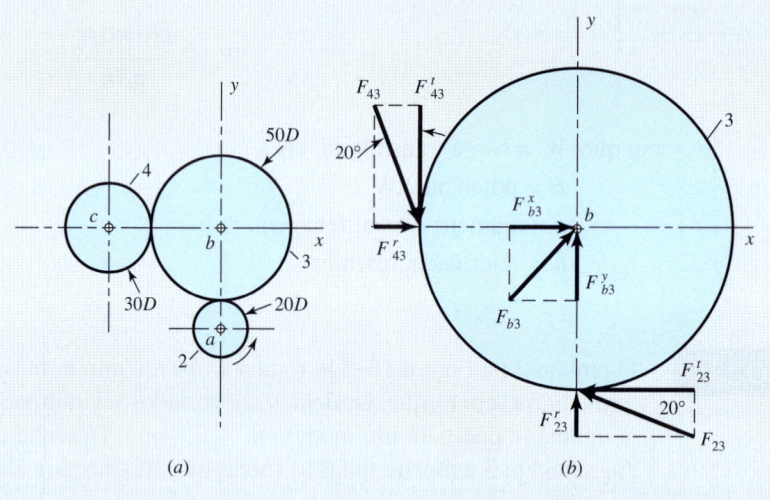

Figura 13–34 Trem de engrenagens contendo uma engrenagem intermediária sem torque. (a) Trem de engrenagens. (b) Diagrama de corpo de uma engrenagem intermediária sem torque.

13–15 Análise de força – Engrenamento cônico

Ao determinar as cargas no eixo e em mancais de aplicações envolvendo engrenagens cônicas, a prática usual consiste em utilizar a carga tangencial ou transmitida que ocorreria se todas as forças fossem concentradas no ponto médio do dente. Enquanto a resultante real ocorre em algum lugar entre o ponto médio e a extremidade maior do dente, incorremos apenas em pequeno erro ao usarmos essa hipótese. Para a carga transmitida, isso nos dá

$$W_t = \frac{T}{r_{av}} \qquad (13\text{--}37)$$

em que T é o torque e r_{av} é o raio primitivo no ponto médio do dente da engrenagem sob consideração.

As forças atuantes no centro do dente são mostradas na Figura 13–35. A força resultante possui três componentes: uma força tangencial W_t, uma força radial W_r e uma força axial W_a. Por meio da trigonometria da figura,

$$W_r = W_t \tan\phi \cos\gamma$$
$$W_a = W_t \tan\phi \, \text{sen}\gamma \qquad (13\text{--}38)$$

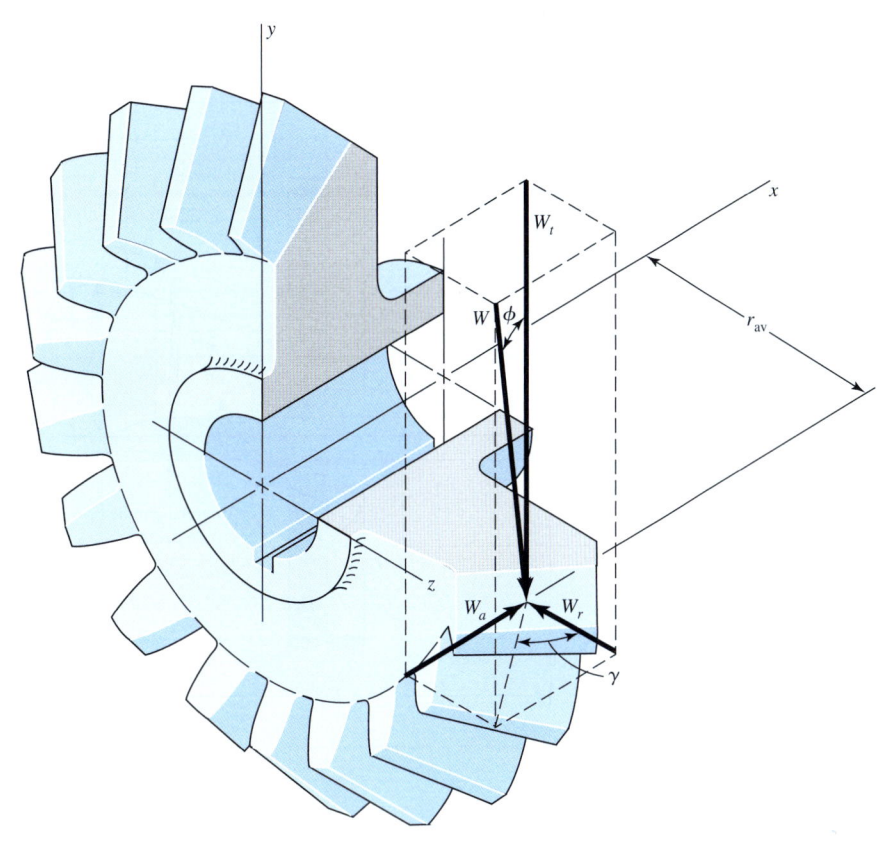

Figura 13–35 Forças entre dentes de engrenagens cônicas de dentes retos.

As três forças W_t, W_r e W_a são perpendiculares entre si e podem ser utilizadas para determinar as cargas nos mancais utilizando os métodos da estática.

EXEMPLO 13–8

O pinhão cônico na Figura 13–36a roda a 600 rev/min na direção mostrada e transmite 3,75 kW à engrenagem. As distâncias de montagem, a localização de todos os mancais e os raios primitivos médios do pinhão e coroa estão na figura. Por simplicidade, os dentes foram substituídos pelos cones primitivos. Os mancais A e C devem escorar os esforços axiais. Encontre as forças dos mancais no eixo de engrenagens.

Solução Os ângulos primitivos são

$$\gamma = \tan^{-1}\left(\frac{75}{225}\right) = 18{,}4° \qquad \Gamma = \tan^{-1}\left(\frac{225}{75}\right) = 71{,}6°$$

A velocidade no círculo primitivo correspondente ao raio primitivo médio é

$$V = 2\pi r_P n = \frac{2\pi(32)(600)}{60} = 2011 \text{ mm/s}$$

Portanto, a carga transmitida é

$$W_t = \frac{H}{V} = \frac{3750}{2{,}001} = 1865 \text{ N}$$

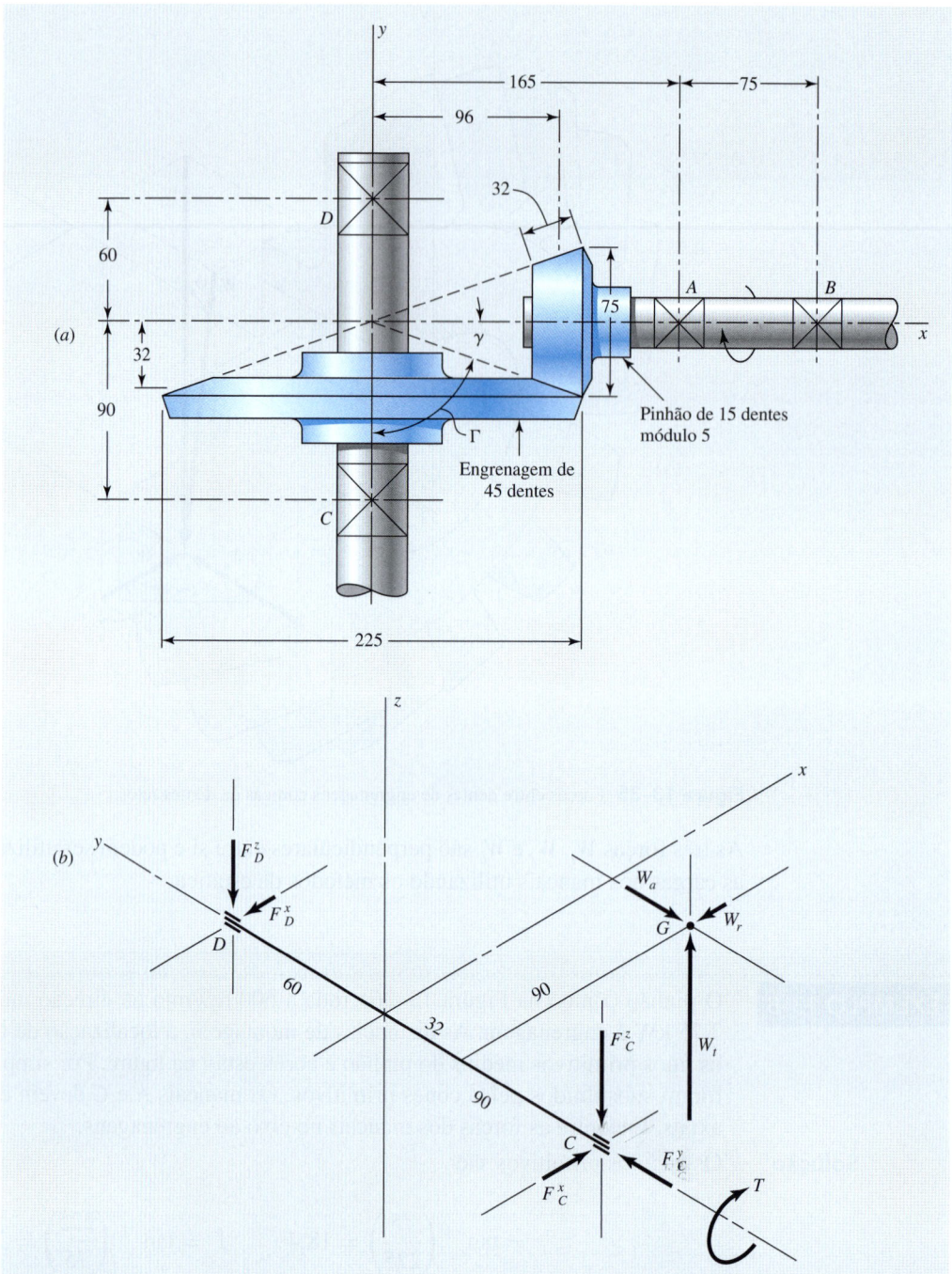

Figura 13–36 Engrenagens cônicas de dentes retos do Exemplo 13–8. Diagrama de corpo livre do eixo CD. Dimensões em milímetros.

e da Equação (13–38), com Γ substituindo γ temos

$$W_r = W_t \tan \phi \cos \Gamma = 1865 \tan 20° \cos 71{,}6° = 214 \text{ N}$$

$$W_a = W_t \tan \phi \cos \Gamma = 1865 \tan 20° \text{ sen } 71{,}6° = 644 \text{ N}$$

em que W_r atua na direção positiva de x e W_a na direção $-y$, como está ilustrado no esboço isométrico da Figura 13–36b.

Ao preparar-se para tomar a soma de momentos com relação ao mancal D, defina o vetor posição de D a G como

$$R_G = 90i - (60 + 32)j = 90i - 92j$$

Necessitaremos também um vetor de D a C:

$$R_C = -(60 + 90)j = -150j$$

Assim, a soma de momentos com relação a D nos dá

$$R_G \times W + R_C \times F_C + T = 0 \qquad (1)$$

Quando introduzimos as expressões detalhadas na Equação (1), obtemos

$$(90i - 92j) \times (-214i - 644j + 1865k)$$
$$+ (-150j) \times \left(F_C^x i + F_C^y j + F_C^z k\right) + Tj = 0 \qquad (2)$$

Depois que os dois produtos vetoriais são tomados, a equação se torna

$$(-171580i - 167850j - 77712k) + (-150F_C^z i + 150F_C^x k) + Tj = 0$$

de onde

$$T = 168j \text{ N} \cdot \text{m} \qquad F_C^x = 518 \text{ N} \qquad F_C^z = -1144 \text{ N} \qquad (3)$$

Agora iguale a soma das forças a zero. Assim,

$$F_D + F_C + W = 0 \qquad (4)$$

Novamente, quando as expressões detalhadas são inseridas, a Equação (4) se torna

$$\left(F_D^x i + F_D^z k\right) + \left(518i + F_C^y j - 1144k\right) + (-214i - 644j + 1865k) = 0 \qquad (5)$$

Logo vemos que $F_C^y = 644$ N, e portanto

Resposta

$$F_C = 518i + 644j - 1144k \text{ N}$$

Da Equação (5),

Resposta

$$F_D = 303i - 721k \text{ N}$$

Todas essas forças são mostradas na Figura 13–36b, segundo as direções apropriadas. A análise para o eixo do pinhão é bem parecida.

13–16 Análise de força – Engrenamento helicoidal

A Figura 13–37 é uma vista tridimensional das forças atuando contra um dente de uma engrenagem helicoidal. O ponto de aplicação das forças localiza-se no plano de passo, primitivo, e

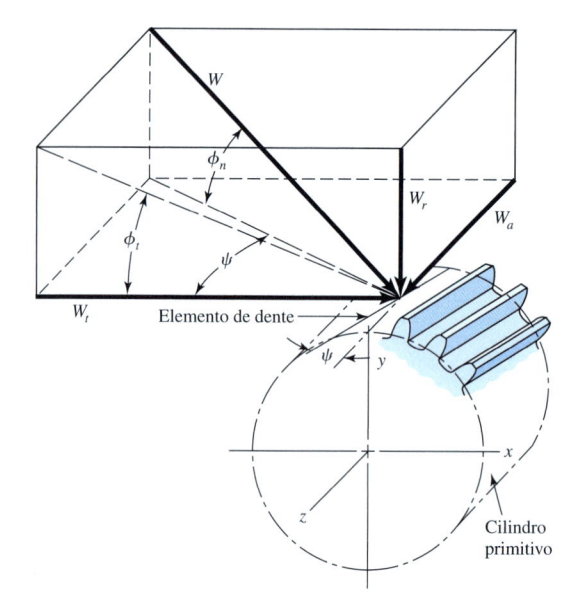

Figura 13–37 Forças entre dentes atuando sobre uma engrenagem cilíndrica de hélice de mão direita.

no centro da face da engrenagem. Com base na geometria da figura, as três componentes da força total (normal) de dente são

$$W_r = W \operatorname{sen}\phi_n$$
$$W_t = W \cos\phi_n \cos\psi$$
$$W_a = W \cos\phi_n \operatorname{sen}\psi$$

(13–39)

em que: W = força total
W_r = componente radial
W_t = componente tangencial, também conhecida como força transmitida
W_a = componente axial, também conhecida como carga de avanço

Usualmente W_t é dada e as outras forças são requeridas. Neste caso, não é difícil descobrir que

$$W_r = W_t \tan\phi_t$$
$$W_a = W_t \tan\psi$$
$$W = \frac{W_t}{\cos\phi_n \cos\psi}$$

(13–40)

EXEMPLO 13–9 Na Figura 13–38 um motor elétrico de 750 W roda a 1 800 rev/min na direção horária, como é visto a partir do lado positivo do eixo x. Fixado ao eixo do motor por meio de chaveta existe um pinhão helicoidal de 18 dentes, com ângulo de pressão normal de 20°, ângulo de hélice de 30° e um módulo normal de 3,0 mm. A mão de hélice é mostrada na figura. Faça um esboço tridimensional do eixo do motor e pinhão e mostre as forças atuando no pinhão, bem como as reações de mancal em A e B. O esforço axial deve ser suportado em A.

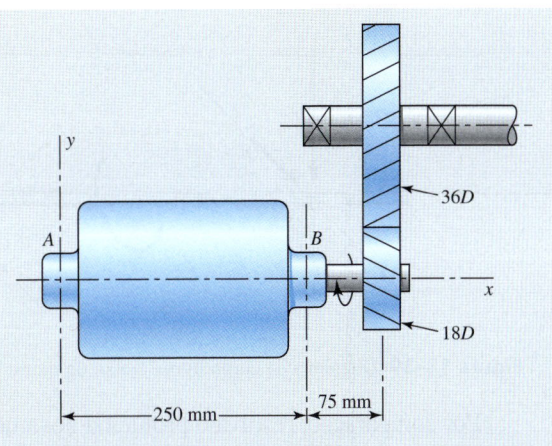

Figura 13–38 Motor e trem de engrenagens do Exemplo 13–9.

Solução Da Equação (13–19), achamos

$$\phi_t = \tan^{-1}\frac{\tan\phi_n}{\cos\psi} = \tan^{-1}\frac{\tan 20°}{\cos 30°} = 22{,}8°$$

Também, $m_t = m_n/\cos\Psi = 3/\cos 30° = 3{,}46$ mm. Assim, o passo diametral do pinhão é $d_p = 18(3{,}46) = 62{,}3$ mm. A velocidade no círculo primitivo é

$$V = \pi d n = \frac{\pi(62{,}3)(1\,800)}{60} = 5871{,}6 \text{ mm/s} = 5{,}87 \text{ m/s}$$

A carga transmitida é

$$W_t = \frac{H}{V} = \frac{750}{5{,}87} = 128 \text{ N}$$

Da Equação (13–40), determinamos que

$$W_r = W_t \tan\phi_t = (128)\tan 22{,}8° = 54 \text{ N}$$

$$W_a = W_t \tan\psi = (128)\tan 30° = 74 \text{ N}$$

$$W = \frac{W_t}{\cos\phi_n \cos\psi} = \frac{128}{\cos 20° \cos 30°} = 157 \text{ N}$$

Essas três forças, W_r na direção $-y$, W_a na direção $-x$ e W_t na direção $+z$, estão atuando no ponto C, na Figura 13–39. Assumimos as reações de mancal em A e B, como mostrado. Assim $F_a^x = W_a = 74$ N. Tomando os momentos com relação ao eixo z,

$$-(54)(325) + (74)\left(\frac{62{,}3}{2}\right) + 250 F_B^y = 0$$

ou $F_B^y = 61$ N. Somando as forças na direção y dá $F_A^y = 7$ N. Tomando momentos com relação ao eixo y, a seguir,

$$250 F_B^z - 128(325) = 0$$

ou $F_B^z = 166$ N. Somando forças na direção z e resolvendo a equação, nos dá $F_A^z = 38$ N. O torque, também, é $T = W_t d_p/2 = 128(62{,}3/2) = 3\,982$ N·mm.

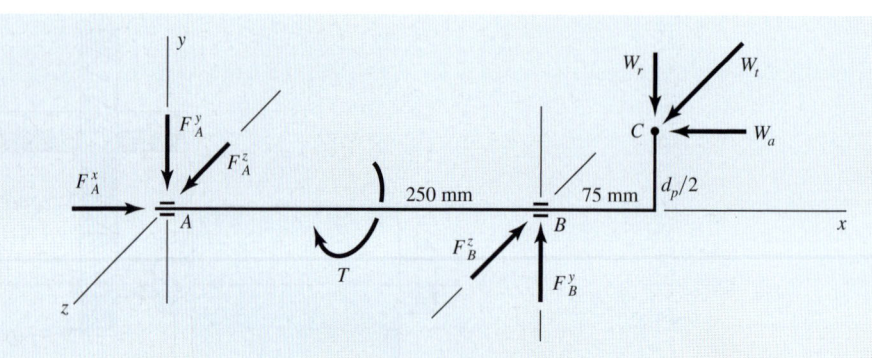

Figura 13-39 Diagrama de corpo livre do eixo do motor do Exemplo 13-9.

Por comparação, resolva o problema novamente utilizando vetores. A força em C é

$$W = -74i - 54j + 128k \text{ N}$$

Os vetores posição aos pontos B e C, relativamente à origem A, são

$$R_B = 250i \quad R_C = 325i + 31{,}15j$$

Tomando momentos com relação a A, temos

$$R_B \times F_B + T + R_C \times W = 0$$

Utilizando as direções assumidas para a Figura 13-39 e substituindo valores, resulta

$$250i \times (F_B^y j - F_B^z k) - Ti + (325i + 31{,}15j) \times (-74i - 54j + 128k) = 0$$

Quando os produtos vetoriais são formados, obtemos

$$\left(250 F_B^y k + 250 F_B^z j\right) - Ti + (3\,987i - 41\,600j - 15\,245k) = 0$$

assim $T = 4$ kN·mm, $F_B^z = 61$ N e $F_B^y = 166$ N.
A seguir,

$$F_A = -F_B - W, \text{ então } F_A = 74i - 7j + 38k \text{ N}.$$

13-17 Análise de força – Engrenamento sem-fim

Se o atrito for desconsiderado, a única força aplicada pela coroa sem-fim será a força W, mostrada na Figura 13-40, e que possui as três componentes ortogonais W^x, W^y e W^z. Da geometria da figura, vemos que

$$W^x = W \cos\phi_n \operatorname{sen}\lambda$$
$$W^y = W \operatorname{sen}\phi_n$$
$$W^z = W \cos\phi_n \cos\lambda$$

(13-41)

Agora utilizamos os subscritos W e G para indicar as forças agentes no parafuso e na coroa, respectivamente. Observamos que W^y é a força separadora, ou radial, de ambos, o parafuso e a coroa sem-fim. A força tangencial no parafuso é W^x e na coroa é W^z, quando se assume um ângulo entre eixos de 90°. A força axial no parafuso é W^z, enquanto na coroa é W^x. Uma vez que as forças na coroa são opostas àquelas no parafuso sem-fim, podemos resumir essas relações escrevendo

$$W_{Wt} = -W_{Ga} = W^x$$
$$W_{Wr} = -W_{Gr} = W^y \qquad (13\text{-}42)$$
$$W_{Wa} = -W_{Gt} = W^z$$

É útil, ao utilizar a Equação (13–41) e também a Equação (13–42), observar que *o eixo da coroa é paralelo à direção x e o eixo do parafuso é paralelo à direção z*, e que estamos nos utilizando de um sistema de coordenadas de mão direita.

Em nosso estudo de dentes de engrenagens cilíndricas de dentes retos aprendemos que o movimento de um dente relativamente ao dente que lhe é par é primariamente um movimento de rolamento puro. Em contraste, o movimento relativo entre os dentes do parafuso e coroa sem-fim é de deslizamento puro, de maneira que devemos esperar que o atrito desempenhe um importante papel na performance de engrenagens sem-fim. Introduzindo o coeficiente de atrito f, podemos desenvolver um outro conjunto de relações similar àquele da Equação (13–41). Na Figura 13–40 vemos que a força W, que atua de forma normal ao perfil de dente do par sem-fim, produz uma força de atrito $Wf = fW$, com uma componente $fW \cos \lambda$ na direção negativa do eixo x e uma outra componente $fW \operatorname{sen} \lambda$ na direção positiva do eixo z. A Equação (13–41) se torna portanto

$$W^x = W(\cos \phi_n \operatorname{sen} \lambda + f \cos \lambda)$$
$$W^y = W \operatorname{sen} \phi_n \qquad (13\text{-}43)$$
$$W^z = W(\cos \phi_n \cos \lambda - f \operatorname{sen} \lambda)$$

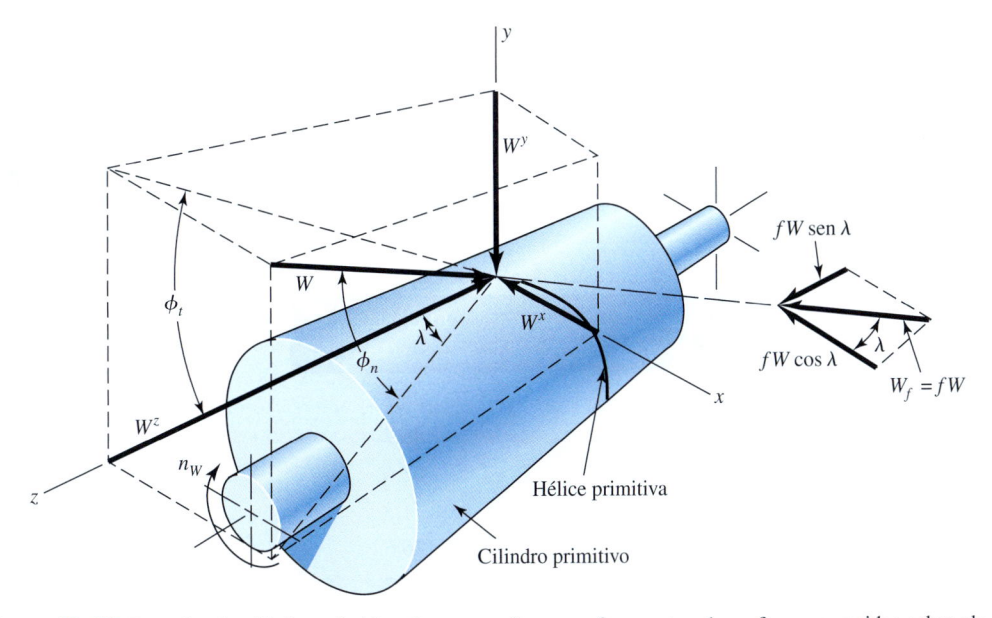

Figura 13–40 Desenho do cilindro primitivo de um parafuso sem-fim mostrando as forças exercidas sobre ele pela coroa sem-fim.

A Equação (13–42), claro, ainda se aplica.

Inserindo $-W_{Gt}$ da Equação (13–42) em lugar de W^z na Equação (13–43) e multiplicando ambos os lados por f, verificamos que a força W_f de atrito é

$$W_f = fW = \frac{fW_{Gt}}{f\,\text{sen}\,\lambda - \cos\phi_n \cos\lambda} \quad (13\text{–}44)$$

Uma relação útil entre as duas forças tangenciais, W_{Wt} e W_{Gt}, pode ser obtida ao igualar-se a primeira e terceira partes das Equações (13–42) e (13–43), seguidas da eliminação de W. O resultado será

$$W_{Wt} = W_{Gt} \frac{\cos\phi_n \,\text{sen}\,\lambda + f\cos\lambda}{f\,\text{sen}\,\lambda - \cos\phi_n \cos\lambda} \quad (13\text{–}45)$$

A *eficiência* η pode ser definida utilizando a equação

$$\eta = \frac{W_{Wt}(\text{sem atrito})}{W_{Wt}(\text{com atrito})} \quad (a)$$

Substitua a Equação (13–45) com $f=0$ no numerador da Equação (a) e a mesma equação do denominador. Após algum rearranjo, você encontrará que a eficiência será

$$\eta = \frac{\cos\phi_n - f\tan\lambda}{\cos\phi_n + f\cotan\lambda} \quad (13\text{–}46)$$

Ao selecionarmos um valor típico do coeficiente de atrito, digamos $f=0{,}05$, e os ângulos de pressão mostrados na Tabela 13–5, podemos utilizar a Equação (13–46) para obter alguma informação útil para o projeto. Ao resolver essa equação para ângulos de avanço entre 1° e 30°, são produzidos os interessantes resultados mostrados na Tabela 13-6.

Muitos experimentos revelaram que o coeficiente de atrito é dependente da velocidade relativa ou de deslizamento. Na Figura 13–41, V_G é a velocidade na linha primitiva da coroa e V_W a velocidade nessa mesma linha para o parafuso. Vetorialmente, $\mathbf{V}_W = \mathbf{V}_G + \mathbf{V}_S$; consequentemente, a velocidade de deslizamento é

$$V_S = \frac{V_W}{\cos\lambda} \quad (13\text{–}47)$$

Tabela 13–6 Eficiência de pares de engrenagens sem-fim para $f=0{,}05$.

Ângulo de hélice λ, graus	Eficiência η, %
1,0	25,2
2,5	45,7
5,0	62,6
7,5	71,3
10,0	76,6
15,0	82,7
20,0	85,6
30,0	88,7

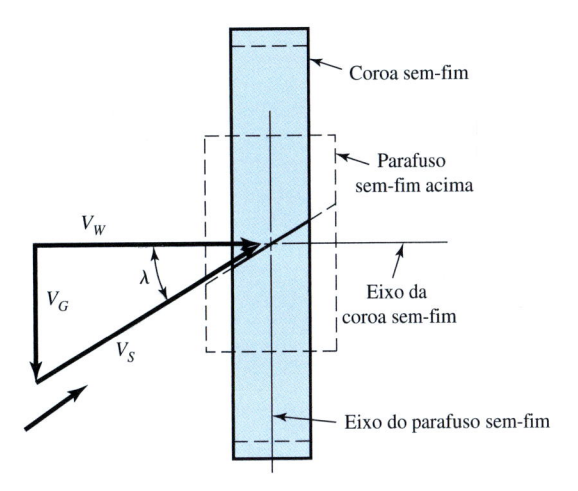

Figura 13–41 Componentes de velocidade em engrenamento de par sem-fim.

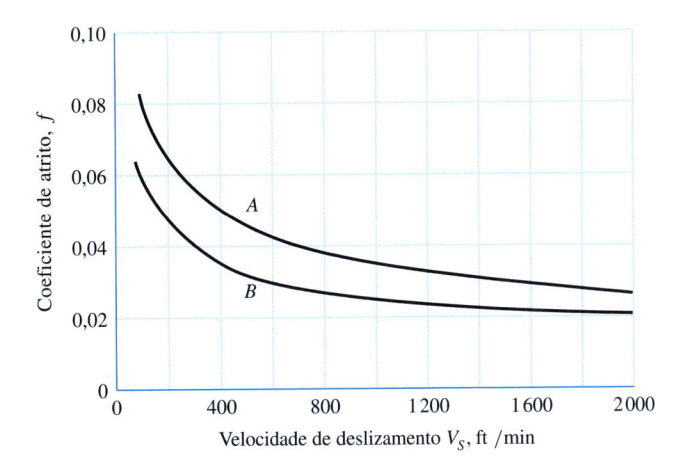

Figura 13–42 Valores representativos do coeficiente de atrito para engrenagens sem-fim. Estes valores baseiam-se em boas condições de lubrificação. Utilize a curva B para materiais de alta qualidade, tal como no caso de um parafuso de aço endurecido engrazando com uma coroa feita de bronze-fósforo. Use a curva A quando um nível maior de atrito for esperado, como no caso de engrazamento de um parafuso de ferro fundido com coroa de ferro fundido.

Valores publicados do coeficiente de atrito indicam variações de até 20%, sem dúvida causadas por diferenças no acabamento superficial, nos materiais e lubrificação. Os valores apresentados na carta da Figura 13–42 são representativos e indicam a tendência geral.

EXEMPLO 13–10

Um pinhão sem-fim de dois dentes de mão direita, transmite 1 hp a 1 200 rev/min a uma coroa sem-fim com 30 dentes. A coroa possui um passo diametral transversal de 6 dentes/in e uma largura de face de 1 in. O pinhão possui um diâmetro primitivo de 2 in e uma largura de face de $2\frac{1}{2}$ in. O ângulo de pressão normal vale $14\frac{1}{2}°$ in. Os materiais e a qualidade das engrenagens que serão usados são tais que a curva B da Figura 13–42 deve ser utilizada na obtenção do coeficiente de atrito.

(*a*) Encontre o passo axial, a distância entre centros, o avanço e o ângulo de avanço.

(*b*) A Figura 13–43 é um desenho de uma coroa sem-fim, orientada com relação ao sistema de coordenadas descrito no começo da seção; a coroa é suportada pelos mancais A e B. Encontre as forças exercidas pelos mancais contra o eixo da coroa sem-fim e o torque de saída.

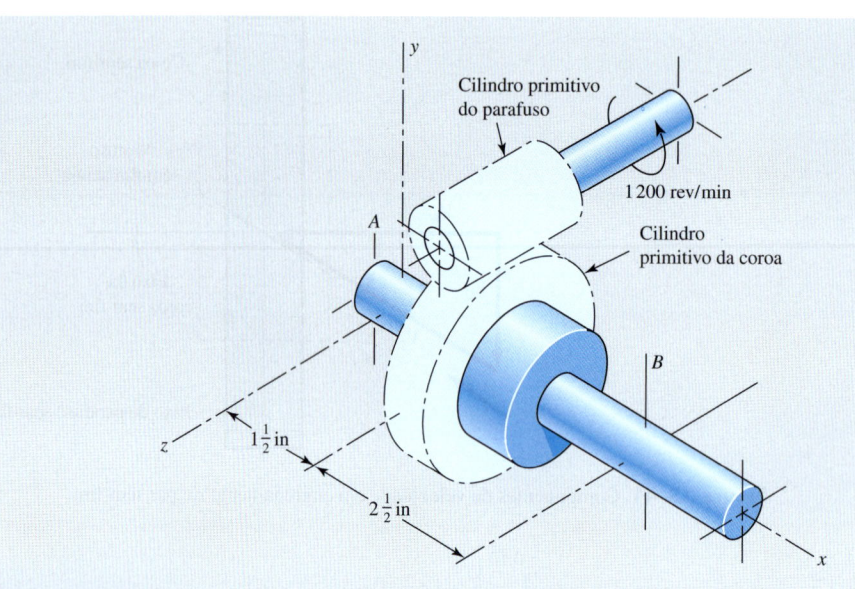

Figura 13–43 Cilindros primitivos do trem de sem-fim do Exemplo 13–10.

Solução (a) O passo axial é o mesmo que o passo circular transversal da coroa, que é

Resposta
$$p_x = p_t = \frac{\pi}{P} = \frac{\pi}{6} = 0{,}5236 \text{ in}$$

O diâmetro primitivo da coroa é $d_G = N_G/P = 30/6 = 5$ in. Portanto, a distância entre centros é

Resposta
$$C = \frac{d_W + d_G}{2} = \frac{2+5}{2} = 3{,}5 \text{ in}$$

Da Equação (13–27), o avanço é

$$L = p_x N_W = (0{,}5236)(2) = 1{,}0472 \text{ in}$$

Resposta Utilizando a Equação (13–28), encontramos

$$\lambda = \tan^{-1}\frac{L}{\pi d_W} = \tan^{-1}\frac{1{,}0472}{\pi(2)} = 9{,}46°$$

(b) Empregar a regra da mão direita para a rotação do pinhão sem-fim, você verá que o seu polegar aponta na direção positiva do eixo z. Agora utilize a analogia parafuso--porca (o pinhão sem-fim possui mão direita, da mesma forma que a rosca de um parafuso), e rode o parafuso na direção horária, com a mão direita, enquanto evite a porca de rodar com a mão esquerda. A porca se moverá axialmente ao longo do parafuso, em direção à sua mão direita. Portanto, a superfície da coroa (Figura 13–43) em contato com o pinhão se moverá na direção negativa do eixo z. Assim, do ponto de vista da direção negativa de x, a engrenagem rotaciona no sentido horário em torno do eixo x.

A velocidade na linha primitiva do pinhão é

$$V_W = \frac{\pi d_W n_W}{12} = \frac{\pi(2)(1\,200)}{12} = 628 \text{ ft/min}$$

A velocidade da coroa é $n_G = (\frac{2}{30})(1\,200) = 80$ rev/min. Assim, a velocidade no círculo primitivo da coroa é

$$V_G = \frac{\pi d_G n_G}{12} = \frac{\pi(5)(80)}{12} = 105 \text{ ft/min}$$

Então, da Equação (13–47), a velocidade de deslizamento V_S será

$$V_S = \frac{V_W}{\cos \lambda} = \frac{628}{\cos 9{,}46°} = 637 \text{ ft/min}$$

Considerando as forças agora, iniciamos pela fórmula da potência

$$W_{Wt} = \frac{33\,000\,H}{V_W} = \frac{(33\,000)(1)}{628} = 52{,}5 \text{ lbf}$$

Essa força atua na direção negativa do eixo x, como na Figura 13–40. Usando a Figura 13–42, determinamos que $f = 0{,}03$. Assim, a primeira das Equações (13–43) fornece

$$W = \frac{W^x}{\cos \phi_n \operatorname{sen} \lambda + f \cos \lambda}$$

$$= \frac{52{,}5}{\cos 14{,}5° \operatorname{sen} 9{,}46° + 0{,}03 \cos 9{,}46°} = 278 \text{ lbf}$$

Também, da Equação (13–43),

$$W^y = W \operatorname{sen} \phi_n = 278 \operatorname{sen} 14{,}5° = 69{,}6 \text{ lbf}$$

$$W^z = W(\cos \phi_n \cos \lambda - f \operatorname{sen} \lambda)$$

$$= 278(\cos 14{,}5° \cos 9{,}46° - 0{,}03 \operatorname{sen} 9{,}46°) = 264 \text{ lbf}$$

Identificamos agora as componentes de força atuando na coroa como

$$W_{Ga} = -W^x = 52{,}5 \text{ lbf}$$

$$W_{Gr} = -W^y = -69{,}6 \text{ lbf}$$

$$W_{Gt} = -W^z = -264 \text{ lbf}$$

O diagrama de corpo livre que ilustra as forças e torques atuando no eixo de engrenagens é mostrado na Figura 13–44.

Assumiremos o mancal B como sendo de escora, a fim de fazer o eixo de engrenagens trabalhar em compressão. Somando forças na direção x resulta

Resposta

$$F_B^x = -52{,}5 \text{ lbf}$$

Tomando momentos com relação ao eixo z, temos

Resposta

$$-(52{,}5)(2{,}5) - (69{,}6)(1{,}5) + 4F_B^y = 0 \qquad F_B^y = 58{,}9 \text{ lbf}$$

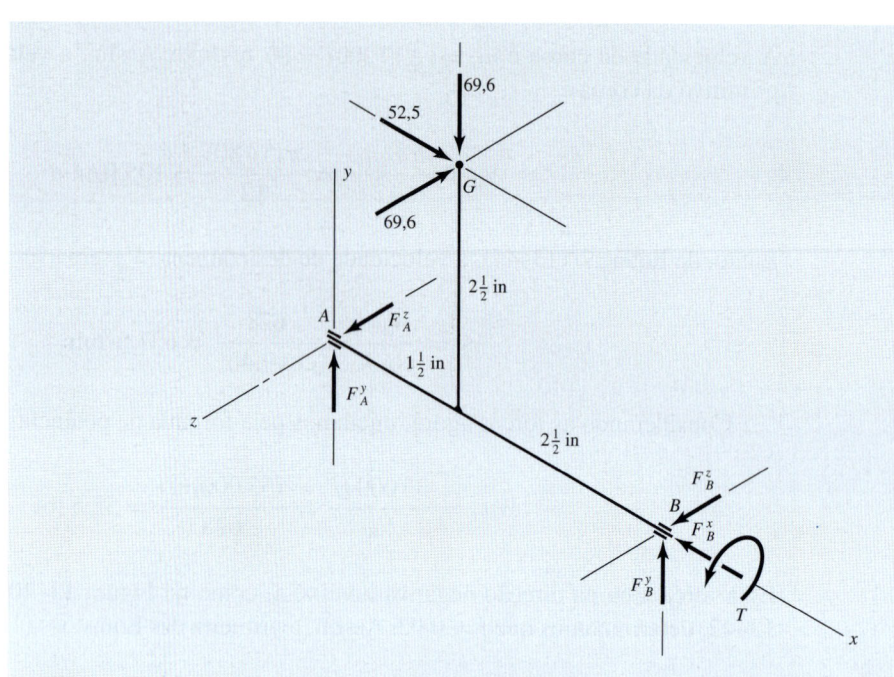

Figura 13-44 Diagrama de corpo livre para o Exemplo 13-10. Forças dadas em lbf.

Tomando momentos com relação ao eixo y,

Resposta
$$(264)(1,5) - 4F_B^z = 0 \qquad F_B^z = 99 \text{ lbf}$$

Somando forças na direção y,

Resposta
$$-69,6 + 58,9 + F_A^y = 0 \qquad F_A^y = 10,7 \text{ lbf}$$

Similarmente, somando forças na direção z,

Resposta
$$-264 + 99 + F_A^z = 0 \qquad F_A^z = 165 \text{ lbf}$$

Ainda temos uma equação adicional a escrever. Somando momentos com relação ao eixo x,

Resposta
$$-(264)(2,5) + T = 0 \qquad T = 660 \text{ lbf} \cdot \text{in}$$

Por causa da perda por atrito, o torque de saída é menor que o produto da razão de engrenamento e o torque de entrada.

PROBLEMAS

Problemas assinalados com um asterisco (*) são associados a problemas de outros capítulos, conforme resumido na Tabela 1-2 da Seção 1-17, p. 33.

13-1 Um pinhão cilíndrico de dentes retos com 17 dentes possui um passo diametral igual a 8, roda a 1 120 rev/min e aciona uma coroa à velocidade de 544 rev/min. Encontre o número de dentes da coroa e a distância teórica de centro a centro.

13-2 Um pinhão cilíndrico de dentes retos com 15 dentes possui um módulo igual a 3 mm e roda a 1 600 rev/min. A coroa possui 60 dentes. Encontre a velocidade da engrenagem acionada, o passo circular e a distância teórica de centro a centro.

13–3 Um par de engrenagens cilíndricas de dentes retos possui um módulo de 6 mm e uma razão de velocidades igual a 4. O pinhão possui 16 dentes. Encontre o número de dentes da engrenagem acionada, os diâmetros primitivos e a distância teórica de centro a centro.

13–4 Um pinhão cilíndrico de dentes retos com 21 dentes engraza com uma coroa de 28 dentes. O passo diametral é de 3 dentes/in e o ângulo de pressão vale 20°. Faça um desenho das engrenagens mostrando um dente de cada uma delas. Encontre e tabule os seguintes resultados: adendo, dedendo, folga, passo circular, espessura dos dentes e diâmetros dos círculos de base; os comprimentos do arco de aproximação, afastamento e ação; além do passo de base e a razão de contato.

13–5 Um pinhão cônico de dentes retos de 20° de ângulo de pressão possui 14 dentes e passo diametral de 6 dentes/in, acionando uma coroa de 32 dentes. Os dois eixos formam 90° entre si e estão no mesmo plano. Encontre:

(a) Distância de cone.

(b) Ângulos primitivos.

(c) Diâmetros primitivos.

(d) Largura de face.

13–6 Um conjunto de engrenagens consiste em um pinhão de 16 dentes acionando uma engrenagem de 40 dentes. O passo diametral é 2, o adendo é 1/P e dedendo é 1,25/P. As engrenagens são cortadas com um ângulo de pressão de 20°.

(a) Calcule o passo circular, a distância central e o raio dos círculos de base.

(b) Na montagem das engrenagens, a distância central foi feita de maneira incorreta, sendo $\frac{1}{4}$ in maior. Calcule os novos valores de ângulo de pressão e os diâmetros dos círculos primitivos.

13–7 Um par de engrenagens cilíndricas helicoidais de eixos paralelos consiste em um pinhão de 19 dentes acionando uma coroa de 57 dentes. O pinhão possui uma hélice de mão esquerda com ângulo de 30°, um ângulo de pressão normal de 20° e um módulo normal de 2,5 mm. Encontre:

(a) Os passos circulares normal, transversal e axial.

(b) O passo diametral transversal e o ângulo de pressão transversal.

(c) O adendo, o dedendo e o diâmetro primitivo de cada engrenagem.

13–8 Para evitar o problema da interferência em um par de engrenagens cilíndricas de dentes retos utilizando um ângulo de pressão de 20°, especifique o número mínimo de dentes admitido no pinhão para cada uma das seguintes razões entre engrenagens:

(a) 2 para 1

(b) 3 para 1

(c) 4 para 1

(d) 5 para 1

13–9 Repita o Problema 13–8 com um ângulo de pressão de 25°.

13–10 Para um par de engrenagens de dentes retos com $\phi = 20°$, sem interferência, encontre:

(a) O menor número de dentes de um pinhão que engrazará com coroa igual a ele.

(b) O menor número de dentes de pinhão para uma razão $m_G = 2,5$, e a coroa de maior número de dentes que engraze com este pinhão.

(c) O menor pinhão que irá acoplar com uma cremalheira.

13–11 Repita o Problema 13–10 para um par de engrenagens cilíndricas helicoidais com $\phi_n = 20°$ e $\psi = 30°$.

13–12 Tomou-se a decisão de utilizar $\phi_n = 20°$, $m_t = 3$ mm e $\psi = 30°$ para uma redução de razão 2:1. Escolha o menor pinhão de altura completa aceitável, bem como a coroa de menor número de dentes possível para evitar interferência.

13–13 Repita o Problema 13–12 com $\psi = 45°$.

13–14 Ao utilizar um ângulo de pressão maior que o padrão, é possível utilizar menos dentes no pinhão e assim obter engrenagens menores sem o adelgaçamento resultante da usinagem. Se as engrenagens em questão são engrenagens cilíndricas de dentes retos de altura completa, qual é o menor ângulo de pressão possível ϕ de obter sem produzir o adelgaçamento no caso de um pinhão de nove dentes que engraza com uma cremalheira?

13-15 Um par de engrenagens montadas em eixos paralelos consiste em um pinhão helicoidal de 18 dentes acionando uma coroa de 32 dentes. O pinhão possui uma hélice de mão esquerda com ângulo de 25°, um ângulo de pressão normal de 20° e um módulo normal de 3 mm. Encontre:

(a) Os passos circulares normal, transversal e axial.

(b) O módulo transversal e o ângulo de pressão transversal.

(c) Os diâmetros primitivos das duas engrenagens.

13-16 O conjunto de engrenagens helicoidais de redução dupla, mostrado na figura, é acionado a partir do eixo a numa velocidade de 900 rev/min. As engrenagens 2 e 3 possuem passo diametral normal de 3 mm, um ângulo de hélice de 30° e um ângulo de pressão normal de 20°. O segundo par de engrenagens no trem, 4 e 5, possui um passo diametral normal de 2 mm, um ângulo de hélice de 25° e um ângulo de pressão normal de 20°. Os números de dentes são: $N_2 = 14$, $N_3 = 54$, $N_4 = 16$ e $N_5 = 36$. Determine:

(a) As direções da força axial exercida a partir de cada engrenagem sobre o eixo que a suporta.

(b) A velocidade e direção de rotação do eixo c.

(c) A distância entre os centros de eixos.

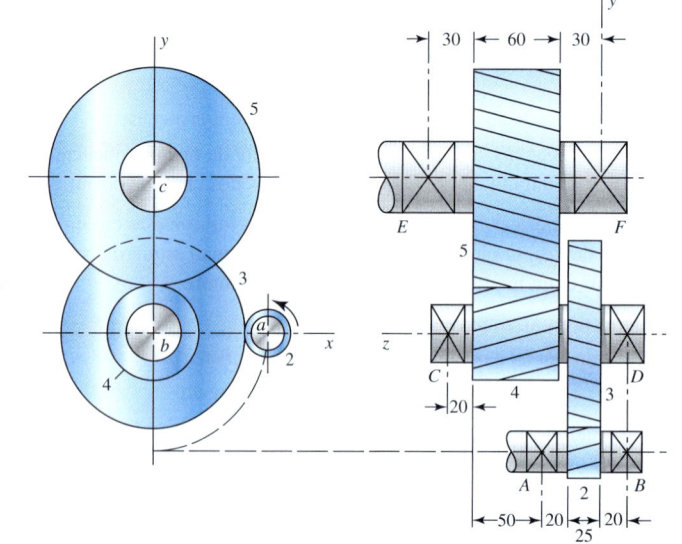

Problema 13-16
Dimensões em milímetros.

13-17 O eixo a na figura roda a 600 rev/min na direção mostrada. Encontre a celeridade e direção da rotação do eixo d.

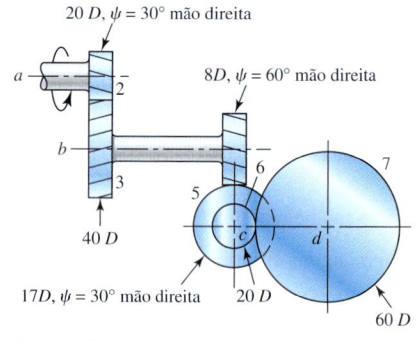

Problema 13-17

13-18 O trem de mecanismo mostrado consiste em diversas engrenagens e polias destinadas a mover a engrenagem 9. A polia 2 roda a 1 200 rev/min na direção mostrada. Determine a velocidade e direção de rotação da engrenagem 9.

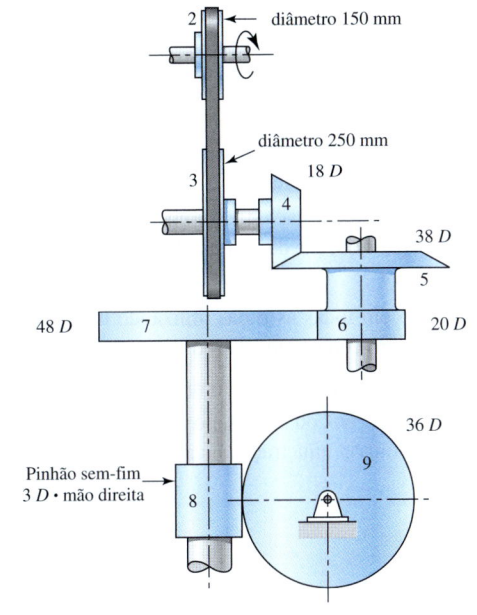

Problema 13-18

13-19 A figura mostra um trem de engrenagens consistindo em um par de engrenagens helicoidais e um par de engrenagens cônicas mitrais. As engrenagens cônicas possuem um ângulo de pressão normal de $17\frac{1}{2}°$ e ângulo de hélice como está mostrado. Encontre:

(a) A velocidade do eixo c.
(b) A distância entre os eixos a e b.
(c) O diâmetro primitivo das engrenagens cônicas.

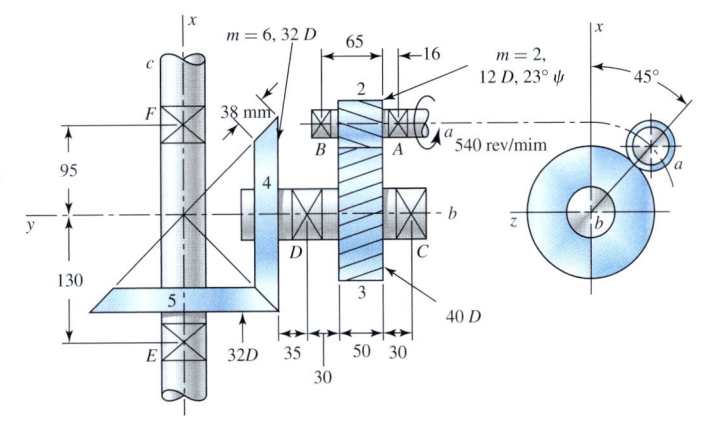

Problema 13-19
Dimensões em milímetros.

13-20 Um trem de engrenagens composto reverso será projetado para elevar a velocidade e prover um incremento de velocidade total de exatamente 45 para 1. Com um ângulo de pressão de 20°, especifique um número apropriado de dentes que minimize a dimensão da caixa de engrenagens e que evite o problema de interferência nos dentes. Admita que todas as engrenagens têm o mesmo diâmetro primitivo.

13-21 Repita o Problema 13-20 com um ângulo de pressão de 25°.

13-22 Repita o Problema 13-20 para uma razão de engrenamento de exatamente 30 para 1.

13-23 Repita o Problema 13-20 para uma razão de engrenamento de *aproximadamente* 45 para 1.

13-24 Uma caixa de engrenagens deve ser projetada com um trem de engrenagens composto reverso que transmite 25 hp com uma velocidade de entrada de 2.500 rev/min. A saída deve fornecer potência a uma velocidade de rotação no intervalo entre 280 e 300 rev/min. Deve-se utilizar engrenagens cilíndricas de dentes retos com ângulo de pressão de 20°. Determine o número de dentes adequado a cada engrenagem para minimizar as dimensões da caixa de engrenagens e prover uma velocidade de saída dentro do intervalo especificado. Assegure-se de eliminar o problema de interferência nos dentes.

13-25 Os números de dentes do diferencial automotivo mostrado na figura são $N_2 = 16$, $N_3 = 48$, $N_4 = 14$, $N_5 = N_6 = 20$. O eixo motor roda a 900 rev/min.

(a) Quais são as velocidades das rodas, se o carro está se movendo em linha reta sobre uma estrada de boa superfície?

(b) Suponha que a roda direita seja levantada com um macaco e a roda esquerda descanse sobre uma estrada com boa superfície. Qual é a velocidade da roda direita?

(c) Suponha que um veículo de tração traseira esteja estacionado com a roda direita apoiada sobre uma superfície de gelo escorregadio. A resposta à parte (b) lhe dá alguma dica com relação ao que ocorreria se você ligasse o carro e tentasse seguir em frente?

A figura ilustra um conceito de transmissão em todas as rodas utilizando três diferenciais, um para o eixo dianteiro, um outro para o traseiro e um terceiro conectado ao eixo de transmissão.

(a) Explique por que este conceito pode permitir uma aceleração maior.

(b) Suponha que o diferencial de centro ou o traseiro, ou ambos, possam ser travados para certas condições de estrada. Uma ou ambas as ações proporcionaria uma tração maior? Por quê?

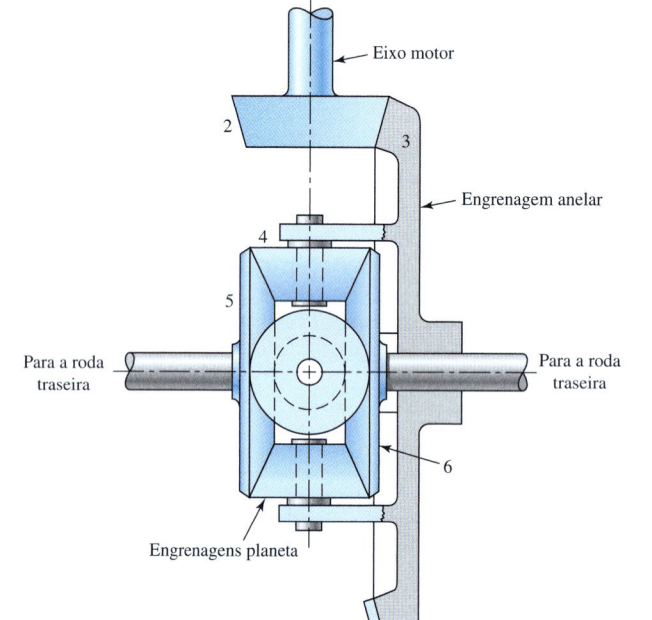

Problema 13-25

13-26 A figura ilustra um conceito de transmissão em todas as rodas utilizando três diferenciais, um para o eixo dianteiro, um outro para o traseiro e um terceiro conectado ao eixo de transmissão.

(a) Explique por que este conceito pode permitir uma aceleração maior.

(b) Suponha que o diferencial de centro ou o traseiro, ou ambos, possam ser travados para certas condições de estrada. Uma ou ambas as ações proporcionaria uma tração maior? Por quê?

Problema 13-26
O conceito "Quattro" da Audi mostrando os três diferenciais que proporcionam tração permanente em todas as rodas. (Reimpressão com permissão da Audi of America, Inc.)

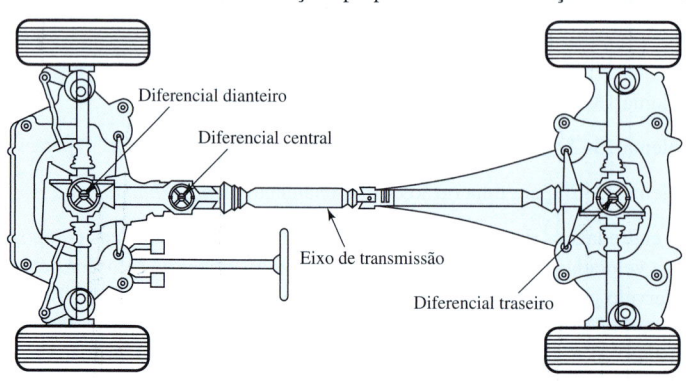

13–27 No trem planetário revertido da ilustração, encontre a velocidade e direção de rotação do braço se a engrenagem 2 é incapaz de rodar e a engrenagem 6 é movida a 12 rev/min na direção horária, como se observa na parte inferior da figura.

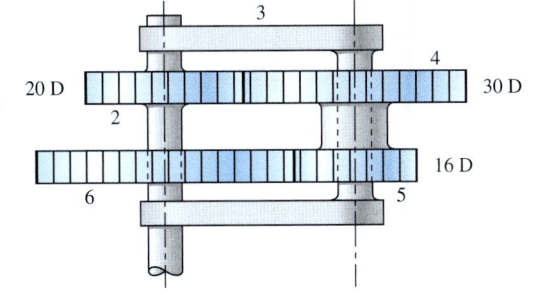

Problema 13–27

13–28 No trem de engrenagens do Problema 13–27, admita que a engrenagem 6 é movida a 85 rev/min no sentido anti-horário (se observado do ponto de vista inferior da figura) enquanto a engrenagem 2 é mantida parada. Qual é a velocidade e direção de rotação do braço?

13–29 Os números de dentes das engrenagens do trem mostrado na figura são: $N_2 = 12$, $N_3 = 16$ e $N_4 = 12$. Quantos dentes deve ter a engrenagem interna 5? Suponha que a engrenagem 5 seja fixa. Qual é a velocidade do braço se o eixo a rodar no sentido anti-horário a 320 rev/min, como se observa na parte esquerda da figura?

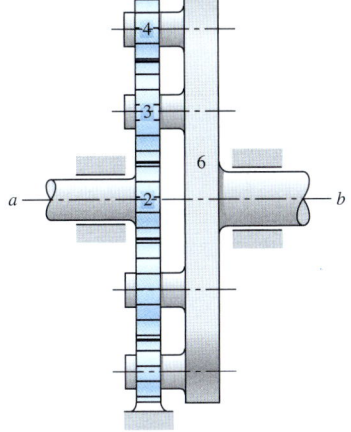

Problema 13–29

13–30 Os números de dentes das engrenagens do trem ilustrado são: $N_2 = 20$, $N_3 = 16$, $N_4 = 30$, $N_6 = 36$ e $N_7 = 46$. A engrenagem 7 é fixa. Se o eixo a der dez voltas, quantas voltas dará o eixo b?

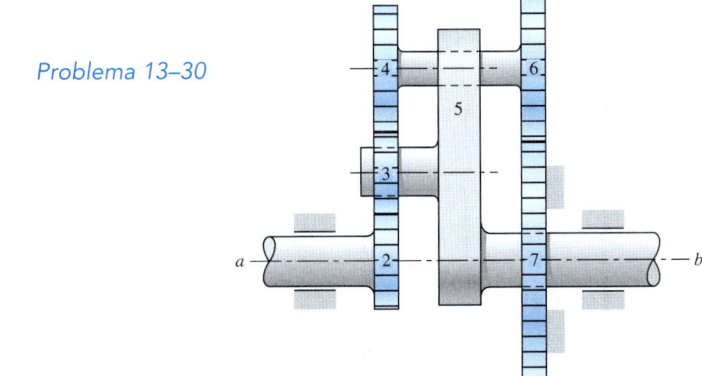

Problema 13–30

13–31 O eixo a na figura possui uma entrada de potência de 75 kW a uma celeridade de 1 000 rev/min na direção anti-horária. As engrenagens possuem um módulo de 5 mm e um ângulo de pressão de 20°. A engrenagem 3 roda livre.

(*a*) Encontre a força F_{3b} que a engrenagem 3 exerce sobre o eixo b.

(*b*) Encontre o torque T_{4c} que a engrenagem 4 exerce sobre o eixo c.

Problema 13–31

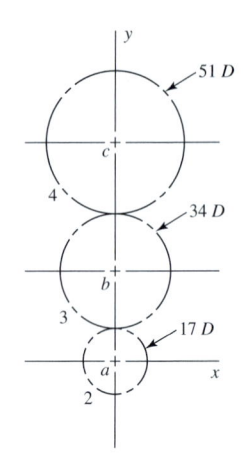

13–32 O pinhão 2 com 24 dentes, passo 6, 20°, mostrado na figura, roda no sentido horário a 1 000 rev/min e é acionado a uma potência de 25 hp. As engrenagens 4, 5 e 6 têm 24, 36 e 144 dentes, respectivamente. Que torque o braço 3 pode passar a seu eixo de saída? Desenhe diagramas de corpo livre do braço e de cada uma das engrenagens e mostre todas as forças que atuam sobre elas.

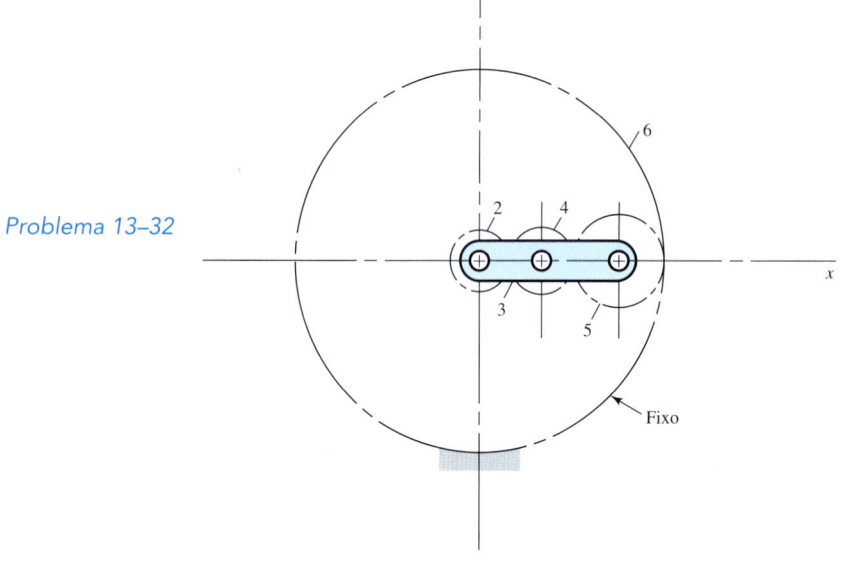

Problema 13–32

13–33 As engrenagens mostradas na figura possuem um módulo de 12 mm e um ângulo de pressão de 20°. O pinhão roda a 1800 rev/min no sentido horário e transmite 150 kW por meio do par livre à engrenagem 5 no eixo c. Que forças as engrenagens 3 e 4 transmitem ao eixo livre?

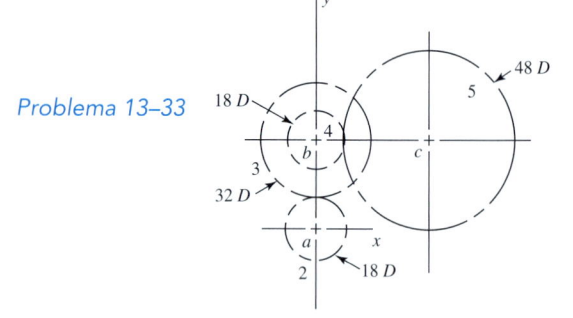

Problema 13–33

13–34 A figura mostra um par de engrenagens cilíndricas de dentes retos montado em seus eixos, tendo um passo diametral de 5 dentes/in, com um pinhão de 18 dentes, 20°, acionando uma coroa de 45 dentes. A potência de entrada máxima vale 32 kW a 1 800 rev/min. Encontre a direção e magnitude das forças atuando sobre os mancais A, B, C e D.

Problema 13-34

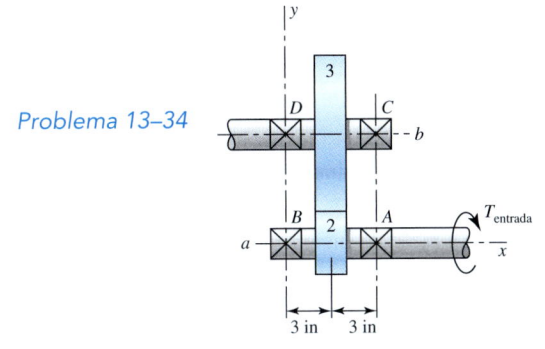

13-35 A figura mostra as dimensões de uma carcaça de motor elétrico com 30 hp a 900 rev/min de seu eixo. A carcaça é aparafusada à sua estrutura utilizando quatro parafusos de $\frac{3}{4}$ in espaçados entre si de $11\frac{1}{4}$ in na vista mostrada, e espaçados de 14 in quando vistos da extremidade do motor. Um pinhão cilíndrico de 20°, com dentes retos e passo diametral 4, de 20 dentes e uma largura de face de 2 in, é introduzido de forma alinhada com a extremidade do eixo motor. Este pinhão move uma coroa cujo eixo está no mesmo plano xz e atrás do eixo motor. Determine as máximas forças de cisalhamento e tração nos parafusos de montagem, baseando-se num torque de sobrecarga de 200%. A direção de rotação é importante?

Problema 13-35
Carcaça NEMA N° 364; dimensões em polegadas. O eixo z está direcionado para fora da página.

13-36 Continue o Problema 13-24 buscando as informações a seguir. Assuma um passo diametral de 6 dentes/in.

(*a*) Determine o diâmetro primitivo para cada uma das engrenagens.

(*b*) Determine as velocidades no círculo primitivo (em ft/min) para cada conjunto de engrenagens.

(*c*) Determine as intensidades das forças tangencial, radial e total transmitidas entre cada conjunto de engrenagens.

(*d*) Determine o torque de entrada.

(*e*) Determine o torque de saída, desprezando as perdas por atrito.

13-37 Uma caixa de engrenagens de redução de velocidades contendo um trem de engrenagens composto reverso transmite 35 hp com uma velocidade de entrada de 1.200 rev/min. São utilizadas engrenagens cilíndricas de dentes retos com ângulos de pressão de 20°, com 16 dentes em cada uma das engrenagens pequenas e 48 dentes em cada uma das engrenagens maiores. Um passo diametral de 10 dentes/in é proposto.

(*a*) Determine as velocidades dos eixos intermediários e de saída.

(*b*) Determine as velocidades no círculo primitivo (em ft/min) para cada conjunto de engrenagens.

(*c*) Determine as intensidades das forças tangencial radial e total transmitidas entre cada conjunto de engrenagens.

(*d*) Determine o torque de entrada.

(*e*) Determine o torque de saída, desprezando as perdas por atrito.

13-38* Para o eixo anti-horário do Problema 3-72, p. 150, assuma a razão de engrenamento entre a engrenagem *B* e a engrenagem correspondente como sendo 2 para 1.

(a) Determine o número mínimo de dentes que podem ser usados na engrenagem B sem que haja o problema da interferência nos dentes.

(b) Utilizando o número de dentes da parte (a), qual é o passo diametral requerido para que se alcance também o diâmetro primitivo de 200 mm dado.

(c) Suponha que as engrenagens com ângulo de pressão de 20° sejam substituídas por engrenagens com ângulo de pressão de 25°, enquanto se mantém os mesmos diâmetros primitivos e o mesmo passo diametral. Determine as novas forças F_A e F_B se é transmitida a mesma potência.

13–39* Para o eixo anti-horário do Problema 3–73, p. 150, assuma a razão de engrenamento entre a engrenagem B e a engrenagem correspondente como sendo 5 para 1.

(*a*) Determine o número mínimo de dentes que podem ser usados na engrenagem B sem que haja o problema da interferência nos dentes.

(*b*) Utilizando o número de dentes da parte (*a*), que módulo é requerido para que se alcance também o diâmetro primitivo de 300 mm dado.

(*c*) Suponha que a engrenagem A com ângulo de pressão de 20° seja substituída por uma engrenagem com ângulo de pressão de 25°, enquanto se mantém os mesmos diâmetros primitivos e o mesmo módulo. Determine as novas forças F_A e F_B se é transmitida a mesma potência.

13–40* Para a montagem de engrenagem e corrente analisada no Problema 3–77, p. 152, são fornecidas, no enunciado do problema, informações quanto às dimensões da engrenagem e quanto às forças transmitidas através das engrenagens. Neste problema, executaremos os passos do projeto preliminar necessários para obtermos as informações para a análise. Um motor que fornece 2,0 kW opera a 191 rev/min. Uma unidade de engrenagens é necessária para reduzir pela metade a velocidade do motor para que este possa acionar a corrente.

(*a*) Especifique o número de dentes apropriado para as engrenagens F e C para minimizar as dimensões enquanto se evita o problema da interferência nos dentes.

(*b*) Admitindo uma escolha inicial de um diâmetro primitivo de 125 mm para a engrenagem F, que módulo deverá ser utilizado para a análise de tensões nos dentes da engrenagem?

(*c*) Calcule o torque de entrada aplicado ao eixo EFG.

(*d*) Calcule a intensidade das forças radial, tangencial e total transmitidas entre as engrenagens F e C.

13–41* Para a montagem de engrenagem e corrente analisada no Problema 3–79, p. 152, são fornecidas, no enunciado do problema, informações quanto às dimensões da engrenagem e às forças transmitidas através das engrenagens. Neste problema, executaremos os passos do projeto preliminar necessários para obtermos as informações para a análise. Um motor que fornece 0,75 kW opera a 70 rev/min. Uma unidade de engrenagens é necessária para dobrar a velocidade do motor para que este possa acionar a corrente.

(*a*) Especifique o número de dentes apropriado para as engrenagens F e C para minimizar as dimensões enquanto se evita o problema da interferência nos dentes.

(*b*) Admitindo-se uma escolha inicial de um diâmetro primitivo de 250 mm para a engrenagem F, qual é o passo diametral que deverá ser utilizado para a análise de tensões nos dentes da engrenagem?

(*c*) Calcule o torque de entrada aplicado ao eixo EFG.

(*d*) Calcule a intensidade das forças radial, tangencial e total transmitidas entre as engrenagens F e C.

13–42* Para o conjunto de engrenagens biseladas nos Problemas 3–74 e 3–76, p. 151 e 152, respectivamente, o eixo AB está rotacionando a 600 rev/min, transmitindo 7,5 kW. As engrenagens têm um ângulo de pressão de 20°.

(a) Determine o ângulo de bisel γ para a engrenagem no eixo AB.

(b) Determine a velocidade do círculo primitivo.

(c) Determine as forças tangencial, radial e axial atuando no pinhão. Estavam corretas as forças dadas no Problema 3–74?

13–43 A figura mostra um pinhão cônico de dentes retos de 16 dentes, 20°, acionando uma coroa de 32 dentes, além da localização das linhas de centro dos mancais. O eixo *a* do pinhão recebe 2,5 hp a 240 rev/min. Determine as reações nos mancais em A e B, supondo que A responda por ambas as cargas, axial e radial.

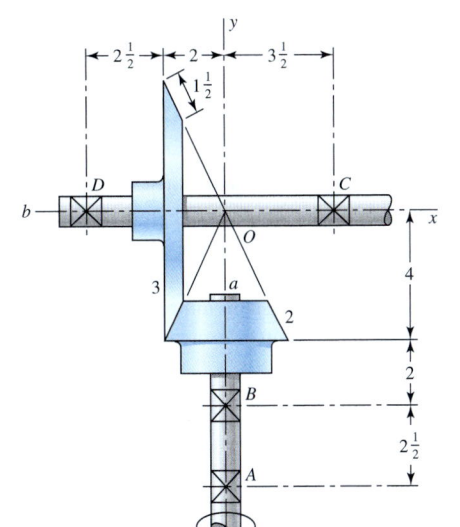

Problema 13–43
Dimensões em polegadas.

13–44 A figura mostra um pinhão cônico de dentes retos de passo diametral 10, 18 dentes, 20°, acionando uma coroa de 30 dentes. A carga transmitida é de 25 lbf. Encontre as reações em C e D no eixo de saída se D suporta ambas as cargas, axial e radial.

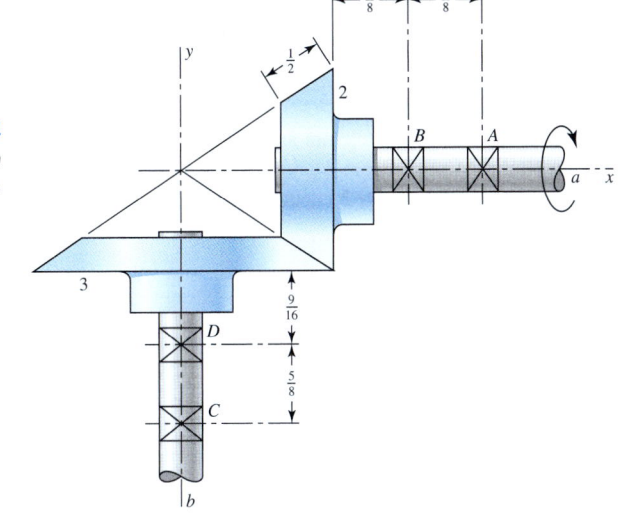

Problema 13–44
Dimensões em polegadas.

13–45 As engrenagens mostradas na figura têm um passo diametral normal de 3 mm, um ângulo de pressão normal de 20° e um ângulo de hélice igual a 30°. A força transmitida é de 3,5 kN. O pinhão rotaciona no sentido anti-horário em relação ao eixo y, se observado do ponto de vista do eixo y positivo. Encontre a força que cada engrenagem aplica em seu eixo.

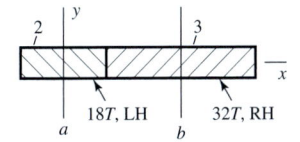

Problema 13–45

13–46 As engrenagens mostradas na figura têm um passo diametral normal de 3 mm, um ângulo de pressão normal de 20° e um ângulo de hélice igual a 30°. A força transmitida é de 3,5 kN. A engrenagem 2 rotaciona no sentido horário em relação ao eixo y, se observado do ponto de vista do eixo y positivo. A engrenagem 3 está livre. Encontre as forças que as engrenagens 2 e 3 aplicam em seus eixos.

Problema 13–46

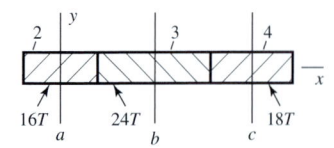

(figura: eixo horizontal com engrenagens 2, 3, 4 de 16T, 24T, 18T em posições a, b, c)

13–47 Um trem de engrenagens é composto por quatro engrenagens helicoidais montadas em três eixos cujas linhas de centro estão em um mesmo plano, conforme mostra a figura. As engrenagens possuem um ângulo de pressão normal de 20° e um ângulo de hélice de 30°. A engrenagem 2 é a engrenagem motora, rotacionando no sentido anti-horário, como se observa de cima. O eixo *b* é livre, e a carga transmitida da engrenagem 2 para a engrenagem 3 vale 500 lbf. As engrenagens no eixo *b* possuem um passo diametral normal de 7 dentes/in e possuem 54 e 14 dentes, respectivamente. Determine as forças exercidas pelas engrenagens 3 e 4 no eixo *b*.

Problema 13–47

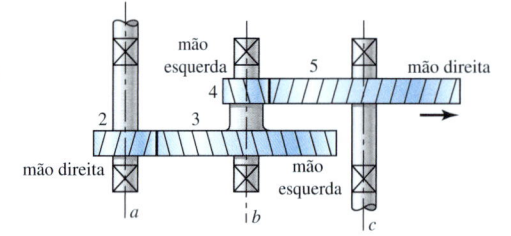

13–48 Na figura do Problema 13–34, o pinhão 2 deve ser uma engrenagem cilíndrica helicoidal com hélice de mão direita de ângulo de 30°, um ângulo de pressão normal de 20°, 16 dentes e um passo diametral normal de 6 dentes/in. Um motor de 25 hp movimenta o eixo *a* na velocidade de 1 720 rev/min no sentido horário com relação ao eixo *x*. A engrenagem 3 possui 42 dentes. Encontre as reações exercidas pelos mancais *C* e *D* no eixo *b*. Um desses mancais deve suportar as cargas radial e axial. Este mancal deve ser selecionado para pôr o eixo sob compressão.

13–49 A engrenagem 2 mostrada na figura tem 16 dentes, um ângulo de pressão transversal de 20°, um ângulo de hélice de 15° e um módulo de 4 mm. A engrenagem 2 aciona a engrenagem livre montada no eixo *b*, que tem 36 dentes. A engrenagem movida no eixo *c* possui 28 dentes. Se o acionador roda a 1600 rev/min e transmite 6 kW, encontre as cargas radial e axial em cada eixo.

Problema 13–49

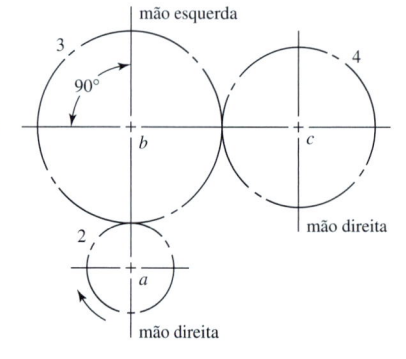

13–50 A figura mostra um conjunto de redução dupla envolvendo engrenagens helicoidais. O pinhão 2 é motor, recebendo um torque de 1 200 lbf·in do seu eixo na direção mostrada. O pinhão 2 possui um passo diametral normal de 8 dentes/in, 14 dentes, um ângulo de pressão normal de 20°, possuindo hélice de mão direita cortada com ângulo de 30°. A engrenagem par, 3, é montada no eixo *b*, possuindo 36 dentes. A engrenagem 4, que é motora para o segundo par de engrenagens no trem, possui um passo diametral normal de 5 dentes/in, 15 dentes e um ângulo de pressão normal de 20°, sendo cortada com hélice de mão esquerda de ângulo igual a 15°. A engrenagem par, 5, possui 45 dentes. Encontre a magnitude e direção da força exercida pelos mancais *C* e *D* sobre o eixo *b*, se o mancal *C* pode suportar apenas cargas radiais, enquanto o mancal *D* é montado para suportar tanto cargas axiais quanto radiais.

Problema 13–50
Dimensões em polegadas

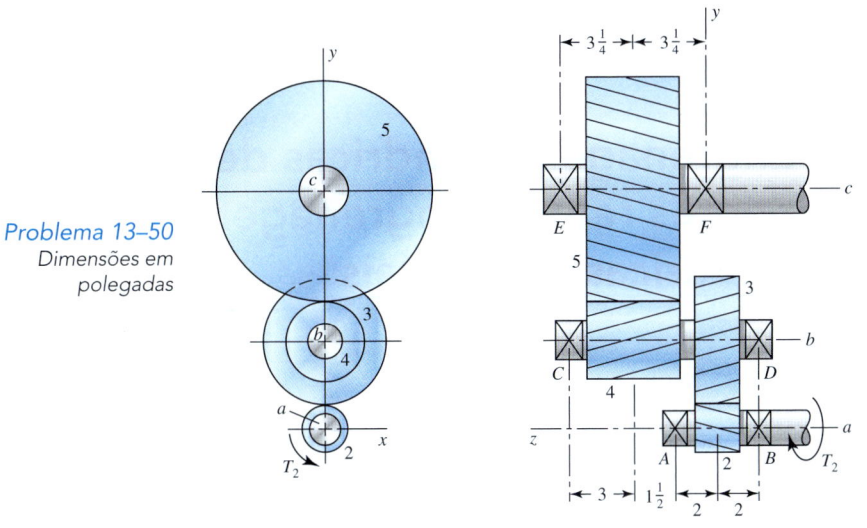

13–51 Um pinhão sem-fim de mão direita, com um dente, construído de aço endurecido (dureza não especificada) possui uma potência de catálogo igual a 2 000 W a 600 rev/min, quando engrazado a uma coroa sem-fim de 48 dentes feita de ferro fundido. O passo axial do pinhão vale 25 mm, o ângulo de pressão normal é $14\frac{1}{2}°$, o diâmetro primitivo do pinhão é 100 mm e as larguras de face do pinhão e coroa são, respectivamente, 100 mm e 50 mm. Os mancais estão centrados nas posições A e B no eixo sem fim. Determine qual deve ser o mancal axial (de modo que a carga axial no eixo seja de compressão) e encontre as magnitudes e direções das forças exercidas por ambos os mancais.

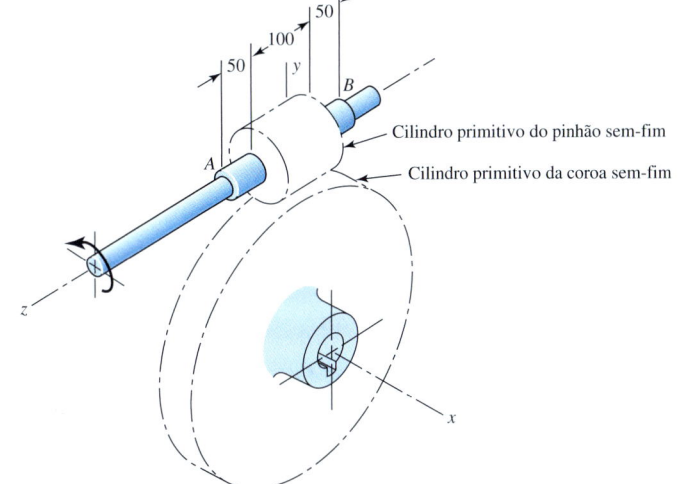

Problema 13–51
Dimensões em milímetros

13–52 O diâmetro do cubo e a projeção deste para a engrenagem do Problema 13–51 valem 100 mm e 37,5 mm, respectivamente. A largura de face da coroa vale 50 mm. Localize os mancais C e D em lados opostos, espaçando C de 10 mm da engrenagem, do lado da face escondida (ver figura), e D de 10 mm da superfície do cubo. Escolha um como o mancal de impulso, de modo que a força axial no eixo seja de compressão. Encontre o torque de saída e as magnitudes e direções das forças exercidas pelos mancais sobre o eixo.

13–53 Um pinhão sem-fim de 2 dentes transmite $\frac{3}{4}$ hp a 600 rev/min a uma coroa sem-fim de 36 dentes, possuindo um passo diametral transversal de 8 dentes/in. O pinhão possui um ângulo de pressão normal de 20°, um diâmetro primitivo de $1\frac{1}{2}$ in e uma largura de face igual a $1\frac{1}{2}$ in. Use um coeficiente de atrito de 0,05 e encontre a força exercida pela coroa sobre o pinhão, bem como o torque de entrada. Para a mesma geometria mostrada no Problema 13–51, a velocidade do pinhão é horária com relação ao eixo z.

13–54 Escreva um programa de computador que analise um engrazamento de engrenagens cilíndricas de dentes retos ou helicoidais, com dados de entrada contendo ϕ_n, ψ, P_t, N_P e N_G; que compute m_G, d_P, d_G, p_t, p_n, p_x e ϕ_t; e que aconselhe quanto ao menor número de dentes que um pinhão permitirá engrazar consigo mesmo sem interferência, engrazar com sua coroa e engrenar com uma cremalheira. Também, o programa deve calcular o maior número de dentes possível de engrazar com este pinhão.

14 Engrenagens cilíndricas de dentes retos e engrenagens cilíndricas helicoidais

14-1 Equação de flexão de Lewis **717**

14-2 Durabilidade superficial **726**

14-3 Equações de tensão AGMA **729**

14-4 Equações de resistência AGMA **730**

14-5 Fatores geométricos I e J (Z_I e Y_J) **735**

14-6 Coeficiente elástico C_p (Z_E) **739**

14-7 Fator dinâmico K_v **739**

14-8 Fator de sobrecarga K_o **740**

14-9 Fator de condição de superfície C_f (Z_R) **742**

14-10 Fator de tamanho K_s **742**

14-11 Fator de distribuição de carga K_m (K_H) **743**

14-12 Fator de razão de dureza C_H(Z_W) **744**

14-13 Fatores de ciclagem de tensão Y_N e Z_N **746**

14-14 Fator de confiabilidade K_R (Y_Z) **746**

14-15 Fator de temperatura K_T (Y_θ) **748**

14-16 Fator de espessura de aro (borda) K_B **748**

14-17 Fatores de segurança S_F e S_H **749**

14-18 Análise **749**

14-19 Projeto de um par de engrenagens **760**

Este capítulo destina-se primariamente à análise e projeto de engrenagens cilíndricas de dentes retos e engrenagens helicoidais que resistam à falha por flexão dos dentes, bem como à falha por crateramento (formação de cavidades) nas superfícies do dente. A falha por flexão ocorrerá quando a tensão significativa do dente igualar ou exceder à resistência ao escoamento ou a resistência de endurança à flexão (limite de resistência à fadiga por flexão). Falha superficial ocorre quando a tensão significativa de contato iguala ou excede a resistência de endurança superficial. As duas primeiras seções apresentam uma pequena história de análises com base nas quais se desenvolveu a metodologia corrente.

A American Gear Manufacturers Association[1] (AGMA) foi, por muitos anos, a autoridade responsável pela disseminação de conhecimento pertinente ao projeto e análise de engrenagens. Os métodos que essa organização apresenta estão em uso geral nos Estados Unidos quando resistência e desgaste são considerações primordiais. Em vista desse fato, é importante que a abordagem AGMA para o assunto seja aqui apresentada.

O enfoque geral da AGMA exige muitas cartas e gráficos – demasiados para um único capítulo deste livro. Omitimos muitos deles aqui ao escolhermos um único ângulo de pressão e ao usar somente dentes de profundidade completa. Essa simplificação reduz a complexidade, porém sem impedir o desenvolvimento de um entendimento básico da abordagem. Mais ainda, a simplificação torna possível melhor desenvolvimento dos fundamentos e, assim, deve constituir uma introdução ideal ao uso do método geral da AGMA.[2] As Seções 14–1 e 14–2 são elementares e servem como exame das fundações do método AGMA. A Tabela 14–1 é de modo abrangente a nomenclatura da AGMA.

14–1 Equação de flexão de Lewis

Wilfred Lewis introduziu uma equação para estimar a tensão de flexão em dentes de engrenagens na qual a forma do dente entrava na formulação. A equação, anunciada em 1892, ainda permanece como a base para o projeto da maioria das engrenagens atuais.

Para desenvolver a equação básica de Lewis, consulte a Figura 14–1a, que mostra uma viga retangular em balanço com dimensões de seção transversal F e t, comprimento l e uma carga W^t, uniformemente distribuída ao longo da largura F da face. O módulo seccional I/c vale $Ft^2/6$, e portanto a tensão causada pela flexão é

$$\sigma = \frac{M}{I/c} = \frac{6W^t l}{Ft^2} \qquad (a)$$

Para os projetistas de engrenagens, W_t, W_r, W_a ou W^t, W^r, W^a, de forma alternativa designam as componentes das forças do dente. A última notação deixa espaço para pós-subscritos, essenciais para diagramas de corpo livre. Por exemplo, para as engrenagens 2 e 3 em engrazamento, W^t_{23} é a força transmitida do corpo 2 ao 3, enquanto W^t_{32} é a força

---

[1] 1001 N. Fairfax Street, Suite 500, Alexandria, VA 22314-1587.

[2] As padronizações ANSI/AGMA 2001-D04 (AGMA 2001-C95 revisada) e ANSI/AGMA 2101-D04 (edição métrica do ANSI/AGMA 2001-D04), *Fundamental Rating Factors and Calculation Methods for Involute Spur Gears and Helical Gear Teeth*, são utilizadas neste capítulo. O uso do American National Standards é completamente voluntário; a existência deles não impede de maneira alguma pessoas, tenham elas aprovado os padrões ou não, de manufaturem, mercantilizem, comprem ou usem produtos, processos ou procedimentos que não se conformam aos padrões.

O American National Standards Institute não desenvolve padrões e não dará, em nenhuma circunstância, uma interpretação de nenhum padrão do American National Standard. Pedidos para interpretação dessas padronizações devem ser endereçados à American Gear Manufacturers Association. [Tabelas ou outras seções de ajuda podem ser citadas ou extraídas integralmente. Na linha de crédito deve constar: "Extracted from ANSI/AGMA Standard 2001-D04 or 2101-D04 *Fundamental Rating Factors and Calculation Methods for Involute Spur and Helical Gear Teeth*" com a permissão do publicador, American Gear Manufacturers Association, 1001 N. Fairfax Street, Suite 500, Alexandria, Virginia 22314-1587. Essa é uma adaptação em parte do prefácio da ANSI para essas padronizações.

Tabela 14–1 Símbolos, seus nomes e localizações.

Símbolo*	Nome	Encontrado em
C_e	Fator de correção do alinhamento de engrenamento	Equação (14–35)
$C_f(Z_R)$	Fator de condição da superfície	Equação (14–16)
$C_H(Z_W)$	Fator de razão de dureza	Equação (14–18)
C_{ma}	Fator de alinhamento de engrenamento	Equação (14–34)
C_{mc}	Fator de correção de carga	Equação (14–31)
C_{mf}	Fator de distribuição de carga de face	Equação (14–30)
$C_p(Z_E)$	Coeficiente elástico	Equação (14–13)
C_{pf}	Fator de proporção do pinhão	Equação (14–32)
C_{pm}	Modificador da proporção do pinhão	Equação (14–33)
d	Diâmetro primitivo	Exemplo 14–1
d_P	Diâmetro primitivo, pinhão	Equação (14–22)
d_G	Diâmetro primitivo, engrenagem (coroa)	Equação (14–22)
$F(b)$	Largura de face líquida do membro mais estreito	Equação (14–15)
f_P	Acabamento superficial do pinhão	Figura 14–13
H	Potência	Figura 14–17
H_B	Dureza Brinell	Exemplo 14–3
H_{BG}	Dureza Brinell da engrenagem (coroa)	Seção 14–12
H_{BP}	Dureza Brinell do pinhão	Seção 14–12
hp	Potência em hp	Exemplo 14–1
h_t	Profundidade completa do dente da coroa	Seção 14–16
$I(Z_I)$	Fator geométrico da resistência de crateramento	Equação (14–16)
$J(Y_J)$	Fator geométrico da resistência à flexão	Equação (14–15)
K_B	Fator de espessura de aro (borda)	Equação (14–40)
K_f	Fator de concentração de tensão para fadiga	Equação (14–9)
$K_m(K_H)$	Fator de distribuição de carga	Equação (14–30)
K_o	Fator de sobrecarga	Equação (14–15)
$K_R(Y_Z)$	Fator de confiabilidade	Equação (14–17)
K_s	Fator de tamanho	Seção 14–10
$K_T(Y_\theta)$	Fator de temperatura	Equação (14–17)
K_v	Fator dinâmico	Equação (14–27)
m	Módulo	Equação (14–15)
m_B	Razão de reforço	Equação (14–39)
m_F	Razão de contato da face	Equação (14–19)
m_G	Razão de engrenamento (nunca menor que 1)	Equação (14–22)
m_N	Razão de compartilhamento de carga	Equação (14–21)
m_t	Módulo transversal	Equação (14–15)
N	Número de ciclos de tensão	Figura 14–14
N_G	Número de dentes na coroa	Equação (14–22)
N_P	Número de dentes do pinhão	Equação (14–22)
n	Velocidade em rev/min	Equação (13–34)

Símbolo*	Nome	Encontrado em
n_p	Velocidade do pinhão em rev/min	Exemplo 14–4
P	Passo diametral	Equação (14–2)
P_d	Passo diametral transversal	Equação (14–15)
p_N	Passo normal de base	Equação (14–24)
p_n	Passo circular normal	Equação (14–24)
p_x	Passo axial	Equação (14–19)
Q_v	Número de qualidade	Equação (14–29)
R	Confiabilidade	Equação (14–38)
R_a	Raiz da média dos quadrados da rugosidade	Figura 14–13
r_f	Raio do adoçamento de dente	Figura 14–1
r_G	Raio do círculo primitivo, coroa	no padrão
r_P	Raio do círculo primitivo, pinhão	no padrão
r_{bp}	Raio do círculo de base do pinhão	Equação (14–25)
r_{bG}	Raio do círculo de base da coroa	Equação (14–25)
S_C	Resistência de endurança superficial de Buckingham	Exemplo 14–3
S_c	Resistência de endurança superficial AGMA	Equação (14–18)
S_t	Resistência à flexão da AGMA	Equação (14–17)
S	Vão entre mancais	Figura 14–10
S_1	Distância do pinhão ao centro do vão	Figura 14–10
S_F	Fator de segurança – flexão	Equação (14–41)
S_H	Fator de segurança – crateramento	Equação (14–42)
W^t ou W_t	Carga transmitida	Figura 14–1
Y_N	Fator de ciclagem de tensão para a resistência à flexão	Figura 14–14
Z_N	Fator de ciclagem de tensão para a resistência de crateramento	Figura 14–15
β	Expoente	Equação (14–44)
σ	Tensão de flexão, AGMA	Equação (14–15)
σ_C	Tensão de contato das relações de Hertz	Equação (14–14)
σ_c	Tensão de contato das relações da AGMA	Equação (14–16)
σ_{adm}	Tensão de flexão admissível, AGMA	Equação (14–17)
$\sigma_{c,adm}$	Tensão de contato admissível, AGMA	Equação (14–18)
ϕ	Ângulo de pressão	Equação (14–12)
ϕ_n	Ângulo de pressão normal	Equação (14–24)
ϕ_t	Ângulo de pressão transversal	Equação (14–23)
ψ	Ângulo de hélice	Exemplo 14–5

* Quando aplicável, o símbolo alternativo para o padrão métrico é mostrado entre parênteses.

transmitida do corpo 3 ao corpo 2. Quando se trabalha com redutores de velocidade de dupla redução (estágio) ou tripla redução, essa notação se revela compacta e essencial para clareza de pensamento. Como componentes de força entre engrenagens raramente levam expoentes, isso não causa nenhuma complicação. Relações de Pitágoras, caso necessárias, podem ser tratadas com parênteses ou evitadas ao expressar as relações trigonometricamente.

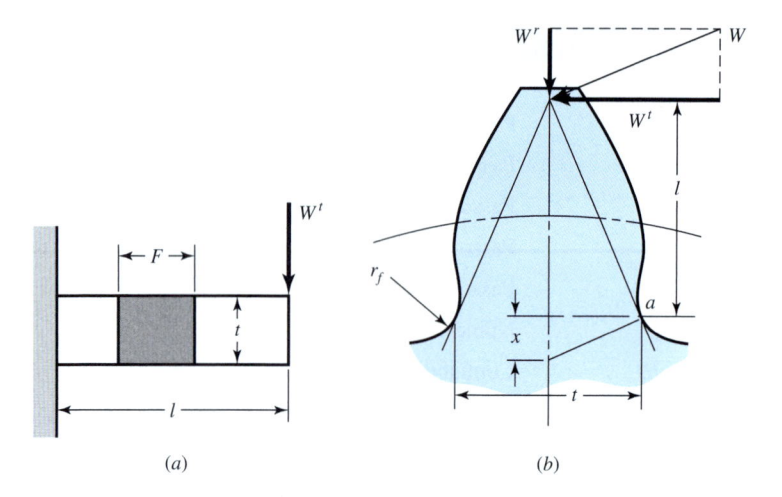

Figura 14–1

Referindo-nos agora à Figura 14–1b, consideramos que a máxima tensão em um dente de engrenagem ocorre no ponto *a*. Por similaridade de triângulos, podemos escrever que

$$\frac{t/2}{x} = \frac{l}{t/2} \quad \text{ou} \quad x = \frac{t^2}{4l} \quad \text{ou} \quad l = \frac{t^2}{4x} \tag{b}$$

Reescrevendo a Equação (*a*),

$$\sigma = \frac{6W^t l}{F t^2} = \frac{W^t}{F} \frac{1}{t^2/6l} = \frac{W^t}{F} \frac{1}{t^2/4l} \frac{\frac{4}{6}}{} \tag{c}$$

Se, agora, substituímos o valor de *x* oriundo da Equação (*b*) na Equação (*c*), e multiplicamos o numerador e o denominador pelo passo circular *p*, encontramos

$$\sigma = \frac{W^t p}{F\left(\frac{2}{3}\right) x p} \tag{d}$$

Escrevendo $y = 2x/3p$, obtemos

$$\sigma = \frac{W^t}{F p y} \tag{14-1}$$

Isso completa o desenvolvimento da equação original de Lewis. O fator *y* é conhecido como *fator de forma de Lewis* e pode ser obtido em uma disposição gráfica do dente de engrenagem ou computação digital.

Ao utilizar essa equação, a maior parte dos engenheiros prefere empregar o passo diametral ao determinar as tensões. Isso é feito substituindo $p = \pi/P$ e $y = \pi Y$ na Equação (14–1). Resultando

$$\sigma = \frac{W^t P}{F Y} \tag{14-2}$$

em que

$$Y = \frac{2xP}{3} \tag{14-3}$$

Tabela 14–2 Valores do fator de forma Y de Lewis (Esses valores são para um ângulo de pressão normal de 20°, dentes de profundidade completa e um passo diametral unitário no plano de rotação).

Número de dentes	Y	Número de dentes	Y
12	0,245	28	0,353
13	0,261	30	0,359
14	0,277	34	0,371
15	0,290	38	0,384
16	0,296	43	0,397
17	0,303	50	0,409
18	0,309	60	0,422
19	0,314	75	0,435
20	0,322	100	0,447
21	0,328	150	0,460
22	0,331	300	0,472
24	0,337	400	0,480
26	0,346	Cremalheira	0,485

O uso dessa equação para determinar Y significa que somente a flexão do dente é considerada e que a compressão devida à componente radial de força é desconsiderada. Valores de Y obtidos com essa equação estão na Tabela 14–2.

O uso da Equação (14–3) também implica que os dentes não compartem a carga e que a força máxima é exercida na ponta do dente. Porém, já aprendemos que a razão de contato deve ser um pouco maior que a unidade, digamos, ao redor de 1,5, para conseguir um conjunto de engrenagens de qualidade. Se, de fato, as engrenagens são cortadas com acurácia suficiente, a condição de carga de ponta não é a pior, porque um outro par de dentes estará em contato quando ocorrer essa condição. O exame dos dentes engrenando mostrará que as cargas mais altas ocorrem próximo ao meio do dente. Portanto, a tensão máxima ocorre provavelmente enquanto um único par de dentes está carregando toda a carga, em um ponto em que um outro par de dentes está prestes a entrar em contato.

Efeitos dinâmicos

Quando um par de engrenagens se move a velocidades moderadas ou altas e é produzido barulho, seguramente estão presentes efeitos dinâmicos. Uma das primeiras tentativas de levar em conta um aumento de carga em razão da velocidade empregava um número de engrenagens do mesmo tamanho, material e resistência. Várias dessas engrenagens eram testadas até a destruição, engranzando-as e carregando-as na velocidade zero. As engrenagens restantes eram testadas até a destruição em várias velocidades da linha primitiva (de passo). Por exemplo, se um par de engrenagens falhava com 500 lbf de força tangencial na velocidade zero e com 250 lbf na velocidade V_1, então um *fator de velocidade*, designado por K_v, igual a 2 era especificado para engrenagens na velocidade V_1. Assim, um outro par, idêntico, de engrenagens rodando na velocidade de linha primitiva V_1 poderia ter uma carga igual ao dobro da carga tangencial ou da carga transmitida.

Observe que a definição de fator dinâmico K_v foi alterada. As padronizações AGMA ANSI/AGMA 2001-D04 e 2101-D04 contêm o seguinte aviso:

O fator dinâmico K_v foi redefinido como o recíproco daquele utilizado nas padronizações anteriores. Agora resulta maior que 1,0. Nos padrões anteriores era menor que 1,0.

Deve-se tomar cuidado quando a referência for feita a trabalho anterior a essa mudança nos padrões.

No século XIX, Carl G. Barth expressou pela primeira vez os fatores de velocidade, e em termos dos padrões presentes da AGMA, eles são representados como

$$K_v = \frac{600 + V}{600} \quad \text{(ferro fundido, perfil fundido)} \tag{14-4a}$$

$$K_v = \frac{1200 + V}{1200} \quad \text{(perfil cortado ou fresado)} \tag{14-4b}$$

sendo V a velocidade do círculo primitivo em pés por minuto. É também muito provável, por causa da época em que os testes foram conduzidos, que esses incluíssem dentes que possuem um perfil cicloidal, em vez do perfil de involuta. Dentes cicloidais eram utilizados de forma generalizada no século XIX, uma vez que eles são mais fáceis de fundir que dentes com perfil de involuta. A Equação (14-4a) é conhecida *como equação de Barth*. A equação de Barth é frequentemente modificada para a forma apresentada na Equação (14-4b), para dentes cortados ou fresados. Mais tarde a AGMA adicionou

$$K_v = \frac{50 + \sqrt{V}}{50} \quad \text{(perfil fresado em caracol ou conformado)} \tag{14-5a}$$

$$K_v = \sqrt{\frac{78 + \sqrt{V}}{78}} \quad \text{(perfil rebarbado ou retificado)} \tag{14-5b}$$

Em unidades SI, as Equações (14-4a) até (14-5b) tornam-se

$$K_v = \frac{3,05 + V}{3,05} \quad \text{(ferro fundido, perfil fundido)} \tag{14-6a}$$

$$K_v = \frac{6,1 + V}{6,1} \quad \text{(perfil cortado ou fresado)} \tag{14-6b}$$

$$K_v = \frac{3,56 + \sqrt{V}}{3,56} \quad \text{(perfil fresado em caracol ou conformado)} \tag{14-6c}$$

$$K_v = \sqrt{\frac{5,56 + \sqrt{V}}{5,56}} \quad \text{(perfil rebarbado ou retificado)} \tag{14-6d}$$

sendo V em metros por segundo (m/s).

Introduzindo o fator de velocidade na Equação (14-2), produz-se:

$$\sigma = \frac{K_v W^t P}{F Y} \tag{14-7}$$

A versão métrica dessa equação é

$$\sigma = \frac{K_v W^t}{F m Y} \tag{14-8}$$

em que a largura da face F e o módulo m são expressos, ambos, em milímetros (mm). Ao expressar a componente tangencial da carga W_t em newtons (N), obtêm-se tensões em unidades de megapascal (MPa).

Como regra geral, engrenagens cilíndricas de dentes retos devem ter uma largura de face F de 3 a 5 vezes o passo circular p.

As Equações (14–7) e (14–8) são importantes, pois formam a base do procedimento AGMA para a resistência à flexão de dentes de engrenagens. Elas são de uso geral no cálculo da capacidade de trens de engrenagens quando vida e confiabilidade não são considerações importantes. As equações podem ser úteis para obter uma estimativa preliminar de tamanhos de engrenagens necessários para várias aplicações.

EXEMPLO 14–1

Uma engrenagem cilíndrica de dentes retos disponível em estoque possui um módulo de 4 mm, uma face de 44 mm, 18 dentes e um ângulo de pressão de 20° com dentes de profundidade completa. O material utilizado é aço AISI 1020, na condição de laminação. Empregue um fator de projeto $n_d = 3{,}5$ para avaliar a potência de saída em cavalos da coroa correspondente à velocidade de 25 rev/s e aplicações moderadas.

Solução

O termo *aplicações moderadas* parece implicar que a engrenagem pode ser avaliada utilizando a resistência ao escoamento como um critério de falha. Na Tabela A–20 encontramos que $S_{ut} = 379$ MPa e $S_y = 206$ MPa. Um fator de projeto de 3,5 significa que a tensão de flexão admissível é $206/3{,}5 = 58{,}86$ MPa. O diâmetro primitivo é $Nm = 18(4) = 72$ mm, de forma que a velocidade na linha primitiva é

$$V = \pi d n = \pi(0{,}072)25 = 5{,}65487$$

O fator de velocidade, da Equação (14–4b) é encontrado como

$$K_v = \frac{6{,}1 + V}{6{,}1} = \frac{6{,}1 + 5{,}65487}{6{,}1} = 1{,}92703$$

A Tabela 14–2 nos dá o fator de forma como $Y = 0{,}296$ para 16 dentes. Agora arranjamos e substituímos na Equação (14–7) como se segue:

$$W^t = \frac{FY\sigma_{adm}}{K_v P} = \frac{0{,}004 \cdot 0{,}004/0{,}039 \cdot 58{,}9/10^6}{1{,}92703} = 1434{,}54233 \text{ N}$$

A potência que pode ser transmitida é

Resposta

$$hp = W^t V = 1434{,}54(5{,}65) = 8112{,}15$$

É importante salientar que essa é uma estimativa grosseira e que esse procedimento não deve ser utilizado em aplicações importantes. O exemplo tem por objetivo ajudar a entender alguns dos fundamentos que estarão envolvidos no procedimento da AGMA.

EXEMPLO 14–2

Calcule a ordem da potência da coroa no exemplo anterior com base na obtenção de vida infinita em flexão.

Solução

O limite de fadiga de viga rotativa é calculado com base na Equação (6–8), p. 285,

$$S'_e = 0{,}5 S_{ut} = 0{,}5(55) = 27{,}5 \text{ kpsi}$$

A fim de obter o fator de acabamento superficial de Marin k_a, referimos-nos à Tabela 6–3, p. 293, para superfície usinada, encontrando $a = 2{,}70$ e $b = -0{,}265$. Assim a Equação (6–19), p. 290, fornece para o fator de acabamento superficial de Marin k_a o valor

$$k_a = aS_{ut}^b = 2{,}70(55)^{-0{,}265} = 0{,}934$$

O próximo passo consiste em estimar o fator de tamanho k_b. Da Tabela 13–1, p. 679, a soma de adendo e dedendo é

$$l = \frac{1}{P} + \frac{1{,}25}{P} = \frac{1}{8} + \frac{1{,}25}{8} = 0{,}281 \text{ in}$$

A espessura do dente t na Figura 14–1b é dada na Seção 14–1 [Equação (b)] como sendo $t = (4lx)^{1/2}$, quando $x = 3Y/(2P)$ da Equação (14–3). Portanto, uma vez que do Exemplo 14–1 $Y = 0{,}296$ e $P = 8$,

$$x = \frac{3Y}{2P} = \frac{3(0{,}296)}{2(8)} = 0{,}0555 \text{ in}$$

então

$$t = (4lx)^{1/2} = [4(0{,}281)0{,}0555]^{1/2} = 0{,}250 \text{ in}$$

Reconhecemos o dente como uma viga em balanço de seção transversal retangular, de forma que o diâmetro equivalente da viga rotativa deve ser obtido da Equação (6–25), p. 292:

$$d_e = 0{,}808(hb)^{1,2} = 0{,}808(Ft)^{1/2} = 0{,}808[1{,}5(0{,}250)]^{1/2} = 0{,}495 \text{ in}$$

Então, a Equação (6–20), p. 291, nos fornece k_b como

$$k_b = \left(\frac{d_e}{0{,}30}\right)^{-0{,}107} = \left(\frac{0{,}495}{0{,}30}\right)^{-0{,}107} = 0{,}948$$

O fator de carga k_c da Equação (6–26), p. 293, é unitário. Sem nenhuma informação concernente à temperatura e confiabilidade dada, iremos colocar $k_d = k_e = 1$.

Em geral, um dente de engrenagem é submetido apenas à flexão unidirecional. Exceções incluem engrenagens livres e engrenagens utilizadas em mecanismos de reversão. Levaremos em conta um único sentido de flexão ao estabelecer o fator de Marin relativo a efeitos diversos k_f.

Para flexão unidirecional, as componentes de tensão fixa (estável) e alternante são $\sigma_a = \sigma_m = \sigma/2$, em que σ é a maior tensão de flexão aplicada repetidamente, como dado na Equação (14–7). Se um material exibiu um *locus* (lugar) de falha de Goodman,

$$\frac{S_a}{S_e'} + \frac{S_m}{S_{ut}} = 1$$

Como S_a e S_m são iguais para flexão unidirecional, substituímos S_m por S_a e resolvemos a equação acima para S_a, assim obtendo

$$S_a = \frac{S_e' S_{ut}}{S_e' + S_{ut}}$$

Agora colocamos em lugar de S_a o valor $\sigma/2$ e, no denominador, substituímos S'_e por $0,5\, S_{ut}$ para obter

$$\sigma = \frac{2S'_e S_{ut}}{0,5 S_{ut} + S_{ut}} = \frac{2 S'_e}{0,5 + 1} = 1,33 S'_e$$

Agora, $k_f = \sigma/S'_e = 1,33\; S'_e/S'_e = 1,33$. Contudo, um *locus* de falha de Gerber produz valores médios

$$\frac{S_a}{S'_e} + \left(\frac{S_m}{S_{ut}}\right)^2 = 1$$

Considerando $S_a = S_m$ e resolvendo a equação quadrática em S_a, temos

$$S_a = \frac{S_{ut}^2}{2 S'_e}\left(-1 + \sqrt{1 + \frac{4 S'^2_e}{S_{ut}^2}}\right)$$

Considerando $S_a = \sigma/2$, $S_{ut} = S'_e/0,5$, temos

$$\sigma = \frac{S'_e}{0,5^2}\left[-1 + \sqrt{1 + 4(0,5)^2}\right] = 1,66 S'_e$$

e $k_f = \sigma/S'_e = 1,66$. Como o *locus* de falha de Gerber passa dentro e entre pontos provenientes de testes de fadiga, enquanto o *locus* de Goodman não o faz, utilizaremos $k_f = 1,66$. A equação de Marin para o limite de fadiga completamente corrigido é

$$S_e = k_a k_b k_c k_d k_e k_f S'_e$$
$$= 0,934(0,948)(1)(1)(1)1,66(27,5) = 40,4 \text{ kpsi}$$

Para a tensão, determinaremos primeiro o fator de concentração de tensões para fadiga K_f. Para dentes de 20° com profundidade completa, o raio do adoçamento de raiz é denotado por r_f, em que

$$r_f = \frac{0,300}{P} = \frac{0,300}{8} = 0,0375 \text{ in}$$

Da Figura A–15–6,

$$\frac{r}{d} = \frac{r_f}{t} = \frac{0,0375}{0,250} = 0,15$$

Como $D/d = \infty$, usamos a aproximação proveniente do valor $D/d = 3$, resultando em $K_t = 1,68$. Da Figura 6–20, p. 299, $q = 0,62$. Da Equação (6–32), p. 298,

$$K_f = 1 + (0,62)(1,68 - 1) = 1,42$$

Para um fator de projeto $n_d = 3$, como utilizado no Exemplo 14–1, aplicado à carga ou resistência, a tensão máxima admissível de flexão é

$$\sigma_{\max} = K_f \sigma_{adm} = \frac{S_e}{n_d}$$

$$\sigma_{adm} = \frac{S_e}{K_f n_d} = \frac{40,4}{1,42(3)} = 9,5 \text{ kpsi}$$

> A carga transmitida W^t é
>
> $$W^t = \frac{FY\sigma_{\text{adm}}}{K_v P} = \frac{1,5(0,296)9\,500}{1,52(8)} = 347 \text{ lbf}$$
>
> e a potência, com $V = 628$ ft/min do Exemplo 14–1, é
>
> $$hp = \frac{W^t V}{33\,000} = \frac{347(628)}{33\,000} = 6,6 \text{ hp}$$
>
> Novamente, é preciso salientar que esses resultados devem ser aceitos como estimativas preliminares *apenas*, para alertá-lo quanto à natureza da flexão em dentes de engrenagem.

No Exemplo 14–2 nossos recursos (Figura A–15–6) não trataram diretamente a concentração de tensão em dentes de engrenagens. Uma investigação fotoelástica por Dolan e Broghamer, reportada em 1942, constitui uma fonte primária de informação a respeito de concentração de tensão.[3] Mitchiner e Mabie[4] interpretaram os resultados em termos do fator de concentração de tensão de fadiga K_f na forma

$$K_f = H + \left(\frac{t}{r}\right)^L \left(\frac{t}{l}\right)^M \tag{14–9}$$

em que $H = 0,34 - 0,458\,366\,2\phi$
$L = 0,316 - 0,458\,366\,2\phi$
$M = 0,290 + 0,458\,366\,2\phi$
$r = \dfrac{(b - r_f)^2}{(d/2) + b - r_f}$

Nessas equações l e t são obtidos do disposto na Figura 14–1, ϕ é o ângulo de pressão, r_f é o raio de adoçamento, b é o dedendo e d é o diâmetro primitivo. É deixado como exercício para o leitor comparar K_f da Equação (14–9) com os resultados obtidos ao usar a aproximação da Figura A–15–6 no Exemplo 14–2.

14–2 Durabilidade superficial

Nesta seção estamos interessados na falha das superfícies dos dentes de engrenagens, geralmente chamada *desgaste*. *Crateramento*, como explicado na Seção 6–16, é uma falha por fadiga superficial causada por muitas repetições de tensões elevadas de contato. Outras formas de falha superficial incluem *estriação*, que é uma falha de lubrificação, e *abrasão*, que é o desgaste em razão da presença de material estranho.

Para obtermos uma expressão para a tensão de contato superficial, empregaremos a teoria de Hertz. Na Equação (3–73), p. 137, foi mostrado que a tensão de contato entre dois cilindros pode ser computada com a equação:

$$p_{\max} = \frac{2F}{\mu b l} \tag{a}$$

---

[3]T. J. Dolan, E. I. Broghamer. *A Photoelastic Study of the Stresses in Gear Tooth Fillets*. Bulletin 335, Univ. Ill. Exp. Sta., mar. 1942. Ver também PILKEY, W. D. *Peterson's Stress Concentration Factors*. 3º. ed., Nova York, John Wiley & Sons, Hoboken, NJ, 2008, p. 407–409, 434–437.

[4]R. G. Mitchiner, H. H. Mabie. Determination of the Lewis Form Factor and the AGMA Geometry Factor J of External Spur Gear Teeth, *J. Mech. Des.*, v. 104, n. 1, jan. 1982, p. 148-158.

em que: p_{max} = pressão superficial máxima
 F = força que comprime um cilindro contra o outro
 l = comprimento dos cilindros.

sendo a semilargura b calculada pela Equação (3–72), p. 137, dada por

$$b = \left\{ \frac{2F}{\pi l} \frac{\left[\left(1 - v_1^2\right)/E_1\right] + \left[\left(1 - v_2^2\right)/E_2\right]}{(1/d_1) + (1/d_2)} \right\}^{1/2} \quad (14\text{–}10)$$

em que v_1, v_2, E_1 e E_2 são constantes elásticas e d_1 e d_2 são os diâmetros, respectivamente, dos dois cilindros em contato.

A fim de adaptarmos essas relações à notação utilizada com engrenagens, podemos substituir F por $W^t/\cos\phi$, d por $2r$ e l pela largura da face F. Com essas modificações, podemos substituir o valor de b como dado na Equação (14–10), na Equação (a). Trocando p_{max} por σ_C, a *tensão superficial de compressão* (*tensão hertziana*) é encontrada na equação

$$\sigma_C^2 = \frac{W^t}{\pi F \cos\phi} \frac{(1/r_1) + (1/r_2)}{\left[\left(1 - v_1^2\right)/E_1\right] + \left[\left(1 - v_2^2\right)/E_2\right]} \quad (14\text{–}11)$$

em que r_1 e r_2 são os valores instantâneos dos raios de curvatura nos perfis do dente do pinhão e coroa, respectivamente, no ponto de contato. Tomando em conta o compartilhamento de carga no valor de W_t utilizado, a Equação (14–11) pode ser resolvida para a tensão hertziana em qualquer ponto em particular, ou mesmo em todos os pontos, desde o começo até o final do contato entre os dentes. Claro, ocorre rolamento puro somente no ponto primitivo. Em qualquer outro lugar o movimento é uma mistura de rolamento e deslizamento. A Equação (14–11) não leva em consideração nenhuma ação de deslizamento na avaliação da tensão. Observamos que a AGMA utiliza μ para a razão de Poisson em vez de v, como é utilizado aqui.

Já mencionamos anteriormente que a primeira evidência de desgaste ocorre próximo à linha primitiva. Os raios de curvatura dos perfis do dente no ponto primitivo são

$$r_1 = \frac{d_P \operatorname{sen}\phi}{2} \qquad r_2 = \frac{d_G \operatorname{sen}\phi}{2} \quad (14\text{–}12)$$

em que ϕ é o ângulo de pressão e d_p e d_G são os diâmetros primitivos do pinhão e coroa, respectivamente.

Note, na Equação (14–11), que o denominador do segundo grupo de termos contém quatro constantes elásticas, duas para o pinhão e duas para a coroa. Como maneira simples de combinar e tabular os resultados pertinentes a várias combinações de materiais de pinhão e coroa, a AGMA define um *coeficiente elástico* C_p por intermédio da equação

$$C_p = \left[\frac{1}{\pi \left(\dfrac{1 - v_P^2}{E_P} + \dfrac{1 - v_G^2}{E_G} \right)} \right]^{1/2} \quad (14\text{–}13)$$

Com essa simplificação e a adição de um fator de velocidade K_v, a Equação (14–11) pode ser escrita como

$$\sigma_C = -C_p \left[\frac{K_v W^t}{F \cos\phi} \left(\frac{1}{r_1} + \frac{1}{r_2} \right) \right]^{1/2} \quad (14\text{–}14)$$

em que o sinal é negativo porque σ_C é uma tensão de compressão.

EXEMPLO 14–3 O pinhão dos Exemplos 14–1 e 14–2 deve ser engranzado em uma engrenagem de 50 dentes, manufaturada de ferro fundido ASTM nº 50. Utilizando a carga tangencial de 1 700 N, calcule o fator de segurança da engrenagem motora, baseado na possibilidade de uma falha de fadiga superficial.

Solução Com base na Tabela A–5, encontramos as constantes elásticas para o pinhão e a coroa, $E_p = 207$ GPa, $\nu_P = 0{,}292$, $E_G = 100$ GPa, $\nu_G = 0{,}211$. Substituímos esses valores na Equação (14–13) para obter o coeficiente elástico como

$$C_p = \left\{ \frac{1}{\pi \left[\dfrac{1 - (0{,}292)^2}{207(10^9)} + \dfrac{1 - (0{,}211)^2}{100(10^9)} \right]} \right\}^{1/2} = 150\,927{,}3$$

Do Exemplo 14–1, o passo diametral do pinhão é $d_p = 48$ mm. O valor correspondente à coroa é $d_G = 50(3) = 150$ mm. Em seguida a Equação (14–12) é utilizada para obter os raios de curvatura nos pontos primitivos. Assim,

$$r_1 = \frac{48 \operatorname{sen} 20°}{2} = 8{,}2 \text{ mm} \qquad r_2 = \frac{150 \operatorname{sen} 20°}{2} = 25{,}7 \text{ mm}$$

A largura da face é dada por $F = 38$ mm. Use $K_v = 1{,}5$ do Exemplo 14–1. Substituindo todos esses valores na Equação (14–14), com $\phi = 20°$, temos a tensão de contato

$$\sigma_C = -150\,927{,}3 \left[\frac{1{,}5(1700)}{0{,}038 \cos 20°} \left(\frac{1}{0{,}0082} + \frac{1}{0{,}0257} \right) \right]^{1/2} = -511{,}5 \text{ MPa}$$

A resistência de endurança superficial (resistência à fadiga superficial) do ferro fundido pode ser calculada por

$$S_C = 2{,}206 H_B \text{ MPa}$$

para 10^8 ciclos. A Tabela A–22 nos dá $H_B = 262$ para o ferro fundido ASTM Nº 50. Portanto, $S_C = 2{,}206(262) = 578$ MPa. A tensão de contato não é linear em relação à força transmitida [ver Equação (14–14)]. Se o fator de segurança é definido como a carga de perda de função dividida pela carga imposta, então a razão entre as cargas é a razão entre as tensões quadrada. Em outras palavras,

$$n = \frac{\text{carga de perda de junção}}{\text{carga imposta}} = \frac{S_C^2}{\sigma_C^2} = \left(\frac{578}{511{,}5}\right)^2 = 1{,}28$$

A pessoa é livre para definir o fator de segurança como S_C/σ_C. Causa estranheza comparar o fator de segurança em fadiga por flexão com o fator de segurança em fadiga superficial para uma engrenagem em particular. Suponha que o fator de segurança para essa engrenagem em fadiga flexional seja 1,20 e o fator de segurança em fadiga superficial seja 1,28, como acima. O perigo, uma vez que 1,28 é maior que 1,20, está na fadiga flexional, uma vez que ambos os números são baseados em razão de cargas. Se o fator de segurança para fadiga superficial é baseado na razão $S_C/\sigma_C = \sqrt{1{,}28} = 1{,}13$, então 1,20 é maior que 1,13, porém o perigo não é da fadiga superficial. O fator de segurança à fadiga superficial pode ser definido de uma forma ou de outra. Uma forma tem o ônus de exigir um número ao quadrado antes que números, que instintivamente parecem comparáveis, possam ser comparados.

Em adição ao fator dinâmico K_v, já introduzido, há desvios da carga transmitida, distribuição não uniforme da carga transmitida sobre o contato do dente e a influência da espessura da borda sobre a tensão de flexão. Valores tabulados de resistência podem ser médios, mínimos da ASTM ou de procedência desconhecida. No caso de fadiga superficial não há limites de endurança. Resistências de endurança têm de ser qualificadas como correspondentes a uma contagem de ciclos, e a inclinação da curva S-N necessita ser conhecida. Em fadiga por flexão há uma mudança definida na inclinação da curva S-N próxima a 10^6 ciclos, porém algumas evidências indicam que um limite de endurança não existe. Experiência com engrenagens leva a contagens de ciclos de 10^{11} ou mais. Evidências relativas à diminuição de resistências de endurança em flexão foram incluídas na metodologia da AGMA.

14–3 Equações de tensão AGMA

Duas equações fundamentais de tensão são utilizadas na metodologia AGMA, uma para tensão flexional e outra para a resistência ao crateramento. Na terminologia AGMA, essas são chamadas *números de tensão*, em contraste com as tensões reais aplicadas, e são designadas por meio de uma letra minúscula s em lugar da letra minúscula grega σ utilizada neste livro (e que continuaremos usando). As equações fundamentais são

$$\sigma = \begin{cases} W^t K_o K_v K_s \dfrac{P_d}{F} \dfrac{K_m K_B}{J} & \text{(unidades dos sistema americano)} \\ W^t K_o K_v K_s \dfrac{1}{bm_t} \dfrac{K_H K_B}{Y_J} & \text{(unidades SI)} \end{cases} \quad (14\text{–}15)$$

em que, para as unidades inglesas (unidades SI),

W^t é a força tangencial transmitida, lbf (N)

K_o é o fator de sobrecarga

K_v é o fator dinâmico

K_s é o fator de tamanho

P_d é o passo diametral transversal

$F(b)$ é a largura da face do membro mais estreito, in (mm)

$K_m(K_H)$ é o fator de distribuição de carga

K_B é o fator de espessura de aro (de borda)

$J(Y_J)$ é o fator geométrico para a resistência flexional (que inclui o fator de concentração de tensão de adoçamento de raiz K_f)

(m_t) é o módulo métrico transversal

Antes que você tente digerir o significado de todos esses termos na Equação (14–15), veja-os como um conselho no que concerne a itens que o projetista deve considerar *se seguir a padronização voluntariamente, ou não*. Esses itens incluem:

- Magnitude da carga transmitida.
- Sobrecarga.
- Aumento dinâmico da carga transmitida.
- Tamanho.
- Geometria: passo e largura da face.
- Distribuição de carga ao longo dos dentes.
- Suporte de borda do dente.
- Fator de forma de Lewis e fator de concentração de tensão do adoçamento de raiz.

A equação fundamental para a resistência de crateramento é

$$\sigma_c = \begin{cases} C_p\sqrt{W^t K_o K_v K_s \dfrac{K_m}{d_P F} \dfrac{C_f}{I}} & \text{(unidades dos sistema americano)} \\ Z_E\sqrt{W^t K_o K_v K_s \dfrac{K_H}{d_{w1} b} \dfrac{Z_R}{Z_I}} & \text{(unidades SI)} \end{cases} \quad (14\text{–}16)$$

em que W^t, K_o, K_v, K_s, F e b são os mesmos termos definidos para a Equação (14–15). Para unidades inglesas (unidades SI), os termos adicionais são

C_p (Z_E) é o coeficiente elástico, $\sqrt{\text{lbf/in}^2}$ ($\sqrt{\text{N/mm}^2}$)
C_f (Z_R) é o fator de condição superficial
d_p (d_{w1}) é o diâmetro primitivo (de passo) do *pinhão*, in (mm)
I (Z_I) é o fator geométrico para a resistência de crateramento

A avaliação de todos esses fatores é explicada nas seções que se seguem. O desenvolvimento da Equação (14–16) é esclarecida na segunda parte da Seção 14–5.

14–4 Equações de resistência AGMA

Em vez de utilizar o termo resistência, a AGMA utiliza dados denominados *números de tensão admissível* e os designa pelos símbolos s_{at} e s_{ac}. Será menos confuso aqui se continuarmos com a prática utilizada neste livro de usar a letra maiúscula S para identificar resistência e as letras gregas minúsculas σ e τ para tensão. Para tornarmos perfeitamente claro, utilizaremos o termo *resistência de engrenagem* como um substituto para a expressão *números de tensão admissível*, como usado pela AGMA.

Seguindo essa convenção, valores para a *resistência flexional de engrenagens*, designados aqui por S_t, são encontrados nas Figuras 14–2, 14–3 e 14–4 e nas Tabelas 14–3 e 14–4. Como as resistências de engrenagem não são identificadas com outras resistências como S_{ut}, S_e ou S_y da forma utilizada em outras partes neste livro, o uso deve ser restrito a problemas de engrenagens.

Nesse enfoque, as resistências são modificadas por vários fatores que produzem valores-limite da tensão de flexão e da tensão de contato.

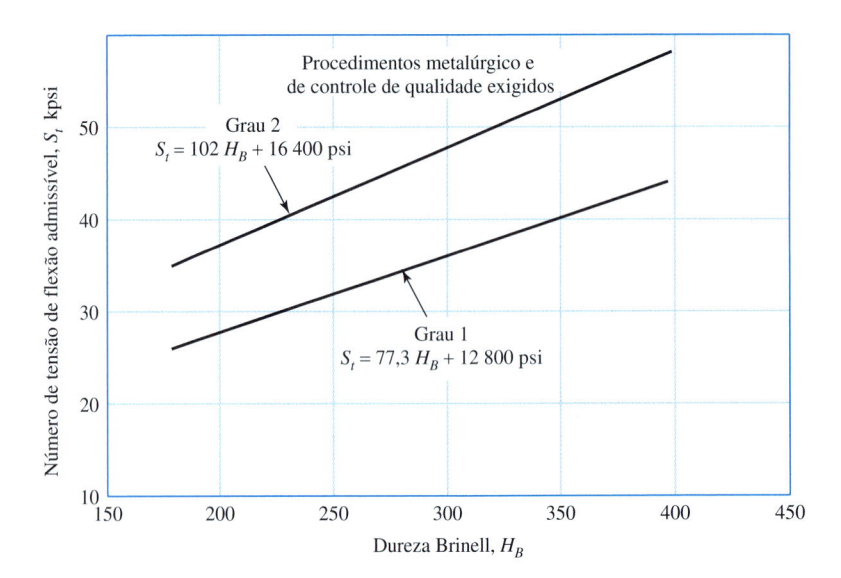

Figura 14–2 Número de tensão de flexão admissível para aços endurecidos por completo. As equações SI são $S_t = 0{,}533 H_B + 88{,}3$ MPa, grau 1, e $S_t = 0{,}703 H_B + 113$ MPa, grau 2. *Fonte:* ANSI/AGMA 2001-D04 e 2101-D04.

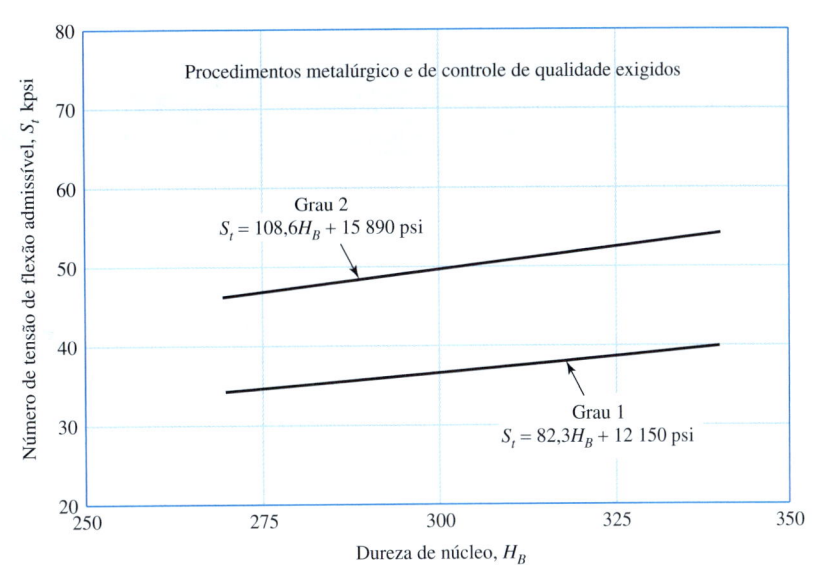

Figura 14–3 Número de tensão de flexão admissível para engrenagens de aço endurecidas totalmente por nitretação (esto é, AISI 4140, 4340), S_t. As equações SI são $S_t = 0{,}568$ HB $+ 83{,}8$ MPa, grau 1, e $S_t = 0{,}749\, H_B + 110$ MPa, grau 2. *Fonte:* ANSI/AGMA 2001-D04 e 2101-D04.

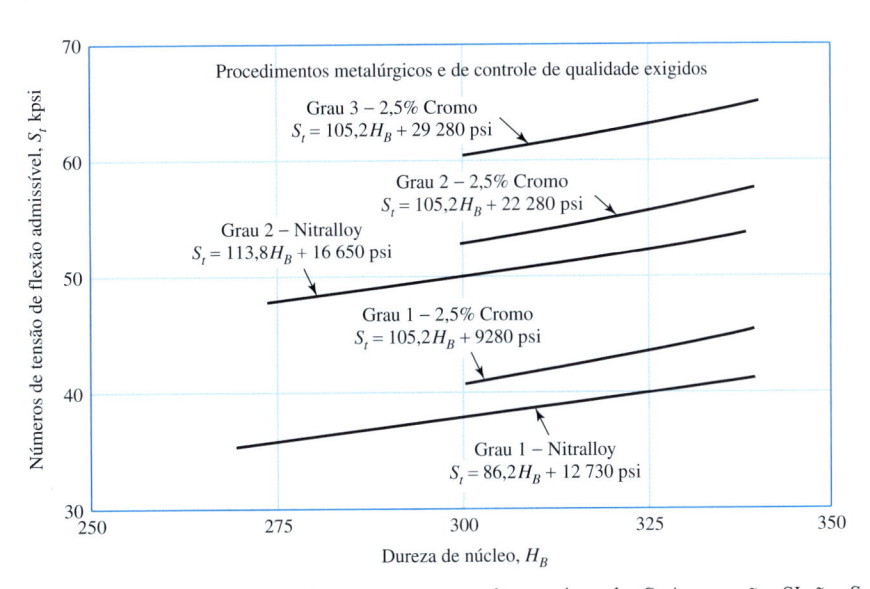

Figura 14–4 Números de tensão de flexão admissíveis para engrenagens de aço nitretado, S_t. As equações SI são: $S_t = 0{,}594\, H_B + 87{,}76$ MPa, Nitralloy grau 1, $S_t = 0{,}784 H_B + 114{,}81$ MPa, Nitralloy grau 2, $S_t = 0{,}7255\, H_B + 63{,}89$ MPa, 2,5% de cromo, grau 1, $S_t = 0{,}7255\, H_B + 153{,}63$ MPa, 2,5% de cromo, grau 2, $S_t = 0{,}7255\, H_B + 201{,}91$ MPa, 2,5% de cromo, grau 3. *Fonte:* ANSI/AGMA 2001-D04, 2101-D04.

Tabela 14–3 Resistência à flexão S_t aplicada repetidamente a 10^7 ciclos e confiabilidade de 0,99 para engrenagens de aço.

Designação do material	Tratamento térmico	Dureza superficial mínima[1]	Número de tensão de flexão admissível S_t,[2] psi (MPa)		
			Grau 1	Grau 2	Grau 3
Aço[3]	Endurecido por completo	Ver Figura 14–2	Ver Figura 14–2	Ver Figura 14–2	—
	Endurecido[4] por chama[4] ou indução com padrão[5] tipo A	Ver Tabela 8*	45 000 (310)	55 000 (380)	—
	Endurecido[4] por chama[4] ou indução com padrão[5] tipo B	Ver Tabela 8*	22 000 (151)	22 000 (151)	—

Tabela 14–3 *Continuação.*

Designação do material	Tratamento térmico	Dureza superficial mínima[1]	Número de tensão de flexão admissível S_t,[2] psi (MPa)		
			Grau 1	Grau 2	Grau 3
	Carbonetado e endurecido	Ver Tabela 9*	55 000 (380)	65 000 ou 70 000[6] (448 ou 482)	75 000 (517)
	Nitretado[4,7] (aços endurecidos por completo)	83,5 HR 15N	Ver Figura 14–3	Ver Figura 14–3	—
Nitralloy 134M, Nitrallo N, e 2,5% de cromo (sem alumínio)	Nitretado[4,7]	87,5 HR 15N	Ver Figura 14–4	Ver Figura 14–4	Ver Figura 14–4

Fonte: ANSI/AGMA 2001-D04.

Notas: Ver a ANSI/AGMA 2001-D04 para as referências citadas nas notas 1 a 7.

[1]A dureza deve ser equivalente àquela do diâmetro de raíz no centro do espaço do dente e largura de face.

[2]Ver as Tabelas 7 a 10 no que concerne aos fatores metalúrgicos principais para cada grau de tensão de engrenagens de aço.

[3]O aço selecionado deve ser compatível com o processo selecionado de tratamento térmico e dureza requerida.

[4]Os números de tensão admissíveis indicados podem ser utilizados com as profundidades de camada prescritas em 16.1.

[5]Ver a Figura 12 para os padrões de dureza tipo A e B.

[6]Se a bainita e as microfissuras estão limitadas a níveis de grau 3, 70 000 psi pode ser utilizado.

[7]A capacidade de sobrecarga de engrenagens nitretadas é pequena. Como a forma da curva efetiva S-N é nivelada, a sensitividade a choques deve ser investigada antes de dar prosseguimento ao projeto.[7]

*As Tabelas 8 e 9 da ANSI/AGMA 2001-D04 são tabulações claras dos fatores metalúrgicos principais a afetar S_t e S_c de engrenagens de aço endurecidas por chama e por indução (Tabela 8), carbonetadas e endurecidas (Tabela 9).

Tabela 14–4 Resistência à flexão S_t aplicada repetidamente a engrenagens de ferro e engrenagens de bronze a 10^7 ciclos com 0,99 de confiabilidade.

Material	Designação do material[1]	Tratamento térmico	Dureza superficial mínima típica[2]	Número de tensão de flexão admissível, S_t,[3] psi (MPa)
Ferro fundido cinza ASTM A48	Classe 20	Como fundido	–	5000
	Classe 30	Como fundido	174 HB	8500
	Classe 40	Como fundido	201 HB	13 000
Ferro dúctil (nodular) ASTM A536	Grau 60–40–18	Recozido	140 HB	22 000–33 000 (151–227)
	Grau 80–55–06	Temperado e revenido	179 HB	22 000–33 000 (151–227)
	Grau 100–70–03	Temperado e revenido	229 HB	27 000–40 000 (186–275)
	Grau 120–90–02	Temperado e revenido	269 HB	31 000–44 000 (213–275)
Bronze		Fundido em areia	Resistência mínima à tração 40 000 psi	5700 (39)
	ASTM B–148 Liga 954	Tratado termicamente	Resistência mínima à tração 90 000 psi	23 600 (163)

Fonte: ANSI/AGMA 2001-D04.

Notas:

[1]Ver ANSI/AGMA 2004-B89, *Gear Materials and Heat Treatment Manual*.

[2]A dureza medida deve ser equivalente àquela que seria medida no diâmetro de raiz no centro do espaço do dente e largura de face.

[3]Os valores menores devem ser utilizados para propósitos gerais de projeto. Os valores superiores podem ser utilizados quando: É usado material de alta qualidade. O tamanho da seção e o projeto permitem máxima resposta ao tratamento térmico. É efetuado controle de qualidade apropriado por meio de inspeção adequada. A experiência de operação justifica os seus usos.

A equação para a tensão admissível de flexão é

$$\sigma_{\text{adm}} = \begin{cases} \dfrac{S_t}{S_F} \dfrac{Y_N}{K_T K_R} & \text{(unidades dos sistema americano)} \\ \dfrac{S_t}{S_F} \dfrac{Y_N}{Y_\theta Y_Z} & \text{(unidades SI)} \end{cases} \quad (14\text{--}17)$$

sendo, para as unidades inglesas (unidades SI),

S_t é a tensão de flexão admissível, lbf/in^2 (N/mm^2)

Y_N é o fator de ciclagem de tensão para tensões de flexão

$K_T(Y_\theta)$ são fatores de temperatura

$K_R(Y_Z)$ são fatores de confiabilidade

S_F é o fator de segurança AGMA, uma razão de tensão

A equação para a tensão de contato admissível $\sigma_{c,\text{adm}}$ é

$$\sigma_{c,\text{adm}} = \begin{cases} \dfrac{S_c}{S_H} \dfrac{Z_N C_H}{K_T K_R} & \text{(unidades dos sistema americano)} \\ \dfrac{S_c}{S_H} \dfrac{Z_N Z_W}{Y_\theta Y_Z} & \text{(unidades SI)} \end{cases} \quad (14\text{--}18)$$

em que a equação superior para unidades inglesas e a equação inferior para unidades SI. Também,

S_c é a tensão de contato admissível, lbf/in^2 (N/mm^2)

Z_N é o fator de ciclagem da tensão

$C_H(Z_W)$ são os fatores de razão de dureza para a resistência ao crateramento

$K_T(Y_\theta)$ são os fatores de temperatura

$K_R(Y_Z)$ são os fatores de confiabilidade

S_H é o fator de segurança AGMA, uma razão de tensão

Os valores da tensão de contato admissível, designados aqui como S_c, devem ser encontrados na Figura 14–5 e nas Tabelas 14–5, 14–6 e 14–7.

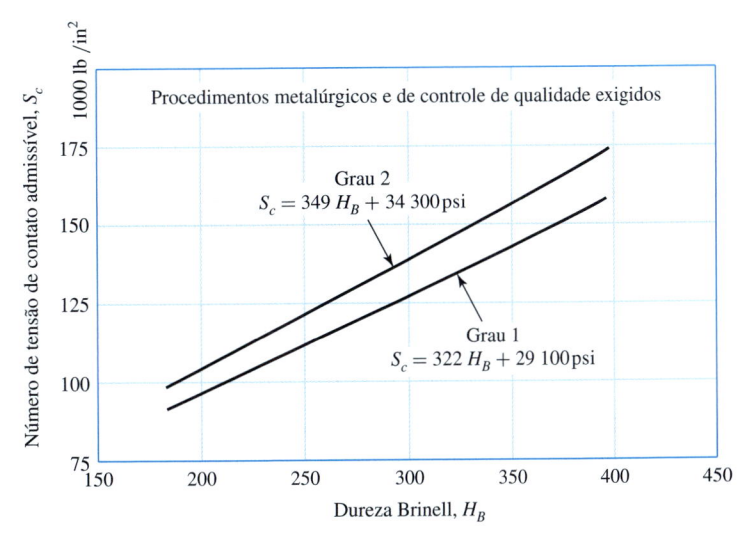

Figura 14–5 Resistência à fadiga de contato S_c a 10^7 ciclos e com 0,99 de confiabilidade para engrenagens de aço endurecidas por completo. As equações SI são: $S_c = 2{,}22\,H_B + 200$ MPa, grau 1, e $S_c = 2{,}41\,H_B + 237$ MPa, grau 2. *Fonte:* ANSI/AGMA 2001-D04 e 2101-D04.

Tabela 14–5 Temperatura nominal utilizada na nitretação e durezas obtidas.

Aço	Temperatura antes da nitretação, °F	Nitretação, °F	Dureza, escala Rockwell C Superfície	Núcleo
Nitralloy 135*	1150	975	62–65	30–35
Nitralloy 135M	1150	975	62–65	32–36
Nitralloy N	1000	975	62–65	40–44
AISI 4340	1100	975	48–53	27–35
AISI 4140	1100	975	49–54	27–35
31 Cr Mo V9	1100	975	58–62	27–33

Fonte: Darle W. Dudley, *Handbook of Practical Gear Design*, edição revisada, Nova York, McGraw-Hill, 1984.

*Nitralloy é uma marca registrada de Nitralloy Corp., Nova York.

Tabela 14–6 Resistência ao contato S_c aplicado repetidamente a 10^7 ciclos de carga com 0,99 de confiabilidade para engrenagens de aço.

Designação do material	Tratamento térmico	Dureza superficial mínima[1]	Número de tensão de contato admissível,[2] S_c, psi (σ_{HP}, MPa) Grau 1	Grau 2	Grau 3
Aço[3]	Endurecido[4] por completo	Ver Figura 14–5	Ver Figura 14–5	Ver Figura 14–5	—
	Endurecido por chama[5] ou indução[5]	50 HRC	170 000 (1172)	190 000 (1310)	—
		54 HRC	175 000 (1206)	195 000 (1344)	—
	Carbonetado e endurecido[5]	Ver Tabela 9*	180 000 (1240)	225 000 (1551)	275 000 (1896)
	Nitretado[5] (aços endurecidos por completo)	83.5 HR15N	150 000 (1035)	163 000 (1123)	175 000 (1206)
		84.5 HR15N	155 000 (1068)	168 000 (1158)	180 000 (1240)
2,5% de cromo (sem alumínio)	Nitretado[5]	87.5 HR15N	155 000 (1068)	172 000 (1186)	189 000 (1303)
Nitralloy 135M	Nitretado[5]	90.0 HR15N	170 000 (1172)	183 000 (1261)	195 000 (1344)
Nitralloy N	Nitretado[5]	90.0 HR15N	172 000 (1186)	188 000 (1296)	205 000 (1413)
2,5% de cromo (sem alumínio)	Nitretado[5]	90.0 HR15N	176 000 (1213)	196 000 (1351)	216 000 (1490)

Fonte: ANSI/AGMA 2001-D04.

Notas: Ver ANSI/AGMA 2001-D04 para as referências citadas nas notas 1-5.

[1] A dureza deve ser equivalente àquela de começo do perfil ativo no centro da largura de face.
[2] Ver as Tabelas 7 a 10 no que concerne aos fatores metalúrgicos principais para cada grau de tensão de engrenagens de aço.
[3] O aço deve ser compatível com o processo selecionado de tratamento térmico e dureza exigida.
[4] Esses materiais devem ser recozidos ou normalizados no mínimo.
[5] Os números de tensão admissível indicados podem ser utilizados com profundidades de camada indicadas em 16.1
*A Tabela 9 da ANSI/AGMA 2001-D04 é uma tabulação clara dos fatores metalúrgicos principais afetando S_t e S_c de engrenagens de aço endurecidas e carbonetadas.

Números de tensão admissível AGMA (resistências) para a tensão de flexão e de contato referem-se a:

- Carregamento unidirecional.
- 10 milhões de ciclos de tensão.
- 99% de confiabilidade.

Os fatores desta seção também serão avaliados nas seções subsequentes.

Quando ocorre carregamento bidirecional (reverso), como com engrenagens livres, a AGMA recomenda que se utilizem 70% dos valores S_t. Isso equivale a $1/0,70 = 1,43$ como valor de k_e no Exemplo 14–2. A recomendação recai entre um valor de $k_e = 1,33$ para um *locus* de falha de Goodman e outro valor de $k_e = 1,66$ para um *locus* de falha de Gerber.

Tabela 14–7 Resistência de contato S_c correspondente a 10^7 ciclos de carga aplicada repetidamente com 0,99 de confiabilidade para engrenagens de ferro e bronze.

Material	Designação do material[1]	Tratamento térmico	Dureza superficial mínima típica[2]	Número de tensão de contato admissível,[3] S_c, psi (σ_{HP}, MPa)
Ferro fundido cinza ASTM A48	Classe 20	Como fundido	–	50 000–60 000 (344–415)
	Classe 30	Como fundido	174 HB	65 000–75 000 (448–517)
	Classe 40	Como fundido	201 HB	75 000–85 000 (517–586)
Ferro dúctil (nodular) ASTM A536	Grau 60–40–18	Recozido	140 HB	77 000–92 000 (530–634)
	Grau 80–55–03	Temperado e revenido	179 HB	77 000–92 000 (530–634)
	Grau 120–90–02	Temperado e revenido	229 HB	92 000–112 000 (634–772)
		Temperado e revenido	269 HB	103 000–126 000 (710–868)
Bronze	–	Fundido em areia	Resistência à tração mínima 40 000 psi	30 000 (206)
	ASTM B–148 Liga 954	Tratado termicamente	Resistência à tração mínima 90 000 psi	65 000 (448)

Fonte: ANSI/AGMA 2001-D04.

Notas:

[1] Ver ANSI/AGMA 2004-B89, *Gear Materials and Heat Treatment Manual*.
[2] A dureza deve ser equivalente àquela de começo do perfil ativo no centro da largura de face.
[3] Os valores menores devem ser utilizados para propósitos de projeto em geral. Os valores superiores devem ser utilizados quando:
  É utilizado material de alta qualidade.
  O tamanho da seção e o projeto permitem resposta máxima ao tratamento térmico.
  É efetuado o controle de qualidade apropriado por inspeção adequada.
  A experiência de operação justifica seus usos.

14–5 Fatores geométricos I e J (Z_I e Y_J)

Vimos como o fator Y é utilizado na equação de Lewis para introduzir o efeito da forma de dente na equação de tensão. Os fatores AGMA[5] I e J pretendem alcançar o mesmo propósito de uma forma mais elaborada.

A determinação de I e J depende da *razão de contato da face* m_F. Esse termo é definido como

$$m_F = \frac{F}{p_x} \qquad (14\text{--}19)$$

em que p_x é o passo axial e F é a largura da face. Para engrenagens cilíndricas de dentes retos, $m_F = 0$.

Engrenagens helicoidais de baixa razão de contato (LCR) com um ângulo de hélice pequeno ou com uma largura de face estreita, ou ambos, possuem razões de contato de face menores que a unidade ($m_F \leq 1$) e, portanto, não serão consideradas aqui. Tais engrenagens possuem um nível de ruído não muito diferente daquele de engrenagens cilíndricas de dentes retos. Consequentemente, consideraremos aqui somente engrenagens cilíndricas de dentes retos com $m_F = 0$ e engrenagens helicoidais convencionais com $m_F > 1$.

---

[5] Uma referência útil é a AGMA 908-B89, *Geometry Factors for Determining Pitting Resistance and Bending Strength of Spur, Helical and Herringbone Gear Teeth*.

Fator geométrico da resistência à flexão J (Y_J)

O fator *J* da AGMA emprega um valor modificado do fator de forma de Lewis, também denotado por *Y*; um *fator de concentração de tensão de fadiga* K_f; e uma *razão de compartilhamento de carga no dente* m_N. A equação resultante para *J*, no caso de engrenagens cilíndricas de dentes retos e engrenagens helicoidais, é

$$J = \frac{Y}{K_f m_N} \quad (14-20)$$

É importante notar que o fator de forma *Y* na Equação (14–20) *não é*, de forma alguma, o fator de Lewis. O valor de *Y* aqui é obtido de cálculos dentro da AGMA 908–B89, e baseia-se, frequentemente, no ponto mais alto de contato de dente único.

O fator K_f na Equação (14–20) é chamado de *fator de correção de tensão* pela AGMA. É baseado em fórmula deduzida de uma investigação fotoelástica de concentração de tensão em dentes de engrenagens conduzida há mais de 50 anos.

O fator de razão de compartilhamento de carga m_N é igual à largura de face dividida pelo comprimento total mínimo das linhas de contato. Esse fator depende da razão de contato transversal m_p, da razão de contato de face m_F, de efeitos de quaisquer modificações de perfil e da deflexão de dente. Para engrenagens cilíndricas de dentes retos, $m_N = 1{,}0$. Para engrenagens helicoidais que possuem uma razão de contato de face $m_F > 2{,}0$, uma aproximação conservativa é dada pela equação

$$m_N = \frac{p_N}{0{,}95 Z} \quad (14-21)$$

em que p_N é o passo de base normal e *Z* é o comprimento da linha de ação no plano transversal (distância L_{ab} na Figura 13–15), p. 667.

Use a Figura 14–6 para obter o fator geométrico *J* para engrenagens cilíndricas de dentes retos com um ângulo de pressão de 20° e dentes de profundidade completa. Use as Figuras 14–7 e 14–8 para engrenagens helicoidais que possuem um ângulo de pressão normal de 20° e razões de contato de face $m_F = 2$ ou maiores. Para outras engrenagens, consulte o padrão AGMA.

Fator geométrico da resistência superficial I (Z_I)

O fator *I* é também chamado pela AGMA de fator geométrico de resistência ao crateramento Desenvolveremos uma expressão para *I*, notando que a soma dos recíprocos da Equação (14–14), com base na Equação (14–12), pode ser expressa como

$$\frac{1}{r_1} + \frac{1}{r_2} = \frac{2}{\operatorname{sen} \phi_t} \left(\frac{1}{d_P} + \frac{1}{d_G} \right) \quad (a)$$

em que substituímos ϕ por ϕ_t, o ângulo de pressão transversal, de forma que a relação irá aplicar-se a engrenagens helicoidais também. Agora definamos a *razão de velocidades* m_G como

$$m_G = \frac{N_G}{N_P} = \frac{d_G}{d_P} \quad (14-22)$$

A equação (*a*) pode agora ser escrita como

$$\frac{1}{r_1} + \frac{1}{r_2} = \frac{2}{d_P \operatorname{sen} \phi_t} \frac{m_G + 1}{m_G} \quad (b)$$

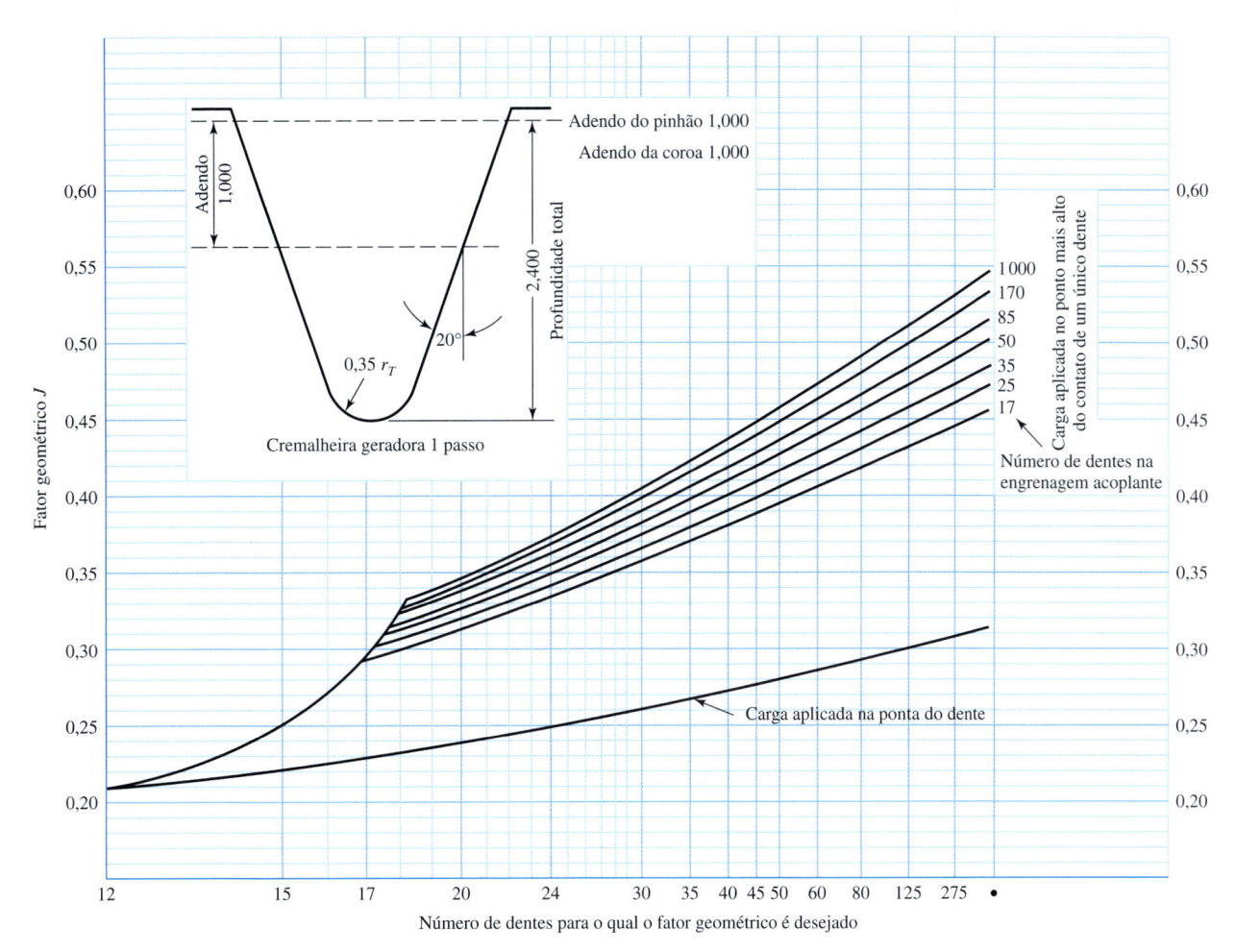

Figura 14–6 Fatores geométricos J de engrenagens cilíndricas de dentes retos. *Fonte:* O gráfico é da AGMA 218.01, que é consistente com dados tabulares da presente AGMA 908-B89. O gráfico é conveniente para fins de projeto.

Substituímos a Equação (*b*) para a soma dos recíprocos na Equação (14–14). O resultado encontrado é

$$\sigma_c = |\sigma_C| = C_p \left[\frac{K_V W^t}{d_P F} \frac{1}{\dfrac{\cos\phi_t \operatorname{sen}\phi_t}{2} \dfrac{m_G}{m_G + 1}} \right]^{1/2} \quad (c)$$

O fator geométrico I para engrenagens externas, quer sejam cilíndricas de dentes retos, quer sejam engrenagens helicoidais, é o denominador do segundo termo sob colchetes da Equação (*c*). Adicionando a razão de compartilhamento de carga m_N, obtemos um fator válido para ambas, engrenagens cilíndricas de dentes retos e engrenagens helicoidais. A equação é, então, escrita como

$$I = \begin{cases} \dfrac{\cos\phi_t \operatorname{sen}\phi_t}{2m_N} \dfrac{m_G}{m_G + 1} & \text{engrenagens externas} \\ \dfrac{\cos\phi_t \operatorname{sen}\phi_t}{2m_N} \dfrac{m_G}{m_G - 1} & \text{engrenagens internas} \end{cases} \quad (14\text{–}23)$$

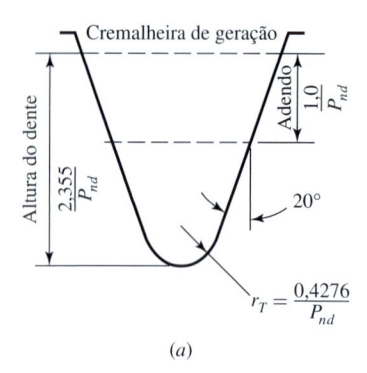

$$m_N = \frac{p_N}{0{,}95Z}$$

Valor de Z refere-se a um elemento com o número de dentes indicado e uma engrenagem acoplante de 75 dentes.

Espessura normal de dente do pinhão e dente da coroa cada um reduzido de 0,024 in para proporcionar 0,048 in de folga total para um passo diametral normal

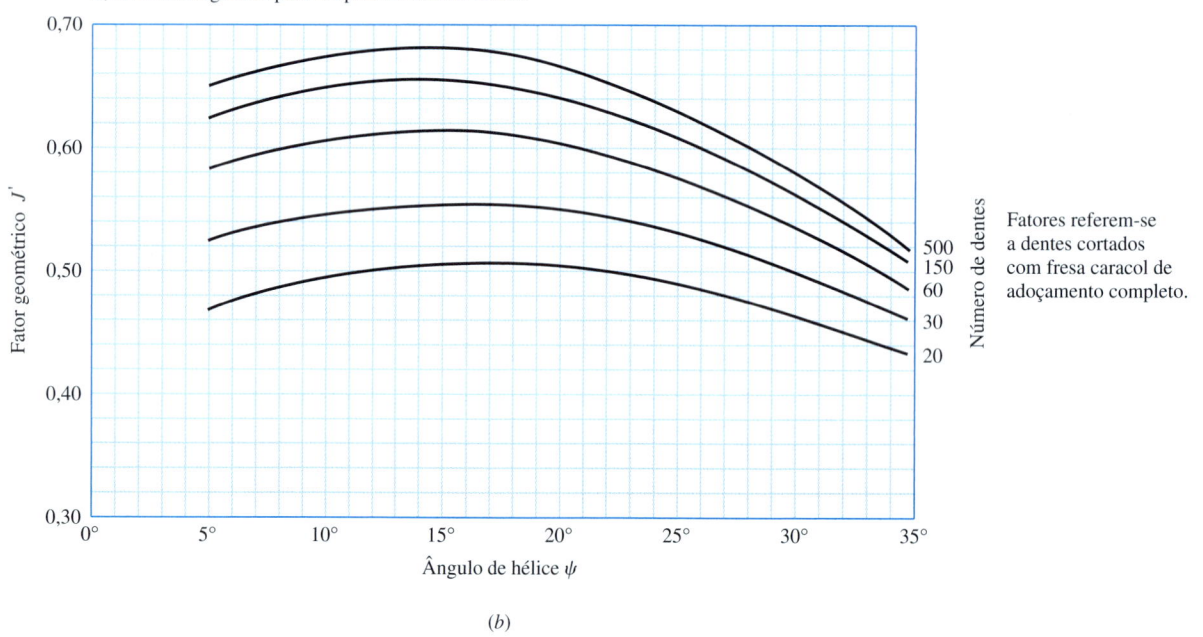

Figura 14–7 Fatores geométricos J' para engrenagens helicoidais. *Fonte:* O gráfico é da AGMA 218.01, que é consistente com dados tabulares da AGMA 908-B89 presente. O gráfico é conveniente para fins de projeto.

em que $m_n = 1$ para engrenagens cilíndricas de dentes retos. Resolvendo a Equação (14–21) para m_N, note que

$$p_N = p_n \cos \phi_n \tag{14–24}$$

em que p_n é o passo circular normal. A quantidade Z, para uso na Equação (14–21), pode ser computada com a equação

$$Z = \left[(r_P + a)^2 - r_{bP}^2\right]^{1/2} + \left[(r_G + a)^2 - r_{bG}^2\right]^{1/2} - (r_P + r_G)\,\text{sen}\,\phi_t \tag{14–25}$$

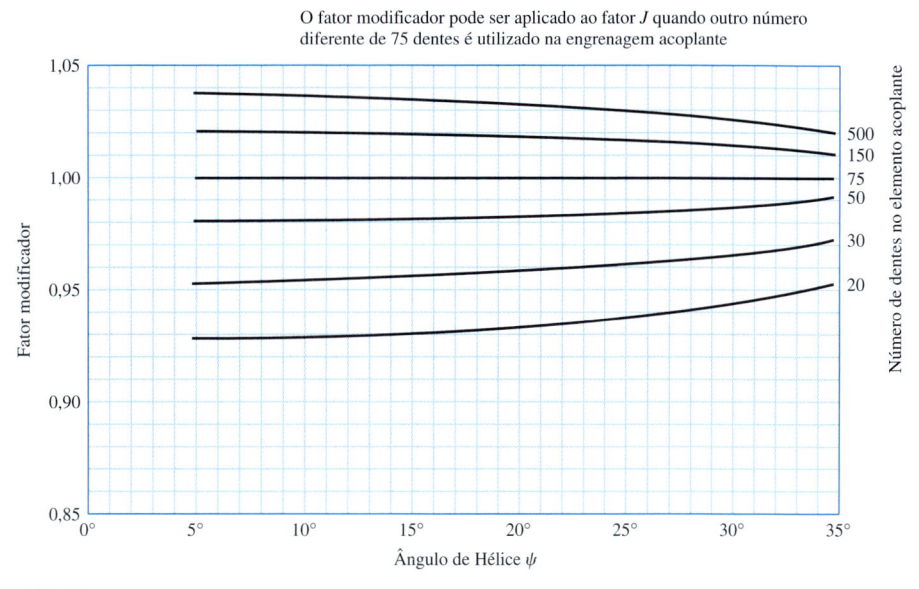

Figura 14–8 Multiplicadores de fatores J' para uso com a Figura 14–7 na determinação de J. *Fonte:* AGMA 218.01, que é consistente com dados tabulares da presente AGMA 908-B89. O gráfico é conveniente para fins de projeto.

em que r_P e r_G são os raios primitivos e r_{bP} e r_{bG} são os raios dos círculos de base do pinhão e coroa, respectivamente.[6] Lembre-se, com base na Equação (13–6), de que o raio do círculo de base vale

$$r_b = r \cos \phi_t \qquad (14\text{--}26)$$

Certas precauções devem ser tomadas na utilização da Equação (14–25). Os perfis de dente não são conjugados abaixo do círculo de base, e consequentemente, se um ou outro dos dois primeiros termos, ou ambos, em colchetes for maior que o terceiro termo, então ele deve ser trocado pelo terceiro termo. Além disso, o raio externo efetivo é algumas vezes menor que $r + a$, a causa da remoção de rebarbas ou arredondamento das extremidades dos dentes. Quando é esse o caso, utilize sempre o raio externo efetivo em lugar de $r + a$.

14–6 Coeficiente elástico $C_p(Z_E)$

Valores de C_p podem ser computados diretamente da Equação (14–13) ou obtidos da Tabela 14–8.

14–7 Fator dinâmico K_v

Como observado anteriormente, fatores dinâmicos são utilizados para levar em conta imprecisões na manufatura e engrazamento de dentes de engrenagem em ação. O *erro de transmissão* é definido como o afastamento da condição de velocidade angular uniforme do par de engrenagens. Alguns dos efeitos que produzem erro de transmissão são:

- Falta de acurácia produzida durante a geração do perfil de dente; esses incluem erros no espaçamento de dentes, fronte de perfil, acabamento.
- Vibração do dente durante o engrazamento causada pela rigidez do dente.

---

[6] Para obter o desenvolvimento, ver Joseph E. Shigley; John J. Uicker JR., *Theory of Machines and Mechanisms*. Nova York, McGraw-Hill, 1980, p. 262.

- Magnitude da velocidade no círculo primitivo.
- Desbalanceamento dinâmico dos elementos rotativos.
- Desgaste e deformação permanente das porções em contato dos dentes.
- Desalinhamento do eixo de engrenagens e deflexão linear e angular do eixo.
- Atrito entre dentes.

Numa tentativa de levar em conta esses aspectos, a AGMA definiu um conjunto de *números de qualidade* Q_v.[7] Esses números definem as tolerâncias de engrenagens de vários tamanhos, manufaturadas a uma acurácia especificada. Números de qualidade 3 a 7 incluirão a maior parte das engrenagens de qualidade comercial. Números de qualidade 8 a 12 são de qualidade precisa. As seguintes equações para o fator dinâmico são baseadas nesses números Q_v:

$$K_v = \begin{cases} \left(\dfrac{A + \sqrt{V}}{A}\right)^B & V \text{ em ft/min} \\ \left(\dfrac{A + \sqrt{200V}}{A}\right)^B & V \text{ em m/s} \end{cases} \quad (14\text{--}27)$$

em que

$$A = 50 + 56(1 - B)$$
$$B = 0{,}25(12 - Q_v)^{2/3} \quad (14\text{--}28)$$

A Figura 14–9 representa graficamente a Equação (14–27). A velocidade de passo linear máxima recomendada para um dado número de qualidade está representada pela extremidade de cada curva de Q_v e é dada por

$$(V_t)_{\max} = \begin{cases} [A + (Q_v - 3)]^2 & \text{em ft/min} \\ \dfrac{[A + (Q_v - 3)]^2}{200} & \text{em m/s} \end{cases} \quad (14\text{--}29)$$

14–8 Fator de sobrecarga K_o

O fator de sobrecarga K_o é feito para levar em consideração todas as cargas externas aplicadas que excedem a carga tangencial nominal W^t em uma aplicação particular (ver Figuras 14–7 e 14–8). Exemplos incluem variações no torque, relativamente ao valor médio, em razão da explosão interna nos cilindros de um motor de combustão interna, ou reação a variações de torque em um acionador de bomba a pistão. Há outros fatores similares como o fator de aplicação ou o fator de serviço. Esses valores são estabelecidos após considerável experiência de campo em determinada aplicação.[8]

---

[7] AGMA 2008-A88. ANSI-AGMA 2001-D04, adotada em 2004, substituiu o número de qualidade Q_v pelo número de nível de precisão na transmissão A_v e incorporou ANSI-AGMA 2015-1-A01. A_v varia entre 6 e 12, com números inferiores representando acurácia maior. O enfoque de Q_v foi mantido como uma abordagem alternativa, e os valores resultantes de K_v são comparáveis.

[8] Uma lista completa de fatores de serviço aparece em Howard B. Schwerdlin, "Couplings", Cap. 16 em Joseph E. Shigley, Charles R. Mischke, Thomas H. Brown, Jr., (eds.), *Standard Handbook of Machine Design.*, 3. ed. Nova York, McGraw-Hill, 2004.

Tabela 14-8 Coeficiente elástico C_p (Z_E), $\sqrt{psi}$ ($\sqrt{MPa}$).

Material do pinhão	Módulo de elasticidade do pinhão E_p, psi (MPa)*	Material da coroa e módulo de elasticidade E_G, lbf/in² (MPa)*					
		Aço 30×10^6 (2×10^5)	Ferro maleável 25×10^6 $(1,7 \times 10^5)$	Ferro nodular 24×10^6 $(1,7 \times 10^5)$	Ferro fundido 22×10^6 $(1,5 \times 10^5)$	Bronze alumínio $17,5 \times 10^6$ $(1,2 \times 10^5)$	Bronze estanho 16×10^6 $(1,1 \times 10^5)$
Aço	30×10^6 (2×10^5)	2300 (191)	2180 (181)	2160 (179)	2100 (174)	1950 (162)	1900 (158)
Ferro maleável	25×10^6 $(1,7 \times 10^5)$	2180 (181)	2090 (174)	2070 (172)	2020 (168)	1900 (158)	1850 (154)
Ferro nodular	24×10^6 $(1,7 \times 10^5)$	2160 (179)	2070 (172)	2050 (170)	2000 (166)	1880 (156)	1830 (152)
Ferro fundido	22×10^6 $(1,5 \times 10^5)$	2100 (174)	2020 (168)	2000 (166)	1960 (163)	1850 (154)	1800 (149)
Bronze alumínio	$17,5 \times 10^6$ $(1,2 \times 10^5)$	1950 (162)	1900 (158)	1880 (156)	1850 (154)	1750 (145)	1700 (141)
Bronze estanho	16×10^6 $(1,1 \times 10^5)$	1900 (158)	1850 (154)	1830 (152)	1800 (149)	1700 (141)	1650 (137)

Fonte: AGMA 218.01.

Razão de Poisson = 0,30.

*Quando valores mais exatos do módulo de elasticidade são obtidos com testes de contato de rolos, eles podem ser utilizados.

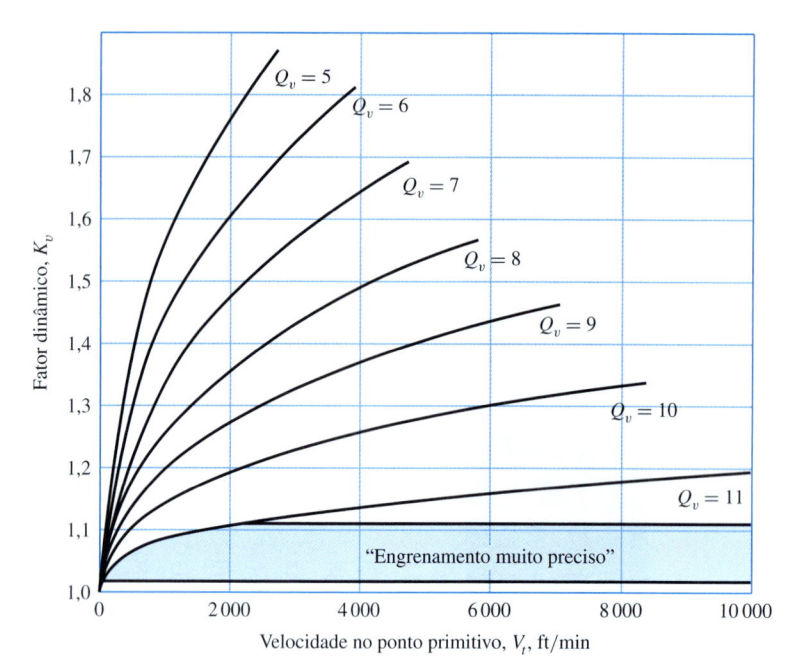

Figura 14–9 Fator dinâmico K_v. As equações para essas curvas são dadas pela Equação (14–27) e os pontos de extremidade pela Equação (14–29). *Fonte:* ANSI/AGMA 2001-D04, anexo A.

14–9 Fator de condição de superfície $C_f(Z_R)$

O fator de condição de superfície C_f ou Z_R é usado somente na equação de resistência ao crateramento, Equação (14–16). Ele depende de:

- Acabamento superficial, conforme afetado por, mas não limitado a, corte, rebarbação, lapidação, retífica, jateamento por granalha.
- Tensões residuais.
- Efeitos plásticos (encruamento por trabalho).

Ainda não foram estabelecidas condições padrão de superfície para dentes de engrenagens. Quando um efeito detrimental ao acabamento superficial estiver presente, a AGMA especifica um valor de C_f maior que a unidade.

14–10 Fator de tamanho K_s

O fator de tamanho reflete a não uniformidade das propriedades do material causada pelo tamanho. Ele depende de:

- Tamanho de dente.
- Diâmetro da peça.
- Razão entre o tamanho do dente e o diâmetro da peça.
- Largura de face.
- Área do padrão de tensão.
- Razão da profundidade de camada pelo tamanho do dente.
- Capacidade de endurecimento e tratamento térmico.

Fatores padronizados de tamanho para dentes de engrenagens ainda não foram definidos para casos em que existe um efeito prejudicial de tamanho. Em tais casos, a AGMA recomenda um fator de tamanho maior que a unidade. Se não existir efeito prejudicial de tamanho, utilize o valor unitário.

A AGMA identificou e forneceu um símbolo para o fator de tamanho. Além disso, sugere que se utilize $K_s = 1$, o que torna K_s um guardador-de-lugar nas Equações (14–15) e (14–16) até que mais informação seja coletada. Seguir a padronização dessa forma representa uma falha na aplicação de todo o seu conhecimento. De acordo com a Tabela 13–1, p. 679, $l = a + b = 2{,}25/P$. A espessura de dente t na Figura 14–6 é dada na Seção 14–1, Equação (b), como $t = \sqrt{4lx}$, em que $x = 3Y/(2P)$, de acordo com a Equação (14–3). Da Equação (6–25), p. 292, o diâmetro equivalente d_e de uma seção retangular em flexão é $d_e = 0{,}808\sqrt{Ft}$. Da Equação (6–20), p. 291, $k_b = (d_e/0{,}3)^{-0,107}$. Observando que K_s é o recíproco de k_b, verificamos que o resultado final de toda a substituição algébrica é

$$K_s = \frac{1}{k_b} = 1{,}192 \left(\frac{F\sqrt{Y}}{P} \right)^{0,0535} \tag{a}$$

K_s pode ser visto como incorporação da geometria de Lewis no fator de tamanho de Marin em fadiga. Você pode estabelecer $K_s = 1$ ou decidir-se por utilizar a Equação (a) acima. Esse é um ponto a ser discutido com o seu instrutor. Utilizaremos a Equação (a) para recordá-lo de que você dispõe de uma alternativa. Se K_s na Equação (a) resulta menor que 1, utilize $K_s = 1$.

14–11 Fator de distribuição de carga K_m (K_H)

O fator de distribuição de carga modificou as equações de tensão para refletir a não uniformidade da distribuição de carga ao longo da linha de contato. O ideal é posicionar a engrenagem "a meia distância" entre mancais, numa posição de inclinação nula quando a carga é aplicada. Contudo, isso não é sempre possível. O seguinte procedimento é aplicável:

- Razão da largura de face líquida para o diâmetro primitivo do pinhão $F/d_P \leq 2$.
- Elementos de engrenagem montados entre mancais.
- Larguras de face até 40 in.
- Contato, na condição de carga, ocorrendo ao longo da largura completa do membro mais estreito.

O fator de distribuição de carga, sob essas condições, é correntemente dado pelo *fator de distribuição de carga de face* C_{mf}, em que

$$K_m = C_{mf} = 1 + C_{mc}(C_{pf}C_{pm} + C_{ma}C_e) \tag{14-30}$$

em que

$$C_{mc} = \begin{cases} 1 & \text{para dentes sem coroamento} \\ 0{,}8 & \text{para dentes coroados} \end{cases} \tag{14-31}$$

$$C_{pf} = \begin{cases} \dfrac{F}{10d} - 0{,}025 & F \leq 1 \text{ in} \\[4pt] \dfrac{F}{10d} - 0{,}0375 + 0{,}0125F & 1 < F \leq 17 \text{ in} \\[4pt] \dfrac{F}{10d} - 0{,}1109 + 0{,}0207F - 0{,}000\,228F^2 & 17 < F \leq 40 \text{ in} \\[4pt] \dfrac{b}{10d} - 0{,}025 & b \leq 25 \text{ mm} \\[4pt] \dfrac{b}{10d} - 0{,}0375 + 4{,}92(10^{-4})b & 25 < b \leq 425 \text{ mm} \\[4pt] \dfrac{b}{10d} - 0{,}1109 + 8{,}15(10^{-4})b - 3{,}53(10^{-7})b^2 & 425 < b \leq 1000 \text{ mm} \end{cases} \tag{14-32}$$

Observe que para valores de $F/(10d_P) < 0{,}05$, $F/(10d_P) = 0{,}05$ é utilizado.

$$C_{pm} = \begin{cases} 1 & \text{para pinhão montado no intervalo entre mancais com } S_1/S < 0{,}175 \\ 1{,}1 & \text{para pinhão montado no intervalo entre mancais com } S_1/S \geq 0{,}175 \end{cases} \quad (14\text{–}33)$$

$$C_{ma} = A + BF + CF^2 \quad \text{(ver Tabela 14–9 para valores A, B e C)} \quad (14\text{–}34)$$

$$C_e = \begin{cases} 0{,}8 & \text{para engrenamento ajustado na montagem, ou quando a compatibilidade é melhorada por lapidação, ou ambos} \\ 1 & \text{para todas as outras condições} \end{cases} \quad (14\text{–}35)$$

Ver a Figura 14–10 para definições de S e S_1 para uso com a Equação (14–33), e ver a Figura 14–11 para gráfico de C_{ma}.

Tabela 14–9 Constantes empíricas A, B e C para a Equação (14–34). Largura de face F em polegadas (in).*

Condição	A	B	C
Engrenamento aberto	0,247	0,0167	$-0{,}765(10^{-4})$
Unidades fechadas, comerciais	0,127	0,0158	$-0{,}930(10^{-4})$
Unidades fechadas, de precisão	0,0675	0,0128	$-0{,}926(10^{-4})$
Unidades de engrenagens fechadas, extraprecisas.	0,00360	0,0102	$-0{,}822(10^{-4})$

Fonte: ANSI/AGMA 2001-D04.

*Ver ANSI/AGMA 2101-D04, p. 20-22, para formulação SI.

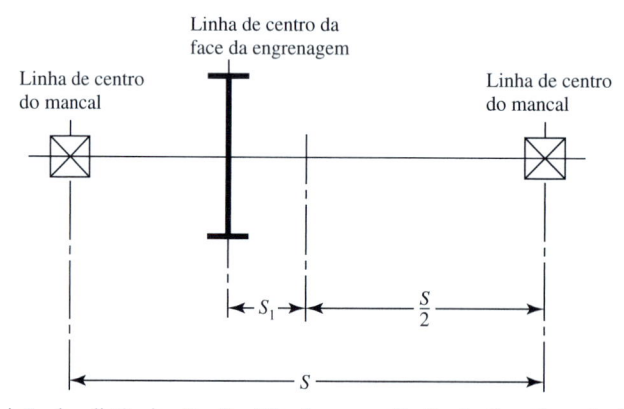

Figura 14–10 Definição das distâncias S e S_1 utilizadas na avaliação de C_{pm}, Equação (14–33). *Fonte:* ANSI/AGMA 2001-D04.

14–12 Fator de razão de dureza C_H (Z_W)

O pinhão geralmente possui um número menor de dentes que a coroa, e consequentemente é submetido a mais ciclos de tensão de contato. Se ambos, pinhão e coroa, são endurecidos de forma completa, então uma resistência superficial uniforme pode ser obtida ao fazer o pinhão mais duro que a coroa. Um efeito similar pode ser conseguido quando um pinhão de superfície endurecida é acoplado com uma engrenagem endurecida por completo. O fator de razão de dureza C_H é utilizado *somente para a coroa*. O seu propósito é ajustar as resistências superficiais com relação a esse efeito. Para o pinhão, $C_H = 1$. Para a engrenagem, C_H é obtido da equação

$$C_H = 1{,}0 + A'(m_G - 1{,}0) \quad (14\text{–}36)$$

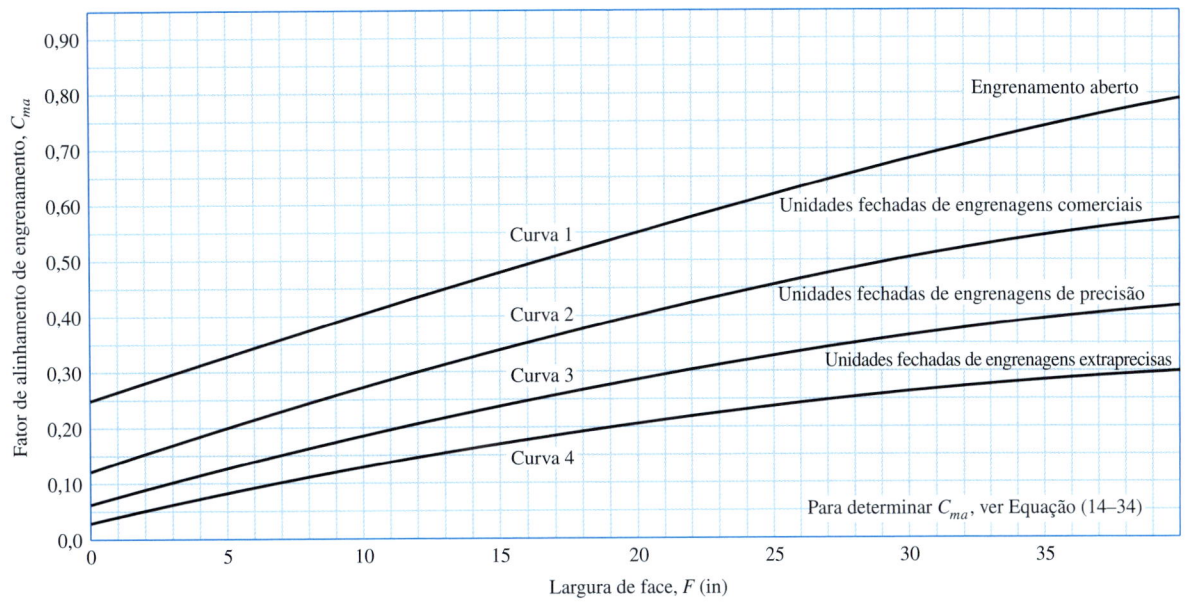

Figura 14–11 Fator de alinhamento de engrenamento C_{ma}. Equações de ajuste de curva na Tabela 14–9. *Fonte:* ANSI/AGMA 2001-D04.

em que

$$A' = 8{,}98(10^{-3})\left(\frac{H_{BP}}{H_{BG}}\right) - 8{,}29(10^{-3}) \qquad 1{,}2 \leq \frac{H_{BP}}{H_{BG}} \leq 1{,}7$$

Os termos H_{BP} e H_{BG} representam durezas Brinell (esfera de 10 mm sob carga de 3 000 kgf) do pinhão e coroa, respectivamente. O termo m_G representa a razão de velocidade e é dado pela Equação (14–22). Ver a Figura 14–12 para gráfico da Equação (14–36). Para

$$\frac{H_{BP}}{H_{BG}} < 1{,}2, \quad A' = 0$$

$$\frac{H_{BP}}{H_{BG}} > 1{,}7, \quad A' = 0{,}006\,98$$

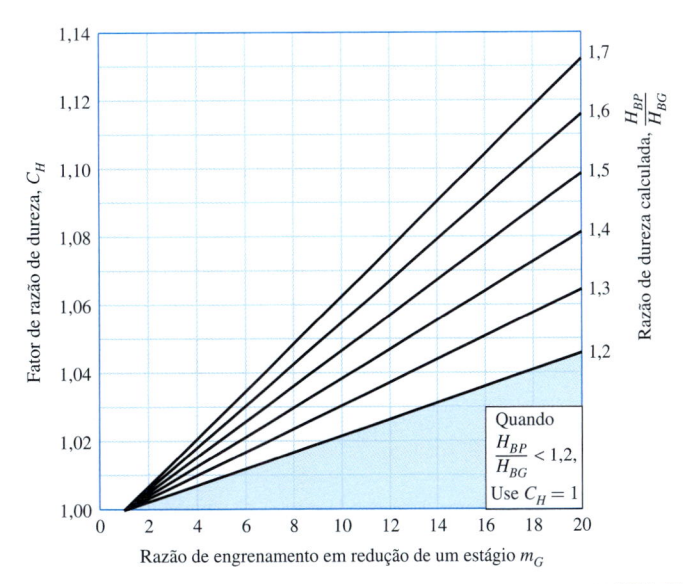

Figura 14–12 Fator de razão de dureza C_H (aço endurecido por completo). *Fonte:* ANSI/AGMA 2001-D04.

Quando pinhões com superfície endurecida com durezas de 48 na escala Rockwell C (Rockwell C48), ou mais duros, são engranzados com engrenagens endurecidas por completo (180-400 Brinell), ocorre um encruamento. O fator C_H é uma função do acabamento superficial do pinhão f_P e da dureza da engrenagem acoplante. A Figura 14–13 mostra a relação

$$C_H = 1 + B'(450 - H_{BG}) \qquad (14\text{–}37)$$

sendo $B' = 0{,}00075 \exp[-0{,}0112 f_P]$ e f_P é o acabamento superficial do pinhão expresso como a raiz da média dos quadrados da aspereza R_a em μ in.

14–13 Fatores de ciclagem de tensão Y_N e Z_N

As resistências AGMA, como dado nas Figuras 14–2 a 14–4, nas Tabelas 14–3 e 14–4, para fadiga flexional, e na Figura 14–5 e Tabelas 14–5 e 14–6, para fadiga por tensões de contato, são baseadas em 10^7 ciclos de carga aplicada. O propósito dos fatores de ciclos de carga Y_N e Z_N é modificar a resistência da engrenagem para vidas outras que 10^7 ciclos. Valores para esses fatores são dados nas Figuras 14–14 e 14–15. Observe que para 10^7 ciclos, $Y_N = Z_N = 1$, em cada gráfico. Note também que as equações para Y_N e Z_N se modificam, quer à esquerda, quer à direita, de 10^7 ciclos. Para metas de vida ligeiramente maiores que 10^7 ciclos, a engrenagem acoplante pode experimentar menos que 10^7 ciclos, e as equações para $(Y_N)_P$ e $(Y_N)_G$ podem ser diferentes. O mesmo comentário se aplica a $(Z_N)_P$ e $(Z_N)_G$.

14–14 Fator de confiabilidade $K_R (Y_Z)$

O fator de confiabilidade leva em consideração o efeito das distribuições estatísticas das falhas por fadiga do material. Variação de carga não é considerada aqui. As resistências de engrenagem S_t e S_c são baseadas em uma confiabilidade de 99%. A Tabela 14–10 baseia-se em dados desenvolvidos pela Marinha dos Estados Unidos para falhas por fadiga à flexão e sob tensões de contato.

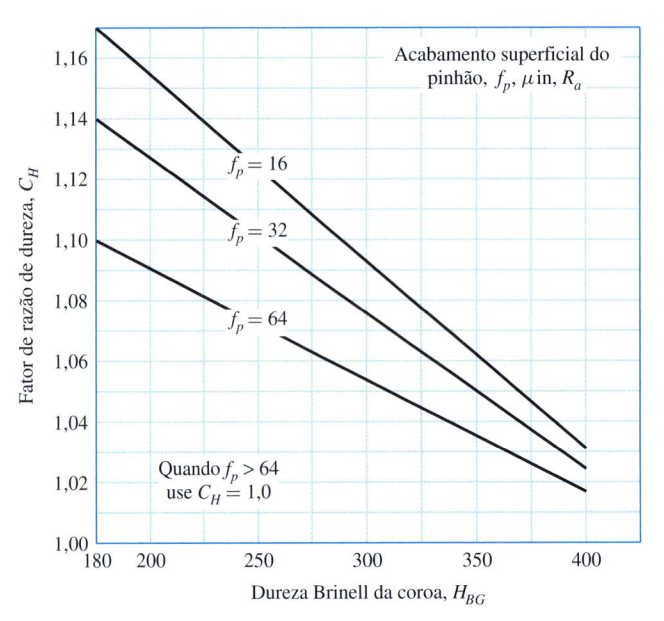

Figura 14–13 Fator de razão de dureza C_H (pinhão de aço com superfície endurecida). *Fonte:* ANSI/AGMA 2001-D04.

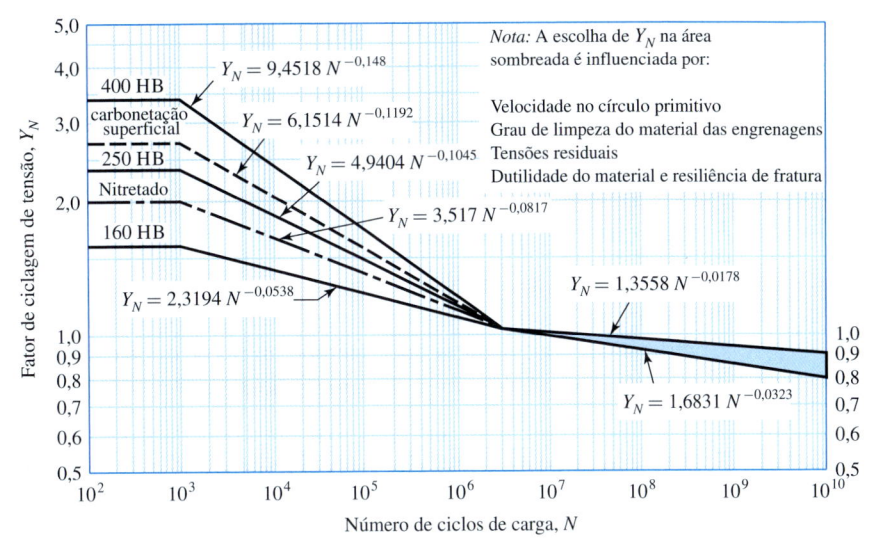

Figura 14-14 Fator de ciclagem de tensão Y_N para a resistência de flexão sob carregamento repetido. *Fonte:* ANSI/AGMA 2001-D04.

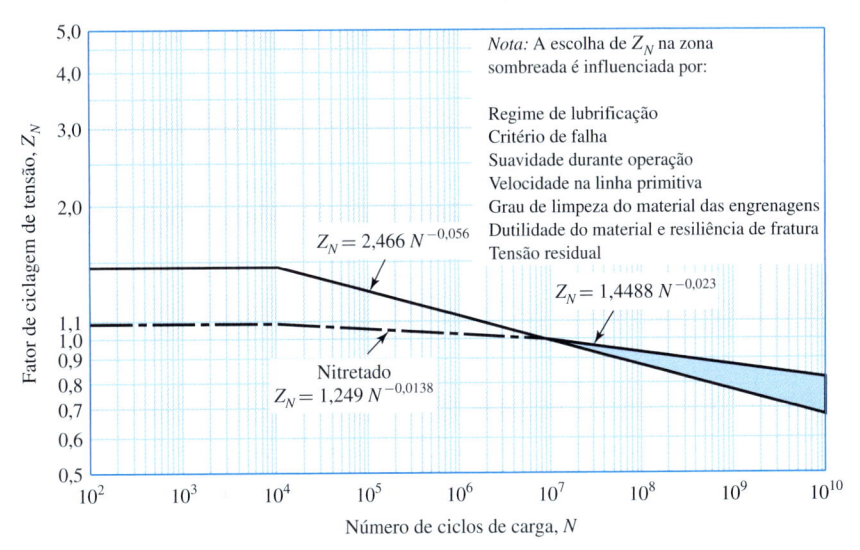

Figura 14-15 Fator de ciclagem de tensão para a resistência ao crateramento, Z_N. *Fonte:* ANSI/AGMA 2001-D04.

Tabela 14-10 Fatores de confiabilidade $K_R(Y_Z)$.

Confiabilidade	$K_R(Y_z)$
0,9999	1,50
0,999	1,25
0,99	1,00
0,90	0,85
0,50	0,70

Fonte: ANSI/AGMA 2001-D04.

A relação funcional entre K_R e a confiabilidade é altamente não linear. Quando se faz necessária interpolação, a interpolação linear é demasiadamente pobre. Uma transformação log para cada uma das quantidades produz uma relação linear. Um ajuste de regressão pelos mínimos quadrados resulta em

$$K_R = \begin{cases} 0{,}658 - 0{,}0759 \ln(1-R) & 0{,}5 < R < 0{,}99 \\ 0{,}50 - 0{,}109 \ln(1-R) & 0{,}99 \leq R \leq 0{,}9999 \end{cases} \quad (14\text{–}38)$$

Para valores cardiais de R, tome K_R da tabela. De outra forma, utilize a interpolação logarítmica proporcionada pelas Equações (14–38).

14–15 Fator de temperatura $K_T (Y_\theta)$

Para temperatura de óleo ou de corpo de engrenagens de até 250º F (120º C), use $K_T = Y_\theta = 1{,}0$. Para temperaturas mais altas, o fator deve ser maior que a unidade. Trocadores de calor podem ser utilizados para assegurar que as temperaturas de operação fiquem consideravelmente abaixo desse valor, como é desejável para o lubrificante.

14–16 Fator de espessura de aro (borda) K_B

Quando a espessura do aro não é suficiente para proporcionar suporte completo para a raiz do dente, pode ocorrer falha por fadiga flexional dentro do aro de engrenagem em lugar do adoçamento de dente. Em tais casos, é recomendado o uso de um fator modificador de tensão K_B. Esse fator, o *fator de espessura de aro (borda)* K_B, ajusta a tensão de flexão estimada para engrenagens de aro fino. É uma função da razão auxiliar m_B,

$$m_B = \frac{t_R}{h_t} \quad (14\text{–}39)$$

em que t_R = a espessura do aro (borda) abaixo do dente, in, e h_t = a altura do dente. A geometria é esboçada na Figura 14–16. O fator de espessura de aro K_B é dado por

$$K_B = \begin{cases} 1{,}6 \ln \dfrac{2{,}242}{m_B} & m_B < 1{,}2 \\ 1 & m_B \geq 1{,}2 \end{cases} \quad (14\text{–}40)$$

A Figura 14–16 também apresenta o valor de K_B graficamente. O fator de espessura de aro K_B é aplicado em adição aos 0,70 do fator de carga reversa, quando aplicável.

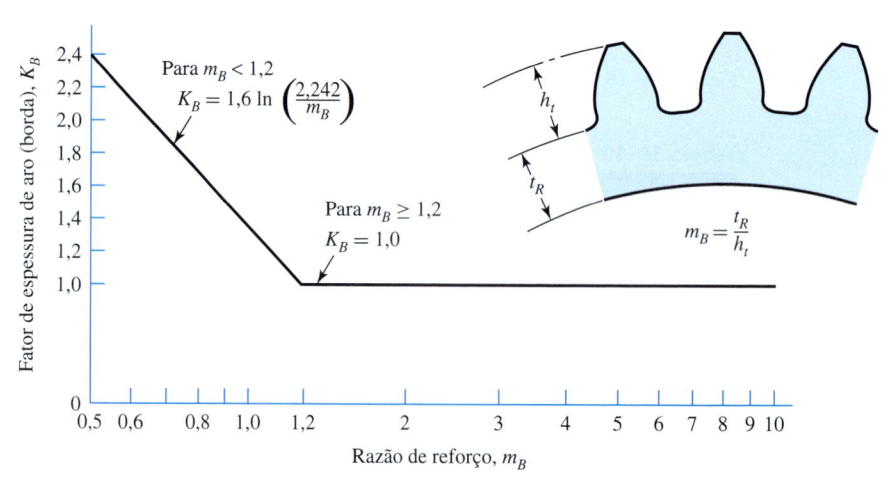

Figura 14–16 Fator de espessura de aro K_B. *Fonte:* ANSI/AGMA 2001-D04.

14-17 Fatores de segurança S_F e S_H

Os padrões ANSI/AGMA 2001–D04 e 2101–D04 contêm um fator de segurança S_F de resguardo contra a falha por fadiga flexional e um fator de segurança S_H de resguardo contra falha de crateramento.

A definição de S_F, com base na Equação (14–17), para unidades americanas usuais, é

$$S_F = \frac{S_t Y_N/(K_T K_R)}{\sigma} = \frac{\text{resistência à flexão corrigida por completo}}{\text{tensão de flexão}} \quad (14-41)$$

sendo σ estimada com base na Equação (14–15), para unidades americanas usuais. É uma definição de resistência contra tensão em um caso em que a tensão é linear com a carga transmitida.

A definição de S_H, de acordo com a Equação (14–18), é

$$S_H = \frac{S_c Z_N C_H/(K_T K_R)}{\sigma_c} = \frac{\text{resistência de contato corrigida por completo}}{\text{tensão de contato}} \quad (14-42)$$

quando σ_c é estimada pela Equação (14–16). Essa também é uma definição de resistência contra tensão, porém num caso em que a tensão *não* é linear com a carga que está sendo transmitida W^t.

Enquanto a definição de S_H não interfere na função pretendida, exige-se cuidado ao comparar S_F e S_H em uma análise a fim de certificar a natureza e a severidade da ameaça de perda de função. Para ter S_H linear com relação à carga que está sendo transmitida, W^t poderia ter sido definido de acordo com

$$S_H = \left(\frac{\text{resistência de contato corrigida por completo}}{\text{tensão de contato imposta}}\right)^2 \quad (14-43)$$

com o expoente 2 para contato linear ou helicoidal, ou o expoente 3 para dentes coroados (contato esférico). Com a definição, Equação (14–42), compare S_F com S_H^2 (ou S_H^3 para dentes coroados) quando tiver que identificar o risco de perda de função com confiança.

O papel do fator de sobrecarga K_o é incluir desvios previsíveis da carga além do valor W^t, com base na experiência. Um fator de segurança pretende levar em consideração elementos não quantificáveis em adição a K_o. Ao projetar um engrazamento de engrenagens, a quantidade S_F torna-se um fator de projeto $(S_F)_d$, dentro da significação utilizada neste livro. A quantidade S_F computada como parte de uma avaliação de projeto é um fator de segurança. Isso se aplica igualmente bem à quantidade S_H.

14-18 Análise

A descrição do procedimento baseado no padrão AGMA envolve muitos detalhes. A melhor maneira de revê-lo é por meio de um "mapa rodoviário" para fadiga flexional e fadiga de contato. A Figura 14–17 identifica a equação da tensão de flexão, a resistência de endurança na equação de flexão e o fator de segurança S_F. A Figura 14–18 mostra a equação para a tensão de contato, a equação para a resistência de endurança de contato e o fator de segurança D_H. As equações nestas figuras estão em unidades americanas usuais. Roteiros similares podem ser prontamente gerados para unidades do SI.

O exemplo seguinte de uma análise de engrazamento de engrenagens tem por finalidade tornar todos os detalhes já apresentados concernentes ao método AGMA mais familiar.

FLEXÃO DE ENGRENAGEM DE DENTES RETOS
Com base na ANSI/AGMA 2001-D04 (unidades do sistema americano)

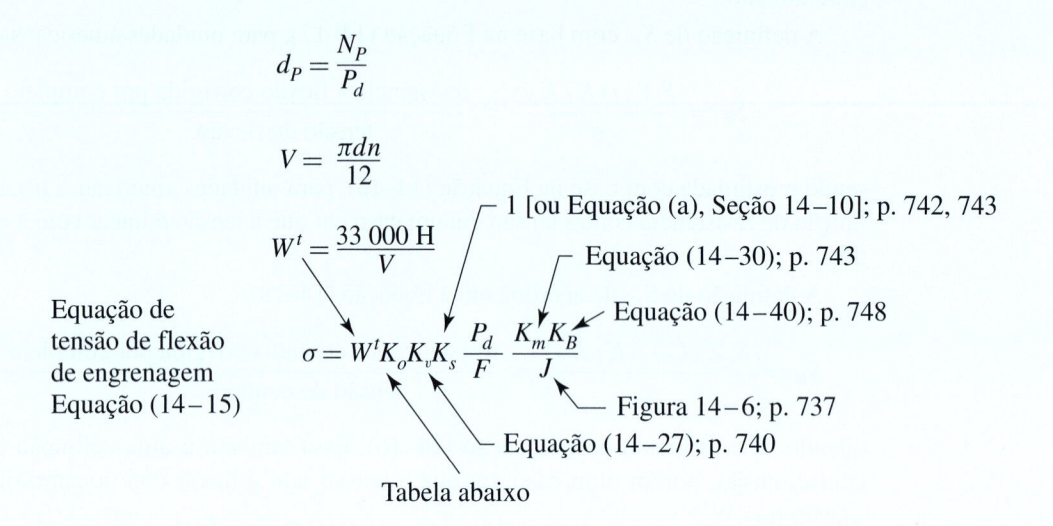

$$d_P = \frac{N_P}{P_d}$$

$$V = \frac{\pi d n}{12}$$

$$W^t = \frac{33\,000\,H}{V}$$

Equação de tensão de flexão de engrenagem Equação (14–15)

$$\sigma = W^t K_o K_v K_s \frac{P_d}{F} \frac{K_m K_B}{J}$$

- 1 [ou Equação (a), Seção 14–10]; p. 742, 743
- Equação (14–30); p. 743
- Equação (14–40); p. 748
- Figura 14–6; p. 737
- Equação (14–27); p. 740
- Tabela abaixo

Equação de resistência de endurança de flexão de engrenagem Equação (14–17)

$$\sigma_{adm} = \frac{S_t}{S_F} \frac{Y_N}{K_T K_R}$$

- $_{0,99}(S_t)_{10^7}$ Tabelas 14–3, 14–4; p. 732
- Figura 14–14; p. 747
- Tabela 14–10, Equação (14–38); p. 747, 748
- 1 se $T < 250°F$

Fator de segurança de flexão Equação (14–41)

$$S_F = \frac{S_t Y_N /(K_T K_R)}{\sigma}$$

Lembre-se de comparar S_F com S_H^2 ao decidir se a flexão ou o desgaste é o fator de risco para o funcionamento. Para engrenagens com coroa, compare S_F com S_H^3.

Tabela de fatores de sobrecarga, K_o

Fonte de potência	Máquina acionada		
	Uniforme	Choques moderados	Choques intensos
Uniforme	1,00	1,25	1,75
Choque leve	1,25	1,50	2,00
Choque médio	1,50	1,75	2,25

Figura 14–17 Mapa das equações de flexão de engrenagens baseado nas padronizações AGMA. *Fonte:* ANSI/AGMA 2001-D04.

DESGASTE DE ENGRENAGENS DE DENTES RETOS
Com base no ANSI/AGMA 2001-D04 (unidades do sistema americano)

$$d_P = \frac{N_P}{P_d}$$

$$V = \frac{\pi d n}{12}$$

$$W^t = \frac{33\,000\,H}{V}$$

Equação para a tensão de contato de engrenagens Equação (14–16)

$$\sigma_c = C_p \left(W^t K_o K_v K_s \frac{K_m}{d_P F} \frac{C_f}{I} \right)^{1/2}$$

- 1 [ou Equação (a), Seção 14–10]; p. 742, 743
- Equação (14–30); p. 743
- 1
- Equação (14–23); p. 737
- Equação (14–27); p. 740
- Tabela abaixo

Equação (14–13), Tabela 14–8; p. 727, 741

Resistência de endurança de contato de engrenagens Equação (14–18)

$$\sigma_{c,\text{adm}} = \frac{S_c Z_N C_H}{S_H K_T K_R}$$

- $_{0,99}(S_c)_{10^7}$ Tabelas 14–6, 14–7; p. 734, 735
- Figura 14–15; p. 747
- Seção 14–12, apenas engrenagem (coroa); p. 744, 745, 746
- Tabela 14–10, Equação (14–38); p. 747, 748
- 1 se $T < 250°$ F

Fator de segurança para desgaste Equação (14–42)

$$S_H = \frac{S_c Z_N C_H / (K_T K_R)}{\sigma_c}$$

- Apenas engrenagem (coroa)

Lembre-se de comparar S_F com S_H^2 ao decidir se a flexão ou o desgaste é o fator de risco para o funcionamento. Para engrenagens com coroa, compare S_F com S_H^3.

Tabela de fatores de sobrecarga, K_o

Fonte de potência	Máquina acionada		
	Uniforme	Choques moderados	Choques intensos
Uniforme	1,00	1,25	1,75
Choques leves	1,25	1,50	2,00
Choques médios	1,50	1,75	2,25

Figura 14–18 Mapa das equações de desgaste de engrenagens baseado nas padronizações AGMA. *Fonte:* ANSI/AGMA 2001-D04.

EXEMPLO 14–4 Um pinhão cilíndrico de dentes retos com 17 dentes, ângulo de pressão de 20°, roda a 1 800 rev/min e transmite 4 hp a uma engrenagem de disco de 52 dentes. O passo diametral é de 10 dentes/in, a largura de face é 1,5 in e o padrão de qualidade é o N° 6. As engrenagens são montadas entre mancais, ficando os mancais imediatamente adjacentes. O pinhão é feito de aço de grau 1 com dureza da superfície de dente de 240 Brinell e núcleo totalmente endurecido. A coroa é de aço, endurecida por completo também, material de grau 1, com dureza Brinell de 200, para ambos, superfície de dente e núcleo. A razão de Poisson vale 0,30, $J_P = 0{,}30$, $J_G = 0{,}40$ e o módulo de Young é $30(10^6)$ psi. O carregamento é suave em razão do tipo de motor e de carga. Assuma uma vida para o pinhão de 10^8 ciclos e confiabilidade de 0,90 e utilize $Y_N = 1{,}3558 N^{-0{,}0178}$, $Z_N = 1{,}4488 N^{-0{,}023}$. O perfil de dente é sem coroa. Essa é uma unidade redutora de engrenagem comercial fechada.

(a) Encontre o fator de segurança das engrenagens em flexão.
(b) Encontre o fator de segurança das engrenagens com relação ao desgaste.
(c) Examinando os fatores de segurança, identifique a ameaça para a engrenagem e para o engrenamento.

Solução Haverá muitos termos para serem obtidos, portanto utilize as Figuras 14–17 e 14–18 como guias para o que é necessário.

$$d_P = N_P/P_d = 17/10 = 1{,}7 \text{ in} \qquad d_G = 52/10 = 5{,}2 \text{ in}$$

$$V = \frac{\pi d_P n_P}{12} = \frac{\pi(1{,}7)1800}{12} = 801{,}1 \text{ ft/min}$$

$$W^t = \frac{33\,000\, H}{V} = \frac{33\,000(4)}{801{,}1} = 164{,}8 \text{ lbf}$$

Considere carregamento uniforme, $K_o = 1$. Para avaliar K_v, com base na Equação (14–28) com um número de qualidade $Q_v = 6$,

$$B = 0{,}25(12 - 6)^{2/3} = 0{,}8255$$
$$A = 50 + 56(1 - 0{,}8255) = 59{,}77$$

Então, da Equação (14–27), o fator dinâmico resulta

$$K_v = \left(\frac{59{,}77 + \sqrt{801{,}1}}{59{,}77}\right)^{0{,}8255} = 1{,}377$$

Para determinar o fator de tamanho, K_s, o fator de forma de Lewis é requerido. Da Tabela 14–2, com $NP = 17$ dentes, $Y_p = 0{,}303$. Interpolação para a coroa com $N_G = 52$ dentes produz $Y_G = 0{,}412$. Assim, da Equação (a) da Seção 14–10, com $F = 1{,}5$ in,

$$(K_s)_P = 1{,}192 \left(\frac{1{,}5\sqrt{0{,}303}}{10}\right)^{0{,}0535} = 1{,}043$$

$$(K_s)_G = 1{,}192 \left(\frac{1{,}5\sqrt{0{,}412}}{10}\right)^{0{,}0535} = 1{,}052$$

O fator de distribuição de carga K_m é determinado pela Equação (14–30), na qual cinco termos se fazem necessários. Ou seja, em que $F = 1{,}5$ in, quando necessário:

Dentes não coroados, Equação (14–30): $C_{mc} = 1$

Equação (14–32): $C_{pf} = 1,5/[10(1,7)] - 0,0375 + 0,0125(1,5) = 0,0695$

Mancais imediatamente adjacentes, Equação (14–33): $C_{pm} = 1$

Unidades de engrenagens redutoras comerciais fechadas (Figura 14–11): $C_{ma} = 0,15$

Equação (14–35): $C_e = 1$

Assim,

$$K_m = 1 + C_{mc}(C_{pf}C_{pm} + C_{ma}C_e) = 1 + (1)[0,0695(1) + 0,15(1)] = 1,22$$

Considerando engrenagens de espessura constante, o fator de espessura do aro de borda $K_B = 1$. A razão de velocidades é $m_G = N_G/N_P = 52/17 = 3,059$. Os fatores de ciclagem de carga dados no enunciado do problema, com N(pinhão) = 10^8 ciclos e N(coroa) = $10^8/m_G = 10^8/3,059$ ciclos, são

$$(Y_N)_P = 1,3558(10^8)^{-0,0178} = 0,977$$

$$(Y_N)_G = 1,3558(10^8/3,059)^{-0,0178} = 0,996$$

Da Tabela 14–10, com uma confiabilidade de 0,9, $K_R = 0,85$. Da Figura 14–18, os fatores de temperatura e condição superficial são $K_T = 1$ e $C_f = 1$. Da Equação (14–23), com $m_n = 1$, para engrenagens cilíndricas de dentes retos,

$$I = \frac{\cos 20° \operatorname{sen} 20°}{2} \frac{3,059}{3,059 + 1} = 0,121$$

Da Tabela 14–8, $C_p = 2300 \sqrt{\text{psi}}$.

A seguir, necessitamos dos termos para as equações de resistência de endurança da coroa. Da Tabela 14–3, para aço de grau 1 com $H_{BP} = 240$ e $H_{BG} = 200$, utilizamos a Figura 14–2, que dá

$$(S_t)_P = 77,3(240) + 12\ 800 = 31\ 350 \text{ psi}$$

$$(S_t)_G = 77,3(200) + 12\ 800 = 28\ 260 \text{ psi}$$

Similarmente, da Tabela 14–6, utilizamos a Figura 14–5, que nos dá

$$(S_c)_P = 322(240) + 29\ 100 = 106\ 400 \text{ psi}$$

$$(S_c)_G = 322(200) + 29\ 100 = 93\ 500 \text{ psi}$$

Da Figura 14–15,

$$(Z_N)_P = 1,4488(10^8)^{-0,023} = 0,948$$

$$(Z_N)_G = 1,4488(10^8/3,059)^{-0,023} = 0,973$$

Para o fator de razão de dureza C_H, a razão de dureza é $H_{BP}/H_{BG} = 240/200 = 1,2$. Assim, da Seção 14–12,

$$A' = 8,98(10^{-3})(H_{BP}/H_{BG}) - 8,29(10^{-3})$$

$$= 8,98(10^{-3})(1,2) - 8,29(10^{-3}) = 0,002\ 49$$

Assim, da Equação (14–36),

$$C_H = 1 + 0,002\ 49(3,059 - 1) = 1,005$$

(*a*) **Flexão dos dentes do pinhão.** Substituindo os termos apropriados referentes ao pinhão na Equação (14–15), resulta

$$(\sigma)_P = \left(W^t K_o K_v K_s \frac{P_d}{F} \frac{K_m K_B}{J}\right)_P = 164{,}8(1)1{,}377(1{,}043)\frac{10}{1{,}5}\frac{1{,}22\,(1)}{0{,}30}$$

$$= 6417 \text{ psi}$$

Substituindo os termos apropriados referentes ao pinhão na Equação (14–41), temos

Resposta
$$(S_F)_P = \left(\frac{S_t Y_N/(K_T K_R)}{\sigma}\right)_P = \frac{31\,350(0{,}977)/[1(0{,}85)]}{6417} = 5{,}62$$

Flexão dos dentes da coroa. A substituição dos termos apropriados referentes à coroa na Equação (14–15) dá

Resposta
$$(\sigma)_G = 164{,}8(1)1{,}377(1{,}052)\frac{10}{1{,}5}\frac{1{,}22(1)}{0{,}40} = 4854 \text{ psi}$$

A substituição dos termos apropriados referentes à coroa na Equação (14–41) resulta em

Resposta
$$(S_F)_G = \frac{28\,260(0{,}996)/[1(0{,}85)]}{4854} = 6{,}82$$

(*b*) **Desgaste dos dentes do pinhão.** A substituição dos termos apropriados referentes ao pinhão na Equação (14–16) produz

$$(\sigma_c)_P = C_p \left(W^t K_o K_v K_s \frac{K_m}{d_P F} \frac{C_f}{I}\right)_P^{1/2}$$

$$= 2300\left[164{,}8(1)1{,}377(1{,}043)\frac{1{,}22}{1{,}7(1{,}5)}\frac{1}{0{,}121}\right]^{1/2} = 70\,360 \text{ psi}$$

A substituição dos termos apropriados referentes ao pinhão na Equação (14–42) resulta em

Resposta
$$(S_H)_P = \left[\frac{S_c Z_N/(K_T K_R)}{\sigma_c}\right]_P = \frac{106\,400(0{,}948)/[1(0{,}85)]}{70\,360} = 1{,}69$$

Desgaste dos dentes da coroa. O único termo na Equação (14–16) que muda no caso da coroa é K_s. Assim,

$$(\sigma_c)_G = \left[\frac{(K_s)_G}{(K_s)_P}\right]^{1/2}(\sigma_c)_P = \left(\frac{1{,}052}{1{,}043}\right)^{1/2} 70\,360 = 70\,660 \text{ psi}$$

A substituição dos termos apropriados referentes à coroa na Equação (14–42), com $C_H = 1{,}005$ resulta em

Resposta
$$(S_H)_G = \frac{93\,500(0{,}973)1{,}005/[1(0{,}85)]}{70\,660} = 1{,}52$$

(*c*) Para o pinhão, comparamos $(S_F)_P$ com $(S_H)_P^2$, ou 5,73 com $1{,}69^2 = 2{,}86$, de forma que o risco no pinhão provém do desgaste. Para a coroa, comparamos $(S_F)_G$ com $(S_H)_G^2$, ou 6,96 com $1{,}52^2 = 2{,}31$, de forma que o risco, neste caso, também provém do desgaste.

Há perspectivas a serem alcançadas por meio do Exemplo 14–4. Primeiro, o pinhão é excessivamente forte em flexão comparativamente ao desgaste. O desempenho quanto ao desgaste pode ser melhorado utilizando técnicas de endurecimento superficial, tais como endurecimento por chama ou indução, nitretação ou por carbonetação, ou endurecimento superficial, assim como por meio de jateamento de granalha. Isso, por sua vez, permite que o conjunto de engrenagens possa ser reduzido. Segundo, em flexão, a coroa é mais forte que o pinhão, indicando que a dureza do núcleo da coroa e o tamanho do dente poderiam ser reduzidos; isto é, podemos aumentar P e reduzir o tamanho das engrenagens, ou talvez utilizar um material mais barato. Terceiro, quanto ao desgaste, as equações de resistência superficial possuem a razão $(Z_N)/K_R$. Os valores de $(Z_N)_P$ e $(Z_N)_G$ são afetados pela razão de engrenamento m_G. O projetista pode controlar a resistência ao especificar a dureza superficial. Esse ponto será elaborado mais tarde.

Tendo seguido uma análise de engrenagens cilíndricas de dentes retos em detalhe no Exemplo 14–4, é hora de analisar um conjunto de engrenagens helicoidais em circunstâncias similares a fim de observar semelhanças e diferenças.

EXEMPLO 14–5 Um pinhão cilíndrico helicoidal de 17 dentes, ângulo de pressão normal de 20°, com um ângulo de hélice direita de 30°, roda a 1 800 rev/min enquanto transmite 4 hp a uma coroa helicoidal de 52 dentes. O passo diametral normal é de 10 dentes/in, a largura de face é igual a 1,5 in e o conjunto tem um número de qualidade de 6. As engrenagens são montadas entremancais, com os mancais imediatamente adjacentes. O pinhão e a coroa são fabricados de aço endurecido por completo, com durezas superficial e de núcleo de 240 Brinell no pinhão e 200 Brinell na coroa. A transmissão é suave, conectando um motor elétrico e uma bomba centrífuga. Considere uma vida para o pinhão de 10^8 ciclos e confiabilidade de 0,9 e utilize as curvas superiores nas Figuras 14–14 e 14–15.

(a) Encontre os fatores de segurança das engrenagens em flexão.
(b) Encontre os fatores de segurança das engrenagens quanto ao desgaste.
(c) Examinando os fatores de segurança, identifique o risco para cada engrenagem e para o engrenamento.

Solução Todos os parâmetros neste problema são os mesmos do Exemplo 14–4, à exceção de estarmos utilizando engrenagens helicoidais. Assim, vários termos serão idênticos àqueles do Exemplo 14–4. O leitor deve verificar que os seguintes termos permanecem sem alteração: $K_o = 1$, $Y_P = 0,303$, $Y_G = 0,412$, $m_G = 3,059$, $(K_s)_P = 1,043$, $(K_s)_G = 1,052$, $(Y_N)_P = 0,977$, $(Y_N)_G = 0,996$, $K_R = 0,85$, $K_T = 1$, $C_f = 1$, $C_p = 2300\ \sqrt{\text{psi}}$, $(S_t)_P = 31350$ psi, $(S_t)_G = 28\,260$ psi, $(S_c)_P = 106\,380$ psi, $(S_c)_G = 93\,500$ psi, $(Z_N)_P = 0,948$, $(Z_N)_G = 0,973$ e $C_H = 1,005$.

Para engrenagens helicoidais, o passo diametral transversal, dado pela Equação (13–18), é

$$P_t = P_n \cos \psi = 10 \cos 30° = 8,660 \text{ dentes/in}$$

Assim, os diâmetros primitivos são $d_P = N_P/P_t = 17/8,660 = 1,963$ in e $d_G = 52/8,660 = 6,005$ in. A velocidade no ponto primitivo e a força transmitida são

$$V = \frac{\pi d_P n_P}{12} = \frac{\pi(1,963)1\,800}{12} = 925 \text{ ft/min}$$

$$W^t = \frac{33\,000 H}{V} = \frac{33\,000(4)}{925} = 142,7 \text{ lbf}$$

Como no Exemplo 14–4, para o fator dinâmico, $B = 0{,}8255$ e $A = 59{,}77$. Assim, a Equação (14–27) nos dá

$$K_v = \left(\frac{59{,}77 + \sqrt{925}}{59{,}77}\right)^{0{,}8255} = 1{,}404$$

O fator geométrico I para engrenagens helicoidais requer um pouco de trabalho. Primeiro, o ângulo de pressão transversal é dado pela Equação (13–19), p. 675,

$$\phi_t = \tan^{-1}\left(\frac{\tan \phi_n}{\cos \psi}\right) = \tan^{-1}\left(\frac{\tan 20°}{\cos 30°}\right) = 22{,}80°$$

Os raios do pinhão e da coroa são $r_p = 1{,}963/2 = 0{,}9815$ in e $r_G = 6{,}004/2 = 3{,}002$ in, respectivamente. O adendo é $a = 1/P_n = 1/10 = 0{,}1$ e os raios do círculo de base do pinhão e coroa são dados pela Equação (13–6), p. 662, com $\phi = \phi_t$:

$$(r_b)_P = r_P \cos \phi_t = 0{,}9815 \cos 22{,}80° = 0{,}9048 \text{ in}$$

$$(r_b)_G = 3{,}002 \cos 22{,}80° = 2{,}767 \text{ in}$$

Da Equação (14–25), o fator geométrico da resistência de superfície

$$Z = \sqrt{(0{,}9815 + 0{,}1)^2 - 0{,}9048^2} + \sqrt{(3{,}004 + 0{,}1)^2 - 2{,}769^2}$$
$$- (0{,}9815 + 3{,}004) \operatorname{sen} 22{,}80°$$
$$= 0{,}5924 + 1{,}4027 - 1{,}544\,4 = 0{,}4507 \text{ in}$$

Como os dois primeiros termos são menores que 1,5444, a equação para Z não requer alteração. Da Equação (14–24), o passo circular normal p_N é

$$p_N = p_n \cos \phi_n = \frac{\pi}{P_n} \cos 20° = \frac{\pi}{10} \cos 20° = 0{,}2952 \text{ in}$$

Da Equação (14–21), a razão de compartilhamento de carga

$$m_N = \frac{p_N}{0{,}95Z} = \frac{0{,}2952}{0{,}95(0{,}4507)} = 0{,}6895$$

Substituindo na Equação (14–23), o fator geométrico I torna-se

$$I = \frac{\operatorname{sen} 22{,}80° \cos 22{,}80°}{2(0{,}6895)} \frac{3{,}06}{3{,}06 + 1} = 0{,}195$$

Da Figura 14–7, os fatores geométricos $J'_P = 0{,}45$ e $J'_G = 0{,}54$. Também da Figura 14–8, os fatores multiplicadores de J são 0,94 e 0,98, corrigindo assim J'_P e J'_G para

$$J_P = 0{,}45(0{,}94) = 0{,}423$$

$$J_G = 0{,}54(0{,}98) = 0{,}529$$

O fator de distribuição de carga K_m é estimado com base na Equação (14–32):

$$C_{pf} = \frac{1{,}5}{10(1{,}963)} - 0{,}0375 + 0{,}0125(1{,}5) = 0{,}0577$$

com $C_{mc} = 1$, $C_{pm} = 1$, $C_{ma} = 0{,}15$, da Figura 14–11, e $C_e = 1$. Portanto, da Equação (14–30),

$$K_m = 1 + (1)[0{,}0577(1) + 0{,}15(1)] = 1{,}208$$

(*a*) **Flexão de dente do pinhão.** Substituindo os termos apropriados na Equação (14–15), usando P_t, temos

$$(\sigma)_P = \left(W^t K_o K_v K_s \frac{P_t}{F} \frac{K_m K_B}{J} \right)_P = 142{,}7(1)1{,}404(1{,}043) \frac{8{,}66}{1{,}5} \frac{1{,}208(1)}{0{,}423}$$

$$= 3\,445 \text{ psi}$$

Substituindo os termos apropriados referentes ao pinhão na Equação (14–41), temos

Resposta

$$(S_F)_P = \left(\frac{S_t Y_N / (K_T K_R)}{\sigma} \right)_P = \frac{31\,350(0{,}977)/[1(0{,}85)]}{3\,445} = 10{,}5$$

Flexão de dente da coroa. Substituindo os termos apropriados referentes à coroa na Equação (14–15), temos

$$(\sigma)_G = 142{,}7(1)1{,}404(1{,}052) \frac{8{,}66}{1{,}5} \frac{1{,}208(1)}{0{,}529} = 2779 \text{ psi}$$

A substituição dos termos apropriados referentes à coroa na Equação (14–41) produz

Resposta

$$(S_F)_G = \frac{28\,260(0{,}996)/[1(0{,}85)]}{2\,779} = 11{,}9$$

(*b*) **Desgaste de dente do pinhão.** Substituindo os termos apropriados referentes ao pinhão na Equação (14–16), temos

$$(\sigma_c)_P = C_p \left(W^t K_o K_v K_s \frac{K_m}{d_P F} \frac{C_f}{I} \right)_P^{1/2}$$

$$= 2300 \left[142{,}7(1)1{,}404(1{,}043) \frac{1{,}208}{1{,}963(1{,}5)} \frac{1}{0{,}195} \right]^{1/2} = 48\,230 \text{ psi}$$

A substituição dos termos apropriados referentes ao pinhão na Equação (14–42) produz

Resposta

$$(S_H)_P = \left(\frac{S_c Z_N / (K_T K_R)}{\sigma_c} \right)_P = \frac{106\,400(0{,}948)/[1(0{,}85)]}{48\,230} = 2{,}46$$

Desgaste de dente da coroa. O único termo na Equação (14–16) que sofre modificação, no caso da coroa, é K_s. Assim,

$$(\sigma_c)_G = \left[\frac{(K_s)_G}{(K_s)_P} \right]^{1/2} (\sigma_c)_P = \left(\frac{1{,}052}{1{,}043} \right)^{1/2} 48\,230 = 48\,440 \text{ psi}$$

A substituição dos termos apropriados referentes à coroa na Equação (14–42), com $C_H = 1{,}005$ nos dá

Resposta

$$(S_H)_G = \frac{93\,500(0{,}973)1{,}005/[1(0{,}85)]}{48\,440} = 2{,}22$$

(c) Para o pinhão, comparamos S_F com S^2_H, ou 10,5 com $2,46^2 = 6,05$, de forma que o risco para o pinhão provém do desgaste. Para a coroa, nós comparamos S_F com S^2_H, ou 11,9 com $2,22^2 = 4,93$, de forma que o risco aqui também provém do desgaste da coroa. Para o engrazamento do conjunto de engrenagens, o desgaste, portanto, tem o controle.

Vale a pena comparar o Exemplo 14–4 com o Exemplo 14–5. Os conjuntos de engrenagens de dentes retos e de dentes helicoidais foram colocados sob condições aproximadamente idênticas. Os dentes da engrenagem helicoidal possuem comprimento maior por causa da hélice e larguras de face idênticas. Os diâmetros primitivos das engrenagens helicoidais são maiores. Os fatores J e o fator I são maiores, portanto reduzindo as tensões. Isso resulta em maiores fatores de segurança. Na fase de projeto, os conjuntos de engrenagens no Exemplo 14–4 e no Exemplo 14–5 podem ser feitos menores com o controle dos materiais e durezas relativas.

Agora que os exemplos deram substância aos parâmetros da AGMA, é hora de examinar algumas relações desejáveis (e necessárias) entre propriedades materiais de engrenagens de dentes retos engranzadas. Sob flexão, as equações AGMA são dispostas lado a lado:

$$\sigma_P = \left(W^t K_o K_v K_s \frac{P_d}{F} \frac{K_m K_B}{J}\right)_P \qquad \sigma_G = \left(W^t K_o K_v K_s \frac{P_d}{F} \frac{K_m K_B}{J}\right)_G$$

$$(S_F)_P = \left(\frac{S_t Y_N/(K_T K_R)}{\sigma}\right)_P \qquad (S_F)_G = \left(\frac{S_t Y_N/(K_T K_R)}{\sigma}\right)_G$$

Igualando os fatores de segurança, fazendo a substituição dos termos de tensão e resistência, cancelando termos idênticos (K_s virtualmente igual ou exatamente igual) e resolvendo para $(S_t)_G$, temos

$$(S_t)_G = (S_t)_P \frac{(Y_N)_P}{(Y_N)_G} \frac{J_P}{J_G} \qquad (a)$$

O fator de ciclagem de tensão Y_N provém da Figura 14–14, na qual, para uma dureza particular, $Y_N = \alpha N^\beta$. Para o pinhão, $(Y_N)_P = \alpha N^\beta_P$, e para a coroa, $(Y_N)_G = \alpha(N_P/m_G)^\beta$. Ao substituir esses termos na Equação (a) e após simplificar, chegamos a

$$(S_t)_G = (S_t)_P m_G^\beta \frac{J_P}{J_G} \qquad (14\text{–}44)$$

Normalmente, $m_G > 1$ e $J_G > J_P$, de forma que a Equação (14–44) mostra que a coroa pode ser menos forte (menor dureza Brinell) que o pinhão para o mesmo fator de segurança.

EXEMPLO 14–6 Num conjunto de engrenagens cilíndricas de dentes retos, um pinhão com 14 dentes, dureza Brinell 250, passo 16, ângulo de pressão de 20°, profundidade completa, engranza com uma coroa de 60 dentes. A coroa e o pinhão são de aço grau 1 endurecido por completo. Usando $\beta = -0,023$, que dureza pode ter a coroa para o mesmo fator de segurança?

Solução Para aço de grau 1 endurecido por completo, a resistência do pinhão $(S_t)_P$ é dada na Figura 14–2:

$$(S_t)_P = 0,533(250) + 88,3 = 221,55 \text{ MPa}$$

Da Figura 14–6, os fatores de forma são $J_P = 0{,}32$ e $J_G = 0{,}41$. A Equação (14–44) resulta em

$$(S_t)_G = 221{,}55 \left(\frac{60}{14}\right)^{-0{,}023} \frac{0{,}32}{0{,}41} = 167{,}23 \text{ MPa}$$

Use a equação na Figura 14–2 novamente.

Resposta

$$(H_B)_G = \frac{167{,}23 - 88{,}3}{77{,}3} = 148{,}26 \text{ Brinell}$$

As equações de tensão de contato AGMA também são dispostas lado a lado:

$$(\sigma_c)_P = C_p \left(W^t K_o K_v K_s \frac{K_m}{d_P F} \frac{C_f}{I} \right)^{1/2}_P \qquad (\sigma_c)_G = C_p \left(W^t K_o K_v K_s \frac{K_m}{d_P F} \frac{C_f}{I} \right)^{1/2}_G$$

$$(S_H)_P = \left(\frac{S_c Z_N / (K_T K_R)}{\sigma_c} \right)_P \qquad (S_H)_G = \left(\frac{S_c Z_N C_H / (K_T K_R)}{\sigma_c} \right)_G$$

Igualando os fatores de segurança, substituindo as relações de tensão, cancelando termos idênticos, incluindo K_S, temos, após resolução para $(S_c)_G$,

$$(S_c)_G = (S_c)_P \frac{(Z_N)_P}{(Z_N)_G} \left(\frac{1}{C_H}\right)_G = (S_C)_P m_G^\beta \left(\frac{1}{C_H}\right)_G$$

em que, como no desenvolvimento da Equação (14–44), $(Z_N)_P/(Z_N)_G = m_G^\beta$, e o valor de β para desgaste provém da Figura 14–15. Uma vez que C_H é tão próximo da unidade, é geralmente desconsiderado; portanto

$$(S_c)_G = (S_c)_P m_G^\beta \tag{14–45}$$

EXEMPLO 14–7 Com $\beta = -0{,}056$ para um aço endurecido por completo de grau 1, continue o Exemplo 14–6 para considerar o desgaste.

Solução Da Figura 14–5,

$$(S_c)_P = 2{,}22(300) + 200 = 866 \text{ MPa}$$

Da Equação (14–45),

$$(S_c)_G = (S_c)_P \left(\frac{64}{18}\right)^{-0{,}056} = 866 \left(\frac{64}{18}\right)^{-0{,}056} = 807 \text{ MPa}$$

Resposta

$$(H_B)_G = \frac{807 - 200}{2{,}22} = 273 \text{ Brinell}$$

que é ligeiramente menor que a dureza do pinhão, 300 Brinell.

As Equações (14–44) e (14–45) também se aplicam a engrenagens helicoidais.

14–19 Projeto de um par de engrenagens

Um conjunto de decisões úteis quanto a engrenagens cilíndricas de dentes retos e helicoidais inclui:

- Função: carga, velocidade, confiabilidade, vida, K_o.
- Risco não quantificável: fator de projeto n_d.
- Sistema de dente: ϕ, ψ, adendo, dedendo, raio do adoçamento de raiz.
- Razão de engrenamento m_G, N_p, N_G.
- Número de qualidade Q_v.

} decisões *a priori*

- Passo diametral P_d.
- Largura de face F.
- Material do pinhão, dureza de núcleo, dureza de superfície.
- Material da coroa, dureza de núcleo, dureza de superfície.

} decisões de projeto

O primeiro item digno de nota é a dimensionalidade do conjunto de decisões. Há quatro categorias de decisões de projeto, oito decisões diferentes, se você contá-las separadamente. Esse é um número maior que aquele que encontramos antes. É importante utilizar uma estratégia de projeto que seja conveniente tanto do ponto de vista de implementação manual quanto computacional. As decisões de projeto foram colocadas em ordem de importância (impacto na quantidade de trabalho a ser refeita via iterações). Os passos são, depois que as decisões *a priori* foram tomadas:

- Escolha um passo diametral.
- Examine as implicações relativas a largura de face, passos diametrais e propriedades materiais. Caso não seja satisfatório, retorne à decisão referente ao passo para modificação.
- Escolha um material para o pinhão e examine os requisitos de dureza de núcleo e superfície. Caso não seja satisfatório, retorne à decisão referente ao passo e itere até que nenhuma decisão mais tenha de ser mudada.
- Escolha um material para a coroa e examine os requisitos de dureza de núcleo e superfície. Caso não seja satisfatório, retorne à decisão referente ao passo e itere até que nenhuma decisão mais tenha de ser modificada.

Com esses passos de plano em mente, podemos considerá-los em detalhe.
 Primeiro selecione um passo diametral de tentativa.

Flexão do pinhão:

- Selecione uma largura de face mediana para esse passo, $4\pi/P$.
- Encontre o intervalo de resistências últimas necessárias.
- Escolha um material e uma dureza de núcleo.
- Encontre uma largura de face que satisfaça o fator de segurança em flexão.
- Escolha uma largura de face.
- Verifique o fator de segurança sob flexão.

Flexão da coroa:

- Encontre a dureza de núcleo necessária.
- Escolha um material e dureza de núcleo.
- Verifique o fator de segurança sob flexão.

Desgaste do pinhão:

- Encontre a resistência S_c necessária e a dureza superficial correspondente.
- Escolha uma dureza superficial.
- Verifique o fator de segurança sob desgaste.

Desgaste da coroa:

- Encontre a dureza superficial correspondente.
- Escolha uma dureza superficial.
- Verifique o fator de segurança sob desgaste.

Completar esse conjunto de passos levará a um projeto satisfatório. Projetos adicionais, com passos diametrais adjacentes, ao primeiro projeto satisfatório produzirão vários outros dentre os quais podemos escolher. Uma figura de mérito é necessária, a fim de que se possa escolher o melhor. Infelizmente uma figura de mérito no projeto de engrenagens é complexa no meio acadêmico, uma vez que os custos de material e processamento variam. A possibilidade de utilizar um processo depende das instalações de fabricação, caso as engrenagens devam ser produzidas localmente.

Depois de examinarmos o Exemplo 14–4 e o Exemplo 14–5 e observar o amplo intervalo de fatores de segurança, podemos considerar a ideia de deixar todos os fatores de segurança iguais.[9] Em engrenagens de aço, o desgaste usualmente exerce o controle e $(S_H)_P$ e $(S_H)_G$ podem ser feitos aproximadamente iguais. O uso de núcleos menos duros pode diminuir $(S_F)_P$ e $(S_F)_G$, porém é importante mantê-los mais elevados. Um dente quebrado por fadiga flexional não apenas pode destruir o conjunto de engrenagens, como também pode fletir eixos, danificar mancais e produzir tensões inerciais para trás e para a frente no trem de transmissão, causando dano em outro ponto caso a caixa de engrenagens emperre.

EXEMPLO 14–8

Projete uma redução de 4:1 envolvendo engrenagens cilíndricas de dentes retos para um motor trifásico de indução com gaiola de esquilo de 100 hp de potência rodando a 1120 rev/min. A carga é suave, proporcionando uma confiabilidade de 0,95 a 10^9 revoluções do pinhão. O espaço para as engrenagens é pequeno. Utilize Nitralloy 135M de grau 1 como material, para manter o tamanho das engrenagens pequeno. As engrenagens são termo-tratadas primeiro e então nitretadas.

Solução

Tome as seguintes decisões iniciais:

- Função: 100 hp, 1120 rev/min, $R = 0,95$, $N=10^9$ ciclos, $K_o = 1$.
- Fator de projeto para exigências não quantificadas: $n_d = 2$.
- Sistema de dentes: $\phi_n = 20°$.
- Número de dentes: $N_P = 18$ dentes, $N_G = 72$ dentes (sem interferência, Seção 13–7, p. 667).
- Número de qualidade: $Q_v = 6$, use material de grau 1.
- Assuma $m_B \geq 1,2$ na Equação (14–40), $K_B = 1$.

---

[9] Ao projetar engrenagens, é aconselhável definir o fator de segurança referente ao desgaste como $(S)^2_H$ para dentes não coroados, para não ocorrer confusão. A ANSI, no prefácio à ANSI/AGMA 2001-D04 e 2101-D04, declara que "o uso é completamente voluntário... não proíbe que qualquer pessoa utilize... procedimentos... que não se conformem aos padronizados".

Passo: Selecione um diâmetro primitivo tentativo $P_d = 4$ dentes/in. Assim, $d_P = 18/4 = 4,5$ in e $d_G = 72/4 = 18$ in. Da Tabela 14–2, $Y_P = 0,309$, $Y_G = 0,4324$ (interpolado). Da Figura 14–6, $J_P = 0,32$, $J_G = 0,415$,

$$V = \frac{\pi d_P n_P}{12} = \frac{\pi(4,5)1120}{12} = 1319 \text{ ft/min}$$

$$W^t = \frac{33\,000H}{V} = \frac{33\,000(100)}{1319} = 2502 \text{ lbf}$$

Das Equações (14–28) e (14–27),

$$B = 0,25(12 - Q_v)^{2/3} = 0,25(12 - 6)^{2/3} = 0,8255$$

$$A = 50 + 56(1 - 0,8255) = 59,77$$

$$K_v = \left(\frac{59,77 + \sqrt{1319}}{59,77}\right)^{0,8255} = 1,480$$

Da Equação (14–38), $K_R = 0,658 - 0,0759 \ln(1 - 0,95) = 0,885$. Da Figura 14–14,

$$(Y_N)_P = 1,3558(10^9)^{-0,0178} = 0,938$$

$$(Y_N)_G = 1,3558(10^9/4)^{-0,0178} = 0,961$$

Da Figura 14–15,

$$(Z_N)_P = 1,4488(10^9)^{-0,023} = 0,900$$

$$(Z_N)_G = 1,4488(10^9/4)^{-0,023} = 0,929$$

De acordo com a recomendação seguinte à Equação (14–8), $3p \leq F \leq 5p$. Tente $F = 4p = 4\pi/P = 4\pi/4 = 3,14$ in. Da Equação (*a*), Seção 14–10,

$$K_s = 1,192\left(\frac{F\sqrt{Y}}{P}\right)^{0,0535} = 1,192\left(\frac{3,14\sqrt{0,309}}{4}\right)^{0,0535} = 1,140$$

Das Equações (14–31), (14–33), (14–35), $C_{mc} = C_{pm} = C_e = 1$. Da Figura 14–11, $C_{ma} = 0,175$ para unidades de engrenagens comerciais fechadas. Da Equação (14–32), $F/(10d_P) = 3,14/[10(4,5)] = 0,0698$. Assim,

$$C_{pf} = 0,0698 - 0,0375 + 0,0125(3,14) = 0,0715$$

Da Equação (14–30),

$$K_m = 1 + (1)[0,0715(1) + 0,175(1)] = 1,247$$

Da Tabela 14–8, para engrenagens de aço, $C_p = 2300\sqrt{\text{psi}}$. Da Equação (14–23), com $m_G = 4$ e $m_N = 1$,

$$I = \frac{\cos 20° \operatorname{sen} 20°}{2} \frac{4}{4+1} = 0,1286$$

Flexão de dente do pinhão. Com as estimativas acima para K_s e K_m geradas pelo passo diametral primitivo, checamos para verificar se a largura de engrazamento F é controlada por considerações de flexão ou desgaste. Igualando as Equações (14–15) e (14–17), substituindo W^t por $n_d W^t$ e resolvendo para a largura de face $(F)_{\text{flexão}}$ necessária para resistir à fadiga, obtemos

$$(F)_{\text{flexão}} = n_d W^t K_o K_v K_s P_d \frac{K_m K_B}{J_P} \frac{K_T K_R}{S_t Y_N} \quad (1)$$

Igualando as Equações (14–16) e (14–18), substituindo W^t por $n_d W^t$ e resolvendo a equação obtida para a largura de face $(F)_{\text{desgaste}}$ necessária para resistir à fadiga por desgaste, obtemos

$$(F)_{\text{desgaste}} = \left(\frac{C_p K_T K_R}{S_c Z_N}\right)^2 n_d W^t K_o K_v K_s \frac{K_m C_f}{d_P I} \quad (2)$$

Da Tabela 14–5, o intervalo de durezas do Nitralloy 135M é Rockwell C32–36 (302–335 Brinell). Escolhendo a dureza de meio de intervalo como sendo possível de obter, usamos portanto 320 Brinell. Da Figura 14–4,

$$S_t = 86{,}2(320) + 12\,730 = 40\,310 \text{ psi}$$

Inserindo o valor numérico de S_t na Equação (1) para calcular a largura de face, temos

$$(F)_{\text{flexão}} = 2(2502)(1)1{,}48(1{,}14)4\frac{1{,}247(1)(1)0{,}885}{0{,}32(40\,310)0{,}938} = 3{,}08 \text{ in}$$

Da Tabela 14–6 para o Nitraloy 135M, $S_c = 170\,000$ psi. Introduzindo esse valor na Equação (2), encontramos

$$(F)_{\text{desgaste}} = \left(\frac{2\,300(1)(0{,}885)}{170\,000(0{,}900)}\right)^2 2(2\,502)1(1{,}48)1{,}14\frac{1{,}247(1)}{4{,}5(0{,}1286)} = 3{,}22 \text{ in}$$

Decisão Defina a largura de face com 3,50 in. Corrija K_s e K_m:

$$K_s = 1{,}192\left(\frac{3{,}50\sqrt{0{,}309}}{4}\right)^{0{,}0535} = 1{,}147$$

$$\frac{F}{10 d_P} = \frac{3{,}50}{10(4{,}5)} = 0{,}0778$$

$$C_{pf} = 0{,}0778 - 0{,}0375 + 0{,}0125(3{,}50) = 0{,}0841$$

$$K_m = 1 + (1)[0{,}0841(1) + 0{,}175(1)] = 1{,}259$$

A tensão de flexão induzida por W^t em flexão, com base na Equação (14–15), é

$$(\sigma)_P = 2\,502(1)1{,}48(1{,}147)\frac{4}{3{,}50}\frac{1{,}259(1)}{0{,}32} = 19\,100 \text{ psi}$$

O fator de segurança AGMA do pinhão em flexão, da Equação (14–41), é

$$(S_F)_P = \frac{40\,310(0{,}938)/[1(0{,}885)]}{19\,100} = 2{,}24$$

Decisão

Flexão de dente da coroa. Utilize uma coroa de peça fundida por causa do diâmetro primitivo de 18 in. Utilize o mesmo material, tratamento térmico e nitretação. A tensão de flexão induzida pela carga está na mesma razão de J_P/J_G. Assim

$$(\sigma)_G = 19\,100\frac{0{,}32}{0{,}415} = 14\,730 \text{ psi}$$

O fator de segurança da coroa em flexão é

$$(S_F)_G = \frac{40\,310(0{,}961)/[1(0{,}885)]}{14\,730} = 2{,}97$$

Desgaste de dente do pinhão. A tensão de contato, dada pela Equação (14–16), é

$$(\sigma_c)_P = 2300\left[2\,502(1)1{,}48(1{,}147)\frac{1{,}259}{4{,}5(3{,}5)}\frac{1}{0{,}129}\right]^{1/2} = 118\,000 \text{ psi}$$

O fator de segurança advindo da Equação (14–42) é

$$(S_H)_P = \frac{170\,000(0{,}900)/[1(0{,}885)]}{118\,000} = 1{,}465$$

Pela nossa definição de fator de segurança, para a flexão do pinhão $(S_F)_p = 2{,}24$ e para o desgaste $(S_H)^2_P = (1.465)^2 = 2{,}15$.

Desgaste de dente da coroa. As durezas da coroa e pinhão são as mesmas. Assim, com base na Figura 14–12, $C_H = 1$, a tensão de contato na coroa é a mesma que aquela no pinhão, $(\sigma_c)_G = 118\,000$ psi. A resistência ao desgaste é também a mesma, $S_c = 170\,000$ psi. O fator de segurança da coroa no que tange ao desgaste é

$$(S_H)_G = \frac{170\,000(0{,}929)/[1(0{,}885)]}{118\,000} = 1{,}51$$

Assim, para a coroa em flexão, $(S_F)_G = 2{,}97$ e sob desgaste $(S_H)^2_G = (1{,}51)^2 = 2{,}29$.

Aro. Mantenha $m_B \geq 1{,}2$. A altura completa é $h_t = adendo + dedendo = 1/P_d + 1{,}25/P_d = 2{,}25/P_d = 2{,}25/4 = 0{,}5625$ in. A espessura do aro t_R é

$$t_R \geq m_B h_t = 1{,}2(0{,}5625) = 0{,}675 \text{ in}$$

No projeto do material bruto da coroa, certifique-se de que a espessura do aro exceda 0,675 in; do contrário, reveja e modifique esse projeto de engrenamento.

Esse exemplo mostrou um projeto satisfatório para um engrazamento de engrenagens de dentes retos de passo de 4 (dentes). O material poderia ter sido modificado, assim como o passo. Há vários outros projetos satisfatórios, portanto uma figura de mérito se faz necessária para identificar o melhor.

Pode-se valorar o fato de o projeto de engrenagens ter sido uma das aplicações iniciais dos computadores digitais na engenharia mecânica. Um programa de projeto deve ser interativo, apresentando os resultados dos cálculos, pausando para uma decisão por parte do projetista e mostrando as consequências da decisão, com um elo de volta para mudar uma decisão para melhor. O programa pode ser estruturado na forma de mastro de totem, com a decisão de máxima influência no topo, depois percorrendo para baixo, decisão após decisão, terminando com a habilidade de mudar a decisão corrente ou recomeçar novamente. Tal programa seria um excelente projeto de aula. A eliminação de problemas na codificação irá reforçar seu conhecimento, adicionando flexibilidade, assim como sinos e apitos de alerta em termos subsequentes.

Engrenagens padronizadas podem não ser o projeto mais econômico que satisfaz os requisitos funcionais, uma vez que nenhuma aplicação é padrão em todos aspectos.[10] Métodos para projetar engrenagens específicas são bem conhecidos e frequentemente utilizados em equipamento móvel para proporcionar um bom índice peso-performance. Os cálculos requeridos, incluindo otimizações, estão dentro da capacidade de computadores pessoais.

PROBLEMAS

Problemas assinalados com um asterisco (*) são associados a problemas de outros capítulos, conforme resumido na Tabela 1-2 da Seção 1-17, p. 33. Uma vez que os resultados variam de acordo com o método utilizado, os problemas estão apresentados por seção.

14–1 Um pinhão cilíndrico de dentes retos de aço possui um módulo de 3 mm, 22 dentes de profundidade completa e um ângulo de pressão de 20°. O pinhão roda à velocidade a 1 200 rev/min e transmite 11 kW a uma coroa de 60 dentes. Se a largura de face vale 50 mm, calcule a tensão de flexão.

14–2 Um pinhão cilíndrico de dentes retos de aço possui um passo diametral de 10 dentes/in, 18 dentes cortados à profundidade completa com um ângulo de pressão de 20° e uma largura de face 1 in. Espera-se que o pinhão transmita 2 hp à velocidade de 600 rev/min. Determine a tensão de flexão.

14–3 Um pinhão cilíndrico de dentes retos de aço possui um módulo de 1,25 mm, 18 dentes cortados num sistema de 20° com profundidade completa e uma largura de face de 12 mm. Na velocidade de 1 800 rev/min, se espera que esse pinhão carregue uma carga fixa de 0,5 kW. Determine a tensão de flexão resultante.

14–4 Um pinhão cilíndrico de dentes retos de aço possui 16 dentes cortados num sistema de 20° com profundidade completa, com módulo de 8 mm e uma largura de face de 90 mm. O pinhão roda a 150 rev/min e transmite 6 kW à engrenagem par, também de aço. Qual é a tensão de flexão resultante?

14–5 Um pinhão cilíndrico de dentes retos de aço possui um módulo de 1 mm e 16 dentes cortados a 20° em profundidade completa, devendo carregar 0,15 kW a 400 rev/min. Determine uma largura de face adequada com base numa tensão de flexão admissível de 150 MPa.

14–6 Um pinhão cilíndrico de aço com dentes cortados a 20° em profundidade completa possui 20 dentes retos e um módulo de 2 mm e deve transmitir 0,5 kW a uma velocidade de 200 rev/min. Encontre uma largura de face apropriada se a tensão de flexão não deve exceder 75 MPa.

14–7 Um pinhão cilíndrico de aço com dentes retos cortados a 20° em profundidade completa possui um módulo de 5 mm e 24 dentes e transmite 4,5 kW a uma velocidade de 50 rev/min. Encontre uma largura de face apropriada caso a tensão de flexão admissível seja 140 MPa.

14–8 Um pinhão cilíndrico, de aço, com dentes retos deve transmitir 20 hp a uma velocidade de 400 rev/min. O pinhão é cortado com 20° pelo sistema de profundidade completa e tem um passo diametral de 4 dentes/in e 16 dentes. Encontre uma largura de face adequada baseada numa tensão admissível de 12 kpsi.

14–9 Um pinhão cilíndrico de aço com dentes retos cortados a 20° em profundidade completa, de 18 dentes, deve transmitir 2,5 hp a uma velocidade de 600 rev/min. Determine valores apropriados da largura de face e passo diametral com base numa tensão de flexão admissível de 10 kpsi.

14–10 Um pinhão de aço com dentes retos cortados a 20° em profundidade completa deve transmitir 1,5 kW a uma velocidade de 900 rev/min. Se o pinhão possui 18 dentes, determine valores adequados para o módulo e largura de face. A tensão de flexão não deve exceder 75 MPa.

14–11 Um redutor de velocidade possui dentes cortados a 20° em profundidade completa e consiste em um pinhão cilíndrico de dentes retos com 20 dentes, de aço, acionando uma coroa de ferro fundido com 60 dentes. A potência transmitida é de 11 kW a uma velocidade de 1 200 rev/min do pinhão. Para um módulo de 4 mm e uma largura de face de 50 mm, encontre a tensão de contato.

---

[10] Ver H. W. Van Gerpen, C. K, Reece, J. K. Jensen. *Computer Aided Design of Custom Gears*. Van Gerpen-Reece Engineering, Iowa, Cedar Falls, 1996.

14–12 Uma transmissão de engrenagens consiste em um pinhão cilíndrico com 16 dentes retos, 20°, feito de aço e uma coroa de 48 dentes, de ferro fundido tendo um passo diametral de 12 dentes/in. Para uma potência de entrada de 1,5 hp a uma velocidade do pinhão igual a 700 rev/min, selecione uma largura de face com base numa tensão de contato admissível de 100 kpsi.

14–13 Um conjunto de engrenagens possui um módulo de 5 mm, um ângulo de pressão de 20° e um pinhão cilíndrico, de ferro fundido, com 24 dentes retos acionando uma coroa de ferro fundido com 48 dentes. O pinhão deve rodar a 50 rev/min. Que potência de entrada pode ser utilizada com esse conjunto de engrenagens se a tensão de contato está limitada a 690 MPa e F = 60 mm?

14–14 Um pinhão cilíndrico de ferro fundido com 20 dentes retos, 20°, módulo de 4 mm, move uma coroa de ferro fundido com 32 dentes. Encontre a tensão de contato se a velocidade do pinhão é de 1 000 rev/min, a largura de face é de 50 mm e a potência que está sendo transmitida é de 10 kW.

14–15 Pinhão e coroa, cilíndricos de dentes retos, feitos de aço, possuem um passo diametral de 12 dentes/in, dentes fresados, 17 e 30 dentes, respectivamente, ângulo de pressão de 20°, largura de face de $\frac{7}{8}$ in e velocidade do pinhão de 525 rev/min. As propriedades dos dentes são $S_{ut} = 76$ kpsi, $S_y = 42$ kpsi e a dureza Brinell é 149. Utilize o critério de Gerber para compensar a flexão em direção única. Para um fator de projeto de 2,25, qual o valor da potência no conjunto de engrenagens?

14–16 Um par pinhão-coroa de aço de dentes fresados possui $S_{ut} = 113$ kpsi, $S_y = 86$ kpsi e uma dureza na superfície da involuta de 262 Brinell. O passo diametral é de 3 dentes/in, a largura de face é 2,5 in e a velocidade do pinhão é de 870 rev/min. Os números de dentes são 20 e 100. Utilize o critério de Gerber para compensar a flexão em direção única. Para um fator de projeto de 1,5, calcule a capacidade de potência do conjunto de engrenagens considerando flexão e desgaste.

14–17 Um pinhão cilíndrico de dentes retos, 20°, profundidade completa, de aço roda a 1 145 rev/min. Esse pinhão possui um módulo de 6 mm, uma largura de face de 75 mm e 16 dentes fresados. A resistência última de tração na involuta é de 900 MPa, exibindo uma dureza de 260 Brinell. A coroa é feita de aço com 30 dentes e possui resistência material idêntica. Utilize o critério de Gerber para compensar a flexão em direção única. Para um fator de projeto de 1,3, encontre a capacidade de potência do conjunto baseado em que pinhão e coroa resistem à fadiga por flexão e desgaste.

14–18 Um pinhão cilíndrico de dentes retos, feitos de aço, possui um passo de 6 dentes/in, 17 dentes fresados em altura completa e um ângulo de pressão de 20°. O pinhão possui uma resistência última de tração na superfície da involuta igual a 116 kpsi, uma dureza Brinell de 232 e uma resistência ao escoamento igual a 90 kpsi. A velocidade do eixo deste pinhão é de 1120 rev/min, sua largura de face é 2 in e sua engrenagem acoplante possui 51 dentes. Classifique o pinhão quanto à capacidade de transmitir potência se o fator de projeto vale 2.

(*a*) A fadiga flexional do pinhão impõe que limitação de potência? Utilize o critério de Gerber para compensar a flexão em direção única.

(*b*) A fadiga superficial do pinhão impõe que limitação de potência? A coroa tem resistências idênticas às do pinhão no que concerne a propriedades do material.

(*c*) Considere limitações de potência referentes a flexão e desgaste da coroa.

(*d*) Especifique o valor da potência para o conjunto de engrenagens.

14–19 Uma transmissão comercial fechada consiste em um pinhão cilíndrico de dentes retos com 16 dentes, 20°, acionando uma coroa de 48 dentes. A velocidade do pinhão é de 300 rev/min, a largura de face é de 50 mm e o passo diametral é de 4 mm. As engrenagens são feitas de aço grau 1, endurecidas por completo a 200 Brinell, feitas para cumprir com as padronizações de qualidade Nº 6, não coroada, devendo ser precisas e rigidamente montadas. Assuma uma vida de 10^8 ciclos para o pinhão e uma confiabilidade de 0,90. Determine as tensões de flexão e contato AGMA, bem como os fatores de segurança correspondentes se 4 kW é a potência a ser transmitida.

14–20 Um pinhão cilíndrico, de 20 dentes retos, 20° e um módulo de 2,5 mm, transmite 120 W a uma coroa de 36 dentes. A velocidade do pinhão é de 100 rev/min e as engrenagens são de aço grau 1, com 18 mm de largura de face, endurecidas por completo a 200 Brinell, não coroadas, feitas a uma padronização de qualidade Nº 6, e consideradas de qualidade aberta com relação à instalação. Encontre as tensões de flexão e contato AGMA, bem como os correspondentes fatores de segurança para uma vida do pinhão de 10^8 ciclos e uma confiabilidade de 0,95.

14–21 Repita o Problema 14–19 utilizando engrenagens helicoidais, cada qual com um ângulo de pressão normal de 20°, ângulo de hélice de 30° e um passo diametral normal de 6 dentes/in.

14–22 Um conjunto de engrenagens cilíndricas de dentes retos consiste de um pinhão de 17 dentes e uma coroa de 51 dentes. O ângulo de pressão é de 20° e o fator de sobrecarga $K_o = 1$. O passo diametral é de 6 dentes/in e a largura de face de 2 in. A velocidade do pinhão é 1120 rev/min e sua vida em ciclos deve ser de 10^8 revoluções com confiabilidade $R = 0,99$. O número de qualidade é 5. O material é aço grau 1 endurecido por completo, com dureza do núcleo e da superfície iguais a 232 Brinell, tanto para pinhão quanto para coroa. Para um fator de projeto igual a 2, classifique a capacidade desse conjunto de engrenagens para essas condições utilizando o método AGMA.

14–23 Na Seção 14–10, a Equação (*a*) é apresentada para K_s com base no procedimento do Exemplo 14–2. Derive essa equação.

14–24 Um redutor de velocidade possui dentes de profundidade completa, de 20°, e o conjunto de pinhão e coroa de dentes retos de um único estágio de redução tem 22 e 60 dentes, respectivamente. O passo diametral é de 4 dentes/in e a largura de face $3\frac{1}{4}$ in. A velocidade do eixo do pinhão é 1145 rev/min. A vida pretendida de cinco anos com turnos de 24 horas diárias de trabalho corresponde a cerca de $3(10^9)$ revoluções do pinhão. O valor absoluto da variação de passo é tal que o nível do número de qualidade da precisão da transmissão é 6. O material de ambas as engrenagens é aço 4340 grau 1, endurecido por completo, termo-tratado para atingir a dureza de 250 Brinell, núcleo e superfície, em ambas as engrenagens. A carga envolve choques moderados e a potência é suave. Para uma confiabilidade de 0,99, classifique a capacidade do redutor de velocidades quanto à potência.

14–25 O redutor de velocidade do Problema 14–24 deve ser utilizado em uma aplicação que requer 40 hp a 1145 rev/min. Para a engrenagem e o pinhão, estime os fatores de segurança AGMA para flexão e desgaste, isto é, $(S_F)_P, (S_F)_G, (S_H)_P$ e $(S_H)_G$. Por meio do exame dos fatores de segurança, identifique os riscos para cada engrenagem e para o conjunto redutor.

14–26 O conjunto de engrenagens do Problema 14–24 requer melhorias quanto ao desgaste. Nesse sentido, as engrenagens são nitretadas de forma que os materiais grau 1 passam a ter as seguintes durezas: dureza do núcleo do pinhão 250, dureza superficial 390 Brinell, dureza do núcleo da coroa 250 e dureza superficial 390. Calcule a capacidade de potência desse novo conjunto de engrenagens.

14–27 O conjunto de engrenagens do Problema 14–24 teve suas especificações quanto a engrenagens modificadas para 9310 para carbonetação e endurecimento superficial, resultando, portanto, em uma dureza Brinell do pinhão igual a 285 no núcleo e no intervalo 580–600 na superfície, e as durezas da coroa são 285 no núcleo e no intervalo 580-600 na superfície. Calcule a capacidade de potência desse novo conjunto.

14–28 O conjunto de engrenagens do Problema 14–27 vai ser melhorado com relação ao material, para chegar a uma qualidade de grau 2 do aço 9310. Calcule a capacidade de potência do novo conjunto de engrenagens.

14–29 Questões envolvendo escala sempre melhoram o discernimento e a perspectiva. Reduza o tamanho físico do conjunto de engrenagens no Problema 14–24 pela metade e observe o resultado sobre as estimativas de força transmitida W^t e potência.

14–30 Procedimentos AGMA com pares de engrenagens de ferro fundido diferem daqueles com aço, já que predizer a vida nessas circunstâncias é difícil; consequentemente $(Y_N)_P, (Y_N)_G, (Z_N)_P$ e $(Z_N)_G$ são tomados como unitários. A consequência disso é que as resistências à fadiga dos materiais de pinhão e coroa são as mesmas. A confiabilidade é 0,99 e a vida é de 10^7 revoluções do pinhão ($K_R = 1$). Para vidas mais longas, o redutor é posto em categoria inferior de potência. Para o conjunto de pinhão e coroa do Problema 14–24, utilize ferro fundido grau 40 para ambas as engrenagens ($H_B = 201$ Brinell). Classifique o redutor quanto à potência com S_F e S_H iguais à unidade.

14–31 Dentes de engrenagens cilíndricas de dentes retos possuem contato envolvendo rolamento e deslizamento (frequentemente cerca de 8% de deslizamento). Engrenagens testadas até a falha por contato são reportadas à ocasião de 10^8 ciclos por meio do fator K de tensão-carga para fadiga superficial de Buckingham. Esse fator é relacionado à resistência de contato hertziana S_c por meio de

$$S_C = \sqrt{\frac{1,4K}{(1/E_1 + 1/E_2)\operatorname{sen}\phi}}$$

em que ϕ é o ângulo de pressão normal. Engrenagens de ferro fundido de grau 20 com $\phi = 14\frac{1}{2}°$ e 20° de ângulo de pressão exibem um valor mínimo de K de 0,56 e 0,77 MPa, respectivamente. Como isso se compara a $S_c = 2,2\, H_B$ MPa?

14–32 Você deve provavelmente ter notado que, embora o método AGMA seja baseado em somente duas equações, os detalhes de compor todos os fatores são computacionalmente intensos. A fim de reduzir erros e omissões, um programa de computador seria útil. Escreva um programa para efetuar uma classificação de potência de um conjunto de engrenagens existente, use os Problemas 14–24, 14–26, 14–27, 14–28 e 14–29 para testar seu programa e compare os resultados com as suas soluções, extensas, desenvolvidas à mão.

14–33 No exemplo 14–5, use um aço nitretado grau 1 (4140), que produz durezas Brinell de 250 no núcleo e de 500 na superfície. Para a fadiga, utilize as curvas superiores nas Figuras 14–14 e 14–15. Estime a capacidade de potência do engrenamento com fatores de segurança $S_F = S_H = 1$.

14–34 No exemplo 14–5, use engrenagens de grau 1 carbonetadas e endurecidas superficialmente. Carbonetação e endurecimento superficial podem produzir uma dureza superficial de 550 Brinell. A dureza do núcleo é de 200 Brinell. Calcule a capacidade de potência do engrenamento com fatores de segurança $S_F = S_H = 1$ utilizando as curvas de fadiga inferiores nas Figuras 14–14 e 14–15.

14–35 No exemplo 14–5, use engrenagens de aço grau 2 carbonetadas e endurecidas superficialmente. As durezas interiores são de 200 Brinell, enquanto as durezas superficiais são de 600 Brinell. Utilize as curvas de fadiga inferiores nas Figuras 14–14 e 14–15. Calcule a capacidade de potência do engrenamento com fatores de segurança $S_F = S_H = 1$. Compare a capacidade de potência com os resultados do Problema 14–34.

14–36* O contraeixo no Problema 3–72, p. 150, é parte de um trem de engrenagens de um redutor de velocidades composto que usa engrenagens de dentes retos a 20°. Uma engrenagem no eixo de acionamento aciona a engrenagem A. A engrenagem B aciona uma engrenagem no eixo de saída. O eixo de entrada rotaciona a 2400 rev/min. Cada engrenagem reduz a velocidade (e, portanto, incrementa o torque) a uma razão de 2 para 1. Todas as engrenagens são do mesmo material. Uma vez que a engrenagem B é a menor engrenagem e transmite a maior carga, ela provavelmente será a engrenagem crítica; assim, uma análise preliminar será conduzida com ela. Utilize módulo de 4 mm, uma largura de face de 4 vezes o passo circular, um aço Grau 2 endurecido até um de dureza Brinell de 300 e uma vida útil desejada de 11 kh com 95% de confiabilidade. Determine os fatores de segurança à flexão e ao desgaste.

14–37* O contraeixo no Problema 3–73, p. 150, é parte de um trem de engrenagens de um redutor de velocidades composto que usa engrenagens de dentes retos a 20°. Uma engrenagem no eixo de acionamento aciona a engrenagem A com uma redução de velocidade de 2 para 1. A engrenagem B aciona uma engrenagem no eixo de saída com uma redução de velocidade de 5 para 1. O eixo de entrada rotaciona a 1800 rev/min. Todas as engrenagens são do mesmo material. Uma vez que a engrenagem B é a menor engrenagem e transmite a maior carga, ela será provavelmente a engrenagem crítica; assim, uma análise preliminar será conduzida com ela. Utilize módulo de 18,75 mm/dente, uma largura de face de 4 vezes o passo circular, um aço Grau 2 endurecido até um de dureza Brinell de 300 e uma vida útil desejada de 12 kh com 98% de confiabilidade. Determine os fatores de segurança à flexão e ao desgaste.

14–38* Desenvolva os resultados do Problema 13–40, p. 712, para encontrar os fatores de segurança para flexão e desgaste para a engrenagem F. Ambas as engrenagens são feitas de aço Grau 2 carbonetado e endurecido. Utilize largura de face igual a 4 vezes o passo circular. A vida útil desejada é de 12 kh com 95% de confiabilidade.

14–39* Desenvolva os resultados do Problema 13–41, p. 712, para encontrar os fatores de segurança para flexão e desgaste para a engrenagem C. Ambas as engrenagens são feitas de aço Grau 2 carbonetado e endurecido. Utilize largura de face igual a 4 vezes o passo circular. A vida útil desejada é de 14 kh com 98% de confiabilidade.

15 Engrenagens cônicas e sem-fim

15–1 Engrenamento cônico – Geral **770**

15–2 Tensões e resistências de engrenagens cônicas **772**

15–3 Fatores para equação AGMA **775**

15–4 Análise de engrenagens cônicas de dentes retos **786**

15–5 Projeto de um engrazamento de engrenagem cônica de dentes retos **790**

15–6 Engrenamento de sem-fim – Equação AGMA **793**

15–7 Análise de engrenagem sem-fim **797**

15–8 Projetando uma transmissão de engrenagem sem-fim **801**

15–9 Carga de desgaste de Buckingham **804**

A American Gear Manufacturers Association (AGMA) estabeleceu as padronizações para a análise e projeto dos vários tipos de engrenagens cônicas e engrenagens sem-fim. O Capítulo 14 foi uma introdução aos métodos da AGMA para engrenagens cilíndricas de dentes retos e engrenagens helicoidais e engrenagens helicoidais e contém muitas das definições dos termos usados neste capítulo. A AGMA também estabeleceu métodos similares para outros tipos de engrenamentos, todos seguindo o mesmo procedimento geral.

15–1 Engrenamento cônico – Geral

As engrenagens cônicas podem ser classificadas como se segue:

- Engrenagens cônicas de dentes retos.
- Engrenagens cônicas espirais.
- Engrenagens cônicas Zerol.
- Engrenagens hipoides.
- Engrenagens espiroides.

Uma engrenagem cônica de dentes retos foi ilustrada na Figura 13–35, p. 693. Ela é utilizada geralmente para velocidades na linha primitiva de até 1 000 ft/min (5 m/s), quando o nível de ruído não é considerado importante. Estão disponíveis em muitos tamanhos comerciais e são menos custosas de produzir que outras engrenagens cônicas, especialmente em pequenas quantidades.

Uma *engrenagem cônica espiral* é mostrada na Figura 15–1; a definição do *ângulo de espiral* está ilustrada na Figura 15–2. Ela é recomendada para velocidades maiores em que o nível de barulho é considerado importante. Engrenagens cônicas espirais são a contraparte cônica da engrenagem helicoidal; pode ser visto na Figura 15–1 que as superfícies primitivas e a natureza do contato são as mesmas que para engrenagens cônicas de dentes retos, exceto pelas diferenças trazidas pelos dentes com forma de espiral.

A *engrenagem cônica Zerol* é uma engrenagem patenteada possuindo dentes curvos, porém com ângulo de espiral nulo. Os esforços axiais de impulso permissíveis não são tão altos quanto aqueles das engrenagens cônicas espirais, portanto elas são, com frequência, utilizadas em lugar das engrenagens cônicas de dentes retos. A engrenagem cônica Zerol é gerada pela mesma ferramenta usada para engrenagens cônicas de espiral regular. Quando for dimensioná-la, utilize o mesmo procedimento indicado para engrenagens cônicas de dentes retos e, simplesmente, substitua ao final a engrenagem por uma zerol.

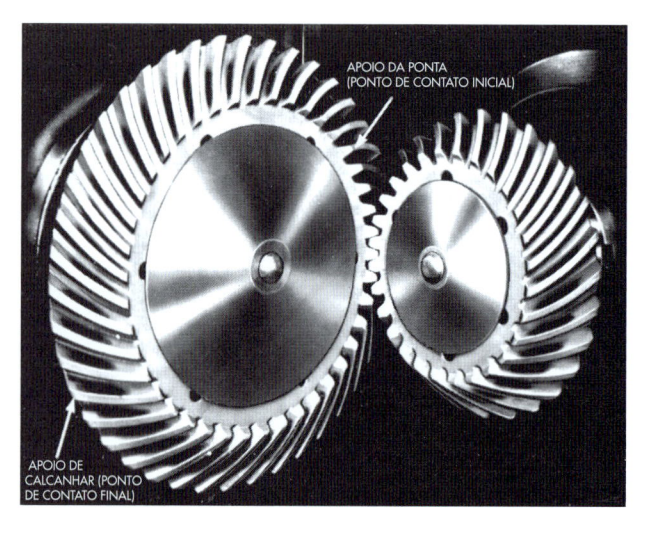

Figura 15–1 Engrenagens cônicas espirais. *(Cortesia de Gleason Works, Rochester, N.Y.)*

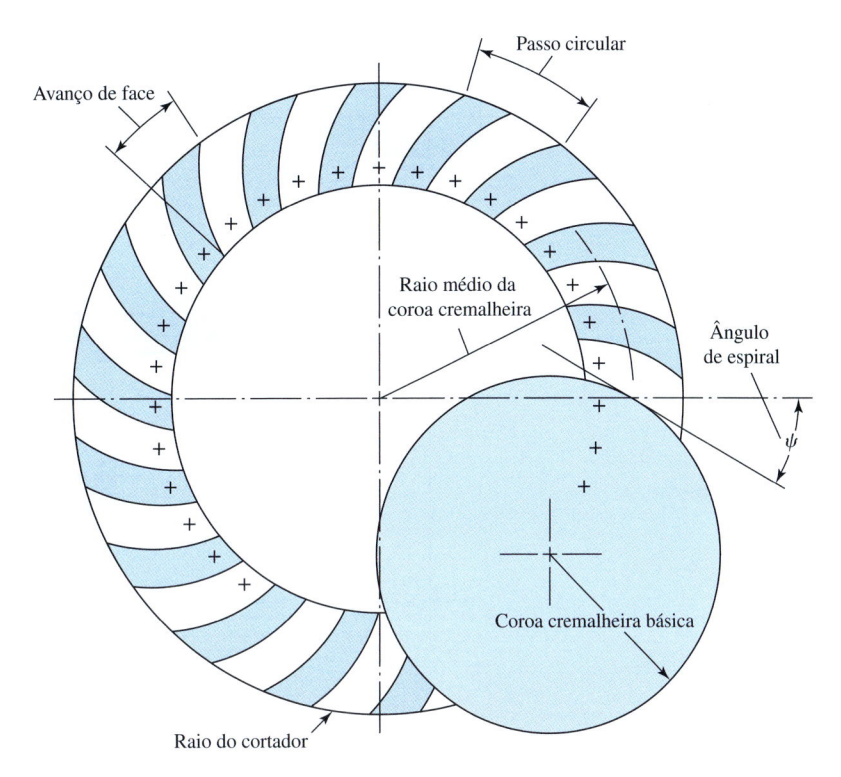

Figura 15–2 Corte de dentes de engrenagens cônicas espirais na coroa cremalheira básica.

Figura 15–3 Engrenagens hipoides. *(Cortesia de Gleason Works, Rochester, N.Y.)*

É frequentemente desejável ter engrenagens similares às cônicas, mas os eixos deslocados, reversos, como ocorre nas aplicações envolvendo diferenciais automotivos. Tais engrenagens são conhecidas como *engrenagens hipoides* porque suas superfícies primitivas são hiperboloides de revolução. A interação entre dentes de tais engrenagens é uma combinação de rolamento com deslizamento ao longo de uma linha reta e tem muito em comum com as engrenagens sem-fim. A Figura 15–3 mostra um par de engrenagens hipoides engrazadas.

A Figura 15–4 é incluída para assistir na classificação de engrenagens cônicas em espiral. Pode-se observar que a engrenagem hipoide possui um deslocamento de centro de eixo relativamente pequeno. Para deslocamentos maiores, o pinhão começa a parecer com um parafuso sem-fim em cone e o conjunto é conhecido como *engrenamento de espiroides*.

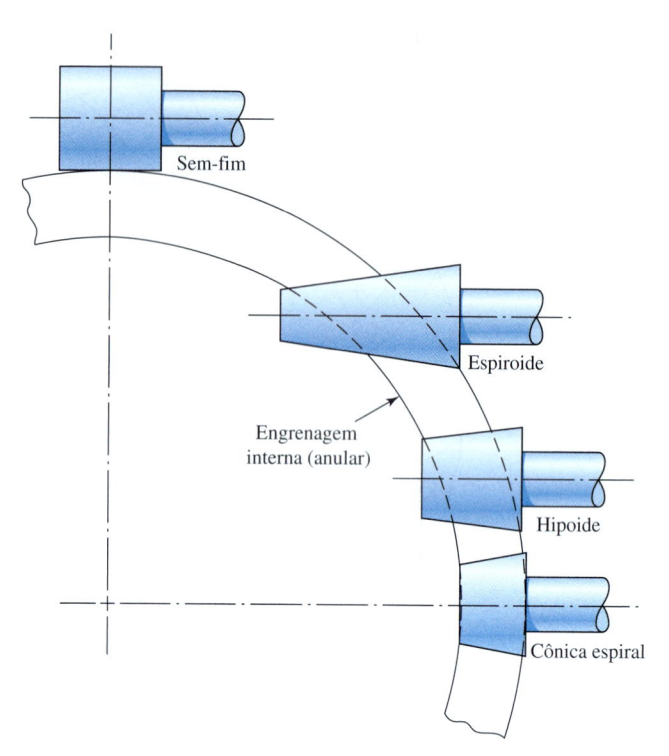

Figura 15–4 Comparação de engrenamentos de eixos intersectantes e reversos do tipo cônico. *(Extraído do Gear Handbook de Darle W. Dudley, 1962, p. 2–24).*

15–2 Tensões e resistências de engrenagens cônicas

Em uma montagem típica de engrenagens cônicas, Figura 13–36, p. 694, por exemplo, uma das engrenagens é frequentemente montada em balanço, fora do mancal. Isso significa que as deflexões do eixo podem ser mais pronunciadas e ter maior efeito na natureza do contato entre dentes. Uma outra dificuldade que ocorre ao predizer as tensões em dentes de engrenagens cônicas de dentes retos é o fato de os dentes serem afunilados. Assim, para atingir contato perfeito de linha passando pelo centro do cone, os dentes têm de fletir mais na extremidade maior que na extremidade menor. Para se obter essa condição requer-se que a carga seja proporcionalmente maior na extremidade maior. Por causa desse caráter variável da carga através da face do dente, é desejável ter uma largura de face razoavelmente pequena.

Por causa da complexidade das engrenagens cônicas de dentes retos, espirais, zerol, hipoides e espiroides, e das limitações de espaço, apenas uma porção das padronizações aplicáveis que se referem a engrenagens cônicas de dentes retos é apresentada aqui.[1] A Tabela 15–1 lista os símbolos utilizados na ANSI/AGMA 2003-B97.

Equação fundamental para tensão de contato

$$s_c = \sigma_c = C_p \left(\frac{W^t}{F d_P I} K_o K_v K_m C_s C_{xc} \right)^{1/2} \quad \text{(unidades habituais nos EUA)}$$

$$\sigma_H = Z_E \left(\frac{1\,000 W^t}{b d Z_1} K_A K_\omega K_{H\beta} Z_x Z_{xc} \right)^{1/2} \quad \text{(unidades SI)}$$

(15–1)

---

[1] As Figuras 15–5 a 15–13 e Tabelas 15–1 a 15–7 foram extraídas da ANSI/AGMA 2003-B97, *Rating the Pitting Resistance and Bending Strength of Generated Straight Bevel, Zerol Bevel and Spiral Bevel Gear Teeth*, com a permissão da editora, The American Gear Manufacturers Association, Alexandria, 1001 N. Fairfax Street. Suite 500, VA, 22314-1587.

O primeiro termo em cada equação é o símbolo AGMA, enquanto σ_c, nossa notação normal, lhe é diretamente equivalente.

Tabela 15–1 Símbolos utilizados nas equações de classificação de engrenagens cônicas, padrão ANSI/AGMA 2003-B97.

Símbolo AGMA	Símbolo ISO	Descrição	Unidades
A_m	R_m	Distância de cone média	in(mm)
A_0	R_e	Distância de cone externa	in(mm)
C_H	Z_W	Fator de razão de dureza para a resistência à cavitação	
C_i	Z_i	Fator de inércia para a resistência à cavitação	
C_L	Z_{NT}	Fator de ciclagem de tensão para a resistência à cavitação	
C_p	Z_E	Coeficiente elástico	$[\text{lbf/in}^2]^{0,5}$ ($[\text{N/mm}^2]^{0,5}$)
C_R	Z_Z	Fator de confiabilidade para cavitação	
C_{SF}		Fator de serviço para a resistência à cavitação	
C_S	Z_x	Fator de tamanho para a resistência à cavitação	
C_{xc}	Z_{xc}	Fator de coroamento para a resistência à cavitação	
D, d	d_{e2}, d_{e1}	Diâmetros primitivos externos de coroa e pinhão, respectivamente	in, mm
E_G, E_P	E_2, E_1	Módulo de elasticidade de Young para os materiais do pinhão e coroa, respectivamente	lbf/in² N/mm²
e	e	Base de logaritmos naturais (Napier)	
F	b	Largura de face, líquida	in, mm
F_{eG}, F_{eP}	b_2', b_1'	Larguras efetivas de face do pinhão e coroa, respectivamente	in, mm
f_P	R_{a1}	Rugosidade superficial do pinhão	μin, μm
H_{BG}	H_{B2}	Número de Dureza Brinell mínimo para o material da coroa	HB
H_{BP}	H_{B1}	Número de Dureza Brinell mínimo para o material de pinhão	HB
h_c	E_{ht} min	Profundidade total de endurecimento superficial mínimo a meia profundidade de dente	in(mm)
h_e	h_c'	Profundidade efetiva de endurecimento superficial mínimo	in(mm)
$h_{e\,lim}$	$h_{c\,lim}'$	Limite sugerido da profundidade efetiva máxima de endurecimento superficial a meia profundidade de dente	in(mm)
I	Z_I	Fator geométrico para a resistência à cavitação	
J	Y_J	Fator geométrico para a resistência flexional	
J_G, J_P	Y_{j2}, Y_{j1}	Fator geométrico para a resistência à flexão de coroa e pinhão, respectivamente	
K_F	Y_F	Corretor de tensão e fator de concentração	
K_i	Y_i	Fator de inércia para a resistência à flexão	
K_L	Y_{NT}	Fator de ciclagem de tensão para a resistência de flexão	
K_m	$K_{H\beta}$	Fator de distribuição de carga	
K_o	K_A	Fator de sobrecarga	
K_R	Y_z	Fator de confiabilidade para a resistência de flexão	
K_S	Y_X	Fator de tamanho para a resistência de flexão	
K_{SF}		Fator de serviço para a resistência de flexão	
K_T	K_θ	Fator de temperatura	
K_v	K_v	Fator dinâmico	
K_x	Y_β	Fator de curvatura ao longo do comprimento para a resistência à flexão	
	m_{et}	Módulo transversal externo	(mm)
	m_{mt}	Módulo transversal médio	(mm)
	m_{mn}	Módulo normal médio	(mm)
m_{NI}	ε_{NI}	Razão de compartilhamento de carga, cavitação	
m_{NJ}	ε_{NJ}	Razão de compartilhamento de carga, flexão	
N	z_2	Número de dentes da coroa	
N_L	n_L	Número de ciclos de carga	
n	z_1	Número de dentes do pinhão	
n_P	n_1	Velocidade do pinhão	rev/min
P	P	Potência de projeto transmitida pelo par de engrenagens	hp(kW)

Tabela 15–1 Símbolos utilizados nas equações de classificação de engrenagens cônicas, padrão ANSI/AGMA 2003-B97. (*Continuação*)

Símbolo AGMA	Símbolo ISO	Descrição	Unidades
P_a	P_a	Potência transmitida admissível	hp(kW)
P_{ac}	P_{az}	Potência transmitida admissível para resistência à cavitação	hp(kW)
P_{acu}	P_{azu}	Potência transmitida admissível para resistência à cavitação em termos do fator unitário de serviço	hp(kW)
P_{at}	P_{ay}	Potência transmitida admissível para resistência à flexão	hp(kW)
P_{atu}	P_{ayu}	Potência transmitida admissível para resistência à flexão em termos do fator unitário de serviço	hp(kW)
P_d		Passo diametral transversal externo	dentes/in
P_m		Passo diametral transversal médio	dentes/in
P_{mn}		Passo diametral normal médio	dentes/in
Q_v	Q_v	Número de acurácia da transmissão	
q	q	Expoente utilizado na fórmula do fator de curvatura ao longo do comprimento	
R, r	r_{mpt2}, r_{mpt1}	Raios primitivos transversais médios para a coroa e pinhão, respectivamente	in(mm)
R_t, r_t	r_{myo2}, r_{myo1}	Raios transversais médios ao ponto de aplicação de carga para coroa e pinhão, respectivamente	in(mm)
r_c	r_{c0}	Raio do cortador utilizado para produzir engrenagens cônicas Zerol e engrenagens cônicas espirais	in(mm)
s	g_c	Comprimento das linhas instantâneas de contato entre superfícies de dentes engrazados	in(mm)
s_{ac}	$\sigma_{H\lim}$	Valor da tensão de contato admissível	lbf/in² (N/mm²)
s_{at}	$\sigma_{F\lim}$	Valor da tensão de flexão (admissível)	lbf/in² (N/mm²)
s_c	σ_H	Valor calculado de tensão de contato	lbf/in² (N/mm²)
s_F	s_F	Fator de segurança à flexão	
s_H	s_H	Fator de segurança de contato	
s_t	σ_F	Valor calculado de tensão de flexão	lbf/in² (N/mm²)
s_{wc}	σ_{HP}	Valor permissível da tensão de contato	lbf/in² (N/mm²)
s_{wt}	σ_{FP}	Valor permissível de tensão de flexão	lbf/in² (N/mm²)
T_P	T_1	Torque de operação no pinhão	lbf in(Nm)
T_T	θ_T	Temperatura de operação da engrenagem (em vazio)	°F(°C)
t_0	s_{ai}	Espessura normal de topo de dente em ponto mais estreito	in (mm)
U_c	U_c	Coeficiente de dureza do núcleo para engrenagem nitretada	lfb/in² (N/mm²)
U_H	U_H	Fator de processo de endurecimento para o aço	lbf/in² (N/mm²)
v_t	v_{et}	Velocidade de linha primitiva no círculo primitivo mais externo	ft/min(m/s)
Y_{KG}, Y_{KP}	Y_{K2}, Y_{K1}	Fatores de forma de dentes incluindo o fator de concentração de tensão para coroa e pinhão, respectivamente.	
μ_G, μ_p	v_2, v_1	Coeficiente de Poisson para materiais de coroa e pinhão, respectivamente	
ρ_O	ρ_{yo}	Raio relativo de curvatura de perfil no ponto de máxima tensão de contato entre superfícies de dentes acoplados	in(mm)
ϕ	α_n	Ângulo de pressão normal na superfície primitiva	
ϕ_t	α_{wt}	Ângulo de pressão transversal no ponto primitivo	
ψ	β_m	Ângulo de espiral médio na superfície primitiva	
ψ_b	ϕ_{mb}	Ângulo médio da espiral de base	

Fonte: ANSI/AGMA 2003-B97.

Equação para o número (resistência) permissível de contato
(Continuação)

$$s_{wc} = (\sigma_c)_{\text{adm}} = \frac{s_{ac} C_L C_H}{S_H K_T C_R} \quad \text{(unidades habituais nos EUA)}$$

$$\sigma_{HP} = \frac{\sigma_{H\lim} Z_{NT} Z_W}{S_H K_\theta Z_Z} \quad \text{(unidades SI)}$$

(15–2)

Tensão de flexão

$$s_t = \frac{W^t}{F} P_d K_o K_v \frac{K_s K_m}{K_x J} \quad \text{(unidades habituais nos EUA)}$$

$$\sigma_F = \frac{1\,000 W^t}{b} \frac{K_A K_v}{m_{et}} \frac{Y_x K_{H\beta}}{Y_\beta Y_J} \quad \text{(unidades SI)}$$

(15–3)

Equação para a tensão de flexão permissível

$$s_{wt} = \frac{s_{at} K_L}{S_F K_T K_R} \quad \text{(unidades habituais nos EUA)}$$

$$\sigma_{FP} = \frac{\sigma_{F\lim} Y_{NT}}{S_F K_\theta Y_z} \quad \text{(unidades SI)}$$

(15–4)

15–3 Fatores para equação AGMA

Fator de sobrecarga K_o (K_A)

O fator de sobrecarga leva em conta quaisquer cargas externamente aplicadas que excedam a carga nominal transmitida. A Tabela 15–2, do Apêndice A de 2003-B97, foi incluída para servir de guia.

Fatores de segurança S_H e S_F

Os fatores de segurança S_H e S_F, como definido na 2003-B97, são ajustes de resistência, não carga, e consequentemente não podem ser utilizados para avaliar (por comparação) se o risco de falha decorre de fadiga de desgaste ou de flexão. Uma vez que W^t é o mesmo para o pinhão e a coroa, a comparação entre $\sqrt{S_H}$ e S_F é direta.

Tabela 15–2 Fatores de sobrecarga K_o (K_A).

Caráter do acionador principal	Caráter da carga na máquina acionada			
	Uniforme	Choques leves	Choques médios	Choques intensos
Uniforme	1,00	1,25	1,50	1,75 ou maior
Choques leves	1,10	1,35	1,60	1,85 ou maior
Choques médios	1,25	1,50	1,75	2,00 ou maior
Choques intensos	1,50	1,75	2,00	2,25 ou maior

Nota: Esta tabela destina-se a engrazamentos com redução de velocidade; para aumento (multiplicação) de velocidade, adicione $0,01(N=n)^2$ ou $0,01(z_2=z_1)^2$ aos fatores acima.

Fonte: ANSI/AGMA 2003-B97.

Fator dinâmico K_v

Na 2003-C97 a AGMA modificou a definição de K_v para seu recíproco, porém manteve o mesmo símbolo. Outras padronizações ainda devem seguir essa alteração. O fator dinâmico K_v leva em consideração o efeito da qualidade dos dentes de engrenagem com relação à velocidade e à carga, e o aumento de tensão que se segue. A AGMA se utiliza de um *número de acurácia de transmissão* para descrever a precisão com a qual perfis de dentes são espaçados ao longo do círculo primitivo. A Figura 15–5 mostra graficamente como a velocidade no círculo primitivo e o número de acurácia de transmissão estão relacionados ao fator dinâmico K_v. Os ajustes de curvas correspondem a

$$K_v = \left(\frac{A + \sqrt{v_t}}{A}\right)^B \quad \text{(unidades habituais nos EUA)}$$

$$K_v = \left(\frac{A + \sqrt{200 v_{et}}}{A}\right)^B \quad \text{(unidades SI)}$$

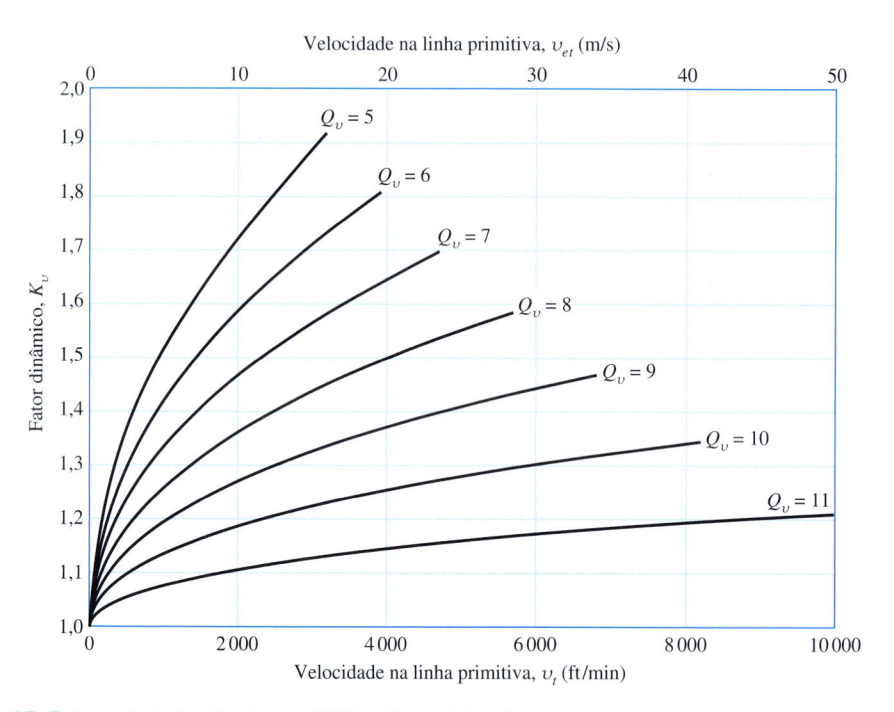

(15–5)

Figura 15–5 Fator dinâmico Kv. *Fonte*: ANSI/AGMA 2003-B97.

em que

$$A = 50 + 56(1 - B)$$
$$B = 0{,}25(12 - Q_v)^{2/3}$$

(15–6)

e v_t (v_{et}) é a velocidade de linha primitiva no diâmetro primitivo externo, expressa em ft/min (m/s):

$$v_t = \pi d_P n_P / 12 \quad \text{(unidades habituais nos EUA)}$$
$$v_{et} = 5{,}236(10^{-5}) d_1 n_1 \quad \text{(unidades SI)}$$

(15–7)

A máxima velocidade recomendada no círculo primitivo está associada com a abcissa dos pontos terminais da curva da Figura 15–5:

$$v_{t\,\max} = [A + (Q_v - 3)]^2 \quad \text{(unidades habituais nos EUA)}$$

$$v_{te\,\max} = \frac{[A + (Q_v - 3)]^2}{200} \quad \text{(unidades SI)} \tag{15-8}$$

em que $v_{t\,\max}$ e $v_{et\,\max}$ estão em ft/min e m/s, respectivamente.

Fator de tamanho para a resistência à cavitação $C_s(Z_x)$

$$C_s = \begin{cases} 0,5 & F < 0,5 \text{ in} \\ 0,125F + 0,4375 & 0,5 \leq F \leq 4,5 \text{ in} \\ 1 & F > 4,5 \text{ in} \end{cases} \quad \text{(unidades habituais nos EUA)}$$

$$Z_x = \begin{cases} 0,5 & b < 12,7 \text{ mm} \\ 0,004\,92b + 0,4375 & 12,7 \leq b \leq 114,3 \text{ mm} \\ 1 & b > 114,3 \text{ mm} \end{cases} \quad \text{(unidades SI)} \tag{15-9}$$

Fator de tamanho para flexão $Ks(Y_x)$

$$K_s = \begin{cases} 0,4867 + 0,2132/P_d & 0,5 \leq P_d \leq 16 \text{ dentes/in} \\ 0,5 & P_d > 16 \text{ dentes/in} \end{cases} \quad \text{(unidades habituais nos EUA)}$$

$$Y_x = \begin{cases} 0,5 & m_{et} < 1,6 \text{ mm} \\ 0,4867 + 0,008\,339 m_{et} & 1,6 \leq m_{et} \leq 50 \text{ mm} \end{cases} \quad \text{(unidades SI)} \tag{15-10}$$

Fator de distribuição de carga K_m ($K_{H\beta}$)

$$K_m = K_{mb} + 0,0036F^2 \quad \text{(unidades habituais nos EUA)}$$

$$K_{H\beta} = K_{mb} + 5,6(10^{-6})b^2 \quad \text{(unidades SI)} \tag{15-11}$$

em que:

$$K_{mb} = \begin{cases} 1,00 & \text{ambos os membros montados entre mancais} \\ 1,10 & \text{um membro montado entre mancais} \\ 1,25 & \text{nenhum membro montado entre mancais} \end{cases}$$

Fator de coroamento para resistência à cavitação $C_{xc}(Z_{xc})$

Os dentes da maior parte das engrenagens cônicas apresentam coroamento na direção do comprimento, imposto durante o processo de manufatura, para acomodar a deflexão de montagem.

$$C_{xc} = Z_{xc} = \begin{cases} 1,5 & \text{dentes coroados de forma apropriada} \\ 2,0 & \text{ou dentes maiores não coroados} \end{cases} \tag{15-12}$$

Fator de curvatura ao longo do comprimento para resistência à flexão $K_x(Y_\beta)$

Para engrenagens cônicas de dentes retos,

$$K_x = Y_\beta = 1 \tag{15-13}$$

Fator geométrico para a resistência de cavitação I(Z_I)

A Figura 15-6 mostra o fator geométrico $I(Z_I)$ para engrenagens cônicas de dentes retos com um ângulo de pressão de 20° e ângulo entre eixos de 90°. Entre no eixo das ordenadas da figura com o número de dentes do pinhão, mova até a linha de contorno do número de dentes da engrenagem (coroa) e leia o fator geométrico no eixo das abscissas.

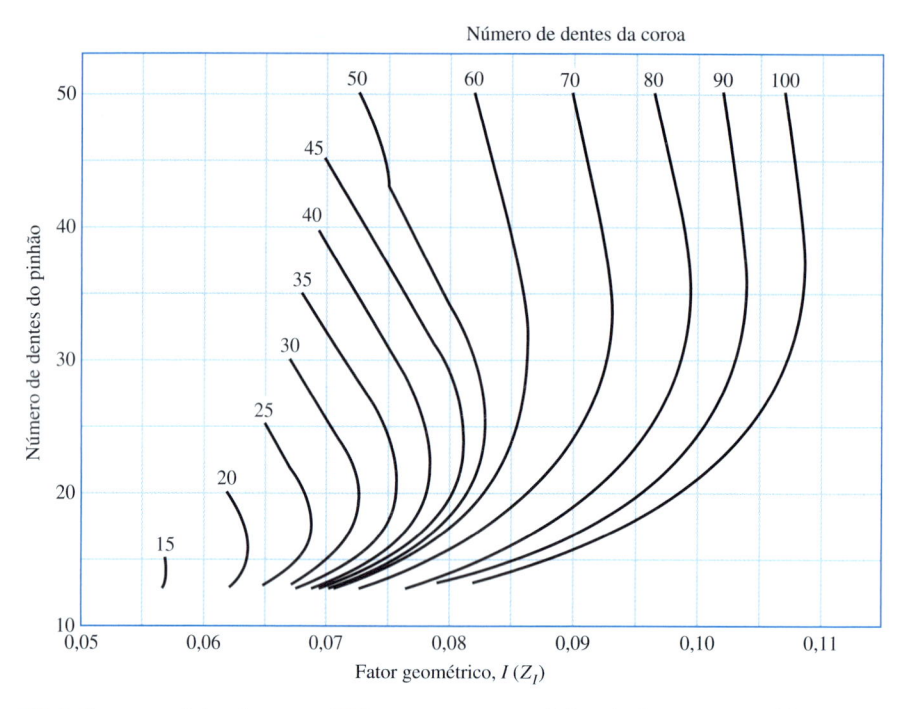

Figura 15–6 Fator geométrico de contato $I(Z_I)$ para engrenagens cônicas de dentes retos coniflex com um ângulo de pressão de 20° e ângulo entre eixos de 90°. *Fonte*: ANSI/AGMA 2003-B97.

Fator geométrico para a resistência à flexão J(Y_J)

A Figura 15–7 mostra o fator geométrico J para engrenagens cônicas de dentes retos com um ângulo de pressão de 20° e ângulo entre eixos de 90°.

Fator de ciclagem de tensão para resistência à cavitação $C_L(Z_{NT})$

$$C_L = \begin{cases} 2 & 10^3 \leq N_L < 10^4 \\ 3{,}4822 N_L^{-0{,}0602} & 10^4 \leq N_L \leq 10^{10} \end{cases}$$

$$Z_{NT} = \begin{cases} 2 & 10^3 \leq n_L < 10^4 \\ 3{,}4822 n_L^{-0{,}0602} & 10^4 \leq n_L \leq 10^{10} \end{cases}$$

(15–14)

Veja a Figura 15–8 para uma representação gráfica das Equações (15–14).

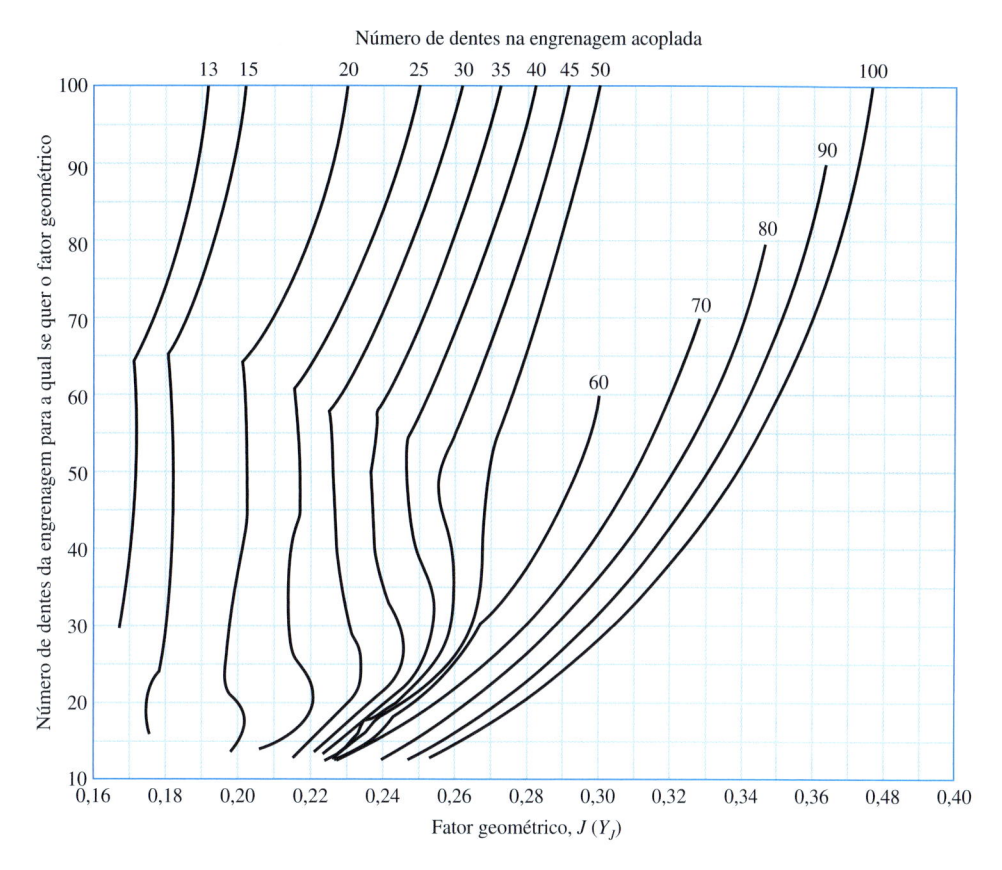

Figura 15–7 Fator de flexão $J\,(Y_J)$ para engrenagens cônicas de dentes retos coniflex com um ângulo de pressão normal de 20° e ângulo entre eixos de 90°. *Fonte*: ANSI/AGMA 2003-B97.

$$C_L = 3{,}4822\,N_L^{-0{,}0602}$$
$$Z_{NT} = 3{,}4822\,n_L^{-0{,}0602}$$

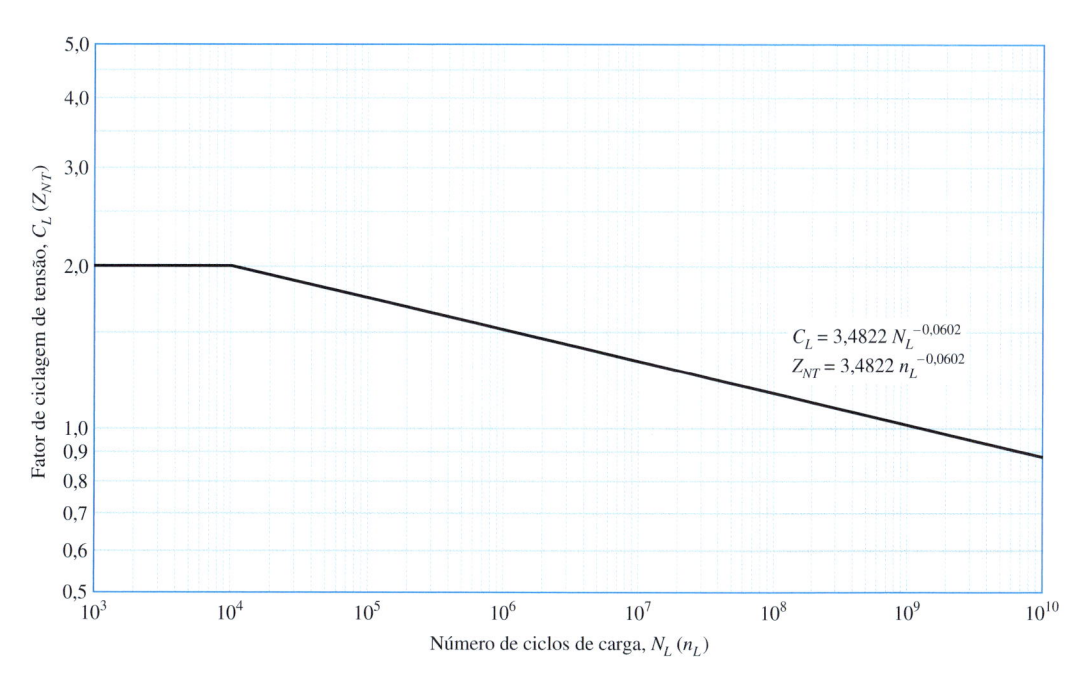

Figura 15–8 Fator de ciclagem de tensão de contato para a resistência de cavitação $C_L(Z_{NT})$ para engrenagens cônicas de aço endurecido superficialmente por carbonetação. *Fonte*: ANSI/AGMA 2003-B97.

Fator de ciclagem de tensão para resistência à flexão $K_L(Y_{NT})$

$$K_L = \begin{cases} 2{,}7 & 10^2 \leq N_L < 10^3 \\ 6{,}1514 N_L^{-0{,}1192} & 10^3 \leq N_L < 3(10^6) \\ 1{,}683 N_L^{-0{,}0323} & 3(10^6) \leq N_L \leq 10^{10} \quad \text{crítico} \\ 1{,}3558 N_L^{-0{,}0178} & 3(10^6) \leq N_L \leq 10^{10} \quad \text{geral} \end{cases}$$

(15–15)

$$Y_{NT} = \begin{cases} 2{,}7 & 10^2 \leq n_L < 10^3 \\ 6{,}1514 n_L^{-0{,}1192} & 10^3 \leq n_L < 3(10^6) \\ 1{,}683 n_L^{-0{,}0323} & 3(10^6) \leq n_L \leq 10^{10} \quad \text{crítico} \\ 1{,}3558 n_L^{-0{,}0323} & 3(10^6) \leq n_L \leq 10^{10} \quad \text{geral} \end{cases}$$

Veja a Figura 15–9 para um gráfico das Equações (15–15).

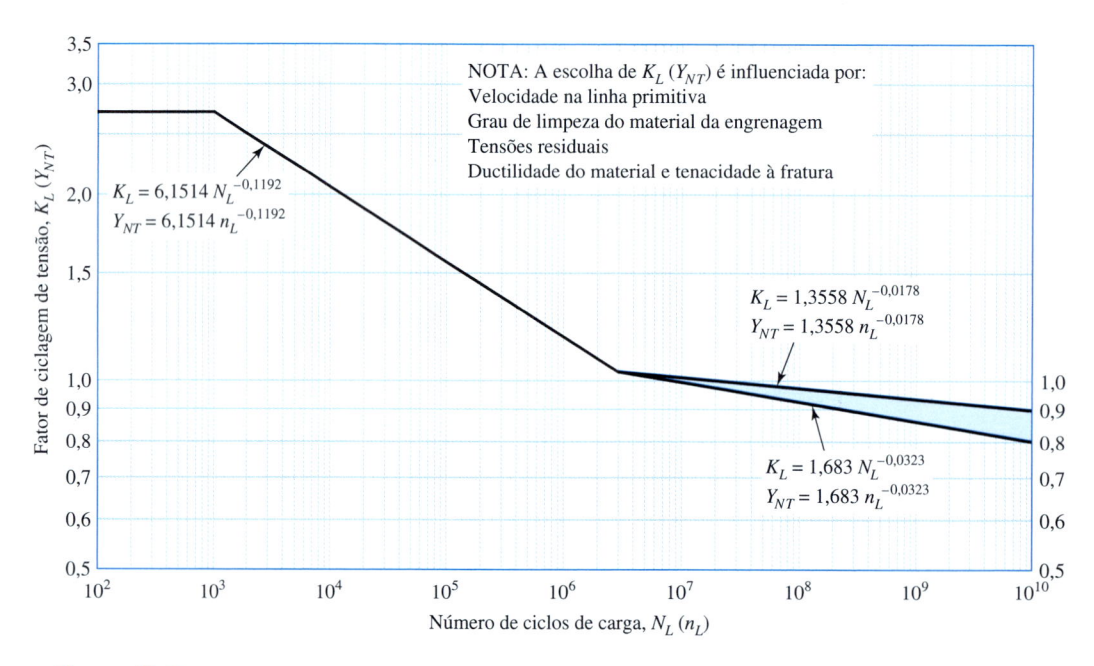

Figura 15–9 Fator de ciclagem de tensão para resistência à flexão $K_L(Y_{NT})$ para engrenagens cônicas de aço endurecido superficialmente por carbonetação. *Fonte*: ANSI/AGMA 2003-B97.

Fator de razão de dureza $C_H(Z_W)$

$$C_H = 1 + B_1(N/n - 1) \qquad B_1 = 0{,}008\,98(H_{BP}/H_{BG}) - 0{,}008\,29$$

$$Z_W = 1 + B_1(z_1/z_2 - 1) \qquad B_1 = 0{,}008\,98(H_{B1}/H_{B2}) - 0{,}008\,29$$

(15–16)

As equações anteriores são válidas quando $1{,}2 \leq H_{BP}/H_{BG} \leq 1{,}7 (1{,}2 \leq H_{B1}/H_{B2} \leq 1{,}7)$. A Figura 15–10 mostra graficamente as Equações (15–16). Quando um pinhão endurecido superficialmente (48 HRC ou mais) roda com uma coroa endurecida completamente ($180 \leq H_B \leq 400$), um efeito de encruamento ocorre. O fator $C_H(Z_W)$ varia com a rugosidade superficial do pinhão f_P (R_{a1}) e com a dureza da engrenagem acoplante:

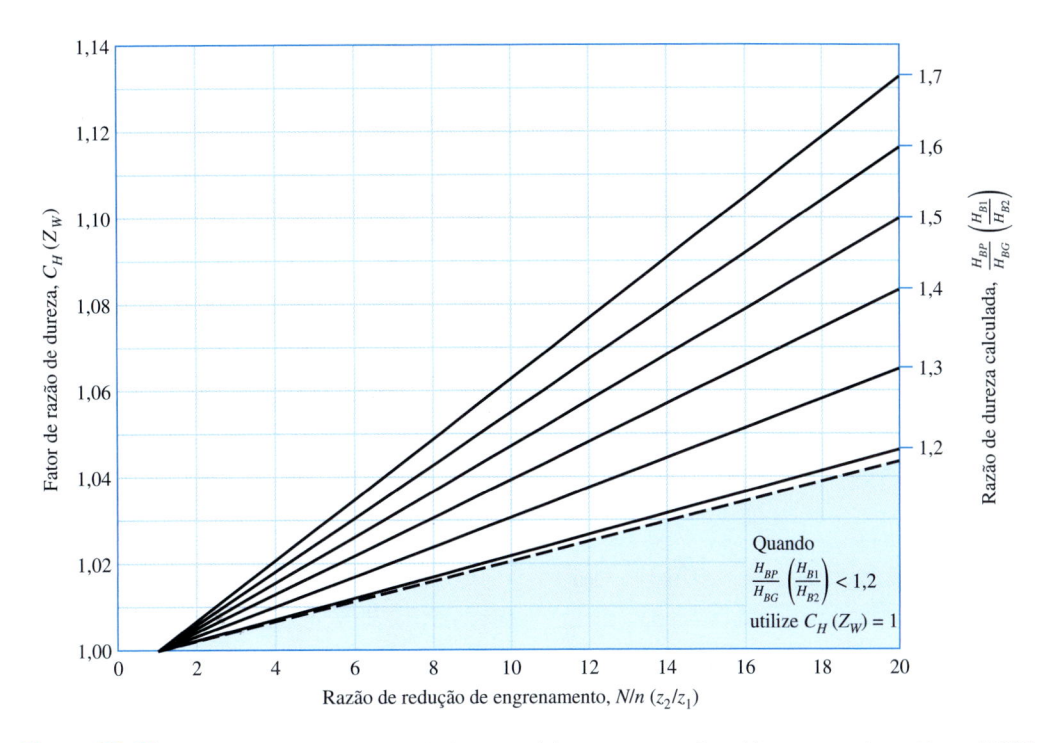

Figura 15–10 Fator de razão de dureza C_H (Z_W) para o pinhão e a coroa endurecidos por completo. *Fonte*: ANSI/AGMA 2003-B97.

$$C_H = 1 + B_2(450 - H_{BG}) \qquad B_2 = 0{,}000\,75\exp(-0{,}0122 f_P)$$
$$Z_W = 1 + B_2(450 - H_{B2}) \qquad B_2 = 0{,}000\,75\exp(-0{,}52\, R_{a1})$$

(15-17)

em que $f_P(R_{a1})$ = dureza superficial do pinhão, μin (μm)

$H_{BG}(H_{B2})$ = dureza Brinell mínima da engrenagem

Veja a Figura 15–11 para pares de engrenagens de aço carbonetadas de dureza aproximadamente igual, $C_H = Z_W = 1$.

Fator de temperatura $K_T(K_\theta)$

$$K_T = \begin{cases} 1 & 32°F \le t \le 250°F \\ (460 + t)/710 & t > 250\ F \end{cases}$$

$$K_\theta = \begin{cases} 1 & 0°C \le \theta \le 120°C \\ (273 + \theta)/393 & \theta > 120°C \end{cases}$$

(15-18)

Fatores de confiabilidade $C_R(Z_Z)$ e $K_R(Y_Z)$

A Tabela 15–3 mostra os fatores de confiabilidade. Observe que $C_R = \sqrt{K_R}$ e $Z_Z = \sqrt{Y_Z}$. As equações de interpolação logarítmica são

$$Y_Z = K_R = \begin{cases} 0{,}50 - 0{,}25\,\log(1 - R) & 0{,}99 \le R \le 0{,}999 \quad (15\text{-}19)\\ 0{,}70 - 0{,}15\,\log(1 - R) & 0{,}90 \le R < 0{,}99 \quad (15\text{-}20) \end{cases}$$

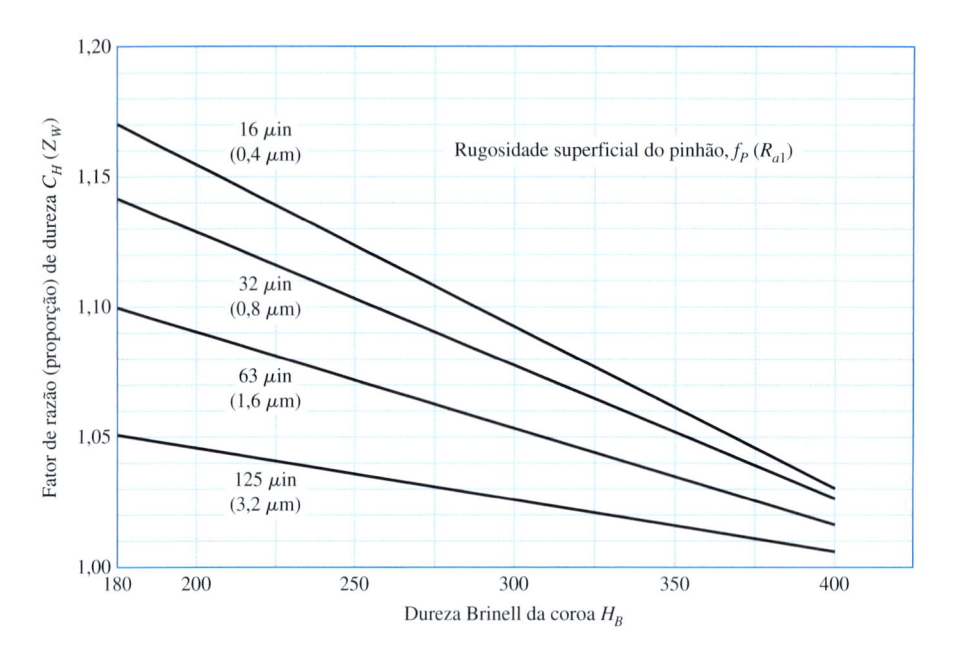

Figura 15–11 Fator de razão de dureza $C_H(Z_W)$ para pinhões de superfície endurecidas. *Fonte*: ANSI/AGMA 2003-B97.

Tabela 15–3 Fatores de confiabilidade. *Fonte*: ANSI/AGMA 2003-B97.

Requisitos da aplicação	Fatores de confiabilidade para o aço*	
	C_R (Z_Z)	K_R (Y_Z)[†]
Menos de uma falha a cada 10000	1,22	1,50
Menos de uma falha a cada 1000	1,12	1,25
Menos de uma falha a cada 100	1,00	1,00
Menos de uma falha a cada 10	0,92	0,85 [‡]
Menos de uma falha a cada 2	0,84	0,70 [§]

*No momento não há dados suficientes relativos à confiabilidade de engrenagens cônicas feitas de outros materiais.

[†]Quebra de dente é, algumas vezes, considerado um perigo maior que falha por cavitação. Em tais casos, um valor maior de $K_R(Y_Z)$ é selecionado para flexão.

[‡]Para este valor, pode ocorrer fluxo plástico em vez de formação de cavidades.

[§]A partir da extrapolação de dados experimentais.

A confiabilidade dos números de tensão (fadiga) admissível nas Tabelas 15–4, 15–5, 15–6 e 15–7 é 0,99.

Coeficiente elástico para resistência à cavitação $C_p(Z_E)$

$$C_p = \sqrt{\frac{1}{\pi\left[\left(1-\nu_P^2\right)/E_P + \left(1-\nu_G^2\right)/E_G\right]}}$$

$$Z_E = \sqrt{\frac{1}{\pi\left[\left(1-\nu_1^2\right)/E_1 + \left(1-\nu_2^2\right)/E_2\right]}}$$

(15–21)

Tabela 15–4 Número de tensão de contato admissível para engrenagens de aço, s_{ac} ($\sigma_{H\,\lim}$). *Fonte*: ANSI/AGMA 2003-B97.

Designação do material	Tratamento térmico	Dureza superficial mínima*	Valor admissível da tensão de contato s_{ac} ($\sigma_{H\,\lim}$) lbf/in² (N/mm²)		
			Grau 1†	Grau 2†	Grau 3†
Aço	Endurecido por completo‡	Figura 15–12	Figura 15–12	Figura 15–12	
	Endurecimento por chama ou indução§	50 HRC	175 000 (1210)	190 000 (1310)	
	Carbonetada e endurecida superficialmente§	2003-B97 Tabela 8	200 000 (1380)	225 000 (1550)	250 000 (1720)
AISI 4140	Nitretada§	84,5 HR 15N		145 000 (1000)	
Nitralloy 135M	Nitretada§	90,0 HR15N		160 000 (1100)	

* Dureza deve ser equivalente àquela a meia altura do dente no centro da largura de face.
† Ver ANSI/AGMA 2003-B97, Tabelas 8 a 11, para os fatores metalúrgicos para cada grau de tensão de engrenagens de aço.
‡ Estes materiais devem ser recozidos ou normalizados, pelo menos.
§ Os valores indicados de tensão admissíveis podem ser usados com as profundidades de camada endurecida prescritas em 21.1, ANSI/AGMA 2003-B97.

Tabela 15–5 Número de tensão de contato admissível para engrenagens de ferro, s_{ac} ($\sigma_{H\,\lim}$). *Fonte*: ANSI/AGMA 2003-B97.

Designação do material			Tratamento térmico	Dureza superficial típica mínima	Valor da tensão de contato admissível, s_{ac} ($\sigma_{H\,\lim}$) lbf/in² (N/mm²)
Material	ASTM	ISO			
Ferro fundido	ASTM A48 Classe 30 Classe 40	ISO/DR185 Grau 200 Grau 300	Como fundido Como fundido	175 HB 200 HB	50 000 (345) 65 000 (450)
Ferro dúctil (nodular)	ASTM A536 Grau 80-55-0 Grau 120-90-02	ISO/DIS 1083 Grau 600-370-03 Grau 800-480-02	Temperado e revenido	180 HB 300 HB	94 000 (650) 135 000 (930)

Tabela 15–6 Números de tensão de flexão admissíveis para engrenagens de aço, s_{at} ($\sigma_{F\,\lim}$). *Fonte*: ANSI/AGMA 2003-B97.

Designação do material	Tratamento térmico	Dureza superficial mínima	Valor da tensão de flexão (admissível), s_{at} ($\sigma_{F\,\lim}$) lbf/in² (N/mm²)		
			Grau 1*	Grau 2*	Grau 3*
Aço	Endurecido por completo	Figura 15–13	Figura 15–13	Figura 15–13	
	Endurecido por chama ou indução Raízes não endurecidas Raízes endurecidas	50 HRC	15 000 (85) 22 500 (154)	13 500 (95)	
	Carbonetado e endurecido superficialmente†	2003-B97 Tabela 8	30 000 (205)	35 000 (240)	40 000 (275)
AISI 4140	Nitretado†,‡	84,5 HR15N		22 000 (150)	
Nitralloy 135M	Nitretado†,‡	90,0 HR15N		24 000 (165)	

* Ver ANSI/AGMA 2003-B97, Tabelas 8–11, para fatores metalúrgicos para cada grau de tensão de engrenagens de aço.
† Os valores de tensão admissíveis indicados podem ser utilizados com as profundidades de camada endurecida prescritas em 21.1, ANSI/AGMA 2003-B97.
‡ A capacidade de sobrecarga de engrenagens nitretadas é pequena. Uma vez que a forma da curva S-N efetiva é plana, a sensitividade a choques deve ser investigada antes de proceder com o projeto.

em que C_P = coeficiente elástico, $2290 \sqrt{\text{psi}}$ para o aço

Z_E = coeficiente elástico, $190 \sqrt{\text{N/mm}^2}$ para o aço

E_P e E_G = módulos de Young para o pinhão e coroa, respectivamente, psi

E_1 e E_2 = módulos de Young para o pinhão e coroa, respectivamente, N/mm²

Tensão de contato permissível

As Tabelas 15–4 e 15–5 fornecem valores de S_{ac} (σ_H) para engrenagens de aço e de ferro, respectivamente. A Figura 15–12 mostra, graficamente, a tensão admissível para materiais de graus 1 e 2.

As equações são

$$\begin{aligned} s_{ac} &= 341 H_B + 23\,620 \text{ psi} & \text{grau 1} \\ \sigma_{H\,\lim} &= 2{,}35 H_B + 162{,}89 \text{ MPa} & \text{grau 1} \\ s_{ac} &= 363{,}6 H_B + 29\,560 \text{ psi} & \text{grau 2} \\ \sigma_{H\,\lim} &= 2{,}51 H_B + 203{,}86 \text{ MPa} & \text{grau 2} \end{aligned} \quad (15\text{–}22)$$

Tabela 15–7 Número de tensão de flexão admissível para engrenagens de ferro, s_{at} ($\sigma_{F\,\lim}$). *Fonte*: ANSI/AGMA 2003-B97.

Material	Designação do material ASTM	Designação do material ISO	Tratamento térmico	Dureza superficial mínima típica	Valor da tensão de flexão (admissível), s_{at} ($\sigma_{F\,\lim}$) lbf/in² (N/mm²)
Ferro fundido	ASTM A48 Classe 30 Classe 40	ISO/DR 185 Grau 200 Grau 300	Como fundido Como fundido	175 HB 200 HB	4500 (30) 6500 (45)
Ferro dúctil (nodular)	ASTM A536 Grau 80-55-06 Grau 120-90-02	ISO/DIS 1083 Grau 600-370-03 Grau 800-480-02	Temperado e revenido	180 HB 300 HB	10000 (70) 13500 (95)

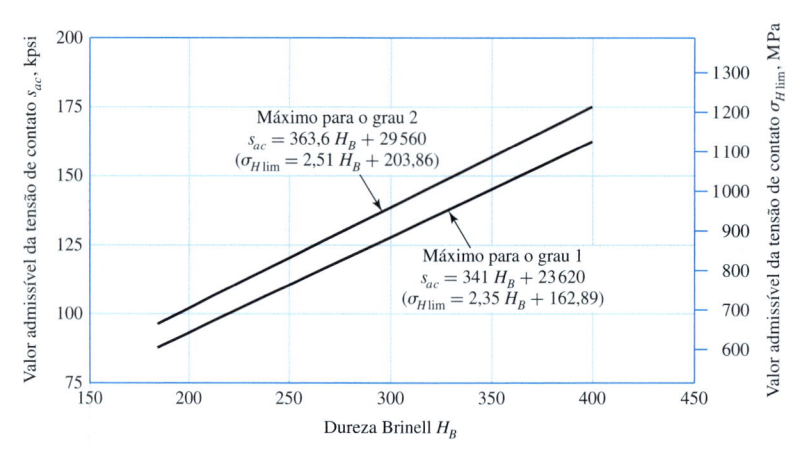

Figura 15–12 Número admissível da tensão de contato para engrenagens de aço endurecidas por completo, s_{at} ($\sigma_{H\,\lim}$). *Fonte*: ANSI/AGMA 2003-B97.

Números de tensão de flexão admissíveis

As Tabelas 15–6 e 15–7 fornecem valores de S_{at} ($\sigma_{F\,\lim}$) para engrenagens de aço e de ferro, respectivamente. A Figura 15–13 mostra graficamente a tensão de flexão admissível para aços endurecidos por inteiro. As equações são

$$s_{at} = 44H_B + 2100 \text{ psi} \quad \text{grau 1}$$
$$\sigma_{F\lim} = 0{,}30H_B + 14{,}48 \text{ MPa} \quad \text{grau 1}$$
$$s_{at} = 48H_B + 5980 \text{ psi} \quad \text{grau 2}$$
$$\sigma_{H\lim} = 0{,}33H_B + 41{,}24 \text{ MPa} \quad \text{grau 2}$$

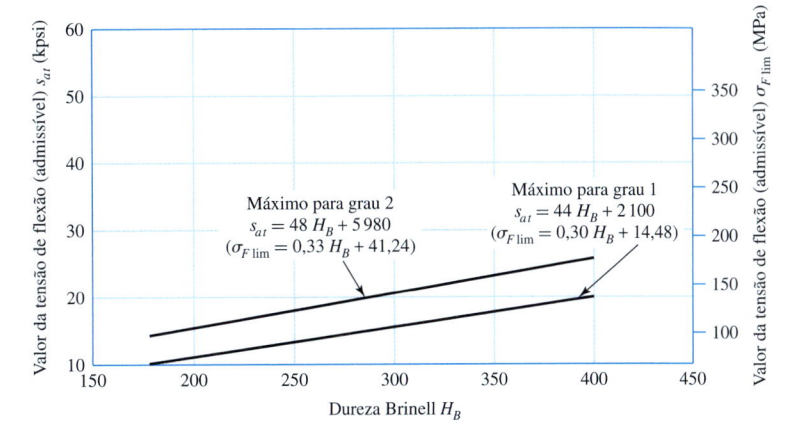

(15–23)

Figura 15–13 Valor da tensão de contato admissível para engrenagens de aço endurecidas por completo, s_{at} ($\sigma_{F\lim}$). *Fonte*: ANSI/AGMA 2003-B97.

Carregamento reverso

A AGMA recomenda utilizar 70% da resistência admissível quando a carga nos dentes é completamente reversa, como no caso de engrenagens reversoras intermediárias ou mecanismos de reversão.

Resumo

A Figura 15–14 é um "guia rodoviário" para as relações de desgaste de engrenagens cônicas de dentes retos utilizando a 2003-B07. A Figura 15–15 é um guia similar para flexão de engrenagens cônicas de dentes retos usando a 2003-B97.

A padronização não menciona um aço específico, mas a dureza atingível por meio de tratamentos térmicos tais como endurecimento completo, carbonetação e endurecimento superficial, endurecimento por chama e nitretação. Os resultados de endurecimento total dependem do tamanho (passo diametral). Materiais endurecidos por inteiro e a correspondente escala de dureza Rockwell C a 90% de martensita, mostrada nos parênteses que se seguem, incluem 1045 (50), 1060 (54), 1335 (46), 2340 (49), 3140 (49), 4047 (52), 4130 (44), 4140 (49), 4340 (49), 5145 (51), E52100 (60), 6150 (53), 8640 (50) e 9840 (49). Para materiais endurecidos superficialmente por carbonetação, as durezas aproximadas de núcleo são: 1015 (22), 1025 (37), 1118 (33), 1320 (35), 2317 (30), 4320 (35), 4620 (35), 4820 (35), 6120 (35), 8620 (35) e E9310 (30). A conversão de HRC a H_B (carga de 300 kg, esfera de 10 mm) é

HRC	42	40	38	36	34	32	30	28	26	24	22	20	18	16	14	12	10
HB	388	375	352	331	321	301	285	269	259	248	235	223	217	207	199	192	187

A maior parte dos conjuntos de engrenagens cônicas são construídos de aço endurecido superficialmente por carbonetação, e os fatores incorporados na 2003-B97 tratam dessas engrenagens de alto desempenho. Para engrenagens endurecidas por completo, a 2003-B97 faz silêncio com relação a K_L e C_L. As Figuras 15–8 e 15–9 devem, prudentemente, ser consideradas aproximações.

**DESGASTE DE ENGRENAGENS CÔNICAS DE DENTES RETOS
BASEADO NO ANSI/AGMA 2003-B97 (UNIDADES DO SISTEMA AMERICANO)**

Geometria	Análise de força	Análise de resistência
$d_p = \dfrac{N_P}{P_d}$	$W^t = \dfrac{2T}{d_{av}}$	$W^t = \dfrac{2T}{d_p}$
$\gamma = \tan^{-1}\dfrac{N_P}{N_G}$	$W^r = W^t \tan\phi \cos\gamma$	$W^r = W^t \tan\phi \cos\gamma$
$\Gamma = \tan^{-1}\dfrac{N_G}{N_P}$	$W^a = W^t \tan\phi \,\text{sen}\,\gamma$	$W^a = W^t \tan\phi \,\text{sen}\,\gamma$
$d_{av} = d_p - F\cos\Gamma$		

Tensão de contato na engrenagem

$$S_c = \sigma_c = C_p \left(\dfrac{W^t}{Fd_p I} K_o K_v K_m C_s C_{xc}\right)^{1/2}$$

- Na extremidade posterior (mais larga) do dente
- Tabela 15–2, p. 775
- Equações (15–5) a (15–8), p. 776–777
- Equação (15–11), p. 777
- Equação (15–12), p. 777
- Equação (15–9), p. 777
- Figura 15–6, p. 778
- Equação (15–21), p. 782

Resistência de desgaste da engrenagem

$$S_{wc} = (\sigma_c)_{adm} = \dfrac{s_{ac} C_L C_H}{S_H K_T C_R}$$

- Tabela 15–4, 15–5, Figura 15–12, Equação (15–22), p. 783–784
- Figura 15–8, p. 779, Equação (15–14), p. 778
- Equações (15–16), p. 780, (15–17), p. 781, apenas para a coroa
- Equações (15–19), (15–20), Tabela 15–3, p. 781–782
- Equação (15–18), p. 781

Fator de segurança do desgaste

$$S_H = \dfrac{(\sigma_c)_{adm}}{\sigma_c}, \text{ com base na resistência}$$

$$n_w = \left(\dfrac{(\sigma_c)_{adm}}{\sigma_c}\right)^2, \text{ com base em } W^t; \text{ pode ser comparado diretamente com } S_F$$

Com base na ANSI/AGMA 2003-B97.

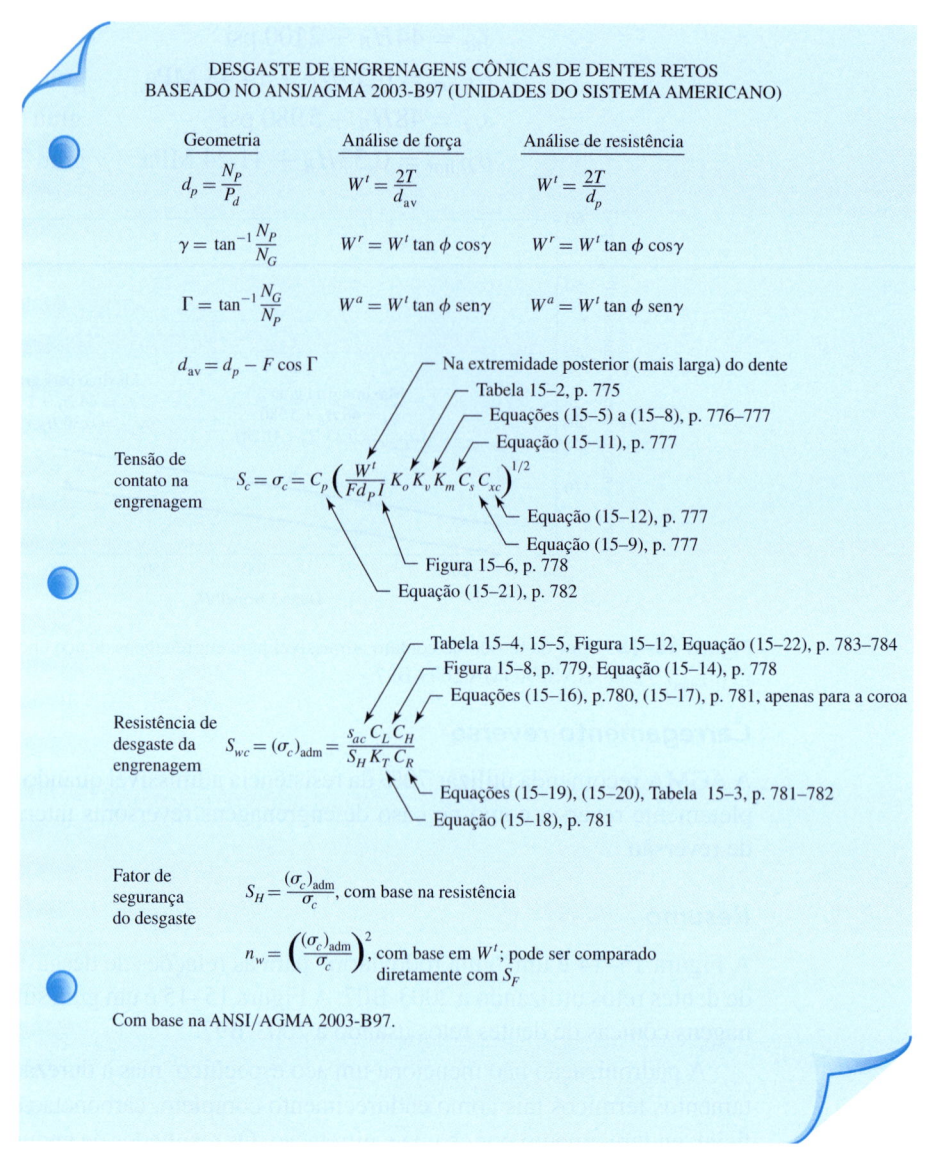

Figura 15–14 Resumo em forma de "guia rodoviário" das principais equações de desgaste de engrenagens cônicas de dentes retos e seus parâmetros.

15–4 Análise de engrenagens cônicas de dentes retos

EXEMPLO 15–1 Um par de engrenagens oblíquas de dentes retos, idênticas, listado em um catálogo, possui um módulo de 5 na extremidade posterior, 25 dentes, uma largura de face de 27,5 mm e ângulo de pressão normal 20°; as engrenagens são construídas de aço grau 1, endurecidas por inteiro, com dureza de núcleo e superfície de 180 Brinell. As engrenagens não têm coroas e com uso pretendido industrial em geral. Elas possuem um número de qualidade $Q_v = 7$. É provável que a aplicação que se pretende irá requerer montagem externa. Utilize um fator de segurança igual a 1, uma vida de 10^7 ciclos, com confiabilidade de 0,99.

(a) Para uma velocidade de 600 rev/min encontre a potência nominal deste par de engrenagens com base na resistência à flexão AGMA.

(b) Para as mesmas condições da parte (a), encontre a potência nominal deste mesmo par de engrenagens com base na resistência ao desgaste AGMA.

FLEXÃO DE ENGRENAGENS CÔNICAS DE DENTES RETOS
BASEADO NO ANSI/AGMA 2003-B97 (UNIDADES DO SISTEMA AMERICANO)

Geometria	Análise de força	Análise de resistência
$d_p = \dfrac{N_P}{P}$	$W^t = \dfrac{2T}{d_{av}}$	$W^t = \dfrac{2T}{d_p}$
$\gamma = \tan^{-1}\dfrac{N_P}{N_G}$	$W^r = W^t \tan\phi \cos\gamma$	$W^r = W^t \tan\phi \cos\gamma$
$\Gamma = \tan^{-1}\dfrac{N_G}{N_P}$	$W^a = W^t \tan\phi \,\text{sen}\,\gamma$	$W^a = W^t \tan\phi \,\text{sen}\,\gamma$
$d_{av} = d_p - F \cos\Gamma$		

Na extremidade posterior (mais larga) do dente

Tensão de flexão da engrenagem
$$S_t = \sigma = \dfrac{W^t}{F} P_d K_o K_v \dfrac{K_s K_m}{K_x J}$$

— Tabela 15–2, p. 775
— Equações (15–5) a (15–8), p. 776–777
— Equação (15–10), p. 777
— Equação (15–11), p. 777
— Figura 15–7, p. 779
— Equação (15–13), p. 777

Resistência de flexão da engrenagem
$$S_{wt} = \sigma_{adm} = \dfrac{s_{at} K_L}{S_F K_T K_R}$$

— Tabela 15–6 ou 15–7, p. 783–784
— Figura 15–9, Equação (15–15), p. 780
— Equações (15–19), (15–20), Tabela 15–3, p. 781–782
— Equação (15–18), p. 781

Fator de segurança da flexão
$$S_F = \dfrac{\sigma_{adm}}{\sigma}, \text{ com base na resistência}$$

$$n_B = \dfrac{\sigma_{adm}}{\sigma}, \text{ com base em } W^t, \text{ o mesmo com relação a } S_F$$

Com base na ANSI/AGMA 2003-B97.

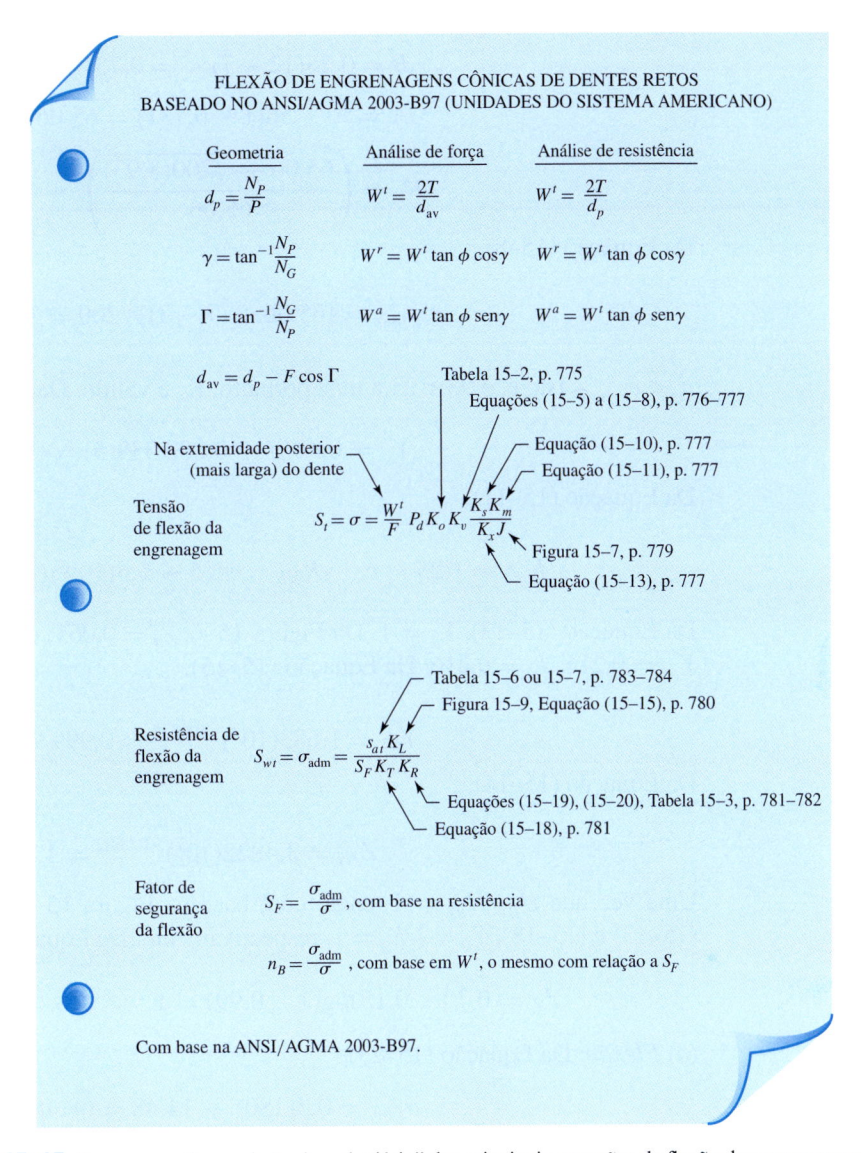

Figura 15–15 Resumo em forma de "guia rodoviário" das principais equações de flexão das engrenagens cônicas de dentes retos e seus parâmetros.

(c) Para uma confiabilidade de 0,995, uma vida da engrenagem coroa de 10^9 revoluções e um fator de segurança $S_F = S_H = 1,5$, determine a potência nominal para este conjunto de engrenagens usando as resistências AGMA.

Solução Com base nas Figuras 15–14 e 15–15,

$$d_P = n_P m_{et} 25(5) = 125 \text{ mm}$$

$$v_{et} = \pi d_P n_P/60 = \pi(0,125)600/60 = 3,93 \text{ m/s}$$

Fator de sobrecarga: carregamento uniforme-uniforme, Tabela 15–2, $K_A = 1,00$.
Fator de segurança: $S_F = 1$, $S_H = 1$.
Fator dinâmico K_v: da Equação (15–6).

$$B = 0{,}25(12 - 7)^{2/3} = 0{,}731$$

$$A = 50 + 56(1 - 0{,}731) = 65{,}06$$

$$K_v = \left(\frac{65{,}06 + \sqrt{200(3{,}93)}}{65{,}06}\right)^{0{,}731} = 1{,}299$$

Da Equação (15–8),

$$v_{et,\,max} = [65{,}06 + (7 - 3)]^2/200 = 23{,}8 \text{ m/s}$$

$v_{et} < v_{et\,max}$, isto é, 3,93 < 23,8 m/s, portanto, K_v é válido. Da Equação (15–10),

$$Y_x = 0{,}4867 + 0{,}008\,339(5) = 0{,}528$$

Da Equação (15–11),

$$K_{mb} = 1{,}25 \quad \text{e} \quad K_{HB} = 1{,}25 + 5{,}6(10^{-6})(27{,}5)^2 = 1{,}254$$

Da Equação (15–13), $Y_B = 1$. Da Figura 15–6, $Z_I = 0{,}065$; da Figura 15–7, $Y_J = 0{,}216$, $Y_{JG} = 0{,}216$, $J_G = 0{,}216$. Da Equação (15–15),

$$Y_{NT} = 1{,}683(10^7)^{-0{,}0323} = 0{,}999\,96 \doteq 1$$

Da Equação (15–14),

$$Z_{NT} = 3{,}4822(10^7)^{-0{,}0602} = 1{,}32$$

Uma vez que $H_{B1}/H_{B2} = 1$, então com bsae na Figura 15–10, $Z_W = 1$. Das Equações (15–13) e (15–18), $Y_B = 1\;K_\theta = 1$, respectivamente. Da Equação (15–20),

$$Y_Z = 0{,}70 - 0{,}15 \log(1 - 0{,}99) = 1, \qquad Z_Z = \sqrt{Y_Z} = \sqrt{1} = 1$$

(*a*) *Flexão*: Da Equação (15–23),

$$\sigma_{Flim} = 0{,}3(180) + 14{,}48 = 68{,}48 \text{ MPa}$$

Da Equação (15–3),

$$\sigma_F = \frac{1000 W^t}{b} \frac{K_A K_V}{m_{et}} \frac{Y_X\,K_{HB}}{Y_B\;Y_J} = \frac{W^t}{27{,}5(5)}(1)1{,}299\,\frac{0{,}528(1{,}254)}{(1)0{,}216}$$

Da Equação (15–4),

$$\sigma_{FP} = \frac{\sigma_{Flim}\,Y_{NT}}{S_F\,K_\theta\,Y_Z} = \frac{64{,}48(1)}{(1)(1)(1)} = 64{,}48 \text{ MPa}$$

Igualando σ_F e σ_{FP},

$$0{,}029 W^t = 64{,}48 \qquad W^t = 2223 \text{ N}$$

Resposta

$$H = W^t v_{et} = 2223(3{,}93) = 8736 \text{ W}$$

(*b*) *Desgaste*: Da Figura 15–12,

$$\sigma_{H\,lim} = 2{,}35(180) + 162{,}89 = 585{,}9 \text{ MPa}$$

Da Equação (15–2),

$$\sigma_{HP} = \frac{(\sigma_{H\,lim})_p Z_{NT} Z_W}{S_H K_\theta Z_Z} = \frac{585{,}9(1{,}32)(1)}{(1)(1)(1)} = 773{,}4 \text{ MPa}$$

Agora, $Z_E = 190 \sqrt{N/mm^2}$, de acordo com as definições que se seguem à Equação (15–21). Da Equação (15–9).

$$Z_X = 0{,}004\,92(27{,}5) + 0{,}4375 = 0{,}573$$

Da Equação (15–12), $Z_{xc} = 2$. Substituindo na Equação (15–1), obtém-se

$$\sigma_H = Z_E \left(\frac{1000 W^t}{b d z_1} K_A K_v K_{HB} Z_x Z_{xc} \right)^{1/2}$$

$$= 190 \left[\frac{W^t}{27{,}5(125)0{,}065}(1)1{,}299(1{,}254)0{,}573(2) \right]^{1/2} = 17{,}37\sqrt{W^t}$$

Igualando σ_H e σ_{HP} resulta

$$17{,}37\sqrt{W^t} = 773{,}4, \qquad W^t = 1\,982 \text{ N}$$

$$H = 1\,982(3{,}93) = 7\,789 \text{ W}$$

A capacidade de transmitir potência para o par de engrenagens é

$$H = \min(8\,736,\,7789) = 7\,789 \text{ W}$$

(c) Para uma vida de 10^9 ciclos, $R = 0{,}995$, $S_F = S_H = 1{,}5$ e, da Equação (15–15),

$$Y_{NT} = 1{,}683(10^9)^{-0{,}0323} = 0{,}8618$$

Da Equação (15–19)

$$Y_Z = 0{,}50 - 0{,}25\log(1 - 0{,}995) = 1{,}075 \qquad Z_Z = \sqrt{Y_Z} = \sqrt{1{,}075} = 1{,}037$$

Da Equação (15–14)

$$Z_{NT} = 3{,}4822(10^9)^{-0{,}0602} = 1$$

Flexão: Da Equação (15–23) e parte (a), $\sigma_{Flim} = 64{,}48$ MPa. Da Equação (15–3)

$$\sigma_F = \frac{1000 W^t}{27{,}5(5)}(1)1{,}299\,\frac{0{,}528(1{,}254)}{(1)0{,}216} = 0{,}029\,W^t$$

Da Equação (15–4)

$$\sigma_{FP} = \frac{\sigma_{Flim} Y_{NT}}{S_F K_\theta Y_Z} = \frac{64{,}48(0{,}8618)}{1{,}5(1)1{,}075} = 34{,}5 \text{ MPa}$$

Igualando σ_F e σ_{FP} dá

$$0{,}029\,W^t = 34{,}5 \qquad W^t = 1190 \text{ N}$$

$$H = 1190(3{,}73) = 4438{,}7 \text{ W}$$

Desgaste: Da Equação (15–22), e parte (*b*), $\sigma_{H\,lim} = 585{,}9$ MPa.

Substituindo na Equação (15–2) resulta

$$\sigma_{HP} = \frac{(\sigma_{H\,lim})_P Z_{NT} Z_W}{S_H K_\theta Z_Z} = \frac{585{,}9(1)(1)}{1{,}5(1)1{,}037} = 376{,}7 \text{ MPa}$$

Substituindo na Equação (15–1) resulta, com base na parte (*b*), $\sigma_H = 17{,}37\sqrt{W^t}$.

Igualando σ_H a $(\sigma_H)_P$ resulta

$$376{,}7 = 17{,}37\sqrt{W^t} \qquad W^t = 470 \text{ N}$$

A potência com base no desgaste é

$$H = 470(3{,}73) = 1753 \text{ W}$$

Resposta A potência estimada do par é $H = \min(4438{,}7;\ 1753) = 1753$ W.

15–5 Projeto de um engrazamento de engrenagem cônica de dentes retos

Um conjunto de decisões útil para o projeto de engrenagens cônicas de dentes retos inclui:

- Função: potência, velocidade, m_G, R
- Fator de projeto: n_d
- Sistema de denteado   } Decisões de partida
- Número de dentes: N_P, N_G
- Passo e largura de face: P_d, F

- Número de qualidade Q_v
- Material da coroa, durezas de núcleo e superfície.   } Decisões de projeto
- Material do pinhão, durezas de núcleo e superfície.

Em engrenagens cônicas o número de qualidade está ligado à resistência ao desgaste. O fator *J* para a coroa pode ser menor que aquele para o pinhão. A resistência de flexão não varia de forma linear com a largura de face, pois o material adicionado está posicionado na extremidade pequena dos dentes. Consequentemente, a largura de face é, a grosso modo, prescrita como

$$F = \min(0{,}3 A_0,\ 10/P_d) \tag{15-24}$$

em que A_0 é a distância de cone (ver Figura 13–20, p. 673), dada por

$$A_0 = \frac{d_P}{2\,\text{sen}\,\gamma} = \frac{d_G}{2\,\text{sen}\,\Gamma} \tag{15-25}$$

EXEMPLO 15–2 Dimensione um engrazamento de engrenagens cônicas de dentes retos para eixos cujas linhas de centro são perpendiculares e transmitem 7,00 hp a 1000 rev/min com uma razão de engrenamento de 4:1, temperatura de 300°F, ângulo de pressão normal de 20°, utilizando um fator de projeto igual a 3. A carga é uniforme-uniforme. Embora o número mínimo de dentes no pinhão seja 13, que engrazará com 22 ou mais dentes, sem interferência, utilize um pinhão de 20 dentes. O material deve ser de grau 1 AGMA e os dentes devem ser coroados. A confiabilidade desejável é de 0,995 com uma vida do pinhão de 10^9 revoluções.

Solução Primeiro listamos as decisões iniciais bem como suas consequências imediatas.

Função: 7,00 hp a 1000 rev/min, razão de engrenamento $m_G = 4$, 300°F de temperatura de meio ambiente, nenhuma engrenagem montada entre mancais, $K_{mb} = 1,25$ [Equação (15–11)], $R = 0,995$ a 10^9 revoluções do pinhão,

Equação (15–14): $(C_L)_G = 3,4822(10^9/3)^{-0,0602} = 1,068$

$(C_L)_P = 3,4822(10^9)^{-0,0602} = 1$

Equação (15–15): $(K_L)_G = 1,683(10^9/3)^{-0,0323} = 0,8929$

$(K_L)_P = 1,683(10^9)^{-0,0323} = 0,8618$

Equação (15–19): $K_R = 0,50 - 0,25 \log(1 - 0,995) = 1,075$

$C_R = \sqrt{K_R} = \sqrt{1,075} = 1,037$

Equação (15–18): $K_T = C_T = (460 + 300)/710 = 1,070$

Fator de projeto: $n_d = 3$, $S_F = 3$, $S_H = \sqrt{3} = 1,732$.

Sistema de denteado: coroado, engrenagens cônicas de dentes retos, ângulo de pressão normal de 20°,

Equação (15–13): $K_x = 1$

Equação (15–12): $C_{xc} = 1,5$.

Com $N_P = 22$ dentes, $N_G = (4)\,22 = 88$ dentes e da Figura 15–14,

$\gamma = \tan^{-1}(N_P/N_G) = \tan^{-1}(22/88) = 14,04°$ $\Gamma = \tan^{-1}(88/22) = 75,96°$

Das Figuras 15–6 e 15–7, $I = 0,0825$, $J_P = 0,248$ e $J_G = 0,202$. Observe que $J_P > J_G$.

Decisão 1: Passo diametral tentativo, $P_d = 8$ dentes/in.

Equação (15–10): $K_s = 0,4867 + 0,2132/8 = 0,5134$

$d_P = N_P/P_d = 22/8 = 2,75\,\text{in}$

$d_G = 2,75(4) = 11\,\text{in}$

$v_t = \pi d_P n_P/12 = \pi(2,75)1000/12 = 719,95\,\text{ft/min}$

$W^t = 33\,000\,\text{hp}/v_t = 33\,000(7)/719,95 = 320,86\,\text{lbf}$

Equação (15–25): $A_0 = d_P/(2\,\text{sen}\,\gamma) = 2,75/(2\,\text{sen}\,14,04) = 5,67\,\text{in}$

Equação (15–24):

$F = \min(0,3A_0, 10/P_d) = \min[0,3(5,67),\,10/8] = \min(1,70\,,1,25) = 1,25\,\text{in}$

Decisão 2: Suponha $F = 1,25$ in. Assim,

Equação (15–9): $C_s = 0,125(1,25) + 0,4375 = 0,5937$

Equação (15–11): $K_m = 1,25 + 0,0036(1,25)^2 = 1,256$

Decisão 3: Suponha que o número de acurácia de transmissão seja 6. Então, da Equação (15–6),

$B = 0,25(12 - 6)^{2/3} = 0,8255$

$A = 50 + 56(1 - 0,8255) = 59,77$

Equação (15–5): $\quad K_v = \left(\dfrac{59{,}77 + \sqrt{719{,}95}}{59{,}77}\right)^{0{,}8255} = 1{,}358$

Decisão 4: Materiais do pinhão e coroa, e tratamentos. Grau ASTM 1320 carbonetado e endurecido superficialmente para

Núcleo 21 HRC (H_B equivale a 229 Brinell)
Superfície 55-64 HRC (H_B equivale a 515 Brinell)

Da Tabela 15–4, $s_{ac} = 200\,000$ psi e da Tabela 15–6, $s_{at} = 30\,000$ psi.

Flexão da coroa: Da Equação (15–3), a tensão de flexão vale

$$(s_t)_G = \dfrac{W^t}{F} P_d K_o K_v \dfrac{K_s K_m}{K_x J_G} = \dfrac{320{,}86}{1{,}25} 8(1) 1{,}358 \dfrac{0{,}5134(1{,}256)}{(1)0{,}202}$$

$$= 8899{,}16 \text{ psi}$$

A resistência de flexão, da Equação (15–4), é dada por

$$(s_{wt})_G = \left(\dfrac{s_{at} K_L}{S_F K_T K_R}\right)_G = \dfrac{30\,000(0{,}8929)}{3(1{,}070)1{,}075} = 7757{,}6 \text{ psi}$$

A resistência excede a tensão por um fator de $7757{,}6/8899{,}16 = 0{,}87$, produzindo um fator de segurança real de $(S_F)_G = 3(0{,}87) = 2{,}62$.

Flexão do pinhão: A tensão de flexão pode ser determinada por meio de

$$(s_t)_P = (s_t)_G \dfrac{J_G}{J_P} = 8899{,}16 \dfrac{0{,}202}{0{,}248} = 7248{,}51 \text{ psi}$$

A resistência de flexão, novamente por meio da Equação (15–4), é dada por

$$(s_{wt})_P = \left(\dfrac{s_{at} K_L}{S_F K_T K_R}\right)_P = \dfrac{30\,000(0{,}8618)}{3(1{,}070)1{,}075} = 7487{,}15 \text{ psi}$$

A resistência excede a tensão por um fator de $7487{,}15/7248{,}51 = 1{,}03$, dando um fator de segurança real igual a $(S_F)_P = 3(1{,}03) = 2{,}90$.

Desgaste de coroa: A tensão de contato induzida pela carga tanto no pinhão quanto coroa, obtida pela Equação (15–1), é

$$s_c = C_p \left(\dfrac{W^t}{F d_P I} K_o K_v K_m C_s C_{xc}\right)^{1/2}$$

$$= 2290 \left[\dfrac{320{,}86}{1{,}25(2{,}75)0{,}0825}(1)1{,}358(1{,}256)0{,}5937(1{,}5)\right]^{1/2}$$

$$= 94926{,}61 \text{ psi}$$

Da Equação (15–2), a resistência de contato da coroa é

$$(s_{wc})_G = \left(\dfrac{s_{ac} C_L C_H}{S_H K_T C_R}\right)_G = \dfrac{200\,000(1{,}068)(1)}{\sqrt{3}(1{,}070)1{,}037} = 111156{,}35 \text{ psi}$$

A resistência excede a tensão por um fator de $111156/94926{,}61 = 1{,}17$, produzindo um fator de segurança real tal que $(S_H)_G^2 = 1{,}17^2(3) = 4{,}11$.

Desgaste do pinhão: Da Equação (15–2), a resistência de contato do pinhão é

$$(s_{wc})_P = \left(\frac{s_{ac}C_L C_H}{S_H K_T C_R}\right)_P = \frac{200\,000(1)(1)}{\sqrt{3}(1{,}070)1{,}037} = 104042{,}695 \text{ psi}$$

A resistência excede a tensão de um fator de $111156{,}35/104042{,}70 = 1{,}068$, produzindo um fator de segurança real tal que $(S_H)_P^2 = 1{,}068^2(3) = 3{,}42$.

Os fatores de segurança reais são 2,24; 2,66; 3,21 e 2,28. Fazendo uma comparação direta dos fatores, observamos que a ameaça de falha por flexão da coroa e falha por desgaste do pinhão são praticamente idênticas. Observamos também que três das razões são praticamente idênticas. Nosso objetivo seria fazer mudanças nas decisões de projeto que trouxessem os fatores mais próximos a 2. O próximo passo seria ajustar as variáveis de projeto. É óbvio que surge um processo iterativo. Necessitamos de uma figura de mérito para ordenar os projetos. Um programa de computador é, claramente, um item desejável.

15–6 Engrenamento de sem-fim – Equação AGMA

As Seções 13–11 e 13–17 introduziram o tema das engrenagens sem-fim e a análise e a eficiência de suas forças. Neste momento, apresentaremos uma versão condensada das recomendações da AGMA para engrenagens cilíndricas sem-fim (envelopamento simples)[2]. Para sermos breves, mostraremos as equações apenas em unidades habituais nos EUA. Equações similares para unidades SI estão disponíveis nos padrões da AGMA.

Uma vez que elas são essencialmente engrenagens sem-fim sem envoltória, as engrenagens helicoidais cruzadas, mostradas na Figura 15–16, podem ser consideradas juntamente com outras de engrenamento de sem-fim. Engrenagens helicoidais cruzadas, e engrenagens sem-fim também, geralmente possuem ângulo de 90° entre eixos, embora isso não necessite necessariamente ser assim. A relação entre os ângulos de eixo e hélice é

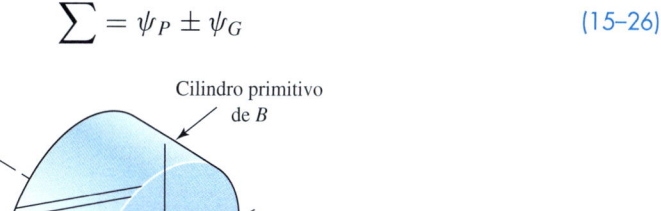

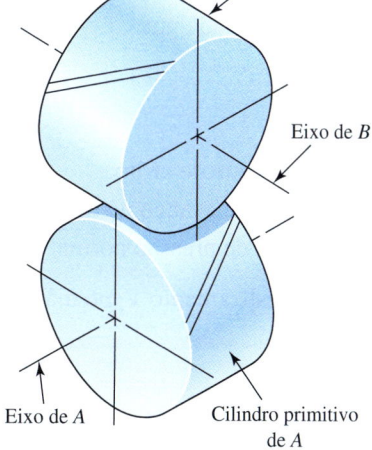

$$\sum = \psi_P \pm \psi_G \qquad (15\text{–}26)$$

Figura 15–16 Vista dos cilindros primitivos de um par de engrenagens cônicas cruzadas.

---

[2] ANSI/AGMA 6034-B92, fevereiro 1992, *Practice for Enclosed Cylindrical Wormgear Speed-Reducers and Gear Motors*; ANSI/AGMA 6022-C93, dezembro 1993, *Design Manual for Cylindrical Wormgearing*. Nota: Equações (15–32) a (15–38) estão contidas no Anexo C da 6034-B92, com fins únicos de informação. Para conformar com a ANSI/AGMA 6034-B92, utilize as tabelas desses fatores de capacidade incluídas na padronização.

em que Σ é o ângulo entre eixos. O sinal positivo é utilizado quando ambos os ângulos de hélice são de mesma mão, e o sinal negativo quando esses possuem mão oposta. O subscrito *P* na Equação (15–26) refere-se ao pinhão (sem-fim); o subscrito *W* é utilizado com o mesmo propósito. O subscrito *G* refere-se à coroa, também conhecida como *roda de engrenagem, roda sem-fim* ou simplesmente *roda*. A Tabela 15–8 fornece as dimensões de sem-fins cilíndricos, comuns para o pinhão e para a coroa.

Tabela 15–8 Dimensões comuns a ambos, pinhão e coroa cilíndricos sem-fim.*

| | | ϕ_n | | |
| | | 14,5° | 20° | 25° |
Quantidade	Símbolo	$N_W \leq 2$	$N_W \leq 2$	$N_W > 2$
Adendo	a	0,3183 p_x	0,3183 p_x	0,286 p_x
Dedendo	b	0,3683 p_x	0,3683 p_x	0,349 p_x
Altura completa	h_t	0,6866 p_x	0,6866 p_x	0,635 p_x

*As entradas da tabela são para um passo diametral tangencial da engrenagem de $P_t = 1$.

Proporções boas levam o passo diametral *d* a ficar no intervalo

$$\frac{C^{0,875}}{3} \leq d \leq \frac{C^{0,875}}{1,6} \quad (15\text{–}27)$$

sendo *C* a distância entre centros. A AGMA relaciona a força tangencial admissível no dente da coroa sem-fim a outros $(W^t)_{\text{adm}}$ parâmetros por meio de

$$(W^t)_{\text{adm}} = C_s D_m^{0,8} F_e C_m C_v \quad (15\text{–}28)$$

em que C_s = fator dos materiais
D_m = diâmetro médio da coroa, in (mm)
F_e = largura efetiva da face da coroa (largura de face real, porém sem exceder $0,67 d_m$, o diâmetro médio da coroa, in (mm)
C_m = fator de correção da razão
C_v = fator de velocidade

A força de atrito W_f é dada por

$$W_f = \frac{f W^t}{\cos \lambda \cos \phi_n} \quad (15\text{–}29)$$

em que f = coeficiente de atrito
λ = ângulo de avanço no diâmetro médio do pinhão sem-fim
ϕ_n = ângulo de pressão normal

A velocidade de deslizamento V_s no diâmetro médio do pinhão sem-fim, em pés por minuto, é

$$V_s = \frac{\pi n_W d_m}{12 \cos \lambda} \quad (15\text{–}30)$$

em que n_W = velocidade de rotação do pinhão sem-fim e d_m = diâmetro médio do pinhão sem-fim. O torque na coroa sem-fim vale

$$T_G = \frac{W^t D_m}{2} \quad (15\text{–}31)$$

sendo D_m o diâmetro médio da coroa sem-fim.

Os parâmetros na Equação (15–28) são, quantitativamente,

$$C_s = 720 + 10{,}37 C^3 \qquad C \leq 3 \text{ in} \qquad (15\text{–}32)$$

Para engrenagens fundidas em moldes de areia,

$$C_s = \begin{cases} 1000 & C > 3 \quad D_m \leq 2{,}5 \text{ in} \\ 1190 \quad 477 \log D_m & C > 3 \quad D_m > 2{,}5 \text{ in} \end{cases} \qquad (15\text{–}33)$$

Para engrenagens fundidas com resfriamento,

$$C_s = \begin{cases} 1000 & C > 3 \quad D_m \leq 8 \text{ in} \\ 1412 \quad 456 \log D_m & C > 3 \quad D_m > 8 \text{ in} \end{cases} \qquad (15\text{–}34)$$

Para engrenagens fundidas centrifugamente,

$$C_s = \begin{cases} 1000 & C > 3 \quad D_m \leq 25 \text{ in} \\ 1251 \quad 180 \log D_m & C > 3 \quad D_m > 25 \text{ in} \end{cases} \qquad (15\text{–}35)$$

O fator de correção da razão C_m para a razão de engrenamento m_G é obtido por meio de

$$C_m = \begin{cases} 0{,}02\sqrt{-m_G^2 + 40 m_G - 76} + 0{,}46 & 3 < m_G \leq 20 \\ 0{,}0107\sqrt{-m_G^2 + 56 m_G + 5145} & 20 < m_G \leq 76 \\ 1{,}1483 - 0{,}00658 m_G & m_G > 76 \end{cases} \qquad (15\text{–}36)$$

O fator de velocidade C_v é dado por

$$C_v = \begin{cases} 0{,}659 \exp(-0{,}0011 V_s) & V_s < 700 \text{ ft/min} \\ 13{,}31 V_s^{-0{,}571} & 700 \leq V_s < 3000 \text{ ft/min} \\ 65{,}52 V_s^{-0{,}774} & V_s > 3000 \text{ ft/min} \end{cases} \qquad (15\text{–}37)$$

A AGMA reporta o coeficiente de atrito f da seguinte forma

$$f = \begin{cases} 0{,}15 & V_s = 0 \\ 0{,}124 \exp(-0{,}074 V_s^{0{,}645}) & 0 < V_s \leq 10 \text{ ft/min} \\ 0{,}103 \exp(-0{,}110 V_s^{0{,}450}) + 0{,}012 & V_s > 10 \text{ ft/min} \end{cases} \qquad (15\text{–}38)$$

Agora examinemos algo da geometria do engrenamento de sem-fim. O adendo a e o dedendo b são

$$a = \frac{p_x}{\pi} = 0{,}3183 p_x \qquad (15\text{–}39)$$

$$b = \frac{1{,}157 p_x}{\pi} = 0{,}3683 p_x \qquad (15\text{–}40)$$

A profundidade completa h_t é

$$h_t = \begin{cases} \dfrac{2{,}157 p_x}{\pi} = 0{,}6866 p_x & p_x \geq 0{,}16 \text{ in} \\ \dfrac{2{,}200 p_x}{\pi} + 0{,}002 = 0{,}7003 p_x + 0{,}002 & p_x < 0{,}16 \text{ in} \end{cases} \quad (15\text{–}41)$$

O diâmetro externo d_0 do pinhão sem-fim é

$$d_0 = d + 2a \quad (15\text{–}42)$$

O diâmetro de raiz d_r do pinhão sem-fim é

$$d_r = d - 2b \quad (15\text{–}43)$$

O diâmetro de garganta da coroa sem-fim D_t vale

$$D_t = D + 2a \quad (15\text{–}44)$$

em que D é o diâmetro primitivo da coroa sem-fim. O diâmetro de raiz D_r da coroa sem-fim é

$$D_r = D - 2b \quad (15\text{–}45)$$

A folga c é

$$c = b - a \quad (15\text{–}46)$$

A largura de face (máxima) do pinhão sem-fim (F_W) é

$$(F_W)_{\max} = 2\sqrt{\left(\dfrac{D_t}{2}\right)^2 - \left(\dfrac{D}{2} - a\right)^2} = 2\sqrt{2Da} \quad (15\text{–}47)$$

que foi simplificada por uso da Equação (15–44). A largura de face da coroa sem-fim F_G é

$$F_G = \begin{cases} 2d_m/3 & p_x > 0{,}16 \text{ in} \\ 1{,}125\sqrt{(d_0 + 2c)^2 - (d_0 - 4a)^2} & p_x \leq 0{,}16 \text{ in} \end{cases} \quad (15\text{–}48)$$

A taxa de perda de calor H_{perda} da caixa da coroa sem-fim em ft · lbf/min é

$$H_{\text{perda}} = 33\,000(1 - e)H_{\text{en}} \quad (15\text{–}49)$$

em que e identifica a eficiência, dada pela Equação (13–46), p. 700, e H_{en} é a potência de entrada proveniente do pinhão sem-fim. A eficiência geral $\hbar_{\text{CR}}$, para combinação de transferência de calor por convecção e radiação, a partir da caixa da coroa sem-fim em ft · lbf/(min · in^2 · °F) é

$$\hbar_{\text{CR}} = \begin{cases} \dfrac{n_W}{6494} + 0{,}13 & \text{sem ventilador no eixo do sem-fim} \\ \dfrac{n_W}{3939} + 0{,}13 & \text{com ventilador no eixo do sem-fim} \end{cases} \quad (15\text{–}50)$$

A temperatura do reservatório de óleo t_s é dada por

$$t_s = t_a + \dfrac{H_{\text{perda}}}{\hbar_{\text{CR}} A} = \dfrac{33\,000(1 - e)(H)_{\text{in}}}{\hbar_{\text{CR}} A} + t_a \quad (15\text{–}51)$$

onde A é a área lateral da caixa em in^2 e t_a é a temperatura ambiente em °F.

Desconsiderando as Equações (15–49), (15–50) e (15–51), pode-se aplicar as recomendações da AGMA para a área lateral mínima A_{min} em in^2 usando

$$A_{min} = 43{,}20 C^{1{,}7} \tag{15–52}$$

Uma vez que dentes do pinhão sem-fim são inerentemente mais fortes que os dentes da coroa sem-fim, eles não serão considerados. Os dentes em coroas sem-fim são curtos e espessos nas extremidades da face; a meio plano eles são mais finos e curvados. Buckingham[3] adaptou a equação de Lewis para este caso:

$$\sigma_a = \frac{W_G^t}{p_n F_e y} \tag{15–53}$$

em que $p_n = p_x \cos \lambda$ e y é o fator de forma de Lewis, relacionado ao passo circular. Para $\phi_n = 14{,}5°, y = 0{,}100; \phi_n = 20°, y = 0{,}125; \phi_n = 25°, y = 150; \phi_n = 30°, y = 0{,}175$.

15–7 Análise de engrenagem sem-fim

Comparado a outros sistemas de engrenamento, engrazamentos de engrenagens sem-fim apresentam uma eficiência mecânica muito menor. Resfriamento, para benefício do lubrificante, torna-se, algumas vezes, uma restrição de projeto, resultando em algo que parece ser uma caixa de engrenagem muito grande em relação a seu conteúdo. Se o calor puder ser dissipado por esfriamento natural, ou simplesmente por meio de um soprador no eixo do sem-fim, deve-se optar pela simplicidade. Serpentina de água dentro da caixa de engrenagem ou o bombeamento do lubrificante para um esfriadouro externo representam o próximo grau de complexidade. Por essa razão, a área de caixa de engrenagem constitui uma decisão de projeto.

Para reduzir a carga de resfriamento, utilize sem-fins de múltiplas roscas e mantenha o diâmetro primitivo do sem-fim tão pequeno quanto possível.

Sem-fins de roscas múltiplas podem remover a característica de autotravamento de muitas transmissões por engrenagens sem-fim. Quando o pinhão conduz o conjunto de engrenagens, a eficiência mecânica e_W é dada por

$$e_W = \frac{\cos \phi_n - f \tan \lambda}{\cos \phi_n + f \cot \lambda} \tag{15–54}$$

Com a coroa conduzindo o conjunto de engrenagens, a eficiência mecânica e_G é dada por

$$e_G = \frac{\cos \phi_n - f \cot \lambda}{\cos \phi_n + f \tan \lambda} \tag{15–55}$$

Para garantir que a coroa conduzirá o pinhão,

$$f_{stat} < \cos \phi_n \tan \lambda \tag{15–56}$$

cujos valores de sem-fim f_{stat} podem ser obtidos na ANSI/AGMA 6034-B92. Para evitar que a coroa sem-fim conduza o pinhão, consulte a cláusula 9 da 6034-B92, para uma discussão do autotravamento em condição estática.

É importante ter uma forma de relacionar a componente tangencial da força da engrenagem coroa W_G^t à componente tangencial da força no pinhão sem-fim W_W^t, a qual inclui o papel do atrito e os ângulos ϕ_n e λ. Considere a Equação (13–45), resolvida para W_W^t:

$$W_W^t = W_G^t \frac{\cos \phi_n \, \text{sen}\lambda + f \cos \lambda}{\cos \phi_n \cos \lambda - f \, \text{sen}\lambda} \tag{15–57}$$

---

[3] Earle Buckingham, *Analytical Mechanical Gears*, McGraw-Hill, Nova York, 1949, p. 495.

Na ausência de atrito

$$W_W^t = W_G^t \tan \lambda$$

A eficiência mecânica da maior parte dos engrenamentos é bastante alta, o que permite que as potências entrante e sainte possam ser utilizadas quase que de forma intercambiável. Conjuntos de engrenagem sem-fim possuem uma eficiência tão pobre que trabalhamos e falamos de potência de saída. A magnitude da força transmitida pela coroa $W^t{}_G$ pode ser relacionada à potência de saída H_0, fator de aplicação K_a, eficiência e, e fator de projeto n_d por

$$W_G^t = \frac{33\,000 n_d H_0 K_a}{V_G e} \qquad (15\text{–}58)$$

Utilizamos a Equação (15–57) para obter a força correspondente no pinhão, $W^t{}_W$. Assim, as potências transmitidas pelo pinhão sem-fim e pela engrenagem em hp são

$$H_W = \frac{W_W^t V_W}{33\,000} = \frac{\pi d_W n_W W_W^t}{12(33\,000)} \qquad (15\text{–}59)$$

$$H_G = \frac{W_G^t V_G}{33\,000} = \frac{\pi d_G n_G W_G^t}{12(33\,000)} \qquad (15\text{–}60)$$

Da Equação (13–44), p. 700,

$$W_f = \frac{f W_G^t}{f \operatorname{sen} \lambda - \cos \phi_n \cos \lambda} \qquad (15\text{–}61)$$

A velocidade de deslizamento do pinhão no cilindro primitivo V_s é

$$V_s = \frac{\pi d n_W}{12 \cos \lambda} \qquad (15\text{–}62)$$

e a potência de atrito H_f é dada por

$$H_f = \frac{|W_f| V_s}{33\,000} \text{ hp} \qquad (15\text{–}63)$$

A Tabela 15–9 apresenta o maior ângulo de avanço $\lambda_{\max}$ associado ao ângulo de pressão normal ϕ_n.

Tabela 15–9 Maior ângulo de avanço associado com um ângulo de pressão normal ϕ_n para engrenagens sem-fim.

ϕ_n	Máximo ângulo de avanço $\lambda_{\max}$
14,5°	16°
20°	25°
25°	35°
30°	45°

EXEMPLO 15–3 Um sem-fim de aço com uma rosca a 1725 rev/min engrazando com uma coroa sem-fim de 56 dentes transmitindo 1 hp ao eixo de saída. O diâmetro do sem-fim é de 1,50 in, e o passo diametral tangencial da coroa é de 8 dentes/in. O ângulo de pressão normal é de 20°. A temperatura ambiente é de 70°F. O fator de aplicação vale 1,25 e o de projeto, 1; a largura da face da coroa é igual a 0,5 in, a área lateral da caixa é 850 in^2, e essa coroa é de bronze fundido em areia.

(a) Determine e avalie as propriedades geométricas das engrenagens,
(b) Determine as forças transmitidas pelas engrenagens e a eficiência do engrazamento.
(c) O par é suficiente para suportar a carga?
(d) Calcule a temperatura no tanque de óleo lubrificante.

Solução $N_W = 1$, $N_G = 56$, $P_t = 8$ dentes/in, $d = 1,5$ in, $H_O = 1$ hp, $\phi_n = 20°$, $ta = 70°F$, $K_a = 1,25$, $n_d = 1$, $F_e = 2$ in, $A = 850$ in^2.

(a) $m_G = N_G/N_W = 56$, $D = N_G/P_t = 56/8 = 7,0$ in

$p_x = \pi/8 = 0,3927$ in, $C = 1,5 + 7 = 8,5$ in

Resposta

Equação (15–39): $a = p_x/\pi = 0,3927/\pi = 0,125$ in

Equação (15–40): $b = 0,3683 p_x = 0,1446$ in

Equação (15–41): $h_t = 0,6866 p_x = 0,2696$ in

Equação (15–42): $d_0 = 1,5 + 2(0,125) = 1,75$ in

Equação (15–43): $d_r = 1,5 - 2(0,1446) = 1,2108$ in

Equação (15–44): $D_t = 7 + 2(0,125) = 7,25$ in

Equação (15–45): $D_r = 7 - 2(0,1446) = 6,711$ in

Equação (15–46): $c = 0,1446 - 0,125 = 0,0196$ in

Equação (15–47): $(F_W)_{max} = 2\sqrt{2(7)0,125} = 2,646$ in

$$V_W = \pi(1,5)(1725/12) = 677,4 \text{ ft/min}$$

$$V_G = \frac{\pi(7)(1725/56)}{12} = 56,45 \text{ ft/min}$$

Equação (13–28): $L = p_x N_W = 0,3927$ in, $\lambda = \tan^{-1}\left(\frac{0,3927}{\pi(1,5)}\right) = 4,764°$

$$P_n = \frac{P_t}{\cos \lambda} = \frac{8}{\cos 4,764°} = 8,028$$

$$p_n = \frac{\pi}{P_n} = 0,3913 \text{ in}$$

(b) Equação (15–62): $V_s = \dfrac{\pi(1,5)(1725)}{12 \cos 4,764°} = 679,8$ ft/min

Equação (15–38): $f = 0,103 \exp[-0,110(679,8)^{0,450}] + 0,012 = 0,0250$

Equação (15–54): A eficiência é

Resposta
$$e = \frac{\cos \phi_n - f \tan \lambda}{\cos \phi_n + f \cot \lambda} = \frac{\cos 20° - 0,0250 \tan 4,764°}{\cos 20° + 0,0250 \cot 4,764°} = 0,7563$$

Resposta Equação (15–58): $W_G^t = \dfrac{33\,000\,n_d H_o K_a}{V_G e} = \dfrac{33\,000(1)(1)(1{,}25)}{56{,}45(0{,}7563)} = 966$ lbf

Equação (15–57): $W_W^t = W_G^t \left(\dfrac{\cos \phi_n \,\text{sen}\, \lambda + f \cos \lambda}{\cos \phi_n \cos \lambda - f \,\text{sen}\, \lambda} \right)$

Resposta
$$= 966 \left(\dfrac{\cos 20° \,\text{sen}\, 4{,}764° + 0{,}025 \cos 4{,}764°}{\cos 20° \cos 4{,}764° - 0{,}025 \,\text{sen}\, 4{,}764°} \right) = 106{,}4 \text{ lbf}$$

(c) Equação (15–33): $\qquad C_s = 1190 - 477 \log 7{,}0 = 787$

Equação (15–36): $\quad C_m = 0{,}0107\sqrt{-56^2 + 56(56) + 5145} = 0{,}767$

Equação (15–37): $\quad C_v = 0{,}659 \exp[-0{,}0011(679{,}8)] = 0{,}312$

Equação (15–38): $\qquad (W^t)_{\text{adm}} = 787(7)^{0{,}8}(2)(0{,}767)(0{,}312) = 1787$ lbf

Uma vez que $W_G^t < (W^t)_{\text{adm}}$, o engrenamento durará pelo menos 25 000h.

Equação (15–61): $W_f = \dfrac{0{,}025(966)}{0{,}025 \,\text{sen}\, 4{,}764° - \cos 20° \cos 4{,}764°} = -29{,}5$ lbf

Equação (15–63): $H_f = \dfrac{29{,}5(679{,}8)}{33\,000} = 0{,}608$ hp

$H_W = \dfrac{106{,}4(677{,}4)}{33\,000} = 2{,}18$ hp

$H_G = \dfrac{966(56{,}45)}{33\,000} = 1{,}65$ hp

Resposta O engrenamento é suficiente,

$$P_n = P_t/\cos \lambda = 8/\cos 4{,}764° = 8{,}028$$
$$p_n = \pi/8{,}028 = 0{,}3913 \text{ in}$$
$$\sigma_G = \dfrac{966}{0{,}3913(0{,}5)(0{,}125)} = 39\,500 \text{ psi}$$

A tensão é alta. Na potência estimada,

$$\sigma_G = \dfrac{1}{1{,}65} 39\,500 = 23\,940 \text{ psi} \quad \text{satisfatória}$$

(d) Equação (15–52): $A_{\min} = 43{,}2(8{,}5)^{1{,}7} = 1642 \text{ in}^2 < 1700 \text{ in}^2$

Equação (15–49): $H_{\text{perda}} = 33\,000(1 - 0{,}7563)(2{,}18) = 17\,530$ ft · lbf/min

Assumindo que existe uma ventoinha no eixo do sem-fim,

Equação (15–50): $\quad \hbar_{CR} = \dfrac{1725}{3939} + 0{,}13 = 0{,}568$ ft · lbf/(min · in² · °F)

Resposta Equação (15–51): $\quad t_s = 70 + \dfrac{17\,530}{0{,}568(1700)} = 88{,}2$°F

15–8 Projetando uma transmissão de engrenagem sem-fim

Um conjunto útil de decisões para o projeto de um engrazamento sem-fim inclui:

- Função: potência, velocidade, m_G, K_a.
- Fator de projeto: n_d.
- Sistema de denteado.
- Materiais e processos.
- Número de roscas no pinhão: N_W.

} Decisões *a priori*

- Passo axial do pinhão: p_x.
- Diâmetro primitivo do pinhão: d_W.
- Largura de face da coroa: F_G.
- Área lateral da carcaça: A.

} Decisões de projeto

Informação concernente à confiabilidade de engrenagens sem-fim ainda não está desenvolvida de forma satisfatória neste momento. O uso da Equação (15–28), juntamente com os fatores Cs, C_m e C_v para um pinhão de aço-liga endurecido superficialmente, juntamente com materiais não ferrosos comuns para coroas sem-fim, resultará em vidas excedendo 25 000 horas. Os materiais de engrenagens sem-fim na base experimental são principalmente bronzes:

- níquel-bronze e estanho-bronze (fundição com resfriamento produz superfícies mais duras);
- bronze-chumbo (aplicações envolvendo alta velocidade);
- alumínio-bronze e bronze-silício (cargas altas, aplicações envolvendo baixas velocidades).

O fator C_s para o bronze no espectro de fundição com areia, fundição resfriada e fundição com centrífuga aumenta nessa mesma ordem.

A padronização dos sistemas de dentes ainda não está tão desenvolvida quanto em outros tipos de engrenamento. Para o projetista, isso significa liberdade de ação, mas a aquisição de ferramentas para a conformação de dentes é mais um problema para a manufatura caseira. Ao fazer uso de um subcontratista, o projetista deve estar ciente do quanto o fornecedor é capaz de prover com as ferramentas de que dispõe.

Os passos axiais para o pinhão sem-fim são usualmente inteiros, e quocientes de inteiros são comuns. Os passos típicos são $\frac{1}{4}$, $\frac{5}{16}$, $\frac{3}{8}$, $\frac{1}{2}$, $\frac{3}{4}$, 1, $\frac{5}{4}$, $\frac{6}{4}$, $\frac{7}{4}$ e 2, porém outros também são possíveis. A Tabela 15-8 mostra dimensões comuns para a coroa sem-fim e o sem-fim cilíndrico, para as proporções frequentemente utilizadas. Dentes são normalmente decepados quando os ângulos de avanço são de 30° ou mais.

O projeto de engrenagens sem-fim está restrito ao ferramental disponível, às restrições de espaço, distâncias entre centros de eixos, razões de engrenamento necessárias e a experiência do projetista. O ANSI/AGMA 6022-C93, *Design Manual for Cylindrical Wormgearing*, oferece a diretriz que se segue. Ângulos de pressão normal são escolhidos entre 14,5°, 17,5°, 20°, 22,5°, 25°, 27,5° e 30°. O número mínimo recomendado de dentes para a coroa é dado na Tabela 15-10. O intervalo normal do número de roscas no pinhão sem-fim vai de 1 a 10. O diâmetro primitivo médio do pinhão sem-fim é, geralmente, escolhido no intervalo estabelecido na Equação (15–27).

Um elemento de decisão no projeto envolve o passo axial do pinhão sem-fim. Uma vez que proporções aceitáveis estão abrigadas em termos da distância de centro a centro, que ainda não se conhece, escolhe-se, por tentativa, um passo axial p_x. Tendo N_W e o diâmetro estabelecido por tentativa do pinhão, d,

$$N_G = m_G N_W \qquad P_t = \frac{\pi}{p_x} \qquad D = \frac{N_G}{P_t}$$

Assim,

$$(d)_{\text{lo}} = C^{0,875}/3 \qquad (d)_{\text{hi}} = C^{0,875}/1,6$$

Tabela 15–10 Número mínimo de dentes de coroa em função do ângulo de pressão normal ϕ_n.

φ_n	$(N_G)_{\min}$
14,5	40
17,5	27
20	21
22,5	17
25	14
27,5	12
30	10

Examine se $(d)_{\text{lo}} \leq d \leq (d)_{\text{hi}}$, e refine a seleção do diâmetro primitivo médio do pinhão para d_1, se necessário. Recalcule a distância entre centros com base em $C = (d_1 + D)/2$. Existe também a oportunidade de fazer C um número inteiro. Escolha C e coloque

$$d_2 = 2C - D$$

As Equações (15–39) a (15–48) aplicam-se a um conjunto usual de proporções.

EXEMPLO 15–4 Projete um engrazamento redutor de velocidade de engrenagens sem-fim de 15-hp, com relação de redução de 13:1, para o alimentador de um moinho de madeira serrada usado diariamente de 3 a 10 horas. Um motor de indução com rotor de gaiola de 1200 rev/min aciona o alimentador do moinho ($K_a = 1,25$), na temperatura ambiente de 70ºF.

Solução Função: $H_0 = 15$ hp, $m_G = 13$, $n_W = 1200$ rev/min.
Fator de projeto: $n_d = 1,2$
Materiais e processos: pinhão de aço-liga endurecido superficialmente, coroa de bronze fundida em areia.
Roscas do pinhão: dupla, $N_W = 2$, $N_G = m_G N_W = 13(2) = 26$ dentes para a coroa, aceitável para $\phi_n = 20°$, de acordo com a Tabela 15–10.
Decisão 1: Escolha um passo axial para a coroa, $p_x = 1,5$ in. Então,

$$P_t = \pi/p_x = \pi/1,5 = 2,0944$$

$$D = N_G/P_t = 26/2,0944 = 12,41 \text{ in}$$

Equação (15–39): $a = 0,3183 p_x = 0,3183(1,5) = 0,4775$ in (adendo)

Equação (15–40): $b = 0,3683(1,5) = 0,5525$ in (dedendo)

Equação (15–41): $h_t = 0,6866(1,5) = 1,030$ in

Decisão 2: Escolha um diâmetro médio para o pinhão, $d = 2,000$ in. Então,

$$C = (d + D)/2 = (2,000 + 12,41)/2 = 7,207 \text{ in}$$

$$(d)_{\text{lo}} = 7,207^{0,875}/3 = 1,877 \text{ in}$$

$$(d)_{\text{hi}} = 7,207^{0,875}/1,6 = 3,52 \text{ in}$$

O intervalo, dado pela Equação (15–27), é $1,877 \le d \le 3,52$ in, que é satisfatório. Tente: $d = 2,500$ in. Recalcule C:

$$C = (2,5 + 12,414)/2 = 7,457 \text{ in}$$

O intervalo é agora $1,715 \le d \le 3,216$ in, que é ainda satisfatório. Decisão: $d = 2,500$ in. Assim,

Equação (13–27): $\qquad L = p_x N_W = 1,5(2) = 3,000 \text{ in}$

Equação (13–28):

$$\lambda = \tan^{-1}[L/(\pi d)] = \tan^{-1}[3/(\pi 2,5)] = 20,905° \quad \text{(da Tabela 15–9, o ângulo de avanço é aceitável)}$$

Equação (15–62): $V_s = \dfrac{\pi d n_W}{12 \cos \lambda} = \dfrac{\pi (2,5) 1200}{12 \cos 20,905°} = 840,74 \text{ ft/min}$

$$V_W = \frac{\pi d n_W}{12} = \frac{\pi(2,5)1200}{12} = 785,40 \text{ ft/min}$$

$$V_G = \frac{\pi D n_G}{12} = \frac{\pi(12,414)1200/13}{12} = 300 \text{ ft/min}$$

Equação (15–33): $C_s = 1190 - 477 \log 12,414 = 668,20$

Equação (15–36): $C_m = 0,02\sqrt{1313 + 40(13) - 76} + 0,46 = 0,792$

Equação (15–37): $C_v = 13,31(840,74)^{-0,571} = 0,285$

Equação (15–38): $f = 0,103 \exp[-0,11(840,74)^{0,45}] + 0,012 = 0,02256$[4]

Equação (15–54): $e_W = \dfrac{\cos 20° - 0,0191 \tan 20,905°}{\cos 20° + 0,0191 \cot 20,905°} = 0,942$

(Se a coroa for utilizada como motora, $e_G = 0,939$.) Para assegurar uma potência nominal de saída de 10 hp, com ajustes para K_a, n_d e e,

Equação (15–57): $W_W^t = 1222 \dfrac{\cos 20° \sen 20,905° + 0,0191 \cos 20,905°}{\cos 20° \cos 20,905° - 0,0191 \sen 20,905°} = 495,4 \text{ lbf}$

Equação (15–58): $W_G^t = \dfrac{33\,000(1,2)15(1,25)}{300(0,942)} = 2627,39 \text{ lbf}$

Equação (15–59): $H_W = \dfrac{\pi(2,5)1200(495,4)}{12(33\,000)} = 11,79 \text{ hp}$

Equação (15–60): $H_G = \dfrac{\pi(12,414)1200/13(1222)}{12(33\,000)} = 28,885 \text{ hp}$

Equação (15–61): $W_f = \dfrac{0,023(2627,39)}{0,023 \sen 20,905° - \cos 20° \cos 20,905°} = -68,15 \text{ lbf}$

Equação (15–63): $H_f = \dfrac{|-68,15|840,74}{33\,000} = 1,736 \text{ hp}$

Com $C_s = 702,8$, $C_m = 0,772$ e $C_v = 0,232$

$$(F_e)_{\text{req}} = \frac{W_G^t}{C_s D^{0,8} C_m C_v} = \frac{2627,39}{702,8(12,41)^{0,8} 0,772(0,232)} = 2,35 \text{ in}$$

---

[4] Da ANSI/AGMA 6034-B92, os fatores de classificação são $C_s = 703$, $C_m = 0,773$, $C_v = 0,2345$ e $f = 0,01995$.

Decisão 3: A gama disponível para $(F_e)_G$ é $1{,}479 \leq (F_e)_G \leq 2d/3$ ou $1{,}667 \leq (F_e)_G \leq 2{,}35$ in. Faça $(F_e)_G = 2{,}01$ in.

Equação (15–28): $W^t_{adm} = 668{,}20\,(12{,}414)^{0,8}\,2{,}01\,(0{,}772)\,0{,}232 = 2268{,}46$ bf

Este valor é inferior a 2627,38854 lbf.

Decisão 4:

Equação (15–50): $\hbar_{CR} = \dfrac{n_W}{6494} + 0{,}13 = \dfrac{1200}{6494} + 0{,}13 = 0{,}315$ ft · lbf/(min · in² · °F)

Equação (15–49): $H_{perda} = 33000\,(1-e)H_W = 33000\,(1-0{,}93224)\,11{,}92 = 26647{,}69$ ft · lbf/min

A área AGMA, da Equação (15–52), é $A_{min} = 43{,}2\,C^{1,7} = 43{,}2\,(7{,}207)^{1,7} = 1314{,}76$ in². Uma estimativa grosseira da área lateral com folgas de 6 in é:

Vertical: $d + D + 6 = 2{,}5 + 12{,}414 + 6 = 20{,}914$ in
Largura: $D + 6 = 12{,}414 + 6 = 18{,}414$ in
Espessura: $d + 6 = 2{,}5 + 6 = 8{,}5$ in
Área: $20{,}914\,(18{,}412) + 2\,(8{,}5)\,20{,}914 + 18{,}412\,(8{,}5) \doteq 1282{,}29$ in²

Suponha uma área de 1300 in². Escolha: resfriamento a ar, sem soprador no sem-fim, com uma temperatura ambiente de 70°F.

$$t_s = t_a + \dfrac{H_{perda}}{\hbar_{CR}\,A} = 70 + \dfrac{26647{,}69}{0{,}315\,(1300)} = 70 + 66{,}02 = 144{,}5°F$$

O lubrificante funciona com segurança, com alguma margem para uma área menor.

Equação (13–18): $P_n = \dfrac{P_t}{\cos \lambda} = \dfrac{2{,}094}{\cos 20{,}905} = 2{,}242$

$$p_n = \dfrac{\pi}{P_n} = \dfrac{\pi}{2{,}242} = 1{,}401 \text{ in}$$

A tensão de flexão da coroa, para referência, é

Equação (15–53): $\sigma = \dfrac{W^t_G}{p_n F_e y} = \dfrac{2654{,}90}{1{,}401\,(2{,}01)\,0{,}125} = 7545{,}10$ psi

O risco provém do desgaste, que é considerado pelo método AGMA, que provê $(W^t_G)_{adm}$.

15–9 Carga de desgaste de Buckingham

Um método precursor do método da AGMA foi o de Buckingham, que identificou uma carga admissível de desgaste em engrenamento sem-fim. Buckingham mostrou que o carregamento admissível para o dente de engrenagem com relação ao desgaste pode ser estimado por meio de

$$\left(W^t_G\right)_{adm} = K_w d_G F_e \tag{15–64}$$

em que K_w = fator de carga para a coroa sem-fim
d_G = diâmetro primitivo da coroa
F_e = largura efetiva de face da coroa sem-fim

A Tabela 15–11 apresenta valores de K_w para pares de sem-fim como uma função do par de materiais e ângulo de pressão normal.

Tabela 15–11 Fator de desgaste K_W para engrenamento sem-fim. *Fonte*: Earle Buckingham, *Design of Worm and Spiral Gears*, Industrial Press, Nova York, 1981.

Material		Ângulo de rosca φ_n			
Pinhão	Coroa	$14\frac{1}{2}°$	20°	25°	30°
Aço endurecido *	Bronze esfriado	90	125	150	180
Aço endurecido *	Bronze	60	80	100	120
Aço, 250 BHN (min)	Bronze	36	50	60	72
Ferro fundido de alta performance	Bronze	80	115	140	165
Ferro cinza †	Alumínio	10	12	15	18
Ferro fundido de alta performance	Ferro cinza	90	125	150	180
Ferro fundido de alta performance	Aço fundido	22	31	37	45
Ferro fundido de alta performance	Ferro fundido de alta performance	135	185	225	270
Aço 250 BHN (min)	Fenólico laminado	47	64	80	95
Ferro cinza	Fenólico laminado	70	96	120	140

*Acima de 500 BHN superficial.
†Para sem-fins de aço, multiplique os valores dados por 0,6.

EXEMPLO 15-5

Estime a carga de desgaste admissível da coroa sem-fim $(W_G^t)_{adm}$ para o conjunto de engrenagens do Exemplo 15–4 utilizando a equação de desgaste de Buckingham.

Solução

Da Tabela 15–11 para uma coroa de aço endurecido e um suporte de bronze, K_w vale 80 para $\phi_n = 20°$. A Equação (15–64) dá

$$\left(W_G^t\right)_{adm} = 80(10,504)1,5 = 1260 \text{ lbf}$$

que é maior que os 1239 lbf do método AGMA. O método de Buckingham não tem os refinamentos do método AGMA. [Varia $(W_G^t)_{adm}$ de forma linear com o diâmetro da coroa?]

Para combinações de materiais não consideradas pela AGMA, o método de Buckingham permite um tratamento quantitativo.

PROBLEMAS

15–1 Um pinhão cônico (biselado) de dentes retos não coroado possui 20 dentes, um módulo de 4 mm e um número de acurácia de transmissão igual a 6. Ambos, pinhão e coroa, são feitos de aço endurecido por completo com uma dureza Brinell de 300. A coroa conduzida possui 60 dentes. O conjunto de engrenagens tem uma meta de vida de 10^9 revoluções do pinhão, com confiabilidade de 0,999. O ângulo entre eixos é de 90°; a velocidade do pinhão vale 900 rev/min. A largura de face é de 32 mm e o ângulo de pressão normal é 20°. O pinhão é montado externamente em balanço, com relação aos mancais do seu eixo, enquanto a coroa é montada em meio aos mancais. Com base na resistência à flexão AGMA, qual é a potência nominal do conjunto de engrenagens? Use $K_0 = 1$ e $S_F = S_H = 1$.

15–2 Para o conjunto de engrenagens e condições do Problema 15–1, encontre a classificação de potência com base na durabilidade superficial da AGMA.

15–3 Um pinhão cônico de dentes retos não coroados possui 30 dentes, um passo diametral igual a 6, e um número de acurácia de transmissão igual a 6. A coroa possui 60 dentes. Ambos, pinhão e coroa, são construídos de ferro fundido nº 30. O ângulo entre eixos é de 90°. A largura de face é de 1,25 in, a velocidade do pinhão é 900 rev/min e o ângulo de pressão normal vale 20°. O pinhão é montado em balanço externamente aos seus mancais, que se localizam de um e outro lado da coroa. Qual é a capacidade de potência com relação à resistência à flexão AGMA? Nota: Para conjuntos de engrenagens feitas de ferro fundido, ainda não foi desenvolvida informação concernente à confiabilidade. Dizemos que, se a vida é maior do que 10^7 revoluções, então faça $K_L = 1$, $C_L = 1$, $C_R = 1$, $K_R = 1$, e aplique um fator de segurança. Use $S_F = 2$ e $S_H = \sqrt{2}$.

15–4 Para o conjunto de engrenagens e condições do Problema 15–3, encontre a capacidade de potência com base na durabilidade superficial AGMA.

15–5 Um pinhão cônico de dentes retos não coroados tem 22 dentes, um módulo de 4 mm e um número de acurácia de transmissão de 5. O pinhão e a coroa são construídos de aço endurecido por completo, ambos possuindo dureza de núcleo e de superfície iguais a 180 Brinell. O pinhão conduz uma coroa cônica de 24 dentes. O ângulo entre eixos é de 90°, a velocidade do pinhão vale 1 800 rev/min, a largura de face vale 25 mm e o ângulo de pressão normal é igual a 20°. Ambas as engrenagens têm montagem em balanço. Encontre a capacidade de potência com base na resistência à cavitação da AGMA, se a meta de vida é de 10^9 revoluções do pinhão com confiabilidade de 0,999.

15–6 Para o conjunto de engrenagens e condições do Problema 15–5, encontre a capacidade de potência com base na resistência à flexão AGMA.

15–7 Em engrenamento de engrenagens cônicas de dentes retos, há alguns fatos análogos aos expressos pelas Equações (14–44) e (14–45), p. 758 e 759, respectivamente. Se tivermos um núcleo de pinhão com uma dureza $(H_B)_{11}$ e tentarmos igualar capacidades de transmissão de potência, a carga transmitida W^t pode ser feita igualmente em todos os quatro casos. É possível encontrar as seguintes relações:

	Núcleo	Superfície
Pinhão	$(H_B)_{11}$	$(H_B)_{12}$
Coroa	$(H_B)_{21}$	$(H_B)_{22}$

(a) Para uma coroa de aço endurecida superficialmente por carbonetação, com resistência à flexão AGMA de núcleo $(S_{at})_G$ e resistência de núcleo do pinhão $(S_{at})_P$, mostre que a relação é:

$$(S_{at})_G = (S_{at})_P \frac{J_P}{J_G} m_G^{-0,0323}$$

Isso permite que $(H_B)_{21}$ seja relacionado com $(H_B)_{11}$.

(b) Mostre que a resistência de contato AGMA da superfície da coroa $(S_{ac})_G$ pode ser relacionada à resistência à flexão de núcleo AGMA do núcleo do pinhão $(S_{at})_P$ por:

$$(S_{ac})_G = \frac{C_P}{(C_L)_G C_H} \sqrt{\frac{S_H^2}{S_F} \frac{(S_{at})_P (K_L)_P K_x J_P K_T C_s C_{xc}}{N_P I K_S}}$$

Se fatores de segurança são aplicados à carga transmitida W_t, então $S_H = \sqrt{S_F}$ e S_H^2/S_F resulta unitário. O resultado permite que se relacione $(H_B)_{22}$ a $(H_B)_{11}$.

(c) Mostre que a resistência de contato AGMA da coroa $(S_{ac})_G$ está relacionada à resistência de contato do pinhão $(S_{ac})_P$ por

$$(S_{ac})_P = (S_{ac})_G m_G^{0,0602} C_H$$

15–8 Considere a solução dos Problemas 15–1 e 15–2. Se a dureza do núcleo do pinhão é de 300 Brinell, utilize as relações do Problema 15–7 para determinar as durezas necessárias para os núcleos das engrenagens e a dureza superficial de ambas as engrenagens que asseguram valores iguais de potências.

15–9 Repita os Problemas 15–1 e 15–2 com o protocolo de dureza:

	Núcleo	Superfície
Pinhão	300	373
Coroa	339	345

que pode ser estabelecido pelas relações do Problema 15–7, e veja se o resultado iguala as cargas transmitidas W^t em todos os quatro casos.

15–10 Um catálogo de engrenagens cônicas de estoque registra uma capacidade de transmitir potência de 5,2 hp a 1 200 rev/min de velocidade do pinhão para um conjunto de engrenagens cônicas de dentes retos consistindo em um pinhão de 20 dentes movendo uma coroa de 40 dentes. Este par de engrenagens possui um ângulo de pressão normal de 20°, uma largura de face de 0,71 in e um passo diametral de 10 dentes/in, sendo endurecidas por inteiro a 300 BHN. Assuma que as engrenagens são para uso industrial generalizado, sendo geradas para um número de acurácia de transmissão igual a 5, e não são coroadas. Assuma também que as engrenagens são valoradas para uma vida de 3×10^6 revoluções com 99% de confiabilidade. Dados esses valores, o que você pensa com relação à capacidade de transmissão de potência anunciada no catálogo?

15–11 Aplique as relações apresentadas no Problema 15–7 ao Exemplo 15–1 e encontre a dureza superficial Brinell das engrenagens supondo carga admissível w^t igual tanto para flexão quanto para desgaste. Verifique o seu trabalho refazendo o Exemplo 15–1 para ver se você está correto. O que você faria com relação ao tratamento térmico das engrenagens?

15–12 Sua experiência com o Exemplo 15–1, bem como com problemas baseados no mesmo exemplo, permitirão a você escrever um programa de computação interativo para calcular a capacidade de transmissão de potência de engrenagens de aço endurecidas por inteiro. Teste o seu conhecimento de análise de engrenagens cônicas observando a facilidade com a qual o código se desenvolve. O protocolo de dureza desenvolvido no Problema 15–7 pode ser incorporado no final do seu código, primeiro para mostrá-lo, depois como uma opção para retorno e verificação das consequências.

15–13 Use sua experiência com o Problema 15–11 e Exemplo 15–2, para desenvolver um programa interativo de projeto por computador para engrenagens cônicas de dentes retos, implementando o padrão ANSI/AGMA 2003-B97. Será útil seguir o conjunto de decisões da Seção 15–5, permitindo o retorno a decisões anteriores, com a finalidade de revisar, à medida que as consequências de decisões anteriores se desenvolvem.

15–14 Um pinhão sem-fim de aço com uma só rosca roda a 180,64 rad/s, engranzando com uma engrenagem coroa de 24 dentes e transmitindo 0,7457 kW de potência para o eixo de saída. O diâmetro primitivo do sem-fim mede 3 in. O passo diametral tangencial da coroa é de 4 dentes por polegada e o ângulo de pressão normal vale 14,5°. A temperatura ambiente é de 294,26 K, o fator de aplicação é de 1,25, o fator de projeto vale 1, a largura da coroa é de 12,7 mm, a área lateral da caixa vale 5483.86 in², e a coroa é de bronze fundido com resfriamento.

(a) Encontre a geometria da engrenagem.
(b) Determine as forças transmitidas pelas engrenagens e a eficiência do engrenamento.
(c) A transmissão é suficiente para carregar a carga?
(d) Estime a temperatura do reservatório do óleo lubrificante.

15–15 a 15–22 Como no Exemplo 15–4, projete um engrazamento de engrenagens cilíndricas sem-fim para conectar um motor de indução de gaiola de esquilo a um agitador de líquido. A velocidade do motor é de 1125 rev/min e a razão de velocidades deve ser de 10:1. A potência requerida de saída é de 25 hp. Os centros de eixos estão entre si a 90°. Um fator de sobrecarga K_o (ver Tabela 15–2) faz concessão a variações dinâmicas externas da carga com relação à carga nominal ou média w^t. Para este serviço $K_o = 1,25$ se revela apropriado. Adicionalmente, um fator de projeto n_d de 1,1 deve ser incluído para levar em conta outros riscos não quantificáveis. Para os Problemas 15–15 a 15–17, utilize o método AGMA para $(W^t_G)_{adm}$, enquanto para os Problemas 15–18 a 15–22, utilize o método de Buckingham. Ver Tabela 15–12.

Tabela 15–12 Tabela de dados para os Problemas 15–15 a 15–22.

Problema nº	Materiais		
	Método	Pinhão	Coroa
15–15	AGMA	Aço, HRC 58	Bronze fundido em areia
15–16	AGMA	Aço, HRC 58	Bronze fundido com resfriamento
15–17	AGMA	Aço, HRC 58	Bronze fundido por centrifugação
15–18	Buckingham	Aço, 500 BHN	Bronze fundido com resfriamento
15–19	Buckingham	Aço, 500 BHN	Bronze fundido
15–20	Buckingham	Aço, 250 BHN	Bronze fundido
15–21	Buckingham	Ferro fundido de alta performance	Bronze fundido
15–22	Buckingham	Ferro fundido de alta performance	Ferro fundido de alta performance

16 Embreagens, freios, acoplamentos e volantes

- **16-1** Análise estática de embreagens e freios **810**
- **16-2** Embreagens e freios tipo tambor com sapatas internas **815**
- **16-3** Embreagens e freios tipo tambor com sapatas externas **823**
- **16-4** Embreagens e freios de cinta **827**
- **16-5** Embreagens de contato axial **829**
- **16-6** Freios de disco **832**
- **16-7** Embreagens e freios cônicos **838**
- **16-8** Considerações energéticas **840**
- **16-9** Elevação de temperatura **841**
- **16-10** Materiais de atrito **845**
- **16-11** Embreagens variadas e acoplamentos **846**
- **16-12** Volantes **850**

Este capítulo diz respeito a um grupo de elementos usualmente associados com rotação que têm em comum a função de armazenar e/ou transferir energia rotacional. Por causa dessa similaridade de função, embreagens, freios, acoplamentos e volantes são tratados em conjunto neste capítulo.

Uma representação dinâmica simplificada de uma embreagem de atrito ou freio é mostrada na Figura 16–1a. Duas inércias I_1 e I_2 movendo-se nas velocidades angulares ω_1 e ω_2, uma das quais podendo ser zero, como no caso dos freios, devem ser levadas à mesma velocidade por meio do acoplamento da embreagem ou freio. Ocorre deslizamento uma vez que os dois elementos estão rodando a diferentes velocidades e é dissipada energia durante acionamento, resultando em um aumento de temperatura. Ao analisarmos o desempenho desses aparatos estaremos interessados em:

1   Força de acionamento.
2   Torque transmitido.
3   Perda de energia.
4   Aumento de temperatura.

O torque transmitido está relacionado à força atuante, ao coeficiente de atrito e à geometria da embreagem ou do freio. Esse é um problema de estática que deve ser estudado separadamente para cada configuração geométrica. Porém, o aumento de temperatura está relacionado à perda de energia e pode ser estudado sem atender ao tipo de freio ou embreagem, uma vez que a geometria de interesse é aquela das superfícies dissipativas de calor.

Os diversos tipos de aparatos a ser estudados podem ser classificados como se segue:

1   Tambor com sapatas internas.
2   Tambor com sapatas externas.
3   Cinta.
4   Disco ou axial.
5   Cone.
6   Misto.

Volante é um aparato inercial de armazenamento de energia. Ele absorve energia mecânica aumentando sua velocidade angular e repassa energia diminuindo a velocidade. A Figura 16–1b é a representação matemática de um volante. Um torque de entrada T_i, correspondente a uma coordenada θ_i, fará a velocidade de volante aumentar. E uma carga ou torque de saída T_o, com coordenada θ_o, absorverá energia do volante e o fará diminuir a velocidade. Estaremos interessados em projetar volantes para obter uma quantidade específica de regulação de velocidade.

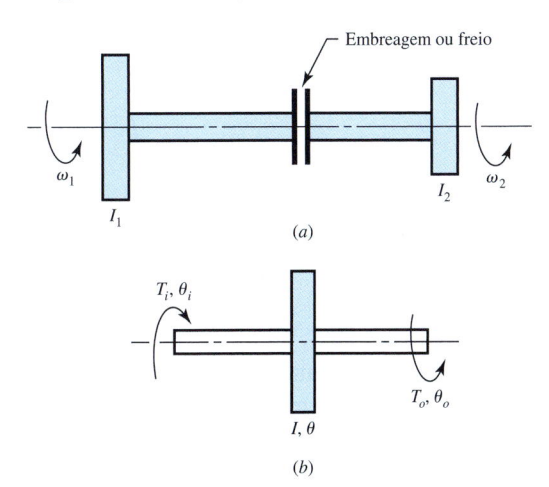

Figura 16–1 (a) Representação dinâmica de uma embreagem ou freio; (b) representação matemática de um volante.

16–1 Análise estática de embreagens e freios

Muitos tipos de embreagens e freios podem ser analisados segundo um procedimento geral. O procedimento acarreta as seguintes tarefas:

- Estimar, modelar ou medir a distribuição de pressão nas superfícies de atrito.
- Encontrar uma relação entre a máxima pressão e a pressão em qualquer ponto.
- Usar as condições de equilíbrio estático para encontrar a força ou torque de frenagem e as reações de suporte.

Apliquemos essas tarefas para o calço de porta mostrado na Figura 16–2a. O calço está articulado no pino A. Uma distribuição de pressão normal $p(u)$ é mostrada sob o forro de atrito, como função da posição u, tomada a partir da extremidade direita do forro. Uma distribuição similar de tensão de cisalhamento por atrito existe na superfície, de intensidade $f p(u)$, na direção do movimento do chão relativo ao forro, em que f é o coeficiente de atrito. A largura do forro na direção que adentra a página é w_2. A força líquida na direção y e o momento, causado pela pressão em relação a C, são, respectivamente,

$$N = w_2 \int_0^{w_1} p(u)\,du = p_{av} w_1 w_2 \tag{a}$$

$$w_2 \int_0^{w_1} p(u) u\,du = \bar{u} w_2 \int_0^{w_1} p(u)\,du = p_{av} w_1 w_2 u \tag{b}$$

Somamos as forças na direção x para obter

$$\sum F_x = R_x \mp w_2 \int_0^{w_1} f p(u)\,du = 0$$

em que – ou + se aplica ao movimento relativo ao chão para a direita ou para a esquerda, respectivamente. Assumindo f constante, resolvendo para R_x resulta

$$R_x = \pm w_2 \int_0^{w_1} f p(u)\,du = \pm f w_1 w_2 p_{av} \tag{c}$$

Somando as forças na direção y produz

$$\sum F_y = -F + w_2 \int_0^{w_1} p(u)\,du + R_y = 0$$

do qual

$$R_y = F - w_2 \int_0^{w_1} p(u)\,du = F - p_{av} w_1 w_2 \tag{d}$$

para uma ou outra direção. Somando momentos com relação ao pino localizado em A, temos

$$\sum M_A = Fb - w_2 \int_0^{w_1} p(u)(c+u)\,du \mp a f w_2 \int_0^{w_1} p(u)\,du = 0$$

Uma sapata de freio é autoenergizante se o sentido de seu momento ajudar a assentar o freio, é autodenergizante se o momento resistir a assentar o freio. Continuando,

$$F = \frac{w_2}{b}\left[\int_0^{w_1} p(u)(c+u)\,du \pm a f \int_0^{w_1} p(u)\,du\right] \tag{e}$$

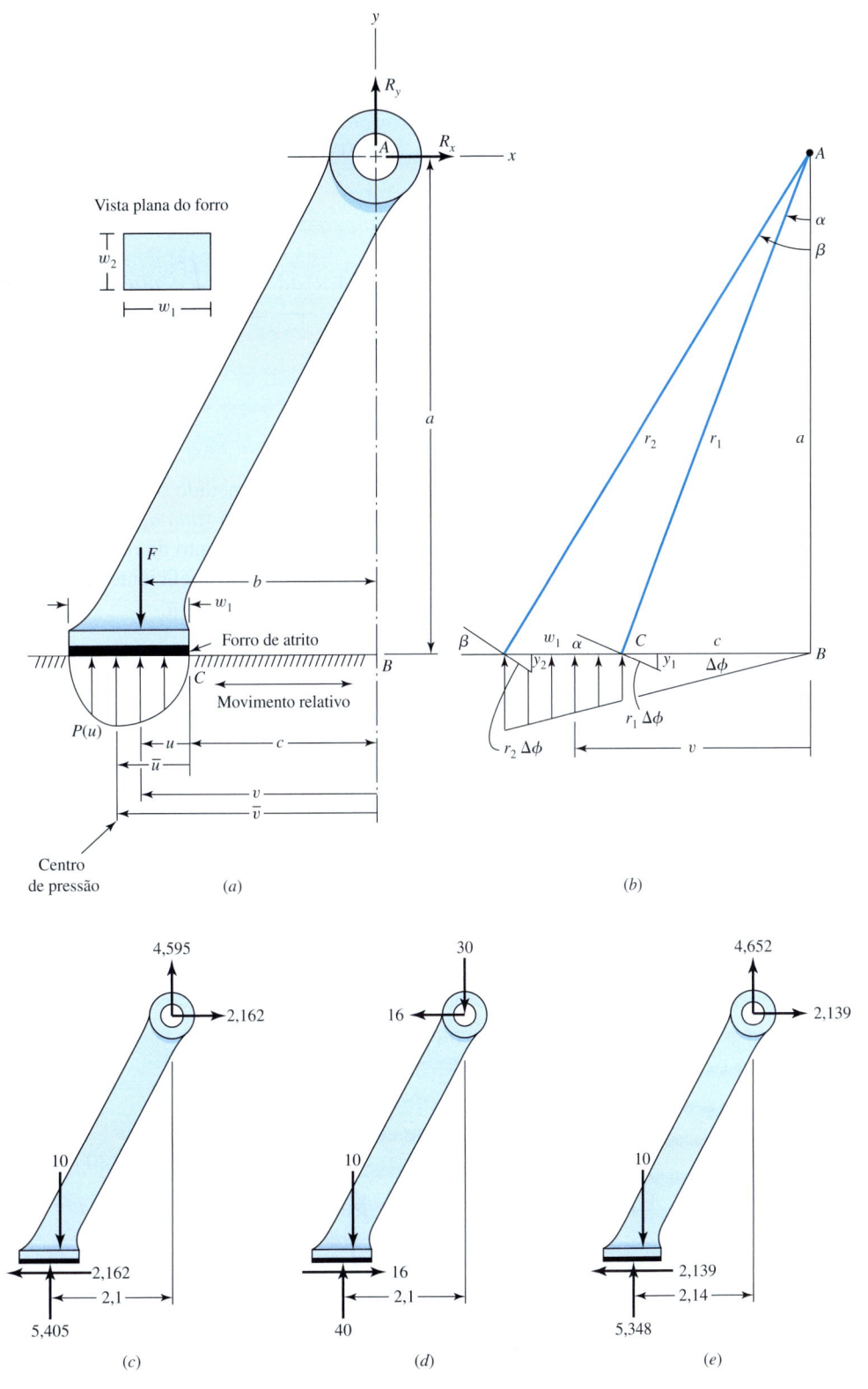

Capítulo 16 Embreagens, freios, acoplamentos e volantes   **811**

Figura 16–2 Um calço de porta comum. (*a*) Corpo livre do calço de porta. (*b*) Distribuição trapezoidal de pressão no forro de pé baseado em deformação linear do forro. (*c*) Diagrama de corpo livre para movimento à esquerda do chão, pressão uniforme, Exemplo 16–1. (*d*) Diagrama de corpo livre para movimento à direita do chão, pressão uniforme, Exemplo 16–1. (*e*) Diagrama de corpo livre para movimento à esquerda do chão, pressão trapezoidal, Exemplo 16–1. Para (*c*), (*d*) e (*e*), as unidades de forças e dimensões são lbf e in, respectivamente.

Pode F ser igual a ou menor que zero? Apenas durante o movimento para a direita em relação ao chão quando a expressão em colchetes na Equação (e) é igual a ou menor que zero. Fazemos esta expressão nos colchetes ser igual ou menor que zero:

$$\int_0^{w_1} p(u)(c+u)\,du - af\int_0^{w_1} p(u)\,du \leq 0$$

do qual

$$f_{cr} \geq \frac{1}{a}\frac{\int_0^{w_1} p(u)(c+u)\,du}{\int_0^{w_1} p(u)\,du} = \frac{1}{a}\frac{c\int_0^{w_1} p(u)\,du + \int_0^{w_1} p(u)u\,du}{\int_0^{w_1} p(u)\,du}$$

$$f_{cr} \geq \frac{c+\bar{u}}{a} \qquad (f)$$

em que $\bar{u}$ é a distância do centro de pressão, medido da extremidade direita da forro. A conclusão é de que um fenômeno de *autoativação* (*autoacionamento*) ou *autotravamento* está presente independentemente do nosso conhecimento da distribuição de pressão normal $p(u)$. Nossa habilidade em *descobrir* o valor crítico do coeficiente de atrito f_{cr} é dependente do nosso conhecimento de $p(u)$, a partir do qual derivamos $\bar{u}$.

EXEMPLO 16–1

O calço de porta representado na Figura 16–2a tem as seguintes dimensões: $a = 100$ mm, $b = 50$ mm, $c = 40$ mm, $w_1 = 25$ mm, $w_2 = 18$ mm, em que w_2 é a profundidade do forro adentrando o plano do papel.

(a) Para um movimento relativo para a esquerda do chão, uma força atuante F de 45 N, um coeficiente de atrito de 0,4, use uma distribuição uniforme de pressão p_{av} para encontrar R_x, R_y, p_{av} e a pressão maior p_a.

(b) Repita a parte a, para um movimento relativo para a direita do chão.

(c) Modele a pressão normal como de "esmagamento" do forro, admitindo que esta fosse composta de muitas molas espirais helicoidais pequenas. Encontre R_x, R_y, p_{av} e p_a para o movimento para a esquerda do chão e demais condições como na parte a.

(d) Para um movimento relativo para a direita do chão, é o calço de porta um freio de autoacionamento?

Solução

(a)

Equação (c): $\quad R_x = fp_{av}w_1w_2 = 0,4(25)18\,p_{av} = 180\,p_{av}$

Equação (d): $\quad R_y = F - p_{av}w_1w_2 = 45 - p_{av}(25)(18) = 45 - 450\,p_{av}$

Equação (e):
$$F = \frac{w_2}{b}\left[\int_0^{25} p_{av}(c+u)\,du + af\int_0^{25} p_{av}\,du\right]$$

$$= \frac{w_2}{b}\left(p_{av}c\int_0^{25} du + p_{av}\int_0^{25} u\,du + afp_{av}\int_0^{25} du\right)$$

$$= \frac{w_2 p_{av}}{b}\left(25c + \frac{25^2}{2} + 25af\right)$$

$$= 832,5\,p_{av}$$

Solucionando para p_{av} resulta

$$p_{av} = \frac{F}{922,5} = \frac{45}{832,5} = 0,054 \text{ MPa}$$

Avaliamos R_x e R_y como

Resposta
$$R_x = 180(0,054) = 9,7 \text{ N}$$

Resposta
$$R_y = 45 - 450(0,05) = 20,7 \text{ N}$$

A força normal N no forro é $F - R_y = 45 - 22,5 = 24,3$ N para cima. A linha de ação passa pelo centro de pressão, que está no centro do forro. A força de atrito é $fN = 0,4(24,3) = 9,7$ N dirigida para a esquerda. Uma verificação dos momentos ao redor de A resulta

$$\sum M_A = Fb - fNa - N(w_1/2 + c)$$
$$= 45(50) - 0,4(24,3)100 - 24,3(25/2 + 40) = 0$$

Resposta A máxima pressão é $p_a = p_{av} = 0,054$ MPa.

(b)

Equação (c): $\quad R_x = -fp_{av}w_1w_2 = -0,4(25)(18)\,p_{av} = -180\,p_{av}$

Equação (d): $\quad R_y = F - p_{av}w_1w_2 = 45 - p_{av}(25)(18) = 45 - 450\,p_{av}$

Equação (e): $\quad F = \dfrac{w_2}{b}\left[\displaystyle\int_0^{25} p_{av}(c+u)\,du - af\int_0^{25} p_{av}\,du\right]$

$$= \frac{w_2}{b}\left(p_{av}c\int_0^{25} du + p_{av}\int_0^{25} u\,du - afp_{av}\int_0^{25} du\right)$$

$$= 112,5\,p_{av}$$

a partir da qual

$$p_{av} = \frac{F}{112,5} = \frac{45}{112,5} = 0,4 \text{ MPa}$$

que faz

Resposta
$$R_x = -180(0,4) = 72 \text{ N}$$

Resposta
$$R_y = 45 - 450(0,4) = -135 \text{ N}$$

A força normal N no forro é $45 + 135 = 180$ N para cima. A força de atrito de cisalhamento é $fN = 0,4(180) = 72$ N para a direita. Verificamos agora os momentos ao redor de A:

$$M_A = fNa + Fb - N(c + 0,5) = 72(100) + 45(50) - 180(40 + 12,5) = 0$$

Note a mudança na pressão média da 0,05 MPa na parte a para 0,4 MPa. Observe também como as direções das forças mudaram. A pressão máxima p_a é a mesma que p_{av}, que mudou de 0,05 MPa para 0,4 MPa.

(c) Modelaremos a deformação do forro como se segue. Se o calço de porta roda $\Delta\phi$, sentido anti-horário, as extremidades direita e esquerda do forro deformarão para baixo y_1 e y_2, respectivamente (Figura 16–2b). Com base na similaridade de triângulos, $y_1/(r_1\,\Delta\phi) = c/r_1$ e $y_2/(r_2\,\Delta\phi) = (c + w_1)/r_2$. Assim, $y_1 = c\,\Delta\phi$ e $y_2 = (c + w_1)\,\Delta\phi$. Isso significa que y é proporcional à distância horizontal do ponto de pivô A; isto é, $y = C_1 v$, sendo C_1

uma constante (ver Figura 16–2b). Assumindo que a pressão seja diretamente proporcional à deformação, segue que $p(v) = C_2 v$, sendo C_2 uma constante. Em termos de u a pressão é $p(u) = C_2(c + \mathrm{u}) = C_2(40 + u)$,

Equação (e):

$$F = \frac{w_2}{b}\left[\int_0^{w_1} p(u)c\,du + \int_0^{w_1} p(u)u\,du + af\int_0^{w_1} p(u)\,du\right]$$

$$= \frac{18}{50}\left[\int_0^{25} C_2(40+u)40\,du + \int_0^{25} C_2(40+u)u\,du + af\int_0^{25} C_2(40+u)\,du\right]$$

$$= 0{,}36 C_2[1600(25) + 40(25)^2 + (25)^3/2 + 100(0{,}4)(40(25) - (25)^2/2)]$$

$$= 33\,592{,}5 C_2$$

Uma vez que $F = 45$ N, então $C_2 = 45/33\,592{,}5 = 0{,}001\,34$ MPa/mm, e $p(u) = 0{,}001\,34(40 + u)$. A pressão média é dada por

Resposta

$$p_{\mathrm{av}} = \frac{1}{w_1}\int_0^{w_1} p(u)\,du = \frac{1}{25}\int_0^{25} 0{,}00134(40+u)\,du = 0{,}00134(40+12{,}5) = 0{,}07\text{ MPa}$$

A máxima pressão ocorre quando $u = 25$ mm e é

Resposta

$$p_a = 0{,}001\,34(40 + 25) = 0{,}087\text{ MPa}$$

As Equações (c) e (d) da Seção 16–1 ainda são válidas. Assim,

$$R_x = 180\,p_{\mathrm{av}} = 180(0{,}07) = 12{,}6\text{ N}$$

$$R_y = 45 - 450\,p_{\mathrm{av}} = 45 - 450(0{,}07) = 13{,}5\text{ N}$$

A pressão média é $p_{\mathrm{av}} = 0{,}07$ MPa e a máxima pressão é $p_a = 0{,}087$ MPa, que é aproximadamente 24% maior que a pressão média. A presunção que a pressão fosse uniforme na parte a (visto que o forro era pequeno, ou porque a aritmética seria mais fácil?) subestimou a pressão de pico. Modelar o forro como um conjunto de molas unidimensional é melhor, mas o forro é realmente um contínuo tridimensional. Uma abordagem com base na teoria de elasticidade ou modelagem por elemento finito pode ser demasiada, dadas as incertezas inerentes neste problema, mas ainda assim representa uma melhor modelagem.

(d) Para avaliarmos $\bar{u}$, necessitamos conduzir duas integrações:

$$\int_0^c p(u)u\,du = \int_0^{25} 0{,}001\,34(40+u)u\,du = 27{,}2\text{ N}$$

$$\int_0^c p(u)\,du = \int_0^{25} 0{,}001\,34(40+u)\,du = 1{,}76\text{ N}$$

Assim $u = 27{,}2/1{,}76 = 15{,}5$ mm. Por meio da Equação (f) da Seção 16–1, o coeficiente de atrito crítico é

Resposta

$$f_{\mathrm{cr}} \geq \frac{c+u}{a} = \frac{40+15{,}5}{100} = 0{,}56$$

O forro de atrito do calço de porta não tem um coeficiente de atrito alto o suficiente para fazer do calço de porta um freio de autoacionamento. A configuração deve mudar e/ou a especificação do material de forro necessita ser alterada para sustentar a função de um calço de porta.

16–2 Embreagens e freios tipo tambor com sapatas internas

A embreagem de tipo tambor de sapata interna mostrada na Figura 16–3 consiste essencialmente em três elementos: a superfície friccional de contato, os meios de transmissão de torque para essas superfícies e o mecanismo de acionamento. Dependendo do mecanismo de operação, tais embreagens são classificadas como de *anel expansível*, *centrífugas*, *magnéticas*, *hidráulicas* e *pneumáticas*.

A embreagem de anel expansível é utilizada com frequência em maquinária têxtil, escavadoras e máquinas-ferramenta em que a embreagem pode ser colocada dentro da polia motora. Embreagens de anel expansível se beneficiam de efeitos centrífugos, transmitem altos torques mesmo a baixas velocidades e requerem acoplamento positivo e força de liberação ampla.

A embreagem centrífuga é usada na maioria das vezes para operação automática. Se nenhuma for utilizada, o torque transmitido é proporcional ao quadrado da velocidade. Isso é particularmente útil para acionamentos por motor elétrico em que a máquina acionada alcança velocidade sem choque, durante a partida. Molas também podem ser utilizadas para evitar o engate até que certa velocidade do motor seja alcançada, porém algum impacto pode ocorrer.

Embreagens magnéticas são particularmente úteis para sistemas automáticos e de controle remoto, assim como em acionamentos sujeitos a complexos ciclos de carga (ver Seção 11–7).

Embreagens hidráulicas e pneumáticas também são úteis em acionamentos que possuem ciclos de carregamento complexos e em maquinária automática, ou em robôs. Aqui o fluxo de fluido pode ser controlado remotamente usando válvulas solenoides. Estas são disponíveis como embreagens de disco, de cone e de pratos múltiplos (multidiscos).

Em sistemas de frenagem, o freio de *sapata interna ou de tambor* é utilizado mais frequentemente em aplicações automotivas.

Para analisar um dispositivo de sapata interna, recorra à Figura 16–4, que mostra uma sapata pivotada no ponto A, com a força de acionamento agindo na outra extremidade da sapata. Uma vez que ela é comprida, não podemos supor que a distribuição de forças normais seja uniforme. O arranjo mecânico permite que nenhuma pressão seja aplicada na vizinhança de articulação, assim admitiremos que a pressão neste ponto seja zero.

É prática usual excluir o material de atrito a partir de uma pequena distância para longe do calcanhar (ponto A). Isso elimina a interferência e, de qualquer maneira, o material de atrito contribuiria pouco para o desempenho, como será mostrado. Em alguns projetos o pino articulado é móvel, a fim de prover pressão de calcanhar adicional, o que dá o efeito de uma sapata flutuante. (Sapatas flutuantes não serão tratadas neste livro, embora seu projeto siga os mesmos princípios gerais.)

Figura 16–3 Embreagem de tipo tambor com sapata interna de acionamento centrífugo. (*Cortesia da Hiliard Corporation*).

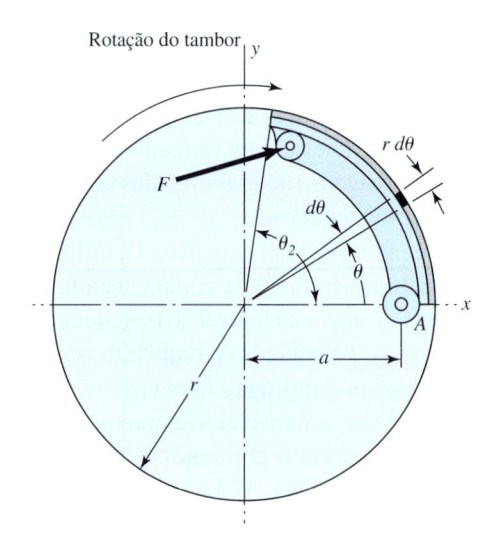

Figura 16–4 Geometria de sapata de atrito interno.

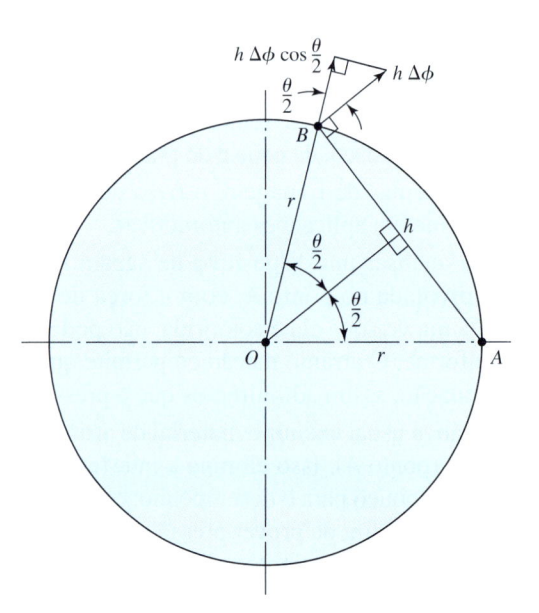

Figura 16–5 A geometria associada com um ponto arbitrário na sapata.

Consideremos a pressão p agindo sobre um elemento de área do material de atrito localizado em um ângulo θ a partir do pino de articulação (Figura 16–4). Designamos a pressão máxima p_a, localizada a um ângulo θ_a do pino de articulação. Para determinar a distribuição de pressão na periferia da sapata interna, considere o ponto B na mesma sapata (Figura 16–5). Como no Exemplo 16–1, se a sapata se deforma por meio de uma rotação infinitesimal $\Delta\phi$ em relação ao ponto de pivô A, a deformação perpendicular a AB é igual a $h\,\Delta\phi$. Do triângulo isósceles AOB, $h = 2r\,\text{sen}(\theta/2)$, de maneira que

$$h\,\Delta\phi = 2r\,\Delta\phi\,\text{sen}(\theta/2)$$

A deformação perpendicular ao aro é $h\,\Delta\phi\cos(\theta/2)$, que é

$$h\,\Delta\phi\cos(\theta/2) = 2r\,\Delta\phi\,\text{sen}(\theta/2)\cos(\theta/2) = r\,\Delta\phi\,\text{sen}\,\theta$$

Assim, a deformação, e consequentemente a pressão, é proporcional a θ. Em termos da pressão em B e do ponto em que esta pressão é máxima, isso significa,

$$\frac{p}{\operatorname{sen}\theta} = \frac{p_a}{\operatorname{sen}\theta_a} \qquad (a)$$

Rearranjando temos

$$p = \frac{p_a}{\operatorname{sen}\theta_a}\operatorname{sen}\theta \qquad (16\text{-}1)$$

Essa forma de distribuição de pressão tem atributos interessantes e úteis:

- A distribuição de pressão é senoidal com respeito ao ângulo central θ.
- Se a sapata for curta, como mostra a Figura 16–6a, a maior pressão *na sapata* é p_a ocorrendo na extremidade da sapata, θ_2.
- Se a sapata for longa, como mostra a Figura 16–6b, a maior pressão na sapata é p_a ocorrendo em $\theta_a = 90°$.

Visto que as limitações nos materiais de atrito são expressas em termos da maior pressão admissível no forro (lona), o projetista pensa em termos de p_a e não em termos da amplitude da distribuição senoidal que trata de lugares fora da sapata.

Quando $\theta = 0$, a Equação (16–1) mostra que a pressão é zero. O material de atrito localizado no calcanhar, por esse motivo, contribui muito pouco para a ação de freamento e pode assim ser omitido. Um bom projeto concentraria tanto material friccional quanto possível ao redor do ponto de máxima pressão. Tal projeto é mostrado na Figura 16–7. Nesta figura o material friccional começa em um ângulo θ_1, medido do pino de articulação A, e termina em um ângulo θ_2. Qualquer arranjo tal como este dará uma boa distribuição de material friccional.

Continuando agora (Figura 16–7), as reações do pino de articulação são R_x e R_y. A força de acionamento F tem componentes F_x e F_y e opera à distância c do pino de articulação. Em qualquer ângulo θ a partir do pino de articulação atua uma força diferencial normal dN cuja magnitude é

$$dN = pbr\, d\theta \qquad (b)$$

em que b é a largura de face (perpendicular ao papel) do material de atrito. Substituindo o valor da pressão da Equação (16–1), a força normal é

$$dN = \frac{p_a br \operatorname{sen}\theta\, d\theta}{\operatorname{sen}\theta_a} \qquad (c)$$

A força normal tem componentes horizontal e vertical $dN\cos\theta$ e $dN\operatorname{sen}\theta$, de acordo com a figura. A força friccional $f\,dN$ tem componentes horizontal e vertical, cujas magnitudes são $f\,dN\operatorname{sen}\theta$ e $f\,dN\cos\theta$, respectivamente. Aplicando as condições de equilíbrio estático, podemos encontrar a força de acionamento F, o torque T e as reações de pino R_x e R_y.

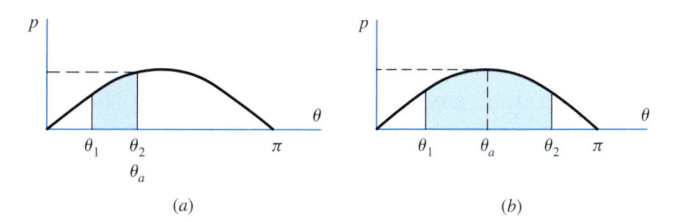

Figura 16–6 Definindo o ângulo no qual a pressão máxima ocorre quando (a) sapata existe na zona $\theta_1 \leq \theta_2 \leq \pi/2$ e (b) sapata existe na zona $\theta_1 \leq \pi/2 \leq \theta_2$.

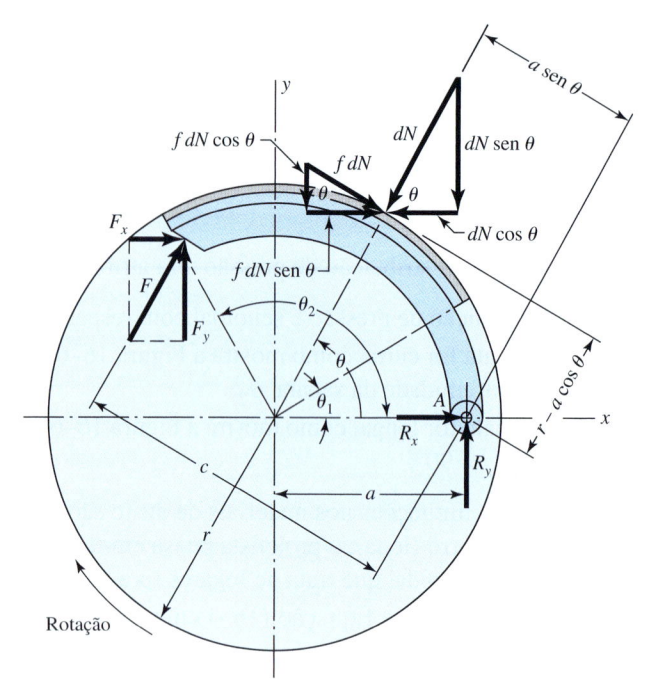

Figura 16–7 Forças na sapata.

Encontraremos a força de acionamento F usando a condição conforme a qual a soma dos momentos ao redor do pino da articulação é zero. As forças friccionais têm um braço de momento ao redor do pino de $r - a\cos\theta$. O momento M_f dessas forças friccionais é

$$M_f = \int f\, dN(r - a\cos\theta) = \frac{fp_a br}{\operatorname{sen}\theta_a} \int_{\theta_1}^{\theta_2} \operatorname{sen}\theta(r - a\cos\theta)\, d\theta \qquad (16\text{–}2)$$

que é obtido ao substituir o valor de dN da Equação (c). É conveniente integrar a Equação (16–2) para cada problema, por isso nós a reteremos nesta forma. O braço de momento da força normal dN ao redor do pino é $a\operatorname{sen}\theta$. Designando o momento das forças normais por M_N e somando estes ao redor do pino da articulação, resulta

$$M_N = \int dN(a\operatorname{sen}\theta) = \frac{p_a bra}{\operatorname{sen}\theta_a} \int_{\theta_1}^{\theta_2} \operatorname{sen}^2\theta\, d\theta \qquad (16\text{–}3)$$

A força de acionamento F deve balancear esses momentos. Assim

$$F = \frac{M_N - M_f}{c} \qquad (16\text{–}4)$$

Vemos aqui que existe uma condição para zero força de acionamento. Em outras palavras, ao fazermos $M_N = M_f$, o autotravamento é obtido e nenhuma força de acionamento é requerida. Isso nos fornece um método para obter as dimensões que proporcionam alguma ação autoenergizante. Assim, a dimensão a na Figura 16–7 deve ser tal que

$$M_N > M_f \qquad (16\text{–}5)$$

O torque T aplicado ao tambor pela sapata do freio é a soma das forças friccionais $f\, dN$ vezes pelo raio do tambor:

$$T = \int fr\,dN = \frac{fp_a br^2}{\sen\theta_a}\int_{\theta_1}^{\theta_2}\sen\theta\,d\theta$$
$$= \frac{fp_a br^2(\cos\theta_1 - \cos\theta_2)}{\sen\theta_a} \quad (16\text{-}6)$$

As reações do pino de articulação são encontradas somando-se as forças horizontais e verticais. Assim, para R_x, temos

$$R_x = \int dN\cos\theta - \int f\,dN\,\sen\theta - F_x$$
$$= \frac{p_a br}{\sen\theta_a}\left(\int_{\theta_1}^{\theta_2}\sen\theta\cos\theta\,d\theta - f\int_{\theta_1}^{\theta_2}\sen^2\theta\,d\theta\right) - F_x \quad (d)$$

A reação vertical é encontrada da mesma maneira:

$$R_y = \int dN\,\sen\theta + \int f\,dN\cos\theta - F_y$$
$$= \frac{p_a br}{\sen\theta_a}\left(\int_{\theta_1}^{\theta_2}\sen^2\theta\,d\theta + f\int_{\theta_1}^{\theta_2}\sen\theta\cos\theta\,d\theta\right) - F_y \quad (e)$$

A direção das forças friccionais é invertida se a rotação for invertida. Assim, para a rotação anti-horária, a força atuante é

$$F = \frac{M_N + M_f}{c} \quad (16\text{-}7)$$

e visto que ambos momentos têm o mesmo sentido, o efeito autoenergizante é perdido. Também, para rotação anti-horária, os sinais dos termos friccionais na equação para as reações do pino mudam, e as Equações (d) e (e) se transformam em

$$R_x = \frac{p_a br}{\sen\theta_a}\left(\int_{\theta_1}^{\theta_2}\sen\theta\cos\theta\,d\theta + f\int_{\theta_1}^{\theta_2}\sen^2\theta\,d\theta\right) - F_x \quad (f)$$

$$R_y = \frac{p_a br}{\sen\theta_a}\left(\int_{\theta_1}^{\theta_2}\sen^2\theta\,d\theta - f\int_{\theta_1}^{\theta_2}\sen\theta\cos\theta\,d\theta\right) - F_y \quad (g)$$

As Equações (d), (e), (f) e (g) podem ser simplificadas para facilitar os cálculos. Assim, seja

$$A = \int_{\theta_1}^{\theta_2}\sen\theta\cos\theta\,d\theta = \left(\frac{1}{2}\sen^2\theta\right)_{\theta_1}^{\theta_2}$$
$$B = \int_{\theta_1}^{\theta_2}\sen^2\theta\,d\theta = \left(\frac{\theta}{2} - \frac{1}{4}\sen 2\theta\right)_{\theta_1}^{\theta_2} \quad (16\text{-}8)$$

Então, para a rotação horária, conforme mostra a Figura 16–7, as reações do pino da articulação são

$$R_x = \frac{p_a br}{\sen\theta_a}(A - fB) - F_x$$
$$R_y = \frac{p_a br}{\sen\theta_a}(B + fA) - F_y \quad (16\text{-}9)$$

Para a rotação anti-horária, as Equações (f) e (g) se transformam em

$$R_x = \frac{p_a b r}{\operatorname{sen}\theta_a}(A + fB) - F_x$$

$$R_y = \frac{p_a b r}{\operatorname{sen}\theta_a}(B - fA) - F_y$$

(16-10)

Ao usar essas equações, o sistema de referência sempre tem sua origem no centro do tambor. O eixo x positivo é orientado pelo pino de articulação. O eixo y positivo é sempre na direção da sapata, mesmo quando este resulte em um sistema de mão esquerda.

As seguintes hipóteses estão implícitas na análise anterior:

1. A pressão em qualquer ponto na sapata deve ser proporcional à distância a partir do pino de articulação, e zero no calcanhar. Isso deve ser considerado sob o ponto de vista em que as pressões especificadas por fabricantes são médias em vez de máximas.
2. O efeito da força centrífuga foi desprezado. No caso de freios, as sapatas não estão rodando e não existe nenhuma força centrífuga. No projeto de embreagem, o efeito dessa força deve ser considerado ao escrevermos as equações de equilíbrio estático.
3. A sapata deve ser rígida. Visto que isso pode não ser verdadeiro, alguma deflexão ocorrerá, dependendo da carga, pressão e rigidez da sapata. A distribuição resultante de pressão pode ser diferente daquela admitida.
4. A análise completa foi baseada em um coeficiente de atrito que não varia com a pressão. Na realidade, o coeficiente pode variar de acordo com um número de condições, incluindo temperatura, desgaste e ambiente.

EXEMPLO 16-2 O freio mostrado na Figura 16-8 tem em diâmetro 300 mm e é acionado por um mecanismo que exerce a mesma força F em cada sapata. As sapatas são idênticas e têm uma largura de face de 32 mm. O forro é um asbesto moldado, tem um coeficiente de atrito de 0,32 e uma limitação de pressão de 1 000 kPa. Calcule a:

(a) Força acionadora F.
(b) Capacidade de frenagem.
(c) Reações do pino de articulação.

Solução (a) A sapata direita é autoenergizante, assim a força é encontrada no pressuposto de que a pressão máxima ocorrerá nesta sapata. Aqui $\theta_1 = 0°$, $\theta_2 = 126°$, $\theta_a = 90°$ e $\operatorname{sen}\theta_a = 1$. Também

$$a = \sqrt{(112)^2 + (50)^2} = 122{,}7 \text{ mm}$$

Integrando a Equação (16-2) de 0 a θ_2, resulta

$$M_f = \frac{f p_a b r}{\operatorname{sen}\theta_a}\left[\left(-r\cos\theta\right)_0^{\theta_2} - a\left(\frac{1}{2}\operatorname{sen}^2\theta\right)_0^{\theta_2}\right]$$

$$= \frac{f p_a b r}{\operatorname{sen}\theta_a}\left(r - r\cos\theta_2 - \frac{a}{2}\operatorname{sen}^2\theta_2\right)$$

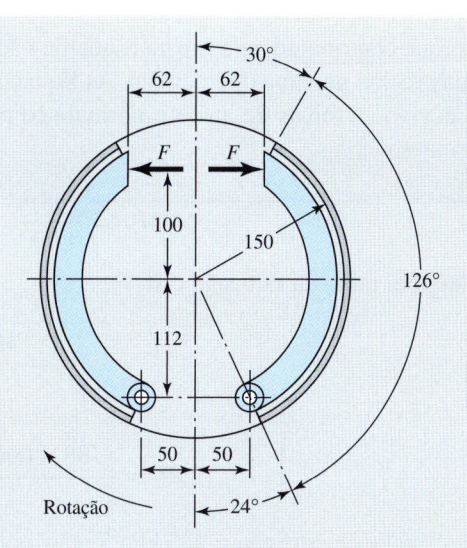

Figura 16–8 Freio com sapatas internas expansivas; dimensões em milímetros.

Mudando os comprimentos para metros, temos

$$M_f = (0{,}32)[1\,000\,(10)^3](0{,}032)(0{,}150)$$

$$\times \left[0{,}150 - 0{,}150\cos 126° - \left(\frac{0{,}1227}{2}\right)\operatorname{sen}^2 126°\right]$$

$$= 304\ \text{N}\cdot\text{m}$$

O momento das forças normais é obtido por meio da Equação (16–3). Integrando de 0 a θ_2

$$M_N = \frac{p_a b r a}{\operatorname{sen}\theta_a}\left(\frac{\theta}{2} - \frac{1}{4}\operatorname{sen}2\theta\right)\Big|_0^{\theta_2}$$

$$= \frac{p_a b r a}{\operatorname{sen}\theta_a}\left(\frac{\theta_2}{2} - \frac{1}{4}\operatorname{sen}2\theta_2\right)$$

$$= [1\,000\,(10)^3](0{,}032)(0{,}150)(0{,}1227)\left\{\frac{\pi}{2}\frac{126}{180} - \frac{1}{4}\operatorname{sen}[(2)(126°)]\right\}$$

$$= 788\ \text{N}\cdot\text{m}$$

Pela Equação (16–4), a força acionadora é

Resposta

$$F = \frac{M_N - M_f}{c} = \frac{788 - 304}{100 + 112} = 2{,}28\ \text{kN}$$

Pela Equação (16–6), o torque aplicado pela sapata da direita é

$$T_R = \frac{f p_a b r^2 (\cos\theta_1 - \cos\theta_2)}{\operatorname{sen}\theta_a}$$

$$= \frac{0{,}32[1000(10)^3](0{,}032)(0{,}150)^2(\cos 0° - \cos 126°)}{\operatorname{sen}90°} = 366\ \text{N}\cdot\text{m}$$

O torque contribuído pela sapata esquerda não pode ser obtido até que aprendamos qual é a sua pressão máxima operacional. As Equações (16–2) e (16–3) indicam que os momentos devido às forças de atrito e normal são proporcionais a essa pressão. Assim, para a sapata esquerda,

$$M_N = \frac{788 p_a}{1\,000} \qquad M_f = \frac{304 p_a}{1\,000}$$

Então, por meio da Equação (16–7),

$$F = \frac{M_N + M_f}{c}$$

ou

$$2{,}28 = \frac{(788/1\,000) p_a + (304/1\,000) p_a}{100 + 112}$$

Resolvendo, obtém-se $p_a = 443$ kPa. Então, por meio da Equação (16–6), o torque na sapata esquerda é

$$T_L = \frac{f p_a b r^2 (\cos \theta_1 - \cos \theta_2)}{\operatorname{sen} \theta_a}$$

Visto que $\theta_a = \operatorname{sen} 90° = 1$, temos

$$T_L = 0{,}32[443(10)3](0{,}032)(0{,}150)^2 (\cos 0° - \cos 126°) = 162 \text{ N} \cdot \text{m}$$

A capacidade de frenagem é o torque total:

Resposta
$$T = T_R + T_L = 366 + 162 = 528 \text{ N} \cdot \text{m}$$

(c) A fim de encontrarmos as reações de pino de articulação, notamos que $\theta_a = 1$ e $\theta_1 = 0$. Assim, a Equação (16–8) dá

$$A = \frac{1}{2} \operatorname{sen}^2 \theta_2 = \frac{1}{2} \operatorname{sen}^2 126° = 0{,}3273$$

$$B = \frac{\theta_2}{2} - \frac{1}{4} \operatorname{sen} 2\theta_2 = \frac{\pi(126)}{2(180)} - \frac{1}{4} \operatorname{sen}[(2)(126°)] = 1{,}3373$$

Além disso, suponha que

$$D = \frac{p_a b r}{\operatorname{sen} \theta_a} = \frac{1000(0{,}032)(0{,}150)}{1} = 4{,}8 \text{ kN}$$

em que $p_a = 1000$ kPa para a sapata direita. Então, usando a Equação (16–9), temos

$$R_x = D(A - fB) - F_x = 4{,}8[0{,}3273 - 0{,}32(1{,}3373)] - 2{,}28 \operatorname{sen} 24°$$
$$= -1{,}410 \text{ kN}$$

$$R_y = D(B + fA) - F_y = 4{,}8[1{,}3373 + 0{,}32(0{,}3273)] - 2{,}28 \cos 24°$$
$$= 4{,}839 \text{ kN}$$

A resultante neste pino de articulação é

Resposta
$$R = \sqrt{(-1{,}410)^2 + (4{,}839)^2} = 5{,}04 \text{ kN}$$

As reações no pino de articulação da sapata esquerda são encontradas usando as Equações (16–10) para uma pressão de 443 kPa. Elas devem ser $R_x = 0{,}678$ kN e $R_y = 0{,}538$ kN. A resultante é

Resposta

$$R = \sqrt{(0{,}678)^2 + (0{,}538)^2} = 0{,}866 \text{ kN}$$

As reações para ambos os pinos de articulação, junto com suas direções, são mostradas na Figura 16–9.

Este exemplo mostra dramaticamente o benefício a ser ganho ao arranjar as sapatas para serem autoenergizantes. Se a sapata esquerda fosse invertida, de modo que colocasse o pino de articulação no topo, ela aplicaria o mesmo torque que a sapata direita. Isso tornaria a capacidade do freio $(2)(366) = 732$ N·m em vez da atual 528 N·m, uma melhoria de 30%. Além disso, algo do material de atrito no pino de articulação poderia ser eliminado sem afetar seriamente a capacidade, por causa da baixa pressão nesta área. Essa mudança pode realmente melhorar todo o projeto, porque a exposição adicional do aro melhoraria a capacidade de dissipação de calor.

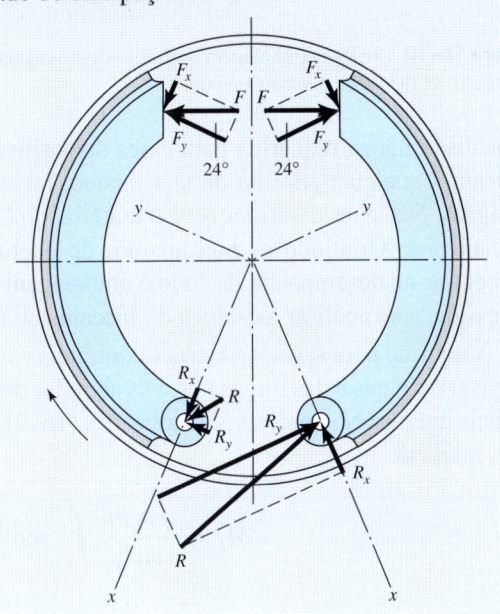

Figura 16–9

16–3 Embreagens e freios tipo tambor com sapatas externas

A embreagem-freio patenteada da Figura 16–10 tem elementos de atrito externos contráteis, mas o mecanismo acionador é pneumático. Aqui estudaremos somente freios e embreagens de sapata externa pivotada, embora os métodos apresentados possam facilmente ser adotados para a embreagem-freio da Figura 16–10.

Mecanismos de operação podem ser classificados como:

1. Solenoides.
2. Alavancas, elos ou dispositivos de travamento.
3. Elos com carregamento de mola.
4. Dispositivos hidráulicos e pneumáticos.

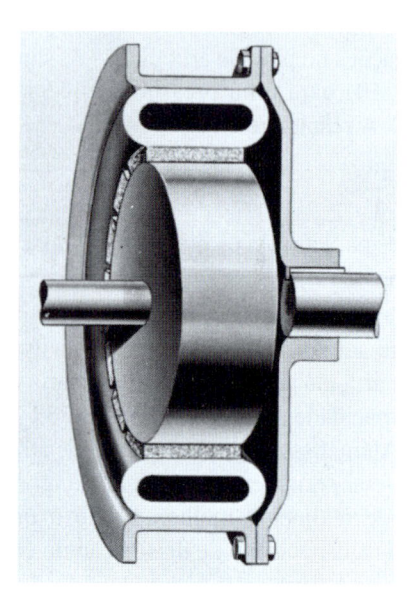

Figura 16–10 Um freio-embreagem contrátil externo engatado expandindo o tubo flexível com ar comprimido (*Cortesia da Twin Disc Clutch Company*).

A análise estática requerida para esses dispositivos já foi vista na Seção 3–7. Os métodos se aplicam a qualquer sistema de mecanismo, incluindo todos aqueles usados em freios e embreagens. Não é necessário repetir o material do Capítulo 3, o qual se aplica diretamente a tais mecanismos. Omitindo os mecanismos de operação de qualquer consideração nos permite concentrar no desempenho de freio e embreagem sem as influências alheias introduzidas pela necessidade de analisar a estática do mecanismo de controle.

A notação para sapatas externas contráteis é mostrada na Figura 16–11. Os momentos das forças friccionais e das forças normais ao redor do pino de articulação são os mesmos que para sapatas internas expansíveis. As Equações (16–2) e (16–3) se aplicam e são repetidas aqui por conveniência:

$$M_f = \frac{f p_a b r}{\operatorname{sen} \theta_a} \int_{\theta_1}^{\theta_2} \operatorname{sen} \theta (r - a \cos \theta) \, d\theta \tag{16–2}$$

$$M_N = \frac{p_a b r a}{\operatorname{sen} \theta_a} \int_{\theta_1}^{\theta_2} \operatorname{sen}^2 \theta \, d\theta \tag{16–3}$$

Ambas as equações dão valores positivos para momentos horários (Figura 16–11), quando usadas para sapatas externas contráteis. A força acionadora deve ser grande o suficiente para equilibrar os momentos:

$$F = \frac{M_N + M_f}{c} \tag{16–11}$$

As reações horizontal e vertical no pino de articulação são encontradas na mesma maneira que para sapatas internas expansíveis. Elas são:

$$R_x = \int dN \cos \theta + \int f \, dN \operatorname{sen} \theta - F_x \tag{a}$$

$$R_y = \int f \, dN \cos \theta - \int dN \operatorname{sen} \theta + F_y \tag{b}$$

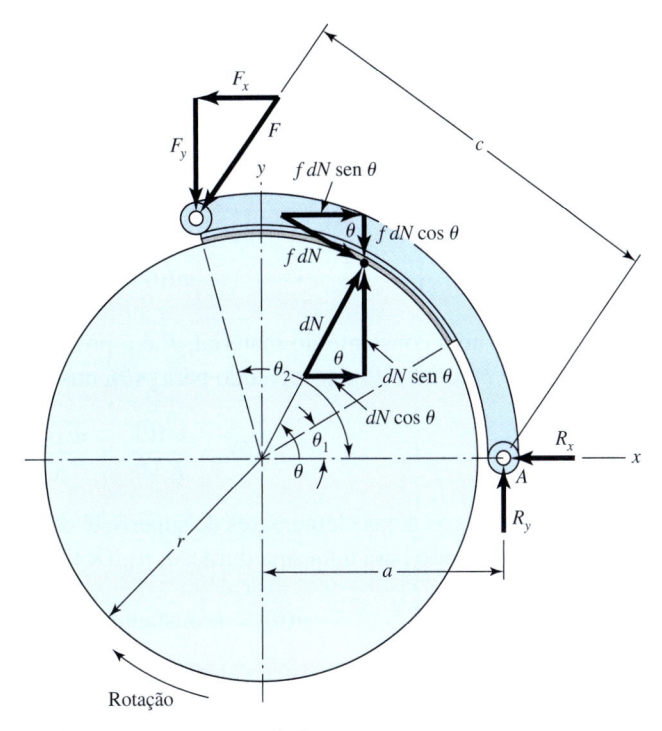

Figura 16–11 Notação de sapatas externas contráteis.

Ao usarmos a Equação (16–8) e a Equação (c), da Seção 16–2, temos

$$R_x = \frac{p_a b r}{\operatorname{sen} \theta_a}(A + fB) - F_x$$

$$R_y = \frac{p_a b r}{\operatorname{sen} \theta_a}(fA - B) + F_y$$

(16–12)

Se a rotação é anti-horária, o sinal do termo de atrito em cada equação é oposto. Assim, a Equação (16–11) para a força acionadora se torna

$$F = \frac{M_N - M_f}{c}$$

(16–13)

e a autoenergização existe para a rotação anti-horária. As reações horizontal e vertical são encontradas da mesma maneira que antes, sendo

$$R_x = \frac{p_a b r}{\operatorname{sen} \theta_a}(A - fB) - F_x$$

$$R_y = \frac{p_a b r}{\operatorname{sen} \theta_a}(-fA - B) + F_y$$

(16–14)

Deve se notar que, quando projetos de sapatas externas contráteis são usados como embreagens, o efeito da força centrífuga é decrescer a força normal. Assim, à medida que a velocidade cresce, um valor maior da força acionadora é requerido.

Um caso especial surge quando o pivô está localizado simetricamente e também colocado de tal modo que o momento das forças de atrito ao redor deste é zero. A geometria de tal freio será similar àquela da Figura 16–12a. Para obter uma relação de distribuição de pressão, notamos que o desgaste do forro é tal como para reter a forma cilíndrica, quase como um cortador de máquina de fresagem alimentando na direção x faria à sapata presa em uma morsa. Ver Figura 16–12b. Isso significa que a componente de abscissa do desgaste é w_0 para todas as posições θ. Se o desgaste na direção radial é expresso como $w(\theta)$, então

$$w(\theta) = w_0 \cos\theta$$

Usando a Equação (12–26), p. 645, para expressar o desgaste radial $w(\theta)$ como

$$w(\theta) = KPVt$$

em que K é uma constante do material, P é a pressão, V é a velocidade do aro e t, o tempo. Denotando P como $p(\theta)$ e resolvendo para $p(\theta)$, nos dá

$$p(\theta) = \frac{w(\theta)}{KVt} = \frac{w_0 \cos\theta}{KVt}$$

Visto que todas as áreas elementares de superfície do material de atrito veem a mesma velocidade de roçamento para a mesma duração, $w_0/(KVt)$ é uma constante e

$$p(\theta) = (\text{constante})\cos\theta = p_a \cos\theta \tag{c}$$

em que p_a é o valor máximo de $p(\theta)$

Procedendo à análise de força, observamos pela Figura 16–12a que

$$dN = pbr\,d\theta \tag{d}$$

ou

$$dN = p_a br \cos\theta\,d\theta \tag{e}$$

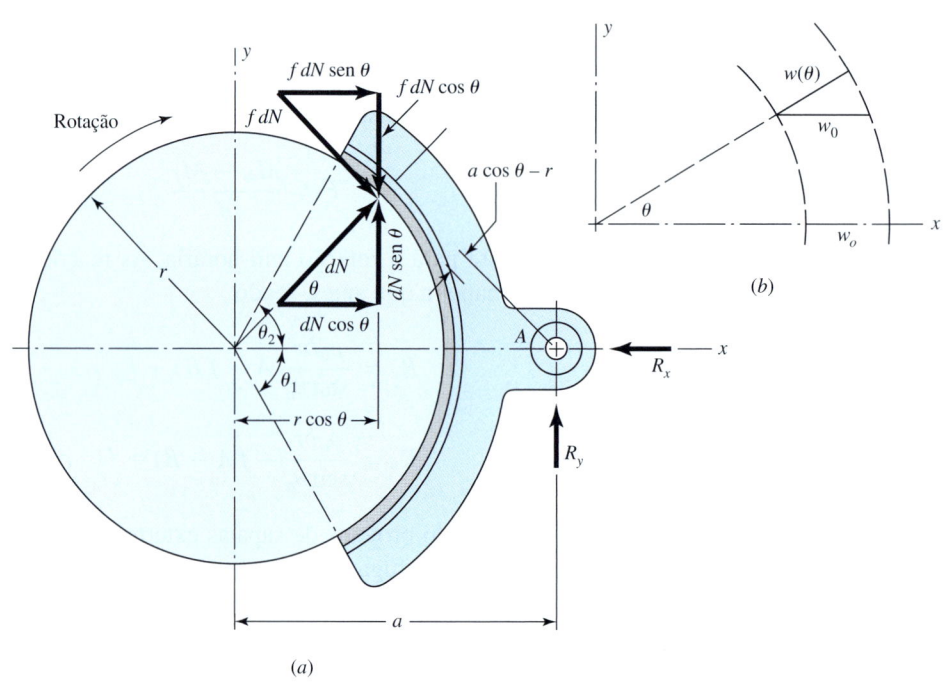

Figura 16–12 (a) Freio com sapata pivotada simétrica; (b) desgaste da forração de freio.

A distância para o pivô é escolhida ao encontrarmos onde o momento das forças friccionais M_f é zero. Primeiro isso assegura que a reação R_y está no local correto para estabelecer desgaste simétrico. Segundo, uma distribuição cosseinoidal de pressão é confirmada, preservando nossa habilidade de previsão. Simetria significa que $\theta_1 = \theta_2$, assim

$$M_f = 2 \int_0^{\theta_2} (f\,dN)(a\cos\theta - r) = 0$$

Substituindo a Equação *(e)*, nos dá

$$2 f p_a b r \int_0^{\theta_2} (a\cos^2\theta - r\cos\theta)\,d\theta = 0$$

da qual

$$a = \frac{4r\,\text{sen}\,\theta_2}{2\theta_2 + \text{sen}\,2\theta_2} \qquad (16\text{–}15)$$

A distância a depende da distribuição de pressão. Má localização do pivô faz M_f zero ao redor de uma localização diferente, assim o forro do freio ajusta sua pressão local de contato, através de desgaste, para compensar. O resultado é um desgaste assimétrico, aposentando o forro de sapata, por consequência a sapata, mais cedo.

Com o pivô localizado de acordo com a Equação (16–15), o momento ao redor do pino é zero, e as reações horizontal e vertical são

$$R_x = 2\int_0^{\theta_2} dN \cos\theta = 2\int_0^{\theta_2} (p_a b r \cos\theta\,d\theta)\cos\theta = \frac{p_a b r}{2}(2\theta_2 + \text{sen}\,2\theta_2) \qquad (16\text{–}16)$$

e, por causa da simetria,

$$\int f\,dN\,\text{sen}\,\theta = 0$$

Também

$$R_y = 2\int_0^{\theta_2} f\,dN \cos\theta = 2\int_0^{\theta_2} f(p_a b r \cos\theta\,d\theta)\cos\theta = \frac{p_a b r f}{2}(2\theta_2 + \text{sen}\,2\theta_2) \qquad (16\text{–}17)$$

em que

$$\int dN\,\text{sen}\,\theta = 0$$

também por causa da simetria. Note que $R_x = N$ e $R_y = fN$, como poderia ser esperado para a escolha particular da dimensão a. Além disso, pode-se mostrar que o torque é

$$T = afN \qquad (16\text{–}18)$$

16–4 Embreagens e freios de cinta

Cintas flexíveis de embreagens e freios são usadas em escavadeiras de potência, em guindaste e outras maquinárias. A análise segue a notação da Figura 16–13.

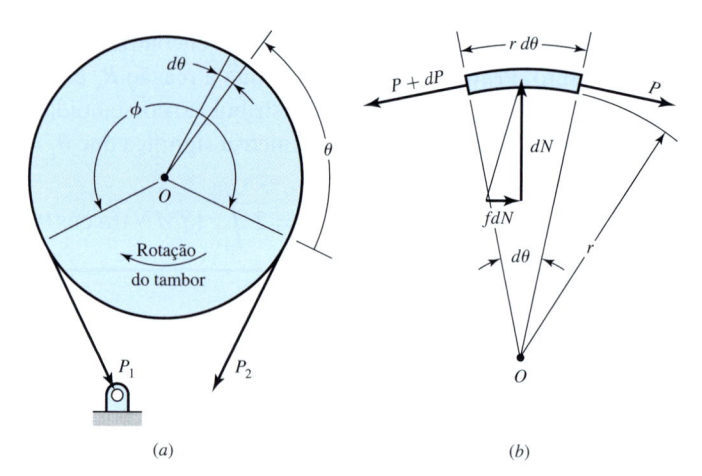

Figura 16–13 Forças em uma cinta de freio.

Em virtude do atrito e rotação do tambor, a força acionadora P_2 é menor que a reação do pino P_1. Qualquer elemento da cinta, de comprimento angular $d\theta$, estará em equilíbrio sob a ação das forças mostradas na figura. Somando essas forças na direção vertical, temos

$$(P + dP)\,\text{sen}\,\frac{d\theta}{2} + P\,\text{sen}\,\frac{d\theta}{2} - dN = 0 \qquad (a)$$

$$dN = P\,d\theta \qquad (b)$$

visto que para ângulos pequenos, sen $d\theta/2 = d\theta/2$. Somando as forças na direção horizontal, temos

$$(P + dP)\cos\frac{d\theta}{2} - P\cos\frac{d\theta}{2} - f\,dN = 0 \qquad (c)$$

$$dP - f\,dN = 0 \qquad (d)$$

uma vez que para pequenos ângulos, $\cos(d\theta/2) \approx 1$. Substituindo o valor de dN da Equação (b) na (d) e integrando,

$$\int_{P_2}^{P_1} \frac{dP}{P} = f\int_0^\phi d\theta \qquad \text{ou} \qquad \ln\frac{P_1}{P_2} = f\phi$$

e ainda

$$\frac{P_1}{P_2} = e^{f\phi} \qquad (16\text{-}19)$$

O torque pode ser obtido da equação

$$T = (P_1 - P_2)\frac{D}{2} \qquad (16\text{-}20)$$

A força normal dN atuando em um elemento de área de largura b e comprimento $r\,d\theta$ é

$$dN = pbr\,d\theta \qquad (e)$$

em que p é a pressão. Substituindo o valor de dN da Equação (b), resulta

$$P\,d\theta = pbr\,d\theta$$

Portanto

$$p = \frac{P}{br} = \frac{2P}{bD} \qquad (16\text{–}21)$$

A pressão é, portanto, proporcional à tensão na cinta. A pressão máxima p_a ocorrerá na ponta e terá o valor

$$p_a = \frac{2P_1}{bD} \qquad (16\text{–}22)$$

16–5 Embreagens de contato axial

Embreagem axial é aquela em que os membros de atrito acoplantes são movidos em uma direção paralela ao eixo. Uma das primeiras nesta classe é a embreagem cônica, de construção simples e bastante poderosa. Contudo, exceto para instalações relativamente simples, tem sido trocada pela embreagem de disco empregando um ou mais discos como elementos de trabalho. As vantagens da embreagem de disco incluem independência dos efeitos centrífugos, a grande área de atrito que pode ser instalada em um espaço pequeno, superfícies mais efetivas de dissipação de calor e a distribuição favorável de pressão.

A Figura 16–14 mostra uma embreagem de disco de um único prato; uma embreagem-freio de múltiplos discos é apresentada na Figura 16–15. Vamos determinar a capacidade de tal embreagem ou freio em termos do material e geometria.

A Figura 16–16 exibe um disco de atrito com um diâmetro externo D e um diâmetro interno d. Estamos interessados em obter a força axial F necessária para produzir um certo torque T e pressão P. Pode-se utilizar dois métodos para resolver o problema, dependendo da construção da embreagem. Se os discos forem rígidos, a maior quantidade de desgaste ocorrerá a princípio nas áreas mais externas, visto que o trabalho de atrito é maior naquelas áreas. Depois que ocorreu certa quantidade de desgaste, a distribuição de pressão mudará para permitir que o desgaste seja uniforme. Essa é a base do primeiro método de solução.

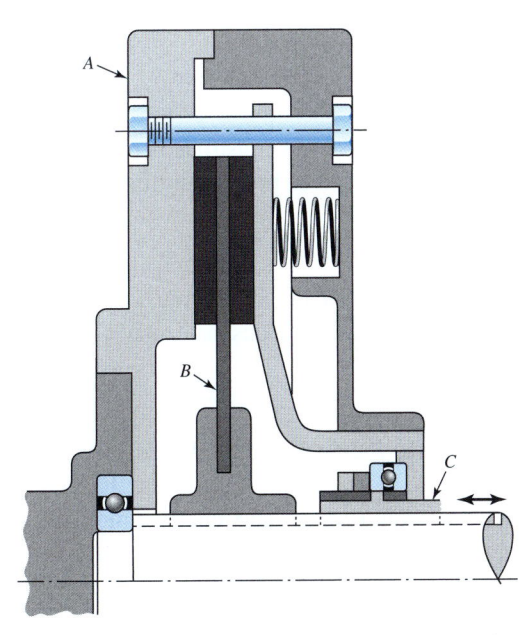

Figura 16–14 Vista de seção transversal de uma embreagem de um só prato (ou placa de pressão); A, placa motora; B, placa movida (chaveada ao eixo movido); C, acionador.

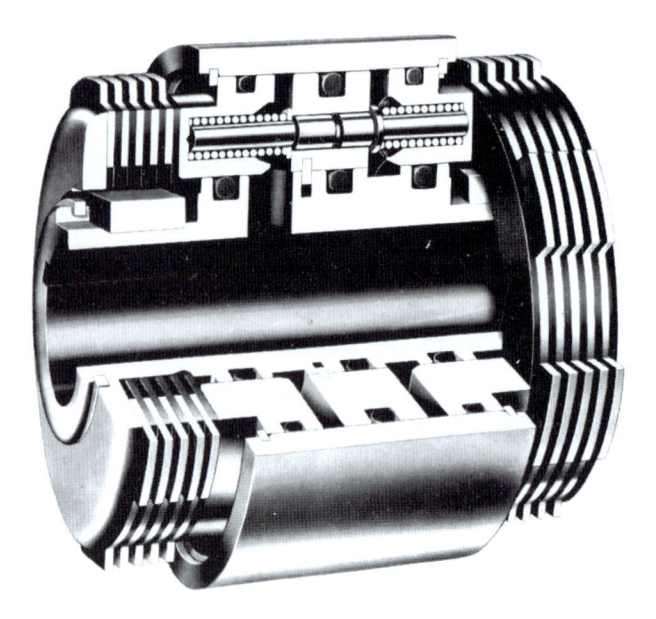

Figura 16–15 Uma embreagem-freio de múltiplos discos com acionamento por óleo para operação em um banho de óleo ou óleo borrifado. É especialmente útil para ciclagem rápida. (*Cortesia da Twin Disc Clutch Company.*)

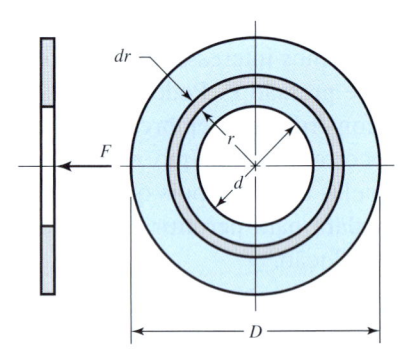

Figura 16–16 Membro de atrito do disco.

Um outro método de construção emprega molas para obter uma pressão uniforme sobre a área. É essa suposição de pressão uniforme que é usada no segundo método de solução.

Desgaste uniforme

Depois que o desgaste inicial ocorreu e os discos se desgastaram a um ponto em que o desgaste uniforme é estabelecido, o desgaste axial é expresso pela Equação (12–27), p. 646, como

$$w = f_1 f_2 \, KPVt$$

onde a pressão P e a velocidade V podem variar na área de desgaste. Para desgaste uniforme, w é constante, portanto PV é constante. Fazendo $p = P$, e $V = r\omega$, onde ω é a velocidade angular do elemento em rotação, encontramos que, na área de desgaste, pr é constante. A pressão máxima p_a ocorre onde r é mínimo, $r = d/2$, e assim

$$pr = p_a \frac{d}{2} \qquad (a)$$

Podemos escolher uma expressão da Equação *(a)*, que é a condição para ter a mesma quantidade de trabalho feito no raio r como no raio $d/2$. Referindo-se à Figura 16–16, temos um elemento de área de raio r e espessura dr. A área desse elemento é $2\pi r\, dr$, de modo que a força normal agindo sobre ele é $dF = 2\pi p r\, dr$. Podemos encontrar a força normal total deixando r variar de $d/2$ a $D/2$ e integrando. Assim, com Equação *(a)*,

$$F = \int_{d/2}^{D/2} 2\pi p r\, dr = \pi p_a d \int_{d/2}^{D/2} dr = \frac{\pi p_a d}{2}(D - d) \qquad (16\text{–}23)$$

O torque é encontrado ao integrar-se o produto da força friccional e o raio:

$$T = \int_{d/2}^{D/2} 2\pi f p r^2\, dr = \pi f p_a d \int_{d/2}^{D/2} r\, dr = \frac{\pi f p_a d}{8}(D^2 - d^2) \qquad (16\text{–}24)$$

Substituindo o valor de F da Equação (16–23), podemos obter uma expressão mais conveniente para o torque. Assim

$$T = \frac{Ff}{4}(D + d) \qquad (16\text{–}25)$$

A Equação (16–23) dá a força de acionamento para a pressão máxima selecionada p_a, e é utilizada para qualquer número de pares de atrito ou superfícies. A Equação (16–25), contudo, fornece a capacidade em torque para somente uma única superfície de atrito apenas.

Pressão uniforme

Quando a pressão uniforme p_a pode ser assumida sobre a área do disco, a força atuante é simplesmente o produto da pressão e área. Isso nos dá

$$F = \frac{\pi p_a}{4}(D^2 - d^2) \qquad (16\text{–}26)$$

Como antes, o torque é encontrado ao integrar-se o produto da força friccional e o raio

$$T = 2\pi f p_a \int_{d/2}^{D/2} r^2\, dr = \frac{\pi f p_a}{12}(D^3 - d^3) \qquad (16\text{–}27)$$

Da Equação (16–26), podemos rescrever a Equação (16–27) como

$$T = \frac{Ff}{3}\frac{D^3 - d^3}{D^2 - d^2} \qquad (16\text{–}28)$$

Deve ser notado para as equações que o torque é para um único par de superfícies acopladas. Esse valor deve, portanto, ser multiplicado pelo número de pares de superfícies em contato.

Expressemos a Equação (16–25) para o torque durante desgaste uniforme como

$$\frac{T}{fFD} = \frac{1 + d/D}{4} \qquad (b)$$

e a Equação (16–28) para o torque sob pressão uniforme (embreagem nova) como

$$\frac{T}{fFD} = \frac{1}{3}\frac{1 - (d/D)^3}{1 - (d/D)^2} \qquad (c)$$

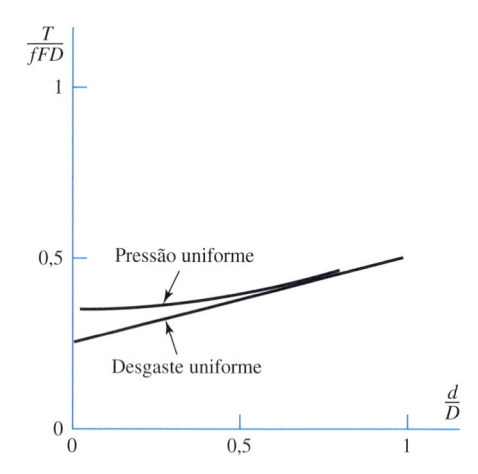

Figura 16–17 Gráfico adimensional das Equações (*b*) e (*c*).

e tracemos esses torques na Figura 16–17. O que vemos é uma apresentação adimensional das Equções (*b*) e (*c*), que reduz o número de variáveis de cinco (*T, f, F, D* e *d*) para três (*T/FD, f* e *d/D*), que são adimensionais. Esse é o método de Buckingham. Os grupos adimensionais (chamados termos pi) são

$$\pi_1 = \frac{T}{FD} \qquad \pi_2 = f \qquad \pi_3 = \frac{d}{D}$$

Isso permite um espaço pentadimensional ser reduzido a um espaço tridimensional. Além disso, por causa da relação "multiplicativa" entre *f* e *T* nas Equações (*b*) e (*c*), é possível traçar π_1/π_2 *versus* π_3 usando um espaço bidimensional (o plano de uma folha de papel) para ver todos os casos sobre o domínio de existência das Equações (*b*) e (*c*), e para comparar, sem risco de omissão! Examinando a Figura 16–17 podemos concluir que uma embreagem nova, Equação (*b*), sempre transmite mais torque que uma embreagem velha, Equação (*c*). Além disso, visto que as embreagens desse tipo são proporcionadas para fazer a relação de diâmetros *d/D* cair no intervalo $0{,}6 \leq d/D \leq 1$, a maior discrepância entre a Equação (*b*) e a Equação (*c*) será

$$\frac{T}{fFD} = \frac{1 + 0{,}6}{4} = 0{,}400 \qquad \text{(embreagem velha, desgaste uniforme)}$$

$$\frac{T}{fFD} = \frac{1}{3}\frac{1 - 0{,}6^3}{1 - 0{,}6^2} = 0{,}4083 \qquad \text{(embreagem nova, pressão uniforme)}$$

assim, o erro proporcional é $(0{,}4083 - 0{,}400)/0{,}400 = 0{,}021$, ou cerca de 2%. Dadas as incertezas no coeficiente real de atrito e a certeza de que novas embreagens envelhecem, não há razão para usar qualquer coisa exceto as Equações (16–23), (16–24) e (16–25).

16–6 Freios de disco

Como indicado na Figura 16–16, não existe diferença fundamental entre uma embreagem de disco e um freio de disco. A análise da seção anterior se aplica a freios de disco também.

Temos visto que freios de tambor ou aro podem ser projetados para autoenergização. Embora essa característica seja importante por reduzir o esforço de frenagem requerido, ela também tem uma desvantagem. Quando freios de tambor são usados como freios de veículos, apenas uma ligeira mudança no coeficiente de atrito causará uma grande mudança na força de pedal requerida para frenagem. Uma redução não incomum de 30% no coeficiente de atrito devido a uma mudança de temperatura ou umidade, por exemplo, pode resultar em uma mudança de 50% na força de pedal requerida para obter o mesmo torque de frenagem obtenível antes da mudança. O freio de disco não tem autoenergização, e daí não fica tão suscetível a mudanças no coeficiente de atrito.

Um outro tipo de freio de disco é o *freio de pinça flutuante*, mostrado na Figura 16–18. A pinça suporta um único pistão flutuante acionado por pressão hidráulica. A ação é muito similar àquela de um grampo de parafuso, com o pistão substituindo a função do parafuso. A ação flutuante também compensa pelo desgaste e assegura uma pressão razoavelmente constante sobre a área das pastilhas de atrito. O anel de vedação e o retentor (ou protetor de pó) da Figura 16–18 são projetados para obter folga por afastamento para longe do pistão quando o pistão é solto.

Freios de pinça (assim chamados pela natureza do elo acionador) e freios de disco (nomeados pela forma da superfície sem forração) pressionam o material de atrito contra a(s) face(s) de um disco rodante. Na Figura 16–19 está representada a geometria de uma área de contato de freio com pastilha anular. A equação governando o desgaste axial é a Equação (12–27), p. 646,

$$w = f_1 f_2 K P V t$$

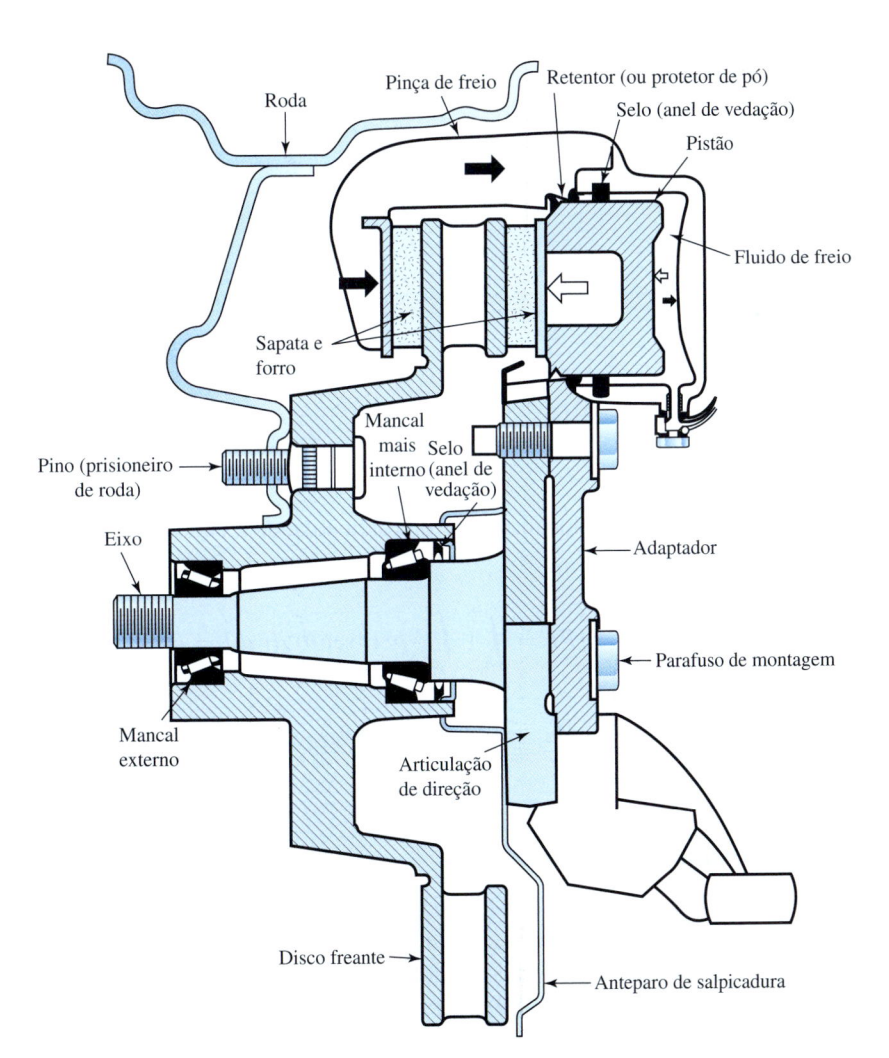

Figura 16–18 Um freio automotivo de disco. (*Cortesia de DaimlerChrysler Corporation.*)

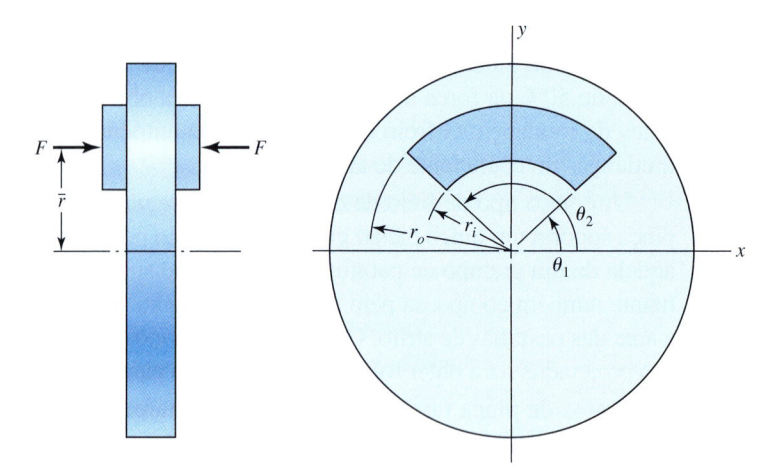

Figura 16–19 Geometria da área de contato de um segmento anular de pastilha de um freio de pinça.

A coordenada $\bar{r}$ localiza a linha de ação da força F que intercepta o eixo y. De interesse também é o raio efetivo r_e, que é o raio da uma sapata equivalente de espessura radial infinitesimal. Se p é a pressão local de contato, a força de acionamento F e o torque de atrito são dados por T

$$F = \int_{\theta_1}^{\theta_2} \int_{r_i}^{r_o} pr \, dr \, d\theta = (\theta_2 - \theta_1) \int_{r_i}^{r_o} pr \, dr \tag{16-29}$$

$$T = \int_{\theta_1}^{\theta_2} \int_{r_i}^{r_o} fpr^2 \, dr \, d\theta = (\theta_2 - \theta_1)f \int_{r_i}^{r_o} pr^2 \, dr \tag{16-30}$$

O raio equivalente r_e pode ser encontrado por meio de $fFr_e = T$, ou

$$r_e = \frac{T}{fF} = \frac{\int_{r_i}^{r_o} pr^2 \, dr}{\int_{r_i}^{r_o} pr \, dr} \tag{16-31}$$

A coordenada de localização $\bar{r}$ da força ativante é encontrada tomando momentos ao redor do eixo x

$$M_x = F\bar{r} = \int_{\theta_1}^{\theta_2} \int_{r_i}^{r_o} pr(r \operatorname{sen}\theta) \, dr \, d\theta = (\cos\theta_1 - \cos\theta_2) \int_{r_i}^{r_o} pr^2 \, dr$$

$$\bar{r} = \frac{M_x}{F} = \frac{(\cos\theta_1 - \cos\theta_2)}{\theta_2 - \theta_1} r_e \tag{16-32}$$

Desgaste uniforme

Está claro pela Equação (12–27) que, para que o desgaste axial seja o mesmo em todo lugar, o produto PV deve ser uma constante. Pela Equação (a), Seção 16–5, a pressão pode ser expressa em termos da maior pressão admissível p_a (que ocorre no raio mais interno r_i) como $p = p_a r_i / r$. A Equação (16–29) se transforma em

$$F = (\theta_2 - \theta_1) p_a r_i (r_o - r_i) \tag{16-33}$$

A Equação (16–30) se transforma em

$$T = (\theta_2 - \theta_1)fp_a r_i \int_{r_i}^{r_o} r\, dr = \frac{1}{2}(\theta_2 - \theta_1)fp_a r_i \left(r_o^2 - r_i^2\right) \qquad (16\text{–}34)$$

A Equação (16–31) se torna

$$r_e = \frac{p_a r_i \int_{r_i}^{r_o} r\, dr}{p_a r_i \int_{r_i}^{r_o} dr} = \frac{r_o^2 - r_i^2}{2}\frac{1}{r_o - r_i} = \frac{r_o + r_i}{2} \qquad (16\text{–}35)$$

A Equação (16–32) se transforma em

$$r = \frac{\cos\theta_1 - \cos\theta_2}{\theta_2 - \theta_1}\frac{r_o + r_i}{2} \qquad (16\text{–}36)$$

Pressão uniforme

Nesta situação, aproximada por um freio novo, $p = p_a$. A Equação (16–29) se transforma em

$$F = (\theta_2 - \theta_1)p_a \int_{r_i}^{r_o} r\, dr = \frac{1}{2}(\theta_2 - \theta_1)p_a \left(r_o^2 - r_i^2\right) \qquad (16\text{–}37)$$

A Equação (16–30) se transforma em

$$T = (\theta_2 - \theta_1)fp_a \int_{r_i}^{r_o} r^2\, dr = \frac{1}{3}(\theta_2 - \theta_1)fp_a \left(r_o^3 - r_i^3\right) \qquad (16\text{–}38)$$

A Equação (16–31) se transforma em

$$r_e = \frac{p_a \int_{r_i}^{r_o} r^2\, dr}{p_a \int_{r_i}^{r_o} r\, dr} = \frac{r_o^3 - r_i^3}{3}\frac{2}{r_o^2 - r_i^2} = \frac{2}{3}\frac{r_o^3 - r_i^3}{r_o^2 - r_i^2} \qquad (16\text{–}39)$$

A Equação (16–32) se transforma em

$$r = \frac{\cos\theta_1 - \cos\theta_2}{\theta_2 - \theta_1}\frac{2}{3}\frac{r_o^3 - r_i^3}{r_o^2 - r_i^2} = \frac{2}{3}\frac{r_o^3 - r_i^3}{r_o^2 - r_i^2}\frac{\cos\theta_1 - \cos\theta_2}{\theta_2 - \theta_1} \qquad (16\text{–}40)$$

EXEMPLO 16–3 Duas pastilhas anulares, $r_i = 90$ mm, $r_o = 130$ mm, subtendem um ângulo de 108°, têm um coeficiente de atrito de 0,42 e são acionadas por um par de cilindros hidráulicos de 38 mm de diâmetro. O requisito de torque é 1300 N·m. Para desgaste uniforme:

(a) Encontre a maior pressão normal p_a.
(b) Estime a força atuante F.
(c) Encontre o raio equivalente r_e e localize a força $\bar{r}$.
(d) Estime a pressão hidráulica requerida.

Solução (a) Por meio da Equação (16–34), com $T = 1300/2 = 650$ N·m para cada pastilha

Resposta
$$p_a = \frac{2T}{(\theta_2 - \theta_1)fr_i(r_o^2 - r_i^2)}$$

$$= \frac{2(650\,000)}{(144° - 36°)(\pi/180)0{,}42(90)(130^2 - 90^2)} = 2{,}07 \text{ MPa}$$

(b) Da Equação (16–33),

Resposta
$$F = (\theta_2 - \theta_1)p_a r_i(r_o - r_i) = (144° - 36°)(\pi/180)2{,}07(90)(130 - 40)$$
$$= 14069{,}26 \text{ N}$$

(c) Da Equação (16–35),

Resposta
$$r_e = \frac{r_o + r_i}{2} = \frac{130 + 90}{2} = 110{,}00 \text{ mm}$$

Da Equação (16–36),

Resposta
$$r = \frac{\cos\theta_1 - \cos\theta_2}{\theta_2 - \theta_1} \frac{r_o + r_i}{2} = \frac{\cos 36° - \cos 144°}{(144° - 36°)(\pi/180)} \frac{130 + 90}{2}$$
$$= 94{,}42 \text{ mm}$$

(d) Cada cilindro supre a força acionadora de 16 681 N.

Resposta
$$p_{\text{hidráulica}} = \frac{F}{A_P} = \frac{14069{,}26}{\pi(38^2/4)} = 12{,}41 \text{ MPa}$$

Freio de pinça de pastilha circular (botão ou disco de borracha vulcanizada)

A Figura 16–20 mostra a geometria de pastilha. Uma integração numérica é necessária para analisar este freio visto que os contornos são difíceis de tratar analiticamente. A Tabela 16–1 apresenta os parâmetros para este freio como determinado por Fazekas. O raio efetivo é dado por

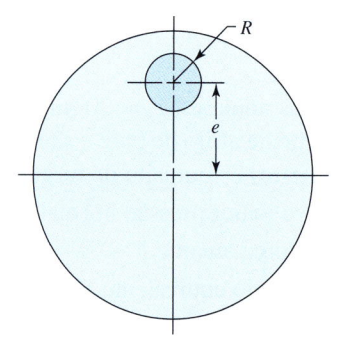

$$r_e = \delta e \qquad (16\text{–}41)$$

Figura 16–20 Geometria de pastilha circular de um freio de pinça.

Tabela 16–1 Parâmetros para um freio de pinça de pastilha circular. *Fonte*: G. A. Fazekas, "On Circular Spot Brakes", *Trans. ASME, J. Engineering for Industry*, v. 94, Série B, n. 3, agosto 1972, p. 859-863.

$\dfrac{R}{e}$	$\delta = \dfrac{r_e}{e}$	$\dfrac{p_{max}}{p_{média}}$
0,0	1,000	1,000
0,1	0,983	1,093
0,2	0,969	1,212
0,3	0,957	1,367
0,4	0,947	1,578
0,5	0,938	1,875

A força de acionamento é

$$F = \pi R^2 p_{av} \quad (16\text{–}42)$$

e o torque é

$$T = f F r_e \quad (16\text{–}43)$$

EXEMPLO 16–4 Um freio de disco de pastilha circular usa pastilhas secas de metal sinterizado. O raio da pastilha é de 10 mm, e seu centro está 50 mm do eixo de rotação do disco cujo diâmetro é de 88 mm. Usando metade da maior pressão admissível, $p_{max} = 2{,}8$ MPa, encontre a força de acionamento e o torque de frenagem. O coeficiente de atrito é 0,37.

Solução Sendo o raio da pastilha $R = 10$ mm e a excentricidade $e = 50$ mm

$$\frac{R}{e} = \frac{10}{50} = 0{,}20$$

Com base na Tabela 16–1, por interpolação, $\delta = 0{,}969$ e $p_{max}/p_{av} = 1{,}212$. Segue-se que o raio efetivo e é encontrado da Equação (16–41)

$$r_e = \delta e = 0{,}969(50) = 48{,}45 \text{ mm}$$

e a pressão média é

$$p_{av} = \frac{p_{max}/2}{1{,}290} = \frac{2{,}8/2}{1{,}290} = 1{,}16 \text{ MPa}$$

A força de acionamento F, encontrada por meio da Equação (16–42), resulta

Resposta
$$F = \pi R^2 p_{av} = \pi(10)^2 1{,}16 = 362{,}89 \text{ N} \qquad \text{(um lado)}$$

O torque do freio T é

Resposta
$$T = f F r_e = 0{,}37(362{,}89)48{,}45 = 6505{,}35 \text{ N} \cdot \text{mm} \qquad \text{(um lado)}$$

16–7 Embreagens e freios cônicos

O desenho de uma *embreagem cônica* na Figura 16–21 mostra que ela consiste em uma *copa* chavetada ou estriada a um dos eixos, um *cone* que deve deslizar axialmente em estrias ou chavetas em um eixo de acoplamento e uma *mola* helicoidal para manter a embreagem engatada. A embreagem é desengatada por meio de um garfo que se ajusta ao sulco de câmbio no cone de atrito. O *ângulo de cone* e o diâmetro e largura de face do cone são os parâmetros geométricos importantes do projeto. Se o ângulo de cone for muito pequeno, digamos, inferior a cerca de 8°, então a força requerida para desengatar a embreagem pode ser bastante grande. E o efeito de cunha diminui rapidamente quando ângulos de cone maiores são usados. Dependendo das características dos materiais de atrito, uma boa solução pode ser encontrada usando ângulos de cone entre 10° e 15°.

Para encontrar uma relação entre a força operante F e o torque transmitido, designe as dimensões do cone de atrito como está na Figura 16–22. Como no caso da embreagem axial, podemos obter um conjunto de relações para um desgaste uniforme e um outro conjunto para uma suposição de pressão uniforme.

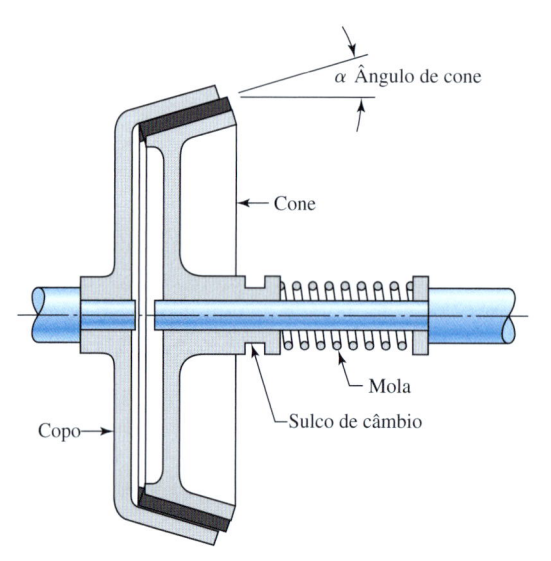

Figura 16–21 Seção transversal de uma embreagem cônica.

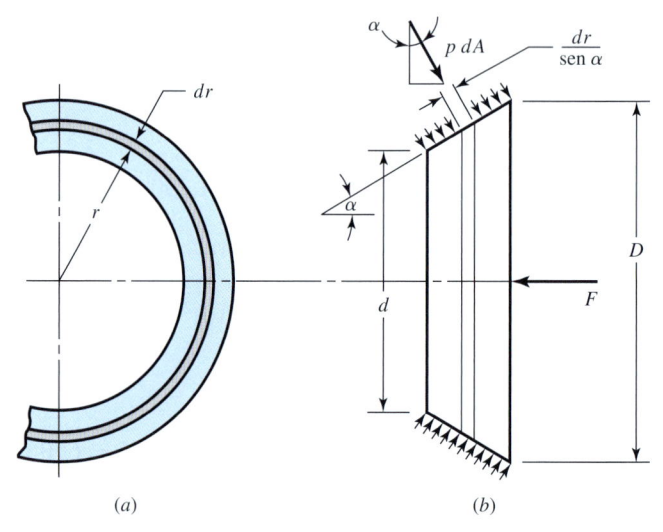

Figura 16–22 Área de contato de uma embreagem cônica.

Desgaste uniforme

A relação de pressão é a mesma que para a embreagem axial:

$$p = p_a \frac{d}{2r} \qquad (a)$$

A seguir, de acordo com a Figura 16–22, vemos que temos um elemento de área dA de raio e largura $dr/\text{sen}\,\alpha$. Assim, $dA = (2\pi r\,dr)/\text{sen}\,\alpha$. Como mostra a Figura 16–22, a força operante será a integral da componente axial da força diferencial $p\,dA$. Assim

$$F = \int p\,dA\,\text{sen}\,\alpha = \int_{d/2}^{D/2} \left(p_a \frac{d}{2r}\right)\left(\frac{2\pi r\,dr}{\text{sen}\,\alpha}\right)(\text{sen}\,\alpha)$$

$$= \pi p_a d \int_{d/2}^{D/2} dr = \frac{\pi p_a d}{2}(D - d) \qquad (16\text{–}44)$$

que é um resultado idêntico ao da Equação (16–23).

A força diferencial de atrito é $fp\,dA$, e o torque é a integral do produto desta força com o raio. Assim

$$T = \int rfp\,dA = \int_{d/2}^{D/2} (rf)\left(p_a \frac{d}{2r}\right)\left(\frac{2\pi r\,dr}{\text{sen}\,\alpha}\right)$$

$$= \frac{\pi f p_a d}{\text{sen}\,\alpha} \int_{d/2}^{D/2} r\,dr = \frac{\pi f p_a d}{8\,\text{sen}\,\alpha}(D^2 - d^2) \qquad (16\text{–}45)$$

Note que a Equação (16–24) é um caso especial da Equação (16–45), com $\alpha = 90°$. Usando a Equação (16–44), encontramos que o torque também pode ser escrito como

$$T = \frac{Ff}{4\,\text{sen}\,\alpha}(D + d) \qquad (16\text{–}46)$$

Pressão uniforme

Usando $p = p_a$, a força atuante encontrada é

$$F = \int p_a\,dA\,\text{sen}\,\alpha = \int_{d/2}^{D/2} (p_a)\left(\frac{2\pi r\,dr}{\text{sen}\,\alpha}\right)(\text{sen}\,\alpha) = \frac{\pi p_a}{4}(D^2 - d^2) \qquad (16\text{–}47)$$

O torque é

$$T = \int rfp_a\,dA = \int_{d/2}^{D/2} (rfp_a)\left(\frac{2\pi r\,dr}{\text{sen}\,\alpha}\right) = \frac{\pi f p_a}{12\,\text{sen}\,\alpha}(D^3 - d^3) \qquad (16\text{–}48)$$

Usando a Equação (16–47) na Equação (16–48), temos

$$T = \frac{Ff}{3\,\text{sen}\,\alpha}\frac{D^3 - d^3}{D^2 - d^2} \qquad (16\text{–}49)$$

Como no caso da embreagem axial, podemos escrever a Equação (16–46) adimensionalmente como

$$\frac{T\,\text{sen}\,\alpha}{fFd} = \frac{1 + d/D}{4} \qquad (b)$$

e escrever a Equação (16–49) como

$$\frac{T \operatorname{sen}\alpha}{fFd} = \frac{1}{3}\frac{1-(d/D)^3}{1-(d/D)^2} \quad \text{(c)}$$

Desta vez existem seis parâmetros (T, α, f, F, D e d) e quatro termos pi:

$$\pi_1 = \frac{T}{FD} \qquad \pi_2 = f \qquad \pi_3 = \operatorname{sen}\alpha \qquad \pi_4 = \frac{d}{D}$$

Como na Figura 16–17, traçamos sen $\alpha/(fFD)$ como ordenada e d/D como abscissa. Os gráficos e conclusões são os mesmos. Existe pouco motivo para usar outras equações se não as Equações (16–44), (16–45) e (16-46).

16–8 Considerações energéticas

Quando membros rotantes de uma máquina são forçados a parar por meio de um freio, a energia cinética de rotação deve ser absorvida pelo freio. Essa energia aparece no freio na forma de calor. Da mesma maneira, quando os membros de uma máquina que estão inicialmente em descanso são levados ao movimento, deve ocorrer um deslizamento na embreagem até que os membros movidos tenham a mesma velocidade que os membros motores. A energia cinética é absorvida durante o deslizamento de uma embreagem ou de um freio, e esta energia aparece como calor.

Temos visto como a capacidade de torque de uma embreagem ou freio depende do coeficiente de atrito do material e de uma pressão normal segura. Contudo, o caráter da carga pode ser tal que, se este valor de torque for permitido, a embreagem ou freio poderão ser destruídos pelo calor gerado por si mesmo. A capacidade de uma embreagem é, portanto, limitada por dois fatores: as características do material e a habilidade de a embreagem dissipar calor. Nesta seção, consideraremos a quantidade de calor gerado por uma operação de embrear ou frear. Se o calor é gerado mais rápido que é dissipado, temos um problema de elevação de temperatura, assunto da próxima seção.

Para ter um quadro claro do que acontece durante uma operação simples de embrear ou frear, consulte a Figura 16–1a, que é um modelo matemático de um sistema de duas inércias conectadas por uma embreagem. Como está mostrado, as inércias I_1 e I_2 têm velocidades angulares iniciais ω_1 e ω_2, respectivamente. Durante a operação de embrear, ambas as velocidades angulares mudam e eventualmente se tornam iguais. Assumimos que os dois eixos são rígidos e que o torque de embreagem é constante.

Escrevendo a equação de movimento para inércia 1, temos

$$I_1 \ddot{\theta}_1 = -T \quad \text{(a)}$$

em que $\ddot{\theta}$ é a aceleração angular de I_1 e T é o torque de embreagem. Uma equação similar para I_2 é

$$I_2 \ddot{\theta}_2 = T \quad \text{(b)}$$

Podemos determinar as velocidades angulares instantâneas $\dot{\theta}_1$ e $\dot{\theta}_2$ de I_1 e I_2 depois que qualquer período de tempo t passou integrando as Equações (a) e (b). Os resultados são

$$\dot{\theta}_1 = -\frac{T}{I_1}t + \omega_1 \quad \text{(c)}$$

$$\dot{\theta}_2 = \frac{T}{I_2}t + \omega_2 \quad \text{(d)}$$

em que $\dot{\theta}_1 = \omega_1$ e $\dot{\theta}_2 = \omega_2$ no instante $t = 0$. A diferença nas velocidades, às vezes chamada de velocidade relativa, é

$$\dot{\theta} = \dot{\theta}_1 - \dot{\theta}_2 = -\frac{T}{I_1}t + \omega_1 - \left(\frac{T}{I_2}t + \omega_2\right)$$

$$= \omega_1 - \omega_2 - T\left(\frac{I_1 + I_2}{I_1 I_2}\right)t$$

(16–50)

A operação de embrear é completada no instante em que as duas velocidades angulares $\dot{\theta}_1$ e $\dot{\theta}_2$ se tornam iguais. Seja o tempo requerido para a operação completa t_1. Então, $\dot{\theta} = 0$ quando $\dot{\theta}_1 = \dot{\theta}_2$, e assim a Equação (16–52) fornece o tempo como

$$t_1 = \frac{I_1 I_2(\omega_1 - \omega_2)}{T(I_1 + I_2)}$$

(16–51)

Essa equação mostra que o tempo requerido para a operação de engate é diretamente proporcional à diferença de velocidade e inversamente proporcional ao torque.

Temos assumido que o torque na embreagem é constante. Portanto, usando a Equação (16–50), encontramos a taxa de dissipação de energia durante a operação de embrear como sendo

$$u = T\dot{\theta} = T\left[\omega_1 - \omega_2 - T\left(\frac{I_1 + I_2}{I_1 I_2}\right)t\right]$$

(e)

Essa equação mostra que a taxa de dissipação de energia é maior no início, quando $t = 0$.

A energia total dissipada durante o ciclo de operação de embrear ou de frear é obtida integrando a Equação (e) de $t = 0$ a $t = t_1$. O resultado encontrado é

$$E = \int_0^{t_1} u\, dt = T \int_0^{t_1} \left[\omega_1 - \omega_2 - T\left(\frac{I_1 + I_2}{I_1 I_2}\right)t\right] dt$$

$$= \frac{I_1 I_2(\omega_1 - \omega_2)^2}{2(I_1 + I_2)}$$

(16–52)

em que a Equação (16–51) foi empregada. Note que a energia dissipada é proporcional à diferença de velocidade quadrada e é independente do torque de embreagem.

Observe que E na Equação (16–52) é a energia perdida ou dissipada; esta é a energia absorvida pela embreagem ou freio. Se as inércias são expressas nas unidades habituais nos EUA (lbf · in · s²), então a energia absorvida pelo conjunto de embreagem será em in · lbf. Utilizando essas unidades, o calor gerado em Btu é

$$H = \frac{E}{9336}$$

(16–53)

No SI, as inércias são expressas em unidades de quilograma-metro², e a energia dissipada é expressa em joules.

16–9 Elevação de temperatura

A elevação de temperatura do conjunto de embreagem ou freio pode ser aproximada pela expressão clássica

$$\Delta T = \frac{H}{C_p W} \qquad (16\text{--}54)$$

em que $\Delta T =$ elevação de temperatura, °F

$C_p =$ capacidade térmica específica, Btu/(lbm · °F); utilize 0,12 para aço ou ferro fundido

$W =$ massa da embreagem ou componentes do freio, lbm

Uma equação similar pode ser escrita para unidades SI:

$$\Delta T = \frac{E}{C_p m} \qquad (16\text{--}55)$$

em que $\Delta T =$ elevação de temperatura, °C

$C_p =$ capacidade térmica específica; use 500 J/kg·°C para aço ou ferro fundido

$m =$ massa da embreagem ou componentes do freio, kg

As equações de elevação de temperatura podem ser usadas para explicar o que acontece quando uma embreagem ou freio é operado. Contudo, existem tantas variáveis envolvidas que é mais improvável que tal análise sequer se aproxime de resultados experimentais. Por essa razão tais análises são mais úteis, para ciclos repetitivos, em apontar com precisão aqueles parâmetros de projeto que têm o maior efeito no desempenho.

Se um objeto está a temperatura inicial T_1 em um ambiente de temperatura T_∞, o modelo de resfriamento de Newton é expresso como

$$\frac{T - T_\infty}{T_1 - T_\infty} = \exp\left(-\frac{\hbar_{CR} A}{W C_p} t\right) \qquad (16\text{--}56)$$

em que $T =$ temperatura no instante t, °C

$T_1 =$ temperatura inicial, °C

$T_\infty =$ temperatura ambiente, °C

$\hbar_{CR} =$ coeficiente global de transferência de calor, W/(m² °C)

$A =$ área superfície lateral, m²

$W =$ massa do objeto, kg

$C_p =$ capacidade térmica específica do objeto, J/(kg · °C)

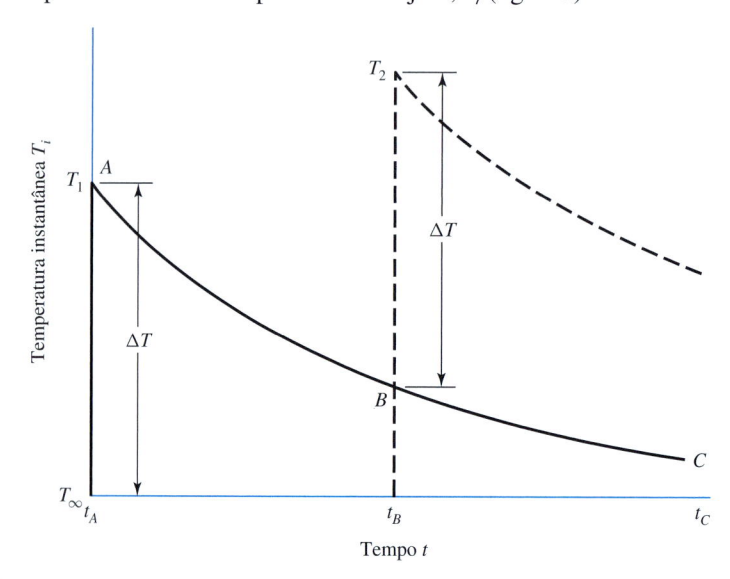

Figura 16–23 O efeito da operação de embrear ou frear sobre a temperatura. T_∞ é a temperatura ambiente. Note que o aumento de ΔT temperatura pode ser diferente para cada operação.

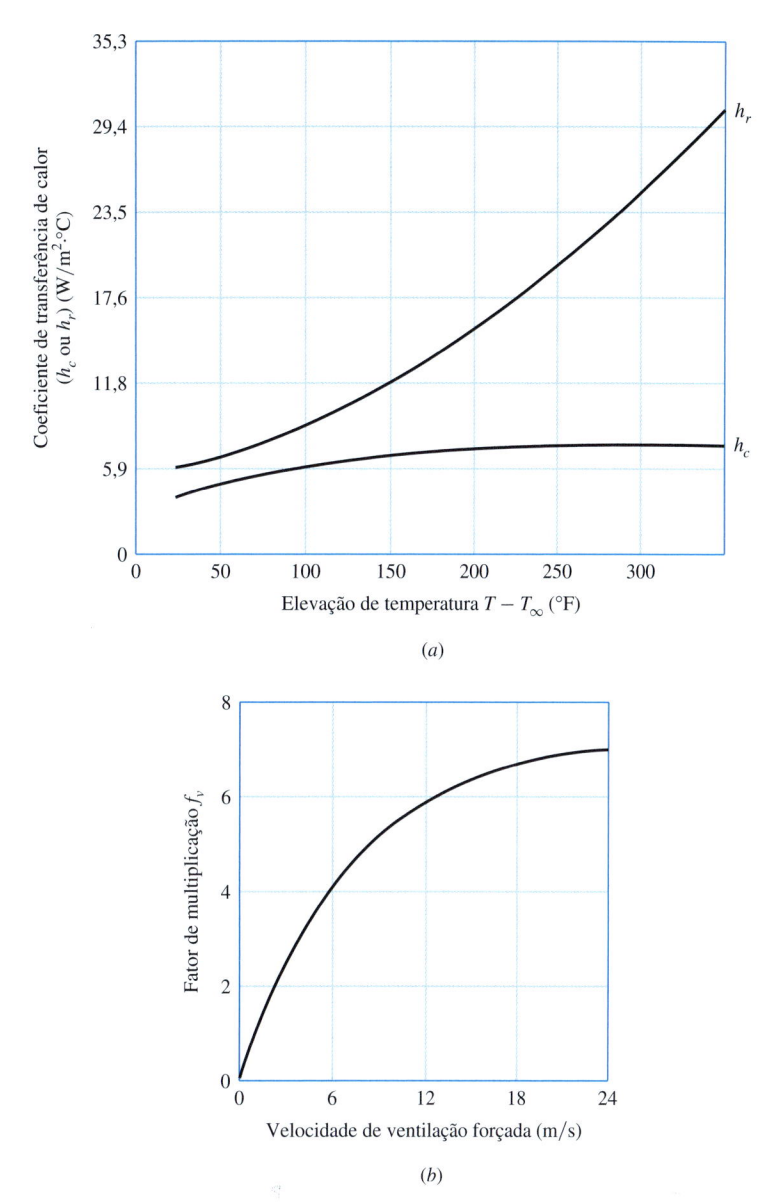

Figura 16–24 (*a*) Coeficiente de transferência de calor em ar parado; (*b*) fatores de ventilação. (*Cortesia da Talo-o-matic*.)

A Figura 16–24 mostra uma aplicação da Equação (16–56). A curva *ABC* é o declínio exponencial de temperatura dado pela Equação (16–56). No instante t_B uma segunda aplicação do freio ocorre. A temperatura rapidamente aumenta para um valor T_2, e uma nova curva de resfriamento começa. Para acionamentos repetidos do freio, picos subsequentes de temperatura T_3, T_4,... podem ser mais elevados que os picos anteriores no caso de a refrigeração ser insuficiente entre os acionamentos. Se essa é uma situação de produção com aplicações do freio a cada t_1 segundos, então se desenvolve um estado estável no qual todos os picos T_{max} e todos os vales T_{min} são repetitivos.

A capacidade de dissipação de calor dos freios de disco deve ser planejada para evitar alcançar as temperaturas de disco e pastilha que são prejudiciais aos componentes. Quando um freio de disco tem um ritmo tal como discutido anteriormente, a taxa de transferência de calor é descrita por uma outra equação newtoniana:

$$H_{perda} = \hbar_{CR} A(T - T_\infty) = (h_r + f_v h_c) A(T - T_\infty) \tag{16-57}$$

em que H_{perda} = taxa de perda de energia, J/s ou W
$\hbar_{CR}$ = coeficiente global de transferência de calor, W/(m² · °C)
h_r = componente de radiação de $\hbar_{CR}$, W/(m² · °C), Figura 16–24a
h_c = componente convectiva de $\hbar_{CR}$, W/(m² · °C), Figura 16–24a
f_v = fator de ventilação, Figura 16–24b
T = temperatura do disco, °C
T_∞ = temperatura ambiente, °C

A energia E absorvida pelo freio enquanto detém a inércia de rotação I em termos das velocidades angulares inicial e final ω_o e ω_f é a mudança da energia cinética, $I(\omega_o^2 - \omega_f^2)/2$.
Em Btu,

$$E = \frac{1}{2}\frac{I}{9336}(\omega_o^2 - \omega_f^2) \tag{16-58}$$

A elevação de temperatura ΔT por causa de uma única parada é

$$\Delta T = \frac{E}{WC} \tag{16-59}$$

T_{max} tem de ser alta o suficiente para transferir E Btu em t_1 segundos. Para condições estáveis, rearranje a Equação (16–56) na forma

$$\frac{T_{min} - T_\infty}{T_{max} - T_\infty} = \exp(-\beta t_1)$$

em que $\beta = \hbar_{CR} A/(WC_p)$. Multiplique em cruz, multiplique a equação por –1, adicione T_{max} a ambos os lados, coloque $T_{max} - T_{min} = \Delta T$, e rearranje obtendo

$$T_{max} = T_\infty + \frac{\Delta T}{1 - \exp(-\beta t_1)} \tag{16-60}$$

EXEMPLO 16–5

Um freio de pinça é usado 24 vezes por hora para parar o eixo de máquina desde uma velocidade de 250 rev/min até o repouso. A ventilação do freio provê uma velocidade média de ar de 8 m/s. A inércia rotacional equivalente da máquina vista a partir do eixo do freio é 32 kg·m·s. O disco é de aço com uma densidade $\gamma = 7\,800$ kg/m³, uma capacidade de calor específico de 0,45 kJ/(kg · °C), um diâmetro de 150 mm e uma espessura de 6 mm. As pastilhas são de metal sinterizado seco. A área lateral da superfície do freio é de 0,032 m². Encontre T_{max} e T_{min} para operação de estado permanente.

Solução

$$t_1 = 60^2/24 = 150 \text{ s}$$

Assumindo um aumento de temperatura de $T_{max} - T_\infty = 100$°C, a partir da Figura 16–24a, temos

$$h_r = 8,8 \text{ W}/(\text{m}^2 \cdot °C)$$

$$h_c = 5,9 \text{ W}/(\text{m}^2 \cdot °C)$$

Da Figura 16–24b:

$$f_v = 4,8$$

$$\hbar_{CR} = h_r + f_v h_c = 8,8 + 4,8(5,9) = 37,1 \text{ W}/(\text{m}^2 \cdot °C)$$

A massa do disco é

$$W = \frac{\pi \gamma D^2 h}{4} = \frac{\pi (10)^3 7{,}8(0{,}15)^2 0{,}006}{4} = 0{,}83 \text{ kg}$$

Da Equação (16–58) $E = \frac{1}{2} I(\omega_o^2 - \omega_f^2) = \frac{32}{2}\left(\frac{2\pi}{60} 250\right)^2 = 11 \text{ kJ}$

$$\beta = \frac{\hbar_{CR} A}{W C_p} = \frac{37{,}1(0{,}032)}{0{,}83(0{,}45)10^3} = 3{,}179(10^{-3}) \text{ s}^{-1}$$

Da Equação (16–59)

$$\Delta T = \frac{E}{W C_p} = \frac{11}{0{,}83(0{,}45)} = 29{,}5°C$$

Resposta Da Equação (16–60) $T_{max} = 21 + \dfrac{29{,}5}{1 - \exp[-3{,}179(10^{-3})150]} = 98{,}8°C$

Resposta $T_{min} = 98{,}8 - 29{,}5 = 69{,}3 \text{ C}$

O aumento de temperatura predito aqui é $T_{max} - T_{\infty} = 77{,}8°C$. Iterando com valores revisados de h_r e h_c da Figura 16–24a, podemos fazer a solução convergir para $T_{max} = 104°C$ e $T_{min} = 77°C$.

A Tabela 16–3 para pastilhas de metal sinterizado seco dá uma temperatura máxima de operação contínua de 300°–350°C. Não há perigo de sobreaquecimento.

16–10 Materiais de atrito

Um freio ou embreagem de atrito deve ter as seguintes características de material de forro, a um grau que seja dependente da severidade de serviço:

- Coeficiente de atrito alto e reproduzível.
- Não afetável por condições ambientais, tal como umidade.
- A habilidade de aguentar altas temperaturas, junto com boa condutividade térmica e difusividade, bem como alta capacidade de calor específico.
- Boa resiliência.
- Alta resistência a desgaste, marcas e esfolamento (desgaste adesivo).
- Compatível com o ambiente.
- Flexibilidade.

A Tabela 16–2 apresenta a área de superfície de atrito requerida para vários níveis de potências de frenagem. A Tabela 16–3 fornece importantes características de alguns materiais de atrito para freios e embreagens.

A manufatura de materiais de atrito é um processo altamente especializado, e é aconselhável consultar catálogos de fabricantes e manuais, bem como fabricantes diretamente, ao selecionar esses materiais. Seleção envolve considerar as muitas características, bem como os tamanhos padronizados disponíveis.

Tabela 16–2 Área de material de atrito requerida para uma dada potência média de frenagem.

Ciclo de serviço	Aplicações típicas	Razão de área por potência média de frenagem, $(10^{-6})\text{m}^2/(joules/s)$		
		Freios de banda (cinta) e tambor	Freios de disco de prato	Freios de disco de pinça
Não frequente	Freios de emergência	52	171	17,1
Intermitente	Elevadores, guindastes e guinchos	171	434	43
Serviço pesado	Escavadeiras, prensas	342–422	832	86

Fontes: M. J. Neale, *The Tribology Handbook*, Butterworth, Londres, 1973; *Friction Materials for Engineers*, Ferodo Ltd., Chapel-en-le-frith, Inglaterra, 1968.

O *revestimento (ou lona) de algodão trançado* é produzido como um cinto de tecido impregnado com resinas e polimerizado. É usado principalmente em maquinária pesada e, em geral, é fornecido em rolos de até 15 metros de comprimento. Espessuras disponíveis variam de 3 mm a 25 mm, em larguras até cerca de 300 mm.

O *revestimento de asbesto trançado* é feito de maneira similar ao de algodão e pode também conter partículas de metal. Não é tão flexível quanto o revestimento de algodão e tem uma gama menor de tamanhos. Junto com o de algodão, o revestimento de asbesto foi amplamente usado como um material de freio em maquinária pesada.

Revestimentos de asbesto moldado contêm fibra de asbesto e modificadores de atrito; é usado um polímero termorrígido com calor, para formar um molde rígido ou semirrígido. O uso principal é em freio de tambor.

Pastilhas de asbesto moldado são similares a revestimentos moldados, mas não têm flexibilidade; elas foram usadas em embreagens e freios.

Pastilhas de metal sinterizado são feitas de uma mistura de cobre e/ou partículas de ferro com modificadores de atrito, moldadas sob alta pressão e depois aquecidas a uma temperatura elevada para fundir o material. Essas pastilhas são usadas em freios e embreagens para aplicações de serviço pesado.

Pastilhas de cermeto são similares a pastilhas de metal sinterizado e têm um conteúdo cerâmico substancial.

A Tabela 16–4 lista propriedades de revestimentos típicos de freio. Os forros podem consistir em uma mistura de fibras para dar resistência e habilidade para aguentar altas temperaturas, várias partículas de atrito para obter um grau de resistência ao desgaste, bem como um coeficiente mais elevado de atrito e materiais de ligação.

A Tabela 16–5 inclui uma variedade mais ampla de materiais de atrito de embreagem e algumas de suas propriedades. Alguns materiais podem ser usados úmidos quando mergulhados em óleo ou serem borrifados por óleo. Isso reduz o coeficiente de atrito, mas consome mais calor e permite que pressões mais elevadas sejam usadas.

16–11 Embreagens variadas e acoplamentos

A embreagem de dentes quadrados mostrada na Figura 16–25a é uma forma de embreagem de contato positivo. Essas embreagens têm as seguintes características:

1. Não deslizam.
2. Nenhum calor é gerado.

Tabela 16-3 Características de materiais de atrito para freios e embreagens.

Material	Coeficiente de atrito f	Pressão máxima P_{max}, MPa	Temperatura máxima Instantânea, °C	Temperatura máxima Contínua, °C	Velocidade máxima V_{max}, m/s	Aplicações
Cermeto	0,32	1,0	815	400		Freios e embreagens
Metal sinterizado (seco)	0,29–0,33	2,1–2,8	500–550	300–350	18	Embreagens e freios de disco de pinça
Metal sinterizado (úmido)	0,06–0,08	3,4	500	300	18	Embreagens
Asbesto rígido moldado (seco)	0,35–0,41	0,7	350–400	180	18	Freios de tambor e embreagens
Asbesto rígido moldado (úmido)	0,06	2,1	350	180	18	Embreagens industriais
Pastilhas de asbesto rígido moldado	0,31–0,49	5,2	500–750	230–350	24	Freios de disco
Não asbesto rígido moldado	0,33–0,63	0,7–1,0		260–400	24–38	Embreagens e freios
Asbesto semirrígido moldado	0,37–0,41	0,7	350	150	18	Embreagens e freios
Asbesto flexível moldado	0,39–0,45	0,7	350–400	150–180	18	Embreagens e freios
Fio tecido (lona) de asbestos e arame	0,38	0,7	350	150	18	Embreagens veiculares
Algodão de asbestos e arame	0,38	0,7	260	130	18	Embreagens industriais e freios
Algodão trançado	0,47	0,7	110	75	18	Embreagens industriais e freios
Papel resiliente (úmido)	0,09–0,15	2,8	150		$PV < 18$ MPa m/s	Embreagens e bandas (ou cintas) de transmissão

Fontes: Ferodo Ltd., Chapel-en-le-frith, Inglaterra; Scan-pac, Mequon, Wisc.; Raybestos, Nova York, N.Y. e Stratford, Conn.; Gatke Corp, Chicago, Ill.; General Metals Powder Co., Akron, Ohio; D.A.B. Industries, Troy, Mich.; Friction Products Co., Medina, Ohio.

3   Não podem ser engatadas a altas velocidades.
4   Às vezes não podem ser engatadas quando ambos os eixos estão em repouso.
5   O engate a qualquer velocidade é acompanhado por choque.

Tabela 16–4 Algumas propriedades de revestimentos de freio.

	Revestimento trançado	Revestimento moldado	Bloco rígido
Resistência de compressão, kpsi	10–15	10–18	10–15
Resistência de compressão, MPa	70–100	70–125	70–100
Resistência de tração, kpsi	2,5–3	4–5	3–4
Resistência de tração, MPa	17–21	27–35	21–27
Temperatura máxima, °F	400–500	500	750
Temperatura máxima, °C	200–260	260	400
Velocidade máxima, ft/min	7 500	5 000	7500
Velocidade máxima, m/s	38	25	38
Pressão máxima, psi	50–100	100	150
Pressão máxima, kPa	340–690	690	1 000
Coeficiente de atrito, médio	0,45	0,47	0,40–45

Tabela 16–5 Materiais de atrito para embreagens.

Material	Coeficiente de atrito		Temperatura máxima		Pressão máxima	
	Úmido	Seco	°F	°C	psi	kPa
Ferro fundido em ferro fundido	0,05	0,15–0,20	600	320	150–250	1000–1750
Metal pulverizado* em ferro fundido	0,05–0,1	0,1–0,4	1000	540	150	1000
Metal pulverizado* em aço duro	0,05–0,1	0,1–0,3	1000	540	300	2100
Madeira em aço ou ferro fundido	0,16	0,2–0,35	300	150	60–90	400–620
Couro em aço ou ferro fundido	0,12	0,3–0,5	200	100	10–40	70–280
Cortiça em aço ou ferro fundido	0,15–0,25	0,3–0,5	200	100	8–14	50–100
Feltro em aço ou ferro fundido	0,18	0,22	280	140	5–10	35–70
Asbesto trançado* em aço ou ferro fundido	0,1–0,2	0,3–0,6	350–500	175–260	50–100	350–700
Asbesto moldado* em aço ou ferro fundido	0,08–0,12	0,2–0,5	500	260	50–150	350–1000
Asbesto impregnado* em aço ou ferro fundido	0,12	0,32	500–750	260–400	150	1000
Aço carbono em aço	0,05–0,1	0,25	700–1000	370–540	300	2100

* O coeficiente de atrito pode ser mantido com ±5% para materiais específicos neste grupo.

A maior diferença entre os vários tipos de embreagens positivas está relacionada ao projeto dos dentes. Para prover um período mais longo para a ação de câmbio durante o engate, os dentes podem ter forma de catraca, de espiral ou de dente de engrenagem. Às vezes, um número exagerado de dentes é usado, e podem ser cortados circunferencialmente, tal que eles engatem por acoplamento cilíndrico, ou nas faces dos elementos acopladores.

Embora embreagens positivas não sejam usadas na escala das embreagens de contato de atrito, elas têm importantes aplicações quando a operação síncrona é requerida, por exemplo, em prensas de potência ou laminadores de fechamento por parafuso.

Dispositivos como comandos lineares ou parafusadores operados por motor devem girar a um limite definido e depois ir a uma parada. Um tipo de embreagem de alívio de sobrecarga é requerido para essas aplicações. A Figura 16–25b é um desenho esquemático que ilustra o princípio de operação de uma embreagem desse tipo. Essas embreagens são usualmente carregadas por mola de maneira a disparar a um torque predeterminado. O som de estalo ouvido quando o ponto de sobrecarga é alcançado é considerado um sinal desejável.

Ambas as cargas, de fadiga e de choque, devem ser consideradas ao obter as tensões e deflexões das várias porções das embreagens positivas. Além disso, o desgaste deve geralmente ser levado em conta. A aplicação dos fundamentos, discutidos nas Partes 1 e 2 deste livro, é, em geral, suficiente para o projeto completo desses dispositivos.

Uma embreagem de sobregiro ou acoplamento permite ao membro movido de uma máquina "rodar livremente" ou "sobrepassar" uma vez que o membro motor tenha parado, ou porque outra fonte de potência aumenta a velocidade do mecanismo movido. A construção usa rolos ou esferas montadas entre uma manga mais externa e um membro mais interno, e tem platôs de came usinados ao redor da periferia. A ação motora é obtida ao calçar os rolos entre a manga e as platôs de came. Essa embreagem é, por isso, equivalente a um conjunto de lingueta e catraca com um número infinito de dentes.

Existem muitas variedades de embreagens de sobregiro disponíveis, e elas são construídas com capacidade de centenas de cavalos de potência. Visto que nenhum deslizamento está envolvido, a única perda de potência é aquela devida ao atrito de mancais e aquela com o ar.

Os acoplamentos de eixo mostrados na Figura 16–26 são representativos da seleção disponível em catálogos.

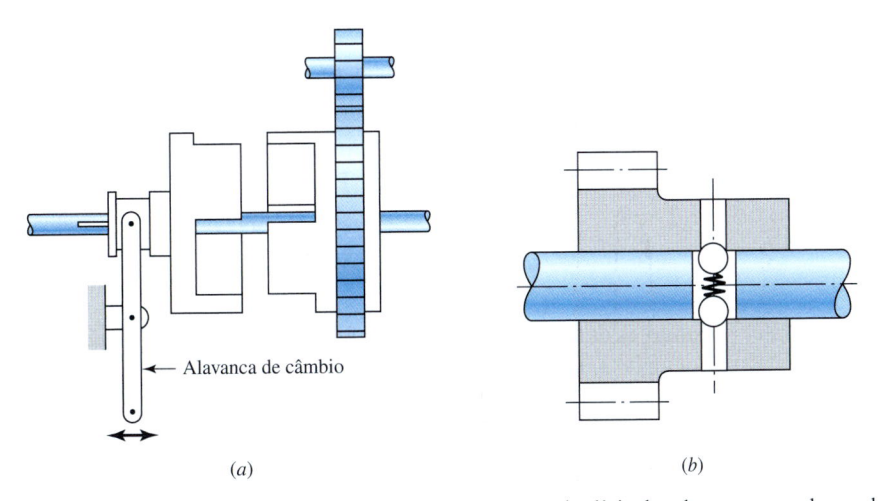

Figura 16–25 (a) Embreagem de dentes quadrados; (b) embreagem de alívio de sobrecarga usando um detente.

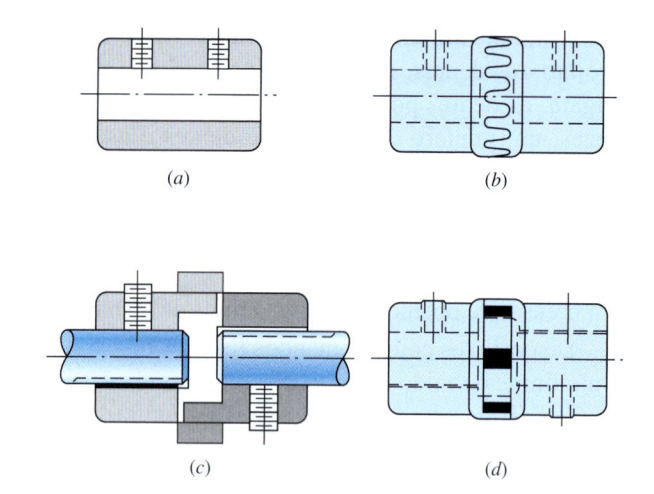

Figura 16–26 Acoplamentos de eixo: (*a*) plano; (*b*) acoplamento dentado de trabalho leve; (*c*) BOST-FLEX® de orifício passante com elastômero inserido para transmitir torque por compressão; o inserto permite 1° de desalinhamento; (*d*) acoplamento de três dentes disponível em bronze, borracha ou inserto de poliuretano, para minimizar a vibração (*Reproduzido com autorização, Boston Gear Division, Colfax Corp.*).

16–12 Volantes

A equação de movimento para o volante representado na Figura 16–1*b* é

$$\sum M = T_i(\theta_i, \dot{\theta}_i) - T_o(\theta_o, \dot{\theta}_o) - I\ddot{\theta} = 0$$

ou

$$I\ddot{\theta} = T_i(\theta_i, \omega_i) - T_o(\theta_o, \omega_o) \tag{a}$$

em que T_i é considerado positivo e T_o negativo, e $\dot{\theta}$ e $\ddot{\theta}$ são a primeira e segunda derivadas temporais de θ, respectivamente. Note que T_i e T_o podem depender em seus valores dos deslocamentos angulares θ_i e θ_o, bem como de suas velocidades angulares ω_i e ω_o. Em muitos casos, a característica de torque depende somente de um desses. Assim, o torque entregue por um motor de indução depende da velocidade do motor. De fato, fabricantes de motores publicam cartas detalhando as características torque-velocidade de seus vários motores.

Quando as funções de torque de entrada e saída são dadas, a Equação (*a*) pode ser resolvida para o movimento do volante usando técnicas bem conhecidas para solução de equações diferenciais lineares e não lineares. Podemos dispensar isso aqui assumindo um eixo rígido em que $\theta_i = \theta = \theta_o$ e $\omega_i = \omega = \omega_o$. Assim, a Equação (*a*) se torna

$$I\ddot{\theta} = T_i(\theta, \omega) - T_o(\theta, \omega) \tag{b}$$

Quando as duas funções de torque forem conhecidas e os valores iniciais do deslocamento θ e velocidade ω forem dados, a Equação (*b*) pode ser solucionada para θ, ω e $\ddot{\theta}$ como funções do tempo. Contudo, não estamos realmente interessados nos valores instantâneos desses termos. Primeiramente, queremos conhecer o desempenho global do volante. Qual deve ser seu momento de inércia? Como ajustamos a fonte de potência à carga? E quais são as características resultantes do desempenho do sistema que selecionamos?

Para discernirmos o problema, uma situação hipotética está mostrada em diagrama na Figura 16–27. Uma fonte de potência de entrada sujeita um volante a um torque constante T_i enquanto o eixo roda de θ_1 a θ_2. Esse é um torque positivo e está traçado do lado de cima. A

Equação (*b*) indica que uma aceleração positiva $\ddot{\theta}$ resultará, assim a velocidade do eixo aumenta de ω_1 para ω_2. Como mostrado, o eixo agora gira de θ_2 a θ_3 com torque zero e consequentemente, a partir da Equação (*b*), com aceleração zero. Portanto $\omega_3 = \omega_2$. De θ_3 a θ_4 uma carga, ou torque de saída, de magnitude constante é aplicada, motivando o eixo a diminuir a velocidade de ω_3 para ω_4. Note que o torque de saída está traçado na direção negativa de acordo com a Equação (*b*).

O trabalho introduzido ao volante é a área do retângulo entre θ_1 e θ_2, ou

$$U_i = T_i(\theta_2 - \theta_1) \qquad (c)$$

O trabalho transferido pelo volante é a área do retângulo de θ_3 a θ_4, ou

$$U_o = T_o(\theta_4 - \theta_3) \qquad (d)$$

Se U_o é maior que U_i, a carga usa mais energia do que foi transferida ao volante e assim será menor que ω_1. Se $U_o = U_i$, ω_4 será igual a ω_1 porque os ganhos e perdas são iguais; estamos supondo nenhuma perda de atrito. E, finalmente, ω_4 será maior que ω_1 se $U_i > U_o$.

Podemos também escrever as relações em termos de energia cinética. Em $\theta = \theta_1$, o volante tem uma velocidade de ω_1 rad/s, assim sua energia cinética é

$$E_1 = \frac{1}{2} I \omega_1^2 \qquad (e)$$

Em $\theta = \theta_2$, a velocidade é ω_2, assim

$$E_2 = \frac{1}{2} I \omega_2^2 \qquad (f)$$

Portanto, a mudança na energia cinética é

$$E_2 - E_1 = \frac{1}{2} I \left(\omega_2^2 - \omega_1^2 \right) \qquad (16\text{–}61)$$

Muitas das funções de torque–deslocamento encontradas em situações práticas de engenharia são tão complicadas que devem ser integradas por métodos numéricos. A Figura 16–28, por exemplo, é um gráfico típico de torque para um ciclo de movimento de um motor de combustão interna de um único cilindro. Visto que uma parte da curva de torque é negativa, o volante deve retornar parte da energia de volta ao motor. A integração aproximada desta curva para um ciclo de $\theta = 0$ a 4π, dividido o resultado por 4π, mostra um torque médio T_m disponível para mover uma carga durante o ciclo.

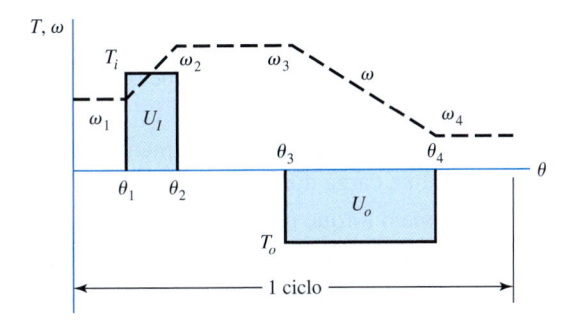

Figura 16–27

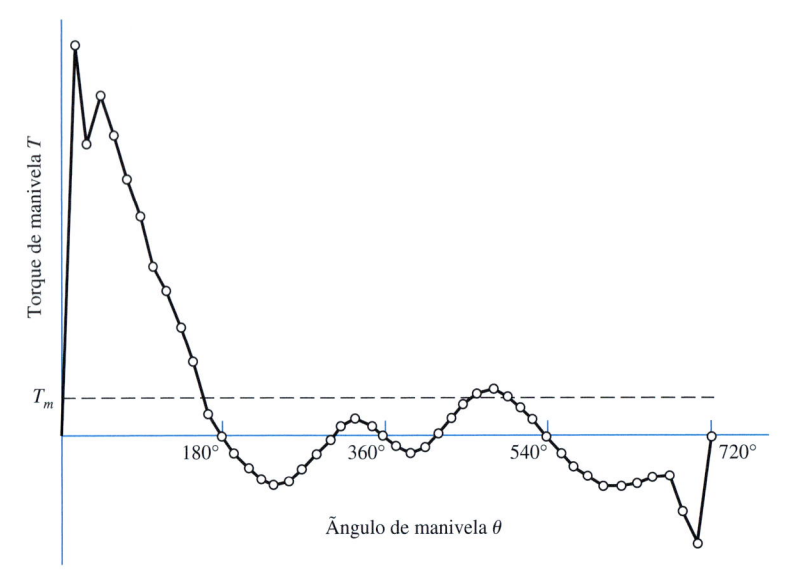

Figura 16–28 Relação entre torque e ângulo de manivela para um cilindro de um motor de combustão interna de quatro ciclos.

É conveniente definir um *coeficiente de flutuação de velocidade* na forma

$$C_s = \frac{\omega_2 - \omega_1}{\omega} \tag{16-62}$$

em que ω é a velocidade angular nominal dada por

$$\omega = \frac{\omega_2 + \omega_1}{2} \tag{16-63}$$

A Equação (16–61) pode ser fatorizada para resultar em

$$E_2 - E_1 = \frac{I}{2}(\omega_2 - \omega_1)(\omega_2 + \omega_1)$$

Uma vez que $\omega_2 - \omega_1 = C_s \omega$ e $\omega_2 - \omega_1 = 2\omega$, temos

$$E_2 - E_1 = C_s I \omega^2 \tag{16-64}$$

A Equação (16–64) pode ser utilizada para obter uma inércia adequada ao volante e que corresponde à mudança de energia $E_2 = E_1$.

EXEMPLO 16–6 A Tabela 16–6 lista valores do torque usado para traçar a Figura 16–28. A velocidade nominal do motor deve ser 250 rad/s.

(*a*) Integre a função torque-deslocamento para um ciclo e encontre a energia que pode ser entregue a uma carga durante o ciclo.

(*b*) Determine o torque médio T_m (ver Figura 16–28).

(*c*) A maior flutuação de energia ocorre aproximadamente entre $\theta = 15°$ e $\theta = 150°$, no diagrama de torque; veja a Figura 16–28 e note que $T_o = -T_m$. Usando um coeficiente de flutuação de velocidade $C_s = 0,1$, encontre um valor conveniente para a inércia de volante.

(*d*) Encontre ω_2 e ω_1.

Tabela 16–6 Dados do gráfico para a Figura 16–28.

θ, grau	T, N·m	θ, grau	T, N·m	θ, grau	T, N·m	θ, grau	T, N·m
0	0	195	−12	375	−9	555	−12
15	316	210	−23	390	−14	570	−23
30	236	225	−29	405	−10	585	−33
45	275	240	−36	420	0,9	600	−40
60	244	255	−35	435	14	615	−42
75	208	270	−27	450	27	630	−41
90	180	285	−14	465	35	645	−35
105	137	300	−0,9	480	36	660	−30
120	120	315	10	495	29	675	−31
135	91	330	14	510	23	690	−62
150	60	345	9	525	12	705	−86
165	21	360	0	540	0	720	0
180	0						

Solução (*a*) Usando $n = 48$ intervalos e $\Delta\theta = 4\pi/48$, a integração numérica dos dados presentes na Tabela 16–6 produzem $E = 388$. Essa é a energia que pode ser entregue à carga.

Resposta (*b*)
$$T_m = \frac{388}{4\pi} = 30{,}9 \text{ N·m}$$

(*c*) O maior trecho positivo no diagrama torque-deslocamento ocorre entre $\theta = 0°$ e $\theta = 180°$. Selecionamos essa volta como produzindo a maior mudança de velocidade. Subtraindo 30,9 N·m dos valores da Tabela 16–6 para este trecho, nos dá, respectivamente, −30,9, 29,3, 21,1, 25,0, 21,9, 18,2, 15,3, 10,9, 9,2, 6,2, 3,1, −1,0 e −30,9 N·m. Integrando numericamente $T - T_m$ com relação a θ, nos dá $E_2 - E_1 = 408$ J. Resolvemos agora a Equação (16–64) para *I*. Isso resulta

Resposta
$$I = \frac{E_2 - E_1}{C_s \omega^2} = \frac{408}{0{,}1(250)^2} = 0{,}065 \text{ kg·s}^2 \text{ m}$$

(*d*) As Equações (16–62) e (16–63) podem ser resolvidas simultaneamente para ω_2 e ω_1. Substituindo valores apropriados nessas duas equações, resulta

Resposta
$$\omega_2 = \frac{\omega}{2}(2 + C_s) = \frac{250}{2}(2 + 0{,}1) = 262{,}5 \text{ rad/s}$$

Resposta
$$\omega_1 = 2\omega - \omega_2 = 2(250) - 262{,}5 = 237{,}5 \text{ rad/s}$$

As duas velocidades ocorrem em $\theta = 180°$ e $\theta = 0°$, respectivamente.

A demanda de torque de prensas de punção frequentemente toma a forma de um impulso severo e atrito contínuo do trem motor. O motor supera a tarefa menor de vencer o atrito enquanto atende à tarefa maior de restaurar a velocidade angular do volante. A situação pode ser idealizada na Figura 16–29. Ignorando o atrito contínuo, a equação de Euler pode ser escrita como

$$T(\theta_1 - 0) = \frac{1}{2}I(\omega_1^2 - \omega_2^2) = E_2 - E_1$$

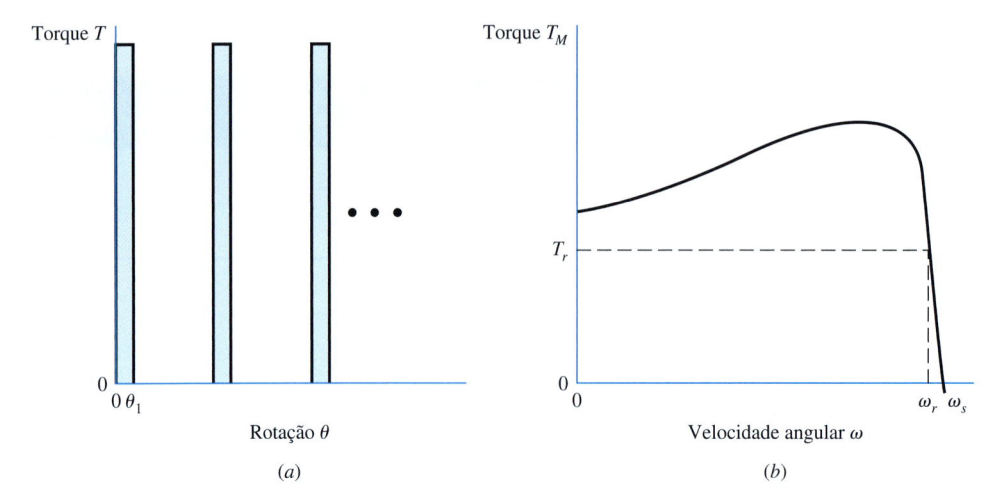

Figura 16–29 (a) Demanda em torque de uma prensa de punção durante puncionamento. (b) Característica torque-velocidade de um motor elétrico de gaiola de esquilo.

cuja única inércia significante é a do volante. Prensas de punção podem ter o motor e volante em um eixo e, por meio de um redutor de engrenagem, comandam um mecanismo manivela-deslizador que carrega a ferramenta de puncionar. O motor pode estar conectado ao punção continuamente, criando um ritmo de puncionamento, ou ele pode estar conectado no comando por meio de uma embreagem que permite um golpe e uma desconexão. O motor e embreagem devem ser dimensionados para o serviço mais exigente, que é o puncionamento estável. O trabalho feito é dado por

$$W = \int_{\theta_1}^{\theta_2} [T(\theta) - T]\, d\theta = \frac{1}{2} I \left(\omega_{max}^2 - \omega_{min}^2 \right)$$

Essa equação pode ser arranjada para incluir o coeficiente de flutuação C_s de velocidade, como se segue:

$$W = \frac{1}{2} I \left(\omega_{max}^2 - \omega_{min}^2 \right) = \frac{I}{2} (\omega_{max} - \omega_{min})(\omega_{max} + \omega_{min})$$

$$= \frac{I}{2} (C_s \omega)(2\omega_0) = I C_s \bar{\omega} \omega_0$$

Quando a flutuação de velocidade é baixa, $\omega_0 \approx \bar{\omega}$, e

$$I = \frac{W}{C_s \bar{\omega}^2}$$

Um motor de indução tem uma característica de torque linear $T = a\omega + b$ no intervalo de operação. As constantes a e b podem ser encontradas com base na velocidade nominal, registrada em placa metálica na máquina ω_r e a velocidade síncrona ω_s

$$a = \frac{T_r - T_s}{\omega_r - \omega_s} = \frac{T_r}{\omega_r - \omega_s} = -\frac{T_r}{\omega_s - \omega_r}$$

$$b = \frac{T_r \omega_s - T_s \omega_r}{\omega_s - \omega_r} = \frac{T_r \omega_s}{\omega_s - \omega_r}$$

(16–65)

Por exemplo, um motor a-c de 3 kW de três fases de gaiola de esquilo avaliado a 1125 rev/min tem um torque de $3000/\|1125(2)\pi/60 = 25{,}5$ N·m. A velocidade angular estimada é de $\omega_r = 2\pi n_r/60 = 2\pi(1125)/60 = 117{,}81$ rad/s e a velocidade angular síncrona é de $\omega_s = 2\pi(1125)/60 = 125{,}66$ rad/s. Assim, $a = -3{,}25$ N·m·s/rad, e $b = 408$ N·m, e podemos expressar $T(\omega)$ como $a\omega + b$. Durante o intervalo de t_1 a t_2, o motor acelera o volante de acordo com $I\ddot{\theta} = T_M$ (isto é, $T d\omega/dt = T_M$). Separando a equação $T_M = I d\omega/dt$, temos

$$\int_{t_1}^{t_2} dt = \int_{\omega_r}^{\omega_2} \frac{I\, d\omega}{T_M} = I \int_{\omega_r}^{\omega_2} \frac{d\omega}{a\omega + b} = \frac{I}{a} \ln \frac{a\omega_2 + b}{a\omega_r + b} = \frac{I}{a} \ln \frac{T_2}{T_r}$$

ou

$$t_2 - t_1 = \frac{I}{a} \ln \frac{T_2}{T_r} \qquad (16\text{--}66)$$

Para o intervalo de desaceleração, quando o motor e volante sentem o torque de puncionar no eixo como T_L, $(T_M - T_L) = I\, d\omega/dt$, ou

$$\int_0^{t_1} dt = I \int_{\omega_2}^{\omega_r} \frac{d\omega}{T_M - T_L} = I \int_{\omega_2}^{\omega_r} \frac{d\omega}{a\omega + b - T_L} = \frac{I}{a} \ln \frac{a\omega_r + b - T_L}{a\omega_2 + b - T_L}$$

ou

$$t_1 = \frac{I}{a} \ln \frac{T_r - T_L}{T_2 - T_L} \qquad (16\text{--}67)$$

Podemos dividir a Equação (16–66) pela Equação (16–67) para obter

$$\frac{T_2}{T_r} = \left(\frac{T_L - T_r}{T_L - T_2} \right)^{(t_2 - t_1)/t_1} \qquad (16\text{--}68)$$

A Equação (16–68) pode ser solucionada para T_2 numericamente. Tendo T_2, a inércia do volante é, por meio da Equação (16–66),

$$I = \frac{a(t_2 - t_1)}{\ln(T_2/T_r)} \qquad (16\text{--}69)$$

É importante que a esteja em unidades de N · m · s/rad de modo que I tenha as unidades apropriadas. A constante não deve aparecer em N · m por rev/min ou lbf · in por rev/s.

PROBLEMAS

16–1 A figura mostra um freio do tipo de tambor com sapatas, tendo um diâmetro interno de aro de 300 mm e uma dimensão $R = 125$ mm. As sapatas têm uma largura de face de 40 mm e são ambas acionadas por uma força de 2,2 kN. O tambor rotaciona no sentido horário. O coeficiente médio de atrito é 0,28.

(a) Encontre a pressão máxima e indique a sapata na qual ela ocorre.
(b) Calcule o torque de frenagem executado por cada sapata e encontre o torque total de frenagem.
(c) Calcule as reações resultantes no pino de articulação.

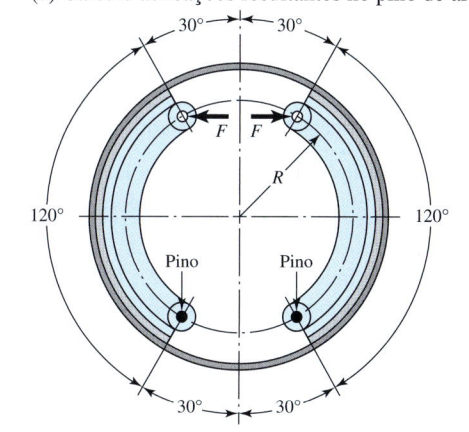

Problema 16–1

16–2 Para o freio do Problema 16–1, considere iguais as localizações do pino e do acionador. Contudo, em lugar de 120°, admita que a superfície de frenagem da sapata seja 90° e localizada centralmente. Encontre a máxima pressão e o torque de frenagem total.

16–3 Na figura para o Problema 16–1, o diâmetro interno de aro é de 280 mm e a dimensão R é de 90 mm. As sapatas têm uma largura de face de 30 mm. Encontre o torque de frenagem e a pressão máxima para cada sapata se a força acionante é de 1 kN, a rotação do tambor é anti-horária e $f = 0{,}30$.

16–4 A figura mostra um tambor de freio de diâmetro de 400 mm com quatro sapatas internamente expansíveis. Cada um dos pinos de articulação A e B suporta um par de sapatas. O mecanismo acionador deve ser arranjado para produzir a mesma força F em cada sapata. A largura de face das sapatas é de 75 mm. O material usado permite um coeficiente de atrito de 0,24 e uma pressão máxima de 1 000 kPa.

(*a*) Determine a máxima força acionadora.

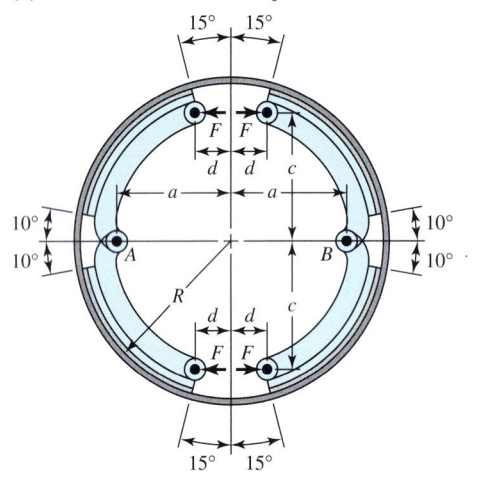

Problema 16–4
As dimensões em milímetros são
$a = 150$, $c = 165$,
$R = 200$ e $d = 50$.

(*b*) Calcule a capacidade do freio.

(*c*) Sabendo que a rotação pode ser em qualquer direção, calcule as reações do pino de articulação.

16–5 O freio de mão de tipo bloco mostrado na figura tem uma largura de face de 30 mm e um coeficiente médio de atrito de 0,25. Para uma força de acionamento estimada de 400 N, encontre a pressão máxima na sapata e o torque de frenagem.

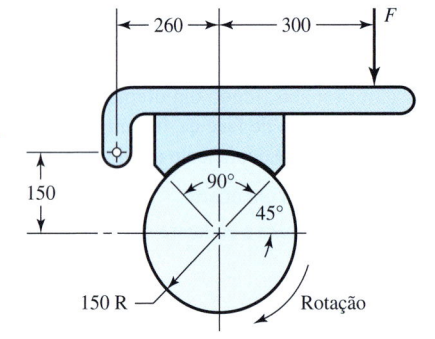

Problema 16–5
Dimensões em polegadas.

16–6 Suponha que o desvio padrão do coeficiente de atrito no Problema 16–5 seja $\hat{\sigma}_f = 0{,}025$, e que o desvio da média seja devido inteiramente às condições ambientais. Encontre o torque de freio que corresponde a $\pm 3\hat{\sigma}_f$.

16–7 O freio mostrado na figura tem um coeficiente de atrito de 0,30, uma largura de face de 50 mm e uma pressão limitante no forro de sapata de 1 MPa. Encontre a força acionadora limitante F e a capacidade de torque.

16–8 Considere a sapata simétrica pivotada externa de freio da Figura 16–12 e Equação (16–15). Suponha que a distribuição de pressão seja uniforme, isto é, a pressão p independe de θ. Qual será a distância de pivô a'? Se $\theta_1 = \theta_2 = 60°$, compare a com a'.

Problema 16–7
Dimensões em milímetros.

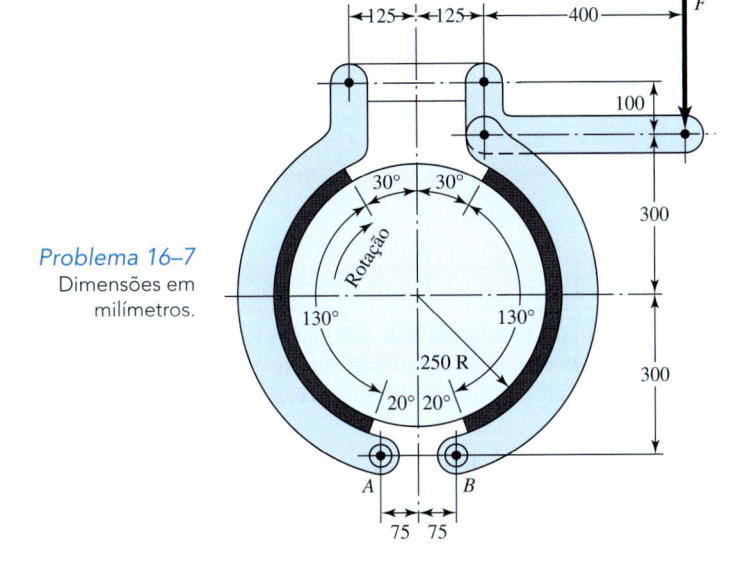

16–9 As sapatas no freio representado na figura subtendem um arco de 90° no tambor deste freio de sapata externa pivotada. A força acionadora P é aplicada à alavanca. A direção de rotação do tambor é anti-horária e o coeficiente de atrito é de 0,30.

(a) Qual deve ser a dimensão e de modo a eliminar os momentos de atrito em cada sapata?

(b) Desenhe os diagramas de corpo livre da alavanca de cabo e as alavancas de sapata, com as forças expressas em termos da força acionadora P.

(c) A direção de rotação do tambor afeta o torque de frenagem?

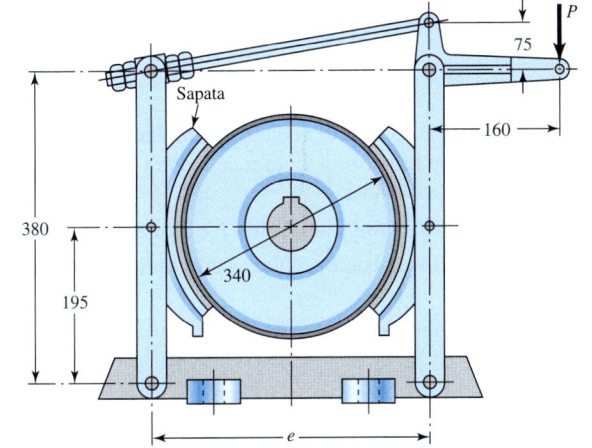

Problema 16–9
Dimensões em milímetros.

16–10 O Problema 16–9 é preliminar para analisar o freio. Um revestimento rígido moldado sem amianto é usado a seco no freio do Problema 16–9 em tambor de ferro fundido. As sapatas têm 190 mm de largura e subtendem um arco de 90°. Estime de maneira conservadora a força atuante máxima admissível e o torque na frenagem.

16–11 A pressão máxima de interface de banda (ou cinta) no freio mostrado na figura é de 620 kPa. Use um tambor de 350 mm de diâmetro, uma largura de banda de 25 mm, um coeficiente de atrito de 0,30 e um ângulo de cobertura de 270°. Encontre tensões máximas na banda e a capacidade de torque.

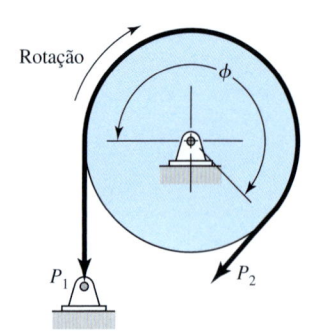

Problema 16–11

16–12 O tambor para as lonas de freio no Problema 16–11 tem diâmetro de 300 mm. A lona escolhida tem um coeficiente de atrito médio de 0,28 e uma largura de 80 mm. Ela pode seguramente suportar uma tensão de 7,6 kN. Se o ângulo envolvente é de 270°, encontre a pressão no revestimento e a capacidade de torque correspondente.

16–13 O freio mostrado na figura tem um coeficiente de atrito de 0,30 e é operado usando uma força máxima de 400 N. Se a largura de banda é de 50 mm, encontre as tensões de banda e o torque de frenagem.

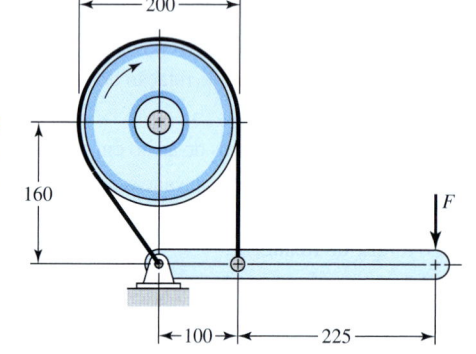

Problema 16–13
Dimensões em milímetros.

16–14 A figura representa um freio de banda cujo tambor roda a 200 rev/min anti-horário. O tambor tem 400 mm de diâmetro, suportando um forro de banda com 75 mm de largura. O coeficiente de atrito é de 0,20. A pressão máxima de interface de forro é de 480 kPa.

(*a*) Encontre o torque máximo de frenagem, a força necessária *P* e a potência de regime estável.

(*b*) Complete o diagrama de corpo livre do tambor. Encontre a carga radial de mancal que um par de mancais justapostos teria de carregar.

(*c*) Qual é a pressão de forro *p* nas extremidades do arco de contato?

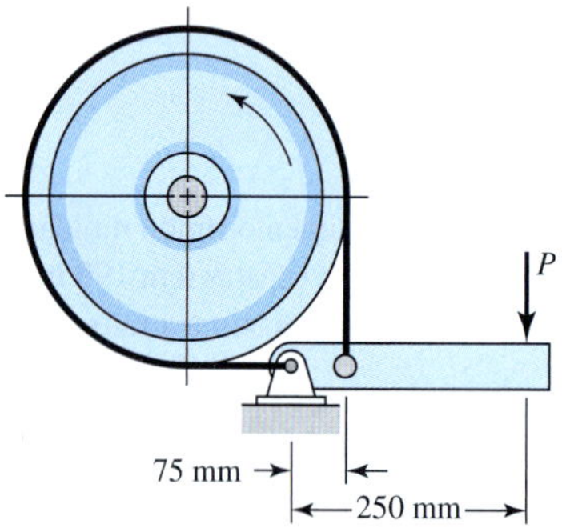

Problema 16–14

16–15 A figura mostra um freio de banda (cinta) projetado para prevenir rotação "para trás" do eixo. O ângulo de abraçamento é de 270°, a largura de banda é de 54 mm e o coeficiente de atrito é de 0,20. O torque a ser resistido pelo freio é de 200 N·m. O diâmetro da polia é de 210 mm.

(*a*) Que dimensão c_1 prevenirá o início do movimento para trás?

(b) Se o oscilador fosse projetado com $c_1 = 25$ mm, qual seria a pressão máxima entre a banda e o tambor a 200 N·m de torque para trás?

(c) Se a demanda do torque para trás for de 11 N·m, qual será a maior pressão entre a banda e o tambor?

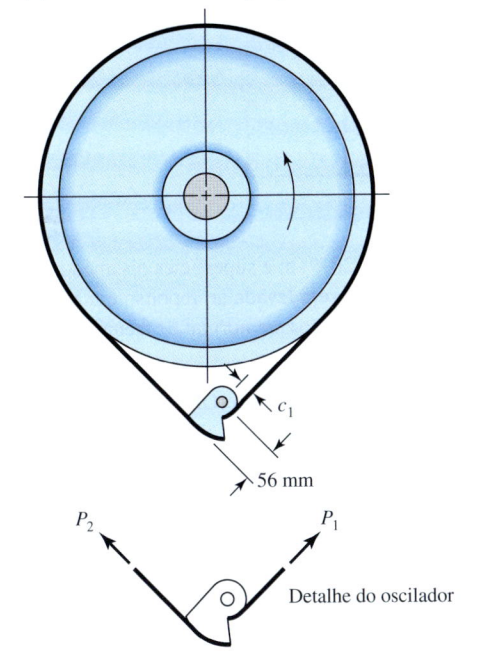

Problema 16–15

Detalhe do oscilador

16–16 Uma embreagem de placa (prato) tem um único par de superfícies acoplantes em atrito de 250 mm de diâmetro externo (OD) por 175 mm de diâmetro interno (ID). O valor médio do coeficiente de atrito é de 0,30 e a força de acionamento é de 4 kN.

(a) Encontre a pressão máxima e a capacidade de torque usando o modelo de desgaste uniforme.

(b) Encontre a pressão máxima e a capacidade de torque usando o modelo de pressão uniforme.

16–17 Uma embreagem de placa (prato) de múltiplos discos, operada hidraulicamente, tem um diâmetro externo efetivo de disco de 165 mm e um diâmetro interno de 100 mm. O coeficiente de atrito é de 0,24 e a pressão limitante é de 830 kPa. Existem seis planos de deslizamento presentes.

(a) Usando o modelo de desgaste uniforme, calcule a força axial limitante F e o torque T.

(b) Seja o diâmetro mais interno dos pares de atrito d uma variável. Complete a seguinte tabela:

d, in	50	75	100	125	150
T, N·m					

(c) O que a tabela mostra?

16–18 Observe novamente o Problema 16–17.

(a) Mostre como o diâmetro ótimo d^* está relacionado ao diâmetro externo D.

(b) Qual é o diâmetro interno ótimo?

(c) O que a tabulação mostra acerca do máximo?

(d) Proporções comuns para tais embreagens de placa situam-se no intervalo $0{,}45 \leq d/D \leq 0{,}80$. É útil o resultado da parte a?

16–19 Uma embreagem cônica tem $D = 330$ mm, $d = 306$ mm, um comprimento de cone de 60 mm e um coeficiente de atrito de 0,26. Um torque de 200 N·m deve ser transmitido. Para este requisito, estime a força de acionamento a máxima pressão para ambos os modelos.

16–20 Mostre que, no caso do freio de pinça, os gráficos de $T/(fFD)$ versus d/D são os mesmos que os das Equações (b) e (c) da Seção 16–5.

16–21 Uma embreagem de dois dentes possui as dimensões mostradas na figura e é construída de aço dúctil. A embreagem foi projetada para transmitir 2 kW a 500 rev/min. Encontre as tensões de sustentação e cisalhamento na chaveta e nos dentes.

Problema 16–21
Dimensões em milímetros.

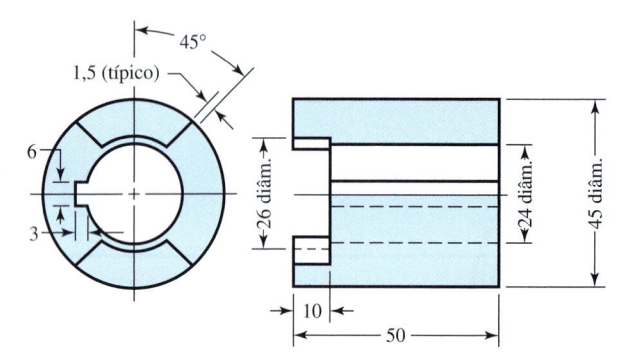

16–22 Um freio tem um torque de frenagem normal de 320 N·m e superfícies dissipadoras de calor em ferro fundido cuja massa é de 18 kg. Suponha que uma carga seja levada ao repouso em 8,3 segundos, a partir de uma velocidade angular inicial de 1 800 rev/min, usando o torque normal de frenagem; calcule a elevação de temperatura das superfícies de dissipação de calor.

16–23 Um volante de ferro fundido tem um aro cujo diâmetro externo (OD) é de 1,5 m e cujo diâmetro interno (ID) é de 1,4 m. O peso do volante deve ser tal que uma flutuação de energia de 6,75 J cause uma variação da velocidade angular de não mais que 240-260 rev/min. Calcule o coeficiente de flutuação de velocidade. Se o peso das nervuras é ignorado, qual deve ser a largura do aro?

16–24 Um prensa-peças de uma só engrenagem tem um curso de 200 mm e uma capacidade nominal de 320 kN. Um socador movido por camos é capaz de fornecer a carga completa de prensa à força constante durante os últimos 15% de um curso de velocidade constante. O eixo excêntrico tem uma velocidade média de 90 rev/min e é engrenado ao eixo de volante a uma razão de 6:1. O trabalho total feito deve incluir uma margem de 16% para atrito.

(a) Estime a flutuação máxima de energia.

(b) Encontre o peso do aro para um diâmetro efetivo de 1,2 m e um coeficiente de flutuação de velocidade de 0,10.

16–25 Usando os dados da Tabela 16–6, encontre o torque médio de saída e a inércia de volante requerida para um motor de três cilindros em linha correspondente a uma velocidade nominal de 2 400 rev/min. Use $C_s = 0,30$.

16–26 Quando uma inércia de armadura de motor, uma inércia de pinhão e um torque de motor residem em um eixo de motor, e uma inércia de engrenagem, uma inércia de carga e um torque de carga existem em um segundo eixo, é útil refletir (espelhar) todos os torques e inércias para um eixo, digamos, o eixo de armadura. Necessitamos algumas regras para essa reflexão. Considere o pinhão e a engrenagem como discos de raio primitivo.

- Um torque em um segundo eixo é refletido ao eixo motor como o torque de carga dividido pelo negativo da razão de redução.
- Uma inércia em um segundo eixo é refletida para o eixo motor como sua inércia dividida pela razão de redução quadrada.
- A inércia de uma engrenagem de disco no segundo eixo engrenada a um pinhão de disco no eixo motor é refletida ao eixo do pinhão como a inércia do *pinhão* multiplicada pela razão de redução quadrada.

(a) Verifique as três regras.

(b) Usando as regras, reduza o sistema de dois eixos na figura a um equivalente espeto de churrasco do eixo motor. Corretamente feito, a resposta dinâmica do espeto de churrasco e do sistema real serão idênticas.

(c) Para uma razão de redução de $n = 10$, compare as inércias do espeto de churrasco.

16–27 Aplique as regras do Problema 16–26 ao sistema de três eixos mostrado na figura para criar um espeto de churrasco do eixo motor.

(a) Mostre que a inércia equivalente I_e é dada por

$$I_e = I_M + I_P + n^2 I_P + \frac{I_P}{n^2} + \frac{m^2 I_P}{n^2} + \frac{I_L}{m^2 n^2}$$

(b) Se a redução global de engrenamento R é uma constante nm, mostre que a inércia equivalente se torna

$$I_e = I_M + I_P + n^2 I_P + \frac{I_P}{n^2} + \frac{R^2 I_P}{n^4} + \frac{I_L}{R^2}$$

(c) Se o problema é minimizar a inércia do trem de engrenagem, encontre as razões n e m para os valores de $I_p = 1, I_M = 10, I_L = 100$ e $R = 10$.

Problema 16–26
Dimensões em milímetros.

(a)

(b) Equivalente espeto de churrasco

Problema 16–27

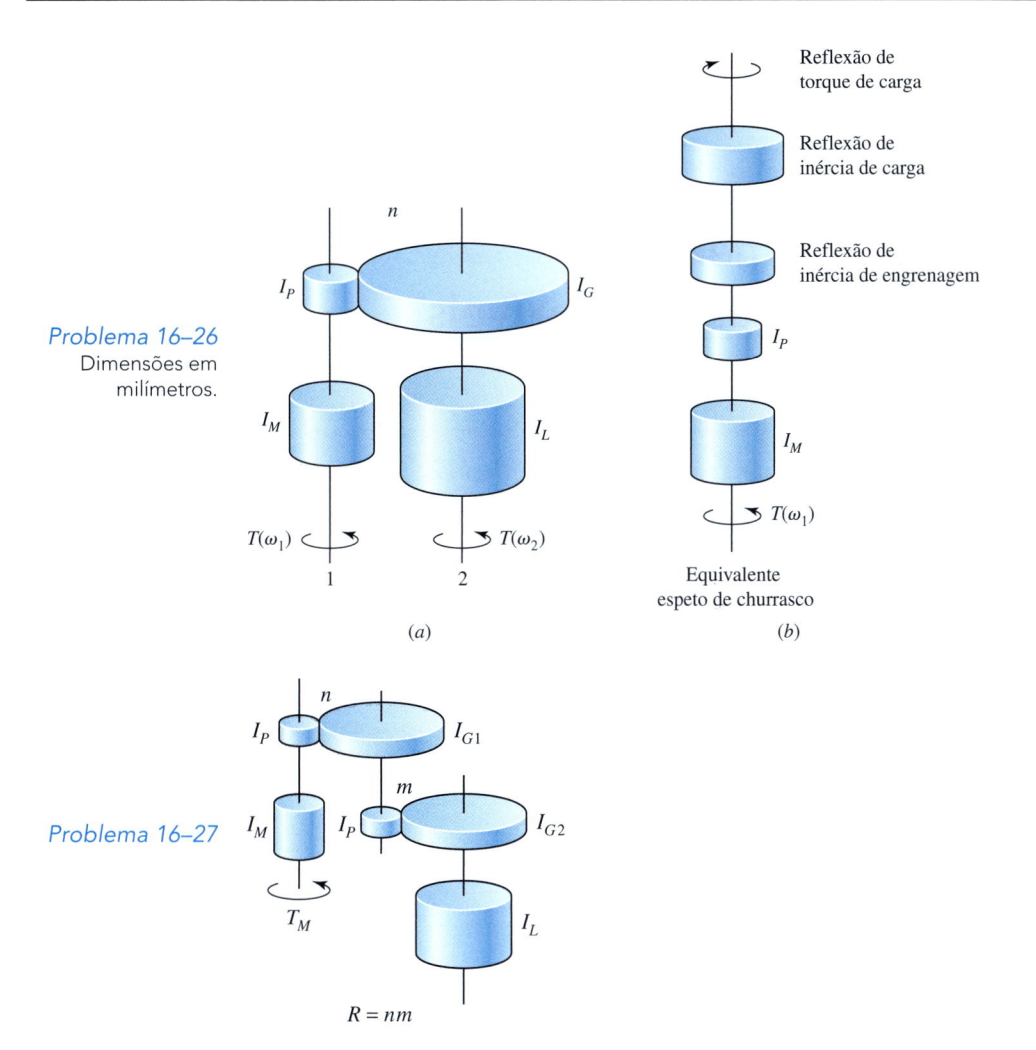

$R = nm$

16–28 Para as condições do Problema 16–27, faça um gráfico da inércia equivalente I_e como ordenada e a razão de redução n como abscissa no intervalo $1 \le n \le 10$. Como a inércia mínima se compara à inércia de único passo?

16–29 Uma prensa de punção engrenada 10:1 deve desenvolver seis golpes por minuto, sob circunstâncias em que o torque no eixo de manivela é de 1 800 N·m por $\frac{1}{2}$ s. A placa do motor informa 2 200 W a 1125 rev/min para serviço contínuo. Projete um volante satisfatório para uso no eixo do motor a ponto de especificar o material e diâmetros interno e externo de aro, bem como sua largura. À medida que você prepara suas especificações, observe ω_{max}, ω_{min}, o coeficiente de flutuação de velocidade C_s, a transferência de energia e a potência de pico Σ que o volante transmite à pressão de punção. Observe a potência e as condições de choque impostas no trem de engrenagens tendo em vista que o volante está no eixo do motor.

16–30 A prensa de punção do Problema 16–29 necessita um volante para serviço no eixo de manivela da prensa de punção. Projete um volante satisfatório que especifique o material, os diâmetros interno e externo de aro e a largura. Observe os valores de ω_{max}, ω_{min}, C_s, transferência de energia e potência de pico que o volante transmite à pensa de punção. Qual é a potência de pico vista no trem de engrenagem? Que potência e condições de choque o trem de engrenagens deve transmitir?

16–31 Compare os projetos resultantes das tarefas assinaladas nos Problemas 16–29 e 16–30. O que você aprendeu? Que recomendações você daria?

17 Elementos mecânicos flexíveis

17-1 Correias 863

17-2 Transmissões por correias planas e redondas 867

17-3 Correias em V 883

17-4 Correias de sincronização 891

17-5 Corrente de roletes 892

17-6 Cabos de aço 901

17-7 Eixos flexíveis 911

Correias, cabos, correntes e outros similares elásticos ou elementos de máquinas flexíveis são utilizados em sistemas de transporte e na transmissão de potência sobre distâncias comparativamente grandes. Frequentemente se empregam esses elementos como substitutos de engrenagens, eixos, mancais ou outros dispositivos relativamente rígidos de transmissão de potência. Em muitos casos, seu uso simplifica o projeto de uma máquina e reduz o custo substancialmente.

Além disso, uma vez que esses elementos são elásticos e usualmente bastante compridos, desempenham um papel bastante importante em absorver cargas de choque e em amortecer e isolar os efeitos de vibração. Essa é uma vantagem importante no que concerne à vida de máquinas.

A maior parte dos elementos flexíveis não possui uma vida infinita. Quando eles são utilizados, é importante estabelecer um cronograma de inspeção para salvaguardar contra o desgaste, envelhecimento e perda de elasticidade. Esses elementos devem ser trocados ao primeiro sinal de deterioração.

17-1 Correias

Os quatro tipos principais de correias são mostrados, com algumas das suas características, na Tabela 17-1. *Polias abauladas* são utilizadas para correias planas, e polias ranhuradas, *ou roldadas*, para correias redondas e em V. Correias sincronizadoras requerem rodas dentadas (ou denteadas). Em todos os casos, os eixos de polia devem ser separados por certa distância mínima, dependente do tipo de correia e tamanho, para operar apropriadamente. Outras características de correias são:

- Podem ser utilizadas para grandes distâncias entre centros.
- À exceção das correias sincronizadoras, pode ocorrer algum escorregamento e fluência, de modo que a razão da velocidade angular entre os eixos motor e movido não é nem constante nem exatamente igual à razão de diâmetros entre polias.
- Em alguns casos, uma polia intermediária ou polia de tração pode ser utilizada para evitar ajustes de distância entre centros que se fazem necessários, normalmente, por causa da idade ou instalação de novas correias.

A Figura 17-1 ilustra a geometria de transmissões de correias planas, abertas e fechadas. Para uma correia plana com esta transmissão, a tração da correia é tal que o afundamento ou abaixamento é visível na Figura 17-2a, quando a correia está em movimento. Embora o topo da correia seja o lado bambo, preferido para esse tipo de correia, para outros tipos tanto o lado superior quanto o inferior podem ser usados, uma vez que a tração instalada é geralmente maior.

Dois tipos de transmissões reversíveis são mostrados na Figura 17-2. Observe que ambos os lados contatam as polias conduzida e condutora nas Figuras 17-2b e 17-2c, assim, essas transmissões não podem ser utilizadas com correias em V ou correias sincronizadoras.

Tabela 17-1 Características de alguns tipos comuns de correia. As figuras representam as seções transversais, à exceção da correia sincronizadora, que mostra uma vista lateral.

Tipo de correia	Figura	Junta	Intervalo de tamanho	Distância entre centros
Plana		Sim	$t = \begin{cases} 0{,}03 \text{ a } 0{,}20 \text{ in} \\ 0{,}75 \text{ a } 5 \text{ mm} \end{cases}$	Sem limite superior
Redonda		Sim	$d = \frac{1}{8}$ a $\frac{3}{4}$ in	Sem limite superior
V		Nenhuma	$b = \begin{cases} 0{,}31 \text{ a } 0{,}91 \text{ in} \\ 8 \text{ a } 19 \text{ mm} \end{cases}$	Limitada
Sincronizadora		Nenhuma	$p = 2$ mm ou acima	Limitada

$$\theta_d = \pi - 2\,\text{sen}^{-1}\frac{D-d}{2C}$$

$$\theta_D = \pi + 2\,\text{sen}^{-1}\frac{D-d}{2C}$$

$$L = \sqrt{4C^2 - (D-d)^2} + \tfrac{1}{2}(D\theta_D + d\theta_d)$$

(a)

$$\theta = \pi + 2\,\text{sen}^{-1}\frac{D+d}{2C}$$

$$L = \sqrt{4C^2 - (D+d)^2} + \tfrac{1}{2}(D+d)\theta$$

(b)

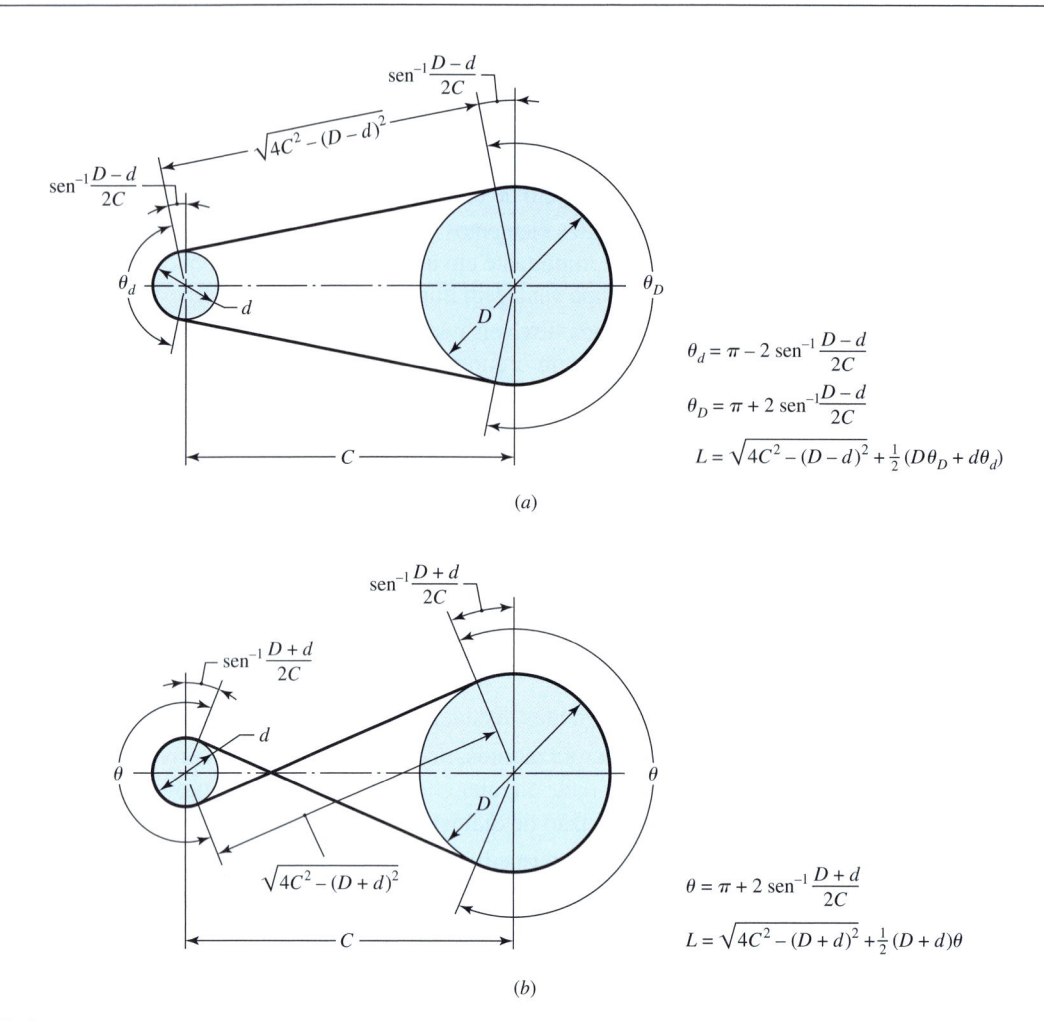

Figura 17–1 Geometria de correia plana.

Motora

(a) (b)

(c)

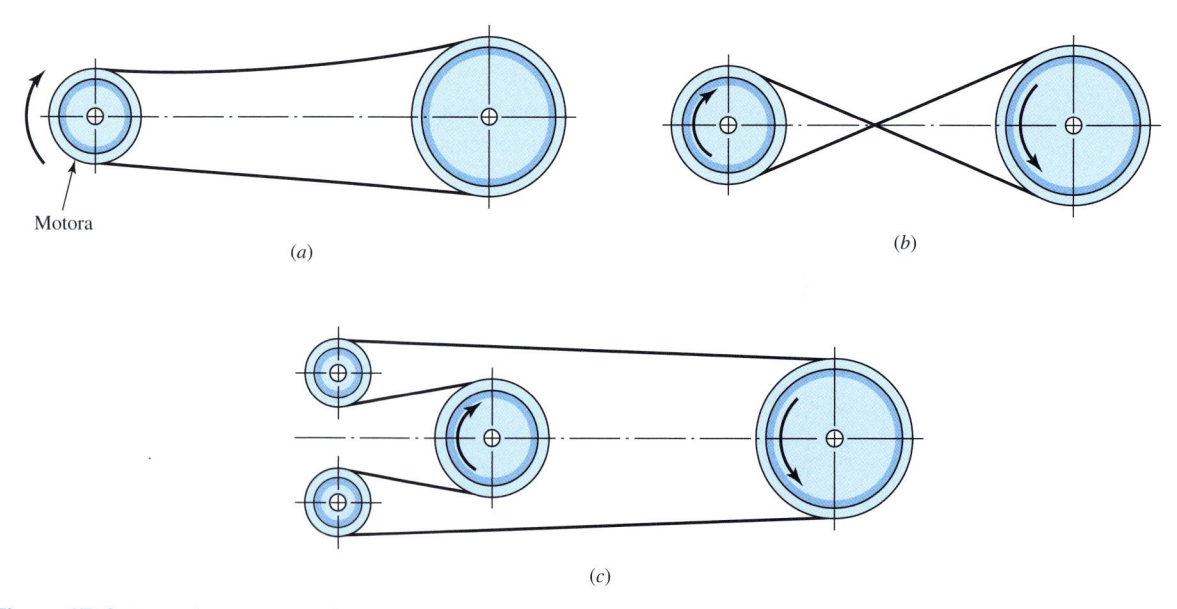

Figura 17–2 Transmissões por correias com e sem reversão. (*a*) Correia aberta sem reversão. (*b*) Correia cruzada com reversão. Correias cruzadas devem ser separadas para evitar roçamento quando materiais de alto atrito são utilizados. (*c*) Transmissão por correia aberta com reversão.

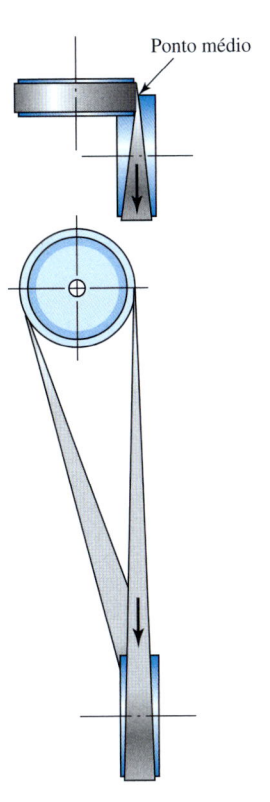

Figura 17–3 Transmissão por correia com torção de um quarto; uma polia-guia intermediária deve ser utilizada quando o movimento ocorre em ambas as direções.

A Figura 17–3 mostra uma transmissão por correia plana com polias de fora-de-plano. Os eixos não necessitam estar em ângulos retos, como neste caso. Observe a vista superior do acionamento na Figura 17–3. As polias devem ser posicionadas de modo que a correia deixe cada polia no plano médio da face da outra polia. Outros arranjos podem requerer o uso de polias-guia para atingir essa condição.

Uma outra vantagem das correias planas é mostrada na Figura 17–4, em que ação de acoplamento pode ser obtida mudando a correia de uma polia bamba para uma tensa ou uma polia movida.

A Figura 17–5 mostra duas transmissões de velocidade variável. A transmissão na Figura 17–5a é utilizada comumente apenas para correias planas. A transmissão da Figura 17–5b pode ser utilizada também para correias em V e correias redondas usando roldanas ranhuradas.

Correias planas são feitas com uretano e também de tecido impregnado de borracha reforçado com fio de aço ou cordas de náilon para absorver a carga de tração. Uma ou ambas as superfícies podem ter um revestimento superficial de atrito. Correias planas são silenciosas, eficientes em altas velocidades e podem transmitir grandes quantidades de potência entre centros a grandes distâncias. Geralmente, são compradas em rolos, cortadas e as extremidades juntas utilizando sortimento especial fornecido pelo fabricante. Duas ou mais correias planas rodando lado a lado, em lugar de uma só correia larga, são frequentemente utilizadas em sistemas de transporte por esteira.

Uma correia em V é feita de tecido ou corda, usualmente algodão, raiom ou náilon e impregnada com borracha. Contrastando com as correias planas, correias em V são utilizadas com roldanas similares e com distâncias entre centros mais curtas. São ligeiramente menos eficientes que correias planas, porém um número delas pode ser utilizado em uma única roldana, perfazendo assim um acionamento múltiplo. Correias em V são fabricadas apenas em certos comprimentos e não possuem juntas.

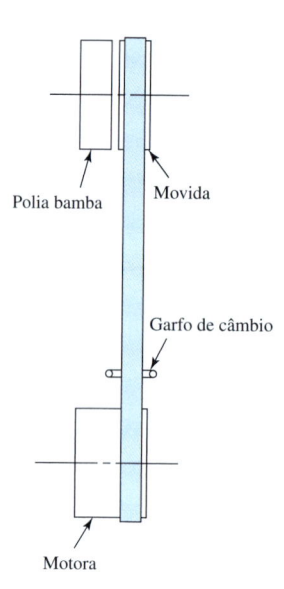

Figura 17–4 Esta transmissão elimina a necessidade de uma embreagem. Correias planas podem ser alteradas para a esquerda ou direita com o uso de um garfo.

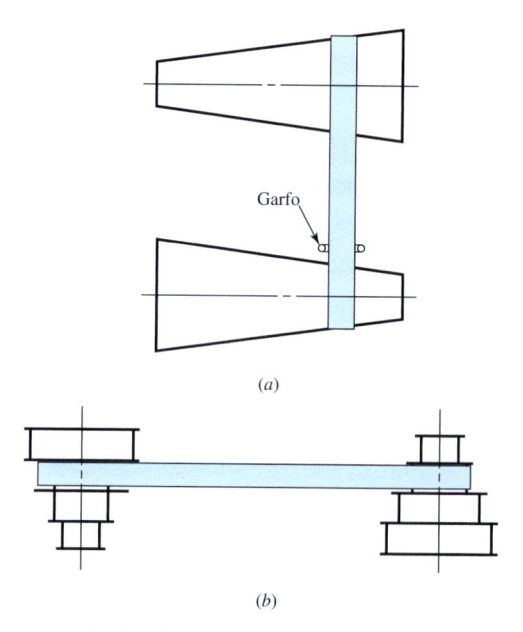

Figura 17–5 Transmissões por correia de velocidade variável.

Correias sincronizadoras são feitas de tecido emborrachado e fio de aço, possuindo dentes que se encaixam em ranhuras cortadas na periferia das rodas dentadas. A correia sincronizadora não alonga ou escorrega e, consequentemente, transmite potência a uma razão de velocidade angular constante. O fato de a correia ser dentada proporciona várias vantagens sobre as correias ordinárias. Uma dessas é que nenhuma tração inicial, pré-tração, é necessária, assim, transmissões de centros fixos podem ser utilizadas.

Uma outra é a eliminação da restrição sobre velocidades; os dentes tornam possível operar praticamente em qualquer velocidade, lenta ou rápida. As desvantagens incluem o custo inicial da correia, a necessidade de ranhurar as rodas dentadas e as flutuações dinâmicas apenas causadas pela frequência de engrazamento de dentes de correia.

17–2 Transmissões por correias planas e redondas

Transmissões modernas de correias planas consistem em um núcleo elástico forte circundado por um elastômero, e apresentam vantagens distintas sobre transmissões por engrenagens ou por correias em V. Uma transmissão por correia plana tem eficiência de cerca de 98%, aproximadamente a mesma que para uma transmissão por engrenagem. Por outro lado, a eficiência de uma transmissão por correia em V varia no intervalo de cerca de 70% a 96%[1]. Transmissões por correia plana produzem muito pouco ruído e absorvem mais vibração torcional do sistema que correias em V ou transmissões de engrenagem.

Quando uma transmissão de correia aberta (Figura 17–1a) é utilizada, os ângulos de contato resultam

$$\theta_d = \pi - 2\,\mathrm{sen}^{-1}\frac{D-d}{2C}$$

$$\theta_D = \pi + 2\,\mathrm{sen}^{-1}\frac{D-d}{2C} \qquad (17\text{–}1)$$

em que D = diâmetro da polia grande
   d = diâmetro da polia pequena
   C = distância entre centros
   θ = ângulo de contato

O comprimento da correia é determinado somando-se os comprimentos dos dois arcos com duas vezes a distância entre início e fim de contato. O resultado é

$$L = [4C^2 - (D-d)^2]^{1/2} + \frac{1}{2}(D\theta_D + d\theta_d) \qquad (17\text{–}2)$$

Um conjunto similar de equações pode ser derivado para a correia cruzada da Figura 17–2b. Para essa correia, o ângulo de abraçamento (ou envolvimento) é o mesmo para ambas as polias e vale

$$\theta = \pi + 2\,\mathrm{sen}^{-1}\frac{D+d}{2C} \qquad (17\text{–}3)$$

O comprimento da correia, para as correias cruzadas, é

$$L = [4C^2 - (D+d)^2]^{1/2} + \frac{1}{2}(D+d)\theta \qquad (17\text{–}4)$$

Firbank[2] explica a teoria de acionamento por correia plana da maneira que se segue. Uma mudança na tração da correia causada pelas forças de atrito entre a correia e a polia fará a correia alongar-se ou contrair-se e, portanto, mover-se relativamente à superfície da polia. Esse movimento é causado por *fluência elástica* e é associado com o atrito de deslizamento em oposição ao atrito estático. A ação na polia motora, através daquela porção do ângulo de contato que está realmente transmitindo potência, é tal que a correia se move mais vagarosamente que a velocidade da superfície da polia por causa da fluência elástica. O ângulo de contato é composto do *arco efetivo*, pelo qual potência é transmitida, e o *arco inativo (intermediário)*. Para a polia motora, primeiro a correia contata a polia com uma *tração do lado tenso* F_1 e uma

---

[1] A.W. Wallin, "Efficiency of synchronous belts and V-belts", *Proc. Nat. Conf. Power Transmission*, v. 5, Illinois Institute of Technology, 7-9 nov. 1978, p. 265-271.

[2] T. C. Firbank, *Mechanics of Flat Belt Drive*. ASME paper n. 72-PTG-21.

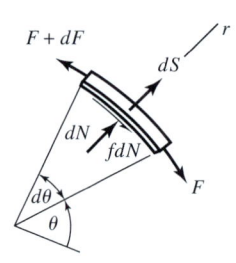

Figura 17–6 Corpo livre de um elemento infinitesimal de uma correia plana em contato com uma polia.

velocidade V_1, que é a mesma que a velocidade superficial da polia. A correia passa então pelo arco inativo sem qualquer mudança em F_1 ou V_1. Aí começa o contato com deslizamento ou fluência, e a tração da correia muda de acordo com as forças de atrito. Ao final do arco efetivo a correia deixa a polia com uma *tração do lado bambo* F_2 e uma velocidade reduzida V_2.

Firbank usou essa teoria para expressar a mecânica de transmissões por correia plana em forma matemática e verificou os resultados com experimentos. Suas observações incluem o fato de que substancialmente mais potência é transmitida por atrito estático do que por atrito de deslizamento. Ele também descobriu que o coeficiente de atrito para uma correia tendo um núcleo de náilon e superfície de couro era geralmente 0,70, porém este poderia ser aumentado para 0,90 empregando acabamentos superficiais especiais.

Nosso modelo admitirá que a força de atrito na correia é proporcional à pressão normal ao longo do arco de contato. Procuramos primeiro uma relação entre a tração no lado tenso e a tensão no lado bambo, similar àquela de freios de cinta, porém incorporando as consequências do movimento, isto é, tração centrífuga na correia. Na Figura 17–6 vemos um corpo livre de um pequeno segmento da correia. A força diferencial dS é causada pela força centrífuga, dN é a força normal entre a correia e a polia e $f\,dN$ é a tração por cisalhamento causada pelo atrito no ponto de deslizamento. A largura da correia é b e a espessura é m. A massa da correia por unidade de comprimento é dS. A força centrífuga pode ser expressa como

$$dS = (mr\,d\theta)r\omega^2 = mr^2\omega^2\,d\theta = mV^2\,d\theta = F_c\,d\theta \tag{a}$$

em que V é a velocidade da correia. Somando as forças radialmente, produz

$$\sum F_r = -(F+dF)\frac{d\theta}{2} - F\frac{d\theta}{2} + dN + dS = 0$$

Ignorando o termo de ordem maior, temos

$$dN = F\,d\theta - dS \tag{b}$$

Somando as forças tangencialmente, produz

$$\sum F_t = -f\,dN - F + (F+dF) = 0$$

do qual, incorporando as Equações (a) e (b), obtemos

$$dF = f\,dN = fF\,d\theta - f\,dS = fF\,d\theta - fmr^2\omega^2\,d\theta$$

ou

$$\frac{dF}{d\theta} - fF = -fmr^2\omega^2 \tag{c}$$

A solução para essa equação diferencial linear de primeira ordem, não homogênea, é

$$F = A \exp(f\theta) + mr^2\omega^2 \tag{d}$$

em que A é uma constante arbitrária. Supondo que θ comece no lado bambo, a condição de contorno de que F em $\theta = 0$ iguala F_2 dá $A = F_2 - mr^2\omega^2$. A solução é

$$F = (F_2 - mr^2\omega^2)\exp(f\theta) + mr^2\omega^2 \tag{17-5}$$

Ao final do ângulo de abraçamento ϕ, o lado tenso,

$$F|_{\theta=\phi} = F_1 = (F_2 - mr^2\omega^2)\exp(f\phi) + mr^2\omega^2 \tag{17-6}$$

Agora podemos escrever

$$\frac{F_1 - mr^2\omega^2}{F_2 - mr^2\omega^2} = \frac{F_1}{F_2} \frac{F_c}{F_c} = \exp(f\phi) \tag{17-7}$$

sendo que, da Equação (a), $F_c = mr^2\omega^2$. É útil também observar que a Equação (17-7) pode ser escrita como

$$F_1 - F_2 = (F_1 - F_c)\frac{\exp(f\phi) - 1}{\exp(f\phi)} \tag{17-8}$$

Agora, F_c é determinado como se segue: sendo n a velocidade rotacional, em rev/min da polia de diâmetro d, em polegadas, a velocidade da correia é

$$V = \pi\, dn/12 \qquad \text{ft/min}$$

O peso w de um pé de correia é dado em termos da densidade em peso γ em N/m³, $w = \gamma bt$ N/m, sendo que b e t estão em polegadas. F_c é escrita como

$$F_c = \frac{w}{g}\left(\frac{V}{60}\right)^2 = \frac{w}{32,17}\left(\frac{V}{60}\right)^2 \tag{e}$$

A Figura 17-7 mostra o diagrama de corpo livre de uma polia e parte da correia. A tração do lado esticado F_1 e a tração do lado bambo F_2 têm as seguintes componentes aditivas:

$$F_1 = F_i + F_c + \Delta F/2 = F_i + F_c + T/d \tag{f}$$

$$F_2 = F_i + F_c - \Delta F/2 = F_i + F_c - T/d \tag{g}$$

em que F_i = tração inicial

F_c = tração circunferencial causada pela força centrífuga

$\Delta F/2$ = tração causada pelo torque transmitido

d = diâmetro da polia

A diferença entre F_1 e F_2 é relacionada ao torque na polia. Subtraindo a Equação (g) da Equação (f), resulta

$$F_1 - F_2 = \frac{2T}{d} \tag{h}$$

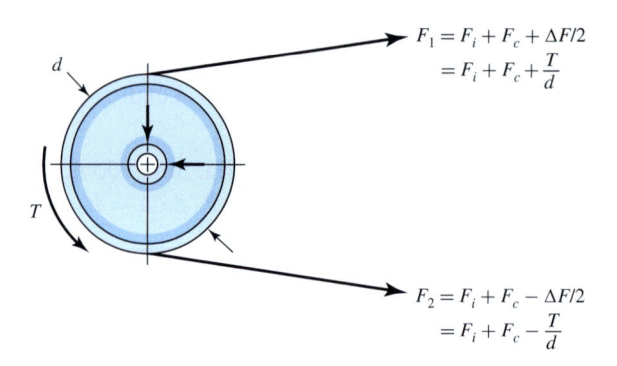

Figura 17–7 Forças e torques em uma polia.

$$F_1 = F_i + F_c + \Delta F/2 = F_i + F_c + \frac{T}{d}$$

$$F_2 = F_i + F_c - \Delta F/2 = F_i + F_c - \frac{T}{d}$$

Adicionando as Equações (*f*) e (*g*), produz

$$F_1 + F_2 = 2F_i + 2F_c$$

do qual

$$F_i = \frac{F_1 + F_2}{2} - F_c \qquad (i)$$

Dividindo a Equação (*i*) pela Equação (*h*), manipulando e utilizando a Equação (17–7), nos dá

$$\frac{F_i}{T/d} = \frac{(F_1 + F_2)/2 - F_c}{(F_1 - F_2)/2} = \frac{F_1 + F_2 - 2F_c}{F_1 - F_2} = \frac{(F_1 - F_c) + (F_2 - F_c)}{(F_1 - F_c) - (F_2 - F_c)}$$

$$= \frac{(F_1 - F_c)/(F_2 - F_c) + 1}{(F_1 - F_c)/(F_2 - F_c) - 1} = \frac{\exp(f\phi) + 1}{\exp(f\phi) - 1}$$

do qual

$$F_i = \frac{T}{d} \frac{\exp(f\phi) + 1}{\exp(f\phi) - 1} \qquad (17\text{–}9)$$

A Equação (17–9) nos dá uma introspecção fundamental sobre correias planas. Se F_i é igual a zero, então T iguala zero: nenhuma tração inicial, nenhum torque transmitido. O torque é proporcional à tração inicial. Isso significa que se há uma transmissão satisfatória por correia plana, a tração inicial deve ser (1) provida, (2) sustentada, (3) na quantidade apropriada, e (4) mantida por meio de inspeções de rotina.

Da Equação (*f*), incorporando a Equação (17–9), temos

$$F_1 = F_i + F_c + \frac{T}{d} = F_c + F_i + F_i \frac{\exp(f\phi) - 1}{\exp(f\phi) + 1}$$

$$= F_c + \frac{F_i[\exp(f\phi) + 1] + F_i[\exp(f\phi) - 1]}{\exp(f\phi) + 1}$$

$$F_1 = F_c + F_i \frac{2\exp(f\phi)}{\exp(f\phi) + 1} \qquad (17\text{–}10)$$

Da Equação (*e*), incorporando a Equação (17–9), resulta

$$F_2 = F_i + F_c - \frac{T}{d} = F_c + F_i - F_i \frac{\exp(f\phi) - 1}{\exp(f\phi) + 1}$$

$$= F_c + \frac{F_i[\exp(f\phi) + 1] - F_i[\exp(f\phi) - 1]}{\exp(f\phi) + 1}$$

$$F_2 = F_c + F_i \frac{2}{\exp(f\phi) + 1} \qquad (17\text{–}11)$$

A Equação (17–7) é chamada de *equação de ação de correia*, porém as Equações (17–9), (17–10) e (17–11) revelam como as correias funcionam. Traçamos o gráfico das Equações (17–10) e (17–11), como mostra a Figura 17–8 contra F_i como abscissa. A tração inicial precisa ser suficiente, de modo que a diferença entre a curva de F_1 e a curva de F_2 seja $2T/d$. Sem qualquer torque transmitido, a tração mínima possível na correia é $F_1 = F_2 = F_c$.

A potência transmitida em cavalos é dada por

$$H = \frac{(F_1 - F_2)V}{33\,000} \qquad (i)$$

onde as forças são em lbf e V está em ft/min. Os fabricantes fornecem especificações para suas correias que incluem a tração admissível F_a (ou tensão σ_{adm}); a tração é expressa em unidades de força por unidade de largura. A vida das correias é geralmente de vários anos. A severidade do flexionamento na polia e seu efeito na vida da correia são refletidos em um fator de correção de polia C_p. Velocidade em excesso a 3 m/s e seu efeito na vida da correia são refletidos em um fator de correção de velocidade C_v. Para correias de poliamida e uretano utilize $C_v = 1$. Para correias de couro, ver Figura 17–9. Um fator de serviço K_s é utilizado para afastamen-

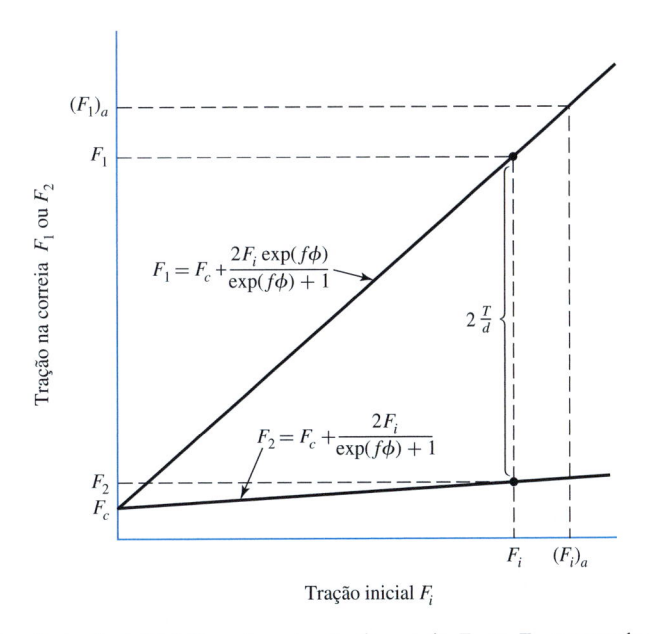

Figura 17–8 Gráfico da tração inicial F_i contra a tração de correia F_1 ou F_2, mostrando a intersecção F_c, as equações das curvas e onde $2T/d$ pode ser encontrado.

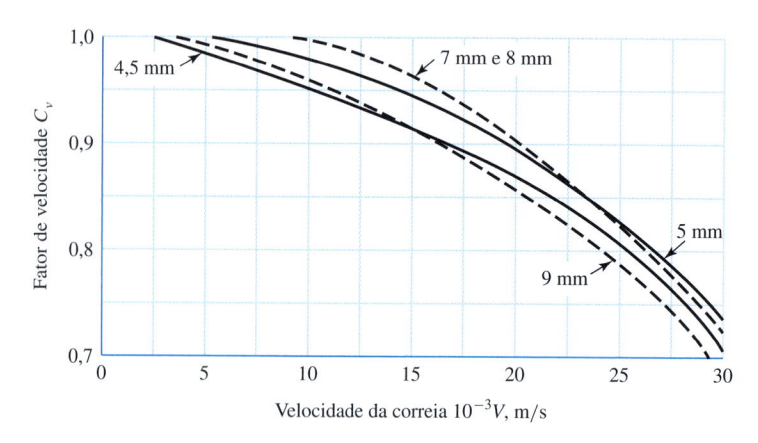

Figura 17–9 Fator de correção da velocidade C_v, para correias de couro de várias espessuras. *Fonte: Machinery's Handbook*, 20ª ed., Industrial Press, Nova York, 1976, p. 1047.

tos da carga em relação ao valor nominal, aplicado à potência nominal como $H_d = H_{nom}K_s n_d$, em que n_d é o fator de projeto para as exigências. Esses efeitos são incorporados a seguir:

$$(F_1)_a = bF_a C_p C_v \qquad (17\text{–}12)$$

em que $(F_1)_a$ = máxima tração admissível ou permissível, N
b = largura da correia, mm
F_a = tração admitida ou permitida pelo fabricante, N/mm
C_p = fator de correção de polia (Tabela 17–4)
C_v = fator de correção de velocidade

Os passos de análise de uma transmissão por correia plana podem incluir (ver Exemplo 10–1):

1. Encontrar $(f\phi)$ por meio da geometria do acionamento por correia e atrito.
2. Por meio da geometria da correia e velocidade, encontrar F_c.
3. Por meio de $T = 63\,025\, H_{nom}K_s n_d/n$, encontrar o torque necessário.
4. Por meio do torque T, encontrar a tração necessária $(F_1)_a - F_2 = 2T/d$.
5. Das Tabelas 17–2 e 17–4 e da Equação (17–12), determine $(F_1)a$.
6. Encontrar F_2 por meio de $(F_1)_a - [(F_1)_a - F_2]$.
7. Por meio da Equação (*i*), encontrar a tração inicial necessária F_i.
8. Verificar o desenvolvimento do atrito, $f' < f$. Use a Equação (17–7) resolvida para f':

$$f' = \frac{1}{\phi} \ln \frac{(F_1)_a - F_c}{F_2 - F_c}$$

9. Encontrar o fator de segurança.

Infelizmente muitos dos dados disponíveis sobre correias provêm de fontes nas quais esses são apresentados de maneira muito simplista. Essas fontes utilizam uma variedade de cartas, monografias e tabelas que habilitam alguém que não conhece absolutamente nada sobre correias a aplicá-las. Pouco cálculo é requerido de tal pessoa para obter resultados válidos. Uma vez que, em muitos casos está faltando um entendimento básico do processo, não há maneira de esta pessoa poder variar os passos no processo para obter um projeto melhor.

Incorporar os dados disponíveis de transmissão por correia em um projeto que dê um bom entendimento da mecânica de correias envolve certos ajustes nos dados. Por causa disso, os resultados da análise apresentada aqui não corresponderão exatamente àqueles das fontes de onde foram obtidos.

Uma variedade moderada de materiais de correia, com algumas das suas propriedades, é listada na Tabela 17–2. Esses são suficientes para resolver um grande número de problemas de dimensionamento e análise. A equação de projeto a ser utilizada é a Equação (j).

Os valores dados na Tabela 17–2 para a tração permissível na correia baseiam-se em uma velocidade de correia de 3 m/s. Para velocidades maiores, utilize a Figura 17–9 para obter valores de C_v para correias de couro. Para correias de poliamida e uretano utilize, $C_v = 1.0$.

Os fatores de serviço K_s para transmissões por correias em V, dados na Tabela 17–15 na Seção 17–3, também são recomendados aqui para transmissões por correias planas e redondas.

Tamanhos mínimos de polia para as várias correias são listados nas Tabelas 17–2 e 17–3. O fator de correção de polia leva em conta a quantidade de flexão ou flexionamento da correia e como este afeta a vida da correia. Por essa razão ele é dependente do tamanho e do material da correia utilizada. Ver Tabela 17–4. Use $C_p = 1,0$ para correias de uretano.

Polias de correias planas devem ser abauladas para evitar que as correias escapem das polias. Se somente uma polia for abaulada, esta deve ser a polia maior. Ambas as polias devem ser abauladas sempre e quando os eixos de polia não estiverem em uma posição horizontal. Use a Tabela 17–5 para a altura de abaulamento.

Tabela 17–2 Propriedades de alguns materiais de correias planas e redondas. (diâmetro = d, espessura = t, largura = w).

Material	Especificação	Tamanho, mm	Diâmetro mínimo de polia, mm	Tração permissível por unidade de largura a 3 m/s, (10^3) N/m	Peso específico, kN/m³	Coeficiente de atrito
Couro	1 camada	$t = 4,5$	75	5	9,5–12,2	0,4
		$t = 5$	90	6	9,5–12,2	0,4
	2 camada	$t = 7$	115	7	9,5–12,2	0,4
		$t = 8$	150	9	9,5–12,2	0,4
		$t = 9$	230	10	9,5–12,2	0,4
Poliamida[b]	F–0[c]	$t = 0,8$	15	1,8	9,5	0,5
	F–1[c]	$t = 1,3$	25	6	9,5	0,5
	F–2[c]	$t = 1,8$	60	10	13,8	0,5
	A–2[c]	$t = 2,8$	60	10	10,0	0,8
	A–3[c]	$t = 3,3$	110	18	11,4	0,8
	A–4[c]	$t = 5,0$	240	30	10,6	0,8
	A–5[c]	$t = 6,4$	340	48	10,6	0,8
Uretano[d]	w = 12,7	$t = 1,6$	Ver	1,0[e]	10,3–12,2	0,7
	w = 19	$t = 2,0$	tabela	1,7[e]	10,3–12,2	0,7
	w = 32	$t = 2,3$	17–3	3,3[e]	10,3–12,2	0,7
	Redonda	$d = 6$	Ver	1,4[e]	10,3–12,2	0,7
		$d = 10$	tabela	3,3[e]	10,3–12,2	0,7
		$d = 12$	17–3	5,8[e]	10,3–12,2	0,7
		$d = 20$		13[e]	10,3–12,2	0,7

[a]Adicione 2 in ao tamanho da polia para correias de 8 in de largura ou mais.
[b]*Fonte: Habasit Engineering Manual*, Habasit Belting, Inc., Chamblee (Atlanta), Ga.
[c]Cobertura de atrito de borracha de acrilonitrilo-butadieno por ambos os lados.
[d]*Fonte:* Eagle Belting Co., Des Plaines, Ill.
[e]A alongamento de 6%; 12% é o valor permissível máximo.

Tabela 17–3 Tamanhos mínimos de polia para correias planas e redondas de uretano (os diâmetros de polia estão em mm).

Estilo de correia	Tamanho da correia, mm	Razão entre a velocidade da polia e o comprimento da correia, rev/(m·s)		
		Até 14	14 a 27	28 – 55
Plana	12,7 × 1,6	9,7	11,2	12,7
	19 × 2,0	12,7	16	19
	32 × 2,3	12,7	16	19
Redonda	6	38,1	44,5	50,8
	10	57,1	66,5	76,2
	12	76,2	88,9	101,6
	20	127	152	177,8

Fonte: Eagle Belting Co., Des Plaines, Ill

Tabela 17–4 Fator de correção de polia C_p para correias planas.*

Material		Diâmetro da polia pequena, mm					
		40 – 100	115 – 200	220 – 310	355 – 405	460 – 800	Mais de 800
Couro		0,5	0,6	0,7	0,8	0,9	1,0
Poliamida,	F–0	0,95	1,0	1,0	1,0	1,0	1,0
	F–1	0,70	0,92	0,95	1,0	1,0	1,0
	F–2	0,73	0,86	0,96	1,0	1,0	1,0
	A–2	0,73	0,86	0,96	1,0	1,0	1,0
	A–3	–	0,70	0,87	0,94	0,96	1,0
	A–4	–	–	0,71	0,80	0,85	0,92
	A–5	–	–	–	0,72	0,77	0,91

*Valores médios de C_p para os intervalos dados foram aproximados das curvas em *Habasit Engineering Manual*, Habasit Belting, Inc. Chamblee (Atlanta), Ga.

Tabela 17–5 Altura de abaulamento e diâmetros de polias ISO para correias planas.*

Diâmetro de polia ISO, mm	Altura de coroa, mm	Diâmetro de polia ISO, mm	Altura de coroa, in	
			w ≤ 250 mm	w > 250 mm
40, 50, 62	0,3	315, 355	0,75	0,75
70, 80	0,3	315, 355	1,0	1,0
90, 100, 115	0,3	570, 635, 710	1,3	1,3
125, 142	0,4	800, 900	1,3	1,5
160, 180	0,5	1015	1,3	1,5
200, 230	0,6	1 140, 1 270, 1 420	1,5	2,0
250, 285	0,75	1 600, 1 800, 2 030	1,8	2,5

*Coroa deve ser arredondada, não em ângulo; aspereza máxima é $R_a =$ AA 1500 μmm.

EXEMPLO 17-1 Uma correia plana A-3 de poliamida com 150 mm de largura é utilizada para transmitir 11 kW sob condição de choques leves em que $K_s = 1,25$, e um fator de segurança igual ou maior que 1,1 é apropriado. Os eixos de rotação das polias são paralelos e estão no plano horizontal. Os eixos distam de 2,4 m. A polia motora de 150 mm roda a 1 750 rev/min de tal forma que o lado bambo é o de cima. A polia movida tem diâmetro de 450 mm. Ver Figura 17-10. O fator de segurança deve referir-se a exigências não quantificáveis.

(a) Calcule a tração centrífuga F_c e o torque T.
(b) Calcule os valores permissíveis de F_1, F_2, F_i e da potência permissível H_a.
(c) Calcule o fator de segurança. Ele é satisfatório?

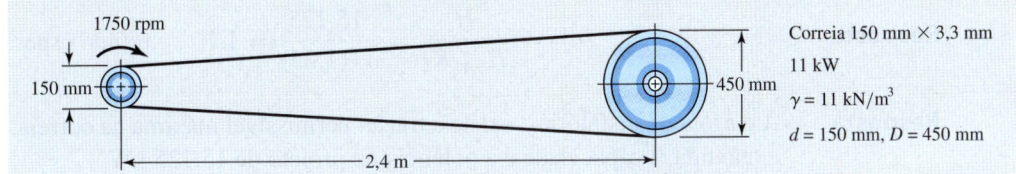

Figura 17-10 A transmissão por correia plana do Exemplo 17-1. (Desenho não está em escala)

Solução

(a) Equação (17-1):
$$\phi = \theta_d = \pi - 2\operatorname{sen}^{-1}\left[\frac{450-150}{2(2400)}\right] = 3{,}0165 \text{ rad}$$

$$\exp(f\phi) = \exp[0{,}8(3{,}0165)] = 11{,}17$$

$$V = \pi(0{,}15)1750/60 = 13{,}7 \text{ m/s}$$

Tabela 17-2: $w = \gamma bt = 11000(0{,}15)0{,}0033 = 5{,}4 \text{ N/m}$

Resposta Equação (e):
$$F_c = \frac{w}{g}V^2 = \frac{5{,}4}{9{,}81}(13{,}7)^2 = 103{,}3 \text{ N}$$

$$T = \frac{H_{nom}K_s n_d}{2\pi n} = \frac{1{,}25(1{,}1)11000}{2\pi 1750/60}$$

Resposta
$$= 82{,}5 \text{ N} \cdot \text{m}$$

(b) A diferença necessária $(F_1)_a - F_2$ para transmitir o torque T, da Equação (h), é

$$(F_1)_a - F_2 = \frac{2T}{d} = \frac{2(82)}{0{,}15} = 1093{,}3 \text{ N}$$

Da Tabela 17-2, $F_a = 18$ kN/m. Para correias de poliamida, $C_v = 1$, e da Tabela 17-4, $C_p = 0{,}70$. Da Equação (17-12), a tração permissível máxima na correia $(F_1)_a$ é

Resposta
$$(F_1)_a = bF_a C_p C_v = 0{,}15(18000)0{,}70(1) = 1890 \text{ N}$$

então

Resposta
$$F_2 = (F_1)_a - [(F_1)_a - F_2] = 1890 - 1093 = 796{,}7 \text{ N}$$

e da Equação (i)

$$F_i = \frac{(F_1)_a + F_2}{2} - F_c = \frac{1890 + 796{,}7}{2} - 103 = 1240{,}4 \text{ N}$$

Resposta A combinação de $(F_1)_a$, F_2 e F_i transmitirá a potência de projeto de $11(1,25)(1,1) = 15,125$ kW e protegerá a correia. Verificamos o desenvolvimento do atrito ao resolver a Equação (17–7) para f':

$$f' = \frac{1}{\phi} \ln \frac{(F_1)_a - F_c}{F_2 - F_c} = \frac{1}{3,0165} \ln \frac{1890 - 103}{797 - 103} = 0,314$$

Da Tabela 17–2, $f = 0,8$. Uma vez que $f' < f$, isto é, $0,314 < 0,80$, não há perigo de ocorrência de deslizamento.

(c)

Resposta
$$n_{fs} = \frac{H}{H_{\text{nom}} K_s} = \frac{15,125}{11(1,25)} = 1,1 \quad \text{(como esperado)}$$

Resposta A correia é satisfatória e existe a tração permissível máxima na correia. Se a tração inicial é mantida, a capacidade é a potência de projeto de 15,125 kW.

A tração inicial é a chave para o funcionamento da correia plana segundo o pretendido. Há maneiras de controlar a tração inicial. Uma consiste em colocar o motor e a polia motora em uma placa de montagem pivotada de modo que o peso do motor, da polia e da placa de montagem e uma parte do peso da correia induzam a tração inicial correta e a mantenha. Uma segunda maneira é a utilização de uma polia intermediária carregada por mola, ajustada à mesma tarefa. Ambos os métodos acomodam o estiramento temporário ou permanente da correia. Ver Figura 17–11.

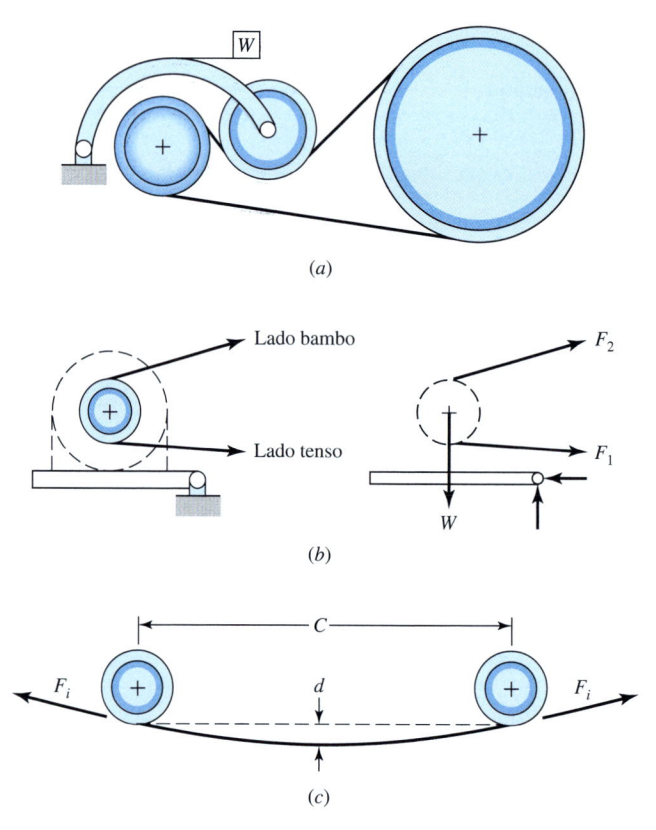

Figura 17–11 Esquemas de tracionamento de correias. (*a*) Polia intermediária pesada. (*b*) Montagem com motor pivotado. (*c*) Tração induzida por catenária.

Visto que as correias planas foram usadas para grandes distâncias entre centros, o peso da correia em si pode fornecer a tração inicial. A correia estática deflete a uma curva aproximadamente catenária, e a depressão de uma correia reta pode ser medida contra um fio de música estirado. Isso permite uma maneira de medir e ajustar a depressão. Com base na teoria de catenária, a depressão está relacionada à tração inicial por

$$dip = \frac{L^2 w}{8 F_i} \quad (17\text{-}13)$$

em que d = depressão, m
C = distância de centro a centro, m
w = peso por pé de correia, N/m
F_i = tração inicial, N

No Exemplo 17–1, a depressão correspondente a 1 240 N de tração inicial é

$$d = \frac{(2,4)^2 \, 5,4}{8(1\,240)} = 0,0031 \text{ m} = 3,1 \text{ mm}$$

Um conjunto de decisões para uma correia plana pode ser:

- Função: potência, velocidade, durabilidade, redução, fator de serviço, C.
- Fator de projeto: n_d.
- Manutenção da tração inicial.
- Material da correia.
- Geometria da transmissão, d, D.
- Espessura da correia: t.
- Largura da correia: b.

Dependendo do problema, algum ou todos os últimos quatro poderiam ser variáveis de projeto. A área de seção transversal da correia serve realmente à decisão de projeto, porém espessuras e larguras disponíveis de correia são escolhas discretas. As dimensões disponíveis são encontradas em catálogos de fornecedores.

EXEMPLO 17–2

Projete uma transmissão por correia plana para conectar eixos horizontais a 4,8 m entre centros. A razão de velocidade deve ser de 2,25:1. A velocidade angular da polia motora menor é de 860 rev/min, e a potência nominal transmitida deve ser de 44 760 W sob condição de choques bem leves.

Solução

- Função: H_{nom} = 44 760 W, 860 rev/min, razão 2,25:1, K_s = 1,15, C = 4,8 m.
- Fator de projeto: d_n = 1,05.
- Tração inicial a ser mantida: catenária.
- Material da correia: poliamida.
- Geometria da transmissão, d, D.
- Espessura da correia: t.
- Largura da correia: d.

Os últimos quatro itens poderiam ser variáveis de projeto. Tomemos primeiro mais algumas decisões.

Decisão d = 400 mm, D = 2,25d = 900 mm.

Decisão Utilize correia A-3 de poliamida; portanto, $t = 3{,}3$ mm e $C_v = 1$.
Agora há uma decisão de projeto restante a ser tomada, a largura de correia b.

Tabela 17–2: $\gamma = 11{,}4$ kN/m³ $f = 0{,}8$ $F_a = 18$ kN/m at 600 rev/min

Tabela 17–4: $C_p = 0{,}94$

Equação (17–12): $F_{1a} = b(18\,000)0{,}94(1) = 16\,920b$ N   (1)

$$H_d = H_{\text{nom}}K_s n_d = 44\,760(1{,}15)1{,}05 = 54\,048 \text{ W}$$

$$T = \frac{H_d}{2\pi n} = \frac{54\,048}{2\pi 860/60} = 600 \text{ N} \cdot \text{m}$$

Calcule $\exp(f\phi)$ para desenvolvimento de atrito completo:

Equação (17–1): $\phi = \theta_d = \pi - 2\,\text{sen}^{-1}\dfrac{900-400}{2(4\,800)} = 3{,}037$ rad

$$\exp(f\phi) = \exp[0{,}80(3{,}037)] = 11{,}35$$

Estime a tração centrífuga F_c em termos da largura da correia b:

$$w = \gamma b t = (11\,400)b(0{,}0033) = 37{,}6b \text{ N/m}$$

$$V = \pi d n = \pi(0{,}4)860/60 = 18 \text{ m/s}$$

Equação (e): $F_c = \dfrac{w}{g}V^2 = \dfrac{(37{,}6)b(18)^2}{9{,}81} = 1241{,}8b$ N   (2)

Para as condições de projeto, isto é, no nível de potência H_d, usando Equação (h) tem-se

$$(F_1)_a - F_2 = 2T/d = 2(600)/0{,}4 = 3000 \text{ N} \quad (3)$$

$$F_2 = (F_1)_a - [(F_1)_a - F_2] = 16\,920b - 3000 \text{ N} \quad (4)$$

Utilizando a Equação (i), resulta

$$F_i = \frac{(F_1)_a + F_2}{2} - F_c = \frac{16\,920b + 16\,920b - 3000}{2} - 1241{,}8b = 15\,678{,}2b - 1500 \text{ N}$$
(5)

Coloque o desenvolvimento de atrito em seu nível mais alto utilizando a Equação (17–7):

$$f\phi = \ln\frac{(F_1)_a - F_c}{F_2 - F_c} = \ln\frac{16\,920b - 1241{,}8b}{16\,920b - 3000 - 1241{,}8b} = \ln\frac{15\,678{,}2b}{15\,678{,}2b - 3000}$$

Resolvendo a equação anterior para a largura de correia b, para a qual o atrito está completamente desenvolvido, resulta

$$b = \frac{3000}{15\,678{,}2}\frac{\exp(f\phi)}{\exp(f\phi)-1} = \frac{3000}{15\,678{,}2}\frac{11{,}38}{11{,}38-1} = 0{,}210 \text{ m} = 210 \text{ mm}$$

Uma correia com largura maior que 210 mm desenvolverá atrito menor que $f = 0{,}80$. Dados do fabricante indicam que a próxima correia de largura maior é 250 mm.

Decisão Utilize uma correia de largura 250 mm.

Segue então que para uma correia de largura igual a 250 mm:

Equação (2): $\quad F_c = 1241{,}8(0{,}25) = 310\ \text{N}$

Equação (1): $\quad (F_1)_a = 16920(0{,}25) = 4230\ \text{N}$

Equação (4): $\quad F_2 = 4230 - 3000 = 1230\ \text{N}$

Equação (5): $\quad F_i = 15678{,}2(0{,}25) - 1500 = 2420\ \text{N}$

A potência transmitida, da Equação (3), é

$$H_t = [(F_1)_a - F_2]V = 3000(18) = 54000\ \text{W}$$

e o nível de desenvolvimento de atrito f', da Equação (17–7) é

$$f' = \frac{1}{\phi} \ln \frac{(F_1)_a - F_c}{F_2 - F_c} = \frac{1}{3{,}037} \ln \frac{4230 - 310}{1230 - 310} = 0{,}477$$

menor que $f = 0{,}8$, portanto satisfatório. Se houvesse uma largura de correia de 225 mm disponível, a análise mostraria que $(F_1)_a = 3807\ \text{N}$, $F_2 = 807\ \text{N}$, $F_i = 2028\ \text{N}$ e $f' = 0{,}63$. Com uma figura de mérito disponível refletindo custo, correias mais grossas (A-4 ou A-5) poderiam ser examinadas para determinar qual das alternativas satisfatórias é a melhor. Da Equação (17–13) a flecha de catenária é

$$d = \frac{L^2 w}{8 F_i} = \frac{4{,}8^2 (37{,}6)\, 0{,}25}{8(2420)} = 0{,}011\ \text{m} = 11\ \text{mm}$$

A Figura 17–12 ilustra a variação das trações em correias planas flexíveis em alguns pontos cardinais durante uma passagem da correia.

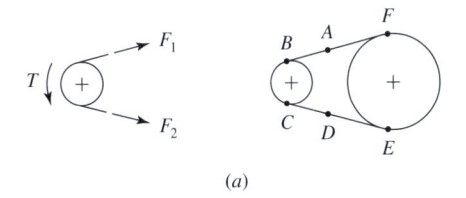

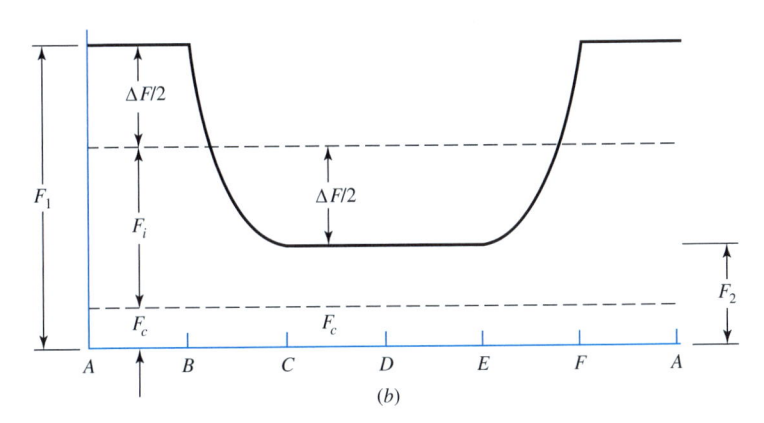

Figura 17–12 Trações em correias planas.

Correias planas de metal

Correias metálicas planas finas com suas resistências e estabilidade geométrica resultantes não poderiam ser fabricadas até que a soldagem a laser e a tecnologia de laminação fina tornassem possíveis correias tão finas quanto 0,05 mm de espessura e tão estreitas quanto 0,65 mm. A introdução de perfurações permite aplicações sem deslizamento. Correias de metal fino exibem:

- Alta razão de resistência contra peso.
- Estabilidade dimensional.
- Sincronia acurada.
- Uso a temperaturas de até 370°C.
- Boas propriedades condutoras tanto térmicas quanto elétricas.

Além disso, ligas de aço inoxidável oferecem correias "inertes", não absorventes, adequadas a meios hostis (corrosivos) e podem ser feitas estéreis a aplicações alimentares e farmacêuticas.

Correias metálicas finas podem ser classificadas como transmissões de atrito, de sincronismo ou de posicionamento ou transmissões de fita. Entre os acionamentos de atrito se encontram aqueles de correias simples, de correias de revestimento metálico e de correias perfuradas. Polias abauladas são utilizadas para compensar erros de pista.

A Figura 17–13 mostra uma correia metálica plana fina com tração no lado estirado F_1 e no lado bambo F_2. A relação entre F_1 e F_2 e o torque motor T é a mesma que na Equação (h). As Equações (17–9), (17–10) e (17–11) também se aplicam, com a tensão na braçadeira decorrente da força centrífuga usualmente negligenciada para cintas de metal muito finas. A máxima tração permissível, como na Equação (17–12), é mostrada em termos da tensão em correias metálicas. Uma tensão de flexão é criada ao fazer a correia se conformar à polia, e a magnitude da sua tração σ_b é dada por

$$\sigma_b = \frac{Et}{(1-\nu^2)D} = \frac{E}{(1-\nu^2)(D/t)} \qquad (17\text{–}14)$$

em que E = módulo de Young
t = espessura da correia
ν = coeficiente de Poisson
D = diâmetro da polia

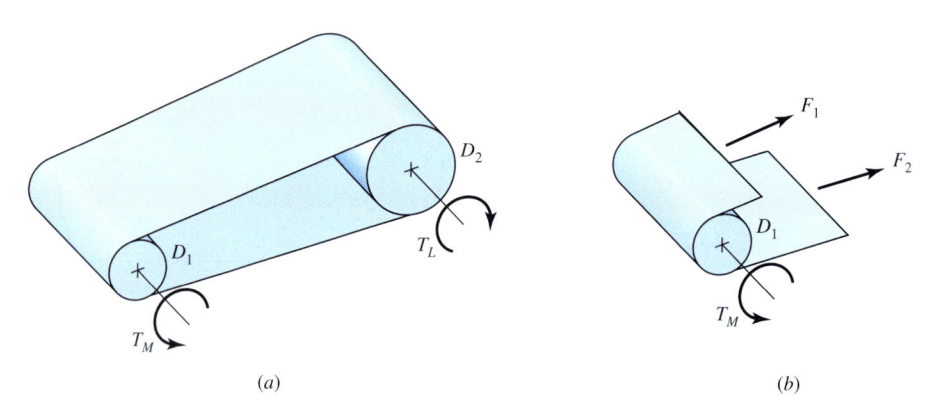

Figura 17–13 Trações e torques em correias metálicas.

As tensões de tração $(\sigma)_1$ e $(\sigma)_2$ impostas pelas trações de correia F_1 e F_2 são

$$(\sigma)_1 = F_1/(bt) \qquad \text{e} \qquad (\sigma)_2 = F_2/(bt)$$

A máxima tensão de tração é $(\sigma_b)_1 + F_1/(bt)$ e a mínima é $(\sigma_b)_2 + F_2/(bt)$. Durante uma volta da correia ambos os níveis de tensão aparecem.

Embora as correias tenham uma geometria simples, o método de Marin não é utilizado porque a condição da soldagem de topo (para formar o laço) não é conhecida acuradamente, e é difícil fazer o teste de amostras. As correias são ensaiadas até falhar, montadas em duas polias de mesmo tamanho. Informação concernente à vida de fadiga pode ser obtida na Tabela 17–6; as Tabelas 17–7 e 17–8 dão informação adicional.

A Tabela 17–6 mostra expectativas de vida de correias metálicas para uma correia de aço inoxidável. Da Equação (17–14), com $E = 190$ GPa e $\nu = 0{,}29$, as tensões de flexão correspondentes às quatro entradas da tabela são 337, 527, 633 e 1 054 MPa. Utilizar uma transformação de logaritmo natural sobre tensões e voltas da correia mostra que a linha de regressão ($r = -0{,}96$) é

$$\sigma = 14\,169\,982 N_p^{-0{,}407} = 14{,}17(10^6) N_p^{-0{,}407} \qquad (17\text{--}15)$$

em que N_p representa o número de voltas da correia.

Tabela 17–6 Vida de correias para transmissões de atrito de aço inoxidável.*

$\dfrac{D}{t}$	Voltas da correia
625	$\geq 10^6$
400	$0{,}500 \cdot 10^6$
333	$0{,}165 \cdot 10^6$
200	$0{,}085 \cdot 10^6$

*Dados por cortesia de Belt Technologies, Agawan, Mass.

Tabela 17–7 Diâmetro mínimo de polia.*

Espessura da correia, mm	Diâmetro mínimo da polia, mm
0,05	30
0,08	45
0,13	75
0,20	125
0,25	150
0,38	255
0,50	315
1,00	635

*Dados por cortesia de Belt Technologies, Agawan, Mass.

Tabela 17–8 Propriedades típicas dos materiais, correias de metal.*

Liga	Resistência de escoamento, MPa	Módulo de Young, GPa	Coeficiente de Poisson
301 ou 302 aço Inox	1206	193	0,285
BeCu	1170	117	0,220
1075 ou 1095 aço carbono	1585	207	0,287
Titânio	1034	103	—
Inconel	1103	207	0,284

*Dados por cortesia de Belt Technologies, Agawan, Mass.

A seleção de uma correia plana metálica pode consistir nos seguintes passos:

1. Encontrar $\exp(f\phi)$ por meio da geometria e atrito.
2. Encontrar a resistência à tração.

$$S_f = 14{,}17(10^6) N_p^{-0{,}407} \quad \text{301, 302 inox}$$

$$S_f = S_y/3 \quad \text{outros}$$

3. Tração permissível.

$$F_{1a} = \left[S_f - \frac{Et}{(1-\nu^2)D} \right] tb = ab$$

4. $\Delta F = 2T/D$
5. $F_2 = (F_1)_a - \Delta F = ab - \Delta F$
6. $F_i = \dfrac{(F_1)_a + F_2}{2} = \dfrac{ab + ab - \Delta F}{2} = ab - \dfrac{\Delta F}{2}$

7. $b_{\min} = \dfrac{\Delta F}{a} \dfrac{\exp(f\phi)}{\exp(f\phi) - 1}$

8. Escolher $b > b_{\min}$, $F_1 = ab$, $F_2 = ab - \Delta F$, $F_i = ab - \Delta F/2$, $T = \Delta F D/2$.

9. Verificar desenvolvimento do atrito.

$$f' = \frac{1}{\phi} \ln \frac{(F_1)_a}{F_2} \quad f' < f$$

EXEMPLO 17–3 Uma correia metálica de aço inoxidável de uma transmissão por atrito passa por duas polias metálicas de 100 mm ($f = 0{,}35$). A espessura da correia deve ser de 0,08 mm. Para uma vida excedendo 10^6 voltas com torque suave ($K_s = 1$), (a) selecione a correia se o torque deve ser de 3,5 N·m e, (b) encontre a tração inicial F_i.

Solução (a) Do passo 1, $\phi = \theta_d = \pi$, e portanto $\exp(0{,}35\pi) = 3{,}00$. Do passo 2

$$(S_f)_{10^6} = 97702(10^6)^{-0{,}407} = 353 \text{ MPa}$$

Dos passos 3, 4, 5 e 6

$$F_{1a} = \left[353(10^6) - \frac{193(10^9)0{,}08(10^{-3})}{(1 - 0{,}285^2)0{,}1} \right] 0{,}08(10^{-3})b = 14\,796 b \text{ N} \quad (1)$$

$$\Delta F = 2T)D = 2(3{,}5)/0{,}1 = 70 \text{ N·m}$$

$$F_2 = F_{1a} - \Delta F = 14796b - 70 \text{ N} \quad (2)$$

$$F_i = \frac{F_{1a} + F_2}{2} = \frac{14796b + 70}{2} \text{ N} \quad (3)$$

Do passo 7,

$$b_{\min} = \frac{\Delta F}{a} \frac{\exp(f\phi)}{\exp(f\phi) - 1} = \frac{70}{14796} \frac{3{,}00}{3{,}00 - 1} = 0{,}0071 \text{ m} = 7{,}1 \text{ mm}$$

Decisão Selecione uma correia disponível de 19 mm de largura e 0,08 mm de espessura.

Equação (1): $\quad F_{1a} = 14796(0,019) = 281$ N

Equação (2): $\quad F_2 = 281 - 70 = 211$ N

Equação (3): $\quad F_i = (281 + 213)/2 = 246$ N

$$f' = \frac{1}{\phi}\ln\frac{F_1}{F_2} = \frac{1}{\pi}\ln\frac{281}{211} = 0{,}0912$$

Note que $f' < f$, isto é, $0{,}0882 < 0{,}35$.

17-3 Correias em V

As dimensões das seções transversais de correias em V foram padronizadas pelos fabricantes, com cada seção designada por uma letra do alfabeto para tamanhos com dimensões em polegadas. Tamanhos métricos são designados por números. Embora esses não tenham sido incluídos, o procedimento para analisá-los e dimensioná-los é o mesmo como se apresenta aqui. Dimensões, tamanhos mínimos de roldanas e o intervalo de potência para cada uma das seções designadas por letras são listados na Tabela 17-9.

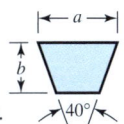

Tabela 17-9 Seções de correias em V padronizadas.

Seção de Correia	Largura a, mm	Espessura b, mm	Diâmetro mínimo de roldana, mm	Intervalo de kW, uma ou mais correias
A	12	8,5	75	0,2–7,5
B	16	11	135	0,7–18,5
C	22	13	230	11–75
D	30	19	325	37–186
E	38	25	540	75 e acima

Para especificar uma correia em V, dê a letra da seção de correia, seguida pela circunferência interna em milímetros (circunferências padronizadas estão listadas na Tabela 17-10). Por exemplo, B75 é uma correia de seção B que possui uma circunferência interna de 1 875 mm.

Cálculos envolvendo o comprimento de correia geralmente se baseiam no comprimento primitivo. Para qualquer seção de correia considerada, o comprimento primitivo é obtido adicionando uma quantidade à circunferência interna (Tabelas 17-10 e 17-11). Por exemplo, uma correia B75 possui um comprimento primitivo de 1 920 mm. Similarmente, cálculos de razões de velocidade são feitos utilizando o diâmetro primitivo das roldanas e, por esta razão, os diâmetros declarados são usualmente entendidos como os diâmetros primitivos, ainda que não sejam sempre assim especificados.

O ângulo de ranhura de uma roldana é feito algo menor que o ângulo de seção da correia. Isso faz com que a correia se acunhe na ranhura, aumentando assim o atrito. O valor exato do ângulo depende da seção de correia, do diâmetro da roldana e do ângulo de contato. Se esse é feito muito menor do que aquele da correia, a força requerida para puxar a correia para fora da ranhura, à medida que a correia deixa a polia, será excessiva. Valores ótimos são dados na literatura comercial.

Tabela 17–10 Circunferências internas das correias padronizadas em V.

Seção	Circunferência, mm
A	650, 775, 825, 875, 950, 1050, 1150, 1200, 1275, 1325, 1375, 1425, 1500, 1550, 1600, 1650, 1700, 1775, 1875, 1950, 2000, 2125, 2250, 2400, 2625, 2800, 3000, 3200
B	875, 950, 1050, 1150, 1200, 1275, 1325, 1375, 1425, 1500, 1550, 1600, 1650, 1700, 1775, 1875, 1950, 2000, 2125, 2250, 2400, 2625, 2800, 3000, 3200, 3275, 3400, 3450, 3950, 4325, 4500, 4875, 5250, 6000, 6750, 7500
C	1275, 1500, 1700, 1875, 2025, 2125, 2250, 2400, 2625, 2800, 3000, 3200, 3400, 3600, 3950, 4050, 4350, 4500, 4875, 5250, 2550, 6000, 6750, 7500, 8250, 9000, 9750, 10 500
D	3000, 3200, 3600, 3950, 4050, 4350, 4500, 4875, 5250, 6000, 6750, 7500, 8250, 9000, 9750, 10 500, 12 000, 13 500, 15 000, 16 500
E	4500, 4875, 5250, 6000, 6750, 7500, 8250, 9000, 9750, 10 500, 12 000, 13 500, 15 000, 16 500

Tabela 17–11 Dimensões de conversão de comprimento (adicione a quantidade listada à circunferência interna para obter o comprimento primitivo em mm).

Seção da correia	A	B	C	D	E
Quantidade a ser adicionada	32	45	72	82	112

Os tamanhos mínimos de roldana estão na Tabela 17–9. Para os melhores resultados, uma correia em V deve ser operada bem rápido: 20 m/s é uma boa velocidade. Problemas podem ser encontrados se a correia operar muito mais rápido que 25 m/s ou muito mais devagar que 5 m/s.

O *comprimento primitivo* L_p e a distância de centro a centro C são

$$L_p = 2C + \pi(D+d)/2 + (D-d)^2/(4C) \qquad \text{(17–16a)}$$

$$C = 0{,}25 \left\{ \left[L_p - \frac{\pi}{2}(D+d)\right] + \sqrt{\left[L_p - \frac{\pi}{2}(D+d)\right]^2 - 2(D-d)^2} \right\} \qquad \text{(17–16b)}$$

em que D = diâmetro primitivo da polia grande e d = diâmetro primitivo da polia pequena.

No caso de correias planas, não há virtualmente qualquer limite para a distância entre centros. Grandes distâncias de centro a centro não são recomendadas para correias em V, porque a vibração excessiva do lado bambo encurtará a vida da correia materialmente. Em geral, a distância de centro a centro não deve ser maior que três vezes a soma dos diâmetros das roldanas, e tampouco menor que o diâmetro da maior roldana. Correias em V tipo segmentada possuem menos vibração, por causa do melhor balanço, assim, podem ser utilizadas com distâncias maiores de centro a centro.

A base para a estimativa de capacidade em potência de correias em V depende de alguma forma do fabricante; frequentemente não é mencionada quantitativamente na literatura dos vendedores, porém é disponibilizada por estes. A base pode ser um número de horas, 24 000 h, por exemplo, ou uma vida de 10^8 ou 10^9 voltas da correia. Visto que o número de correias deve ser um número inteiro, um conjunto de correias de subdimensionado que for aumentado de uma correia pode se tornar substancialmente excessivo. A Tabela 17–12 dá capacidades de potência de correias em V padronizadas.

A capacidade quer em termos de número de horas, ou número de voltas, se refere a uma correia operando em roldanas de igual diâmetro (abraçamento de 180°), de comprimento moderado e transmitindo uma carga estável. Desvios destas condições de teste de laboratório são levados em conta por meio de ajustes multiplicativos. Se a potência tabelada de uma correia com seção de tamanho C é de 7,06 kW em uma roldana de 300 mm de diâmetro a uma velocidade periférica de 15 m/s (Tabela 17–12), então, quando a correia é utilizada sob outras condições, o valor tabelado H_{tab} é ajustado como se segue:

$$H_a = K_1 K_2 H_{tab} \tag{17-17}$$

em que H_a = potência admissível, por correia

K_1 = fator de correção de ângulo de abraçamento (ϕ), Tabela 17–13

K_2 = fator de correção de comprimento da correia, Tabela 17–14

A potência permissível pode estar próxima de H_{tab}, dependendo das circunstâncias.

Em uma correia V o coeficiente de atrito efetivo f' é $f/\text{sen}(\phi/2)$, que corresponde a um aumento por um fator de cerca de 3 por causa das ranhuras. O coeficiente de atrito efetivo f' é algumas vezes tabelado contra os ângulos de ranhura de roldana de 30°, 34° e 38°, obtendo-se valores tabelados de 0,50, 0,45 e 0,40, respectivamente, revelando um coeficiente de atrito do material de correia no metal de 0,13 para cada caso. A Gates Rubber Company declara que seu coeficiente de atrito efetivo é de 0,5123 para ranhuras. Assim,

$$\frac{F_1 - F_c}{F_2 - F_c} = \exp(0{,}5123\phi) \tag{17-18}$$

A potência de projeto é dada por

$$H_d = H_{nom} K_s n_d \tag{17-19}$$

em que H_{nom} é a potência nominal, K_s é o fator de serviço dado na Tabela 17–15 e n_d é o fator de projeto. O número de correias, N_b, é geralmente o próximo inteiro maior que H_d/H_a. Isto é,

$$N_b \geq \frac{H_d}{H_a} \qquad N_b = 1, 2, 3, \ldots \tag{17-20}$$

Projetistas trabalham em uma base (potência) por correia.

As trações em correias planas mostradas na Figura 17–12 ignoraram a tração induzida por flexão da correia ao redor das polias. Esta é mais pronunciada com correias em V, como mostra a Figura 17–14.

A tração centrífuga F_c é dada por

$$F_c = K_c \left(\frac{V}{1000}\right)^2 \tag{17-21}$$

K_c advém da Tabela 17–16.

A potência transmitida por correia é baseada em $\Delta F = F_1 - F_2$, em que

$$\Delta F = \frac{H_d/N_b}{\pi n d} \tag{17-22}$$

Tabela 17–12 Estimativas de potência (kW) de correias em V padronizadas.

Seção da correia	Diâmetro primitivo de roldana, mm	Velocidade da correia, *m/s*				
		5	10	15	20	25
A	65	0,35	0,46	0,40	0,11	
	75	0,49	0,75	0,84	0,69	0,28
	85	0,60	0,98	1,17	1,64	0,84
	95	0,69	1,16	1,43	1,49	1,28
	105	0,77	1,30	1,64	1,78	1,63
	115	0,83	1,41	1,82	2,01	1,93
	acima de 125	0,87	1,51	1,97	2,21	2,16
B	105	0,80	1,18	1,25	0,94	0,16
	115	0,95	1,48	1,71	1,55	0,92
	125	1,07	1,74	2,09	2,06	1,57
	135	1,19	1,95	2,42	2,49	2,10
	145	1,28	2,14	2,69	2,87	2,57
	155	1,36	2,31	2,94	3,19	2,98
	165	1,43	2,45	3,16	3,48	3,34
	acima de 175	1,50	2,58	3,35	3,74	3,66
C	150	1,37	1,98	2,03	1,40	
	175	1,85	2,94	3,46	3,31	2,33
	200	2,21	3,66	4,54	4,74	4,12
	225	2,49	4,21	5,38	5,86	5,51
	250	2,72	4,66	6,05	7,16	6,63
	275	2,89	5,03	6,59	7,46	7,53
	acima de 300	3,05	5,33	7,06	8,13	8,28
D	250	3,09	4,57	4,89	3,80	1,01
	275	3,73	5,84	6,80	6,34	4,19
	300	4,26	6,91	8,36	8,50	6,85
	325	4,71	7,83	9,70	10,30	9,10
	350	5,09	8,58	10,89	11,79	11,04
	375	5,42	9,25	11,86	13,13	12,68
	400	5,71	9,85	12,76	14,32	14,17
	acima de 425	5,98	10,37	13,50	15,37	15,44
E	400	6,48	10,44	13,06	13,50	11,41
	450	7,40	12,46	15,82	17,16	16,04
	500	8,13	13,95	18,05	20,07	19,69
	550	8,73	15,14	19,84	22,53	22,75
	600	9,25	16,11	21,34	24,54	25,22
	650	9,70	17,01	22,60	26,19	27,38
	acima de 700	10,00	17,68	23,72	27,68	29,17

Tabela 17–13 Fator de correção do ângulo de contato (kW) para transmissões por correias VV* e V-plana.

$\dfrac{D-d}{C}$	θ, Graus	K_1 VV	K_1 V Plana
0,00	180	1,00	0,75
0,10	174,3	0,99	0,76
0,20	166,5	0,97	0,78
0,30	162,7	0,96	0,79
0,40	156,9	0,94	0,80
0,50	151,0	0,93	0,81
0,60	145,1	0,91	0,83
0,70	139,0	0,89	0,84
0,80	132,8	0,87	0,85
0,90	126,5	0,85	0,85
1,00	120,0	0,82	0,82
1,10	113,3	0,80	0,80
1,20	106,3	0,77	0,77
1,30	98,9	0,73	0,73
1,40	91,1	0,70	0,70
1,50	82,8	0,65	0,65

*Um ajuste de curva para a coluna VV em termos de θ é:
$K_1 = 0{,}143\,543 + 0{,}007\,46\,8\,\theta - 0{,}000\,015\,052\,\theta^2$ no intervalo $90° \le \theta \le 180°$.

Tabela 17–14 Fator de correção para comprimento de correia K_2.*

| Fator de comprimento | Comprimento nominal da correia, m | | | | |
	Correias A	Correias B	Correias C	Correias D	Correias E
0,85	até 0,88	até 1,15	até 1,88	até 3,2	
0,90	0,95–1,15	1,2–1,5	2,03–2,4	3,6–4,05	até 4,88
0,95	1,2–1,38	1,55–1,88	2,63–3,0	4,33–5,25	5,25–6,0
1,00	1,5–1,88	1,95–2,43	3,2–3,95	6,0	6,75–7,5
1,05	1,95–2,25	2,63–3,0	4,05–4,88	6,75–8,25	8,25–9,75
1,10	2,4–2,8	3,2–3,6	5,25–6,0	9,0–10,5	10,5–12,0
1,15	acima de 3,0	3,95–4,5	6,75–7,5	12,0	13,5–15,0
1,20		acima de 4,88	acima de 8,25	acima de 13,5	16,5

*Multiplique a potência estimada por correia por este fator para obter a potência corrigida.

Tabela 17–15 Fatores de serviço K_S sugeridos para transmissões por correias em V.

| | Fonte de potência | |
Maquinaria acionada	Característica normal de torque	Torque alto ou não uniforme
Uniforme	1,0 a 1,2	1,1 a 1,3
Choque leve	1,1 a 1,3	1,2 a 1,4
Choque médio	1,2 a 1,4	1,4 a 1,6
Choque intenso	1,3 a 1,5	1,5 a 1,8

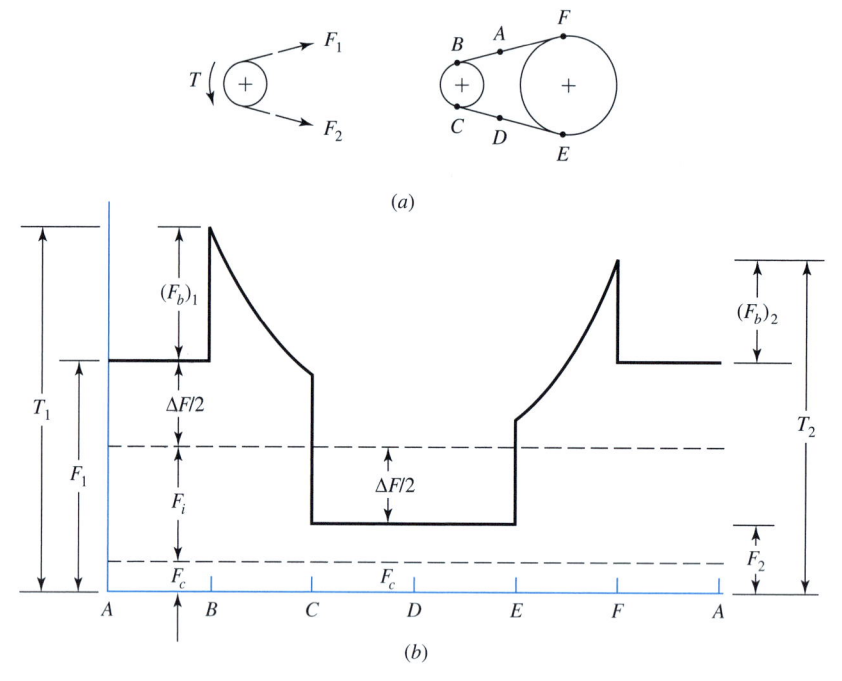

Figura 17–14 Trações em correias em V.

Tabela 17–16 Alguns parâmetros* de correias em V.

Seção da correia	K_b	K_c
A	220	0,561
B	576	0,965
C	1600	1,716
D	5680	3,498
E	10850	5,041
3V	230	0,425
5V	1098	1,217
8V	4830	3,288

*Dados por cortesia de Gates Rubber Co., Denver, Colo.

assim, por meio da Equação (17–8), a máxima tração F_1 é dada por

$$F_1 = F_c + \frac{\Delta F \exp(f\phi)}{\exp(f\phi) - 1} \tag{17–23}$$

Da definição de ΔF, a mínima tração F_2 é

$$F_2 = F_1 - \Delta F \tag{17–24}$$

Da Equação (j) na Seção 17–2,

$$F_i = \frac{F_1 + F_2}{2} - F_c \tag{17–25}$$

O fator de segurança é

$$n_{fs} = \frac{H_a N_b}{H_{\text{nom}} K_s} \qquad (17\text{--}26)$$

Correlações de durabilidade (vida) são complicadas pelo fato de que a flexão induz tensões flexurais na correia; a tração correspondente na correia que induz a mesma tensão de tração máxima é $(F_b)_1$ na roldana motora e $(F_b)_2$ na polia movida. Essas trações equivalentes são adicionadas a F_1 como

$$T_1 = F_1 + (F_b)_1 = F_1 + \frac{K_b}{d}$$

$$T_2 = F_1 + (F_b)_2 = F_1 + \frac{K_b}{D}$$

K_b é dado na Tabela 17–16. A equação de compensação para a tração *versus* o número de voltas, utilizada pela Gates Rubber Company, é da forma

$$T^b N_P = K^b$$

em que N_p é o número de voltas, passagens, e b é aproximadamente 11; ver Tabela 17–17. A regra de Miner é utilizada para somar os danos causados pelos dois picos de tensão:

$$\frac{1}{N_P} = \left(\frac{K}{T_1}\right)^{-b} + \left(\frac{K}{T_2}\right)^{-b}$$

ou

$$N_P = \left[\left(\frac{K}{T_1}\right)^{-b} + \left(\frac{K}{T_2}\right)^{-b}\right]^{-1} \qquad (17\text{--}27)$$

O tempo de vida t em horas é dado por

$$t = \frac{N_P L_p}{3600} \qquad (17\text{--}28)$$

Tabela 17–17 Parâmetros de durabilidade para algumas seções de correias em V.

	10^8 a 10^9 Picos de força		10^9 a 10^{10} Picos de força		Diâmetro mínimo
Seção de correia	K	b	K	b	de roldana, mm
A	2 999	11,089			75
B	5 309	10,926			125
C	9 069	11,173			215
D	18 726	11,105			325
E	26 791	11,100			540
3V	3 240	12,464	4 726	10,153	66
5V	7 360	12,593	10 653	10,283	177
8V	16 189	12,629	23 376	10,319	312

Fonte: M. E. Spotts, *Design of Machine Elements*, 6ª ed., Prentice Hall, Englewood Cliffs, N. J., 1985.

As constantes K e b possuem seus intervalos de validade. Se $N_p > 10^9$, relate $N_p = 10^9$ e $t > N_p L_p/(3600V)$ sem depositar confiança em valores numéricos além do intervalo de validade. Veja a afirmação relativa a N_p e t próxima à conclusão do Exemplo 17–4.

A análise de uma transmissão por correia em V pode consistir dos seguintes passos:

- Encontrar V, L_p, C, ϕ e $\exp(0{,}5123\phi)$.
- Encontrar H_d, H_a e N_d a partir de H_d/H_a e arredondar para cima.
- Encontrar F_c, ΔF, F_1, F_2 e F_i, e n_{fs}.
- Encontrar a vida da correia em número de passagens, ou horas, se possível.

EXEMPLO 17–4

Um motor de fase dividida com 7,46 kW rodando a 1750 rev/min é utilizado para acionar uma bomba rotativa que opera 24 horas por dia. Um engenheiro especificou uma pequena roldana de 188 mm, uma roldana grande de 280 mm e três correias B2800. O fator de serviço de 1,2 foi aumentado de 0,1 por causa do requisito de trabalho contínuo. Analise a transmissão e estime a vida da correia em voltas e horas.

Solução

A velocidade periférica da correia é

$$V = \pi\, dn = \pi(0{,}188)1750/60 = 17 \text{ m/s}$$

Tabela 17–11: $L_p = L + L_c = 2800 + 45 = 2845$ mm

Equação (17–16b):
$$C = 0{,}25\left\{\left[2845 - \frac{\pi}{2}(280 + 188)\right] + \sqrt{\left[2845 - \frac{\pi}{2}(280 + 188)\right]^2 - 2(280 - 188)^2}\right\}$$

$$= 1054 \text{ mm}$$

Equação (17–1): $\phi = \theta_d = \pi - 2\operatorname{sen}^{-1}(280 - 188)/[2(1054)] = 3{,}054$ rad

$$\exp[0{,}5123(3{,}054)] = 4{,}781$$

Interpolando na Tabela 17–12 para $V = 17$ m/s, temos $H_{\text{tab}} = 3{,}5$ kW. O ângulo de abraçamento em graus é $3{,}054(180)/\pi = 175°$. Da Tabela 17–13, $K_1 = 0{,}99$. Da Tabela 17–14, $K_2 = 1{,}05$. Portanto, da Equação (17–17)

$$H_a = K_1 K_2 H_{\text{tab}} = 0{,}99(1{,}05)3{,}5 = 3{,}64 \text{ kW}$$

Equação (17–19): $H_d = H_{\text{nom}} K_s n_d = 7{,}46(1{,}2 + 0{,}1)(1) = 9{,}7$ kW

Equação (17–20): $N_b \geq H_d/H_a = 9{,}7/3{,}64 = 2{,}67 \to 3$

Da Tabela 17–16, $K_c = 0{,}965$. Assim, da Equação (17–21),

$$F_c = 0{,}965(17/2{,}4)^2 = 48{,}4 \text{ N}$$

Equação (17–22): $$\Delta F = \frac{9700/3}{\pi(1750/60)0{,}188} = 188 \text{ N}$$

Equação (17–23): $$F_1 = 48{,}4 + \frac{188(4{,}781)}{4{,}781 - 1} = 286 \text{ N}$$

Equação (17–24): $F_2 = F_1 - \Delta F = 286 - 188 = 98 \text{ N}$

Equação (17–25): $F_i = \dfrac{286 + 98}{2} - 48{,}4 = 144 \text{ N}$

Equação (17–26): $n_{fs} = \dfrac{H_a N_b}{H_{\text{nom}} K_s} = \dfrac{3{,}64(3)}{7{,}46(1{,}3)} = 1{,}13$

Vida: Da Tabela 17–16, $K_b = 576$.

$$F_{b1} = \dfrac{K_b}{d} = \dfrac{65}{0{,}188} = 346 \text{ N}$$

$$F_{b2} = 65/0{,}28 = 232 \text{ N}$$

$$T_1 = F_1 + F_{b1} = 286 + 346 = 632 \text{ N}$$

$$T_2 = F_1 + F_{b2} = 286 + 232 = 518 \text{ N}$$

Da Tabela 17–17, $K = 5\,309$ e $b = 10{,}926$.

Equação (17–27): $N_P = \left[\left(\dfrac{5309}{632}\right)^{-10{,}926} + \left(\dfrac{5309}{518}\right)^{-10{,}926}\right]^{-1} = 11(10^9) \text{ passagens}$

Resposta Uma vez que N_P está fora do intervalo de validade da Equação (17–27), a vida é maior que 10^9 voltas. Assim,

Equação (17–28): $t > \dfrac{10^9 (2{,}845)}{3600(17)} = 46\,487 \text{ h}$

17–4 Correias de sincronização

Uma correia sincronizadora é fabricada de um tecido emborrachado revestido de tecido de náilon, que possui fios de aço internamente para aguentar a carga de tração. Ela possui dentes que se encaixam em ranhuras cortadas na periferia das polias (Figura 17–15). Uma correia sincronizadora não se alonga apreciavelmente nem desliza e, consequentemente, transmite potência a uma razão de velocidade angular constante. Nenhuma tração inicial se faz necessária.

Tais correias podem operar em um intervalo amplo de velocidades, possuem eficiências no intervalo de 97% a 99%, não requerem lubrificação e são mais silenciosas que transmissões por correntes. Não há variação de velocidade cordal, como em transmissões por correntes (ver Seção 17–5) e, portanto, são uma solução atrativa aos requisitos de transmissões de precisão.

O fio de aço, ou seja, o membro que suporta a tração em uma correia sincronizadora, está localizado na linha primitiva da correia (Figura 17–15). Assim o comprimento primitivo é o mesmo indiferentemente da espessura do reforço.

Os cinco passos padronizados disponíveis da série em polegadas estão listados na Tabela 17–18, com suas designações por letra. Comprimentos primitivos padronizados estão disponíveis em tamanhos de 150 a 4 500 mm. Polias vêm em tamanhos de 15 mm de diâmetro primitivo até 900 mm e com números de ranhuras de 10 a 120.

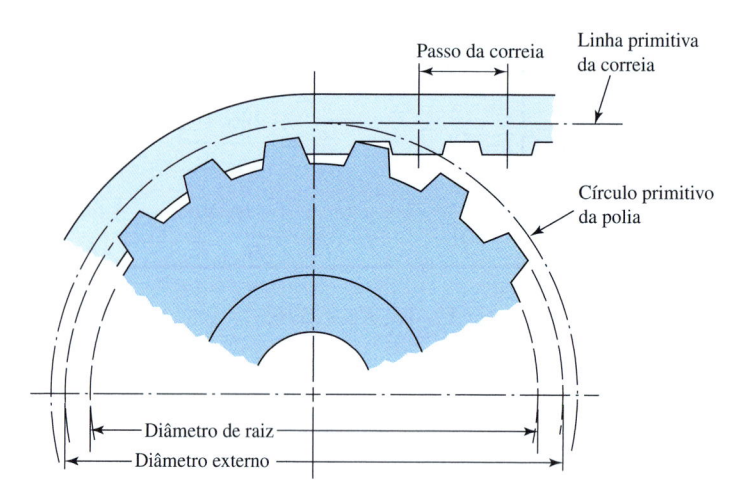

Figura 17–15 Transmissão por correia sincronizadora mostrando porções da polia e correia. Observe que o diâmetro primitivo da polia é maior que a distância diametral de lado a lado dos círculos de topo dos dentes.

Tabela 17–18 Passos padronizados de correias de sincronização.

Serviço	Designação	Passo p, mm
Extraleve	Xl	5
Leve	L	10
Pesado	H	12
Extrapesado	XH	22
Duplamente extrapesado	XXH	30

O processo de dimensionamento e seleção para correias sincronizadoras (de tempo) é similar àquele para correias em V, por isso, o processo não será apresentado aqui. Como no caso de outras transmissões por correias, os fabricantes fornecem um amplo suprimento de informações e detalhes sobre tamanhos e resistências.

17–5 Corrente de roletes

Características básicas de transmissões por corrente incluem: razão constante, uma vez que nenhum escorregamento nem fluência estão envolvidos; vida longa; e a capacidade de acionar vários eixos a partir de uma única fonte de potência.

Correntes de roletes foram padronizadas de acordo com os tamanhos pela ANSI. A Figura 17–16 mostra a nomenclatura. O passo é a distância linear entre os centros dos roletes. A largura é o espaço entre as placas internas de elo. Essas correntes são manufaturadas em uma, duas, três e quatro fileiras. As dimensões dos tamanhos padronizados estão listadas na Tabela 17–19.

A Figura 17–17 mostra uma roda dentada acionando uma corrente e rodando em sentido anti-horário. Denotando o passo da corrente por p, o ângulo de passo por γ e o diâmetro primitivo da roda dentada por D, com base na trigonometria da figura vemos que

$$\text{sen}\frac{\gamma}{2} = \frac{p/2}{D/2} \quad \text{ou} \quad D = \frac{p}{\text{sen}(\gamma/2)} \tag{a}$$

Uma vez que $\gamma = 360°/N$, em que N é o número de dentes na roda dentada, a Equação (a) pode ser escrita como

$$D = \frac{p}{\text{sen}(180°/N)} \tag{17–29}$$

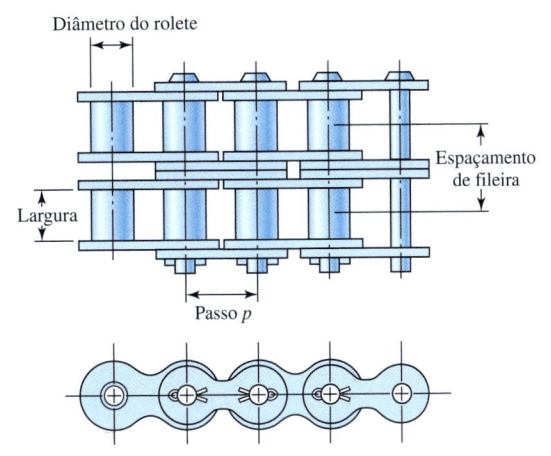

Figura 17-16 Porção de uma corrente de roletes de fileira dupla.

Tabela 17-9 Dimensões de correntes de roletes padronizadas americanas – fileira única

Número de corrente ANSI	Passo, in (mm)	Largura, in (mm)	Resistência de tração mínima, lbf (N)	Peso médio, lbf/ft (N/m)	Diâmetro do rolete, in (mm)	Espaçamento de fileira dupla, in (mm)
25	0,250	0,125	780	0,09	0,130	0,252
	(6,35)	(3,18)	(3 470)	(1,31)	(3,30)	(6,40)
35	0,375	0,188	1 760	0,21	0,200	0,399
	(9,52)	(4,76)	(7 830)	(3,06)	(5,08)	(10,13)
41	0,500	0,25	1 500	0,25	0,306	—
	(12,70)	(6,35)	(6 670)	(3,65)	(7,77)	—
40	0,500	0,312	3 130	0,42	0,312	0,566
	(12,70)	(7,94)	(13 920)	(6,13)	(7,92)	(14,38)
50	0,625	0,375	4 880	0,69	0,400	0,713
	(15,88)	(9,52)	(21 700)	(10,1)	(10,16)	(18,11)
60	0,750	0,500	7 030	1,00	0,469	0,897
	(19,05)	(12,7)	(31 300)	(14,6)	(11,91)	22,78)
80	1,000	0,625	12 500	1,71	0,625	1,153
	(25,40)	(15,88)	(55 600)	(25,0)	(15,87)	(29,29)
100	1,250	0,750	19 500	2,58	0,750	1,409
	(31,75)	(19,05)	(86 700)	(37,7)	(19,05)	(35,76)
120	1,500	1,000	28 000	3,87	0,875	1,789
	(38,10)	(25,40)	(124 500)	(56,5)	(22,22)	(45,44)
140	1,750	1,000	38 000	4,95	1,000	1,924
	(44,45)	(25,40)	(169 000)	(72,2)	(25,40)	(48,87)
160	2,000	1,250	50 000	6,61	1,125	2,305
	(50,80)	(31,75)	(222 000)	(96,5)	(28,57)	(58,55)
180	2,250	1,406	63 000	9,06	1,406	2,592
	(57,15)	(35,71)	(280 000)	(132,2)	(35,71)	(65,84)
200	02,500	1,500	78 000	10,96	1,562	2,817
	(63,50)	(38,10)	(347 000)	(159,9)	(39,67)	(71,55)
240	3,00	1,875	112 000	16,4	1,875	3,458
	(76,70)	(47,63)	(498 000)	(239)	(47,62)	(87,83)

Fonte: Compilado da ANSI B29.1.1975.

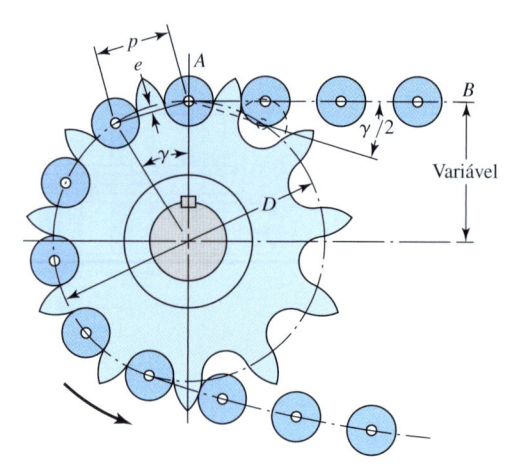

Figura 17–17 Engrazamento de uma corrente e roda dentada.

O ângulo $\gamma/2$, pelo qual o elo oscila à medida que entra em contato, é chamado de *ângulo de articulação*. Pode ser visto que a magnitude deste ângulo é uma função do número de dentes. Rotação do elo por ângulo causa impacto entre os roletes e dentes da roda dentada e também desgaste na junta de corrente. Uma vez que a vida de uma transmissão selecionada de forma apropriada é função do desgaste e da resistência à fadiga superficial dos roletes, é importante reduzir o ângulo de articulação tanto quanto possível.

O número de dentes na roda dentada também afeta a razão de velocidade durante a rotação do início ao fim do ângulo de passo γ. Na posição mostrada na Figura 17–17, a corrente AB é tangente ao círculo primitivo da roda dentada. Contudo, quando a roda dentada roda um ângulo $\gamma/2$, a linha de corrente AB move-se para próximo do centro de rotação da roda dentada. Isso significa que a linha de corrente AB está se movendo para cima e para baixo e, portanto, que o braço de alavanca varia com a rotação ao longo do ângulo de passo, tudo levando a uma velocidade de saída da corrente inconstante. Você pode pensar na roda dentada como um polígono no qual a velocidade de saída da corrente depende de ser a saída a partir de um canto ou de um tramo plano do polígono. Obviamente o mesmo efeito ocorre quando a corrente entra inicialmente em engrazamento com a roda dentada.

A velocidade da corrente V é definida em pés que saem da roda dentada por unidade de tempo. Assim, a velocidade da corrente em metros por segundo é

$$V = \frac{Npn}{12} \tag{17-30}$$

em que N = número de dentes da roda dentada

p = passo da corrente, in

n = velocidade da roda dentada, rev/min

A máxima velocidade de saída da corrente é

$$v_{\max} = \frac{\pi Dn}{12} = \frac{\pi np}{12 \operatorname{sen}(\gamma/2)} \tag{b}$$

em que a Equação (a) foi utilizada em substituição ao diâmetro primitivo D. A velocidade de saída mínima ocorre a um diâmetro d menor que D. Usando a geometria da Figura 17–17, encontramos

$$d = D \cos \frac{\gamma}{2} \tag{c}$$

Assim, a mínima velocidade de saída é

$$v_{\min} = \frac{\pi d n}{12} = \frac{\pi n p}{12} \frac{\cos(\gamma/2)}{\text{sen}(\gamma/2)} \qquad (d)$$

Agora, substituindo $\gamma/2 = 180°/N$ e empregando as Equações (17–30), (b) e (d), encontramos a variação de velocidade

$$\frac{\Delta V}{V} = \frac{v_{\max} - v_{\min}}{V} = \frac{\pi}{N} \left[\frac{1}{\text{sen}(180°/N)} - \frac{1}{\tan(180°/N)} \right] \qquad (17\text{–}31)$$

Esta é conhecida como *variação da velocidade cordal* e está traçada na Figura 17–18. Quando transmissões por correntes são utilizadas para sincronizar componentes de precisão ou processos, deve ser dada a devida consideração a essas variações. Por exemplo, se uma transmissão por corrente sincronizou o corte de filme fotográfico com o avanço para frente do filme, os comprimentos das placas de filme cortadas podem variar muito a causa desta variação de velocidade cordal. Essas variações também podem causar vibrações dentro do sistema.

Embora um número grande de dentes seja considerado desejável para a roda dentada motora, no caso usual é vantajoso obter uma roda dentada tão pequena quanto possível, e isso requer uma roda com um número pequeno de dentes. Para uma operação suave a velocidades moderadas e altas é recomendável utilizar uma roda dentada motora com pelo menos 17 dentes; 19 ou 21 dão uma expectativa de vida melhor com menos barulho de corrente. Onde as limitações de espaço forem severas ou para velocidades muito baixas, números menores de dentes podem ser utilizados, com sacrifício da expectativa de vida da corrente.

Rodas dentadas movidas não são fabricadas em tamanhos padronizados acima de 120 dentes, porque o alongamento de passo eventualmente fará que a corrente se "levante" muito antes de se desgastar. As transmissões mais bem-sucedidas possuem razões de velocidade de até 6:1, porém razões maiores podem ser utilizadas embora diminuam a vida da corrente.

Correntes de roletes raramente falham porque careçam de resistência de tração; elas falham muito mais frequentemente porque foram submetidas a um número excessivo de horas de trabalho. A falha real pode ser devida tanto ao desgaste dos roletes nos pinos quanto à fadiga das superfícies dos roletes. Fabricantes de correntes de roletes compilaram tabelas que dão a capacidade em cavalos de potência correspondente a uma expectativa de vida de 15 kh para várias velocidades da roda dentada. Essas capacidades estão relacionadas na Tabela 17–20 para rodas dentadas de 17 dentes. A Tabela 17–21 mostra os números de dentes disponíveis em rodas dentadas de um supridor. A Tabela 17–22 lista os fatores de correção de dentes para outras quantidades além de 17 dentes. A Tabela 17–23 apresenta os fatores de fileiras-múltiplas.

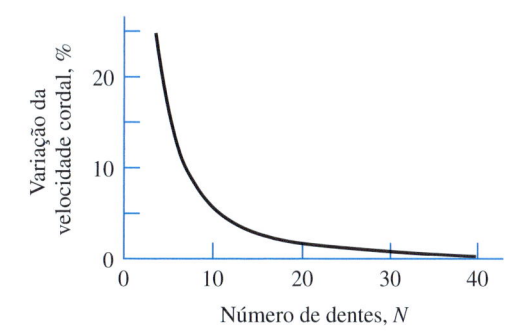

Figura 17–18

As capacidades de correntes baseiam-se no seguinte:

- 15 000 horas a carga completa.
- Fileira única.
- Proporções ANSI.
- Fator de serviço unitário.
- Cem passos no comprimento.
- Lubrificação recomendada.
- Alongamento máximo de 3%.
- Eixos horizontais.
- Duas rodas dentadas de 17 dentes.

Tabela 17–20 Capacidade em cavalos para corrente de roletes de fila única e passo único para uma roda dentada de 17 dentes.

Velocidade da roda dentada, rev/min	Número de corrente ANSI					
	25	35	40	41	50	60
50	0,05	0,16	0,37	0,20	0,72	1,24
100	0,09	0,29	0,69	0,38	1,34	2,31
150	0,13*	0,41*	0,99*	0,55*	1,92*	3,32
200	0,16*	0,54*	1,29	0,71	2,50	4,30
300	0,23	0,78	1,85	1,02	3,61	6,20
400	0,30*	1,01*	2,40	1,32	4,67	8,03
500	0,37	1,24	2,93	1,61	5,71	9,81
600	0,44*	1,46*	3,45*	1,90*	6,72*	11,6
700	0,50	1,68	3,97	2,18	7,73	13,3
800	0,56*	1,89*	4,48*	2,46*	8,71*	15,0
900	0,62	2,10	4,98	2,74	9,69	16,7
1 000	0,68*	2,31*	5,48	3,01	10,7	18,3
1 200	0,81	2,73	6,45	3,29	12,6	21,6
1 400	0,93*	3,13*	7,41	2,61	14,4	18,1
1 600	1,05*	3,53*	8,36	2,14	12,8	14,8
1 800	1,16	3,93	8,96	1,79	10,7	12,4
2 000	1,27*	4,32*	7,72*	1,52*	9,23*	10,6
2 500	1,56	5,28	5,51*	1,10*	6,58*	7,57
3 000	1,84	5,64	4,17	0,83	4,98	5,76
Tipo A		Tipo B			Tipo C	

Fonte: Compilado da seção de informações da ANSI B29.1-1975 e da B29.9-1958.

*Estimado das tabelas ANSI por interpolação linear.

Nota: Tipo A – lubrificação manual ou por gotejamento; Tipo B – lubrificação de disco ou por banho; Tipo C – lubrificação por corrente de óleo; Tipo C′ – tipo C, mas essa é uma região de esfolamento; submeta o projeto ao fabricante para avaliação.

(continua)

Tabela 17–20 Capacidade em cavalos para corrente de roletes de fila única e passo único para uma roda dentada de 17 dentes.

(*Continuação*)

Velocidade da roda dentada, rev/min		Número de corrente ANSI							
		80	100	120	140	160	180	200	240
50	Tipo A	2,88	5,52	9,33	14,4	20,9	28,9	38,4	61,8
100			5,38	10,3	17,4	26,9	39,1	54,0	71,6	115
150			7,75	14,8	25,1	38,8	56,3	77,7	103	166
200			10,0	19,2	32,5	50,3	72,9	101	134	215
300			14,5	27,7	46,8	72,4	105	145	193	310
400			18,7	35,9	60,6	93,8	136	188	249	359
500			22,9	43,9	74,1	115	166	204	222	0
600	Tipo B	27,0	51,7	87,3	127	141	155	169	
700		31,0	59,4	89,0	101	112	123	0	
800			35,0	63,0	72,8	101	91,7	101		
900			39,9	52,8	61,0	82,4	76,8	84,4		
1 000			37,7	45,0	52,1	69,1	65,6	72,1		
1 200			28,7	34,3	39,6	59,0	49,9	0		
1 400			22,7	27,2	31,5	44,9	0			
1 600			18,6	22,3	25,8	35,6				
1 800			15,6	18,7	21,6	0				
2 000			13,3	15,9	0					
2 500			9,56	0,40						
3 000			7,25	0						
Tipo C					Tipo C′					

Nota: Tipo A – lubrificação manual ou por gotejamento; tipo B – lubrificação por banho ou de disco; tipo C – lubrificação por corrente de óleo; tipo C′ – tipo C, mas essa é uma região de esfolamento; submeta o projeto ao fabricante para avaliação.

A resistência às fadiga das placas de elo (conectoras) governa a capacidade a baixas velocidades. O *Chains for Power Transmission and Materials Handling* (1982), publicação da American Chain Association (ACA), fornece, para correntes de uma única fileira, a potência nominal, limitada pela placa de elo, como

$$H_1 = 0{,}003 N_1^{1{,}08} n_1^{0{,}9} p/25{,}4^{(3-0{,}07\,p)} \text{ kW} \tag{17-32}$$

e a potência nominal H_2, limitada pelo rolete, como

$$H_2 = \frac{746 K_r N_1^{1{,}5} p/25{,}4^{0{,}8}}{n_1^{1{,}5}} \text{ kW} \tag{17-33}$$

em que N_1 = número de dentes na roda dentada menor

n_1 = velocidade da roda dentada, rev/min

p = passo da corrente, mm

K_r = 29 para correntes números 25, 35; 3,4 para corrente 41; e 17 para correntes 40–240.

Tabela 17–21 Número de dentes de roda dentada de fileira única, disponibilizada por um fornecedor.*

nº	Números de dentes disponíveis em rodas dentadas
25	8-30, 32, 34, 35, 36, 40, 42, 45, 48, 54, 60, 64, 65, 70, 72, 76, 80, 84, 90, 95, 96, 102, 112, 120
35	4-45, 48, 52, 54, 60, 64, 65, 68, 70, 72, 76, 80, 84, 90, 95, 96, 102, 112, 120
41	6-60, 64, 65, 68, 70, 72, 76, 80, 84, 90, 95, 96, 102, 112, 120
40	8-60, 64, 65, 68, 70, 72, 76, 80, 84, 90, 95, 96, 102, 112, 120
50	8-60, 64, 65, 68, 70, 72, 76, 80, 84, 90, 95, 96, 102, 112, 120
60	8-60, 62, 63, 64, 65, 66, 67, 68, 70, 72, 76, 80, 84, 90, 95, 96, 102, 112, 120
80	8-60, 64, 65, 68, 70, 72, 76, 78, 80, 84, 90, 95, 96, 102, 112, 120
100	8-60, 64, 65, 67, 68, 70, 72, 74, 76, 80, 84, 90, 95, 96, 102, 112, 120
120	9-45, 46, 48, 50, 52, 54, 55, 57, 60, 64, 65, 67, 68, 70, 72, 76, 80, 84, 90, 96, 102, 112, 120
140	9-28, 30, 31, 32, 33, 34, 35, 36, 37, 39, 40, 42, 43, 45, 48, 54, 60, 64, 65, 68, 70, 72, 76, 80, 84, 96
160	8-30, 32–36, 38, 40, 45, 46, 50, 52, 53, 54, 56, 57, 60, 62, 63, 64, 65, 66, 68, 70, 72, 73, 80, 84, 96
180	13-25, 28, 35, 39, 40, 45, 54, 60
200	9-30, 32, 33, 35, 36, 39, 40, 42, 44, 45, 48, 50, 51, 54, 56, 58, 59, 60, 63, 64, 65, 68, 70, 72
240	9-30, 32, 35, 36, 40, 44, 45, 48, 52, 54, 60

*Morse Chain Company, Ítaca, NY, rodas dentadas de cubo tipo B.

A constante 0,003 se torna 0,00165 para a corrente leve nº 41. A potência nominal em cavalos na Tabela 17–20 é $H_{nom} = \min(H_1, H_2)$. Por exemplo, para $N_1 = 17$, $n_1 = 1\,000$ rev/min, a corrente número 40 com $p = 12,5$ mm, da Equação (17–32),

$$H_1 = 0,003(17)^{1,08} 1000^{0,9} 12,5/25,4^{[3 - 0,07(12,5/25,4)]} = 3,92 \text{ kW}$$

Da Equação (17–33),

$$H_2 = \frac{746(17)17^{1,5}(12,5/25,4^{0,8})}{1000^{1,5}} = 15,94 \text{ kW}$$

O valor na Tabela 17–20 é $H_{tab} = \min(3,92, 15,94) = 3,92$ kW.

É preferível ter um número ímpar de dentes na roda dentada motora (17, 19, ...) e um número par de passos na corrente para evitar o uso de um elo especial. O comprimento aproximado da corrente L em passos é

$$\frac{L}{p} \doteq \frac{2C}{p} + \frac{N_1 + N_2}{2} + \frac{(N_2 - N_1)^2}{4\pi^2 C/p} \tag{17–34}$$

A distância de centro a centro C é

$$C = \frac{p}{4}\left[-A + \sqrt{A^2 - 8\left(\frac{N_2 - N_1}{2\pi}\right)^2}\right] \tag{17–35}$$

em que

$$A = \frac{N_1 + N_2}{2} - \frac{L}{p} \tag{17–36}$$

A potência admissível (permissível) H_a é dada por

$$H_a = K_1 K_2 H_{tab} \qquad (17\text{-}37)$$

em que K_1 = fator de correção para número de dentes distinto a 17 (Tabela 17–22)
 K_2 = correção de fileira (Tabela 17–23)

Tabela 17–22 Fatores de correção de dente, K_1.

Número de dentes na roda dentada motora	K_1 em cavalos pré-extremo	K_1 em cavalos pós-extremo
11	0,62	0,52
12	0,69	0,59
13	0,75	0,67
14	0,81	0,75
15	0,87	0,83
16	0,94	0,91
17	1,00	1,00
18	1,06	1,09
19	1,13	1,18
20	1,19	1,28
N	$(N_1/17)^{1,08}$	$(N_1/17)^{1,5}$

Tabela 17–23 Fatores de fileiras múltiplas, K_2.

Número de fileiras	K_2
1	1,0
2	1,7
3	2,5
4	3,3
5	3,9
6	4,6
8	6,0

Potência em cavalos H_d a ser transmitida é dada por

$$H_d = H_{nom} K_s n_d \qquad (17\text{-}38)$$

onde K_s é o fator de serviço a ser considerado para ações não uniformes e n_d é um fator de projeto.

A Equação (17–32) é base dos registros de potência pré-extremos (entradas verticais) da Tabela 17–20, e a potência da corrente é limitada pela fadiga da placa de elo. A Equação (17–33) é base dos registros de potência pós-extremos dessas tabelas, e o desempenho em potência da corrente é limitado pela fadiga por impacto. As entradas correspondem a correntes com comprimento de 100 passos primitivos e roda dentada de 17 dentes. Para um desvio dessas condições,

$$H_2 = 1000 \left[K_r \left(\frac{N_1}{n_1}\right)^{1,5} p^{0,8} \left(\frac{L_p}{100}\right)^{0,4} \left(\frac{15\,000}{h}\right)^{0,4} \right] \quad (17\text{--}39)$$

sendo que L_p é o comprimento da corrente em passos e h é a vida da corrente em horas. Visto de um ponto de vista de desvio, a Equação (17–39) pode ser escrita como uma equação de compromisso na seguinte maneira:

$$\frac{H_2^{2,5} h}{N_1^{3,75} L_p} = \text{constante} \quad (17\text{--}40)$$

Se o fator de correção de número de dentes K_1 é utilizado, então omita o termo $N_1^{3,75}$.

Na Equação (17–40) se esperaria o termo h/L_p, porque dobrar o número de horas pode requerer dobrar o comprimento da corrente, outras condições mantidas constantes, para o mesmo número de ciclos. Nossa experiência com tensões de contato nos leva a esperar uma relação carga (tração) *versus* vida da forma $F^a L = $ constante. Na circunstância mais complexa de impacto de rolete e bucha, a Diamond Chain Company identificou $a = 2,5$.

A máxima velocidade (rev/min) para uma transmissão de corrente está limitada pelo esfolamento que ocorre entre o pino e a bucha. Testes sugerem que

$$n_1 \leq 1000 \left[\frac{82,5}{7,95^p (1,0278)^{N_1} (1,323)^{F/1000}} \right]^{1/(1,59 \log p + 1,873)} \text{ rev/min}$$

em que F é a tração na corrente em libras-força.

EXEMPLO 17–5 Selecione componentes de transmissão para uma redução de 2:1, 68 kW a 300 rev/min, choque moderado, um ciclo anormal de 18 horas por dia, lubrificação pobre, temperaturas baixas, circundante sujo, acionadora pequena de $C/p = 25$.

Solução *Função:* $H_{\text{nom}} = 68$ kW, $n_1 = 300$ rev/min, $C/p = 25$, $K_s = 1,3$
Fator de projeto: $n_d = 1,5$
Roda dentada: $N_1 = 17$ dentes, $N_2 = 34$ dentes, $K_1 = 1$, $K_2 = 1, 1,7, 2,5, 3,3$
Número de fileiras na corrente:

$$H_{\text{tab}} = \frac{n_d K_s H_{\text{nom}}}{K_1 K_2} = \frac{1,5(1,3)68}{(1)K_2} = \frac{132,6}{K_2}$$

Da Tabela:

Número de fileiras	132,6/K_2 (Tabela 17–23)	Número da corrente (Tabela 17–20)	Tipo de lubrificação
1	132,6/1 = 132,6	200	C'
2	132,6/1,7 = 78	160	C
3	132/2,5 = 53,04	140	B
4	132/3,3 = 40,18	140	B

Decisão 3 fileiras da corrente número 140 (H_{tab} é 54 kW).

Número de passos na corrente:

$$\frac{L}{p} = \frac{2C}{p} + \frac{N_1 + N_2}{2} + \frac{(N_2 - N_1)^2}{4\pi^2 C/p}$$

$$= 2(25) + \frac{17 + 34}{2} + \frac{(34 - 17)^2}{4\pi^2(25)} = 75{,}79 \text{ passos}$$

Decisão Use 76 passos. Assim $L/p = 76$.

Identifique a distância entre centros: Das Equações (17–35) e (17–36),

$$A = \frac{N_1 + N_2}{2} - \frac{L}{p} = \frac{17 + 34}{2} - 76 = -50{,}5$$

$$C = \frac{p}{4}\left[-A + \sqrt{A^2 - 8\left(\frac{N_2 - N_1}{2\pi}\right)^2}\right]$$

$$= \frac{p}{4}\left[50{,}5 + \sqrt{50{,}5^2 - 8\left(\frac{34 - 17}{2\pi}\right)^2}\right] = 25{,}104p$$

Para uma corrente 140, $p = 44{,}45$ mm. Assim,

$$C = 25{,}104p = 25{,}104(44{,}45) = 1115{,}9 \text{ mm}$$

Lubrificação: Tipo B

Comentário: Esta operação ocorre na porção pré-extremo de potência, portanto outras estimativas de durabilidade que 15 000 horas não estão disponíveis. Dadas as condições pobres de operação, a vida será muito mais curta.

Lubrificação de correntes de roletes é essencial para obter uma vida longa e sem problemas. Tanto a alimentação de gotejamento quanto um banho raso no lubrificante são satisfatórios. Deve ser usado um óleo mineral médio ou leve, sem aditivos. Exceto em condições excepcionais, óleos pesados e graxas não são recomendados, porque são muito viscosos para adentrar às pequenas folgas entre peças da corrente.

17–6 Cabos de aço[3]

O cabo de aço é feito com dois tipos de enrolamento, como mostra a Figura 17–19. O *entrelaçado regular*, que é o padrão aceito, tem o fio torcido em uma direção para formar os cordões, e os cordões torcidos na direção oposta para formar o cabo. No cabo completo, os fios visíveis são aproximadamente paralelos ao eixo do cabo. Cordas de entrelaçado regular não enroscam nem distorcem e são fáceis de manusear.

Cabos de entrelaçado concordante (Lang) têm os fios no cordão e os cordões no cabo torcidos na mesma direção, portanto, os fios externos correm diagonalmente pelo eixo do cabo. Cabos de entrelaçado concordante são mais resistentes ao desgaste por abrasão e falha decorrente de fadiga que os cabos de entrelaçado regular, porém são propensas a enroscar e distorcer.

---

[3] N. de T.: O termo cabo de aço é de uso restrito às aplicações de içamento, guindastes elevadores etc. A rigor, a designação cabo é para corda feita de cordões metálicos. Essa nomenclatura nem sempre é fielmente seguida.

(a) Entrelaçado regular

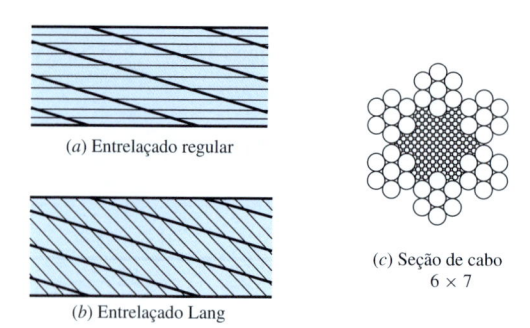

(b) Entrelaçado Lang

(c) Seção de cabo 6 × 7

Figura 17–19 Tipos de cabos de aço; ambos os entrelaçamentos são encontrados tanto à mão esquerda quanto à mão direita.

Cabos padrão são feitos com um núcleo de cânhamo, que suporta e lubrifica os cordões. Quando o cabo é submetido ao calor, um centro de aço ou de cordão de fio deve ser utilizado.

Cabos de aço são designados como, por exemplo, corda de reboque de 28 mm 6 × 7. O primeiro número é o diâmetro do cabo (Figura 17–19c). O segundo e terceiro números são os números de cordões e o número de fios em cada, respectivamente. A Tabela 17–24 lista alguns dos vários cabos que estão disponíveis, juntamente com suas características e propriedades. A área de metal em cabos padronizados de içamento e de reboque é $A_m = 0{,}38d^2$.

Quando um cabo de aço passa ao redor de uma roldana, há uma certa quantidade de reajuste dos elementos. Cada um dos fios e cordões deve deslizar sobre vários outros e, presumivelmente, algo de flexão individual ocorre. É provável que nessa ação complexa exista alguma concentração de tensão. A tensão em um dos fios de um cabo passando ao redor de uma roldana pode ser calculada como se segue. Da mecânica dos sólidos, temos

$$M = \frac{EI}{\rho} \qquad \text{e} \qquad M = \frac{\sigma I}{c} \tag{a}$$

e as quantidades têm seus significados usuais. Eliminando M e resolvendo para a tensão leva a

$$\sigma = \frac{Ec}{\rho} \tag{b}$$

Em lugar do raio de curvatura ρ, podemos substituir o raio da roldana $D/2$. Também, $c = d_w/2$, sendo d_w o diâmetro do fio. Essas substituições nos dão

$$\sigma = E_r \frac{d_w}{D} \tag{c}$$

em que E_r é o *módulo de elasticidade do cabo*, não do fio. Para entender essa equação, observe que o fio individual faz uma figura de um saca-rolhas no espaço e, se você puxá-lo para determinar E, ele se estenderá ou dará mais do que seu E nativo sugeriria. Portanto E é ainda o módulo de elasticidade do fio, porém, em sua configuração peculiar como parte do cabo, seu módulo é menor. Por essa razão, dizemos que E_r na Equação (c) é o módulo de elasticidade do cabo, não do fio, reconhecendo assim que podemos ser evasivos em relação ao nome utilizado.

A Equação (c) dá a tensão de tração σ nos fios externos. O diâmetro da roldana é representado por D. Essa equação revela a importância de utilizar uma roldana de diâmetro grande. Os diâmetros mínimos sugeridos de roldana na Tabela 17–24 baseiam-se numa razão D/d_w de 400. Se possível, as roldanas devem ser dimensionadas para uma razão maior. Para elevadores e içadores (cadernal, moitão) de minas, D/d_w é geralmente tomado entre 800 e 1 000. Se a razão for menor que 200, altas cargas irão, com frequência, causar deformação permanente no cabo.

Tabela 17–24 Dados de cabo de aço.

Cabo	Peso por metro (10^{-3}) N	Diâmetro mínimo deroldana, mm	Tamanhos padronizados d, mm	Material	Tamanho dos fios externos	Módulo de elasticidade,* GPa	Resistência†, MPa
Reboque 6 × 7	$33{,}92d^2$	$42d$	6 – 38	Aço (monitor)	$d/9$	96	690
				Aço de arado‡	$d/9$	96	908
				Aço de arado brando	$d/9$	96	524
Içamento padronizado 6 × 19	$36{,}18d^2$	26d-34d	6 – 70	Aço (monitor)	$d/13–d/16$	83	730
				Aço de arado	$d/13–d/16$	83	640
				Aço de arado brando	$d/13–d/16$	83	550
Especial flexível 6 × 37	$35{,}0d^2$	$18d$	6 – 90	Aço (monitor)	$d/22$	76	690
				Aço de arado	$d/22$	76	608
Extraflexível 8 × 19	$32{,}72d^2$	21d–26d	6 – 38	Aço (monitor)	$d/15–d/19$	69	634
				Aço de arado brando	$d/15–d/19$	69	550
Aeronave 7 × 7	$38{,}45d^2$	—	1,6 – 1,0	Resistente à corrosão	—	—	850
				Aço carbono	—	—	850
Aeronave 7 × 9	$39{,}58d^2$	—	3 – 36	Resistente à corrosão	—	—	930
				Aço carbono	—	—	986
Aeronave com 19 fios	$48{,}62d^2$	—	0,8 – 8	Resistente à corrosão	—	—	1137
				Aço carbono	—	—	1137

Fonte: Compilado do *American Steel and Wire Company Handbook.*

*O módulo de elasticidade é apenas uma aproximação; ele é afetado pelas cargas no cabo de aço e, em geral, aumenta com a vida do cabo de aço.
†A resistência é baseada na área nominal do cabo de aço. Os valores dados são apenas uma aproximação e baseiam-se em cabos de aço de 25 mm de tamanho e de 6 mm para cabos de aviação.
‡ N. de. T.: Aço de arado tem alta resistência com conteúdo de carbono de 0,5 a 0,95%.

Uma tração no cabo de aço com a mesma tensão de tração que a flexão da roldana é chamada de *carga equivalente de flexão* F_b, dada por

$$F_b = \sigma A_m = \frac{E_r d_w A_m}{D} \tag{17–41}$$

Um cabo de aço pode falhar porque a carga estática excede a resistência máxima do cabo. Falhas dessa natureza geralmente não são culpa do projetista, pelo contrário, é uma falta do operador ao permitir que o cabo seja submetido a cargas para as quais não foi projetado.

A primeira consideração ao selecionar um cabo de aço é determinar a carga estática. Essa carga é composta dos seguintes itens:

- O peso conhecido ou peso morto.

- Cargas adicionais causadas por paradas súbitas ou arrancadas.
- Cargas de choque.
- Atrito de mancal em roldana.

Quando essas cargas são somadas, o total pode ser comparado com a resistência máxima do cabo para encontrar um fator de segurança. Contudo, essa resistência deve ser reduzida pela perda de resistência que ocorre quando o cabo passa sobre uma superfície curvada, tal qual uma roldana estacionária ou pino; ver Figura 17–20.

Para uma operação média, utilize um fator de segurança 5. Fatores de segurança de até 8 ou 9 são usados se houver risco para a vida humana ou em situações muito críticas.

A Tabela 17–25 lista fatores de segurança mínimos para uma variedade de situações de projeto. Aqui, o fator de segurança é definido como

$$n = \frac{F_u}{F_t}$$

sendo F_u a carga máxima do fio e F_t, a máxima tração de trabalho.

Uma vez que você tenha selecionado um cabo com base na resistência estática, a próxima consideração é a de assegurar que a vida ao desgaste do cabo e da roldana, ou roldanas, obedece a certos requisitos. Quando um cabo carregado é flexionado sobre uma roldana, o cabo estica como uma mola, roça contra a roldana e causa desgaste de ambos, cabo e roldana. A quantidade de desgaste que ocorre depende da pressão do cabo na ranhura da roldana. Essa pressão é chamada de *pressão de suporte*; uma boa estimativa de sua magnitude é dada por

$$p = \frac{2F}{dD} \tag{17–42}$$

em que F = força de tração no cabo
d = diâmetro do cabo
D = diâmetro da roldana

As pressões permissíveis dadas na Tabela 17–26 devem ser utilizadas apenas como um indicador grosseiro; elas podem não evitar uma falha por fadiga ou desgaste severo. Elas são apresentadas aqui porque eram utilizadas no passado e fornecem um ponto de partida para projeto.

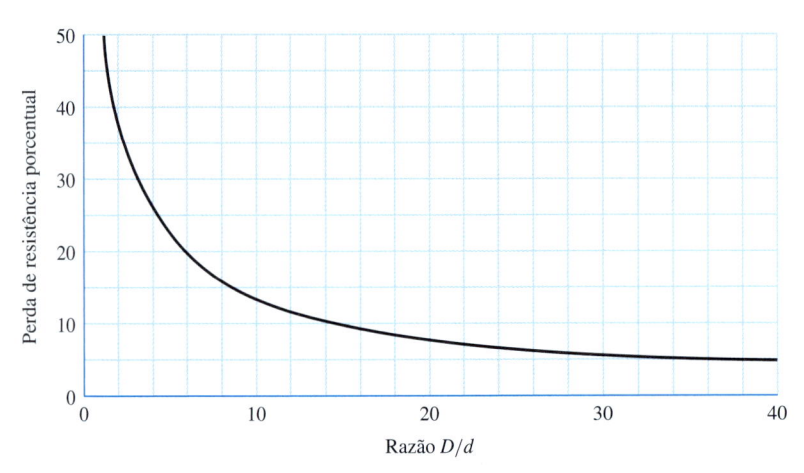

Figura 17–20 Perda de resistência porcentual devido a diferentes razões D/d; derivada de dados de teste padronizado para cabos das classes 6 × 19 e 6 × 17. (*Materiais fornecidos pela Wire Rope Technical Board* – WRTB, Wire Rope User's Manual, 3ª ed. Reimpresso com permissão.)

Tabela 17–25 Fatores de segurança mínimos para cabos de aço.*

Cabos teleféricos	3,2	Elevadores de passageiros, m/s:	
Cabo-guia	3,5	0,25	7,60
Eixos em minas, m:		1,52	9,20
Até 1525	8,0	4,06	11,25
305–610	7,0	6,10	11,80
610–915	6,0	7,62	11,90
Acima de 915	5,0	Elevadores de carga, m/s:	
Içamento	5,0	0,25	6,65
Reboque	6,0	1,52	8,20
Guindastes e guinchos	6,0	4,06	10,00
Içadores elétricos	7,0	6,10	10,50
Elevadores manuais	5,0	7,62	10,55
Elevadores pessoais	7,5	Elevadores motorizados de pequenos volumes, m/s:	
Elevador manual de pequenos valores	4,5		
Elevadores de grãos	7,5	0,25	4,8
		1,52	6,6
		4,06	8,0

Fonte: Compilado de uma variedade de fontes, incluindo a ANSI A17.1-1978.

*O uso desses fatores não evita a falha por fadiga.

Tabela 17–26 Máximas pressões permissíveis de suporte de cabos em roldanas (em MPa).

	Material da roldana				
Cabo	Madeira[a]	Ferro fundido[b]	Tipo de lubrificação[c]	Ferros fundidos resfriados[d]	Aço com manganês[e]
Disposição regular:					
6 × 7	1,0	2,1	3,8	4,5	10,1
6 × 19	1,7	3,3	6,2	7,6	16,6
6 × 37	2,1	4,0	7,4	9,1	20,7
8 × 19	2,4	4,7	8,7	10,7	24,1
Disposição concordante:					
6 × 7	1,1	2,4	4,1	4,9	11,4
6 × 19	1,9	3,8	6,9	8,3	19,0
6 × 37	2,3	4,6	8,1	10,0	22,8

Fonte: Wire Rope Users Manual, AISI, 1979.

[a]Em grão final de faia, nogueira amarga ou resina.

[b]Para H_B (min.) = 125.

[c]Carbono 30–40; H_B (min.) = 160.

[d]Utilize somente com superfície de dureza uniforme.

[e]Para velocidades altas com polias balanceadas possuindo superfícies retificadas.

Um diagrama de fadiga, não muito diferente de um diagrama *S-N*, pode ser obtido para cabo de aço. Tal diagrama é mostrado na Figura 17–21. Aqui a ordenada é a razão pressão--resistência p/S_u, e S_u é a resistência máxima de tração do *fio*. A abscissa é o número de flexões que ocorre ao longo da vida total do cabo. A curva implica que um cabo de aço possui um

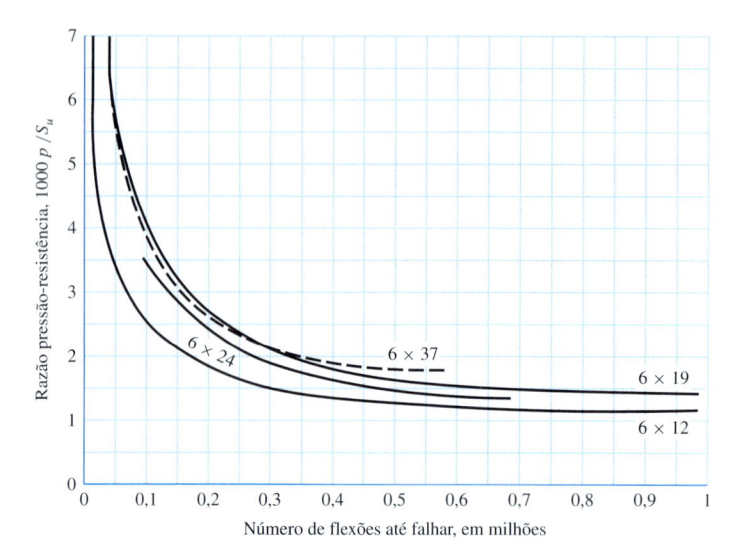

Figura 17–21 Relação determinada experimentalmente entre a vida de fadiga do cabo de aço *versus* a pressão de roldana.

limite de fadiga; porém, isso não é verdadeiro. Um cabo de aço que é utilizado sobre roldanas falhará eventualmente em fadiga ou em desgaste. Contudo, o gráfico mostra que o cabo terá uma vida longa se a razão p/S_u for menor que 0,001. Substituindo essa razão na Equação (17–42), nos dá

$$S_u = \frac{2000F}{dD} \qquad (17\text{--}43)$$

em que S_u é a resistência máxima do *fio*, não do cabo, e as unidades de S_u estão relacionadas às unidades de F. Essa equação interessante contém a resistência do fio, a carga, o diâmetro do cabo e o diâmetro da roldana — todas as quatro variáveis em uma única equação! Dividindo ambos os lados da Equação (17–42) pela resistência máxima dos fios S_u e resolvendo para F, nos dá

$$F_f = \frac{(p/S_u)S_u dD}{2} \qquad (17\text{--}44)$$

sendo que F_f é interpretada como a tração de fadiga permissível à medida que o fio é flexionado um número de vezes correspondente a p/S_u selecionado da Figura 17–21, para um cabo em particular e expectativa de vida. O fator de segurança pode ser definido em fadiga como

$$n_f = \frac{F_f - F_b}{F_t} \qquad (17\text{--}45)$$

em que F_f é a resistência de tração do cabo sob flexão e F_t é a tração no lugar onde o cabo está flexionando. Infelizmente o projetista tem em geral informação do vendedor, que tabula a tração máxima do cabo e não dá a informação da resistência máxima S_u concernente aos fios com os quais o cabo é construída. Orientação parcial sobre a resistência de fios individuais provém de

Aço de arado melhorado (monitor)	$1\,655 < S_u < 1\,930$ MPa
Aço de arado	$1\,448 < S_u < 1\,655$ MPa
Aço de arado brando	$1\,241 < S_u < 1\,448$ MPa

Ao usar cabos de aço, o fator de segurança é definido para carregamento estático como

$$n_s = \frac{F_u - F_b}{F_t} \quad (17\text{--}46)$$

onde F_b é a tensão no cabo que induziria a mesma tensão no tecido exterior que aquela dada pela Equação (c). Tome cuidado ao comparar fatores de segurança estáticos recomendados para a Equação (17–46), pois o n_s é algumas vezes definido como F_u/F_t. O fator de segurança em carregamento de fadiga pode ser definido como na Equação (17–45), ou usando uma análise estática e compensando com um fator de segurança elevado aplicável a carregamento estático, como na Tabela 17–25. Quando usar fatores de segurança expressos em códigos (normas), padrões, manuais de projeto corporativos ou recomendações de fabricantes de cabos de aço ou provenientes da literatura, esteja seguro de averiguar sobre que base (fundamento) o fator de segurança deve ser avaliado e proceda adequadamente.

Se o cabo é feito de aço de arado, os fios são provavelmente de aço AISI 1070 estirado a frio ou de aço carbono 1080. Referindo-se à Tabela 10–3, p. 508, vemos que eles se situam em algum lugar entre fio de mola estirado a frio e o fio musical.[4] Porém as constantes m e A necessárias à resolução da Equação (10–14), p. 507, para S_u estão faltando.

Engenheiros em exercício que desejam resolver a Equação (17–43) devem determinar a resistência S_u do fio para o cabo sob consideração desenrolando fio suficiente para testar quanto à dureza Brinell. Daí S_u pode ser determinado utilizando a Equação (2-21), p. 51. A falha por fadiga em fio de cabo não é repentina, como em corpos sólidos, porém progressiva, e mostra-se como rompimento de um fio externo. Isso significa que o começo da fadiga pode ser detectado por inspeção de rotina periódica.

A Figura 17–22 é um outro gráfico que mostra o ganho em vida a ser obtido por uso de razões D/d elevadas. Em vista do fato de que a vida de cabos de aço utilizados sobre roldanas é apenas finita, é extremamente importante que o projetista especifique e insista que inspeções periódicas, lubrificação e procedimentos de manutenção sejam realizados durante a vida do cabo. A Tabela 17–27 dá propriedades úteis de alguns cabos de aço.

Para um problema de içador de minas, com podemos desenvolver equações de trabalho com base nessa apresentação. A tração no cabo de aço F_t causada pela carga e aceleração/desaceleração é

$$F_t = \left(\frac{W}{m} + wl\right)\left(1 + \frac{a}{g}\right) \quad (17\text{--}47)$$

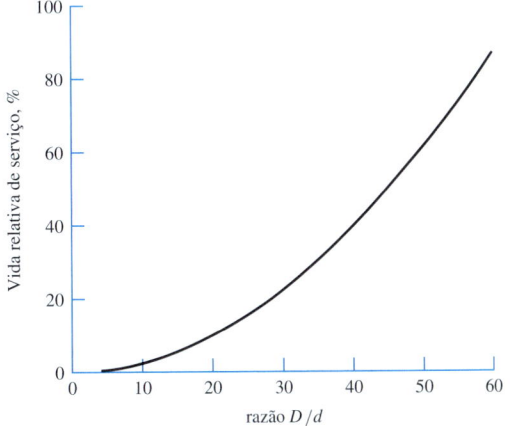

Figura 17–22 Curva serviço-vida baseada apenas em tensões de flexão e de tração. Esta curva mostra que a vida correspondente a D/d = 48 é o dobro daquela referente a D/d = 33. (*Materiais fornecidos pelo Wire Rope Technical Board* (WRTB), Wire Ropes User's Manual, 3ª ed., Reimpresso com permissão.)

---

[4] N. de T.: Fio musical (ou polido): aço estirado a frio de resistência de tração e torção mais elevadas que qualquer material disponível.

Tabela 17–27 Algumas propriedades úteis de cabos 6 × 7, 6 × 19 e 6 × 37.

Corda de fio	Peso por metro w, (10^{-3}) N/m	Peso por metro incluindo o núcleo w, (10^{-3}) N/m	Diâmetro mínimo de roldana D, mm	Diâmetro máximo de roldana D, mm	Diâmetro dos fios d_w, mm	Área de metal A_m, mm²	Módulo de Young do cabo E_r, GPa
6 × 7	33,92d^2		42d	72d	0,111d	0,38d^2	13 × 10⁶
6 × 19	36,18d^2	39,8d^2	30d	45d	0,067d	0,40d^2	12 × 10⁶
6 × 37	35,05d^2	38,67d^2	18d	27d	0,048d	0,40d^2	12 × 10⁶

em que W = peso na extremidade do cabo (carcaça e carga), N
m = número de cabos de aço suportando a carga
w = peso/metro do cabo de aço, N/m
l = comprimento suspenso do cabo, m
a = máxima aceleração/desaceleração experimentada, m/s²
g = aceleração da gravidade, m/s²

A resistência à fadiga por tração em libras, para uma vida especificada é

$$F_f = \frac{(p/S_u)S_u D d}{2} \qquad (17\text{--}47)$$

em que (p/S_u) = vida especificada, da Figura 17–21
S_u = resistência de tração máxima dos fios, Pa
D = diâmetro da roldana ou do tambor de cabrestante (sarilho), m
d = tamanho nominal do cabo de aço, m

A *carga equivalente de flexão* F_b é

$$F_b = \frac{E_r d_w A_m}{D} \qquad (17\text{--}48)$$

em que E_r = módulo de Young do cabo de aço, Tabela 17–24 ou 17–27, Pa
d_w = diâmetro dos fios, m
A_m = área de seção transversal metálica, Tabela 17–24 ou 17–28, m²
d = diâmetro de roldana ou do tambor de cabrestante (sarilho), m

O fator de segurança estático n_s é

$$n_s = \frac{F_u - F_b}{F_t} \qquad (17\text{--}49)$$

Seja prudente ao comparar fatores de segurança estáticos recomendados à Equação (17–49), uma vez que n_s é algumas vezes definido como F_u/F_t. O fator de segurança à fadiga n_f é

$$n_f = \frac{F_f - F_b}{F_t} \qquad (17\text{--}50)$$

EXEMPLO 17–6 Um elevador temporário de construção está sendo projetado para elevar trabalhadores e materiais a uma altura de 27 m. A carga máxima estimada a ser içada é de 22 kN a uma velocidade que não excederá 0,6 m/s. Para diâmetros mínimos de roldanas e aceleração de 1,2 m/s², especifique o número de cabos de aço de arado com 25 mm necessário se são usados no içamento cordões de 6 × 19.

Solução Uma vez que esta é uma tarefa de projeto, é útil termos um conjunto de decisões.

Decisões iniciais:

- Funções: carga, altura, aceleração, velocidade, expectativa de vida
- Fator de projeto: n_d
- Material: IPS, PS, MPS ou outro
- Cabo: camadas, número de cordões, número de fios por cordão

Variáveis a escolher:

- Dimensão nominal do fio: d
- Número de fios de suporte de carga: m

Da experiência com o Problema 17–29, é pouco provável que um cabo de 25 mm tenha muito mais vida, então aborde o problema deixando em aberto as decisões sobre o d e o m.

Função: carga de 22 kN, elevação de 27 m, aceleração = 1,2 m/s², velocidade = 0,6 m/s, expectativa de vida = 10^5 ciclos
Fator de Projeto: $n_d = 2$
Material: IPS
Cabo: Camada regular, içamento com aço de arado 6 × 19 com 25 mm

Variáveis de projeto
Escolha D_{min} de 750 mm. Tabela 17–27: $w = 0,0362d^2$ N/m

$$wl = 0,0362d^2 (27) = 0,253d^2 \text{ N, ea.}$$

Equação (17–46):

$$F_t = \left(\frac{W}{m} + wl\right)\left(1 + \frac{a}{g}\right) = \left(\frac{22\,000}{m} + 0,253d^2\right)\left(1 + \frac{1,2}{9,81}\right)$$

$$= \frac{24\,691}{m} + 0,284d^2 \text{ N.} \quad \text{cada fio}$$

Equação (17–47):

$$F_f = \frac{(p/S_u)S_u D d}{2}$$

Da Figura 17–21 para 10^5 ciclos $p/Su = 0,004$; $Su = 1655$ MPa, com base em área de metal.

$$F_f = \frac{0,004(1655)(750)d}{2} = 2482d \text{ N} \quad \text{cada fio}$$

Equação (17–48) e Tabela 17–27:

$$F_b = \frac{E_w d_w A_m}{D} = \frac{83\,000(0,067d)(0,4d^2)}{750} = 2,97d^3 \text{ N,} \quad \text{cada fio}$$

Equação (17–45):

$$n_f = \frac{F_f - F_b}{F_t} = \frac{2482d - 2{,}97d^3}{(24\,691/m) + 0{,}284d^2}$$

Podemos usar um programa de computador para construir uma tabela similar àquela do Exemplo 17–5. Outra alternativa seria reconhecermos que $0{,}284d^2$ é pequeno se comparado a $24\,691/m$, e assim eliminaríamos o termo $0{,}284d^2$.

$$n_f \doteq \frac{2482d - 2{,}97d^3}{24\,691/m} = \frac{m}{24\,691}(2482d - 2{,}97d^3)$$

Maximize n_f,

$$\frac{\partial n_f}{\partial d} = 0 = \frac{m}{24\,691}[2482 - 3(2{,}97)d^2]$$

Da qual

$$d^* = \sqrt{\frac{2482}{8{,}91}} = 16{,}7 \text{ mm}$$

Retro substituindo

$$n_f = \frac{m}{24\,691}[2482(16{,}7) - 2{,}97(16{,}7)^3] = 1{,}118$$

Assim, $n_f = 1{,}12$, $2{,}24$, $3{,}35$, $4{,}47$ para $m = 1, 2, 3, 4$, respectivamente. Se escolhemos $d = 1{,}25$ mm, então $m = 2$.

$$n_f = \frac{2482(12{,}5) - 2{,}97(12{,}5)^3}{(24\,691/2) + 0{,}284(12{,}5)^2} = 2{,}036$$

Isto é um pouco menos que $nd = 2$

Decisões #1: $d = 12{,}5$ mm

Resposta

Decisões #2: $m = 2$ cabos suportando a carga. Os cabos devem ser inspecionados semanalmente para qualquer sinal de fadiga (fios externos rompidos).

Comentário: a Tabela 17–25 fornece n para elevadores de carga em termos de velocidade.

$$F_u = (S_u)_{\text{nom}} A_{\text{nom}} = 730\left(\frac{\pi d^2}{4}\right) = 573{,}3d^2 \text{ N.} \quad \text{cada fio}$$

$$n = \frac{F_u}{F_t} = \frac{573{,}3(12{,}5)^2}{(24\,691/2) + 2{,}97(12{,}5)^2} = 7{,}0$$

Por comparação, a interpolação para 0,6 m/s fornece aproximadamente 7,08. A categoria de construção de içamentos não é considerada na Tabela 17–25. Devemos investigar isto antes de seguir adiante.

17–7 Eixos flexíveis

Uma das maiores limitações do eixo sólido é que ele não pode transmitir movimento ou potência através de cantos. É, portanto, necessário recorrer a correias, correntes, ou engrenagens, juntamente com mancais e a estrutura de suporte associada a eles. O eixo flexível pode com frequência ser uma solução econômica ao problema de transmissão de movimento ao redor de cantos. Além do fato de eliminar partes custosas, seu uso pode reduzir o barulho de forma considerável.

Existem dois tipos principais de eixos flexíveis: o eixo de potência motora para a transmissão de potência em uma só direção e o eixo de controle remoto ou de controle manual para a transmissão de movimento em uma e outra direção.

A construção de um eixo flexível é mostrada na Figura 17–24. O cabo é feito por enrolamento de diversas camadas de fio ao redor de um núcleo central. Para o eixo de potência motora, a rotação deve ser em uma direção tal que a camada mais externa seja enrolada completamente. Cabos de controle remoto possuem uma disposição diferente dos fios que formam o cabo, com mais fios em cada camada, de modo que a deflexão por torção é aproximadamente a mesma para uma e outra direção de rotação.

Eixos flexíveis são designados pela especificação do torque que corresponde a vários raios de curvatura do invólucro. Um raio de curvatura de 380 mm, por exemplo, dará uma capacidade em torque de duas a cinco vezes aquela de um de 175 mm de curvatura. Quando eixos flexíveis são utilizados em uma transmissão na qual engrenagens também são utilizadas, as engrenagens devem ser colocadas em uma posição tal que o eixo flexível rode a uma velocidade tão alta quanto possível. Isso permite a transmissão da máxima quantidade de potência.

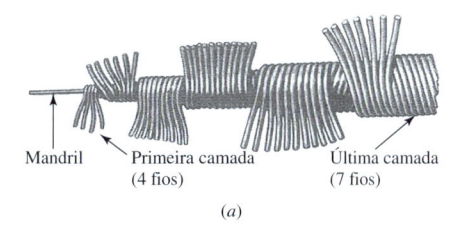

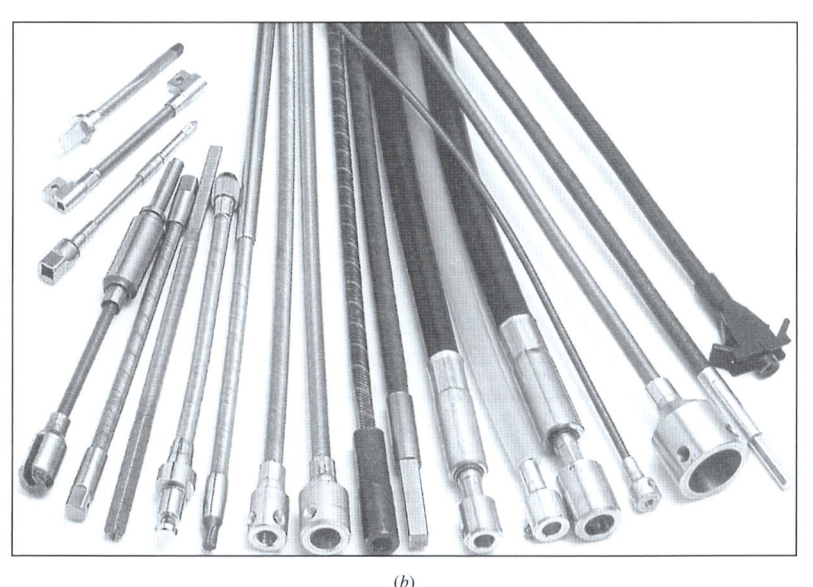

Figura 17–24 Eixo flexível: (*a*) detalhes construtivos; (*b*) uma variedade de configurações. (*Cortesia de S.S. White Technologies, Inc.*)

PROBLEMAS

17–1 O Exemplo 17–2 resultou na seleção de uma cinta plana de poliamida A–3 com 10 in de largura. Mostre que o valor de F_1 que restitui para f o valor de 0,8 é

$$F_1 = \frac{(\Delta F + F_c) \exp f\phi - F_c}{\exp f\phi - 1}$$

e compare as tensões iniciais.

17–2 Uma correia plana de poliamida F-1 de 150 mm de largura é utilizada para conectar uma polia de 50 mm de diâmetro para acionar uma polia maior com uma razão de velocidade angular de 0,5. A distância entre centros é de 2,7 m. A velocidade angular da polia menor é de 1 750 rev/min, quando repassa uma potência de 1,5 kW. É apropriado um fator de serviço K_s de 1,25.

(a) Encontre F_c, F_i, F_{1a} e F_2.
(b) Encontre Ha, n_{fs} e o comprimento da correia.
(c) Encontre a depressão.

17–3 Perspectiva e percepção podem ser ganhos dobrando-se todas as dimensões geométricas e observando os efeitos em parâmetros do problema. Considere a transmissão do Problema 17–2, dobre as dimensões e compare.

17–4 Uma transmissão por correia plana deve consistir em duas polias de ferro fundido de 1,2 m de diâmetro espaçadas de 4,8 m. Selecione um tipo de correia para transmitir 45 kW a uma velocidade de polia de 380 rev/min. Utilize um fator de serviço de 1,1 e um fator de projeto de 1,0.

17–5 Ao resolver problemas e examinar exemplos, você provavelmente notou algumas formas recorrentes:

$$w = 12\gamma bt = (12\gamma t)b = a_1 b$$

$$(F_1)_a = F_a b C_p C_v = (F_a C_p C_v) b = a_0 b$$

$$F_c = \frac{wV^2}{g} = \frac{a_1 b}{32,174}\left(\frac{V}{60}\right)^2 = a_2 b$$

$$(F_1)_a - F_2 = 2T/d = 33\,000 H_d/V = 33\,000 H_{\text{nom}} K_s n_d / V$$

$$F_2 = (F_1)_a - [(F_1)_a - F_2] = a_0 b - 2T/d$$

$$f\phi = \ln \frac{(F_1)_a - F_c}{F_2 - F_c} = \ln \frac{(a_0 - a_2)b}{(a_0 - a_2)b - 2T/d}$$

Mostre que

$$b = \frac{1}{a_0 - a_2} \frac{33\,000 H_d}{V} \frac{\exp(f\phi)}{\exp(f\phi) - 1}$$

17–6 Retorne ao Problema 17–1 e complete o seguinte.

(a) Qual a mínima tensão inicial, F_i, que leva a condutora construída ao limite de escorregamento?
(b) Com a tensão da parte a, encontre a largura da correia b que exibe $n_{fs} = n_d = 1,1$.
(c) Para a largura de correia da parte b, encontre os correspondentes a $(F_1)_a$, F_c, F_i, F_2, potência e n_{fs}, admitindo que a operação se dá no limite da tensão.
(d) O que você aprendeu?

17–7 Considere a transmissão do Exemplo 17–1 e dobre a largura da correia. Compare F_c, F_i, $(F_1)_a$, F_2, H_a, n_{fs} e a depressão, admitindo que a operação se dá no limite da tensão.

17–8 Polias com correias colocam cargas em eixos, induzindo flexão e carregando mancais. Examine a Figura 17–7 e desenvolva uma expressão para a carga que a correia coloca sobre a polia, e depois a aplique ao Exemplo 17–2.

17-9 O eixo de linha ilustrado na figura é utilizado para transmitir potência de um motor elétrico por meio de transmissões por correias planas a várias máquinas. A polia A é acionada por uma correia vertical da polia do motor. Uma correia da polia B aciona uma máquina-ferramenta a um ângulo de 70° da vertical e a uma distância entre centros de 2,7 m. Uma outra correia da polia C aciona um triturador a uma distância de centro a centro de 3,4 m. A polia C possui uma largura dupla para permitir o câmbio de correias, como mostra a Figura 17-4. A correia da polia D aciona um ventilador de extrator de poeira cujo eixo está localizado horizontalmente a 0,4 m da linha de centro do eixo de linha. Dados adicionais são

Máquina	Velocidade rev/min	Potência, kW	Eixo de linha	Diâmetro, mm
Máquina-ferramenta	400	9,3	B	400
Triturador	300	3,4	C	350
Extrator de poeira	500	6,0	D	450

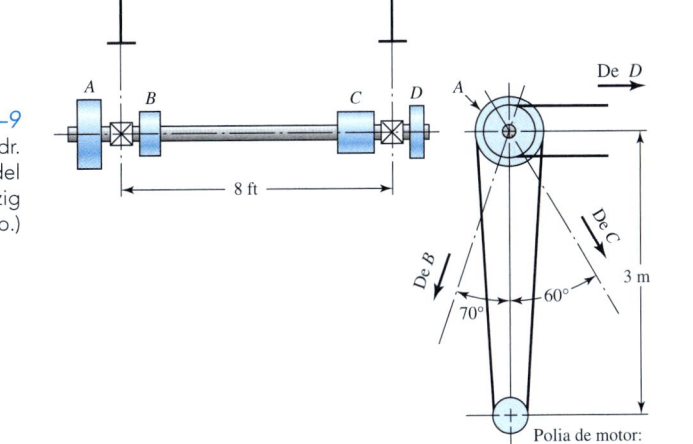

Problema 17-9 (Cortesia do dr. Ahmed F. Abdel Axim, Zagazig University, Cairo.)

Polia de motor:
Diâmetro = 12 in
Velocidade = 900 rev/min

Os requerimentos de potência listados acima levam em conta as eficiências globais do equipamento. Os dois mancais do eixo de linha são montados sobre ganchos suspensos de duas vigas de flange larga no alto. Selecione os tipos de correias e tamanhos para cada uma das quatro transmissões. Faça provisões para a troca de correias que ocorrem de sincronização em tempo por causa do desgaste ou alongamento permanente.

17-10 Dois eixos apartados de 6 m, com áxis no mesmo plano horizontal, devem ser conectados por meio de uma correia plana na qual a polia motora, alimentada por um motor de indução de gaiola de esquilo com seis polos com 75 kW nominais a 1 140 rev/min, move o segundo eixo à metade de sua velocidade angular. O eixo movido aciona cargas de maquinária de impacto leve. Selecione uma correia plana.

17-11 A eficiência mecânica de uma transmissão de correia plana é de aproximadamente 98%. Devido seu alto valor, a eficiência é frequentemente ignorada. Se um projetista decidisse incluí-la, onde ele a introduziria no protocolo de correias planas?

17-12 Em correias metálicas, a tração F_c centrífuga é ignorada por desprezível. Convença-se de que esta é uma simplificação razoável do problema.

17-13 Um projetista precisa selecionar uma transmissão por correia metálica para H_{nom} transmitir uma potência de K_s sobre circunstâncias em que o fator de serviço n_d e o fator de projeto são apropriados. O objetivo do projeto se torna $H_d = H_{nom}K_s n_d$. Use a Equação (17-8) com força centrífuga desprezível para mostrar que a largura mínima de correia é dada por

$$b_{min} = \frac{1}{a}\left(\frac{33\,000 H_d}{V}\right)\frac{\exp f\theta}{\exp f\theta - 1}$$

em que a é a constante de $(F_1)_a = ab$.

17–14 Projete uma transmissão de atrito com correia metálica plana para conectar um motor de gaiola de esquilo, de quatro polos com 1 kW a 1750 rev/min, a um eixo distante 380 mm, e que gire a metade da velocidade. Um fator de serviço de 1,2 e um fator de projeto de 1,05 são apropriados. O objetivo de vida é de 10^6 passagens de correia, com $f = 0,35$, e considerações ambientais requerem que se use uma correia de aço inoxidável.

17–15 Uma correia plana metálica de berílio-cobre com $S_f = 390$ MPa deve transmitir 3,7 kW a 1125 rev/min, com uma meta de vida de 10^6 passagens entre dois eixos distanciados de 20 in, cujas linhas de centro estão em um plano horizontal. O coeficiente de atrito entre a correia e a polia é de 0,32. Um fator de serviço de 1,25 e um fator de projeto de 1,1 são apropriados. O eixo movido roda a um terço da velocidade da polia motora. Especifique a sua correia, tamanhos de polia e tração inicial na instalação.

17–16 Para as condições do Problema 17–15, utilize uma correia de aço carbono 1095 tratado termicamente. Condições no cubo da polia motora requerem um tamanho de diâmetro externo de polia de 75 mm ou mais. Especifique sua correia, tamanhos de polia e tração inicial na instalação.

17–17 Uma só correia em V deve ser selecionada para levar potência de motor à transmissão de comando de roda de um trator. Um motor de um único cilindro de 3,7285 kW de potência é utilizado. Quando muito, 60% desta potência é transmitida à correia. A roldana motora possui um diâmetro de 157,48 mm, e a movida, de 304,8 mm. A correia selecionada deve ter um comprimento primitivo tão próximo a 2336,8 mm quanto possível. A velocidade do motor é controlada a um máximo de 324,63 rad/s. Selecione uma correia satisfatória e calcule o fator de segurança e a vida de correia em passagens.

17–18 Duas correias em V B2125 são utilizadas em uma transmissão composta de uma roldana motora de 135 mm, rodando a 1 200 rev/min, e uma roldana movida de 400 mm. Encontre a capacidade em potência da transmissão com base em um fator de serviço de 1,25 e encontre a distância de centro a centro.

17–19 Um motor de combustão interna de quatro cilindros de 45 kW é utilizado a meia carga para acionar uma máquina de fabricar tijolos, sob um cronograma de dois turnos por dia. A transmissão consiste em duas roldanas de 650 mm espaçadas de cerca de 3,6 m, com uma velocidade de polia de 400 rev/min. Selecione um arranjo em V de correias Gates Rubber. Encontre o fator de segurança e calcule a vida em passagens e horas.

17–20 Um compressor alternativo de ar possui um volante de 1,5 m de diâmetro de 350 mm de largura e opera a 170 rev/min. Um motor de indução de gaiola de esquilo de oito polos possui dados de placa especificadora de 37 kW a 875 rev/min.
(*a*) Projete uma transmissão por correia em V.
(*b*) Pode o cortar de sulcos da correia em V no volante ser evitado pelo uso de um acionamento por correia V plana?

17–21 As implicações geométricas de uma transmissão plana em V são interessantes.
(*a*) Se o equador terrestre fosse um fio inextensível, ajustado à esfera terrestre, e você emendasse 1,8 m de fio no cabo equatorial e a arranjasse para que fosse concêntrica ao equador, quão longe do chão estaria o fio?
(*b*) Utilizando a solução da parte *a*, formule as modificações às expressões de m_G, θ_d e θ_D, e L_p e C.
(*c*) Como uma aplicação deste exercício, como você revisaria sua solução à parte *b* do Problema 17–20?

17–22 Um motor elétrico de 1,5 kW rodando a 1 720 rev/min deve acionar um soprador a uma velocidade de 240 rev/min. Selecione uma transmissão de correia em V para esta aplicação e especifique correias V padronizadas, tamanhos de roldana e a distância de centro a centro resultante. O tamanho do motor limita a distância entre centros a pelo menos 550 mm.

17–23 O número padronizado de correntes de roletes indica o passo de corrente em polegadas, proporções de construção, série e número de fileiras como se segue:

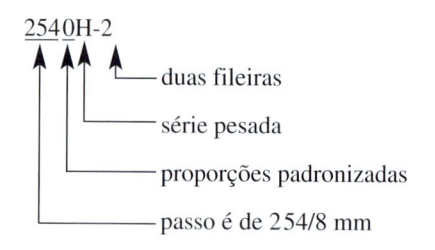

$$\underset{\substack{\uparrow \quad \uparrow\uparrow \uparrow}}{2540\text{H-}2}$$

- duas fileiras
- série pesada
- proporções padronizadas
- passo é de 254/8 mm

Esta convenção torna o passo diretamente legível com base no número da corrente. No Exemplo 17–5 averigue o passo com base no número da corrente selecionada, e confirme-o com a Tabela 17–19.

17–24 Iguale as Equações (17–32) e (17–33) para determinar a velocidade de rotação n_1, na qual a potência iguala e marca a divisão entre os domínios de potência pré-máximo e pós-máximo.

(a) Mostre que

$$n_1 = \left[\frac{0{,}25(10^6) K_r N_1^{0{,}42}}{p^{(2{,}2-0{,}07p)}}\right]^{1/2{,}4}$$

(b) Encontre a velocidade n_1 para uma corrente nº 60, $p = 19$ mm, $N_1 = 17$, $K_r = 17$, e confirme com base na Tabela 17–20.

(c) Para quais velocidades a Equação (17–40) é aplicável?

17–25 Uma corrente de roletes nº 60 de fileira dupla é utilizada para transmitir potência entre uma roda dentada motora de 13 dentes rodando a 300 rev/min e uma roda dentada movida de 52 dentes.

(a) Qual é a potência permissível em cavalos-vapor desta transmissão?

(b) Calcule a distância entre centros se o comprimento da corrente é de 82 passos.

(c) Calcule o torque e força de flexão aplicados no eixo motor pela corrente, se a potência real em cavalos-vapor transmitida for 30% menor que a potência corrigida (permissível).

17–26 Uma corrente de roletes nº 40 de quatro fileiras transmite potência de uma roda dentada motora de 21 dentes a uma roda dentada, movida de 84 dentes. A velocidade angular da roda dentada motora é de 2 000 rev/min.

(a) Calcule o comprimento da corrente se a distância entre centros tem de ser cerca de 508 mm.

(b) Desprezando os efeitos do comprimento da corrente, calcule a potência de entrada tabelada em cavalos-vapor para uma meta de vida de 20 000 h.

(c) Calcule a potência admissível para uma vida de 20 000 h.

(d) Calcule a tração na corrente na potência permissível.

17–27 Um motor de indução de gaiola de esquilo de 18,65 kW a 700 rev/min deve acionar uma bomba alternativa de dois cilindros, em área externa sob um abrigo. Um fator de serviço de 1,5 e um fator de projeto de 1,1 são apropriados. A velocidade da bomba é de 140 rev/min. Selecione uma corrente adequada e os tamanhos das rodas dentadas.

17–28 Uma bomba centrífuga é acionada por um motor sincrônico de 37,3 kW a uma velocidade de 1 800 rev/min. A bomba deve operar a 900 rev/min. Apesar da velocidade, a carga é suave ($K_s = 1{,}2$). Para um fator de projeto de 1,1, especifique uma corrente e rodas dentadas que cumpriram uma meta de vida de 50 000 h. Escolha rodas dentadas de 19 e 38 dentes.

17–29 Um içador de mina utiliza um cabo de fio de aço monitor 6 × 19 de 50 mm de diâmetro. O cabo é utilizado para puxar cargas de 36 kN de um eixo 145 m abaixo. O tambor possui um diâmetro de 1,8 m, as roldanas são de aço fundido de boa qualidade, e a menor possui 1 m de diâmetro.

(a) Utilizando uma velocidade de içamento máxima de 6 m/s e uma aceleração de 0,6 m/s², calcule as tensões no cabo.

(b) Calcule os vários fatores de segurança.

17–30 Um elevador temporário de construção deve ser projetado para carregar trabalhadores e materiais a uma altura de 27,43 m. A máxima carga estimada a ser içada é de 22,24 kN a uma velocidade que não deve exceder 0,61 m/s. Para diâmetros mínimos de roldana e aceleração de 1,22 m/s², especifique o número de cabos requeridos se um cabo de içamento de aço de arar 15,24 × 48,26 cm de 12,7 mm for utilizado.

17–31 Uma talha de 0,61 km opera com um tambor de 1,83 mm utilizando cabo de fio de aço monitor 15,24 × 48,26 cm. A gaiola e carga pesam 35,59 kN, e a gaiola é submetida a uma aceleração de 0,61 m/s² ao partir.

(a) Para uma talha de um único cabo, como o fator de segurança $n = F_f/F_t$, desprezando a flexão, varia com a escolha do diâmetro do cabo?

(b) Para quatro cordões de suporte do cabo de aço amarrados à gaiola, como varia o fator de segurança com a escolha do diâmetro do cabo?

17–32 Generalize os resultados do Problema 17–31 representando o fator de segurança n como

$$n = \frac{ad}{(b/m) + cd^2}$$

em que m é o número de cabos suportando a gaiola, e a, b e c são constantes. Mostre que o diâmetro ótimo é $d^* = [b/(mc)]^{1/2}$ e o correspondente máximo do fator de segurança atingível é $n_f^* = a[m/(bc)]^{1/2}/2$

17–33 Com base nos resultados do Problema 17–32, mostre que para alcançar um fator de segurança à fadiga n_1, a solução ótima é

$$m = \frac{4bcn_1}{a^2} \text{ cabos}$$

tendo um diâmetro de

$$d = \frac{a}{2cn_1}$$

Resolva o Problema 17–31 se um fator de segurança de 2 se faz necessário. Mostre o que fazer a fim de acomodar à necessidade de serem discretos ambos o diâmetro do cabo d e o número de cabos m.

17–34 Para o Problema 17–29 calcule o alongamento do cabo se um carro de mina carregado de 31,14 kN é colocado na gaiola que pesa 4,45 kN. Os resultados do Problema 4–7 podem ser úteis.

Programas de computador

Ao abordar os problemas de computador que se seguem, as seguintes sugestões podem ser úteis:

- Decida se um programa de análise ou um programa de projeto seria mais útil. Em problemas tão simples quanto estes, você achará os programas similares. Para um máximo benefício instrucional, tente um problema de projeto.
- Criar um programa de projeto sem uma figura de mérito exclui classificar projetos alternativos, porém não impede a obtenção de projetos satisfatórios. Seu instrutor pode fornecer à biblioteca de projeto da classe catálogos comerciais, os quais não somente possuem informação concernente a preços, mas definem tamanhos disponíveis.
- Para programar são requeridos entendimento quantitativo e a lógica de inter-relações. Se você tem dificuldade ao programar, é um sinal que deve aumentar seu entendimento. Os seguintes programas podem ser desenvolvidos entre 100 e 500 linhas de código.
- Faça os programas interativos e de fácil aprendizado.
- Deixe o computador fazer o que ele pode fazer melhor; o usuário deve fazer o que um ser humano pode fazer melhor.
- Assuma que o usuário possui uma cópia do texto e pode responder a pedidos de informação.
- Se for necessário interpolar dentro de uma tabela, solicite entrada de tabela na vizinhança, e faça o computador processar os números.
- Em passos envolvendo decisões, permita o usuário tomar a decisão necessária, ainda que isso seja indesejável. Isso permite aprender as consequências e o uso do programa para análise.
- Exiba muitas informações no resumo. Mostre o conjunto de decisões utilizado diretamente na perspectiva do usuário.
- Quando um resumo estiver completo, a avaliação de adequação poderá ser feita com facilidade, portanto considere adicionar esta característica.

17-35 Sua experiência com os Problemas 17-1 a 17-11 o colocou em posição de escrever um programa de computador interativo para projetar/selecionar componentes de transmissão por correias planas. Um conjunto de decisões possível é:

Decisões a priori

- Função: H_{nom}, rev/min, razão de velocidade, aproximação de C.
- Fator de projeto: n_d.
- Manutenção de tração inicial: catenária.
- Material da correia: t, d_{min}, tração permissível, densidade, f.
- Geometria da transmissão; d, D.
- Espessura da correia: t (em decisão de material).

Decisões de projeto

- Largura da correia: b.

17-36 Os Problemas 17-12 a 17-16 deram a você certa experiência com correias planas de atrito metálico indicando que um programa de computador poderia ser de ajuda no processo de dimensionamento/seleção. Um possível conjunto de decisões compreende:

Decisões a priori

- Função: H_{nom}, rev/min, razão de velocidade, aproximação de C.
- Fator de projeto: n_d.
- Material da correia: S_y, E, v, d_{min}.
- Geometria da transmissão; d, D.
- Espessura da correia: t.

Decisões de projeto

- Largura da correia: b.
- Comprimento de correia (frequentemente periferia de laço padronizado).

17-37 Os Problemas 17-17 a 17-32 deram-lhe experiência suficiente com correias em V para convencê-lo de que um programa de computador poderia ser útil no dimensionar/selecionar componentes de transmissão por correias em V. Escreva tal programa.

17-38 A experiência com os Problemas 17-23 a 17-28 pode sugerir um programa de computador iterativo para ajudar no processo de dimensionamento/seleção de elementos de correntes de roletes. Um conjunto possível de decisões neste caso seria:

Decisões a priori

- Função: potência, velocidade, espaço, K_s, vida pretendida.
- Fator de projeto: n_d.
- Número de dentes da roda dentada: N_1, N_2, K_1, K_2.

Decisões de projeto

- Número de corrente.
- Número de fileiras.
- Sistema de lubrificação.
- Comprimento de corrente em passos.

(distância de centro a centro por referência).

18 Estudo de caso de transmissão de potência

18-1 Sequência de projeto para transmissão de potência   **920**

18-2 Requisitos de torque e potência   **921**

18-3 Especificação das engrenagens   **921**

18-4 Disposição de eixo   **928**

18-5 Análise de forças   **930**

18-6 Seleção do material de eixo   **930**

18-7 Dimensionamento do eixo por tensão   **931**

18-8 Dimensionamento do eixo por deflexão   **931**

18-9 Seleção de mancais   **931**

18-10 Seleção de chaveta e anel de retenção   **933**

18-11 Análise final   **934**

Transmitir potência a partir de uma fonte, como um motor de combustão interna ou motor elétrico, através de uma máquina com uma atuação de saída é uma das tarefas mais comuns das máquinas. Um modo eficiente de transmitir potência é por meio do movimento rotativo de um eixo que é suportado por mancais. Engrenagens, polias de correia ou rodas dentadas de correntes podem ser incorporadas para proporcionar o torque e mudanças de velocidade entre eixos. A maioria dos eixos é cilíndrica (sólidos ou ocos) e incluem diâmetros escalonados com espaçadores (mangas) para acomodar posicionamento e suporte para mancais, engrenagens etc.

O projeto de um sistema para transmitir potência requer atenção ao dimensionamento e seleção de componentes individuais (engrenagens, mancais, eixo etc.). Contudo, como é frequente no caso de projeto, esses componentes não são independentes. Por exemplo, para que se dimensione o eixo para tensão e deflexão, é necessário que se conheçam as forças aplicadas. Se as forças são transmitidas por meio de engrenagens, é necessário conhecer as especificações dessas a fim de que se determinem as forças que serão transmitidas ao eixo. Porém, engrenagens de estoque são oferecidas com certos tamanhos de furo, requerendo que se tenha conhecimento do diâmetro do eixo necessário. Não constitui, portanto, surpresa o fato de o processo de projeto ser interdependente e iterativo, porém, por onde o projetista deve começar?

A natureza dos livros-texto de projeto é enfocar cada componente de forma separada. Este capítulo dará uma visão geral do projeto de um sistema de transmissão de potência, demonstrando como incorporar os detalhes de cada componente no processo global de projeto. Uma redução por engrenagens em dois estágios mostrada na Figura 18–1 será considerada para esta discussão. A sequência de projeto é similar para variações deste sistema de transmissão particular.

O seguinte resumo ajudará a tornar clara uma sequência lógica de projeto. Uma discussão a respeito de como cada parte deste resumo afeta o processo global de projeto será apresentada em sequência neste capítulo. Detalhes sobre especificidades referentes ao dimensionamento e seleção dos componentes principais são cobertos em capítulos separados, particularmente no Capítulo 7 sobre o projeto de eixos, Capítulo 11 sobre seleção de mancais e Capítulos 13 e 14 sobre especificação de engrenagens. Um estudo de caso completo é apresentado como veículo específico para demonstrar o processo.

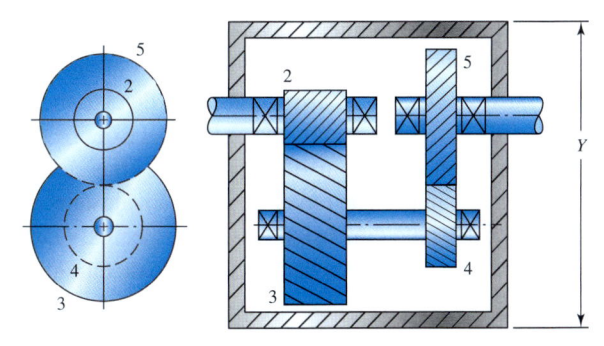

Figura 18–1 Um trem de engrenagens composto com reversão.

ESTUDO DE CASO PARTE 1: ESPECIFICAÇÃO DO PROBLEMA

A Seção 1–17, p. 33 apresenta informação básica para este estudo de caso envolvendo um redutor de velocidade. Será projetado um trem de engrenagens de dois estágios de reversão, composto como aquele mostrado na Figura 18–1. Neste capítulo, o dimensionamento do eixo intermediário e de seus componentes é apresentado levando em conta os outros eixos à medida que for necessário.

Um subconjunto de especificações pertinentes de projeto que serão necessárias para esta parte do projeto é dado aqui:

- *Potência a ser liberada:* 15 kW.
- *Velocidade de entrada:* 1750 rpm.
- *Velocidade de saída:* 82-88 rev/min.
- Geralmente níveis de choque baixos, ocasionalmente choques moderados.
- Eixos de entrada e saída estendem-se por 100 mm para fora da caixa de engrenagens.
- *Tamanho máximo da caixa de engrenagens:* 350 mm × 350 mm de base, 550 mm de altura
- Eixos de saída e de entrada alinhados.
- Vida de engrenagens e mancais > 12 000 horas; vida infinita para o eixo.

18-1 Sequência de projeto para transmissão de potência

Não há uma sequência precisa de passos para qualquer processo de projeto. Por natureza, projetar é um processo iterativo, no qual é necessário fazer algumas escolhas de teste, construir um esqueleto de um projeto e determinar quais partes do projeto são críticas. Contudo, bastante tempo pode ser economizado ao entendermos as dependências entre as partes do problema, permitindo ao projetista saber quais partes serão afetadas por qualquer mudança dada. Nesta seção, apenas um resumo é apresentado, com uma explicação curta de cada passo. Detalhes adicionais serão discutidos nas seções seguintes.

- *Requerimentos de potência e torque.* Considerações relativas à potência devem ser tratadas primeiro, uma vez que esta determinará as necessidades gerais de tamanho para o sistema completo. Qualquer razão necessária de velocidade ou de torque, de entrada para saída, deve ser estabelecida antes de pensar no dimensionamento de engrenagens/polias.
- *Especificação de engrenagem.* Razões necessárias entre engrenagens e assuntos relativos à transmissão de torque podem ser tratados neste momento com a seleção de engrenagens apropriadas. Note que uma análise completa de força dos eixos ainda não se faz necessária, uma vez que apenas as cargas transmitidas são requeridas para especificar as engrenagens.
- *Disposição do eixo.* A disposição geral do eixo incluindo localização axial de engrenagens e de mancais deve ser especificada agora. Decisões de como transmitir o torque das engrenagens ao eixo necessitam ser tomadas (chavetas, estrias etc.), assim como as relativas a fixar engrenagens e mancais em posição (anéis de retenção, ajuste por pressão, porcas etc.) Contudo, não é necessário neste ponto dimensionar esses elementos, visto que seus tamanhos padronizados permitem a estimativa dos fatores de concentração de tensão.
- *Análise de força.* Uma vez que os diâmetros de engrenagens/polias são conhecidos e as posições axiais de engrenagens e mancais também, os diagramas de corpo livre, a força cortante e o momento flexor para os eixos podem ser produzidos. Assim, as forças nas engrenagens podem ser determinadas.
- *Seleção do material de eixo.* Uma vez que o projeto de fadiga depende pesadamente da escolha do material, geralmente é mais fácil fazer uma seleção razoável do material primeiro e, depois, verificar se os resultados são satisfatórios.
- *Dimensionamento do eixo por tensão (de fadiga e estática).* Neste ponto, um dimensionamento do eixo para a tensão deve parecer muito similar a um problema típico de projeto do capítulo de eixo (Capítulo 7). Diagramas de força cortante e momento flexor são conhecidos, localizações críticas podem ser preditas, concentrações de tensão aproximadas ser utilizadas e estimativas do diâmetro do eixo ser determinadas.

- *Dimensionamento do eixo por deflexão*. Visto que a análise de deflexão é dependente da geometria completa do eixo, é deixada de lado até este ponto. Com toda a geometria do eixo agora estimada, as deflexões críticas nas posições de mancais e engrenagens podem ser verificadas via análise.
- *Seleção de mancais*. Mancais específicos, extraídos de um catálogo, podem ser escolhidos neste momento para satisfazer aos diâmetros estimados de eixo. Os diâmetros podem ser ajustados ligeiramente, se necessário, para atender às especificações de catálogo.
- *Seleção de chavetas e anéis de retenção*. Com diâmetros de eixo assentados sobre valores estáveis, chavetas e anéis de retenção apropriados podem ser especificados em tamanhos padronizados. Isso deve proporcionar pequenas mudanças no projeto completo, se fatores razoáveis de concentração de tensão foram assumidos nos passos anteriores.
- *Análise final*. Uma vez que tudo foi especificado, iterado e ajustado às necessidades para qualquer parte específica da tarefa, uma análise completa do começo ao fim proporcionará uma verificação final e fatores de segurança específicos para o sistema real.

18–2 Requisitos de torque e potência

Sistemas de transmissão de potência geralmente serão especificados por uma capacidade em potência, por exemplo, uma caixa de engrenagens de 40 hp. Essa designação especifica a combinação de torque e velocidade que a unidade pode suportar. Recorde que, no caso ideal, a *potência de entrada* iguala a *potência de saída*, assim, podemos nos referir à potência como sendo a mesma em todas as partes do sistema. Na realidade, há pequenas perdas devido a fatores como atrito nos mancais e engrenagens. Em muitos sistemas de transmissão, as perdas nos mancais de rolamento serão desprezíveis. As engrenagens possuem uma eficiência razoavelmente alta, com cerca de 1% a 2% de perda de potência num par de engrenagens engranzadas. Assim, na caixa de engrenagens de redução dupla na Figura 18-1, com dois pares de engrenagens engranzadas, é provável que a potência de saída seja cerca de 2% a 4% menor que a potência de entrada. Como é uma perda pequena, é costume falar simplesmente da potência do sistema, em vez de potência de entrada e potência de saída. Correias planas e correias de sincronização possuem eficiências tipicamente do meio para cima do intervalo dos 90%. Correias em V e engrenagens sem-fim têm eficiências que podem cair bem abaixo, requerendo uma distinção entre potência necessária de entrada para obter uma potência de saída desejada.

O torque, em geral, não é constante ao longo de um sistema de transmissão. Lembre que a potência é igual ao produto do torque pela velocidade. Uma vez que *potência de entrada = potência de saída*, sabemos que para um trem de engrenagens

$$H = T_i \omega_i = T_o \omega_o \qquad (18\text{--}1)$$

Com uma potência constante, uma razão de engrenamento que faz decrescer a razão de velocidade aumentará simultaneamente o torque. A razão de engrenamento, ou valor de trem, para um trem de engrenagens é

$$e = \omega_o/\omega_i = T_i/T_o \qquad (18\text{--}2)$$

Um problema típico de projeto de uma transmissão de potência especificará a capacidade de potência desejada, junto com as velocidades angulares de entrada e de saída, ou os torques de entrada e de saída. Haverá, usualmente, uma tolerância especificada para os valores de saída. Depois que as engrenagens específicas são escolhidas, os valores reais de saída podem ser determinados.

18–3 Especificação das engrenagens

Com o valor de trem de engrenagens conhecido, o próximo passo é determinar as engrenagens apropriadas. Como diretriz grosseira, um valor de trem de até 10 para 1 pode ser obtido com um par de engrenagens. Razões maiores podem ser obtidas por composição de pares de engrenagens adicionais (ver Seção 13–13, p. 681). O trem de engrenagens reversas composto na Figura 18–1 pode gerar um valor de trem de até 100 para 1.

Uma vez que os números de dentes em engrenagens devem ser inteiros, é melhor desenvolver o projeto utilizando números de dentes em vez de diâmetros. Veja os Exemplos 13–3, 13–4 e 13–5, p. 683–686, para detalhes concernentes à escolha de números apropriados de dentes que satisfaçam o valor de trem de engrenagem e qualquer condição geométrica necessária, tal como a condição em-linha do eixo de entrada e de saída. Deve-se tomar cuidado neste ponto para encontrar a melhor combinação de números de dentes, para minimizar o tamanho geral do pacote. Se o valor de trem necessita apenas ter um valor aproximado, utilize essa flexibilidade para tentar diferentes opções de números de dentes a fim de minimizar o tamanho do pacote. Uma diferença de um dente na menor engrenagem pode resultar em um aumento significante de tamanho do pacote completo.

No projeto para produção em grandes quantidades, as engrenagens podem ser compradas em quantidades suficientemente grandes para que não seja necessário preocupar-se com tamanhos preferidos. Para produção em lote pequeno, devem ser levadas em conta a vantagem e a desvantagem entre uma caixa de engrenagem menor e o custo adicional de engrenagens de tamanhos não corriqueiros, difíceis de obter diretamente da prateleira de fabricantes. Se devem ser utilizadas engrenagens de estoque, a sua disponibilidade nos números de dentes prescritos, com passos diametrais antecipados, deve ser verificada neste momento. Se necessário, itere no projeto para o número de dentes disponíveis.

ESTUDO DE CASO PARTE 2: VELOCIDADE, TORQUE E RAZÕES DE ENGRENAGENS

Continue o estudo de caso determinando números de dentes apropriados para reduzir a velocidade de entrada de $\omega_i = 1750$ rev/min para uma velocidade de saída dentro do intervalo

$$82 \text{ rev/min} < \omega_o < 88 \text{ rev/min}$$

Uma vez que números finais de dentes são especificados, determine valores de:

(a) Velocidade para os eixos, intermediário e de saída.
(b) Torques para os eixos de entrada, intermediário e de saída, para transmitir 16 kW.

Solução
Utilize a notação para numeração de engrenagens da Figura 18-1. Escolha o valor médio para início de projeto, $\omega_5 = 85$ rev/min.

$$e = \frac{\omega_5}{\omega_2} = \frac{85}{1750} = \frac{1}{20{,}59} \qquad \text{Equação (18–2)}$$

Para um trem de engrenagens reverso composto,

$$e = \frac{1}{20{,}59} = \frac{N_2}{N_3}\frac{N_4}{N_5} \qquad \text{Equação (13–30), p. 682}$$

Para o menor tamanho de pacote, faça que ambos os estágios tenham a mesma redução. Também, ao fazer que os dois estágios sejam idênticos, a condição de alinhamento entre eixos de entrada e de saída automaticamente será satisfeita.

$$\frac{N_2}{N_3} = \frac{N_4}{N_5} = \sqrt{\frac{1}{20{,}59}} = \frac{1}{4{,}54}$$

Para essa razão, o número mínimo de dentes por meio da Equação (13-11), p. 669 é 16.

$$N_2 = N_4 = 16 \text{ dentes}$$

$$N_3 = 4{,}54(N_2) = 72{,}64$$

Tente arredondar para baixo e verifique se ω_5 está dentro dos limites.

$$\omega_5 = \left(\frac{16}{72}\right)\left(\frac{16}{72}\right)(1750) = 86{,}42 \text{ rev/min} \qquad \text{Aceitável}$$

Proceda com

$$\boxed{\begin{array}{l} N_2 = N_4 = 16 \text{ dentes} \\ N_3 = N_5 = 72 \text{ dentes} \end{array}}$$

$$\boxed{e = \left(\frac{16}{72}\right)\left(\frac{16}{72}\right) = \frac{1}{20{,}25}}$$

$$\boxed{\omega_5 = 86{,}42 \text{ rev/min}}$$

$$\boxed{\omega_3 = \omega_4 = \left(\frac{16}{72}\right)(1750) = 388{,}9 \text{ rev/min}}$$

Para determinar os torques, retorne à relação de potência

$$H = T_2 \omega_2 = T_5 \omega_5$$

$$T_2 = H/\omega_2 = \left(\frac{16000 \text{ W}}{1750 \text{ rev/min}}\right)\left(\frac{1 \text{ rev}}{2\pi \text{ rad}}\right)\left(60 \frac{\text{s}}{\text{min}}\right)$$

$$\boxed{T_2 = 87{,}3 \text{ N} \cdot \text{m}}$$

$$\boxed{T_3 = T_2 \frac{\omega_2}{\omega_3} = 87{,}3 \frac{1750}{388{,}9} = 392{,}8 \text{ N} \cdot \text{m}}$$

$$\boxed{T_5 = T_2 \frac{\omega_2}{\omega_5} = 87{,}3 \frac{1750}{86{,}42} = 1767{,}8 \text{ N} \cdot \text{m}}$$

Se um tamanho máximo para a caixa de engrenagem foi definido na especificação do problema, um passo diametral mínimo (máximo tamanho de dente) pode ser estimado neste momento ao escrever-se uma expressão para o tamanho da caixa de engrenagens em termos dos seus diâmetros, e convertendo-os ao número de dentes por meio do passo diametral. Por exemplo, da Figura 18-1, a altura geral da caixa de engrenagens é

$$Y = d_3 + d_2/2 + d_5/2 + 2/P + \text{folgas} + \text{espessuras de parede}$$

em que o termo $2/P$ leva em conta a altura de adendo dos dentes nas engrenagens 3 e 5 que se estendem além dos diâmetros primitivos. Substituindo $d_i = N_i/P$ dá

$$Y = N_3/P + N_2/(2P) + N_5/(2P) + 2/P + \text{folgas} + \text{espessuras de parede}$$

Resolvendo para P, encontramos

$$P = (N_3 + N_2/2 + N_5/2 + 2)/(Y - \text{folgas} - \text{espessuras de parede}) \qquad (18\text{--}3)$$

Esse é o valor mínimo que pode ser utilizado para o passo diametral e, portanto, o tamanho de dente máximo para permanecer dentro da restrição global de caixa de engrenagens, o qual deve ser arredondado para o próximo valor de passo diametral padronizado superior, o que reduz o tamanho de dente máximo.

A abordagem da AGMA, como está descrita no Capítulo 14, para tensão de flexão e de contato, deve ser aplicada a seguir para determinar parâmetros de engrenagens adequados. Os parâmetros primários de projeto a serem especificados pelo projetista incluem material, passo diametral e largura de face. Um procedimento recomendado é começar com um passo diametral estimado, o qual permite a determinação de parâmetros de engrenagens ($d = N/P$), velocidades na linha primitiva [Equação (13–34), p. 690] e cargas transmitidas [Equações (13–35) ou (13–36), p. 691]. Engrenagens de dentes retos típicas são disponíveis com larguras de face entre três e cinco vezes o passo circular p. Utilizando uma média de quatro, uma estimativa inicial pode ser feita para a largura de face, $F = 4p = 4\pi/P$. Como alternativa o projetista pode simplesmente fazer uma busca rápida de catálogos em linha para determinar larguras de face disponíveis para o passo diametral e número de dentes.

A seguir, as equações AGMA do Capítulo 14 podem ser utilizadas para determinar escolhas de materiais apropriadas para proporcionar fatores de segurança desejados. É mais eficiente tentar analisar primeiro a engrenagem mais crítica, pois esta determinará os valores-limite de passo diametral e resistência do material. Geralmente, a engrenagem crítica será a menor engrenagem, no lado de alto torque (baixa velocidade) da caixa de engrenagens.

Se as resistências requeridas dos materiais forem muito altas, de modo que eles são ou muito caros ou indisponíveis, iterar com um passo diametral menor (dentes maiores) ajudará. Claramente, isso aumentará o tamanho global da caixa de engrenagens. Frequentemente a tensão excessiva estará presente em uma das engrenagens pequenas. Em vez de aumentar o tamanho dos dentes de todas as engrenagens, é algumas vezes melhor reconsiderar o projeto em relação ao número de dentes, mudando mais da razão entre engrenagens para os pares de engrenagens com menos tensão e menos razão para os pares de engrenagens com tensão excessiva. Isso permitirá à engrenagem transgressora ter mais dentes e assim maior diâmetro, decrescendo sua tensão.

Se a tensão de contato for mais limitante que a tensão de flexão, considere materiais de engrenagem que foram tratados termicamente ou endurecidos superficialmente para aumentar a resistência superficial. Ajustes podem ser feitos ao passo diametral se necessários para atingirá um bom equilíbrio de tamanho, material e custo. Se as tensões são todas muito menores que as resistências do material, um passo diametral maior será melhor, o que reduzirá o tamanho das engrenagens e da caixa de engrenagens.

Tudo até este ponto deve ser iterado até que sejam obtidos resultados aceitáveis, uma vez que esta parte do processo de dimensionamento em geral pode ser cumprida independentemente dos próximos estágios do processo. O projetista deve ficar satisfeito com a seleção de engrenagens antes de prosseguir para o eixo. A seleção de engrenagens específicas de catálogos neste ponto será útil em estágios posteriores, particularmente ao conhecer larguras gerais, tamanho de furo, suporte recomendado de ressalto de encosto e máximo raio de adoçamento.

ESTUDO DE CASO PARTE 1: ESPECIFICAÇÃO DE ENGRENAGEM

Continue com o estudo de caso através da especificação de engrenagens apropriadas, incluindo o diâmetro primitivo, passo diametral, largura de face e material. Alcance fatores de segurança de no mínimo 1,2 para desgaste e flexão.

Solução

Estime o passo diametral mínimo para a altura geral da caixa de engrenagens de 22 in.

Da Equação (18-3) e Figura 18-1,

$$P_{min} = \frac{\left(N_3 + \frac{N_2}{2} + \frac{N_5}{2} + 2\right)}{(Y - \text{folgas} - \text{espessuras de parede})}$$

Admita 1,5 in para as folgas e espessura de parede:

$$P_{min} = \frac{\left(72 + \frac{16}{2} + \frac{72}{2} + 2\right)}{(22 - 1,5)} = 5,76 \text{ dentes/in}$$

Comece com $P = 6$ dentes/in

$$\boxed{\begin{array}{l} d_2 = d_4 = N_2/P = 16/6 = 2,67 \text{ in} \\ d_3 = d_5 = 72,6 = 12,0 \text{ in} \end{array}}$$

Velocidades dos eixos foram previamente determinadas como

$$\omega_2 = 1\,750 \text{ rev/min} \quad \omega_3 = \omega_4 = 388,9 \text{ rev/min} \quad \omega_5 = 86,4 \text{ rev/min}$$

Obtenha as velocidades na linha primitiva e cargas transmitidas para uso posterior.

$$V_{23} = \frac{\pi d_2 \omega_2}{12} = \frac{\pi(2,67)(1\,750)}{12} = \underline{1\,223 \text{ ft/min}} \quad \text{Equação (13–34), p. 690}$$

$$V_{45} = \frac{\pi d_5 \omega_5}{12} = \underline{271,5 \text{ ft/min}} \quad \text{Equação (13–35), p. 691}$$

$$W_{23}^t = 33\,000 \frac{H}{V_{23}} = 33\,000 \left(\frac{20}{1\,223}\right) = \underline{540,0 \text{ lbf}}$$

$$W_{45}^t = 33\,000 \frac{H}{V_{45}} = \underline{2\,431 \text{ lbf}}$$

Comece pela engrenagem 4, uma vez que é a menor, transmitindo a maior carga. É provável que seja a engrenagem crítica. Comece com desgaste a partir da tensão de contato, pois frequentemente é o fator limitante.

Engrenagem 4 Desgaste

$$I = \frac{\cos 20° \, \text{sen} \, 20°}{2(1)} \left(\frac{4,5}{4,5 + 1}\right) = 0,1315 \quad \text{Equação (14–23), p. 737}$$

Para K_v, considere $Q_v = 7$, $B = 0,731$, $A = 65,1$ \quad Equação (14–29), p. 740

$$K_v = \left(\frac{65,1 + \sqrt{271,5}}{65,1}\right)^{0,731} = 1,18 \quad \text{Equação (14–27), p. 740}$$

Largura F de face vale, de maneira típica, entre três a cinco vezes o passo circular. Tente

$$F = 4\left(\frac{\pi}{P}\right) = 4\left(\frac{\pi}{6}\right) = 2,09 \text{ in}$$

Uma vez que especificações de engrenagens estão disponíveis de maneira imediata na Internet, podemos também verificar os valores de larguras de face comumente disponíveis. No www.globalspec.com entrando com $P = 6$ dentes/in e $d = 2,67$ in, engrenagens de dentes retos de estoque, de diversas fontes, possuem larguras de face de 1,5 in a 2,0 in. Essas larguras também estão disponíveis para a engrenagem engrazada 5 que tem $d = 12$ in.

Escolha $F = 2{,}0$ in

Para K_m,	$C_{pf} = 0{,}0624$	Equação (14–32), p. 743
	$C_{mc} = 1$ dente sem coroamento	Equação (14–31), p. 743
	$C_{pm} = 1$ montagem em balanço	Equação (14–33), p. 744
	$C_{ma} = 0{,}15$ unidade comercial fechada	Equação (14–34), p. 744
	$C_e = 1$	Equação (14–35), p. 744
$K_m = 1{,}21$		Equação (14–30), p. 743
$C_p = 2\,300$		Tabela 14–8, p. 741
$K_o = K_s = C_f = 1$		

$$\sigma_c = 2\,300 \sqrt{\frac{2\,431(1{,}18)(1{,}21)}{2{,}67(2)(0{,}1315)}} = \underline{161\,700 \text{ psi}} \qquad \text{Equação (14–16), p. 730}$$

Obtenha fatores para $\sigma_{c,adm}$. Para o fator de vida Z_N, obtenha o número de ciclos para a vida especificada de 12 000 h.

$$L_4 = (12\,000\,\text{h})\left(60\frac{\text{min}}{\text{h}}\right)\left(389\frac{\text{rev}}{\text{min}}\right) = 2{,}8 \times 10^8 \text{ rev}$$

$$Z_N = 0{,}9 \qquad \text{Figura 14–15, p. 747}$$

$$K_R = K_T = C_H = 1$$

Para um fator de projeto de 1,2

$$\sigma_{c,adm} = S_c Z_N / S_H = \sigma_c \qquad \text{Equação (14–18), p. 733}$$

$$S_c = \frac{S_H \sigma_c}{Z_N} = \frac{1{,}2(161\,700)}{0{,}9} = \underline{215\,600 \text{ psi}}$$

Da Tabela 14–6, p. 734, esta resistência é alcançável com aço grau 2 carbonetado e endurecido com $S_c = 225\,000$ psi. Para encontrar o fator de segurança alcançado, $n_c = \sigma_{c,adm}/\sigma_c$ com $S_H = 1$. O fator de segurança ao desgaste para a engrenagem 4 é

$$n_c = \frac{\sigma_{c,adm}}{\sigma} = \frac{S_c Z_N}{\sigma_c} = \frac{225\,000(0{,}9)}{161\,700} = \underline{1{,}25}$$

Engrenagem 4 Flexão

$$J = 0{,}27 \qquad \text{Figura 14–6, p. 737}$$

$$K_B = 1$$

Tudo o mais é igual.

$$\sigma = W_t K_v \frac{P_d}{F} \frac{K_m}{J} = (2\,431)(1{,}18)\left(\frac{6}{2}\right)\left(\frac{1{,}21}{0{,}27}\right) \qquad \text{Equação (14–15), p. 729}$$

$$\underline{\sigma = 38\,566 \text{ psi}}$$

$$Y_N = 0{,}9 \qquad \text{Figura 14–14, p. 747}$$

Utilizando grau 2, carbonetado e endurecido, mesmo que o escolhido para desgaste, encontre $S_t = 65\,000$ psi (Tabela 14–3, p. 731).

$$\sigma_{\text{adm}} = S_t Y_N = 58\,500 \text{ psi}$$

O fator de segurança para a flexão da engrenagem 4 é

$$\boxed{n = \frac{\sigma_{\text{adm}}}{\sigma} = \frac{58\,500}{38\,570} = 1{,}52}$$

Engrenagem 5 Flexão e Desgaste

Mesmo processo que o da engrenagem 4, exceção feita a J, Y_N e Z_N.

$J = 0{,}41$ Figura 14–6, p. 737

$L_5 = (12\,000\text{h})(60\text{ min/h})(86{,}4 \text{ rev})\text{min} = 6{,}2 \times 10^7 \text{rev}$

$Y_N = 0{,}97$ Figura 14–14, p. 747

$Z_N = 1{,}0$

$$\sigma_c = 2\,300\sqrt{\frac{2\,431(1{,}18)(1{,}21)}{2{,}67(2)(0{,}1315)}} = 161\,704 \text{ psi} \quad\text{Figura 14–15, p. 747}$$

$$\sigma = (2\,431)(1{,}18)\left(\frac{6}{2}\right)\left(\frac{1{,}21}{0{,}41}\right) = 25\,397 \text{ psi}$$

Escolher um aço grau 1 endurecido completamente a 250 H_B. A partir da Figura 14–2, $S_t = 3\,200$ psi e da Figura 14–5, $S_c = 110\,000$ psi.

$$\boxed{\begin{aligned} n_c &= \frac{\sigma_{c,\text{adm}}}{\sigma_c} = \frac{225\,000}{161\,704} = 1{,}39 \\ n &= \frac{\sigma_{\text{adm}}}{\sigma} = \frac{65\,000(0{,}97)}{25\,397} = 2{,}48 \end{aligned}}$$

Engrenagem 2 Desgaste

Engrenagens 2 e 3 são avaliadas de forma similar. Apenas resultados selecionados são mostrados.

$$K_v = 1{,}37$$

Tente $F = 1{,}5$ in, pois a carga é menor nas engrenagens 2 e 3.

$$K_m = 1{,}19$$

Todos os outros fatores são os mesmos que aqueles referentes à engrenagem 4.

$$\sigma_c = 2\,300\sqrt{\frac{(539{,}7)(1{,}37)(1{,}19)}{2{,}67(1{,}5)(0{,}1315)}} = 94\,010 \text{ psi}$$

$$L_2 = (12\,000\text{ h})(60\text{ min/h})(1\,750\text{ rev/min}) = 1{,}26 \times 10^9 \text{ rev} \quad Z_N = 0{,}8$$

Tente Grau 1 endurecido por chama, $S_c = 170\,000$ psi.

$$\boxed{n_c = \frac{\sigma_{c,\text{adm}}}{\sigma_c} = \frac{170\,000(0{,}8)}{94\,000} = 1{,}45}$$

Engrenagem 2 Flexão

$$J = 0{,}27 \qquad Y_N = 0{,}88$$

$$\sigma = 539{,}7(1{,}37)\frac{(6)(1{,}19)}{(1{,}5)(0{,}27)} = 13\,035 \text{ psi}$$

$$\boxed{n = \frac{\sigma_{\text{adm}}}{\sigma} = \frac{45\,000(0{,}88)}{13\,040} = 3{,}04}$$

Engrenagem 3 Desgaste e Flexão

$$J = 0{,}41 \qquad Y_N = 0{,}9 \qquad Z_N = 0{,}9$$

$$\sigma_c = 2\,300\sqrt{\frac{(539{,}7)(1{,}37)(1{,}19)}{2{,}67(1{,}5)(0{,}1315)}} = 94\,000 \text{ psi}$$

$$\sigma = 539{,}7(1{,}37)\frac{(6)(1{,}19)}{1{,}5(0{,}41)} = 8\,584 \text{ psi}$$

Tente aço de grau 1, endurecido por completo a 300 H_B. Da Figura 14–2, p. 730, $S_t = 36\,000$ psi e da Figura 14-5, p. 733, $S_c = 126\,000$ psi.

$$\boxed{\begin{aligned} n_c &= \frac{126\,000(0{,}9)}{94\,000} = 1{,}21 \\ n &= \frac{\sigma_{\text{adm}}}{\sigma} = \frac{36\,000(0{,}9)}{8\,584} = 3{,}77 \end{aligned}}$$

Em resumo, as especificações de engrenagem resultantes são:

Todas engrenagens, $P = 6$ dentes/in

Engrenagem 2, grau 1, endurecimento por chama, $S_c = 170\,000$ psi e $S_t = 45\,000$ psi,

$\qquad d_2 = 2{,}67$ in, largura de face $= 1{,}5$ in

Engrenagem 3, grau 1 endurecimento por completo a 300 H_B, $S_c = 126\,000$ psi e $S_t = 36\,000$ psi,

$\qquad d_3 = 12{,}0$ in, largura de face $= 1{,}5$ in

Engrenagem 4, grau 2, carbonetado e endurecido, H_B, $S_c = 225\,000$ psi e $S_t = 65\,000$ psi,

$\qquad d_4 = 2{,}67$ in, largura de face $= 2{,}0$ in

Engrenagem 5, grau 2 carbonetado e endurecido, $S_c = 225\,000$ psi e $S_t = 65\,000$ psi,

$\qquad d_5 = 12{,}0$ in, largura de face $= 2{,}0$ in

18–4 Disposição de eixo

A disposição geral dos eixos, incluindo a localização axial de engrenagens e mancais, deve ser especificada agora a fim de desenvolvermos uma análise de força de corpo livre e obtermos os diagramas de força de cisalhamento e de momento flexor. Se não existir qualquer projeto para uso como ponto de partida, a determinação da disposição do eixo poderá ter muitas soluções.

A Seção 7–3, p. 347, discute os assuntos envolvidos na disposição do eixo enfocando como as decisões se relacionam ao processo geral.

Uma análise de força por corpo livre pode ser feita sem o conhecimento dos diâmetros de eixos, porém não sem o conhecimento das distâncias axiais entre engrenagens e mancais. É extremamente importante manter as distâncias axiais pequenas. Mesmo pequenas forças podem criar grandes momentos flexores, caso os braços de momento sejam grandes. Também, lembre que equações de deflexão de vigas normalmente incluem termos envolvendo comprimento, elevados à terceira potência.

Vale a pena examinar a caixa de engrenagens na sua totalidade neste momento, para determinar quais fatores definem o comprimento do eixo e a colocação de componentes. Um esboço, tal qual aquele mostrado na Figura 18–2, é suficiente para este propósito.

ESTUDO DE CASO PARTE 4: ESBOÇO DO EIXO

Continue o estudo de caso preparando um rascunho da caixa de engrenagens suficiente para determinar as dimensões axiais. Em particular, estime o comprimento total e a distância entre as engrenagens do eixo intermediário, a fim de que se ajustem aos requerimentos de montagem dos outros eixos.

Solução

A Figura 18–2 mostra um croqui. Inclui todos os três eixos, considerando como os eixos são montados na carcaça. As larguras das engrenagens são conhecidas neste momento. Larguras de mancais são testadas, permitindo um pouco mais de espaço para mancais maiores no eixo intermediário onde os momentos flexores serão maiores. Pequenas mudanças nas larguras dos mancais terão efeito mínimo na análise de força, uma vez que a localização das forças reativas de apoio mudará muito pouco. A distância de 100 mm entre as duas engrenagens do eixo intermediário é ditada pelos requerimentos dos eixos de entrada e de saída, incluindo o espaço para a carcaça montar os mancais. Pequenas porções são dadas para os anéis de retenção, assim como para o espaço atrás dos mancais. Somar tudo isso resulta o comprimento do eixo intermediário igual a 290 mm.

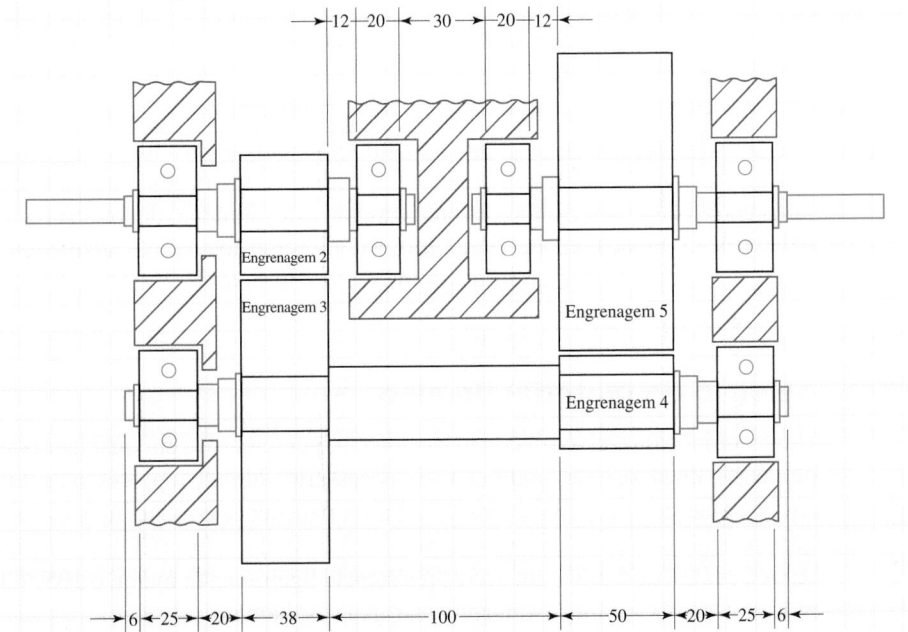

Figura 18–2 Rascunho para a disposição de eixo. Dimensões estão em milímetros.

Larguras de face mais amplas em engrenagens requerem mais comprimento de eixo. Originalmente, engrenagens com cubos foram consideradas para este projeto de modo que permita o uso de parafusos de fixação em lugar de anéis de retenção de alta concentração de tensão. Contudo, os comprimentos adicionais de cubo acresceram várias polegadas aos comprimentos de eixo e carcaça de caixa de engrenagens.

Vários pontos são dignos de nota na disposição da Figura 18–2. As engrenagens e mancais são posicionados contra os ressaltos, com anéis de retenção para mantê-los em posição. Embora seja desejável colocar engrenagens próximas a mancais, algum espaço adicional é deixado entre elas para acomodar qualquer carcaça que se estenda atrás do mancal e permitir que um sacador de mancal tenha espaço para acessar a sua parte traseira. A mudança no diâmetro entre mancais e as engrenagens permite que a altura do ressalto de encosto para o mancal e o tamanho de furo para a engrenagem sejam diferentes. Esse diâmetro pode conter tolerâncias folgadas e raio de adoçamento grande.

Cada mancal é restringido axialmente em seu eixo, porém apenas um mancal em cada eixo é fixado axialmente à carcaça, permitindo assim leve expansão térmica axial dos eixos.

18–5 Análise de forças

Uma vez que os diâmetros das engrenagens são conhecidos e as localizações axiais dos componentes são especificadas, os diagramas de corpo livre e diagramas de força cortante e de momento flexor para os eixos podem ser produzidos. Com as cargas transmitidas conhecidas, determine as cargas, axial e radial, transmitidas pelas engrenagens (ver Seções 13–14 a 13–17, pp. 689–698). Da soma de forças e momentos em cada eixo, forças reativas de apoio nos mancais podem ser determinadas. Para eixos com engrenagens e polias, as forças e momentos normalmente terão componentes em dois planos ao longo do eixo. Para eixos rotativos, em geral apenas a magnitude resultante é necessária, de modo que componentes de força nos mancais são somadas como vetores. Diagramas de forças cortantes e momentos flexores são geralmente obtidos em dois planos e, depois, somados como vetores em qualquer ponto de interesse. Um diagrama de torque também deve ser gerado para visualizar-se a transferência de torque de um componente de entrada, por meio do eixo, a um componente de saída.

Veja o começo do Exemplo 7–2, p. 360, para a porção de análise de força do caso de estudo referente ao eixo intermediário. O momento flexor é máximo na engrenagem 4. Isso é possível de predizer, uma vez que a engrenagem 4 é a menor e deve transmitir o mesmo torque que entrou no eixo pela engrenagem 3, que é muito maior.

Embora a análise de força não seja difícil de ser realizada manualmente, se um programa de vigas tiver de ser utilizado para a análise de deflexão, será necessário calcular as forças de reação, juntamente com os diagramas de força cortante e de momento flexor no processo de cômputo das deflexões. O projetista pode entrar com valores supostos para os diâmetros no programa neste ponto, apenas para obter a informação de força e, mais tarde, entrar os valores reais de diâmetros para o mesmo modelo a fim de determinar as deflexões.

18–6 Seleção do material de eixo

Um material para o eixo pode ser selecionado, por tentativa, em qualquer ponto antes do projeto por tensão do eixo, e ser modificado, se necessário, durante o processo de dimensionamento por tensão. A Seção 7–2, p. 346, fornece detalhes para decisões concernentes à seleção de materiais. Para o estudo de caso, um aço barato, 1020 estirado a frio (CD), é selecionado inicialmente. Após a análise de tensão, um aço de resistência ligeiramente maior, o 1050 CD, é escolhido para reduzir as tensões críticas sem aumentar mais os diâmetros de eixo.

18-7 Dimensionamento do eixo por tensão

Os diâmetros críticos de eixo devem ser determinados por análise de tensão nas localidades críticas. A Seção 7–4, p. 353, proporciona um exame detalhado dos assuntos envolvidos no projeto de eixos por tensão.

> ### ESTUDO DE CASO PARTE 5: DIMENSIONAMENTO POR TENSÃO
>
> Proceda com a próxima fase de projeto de estudo de caso, em que diâmetros apropriados para cada seção do eixo são estimados, com base no provimento de capacidade suficiente à fadiga e tensão estática para vida infinita do eixo, com um fator de segurança mínimo de 1,5.
> **Solução**
> A solução para esta fase do projeto é apresentada no Exemplo 7–2, p. 360.

Uma vez que o momento flexor é mais alto na engrenagem 4, potencialmente os pontos de tensão crítica estão em seu ressalto, ranhura de chaveta e sulco de anel de retenção; assim, a ranhura de chaveta é a localização crítica. Parece que os ressaltos frequentemente requerem mais atenção. Este exemplo demonstra o risco de desconsiderar outras fontes de concentração de tensão, tais como ranhuras de chavetas.

A escolha do material foi modificada no curso desta fase, escolhendo-se por pagar mais por uma resistência maior para limitar o diâmetro do eixo a duas polegadas. Se o eixo se tornar muito maior, a engrenagem menor não será capaz de proporcionar um tamanho de furo adequado. Se for necessário aumentar o diâmetro do eixo ainda mais, a especificação de engrenagens precisará ser redimensionada.

18-8 Dimensionamento do eixo por deflexão

A Seção 7–5, p. 365, fornece uma discussão detalhada sobre considerações de deflexão para eixos. Em geral, um problema de deflexão em um eixo não causará falha catastrófica, porém levará a barulho excessivo e vibração, assim como falha prematura das engrenagens ou mancais.

> ### ESTUDO DE CASO PARTE 6: VERIFICAÇÃO DA DEFLEXÃO
>
> Proceda com a próxima fase do estudo de caso verificando se as deflexões e declividades nas engrenagens e mancais do eixo intermediário estão dentro de intervalos aceitáveis.
> **Solução**
> A solução para esta fase do projeto é apresentada no Exemplo 7–3, p. 366.

Portanto, neste problema todas as deflexões estão dentro de limites recomendados para mancais e engrenagens. Contudo, isso não é sempre assim, e seria uma escolha pobre desconsiderar a análise de deflexões. Em uma primeira iteração deste estudo de caso, com eixos mais compridos devido ao uso de engrenagens com cubos, as deflexões foram mais críticas que as tensões.

18-9 Seleção de mancais

A seleção de mancais é direta agora que as forças reativas de mancais e os diâmetros aproximados de furo são conhecidos. Ver Capítulo 11 para detalhes gerais relativos à seleção de mancais. Mancais de roletes de contato são disponíveis em um intervalo amplo de capacidades de carga e dimensões, assim, geralmente não é um problema encontrar um mancal adequado que esteja próximo à estimativa de diâmetro de furo e largura.

ESTUDO DE CASO PARTE 7: SELEÇÃO DE MANCAIS

Continue o estudo de caso selecionando mancais apropriados para o eixo intermediário, com uma confiabilidade de 99%. O problema especifica uma vida de projeto de 12 000 horas. A velocidade do eixo intermediário é de 389 rev/min. O tamanho de furo estimado é de 25 mm e a largura de rolamento estimada é de 25 mm.

Solução

Com base no diagrama de corpo livre (ver Exemplo 7-2, p. 360),

$$R_{Az} = 422 \text{ N} \qquad R_{Ay} = 1\,439 \text{ N} \qquad R_A = 1\,500 \text{ N}$$
$$R_{Bz} = 8\,822 \text{ N} \qquad R_{By} = 3\,331 \text{ N} \qquad R_B = 9\,430 \text{ N}$$

Na velocidade do eixo de 389 rev/min, a vida de projeto de 12 000 h se correlaciona com a vida do mancal $L_D = (12\,000 \text{ h})(60 \text{ min/h})(389 \text{ rev/min}) = 2,8 \times 10^8$ rev.

Comece com o mancal B, uma vez que ele tem as cargas mais altas e provavelmente suscitará quaisquer problemas indesejáveis. Da Equação (11-7), p. 559, assumindo um mancal de esferas com $a = 3$ e $L = 2,8 \times 10^8$ rev

$$F_{RB} = 9\,430 \left[\frac{2,8 \times 10^8/10^6}{0,02 + 4,439(1 - 0,99)^{1/1,483}} \right]^{1/3} = 102,4 \text{ kN}$$

Uma busca na Internet por mancais disponíveis (www.globalspec.com é um bom lugar para começar) mostra que esta carga é relativamente alta para um mancal de esferas com tamanho de furo na vizinhança de 25 mm. Tente um mancal de roletes cilíndricos. Recalculando F_{RB} com o expoente $a = 3/10$ para rolamentos de rolos, obtemos

$$F_{RB} = 80,7 \text{ kN}$$

Mancais cilíndricos de roletes estão disponíveis por diversas fontes neste intervalo. Um em específico é escolhido da *SKF*, um fornecedor de mancais comum, com as seguintes especificações:

> Mancal de rolos cilíndricos na extremidade direita do eixo
> $C = 83$ kN, ID $= 30$ mm, OD $= 72$ mm, $W = 27$ mm
> Diâmetro de ressalto $= 37$ mm a 39 mm, e raio de adoçamento máximo $= 1,1$ mm

Para o mancal A, novamente supondo um rolamento de esferas,

$$F_{RA} = 1\,500 \left[\frac{2,8 \times 10^8/10^6}{0,02 + 4,439(1 - 0(99))^{1/1,483}} \right]^{1/3} = 16,3 \text{ kN}$$

Um mancal de esferas específico é escolhido do catálogo de Internet da *SKF*.

> Mancal de esfera de sulco profundo na extremidade esquerda do eixo
> $C = 20,3$ kN, ID $= 25$ mm, OD $= 62$ mm, $W = 19$ mm
> Diâmetro de ressalto $= 32$ mm a 35 mm, e raio de adoçamento máximo $= 2$ mm

Neste ponto, as dimensões reais de mancais podem ser verificadas contra as premissas iniciais. Para o mancal B o diâmetro de furo de 30 mm é ligeiramente maior que o original, de 25 mm. Não há razão para que isso se constitua em um problema desde que exista espaço para o diâmetro de ressalto. A estimativa original para diâmetros de ressalto de encosto era de 35 mm. Contanto que esse diâmetro seja menor que 42 mm, o próximo passo do eixo não deve ser problema algum. Neste estudo de caso, os diâmetros de ressalto de suporte recomendados estão dentro do intervalo aceitável. As estimativas originais para concentração de tensão no ressalto de mancal assumiam um raio de adoçamento tal que $r/d = 0{,}02$. Os mancais reais selecionados têm razões de 0,036 e 0,080. Isso permite que os raios de adoçamento sejam aumentados do projeto original, diminuindo os fatores de concentração de tensão.

As larguras de mancais estão próximas às estimativas originais. Pequenos ajustes devem ser feitos nas dimensões do eixo para se adequar aos mancais. Nenhum reprojeto deve ser necessário.

18–10 Seleção de chaveta e anel de retenção

O dimensionamento e seleção de chavetas são discutidos na Seção 7–7, p. 375, com o Exemplo 7–6, p. 380. O tamanho da seção transversal de uma chaveta será ditado pela correlação que deve apresentar com o tamanho do eixo (ver Tabelas 7–6 e 7–8, p. 378, 379) e deve certamente igualar uma ranhura de chaveta integral no furo de engrenagem. As decisões de projeto incluem o comprimento da chaveta e, se necessário, uma melhoria na escolha do material.

A chaveta poderia falhar por cisalhamento através dela ou por esmagamento por causa da tensão de suporte. Para uma chaveta quadrada, é adequado verificar apenas a falha por esmagamento, uma vez que a falha por cisalhamento será menos crítica, de acordo com a teoria de falha da energia de distorção, e igual segundo a teoria de falha da máxima tensão de cisalhamento. Verifique o Exemplo 7–6 para descobrir o porquê.

ESTUDO DE CASO PARTE 8: DIMENSIONAMENTO DE CHAVETA

Continue o estudo de caso especificando chavetas apropriadas para as duas engrenagens no eixo intermediário, para prover um fator de segurança de 2. As engrenagens devem ser furadas por encomenda e fixadas por chavetas às especificações requeridas. Informação obtida previamente inclui o seguinte:

Torque transmitido: $T = 350 \text{ N} \cdot \text{m}$
Diâmetros de furo: $d_3 = d_4 = 42 \text{ mm}$
Comprimentos dos cubos de eixo: $l_3 = 38 \text{ mm}, l_4 = 50 \text{ mm}$

Solução
Da Tabela 7–6, p. 378, para um diâmetro de eixo de 42 mm, escolha uma chaveta quadrada com dimensões laterais $t = 10$ mm. Escolha como material aço 1020 CD, estirado a frio, com $S_y = 390$ MPa. A força sobre a chaveta na superfície do eixo é

$$F = \frac{T}{r} = \frac{350}{0{,}042/2} = 16{,}67 \text{ kN}$$

Verificando para falha por esmagamento, encontramos que é utilizada a área de metade da face da chaveta.

$$n = \frac{S_y}{\sigma} = \frac{S_y}{F/(tl/2)}$$

Resolvendo para l, resulta

$$l = \frac{2Fn}{tS_y} = \frac{2(16670)(2)}{(0{,}01)(390 \times 10^6)} = 17 \text{ mm}$$

Uma vez que ambas as engrenagens possuem o mesmo diâmetro de furo e transmitem o mesmo torque, a mesma especificação de chaveta pode ser utilizada para ambas.

Seleção de anel de retenção é simplesmente uma questão de verificar especificações de catálogo. Os anéis de retenção são listados para o diâmetro nominal do eixo e estão disponíveis em diferentes capacidades de carga axial. Uma vez selecionado, o projetista deve tomar nota da profundidade e largura da ranhura, e o raio de adoçamento no fundo da ranhura. A especificação de catálogo para anel de retenção também inclui uma margem de extremidade, que é a distância mínima à próxima mudança para diâmetro menor. Isso visa garantir suporte para a carga axial carregada pelo anel. É importante verificar os fatores de concentração de tensão com dimensões reais, pois esses fatores podem ser bastante grandes. No estudo de caso, um anel específico de retenção já foi escolhido durante a análise de tensão (ver Exemplo 7–2, p. 360) na potencialmente crítica localidade da engrenagem 4. As outras localizações para anéis de retenção não eram em pontos de alta tensão, assim não é necessário preocupar-se com relação à concentração de tensão por causa da presença de anéis de retenção nesses locais. Anéis de retenção específicos devem ser selecionados neste momento para completar as especificações dimensionais do eixo.

Para o estudo de caso, especificações de anéis de retenção são introduzidas nas especificações globais, e anéis específicos são selecionados da Truarc Co., com as seguintes especificações:

	Ambas as engrenagens	Mancal esquerdo	Mancal direito
Diâmetro nominal do eixo	42 mm	25 mm	30 mm
Diâmetro da ranhura	38 ± 0,125 mm	24 ± 0,1 mm	28 ± 0,1 mm
Largura da ranhura	$1,7 \, {}^{+0,1}_{-0,0}$ mm	$1,2 \, {}^{+0,1}_{-0,0}$ mm	$1,4 \, {}^{+0,1}_{-0,0}$ mm
Profundidade nominal da ranhura	1,2 mm	0,8 mm	0,9 mm
Raio máximo de adoçamento de ranhura	0,25 mm	0,25 mm	0,25 mm
Margem mínima de extremidade	3,6 mm	2,6 mm	2,6 mm
Força axial permissível	52,7 kN	26,7 kN	31,2 kN

Esses valores estão dentro das estimativas utilizadas para a disposição inicial do eixo e não devem requerer um redimensionamento. O eixo final deve ser atualizado com essas dimensões.

18–11 Análise final

Neste ponto do projeto, tudo parece se encaixar. Detalhes finais incluem determinar dimensões e tolerâncias para ajustes apropriados com engrenagens e mancais. Ver Seção 7–8, p. 381, para detalhes referentes à obtenção de ajustes específicos. Quaisquer pequenas mudanças em relação aos diâmetros nominais já especificados terão efeitos desprezíveis sobre análises de tensão e deflexão. Contudo, para fins de fabricação e montagem, o projetista não deve examinar por alto a especificação de tolerância. Ajustes inapropriados podem levar à falha do projeto. Falta de atenção na especificação de tolerâncias pode tornar a peça disfuncional ou encarecer sua fabricação. Mais informações sobre especificação de tolerâncias encontram-se na Seção 1–14, p. 27. O projeto final para o eixo intermediário é mostrado na Figura 18–3. Este projeto mostra as dimensões importantes e as tolerâncias dimensionais de uma forma geralmente considerada satisfatória para a produção de pequenas quantidades de peças, caso em que os métodos de fabricação recebem atenção direta. Um método mais robusto para especificar uma peça e que admite desvios em relação à forma perfeita (p. ex., linearidade ou concentricidade) é conhecido como Dimensionamento e Tolerâncias Geométricas, e é abordado no Capítulo 20.

Para fins de documentação e para verificação do trabalho de projeto, o processo de projeto deve concluir com uma análise completa do projeto final. Lembre que a análise é muito mais direta que o projeto, de maneira que o investimento de tempo na análise final será relativamente pequeno.

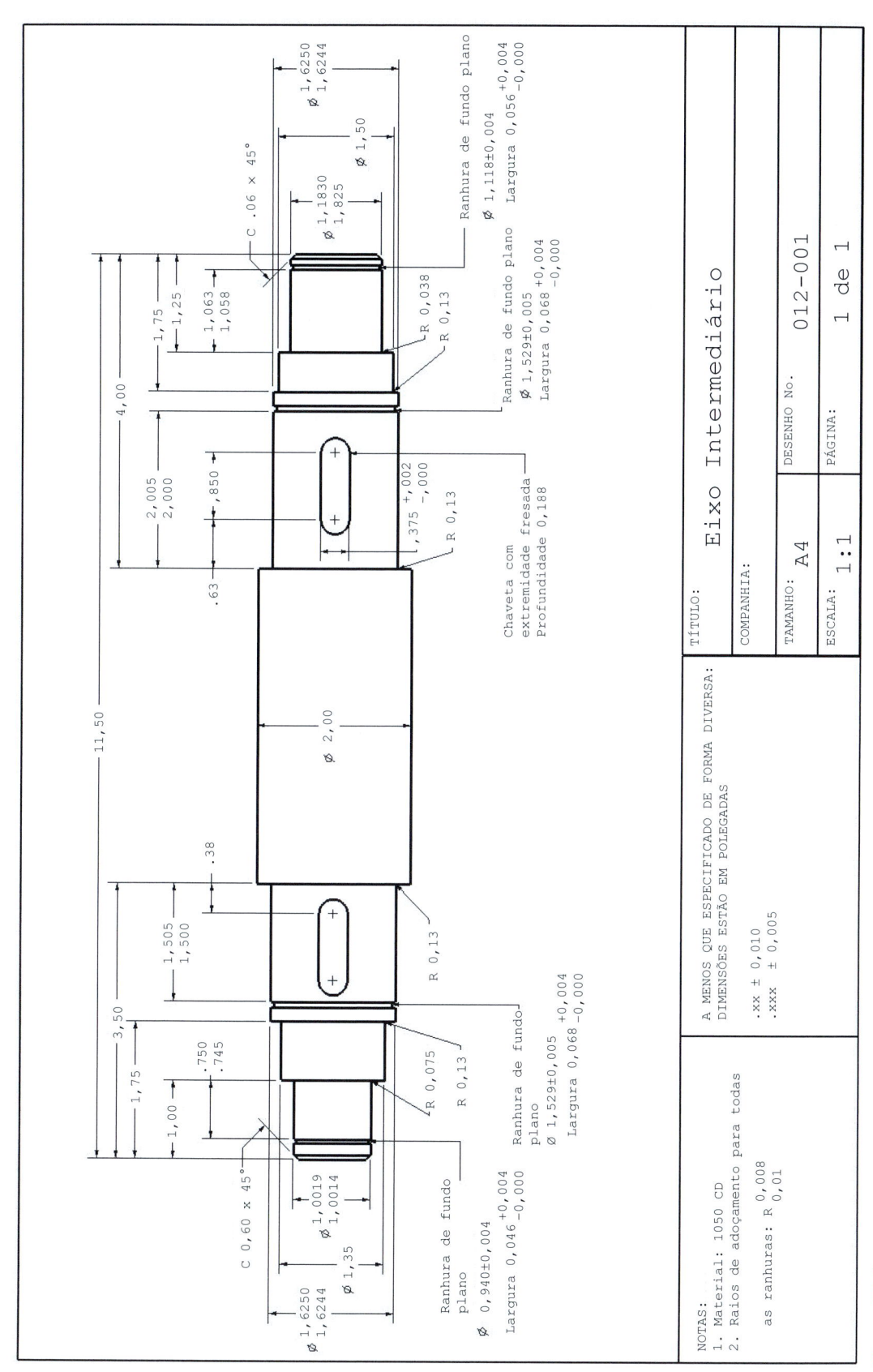

Figura 18-3

PROBLEMAS

18-1 Para o problema de estudo de caso, projete o eixo de entrada, incluindo especificação completa da engrenagem, mancais, chaveta, anéis de retenção e eixo.

18-2 Para o problema de estudo de caso, projete o eixo de saída, incluindo especificação completa da engrenagem, mancais, chaveta, anéis de retenção e eixo.

18-3 Para o problema de estudo de caso, utilize engrenagens helicoidais e projete o eixo intermediário. Compare seus resultados àqueles do projeto utilizando engrenagem cilíndrica de dentes retos, que foi apresentado neste capítulo.

18-4 Realize uma análise final do projeto resultante para o eixo intermediário do problema de estudo de caso apresentado neste capítulo. Produza um desenho final com dimensões e tolerâncias para o eixo. O projeto final satisfaz a tudo o que foi requerido? Identifique aspectos críticos do projeto com o fator de segurança mais baixo.

18-5 Para o problema de estudo de caso, modifique o requerimento de potência para 40 cavalos. Projete o eixo intermediário, incluindo especificação completa das engrenagens, chavetas, anéis retentores e eixo.

PARTE **4**

Tópicos especiais

19 Análise por elementos finitos

- **19-1** O método dos elementos finitos **941**
- **19-2** Geometrias dos elementos **943**
- **19-3** O processo de resolução por elementos finitos **943**
- **19-4** Geração de malha **948**
- **19-5** Aplicação de carga **950**
- **19-6** Condições de contorno **951**
- **19-7** Técnicas de modelagem **951**
- **19-8** Tensões térmicas **954**
- **19-9** Carga crítica de flambagem **954**
- **19-10** Análise de vibração **956**
- **19-11** Resumo **958**

Os componentes mecânicos na forma de barras simples, vigas etc. podem ser analisados de forma relativamente fácil utilizando métodos básicos de mecânica que fornecem soluções analíticas. Componentes reais, entretanto, raramente são tão simples, e o projetista se vê forçado a adotar aproximações menos eficazes de soluções analíticas, experimentação ou métodos numéricos. Existe uma grande variedade de técnicas numéricas usadas em aplicações de engenharia para as quais o computador digital é muito útil. Em projeto mecânico, em que o software CAD (desenho com o auxílio de computador) é intensamente empregado, o método que se integra bem com CAD é a *análise por elementos finitos* (FEA). A teoria matemática e as aplicações do método são imensas. Há uma série de pacotes de software comerciais disponíveis, por exemplo, ANSYS, NASTRAN, ALGOR etc.

O propósito deste capítulo é apenas expor o leitor a alguns dos aspectos fundamentais da FEA e, portanto, o conteúdo é de natureza extremamente introdutória. Para maiores detalhes, o leitor deve consultar as diversas referências citadas no final deste capítulo. A Figura 19–1 mostra um modelo de elemento finito de virabrequim que foi desenvolvido para estudar os efeitos da lubrificação elasto-hidrodinâmica sobre o rolamento e o desempenho estrutural.[1]

Há uma enormidade de aplicações FEA como análises estática e dinâmica, linear e não linear, de tensão e de deflexão; vibrações livres e forçadas; transferência de calor (que pode ser combinada com análise de tensão e deflexão para fornecer tensões e deflexões induzidas termicamente); instabilidade elástica (flambagem); acústica; eletrostática e magnética magnética (que podem ser combinadas com transferência de calor); dinâmica de fluidos; análise de tubulações e multifísica. Para os propósitos deste capítulo, nos limitaremos às análises mecânicas básicas.

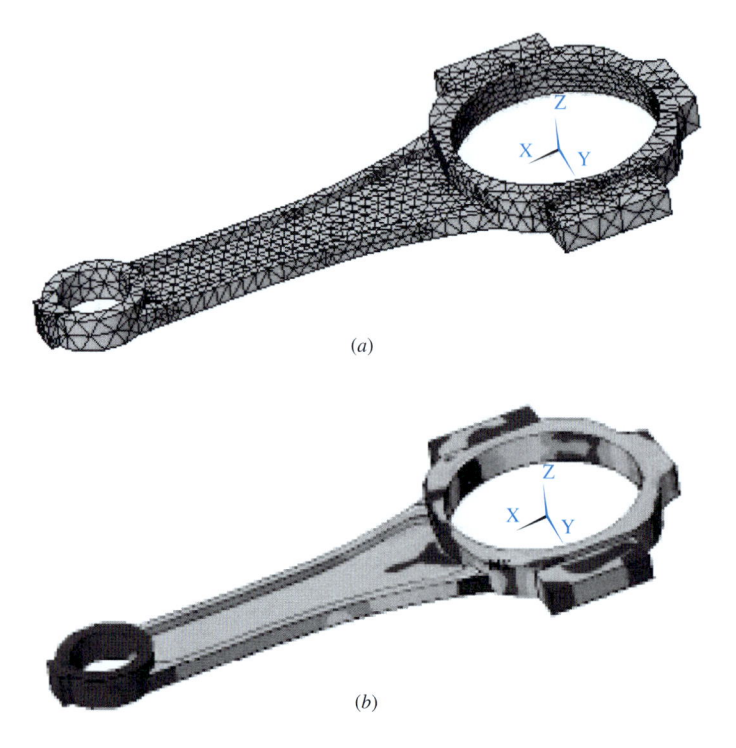

Figura 19–1 Modelo de um virabrequim usando o software ANSYS para análise por elementos finitos. (*a*) Modelo de malha; (*b*) contornos de tensão. *Cortesia de S. Boedo (ver nota de rodapé 1).*

---

[1] S. Boedo, "Elastohydrodynamic Lubrication of Conformal Bearing Systems", *Proceedings of 2002 ANSYS Users Conference,* Pittsburgh, PA, 22–24 abr. 2002.

Um componente mecânico real é uma estrutura elástica contínua (contínuo). A FEA divide (discretiza) a estrutura em pequenas porém finitas e bem definidas subestruturas elásticas (elementos). Por meio de funções polinomiais, juntamente com operações matriciais, o comportamento elástico contínuo de cada elemento é desenvolvido em termos das propriedades geométricas e de material do elemento. Pode-se aplicar cargas dentro do elemento (gravidade, dinâmica, térmica etc.) sobre a superfície do elemento ou nos *nós* do elemento. Os nós do elemento são suas entidades governantes fundamentais, pois é nele que o elemento se interliga com outros elementos e onde as propriedades elásticas do elemento eventualmente são estabelecidas, as condições de contorno são atribuídas e as forças (de contato ou do corpo) são finalmente aplicadas. Um nó possui *graus de liberdade* (dofs). Graus de liberdade são os movimentos de rotação e de translação independentes que podem existir em um nó. Este pode ter, no máximo, três graus de liberdade translacionais e três rotacionais. Assim que cada elemento no interior de uma estrutura tiver sido definido *localmente* na forma matricial, os elementos são montados (amarrados) *globalmente* por seus nós (graus de liberdade) comuns em uma matriz de sistema global. As cargas aplicadas e as condições de contorno são então especificadas e, por meio de operações matriciais, os valores de todos os graus de liberdade de deslocamento desconhecidos são determinados. Assim que isso for feito, é só usar esses deslocamentos para determinar resistências e tensões utilizando as equações de elasticidade constitutivas.

19-1 O método dos elemento finitos

O desenvolvimento moderno do método dos elementos finitos se iniciou, nos anos 1940, na área de mecânica estrutural com os trabalhos de Hrennikoff,[2] McHenry[3] e Newmark,[4] que usaram um reticulado de elementos lineares (barras e vigas) para a solução de tensões em sólidos contínuos. Em 1943, a partir de uma palestra de 1941, Courant[5] sugeriu a interpolação polinomial por trechos em sub-regiões triangulares como um método para modelar problemas de torção. Com o advento dos computadores digitais nos anos 1950 tornou-se prático para os engenheiros escreverem e resolverem equações de rigidez na forma matricial.[6,7,8] Um artigo clássico de Turner, Clough, Martin e Topp, publicado em 1956, apresentou as equações matriciais de rigidez para barras, vigas e outros elementos.[9] A expressão *elemento finito* foi atribuída pela primeira vez a Clough.[10] Desde esses primórdios, foi investido um grande esforço no desenvolvimento do método dos elementos finitos nas áreas de formulações de elementos,

---

[2] A. Hrennikoff, "Solution of Problems in Elasticity by the Frame Work Method", *Journal of Applied Mechanics*, v. 8, n. 4, p. 169-175, dez.1941.

[3] D. McHenry, "A Lattice Analogy for the Solution of Plane Stress Problems", *Journal of Institution of Civil Engineers*, v. 21, p. 59-82, dez.1943.

[4] N. M. Newmark, "Numerical Methods of Analysis in Bars, Plates, and Elastic Bodies", *Numerical Methods in Analysis in Engineering* (ed. L. E. Grinter), Macmillan, 1949.

[5] R. Courant, "Variational Methods for the Solution of Problems of Equilibrium and Vibrations", *Bulletin of the American Mathematical Society*, v. 49, p. 1-23, 1943.

[6] S. Levy, "Structural Analysis and Influence Coefficients for Delta Wings", *Journal of Aeronautical Sciences*, v. 20, n. 7, p. 449-454, jul.1953.

[7] J. H. Argyris, "Energy Theorems and Structural Analysis", *Aircraft Engineering*, out./nov./dez. 1954 e fev, mar./abr./maio, 1955.

[8] J. H. Argyris e S. Kelsey, *Energy Theorems and Structural Analysis*, Londres, Butterworths, 1960 (reimpresso de *Aircraft Engineering*, 1954-55).

[9] M. J. Turner, R. W. Clough, H. C. Martin e L. J. Topp, "Stiffness and Deflection Analysis of Complex Structures", *Journal of Aeronautical Sciences*, v. 23, n. 9, p. 805-824, set.1956.

[10] R. W. Clough, "The Finite Element Method in Plane Stress Analysis", *Proceedings of the Second Conference on Electronic Computation*, American Society of Civil Engineers, Pittsburgh, PA, p. 345-378, set.1960.

bem como na implementação via computador de todo o processo de resolução. Entre os principais avanços na tecnologia computacional tivemos a rápida expansão dos recursos de hardware dos computadores, eficientes e precisas rotinas para resolução de matrizes, bem como computação gráfica, para facilitar a visualização dos estágios de pré-processamento da construção do modelo, até mesmo na geração automática de malha adaptativa e nos estágios de pós-processamento de revisão dos resultados obtidos. Tem sido apresentada literatura em grande abundância sobre o tema, inclusive vários livros-texto. Uma lista parcial de algumas obras, introdutórias ou mais abrangentes, é dada no final deste capítulo.

Como o método dos elementos finitos é uma técnica numérica que discretiza o domínio de uma estrutura contínua, os erros são inevitáveis. São eles:

1. **Erros computacionais**. Estes se devem a erros de arredondamento provenientes de cálculos em ponto flutuante dos computadores, bem como das formulações dos esquemas de integração numérica que são empregados. A maior parte dos programas comerciais para elemento finito se concentra na redução de tais erros e, consequentemente, o analista deve se preocupar com os fatores de discretização.
2. **Erros de discretização**. A geometria e a distribuição de deslocamentos de uma estrutura real varia continuamente. O emprego de um número finito de elementos para modelar a estrutura introduz erros na correspondência da geometria com a distribuição de deslocamentos devido às limitações matemáticas inerentes dos elementos.

Como exemplo de erros de discretização, consideremos a estrutura de chapa fina com espessura constante mostrada na Figura 19–2a. A Figura 19–2b ilustra um modelo de elemento finito de uma estrutura em que são empregados elementos triangulares simplex de três nós e tensão plana. Esse tipo apresenta um ponto fraco que cria dois problemas básicos. O elemento tem lados retos que permanecem retos após a deformação. As resistências ao longo do elemento triangular com tensão plana são constantes. O primeiro problema, de caráter geométrico, é a modelagem das bordas curvas. Note que a superfície do modelo com uma curvatura grande aparece modelada de forma precária, ao passo que a superfície do furo parece estar modelada adequadamente. O segundo problema, muito mais grave, é que as resistências em várias regiões da estrutura real mudam rapidamente e o elemento de resistência constante é capaz de dar apenas uma aproximação da resistência média no

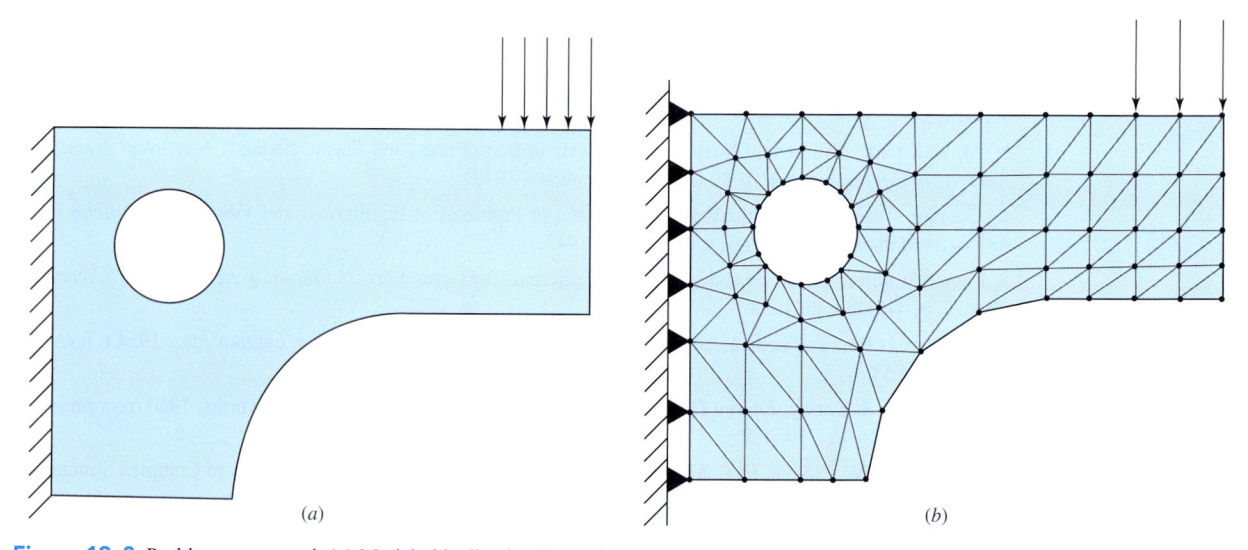

(a) (b)

Figura 19–2 Problema estrutural. (*a*) Modelo idealizado; (*b*) modelo dos elementos finitos.

centro do elemento. Portanto, em suma, os resultados previstos por esse modelo serão extremamente deficientes. Os resultados podem ser melhorados significativamente aumentando-se o número de elementos (uma densidade de malha maior). De forma alternativa, usar um elemento melhor, como um quadrilateral de oito nós, que é mais adequado à aplicação, fornecerá resultados melhores. Em virtude das funções de interpolação de grau mais elevado, o elemento quadrilateral de oito nós é capaz de modelar bordas curvas e fornecer uma função de grau mais elevado para a distribuição de resistências.

Na Figura 19–2b, os elementos triangulares são chapados e os nós dos elementos são representados pelos pontos pretos. Forças e restrições podem ser colocadas apenas nos nós. Os nós de um elemento triangular simplex de tensão plana possuem apenas dois graus de liberdade, com translação no plano. Portanto, os triângulos de apoio simples em chapado negro na lateral esquerda representam o apoio fixo do modelo. Da mesma forma, a carga distribuída pode ser aplicada apenas a três nós conforme está indicado. A carga modelada tem de ser estaticamente consistente com a carga real.

19–2 Geometrias dos elementos

São usadas diversas formas geométricas de elementos em análise por elementos finitos para aplicações específicas. Os vários elementos usados em um software FEM de propósito geral constituem o que é conhecido como *biblioteca de elementos* do programa. Os elementos podem ser dispostos nas seguintes categorias: *elementos lineares, elementos de superfície, elementos sólidos* e *elementos com finalidades especiais*. A Tabela 19–1 apresenta alguns, mas não todos, desses tipos de elementos disponíveis para análise por elementos finitos para problemas estruturais. Nem todos os elementos admitem todos os graus de liberdade. Por exemplo, o elemento de barra 3D aceita apenas três graus de liberdade translacionais em cada nó. Elementos de interligação com diferentes graus de liberdade geralmente requerem alguma modificação manual. Consideremos, por exemplo, a interligação da barra a um elemento de armação. O elemento armação admite todos os seis graus de liberdade em cada nó. Uma barra, quando conectada a ele, pode girar livremente na interligação.

19–3 O processo de resolução por elementos finitos

Descreveremos o processo de resolução por meio dos elementos finitos em um problema unidimensional simples, usando o elemento linear de barra. Um elemento de barra é uma barra carre-

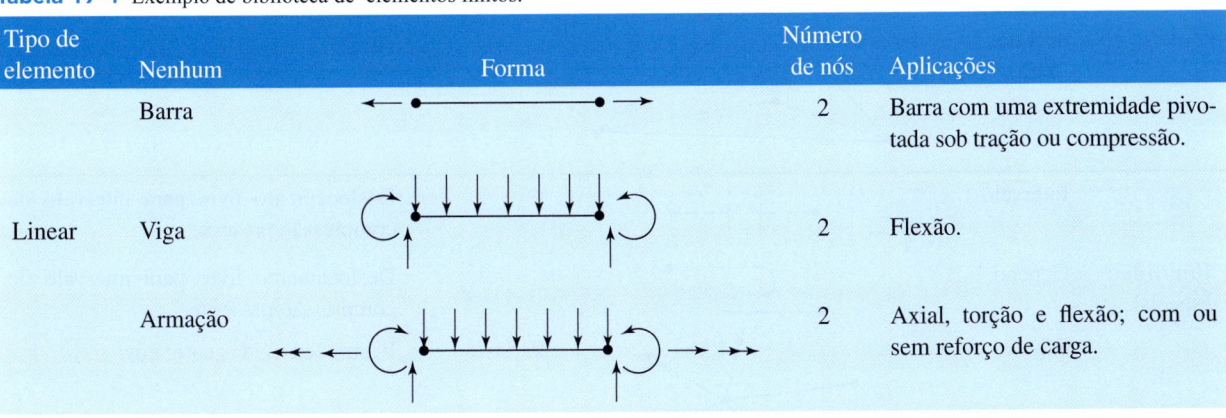

Tabela 19–1 Exemplo de biblioteca de elementos finitos.

Tipo de elemento	Nenhum	Forma	Número de nós	Aplicações
Linear	Barra		2	Barra com uma extremidade pivotada sob tração ou compressão.
	Viga		2	Flexão.
	Armação		2	Axial, torção e flexão; com ou sem reforço de carga.

(Continua)

Tabela 19–1 (Continuação)

Tipo de elemento	Nenhum	Forma	Número de nós	Aplicações
Superfície	Quadrilateral de 4 nós		4	Tensão ou deformação plana, axissimetria, painel em cisalhamento, chapa plana fina em flexão.
	Quadrilateral de 8 nós		8	Tensão ou deformação plana, chapa fina ou armação em flexão.
	Triangular de 3 nós		3	Tensão ou deformação plana, axissimetria, painel em cisalhamento, chapa plana fina em flexão. Prefira elementos quadriláteros sempre que possível. Usado para transições de elementos quadriláteros.
	Triangular de 6 nós		6	Tensão ou deformação plana, axissimetria, painel em cisalhamento, chapa fina ou casca em flexão. Prefira elementos quadriláteros sempre que possível. Usado para transições de elementos quadriláteros.
Sólido[†]	Hexagonal de 8 nós (tijolo)		8	Chapa grossa sólida.
	Pentagonal de 6 nós (cunha)		6	Chapa grossa sólida. Usada para transições.
	Tetraédrico de 4 nós (tetra)		4	Chapa grossa sólida. Usada para transições.
Finalidade especial	Intervalo		2	Deslocamento livre para intervalo de compressão prescrito.
	Gancho		2	Deslocamento livre para intervalo de compressão prescrito.
	Rígido		Variável	Restrições rígidas entre nós.

[†]Estes elementos também estão disponíveis com nós intermediários.

gada em tração ou compressão com área da seção transversal constante A, comprimento l e módulo de elasticidade E. O elemento básico de barra possui dois nós e, para um problema unidimensional, cada nó terá apenas um grau de liberdade. O elemento de barra pode ser modelado como uma mola linear simples com constante de mola, dado pela Equação (4–4), p. 162, por

$$k = \frac{AE}{l} \qquad (19\text{--}1)$$

Considere um elemento de mola (e) com constante de mola k_e e nós i e j, conforme mostra a Figura 19–3. Os nós e elementos serão numerados. Portanto, para evitar confusão sobre o significado de determinado número, os elementos serão numerados entre parênteses. Supondo que todas as forças f e deslocamentos u apontem para a direita como positivos, as forças em cada nó podem ser escritas da seguinte forma

$$\begin{aligned} f_{i,e} &= k_e\left(u_i - u_j\right) = k_e u_i - k_e u_j \\ f_{j,e} &= k_e\left(u_j - u_i\right) = -k_e u_i + k_e u_j \end{aligned} \qquad (19\text{--}2)$$

As duas equações podem ser escritas na forma matricial como

$$\left\{ \begin{array}{c} f_{i,e} \\ f_{i,e} \end{array} \right\} = \left[\begin{array}{cc} k_e & -k_e \\ -k_e & k_e \end{array} \right] \left\{ \begin{array}{c} u_i \\ u_j \end{array} \right\} \qquad (19\text{--}3)$$

Em seguida, considere um sistema de duas molas conforme indica a Figura 19–4a. Neste caso, numeramos os nós e os elementos. Também rotulados às forças em cada nó. Entretanto, tais forças são as forças externas totais em cada nó, F_1, F_2 e F_3. Se traçarmos diagramas de corpo livre distintos, exibiremos as forças internas como mostra a Figura 19–4b.

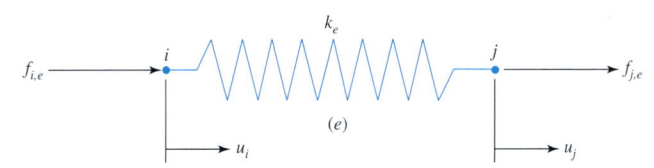

Figura 19–3 Um elemento mola simples.

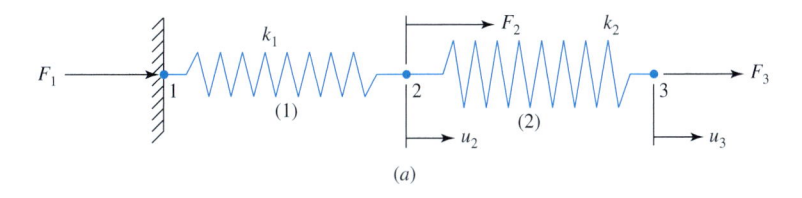

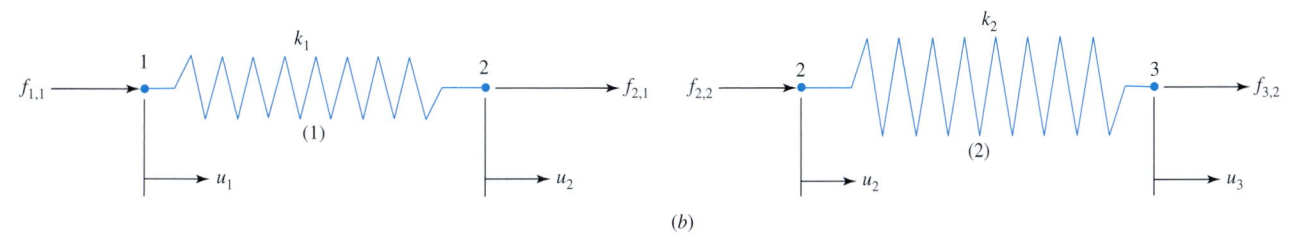

Figura 19–4 Um sistema de molas de dois elementos. (a) Modelo de sistema, (b) diagramas de corpo livre separados.

Usando a Equação (19–3) para cada mola, produz

Elemento 1
$$\left\{ \begin{array}{c} f_{1,1} \\ f_{2,1} \end{array} \right\} = \left[\begin{array}{cc} k_1 & -k_1 \\ -k_1 & k_1 \end{array} \right] \left\{ \begin{array}{c} u_1 \\ u_2 \end{array} \right\} \quad (19\text{–}4a)$$

Elemento 2
$$\left\{ \begin{array}{c} f_{2,2} \\ f_{3,2} \end{array} \right\} = \left[\begin{array}{cc} k_2 & -k_2 \\ -k_2 & k_2 \end{array} \right] \left\{ \begin{array}{c} u_2 \\ u_3 \end{array} \right\} \quad (19\text{–}4b)$$

A força total em cada nó é a força externa, $F_1 = f_{1,1}$, $F_2 = f_{2,1} \times f_{2,2}$ e $F_3 = f_{3,2}$. Combinando as duas matrizes em termos das forças externas, resulta

$$\left\{ \begin{array}{c} f_{1,1} \\ f_{2,1} + f_{2,2} \\ f_3 \end{array} \right\} = \left\{ \begin{array}{c} F_1 \\ F_2 \\ F_3 \end{array} \right\} = \left[\begin{array}{ccc} k_1 & -k_1 & 0 \\ -k_1 & (k_1 + k_2) & -k_2 \\ 0 & -k_2 & k_2 \end{array} \right] \left\{ \begin{array}{c} u_1 \\ u_2 \\ u_3 \end{array} \right\} \quad (19\text{–}5)$$

Se conhecermos o deslocamento de um nó, então a força no nó será desconhecida. Por exemplo, na Figura 19–4a, o deslocamento do nó 1 na parede é zero; portanto, F_1 é a força de reação desconhecida (note que, até este ponto, não aplicamos uma solução estática do sistema). Se não conhecemos o deslocamento de um nó, então conhecemos a força. Por exemplo, na Figura 19–4a, os deslocamentos nos nós 2 e 3 são desconhecidos e as forças F_2 e F_3 devem ser especificadas. Para vermos como o restante do processo de resolução pode ser implementado, consideremos o exemplo a seguir.

EXEMPLO 19–1 Considere o eixo escalonado de alumínio mostrado na Figura 19–5a. As áreas das seções AB e BC são, respectivamente, 64,5 mm² e 96,8 mm². Os comprimentos das seções AB e BC são, respectivamente, 250 mm e 300 mm. Uma força $F = 4\,500$ N é aplicada em B. Inicialmente, existe uma folga $\varepsilon = 0,05$ mm entre a extremidade C e a parede rígida à direita. Determine as reações da parede, as forças internas nos elementos e a deflexão do ponto B. Façamos $E = 69$ GPa e suponhamos que a extremidade C atinja a parede. Verifique a validade dessa hipótese.

Solução O eixo escalonado é modelado pelo sistema de duas molas da Figura 19–5b, em que

$$k_1 = \left(\frac{AE}{l} \right)_{AB} = \frac{64{,}5(69\,000)}{250} = 17\,802 \text{ N/mm}$$

$$k_2 = \left(\frac{AE}{l} \right)_{BC} = \frac{96{,}8(69\,000)}{300} = 22\,264 \text{ N/mm}$$

Com $u_1 = 0$, $F_2 = 4\,900$ N e a hipótese de que $u_3 = \epsilon = 0{,}05$ mm, a Equação (19–5) torna-se

$$\left\{ \begin{array}{c} F_1 \\ 4900 \\ F_3 \end{array} \right\} = 10^3 \left[\begin{array}{ccc} 17{,}802 & -17{,}802 & 0 \\ -17{,}802 & 40{,}066 & -22{,}264 \\ 0 & -22{,}264 & 22{,}264 \end{array} \right] \left\{ \begin{array}{c} 0 \\ u_2 \\ 0{,}05 \end{array} \right\} \quad (1)$$

Para problemas grandes, há um método sistemático para resolver equações como a Equação (1), chamado de *particionamento* ou *método da eliminação*.[11] Entretanto, para o problema simples atual, a resolução é bastante simples. Da segunda equação da equação matricial

$$4900 = 10^3[-17{,}802(0) + 40{,}066 u_2 - 22{,}264(0{,}05)]$$

---
[11] Consulte T. R. Chandrupatla e A. D. Belegundu, *Introduction to Finite Elements in Engineering*, 4ª ed., Prentice Hall, Upper Saddle River, NJ, 2012, p. 71-75.

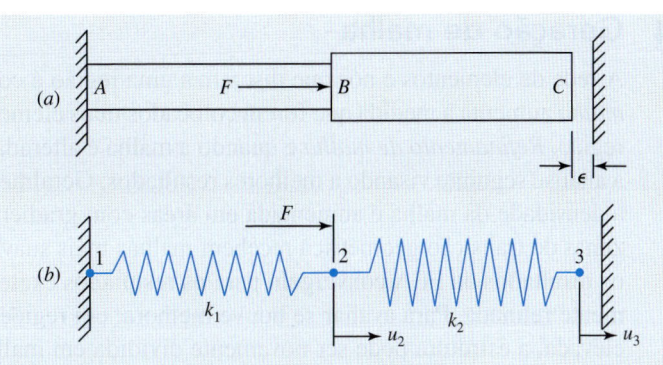

Figura 19–5 (*a*) Eixo escalonado; (*b*) modelo de mola.

ou

Resposta
$$u_B = u_2 = \frac{4900/10^3 + 22{,}264(0{,}05)}{40{,}066} = 0{,}15 \text{ mm}$$

Como $u_B > \epsilon$, confirma-se que o ponto C atinge a parede.

As reações nas paredes são F_1 e F_3. Da primeira e terceira equações da Equação matricial (1)

Resposta
$$F_1 = 10^3[-17{,}802 u_2] = 10^3[-17{,}802(0{,}15)] = -2670 \text{ N}$$

e

Resposta
$$F_3 = 10^3[-22{,}264 u_2 + 22{,}264(0{,}05)]$$
$$= 10^3[-22{,}264(0{,}15) + 22{,}264(0{,}05)] = -2226 \text{ N}$$

Como F_3 é negativa, isso também confirma que C atinge a parede. Note que $F_1 + F_3 = -2670 - 2226 = -4896$ N, equilibrando a força aplicada (sem a necessidade de equações estáticas).

Para as forças internas, é preciso retornar às equações individuais (locais). Da Equação (19–4*a*),

Resposta
$$\begin{Bmatrix} f_{1,1} \\ f_{2,1} \end{Bmatrix} = \begin{bmatrix} k_1 & -k_1 \\ -k_1 & k_1 \end{bmatrix} \begin{Bmatrix} u_1 \\ u_2 \end{Bmatrix} = 10^3 \begin{bmatrix} 17{,}802 & -17{,}802 \\ -17{,}802 & 17{,}802 \end{bmatrix} \begin{Bmatrix} 0 \\ 0{,}15 \end{Bmatrix} = \begin{Bmatrix} -2670 \\ 2670 \end{Bmatrix} \text{N}$$

Como $f_{1,1}$ aponta para a esquerda e $f_{2,1}$ aponta para a direita, o elemento se encontra em tração, com uma força de 2670 N. Se for desejada a tensão, esta será simplesmente $\sigma_{AB} = f_{2,1}/A_{AB} = 2670/64{,}5 = 41{,}4$ MPa.

Para o elemento BC, da Equação (19.4*b*),

$$\begin{Bmatrix} f_{2,2} \\ f_{3,2} \end{Bmatrix} = \begin{bmatrix} k_2 & -k_2 \\ -k_2 & k_2 \end{bmatrix} \begin{Bmatrix} u_2 \\ u_3 \end{Bmatrix} = 10^5 \begin{bmatrix} 22{,}264 & -22{,}264 \\ -22{,}264 & 22{,}264 \end{bmatrix} \begin{Bmatrix} 0{,}15 \\ 0{,}05 \end{Bmatrix} = \begin{Bmatrix} 2\,226 \\ -2\,226 \end{Bmatrix} \text{N}$$

Resposta
Como $f_{2,2}$ aponta para a direita e $f_{3,2}$ aponta para a esquerda, o elemento está sob compressão, com uma força igual a 2226 N. Se for desejada a tensão, esta será simplesmente $\sigma_{BC} = -f_{2,2}/A_{BC} = -2226/96{,}8 = -23$ MPa.

19-4 Geração de malha

A rede de elementos e nós que discretiza uma região é conhecida por *malha*. A *densidade da malha* aumenta à medida que forem colocados mais elementos no interior de uma determinada região. *Refinamento de malha* é quando a malha é alterada de uma análise de um modelo para a análise seguinte visando a melhores resultados. Geralmente, os resultados melhoram quando a densidade da malha é aumentada em áreas com gradientes de tensão elevados e/ou quando zonas de transição geométrica recebem malhas mais suaves. Normalmente, mas nem sempre, os resultados da FEA convergem para os resultados exatos à medida que a malha é continuamente refinada. Para avaliar se houve melhora, em regiões onde surgem gradientes de tensão elevada, a estrutura pode ser novamente dividida em malha de maior densidade nesta região. Se há uma variação mínima no valor de tensão máxima, é razoável supor que a solução convergiu. Existem três formas básicas de gerar uma malha de elementos: manualmente, semiautomaticamente ou totalmente automatizado.

1. **Geração manual de malha**. Era desta forma que a malha de elementos era criada nos primórdios do método dos elementos finitos. Trata-se de um método muito trabalhoso de criação de malha e, exceto em casos de pequenas modificações de um modelo, raramente é usada. *Nota:* deve-se tomar cuidado ao editar um arquivo de texto de entrada. Em alguns pacotes de software para FEA, outros arquivos como o arquivo gráfico binário de pré-processamento não deve ser alterado. Consequentemente, talvez os arquivos não venham a ser compatíveis entre si.

2. **Geração semiautomática de malha**. Ao longo dos anos, os algoritmos computacionais foram desenvolvidos para permitir ao analista gerar malha automaticamente em regiões da estrutura que ele subdividiu, usando contornos bem definidos. Como o analista precisa definir tais regiões, a técnica é considerada *semiautomática*. O desenvolvimento de vários algoritmos de computador para geração de malha provém da computação gráfica. Caso o leitor queira mais informações sobre o tema, recomenda-se uma revisão da literatura disponível nesta área.

3. **Geração de malha completamente automatizada**. Vários fornecedores de software concentraram seus esforços no desenvolvimento de programas para a geração totalmente automática de malha e, em alguns casos, refinamento automático de malha *autoadaptativas*. O objetivo evidente é reduzir muito o esforço do projetista e o tempo de pré-processamento para se chegar a uma malha final bem construída para uso em FEA. Uma vez que o contorno completo de uma estrutura esteja definido, sem subdivisões como na geração semiautomática de malha e com um mínimo de intervenção do usuário, vários esquemas estão disponíveis para discretizar a região com *um tipo de elemento*. Para problemas elásticos planos, o contorno é definido por uma série de linhas geométricas internas e externas, e o tipo de elemento para geração automática da malha seria o elemento elástico plano. Para estruturas de parede fina, a geometria seria definida por representações de superfície tridimensionais, e o tipo de elemento para geração automática de malha seria o elemento de placa tridimensional. Para estruturas sólidas, o contorno seria construído usando-se técnicas de *geometria construtiva de sólidos* (*CSG*) ou de *representação de contornos* (*B-rep*). Os tipos de elemento finito para geração automática de malha seriam o tijolo e/ou o tetraedro elemento (s).

Programas para refinamento automático de malha autoadaptativas calculam o erro da solução da FEA. Tomando como base o erro, a malha é automaticamente revisada e analisada novamente. O processo é repetido até que algum critério de convergência ou término seja satisfeito.

Retornando ao modelo da chapa fina da Figura 19–2, os contornos da estrutura são construídos conforme mostra a Figura 19–6a. Criam-se automaticamente malha para os contornos conforme indica a Figura 19–6b, em que 294 elementos e 344 nós foram gerados. Observe a uniformidade da geração dos elementos nos contornos. O solucionador do método dos elementos finitos gerou as deflexões e tensões de von Mises mostradas na Figura 19–6c. A tensão de Von Mises máxima na região indicada é igual a 4110,4 psi. Foi então gerada automaticamente nova malha para o modelo, dessa vez com uma densidade de malha maior como mostra a Figura 19–6d, em que o modelo possui 1 008 elementos e 1 096 nós. Os resultados são mostrados na Figura 19–6e, e a tensão de von Mises máxima encontrada foi de 4184,9 psi, que é apenas 1,8% maior. Muito provavelmente, a solução praticamente convergiu. *Nota:* Os contornos de tensão das Figuras 19–6c e e têm uma melhor visualização em cores.

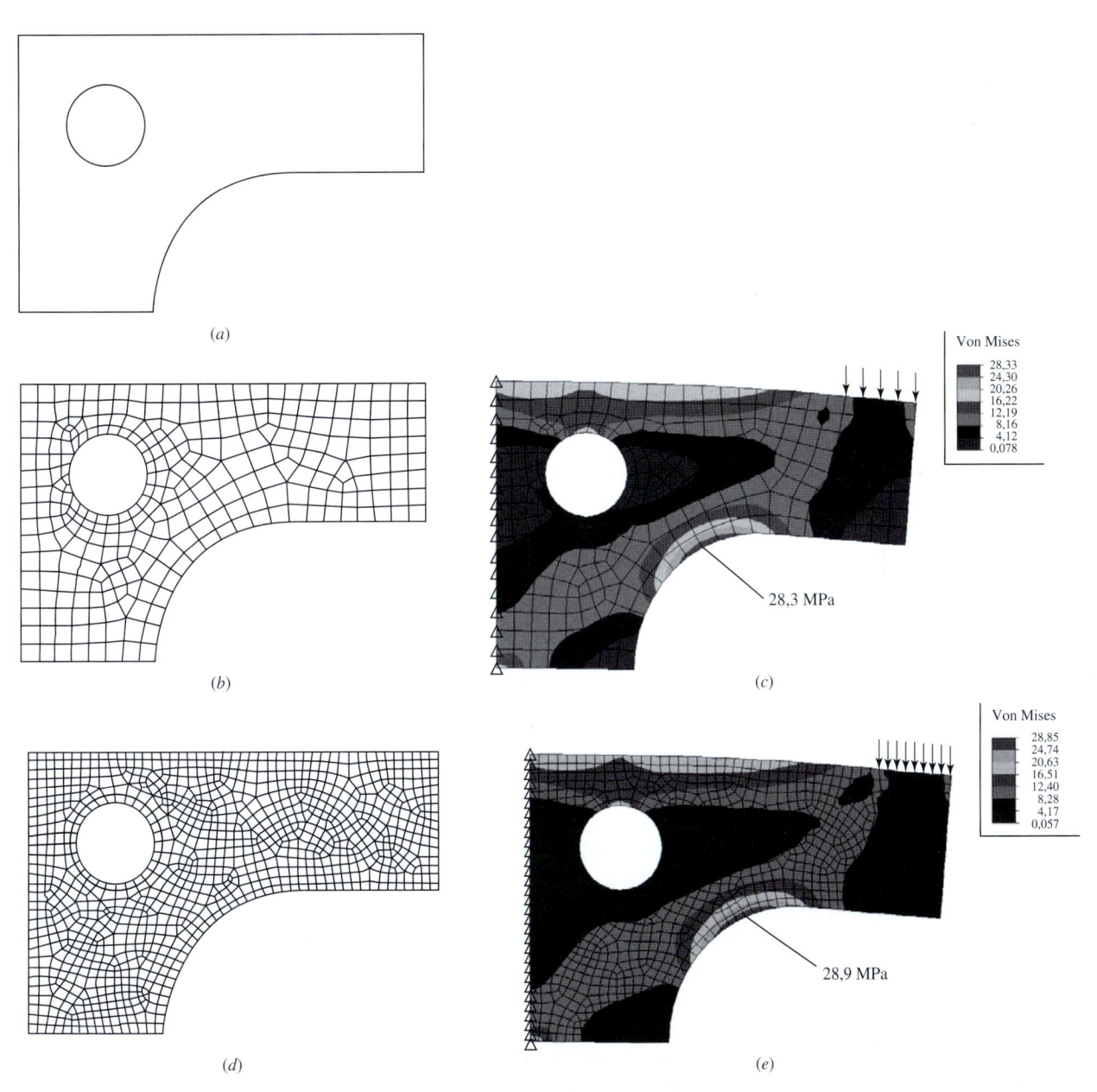

Figura 19–6 Geração automática de malha para o modelo chapa fina da Figura 19–2. (*a*) Limites do modelo; (*b*) malha automática com 294 elementos e 344 nós; (*c*) defletida (em escala exagerada) com contornos de tensão; (*d*) malha automática com 1 008 elementos e 1 096 nós; (*e*) defletida (em escala exagerada) com contornos de tensão.

Na presença de concentrações de tensões, é preciso ter uma malha bem densa na região de concentração de tensão para obter resultados próximos da realidade. O importante é que a densidade da malha seja aumentada apenas em uma região em torno da concentração de tensões e que a malha de transição do resto da estrutura até a região de concentração de tensão seja gradual. Uma transição de malha abrupta, por si só, terá o mesmo efeito de uma concentração de tensão. A concentração de tensão será discutida com mais detalhes na Seção 19-7, Técnicas de modelagem.

19-5 Aplicação de carga

Existem duas maneiras básicas de especificar cargas em uma estrutura, carregamentos, nodal e de elementos. Entretanto, no final das contas, as cargas dos elementos são aplicadas aos nós com o uso de cargas nodais equivalentes. Um aspecto da aplicação de carga está relacionado com o princípio de Saint-Venant. Se não existir preocupação em relação às tensões próximas de pontos de aplicação de carga, não é necessário tentar distribuir o carregamento de forma muito precisa. A força e/ou momento resultante podem ser aplicados a um único nó, desde que o elemento admita o grau de liberdade associado à força e/ou momento no nó. Entretanto, o analista não deve se surpreender nem se preocupar ao revisar os resultados e constatar que as tensões na vizinhança do ponto de aplicação da carga sejam muito grandes. Momentos concentrados podem ser aplicados aos nós da viga e para a maioria dos elementos da placa. Entretanto, momentos concentrados não podem ser aplicados a elementos de barra, elásticos planos bidimensionais, axissimétricos ou paralelepípedais. Eles não admitem graus de liberdade rotacionais. Um momento puro pode ser aplicado a esses elementos usando-se apenas forças na forma de um conjugado. Da mecânica estática, um conjugado pode ser gerado usando-se duas ou mais forças atuantes em um plano em que a força resultante das forças é zero. O momento resultante das forças é um vetor perpendicular ao plano e é a somatória dos momentos das forças em torno de qualquer ponto comum.

As cargas de elementos incluem cargas estáticas devido à gravidade (peso), efeitos térmicos, cargas superficiais como pressão hidrostática e uniforme e cargas dinâmicas devido à aceleração constante e à rotação em regime permanente (aceleração centrífuga). Conforme afirmamos anteriormente, as cargas de elementos são convertidas pelo software em cargas nodais equivalentes e, no final, são tratadas como cargas concentradas aplicadas aos nós.

Para o carregamento envolvendo a força da gravidade, a constante de gravidade nas unidades apropriadas, bem como seu sentido, deve ser fornecida pelo analista. Se as unidades de comprimento e força do modelo forem polegadas ou lbf, $g = 9,81$ m/s². Se as unidades de comprimento e força do modelo forem metros e Newtons, $g = 9,81$ m/s². O sentido da força da gravidade normalmente é em direção ao centro da Terra.

Para carregamento térmico, deve ser fornecido o coeficiente de expansão térmica α para cada material, bem como a temperatura inicial da estrutura e as temperaturas nodais finais. A maioria dos pacotes de software possui a capacidade de realizar primeiro uma análise de transferência de calor por elementos finitos na estrutura para determinar as temperaturas nodais finais. Os resultados da temperatura são gravados em um arquivo, que pode ser transferido para análise de tensões estáticas. Aqui o modelo de transferência de calor deve ter o mesmo tipo de elemento e nós do modelo usado para análise de tensões estática.

Normalmente, o carregamento em superfícies pode ser aplicado à maioria dos elementos. Por exemplo, cargas lineares transversais ou uniformes (força/comprimento) podem ser especificadas em vigas. Normalmente, pode-se aplicar pressão linear e uniforme nas bordas de elementos axissimétricos e planares bidimensionais. Pode-se aplicar pressão lateral em elementos de placa, bem como pressão sobre a superfície de elementos sólidos paralelepípedais sólido. Cada pacote de software possui uma maneira própria de especificar essas cargas sobre a superfície, geralmente em uma combinação dos modos gráficos e de texto.

19–6 Condições de contorno

A simulação das condições de contorno e outras formas de restrição provavelmente é a única parte difícil da modelagem precisa de uma estrutura para uma análise por elementos finitos. Ao especificarmos restrições, é relativamente fácil cometer erros de omissão ou má interpretação. Talvez o analista precise testar diferentes abordagens em relação às restrições esotéricas do modelo como juntas parafusadas com porcas, soldagens etc. que não sejam tão simples como as juntas fixas ou pivotadas idealizadas. Os ensaios devem se restringir a problemas simples e não a uma estrutura complexa e grande. Certas vezes, quando a natureza exata de uma condição de contorno é incerta, são possíveis apenas limites de comportamento. Por exemplo, modelamos eixos com mancais como se estivessem simplesmente apoiados. É mais provável que o apoio se encontre entre o apoiado e fixo, e poderíamos analisar ambas as restrições para estabelecer os limites. Entretanto, supondo que estejam simplesmente apoiados, os resultados da solução são conservadores em termos de tensões e deflexões; ou seja, a solução preveria tensões e deflexões maiores que as ocorridas na prática.

Consideremos um outro exemplo, a viga 16 da Tabela A–9. A viga horizontal é carregada uniformemente e está fixa em ambas as extremidades. Embora não se afirme de maneira explícita, tabelas como essas pressupõem que as vigas não estejam restritas na direção horizontal; isto é, supõe-se que a viga possa deslizar horizontalmente nos apoios. Se as extremidades estivessem completa ou parcialmente restritas, seria necessária uma solução viga-coluna.[12] Com uma análise por elementos finitos poderíamos usar um elemento especial, uma viga com reforço.

Equações com restrições em vários pontos são bastante usadas para modelar condições de contorno ou conexões rígidas entre elementos elásticos. Quando usadas nesta última forma, as equações estão atuando como elementos e, portanto, são conhecidas como *elementos rígidos*. Os elementos rígidos podem ter movimentos de rotação ou translação apenas em termos rígidos.

Elementos de contorno são usados para forçar deslocamentos específicos não nulos em uma estrutura. Os elementos de contorno também podem ser úteis na modelagem de condições de contorno que estão desalinhadas em relação ao sistema de coordenadas global.

19–7 Técnicas de modelagem

Com os pacotes de CAD e geradores automáticos de malha atuais, torna-se fácil criar um modelo sólido e gerar malha sobre o volume com elementos finitos. Com as velocidades e abundância de memória dos computadores de hoje, é muito fácil criar um modelo com um número extremamente grande de elementos e nós. As técnicas de modelagem por elemento finito do passado agora parecem ser ultrapassadas e supérfluas. Entretanto, pode ser gasto muito tempo desnecessário em um modelo bem complexo quando um modelo muito mais simples resolveria o problema. O modelo complexo talvez nem chegue a fornecer uma solução precisa, ao passo que um mais simples o faria. O importante é saber que tipo de solução o analista está buscando: deflexões, tensões ou ambas?

Consideremos, por exemplo, o eixo escalonado do Exemplo 4–7, p. 173, repetido aqui na Figura 19–7a. Façamos que os raios de concordância dos ressaltos tenham 0,5 mm. Se o que se deseja forem apenas as deflexões e inclinações nos ressaltos, um modelo sólido com malha extremamente densa não levaria a um resultado muito melhor do que aquele obtido com um modelo simples de cinco elementos de viga, mostrado na Figura 19–7b. Os arredondamentos nos ressaltos, que não poderiam ser facilmente modelados com elementos viga não contribuiriam muito com a diferença de resultados entre os dois modelos. Nós são necessários em pontos onde ocorrem condições de contorno, forças aplicadas e variações na seção transversal e/ou material. Os resultados de deslocamento para o modelo FEA são mostrados na Figura 19–7c.

---

[12] Consulte R. B. Budynas, *Advanced Strength and Applied Stress Analysis*, 2ª ed., Nova York, McGraw-Hill, 1999, p. 471-482.

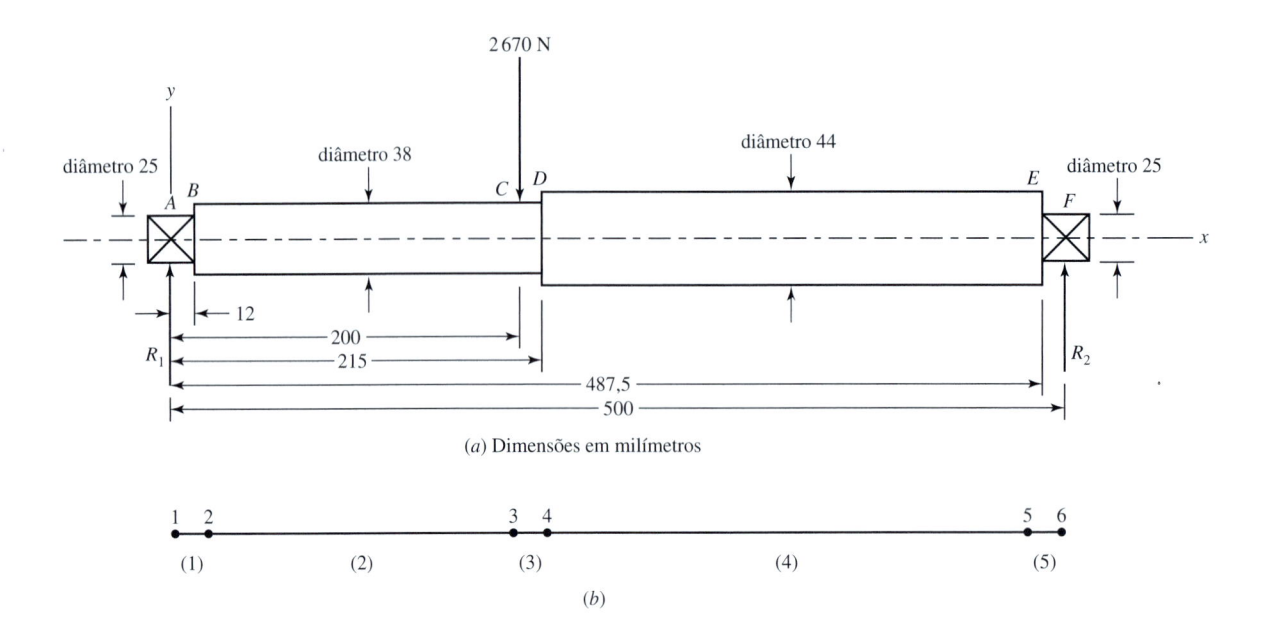

Deslocamentos/rotações (graus) dos nós

Nº do nó	x translação	y translação	z translação	θ_x rotação (graus)	θ_y rotação (graus)	θ_z rotação (graus)
1	0,0000 E + 00	0,0000 E + 00	0,0000 E + 00	0,0000 E + 00	0,0000 E + 00	−9,7930 E −02
2	0,0000 E + 00	−8,4951 E − 04	0,0000 E + 00	0,0000 E + 00	0,0000 E + 00	−9,6179 E −02
3	0,0000 E + 00	−9,3649 E − 03	0,0000 E + 00	0,0000 E + 00	0,0000 E + 00	−7,9874 E −03
4	0,0000 E + 00	−9,3870 E − 03	0,0000 E + 00	0,0000 E + 00	0,0000 E + 00	2,8492 E −03
5	0,0000 E + 00	−6,0507 E − 04	0,0000 E + 00	0,0000 E + 00	0,0000 E + 00	6,8558 E −02
6	0,0000 E + 00	0,0000 E + 00	0,0000 E + 00	0,0000 E + 00	0,0000 E + 00	6,9725 E −02

Figura 19–7 (*a*) Eixo escalonado feito de aço do Exemplo 4–7; (*b*) modelo de elementos finitos usando cinco elementos viga; (*c*) resultados de deslocamento para o modelo FEA.

O modelo FE da Figura 19–7*b* não é capaz de fornecer a tensão no arredondamento do ressalto em *D*. Neste ponto, deveríamos criar e gerar a malha para um modelo sólido completamente desenvolvido, usando elementos sólidos com elevada densidade da malha no arredondamento, conforme mostra a Figura 19–8*a*. Nesse caso, os ressaltos nos apoios dos mancais não são modelados, pois estamos preocupados apenas com a concentração de tensões em $x = 215$ mm. Os elementos paralelepípedais e tetraédricos não admitem graus de liberdade rotacionais. Para modelar a condição de contorno simplesmente apoiada na extremidade esquerda, nós ao longo do eixo *z* foram restritos em sua translação nas direções *x* e *y*. Nós ao longo do eixo *y* foram restritos em sua translação na direção *z*. Nós na extremidade direita sobre um eixo paralelo ao eixo *z* através do centro do eixo foram restritos em sua translação na direção *y* e nós em um eixo paralelo ao eixo *y* passando pelo centro do eixo foram restritos em sua translação na direção *z*. Isso garante que não haja nenhuma translação ou rotação de corpo rígido e nenhuma restrição excessiva nas extremidades. A tensão de tração máxima no arredondamento no fundo da viga é $\sigma_{max} = 164{,}8$ MPa. Realizar uma verificação analítica no ressalto conduz a $D/d = 44/38 = 1{,}158$, e $r/d = 0{,}5/38 = 0{,}0133$. A Figura A–15–9 não é muito precisa para tais valores.

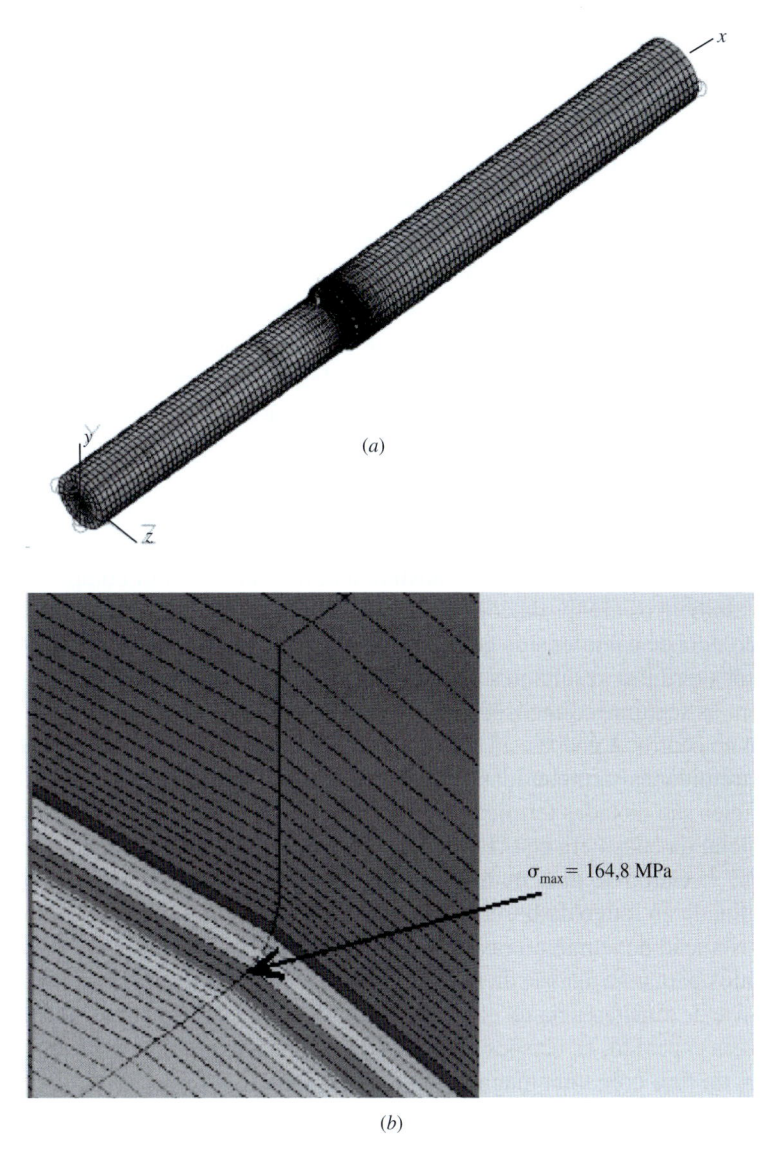

Figura 19-8 (*a*) Modelo sólido do eixo escalonado do Exemplo 4–7 usando 56 384 elementos paralelepípedais e tetraédricos; (*b*) vista dos contornos de tensão no ressalto, girado 180° em relação ao eixo *x*, mostrando a tração máxima.

Recorrendo à outra fonte,[13] o fator de concentração de tensões é $K_t = 3{,}00$. A reação no apoio direito é $R_F = (200/500)2\,670 = 1\,068$ N. O momento fletor no arredondamento é $M = 1\,068(288) = 307\,584$ N · mm. A previsão analítica de tensão máxima é, portanto,

$$\sigma_{\max} = K_t \left(\frac{32M}{\pi d^3} \right) = 3{,}00 \left[\frac{32(307\,584)}{\pi(38^3)} \right] = 171{,}3 \text{ MPa}$$

O modelo de elementos finitos apresenta um valor 4,5% menor. Se fossem usados mais elementos na região do arredondamento, indubitavelmente os resultados seriam mais próximos. Entretanto, eles se encontram dentro de níveis de aceitação para engenharia.

---

[13] Ver W. D. Pilkey e D. F. Pilkey, *Peterson's Stress Concentration Factors*, 3ª ed., Nova York, John Wiley & Sons, 2008, Gráfico 3.11.

Se quisermos verificar as deflexões, devemos comparar os resultados com o modelo de três elementos viga e não com o modelo de cinco elementos; isso porque não modelamos os ressaltos dos mancais no modelo sólido. A deflexão vertical encontrada em $x = 215$ mm para o modelo sólido foi de $-0,245$ mm. Esse valor é 4,6% maior que a deflexão de $-0,235$ para o modelo com três elementos de viga. Para inclinações, o elemento paralelepípedal não admite graus de liberdade rotacionais, portanto, a rotação nas extremidades deve ser calculada a partir dos deslocamentos dos nós adjacentes nas extremidades. Isso gerará as inclinações nas extremidades, com valores $\theta_A = -0,103°$ e $\theta_F = 0,0732°$; estes últimos são, respectivamente, 6,7% e 6,6% maiores que o modelo com três elementos de viga. Entretanto, o objetivo deste exercício é, se as deflexões fossem o único resultado desejado, que modelo deveríamos usar?

Há uma infinidade de situações de modelagem que poderiam ser examinadas. É aconselhável pesquisar a literatura e ler com muita atenção os tutoriais disponíveis dos fornecedores de software.[14]

19–8 Tensões térmicas

Pode-se realizar uma análise de transferência de calor em um componente estrutural abrangendo também os efeitos da condução, convecção e/ou radiação de calor. Depois da análise de transferência de calor ter sido completada, o mesmo modelo poderá ser usado para determinar as tensões térmicas resultantes. Para fins de um exemplo simples, modelaremos uma chapa de aço com as seguintes dimensões: 254×102 mm, 6 mm de espessura e furo com diâmetro de 25 mm no centro. A chapa está apoiada conforme ilustrado na Figura 19–9a, e as temperaturas das extremidades são mantidas entre 38°C e -18°C. A não ser nas paredes, todas as demais superfícies são isoladas termicamente. Antes de colocar a chapa entre as paredes, a temperatura inicial da chapa era de 0°F. O coeficiente de expansão térmica para o aço é $\alpha s = 11,7 \times 10^{-6}$ °C^{-1}. Gerou-se uma malha com 1 312 elementos bidimensionais sobre a chapa, sendo esta refinada ao longo da borda do furo. A Figura 19–9b mostra os contornos de temperatura da distribuição de temperaturas em regime permanente obtidos pela FEA. Usando os mesmos elementos para uma análise de linear de tensão, cujas temperaturas foram transferidas com base na análise de transferência de calor, a Figura 19–9c mostra os contornos de tensão resultantes. Como era esperado, as tensões máximas de compressão se encontravam nas partes superior e inferior do furo com uma magnitude de 220 MPa.

19–9 Carga crítica de flambagem

Os elementos finitos podem ser usados para prever a *carga crítica de flambagem* para uma estrutura de paredes finas. Foi apresentado um exemplo na Figura 4–25, (p. 206). Outro exemplo pode ser visto na Figura 19–10a, uma lata de refrigerante de parede fina de alumínio. Foi aplicada uma determinada pressão na superfície superior. O fundo da lata ficou restrito em termos de translação vertical, o nó central do fundo da lata ficou restrito em termos de translação em todas as três direções e um nó externo sobre o fundo da latinha ficou restrito em termos de translação tangencial. Isso impede o movimento de corpos rígidos e provê apoio vertical para a base da lata com movimento horizontal irrestrito para esta mesma base. O software de elementos finitos retorna um valor do multiplicador de carga que, quando multiplicado pela força total aplicada, indica a *carga crítica de flambagem*. A análise de flambagem é um problema de autovalor, e um leitor que fizesse uma revisão dos fundamentos de mecânica de materiais em um livro-texto introdutório veria que existe uma forma modal de deflexão associada à carga crítica. A forma do modo de flambagem para a lata flambada é mostrada na Figura 19–10b.

---

[14] Ver, por exemplo, R. D. Cook, *Finite Element Modeling for Stress Analysis*, Nova York, Wiley & Sons, 1995 e R. G. Budynas, *Advanced Strength and Applied Stress Analysis*, 2ª ed., Nova York, McGraw-Hill, 1999, Cap. 10.

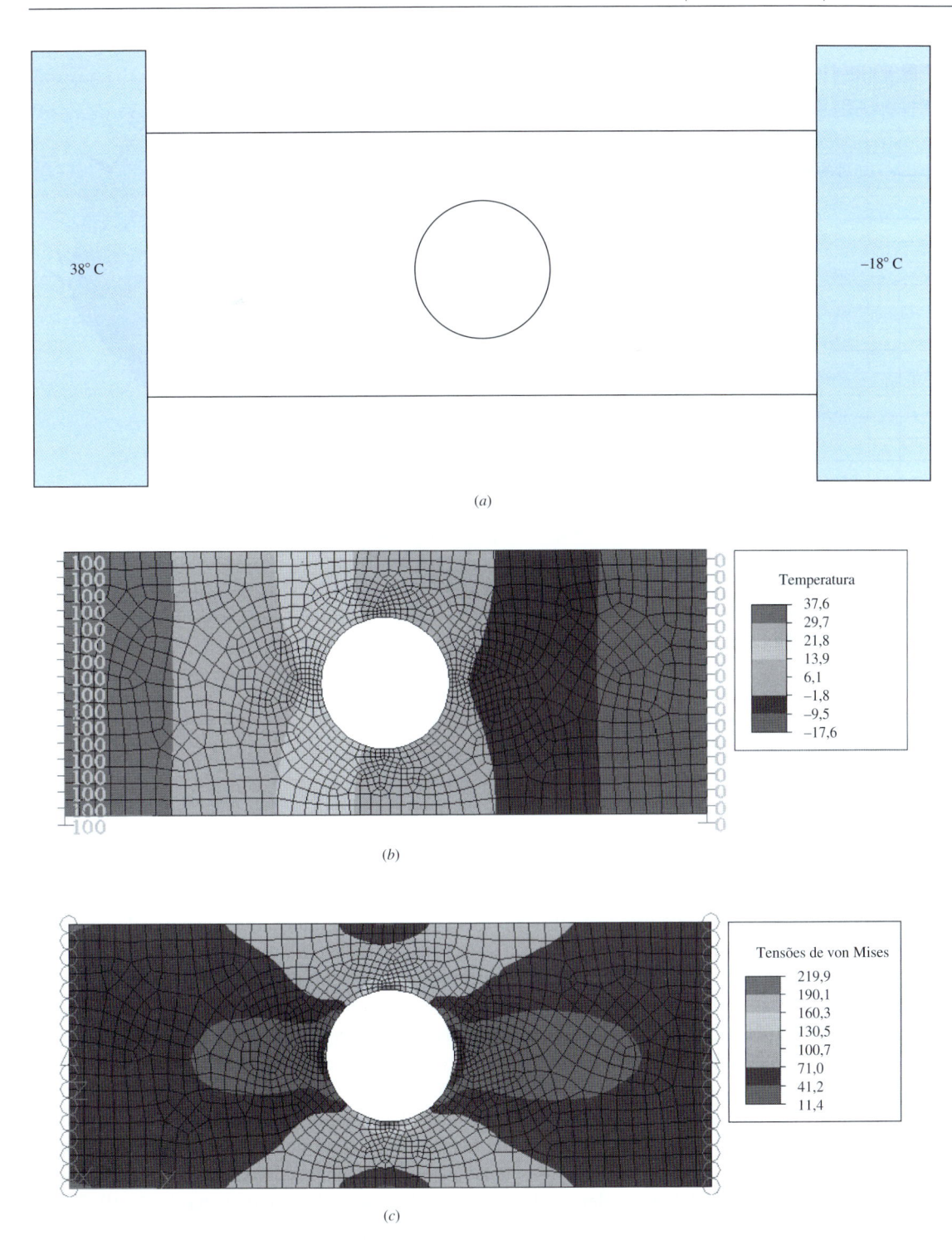

Figura 19-9 (*a*) Chapa apoiada nas extremidades e mantida nas temperaturas indicadas; (*b*) contornos de temperatura em regime permanente; (*c*) contornos von Mises de tensões térmicas cuja temperatura inicial da chapa era de –18°C.

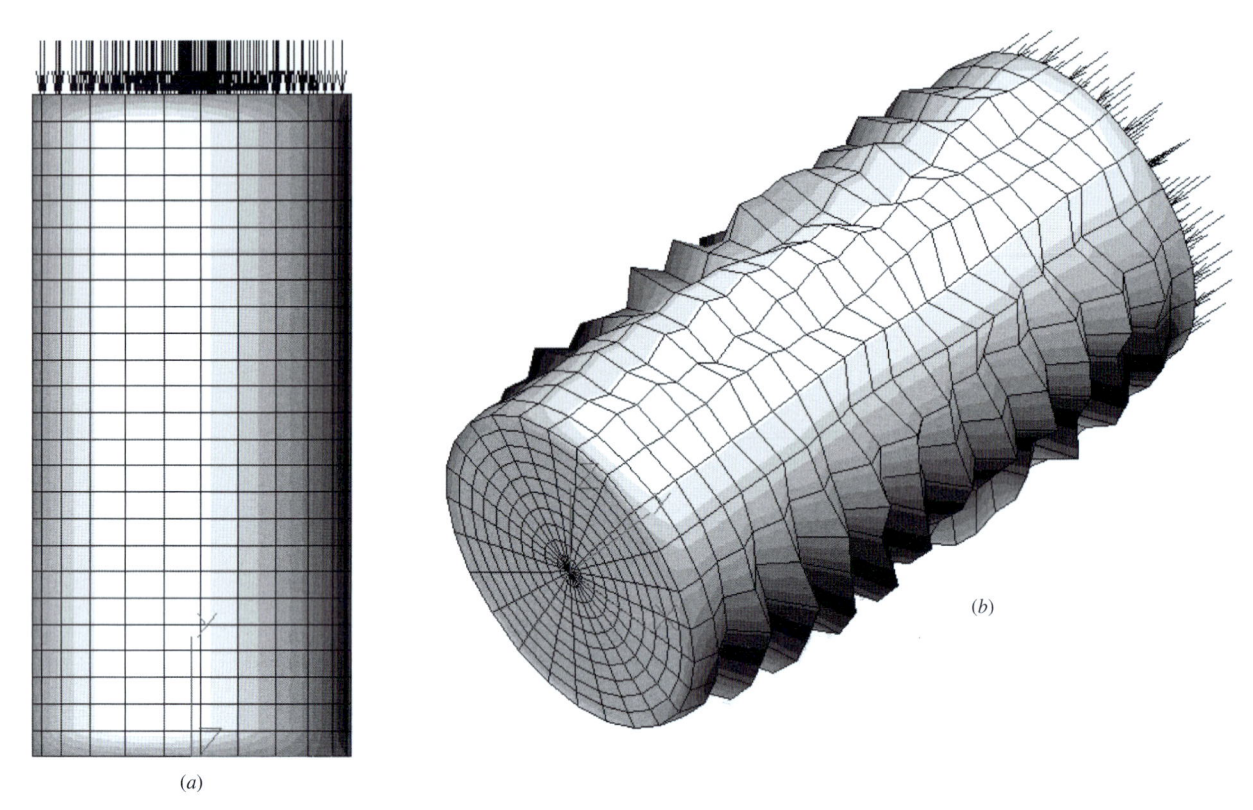

Figura 19–10 (*a*) Lata de refrigerante de parede fina de alumínio com sua superfície superior sendo submetida a uma carga vertical; (*b*) vista isométrica da lata flambada (deflexões representadas com grande exagero).

19–10 Análise de vibração

O engenheiro de projeto pode estar preocupado como um componente se comporta em relação à entrada dinâmica, que provoca vibração. Para vibrações, a maioria dos pacotes de software para análise por elementos finitos começa com uma *análise modal* do componente. Isso fornece as frequências naturais e as formas do modo nas quais o componente vibra naturalmente, e são chamadas de autovalores e autovetores do componente. Em seguida, essa solução pode ser transferida (de forma muito parecida com as tensões térmicas) para solucionadores para realizar análises de vibração forçada como resposta de frequência, impacto transiente ou vibração aleatória, a fim de ver como os modos do componente se comportam em relação à entrada dinâmica. A análise de formas modais se baseia, fundamentalmente, na rigidez e nas deflexões resultantes. Assim, semelhante à análise de tensão estática, modelos mais simples serão suficientes. Entretanto, se forem desejadas tensões, ao resolver problemas de resposta forçada, será preciso um modelo mais detalhado (similar à ilustração de eixo dada na Seção 19–7).

Uma análise modal do modelo de viga sem os ressaltos dos mancais foi realizada para um modelo de viga com 20 elementos,[15] e o modelo com 56.384 elementos tijolo e tetraédricos. Não é preciso dizer que o modelo de viga levou menos de nove segundos para ser resolvido, ao passo que o modelo sólido demorou *consideravelmente* mais. O primeiro modo de vibração (fundamental) foi de flexão e é apresentado na Figura 19–11 para ambos os modelos, juntamente com as respectivas frequências. A diferença entre as frequências é de cerca de 1,9%.

---

[15] Para análise de deflexões estática, foram necessários apenas três elementos de viga. Na realidade, por causa da distribuição de massa para o problema dinâmico, seriam necessários mais elementos de viga.

(a)

(b)

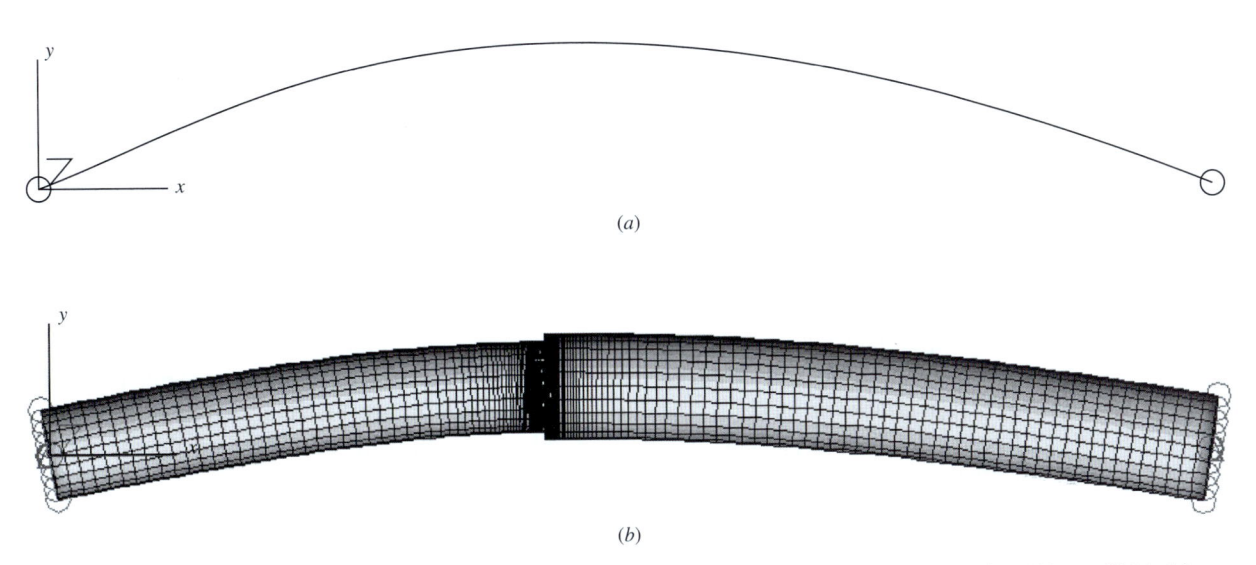

Figura 19–11 Primeiro modo de vibração livre da viga escalonada. (a) Modelo de viga com 20 elementos, $f_1 = 322$ Hz; (b) Modelo com 56.384 elementos tijolo e tetraédricos, $f_1 = 316$ Hz.

Perceba também que a forma do modo é simplesmente isto, uma forma. As magnitudes reais das deflexões são desconhecidas, apenas seus valores relativos são conhecidos. Portanto, qualquer fator de escala pode ser usado para exagerar a vista da forma de deflexão.

A convergência do modelo com 20 elementos foi verificada duplicando-se o número de elementos. Isso não provocou nenhuma alteração no resultado.

A Figura 19–12 fornece as frequências e formas para o segundo modo.[16] Nesse caso, a diferença entre os modelos é de 3,6%.

(a)

(b)

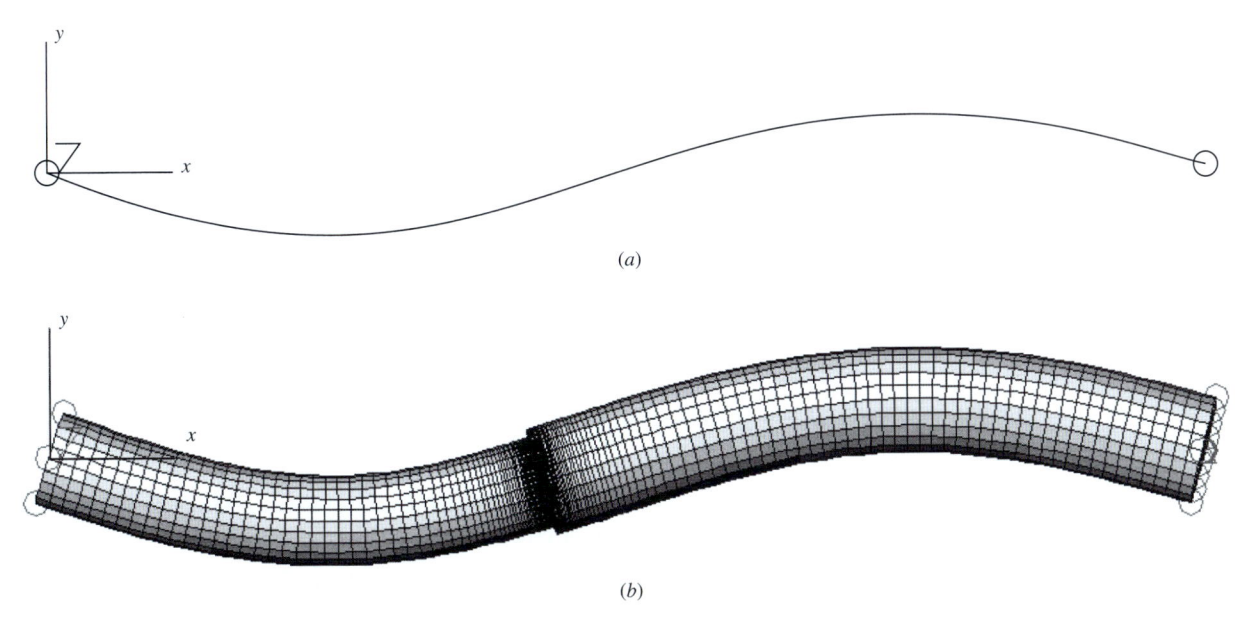

Figura 19–12 Segundo modo de vibração livre da viga escalonada. (a) Modelo de viga com vinte elementos, $f_2 = 1296$ Hz; (b) modelo com 56.384 elementos tijolo e tetraédricos, $f_2 = 1249$ Hz.

---

[16] *Nota*: Ambos os modelos mostraram frequências e formas modais repetidas para cada modo de flexão. Como a viga e os apoios dos mancais (condições de contorno) são axissimétricos, os modos de flexão são os mesmos em todos os planos transversais. Portanto, o segundo modo mostrado na Figura 19–12 é o modo não repetido seguinte.

Conforme foi afirmado anteriormente, uma vez que as formas modais são obtidas, é possível obter a resposta da estrutura em relação a vários tipos de carregamento dinâmico, como entradas aleatórias, transientes e harmônicas. Isso é feito usando-se as formas modais juntamente com a superposição modal. O método é denominado *análise modal*.[17]

19-11 Resumo

Conforme afirmamos na Seção 1–4, o engenheiro de projeto mecânico tem várias ferramentas computacionais poderosas à sua disposição hoje em dia. A análise por elementos finitos é a mais importante delas e pode ser facilmente integrada no ambiente de engenharia com o auxílio do computador. Software CAD para modelagem de sólidos são uma excelente plataforma para fácil criação de modelos de análise por elementos finitos (FEA). Foram descritos diversos tipos de análise no presente capítulo, usando problemas ilustrativos relativamente simples. Entretanto, o propósito deste capítulo foi discutir algumas questões básicas de configurações de elementos de FEA, parâmetros e solucionadores, bem como considerações relativas ao processo de modelagem, e não necessariamente descrever situações geométricas complexas. A teoria e as aplicações dos elementos finitos são um vasto tema, mas é preciso anos de experiência antes de se adquirir conhecimentos suficientes e se tornar versado na técnica. Existem várias fontes de informação sobre o tópico em diversos livros-texto; os fornecedores de software FEA (como ANSYS, MSC/NASTRAN e ALGOR) disponibilizam estudos de caso, guias do usuário, boletins informativos de grupos de usuários, tutoriais etc., além, é claro, da Internet. As notas de rodapé 11, 12 e 14 fazem alusão a alguns livros-texto sobre FEA. Outras referências são citadas logo a seguir.

Referências adicionais sobre análise por elementos finitos

R. D. Cook, D. S. Malkus, M. E. Plesha e R. J. Witt, *Concepts and Applications of Finite Element Analysis*, 4ª ed., Wiley, Nova York, 2001.

D. L. Logan, *A First Course in the Finite Element Method*, 4ª ed., Nelson, uma divisão da Thomson Canada Limited, Toronto, 2007.

O. C. Zienkiewicz e R. L. Taylor, *The Finite Element Method*, 4ª ed., v. 1 e 2., McGraw-Hill, Nova York, 1989 e 1991.

J. N. Reddy, *An Introduction to the Finite Element Method*, 3ª ed., McGraw-Hill, Nova York, 2002.

K. J. Bathe, *Finite Element Procedures*, Prentice Hall, Englewood Cliffs, NJ, 1996.

PROBLEMAS

19-1 Os problemas a seguir devem ser resolvidos por meio da análise por elementos finitos. Recomenda-se também resolver os problemas analiticamente, comparar os dois resultados e explicar quaisquer diferenças entre eles.

Solucione o Exemplo 3–6.

19-2 Para o Exemplo 3–10, aplique um torque de 2 700 N · m e determine a tensão de cisalhamento máxima, bem como o ângulo de torção. Use elementos chapa de espessura de 3 mm.

19-3 O tubo de aço com a seção transversal mostrada transmite um momento de torção igual a 100 N · m. A espessura da parede do tubo é de 2,5 mm, todos os raios são $r = 6,25$ mm e o tubo tem 500 mm de comprimento. Para aço, admita $E = 207$ GPa e $\nu = 0,29$. Determine a tensão de cisalhamento média na parede e o ângulo de torção em relação ao comprimento dado. Use elementos chapa com 2,5 mm de espessura.

---

[17] Ver S. S. Rao, *Mechanical Vibrations*, 5ª ed., Pearson Prentice Hall, Upper Saddle River, NJ, 2010. Seção 6.14.

Problema 19–3

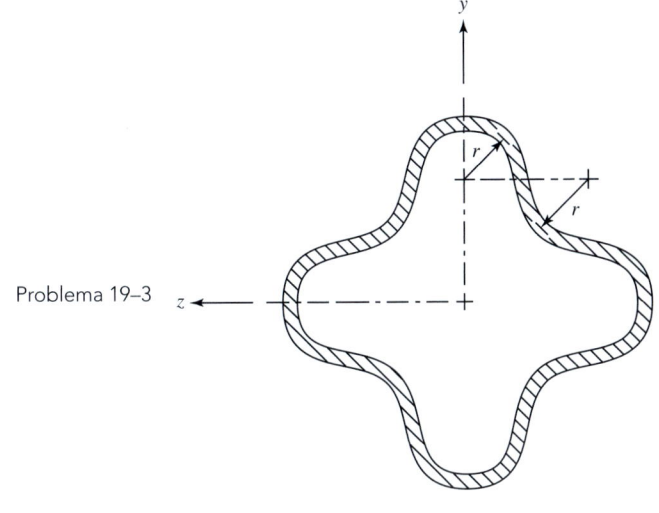

19–4 Para a Figura A–15–1, faça $w = 50$ mm, $d = 7{,}5$ mm e calcule K_t. Use 1/4 de simetria e elementos 2D com 3 mm de espessura.

19–5 Para a Figura A–15–3, faça $w = 38$ mm, $d = 25$ mm, $r = 2{,}5$ mm e calcule K_t. Use 1/4 de simetria e elementos 2D com 3 mm de espessura.

19–6 Para a Fig. A–15–5, faça $D = 75$ mm, $d = 50$ mm, $r = 6$ mm e calcule K_t. Use 1/2 de simetria e elementos 2D com 3 mm de espessura.

19–7 Resolva o Problema 3–122, usando elementos sólidos. *Nota:* Pode-se omitir a parte superior do olhal à esquerda abaixo da força aplicada.

19–8 Resolva o Problema 3–132, usando elementos sólidos. *Nota:* Como há um plano de simetria, pode-se construir apenas uma metade do modelo. Entretanto, tome muito cuidado ao restringir o plano de simetria apropriadamente para garantir simetria, mas sem restringir em demasia.

19–9 Resolva o Exemplo 4–11 com $F = 45$ N, $d = 3$ mm, $a = 12$ mm, $b = 25$ mm, $c = 50$ mm, $E = 207$ GPa e $\nu = 0{,}29$, usando elementos viga.

19–10 Resolva o Exemplo 4–13 modelando a Figura 4–14b com elementos 2D com 50 mm de espessura. Como este exemplo usa simetria, seja cauteloso em restringir adequadamente as condições de contorno da superfície inferior horizontal.

19–11 Resolva o Problema 4–12 usando elementos de viga.

19–12 Resolva o Problema 4–47 usando elementos de viga. Escolha um diâmetro e determine as inclinações. Em seguida, use a Equação 7–18, p. 367, para reajustar o diâmetro. Use o novo diâmetro para confirmar.

19–13 Resolva o Problema 4–63 usando elementos de viga.

19–14 Resolva o Problema 4–79 usando elementos de viga. Use apenas uma metade do modelo com simetria. No plano de simetria, restrinja movimentos de translação e rotação.

19–15 Resolva o Problema 4–88 usando elementos de viga.

19–16 Resolva o Problema 10–42 usando elementos de viga.

19–17 Resolva o Problema 4–80 usando elementos de viga. Para este problema, o diâmetro do arame de aço é $d = 3$ mm, $R = 25$ mm e $F = 45$ N. Modele o problema de duas formas: (*a*) modele todo o artefato de arame usando 200 elementos; (*b*) modele metade do artefato de arame usando 100 elementos e simetria. Ou seja, modele o artefato do ponto A para até onde a força é aplicada. Aplique metade da força na parte superior e restrinja-a horizontalmente e em rotação no plano.

19–18 Resolva o Problema 4–78 usando elementos sólidos. Utilize apenas uma metade do modelo com simetria. Tome muito cuidado para restringir o plano de simetria apropriadamente a fim de garantir simetria, mas sem restringir em demasia.z

19-19 Um cilindro de alumínio (E_a = 70 MPa, v_a = 0,33), com diâmetro externo igual a 150 mm e diâmetro interno de 100 mm, deve ser ajustado sob pressão sobre um cilindro de aço inoxidável (Es = 190 MPa, v_s = 0,30) com um diâmetro externo de 100,20 mm e diâmetro interno 50 mm. Determine (*a*) a pressão interfacial *p* e (*b*) as tensões tangenciais máximas nos cilindros.

Nota: Resolva o problema de ajuste sob pressão por meio do seguinte procedimento. Usando o elemento bidimensional de tensão plana e utilizando simetria, crie um quarto do modelo, criando elementos de malha nas direções radial e tangencial. Os elementos para cada cilindro têm de receber suas propriedades de material exclusivas. A interface entre os dois cilindros deve ter nós em comum. Para simular o ajuste de pressão, o cilindro interno será forçado a expandir termicamente. Atribua um coeficiente de expansão e aumento de temperatura, α e ΔT, respectivamente, para o cilindro interno. Faça isso de acordo com a relação $\delta = \alpha \Delta T b$, em que δ e *b* são, respectivamente, a interferência radial e o raio externo do elemento interno. Nós ao longo dos lados retos do quarto de modelo devem ser fixados nas direções tangenciais e liberados para defletirem na direção radial.

20 Dimensionamento e toleranciamento geométricos

20-1 Sistemas de dimensionamento e toleranciamento **962**

20-2 Definição de dimensionamento e toleranciamento geométricos **963**

20-3 Referenciais **968**

20-4 Controlando tolerâncias geométricas **974**

20-5 Definições de características geométricas **977**

20-6 Modificadores de condição de material **987**

20-7 Implementação prática **989**

20-8 GD&T em modelos de CAD **994**

20-9 Glossário de termos do sistema de GD&T **995**

Ao iniciar a atividade de projetar o projetista trabalha, em grande parte, de um ponto de vista mais geral, atribuindo dimensões nominais aos componentes de modo a satisfazer requisitos de projeto, tipicamente aí se incluem controles de tensões e deflexões. Mas quando sobrevêm questões relativas a manufaturabilidade, ajustes entre componentes, e montagem de componentes, o projetista deve se ater com mais rigor a questões sobre a precisão nas especificações desses componentes. A Seção 1-14, p. 27, indica algumas das questões básicas sobre dimensionamento e toleranciamento que um projetista deve considerar. Neste capítulo, o foco é um método padronizado para definir a geometria de componentes que leva em consideração o fato de que nenhum componente está perfeitamente formado – bem como tampouco deveria estar. O método conhecido como *Dimensionamento e Toleranciamento Geométricos* permite clarificar a funcionalidade, a flexibilidade para manufatura, e o nível de precisão para inspeção.

20–1 Sistemas de dimensionamento e toleranciamento

O método tradicional de dimensionamento e toleranciamento é designado por *sistema de coordenadas dimensionais*. Nesse sistema, a todas as cotas está associada uma tolerância do tipo mais/menos, especificada imediatamente após a dimensão, ou implicitamente especificada por uma nota geral de tolerância. Esse método de expressar tolerâncias tem sido utilizado por gerações. Ele funciona razoavelmente bem para peças que não são produzidas em massa ou que não precisam ser montadas com outras peças. Em geral, esse método é aceitável quando não é necessário um grande nível de precisão. Contudo esse método é falho em muitos aspectos, particularmente em sua incapacidade de considerar aspectos geométricos de forma e orientação.

Como exemplo, considere a peça mostrada na Fig. 20-1. Essa peça simples está com todas as suas cotas e tolerâncias de acordo com o sistema de coordenadas dimensionais tradicional. De forma geral, a intenção do projetista é clara, e muitas oficinas mecânicas podem fabricar tal peça. Mas suponha que, durante a inspeção de uma peça real, se verifique que o material das barras não é perfeitamente plano, que os cantos não estão em esquadro, que o orifício não é perfeitamente perpendicular a face do material da barra, e que o orifício não é perfeitamente circular. De fato, esse será sempre o caso, uma vez que as manufaturas nunca alcançam a forma perfeita. A figura 20-2 mostra uma vista exagerada das imperfeições da peça fabricada. O problema é que cada medida física pode estar dentro de sua tolerância, mas a peça pode ser inutilizável para a aplicação em função de suas imperfeições geométricas. Um problema mais

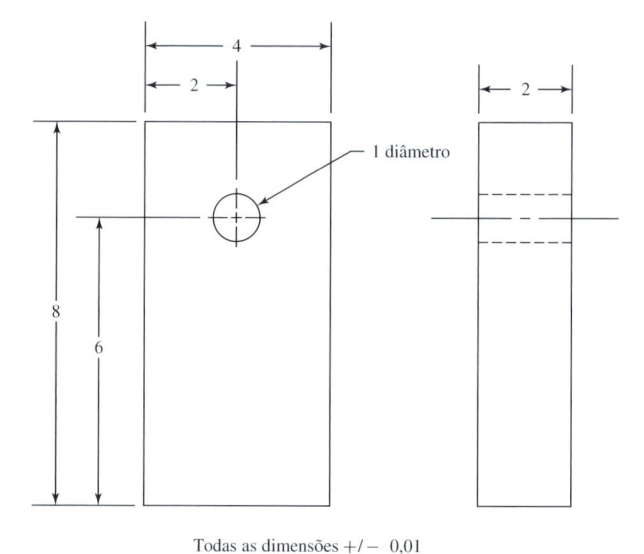

Figura 20–1 Peça dimensionada com o sistema de coordenadas dimensionais tradicional.

desafiador e que nem sempre está claro, é o de como medir algumas das dimensões. Por exemplo, o centro do orifício deve estar a 2 polegadas da borda da peça. Se o orifício não for perfeitamente circular, como definir o seu centro? Se o canto da peça não estiver no esquadro, de onde devemos medir as 2 polegadas? Do canto inferior? Do canto superior? Da aresta mais próxima? Não há uma resposta definida como correta com esse sistema de dimensionamento.

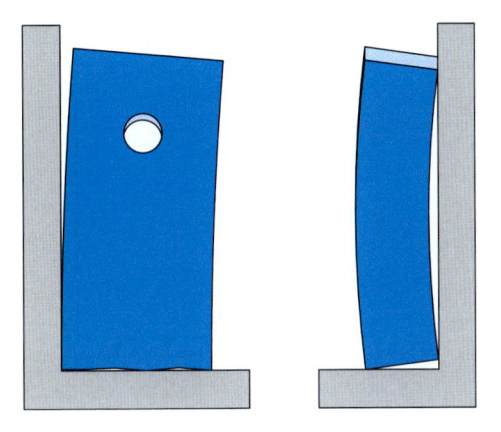

Figura 20–2 Vista de uma peça fabricada com suas imperfeições exageradas.

Para muitas aplicações estes aspectos podem ser negligenciados porque os métodos de fabricação são reputados como sendo suficientemente bons. No entanto, a produção em massa clama pela operação mais eficiente e econômica admissível. O fabricante legitimamente necessita ser capaz de reduzir seu esforço tanto quanto for possível. Isso requer que a especificação da peça defina quão bom é bom o suficiente. De fato, o projetista deve sempre considerar a tarefa de especificar geometrias ao mesmo tempo que restringe e libera o fabricante – restringindo, dentro dos limites necessários aos requisitos funcionais, e liberando-o de níveis de perfeição desnecessários. Um balanço adequado desses dois aspectos provê a rentabilidade *e* funcionalidade da peça.

Claramente, para atender aspectos de funcionalidade, manufaturabilidade, intercambiabilidade, e controle de qualidade, se requer peças que estejam unicamente definidas e consistentemente cotadas. Isso requer um método de dimensionamento e tolerenciamento que leve em conta não apenas a medida física, mas também a localização, orientação, e forma. Esse sistema é conhecido como sistema de Dimensionamento e Toleranciamento Geométricos (GD&T).

20–2 Definição de dimensionamento e toleranciamento geométricos

Dimensionamento e Toleranciamento Geométricos (GD&T) é um sistema abrangente de símbolos, regras, e definições para descrever a geometria nominal (teoricamente perfeita) de peças e montagens, junto com as variações admissíveis da medida física, localização, orientação, e forma dos elementos de uma peça. Ela se presta como meio para representar com maior precisão uma peça para fins de projeto, fabricação, e controle de qualidade. O sistema GD&T não é novo. Ele veio sendo desenvolvido como padrão na indústria desde os anos 1940. Hoje, muitas das maiores companhias manufatureiras utilizam o sistema GD&T. A peça considerada antes na Fig. 20-1, é mostrada novamente na Fig. 20-3 utilizando a terminologia do sistema GD&T. Infelizmente, muitos engenheiros mecânicos não são capazes de interpretar o desenho. Ao longo do tempo enquanto o padrão foi prevalecendo nas manufaturas, muitas escolas de engenharia foram eliminando progressivamente cursos de desenho mais abrangentes em favor da inclusão de instruções CAD. Consequentemente, o sistema GD&T está frequentemente ausente nos currículos de engenharia. Uma compreensão completa do sistema GD&T é obtida frequentemente através de cursos ou treinamentos intensivos, facilmente disponíveis

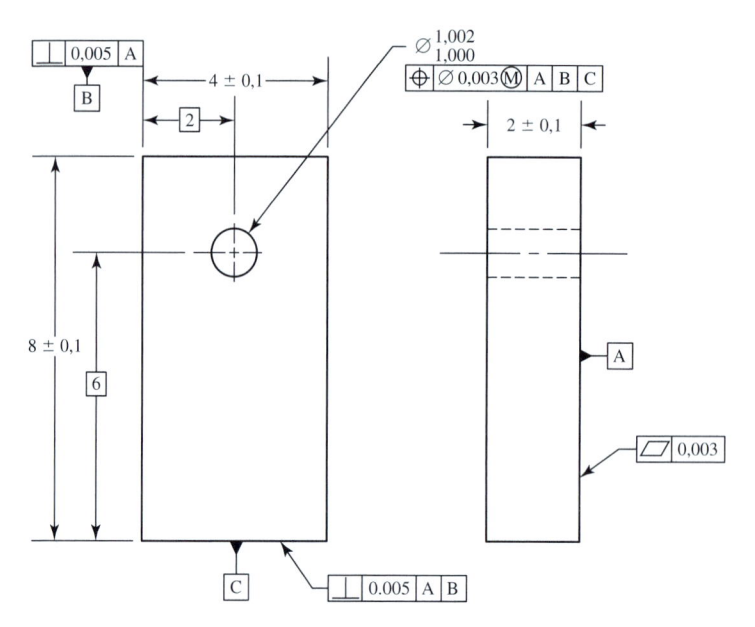

Figura 20–3 Peça dimensionada com terminologia GD&T.

para engenheiros em atividade. Um engenheiro mecânico se beneficiaria de tal treinamento rigoroso. Todos os engenheiros mecânicos, talvez, devessem enfim estar familiarizados com os conceitos básicos e notações. O propósito de cobrir o sistema GD&T neste capítulo é o de prover um contato básico considerado essencial para todos os projetistas de máquinas. A cobertura não é abrangente. O foco está nos conceitos fundamentais e nas notações utilizadas com mais frequência. A primeira apresentação do sistema GD&T pode parecer a cada um, mais ou menos opressivo em função dos muitos conceitos e terminologias. Este capítulo está organizado de modo a ajudar o iniciante a, gradualmente, construir primeiro os conceitos mais importantes, adicionando detalhes na medida em que são necessários, culminando com uma seção de aplicações práticas. A Seção 20-9 inclui um glossário de alguns dos termos mais importantes usados no sistema GD&T, e deve ser usado como referência para esclarecimento dos termos durante a leitura do restante do capítulo.

Padrões do sistema GD&T

O sistema GD&T é definido e regulado por normas que asseguram uniformidade e clareza em escala global. A norma *ASME Y14.5–2009* para *Dimensionamento e Toleranciamento* é publicada pela Sociedade Americana de Engenheiros Mecânicos e é uma das largamente utilizadas. Ela é parte de um conjunto mais abrangente de padrões, o ASME Y14, que cobre todos os aspectos dos desenhos de engenharia e suas terminologias. A Organização Internacional para Padronização (ISO) também publica uma série de normas, mais utilizadas nos países da Europa. Os dois padrões desenvolveram-se em paralelo e são muito semelhantes em conceitos e terminologias. O padrão ASME tende a colocar mais ênfase na intenção de projeto enquanto o padrão ISO tem uma ênfase maior na metrologia, ou na medição das peças resultantes. De acordo com a abordagem da ASME, as peças são definidas primariamente de forma a garantir que elas realizarão as funções desejadas, sem especificar quais os equipamentos e processos deverão ser usados na manufatura ou inspeção das peças. A norma ASME Y14.5–2009 é a utilizada neste livro-texto.

Os quatro atributos geométricos dos elementos

Um *elemento* de uma peça é um termo geral que se refere a uma porção física da peça que é claramente identificável. São exemplos um orifício, um pino, uma fenda, uma superfície, ou um cilindro. Haverá para todo elemento quatro atributos geométricos que deverão ser considerados para definir a geometria do elemento. Eles são a medida física, a localização, a orientação, e a forma. Esses atributos são ilustrados na Fig. 20-4. É importante para o entendimento do sistema GD&T, distinguir esses quatro atributos geométricos. Cada um deles será descrito brevemente aqui, e de forma mais elaborada nas seções seguintes.

O termo *elemento dimensional* se refere a um elemento que possui uma dimensão que separa dois pontos em oposição e que pode ser medida, tal como um orifício, um cilindro, uma fenda. Uma regra de ouro útil é que um elemento dimensional pode normalmente ser medido com um paquímetro, como o ilustrado na Fig. 20-5. Uma distância medida com a sonda de extremidade do paquímetro não tem pontos em oposição e, portanto, não é um elemento dimensional. Tal distância será mais uma dimensão de *localização* do que uma dimensão de *medida física*.

Localização se refere a posição de um elemento em relação a alguma origem de medidas. A *orientação* se refere ao ângulo que o elemento ou linha de centro do elemento forma com relação a alguma origem de medidas. Ela inclui o paralelismo, a perpendicularidade, e a angularidade. A *Forma* se refere a imperfeições de formato do elemento, e inclui linearidade, planicidade, circularidade, e cilindricidade.

(*a*) dimensão   (*b*) localização   (*c*) orientação   (*d*) forma

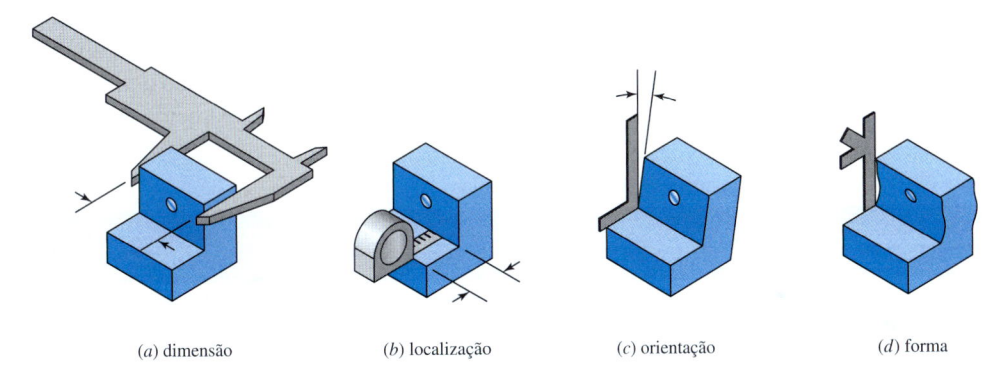

Figura 20–4 Os quatro atributos geométricos de um elemento. (*a*) Medida física; (*b*) Localização; (*c*) Orientação; (*d*) Forma.

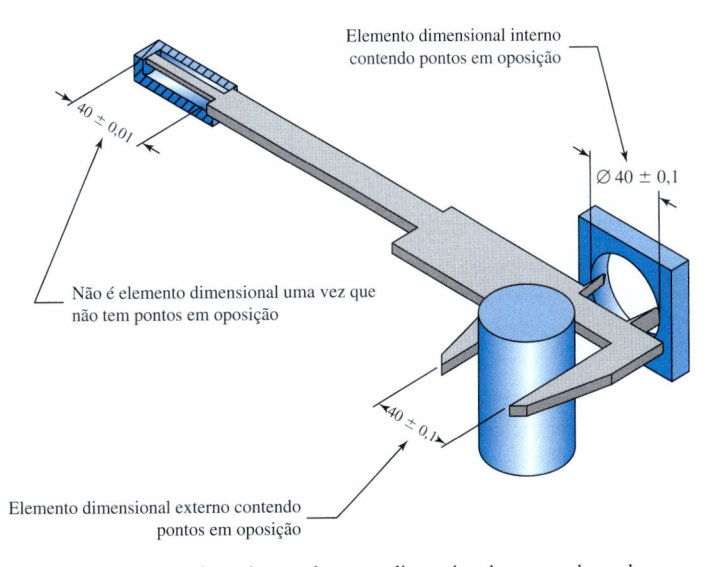

Figura 20–5 Medindo pontos em oposição de um elemento dimensional com a cabeça de um paquímetro.

De acordo com o padrão do sistema GD&T, a tolerância do tipo mais/menos deve ser aplicada diretamente apenas a medida física do elemento dimensional. Os outros atributos (localização, orientação, e forma) são controlados pelas *tolerâncias geométricas* descritas na Sec. 20-4.

Linguagem simbólica

A norma ASME Y14.5–2009 utiliza uma linguagem internacional de símbolos que diminui a necessidade e minimiza a potencial confusão causada por notas escritas em desenhos de máquinas. Os símbolos são classificados em duas categorias – características geométricas e modificadores. Como referência, é fornecido um breve resumo introdutório com os símbolos dados aqui. O uso dos símbolos se esclarece nas seções seguintes.

A Tabela 20-1 mostra 14 características geométricas e seus símbolos. Essas características geométricas são o detalhamento dos atributos geométricos (medida física, localização, orientação, e forma), e cada um deles é usado para controlar a tolerância geométrica de um elemento. Cada característica geométrica tem um símbolo que é usado para especificar, nos desenhos, uma zona de tolerância associada a essa característica geométrica. Os símbolos relativos à geometria estão diretamente associados à geometria do elemento, e não a medida de uma cota. Essa é a razão pela qual eles se referem a tolerâncias geométricas. Conforme mostrado na tabela a seguir as características geométricas são divididas nos tipos de tolerância definidos pelo GD&T (forma, perfil, orientação, localização, e batimentos), da mesma forma que a propriedade geométrica mais geral sendo controlada (medida física, localização, orientação, e forma). A tabela também indica se o símbolo pode estar associado a um valor de referência e a algum modificador de condição do material, o que será esclarecido em seções posteriores.

Tabela 20–1 Características geométricas controles e símbolos

Tipo de Tolerância	Característica Geométrica	Símbolo	Atributo Geométrico Controlado	Referêncial?	Condição Modificadora de Material Admitida
Forma	Linearidade	—	Forma	Não	Ⓜ Ⓛ or RFS
	Planicidade	▱			Ⓜ Ⓛ or RFS
	Circularidade	○			RFS
	Cilindricidade	⌭			RFS
Perfil	Perfil de linha	⌒	Localização, orientação, dimensão, e forma	Opcional	Ⓜ Ⓛ or RFS
	Perfil de superfície	⌓			
Orientação	Angularidade	∠	Orientação	Requerido	Ⓜ Ⓛ or RFS
	Perpendicularidade	⊥			
	Paralelismo	∥			
Localização	Posição	⌖	Localização e orientação do elemento dimensional	Requerido	Ⓜ Ⓛ or RFS
	Concentricidade	◎	Localização dos pontos médios ou planos derivados		RFS
	Simetria	⌯			RFS
Batimento	Batimento circular	↗	Posição do cilindro	Requerido	RFS
	Batimento total	⌰			RFS

As Tabelas 20-2 e 20-3 mostram os símbolos modificadores. A Tabela 20-2 inclui os símbolos modificadores de cotas. Eles são usados para modificar ou explicar o significado de uma cota no desenho. A Tabela 20-3 inclui os modificadores de tolerâncias e seus símbolos. Eles são usados no contexto de controle de certo elemento (a ser definido posteriormente), para modificar ou explicar alguma especificação de tolerância.

Tabela 20–2 Modificadores de Dimensionamento e Símbolos

Descrição	Símbolo
Cota básica	⟵ 98 ⟶
Diâmetro	⌀
Diâmetro esférico	S⌀
Raio	R
Raio esférico	SR
Raio controlado	CR
Quadrado	□
Referência	( )
Comprimento de arco	⌒
Origem da dimensão	⌽→
Em todo o contorno	⌀
Em tudo	⌀
Independência	Ⓘ
Elemento contínuo	⟨CF⟩
Rebaixo	⊔
Escareado	∨
Face usinada	SF
Profundidade	↓

Tabela 20-3 Modificadores de Tolerâncias e Símbolos

Descrição	Símbolo
Condição de Máximo Material (aplicado à tolerância)	Ⓜ
Contorno de Máximo Material (aplicado ao dado)	
Condição de Mínimo Material (aplicado à tolerância)	Ⓛ
Contorno de Mínimo Material (aplicado ao dado)	
Translação	▷
Zona de Tolerância Projetada	Ⓟ
Estado Livre	Ⓕ
Plano Tangente	Ⓣ
Tolerância Estatística	⟨ST⟩
Afastamento	↔
Perfil Desigualmente Posicionado	Ⓤ

20–3 Referenciais

Muitos conceitos são básicos na implementação do sistema GD&T. Nesta seção, o conceito de referenciais será explicado, seguido de métodos específicos para implementação no GD&T.

As características geométricas dos elementos são definidas e medidas em relação a referenciais claramente definidos. Um *referencial* é uma origem em relação a qual se estabelece a *localização* ou *orientação* dos elementos de uma peça. Observe que as medidas de *cota* e controle de *forma*, não requerem uma origem para serem medidas e, portanto, não precisam se relacionar com um referencial. Para que certo elemento de uma peça possa ser fabricado ou inspecionado, a peça inteira é posicionada em relação a *múltiplos referenciais*. Um sistema *de múltiplos referenciais* é um conjunto de até três planos mutuamente perpendiculares que se definem como origem das medições para localização dos elementos de uma peça. O sistema de múltiplos referenciais é idealizado como geometricamente perfeito. É necessário considerar sua relação com a peça física não ideal e com os equipamentos de processo. Para isso, é necessário distinguir os diversos termos relacionados, ou seja, os referenciais, os sistemas de múltiplos referenciais, o elemento de referência, e o simulador de elemento de referência.

O *elemento de referência* é uma superfície física não ideal de uma peça escolhida como referencial teoricamente exato. O elemento de referência é sempre uma superfície da peça que pode ser tocada fisicamente, não uma linha de centro ou outra entidade teórica. Uma vez que o elemento de referência não é perfeito ele não é diretamente usado para medições. Suponha que uma superfície plana de uma peça é escolhida como elemento de referência. Essa superfície é um plano imperfeito com saliências e reentrâncias, e não é perfeitamente plana. Se a peça for colocada sobre uma placa de granito com uma superfície plana polida, no mínimo três pontos salientes da superfície do elemento de referência estarão em contato com a superfície quase perfeita da placa polida. A superfície da placa serve como um *simulador de elemento de referência* para o elemento de referência em questão. O simulador de elemento de referência é a materialização da precisão através de um referencial representado por um elemento de referência imperfeito, tal como a superfície da placa, um calibrador, ou um berço usinado. O simulador de elemento de referência é frequentemente uma superfície física para medições, mas pode ser simulado por medições ópticas ou por métodos de sondagem. O *referencial* é, ele mesmo, um ponto teoricamente exato, um eixo, ou um plano derivado do simulador de elemento de referência.

Um resumo das relações entre os vários termos ligados aos referenciais pode ser útil usando do o exemplo mostrado na Fig. 20-6. Uma superfície imperfeita real de uma peça, tal como a superfície inferior, é designada como elemento de referência. O elemento de referência (super-

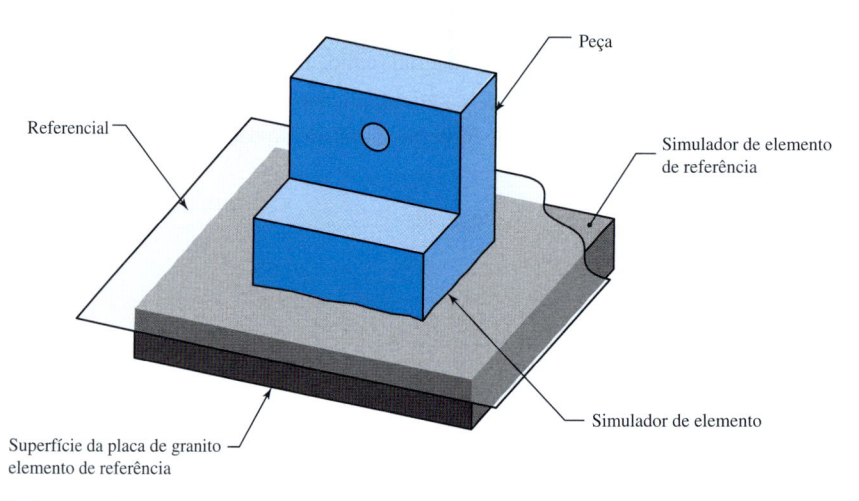

Figura 20–6 Exemplo demonstrando a terminologia sobre referenciais.

fície inferior) é colocado em contato com o simulador de superfície de referência quase perfeita (superfície da placa de granito). Um referencial teórico (plano real) é definido em associação com o simulador de elemento de referência. O processo é repetido quantas vezes forem necessárias para definir referenciais suficientes para obter o sistema de múltiplos referenciais de três planos. Por exemplo, se a superfície posterior e a superfície de um dos lados são selecionados como elementos de referência, então o sistema de múltiplos referenciais de três planos da Fig. 20-7 pode ser obtido.

Como, então, são manipulados os elementos de localização e orientação durante o processo de projeto, manufatura, e inspeção? O projetista especifica elementos de referência que se ajustam à funcionalidade, à manufatura e à inspeção da peça. Localizações e orientações são definidas pelo projetista nos desenhos em relação ao sistema de múltiplos referenciais. Na verdade, elas serão fabricadas considerando um sistema de referenciais simulado, inerente ao equipamento de manufatura, tal como a superfície da mesa de uma máquina de usinagem. Elas serão medidas pelo controle de qualidade em relação ao sistema de múltiplos referenciais simulado, tal como a superfície da placa de granito. Observe que as medidas de localização e orientação não são feitas em relação à superfície real do elemento de referência, mas com relação ao elemento de referência simulado.

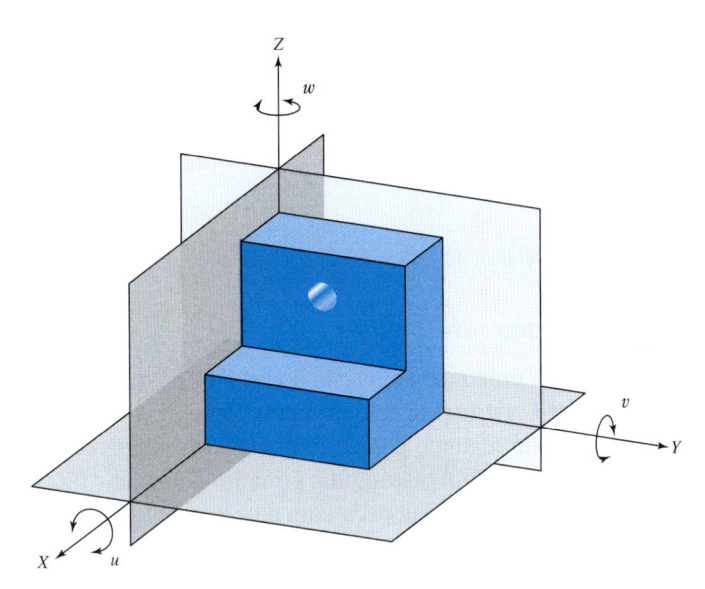

Figura 20-7 Exemplo demonstrando os três planos do sistema de múltiplos referenciais.

Imobilização da peça

A seleção de elementos de referência pode ser pensada como a escolha sobre quais superfícies da peça serão colocadas em contato com os elementos de referência simulados de modo a imobilizar a peça para manufatura e inspeção. A peça livre no espaço tem seis graus de liberdade (três translações e três rotações). Cada referencial restringe algum dos graus de liberdade de modo a imobilizar a peça com precisão, e com localização repetíveis. Considere o processo de imobilização de uma peça através de três planos de referência, demonstrado na Fig. 20-8. Primeiro, escolha a superfície inferior da peça para ser o primeiro elemento de referência a ser vinculado pelo primeiro plano de referência, conforme mostrado na Fig. 20-8a. Lembre que o elemento de referência é imperfeito, então ele pode tocar o plano de referência em poucos lugares. Especificamente, são necessários um mínimo de três pontos de contato para evitar que a peça balance sobre o plano de referência. Esse contato com o plano de referência restringirá três graus de liberdade de movimento da peça: translação em Z, rotação em u, e rotação em v. Em seguida designe a superfície posterior da peça como segundo elemento de referência, da qual o segundo plano de referência é derivado, conforme mostrado na Fig. 20-8*b*. Imagine que a peça é mantida em contato com o primeiro plano de referência e que ela desliza por ele na direção do contato com o segundo plano de referência. Ela deve tocar em no mínimo dois pontos para se estabilizar em relação ao segundo plano de referência. Isso restringirá dois graus de liberdade adicionais de movimento: a translação em X e a rotação em w. Finalmente, faça a superfície de um dos lados ser designada como o terceiro elemento de referência para definir o terceiro plano de referência, conforme mostrado na Fig. 20-8*c*. Mantendo o contato da peça com os dois primeiros planos, e deslizando-a na direção do contato com o terceiro plano de referência resulta em no mínimo um ponto de contato com o terceiro plano de referência. Isso restringe o grau de liberdade final: a translação em Y. A peça está agora totalmente restringida de um modo preciso, e com localização repetível.

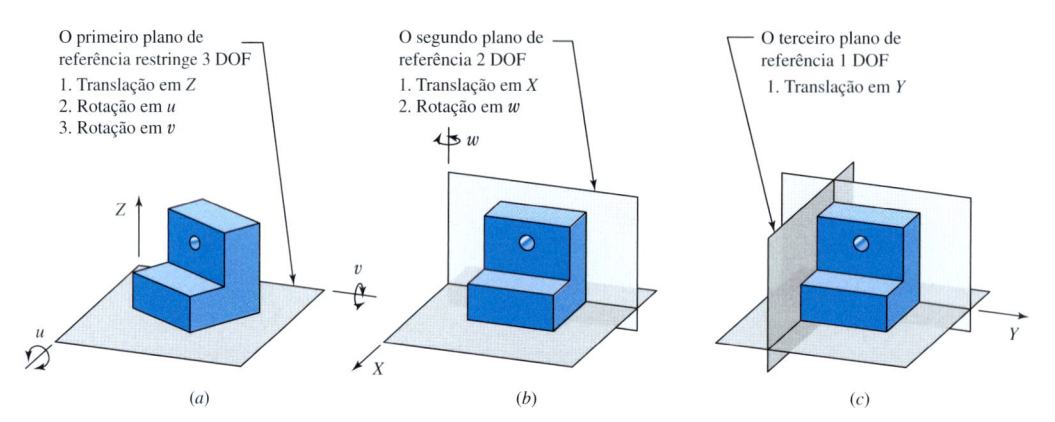

Figura 20–8 Imobilização de uma peça pela aplicação sequencial dos planos de referência.

Ordem dos referenciais

Note que a ordem de aplicação dos planos de referência é importante. Suponha que a peça da Fig. 20-8 é restringida pelo primeiro plano de referência como antes, mas se troca a ordem de aplicação do segundo e terceiro planos de referência. A Figura 20-9*a* mostra uma vista superior da peça que foi restringida, primeiro pelo plano YZ, e em seguida pelo plano XZ. A Figura 20-9*b* mostra a mesma peça com a ordem de aplicação dos planos de referência invertida. A posição final das duas partes não é a mesma. Pelo fato das medidas serem feitas a partir de planos de referência, em lugar de arestas da própria peça, a localização das medidas de elementos dessa peça dependem, claramente, da escolha dos elementos de referência e da ordem de aplicação dos planos de referência resultantes. Nos desenhos de uma peça é necessário especificar com clareza os elementos de referência bem como a ordem de aplicação dos planos

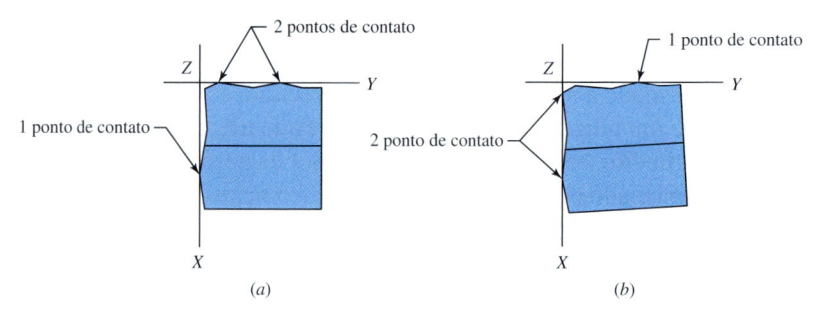

Figura 20–9 Comparação sobre a ordem de aplicação dos planos de referência. (*a*) Plano YZ restringido em primeiro lugar. (*b*) Plano XZ restringido em primeiro lugar.

de referência resultantes, de modo a que cada elemento da peça seja localizado. Nem todos os elementos têm que usar os mesmos referenciais e ordem de aplicação.

Elementos de referência não planos

Até agora foram apresentados apenas elementos de referência planos, isso porque com eles é mais fácil observar a progressão de um elemento de referência para um sistema de múltiplos referenciais. Vários outros elementos de referência são fornecidas na norma Y14.5. Especialmente, elementos cilíndricos tais como eixos, ressaltos, e orifícios são muitas vezes elementos de referência úteis. Suponha que na peça mostrada na Fig. 20-10, o orifício é escolhido como elemento de referência. A superfície real do orifício é o elemento de referência; o eixo central do orifício é o referencial. O eixo central define a intersecção de dois planos de referência perpendiculares. Juntamente com outro elemento de referência como, por exemplo, a superfície posterior, a peça fica vinculada e o sistema de múltiplos referenciais está definido.

Envolventes de acoplamento real

No parágrafo anterior, determinou-se que o eixo central do orifício é o referencial. Essa é uma afirmação simplista sobre um conceito mais complexo que pede uma explicação mais detalhada. Uma vez que o elemento orifício é imperfeito na forma (isto é, ele não tem uma seção perfeitamente circular, ou uma linha de centro perfeitamente reta, ou uma superfície perfeitamente lisa), como será determinado um eixo de referência teoricamente perfeito? Para responder a essa questão devemos introduzir alguns termos do sistema GD&T.

A *envolvente de acoplamento real* é a contrapartida de forma perfeita de um elemento dimensional imperfeito, o qual pode ser reduzido a um elemento externo, ou expandido até o limite de um elemento interno, assim ele fica em contato com os pontos mais altos da superfície desse elemento. Por exemplo, a Fig. 20-11a mostra um pino guia imperfeito (o elemento dimensional) circunscrito pelo menor cilindro perfeito possível (envolvente de acoplamento real). O pino imperfeito não tem tecnicamente um eixo de centro. Em lugar disso, ele tem uma coleção de *pontos médios derivados* que representam os centroides de cada seção transversal. Quando nos referimos ao eixo de centro de um elemento imperfeito tal como um pino, o que realmente se quer é dizer que se trata do eixo de centro teoricamente perfeito de uma zona de ajuste real do pino teoricamente perfeito. O mesmo conceito pode ser aplicado ao elemento dimensional com superfície interna, tal como o orifício do elemento mostrado na Fig. 20-11b.

Zonas de ajuste real são classificadas como *vinculadas* ou *não vinculadas* a um referencial. Uma *zona de ajuste real não vinculada* é dimensionada para se ajustar o elemento sem ligação a qualquer referencial. Em outras palavras, é livre para flutuar de modo a encontrar o melhor ajuste. Uma *zona de ajuste real vinculada* é dimensionada para se ajustar a um elemento enquanto mantém vínculo de orientação ou localização com respeito a um referencial. Por exemplo, para o elemento orifício na Fig. 20-10, a zona de ajuste real vinculada à superfície do plano posterior de referência é o maior pino que pode se ajustar no orifício enquanto mantido perpendicular ao plano posterior de referência.

Agora, voltando ao referencial de exemplo na Fig. 20-10, o eixo referencial correspondente ao elemento de referência (o orifício) esta definido pela zona de ajuste real desse orifício, que é o maior cilindro que pode se ajustar dentro do orifício. Na implementação prática, esse cilindro máximo pode ser determinado fisicamente inserindo calibradores fabricados com muita precisão e com medidas crescentes até que se determine o maior. Alternativamente, pode ser usado um mandril de expansão. O máximo calibrador funciona como simulador de elemento de referência (previamente definido). No caso de um elemento de referência externo, como a superfície de um eixo, as garras do mandril ou a pinça próxima a superfície formam o elemento de referência simulado. O eixo de centro do mandril é então o eixo de referência.

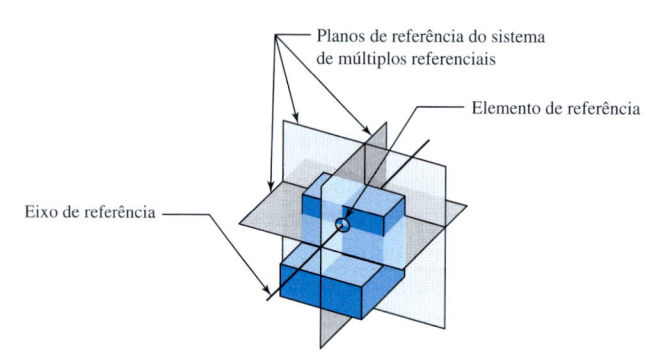

Figura 20–10 Exemplo de orifício como elemento de referência.

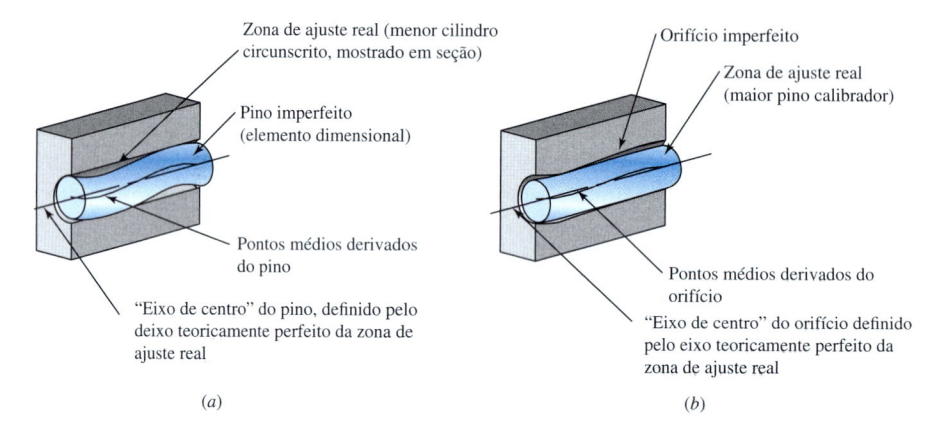

Figura 20–11 Definição de termos para a zona de ajuste real. (*a*) Elemento externo; (*b*) Elemento interno.

Símbolos de elementos de referência

Em um desenho, o elemento de referência é definido simbolicamente por uma letra maiúscula dentro de um quadrado conectado por uma linha de chamada terminando em um triângulo junto ao elemento de referência. O triângulo pode ser cheio ou vazado. Qualquer letra pode ser usada, exceto I, O, e Q, que podem ser confundidas com números. As letras não precisam ser atribuídas em ordem alfabética de acordo com a precedência dos referenciais que serão definidos mais adiante para cada elemento a ser controlado.

O triângulo pode ser conectado diretamente a superfície de contorno do elemento de referência, apontando para ele através de uma linha de chamada, ou conectada a uma linha da superfície estendida. Os três métodos estão ilustrados na Fig. 20-12, onde os elementos de referência se correlacionam a aqueles previamente demonstrados para a peça da Fig. 20-8.

Se o referencial é para ser um eixo ou plano de centro de uma elemento dimensional, então o triângulo de referência é colocado ao longo da linha de cota desse elemento dimensional. No caso de um cilindro ele pode ser conectado diretamente a superfície do cilindro. O triângulo pode opcionalmente substituir uma das setas de extremidade da cota se ambas não couberem. Muitos exemplos são mostrados na Fig. 20-13. O triângulo de referência sempre indica o elemento de referência (uma superfície física) a partir da qual se deriva o referencial (um eixo ou plano de centro teórico). Consequentemente, o triângulo nunca é posicionado diretamente no eixo, linha de centro, ou plano de centro.

O triângulo de referência pode também ser conectado ao sistema de múltiplas referências (a ser definido em seção posterior) que controla a tolerância geométrica do elemento de referência. Um exemplo está incluído na Fig. 20-13*b*.

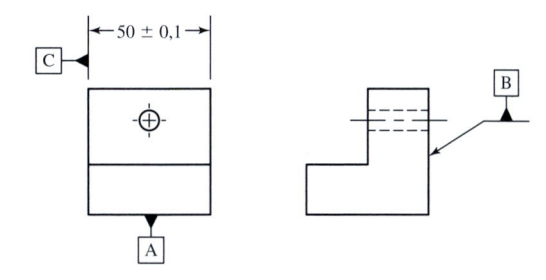

Capítulo 20 Dimensionamento e toleranciamento geométricos **973**

Figura 20–12 Três métodos de designação do elemento de referência.

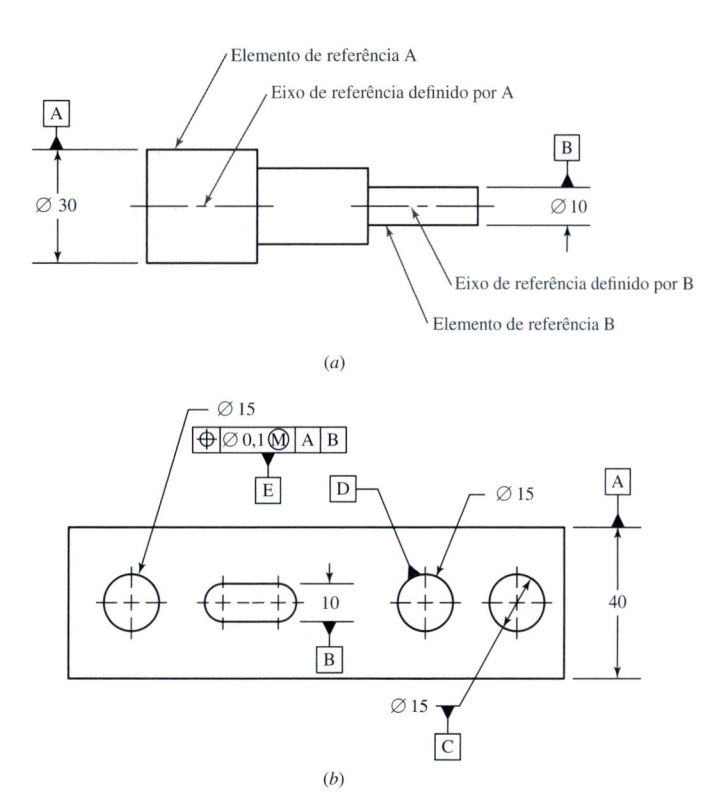

Figura 20-13 Métodos para designar como referencial um eixo ou plano de centro de um elemento dimensional. (*a*) Referenciais A e B são definidos como os eixos de centro de dois diferentes elementos de superfícies cilíndricas. (*b*) Símbolos de referência A e B são conectados as cotas de largura, definindo os planos de centro como referenciais. Símbolos de referência C, D, e E são conectados a elementos com eixos, definindo os eixos de centro como referenciais.

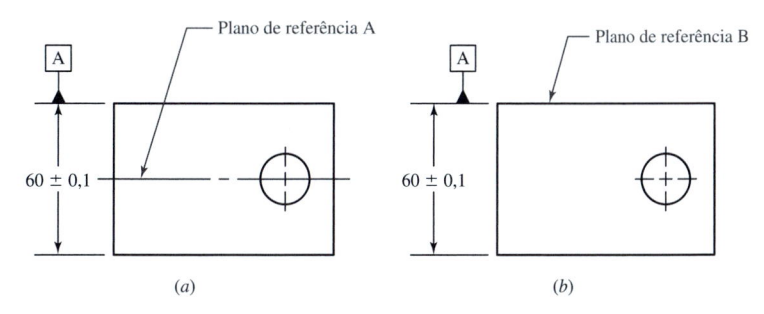

Figura 20–14 Diferentes designações de planos de referência devidas ao posicionamento dos símbolos de referência. (*a*) Símbolo alinhado com a cota; (*b*) Símbolo não alinhado com a cota.

Observe que no caso de um elemento dimensional, uma diferença sutil no posicionamento do triângulo nas Figs. 20-14a e 20-14b conduz a uma diferença importante de significado. Quando o triângulo é posicionado alinhado com a linha de cota, como na Fig. 20-14a, o referencial é o plano de centro do elemento dimensional. Quando o triângulo é posicionado fora da linha de cota, como na Fig. 0-14b, o referencial é o plano definido pela aresta da peça. O referencial plano de centro, seria o mais adequado se o orifício deve ficar centrado na peça, independentemente das flutuações em toda a largura da peça. A referência na aresta tem a vantagem de uma configuração mais simples para manufatura e inspeção, mas como o posicionamento do orifício é controlado a partir de uma aresta, a peça pode não ficar simétrica.

20–4 Controlando tolerâncias geométricas

Zonas de tolerância

Geralmente, no sistema GD&T, a aplicação direta de tolerâncias do tipo mais/menos se aplica apenas junto ao valor de uma medida física. Um conceito fundamental em GD&T consiste na adição, a qualquer tolerância dimensional de uma medida física, de controles sobre sua forma geométrica e localização de suas superfícies, de modo a que fiquem dentro das *zonas de tolerância*. Zonas de tolerância são definidas de várias formas, tais como por dois planos paralelos ou cilindros concêntricos, para definir contornos limite para as superfícies físicas das peças. As zonas de tolerância são definidas em relação a localização ou forma teoricamente exatas. A forma e localização reais da superfície de uma peça podem variar em relação a localização e forma teoricamente exatas, desde que permaneçam dentro dos limites dos contornos das zonas de tolerância.

Existem termos especiais definidos para representar os máximos e mínimos contornos de um elemento dimensional. A *Condição de Máximo Material* (*CMM*) é a condição na qual o elemento dimensional contém a máxima quantidade de material dentro dos limites definidos pelas medidas físicas. Para um elemento externo, tal como a superfície externa de um eixo, a CMM ocorre quando o diâmetro está no seu máximo valor admitido pela tolerância. Para um elemento interno, como um orifício, a CMM ocorre quando o orifício se encontra com o menor diâmetro admitido pela tolerância. Analogamente, a *Condição de Mínimo Material* (*CMiM*) é a condição na qual o elemento dimensional conterá a menor quantidade de material dentro dos limites definidos pelas medidas físicas. Isso se correlaciona com o eixo de menor diâmetro admissível, ou com o orifício de maior diâmetro admissível. Esses termos são largamente utilizados pelo sistema GD&T.

A norma Y 14.5 especifica uma zona de tolerância pré-definida para os elementos dimensionais e, ao longo do texto, se refere a ela como *Regra 1*, também conhecida como *princípio da envolvente*. Essa regra determina que quando se especifica apenas uma tolerância de cota (i.e., tolerância do tipo mais/menos) para um elemento dimensional, os limites das cotas indicam a extensão admissível para a variação na sua forma geométrica, assim como de sua medida física. Especificamente, o princípio da envolvente determina que a superfície associada a um elemento dimensional não pode se estender além da envolvente de forma perfeita na CMM. Considere o exemplo simples do pino guia da Fig. 20-15a. A envolvente limite é um pino perfeitamente formado (e.g., perfeitamente reto, de seção perfeitamente circular, etc.) que está no seu maior tamanho possível, conforme mostrado na Fig. 20-15b. Um pino guia imperfeito atenderá as especificações enquanto seu diâmetro em qualquer posição ficar dentro da tolerância admitida, e sua superfície não extrapole a envolvente. Uma implicação disso é que, se o pino é fabricado em sua CMM, então ele deverá ter a forma perfeita. Reduzido o diâmetro a partir da CMM, o pino pode desviar-se da forma perfeita, conforme mostrado na Fig. 20-15c.

Outros controles geométricos (descritos na Sec. 20-5) podem ser especificados quando a zona de tolerância de partida dada pela Regra 1 não é suficiente para alcançar os requisitos da aplicação.

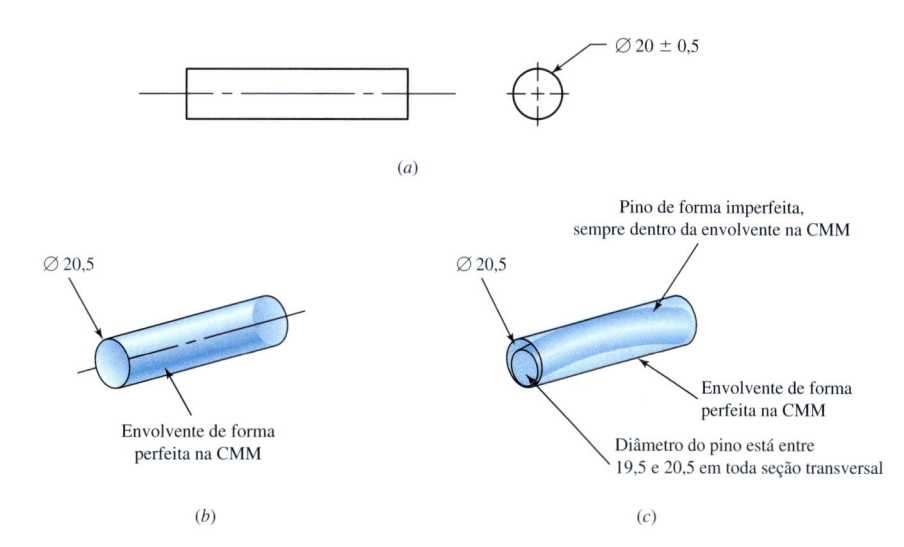

Figura 20–15 O princípio da envolvente (Regra 1). (*a*) Especificação da medida física e da tolerância no desenho; (*b*) forma envolvente perfeita na CMM; (*c*) pino com imperfeição aceitável dentro da envolvente.

Cotas básicas

Uma localização teoricamente exata é especificada através de uma *cota básica*. Uma cota básica é, teoricamente, uma medida exata à qual não se associa diretamente uma tolerância, em lugar disso ela está associada ao controle geométrico de uma zona de tolerância. Quando uma cota básica é usada para localizar um elemento da peça, o próprio elemento deve incluir um controle geométrico que defina a zona de tolerância, especificando a variação permissível em relação a forma perfeita e a localização.

Cotas básicas são indicadas no desenho encerrando o seu valor dentro de uma caixa retangular, ou através de uma nota geral indicando que todas as cotas sem tolerâncias são cotas básicas.

Quadro de controle do elemento

Nos desenhos o controle geométrico é especificado em um *quadro de controle de elemento*. Um quadro de controle de elemento é uma caixa retangular, conectada a certo elemento de um desenho, contendo a informação necessária para definir a zona de tolerância de um elemento específico. O quadro é subdividido em compartimentos ordenados especificamente, conforme mostrado no exemplo na Fig. 20-16.

O primeiro compartimento sempre contém um dos símbolos de controle geométrico da Tabela 20-1 para indicar qual aspecto do elemento está sendo controlado pela informação de tolerância na sequência.

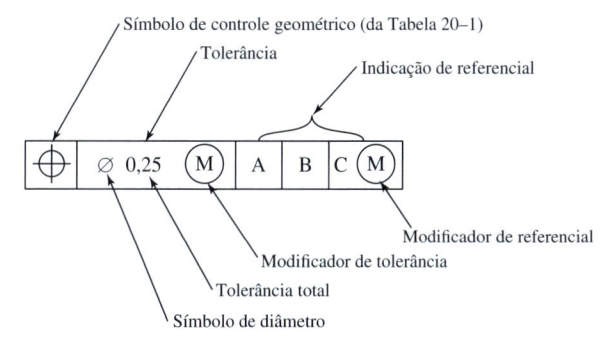

Figura 20–16 Exemplo de quadro de controle de elemento.

O segundo compartimento sempre contém um valor numérico designando a tolerância total admitida. O valor de tolerância especificado é sempre uma tolerância total, isto é, a faixa inteira de tolerâncias, não um valor de tolerância do tipo mais/menos contada do ponto médio. Se a tolerância é circular ou cilíndrica, o símbolo de diâmetro precederá a tolerância especificada.

O terceiro e demais compartimentos serão usados, se necessário, para definir o referencial (referenciais) que vincula a peça. A ordem das letras dos referenciais, da esquerda para a direita, define a precedência de aplicação desses referenciais. O número de letras de referenciais pode variar de zero a três, dependendo do sistema de múltiplos referenciais necessário à uma tolerância particular sob controle. Tolerâncias de forma afetam apenas o elemento designado, independentemente de qualquer outro elemento ou referencial (como indicado na Tabela 20-1) e, portanto, nunca inclui letras de referenciais no quadro de controle de elemento. Tolerâncias de localização, orientação, e batimento sempre relacionam o elemento em questão com outro elemento ou referencial e, portanto, sempre requerem a especificação de uma letra ligada a um referencial.

Modificadores da Tabela 20-3 podem ser incluídos em um compartimento imediatamente seguinte ao do valor de tolerância, ou depois de especificar um referencial. O efeito desses modificadores é discutido na Sec. 20-6.

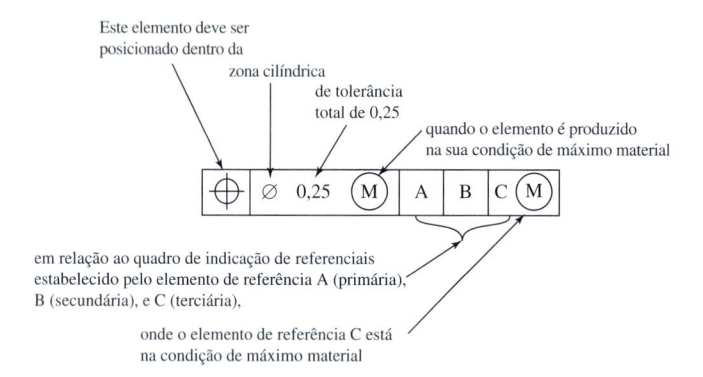

Figura 20–17 Fazendo a leitura de um quadro de controle de elemento.

O quadro de controle de elemento é lido da esquerda para a direita, conforme ilustrado na Fig. 20-17. Se mais de um controle geométrico se aplica ao mesmo elemento, o quadro de controle de elemento pode ser empilhado e aplicado de cima para baixo.

O quadro de controle de elemento controla o elemento ao qual ele estiver conectado. Os quatro métodos de conexão são os que seguem:

1. Uma linha de chamada desde o quadro de controle do elemento apontando diretamente para o elemento. Veja a Fig. 20-18*a*.
2. O quadro de controle do elemento é conectado a extensão de uma linha que parte de um elemento plano. Veja a Fig. 20-18*b*.
3. O quadro de controle de elemento é posicionado abaixo da chamada de cota ou nota pertencente ao elemento. Veja Fig. 20-18*c*.
4. O quadro de controle de elemento é conectado a uma extensão da linha de cota do elemento dimensional. Veja a Fig. 20-18*d*.

Um quadro de controle associado a um elemento dimensional pode controlar tanto a superfície real do elemento, como seu eixo, ou sua linha de centro. Para controlar o eixo ou linha de centro do elemento dimensional, o quadro de controle de elemento é associado ao valor da cota do elemento dimensional, usando para a conexão tanto o método 3 como o 4. A cota e o quadro de controle de elemento devem ser mostrados em uma vista do desenho na qual o eixo de centro aparece como uma linha. Além disso, se o elemento dimensional se aplica a um diâmetro, o símbolo de diâmetro precede o valor da tolerância no quadro de controle de elemento. Como exemplo, na Fig. 20-18*a*, o controle de retilineidade se aplica a superfície do pequeno cilindro, enquanto que nas Figs. 20-18*c* e 20-18*d*, o controle de retilineidade se aplica ao eixo do pequeno cilindro. O significado da diferença entre controlar a superfície ou o eixo se explica *a posteriori*.

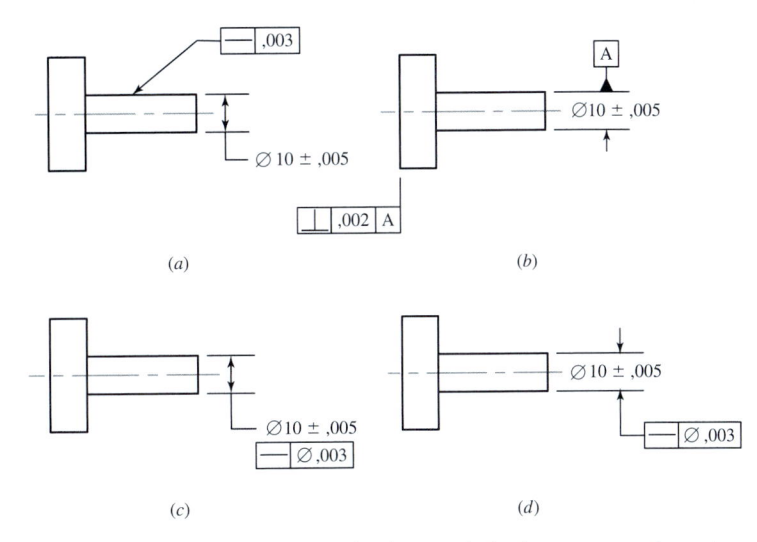

Figura 20–18 Quatro métodos para conectar o quadro de controle de elemento a um elemento.

20–5 Definições de características geométricas

Cada um dos símbolos de características geométricas da Tabela 20-1 é usado para definir uma zona de tolerância restrita a certas características geométricas. Os controles geométricos são agrupados em controles de *forma, orientação, perfil, localização,* e *batimento*. Alguns dos controles são bem gerais e englobam a maior parte das necessidades comuns, enquanto alguns são específicos e destinados a necessidades geométricas particulares. Para referência, uma descrição básica será dada para cada controle geométrico, seguido por uma discussão mais ampla sobre sua aplicação prática. O leitor pode entender que, em primeira análise, apenas uma rápida passagem por esta seção será suficiente, e que então poderá voltar a ela como referência quando detalhes forem necessários a alguma aplicação prática.

Controles de forma

As quatro características geométricas que conferem controle de *forma* são a retilineidade, a planicidade, a circularidade, e a cilindricidade. Elas controlam a forma de um elemento isolado, independente da localização desse elemento ou sua relação com qualquer outro elemento. Consequentemente, controles de forma nunca incluem indicação de referenciais. Observe que controles de forma são um refinamento adicional de qualquer tolerância sobre medida física, e que também deve ser satisfeita.

Retilineidade —

O controle de retilineidade especifica uma zona de tolerância dentro da qual devem repousar as linhas que formam uma superfície ou um eixo. Quando aplicado a superfície de um elemento com uma linha de chamada ou com uma linha de extensão até a superfície, a retilineidade se aplica a todas as linhas na superfície que aparecem como linhas retas no desenho da vista. Veja a Fig. 20-19.

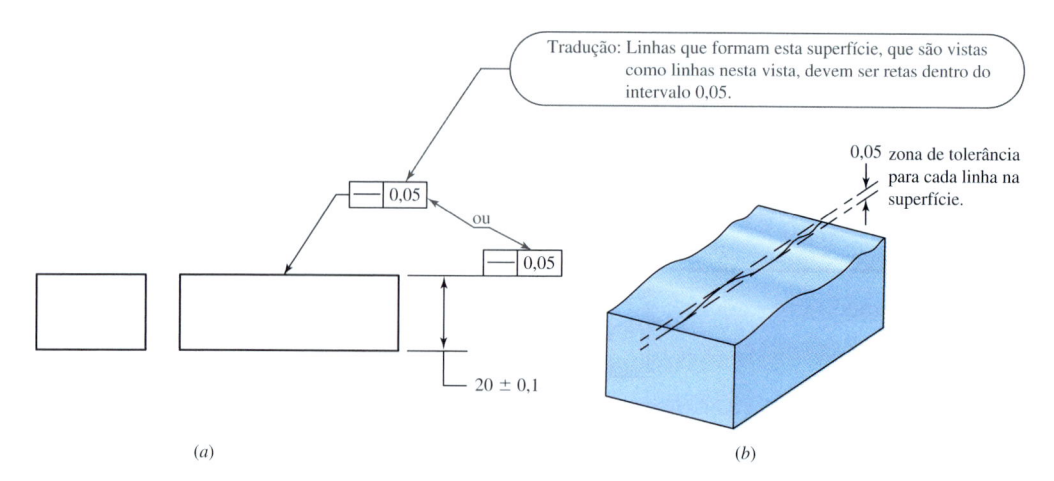

Figura 20–19 Controle de retilineidade aplicado a uma superfície. (*a*) Especificação no desenho; (*b*) Interpretação.

Quando o quadro de controle de elemento é colocado abaixo do valor da cota no elemento dimensional, o controle de retilineidade está no eixo ou na linha média derivada do elemento. O símbolo de diâmetro é incluído junto com a tolerância de retilineidade para aplicar uma zona de tolerância cilíndrica ao eixo do cilindro. Veja a Fig. 20-20.

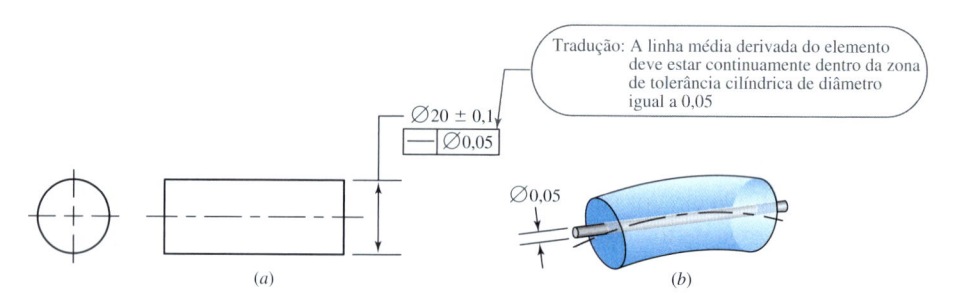

Figura 20–20 Controle de retilineidade aplicado a um eixo do elemento. (*a*) Especificação no desenho; (*b*) Interpretação.

Planicidade ▱

O controle de planicidade especifica a zona de tolerância por uma distância dada entre dois planos paralelos entre os quais devem se situar todos os pontos de uma superfície (ou plano médio derivado). O quadro de controle de elemento é aplicado com uma linha de chamada ou uma linha estendida até a superfície no desenho de uma vista no qual essa superfície aparece como uma linha. Veja a Fig. 20-21. Se o quadro de controle de elemento está aplicado abaixo da linha de cota do elemento dimensional, o controle de planicidade está aplicado ao plano médio derivado em lugar da superfície. O controle de planicidade é frequentemente usado para prover controle adicional do elemento de referência primária e melhorar a reprodutibilidade da medição.

Circularidade ○

O controle de circularidade é usado para controlar a periferia das seções transversais circulares de um cilindro, cone, ou esfera. A zona de tolerância é o anel entre dois círculos concêntricos dentro do qual deve ficar cada círculo dessa superfície. Veja a Fig. 20-22. O controle de circularidade deve ser pouco usado uma vez que sua inspeção é difícil, pois cada seção transversal circular que forma a superfície deve ser avaliada independentemente uma da outra e independentemente de qualquer referência. O batimento ou controle de perfil consistem em métodos alternativos que são comumente suficientes para assegurar a circularidade com métodos de inspeção mais fáceis.

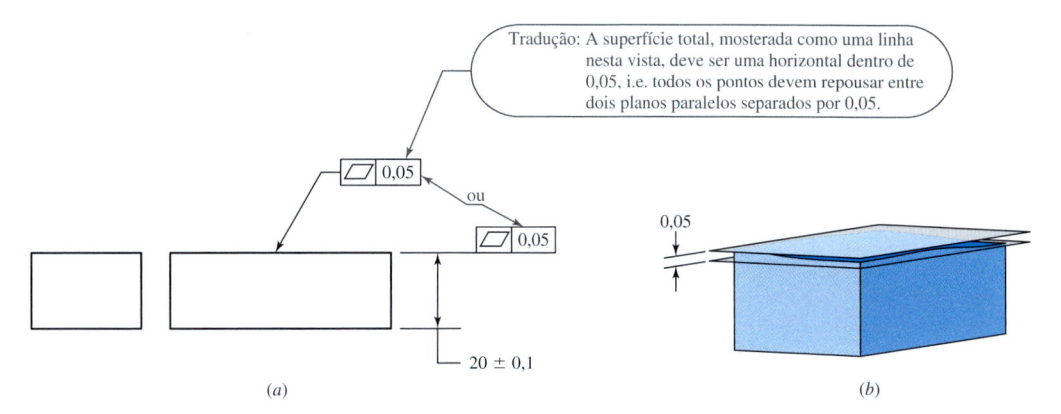

Figura 20–21 Controle de planicidade. (*a*) Especificação no desenho; (*b*) Interpretação.

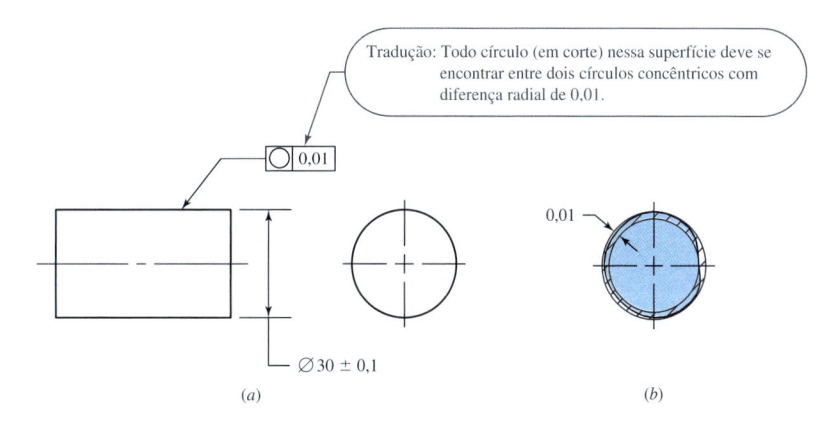

Figura 20–22 Controle de circularidade. (*a*) Especificação no desenho; (*b*) Interpretação.

Cilindricidade ⌭

O controle de cilindricidade é usado para controlar a combinação de circularidade com a retilineidade de um cilindro. A zona de tolerância é o espaço limitado por dois cilindros concêntricos com diferença de raios igual a tolerância. Veja a Fig. 20-23.

Controle de Orientação ∠ ⊥ //

As três características geométricas que provem controle de *orientação* são a *angularidade*, o *paralelismo*, e a *perpendicularidade*. Elas controlam a orientação de um elemento em relação a um ou mais referenciais, portanto é obrigatória a inclusão de ao menos um referencial no quadro de controle do elemento. Os controles de paralelismo e perpendicularidade são subgrupos consideravelmente convenientes ao controle de angularidade quando se desejam ângulos de 0° ou 90°, respectivamente. O controle de orientação pode ser aplicado a superfícies, eixos, ou planos de centro. No caso de superfícies e planos, a zona de tolerância é definida por dois planos paralelos orientados segundo um ângulo básico específico em relação a um referencial. Veja as Figs. 20-24 e 20-25. Quando são controlados eixos ou planos de centro, o quadro de controle de elemento é colocado sob a linha de cota. Quando se controlam eixos, o símbolo de diâmetro é incluído antes da tolerância, e a zona de tolerância é cilíndrica, como demonstrado na Fig. 20-26.

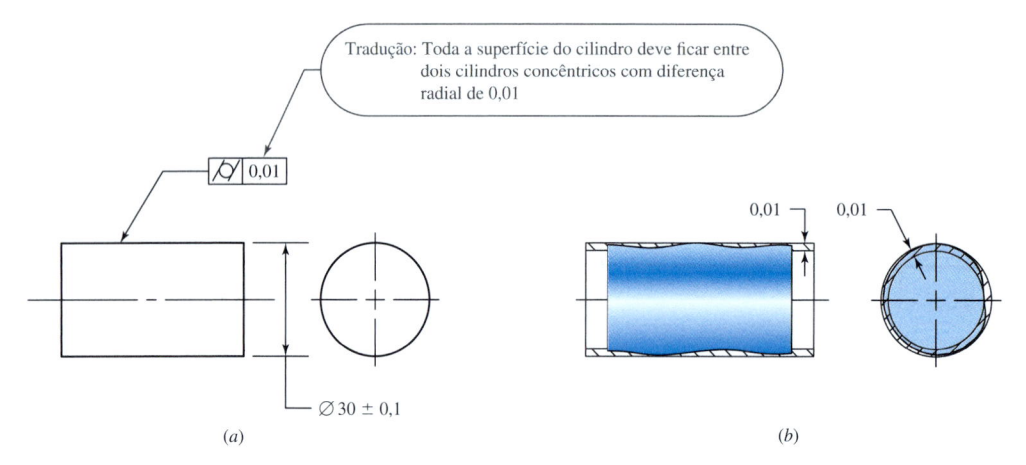

Figura 20–23 Controle de cilindricidade. (*a*) Especificação no desenho; (*b*) Interpretação.

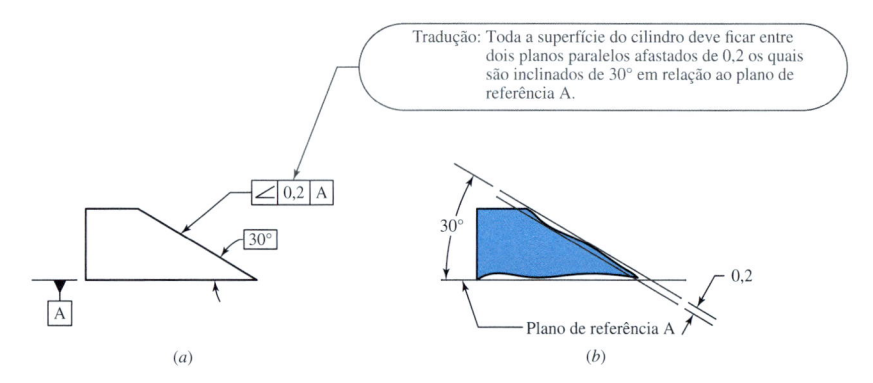

Figura 20–24 Controle de angularidade. (*a*) Especificação no desenho; (*b*) Interpretação.

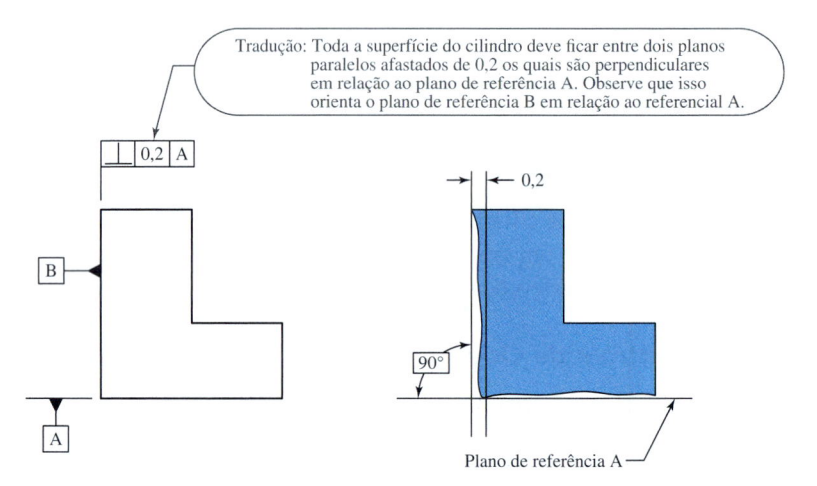

Figura 20–25 Controle de perpendicularidade. (*a*) Especificação no desenho; (*b*) Interpretação.

Tolerâncias de orientação são vinculadas apenas aos graus de liberdade rotacionais em relação ao referencial indicado. Uma vez que os graus de liberdade translacionais não são vinculados pelas tolerâncias de orientação, uma zona de tolerância de orientação não pode ser utilizada para localizar um elemento. Ela só poderá ser usada como refinamento de uma tolerância que está fazendo a localização, tal como a posição ou perfil de uma superfície. O controle de orientação é comumente utilizado como um referencial secundário ou terciário em relação ao plano primário.

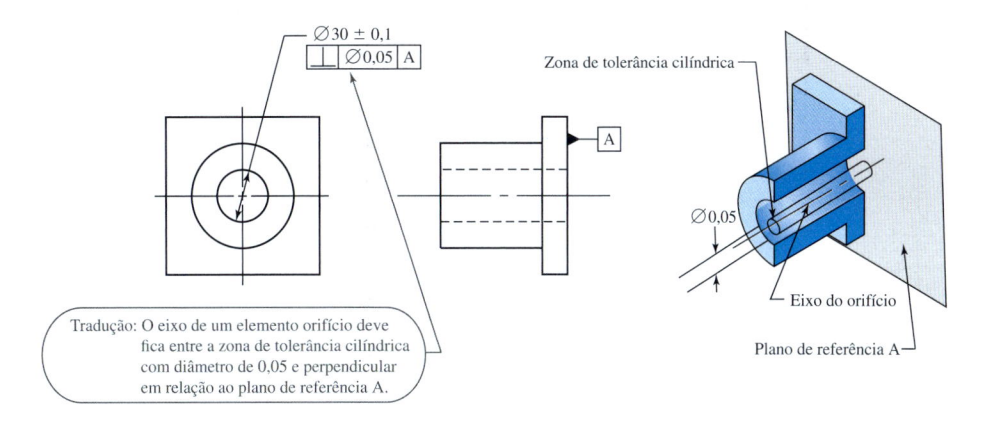

Figura 20–26 Um controle de orientação aplicado ao eixo de um elemento. (*a*) Especificação no desenho; (*b*) Interpretação.

Controles de perfil ⌒ ⌓

Controles de *perfil* são utilizados para definir uma zona de tolerância em torno de um perfil verdadeiro desejado que é definido pelas medidas básicas. As duas características geométricas que provem controle do perfil são o *perfil de uma linha* e o *perfil de uma superfície*. O perfil de uma linha é uma zona de tolerância bidimensional que controla cada linha na superfície do elemento, análogo aos controles de retilineidade ou circularidade. O perfil de uma superfície se aplica a um controle a três dimensões, análogo a planicidade ou cilindricidade. Controles de perfil são frequentemente utilizados para elementos de forma irregular e para fundidos, forjados, ou estampados onde se deseja prover uma zona de tolerância para toda a superfície da peça.

Fica implícito que um perfil de tolerância é uma tolerância global que está centrada no perfil real. Uma zona de tolerância não simétrica pode ser especificada na sequência de um valor de tolerância global com o *modificador de perfil disposto desigualmente* (uma letra U maiúscula em um círculo), seguida por um valor de tolerância que está na direção que se admite material adicional ao perfil real.

O quadro de controle de elemento é conectado com uma linha de chamada em um desenho da vista onde se mostra o perfil real. A tolerância de perfil se aplica apenas a elemento de superfície individual, a menos que modificada pelos símbolos de "entre", "em todo o contorno", ou "sobre tudo", conforme mostrado na Fig. 20-27.

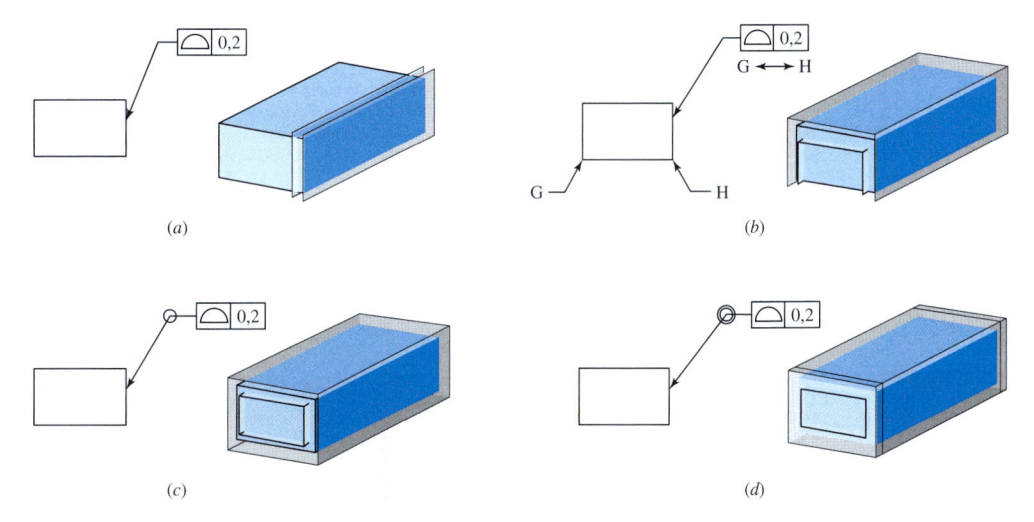

Figura 20–27 Aplicação do controle de perfil. (*a*) Aplicado a uma superfície única; (*b*) aplicado entre dois pontos especificados; (*c*) aplicado em todo o contorno; (*d*) aplicado sobre tudo.

Os controles de perfil são as únicas características geométricas que possuem a opção de incluir ou não incluir a indicação de referência. Se a tolerância de perfil não indica uma referência, então a zona de tolerância "flutua" em torno do perfil verdadeiro, fornecendo uma forma de controle da superfície, mas não um controle da localização. Essa opção deve ser usada com cautela, já que ela normalmente torna a inspeção da peça mais difícil.

Se uma referência é indicada, então a tolerância de perfil pode ao mesmo tempo controlar a medida física, a forma, a orientação e a localização de um elemento. Essa aptidão geral faz esse controle ser extremamente útil como controle padrão de tolerância global. Quando o quadro de controle de elemento de perfil é colocado em uma nota geral do desenho, a tolerância se aplica a todas os elementos mostrados no desenho a menos que outras sejam especificadas. Com essa nota geral, outros controles (e.g., planicidade, perpendicularidade, etc.) serão necessários apenas se desejarmos um controle mais fino do que o fornecido pela tolerância geral de perfil.

Considere o exemplo na Fig. 20-28. A superfície inferior é o elemento de referência que define o referencial A. O controle de planicidade estabelece que quando essa superfície está em contato com o plano de referência A, todos os pontos na superfície devem estar dentro da zona de tolerância 0,05. O plano de referência B é definido como sendo exatamente perpendicular ao plano de referência A, mas o elemento de referência B (a superfície real) pode variar em forma e orientação desde que permaneça dentro da zona de tolerância de 0,2. O controle de perfil na superfície curva indica que primeiro a peça é colocada em contato com o plano de referência A, em seguida em contato com o plano de referência B. Neste ponto a superfície curva ideal é definida através das cotas básicas. Então a zona de tolerância é definida como o espaço entre duas superfícies curvas centradas em torno da superfície verdadeira com um espaçamento entre elas de 0,1. Adicionalmente, devido ao perfil de tolerância de 0,3 contido nas notas gerais na parte inferior do desenho, as demais superfícies para as quais não se especifica

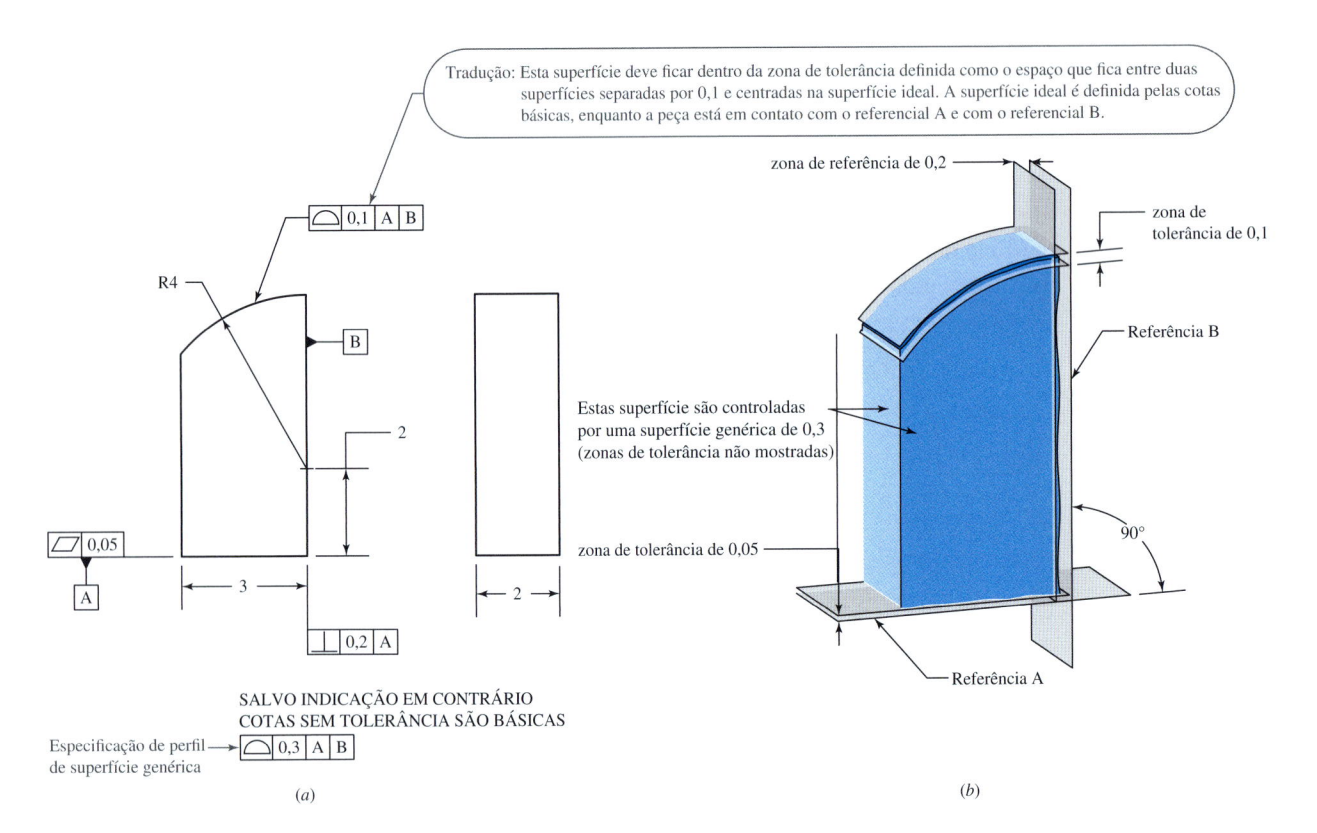

Figura 20–28 Um exemplo que usa uma nota de controle de perfil como uma tolerância global genérica, com controles mais refinados adicionados quando necessários. (a) Especificação no desenho; (b) Interpretação.

uma tolerância mais refinada estarão dentro de um perfil de zona de tolerância de 0,3 centrada na forma básica (ideal). Qualquer desvio das medidas físicas, da forma, da orientação, ou da localização é admissível ao longo das demais superfícies dentro dessas zonas de tolerância.

Controles de localização

Temos três controles de *localização*: *posição*, *concentricidade* e *simetria*. Eles servem para controlar a localização do elemento dimensional, de um orifício, de uma fenda, de uma saliência ou aba, em relação a uma referência ou a outro elemento.

Posição ⊕

O controle de posição é um dos controles mais efetivos e frequentemente utilizados, porque ele incorpora muitas das vantagens do sistema de GD&T. O controle de posição define a localização (e orientação) permitida para um eixo, linha de centro, ou plano de centro do elemento dimensional. Ele não controla o tamanho ou forma do elemento.

A aplicação do controle de posição é interpretada na Fig. 20-29. A posição verdadeira do elemento dimensional é localizada primeiro em relação a referenciais através da especificação das cotas básicas para o eixo, linha de centro, ou plano de centro do elemento dimensional. Então a medida do elemento dimensional é diretamente uma cota acompanhada por uma tolerância do tipo mais/menos. Finalmente, o controle de posição é aplicado com o uso de um quadro de controle de elemento colocado sob a cota dos elementos. O controle de posição especifica a zona de tolerância centrada no entorno da localização teoricamente exata do eixo do elemento, de sua linha de centro, ou de seu plano de centro. A zona de tolerância é cilíndrica se o símbolo de diâmetro precede a tolerância; do contrário, é o espaço entre dois planos paralelos. A especificação para a peça mostrada no desenho de máquina na Fig. 20-29*a* conduz a interpretação mostrada na Fig. 20-29*b*. Observe que o diâmetro do orifício pode variar dentro da sua tolerância dimensional especificada, enquanto o eixo do cilindro pode estar em qualquer posição e orientação dentro da zona de tolerância cilíndrica.

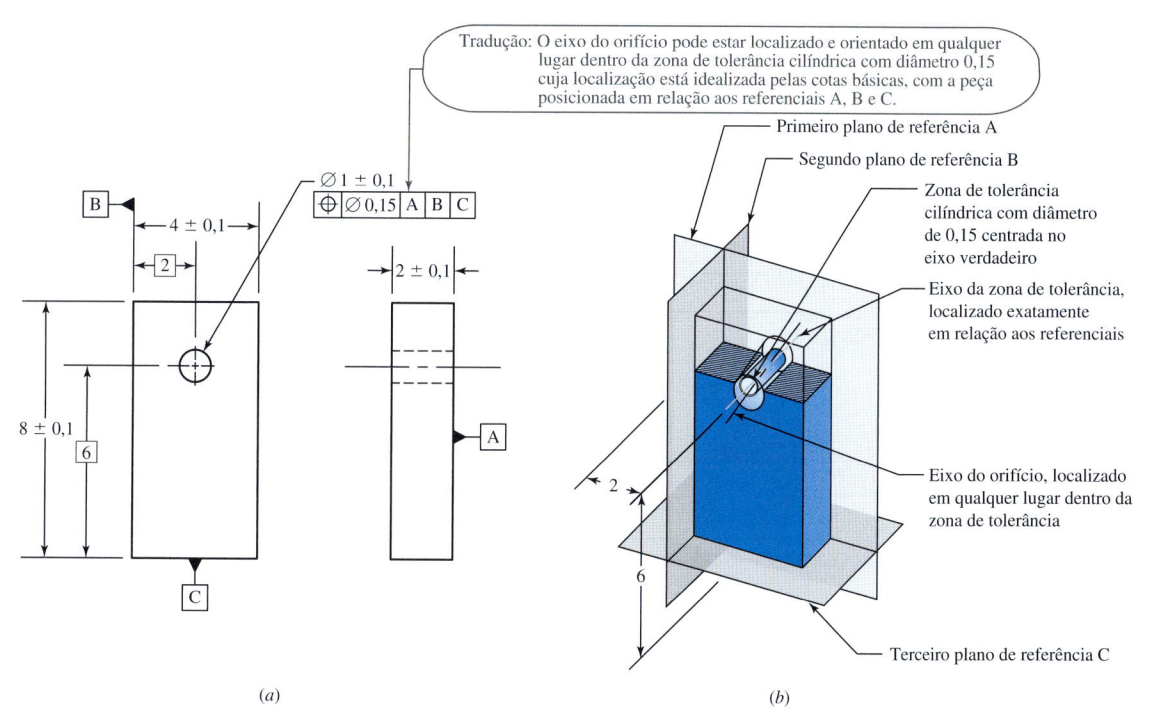

Figura 20–29 Controle de posição. (*a*) Especificações no desenho; (*b*) Interpretação.

O controle de posição também prove uma forma excelente de controle da localização de um grupo de elementos dimensionais. O grupo de elementos é indicado como compartilhando a mesma cota, tolerâncias dimensionais, e controle de posição através da inclusão do número de elementos desejados que precedem a especificação do valor da cota, tal como o indicado pelo 3× na Fig. 20-30.

A Fig. 20-30 também demonstra o uso do quadro de controle composto onde se mostra duas linhas associadas a especificação do controle de posição. Isso permite especificar tolerâncias diferentes para a localização global do padrão e a inter-relação com os elementos dentro de um padrão. Isso é necessário normalmente quando o padrão de elemento deve coincidir com elementos igualmente espaçados em outra peça.

A primeira linha no quadro de controle composto se refere ao *Padrão-Quadro Localização de Zona de Tolerância* (PQLZT). O PQLZT se aplica a localização global do padrão como um grupo em relação aos referenciais. O PQLZT define zonas de tolerância para a linha de centro de cada elemento da mesma forma que o feito para o controle de posição.

A segunda linha do quadro de controle composto impõem restrições adicionais à relação elemento-elemento dentro de um padrão, e se denomina Elemento-Quadro de Zona de Tolerância Relativa (EQZTR). O EQZTR é aplicável as cotas básicas entre os elementos, mas não as cotas básicas de localização dos elementos em relação aos referenciais. O EQZTR define outra zona de tolerância menor para cada elemento, centrado em torno das localizações exatas como as definidas pelas cotas básicas entre os elementos. As zonas de tolerância EQZTR podem flutuar por qualquer posição dentro das zonas de tolerância do PQLZT, enquanto suas posições relativas se mantenham umas em relação às outras. O elemento linha de centro real deve estar dentro das zonas de tolerância do EQZTR, cujas linhas de centro devem ficar dentro das zonas de tolerância do PQLZT.

Considere o exemplo especificado na Fig. 20-30, onde as especificações de tolerância são maiores que o usual de modo a fazer com que as zonas de tolerância sejam visualizadas mais facilmente.

A Fig. 20-31 mostra as zonas de tolerância, sem mostrar os orifícios reais, para simplificar o corte. A primeira linha do quadro de controle composto especifica o PQLZT consistindo de zonas de tolerância cilíndricas cada uma com um diâmetro de 5, centradas em torno de eixos localizados pelas distâncias básicas até os referenciais. Elas são mostradas na Fig. 20-31 como os cilindros maiores. A segunda linha especifica o EQZTR que consiste de zonas de tolerância cilíndricas cada uma com um diâmetro de 2. As zonas de tolerância EQZTR

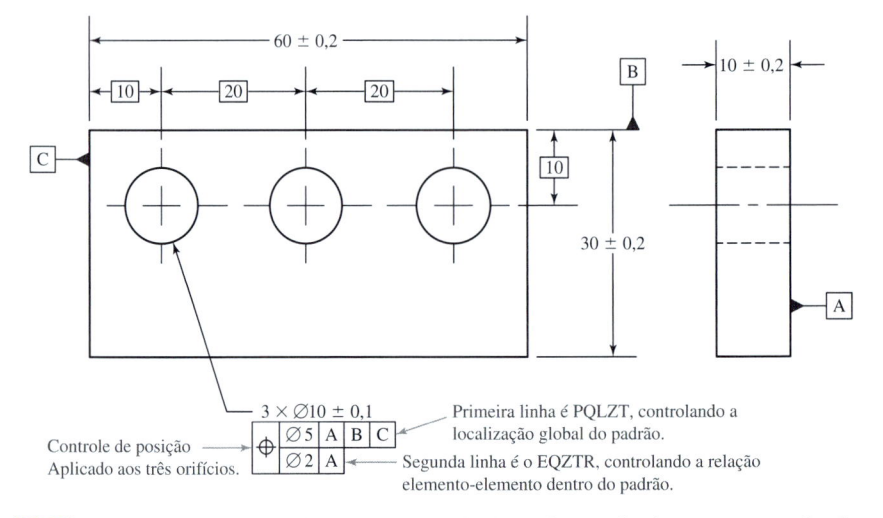

Figura 20–30 Especificações de desenho para o controle de posição aplicado a um grupo de elementos. A interpretação é mostrada na Fig. 20-31.

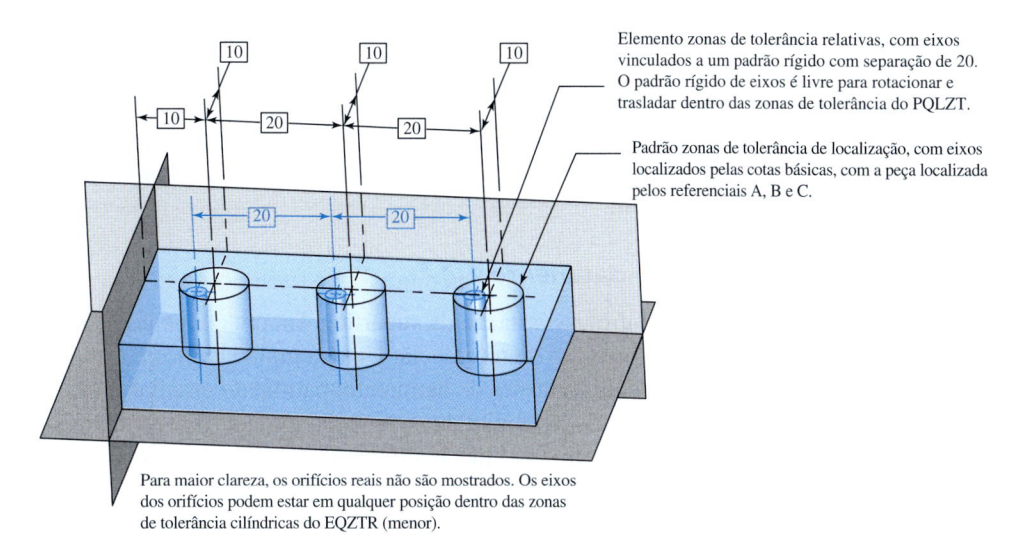

Figura 20–31 Interpretação do PQLZT e do EQZTR para um padrão de elementos localizados por um quadro de controle composto, como o especificado na Fig. 20-30.

formam um padrão rígido que se mantém a distâncias relativas iguais a 20 umas em relação às outras, mas que é livre para rotacionar e trasladar pelo interior das zonas cilíndricas definidas pelo PQLZT. Pense nas zonas de tolerância EQZTR como sendo rigidamente conectadas umas as outras por um quadro que mantém as distâncias entre elas. O quadro todo pode ser trasladado e rotacionado para qualquer posição que mantenha todas as linhas de centro dos EQZTR dentro das zonas de tolerância do PQLZT.

Quando se inclui indicação de referenciais na especificação de EQZTR, eles governam apenas a rotação da EQZTR relativamente aos referenciais especificados. No exemplo na Fig. 20-30, uma vez que na segunda linha se indica o referencial A, o EQZTR deve ser orientado pelo plano de referência A, isto é, a zona de tolerância dos eixos será perpendicular ao plano A. Analogamente, se um plano B for especificado, será requerido que a zona de tolerância dos eixos fique em um plano paralelo ao plano de referência B.

Concentricidade ◎

Nominalmente, *concentricidade* é a condição para que os eixos de centro de uma superfície de revolução, tal como um cilindro, sejam congruentes com um eixo de referência. A norma Y 14.5 define isso de forma mais precisa como a condição onde os pontos médios entre posições diametralmente opostas de uma superfície de revolução estão dentro de uma zona de tolerância cilíndrica centrada em torno do eixo de referência. Isso significa que o centro do elemento não está determinado como uma simples linha reta, mas sim por uma coleção de todos os pontos obtidos encontrando os centros de todas as medidas de diâmetros ao longo da superfície. Isso é extremamente difícil e caro para se medir, então se recomenda que o controle de concentricidade seja usado apenas eventualmente. As opções melhores para controlar elementos concêntricos são a posição, o perfil, e o batimento. O controle de concentricidade deve ser assegurado nos casos onde é crítico controlar o eixo em lugar da superfície de um elemento, tal como no balanceamento dinâmico de uma peça em alta velocidade de rotação.

Simetria ⌯

Simetria é a condição em que o elemento tem o mesmo perfil em cada lado de um plano central de um elemento de referência. Na norma Y 14.5, ela é definida de maneira similar a concentricidade, exceto quando estiver aplicada ao plano central do elemento dimensional em lugar do eixo de centro de uma superfície de revolução. Isso porque ela se baseia no controle de uma coleção de todos os pontos médios medidos através do elemento, em lugar de um plano de centro simples do elemento, a simetria sofre das mesmas dificuldades das medidas de concentricidade. Consequentemente, o controle de simetria deve ser usado de modo limitado. Na maior parte dos casos, elementos simétricos são melhor controlados pelos controles de posição e de perfil.

Controles de batimento

O *batimento* controla a variação da superfície em um elemento na medida em que ela rotaciona em torno de um eixo de referência. Um exemplo simples é a superfície de um eixo em rotação. Existem dois controles de batimento: batimento circular e batimento total. O *batimento circular* mede a variação radial de cada seção circular dos elementos independentemente um do outro. O *batimento total* mede simultaneamente o batimento de toda a superfície de um elemento cilíndrico.

Ambos tipos de batimento são demonstrados na Fig. 20-32. O cilindro na esquerda é definido como elemento de referência A. As garras do mandril presos a superfície desse elemento de referência funcionam como simulador de elemento de referência para definir a linha de centro como referencial real. Assim, quando o mandril rotaciona, a peça necessariamente rotaciona em torno da linha de centro de referência. A especificação de batimento circular de um elemento cônico requer que um relógio comparador em qualquer posição ao longo do elemento não deve se mover por mais que 0,01 unidades durante uma rotação completa da peça. Cada ponto onde se posiciona um relógio comparador deve satisfazer de forma independente o controle de tolerância de batimento. A especificação de batimento total do elemento cilíndrico da direita requer que um relógio comparador não se mova mais do que 0,02 para todas as posições ao longo do cilindro, medidos em uma montagem. Outro caminho para indicar isso é que a superfície total do elemento controlado deve ficar dentro da zona entre dois cilindros concêntricos separados radialmente pela tolerância fixada em 0,02.

O batimento circular pode ser aplicado a qualquer superfície de revolução desde que as medidas sejam feitas de forma independente em cada seção transversal. Ele controla inerentemente ambas concentricidade e circularidade. O batimento total se aplica apenas a elementos cilíndricos, uma vez que o diâmetro em cada seção transversal deve ficar dentro da mesma zona de tolerância. Ele controla inerentemente cilindricidade, circularidade, retilineidade, e perfil de superfície. O batimento total é um controle particularmente útil para eixos em revo-

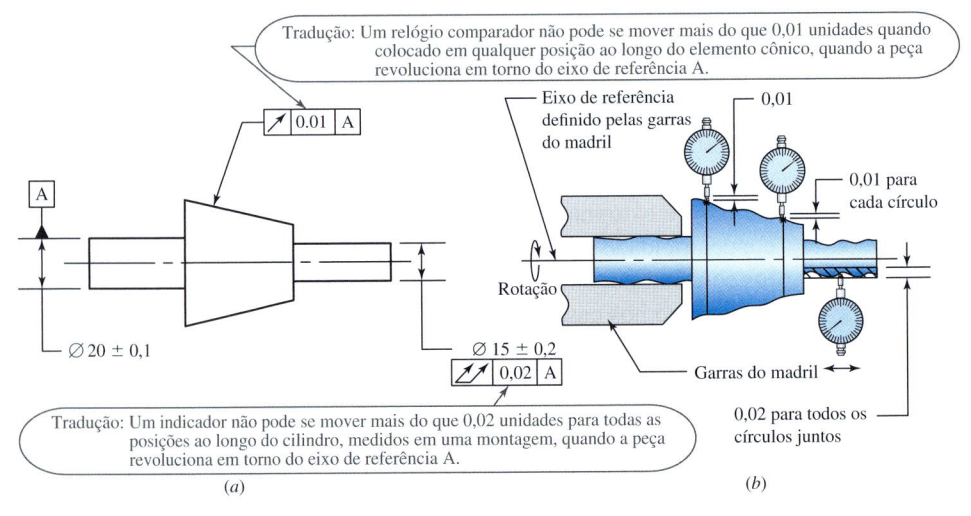

Figura 20–32 Batimento circular e batimento total. (*a*) Especificação no desenho; (*b*) Interpretação.

lução com rolamentos ou engrenagens que estão sensivelmente desalinhadas. O batimento total também pode ser usado para controlar efetivamente a coaxialidade de superfícies cilíndricas múltiplas através da relação entre cada cilindro e a mesma linha de centro de referência.

O controle de batimento total também pode ser aplicado a elementos construídos formando ângulos retos com um eixo de referência, tal como a face da extremidade de um cilindro. Neste caso, o batimento controla variações de perpendicularidade (tal como oscilações) e planicidade, medidas enquanto se revoluciona o elemento em torno de um eixo de referência.

20-6 Modificadores de condição de material

A condição de máximo material (CMM) e a condição de mínimo material (CMiM) podem ser aplicadas como modificadores para boa parte dos controles de geometria indicados no elemento dimensional. Os símbolos para os modificadores, M e L, podem ser incluídos em um quadro de controle de elemento imediatamente após o valor da tolerância geométrica, e/ou imediatamente após a indicação do referencial.

Quando uma tolerância geométrica é modificada com o modificador de condição de máximo material, isso indica que o valor de tolerância determinado se aplica quando o elemento é produzido na sua CMM. Se o elemento é produzido com dimensões tais que possua menos material que o indicado na sua CMM, o desvio da sua CMM é somado ao valor da tolerância geométrica admitida. Isso implica em que o valor da tolerância geométrica não é constante, pois ela depende do tamanho real da peça produzida.

Como exemplo, considere a peça na Fig. 20-33a, que contém ambos elementos dimensional externo (a saliência cilíndrica) e elemento dimensional interno (o orifício), cada um deles localizado por um controle de posição com toleranciamento na sua CMM. O controle de posição no elemento externo se interpreta da seguinte forma: "O eixo de centro do elemento cilíndrico externo produzido na sua condição de máximo material de 50,3, deve estar em uma posição dentro da zona de tolerância cilíndrica de diâmetro igual a 0,2. Sua posição é especificada pelas cotas básicas em relação ao sistema de múltiplos referenciais estabelecido pelos elementos de referência A, B, e C." Se o cilindro é produzido com um diâmetro menor que sua CMM de 50,3, algo como 50,2, então a quantidade em desvio, considerada a CMM, que é 0,1, é somada a tolerância geométrica especificada, provendo uma tolerância efetiva de 0,3. Esse incremento na tolerância é designado tradicionalmente como "bônus" de tolerância. A tabela na Fig. 20-33b mostra como esse bônus de tolerância se acumula na medida em que o diâmetro do cilindro produzido é diminuído de sua CMM de 50,3 para sua CMiM de 50,0. Observe que o bônus de tolerância se aplica a tolerância associada ao controle geométrico (posição, neste exemplo), e não a uma tolerância direta sobre a medida física do elemento.

Esse bônus de tolerância é uma das vantagens significativas proporcionadas pelo sistema GD&T sobre as tolerâncias fixas fornecidas pelo dimensionamento em coordenadas tradicional. Isso é particularmente conveniente para aplicações em que o ajuste entre peças que se acoplam uma a outra precisam de folgas para sua montagem. Uma tolerância mínima é garantida, mas o bônus de tolerância torna possível ao fabricante a redução de custos. Esse modificador não será apropriado para aplicações onde o ajuste entre as partes que se acoplam é importante, tal como o ajuste a pressão entre um rolamento e um eixo.

O mesmo conceito de bônus de tolerância é aplicável a um orifício na Fig. 20-33a, exceto quando a CMM para um elemento interno é a medida física do *menor* orifício. A tabela na Fig. 20-33c mostra como o bônus de tolerância se soma ao modificador de tolerância na CMM na medida em que o tamanho do orifício fica maior quando se move da CMM para a CMiM.

O modificador de *condição de mínimo material* funciona de maneira similar ao modificador de CMM, mas na direção oposta. Quando uma tolerância geométrica é modificada pelo modificador CMiM, isso indica que o valor de tolerância definido se aplica quando o elemento é produzido na sua CMiM. Se o elemento é produzido com um tamanho que emprega mais

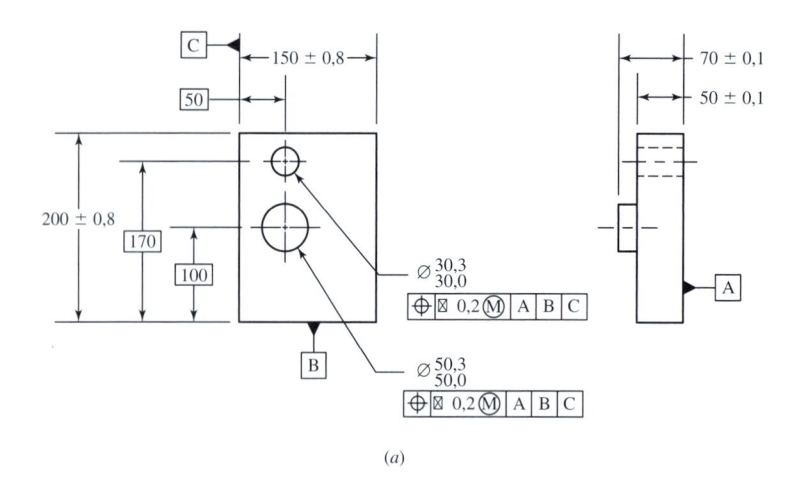

Elemento externo φ	Tolerância adicional (Bônus)	Zona de tolerância cilindro φ
50,3 (MMC)	0,0	0,2
50,2	0,1	0,3
50,1	0,2	0,4
50,0 (LMC)	0,3	0,5

(b)

Elemento externo φ	Tolerância adicional (Bônus)	Zona de tolerância cilindro φ
30,3 (LMC)	0,3	0,5
30,2	0,2	0,4
30,1	0,1	0,3
30,0 (MMC)	0,0	0,2

(c)

Figura 20–33 Aplicação do CMM a uma tolerância de posição. (*a*) Especificação no desenho; (*b*) Resumo dos bônus de tolerância para um elemento externo; (*c*) Resumo dos bônus de tolerância para um elemento interno.

material que sua CMiM, o desvio da CMiM é somado ao valor da tolerância geométrica admitida. O modificador de CMiM é usado tipicamente em aplicações nas quais o crítico é manter a menor quantidade de material. Exemplos incluem o material entre um orifício e a borda de uma peça, ou a espessura de uma parede. A CMiM também é útil para especificar elementos fundidos, que mais tarde serão usinados, de modo a garantir que a fundição deixe material suficiente para a operação de usinagem.

Os modificadores de condição de material CMM e CMiM podem ser aplicados de maneira análoga a maioria das tolerâncias geométricas, em particular a aquelas que controlam os elementos dimensionais com eixos ou planos centrais. Se nenhum modificador de material é especificado, a condição de material padrão é conhecida como *independente do elemento dimensional (RFS)*. RFS significa que a tolerância dada é aplicável independentemente do elemento dimensional. Em outras palavras, não importa qual é o tamanho do elemento produzido (dentro de suas tolerâncias), a tolerância geométrica é fixada no valor dado. Isso é muito mais restritivo para a manufatura. Isso se garante em aplicações onde não se deseja uma peça variável entre partes que se acoplam, tais como o ajuste a pressão entre componentes como rolamentos e engrenagens com um eixo.

Um belo detalhe a ser observado é que em toda a discussão anterior, o valor do diâmetro obtido para o elemento é determinado através de uma envolvente de acoplamento real não relacionada, como a definida na Sec. 20-3, pois é o único meio prático para determinar um valor único para o diâmetro de um elemento imperfeito.

Os símbolos M e L podem ser aplicados imediatamente após a indicação de referência no quadro de controle do elemento, em particular, quando a referência é baseada em um elemento dimensional. Quando aplicados a uma referência, os símbolos se referem ao *contorno de máximo material* (CoMM) e ao *contorno de mínimo material* (CoMiM). Uma explicação completa dos efeitos da aplicação do CoMM e do CoMiM a um referencial está além do escopo deste capítulo. Na essência, eles permitem que a peça flutue ou se desloque em relação ao quadro de indicação de referência na medida em que o elemento dimensional de referência produzido se desvia de sua condição de máximo ou mínimo material. Consequentemente, eles não mudam a tolerância no elemento considerado, mas apenas a posição relativa do elemento em relação ao sistema de múltiplos referenciais.

20-7 Implementação prática

O conceito básico no sistema GD&T é definir a peça ideal, e então especificar qual é o valor da variação que é aceitável. A variação admissível inclui todos os quatro atributos geométricos: medida física, localização, orientação, e forma. A medida física do elemento dimensional está diretamente dimensionada e tolerânciada por uma tolerância do tipo mais/menos. Os outros três atributos geométricos, subdivididos em características geométricas mais específicas, são controlados por controles geométricos (Tabela 20-1). Alguns dos controles geométricos são amplos e fornecem o controle de múltiplas características. A qualquer momento uma envolvente de contorno é definida por *qualquer* controle geométrico, ela restringe *todas* as variações geométricas em relação ao tamanho e forma ideais de modo a se ajustar dentro da envolvente. Por exemplo, através da aplicação do perfil de superfície a um elemento, a envolvente de contorno que define a variação admissível em relação ao perfil ideal automaticamente também controla características de orientação (e.g., paralelismo e perpendicularidade) e características de forma (e.g., planicidade e cilindricidade). Consequentemente, muitas das características geométricas podem ser controladas por poucos controles, e refinamentos apenas são incluídos onde necessário.

Em um contexto geral sugerido para a implementação do sistema GD&T se compreendem os cinco passos seguintes.

1. Seleção dos elementos de referência.
2. Controle dos elementos de referência.
3. Localização dos elementos.
4. Medidas físicas e localização dos elementos dimensionais.
5. Refinamento da orientação e forma dos elementos, se necessário.

Cada passo está detalhado nas seções seguintes.

1. *Seleção dos elementos de referência.*

Os elementos de referência devem ser escolhidos com base, em primeiro lugar, no uso funcional da peça, em lugar de antecipar o método de fabricação. O referencial primário é normalmente o mais crítico para o funcionamento da peça, e superficialmente suficiente para assegurar uma montagem estável o bastante para estabelecer os referenciais restantes. Para peças que se acoplam, os elementos de interface correspondentes são normalmente escolhidos como referenciais. Recorde que referenciais identificados por um símbolo, são utilizados apenas quando são chamados fora do quadro de controle de elemento do elemento que está sendo controlado. Embora não seja incomum que todos os elemento de uma peça se refiram ao mesmo conjunto de referenciais, não se requer que eles realmente o façam.

2. *Controles de elementos de referência.*

Embora um referencial seja considerado teoricamente perfeito, o referencial físico não o é. Consequentemente, os referenciais imperfeitos precisam ter sua geometria controlada assim como qualquer outro elemento. Algumas vezes os controles padrão são suficientes. No entanto, uma vez que os elementos de referência são utilizados para estabilizar a peça para manufatura e inspeção, eles podem assegurar considerações adicionais para esse propósito, além do que é necessário apenas a funcionalidade da peça. Se o referencial primário é uma superfície plana, pode ajudar a consideração de um controle de planicidade ou perfil de superfície aplicado a ela. Os referenciais secundário e terciário estabelecem planos de referência perpendiculares ao plano de referência primário. Consequentemente, pode ser útil aplicar um controle de orientação (tal como o de perpendicularidade) nos elementos de referência secundário e terciário em relação ao referencial primário. Um perfil de superfície padrão aplicado através de uma nota geral para toda a peça pode ser suficiente para isso.

Quando um elemento dimensional é utilizado como elemento de referência, a tolerância das medidas físicas automaticamente prove o controle da forma através da Regra 1 (veja Sec. 20-4). Também, quando o controle de posição é utilizado para localizar um elemento dimensional de referência, ele automaticamente proverá o controle de orientação do referencial.

3. *Localização dos elementos.*

Todos os elementos têm superfícies que precisam ser localizadas em relação a um referencial apropriado. Para localizar as posições de cada elemento na maior parte dos casos, a melhor estratégia é utilizar as cotas básicas acompanhadas por um ou mais controles geométricos apropriados. Um controle de superfície padrão pode ser estabelecido em uma nota geral.

4. *Medidas físicas e localização dos elementos dimensionais.*

Elementos dimensionais precisam ser cotados e localizados. Os próximos três passos são típicos: (1) Localizar a posição verdadeira do eixo de centro ou do plano de centro de cada elemento dimensional através de sua cota básica. (2) Dimensionar diretamente a medida física dos elementos, incluindo uma tolerância do tipo mais/menos. (3) Vincular um controle de posição a linha de chamada das medidas físicas dos elementos para estabelecer limites de localização e orientação. Para elementos dimensionais cilíndricos que são coaxiais a um eixo de referência, o batimento ou controle de perfil de superfície pode ser usado no lugar do controle de posição. A tolerância dimensional no elemento dimensional automaticamente proverá o controle de forma através da Regra 1.

5. *Refinamento da orientação e da forma do elemento, se necessário.*

Se qualquer elemento precisa de um controle de orientação ou forma mais refinado do que aquele fornecido pelos passos anteriores, controles adicionais podem ser adicionados.

O exemplo seguinte demonstra esse processo.

EXEMPLO 20-1 Interprete e explique a notação do sistema GD&T para a peça mostrada na Fig. 20-3.

Solução Uma vez que a peça já foi desenhada, os cinco passos serão utilizados para organizar a explicação em lugar de tomar decisões.

1. *Seleção dos elementos de referência.*

Os elementos de referência que foram identificados como símbolos de referência são a face posterior e as arestas esquerda e inferior. As exigências funcionais da peça não são especificadas, mas a escolha dos referenciais é bem comum para esse tipo de placa retangular simples. Observe que a chamada para o referencial B não é colocada alinhada com a dimensão, assim a indicação do referencial é até a aresta da peça em lugar do plano de centro da peça. Uma vez que os elementos são localizados em relação ao referencial, a escolha do referencial indica que é mais importante manter a distância do orifício até a aresta em vez de assegurar que ele esteja centrado. A face posterior é uma boa referência primária (tal como o requerido pelo controle de posição do orifício), pois tem tamanho suficiente para estabilizar a peça em relação aos três graus de liberdade enquanto determina os outros referenciais. É provável também que a superfície posterior ficará em contato com uma peça do acoplamento.

2. *Controles dos elementos de referência.*

A especificação de uma planicidade assegura que a superfície do elemento A não vai variar mais do que 0,003. Isso é um controle comum de referencial primário que é uma superfície plana, especialmente se ela deve se ajustar a uma superfície de acoplamento. Do elemento de referência B, a superfície esquerda da peça, se requer que seja perpendicular a face posterior, com uma zona de tolerância entre dois planos paralelos separados pela distância de 0,005. Observe que a envolvente gerada por esse controle de orientação também restringe a forma da superfície (e.g., planicidade e retilineidade). O elemento de referência C deve ser perpendicular aos elementos de referência A e B, com uma zona de tolerância de 0,005.

3. *Localização dos elementos.*

Todos os elementos dessa peça são cotas físicas, as quais são manipuladas no próximo passo.

4. *Medidas físicas e localização dos elementos dimensionais.*

Temos quatro cotas físicas: do orifício, da altura, da largura, e da espessura da placa. O elemento de placa não precisa ser posicionado, uma vez que cada dimensão se inicia em um dos elementos de referência. Consequentemente, as três dimensões da placa precisam simplesmente de uma tolerância dimensional direta.

O elemento orifício é posicionado pelas suas cotas básicas em relação aos referenciais B e C. O diâmetro do orifício é especificado dentro de um intervalo de 1,000 a 1,002. O controle de posição no orifício estipula que o eixo de centro do orifício deve estar dentro de uma zona de tolerância cilíndrica com um diâmetro de 0,003 se o orifício é produzido na sua CMM de 1,000. A zona de tolerância pode ser incrementada de até 0,005 na medida em que o diâmetro do orifício é incrementado de 1,000 para 1,002. A zona de tolerância é determinada com a peça imobilizada em relação às três referências aplicadas pela ordem, começando com a referência do plano posterior A, então pela referência da aresta lateral B, e finalmente pela referência da aresta inferior C. Mudar essa ordem muda a localização e orientação da zona de tolerância do orifício. Observe que a zona de tolerância do orifício, além de prover a tolerância de localização do eixo, também limita a orientação do eixo do orifício. Um controle de orientação diferente poderia ser estipulado se a mesma zona de tolerância não fosse aplicável a ambas posição e orientação.

5. *Refinamento da orientação e da forma do elemento, se necessário.*

Não se especificam controles adicionais, logo aparentemente nenhum refinamento adicional é necessário. É sempre uma boa ideia considerar quão longe da geometria real a peça pode ser produzida e ainda assim ficar dentro das especificações. Por exemplo, considere o quanto a face frontal (em oposição ao referencial A) pode ser não plana. Uma vez que a espessura da placa é um elemento dimensional, a face frontal é controlada pela Regra 1, isto é, a tolerância da medida física também estabelece uma envolvente para o controle de forma. A tolerância da medida física permite que a espessura varie entre 1,9 e 2,1. Uma vez que a face posterior de referência pode variar em apenas 0,003, a face frontal curva, flexionada, ou ondulada pode alcançar a maior parte da tolerância das medidas físicas. A placa pode ter espessura de 1,9 em uma aresta e 2,1 em outra aresta. Se isso não for aceitável, o controle da Regra 1 deve ser sobrepujado por outro refinamento mais específico.

Existem muitos conceitos do sistema GD&T que não foram abordados neste breve capítulo introdutório. Um treinamento significativo é necessário para adquirir competências para definir de forma apropriada os controles geométricos de modo a obter as funções desejadas. No entanto, a habilidade para "ler" um desenho é fundamental e não está fora de alcance. O próximo exemplo proverá uma oportunidade para praticar.

EXEMPLO 20–2 Interprete e explique a notação no sistema GD&T aplicada a peça mostrada na Fig. 20-34.

Solução Vários aspectos do desenho estão nos círculos aos quais está associado um número de nota que os correlacionam com as explicações dadas aqui.

Nota 1. A face frontal está definida como elemento de referência e é usada como referencial primário para muitos dos controles geométricos no desenho. Uma vez que a face frontal, em lugar da face posterior, é escolhida como referência, é possível que essa superfície venha a se ajustar com uma superfície de acoplamento. Funcionalmente, esse ajuste parece mais importante que o da face posterior.

O controle de planicidade é comum para uma superfície que é referencial primário. A superfície inteira deverá estar dentro de uma zona de tolerância definida por dois planos paralelos separados por uma distância de 0,05.

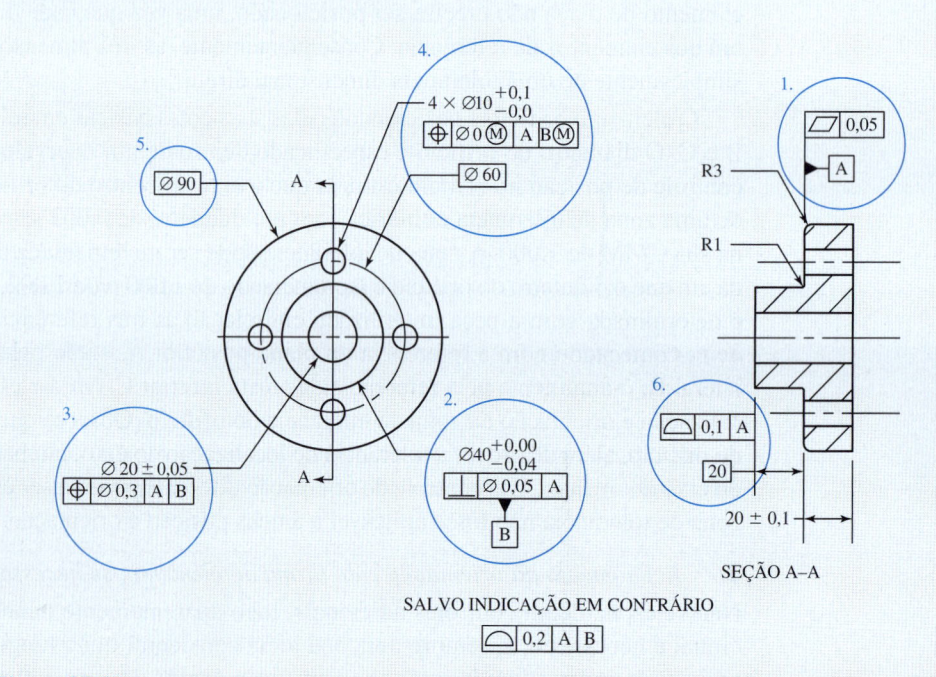

Figura 20-34

Nota 2. Considere a superfície exterior do cilindro saliente, o qual se identifica como elemento de referência. Uma vez que é um elemento dimensional, o referencial é o eixo de centro. Mais precisamente, o referencial é o eixo de centro teoricamente perfeito de uma superfície externa imperfeita, como a determinada pela envolvente de acoplamento real não relacionada. Note que se o calibre através do centro da peça tiver sido escolhido como elemento de referência, a referência também deveria ser um eixo de centro, mas não exatamente o mesmo. O fato de que a superfície externa seja escolhida, indica que ela deve preceder o furo por ter maior importância funcional. Talvez a superfície cilíndrica externa venha a se ajustar ao orifício interno de uma peça de acoplamento. Embora a função da peça não seja especificada, os requisitos geométricos das necessidades funcionais são claros, e a peça deverá ser fabricada e inspecionada adequadamente.

Todo elemento dimensional deve ser controlado em todos os seus quatro atributos geométricos: medida física, localização, orientação, e forma. Considere uma de cada vez para a superfície externa da saliência cilíndrica.

A medida física do cilindro é especificada diretamente. O diâmetro em qualquer seção transversal deve estar dentro do intervalo determinado de 39,06 a 40,00.

O eixo de centro do elemento dimensional deve ser localizado, usualmente pelas cotas básicas. Neste caso, uma vez que ele é um elemento de referência, seu próprio eixo de centro se torna parte da definição da origem do sistema de múltiplos referenciais. A localização do elemento se encontra na origem, logo não são necessárias outras cotas básicas para localizá-lo.

A orientação do elemento cilíndrico é controlada pelo controle de perpendicularidade. Esse controle requer que o eixo de centro do elemento fique dentro da zona de tolerância cilíndrica que tem um diâmetro de 0,05. A zona de tolerância é exatamente perpendicular ao plano de referência A; ao eixo de centro do elemento se permitem inclinações dentro da zona de tolerância.

Nenhum controle de forma é especificado para esse elemento. A forma de sua superfície é controlada por padrão pela Regra 1 para cotas físicas. A Regra 1 requer que a superfície do cilindro esteja dentro da envolvente cilíndrica de forma perfeita na CMM diametral de 40,00.

Esse elemento dimensional é controlado em todos os aspectos: medida física, localização, orientação, e forma.

Nota 3. Agora considere o centro da furação. Esse é um elemento dimensional, então sua medida física é diretamente especificada e tolerada. Sua forma é controlada pela Regra 1. Ele é localizado implicitamente (uma vez que não é dada nenhuma cota básica) em relação a origem do sistema de múltiplos referenciais. Sua orientação e localização é controlada pelo controle de posição. O controle de posição define uma zona de tolerância cilíndrica que primeiro é feita perpendicular ao plano de referência A, então centrada em relação ao eixo de referência definido pelo elemento de referência B. Uma vez que não há modificador de material especificado entre as tolerâncias, se aplica a condição padrão de *independência do elemento dimensional (ICF)*. Portanto, o diâmetro da zona de tolerância é constante e igual a 0,3, independente do tamanho real do elemento produzido.

Nota 4. Os quatro orifícios são definidos coletivamente como um padrão. Eles são dados por cotas físicas, então seus diâmetros são quantificados e tolerados diretamente, e suas superfícies não podem exceder a envolvente de forma perfeita na CMM do diâmetro de 10 (Regra 1). Suas localizações são especificadas por suas cotas básicas de 60 até o orifício perfurado, assim como está implícito que eles são espaçados de 90 graus em torno do orifício perfurado.

O controle de orientação e localização é fornecido pelo controle de posição. Especificamente, o controle de posição requer que o eixo de centro de cada orifício esteja dentro da zona de tolerância cilíndrica. As notas explicativas para os referenciais requerem que essa zona de tolerância seja primeiro feita perpendicular ao referencial A, e então centrada na posição verdadeira medida em relação ao eixo de referência B. O modificador M, que acompanha a referência B, permite um pouco mais de declinação do desvio total do padrão orifício se o elemento B for executado com um diâmetro menor que sua CMM.

O valor de tolerância nula no controle de posição não significa que a tolerância admissível é nula, pois ele está acompanhado pelo modificador M. Isso é conhecido como *toleranciamento nulo* na CMM. O significado é que o diâmetro da zona de tolerância é zero se o orifício é executado com o diâmetro para máximo material igual a 10, mas que aumenta para um diâmetro de 10,1 na medida em que o diâmetro do orifício aumenta para seu diâmetro de mínimo material de 10,1. Consequentemente, o eixo do orifício precisará ser perfeitamente localizado e orientado se o orifício é executado na sua CMM de 10, mas pode se desviar da condição perfeita se o orifício é executado com tamanho maior.

Nota 5. Esse elemento cilíndrico corresponde a um elemento dimensional, e poderia ter sido diretamente dimensionado e toleranciado. Em lugar disso, ele foi especificado através de uma cota básica de 90 sem toleranciamento ou controle geométrico a vista. Isso não significa que ele tenha de ser perfeito. Isso significa que ele é controlado pelo perfil de tolerância padrão dado na parte inferior do desenho. A superfície cilíndrica ideal é, em primeiro lugar, dimensionada pelo diâmetro básico de 90, e posicionada em relação aos referenciais A e B. Então uma zona de tolerância é centralizada no entorno dessa superfície ideal com tolerância total de 0,2. Neste caso, a zona de tolerância é o espaço entre dois cilindros concêntricos com diâmetros de 89,8 e 90,2 (uma diferença radial de 0,2). Essa zona de tolerância controla os quatro atributos geométricos de medida física, localização, orientação, e forma.

Nota 6. A cota básica de 20 localiza a superfície ideal da face frontal do cilindro saliente. O controle do perfil da superfície requer que a face frontal real fique dentro de uma zona de tolerância que consiste de um espaço de 0,1 entre dois planos centralizados em torno da superfície ideal, onde cada plano é paralelo ao referencial A. Isso efetivamente estabelece uma localização para a face (uma distância entre 19,95 até 20,05 em relação ao referencial A), assim como a planicidade da face, e o paralelismo dessa face em relação ao referencial A.

20-8 GD&T em modelos de CAD

Muitas indústrias estão utilizando dados de projeto assistido por computador em 3D para algumas senão todas as fases da engenharia, manufatura, e inspeção para todo o ciclo de vida de um produto. A norma predominante a regular isso é a ASME Y 14.41-2003, Práticas para Definição e Produção de Dados Digitais. Essa norma endereça muitos aspectos sobre as práticas, requisitos, e interpretação de dados do CAD. A norma define como usar o sistema GD&T em um ambiente digital onde especificações são incorporadas diretamente ao conjunto de dados – não apenas visuais, mas também funcionais.

Muitos dos conceitos do sistema GD&T se aplicam diretamente aos modelos digitais. A diferença mais significativa entre os modelos CAD e os desenhos em 2D é que os modelos CAD representam a geometria ideal da peça. Qualquer dimensão pode ser consultada no modelo e sua medida exata (ideal) pode ser obtida. De fato, os dados ideais podem ser utilizados diretamente nas operações de manufatura assistida. Isso leva a um conceito errado de que uma peça manufaturada diretamente a partir de um modelo em uma máquina numericamente controlada por computador (CNC) será perfeita. De fato, a manufatura em CNC necessita dos mesmos requisitos que os métodos de manufatura manual em relação a necessidade de especificar e inspecionar tolerâncias geométricas.

A norma Y 14.41-2003 admite que *todos* os dados geométricos sejam considerados básicos, a menos que suplantados por uma dimensão toleranciada ou definida como uma dimensão de referência. Controles geométricos são aplicados a modelos 3D para controlar os elementos

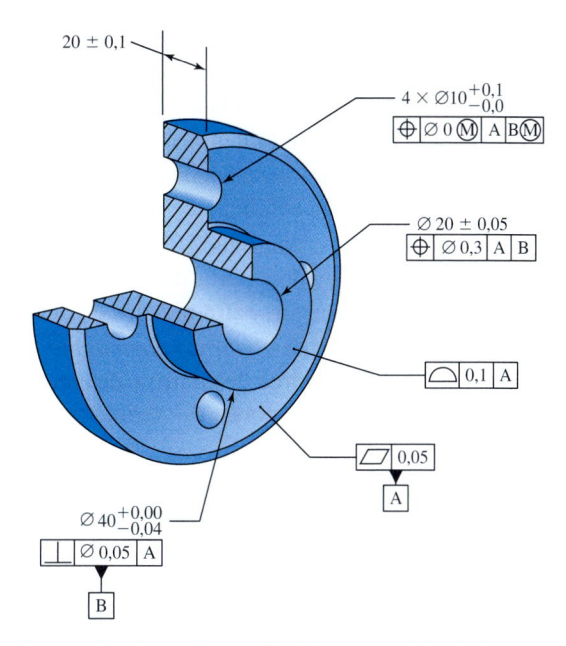

Figura 20-35 Um exemplo de aplicação do sistema GD&T a um modelo CAD.

da mesma forma que em desenhos 2D. O toleranciamento direto é recomendado apenas para os elementos dimensionais. Essencialmente, o sistema GD&T funciona da mesma forma em modelos 3D como em desenhos 2D, exceto que nos modelos 3D as cotas básicas não precisam ser mostradas, uma vez que, por padrão, tem-se que todas as cotas são básicas. A Figura 20-35 mostra o modelo sólido 3D da peça utilizada no Exemplo 20-2, com os itens de GD&T apropriadamente incorporados aos dados de CAD.

A corrente transição para a representação digital em 3D traz com ela possibilidades de uma integração mais forte dos vários processos de projeto, análise, e manufatura. Por exemplo, o dimensionamento geométrico e as informações de tolerâncias incorporadas podem ser consultadas diretamente para análise e planejamento do processo.

20-9 Glossário de termos do sistema de GD&T

Muitos dos conceitos do sistema GD&T são simples, mas o vocabulário para os descrever pode parecer em princípio opressivo. Isso porque o vocabulário precisa ser suficientemente preciso para ser consistente e livre de ambiguidades. Para uma conveniente referência, alguns dos termos mais utilizados em GD&T são resumidos nesta seção.

Envolvente de acoplamento real – um forma duplicada perfeita de um elemento dimensional imperfeito, que pode ser contraída até um elemento externo, ou expandida até um elemento interno, de modo que ela fique em contato com os pontos mais altos das superfícies desses elementos.

Envolvente de acoplamento real relacionada – envolvente de acoplamento real dimensionada para se ajustar a um elemento enquanto mantém algum vínculo de orientação e localização em relação a um referencial.

Envolvente de acoplamento real não relacionada – envolvente de acoplamento real dimensionada para se ajustar a um elemento sem qualquer vínculo em relação a qualquer referencial.

Eixo – uma linha definindo o centro de um elemento cilíndrico, estabelecida a partir do eixo teórico da envolvente de acoplamento real não relacionada das extremidades do elemento cilíndrico.

Cota básica – uma medida teoricamente exata que localiza e/ou orienta de maneira ideal a zona de tolerância de um elemento. Não tem uma tolerância diretamente associada a ela, em lugar disso está associada a um controle geométrico de uma zona de tolerância. A dimensão das cotas básicas é anotada no interior de um retângulo, ou em uma nota geral.

Bônus de tolerância – tolerância adicional que se aplica a um elemento na medida em que sua cota se afasta da condição de material estabelecida como CMM ou CMiM.

Plano de centro – o plano teórico localizado no centro de um elemento dimensional não cilíndrico, estabelecido a partir do centro do plano da envolvente de acoplamento real não relacionada, referente às extremidades do elemento.

Quadro de controle de elemento combinado – um elemento quadro de controle formado por dois ou mais quadros de controle de elemento, cada uma com um símbolo de característica geométrica. Os controles geométricos são aplicados ao elemento pela ordem do superior para o inferior.

Quadro de controle de elemento combinado – um quadro de controle de elemento formado por dois ou mais quadros de controle de elemento dividindo um símbolo de característica geométrica comum.

Referencial – um ponto teoricamente exato, eixo, linha, ou plano derivado de um elemento simulador de referência, utilizado como origem de medidas repetidas.

Eixo de referência – eixo teórico de um elemento de referência cilíndrico, estabelecido a partir do eixo de uma envolvente de acoplamento real não relacionada das extremidades do elemento cilíndrico.

Elemento de referência – uma superfície física real de uma peça indicada de modo a estabelecer um referencial teoricamente exato.

Simulador de elemento de referência – materialização da precisão de um referencial definido por um elemento de referência imperfeito, tal como a superfície de uma placa, um calibrador, mesa de uma máquina ferramenta.

Referência de medida física – elemento de referência que é elemento dimensional, e portanto sujeito a variação de medida física baseada em tolerâncias do tipo mais/menos.

Sistema de múltiplos referenciais – um conjunto de até três planos mutuamente perpendiculares que são definidos como origem das medidas para localização dos elementos de uma peça.

Linha média derivada – uma "linha" imperfeita formada pelos pontos centrais de todas as seções transversais do elemento, onde as seções transversais são normais ao eixo da Envolvente de Acoplamento Real Não Relacionada do elemento.

Plano médio derivado – um "plano" imperfeito formado pelos pontos centrais de todos os segmentos de reta limitados por um elemento, onde os segmentos de reta são normais ao plano de centro de uma envolvente de acoplamento real não relacionada do elemento.

Princípio da envolvente – veja a definição para a Regra 1, dada adiante nesta seção.

Elemento – termo geral que indica uma porção física de uma peça que é claramente identificável, tal como um orifício, um pino, uma fenda, uma superfície, ou um cilindro.

Quadro de controle de elemento – um quadro retangular que contém as informações necessárias para definir as zonas de tolerância de um elemento, no desenho aparece ligado a esse elemento.

Elemento dimensional irregular – um elemento diretamente toleranciado ou uma coleção de elementos que podem conter ou estar contidos por uma envolvente de acoplamento real.

Elemento dimensional regular – uma superfície cilíndrica, uma superfície esférica, um elemento circular, ou um conjunto de elementos opostos paralelos ou superfícies associadas a uma dimensão diretamente toleranciada. Um elemento dimensional regular tem uma distância entre dois pontos em oposição que pode ser medida, e tem um ponto central ou plano central reproduzíveis.

Elemento-quadro zona de tolerância relativa (EQZTR) – quadro de zona de tolerância que governa a relação posicional de elemento para elemento dentro de um padrão de elementos. É especificado na linha inferior de um quadro de controle de elemento composto.

Atributos geométricos – os quatro atributos gerais (medida física, localização, orientação, e forma) que devem ser considerados para definir geometricamente um elemento. Esse termo não é estritamente definido pelo sistema GD&T.

Características geométricas – as 14 características geométricas disponíveis para controle de alguns aspectos do toleranciamento geométrico de um elemento estão definidas na Tabela 20-1. Um símbolo de característica geométrica é o primeiro item em qualquer quadro de controle de elemento.

Contorno de mínimo material (CoMiM) – limite definido por uma tolerância ou combinação de tolerâncias que existem no ou interno ao material de um elemento(s). Quando aplicado como modificador a uma indicação de referencial dentro de um quadro de controle com o símbolo L, ele estabelece um simulador de elemento de referência no contorno determinado pela combinação entre efeitos das medidas físicas (mínimo material), e todas as tolerâncias geométricas aplicáveis.

Condição de mínimo material (CMiM) – condição na qual o elemento dimensional contém a mínima quantidade de material dentro dos limites das medidas físicas (e.g., diâmetro máximo do orifício ou diâmetro mínimo do eixo). Essa condição pode ser especificada como modificadora de tolerância em um quadro de controle de elemento com o símbolo Ⓛ.

Condição modificadora de material – símbolo modificador, Ⓜ ou Ⓛ, aplicado a uma tolerância geométrica para indicar que a tolerância se aplica a condição de máximo material ou condição de mínimo material, respectivamente. A ausência de um modificador de condição de material indica que a tolerância se aplica em todas as condições de material, isto é, independentemente do elemento dimensional (RFS).

Contorno de máximo material (CoMM) – limite definido por uma tolerância ou combinação de tolerâncias que existem em ou fora do material do elemento(s). Quando aplicado como modificador em uma indicação de referência dentro de um quadro de controle de elemento com o símbolo M, ele estabelece um simulador de elemento de referência em um contorno determinado pela combinação entre os efeitos das medidas físicas (máximo material), e todas as tolerâncias geométricas aplicáveis.

Condição de máximo material (CMM) – condição na qual um elemento dimensional engloba a máxima quantidade de material dentro dos limites das medidas físicas estabelecidas (e.g., diâmetro mínimo de orifício ou diâmetro máximo de eixo). Essa condição pode ser especificada com o símbolo modificador de tolerância Ⓜ em um quadro de controle de elemento.

Padrão-quadro de localização de zona de tolerância (PQLZT) – quadro de zona de tolerância que governa a relação posicional entre um padrão de elementos e elementos de referência. É especificado na linha superior de um quadro de controle de elemento composto.

Independente do elemento dimensional (RFS) – indica que a tolerância dada se aplica, independentemente da medida física real com a qual o elemento é produzido. Essa é a condição padrão para a tolerância sem símbolo modificador (i.e., Ⓜ ou Ⓛ).

Independente do contorno de material (RMB) – indica que o elemento de referência simulada progride da CoMM para a CoMiM até que se faça o máximo contato com as extremidades de elemento(s). Essa é a condição padrão para indicação de referencial sem símbolo modificador (i.e., Ⓜ ou Ⓛ).

Regra 1 – quando apenas uma tolerância de medida física (i.e., tolerância do tipo mais/menos) é especificada para um elemento dimensional, os limites da medida física estabelecem a extensão das variações admitidas para a forma geométrica, assim como para a medida física. A superfície de um elemento dimensional não pode se estender além da envolvente de forma perfeita na CMM. Essa regra também é chamada de princípio da envolvente.

Tolerância – valor total da variação que se permite a uma dimensão específica entre seus limites máximo e mínimo.

Zona de tolerância – contorno limite dentro do qual um elemento deve estar contido.

Condição virtual – "pior caso" de contorno constante definido pelos efeitos conjuntos das dimensões dos elementos, tolerâncias geométricas, e condições de material.

PROBLEMAS

20–1 No sistema de dimensionamento de coordenadas tradicional, qual das seguintes afirmações é verdade? (Selecione uma).

  i. Apenas "elementos dimensionais" precisam incluir tolerâncias.

  ii. Apenas as dimensões importantes precisam incluir tolerâncias

  iii. Apenas as dimensões que precisam ser controladas de forma mais rigorosa precisam incluir tolerâncias.

  iv. Todas as dimensões devem incluir uma tolerância.

20–2 No sistema GD&T, quais os tipos de dimensões que devem geralmente receber toleranciamento direto através da tolerância do tipo mais/menos?

20–3 Qual propósito subjacente é enfatizado pela norma *ASME Y14.5–2009* no dimensionamento e toleranciamento de uma peça? (Escolha uma)

  i. O processo de fabricação.

  ii. A intenção de projeto.

  iii. O processo de inspeção.

  iv. Igual atenção a todos os pontos anteriores.

20–4 Qual é o termo que se refere a um elemento que tem uma dimensão que pode ser medida entre dois pontos em oposição?

20–5 Quais são os quatro atributos geométricos que podem ser considerados na definição da geometria de um elemento em uma peça?

20–6 Quais são as quatro características geométricas que conferem controle da forma?

20–7 Quais são as três características geométricas que conferem controle de orientação?

20–8 Quais são as três características geométricas que conferem controle de localização? Qual das três é a utilizada com mais destaque?

20–9 Como é toleranciada uma cota básica? (Selecione uma.)

  i. Cotas básicas recebem a tolerância padrão estabelecida no bloco de título.

  ii. Cotas básicas não são toleranciadas.

  iii. Cotas básicas têm sua tolerância a partir de um quadro de controle de elemento associado.

20–10 Para a peça mostrada, identifique todos os elementos dimensionais.

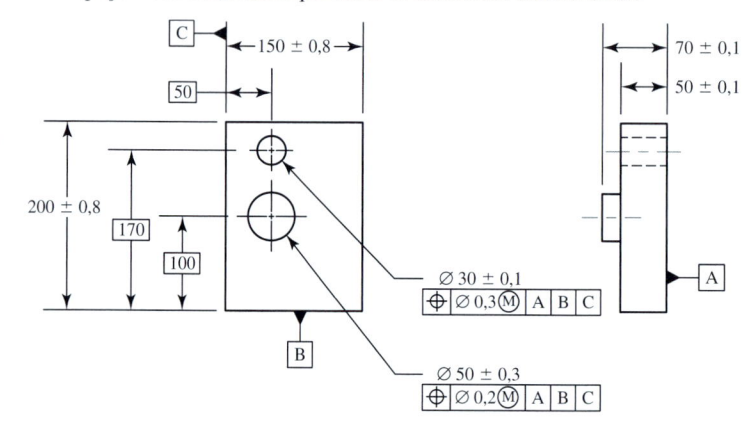

Problemas 20–10 a 20–14

20–11 Para a peça mostrada, identifique claramente cada um dos itens seguintes, com etiquetas e esquemas no desenho.

  (*a*) Elementos de referência A, B, e C.

  (*b*) Origens A, B, e C.

  (*c*) Quadro indicativo de referência baseado nos elementos de referência A, B, e C.

20–12 Para a peça mostrada, a posição ideal da saliência cilíndrica está localizada pelas cotas básicas de 100 e 50. Essas cotas básicas são medidas a partir de qual dos seguintes itens? (Selecione um.)

  i. As arestas físicas da peça.

  ii. Os pontos mais altos nas arestas físicas da peça.

  iii. Os pontos mais baixos nas arestas físicas da peça.

  iv. Os planos de referência B e C.

  As cotas básicas são localizadas por qual dos seguintes itens? (Selecione um.)

  i. A localização física do eixo de centro da saliência.

  ii. O eixo de centro da saliência conforme determinado pela envolvente de acoplamento real da saliência.

  iii. A localização ideal do eixo de centro da zona de tolerância especificada pelo controle de posição.

  Se a peça é produzida e está sendo inspecionada, a localização da saliência será medida com base em qual das seguintes opções? (Selecione uma.)

  i. As arestas físicas da peça

  ii. Os pontos mais altos nas arestas físicas da peça.

  iii. Os pontos mais baixos nas arestas físicas da peça.

  iv. Os planos de referência teóricos B e C.

  v. Os elementos de referência simulados para os elementos de referência B e C.

20–13 Para a peça mostrada, responda as seguintes questões em relação à saliência cilíndrica.

  (*a*) Quais são os diâmetros máximo e mínimo, admitidos para a saliência?

  (*b*) Qual é o efeito da tolerância de posição de 0,2 nos diâmetros determinados na parte (a)?

  (*c*) O controle de posição define uma zona de tolerância. O que, especificamente, deve ficar dentro dessa zona de tolerância?

  (*d*) Qual é o diâmetro da zona de tolerância se a saliência é produzida com um diâmetro de 50,3?

  (*e*) Qual é o diâmetro da zona de tolerância se a saliência é produzida com um diâmetro de 49,7?

  (*f*) Descreva o significado dos pontos de referência na determinação da posição da zona de tolerância.

  (*g*) Qual é tolerância de perpendicularidade em relação ao referencial A? (Escolha uma.)

  i. Não definida.

  ii. Controlada pela tolerância de posição; 0,2 na CMM a 0,5 na CMiM.

  iii. Controlada pela tolerância de cota; 0,3.

  iv. Deve ser perfeitamente perpendicular; 0.

  (*h*) O que controla a cilindricidade? (Escolha uma.)

   i. Não há controle de cilindricidade.

   ii. Da Regra 1, a envolvente de um cilindro perfeito com diâmetro de 50.

   iii. Da Regra 1, a envolvente de um cilindro perfeito com diâmetro de 50,3.

   iv. Partindo do controle de posição, o eixo de centro de cada seção transversal deve estar dentro de uma zona de tolerância cilíndrica de 0,2.

20–14 Para a peça mostrada, responda as seguintes questões em relação ao orifício.

  (*a*) Quais são os diâmetros máximo e mínimo, admitidos para o orifício?

  (*b*) Qual é o efeito da tolerância de posição de 0,3 nos diâmetros determinados na parte (a)?

  (*c*) O controle de posição define uma zona de tolerância. O que, especificamente, deve ficar dentro dessa zona de tolerância?

  (*d*) Qual é o diâmetro da zona de tolerância se o orifício é produzido com um diâmetro de 30,1?

  (*e*) Qual é o diâmetro da zona de tolerância se o orifício é produzido com um diâmetro de 29,9?

  (*f*) Descreva o significado dos pontos de referência na determinação da posição da zona de tolerância.

(g) Qual é tolerância de perpendicularidade em relação ao referencial A? (Escolha uma.)
   i. Não definida.
   ii. Controlada pela tolerância de posição; 0,3
   iii. Controlada pela tolerância de cota; 0,1.
   iv. Deve ser perfeitamente perpendicular; 0.

(h) O que controla a cilindricidade? (Escolha uma.)
   i. Não há controle de cilindricidade.
   ii. Da Regra 1, a envolvente de um cilindro perfeito com diâmetro de 30.
   iii. Da Regra 1, a envolvente de um cilindro perfeito com diâmetro de 29,9.
   iv. Partindo do controle de posição, o eixo de centro de cada seção transversal deve estar dentro de uma zona de tolerância cilíndrica de 0,3.

20–15 Descreva como é determinado um eixo de centro para um orifício físico que não é executado de forma perfeita.

20–16 De acordo com o princípio da envolvente (Regra 1), uma tolerância de cota aplicada a um elemento dimensional controla a medida física e ___ do elemento. (Selecione uma.)
   i. Localização.
   ii. Orientação.
   iii. Forma.
   iv. Batimento.
   v. Todas as anteriores.

20–17 Se o diâmetro de um eixo é dimensionado por $20 \pm 0,2$, determine o diâmetro do eixo na sua CMM e na sua CMiM.

20–18 Se o diâmetro de um orifício é dimensionado por $20 \pm 0,2$, determine o diâmetro do orifício na sua CMM e na sua CMiM.

20–19 O diâmetro de um orifício é dimensionado por $20 \pm 0,2$. De acordo com o controle de forma aplicado pelo princípio da envolvente (Regra 1), a envolvente limite é um cilindro perfeito com diâmetro de 19,8, 20,2, ou ambos? Explique sua resposta.

20–20 O diâmetro de um eixo é dimensionado por $20 \pm 0,2$. De acordo com o controle de forma aplicado pelo princípio da envolvente (Regra 1), a envolvente limite é um cilindro perfeito com diâmetro de 19,8, 20,2, ou ambos? Explique sua resposta.

20–21 O diâmetro de uma saliência cilíndrica é dimensionado por $25 \pm 0,2$. Um controle de posição é usado para controlar a localização básica da saliência. Especifique os diâmetros admissíveis para a zona de tolerância de posição se a saliência é produzida com diâmetros de 24,8, 25,0, e 25,2, para cada uma das especificações de tolerância de posição seguintes:

   (a) $\varnothing 0,1$ (b) $\varnothing 0,1M$ (c) $\varnothing 0,1L$

20–22 O diâmetro de um orifício é dimensionado por. Um controle de posição é usado para controlar a localização básica do orifício. Especifique os diâmetros admissíveis para a zona de tolerância de posição se o orifício é produzido com diâmetros de 32,0, 32,2, e 32,4, para cada uma das especificações de tolerância de posição seguintes:

   (a) $\varnothing 0,3$ (b) $\varnothing 0,3M$ (c) $\varnothing 0,3L$

20–23 Qual é o nome da característica geométrica que efetivamente controla a combinação de circularidade e retilineidade de um cilindro?

20–24 Qual é o nome da característica geométrica que pode ser especificada em uma nota para prover uma zona de tolerância padrão para controlar medidas físicas, formas, orientação, e localização de todos os elementos salvo aqueles controlados por outros meios?

20–25 Quais características geométricas nunca se referem a referenciais? Por quê?

20–26 Responda as seguintes questões relativas a modificadores de condição de material.
   (a) Quais são as três condições modificadoras de material?
   (b) Qual é a padrão se nenhuma for especificada?

(c) Qual (quais) podem prover o "bônus" de tolerância?

(d) Qual dos itens seguintes é incrementado pelo bônus de tolerância? (Selecione um.)
  i. Um valor de medida física.
  ii. Uma tolerância do tipo ± em um valor de cota.
  iii. Uma cota básica localizando um elemento.
  iv. A dimensão de uma zona de tolerância que controla um elemento.

(e) A qual dos itens seguintes pode ser aplicado um símbolo modificador de material? (Selecione um.)
  i. Um valor de medida física.
  ii. Uma tolerância do tipo ± em um valor de medida física.
  iii. A tolerância de uma característica geométrica controlando um elemento dimensional.
  iv. A tolerância de uma característica geométrica controlando qualquer elemento.

(f) Qual modificador de condição de material deve ser considerado se o objetivo é assegurar uma folga mínima para o ajuste de um parafuso a um orifício para dar maior flexibilidade à manufatura na produção de um orifício com uma folga maior?

(g) Qual modificador de condição de material deve ser considerado se o objetivo é prover um ajuste a pressão consistente entre peças intercambiáveis?

(h) Qual modificador de material deve ser considerado se o objetivo é assegurar espessura mínima de parede em uma fundição para dar maior flexibilidade à fundição de uma parede com espessura maior.

20–27 O desenho mostrado é de um dispositivo de montagem para localizar e orientar uma haste (não mostrada) através do furo maior. O dispositivo será parafusado em um quadro através de quatro orifícios escareados de modo a abrigar as cabeças desses parafusos. Os orifícios dos parafusos têm folga suficiente para alinhar apropriadamente a haste, a montagem será alinhada por dois pinos de localização no quadro que se ajustarão ao orifício ⌀6 e a ranhura.

(a) Determine o diâmetro mínimo admissível para o escareado.
(b) Determine a máxima profundidade admissível para o escareado.
(c) Determine o diâmetro dos furos para parafusos na CMM.
(d) Identifique todo elemento que se pode chamar de elemento dimensional.

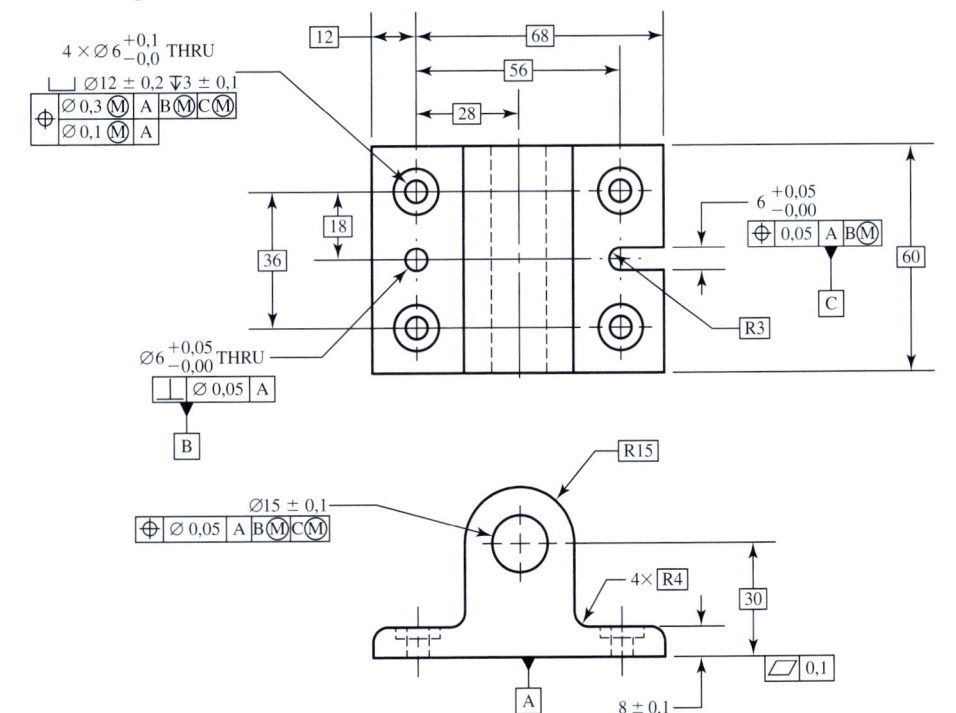

Problema 20–27

(e) A largura da base está especificada por uma cota básica de 60, sem tolerância. (Note que em se tratando de elemento dimensional, ele poderia ter uma tolerância especificada diretamente.) Quais são as dimensões, máxima e mínima, admissíveis para a largura da base? Explique como elas são determinadas.

(f) Descreva os elementos de referência A, B, e C. Descreva suas origens correspondentes. Descreva o quadro de indicação de referenciais que se define pela aplicação, pela ordem, de A, B, e C. Descreva como se estabiliza a peça através desses referenciais. Explique porque isso é mais apropriado para esta aplicação do que utilizar as arestas da base para os referenciais B e C. (Se avisa que as cotas básicas são, tanto medidas com base nos referenciais do quadro de indicação de referências, como são implicitamente centradas.)

(g) Se o elemento de referência B é produzido com um diâmetro 6,0, qual é o diâmetro da zona de tolerância na qual seu eixo deve ficar? Qual será se ele for produzido com 6,05?

(h) Se os orifícios para os parafusos são produzidos com 6,0, qual é o diâmetro da zona de tolerância que localiza o padrão de furo de parafuso em relação à posição real especificada pelas cotas básicas? Qual será se os furos de parafuso forem produzidos com 6,1?

(i) Se os orifícios de parafusos são produzidos com 6,0, qual é o diâmetro das zonas de tolerância que localizam a posição dos furos de parafuso um em relação ao outro? Qual será se os furos de parafuso forem produzidos com 6,1?

(j) Explique porque o modificador M é apropriado para a tolerância de posição do furo de parafuso.

(k) Para o furo maior, explique o que é que provê o controle de cada um dos seguintes itens: orientação, retilineidade de seu eixo central, e cilindricidade de sua superfície.

(l) Assuma que a peça é fundida, e que a operação de fundição pode prover uma tolerância de perfil de menos de 0,5. Quais superfícies podem, provavelmente, ser deixadas na condição de como fundidas sem que se comprometa qualquer dos requisitos do desenho? Como isso mudaria se o desenho fosse modificado para usar as arestas da base como elementos de referência B e C, enquanto se mantém os objetivos funcionais do alinhamento da haste?

A Apêndice
Tabelas úteis

A-1	Prefixos padronizados do Sistema Internacional (SI)	**1005**
A-2	Fatores de conversão	**1006**
A-3	Unidades opcionais SI para tensões de flexão, torção, tensões axiais, e tensões de cisalhamento direto	**1007**
A-4	Unidades opcionais SI para deflexões de flexão e deflexões de torção	**1007**
A-5	Constantes físicas de materiais	**1007**
A-6	Propriedades de perfil L (ângulo ou cantoneira) de aço estrutural	**1008**
A-7	Propriedades de perfil U (canal) de aço estrutural	**1009**
A-8	Propriedades de tubulação redonda	**1010**
A-9	Cisalhamento, momento e deflexão de vigas	**1011**
A-10	Função cumulativa de distribuição da distribuição normal (Gaussiana)	**1019**
A-11	Seleção de classes internacionais de tolerância – série métrica	**1020**
A-12	Desvios fundamentais para eixos – série métrica	**1021**
A-13	Seleção de classes internacionais de tolerância - série em polegadas	**1022**
A-14	Desvios fundamentais para eixos - série em polegadas	**1023**
A-15	Gráficos de fatores teóricos de concentração de tensão K_t	**1024**
A-16	Fatores aproximados de concentração de tensão K_t e K_{ts} para flexão de uma barra redonda ou tubo com um furo transversal redondo	**1031**
A-17	Tamanhos preferenciais e números Renard (Série R)	**1033**
A-18	Propriedades geométricas	**1034**
A-19	Tubo padronizado americano	**1037**
A-20	Resistências determinísticas da ASTM mínimas de tração e de escoamento para aços laminados a quente (HR) e estirados a frio (CD)	**1038**
A-21	Propriedades mecânicas médias de alguns aços termotratados	**1039**
A-22	Resultados de ensaios de tração de alguns metais	**1041**

A-23	Propriedades médias monotônicas e cíclicas de tensão-deformação de aços selecionados	**1042**
A-24	Propriedades mecânicas de três metais diferentes do aço	**1044**
A-25	Resistências estocásticas última e ao escoamento para materiais selecionados	**1046**
A-26	Parâmetros estocásticos de ensaios de fadiga de vida infinita em metais selecionados	**1047**
A-27	Resistências à fadiga de vida finita de aços selecionados comuns de carbono	**1048**
A-28	Equivalentes decimais de bitolas de fio e de chapas metálicas	**1049**
A-29	Dimensões de parafusos de porca quadrada e hexagonal	**1051**
A-30	Dimensões de parafusos de cabeça hexagonal de haste totalmente roscada e parafusos hexagonais de serviços pesados	**1052**
A-31	Dimensões de porcas hexagonais	**1053**
A-32	Dimensões básicas de arruelas planas do padrão americano	**1054**
A-33	Dimensões de arruelas planas métricas	**1055**
A-34	Função gama	**1056**

Tabela A–1 Prefixos padronizados do Sistema Internacional (SI).*†

Nome	Símbolo	Fator
exa	E	$1\,000\,000\,000\,000\,000\,000 = 10^{18}$
peta	P	$1\,000\,000\,000\,000\,000 = 10^{15}$
tera	T	$1\,000\,000\,000\,000 = 10^{12}$
giga	G	$1\,000\,000\,000 = 10^{9}$
mega	M	$1\,000\,000 = 10^{6}$
kilo	k	$1\,000 = 10^{3}$
hecto*	h	$100 = 10^{2}$
deka‡	da	$10 = 10^{1}$
deci‡	d	$0{,}1 = 10^{-1}$
centi‡	c	$0{,}01 = 10^{-2}$
milli	m	$0{,}001 = 10^{-3}$
micro	π	$0{,}000\,001 = 10^{-6}$
nano	n	$0{,}000\,000\,001 = 10^{-9}$
pico	p	$0{,}000\,000\,000\,001 = 10^{-12}$
femto	f	$0{,}000\,000\,000\,000\,001 = 10^{-15}$
atto	a	$0{,}000\,000\,000\,000\,000\,001 = 10^{-18}$

*Se possível use prefixos múltiplos e submúltiplos em escala de 1000.
†Espaços são usados no Sistema Internacional (SI) em vez de vírgulas para agrupar números a fim de evitar confusão com o costume em alguns países Europeus de usar vírgulas para pontos decimais.
‡ Não recomendado, mas às vezes encontrado.

Tabela A–2 Fatores de conversão A para converter a entrada X à saída Y usando a fórmula $Y = AX$.*

Multiplique a entrada X	Pelo fator A	Para obter a saída Y	Multiplique a entrada X	Pelo fator A	Para obter a saída Y
Unidade térmica britânica, Btu	1055	joule, J	Milha/hora, mi/h	1,61	quilômetro/hora, km/h
Btu/segundo, Btu/s	1,05	quilowatt, kW	Milha/hora, mi/h	0,447	metro/segundo, m/s
Caloria	4,19	joule, J	Momento de inércia, lbm · ft²	0,0421	quilograma-metro², kg · m²
Centímetros de mercúrio (0°C)	1,333	quilopascal, kPa	Momento de inércia, lbm · in²	293	quilograma-milímetro², kg · mm²
Centipoise, cP	0,001	pascal-segundo, Pa · s	Momento de seção (segundo momento de área), in⁴	41,6	centímetro⁴, cm⁴
Grau (ângulo)	0,0174	radiano, rad	Onça-força, oz	0,278	Newton, N
Pé, ft	0,305	metro, m	Onça-massa	0,0311	quilograma, kg
Pé², ft²	0,0929	metro², m²	Libra, lbf†	4,45	Newton, N
Pé/minuto, ft/min	0,0051	metro/segundo, m/s	Libra-pé, lbf · ft	1,36	Newton-metro, N · m
Pé-libra, ft · lbf	1,35	joule, J	Libra-pé², lbf · ft²	47,9	pascal, Pa
Pé-libra/segundo, ft · lbf/s	1,35	watt, W	Libra-polegada, lbf · in	0,113	joule, J
Pé/segundo, ft/s	0,305	metro/segundo, m/s	Libra-polegada, lbf · in	0,113	Newton-metro, N · m
Galão (EUA), gal	3,785	litro, L	Libra/polegada, lbf/in	175	Newton/metro, N/m
Cavalo de potência, hp	0,746	quilowatt, kW	Libra/polegada², psi (lbf/in²)	6,89	quilopascal, kPa
Polegada, in	0,0254	metro, m	Libra-massa, lbm	0,454	quilograma, kg
Polegada, in	25,4	milímetro, mm	Libra-massa/segundo, lbm/s	0,454	quilograma/segundo, Kg/s
Polegada², in²	645	milímetro², mm²	Quarto (líquido, EUA), qt	946	mililitro, mL
Polegada de mercúrio (32 °F)	3,386	quilopascal, kPa	Módulo da seção, in³	16,4	centímetro³, cm³
Quilolibra, kip	4,45	quilonewton, kN	Slug	14,6	quilograma, kg
Quilolibra/polegada², kpsi(ksi)	6,89	megapascal, MPa (N/mm²)	Tonelada (curta 2 000 lbm)	907	quilograma, kg
Massa, lbf · s²/in	175	quilograma, kg	Jarda, yd	0,917	metro, m
Milha, mi	1,610	quilômetro, km			

*Aproximado.

† A unidade libra-força do sistema habitual nos Estados Unidos é frequentemente abreviada como lbf para distingui-la de libra-massa, que é abreviada como lbm.

Tabela A–3 Unidades opcionais SI para tensão de flexão $\sigma = M_c/I$, tensão de torção, $\tau = Tr/J$, tensão axial $\sigma = F/A$, e tensão de cisalhamento direto $\tau = F/A$.

Flexão e torção				Cisalhamento axial e direto		
M, T	I, J	c, r	σ, τ	F	A	σ, τ
N · m*	m⁴	m	Pa	N*	m²	Pa
N · m	cm⁴	cm	MPa (N/mm²)	N	mm²	MPa (N/mm²)
N · m†	mm⁴	mm	GPa	kN	m²	kPa
kN · m	cm⁴	cm	GPa	kN†	mm²	GPa
N · mm†	mm⁴	mm	MPa (N/mm²)			

* Relação básica.
† Frequentemente preferida.

Tabela A–4 Unidades opcionais SI para deflexão de flexão $y = f(Fl^3/EI)$ ou $y = (wl^4/EI)$ e deflexão de torção $\theta = Tl/GJ$.

Deflexão de flexão					Deflexão de torção				
F, wl	l	I	E	y	T	l	J	G	θ
N*	m	m⁴	Pa	m	N · m*	m	m⁴	Pa	rad
kN†	mm	mm⁴	GPa	mm	N · m†	mm	mm⁴	GPa	rad
kN	m	m⁴	GPa	μm	N · mm	mm	mm⁴	MPa (N/mm²)	rad
N	mm	mm⁴	kPa	m	N · m	cm	cm⁴	MPa (N/mm²)	rad

* Relação básica.
† Frequentemente preferida.

Tabela A–5 Constantes físicas de materiais.

Material	Módulo de elasticidade E		Módulo de rigidez G		Coeficiente de Poisson ν	Peso unitário w		
	Mpsi	GPa	Mpsi	GPa		lbf/in³	lbf/ft³	kN/m³
Alumínio (todas as ligas)	10,4	71,7	3,9	26,9	0,333	0,098	169	26,6
Berílio – cobre	18,0	124,0	7,0	48,3	0,285	0,297	513	80,6
Bronze	15,4	106,0	5,82	40,1	0,324	0,309	534	83,8
Aço carbono	30,0	207,0	11,5	79,3	0,292	0,282	487	76,5
Ferro fundido (cinza)	14,5	100,0	6,0	41,4	0,211	0,260	450	70,6
Cobre	17,2	119,0	6,49	44,7	0,326	0,322	556	87,3
Madeira de pinheiro (pseudotsuga)	1,6	11,0	0,6	4,1	0,33	0,016	28	4,3
Vidro	6,7	46,2	2,7	18,6	0,245	0,094	162	25,4
Inconel	31,0	214,0	11,0	75,8	0,290	0,307	530	83,3
Chumbo	5,3	36,5	1,9	13,1	0,425	0,411	710	111,5
Magnésio	6,5	44,8	2,4	16,5	0,350	0,065	112	17,6
Molibdênio	48,0	331,0	17,0	117,0	0,307	0,368	636	100,0
Metal de Monel	26,0	179,0	9,5	65,5	0,320	0,319	551	86,6
Níquel – prata	18,5	127,0	7,0	48,3	0,322	0,316	546	85,8
Aço níquel	30,0	207,0	11,5	79,3	0,291	0,280	484	76,0
Bronze – fósforo	16,1	111,0	6,0	41,4	0,349	0,295	510	80,1
Aço inoxidável (18–8)	27,6	190,0	10,6	73,1	0,305	0,280	484	76,0
Ligas de titânio	16,5	114,0	6,2	42,4	0,340	0,160	276	43,4

Tabela A–6 Propriedades do perfil L (ângulo ou cantoneira) de aço estrutural.*†

m = massa por metro, kg/m
A = área, cm²
l = segundo momento de área, cm⁴
k = raio de giração, cm
y = distância do centroide, cm
Z = módulo da seção, cm³

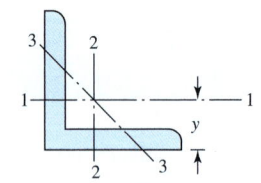

Medida, mm	m	A	l_{1-1}	k_{1-1}	Z_{1-1}	y	k_{3-3}
25 × 25 × 3	1,11	1,42	0,80	0,75	0,45	0,72	0,48
× 4	1,45	1,85	1,01	0,74	0,58	0,76	0,48
× 5	1,77	2,26	1,20	0,73	0,71	0,80	0,48
40 × 40 × 4	2,42	3,08	4,47	1,21	1,55	1,12	0,78
× 5	2,97	3,79	5,43	1,20	1,91	1,16	0,77
× 6	3,52	4,48	6,31	1,19	2,26	1,20	0,77
50 × 50 × 5	3,77	4,80	11,0	1,51	3,05	1,40	0,97
× 6	4,47	5,59	12,8	1,50	3,61	1,45	0,97
× 8	5,82	7,41	16,3	1,48	4,68	1,52	0,96
60 × 60 × 5	4,57	5,82	19,4	1,82	4,45	1,64	1,17
× 6	5,42	6,91	22,8	1,82	5,29	1,69	1,17
× 8	7,09	9,03	29,2	1,80	6,89	1,77	1,16
× 10	8,69	11,1	34,9	1,78	8,41	1,85	1,16
80 × 80 × 6	7,34	9,35	55,8	2,44	9,57	2,17	1,57
× 8	9,63	12,3	72,2	2,43	12,6	2,26	1,56
× 10	11,9	15,1	87,5	2,41	15,4	2,34	1,55
100 × 100 × 8	12,2	15,5	145	3,06	19,9	2,74	1,96
× 12	17,8	22,7	207	3,02	29,1	2,90	1,94
× 15	21,9	27,9	249	2,98	35,6	3,02	1,93
150 × 150 × 10	23,0	29,3	624	4,62	56,9	4,03	2,97
× 12	27,3	34,8	737	4,60	67,7	4,12	2,95
× 15	33,8	43,0	898	4,57	83,5	4,25	2,93
× 18	40,1	51,0	1050	4,54	98,7	4,37	2,92

* Medidas métricas estão também disponíveis em tamanhos de 45, 70, 90, 120, e 200 mm.
† Estas medidas estão também disponíveis em liga de alumínio.

Tabela A–7 Propriedades do perfil U (canal) de aço estrutural.*

$a, b =$ medida, mm
$m =$ massa por metro, kg/m
$t =$ espessura de aba, mm
$A =$ área, cm^2
$l =$ segundo momento de área, cm^4
$k =$ raio de giração, cm
$x =$ distância do centroide, cm
$Z =$ módulo da seção, cm^3

$a \times b$, mm	m	t	A	l_{1-1}	k_{1-1}	Z_{1-1}	l_{2-2}	k_{2-2}	Z_{2-2}	x
76 × 38	6,70	5,1	8,53	74,14	2,95	19,46	10,66	1,12	4,07	1,19
102 × 51	10,42	6,1	13,28	207,7	3,95	40,89	29,10	1,48	8,16	1,51
127 × 64	14,90	6,4	18,98	482,5	5,04	75,99	67,23	1,88	15,25	1,94
152 × 76	17,88	6,4	22,77	851,5	6,12	111,8	113,8	2,24	21,05	2,21
152 × 89	23,84	7,1	30,36	1166	6,20	153,0	215,1	2,66	35,70	2,86
178 × 76	20,84	6,6	26,54	1337	7,10	150,4	134,0	2,25	24,72	2,20
178 × 89	26,81	7,6	34,15	1753	7,16	197,2	241,0	2,66	39,29	2,76
203 × 76	23,82	7,1	30,34	1950	8,02	192,0	151,3	2,23	27,59	2,13
203 × 89	29,78	8,1	37,94	2491	8,10	245,2	264,4	2,64	42,34	2,65
229 × 76	26,06	7,6	33,20	2610	8,87	228,3	158,7	2,19	28,22	2,00
229 × 89	32,76	8,6	41,73	3387	9,01	296,4	285,0	2,61	44,82	2,53
254 × 76	28,29	8,1	36,03	3367	9,67	265,1	162,6	2,12	28,21	1,86
254 × 89	35,74	9,1	45,42	4448	9,88	350,2	302,4	2,58	46,70	2,42
305 × 89	41,69	10,2	53,11	7061	11,5	463,3	325,4	2,48	48,49	2,18
305 × 102	46,18	10,2	58,83	8214	11,8	539,0	499,5	2,91	66,59	2,66

* Essas medidas também estão disponíveis em liga de alumínio.

Tabela A–8 Propriedades de tubulação redonda.

w_a = peso unitário de tubulação de alumínio, lbf/ft
w_s = peso unitário de tubulação de aço, lbf/ft
m = massa unitária, kg/m
A = área, in^2 (cm^2)
l = segundo momento de área, in^4 (cm^4)
J = segundo momento polar de área, in^4 (cm^4)
k = raio de giração, in (cm)
Z = módulo de seção, in^3 (cm^3)
d,t = tamanho (diâmetro externo OD) e espessura, in (mm)

Medida, in	w_a	w_s	A	l	K	Z	J
$1 \times \frac{1}{8}$	0,416	1,128	0,344	0,034	0,313	0,067	0,067
$1 \times \frac{1}{4}$	0,713	2,003	0,589	0,046	0,280	0,092	0,092
$1\frac{1}{2} \times \frac{1}{8}$	0,653	1,769	0,540	0,129	0,488	0,172	0,257
$1\frac{1}{2} \times \frac{1}{4}$	1,188	3,338	0,982	0,199	0,451	0,266	0,399
$2 \times \frac{1}{8}$	0,891	2,670	0,736	0,325	0,664	0,325	0,650
$2 \times \frac{1}{4}$	1,663	4,673	1,374	0,537	0,625	0,537	1,074
$2\frac{1}{2} \times \frac{1}{8}$	1,129	3,050	0,933	0,660	0,841	0,528	1,319
$2\frac{1}{2} \times \frac{1}{4}$	2,138	6,008	1,767	1,132	0,800	0,906	2,276
$3 \times \frac{1}{4}$	2,614	7,343	2,160	2,059	0,976	1,373	4,117
$3 \times \frac{3}{8}$	3,742	10,51	3,093	2,718	0,938	1,812	5,436
$4 \times \frac{3}{16}$	2,717	7,654	2,246	4,090	1,350	2,045	8,180
$4 \times \frac{3}{8}$	5,167	14,52	4,271	7,090	1,289	3,544	14,180

Medida, mm	m	A	l	K	Z	J
12×2	0,490	0,628	0,082	0,361	0,136	0,163
16×2	0,687	0,879	0,220	0,500	0,275	0,440
16×3	0,956	1,225	0,273	0,472	0,341	0,545
20×4	1,569	2,010	0,684	0,583	0,684	1,367
25×4	2,060	2,638	1,508	0,756	1,206	3,015
25×5	2,452	3,140	1,669	0,729	1,336	3,338
30×4	2,550	3,266	2,827	0,930	1,885	5,652
30×5	3,065	3,925	3,192	0,901	2,128	6,381
42×4	3,727	4,773	8,717	1,351	4,151	17,430
42×5	4,536	5,809	10,130	1,320	4,825	20,255
50×4	4,512	5,778	15,409	1,632	6,164	30,810
50×5	5,517	7,065	18,118	1,601	7,247	36,226

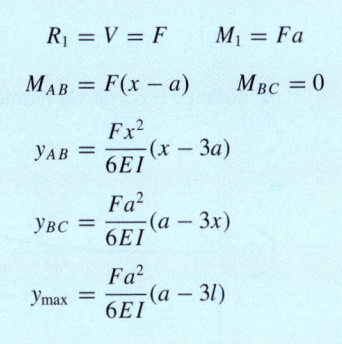

Tabela A–9 Cisalhamento, momento e deflexão de vigas. (*Nota: reações* de *força e momento* são positivas nas direções mostradas; equações para força de cisalhamento V e momento fletor M seguem as convenções de sinais dadas na seção 3–2.)

1. Balanço – carga de extremidade

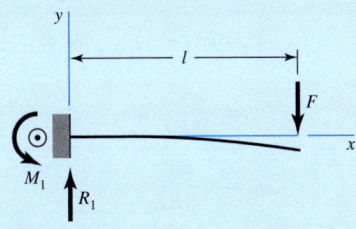

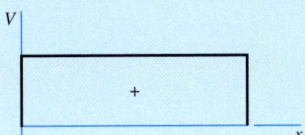

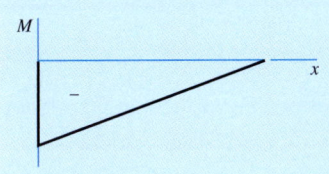

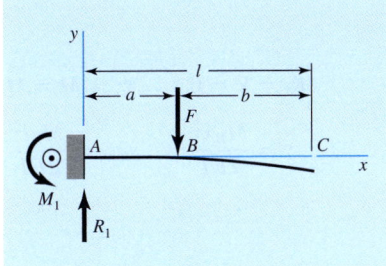

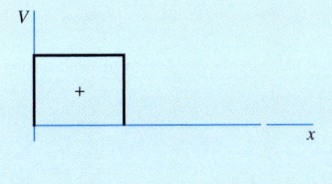

$$R_1 = V = F \qquad M_1 = Fl$$

$$M = F(x - l)$$

$$y = \frac{Fx^2}{6EI}(x - 3l)$$

$$y_{max} = \frac{Fl^3}{3EI}$$

2. Balanço – carga intermediária

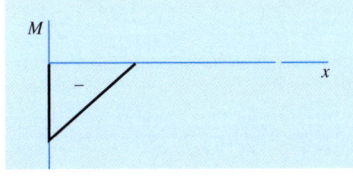

$$R_1 = V = F \qquad M_1 = Fa$$

$$M_{AB} = F(x - a) \qquad M_{BC} = 0$$

$$y_{AB} = \frac{Fx^2}{6EI}(x - 3a)$$

$$y_{BC} = \frac{Fa^2}{6EI}(a - 3x)$$

$$y_{max} = \frac{Fa^2}{6EI}(a - 3l)$$

(*continua*)

Tabela A–9 Cisalhamento, momento e deflexão de vigas. (*Nota: reações* de *força e momento* são positivas nas direções mostradas; equações para força de cisalhamento V e momento fletor M seguem as convenções de sinais dadas na seção 3–2.)

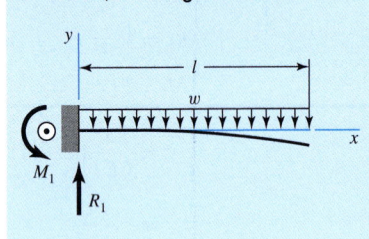

3. Balanço – carga uniforme

$$R_1 = wl \qquad M_1 = \frac{wl^2}{2}$$

$$V = w(l-x) \qquad M = -\frac{w}{2}(l-x)^2$$

$$y = \frac{wx^2}{24EI}(4lx - x^2 - 6l^2)$$

$$y_{\max} = -\frac{wl^4}{8EI}$$

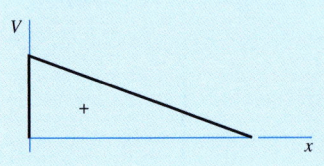

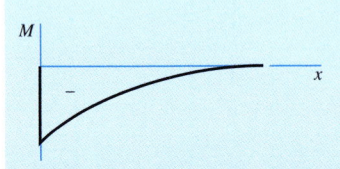

4. Balanço – carga de momento flexor

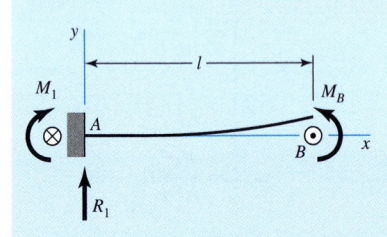

$$R_1 = V = 0 \qquad M_1 = M = M_B$$

$$y = \frac{M_B x^2}{2EI} \qquad y_{\max} = \frac{M_B l^2}{2EI}$$

(*continua*)

Tabela A-9 *Continuação.*

5. Apoios simples – carga central

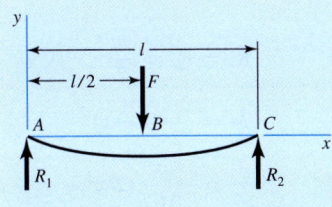

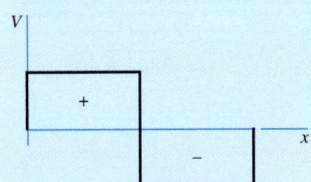

$$R_1 = R_2 = \frac{F}{2}$$

$$V_{AB} = R_1 \qquad V_{BC} = -R_2$$

$$M_{AB} = \frac{Fx}{2} \qquad M_{BC} = \frac{F}{2}(l-x)$$

$$y_{AB} = \frac{Fx}{48EI}(4x^2 - 3l^2)$$

$$y_{max} = \frac{Fl^3}{48EI}$$

6. Apoios simples – carga intermediária

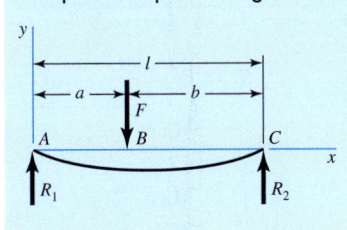

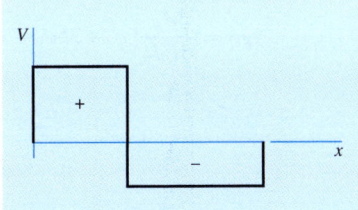

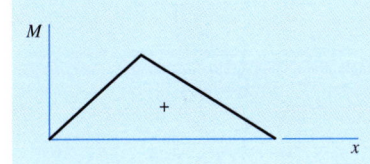

$$R_1 = \frac{Fb}{l} \qquad R_2 = \frac{Fa}{l}$$

$$V_{AB} = R_1 \qquad V_{BC} = -R_2$$

$$M_{AB} = \frac{Fbx}{l} \qquad M_{BC} = \frac{Fa}{l}(l-x)$$

$$y_{AB} = \frac{Fbx}{6EIl}(x^2 + b^2 - l^2)$$

$$y_{BC} = \frac{Fa(l-x)}{6EIl}(x^2 + a^2 - 2lx)$$

(*continua*)

Tabela A–9 Cisalhamento, momento e deflexão de vigas. (*Nota: reações de força e momento* são positivas nas direções mostradas; equações para força de cisalhamento V e momento fletor M seguem as convenções de sinais dadas na seção 3–2.)

7. Apoios simples – carga uniforme

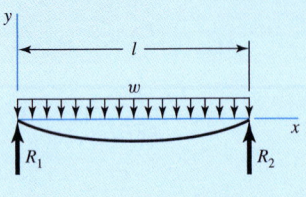

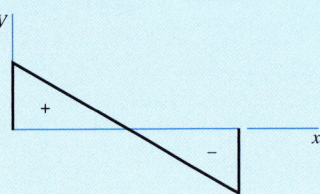

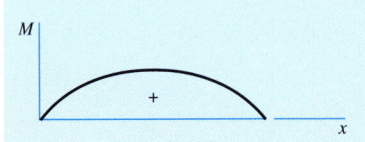

$$R_1 = R_2 = \frac{wl}{2} \qquad V = \frac{wl}{2} - wx$$

$$M = \frac{wx}{2}(l - x)$$

$$y = \frac{wx}{24EI}(2lx^2 - x^3 - l^3)$$

$$y_{max} = \frac{5wl^4}{384EI}$$

8. Apoios simples – carga de momento flexor

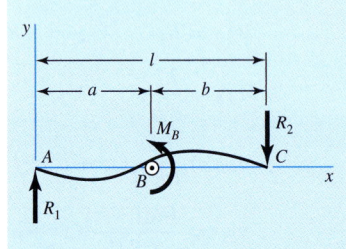

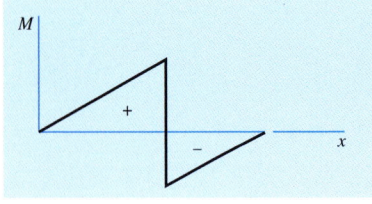

$$R_1 = R_2 = \frac{M_B}{l} \qquad V = \frac{M_B}{l}$$

$$M_{AB} = \frac{M_B x}{l} \qquad M_{BC} = \frac{M_B}{l}(x - l)$$

$$y_{AB} = \frac{M_B x}{6EIl}(x^2 + 3a^2 - 6al + 2l^2)$$

$$y_{BC} = \frac{M_B}{6EIl}[x^3 - 3lx^2 + x(2l^2 + 3a^2) - 3a^2 l]$$

(*continua*)

Tabela A–9 *Continuação.*

9. Apoios simples – cargas gêmeas

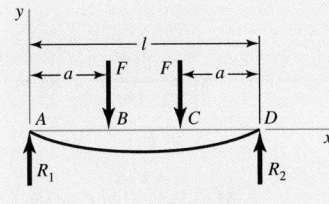

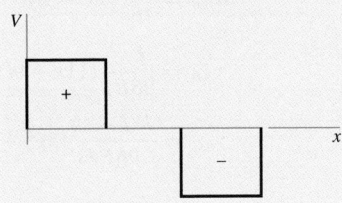

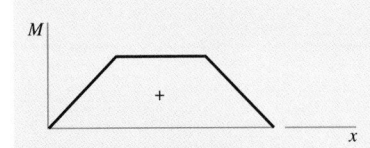

$R_1 = R_2 = F \qquad V_{AB} = F \qquad V_{BC} = 0$

$V_{CD} = -F$

$M_{AB} = Fx \qquad M_{BC} = Fa \qquad M_{CD} = F(l-x)$

$y_{AB} = \dfrac{Fx}{6EI}(x^2 + 3a^2 - 3la)$

$y_{BC} = \dfrac{Fa}{6EI}(3x^2 + a^2 - 3lx)$

$y_{\max} = \dfrac{Fa}{24EI}(4a^2 - 3l^2)$

10. Apoios simples – carga de balanço (sobressalente)

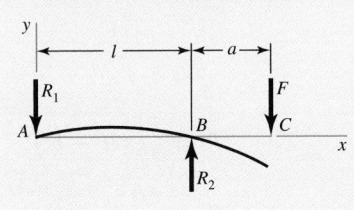

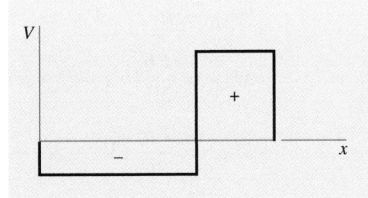

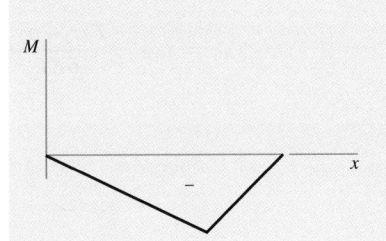

$R_1 = \dfrac{Fa}{l} \qquad R_2 = \dfrac{F}{l}(l+a)$

$V_{AB} = \dfrac{Fa}{l} \qquad V_{BC} = F$

$M_{AB} = \dfrac{Fax}{l} \qquad M_{BC} = F(x - l - a)$

$y_{AB} = \dfrac{Fax}{6EIl}(l^2 - x^2)$

$y_{BC} = \dfrac{F(x-l)}{6EI}[(x-l)^2 - a(3x - l)]$

$y_C = \dfrac{Fa^2}{3EI}(l+a)$

(continua)

Tabela A–9 Cisalhamento, momento e deflexão de vigas. (*Nota: reações* de *força e momento* são positivas nas direções mostradas; equações para força de cisalhamento V e momento fletor M seguem as convenções de sinais dadas na seção 3–2.)

11. Um apoio fixo (engastado) e um apoio simples (móvel) – carga central

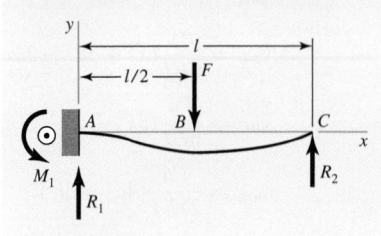

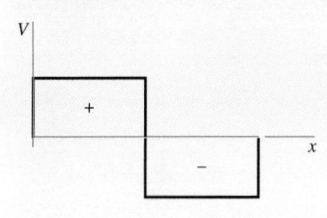

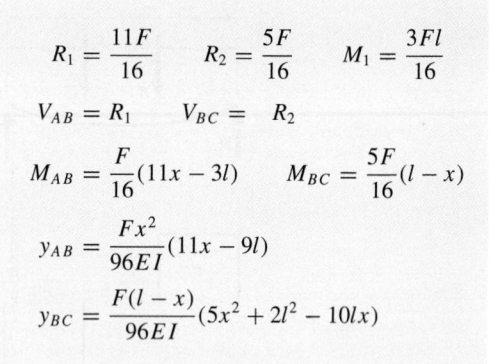

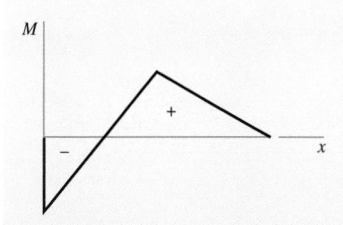

$$R_1 = \frac{11F}{16} \qquad R_2 = \frac{5F}{16} \qquad M_1 = \frac{3Fl}{16}$$

$$V_{AB} = R_1 \qquad V_{BC} = -R_2$$

$$M_{AB} = \frac{F}{16}(11x - 3l) \qquad M_{BC} = \frac{5F}{16}(l - x)$$

$$y_{AB} = \frac{Fx^2}{96EI}(11x - 9l)$$

$$y_{BC} = \frac{F(l-x)}{96EI}(5x^2 + 2l^2 - 10lx)$$

12. Um apoio fixo (engastado) e um apoio simples (móvel) – carga intermediária

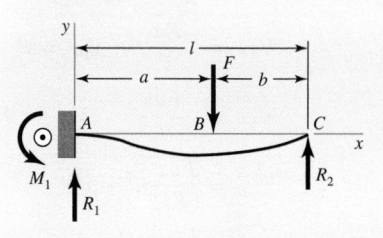

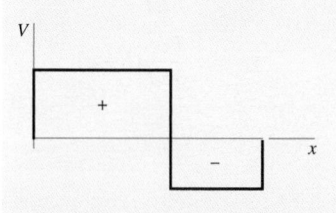

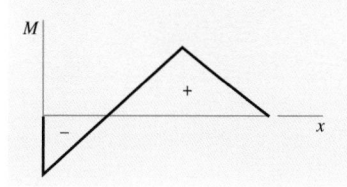

$$R_1 = \frac{Fb}{2l^3}(3l^2 - b^2) \qquad R_2 = \frac{Fa^2}{2l^3}(3l - a)$$

$$M_1 = \frac{Fb}{2l^2}(l^2 - b^2)$$

$$V_{AB} = R_1 \qquad V_{BC} = -R_2$$

$$M_{AB} = \frac{Fb}{2l^3}[b^2l - l^3 + x)3l^2 - b^2)]$$

$$M_{BC} = \frac{Fa^2}{2l^3}(3l^2 - 3lx - al + ax)$$

$$y_{AB} = \frac{Fbx^2}{12EIl^3}[3l(b^2 - l^2) + x)3l^2 - b^2)]$$

$$y_{BC} = y_{AB} - \frac{F(x-a)^3}{6EI}$$

(*continua*)

Tabela A–9 *Continuação.*

13. Um apoio fixo (engastado) e um apoio simples (móvel) – carga uniforme

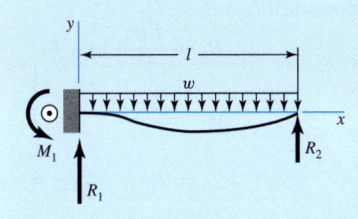

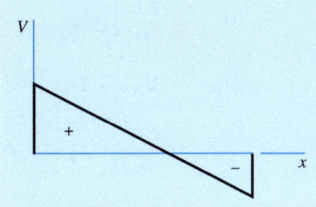

$$R_1 = \frac{5wl}{8} \qquad R_2 = \frac{3wl}{8} \qquad M_1 = \frac{wl^2}{8}$$

$$V = \frac{5wl}{8} - wx$$

$$M = \frac{w}{8}(4x^2 - 5lx + l^2)$$

$$y = \frac{wx^2}{48EI}(l - x)(2x - 3l)$$

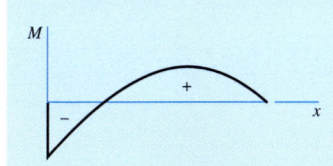

14. Apoios fixos (engastados) – carga central

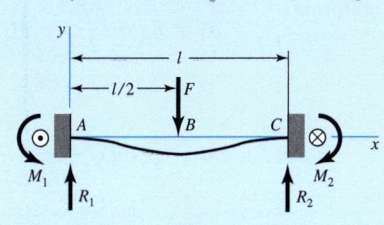

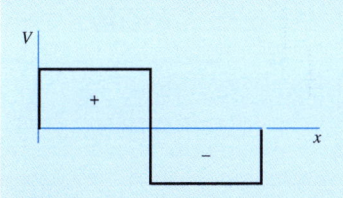

$$R_1 = R_2 = \frac{F}{2} \qquad M_1 = M_2 = \frac{Fl}{8}$$

$$V_{AB} = -V_{BC} = \frac{F}{2}$$

$$M_{AB} = \frac{F}{8}(4x - l) \qquad M_{BC} = \frac{F}{8}(3l - 4x)$$

$$y_{AB} = \frac{Fx^2}{48EI}(4x - 3l)$$

$$y_{max} = -\frac{Fl^3}{192EI}$$

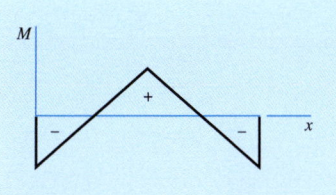

(continua)

Tabela A–9 Cisalhamento, momento e deflexão de vigas. (*Nota: reações de força e momento* são positivas nas direções mostradas; equações para força de cisalhamento V e momento fletor M seguem as convenções de sinais dadas na seção 3–2.)

15. Apoios fixos (engastados) – carga intermediária

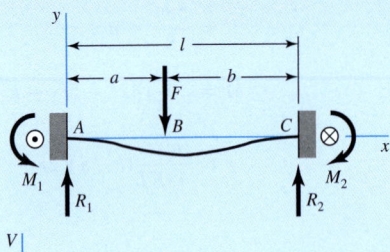

$$R_1 = \frac{Fb^2}{l^3}(3a+b) \qquad R_2 = \frac{Fa^2}{l^3}(3b+a)$$

$$M_1 = \frac{Fab^2}{l^2} \qquad M_2 = \frac{Fa^2b}{l^2}$$

$$V_{AB} = R_1 \qquad V_{BC} = -R_2$$

$$M_{AB} = \frac{Fb^2}{l^3}[x(3a+b)-al]$$

$$M_{BC} = M_{AB} - F(x-a)$$

$$y_{AB} = \frac{Fb^2 x^2}{6EIl^3}[x(3a+b)-3al]$$

$$y_{BC} = \frac{Fa^2(l-x)^2}{6EIl^3}[(l-x)(3b+a)-3bl]$$

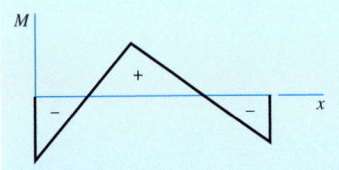

16. Apoios fixos (engastados) – carga uniforme

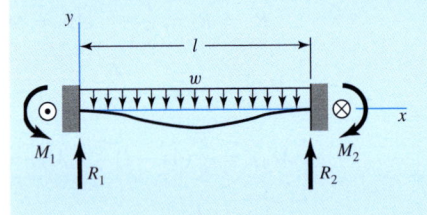

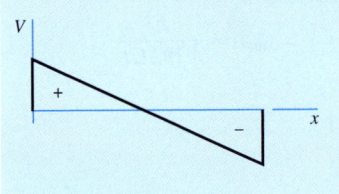

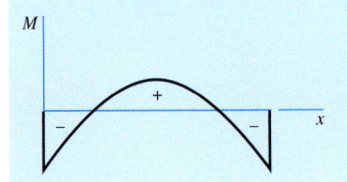

$$R_1 = R_2 = \frac{wl}{2} \qquad M_1 = M_2 = \frac{wl^2}{12}$$

$$V = \frac{w}{2}(l-2x)$$

$$M = \frac{w}{12}(6lx - 6x^2 - l^2)$$

$$y = -\frac{wx^2}{24EI}(l-x)^2$$

$$y_{max} = -\frac{wl^4}{384EI}$$

Tabela A–10 Função cumulativa de distribuição da distribuição normal (Gaussiana).*

$$\Phi(z_\alpha) = \int_{-\infty}^{z_\alpha} \frac{1}{\sqrt{2\mu}} \exp\left(-\frac{u^2}{2}\right) du$$

$$= \begin{cases} \alpha & z_\alpha \leq 0 \\ 1 - \alpha & z_\alpha > 0 \end{cases}$$

Z_α	0,00	0,01	0,02	0,03	0,04	0,05	0,06	0,07	0,08	0,09
0,0	0,5000	0,4960	0,4920	0,4880	0,4840	0,4801	0,4761	0,4721	0,4681	0,4641
0,1	0,4602	0,4562	0,4522	0,4483	0,4443	0,4404	0,4364	0,4325	0,4286	0,4247
0,2	0,4207	0,4168	0,4129	0,4090	0,4052	0,4013	0,3974	0,3936	0,3897	0,3859
0,3	0,3821	0,3783	0,3745	0,3707	0,3669	0,3632	0,3594	0,3557	0,3520	0,3483
0,4	0,3446	0,3409	0,3372	0,3336	0,3300	0,3264	0,3238	0,3192	0,3156	0,3121
0,5	0,3085	0,3050	0,3015	0,2981	0,2946	0,2912	0,2877	0,2843	0,2810	0,2776
0,6	0,2743	0,2709	0,2676	0,2643	0,2611	0,2578	0,2546	0,2514	0,2483	0,2451
0,7	0,2420	0,2389	0,2358	0,2327	0,2296	0,2266	0,2236	0,2206	0,2177	0,2148
0,8	0,2119	0,2090	0,2061	0,2033	0,2005	0,1977	0,1949	0,1922	0,1894	0,1867
0,9	0,1841	0,1814	0,1788	0,1762	0,1736	0,1711	0,1685	0,1660	0,1635	0,1611
1,0	0,1587	0,1562	0,1539	0,1515	0,1492	0,1469	0,1446	0,1423	0,1401	0,1379
1,1	0,1357	0,1335	0,1314	0,1292	0,1271	0,1251	0,1230	0,1210	0,1190	0,1170
1,2	0,1151	0,1131	0,1112	0,1093	0,1075	0,1056	0,1038	0,1020	0,1003	0,0985
1,3	0,0968	0,0951	0,0934	0,0918	0,0901	0,0885	0,0869	0,0853	0,0838	0,0823
1,4	0,0808	0,0793	0,0778	0,0764	0,0749	0,0735	0,0721	0,0708	0,0694	0,068
11,5	0,0668	0,0655	0,0643	0,0630	0,0618	0,0606	0,0594	0,0582	0,0571	0,0559
1,6	0,0548	0,0537	0,0526	0,0516	0,0505	0,0495	0,0485	0,0475	0,0465	0,0455
1,7	0,0446	0,0436	0,0427	0,0418	0,0409	0,0401	0,0392	0,0384	0,0375	0,0367
1,8	0,0359	0,0351	0,0344	0,0336	0,0329	0,0322	0,0314	0,0307	0,0301	0,0294
1,9	0,0287	0,0281	0,0274	0,0268	0,0262	0,0256	0,0250	0,0244	0,0239	0,0233
2,0	0,0228	0,0222	0,0217	0,0212	0,0207	0,0202	0,0197	0,0192	0,0188	0,0183
2,1	0,0179	0,0174	0,0170	0,0166	0,0162	0,0158	0,0154	0,0150	0,0146	0,0143
2,2	0,0139	0,0136	0,0132	0,0129	0,0125	0,0122	0,0119	0,0116	0,0113	0,0110
2,3	0,0107	0,0104	0,0102	0,00990	0,00964	0,00939	0,00914	0,00889	0,00866	0,00842
2,4	0,00820	0,00798	0,00776	0,00755	0,00734	0,00714	0,00695	0,00676	0,00657	0,00639
2,5	0,00621	0,00604	0,00587	0,00570	0,00554	0,00539	0,00523	0,00508	0,00494	0,00480
2,6	0,00466	0,00453	0,00440	0,00427	0,00415	0,00402	0,00391	0,00379	0,00368	0,00357
2,7	0,00347	0,00336	0,00326	0,00317	0,00307	0,00298	0,00289	0,00280	0,00272	0,00264
2,8	0,00256	0,00248	0,00240	0,00233	0,00226	0,00219	0,00212	0,00205	0,00199	0,00193
2,9	0,00187	0,00181	0,00175	0,00169	0,00164	0,00159	0,00154	0,00149	0,00144	0,00139

(*continua*)

Tabela A–10 *Continuação.*

Z_α	0,0	0,1	0,2	0,3	0,4	0,5	0,6	0,7	0,8	0,9
3	0,00135	$0{,}0^3968$	$0{,}0^3687$	$0{,}0^3483$	$0{,}0^3337$	$0{,}0^3233$	$0{,}0^3159$	$0{,}0^3108$	$0{,}0^4723$	$0{,}0^4481$
4	$0{,}0^4317$	$0{,}0^4207$	$0{,}0^4133$	$0{,}0^5854$	$0{,}0^5541$	$0{,}0^5340$	$0{,}0^5211$	$0{,}0^5130$	$0{,}0^6793$	$0{,}0^6479$
5	$0{,}0^6287$	$0{,}0^6170$	$0{,}0^7996$	$0{,}0^7579$	$0{,}0^7333$	$0{,}0^7190$	$0{,}0^7107$	$0{,}0^8599$	$0{,}0^8332$	$0{,}0^8182$
6	$0{,}0^9987$	$0{,}0^9530$	$0{,}0^9282$	$0{,}0^9149$	$0{,}0^{10}777$	$0{,}0^{10}402$	$0{,}0^{10}206$	$0{,}0^{10}104$	$0{,}0^{11}523$	$0{,}0^{11}260$

z_α	−1,282	−1,643	−1,960	−2,326	−2,576	−3,090	−3,291	−3,891	−4,417	
$F(z_\alpha)$	0,10	0,05	0,025	0,010	0,005	0,001	0,0005	0,0001	0,000005	
$R(z_\alpha)$	0,90	0,95	0,975	0,990	0,995	0,999	0,9995	0,9999	0,999995	

* O numero sobrescrito acima do zero após a vírgula indica quantos zeros existem de fato após a vírgula. Por exemplo, $0{,}0^4481 = 0{,}000\,048\,1$.

Tabela A–11 Seleção de classes internacionais de tolerância – série métrica (intervalos de medida são para cima do limite inferior e *incluindo* o limite superior. Todos os valores são em milímetros)

Fonte: *Preferred Metric Limits and Fits*, ANSI B4.2-1978. Veja também BSI 4500.

Medidas básicas	Classes de tolerância					
	IT6	IT7	IT8	IT9	IT10	IT11
0–3	0,006	0,010	0,014	0,025	0,040	0,060
3–6	0,008	0,012	0,018	0,030	0,048	0,075
6–10	0,009	0,015	0,022	0,036	0,058	0,090
10–18	0,011	0,018	0,027	0,043	0,070	0,110
18–30	0,013	0,021	0,033	0,052	0,084	0,130
30–50	0,016	0,025	0,039	0,062	0,100	0,160
50–80	0,019	0,030	0,046	0,074	0,120	0,190
80–120	0,022	0,035	0,054	0,087	0,140	0,220
120–180	0,025	0,040	0,063	0,100	0,160	0,250
180–250	0,029	0,046	0,072	0,115	0,185	0,290
250–315	0,032	0,052	0,081	0,130	0,210	0,320
315–400	0,036	0,057	0,089	0,140	0,230	0,360

Tabela A–12 Desvios fundamentais para eixos – série métrica (intervalos de medida são para cima do limite inferior e *incluindo* o limite superior. Todos os valores estão em milímetros). *Fonte: Preferred Metric Limits and Fits,* ANSI B4.2-1978. Veja também BSI 4500.

Medidas básicas	Letra do desvio superior					Letra do desvio inferior				
	c	d	f	g	h	k	n	p	s	u
0–3	−0,060	−0,020	−0,006	−0,002	0	0	+0,004	+0,006	+0,014	+0,018
3–6	−0,070	−0,030	−0,010	−0,004	0	+0,001	+0,008	+0,012	+0,019	+0,023
6–10	−0,080	−0,040	−0,013	−0,005	0	+0,001	+0,010	+0,015	+0,023	+0,028
10–14	−0,095	−0,050	−0,016	−0,006	0	+0,001	+0,012	+0,018	+0,028	+0,033
14–18	−0,095	−0,050	−0,016	−0,006	0	+0,001	+0,012	+0,018	+0,028	+0,033
18–24	−0,110	−0,065	−0,020	−0,007	0	+0,002	+0,015	+0,022	+0,035	+0,041
24–30	−0,110	−0,065	−0,020	−0,007	0	+0,002	+0,015	+0,022	+0,035	+0,048
30–40	−0,120	−0,080	−0,025	−0,009	0	+0,002	+0,017	+0,026	+0,043	+0,060
40–50	−0,130	−0,080	−0,025	−0,009	0	+0,002	+0,017	+0,026	+0,043	+0,070
50–65	−0,140	−0,100	−0,030	−0,010	0	+0,002	+0,020	+0,032	+0,053	+0,087
65–80	−0,150	−0,100	−0,030	−0,010	0	+0,002	+0,020	+0,032	+0,059	+0,102
80–100	−0,170	−0,120	−0,036	−0,012	0	+0,003	+0,023	+0,037	+0,071	+0,124
100–120	−0,180	−0,120	−0,036	−0,012	0	+0,003	+0,023	+0,037	+0,079	+0,144
120–140	−0,200	−0,145	−0,043	−0,014	0	+0,003	+0,027	+0,043	+0,092	+0,170
140–160	−0,210	−0,145	−0,043	−0,014	0	+0,003	+0,027	+0,043	+0,100	+0,190
160–180	−0,230	−0,145	−0,043	−0,014	0	+0,003	+0,027	+0,043	+0,108	+0,210
180–200	−0,240	−0,170	−0,050	−0,015	0	+0,004	+0,031	+0,050	+0,122	+0,236
200–225	−0,260	−0,170	−0,050	−0,015	0	+0,004	+0,031	+0,050	+0,130	+0,258
225–250	−0,280	−0,170	−0,050	−0,015	0	+0,004	+0,031	+0,050	+0,140	+0,284
250–280	−0,300	−0,190	−0,056	−0,017	0	+0,004	+0,034	+0,056	+0,158	+0,315
280–315	−0,330	−0,190	−0,056	−0,017	0	+0,004	+0,034	+0,056	+0,170	+0,350
315–355	−0,360	−0,210	−0,062	−0,018	0	+0,004	+0,037	+0,062	+0,190	+0,390
355–400	−0,400	−0,210	−0,062	−0,018	0	+0,004	+0,037	+0,062	+0,208	+0,435

Tabela A–13 Uma seleção de classes internacionais de tolerância - séries em polegada (intervalos de medida são para cima do limite inferior e *incluindo* o limite superior. Valores em polegadas, convertidos da Tabela A–11.)

Medidas básicas	Classes de tolerância					
	IT6	IT7	IT8	IT9	IT10	IT11
0–0,12	0,0002	0,0004	0,0006	0,0010	0,0016	0,0024
0,12–0,24	0,0003	0,0005	0,0007	0,0012	0,0019	0,0030
0,24–0,40	0,0004	0,0006	0,0009	0,0014	0,0023	0,0035
0,40–0,72	0,0004	0,0007	0,0011	0,0017	0,0028	0,0043
0,72–1,20	0,0005	0,0008	0,0013	0,0020	0,0033	0,0051
1,20–2,00	0,0006	0,0010	0,0015	0,0024	0,0039	0,0063
2,00–3,20	0,0007	0,0012	0,0018	0,0029	0,0047	0,0075
3,20–4,80	0,0009	0,0014	0,0021	0,0034	0,0055	0,0087
4,80–7,20	0,0010	0,0016	0,0025	0,0039	0,0063	0,0098
7,20–10,00	0,0011	0,0018	0,0028	0,0045	0,0073	0,0114
10,00–12,60	0,0013	0,0020	0,0032	0,0051	0,0083	0,0126
12,60–16,00	0,0014	0,0022	0,0035	0,0055	0,0091	0,0142

Tabela A–14 Desvios fundamentais para eixos - séries em polegada (intervalos de medida são para cima do limite inferior e incluindo o limite superior. Valores em polegadas, convertidos da Tabela A-12).

Medidas básicas	Letra do desvio superior						Letra do desvio inferior			
	c	d	f	g	h	k	n	p	s	u
0–0,12	−0,0024	−0,0008	−0,0002	−0,0001	0	0	+0,0002	+0,0002	+0,0006	+0,0007
0,12–0,24	−0,0028	−0,0012	−0,0004	−0,0002	0	0	+0,0003	+0,0005	+0,0007	+0,0009
0,24–0,40	−0,0031	−0,0016	−0,0005	−0,0002	0	0	+0,0004	+0,0006	+0,0009	+0,0011
0,40–0,72	−0,0037	−0,0020	−0,0006	−0,0002	0	0	+0,0005	+0,0007	+0,0011	+0,0013
0,72–0,96	−0,0043	−0,0026	−0,0008	−0,0003	0	+0,0001	+0,0006	+0,0009	+0,0014	+0,0016
0,96–1,20	−0,0043	−0,0026	−0,0008	−0,0003	0	+0,0001	+0,0006	+0,0009	+0,0014	+0,0019
1,20–1,60	−0,0047	−0,0031	−0,0010	−0,0004	0	+0,0001	+0,0007	+0,0010	+0,0017	+0,0024
1,60–2,00	−0,0051	−0,0031	−0,0010	−0,0004	0	+0,0001	+0,0007	+0,0010	+0,0017	+0,0028
2,00–2,60	−0,0055	−0,0039	−0,0012	−0,0004	0	+0,0001	+0,0008	+0,0013	+0,0021	+0,0034
2,60–3,20	−0,0059	−0,0039	−0,0012	−0,0004	0	+0,0001	+0,0008	+0,0013	+0,0023	+0,0040
3,20–4,00	−0,0067	−0,0047	−0,0014	−0,0005	0	+0,0001	+0,0009	+0,0015	+0,0028	+0,0049
4,00–4,80	−0,0071	−0,0047	−0,0014	−0,0005	0	+0,0001	+0,0009	+0,0015	+0,0031	+0,0057
4,80–5,60	−0,0079	−0,0057	−0,0017	−0,0006	0	+0,0001	+0,0011	+0,0017	+0,0036	+0,0067
5,60–6,40	−0,0083	−0,0057	−0,0017	−0,0006	0	+0,0001	+0,0011	+0,0017	+0,0039	+0,0075
6,40–7,20	−0,0091	−0,0057	−0,0017	−0,0006	0	+0,0001	+0,0011	+0,0017	+0,0043	+0,0083
7,20–8,00	−0,0094	−0,0067	−0,0020	−0,0006	0	+0,0002	+0,0012	+0,0020	+0,0048	+0,0093
8,00–9,00	−0,0102	−0,0067	−0,0020	−0,0006	0	+0,0002	+0,0012	+0,0020	+0,0051	+0,0102
9,00–10,00	−0,0110	−0,0067	−0,0020	−0,0006	0	+0,0002	+0,0012	+0,0020	+0,0055	+0,0112
10,00–11,20	−0,0118	−0,0075	−0,0022	−0,0007	0	+0,0002	+0,0013	+0,0022	+0,0062	+0,0124
11,20–12,60	−0,0130	−0,0075	−0,0022	−0,0007	0	+0,0002	+0,0013	+0,0022	+0,0067	+0,0130
12,60–14,20	−0,0142	−0,0083	−0,0024	−0,0007	0	+0,0002	+0,0015	+0,0024	+0,0075	+0,0154
14,20–16,00	−0,0157	−0,0083	−0,0024	−0,0007	0	+0,0002	+0,0015	+0,0024	+0,0082	+0,0171

Tabela A–15 Gráficos de fatores teóricos de concentração de tensão K_t^*.

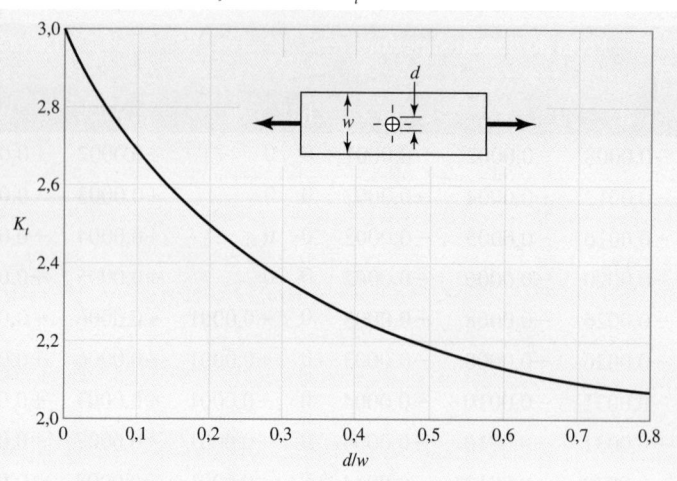

Figura A–15–1 Barra em tração ou compressão simples com um furo transversal. $\sigma_0 = F/A$, sendo $A = (w - d)t$ e t a espessura.

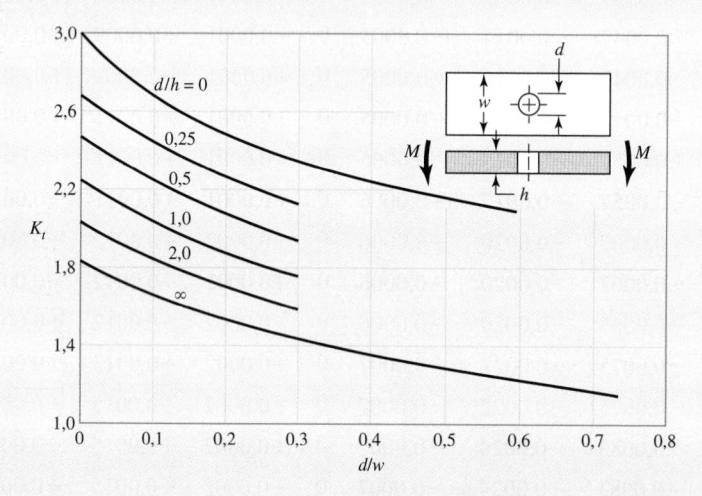

Figura A–15–2 Barra retangular com um furo transversal em flexão. $\sigma_0 = Mc/I$, sendo $I = (w - d)h^3/12$.

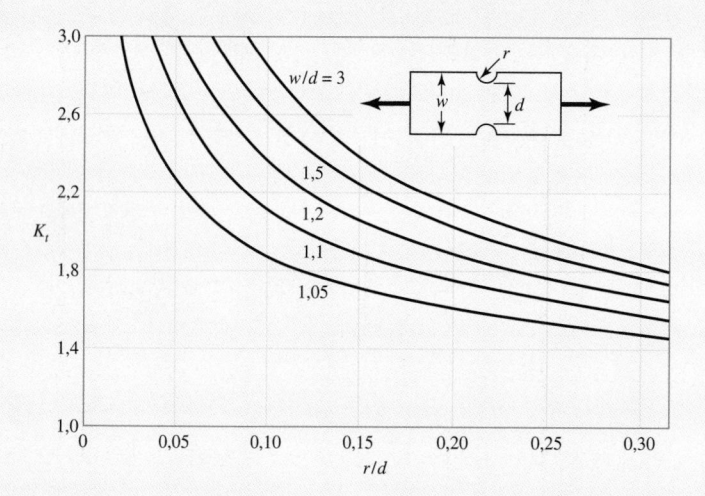

Figura A–15–3 Barra retangular entalhada em tração ou compressão simples. $\sigma_0 = F/A$ sendo $A = dt$ e t a espessura.

(*continua*)

Tabela A–15 *Continuação.*

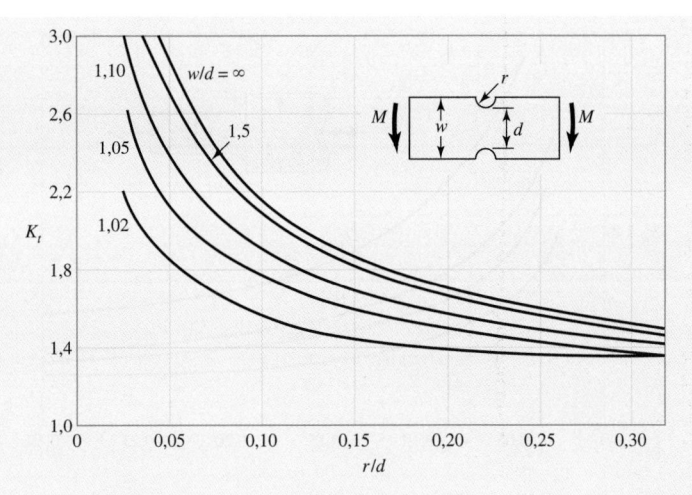

Figura A–15–4 Barra retangular entalhada em flexão. $\sigma_0 = Mc/I$, sendo $c = d/2$, $I = td^3/12$, e t a espessura.

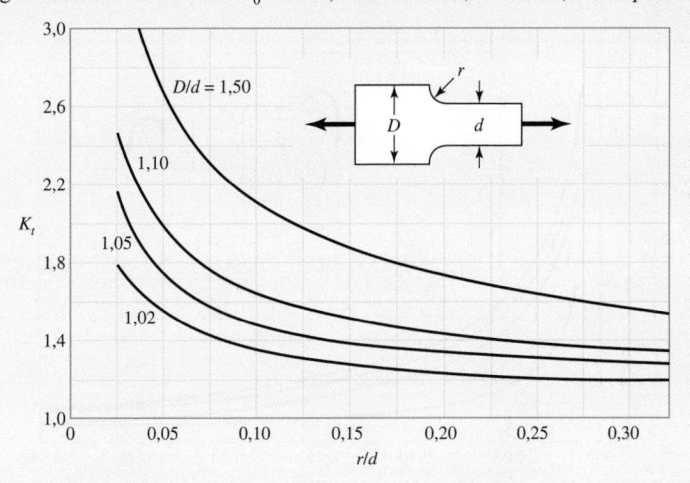

Figura A–15–5 Barra retangular filetada (adelgaçada) em tração ou compressão simples. $\sigma_0 = F/A$, sendo $A = dt$ e t a espessura.

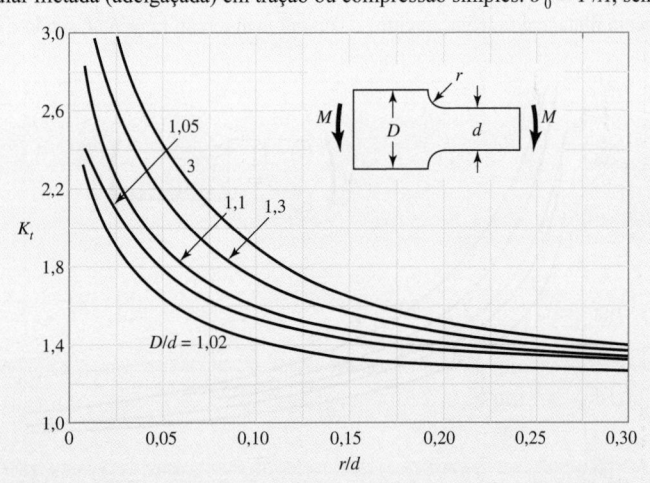

Figura A–15–6 Barra retângula filetada (adelgaçada) em flexão. $\sigma_0 = Mc/I$, sendo $c = d/2$, $l = td^3/12$, t a espessura.

* Fatores de R. E. Peterson, "Design Factors for Stress Concentration," *Machine Design*, vol. 23, nº 2, Fevereiro 1951, p. 169; nº 3, Março 1951, p. 161; nº 5, Maio 1951, p.159; nº 6, Junho 1951, p. 173; nº 7, Julho 1951, p. 155. Reimpresso com autorização de *Machine Design*, uma publicação da Penton Media Inc.

(*continua*)

Tabela A–15 Gráficos de fatores teóricos de concentração de tensão K_t^*.

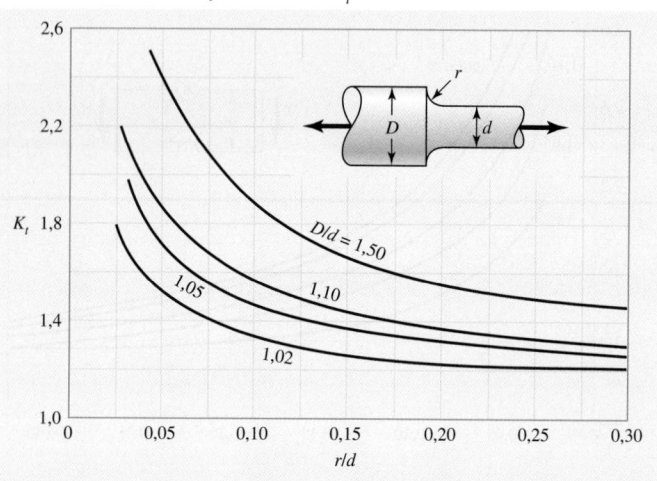

Figura A–15–7 Eixo redondo com filetagem (adelgaçamento) do ressalto em tração. $\sigma_0 = F/A$, sendo $A = \pi d^2/4$.

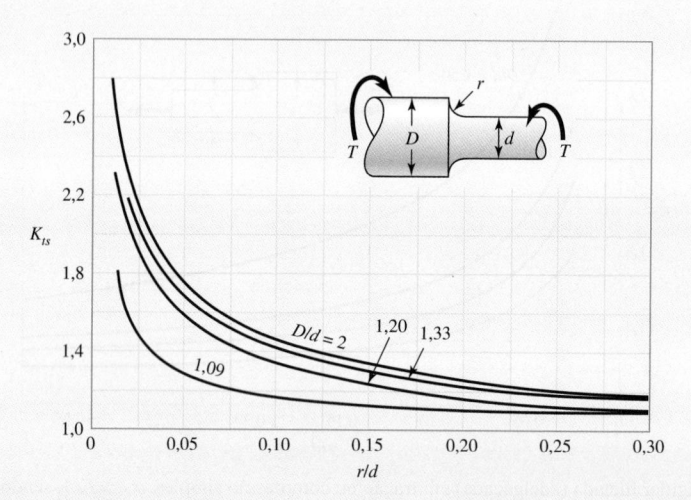

Figura A–15–8 Eixo redondo com filetagem (adelgaçamento) do ressalto em torção $\tau_0 = Tc/J$, sendo $c = d/2$ e $J = \pi d^4/32$.

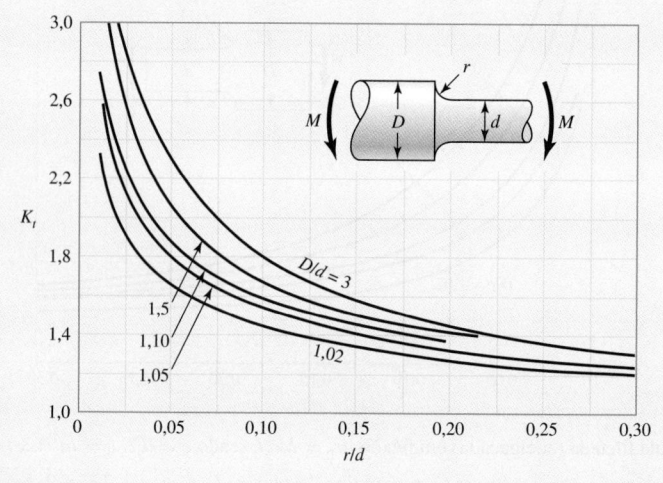

Figura A–15–9 Eixo redondo com filetagem (adelgaçamento) do ressalto em flexão. $\sigma_0 = Mc/I$, sendo $c = d/2$ e $I = \pi d^4/64$.

(*continua*)

Tabela A–15 *Continuação*

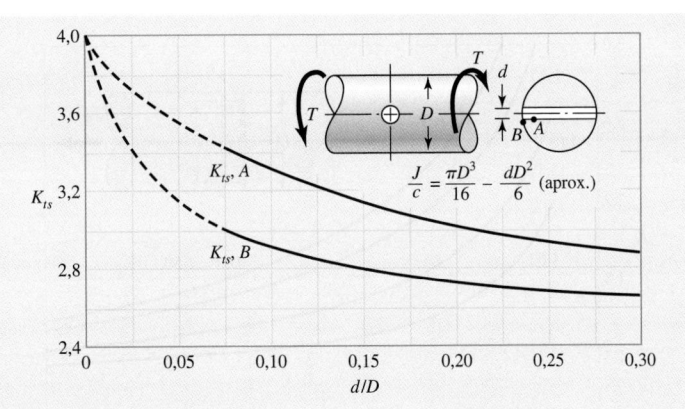

Figura A–15–10 Eixo redondo em torção com furo transversal.

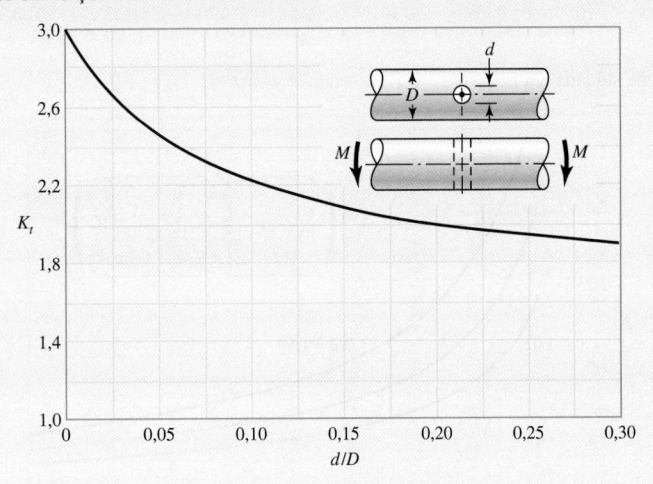

$$\frac{J}{c} = \frac{\pi D^3}{16} - \frac{dD^2}{6} \text{ (aprox.)}$$

Figura A–15–11 Eixo redondo em flexão com um furo transversal. $M/[(\pi D^3/32) - (dD^2/6)]$, aproximadamente.

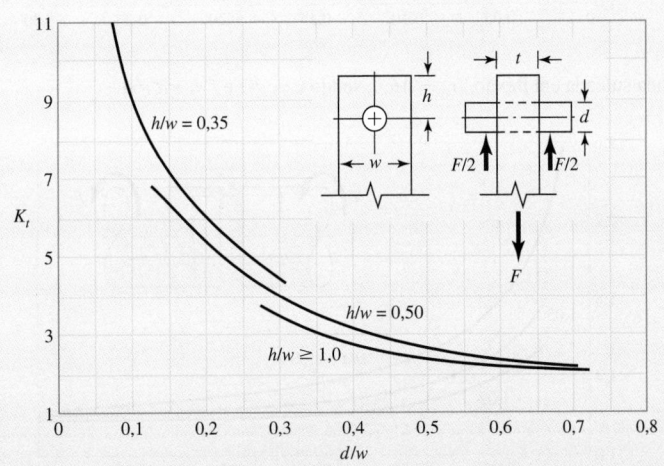

Figura A–15–12 Placa carregada em tração por um pino através de um orifício. $\sigma_0 = F/A$, sendo $A = (w - d)t$. Quando existir folga, aumente K_t de 35 a 50%. (*M. M. Frocht. E H. N. Hill, "Stress Concentration Factors around a Central Circular Hole in a Plate Loaded through a Pin in Hole," J. Appl. Mechanics, vol. 7, nº 1, Março 1940, p.A–5*).

* Fatores de R. E. Peterson, "Design Factors for Stress Concentration," *Machine Design,* vol. 23, nº 2, Fevereiro 1951, p. 169; nº 3, Março 1951, p. 161; nº 5, Maio 1951, p.159; nº 6, Junho 1951, p. 173; nº 7, Julho 1951, p. 155. Reimpresso com autorização de *Machine Design,* uma publicação da Penton Media Inc.

(*continua*)

Tabela A–15 Gráficos de fatores teóricos de concentração de tensão K_t^*.

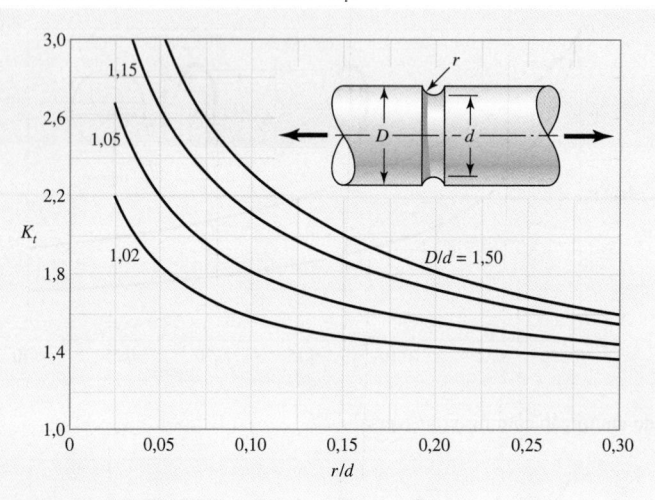

Figura A–15–13 Barra redonda sulcada em tração. $\sigma_0 = F/A$, sendo $A = \pi d^2/4$.

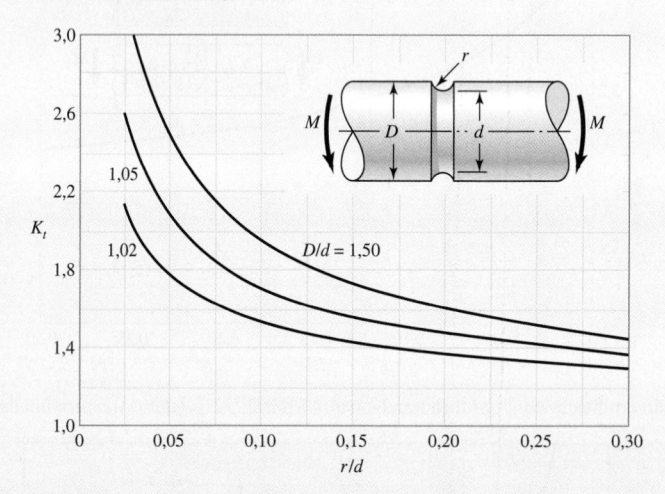

Figura A–15–14 Barra redonda sulcada em flexão. $\sigma_0 = Mc/I$, sendo $c = d/2$ e $I = \pi d^4/64$.

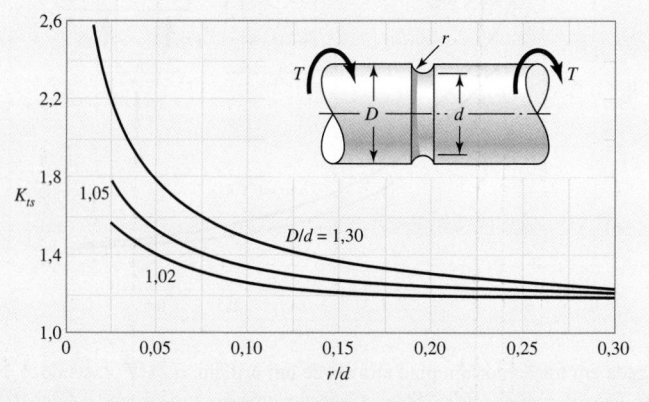

Figura A–15–15 Barra redonda sulcada em torção. $\tau_0 = Tc/J$, sendo $c = d/2$ e $J = \pi d^4/32$.

* Fatores de R. E. Peterson, "Design Factors for Stress Concentration," *Machine Design,* vol. 23, nº 2, Fevereiro 1951, p. 169; nº 3, Março 1951, p. 161; nº 5, Maio 1951, p.159; nº 6, Junho 1951, p. 173; nº 7, Julho 1951, p. 155. Reimpresso com autorização de *Machine Design,* uma publicação da Penton Media Inc.

Tabela A–15 *Continuação.*

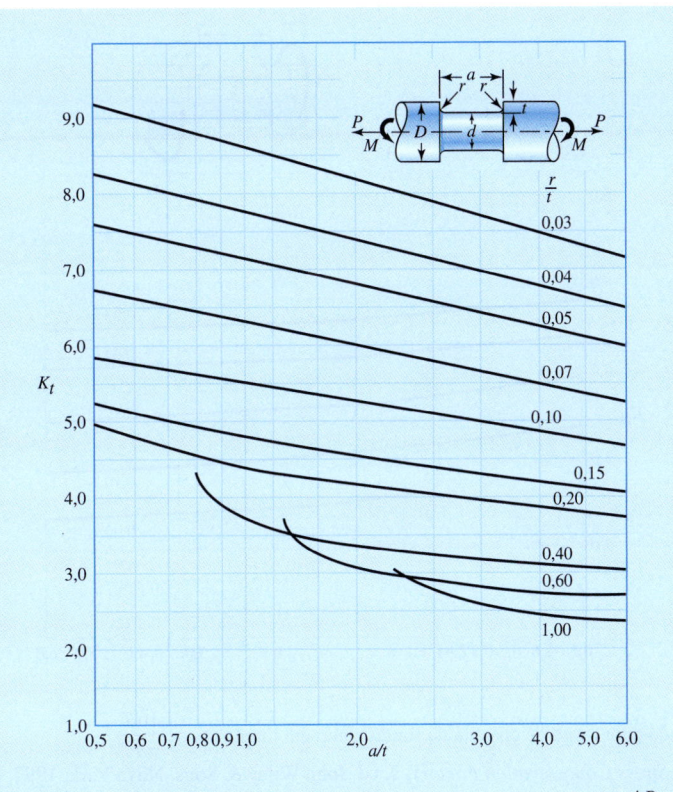

Figura A–15–16 Eixo redondo com rasgo de chaveta de fundo plano em flexão e/ou tração. $\sigma_0 = \dfrac{4P}{\pi d^2} + \dfrac{32M}{\pi d^3}$
Fonte: W.D.Pilkey, *Peterson's Stress Concentration Factors*, 2. ed. John Wiley & Sons, Nova York, 1997, p. 115.

(continua)

Tabela A-15 *Continuação.*

Figura A-15-17 Eixo redondo com rasgo de chaveta de fundo plano em torção. $\tau_0 = \dfrac{16T}{\pi d^3}$

Fonte: W.D.Pilkey, *Peterson's Stress Concentration Factors*, 2. ed. John Wiley & Sons, Nova York, 1997, p. 133.

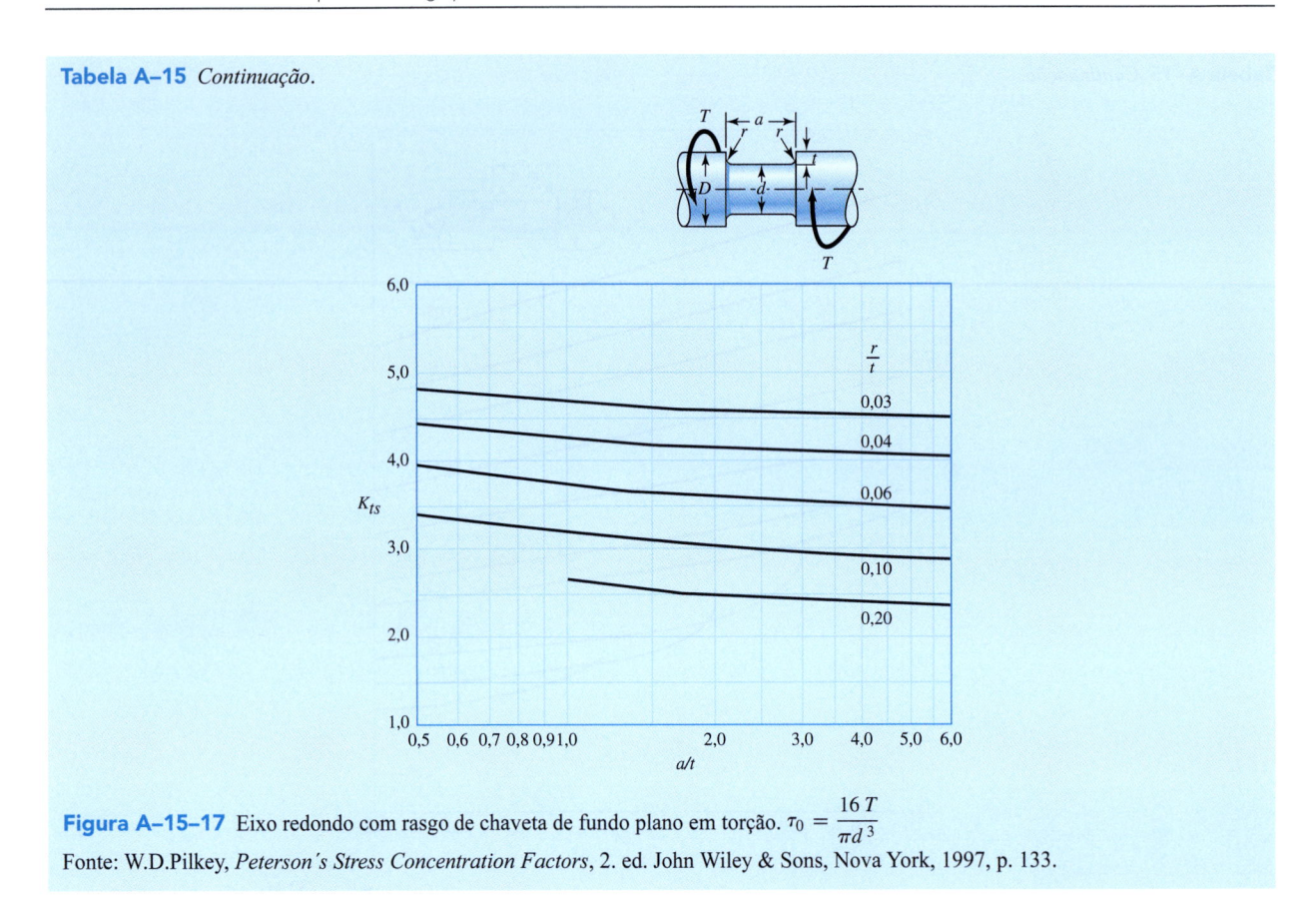

Tabela A–16 Fatores aproximados de concentração de tensão K_t para flexão de uma barra redonda ou tubo com um furo transversal redondo.

Fonte: R. E. Peterson, Stress Concentration Factors, Wiley, Nova York, 1974, p. 146, 235.

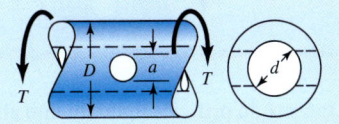

A tensão nominal de flexão é $\sigma_0 = M/Z_{net}$ em que Z_{net} é um valor reduzido do módulo da seção e é definido por

$$Z_{net} = \frac{\pi A}{32D}(D^4 - d^4)$$

Valores de A estão listados na tabela. Use $d = 0$ para uma barra sólida.

			d/D			
	0,9		0,6		0	
a/D	A	K_t	A	K_t	A	K_t
0,050	0,92	2,63	0,91	2,55	0,88	2,42
0,075	0,89	2,55	0,88	2,43	0,86	2,35
0,10	0,86	2,49	0,85	2,36	0,83	2,27
0,125	0,82	2,41	0,82	2,32	0,80	2,20
0,15	0,79	2,39	0,79	2,29	0,76	2,15
0,175	0,76	2,38	0,75	2,26	0,72	2,10
0,20	0,73	2,39	0,72	2,23	0,68	2,07
0,225	0,69	2,40	0,68	2,21	0,65	2,04
0,25	0,67	2,42	0,64	2,18	0,61	2,00
0,275	0,66	2,48	0,61	2,16	0,58	1,97
0,30	0,64	2,52	0,58	2,14	0,54	1,94

(continua)

Tabela A-16 *Continuação.*

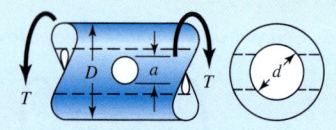

A tensão máxima ocorre na parte interna do orifício, ligeiramente abaixo da superfície do eixo. A tensão nominal de cisalhamento é $\tau_0 = TD/2J_{net}$, em que J_{net} é um valor reduzido do segundo momento polar de área e é definido por

$$J_{net} = \frac{\pi A(D^4 - d^4)}{32}$$

Valores de A estão listados na tabela. Use $d = 0$ para uma barra sólida.

	\multicolumn{10}{c	}{d/D}
	0,9		0,8		0,6		0,4		0	
a/D	A	K_{ts}	A	K_{ts}	A	K_{ts}	A	K_{ts}	A	K_{ts}
0,05	0,96	1,78							0,95	1,77
0,075	0,95	1,82							0,93	1,71
0,10	0,94	1,76	0,93	1,74	0,92	1,72	0,92	1,70	0,92	1,68
0,125	0,91	1,76	0,91	1,74	0,90	1,70	0,90	1,67	0,89	1,64
0,15	0,90	1,77	0,89	1,75	0,87	1,69	0,87	1,65	0,87	1,62
0,175	0,89	1,81	0,88	1,76	0,87	1,69	0,86	1,64	0,85	1,60
0,20	0,88	1,96	0,86	1,79	0,85	1,70	0,84	1,63	0,83	1,58
0,25	0,87	2,00	0,82	1,86	0,81	1,72	0,80	1,63	0,79	1,54
0,30	0,80	2,18	0,78	1,97	0,77	1,76	0,75	1,63	0,74	1,51
0,35	0,77	2,41	0,75	2,09	0,72	1,81	0,69	1,63	0,68	1,47
0,40	0,72	2,67	0,71	2,25	0,68	1,89	0,64	1,63	0,63	1,44

(continua)

Tabela A–17 Tamanhos preferenciais e números de Renard (Série R). (Quando uma escolha puder ser feita, use um destes tamanhos; contudo, nem todas peças ou itens estão disponíveis em todos os tamanhos mostrados na tabela.)

Milímetros
0,05, 0,06, 0,08, 0,10, 0,12, 0,16, 0,20, 0,25, 0,30, 0,40, 0,50, 0,60, 0,70, 0,80, 0,90, 1,0, 1,1, 1,2, 1,4, 1,5, 1,6, 1,8, 2,0, 2,2, 2,5, 2,8, 3,0, 3,5, 4,0, 4,5, 5,0, 5,5, 6,0, 6,5, 7,0, 8,0, 9,0, 10, 11, 12, 14, 16, 18, 20, 22, 25, 28, 30, 32, 35, 40, 45, 50, 60, 80, 100, 120, 140, 160, 180, 200, 250, 300
Números de Renard*
1ª escolha, R5: 1, 1,6, 2,5, 4, 6,3, 10
2ª escolha, R10: 1,25, 2, 3,15, 5, 8
3ª escolha, R20: 1,12, 1,4, 1,8, 2,24, 2,8, 3,55, 4,5, 5,6, 7,1, 9
4ª escolha, R40: 1,06, 1,18, 1,32, 1,5, 1,7, 1,9, 2,12, 2,36, 2,65, 3, 3,35, 3,75, 4,25, 4,75, 5,3, 6, 6,7, 7,5, 8,5, 9,5

*Podem ser multiplicados ou divididos por potência de 10.

Tabela A–18 Propriedades geométricas.

Parte 1 Propriedades das seções

A = área

G = localização do centroide

$I_x = \int y^2 \, dA$ = momento de inércia da área ao redor do eixo x

$I_y = \int x^2 \, dA$ = momento de inércia da área ao redor do eixo y

$I_{xy} = \int xy \, dA$ = produto de inércia da área ao redor dos eixos x e y

$J_G = \int r^2 \, dA = \int (x^2 + y^2) \, dA = I_x + I_y$

= momento de inércia polar da área ao redor de um eixo passando por

$k_x^2 = I_x / A$ = raio de giração ao quadrado ao redor do eixo x

Retângulo

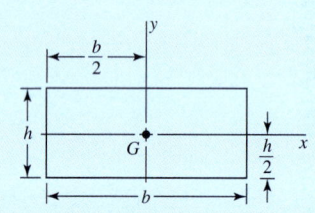

$A = bh \qquad I_x = \dfrac{bh^3}{12} \qquad I_y = \dfrac{b^3 h}{12} \qquad I_{xy} = 0$

Círculo

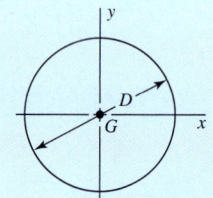

$A = \dfrac{\pi D^2}{4} \qquad I_x = I_y = \dfrac{\pi D^4}{64} \qquad I_{xy} = 0 \qquad J_G = \dfrac{\pi D^4}{32}$

Círculo vazado (furado)

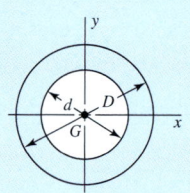

$A = \dfrac{\pi}{4}(D^2 - d^2) \qquad I_x = I_y = \dfrac{\pi}{64}(D^4 - d^4) \qquad I_{xy} = 0 \qquad J_G = \dfrac{\pi}{32}(D^4 - d^4)$

(*continua*)

Tabela A–18 *Continuação.*

Triângulos retângulos

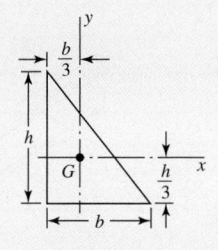

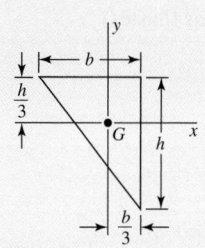

$$A = \frac{bh}{2} \quad I_x = \frac{bh^3}{36} \quad I_y = \frac{b^3h}{36} \quad I_{xy} = \frac{-b^2h^2}{72}$$

Triângulos retângulos

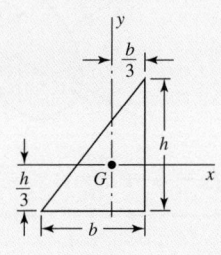

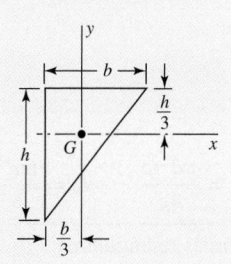

$$A = \frac{bh}{2} \quad I_x = \frac{bh^3}{36} \quad I_y = \frac{b^3h}{36} \quad I_{xy} = \frac{b^2h^2}{72}$$

Quartos de círculo

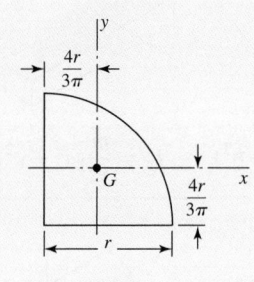

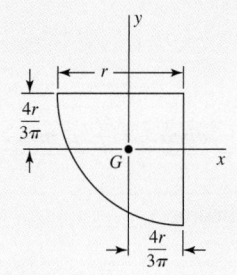

$$A = \frac{\pi r^2}{4} \quad I_x = I_y = r^4\left(\frac{\pi}{16} - \frac{4}{9\pi}\right) \quad I_{xy} = r^4\left(\frac{1}{8} - \frac{4}{9\pi}\right)$$

Quartos de círculo

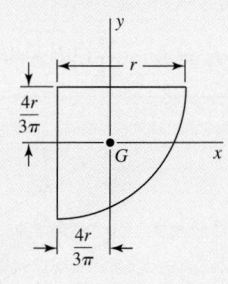

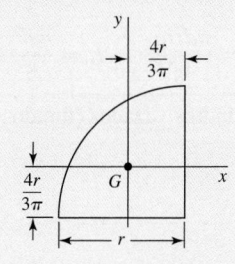

$$A = \frac{\pi r^2}{4} \quad I_x = I_y = r^4\left(\frac{\pi}{16} - \frac{4}{9\pi}\right) \quad I_{xy} = r^4\left(\frac{4}{9\pi} - \frac{1}{8}\right)$$

(*continua*)

Tabela A–18 Propriedades geométricas.

Parte 2 Propriedades dos sólidos (ρ = densidade, peso por unidade de volume)

Varetas (hastes)

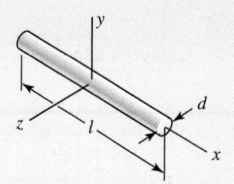

$$m = \frac{\pi d^2 l \rho}{4g} \qquad I_y = I_z = \frac{ml^2}{12}$$

Discos redondos

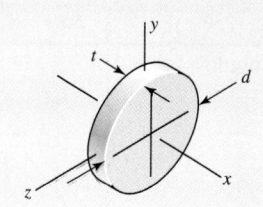

$$m = \frac{\pi d^2 t \rho}{4g} \qquad I_x = \frac{md^2}{8} \qquad I_y = I_z = \frac{md^2}{16}$$

Primas retangulares

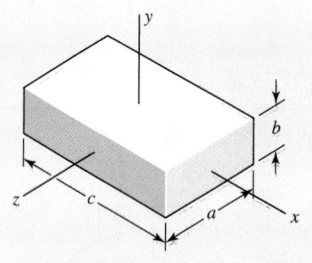

$$m = \frac{abc\rho}{g} \qquad I_x = \frac{m}{12}(a^2 + b^2) \qquad I_y = \frac{m}{12}(a^2 + c^2) \qquad I_z = \frac{m}{12}(b^2 + c^2)$$

Cilindros

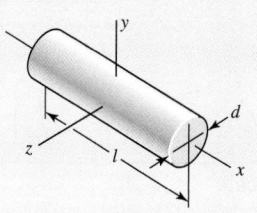

$$m = \frac{\pi d^2 l \rho}{4g} \qquad I_x = \frac{md^2}{8} \qquad I_y = I_z = \frac{m}{48}(3d^2 + 4l^2)$$

Cilindros vazados (furados)

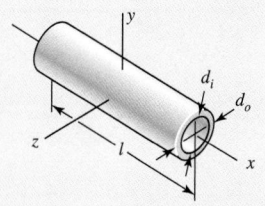

$$m = \frac{\pi (d_o^2 - d_i^2) l \rho}{4g} \qquad I_x = \frac{m}{8}(d_o^2 + d_i^2) \qquad I_y = I_z = \frac{m}{48}(3d_o^2 + 3d_i^2 + 4l^2)$$

Tabela A–19 Tubo padronizado americano.

Tamanho nominal	Diâmetro externo in(mm)	Roscas extras por polegada (25 mm)	Espessura de parede, in (mm)		
			Padrão duplo nº 40	Forte nº 80	Extra forte
$\frac{1}{8}$ (3)	0,405 (10,125)	27	0,070 (1,75)	0,098 (2,45)81	
$\frac{1}{4}$ (6)	0,540 (13,5)	18	0,090 (2,25)	0,122 (3,05)	
$\frac{3}{8}$ (10)	0,675 (16,875)	18	0,093 (2,325)	0,129 (3,225)	
$\frac{1}{2}$ (12)	0,840 (21,0)	14	0,111 (2,775)	0,151 (3,775)	0,307 (7,675)
$\frac{3}{4}$ (20)	1,050 (22,05)	14	0,115 (2,875)	0,157 (3,925)	0,318 (7,95)
1 (25)	1.315(32,875)	$11\frac{1}{2}$	0,136 (3,40)	0,183 (4,575)	0,369 (9,225)
$1\frac{1}{4}$ (30)	1,660(41,5)	$11\frac{1}{2}$	0,143 (3,375)	0,195 (4,875)	0,393 (9,825)
$1\frac{1}{2}$ (40)	1,900(47,5)	$11\frac{1}{2}$	0,148 (3,70)	0,204 (5,10)	0,411 (10,275)
2 (50)	2,375 (59,375)	$11\frac{1}{2}$	0,158 (3,95)	0,223 (5,575)	0,447 (11,175)
$2\frac{1}{2}$ (62)	2,875 (91,875)	8	0,208 (5,20)	0,282 (7,05)	0,565 (14,125)
3 (75)	3,500 (87,5)	8	0,221 (5,525)	0,306 (7,65)	0,615 (15,375)
$3\frac{1}{2}$ (90)	4,000 (100)	8	0,231 (5,775)	0,325 (8,125)	
4 (100)	4,500 (112,5)	8	0,242 (6,05)	0,344 (8,6)	0,690 (17,25)
5 (125)	5,563 (139,075)	8	0,263 (6,575)	0,383 (9,575)	0,768 (19,20)
6 (150)	6,625 (162,625)	8	0,286 (7,15)	0,441 (11,025)	0,884 (22,10)
8 (200)	8,625 (215,625)	8	0,329 (8,225)	0,510 (12,75)	0,895 (22,375)

Tabela A–20 Resistências determinísticas da ASTM mínimas de tração e de escoamento para aços laminados a quente (HR) e estirados a frio (CD). [As resistências listadas são valores mínimos estimados da ASTM no intervalo de medida de 18 a 32 mm ($\frac{3}{4}$ a $1\frac{1}{4}$ in). Estas resistências são apropriadas para uso com o fator de projeto definido na Seção 1–10, provido que os materiais conformem aos requisitos da ASTM A6 ou A568 ou são requeridos em especificações de compra. Lembre que um sistema de numeração não é uma especificação.] *Fonte:* 1986 SAE Handbook, p. 2.15.

1	2	3	4	5	6	7	8
UNS nº	Nº SAE e/ou AISI	Processamento	Resistência à tração MPa (Kpsi)	Resistência ao escoamento MPa (Kpsi)	Alongamento em 2 in, %	Redução em área, %	Dureza Brinell
G10060	1006	HR	300 (43)	170 (24)	30	55	86
		CD	330 (48)	280 (41)	20	45	95
G10100	1010	HR	320 (47)	180 (26)	28	50	95
		CD	370 (53)	300 (44)	20	40	105
G10150	1015	HR	340 (50)	190 (27,5)	28	50	101
		CD	390 (56)	320 (47)	18	40	111
G10180	1018	HR	400 (58)	220 (32)	25	50	116
		CD	440 (64)	370 (54)	15	40	126
G10200	1020	HR	380 (55)	210 (30)	25	50	111
		CD	470 (68)	390 (57)	15	40	131
G10300	1030	HR	470 (68)	260 (37,5)	20	42	137
		CD	520 (76)	440 (64)	12	35	149
G10350	1035	HR	500 (72)	270 (39,5)	18	40	143
		CD	550 (80)	460 (67)	12	35	163
G10400	1040	HR	520 (76)	290 (42)	18	40	149
		CD	590 (85)	490 (71)	12	35	170
G10450	1045	HR	570 (82)	310 (45)	16	40	163
		CD	630 (91)	530 (77)	12	35	179
G10500	1050	HR	620 (90)	340 (49,5)	15	35	179
		CD	690 (100)	580 (84)	10	30	197
G10600	1060	HR	680 (98)	370 (54)	12	30	201
G10800	1080	HR	770 (112)	420 (61,5)	10	25	229
G10950	1095	HR	830 (120)	460 (66)	10	25	248

Tabela A–21 Propriedades mecânicas médias de alguns aços termotratados. (Estas são propriedades típicas para materiais normalizados e recozidos. As propriedades para aços temperados e revenidos (Q&T) são de um único tratamento. Por causa das muitas variáveis, as propriedades listadas são médias globais. Em todos os casos, os dados foram obtidos dos corpos de prova de diâmetro de 0,505 in, usinados de peças redondas de 1-in, e de comprimento de calibre de 2 in, a menos que mencionado, todos os corpos de prova foram temperados em banho de óleo.)

Fonte: ASM Metals Reference Book, 2. ed., American Society of Metal, Metals Park, Ohio, 1983.

1 AISI nº	2 Tratamento	3 Temperatura °C (°F)	4 Resistência à tração MPa (Kpsi)	5 Resistência ao escoamento MPa (Kpsi)	6 Alongamento %	7 Redução de área, %	8 Dureza Brinell
1030	Temperado e revenido*	205 (400)	848 (123)	648 (94)	17	47	495
	Temperado e revenido*	315 (600)	800 (116)	621 (90)	19	53	401
	Temperado e revenido*	425 (800)	731 (106)	579 (84)	23	60	302
	Temperado e revenido*	540 (1000)	669 (97)	517 (75)	28	65	255
	Temperado e revenido*	650 (1200)	586 (85)	441 (64)	32	70	207
	Normalizado	925 (1700)	521 (75)	345 (50)	32	61	149
	Recozido	870 (1600)	430 (62)	317 (46)	35	64	137
1040	Temperado e revenido	205 (400)	779 (113)	593 (86)	19	48	262
	Temperado e revenido	425 (800)	758 (110)	552 (80)	21	54	241
	Temperado e revenido	650 (1200)	634 (92)	434 (63)	29	65	192
	Normalizado	900 (1650)	590 (86)	374 (54)	28	55	170
	Recozido	790 (1450)	519 (75)	353 (51)	30	57	149
1050	Temperado e revenido*	205 (400)	1120 (163)	807 (117)	9	27	514
	Temperado e revenido*	425 (800)	1090 (158)	793 (115)	13	36	444
	Temperado e revenido*	650 (1200)	717 (104)	538 (78)	28	65	235
	Normalizado	900 (1650)	748 (108)	427 (62)	20	39	217
	Recozido	790 (1450)	636 (92)	365 (53)	24	40	187
1060	Temperado e revenido	425 (800)	1080 (156)	765 (111)	14	41	311
	Temperado e revenido	540 (1000)	965 (140)	669 (97)	17	45	277
	Temperado e revenido	650 (1200)	800 (116)	524 (76)	23	54	229
	Normalizado	900 (1650)	776 (112)	421 (61)	18	37	229
	Recozido	790 (1450)	626 (91)	372 (54)	22	38	179
1095	Temperado e revenido	315 (600)	1260 (183)	813 (118)	10	30	375
	Temperado e revenido	425 (800)	1210 (176)	772 (112)	12	32	363
	Temperado e revenido	540 (1000)	1090 (158)	676 (98)	15	37	321
	Temperado e revenido	650 (1200)	896 (130)	552 (80)	21	47	269
	Normalizado	900 (1650)	1010 (147)	500 (72)	9	13	293
	Recozido	790 (1450)	658 (95)	380 (55)	13	21	192
1141	Temperado e revenido	315 (600)	1460 (212)	1280 (186)	9	32	415
	Temperado e revenido	540 (1000)	896 (130)	765 (111)	18	57	262

(continua)

Tabela A–21 *Continuação.*

1	2	3	4	5	6	7	8
AISI nº	Tratamento	Temperatura °C (°F)	Resistência à tração MPa (Kpsi)	Resistência ao escoamento MPa (Kpsi)	Alongamento %	Redução de área, %	Dureza Brinell
4130	Temperado e revenido*	205 (400)	1630 (236)	1460 (212)	10	41	467
	Temperado e revenido*	315 (600)	1500 (217)	1380 (200)	11	43	435
	Temperado e revenido*	425 (800)	1280 (186)	1190 (173)	13	49	380
	Temperado e revenido*	540 (1000)	1030 (150)	910 (132)	17	57	315
	Temperado e revenido*	650 (1200)	814 (118)	703 (102)	22	64	245
	Normalizado	870 (1600)	670 (97)	436 (63)	25	59	197
	Recozido	865 (1585)	560 (81)	361 (52)	28	56	156
	Temperado e revenido	205 (400)	1770 (257)	1640 (238)	8	38	510
	Temperado e revenido	315 (600)	1550 (225)	1430 (208)	9	43	445
	Temperado e revenido	425 (800)	1250 (181)	1140 (165)	13	49	370
	Temperado e revenido	540 (1000)	951 (138)	834 (121)	18	58	285
	Temperado e revenido	650 (1200)	758 (110)	655 (95)	22	63	230
	Normalizado	870 (1600)	1020 (148)	655 (95)	18	47	302
	Recozido	815 (1500)	655 (95)	417 (61)	26	57	197
4340	Temperado e revenido	315 (600)	1720 (250)	1590 (230)	10	40	486
	Temperado e revenido	425 (800)	1470 (213)	1360 (198)	10	44	430
	Temperado e revenido	540 (1000)	1170 (170)	1080 (156)	13	51	360
	Temperado e revenido	650 (1200)	965 (140)	855 (124)	19	60	280

* Temperado em banho de água.

Tabela A–22 Resultados de ensaios de tração de alguns metais.*

Fonte: J. Datsko, "Solid Materials", cap. 32 em Joseph E. Shigley and Charles R. Mischke e Thomas H. Brown, Jr., (eds.-in-chief), *Standard Handbook of Machine Design*, 3. ed., McGraw-Hill, Nova York, 2004, p. 32.49–32.52

Número	Material	Tratamento	Escoamento S_y, MPa (kpsi)	Máxima S_u, MPa (kpsi)	Resistência (tração) Fratura, σ_f, MPa (kpsi)	Coeficiente σ_0 MPa (kpsi)	Expoente m, resistência deformação	Deformação de fratura ε_f
1018	Aço	Recozido	220 (32,0)	341 (49,5)	628 (91,1)†	620 (90,0)	0,25	1,05
1144	Aço	Recozido	358 (52,0)	646 (93,7)	898 (130)†	992 (144)	0,14	0,49
1212	Aço	Laminado a quente	193 (28,0)	424 (61,5)	729 (106)†	758 (110)	0,24	0,85
1045	Aço	Temperado e revenido a 600°F	1520 (220)	1580 (230)	2380 (345)	1880 (273)†	0,041	0,81
4142	Aço	Temperado e revenido a 600°F	1720 (250)	1930 (210)	2340 (340)	1760 (255)†	0,048	0,43
303	Aço inoxidável	Recozido	241 (35,0)	601 (87,3)	1520 (221)†	1410 (205)	0,51	1,16
304	Aço inoxidável	Recozido	276 (40,0)	568 (82,4)	1600 (233)†	1270 (185)	0,45	1,67
2011	Liga de alumínio	T6	169 (24,5)	324 (47,0)	325 (47,2)†	620 (90)	0,28	0,10
2024	Liga de alumínio	T4	296 (43,0)	446 (64,8)	533 (77,3)†	689 (100)	0,15	0,18
7075	Liga de alumínio	T6	542 (78,6)	593 (86,0)	706 (102)†	882 (128)	0,13	0,18

*Valores de um ou dois tratamentos térmicos e que se acredita serem obteníveis usando especificações apropriadas de compra. A deformação de fratura pode variar tanto quanto 100%.
† Valor derivado.

Tabela A–23 Propriedades médias monotônicas e cíclicas de tensão-deformação de aços selecionados.

Fonte: ASM Metals Reference Book, 2. ed., American Society of Metals, Metals Park, Ohio, 1983, p. 217

Classe (a)	Orientação (e)	Descrição (f)	Dureza HB	Resistência de tração S_{ut} MPa	Resistência de tração S_{ut} Ksi	Redução em área %	Deformação verdadeira na fratura ε_f	Módulo de elasticidade E GPa	Módulo de elasticidade E 10^6 psi	Coeficiente de resistência de fadiga σ'_f MPa	Coeficiente de resistência de fadiga σ'_f ksi	Expoente de resistência à fadiga b	Coeficiente de ductilidade à fadiga ε'_F	Expoente de ductilidade de fadiga c
A538A (b)	L	STA	405	1515	220	67	1,10	185	27	1655	240	–0,065	0,30	–0,62
A538B (b)	L	STA	460	1860	270	56	0,82	185	27	2135	310	–0,071	0,80	–0,71
A538C (b)	L	STA	480	2000	290	55	0,81	180	26	2240	325	–0,07	0,60	–0,75
AM-350 (c)	L	HR, A		1315	191	52	0,74	195	28	2800	406	–0,14	0,33	–0,84
AM-350 (c)	L	CD	496	1905	276	20	0,23	180	26	2690	390	–0,102	0,10	–0,42
Gainex (c)	LT	HR lâmina		530	77	58	0,86	200	29,2	805	117	–0,07	0,86	–0,65
Gainex (c)	L	HR lâmina		510	74	64	1,02	200	29,2	805	117	–0,071	0,86	–0,68
H-11	L	Conformação austenítica	660	2585	375	33	0,40	205	30	3170	460	–0,077	0,08	–0,74
RQC-100 (c)	LT	HR placa	290	940	136	43	0,56	205	30	1240	180	–0,07	0,66	–0,69
RQC-100 (c)	L	HR placa	290	930	135	67	1,02	205	30	1240	180	–0,07	0,66	–0,69
10B62	L	Q&T	430	1640	238	38	0,89	195	28	1780	258	–0,067	0,32	–0,56
1005-1009	LT	HR lâmina	90	360	52	73	1,3	205	30	580	84	–0,09	0,15	–0,43
1005-1009	LT	CD lâmina	125	470	68	66	1,09	205	30	515	75	–0,059	0,30	–0,51
1005-1009	L	CD lâmina	125	415	60	64	1,02	200	29	540	78	–0,073	0,11	–0,41
1005-1009	L	HR lâmina	90	345	50	80	1,6	200	29	640	93	–0,109	0,10	–0,39
1015	L	Normalizado	80	415	60	68	1,14	205	30	825	120	–0,11	0,95	–0,64
1020	L	HR placa	108	440	64	62	0,96	205	29,5	895	130	–0,12	0,41	–0,51
1040	L	Tal como forjada	225	620	90	60	0,93	200	29	1540	223	–0,14	0,61	–0,57
1045	L	Q&T	225	725	105	65	1,04	200	29	1225	178	–0,095	1,00	–0,66
1045	L	Q&T	410	1450	210	51	0,72	200	29	1860	270	–0,073	0,60	–0,70
1045	L	Q&T	390	1345	195	59	0,89	205	30	1585	230	–0,074	0,45	–0,68
1045	L	Q&T	450	1585	230	55	0,81	205	30	1795	260	–0,07	0,35	–0,69
1045	L	Q&T	500	1825	265	51	0,71	205	30	2275	330	–0,08	0,25	–0,68
1045	L	Q&T	595	2240	325	41	0,52	205	30	2725	395	–0,08	10,07	–0,60
1144	L	CDSR	265	930	135	33	0,51	195	28,5	1000	145	–0,08	0,32	–0,58

Grade	Orient.	Condição											
1144	L	DAT	305	1035	150	25	0,29	200	28,8	1585	230	−0,09	0,27	−0,53
1541F	L	Q&T forjamento	290	950	138	49	0,68	205	29,9	1275	185	−0,076	0,68	−0,65
1541F	L	Q&T forjamento	260	890	129	60	0,93	205	29,9	1275	185	−0,071	0,93	−0,65
4130	L	Q&T	258	895	130	67	1,12	220	32	1275	185	−0,083	0,92	−0,63
4130	L	Q&T	365	1425	207	55	0,79	200	29	1695	246	−0,081	0,89	−0,69
4140	L	Q&T, DAT	310	1075	156	60	0,69	200	29,2	1825	265	−0,08	1,2	−0,59
4142	L	DAT	310	1060	154	29	0,35	200	29	1450	210	−0,10	0,22	−0,51
4142	L	DAT	335	1250	181	28	0,34	200	28,9	1250	181	−0,08	0,06	−0,62
4142	L	Q&T	380	1415	205	48	0,66	205	30	1825	265	−0,08	0,45	−0,75
4142	L	Q&T e deformado	400	1550	225	47	0,63	200	29	1895	275	−0,09	0,50	−0,75
4142	L	Q&T	450	1760	255	42	0,54	205	30	2000	290	−0,08	0,40	−0,73
4142	L	Q&T e deformado	475	2035	295	20	0,22	200	29	2070	300	−0,082	0,20	−0,77
4142	L	Q&T e deformado	450	1930	280	37	0,46	200	29	2105	305	−0,09	0,60	−0,76
4142	L	Q&T	475	1930	280	35	0,43	205	30	2170	315	−0,081	0,09	−0,61
4142	L	Q&T	560	2240	325	27	0,31	205	30	2655	385	−0,089	0,07	−0,76
4340	L	HR, A	243	825	120	43	0,57	195	28	1200	174	−0,095	0,45	−0,54
4340	L	Q&T	409	1470	213	38	0,48	200	29	2000	290	−0,091	0,48	−0,60
4340	L	Q&T	350	1240	180	57	0,84	195	28	1655	240	−0,076	0,73	−0,62
5160	L	Q&T	430	1670	242	42	0,87	195	28	1930	280	−0,071	0,40	−0,57
52100	L	SH, Q&T	518	2015	292	11	0,12	205	30	2585	375	−0,09	0,18	−0,56
9262	L	A	260	925	134	14	0,16	205	30	1040	151	−0,07	10,16	−0,47
9262	L	Q&T	280	1000	145	33	0,41	195	28	1220	177	−0,07	30,41	−0,60
9262	L	Q&T	410	565	227	32	0,38	200	29	1855	269	−0,057	0,38	−0,65
950C (d)	LT	HR placa	159	565	82	64	1,03	205	29,6	1170	170	−0,12	0,95	−0,61
950C (d)	L	HR barra	150	565	82	69	1,19	205	30	970	141	−0,11	0,85	0,59
950X (d)	L	Placa canal	150	440	64	65	1,06	205	30	625	91	−0,075	0,35	−0,54
950X (d)	L	HR placa	156	530	77	72	1,24	205	29,5	1005	146	−0,10	0,85	−0,61
950X (d)	L	Placa canal	225	695	101	68	1,15	195	28,2	1055	153	−0,08	0,21	−0,53

Notas: (a) Classe da AISI/SAE, a menos que indicado do contrário. (b) Designação da ASTM. (c) Designação de propriedade. (d) Classe da SAE HSLA. (e) Orientação do eixo do espécime, relativo à direção de laminação; L é longitudinal (paralelo à direção de laminação; LT é transversal da longitudinal (perpendicular à direção de laminação). (f) STA, tratado em solução e envelhecido; HR, laminado a quente; CD, repuxado (estirado) a frio; Q&T, temperado e revenido; CDSR, estirado a frio com deformação aliviada; DAT, repuxado à temperatura; A, recozido.
Da *ASM Metals Reference Book*, 2. ed., 1983; ASM International, Materials Park, OH 44073-0002; tabela 217. Reimpresso com autorização da ASM International ®, www.asminternational.org.

Tabela A–24 Propriedades mecânicas de três metais diferentes do aço.

(a) Propriedades típicas do ferro fundido cinza.

(O sistema de numeração da American Society for Testing and Materials (ASTM) para ferro fundido cinza é tal que os números correspondem à *resistência mínima à tração* em kpsi. Assim um ferro fundido ASTM nº 20 tem uma resistência mínima à tração de 20 kpsi. Note particularmente que as classificações são *típicas* de vários aquecimentos.)

Número da ASTM	Resistência de tração S_{ut}, MPa	Resistência de compressão S_{uc}, MPa	Módulo de cisalhamento de ruptura S_{su}, MPa	Módulo de elasticidade, GPa		Limite de resistência à fadiga* S_e, MPa	Dureza Brinell H_B	Fator de concentração de tensão de fadiga K_f
				Tração†	Torção			
20	152	572	179	9,6–14	3,9–5,6	69	156	1,00
25	179	669	220	11,5–14,8	4,6–6,0	79	174	1,05
30	214	752	276	13–16,4	5,2–6,6	97	201	1,10
35	252	855	334	14,5–17,2	5,8–6,9	110	212	1,15
40	293	970	393	16–20	6,4–7,8	128	235	1,25
50	362	1130	503	18,8–22,8	7,2–8,0	148	262	1,35
60	431	1293	610	20,4–23,5	7,8–8,5	169	302	1,50

* Espécimes polidos ou usinados.

† O módulo de elasticidade do ferro fundido em compressão corresponde aproximadamente ao valor superior no intervalo dado para tração e é mais invariante que aquele para tração.

Tabela A–24 *Continuação.*

(b) Propriedades mecânicas de algumas ligas de alumínio.

(Estas são propriedades típicas para tamanhos de cerca de $\frac{1}{2}$ in; propriedades similares podem ser obtidas usando-se especificações de compra apropriadas. Os valores dados para resistência à fadiga correspondem a $50(10^7)$ ciclos de tensão completamente reversa. Ligas de alumínio não têm um limite de resistência à fadiga. As resistências de escoamento foram obtidas pelo método de 0,2% de desvio de deformação.)

Número da associação do alumínio	Revenido	Escoamento, S_y, MPa (kpsi)	*Revenido* Tração, S_{ut}, MPa (kpsi)	Fadiga, S_f, MPa (kpsi)	Alongamento em 2 in, %	Dureza Brinell H_B
Ferro forjado:						
2017	O	70 (10)	179 (26)	90 (13)	22	45
2024	O	76 (11)	186 (27)	90 (13)	22	47
	T3	345 (50)	482 (70)	138 (20)	16	120
3003	H12	117 (17)	131 (19)	55 (8)	20	35
	H16	165 (24)	179 (26)	65 (9,5)	14	47
3004	H34	186 (27)	234 (34)	103 (15)	12	63
	H38	234 (34)	276 (40)	110 (16)	6	77
5052	H32	186 (27)	234 (34)	117 (17)	18	62
	H36	234 (34)	269 (39)	124 (18)	10	74
Fundido:						
319,0*	T6	165 (24)	248 (36)	69 (10)	2,0	80
333,0†	T5	172 (25)	234 (34)	83 (12)	1,0	100
	T6	207 (30)	289 (42)	103 (15)	1,5	105
335,0*	T6	172 (25)	241 (35)	62 (9)	3,0	80
	T7	248 (36)	262 (38)	62 (9)	0,5	85

* Fundição em areia.
† Fundição de molde permanente.

(c) Propriedades mecânicas de algumas ligas de titânio.

Liga de titânio	Tratamento	Escoamento, S_y, (0,2% de desvio de deformação) MPa (kpsi)	Resistência à tração, S_{ut}, MPa (kpsi)	Alongamento em 2 in, %	Dureza (Brinell ou Rockwell)
Ti-35A†	Recozido	210 (30)	275 (40)	30	135 HB
Ti-50A†	Recozido	310 (45)	380 (55)	25	215 HB
Ti-0,2 Pd	Recozido	280 (40)	340 (50)	28	200 HB
Ti-5 Al-2,5 Sn	Recozido	760 (110)	790 (115)	16	36 HRC
Ti-8 Al-1 Mo-1 V	Recozido	900 (130)	965 (140)	15	39 HRC
Ti-6 Al-6 V-2 Sn	Recozido	970 (140)	1030 (150)	14	38 HRC
Ti-6Al-4V	Recozido	830 (120)	900 (130)	14	36 HRC
Ti-13 V-11 Cr-3 Al	Solução + envelhecimento	1207 (175)	1276 (185)	8	40 HRC

† Titânio alfa comercialmente puro.

Tabela A–25 Resistências estocásticas última e ao escoamento para materiais selecionados. *Fonte*: Dados compilados extraídos de "Some Property Data and Corresponding Weibull Parameters for Stochastic Mechanical Design." Trans. *ASME Journal of Mechanical Design*, vol. 114 (Março de 1992), p. 29-34.

Material		μ_{Sut}	σ_{Sut}	x_0	θ	b	μ_{Sy}	σ_{Sy}	x_0	θ	b	C_{Sut}	C_{Sy}
1018	CD	87,6	5,74	30,8	90,1	12	78,4	5,90	56	80,6	4,29	0,0655	0,0753
1035	HR	86,2	3,92	72,6	87,5	3,86	49,6	3,81	39,5	50,8	2,88	0,0455	0,0768
1045	CD	117,7	7,13	90,2	120,5	4,38	95,5	6,59	82,1	97,2	2,14	0,0606	0,0690
1117	CD	83,1	5,25	73,0	84,4	2,01	81,4	4,71	72,4	82,6	2,00	0,0632	0,0579
1137	CD	106,5	6,15	96,2	107,7	1,72	98,1	4,24	92,2	98,7	1,41	0,0577	0,0432
12L14	CD	79,6	6,92	70,3	80,4	1,36	78,1	8,27	64,3	78,8	1,72	0,0869	0,1059
1038	Parafusos de porca HT	133,4	3,38	122,3	134,6	3,64						0,0253	
ASTM40		44,5	4,34	27,7	46,2	4,38						0,0975	
35018	Maleável	53,3	1,59	48,7	53,8	3,18	38,5	1,42	34,7	39,0	2,93	0,0298	0,0369
32510	Maleável	53,4	2,68	44,7	54,3	3,61	34,9	1,47	30,1	35,5	3,67	0,0502	0,0421
Perlítico	Maleável	93,9	3,83	80,1	95,3	4,04	60,2	2,78	50,2	61,2	4,02	0,0408	0,0462
604515	Nodular	64,8	3,77	53,7	66,1	3,23	49,0	4,20	33,8	50,5	4,06	0,0582	0,0857
100-70-04	Nodular	122,2	7,65	47,6	125,6	11,84	79,3	4,51	64,1	81,0	3,77	0,0626	0,0569
201SS	CD	195,9	7,76	180,7	197,9	2,06						0,0396	
301SS	CD	191,2	5,82	151,9	193,6	8,00	166,8	9,37	139,7	170,0	3,17	0,0304	0,0562
	A	105,0	5,68	92,3	106,6	2,38	46,8	4,70	26,3	48,7	4,99	0,0541	0,1004
304SS	A	85,0	4,14	66,6	86,6	5,11	37,9	3,76	30,2	38,9	2,17	0,0487	0,0992
310SS	A	84,8	4,23	71,6	86,3	3,45						0,0499	
403SS		105,3	3,09	95,7	106,4	3,44	78,5	3,91	64,8	79,9	3,93	0,0293	0,0498
17-7PSS		198,8	9,51	163,3	202,3	4,21	189,4	11,49	144,0	193,8	4,48	0,0478	0,0607
AM350SS	A	149,1	8,29	101,8	152,4	6,68	63,0	5,05	38,0	65,0	5,73	0,0556	0,0802
Ti-6AL-4V		175,4	7,91	141,8	178,5	4,85	163,7	9,03	101,5	167,4	8,18	0,0451	0,0552
2024	0	28,1	1,73	24,2	28,7	2,43						0,0616	
2024	T4	64,9	1,64	60,2	65,5	3,16	40,8	1,83	38,4	41,0	1,32	0,0253	0,0449
	T6	67,5	1,50	55,9	68,1	9,26	53,4	1,17	51,2	53,6	1,91	0,0222	0,0219
7075	T6 .025"	75,5	2,10	68,8	76,2	3,53	63,7	1,98	58,9	64,3	2,63	0,0278	0,0311

Tabela A-26 Parâmetros estocásticos para ensaios de fadiga de vida infinita em metais selecionados. *Fonte:* E. B. Haugen, *Probabilistic Mechanical Design*, Wiley, Nova York, 1980. Apêndice. 10–B.

1	2	3	4	5		6	7	8	9
Número	Condição	TS MPa (kpsi)	YS MPa (kpsi)	Distri-buição		\multicolumn{4}{c}{Ciclos de tensão até falha}
						10^4	10^5	10^6	10^7
1046	WQ&T, 1210°F	723 (105)	565 (82)	W	x_0	544 (79)	462 (67)	391 (56.7)	
					θ	594 (86.2)	503 (73.0)	425 (61.7)	
					b	2.60	2.75	2.85	
2340	OQ&T 1200°F	799 (116)	661 (96)	W	x_0	579 (84)	510 (74)	420 (61)	
					θ	699 (101.5)	588 (85.4)	496 (72.0)	
					b	4.3	3.4	4.1	
3140	OQ&T, 1300°F	744 (108)	599 (87)	W	x_0	510 (74)	455 (66)	393 (57)	
					θ	604 (87.7)	528 (76.7)	463 (67.2)	
					b	5.2	5.0	5.5	
2024	T-4	489 (71)	365 (53)	N	σ	26.3 (3.82)	21.4 (3.11)	17.4 (2.53)	14.0 (2.03)
Alumínio					μ	143 (20.7)	116 (16.9)	95 (13.8)	77 (11.2)
Ti-6Al-4V	HT-46	1040 (151)	992 (144)	N	σ	39.6 (5.75)	38.1 (5.53)	36.6 (5.31)	35.1 (5.10)
					μ	712 (108)	684 (99.3)	657 (95.4)	493 (71.6)

Parâmetros estatísticos de um grande número de ensaios de fadiga são listados. Distribuição de Weibull é denotada por W e os parâmetros são x_0, resistência à fadiga "garantida"; θ, resistência característica à fadiga; e b, fator de forma. A distribuição normal é denotada por N e os parâmetros são μ, resistência média à fadiga; e σ, desvio padrão da resistência à fadiga. A vida é em ciclos de tensão até a falha, TS = resistência de tração, YS = resistência de escoamento. Todos os ensaios por espécime de viga rotativa

Tabela A-27 Resistências à fadiga de vida finita de aços selecionados comuns de carbono. *Fonte:* Compilado da Tabela 4 em H. J. Grover, S. A. Gordon e L. R. Jackson, *Fatigue of Metals and Structures*. Bureau of Naval Weapons Document NAVWEPS 00-25-534, 1960.

Material	Condição	Resistência à tração BHN*	Resistência ao escapamento MPa	MPa	RA*	\multicolumn{8}{c}{Ciclos de tensão até falha}
						10^4	$4(10^4)$	10^5	$4(10^5)$	10^6	$4(10^6)$	10^7	10^8
1020	Esfriado em forno	135	58	30	0,63			37	34	30	28	25	
1030	Esfriado ao ar	132	80	45	0,62		51	47	42	38	38	38	
1035	Normal	209	72	35	0,54			44	40	37	34	33	33
1040	WQT	195	103	87	0,65		80	72	65	60	57	57	57
1045	Forjado		92	53	0,23				40	47	33	33	
1050	HR, N	164	107	63	0,49	80	70	56	47	47	47	47	
	N, AC		92	47	0,40	50	48	46	40	38	34	34	
.56 MN	WQT 1200	196	97	70	0,58		60	57	52	50	50	50	50
	N	193	98	47	0,42	61	55	51	47	43	41	41	41
	WQT 1200	277	111	84	0,57	94	81	73	62	57	55	55	55
1060	Como recozido	67 Rb	134	65	0,20	65	60	55	50	48	48	48	
1095	OQT 1200	162	84	33	0,37	50	43	40	34	31	30	30	30
	OQT 860	227	115	65	0,40	77	68	64	57	56	56	56	56
10120		224	117	59	0,12		60	56	51	50	50	50	
		369	180	130	0,15		102	95	91	91	91	91	

*BHN = número de dureza de Brinell; RA = redução fracionária em área.

Tabela A–28 Equivalentes decimais de bitolas de fio e de chapas metálicas (todas medidas são dadas em polegadas).

Nome da bitola:	Americana ou Brown & Sharpe	Birmingham ou Studs Iron Wire	Norma dos Estados Unidos†	Norma dos fabricantes	Fio de aço ou Washburn & Moen	Fio de música	Fio de aço de pinos	Broca de sulcos espiralados
Uso principal	Chapa não ferrosa, fio ou haste	Tubo, tira ferrosa, fio achatado, e aço de mola	Chapa ferrosa e placa, 75,4 kN/m³	Chapa ferrosa	Fio ferroso exceto fio de música	Fio de música	Haste de broca de aço	Brocas de sulcos espiralados e aço de broca
7/0			0,500		0,490			
16/0	0,580 0		0,468 75		0,461 5	0,004		
5/0	0,516 5		0,437 5		0,430 5	0,005		
4/0	0,460 0	0,454	0,406 25		0,393 8	0,006		
3/0	0,409 6	0,425	0,375		0,362 5	0,007		
2/0	0,364 8	0,380	0,343 75		0,331 0	0,008		
0	0,324 9	0,340	0,312 5		0,306 5	0,009		
1	0,289 3	0,300	0,281 25		0,283 0	0,010	0,227	0,228 0
2	0,257 6	0,284	0,265 625		0,262 5	0,011	0,219	0,221 0
3	0,229 4	0,259	0,25	0,239 1	0,243 7	0,012	0,212	0,213 0
4	0,204 3	0,238	0,234 375	0,224 2	0,225 3	0,013	0,207	0,209 0
5	0,181 9	0,220	0,218 75	0,209 2	0,207 0	0,014	0,204	0,205 5
6	0,162 0	0,203	0,203 125	0,194 3	0,192 0	0,016	0,201	0,204 0
7	0,144 3	0,180	0,187 5	0,179 3	0,177 0	0,018	0,199	0,201 0
8	0,128 5	0,165	0,171 875	0,164 4	0,162 0	0,020	0,197	0,199 0
9	0,114 4	0,148	0,156 25	0,149 5	0,148 3	0,022	0,194	0,196 0
10	0,101 9	0,134	0,140 625	0,134 5	0,135 0	0,024	0,191	0,193 5
11	0,090 74	0,120	0,125	0,119 6	0,120 5	0,026	0,188	0,191 0
12	0,080 81	0,109	0,109 357	0,104 6	0,105 5	0,029	0,185	0,189 0
13	0,071 96	0,095	0,093 75	0,089 7	0,091 5	0,031	0,182	0,185 0
14	0,064 08	0,083	0,078 125	0,074 7	0,080 0	0,033	0,180	0,182 0
15	0,057 07	0,072	0,070 312 5	0,067 3	0,072 0	0,035	0,178	0,180 0
16	0,050 82	0,065	0,062 5	0,059 8	0,062 5	0,037	0,175	0,177 0
17	0,045 26	0,058	0,056 25	0,053 8	0,054 0	0,039	0,172	0,173 0

Tabela A–28 *Continuação.*

Nome da bitola: Uso principal	Americana ou Brown & Sharpe — Chapa não ferrosa, fio ou haste	Birmingham ou Studs Iron Wire — Tubo, tira ferrosa, fio achatado, e aço de mola	Norma dos Estados Unidos[†] — Chapa ferrosa e placa, 75,4 kN/m³	Norma dos fabricantes — Chapa ferrosa	Fio de aço ou Washburn & Moen — Fio ferroso exceto fio de música	Fio de música — Fio de música	Fio de aço de pinos — Haste de broca de aço	Broca de sulcos espiralados — Brocas de sulcos espiralados e aço de broca
18	0,040 30	0,049	0,05	0,047 8	0,047 5	0,041	0,168	0,169 5
19	0,035 89	0,042	0,043 75	0,041 8	0,041 0	0,043	0,164	0,166 0
20	0,031 96	0,035	0,037 5	0,035 9	0,034 8	0,045	0,161	0,161 0
21	0,028 46	0,032	0,034 375	0,032 9	0,031 7	0,047	0,157	0,159 0
22	0,025 35	0,028	0,031 25	0,029 9	0,028 6	0,049	0,155	0,157 0
23	0,022 57	0,025	0,28 125	0,026 9	0,025 8	0,051	0,153	0,154 0
24	0,020 10	0,022	0,025	0,023 9	0,023 0	0,055	0,151	0,152 0
25	0,017 90	0,020	0,021 875	0,020 9	0,020 4	0,059	0,148	0,149 5
26	0,015 94	0,018	0,018 75	0,017 9	0,018 1	0,063	0,146	0,147 0
27	0,014 20	0,016	0,017 187 5	0,016 4	0,017 3	0,067	0,143	0,144 0
28	0,012 64	0,014	0,015 625	0,014 9	0,016 2	0,071	0,139	0,140 5
29	0,011 26	0,013	0,014 062 5	0,013 5	0,015 0	0,075	0,134	0,136 0
30	0,010 03	0,012	0,012 5	0,012 0	0,014 0	0,080	0,127	0,128 5
31	0,008 928	0,010	0,010 937 5	0,010 5	0,013 2	0,085	0,120	0,120 0
32	0,007 950	0,009	0,010 156 25	0,009 7	0,012 8	0,090	0,115	0,116 0
33	0,007 080	0,008	0,009 375	0,009 0	0,011 8	0,095	0,112	0,113 0
34	0,006 305	0,007	0,008 593 75	0,008 2	0,010 4		0,110	0,111 0
35	0,005 615	0,005	0,007 812 5	0,007 5	0,009 5		0,108	0,110 0
36	0,005 000	0,004	0,007 031 25	0,006 7	0,009 0		0,106	0,106 5
37	0,004 453		0,006 640 625	0,006 4	0,008 5		0,103	0,104 0
38	0,003 965		0,006 25	0,006 0	0,008 0		0,101	0,101 5
39	0,003 531				0,007 5		0,099	0,099 5
40	0,003 145				0,007 0		0,097	0,098 0

*Especifique chapa, o fio e a placa declarando o número de bitola, nome da bitola e o equivalente decimal em parênteses.
[†]Reflete a média presente e os pesos de aço de chapa.

Tabela A–29 Dimensões de parafusos de porca quadrada e hexagonal.

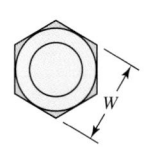

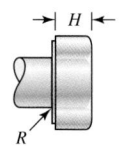

Medida nominal, in	Tipo de cabeça									
	Quadrada		Hexagonal regular			Hexagonal regular			Hexagonal estrutural		
	W	H	W	H	R_{min}	W	H	R_{min}	W	H	R_{min}
$\frac{1}{4}$	$\frac{3}{8}$	$\frac{11}{64}$	$\frac{7}{16}$	$\frac{11}{64}$	0,01						
$\frac{5}{16}$	$\frac{1}{2}$	$\frac{13}{64}$	$\frac{1}{2}$	$\frac{7}{32}$	0,01						
$\frac{3}{8}$	$\frac{9}{16}$	$\frac{1}{4}$	$\frac{9}{16}$	$\frac{1}{4}$	0,01						
$\frac{7}{16}$	$\frac{5}{8}$	$\frac{19}{64}$	$\frac{5}{8}$	$\frac{19}{64}$	0,01						
$\frac{1}{2}$	$\frac{3}{4}$	$\frac{21}{64}$	$\frac{3}{4}$	$\frac{11}{32}$	0,01	$\frac{7}{8}$	$\frac{11}{32}$	0,01	$\frac{7}{8}$	$\frac{5}{16}$	0,009
$\frac{5}{8}$	$\frac{15}{16}$	$\frac{27}{64}$	$\frac{15}{16}$	$\frac{27}{64}$	0,02	$1\frac{1}{16}$	$\frac{27}{64}$	0,02	$1\frac{1}{16}$	$\frac{25}{64}$	0,021
$\frac{3}{4}$	$1\frac{1}{8}$	$\frac{1}{2}$	$1\frac{1}{8}$	$\frac{1}{2}$	0,02	$1\frac{1}{4}$	$\frac{1}{2}$	0,02	$1\frac{1}{4}$	$\frac{15}{32}$	0,021
1	$1\frac{1}{2}$	$\frac{21}{32}$	$1\frac{1}{2}$	$\frac{43}{64}$	0,03	$1\frac{5}{8}$	$\frac{43}{64}$	0,03	$1\frac{5}{8}$	$\frac{39}{64}$	0,062
$1\frac{1}{8}$	$1\frac{11}{16}$	$\frac{3}{4}$	$1\frac{11}{16}$	$\frac{3}{4}$	0,03	$1\frac{13}{16}$	$\frac{3}{4}$	0,03	$1\frac{13}{16}$	$\frac{11}{16}$	0,062
$1\frac{1}{4}$	$1\frac{7}{8}$	$\frac{27}{32}$	$1\frac{7}{8}$	$\frac{27}{32}$	0,03	2	$\frac{27}{32}$	0,03	2	$\frac{25}{32}$	0,062
$1\frac{3}{8}$	$2\frac{1}{16}$	$\frac{29}{32}$	$2\frac{1}{16}$	$\frac{29}{32}$	0,03	$2\frac{3}{16}$	$\frac{29}{32}$	0,03	$2\frac{3}{16}$	$\frac{27}{32}$	0,062
$1\frac{1}{2}$	$2\frac{1}{4}$	1	$2\frac{1}{4}$	1	0,03	$2\frac{3}{8}$	1	0,03	$2\frac{3}{8}$	$\frac{15}{16}$	0,062

Medida nominal, mm	W	H	W	H	R_{min}	W	H	R_{min}	W	H	R_{min}
M5	8	3,58	8	3,58	0,2						
M6			10	4,38	0,3						
M8			13	5,68	0,4						
M10			16	6,85	0,4						
M12			18	7,95	0,6	21	7,95	0,6			
M14			21	9,25	0,6	24	9,25	0,6			
M16			24	10,75	0,6	27	10,75	0,6	27	10,75	0,6
M20			30	13,40	0,8	34	13,40	0,8	34	13,40	0,8
M24			36	15,90	0,8	41	15,90	0,8	41	15,90	1,0
M30			46	19,75	1,0	50	19,75	1,0	50	19,75	1,2
M36			55	23,55	1,0	60	23,55	1,0	60	23,55	1,5

Tabela A–30 Dimensões de parafusos de cabeça hexagonal de haste totalmente roscada e parafusos hexagonais de serviços pesados (W = largura entre superfícies planas paralelas; H = altura da cabeça. Veja figura na Tabela A–27).

Medida nominal, in	Raio mínimo de Filete	Tipo de parafuso Haste de rosca completa W	Tipo de parafuso Pesado W	Altura H
$\frac{1}{4}$	0,015	$\frac{7}{16}$		$\frac{5}{32}$
$\frac{5}{16}$	0,015	$\frac{1}{2}$		$\frac{13}{64}$
$\frac{3}{8}$	0,015	$\frac{9}{16}$		$\frac{13}{64}$
$\frac{7}{16}$	0,015	$\frac{5}{8}$		$\frac{9}{32}$
$\frac{1}{2}$	0,015	$\frac{3}{4}$	$\frac{7}{8}$	$\frac{5}{16}$
$\frac{5}{8}$	0,020	$\frac{15}{16}$	$1\frac{1}{16}$	$\frac{25}{64}$
$\frac{3}{4}$	0,020	$1\frac{1}{8}$	$1\frac{1}{4}$	$\frac{15}{32}$
$\frac{7}{8}$	0,040	$1\frac{5}{16}$	$1\frac{7}{16}$	$\frac{35}{64}$
1	0,060	$1\frac{1}{2}$	$1\frac{1}{8}$	$\frac{39}{64}$
$1\frac{1}{4}$	0,060	$1\frac{7}{8}$	2	$\frac{25}{32}$
$1\frac{3}{8}$	0,060	$2\frac{1}{16}$	$2\frac{3}{16}$	$\frac{27}{32}$
$1\frac{1}{2}$	0,060	$2\frac{1}{4}$	$2\frac{3}{8}$	$\frac{15}{16}$
Medida nominal, mm				
M5	0,2	8		3,65
M6	0,3	10		4,15
M8	0,4	13		5,50
M10	0,4	16		6,63
M12	0,6	18	21	7,76
M14	0,6	21	24	9,09
M16	0,6	24	27	10,32
M20	0,8	30	34	12,88
M24	0,8	36	41	15,44
M30	1,0	46	50	19,48
M36	1,0	55	60	23,38

Tabela A–31 Dimensões de porcas hexagonais.

Medida nominal, in	Largura W	Altura H Hexagonal regular	Altura H Espessa ou de fenda (fendida)	Altura H Travamento
$\frac{1}{4}$	$\frac{7}{16}$	$\frac{7}{32}$	$\frac{9}{32}$	$\frac{5}{32}$
$\frac{5}{16}$	$\frac{1}{2}$	$\frac{17}{64}$	$\frac{21}{64}$	$\frac{3}{16}$
$\frac{3}{8}$	$\frac{9}{16}$	$\frac{21}{64}$	$\frac{13}{32}$	$\frac{7}{32}$
$\frac{7}{16}$	$\frac{11}{16}$	$\frac{3}{8}$	$\frac{29}{64}$	$\frac{1}{4}$
$\frac{1}{2}$	$\frac{3}{4}$	$\frac{7}{16}$	$\frac{9}{16}$	$\frac{5}{16}$
$\frac{9}{16}$	$\frac{7}{8}$	$\frac{31}{64}$	$\frac{39}{64}$	$\frac{5}{16}$
$\frac{5}{8}$	$\frac{15}{16}$	$\frac{35}{64}$	$\frac{23}{32}$	$\frac{3}{8}$
$\frac{3}{4}$	$1\frac{1}{8}$	$\frac{41}{64}$	$\frac{13}{16}$	$\frac{27}{64}$
$\frac{7}{8}$	$1\frac{5}{16}$	$\frac{3}{4}$	$\frac{29}{32}$	$\frac{31}{64}$
1	$1\frac{1}{2}$	$\frac{55}{64}$	1	$\frac{35}{64}$
$1\frac{1}{8}$	$1\frac{11}{16}$	$\frac{31}{32}$	$1\frac{5}{32}$	$\frac{39}{64}$
$2\frac{1}{4}$	$1\frac{7}{8}$	$1\frac{1}{16}$	$1\frac{1}{4}$	$\frac{23}{32}$
$1\frac{3}{8}$	$2\frac{1}{16}$	$1\frac{11}{64}$	$1\frac{3}{8}$	$\frac{25}{32}$
$1\frac{1}{2}$	$2\frac{1}{4}$	$1\frac{9}{32}$	$1\frac{1}{2}$	$\frac{27}{32}$
Medida nominal, mm				
M5	8	4,7	5,1	2,7
M6	10	5,2	5,7	3,2
M8	13	6,8	7,5	4,0
M10	16	8,4	9,3	5,0
M12	18	10,8	12,0	6,0
M14	21	12,8	14,1	7,0
M16	24	14,8	16,4	8,0
M20	30	18,0	20,3	10,0
M24	36	21,5	23,9	12,0
M30	46	25,6	28,6	15,0
M36	55	31,0	34,7	18,0

Tabela A–32 Dimensões básicas de arruelas planas do padrão americano (todas as dimensões em polegadas).

Medida do fixador	Medida da arruela	Diâmetro interno	Diâmetro externo	Espessura
#6	0,138	0,156	0,375	0,049
#8	0,164	0,188	0,438	0,049
#10	0,190	0,219	0,500	0,049
#12	0,216	0,250	0,562	0,065
$\frac{1}{4}$ N	0,250	0,281	0,625	0,065
$\frac{1}{4}$ W	0,250	0,312	0,734	0,065
$\frac{5}{16}$ N	0,312	0,344	0,688	0,065
$\frac{5}{16}$ W	0,312	0,375	0,875	0,083
$\frac{3}{8}$ N	0,375	0,406	0,812	0,065
$\frac{3}{8}$ W	0,375	0,438	1,000	0,083
$\frac{7}{16}$ N	0,438	0,469	0,922	0,065
$\frac{7}{16}$ W	0,438	0,500	1,250	0,083
$\frac{1}{2}$ N	0,500	0,531	1,062	0,095
$\frac{1}{2}$ W	0,500	0,562	1,375	0,109
$\frac{9}{16}$ N	0,562	0,594	1,156	0,095
$\frac{9}{16}$ W	0,562	0,625	1,469	0,109
$\frac{5}{8}$ N	0,625	0,656	1,312	0,095
$\frac{5}{8}$ W	0,625	0,688	1,750	0,134
$\frac{3}{4}$ N	0,750	0,812	1,469	0,134
$\frac{3}{4}$ W	0,750	0,812	2,000	0,148
$\frac{7}{8}$ N	0,875	0,938	1,750	0,134
$\frac{7}{8}$ W	0,875	0,938	2,250	0,165
1 N	1,000	1,062	2,000	0,134
1 W	1,000	1,062	2,500	0,165
$1\frac{1}{8}$ N	1,125	1,250	2,250	0,134
$1\frac{1}{8}$ W	1,125	1,250	2,750	0,165
$1\frac{1}{4}$ N	1,250	1,375	2,500	0,165
$1\frac{1}{4}$ W	1,250	1,375	3,000	0,165
$1\frac{3}{8}$ N	1,375	1,500	2,750	0,165
$1\frac{3}{8}$ W	1,375	1,500	3,250	0,180
$1\frac{1}{2}$ N	1,500	1,625	3,000	0,165
$1\frac{1}{2}$ W	1,500	1,625	3,500	0,180
$1\frac{5}{8}$	1,625	1,750	3,750	0,180
$1\frac{3}{4}$	1,750	1,875	4,000	0,180
$1\frac{7}{8}$	1,875	2,000	4,250	0,180
2	2,000	2,125	4,500	0,180
$2\frac{1}{4}$	2,250	2,375	4,750	0,220
$2\frac{1}{2}$	2,500	2,625	5,000	0,238
$2\frac{3}{4}$	2,750	2,875	5,250	0,259
3	3,000	3,125	5,500	0,284

N: estreita; W: larga; use W quando não especificado.

Tabela A–33 Dimensões de arruelas planas métricas (todas as dimensões em milímetros).

Medida da arruela*	Mínimo diâmetro interno	Máximo diâmetro externo	Espessura máxima	Medida da arruela*	Mínimo diâmetro interno	Máximo diâmetro externo	Espessura máxima
1,6 N	1,95	4,00	0,70	10 N	10,85	20,00	2,30
1,6 R	1,95	5,00	0,70	10 R	10,85	28,00	2,80
1,6 W	1,95	6,00	0,90	10 W	10,85	39,00	3,50
2 N	2,50	5,00	0,90	12 N	13,30	25,40	2,80
2 R	2,50	6,00	0,90	12 R	13,30	34,00	3,50
2 W	2,50	8,00	0,90	12 W	13,30	44,00	3,50
2,5 N	3,00	6,00	0,90	14 N	15,25	28,00	2,80
2,5 R	3,00	8,00	0,90	14 R	15,25	39,00	3,50
2,5 W	3,00	10,00	1,20	14 W	15,25	50,00	4,00
3 N	3,50	7,00	0,90	16 N	17,25	32,00	3,50
3 R	3,50	10,00	1,20	16 R	17,25	44,00	4,00
3 W	3,50	12,00	1,40	16 W	17,25	56,00	4,60
3,5 N	4,00	9,00	1,20	20 N	21,80	39,00	4,00
3,5 R	4,00	10,00	1,40	20 R	21,80	50,00	4,60
3,5 W	4,00	15,00	1,75	20 W	21,80	66,00	5,10
4 N	4,70	10,00	1,20	24 N	25,60	44,00	4,60
4 R	4,70	12,00	1,40	24 R	25,60	56,00	5,10
4 W	4,70	16,00	2,30	24 W	25,60	72,00	5,60
5 N	5,50	11,00	1,40	30 N	32,40	56,00	5,10
5 R	5,50	15,00	1,75	30 R	32,40	72,00	5,60
5 W	5,50	20,00	2,30	30 W	32,40	90,00	6,40
6 N	6,65	13,00	1,75	36 N	38,30	66,00	5,60
6 R	6,65	18,80	1,75	36 R	38,30	90,00	6,40
6 W	6,65	25,40	2,30	36 W	38,30	110,00	8,50
8 N	8,90	18,80	2,30				
8 R	8,90	25,40	2,30				
8 W	8,90	32,00	2,80				

N: estreita; R: regular; W: larga.

*Mesmas medidas dos parafusos e parafusos de porca.

Tabela A–34 Função gama.*

Fonte: Reimpresso com autorização de William H. Beyer (ed.), *Handbook of Tables for Probability and Statistics,* 2. ed., 1966. Copyright CRC Press, Boca Raton, Florida.

Valores de $\Gamma(n) = \int_0^\infty e^{-x} x^{n-1} dx$

n	Γ(n)	n	Γ(n)	n	Γ(n)	n	Γ(n)
1,00	1,000 00	1,25	,906 40	1,50	,886 23	1,75	,919 06
1,01	,994 33	1,26	,904 40	1,51	,886 59	1,76	,921 37
1,02	,988 84	1,27	,902 50	1,52	,887 04	1,77	,923 76
1,03	,983 55	1,28	,900 72	1,53	,887 57	1,78	,926 23
1,04	,978 44	1,29	,899 04	1,54	,888 18	1,79	,928 77
1,05	,973 50	1,30	,897 47	1,55	,888 87	1,80	,931 38
1,06	,968 74	1,31	,896 00	1,56	,889 64	1,81	,934 08
1,07	,964 15	1,32	,894 64	1,57	,890 49	1,82	,936 85
1,08	,959 73	1,33	,893 38	1,58	,891 42	1,83	,939 69
1,09	,955 46	1,34	,892 22	1,59	,892 43	1,84	,942 61
1,10	,951 35	1,35	,891 15	1,60	,893 52	1,85	,945 61
1,11	,947 39	1,36	,890 18	1,61	,894 68	1,86	,948 69
1,12	,943 59	1,37	,889 31	1,62	,895 92	1,87	,951 84
1,13	,939 93	1,38	,888 54	1,63	,897 24	1,88	,955 07
1,14	,936 42	1,39	,887 85	1,64	,898 64	1,89	,958 38
1,15	,933 04	1,40	,887 26	1,65	,900 12	1,90	,961 77
1,16	,929 80	1,41	,886 76	1,66	,901 67	1,91	,965 23
1,17	,936 70	1,42	,886 36	1,67	,903 30	1,92	,968 78
1,18	,923 73	1,43	,886 04	1,68	,905 00	1,93	,972 40
1,19	,920 88	1,44	,885 80	1,69	,906 78	1,94	,976 10
1,20	,918 17	1,45	,885 65	1,70	,908 64	1,95	,979 88
1,21	,915 58	1,46	,885 60	1,71	,910 57	1,96	,983 74
1,22	,913 11	1,47	,885 63	1,72	,912 58	1,97	,987 68
1,23	,910 75	1,48	,885 75	1,73	,914 66	1,98	,991 71
1,24	,908 52	1,49	,885 95	1,74	,916 83	1,99	,995 81
						2,00	1,000 00

*Para $n > 2$, use a fórmula recursiva.

$$\Gamma(n) = (n-1)\,\Gamma(n-1)$$

Por exemplo, $\Gamma(5,42) = 4,42(3,42)(2,42)\Gamma(1,42) = 4,42(3,42)(2,42)(0,886\ 36) = 32,4245$

Para valores grandes positivos de x, $\Gamma(x)$ pode ser expresso pela série assimptótica baseada na aproximação de Stirling

$$\Gamma(x) \approx x^x e^{-x} \sqrt{\frac{2x}{x}} \left[1 + \frac{1}{12x} + \frac{1}{288x^2} - \frac{139}{51\,840x^3} - \frac{571}{2\,488\,320x^4} + \cdots \right]$$

B Apêndice
Respostas aos problemas selecionados

B-1 Capítulo 1

1-8 $P = 100$ unidades

1-11 (a) $e_1 = 0,005\ 751\ 311\ 1$, $e_2 = 0,008\ 427\ 124\ 7$, $e = 0,014\ 178\ 435\ 8$, (b) $e_1 = -0,004\ 248\ 688\ 9$, $e_2 = -0,001\ 572\ 875\ 3$, $e = -0,005\ 821\ 564\ 2$

1-15 $L_{10} = 84,1$ quilociclos

1-18 $\bar{n} = 1,32$, $d = 31,9$ mm

1-20 $\bar{n} = 1,17$, $R = 94,9\%$

1-21 (a) $w = 0,020 \pm 0,018$ in, (b) $\bar{d} = 1,32$

1-23 $a = 1,569 \pm 0,016$ in

1-24 $D_o = 4,012 \pm 0,036$ in

1-31 (a) $\sigma = 1,90$ kpsi, (b) $\sigma = 397$ psi, (c) $y = 0,609$ in, (d) $\theta = 4,95°$

B-2 Capítulo 2

2-6 (b) $E = 30,5$ Mpsi, $S_y = 45,6$ kpsi, $S_{ut} = 85,6$ kpsi, redução da área = 45,8%

2-9 (a) Antes: $S_y = 32$ kpsi, $S_u = 49,5$ kpsi, Após: $S'_y = 61,8$ kpsi, aumento de 93%, $S'_u = 61,9$ kpsi, aumento de 25%, (b) Antes: $S_u/S_y = 1,55$, Após: $S'_u/S'_y = 1$

2-15 $\bar{S}_u = 1,77$ kpsi, $s_{Su} = 1,27$ kpsi

2-17 (a) $u_R \approx 34,7$ in · lbf/in^3, (b) $u_T \approx 66,7\ (10^3)$ in · lbf/in^3

2-26 A liga de alumínio possui o maior potencial, seguida pelo aço de alto carbono termicamente tratado. Uma discussão mais aprofundada é necessária.

2-34 Aço, ligas de titânio, ligas de alumínio e compósitos.

B-3 Capítulo 3

3-1 $R_B = 33,3$ lbf, $R_O = 66,7$ lbf, $R_C = 33,3$ lbf

3-6 $R_O = 740$ lbf, $M_O = 8080$ lbf · in

3-14 (a) $M_{max} = 253$ lbf · in, (b) $a_{min} = 2,07$ in, $M_{min} = 214$ lbf · in

3-15 (a) $\sigma_1 = 22$ kpsi, $\sigma_2 = -12$ kpsi, $\sigma_3 = 0$ kpsi, $\phi_p = 14,0°$ horário, $\tau_1 = 17$ kpsi, $\sigma_{ave} = 5$ kpsi, $\phi_s = 31,0°$ anti-horário,
(b) $\sigma_1 = 18,6$ kpsi, $\sigma_2 = 6,4$ kpsi, $\sigma_3 = 0$ kpsi, $\phi_p = 27,5°$ anti-horário, $\tau_1 = 6,10$ kpsi, $\sigma_{ave} = 12,5$ kpsi, $\phi_s = 17,5°$ horário,
(c) $\sigma_1 = 26,2$ kpsi, $\sigma_2 = 7,78$ kpsi, $\sigma_3 = 0$ kpsi, $\phi_p = 69,7°$ anti-horário, $\tau_1 = 9,22$ kpsi, $\sigma_{ave} = 17$ kpsi, $\phi_s = 24,7°$ anti-horário, (d) $\sigma_1 = 25,8$ kpsi, $\sigma_2 = -15,8$ kpsi, $\sigma_3 = 0$ kpsi, $\phi_p = 72,4°$ horário, $\tau_1 = 20,8$ kpsi, $\sigma_{ave} = 5$ kpsi, $\phi_s = 27,4°$ anti-horário

3-20 $\sigma_1 = 24,0$ kpsi, $\sigma_2 = 0,819$ kpsi, $\sigma_3 = -24,8$ kpsi, $\tau_{max} = 24,4$ kpsi

3-23 $\sigma = 34,0$ kpsi, $\delta = 0,0679$ in, $\epsilon_1 = 1,13\ (10^{-3})$, $\epsilon_2 = -3,30(10^{-4})$, $\Delta d = -2,48(10^{-4})$ in

3-27 $\delta = 5,86$ mm

3-29 $\sigma_x = 382$ MPa, $\sigma_y = -37,4$ MPa

3-35 $\sigma_{max} = 84,3$ MPa, $\tau_{max} = 5,63$ MPa

3-40 Modelo c: $\sigma = 17,8$ kpsi, $\tau = 3,4$ kpsi, Modelo d: $\sigma = 25,5$ kpsi, $\tau = 3,4$ kpsi, Modelo e: $\sigma = 17,8$ kpsi, $\tau = 3,4$ kpsi

3-51 (a) $T = 1318$ lbf · in, $\theta = 4,59°$, (b) $T = 1287$ lbf · in, $\theta = 4,37°$

3-53 (a) $T_1 = 1,47$ N · m, $T_2 = 7,45$ N · m, $T_3 = 0$ N · m, $T = 8,92$ N · m, (b) $\theta_1 = 0,348$ rad/m

3-59 $H = 55,5$ kW

3-66 $d_c = 1,4$ in

3–69 (a) $T_1 = 2880$ N, $T_2 = 432$ N, (b) $R_C = 1794$ N, $R_O = 3036$ N, (d) $\sigma = 263$ MPa, $\tau = 57{,}7$ MPa, (e) $\sigma_1 = 275$ MPa, $\sigma_2 = -12{,}1$ MPa, $\tau_{max} = 144$ MPa

3–72 (a) $F_B = 750$ lbf, (b) $R_{Cy} = 183{,}1$ lbf, $R_{Cz} = 861{,}5$ lbf, $R_{Oy} = 208{,}5$ lbf, $R_{Oz} = 259{,}3$ lbf, (d) $\sigma = 35{,}2$ kpsi, $\tau = 7{,}35$ kpsi, (e) $\sigma_1 = 36{,}7$ kpsi, $\sigma_2 = -1{,}47$ kpsi, $\tau_{max} = 19{,}1$ kpsi

3–80 (a) Está na parede, na parte superior ou inferior da haste. (b) $\sigma_x = 16{,}3$ kpsi, $\tau_{xz} = 5{,}09$ kpsi, (c) $\sigma_1 = 17{,}8$ kpsi, $\sigma_2 = -1{,}46$ kpsi, $\tau_{max} = 9{,}61$ kpsi

3–84 (a) Está na parte superior ou na inferior. (b) $\sigma_x = 28{,}0$ kpsi, $\tau_{xz} = 15{,}3$ kpsi, (c) $\sigma_1 = 34{,}7$ kpsi, $\sigma_2 = -6{,}7$ kpsi, $\tau_{max} = 20{,}7$ kpsi

3–95 $x_{min} = 8{,}3$ mm

3–97 $x_{max} = 1{,}9$ kpsi

3–100 $p_o = 82{,}8$ MPa

3–104 $\sigma_l = -254$ psi, $\sigma_t = 5710$ psi, $\sigma_r = -23{,}8$ psi, $\tau_{1/3} = 2980$ psi, $\tau_{1/2} = 2870$ psi, $\tau_{2/3} = 115$ psi

3–108 $\tau_{max} = 2{,}68$ kpsi

3–110 $\delta_{max} = 0{,}021$ mm, $\delta_{min} = 0{,}0005$ mm, $p_{max} = 65{,}2$ MPa, $p_{min} = 1{,}55$ MPa

3–116 $\delta = 0{,}001$ in, $p = 8{,}33$ kpsi, $(\sigma_t)_i = -8{,}33$ kpsi, $(\sigma_t)_o = 21{,}7$ kpsi

3–120 $\sigma_i = 300$ MPa, $\sigma_o = -195$ MPa

3–126 (a) $\sigma = \pm 8{,}02$ kpsi, (b) $\sigma_i = -10{,}1$ kpsi, $\sigma_o = 6{,}62$ kpsi, (c) $K_i = 1{,}26$, $K_o = 0{,}825$

3–129 $\sigma_i = 64{,}6$ MPa, $\sigma_o = -21{,}7$ MPa

3–133 $\sigma_{max} = 352 F^{1/3}$ MPa, $\tau_{max} = 106 F^{1/3}$ MPa

3–138 $F = 117{,}4$ lbf

3–141 $\sigma_x = -35{,}0$ MPa, $\sigma_y = -22{,}9$ MPa, $\sigma_z = -96{,}9$ MPa, $\tau_{max} = 37{,}0$ MPa

4–16 $d_{min} = 32{,}3$ mm

4–24 $y_A = -7{,}99$ mm, $\theta_A = -0{,}0304$ rad

4–27 $y_A = 0{,}0805$ in, $z_A = -0{,}1169$ in, $(\theta_A)_y = 0{,}00115$ rad, $(\theta_A)_z = 8{,}06(10^{-5})$ rad

4–30 $(\theta_O)_z = 0{,}0131$ rad, $(\theta_C)_z = -0{,}0191$ rad

4–33 $(\theta_O)_y = 0{,}0104$ rad, $(\theta_O)_z = 0{,}00751$ rad, $(\theta_C)_y = -0{,}0193$ rad, $(\theta_C)_z = -0{,}0109$ rad

4–36 $d = 62{,}0$ mm

4–39 $d = 2{,}68$ in

4–41 $y = 0{,}1041$ in

4–43 Barra escalonada: $\theta = 0{,}026$ rad, barra simplificada: $\theta = 0{,}0345$ rad, 1,33 vezes maior, 0,847 in

4–46 $d = 38{,}1$ mm, $y_{max} = -0{,}0678$ mm

4–51 $y_B = -0{,}0155$ in

4–52 $k = 8{,}10$ N/mm

4–69 $\delta = 0{,}0102$ in

4–73 Barra escalonada: $\delta = 0{,}706$ in, barra uniforme: $\delta = 0{,}848$ in, 1,20 vezes maior

4–76 $\delta = 0{,}0338$ mm

4–78 $\delta = 0{,}0226$ in

4–81 $\delta = 0{,}551$ in

4–85 $\delta = 6{,}067$ mm

4–90 (a) $\sigma_b = 48{,}8$ kpsi, $\sigma_c = -13{,}9$ kpsi, (b) $\sigma_b = 50{,}5$ kpsi, $\sigma_c = -12{,}0$ kpsi

4–92 $R_B = 1{,}6$ kN, $R_O = 2{,}4$ kN, $\delta_A = 0{,}0223$ mm

4–97 $R_C = 1{,}33$ kips, $R_O = 4{,}67$ kips, $\delta_A = 0{,}00622$ in, $\sigma_{AB} = -14{,}7$ kpsi

4–101 $\sigma_{BE} = 20{,}2$ kpsi, $\sigma_{DF} = 10{,}3$ kpsi, $y_B = -0{,}0255$ in, $y_C = -0{,}0865$ in, $y_D = -0{,}0131$ in

4–106 (a) $t = 11$ mm, (b) No

4–112 $F_{max} = 143{,}6$ lbf, $\delta_{max} = 1{,}436$ in

B–4 Capítulo 4

4–3 (a) $k = \dfrac{\pi d^4 G}{32}\left(\dfrac{1}{x} + \dfrac{1}{l-x}\right)$,

$T_1 = 1500\dfrac{l-x}{l}$, $T_2 = 1500\dfrac{x}{l}$,

(b) $k = 28{,}2\,(10^3)$ lbf·in/rad, $T_1 = T_2 = 750$ lbf·in, $\tau_{max} = 30{,}6$ kpsi

4–7 $\delta = 5{,}262$ in, % de alongamento devido ao peso = 3,21%

4–10 $y_{max} = -25{,}4$ mm, $\sigma_{max} = -163$ MPa

4–13 $y_O = y_C = -3{,}72$ mm, $y\big|_{x=550mm} = 1{,}11$ mm

B–5 Capítulo 5

5–1 (a) MSS: $n = 3{,}5$, DE: $n = 3{,}5$, (b) MSS: $n = 3{,}5$, DE: $n = 4{,}04$, (c) MSS: $n = 1{,}94$, DE: $n = 2{,}13$, (d) MSS: $n = 3{,}07$, DE: $n = 3{,}21$, (e) MSS: $n = 3{,}34$, DE: $n = 3{,}57$

5–3 (a) MSS: $n = 1{,}5$, DE: $n = 1{,}72$, (b) MSS: $n = 1{,}25$, DE: $n = 1{,}44$, (c) MSS: $n = 1{,}33$, DE: $n = 1{,}42$, (d) MSS: $n = 1{,}16$, DE: $n = 1{,}33$, (e) MSS: $n = 0{,}96$, DE: $n = 1{,}06$

5–7 (a) $n = 3{,}03$

5-12 (a) $n = 2{,}40$, (b) $n = 2{,}22$, (c) $n = 2{,}19$, (d) $n = 2{,}04$, (e) $n = 1{,}92$

5-17 (a) $n = 1{,}81$

5-19 (a) BCM: $n = 1{,}2$, MM: $n = 1{,}2$, (b) BCM: $n = 1{,}5$, MM: $n = 2{,}0$, (c) BCM: $n = 1{,}18$, MM: $n = 1{,}24$, (d) BCM: $n = 1{,}23$, MM: $n = 1{,}60$, (e) BCM: $n = 2{,}57$, MM: $n = 2{,}57$

5-24 (a) BCM: $n = 3{,}63$, MM: $n = 3{,}63$

5-29 (a) $n = 1{,}54$

5-34 (a) $n = 1{,}54$

5-40 MSS: $n = 1{,}29$, DE: $n = 1{,}32$

5-48 MSS: $n = 13{,}9$, DE: $n = 14{,}3$

5-53 MSS: $n = 1{,}30$, DE: $n = 1{,}40$

5-58 Para o escoamento: $p = 934$ psi, Para o rompimento: $p = 1{,}11$ kpsi

5-63 $d = 0{,}892$ in

5-65 Modelo c: $n = 1{,}80$, Modelo d: $n = 1{,}25$, Modelo e: $n = 1{,}80$

5-67 $F_x = 2\pi\, fT/(0{,}2d)$

5-68 (a) $F_i = 16{,}7$ kN, (b) $p_i = 111{,}3$ MPa, (c) $\sigma_t = 185{,}5$ MPa, $\sigma_r = -111{,}3$ MPa (d) $\tau_{max} = 148{,}4$ MPa, $\sigma' = 259{,}7$ MPa, (e) MSS: $n = 1{,}52$, DE: $n = 1{,}73$

5-74 $n_o = 1{,}84$, $n_i = 1{,}80$

5-76 $n = 1{,}91$

5-84 (a) $F = 958$ kN, (b) $F = 329{,}4$ kN

B-6 Capítulo 6

6-1 $S_e = 433$ MPa

6-3 $N = 116\,700$ ciclos

6-5 $S_f = 117{,}0$ kpsi

6-9 $(S_f)_{ax} = 162\, N^{-0{,}0851}$ kpsi for $10^3 \le N \le 10^6$

6-15 $n_f = 0{,}73$, $n_y = 1{,}51$

6-17 $n_f = 0{,}49$, $N = 4600$ ciclos

6-20 $n_y = 1{,}66$, (a) $n_f = 1{,}05$, (b) $n_f = 1{,}31$, (c) $n_f = 1{,}32$

6-24 $n_y = 2{,}0$, (a) $n_f = 1{,}19$, (b) $n_f = 1{,}43$, (c) $n_f = 1{,}44$

6-25 $n_y = 3{,}32$, usando Goodman: $n_f = 0{,}64$, $N = 34\,000$ ciclos

6-28 (a) $n_f = 0{,}94$, $N = 637\,000$ ciclos, (b) $n_f = 1{,}16$ para vida infinita

6-30 O projeto é controlado pela fadiga no orifício, $n_f = 1{,}48$

6-33 (a) $T = 23{,}0$ lbf · in, (b) $T = 28{,}2$ lbf · in, (c) $n_y = 2{,}14$

6-35 $n_f = 1{,}21$, $n_y = 1{,}43$

6-38 $n_f = 0{,}56$

6-46 $n_f = 6{,}06$

6-47 $n_f = 1{,}40$

6-51 $n_f = 0{,}72$, $N = 7500$ ciclos

6-57 $P = 4{,}12$ kips, $n_y = 5{,}29$

6-59 (a) $n_2 = 7\,000$ ciclos, (b) $n_2 = 10\,000$ ciclos

B-7 Capítulo 7

7-1 (a) DE-Gerber: $d = 25{,}85$ mm, (b) DE-Elliptic: $d = 25{,}77$ mm, (c) DE-Soderberg: $d = 27{,}70$ mm, (d) DE-Goodman: $d = 27{,}27$ mm

7-2 Utilizando o critério Elíptico do DE, $d = 0{,}94$ in, $D = 1{,}25$ in, $r = 0{,}0625$ in

7-6 Essas respostas são uma avaliação parcial de um potencial de falha, Deflexões: $\theta_O = 5{,}47(10)^{-4}$ rad, $\theta_A = 7{,}09(10)^{-4}$ rad, $\theta_B = 1{,}10(10)^{-3}$ rad. Comparado às recomendações da Tabela 7-2, θ_B é alto para uma engrenagem sem coroa. Resistência: Usando o critério Elíptico do DE no ressalto em A, $n_f = 3{,}91$

7-18 (a) Resistência à fadiga usando o critério Elíptico do DE: Chaveta esquerda $n_f = 3{,}5$, ressalto de mancal direito $n_f = 4{,}2$, chaveta direita $n_f = 2{,}7$. Escoamento: chaveta esquerda $n_y = 4{,}3$, chaveta direita $n_y = 2{,}7$, (b) Fatores de deflexão comparados ao mínimo recomendado na Tabela 7–2: Rolamento esquerdo $n = 3{,}5$, Rolamento direito $n = 1{,}8$, inclinação de engrenagem $n = 1{,}6$

7-28 (a) $\omega = 883$ rad/s (b) $d = 50$ mm (c) $\omega = 1766$ rad/s (duplos)

7-30 (b) $\omega = 466$ rad/s = 4450 rev/min

7-34 Chaveta quadrada AISI 1020 CD, de comprimento $\frac{1}{4}$-in

7-36 $d_{min} = 14{,}989$ mm, $d_{max} = 15{,}000$ mm, $D_{min} = 15{,}000$ mm, $D_{max} = 15{,}018$ mm

7-42 (a) $d_{min} = 35{,}043$ mm, $d_{max} = 35{,}059$ mm, $D_{min} = 35{,}000$ mm, $D_{max} = 35{,}025$ mm, (b) $p_{min} = 35{,}1$ MPa, $p_{max} = 115$ MPa, (c) Eixo: $n_y = 3{,}4$, hub: $n_y = 1{,}9$, (d) Assumindo que $f = 0{,}8$, $T = 2700$ N · m

B-8 Capítulo 8

8-1 (a) Profundidade de rosca 2,5 mm, largura de rosca 2,5 mm, $d_m = 22{,}5$ mm, $d_r = 20$ mm, $l = p = 5$ mm

8-4 $T_R = 15{,}85$ N · m, $T_L = 7{,}83$ N · m, $e = 0{,}251$

8-8 $F = 182$ lbf

8-11 (a) $L = 45$ mm, (b) $k_b = 874,6$ MN/m, (c) $k_m = 3\,116,5$ MN/m

8-14 (a) $L = 3,5$ in, (b) $k_b = 1,79$ Mlbf/in, (c) $k_m = 7,67$ Mlbf/in

8-19 (a) $L = 60$ mm, (b) $k_b = 292,1$ MN/m, (c) $k_m = 692,5$ MN/m

8-25 Das Equações (8-20) e (8–22), $k_m = 2\,762$ MN/m, Da Equação (8–23), $k_m = 2\,843$ MN/m

8-29 (a) $n_p = 1,10$, (b) $n_L = 1,60$, (c) $n_0 = 1,20$

8-33 $L = 55$ mm, $n_p = 1,29$, $n_L = 11,1$, $n_0 = 11,8$

8-37 $n_p = 1,29$, $n_L = 10,7$, $n_0 = 12,0$

8-41 Os tamanhos dos parafusos de diâmetros 8, 10, 12, e 14 mm foram avaliados e considerados aceitáveis. Para $d = 8$ mm, $k_m = 854$ MN/m, $L = 50$ mm, $k_b = 233,9$ MN/m, $C = 0,215$, $N = 20$ parafusos, $F_i = 6,18$ kN, $P = 2,71$ kN/parafuso, $n_p = 1,22$, $n_L = 3,53$, $n_0 = 2,90$

8-46 (a) $T = 823$ N · m, (b) $n_p = 1,10$, $n_L = 17,7$, $n_0 = 57,7$

8-51 (a) Goodman: $n_f = 7,55$, (b) Gerber: $n_f = 11,4$, (c) Elíptico do ASME: $n_f = 9,73$

8-55 Goodman: $n_f = 11,9$

8-60 (a) $n_p = 1,16$, (b) $n_L = 2,96$, (c) $n_0 = 6,70$, (d) $n_f = 4,56$

8-63 $n_p = 1,24$, $n_L = 4,62$, $n_0 = 5,39$, $n_f = 4,75$

8-67 Cisalhamento dos parafusos, $n = 2,30$; contato nos parafusos, $n = 4,06$; contato nos elementos, $n = 1,31$; tensão nos elementos, $n = 3,68$

8-70 Cisalhamento dos parafusos, $n = 1,70$; contato nos parafusos, $n = 4,69$; contato nos elementos, $n = 2,68$; tensão nos elementos, $n = 6,68$

8-75 $F = 2,32$ kN com base em rolamento de canal

8-77 Cisalhamento dos parafusos, $n = 4,78$; contato nos parafusos, $n = 10,55$; contato nos elementos, $n = 5,70$; tensão nos elementos, $n = 4,13$

B-9 Capítulo 9

9-1 $F = 49,5$ kN

9-5 $F = 51,2$ kN

9-9 $F = 31,1$ kN

9-14 $\tau = 22,6$ kpsi

9-18 (a) $F = 2,71$ kips, (b) $F = 1,19$ kips

9-22 $F = 5,41$ kips

9-26 $F = 5,89$ kips

9-29 $F = 12,5$ kips

9-31 $F = 5,04$ kN

9-34 Ao redor do quadrado, quatro cordões cada $h = 6$ mm, 75 mm de comprimento, Eletrodo E6010

9-45 $\tau_{max} = 25,6$ kpsi

9-47 $\tau_{max} = 45,3$ MPa

9-48 $n = 3,48$

9-51 $F = 61,2$ kN

B-10 Capítulo 10

10-3 (a) $L_0 = 162,8$ mm, (b) $F_s = 167,9$ N, (c) $k = 1,314$ N/mm, (d) $(L_0)_{cr} = 149,9$ mm, a mola precisa ser suportada

10-5 (a) $L_s = 65$ mm, (b) $F_s = 289,5$ N, (c) $n_s = 2,05$

10-7 (a) $L_0 = 47,7$ mm, (b) $p = 5,61$ mm, (c) $F_s = 81,12$ N, (d) $k = 2,643$ N/mm, (e) $(L_0)_{cr} = 105,2$ mm a flambagem é improvável

10-11 A mola possui segurança sólida, $n_s = 0,56$ $L_0 \leq 14,4$ mm

10-17 A mola não possui segurança sólida, ($n_s = 1,04$), $L_0 \leq 68,2$ mm

10-20 (a) $N_a = 12$ turns, $L_s = 44,2$ mm, $p = 10$ mm, (b) $k = 1,08$ N/mm, (c) $F_s = 81,9$ N, (d) $\tau_s = 271$ MPa

10-23 Com $d = 2$ mm, $L_0 = 48$ mm, $k = 4,286$ N/mm, $D = 13,25$ mm, $N_a = 15,9$ bobinas, $n_s = 2,63 > 1,2$, ok. Sem outros trabalhos d.

10-28 (a) $d = 6$ mm, (b) $D = 42$ mm, (c) $k = 24$ N/mm, (d) $N_t = 9,29$ turns, (e) $L_0 = 102,2$ mm

10-30 Use arame de aço inoxidável A313, $d = 2,3$ mm, OD = 209 mm, $N_t = 24,6$ turns, $L_0 = 118,9$ mm

10-39 $\Sigma = 31,3°$ (veja Figura 10–9), $F_{max} = 87,3$ N

10-42 (a) $k = 12\,EI\{4l^3 + 3R[2\pi l^2 + 4(\pi - 2)\,lR + (3\pi - 8)\,R^2]\}^{-1}$, (b) $k = 36,3$ lbf/in, (c) $F = 3,25$ lbf

B-11 Capítulo 11

11-1 $x_D = 525$, $F_D = 3,0$ kN, $C_{10} = 24,3$ kN, 02–35 mm de mancais de esferas de sulco profundo, $R = 0,920$

11-6 $x_D = 456$, $C_{10} = 145$ kN

11-8 $C_{10} = 20$ kN

11-15 $C_{10} = 26,1$ kN

11-21 (a) $F_e = 5,34$ kN, (b) $\quad_D = 444$ h

11-24 60 mm de sulco profundo

11-27 (a) $C_{10} = 12,8$ kips

11–33 $C_{10} = 5{,}7$ kN, 02–12 mm de mancais de esferas de sulco profundo

11–34 $R_O = 112$ lbf, $R_C = 298$ lbf, sulco profundo de 02–17 mm em O, sulco profundo de 02–35 mm em C

11–38 $l_2 = 0{,}267(10^6)$ rev

11–43 $F_{RA} = 35{,}4$ kN, $F_{RB} = 17{,}0$ kN

B–12 Capítulo 12

12–1 $c_{min} = 0{,}015$ mm, $r = 12{,}5$ mm, $r/c = 833$, $N_j = 18{,}3$ rev/s, $S = 0{,}182$, $h_0/c = 0{,}3$, $rf/c = 5{,}4$, $Q/(rcNl) = 5{,}1$, $Q_s/Q = 0{,}81$, $h_0 = 0{,}0045$ mm, $H_{perda} = 11{,}2$ W, $Q = 219$ mm³/s, $Q_s = 177$ mm³/s

12–3 SAE 10: $h_0 = 0{,}000\ 275$ in, $p_{max} = 847$ psi, $c_{min} = 0{,}0025$ in

12–7 $h_0 = 0{,}00069$ in, $f = 0{,}007\ 87$, $Q = 0{,}0833$ in³/s

12–9 $h_0 = 0{,}011$ mm, $H = 48{,}1$ W, $Q = 1426$ mm³/s, $Q_s = 1012$ mm³/s

12–11 $T_{av} = 154°F$, $h_0 = 0{,}00113$ in, $H_{perda} = 0{,}0750$ Btu/s, $Q_s = 0{,}0802$ in³/s

12–20 Aproximadamente: $\mu = 45{,}7$ mPa · s, Figura 12–13: $\mu = 39$ mPa · s

B–13 Capítulo 13

13–1 35 dentes, 3,25 in

13–2 400 rev/min, $p = 3\pi$ mm, $C = 112{,}5$ mm

13–4 $a = 0{,}3333$ in, $b = 0{,}4167$ in, $c = 0{,}0834$ in, $p = 1{,}047$ in, $t = 0{,}523$ in, $d_1 = 7$ in, $d_{1b} = 6{,}578$ in, $d_2 = 9{,}333$ in, $d_{2b} = 8{,}77$ in, $p_b = 0{,}984$ in, $m_c = 1{,}55$

13–5 $d_P = 2{,}333$ in, $d_G = 5{,}333$ in, $\gamma = 23{,}63°$, $\Gamma = 66{,}37°$, $A_0 = 2{,}910$ in, $F = 0{,}873$ in

13–10 (a) 13, (b) 15, 45, (c) 18

13–12 10:20 e maior

13–15 (a) $p_n = 3\pi$ mm, $p_t = 10{,}40$ mm, $p_x = 22{,}30$ mm, (b) $m_t = 3{,}310$ mm, $\phi_t = 21{,}88°$, (c) $d_P = 59{,}58$ mm, $d_G = 105{,}92$ mm

13–17 $e = 4/51$, $n_d = 47{,}06$ rev/min horário

13–24 $N_2 = N_4 = 15$ dentes, $N_3 = N_5 = 44$ dentes

13–29 $n_A = 68{,}57$ rev/min horário

13–36 (a) $d_2 = d_4 = 2{,}5$ in, $d_3 = d_5 = 7{,}33$ in, (b) $V_i = 1636$ ft/min, $V_o = 558$ ft/min, (c) $W_{ti} = 504$ lbf, $W_{ri} = 184$ lbf, $W_i = 537$ lbf, $W_{to} = 1478$ lbf, $W_{ro} = 538$ lbf, $W_o = 1573$ lbf, (d) $T_i = 630$ lbf · in, $T_o = 5420$ lbf · in

13–38 (a) $N_{Pmin} = 15$ dentes, (b) $P = 1{,}875$ dentes/in, (c) $F_A = 311$ lbf, $F_B = 777{,}6$ lbf

13–41 (a) $N_F = 30$ dentes, $N_C = 15$ dentes, (b) $P = 3$ dentes/in, (c) $T = 900$ lbf · in, (d) $W_r = 65{,}5$ lbf, $W_t = 180$ lbf, $W = 192$ lbf

13–43 $\mathbf{F}_A = 71{,}5\ \mathbf{i} + 53{,}4\ \mathbf{j} + 350{,}5\ \mathbf{k}$ lbf, $\mathbf{F}_B = -178{,}4\ \mathbf{i} - 678{,}8\ \mathbf{k}$ lbf

13–50 $\mathbf{F}_C = 1565\ \mathbf{i} + 672\ \mathbf{j}$ lbf, $\mathbf{F}_D = 1610\ \mathbf{i} - 425\ \mathbf{j} + 154\ \mathbf{k}$ lbf

B–14 Capítulo 14

14–1 $\sigma = 7{,}63$ kpsi

14–4 $\sigma = 32{,}6$ MPa

14–7 $F = 2{,}5$ in

14–10 $m = 2$ mm, $F = 25$ mm

14–14 $\sigma_c = -617$ MPa

14–17 $W^t = 16\ 390$ N, $H = 94{,}3$ kW (flexão do pinhão); $W^t = 3469$ N, $H = 20{,}0$ kW (desgaste da coroa e do pinhão)

14–18 $W^t = 1283$ lbf, $H = 32{,}3$ hp (flexão do pinhão); $W^t = 1633$ lbf, $H = 41{,}1$ hp (flexão da coroa); $W^t = 265$ lbf, $H = 6{,}67$ hp (desgaste da coroa e do pinhão)

14–22 $W^t = 775$ lbf, $H = 19{,}5$ hp (flexão do pinhão); $W^t = 300$ lbf, $H = 7{,}55$ hp (desgaste do pinhão), o método AGMA fornece mais condições

14–24 Valor da potência = min(157,5, 192,9, 53,0, 59,0) = 53 hp

14–28 Valor da potência = min(270, 335, 240, 267) = 240 hp

14–34 $H = 69{,}7$ hp

B–15 Capítulo 15

15–1 $W_P^t = 690$ lbf, $H_1 = 16{,}4$ hp, $W_G^t = 620$ lbf, $H_2 = 14{,}8$ hp

15–2 $W_P^t = 464$ lbf, $H_3 = 11{,}0$ hp, $W_G^t = 531$ lbf, $H_4 = 12{,}6$ hp

15–8 Núcleo de pinhão 300 Bhn, superfície, 373 Bhn; núcleo de engrenagem, 339 Bhn, superfície, 345 Bhn

15–9 Para todos os quatro $W^t = 690$ lbf

15–11 Núcleo de pinhão 180 Bhn, superfície, 266 Bhn; núcleo de engrenagem, 180 Bhn, superfície, 266 Bhn

B–16 Capítulo 16

16–1 (a) Sapata direita: $p_a = 734{,}5$ kPa com rotação em sentido horário (b) Sapata direita: $T = 277{,}6$ N · m; sapata esquerda: 144,4 N · m; total $T = 422$ N · m, (c) sapata direita: $R^x = -1{,}007$ kN, $R^y = 4{,}13$ kN,

$R = 4,25$ kN, sapata esquerda: $R^x = 570$ N, $R^y = 751$ N, $R = 959$ N

16–3 sapata esquerda: $T = 2,265$ kip · in, $p_a = 133,1$ psi, sapata direita: $T = 0,816$ kip · in, $p_a = 47,93$ psi, $T_{\text{total}} = 3,09$ kip · in

16–5 $p_a = 27,4$ psi, $T = 348,7$ lbf · in

16–8 $a' = 1,209r$, $a = 1,170r$

16–10 $P = 1,25$ kips, $T = 25,52$ kip · in

16–14 (a) $T = 8200$ lbf · in, $P = 504$ lbf, $H = 26$ hp, (b) $R = 901$ lbf, (c) $p|_{\theta=0} = 70$ psi, $p|_{\theta=270°} = 27,3$ psi

16–17 (a) $F = 1885$ lbf, $T = 7125$ lbf · in, (c) a capacidade de torque exibe um ponto máximo estacionário

16–18 (a) $d^* = D/\sqrt{3}$, (b) $d^* = 3,75$ in, $T^* = 7173$ lbf · in, (c)

16–19 (a) Desgaste uniforme: $p_a = 14,04$ psi, $F = 243$ lbf, (b) Pressão uniforme: $p_a = 13,42$ psi, $F = 242$ lbf

16–23 $C_s = 0,08$, $t = 143$ mm

16–26 (b) $I_e = I_M + I_P + n^2 I_P + I_L/n^2$, (c) $I_e = 10 + 1 + 10^2(1) + 100/10^2 = 112$

16–27 (c) $n^* = 2,430$, $m^* = 4,115$, os quais são independentes de I_L

B-17 Capítulo 17

17–2 (a) $F_c = 0,913$ lbf, $F_i = 101,1$ lbf, $(F_1)_a = 147$ lbf, $F_2 = 57$ lbf, (b) $H_a = 2,5$ hp, $n_{fs} = 1,0$, (c) $0,151$ in

17–4 Correia de poliamida A-3, $b = 6$ in, $F_c = 77,4$ lbf, $T = 10\ 946$ lbf · in, $F_1 = 573,7$ lbf, $F_2 = 117,6$ lbf, $F_i = 268,3$ lbf, dip $= 0,562$ in

17–6 (a) $T = 742,8$ lbf · in, $F_i = 148,1$ lbf, (b) $b = 4,13$ in, (c) $(F_1)_a = 289,1$ lbf, $F_c = 17,7$ lbf, $F_i = 147,6$ lbf, $F_2 = 41,5$ lbf, $H = 20,6$ hp, $n_{fs} = 1,1$

17–8 $R^x = (F_1 + F_2)\{1 - 0,5[(D - d)/(2C)]^2\}$, $R^y = (F_1 - F_2)(D - d)/(2C)$, do Exemplo 17–2, $R^x = 1214,4$ lbf, $R^y = 34,6$ lbf

17–14 Com $d = 2$ in, $D = 4$ in, vida de 10^6 passagens, $b = 4,5$ in, $n_{fs} = 1,05$

17–17 Selecione uma correia B90

17–20 Selecione nove correias C240, vida $> 10^9$ passagens, vida $> 150\ 000$ h

17–24 (b) $n_1 = 1227$ rev/min. A Tabela 17-20 confirma que esse ponto ocorre na variação de 1200 ± 200 rev/min, (c) A Equação (17-40) é aplicavel a velocidades que excedem 1227 rev/min para corrente No. 60

17–25 (a) $H_a = 7,91$ hp; (b) $C = 18$ in, (c) $T = 1164$ lbf · in, $F = 744$ lbf

17–27 Corrente No. 60 de quatro fileiras, $N_1 = 17$ dentes, $N_2 = 84$ dentes, arredondada, $L = 100$ in, $C = 30,0$ in $n_{fs} = 1,17$, vida 15 000 h (pré-extrema)

B-20 Capítulo 20

20–13 Respostas parciais: (a) 50,3, 49,7 (b) Não há efeito (c) O eixo central da saliência cilíndrica, conforme determinado pela envolvente de acoplamento real relacionada (d) 0,2 (e) 0,8

20–15 Dica: Leia sobre a envolvente de acoplamento real.

20–17 20,2, 19,8

20–21 (a) 0,1, 0,1, 0,1, (b) 0,5, 0,3, 0,1, (c) 0,1, 0,3, 0,5

Índice remissivo

A

Abrasão, 726-727
Abscissa de McKee, 604-605
Ação conjugada, 659-660
Aço eutectoide, 60-61
Aço inoxidável, 55-56, 63-64
Aço termo-tratado, 59-63
Aço
  erros fundidos, 62-64
  ligas para fundição, 64-66
  módulo de elasticidade, 42
  resistência em relação à durezas, 50-5
  resistente à corrosão, 63-64
  sistema de numeração, 55-57
  tratamento térmico, 59-63
Acoplamentos, 846-850
Aços cromo-ferríticos, 63-64
Aços fundidos, 64-66
Aços inoxidáveis autênticos, 63-64, 63-64
Aços inoxidáveis cromo-níquel, 62-64
Aços inoxidáveis martensíticos, 63-64
Aços resistentes à corrosão, 63-64
Aços-liga, 62-64
Adelgaçamento, 667-670, 675-676
Adendo, 658-659, 678-681, 793-794, 795-796
Adesivos anaeróbicos, 484-485
Adesivos de contato, 484-485
Adesivos estruturais, 483-485
Adesivos sensíveis à pressão, 484-485
Admissibilidade, 28-29
Agentes de oleosidade, 643
AGMA American Gear Manufacturers Association, 12, 332-333, 678-679, 717, 770 *Veja também* Fatores de equação AGMA
  equações de resistência, 730-735, 775-776
  equações de tensão, 728-731, 772, 775-776
  nomenclatura, 718-719, 773-774
Ajuste corrediço apertado, 383-384
Ajuste corrediço folgado, 383-384
Ajuste corrediço livre, 383-384
Ajuste deslizante, 383-384
Ajuste forçado, 383-384
Ajuste locativo de folga, 383-384
Ajuste locativo de interferência, 383-384
Ajuste médio forçado, 383-384
Ajuste por interferência, 128-130
Ajuste, 28-29
Ajustes cônicos, 351-352
Ajustes de pressão e contração, 128-130, 351-352
Ajustes
  de interferência, 384-387
  limites e ajustes preferenciais, 381-385
  tipos de, 383-384
Algarismos significativos, 32-34

Alinhamento (mancais), 590-591
Alívio de tensão, 60-61
Alumínio, 55-57, 65-66
American Bearing Manufacturers Association (ABMA), 11, 556
American Chain Association (ACA), 896-897
American Institute of Steel Construction (AISC), 12, 472-475
American Iron and Steel Institute (AISI), 12, 55-56
American Society for Testing and Materials (ASTM), 12, 50-51, 56-57, 257-258
American Society of Mechanical Engineers (ASME), 10, 11-12, 19-20, 602
American Welding Society (AWS), 12, 460-463
Análise de força
  engrenagens cônicas, 692-696
  engrenagens de dentes retos, 688-693
  engrenagens helicoidais, 695-698
  engrenagens sem-fim, 697-704
  estudo de caso, 930
  método, 84-87
Análise de Raimondi-Boyd, 612-614, 622-625, 626-627, 627-628
Análise de transferência de calor (FEA), 954
Análise de vibração (FEA), 954-958
Análise e otimização, 7
Análise estocástica, 17-18, 279
Análise modal, 954-958
Análise por elemento finito (FEA), 230, 939-958
  análise de vibração, 954-958
  aplicação de carga, 949-951
  biblioteca de elementos, 942-943
  carga crítica de flambagem, 954-956
  condições de contorno, 950-951
  geometrias de elemento, 942-945
  geração de malha, 947-950
  método do elemento finito, 940-943
  processo de solução do elemento finito, 943-948
  sobre, 940-941
  técnicas de modelagem, 951-964
  tensão térmica, 954
  tipos de erros na, 941-943
Anéis de retenção, 359-360, 380-381, 588-589, 933-934
Anéis rotativos, tensões em, 127-129
Ângulo de ação, 664-665
Ângulo de aproximação, 664-665
Ângulo de articulação, 892-894
Ângulo de cone, 413-414, 837-839
Ângulo de espiral, 770
Ângulo de hélice, 400, 673-676
Ângulo de pressão, 671, 688, 690
Ângulo de recesso, 664-665

Ângulo de torção, 113-114, 118-119
Anodização, 65-66
Aplicação de carga, 949-951
Apresentação, 7-8
Arco de ação, 666-667
Arco de aproximação, 666-667
Arco de recesso, 666-667
Arco efetivo, 868-869
Arco inativo, 868-869
Área de tensão de tração, 396-398
Área dos eixos principais, 105
Arruelas, 407-408, 409-411, 418-420, 589-590
Ashby, Mike f., 71-72
Associated Spring, 538-539
Atributos geométricos, 9964-966
Autovalores, 954-956
Autovetores, 954-956
Avaliação de projeto para mancais de rolamento selecionados, 582-587
Avaliação, 7
Avanço, 395

B

B_{10}, vida, 557-558
Bainita, 60-61
Bairstow, L, 279
Barth, Carl G., 722
Barulho, vibração e aspereza (NVH), 483-484
Base furo (limites e ajustes), 381-382
Base eixo (limites e ajustes), 382-384
Blake, J. C., 423-424
Bônus de tolerância, 986-988, 995-996
Boyd, John, 612-614
Bronze alumínio, 67-68
Bronze comercial, 66-67
Bronze silício, 67-68
Bronze, 66-69
Bronze-berílio, 68-69
Bronze-fósforo, 67-68
Brunimento, de engrenagem, 672-673
Bucha, 600, 641-642
  desgaste, 646-649
Buchas esféricas, 556
Buckingham, Earle, 330-333

C

Cabeça de parafuso, 374-375, 408-410
Cabos de entrelaçado concordante (Lang), 901-902
Caixa de mancais, 590-592
Cálculos e dígitos significativos, 32-34
Capacidade Básica de Carga Dinâmica, 557-558
Capacidade de carga C_{10}, 557-559, 560-562, 563-564, 566

Capacidade de carga de catálogo, mancais de rolamento, 557-558
Capacidade de sustentação, 374-375
Capacidade estática nominal básica, 563-564
Característica de mancal, 604-605
Características geométricas, 977-987, 996-997
Carga crítica de flambagem, 954-956
Carga crítica, 193-194
Carga de desgaste de Buckingham, 804-805
Carga de flexão equivalente, 902-903, 908-909
Carga de impacto, 51-52
Carga de momento (cisalhamento secundário), 442-443
Carga de prova, 417-420
Carga direta, 442-443
Carga e análise de tensão
 ajustes por pressão e contração, 128-130
 círculo de Mohr para tensões planas, 91-98
 componentes cartesianas de tensão, 90-92
 concentração de tensão, 121-126
 deformação elástica, 99-100
 efeitos de temperatura, 129-130
 equilíbrio e diagramas de corpo livre, 83-87
 força de cisalhamento e momentos fletores em vigas, 86-87
 funções de singularidade, 88-91
 tensão de contato, 134-139
 tensão geral tridimensional, 98-99
 tensão, 92-93
 tensões de cisalhamento para vigas em flexão, 105-113
 tensões distribuídas uniformemente, 100-101
 tensões em anéis rotativos, 127-129
 tensões em cilindros pressurizados, 125-128
 tensões normais para vigas em flexão, 101-106
 torção, 113-122
 vigas curvas em flexão, 130-135
Carga estática, 51-52, 226
Carga radial equivalente, 562-563
Carga uniforme, 194-195, 369-371, 639-640
Carga unitária crítica, 194-195
Cargas simples flutuantes, 334-336
Carregamento de cisalhamento e juntas parafusadas e rebitadas, 437-446
Carregamento de fadiga
 de junções soldadas, 480-482
 em juntas tracionadas, 429-438
 em molas helicoidais de compressão, 519-528
 no cabo de aço, 906-908
Carregamento dinâmico, efeito da concentração de tensão, 123-124, 298-304
Carregamento estático, falhas resultantes de sobre, 226
 teoria de Coulomb-Mohr frágil (BCM) e teoria de Mohr modificada (MM), 246-250, 260-261
 concentração de tensão, 122-124, 230
 mecânica da fratura, introdução à, 251-260
 resistência estática, 228-229

resumo de equações de projeto, 259-262
resumo de falha de materiais dúcteis, 242-247
resumo de falha de materiais frágeis, 249-250
seleção de critérios de falha, 249-251
teoria da energia de distorção para materiais dúcteis, 233-239
teoria da tensão de cisalhamento máxima para materiais dúcteis, 231-234
teoria da tensão normal máxima para materiais frágeis, 246-247
teoria de Coulomb-Mohr para materiais dúcteis, 239-242
teorias de falha, resumo, 231-262
Carregamento gravitacional, 950-951
Carregamento variável, 269
 em mancais, 568-571
Cartas para seleção de materiais, 71-78
Categorias de problemas de fadiga, 320-321
Cerâmica, 71-72, 77-78
CES Edupack software, 71-72
Chapeamento eletrolítico, 297
Chaveta cabeça de quilha, 378-380
Chaveta de Woodruff, 378-379
Chaveta quadrada, 377-378
Chavetas e ranhuras nas chavetas, 359-360, 376-381
Choque, 203-305
Choudury, M., 414-416
Ciclo de carregamento periódico contínuo por pedaços, 568-569
Cilindros pressurizados, tensões em, 125-128
Círculo de base, 660-666
Círculo de folga, 658-659
Círculo de Mohr para tensões planas, 91-98
Círculo primitivo (de passo), 657-658, 659-660, 663-664
Cisalhamento direto, 101, 175-176, 502-504
Cisalhamento primário, 442-443, 466-467, 471-472
Cisalhamento puro, 100
Cisalhamento secundário, 442-443, 466-467
Clough, R. W., 941-942
Código de dimensão de série (ABMA), 565
Códigos, 12-14
Coeficiente de atrito
 ajustes de interferência, 386-387
 conectores rosqueados, 423-424
 correia em V, 884-885
 embreagens/freios, 809, 810, 812, 845-846, 845-848
 engrenagens sem-fim, 698-699, 701, 794-796
 mancais de deslizamento, 602-605, 621-623, 643
 parafusos de potência, 400, 406-408
 transmissão de correias planas e redondas, 868-869
Coeficiente de eficiência do material, 74-75
Coeficiente de esbeltez, 194-195, 201-202
Coeficiente de flutuação de velocidade, 851-853
Coeficiente de Poisson, 70-71, 100
Coeficiente de torque, 423-424
Coeficiente de variação, 26-27
Coeficiente elástico, 727-728, 729-730, 739-740, 741, 782-784

Coeficientes de influência, 369-371
Collins, J. A., 330-331
Colunas
 carga crítica, 193-194
 coeficiente de esbelteza, 194-195
 com carregamento excêntrico, 196-201
 de comprimento intermediário com carregamento central, 196-197
 flexão instável, 193-194
 fórmula de coluna de Euler, 193-194
 fórmula de secante para coluna, 197-199
 fórmula parabólica, 196-197
 longas com carregamento central, 193-197
Colunetas, 200-202
Componentes cartesianas de tensão, 90-92
Compressão pura, 100
Comprimento de passo, 884-885
Comunicação
 do projeto (apresentação), 7-8
 habilidades, 5, 10-11
Conceito de responsabilidade estrita, 15-16
Concentração de tensão 121-124, 229-230. *Veja também* Concentração de tensão de fadiga
 ajustamento para sensibilidade de entalhe, 298-300
 análise de FEA, 948-950, 951-954
 em chavetas, 378-380
 em trincas pronunciadas, 251-252
 estimando para eixos, 358-360
 fator de concentração de tensão, 121-124
 técnicas para redução, 358-359
Condição de aperto adequado, 422-423
Condição de Máximo Material (CMM), 967, 974-975, 986-988, 997-998
Condição de Mínimo Material (CMiM), 967, 974-975, 986-988
Condição relativamente frágil, 251-252
Condição virtual, 997-998
Condições de contorno, 950-952
Conectores, 417-421
 rígidos, 409-413
 rosqueados, 407-410
Conexão de momento, 466-467
Confiabilidade, 4, 20-21, 24-27
Conformação a frio, 669-670
Conformação de dentes de engrenagem, 669-673
 acabamento, 672-673
 caracol de corte, 671-672
 fresagem, 670-671
 geração, 670-671
Conjunto de engrenagem sem-fim de envelope único (cilíndrico), 657-658, 793-794. *Veja também* Engrenagens sem-fim
Conjuntos de engrenagem sem-fim de envelope duplo, 657-658
Considerações sobre custo. Veja Economia
Considerações sobre deflexão, eixos, 365-370
Constante de condição de extremidade, 194-195, 506-507
Constante de mola, 162-163
Constante de Neuber, 298-300
Constante de rigidez da junção, 421-422
Consumo de carbono, 42, 55-56, 60-64
Contato cilíndrico, 136-139

Contorno de Máximo Material (CoMM), 988-989, 996-997
Contorno de Mínimo Material (CoMiM), 967, 988-989, 996-997
Controle de angularidade, 964-966, 978-980
Controle de batimento circular, 966, 985-987
Controle de batimento total, 966, 985-987
Controle de batimentos, 966, 985-987
Controle de cilindricidade, 964-966, 977-978, 978-980
Controle de circularidade, 964-966, 977-979
Controle de concentricidade, 966, 982-983, 985-986
Controle de linearidade, 964-966, 977-978
Controle de paralelismo, 964-966, 978-980
Controle de perpendicularidade, 964-966, 978-981
Controle de planicidade, 964-966, 977-979
Controle de simetria, 966, 982-983, 985-986
Controles de forma, 977-980
Controles de localização, 966, 982-986
Controles de orientação, 978-981
Controles de perfil, 980-983
Corpo de prova para teste de tração, 41-42
Correias de sincronização, 863, 865-866, 891-893, 921-922
Correias planas, 863-867
Correias V, 863, 865-867, 882-892
Correias, 863-867
Correlações de durabilidade (vida), 889
Corrente de rolos, 891-901
Corrosão de piezo-ciclofricção, e volantes, 297
Corrosão, 297
Cortador de cremalheira, 670-671
Cortador de forma, 669-670
Cortador de pinhão, 670-671
Courant, R., 940-941
Crateramento, 330-331, 726-727
Cremalheira, 664-665
Crescimento de trinca, 251-253, 282-286
Critério da falha por fadiga em mancais, 556
Critério de falha ASME-elíptico, 308-310, 310-312, 313-314, 320-321, 335-336, 355-356, 433
Critério de falha de Sines, 519-520, 523
Critério de falha por fadiga de Gerber, 308-311, 321-322, 335-336, 354-356, 433, 480-481, 534-535, 538-539
Critério de falha por fadiga de Goodman modificado. Veja Critério de falha por fadiga de Goodman
Critério de falha por fadiga de Goodman, 306-307, 308-311, 321-22, 335-336, 354-355, 430-433
Critério de Langer, 309-311
Critério de projeto de Trumpler, 611-613
Cromo, 62-63, 64-65
Curva fluência-tempo, 954-956

D

Dados de Zimmerli, 519-523, 533-534, 538-539
Dano cumulativo de fadiga, 324-331
Datsko Joseph, 48-49
DE-ASME elíptico, equação, 355-356

Dedendo, 658-659
Definição do problema, 6, 11
Deflexão,
 choque e impacto, 203-205
 colunas com carregamento excêntrico, 196-201
 colunas de comprimento intermediário com carregamento central, 196-197
 colunas longas com carregamento central, 193-197
 deflexão de elementos curvos, 182-188
 deflexão por flexão, teoria da, 163-166
 deflexões de vigas por funções singulares, 169-176
 deflexões de vigas por superposição, 166-170
 elementos de compressão, geral, 193-194
 energia de deformação, 175-178
 estabilidade elástica, 202-203
 métodos de deflexão de viga, 165-167
 pilaretes ou elementos curtos sob compressão, 200-203
 problemas estaticamente indeterminados, 187-194
 razão de mola, 161-163
 teorema de Castigliano, 177-188, 189-191, 503-504, 537-538, 544
 tração, compressão, torção, 162-163
Deformação elástica, 99-100
Deformação logarítmica, 43
Deformação verdadeira, 43
DE-Gerber, equação, 355-356
DE-Goodman, equação, 354-355
Demanda em torque de uma prensa de punção, 853-855
Densidade de malha, 947-950
Denteadas, 863
Desalinhamento, 365, 555, 589-590, 590-591
Desenho auxiliado pelo computador (CAD), 8-9, 940
Desgaste de engrenagens, 751-752, 760-761, 784-786
Desgaste dos dentes de coroa, 754-755, 757-758, 760-761, 763-764
Desgaste dos dentes do pinhão, 754-755, 757-758, 760-761, 763-764
Desgaste linear de deslizamento, 644-646
Desgaste uniforme, embreagens e freios, 829-832, 833-835, 838-840
Desgaste
 de cabo de aço, 904-905
 de embreagens e freios, 825-827, 829-830, 833-835, 838-840
 de engrenagens, 726-727, 751-752, 754-755
 de fadiga de contato, 331-332
 de mancais de lubrificação de contorno, 644-648
Deslocamento, teorema de Castigliano, 178-179
DE-Soderberg, equação, 355-356
Desvio (limites e ajustes), 381-382
Desvio fundamental (limites e ajustes), 381-382
Desvio inferior (limites e ajustes), 381-382
Desvio padrão discreto, 23-24
Desvio superior (limites e ajustes), 381-384

Diagrama de corpo livre, 84-85
Diagrama de Goodman modificado, 306-307
Diagrama de tensão-deformação verdadeiras, 43-44, 48-49, 280-281
Diagrama resistência vida (S-N), 275, 277-278, 287-288
Diagrama S-N. Veja Diagrama resistência vida
Diagrama tensão-deformação, 42-45, 47-48, 53-54, 426-427
Diagrama torque-distorção, 44
Diagramas tensão-deformação de engenharia, 43
Diâmetro de fio, 901-911
Diâmetro de raiz, 395
Diâmetro equivalente, 291-292
Diâmetro maior, 395
Diâmetro médio de espiral, 502
Diâmetro menor, 395
Diâmetro primitivo, 395, 657-658, 672-673, 677-679
Dimensão básica, 967, 975-976, 995-996
Dimensionamento de corrente, 30-31
Dimensionamento e tolerânciamento geométricos (GD&T), 28-29, 962-998
 características geométricas, 977-987, 996-997
 cota básica, 967, 975-976, 995-996
 definição de, 28-29, 963
 glossário de termos, 994-998
 linguagem simbólica, 966-967
 modificadores de condição de material, 986-989, 996-997
 padrões, 964
 quadro de controle do elemento, 975-978, 996-997
 referenciais, 968-974, 995-996
 zona de tolerância, 973-975, 997-998
Dimensões e tolerâncias. Veja também Dimensionamento e tolerânciamento geométricos
 escolha das, 28-30
 sistemas das, 31, 962-963
 terminologia das, 27-29
Dina, 602
Direções principais, 92-93, 98
Disposição axial de componentes, 349-350
Disposição de eixo, 347-353
 axial, 349-350
 cargas axiais de suporte, 349-350
 montagem e desmontagem, 351-353
 provisões da transmissão de torque, 349-352
Dispositivo de sapata interna, 815
Distribuição de Bowman, 423-424, 427-428
Distribuição de Weibull, 21-22, 553, 559-561, 584-585
Distribuição gaussiana contínua (normal), 21-22
Distribuições de probabilidade contínuas, 21-22
Distribuições discretas, 23-24
Doutrina dos Engenheiros (NSPE), 12
Dowling, M. E., 305-306
Ductilidade, 48-49
Duplicação (mancais), 589-590
Dureza Brinell, 50-51, 61-62, 745-746

Dureza Rockwell, 50-51
Dureza, 50-52

E

Economia, 13-16
   estimativas de custo, 15-16
   ponto de equilíbrio, 14-16
   tamanhos padrão, 13-14
   tolerâncias grandes, 13-15
Educação continuada, 11
Efeito de curvatura, 503-504
Efeitos da temperatura
   na deflexão e na tensão, 129-130
   nas propriedades dos materiais, 53-55
Eficiência mecânica, 797-798
Eficiência
   engrenagens sem-fim, 700, 796-797, 797-798
   roscas de parafusos, 401-403
   transmissões de correias, 866-867
Eixo centroidal
   colunas, 193-194, 196-197, 200-201
   vigas curvas, 130-132
   vigas retas, 102, 183-184
Eixo de referência, 971-973, 985-986, 995-996
Eixo não rotativo, definição, 346
Eixo neutro, 101-102, 130-131
Eixo, definição, 995-996
Eixos e componentes de eixo
   acoplamentos, 859-850
   anel de retenção, 380-381
   chavetas e pinos, 376-379
   considerações da deflexão, 365-370
   definição, 346
   disposição, 347-353
   flexíveis, 910-912
   limites e ajustes, 381-387
   mancais, 562-563
   materiais para, 346-347
   parafusos de fixação, 374-377
   projeto do eixo por tensão, 352-365
   sobre, 346
   velocidades críticas de eixos, 369-375
Eixos flexíveis, 910-912
Elasticidade, módulo de, 42
Elastômeros, 72-73, 77-78
Elemento de barra, 943-945
Elemento de referência, 968-973, 988-997, 995-996
Elemento dimensional, 964-965, 971-975, 982-983, 996-997
Elemento finito, 941-942
Elemento, definição do GD&T, 964-965, 996-997
Elementos de contorno, 951-952
Elementos de linha, 940
Elementos de superfície, 942-743
Elementos mecânicos flexíveis,
   cabo de aço, 901-911
   correia, 863-867
   correias de sincronização, 891-893
   correias em V, 882-892
   correias planas e redondas, 864-883
   correias planas metálicas, 879-883
   corrente de roletes, 891-901

eixos flexíveis, 910-912
Elementos rígidos, 951-952
Elementos sólidos, 942-943
Elevadores de tensão, 121-122
Embreagem axial, 828-832
Embreagem centrífuga, 815
Embreagem com sapatas internas, 815
Embreagem de alívio de sobrecarga, 846-850
Embreagem de contato axial, 828-832
Embreagem de contato positivo, 846-850
Embreagem de disco, 828-830
Embreagem de mandíbula quadrada, 846-849
Embreagem hidráulica, 815
Embreagem pneumática, 815
Embreagens cônicas, 839-840
   desgaste uniforme, 838-840
   pressão uniforme, 839-840
Embreagens e freios de cinta, 827-829
Embreagens e freios tipo tambor com sapatas internas, 815-823
   distribuição de pressão na sapata, 816-818
   forças na sapata, 817-821
   geometria de sapata, 815-816
   torque tambor, 817, 818-819
Embreagens magnéticas, 815
Embreagens ou acoplamentos de sobregiro, 849-850
Embreagens
   análise estática das, 810-814
   atrito, 809
   aumento de temperatura, 841-846
   capacidade do torque, 830-831, 840-841
   com sapatas externas, 823-828
   cônicas, 837-840
   considerações sobre energia, 840-842
   de cinta, 827-829
   de contato axial, 828-832
   desgaste uniforme, 829-831
   embreagens variadas e acoplamentos, 846-850
   materiais de atrito, 845-849
   pressão uniforme, 811, 830-832
   tipo tambor com sapatas internas, 815-824
Embreagens e freios tipo tambor com sapatas externas, 823-828
Encabeçamento, 59-60
Enchimento, 69-70
Endurecido (encruado) por deformação, 47-48
Endurecimento de camada, 61-62
Energia de deformação, 175-178
Energia potencial, 175-178, 204-205
Engenharia auxiliada pelo computador (CAE), 9
Engenheiro de projeto
   comunicação e o, 5, 10-11
   responsabilidades profissionais do, 10-12
Engrenagem anelar, 664-665, 687
Engrenagem cônica Zerol, 770
Engrenagem interna, 664-665
Engrenagem sem-fim cilíndrica. Veja Conjunto de engrenagem sem-fim de envelope único
Engrenagens cilíndricas de dentes retos e helicoidais, AGMA
   análise, 749-760

   coeficiente elástico, 739-740
   durabilidade de superfície, 726-729
   equação de flexão de Lewis, 717-727
   equações de resistência da AGMA, 730-735
   equações de tensão da AGMA, 728-730
   fator de condição de superfície, 742-743
   fator de distribuição de carga, 743-746
   fator de espessura de aro, 748-750
   fator de razão de dureza, 745-747
   fator de sobrecarga, 742-743, 750-752
   fator de tamanho, 743-744
   fator de temperatura, 748-749
   fator dinâmico, 739-743
   fatores de ciclagem de tensão, 746-748
   fatores de confiabilidade, 747-790
   fatores de segurança, 749-750, 757-759
   fatores geométricos, 734-740
   mapa de resumos, 750-752
   nomenclatura AGMA, 718-719
   projeto de um par de engrenagens, 759-765
   símbolos, 718-719
Engrenagens cônicas espirais, 656, 770
Engrenagens cônicas retas. Veja Engrenagens cônicas
Engrenagens cilíndricas de dentes retos *Veja também* Engrenagens cônicas e helicoidais, AGMA
   análise de força, 688-693
   descrição, 656
   mínimo de dentes nas, 667-670
   sistemas de dentes, 678-679
Engrenagens cônicas, 656, 692-696
   análise de engrenagem cônica de dentes retos, 785-790
   engrenagenamento cônico, geral, 770-772
   fatores para equação AGMA, 775-788
   projeto de acoplamento de engrenagem cônica de dente reto, 790-793
   símbolos AGMA utilizados nas equações de classificação de engrenagens cônicas, 773-774
   tensões e resistências na engrenagem cônica, 772-776
Engrenagens espiróide, 771
Engrenagens helicoidais de baixa razão de contato (LCR), 735-736
Engrenagens helicoidais paralelas, 673-678
Engrenagens helicoidais, 656, 673-678, 695-698. *Veja também* Engrenagens cilíndricas de dentes retos e helicoidais, AGMA
Engrenagens hipóide, 656, 791-792
Engrenagens planeta, 686
Engrenagens sem-fim, 657-658
   análise de força, 697-704
   análise, 797-801
   carga de desgaste de Buckingham, 804-805
   eficiência, 797-798, 921-922
   engrazadas, projeto de, 801-804
   equação AGMA, 793-797
   exemplos, 348, 399
   nomenclatura, 677-679
   padrão para forma dos dentes, 681

relações de força axial, rotação e de mão para engrenagens helicoidais cruzadas, 691
Engrenagens sol, 686
Engrenagens, visão geral sobre, 655-704
   ação conjugada, 659-660
   análise de força, engrenagens sem-fim, 694-704
   análise de força, engrenamento cilíndrico de dentes retos, 688-693
   análise de força, engrenamento cônico, 692-696
   análise de força, engrenamento helicoidal, 695-695
   engrenagens cônicas de dentes retos, 672-674
   engrenagens helicoidais de eixos paralelos, 673-678
   fatores AGMA. Veja Fatores de equação da AGMA
   formação de dentes de engrenagens, 669-673
   fundamentos das, 660-667
   interferência, 667-670
   nomenclatura, 657-659
   propriedades da evolvente (involuta), 660-661
   sistema de dentes, 678-681
   taxa de contato, 666-668
   tipos de engrenagens, 656-658
   trem de engrenagem, 681-689
Ensaio da barra entalhada de Izod, 51-54
Ensaio da barra entalhada, 51-54
Ensaio de Charpy de barra entalhada, 51-54
Ensaio de Jominy, 62-63
Ensaio de viga rotativa, 277, 284-286
Entalhe de enchimento, 555
Entrelaçado regular, 901-902
Envelope de tensões de escoamento, 232-234, 235-236
Envolventes de acoplamento real, 971-973, 994-996
Equação de Barth, 722
Equação de Dunkeley, 372-373
Equação de flexão de Lewis, 717-727
Equação de Neuber, 298-300
Equação de Paris, 283-284
Equação de Petroff, 602-605
Equação de Reynolds, 610-611, 612-614
Equação fundamental para tensão de contato, 772
Equações com restrições em múltiplos pontos, 951-952
Equilíbrio e diagramas de corpo livre, 83-87
Equilíbrio estático, 83
Equilíbrio instável, 194-195
Equilíbrio, 83
Erros computacionais, 941-942
Erros de discretização, 941-943
Esmerilhadas, molas, 503-506
Especificações para conectores métricos, 396-397, 420-421
Espessura de dente, 657-659, 663-664
Espessura mínima de película, 605-607, 618, 620
Estampagem, 59-60
Estereolitografia, 9

Estilos de cabeça de parafusos de máquina, 408-410
Estriação, 726-727
Estriais, 351-352
Estudo de caso (transmissão de potência)
   análise de forças, 920, 930
   análise final, 921-922, 934, 936
   dimensionamento da chaveta, 932-934
   dimensionamento final do eixo, 935-936
   dimensionamento por tensão, 931
   dimensionamento do eixo por tensão, 920, 931
   dimensionamento do eixo por deflexão, 921-922, 931-932
   esboço do eixo, 920, 928-930
   especificações, 919-920
   especificação das engrenagens, 920, 921-929
   especificação do problema, 33-36,919-920
   requisitos de torque e potência, 920, 921-922
   seleção de chaveta e anel de retenção, 921-922, 932-935
   seleção do material de eixo, 920, 930
   seleção de mancais, 921-922, 931-933
   sequência de projeto para transmissão de potência, 920-922
   sobre, 919
   velocidade, torque e razões de engrenagens, 922-923
   verificação da deflexão, 931-932
Evolvente helicoidal, 673-674
Extrusão, 59, 669-670

F

Fadiga de alto ciclo, 276-278
Fadiga de baixo ciclo, 276-278
Fadiga rotativa, 330-331
Falha catastrófica, flambagem, 202-203
Falha de fadiga de superfície, 136-137, 330-334, 726-729
Falha de fadiga por carregamento variável
   caracterizando tensões flutuantes, 303-306
   combinação de modos de carregamento, 320-325
   concentração de tensão e sensitividade de entalhe, 298-304
   critério de falha por fadiga para tensão flutuante, 306-320
   dano cumulativo, 324-331
   estágios da, 269-272
   fatores modificadores do limite de resistência à fadiga, 289-297
   formação de trinca e propagação, 270-274
   guia de procedimentos e equações de projeto importantes, 333-337
   introdução à fadiga em metais, 269-275
   limite de resistência à fadiga, 284-286
   método da mecânica de fratura linear elástica, 281-286
   método de fadiga-vida, 276
   método deformação-vida, 279-281
   método tensão-vida, 276-279
   resistência à fadiga, 286-289
   resistência de fadiga de superfície, 330-334

   resistência de fadiga torcional sob tensão flutuante, 320-321
   tensão flutuante, 303-320, 320-321
Falha de fadiga, definição, 269
Falha de lubrificação, 726-727
Falha, probabilidade de, 20-24
Fator carga-tensão, 331-332
Fator de Bergsträsser, 503
Fator de carga, 425-427
Fator de carregamento, 293
Fator de concentração de tensão de fadiga
   Veja também Concentração de tensão
   aplicação às tensões flutuantes, 305-306
   definição, 298-300
   para elementos rosqueados, 429-430
   para sistema de dentes, 727, 735-736
   para soldas, 473-476
Fator de concentração de tensão teórico, 122-124. Veja também Fator de concentração de tensão
Fator de concentração de tensão, 122-124, 229-230. Veja também Concentração de tensão
Fator de condição de superfície, 742-743
Fator de correção da tensão de cisalhamento, 503
Fator de correção de polia, 871-873
Fator de correção de tensão, 736-737
Fator de desgaste, 331-332, 645-646, 804-805
Fator de efeitos diversos, 296-297
Fator de espessura de aro, 748-750
Fator de forma de Lewis, 720
Fator de intensidade de tensão crítico, 257-259
Fator de intensidade de tensão, 253-255
Fator de projeto, 4, 17-19
Fator de razão de dureza, 733-734, 745-747, 780-782
Fator de rotação, 562-563, 563-564
Fator de segurança para desgaste, 751-752, 775-776, 785-786
Fator de segurança, 18
Fator de sobrecarga, 729-730, 742-743, 750-752, 775-776
Fator de superfície, 290-291
Fator de tamanho, 291-293, 743-744, 777-778
Fator de temperatura, 294, 748-749, 780-781
Fator de velocidade, 721-722, 794-796, 871-872
Fator de Wahl, 503
Fator geométrico da resistência superficial, 737-740
Fator geométrico de concentração de tensão, 122-124. Veja também Fator de concentração de tensão
Fator geométrico de resistência ao crateramento, 728-730
Fator modificador de intensidade de tensão, 255
Fatores de aplicação de carga, 567
Fatores de confiabilidade, 291, 295-296, 747-749, 781-783
Fatores de desempenho, 611-612
Fatores de equação AGMA
   carga reversa, 784-785

coeficiente elástico, 727-728, 729-730, 739-740, 741, 782-783
fator de abaulamento para cavitação, 777-778
fator de ciclagem de tensão, 732-734, 746-748, 778-781
fator de condição de superfície, 729-730, 742-743
fator de curvatura ao longo do comprimento para resistência à flexão, 777-778
fator de distribuição de carga, 729-730, 743-746, 777-778
fator de espessura de aro, 729-730, 748-750
fator de razão de dureza, 745-747, 780-782
fator de sobrecarga, 729-730, 742-743, 750-752, 775-776
fator de tamanho, 729-730, 743-744, 777-778
fator de temperatura, 748-749, 780-781
fator dinâmico, 721, 729-730, 739-740, 742-743, 775-777
fator geométrico de resistência de cavitação, 729-730, 734-735, 737-740, 777-779
fator geométrico de resistência de flexão, 729-730, 735-738, 777-779
fator geométrico de resistência de superfície, 737-740
fatores de confiabilidade, 747-749, 781-783
fatores de segurança, 749-750, 775-776
fatores geométricos, 734-740, 777-779
números de tensão de flexão permitidos, 730-733, 783-786
tensão de contato permitida, 733-735, 782-785
Fatores de Marin, 290-297
Fatores de tensão cíclica, 746-748, 778-781
Fatores geométricos, 734-740
Fatores modificadores do limite de resistência à fadiga, 289-297
fator de carregamento, 293-294
fator de confiabilidade, 295-296
fator de efeitos diversos, 296-297
fator de superfície, 290-291
fator de tamanho, 291-293
fator de temperatura, 294-295
Fazekas, G. A., 836-837
Fenômeno de autoativação/autobloqueio (autotravamento), 812
Ferramentas computacionais, 8-9
Ferro fundido branco, 64-65
Ferro fundido cinzento, 63-64
Ferro fundido maleável, 64-65
Ferro fundido nodular, 63-65
Ferros de liga fundida, 64-65
Ferros fundidos, 66-66
concentração de tensão e, 272
dados de teste de fadiga, 249-250
limites de resistência à fadiga, 286
resistência mínima, 50-51
sistema de numeração para, 56-57
Field, J., 62-63
Fio de bronze-fósforo, 509

Fio de cromo-silício, 508, 509
Fio de cromo-vanádio, 508, 509
Fio de música, 507-510
Fio estirado a frio, 507-510
Fio revenido em óleo, 508
Firbank, T. C., 866-867
Flexão dos dentes da coroa, 754-755, 757-758, 760-761, 763-764
Flexão dos dentes do pinhão, 754-755, 756-757, 760-761, 762-763
Flexão em dois planos, 104-105
Fluência elástica, 866-867
Fluência, 5355
Fluidos newtonianos, 602
Fluxo de óleo, 625-625, 633
Folga radial, 27-28, 603-604, 605-606, 631
Folga, 27-28
ajustes preferenciais, 383-384
engrenagens cônicas retas, 672-673, 679-680
engrenagens retas, 658-659
mancais de deslizamento, 603-604, 631-633
Fontes de informação na Internet, 10
Fontes de informações governamentais, 10
Força centrífuga, correias, 868-869
Força da engrenagem
engrenagens cilíndricas de dentes retos e engrenagens cilíndricas helicoidais, 730-735
engrenagem cônica, 772, 775-776, 777-778, 778-781
Força de cisalhamento em vigas, 86-87
Forjamento, 59
Forma, no GD&T, 964-966, 975-976, 977-978, 996-997
Fórmula da secante para coluna, 197-199
Fórmula de coluna de Euler, 193-194, 195-196
Fórmula de J. B. Johnson, 199-404
Fórmula parabólica, 196-197
Fórmulas de Roark, 166-167
Fratura quase estática, 251-253
Freio de disco, 832-839
desgaste uniforme, 833-835
pinças de pastilha circular, 836-838
pressão uniforme, 835-837
Freio de pinça de pastilha circular, 836-838
Freio de pinça flutuante, 832-833
Freio de tambor, 815
Freios de pinças, 832-838
Freios
análise estática dos, 810-814
autoenergizante/autodenergizante, 810
com sapatas externas, 823-828
com sapatas internas, 815-824
cônicos, 837-840
considerações de energia, 840-842
desgaste, 825-827, 829-832
elevação da temperatura, 841-846
freios de disco, 832-838
materiais de atrito, 845-849
propriedades do revestimento do freio, 845-848
sapata pivotada simétrica, 825-828
tipos de cinta, 827-829

Freqüência crítica de molas helicoidais, 518-520
Frequência natural, 73-74, 519, 954-956
Frequências harmônicas, 519
Fresagem caracol, 671-672
Fresagem, 670-671
Função densidade de probabilidade (PDF), 21-22
Função gama, 559-560
Funções de Macaulay, 83-87
Funções de singularidade, 83, 88-91, 169-170
Fundamentos de projeto
cálculos e algarismos significativos, 32-34
categorias, 228
confiabilidade e probabilidade de falha, 20-24
considerações, 8
dimensões e tolerâncias, 27-31
economia, 13-16
em geral, 4-5
especificações para estudo de caso, 33-36
fases e interações dos, 5-8
fator de projeto/fator de segurança, 18-21
ferramentas e recursos, 8-10
fontes de informação, 9-10
incerteza no, 16-18
interdependência entre itens, 33-34
padrões e códigos, 12-14
relacionando o fator de projeto à confiabilidade, 24-28
segurança/confiabilidade do produto, 15-16
tensão e resistência, 16-17
unidades, 31-32
Fundição de investimento, 57-58, 669-670
Fundição de molde permanente, 669-670
Fundição em areia, 56-57, 669-670
Fundições centrífugas, 57-58, 669-670
Fundições em matriz, 57-58, 669-670
Fundições em molde metálico, 57-58
Fundo de dente, 658-659

G

GD&T. Veja Dimensionamento e tolveranciamento geométricos
Geometria construtiva de sólidos, (CSG), 948-950
Geração de malha, 947-950
completamente automática, 948-950
manual, 947-950
semiautomática, 948-950
Geração, 670-672
Gráfico de bolhas, 72-75, 76-78
Grafita de revenido, 64-65
Grau de tolerância internacional (IT), limites e ajustes, 381-382
Graus de liberdade, (dofs), 940-941
Green, I., 414-416
Griffith, A. A., 251-253
Grossman, M. A., 62-63

H

Ham, C. W., 406-407
Haringx, J. A., 506-507
Harmônicos, 369-370

Hertz, H., 134-135, 137-138
Hipótese linear de dano, 56-57, 570
Hrennikoff, A., 940-941

I

Impacto, 203-205
Incerteza, 16-18
Independente do elemento dimensional (RFS), 987-988, 997-998
Índice de mola, 503, 512, 514
Índice do material, 75-76
Instabilidade elástica, 202-203, 940
Instabilidades estruturais (flambagem), 202-203
Instabilidades globais, 202-203
Intensidade de carga, 86-87
Interferência,
    ajustes, 27-29
    de tensão e resistência, 25-27
    sistema de dente, 667-670
Interpolação de dados de gráficos, 626-628
Invenção do conceito, 6-7
Ito, Y., 419-420, 411-414

J

Jateamento de granalha, 296, 519-520, 754-755
Joerres, Robert E., 509
Junções de sobreposição, 484-486, 488-490
Juntas adesivas, 482-492
    distribuições de tensão, 484-490
    projetos de juntas, 488-492
    tipos de adesivo, 483-485
Juntas de vedação, 429-430
Juntas parafusadas, 437-440
Juntas soldadas
    carregamento de fadiga, 480-482
    carregamento estático, 476-480
    junções soldadas em flexão, tensões em, 471-474
    junções soldadas em torção, tensões em, 466-471
    junções soldadas, resistência das, 472-475
    referências, 491-492
    símbolos de soldagem (AWS), 460-463
    soldagem de resistência, 482-483
    soldas de topo e de filete, 460-461, 462-463
Juntas, parafusadas e rebitadas
    carregamento de cisalhamento em juntas parafusadas e rebitadas, 437-446
    carregamento de fadiga em juntas tracionadas, 429-438
    conexões de cisalhamento com carregamento excêntrico, 441-442
    junta de tração carregada estaticamente com pré-carga, 425-429
    juntas tracionadas com carregamentos externos, 420-423
    rigidez de conectores, 409-413
    rigidez de elementos de ligação, 411-420
    vedação, 429-430

K

Karelitz, G. B., 627-629
Kurtz, H. J., 423-424

L

Lado da flecha (símbolo de soldagem), 460-461
Laminação a frio, 669-670
Laminados, 70-71
Landgraf, R. W., 279
Largura de face, 681
Latão alumínio, 67-68
Latão amarelo, 66-68
Latão com baixo teor de chumbo, 67-68
Latão comum, 66-68
Latão de alto chumbo, 67-68
Latão de gravador, 67-68
Latão dourado, 66-67
Latão livre de afiação, 67-68
Latão naval, 67-68
Latão para cartucho, 66-68
Latão vermelho, 66-68
Latão, 66-68
Lei de Hagen-Poiseuille, 602
Lei de Hooke, 42, 63-64, 99-100
Leibensperger, R. L., 587-588
Letras de posição de tolerância, 382-384
Lewis, Wilfred, 717
Ligas baseadas no cobre, 66-69
Ligas forjadas, 65-66
Ligas para fundição, 64-66
Limite de fadiga, 278. *Veja também* Limites de resistência à fadiga
Limite de proporcionalidade, 42
Limite de resistência à fadiga de flexão, 330-331
Limite de resistência à fadiga, 275, 278, 284-286
Limite elástico, 42, 45
Limites, 27-28, 381-387
Linha de ação, 659-660, 661-663, 664-665
Linha de carga, 233-234
Linha de contato, 137-138
Linha de falha de Gerber, 308-310
Linha de falha de Goodman modificada, 308-311
Linha de falha de Goodman, 308-311
Linha de geração, 661-663
Linha de pressão, 661-663
Linha de Soderberg, 308-310, 355-356
Linha média derivada, 977-979, 995-996
Linhas de Lüder, 231-233
Little, R. E., 413-414
Localização, no GD&T, 964-966, 975-976, 977-978, 996-997
Locus (lugar geométrico) de Smith-Dolan, 317-319
Lubrificação de contorno, 601, 604-605, 643-644
Lubrificação de película completa, 600, 642
Lubrificação de película espessa, 604-607
Lubrificação de película fina, 601, 604-605, 643-644
Lubrificação de película mista, 643-644
Lubrificação e mancais de deslizamento
    cargas e materiais, 639-642
    condições de estado estável em mancais autocontidos, 627-631
    considerações de projeto, 610-613
    elevação de temperatura de lubrificante, 624-627
    equação de Petroff, 602-605
    fluxo de lubrificante, 621-624
    folga, 631-633
    lubrificação de película espessa, 605-607
    lubrificação estável, 604-605
    mancais de alimentação por pressão, 633-640
    mancais de contorno lubrificado, 643-651
    mancais de escora, 642-643
    relações entre variáveis, 612-628
    teoria hidrodinâmica, 606-611
    tipos de lubrificação, 600-601
    tipos de mancais, 641-642
    viscosidade, 601-603
Lubrificação elasto-hidrodinâmica, 587-601
Lubrificação estável, 604-605
Lubrificação fluida, 600
Lubrificação hidrodinâmica, 600, 604-607, 642
Lubrificação hidrostática, 601
Lubrificação instável, 604-605
Lubrificação, mancais de rolamento, 586-588
Lubrificante de película sólida, 601
Lubrificantes de pressão extrema (EP), 643
Lundberg, 137-138

M

Magnésio, 66-67
Malha, 947-948
Mancais antiatrito Veja Mancais de rolamento
Mancais de agulha, 555-556
Mancais de alimentação por pressão, 642-648
Mancais de bloco de almofada, 627-628
Mancais de contorno lubrificado, 643-651
    desgaste de bucha, 646-649
    desgaste linear de deslizamento, 644-646
    elevação de temperatura, 649-651
Mancais de deslizamento, 611-613
    características da liga, 640-641
    de contorno lubrificado, 643-651
    escolha de materiais para, 639-642
    mancais de escora, 642-643
    tipos de, 641-642
Mancais de esferas, 553-554
Mancais de fila dupla, 555
Mancais de fila única, 554-555
Mancais de pedestal, 627-628
Mancais de rolamento
    carregamento combinado radial e axial, 562-564
    carregamento variável, 568-571
    confiabilidade, 583-587
    dimensões de contorno para, 563-565
    lubrificação, 586-588
    mancais de rolos cônicos. Veja Mancais de rolos cônicos
    montagem e caixa de mancal, 587-592
    partes dos, 554
    relacionando carga e vida em outra além da confiabilidade indicada, 559-563
    relacionando carga e vida na confiabilidade indicada, 557-559

tipos de, 553-556
vida do mancal, 556-558
Mancais de rolos cônicos, 555-556. *Veja também* Mancais de rolamento
   ajustes, 586-587
   carga axial induzida, 574, 578-579
   carga radial equivalente, 578-579
   dados de catálogo, 576-577
   montagem, direta e indireta, 584-585
   nomenclatura, 575
   seleção de, 574-583
Mancal ajustado, 606-607
Mancal axial de rolos esféricos, 555-556
Mancal axial, 554-556, 642-643
Mancal completo, 606-607
Mancal de autoalinhamento, 554-555, 563-564, 590-591
Mancal de rolos cilíndricos, 566, 571-574
Mancal parcial, 606-607
Mancal plano deslizante, 607-608
Manganês, 62-64
Manson, S. S., 328-329
Máquina de R. R. Moore de alta velocidade de viga rotativa, 277
Marcas de concha de ostra, 269
Marcas de praia, 269-270, 273
Margem de segurança, 25-26
Marin, Joseph, 242-243
Martensita revenida, 61-62
Martensita, 60-62
Martin, H. C., 940-941
Materiais compósitos, 69-71
Materiais de atrito, para freios e embreagens, 845-849
Materiais dúcteis
   critério de escoamento, 231
   fator de concentração da tensão, 122-124, 230
   método de Dowling para, 305-306
   resumo de falha, 242-247
   seleção de critérios de falha, 249-251
   teoria da energia de distorção para, 233-239, 260-261
   teoria da tensão de cisalhamento máxima para, 231-234, 260-261
   teoria de Coulomb-Mohr para, 239-242, 260-261
Materiais frágeis
   critério de fadiga Smith-Dolan, 317-319
   critério de falha de fadiga, 317-319
   critério de fratura, 231
   falhas resumidas, 249-250
   fator de concentração de tensão por fadiga, carregamento estático, 122-124
   teoria da tensão normal máxima para, 246-247
   teoria de Coulomb-Mohr frágil (BCM), 246-248
   teoria de Mohr modificada (MM), 246-247, 247-249, 260-261
Materiais fundidos, 65-66
Materiais isotrópicos, 70-71
Materiais. *Veja também* Materiais específicos
   aço termo tratado, 59-63
   aço-liga, 62-64
   aços resistentes à corrosão, 63-64
   dureza, 50-52

efeitos de temperatura, 53-55
famílias e classes de, 71-73
fundição de investimento, 57-58
fundição em areia, 56-57
materiais compósitos, 69-71
materiais para fundição, 63-66
metais não-ferrosos, 65-69
moldagem em casca, 56-58
plásticos, 68-70
processo de metalurgia do pó, 57-58
processo de trabalho a frio, 59-60
processo de trabalho a quente, 57-59
propriedades de impacto, 51-54
resistência e rigidez, 41-45
resistência e trabalho a frio, 47-50
seleção de, 70-78
significância estatística das propriedades dos, 45-48
sistema de numeração, 55-57
Matriz, 69-70
McHenry, D., 940-941
McKee, S. A., 604-605
McKee, T. R., 604-605
Mecânica de fratura linear elástica (LEFM), 251
Mecânica de fratura, 251-260, 261-262
   fratura quase estática, 251-253
   modos de trinca e o fator de intensidade de tensão, 252-258
   tenacidade de fratura, 257-260
Média discreta, 23-24
Membros de compressão, 193-194
   pilaretes ou elementos curtos sob compressão, 200-202
Metais não-ferrosos, 65-69
Metais, 71-72, 77-78
   não ferrosos, 65-69
Metal almirantado, 67-68
Metal Muntz, 67-68
Metals Handbook (ASM), 272
Método AGMA
   engrenagens cônicas, 772, 775-787
   engrenagens de dentes retos, 728-752
   engrenagens helicoidais, 728-752
   engrenagens sem-fim, 793-799
Método da tensão média nominal, 305-306
Método da tensão residual, 305-306
Método de Buckingham (pi), 831-832
Método de confiabilidade do projeto, 20-21, 24-25
Método de Manson, 328-330
Método de Rayleigh para massas discretizadas, 369-370
Método deformação-vida, 276, 279-281
Método do desvio, 42
Método do giro de porca, 422-423
Método mecânica de fratura linear elástica, 276, 281-286
Método tensão-vida, 276-279
Mindlin, 137-138
Modelo de cisalhamento de sobreposição, 484-486, 489-490
Modelos matemáticos, 7
Modern Steels and Their Properties Handbook, 62-63
Modificadores de condição de material, 986-989, 996-997
Modo de deslizamento, 252-253

Modo de propagação de abertura de trinca, 252-253
Modo de rasgamento, 252-253
Modos de trinca e fator de intensidade de tensão, 252-258
Módulo da secção, 102
Módulo de cisalhamento, 44, 100
Módulo de elasticidade de Young, 42, 70-71, 72-75, 99
Modulo de elasticidade do cabo, 901-902
Módulo de elasticidade, 42, 70-71, 72-75, 99
Módulo de resiliência, 45
Módulo de rigidez, 41, 100
Módulo de ruptura, 41
Módulo de tenacidade, 45
Módulo, 658-659
Módulos específicos, 72-73
Mola com extremidade plana, 503-504
Mola de amolecimento não linear, 162-163
Mola de enrijecimento não linear, 161-162
Mola de força constante, 543
Mola de voluta, 543
Mola linear, 161-162
Molas Belleville, 541-543
Molas cônicas, 544, (Prob. 10-29) 548
Molas de compressão, Veja Molas mecânicas
Molas de tração de enrolamento fechado, 528-529
Molas de tração, 534-542. *Veja também* Molas helicoidais de tração
Molas helicoidais de compressão, 503-528
   carregamento de fadiga em, 519-523
   constante de condição de extremidade para, 506-507
   deflexão das. Veja Molas helicoidais
   estabilidade (flambagem), 506-509
   extremidades, tipos de, 503-506
   frequência crítica de, 518-520
   materiais usados em, 507-510
   molas de tração, 526-535
   para estática em serviço, 512-518
   projeto para estática em serviço, 512-518
   projeto para fadiga em compressão, 523-528
   remoção de assentamento, 505-506
   tensões nas. Veja Molas helicoidais
   tensões torcionais admissíveis máximas para, 510
Molas helicoidais de torção, 534-542
   deflexão e razão de mola, 536-539
   descrição da localização da extremidade, 535-537
   resistência de fadiga, 538-541
   resistência estática, 538-539
   tensão de flexão, 536-537
Molas helicoidais de tração, 526-535
   análises da fadiga, 531-535
   aplicações estáticas, 528-532
   extremidades para, 527-528
   relação carga-deflexão, 528-529
   tensões máxima de tração, 527-529
   tensões máximas admissíveis para, 528-529
Molas helicoidais. *Veja também* Molas helicoidais de torção, ou Molas helicoidais de compressão ou Molas de tração
   deflexão de, 503-504
   efeito da curvatura, 503-504

frequência crítica de, 518-520
razão de mola, 503-504
tensões em, 502-503
Molas mecânicas. Veja Molas
Molas, 161-162, 501-545. *Veja também*
Molas helicoidais
materiais para molas, 507-512
molas Belleville, 541-543
molas diversas, 543-545
propriedades mecânicas de alguns fios de mola, 510
sobre, 502
Molde de casca, 56-58, 669-670
Molde de injeção, 670-671
Molibdênio, 63-64, 64-65
Momentos de flexão em vigas, 86-87
Momentos de segunda ordem principais, 105
Montagem de dois mancais, 588-590
Montagem direta de mancais, 584-585
Montagem DT, 589-590
Montagem face a face (DF), 589-590
Montagem indireta, 584-585
Multiplicador da vida nominal, 558-559

N

Newmark, N. M., 940-941
Newton (N), 32
Níquel, 62-63, 64-65
Norma para roscas American National (Unificada), 395
Normalização, 59-61
Norris, C. H., 463-465
Nós, 940-941
Número característico de mancal, Veja Número de Sommerfeld
Número de acurácia da transmissão, 739-740, 776-777
Número de nível de precisão na transmissão AGMA, 739-740
Número de Sommerfeld, 603-604, 611-612, 618, 620, 637
Número de tensão, 728-736, 775-776, 782-786
Número virtual de dentes, 673-676
Números de qualidade (AGMA), 739-740, 742-743
Números de tensão permitidos (engrenagens cônicas), 730-731
Números IT (limites e ajustes), 381-382

O

Orientação, no GD&T, 964-966, 977-978, 996-997
Osgood, C. C., 413-414
Outro lado (símbolo de solda), 460-461

P

Padrão-Quadro Localização de Zona de Tolerância (PQLZT), 983-985, 996-998
Padrões de rosca, definições, 395-399
Padrões e códigos, 12-14
definição, 12
organizações com especificações, 12-14
Parafuso autobloqueante, 401

Parafuso com rosca de múltiplas entradas, 395, 797-798
Parafuso de cabeça hexagonal de haste totalmente rosqueada, 409-410
Parafuso de cabeça hexagonal, 408-410
Parafuso prisioneiro, 410-411
Parafuso rosqueado duplo, 395
Parafusos de fixação de soquete, 375-376
Parafusos de potência, 399-408
Parafusos de retenção, 374-377
Parafusos, 407-410, 410-411. *Veja também* Juntas
autobloqueio, 401
cabeça de parafusos de máquina, 408-410
padrões de rosca e definições, 395-399
parafusos de potência, 399-408
relacionando torque do parafuso e tração de parafuso, 422-426
resistência, 417-421
Parâmetros de Weibull, 559-560, 561-562, 591-592
Particionamento, 946-947
Passo axial, 674, 675
Passo circular normal, 674-675
Passo circular transversal, 674-675, 677-678
Passo circular, 836-838
Passo de base, 664-665
Passo diametral normal, 674-675
Passo diametral, 658-659
Passo, 395, 397
Pastilhas de cermeto, 845-848
Pastilhas de metal sinterizado, 845-848
Pega, 410-411
Perfil da evolvente, 659-660
Perfil de uma linha, 966, 980-981
Perfil de uma superfície, 966, 980-981
Perlita, 60-61
Peterson, R. E., 230
Pilkey, Walter D., 378-380
Pinhão, 657-658
Pino de cavilha, 377-378
Pino de guia, 377-378
Pinos, 376-378
Plano de análise, 232-233
Plano médio derivado, 978-979, 995-996
Plano neutro, 102
Plásticos, 68-70
Poise (P), 602
Polia abaulada, 863, 879-880
Polias ranhuradas, 863
Polímeros, 71-73, 77-78
Ponto de equilíbrio, 14-16
Ponto de escoamento, 42, 45, 47-48, 305-306, 426-427
Ponto primitivo, 659-660, 661-663
Porcas hexagonais, 408-410
Porcas, 408-410, 420-421
Poritsky, 137-138
Pré-ajuste, 505-506
Pré-carga (parafuso), 410-411, 420-421, 426-428
Pré-carregamento (mancais), 590-591
Pressão de apoio (cabo), 904-905
Pressão de película, 623-625
Pressões de película de mancal, 605-608, 613-614, 619

Pré-tração, pré-carga do parafuso, 410-411, 420-421, 426-428
Princípio da envolvente, 974-975, 996-997
Princípio de Saint-Venant, 949-950
Probabilidade de falha, 20-25
Problemas estaticamente indeterminados, 187-194
Procedimento de eliminação, 946-947
Processo de laminação a quente, 57-59
Processo de metalurgia do pó, 57-58, 641-642, 669-670
Processo de solução do elemento finito, 943-948
Processos de trabalho a frio, 59-60
Programa de CAD, 8-9, 940
Programas para análise por elemento finito (FEA), 9, 187-188, 940
Projeto de um par de engrenagens, 759-765
Projeto do eixo por tensão, 352-365
estimando as concentrações de tensão, 358-360
locais críticos, 352-354
tensões em eixo, 353-359
Propagação de dispersão, 24-25
Propagação de erro, 24-25
Propagação de incerteza, 24-25
Propriedades da evolvente, 660-661
Propriedades de impacto, 51-54
Pulverização de metal, 297

Q

Quadro de controle do elemento, 975-978, 996-997

R

Raimondi, Albert A., 612-614
Raio de giração, 105-106
Raio primitivo, 659-660
Razão carga-compartilhamento, 553-562
Razão de amplitude (tensão), 305-306
Razão de cisalhamento, 602
Razão de folga radial, 604-605
Razão de mola, 161-163, 410-411, 503-504
Razão de tensão, 282, 305-306
Razão de velocidade angular, 659-660, 863, 891-892
Razão de velocidade, 737-738
Razão efetiva de esbeltez, 506-507
Reações redundantes, 187-188
Recozimento, 59-61
Recuo, 658-659
Referência de medida física, 995-996
Referencial, 968-974, 995-996
Refinamento de malha autoadaptativa, 948-950
Refinamento de malha, 947-948
Região de vida finita, 277-278
Região de vida infinita, 277-278
Regra 1, 974-975, 997-998
Regra da mão direita, roscas, 395
Regra de Miner, 325-329
Regra de somatório de razão de ciclo de Palmgren-Miner, 325-329, 330-331
Relação Manson-Coffin, 281-287
Relações de confiabilidade carga-vida, 553, 561-562

Remoção de assentamento, 505-506
Representação de contornos (B-rep), 948-950
Resiliência, 45
Resistência, 16-17, 43
Resistência à fadiga de superfície, 331-332
Resistência à fadiga hertziana, 331-334
Resistência à fadiga, 277, 286-289
Resistência ao cisalhamento da superfície, 330-331
Resistência ao crateramento, equação de tensão AGMA, 728-730
Resistência ao escoamento sob cisalhamento, 232-233, 237-238, 507-509
Resistência de escoamento torcional, 44, 241-242, 507-509
Resistência de escoamento, 42, 45, 47-48, 53-54, 77-78, 231
Resistência de fadiga de contato, 331-332, 733-734
Resistência de fadiga superficial, 330-334
Resistência de fadiga torcional (tensão flutuante), 320-321, 519-521
Resistência de prova, 417-420, 426-427
Resistência de tração, 43. *Veja também* Resistência última, 42
Resistência específica, 75-76
Resistência flexional de engrenagens, 730-733
Resistência torcional, 44
Resistência última, 42, 45, 49-50, 53-55, 231
Resolver os problemas, 4-5, 11
Responsabilidade pelo produto, 15-16
Ressalto, 347-350, 358-360, 563-565, 586-587, 588-589
Revenido (revenimento), 60-62
Revestimento (lona) de algodão trançado, 845-848
Revestimento (lona) de asbesto trançado, 845-848
Revestimento de mancal para dissipação de calor, 627-628
Revestimentos de asbesto moldado e pastilhas, 845-848
Reynolds, Osborne, 606-608
Rigidez específica, 72-73
Rigidez
 de um parafuso, 411-413
 dos elementos de ligação, 411-416
 dos materiais, 42, 44, 72-73
Rolamento, mancais de. Veja Mancais de rolamento
Roldadas, 863
Rolovic, R. D., 230
Roscas Acme, 397-399, 402-403
Roscas quadradas, 397
Rosqueamento por laminação, 59-60
Rotação, 59-60
Russell, Burdsall & Ward Inc., 426-427
Ryan, D. G., 406-407

S

Salakian, A. G., 463-465
Samónov, C., 506-507
Sapata de freio autodenergizante, 810
Sapata de freio autoenergizante, 810
Segundo momento polar unitário de área, 467-469
Segurança, 12, 15-16, 18-21
Sensitividade do entalhe, 298-300
Série de roscas unificadas, 395-397
Silício, 63-64
Símbolos de elementos de referência, 971-974
Simulações computacionais de Monte Carlo, 31
Simulador de elemento de referência, 968-969, 971-973, 985-986, 995-996
Sistema absoluto de tolerância, 31
Sistema absoluto de unidades, 31
Sistema de dente, 678-681
Sistema de múltiplos referenciais, 968-969, 995-996
Sistema de numeração, 55-57
Sistema de tolerância estatística, 31
Sistema em série, 24-25
Sistema gravitacional de unidades, 31
Sistema Internacional de Unidades (SI), 32
Sistema ips (polegada-libra-segundo), 31
Sistema superdeterminado, 187-188
Smith, G. M., 519
Smith, James O., 320-321
Smith-Liu, 137-138
Sociedades profissionais, 10-11
Society of Automotive Engineers (SAE), 11, 55-56
Society of Manufacturing Engineers (SME), 11
Software
 CAD, 8-9
 CES Edupack, 71-72
 fundamentados na engenharia, 9
 não específicos para engenharia, 9
 programas FEA, 187-188
Soldagem de costura, 482-483
Soldagem de ponto, 482-483
Soldagem de resistência, 482-483
Soldas de filete, 460-463 *Veja também* Soldas
Soldas de topo, 460-461, 462-464
Sommerfeld, A. 610-611
Sorem, J. R., 230
Superposição, 166-168
Surgimento (vaga) de mola, 518-519
Surgimento da mola de válvula automotiva, 518, 519

T

Tamanho básico (limites e ajustes), 387-384
Tamanho nominal, 27-28
Tamanhos de estoque, 13-14
Tamanhos padronizados, 13-19
Taxa de contato de face, 677-678, 734-736
Taxa de contato, 666-668
Taxa de excentricidade, 197-198, 606-607, 619-622
Técnica de contagem de fluxo de chuva, 325-326
Técnicas de modelagem, 951-954
Têmpera, 60-61

Tenacidade de fratura de deformação plana, modo I, 257-258
Tenacidade de fratura, 257-260
Tenacidade, 45
Tensão circunferencial, 126-127
Tensão completamente reversa, 278, 288, 335-336, 521
Tensão de apoio, 377-378, 403-404, 438-439
Tensão de cisalhamento octaédrica, 236-237
Tensão de cisalhamento tangencial, 90-91
Tensão de cisalhamento transversal, 105-112
 fatores de correção da energia de deformação para, 176-177
 na rosca quadrada, 403-404
Tensão de compressão, 90-91
Tensão de contato esférico, 135-138
Tensão de tração, 90-91
Tensão de von Mises, 235-236, 260-261
 na teoria de falha estática, 235-237
 nas soldas, 463-465
 no carregamento combinado de fadiga, 321-322, 335-336
 nos eixos, 354-355, 356-357
 nos modelos FEAs, 948-950, 955
Tensão efetiva, 234-235
Tensão flutuante, 269
 caracterização da, 303-306
 combinações de modos de carregamento, 320-325
 critério de falha por fadiga para tensão flutuante, 306-320
 resistência à fadiga torcional sob, 320-321
 variáveis, danos cumulativos por fadiga, 324-331
Tensão geral tridimensional, 98-99
Tensão hertziana, 134-135, 330-331, 727-728; *Veja também* Tensões de contato
Tensão normal, 90-91
Tensão plana, 91-98, 232-233
 convenção para o cisalhamento no círculo de Mohr, 93-98
 equações de transformação, 91-92
Tensão repetida, 269, 304-305
Tensão superficial de compressão, 727-728
Tensão térmica, 129-130, 485-490, 954-955
Tensão torcional não corrigida, 528-529
Tensão tridimensional, 98-99
Tensão uniforme, embreagens e freios, 830-832, 835
Tensão verdadeira, 43
Tensões alternantes, 269, 303-304, 306-307
 tensão equivalente reversa (Ex. 6-12), 317-318
Tensões de contato, 134-139
 contato cilíndrico, 136-139
 contato esférico, 135-137
Tensões de descasque (despelamento), 488-490, 490-491
Tensões de Mises, 320-321, 353-355
Tensões de von Mises alternantes e médias, 321-322, 353-354
Tensões e resistência de engenharia, 44
Tensões principais, 92-93, 98-99
Tensões variáveis, 269, 324-325
Tensões, 16-17, 43, 90-91

componentes cartesianas de tensão, 90-92
concentração de tensão, 121-126
   em anéis rotativos, 127-129
   em cilindros pressurizados, 125-128
   tensão tridimensional geral, 98-99
   tensões de cisalhamento para torção, 113-114
   tensões de cisalhamento para vigas em flexão, 105-113
   tensões de contato, 134-139
   tensões normais para vigas curvas em flexão, 130-135
   tensões normais para vigas em flexão, 101-106
   térmicas, 129-130
   uniformemente distribuídas, 100-101
Tensões/resistências nominais, 44
Teorema de Castigliano, 177-183
   deflexão de mola helicoidal, 503-504, 537-538
   deflexão de mola plana triangular, 544
   deflexões de vigas curvas, 182-188
   problemas estaticamente indeterminados, 188-191
Teorema de Reciprocidade de Maxwell, 369-371
Teorema dos eixos paralelos, 103, 467-468
Teoria da energia de cisalhamento, 235-236
Teoria da fricção interna, 239-240
Teoria da tensão de cisalhamento máxima (MSS), 246-247
Teoria da tensão de cisalhamento octaédrica, 235-237
Teoria da tensão normal máxima para materiais frágeis, 246-247
Teoria de Bauschinger, 279
Teoria de Coulomb-Mohr frágil (BCM), 246-248
Teoria de Coulomb-Mohr para materiais dúcteis, 239-242, 243-244, 249-250, 260-261
Teoria de Coulomb-Mohr para materiais frágeis. Veja Teoria de Coulomb-Mohr frágil (BCM)
Teoria de falha da energia de distorção (DE), 233-239, 260-261
Teoria de falha de Mohr, 239-240, 246-248
Teoria de Guest, 231
Teoria de Hertz, 726-727
Teoria de Mises-Hencky, 235-236
Teoria de Mohr modificada (MM), 246-250, 260-261
Teoria de Tresca, 231
Teoria de von Mises, 235-236
Teoria de von Mises-Hencky, 235-236
Teorias de falha, carregamento estático, 231
   materiais dúcteis, 231-246
   materiais frágeis, 246-250
   mecânica da fratura, 251-260
   seleção de critério de falha, 249-251
Termoplásticos, 68-69, 71-73
Termorrígido (termoestável), 68-70, 71-73
Teste de tração, 41-43
Testes de compressão, 43-44
Timken Company, 556, 557-558
Tipton, S. M., 208-209
Titânio, 66-67

Tolerância bilateral, 27-28
Tolerância unilateral, 27-28
Tolerância. *Veja também* Dimensionamento e toleranciamento geométricos e Limites e Ajustes
   bilateral, 27-28
   consideração do custo, 13-15
   definição de, 27-28, 381-382, 997-998
   empilhamento de tolerâncias, 29-31
   escolha de, 28-29
   unilateral, 27-28
Tomando uma decisão, 4-5
Topo, 658-659
Topp, L. J., 940-941
Torção, 113-122
   de juntas soldadas, 466-467
   deflexão, 162-163
   energia de deformação, 175-176
   flambagem de vigas de parede fina, 202-203
   secções abertas de parede fina, 120-122
   tubos fechados de parede fina, 118-121
Tower, Beauchamp, 606-607
Trabalho a frio, 47-50
Tração pura, 100
Transição dúctil-frágil, 51-52
Transmissão de erro, 739-740
Transmissão de potência. 689-691, 692-693, 695-696, 729-730
Transmissão de torque, 349-352
Transmissão por correia plana, 864-883
Transmissões de correia
   correias de sincronização, 891-893
   correias planas e redondas, 866-880
   correias planas metálicas, 879-880
   correias V, 882-892
Transmissões de corrente, 891-901
Transmissões por correias redondas, 863, 866-875
Transportador de planeta (braço), 686-687
Trem de engrenagem composto reverso, 682-683
Trem de engrenagem composto, 682-683
Trens de engrenagem, 681-689
Trens de engrenagens epicíclicos, 686
Trens de engrenagens planetárias, 686-687
Trumpler, Paul Robert, 611-613
Tungstênio, 63-64
Turner, M. J., 940-942

U

União por solda, 489-490
Unidade derivada, 31
Unidades americanas usuais, 31, 90-91
Unidades, 31-32
UNS, sistema unificado para numeração de metais e ligas, 55-57

V

Valor de impacto, 51-52
Valor de trem, 682-683, 687, 921-922
Valor do trem de engrenagem, 682
Vanadio, 63-64
Variação de velocidade cordal, 895-896
Variável de atrito, 621-622
Vasos de parede fina, 126-127

Vedação comercial, 590-591
Vedação de feltro, 590-591
Vedação de labirinto, 591-592
Vedação para mancais, 590-592
Vedantes. Veja Juntas adesivas
Velocidade de corrente, 894-895
Velocidade de deslizamento, 700-701
Velocidade na linha primitiva, 690-691, 776-777
Velocidades críticas de eixos, 369-375
Vetor de torque, 113
Vida L_0, 557-558
Vida B_{10}, 557-558
Vida de mancal
   confiabilidade versus vida, 559-560
   medida de vida, 556, 559-560
   recomendações para várias classes de maquinário, 566
   vida estimada, 557-558
Vida do mancal sob carga na confiabilidade indicada, 557-559
Vida estimada, 557-559
Vida finita, 300-301
Vida média (mancais), 557-558
Vida mediana, 557-558
Vida mínima, 557-558
Viga
   com seções assimétricas, 105-106
   deflexão por flexão, 163-166
   deflexões por funções de singularidade, 169-176
   deflexões por superposição, 166-170
   flexão em dois planos, 104-105
   métodos de deflexão, 165-167
   na flexão, tensões de cisalhamento para, 105-112
   na flexão, tensões normais para, 101-106
   resistência de cisalhamento e momentos de flexão na, 86-87
   tensão de cisalhamento em uma de seção retangular, 107
   vigas curvas em flexão, 130-135
Vigas curvas em flexão
   deflexões, 182-188
   tensões, 130-135
Viscosidade absoluta, 602-603, 614-617
Viscosidade cinemática, 602
Viscosidade dinâmica, 602
Viscosidade universal Saybolt (SUV), 602
Viscosidade, 601-603, 613
Volante, 809, 850-856
Volkersen, O., 484-486, 489-490
von Mises, R., 235-236

W

Wahl, A. M., 506-507
Wileman, J., 414-416
Wolford, J. C., 519

Z

Zimmerli, F. P., 519-520
Zona de carga, 574, 578
Zonas de tolerância, 973-975, 997-998